Mecânica dos Fluidos

W582m White, Frank M.
    Mecânica dos fluidos / Frank M. White ; tradução: José Carlos Cesar Amorim, Nelson Manzanares Filho. – 8. ed. – Porto Alegre : AMGH, 2018.
    xvi, 846 p. : il. ; 28 cm.

    ISBN 978-85-8055-606-3

    1. Engenharia mecânica. 2. Mecânica dos fluidos. I. Título.

                                                    CDU 532

Catalogação na publicação: Poliana Sanchez de Araujo – CRB 10/2094

Frank M. White
University of Rhode Island

Mecânica dos Fluidos

8ª Edição

Tradução

José Carlos Cesar Amorim
Doutor em Engenharia Hidráulica pelo Institut National Polytechnique, Grenoble, França
Mestre em Engenharia Mecânica pela Universidade Federal de Itajubá
Professor Titular do Instituto Militar de Engenharia, Rio de Janeiro

Nelson Manzanares Filho
Doutor em Engenharia Aeronáutica e Mecânica pelo Instituto Tecnológico de Aeronáutica
Mestre em Engenharia Mecânica pela Universidade Federal de Itajubá
Professor Titular do Instituto de Engenharia Mecânica da Universidade Federal de Itajubá

AMGH Editora Ltda.
2018

Obra originalmente publicada sob o título *Fluid Mechanics*, 8th Edition
ISBN 9780073398273 / 0073398276
Original edition copyright ©2016, McGraw-Hill Global Education Holdings, LLC., New York, New York. All rights reserved.
Portuguese language translation copyright ©2018, AMGH Editora Ltda., a Grupo A Educação S.A. company. All rights reserved.

Gerente editorial: *Arysinha Jacques Affonso*

Colaboraram nesta edição:

Editora: *Denise Weber Nowaczyk*

Capa: *Márcio Monticelli* (arte sob capa original)

Imagem da capa: ©Shutterstock.com/saraporn, Tung na muang waterfall in Thailand

Tradutor da sexta edição: *Mario Moro Fecchio*

Leitura final: *Nathália Bergamaschi Glasenapp*

Editoração: *Techbooks*

Reservados todos os direitos de publicação, em língua portuguesa, à
AMGH EDITORA LTDA., uma parceria entre GRUPO A EDUCAÇÃO S.A. e McGRAW-HILL EDUCATION
Av. Jerônimo de Ornelas, 670 – Santana
90040-340 Porto Alegre RS
Fone: (51) 3027-7000   Fax: (51) 3027-7070

Unidade São Paulo
Rua Doutor Cesário Mota Jr., 63 – Vila Buarque
01221-020 São Paulo SP
Fone: (11) 3221-9033

SAC 0800 703-3444 – www.grupoa.com.br

É proibida a duplicação ou reprodução deste volume, no todo ou em parte, sob quaisquer formas ou por quaisquer meios (eletrônico, mecânico, gravação, fotocópia, distribuição na Web e outros), sem permissão expressa da Editora.

IMPRESSO NO BRASIL
PRINTED IN BRAZIL

Sobre o autor

Frank M. White é Professor emérito de Engenharia Mecânica e Oceanográfica na University of Rhode Island (URI). Estudou no Georgia Tech e no M.I.T. Em 1966, na URI, ajudou a fundar o primeiro departamento de engenharia oceanográfica dos Estados Unidos. Recebeu oito prêmios relacionados à docência e é autor de quatro livros sobre mecânica dos fluidos e transferência de calor.

De 1979 a 1990 foi editor-chefe do *ASME Journal of Fluids Engineering* e atuou de 1991 até 1997 como diretor do ASME Board of Editors e do Publications Committee. É membro da ASME e, em 1991, recebeu o ASME Fluids Engineering Award. Vive com sua esposa, Jeanne, em Narragansett, Rhode Island.

Dedico a Jeanne

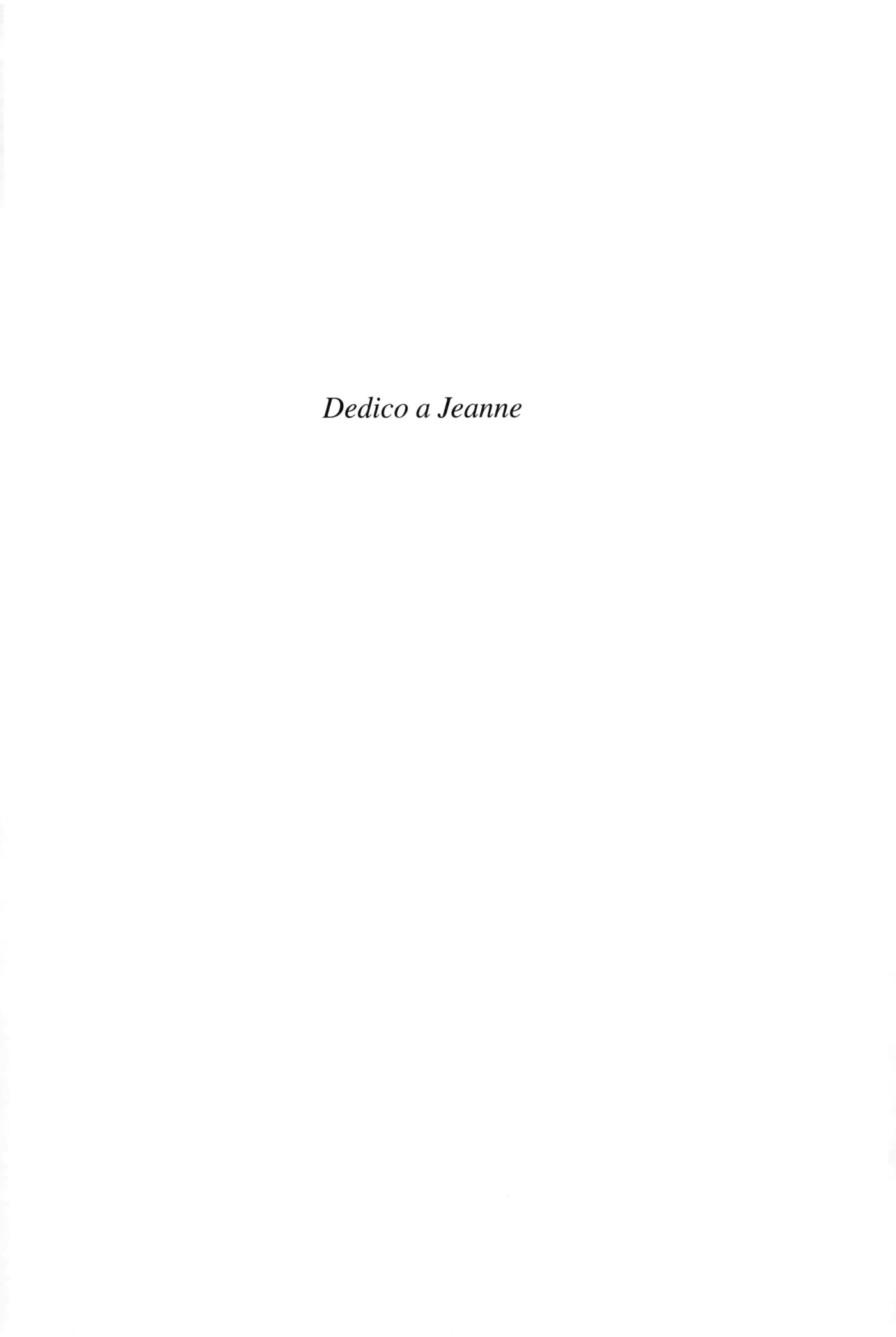

Prefácio

Abordagem geral

A oitava edição de *Mecânica dos fluidos* passou por algumas adições e exclusões, mas sem sofrer mudanças em sua concepção. A estrutura básica dos 11 capítulos e dos apêndices permanece a mesma. Manteve-se a tríade das abordagens integral, diferencial e experimental. Muitos exercícios e alguns exemplos totalmente resolvidos foram alterados. Conservou-se o estilo informal, orientado ao estudante. Acrescentaram-se novas fotografias, figuras e muitas referências. O autor acredita firmemente em "leituras adicionais", especialmente na pós-graduação.

Ferramentas de aprendizagem

O número total de problemas propostos aumentou, de 1.089 na primeira edição, para 1.683 nesta oitava edição. Foram incluídos aproximadamente 20 novos problemas em cada capítulo. Muitos deles são problemas básicos de fim de capítulo, classificados de acordo com o tópico. Há também problemas dissertativos, de múltipla escolha, abrangentes e de projeto. O Apêndice lista aproximadamente 700 Respostas para Problemas Selecionados.

Os problemas resolvidos foram reestruturados no texto, de acordo com a sequência de passos descrita na Seção 1.7.

A maioria dos problemas propostos pode ser solucionada com uma calculadora. A resposta de alguns pode ser dada em palavras. Outros, especialmente nos Capítulos 6, 9 e 10, envolvem expressões algébricas complicadas e trabalhosas para utilizar uma calculadora. Para estes, é recomendado o uso de software. No livro, é utilizado o Excel.

Mudanças de conteúdo

O Capítulo 1 foi substancialmente revisado. O texto da antiga Seção 1.2, História da Mecânica dos Fluidos, foi reduzido e deslocado para o final do capítulo. A Seção 1.3, Técnicas de resolução de problemas, agora está antes do Exemplo 1.7, no qual essas técnicas são usadas pela primeira vez. As descrições euleriana e lagrangiana foram transferidas para o Capítulo 4. Foi adicionado um diagrama temperatura-entropia para vapor, para ilustrar quando o vapor pode e não pode ser aproximado como um gás ideal. A Seção 1.11, Padrões de Escoamento, diminuiu e nesta edição faz parte do Capítulo 4. A Seção 1.13, Incerteza nos Dados Experimentais, integra um novo Apêndice E. Ninguém ensina "incerteza" na mecânica de fluidos introdutória, mas o autor a considera extremamente importante em todos os campos de engenharia que envolvem dados experimentais ou numéricos.

O Capítulo 2 acrescenta uma breve discussão sobre o fato de a pressão ser uma propriedade termodinâmica, não uma *força*, não tem direção e não é um vetor. A seta, em uma força de superfície causada pela pressão, confunde os estudantes principiantes. A subseção da Seção 2.8 intitulada Estabilidade Relacionada com a Área da Linha d'Água foi reduzida com a omissão das derivações complicadas.

O Capítulo 3 foi substancialmente revisado na última edição, especialmente deslocando a equação de Bernoulli para depois da seção de movimento linear. Além disso, foram feitas melhorias nos problemas de exemplo.

O Capítulo 4 agora discute os sistemas euleriano e lagrangiano (retirados do Capítulo 1). Foram adicionadas condições de fronteira sem escorregamento e salto de temperatura.

O Capítulo 5 explica um pouco mais sobre a força de arrasto antes de atribuir problemas de análise dimensional. Ele mantém o método de Ipsen como uma alternativa interessante que, é claro, pode ser ignorada pelos adeptos do teorema de pi.

O Capítulo 6 minimiza o gráfico Moody um pouco, sugerindo que os alunos usem iteração ou Excel. Para paredes irregulares, o gráfico é estranho de ler, embora dê uma aproximação para uso em iteração. O rearranjo extravagante do autor dos grupos pi para resolver o tipo 2, taxa de fluxo e tipo 3, problemas do diâmetro do tubo foram retirados do texto principal e incluídos como problemas. Para os canais não circulares, o raio hidráulico foi omitido e inserido no Capítulo 10. O Exemplo 6.11 resolve o diâmetro do tubo e determina se o tubo Schedule 40 é suficientemente forte. Uma discussão geral sobre a força do tubo foi adicionada. Existe uma nova subseção sobre perdas localizadas de *escoamento laminar*, apropriado para fluxos em micro e nanotubo.

O Capítulo 7 apresenta mais tratamento da resistência de rolagem e coeficiente de arrasto do veículo. Há uma discussão adicional sobre o perfil aerodinâmico Kline-Fogelman, extremamente popular agora para aeronaves modelo.

O Capítulo 8 agora fornece apenas exames CFD. O exemplo da expansão de um duto e o método da camada limite foram agora omitidos, mas o método explícito foi mantido. Para a teoria do aerofólio, o autor considera a teoria da lâmina de vórtice do tipo placa plana obsoleta e a eliminou.

O Capítulo 9 apresenta uma reformulação na discussão sobre onda de choque normal. Novas imagens de onda supersônica são adicionadas. A "nova tendência" na aeronáutica é o Air Force X-35 Joint Strike Fighter.

O Capítulo 10 traz uma definição melhorada de profundidade normal de um canal. Existe uma nova subseção na analogia entre escoamento em canais de água, e os problemas são atribuídos para encontrar o ângulo de onda oblíqua para o fluxo de água supercrítica após uma cunha.

O Capítulo 11 expande a discussão sobre turbinas eólicas, com exemplos e problemas decorrentes da própria experiência do autor.

Os apêndices B e D não sofreram alterações. O Apêndice A adiciona uma lista de viscosidades cinemáticas líquidas à Tabela A.4. Mais alguns fatores de conversão são adicionados ao Apêndice C. O conteúdo do Apêndice E, Estimando Incerteza em Dados Experimentais, fazia parte do Capítulo 1. O autor acredita que a "incerteza" é vital para relatar as medidas.

Material online

Os professores interessados no Solution Manual devem acessar o site do Grupo A, loja.grupoa.com.br, buscar pela página do livro, clicar em Material do professor e fazer o cadastro. Este material está em inglês e as unidades estão nas medidas imperiais. Também estão disponíveis apresentações em PowerPoint das figuras e tabelas, em português.

Agradecimentos

Foram tantas as pessoas que me ajudaram, que se torna impossível lembrar ou listar todas elas. Tive ajuda material, na forma de imagens, artigos e problemas, de Scott Larwood da University of the Pacific; Sukanta K. Dash do Indian Institute of Technology em Kharagpur; Mark Coffey da Colorado School of Mines; Mac Stevens da Oregon State University; Stephen Carrington da Malvern Instruments; Carla Cioffi da NASA; Lisa Lee e Robert Pacquette do Rhode Island Department of Environmental Management; Vanessa Blakeley e Samuel Schweighart da Terrafugia Inc.; Beric Skews da University of the Witwatersrand, África do Sul; Kelly Irene Knorr e John Merrill da Escola de Oceanografia da University of Rhode Island; Adam Rein da Altaeros Energies Inc.; Dasari Abhinav da Anna University, India; Kris Allen da Transcanada Corporation; Bruce Findlayson da University of Washington; Wendy Koch da USA Today; Liz Boardman da South County Independent; Beth Darchi e Colin McAteer da American Society of Mechanical Engineers; Catherine Hines da William Beebe Web Site; Laura Garrison do York College of Pennsylvania.

Os seguintes revisores deram excelentes sugestões de melhorias para o manuscrito: Steve Baker, Naval Postgraduate School; Suresh Aggarwal, University of Illinois at Chicago; Edgar Caraballo, Miami University; Chang-Hwan Choi, Stevens Institute of Technology; Drazen Fabris, Santa Clara University; James Liburdy, Oregon State University; Daniel Maynes, Brigham Young University; Santosh Sahu, Indian Institute of Technology Indore; Brian Savilonis, Worcester Polytechnic Institute; Eric Savory, University of Western Ontario; Rick Sellens, Queen's University; Gordon Stubley, University of Waterloo.

Outras pessoas, durante a minha revisão, me apoiaram, por meio de sugestões e comentários: Gordon Holloway da University of New Brunswick; David Taggart, Donna Meyer, Arun Shukla e Richard Lessmann da University of Rhode Island; Debendra K. da University of Alaska–Fairbanks; Elizabeth Kenyon da Mathworks; Deborah V. Pence da Oregon State University; Sheldon Green da University of British Columbia; Elena Bingham da DuPont Corporation; Jane Bates da Broad Rock School; Kim Mather da West Kingston School; Nancy Dreier da Curtiss Corner School; Richard Kline, co-inventor do aerofólio Kline-Fogelman.

A equipe da McGraw-Hill foi, como sempre, de grande ajuda. Meus agradecimentos a Bill Stenquist, Katherine Neubauer, Lorraine Buczek, Samantha Donisi--Hamm, Raghu Srinivasan, Tammy Juran, Thomas Scaife e Lisa Bruflodt.

Por fim, sou agradecido pelo contínuo apoio da minha família, especialmente Jeanne, que permanece no meu coração, e minha irmã Sally White GNSH, meu cachorro Jack e meus gatos Cole e Kerry.

Sumário

Capítulo 1
Introdução 3

- **1.1** Observações preliminares 3
- **1.2** O conceito de fluido 4
- **1.3** O fluido como um meio contínuo 6
- **1.4** Dimensões e unidades 7
- **1.5** Propriedades do campo de velocidade 15
- **1.6** Propriedades termodinâmicas de um fluido 15
- **1.7** Viscosidade e outras propriedades secundárias 23
- **1.8** Técnicas básicas de análise de escoamento 39
- **1.9** Campos de escoamento: linhasde corrente, linhas de emissão e linhas de trajetória 39
- **1.10** A história da mecânica dos fluidos 43
  - Resumo 43
  - Problemas 44
  - Problemas de fundamentos de engenharia 51
  - Problemas abrangentes 52
  - Referências 54

Capítulo 2
Distribuição de pressão em um fluido 57

- **2.1** Pressão e gradiente de pressão 57
- **2.2** Equilíbrio de um elemento de fluido 59
- **2.3** Distribuições de pressão hidrostática 60
- **2.4** Aplicação à manometria 67
- **2.5** Forças hidrostáticas em superfícies planas 70
- **2.6** Forças hidrostáticas em superfícies curvas 78
- **2.7** Forças hidrostáticas em camadas de fluidos 81
- **2.8** Empuxo e estabilidade 83
- **2.9** Distribuição de pressão no movimento de corpo rígido 89
- **2.10** Medidas de pressão 97
  - Resumo 101
  - Problemas 101
  - Problemas dissertativos 124
  - Problemas de fundamentos de engenharia 124
  - Problemas abrangentes 125
  - Problemas de projetos 127
  - Referências 128

Capítulo 3
Relações integrais para um volume de controle 131

- **3.1** Leis físicas básicas da mecânica dos fluidos 131
- **3.2** O teorema de transporte de Reynolds 135
- **3.3** Conservação da massa 142
- **3.4** A equação da quantidade de movimento linear 147
- **3.5** Escoamento sem atrito: a equação de Bernoulli 161
- **3.6** O teorema da quantidade de movimento angular 170
- **3.7** A equação da energia 176
  - Resumo 187
  - Problemas dissertativos 214
  - Problemas de fundamentos de engenharia 215
  - Problemas abrangentes 216
  - Problemas de projeto 217
  - Referências 217

Capítulo 4
Relações diferenciais para escoamento de fluidos 219

4.1 O campo de aceleração de um fluido 219
4.2 A equação diferencial da conservação da massa 222
4.3 A equação diferencial da quantidade de movimento linear 228
4.4 A equação diferencial da quantidade de movimento angular 235
4.5 A equação diferencial da energia 236
4.6 Condições de contorno para as equações básicas 239
4.7 A função corrente 244
4.8 Vorticidade e irrotacionalidade 251
4.9 Escoamentos irrotacionais sem atrito 253
4.10 Alguns escoamentos viscosos incompressíveis ilustrativos 259
Resumo 267
Problemas dissertativos 278
Problemas de fundamentos de engenharia 279
Problemas abrangentes 279
Referências 280

Capítulo 5
Análise dimensional e semelhança 283

5.1 Introdução 283
5.2 O princípio da homogeneidade dimensional 286
5.3 O teorema pi 292
5.4 Adimensionalização das equações básicas 302
5.5 A modelagem e suas armadilhas 311
Resumo 323
Problemas 323
Problemas dissertativos 332
Problemas de fundamentos de engenharia 332
Problemas abrangentes 333
Problemas de projetos 334
Referências 334

Capítulo 6
Escoamento viscoso em dutos 337

6.1 Regimes de número de Reynolds 337
6.2 Escoamentos viscosos internos e externos 342
6.3 Perda de carga – o fator de atrito 345
6.4 Escoamento laminar totalmente desenvolvido em um tubo 347
6.5 Modelagem da turbulência 350
6.6 Solução para escoamento turbulento 356
6.7 Quatro tipos de problemas de escoamento em tubos 363
6.8 Escoamento em dutos não circulares 368
6.9 Perdas localizadas em sistemas de tubulações 378
6.10 Sistemas com múltiplos tubos 387
6.11 Escoamentos experimentais em dutos: desempenho de difusores 393
6.12 Medidores para fluidos 398
Resumo 419
Problemas dissertativos 438
Problemas de fundamentos de engenharia 439
Problemas abrangentes 440
Problemas de projetos 442
Referências 443

Capítulo 7
Escoamento ao redor de corpos imersos 447

7.1 Efeitos da geometria e do número de Reynolds 447
7.2 Cálculos baseados na quantidade de movimento integral 451
7.3 As equações de camada-limite 454
7.4 A camada-limite sobre uma placa plana 457
7.5 Camadas-limite com gradiente de pressão 466
7.6 Escoamentos externos experimentais 472
Resumo 499
Problemas dissertativos 513
Problemas de fundamentos de engenharia 513
Problemas abrangentes 514
Problema de projeto 515
Referências 515

Capítulo 8
Escoamento potencial e dinâmica dos fluidos computacional 519

- **8.1** Introdução e revisão 519
- **8.2** Soluções elementares de escoamento plano 522
- **8.3** Superposição de soluções de escoamento plano 529
- **8.4** Escoamentos planos em torno de formatos de corpo fechado 535
- **8.5** Outros escoamentos potenciais planos 545
- **8.6** Imagens 549
- **8.7** Teoria do aerofólio 552
- **8.8** Escoamento potencial com simetria axial 560
- **8.9** Análise numérica 566
  - Resumo 575
  - Problemas 575
  - Problemas dissertativos 586
  - Problemas abrangentes 586
  - Problemas de projetos 588
  - Referências 588

Capítulo 9
Escoamento compressível 591

- **9.1** Introdução: revisão de termodinâmica 591
- **9.2** A velocidade do som 596
- **9.3** Escoamento permanente adiabático e isentrópico 598
- **9.4** Escoamento isentrópico com variações de área 604
- **9.5** A onda de choque normal 611
- **9.6** Operação de bocais convergentes e divergentes 619
- **9.7** Escoamento compressível com atrito em dutos 624
- **9.8** Escoamento sem atrito em dutos com troca de calor 635
- **9.9** Ondas de Mach e ondas de choque oblíquas 640
- **9.10** Ondas de expansão de Prandtl-Meyer 650
  - Resumo 661
  - Problemas 663
  - Problemas dissertativos 676

Problemas de fundamentos de engenharia 676

Problemas abrangentes 677

Problemas de projeto 678

Referências 679

Capítulo 10
Escoamento em canais abertos 681

- **10.1** Introdução 681
- **10.2** Escoamento uniforme; a fórmula de Chézy 687
- **10.3** Canais eficientes para escoamento uniforme 693
- **10.4** Energia específica; profundidade crítica 695
- **10.5** O ressalto hidráulico 702
- **10.6** Escoamento gradualmente variado 706
- **10.7** Medição e controle de vazão utilizando vertedouros 714
  - Resumo 721
  - Problemas 722
  - Problemas dissertativos 734
  - Problemas de fundamentos de engenharia 734
  - Problemas abrangentes 735
  - Problemas de projetos 736
  - Referências 736

Capítulo 11
Turbomáquinas 739

- **11.1** Introdução e classificação 739
- **11.2** A bomba centrífuga 742
- **11.3** Curvas de desempenho de bombas e leis de semelhança 748
- **11.4** Bombas de fluxo misto e de fluxo axial: a rotação específica 758
- **11.5** Combinando as características da bomba e do sistema 765
- **11.6** Turbinas 773
  - Resumo 787
  - Problemas 789
  - Problemas dissertativos 802
  - Problemas abrangentes 802
  - Problema de projeto 804
  - Referências 804

Apêndice A
Propriedades físicas dos fluidos 807

Apêndice B
Tabelas de escoamento compressível 812

Apêndice C
Fatores de conversão 819

Apêndice D
Equações de movimento em coordenadas cilíndricas 821

Apêndice E
Incerteza nos dados experimentais 823

Respostas dos problemas selecionados 825

Índice 833

Mecânica dos Fluidos

Quedas no riacho de Nesowadnehunk no Parque Estadual de Baxter, Maine, ao extremo norte da Trilha dos Apalaches. Escoamentos desse tipo, abertos para a atmosfera, são estabelecidos simplesmente pela gravidade e não dependem muito de propriedades do fluido tais como massa específica e viscosidade. Eles são discutidos mais adiante, no Cap. 10. Para o autor, um dos encantos da mecânica dos fluidos é a visualização de um escoamento: simples e bela. [*Fotografia de Design Pics/Natural Selection Robert Cable.*]

Capítulo 1
Introdução

1.1 Observações preliminares

A mecânica dos fluidos é o estudo dos fluidos em movimento (dinâmica dos fluidos) ou em repouso (estática dos fluidos). Tanto os gases quanto os líquidos são classificados como fluidos, e o número de aplicações dos fluidos na engenharia é enorme: respiração, circulação sanguínea, natação, bombas, ventiladores, turbinas, aviões, navios, rios, moinhos de vento, tubos, mísseis, icebergs, motores, filtros, jatos e aspersores, só para citar alguns exemplos. Quando pensamos nesse assunto, vemos que quase tudo neste planeta ou é um fluido ou se move em um fluido ou próximo dele.

A essência do estudo do escoamento dos fluidos é um compromisso criterioso entre a teoria e a experimentação. Como o escoamento dos fluidos é um ramo da mecânica, ele satisfaz a um conjunto de leis fundamentais bem definidas e, portanto, temos disponível uma grande quantidade de tratados teóricos. No entanto, a teoria frequentemente é frustrante porque ela se aplica principalmente a situações idealizadas, que podem se tornar inválidas nos problemas práticos. Os dois principais obstáculos à validade de uma teoria são a geometria e a viscosidade. As equações básicas do movimento dos fluidos (Capítulo 4) são muito difíceis para permitir ao analista estudar configurações geométricas arbitrárias. Assim, a maioria dos livros-texto se concentra em placas planas, tubos circulares e outras geometrias simples. É possível aplicar técnicas numéricas computacionais a geometrias complexas, e há atualmente livros-texto especializados para explicar as novas aproximações e métodos da *dinâmica dos fluidos computacionais* (CFD) [1-4][1]. Este livro apresentará muitos resultados teóricos, levando em consideração suas limitações.

O segundo obstáculo à validade de uma teoria é a ação da viscosidade, que só pode ser desprezada em certos escoamentos idealizados (Capítulo 8). Primeiro, a viscosidade aumenta a dificuldade das equações básicas, embora a aproximação de camada-limite proposta por Ludwig Prandtl em 1904 (Capítulo 7) tenha simplificado bastante as análises de escoamentos viscosos. Segundo, a viscosidade tem um efeito desestabilizador sobre todos os fluidos, dando origem, em baixas velocidades, a um fenômeno desordenado e aleatório chamado de *turbulência*. A teoria do escoamento turbulento não está refinada e é fortemente sustentada por experimentos (Capítulo 6), contudo pode ser muito útil como uma aproximação na engenharia. Este livro-texto apenas apresenta as correlações experimentais padrão para escoamento turbulento médio no tempo. Por outro lado, há livros-texto avançados tanto sobre *turbulência e modelagem da turbulência* [5, 6] como sobre a nova técnica de simulação numérica direta (*direct numerical simulation* – DNS) da flutuação turbulenta [7, 8].

Há teoria disponível para os problemas de escoamento de fluido, mas em todos os casos ela deve ser apoiada pelos experimentos. Frequentemente os dados experimentais

---
[1] As referências estão listadas no final de cada capítulo.

são a principal fonte de informação sobre escoamentos específicos, tais como o arrasto e a sustentação em corpos imersos (Capítulo 7). Felizmente, a mecânica dos fluidos é um assunto altamente visual, com boa instrumentação [9-11], e o uso de conceitos de modelagem e de análise dimensional (Capítulo 5) está difundido. Assim, a análise experimental proporciona um complemento natural e fácil para a teoria. Você deve ter em mente que a teoria e a experimentação devem andar lado a lado em todos os estudos de mecânica dos fluidos.

1.2 O conceito de fluido

Do ponto de vista da mecânica dos fluidos, toda a matéria encontra-se em somente dois estados, fluido e sólido. A diferença entre esses dois estados é perfeitamente óbvia para um leigo e é um exercício interessante pedir-lhe que expresse essa diferença em palavras. A distinção técnica entre os dois estados está na reação de cada um deles à aplicação de uma tensão de cisalhamento ou tangencial. *Um sólido pode resistir a uma tensão de cisalhamento por uma deflexão estática; um fluido não pode.* Qualquer tensão de cisalhamento aplicada a um fluido, não importa quão pequena ela seja, resultará em movimento daquele fluido. O fluido escoa e se deforma continuamente enquanto a tensão de cisalhamento estiver sendo aplicada. Como corolário, podemos dizer que um fluido em repouso deve estar em um estado de tensão de cisalhamento igual a zero, um estado geralmente chamado de condição de estado hidrostático de tensão, em análise estrutural. Nessa condição, o círculo de Mohr para a tensão se reduz a um ponto e não há nenhuma tensão de cisalhamento em qualquer corte plano passando pelo elemento sob tensão.

Dada essa definição de fluido, qualquer leigo também sabe que há duas classes de fluidos, *líquidos* e *gases*. Aqui novamente a distinção é técnica, ligada aos efeitos das forças de coesão. Um líquido, sendo composto por moléculas relativamente agrupadas com forças coesivas fortes, tende a manter seu volume e formar uma superfície livre em um campo gravitacional, se não estiver confinado na parte superior. Os escoamentos com superfície livre são dominados por efeitos gravitacionais e serão estudados nos Capítulos 5 e 10. Como as moléculas dos gases são amplamente espaçadas, com forças coesivas desprezíveis, um gás é livre para se expandir até os limites das paredes que o confinam. Um gás não tem volume definido e, quando é deixado sem confinamento, forma uma atmosfera que é essencialmente hidrostática. O comportamento hidrostático dos líquidos e gases será estudado no Capítulo 2. Os gases não podem formar uma superfície livre e, assim sendo, os escoamentos de gases raramente estão ligados aos efeitos gravitacionais, exceto o empuxo térmico.

A Figura 1.2 ilustra um bloco sólido em repouso sobre um plano rígido e sujeito ao seu próprio peso. O sólido deforma-se em uma deflexão estática, representada por uma linha tracejada de maneira bastante exagerada, resistindo ao cisalhamento sem escoar. Um diagrama de corpo livre do elemento A na lateral do bloco mostra que há cisalhamento no bloco ao longo de um plano de corte com um ângulo θ através de A. Uma vez que os lados do bloco não são apoiados, o elemento A tem tensão zero nos lados esquerdo e direito e tensão de compressão $\sigma = -p$ no topo e no fundo. O círculo de Mohr não se reduz a um ponto e há tensão de cisalhamento diferente de zero no bloco.

Ao contrário, o líquido e o gás em repouso na Figura 1.1 requerem as paredes de apoio para eliminar a tensão de cisalhamento. As paredes exercem uma tensão de compressão igual a $-p$ e reduzem o círculo de Mohr a um ponto com cisalhamento zero, ou seja, a condição hidrostática. O líquido conserva seu volume e forma uma superfície livre no recipiente. Se as paredes forem removidas, a tensão de cisalhamento se desenvolve no líquido e resulta em um grande derramamento. Se o recipiente for inclinado, novamente se desenvolve a tensão de cisalhamento, formam-se ondas e a superfície livre busca uma configuração horizontal, derramando por sobre a borda do recipiente se

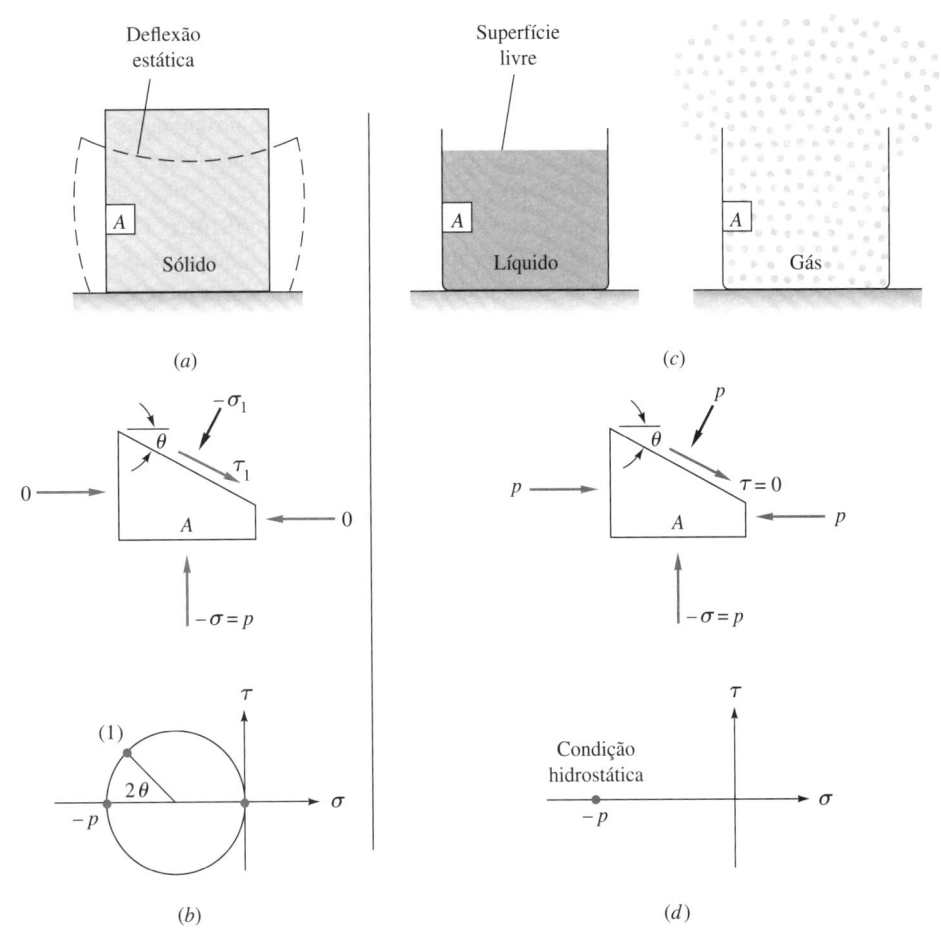

Figura 1.1 Um sólido em repouso pode resistir à tensão de cisalhamento. (*a*) Deflexão estática do sólido; (*b*) condição de equilíbrio e círculo de Mohr para o elemento sólido A. Um fluido não pode resistir à tensão de cisalhamento. (*c*) Paredes de contenção são necessárias; (*d*) condição de equilíbrio e círculo de Mohr para o elemento fluido A.

necessário. Por outro lado, o gás fica sem restrições e se expande para fora do recipiente, ocupando todo o espaço disponível. O elemento A no gás também é hidrostático e exerce uma tensão de compressão $-p$ sobre as paredes.

Na discussão anterior, foi possível distinguir claramente entre sólidos, líquidos e gases. A maioria dos problemas de mecânica dos fluidos em engenharia trata desses casos bem definidos, ou seja, os líquidos comuns como água, óleo, mercúrio, gasolina, e álcool, e os gases comuns como ar, hélio, hidrogênio e vapor nas suas faixas de temperatura e pressão comuns. No entanto, há muitos casos intermediários que você precisa conhecer. Algumas substâncias aparentemente "sólidas" como o asfalto e o chumbo resistem à tensão de cisalhamento por curtos períodos de tempo, mas na verdade se deformam lentamente e apresentam um comportamento definido de fluido por longos períodos. Outras substâncias, notadamente as misturas coloidais e de lama, resistem a pequenas tensões de cisalhamento, mas "cedem" a grandes tensões e começam a escoar como fluidos. Há livros especializados dedicados a este estudo mais geral de deformação e escoamento, em um campo denominado *reologia* [16]. Além disso, líquidos e gases podem coexistir em misturas de duas fases, tal como as misturas vapor-água ou água com bolhas de ar. Livros especializados apresentam a análise desses *escoamentos multifásicos* [17]. Finalmente, há situações em que a distinção entre um líquido e um gás se torna nebulosa. Esse é o caso que ocorre em temperaturas e pressões acima do ponto chamado de *ponto crítico* de uma substância, em que existe somente uma única fase, com a aparência principalmente de gás. À medida que a pressão aumenta muito acima do ponto crítico, a substância com aspecto de gás torna-se tão densa que há uma semelhança com um líquido, e as aproximações termodinâmicas usuais, como a lei dos gases perfeitos, tornam-se imprecisas. A temperatura e a pressão críticas da água são T_c = 647 K e p_c = 219 atm (atmosferas[2]), de modo que os problemas típicos envolvendo água e vapor estão abaixo do ponto crítico. O ar, sendo uma mistura de gases, não tem um ponto crítico preciso, mas seu componente principal, o nitrogênio, tem T_c = 126 K e p_c = 34 atm. Portanto os problemas típicos envolvendo o ar estão no intervalo de alta temperatura e baixa pressão em que o ar é, sem dúvida nenhuma, um gás. Este livro aborda somente os líquidos e gases claramente identificáveis, e os casos-limite discutidos anteriormente estão além do nosso escopo.

1.3 O fluido como um meio contínuo

Já usamos termos técnicos do tipo *pressão* e *massa específica do fluido* sem uma discussão rigorosa de suas definições. Até onde sabemos, os fluidos são agregações de moléculas, amplamente espaçadas para um gás e pouco espaçadas para um líquido. A distância entre moléculas é muito grande comparada com o diâmetro molecular. As moléculas não estão fixas em uma estrutura, mas movem-se livremente umas em relação às outras. Dessa maneira a massa específica do fluido, ou massa por unidade de volume, não tem um significado preciso porque o número de moléculas que ocupam um dado volume varia continuamente. Esse efeito torna-se sem importância se a unidade de volume for grande, comparada com, digamos, o cubo do espaçamento molecular, quando o número de moléculas dentro do volume permanece aproximadamente constante, apesar do enorme intercâmbio de partículas através das fronteiras. No entanto, se a unidade de volume escolhida for muito grande, poderá haver uma variação notável na agregação global das partículas. Essa situação é ilustrada na Figura 1.4, na qual a "massa específica" calculada por meio da massa molecular δm dentro de um dado volume $\delta \mathcal{V}$ é plotada em gráfico em função do tamanho da unidade de volume. Há um volume-limite $\delta \mathcal{V}^*$ abaixo do qual as variações moleculares podem ser importantes e acima do qual as variações de agregações podem ser importantes. A *massa específica* ρ de um fluido é mais bem definida como

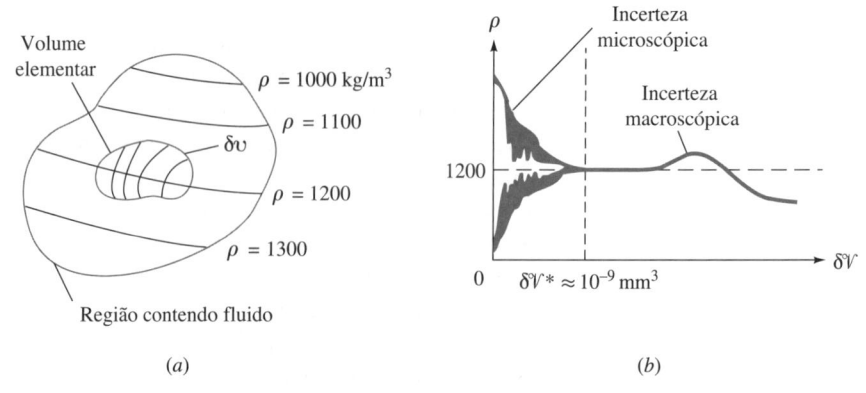

$$\rho = \lim_{\delta \mathcal{V} \to \delta \mathcal{V}^*} \frac{\delta m}{\delta \mathcal{V}} \qquad (1.1)$$

Figura 1.2 A definição-limite de massa específica de um fluido contínuo: (*a*) um volume elementar em uma região do fluido de massa específica contínua variável; (*b*) massa específica calculada em função do tamanho do volume elementar.

---

[2]Uma atmosfera (atm) é igual a 101.300 Pa.

O volume-limite $\delta \mathcal{V}^*$ é aproximadamente 10^{-9} mm^3 para todos os líquidos e para os gases à pressão atmosférica. Por exemplo, 10^{-9} mm^3 de ar nas condições padrão contém aproximadamente 3×10^7 moléculas, que são suficientes para definir uma massa específica aproximadamente constante de acordo com a Equação (1.1). A maioria dos problemas de engenharia trabalha com dimensões físicas muito maiores do que esse volume-limite, de maneira que a massa específica é essencialmente uma função pontual e as propriedades do fluido podem ser consideradas variando continuamente no espaço como está representada na Figura 1.4a. Tal fluido é chamado *meio contínuo*, que simplesmente significa que a variação de suas propriedades é tão suave que o cálculo diferencial pode ser usado para analisar a substância. Vamos supor que o cálculo de meio contínuo seja válido para todas as análises neste livro. Uma vez mais, há casos-limite para gases a pressões tão baixas que o espaçamento molecular e o livre caminho médio das moléculas[3] são comparáveis a, ou maiores que, o tamanho físico do sistema. Isso requer que a aproximação de meio contínuo seja abandonada em favor de uma teoria molecular do escoamento de gases rarefeitos [18]. Em princípio, todos os problemas de mecânica dos fluidos podem ser abordados do ponto de vista molecular, mas não faremos essa tentativa aqui. Note que o uso do cálculo de meio contínuo não impede a possibilidade de saltos descontínuos nas propriedades do fluido através de uma superfície livre ou interface do fluido ou através de uma onda de choque em um fluido compressível (Capítulo 9). Nosso cálculo na análise do escoamento de fluidos deve ser flexível o bastante para lidar com condições de contorno descontínuas.

1.4 Dimensões e unidades

Uma *dimensão* é a medida pela qual uma variável física é expressa quantitativamente. Uma *unidade* é um modo particular de ligar um número à dimensão quantitativa. Assim o comprimento é uma dimensão associada a variáveis como distância, deslocamento, largura, deflexão e altura, enquanto centímetros e polegadas são ambas unidades numéricas para expressar o comprimento. A dimensão é um conceito poderoso sobre o qual foi desenvolvida uma esplêndida ferramenta chamada *análise dimensional* (Capítulo 5), enquanto as unidades são os valores numéricos que o cliente quer como resposta final.

Em 1872 uma reunião internacional na França propôs um tratado chamado Convenção Métrica, assinado em 1875 por 17 países, inclusive os Estados Unidos. Representou um avanço sobre os sistemas britânicos porque o uso que ele faz da base decimal é o fundamento do nosso sistema numérico, aprendido desde a infância por todos nós. Os problemas ainda persistem porque até mesmo os países que adotam o sistema métrico diferiram no uso de quilogramas-força em lugar de Newtons, quilogramas em lugar de gramas, ou calorias em lugar de joule. Para padronizar o sistema métrico, a Conferência Geral de Pesos e Medidas, realizada em 1960 por 40 países, propôs o *Sistema Internacional de Unidades* (SI). Estamos agora passando por um penoso período de transição para o SI, um ajuste que pode levar ainda mais alguns anos para se completar. As sociedades profissionais têm conduzido o trabalho. Desde 1º de julho de 1974, estão sendo exigidas unidades do SI para todos os artigos publicados pela American Society of Mechanical Engineers (ASME), e há um livro-texto para explicar o SI [19]. Serão usadas unidades do SI em praticamente todo este livro.

Dimensões primárias

Em mecânica dos fluidos há apenas quatro *dimensões primárias* das quais todas as outras podem ser derivadas: massa, comprimento, tempo e temperatura.[4] Essas dimensões

---

[3]A distância média percorrida pelas moléculas entre colisões (veja o Problema P1.5).

[4]Se os efeitos eletromagnéticos são importantes, uma quinta dimensão primária deve ser incluída: corrente elétrica $\{I\}$, cuja unidade no SI é o ampère (A).

Tabela 1.1 Dimensões primárias nos sistemas SI e BG

Dimensão primária	Unidade no SI	Unidade no BG	Fator de conversão
Massa $\{M\}$	Quilograma (kg)	Slug	1 slug = 14,5939 kg
Comprimento $\{L\}$	Metro (m)	Pé (ft)	1 ft = 0,3048 m
Tempo $\{T\}$	Segundo (s)	Segundo (s)	1 s = 1 s
Temperatura $\{\Theta\}$	Kelvin (K)	Rankine (°R)	1 K = 1,8°R

e suas unidades em ambos os sistemas são dadas na Tabela 1.1. Note que a unidade kelvin não usa o símbolo de grau. As chaves ao redor de um símbolo, como em $\{M\}$, significam "a dimensão" da massa. Todas as outras variáveis em mecânica dos fluidos podem ser expressas em termos de $\{M\}$, $\{L\}$, $\{T\}$ e $\{\Theta\}$. Por exemplo, a aceleração tem as dimensões $\{LT^{-2}\}$. A mais crucial dessas dimensões secundárias é a força, que está diretamente relacionada com massa, comprimento e tempo pela segunda lei de Newton. A força é igual à taxa de variação da quantidade de movimento com o tempo, ou, para massa constante,

$$\mathbf{F} = m\mathbf{a} \qquad (1.2)$$

Por meio dessa relação vemos que, dimensionalmente, $\{F\} = \{MLT^{-2}\}$.

O Sistema Internacional (SI)

O uso de uma constante de proporcionalidade na lei de Newton, Equação (1.2), é evitado definindo-se a unidade de força exatamente em termos das outras unidades básicas. No sistema SI, as unidades básicas são newtons $\{F\}$, quilogramas $\{M\}$, metros $\{L\}$ e segundos $\{T\}$. Definimos

$$1 \text{ newton de força} = 1 \text{ N} = 1 \text{ kg} \cdot 1 \text{ m/s}^2$$

O newton é uma força relativamente pequena, aproximadamente igual ao peso de uma maçã. Além disso, a unidade básica de temperatura $\{\Theta\}$ no sistema SI é o grau Kelvin, K. O uso dessas unidades do SI (N, kg, m, s, K) não necessitará de fatores de conversão em nossas equações.

O sistema britânico gravitacional (BG)

No sistema BG também é evitada uma constante de proporcionalidade na Equação (1.2), definindo-se a unidade de força exatamente em termos das outras unidades básicas. No sistema BG, as unidades básicas são libra-força $\{F\}$, slugs $\{M\}$, pés $\{L\}$ e segundos $\{T\}$. Definimos

$$1 \text{ libra-força} = 1 \text{ lbf} = 1 \text{ slug} \cdot 1 \text{ ft/s}^2$$

Uma lbf ≈ 4,4482 N e tem o peso aproximado de 4 maçãs. Usa-se a abreviatura *lbf* para libra-força e *lbm* para libra-massa. O slug é uma massa razoavelmente grande, igual a 32,174 lbm. A unidade básica de temperatura $\{\Theta\}$ no sistema BG é o grau Rankine, °R. Lembre-se de que uma diferença de temperatura de 1 K = 1,8°R. O uso dessas unidades BG (lbf, slug, ft, s, °R) não requer fatores de conversão em nossas equações. O presente livro fará uso, na sua quase integralidade, do sistema SI, que é o sistema de unidades oficial no Brasil e em Portugal.

Outros sistemas de unidades

Há outros sistemas de unidades ainda em uso. Pelo menos um deles não necessita de constante de proporcionalidade: o sistema CGS (dina, grama, cm, s, K). No entanto, as

Tabela 1.2 Dimensões secundárias em mecânica dos fluidos

Dimensão secundária	Unidade no SI	Unidade no BG	Fator de conversão
Área $\{L^2\}$	m²	ft²	1 m² = 10,764 ft²
Volume $\{L^3\}$	m³	ft³	1 m³ = 35,315 ft³
Velocidade $\{LT^{-1}\}$	m/s	ft/s	1 ft/s = 0,3048 m/s
Aceleração $\{LT^{-2}\}$	m/s²	ft/s²	1 ft/s² = 0,3048 m/s²
Pressão ou tensão $\{ML^{-1}T^{-2}\}$	Pa = N/m²	lbf/ft²	1 lbf/ft² = 47,88 Pa
Velocidade angular $\{T^{-1}\}$	s⁻¹	s⁻¹	1 s⁻¹ = 1 s⁻¹
Energia, calor, trabalho $\{ML^2T^{-2}\}$	J = N · m	ft · lbf	1 ft · lbf = 1,3558 J
Potência $\{ML^2T^{-3}\}$	W = J/s	ft · lbf/s	1 ft · lbf/s = 1,3558 W
Massa específica $\{ML^{-3}\}$	kg/m³	slugs/ft³	1 slug/ft³ = 515,4 kg/m³
Viscosidade $\{ML^{-1}T^{-1}\}$	kg/(m · s)	slugs/(ft · s)	1 slug/(ft · s) = 47,88 kg/(m · s)
Calor específico $\{L^2T^{-2}\Theta^{-1}\}$	m²/(s² · K)	ft²/(s² · °R)	1 m²/(s² · K) = 5,980 ft²/(s² · °R)

unidades CGS são muito pequenas para a maioria das aplicações (1 dina = 10^{-5} N) e não serão usadas neste livro.

Nos Estados Unidos, alguns ainda usam o sistema inglês de Engenharia (lbf, lbm, ft, s, °R), no qual a unidade básica de massa é a *libra-massa*. A lei de Newton (1.2) deve ser reescrita como:

$$\mathbf{F} = \frac{m\mathbf{a}}{g_c}, \quad \text{em que} \quad g_c = 32{,}174 \, \frac{\text{ft} \cdot \text{lbm}}{\text{lbf} \cdot \text{s}^2} \tag{1.3}$$

A constante de proporcionalidade, g_c, tem dimensões e um valor numérico não igual a 1.

O princípio da homogeneidade dimensional

Na engenharia e na ciência, *todas* as equações devem ser *dimensionalmente homogêneas*, isto é, cada termo aditivo em uma equação tem de ter as mesmas dimensões. Por exemplo, considere a equação de Bernoulli para escoamentos incompressíveis, a ser estudada e utilizada neste livro:

$$p + \frac{1}{2}\rho V^2 + \rho g Z = \text{constante}$$

Cada um dos termos individuais nessa equação *deve* ter as dimensões de pressão $\{ML^{-1}T^{-2}\}$. Examinaremos a homogeneidade dimensional dessa equação em detalhe no Exemplo 1.3.

A Tabela 1.2 apresenta uma lista de algumas variáveis secundárias importantes na mecânica dos fluidos, com dimensões derivadas como combinações das quatro dimensões primárias. No Apêndice C há uma lista mais completa dos fatores de conversão.

EXEMPLO 1.1

Um corpo pesa 1.000 lbf quando submetido à gravidade padrão da Terra, cujo valor é g = 32,174 ft/s². (*a*) Qual é sua massa em kg? (*b*) Qual será o peso desse corpo em N se ele estiver submetido à gravidade da Lua, em que g_{Lua} = 1,62 m/s²? (*c*) Com que rapidez o corpo irá acelerar se uma força de 400 lbf for aplicada a ele na Lua ou na Terra?

> **Solução**
>
> Precisamos encontrar os valores (a) massa; (b) peso na Lua; e (c) aceleração desse corpo. Esse é um problema razoavelmente simples de fatores de conversão para diferentes sistemas de unidades. Não é necessário nenhum dado de propriedades. O exemplo é simples, não sendo necessário nenhum esquema para representar.
>
> **Parte (a)**
>
> Aplica-se a lei de Newton (1.2) a um peso e uma aceleração gravitacional conhecidos. Resolvendo-a em relação a m:
>
> $$F = W = 1000 \text{ lbf} = mg = (m)(32{,}174 \text{ ft/s}^2), \text{ ou } m = \frac{1000 \text{ lbf}}{32{,}174 \text{ ft/s}^2} = 31{,}08 \text{ slugs}$$
>
> Convertendo em quilogramas:
>
> $$m = 31{,}08 \text{ slugs} = (31{,}08 \text{ slugs})(14{,}5939 \text{ kg/slug}) = 454 \text{ kg} \qquad \text{Resp. (a)}$$
>
> **Parte (b)**
>
> A massa do corpo permanece 454 kg independentemente de sua localização. A Equação (1.2) aplicada a uma nova aceleração gravitacional dá origem a um novo peso:
>
> $$F = W_{\text{Lua}} = mg_{\text{Lua}} = (454 \text{ kg})(1{,}62 \text{ m/s}^2) = 735 \text{ N} \qquad \text{Resp. (b)}$$
>
> **Parte (c)**
>
> Esta parte não envolve peso, gravidade ou localização. Ela é simplesmente uma aplicação da lei de Newton a uma massa e uma força conhecidas:
>
> $$F = 400 \text{ lbf} = ma \, (31{,}08 \text{ slugs}) \, a$$
>
> Resolvendo tem-se:
>
> $$a = \frac{400 \text{ lbf}}{31{,}08 \text{ slugs}} = 12{,}87 \frac{\text{ft}}{\text{s}^2} \left(0{,}3048 \frac{\text{m}}{\text{ft}}\right) = 3{,}92 \frac{\text{m}}{\text{s}^2} \qquad \text{Resp. (c)}$$
>
> *Comentário (c):* Essa aceleração seria a mesma na Terra, na Lua ou em qualquer outro lugar.

Muitos dados na literatura são fornecidos em unidades inconvenientes ou misteriosas adequadas somente a algum tipo especial de atividade, especialidade ou país. O engenheiro deverá converter esses dados nos sistemas SI ou BG antes de usá-los. Isso requer a aplicação sistemática de fatores de conversão, como no exemplo a seguir.

EXEMPLO 1.2

> Indústrias envolvidas na medida de viscosidade [27, 29] continuam usando o sistema CGS de unidades, pois centímetros e gramas resultam em números convenientes para muitos fluidos. A unidade da viscosidade absoluta (μ) é o *poise*, que recebeu esse nome em homenagem a J. L. M. Poiseuille, um médico francês que em 1840 realizou experimentos pioneiros com escoamento de água em tubos; 1 poise = 1 g/(cm·s). A unidade da viscosidade cinemática (ν) é o *stokes*, que recebeu esse nome em homenagem a G. G. Stokes, um físico britânico que em 1845 ajudou a desenvolver as equações diferenciais parciais básicas da quantidade de movimento dos fluidos; 1 stokes = 1 cm^2/s. A água a 20 °C tem $\mu \approx 0{,}01$ poise e também $\nu \approx 0{,}01$ stokes. Expresse esses resultados em unidades do (a) SI e do (b) BG.

Solução

Parte (a)
- *Abordagem:* Converta gramas em kg ou slugs e converta centímetros em metros ou pés.
- *Valores das propriedades:* Dado $\mu = 0,01$ g/(cm · s) e $\nu = 0,01$ cm²/s.
- *Passos da solução:* (a) Para conversão em unidades do SI,

$$\mu = 0,01 \frac{g}{cm \cdot s} = 0,01 \frac{g(1\ kg/1000\ g)}{cm(0,01\ m/cm)s} = 0,001 \frac{kg}{m \cdot s}$$

$$\nu = 0,01 \frac{cm^2}{s} = 0,01 \frac{cm^2(0,01\ m/cm)^2}{s} = 0,000001 \frac{m^2}{s} \qquad Resp.\ (a)$$

Parte (b)
- Para conversão em unidades do BG

$$\mu = 0,01 \frac{g}{cm \cdot s} = 0,01 \frac{g(1\ kg/1000\ g)(1\ slug/14,5939\ kg)}{(0,01\ m/cm)(1\ ft/0,3048\ m)s} = 0,0000209 \frac{slug}{ft \cdot s}$$

$$\nu = 0,01 \frac{cm^2}{s} = 0,01 \frac{cm^2(0,01\ m/cm)^2(1\ ft/0,3048\ m)^2}{s} = 0,0000108 \frac{ft^2}{s} \qquad Resp.\ (b)$$

- *Comentários:* Essa foi uma conversão trabalhosa que poderia ter sido abreviada usando-se os fatores de conversão direta de viscosidade do Apêndice C. Por exemplo, $\mu_{BG} = \mu_{SI}/47,88$.

Repetimos nosso conselho: ao trabalhar com dados em unidades não usuais, converta-os imediatamente em unidades do SI ou do BG porque (1) é uma maneira mais profissional de trabalhar e (2) as equações teóricas da mecânica dos fluidos são *dimensionalmente consistentes* e não requerem outros fatores de conversão quando são usados esses dois sistemas fundamentais de unidades, como ilustra o exemplo a seguir.

EXEMPLO 1.3

Uma equação teórica útil para calcular a relação entre pressão, velocidade e altitude em um escoamento permanente de um fluido considerado não viscoso e incompressível com transferência de calor e trabalho mecânico desprezíveis[5] é a *relação de Bernoulli*, que recebeu esse nome em homenagem a Daniel Bernoulli, que publicou um livro sobre hidrodinâmica em 1738:

$$p_0 = p + \tfrac{1}{2}\rho V^2 + \rho g Z \qquad (1)$$

em que p_0 = pressão de estagnação
p = pressão no fluido em movimento
V = velocidade
ρ = massa específica
Z = altitude
g = aceleração da gravidade

(*a*) Mostre que a Equação (1) satisfaz o princípio de homogeneidade dimensional, que afirma que todos os termos aditivos em uma equação física devem ter as mesmas dimensões. (*b*) Mostre que resultam unidades consistentes, sem fatores de conversão adicionais, em unidades do SI. (*c*) Repita o item (*b*) para unidades do BG.

---

[5]Há uma grande quantidade de hipóteses, que serão mais bem estudadas no Capítulo 3.

> **Solução**
>
> **Parte (a)** Podemos expressar a Equação (1) dimensionalmente, usando chaves, escrevendo as dimensões de cada termo da Tabela 1.2:
>
> $$\{ML^{-1}T^{-2}\} = \{ML^{-1}T^{-2}\} + \{ML^{-3}\}\{L^2T^{-2}\} + \{ML^{-3}\}\{LT^{-2}\}\{L\}$$
> $$= \{ML^{-1}T^{-2}\} \text{ para todos os termos} \qquad Resp. (a)$$
>
> **Parte (b)** Escreva as unidades do SI da Tabela 1.2 para cada grandeza:
>
> $$\{N/m^2\} = \{N/m^2\} + \{kg/m^3\}\{m^2/s^2\} + \{kg/m^3\}\{m/s^2\}\{m\}$$
> $$= \{N/m^2\} + \{kg/(m \cdot s^2)\}$$
>
> O lado direito da expressão parece incorreto até lembrarmos da Equação (1.3), em que 1 kg = 1 N · s²/m.
>
> $$\{kg/(m \cdot s^2)\} = \frac{\{N \cdot s^2/m\}}{\{m \cdot s^2\}} = \{N/m^2\} \qquad Resp. (b)$$
>
> Assim todos os termos da equação de Bernoulli terão unidades pascals, ou newtons por metro quadrado, quando forem usadas as unidades do SI. Não são necessários fatores de conversão, o que é verdadeiro para todas as equações teóricas na mecânica dos fluidos.
>
> **Parte (c)** Introduzindo as unidades do BG para cada termo, temos
>
> $$\{lbf/ft^2\} = \{lbf/ft^2\} + \{slugs/ft^3\}\{ft^2/s^2\} + \{slugs/ft^3\}\{ft/s^2\}\{ft\}$$
> $$= \{lbf/ft^2\} + \{slugs/(ft \cdot s^2)\}$$
>
> Mas, pela Equação (1.3), 1 slug = 1 lbf · s²/ft, de maneira que
>
> $$\{slugs/(ft \cdot s^2)\} = \frac{\{lbf \cdot s^2/ft\}}{\{ft \cdot s^2\}} = \{lbf/ft^2\} \qquad Resp. (c)$$
>
> Todos os termos têm unidade de libra-força por pé quadrado. Não são necessários fatores de conversão no sistema BG também.

Há ainda uma tendência, nos países de língua inglesa, de usar libra-força por polegada quadrada como unidade de pressão porque os números são mais convenientes. Por exemplo, a pressão atmosférica padrão é 14,7 lbf/in² = 2.116 lbf/ft² = 101.300 Pa. O pascal é uma unidade pequena porque o newton é menos do que $\frac{1}{4}$ lbf e um metro quadrado é uma área muito grande.

Unidades consistentes

Note que não somente todas as equações da mecânica (dos fluidos) devem ser dimensionalmente homogêneas, mas também deve-se usar *unidades consistentes*; isto é, cada termo aditivo deve ter as mesmas unidades. Não há qualquer dificuldade nisso usando-se os sistemas SI e BG, como no Exemplo 1.3, mas há problemas para aqueles que experimentam misturar unidades inglesas coloquiais. Por exemplo, no Capítulo 9, usamos frequentemente a hipótese de escoamento permanente compressível adiabático de um gás:

$$h + \tfrac{1}{2}V^2 = \text{constante}$$

em que h é a entalpia do fluido e $V^2/2$ é a sua energia cinética por unidade de massa. As tabelas termodinâmicas coloquiais costumam fornecer h em unidades térmicas britânicas por libra-massa (Btu/lb), ao passo que V é comumente fornecida em ft/s. É completamente errado adicionar Btu/lb a ft^2/s^2. A unidade apropriada para h neste caso é ft · lbf/slug, que é idêntica a ft^2/s^2. O fator de conversão é 1 Btu/lb $\approx$ 25.040 ft^2/s^2 = 25.040 ft · lbf/slug.

Equações homogêneas *versus* equações dimensionalmente inconsistentes

Todas as equações teóricas em mecânica (e em outras ciências físicas) são *dimensionalmente homogêneas*; isto é, cada termo aditivo da equação tem as mesmas dimensões. No entanto, o leitor deve estar ciente de que muitas fórmulas empíricas na literatura da engenharia, resultantes principalmente das correlações de dados, são dimensionalmente inconsistentes. Suas unidades não podem ser harmonizadas simplesmente e alguns termos podem conter variáveis ocultas. Um exemplo é a fórmula que os fabricantes de válvulas hidráulicas citam para a vazão volumétrica de líquido Q (m^3/s) através de uma válvula parcialmente aberta:

$$Q = C_V \left(\frac{\Delta p}{d}\right)^{1/2}$$

na qual Δp é a queda de pressão na válvula e d é a densidade do líquido (a relação entre a massa específica do líquido e a massa específica da água). A grandeza C_V é o *coeficiente de vazão da válvula*, que os fabricantes apresentam em tabelas nos catálogos das válvulas. Como d é adimensional $\{1\}$, vemos que essa fórmula é totalmente inconsistente, tendo um lado a dimensão de vazão $\{L^3/T\}$ e o outro lado a raiz quadrada de uma diferença de pressão $\{M^{1/2}/L^{1/2}T\}$. Conclui-se que C_V tem de ter dimensões, e elas são bem estranhas: $\{L^{7/2}/M^{1/2}\}$. A resolução dessa discrepância não fica muito clara, embora se saiba que os valores de C_V na literatura aumentam linearmente com o quadrado do tamanho da válvula. A apresentação de dados experimentais em forma homogênea é o assunto da *análise dimensional* (Capítulo 5). Lá iremos aprender que uma forma homogênea para a relação de vazão em uma válvula é

$$Q = C_d A_{\text{abertura}} \left(\frac{\Delta p}{\rho}\right)^{1/2}$$

em que ρ é a massa específica do líquido e A é a área da abertura da válvula. O *coeficiente de descarga* C_d é adimensional e só varia ligeiramente com o tamanho da válvula. Acredite – até discutirmos o fato no Capítulo 5 – que essa última expressão é uma formulação *muito* melhor dos dados.

Ao mesmo tempo, concluímos que equações dimensionalmente inconsistentes, que ocorrem na prática da engenharia, são confusas e vagas e até mesmo perigosas, no sentido de que elas frequentemente são mal usadas fora do seu campo de aplicação.

Tabela 1.3 Prefixos convenientes para unidades de engenharia

Fator multiplicativo	Prefixo	Símbolo
10^{12}	tera	T
10^9	giga	G
10^6	mega	M
10^3	quilo	k
10^2	hecto	h
10	deca	da
10^{-1}	deci	d
10^{-2}	centi	c
10^{-3}	mili	m
10^{-6}	micro	μ
10^{-9}	nano	n
10^{-12}	pico	p
10^{-15}	femto	f
10^{-18}	atto	a

Prefixos convenientes em potências de 10

Os resultados na engenharia frequentemente são muito pequenos ou muito grandes para as unidades comuns, com muitos zeros de um modo ou de outro. Por exemplo, para escrever p = 114.000.000 Pa, temos um número longo e inconveniente. Usando o prefixo "M" para representar 10^6, convertemos esse número em p = 114 MPa (megapascals), muito mais simples. Da mesma forma, t = 0,000000003 s é um pesadelo para quem estiver lendo este livro, comparado com o equivalente t = 3 ns (nanossegundos). Esses prefixos são comuns e convenientes, tanto no sistema SI quanto no BG. A Tabela 1.3 traz uma lista completa.

EXEMPLO 1.4

Em 1890, Robert Manning, um engenheiro irlandês, propôs a seguinte fórmula empírica para a velocidade média V em escoamento uniforme devido à ação da gravidade em um canal aberto (unidades do BG):

$$V = \frac{1{,}49}{n} R^{2/3} S^{1/2} \tag{1}$$

em que R = raio hidráulico do canal (Capítulos 6 e 10)
S = declividade do canal (tangente do ângulo que o fundo do canal faz com a horizontal)
n = fator de rugosidade de Manning (Capítulo 10)

e n é uma constante para uma dada condição da superfície das paredes e do fundo do canal. (*a*) A fórmula de Manning é dimensionalmente consistente? (*b*) A Equação (1) comumente é considerada válida em unidades BG com n considerado como adimensional. Reescreva-a na forma do SI.

Solução

- *Hipótese:* A declividade S do canal é a tangente de um ângulo e, portanto, é uma relação adimensional com a notação {1} – isto é, não contendo M, L ou T.

- *Abordagem (a):* Reescreva as dimensões de cada termo na equação de Manning, usando chaves { }:

$$\{V\} = \left\{\frac{1{,}49}{n}\right\}\{R^{2/3}\}\{S^{1/2}\} \quad \text{ou} \quad \left\{\frac{L}{T}\right\} = \left\{\frac{1{,}49}{n}\right\}\{L^{2/3}\}\{1\}$$

Essa fórmula é incompatível a menos que $\{1{,}49/n\} = \{L^{1/3}/T\}$. Se n é adimensional (e ele nunca é mencionado com unidades nos livros-texto), o número 1,49 tem de ter as dimensões de $\{L^{1/3}/T\}$. *Resp. (a)*

- *Comentário (a):* Fórmulas com coeficientes numéricos com unidades podem ser desastrosas para engenheiros que trabalhem em um sistema diferente ou com outro fluido. A fórmula de Manning, embora popular, é inconsistente tanto dimensionalmente quanto fisicamente e é válida somente para escoamento de água com certa rugosidade nas paredes. Os efeitos de viscosidade e densidade da água estão ocultos no valor numérico 1,49.

- *Abordagem (b):* A parte (*a*) mostrou que 1,49 tem dimensões. Se a fórmula for válida nas unidades do BG, então ele deve ser igual a 1,49 ft$^{1/3}$/s. Usando a conversão no SI no comprimento, obtemos

$$(1{,}49 \text{ ft}^{1/3}/\text{s})(0{,}3048 \text{ m/ft})^{1/3} = 1{,}00 \text{ m}^{1/3}/\text{s}$$

Portanto a fórmula inconsistente de Manning muda sua forma quando convertida no sistema SI:

$$\text{unidades do SI:} \quad V = \frac{1{,}0}{n} R^{2/3} S^{1/2} \qquad \textit{Resp. (b)}$$

com R em metros e V em metros por segundo.

- *Comentário (b):* Na verdade, nós o enganamos: essa é a maneira como Manning, um usuário do sistema métrico, propôs inicialmente a fórmula. Depois ela foi convertida em unidades do BG. Essas fórmulas dimensionalmente inconsistentes são perigosas e devem ser reanalisadas ou tratadas como fórmulas de aplicação muito limitada.

1.5 Propriedades do campo de velocidade

Em uma dada situação de escoamento, a determinação, por experimento ou teoria, das propriedades do fluido em função da posição e do tempo é considerada a *solução* do problema. Em quase todos os casos, a ênfase está na distribuição espaço-tempo das propriedades do fluido. Raramente se dá atenção ao destino das partículas específicas de fluido. Esse tratamento das propriedades como funções de campo contínuas distingue a mecânica dos fluidos da mecânica dos sólidos, na qual estamos mais interessados nas trajetórias das partículas individuais ou nos sistemas.

O campo de velocidade

Em primeiro lugar entre as propriedades de um escoamento está o campo de velocidade $\mathbf{V}(x, y, z, t)$. Na verdade, determinar a velocidade frequentemente equivale a resolver um problema de escoamento, uma vez que outras propriedades derivam diretamente do campo de velocidade. O Capítulo 2 é dedicado ao cálculo do campo de pressão uma vez conhecido o campo de velocidade. Livros sobre transferência de calor (por exemplo, Referência 20) dedicam-se a determinar o campo de temperatura com base em campos de velocidade conhecidos.

Em geral, a velocidade é uma função vetorial da posição e do tempo e, portanto, tem três componentes u, v e w, sendo cada um deles um campo escalar:

$$V(x, y, z, t) = \mathbf{i}u(x, y, z, t) + \mathbf{j}v(x, y, z, t) + \mathbf{k}w(x, y, z, t) \tag{1.4}$$

O uso de u, v e w em lugar da notação mais lógica de componente V_x, V_y e V_z é resultado de uma prática consolidada em mecânica dos fluidos. Grande parte deste livro, especialmente os Capítulos 4, 7, 8 e 9, trata de encontrar a distribuição do vetor velocidade $\mathbf{V}$ para uma variedade de escoamentos práticos.

O campo de aceleração

O vetor de aceleração, $\mathbf{a} = d\mathbf{V}/dt$, ocorre na lei de Newton para um fluido, sendo assim muito importante. Para seguir uma partícula no referencial euleriano, o resultado final para a aceleração é não linear e bem complicado. Aqui, apenas fornecemos a fórmula:

$$\mathbf{a} = \frac{d\mathbf{V}}{dt} = \frac{\partial \mathbf{V}}{\partial t} + u\frac{\partial \mathbf{V}}{\partial x} + v\frac{\partial \mathbf{V}}{\partial y} + w\frac{\partial \mathbf{V}}{\partial z} \tag{1.5}$$

onde (u, v, w) são os componentes de velocidade da Eq. (1.4). Estudaremos esta fórmula em detalhes no Cap. 4. Os últimos três termos da Eq. (1.5) são produtos não lineares e complicam muito a análise de movimentos gerais de fluidos, especialmente escoamentos viscosos.

1.6 Propriedades termodinâmicas de um fluido

Embora o campo de velocidade $\mathbf{V}$ seja a propriedade mais importante de um fluido, ele interage estreitamente com as propriedades termodinâmicas do fluido. Já introduzimos na discussão as três propriedades mais comuns:

1. Pressão p
2. Massa específica ρ
3. Temperatura T

Essas três propriedades são companheiras constantes do vetor velocidade nas análises de escoamento. Há outras quatro propriedades termodinâmicas intensivas que se tornam importantes quando se trata com balanços de trabalho, calor e energia (Capítulos 3 e 4):

4. Energia interna $\hat{u}$
5. Entalpia $h = \hat{u} + p/\rho$
6. Entropia s
7. Calores específicos c_p e c_v

Além disso, efeitos de atrito e condução de calor são regidos por duas propriedades chamadas de *propriedades de transporte*:

8. Coeficiente de viscosidade μ
9. Condutividade térmica k

Essas nove grandezas são todas verdadeiras propriedades termodinâmicas, determinadas pela condição termodinâmica ou de *estado* do fluido. Por exemplo, para uma substância de fase única, tal como a água ou o oxigênio, duas propriedades básicas, como a pressão e a temperatura, são suficientes para fixar o valor de todas as outras:

$$\rho = \rho(p, T) \quad h = h(p, T) \quad \mu = \mu(p, T)$$

e assim por diante para todas as grandezas da lista. Note que o volume específico, tão importante em análises termodinâmicas, é omitido aqui em favor do seu inverso, a massa específica ρ.

Lembre-se de que as propriedades termodinâmicas descrevem o estado de um *sistema* – isto é, uma porção de matéria de identidade fixa que interage com suas vizinhanças. Aqui, na maioria dos casos, o sistema será um pequeno elemento de fluido e todas as propriedades serão consideradas propriedades contínuas do campo de escoamento: $\rho = \rho(x, y, z, t)$ e assim por diante.

Lembre-se também de que a termodinâmica normalmente se ocupa com sistemas *estáticos*, ao passo que os fluidos usualmente estão em movimento variado com propriedades variando constantemente. As propriedades conservam seu significado em um escoamento que tecnicamente não está em equilíbrio? A resposta é sim, de um ponto de vista estatístico. Em gases à pressão normal (e mais ainda para líquidos), ocorre uma quantidade enorme de colisões moleculares em uma distância muito pequena, da ordem de 1 μm, de modo que um fluido sujeito a mudanças bruscas rapidamente se ajusta ao equilíbrio. Consideramos então que todas as propriedades termodinâmicas listadas anteriormente existem como funções de ponto em um fluido escoando e seguem todas as leis e relações do estado de equilíbrio comum da termodinâmica. Existem, naturalmente, importantes efeitos de não equilíbrio, tais como as reações químicas e nucleares em fluidos escoando, que não são tratados neste livro.

Pressão

Pressão é a tensão (de compressão) em um ponto no fluido estático (Figura 1.3). Junto com a velocidade, a pressão p é a mais importante variável dinâmica em mecânica dos fluidos. Diferenças ou *gradientes* de pressão geralmente causam o escoamento do fluido, especialmente em dutos. Em escoamentos a baixa velocidade, a intensidade real da pressão nem sempre é importante, a menos que caia a um valor tão baixo que cause a formação de bolhas de vapor no líquido. Por conveniência, tratamos muitos dos problemas propostos em nível de 1 atm = 101.300 Pa. No entanto, os escoamentos de gás a alta velocidade (compressível) (Capítulo 9) são realmente sensíveis ao valor da pressão.

Temperatura

A temperatura T é uma medida do nível da energia interna de um fluido. Ela pode variar consideravelmente durante um escoamento em alta velocidade de um gás (Capítulo 9). Embora os engenheiros usem frequentemente as escalas Celsius ou Fahrenheit por conveniência, muitas aplicações neste texto requerem escalas de temperatura *absoluta* (Kelvin ou Rankine):

$$°R = °F + 459,69$$
$$K = °C + 273,16$$

Se as diferenças de temperatura forem grandes, a *transferência de calor* pode ser importante [20], mas nossa preocupação aqui é principalmente com os efeitos dinâmicos.

Massa específica

A massa específica de um fluido, representada por ρ (letra grega rô minúscula), é a sua massa por unidade de volume. A massa específica é muito variável em gases e aumenta quase proporcionalmente com a pressão. A massa específica dos líquidos é quase constante; a massa específica da água (aproximadamente 1.000 kg/m^3) aumenta somente 1% se a pressão for aumentada por um fator de 220. Dessa maneira, a maioria dos escoamentos de líquidos é tratada analiticamente como aproximadamente "incompressível".

Em geral, os líquidos são cerca de três ordens de grandeza mais densos que os gases à pressão atmosférica. O líquido comum mais pesado é o mercúrio, e o gás mais leve é o hidrogênio. Compare suas massas específicas a 20 °C e 1 atm:

$$\text{Mercúrio: } \rho = 13.580 \text{ kg/m}^3 \qquad \text{Hidrogênio: } \rho = 0,0838 \text{ kg/m}^3$$

Elas diferem em um fator de 162.000! Assim, os parâmetros físicos em vários escoamentos de líquidos e gases podem variar consideravelmente. As diferenças geralmente são resolvidas pelo uso da *análise dimensional* (Capítulo 5). Outras massas específicas de fluidos estão listadas nas Tabelas A.3 e A.4 (no Apêndice A) e na Referência 21.

Peso específico

O *peso específico* de um fluido, representado por γ (letra grega gama minúscula), é seu peso por unidade de volume. Assim como a massa tem um peso $P = mg$, a massa específica e o peso específico são simplesmente relacionados pela gravidade:

$$\gamma = \rho g \qquad (1.6)$$

As unidades de γ são peso por unidade de volume, em lbf/ft^3 ou N/m^3. Na gravidade padrão da Terra, $g = 9,807$ m/s^2. Assim, por exemplo, os pesos específicos do ar e da água a 20°C e 1 atm são aproximadamente

$$\gamma_{ar} = (1.205 \text{ kg/m}^3)(9.807 \text{ m/s}^2) = 11,8 \text{ N/m}^3$$
$$\gamma_{água} = (998 \text{ kg/m}^3)(9.807 \text{ m/s}^2) = 9.790 \text{ N/m}^3$$

O peso específico é muito útil nas aplicações de pressão hidrostática do Capítulo 2. Pesos específicos de outros fluidos são dados nas Tabelas A.3 e A.4.

Densidade

A *densidade*, representada por d, é a relação entre a massa específica do fluido e a massa específica de um fluido padrão de referência, usualmente a água a 4 °C (para líquidos) e o ar (para gases):

$$d_{gás} = \frac{\rho_{gás}}{\rho_{ar}} = \frac{\rho_{gás}}{1,205 \text{ kg/m}^3}$$

$$d_{líquido} = \frac{\rho_{líquido}}{\rho_{água}} = \frac{\rho_{líquido}}{1.000 \text{ kg/m}^3} \qquad (1.7)$$

Por exemplo, a densidade do mercúrio (Hg) é $d_{Hg} = 13.580/1.000 \approx 13,6$. Os engenheiros acham essas relações adimensionais mais fáceis de lembrar do que os valores numéricos reais de massa específica de vários fluidos.

Energias potencial e cinética

Em termostática, a única energia de uma substância é aquela armazenada em um sistema por atividade molecular e forças de ligação molecular. Isso é chamado comumente de *energia interna* $\hat{u}$. Um ajuste comumente aceito a essa situação estática para um escoamento é acrescentar mais dois termos de energia provenientes da mecânica newtoniana: a energia potencial e a energia cinética.

A energia potencial é igual ao trabalho necessário para mover o sistema de massa m da origem até uma posição vetorial $\mathbf{r} = \mathbf{i}x + \mathbf{j}y + \mathbf{k}z$ contra o campo gravitacional $\mathbf{g}$. Seu valor é $-m\mathbf{g} \cdot \mathbf{r}$, ou $-\mathbf{g} \cdot \mathbf{r}$ por unidade de massa. A energia cinética é igual ao trabalho necessário para variar a velocidade da massa de zero até a velocidade V. Seu valor é $\frac{1}{2}mV^2$ ou $\frac{1}{2}V^2$ por unidade de massa. Então, por convenção, a energia total armazenada e por unidade de massa em mecânica dos fluidos é a soma desses três termos:

$$e = \hat{u} + \tfrac{1}{2}V^2 + (-\mathbf{g} \cdot \mathbf{r}) \tag{1.8}$$

Além disso, neste livro, definiremos o sentido positivo de z para cima, tal que $\mathbf{g} = -g\mathbf{k}$ e $\mathbf{g} \cdot \mathbf{r} = -gz$. A Equação (1.8) torna-se, então,

$$e = \hat{u} + \tfrac{1}{2}V^2 + gz \tag{1.9}$$

A energia interna molecular $\hat{u}$ é uma função de T e p para substâncias puras de uma única fase, ao passo que as energias potencial e cinética são grandezas cinemáticas.

Relações de estado para gases

Sabemos que as propriedades termodinâmicas estão relacionadas entre si teórica e experimentalmente por relações de estado que diferem para cada substância. Conforme já mencionamos, vamo-nos limitar aqui a substâncias puras de uma única fase, como, por exemplo, a água em sua fase líquida. O segundo fluido mais comum, o ar, é uma mistura de gases, mas como as relações da mistura permanecem aproximadamente constantes entre 160 K e 2.200 K, nessa faixa de temperatura o ar pode ser considerado uma substância pura.

Todos os gases a altas temperaturas e a baixas pressões (relativas ao seu ponto crítico) estão em boa concordância com a *lei dos gases perfeitos*.

$$\boxed{p = \rho RT \quad R = c_p - c_v = \text{constante do gás}} \tag{1.10}$$

em que os calores específicos c_p e c_v estão definidos nas Equações (1.14) e (1.15).

Como a Equação (1.10) é dimensionalmente consistente, R tem as mesmas dimensões que o calor específico, $\{L^2 T^{-2} \Theta^{-1}\}$, ou velocidade ao quadrado por unidade de temperatura (Kelvin). Cada gás tem sua própria constante R, igual a uma constante universal Λ dividida pelo peso molecular

$$R_{\text{gás}} = \frac{\Lambda}{M_{\text{gás}}} \tag{1.11}$$

em que $\Lambda = 8.314$ kJ/(kmol · K). A maioria das aplicações neste livro é para o ar, cujo peso molecular é $M = 28,97$/mol:

$$R_{ar} = \frac{8.314 \text{ kJ}/(\text{kmol} \cdot \text{K})}{28,97/\text{mol}} = 287 \frac{\text{m}^2}{\text{s}^2 \cdot \text{K}} \quad (1.12)$$

A pressão atmosférica padrão é 101.300 Pa, e a temperatura padrão é 15 °C = 288 K. Assim a massa específica padrão do ar é

$$\rho_{ar} = \frac{101.300 \text{ Pa}}{287 \text{m}^2/(\text{s}^2 \cdot \text{K}) \cdot 288 \text{ K}} = 1,22 \text{ kg}/\text{m}^3 \quad (1.13)$$

Esse é um valor nominal adequado a problemas. Para outros gases, veja a Tabela A.4.

A maioria dos gases comuns – oxigênio, nitrogênio, hidrogênio, hélio, argônio – são quase perfeitos. Isto não se aplica ao vapor d'água, cujo diagrama temperatura-entropia simplificado é mostrado na Fig. 1.3. A menos que você tenha certeza de que a temperatura do vapor é "alta" e a pressão "baixa", é melhor usar as Tabelas de Vapor para fazer cálculos precisos.

Demonstra-se em termodinâmica que a Equação (1.10) requer que a energia interna molecular $\hat{u}$ de um gás perfeito varie somente com a temperatura: $\hat{u} = \hat{u}(T)$. Portanto o calor específico c_v também varia somente com a temperatura:

$$c_v = \left(\frac{\partial \hat{u}}{\partial T}\right)_\rho = \frac{d\hat{u}}{dT} = c_v(T) \quad (1.14)$$

ou
$$d\hat{u} = c_v(T)dT$$

De maneira semelhante, h e c_p de um gás perfeito também variam somente com a temperatura:

$$h = \hat{u} + \frac{p}{\rho} = \hat{u} + RT = h(T)$$

$$c_p = \left(\frac{\partial h}{\partial T}\right)_p = \frac{dh}{dT} = c_p(T) \quad (1.15)$$

$$dh = c_p(T)dT$$

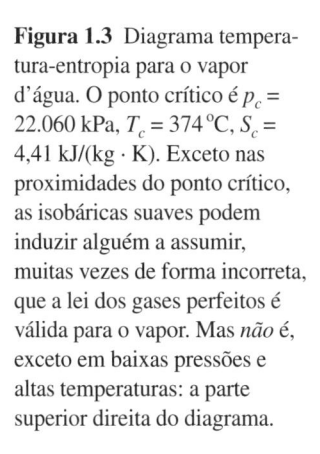

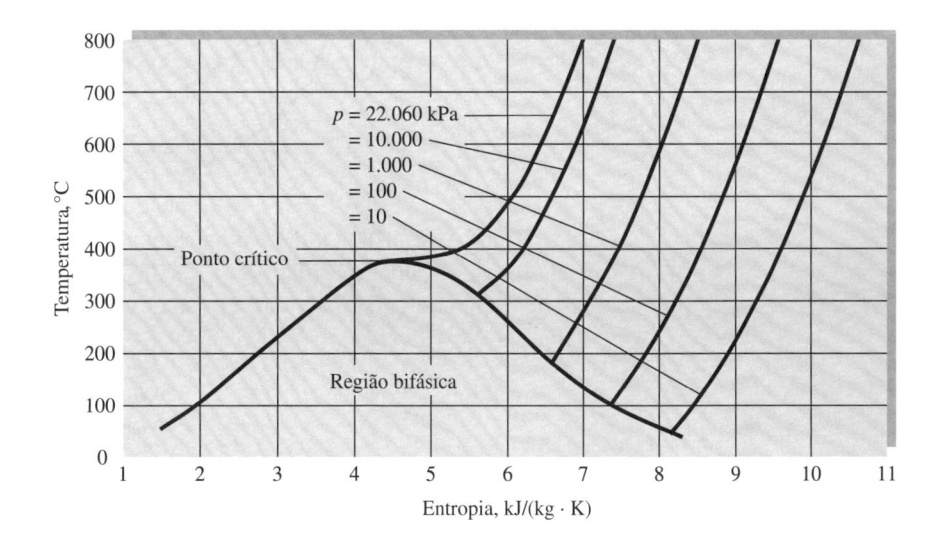

Figura 1.3 Diagrama temperatura-entropia para o vapor d'água. O ponto crítico é $p_c = 22.060$ kPa, $T_c = 374$ °C, $S_c = 4,41$ kJ/(kg · K). Exceto nas proximidades do ponto crítico, as isobáricas suaves podem induzir alguém a assumir, muitas vezes de forma incorreta, que a lei dos gases perfeitos é válida para o vapor. Mas *não* é, exceto em baixas pressões e altas temperaturas: a parte superior direita do diagrama.

A razão entre os calores específicos de um gás perfeito é um parâmetro adimensional importante na análise de escoamento compressível (Capítulo 9)

$$k = \frac{c_p}{c_v} = k(T) \geq 1 \tag{1.16}$$

Como primeira aproximação na análise de escoamento de ar, consideramos comumente c_p, c_v e k como constantes:

$$k_{ar} \approx 1{,}4$$

$$c_v = \frac{R}{k-1} = 718 \text{ m}^2/(\text{s}^2 \cdot \text{K}) \tag{1.17}$$

$$c_p = \frac{kR}{k-1} = 1.005 \text{ m}^2/(\text{s}^2 \cdot \text{K})$$

Na verdade, para todos os gases, c_p e c_v aumentam gradualmente com a temperatura e k diminui gradualmente. A Figura 1.4 mostra valores experimentais da razão entre calores específicos para oito gases comuns. Valores nominais estão presentes na Tabela A.4.

Muitos problemas de escoamento envolvem vapor. As condições típicas de operação do vapor são relativamente próximas ao ponto crítico, de modo que a aproxi-

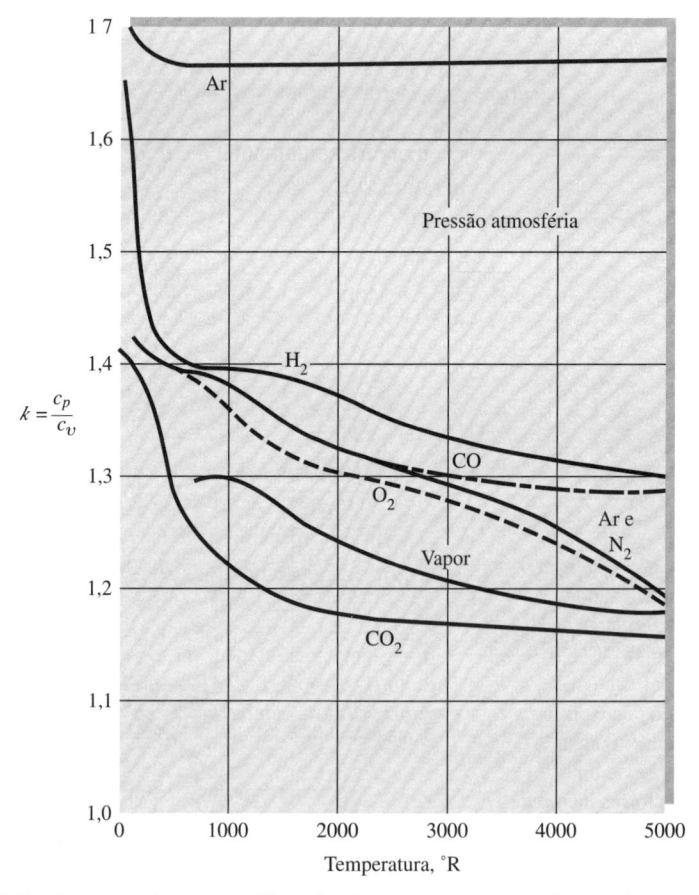

Figura 1.4 Razão entre calores específicos de oito gases comuns em função da temperatura. [*Dados da Referência 22.*]

mação de gás perfeito é imprecisa. Desse modo, devemos recorrer às tabelas de vapor, seja em formato tradicional, seja em CD-ROM [23] ou então por meio de um software on-line [24]. A maioria das tabelas de vapor on-line exige o pagamento de uma taxa de licença, mas no Exemplo 1.5 a seguir o autor sugere uma fonte on-line gratuita. Às vezes o erro de utilizar a lei dos gases perfeitos pode ser moderado, como mostra o exemplo a seguir.

EXEMPLO 1.5

Calcule ρ e c_p do vapor a 689,48 kPa e 204 °C, (a) pela aproximação de gás perfeito e (b) pelas tabelas de vapor da ASME [23].

Solução

- *Abordagem (a) – lei dos gases perfeitos:* Embora o vapor não seja um gás ideal, podemos estimar essas propriedades com precisão razoável por meio das Equações (1.10) e (1.17). Use a temperatura absoluta, (204°C + 273) = 477 K. Da Tabela A.4, o peso molecular da água (H_2O) é 18,02, então, a constante do gás do vapor é

$$R_{vapor} = \frac{\Lambda}{M_{H_2O}} = \frac{8.314 \text{ kJ/(kmol.K)}}{18,02/\text{mol}} = 461,38 \text{ m}^2/(\text{s}^2 \cdot \text{K})$$

Então, da lei dos gases perfeitos resulta a massa específica, Equação (1.10):

$$\rho \approx \frac{p}{RT} = \frac{689.480 \text{ N/m}^2}{461,38 \text{ m}^2/(\text{s}^2 \cdot \text{K}) \cdot 477\text{K}} = 3,13 \text{ kg/m}^3 \qquad \textit{Resp. (a)}$$

A 477 K, da Figura 1.5, $k_{vapor} = c_p/c_v \approx 1,30$. Então, da Equação (1.17),

$$c_p \approx \frac{kR}{k-1} = \frac{1,3 \cdot 461,38 \text{ m}^2/(\text{s}^2 \cdot \text{K})}{1,3-1} \approx 1.999,31 \text{ m}^2/(\text{s}^2 \cdot \text{K}) \qquad \textit{Resp. (a)}$$

- *Abordagem (b) – tabelas ou software:* Tanto é possível usar as Tabelas de Vapor da ASME [23] como um software on-line. Os software on-line, como em [24], calculam as propriedades do vapor sem a leitura de uma tabela. A maioria deles requer uma taxa de licença, que sua instituição pode ou não possuir. Para trabalhos em casa, o autor foi bem sucedido acessando o seguinte site comercial gratuito:

    www.spiraxsarco.com/esc/SH_Properties.aspx

    O software calcula propriedades do vapor superaquecido, conforme requerido neste exemplo. A Spirax Sarco Company fabrica diversos tipos de equipamentos a vapor: caldeiras, condensadores, válvulas, bombas, reguladores. O site da empresa fornece muitas propriedades do vapor – massa específica, calor específico, entalpia, velocidade do som – em diferentes sistemas de unidades. Aqui precisamos da massa específica e do calor específico do vapor a 100 lbf/pol² e 400°F. Inserimos esses dois dados e o software calcula não só ρ e c_p, mas também muitas outras propriedades de interesse, em unidades métricas ou inglesas. Os resultados do software são

$$\rho(100 \text{ lbf/pol}^2, 400°F) = 0,2027 \text{ lbm/pés}^3 = 3,247 \text{ kg/m}^3 \qquad \textit{Resp. (b)}$$

$$c_p(100 \text{ lbf/pol}^2, 400°F) = 0,5289 \text{ Btu/(lbm-F)} = 2215 \text{ J/(kg-K)} \qquad \textit{Resp. (b)}$$

Comentários: Os resultados são bem precisos e comparáveis com os de outras tabelas de vapor. A estimativa de gás perfeito de ρ fica 4 por cento abaixo e a de c_p, 9 por cento abaixo. A principal razão para a discrepância é que, para a temperatura e pressão fornecidas, o estado do vapor fica bem próximo ao do ponto crítico e da linha de saturação. Em temperaturas mais altas e pressões mais baixas, por exemplo, 800°F e 50 lbf/pol², a lei de gás perfeito tem uma precisão em torno de ±1%. Ver a Figura 1.3.

Novamente vamos advertir que certas unidades inglesas (psia, lbm, Btu) são desajeitadas e devem ser convertidas em unidades SI ou BG em quase todas as fórmulas de mecânica dos fluidos.

Relações de estado para líquidos

O autor desconhece qualquer "lei dos líquidos perfeitos" comparável àquela dos gases perfeitos. Os líquidos são quase incompressíveis e têm um único calor específico razoavelmente constante. Dessa maneira uma relação de estado idealizada para um líquido é

$$\rho \approx \text{constante} \qquad c_p \approx c_v \approx \text{constante} \qquad dh \approx c_p\, dT \qquad (1.18)$$

A maioria dos problemas de escoamento neste livro pode ser resolvida com essas hipóteses simples. Normalmente se considera a água com uma massa específica igual a 998 kg/m³ e um calor específico $c_p = 4.210$ m²/(s² · K). Podem ser usadas as tabelas de vapor se for necessária uma maior precisão.

A massa específica de um líquido usualmente decresce ligeiramente com a temperatura e cresce moderadamente com a pressão. Se desprezarmos o efeito da temperatura, uma relação empírica pressão-massa específica para um líquido é

$$\frac{p}{p_a} \approx (B+1)\left(\frac{\rho}{\rho_a}\right)^n - B \qquad (1.19)$$

em que B e n são parâmetros adimensionais que variam ligeiramente com a temperatura e p_a e ρ_a são valores para a atmosfera padrão. Para a água podemos estabelecer aproximadamente os valores $B \approx 3.000$ e $n \approx 7$.

A água do mar é uma mistura variável de água e sal e portanto requer três propriedades termodinâmicas para definir seu estado. Essas propriedades normalmente são a pressão, a temperatura e a *salinidade* $\hat{S}$, definida como o peso do sal dissolvido dividido pelo peso da mistura. A salinidade média da água do mar é 0,035, escrita usualmente como 35 partes por 1.000, ou 35‰. A massa específica média da água do mar é 2,00 slugs/ft³ $\approx$ 1.030 kg/m³. Rigorosamente falando, a água do mar tem três calores específicos, todos aproximadamente iguais aos valores para a água pura, de 25.200 ft²/(s² · °R) = 4.210 m²/(s² · K).

EXEMPLO 1.6

A pressão na parte mais profunda do oceano é aproximadamente 1.100 atm. Calcule a massa específica da água do mar em kg/m³ nessa pressão.

Solução

A Equação (1.19) vale tanto para a água pura quanto para a água do mar. A razão p/p_a é 1.100:

$$1100 \approx (3001)\left(\frac{\rho}{\rho_a}\right)^7 - 3000$$

ou
$$\frac{\rho}{\rho_a} = \left(\frac{4100}{3001}\right)^{1/7} = 1{,}046$$

Supondo uma densidade média da água do mar na superfície $\rho_a = 1.030$ kg/m³, calculamos

$$\rho \approx 1{,}046(1.030) = 1.077{,}38 \text{ kg/m}^3 \qquad Resp.$$

Mesmo nessas pressões imensas, o aumento da massa específica é menor que 5%, o que justifica o tratamento de um escoamento de líquido como essencialmente incompressível.

1.7 Viscosidade e outras propriedades secundárias

As grandezas como pressão, temperatura e massa específica discutidas na seção anterior são variáveis termodinâmicas *primárias* características de qualquer sistema. Existem também certas variáveis secundárias que caracterizam o comportamento mecânico de um fluido específico. A mais importante delas é a viscosidade, que relaciona as tensões locais em um fluido em movimento com a taxa de deformação por cisalhamento do elemento de fluido.

Viscosidade

A viscosidade é uma medida quantitativa da resistência de um fluido ao escoamento. Mais especificamente, ela determina a taxa de deformação do fluido que é gerada pela aplicação de uma dada tensão de cisalhamento. Podemo-nos mover facilmente através do ar, que tem uma viscosidade muito baixa. O movimento é mais difícil na água, que tem uma viscosidade 50 vezes maior. Encontra-se uma resistência ainda maior no óleo SAE 30, que é 300 vezes mais viscoso do que a água. Tente mover sua mão através da glicerina, que é 5 vezes mais viscosa do que o óleo SAE 30, ou dos melaços de cana-de-açúcar, com um valor 5 vezes maior que a glicerina. Os fluidos podem ter uma ampla gama de viscosidades.

Considere um elemento de fluido sob cisalhamento em um plano por uma única tensão de cisalhamento τ, como na Figura 1.5a. O ângulo de deformação devido ao cisalhamento $\delta\theta$ cresce continuamente com o tempo enquanto a tensão τ for mantida, a superfície superior move-se com uma velocidade δu maior que a inferior. Fluidos comuns como água, óleo e ar apresentam uma relação linear entre a tensão de cisalhamento aplicada e a taxa de deformação resultante:

$$\tau \propto \frac{\delta\theta}{\delta t} \qquad (1.20)$$

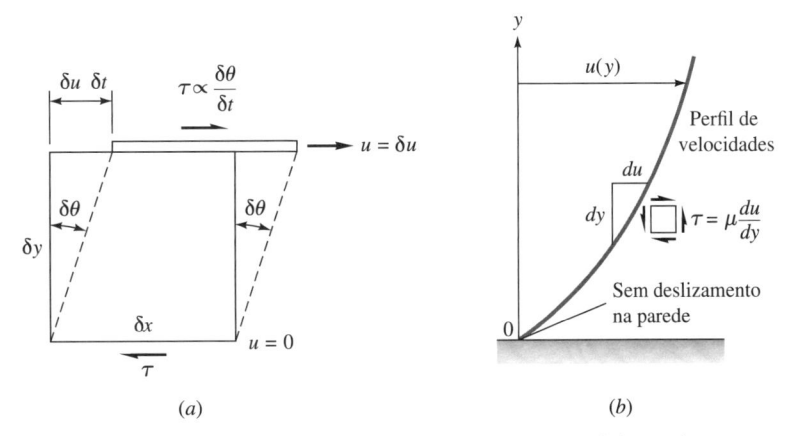

Figura 1.5 As tensões de cisalhamento causam deformações tangenciais contínuas em um fluido: (*a*) um elemento de fluido deformando a uma taxa de $\delta\theta/\delta t$; (*b*) distribuição de velocidade em uma camada cisalhada próxima a uma parede.

Da geometria da Figura 1.5a, vemos que

$$\text{tg } \delta\theta = \frac{\delta u \, \delta t}{\delta y} \tag{1.21}$$

Tomando-se o limite da variação infinitesimal, a equação acima se torna a relação entre a taxa de deformação e o gradiente de velocidade:

$$\frac{d\theta}{dt} = \frac{du}{dy} \tag{1.22}$$

Da Equação (1.20), então, a tensão de cisalhamento aplicada é também proporcional ao gradiente de velocidade para os fluidos lineares comuns. A constante de proporcionalidade é o coeficiente de viscosidade μ:

$$\tau = \mu \frac{d\theta}{dt} = \mu \frac{du}{dy} \tag{1.23}$$

A Equação (1.23) é dimensionalmente consistente; portanto μ tem dimensões de tensão-tempo: $\{FT/L^2\}$ ou $\{M/(LT)\}$. As unidades no SI são quilogramas por metro-segundo. Os fluidos lineares que seguem a Equação (1.23) são chamados de *fluidos newtonianos*, em homenagem a Sir Isaac Newton, que enunciou pela primeira vez essa lei de resistência em 1687.

Na verdade, não nos importamos realmente com o ângulo de deformação $\theta(t)$ em mecânica dos fluidos, concentrando-nos na distribuição de velocidades $u(y)$, como na Figura 1.5b. Usaremos a Equação (1.23) no Capítulo 4 para deduzir uma equação diferencial para determinar a distribuição de velocidades $u(y)$ – e, de uma forma mais geral, $\mathbf{V}(x, y, z, t)$ – em um fluido viscoso. A Figura 1.5b ilustra uma camada cisalhada, ou *camada-limite*, junto a uma parede sólida. A tensão de cisalhamento é proporcional à inclinação do perfil de velocidade e é maior junto à parede. Além disso, na parede, a velocidade u é zero em relação à parede: essa é chamada de *condição de não escorregamento* e é característica de todos os escoamentos de fluidos viscosos.

A viscosidade de fluidos newtonianos é uma verdadeira propriedade termodinâmica e varia com a temperatura e a pressão. Em um dado estado (p, T), há uma vasta gama de valores entre os fluidos comuns. A Tabela 1.4 lista a viscosidade de oito fluidos à pressão e à temperatura padrão. Há uma variação de seis ordens de grandeza desde o hidrogênio até a glicerina. Assim haverá amplas diferenças entre fluidos submetidos às mesmas tensões aplicadas.

Tabela 1.4 Viscosidade dinâmica e cinemática de oito fluidos a 1 atm e 20°C

Fluido	μ, kg/(m·s)[†]	Razão $\mu/\mu(H_2)$	ρ kg/m³	ν m²/s[†]	Razão $\nu/\nu(Hg)$
Hidrogênio	9,0 E-6	1,0	0,084	1,05 E-4	910
Ar	1,8 E-5	2,1	1,20	1,50 E-5	130
Gasolina	2,9 E-4	33	680	4,22 E-7	3,7
Água	1,0 E-3	114	998	1,01 E-6	8,7
Álcool etílico	1,2 E-3	135	789	1,52 E-6	13
Mercúrio	1,5 E-3	170	13.550	1,16 E-7	1,0
Óleo SAE 30	0,29	33.000	891	3,25 E-4	2.850
Glicerina	1,5	170.000	1.260	1,18 E-3	10.300

[†] 1 kg/(m · s) = 0,0209 slug/(ft · s); 1 m²/s = 10,76 ft²/s.

De uma forma geral, a viscosidade de um fluido aumenta ligeiramente com a pressão. Por exemplo, aumentando p de 1 para 50 atm, a viscosidade μ do ar aumentará em apenas 10%. No entanto, a temperatura tem um forte efeito, com μ aumentando com T para gases e diminuindo para líquidos. A Figura A.1 (no Apêndice A) mostra essa variação de temperatura para vários fluidos comuns. É habitual, na maioria dos trabalhos de engenharia, desprezar a variação da viscosidade com a pressão.

A variação $\mu(p, T)$ para um fluido típico está bem representada pela Figura 1.6, da Referência 25, que normaliza os dados com o *estado do ponto crítico* (μ_c, p_c, T_c). Esse comportamento, chamado de *princípio de estados correspondentes*, é característico de todos os fluidos, mas os valores numéricos reais têm uma incerteza de $\pm 20\%$ para qualquer fluido. Por exemplo, valores de $\mu(T)$ para o ar a 1 atm, da Tabela A.2, caem cerca de 8% abaixo do "limite de baixa densidade" na Figura 1.6.

Observe na Figura 1.6 que as variações com a temperatura ocorrem muito rapidamente próximo ao ponto crítico. Em geral, as medidas no ponto crítico são extremamente difíceis e imprecisas.

O número de Reynolds

O principal parâmetro que correlaciona o comportamento viscoso de todos os fluidos newtonianos é o adimensional *número de Reynolds*:

$$\text{Re} = \frac{\rho V L}{\mu} = \frac{V L}{\nu} \qquad (1.24)$$

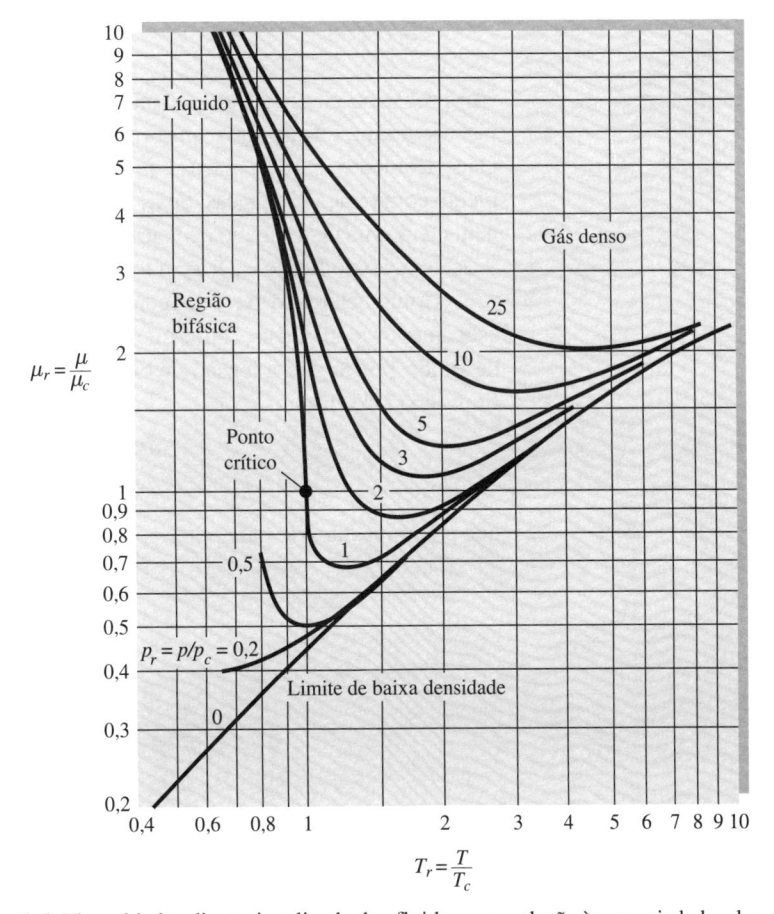

Figura 1.6 Viscosidade adimensionalizada dos fluidos com relação às propriedades do ponto crítico. Esse gráfico generalizado é característico de todos os fluidos, mas sua precisão é somente de $\pm 20\%$. [*Da Referência 25.*]

em que V e L são escalas de velocidade e de comprimento características do escoamento. A segunda forma de Re ilustra que a razão entre μ e ρ tem seu próprio nome, que é a *viscosidade cinemática*:

$$\nu = \frac{\mu}{\rho} \qquad (1.25)$$

Ela é chamada de cinemática porque a unidade de massa não aparece, ficando somente as dimensões $\{L^2/T\}$.

Geralmente, a primeira coisa que um engenheiro da área de fluidos deve fazer é estimar o intervalo do número de Reynolds do escoamento em estudo. Número de Reynolds Re muito baixo indica movimento viscoso *muito lento*, no qual os efeitos da inércia são desprezíveis. Número de Reynolds Re moderado implica escoamento *laminar* com variação suave. Número de Reynolds Re alto provavelmente indica escoamento *turbulento*, que pode variar lentamente no tempo, mas impõe fortes flutuações randômicas de alta frequência. Não é possível definir aqui valores numéricos explícitos para números de Reynolds baixo, moderado e alto. Eles dependem da geometria do escoamento e serão discutidos nos Capítulos 5 a 7.

A Tabela 1.4 também lista valores de ν para os mesmos oito fluidos. A ordem de grandeza muda consideravelmente, e o mercúrio, o mais pesado, tem a menor viscosidade em relação ao seu próprio peso. Todos os gases têm alta ν em relação aos líquidos pouco viscosos, como a gasolina, a água e o álcool. O óleo e a glicerina ainda têm a ν mais alta, mas a relação é menor. Para dados valores de V e L em um escoamento, esses fluidos apresentam uma variação de quatro ordens de grandeza no número de Reynolds.

Escoamento entre placas

Um problema clássico é o escoamento induzido entre uma placa inferior fixa e uma placa superior, que se move uniformemente à velocidade V, como mostra a Figura 1.7. O espaçamento entre as placas é h, e o fluido é newtoniano e não apresenta escorregamento com relação às placas. Se as placas são largas, esse movimento cisalhado permanente terá uma distribuição de velocidades $u(y)$, como mostra a figura, com $\nu = w = 0$. A aceleração do fluido é zero em todo o escoamento.

Com aceleração zero e supondo que não haja variação de pressão na direção do escoamento, podemos mostrar que um balanço de forças sobre um pequeno elemento de fluido revela que a tensão de cisalhamento é constante através do fluido. Então a Equação (1.23) torna-se

$$\frac{du}{dy} = \frac{\tau}{\mu} = \text{constante}$$

que podemos integrar para obter

$$u = a + by$$

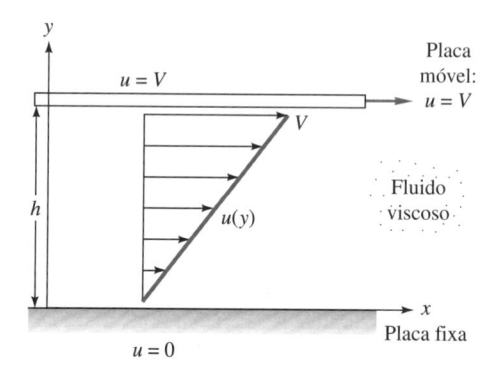

Figura 1.7 Escoamento viscoso induzido pelo movimento relativo entre duas placas paralelas.

A distribuição de velocidade é linear, como representa a Figura 1.7, e as constantes a e b podem ser calculadas com base na condição de não escorregamento nas paredes superior e inferior:

$$u = \begin{cases} 0 = a + b\,(0) & \text{em } y = 0 \\ V = a + b\,(h) & \text{em } y = h \end{cases}$$

Portanto, $a = 0$ e $b = V/h$. Assim, o perfil de velocidade entre as placas é dado por

$$u = V\frac{y}{h} \tag{1.26}$$

como indica a Figura 1.7. O escoamento turbulento (Capítulo 6) não apresenta essa forma.

Embora a viscosidade tenha um forte efeito sobre o movimento do fluido, as tensões viscosas reais são muito pequenas numericamente, mesmo para óleos, como mostra o exemplo a seguir.

Técnicas de resolução de problemas

A análise do escoamento de fluidos é repleta de problemas a serem resolvidos. O presente texto tem mais de 1.700 problemas propostos. Resolver um grande número deles é uma das chaves para se aprender o assunto. É preciso lidar com equações, dados, tabelas, hipóteses, sistemas de unidades e esquemas de solução. O grau de dificuldade variará, e nós incentivamos o estudante a experimentar todo o espectro de problemas propostos, tenham eles ou não as respostas no Apêndice. Aqui estão os passos recomendados para a resolução de problemas:

1. Leia o problema e o reescreva com o resumo dos resultados desejados.
2. A partir de tabelas ou gráficos, colete os dados de propriedades necessários: massa específica, viscosidade, etc.
3. Certifique-se de compreender o que é pedido. Os estudantes têm a tendência de responder à pergunta errada – por exemplo, pressão em vez de gradiente de pressão, força de sustentação em vez de força de arrasto, ou vazão em massa em vez de vazão volumétrica. Leia o enunciado do problema atentamente.
4. Faça um esboço detalhado, com marcações, do sistema ou volume de controle necessário.
5. Pense cuidadosamente e liste suas hipóteses. Você deve decidir se o escoamento é permanente ou não permanente, compressível ou incompressível, viscoso ou não viscoso, e se é necessário empregar um volume de controle ou equações diferenciais parciais.
6. Se possível, encontre uma solução algébrica. Em seguida, se for necessário um valor numérico, use os sistemas de unidade SI ou BG revisados na seção 1.4.
7. Exponha sua solução, com marcações, representando-a com unidades apropriadas e com o número adequado de algarismos significativos (usualmente dois ou três) que a incerteza dos dados permite.

Sempre que apropriado, seguiremos essas etapas nos problemas dos exemplos.

EXEMPLO 1.7

Suponha que o fluido que está sendo cisalhado na Figura 1.7 seja o óleo SAE 30 a 20°C. Calcule a tensão de cisalhamento no óleo se $V = 3$ m/s e $h = 2$ cm.

> **Solução**
>
> - *Esboço do sistema:* Foi mostrado anteriormente na Figura 1.7.
> - *Hipóteses:* Perfil de velocidade linear, fluido newtoniano laminar, não há escorregamento com relação às superfícies das placas.
> - *Abordagem:* A análise da Figura 1.7 conduz à Equação (1.26) para escoamento laminar.
> - *Valores das propriedades:* Da Tabela 1.4 para o óleo SAE 30, a viscosidade do óleo é $\mu = 0{,}29$ kg/(m · s).
> - *Passos da solução:* Na Equação (1.26), a única incógnita é a tensão de cisalhamento do fluido:
>
> $$\tau = \mu \frac{V}{h} = \left(0{,}29\,\frac{\text{kg}}{\text{m}\cdot\text{s}}\right)\frac{(3\,\text{m/s})}{(0{,}02\,\text{m})} = 43{,}5\,\frac{\text{kg}\cdot\text{m/s}^2}{\text{m}^2} = 43{,}5\,\frac{\text{N}}{\text{m}^2} \approx 44\,\text{Pa} \qquad Resp.$$
>
> - *Comentários:* Note a identidade das unidades, 1 kg·m/s² ≡ 1 N e 1 N/m² ≡ 1 Pa. Embora o óleo seja muito viscoso, o valor da tensão de cisalhamento é modesto, cerca de 2.400 vezes menor que a pressão atmosférica. As tensões viscosas em gases e líquidos pouco viscosos (aquosos) são ainda menores.

Variação da viscosidade com a temperatura

A temperatura tem um forte efeito e a pressão um efeito moderado sobre a viscosidade. A viscosidade dos gases e da maioria dos líquidos aumenta lentamente com a pressão. A água tem um comportamento anormal, apresentando um decréscimo muito suave abaixo de 30°C. Como a variação na viscosidade é muito pequena para pressões de até 100 atm, vamos desprezar os efeitos da pressão neste livro.

A viscosidade dos gases aumenta com a temperatura. Duas aproximações frequentes são a lei de potência e a lei de Sutherland:

$$\frac{\mu}{\mu_0} \approx \begin{cases} \left(\dfrac{T}{T_0}\right)^n & \text{lei de potência} \\ \dfrac{(T/T_0)^{3/2}(T_0 + S)}{T + S} & \text{lei de Sutherland} \end{cases} \qquad (1.27)$$

em que μ_0 é uma viscosidade conhecida a uma temperatura absoluta T_0 conhecida (usualmente 273 K). As constantes n e S são ajustadas aos dados, e ambas as fórmulas são adequadas a uma ampla gama de temperaturas. Para o ar, $n \approx 0{,}7$ e $S \approx 110$ K. Outros valores são dados na Referência 26.

A viscosidade dos líquidos diminui com a temperatura e é aproximadamente exponencial, $\mu \approx ae^{-bT}$; mas um ajuste melhor é o resultado empírico em que $\ln \mu$ é quadrático em $1/T$, em que T é a temperatura absoluta:

$$\ln \frac{\mu}{\mu_0} \approx a + b\left(\frac{T_0}{T}\right) + c\left(\frac{T_0}{T}\right)^2 \qquad (1.28)$$

Para a água, com $T_0 = 273{,}16$ K, $\mu_0 = 0{,}001792$ kg/(m · s), os valores sugeridos são $a = -1{,}94$, $b = -4{,}80$ e $c = 6{,}74$, com precisão de ±1%. A viscosidade da água está representada na Tabela A.1. Para dados adicionais de viscosidade, veja as Referências 21, 28 e 29.

Fluidos não newtonianos

Os fluidos que não seguem a lei linear da Equação (1.23) são chamados de *não newtonianos* e são tratados em livros sobre *reologia* [16]. A Figura 1.8a compara alguns exemplos com um fluido newtoniano. Para curvas não lineares, a inclinação da tangente em cada ponto é denominada *viscosidade aparente*.

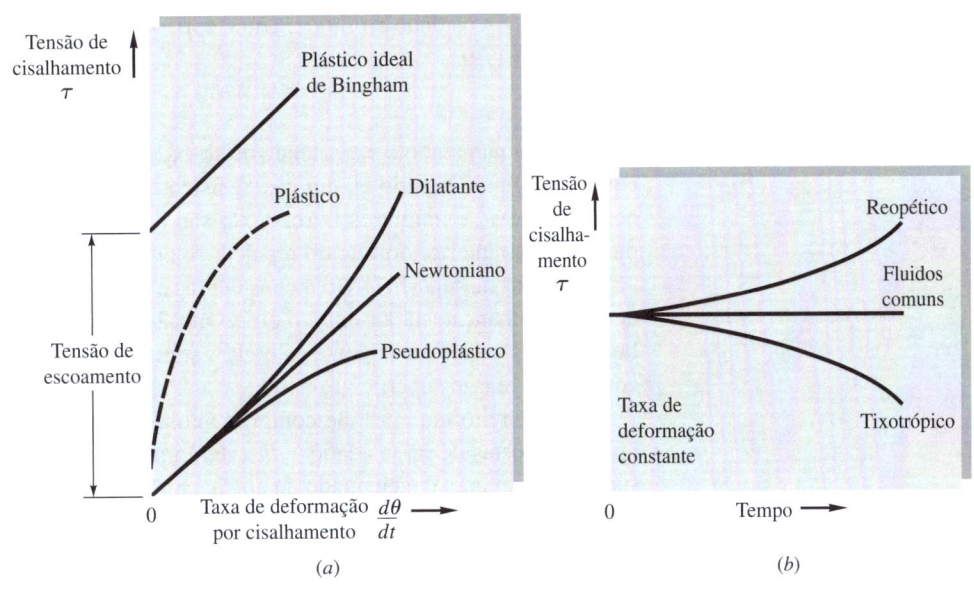

Figura 1.8 Comportamento reológico de vários materiais viscosos: (*a*) tensão *versus* taxa de deformação; (*b*) efeito do tempo sobre a tensão aplicada.

Dilatante. No fluido dilatante a resistência aumenta com o aumento da tensão aplicada. Exemplos são suspensões de amido ou água com areia. O caso clássico é a *areia movediça*, que tende a endurecer quando a agitamos.

Pseudoplástico. Um fluido pseudoplástico diminui a resistência com o aumento da tensão aplicada. Um fluido fortemente pseudoplástico é chamado de *plástico*. Alguns exemplos são soluções de polímeros, suspensões coloidais, polpa de papel em água, tinta latex, plasma sanguíneo, xarope e melados. O caso clássico é a tinta, que é grossa quando vertida, mas fina quando espalhada com o pincel sob uma forte tensão aplicada.

Plástico de Bingham. O caso-limite de uma substância plástica é aquele que requer uma tensão de escoamento finita para começar a escoar. A Figura 1.8*a* mostra um comportamento linear do escoamento, mas pode ocorrer o caso de um escoamento não linear. Alguns exemplos são suspensões de argila, lama de perfuratrizes, pasta de dente, maionese, chocolate e mostarda. O caso clássico é o *ketchup*, que não sai do frasco até que uma tensão seja aplicada, apertando o tubo.

Outra complicação do comportamento não newtoniano é o efeito transiente ilustrado na Figura 1.8*b*. Alguns fluidos requerem um aumento gradual da tensão de cisalhamento para manter uma taxa de deformação constante e são chamados *reopéticos*. O caso oposto de um fluido que se adelgaça com o tempo e requer tensão de cisalhamento decrescente é chamado *tixotrópico*. Neste livro, não consideramos os efeitos não newtonianos; para estudos adicionais, veja a Referência 16.

Figura 1.9 Um reômetro de discos paralelos rotativos (*Imagem do reômetro Kinexus, usada com a permissão da Malvern Instruments*).

Reômetros

Existem muitos dispositivos comerciais para medir o comportamento da tensão de cisalhamento *versus* a taxa de deformação de fluidos newtonianos e não newtonianos. Eles são genericamente chamados *reômetros* e seguem várias concepções de projeto: discos paralelos, cone-placa, cilindros coaxiais rotativos, de torção, extensionais e tubos capilares. A Referência 29 apresenta uma boa discussão sobre eles. Um dispositivo popular é o reômetro de discos paralelos, mostrado na Figura 1.9. Uma fina camada de fluido é colocada entre os discos, um dos quais gira. O torque resistente no disco rotativo é proporcional à viscosidade do fluido. Uma teoria simplificada para este dispositivo é dada no Exemplo 1.10.

Tensão superficial

Um líquido, não tendo a capacidade de se expandir livremente, formará uma *interface* com um segundo líquido ou um gás. A físico-química dessas superfícies interfaciais é bem complexa, e inúmeros livros-texto são dedicados a essa especialidade [30]. As moléculas no interior do líquido repelem-se umas às outras devido à sua proximidade. As moléculas na superfície são menos densas e se atraem umas às outras. Como metade de sua vizinhança está ausente, o efeito mecânico é que a superfície está sob tensão. Podemos tratar adequadamente os efeitos superficiais em mecânica dos fluidos com o conceito de tensão superficial.

Se for feito um corte de comprimento dL em uma superfície interfacial, forças iguais e opostas de intensidade YdL estarão presentes normais ao corte e paralelas à superfície, em que Y é chamado de *coeficiente de tensão superficial*. As dimensões de Y são $\{F/L\}$, com unidades no SI de newtons por metro. Um conceito alternativo é abrir o corte a uma área dA; isso requer que se execute um trabalho de valor YdA. Assim, o coeficiente Y pode ser considerado também a energia da superfície por unidade de área da interface, em $N \cdot m/m^2$.

As duas interfaces mais comuns são água-ar e mercúrio-ar. Para uma superfície pura a 20°C = 68°F, a tensão superficial medida é

$$Y = \begin{cases} 0{,}073 \text{ N/m} & \text{ar-água} \\ 0{,}48 \text{ N/m} & \text{ar-mercúrio} \end{cases} \quad (1.29)$$

Esses são valores de projeto e podem variar consideravelmente quando a superfície contém contaminantes como detergentes ou gorduras. Em geral Y diminui com a temperatura do líquido e é zero no ponto crítico. Valores de Y para a água são dados na Figura 1.10 e na Tabela A.5.

Se a interface é curva, um balanço mecânico mostra que há uma diferença de pressão através da interface, sendo a pressão mais alta no lado côncavo, como ilustra a Figura 1.11. Na Figura 1.11*a*, o aumento de pressão no interior de um cilindro líquido é equilibrado por duas forças devido à tensão superficial:

$$2RL\,\Delta p = 2YL$$

ou

$$\Delta p = \frac{Y}{R} \quad (1.30)$$

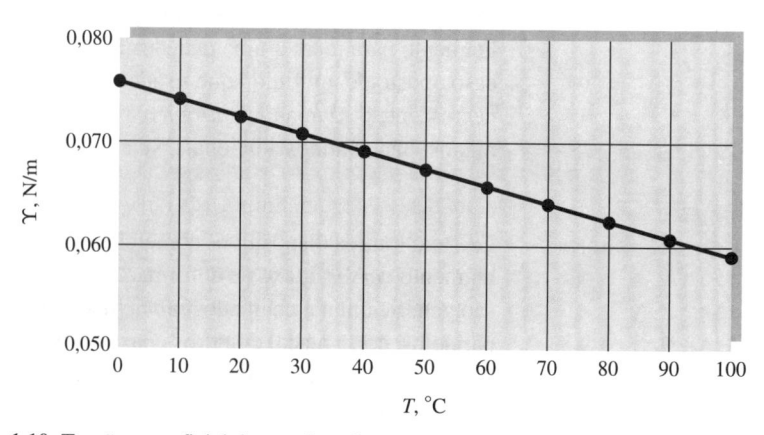

Figura 1.10 Tensão superficial de uma interface pura ar-água. Dados da Tabela A.5

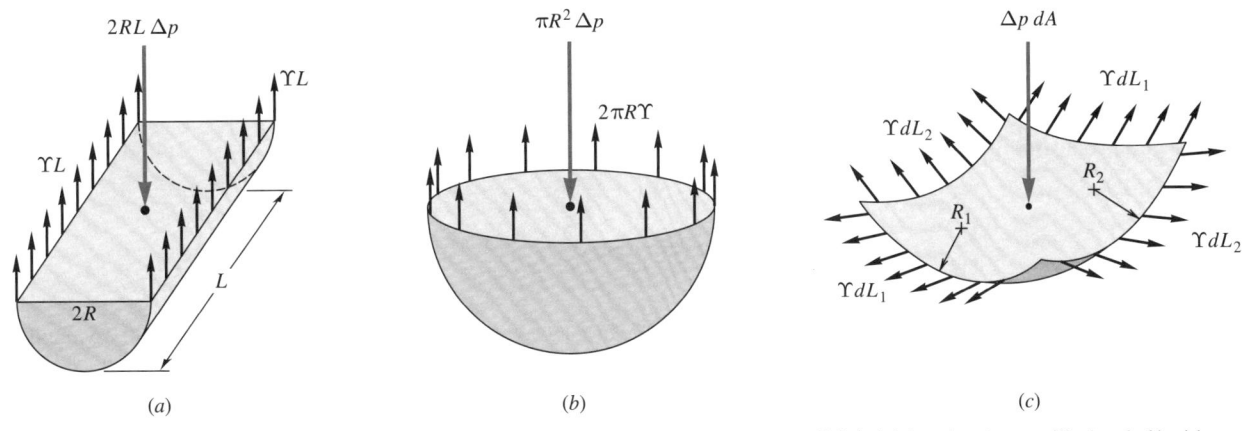

Figura 1.11 Variação de pressão através de uma interface curva devido à tensão superficial: (*a*) interior de um cilindro de líquido; (*b*) interior de uma gota esférica; (*c*) interface curva geral.

Não consideramos o peso do líquido nesse cálculo. Na Figura 1.11*b*, o aumento de pressão no interior de uma gota esférica equilibra um anel de força devido à tensão superficial:

$$\pi R^2 \Delta p = 2\pi R \Upsilon$$

ou
$$\Delta p = \frac{2\Upsilon}{R} \tag{1.31}$$

Podemos usar esse resultado para prever o aumento de pressão no interior de uma bolha de sabão, que tem duas interfaces com o ar, uma superfície interna e outra externa de aproximadamente o mesmo raio *R*:

$$\Delta p_{bolha} \approx 2\, \Delta p_{gota} = \frac{4\Upsilon}{R} \tag{1.32}$$

A Figura 1.11*c* mostra o caso geral de uma interface arbitrariamente curvada cujos raios principais de curvatura são R_1 e R_2. Um balanço de forças normais à superfície mostrará que o aumento de pressão sobre o lado côncavo é

$$\boxed{\Delta p = \Upsilon(R_1^{-1} + R_2^{-1})} \tag{1.33}$$

As Equações (1.30) a (1.32) podem ser deduzidas dessa relação geral; por exemplo, na Equação (1.30), $R_1 = R$ e $R_2 = \infty$.

Um segundo efeito de superfície importante é o *ângulo de contato* θ, que aparece quando uma interface líquida tem contato com uma superfície sólida, como na Figura 1.12. O balanço de forças envolveria então Υ e θ. Se o ângulo de contato é menor que 90°, diz-se que o líquido molha o sólido; se $\theta > 90°$, diz-se que o líquido *não molha* o sólido. Por exemplo, a água molha o sabão, mas não molha a cera. A água molha bastante uma superfície limpa de vidro, com $\theta \approx 0°$. Assim como Υ, o ângulo de contato θ é sensível às condições físico-químicas reais da interface sólido-líquido. Para uma interface limpa mercúrio-ar-vidro, $\theta = 130°$.

O Exemplo 1.8 ilustra como a tensão superficial faz uma interface de fluido subir ou descer em um tubo capilar.

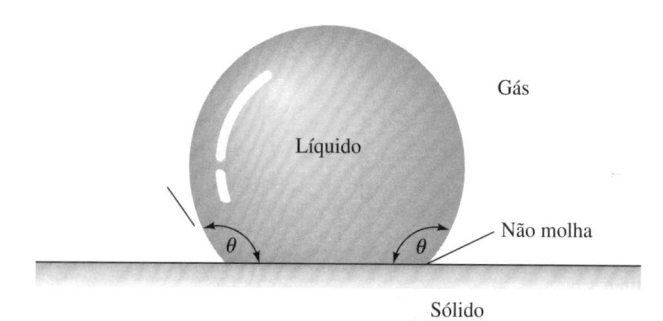

Figura 1.12 Efeitos do ângulo de contato na interface líquido-gás-sólido. Se $\theta < 90°$, o líquido "molha" o sólido; se $\theta > 90°$, o líquido "não molha" o sólido.

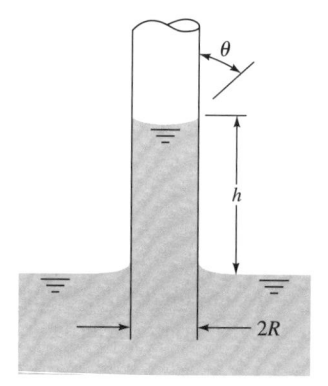

E1.8

EXEMPLO 1.8

Deduza uma expressão para a variação na altura h em um tubo circular de um líquido com tensão superficial Y e ângulo de contato θ, como na Figura E1.8.

Solução

O componente vertical do anel de força devido à tensão superficial nas interfaces no tubo deve equilibrar o peso da coluna de fluido de altura h:

$$2\pi R Y \cos\theta = \gamma \pi R^2 h$$

Resolvendo para h, temos o resultado desejado:

$$h = \frac{2Y \cos\theta}{\gamma R} \quad \text{Resp.}$$

Assim a altura capilar aumenta inversamente com o raio R do tubo e é positiva se $\theta < 90°$ (o líquido *molha* o tubo) e negativa (depressão capilar) se $\theta > 90°$.

Suponha que $R = 1$ mm. Então a elevação capilar para uma interface água-ar-vidro, $\theta \approx 0°$, $Y = 0{,}073$ N/m e $\rho = 1.000$ kg/m³, é

$$h = \frac{2(0{,}073 \text{ N/m})(\cos 0°)}{(1000 \text{ kg/m}^3)(9{,}81 \text{ m/s}^2)(0{,}001 \text{ m})} = 0{,}015 \text{ (N} \cdot \text{s}^2\text{)/kg} = 0{,}015 \text{ m} = 1{,}5 \text{ cm}$$

Para uma interface mercúrio-ar-vidro, com $\theta = 130°$, $Y = 0{,}48$ N/m e $\rho = 13.600$ kg/m³, a elevação capilar é

$$h = \frac{2(0{,}48)(\cos 130°)}{13.600(9{,}81)(0{,}001)} = -0{,}0046 \text{ m} = -0{,}46 \text{ cm}$$

Quando um tubo de pequeno diâmetro é usado para fazer medidas de pressão (Capítulo 2), esses efeitos de capilaridade devem ser levados em consideração.

Pressão de vapor

A pressão de vapor é a pressão na qual um líquido vaporiza e está em equilíbrio com seu próprio vapor. Por exemplo, a pressão de vapor da água a 20°C é 2.346 Pa, enquanto a do mercúrio é somente 0,1676 Pa. Se a pressão do líquido é maior do que a pressão de vapor, a única troca entre líquido e vapor é a evaporação na interface. Porém, se a pressão do líquido cai abaixo da pressão de vapor, começam a aparecer bolhas de vapor no líquido. Se a água é aquecida a 100°C, sua pressão de vapor sobe para 101,3 kPa, e assim a água na pressão atmosférica normal vaporizará. Quando a pressão do líquido cai abaixo da pressão de vapor devido a um fenômeno de escoamento, chamamos o processo de *cavitação*. Se a água é acelerada do repouso até aproximadamente 15 m/s, sua pressão cai aproximadamente 1 atm. Isso pode causar cavitação [31].

O parâmetro adimensional que descreve a vaporização induzida pelo escoamento é o *número de cavitação*.

$$\text{Ca} = \frac{p_a - p_v}{\frac{1}{2}\rho V^2} \tag{1.34}$$

em que p_a = pressão ambiente
p_v = pressão de vapor
V = velocidade característica do escoamento
ρ = massa específica do fluido

Dependendo da geometria, determinado escoamento tem um valor crítico de Ca abaixo do qual o escoamento começará a cavitar. A Tabela A.5 fornece valores de tensão superficial e pressão de vapor para a água. A pressão de vapor da água está representada no gráfico da Figura 1.13.

A Figura 1.14*a* mostra as bolhas de cavitação sendo formadas sobre as superfícies de baixas pressões de uma hélice marítima. Quando essas bolhas se movem para uma região de alta pressão, elas entram em colapso de forma implosiva. O colapso por cavitação pode rapidamente provocar erosão em superfícies metálicas e finalmente destruí-las, como mostra a Figura 1.14*b*.

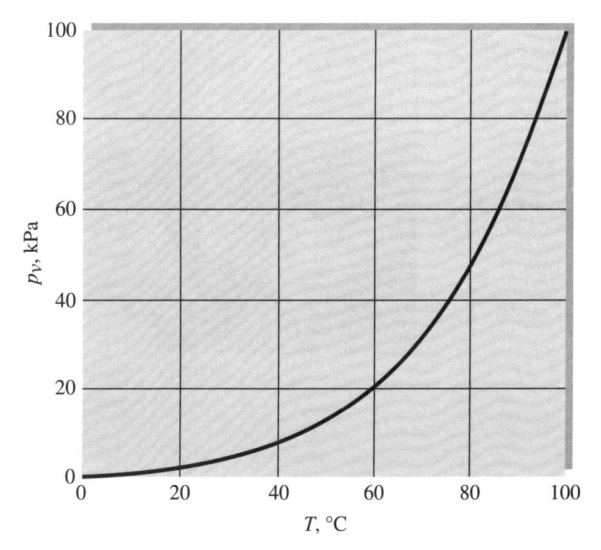

Figura 1.13 Pressão de vapor da água. Dados da Tabela A.5.

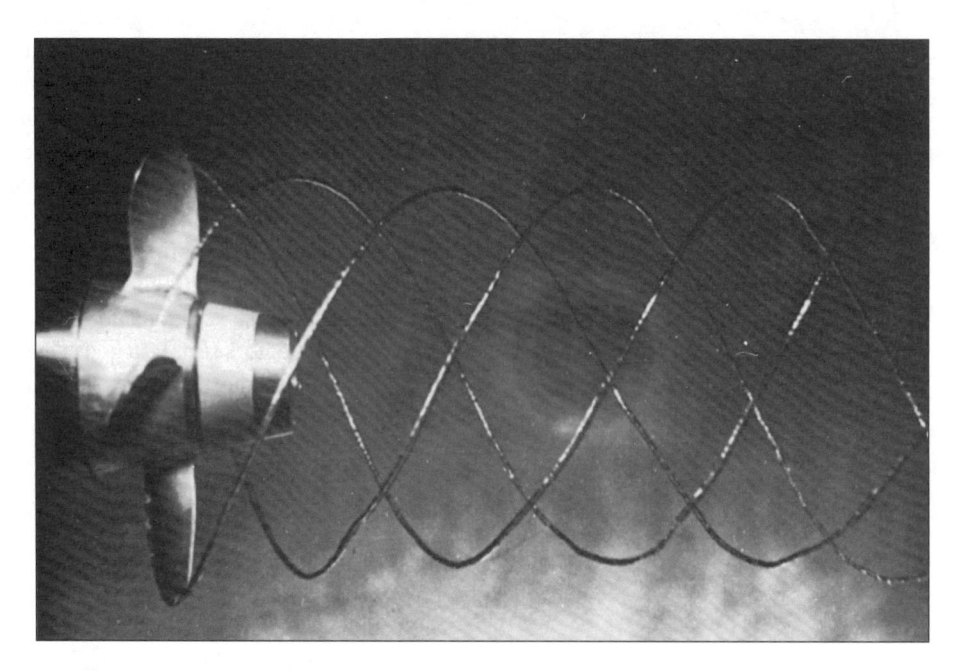

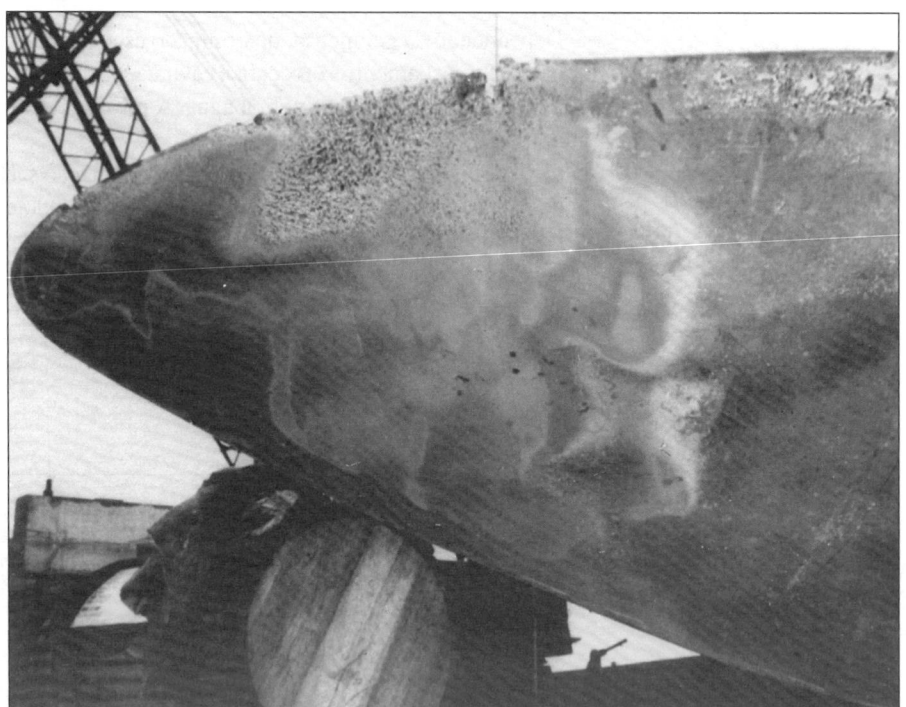

Figura 1.14 Dois aspectos da formação de bolhas de cavitação em escoamentos líquidos: (*a*) Beleza: linhas espirais de bolhas formadas na superfície de uma hélice marítima (*cortesia de Garfield Thomas Water Tunnel, Pennsylvania State University*); (*b*) Feiura: erosão da superfície de uma hélice pelo colapso das bolhas (*cortesia de Thomas T. Huang, David Taylor Research Center*).

EXEMPLO 1.9

Um certo torpedo, movendo-se na água doce a 10°C, tem um ponto de pressão mínima dado pela fórmula

$$p_{\text{mín}} = p_0 - 0{,}35\,\rho V^2 \quad (1)$$

em que $p_0 = 115$ kPa, ρ é a massa específica da água e V é a velocidade do torpedo. Calcule a velocidade na qual bolhas de cavitação se formarão sobre o torpedo. A constante 0,35 é adimensional.

Solução

- *Hipótese:* As bolhas de cavitação se formam quando a pressão mínima se iguala à pressão de vapor p_v.
- *Abordagem:* Resolva a Equação (1) acima, que está relacionada com a equação de Bernoulli do Exemplo 1.3, para a velocidade quando $p_{\text{mín}} = p_v$. Use unidades no SI (m, N, kg, s).
- *Valores das propriedades:* A 10°C, leia na Tabela A.1 que $\rho = 1.000$ kg/m³ e na Tabela A.5 que $p_v = 1{,}227$ kPa.
- *Passos da solução:* Insira os dados conhecidos na Equação (1) e resolva para a velocidade, usando unidades no SI:

$$p_{\text{mín}} = p_v = 1227\ \text{Pa} = 115.000\ \text{Pa} - 0{,}35\left(1000\,\frac{\text{kg}}{\text{m}^3}\right)V^2, \text{ com } V \text{ em m/s}$$

$$\text{Resolva } V^2 = \frac{(115.000 - 1227)}{0{,}35(1000)} = 325\,\frac{\text{m}^2}{\text{s}^2} \text{ ou } V = \sqrt{325} \approx 18{,}0\,\text{m/s} \quad Resp.$$

- *Comentários:* Note que o uso das unidades no SI não requer fatores de conversão, como foi discutido no Exemplo 1.3b. As pressões devem ser fornecidas em pascals, não em quilopascals.

Condições de não escorregamento e de não descontinuidade na temperatura

Quando um escoamento de fluido é limitado por uma superfície sólida, as interações moleculares fazem o fluido, em contato com a superfície, buscar o equilíbrio de quantidade de movimento e energia com tal superfície. Todos os líquidos estão essencialmente em equilíbrio com as superfícies de contato. Todos os gases também estão, exceto em condições muito rarefeitas [18]. Então, excluindo os gases rarefeitos, todos os fluidos em um ponto de contato com um sólido assumem a velocidade e a temperatura dessa superfície:

$$V_{\text{fluido}} \equiv V_{\text{parede}} \qquad T_{\text{fluido}} \equiv T_{\text{parede}} \quad (1.35)$$

Essas condições são chamadas de *não escorregamento* e de *não descontinuidade na temperatura*, respectivamente. Elas servem como *condições de contorno* para a análise de escoamentos sobre uma superfície sólida. A Figura 1.15 ilustra a condição de não escorregamento para o escoamento de água sobre as superfícies superior e inferior de uma placa fina fixa. O escoamento sobre a superfície superior é desordenado, ou turbulento, enquanto o escoamento sobre a superfície inferior é suave, ou laminar[6]. Em ambos os casos, existe claramente o não escorregamento na parede, onde a água assume a velocidade zero da placa fixa. O perfil de velocidade torna-se visível pela descarga de uma linha de bolhas de hidrogênio por um fio inserido no escoamento.

---
[6] Os escoamentos laminar e turbulento são estudados nos Capítulos 6 e 7.

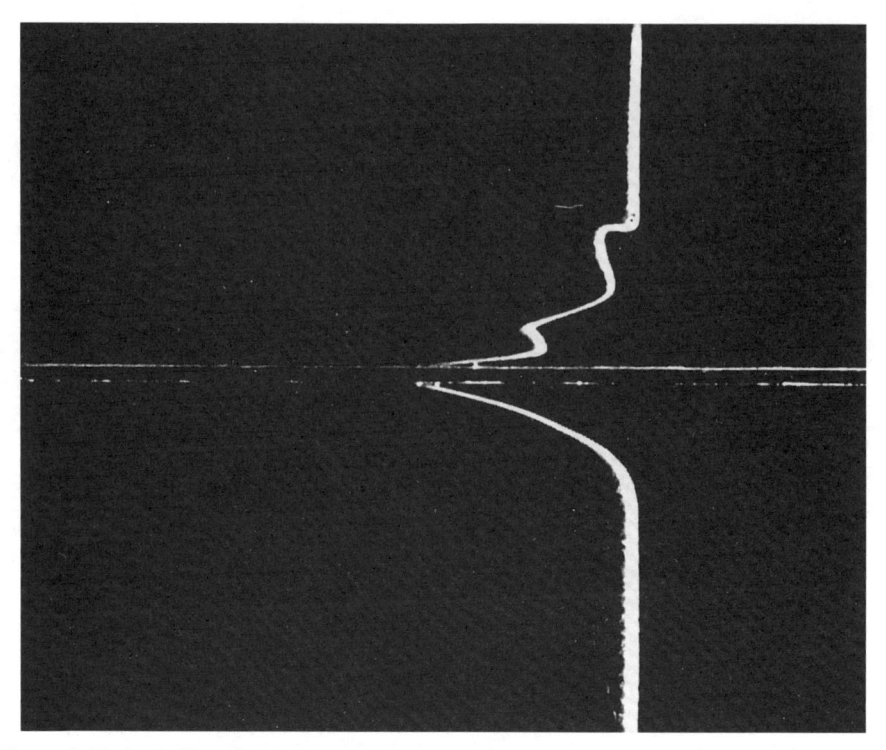

Figura 1.15 A condição de não escorregamento em escoamento de água sobre uma placa fina fixa. O escoamento superior é turbulento; o escoamento inferior é laminar. O perfil de velocidades torna-se visível por uma linha de bolhas de hidrogênio descarregadas por um fio através do escoamento. (*National Committe for Fluid Mechanics Films, Education Development Center, Inc. © 1972.*)

Para diminuir a dificuldade matemática, a condição de não escorregamento é parcialmente relaxada na análise de escoamentos não viscosos (Capítulo 8). Permite-se que o escoamento "escorregue" sobre a superfície, mas não penetre na superfície,

$$V_{normal}(\text{fluido}) \equiv V_{normal}(\text{sólido}) \tag{1.36}$$

enquanto a velocidade tangencial V_t é admitida independentemente da parede. A análise é muito mais simples, mas o modelo de escoamento é altamente idealizado.

Para fluidos newtonianos de alta viscosidade, a hipótese de velocidade linear e a condição de não escorregamento podem resultar em algumas análises aproximadas sofisticadas para escoamentos viscosos bidimensionais e tridimensionais. Isso será ilustrado no próximo exemplo, um tipo de viscosímetro de disco rotativo.

EXEMPLO 1.10

Um filme de óleo de viscosidade μ e espessura $h \ll R$ está entre uma parede sólida e um disco circular, como mostra a Figura E1.10. O disco gira com uma velocidade angular constante Ω. Observa-se que tanto a velocidade quanto a tensão de cisalhamento variam com o raio r; deduza uma fórmula para o torque M necessário para girar o disco. Despreze o arrasto do ar.

Solução

- *Esboço do sistema:* A Figura E1.10 mostra uma vista lateral (*a*) e uma vista superior (*b*) do sistema.

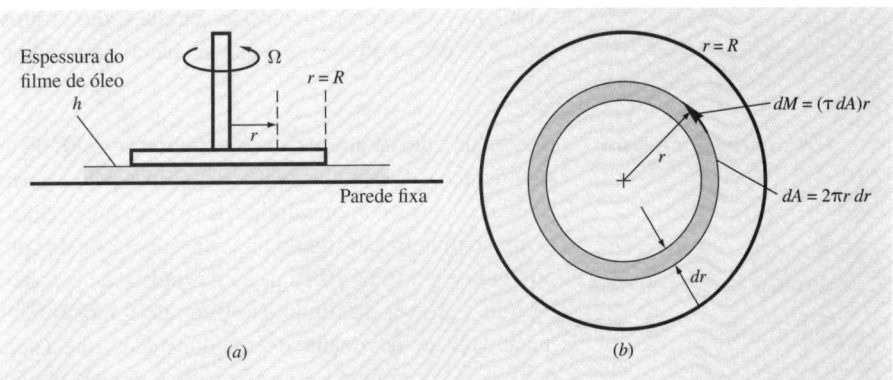

E1.10

- *Hipóteses:* Perfil de velocidade linear, escoamento laminar, condição de não escorregamento, tensão de cisalhamento local dada pela Equação (1.23).
- *Abordagem:* Calcule a tensão de cisalhamento sobre uma faixa circular de largura dr e área $dA = 2\pi r\, dr$ na Figura E1.10b, depois encontre o momento dM em relação à origem causado pela *tensão de cisalhamento*. Integre sobre todo o disco e ache o momento total M.
- *Valores das propriedades:* Viscosidade μ do óleo constante. Nesse escoamento permanente, a massa específica do óleo não é relevante.
- *Passos da solução:* No raio r, a velocidade no óleo é tangencial, variando desde zero na parede fixa (não escorregamento) até $u = \Omega r$ na superfície do disco (também não escorregamento). A tensão de cisalhamento nessa posição é então

$$\tau = \mu \frac{du}{dy} \approx \mu \frac{\Omega r}{h}$$

Essa tensão de cisalhamento é perpendicular, em todos os pontos, ao raio a partir da origem (veja a Figura E1.10b). Então o momento total em relação à origem do disco, causado pelo cisalhamento dessa faixa circular, pode ser calculado e integrado:

$$dM = (\tau)(dA)r = \left(\frac{\mu \Omega r}{h}\right)(2\pi r\, dr)r, \quad M = \int dM = \frac{2\pi\mu\Omega}{h}\int_0^R r^3 dr = \frac{\pi\mu\Omega R^4}{2h} \quad Resp.$$

- *Comentários:* Esta é uma análise de engenharia simplificada, que despreza os possíveis efeitos de borda, arrasto do ar sobre o disco, e a turbulência que pode aparecer se o disco girar muito rápido.

Escoamento com escorregamento em gases

A condição de contorno de "escorregamento livre", Eq. (1.36), é um artifício matemático irreal usado para permitir soluções de escoamento não viscoso. No entanto, um escorregamento realístico na parede ocorre de fato em gases rarefeitos, nos quais existem poucas moléculas para estabelecer um equilíbrio de quantidade de movimento com a parede. Em 1879, o físico James Clerk Maxwell usou a teoria cinética dos gases para prever uma *velocidade de escorregamento* na parede:

$$\delta u_{\text{parede}} \approx \ell \frac{\partial u}{\partial y}\bigg|_{\text{parede}} \quad (1.37)$$

onde ℓ é o caminho livre médio do gás, e u e x estão ao longo da parede. Se ℓ é muito pequeno em comparação à escala lateral L do escoamento, o *número de Knudsen*, Kn = ℓ/L, resulta pequeno, e a velocidade de escorregamento fica próxima de zero. Alguns problemas de escorregamento na parede serão propostos, mas os detalhes sobre escoamento de gás rarefeito são deixados para leitura adicional nas Referências 18 e 52.

Velocidade do som

No escoamento de um gás, deve-se estar atento aos efeitos da *compressibilidade* (variações significativas da massa específica causadas pelo escoamento). Veremos na Seção 4.2 e no Capítulo 9 que a compressibilidade se torna importante quando a velocidade de escoamento atinge uma fração significativa da velocidade do som no fluido. A *velocidade do som a* no fluido é a taxa de propagação dos pulsos de pressão de pequenas perturbações ("ondas de som") através do fluido. No Capítulo 9 mostraremos, por meio de argumentos sobre quantidade de movimento e termodinâmicos, que a velocidade do som é definida por uma derivada pressão-massa específica proporcional ao módulo de elasticidade volumétrico:

$$a^2 = \frac{\beta}{\rho} = \left(\frac{\partial p}{\partial \rho}\right)_s = k\left(\frac{\partial p}{\partial \rho}\right)_T, \quad k = \frac{c_p}{c_v}$$

onde β = módulo de elasticidade volumétrico = $\rho\left(\frac{\partial p}{\partial \rho}\right)_s$.

Isso é verdadeiro para um líquido ou para um gás, mas é nos gases que ocorre o problema de compressibilidade. Para um gás ideal, Equação (1.10), obtemos a fórmula simples

$$a_{\text{gás ideal}} = (kRT)^{1/2} \tag{1.38}$$

em que R é a constante do gás, Equação (1.11), e T a temperatura absoluta. Por exemplo, para o ar a 20°C, $a = \{(1,40)[287 \text{ m}^2/(\text{s}^2 \cdot \text{K})](293 \text{ K})\}^{1/2} \approx 343$ m/s. Se, nesse caso, a velocidade do ar atinge uma fração significativa de a, digamos 100 m/s, devemos considerar os efeitos da compressibilidade (Capítulo 9). Outra maneira de enunciar isso é levar em conta a compressibilidade quando o *número de Mach* Ma = V/a do escoamento alcança aproximadamente 0,3.

A velocidade do som na água é dada na Tabela A.5. Para os gases quase perfeitos, como o ar, a velocidade do som é simplesmente calculada pela Eq. (1.38). Muitos líquidos têm seu módulo volumétrico listado na Tabela A.3. Observe, porém, conforme discutido na Referência 51, que mesmo uma quantidade muito pequena de gás dissolvido num líquido pode reduzir a velocidade do som da mistura em até 80%.

EXEMPLO 1.11

Um avião comercial voa a 864 km/h a uma altitude padrão de 9.000 m. Qual é o seu número de Mach?

Solução

- *Abordagem:* Determine a velocidade "padrão" do som; divida-a pela velocidade, usando as unidades apropriadas.

- *Valores das propriedades:* Da Tabela A.6, a 9.000 m, $a \approx 303$ m/s. Verifique isso em relação à temperatura padrão, estimada com base na tabela como sendo 229 K. Da Equação (1.38) para o ar,

$$a = [kR_{ar}T]^{1/2} = [1,4(287)(229)]^{1/2} \approx 303 \text{ m/s}.$$

- *Passos da solução:* Converta a velocidade do avião em m/s:

$$V = (864 \text{ km/h})[0,2778 \text{ m/s/(km/h)}] \approx 240 \text{ m/s}$$

> Então, o número de Mach é dado por
>
> $$\text{Ma} = V/a = (240 \text{ m/s})/(303 \text{ m/s}) = 0{,}80 \qquad \textit{Resposta}$$
>
> - *Comentário:* Este valor, Ma = 0,80, é típico dos aviões comerciais de hoje.

1.8 Técnicas básicas de análise de escoamento

Há três modos básicos de abordar um problema de escoamento de um fluido. Eles são igualmente importantes para um estudante que aprende o assunto, e este livro tenta dar uma cobertura adequada a cada método:

1. Volume de controle ou análise *integral* (Capítulo 3)
2. Sistema infinitesimal ou análise *diferencial* (Capítulo 4)
3. Estudo experimental ou análise *dimensional* (Capítulo 5)

Em todos os casos, o escoamento deve satisfazer as três leis básicas da mecânica mais uma relação de estado termodinâmico e as condições de contorno associadas:

1. Conservação de massa (continuidade)
2. Quantidade de movimento linear (segunda lei de Newton)
3. Primeira lei da termodinâmica (conservação da energia)
4. Uma relação de estado como $\rho = \rho(p, T)$
5. Condições de contorno apropriadas nas superfícies sólidas, nas interfaces, nas entradas e nas saídas

Nas análises integral e diferencial, essas cinco relações são modeladas matematicamente e solucionadas por métodos computacionais. Em um estudo experimental, o próprio fluido desempenha essa tarefa sem o uso da matemática. Em outras palavras, acredita-se que essas leis sejam fundamentais para a física, e não se conhece nenhum escoamento de fluido que as possa violar.

1.9 Campos de escoamento: linhas de corrente, linhas de emissão e linhas de trajetória

A mecânica dos fluidos é um tema altamente visual. Os campos de escoamento podem ser visualizados de muitos modos diferentes, e você pode visualizá-los em esboços ou fotografias e aprender muito qualitativamente e muitas vezes quantitativamente sobre o escoamento.

Quatro tipos básicos de linhas são usados para visualizar os escoamentos:

1. *Linha de corrente* é uma linha tangente em todos os pontos ao vetor velocidade em um dado instante.
2. *Linha de trajetória* é o caminho real percorrido por uma determinada partícula de fluido.
3. *Linha de emissão* é a linha formada por todas as partículas que passaram anteriormente por um ponto prescrito.
4. *Linha de filete* é um conjunto de partículas de fluido que formam uma linha em um dado instante.

A linha de corrente é conveniente para calcular matematicamente, enquanto as outras três são mais fáceis de gerar experimentalmente. Observe que uma linha de corrente e uma linha de filete são linhas instantâneas, enquanto a linha de trajetória e a linha de emissão são geradas no decorrer do tempo. O perfil de velocidade mostrado na Figura 1.15 é uma linha de filete gerada por uma única descarga de bolhas de um fio. Uma linha de trajetória pode ser encontrada fazendo-se uma exposição no tempo de uma única partícula marcada movendo-se no escoamento. Linhas de corrente são difíceis de gerar experimentalmente em escoamento não permanente, a menos que se marque um grande

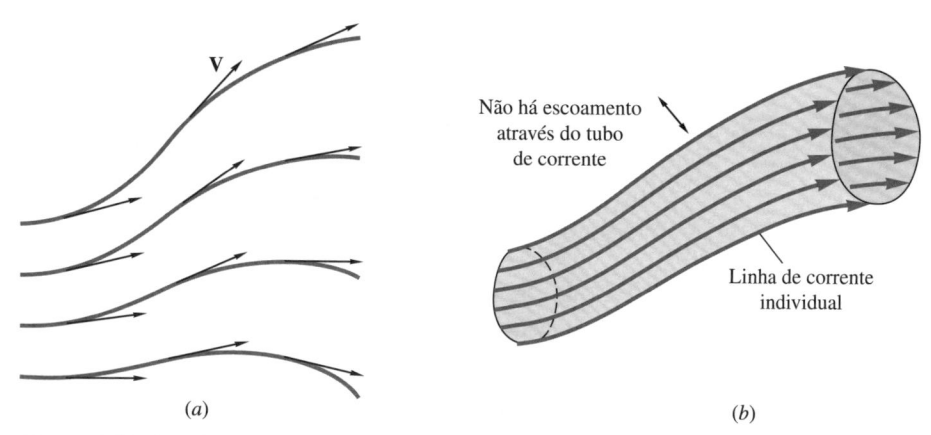

Figura 1.16 Os métodos mais comuns de apresentação de campo de escoamento: (*a*) linhas de corrente são sempre tangentes ao vetor velocidade local; (*b*) um tubo de corrente é formado por um conjunto fechado de linhas de corrente.

número de partículas e se observe sua direção de movimento durante um intervalo de tempo muito curto [32]. Em escoamento permanente, no qual a velocidade varia somente com a posição, a situação se simplifica bastante:

Linhas de corrente, linhas de trajetória e linhas de emissão são coincidentes em escoamento permanente.

Em mecânica dos fluidos o resultado matemático mais comum para fins de visualização é a linha de corrente. A Figura 1.16*a* mostra um conjunto típico de linhas de corrente, e a Figura 1.16*b* apresenta uma configuração fechada chamada *tubo de corrente*. Por definição, o fluido dentro de um tubo de corrente está confinado lá porque ele não pode cruzar as linhas de corrente; assim as paredes do tubo de corrente não precisam ser sólidas, mas podem ser superfícies do fluido.

A Figura 1.17 mostra um vetor velocidade arbitrário. Se um comprimento de arco elementar dr de uma linha de corrente deve ser paralelo a **V**, seus respectivos componentes devem ser proporcionais:

Linha de corrente:
$$\frac{dx}{u} = \frac{dy}{v} = \frac{dz}{w} = \frac{dr}{V} \tag{1.39}$$

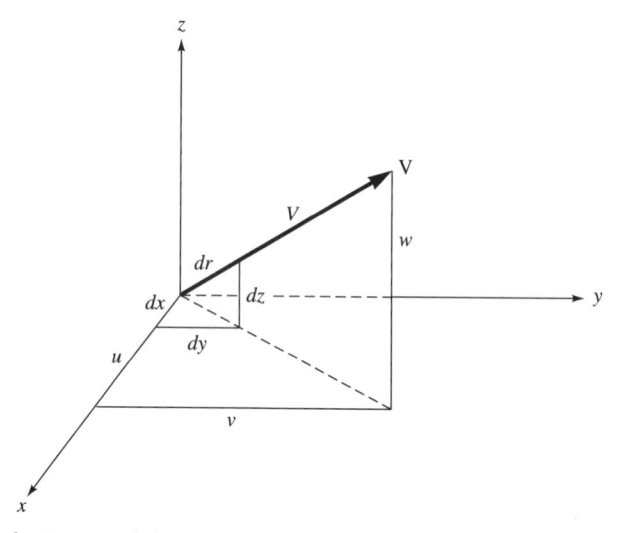

Figura 1.17 Relações geométricas para definir uma linha de corrente.

Se as velocidades (u, v, w) são funções conhecidas da posição e do tempo, a Equação (1.39) pode ser integrada para encontrar a linha de corrente passando pelo ponto inicial (x_0, y_0, z_0, t_0). O método é direto para escoamentos permanentes mas pode ser trabalhoso para escoamento não permanente.

Visualização do escoamento

Um experimento adequado pode produzir imagens reveladoras do campo de escoamento de um fluido, como foi mostrado anteriormente nas Figuras 1.14a e 1.15. Por exemplo, linhas de emissão são produzidas pela liberação contínua de partículas marcadas (corante, fumaça ou bolhas) a partir de um dado ponto. Se o escoamento for permanente, as linhas de emissão serão idênticas às linhas de corrente e de trajetória do escoamento.

Veja a seguir alguns métodos de visualização [34-36]:

1. Descargas de corante, fumaça ou bolhas
2. Pó ou flocos na superfície em escoamentos de líquidos
3. Partículas flutuantes ou de densidade neutra
4. Técnicas ópticas que detectam mudanças de densidade em escoamentos de gases: gráfico de sombras, difração de luz (schlieren) e interferômetro
5. Tufos de fios colados nas superfícies-limite
6. Revestimentos evaporativos sobre as superfícies-limite
7. Fluidos luminescentes, aditivos ou bioluminescência
8. Velocimetria por imagens de partículas (PIV)

As Figuras 1.14a e 1.15 foram ambas visualizadas por descarga de bolhas. Outro exemplo é o uso de partículas na Figura 1.18 para visualizar um escoamento fazendo uma curva de 180° em um canal de serpentina [42].

A Figura 1.18a é de um escoamento laminar a um número de Reynolds baixo, de valor igual a 1.000. O escoamento é permanente, e as partículas formam linhas de emissão mostrando que o escoamento não pode fazer uma curva fechada sem separação da parede inferior.

A Figura 1.18b é de um escoamento turbulento, a um número de Reynolds mais alto, de valor igual a 30.000. O escoamento é não permanente, e as linhas de emissão seriam caóticas e espalhadas, inadequadas para visualização. A imagem foi, então, produzida pela nova técnica de velocimetria por imagens de partículas [37]. No PIV, centenas de partículas são identificadas e fotografadas em dois intervalos de tempo muito próximos. Os movimentos das partículas indicam, portanto, vetores de velocidades locais. Essas centenas de vetores são, então, suavizados por repetidas operações no computador até ser obtido o campo de escoamento médio no tempo da Figura 1.18b. Os experimentos modernos de escoamento e os modelos numéricos usam computadores de forma intensiva para criar suas visualizações, conforme descrito no texto por Yang [38].

Os detalhes matemáticos das análises linha de corrente/linha de emissão/linha de trajetória são dados na Referência 33. As Referências 39-41 são belos álbuns de fotografias de escoamentos. As Referências 34-36 são monografias sobre técnicas de visualização de escoamento.

A mecânica dos fluidos é um assunto maravilhoso para visualização, não apenas para campos estáticos (permanentes), mas também para estudos de movimentos variados (não permanentes). Uma lista de filmes e animações de escoamentos é dada por Carr e Young [43].

(a)

(b)

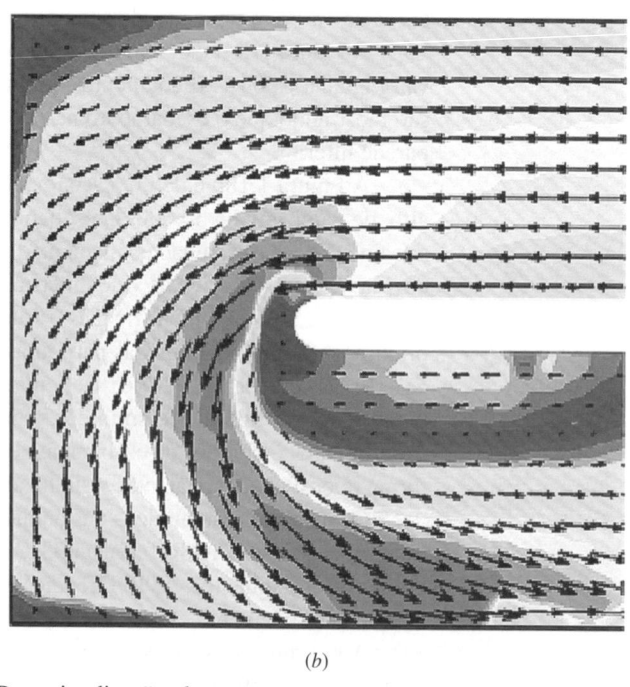

Figura 1.18 Duas visualizações do escoamento que fazem uma curva de 180° em um canal de serpentina: (*a*) linhas de emissão de partículas a um número de Reynolds de 1.000; (*b*) velocimetria média-temporal por imagens de partículas (PIV) a um número de Reynolds turbulento de 30.000. [*Da Referência 42, com permissão da American Society of Mechanical Engineers.*]

1.10 A história da mecânica dos fluidos

Muitos pesquisadores renomados contribuíram para o desenvolvimento da mecânica dos fluidos. Se você é um estudante, porém, talvez este não seja o momento para estudar história. Mais tarde, durante sua carreira, você vai apreciar a leitura acerca da história, não apenas da mecânica de fluidos, mas de toda a ciência. A seguir listamos alguns nomes que serão mencionados à medida que encontrarmos suas contribuições no restante deste livro.

Nome	Contribuição importante
Arquimedes (285–212 BC)	Estabeleceu as leis de empuxo e corpos flutuantes.
Leonardo da Vinci (1452–1519)	Formulou a primeira equação da continuidade.
Isaac Newton (1642–1727)	Postulou a lei linear para tensões viscosas.
Leonhard Euler (1707–1783)	Deduziu a equação de Bernoulli resolvendo as equações básicas.
L. M. H. Navier (1785–1836)	Formulou as equações diferenciais básicas do escoamento viscoso.
Jean Louis Poiseuille (1799–1869)	Realizou experimentos pioneiros sobre escoamento laminar em tubos.
Osborne Reynolds (1842–1912)	Explicou o fenômeno da transição à turbulência.
Ludwig Prandtl (1875–1953)	Formulou a teoria de camada-limite, predizendo a separação do escoamento.
Theodore von Kármán (1881–1963)	Contribuiu para avanços significativos em aerodinâmica e teoria da turbulência.

As Referências [12] a [15] fornecem um tratamento abrangente da história da mecânica dos fluidos.

Resumo

Este capítulo discutiu o comportamento de um fluido – que deve escoar se for submetido a uma tensão de cisalhamento, ao contrário de um sólido – e as propriedades importantes do fluido. O autor acredita que a propriedade mais importante seja o campo vetorial de velocidade $\mathbf{V}(x, y, z, t)$. Logo em seguida vem a pressão p, a massa específica ρ e a temperatura T. Muitas propriedades secundárias se inserem em vários problemas de escoamento: viscosidade μ, condutividade térmica k, peso específico γ, tensão superficial Y, velocidade do som a e pressão de vapor p_v. Você deve aprender a localizar e usar todas essas propriedades para se tornar proficiente em mecânica dos fluidos.

Houve uma breve discussão dos cinco diferentes tipos de relações matemáticas que usaremos para resolver problemas de escoamento – conservação de massa, quantidade de movimento linear, primeira lei da termodinâmica, equações de estado e condições de contorno apropriadas nas paredes e em outras fronteiras.

Padrões de escoamento também foram discutidos brevemente. O esquema mais popular e útil consiste em plotar o campo de linhas de corrente, ou seja, linhas tangentes ao vetor de velocidade local em toda parte.

Uma vez que 75% da superfície da Terra são cobertos com água e 100% com ar, o escopo da mecânica dos fluidos é vasto e intervém em quase todos os esforços humanos. As ciências da meteorologia, da oceanografia física e da hidrologia dizem respeito aos escoamentos de fluidos naturais, assim como os estudos médicos da respiração e da circulação sanguínea. Todos os problemas de transporte envolvem o movimento de fluidos, com especialidades bem desenvolvidas em aerodinâmica de aeronaves e foguetes e na hidrodinâmica naval de navios e submarinos. Quase toda a nossa energia elétrica é produzida a partir de escoamentos de água, ar ou vapor através de turbinas – hidráulicas, eólicas ou a vapor, respectivamente. Todos os problemas de combustão envolvem o escoamento de fluidos, assim como os problemas mais clássicos de irrigação, controle de cheias, abastecimento de água, disposição de esgotos, movimentos de projéteis, oleodutos e gasodutos. O objetivo deste livro é apresentar ao estudante um conjunto suficiente de conceitos fundamentais e aplicações da mecânica dos fluidos de modo a prepará-lo para ingressar com segurança em qualquer um desses campos especializados da ciência dos escoamentos – e, assim, prepará-lo para as mudanças, à medida que novas tecnologias se desenvolvem.

Problemas

A maioria dos problemas propostos é de resolução relativamente direta. Os problemas mais difíceis ou abertos estão indicados com um asterisco, como o Problema 1.18. O ícone de um computador indica que pode ser necessário o uso de computador para a resolução do problema. Os problemas típicos de fim de capítulo P1.1 a P1.86 (listados abaixo) são seguidos dos problemas de fundamentos de engenharia, FE1.1 a FE1.10, e dos problemas abrangentes, A1.1 a A1.12.

Seção	Tópico	Problemas
1.1, 1.2, 1.3	Conceito de fluido como meio contínuo	P1.1 – P1.4
1.4	Dimensões e unidades	P1.5 – P1.23
1.6	Propriedades termodinâmicas	P1.24 – P1.37
1.7	Viscosidade, condição de não escorregamento	P1.38 – P1.61
1.7	Tensão superficial	P1.62 – P1.71
1.7	Pressão de vapor; cavitação	P1.72 – P1.74
1.7	Velocidade do som, número de Mach	P1.75 – P1.80
1.9	Linhas de corrente e linhas de trajetória	P1.81 – P1.83
1.10	História da mecânica dos fluidos	P1.84 – P185
	Incerteza experimental	P1.86

O conceito de um fluido

P1.1 Um gás a 20°C pode ser considerado *rarefeito*, desviando do conceito de meio contínuo, quando contém menos de 10^{12} moléculas por milímetro cúbico. Se o número de Avogadro é 6,023 E23 moléculas por mol, que pressão absoluta (em Pa) para o ar isso representa?

P1.2 A Tabela A.6 lista a massa específica da atmosfera padrão como uma função da altitude. Utilize esses valores para estimar grosseiramente – digamos, dentro de um fator de 2 – o número de moléculas de ar em toda a atmosfera da terra.

P1.3 Para o elemento triangular na Figura P1.3, mostre que a superfície livre *inclinada* de um líquido, em contato com uma atmosfera à pressão p_a, deve estar sujeita à tensão de cisalhamento e por isso começa a escoar. *Sugestão:* considere o peso do fluido e mostre que uma condição de cisalhamento nulo causará forças horizontais desbalanceadas.

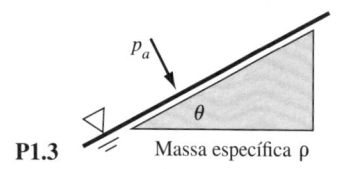

P1.3 Massa específica ρ

P1.4 A areia e outros materiais granulares parecem *escoar*; ou seja, você pode derramá-los a partir de um recipiente ou de um funil. Existem livros-texto inteiros sobre o "transporte" de materiais granulares [54]. Sendo assim, pode-se dizer que a areia é um *fluido*? Explique.

Dimensões e unidades

P1.5 O *caminho livre médio* de um gás, l, é definido como a distância média percorrida por moléculas entre colisões. Uma fórmula proposta para calcular l de um gás ideal é

$$l = 1{,}26 \frac{\mu}{\rho \sqrt{RT}}$$

Quais são as dimensões da constante 1,26? Use a fórmula para calcular o caminho livre médio do ar a 20°C e 7 kPa. Você consideraria o ar rarefeito nessa condição?

P1.6 Henri Darcy, engenheiro francês, propôs que a queda de pressão Δp para um escoamento à velocidade V em um tubo de comprimento L pudesse ser correlacionada na forma

$$\frac{\Delta p}{\rho} = \alpha L V^2$$

Se a formulação de Darcy é consistente, quais são as dimensões do coeficiente α?

P1.7 Converta as seguintes unidades impróprias em unidades do SI: (*a*) 2,283 E7 galões americanos (US) por dia; (*b*) 4,5 furlongs por minuto (velocidade de cavalo de corrida); (*c*) 72.800 onças (avoirdupois) por acre.

P1.8 Suponha que saibamos pouco sobre a resistência dos materiais, mas nos informaram que a tensão de flexão σ em uma viga é *proporcional* à metade da espessura y da viga e também depende do momento de fletor M e do momento de inércia de área da viga I. Aprendemos também que, para o caso particular $M = 328$ N · m, $y = 38$ mm e $I = 16{,}7$ cm^4, a tensão calculada é 75 MPa. Usando apenas essas informações e a argumentação dimensional, encontre, com três dígitos significativos, a única fórmula dimensionalmente homogênea possível $\sigma = y f(M, I)$.

P1.9 Um recipiente hemisférico de 26 polegadas de diâmetro é preenchido com um líquido a 20°C e tem seu peso medido. O peso líquido resultante é de 1.617 onças. (*a*) Qual é a densidade do fluido, em kg/m^3? (*b*) Que fluido pode ser esse? Considere gravidade padrão, $g = 9{,}807$ m/s^2.

P1.10 A fórmula Stokes-Oseen [33] para a força de arrasto F sobre uma esfera de diâmetro D em uma corrente de fluido de baixa velocidade V, massa específica ρ e viscosidade μ é

$$F = 3\pi\mu DV + \frac{9\pi}{16}\rho V^2 D^2$$

Essa fórmula é dimensionalmente homogênea?

P1.11 Em unidades inglesas de engenharia, o calor específico c_p do ar à temperatura ambiente é aproximadamente 0,24 Btu/(lbm · °F). Ao se trabalhar com relações de energia cinética, é mais apropriado expressar c_p em unidades de velocidade ao quadrado por grau absoluto. Usando esse formato, forneça o valor numérico do c_p do ar em (*a*) unidades SI e (*b*) unidades BG.

P1.12 Para o escoamento permanente a baixa velocidade (laminar) através de um tubo circular, como representa a Figura P1.12, a velocidade u varia com o raio e assume a forma

$$u = B\frac{\Delta p}{\mu}(r_0^2 - r^2)$$

em que μ é a viscosidade do fluido e Δp é a queda de pressão da entrada até a saída. Quais são as dimensões da constante B?

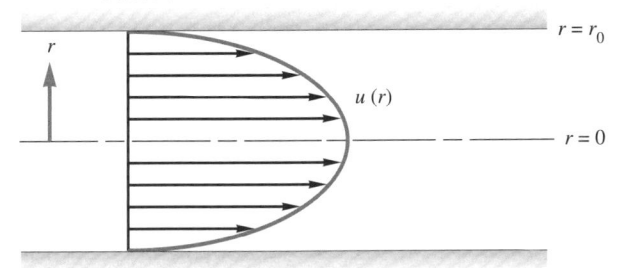

P1.12

P1.13 A eficiência de uma bomba é definida como a relação (adimensional) entre a potência desenvolvida pelo escoamento e a potência requerida para acionar a bomba:

$$\eta = \frac{Q\Delta p}{\text{potência de entrada}}$$

em que Q é a vazão em volume do escoamento e Δp é a elevação de pressão produzida pela bomba. Suponha que uma certa bomba desenvolva uma elevação de pressão de 241,3 kPa quando a vazão do escoamento é 40 L/s. Se a potência de entrada for 16 hp, qual é a eficiência?

*P1.14 A Figura P1.14 mostra o escoamento da água sobre uma barragem. Sabe-se que a vazão em volume Q depende somente da largura da soleira B, da aceleração da gravidade g e da altura da lâmina d'água a montante H, acima da soleira da barragem. Sabe-se também que Q é proporcional a B. Qual é a forma da única relação dimensionalmente homogênea possível para essa vazão?

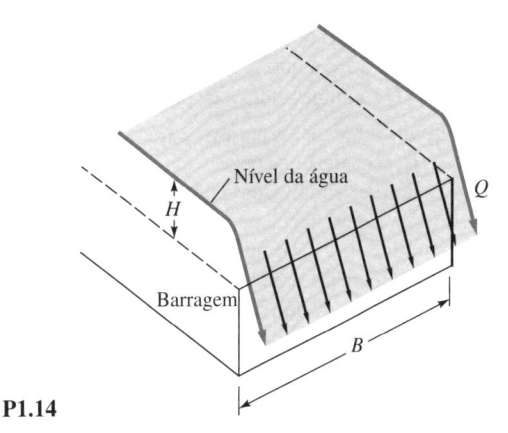

P1.14

P1.15 A altura H a que um líquido se eleva num tubo barométrico depende da massa específica do líquido ρ, da pressão barométrica p, e da aceleração da gravidade g. (*a*) Organize essas quatro variáveis em um único grupo adimensional. (*b*) Você pode deduzir (ou adivinhar) o valor numérico de seu grupo?

P1.16 Equações algébricas como a relação de Bernoulli, Equação (1) do Exemplo 1.3, são dimensionalmente consistentes, mas e as equações diferenciais? Considere, por exemplo, a equação da quantidade de movimento em x para a camada-limite, deduzida pela primeira vez por Ludwig Prandtl em 1904:

$$\rho u\frac{\partial u}{\partial x} + \rho v\frac{\partial u}{\partial y} = -\frac{\partial p}{\partial x} + \rho g_x + \frac{\partial \tau}{\partial y}$$

na qual τ é a tensão de cisalhamento da camada-limite e g_x é a componente da gravidade na direção x. Essa equação é dimensionalmente consistente? Você pode tirar uma conclusão geral?

P1.17 A fórmula de Hazen-Williams da hidráulica para a vazão em volume Q em um tubo de diâmetro D e comprimento L é dada por

$$Q \approx 61,9\, D^{2,63}\left(\frac{\Delta p}{L}\right)^{0,54}$$

em que Δp é a queda de pressão requerida para manter o escoamento. Quais são as dimensões da constante 61,9? Essa fórmula pode ser usada com confiança para vários líquidos e gases?

*P1.18 Para partículas pequenas a baixas velocidades, o primeiro termo na lei do arrasto de Stokes-Oseen, Problema 1.10, é dominante; portanto, $F \approx KV$, em que K é uma constante. Suponha que uma partícula de massa m seja obrigada a se mover horizontalmente da posição inicial $x = 0$ com velocidade inicial V_0. Mostre (*a*) que sua velocidade decrescerá exponencialmente com o tempo e (*b*) que ela irá parar após percorrer uma distância $x = mV_0/K$.

P1.19 Em seu estudo do ressalto hidráulico circular formado pelo escoamento saindo de uma torneira para dentro de uma pia, Watson [53] propôs um parâmetro que combina a vazão volumétrica Q, a massa específica ρ e a viscosidade μ do fluido, e a profundidade h da água na pia. Ele afirma que seu agrupamento é adimensional, com Q no numerador. Você pode verificar isso?

P1.20 Livros sobre meios porosos e atomização afirmam que a viscosidade μ e a tensão superficial Y de um fluido podem ser combinadas com uma velocidade característica U para formar um parâmetro adimensional importante. (*a*) Verifique se isso é verdade. (*b*) Avalie este parâmetro para a água a 20°C e uma velocidade de 3,5 cm/s. *Nota*: Você ganhará crédito extra se souber o nome desse parâmetro.

P1.21 Os engenheiros aeronáuticos medem o momento de arfagem M_0 de uma asa e escrevem a seguinte fórmula para uso em outros casos:

$$M_0 = \beta V^2 A C \rho$$

onde V é a velocidade da asa, A a área da asa, C o comprimento da corda da asa e ρ a massa específica do ar. Quais são as dimensões do coeficiente β?

P1.22 O *número de Ekman*, Ek, surge na dinâmica dos fluidos geofísicos. É um parâmetro adimensional que combina a massa específica da água do mar ρ, um comprimento característico L, a viscosidade da água do mar μ e a freqüência de Coriolis Ω sen φ, onde Ω é a taxa de rotação da Terra e φ é o ângulo de latitude. Determine a forma correta de Ek se a viscosidade estiver no numerador.

P1.23 Durante a II Guerra Mundial, Sir Geoffrey Taylor, um estudioso britânico da dinâmica dos fluidos, usou a análise dimensional para calcular a energia liberada pela explosão de uma bomba atômica. Ele supôs que a energia liberada E era uma função do raio R da onda de pressão, da massa específica do ar ρ e do tempo t. Organize essas variáveis em um único grupo adimensional, que podemos chamar de *número de onda de explosão*.

Propriedades termodinâmicas

P1.24 Ar, considerado um gás perfeito com $k = 1,40$, escoa isentropicamente através de um bocal. Na seção 1, têm-se condições padrão ao nível do mar (ver Tabela A.6). Na seção 2, a temperatura é de –50°C. Calcule (*a*) a pressão e (*b*) a massa específica do ar na seção 2.

P1.25 Em um dia de verão em Narragansett, Rhode Island, a temperatura do ar é de 74°F e a pressão barométrica é de 14,5 lbf/pol^2. Estime a massa específica do ar em kg/m^3.

P1.26 No Brasil, quando dizemos que o pneu de um automóvel "está com 32 lb", queremos dizer que a pressão interna do pneu é de 32 lbf/in^2 acima da pressão atmosférica local. Esse valor equivale a 220.632 N/m^2 em unidades do SI. Considerando que o pneu está ao nível do mar, tem um volume de 85 litros e está à temperatura de 24°C, calcule o peso total de ar, em N, no interior do pneu.

P1.27 Para vapor a uma pressão de 45 atm, alguns valores de temperatura e volume específico são os seguintes, da Referência 23:

T, °F	500	600	700	800	900
v, pés^3/lbm	0,7014	0,8464	0,9653	1,074	1,177

Encontre um valor médio da constante do gás prevista, R, em m^2/(s$^2 \cdot$ K). Estes dados aproximam razoavelmente um gás perfeito? Se não, explique.

P1.28 O ar atmosférico úmido com umidade relativa de 100% contém vapor de água saturado e, pela lei de Dalton das pressões parciais,

$$p_{atm} = p_{ar\,seco} + p_{vapor\,d'água}$$

Considere que essa atmosfera úmida esteja a 40°C e 1 atm. Calcule a massa específica desse ar com 100% de umidade e compare-a com a massa específica do ar seco nas mesmas condições.

P1.29 Um tanque de ar comprimido contém 142 litros de ar à pressão manométrica de 827,37 kPa, isto é, acima da pressão atmosférica. Calcule a energia, em N · m = J, necessária para comprimir esse ar da atmosfera, supondo um processo isotérmico ideal.

P1.30 Repita o Problema 1.29 para o caso em que o tanque está cheio de *água* comprimida em lugar do ar. Por que o resultado é milhares de vezes menor do que o resultado do Problema 1.29?

P1.31 Vinte e sete litros de gás argônio a 10°C e 1 atm são comprimidos isentropicamente até uma pressão de 600 kPa. (*a*) Qual será sua nova pressão e temperatura? (*b*) Se ele for resfriado nesse novo volume de volta para os 10°C, qual será a pressão final?

P1.32 Um dirigível tem a forma aproximada de um esferoide alongado com 90 m de comprimento e 30 m de diâmetro. Calcule o peso do gás a 20°C no interior do dirigível para (*a*) hélio a 1,1 atm e (*b*) ar a 1,0 atm. O que pode representar a *diferença* entre esses dois valores (veja o Capítulo 2)?

P1.33 Um tanque contém 9 kg de CO$_2$ a 20°C e 2,0 MPa. Calcule o volume do tanque, em m^3.

P1.34 Considere o vapor no seguinte estado próximo da linha de saturação: $(p_1, T_1) = (1,31$ MPa, 290°C). Calcule e compare, para um gás ideal (Tabela A.4) e para as tabelas de vapor, (*a*) a massa específica ρ_1 e (*b*) a massa específica ρ_2 se o vapor se expande isentropicamente a uma nova pressão de 414 kPa. Discuta os seus resultados.

P1.35 Na Tabela A.4, os gases mais comuns (ar, nitrogênio, oxigênio, hidrogênio) têm uma razão entre calores específicos $k \approx 1,40$. Por que o argônio e o hélio têm valores tão altos? Por que o N$_2$O tem um valor tão baixo? Qual é o k mais baixo que você conhece para um gás?

P1.36 Dados experimentais [55] para a massa específica do n-pentano líquido para altas pressões, a 50°C, estão listados a seguir:

Pressão, kPa	100	10.230	20.700	34.310
Massa específica, kg/m³	586,3	604,1	617,8	632,8

(a) Ajuste estes dados a valores razoavelmente precisos de B e n na Eq. (1.19). (b) Avalie ρ a 30 MPa.

P1.37 Um gás aproximadamente ideal tem peso molecular de 44 e um calor específico $c_v = 610$ J/(kg · K). Quais são (a) a razão entre calores específicos, k, (b) a velocidade do som a 100°C?

Viscosidade, condição de não escorregamento

P1.38 Na Figura 1.8, se o fluido é glicerina a 20°C e a distância entre as placas é 6 mm, qual é a tensão de cisalhamento (em Pa) necessária para mover a placa superior a 5,5 m/s? Qual é o número de Reynolds se L é considerada a distância entre as placas?

P1.39 Conhecendo μ para o ar a 20°C da Tabela 1.4, calcule a sua viscosidade a 500°C (a) pela lei de potência e (b) pela lei de Sutherland. Faça também uma estimativa com base na (c) Figura 1.6. Compare com o valor aceito de $\mu \approx 3{,}58$ E-5 kg/m · s.

P1.40 Glicerina a 20°C preenche o espaço entre uma luva oca de diâmetro 12 cm e uma haste maciça coaxial fixa de diâmetro 11,8 cm. A luva externa é posta para girar a 120 rpm. Supondo-se que não haja mudança de temperatura, estime o torque necessário, em N · m por metro de comprimento da haste, para manter a haste interna fixa.

P1.41 Um cilindro de alumínio pesando 30 N, com 6 cm de diâmetro e 40 cm de comprimento, está caindo concentricamente através de uma luva vertical longa de 6,04 cm de diâmetro. A folga é preenchida com óleo SAE 50 a 20 °C. Calcule a velocidade *terminal* de queda (aceleração nula). Desconsidere o arrasto do ar e admita uma distribuição linear de velocidades no óleo. *Dica:* São fornecidos diâmetros, não raios.

P1.42 Hélio a 20°C tem uma viscosidade de 1,97 E-5 kg/(m · s). Use os dados da Tabela A.4 para estimar a temperatura, em °C, na qual a viscosidade do hélio dobrará.

P1.43 Para o escoamento de gás entre duas placas paralelas da Fig. 1.7, reanalise para o caso de escorregamento em ambas as paredes. Use a condição de escorregamento simples, $\delta u_{parede} = \ell \, (du/dy)_{parede}$, onde ℓ é o livre caminho médio do fluido. Esboce o perfil de velocidades esperado e encontre uma expressão para a tensão de cisalhamento em cada parede.

P1.44 Um tipo de viscosímetro é simplesmente um tubo capilar longo. Um dispositivo comercial é mostrado no Prob. A1.10. Mede-se a vazão volumétrica Q e a queda de pressão Δp e, claro, o raio e o comprimento do tubo. A fórmula teórica, que será discutida no Cap. 6, é $\Delta p = 8\mu QL/(\pi R^4)$. Para um tubo capilar de diâmetro 4 mm e comprimento de 10 polegadas, o fluido de teste escoa a 0,9 m³/h quando a queda de pressão é de 58 lbf/pol². Encontre a viscosidade prevista em kg/(m · s).

P1.45 Um bloco de peso P desliza para baixo em um plano inclinado lubrificado por um filme fino de óleo, como mostra a Figura P1.45. A área de contato do filme é A e sua espessura é h. Considerando uma distribuição linear de velocidade no filme, deduza uma expressão para a velocidade "terminal" V (com aceleração igual a zero) do bloco. Determine a velocidade terminal do bloco se a massa do bloco é de 6 kg, $A = 35$ cm², $\theta = 15°$ e o filme de óleo SAE 30 tem uma espessura de 1 mm a 20°C.

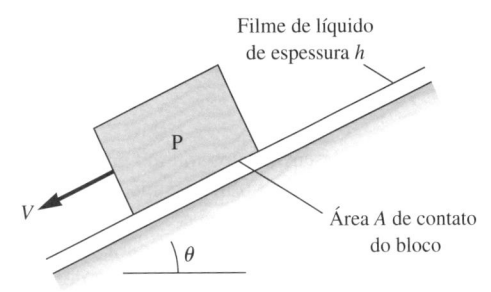

P1.45

P1.46 Um modelo simples e popular para os dois fluidos não newtonianos da Figura 1.8a é a *lei de potência*:

$$\tau \approx C\left(\frac{du}{dy}\right)^n$$

em que C e n são constantes ajustadas ao fluido [16]. Da Figura 1.8a, deduza os valores do expoente n para os quais o fluido é (a) newtoniano, (b) dilatante e (c) pseudoplástico. Considere a constante específica de modelo $C = 0{,}4$ N · s^n/m², com o fluido sofrendo cisalhamento entre duas placas paralelas como na Figura 1.8. Se a tensão de cisalhamento no fluido é 1.200 Pa, calcule a velocidade V da placa superior para os casos (d) $n = 1{,}0$, (e) $n = 1{,}2$ e (f) $n = 0{,}8$.

P1.47 Os dados para a viscosidade aparente do sangue humano comum, à temperatura corporal normal de 37°C, variam com a taxa de deformação por cisalhamento, conforme mostra a tabela seguinte.

Taxa de deformação, s⁻¹	1	10	100	1000
Viscosidade aparente, kg/(m · s)	0,011	0,009	0,006	0,004

(a) O sangue é um fluido não newtoniano? (b) Em caso afirmativo, que tipo de fluido é esse? (c) Como essas viscosidades se comparam com a da água pura a 37°C?

P1.48 Uma placa fina está separada de duas placas fixas por líquidos muito viscosos com μ_1 e μ_2, respectivamente, como mostra a Figura P1.48. Os espaçamentos h_1 e

h_2 entre as placas não são iguais, como mostra a figura. A área de contato é A entre a placa central e cada fluido. (*a*) Considerando uma distribuição linear de velocidade em cada fluido, deduza a força F necessária para puxar a placa à velocidade V. (*b*) Existe necessariamente uma *relação* entre as duas viscosidades, μ_1 e μ_2?

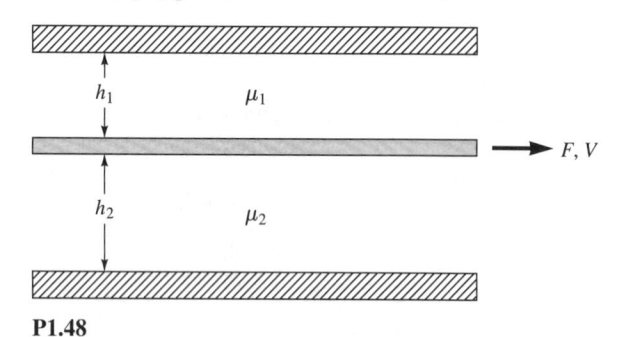

P1.48

P1.49 Foram desenvolvidos muitos equipamentos comerciais e de laboratório para medir viscosidade, como descrevem as Referências 29 e 49. Considere um eixo concêntrico, como no Problema 1.47, mas agora fixado axialmente e girando no interior do mancal. Sejam os raios interno e externo dos cilindros r_i e r_o, respectivamente, tendo o mancal um comprimento total L. Seja a velocidade angular Ω (rad/s) e seja M o torque aplicado. Usando esses parâmetros, deduza uma relação teórica para a viscosidade μ do fluido na folga entre os cilindros.

P1.50 Um viscosímetro simples mede o tempo t para que uma esfera sólida caia uma distância L no interior de um fluido de teste, de massa específica ρ. A viscosidade μ do fluido é dada então por

$$\mu \approx \frac{P_{\text{liq}} t}{3\pi DL} \quad \text{se} \quad t \geq \frac{2\rho DL}{\mu}$$

em que D é o diâmetro da esfera e $P_{\text{líq}}$ é o peso líquido da esfera no fluido. (*a*) Prove que ambas as fórmulas são dimensionalmente homogêneas. (*b*) Considere uma esfera de alumínio com diâmetro de 2,5 mm (massa específica 2.700 kg/m³) caindo em um óleo de massa específica 875 kg/m³. Se o tempo para cair 50 cm é 32 s, calcule a viscosidade do óleo e verifique se a inequação é válida.

P1.51 Uma aproximação para a forma da camada-limite nas Figuras 1.5b e P1.51 é a fórmula

$$u(y) \approx U \operatorname{sen}\left(\frac{\pi y}{2\delta}\right), \quad 0 \leq y \leq \delta$$

em que U é a velocidade da corrente longe da parede e δ é a espessura da camada-limite, como na Figura P1.51. Se o fluido for o hélio a 20°C e 1 atm, e se U = 10,8 m/s e δ = 3 cm, use a fórmula para (*a*) calcular a tensão de cisalhamento τ_p na parede em Pa e (*b*) encontre a posição na camada-limite em que τ é metade de τ_p.

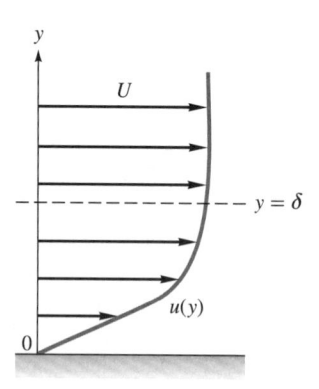

P1.51

P1.52 A correia na Figura P1.52 move-se a uma velocidade constante V e desliza na parte superior de um tanque de óleo de viscosidade μ, como mostra a figura. Considerando um perfil linear de velocidade no óleo, desenvolva uma fórmula simples para a potência P necessária para o acionamento da correia em função de (h, L, V, b, μ). Qual é a potência P necessária para o acionamento da correia se ela se move a 2,5 m/s em óleo SAE 30W a 20°C, com L = 2 m, b = 60 cm e h = 3 cm?

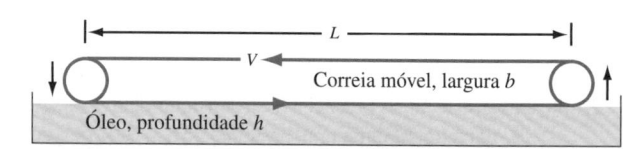

P1.52

*__P1.53__ Um cone sólido de ângulo 2θ, base r_0 e massa específica ρ_c está girando com velocidade angular ω_0 em um assento cônico, como mostra a Figura P1.53. A folga h é preenchida com óleo de viscosidade μ. Desprezando o arrasto do ar, deduza uma expressão analítica para a velocidade angular $\omega(t)$ do cone se não há torque aplicado.

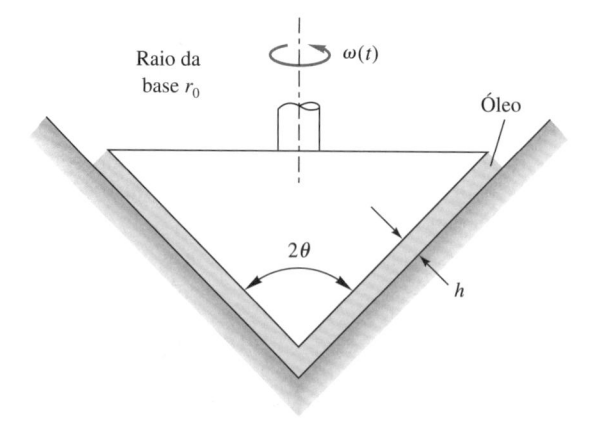

P1.53

*__P1.54__ Um disco de raio R gira a uma velocidade angular Ω no interior de um reservatório em forma de disco cheio com óleo de viscosidade μ, como mostra a Figura P1.54. Considerando um perfil linear de velocidade e desprezando a tensão de cisalhamento nas bordas externas do disco, deduza uma fórmula para o torque viscoso no disco.

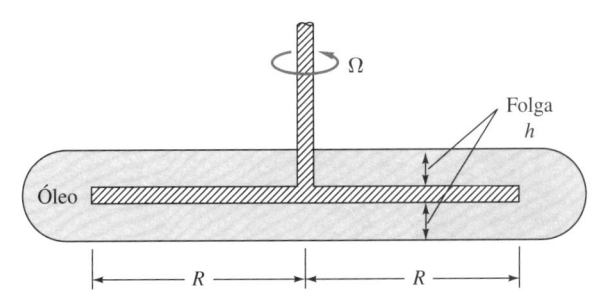

P1-54

P1.55 Um bloco de peso P está sendo puxado sobre uma mesa por outro peso P_0, como mostra a Figura P1.55. Encontre uma fórmula algébrica para a velocidade constante U do bloco se ele desliza sobre um filme de óleo de espessura h e viscosidade μ. A área A inferior do bloco está em contato com o óleo. Despreze o peso da corda e o atrito na polia. Considere um perfil linear de velocidade no filme de óleo.

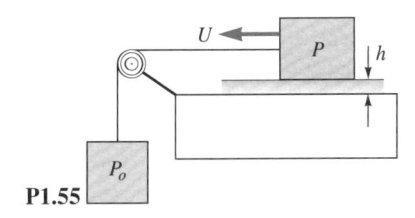

P1.55

*__P1.56__ O dispositivo na Figura P1.56 é chamado de *viscosímetro cone-placa* [29]. O ângulo do cone é muito pequeno, de forma que sen $\theta \approx \theta$, e a folga é preenchida com o líquido de teste. O torque M necessário para girar o cone a uma velocidade angular Ω é medido. Considerando um perfil linear de velocidade no filme de fluido, deduza uma expressão para a viscosidade μ do fluido em função de (M, R, Ω, θ).

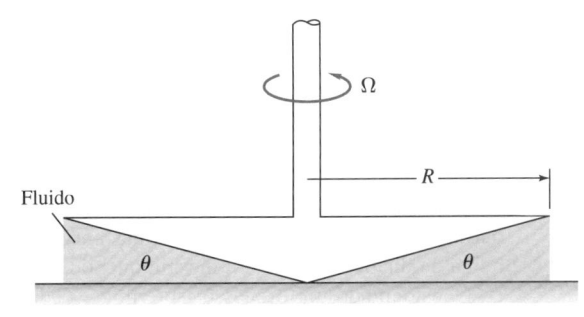

P1.56

P1.57 Estenda o caso de escoamento permanente entre uma placa inferior fixa e uma placa superior móvel da Fig. 1.7 ao caso de dois líquidos imiscíveis entre as placas, como na Fig. P1.57.

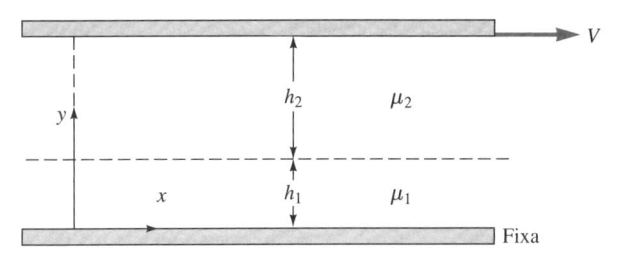

P1.57

(*a*) Esboce a distribuição de velocidade não deslizante esperada $u(y)$ entre as placas. (*b*) Encontre uma expressão analítica para a velocidade U na interface entre as duas camadas líquidas. (*c*) Qual é o resultado em (*b*) se as viscosidades e espessuras de camada forem iguais?

*__P1.58__ O exemplo do escoamento laminar em tubo do Problema 1.12 pode ser usado para projetar um *viscosímetro capilar* [29]. Se Q é a vazão em volume, L é o comprimento do tubo e Δp é a queda de pressão da entrada até a saída, a teoria do Capítulo 6 fornece uma fórmula para a viscosidade:

$$\mu = \frac{\pi r_0^4 \Delta p}{8LQ}$$

Os efeitos devidos às extremidades do tubo são desprezados [29]. Considere que nosso tubo capilar tenha r_0 = 2 mm e L = 25 cm. Para um certo fluido, foram obtidos os dados a seguir, de vazão e queda de pressão:

Q, m³/h	0,36	0,72	1,08	1,44	1,80
Δp, kPa	159	318	477	1.274	1.851

Qual é a viscosidade do fluido? *Nota*: somente os três primeiros pontos fornecem a viscosidade correta. Qual é a peculiaridade dos últimos dois pontos, que foram medidos com precisão?

P1.59 Um cilindro sólido de diâmetro D, comprimento L e massa específica ρ_s cai pelo efeito da gravidade no interior de um tubo de diâmetro D_0. A folga, $D_0 - D \ll D$, é preenchida com um fluido de massa específica ρ e viscosidade μ. Despreze os efeitos do ar acima e abaixo do cilindro. Deduza uma fórmula para a velocidade terminal de queda do cilindro. Aplique a sua fórmula ao caso de um cilindro de aço com D = 2 cm, D_0 = 2,04 cm, L = 15 cm, com um filme de óleo SAE 30 a 20°C.

P1.60 Os dutos são limpos passando-se por dentro deles um cilindro de diâmetro justo chamado de *pig*. O nome *pig* (porco, em inglês) vem do ruído agudo que ele faz quando percorre o interior do duto. A Referência 50 descreve um novo *pig*, não tóxico, conduzido por ar comprimido, para limpar dutos industriais de cosméticos e bebidas. Considere que o diâmetro do *pig* seja 15,08 cm e seu comprimento seja 66 cm. Ele limpa um tubo de 15,24 cm (6 pol) de diâmetro à velocidade de 1,2 m/s. Se a folga for preenchida com glicerina a 20°C, qual a diferença de pressão, em pascais, que será necessária para movimentar o *pig*? Suponha um perfil de velocidade linear no óleo e despreze o arrasto do ar.

*P1.61 Um disco de hóquei de mesa tem uma massa de 50 g e diâmetro de 9 cm. Quando colocado sobre a mesa de ar, um filme de ar a 20°C de 0,12 mm de espessura se forma sob o disco. O disco é lançado a uma velocidade inicial de 10 m/s. Considerando uma distribuição linear de velocidade no filme de ar, quanto tempo levará para o disco (*a*) atingir a velocidade de 1 m/s e (*b*) parar completamente? Além disso, (*c*) que distância, ao longo dessa mesa extremamente longa, o disco terá percorrido para a condição (*a*)?

Tensão superficial

P1.62 As bolhas de hidrogênio que produziram os perfis de velocidade na Figura 1.15 são muito pequenas, $D \approx$ 0,01 mm. Se a interface hidrogênio-água é comparável à interface ar-água e a temperatura da água é 30°C, calcule o excesso de pressão dentro da bolha.

P1.63 Deduza a Equação (1.33) fazendo um balanço de forças na interface do fluido na Figura 1.11*c*.

P1.64 A pressão em um recipiente de água pode ser medida por um tubo vertical aberto – veja a Fig. P2.11 para um esboço. Se a elevação esperada da água é de cerca de 20 cm, qual o diâmetro do tubo necessário para garantir que o erro devido à capilaridade será inferior a 3%?

P1.65 O sistema na Figura P1.65 é usado para calcular a pressão em p_1 no tanque medindo-se a altura de líquido de 15 cm no tubo de 1 mm de diâmetro. O fluido está a 60°C. Calcule a verdadeira altura do fluido no tubo e o erro percentual devido à capilaridade se o fluido é (*a*) água ou (*b*) mercúrio.

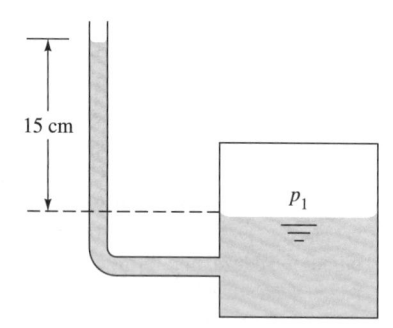

P1.65

P1.66 Um anel de arame fino, com 3 cm de diâmetro, é erguido da superfície da água a 20°C. Desprezando o peso do arame, qual é a força necessária para erguer o anel? Seria essa uma boa maneira de medir a tensão superficial? O arame deveria ser feito de algum material em particular?

P1.67 Um anular concêntrico vertical, com raio externo r_0 e raio interno r_i, é introduzido em um fluido com tensão superficial Y e ângulo de contato $\theta < 90°$. Deduza uma expressão para a elevação h da capilaridade na folga anular se a folga for muito pequena.

*P1.68 Faça uma análise da forma $\eta(x)$ da interface água-ar próxima de uma parede plana, como na Figura P1.68, considerando que a inclinação seja pequena, $R^{-1} \approx d^2\eta/dx^2$. Considere também que a diferença de pressão através da interface seja equilibrada pelo peso específico e pela altura da interface, $\Delta p \approx \rho g \eta$. As condições de contorno são um ângulo de contato molhado θ em $x = 0$ e uma superfície horizontal $\eta = 0$ quando $x \to \infty$. Qual é a altura máxima h na parede?

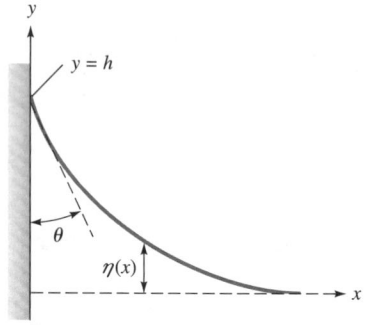

P1.68 $x = 0$

P1.69 Uma agulha cilíndrica sólida de diâmetro d, comprimento L e massa específica ρ_a pode flutuar em um líquido de tensão superficial Y. Despreze o empuxo e considere um ângulo de contato de 0°. Deduza uma fórmula para o diâmetro máximo $d_{máx}$ capaz de flutuar no líquido. Calcule $d_{máx}$ para uma agulha de aço (d = 7,84) em água a 20°C.

P1.70 Deduza uma expressão para a variação da altura capilar h para um fluido de tensão superficial Y e ângulo de contato θ entre duas placas verticais paralelas separadas por uma distância L, como na Figura P1.70. Qual será o h para a água a 20°C se $L = 0,5$ mm?

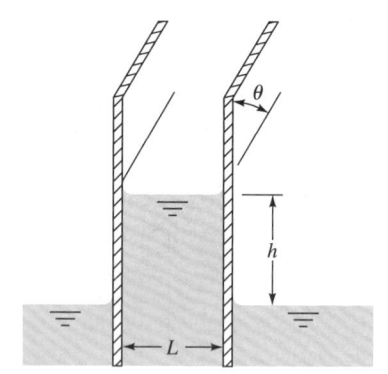

P1.70

*P1.71 Uma bolha de sabão de diâmetro D_1 funde-se com outra bolha de diâmetro D_2 para formar uma única bolha de diâmetro D_3 com a mesma quantidade de ar. Considerando um processo isotérmico, deduza uma expressão para encontrar D_3 em função de D_1, D_2, p_{atm} e Y.

Pressão de vapor

P1.72 Antigamente, os alpinistas ferviam água para obter uma estimativa da altitude. Se um alpinista chegar ao topo da montanha e observar que a água ferve a 84°C, qual é, aproximadamente, a altura da montanha?

P1.73 Um pequeno submersível move-se à velocidade V, na água doce a 20°C, a 2 m de profundidade, onde a pressão ambiente é 131 kPa. Sabe-se que seu número de cavitação crítico é $C_a = 0,25$. A que velocidade as bolhas de cavitação começam a se formar no corpo do submersível? Haverá cavitação no corpo se $V = 30$ m/s e a água estiver fria (5°C)?

P1.74 Óleo, com uma pressão de vapor de 20 kPa, é entregue por um oleoduto, com bombas igualmente espaçadas; cada uma delas aumenta a pressão do óleo em 1,3 MPa. As perdas por atrito na tubulação são 150 Pa por metro de tubo. Qual é o espaçamento máximo possível entre as bombas para evitar a cavitação do óleo?

Velocidade do som, número de Mach

P1.75 Uma aeronave voa a 893 km/h. A que altitude, na atmosfera padrão, a aeronave estará quando o número de Mach do avião for exatamente 0,8?

P1.76 Deduza uma fórmula para o módulo de elasticidade volumétrico de um gás perfeito com calores específicos constantes e calcule-o para o vapor d'água a 300°C e 200 kPa. Compare o resultado com as tabelas de vapor.

P1.77 Considere que os dados do n-pentano no Prob. P1.36 representam condições isentrópicas. Calcule o valor da velocidade do som a uma pressão de 30 MPa. [*Dica:* Os dados se ajustam aproximadamente à Eq. (1.19) com $B = 260$ e $n = 11$.]

P1.78 Sir Isaac Newton mediu a velocidade do som cronometrando a diferença de tempo entre o instante em que via a fumaça saindo do canhão e o instante em que ouvia o som. Se o canhão estiver em uma montanha à distância de 8.369 m, calcule a temperatura do ar em graus Celsius se a diferença de tempo medida for (*a*) 24,2 s e (*b*) 25,1 s.

P1.79 Da Tabela A.3, a massa específica da glicerina em condições padrão é cerca de 1.260 kg/m³. Com uma pressão muito alta de 8.000 lbf/pol², sua massa específica aumenta para aproximadamente 1.275 kg/m³. Use estes dados para calcular a velocidade do som da glicerina, em pés/s.

P1.80 No problema P1.24, para os dados fornecidos, a velocidade do ar na seção 2 é 1.180 pés/s. Qual é o número de Mach nessa seção?

Problemas de fundamentos de engenharia

FE1.1 A viscosidade absoluta μ de um fluido é principalmente uma função da
(*a*) Massa específica, (*b*) Temperatura, (*c*) Pressão, (*d*) Velocidade, (*e*) Tensão superficial

FE1.2 Dióxido de carbono, a 20°C e 1 atm, é comprimido isentropicamente a 4 atm. Considere o CO_2 como um gás perfeito. A temperatura final seria
(*a*) 130°C, (*b*) 162°C, (*c*) 171°C, (*d*) 237°C, (*e*) 313°C

Linhas de corrente

P1.81 Use a Eq. (1.39) para encontrar e esboçar as linhas de corrente do seguinte campo de escoamento:
$$u = Kx;\ v = -Ky;\ w = 0, \quad \text{onde } K \text{ é uma constante}$$

P1.82 Um campo de velocidade é dado por $u = V\cos\theta$, $v = V\sin\theta$ e $w = 0$, em que V e θ são constantes. Deduza uma fórmula para as linhas de corrente desse escoamento.

*P1.83 Use a Eq. (1.39) para encontrar e esboçar as linhas de corrente do seguinte campo de escoamento:
$$u = K(x^2 - y^2);\ v = -2Kxy;\ w = 0, \quad \text{onde } K \text{ é uma constante}$$

Dica: Trata-se de uma equação diferencial *exata* de primeira ordem.

História da mecânica dos fluidos

P1.84 No início dos anos 1900, o químico britânico Sir Cyril Hinshelwood declarou com ironia que o estudo da dinâmica dos fluidos estava dividido entre "pesquisadores que observavam coisas que não podiam explicar e pesquisadores que explicavam coisas que não podiam observar". A que situação histórica ele estava se referindo?

P1.85 Leia alguns artigos sobre a vida e obra, especialmente na mecânica dos fluidos, de
(*a*) Evangelista Torricelli (1608–1647)
(*b*) Henri de Pitot (1695–1771)
(*c*) Antoine Chézy (1718–1798)
(*d*) Gotthilf Heinrich Ludwig Hagen (1797–1884)
(*e*) Julius Weisbach (1806–1871)
(*f*) George Gabriel Stokes (1819–1903)
(*g*) Moritz Weber (1871–1951)
(*h*) Theodor von Kármán (1881–1963)
(*i*) Paul Richard Heinrich Blasius (1883–1970)
(*j*) Ludwig Prandtl (1875–1953)
(*k*) Osborne Reynolds (1842–1912)
(*l*) John William Strutt, Lord Rayleigh (1842–1919)
(*m*) Daniel Bernoulli (1700–1782)
(*n*) Leonhard Euler (1707–1783)

Incerteza experimental

P1.86 O volume v de um cilindro circular reto deve ser calculado por meio do raio da base R e altura H. Se a incerteza em R é 2% e a incerteza em H é 3%, calcule a incerteza total no volume calculado. *Dica*: Consulte o Apêndice E.

FE1.3 O hélio tem peso molecular de 4,003. Qual é o peso de 2 m³ de hélio a 1 atm e 20°C?
(*a*) 3,3 N, (*b*) 6,5 N, (*c*) 11,8 N, (*d*) 23,5 N, (*e*) 94,2 N

FE1.4 Um óleo tem uma viscosidade cinemática de 1,25 E-4 m²/s e uma densidade de 0,80. Qual é sua viscosidade dinâmica (absoluta) em kg/(m · s)?
(*a*) 0,08, (*b*) 0,10, (*c*) 0,125, (*d*) 1,0, (*e*) 1,25

FE1.5 Considere uma bolha de sabão de 3 mm de diâmetro. Se o coeficiente de tensão superficial é 0,072 N/m e a pressão relativa externa é 0 Pa, qual é a pressão relativa interna da bolha?

(a) –24 Pa, (b) +48 Pa, (c) +96 Pa, (d) +192 Pa, (e) –192 Pa

FE1.6 O único grupo adimensional possível que combina velocidade V, tamanho do corpo L, massa específica ρ do fluido e coeficiente de tensão superficial σ é

(a) $L\rho\sigma/V$, (b) $\rho VL^2/\sigma$, (c) $\rho\sigma V^2/L$, (d) $\sigma LV^2/\rho$, (e) $\rho LV^2/\sigma$

FE1.7 Duas placas paralelas, uma movendo-se a 4 m/s e a outra fixa, estão separadas por uma camada de 5 mm de espessura de óleo de densidade 0,80 e viscosidade cinemática 1,25 E-4 m²/s. Qual é a tensão de cisalhamento média no óleo?

(a) 80 Pa, (b) 100 Pa, (c) 125 Pa, (d) 160 Pa, (e) 200 Pa

FE1.8 O dióxido de carbono tem uma razão de calor específico de 1,30 e uma constante de gás igual a 189 J/(kg·°C). Se sua temperatura subir de 20°C para 45°C, qual será o aumento de sua energia interna?

(a) 12,6 kJ/kg, (b) 15,8 kJ/kg, (c) 17,6 kJ/kg, (d) 20,5 kJ/kg, (e) 25,1 kJ/kg

FE1.9 Um certo escoamento de água a 20°C tem um número crítico de cavitação, onde se formam as bolhas, $Ca \approx 0{,}25$, onde $Ca = 2(p_a - p_{vap})/\rho V^2$. Se $p_a = 1$ atm e a pressão de vapor é 0,34 libras por polegada quadrada absoluta (psia), para qual velocidade da água as bolhas se formarão?

(a) 12 mi/h, (b) 28 mi/h, (c) 36 mi/h, (d) 55 mi/h, (e) 63 mi/h

FE1.10 O Exemplo 1.10 fez uma análise que previa que em um disco em rotação, o momento viscoso $M = \pi\mu\Omega R^4/(2h)$. Se a incerteza de cada um das quatro variáveis (μ, Ω, R, h) é 1%, qual é a incerteza total calculada para o momento M?

(a) 4,0%   (b) 4,4%   (c) 5,0%   (d) 6,0%   (e) 7,0%

Problemas abrangentes

A1.1 Às vezes, é possível desenvolver equações e resolver problemas práticos conhecendo apenas as dimensões dos parâmetros principais do problema. Por exemplo, considere a perda de calor através de uma janela em um edifício. A eficiência da janela é especificada em termos do valor "R", que tem as unidades de (m² · h · °C)/J. Um certo fabricante anuncia uma janela de vidraça dupla com um valor de R de 2,2E-4. A mesma empresa produz uma janela de vidraça tripla com um valor de R de 3,0E-4. Em ambos os casos as dimensões da janela são 0,91 m × 1,52 m. Em um certo dia de inverno, a diferença de temperatura entre o interior e o exterior do edifício é 25°C.

(a) Desenvolva uma equação para a perda de calor em um determinado intervalo de tempo Δt, através de uma janela de área A, com o valor R para R, e diferença de temperatura ΔT. Quanto calor (em J) é perdido através da janela de vidraça dupla em um período de 24 horas?

(b) Quanto calor (em J) é perdido através da janela de vidraça tripla em um período de 24 horas?

(c) Considere que o prédio seja aquecido com gás propano, que custa R$ 0,70 o litro. O queimador de gás propano tem uma eficiência de 80%. O gás propano tem aproximadamente 25 MJ de energia disponível por litro. No mesmo período de 24 horas, quanto dinheiro economizaria um proprietário de imóvel, por janela, instalando janelas de vidraça tripla em lugar de janela de vidraça dupla?

(d) Finalmente, suponha que o proprietário compre 20 janelas de vidraça tripla para a casa. Um inverno típico de países muito frios tem o equivalente a 120 dias de aquecimento a uma diferença de temperatura de 25°C. Cada janela de vidraça tripla custa R$ 170,00 a mais que a janela de vidraça dupla. Ignorando-se juros e inflação, quantos anos serão necessários para que o proprietário recupere o custo adicional das janelas de vidraça tripla e comece a reaquecer sua conta na poupança?

A1.2 Quando uma pessoa patina no gelo, a superfície do gelo na realidade derrete sob as lâminas, de modo que a pessoa desliza sobre uma fina camada de água entre a lâmina e o gelo.

(a) Encontre uma expressão para a força de atrito total sob a lâmina em função da velocidade V da patinadora, do comprimento L da lâmina, da espessura da camada de água (entre a lâmina e o gelo) h, da viscosidade da água μ e da largura W da lâmina.

(b) Suponha que uma patinadora de massa total m esteja patinando a uma velocidade constante V_0 quando subitamente fica em posição reta com os patins apontados diretamente para a frente, permitindo que ela deslize até parar. Desprezando-se o atrito devido à resistência do ar, qual é a distância que a patinadora ainda vai percorrer até a parada total? (Lembre-se de que ela está deslizando sobre *duas* lâminas de patins.) Dê sua resposta para a distância total percorrida, x, em função de V_0, m, L, h, μ e W.

(c) Encontre x para o caso em que $V_0 = 4{,}0$ m/s, $m = 100$ kg, $L = 30$ cm, $W = 5{,}0$ mm e $h = 0{,}10$ mm. Você acredita que nossa hipótese de resistência do ar desprezível seja uma boa hipótese?

A1.3 Duas placas finas, inclinadas de um ângulo α, são colocadas em um tanque contendo líquido com uma tensão superficial conhecida Y e ângulo de contato θ, como mostra a Figura A1.3. Na superfície livre do líquido no tanque, as duas placas estão separadas por uma distância L e têm a largura b para dentro da página. O líquido sobe uma distância h entre as placas, como mostra a figura.

(a) Qual é a força ascendente total (na direção z), devida à tensão superficial, agindo na coluna de líquido entre as placas?

(b) Se a massa específica do líquido for ρ, encontre uma expressão para a tensão superficial Y em função das outras variáveis.

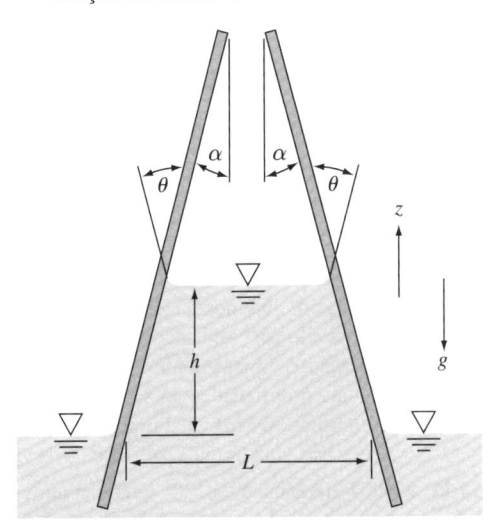

A1.3

A1.4 Um óleo de viscosidade μ e massa específica ρ escoa continuamente para baixo ao longo de uma placa vertical longa e larga, como mostra a Figura A1.4. Na região mostrada, as condições de escoamento estão *plenamente desenvolvidas*; isto é, a forma do perfil de velocidade e a espessura do filme δ são independentes da distância z ao longo da placa. A velocidade vertical w torna-se uma função somente de x, e a resistência ao cisalhamento da atmosfera é desprezível.

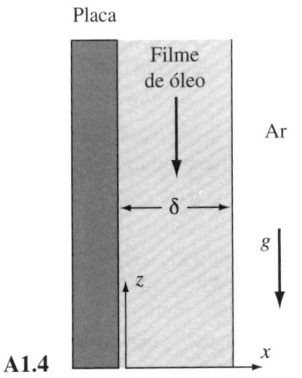

A1.4

(a) Esboce a forma aproximada do perfil de velocidade $w(x)$, considerando as condições de contorno na parede e na superfície livre do filme.

(b) Considere que a espessura δ do filme e a inclinação do perfil de velocidade na parede, $(dw/dx)_{parede}$, sejam medidos por um anemômetro a laser Doppler (a ser discutido no Capítulo 6). Encontre uma expressão para a viscosidade do óleo em função de ρ, δ, $(dw/dx)_{parede}$ e da aceleração da gravidade g. Observe que, para o sistema de coordenadas dado, tanto w quanto $(dw/dx)_{parede}$ são negativos.

A1.5 A viscosidade pode ser medida pelo escoamento através de um tubo de diâmetro pequeno ou de um tubo *capilar*, se a vazão for baixa. Para um comprimento L, (pequeno) diâmetro $D \ll L$, queda de pressão Δp e (baixa) vazão em volume Q, a fórmula para a viscosidade é $\mu = D^4 \Delta p/(CLQ)$, na qual C é uma constante.

(a) Verifique se C é adimensional. Os dados a seguir são para a água escoando através de um tubo de 2 mm de diâmetro com 1 metro de comprimento. A queda de pressão é mantida constante em $\Delta p = 5$ kPa.

T, °C	10,0	40,0	70,0
Q, L/min	0,091	0,179	0,292

(b) Usando unidades no SI adequadas, determine um valor médio de C levando em conta a variação com a temperatura da viscosidade da água.

A1.6 O *viscosímetro de cilindro rotativo* na Figura A1.6 provoca cisalhamento no fluido em uma folga pequena Δr, como mostra a figura. Considerando uma distribuição linear de velocidade nas folgas e medindo-se o torque de acionamento M, encontre uma expressão para μ (a) desprezando e (b) incluindo o atrito no fundo.

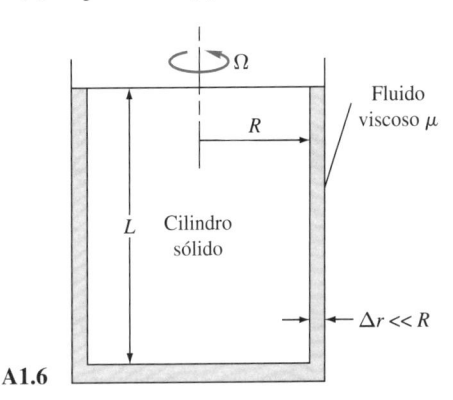

A1.6

A1.7 Faça um estudo analítico do comportamento transiente do bloco deslizante no problema P1.45. (a) Resolva para $V(t)$ considerando que o bloco parte do repouso, $V = 0$ em $t = 0$. (b) Calcule o tempo t_1 decorrido para o bloco atingir 98% de sua velocidade terminal.

A1.8 Um dispositivo mecânico que usa o cilindro rotativo da Figura A1.6 é o *viscosímetro Stormer* [29]. Em vez de ser acionado a uma velocidade angular constante Ω, uma corda é enrolada ao redor do eixo e presa a um peso P que cai verticalmente. É medido o tempo t necessário para girar o eixo um dado número de voltas (usualmente cinco) e estabelecida uma correlação com a viscosidade. A fórmula é

$$t \approx \frac{A\mu}{P - B}$$

na qual A e B são constantes determinadas calibrando-se o dispositivo com um fluido conhecido. A seguir estão os dados de calibração para o viscosímetro Stormer testado em glicerol, usando um peso de 50 N:

μ, kg/m·s	0,23	0,34	0,57	0,84	1,15
t, s	15	23	38	56	77

(a) Encontre valores razoáveis de A e B para ajustar esses dados de calibração. [*Dica*: Os dados não são muito sensíveis ao valor de B.]

(b) Um fluido mais viscoso é testado com um peso de 100 N e o tempo medido é 44 s. Calcule a viscosidade do fluido.

A1.9 A alavanca da Figura A1.9 tem um peso P em uma das extremidades e está presa a um cilindro na outra extremidade. O cilindro tem peso e empuxo desprezíveis e desliza para cima em um filme de óleo pesado de viscosidade μ. (a) Se não houver aceleração (rotação uniforme da alavanca), deduza uma fórmula para a velocidade de queda V_2 do peso. Despreze o peso da alavanca. Considere um perfil de velocidade linear no filme de óleo. (b) Calcule a velocidade de queda do peso se $P = 20$ N, $L_1 = 75$ cm, $L_2 = 50$ cm, $D = 10$ cm, $L = 22$ cm, $\Delta R = 1$ mm e o óleo é glicerina a 20°C.

A1.9

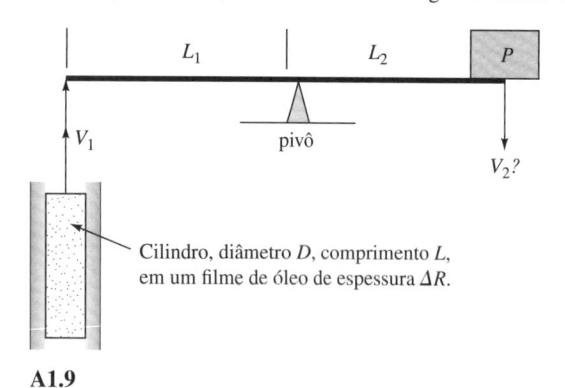

A1.10 Um instrumento popular acionado por gravidade é o *viscosímetro Cannon-Ubbelohde*, mostrado na Figura A1.10. O líquido de teste é succionado para cima do bulbo no lado direito e deixado drenar por gravidade através do tubo capilar abaixo do bulbo. É registrado o tempo t necessário para o menisco passar da marca superior para a inferior. A viscosidade cinemática é calculada pela fórmula simples:

$$v = Ct$$

na qual C é uma constante de calibração. Para v no intervalo de 100 mm^2/s a 500 mm^2/s, a constante recomendada é $C = 0,50$ mm^2/s^2, com uma precisão menor que 0,5%.

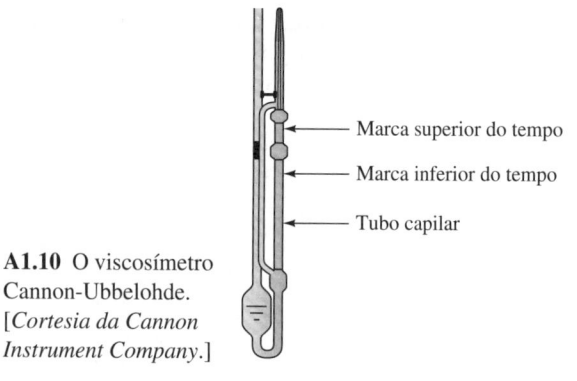

A1.10 O viscosímetro Cannon-Ubbelohde. [*Cortesia da Cannon Instrument Company*.]

(a) Quais os líquidos da Tabela A.3 que estão neste intervalo de viscosidade? (b) A fórmula de calibração é dimensionalmente consistente? (c) De quais propriedades do sistema pode depender a constante C? (d) Qual o problema deste capítulo que traz uma fórmula para cálculo da viscosidade?

A1.11 Mott [Referência 49, p. 38] apresenta um viscosímetro simples de queda de esfera, que podemos analisar mais tarde no Capítulo 7. Uma pequena esfera de diâmetro D e massa específica ρ_e cai através de um líquido (ρ, μ) no tubo de teste. A velocidade V de queda é calculada pelo tempo que leva para a esfera cair uma distância medida. A fórmula para calcular a viscosidade do fluido é

$$\mu = \frac{(\rho_e - \rho)gD^2}{18\,V}$$

Esse resultado é limitado pelo requisito de que o número de Reynolds ($\rho VD/\mu$) seja menor do que 1,0. Considere que uma esfera de aço ($d = 7,87$) de diâmetro 2,2 mm caia em óleo SAE 25W ($d = 0,88$) a 20°C. A velocidade de queda medida é 8,4 cm/s. (a) Qual é a viscosidade do óleo em kg/m · s? (b) O número de Reynolds é baixo o bastante para que a estimativa seja válida?

A1.12 Um disco sólido de alumínio ($d = 2,7$) com diâmetro de 2 pol e 3/16 pol de espessura desliza de forma constante por uma inclinação de 14° revestida por um filme de óleo de rícino ($d = 0,96$) de centésimo de polegada de espessura. A velocidade de deslocamento constante é de 2 cm/s. Usando Figura A.1 e assumindo um perfil de velocidade linear do óleo, calcule a temperatura do óleo de rícino.

Referências

1. T. J. Chung, *Computational Fluid Dynamics*, 2d ed., Cambridge University Press, New York, 2010.
2. J. D. Anderson, *Computational Fluid Dynamics: An Introduction*, 3d ed., Springer, New York, 2010.
3. H. Lomax, T. H. Pulliam, and D. W. Zingg, *Fundamentals of Computational Fluid Dynamics*, Springer, New York, 2011.
4. B. Andersson, L. Håkansson, and M. Mortensen, *Computational Fluid Dynamics for Engineers*, Cambridge University Press, New York, 2012.
5. D. C. Wilcox, *Turbulence Modeling for CFD*, 3d ed., DCW Industries, La Cañada, California, 2006.
6. P. S. Bernard and J. M. Wallace, *Turbulent Flow: Analysis, Measurement and Prediction*, Wiley, New York, 2002.

9. S. Tavoularis, *Measurement in Fluid Mechanics,* Cambridge University Press, New York, 2005.
10. R. C. Baker, *Introductory Guide to Flow Measurement,* Wiley, New York, 2002.
11. R. W. Miller, *Flow Measurement Engineering Handbook,* 3d ed., McGraw-Hill, New York, 1996.
12. H. Rouse and S. Ince, *History of Hydraulics,* Iowa Institute of Hydraulic Research, Univ. of Iowa, Iowa City, IA, 1957; reprinted by Dover, New York, 1963.
13. H. Rouse, *Hydraulics in the United States 1776–1976,* Iowa Institute of Hydraulic Research, Univ. of Iowa, Iowa City, IA, 1976.
14. G. A. Tokaty, *A History and Philosophy of Fluid Mechanics*, Dover Publications, New York, 1994.
15. Cambridge University Press, "Ludwig Prandtl—Father of Modern Fluid Mechanics," URL <www.fluidmech.net/msc/prandtl.htm>.
16. R. I. Tanner, *Engineering Rheology,* 2d ed., Oxford University Press, New York, 2000.
17. C. E. Brennen, *Fundamentals of Multiphase Flow*, Cambridge University Press, New York, 2009.
18. C. Shen, *Rarefied Gas Dynamics*, Springer, New York, 2010.
19. F. Carderelli and M. J. Shields, *Scientific Unit Conversion: A Practical Guide to Metrification,* 2d ed., Springer-Verlag, New York, 1999.
20. J. P. Holman, *Heat Transfer,* 10th ed., McGraw-Hill, New York, 2009.
21. B. E. Poling, J. M. Prausnitz, and J. P. O'Connell, *The Properties of Gases and Liquids,* 5th ed., McGraw-Hill, New York, 2000.
22. J. Hilsenrath et al., "Tables of Thermodynamic and Transport Properties," *U.S. Nat. Bur. Standards Circular 564,* 1955; reprinted by Pergamon, New York, 1960.
23. W. T. Parry, *ASME International Steam Tables for Industrial Use*, 2d ed., ASME Press, New York, 2009.
24. Steam Tables URL: http://www.steamtablesonline.com/
25. O. A. Hougen and K. M. Watson, *Chemical Process Principles Charts,* Wiley, New York, 1960.
26. F. M. White, *Viscous Fluid Flow,* 3d ed., McGraw-Hill, New York, 2005.
27. M. Bourne, *Food Texture and Viscosity: Concept and Measurement*, 2d ed., Academic Press, Salt Lake City, Utah, 2002.
28. *SAE Fuels and Lubricants Standards Manual,* Society of Automotive Engineers, Warrendale, PA, 2001.
29. C. L. Yaws, *Handbook of Viscosity,* 3 vols., Elsevier Science and Technology, New York, 1994.
30. A. W. Adamson and A. P. Gast, *Physical Chemistry of Surfaces,* Wiley, New York, 1999.
31. C. E. Brennen, *Fundamentals of Multiphase Flow*, Cambridge University Press, New York, 2009.
32. National Committee for Fluid Mechanics Films, *Illustrated Experiments in Fluid Mechanics,* M.I.T. Press, Cambridge, MA, 1972.
33. I. G. Currie, *Fundamental Mechanics of Fluids,* 3d ed., Marcel Dekker, New York, 2003.
34. W.-J. Yang (ed.), *Handbook of Flow Visualization,* 2d ed., Taylor and Francis, New York, 2001.
35. F.T. Nieuwstadt (ed.), *Flow Visualization and Image Analysis*, Springer, New York, 2007.
36. A. J. Smits and T. T. Lim, *Flow Visualization: Techniques and Examples,* 2d ed., Imperial College Press, London, 2011.
37. R. J. Adrian and J. Westerweel, *Particle Image Velocimetry*, Cambridge University Press, New York, 2010.
38. Wen-Jai Yang, *Computer-Assisted Flow Visualization,* Begell House, New York, 1994.
39. M. van Dyke, *An Album of Fluid Motion,* Parabolic Press, Stanford, CA, 1982.
40. Y. Nakayama and Y. Tanida (eds.), *Visualized Flow,* vol. 1, Elsevier, New York, 1993; vols. 2 and 3, CRC Press, Boca Raton, FL, 1996.
41. M. Samimy, K. S. Breuer, L. G. Leal, and P. H. Steen, *A Gallery of Fluid Motion,* Cambridge University Press, New York, 2003.
42. S. Y. Son et al., "Coolant Flow Field Measurements in a Two-Pass Channel Using Particle Image Velocimetry," 1999 Heat Transfer Gallery, *Journal of Heat Transfer*, vol. 121, August, 1999.
43. B. Carr and V. E. Young, "Videotapes and Movies on Fluid Dynamics and Fluid Machines," in *Handbook of Fluid Dynamics and Fluid Machinery,* vol. II, J. A. Schetz and A. E. Fuhs (eds.), Wiley, New York, 1996, pp. 1171–1189.
44. Online Steam Tables URL: http://www.spiraxsarco.com/esc/SH_Properties.aspx.
45. H. W. Coleman and W. G. Steele, *Experimentation and Uncertainty Analysis for Engineers,* 3d ed., Wiley, New York, 2009.
46. I. Hughes and T. Hase, *Measurements and Their Uncertainties*, Oxford University Press, New York, 2010.
47. A. Thom, "The Flow Past Circular Cylinders at Low Speeds," *Proc. Royal Society*, A141, London, 1933, pp. 651–666.
48. S. J. Kline and F. A. McClintock, "Describing Uncertainties in Single-Sample Experiments," *Mechanical Engineering,* January, 1953, pp. 3–9.
49. R. L. Mott, *Applied Fluid Mechanics,* Pearson Prentice-Hall, Upper Saddle River, NJ, 2006.
50. "Putting Porky to Work," Technology Focus, *Mechanical Engineering,* August 2002, p. 24.
51. R. M. Olson and S. J. Wright, *Essentials of Engineering Fluid Mechanics,* 5th ed., HarperCollins, New York, 1990.
52. B. Kirby, *Micro- and Nanoscale Fluid Mechanics*, Cambridge University Press, New York, 2010.
53. E. J. Watson, "The Spread of a Liquid Jet over a Horizontal Plane," *J. Fluid Mechanics*, vol. 20, 1964, pp. 481–499.
54. J. Dean and A. Reisinger, *Sands, Powders, and Grains: An Introduction to the Physics of Granular Materials*, Springer-Verlag, New York, 1999.
55. E. Kiran and Y. L. Sen, "High Pressure Density and Viscosity of n-alkanes," *Int. J. Thermophysics*, vol. 13, no. 3, 1992, pp. 411–442.

O batiscafo Trieste, um pequeno submarino, foi construído pelos exploradores August e Jacques Picard em 1953. Eles fizeram muitos mergulhos profundos nos primeiros cinco anos. Em 1958 a Marinha dos Estados Unidos comprou o Trieste e, em 1960, desceu na parte mais profunda do oceano, a Fossa das Marianas, perto de Guam. O recorde de profundidade foi 10.900 metros, ou quase sete milhas. A foto mostra a embarcação sendo retirada da água. A esfera de pressão está na parte inferior e a estrutura em formato hidrodinâmico acima é preenchida com gasolina, que, juntamente com a água de lastro, estabelece a flutuação, mesmo nessas profundidades. [*Imagem cedida pela U.S. Navy*].

Capítulo 2
Distribuição de pressão em um fluido

Motivação. Muitos problemas de mecânica dos fluidos não envolvem movimentos. Eles tratam da distribuição de pressão em um fluido estático e seus efeitos sobre as superfícies sólidas e sobre corpos flutuantes e submersos.

Quando a velocidade do fluido é nula, na chamada *condição hidrostática*, a variação de pressão deve-se apenas ao peso do fluido. Admitindo-se um fluido conhecido em um dado campo gravitacional, a pressão pode ser facilmente calculada por integração. As aplicações importantes deste capítulo são (1) distribuição de pressão na atmosfera e nos oceanos, (2) projeto de instrumentos de medida de pressão (manômetros), (3) forças sobre superfícies submersas, planas e curvas, (4) empuxo sobre corpos submersos e (5) comportamento de corpos flutuantes. As últimas duas resultam nos princípios de Arquimedes.

Se o fluido está se movendo em *movimento de corpo rígido*, tal como em um tanque de líquido que está girando por um longo tempo, a pressão também pode ser facilmente calculada porque o fluido está isento de tensão de cisalhamento. Aplicamos essa ideia de acelerações de corpos rígidos na Seção 2.9. Os instrumentos de medida de pressão são discutidos na Seção 2.10. Na realidade, a pressão também pode ser analisada em movimentos arbitrários (de corpos não rígidos) $\mathbf{V}(x, y, z, t)$, mas deixamos esse assunto para o Capítulo 4.

2.1 Pressão e gradiente de pressão

Na Figura 1.1 vimos que um fluido em repouso não pode suportar tensão de cisalhamento e, portanto, o círculo de Mohr se reduz a um ponto. Em outras palavras, a tensão normal em qualquer plano por meio de um elemento de fluido em repouso é uma propriedade de ponto chamada de *pressão p do fluido*, considerada positiva para compressão por convenção usual. Este é um conceito importante que iremos rever com outra abordagem.

Primeiramente, vamos enfatizar que a pressão é uma propriedade termodinâmica do fluido, como a temperatura ou a massa específica. Não é uma *força*. A pressão não tem direção e, portanto, não é um vetor. O conceito de força só surge quando se considera uma superfície imersa em um fluido sob pressão. A pressão cria uma força, devido às moléculas do fluido bombardeando a superfície, e é normal a essa superfície.

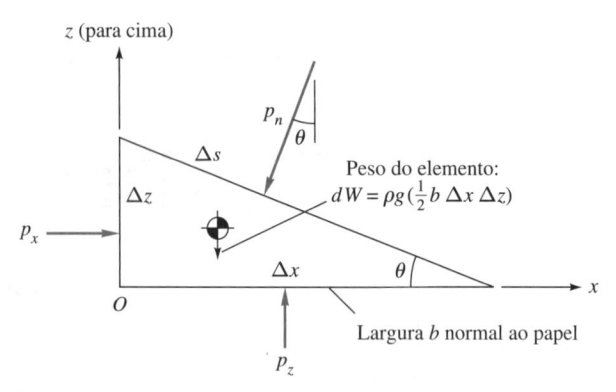

Figura 2.1 Equilíbrio de uma pequena cunha de fluido em repouso.

A Figura 2.1 mostra uma pequena cunha de fluido em repouso de tamanho Δx por Δz por Δs e profundidade b normal ao papel. Por definição, não há cisalhamento, mas postulamos que as pressões p_x, p_z e p_n podem ser diferentes em cada face. O peso do elemento também pode ser importante. Consideramos que o elemento seja pequeno, assim a pressão será constante em cada face. A resultante das forças deve ser igual a zero (sem aceleração) nas direções x e z

$$\Sigma F_x = 0 = p_x b\,\Delta z - p_n b\,\Delta s\,\text{sen}\,\theta$$
$$\Sigma F_z = 0 = p_z b\,\Delta x - p_n b\,\Delta s\,\cos\theta - \tfrac{1}{2}\rho g b\,\Delta x\,\Delta z \quad (2.1)$$

mas a geometria da cunha é tal que

$$\Delta s\,\text{sen}\,\theta = \Delta z \quad \Delta s\,\cos\theta = \Delta x \quad (2.2)$$

Substituindo na Equação (2.1) e rearranjando, temos

$$p_x = p_n \quad p_z = p_n + \tfrac{1}{2}\rho g\,\Delta z \quad (2.3)$$

Essas relações ilustram dois princípios importantes da condição hidrostática, ou livre de cisalhamento: (1) não há variação de pressão na direção horizontal e (2) há uma variação de pressão na direção proporcional à massa específica, à gravidade e à variação de profundidade. Exploraremos esses resultados ao máximo na Seção 2.3.

No limite, como a cunha de fluido tende a um "ponto", $\Delta z \to 0$ e as Equações (2.3) se tornam

$$p_x = p_z = p_n = p \quad (2.4)$$

Como θ é arbitrário, concluímos que a pressão p em um fluido estático é uma propriedade de ponto, independentemente da orientação.

Força de pressão em um elemento de fluido

A pressão (ou qualquer outra tensão, neste contexto) causa uma força líquida em um elemento de fluido quando ela varia *espacialmente*. Para ver isso, considere a pressão agindo sobre as duas faces x na Figura 2.2. Admita que ela varie arbitrariamente

$$p = p(x, y, z, t)$$

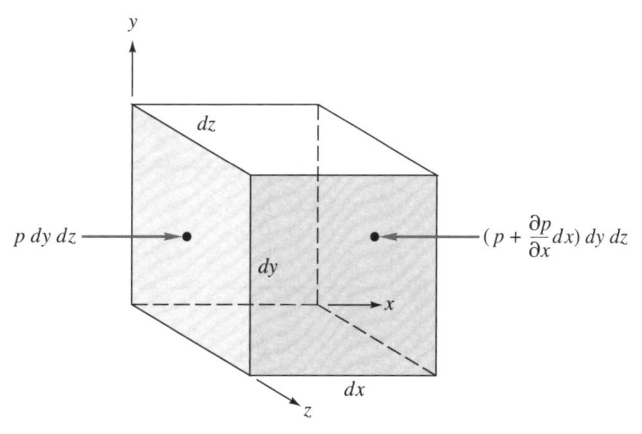

Figura 2.2 Força líquida x sobre um elemento em decorrência da variação de pressão.

A força líquida na direção x sobre o elemento na Figura 2.2 é dada por

$$dF_x = p\, dy\, dz - \left(p + \frac{\partial p}{\partial x} dx\right) dy\, dz = -\frac{\partial p}{\partial x} dx\, dy\, dz$$

De maneira semelhante, a força líquida dF_y envolve $-\partial p/\partial y$, e a força líquida dF_z envolve $-\partial p/\partial z$. O vetor força líquida total sobre o elemento em decorrência da pressão é

$$d\mathbf{F}_{\text{press}} = \left(-\mathbf{i}\frac{\partial p}{\partial x} - \mathbf{j}\frac{\partial p}{\partial y} - \mathbf{k}\frac{\partial p}{\partial z}\right) dx\, dy\, dz \tag{2.5}$$

Identificamos o termo entre parênteses como o negativo do vetor gradiente de p. Representando por $\mathbf{f}$ a força líquida por unidade de volume do elemento, reescrevemos a Equação (2.5) como

$$\mathbf{f}_{\text{press}} = -\nabla p \tag{2.6}$$

onde $\quad \nabla = $ operador de gradiente $= \mathbf{i}\dfrac{\partial}{\partial x} + \mathbf{j}\dfrac{\partial}{\partial y} + \mathbf{k}\dfrac{\partial}{\partial z}$

Logo, não é a pressão, mas sim o *gradiente* de pressão que causa uma força líquida a ser equilibrada pela gravidade ou aceleração ou outro efeito no fluido.

2.2 Equilíbrio de um elemento de fluido

O gradiente de pressão representa uma força de *superfície* que atua sobre os lados do elemento. Pode haver também uma força de *campo*, decorrente dos potenciais eletromagnético ou gravitacional, agindo sobre toda a massa do elemento. Aqui, consideramos somente a força da gravidade ou o peso do elemento:

$$d\mathbf{F}_{\text{grav}} = \rho \mathbf{g}\, dx\, dy\, dz$$

ou
$$\mathbf{f}_{\text{grav}} = \rho \mathbf{g} \tag{2.7}$$

Além da gravidade, um fluido em movimento terá forças de *superfície* em virtude das tensões viscosas. Pela lei de Newton, Equação (1.2), a soma dessas forças por unidade de volume é igual à massa por unidade de volume (massa específica) vezes a aceleração $\mathbf{a}$ do elemento de fluido:

$$\sum \mathbf{f} = \mathbf{f}_{\text{press}} + \mathbf{f}_{\text{grav}} + \mathbf{f}_{\text{visc}} = -\nabla p + \rho \mathbf{g} + \mathbf{f}_{\text{visc}} = \rho \mathbf{a} \tag{2.8}$$

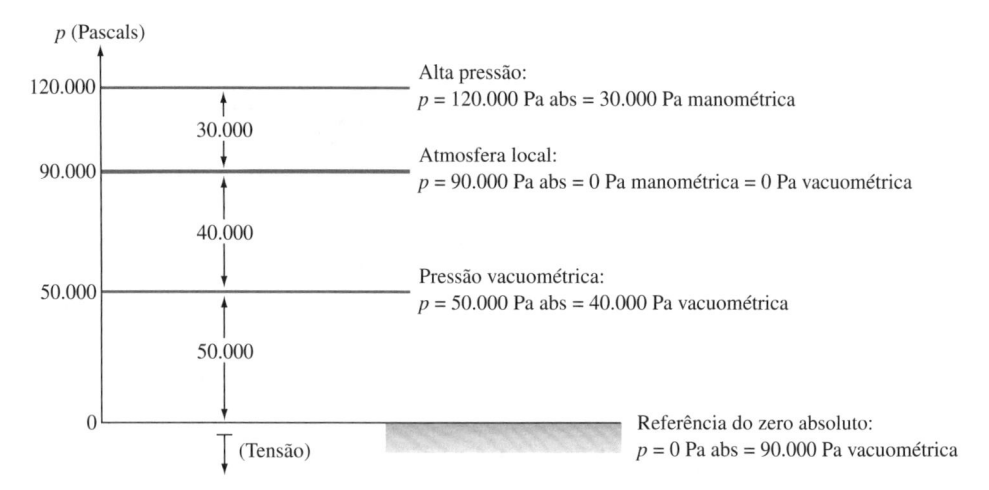

Figura 2.3 Ilustração das leituras de pressão absoluta, manométrica e vacuométrica.

Essa equação geral será estudada em detalhes no Capítulo 4. Observe que a Equação (2.8) é uma relação *vetorial*, e a aceleração pode não estar na mesma direção vetorial da velocidade. Para nosso tópico atual, *hidrostática*, as tensões viscosas e a aceleração são nulas.

Pressão manométrica e pressão vacuométrica: termos relativos

Antes de iniciarmos com exemplos, devemos observar que os engenheiros estão aptos a especificar as pressões como (1) *absoluta* ou de intensidade total ou (2) *relativa*, em relação à atmosfera ambiente local. O segundo caso ocorre porque muitos instrumentos de medida de pressão são do tipo *diferencial* e medem não um valor absoluto, mas a diferença entre a pressão do fluido e a atmosfera local. A pressão medida pode ser mais alta ou mais baixa do que a pressão atmosférica local, dando-se um nome para cada caso:

1. $p > p_a$ Pressão *manométrica* $p(\text{manométrica}) = p - p_a$
2. $p < p_a$ Pressão *vacuométrica* $p(\text{vacuométrica}) = p_a - p$

Esta é uma regra conveniente, e pode-se depois somar (ou subtrair) a pressão atmosférica para determinar a pressão absoluta do fluido.

Uma situação típica é mostrada na Figura 2.3. A pressão atmosférica local é, digamos, 90.000 Pa, o que pode refletir uma condição de tempestade em um local ao nível do mar ou, então, as condições normais a uma altitude de 1.000 m. Logo, nesse dia, p_a = 90.000 Pa abs = 0 Pa manométrica = 0 Pa vacuométrica. Considere que o medidor 1 em um laboratório indique p_1 = 120.000 Pa absoluta. Esse valor pode ser escrito como uma pressão *manométrica*, p_1 = 120.000 − 90.000 = 30.000 Pa *manométrica*. (Devemos medir também a pressão atmosférica no laboratório, pois p_a varia gradualmente.) Considere que o medidor 2 indique p_2 = 50.000 Pa absoluta. Localmente, esta é uma pressão *vacuométrica* e pode ser escrita como p_2 = 90.000 − 50.000 = 40.000 Pa *vacuométrica*. Ocasionalmente, na seção de problemas, especificaremos se a pressão é manométrica ou vacuométrica, para manter o leitor alerta sobre essa prática usual na engenharia. Se uma pressão for escrita sem especificar se é manométrica ou vacuométrica, assumimos que é pressão absoluta.

2.3 Distribuições de pressão hidrostática

Se o fluido estiver em repouso ou a velocidade constante, $\mathbf{a} = 0$ e $\mathbf{f}_{\text{visc}} = 0$. A Equação (2.8) para a distribuição de pressões se reduz a

$$\nabla p = \rho \mathbf{g} \qquad (2.9)$$

Essa é uma distribuição *hidrostática* e é correta para todos os fluidos em repouso, independentemente de sua viscosidade, porque o termo viscoso desaparece.

Lembre-se da análise vetorial em que o vetor ∇p expressa a intensidade e direção da máxima taxa de incremento espacial da propriedade escalar p. Consequentemente, ∇p é em todos os pontos perpendicular às superfícies de p constante. Assim, a Equação (2.9) diz que um fluido em equilíbrio hidrostático irá alinhar suas superfícies de pressão constante com a normal ao vetor aceleração da gravidade local, em todos os pontos. O acréscimo máximo de pressão será na direção da gravidade — isto é, "para baixo". Se o fluido for um líquido, sua superfície livre, estando à pressão atmosférica, estará normal à gravidade local, isto é, será "horizontal". Provavelmente você já sabia de tudo isso, mas a Equação (2.9) é a prova.

Em nosso sistema de coordenadas usual, z é "para cima". Assim, o vetor gravidade local para problemas de pequena escala é

$$\mathbf{g} = -g\mathbf{k} \qquad (2.10)$$

em que g é o valor da gravidade local, por exemplo, 9,807 m/s². Para essas coordenadas a Equação (2.9) tem os componentes

$$\frac{\partial p}{\partial x} = 0 \quad \frac{\partial p}{\partial y} = 0 \quad \frac{\partial p}{\partial z} = -\rho g = -\gamma \qquad (2.11)$$

dos quais os dois primeiros nos mostram que p é independente de x e y. Daí $\partial p/\partial z$ pode ser substituído pela derivada total dp/dz, e a condição hidrostática reduz-se a

$$\frac{dp}{dz} = -\gamma$$

ou
$$p_2 - p_1 = -\int_1^2 \gamma\, dz \qquad (2.12)$$

A Equação (2.12) é a solução do problema hidrostático. A integração requer uma hipótese sobre as distribuições da massa específica e aceleração da gravidade. Gases e líquidos usualmente são tratados de forma diferente.

Tiramos as seguintes conclusões sobre a condição hidrostática:

A pressão em um fluido estático uniforme continuamente distribuído varia somente com a distância vertical e é independente da forma do recipiente. Ela é a mesma em todos os pontos em um dado plano horizontal no fluido. Ela aumenta com a profundidade no fluido.

Uma ilustração disso está na Figura 2.4. A superfície livre do recipiente é atmosférica e forma um plano horizontal. Os pontos a, b, c e d estão a profundidades iguais em um plano horizontal e interconectados pelo mesmo fluido, a água; portanto, todos esses pontos têm a mesma pressão. O mesmo é verdadeiro para os pontos A, B e C no fundo, todos eles com a mesma pressão, mais alta que a pressão em a, b, c e d. No entanto, o ponto D, embora na mesma profundidade de A, B e C, tem uma pressão diferente porque está em um fluido diferente, o mercúrio.

Efeito da gravidade variável

Para um planeta esférico de densidade uniforme, a aceleração da gravidade varia inversamente com o quadrado do raio a partir do centro

$$g = g_0\left(\frac{r_0}{r}\right)^2 \qquad (2.13)$$

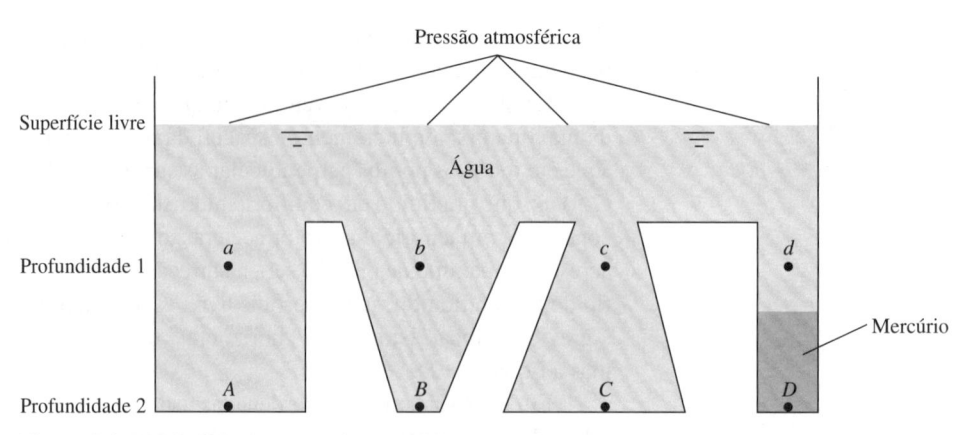

Figura 2.4 Distribuição da pressão hidrostática. Os pontos a, b, c e d estão em profundidades iguais na água e, portanto, têm pressões idênticas. Os pontos A, B e C também estão em profundidades iguais na água e têm pressões idênticas maiores que em a, b, c e d. O ponto D tem uma pressão diferente de A, B e C porque ele não está conectado aos outros por uma trajetória somente na água.

em que r_0 é o raio do planeta e g_0 é o valor de g na superfície. Para a Terra, $r_0 \approx 6.400$ km. Em problemas típicos de engenharia, o desvio de r_0 varia desde a maior profundidade no oceano, aproximadamente 11 km, até a altura atmosférica onde operam os aviões supersônicos, aproximadamente 20 km. Isso dá uma variação máxima de g de $(6.400/6.420)^2$ ou 0,6%. Portanto, não consideraremos a variação de g na maioria dos problemas.

Pressão hidrostática nos líquidos

Os líquidos são aproximadamente incompressíveis, de modo que podemos desprezar suas variações de densidade em hidrostática. No Exemplo 1.6 vimos que a densidade da água aumenta apenas 4,6% no local mais profundo do oceano. Seu efeito na hidrostática seria metade disso, ou 2,3%. Portanto, assumimos que a densidade dos líquidos é constante nos cálculos em hidrostática, de modo que a integração na Equação (2.12) fornece

$$\text{Líquidos:} \quad p_2 - p_1 = -\gamma(z_2 - z_1) \quad (2.14)$$

$$\text{ou} \quad z_1 - z_2 = \frac{p_2}{\gamma} - \frac{p_1}{\gamma}$$

Usamos a primeira forma na maioria dos problemas. A grandeza γ é denominada *peso específico* do fluido, com dimensões de peso por unidade de volume; alguns valores estão tabulados na Tabela 2.1. A grandeza p/γ é um comprimento chamado de *carga de pressão* do fluido.

Tabela 2.1 Peso específico de alguns fluidos comuns

Fluido	Peso específico γ a 20° C (N/m³)
Ar (a 1 atm)	11,8
Álcool etílico	7.733
Óleo SAE 30	8.720
Água	9.790
Água do mar	10.050
Glicerina	12.360
Tetracloreto de carbono	15.570
Mercúrio	133.100

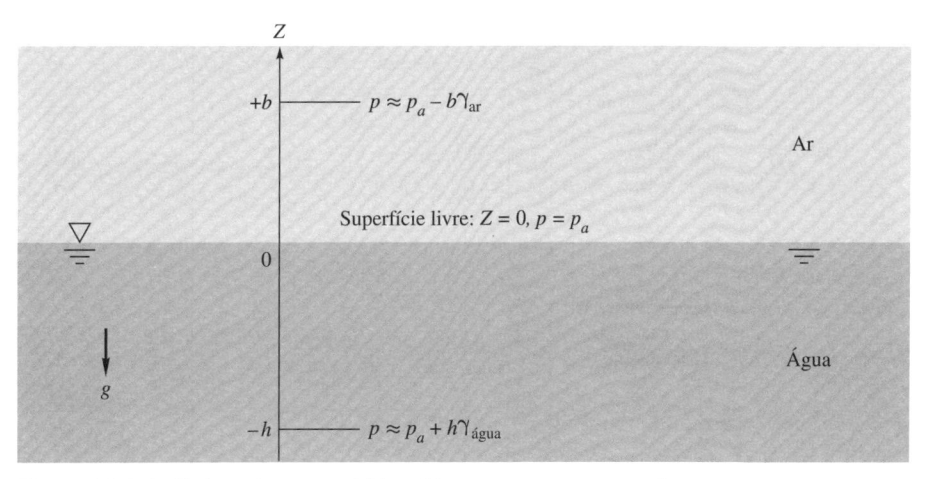

Figura 2.5 Distribuição de pressão hidrostática nos oceanos e atmosferas.

Para os lagos e oceanos, o sistema de coordenadas usualmente é escolhido como na Figura 2.5, com $z = 0$ na superfície livre, em que p é igual à pressão atmosférica da superfície p_a. Quando introduzimos o valor de referência $(p_1, z_1) = (p_a, 0)$, a Equação (2.14) torna-se, para p a qualquer profundidade (negativa) z,

Lagos e oceanos: $\qquad\qquad p = p_a - \gamma z \qquad\qquad$ (2.15)

em que γ é o peso específico médio do lago ou oceano. Como veremos, a Equação (2.15) também vale na atmosfera com uma precisão de 2% para alturas z até 1.000 m.

EXEMPLO 2.1

O Newfound Lake, um lago de água doce perto de Bristol, New Hampshire, tem uma profundidade máxima de 60 m, e a pressão atmosférica média é de 91 kPa. Calcule a pressão absoluta em kPa nessa profundidade máxima.

Solução

- *Esboço do sistema:* Imagine que a Figura 2.5 é o Newfound Lake, com $h = 60$ m e $z = 0$ na superfície.
- *Valores de propriedades:* Da Tabela 2.1, $\gamma_{água} = 9.790$ N/m^3. Sabemos que $p_{atm} = 91$ kPa.
- *Passos da solução*: Aplique a Equação (2.15) ao ponto mais profundo. Use unidades do SI, pascals, não quilopascals:

$$p_{máx} = p_a - \gamma z = 91.000 \text{ Pa} - (9790 \frac{\text{N}}{\text{m}^3})(-60 \text{ m}) = 678.400 \text{ Pa} \approx 678 \text{ kPa} \quad Resp.$$

- *Comentários:* Quilopascals é uma unidade inconveniente. Use pascals na fórmula, depois converta a resposta.

O barômetro de mercúrio

A aplicação mais simples da fórmula hidrostática (2.14) é o barômetro (Figura 2.6), que mede a pressão atmosférica. Um tubo é cheio com mercúrio e invertido quando submerso em um reservatório. Isso causa a formação de vácuo na extremidade superior fechada porque o mercúrio tem uma pressão de vapor extremamente pequena à temperatura ambiente (0,16 Pa a 20° C). Como a pressão atmosférica força a coluna

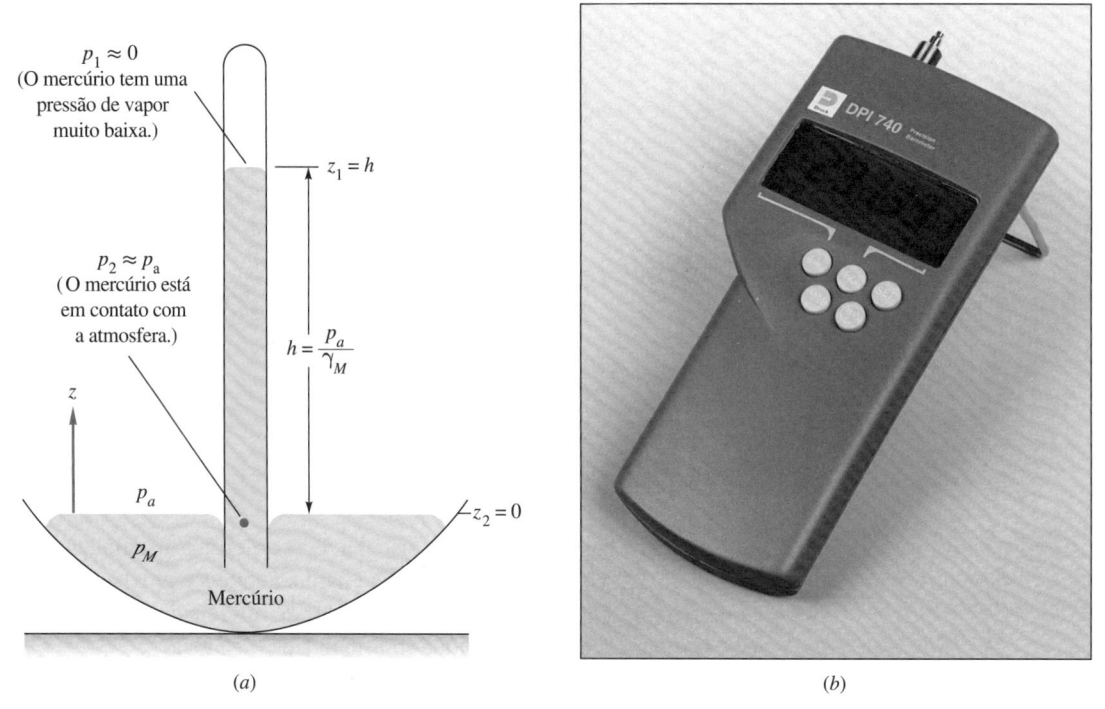

Figura 2.6 Um barômetro mede a pressão atmosférica absoluta local: (*a*) a altura de uma coluna de mercúrio é proporcional a p_{atm}; (*b*) um barômetro portátil moderno, com leitura digital, emprega o elemento ressonante de silício da Figura 2.28*c*. (*Cortesia de Paul Lupke, Druck Inc.*)

de mercúrio a subir uma distância *h* no tubo, a superfície superior do mercúrio está à pressão zero.

Da Figura 2.6, a Equação (2.14) é aplicada com $p_1 = 0$ em $z_1 = h$ e $p_2 = p_a$ em $z_2 = 0$:

$$p_a - 0 = -\gamma_M (0 - h)$$

ou
$$h = \frac{p_a}{\gamma_M} \tag{2.16}$$

Ao nível do mar, com $p_a = 101.350$ Pa e $\gamma_M = 133.100$ N/m^3 da Tabela 2.1, a altura barométrica é $h = 101.350/133.100 = 0{,}761$ m ou 761 mm. Nos Estados Unidos, o serviço de meteorologia diz que essa é uma "pressão" atmosférica de 29,96 inHg (polegadas de mercúrio). É usado o mercúrio porque ele é o líquido comum mais pesado. Um barômetro de água teria um pouco mais de 10 m de altura.

Pressão hidrostática nos gases

Os gases são compressíveis, com a densidade aproximadamente proporcional à pressão. Assim, a massa específica deve ser considerada uma variável na Equação (2.12) se a integração abranger grandes variações de pressão. É suficientemente preciso introduzir a lei dos gases perfeitos $p = \rho RT$ na Equação (2.12):

$$\frac{dp}{dz} = -\rho g = -\frac{p}{RT} g$$

Separando as variáveis e integrando entre os pontos 1 e 2:

$$\int_1^2 \frac{dp}{p} = \ln \frac{p_2}{p_1} = -\frac{g}{R} \int_1^2 \frac{dz}{T} \qquad (2.17)$$

A integral em z requer uma hipótese sobre a variação de temperatura $T(z)$. Uma aproximação comum é a *atmosfera isotérmica*, em que $T = T_0$:

$$p_2 = p_1 \exp\left[-\frac{g(z_2 - z_1)}{RT_0}\right] \qquad (2.18)$$

A grandeza entre colchetes é adimensional. (Pense um pouco; ela tem de ser adimensional, certo?) A Equação (2.18) é uma aproximação razoável para a Terra, mas na realidade a temperatura atmosférica média da Terra decresce quase linearmente com o aumento de z até uma altitude de aproximadamente 11.000 m:

$$T \approx T_0 - Bz \qquad (2.19)$$

Aqui T_0 é a temperatura ao nível do mar (absoluta) e B é a *taxa de declínio*, ambas variando um pouco de um dia para outro.

A atmosfera padrão

Por acordo internacional [1] foram aceitos os seguintes valores padrão a serem aplicados de 0 até 11.000 m:

$$T_0 = 518{,}69°R = 288{,}16\ K = 15°C$$
$$B = 0{,}003566°R/ft = 0{,}00650\ K/m$$

Essa parte inferior da atmosfera é chamada de *troposfera*. Introduzindo a Equação (2.19) em (2.17) e integrando, obtemos uma relação mais precisa

$$\boxed{\begin{aligned} p &= p_a\left(1 - \frac{Bz}{T_0}\right)^{g/(RB)} \quad \text{em que} \quad \frac{g}{RB} = 5{,}26\ (\text{ar}) \\ \rho &= \rho_o\left(1 - \frac{Bz}{T_o}\right)^{\frac{g}{RB}-1} \quad \text{em que} \quad \rho_o = 1{,}2255\frac{kg}{m^3},\ p_o = 101{.}350\ p_a \end{aligned}} \qquad (2.20)$$

na troposfera, com $z = 0$ ao nível do mar. O expoente $g/(RB)$ é adimensional (aqui também tem de ser adimensional) e tem o valor padrão de 5,26 para o ar, com $R = 287\ m^2/(s^2 \cdot K)$.

A atmosfera padrão nos Estados Unidos [1] está representada na Figura 2.7. Pode-se ver que a pressão é aproximadamente zero para $z = 30$ km. Para as propriedades tabuladas veja a Tabela A.6.

EXEMPLO 2.2

Se a pressão ao nível do mar for de 101.350 Pa, calcule a pressão padrão a uma altitude de 5.000 m, usando (*a*) a fórmula exata e (*b*) uma hipótese isotérmica para uma temperatura padrão de 15° C ao nível do mar. A aproximação isotérmica é adequada?

Parte (a)

> **Solução**
>
> Usando a temperatura absoluta na fórmula exata, Equação (2.20):
>
> $$p = p_a \left[1 - \frac{(0,00650 \text{ K/m})(5000 \text{ m})}{288,16 \text{ K}}\right]^{5,26} = (101.350 \text{ Pa})(0,8872)^{5,26}$$
>
> $$= 101.350(0,5328) = 54.000 \text{ Pa} \qquad \textit{Resposta (a)}$$
>
> Este é o resultado da pressão padrão dado em $z = 5.000$ m na Tabela A.6.
>
> **Parte (b)**
>
> Se a atmosfera fosse isotérmica a 288,16 K, seria aplicada a Equação (2.18):
>
> $$p \approx p_a \exp\left(-\frac{gz}{RT}\right) = (101.350 \text{ Pa}) \exp\left\{-\frac{(9,807 \text{ m/s}^2)(5000 \text{ m})}{[287 \text{ m}^2/(\text{s}^2 \cdot \text{K})](288,16 \text{ K})}\right\}$$
>
> $$= (101.350 \text{ Pa}) \exp(-0,5929) \approx 56.000 \text{ Pa} \qquad \textit{Resp. (b)}$$
>
> Essa resposta é 4% maior do que o resultado exato. A fórmula isotérmica é imprecisa na troposfera.

A fórmula linear é adequada a gases?

A aproximação linear da Equação (2.14), $\delta p \approx -\rho g\, \delta z$, é satisfatória para líquidos, que são aproximadamente incompressíveis. Para gases, ela é imprecisa a menos que δz seja razoavelmente pequeno. O Problema P2.26 pede para mostrar, pela expansão binomial da Equação (2.20), que o erro, ao usar a densidade constante do gás para calcular δp pela Equação (2.14), é pequeno se

$$\delta z \ll \frac{2T_0}{(n-1)B} \qquad (2.21)$$

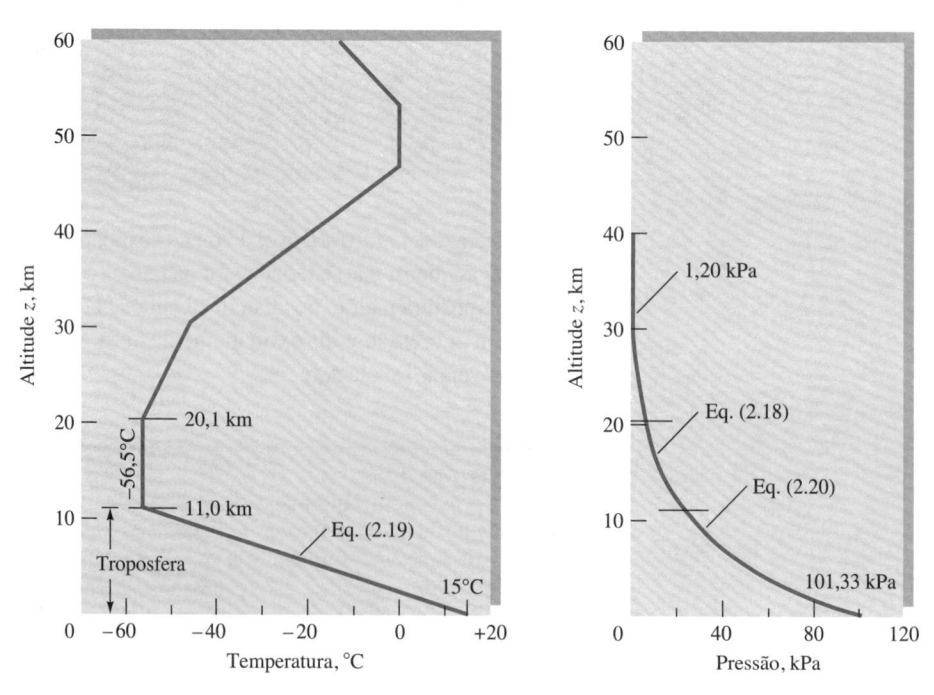

Figura 2.7 Distribuição de temperatura e pressão na atmosfera padrão dos Estados Unidos.
Fonte: U.S. Standard Atmosphere, 1976, Government Printing Office, Washington DC, 1976.

em que T_0 é a temperatura absoluta local, B é a taxa de declínio da Equação (2.19) e $n = g/(RB)$ é o expoente na Equação (2.20). O erro é menor do que 1% se $\delta z < 200$ m.

2.4 Aplicação à manometria

Pela fórmula hidrostática (2.14), uma variação na elevação $z_2 - z_1$ de um líquido é equivalente a uma variação de pressão $(p_2 - p_1)/\gamma$. Dessa maneira, uma coluna estática de um ou mais líquidos ou gases pode ser usada para medir diferenças de pressão entre dois pontos. Tal dispositivo é chamado de *manômetro*. Se forem usados múltiplos fluidos, devemos alterar a massa específica na fórmula à medida que nos movemos de um líquido para outro. A Figura 2.8 ilustra o uso da fórmula com uma coluna de múltiplos fluidos. A variação de pressão em cada fluido é calculada separadamente. Se quisermos saber a variação total $p_5 - p_1$, somamos as sucessivas variações $p_2 - p_1, p_3 - p_2, p_4 - p_3$ e $p_5 - p_4$. Os valores intermediários de p se cancelam, e temos, para o exemplo da Figura 2.8,

$$p_5 - p_1 = -\gamma_0(z_2 - z_1) - \gamma_w(z_3 - z_2) - \gamma_G(z_4 - z_3) - \gamma_M(z_5 - z_4) \quad (2.22)$$

Não é possível qualquer simplificação adicional no lado direito por causa dos diferentes pesos específicos. Observe que colocamos os fluidos em ordem, com os mais leves em cima e os mais pesados em baixo. Essa é a única configuração estável. Se tentarmos outra ordem de camadas, os fluidos irão movimentar-se e procurarão o arranjo estável.

A pressão cresce para baixo

A relação hidrostática básica, Equação (2.14), é matematicamente correta, mas incômoda para os engenheiros, pois combina dois sinais negativos para fornecer um aumento de pressão para baixo. Ao calcularem as variações de pressão hidrostática, os engenheiros trabalham instintivamente, considerando apenas que a pressão aumenta para baixo e diminui para cima. Se o ponto 2 estiver a uma distância h abaixo do ponto 1 em um líquido uniforme, $p_2 = p_1 + \rho g h$. Ao mesmo tempo, a Equação (2.14) permanece precisa e segura se for usada corretamente. Por exemplo, a Equação (2.22) é correta como foi mostrado, ou ela poderia ser reescrita do seguinte modo com "múltiplos incrementos para baixo":

$$p_5 = p_1 + \gamma_0|z_1 - z_2| + \gamma_w|z_2 - z_3| + \gamma_G|z_3 - z_4| + \gamma_M|z_4 - z_5|$$

ou seja, mantenha a adição de incrementos de pressão à medida que você se desloca para baixo pelas camadas de fluidos. Um manômetro é uma aplicação diferente, que envolve cálculos tanto para "cima" quanto para "baixo".

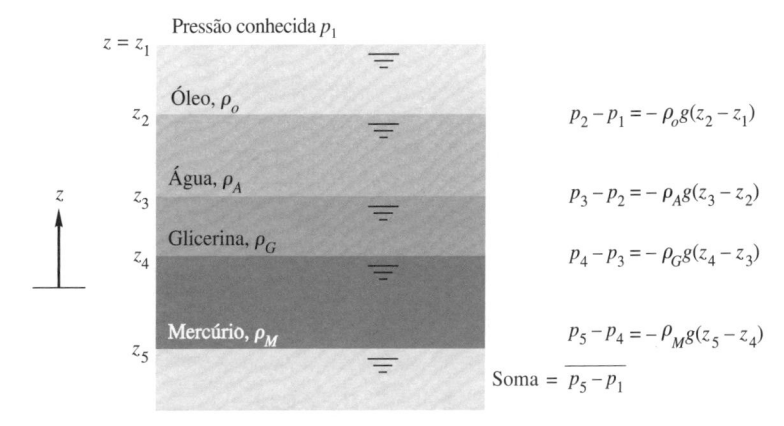

Figura 2.8 Avaliação das variações de pressão por uma coluna com múltiplos fluidos.

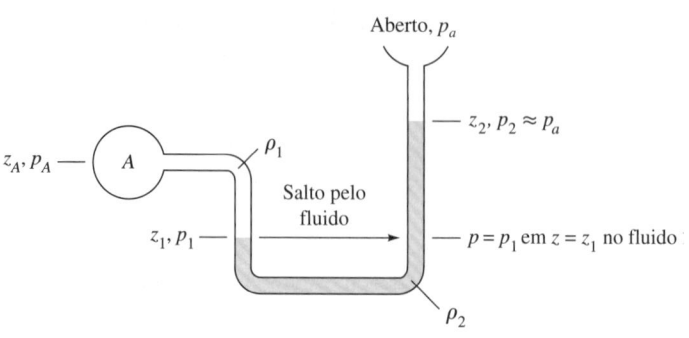

Figura 2.9 Manômetro aberto simples para medida de p_A em relação à pressão atmosférica.

Aplicação: um manômetro simples

A Figura 2.9 mostra um manômetro aberto simples composto por um tubo em U que mede a pressão *manométrica* p_A em relação à atmosfera, p_a. A câmara de fluido ρ_1 está separada da atmosfera por um segundo fluido ρ_2, mais pesado, talvez porque o fluido A seja corrosivo, ou mais provavelmente porque um fluido mais pesado ρ_2 manterá z_2 pequeno e o tubo aberto pode ser mais curto.

Primeiro aplicamos a fórmula hidrostática (2.14) de A descendo até z_1. Observe que podemos, então, descer até o fundo do tubo em U e subir novamente no lado direito até z_1, e a pressão será a mesma, $p = p_1$. Logo, podemos "saltar pelo fluido" e subir até o nível z_2:

$$p_A + \gamma_1 |z_A - z_1| - \gamma_2 |z_1 - z_2| = p_2 \approx p_{atm} \qquad (2.23)$$

Outra razão física para podermos "saltar pelo fluido" na seção 1 é que há um caminho contínuo do mesmo fluido conectando essas duas elevações iguais. A relação hidrostática (2.14) requer essa igualdade como uma forma de lei de Pascal:

Dois pontos quaisquer à mesma elevação, em uma massa contínua do mesmo fluido estático, estarão à mesma pressão.

Essa ideia de saltar pelo fluido para pressões iguais facilita a solução dos problemas de múltiplos fluidos. Porém, ela será imprecisa se houver bolhas no fluido.

EXEMPLO 2.3

O uso clássico de um manômetro ocorre quando os dois ramos do tubo em U são de mesmo comprimento, como na Figura E2.3, e a medida envolve uma diferença de pressão entre dois pontos na horizontal. A aplicação típica é a medida da diferença de pressão por meio de um medidor de vazão, como mostra a figura. Deduza uma fórmula para a diferença de pressão $p_a - p_b$ em termos dos parâmetros do sistema da Figura E2.3.

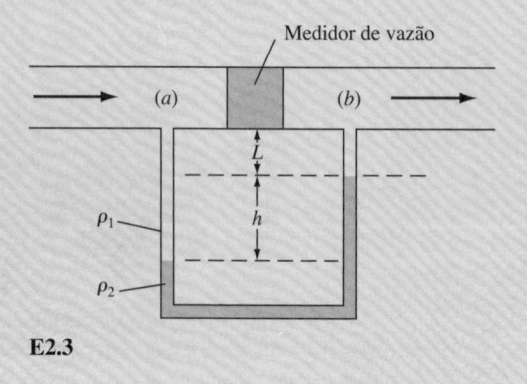

E2.3

Solução

Usando a Equação (2.14), comece em (a), calcule as variações de pressão pelo tubo em U e termine em (b):

$$p_a + \rho_1 g L + \rho_1 g h - \rho_2 g h - \rho_1 g L = p_b$$

ou $\quad p_a - p_b = (\rho_2 - \rho_1)gh \quad\quad$ *Resposta*

A medida inclui somente h, a leitura do manômetro. Os termos que envolvem L são cancelados. Observe o aparecimento da *diferença* entre as massas específicas do fluido manométrico e do fluido de trabalho. É um erro comum dos estudantes esquecer de subtrair a massa específica do fluido de trabalho ρ_1 – um erro sério se ambos os fluidos forem líquidos e menos desastroso numericamente se o fluido 1 for um gás. No ambiente acadêmico, naturalmente, um erro desses é sempre considerado grave pelos professores de mecânica dos fluidos.

Embora a resposta do Exemplo 2.3, por causa de sua popularidade em experimentos de engenharia, seja às vezes considerada a "fórmula do manômetro", é melhor *não* memorizá-la, mas, em vez disso, adaptar a Equação (2.14) a cada novo problema de hidrostática de múltiplos fluidos. Por exemplo, a Figura 2.10 ilustra um problema de manômetro com múltiplos fluidos para medir a diferença de pressão entre duas câmaras A e B. Aplicamos repetidamente a Equação (2.14), saltando por meio das pressões iguais ao atingirmos uma massa contínua do mesmo fluido. Logo, na Figura 2.10, calculamos quatro diferenças de pressão enquanto fazemos três saltos:

$$\begin{aligned} p_A - p_B &= (p_A - p_1) + (p_1 - p_2) + (p_2 - p_3) + (p_3 - p_B) \\ &= -\gamma_1(z_A - z_1) - \gamma_2(z_1 - z_2) - \gamma_3(z_2 - z_3) - \gamma_4(z_3 - z_B) \end{aligned} \quad (2.24)$$

As pressões intermediárias $p_{1,2,3}$ se cancelam. Parece complicado, mas na realidade é meramente *sequencial*. Iniciamos em A, descemos até 1, saltamos pelo fluido e subimos até 2, saltamos pelo fluido e descemos até 3, saltamos pelo fluido e finalmente subimos até B.

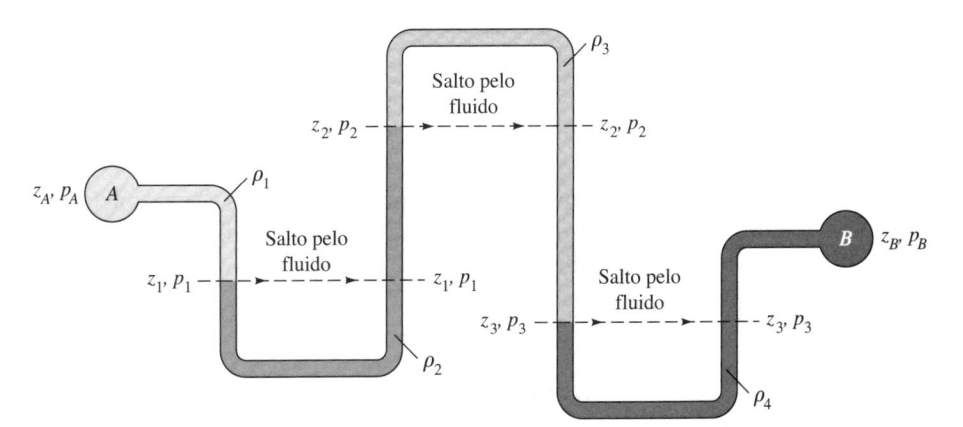

Figura 2.10 Um manômetro complicado, com múltiplos fluidos, para relacionar p_A com p_B. Este sistema não é exatamente prático, mas constitui um bom exercício de casa ou problema para a prova.

EXEMPLO 2.4

O manômetro B serve para medir a pressão no ponto A em um escoamento de água. Se a pressão em B for de 87 kPa, calcule a pressão em A em kPa. Considere que todos os fluidos estejam a 20° C. Veja a Figura E2.4.

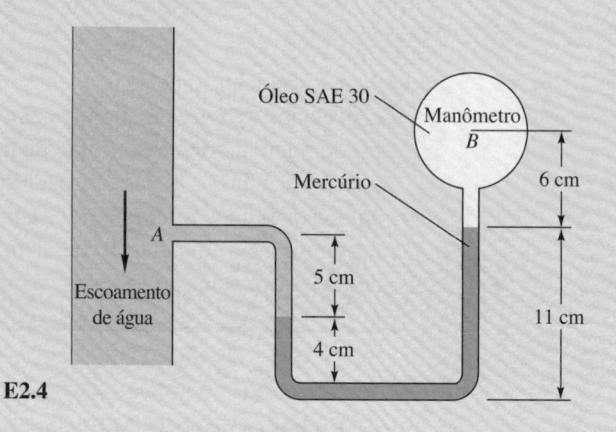

Solução

- *Esboço do sistema:* O sistema é mostrado na Figura E2.4.
- *Hipóteses:* Fluidos hidrostáticos, que não se misturam, na vertical na Figura E2.4.
- *Abordagem:* Uso sequencial da Equação (2.14) para ir de A a B.
- *Valores das propriedades:* Da Tabela 2.1 ou Tabela A.3:

$$\gamma_{\text{água}} = 9.790 \text{ N/m}^3; \qquad \gamma_{\text{mercúrio}} = 133.100 \text{ N/m}^3; \qquad \gamma_{\text{óleo}} = 8.720 \text{ N/m}^3$$

- *Passos da solução:* Vá de A até B, "para baixo" depois "para cima", saltando no menisco esquerdo do mercúrio:

$$p_A + \gamma_a |\Delta z|_w - \gamma_m |\Delta z_m| - \gamma_o |\Delta z|_o = p_B$$

ou $\quad p_A + (9.790 \text{ N/m}^3)(0{,}05 \text{ m}) - (133.100 \text{ N/m}^3)(0{,}07 \text{ m}) - (8720 \text{ N/m}^3)(0{,}06 \text{ m}) = 87.000$

ou $\quad p_A + 490 - 9.317 - 523 = 87.000$ Resolvendo $p_A = 96.350 \text{ N/m}^2 \approx 96{,}4$ kPa *Resp.*

- *Comentários:* Observe que abreviamos as unidades N/m² para pascals, ou Pa. O resultado intermediário de cinco dígitos significativos, $p_A = 96.350$ Pa, não é realístico, pois os dados são conhecidos somente com três dígitos significativos.

Ao fazermos esses cálculos manométricos, desprezamos as variações de altura pela capilaridade em decorrência da tensão superficial, que foram discutidas no Exemplo 1.8. Esses efeitos se cancelam se houver uma interface de fluido, ou *menisco*, entre fluidos similares em ambos os lados do tubo em U. Caso contrário, como no ramo direito do tubo em U da Figura 2.10, pode ser feita uma correção capilar ou o efeito pode ser desprezado usando-se tubos de diâmetro maior ($\geq$ 1 cm).

2.5 Forças hidrostáticas em superfícies planas

O projeto de estruturas de contenção requer o cálculo das forças hidrostáticas sobre várias superfícies sólidas adjacentes ao fluido. Essas forças se relacionam com o peso do fluido agindo sobre a superfície. Por exemplo, um recipiente com um fundo plano e

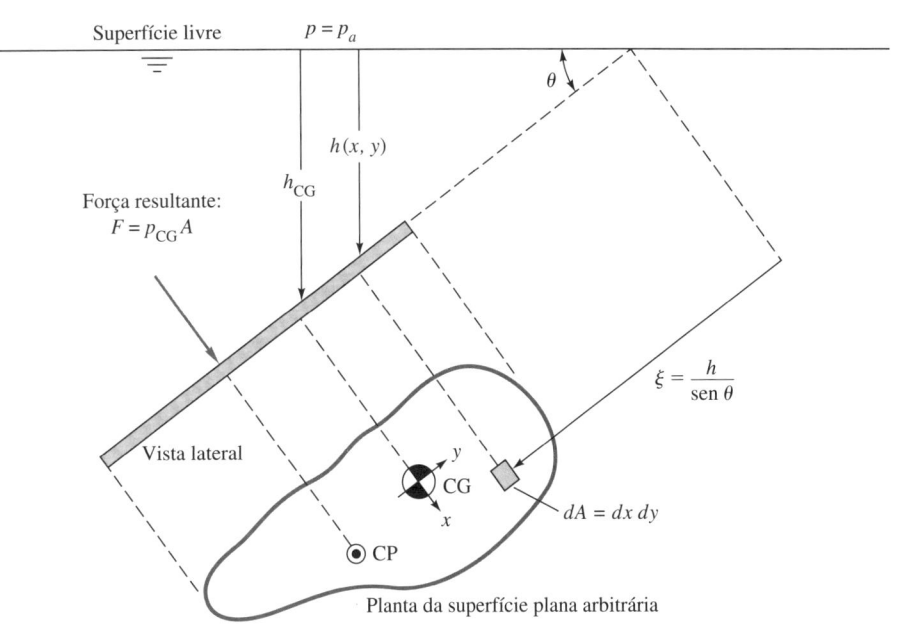

Figura 2.11 Força hidrostática e centro de pressão em uma superfície plana arbitrária de área A e inclinada de um ângulo θ abaixo da superfície livre.

horizontal de área A_f e profundidade H de água estará submetido a uma força para baixo $F_f = \gamma H A_f$. Se a superfície não for horizontal, serão necessários mais cálculos para encontrar os componentes horizontais da força hidrostática.

Se desprezarmos as mudanças de densidade do fluido, aplica-se a Equação (2.14) e a pressão em qualquer superfície submersa varia linearmente com a profundidade. Para uma superfície plana, a distribuição linear de tensão é exatamente análoga à flexão e à compressão combinadas de uma viga, na teoria da resistência dos materiais. O problema hidrostático, então, reduz-se a fórmulas simples que envolvem o centroide e momentos de inércia de área da seção transversal da placa.

A Figura 2.11 mostra um painel plano de formato arbitrário completamente submerso em um líquido. O plano do painel forma um ângulo arbitrário θ com a superfície livre horizontal, de modo que a profundidade varia sobre a superfície do painel. Sendo h a profundidade de um elemento de área dA genérico da placa, pela Equação (2.14) a pressão ali será $p = p_a + \gamma h$.

Para deduzirmos fórmulas que envolvem o formato da placa, estabelecemos um sistema de coordenadas xy no plano da placa com a origem em seu centroide mais uma coordenada auxiliar ξ no plano da placa, partindo da superfície livre para baixo. Logo, a força hidrostática total sobre um lado da placa é dada por

$$F = \int p\, dA = \int (p_a + \gamma h)\, dA = p_a A + \gamma \int h\, dA \qquad (2.25)$$

A integral remanescente é avaliada, observando-se pela Figura 2.11 que $h = \xi \operatorname{sen} \theta$ e, por definição, a distância oblíqua entre a superfície livre e o centroide da placa é

$$\xi_{CG} = \frac{1}{A} \int \xi\, dA$$

Portanto, como θ é constante ao longo da placa, a Equação (2.25) torna-se

$$F = p_a A + \gamma \operatorname{sen} \theta \int \xi \, dA = p_a A + \gamma \operatorname{sen} \theta \, \xi_{CG} A$$

Finalmente, interpretamos essa equação observando que $\xi_{CG} \operatorname{sen} \theta = h_{CG}$ é a profundidade do centroide da placa em relação à superfície livre. Assim,

$$\boxed{F = p_a A + \gamma h_{CG} A = (p_a + \gamma h_{CG})A = p_{CG} A} \qquad (2.26)$$

A força sobre um dos lados de qualquer superfície plana submersa em um fluido uniforme é igual ao produto da pressão no centroide da placa pela área da placa, independentemente do formato da placa ou do seu ângulo de inclinação θ.

A Equação (2.26) pode ser visualizada fisicamente na Figura 2.12 como a resultante de uma distribuição linear de tensão sobre a área da placa. Isso simula a condição combinada de compressão e flexão de uma viga com a mesma seção transversal. Conclui-se que a parte de "flexão" da tensão não causa nenhuma força se sua "linha neutra" passar pelo centroide da área. Dessa maneira, a parte remanescente de "compressão" deve ser igual ao produto da tensão no centroide pela área da seção. Esse é o resultado da Equação (2.26).

No entanto, para equilibrar a porção do momento de flexão da tensão, a força resultante F não atua pelo centroide, mas abaixo dele, na parte de maiores pressões. Sua linha de ação passa pelo *centro de pressão* CP da placa, como está representado na Figura 2.11. Para encontrarmos as coordenadas (x_{CP}, y_{CP}), integramos os momentos da força elementar $p \, dA$ em relação ao centroide e igualamos o resultado ao momento da resultante F. Para o cálculo de y_{CP}, escrevemos

$$F y_{CP} = \int y p \, dA = \int y(p_a + \gamma \xi \operatorname{sen} \theta) \, dA = \gamma \operatorname{sen} \theta \int y \xi \, dA$$

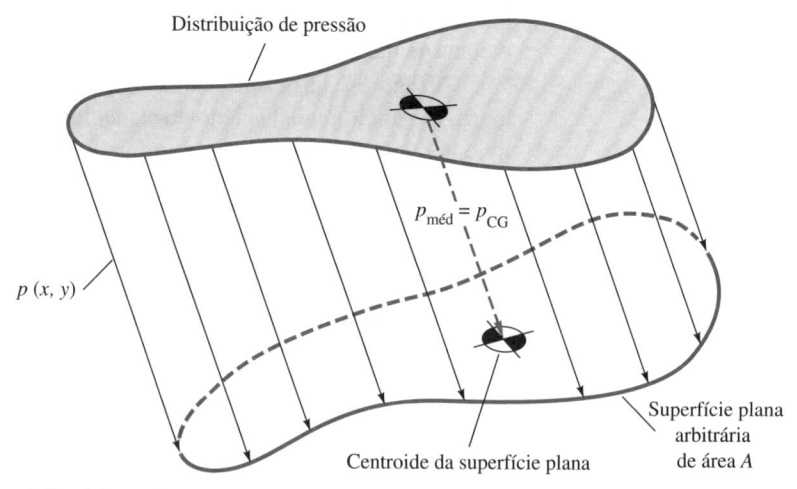

Figura 2.12 A força de pressão hidrostática sobre uma superfície plana, independentemente de seu formato, é igual à resultante da distribuição linear tridimensional de pressão naquela superfície $F = p_{CG} A$.

O termo $\int p_a y \, dA$ é nulo, pela definição de centroide. Introduzindo $\xi = \xi_{CG} - y$, obtemos

$$Fy_{CP} = \gamma \operatorname{sen} \theta \left(\xi_{CG} \int y \, dA - \int y^2 \, dA \right) = -\gamma \operatorname{sen} \theta \, I_{xx}$$

em que novamente $\int y \, dA = 0$ e I_{xx} é o momento de inércia de área da placa em relação ao seu eixo x do centroide, calculado no plano da placa. Substituindo F, obtém-se o resultado

$$\boxed{y_{CP} = -\gamma \operatorname{sen} \theta \, \frac{I_{xx}}{p_{CG} A}} \qquad (2.27)$$

O sinal negativo na Equação (2.27) mostra que y_{CP} está abaixo do centroide em um nível mais profundo e, diferentemente de F, depende do ângulo θ. Se deslocarmos a placa mais para o fundo, y_{CP} se aproxima do centroide porque cada termo na Equação (2.27) permanece constante, exceto p_{CG}, que aumenta.

A determinação de x_{CP} é exatamente similar:

$$Fx_{CP} = \int xp \, dA = \int x[p_a + \gamma(\xi_{CG} - y) \operatorname{sen} \theta] \, dA$$

$$= -\gamma \operatorname{sen} \theta \int xy \, dA = -\gamma \operatorname{sen} \theta \, I_{xy}$$

em que I_{xy} é o produto de inércia da placa, novamente calculado no plano da placa. Substituindo F, resulta

$$\boxed{x_{CP} = -\gamma \operatorname{sen} \theta \, \frac{I_{xy}}{p_{CG} A}} \qquad (2.28)$$

Para I_{xy} positivo, x_{CP} é negativo, pois a força de pressão dominante atua no terceiro quadrante, ou quadrante esquerdo inferior do painel. Se $I_{xy} = 0$, usualmente implicando simetria, $x_{CP} = 0$ e o centro de pressão fica diretamente abaixo do centroide sobre o eixo y.

Fórmulas para pressão manométrica

Em muitos casos, a pressão ambiente p_a é desconsiderada porque ela age em ambos os lados da placa; por exemplo, o outro lado da placa pode ser a parte interna do casco de um navio ou o lado seco de uma comporta ou barragem. Neste caso $p_{CG} = \gamma h_{CG}$, e o centro de pressão se torna independente do peso específico:

$$\boxed{F = \gamma h_{CG} A \qquad y_{CP} = -\frac{I_{xx} \operatorname{sen} \theta}{h_{CG} A} \qquad x_{CP} = -\frac{I_{xy} \operatorname{sen} \theta}{h_{CG} A}} \qquad (2.29)$$

A Figura 2.13 fornece a área e os momentos de inércia de várias seções transversais comuns para a aplicação dessas fórmulas. Note que θ é o ângulo entre a placa e a horizontal.

Propriedades geométricas

(a) Retângulo:
$$A = bL$$
$$I_{xx} = \frac{bL^3}{12}$$
$$I_{xy} = 0$$

(b) Círculo:
$$A = \pi R^2$$
$$I_{xx} = \frac{\pi R^4}{4}$$
$$I_{xy} = 0$$

(c) Triângulo:
$$A = \frac{bL}{2}$$
$$I_{xx} = \frac{bL^3}{36}$$
$$I_{xy} = \frac{b(b-2s)L^2}{72}$$

(d) Semicírculo:
$$A = \frac{\pi R^2}{2}$$
$$I_{xx} = 0{,}10976 R^4$$
$$I_{xy} = 0$$

Distância do centroide à base: $\dfrac{4R}{3\pi}$

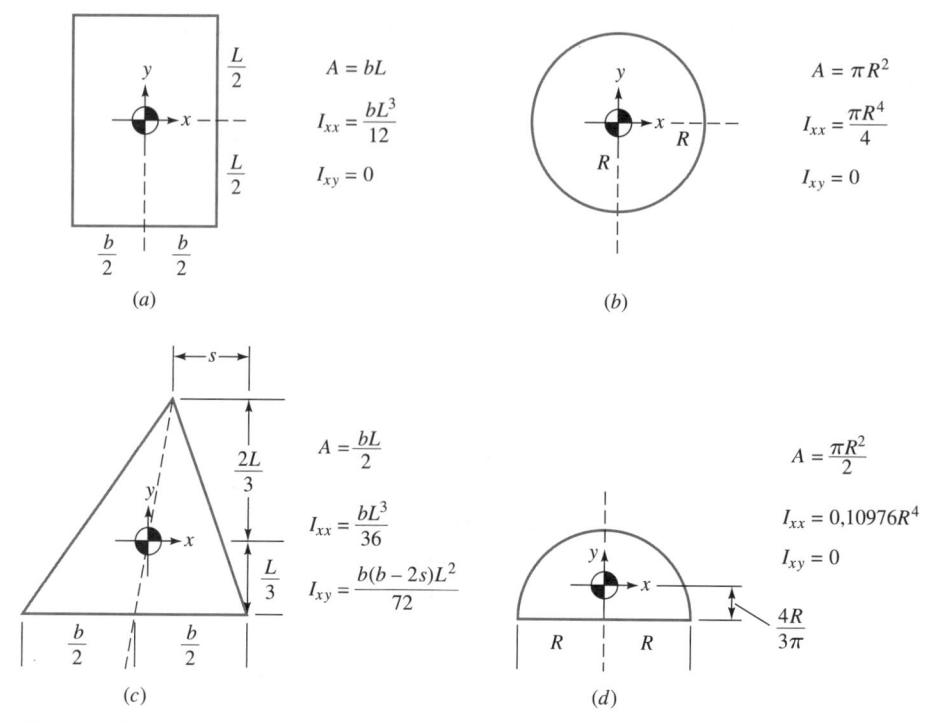

Figura 2.13 Momentos e produtos de inércia para várias seções transversais, em relação ao centroide: (a) retângulo, (b) círculo, (c) triângulo e (d) semicírculo.

EXEMPLO 2.5

A comporta na Figura E2.5a tem 1,5 m de largura, está articulada no ponto B e se apoia sobre uma parede lisa no ponto A. Calcule (a) a força na comporta decorrente da pressão da água do mar, (b) a força horizontal P exercida pela parede no ponto A e (c) as reações na articulação B.

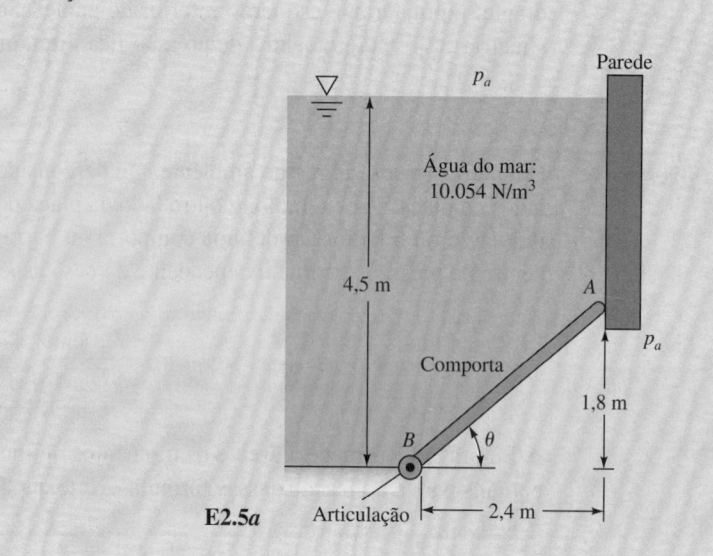

Água do mar: 10.054 N/m³

4,5 m; 1,8 m; 2,4 m

E2.5a

Solução

Parte (a) Por geometria a comporta tem 3,0 m de comprimento de A até B, e seu centroide está a meia distância, isto é, a uma elevação 0,9 m acima do ponto B. A profundidade h_{CG} é, então, 4,5 − 0,9 = 3,6 m. A área da comporta é 1,5(3) = 4,5 m². Desconsidere p_a, que está atuando sobre ambos os lados da comporta. Da Equação (2.26), a força hidrostática sobre a comporta é

$$F = p_{CG}A = \gamma h_{CG}A = (10.054 \text{ N/m}^3)(3,6 \text{ m})(4,5 \text{ m}^2) = 162.875 \text{ N} \quad \textit{Resposta (a)}$$

Parte (b) Primeiro, devemos encontrar o centro de pressão de F. Um diagrama de corpo livre da comporta é apresentado na Figura E2.5b. A comporta é retangular, logo

$$I_{xy} = 0 \quad \text{e} \quad I_{xx} = \frac{bL^3}{12} = \frac{(1,5 \text{ m})(3 \text{ m})^3}{12} = 3,375 \text{ m}^4$$

A distância l de CG até o CP é dada pela Equação (2.29), pois p_a foi desconsiderada.

$$l = -y_{CP} = +\frac{I_{xx}\sin\theta}{h_{CG}A} = \frac{(3,375 \text{ m}^4)(\tfrac{1,8}{3})}{(3,6 \text{ m})(4,5 \text{ m}^2)} = 0,125 \text{ m}$$

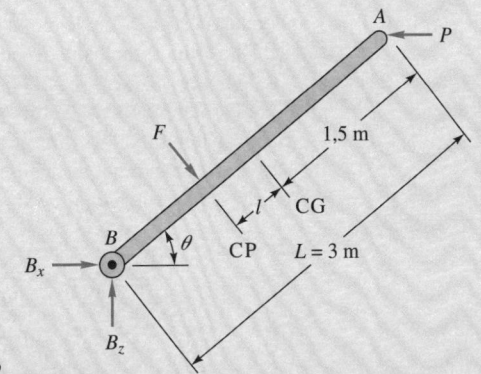

E2.5b

A distância do ponto B ao ponto de aplicação da força F é, portanto, $3 - l - 1,5 = 1,375$ m. Somando-se os momentos no sentido anti-horário em torno de B, temos

$$PL \sin\theta - F(1,5 - l) = P(1,8 \text{ m}) - (162.875 \text{ N})(1,375 \text{ m}) = 0$$

ou
$$P = 124.418 \text{ N} \quad \textit{Resposta (b)}$$

Parte (c) Com F e P conhecidas, as reações B_x e B_z são determinadas pelo somatório das forças sobre a comporta:

$$\sum F_x = 0 = B_x + F \sin\theta - P = B_x + 162.875 (0,6) - 124.418$$

ou
$$B_x = 36.693 \text{ N}$$

$$\sum F_z = 0 = B_z - F \cos\theta = B_z - 162.875 (0,8)$$

ou
$$B_z = 130.300 \text{ N} \quad \textit{Resposta (c)}$$

Este exemplo deve ter servido para revisar seus conhecimentos de estática.

A solução do Exemplo 2.5 foi obtida com as fórmulas do momento de inércia, Equações (2.29). Elas simplificam os cálculos, mas perde-se um significado físico para as forças. Vamos repetir as Partes (*a*) e (*b*) do Exemplo 2.5 usando uma abordagem mais visual.

EXEMPLO 2.6

Repita o Exemplo 2.5 para representar a distribuição de pressão na placa *AB* e divida essa distribuição em partes retangular e triangular para resolver (*a*) a força na placa e (*b*) o centro de pressão.

Solução

Parte (a)

O ponto *A* está a 2,7 m de profundidade, então, $p_A = \gamma h_A = (10.054 \text{ N/m}^3)(2,7 \text{ m}) = 27.146 \text{ N/m}^2$. De forma semelhante, o ponto *B* está a 4,5 m de profundidade, portanto, $p_B = \gamma h_B = (10.054 \text{ N/m}^3)(4,5 \text{ m}) = 45.243 \text{ N/m}^2$. Isso define a distribuição linear de pressão na Figura E2.6. O retângulo tem 27.146 N/m² por 3 m por 1,5 m perpendicular ao plano do papel. O triângulo tem $(45.243 - 27.146) = 18.097$ N/m² × 3 m por 1,5 m. O centroide do retângulo está 1,5 m abaixo na placa em relação a *A*. O centroide do triângulo está a 2 m abaixo em relação a *A*. A força total é a força do retângulo mais a força do triângulo:

$$F = \left(27.146 \frac{\text{N}}{\text{m}^2}\right)(3 \text{ m})(1,5 \text{ m}) + \left(\frac{18.097}{2} \frac{\text{N}}{\text{m}^2}\right)(3 \text{ m})(1,5 \text{ m})$$

$$= 122.157 \text{ N} + 40.718 \text{ N} = 162.875 \text{ N} \qquad \textit{Resposta (a)}$$

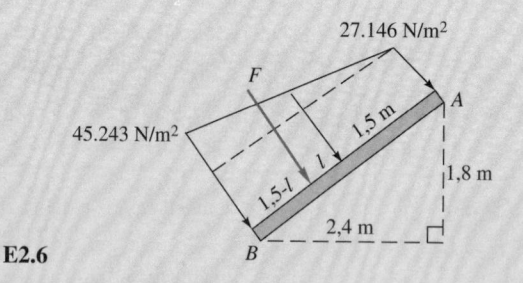

E2.6

Parte (b)

Os momentos dessas forças em torno do ponto *A* são

$$\Sigma M_A = (122.157 \text{ N})(1,5 \text{ m}) + (40.718 \text{ N})(2\text{m}) = 183.235,5 + 81.436 = 264.671,5 \text{ N} \cdot \text{m}$$

Então, $\quad 1,5 \text{ m} + l = \dfrac{M_A}{F} = \dfrac{264.671,5 \text{ N} \cdot \text{m}}{162.875 \text{ N}} = 1,625 \text{ m} \quad$ logo $\ l = 0,125 \text{ m} \quad \textit{Resp. (b)}$

Comentário: Obtivemos a mesma força e centro de pressão do Exemplo 2.5, mas com uma melhor compreensão. No entanto, essa abordagem é inconveniente e trabalhosa se a placa não for um retângulo. Seria difícil resolver o Exemplo 2.7 somente com a distribuição de pressão, porque a placa é triangular. Assim, os momentos de inércia podem ser uma simplificação útil.

EXEMPLO 2.7

Um tanque de óleo tem um painel em forma de triângulo retângulo próximo ao fundo, como na Figura E2.7. Omitindo p_a, encontre (a) a força hidrostática e (b) o CP sobre o painel.

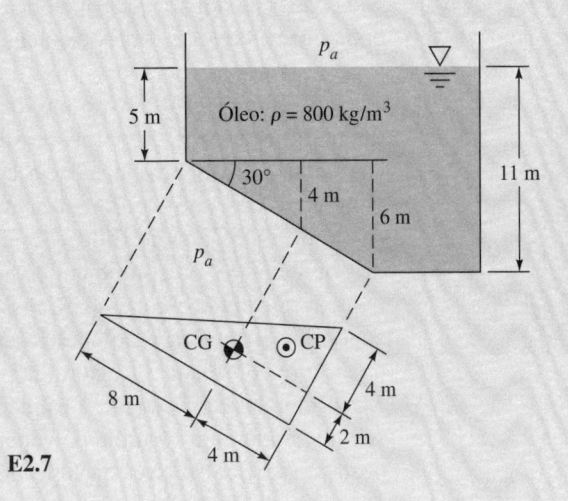

E2.7

Solução

Parte (a) O triângulo tem as propriedades dadas na Figura 2.13c. O centroide está um terço acima (4 m) e um terço para a direita (2 m) em relação ao canto inferior esquerdo, como mostra a figura. A área é

$$\tfrac{1}{2}(6\text{ m})(12\text{ m}) = 36\text{ m}^2$$

Os momentos de inércia são

$$I_{xx} = \frac{bL^3}{36} = \frac{(6\text{ m})(12\text{ m})^3}{36} = 288\text{ m}^4$$

e

$$I_{xy} = \frac{b(b - 2s)L^2}{72} = \frac{(6\text{ m})[6\text{ m} - 2(6\text{ m})](12\text{ m})^2}{72} = -72\text{ m}^4$$

A profundidade do centroide é $h_{CG} = 5 + 4 = 9$ m; portanto, pela Equação (2.26), a força hidrostática é

$$F = \rho g h_{CG} A = (800\text{ kg/m}^3)(9{,}807\text{ m/s}^2)(9\text{ m})(36\text{ m}^2)$$

$$= 2{,}54 \times 10^6\text{ (kg} \cdot \text{m)/s}^2 = 2{,}54 \times 10^6\text{ N} = 2{,}54\text{ MN} \qquad \textit{Resposta (a)}$$

Parte (b) A posição do CP é dada pelas Equações (2.29):

$$y_{CP} = -\frac{I_{xx}\operatorname{sen}\theta}{h_{CG}A} = -\frac{(288\text{ m}^4)(\operatorname{sen}30°)}{(9\text{ m})(36\text{ m}^2)} = -0{,}444\text{ m}$$

$$x_{CP} = -\frac{I_{xy}\operatorname{sen}\theta}{h_{CG}A} = -\frac{(-72\text{ m}^4)(\operatorname{sen}30°)}{(9\text{ m})(36\text{ m}^2)} = +0{,}111\text{ m} \qquad \textit{Resposta (b)}$$

A força resultante $F = 2{,}54$ MN atua por este ponto, que está abaixo e à direita do centroide, como mostra a Figura E2.7.

2.6 Forças hidrostáticas em superfícies curvas

A força de pressão resultante sobre uma superfície curva é calculada mais facilmente separando-a em seus componentes horizontal e vertical. Considere a superfície curva arbitrária representada na Figura 2.14a. As forças de pressão incrementais, sendo normais ao elemento de área local, variam em direção ao longo da superfície e, portanto, não podem ser adicionadas numericamente. Poderíamos integrar separadamente os três componentes dessas forças elementares de pressão, mas é possível verificar que não será necessário executar essas três integrações trabalhosas.

A Figura 2.14b mostra um diagrama de corpo livre da coluna de fluido contido na projeção vertical acima da superfície curva. As forças desejadas F_H e F_V são exercidas pela superfície sobre a coluna de fluido. As outras forças mostradas devem-se ao peso do fluido e à pressão horizontal sobre as verticais desta coluna de fluido. A coluna de fluido deve estar em equilíbrio estático. Na parte superior da coluna *bcde*, os componentes horizontais F_1 estão equilibrados mutuamente e não são relevantes para essa discussão. Na parte inferior do fluido *abc* limitada pela superfície irregular, o somatório dos componentes das forças horizontais mostra que a força desejada F_H, exercida pela superfície curva, é exatamente igual à força F_H sobre a lateral vertical, à esquerda da coluna de fluido. Esse componente pode ser calculado pela fórmula da superfície plana, Equação (2.26), com base em uma projeção vertical da área da superfície curva. Essa é uma regra geral, que simplifica a análise:

> **O componente horizontal da força decorrente da pressão sobre uma superfície curva é igual à força sobre a área plana formada pela projeção da superfície curva sobre um plano vertical normal ao componente.**

Se houver dois componentes horizontais, ambos podem ser calculados por esse esquema. O somatório das forças verticais sobre o corpo livre (fluido) mostra, então, que

$$F_V = W_1 + W_2 + W_{ar} \qquad (2.30)$$

Podemos enunciar esse resultado como nossa segunda regra geral:

> **O componente vertical da força decorrente da pressão sobre uma superfície curva é igual em intensidade e direção ao peso da coluna total de fluido, tanto do líquido como da atmosfera, acima da superfície curva.**

(a)

(b)

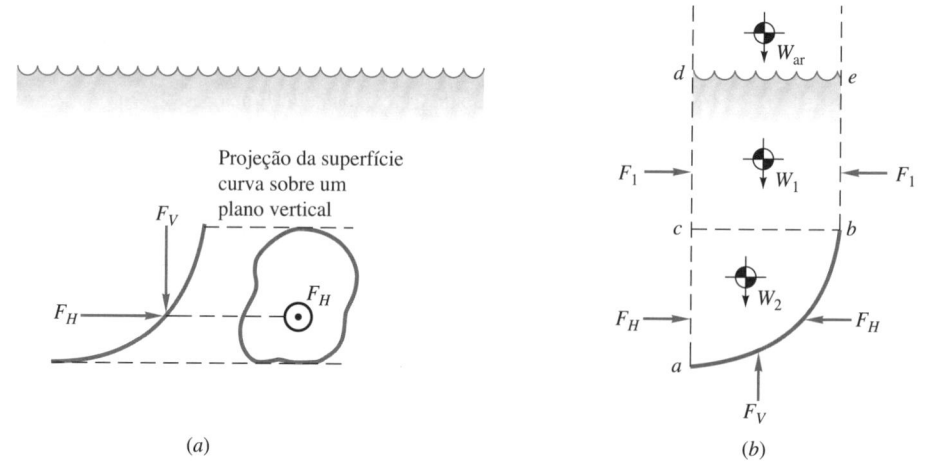

Figura 2.14 Cálculo da força hidrostática sobre uma superfície curva: (a) superfície curva submersa; (b) diagrama de corpo livre do fluido acima da superfície curva.

Dessa maneira, o cálculo de F_V envolve algo mais do que determinar os centros de massa de uma coluna de fluido – talvez uma pequena integração se a parte inferior *abc* na Figura 2.14*b* tiver uma forma particularmente complicada.

EXEMPLO 2.8

Uma barragem tem uma forma parabólica $z/z_0 = (x/x_0)^2$, como mostra a Figura E2.8*a*, com $x_0 = 3$ m e $z_0 = 7,2$ m. O fluido é a água, $\gamma = 9.802$ N/m³ e a pressão atmosférica pode ser omitida. Calcule as forças F_H e F_V sobre a barragem e sua linha de ação. A largura da barragem é de 15 m.

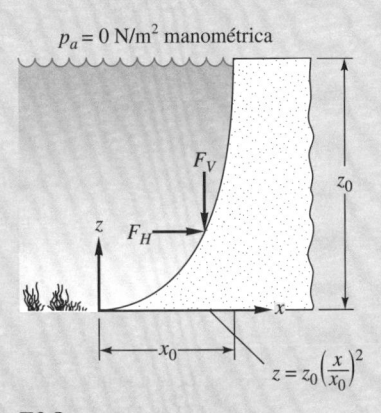

E2.8*a*

Solução

- *Esboço do sistema:* A Figura E2.8*b* mostra as várias dimensões. A largura da barragem é $b = 15$ m.
- *Abordagem:* Calcule F_H e sua linha de ação pelas Equações (2.26) e (2.29). Calcule F_V e sua linha de ação determinando o peso do fluido acima da parábola e o seu centroide.
- *Passos da solução para o componente horizontal:* A projeção vertical da parábola está sobre o eixo z na Figura E2.8*b* e é um retângulo com 7,2 m de altura e 15 m de largura. Seu centroide está a meia distância abaixo, ou $h_{CG} = 7,2/2 = 3,6$ m. Sua área é $A_{proj} = (7,2$ m$)(15$ m$) = 108$ m². Então, da Equação (2.26),

$$F_H = \gamma h_{CG} A_{proj} = \left(9.802 \frac{N}{m^3}\right)(3,6 \text{ m})(7,2 \text{ m})(15 \text{ m})$$

$$= 3.811018 \text{ N} \approx 3,81 \text{ MN}$$

A linha de ação de F_H está abaixo do centroide da A_{proj}, sendo dada pela Equação (2.29):

$$y_{CP, proj} = -\frac{I_{xx} \text{sen}\theta}{h_{CG} A_{proj}} = -\frac{\frac{1}{12}(15 \text{ m})(7,2 \text{ m})^3(\text{sen } 90°)}{(3,6 \text{ m})(7,2 \text{ m})(15 \text{ m}^2)} = -1,2 \text{ m}$$

Dessa maneira, F_H está aplicada 3,6 + 1,2 = 4,8 m, ou dois terços abaixo da superfície livre (2,4 m do fundo).

- *Comentários:* Observe que você calcula F_H e sua linha de ação com base na *projeção vertical* da parábola, não na própria parábola. Como a projeção é vertical, seu ângulo $\theta = 90°$.
- *Passos da solução para o componente vertical:* A força vertical F_V é igual ao peso da água acima da parábola. Inclusive, a seção parabólica não é dada na Figura 2.13, portan-

to, tivemos de consultar em outro livro. A área e o centroide são mostrados na Figura E2.8*b*. O peso dessa quantidade parabólica de água é

$$F_V = \gamma A_{seção}\, b = \left(9.802\,\frac{N}{m^3}\right)\left[\frac{2}{3}(3\text{ m})(7{,}2\text{ m})\right](15\text{ m}) = 2.117.232\text{ N} = 2{,}12\text{ MN}$$

$z_0 = 7{,}2$ m

Área $= \dfrac{2x_0 z_0}{3}$

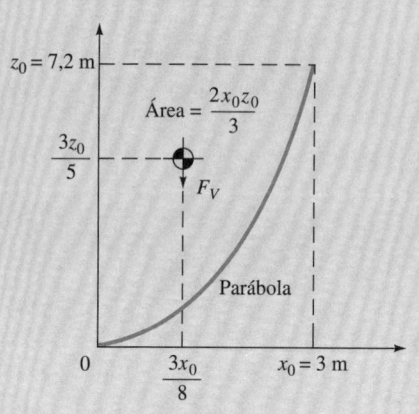

$\dfrac{3z_0}{5}$

F_V

Parábola

$\dfrac{3x_0}{8}$ $x_0 = 3$ m

E2.8b

Essa força age para baixo, pelo centroide da seção parabólica, ou a uma distância $3x_0/8 = 1{,}125$ m acima a partir da origem, como mostram as Figuras E2.8*b,c*. A força hidrostática resultante na barragem é

$$F = (F_H^2 + F_V^2)^{1/2} = [(3.811.018)^2 + (2.117.232)^2]^{1/2} = 4.359.648\text{ N} = 4{,}36\text{ MN}\ \overline{\diagdown 29°}$$

Resposta

Essa resultante é mostrada na Figura E2.8*c* e passa pelo ponto 2,4 m acima e 1,125 m à direita da origem. Ela atinge a barragem no ponto 1,629 m à direita e 2,121 m acima da origem, conforme mostra a figura.

- *Comentários:* Observe que são usadas fórmulas inteiramente diferentes para calcular F_H e F_V. O conceito de centro de pressão CP é, na opinião do autor, bastante expandido quando aplicado às superfícies curvas.

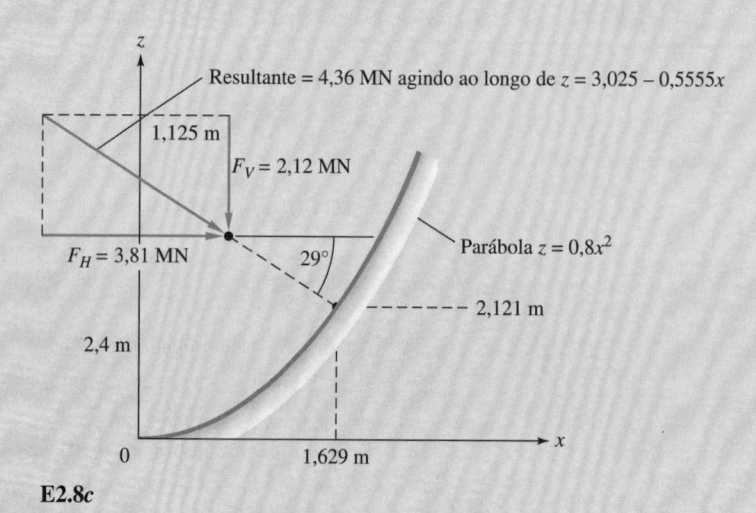

Resultante = 4,36 MN agindo ao longo de $z = 3{,}025 - 0{,}5555x$

1,125 m

$F_V = 2{,}12$ MN

$F_H = 3{,}81$ MN   29°

Parábola $z = 0{,}8x^2$

2,121 m

2,4 m

1,629 m

E2.8c

E2.9

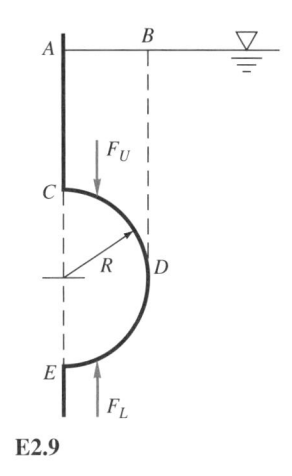

EXEMPLO 2.9

Encontre uma fórmula algébrica para a força resultante vertical F sobre a estrutura projetada semicircular submersa CDE da Figura E2.9. A estrutura tem largura uniforme b no sentido perpendicular para dentro do papel. O líquido tem peso específico γ.

Solução

A força resultante é a diferença entre a força ascendente F_A na superfície inferior DE e a força descendente F_D na superfície superior CD, como mostra a Figura E2.9. A força F_D é igual a γ vezes o volume $ABCD$ sobre a superfície CD. A força F_A é igual a γ vezes o volume $ABDEC$ acima da superfície DE. Esta última é claramente maior. A diferença é γ vezes o volume da própria estrutura. Assim, a força resultante ascendente do fluido sobre o semicilindro é

$$F = \gamma_{\text{fluido}}(\text{volume } CDE) = \gamma_{\text{fluido}}\frac{\pi}{2}R^2 b \qquad \textit{Resposta}$$

Esse é o princípio sobre o qual se baseiam as leis do *empuxo*, Seção 2.8. Observe que o resultado é independente da profundidade da estrutura e depende do peso específico do *fluido*, não do material da estrutura.

2.7 Forças hidrostáticas em camadas de fluidos

As fórmulas para superfícies planas e curvas nas Seções 2.5 e 2.6 são válidas apenas para um fluido de densidade uniforme. No caso de camadas de fluidos com diferentes densidades, como na Figura 2.15, uma única fórmula não pode resolver o problema porque a inclinação da distribuição linear de pressão varia entre as camadas. Entretanto,

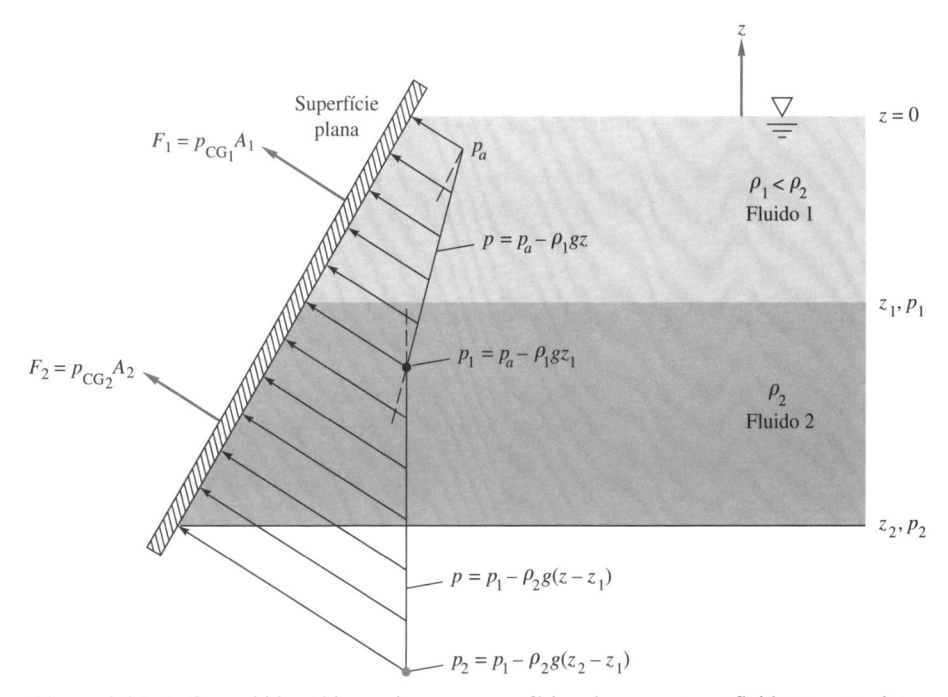

Figura 2.15 As forças hidrostáticas sobre uma superfície submersa em um fluido em camadas devem ser calculadas pela soma de parcelas separadas.

as fórmulas aplicam-se separadamente a cada camada, e, então, a solução adequada é calcular e somar as forças e os momentos de cada camada.

Considere a superfície plana inclinada imersa em um fluido de duas camadas na Figura 2.15. A inclinação da distribuição de pressão torna-se mais acentuada quando nos movemos para baixo para uma segunda camada mais densa. A força total sobre a placa *não* é igual à pressão no centroide vezes a área da placa, mas a parte da placa que está em cada camada satisfaz a fórmula, de modo que podemos somar as forças para encontrar a força total:

$$F = \sum F_i = \sum p_{CG_i} A_i \tag{2.31}$$

De forma semelhante, o centroide da parte da placa em cada camada pode ser usado para localizar o centro de pressão naquela parte:

$$y_{CP_i} = -\frac{\rho_i g \operatorname{sen} \theta_i I_{xx_i}}{p_{CG_i} A_i} \qquad x_{CP_i} = -\frac{\rho_i g \operatorname{sen} \theta_i I_{xy_i}}{p_{CG_i} A_i} \tag{2.32}$$

Essas fórmulas localizam o centro de pressão de uma força F_i em particular com relação ao centroide daquela parte da placa na camada correspondente e não com relação ao centroide da placa inteira. O centro de pressão da força total $F = \sum F_i$ pode, então, ser determinado, somando-se os momentos em torno de algum ponto conveniente, como, por exemplo, a superfície livre. O exemplo a seguir ilustrará esses aspectos.

EXEMPLO 2.10

Um tanque com 6 m de profundidade e 2,1 m de largura armazena camadas com 2,4 m de óleo, 1,8 m de água e 1,2 m de mercúrio. Calcule (*a*) a força hidrostática total e (*b*) o centro de pressão resultante do fluido sobre a lateral direita do tanque.

Solução

Parte (a) Divida o painel lateral em três partes, como esquematizado no desenho da Figura E2.10, e determine a pressão hidrostática no centroide de cada parte, usando a relação (2.26) em passos como na Figura E2.10:

$$p_{CG_1} = (8.640 \text{ N/m}^3)(1,2 \text{ m}) = 10.368 \text{ N/m}^2$$
$$p_{CG_2} = (8.640)(2,4) + 9.801(0,9) = 29.558 \text{ N/m}^2$$
$$p_{CG_3} = (8.640)(2,4) + 9.802(1,8) + 132.898(0,6) = 118.118 \text{ N/m}^2$$

Essas pressões são, então, multiplicadas pelas suas respectivas áreas no painel para determinar a força sobre cada parte:

$$F_1 = p_{CG_1} A_1 = (10.368 \text{ N/m}^2)(2,4 \text{ m})(2,1 \text{ m}) = 52.255 \text{ N}$$
$$F_2 = p_{CG_2} A_2 = 29.558(1,8)(2,1) = 111.729 \text{ N}$$
$$F_3 = p_{CG_3} A_3 = 118.118(1,2)(2,1) = \underline{297.657 \text{ N}}$$

$$F = \sum F_i = 461.641 \text{ N} \qquad \textit{Resposta (a)}$$

E2.10

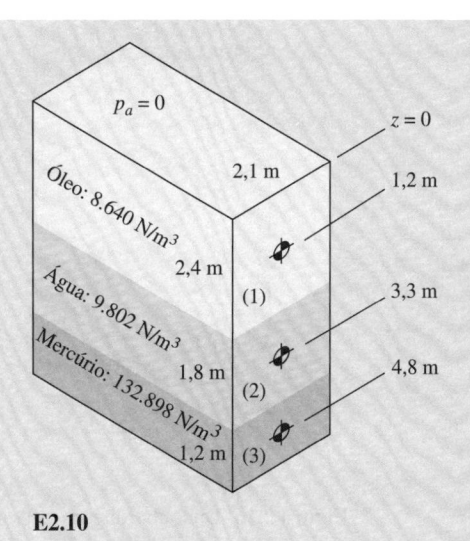

Parte (b) As Equações (2.32) podem ser usadas para localizar o CP de cada força F_i, observando-se que $\theta = 90°$ e sen $\theta = 1$ para todas as partes. Os momentos de inércia são $I_{xx1} = (2,1 \text{ m})(2,4 \text{ m})^3/12 = 2,42 \text{ m}^4$, $I_{xx2} = 2,1(1,8)^3/12 = 1,02 \text{ m}^4$ e $I_{xx3} = 2,1(1,2)^3/12 = 0,30 \text{ m}^4$. Logo, os centros de pressão estão em

$$y_{CP_1} = -\frac{\rho_1 g I_{xx_1}}{F_1} = -\frac{(8.640 \text{ N/m}^3)(2,42 \text{ m}^4)}{52.255 \text{ N}} = -0,4 \text{ m}$$

$$y_{CP_2} = -\frac{9.802(1,02)}{111.729} = -0,09 \text{ m} \qquad y_{CP_3} = -\frac{132.898(0,30)}{297.657} = -0,13 \text{ m}$$

Com isso localizamos $z_{CP1} = -1,2 - 0,4 = -1,6$ m, $z_{CP2} = -3,3 - 0,09 = -3,39$ m e $z_{CP3} = -4,8 - 0,13 = -4,93$ m. Somando os momentos em relação à superfície, temos

$$\sum F_i z_{CP_i} = F z_{CP}$$

ou $\qquad 52.255(-1,6) + 111.729(-3,39) + 297.657(-4,93) = 461.641 z_{CP}$

ou $\qquad z_{CP} = -\dfrac{1.929.818}{461.641} = -4,18 \text{ m} \qquad\qquad Resposta\ (b)$

O centro de pressão da força resultante total sobre a lateral direita do tanque fica 4,18 m abaixo da superfície livre.

2.8 Empuxo e estabilidade

Os mesmos princípios usados no cálculo das forças hidrostáticas sobre superfícies podem ser aplicados para calcular a força líquida de pressão sobre um corpo completamente submerso ou flutuante. Os resultados são as duas leis do empuxo descobertas por Arquimedes no século 3 a.C.:

1. Um corpo imerso em um fluido está sujeito a uma força de empuxo vertical igual ao peso do fluido que ele desloca.
2. Um corpo flutuante desloca seu próprio peso no fluido em que flutua.

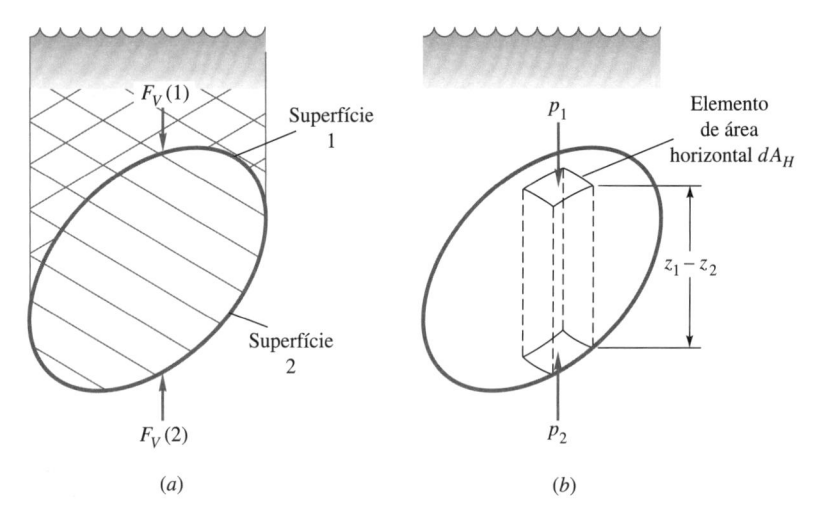

Figura 2.16 Duas abordagens diferentes para a força de empuxo sobre um corpo imerso arbitrário: (*a*) forças sobre as superfícies curvas superior e inferior; (*b*) integração das forças elementares de pressão verticais.

Arquimedes (287-212 a.C.) nasceu e viveu na cidade-estado grega de Siracusa, onde é agora a ilha da Sicília. Ele era um brilhante matemático e engenheiro, dois milênios à frente do seu tempo. Ele calculou um valor preciso para pi e aproximou áreas e volumes de vários corpos, somando formas elementares. Em outras palavras, ele inventou o cálculo integral. Desenvolveu alavancas, polias, catapultas e uma bomba de parafuso. Arquimedes foi o primeiro a escrever grandes números como potências de 10, evitando algarismos romanos. E deduziu os princípios do empuxo, que estudamos aqui, ao perceber que se sentia mais leve ao repousar imerso em uma banheira.

Essas duas leis são facilmente deduzidas observando-se a Figura 2.16. Na Figura 2.16*a*, o corpo está entre uma superfície curva superior 1 e outra superfície curva inferior 2. Pela Equação (2.30) para a força vertical, o corpo está sujeito a uma força líquida para cima

$$F_E = F_V(2) - F_V(1)$$
$$= \text{(peso do fluido acima de 2)} - \text{(peso do fluido acima de 1)}$$
$$= \text{peso do fluido equivalente ao volume do corpo} \quad (2.33)$$

Alternativamente, da Figura 2.16*b*, podemos integrar as forças verticais que atuam sobre as camadas elementares verticais por meio do corpo imerso:

$$F_E = \int_{\text{corpo}} (p_2 - p_1)\, dA_H = -\gamma \int (z_2 - z_1)\, dA_H = (\gamma)(\text{volume do corpo}) \quad (2.34)$$

Esses resultados são idênticos e equivalentes à primeira lei de Arquimedes.

A Equação (2.34) considera que o fluido tenha peso específico uniforme. A linha de ação da força de empuxo passa pelo centro de volume do corpo deslocado; ou seja, seu centro de massa é calculado como se ele tivesse densidade uniforme. Esse ponto por meio do qual F_E atua é chamado de *centro de empuxo*, usualmente indicado por E ou CE nos desenhos. Naturalmente, o ponto E pode ou não corresponder ao centro de massa real do próprio material do corpo, que pode ter densidade variável.

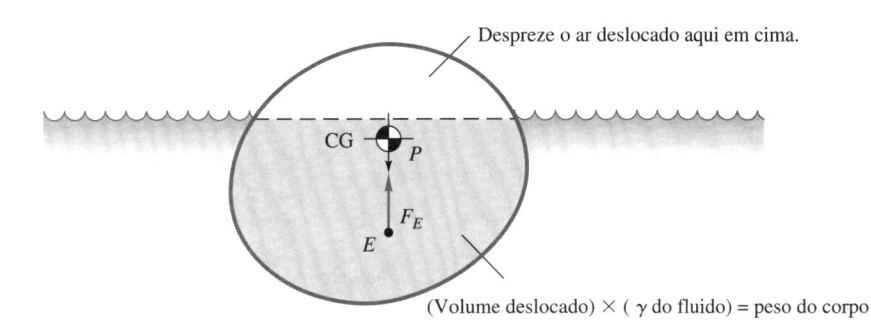

Figura 2.17 Equilíbrio estático de um corpo flutuante.

Despreze o ar deslocado aqui em cima.

(Volume deslocado) × (γ do fluido) = peso do corpo

A Equação (2.34) pode ser generalizada para um fluido disposto em camadas (FC) somando-se os pesos de cada camada de massa específica ρ_i deslocada pelo corpo imerso:

$$(F_E)_{FC} = \sum \rho_i g (\text{volume deslocado})_i \tag{2.35}$$

Cada camada deslocada teria seu próprio centro de volume, e teríamos de somar os momentos das forças de empuxo incrementais para encontrar o centro de empuxo do corpo imerso.

Como os líquidos são relativamente pesados, temos consciência de suas forças de empuxo, mas os gases também exercem empuxo sobre qualquer corpo imerso neles. Por exemplo, os seres humanos têm um peso específico de aproximadamente 9.425 N/m^3. Podemos pesar uma pessoa e encontrar 800 N e, então, estimar o volume total daquela pessoa como 0,085 m^3. No entanto, ao fazer isso, estamos desprezando a força de empuxo do ar ambiente sobre a pessoa. Nas condições padrão, o peso específico do ar é de 12 N/m^3; daí, a força de empuxo ser de aproximadamente 1,02 N. No vácuo, o peso dessa pessoa seria cerca de 1,02 N maior. Para os balões e dirigíveis, a força de empuxo do ar, em lugar de ser desprezível, é o fator de controle do projeto. Além disso, muitos fenômenos de escoamento, como a convecção natural de calor e mistura vertical no oceano, dependem fortemente de forças de empuxo aparentemente pequenas.

Os corpos flutuantes são um caso especial; apenas uma parte do corpo está submersa, com o restante acima da superfície livre. Isso está ilustrado na Figura 2.17, em que a parte sombreada é o volume deslocado. A Equação (2.34) é modificada para ser aplicada a esse volume menor:

$$F_E = (\gamma)(\text{volume deslocado}) = \text{peso do corpo flutuante} \tag{2.36}$$

Não somente a força de empuxo é igual ao peso do corpo, mas também essas duas forças são *colineares*, já que não pode haver momentos líquidos no equilíbrio estático. A Equação (2.36) é o equivalente matemático da segunda lei de Arquimedes, enunciada anteriormente.

EXEMPLO 2.11

Um bloco de concreto pesa 445 N no ar e "pesa" apenas 267 N quando imerso em água doce (9.802 N/m^3). Qual é o peso específico médio do bloco?

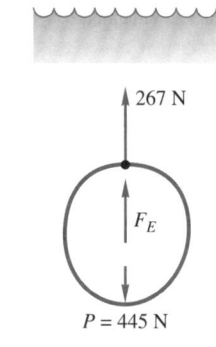

E2.11

267 N

F_E

P = 445 N

Solução

Um diagrama de corpo livre do bloco submerso (ver Figura E2.11) mostra um balanço entre o peso aparente, a força de empuxo e o peso real:

$$\Sigma F_z = 0 = 267 + F_E - 445$$

ou $\quad F_E = 178 \text{ N} = (9.802 \text{ N/m}^3)(\text{volume do bloco, m}^3)$

Calculando o volume do bloco, obtém-se $178/9{,}802 = 0{,}018 \text{ m}^3$. Portanto, o peso específico do bloco é

$$\gamma_{\text{bloco}} = \frac{445 \text{ N}}{0{,}018 \text{ m}^3} = 24.722 \text{ N/m}^3 \qquad \textit{Resposta}$$

Ocasionalmente, um corpo terá exatamente o peso e volume certos para que sua razão seja igual ao peso específico do fluido. Quando isso acontece, diz-se que o corpo é *neutramente flutuante* e permanecerá em repouso em qualquer ponto em que estiver imerso no fluido. Pequenas partículas neutramente flutuantes são usadas às vezes na visualização de escoamentos, e um corpo neutramente flutuante chamado de *flutuador de Swallow* [2] é usado para rastrear correntes oceânicas. Um submarino pode atingir flutuação positiva, neutra ou negativa, bombeando água para dentro ou para fora de seus tanques de lastro.

Estabilidade

Um corpo flutuante como na Figura 2.17 pode não aceitar a posição em que esteja flutuando. Nesse caso, ele irá virar na primeira oportunidade, sendo considerado estaticamente *instável*, como um lápis equilibrado sobre sua própria ponta. O menor distúrbio fará com que procure outra posição de equilíbrio, que seja estável. Os engenheiros, em seus projetos, precisam evitar a instabilidade de flutuação. A única maneira de saber com certeza se posição flutuante é estável consiste em "perturbar" o corpo com uma quantidade matematicamente pequena e ver se desenvolve um momento restaurador que irá recolocá-lo na sua posição original. Se isso ocorrer, ele é estável, caso contrário, é instável. Esses cálculos para corpos flutuantes arbitrários foram levados a um alto grau de sofisticação pelos arquitetos navais [3], mas podemos, pelo menos, esboçar os princípios básicos do cálculo de estabilidade estática. A Figura 2.18 ilustra o cálculo para o caso usual de um corpo flutuante simétrico. Os passos são os seguintes:

1. A posição básica de flutuação é calculada pela Equação (2.36). O centro de massa G do corpo e o centro de empuxo E são calculados.

2. O corpo é inclinado a um pequeno ângulo $\Delta\theta$, uma nova linha d'água é estabelecida para o corpo flutuar com esse ângulo. É calculada a nova posição E' do centro de empuxo. Uma linha vertical traçada para cima a partir de E' intercepta a linha de simetria no ponto M, chamado *metacentro*, que é independente de $\Delta\theta$ para pequenos ângulos.

3. Se o ponto M estiver acima de G (isto é, se a *altura metacêntrica* $\overline{MG}$ for positiva), um momento restaurador está presente e a posição original é estável. Se M estiver abaixo de G ($\overline{MG}$ negativa), o corpo é instável e irá virar se for perturbado. A estabilidade aumenta com o aumento de $\overline{MG}$.

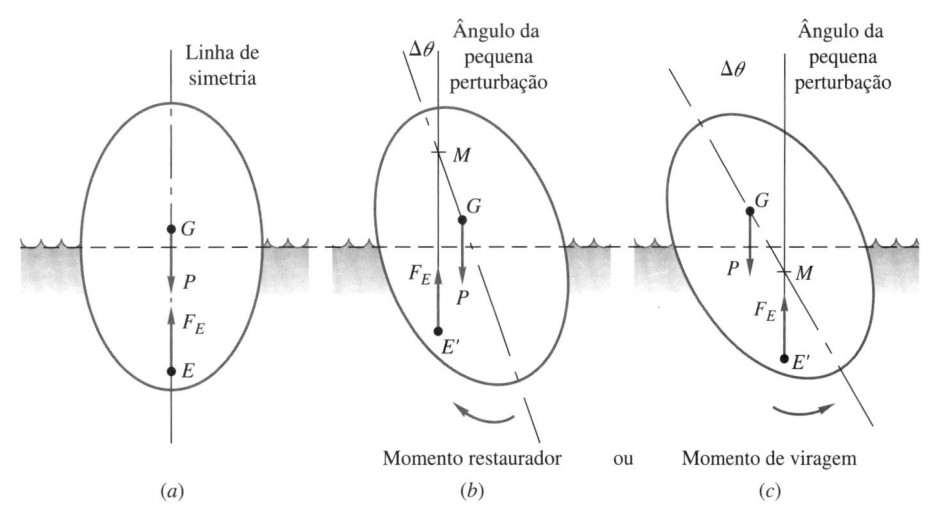

Figura 2.18 Cálculo do metacentro M do corpo flutuante mostrado em (a). Incline o corpo a um pequeno ângulo $\Delta\theta$. Então, (b) E' move-se bastante (o ponto M acima de G mostra estabilidade); ou (c) E' move-se levemente (o ponto M abaixo de G mostra instabilidade).

Dessa maneira a altura metacêntrica é uma propriedade da seção transversal para um dado peso e seu valor fornece uma indicação da estabilidade do corpo. Para um corpo de seção transversal e calado variáveis, como no caso de um navio, o cálculo do metacentro pode ser muito complicado.

Estabilidade relacionada à área da linha d'água[1]

Partindo dos conceitos gerais de estabilidade da Fig. 2.18, os arquitetos navais [3] desenvolveram um cálculo simples que envolve o momento de inércia *da área da linha d'água* (como mostrado acima) em torno do eixo de inclinação. A dedução admite que o corpo tem uma variação suave de forma (sem descontinuidades) nas proximidades da linha d'água. Lembre-se de que M é o metacentro, E é o centro de empuxo e G é o centro de gravidade. A fórmula final mais adequada relaciona as distâncias entre esses pontos:

$$\overline{MG} = \frac{I_O}{v_{\text{sub}}} - \overline{GE} \qquad (2.37)$$

onde I_o é o momento de inércia da área da planta da linha d'água em torno do eixo de inclinação O e v_{sub} é o volume submerso do corpo flutuante. É desejável que $\overline{MG}$ seja positivo para o corpo ser estável.

O engenheiro localiza G e E a partir da forma básica e do projeto do corpo flutuante e, então, calcula I_o e v_{sub} para determinar se $\overline{MG}$ é positivo.

O projeto de engenharia conta com eficácia operacional dos resultados. Uma análise de estabilidade é inútil se o corpo flutuante encalhar em rochas, como na Fig. 2.19.

---

[1] Esta seção pode ser omitida sem perda de continuidade.

Figura 2.19 O navio italiano Costa Concordia encalhou em 14 de janeiro de 2012. A análise de estabilidade pode falhar quando ocorrem erros do operador (*foto da Associated Press/Gregorio Borgia*).

EXEMPLO 2.12

Uma barcaça tem uma seção transversal retangular uniforme de largura $2L$ e uma altura de calado H, como mostra a Figura E2.12. Determine (*a*) a altura metacêntrica para um pequeno ângulo de inclinação e (b) o intervalo da razão L/H para o qual a barcaça está estaticamente estável se G estiver exatamente sobre a linha d'água, como mostra a figura.

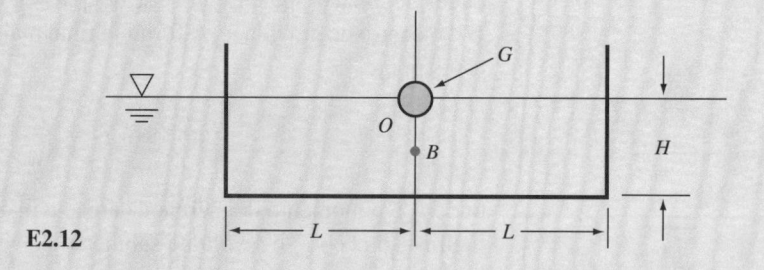

E2.12

Solução

Se a barcaça tiver um comprimento b normal ao papel, a área da linha d'água, relativa ao eixo de inclinação O, terá uma base b e uma altura $2L$; logo, $I_O = b(2L)^3/12$. Por outro lado, $v_{sub} = 2LbH$. A Equação (2.37) prevê

$$\overline{MG} = \frac{I_O}{v_{sub}} - \overline{GE} = \frac{8bL^3/12}{2LbH} - \frac{H}{2} = \frac{L^2}{3H} - \frac{H}{2} \qquad \textit{Resposta (a)}$$

Logo, a barcaça pode ser estável somente se

$$L^2 > 3H^2/2 \quad \text{ou} \quad 2L > 2{,}45H \qquad \textit{Resposta (b)}$$

Quanto mais larga for a barcaça em relação ao seu calado, mais estável ela será. O rebaixamento de G ajudaria.

Figura 2.20 Um iceberg do Atlântico Norte formado pelo desprendimento de uma geleira da Groenlândia. Esses icebergs e seus similares ainda maiores da Antártida são os maiores corpos flutuantes do mundo. Observe a evidência de fraturas causadas por desprendimentos adicionais na superfície frontal. (© *Corbis*.)

Até mesmo um especialista terá dificuldades para determinar a estabilidade de um corpo flutuante de forma irregular. Esses corpos podem ter duas ou mais posições estáveis. Por exemplo, um navio pode flutuar da maneira como estamos acostumados a ver, de modo que podemos nos sentar no convés, ou ele pode flutuar de cabeça para baixo (emborcado). Uma abordagem matemática interessante da estabilidade de flutuação é dada na Referência 11. O autor dessa referência destaca que, mesmo formas simples, como a de um cubo de densidade uniforme, podem ter muitas orientações estáveis de flutuação, não necessariamente simétricas. Cilindros circulares homogêneos podem flutuar com o eixo de simetria inclinado em relação à vertical.

A instabilidade de flutuação ocorre também na natureza. Os peixes vivos geralmente nadam com seus planos de simetria na vertical. Após a morte, essa posição torna-se instável e eles passam a flutuar com seus lados chatos para cima. Icebergs gigantescos podem virar, após se tornarem instáveis com a mudança de forma causada pelo derretimento da parte submersa. A virada de um iceberg é um evento dramático, raramente observado.

A Figura 2.20 mostra um iceberg típico do Atlântico Norte formado pelo desprendimento de uma geleira da Groenlândia, que se projetou em direção ao oceano. A face exposta é irregular, indicando que ele deve ter sofrido outros desprendimentos. Os icebergs são formados pelo congelamento de água doce glacial com massa específica média de 900 kg/m^3. Assim, quando um iceberg está flutuando na água do mar, cuja massa específica média é de 1.025 kg/m^3, aproximadamente 900/1.025, ou sete oitavos, do seu volume ficam embaixo d'água.

2.9 Distribuição de pressão no movimento de corpo rígido

No movimento de corpo rígido, todas as partículas estão em translação e rotação combinadas, não havendo movimento relativo entre elas. Sem movimento relativo, não há deformações nem taxas de deformações, de modo que o termo viscoso na Equação (2.8) desaparece, restando um equilíbrio entre pressão, gravidade e aceleração das partículas:

$$\nabla p = \rho(\mathbf{g} - \mathbf{a}) \tag{2.38}$$

O gradiente de pressão atua na direção $\mathbf{g} - \mathbf{a}$, e as linhas de pressão constante (incluindo a superfície livre, se houver) são perpendiculares a essa direção. O caso geral de translação e rotação combinadas de um corpo rígido é discutido no Capítulo 3, Figura 3.11.

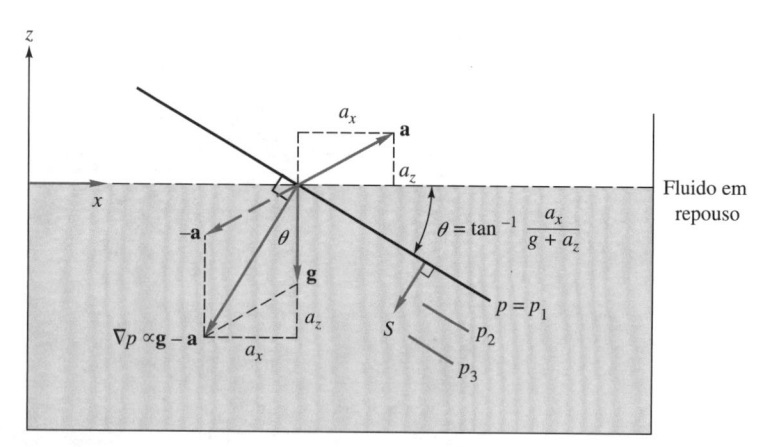

Figura 2.21 Inclinação das superfícies de pressão constante em um tanque de líquido em aceleração de corpo rígido.

Os fluidos raramente podem se mover em movimento de corpo rígido a menos que estejam restritos por paredes de confinamento por um longo tempo. Por exemplo, suponha que um tanque de água esteja em um carro que parta com uma aceleração constante. A água no tanque começaria a se agitar, e essa agitação começaria a se amortecer muito lentamente até que por fim as partículas de água se aproximariam da aceleração de corpo rígido. Isso poderia levar um tempo tão longo que o carro já teria atingido velocidades hipersônicas. Contudo, podemos ao menos discutir a distribuição de pressão em um tanque com água acelerando como corpo rígido.

Aceleração linear uniforme

No caso de aceleração uniforme de corpo rígido, aplica-se a Equação (2.38), tendo **a** a mesma intensidade e direção para todas as partículas. Com referência à Figura 2.21, a soma vetorial de **g** e −**a** pela regra do paralelogramo fornece a direção do gradiente de pressão, ou maior taxa de aumento de p. As superfícies de pressão constante devem ser perpendiculares a essa direção, sendo, portanto, inclinadas para baixo a um ângulo θ de maneira que

$$\theta = \tan^{-1}\frac{a_x}{g + a_z} \tag{2.39}$$

Uma dessas linhas inclinadas é a superfície livre, determinada pela condição de que o fluido no tanque mantenha o seu volume a menos que ele transborde. A taxa de aumento da pressão na direção **g** − **a** é maior do que na hidrostática comum e é dada por

$$\frac{dp}{ds} = \rho G \quad \text{em que} \quad G = \left[a_x^2 + (g + a_z)^2\right]^{1/2} \tag{2.40}$$

Esses resultados são independentes do tamanho e da forma do recipiente, desde que o fluido esteja continuamente conectado no recipiente.

EXEMPLO 2.13

Um piloto de corridas de *dragster* coloca sua caneca de café sobre uma bandeja horizontal, enquanto ele acelera a 7 m/s². A caneca tem 10 cm de altura e 6 cm de diâmetro e contém café até uma altura de 7 cm quando em repouso. (*a*) Admitindo o café em aceleração de corpo rígido, determine se ele irá ou não transbordar da caneca. (*b*) Calcule a pressão manométrica na borda, ponto A, se a massa específica do café for 1.010 kg/m³.

Solução

- *Esboço do sistema:* A Figura E2.13 mostra o café inclinado durante a aceleração.

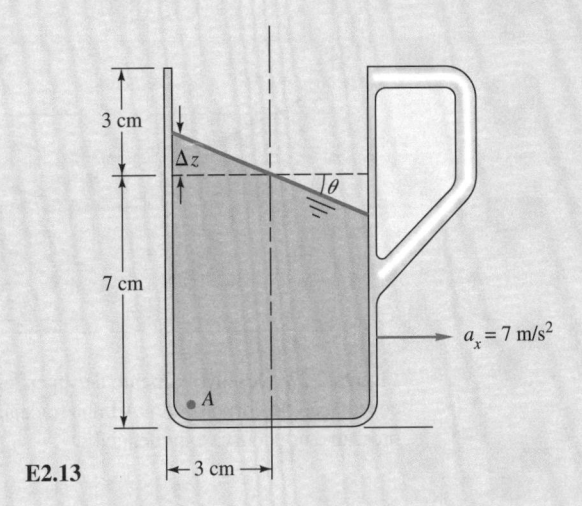

E2.13

- *Hipóteses:* Aceleração horizontal de corpo rígido, $a_x = 7$ m/s². Caneca de café simétrica.
- *Valores de propriedades:* Massa específica do café dada como 1.010 kg/m³.
- *Abordagem (a):* Determine o ângulo de inclinação com base em uma aceleração conhecida, depois determine a elevação da altura.
- *Passos da solução:* Da Equação (2.39), o ângulo de inclinação é dado por

$$\theta = \tan^{-1}\frac{a_x}{g} = \tan^{-1}\frac{7{,}0 \text{ m/s}^2}{9{,}81 \text{ m/s}^2} = 35{,}5°$$

Se a caneca é simétrica, a superfície inclinada passará pelo ponto central da posição de repouso, como mostra a Figura E2.13. Então o lado de trás da superfície livre do café subirá Δz dado por

$$\Delta z = (3 \text{ cm})(\tan 35{,}5°) = 2{,}14 \text{ cm} < 3 \text{ cm} \qquad \text{portanto não derramará} \quad Resp.(a)$$

- *Comentário (a):* Essa solução não considera a agitação, que pode ocorrer se a partida não for de modo uniforme.
- *Abordagem (b):* A pressão em *A* pode ser calculada pela Equação (2.40), usando a distância perpendicular Δs da superfície até *A*. Quando em repouso, $p_A = \rho g h_{repouso} = (1.010$ kg/m³$)(9{,}81$ m/s²$)(0{,}07$ m$) = 694$ Pa. Durante a aceleração,

$$p_A = \rho G\,\Delta s = \left(1.010\,\frac{\text{kg}}{\text{m}^3}\right)\left[\sqrt{(9{,}81)^2 + (7{,}0)^2}\right][(0{,}07 + 0{,}0214)\cos 35{,}5°] \approx 906 \text{ Pa}$$

Resposta (b)

- *Comentário (b):* A aceleração aumentou a pressão em *A* em 31%. Pense nesta alternativa: por que ela funciona? Como $a_z = 0$, descemos verticalmente no lado esquerdo para calcular

$$p_A = \rho g(z_{sup} - z_A) = (1.010 \text{ kg/m}^3)(9{,}81 \text{ m/s}^2)(0{,}0214 + 0{,}07 \text{ m}) = 906 \text{ Pa}$$

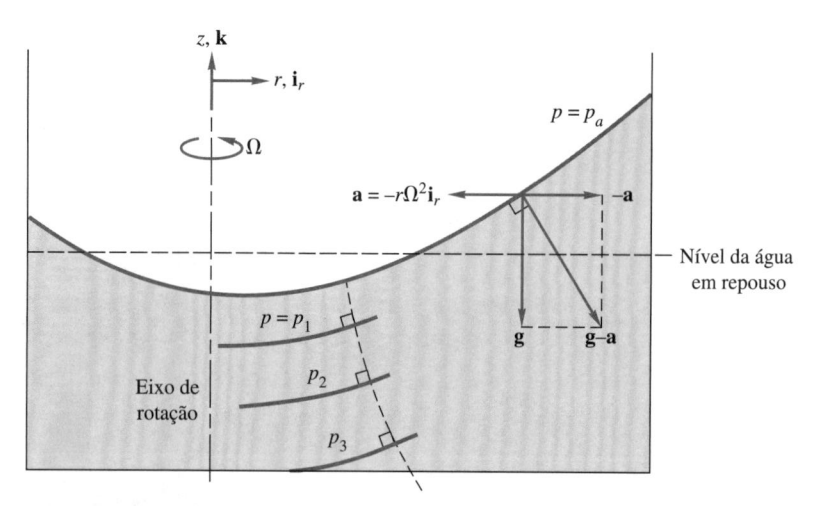

Figura 2.22 Desenvolvimento de superfícies de pressão constante paraboloidais em um fluido em rotação de corpo rígido. A linha tracejada ao longo da direção de máximo aumento de pressão é uma curva exponencial.

Rotação de corpo rígido

Como um segundo caso especial, considere a rotação do fluido em torno do eixo z sem nenhum movimento de translação, como esquematizado na Figura 2.22. Admitimos que o recipiente esteve girando durante tempo suficiente a uma velocidade angular Ω constante para o fluido adquirir rotação de corpo rígido. A aceleração do fluido será, então, um termo de aceleração centrípeta. Nas coordenadas da Figura 2.22, os vetores velocidade angular e de posição são dados por

$$\mathbf{\Omega} = \mathbf{k}\Omega \qquad \mathbf{r}_0 = \mathbf{i}_r r \qquad (2.41)$$

Então a aceleração é dada por

$$\mathbf{\Omega} \times (\mathbf{\Omega} \times \mathbf{r}_0) = -r\Omega^2 \mathbf{i}_r \qquad (2.42)$$

como indica a figura, e a Equação (2.38) para o equilíbrio de forças torna-se

$$\nabla p = \mathbf{i}_r \frac{\partial p}{\partial r} + \mathbf{k}\frac{\partial p}{\partial z} = \rho(\mathbf{g} - \mathbf{a}) = \rho(-g\mathbf{k} + r\Omega^2 \mathbf{i}_r)$$

Identificando os componentes, encontramos o campo de pressão pela solução de duas equações diferenciais parciais de primeira ordem:

$$\frac{\partial p}{\partial r} = \rho r \Omega^2 \qquad \frac{\partial p}{\partial z} = -\gamma \qquad (2.43)$$

Os membros direitos de (2.43) são funções conhecidas de r e z. Podemos proceder da seguinte forma: integramos "parcialmente" a primeira equação, mantendo z constante, com relação a r. O resultado é

$$p = \tfrac{1}{2}\rho r^2 \Omega^2 + f(z) \qquad (2.44)$$

em que a "constante" de integração é na realidade uma função $f(z)$.[2] Agora diferenciamos com relação a z e comparamos com a segunda relação de (2.43):

$$\frac{\partial p}{\partial z} = 0 + f'(z) = -\gamma$$

---

[2] Isso é porque $f(z)$ desaparece quando diferenciamos com relação a r. Se você não consegue entender, reveja seu curso de cálculo.

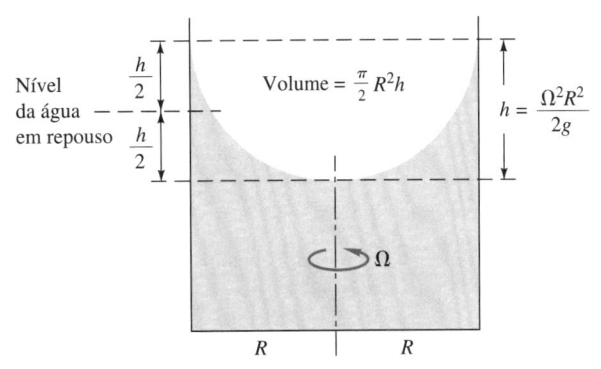

Figura 2.23 Determinação da posição da superfície livre para a rotação de um cilindro de fluido em torno do seu eixo central.

ou
$$f(z) = -\gamma z + C$$

em que C é uma constante. Então a Equação (2.44) agora se torna

$$p = \text{const} - \gamma z + \tfrac{1}{2}\rho r^2 \Omega^2 \tag{2.45}$$

Essa é a distribuição de pressão no fluido. O valor de C é determinado especificando-se a pressão em um ponto. Se $p = p_0$ em $(r, z) = (0, 0)$, $C = p_0$. A distribuição final desejada é

$$\boxed{p = p_0 - \gamma z + \tfrac{1}{2}\rho r^2 \Omega^2} \tag{2.46}$$

A pressão é linear em z e parabólica em r. Se desejarmos construir uma superfície de pressão constante, digamos $p = p_1$, a Equação (2.45) se torna

$$z = \frac{p_0 - p_1}{\gamma} + \frac{r^2 \Omega^2}{2g} = a + br^2 \tag{2.47}$$

Logo, as superfícies são paraboloides de revolução, com a concavidade para cima e com seus pontos mínimos no eixo de rotação. Alguns exemplos estão representados na Figura 2.22.

Como no exemplo anterior de aceleração linear, a posição da superfície livre é encontrada pela conservação do volume do fluido. Para um recipiente não circular com o eixo de rotação fora do centro, como na Figura 2.22, são necessárias muitas medidas trabalhosas, e um único problema poderá tomar todo o seu fim de semana. No entanto, o cálculo é fácil para um cilindro em rotação em torno do seu eixo central, como na Figura 2.23. Como o volume de um paraboloide é metade da área da base vezes sua altura, o nível da água em repouso está exatamente a meia distância entre os pontos mais alto e mais baixo da superfície livre. O centro do fluido cai de uma quantidade $h/2 = \Omega^2 R^2/(4g)$, e as bordas elevam-se à mesma quantidade.

EXEMPLO 2.14

A caneca de café do Exemplo 2.13 é retirada do piloto, colocada sobre uma mesa giratória e girada em torno do seu eixo central até ocorrer a situação de corpo rígido. Encontre (*a*) a velocidade angular que fará o café atingir exatamente a borda da caneca e (*b*) a pressão manométrica no ponto *A* para essa condição.

Solução

Parte (a) A caneca contém 7 cm de café. A folga de 3 cm até a borda da caneca deve ser igualada à distância $h/2$ na Figura 2.23. Assim

$$\frac{h}{2} = 0{,}03 \text{ m} = \frac{\Omega^2 R^2}{4g} = \frac{\Omega^2 (0{,}03 \text{ m})^2}{4(9{,}81 \text{ m/s}^2)}$$

Resolvendo, obtemos

$$\Omega^2 = 1.308 \quad \text{ou} \quad \Omega = 36{,}2 \text{ rad/s} = 345 \text{ rpm} \qquad \textit{Resposta (a)}$$

Parte (b) Para calcular a pressão, é conveniente colocar a origem das coordenadas r e z no fundo da depressão da superfície livre, como mostra a Figura E2.14. A pressão manométrica aqui é $p_0 = 0$, e o ponto A está em $(r, z) = (3 \text{ cm}, -4 \text{ cm})$. A Equação (2.46) pode, então, ser calculada:

$$p_A = 0 - (1.010 \text{ kg/m}^3)(9{,}81 \text{ m/s}^2)(-0{,}04 \text{ m})$$
$$+ \tfrac{1}{2}(1.010 \text{ kg/m}^3)(0{,}03 \text{ m})^2(1.308 \text{ rad}^2/\text{s}^2)$$
$$= 396 \text{ N/m}^2 + 594 \text{ N/m}^2 = 990 \text{ Pa} \qquad \textit{Resposta (b)}$$

Esse resultado é aproximadamente 43% maior do que a pressão da água em repouso $p_A = 694$ Pa.

E2.14

Aqui, como no caso da aceleração linear, deve-se destacar que a distribuição de pressão paraboloidal (2.46) se estabelece em *qualquer* fluido sob rotação de corpo rígido, independentemente da forma ou do tamanho do recipiente. O recipiente pode inclusive estar fechado e cheio de fluido. É necessário apenas que o fluido esteja continuamente interconectado em todo o recipiente. O próximo exemplo ilustrará um caso especial no qual podemos visualizar uma superfície livre imaginária estendendo-se para fora das paredes do recipiente.

EXEMPLO 2.15

Um tubo em U, com um raio de 250 mm, contendo mercúrio até uma altura de 750 mm, é girado em torno do seu centro a 180 rpm, até atingir o regime de corpo rígido. O diâmetro do tubo é desprezível. A pressão atmosférica é de 101,3 kPa. Determine a pressão no ponto A na condição de rotação. Veja a Figura E2.15.

Solução

Converta a velocidade angular em radianos por segundo:

$$\Omega = (180 \text{ rpm}) \frac{2\pi \text{ rad/r}}{60 \text{ s/min}} = 18{,}85 \text{ rad/s}$$

Da Tabela 2.1, encontramos para o mercúrio $\gamma = 133.100$ N/m^3 e, portanto, $\rho = 133.100/9{,}81 = 13.568$ kg/m^3. Para essa alta velocidade de rotação, a superfície livre vai se inclinar fortemente para cima [cerca de 84°; verifique isso com a Equação (2.47)], mas o tubo é tão fino que a superfície livre permanecerá aproximadamente na mesma altura de 750 mm, ponto B.

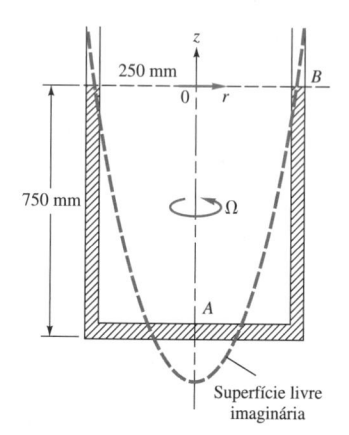

E2.14

Colocando a origem do nosso sistema de coordenadas nessa altura, podemos calcular a constante C na Equação (2.45) por meio da condição $p_B = 101{,}3$ kPa em $(r, z) = (250$ mm, $0)$:

$$p_B = 101.300 \text{ kPa} = C - 0 + \tfrac{1}{2}(13{,}568 \text{ kg/m}^3)(0{,}25 \text{ m})^2(18{,}85 \text{ rad/s})^2$$

ou $\quad\quad\quad C = 101.300 - 150.657 = -49.357$ Pa

Obtemos p_A avaliando a Equação (2.46) em $(r, z) = (0, -750$ mm$)$:

$$p_A = -49.357 - (133.100 \text{ N/m}^3)(-0{,}75 \text{ m}) = -49.357 + 99.825 = 50.468 \text{ Pa} \quad \textit{Resposta}$$

Essa pressão é menor que a pressão atmosférica, e podemos entender por que, se seguirmos a superfície livre paraboloidal para baixo a partir do ponto B ao longo da linha tracejada na figura, ela irá cortar a parte horizontal do tubo em U (onde p será a pressão atmosférica) e cairá *abaixo* do ponto A. Da Figura 2.23 a queda real a partir do ponto B será

$$h = \frac{\Omega^2 R^2}{2g} = \frac{(18{,}85)^2(0{,}25)^2}{2(9{,}81)} = 1{,}132 \text{ m}$$

Então p_A é aproximadamente 382 mmHg menor do que a pressão atmosférica, ou aproximadamente $0{,}382 \,(133.100) = 50.844$ Pa abaixo de $p_a = 101{,}3$ kPa, conferindo com a resposta acima. Quando o tubo estiver em repouso,

$$p_A = 101.300 - 133.100(-0{,}75) = 201.125 \text{ Pa}$$

Portanto a rotação reduziu a pressão no ponto A em 75%. Uma rotação ainda maior pode reduzir p_A a próximo de zero, com a possibilidade de ocorrer cavitação.

Um subproduto interessante dessa análise da rotação de corpo rígido é que as linhas paralelas ao gradiente de pressão em todos os pontos formam uma família de superfícies curvas, como mostra a Figura 2.22. Elas são ortogonais às superfícies de pressão constante em todos os pontos e, portanto, suas inclinações são o inverso negativo da inclinação calculada pela Equação (2.47):

$$\left.\frac{dz}{dr}\right|_{\text{LG}} = -\frac{1}{(dz/dr)_{p=\text{const}}} = -\frac{1}{r\Omega^2/g}$$

em que LG significa linha gradiente

ou $\quad\quad\quad\quad\quad\quad \dfrac{dz}{dr} = -\dfrac{g}{r\Omega^2} \quad\quad\quad\quad\quad\quad (2.48)$

Separando as variáveis e integrando, encontramos a equação das superfícies do gradiente de pressão:

$$r = C_1 \exp\left(-\frac{\Omega^2 z}{g}\right) \quad\quad\quad (2.49)$$

Observe que esse resultado e a Equação (2.47) são independentes da densidade do fluido. Na ausência de atrito e dos efeitos de Coriolis, a Equação (2.49) define as linhas ao longo das quais o campo gravitacional líquido aparente atuaria sobre a partícula. Dependendo da densidade, uma pequena partícula ou bolha tenderia a subir ou descer no fluido ao longo dessas linhas exponenciais, como está demonstrado experimentalmente

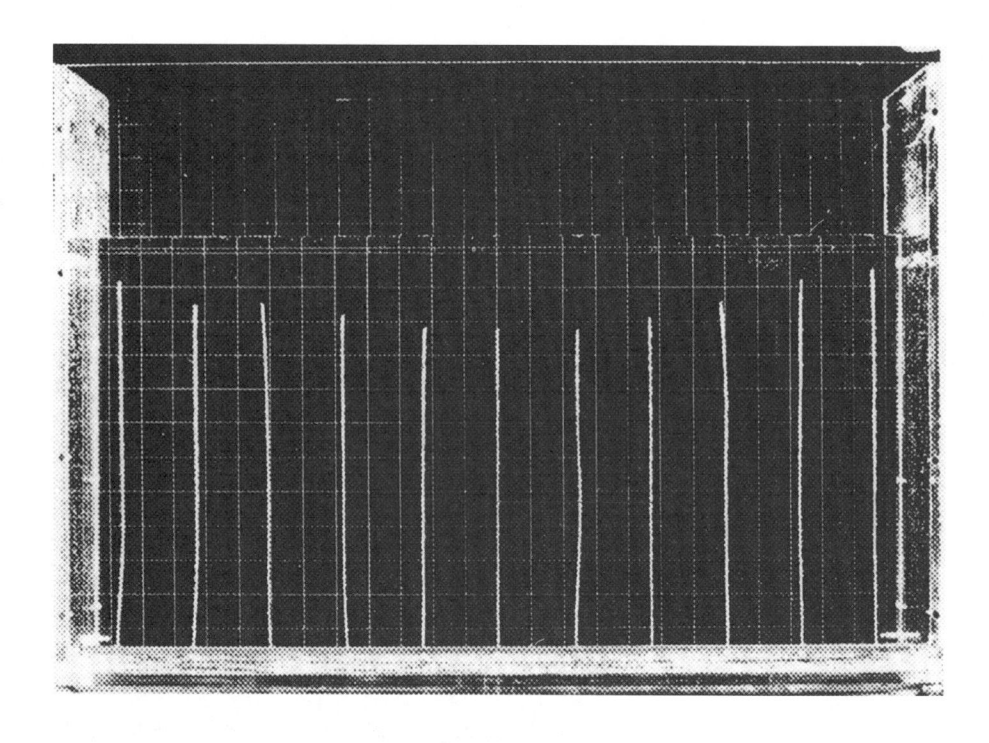

Figura 2.24 Demonstração experimental, usando fitas flutuantes, do campo de forças no fluido em rotação de corpo rígido: (*no alto*) fluido em repouso (as fitas ficam suspensas verticalmente para cima); (*embaixo*) fluido em rotação de corpo rígido (as fitas alinham-se com a direção do máximo gradiente de pressão). (© *The American Association of Physics Teachers. Reimpresso com permissão da "The Apparent Field of Gravity in a Rotating Fluid System", de R. Ian Fletcher.* American Journal of Physics, *v. 40, p. 959-965, jul. 1972.*)

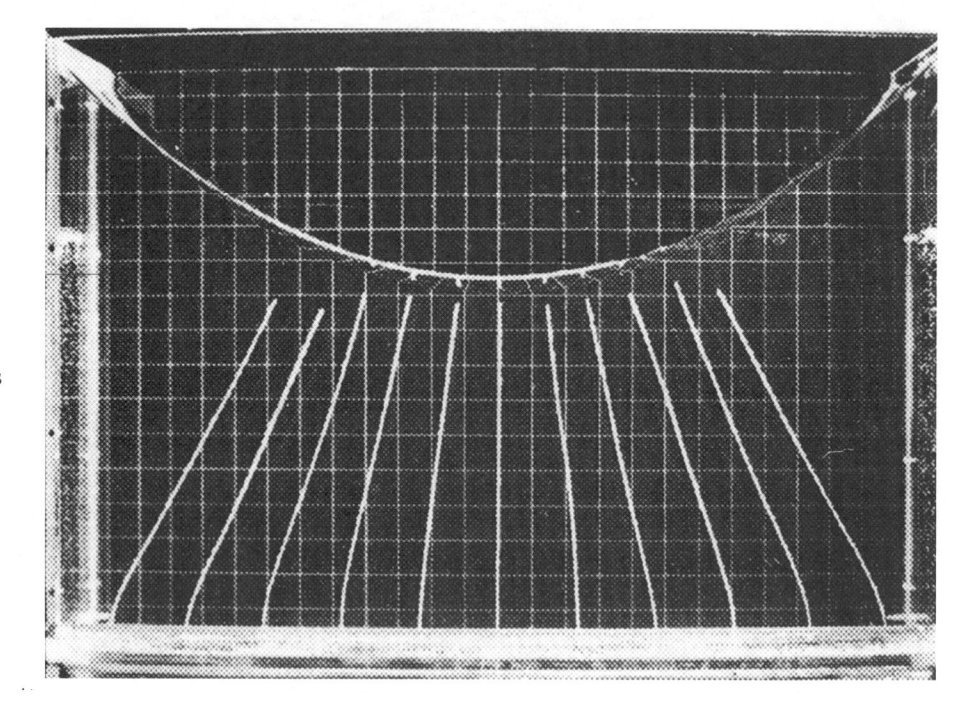

na Referência 5. Além disso, fitas flutuantes se alinhariam com essas linhas exponenciais, evitando, assim, qualquer tensão adicional além das normais. A Figura 2.24 mostra a configuração de tais fitas antes e durante a rotação.

2.10 Medidas de pressão

A pressão é uma grandeza derivada. Ela é a força por unidade de área, relacionada com o bombardeio molecular do fluido sobre uma superfície. Portanto, a maioria dos instrumentos de medida de pressão apenas *infere* a pressão mediante calibração com um dispositivo primário, tal como o aferidor de pistão de peso morto. Há muitos instrumentos desse tipo, tanto para um fluido estático como para um fluido em movimento. Os livros sobre instrumentação nas Referências 7 a 10, 12, 13 e 16-17 listam mais de 20 projetos de instrumentos para medida de pressão. Esses instrumentos podem ser agrupados em quatro categorias:

1. *Baseados na gravidade*: barômetro, manômetro, pistão de peso morto.
2. *Deformação elástica*: tubo de Bourdon (metal e quartzo), diafragma, foles, extensômetro (*strain-gage*), deslocamento de feixe óptico.
3. *Comportamento de gases*: compressão de gás (medidor McLeod), condutância térmica (medidor Pirani), impacto molecular (medidor de Knudsen), ionização, condutividade térmica, pistão a ar.
4. *Saída elétrica*: resistência (medidor de Bridgman), extensômetro difuso, capacitivo, piezoelétrico, potenciométrico, indutância magnética, relutância magnética, transformador diferencial variável linear (LVDT, do inglês *linear variable differential transformer*), frequência de ressonância.
5. *Revestimentos luminescentes* para superfícies de pressão [15].

Os medidores baseados no comportamento de gases são instrumentos especiais usados para certos experimentos científicos. O aferidor de pistão de peso morto é o instrumento usado mais frequentemente para calibrações; por exemplo, ele é usado pelo *National Institute for Standards and Technology* (NIST) dos Estados Unidos. O barômetro é descrito na Figura 2.6.

O manômetro, analisado na Seção 2.4, é um dispositivo simples e barato baseado no princípio hidrostático sem partes móveis exceto a própria coluna de líquido. As medidas manométricas não devem interferir no escoamento. A melhor maneira de fazer isso é efetuar as medidas por meio de um *orifício estático* na parede do escoamento, como ilustra a Figura 2.25a. O orifício deve ser normal à parede, devendo-se evitar as rebarbas. Se o orifício for pequeno o suficiente (tipicamente 1 mm de diâmetro), não haverá escoamento para dentro do manômetro, assim que a pressão se ajustar a um valor permanente. Desse modo o escoamento não é perturbado. No entanto, a pressão de um escoamento oscilante pode causar um grande erro por causa da possível resposta dinâmica da tubulação. Para medidas de pressão dinâmica são usados outros dispositivos de dimensões menores. O manômetro na Figura 2.25a mede a pressão manométrica p_1. O instrumento na Figura 2.25b é um manômetro *diferencial* digital, que pode medir a diferença entre dois pontos distintos no escoamento, com uma precisão especificada de 0,1% da escala total. O mundo da instrumentação está mudando rapidamente em direção a leituras digitais.

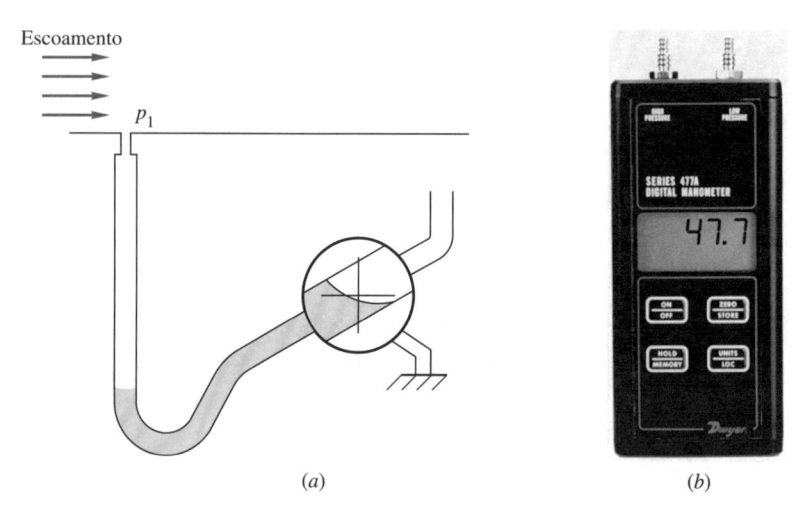

Figura 2.25 Dois tipos de manômetros de sensibilidade para medidas precisas: (*a*) tubo inclinado com visor; (*b*) manômetro digital do tipo capacitivo com precisão especificada de ± 0,1%. (*Cortesia de Dwyer Instruments, Inc.*)

Na categoria 2, instrumentos de deformação elástica, um dispositivo popular, barato e confiável é o *tubo de Bourdon*, representado na Figura 2.26. Quando pressurizado internamente, um tubo curvado com seção transversal achatada irá defletir para fora. A deflexão pode ser medida por meio de uma articulação ligada a um ponteiro de um mostrador calibrado, como mostra a figura. Ou então, a deflexão pode ser usada para acionar sensores de saída elétrica, como, por exemplo, um transformador variável. De modo semelhante, uma membrana ou *diafragma* irá defletir sob pressão, que pode ser lida diretamente ou usada para acionar outro sensor.

Uma variação interessante da Figura 2.26 é o *tubo de Bourdon de quartzo fundido de compensação forçada*, mostrado na Figura 2.27, cuja deflexão do tubo em espiral é detectada opticamente e reposicionada a um estado de referência zero por um elemento

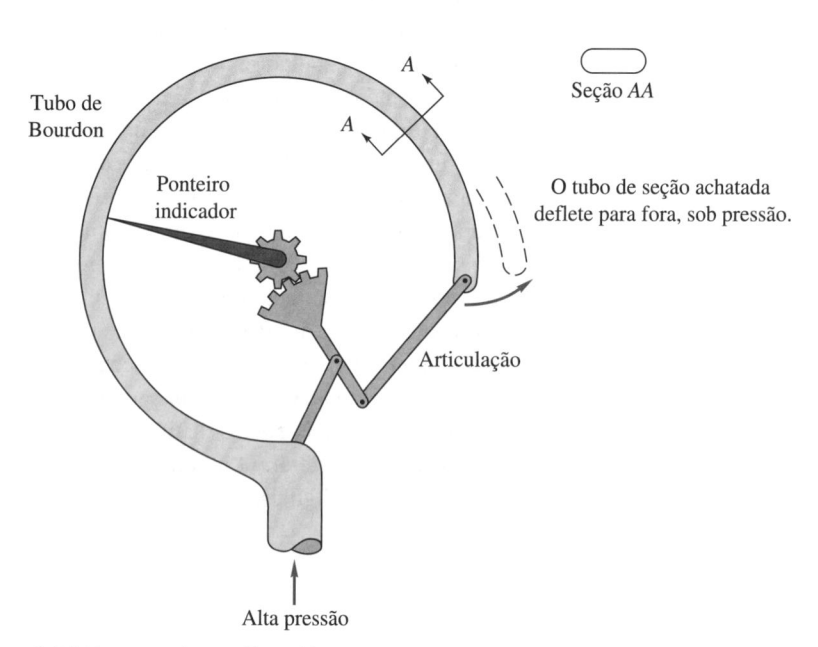

Figura 2.26 Esquema de um dispositivo com tubo de Bourdon para medida mecânica de altas pressões.

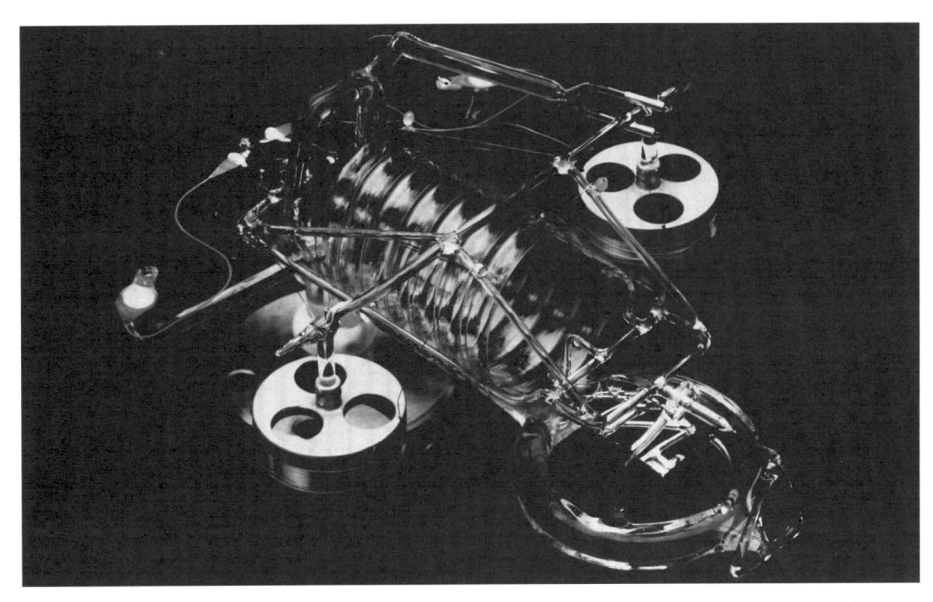

Figura 2.27 O tubo de Bourdon de quartzo fundido de compensação forçada é o sensor de pressão mais preciso usado em aplicações comerciais atualmente. (*Cortesia de Ruska Instrument Corporation, Houston, TX.*)

magnético cuja saída é proporcional à pressão do fluido. O tubo de Bourdon de quartzo fundido de compensação forçada é considerado um dos sensores de pressão mais precisos já projetados, com uma incerteza da ordem de ± 0,003%.

Os medidores de quartzo, tanto o tipo Bourdon de compensação forçada quanto o tipo ressonante, são caros, mas extremamente precisos, estáveis e confiáveis [14]. Geralmente são usados para medidas de pressão em oceanos profundos, que detectam ondas longas e atividade de tsunami por longos períodos de tempo.

A última categoria dos *sensores de saída elétrica* é extremamente importante em engenharia pelo fato de os dados poderem ser armazenados em computadores e manipulados livremente, colocados em gráficos e analisados. A Figura 2.28 mostra três exemplos, sendo o primeiro o sensor *capacitivo*, na Figura 2.28*a*. A pressão diferencial deflete o diafragma de silício e altera a capacitância do líquido na cavidade. Observe que a cavidade tem extremidades esféricas para evitar danos por sobrepressão. No segundo tipo, Figura 2.28*b*, extensômetros (*strain-gages*) e outros sensores são difundidos quimicamente ou gravados em um chip, que é tensionado pela pressão aplicada. Finalmente, na Figura 2.28*c*, um sensor de silício micro-usinado é montado para deformar sob pressão, de tal forma que sua frequência natural de vibração seja proporcional à pressão. Um oscilador excita o elemento na sua frequência de ressonância e a converte em unidades adequadas de pressão.

Outro tipo de sensor dinâmico de saída elétrica é o *transdutor piezoelétrico*, mostrado na Figura 2.29. Os elementos sensores são finas camadas de quartzo, que geram uma carga elétrica quando sujeitas à tensão. O projeto na Figura 2.29 é montado sobre uma superfície sólida e pode detectar variações rápidas de pressão, como, por exemplo, as ondas de explosão. Outros projetos são do tipo de cavidade. Esse tipo de sensor detecta primariamente pressões transientes, não tensões permanentes, mas se for muito bem isolado pode também ser usado para eventos estáticos de curta duração. Observe também que ele mede pressão *manométrica* – isto é, detecta somente uma mudança relativa às condições ambientes.

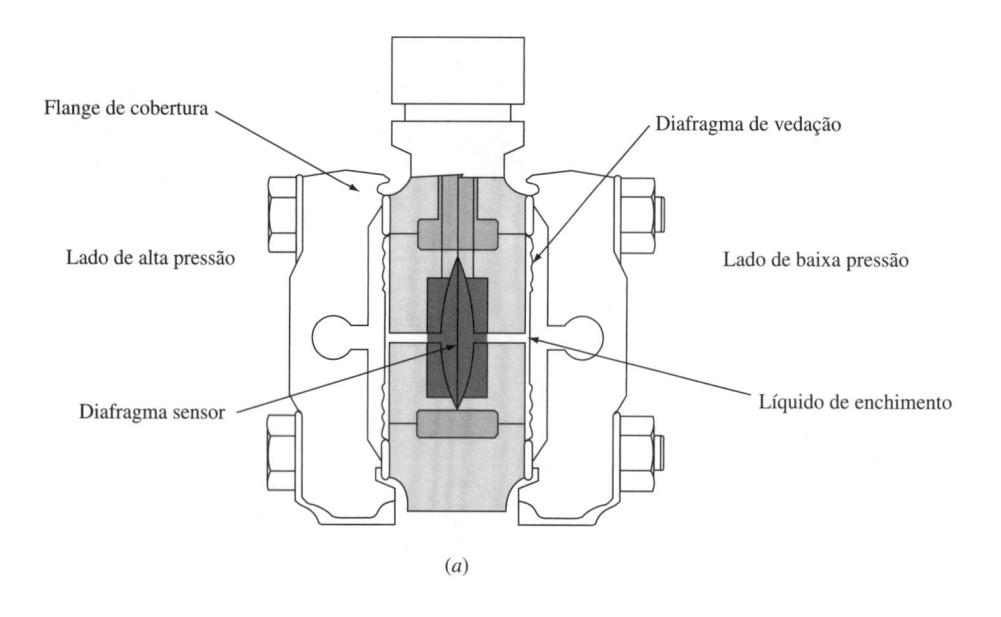

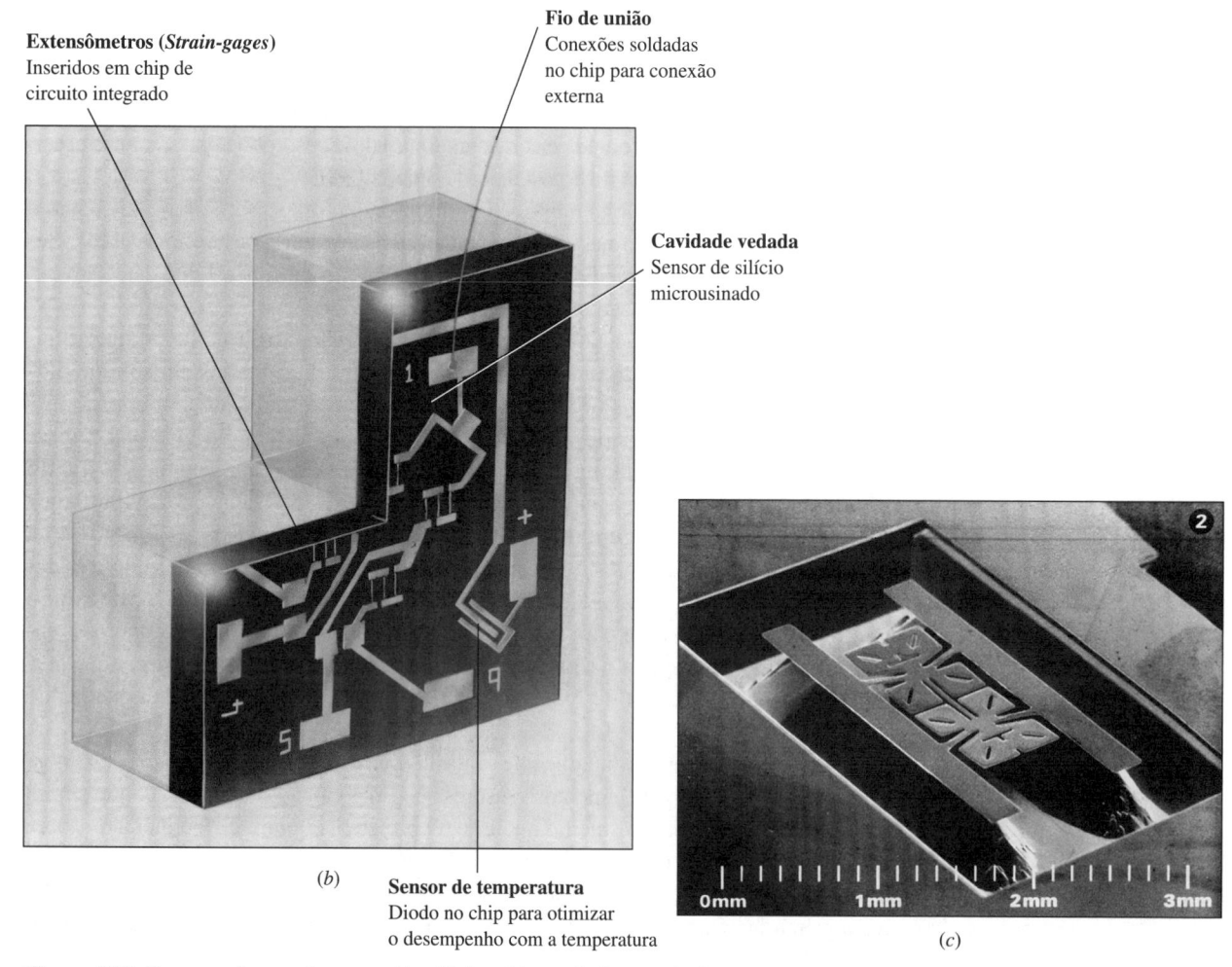

Figura 2.28 Sensores de pressão com saída elétrica: (*a*) um diafragma de silício cuja deflexão muda a capacitância da cavidade; (*b*) um extensômetro (*strain-gage*) de silício que é tensionado pela pressão aplicada; (*c*) elemento de silício microusinado que ressoa a uma frequência proporcional à pressão aplicada. Fonte: *(a) Cortesia de Yokogawa Corporation of America. (b) e (c) cortesias de Druck, Inc., Fairfield, CT.*

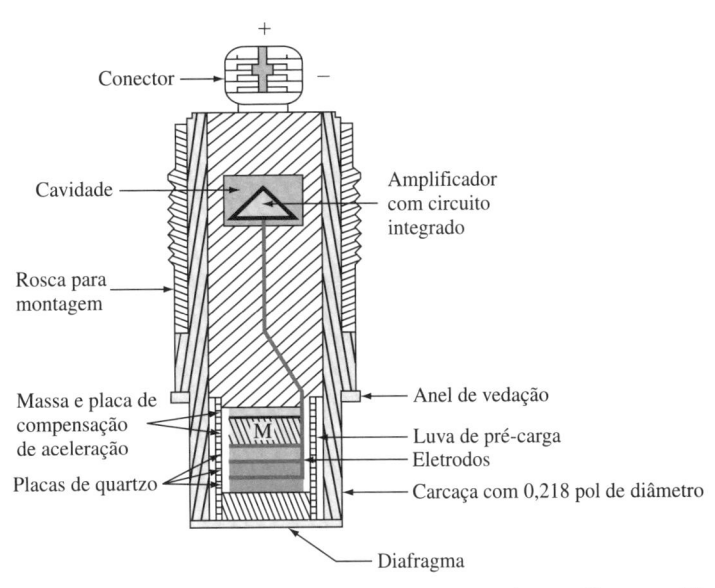

Figura 2.29 Um transdutor piezoelétrico mede pressões que variam rapidamente. (*Cortesia de PCB Piezotronics, Inc., Depew, New York.*)

Resumo Este capítulo foi dedicado inteiramente ao cálculo das distribuições de pressão e das forças e momentos resultantes em um fluido estático ou em um fluido com um campo de velocidade conhecido. Todos os problemas de hidrostática (Seções 2.3 a 2.8) e de corpo rígido (Seção 2.9) são resolvidos dessa maneira e são casos clássicos que todos os estudantes deveriam saber. Em escoamentos viscosos arbitrários, tanto a pressão quanto a velocidade são desconhecidas, devendo ser determinadas simultaneamente como uma solução de um sistema de equações nos próximos capítulos.

Problemas

A maioria dos problemas propostos é de resolução relativamente direta. Os problemas mais difíceis ou abertos estão indicados com um asterisco, como o Problema 2.25. O ícone de um computador indica que pode ser necessário o uso de computador para a resolução do problema. Os problemas típicos de fim de capítulo P2.1 a P2.161 (listados a seguir), são seguidos dos problemas dissertativos PD2.1 a PD2.9, dos problemas de fundamentos de engenharia FE2.1 a FE2.10, dos problemas abrangentes PA2.1 a PA2.9 e dos problemas de projetos PP2.1 a PP2.3.

Seção	Tópico	Problemas
2.1, 2.2	Tensões; gradiente de pressão; pressão manométrica	P2.1 – P2.6
2.3	Pressão hidrostática; barômetros	P2.7 – P2.23
2.3	A atmosfera	P2.24 – P2.29
2.4	Manômetros; fluidos múltiplos	P2.30 – P2.47
2.5	Forças sobre superfícies planas	P2.48 – P2.80
2.6	Forças sobre superfícies curvas	P2.81 – P2.100
2.7	Forças em camadas de fluidos	P2.101 – P2.102
2.8	Empuxo; princípios de Arquimedes	P2.103 – P2.126
2.8	Estabilidade de corpos flutuantes	P2.127 – P2.136
2.9	Aceleração uniforme	P2.137 – P2.151
2.9	Rotação de corpo rígido	P2.152 – P2.159
2.10	Medidas de pressão	P2.160 – P2.161

Tensões; gradiente de pressão; pressão manométrica

P2.1 Para o campo de tensão bidimensional da Figura P2.1 sabe-se que

$$\sigma_{xx} = 143.640 \text{ N/m}^2 \quad \sigma_{yy} = 95.760 \text{ N/m}^2 \quad \text{e}$$
$$\sigma_{xy} = 23.940 \text{ N/m}^2$$

Encontre as tensões de cisalhamento e normal (em N/m^2) que atuam sobre o plano de corte *AA* no elemento a um ângulo de 30° como mostra a figura.

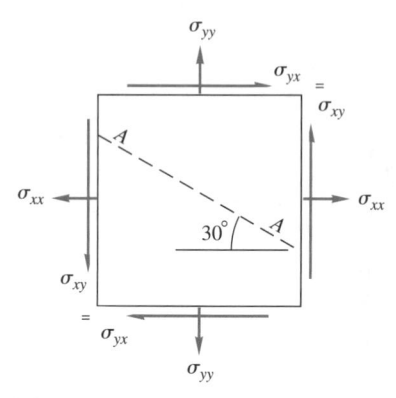

P2.1

P2.2 Para o campo de tensão bidimensional da Figura P2.1 considere que

$$\sigma_{xx} = 95.760 \text{ N/m}^2 \quad \sigma_{yy} = 143.640 \text{ N/m}^2$$
$$\sigma_n(AA) = 119.700 \text{ N/m}^2$$

Calcule (a) a tensão de cisalhamento σ_{xy} e (b) a tensão de cisalhamento no plano AA.

P2.3 Um tubo piezométrico de vidro limpo vertical tem um diâmetro interno de 1 mm. Quando é aplicada a pressão, água a 20° C sobe no tubo até a altura de 25 cm. Após corrigir para a tensão superficial, calcule a pressão aplicada em Pa.

P2.4 Medidores de pressão, como o manômetro de Bourdon na Fig. P2.4, são calibrados com um pistão de peso morto. Se o manômetro de Bourdon for projetado para girar o ponteiro de 10 graus por cada 2 psi de pressão interna relativa, quantos graus o ponteiro deve girar se o pistão e o peso juntos somam 44 Newtons?

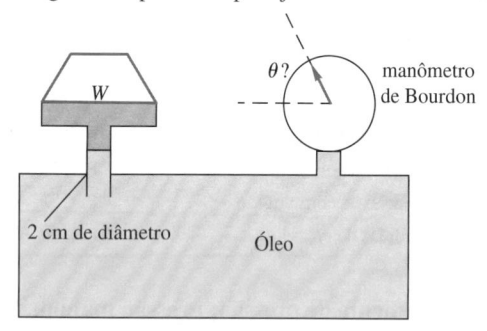

P2.4

P2.5 A cidade de Denver, no Colorado, tem uma altitude média de 1.590 m. Em um dia normal (Tabela A.6), o medidor de pressão manométrica A em um experimento de laboratório indica 3 kPa e o medidor B indica 105 kPa. Expresse essas leituras em pressão manométrica ou pressão vacuométrica (Pa), a que for mais apropriada.

P2.6 Qualquer valor de pressão medida pode ser expresso como um comprimento ou *carga*, $h = p/\rho g$. Qual é a pressão padrão ao nível do mar expressa em (a) m de glicerina, (b) mm de Hg, (c) m de coluna de água e (d) mm de etanol? Considere que todos os fluidos estejam a 20° C.

Pressão hidrostática; barômetros

P2.7 La Paz, Bolívia, está a uma altitude de aproximadamente 12.000 pés. Considere uma atmosfera padrão. Qual seria a elevação do líquido em um barômetro de metanol a 20°C?
Dica: Não se esqueça da pressão de vapor.

P2.8 Imagine, o que é possível, que haja um lago de etanol puro com meia milha de profundidade na superfície de Marte. Calcule a pressão absoluta, em Pa, no fundo desse lago hipotético.

P2.9 Um reservatório, de 26 pés de diâmetro e 36 pés de altura, está cheio de óleo SAE 30W a 20°C. (a) Qual é a pressão manométrica, em lbf/pol², no fundo do tanque? (b) Como o resultado obtido no item (a) alteraria se o diâmetro do tanque fosse reduzido para 15 pés? (c) Repita o item (a) se um vazamento acidental fizer uma camada de 5 pés de água depositar-se no fundo do tanque (cheio).

P2.10 Um grande tanque está aberto à atmosfera no nível do mar e cheio com líquido, a 20°C, com uma profundidade de 50 pés. A pressão absoluta no fundo do tanque é aproximadamente 221,5 kPa. Com base na Tabela A.3, qual poderia ser esse líquido?

P2.11 Na Figura P2.11, o medidor de pressão manométrica A indica 1,5 kPa (manométrica). Os fluidos estão a 20° C. Determine as elevações z, em metros, dos níveis dos líquidos nos tubos piezométricos abertos B e C.

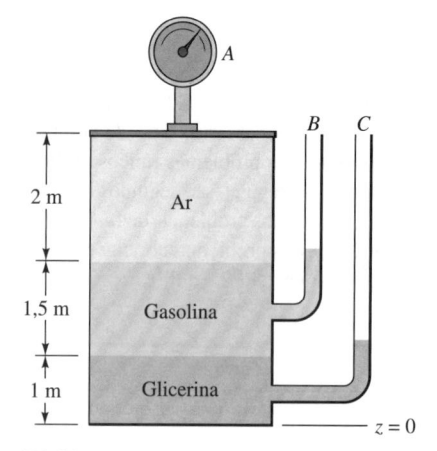

P2.11

P2.12 Na Figura P2.12 o tanque contém água e óleo imiscíveis a 20° C. Qual é o valor de h em cm se a massa específica do óleo é de 898 kg/m³?

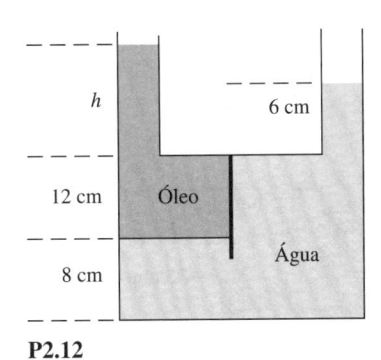

P2.13 Na Figura P2.13 as superfícies da água e da gasolina a 20° C estão abertas à atmosfera e na mesma elevação. Qual é a altura h do terceiro líquido no ramo direito?

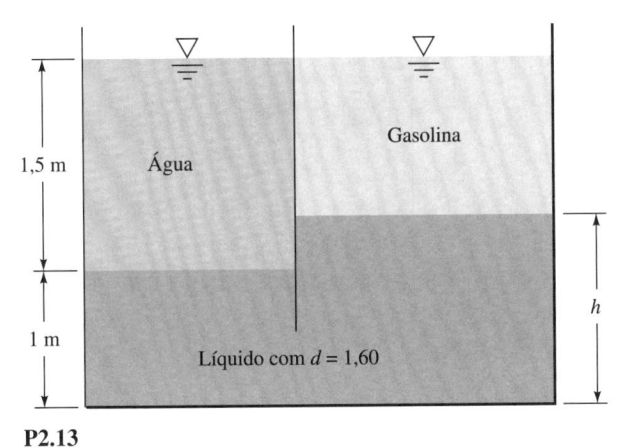

P2.14 Para o sistema com três líquidos mostrado, calcule h_1 e h_2. Desconsidere as colunas de ar.

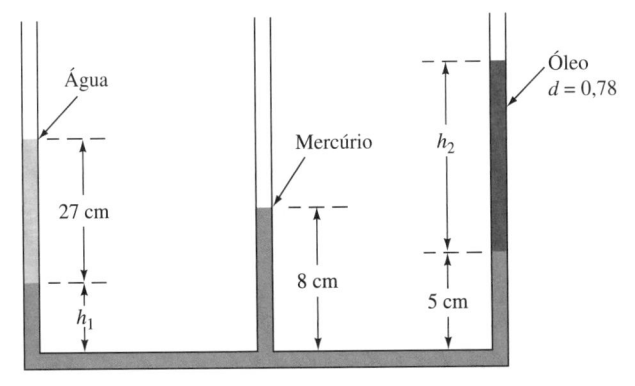

P2.15 O sistema ar-óleo-água na Figura P2.15 está a 20° C. Sabendo que o manômetro A registra a pressão absoluta de 103,42 kPa e o manômetro B registra 8.618 Pa menos do que o manômetro C, calcule (a) o peso específico do óleo em N/m³ e (b) a leitura do manômetro C em kPa absoluta.

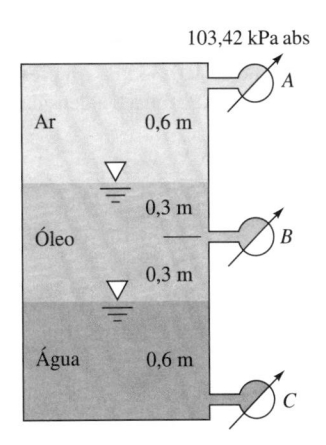

P2.16 Se a pressão absoluta na interface entre a água e o mercúrio na Fig. P2.16 é 93 kPa, qual é, em lbf/pé², (a) a pressão agindo na superfície e (b) a pressão no fundo do recipiente?

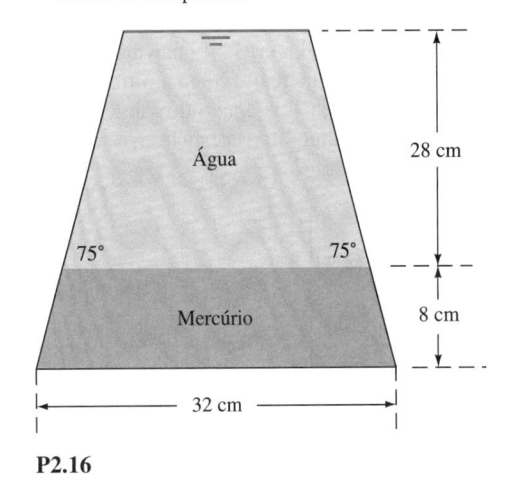

P2.17 O sistema na Figura P2.17 está a 20° C. Determine a altura h da água no lado esquerdo.

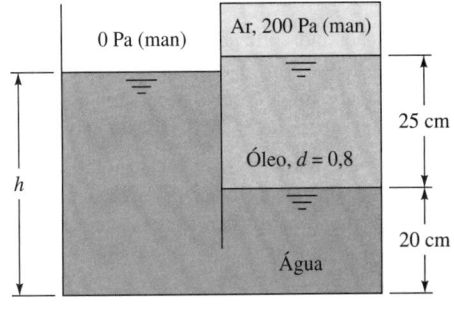

P2.18 O sistema na Figura P2.18 está a 20° C. Se a pressão atmosférica é de 101,33 kPa e a pressão no fundo do tanque é de 242 kPa, qual é a densidade do fluido *X*?

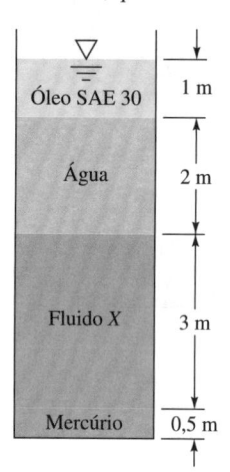

P2.18

Óleo SAE 30 — 1 m
Água — 2 m
Fluido *X* — 3 m
Mercúrio — 0,5 m

P2.19 O tubo em U da Figura P2.19 tem diâmetro interno de 1 cm e contém mercúrio como mostra a figura. Se colocarmos 20 cm³ de água no ramo direito do tubo, qual será a altura da superfície livre em cada ramo após o equilíbrio?

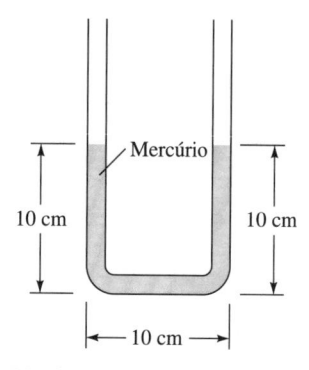

P2.19

Mercúrio, 10 cm, 10 cm, 10 cm

P2.20 O macaco hidráulico da Figura P2.20 está cheio com óleo a 8.797 N/m³. Desprezando o peso dos dois pistões, qual a força *F* que é necessária na alavanca para suportar o peso de 8.900 N indicado no desenho?

P2.21 A 20° C o manômetro *A* registra 350 kPa absoluta. Qual é a altura *h* da água em cm? Qual deve ser a leitura do manômetro *B* em kPa absoluta? Veja a Figura P2.21.

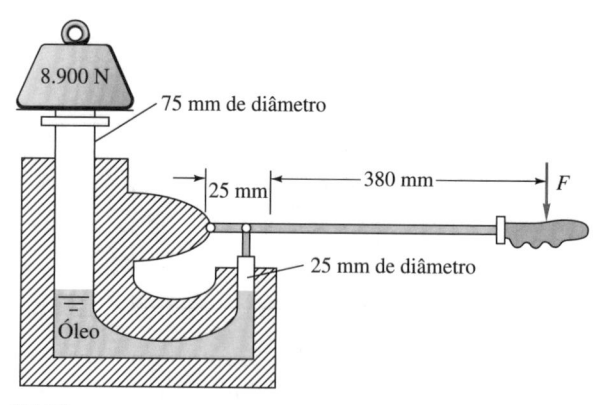

P2.20

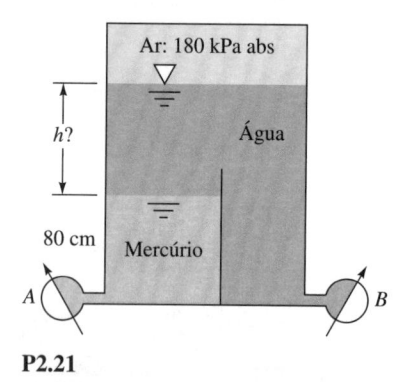

8.900 N, 75 mm de diâmetro, 25 mm, 380 mm, *F*, 25 mm de diâmetro, Óleo

P2.21

Ar: 180 kPa abs, Água, *h*?, 80 cm, Mercúrio, *A*, *B*

P2.22 O medidor de combustível do tanque de gasolina de um carro fornece uma indicação proporcional à pressão manométrica do fundo do tanque, como na Figura P2.22. Se o tanque tiver 30 cm de profundidade e acidentalmente contiver 2 cm de água mais gasolina, quantos centímetros de ar permanecerão na parte superior quando o medidor indica erroneamente "tanque cheio"?

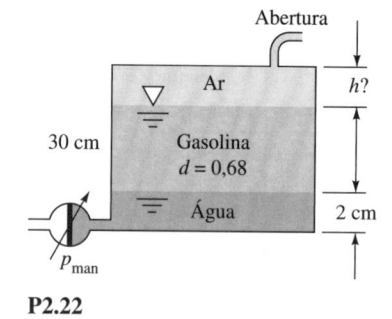

P2.22

Abertura, Ar, *h*?, 30 cm, Gasolina *d* = 0,68, Água, 2 cm, P_{man}

P2.23 Na Figura P2.23 ambos os fluidos estão a 20° C. Se os efeitos da tensão superficial forem desprezíveis, qual é a massa específica do óleo, em kg/m³?

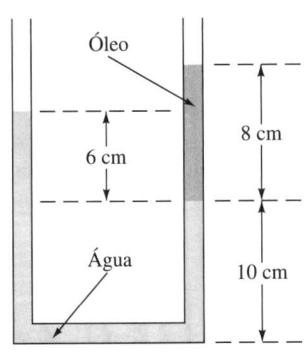

P2.23

A atmosfera

P2.24 No Problema 1.2 fizemos uma integração da distribuição de densidade $\rho(z)$ na Tabela A.6 e calculamos a massa da atmosfera da Terra como $m \approx 6$ E18 kg. Pode-se usar esse resultado para calcular a pressão ao nível do mar na Terra? Inversamente, a pressão real ao nível do mar de 101,35 kPa pode ser usada para fazer uma estimativa mais precisa da massa da atmosfera?

*P2.25 Conforme medição das sondas espaciais Viking, da NASA, a atmosfera de Marte, onde $g \approx 3{,}71$ m/s^2, é quase inteiramente de dióxido de carbono e a pressão na superfície é de 700 Pa. A temperatura é baixa e cai exponencialmente: $T \approx T_o\,e^{-Cz}$, onde $C = 1{,}3\text{E-}5$ m^{-1} e $T_o = 250$ K. Por exemplo, a 20.000 m de altitude, $T \approx 193$ K. (*a*) Encontre uma fórmula analítica para a variação da pressão com a altitude. (*b*) Encontre a altitude onde a pressão em Marte cai para 1 Pa.

P.2.26 Para os gases sujeitos a grandes variações de altura, a aproximação linear, Eq. (2.14), é imprecisa. Expanda a lei de potência para a troposfera, Eq. (2.20), em uma série de potências, e mostre que a aproximação linear $p \approx p_a - \rho_a g z$ é adequada quando

$$\delta z \ll \frac{2T_0}{(n-1)B} \quad \text{onde } n = \frac{g}{RB}$$

P2.27 Conduza um experimento para ilustrar a pressão atmosférica. *Nota*: Faça isso sobre uma pia para não se molhar! Pegue um copo comum de vidro com uma borda lisa e bem uniforme. Encha o copo quase completamente com água. Coloque uma placa plana, lisa e leve sobre o copo, de maneira que toda a borda do copo fique coberta. Um cartão-postal daqueles brilhantes serve. Uma ficha de um fichário ou um cartão de aniversário também serve. Veja a Figura P2.27*a*.

(*a*) Segure o cartão contra a borda do copo e vire-o com a boca para baixo. Solte o cartão lentamente. A água cai para fora do copo? Registre suas observações experimentais. (*b*) Encontre uma expressão para a pressão nos pontos 1 e 2 na Figura P2.27*b*. Observe na figura que agora o copo está invertido, portanto a borda superior original do copo está para baixo, e o fundo original do copo está para cima. O peso do cartão pode ser desprezado. (*c*) Calcule a altura teórica máxima do copo tal que este experimento ainda poderia funcionar, de forma que a água não caia do copo.

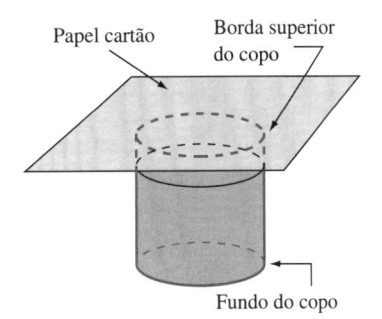

P2.27a

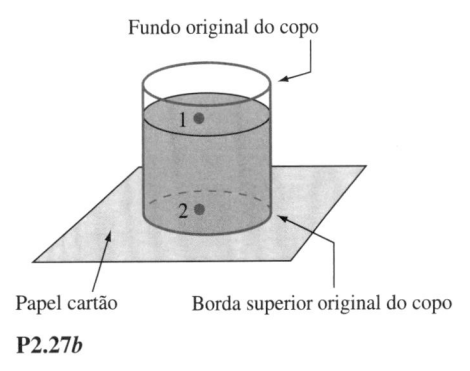

P2.27b

P2.28 Uma correlação obtida com resultados de dinâmica dos fluidos computacional indica que, mantidas todas as outras coisas, a distância percorrida por uma bola de beisebol bem rebatida varia inversamente com a potência 0,36 da massa específica do ar. Se uma bola rebatida no *Citi Field*, na cidade de Nova York, percorre 120 m, calcule a distância que ela percorreria em (*a*) Quito, no Equador, (*b*) Colorado Springs, Estados Unidos.

P2.29 Utilize o Prob. P2.8 para estimar a altitude em Marte, na qual a pressão cai para 20% do seu valor na superfície. Considere uma atmosfera isotérmica, e não a variação exponencial do Prob. P2.25.

Manômetros; fluidos múltiplos

P2.30 Para a medição no manômetro tradicional de tubo em U da Fig. E2.3, a água a 20°C escoa através do medidor de vazão de *a* para *b*. O fluido do manômetro é mercúrio. Se $L = 12$ cm e $h = 24$ cm, (*a*) qual é a queda de pressão no medidor de vazão? (*b*) Se a água escoa no tubo com uma velocidade $V = 18$ pés/s, qual é o *coeficiente de perdas adimensional* do medidor, definido por $K = \Delta p / (\rho V^2)$? Estudaremos coeficientes de perdas no Cap. 6.

P2.31 Na Figura P2.31 todos os fluidos estão a 20° C. Determine a diferença de pressão (Pa) entre os pontos A e B.

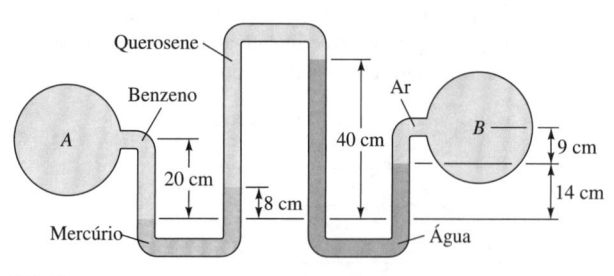

P2.31

P2.32 Para o manômetro invertido da Figura P2.32, todos os fluidos estão a 20° C. Se $p_B - p_A = 97$ kPa, qual deve ser a altura H em cm?

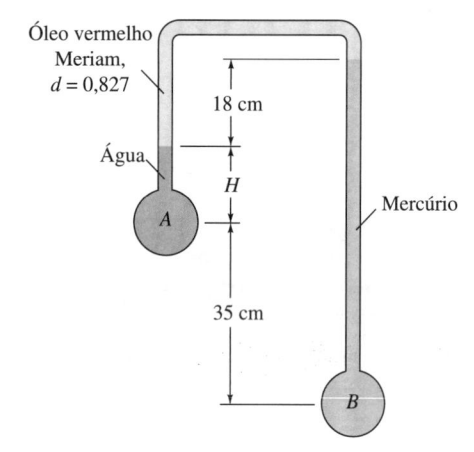

P2.32

P2.33 Na Figura P2.33 a pressão no ponto A é de 172,37 kPa. Todos os fluidos estão a 20° C. Qual é a pressão do ar na câmara fechada B, em Pa?

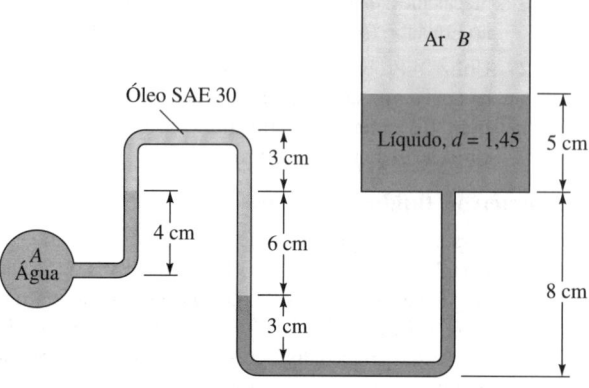

P2.33

*P2.34 Às vezes as dimensões do manômetro têm um efeito significativo. Na Figura P2.34 os recipientes (a) e (b) são cilíndricos e as condições são tais que $p_a = p_b$. Deduza uma fórmula para a diferença de pressão $p_a - p_b$ quando a interface óleo-água à direita sobe uma distância $\Delta h < h$, para (a) $d \ll D$ e (b) $d = 0,15D$. Qual é a mudança percentual no valor de Δp?

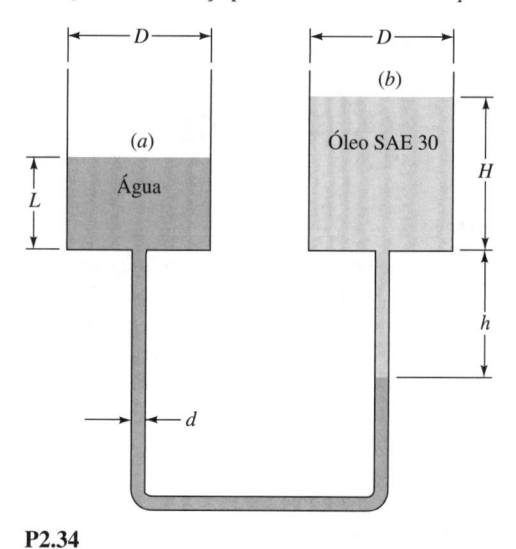

P2.34

P2.35 Considere o escoamento de água para cima em um tubo inclinado de 30°, como na Figura P2.35. O manômetro de mercúrio indica $h = 12$ cm. Ambos os fluidos estão a 20° C. Qual é a diferença de pressão $p_1 - p_2$ no tubo?

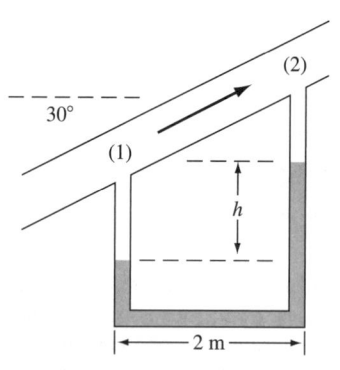

P2.35

P2.36 Na Figura P2.36 o tanque e o tubo estão abertos para a atmosfera. Se $L = 2,13$ m, qual é o ângulo de inclinação θ do tubo?

P2.37 O manômetro inclinado da Figura P2.37 contém óleo manométrico vermelho Meriam, $d = 0,827$. Considere que o reservatório seja muito grande. Se o braço inclinado tiver graduações a cada 25 mm, qual deve ser o ângulo θ se cada graduação corresponde a 48 Pa de pressão manométrica para p_A?

P2.36

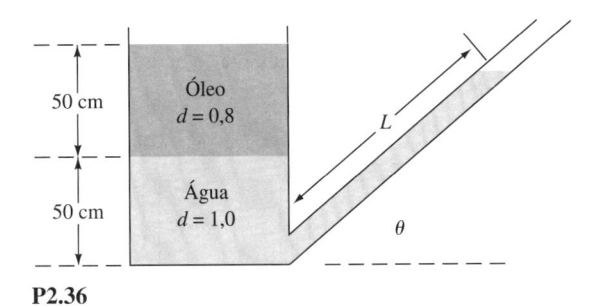

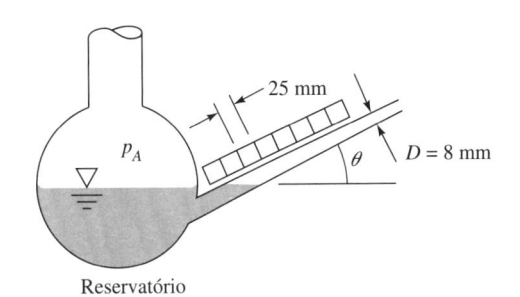

P2.37

P2.38 Se a pressão no tubo A na Fig. P2.38 é 200 kPa, calcule a pressão no tubo B.

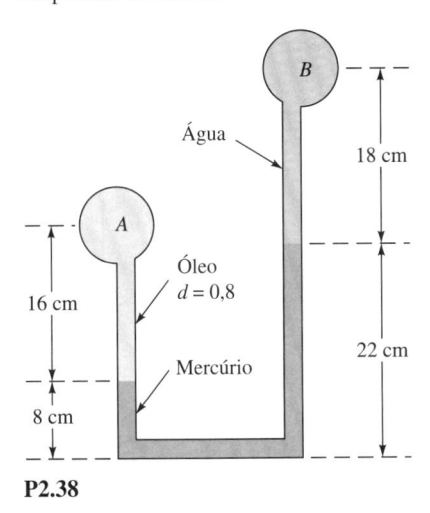

P2.38

P2.39 Na Figura P2.39 o ramo direito do manômetro está aberto à atmosfera. Determine a pressão manométrica, em Pa, no espaço com ar no tanque.

P2.40 Na Fig. P2.40, se o manômetro A registra a pressão absoluta de 20 lbf/pol^2, encontre a pressão no espaço fechado B contendo ar. O fluido manométrico é o óleo vermelho Meriam, $d = 0{,}827$.

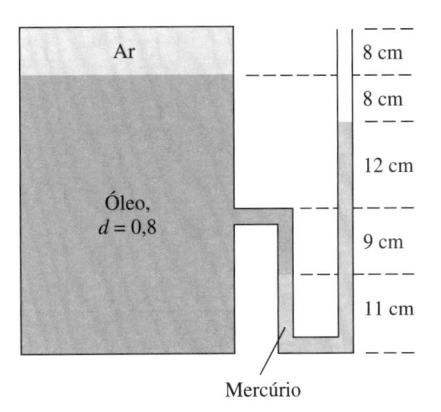

P2.39

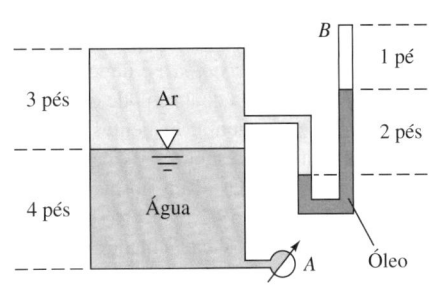

P2.40

P2.41 O sistema na Figura P2.41 está a 20° C. Calcule a pressão absoluta no ponto A em Pa.

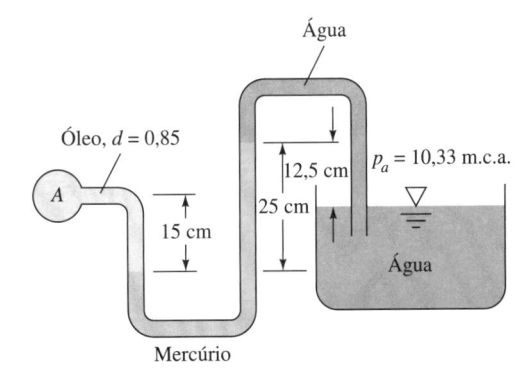

P2.41

P2.42 Diferenças de pressão muito pequenas $p_A - p_B$ podem ser medidas com precisão pelo manômetro diferencial de dois fluidos da Figura P2.42. A massa específica ρ_2 é apenas ligeiramente maior do que a massa específica do fluido superior ρ_1. Deduza uma expressão para a proporcionalidade entre h e $p_A - p_B$ se os reservatórios forem muito grandes.

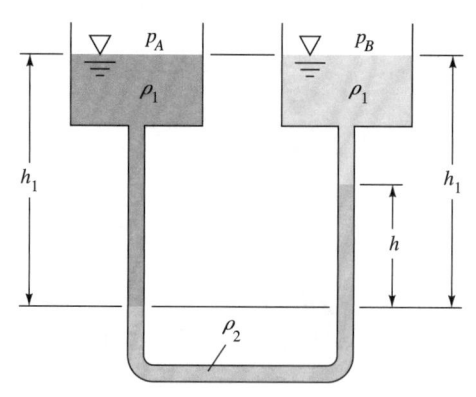

P2.42

P2.43 O método tradicional para medir a pressão sanguínea usa um *esfigmomanômetro*, que registra primeiro a pressão mais alta (*sistólica*) e depois a pressão mais baixa (*diastólica*) da qual se pode ouvir o ruído "Korotkoff" de escoamento. Pacientes com hipertensão perigosa podem apresentar pressões sistólicas da ordem de 34.475 Pa. Os níveis normais, no entanto, são 18.616,5 e 11.721,5Pa, respectivamente, para pressões sistólica e diastólica. O manômetro usa mercúrio e ar como fluidos. (*a*) Qual deve ser a altura do tubo do manômetro em cm? (*b*) Expresse a pressão sanguínea normal sistólica e diastólica em milímetros de mercúrio.

P2.44 A água escoa para baixo em um tubo a 45°, como mostra a Figura P2.44. A queda de pressão $p_1 - p_2$ deve-se em parte à gravidade e em parte ao atrito. O manômetro de mercúrio indica uma diferença de altura de 152 mm. Qual é a queda total de pressão $p_1 - p_2$ em Pa? Qual é a queda de pressão por causa do atrito somente entre 1 e 2 em Pa? A leitura do manômetro corresponde somente à queda em decorrência do atrito? Por quê?

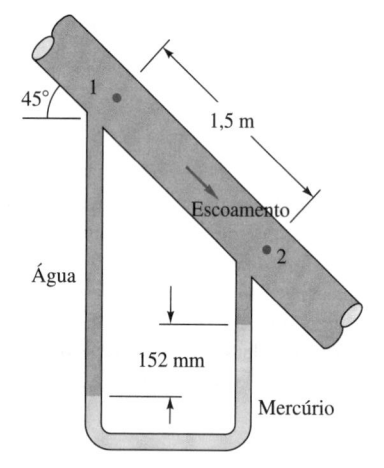

P2.45 Na Figura P2.45, determine a pressão manométrica no ponto A em Pa. Ela é mais alta ou mais baixa do que a pressão atmosférica?

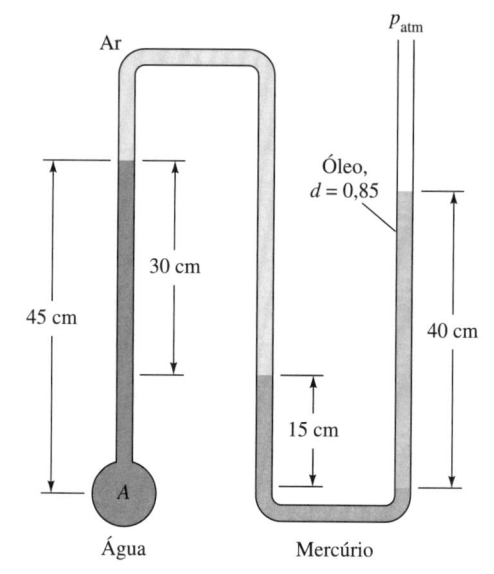

P2.46 Na Figura P2.46 ambas as extremidades do manômetro são abertas à atmosfera. Calcule a densidade do fluido X.

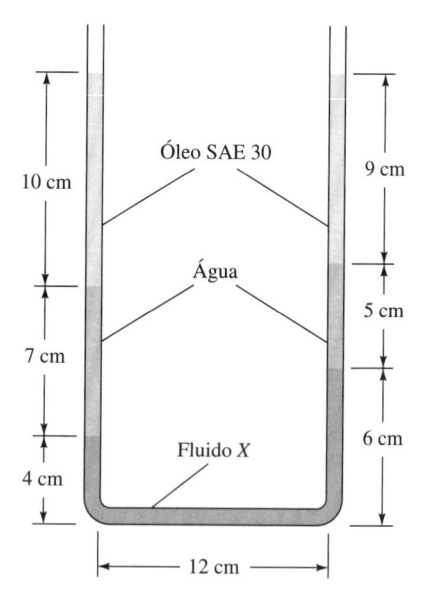

P2.47 O tanque cilíndrico na Figura P2.47 está sendo cheio com água a 20° C por uma bomba que desenvolve uma pressão de saída de 175 kPa. No instante mostrado, a pressão no ar é de 110 kPa e H = 35 cm. A bomba para quando ela não pode mais aumentar a pressão da água. Para compressão isotérmica do ar, calcule H naquele instante.

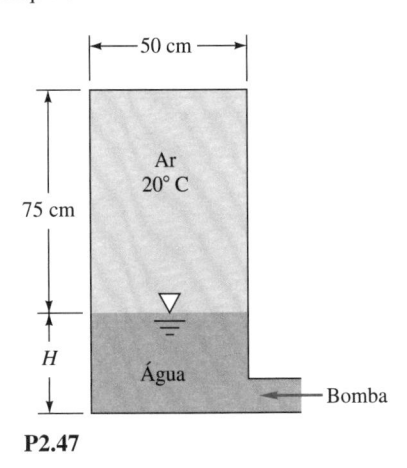

P2.47

P2.48 O sistema na Figura P2.48 está aberto a 1 atm no lado direito. (*a*) Se L = 120 cm, qual é a pressão do ar no recipiente *A*? (*b*) Inversamente, se p_A = 135 kPa, qual é o comprimento *L*?

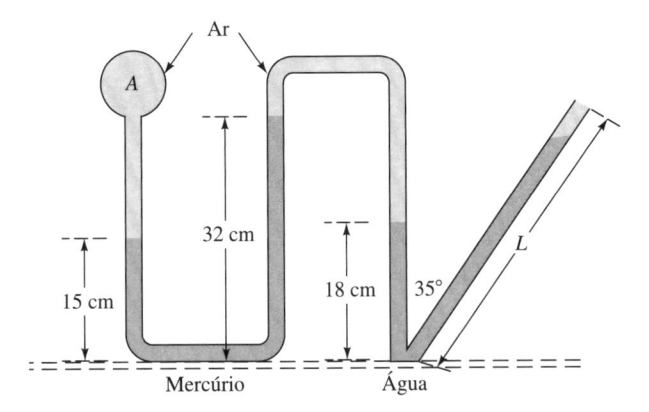

P2.48

Forças sobre superfícies planas

P2.49 Conduza o seguinte experimento para ilustrar a pressão do ar. Encontre uma régua fina de madeira (de aproximadamente 30 cm de comprimento) ou uma espátula de pintura de madeira fina. Coloque-a na extremidade de uma cadeira ou mesa com um pouco menos da metade de seu comprimento suspensa. Pegue duas folhas inteiras de jornal, abra-as e coloque-as sobre a régua, cobrindo somente a parte da régua que está sobre a mesa, como está ilustrado na Figura P2.49. (*a*) Calcule a força total sobre o jornal por causa da pressão do ar na sala. (*b*) *Cuidado!* Para não machucar, não deixe ninguém em frente da mesa. Dê um golpe de caratê na parte da régua que está suspensa na extremidade da mesa. Anote os seus resultados. (*c*) Explique os seus resultados.

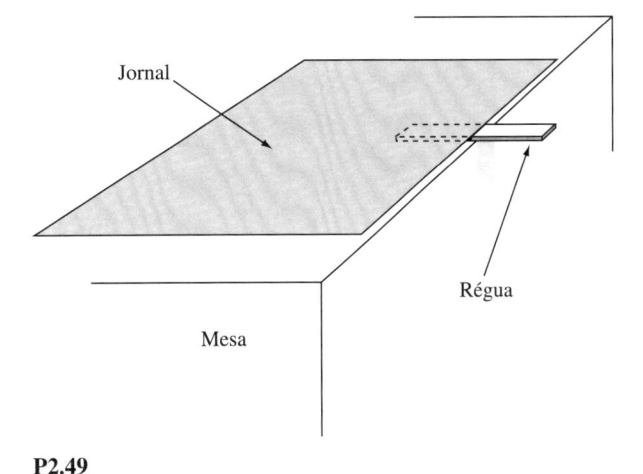

P2.49

P2.50 Um pequeno submarino, com uma porta escotilha de 30 cm de diâmetro, está submerso no mar. (a) Se a força hidrostática da água na escotilha é de 69.000 lbf, em qual profundidade está o submarino? (b) Se o submarino está a 350 pés de profundidade, qual é a força hidrostática agindo na escotilha?

P2.51 A comporta *AB* na Figura P2.51 tem 1,2 m de comprimento e 0,8 m de largura. Desprezando a pressão atmosférica, calcule a força *F* na comporta e a posição *X* de seu centro de pressão.

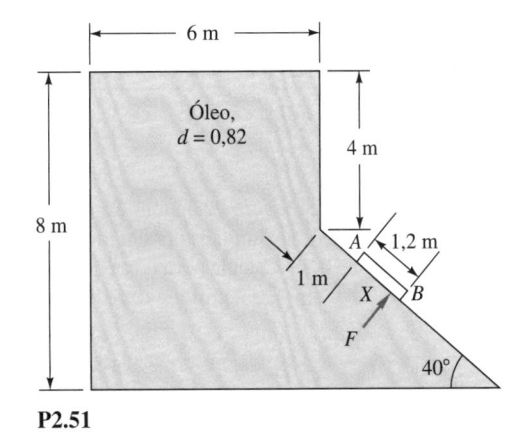

P2.51

P2.52 O Exemplo 2.5 calculou a força na placa *AB* e sua linha de ação, usando a abordagem de momento de inércia. Alguns professores dizem que é mais instrutivo calcular esses valores por *integração direta* das forças de pressão. Usando as Figuras P2.52 e E2.5*a*, (*a*) encontre uma expressão para a variação de pressão $p(\xi)$ ao longo da placa; (*b*) integre essa expressão para encontrar a força total *F*; (*c*) integre os momentos em relação ao ponto *A* para encontrar a posição do centro de pressão.

P2.52

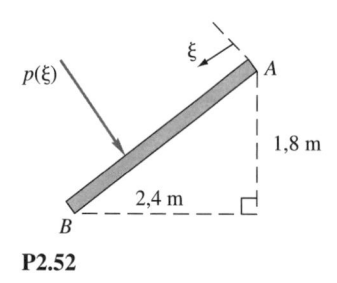

P2.53 A barragem Hoover, no Arizona, represa o lago Mead, que contém 10 trilhões de galões de água. A barragem tem 1.200 pés de largura e a profundidade do lago é 500 pés. (a) Calcule a força hidrostática sobre a barragem, em MN. (b) Explique como você pode analisar a tensão agindo na barragem devido a essa força hidrostática.

P2.54 Na Figura P2.54, a força hidrostática F é a mesma no fundo dos três recipientes, apesar de os pesos dos líquidos acima serem muito diferentes. As três formas dos fundos e os fluidos são iguais. Isso é chamado de *paradoxo da hidrostática*. Explique por que ele é verdadeiro e desenhe um corpo livre de cada uma das colunas de líquido.

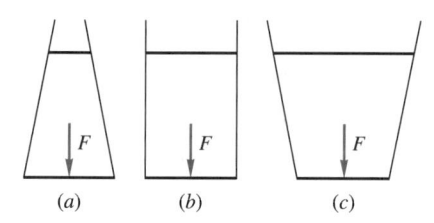

P2.55 A comporta AB na Figura P2.55 tem 1,5 m de largura, está articulada em A e limitada por um limitador em B. A água está a 20° C. Calcule (a) a força no limitador B e (b) as reações em A se a profundidade da água é $h = 2{,}85$ m.

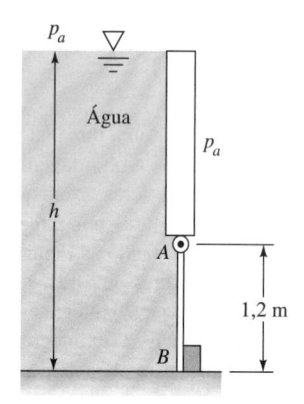

P2.56 Na Figura P2.55, a comporta AB tem 1,5 m de largura e o limitador B irá quebrar se a força da água for igual a 41.000 N. Para qual profundidade de água essa condição é alcançada?

P2.57 O painel vertical quadrado ABCD na Fig. P2.57 está submerso em água a 20°C. O lado AB está a pelo menos 1,7 m abaixo da superfície. Determine a diferença entre as forças hidrostáticas nos subpainéis ABD e BCD.

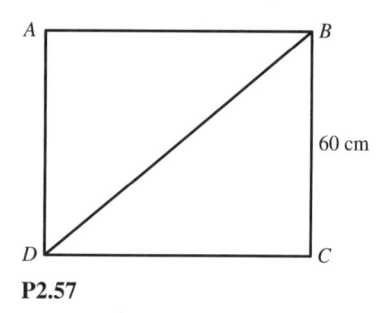

P2.58 Na Figura P2.58, a comporta de cobertura AB fecha uma abertura circular de 80 cm de diâmetro. A comporta é mantida fechada por uma massa de 200 kg como mostra a figura. Suponha a gravidade padrão a 20° C. Em que nível h da água a comporta será deslocada? Despreze o peso da comporta.

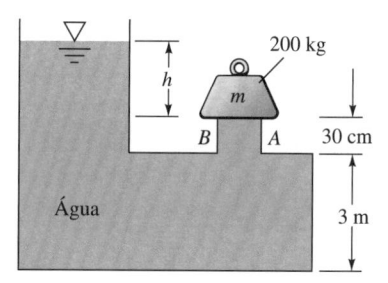

*P2.59 A comporta AB tem comprimento L e largura b, está articulada em B e tem peso desprezível. O nível h do líquido permanece no topo da comporta para qualquer ângulo θ. Encontre uma expressão analítica para a força P, perpendicular a AB, necessária para manter a comporta em equilíbrio na Figura P2.59.

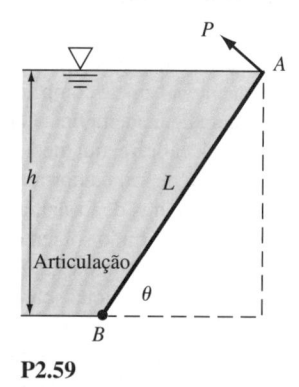

P2.60 Na Fig. P2.60, o painel vertical trapezoidal assimétrico ABCD está submerso em água doce com o lado AB a 12 pés abaixo da superfície. Considerando que as fórmulas trapezoidais são complicadas, (a) estime, de modo aceitável, a força da água sobre o painel, em lbf, desconsiderando a pressão atmosférica. Para crédito extra, (b) estabeleça a fórmula e calcule a força exata no painel.

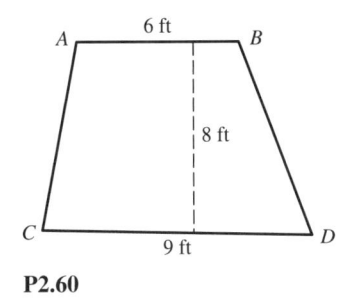

P2.60

*P2.61 A comporta AB na Figura P2.61 é uma massa homogênea de 180 kg, 1,2 m de largura, é articulada em A e está apoiada sobre um fundo liso em B. Todos os fluidos estão a 20° C. Para qual profundidade h da água a força no ponto B será zero?

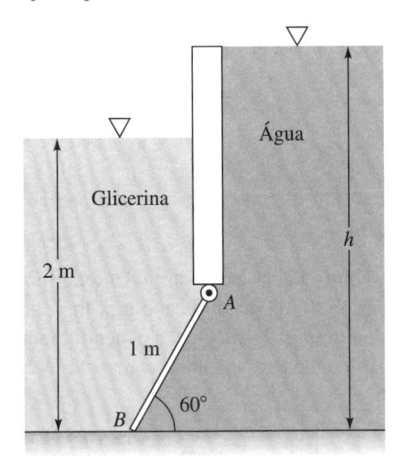

P2.61

P2.62 A comporta AB na Figura P2.62 tem 4,5 m de comprimento e 2,4 m de largura e está articulada em B com um limitador em A. A água está a 20° C. A comporta é construída com aço de 2,5 cm de espessura e densidade $d = 7{,}85$. Calcule o nível h da água para o qual a comporta começará a cair.

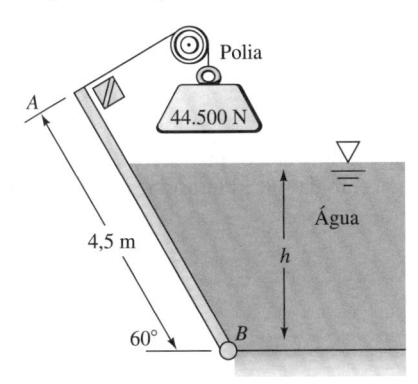

P2.62

P2.63 O tanque na Figura P2.63 tem um tampão de 4 cm de diâmetro no fundo à direita. Todos os fluidos estão a 20° C. O tampão romperá se a força hidrostática sobre ele for de 25 N. Para essa condição, qual será a leitura h no manômetro de mercúrio no lado esquerdo?

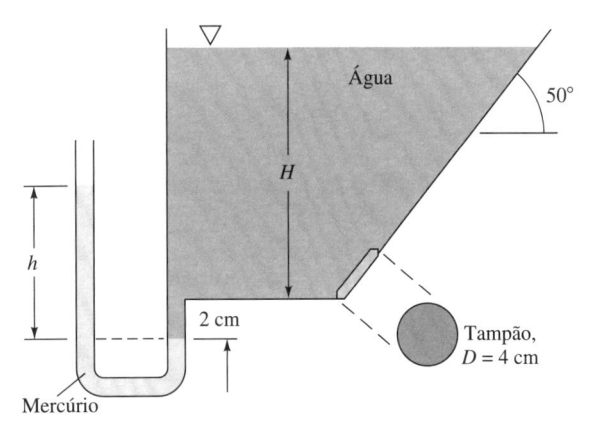

P2.63

*P2.64 A comporta ABC na Figura P2.64 tem uma dobradiça em B, em uma linha fixa, e 2 m de largura. A comporta abrirá em A para liberar água se a profundidade da água for suficientemente alta. Calcule a profundidade h para a qual a comporta começará a abrir.

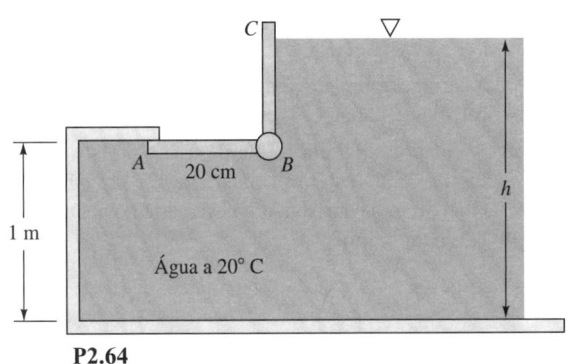

P2.64

*P2.65 A comporta AB na Figura P2.65 é semicircular, articulada em B e mantida por uma força horizontal P em A. Que força P é necessária para o equilíbrio?

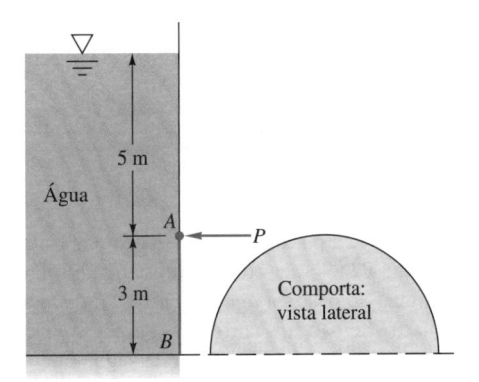

P2.65

P2.66 A barragem *ABC* na Figura P2.66 tem 30 m de largura e é feita em concreto ($d = 2{,}4$). Calcule a força hidrostática sobre a superfície *AB* e seu momento em *C*. Considerando que não haja percolação de água por baixo da barragem, poderia essa força tombar a barragem? Qual é o seu argumento se houver percolação por baixo da barragem?

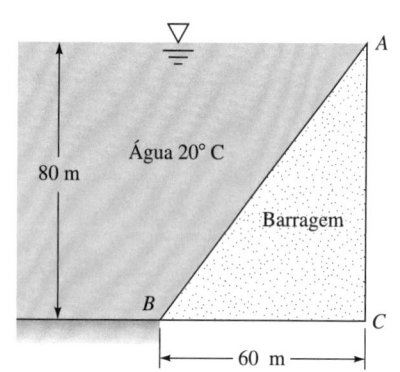

P2.66

*P2.67** Generalize o Problema P2.66 da seguinte maneira: represente a distância *AB* por *H*, a distância *BC* por *L* e o ângulo *ABC* por θ. Considere que o material da barragem tenha densidade *d*. A largura da barragem seja *b*. Considere ainda que não haja percolação de água por baixo da barragem. Encontre uma relação analítica entre a densidade *d* e o ângulo crítico θ_c para a qual a barragem tombará à direita. Use a sua relação para calcular θ_c para o caso especial de $d = 2{,}4$ (concreto).

P2.68 A comporta *AB* em forma de triângulo isósceles da Figura P2.68 está articulada em *A* e pesa 1.500 N. Qual é a força horizontal *P* necessária no ponto *B* para haver equilíbrio?

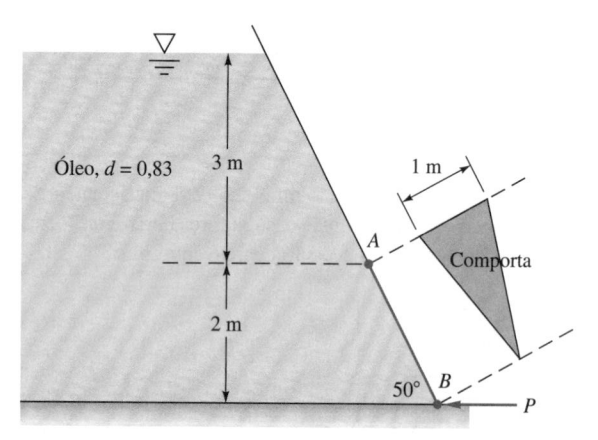

P2.68

P2.69 Considere a placa inclinada *AB* de comprimento *L* na Figura P2.69. (*a*) A força hidrostática *F* sobre a placa é igual ao peso da *água que está faltando* acima da placa? Se não for, corrija essa hipótese. Despreze a atmosfera. (*b*) Pode a teoria da "água que falta" ser generalizada para superfícies *curvas* desse tipo?

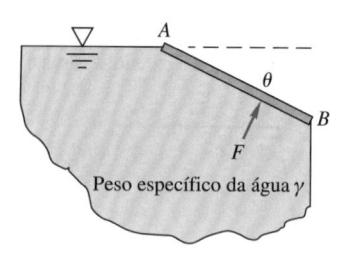

P2.69

P2.70 A válvula de retenção da Figura P2.70 cobre uma abertura com diâmetro de 22,86 cm em uma parede inclinada. A articulação está a 15 cm da linha de centro, como mostra a figura. A válvula abrirá quando o momento na articulação for de 50 N · m. Calcule o valor de *h* para que a água cause essa condição.

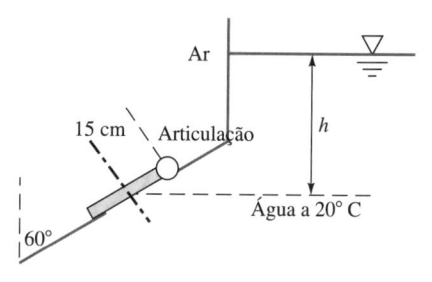

P2.70

*P2.71** Na Figura P2.71 a comporta *AB* tem 3 m de largura e está conectada por um cabo e polia a uma esfera de concreto ($d = 2{,}40$). Qual é o menor diâmetro da esfera suficiente para manter a comporta fechada?

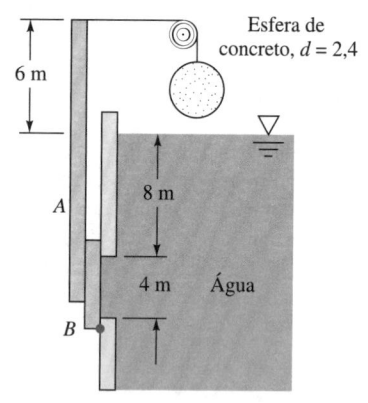

P2.71

P2.72 Na Fig. P2.72, a comporta *AB* é circular. Encontre o momento da força hidrostática sobre a comporta em torno do eixo *A*.

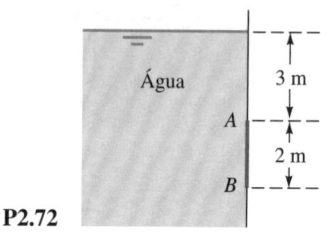

P2.72

P2.73 A comporta *AB* tem 1,5 m de largura e abre para permitir a saída de água doce quando a maré do oceano estiver baixando. A articulação em *A* está 0,6 m acima do nível de água doce. Em que nível *h* do oceano a comporta abrirá? Despreze o peso da comporta.

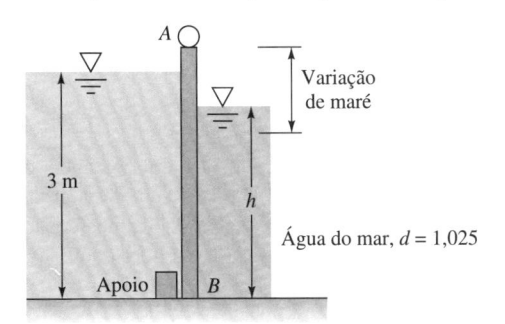

P2.74 Encontre a altura *H* na Figura P2.74 para a qual a força hidrostática sobre o painel retangular é a mesma que a força sobre o painel semicircular abaixo.

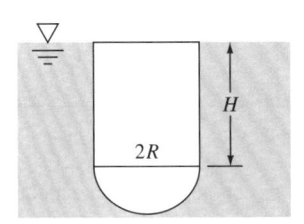

P2.75 Na Fig. P2.75, o tampão *B* no tubo de 5 cm de diâmetro será desalojado quando a força hidrostática em sua base chegar a 22 lbf. Para que profundidade de água *h* isso ocorre?

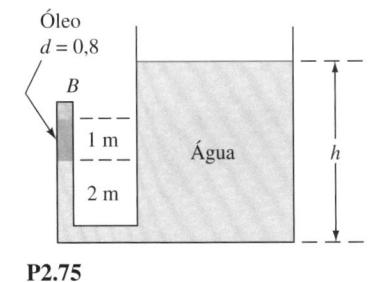

P2.76 O painel *BC* na Figura P2.76 é circular. Calcule (*a*) a força hidrostática da água sobre o painel, (*b*) seu centro de pressão e (*c*) o momento dessa força em relação ao ponto *B*.

P2.77 A comporta circular *ABC* na Figura P2.77 tem um raio de 1 m e é articulada em *B*. Calcule a força *P* exatamente suficiente para impedir que a comporta se abra quando *h* = 8m. Despreze a pressão atmosférica.

P2.78 Os painéis *AB* e *CD* na Fig. P2.78 têm, cada um, 120 cm de largura normal ao papel. (*a*) Você pode deduzir, por inspeção, qual painel está submetido a maior força da água? (*b*) Mesmo se sua dedução for brilhante, calcule as forças agindo nos painéis.

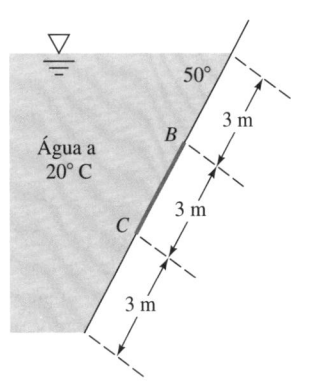

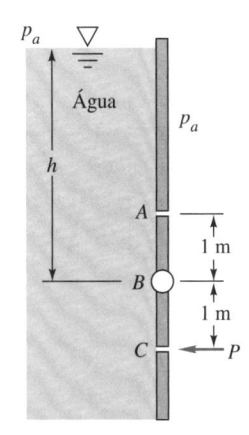

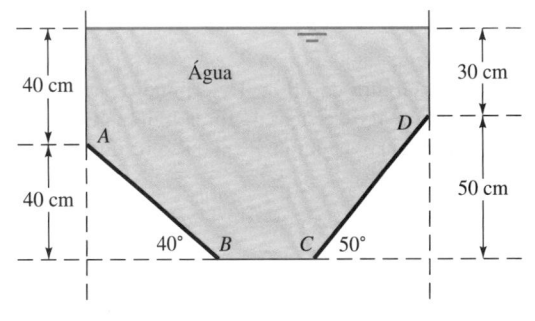

P2.79 A comporta *ABC* na Figura P2.79 tem 1 m quadrado e está articulada em *B*. Ela abrirá automaticamente quando o nível *h* da água se tornar suficientemente alto. Determine a menor altura para a qual a comporta se abrirá. Despreze a pressão atmosférica. O resultado é independente da densidade do líquido?

P2.79

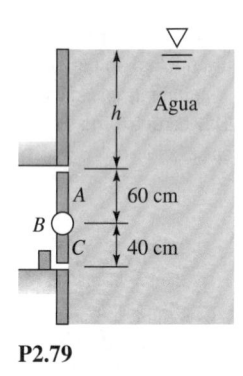

*P2.80 Uma barragem de concreto ($d = 2,5$) é construída na forma de um triângulo isósceles, como na Figura P2.80. Analise essa geometria para encontrar o intervalo de ângulos θ para o qual a força hidrostática tenderá a virar a barragem no ponto B. A largura da barragem é b.

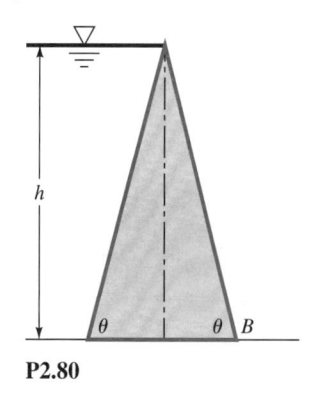

P2.80

Forças sobre superfícies curvas

P2.81 Para o cilindro semicircular CDE no Exemplo 2.9, encontre a força hidrostática vertical integrando o componente vertical da pressão sobre a superfície de $\theta = 0$ até $\theta = \pi$.

*P2.82 A barragem na Figura P2.82 é um quarto de círculo com largura de 50 m. Determine os componentes horizontal e vertical da força hidrostática contra a barragem e o ponto CP em que a resultante atinge a barragem.

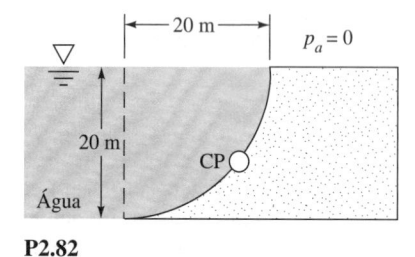

P2.82

*P2.83 A comporta AB na Figura P2.83 é um quarto de círculo de 3 m de largura, articulada em B. Encontre a força F suficiente apenas para impedir que a comporta se abra. A comporta é uniforme e pesa 13.350 N.

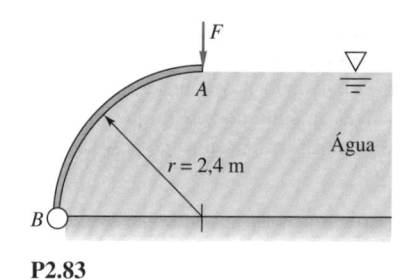

P2.83

P2.84 O painel AB na Fig. P2.84 é uma parábola com seu máximo no ponto A. Tem 150 cm de largura normal ao papel. Desconsidere a pressão atmosférica. Encontre as forças (a) vertical e (b) horizontal da água no painel.

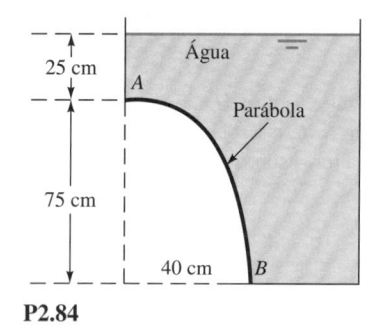

P2.84

P2.85 Calcule os componentes horizontal e vertical da força hidrostática no painel de um quarto de círculo no fundo do tanque de água da Figura P2.85.

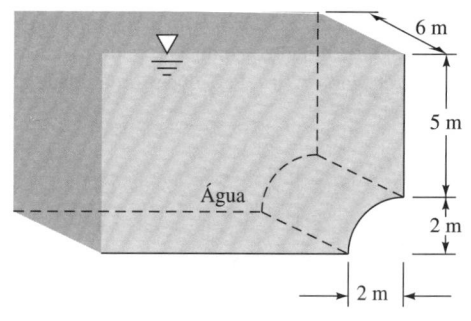

P2.85

P2.86 A comporta BC em forma de um quarto de círculo da Figura P2.86 é articulada em C. Encontre a força horizontal P necessária para manter a comporta parada. Despreze o peso da comporta.

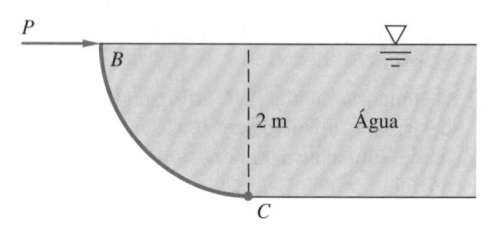

P2.86

P2.87 A garrafa de champanhe ($d = 0,96$) da Figura P2.87 está sob pressão, como mostra a leitura do manômetro de mercúrio. Calcule a força líquida sobre a extremidade hemisférica de 50 mm de raio no fundo da garrafa.

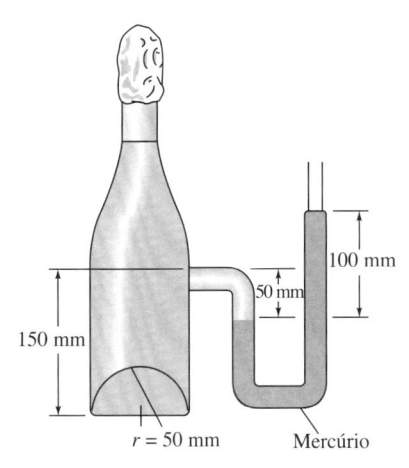

P2.87

*__P2.88__ A comporta *ABC* é um arco de círculo, às vezes chamada de *comporta Tainter*, que pode ser elevada e abaixada pivotando em torno do ponto *O*. Veja a Figura P2.88. Para a posição mostrada, determine (*a*) a força hidrostática da água sobre a comporta e (*b*) sua linha de ação. A força passa pelo ponto *O*?

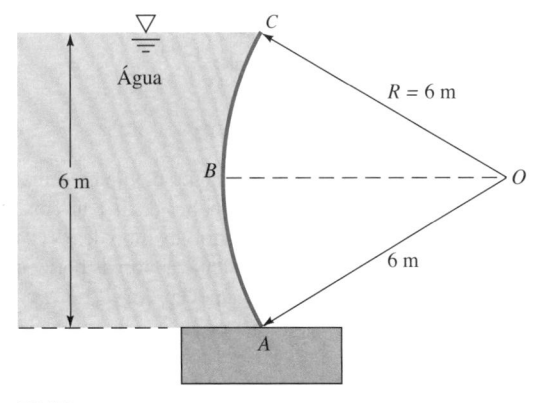

P2.88

P2.89 O tanque da Figura P2.89 contém benzeno e está pressurizado a 200 kPa (manométrica) no espaço de ar. Determine a força hidrostática vertical sobre a seção *AB* em arco circular e sua linha de ação.

P2.90 O tanque na Figura P2.90 tem 120 cm de comprimento perpendicular ao papel. Determine as forças hidrostáticas horizontal e vertical sobre o painel *AB* de um quarto de círculo. O fluido é água a 20° C. Despreze a pressão atmosférica.

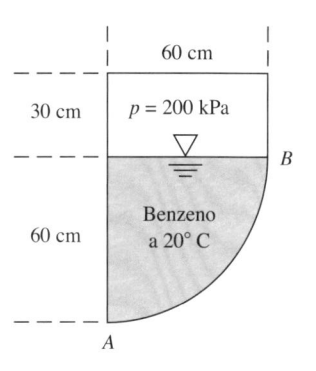

P2.89

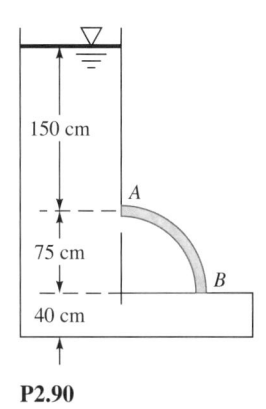

P2.90

P2.91 A cúpula hemisférica na Figura P2.91 pesa 30 kN e está cheia de água e presa ao piso por seis parafusos igualmente espaçados. Qual é a força exigida em cada parafuso para manter a cúpula fixa ao chão?

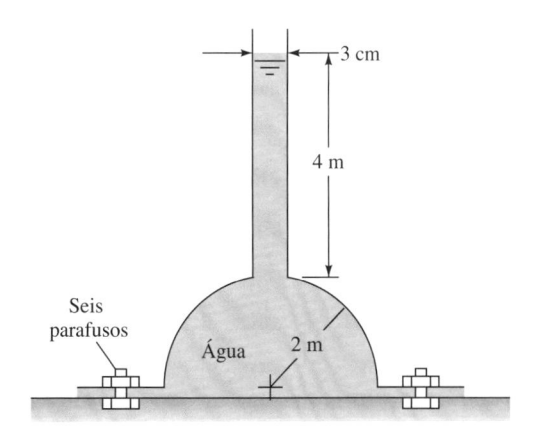

P2.91

P2.92 Um tanque de água com diâmetro de 4 m consiste em dois meios-cilindros, cada um pesando 4,5 kN/m, aparafusados juntos como mostra a Figura P2.92. Se o apoio das tampas nas extremidades for desprezado, determine a força induzida em cada parafuso.

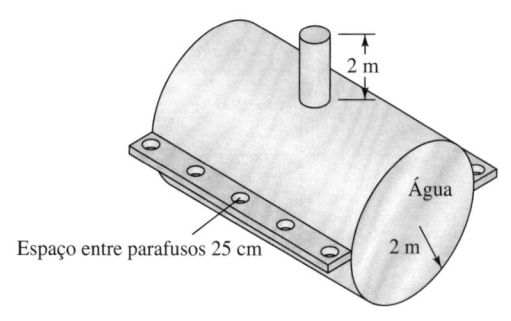

P2.92

***P2.93** Na Figura P2.93, uma carcaça esférica de um quadrante de raio R está submersa em líquido de peso específico γ e profundidade $h > R$. Encontre uma expressão analítica para a força hidrostática resultante, e sua linha de ação, sobre a superfície da carcaça.

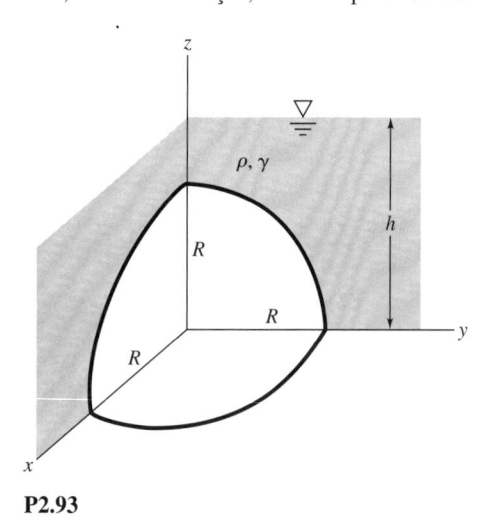

P2.93

P2.94 Encontre uma fórmula analítica para as forças verticais e horizontais em cada um dos painéis semicirculares AB na Fig. P2,94. A largura normal ao papel é b. Qual é a maior força? Por quê?

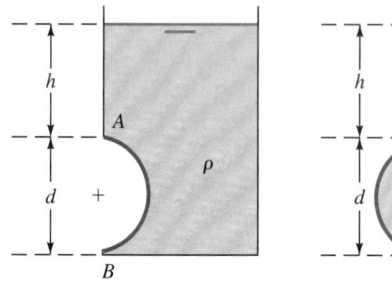

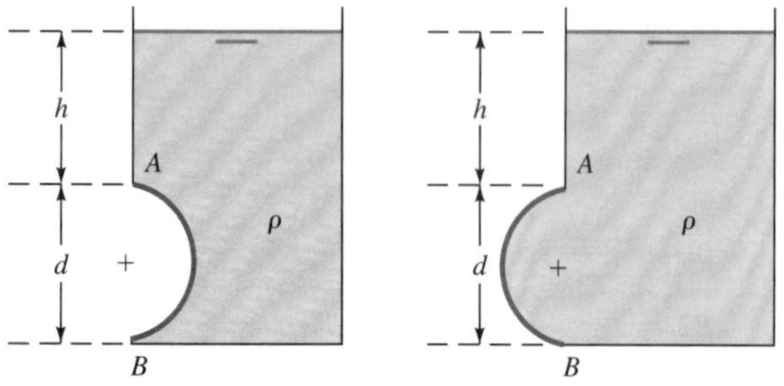

P2.94

*P2.95 O corpo uniforme A da Figura P2.95 tem largura b e está em equilíbrio estático quando pivotado sobre a articulação O. Qual é a densidade desse corpo se (a) $h = 0$ e (b) $h = R$?

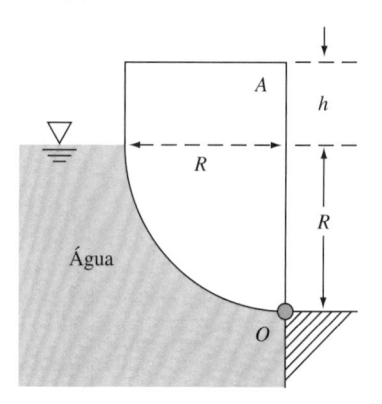

P2.95

P2.96 Na Fig. P2.96, a seção curva AB tem 5 m de largura normal ao papel e é um arco circular de $60°$ com um raio de 2 m. Desconsiderando a pressão atmosférica, calcule as forças hidrostáticas vertical e horizontal no arco AB.

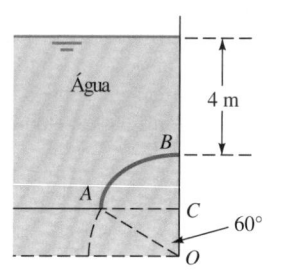

P2.96

P2.97 O empreiteiro fez o acabamento de uma piscina de 5 m de largura com argamassa projetada e arrematou o canto no fundo com um quarto de tubo de PVC, rotulado AB na Fig. P2.97. Calcule as forças horizontal e vertical da água sobre o painel curvo AB.

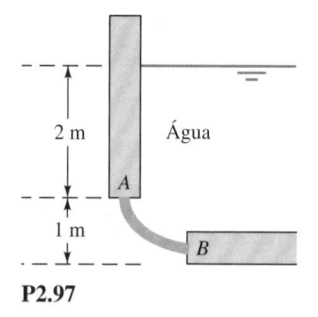

P2.97

P2.98 A superfície curva na Fig. P2.98 é constituída por dois quartos de esfera e um meio cilindro. São mostradas uma vista lateral e uma vista frontal. Calcule as forças horizontal e vertical sobre a superfície.

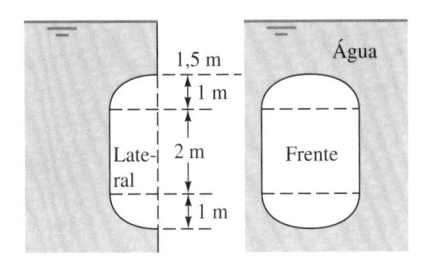

P2.98

P2.99 O reservatório de lateral cilíndrica na Fig. P2.99 tem um fundo hemisférico e é pressurizado com ar a 75 kPa (manométrica) na parte superior. Determine as forças hidrostáticas (*a*) horizontais e (*b*) verticais sobre o fundo hemisférico, em lbf.

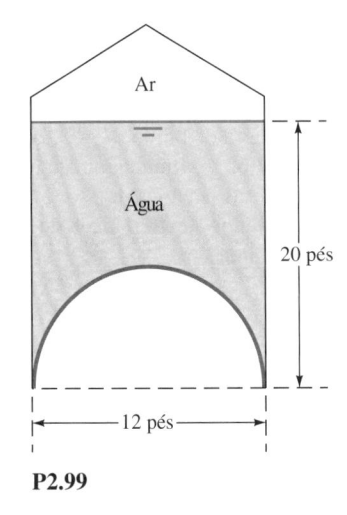

P2.99

P2.100 Água sob pressão enche o tanque da Figura P2.100. Calcule a força hidrostática líquida na superfície cônica *ABC*.

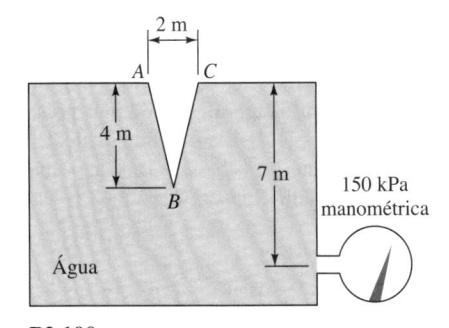

P2.100

Forças em camadas de fluidos

P2.101 A caixa fechada em camadas da Figura P2.101 tem seções transversais quadradas horizontais em toda a sua altura. Todos os fluidos estão a 20° C. Calcule a pressão manométrica do ar se (*a*) a força hidrostática sobre o painel *AB* é de 48 kN ou (*b*) a força hidrostática sobre o fundo do painel *BC* é de 97 kN.

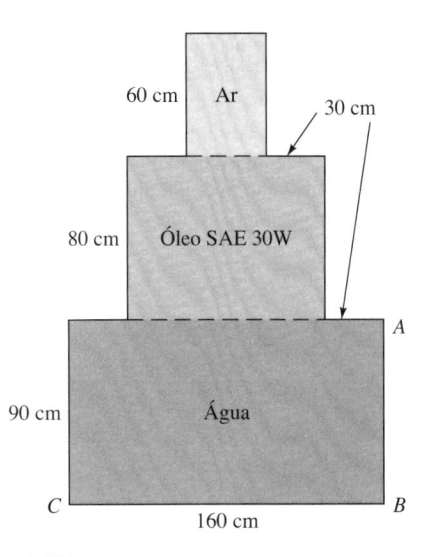

P2.101

P2.102 Um tanque cúbico tem as medidas 3 × 3 × 3 m e está cheio com camadas de 1 metro de fluido de densidade 1,0, 1 metro de fluido com $d = 0,9$ e 1 metro de fluido com $d = 0,8$. Despreze a pressão atmosférica. Determine (*a*) a força hidrostática sobre o fundo e (*b*) a força sobre um painel lateral.

Empuxo; princípios de Arquimedes

P2.103 Um bloco sólido, de densidade 0,9, flutua de forma que 75% de seu volume está dentro d'água e 25% está dentro do fluido *X*, que está sobre a água. Qual é a densidade do fluido *X*?

P2.104 A lata na Figura P2.104 flutua na posição mostrada. Qual é seu peso em N?

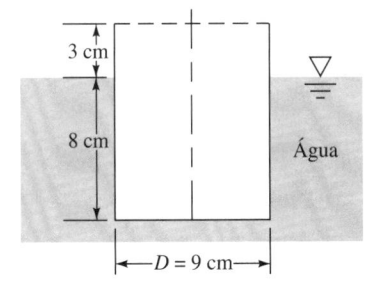

P2.104

P2.105 Diz-se que Arquimedes descobriu as leis do empuxo quando questionado pelo rei Hierão de Siracusa para determinar se sua nova coroa era de ouro puro ($d = 19,3$). Arquimedes pesou a coroa no ar e achou 11,8 N e determinou seu peso na água e achou 10,9 N. A coroa era de ouro puro?

P2.106 Um balão esférico de hélio tem uma massa total de 3 kg. Ele paira em uma atmosfera padrão calma a uma altitude de 5.500 m. Calcule o diâmetro do balão.

P2.107 Repita o Problema P2.62, considerando que o peso de 44.500 N seja de alumínio ($d = 2,71$) e esteja suspenso submerso em água.

P2.108 Uma bola sólida de alumínio ($d = 2,7$) com 7 cm de diâmetro e uma bola sólida de latão ($d = 8,5$) se equilibram perfeitamente quando submersas em um líquido, como mostra a Figura P2.108. (*a*) Se o fluido for água a 20° C, qual é o diâmetro da bola de latão? (*b*) Se a bola de latão tiver um diâmetro de 3,8 cm, qual é a massa específica do fluido?

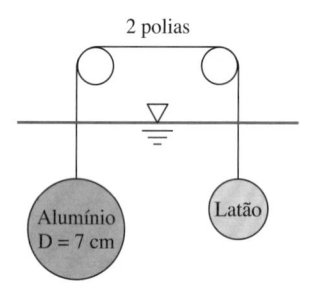

P2.108

P2.109 Um *densímetro* flutua em um nível que é uma medida da densidade do líquido. A haste é de diâmetro constante D e o peso no fundo estabiliza o corpo para flutuar verticalmente, como mostra a Figura P2.109. Se a posição $h = 0$ indica água pura ($d = 1,0$), deduza uma fórmula para h em função do peso total P, D, d e o peso específico γ_0 da água.

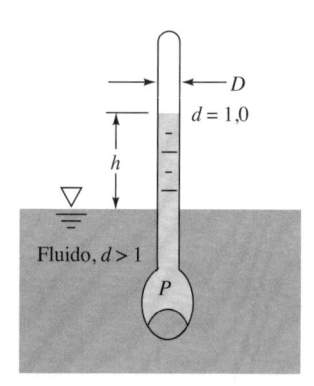

P2.109

P2.110 Uma esfera maciça, de 18 cm de diâmetro, flutua em água a 20°C com 1.527 centímetros cúbicos emersos. (*a*) Qual é o peso e a densidade dessa esfera? (b) Ela flutuará em gasolina a 20°C? Em caso afirmativo, quantos centímetros cúbicos ficarão emersos?

P2.111 Um cone maciço de madeira ($d = 0,729$) flutua em água. O cone tem 30 cm de altura, seu ângulo do vértice é 90°, e ele flutua com o vértice para baixo. Quanto do cone fica emerso?

P2.112 A haste de madeira redonda uniforme de 5 m de comprimento da Figura P2.112 está presa ao fundo por um fio. Determine (*a*) a tração no fio e (*b*) a densidade da madeira. É possível, com as informações dadas, determinar o ângulo de inclinação θ? Explique.

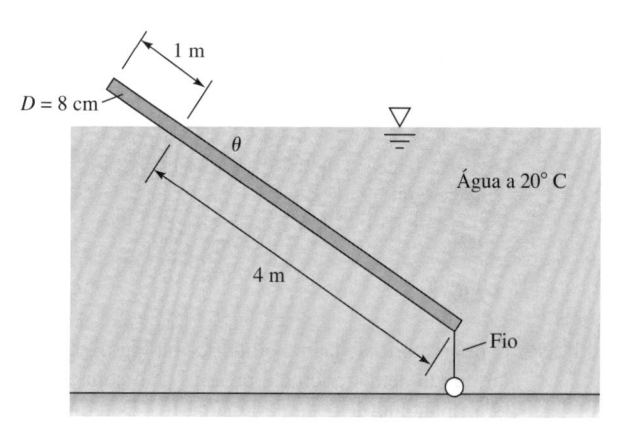

P2.112

P2.113 Uma *boia de mastro* é uma haste flutuante com peso ajustado para flutuar e sair verticalmente para fora, como mostra a Figura P2.113. Ela pode ser usada para medidas ou marcações. Considere que a boia seja feita de madeira de bordo ($d = 0,6$), de 50 mm por 50 mm por 3,65 m, flutuando na água do mar ($d = 1,025$). Quantos newtons de aço ($d = 7,85$) devem ser acrescentados à extremidade do fundo de modo que $h = 450$ mm?

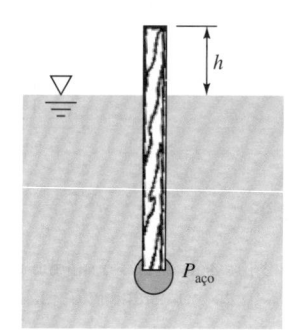

P2.113

P2.114 A haste uniforme da Figura P2.114 está articulada no ponto B na linha d'água e está em equilíbrio estático, como mostra a figura, quando são presos 2 kg de chumbo ($d = 11,4$) na sua extremidade. Qual é a densidade do material da haste? Qual é a peculiaridade do ângulo de equilíbrio $\theta = 30°$?

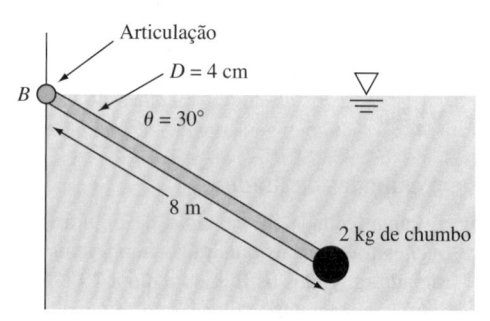

P2.114

P2.115 A boia de mastro de 50 mm por 50 mm por 3,65 m da Figura P2.113 tem 2,3 kg de aço na extremidade e se apoia sobre uma pedra, como mostra a Figura P2.115. Calcule o ângulo θ no qual a boia se equilibrará, considerando que a pedra não exerce nenhum momento sobre o mastro.

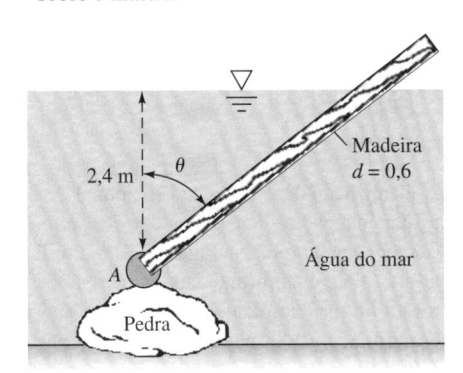

P2.115

P2.116 A esfera de pressão do batiscafo da foto de abertura do capítulo é de aço, $d \approx 7{,}85$, com diâmetro interno de 54 polegadas e espessura da parede de 1,5 polegadas. A esfera vazia flutuará na água do mar?

P2.117 A esfera maciça na Fig. P2.117 é de ferro ($d \approx 7{,}9$). A tensão no cabo é de 600 lbf. Calcule o diâmetro da esfera, em cm.

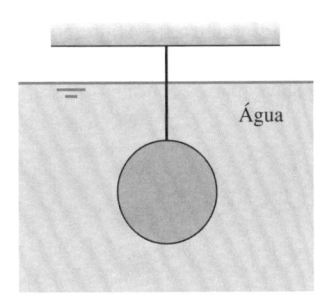

P2.117

P2.118 Um valente grupo de caçadores de tesouros descobriu uma caixa de aço, contendo dobrões de ouro e outros valores, sob uma profundidade de 24 m no mar. Eles calculam que o peso da caixa e do tesouro (no ar) seja de 31.150 N. O plano deles é prender a caixa a um balão robusto, inflado com ar a uma pressão de 3 atm. O balão vazio pesa 1.112,5 N. A caixa tem 0,6 m de largura, 1,5 m de comprimento e 45 cm de altura. Qual é o diâmetro adequado do balão para garantir uma força de sustentação para cima na caixa que seja 20% maior do que a necessária?

P2.119 Quando um peso de 22 N é colocado na extremidade de uma barra de madeira flutuante na Figura P2.119, a barra inclina a um ângulo θ com seu canto superior direito na superfície, como mostra a figura. Determine (*a*) o ângulo θ e (*b*) a densidade da madeira. (*Dica*: As forças verticais e os momentos em relação ao centroide da barra devem estar equilibrados.)

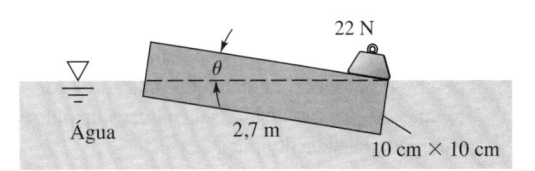

P2.119

P2.120 Uma barra uniforme de madeira ($d = 0{,}65$) tem 10 cm por 10 cm por 3 m e está articulada em *A*, como mostra a Figura P2.120. A que ângulo θ a barra flutuará em água a 20° C?

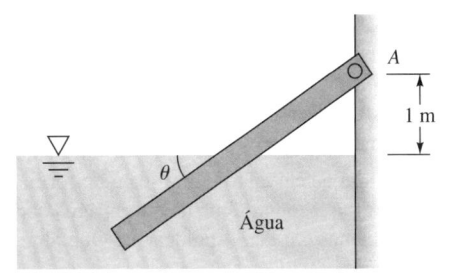

P2.120

P2.121 A barra uniforme da Figura P2.121, de tamanho *L* por *h* por *b* e com o peso específico γ_b, flutua exatamente em sua diagonal quando uma esfera uniforme pesada é presa ao canto esquerdo, como mostra a figura.

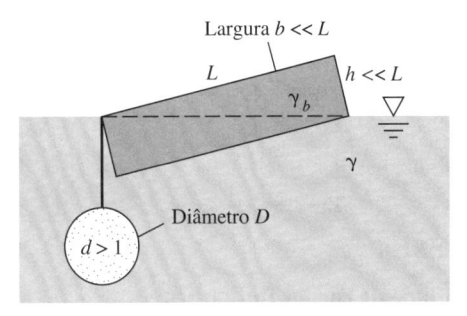

P2.121

Mostre que isso pode acontecer somente (*a*) quando $\gamma_b = \gamma/3$ e (*b*) quando a esfera tem o tamanho

$$D = \left[\frac{Lhb}{\pi(d-1)}\right]^{1/3}$$

P2.122 Um bloco uniforme de aço ($d = 7{,}85$) "flutuará" em uma interface mercúrio-água, como mostra a Figura P2.122. Qual é a razão entre as distâncias *a* e *b* para essa condição?

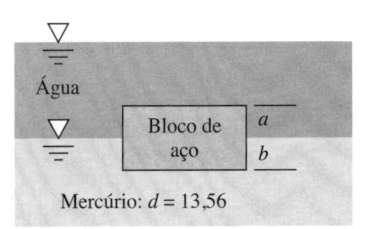

P2.122

P2.123 Uma barcaça tem a forma trapezoidal, mostrada na Figura P2.123, e 22 m de comprimento normal ao papel. Se o peso total da barcaça e sua carga for de 350 toneladas, qual é o calado H da barcaça quando estiver flutuando na água do mar?

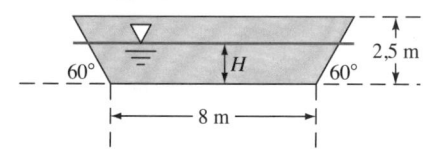

P2.123

P2.124 Um balão pesando 15,5 N tem 1,8 m de diâmetro. Ele está cheio com hidrogênio a 124 kPa de pressão absoluta e 15,5° C e assim é liberado. Em que altitude na atmosfera padrão dos Estados Unidos esse balão flutuará neutramente?

P2.125 Uma tora de carvalho cilíndrica e uniforme, $\rho = 710$ kg/m^3, flutua longitudinalmente em água doce a 20°C. Seu diâmetro é de 24 polegadas. Que altura da tora está emersa?

P2.126 Um bloco de madeira ($d = 0,6$) flutua em um fluido X, como na Figura P2.126, de forma que 75% de seu volume está submerso nesse fluido. Calcule a pressão vacuométrica do ar no tanque.

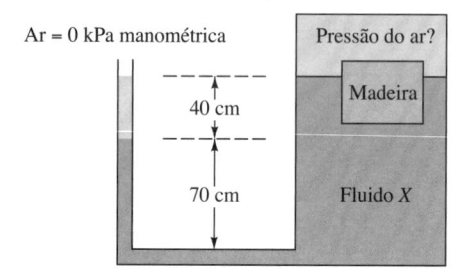

P2.126

Estabilidade de corpos flutuantes

*P2.127 Considere um cilindro de densidade $d < 1$ flutuando verticalmente na água ($d = 1$), como na Figura P2.127. Deduza uma fórmula para os valores estáveis de D/L em função de d e aplique-a ao caso $D/L = 1,2$.

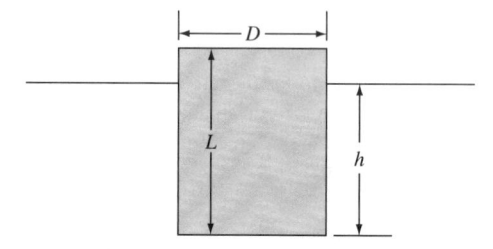

P2.127

P2.128 Um iceberg pode ser idealizado como um cubo de lado L, como na Figura P2.128. Se a água do mar for representada por $d = 1,0$, então o gelo da geleira (que forma os icebergs) tem $d = 0,88$. Determine se esse iceberg "cúbico" é estável para a posição mostrada na Figura P2.128.

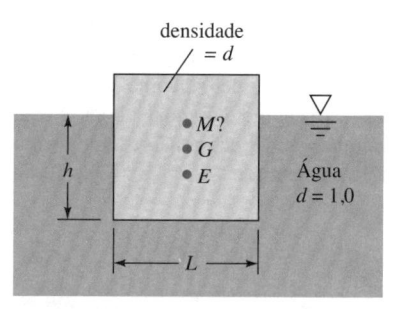

P2.128

P2.129 A idealização do iceberg do Problema P2.128 pode se tornar instável se seus lados derreterem e sua altura exceder sua largura. Na Figura P2.128 considere que a altura seja L e a profundidade normal ao papel seja L, mas a largura no plano do papel seja $H < L$. Considerando $d = 0,88$ para o iceberg, encontre a razão H/L para a qual ele se torna neutramente estável (isto é, prestes a emborcar).

P2.130 Considere um cilindro de madeira ($d = 0,6$) de 1 m de diâmetro e 0,8 m de comprimento. Esse cilindro seria estável se colocado para flutuar com seu eixo na vertical em óleo ($d = 0,8$)?

P2.131 Uma barcaça tem 4,5 m de largura e 12 m de comprimento e flutua com um calado de 1,2 m. Ela recebe uma carga de cascalho tal que seu centro de gravidade está 0,6 m acima da linha d'água. Ela é estável?

P2.132 Um cone circular reto sólido tem $d = 0,99$ e flutua verticalmente como na Figura P2.132. Essa é uma posição estável para o cone?

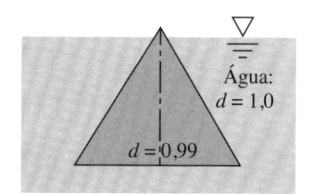

P2.132

P2.133 Considere um cone circular reto uniforme de densidade $d < 1$, flutuando com seu vértice para baixo na água ($d = 1$). O raio da base é R e a altura do cone é H. Calcule e coloque em gráfico a estabilidade MG desse cone, na forma adimensional, versus H/R para uma gama de $d < 1$.

P2.134 Ao flutuar em água ($d = 1,0$), um corpo triangular equilateral ($d = 0,9$) pode assumir uma das duas posições mostradas na Figura P2.134. Qual é a posição mais estável? Considere que a largura seja grande normal ao papel.

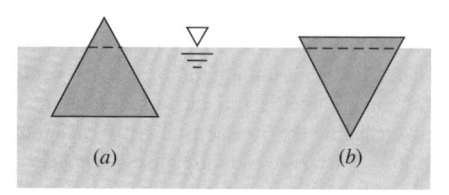

P2.134

P2.135 Considere um cilindro circular reto homogêneo de comprimento L, raio R e densidade d, flutuando em água ($d = 1$). Mostre que o corpo será estável com seu eixo vertical se

$$\frac{R}{L} > [2d(1 - d)]^{1/2}$$

P2.136 Considere um cilindro circular reto homogêneo de comprimento L, raio R e densidade $d = 0{,}5$, flutuando em água ($d = 1$). Mostre que o corpo será estável com seu eixo horizontal se $L/R > 2{,}0$.

Aceleração uniforme

P2.137 Um tanque de água com 4 m de profundidade recebe uma aceleração constante ascendente a_z. Determine (a) a pressão manométrica no fundo do tanque se $a_z = 5$ m²/s e (b) o valor de a_z que faz a pressão manométrica no fundo do tanque ser 1 atm.

P2.138 Um copo de 350 ml, de 75 mm de diâmetro, parcialmente cheio de água, é preso à extremidade de um carrossel de 2,4 m de diâmetro, que gira a 12 rpm. Até que altura o copo pode encher sem derramar água? (*Dica*: Considere que o copo seja muito menor do que o raio do carrossel.)

P2.139 O tanque de líquido da Figura P2.139 acelera para a direita com o fluido em movimento de corpo rígido. (a) Calcule a_x em m/s². (b) Por que a solução da parte (a) não depende da massa específica do fluido? (c) Determine a pressão manométrica no ponto A se o fluido for glicerina a 20° C.

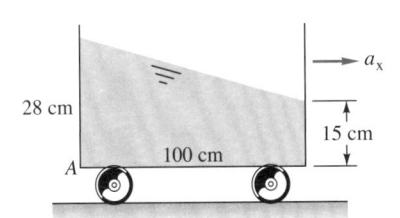

P2.139

P2.140 O tubo em U da Fig. P2.140 está se movendo para a direita com velocidade variável. O nível de água no tubo esquerdo é de 6 cm, e o nível no tubo direito é de 16 cm. Determine a aceleração e sua direção.

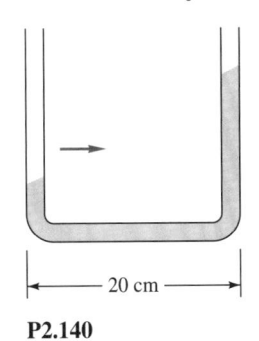

P2.140

P2.141 O mesmo tanque do Problema P2.139 agora está se movendo com aceleração constante subindo um plano inclinado de 30°, como mostra a Figura P2.141. Considerando o movimento de corpo rígido, calcule (a) o valor da aceleração a, (b) se a aceleração é para cima ou para baixo e (c) a pressão manométrica no ponto A se o fluido for mercúrio a 20° C.

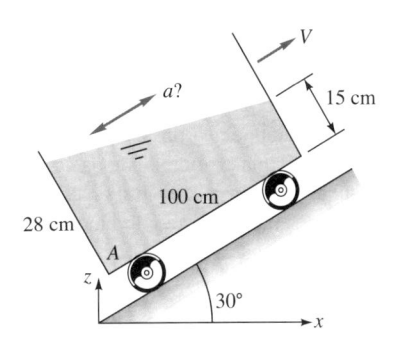

P2.141

P2.142 O tanque de água na Figura P2.142 tem 12 cm de largura normal ao papel. Se ele é acelerado para a direita em movimento de corpo rígido a 6,0 m/s², calcule (a) a profundidade da água no lado AB e (b) a força causada pela pressão da água sobre o painel AB. Considere que não haja derramamento.

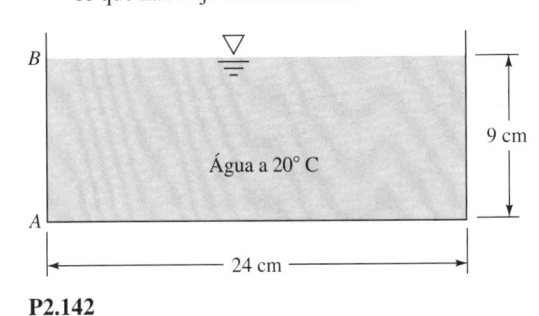

P2.142

P2.143 O tanque de água da Figura P2.143 está cheio e aberto para a atmosfera no ponto A. Para qual aceleração a_x em m/s² a pressão no ponto B será (a) a atmosférica e (b) o zero absoluto?

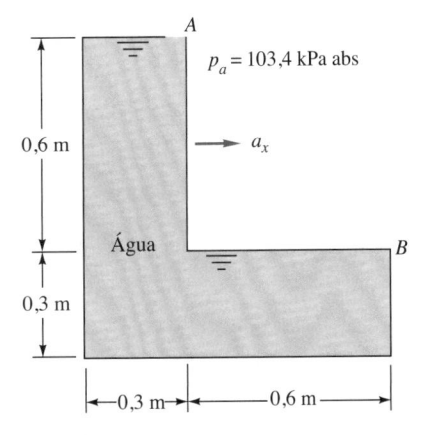

P2.143

P2.144 Considere um cubo oco com 22 cm de lado, cheio completamente com água a 20° C. A superfície superior do cubo é horizontal. Um dos cantos superiores, ponto A, é aberto por um pequeno furo para uma pressão de 1 atm. Diagonalmente oposto ao ponto A está o canto B superior. Determine e discuta as várias acelerações de corpo rígido para as quais a água no ponto B começa a cavitar, para (a) movimento horizontal e (b) movimento vertical.

P2.145 Um aquário de peixes com 350 mm de profundidade por 400 mm por 675 mm deve ser transportado em um carro que pode sofrer acelerações de até 6 m/s². Qual é a máxima profundidade da água que evitará o derramamento em movimento de corpo rígido? Qual é o alinhamento adequado do tanque com relação ao movimento do carro?

P2.146 O tanque da Figura P2.146 está cheio com água e tem uma abertura de respiro no ponto A. O tanque tem 1 m de largura normal ao papel. Dentro do tanque, um balão de 10 cm, cheio de hélio a 130 kPa, é mantido centralizado por um fio. Se o tanque acelera para a direita a 5 m/s² em movimento de corpo rígido, a que ângulo o balão vai se inclinar? Ele vai se inclinar para a direita ou para a esquerda?

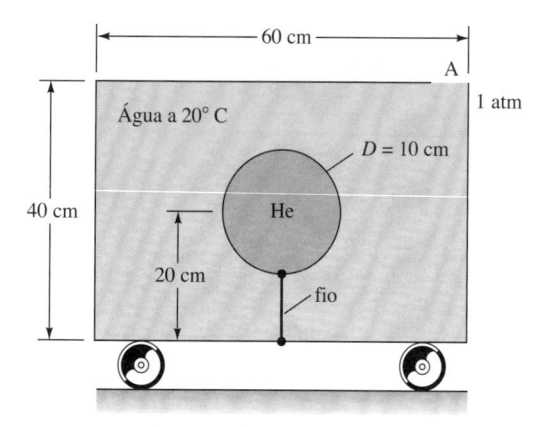

P2.148 Uma criança está segurando um fio que está atado a um balão cheio de hélio. (a) A criança está parada em pé e subitamente acelera para a frente. Em um sistema de referência movendo-se juntamente com a criança, em qual direção o balão vai se inclinar, para a frente ou para trás? Explique. (b) A criança agora está sentada em um carro parado em um semáforo fechado. O balão cheio de hélio não está em contato com alguma parte do carro (bancos, teto, etc.), mas continua preso ao fio, que por sua vez é segurado pela criança. Todas as janelas do carro estão fechadas. Quando o semáforo abre, o carro acelera para a frente. Em um sistema de referência movendo-se com o carro e a criança, em qual direção o balão vai se inclinar, para a frente ou para trás? Explique. (c) Compre ou peça emprestado um balão de hélio. Conduza um experimento científico para ver se as suas previsões nas partes (a) e (b) estão corretas. Se não, explique.

P2.149 A roda de água de 1,8 m de raio da Figura P2.149 está sendo usada para elevar água com suas pás semicilíndricas de 30 cm de diâmetro. Se a roda gira a 10 rpm e se considera movimento de corpo rígido, qual é o ângulo θ da superfície da água na posição A?

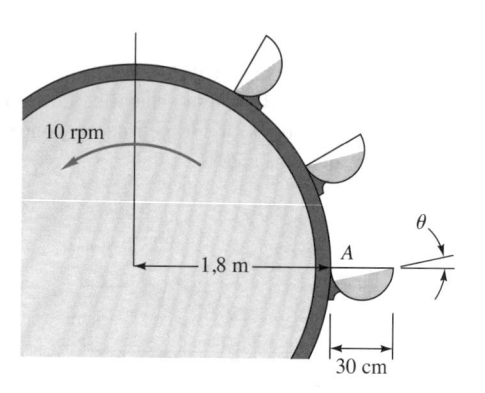

P2.147 O tanque de água na Figura P2.147 acelera uniformemente descendo livremente um declive de 30°. Se as rodas não tiverem atrito, qual é o ângulo θ? Você pode explicar esse interessante resultado?

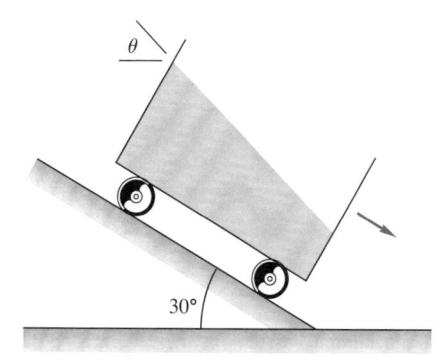

P2.150 Um acelerômetro barato, que provavelmente vale pelo que custa, pode ser feito com um tubo em U, como na Figura P2.150. Se $L = 18$ cm e $D = 5$ mm, qual será a altura h se $a_x = 6$ m/s²? As marcações da escala sobre o tubo podem ser múltiplos lineares de a_x?

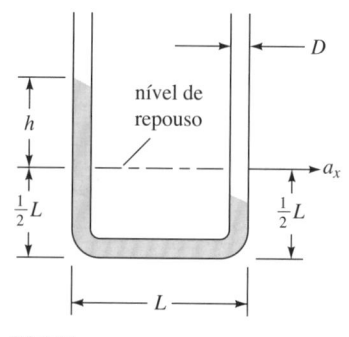

P2.151 O tubo em U da Figura P2.151 é aberto em *A* e fechado em *D*. Se ele for acelerado para a direita com a_x uniforme, qual é a aceleração que fará a pressão no ponto *C* ser a pressão atmosférica? O fluido é água ($d = 1,0$).

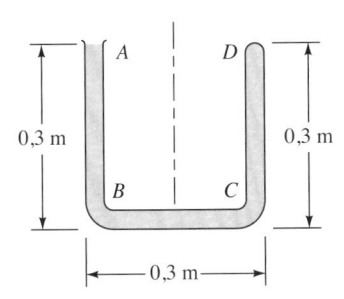

P2.151

Rotação de corpo rígido

P2.152 Um cilindro aberto de 16 cm de diâmetro e 27 cm de altura está cheio de água. Calcule a rotação de corpo rígido em torno do seu eixo central, em rpm, (*a*) para a qual 1/3 da água será derramada para fora e (*b*) para a qual o fundo começará a ficar exposto.

P2.153 Um recipiente cilíndrico alto, de 14 polegadas de diâmetro, é usado para fazer um molde para saladeiras de 14 pol. As saladeiras devem ter 8 pol de profundidade. O cilindro é semi-preenchido com plástico fundido, μ = 1,6 kg/(m · s), com rotação constante em torno do eixo central, depois arrefecido ainda em rotação. Qual é a rotação apropriada, em rpm?

P2.154 Um vaso muito alto com 10 cm de diâmetro contém 1.178 cm³ de água. Quando sua rotação é aumentada uniformemente para atingir a rotação de corpo rígido, aparece uma área seca de 4 cm de diâmetro no fundo do vaso. Qual é a rotação em rpm para essa condição?

P2.155 Para que rotação uniforme em rpm em torno do eixo C o tubo em U da Figura P2.155 assumirá a configuração mostrada? O fluido é o mercúrio a 20° C.

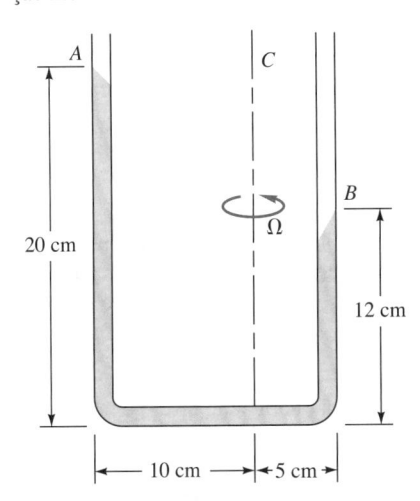

P2.155

P2.156 Suponha que o tubo em U da Figura P2.151 gire em torno do eixo *DC*. Se o fluido for água a 50° C e a pressão atmosférica for 101,3 kPa absoluta, a que rotação o fluido dentro do tubo começará a vaporizar? Em que ponto isso ocorrerá?

P2.157 O tubo em V da Figura P2.157 contém água e está aberto em *A* e fechado em *C*. Qual rotação uniforme em rpm em torno do eixo *AB* fará a pressão ser igual nos pontos *B* e *C*? Para essa condição, em que ponto no ramo *BC* a pressão será mínima?

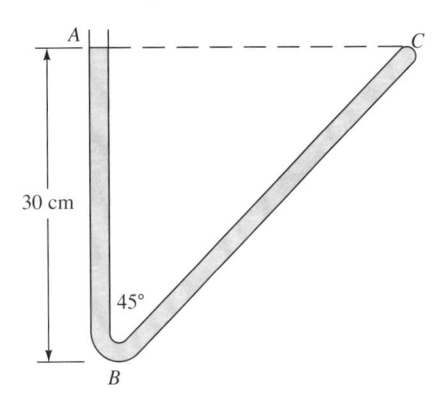

P2.157

*P2.158 Deseja-se fazer um espelho parabólico de 3 m de diâmetro para um telescópio, girando um vidro derretido em movimento de corpo rígido até ser obtida a forma desejada e, em seguida, esfriando o vidro até solidificar-se. O foco deve estar a uma distância de 4 m do espelho, medida ao longo da linha de centro. Qual é a rotação adequada do espelho, em rpm, para essa tarefa?

P2.159 O manômetro de três ramos da Figura P2.159 é preenchido com água até uma profundidade de 20 cm. Todos os tubos são longos e têm diâmetros pequenos. Se o sistema gira a uma velocidade angular Ω em torno do tubo central, (*a*) deduza uma fórmula para encontrar a variação em altura nos tubos; (*b*) determine a altura em cm em cada tubo se Ω = 120 rpm. (*Dica*: O tubo central tem de fornecer água para ambos os tubos externos.)

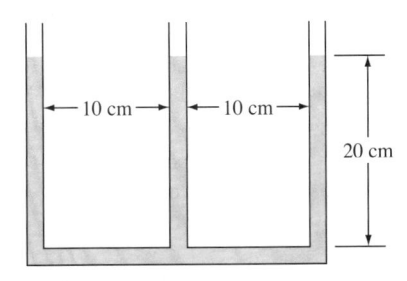

P2.159

Medidas de pressão

P2.160 A Figura P2.160 mostra um medidor para pressões muito baixas, inventado em 1874 por Herbert McLeod. (*a*) Você poderia deduzir, a partir da figura, como ele funciona? (*b*) Caso negativo, leia sobre ele e explique-o para a classe.

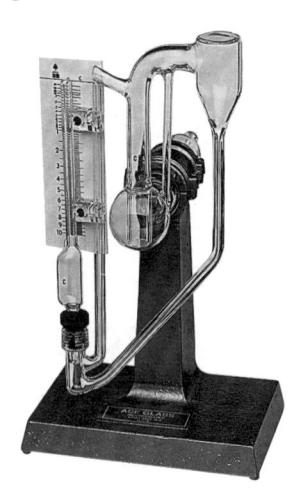

P2.161 A Figura P2.161 mostra um esboço de um medidor de pressão comercial. Você pode deduzir, a partir da figura, como ele funciona?

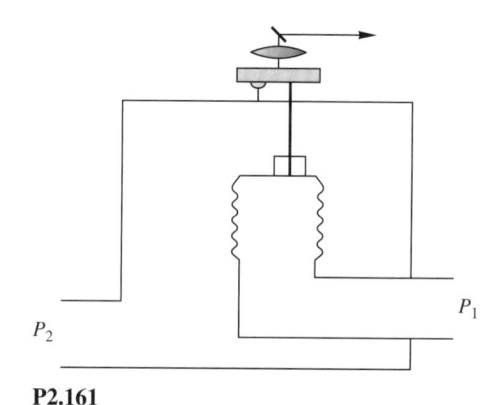

P2.160

P2.161

Problemas dissertativos

PD2.1 Considere um cone oco com uma abertura no vértice do topo, juntamente com um cilindro oco, aberto no topo, com a mesma área de base do cone. Encha ambos com água até o topo. O *paradoxo da hidrostática* diz que ambos os recipientes têm a mesma força no fundo por causa da pressão da água, embora o cone contenha 67% menos água do que o cilindro. Você consegue explicar esse paradoxo?

PD2.2 É possível a temperatura sempre *subir* com a altitude em uma atmosfera real? Isso não faria a pressão do ar *aumentar* para cima? Explique essa situação fisicamente.

PD2.3 Considere uma superfície curva submersa que consiste em um arco de círculo bidimensional de ângulo arbitrário, profundidade arbitrária e orientação arbitrária. Mostre que a força causada pela pressão hidrostática resultante nessa superfície deve passar pelo centro de curvatura do arco.

PD2.4 Encha um copo com água até aproximadamente 80% e adicione um grande cubo de gelo. Marque o nível da água. O cubo de gelo, tendo $d \approx 0{,}9$, fica com uma parte fora da água. Deixe o cubo de gelo derreter, com evaporação desprezível da superfície da água. O nível da água será mais alto, mais baixo ou igual ao inicial?

PD2.5 Um navio, transportando uma carga de aço, está preso flutuando em uma pequena eclusa fechada. Os membros da tripulação querem sair do navio, mas não podem alcançar o topo da parede da eclusa. Um membro da tripulação sugere lançar o aço na água dentro da eclusa, argumentando que o navio subirá e assim eles poderão sair. Esse plano funcionará?

PD2.6 Considere um balão de massa m com flutuação neutra na atmosfera, levando um conjunto pessoa/cesto de massa $M > m$. Discuta a estabilidade desse sistema às perturbações.

PD2.7 Considere um balão de hélio em um fio amarrado ao assento do seu carro, que está parado. As janelas estão fechadas, portanto não há movimento de ar dentro do carro. O carro começa a acelerar para a frente. Em que direção o balão vai inclinar, para a frente ou para trás? (*Dica*: A aceleração estabelece um gradiente horizontal de pressão no ar dentro do carro.)

PD2.8 Repita a sua análise do Problema PD2.7 com o seu carro movendo-se a velocidade constante e entrando em uma curva. O balão vai se inclinar para o interior do centro de curvatura ou para fora?

PD2.9 O veículo submersível ALVIN para grandes profundidades pesa aproximadamente 36.000 lbf no ar. Ele carrega 800 lbm de pesos de aço nas laterais. Depois de uma missão em profundidade e retorno, duas pilhas de 400 lbm de aço são deixadas no fundo do oceano. Você poderia explicar, em termos relevantes para este capítulo, como esses pesos de aço são usados?

Problemas de fundamentos de engenharia

FE2.1 Um manômetro ligado a um tanque de nitrogênio pressurizado registra uma pressão manométrica de 711 mm de mercúrio. Se a pressão atmosférica for de 101,3 kPa, qual é a pressão absoluta no tanque?
(*a*) 95 kPa, (*b*) 99 kPa, (*c*) 101 kPa, (*d*) 194 kPa, (*e*) 203 kPa

FE2.2 Em um dia normal ao nível do mar, um manômetro, colocado abaixo da superfície do oceano ($d = 1{,}025$), registra uma pressão absoluta de 1,4 MPa. A que profundidade se encontra o instrumento?
(*a*) 4 m, (*b*) 129 m, (*c*) 133 m, (*d*) 140 m, (*e*) 2.080 m

FE2.3 Na Figura FE2.3, se o óleo da região B tem $d = 0,8$ e a pressão absoluta no ponto A é 1 atm, qual é a pressão absoluta no ponto B?
(a) 5,6 kPa, (b) 10,9 kPa, (c) 107 kPa, (d) 112 kPa, (e) 157 kPa.

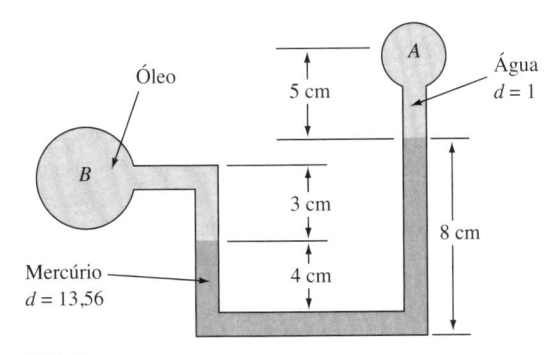

FE2.3

FE2.4 Na Figura FE2.3, se o óleo na região B tem $d = 0,8$ e a pressão absoluta no ponto B é 96,5 kPa, qual é a pressão absoluta no ponto A?
(a) 11 kPa, (b) 41 kPa, (c) 86 kPa, (d) 91 kPa, (e) 101 kPa

FE2.5 Um tanque de água ($d = 1,0$) tem uma comporta em sua parede vertical com 5 m de altura e 3 m de largura. O topo da comporta está 2 m abaixo da superfície. Qual é a força hidrostática sobre a comporta?
(a) 147 kN, (b) 367 kN, (c) 490 kN, (d) 661 kN, (e) 1.028 kN

FE2.6 No Problema FE2.5, a que distância abaixo da superfície está o centro de pressão da força hidrostática?
(a) 4,5 m, (b) 5,46 m, (c) 6,35 m, (d) 5,33 m, (e) 4,96 m

FE2.7 Uma esfera sólida de 1 m de diâmetro flutua na interface entre a água ($d = 1,0$) e o mercúrio ($d = 13,56$), de forma que 40% está na água. Qual é a densidade da esfera?
(a) 6,02, (b) 7,28, (c) 7,78, (d) 8,54, (e) 12,56

FE2.8 Um balão de 5 m de diâmetro contém hélio a 125 kPa absoluta e 15° C, colocado em ar padrão ao nível do mar. Se a constante do gás hélio é 2.077 m²/(s² · K) e o peso do material do balão é desprezível, qual é a força de sustentação líquida do balão?
(a) 67 N, (b) 134 N, (c) 522 N, (d) 653 N, (e) 787 N

FE2.9 Uma haste quadrada de madeira ($d = 0,6$), de 5 cm por 5 cm por 10 m de comprimento, flutua verticalmente na água a 20° C quando há 6 kg de aço ($d = 7,84$) fixados em uma das extremidades. A que altura acima da superfície do mar ficará a extremidade da haste?
(a) 0,6 m, (b) 1,6 m, (c) 1,9 m, (d) 2,4 m, (e) 4,0 m

FE2.10 Um corpo flutuante será estável quando (a) o seu centro de gravidade estiver acima de seu centro de empuxo, (b) o centro de empuxo estiver abaixo da linha d'água, (c) o centro de empuxo estiver acima do seu metacentro, (d) o metacentro estiver acima do seu centro de empuxo, (e) o metacentro estiver acima do seu centro de gravidade.

Problemas abrangentes

PA2.1 Alguns manômetros são construídos como na Figura PA2.1, em que um lado é um grande reservatório (diâmetro D) e o outro lado é um pequeno tubo de diâmetro d, aberto para a atmosfera. Em um caso assim, a altura do líquido manométrico no lado do reservatório não muda apreciavelmente. Isso tem a vantagem de que somente uma altura precisa ser medida, não duas. O líquido manométrico tem massa específica ρ_m, enquanto o ar tem massa específica ρ_a. Ignore os efeitos da tensão superficial. Quando não há diferença de pressão no manômetro, as elevações em ambos os lados são as mesmas, o que é indicado pela linha tracejada. A altura h é medida com base no nível de pressão zero, como mostra a figura. (a) Quando é aplicada uma alta pressão ao lado esquerdo, o líquido manométrico do reservatório desce, enquanto o líquido no tubo sobe para conservar a massa. Escreva uma expressão exata para p_{1man}, levando em conta o movimento da superfície do reservatório. A sua equação deverá fornecer p_{1man} em função de h, ρ_m e os parâmetros físicos no problema, h, d, D e a constante da gravidade g. (b) Escreva uma expressão aproximada para p_{1man}, desprezando a alteração na elevação da superfície do reservatório de líquido. (c) Considere $h = 0,26$ m em uma certa aplicação. Se $p_a = 101.000$ Pa e o líquido manométrico tiver uma massa específica de 820 kg/m³, calcule a razão D/d requerida para manter o erro da aproximação da parte (b) dentro de 1% da medida exata da parte (a). Repita para um erro dentro de 0,1%.

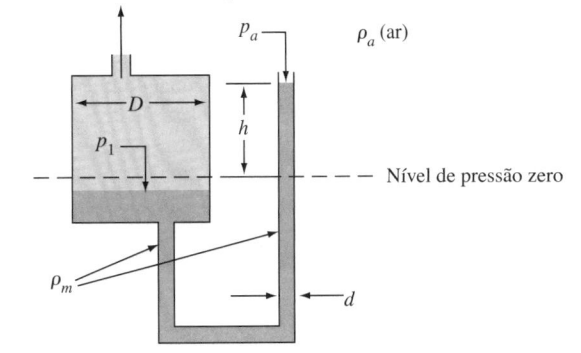

PA2.1

PA2.2 Um malandro colocou óleo, de densidade d_o, no ramo esquerdo do manômetro da Figura PA2.2. Não obstante, o tubo em U ainda é útil como um dispositivo de medida de pressão. Ele é ligado a um reservatório pressurizado, como mostra a figura. (*a*) Encontre uma expressão para h em função de H e outros parâmetros no problema. (*b*) Encontre o caso especial do seu resultado em (*a*) quando $p_{reserv} = p_a$. (*c*) Admita que $H = 5,0$ cm, p_a seja 101,2 kPa, p_{reserv} seja 1,82 kPa mais alta do que p_a e $d_o = 0,85$. Calcule h em cm, ignorando os efeitos da tensão superficial e desprezando os efeitos da densidade do ar.

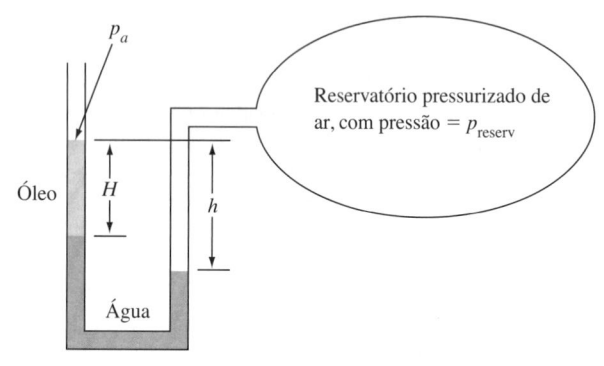

PA2.2

PA2.3 O Professor D. dos Fluidos, montado em um carrossel com seu filho, levou consigo seu manômetro de tubo em U. (Você nunca sabe quando um manômetro pode ser útil.) Como mostra a Figura PA2.3, o carrossel gira a uma velocidade angular constante e os ramos do manômetro estão separados 7 cm. O centro do manômetro está a 5,8 m do eixo de rotação. Determine a diferença de altura h de dois modos: (*a*) aproximadamente, considerando a translação do corpo rígido com **a** igual à aceleração média do manômetro e (*b*) exatamente, usando a teoria da rotação de corpo rígido. Até que ponto a aproximação é boa?

PA2.4 Um estudante levou um copo de refrigerante em um passeio de montanha-russa. O copo é cilíndrico, a altura é o dobro da largura e está cheio até a borda. Ele quer saber que porcentual de refrigerante deve beber antes de o passeio começar, de modo que não derrame nada durante a grande descida, quando o carrinho da montanha-russa atinge uma aceleração de 0,55g a um ângulo de 45° abaixo da horizontal. Faça o cálculo para ele, desprezando a oscilação e supondo que o copo esteja na vertical durante todo o tempo.

PA2.5 *Dry adiabatic lapse rate* (DALR) é definido como o valor negativo do gradiente de temperatura atmosférica, dT/dz, quando a temperatura e a pressão variam de forma isentrópica. Admitindo que o ar é um gás ideal, DALR = $-dT/dz$, quando $T = T_0(p/p_0)^a$, em que o expoente $a = (k-1)/k$, $k = c_p/c_v$ é a razão dos calores específicos e T_0 e p_0 são a temperatura e a pressão ao nível do mar, respectivamente. (*a*) Admitindo que condições hidrostáticas existam na atmosfera, mostre que DALR é constante e dada por DALR = $g(k-1)/(kR)$, em que R é a constante do gás ideal para o ar. (*b*) Calcule o valor numérico de DALR para o ar em unidades de °C/km.

PA2.6 Em líquidos "macios" (módulo de elasticidade volumétrica β baixo), pode ser necessário levar em conta a compressibilidade do líquido em cálculos hidrostáticos. Uma relação aproximada da massa específica seria

$$dp \approx \frac{\beta}{\rho}d\rho = a^2 d\rho \quad \text{ou} \quad p \approx p_0 + a^2(\rho - \rho_0)$$

em que a é a velocidade do som e (p_0, ρ_0) são as condições na superfície do líquido $z = 0$. Use essa aproximação para mostrar que a variação da massa específica com a profundidade em um líquido "macio" é $\rho = \rho_0 e^{-gz/a^2}$, em que g é a aceleração da gravidade e z é positiva para cima. Depois considere uma parede vertical de largura b, estendendo-se da superfície ($z = 0$) até a profundidade $z = -h$. Encontre uma expressão analítica para a força hidrostática F sobre essa parede e compare-a com o resultado incompressível $F = \rho_0 g h^2 b/2$. O centro de pressão estaria abaixo da posição incompressível $z = -2h/3$?

PA2.7 Veneza, na Itália, está afundando lentamente, de maneira que agora, especialmente no inverno, as praças e calçadas ficam inundadas durante as tempestades. A solução proposta é o dique flutuante da Figura PA2.7. Quando cheio com ar, ele se levanta e bloqueia o mar. O dique tem 30 m de altura, 5 m de largura e 20 m de profundidade. Considere uma massa específica uniforme de 300 kg/m³ quando flutuando. Para a diferença mostrada de 1 m entre o mar e a laguna, calcule o ângulo com o qual o dique flutua.

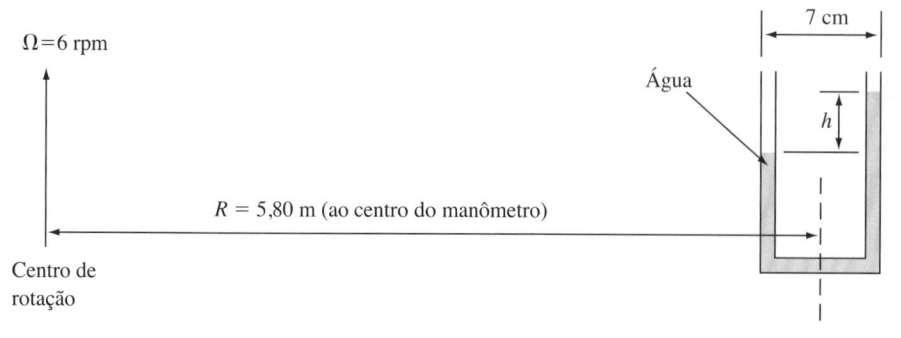

PA2.3

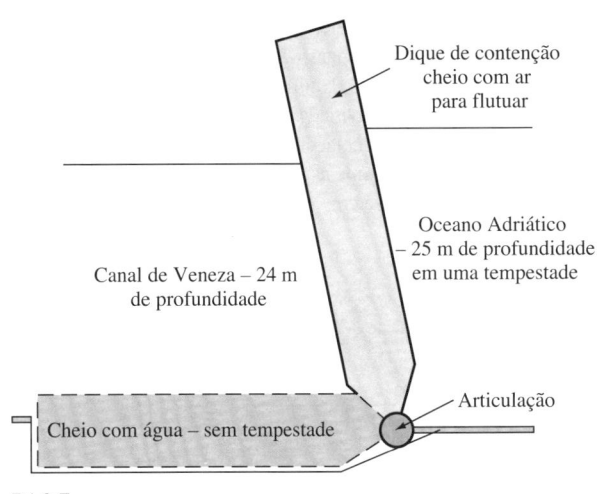

PA2.7 (figure: Canal de Veneza – 24 m de profundidade; Dique de contenção cheio com ar para flutuar; Oceano Adriático – 25 m de profundidade em uma tempestade; Cheio com água – sem tempestade; Articulação)

PA2.8 Na atmosfera padrão dos EUA, a taxa de declínio B pode variar de dia para dia. Não é uma grandeza fundamental como, digamos, a constante de Planck. Considere que, em certo dia em Rhode Island, com $T_o = 288$ K, as seguintes pressões foram medidas por balões meteorológicos:

Altitude z, km	0	2	5	8
Pressão p, kPa	100	78	53	34

Calcule o melhor valor de B para esses dados. Explique quaisquer dificuldades. [*Dica*: O software EES é recomendado.]

PA2.9 O veículo submersível ALVIN tem um compartimento de passageiros que é uma esfera de titânio de diâmetro interno 78,08 pol e espessura 1,93 pol. Se o veículo submerge a 3.850 m no oceano, calcule (*a*) a pressão da água externa à esfera, (*b*) a máxima tensão elástica na esfera, em lbf/pol^2, e (*c*) o fator de segurança da liga de titânio (6% alumínio, 4% vanádio).

Problemas de projetos

PP2.1 Deseja-se construir um atracadouro flutuante ancorado no fundo, que cria uma força não linear na linha de ancoragem à medida que o nível da água sobe. A força F de projeto só tem de ser precisa no intervalo de profundidades da água do mar h entre 6 e 8 m, como mostra a tabela a seguir. Projete um sistema flutuante que atenda essa distribuição de força. O sistema deve ser prático (com materiais baratos e de construção simples).

h, m	F, N	h, m	F, N
6,00	400	7,25	554
6,25	437	7,50	573
6,50	471	7,75	589
6,75	502	8,00	600
7,00	530		

PP2.2 A Figura PP2.2 mostra um aparato de laboratório usado em algumas universidades. A finalidade é medir a força hidrostática na face plana do bloco em arco circular e compará-la com o valor teórico para uma dada profundidade h. O contrapeso é arranjado de modo que o braço do pivô esteja na horizontal quando o bloco não está submerso, portanto o peso P pode ser correlacionado com a força hidrostática quando o braço submerso é trazido novamente para a horizontal. Primeiro mostre que o conceito do aparato é válido em princípio; depois deduza uma fórmula para P em função de h em termos dos parâmetros do sistema. Finalmente, sugira alguns valores apropriados para Y, L etc. para um aparato adequado e faça um gráfico de P *versus* h para esses valores.

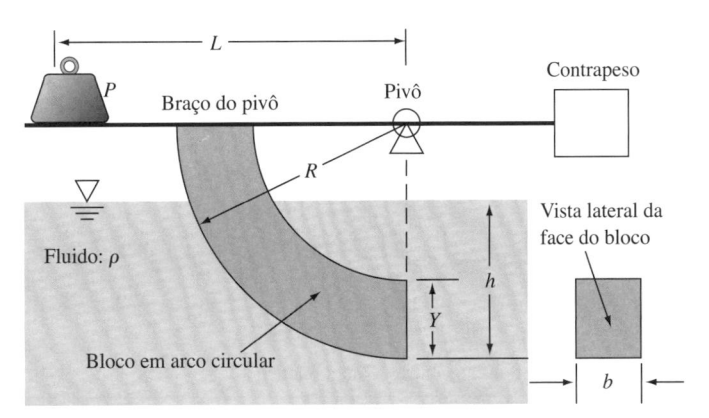

PP2.2 (figura: Braço do pivô de comprimento L com peso P numa extremidade, Pivô e Contrapeso na outra; Bloco em arco circular de raio R submerso no fluido de densidade ρ; profundidade h, altura Y; Vista lateral da face do bloco com largura b)

PP2.3 A Leary Engineering Company (veja *Popular Science*, p. 14, nov. 2000) propôs um casco de navio com dobradiças para permitir que ele se abra em uma forma mais achatada quando entrar em águas pouco profundas. A Figura PP2.3 mostra uma versão simplificada. Em águas profundas, a seção transversal do casco seria triangular, com um grande calado. Em águas rasas, as dobradiças se abririam em um ângulo de até $\theta = 45°$. A linha tracejada indica que proa e popa seriam fechadas. Faça um estudo paramétrico dessa configuração para vários valores de θ, admitindo um peso e uma locação do centro de gravidade aceitáveis. Mostre como o calado, a altura do metacentro e a estabilidade do navio variam à medida que as dobradiças são abertas. Comente a eficácia desse conceito.

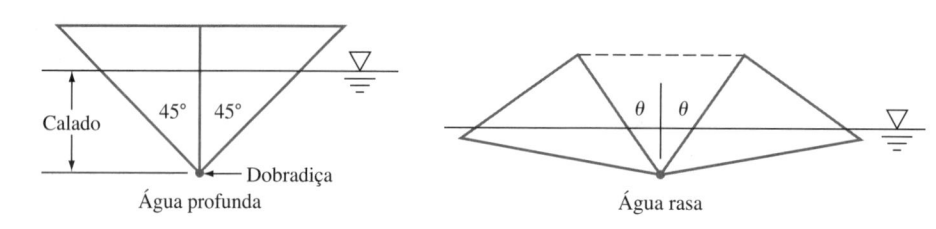

PP2.3

Referências

1. *U.S. Standard Atmosphere*, 1976, Government Printing Office, Washington, DC, 1976.
2. J. A. Knauss, *Introduction to Physical Oceanography*, 2d ed., Waveland Press, Long Grove, IL, 2005.
3. E. C. Tupper, *Introduction to Naval Architecture*, 4th ed., Elsevier, New York, 2004.
4. D. T. Greenwood, *Advanced Dynamics*, Cambridge University Press, New York, 2006.
5. R. I. Fletcher, "The Apparent Field of Gravity in a Rotating Fluid System," *Am. J. Phys.*, vol. 40, July 1972, pp. 959–965.
6. National Committee for Fluid Mechanics Films, *Illustrated Experiments in Fluid Mechanics*, M.I.T. Press, Cambridge, MA, 1972.
7. J. P. Holman, *Experimental Methods for Engineers*, 8th ed., McGraw-Hill, New York, 2011.
8. R. C. Baker, *Flow Measurement Handbook*, Cambridge University Press, New York, 2005.
9. T. G. Beckwith, R. G. Marangoni, and J. H. Lienhard V, *Mechanical Measurements*, 6th ed., Prentice-Hall, Upper Saddle River, NJ, 2006.
10. J. W. Dally, W. F. Riley, and K. G. McConnell, *Instrumentation for Engineering Measurements*, 2d ed., Wiley, New York, 1993.
11. E. N. Gilbert, "How Things Float," *Am. Math. Monthly*, vol. 98, no. 3, 1991, pp. 201–216.
12. R. J. Figliola and D. E. Beasley, *Theory and Design for Mechanical Measurements*, 4th ed., Wiley, New York, 2005.
13. R. W. Miller, *Flow Measurement Engineering Handbook*, 3d ed., McGraw-Hill, New York, 1996.
14. L. D. Clayton, E. P. EerNisse, R. W. Ward, and R. B. Wiggins, "Miniature Crystalline Quartz Electromechanical Structures," *Sensors and Actuators*, vol. 20, Nov. 15, 1989, pp. 171–177.
15. A. Kitai (ed.), *Luminescent Materials and Applications*, John Wiley, New York, 2008.
16. B. G. Liptak (ed.), *Instrument Engineer's Handbook: Process Measurement and Analysis*, 4th ed., vol. 1, CRC Press, Boca Raton, FL, 2003.
17. A. von Beckerath, *WIKA Handbook—Pressure and Temperature Measurement*, WIKA Instrument Corp., Lawrenceville, GA, 2008.

Em 16 de julho de 1969, um foguete massivo Saturno V transportou a Apollo 11 do Centro Espacial Kennedy da NASA, levando os astronautas Neil Armstrong, Michael Collins e Edwin Aldrin para o primeiro pouso na Lua, quatro dias depois. A região captada pela foto está repleta de atividade (quantidade de movimento) de um fluido. Neste capítulo, aprenderemos a analisar tanto o empuxo do foguete quanto a força exercida pelo jato de saída sobre a superfície sólida. [*Crédito da fotografia: NASA.*]

Capítulo 3
Relações integrais para um volume de controle

Objetivo Na análise do movimento dos fluidos, podemos seguir um dos dois caminhos: (1) procurar descrever os detalhes do escoamento em cada ponto (x, y, z) do campo ou (2) trabalhar com uma região finita, fazendo um balanço dos escoamentos que entram e saem, e determinando os efeitos globais, tais como a força ou o torque sobre um corpo, ou a troca total de energia. Esse segundo caminho representa o método do "volume de controle", e é o assunto deste capítulo. O primeiro representa a abordagem "diferencial" desenvolvida no Capítulo 4.

Desenvolvemos primeiramente o conceito de volume de controle, de forma semelhante àquela tratada em cursos de termodinâmica, e encontramos a taxa de variação de uma propriedade global do fluido, resultado conhecido como *teorema de transporte de Reynolds*. Em seguida, aplicamos esse teorema, na ordem, à massa, à quantidade de movimento linear, à quantidade de movimento angular e à energia, deduzindo então as quatro relações básicas da mecânica dos fluidos para um volume de controle. Há muitas aplicações, é claro. O capítulo encerra-se com um caso especial de quantidade de movimento e energia, sem atrito e sem trabalho de eixo: a *equação de Bernoulli*. A equação de Bernoulli constitui uma relação histórica fascinante, porém extremamente restritiva, devendo sempre ser vista com cuidado e ceticismo nas aplicações envolvendo movimento de fluidos (viscosos).

3.1 Leis físicas básicas da mecânica dos fluidos

Já é tempo de tratarmos seriamente os problemas de escoamento. As aplicações de estática dos fluidos do Capítulo 2 assemelhavam-se mais à diversão do que a trabalho, pelo menos na opinião do autor. Basicamente, os problemas de estática requerem apenas o conhecimento da densidade do fluido e da posição da superfície livre, enquanto muitos problemas de escoamento exigem a análise de um estado arbitrário do movimento do fluido, definido pela geometria, pelas condições de contorno e pelas leis da mecânica. Neste e nos próximos dois capítulos, são delineadas as três abordagens básicas para a análise de problemas de escoamento arbitrário:

1. Análise de volume de controle ou de larga escala (Capítulo 3)
2. Análise diferencial ou de pequena escala (Capítulo 4)
3. Análise dimensional ou experimental (Capítulo 5)

As três abordagens têm aproximadamente a mesma importância. A análise de volume de controle, assunto deste tópico, é precisa para qualquer distribuição de escoamento, mas frequentemente é baseada em valores médios ou "unidimensionais" das propriedades nos contornos. Ela sempre fornece estimativas úteis na "engenharia". Em princípio, a abordagem diferencial do Capítulo 4 pode ser aplicada a qualquer problema. Somente alguns problemas, como o escoamento em um tubo reto, produzem soluções analíticas exatas. Mas as equações diferenciais podem ser modeladas numericamente e o campo em pleno crescimento da dinâmica dos fluidos computacional (CFD, do inglês *computational fluid dynamics*) [8] pode agora ser usado para produzir boas estimativas para quase qualquer geometria. Finalmente, a análise dimensional do Capítulo 5 aplica-se a qualquer problema, seja ele analítico, numérico ou experimental. Ela é particularmente útil para reduzir o custo da experimentação. A análise diferencial da hidrodinâmica começou com Euler e d'Alembert no final do século XVIII. Lord Rayleigh e E. Buckingham foram pioneiros na análise dimensional no final do século XIX. O volume de controle foi descrito em palavras, em um estudo específico, por Daniel Bernoulli em 1753. Ludwig Prandtl, célebre fundador da moderna mecânica dos fluidos, desenvolveu o conceito de volume de controle como uma ferramenta sistemática no início do século XX. Os professores do autor no M.I.T. introduziram a análise de volume de controle em livros-texto americanos: Keenan em 1941 [10], para a termodinâmica, e Hunsaker e Rightmire em 1947 [11], para a mecânica dos fluidos. Para uma história completa do volume de controle, ver Vincenti [9].

Sistemas *versus* volumes de controle

Todas as leis da mecânica são escritas para um *sistema*, que é definido como uma quantidade de massa de identidade fixada. Tudo que for externo a esse sistema é designado pelo termo *vizinhanças*, sendo o sistema separado de suas vizinhanças pela sua *fronteira*. As leis da mecânica estabelecem então o que ocorre quando houver uma interação entre o sistema e suas vizinhanças.

Em primeiro lugar, o sistema é uma quantidade fixa de massa, denotada por m. Logo, a massa do sistema conserva-se e não se altera.[1] Esta é uma lei da mecânica e assume uma forma matemática muito simples, chamada *conservação da massa*:

$$m_{\text{sist}} = \text{const}$$

ou
$$\frac{dm}{dt} = 0 \quad (3.1)$$

Essa lei é tão óbvia em problemas de mecânica dos sólidos que frequentemente a esquecemos. Em mecânica dos fluidos, precisamos prestar atenção à conservação da massa e analisá-la para garantir que ela seja satisfeita.

Segundo, se as vizinhanças exercem uma força resultante **F** sobre o sistema, a segunda lei de Newton estabelece que a massa no sistema começará a se acelerar:[2]

$$\mathbf{F} = m\mathbf{a} = m\frac{d\mathbf{V}}{dt} = \frac{d}{dt}(m\mathbf{V}) \quad (3.2)$$

Na Equação (2.8), vimos essa relação ser aplicada a um elemento diferencial de fluido incompressível e viscoso. Na mecânica dos fluidos, a lei de Newton é chamada de relação de quantidade de movimento linear. Observe que se trata de uma lei vetorial, que implica três equações escalares $F_x = ma_x$, $F_y = ma_y$, $F_z = ma_z$.

Terceiro, se as vizinhanças exercem um momento resultante **M** em relação ao centro de massa do sistema, haverá um efeito de rotação

$$\mathbf{M} = \frac{d\mathbf{H}}{dt} \quad (3.3)$$

---

[1] Estamos desconsiderando as reações nucleares, nas quais a massa pode ser transformada em energia.
[2] Estamos desprezando os efeitos relativísticos, sob os quais a lei de Newton deve ser modificada.

em que $\mathbf{H} = \Sigma(\mathbf{r} \times \mathbf{V})\,\delta m$ representa a quantidade de movimento angular do sistema em relação a seu centro de massa. Chamamos a Equação (3.3) aqui de relação de quantidade de movimento angular. Observe que ela também é uma equação vetorial, implicando em três equações escalares, tais como $M_x = dH_x/dt$.

Para uma massa e um momento arbitrários, $\mathbf{H}$ é extremamente complicada e envolve nove termos (ver, por exemplo, Referência 1). Em dinâmica elementar, é comum tratarmos apenas de um corpo rígido girando em torno de um eixo fixo x, para o qual a Equação (3.3) se reduz a

$$M_x = I_x \frac{d}{dt}(\omega_x) \qquad (3.4)$$

em que ω_x é a velocidade angular do corpo e I_x é seu momento de inércia de massa em relação ao eixo x. Infelizmente, os sistemas fluidos não são rígidos e raramente se reduzem a uma relação tão simples, conforme veremos na Seção 3.6.

Quarto, se uma quantidade de calor δQ é transferida ao sistema ou um trabalho δW é realizado pelo sistema, a energia dE do sistema deve variar de acordo com a relação de energia, ou primeira lei da termodinâmica,

$$\delta Q - \delta W = dE$$

ou
$$\dot{Q} - \dot{W} = \frac{dE}{dt} \qquad (3.5)$$

Tal como a conservação da massa, Equação (3.1), a Equação (3.5) representa uma relação escalar, com um único componente.

Por fim, a segunda lei da termodinâmica relaciona a variação de entropia dS com o calor transferido δQ e a temperatura absoluta T:

$$dS \geq \frac{\delta Q}{T} \qquad (3.6)$$

Essa relação é válida para um sistema e pode ser escrita em forma apropriada para volume de controle, mas, em mecânica dos fluidos, quase não ocorrem aplicações para ela, exceto na análise de detalhes sobre perdas do escoamento (ver Seção 9.5).

Todas essas leis envolvem propriedades termodinâmicas e, assim, devemos suplementá-las com relações de estado $p = p(\rho,T)$ e $e = e(\rho,T)$ para o fluido particular em estudo, como na Seção 1.8. Embora a termodinâmica não seja o tópico principal deste livro, ela é muito importante para o estudo geral da mecânica dos fluidos. A termodinâmica é crucial para o escoamento compressível, Capítulo 9. O estudante deve rever a primeira lei e as relações de estado, conforme discutido nas Referências 6 e 7.

O objetivo deste capítulo é colocar nossas quatro leis básicas na forma de volume de controle, apropriada para regiões arbitrárias em um escoamento:

1. Conservação da massa (Seção 3.3)
2. A relação de quantidade de movimento linear (Seção 3.4)
3. A relação de quantidade de movimento angular (Seção 3.6)
4. A equação da energia (Seção 3.7)

Sempre que necessário, para completar a análise, introduzimos também uma relação de estado, tal como a lei dos gases perfeitos.

As equações (3.1) até (3.6) aplicam-se tanto para sistemas fluidos como sólidos. Elas são ideais para a mecânica dos sólidos, na qual seguimos o mesmo sistema em todos os instantes, porque ele representa o produto que estamos projetando ou construindo. Por exemplo, seguimos uma viga à medida que ela sofre uma deflexão devido a um carregamento. Seguimos um pistão à medida que ele oscila. Seguimos um foguete em todo o seu trajeto até Marte.

Mas os sistemas fluidos não requerem essa atenção concentrada. É raro que desejemos seguir o trajeto completo de uma partícula específica do fluido. Em vez disso, é provável que o fluido constitua o ambiente cujo efeito sobre o nosso produto desejamos conhecer. Para os três exemplos citados, desejamos conhecer as cargas devido ao vento sobre a viga, as pressões do fluido sobre o pistão e os esforços de arrasto e sustentação sobre o foguete. Isso requer que as leis básicas sejam reescritas para que se apliquem a uma *região* específica nas vizinhanças do nosso produto. Em outras palavras, para onde as partículas de fluido no vento se dirigem, após se afastarem da viga, isso é de pouco interesse para um projetista de vigas. O ponto de vista do usuário traz implícita a necessidade da análise de volume de controle deste capítulo.

Ao analisarmos um volume de controle, convertemos as leis do sistema para que se apliquem a uma região específica que o sistema pode ocupar por um único instante. O sistema prossegue, e outros sistemas vêm em seguida, mas não importa. As leis básicas são reformuladas para que se apliquem a essa região local, designada volume de controle. Tudo que precisamos conhecer é o campo de escoamento nessa região e, não raro, hipóteses simples serão suficientemente precisas (por exemplo, escoamento uniforme na entrada e/ou na saída). Logo, as condições do escoamento longe do volume de controle são irrelevantes. A técnica para efetuar tais análises localizadas é o assunto deste capítulo.

Vazão volumétrica e vazão em massa

Todas as análises deste capítulo envolvem a avaliação da vazão volumétrica Q ou da vazão em massa $\dot{m}$ que atravessa uma superfície (imaginária) definida no escoamento.

Suponha que a superfície S na Figura 3.1*a* seja uma espécie de tela de arame (imaginária) através da qual o fluido passa, sem resistência. Quanto volume de fluido atravessa S na unidade de tempo? Tipicamente, se **V** varia com a posição, devemos integrar sobre a superfície elementar dA da Figura 3.1*a*. Além disso, **V** pode tipicamente atravessar dA com um ângulo θ em relação à normal. Seja **n** o vetor unitário normal a dA. Então, à quantidade de fluido deslocado através de dA durante o tempo dt corresponde o volume do paralelepípedo inclinado da Figura 3.1*b*:

$$d\mathcal{V} = V\,dt\,dA\cos\theta = (\mathbf{V}\cdot\mathbf{n})\,dA\,dt$$

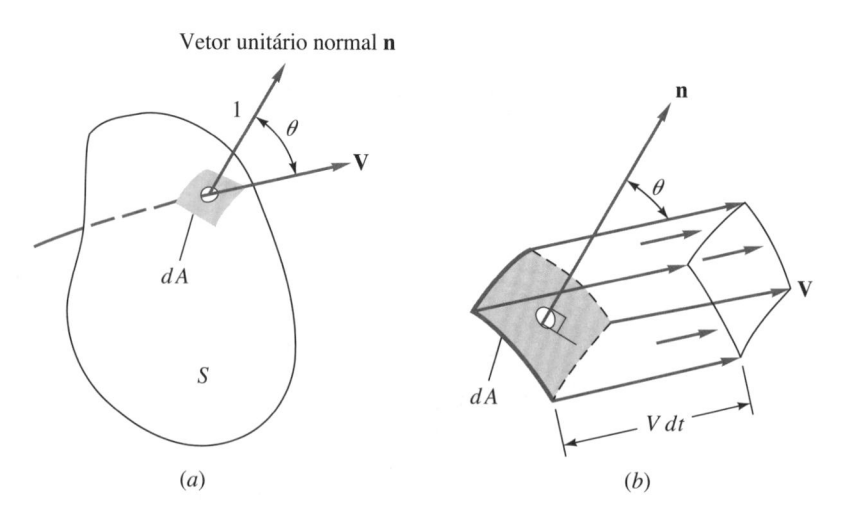

Figura 3.1 Vazão volumétrica do escoamento através de uma superfície arbitrária: (*a*) uma área elementar dA sobre a superfície; (*b*) o volume incremental de fluido deslocado através de dA é igual a $V\,dt\,dA\cos\theta$.

A integral de $d\mathcal{V}/dt$ é a vazão volumétrica total Q através da superfície S:

$$Q = \int_s (\mathbf{V} \cdot \mathbf{n}) \, dA = \int_s V_n \, dA \qquad (3.7)$$

Poderíamos substituir $\mathbf{V} \cdot \mathbf{n}$ pelo seu equivalente, V_n, o componente de $\mathbf{V}$ normal a dA, mas o uso do produto escalar permite que Q assuma um sinal que distingue entre os fluxos de entrada e os de saída. Por convenção, em todo este livro, consideramos $\mathbf{n}$ o vetor unitário normal orientado *para fora*. Dessa forma, $\mathbf{V} \cdot \mathbf{n}$ representa um fluxo de saída, se for positivo, e um fluxo de entrada, se for negativo. Essa interpretação será de grande utilidade, sempre que formos calcular vazões volumétricas e em massa, empregando as relações básicas de volume de controle.

A vazão volumétrica pode ser multiplicada pela massa específica para obter a vazão em massa $\dot{m}$. Se a massa específica variar sobre a superfície, deverá fazer parte da integral de superfície:

$$\dot{m} = \int_s \rho(\mathbf{V} \cdot \mathbf{n}) \, dA = \int_s \rho V_n \, dA$$

Se a massa específica for constante, ela pode sair do sinal de integração, resultando uma proporcionalidade direta:

Aproximação unidimensional: $\qquad \dot{m} = \rho Q = \rho A V$

As típicas unidades para Q são m³/s e para $\dot{m}$, kg/s.

3.2 O teorema de transporte de Reynolds

A fim de convertermos uma análise de sistema em análise de volume de controle, devemos transformar nossa matemática de forma a aplicá-la a uma região fixa, em vez de a massas individuais. Essa transformação, chamada de *teorema de transporte de Reynolds*, pode ser aplicada a todas as leis básicas. Examinando as leis básicas (3.1) até (3.3) e (3.5), vemos que todas se referem a derivadas temporais de grandezas do fluido, m, $\mathbf{V}$, $\mathbf{H}$ e E. O que precisamos, portanto, é relacionar a derivada temporal de uma grandeza do sistema à taxa de variação da mesma grandeza no interior de uma certa região.

A fórmula de conversão desejada difere ligeiramente, caso o volume de controle seja fixo, móvel ou deformável. A Figura 3.2 ilustra esses três casos. O volume de controle fixo da Figura 3.2a engloba uma região estacionária de interesse para um projetista de bocais. A superfície de controle é um conceito abstrato e não interfere no escoa-

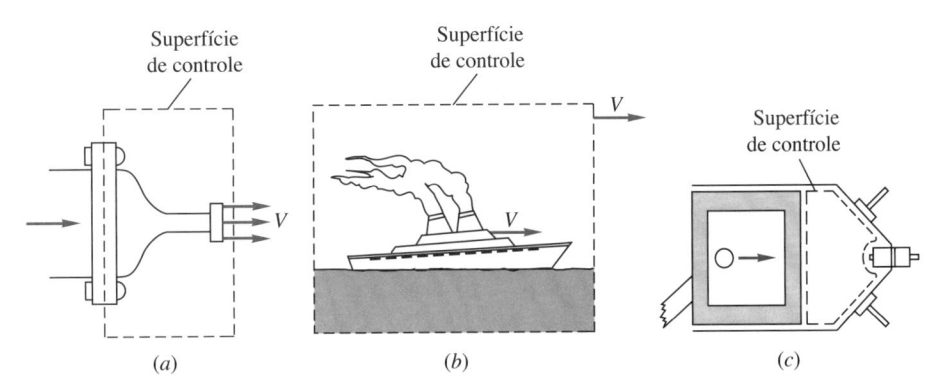

Figura 3.2 Volumes de controle fixo, em movimento e deformável: (*a*) volume de controle fixo, para análise de esforços em bocal; (*b*) volume de controle em movimento na velocidade de um navio, para análise de força de arrasto; (*c*) volume de controle deformável no interior de um cilindro, para análise da variação transiente de pressão.

mento de modo algum. Ela corta o jato que sai do bocal, envolve a atmosfera circundante e corta os parafusos dos flanges e o fluido dentro do bocal. Esse volume de controle particular evidencia as tensões nos parafusos dos flanges, que contribuem para as forças envolvidas numa análise de quantidade de movimento. Nesse sentido, o volume de controle se assemelha ao conceito de *corpo livre*, que é aplicado nas análises de sistemas, em mecânica dos sólidos.

A Figura 3.2*b* ilustra um volume de controle móvel. Nesse caso, o interesse está no navio, não no oceano, de forma que a superfície de controle persegue o navio com velocidade V. O volume de controle tem um volume constante, mas o movimento relativo entre a água e o navio deve ser considerado. Se V é constante, esse movimento relativo assume um padrão de escoamento permanente, o que simplifica a análise.[3] Se V é variável, o movimento relativo é não permanente, de modo que os resultados calculados variam com o tempo, e certos termos entram na análise de quantidade de movimento para representar o referencial não inercial (acelerando).

A Figura 3.2*c* mostra um volume de controle deformável. O movimento relativo nas fronteiras torna-se um fator importante, e a taxa de variação da forma do volume de controle entra na análise. Iniciamos com a dedução do caso de volume de controle fixo, considerando os outros casos como tópicos avançados. Uma história interessante sobre análise de volume de controle é encontrada em Vincenti [9].

Volume de controle fixo arbitrário

A Figura 3.3 mostra um volume de controle fixo generalizado, com um escoamento de padrão arbitrário que o atravessa. Há partes variáveis de fluxo de entrada e de saída, ao longo da superfície de controle. Em geral, em cada elemento de área dA da superfície haverá uma velocidade **V** diferente, formando um diferente ângulo θ com a normal local a dA. Em algumas áreas elementares, haverá fluxo de volume de entrada, $(VA \cos\theta)_{ent} dt$,

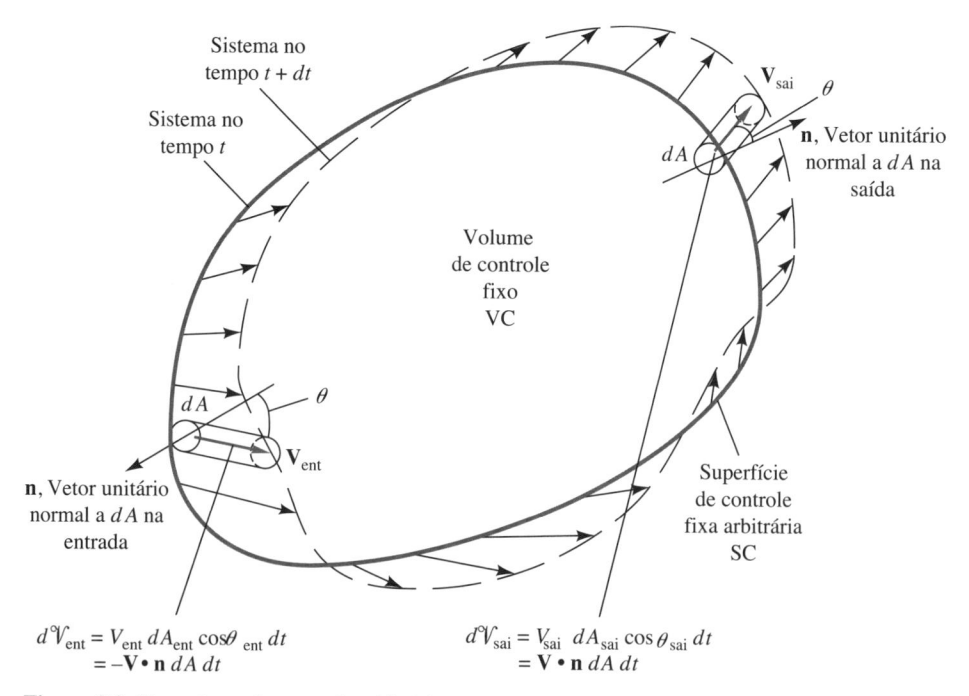

$$d\mathcal{V}_{ent} = V_{ent}\, dA_{ent} \cos\theta_{ent}\, dt = -\mathbf{V} \cdot \mathbf{n}\, dA\, dt$$

$$d\mathcal{V}_{sai} = V_{sai}\, dA_{sai} \cos\theta_{sai}\, dt = \mathbf{V} \cdot \mathbf{n}\, dA\, dt$$

Figura 3.3 Um volume de controle arbitrário com um padrão arbitrário de escoamento.

---

[3]Um *túnel* de vento utiliza um modelo fixo para simular o escoamento sobre um corpo movendo-se através de um fluido. Um *tanque de reboque* emprega um modelo móvel para simular a mesma situação.

e, em outras, haverá fluxo de volume de saída, $(VA\cos\theta)_{sai}\,dt$, conforme a Figura 3.3. Algumas áreas poderão corresponder a linhas de corrente ($\theta = 90°$) ou a paredes sólidas ($\mathbf{V} = 0$), sem fluxo de entrada ou de saída.

Seja B uma propriedade qualquer do fluido (energia, quantidade de movimento etc.), e seja $\beta = dB/dm$ a grandeza *intensiva* correspondente, definida pela quantidade de B por unidade de massa em qualquer porção pequena do fluido. A quantidade total de B no volume de controle (a curva sólida na Figura 3.3) é, portanto

$$B_{VC} = \int_{VC} \beta\, dm = \int_{VC} \beta\rho\, d\mathcal{V} \quad \beta = \frac{dB}{dm} \tag{3.8}$$

Examinando a Figura 3.3, vemos três fontes de variações em B relacionadas com o volume de controle:

$$\text{Uma variação no interior do volume de controle} \quad \frac{d}{dt}\left(\int_{VC} \beta\rho\, d\mathcal{V}\right)$$

$$\text{Fluxo de saída de } \beta \text{ no volume de controle} \quad \int_{SC} \beta\rho V \cos\theta\, dA_{sai} \tag{3.9}$$

$$\text{Fluxo de entrada de } \beta \text{ no volume de controle} \quad \int_{SC} \beta\rho V \cos\theta\, dA_{ent}$$

As notações VC e SC referem-se ao volume de controle e à superfície de controle, respectivamente. Observe, na Figura 3.3, que o *sistema* se moveu um pouco. No limite quando $dt \to 0$, a variação instantânea de B no sistema é a soma de sua variação no interior do VC, mais o seu fluxo que sai, menos o seu fluxo que entra:

$$\boxed{\frac{d}{dt}(B_{sist}) = \frac{d}{dt}\left(\int_{VC} \beta\rho\, d\mathcal{V}\right) + \int_{SC} \beta\rho V \cos\theta\, dA_{sai} - \int_{SC} \beta\rho V \cos\theta\, dA_{ent}} \tag{3.10}$$

Esse é o *teorema de transporte de Reynolds* para um volume de controle fixo arbitrário. Fazendo a propriedade B ser a massa, a quantidade de movimento linear ou angular ou a energia, podemos reescrever todas as leis básicas na forma de volume de controle. Observe que as três integrais em (3.10) referem-se à propriedade intensiva β. Uma vez que o volume de controle é fixo no espaço, os elementos de volume $d\mathcal{V}$ não variam com o tempo, de forma que a derivada temporal da integral de volume se anula, a menos que β ou ρ variem com o tempo (escoamento não permanente).

A Equação (3.10) expressa a fórmula básica na qual uma derivada temporal do sistema equivale à taxa de variação de B dentro do volume de controle mais o fluxo de B na superfície de controle, para fora, menos o fluxo de B na superfície de controle, para dentro. A quantidade B (ou β) pode ser qualquer grandeza vetorial ou escalar do fluido. Duas formas alternativas são possíveis para os termos de fluxo. Primeiro, podemos notar que $V\cos\theta$ é o componente de V normal ao elemento de área da superfície de controle. Logo, podemos escrever

$$\text{Termos de fluxo} = \int_{SC} \beta\rho V_n\, dA_{sai} - \int_{SC} \beta\rho V_n\, dA_{ent} = \int_{SC} \beta\, d\dot{m}_{sai} - \int_{SC} \beta\, d\dot{m}_{ent} \tag{3.10a}$$

em que $d\dot{m} = \rho V_n\, dA$ representa o elemento de fluxo de massa através da superfície. A forma (3.10a) ajuda a visualizar o que está sendo calculado.

Uma segunda forma alternativa oferece elegância e compacidade como vantagens. Se **n** é definido como o vetor unitário normal *para fora* em qualquer local da superfície de controle, então $\mathbf{V} \cdot \mathbf{n} = V_n$ na saída e $\mathbf{V} \cdot \mathbf{n} = -V_n$ na entrada. Logo, os termos de fluxo podem ser representados por uma única integral envolvendo $\mathbf{V} \cdot \mathbf{n}$ e que leva em conta tanto os fluxos positivos de saída como os negativos de entrada:

$$\text{Termos de fluxo} = \int_{\text{SC}} \beta \rho (\mathbf{V} \cdot \mathbf{n})\, dA \qquad (3.11)$$

A forma compacta do teorema de transporte de Reynolds é, portanto,

$$\frac{d}{dt}(B_{\text{sist}}) = \frac{d}{dt}\left(\int_{\text{VC}} \beta \rho\, d\mathcal{V}\right) + \int_{\text{SC}} \beta \rho (\mathbf{V} \cdot \mathbf{n})\, dA \qquad (3.12)$$

Essa forma é elegante, mas útil apenas em certas ocasiões, quando o sistema de coordenadas for adaptado, em termos ideais, ao volume de controle selecionado. Caso contrário, os cálculos serão mais fáceis se o fluxo de *B* na saída for adicionado e o fluxo de *B* na entrada for subtraído, de acordo com (3.10) ou (3.11).

O termo de derivada temporal pode ser escrito na forma equivalente

$$\frac{d}{dt}\left(\int_{\text{VC}} \beta \rho\, d\mathcal{V}\right) = \int_{\text{VC}} \frac{\partial}{\partial t}(\beta \rho)\, d\mathcal{V} \qquad (3.13)$$

para um volume de controle fixo, já que os elementos de volume não variam.

Volume de controle movendo-se à velocidade constante

Se o volume de controle estiver se movendo uniformemente à velocidade $\mathbf{V}_s$, como na Figura 3.2*b*, um observador ligado ao volume de controle verá o fluido atravessando a superfície de controle com uma velocidade relativa $\mathbf{V}_r$, definida por

$$\mathbf{V}_r = \mathbf{V} - \mathbf{V}_s \qquad (3.14)$$

em que **V** é a velocidade do fluido em relação ao mesmo referencial no qual o movimento $\mathbf{V}_s$ do volume de controle é observado. Note que a Equação (3.14) representa uma subtração vetorial. Os termos de fluxo serão proporcionais a $\mathbf{V}_r$, mas a integral de volume ficará inalterada, pois o volume de controle move-se com uma forma fixa, sem deformação. O teorema de transporte de Reynolds para esse caso de volume de controle que se move uniformemente é:

$$\frac{d}{dt}(B_{\text{sist}}) = \frac{d}{dt}\left(\int_{\text{VC}} \beta \rho\, d\mathcal{V}\right) + \int_{\text{SC}} \beta \rho (\mathbf{V}_r \cdot \mathbf{n})\, dA \qquad (3.15)$$

que se reduz à Equação (3.12) se $\mathbf{V}_s \equiv 0$.

Volume de controle de forma constante mas velocidade variável[4]

Se o volume de controle move-se a uma velocidade $\mathbf{V}_s(t)$ que conserva sua forma, então os elementos de volume não se alteram com o tempo, mas a velocidade relativa $\mathbf{V}_r = \mathbf{V}(\mathbf{r}, t) - \mathbf{V}_s(t)$ na fronteira torna-se uma função um tanto complicada. A forma da Equação (3.15) não se altera, mas a avaliação da integral de área pode ser mais trabalhosa.

---

[4]Essa seção pode ser omitida sem perda de continuidade.

Volume de controle com movimento e deformação arbitrários[5]

A situação mais geral ocorre quando o volume de controle tanto se move quanto se deforma arbitrariamente, conforme ilustrado na Figura 3.4. O fluxo de volume através da superfície de controle é ainda proporcional ao componente normal da velocidade relativa, $\mathbf{V}_r \cdot \mathbf{n}$, como na Equação (3.15). Todavia, uma vez que a superfície de controle exibe uma deformação, sua velocidade é $\mathbf{V}_s = \mathbf{V}_s(\mathbf{r},t)$, de modo que a velocidade relativa, $\mathbf{V}_r = \mathbf{V}(\mathbf{r}, t) - \mathbf{V}_s(\mathbf{r}, t)$, pode ser uma função complicada, apesar de a integral de fluxo ter a mesma forma que na Equação (3.15). Entretanto, a integral de volume da Equação (3.15) deve agora considerar a distorção dos elementos de volume com o tempo. Logo, a derivada temporal deve ser aplicada *após* a integração. Assim, o teorema de transporte para um volume de controle deformável assume a forma[5]

$$\frac{d}{dt}(B_{\text{sist}}) = \frac{d}{dt}\left(\int_{\text{VC}} \beta\rho \, d\mathcal{V}\right) + \int_{\text{SC}} \beta\rho(\mathbf{V}_r \cdot \mathbf{n}) \, dA \qquad (3.16)$$

Este é o caso mais geral, que podemos comparar com a forma equivalente para um volume de controle fixo:

$$\frac{d}{dt}(B_{\text{sist}}) = \int_{\text{VC}} \frac{\partial}{\partial t}(\beta\rho) \, d\mathcal{V} + \int_{\text{SC}} \beta\rho(\mathbf{V} \cdot \mathbf{n}) \, dA \qquad (3.17)$$

O volume de controle móvel e deformável, Equação (3.16), apresenta apenas duas complicações: (1) a derivada temporal da primeira integral à direita deve ser efetuada do lado de fora e (2) a segunda integral envolve a velocidade *relativa* $\mathbf{V}_r$ entre o sistema fluido e a superfície de controle. Essas diferenças e sutilezas matemáticas são mais bem apreciadas por meio de exemplos.

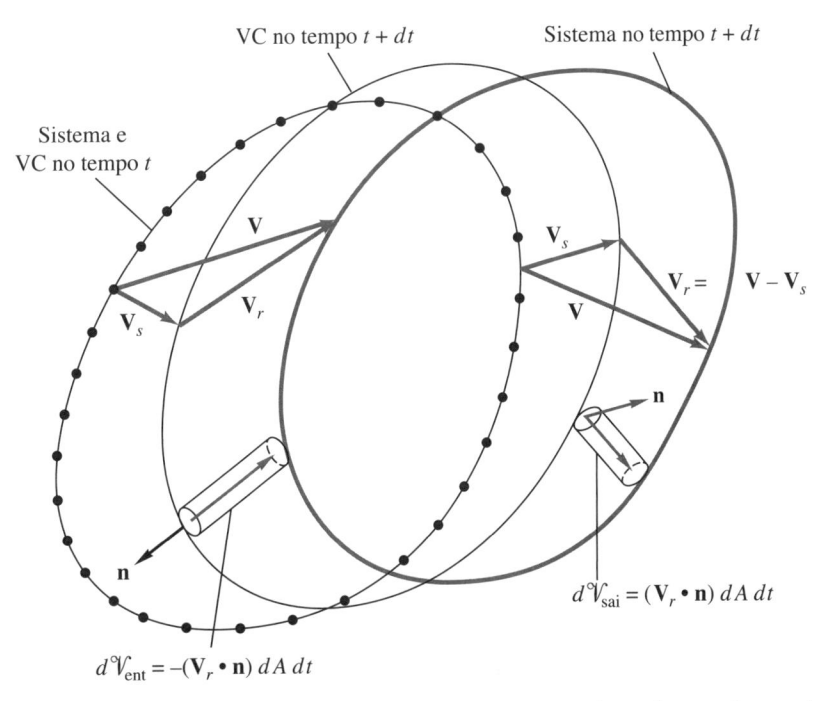

Figura 3.4 Efeitos da velocidade relativa entre um sistema e um volume de controle quando ambos se movem e se deformam. As fronteiras do sistema movem-se à velocidade $\mathbf{V}$, e a superfície de controle move-se à velocidade $\mathbf{V}_s$.

---
[5]Essa seção pode ser omitida sem perda de continuidade.

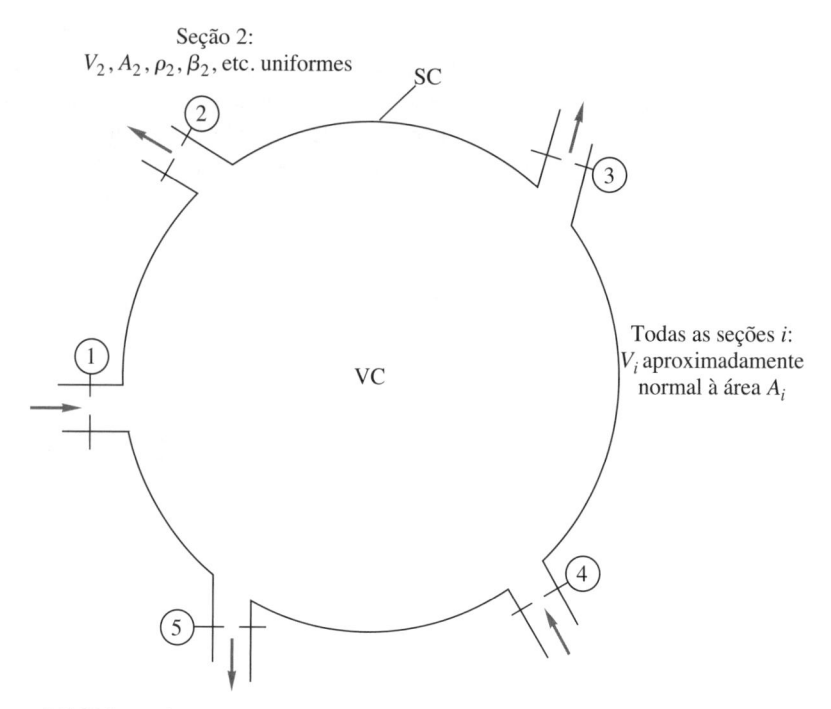

Figura 3.5 Volume de controle com entradas e saídas unidimensionais simplificadas.

Aproximações unidimensionais para os termos de fluxo

Em muitas aplicações, o escoamento atravessa as fronteiras da superfície de controle apenas em certas entradas e saídas simplificadas, que são aproximadamente *unidimensionais*, isto é, as propriedades do escoamento são aproximadamente uniformes ao longo das seções transversais de entrada ou de saída. Logo, os dois termos de integral de fluxo requeridos na Equação (3.12) se reduzem a uma simples soma de termos com sinal positivo (saída) e termos com sinal negativo (entrada), dados por produtos das propriedades do escoamento nas seções transversais:

$$\frac{d}{dt}(B_{\text{sist}}) = \frac{d}{dt}\left(\int_{\text{VC}} \beta \, dm\right) + \sum_{\text{sai}} \beta_i \dot{m}_i \Big|_{\text{sai}} - \sum_{\text{ent}} \beta_i \dot{m}_i \Big|_{\text{ent}} \text{ em que } \dot{m}_i = \rho_i A_i V_i \quad (3.18)$$

Para o autor, essa é uma maneira atraente de preparar uma análise de volume de controle sem usar a notação de produto vetorial. Um exemplo dessa situação é mostrado na Figura 3.5. Existem escoamentos de entrada nas seções 1 e 4 e escoamentos de saída nas seções 2, 3 e 5. Para esse problema particular, a Equação (3.18) ficaria

$$\frac{d}{dt}(B_{\text{sist}}) = \frac{d}{dt}\left(\int_{\text{VC}} \beta \, dm\right) + \beta_2(\rho AV)_2 + \beta_3(\rho AV)_3 + \beta_5(\rho AV)_5 \\ - \beta_1(\rho AV)_1 - \beta_4(\rho AV)_4 \quad (3.19)$$

sem nenhuma contribuição de qualquer outra porção da superfície de controle porque não há fluxo através da fronteira.

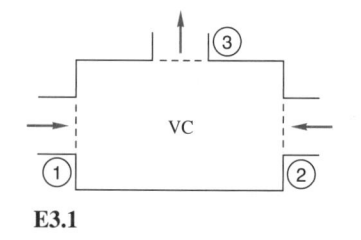

EXEMPLO 3.1

Um volume de controle fixo tem três seções unidimensionais na fronteira, como mostra a Figura E3.1. O escoamento no interior do volume é permanente. As propriedades em cada seção estão tabuladas a seguir. Determine a taxa de variação da energia do sistema que ocupa o volume de controle neste instante.

Seção	Tipo	ρ, kg/m^3	V, m/s	A, m^2	e, J/kg
1	Entrada	800	5,0	2,0	300
2	Entrada	800	8,0	3,0	100
3	Saída	800	17,0	2,0	150

Solução

- *Esboço do sistema:* A Figura E3.1 mostra dois fluxos de entrada, 1 e 2, e um único fluxo de saída, 3.
- *Hipóteses:* Escoamento permanente, volume de controle fixo, fluxos de entrada e saída unidimensionais.
- *Abordagem:* Aplique a Equação (3.17) tendo como propriedade a *energia*, em que $B = E$ e $\beta = dE/dm = e$. Use a aproximação do escoamento unidimensional e então insira os dados da tabela.
- *Passos da solução:* A saída 3 contribui com um termo positivo, e as entradas 1 e 2 são negativas. A forma apropriada da Equação (3.12) é

$$\left(\frac{dE}{dt}\right)_{sist} = \frac{d}{dt}\left(\int_{VC} e\,\rho\,dv\right) + e_3\dot{m}_3 - e_1\dot{m}_1 - e_2\dot{m}_2$$

Como o escoamento é permanente, a derivada temporal do termo da integral de volume é zero. Introduzindo $(\rho A V)_i$ como agrupamento da vazão em massa, obtemos

$$\left(\frac{dE}{dt}\right)_{sist} = -e_1\rho_1 A_1 V_1 - e_2\rho_2 A_2 V_2 + e_3\rho_3 A_3 V_3$$

Introduzindo os valores numéricos da tabela, temos

$$\left(\frac{dE}{dt}\right)_{sist} = -(300 \text{ J/kg})(800 \text{ kg/m}^3)(2 \text{ m}^2)(5 \text{ m/s}) - 100(800)(3)(8) + 150(800)(2)(17)$$

$$= (-2.400.000 - 1.920.000 + 4.080.000) \text{ J/s}$$

$$= -240.000 \text{ J/s} = -0,24 \text{ MJ/s} \qquad \textit{Resposta}$$

Assim o sistema está perdendo energia a uma taxa de 0,24 MJ/s = 0,24 MW. Como nós levamos em conta toda a energia do fluido que está cruzando a fronteira, concluímos pela primeira lei que deve haver uma perda de calor através da superfície de controle, ou o sistema deve estar realizando trabalho sobre as vizinhanças por meio de algum dispositivo não mostrado. Observe que o uso de unidades SI leva a um resultado consistente em joules por segundo sem qualquer fator de conversão. No Capítulo 1 havíamos prometido que seria assim.

- *Comentários:* Este problema envolve energia, mas considere que devemos verificar também o balanço de massa. Então B = massa m e $\beta = dm/dm$ = unidade. Novamente, a integral de volume desaparece para escoamento permanente, e a Equação (3.17) se reduz a

$$\left(\frac{dm}{dt}\right)_{sist} = \int_{SC} \rho(\mathbf{V} \cdot \mathbf{n})\,dA = -\rho_1 A_1 V_1 - \rho_2 A_2 V_2 + \rho_3 A_3 V_3$$

$$= -(800 \text{ kg/m}^3)(2 \text{ m}^2)(5 \text{ m/s}) - 800(3)(8) + 800(17)(2)$$

$$= (-8000 - 19.200 + 27.200) \text{ kg/s} = 0 \text{ kg/s}$$

Logo, a massa do sistema não varia, o que exprime corretamente a lei de conservação da massa do sistema, Equação (3.1).

E3.2

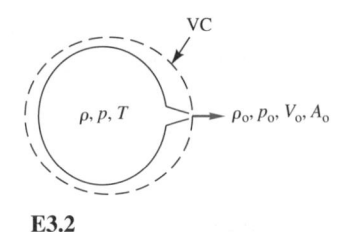

Exemplo 3.2

Ar comprimido num tanque rígido de volume $\mathcal{V}$ descarrega por um pequeno bocal como na Fig. E3.2. As propriedades do ar se alteram através do bocal, e o escoamento sai nas condições ρ_o, V_o, A_o. Encontre uma expressão para a taxa de variação da massa específica no tanque.

Solução

- *Esboço do sistema:* A Fig. E3.2 mostra uma saída, sem entradas. A área de saída é A_o.
- *Volume de controle:* Como mostrado, escolhemos um VC que circunda todo o tanque e o bocal.
- *Hipóteses:* Escoamento não permanente (a massa de ar no tanque diminui), fluxo de saída unidimensional.
- *Abordagem:* Aplique a Eq. (3.16) para a massa, $B = m$ e $\beta = dm/dm = 1$.
- *Etapas da solução:* Escreva a relação de transporte de Reynolds (3.16) para este problema:

$$\left(\frac{dm}{dt}\right)_{sist} = 0 = \frac{d}{dt}\left(\int_{VC} \rho\, d\mathcal{V}\right) + \int_{SC} \rho(\mathbf{V} \cdot \mathbf{n})\, dA = \mathcal{V}\frac{d\rho}{dt} + \rho_o V_o A_o$$

Resolva para a taxa de variação da massa específica do ar no tanque:

$$\frac{d\rho}{dt} = -\frac{\rho_o V_o A_o}{\mathcal{V}} \quad \textit{Resposta}$$

- *Comentários:* Esta é uma equação diferencial ordinária de primeira ordem para a massa específica do ar no tanque. Se considerarmos as variações em ρ_o e V_o das teorias de escoamento compressível do Cap. 9, podemos facilmente resolver esta equação para a massa específica do ar no tanque $\rho(t)$.

Para estudos avançados, muitos detalhes adicionais da análise dos volumes de controle deformáveis podem ser encontrados em Hansen [4] e Potter et al. [5]

3.3 Conservação da massa

O teorema de transporte de Reynolds, Equação (3.16) ou (3.17), estabelece uma relação entre as taxas de variação do sistema e as integrais de volume e de superfície do volume de controle. Por outro lado, as derivadas temporais do sistema estão relacionadas às leis básicas da mecânica, equações (3.1) a (3.5). Eliminando as derivadas temporais do sistema, no teorema e nas leis, resultam formas de volume de controle, ou formas *integrais*, para as leis da mecânica dos fluidos. A variável muda B torna-se, respectivamente, a massa, a quantidade de movimento linear, a quantidade de movimento angular e a energia.

Para a conservação da massa, conforme discutimos nos exercícios 3.1 e 3.2, $B = m$ e $\beta = dm/dm = 1$. A Equação (3.1) torna-se

$$\left(\frac{dm}{dt}\right)_{sist} = 0 = \frac{d}{dt}\left(\int_{VC} \rho\, d\mathcal{V}\right) + \int_{SC} \rho(\mathbf{V}_r \cdot \mathbf{n})\, dA \tag{3.20}$$

Essa é a forma integral da lei de conservação da massa para um volume de controle deformável. Para um volume de controle fixo, temos

$$\int_{VC} \frac{\partial \rho}{\partial t}\, d\mathcal{V} + \int_{SC} \rho(\mathbf{V} \cdot \mathbf{n})\, dA = 0 \tag{3.21}$$

Se o volume de controle possui apenas um certo número de entradas e saídas unidimensionais, podemos escrever

$$\int_{VC} \frac{\partial \rho}{\partial t} d\mathcal{V} + \sum_i (\rho_i A_i V_i)_{sai} - \sum_i (\rho_i A_i V_i)_{ent} = 0 \qquad (3.22)$$

Outros casos especiais ocorrem. Considere que o escoamento no interior do volume de controle seja permanente; então, $\partial \rho / \partial t \equiv 0$, e a Equação (3.21) reduz-se a

$$\int_{SC} \rho(\mathbf{V} \cdot \mathbf{n}) dA = 0 \qquad (3.23)$$

Esta última estabelece que, para escoamento permanente, os fluxos de massa que entram e saem do volume de controle devem se contrabalançar exatamente.[6] Se, além disso, as entradas e saídas forem unidimensionais, teremos, para escoamento permanente,

$$\sum_i (\rho_i A_i V_i)_{ent} = \sum_i (\rho_i A_i V_i)_{sai} \qquad (3.24)$$

Essa simples aproximação é largamente utilizada em análises de engenharia. Por exemplo, referindo-se à Figura 3.5, vemos que, se o escoamento no volume de controle é permanente, os três fluxos de massa de saída contrabalançam os dois fluxos de entrada:

$$\text{Fluxo de saída} = \text{Fluxo de entrada}$$
$$\rho_2 A_2 V_2 + \rho_3 A_3 V_3 + \rho_5 A_5 V_5 = \rho_1 A_1 V_1 + \rho_4 A_4 V_4 \qquad (3.25)$$

A grandeza $\rho A V$ é chamada *fluxo de massa* que atravessa a seção transversal unidimensional e cujas unidades consistentes são quilogramas por segundo no SI. A Equação (3.25) pode ser reescrita de forma resumida

$$\dot{m}_2 + \dot{m}_3 + \dot{m}_5 = \dot{m}_1 + \dot{m}_4 \qquad (3.26)$$

e, em geral, a relação (3.23) para conservação da massa no escoamento permanente pode ser escrita como

$$\sum_i (\dot{m}_i)_{sai} = \sum_i (\dot{m}_i)_{ent} \qquad (3.27)$$

Se as entradas e saídas não são unidimensionais, deve-se calcular $\dot{m}$ por integração na seção

$$\dot{m}_{st} = \int_{st} \rho(\mathbf{V} \cdot \mathbf{n}) dA \qquad (3.28)$$

em que "st" refere-se a "seção transversal". Uma situação desse tipo é ilustrada no Exemplo 3.4.

---

[6] Ao longo de toda esta seção, estamos negligenciando *fontes* ou *sumidouros* de massa que poderiam ocorrer no interior do volume de controle. As equações (3.20) e (3.21) podem ser facilmente modificadas pela introdução de termos do tipo fonte e sumidouro, mas isso raramente é necessário.

Escoamento incompressível

Simplificações adicionais ainda são possíveis se o escoamento for incompressível, o qual pode ser definido como um escoamento que apresenta variações de densidade desprezíveis para a exigência de conservação da massa.[7] Como vimos no Capítulo 1, todos os líquidos são aproximadamente incompressíveis, e escoamentos de gases podem se comportar como se fossem incompressíveis, particularmente se a velocidade do gás for menor que 30% da velocidade do som no gás.

Novamente, considere o volume de controle fixo. Para escoamento aproximadamente incompressível, o termo $\partial \rho / \partial t$ é desprezível e a integral de volume na Equação (3.21) pode ser desprezada. A massa específica constante pode, então, ser retirada da integral de superfície para uma bela simplificação:

$$\frac{d}{dt}\int_{VC}\frac{\partial \rho}{\partial t}\,dv + \int_{SC}\rho(\mathbf{V}\cdot\mathbf{n})\,dA = 0 = \int_{SC}\rho(\mathbf{V}\cdot\mathbf{n})\,dA = \rho\int_{SC}(\mathbf{V}\cdot\mathbf{n})\,dA$$

ou
$$\int_{SC}(\mathbf{V}\cdot\mathbf{n})\,dA = 0 \tag{3.29}$$

Se as entradas e as saídas são unidimensionais, temos

$$\sum_{i}(V_i A_i)_{sai} = \sum_{i}(V_i A_i)_{ent}$$

ou
$$\sum Q_{sai} = \sum Q_{ent} \tag{3.30}$$

em que $Q_i = V_i A_i$ é chamada de *vazão volumétrica* que atravessa a seção transversal dada.

Novamente, se forem usadas unidades consistentes, $Q = VA$ terá unidades de metros cúbicos por segundo (SI). Se a seção transversal não é unidimensional, temos de integrar

$$Q_{CS} = \int_{SC}(\mathbf{V}\cdot\mathbf{n})\,dA \tag{3.31}$$

A Equação (3.31) permite-nos definir uma *velocidade média* V_m que, quando multiplicada pela área da seção, fornece a vazão volumétrica correta:

$$V_m = \frac{Q}{A} = \frac{1}{A}\int(\mathbf{V}\cdot\mathbf{n})\,dA \tag{3.32}$$

Esta poderia ser chamada de *velocidade média baseada no volume*. Se a densidade varia através da seção, podemos definir uma massa específica média da mesma maneira:

$$\rho_m = \frac{1}{A}\int \rho\,dA \tag{3.33}$$

Mas o fluxo de massa conteria um produto entre massa específica e velocidade, e o produto médio $(\rho V)_m$ teria, em geral, um valor diferente do produto das médias:

$$(\rho V)_m = \frac{1}{A}\int \rho(\mathbf{V}\cdot\mathbf{n})\,dA \approx \rho_m V_m \tag{3.34}$$

---

[7] Atenção: há um grau de subjetividade ao se especificar a incompressibilidade. Os oceanógrafos consideram uma variação de densidade de 0,1% bastante significativa, enquanto os aerodinamicistas frequentemente desprezam variações de densidade em escoamentos de gases altamente compressíveis, até mesmo hipersônicos. Ao usar a aproximação de incompressibilidade, é sua tarefa justificá-la.

A velocidade média é ilustrada no Exemplo 3.4. Podemos normalmente desprezar a diferença ou, se necessário, aplicar um fator de correção entre a média da massa e a média do volume.

EXEMPLO 3.3

Escreva a relação de conservação da massa para escoamento em regime permanente através de um tubo de corrente (o escoamento é paralelo às paredes em todos os pontos) com uma única entrada 1 e uma única saída 2 unidimensionais (Figura E3.3).

Solução

Para escoamento em regime permanente, aplica-se a Equação (3.24) com a única entrada e saída:

$$\dot{m} = \rho_1 A_1 V_1 = \rho_2 A_2 V_2 = \text{const}$$

Logo, em um tubo de corrente em regime permanente, o fluxo de massa é constante através de cada seção do tubo. Se a densidade for constante, então

$$Q = A_1 V_1 = A_2 V_2 = \text{const} \quad \text{ou} \quad V_2 = \frac{A_1}{A_2} V_1$$

Para escoamento permanente incompressível, a vazão volumétrica no tubo é constante, e a velocidade aumenta se a área da seção transversal diminui. Essa relação foi deduzida por Leonardo da Vinci em 1500.

EXEMPLO 3.4

Para escoamento viscoso permanente através de um tubo circular (Figura E3.4), o perfil de velocidade axial é dado aproximadamente por

$$u = U_0 \left(1 - \frac{r}{R}\right)^m$$

de modo que u varia de zero na parede ($r = R$), ou não escorregamento, até um máximo $u = U_0$ na linha de centro $r = 0$. Para escoamento altamente viscoso (laminar) $m \approx \frac{1}{2}$, enquanto para escoamento menos viscoso (turbulento) $m \approx \frac{1}{7}$. Calcule a velocidade média se a densidade for constante.

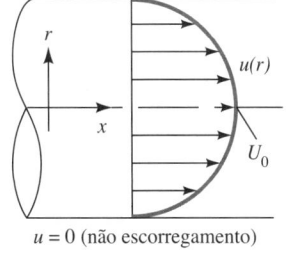

Solução

A velocidade média é definida pela Equação (3.32). Aqui $\mathbf{V} = \mathbf{i}u$ e $\mathbf{n} = \mathbf{i}$, e portanto $\mathbf{V} \cdot \mathbf{n} = u$. Como o escoamento é simétrico, o elemento de área transversal pode ser considerado um anel circular $dA = 2\pi r\, dr$. A Equação (3.32) torna-se

$$V_m = \frac{1}{A} \int u\, dA = \frac{1}{\pi R^2} \int_0^R U_0 \left(1 - \frac{r}{R}\right)^m 2\pi r\, dr$$

ou
$$V_m = U_0 \frac{2}{(1 + m)(2 + m)} \quad \textit{Resposta}$$

Para a aproximação do escoamento laminar, $m \approx \frac{1}{2}$ e $V_m \approx 0{,}53 U_0$. (A teoria exata do escoamento laminar no Capítulo 6 fornece $V_m = 0{,}50 U_0$.) Para escoamento turbulento, $m \approx \frac{1}{7}$ e $V_m \approx 0{,}82 U_0$. (Não há uma teoria exata para escoamento turbulento; sendo assim, aceitamos essa aproximação.) O perfil de velocidade turbulento é mais uniforme ao longo da seção transversal e, portanto, a velocidade média é apenas ligeiramente menor que a máxima.

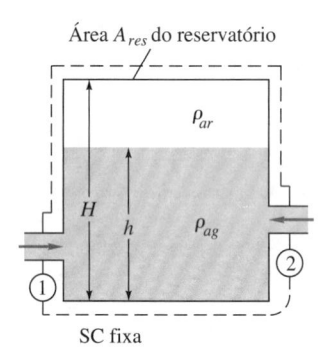

E3.5

EXEMPLO 3.5

O reservatório da Figura E3.5 está sendo abastecido com água por duas entradas unidimensionais. Existe ar aprisionado no topo do reservatório. A altura da água é h. (a) Encontre uma expressão para a variação da altura da água dh/dt. (b) Calcule dh/dt se $D_1 = 25$ mm, $D_2 = 75$ mm, $V_1 = 0{,}9$ m/s, $V_2 = 0{,}6$ m/s e $A_{res} = 0{,}18$ m², considerando água a 20°C.

Solução

Parte (a) Um volume de controle recomendável engloba o reservatório e corta as duas entradas. O escoamento no interior é não permanente, e a Equação (3.22) se aplica com duas entradas e nenhuma saída:

$$\frac{d}{dt}\left(\int_{VC} \rho \, d\mathcal{V}\right) - \rho_1 A_1 V_1 - \rho_2 A_2 V_2 = 0 \qquad (1)$$

Sendo A_{res} a área da seção transversal do reservatório, o termo não permanente pode ser avaliado da seguinte maneira:

$$\frac{d}{dt}\left(\int_{VC} \rho \, d\mathcal{V}\right) = \frac{d}{dt}(\rho_{ag} A_{res} h) + \frac{d}{dt}[\rho_{ar} A_{res}(H - h)] = \rho_{ag} A_{res} \frac{dh}{dt} \qquad (2)$$

O termo ρ_{ar} desaparece, porque representa a taxa de variação da massa de ar, sendo nula porque o ar está confinado no topo do reservatório. Substituindo (2) em (1), encontramos a taxa de variação da altura da água

$$\frac{dh}{dt} = \frac{\rho_1 A_1 V_1 + \rho_2 A_2 V_2}{\rho_{ag} A_{res}} \qquad \textit{Resposta (a)}$$

Para a água, $\rho_1 = \rho_2 = \rho_{ag}$, e esse resultado se reduz a

$$\frac{dh}{dt} = \frac{A_1 V_1 + A_2 V_2}{A_{res}} = \frac{Q_1 + Q_2}{A_{res}} \qquad (3)$$

Parte (b) As duas vazões volumétricas de entrada são

$$Q_1 = A_1 V_1 = \tfrac{1}{4}\pi(0{,}025)^2(0{,}9) = 0{,}442 \times 10^{-3} \text{ m}^3/\text{s}$$

$$Q_2 = A_2 V_2 = \tfrac{1}{4}\pi(0{,}075)^2(0{,}6) = 2{,}651 \times 10^{-3} \text{ m}^3/\text{s}$$

Logo, da Equação (3),

$$\frac{dh}{dt} = \frac{(0{,}442 + 2{,}651) \times 10^{-3} \text{ m}^3/\text{s}}{0{,}18 \text{ m}^2} = 0{,}017 \text{ m/s} \qquad \textit{Resposta (b)}$$

Sugestão: Repita esse problema com o topo do reservatório aberto.

As relações de volume de controle para a massa, Equação (3.20) ou (3.21), são fundamentais em todas as análises de escoamento. Elas envolvem apenas a velocidade e a massa específica. As direções vetoriais não são relevantes, exceto para determinar a velocidade normal à superfície e, portanto, informar se o escoamento *entra* ou *sai*. Embora a sua análise específica possa envolver forças ou quantidades de movimento ou energia, você deve sempre se certificar de que o balanço de massa faz parte das análises; do contrário, os resultados serão irreais e provavelmente incorretos. Veremos nos próximos exemplos como a conservação da massa é constantemente verificada ao realizarmos uma análise de outras propriedades do fluido.

3.4 A equação da quantidade de movimento linear

Na segunda lei de Newton, Equação (3.2), a propriedade que está sendo diferenciada é a quantidade de movimento linear $m\mathbf{V}$. Portanto, nossa variável muda é $\mathbf{B} = m\mathbf{V}$ e $\beta = d\mathbf{B}/dm = \mathbf{V}$, e a aplicação do teorema de transporte de Reynolds nos fornece a relação da quantidade de movimento linear para um volume de controle deformável:

$$\frac{d}{dt}(m\mathbf{V})_{\text{sist}} = \sum \mathbf{F} = \frac{d}{dt}\left(\int_{\text{VC}} \mathbf{V}\rho\, d\mathcal{V}\right) + \int_{\text{SC}} \mathbf{V}\rho(\mathbf{V}_r \cdot \mathbf{n})\, dA \qquad (3.35)$$

Os pontos relacionados a seguir, concernentes a essa relação, devem ser fortemente enfatizados:

1. A grandeza $\mathbf{V}$ é a velocidade do fluido em relação a um referencial *inercial* (não acelerado); caso contrário, a segunda lei de Newton deve ser modificada para incluir termos não inerciais de aceleração relativa (veja o fim desta seção).
2. O termo $\Sigma \mathbf{F}$ é a *soma vetorial* de todas as forças atuantes no volume de controle material, considerado como um corpo livre; isto é, ele inclui forças de superfície sobre todos os fluidos e sólidos cortados pela superfície de controle mais todas as forças de corpo (gravitacional e eletromagnético) agindo sobre as massas no interior do volume de controle.
3. A equação inteira é uma relação vetorial; ambas as integrais representam vetores devido à grandeza $\mathbf{V}$ nos integrandos. Logo, a equação tem três componentes. Se quisermos somente o componente x, por exemplo, a equação se reduz a

$$\sum F_x = \frac{d}{dt}\left(\int_{\text{VC}} u\rho\, d\mathcal{V}\right) + \int_{\text{SC}} u\rho(\mathbf{V}_r \cdot \mathbf{n})\, dA \qquad (3.36)$$

E, de maneira análoga, ΣF_y e ΣF_z envolveriam v e w, respectivamente. Não levar em conta a natureza vetorial da relação de quantidade de movimento linear (3.35) é provavelmente a maior fonte dos erros cometidos pelos estudantes nas análises de volume de controle.

Para um volume de controle fixo, a velocidade relativa $\mathbf{V}_r \equiv \mathbf{V}$, e a Equação (3.35) se torna

$$\sum \mathbf{F} = \frac{d}{dt}\left(\int_{\text{VC}} \mathbf{V}\rho\, d\mathcal{V}\right) + \int_{\text{SC}} \mathbf{V}\rho(\mathbf{V} \cdot \mathbf{n})\, dA \qquad (3.37)$$

Insistimos novamente que essa é uma relação vetorial e que $\mathbf{V}$ deve ser uma velocidade com relação a um referencial inercial. A maior parte das análises de quantidade de movimento neste livro usa a Equação (3.37).

Fluxo de quantidade de movimento unidimensional

Por analogia com a expressão *fluxo de massa* usada na Equação (3.28), a integral de superfície na Equação (3.37) é chamada de *fluxo de quantidade de movimento*. Representamos a quantidade de movimento por **M**, então

$$\dot{\mathbf{M}}_{SC} = \int_{st} \mathbf{V}\rho(\mathbf{V} \cdot \mathbf{n}) \, dA \qquad (3.38)$$

Devido ao produto escalar, o resultado será negativo para fluxo de quantidade de movimento de entrada e positivo para fluxo de quantidade de movimento de saída. Se a seção transversal for unidimensional, **V** e ρ são uniformes sobre a área, e o resultado da integração será

$$\dot{\mathbf{M}}_{st\,i} = \mathbf{V}_i(\rho_i V_{ni} A_i) = \dot{m}_i \mathbf{V}_i \qquad (3.39)$$

para um fluxo de saída e $-\dot{m}_i \mathbf{V}_i$ para um fluxo de entrada. Logo, se o volume de controle tiver apenas entradas e saídas unidimensionais, a Equação (3.37) se reduz a

$$\sum \mathbf{F} = \frac{d}{dt}\left(\int_{VC} \mathbf{V}\rho \, d\mathcal{V}\right) + \sum (\dot{m}_i \mathbf{V}_i)_{sai} - \sum (\dot{m}_i \mathbf{V}_i)_{ent} \qquad (3.40)$$

Essa é uma aproximação comumente usada em análises de engenharia. É fundamental compreender que estamos tratando com somas vetoriais. A Equação (3.40) estabelece que o vetor da força resultante sobre um volume de controle fixo é igual à taxa de variação da quantidade de movimento no interior do volume de controle mais a soma vetorial dos fluxos de quantidade de movimento de saída menos a soma vetorial dos fluxos de entrada.

Força de pressão resultante sobre uma superfície de controle fechada

De maneira geral, as forças de superfície sobre um volume de controle são decorrentes de (1) forças expostas pelos cortes através dos corpos sólidos que se prolongam pela superfície e (2) forças decorrentes de pressões e tensões viscosas do fluido circundante. O cálculo da força de pressão é relativamente simples, como mostra a Figura 3.6. Lem-

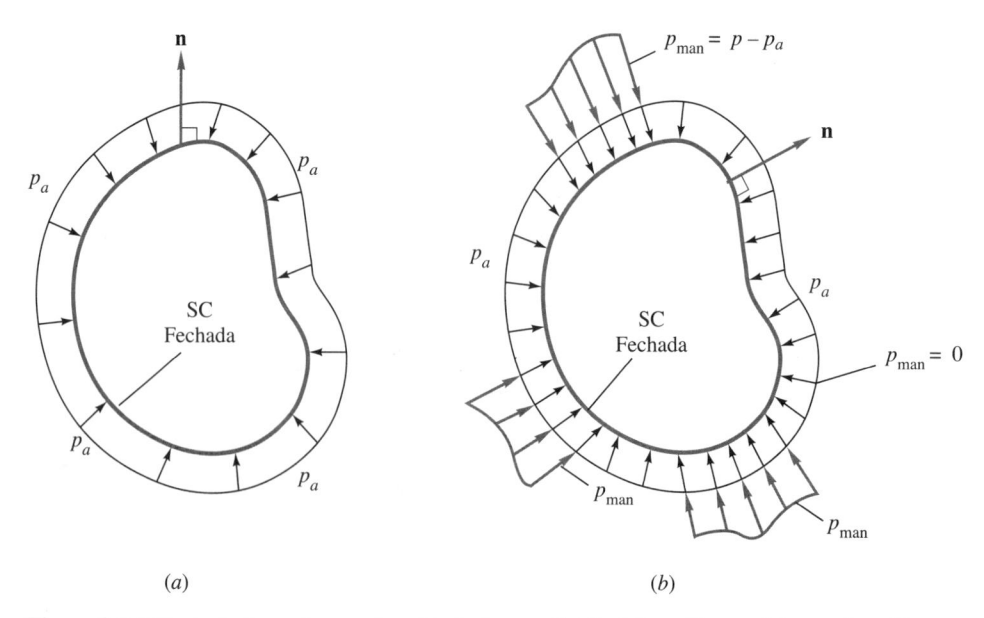

Figura 3.6 Cálculo da força de pressão subtraindo uma distribuição uniforme: (*a*) pressão uniforme, $\mathbf{F} = -p_a \int \mathbf{n} \, dA \equiv 0$; (*b*) pressão não uniforme, $\mathbf{F} = -\int (p - p_a)\mathbf{n} \, dA$.

bre-se, do Capítulo 2, que a força de pressão externa em uma superfície é normal à superfície, no sentido *para dentro*. Como o vetor unitário **n** é definido *para fora*, uma maneira de escrever a força de pressão é

$$\mathbf{F}_{\text{pressão}} = \int_{SC} p(-\mathbf{n})\, dA \tag{3.41}$$

Agora, se a pressão tiver um valor uniforme p_a ao longo de toda a superfície, como na Figura 3.7a, a força de pressão resultante será zero:

$$\mathbf{F}_{\text{PU}} = \int p_a(-\mathbf{n})\, dA = -p_a \int \mathbf{n}\, dA \equiv 0 \tag{3.42}$$

em que o subscrito PU significa pressão uniforme. Esse resultado é *independente da forma da superfície*[8] desde que a superfície seja fechada e todos os nossos volumes de controle sejam fechados. Assim, um problema aparentemente complicado, envolvendo forças de pressão, pode ser simplificado subtraindo-se qualquer pressão uniforme conveniente p_a e trabalhando-se apenas com as partes remanescentes da pressão manométrica, conforme ilustra a Figura 3.6b. Assim, a Equação (3.41) é inteiramente equivalente a

$$\mathbf{F}_{\text{pressão}} = \int_{SC} (p - p_a)(-\mathbf{n})\, dA = \int_{SC} p_{\text{man}}(-\mathbf{n})\, dA$$

Esse artifício pode significar grande economia nos cálculos.

EXEMPLO 3.6

Um volume de controle de uma seção de bocal tem pressão superficial absoluta de 276 kPa na seção 1 e pressão atmosférica de 103 kPa (absoluta) na seção 2 e sobre a superfície externa do bocal, como mostra a Figura E3.6a. Calcule a força de pressão resultante, sendo $D_1 = 75$ mm e $D_2 = 25$ mm.

Solução

- *Esboço do sistema:* O volume de controle é a parte *externa* do bocal mais as seções de corte (1) e (2). Haveria também *tensões* na parede em corte do bocal na seção 1, que estamos desconsiderando aqui. As pressões que agem sobre o volume de controle estão na Figura E3.6a. A Figura E3.6b mostra as pressões depois de ter sido subtraído o valor de 103 kPa de todos os lados. Aqui calculamos somente a força de pressão resultante.

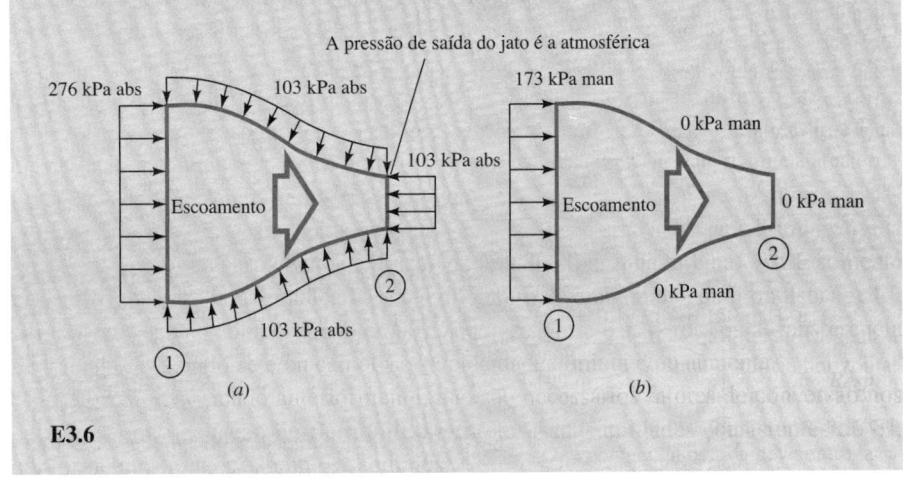

E3.6

---

[8]Você pode provar isso? É uma consequência do teorema de Gauss da análise vetorial.

- *Hipóteses:* Pressões conhecidas, como mostra a figura, em todas as superfícies do volume de controle.
- *Abordagem:* Como três superfícies têm $p = 103$ kPa, subtraia esse valor em todos os lugares de forma que esses três lados se reduzam à "pressão manométrica" zero, por conveniência. Isso é permitido devido à Equação (3.42).
- *Passos da solução:* Para a distribuição de pressões modificada, Figura E3.6b, é necessária somente a seção 1:

$$\mathbf{F}_{\text{pressão}} = p_{\text{man},1} (-\mathbf{n})_1 A_1 = (173.000 \text{ Pa}) [-(-\mathbf{i})] \left[\frac{\pi}{4} (0{,}075 \text{ m})^2\right] = 764{,}3 \, \mathbf{i} \text{ N} \quad Resp.$$

- *Comentários:* Esse artifício da "subtração uniforme", que é inteiramente legal, simplifica muito o cálculo da força de pressão. *Nota:* Além da $\mathbf{F}_{\text{pressão}}$, há outras forças envolvidas nesse escoamento, decorrentes de tensões na parede do bocal e o peso do fluido no interior do volume de controle.

Condição de pressão na saída de um jato

A Figura E3.6 ilustra uma condição de contorno de pressão comumente utilizada em problemas de escoamento com jato de descarga. Quando um fluido deixa um duto interno confinado e descarrega para a "atmosfera" ambiente, sua superfície livre fica exposta a essa atmosfera. Nesse caso, o próprio jato estará submetido essencialmente a essa pressão atmosférica. Essa condição foi usada na seção 2 na Figura E3.6.

Somente dois efeitos poderiam manter uma diferença de pressão entre a atmosfera e um jato livre. O primeiro é o efeito da tensão superficial, Equação (1.31), que usualmente é desprezível. O segundo efeito ocorre em um jato *supersônico*, que pode se separar da atmosfera com ondas de expansão ou compressão (Capítulo 9). Para a maioria das aplicações, portanto, vamos adotar a pressão na saída de um jato livre como atmosférica.

EXEMPLO 3.7

Um volume de controle fixo de um tubo de corrente em regime permanente tem um escoamento de entrada uniforme (ρ_1, A_1, V_1) e um escoamento de saída uniforme (ρ_2, A_2, V_2), como mostra a Figura 3.7. Encontre uma expressão para a força resultante no volume de controle.

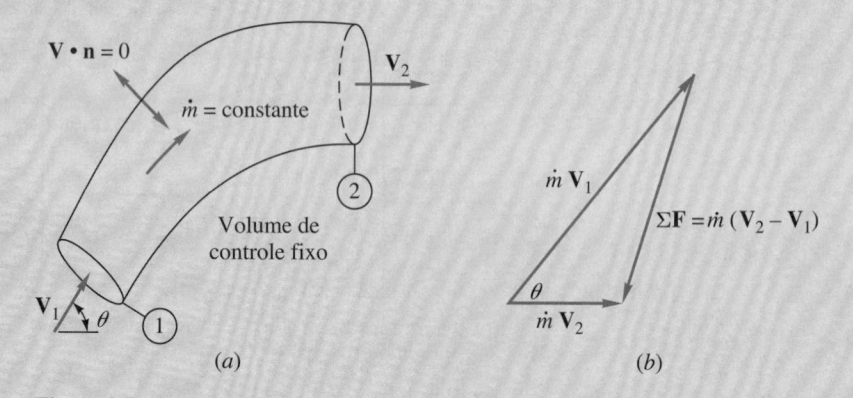

Figura 3.7 Força resultante sobre um tubo de corrente unidimensional em regime permanente: (*a*) tubo de corrente em regime permanente; (*b*) diagrama vetorial para calcular a força resultante.

Solução

Aplica-se a Equação (3.40) com uma entrada e uma saída:

$$\sum \mathbf{F} = \dot{m}_2 \mathbf{V}_2 - \dot{m}_1 \mathbf{V}_1 = (\rho_2 A_2 V_2)\mathbf{V}_2 - (\rho_1 A_1 V_1)\mathbf{V}_1$$

O termo da integral do volume é nulo para regime permanente, mas pelo princípio da conservação da massa, no Exemplo 3.3, nós vimos que

$$\dot{m}_1 = \dot{m}_2 = \dot{m} = \text{const}$$

Portanto, uma forma simples para o resultado desejado é

$$\sum \mathbf{F} = \dot{m}(\mathbf{V}_2 - \mathbf{V}_1) \qquad \textit{Resposta}$$

Essa é uma relação *vetorial*, esquematizada na Figura 3.7b. O termo $\sum \mathbf{F}$ representa a força resultante agindo sobre o volume de controle decorrente de todas as causas; ela é necessária para equilibrar a variação da quantidade de movimento do fluido à medida que ele deflete e desacelera na passagem através do volume de controle.

EXEMPLO 3.8

Como mostra a Figura 3.8a, uma pá fixa deflete um jato de água de área A, segundo o ângulo θ, sem variar o valor da velocidade. O escoamento é permanente, a pressão é p_a em todos os pontos e o atrito na pá é desprezível. (a) Encontre os componentes F_x e F_y da força aplicada pela pá. (b) Encontre as expressões para a intensidade da força F e para o ângulo ϕ entre F e a horizontal; faça um gráfico das forças em função de θ.

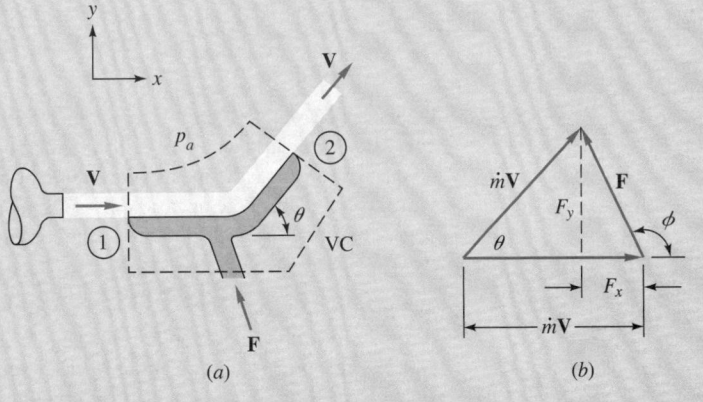

Figura 3.8 Força resultante aplicada em uma pá defletora fixa de um jato: (a) geometria da pá defletindo o jato de água; (b) diagrama vetorial para a força resultante.

Solução

Parte (a) O volume de controle selecionado na Figura 3.8a corta a entrada e a saída do jato e o suporte da pá, expondo a força **F** da pá. Como não há nenhum corte ao longo da interface pá-jato, o atrito na pá cancela-se internamente. A força de pressão da atmosfera uniforme é zero. Vamos desprezar os pesos do fluido e da pá dentro do volume de controle. Logo, a Equação (3.40) reduz-se a

$$\mathbf{F}_{pá} = \dot{m}_2 \mathbf{V}_2 - \dot{m}_1 \mathbf{V}_1$$

Mas a intensidade $V_1 = V_2 = V$ é conhecida e a conservação da massa no tubo de corrente requer que $\dot{m}_1 = \dot{m}_2 = \dot{m} = \rho AV$. O diagrama vetorial para a força e os fluxos de quantidade de movimento torna-se um triângulo isósceles com os lados $\dot{m}V$ e base **F**, como mostra a Figura 3.8b. Podemos facilmente encontrar os componentes da força por meio desse diagrama:

$$F_x = \dot{m}V(\cos\theta - 1) \qquad F_y = \dot{m}V\,\text{sen}\,\theta \qquad \textit{Resposta (a)}$$

em que, nesse caso, $\dot{m}V = \rho AV^2$. Este é o resultado desejado.

Parte (b) A intensidade da força é obtida da parte (a):

$$F = (F_x^2 + F_y^2)^{1/2} = \dot{m}V[\text{sen}^2\theta + (\cos\theta - 1)^2]^{1/2} = 2\dot{m}V\,\text{sen}\,\frac{\theta}{2} \qquad \textit{Resposta (b)}$$

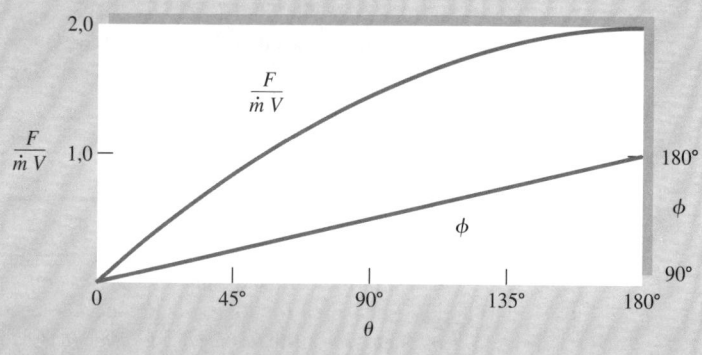

E3.8

Da geometria da Figura 3.8b obtemos

$$\phi = 180° - \tan^{-1}\frac{F_y}{F_x} = 90° + \frac{\theta}{2} \qquad \textit{Resposta (b)}$$

Podemos fazer um gráfico desses resultados em função de θ como mostra a Figura E3.8. Há dois casos especiais de interesse. Primeiro, a força máxima ocorre em $\theta = 180°$, isto é, quando o jato é forçado a dar meia-volta e retornar na direção oposta, com sua quantidade de movimento completamente revertida. Essa força é $2\dot{m}V$ e age para a *esquerda*; isto é $\phi = 180°$. Segundo, com ângulos de deflexão muito pequenos ($\theta < 10°$), obtemos aproximadamente

$$F \approx \dot{m}V\theta \qquad \phi \approx 90°$$

A força é linearmente proporcional ao ângulo de deflexão e age aproximadamente normal ao jato. Esse é o princípio da pá portante (de sustentação), ou aerofólio, que causa uma pequena alteração na direção do escoamento e cria uma força de sustentação normal ao escoamento básico.

EXEMPLO 3.9

Um jato de água com velocidade V_j incide normal a uma placa plana que se move para a direita à velocidade V_c, como mostra a Figura 3.9a. Encontre a força necessária para manter a placa movendo-se a uma velocidade constante, se a massa específica do jato é 1.000 kg/m³, a área do jato tem 3 cm², e V_j e V_c são 20 e 15 m/s, respectivamente. Despreze o peso do jato e da placa, e admita o escoamento permanente em relação à placa móvel, com o jato se dividindo igualmente para cima e para baixo.

Solução

O volume de controle sugerido na Figura 3.9a corta o suporte da placa expondo as forças desejadas R_x e R_y. Esse volume de controle move-se a uma velocidade V_c e, portanto, está fixo em relação à placa, como mostra a Figura 3.9b. Devemos satisfazer à conservação da massa e da quantidade de movimento para o padrão de escoamento permanente considerado na Figura 3.9b. Há duas saídas e uma entrada, e a Equação (3.30) é aplicada para a conservação da massa:

$$\dot{m}_{sai} = \dot{m}_{ent}$$

ou
$$\rho_1 A_1 V_1 + \rho_2 A_2 V_2 = \rho_j A_j (V_j - V_c) \tag{1}$$

Supomos que a água é incompressível com $\rho_1 = \rho_2 = \rho_j$, e sabemos que $A_1 = A_2 = \tfrac{1}{2} A_j$. Portanto, a Equação (1) se reduz a

$$V_1 + V_2 = 2(V_j - V_c) \tag{2}$$

Resumindo, isso é tudo o que o princípio da conservação da massa nos informa. No entanto, pela simetria da deflexão do jato, e desprezando o peso do fluido, concluímos que as duas velocidades V_1 e V_2 devem ser iguais, e portanto a Equação (2) torna-se

$$V_1 = V_2 = V_j - V_c \tag{3}$$

Essa igualdade também pode ser prevista pela equação de Bernoulli na Seção 3.5. Para os valores numéricos dados, temos

$$V_1 = V_2 = 20 - 15 = 5 \text{ m/s}$$

Agora, podemos calcular R_x e R_y com base nos dois componentes da conservação da quantidade de movimento. A Equação (3.40) aplica-se com o termo não permanente nulo:

$$\sum F_x = R_x = \dot{m}_1 u_1 + \dot{m}_2 u_2 - \dot{m}_j u_j \tag{4}$$

em que, por meio da conservação da massa, $\dot{m}_1 = \dot{m}_2 = \tfrac{1}{2}\dot{m}_j = \tfrac{1}{2}\rho_j A_j (V_j - V_c)$. Considere agora as direções do escoamento em cada seção: $u_1 = u_2 = 0$ e $u_j = V_j - V_c = 5$ m/s. Assim, a Equação (4) torna-se

$$R_x = -\dot{m}_j u_j = -[\rho_j A_j (V_j - V_c)](V_j - V_c) \tag{5}$$

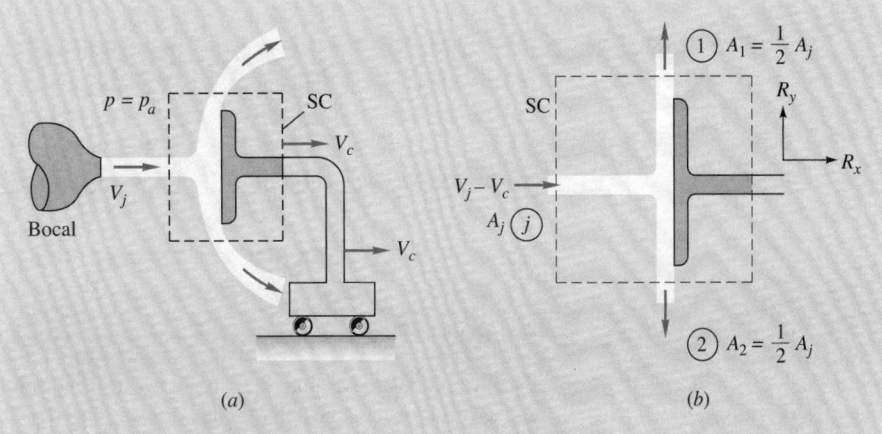

Figura 3.9 Força sobre uma placa movendo-se a velocidade constante: (a) jato atingindo uma placa móvel na direção normal; (b) volume de controle fixo em relação à placa.

Para os valores numéricos dados, temos

$$R_x = -(1.000 \text{ kg/m}^3)(0,0003 \text{ m}^2)(5 \text{ m/s})^2 = -7,5 \text{ (kg} \cdot \text{m)/s}^2 = -7,5 \text{ N} \quad \textit{Resposta}$$

Essa força age para a *esquerda*; isto é, há necessidade de uma força de contenção para impedir que a placa comece a acelerar para a direita devido ao impacto contínuo do jato. A força vertical é

$$F_y = R_y = \dot{m}_1 v_1 + \dot{m}_2 v_2 - \dot{m}_j v_j$$

Considere as direções novamente: $v_1 = V_1, v_2 = -V_2, v_j = 0$. Portanto,

$$R_y = \dot{m}_1(V_1) + \dot{m}_2(-V_2) = \tfrac{1}{2}\dot{m}_j(V_1 - V_2) \tag{6}$$

Porém, como já havíamos encontrado que $V_1 = V_2$, resulta que $R_y = 0$, como poderíamos esperar da simetria da deflexão do jato[9]. Há outros dois resultados que nos interessam. Primeiro, a velocidade relativa na seção 1 era, como vimos, 5 m/s para cima, da Equação (3). Se determinamos o movimento absoluto correspondente, adicionando a velocidade do volume de controle, $V_c = 15$ m/s, para a direita, encontraremos a velocidade absoluta $\mathbf{V}_1 = 15\mathbf{i} + 5\mathbf{j}$ m/s, ou 15,8 m/s com um ângulo de 18,4° para cima, conforme indicado na Figura 3.9a. Assim, a velocidade absoluta do jato se altera após o impacto com a placa. Segundo, a força R_x calculada não se altera se assumirmos que o jato se deflete em todas as direções radiais ao longo da superfície da placa em vez de apenas para cima e para baixo. Como a placa é normal ao eixo x, o fluxo de quantidade de movimento x na saída ainda seria zero, quando a Equação (4) fosse reescrita para uma condição de deflexão radial.

EXEMPLO 3.10

A comporta na Figura E3.10a controla o escoamento em canais abertos. Nas seções 1 e 2, o escoamento é uniforme e a pressão é hidrostática. Desprezando o atrito no fundo e a pressão atmosférica, deduza uma fórmula para a força horizontal F necessária para segurar a comporta. Expresse a sua fórmula final em termos da velocidade de entrada V_1, eliminando V_2.

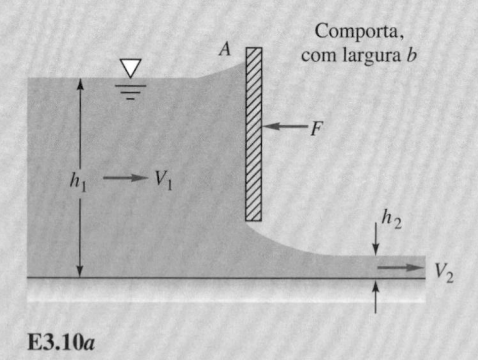

E3.10a

Solução

Escolha um volume de controle, Figura E3.10b, que corte regiões conhecidas (seção 1 e seção 2, o fundo e a atmosfera) e que corte ao longo de regiões das quais se deseja obter as informações desconhecidas (a comporta, com sua força F).

---

[9] A simetria pode ser uma ferramenta poderosa se usada corretamente. Tente aprender mais sobre os usos certo e errado das condições de simetria.

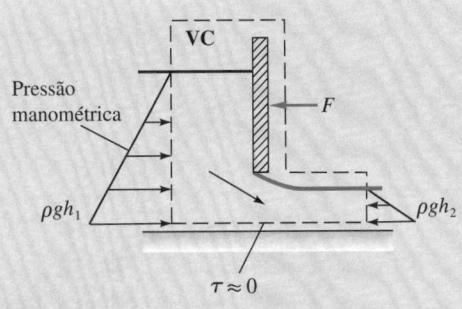

E3.10b

Considere escoamento permanente incompressível sem variação ao longo da largura b. O balanço de fluxo de massa na entrada e na saída:

$$\dot{m} = \rho V_1 h_1 b = \rho V_2 h_2 b \quad \text{ou} \quad V_2 = V_1(h_1/h_2)$$

Podemos usar pressões manométricas por conveniência porque uma pressão atmosférica uniforme não causa qualquer força, como foi mostrado anteriormente na Figura 3.6. Com x positivo para a direita, igualamos a força resultante horizontal com a variação de quantidade de movimento na direção x:

$$\Sigma F_x = -F_{comp} + \frac{\rho}{2}gh_1(h_1 b) - \frac{\rho}{2}gh_2(h_2 b) = \dot{m}(V_2 - V_1)$$

$$\dot{m} = \rho h_1 b V_1$$

Resolvemos para F_{comp} e eliminamos V_2 usando a relação de fluxo de massa. O resultado desejado é:

$$F_{comp} = \frac{\rho}{2}gbh_1^2\left[1 - \left(\frac{h_2}{h_1}\right)^2\right] - \rho h_1 b V_1^2\left(\frac{h_1}{h_2} - 1\right) \qquad \textit{Resposta}$$

Esse é um resultado poderoso de uma análise relativamente simples. Mais tarde, na Seção 10.4, poderemos calcular a vazão real conhecendo as profundidades da água e a altura de abertura da comporta.

EXEMPLO 3.11

O Exemplo 3.9 tratou o caso de uma placa normal a um escoamento de aproximação. Na Figura 3.10, a placa está paralela ao escoamento, que não corresponde mais a um jato, mas a um grande rio, ou *corrente livre*, de velocidade uniforme $\mathbf{V} = U_0\mathbf{i}$. A pressão é admitida uniforme e, assim, ela não exerce força resultante sobre a placa. A placa não bloqueia o escoamento, como na Figura 3.9, logo o único efeito é devido ao cisalhamento na fronteira, que foi desprezado no exemplo anterior. A condição de aderência provoca uma desaceleração brusca das partículas de fluido nas proximidades da parede, e essas retardam as partículas vizinhas acima, tal que, no final da placa, haverá uma significativa camada cisalhante, ou *camada-limite*, de espessura $y = \delta$. As tensões viscosas ao longo da parede podem ser integradas, resultando uma força de arrasto finita sobre a placa. Esses efeitos estão ilustrados na Figura 3.10. O problema é fazer uma análise integral e encontrar a força de arrasto F_A em termos das propriedades do escoamento, ρ, U_0 e δ e das dimensões L e b da placa.[10]

---

[10] A análise geral de problemas de cisalhamento de parede, chamada de teoria da camada-limite, é tratada na Seção 7.3.

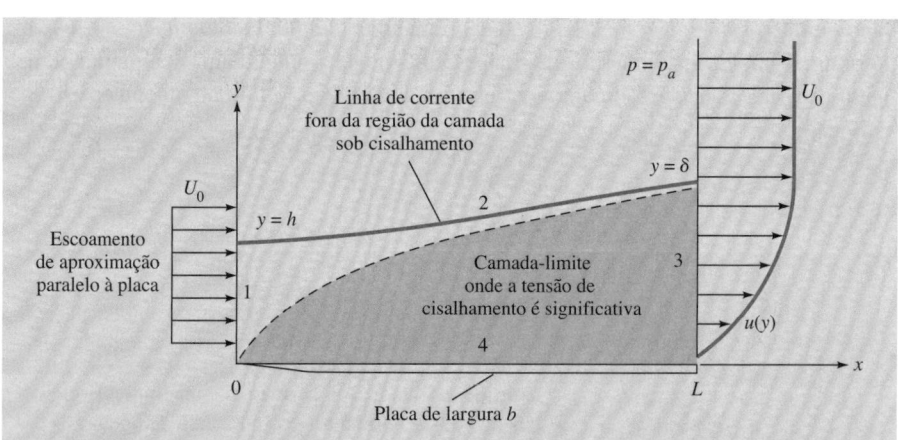

Figura 3.10 Análise do volume de controle da força de arrasto sobre uma placa plana devido ao cisalhamento na fronteira. O volume de controle é limitado pelas seções 1, 2, 3 e 4.

Solução

Como na maioria dos casos práticos, esse problema requer um balanço combinado de massa e quantidade de movimento. Uma escolha adequada do volume de controle é essencial, e nós selecionamos a região formada pelos quatro lados de 0 a h a δ a L e de volta à origem 0, como mostra a Figura 3.10. Se tivéssemos escolhido um lado horizontal da esquerda para a direita, ao longo da altura $y = h$, cortaríamos a camada sob cisalhamento, expondo tensões de cisalhamento desconhecidas. Em vez disso, seguimos a linha de corrente que passa por $(x, y) = (0, h)$ fora da camada sob cisalhamento e que, além do mais, não apresenta fluxo de massa transversal. Os quatro lados do volume de controle são, portanto

1. De $(0, 0)$ até $(0, h)$: uma entrada unidimensional, $\mathbf{V} \cdot \mathbf{n} = -U_0$
2. De $(0, h)$ até (L, δ): uma linha de corrente, sem cisalhamento, $\mathbf{V} \cdot \mathbf{n} = 0$
3. De (L, δ) até $(L, 0)$: uma saída bidimensional, $\mathbf{V} \cdot \mathbf{n} = +u(y)$
4. De $(L, 0)$ até $(0, 0)$: uma linha de corrente exatamente sobre a superfície da placa, $\mathbf{V} \cdot \mathbf{n} = 0$, com tensões de cisalhamento produzindo a força de arrasto $-F_A \mathbf{i}$ que age da placa sobre o fluido desacelerado.

A pressão é uniforme, de forma que não há força de pressão resultante. Como o escoamento é considerado incompressível e permanente, a Equação (3.37) se aplica sem o termo não permanente e com fluxos apenas através das seções 1 e 3:

$$\sum F_x = -F_A = \rho \int_1 u(0, y)(\mathbf{V} \cdot \mathbf{n})\, dA + \rho \int_3 u(L, y)\,(\mathbf{V} \cdot \mathbf{n})\, dA$$

$$= \rho \int_0^h U_0(-U_0)b\, dy + \rho \int_0^\delta u(L, y)[+u(L, y)]b\, dy$$

Avaliando a primeira integral e rearranjando, temos

$$F_A = \rho U_0^2 bh - \rho b \int_0^\delta u^2\, dy \Big|_{x=L} \qquad (1)$$

Esta poderia ser considerada a resposta do problema, mas ela não é útil porque a relação entre a altura h e a espessura da camada sob cisalhamento δ é ainda desconhecida. Essa relação pode ser encontrada, aplicando-se a conservação da massa, já que o volume de controle forma um tubo de corrente:

$$\rho \int_{SC} (\mathbf{V} \cdot \mathbf{n})\, dA = 0 = \rho \int_0^h (-U_0)b\, dy + \rho \int_0^\delta ub\, dy \Big|_{x=L}$$

ou

$$U_0 h = \int_0^\delta u\, dy \Big|_{x=L} \qquad (2)$$

> após cancelar b e ρ e avaliar a primeira integral. Introduza esse valor de h na Equação (1) para um resultado mais claro:
>
> $$F_A = \rho b \int_0^\delta u(U_0 - u)\, dy\, |_{x=L} \qquad \textit{Resposta (3)}$$
>
> Esse resultado foi deduzido pela primeira vez por Theodore von Kármán em 1921.[11] Ele relaciona o arrasto de atrito em um dos lados da placa plana à integral do *déficit de quantidade de movimento* $\rho u(U_0 - u)$ através da seção transversal do escoamento no bordo de fuga da placa. Uma vez que $U_0 - u$ se anula à medida que y aumenta, a integral tem um valor finito. A Equação (3) é um exemplo da *teoria da quantidade de movimento integral* para camadas-limite, que será tratada no Capítulo 7.

Fator de correção do fluxo de quantidade de movimento

Para o escoamento em um duto, a velocidade axial normalmente não é uniforme, como no Exemplo 3.4. Nesse caso, o cálculo simplificado do fluxo de quantidade de movimento $\int u\rho (\mathbf{V} \cdot \mathbf{n})\, dA = \dot{m}V = \rho A V^2$ é relativamente impreciso e deveria ser corrigido por $\beta \rho A V^2$, em que β é um fator adimensional de correção do fluxo de quantidade de movimento, $\beta \geq 1$.

O fator β leva em conta a variação de u^2 ao longo da seção do duto. Ou seja, calculamos o fluxo exato e o fazemos igual ao fluxo baseado na velocidade média no duto

$$\rho \int u^2 dA = \beta \dot{m} V_m = \beta \rho A V_m^2$$

ou

$$\beta = \frac{1}{A} \int \left(\frac{u}{V_m}\right)^2 dA \qquad (3.43a)$$

Valores de β podem ser calculados com base em perfis de velocidade típicos, semelhantes àqueles do Exemplo 3.4. Os resultados são os seguintes

Escoamento laminar: $\quad u = U_0\left(1 - \dfrac{r^2}{R^2}\right) \qquad \beta = \dfrac{4}{3} \qquad (3.43b)$

Escoamento turbulento: $\quad u \approx U_0\left(1 - \dfrac{r}{R}\right)^m \qquad \dfrac{1}{9} \leq m \leq \dfrac{1}{5}$

$$\beta = \frac{(1+m)^2(2+m)^2}{2(1+2m)(2+2m)} \qquad (3.43c)$$

Os fatores de correção turbulentos têm a seguinte faixa de valores

Escoamento turbulento:

m	$\frac{1}{5}$	$\frac{1}{6}$	$\frac{1}{7}$	$\frac{1}{8}$	$\frac{1}{9}$
β	1,037	1,027	1,020	1,016	1,013

Eles são tão próximos da unidade que normalmente são desconsiderados. A correção laminar às vezes pode ser importante.

---

[11] A autobiografia desse grande engenheiro e professor do século XX [2] é recomendada pela sua visão histórica e científica.

Para ilustrar um uso típico desses fatores de correção, a solução do Exemplo 3.8 no caso de velocidades não uniformes nas seções 1 e 2 seria modificada para

$$\sum \mathbf{F} = \dot{m}(\beta_2 \mathbf{V}_2 - \beta_1 \mathbf{V}_1) \tag{3.43d}$$

Observe que os parâmetros básicos e o caráter vetorial do resultado não são afetados de modo algum por essa correção.

Dicas sobre a quantidade de movimento linear

Os exemplos anteriores tornam claro que a equação vetorial da quantidade de movimento é mais difícil de lidar do que as equações escalares de massa e energia. Aqui estão algumas dicas sobre a quantidade de movimento para relembrar:

- A relação da quantidade de movimento é uma equação *vetorial*. Os termos de forças e quantidade de movimento são direcionais e podem ter três componentes. Para essa análise, será indispensável um *diagrama* desses vetores.
- Os termos de fluxo de quantidade de movimento, como $\int \mathbf{V}(\rho \mathbf{V} \cdot \mathbf{n})dA$, ligam *duas* convenções diferentes de sinal, portanto é necessário um cuidado especial. Primeiro, o coeficiente vetorial $\mathbf{V}$ terá um sinal que depende de sua direção. Segundo, o termo de fluxo de massa $(\rho \mathbf{V} \cdot \mathbf{n})$ terá um sinal $(+, -)$ dependendo se ele é (para fora, para dentro). Por exemplo, na Figura 3.8, os componentes x de $\mathbf{V}_2$ e $\mathbf{V}_1$, u_2 e u_1, são ambos positivos; isto é, ambos agem para a direita. Por outro lado, o fluxo de massa em (2) é positivo (para fora) e em (1) é negativo (para dentro).
- A *aproximação unidimensional*, Equação (3.40), é maravilhosa, porque distribuições de velocidades não uniformes requerem integração trabalhosa, como na Equação (3.11). Assim, os fatores de correção β do fluxo de quantidade de movimento são muito úteis para evitar essa integração, especialmente para escoamento em dutos.
- As forças aplicadas $\Sigma \mathbf{F}$ agem sobre *todo o material no volume de controle* – isto é, as superfícies (pressão e tensões de cisalhamento), os suportes sólidos que são cortados e o peso das massas interiores. Tensões em partes que não são de superfície de controle do interior se autocancelam e devem ser ignoradas.
- Se o fluido sai subsonicamente para uma atmosfera, a pressão do fluido é a *atmosférica*.
- Sempre que possível, escolha superfícies de entrada e saída *normais ao escoamento*, de forma que a pressão seja a força dominante e a velocidade normal seja igual à velocidade real.

Está claro que, com tantas dicas úteis, é preciso uma boa prática para se tornar hábil com a quantidade de movimento.

Sistema de referência não inercial[12]

Todas as deduções e os exemplos anteriores nesta seção assumem que o sistema de referência subjacente é inercial, isto é, em repouso ou movendo-se a uma velocidade constante. Nesse caso, a taxa de variação da velocidade equivale à aceleração absoluta do sistema, e a lei de Newton aplica-se diretamente na forma das equações (3.2) e (3.35).

Em muitos casos, é conveniente utilizar um sistema de referência *não inercial* ou acelerado. Um exemplo seria um sistema de coordenadas fixo a um foguete durante o lançamento. Um segundo exemplo é qualquer escoamento sobre a superfície terrestre, que está se acelerando em relação às estrelas fixas, devido à rotação da Terra. Escoamentos atmosféricos e oceanográficos experimentam a chamada *aceleração de Corio-*

---

[12]Essa seção pode ser omitida sem perda de continuidade.

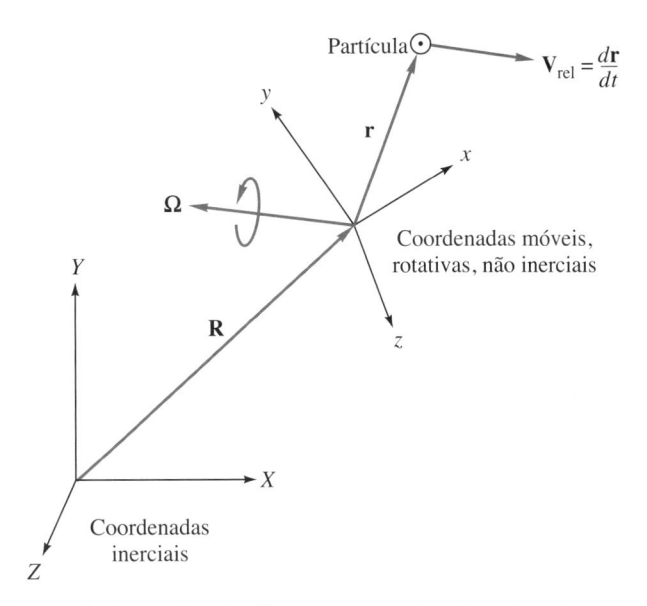

Figura 3.11 Geometria de coordenadas fixas *versus* coordenadas sob aceleração.

lis, descrita adiante. Tipicamente, ela é menor que $10^{-5}\,g$, sendo *g* a aceleração da gravidade, mas seu efeito acumulado sobre distâncias de muitos quilômetros pode ser dominante em escoamentos geofísicos. Em contraste, a aceleração de Coriolis é desprezível em problemas de menor escala, como escoamentos em tubos ou aerofólios.

Considere que o escoamento do fluido tem velocidade **V** relativa a um sistema de coordenadas não inercial *xyz*, como mostra a Figura 3.11. Então $d\mathbf{V}/dt$ representará uma aceleração não inercial que deve ser adicionada vetorialmente a uma aceleração $\mathbf{a}_{\text{rel}}$ para se obter a aceleração $\mathbf{a}_i$ em relação a algum sistema de coordenadas inercial *XYZ*, conforme a Figura 3.11. Logo

$$\mathbf{a}_i = \frac{d\mathbf{V}}{dt} + \mathbf{a}_{\text{rel}} \tag{3.44}$$

Uma vez que a 2ª lei de Newton se aplica com a aceleração absoluta,

$$\sum \mathbf{F} = m\mathbf{a}_i = m\left(\frac{d\mathbf{V}}{dt} + \mathbf{a}_{\text{rel}}\right)$$

ou

$$\sum \mathbf{F} - m\mathbf{a}_{\text{rel}} = m\frac{d\mathbf{V}}{dt} \tag{3.45}$$

Logo, a 2ª lei de Newton nas coordenadas não inerciais *xyz* é equivalente a adicionar mais termos de "força" $-m\mathbf{a}_{\text{rel}}$ para levar em conta os efeitos não inerciais. No caso mais geral, esquematizado na Figura 3.11, o termo $\mathbf{a}_{\text{rel}}$ consiste em quatro partes, três das quais levam em conta a velocidade angular $\Omega(t)$ das coordenadas inerciais. Por inspeção da Figura 3.11, o deslocamento absoluto de uma partícula é

$$\mathbf{S}_i = \mathbf{r} + \mathbf{R} \tag{3.46}$$

A derivada fornece a velocidade absoluta

$$\mathbf{V}_i = \mathbf{V} + \frac{d\mathbf{R}}{dt} + \mathbf{\Omega} \times \mathbf{r} \tag{3.47}$$

Uma segunda diferenciação dá a aceleração absoluta:

$$\mathbf{a}_i = \frac{d\mathbf{V}}{dt} + \frac{d^2\mathbf{R}}{dt^2} + \frac{d\mathbf{\Omega}}{dt} \times \mathbf{r} + 2\mathbf{\Omega} \times \mathbf{V} + \mathbf{\Omega} \times (\mathbf{\Omega} \times \mathbf{r}) \tag{3.48}$$

Comparando com a Equação (3.44), vemos que os últimos quatro termos à direita representam a aceleração relativa adicional:

1. $d^2\mathbf{R}/dt^2$ é a aceleração da origem das coordenadas não inerciais xyz.
2. $(d\mathbf{\Omega}/dt) \times \mathbf{r}$ é o efeito da aceleração angular.
3. $2\mathbf{\Omega} \times \mathbf{V}$ é a aceleração de Coriolis.
4. $\mathbf{\Omega} \times (\mathbf{\Omega} \times \mathbf{r})$ é a aceleração centrípeta, direcionada da partícula normalmente ao eixo de rotação, com intensidade $\Omega^2 L$, em que L é a distância normal entre a partícula e o eixo.[13]

A Equação (3.45) difere da Equação (3.2) apenas pelas forças inerciais adicionadas ao primeiro membro. Logo, a formulação de volume de controle da quantidade de movimento linear, em coordenadas não inerciais, meramente adiciona termos inerciais resultantes da integração das acelerações relativas adicionais sobre cada elemento de massa do volume de controle

$$\sum \mathbf{F} - \int_{VC} \mathbf{a}_{\text{rel}}\, dm = \frac{d}{dt}\left(\int_{VC} \mathbf{V}\rho\, d\mathcal{V}\right) + \int_{SC} \mathbf{V}\rho(\mathbf{V}_r \cdot \mathbf{n})\, dA \tag{3.49}$$

em que
$$\mathbf{a}_{\text{rel}} = \frac{d^2\mathbf{R}}{dt^2} + \frac{d\mathbf{\Omega}}{dt} \times \mathbf{r} + 2\mathbf{\Omega} \times \mathbf{V} + \mathbf{\Omega} \times (\mathbf{\Omega} \times \mathbf{r})$$

Essa é a forma não inercial equivalente à inercial dada na Equação (3.35). Para analisarmos tais problemas, devemos conhecer o deslocamento $\mathbf{R}$ e a velocidade angular $\mathbf{\Omega}$ das coordenadas não inerciais.

Se o volume de controle é não deformável, a Equação (3.49) reduz-se a

$$\sum \mathbf{F} - \int_{VC} \mathbf{a}_{\text{rel}}\, dm = \frac{d}{dt}\left(\int_{VC} \mathbf{V}\rho\, d\mathcal{V}\right) + \int_{SC} \mathbf{V}\rho(\mathbf{V} \cdot \mathbf{n})\, dA \tag{3.50}$$

Em outras palavras, o lado direito reduz-se àquele da Equação (3.37).

EXEMPLO 3.12

Um exemplo clássico de volume de controle acelerado é um foguete movendo-se direto para cima, como na Figura E3.12. Seja a massa inicial M_0, e assuma um fluxo de massa de escape permanente $\dot{m}$, com velocidade V_e relativa ao foguete, como mostrado. Se o padrão de escoamento dentro do motor do foguete é permanente e o atrito do ar é desprezado, deduza a equação diferencial do movimento vertical do foguete $V(t)$ e a integre usando a condição inicial $V = 0$ para $t = 0$.

---

[13] Uma discussão completa desses termos de coordenadas não inerciais é dada, por exemplo, na Referência 4, p. 49-51.

Solução

O volume de controle adequado mostrado na Figura E3.12 engloba o foguete, corta o jato de saída e se acelera para cima com a velocidade $V(t)$ do foguete. A equação da quantidade de movimento em z torna-se

$$\sum F_z - \int a_{rel}\, dm = \frac{d}{dt}\left(\int_{VC} w\, d\dot{m}\right) + (\dot{m}w)_e$$

ou $\qquad -mg - m\dfrac{dV}{dt} = 0 + \dot{m}(-V_e) \qquad \text{com} \quad m = m(t) = M_0 - \dot{m}t$

O termo $a_{rel} = dV/dt$ é a aceleração do foguete. A integral de volume de controle desaparece devido às condições de escoamento permanente do foguete. Separando as variáveis e integrando, com $V = 0$ em $t = 0$:

$$\int_0^V dV = \dot{m}\,V_e \int_0^t \frac{dt}{M_0 - \dot{m}t} - g\int_0^t dt \quad \text{ou} \quad V(t) = -V_e \ln\left(1 - \frac{\dot{m}t}{M_0}\right) - gt \qquad \textit{Resposta}$$

Essa é uma fórmula aproximada clássica da dinâmica de foguetes. O primeiro termo é positivo e, se a massa de combustível queimado for uma grande fração da massa inicial, a velocidade final do foguete poderá exceder V_e.

3.5 Escoamento sem atrito: a equação de Bernoulli

Estreitamente relacionada à equação da energia para escoamento permanente, existe uma relação entre pressão, velocidade e elevação para um fluido sem atrito, conhecida como a *equação de Bernoulli*. Ela foi estabelecida em 1738 (vagamente), em palavras, em um livro-texto, por Daniel Bernoulli. Uma dedução completa da equação foi dada em 1755, por Leonhard Euler. A equação de Bernoulli é muito famosa e bastante usada, mas é necessário estar atento às suas restrições – todos os fluidos são viscosos e, portanto, todos os escoamentos apresentam algum atrito. Para usarmos corretamente a equação de Bernoulli, devemos restringi-la a regiões de escoamento aproximadamente sem atrito. Esta seção (e, em mais detalhes, o Capítulo 8) irá tratar do uso adequado da equação de Bernoulli.

Considere-se, na Figura 3.12, um volume de controle formado por um tubo de corrente elementar, fixo, de área variável $A(s)$ e comprimento ds, em que s é uma coordenada natural na direção das linhas de corrente. As propriedades (ρ, V, p) podem variar com s e com o tempo, mas são consideradas uniformes sobre a seção transversal A. A orientação θ do tubo de corrente é arbitrária, com uma variação de elevação $dz = ds\,\text{sen}\,\theta$. O atrito no tubo de corrente está mostrado, mas é desprezado – uma hipótese altamente restritiva. Ob-

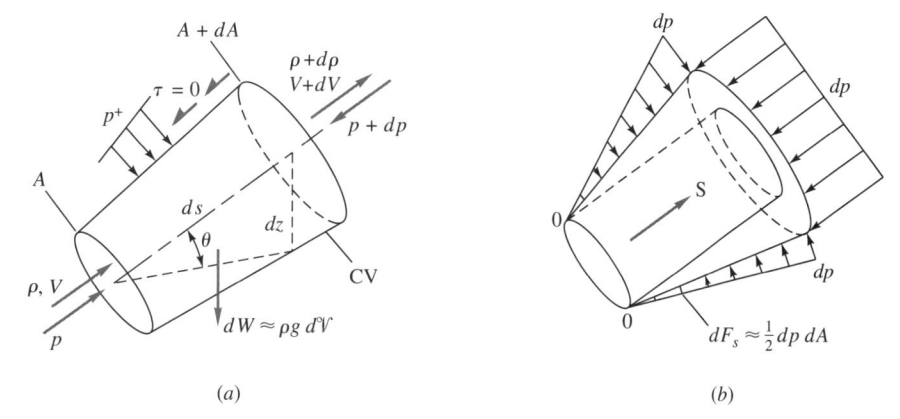

Figura 3.12 A equação de Bernoulli para escoamento sem atrito ao longo de uma linha de corrente: (*a*) forças e fluxos; (*b*) força líquida de pressão após subtração uniforme de *p*.

serve que, no limite quando a área tende a zero, o tubo de corrente é equivalente a uma *linha de corrente* do escoamento. A equação de Bernoulli é válida para ambos e usualmente é enunciada como válida "ao longo de uma linha de corrente" em escoamento sem atrito.

A conservação da massa [Equação (3.20)] para esse volume de controle elementar conduz a

$$\frac{d}{dt}\left(\int_{VC} \rho \, d\mathcal{V}\right) + \dot{m}_{sai} - \dot{m}_{ent} = 0 \approx \frac{\partial \rho}{\partial t} d\mathcal{V} + d\dot{m}$$

em que $\dot{m} = \rho A V$ e $d\mathcal{V} \approx A\, ds$. Logo, nossa forma desejada para a conservação de massa é

$$d\dot{m} = d(\rho A V) = -\frac{\partial \rho}{\partial t} A \, ds \tag{3.51}$$

Essa relação não requer a hipótese de escoamento sem atrito.

Vamos escrever agora a relação de quantidade de movimento linear [Equação (3.37)] na direção das linhas de corrente:

$$\sum dF_s = \frac{d}{dt}\left(\int_{VC} V\rho \, d\mathcal{V}\right) + (\dot{m}V)_{sai} - (\dot{m}V)_{ent} \approx \frac{\partial}{\partial t}(\rho V) A \, ds + d(\dot{m}V)$$

em que $V_s = V$, pois s está na direção da própria linha de corrente. Se desprezarmos a força devida ao cisalhamento nas paredes (escoamento sem atrito), as forças se devem à pressão e à gravidade. A força de gravidade na direção da linha de corrente é igual ao correspondente componente do peso do fluido no interior do volume de controle:

$$dF_{s,\text{grav}} = -dP\,\text{sen}\theta = -\gamma A\, ds\,\text{sen}\theta = -\gamma A\, dz$$

A força de pressão é mais facilmente visualizada, na Figura 3.12*b*, subtraindo antes um valor uniforme *p* de todas as superfícies, lembrando-se da Figura 3.6 que isso não altera a força de pressão resultante. A força de pressão ao longo da lateral inclinada do tubo de corrente tem um componente na direção das linhas de corrente, que age não sobre *A*, mas sobre o anel externo correspondente à variação de área *dA*. A força de pressão resultante é, portanto,

$$dF_{s,\text{press}} = \tfrac{1}{2} dp\, dA - dp(A + dA) \approx -A\, dp$$

em primeira ordem. Substituindo esses dois termos de força na relação de quantidade de movimento linear:

$$\sum dF_s = -\gamma A\, dz - A\, dp = \frac{\partial}{\partial t}(\rho V) A\, ds + d(\dot{m}V)$$

$$= \frac{\partial \rho}{\partial t} VA\, ds + \frac{\partial V}{\partial t} \rho A\, ds + \dot{m}\, dV + V\, d\dot{m}$$

O primeiro e o último termos da direita se cancelam, em virtude da relação da continuidade [Equação (3.51)]. Dividindo o que resta por ρA e rearranjando, obtém-se a relação final desejada:

$$\frac{\partial V}{\partial t} ds + \frac{dp}{\rho} + V\, dV + g\, dz = 0 \tag{3.52}$$

Essa é a equação de Bernoulli para *escoamento sem atrito, não permanente, ao longo de uma linha de corrente*. Ela está numa forma diferencial e pode ser integrada entre dois pontos 1 e 2 quaisquer sobre a linha de corrente:

$$\boxed{\int_1^2 \frac{\partial V}{\partial t} ds + \int_1^2 \frac{dp}{\rho} + \tfrac{1}{2}(V_2^2 - V_1^2) + g(z_2 - z_1) = 0} \tag{3.53}$$

Escoamento incompressível em regime permanente	Para calcularmos as duas integrais restantes, devemos estimar o efeito não permanente $\partial V/\partial t$ e a variação da massa específica com a pressão. Por ora, consideramos apenas o caso de escoamento em regime permanente ($\partial V/\partial t = 0$) e incompressível (densidade constante), para o qual a Equação (3.53) torna-se $$\frac{p_2 - p_1}{\rho} + \frac{1}{2}(V_2^2 - V_1^2) + g(z_2 - z_1) = 0$$

ou
$$\frac{p_1}{\rho} + \frac{1}{2}V_1^2 + gz_1 = \frac{p_2}{\rho} + \frac{1}{2}V_2^2 + gz_2 = \text{const} \qquad (3.54)$$

Essa é a equação de Bernoulli para escoamento incompressível, sem atrito, em regime permanente ao longo de uma linha de corrente.

Bernoulli interpretada como uma relação de energia	A relação de Bernoulli, Eq. (3.54), é um resultado clássico de quantidade de movimento oriundo da lei de Newton para um fluido incompressível e sem atrito. No entanto, ela também pode ser interpretada como uma relação idealizada de energia. As variações de 1 a 2 na Eq. (3.54) representam o trabalho reversível de pressão, a variação de energia cinética e a variação de energia potencial. O fato de que o total permanece o mesmo significa que não há troca de energia devido à dissipação viscosa, à transferência de calor ou ao trabalho de eixo. Na Seção 3.7 esses efeitos serão acrescentados mediante uma análise de volume de controle da primeira lei da termodinâmica.
Hipóteses retritivas da equação de Bernoulli	A equação de Bernoulli é uma relação de forças baseada na quantidade de movimento e foi deduzida usando as seguintes hipóteses restritivas:

1. *Escoamento permanente:* uma situação comum, aplicação para muitos escoamentos neste livro.
2. *Escoamento incompressível:* apropriado se o número de Mach for menor do que 0,3. Essa restrição é eliminada no Capítulo 9 admitindo-se a compressibilidade.
3. *Escoamento sem atrito:* restritivo – paredes sólidas e mistura introduzem efeitos de atrito.
4. *Escoamento ao longo de uma única linha de corrente:* mas diferentes linhas de corrente podem ter diferentes "constantes de Bernoulli" $w_0 = p/\rho + V^2/2 + gz$, dependendo das condições do escoamento.

A dedução de Bernoulli não leva em conta as possíveis trocas de energia devidas a calor ou trabalho. Esses efeitos termodinâmicos são considerados na equação da energia em escoamento permanente. Ficamos alertados, portanto, que a equação de Bernoulli pode ser modificada por uma dessas trocas de energia.

A Figura 3.13 ilustra algumas limitações práticas do uso da equação de Bernoulli (3.54). Para o teste de modelo em túnel de vento da Figura 3.13*a*, a equação de Bernoulli é válida no núcleo do escoamento no túnel mas não nas camadas-limite nas paredes do túnel, nas camadas-limite na superfície do modelo, ou na esteira do modelo, sendo que todas essas são regiões de alto atrito.

No escoamento da hélice da Figura 3.13*b*, a equação de Bernoulli é válida tanto a montante quanto a jusante, mas com uma constante $w_0 = p/\rho + V^2/2 + gz$ diferente, por causa da adição do trabalho da hélice. A relação de Bernoulli (3.54) não é válida próximo às pás da hélice ou nos vórtices helicoidais (não mostrados, ver Figura 1.14) emitidos a jusante das bordas das pás. Além disso, as constantes de Bernoulli são maiores nas correntes através da hélice do que na atmosfera ambiente, devido à energia cinética dessas correntes.

Para o escoamento na chaminé da Figura 3.13*c*, a Equação (3.54) é válida antes e depois da fornalha, mas com uma mudança na constante de Bernoulli que é causada

Figura 3.13 Exemplos ilustrativos de regiões de validade e não validade da equação de Bernoulli: (*a*) modelo em túnel, (*b*) hélice, (*c*) chaminé.

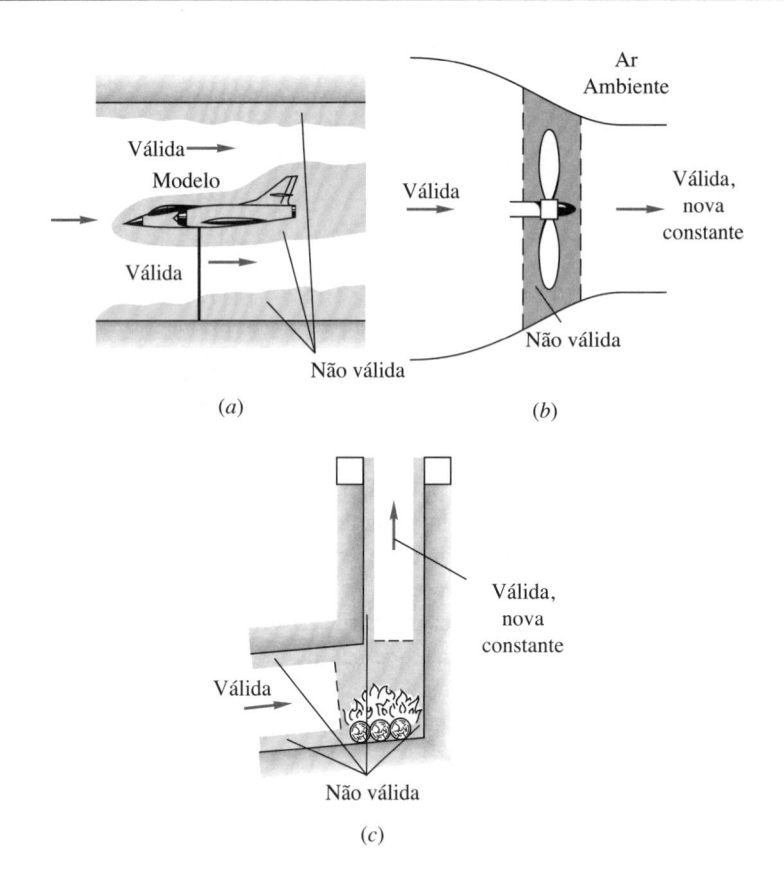

pela adição de calor. A equação de Bernoulli não é válida na zona de combustão propriamente dita, nem nas camadas-limite das paredes da chaminé.

Pressão de saída de um jato igual à pressão atmosférica

Quando um jato subsônico de líquido ou gás sai de um duto para a atmosfera livre, imediatamente assume a pressão dessa atmosfera. Esta é uma condição de contorno muito importante na solução de problemas de Bernoulli, uma vez que a pressão nesse ponto é conhecida. O interior do jato livre também terá pressão atmosférica, exceto por pequenos efeitos devido à tensão superficial e curvatura das linhas de corrente.

Pressões de estagnação, estática e dinâmica

Em muitas análises de escoamento incompressível tipo Bernoulli, as variações de elevação são insignificantes. Assim, a Eq. (3.54) reduz-se a um equilíbrio entre pressão e energia cinética. Podemos escrever isso da seguinte maneira:

$$p_1 + \frac{1}{2}\rho V_1^2 = p_2 + \frac{1}{2}\rho V_2^2 = p_o = \text{constante}$$

A grandeza p_o é a pressão em qualquer ponto do escoamento sem atrito em que a velocidade é zero. É chamada de *pressão de estagnação* e é a pressão mais alta possível no escoamento, se as variações de elevação forem desconsideradas. O local onde a velocidade zero ocorre é chamado de *ponto de estagnação*. Por exemplo, em uma aeronave em movimento, o nariz dianteiro e os bordos dianteiros das asas (bordos de ataque) são pontos de maior pressão. As pressões p_1 e p_2 são chamadas de pressões *estáticas*, no fluido em movimento O agrupamento $(1/2)\rho V^2$ tem dimensões de pressão e é chamado de pressão *dinâmica*. Um dispositivo popular chamado *tubo de Pitot-estático* (Fig. 6.30) mede $(p_o - p)$, que é a pressão dinâmica, para em seguida calcular V.

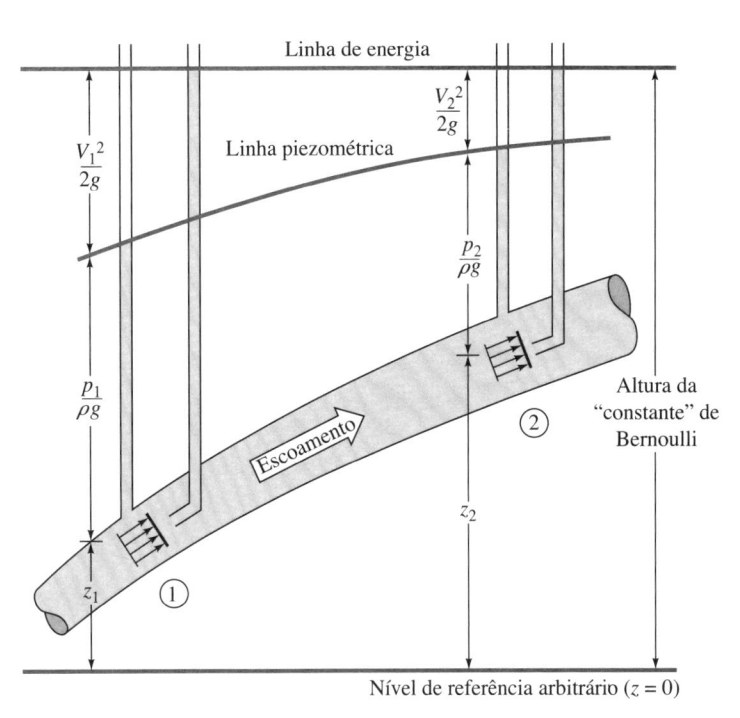

Figura 3.14 Linhas piezométrica e de energia para o escoamento sem atrito em um duto.

Observe, contudo, que uma determinada condição de velocidade zero, a de não escorregamento ao longo de uma parede fixa, *não* resulta em pressão de estagnação. A condição de não escorregamento é um efeito de atrito em que a equação de Bernoulli não se aplica.

Linhas piezométrica e de energia

Uma interpretação visual útil da equação de Bernoulli consiste em traçar duas linhas de carga para um escoamento. A *linha de energia* (LE) mostra a altura total da "constante" de Bernoulli $h_0 = z + p/\gamma + V^2/(2g)$. No escoamento sem atrito, sem trabalho de eixo e sem troca de calor [Equação (3.54)] a LE tem altura constante. A *linha piezométrica* (LP), ou hidráulica, mostra a altura correspondente à elevação mais a altura de pressão, $z + p/\gamma$, ou seja, a LE menos a altura de velocidade $V^2/(2g)$. A LP é a altura a que se elevaria o líquido em um tubo piezométrico (ver Problema 2.11) ligado ao escoamento. No escoamento em um canal aberto, a LP é coincidente com a superfície livre da água.

A Figura 3.14 ilustra as LE e LP para um escoamento sem atrito entre as seções 1 e 2 de um duto. Os tubos piezométricos medem a altura de pressão estática $z + p/\gamma$, delineando então a LP. Os tubos de pitot (de estagnação) medem a altura total $z + p/\gamma + V^2/(2g)$, que corresponde à LE. Nesse caso particular, a LE é constante, e a LP se eleva devido a uma queda de velocidade.

Em condições mais gerais de escoamento, a LE irá cair suavemente em virtude das perdas por atrito, e irá cair rapidamente, no caso de uma perda substancial (uma válvula ou obstrução) ou no caso de uma extração de trabalho (por uma turbina). A LE somente poderá se elevar se houver adição de trabalho (caso de uma bomba ou propulsor). A LP geralmente segue o comportamento da LE no que se refere às perdas ou à transferência de trabalho, elevando-se e/ou caindo se a velocidade diminui e/ou aumenta.

Como mencionado anteriormente, não são necessários fatores de conversão nos cálculos com a equação de Bernoulli, se forem usadas unidades consistentes do SI, conforme mostram os exemplos seguintes.

Em todos os problemas tipo Bernoulli deste livro, tomamos o ponto 1 a montante e o ponto 2 a jusante, sistematicamente.

EXEMPLO 3.13

Encontre uma relação entre a velocidade de descarga do bocal, V_2, e a altura h da superfície livre do reservatório, Figura E3.13. Considere escoamento permanente e sem atrito.

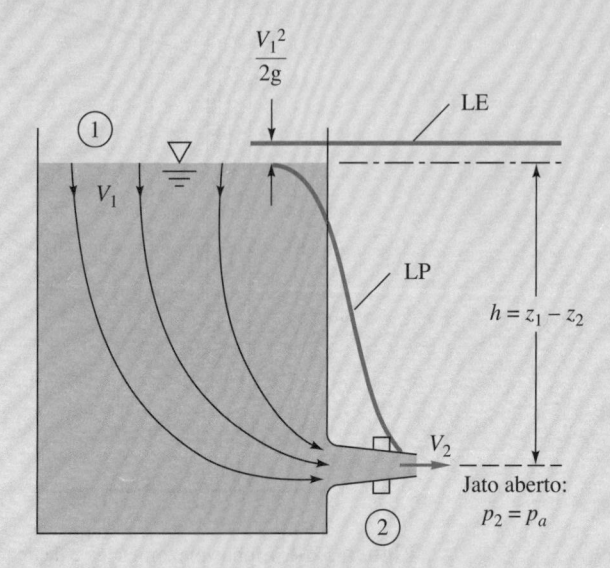

E3.13

Solução

Conforme mencionado, sempre escolhemos o ponto 1 a montante e o ponto 2 a jusante. Tente escolher os pontos 1 e 2 em que o máximo de informação é conhecida ou desejada. Aqui, selecionamos o ponto 1 na superfície livre do reservatório, em que a elevação e a pressão são conhecidas, e o ponto 2 na saída do bocal, em que a pressão e a elevação também são conhecidas. As duas incógnitas são V_1 e V_2.

Normalmente, a conservação da massa é uma parte vital das análises tipo Bernoulli. Sendo A_1 a seção transversal do reservatório e A_2 a área do bocal, esse escoamento é aproximadamente unidimensional e incompressível, Equação (3.30),

$$A_1 V_1 = A_2 V_2 \tag{1}$$

A equação de Bernoulli (3.54) fornece

$$\frac{p_1}{\rho} + \tfrac{1}{2}V_1^2 + gz_1 = \frac{p_2}{\rho} + \tfrac{1}{2}V_2^2 + gz_2$$

Mas como as seções 1 e 2 estão ambas expostas à pressão atmosférica $p_1 = p_2 = p_a$, os termos de pressão se cancelam, tornando-se

$$V_2^2 - V_1^2 = 2g(z_1 - z_2) = 2gh \tag{2}$$

Eliminando V_1 entre as equações (1) e (2), obtemos o resultado desejado:

$$V_2^2 = \frac{2gh}{1 - A_2^2/A_1^2} \qquad \text{Resposta (3)}$$

Geralmente a área A_2 do bocal é muito menor do que a área do reservatório A_1, de forma que a razão A_2^2/A_1^2 é desprezível e uma aproximação precisa para a velocidade na saída é

$$V_2 \approx (2gh)^{1/2} \qquad \text{Resposta (4)}$$

Essa fórmula, descoberta por Evangelista Torricelli em 1644, estabelece que a velocidade de descarga do fluido é igual à velocidade de uma partícula em queda livre, sem atrito, do ponto 1 ao ponto 2. Em outras palavras, a energia potencial da superfície do fluido é inteiramente convertida em energia cinética de fluxo, o que é consistente com a situação de atrito desprezível e com o fato de não se realizar trabalho líquido de pressão. Observe que a Equação (4) é independente da densidade do fluido, uma característica dos escoamentos regidos pela gravidade.

Exceto para as camadas-limite da parede, todas as linhas de corrente de 1 até 2 comportam-se da mesma maneira, e podemos assumir que a constante de Bernoulli h_0 é a mesma para todo o núcleo do escoamento. Todavia, o escoamento na saída tende a ser não uniforme, não unidimensional, tal que a velocidade média apenas se aproxima do resultado de Torricelli. O engenheiro irá então ajustar a fórmula, incluindo um *coeficiente de descarga* adimensional, c_d:

$$(V_2)_m = \frac{Q}{A_2} = c_d(2gh)^{1/2} \tag{5}$$

Conforme discutido na Seção 6.12, o coeficiente de descarga de um bocal varia em torno de 0,6 a 1,0, em função das condições (adimensionais) do escoamento e da forma do bocal.

Condição de velocidade superficial para um grande tanque

Muitos problemas em que se emprega a relação de Bernoulli, ou a equação da energia em regime permanente, envolvem o escoamento de líquido a partir de um grande tanque ou reservatório, como no Exemplo 3.13. Se a vazão de saída é pequena comparada ao volume do tanque, a superfície livre quase não se desloca. Portanto, esses problemas são analisados considerando velocidade zero na superfície livre. Admite-se que a *pressão* na parte superior do tanque ou reservatório seja a atmosférica.

Antes de continuarmos com mais exemplos, devemos observar cuidadosamente que uma solução por meio da equação de Bernoulli, (3.54), *não* requer uma análise de volume de controle, apenas a escolha de dois pontos 1 e 2 ao longo de uma dada linha de corrente. O volume de controle foi usado para deduzir a relação diferencial (3.52), mas a forma integrada (3.54) é válida ao longo de qualquer linha de corrente de um escoamento sem atrito, sem transferência de calor e sem trabalho de eixo, sendo desnecessário um volume de controle.

Uma aplicação clássica de Bernoulli é o processo bem-conhecido de uso de um sifão para a transferência de um fluido de um recipiente para o outro. Não há bomba envolvida; a diferença de pressão hidrostática proporciona a força motora. Analisaremos isso no exemplo a seguir.

EXEMPLO 3.14

Considere o sifão com água mostrado na Figura E3.14. Considerando que a equação de Bernoulli seja válida, (*a*) encontre uma expressão para a velocidade V_2 de saída do sifão. (*b*) Se o tubo do sifão tiver 1 cm de diâmetro e $z_1 = 60$ cm, $z_2 = -25$ cm, $z_3 = 90$ cm e $z_4 = 35$ cm, calcule a vazão em cm³/s.

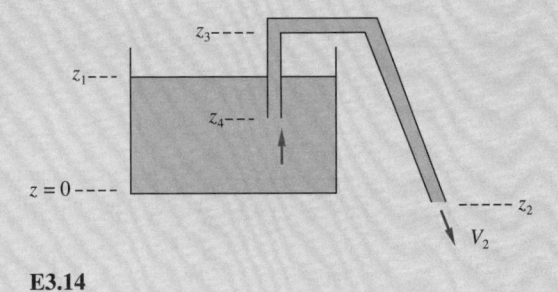

E3.14

Solução

- *Hipóteses:* Escoamento incompressível, sem atrito, em regime permanente. Escreva a equação de Bernoulli começando de onde as informações são conhecidas (a superfície, z_1) e prosseguindo para o ponto no qual se quer obter as informações (a saída do tubo, z_2).

$$\frac{p_1}{\rho} + \cancel{\frac{V_1^2}{2}} + gz_1 = \frac{p_2}{\rho} + \frac{V_2^2}{2} + gz_2$$

Observe que a velocidade é aproximadamente zero em z_1, e há uma linha de corrente que vai de z_1 a z_2. Note também que p_1 e p_2 são ambas atmosféricas, $p = p_{\text{atm}}$, e portanto se cancelam. (*a*) Calcule a velocidade de saída do tubo:

$$V_2 = \sqrt{2g(z_1 - z_2)} \qquad \text{Resposta (a)}$$

A velocidade na saída do sifão aumenta à medida que a saída do tubo é posicionada abaixo da superfície do tanque. Não há nenhum efeito de sifão se a saída estiver na altura ou acima da superfície do tanque. Note que z_3 e z_4 não entram diretamente na análise. No entanto, z_3 não deverá ser excessivamente alta porque a pressão nessa região é menor do que a pressão atmosférica, e o líquido pode vaporizar. (*b*) Para as informações numéricas dadas, precisamos apenas conhecer z_1 e z_2 e calcular, em unidades do SI,

$$V_2 = \sqrt{2(9{,}81 \text{ m/s}^2)[0{,}6 \text{ m} - (-0{,}25) \text{ m}]} = 4{,}08 \text{ m/s}$$

$$Q = V_2 A_2 = (4{,}08 \text{ m/s})(\pi/4)(0{,}01 \text{ m})^2 = 321 \text{ E} - 6 \text{ m}^3/\text{s} = 321 \text{ cm}^3/\text{s} \quad \text{Resposta (b)}$$

- *Comentários:* Observe que esse resultado é independente da densidade do fluido. Como exercício, você pode verificar que, para a água (998 kg/m³), p_3 é 11.300 Pa *abaixo* da pressão atmosférica.

No Capítulo 6, modificaremos esse exemplo para incluir os efeitos do atrito.

EXEMPLO 3.15

Uma contração de seção em um tubo provocará um aumento de velocidade e uma queda de pressão na seção 2 da garganta. A diferença de pressão é uma medida da vazão volumétrica do escoamento através do tubo. O dispositivo convergente e suavemente divergente mostrado na Figura E3.15 é chamado de *tubo venturi*. Encontre uma expressão para o fluxo de massa no tubo em função da queda de pressão.

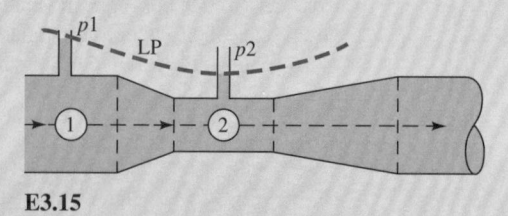

E3.15

Solução

Admite-se a validade da equação de Bernoulli ao longo da linha de corrente central:

$$\frac{p_1}{\rho} + \tfrac{1}{2} V_1^2 + gz_1 = \frac{p_2}{\rho} + \tfrac{1}{2} V_2^2 + gz_2$$

Se o tubo for horizontal, $z_1 = z_2$, e podemos resolver para V_2:

$$V_2^2 - V_1^2 = \frac{2\,\Delta p}{\rho} \qquad \Delta p = p_1 - p_2 \tag{1}$$

Relacionamos as velocidades pela relação de continuidade incompressível:

$$A_1 V_1 = A_2 V_2$$

ou
$$V_1 = \beta^2 V_2 \qquad \beta = \frac{D_2}{D_1} \tag{2}$$

Combinando (1) e (2), obtemos uma fórmula para a velocidade na garganta:

$$V_2 = \left[\frac{2\,\Delta p}{\rho(1-\beta^4)}\right]^{1/2} \tag{3}$$

O fluxo de massa é dado por:

$$\dot{m} = \rho A_2 V_2 = A_2 \left(\frac{2\rho\,\Delta p}{1-\beta^4}\right)^{1/2} \tag{4}$$

Esse é o fluxo de massa ideal, sem atrito. Na prática, medimos $\dot{m}_{real} = c_d \dot{m}_{ideal}$ e correlacionamos o coeficiente de descarga c_d.

EXEMPLO 3.16

Uma mangueira de incêndio de 10 cm de diâmetro, com um bocal de 3 cm, descarrega 1,5 m³/min de água para a atmosfera. Considerando o escoamento sem atrito, encontre a força F_P exercida pelos parafusos dos flanges para prender o bocal na mangueira.

Solução

Aplicamos as equações de Bernoulli e da continuidade para encontrar a pressão p_1 o montante do bocal e, em seguida, efetuamos uma análise de quantidade de movimento para um volume de controle a fim de calcular a força nos parafusos, conforme a Figura E3.16.

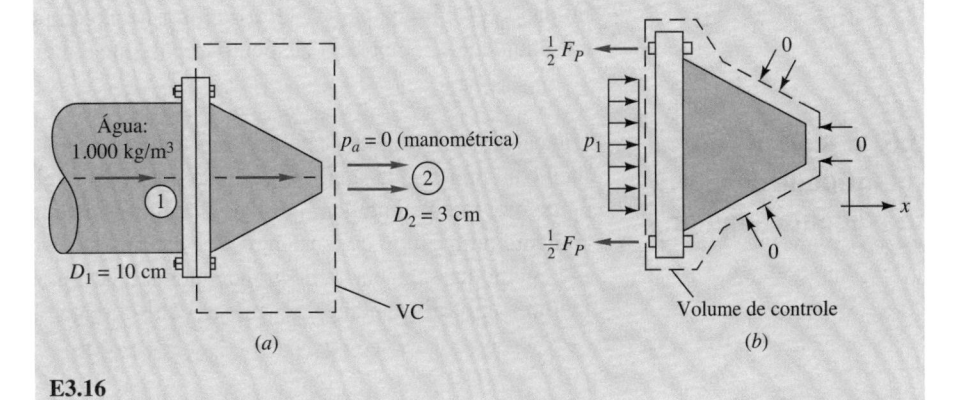

E3.16

O escoamento de 1 até 2 tem uma contração de seção de efeito exatamente similar à do Exemplo 3.15, cuja Equação (1) fornece

$$p_1 = p_2 + \tfrac{1}{2}\rho(V_2^2 - V_1^2) \qquad (1)$$

As velocidades são determinadas com base na vazão, $Q = 1,5$ m³/min ou $0,025$ m³/s:

$$V_2 = \frac{Q}{A_2} = \frac{0,025 \text{ m}^3/\text{s}}{(\pi/4)(0,03 \text{ m})^2} = 35,4 \text{ m/s}$$

$$V_1 = \frac{Q}{A_1} = \frac{0,025 \text{ m}^3/\text{s}}{(\pi/4)(0,1 \text{ m})^2} = 3,2 \text{ m/s}$$

É dado que a pressão $p_2 = p_a = 0$ (manométrica). Logo, a Equação (1) torna-se

$$p_1 = \tfrac{1}{2}(1.000 \text{ kg/m}^3)[(35,4^2 - 3,2^2)\text{m}^2/\text{s}^2]$$
$$= 620.000 \text{ kg}/(\text{m} \cdot \text{s}^2) = 620.000 \text{ Pa manométrica}$$

O balanço de forças no volume de controle é mostrado na Figura E3.16b:

$$\Sigma F_x = -F_P + p_1 A_1$$

e a pressão manométrica nula sobre todas as outras superfícies não contribui para a força. O fluxo de quantidade de movimento x é $+\dot{m}V_2$ na saída e $-\dot{m}V_1$ na entrada. A relação de quantidade de movimento para regime permanente, (3.40), fornece então:

$$-F_P + p_1 A_1 = \dot{m}(V_2 - V_1)$$
ou
$$F_P = p_1 A_1 - \dot{m}(V_2 - V_1) \qquad (2)$$

Substituindo os valores numéricos dados, encontramos

$$\dot{m} = \rho Q = (1.000 \text{ kg/m}^3)(0,025 \text{ m}^3/\text{s}) = 25 \text{ kg/s}$$

$$A_1 = \frac{\pi}{4}D_1^2 = \frac{\pi}{4}(0,1 \text{ m})^2 = 0,00785 \text{ m}^2$$

$$F_P = (620.000 \text{ N/m}^2)(0,00785 \text{ m}^2) - (25 \text{ kg/s})[(35,4 - 3,2)\text{m/s}]$$
$$= 4872 \text{ N} - 805 \text{ (kg} \cdot \text{m)/s}^2 = 4.067 \text{ N} \qquad \textit{Resposta}$$

Desses exemplos, nota-se que a solução de um problema típico envolvendo a equação de Bernoulli quase sempre conduz a uma consideração da equação da continuidade como parceira na análise. A única exceção é quando o campo de velocidades completo já é conhecido de uma análise prévia ou dada, mas isso significa que a relação de continuidade já foi usada para obter essa informação. O ponto relevante é que a relação da continuidade é sempre um elemento importante em uma análise de escoamento.

3.6 O teorema da quantidade de movimento angular[14]

Uma análise de volume de controle pode ser aplicada à relação de quantidade de movimento angular, Equação (3.3), fazendo nossa variável muda **B** igual ao vetor quantidade de movimento angular **H**. Todavia, como o sistema considerado aqui consiste tipicamente num grupo de partículas de velocidade variável, o conceito de momento de inércia de massa não será de grande ajuda, e devemos calcular a quantidade de movimento angular instantânea por integração sobre os elementos de massa dm. Se O é o

---

[14]Essa seção pode ser omitida sem perda de continuidade.

ponto em relação ao qual os momentos são calculados, a quantidade de movimento em relação a O é dada por

$$\mathbf{H}_o = \int_{\text{sist}} (\mathbf{r} \times \mathbf{V})\, dm \qquad (3.55)$$

em que $\mathbf{r}$ é o vetor posição de 0 até o elemento de massa dm e $\mathbf{V}$ é a velocidade do elemento. Logo, a quantidade de movimento angular por unidade de massa é

$$\beta = \frac{d\mathbf{H}_o}{dm} = \mathbf{r} \times \mathbf{V}$$

O teorema de transporte de Reynolds, (3.16), fornece-nos então

$$\left.\frac{d\mathbf{H}_o}{dt}\right|_{\text{sist}} = \frac{d}{dt}\left[\int_{\text{VC}} (\mathbf{r} \times \mathbf{V})\rho\, d\mathcal{V}\right] + \int_{\text{SC}} (\mathbf{r} \times \mathbf{V})\rho(\mathbf{V}_r \cdot \mathbf{n})\, dA \qquad (3.56)$$

para o caso mais geral de um volume de controle deformável. Mas, do teorema da quantidade de movimento angular, (3.3), isso deve ser igual à somatória de todos os momentos de força, em relação ao ponto O, aplicados sobre o volume de controle

$$\frac{d\mathbf{H}_o}{dt} = \sum \mathbf{M}_o = \sum (\mathbf{r} \times \mathbf{F})_o$$

Observe que o momento total equivale à somatória dos momentos de todas as forças aplicadas, em relação ao ponto O. Relembre-se, todavia, de que essa lei, assim como a 2ª lei de Newton, considera que a velocidade $\mathbf{V}$ é relativa a um referencial *inercial*. Senão, os momentos em relação ao ponto O dos termos da aceleração $\mathbf{a}_{\text{rel}}$ da Equação (3.49) também deverão ser incluídos:

$$\sum \mathbf{M}_o = \sum (\mathbf{r} \times \mathbf{F})_o - \int_{\text{VC}} (\mathbf{r} \times \mathbf{a}_{\text{rel}})\, dm \qquad (3.57)$$

em que os quatro termos constituintes de $\mathbf{a}_{\text{rel}}$ são dados na Equação (3.49). Logo, o caso mais geral do teorema da quantidade de movimento angular ocorre para um volume de controle deformável associado a um sistema de coordenadas não inercial. Combinando as equações (3.56) e (3.57), obtemos

$$\sum (\mathbf{r} \times \mathbf{F})_o - \int_{\text{VC}} (\mathbf{r} \times \mathbf{a}_{\text{rel}})\, dm = \frac{d}{dt}\left[\int_{\text{VC}} (\mathbf{r} \times \mathbf{V})\rho\, d\mathcal{V}\right] + \int_{\text{SC}} (\mathbf{r} \times \mathbf{V})\rho(\mathbf{V}_r \cdot \mathbf{n})\, dA$$
(3.58)

Para um volume de controle inercial não deformável, isso se reduz a

$$\sum \mathbf{M}_0 = \frac{\partial}{\partial t}\left[\int_{\text{VC}} (\mathbf{r} \times \mathbf{V})\rho\, d\mathcal{V}\right] + \int_{\text{SC}} (\mathbf{r} \times \mathbf{V})\rho(\mathbf{V} \cdot \mathbf{n})\, dA \qquad (3.59)$$

Além disso, se as entradas e saídas podem ser consideradas unidimensionais, os termos de fluxo de quantidade de movimento angular calculados sobre a superfície de controle são:

$$\int_{\text{SC}} (\mathbf{r} \times \mathbf{V})\rho(\mathbf{V} \cdot \mathbf{n})\, dA = \sum (\mathbf{r} \times \mathbf{V})_{\text{sai}}\, \dot{m}_{\text{sai}} - \sum (\mathbf{r} \times \mathbf{V})_{\text{ent}}\, \dot{m}_{\text{ent}} \qquad (3.60)$$

Nesse estágio, embora o teorema da quantidade de movimento angular possa ser considerado um tópico suplementar, ele tem aplicação direta em muitos problemas importantes de escoamento de fluidos envolvendo torques e momentos. Um caso particularmente importante é a análise de dispositivos rotativos com escoamento de fluidos, usualmente chamados de *turbomáquinas* (Capítulo 11).

EXEMPLO 3.17

Como mostra a Figura E3.17a, uma curva de tubulação é apoiada no ponto A e conectada a um sistema de escoamento por meio de acoplamentos flexíveis nas seções 1 e 2. O fluido é incompressível e a pressão ambiente p_a é zero. (a) Encontre uma expressão para o torque T que deve ser resistido pelo suporte em A, em termos das propriedades do escoamento nas seções 1 e 2 e das distâncias h_1 e h_2. (b) Calcule esse torque para $D_1 = D_2 = 75$ mm, $p_1 = 690$ kPa manométrica, $p_2 = 552$ kPa manométrica, $V_1 = 12$ m/s, $h_1 = 50$ mm, $h_2 = 250$ mm e $\rho = 1.000$ kg/m³.

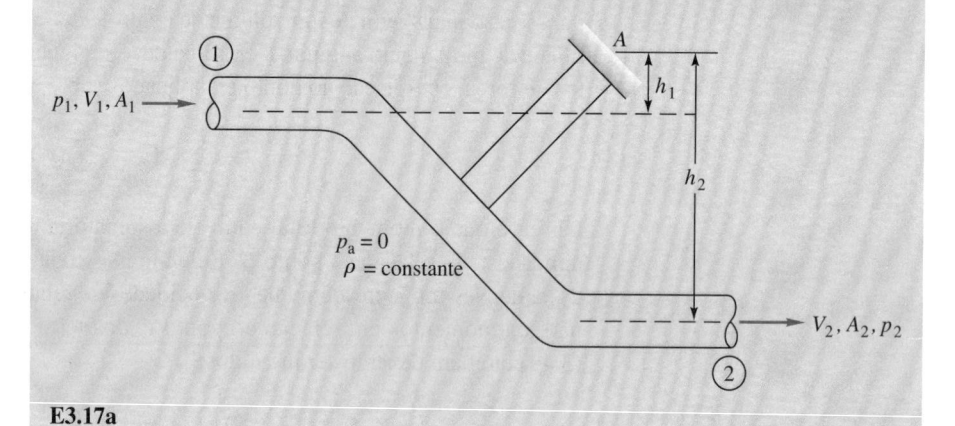

E3.17a

Solução

Parte (a) O volume de controle escolhido na Figura E3.17b corta as seções 1 e 2 e o suporte em A, onde se deseja calcular o torque T_A. A descrição dos acoplamentos flexíveis especifica que não há torque nas seções 1 e 2, cujos cortes portanto não exporão momentos. Para os termos de quantidade de movimento angular $\mathbf{r} \times \mathbf{V}$, $\mathbf{r}$ deve ser calculado desde o ponto A até as seções 1 e 2. Observe que ambas as forças de pressão manométrica, $p_1 A_1$ e $p_2 A_2$, terão momentos em relação a A. A Equação (3.59), com termos de fluxo unidimensionais, torna-se

$$\sum \mathbf{M}_A = \mathbf{T}_A + \mathbf{r}_1 \times (-p_1 A_1 \mathbf{n}_1) + \mathbf{r}_2 \times (-p_2 A_2 \mathbf{n}_2)$$
$$= (\mathbf{r}_2 \times \mathbf{V}_2)(+\dot{m}_{sai}) + (\mathbf{r}_1 \times \mathbf{V}_1)(-\dot{m}_{ent}) \qquad (1)$$

A Figura E3.17c mostra que todos os produtos vetoriais estão associados com $r_1 \,\text{sen}\, \theta_1 = h_1$ ou a $r_2 \,\text{sen}\, \theta_2 = h_2$, as distâncias perpendiculares entre o ponto A e os eixos do tubo em 1 e 2. Lembre-se de que $\dot{m}_{ent} = \dot{m}_{sai}$ da relação de continuidade para escoamento permanente. Em termos de momentos anti-horários, a Equação (1) torna-se

$$T_A + p_1 A_1 h_1 - p_2 A_2 h_2 = \dot{m}(h_2 V_2 - h_1 V_1) \qquad (2)$$

Reescrevendo essa expressão, encontramos o torque desejado como

$$T_A = h_2(p_2 A_2 + \dot{m} V_2) - h_1(p_1 A_1 + \dot{m} V_1) \qquad \textit{Resposta (a)} \quad (3)$$

no sentido anti-horário. As grandezas p_1 e p_2 são pressões manométricas. Observe que esse resultado é independente da forma da curva do tubo e varia somente com as propriedades nas seções 1 e 2 e com as distâncias h_1 e h_2.[15]

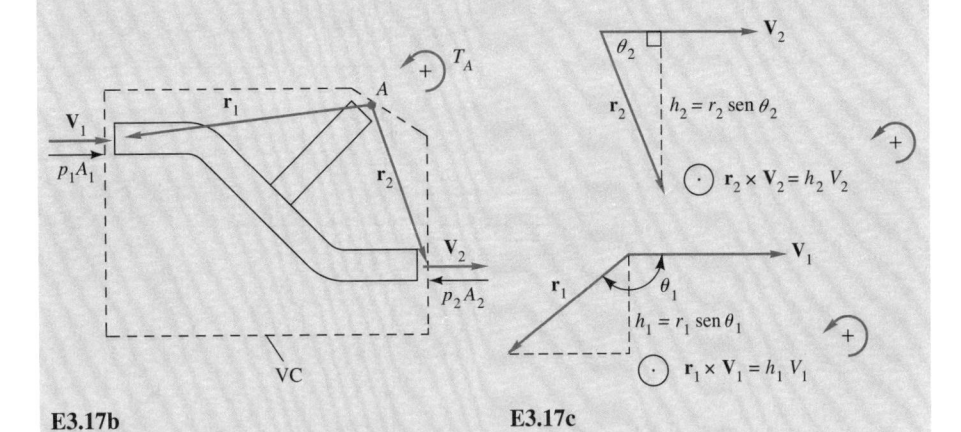

E3.17b **E3.17c**

Parte (b)

$$D_1 = D_2 = 3 \text{ in} = 0{,}25 \text{ ft} \quad p_1 = 100 \frac{\text{lbf}}{\text{in}^2} = 14.400 \frac{\text{lbf}}{\text{ft}^2} \quad p_2 = 80 \frac{\text{lbf}}{\text{in}^2} = 11.520 \frac{\text{lbf}}{\text{ft}^2}$$

$$h_1 = 2 \text{ in} = \frac{2}{12} \text{ ft} \quad h_2 = 10 \text{ in} = \frac{10}{12} \text{ ft} \quad \rho = 1{,}94 \frac{\text{slug}}{\text{ft}^3}$$

As áreas na entrada e na saída são as mesmas: $A_1 = A_2 = \pi/4 \, (0{,}075)^2 = 4{,}42 \times 10^{-3} \text{ m}^2$. Como a densidade é constante, concluímos da conservação de massa que $V_2 = V_1 = 12$ m/s. O fluxo de massa é

$$\dot{m} = \rho A_1 V_1 = 1.000 \, (0{,}00442)(12) = 53{,}04 \text{ kg/s}$$

- *Cálculo do torque:* Os dados podem ser substituídos na Equação (3):

$$T_A = (0{,}25) \left[552 \times 10^3 (4{,}42 \times 10^{-3}) + 53{,}04(12) \right]$$
$$- (0{,}05) \left[690 \times 10^3 (4{,}42 \times 10^{-3}) + 53{,}04(12) \right]$$
$$= 769{,}08 - 184{,}31 = 584{,}77 \text{ N} \cdot \text{m anti-horário} \qquad \textit{Resposta (b)}$$

EXEMPLO 3.18

A Figura 3.15 mostra um esquema de uma bomba centrífuga. O fluido entra axialmente e passa pelas pás da bomba, que giram com velocidade angular ω; a velocidade do fluido varia de V_1 até V_2 e a pressão de p_1 até p_2. (*a*) Encontre uma expressão para o torque T_O que deve ser aplicado pelas pás para manter esse escoamento. (*b*) A potência fornecida à bomba seria $P = \omega T_O$. Para uma ilustração numérica, suponha $r_1 = 0{,}2$ m, $r_2 = 0{,}5$ m e $b = 0{,}15$ m. Considere a bomba com rotação igual a 600 rpm, bombeando água a 2,5 m³/s com uma massa específica de 1.000 kg/m³. Calcule o torque e a potência fornecidos.

---

[15] Indiretamente, a forma da curva do tubo provavelmente afeta a variação de pressão de p_1 para p_2.

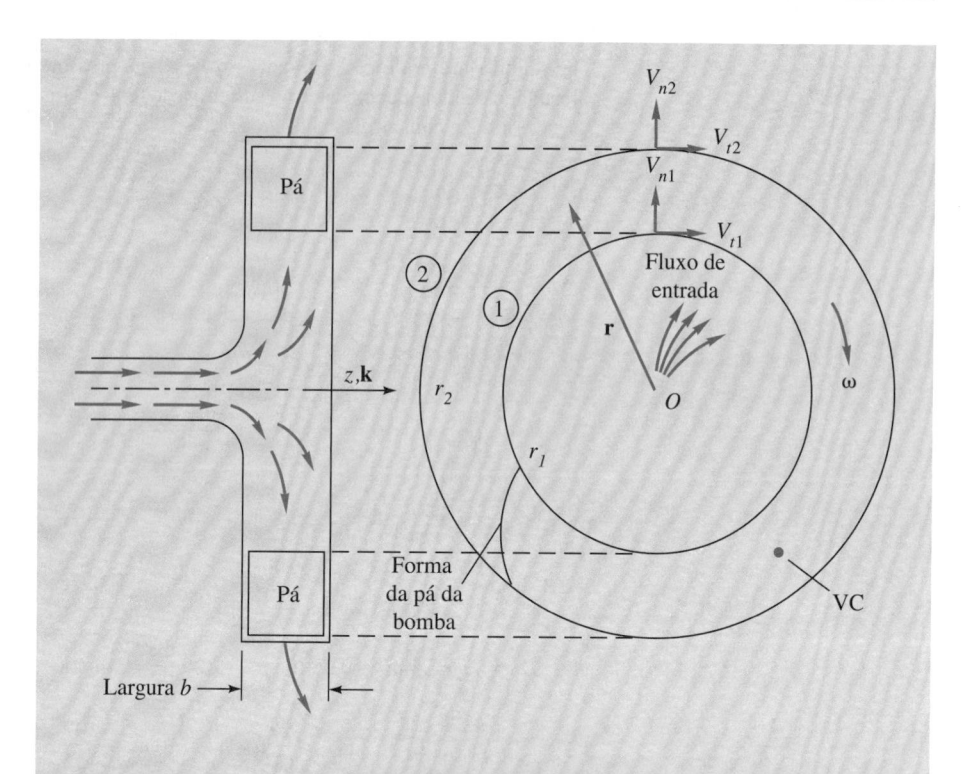

Figura 3.15 Esquema simplificado de uma bomba centrífuga.

Solução

Parte (a) Escolhe-se o volume de controle coincidente com a região anular entre as seções 1 e 2, onde o escoamento passa pelas pás da bomba (Figura 3.15). O escoamento é permanente e admitido como incompressível. A contribuição das pressões para o torque em torno do eixo O é zero, pois as forças de pressão em 1 e 2 agem radialmente através de O. A Equação (3.59) torna-se

$$\sum \mathbf{M}_o = \mathbf{T}_o = (\mathbf{r}_2 \times \mathbf{V}_2)\dot{m}_{\text{sai}} - (\mathbf{r}_1 \times \mathbf{V}_1)\dot{m}_{\text{ent}} \qquad (1)$$

em que a continuidade para escoamento permanente nos diz que

$$\dot{m}_{\text{ent}} = \rho V_{n1} 2\pi r_1 b = \dot{m}_{\text{sai}} = \rho V_{n2} 2\pi r_2 b = \rho Q$$

O produto vetorial $\mathbf{r} \times \mathbf{V}$ resulta horário em torno de O em ambas as seções:

$$(\mathbf{r}_2 \times \mathbf{V}_2) = r_2 V_{t2} \operatorname{sen} 90° \, \mathbf{k} = r_2 V_{t2} \mathbf{k} \qquad \text{horário}$$

$$\mathbf{r}_1 \times \mathbf{V}_1 = r_1 V_{t1} \mathbf{k} \qquad \text{horário}$$

A Equação (1) torna-se então a fórmula desejada para o torque

$$T_o = \rho Q (r_2 V_{t2} - r_1 V_{t1}) \mathbf{k} \qquad \text{horário} \qquad \textit{Resposta (a)} \ (2a)$$

Essa relação é conhecida como *equação de Euler das turbomáquinas*. Em uma bomba idealizada, as velocidades tangenciais na entrada e na saída coincidiriam com as velocidades tangenciais das pás, $V_{t1} = \omega r_1$ e $V_{t2} = \omega r_2$. Assim, a fórmula para o torque fornecido torna-se

$$T_o = \rho Q \omega (r_2^2 - r_1^2) \qquad \text{horário} \qquad (2b)$$

Parte (b) Convertemos ω para $600(2\pi/60) = 62,8$ rad/s. As velocidades normais não são necessárias aqui, mas resultam da vazão volumétrica

$$V_{n1} = \frac{Q}{2\pi r_1 b} = \frac{2,5 \text{ m}^3/\text{s}}{2\pi(0,2 \text{ m})(0,15 \text{ m})} = 13,3 \text{ m/s}$$

$$V_{n2} = \frac{Q}{2\pi r_2 b} = \frac{2,5}{2\pi(0,5)(0,15)} = 5,3 \text{ m/s}$$

Para entrada e saída idealizadas, as velocidades tangenciais do fluido igualam-se às da pá

$$V_{t1} = \omega r_1 = (62,8 \text{ rad/s})(0,2 \text{ m}) = 12,6 \text{ m/s}$$

$$V_{t2} = \omega r_2 = (62,8)(0,5) = 31,4 \text{ m/s}$$

A Equação (2a) prediz o torque requerido como

$$T_o = (1.000 \text{ kg/m}^3)(2,5 \text{ m}^3/\text{s})[(0,5 \text{ m})(31,4 \text{ m/s}) - (0,2 \text{ m})(12,6 \text{ m/s})]$$

$$= 33.000 \text{ (kg} \cdot \text{m}^2)/\text{s}^2 = 33.000 \text{ N} \cdot \text{m} \qquad \textit{Resposta}$$

A potência requerida é

$$P = \omega T_o = (62,8 \text{ rad/s})(33.000 \text{ N} \cdot \text{m}) = 2.070.000 \text{ (N} \cdot \text{m})/\text{s}$$

$$= 2,07 \text{ MW} \quad (2.780 \text{ hp}) \qquad \textit{Resposta}$$

Na prática, as velocidades tangenciais reais são significativamente menores que as velocidades do rotor. e a potência de projeto requerida para essa bomba poderia ser de 1 MW, ou menos.

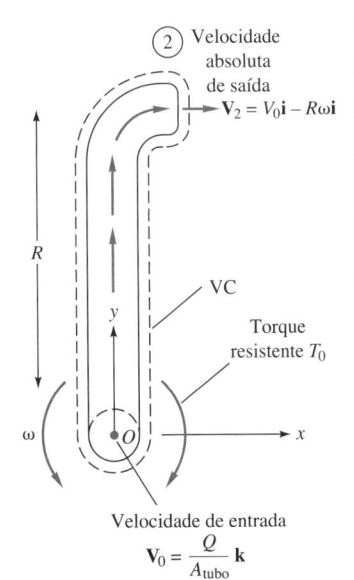

Figura 3.16 Vista de cima de um dos braços do irrigador rotativo.

EXEMPLO 3.19

A Figura 3.16 mostra o braço de um irrigador de gramados, visto de cima. O braço gira em torno de O com velocidade angular constante, ω. A vazão volumétrica na entrada do braço em O é Q, e o fluido é incompressível. Existe um torque resistente em O, devido ao atrito no mancal, igual a $-T_O \mathbf{k}$. Encontre uma expressão para a rotação ω em termos do comprimento do braço e das propriedades do escoamento.

Solução

A velocidade na entrada é $V_0 \mathbf{k}$, em que $V_0 = Q/A_{\text{tubo}}$. A Equação (3.59) somente se aplica ao volume de controle esboçado na Figura 3.16 se $\mathbf{V}$ for a velocidade absoluta, em relação a um referencial inercial. Logo, a velocidade na saída, seção 2, é

$$\mathbf{V}_2 = V_0 \mathbf{i} - R\omega \mathbf{i}$$

Para escoamento permanente, a Equação (3.59) prevê que

$$\sum \mathbf{M}_o = -T_o \mathbf{k} = (\mathbf{r}_2 \times \mathbf{V}_2)\dot{m}_{\text{sai}} - (\mathbf{r}_1 \times \mathbf{V}_1)\dot{m}_{\text{ent}} \qquad (1)$$

em que, da continuidade, $\dot{m}_{\text{sai}} = \dot{m}_{\text{ent}} = \rho Q$. Os produtos vetoriais relativos ao ponto O são

$$\mathbf{r}_2 \times \mathbf{V}_2 = R\mathbf{j} \times (V_0 - R\omega)\mathbf{i} = (R^2\omega - RV_0)\mathbf{k}$$

$$\mathbf{r}_1 \times \mathbf{V}_1 = 0\mathbf{j} \times V_0\mathbf{k} = 0$$

> A Equação (1) torna-se, então
>
> $$-T_o\mathbf{k} = \rho Q(R^2\omega - RV_0)\mathbf{k}$$
>
> $$\omega = \frac{V_o}{R} - \frac{T_o}{\rho Q R^2} \qquad \textit{Resposta}$$
>
> O resultado pode ser surpreendente para você: mesmo que o torque resistente T_0 seja desprezível, a velocidade angular do braço é limitada pelo valor V_o/R imposto pela velocidade na saída e pelo comprimento do braço.

3.7 A equação da energia[16]

Como nossa quarta e última lei básica, vamos aplicar o teorema de transporte de Reynolds (3.12) à primeira lei da termodinâmica, Equação (3.5). A variável muda B torna-se a energia E, e a energia por unidade de massa é $\beta = dE/dm = e$. A Equação (3.5) pode ser escrita para um volume de controle fixo, como se segue:[17]

$$\frac{dQ}{dt} - \frac{dW}{dt} = \frac{dE}{dt} = \frac{d}{dt}\left(\int_{VC} e\rho \, d\mathcal{V}\right) + \int_{SC} e\rho(\mathbf{V} \cdot \mathbf{n}) \, dA \qquad (3.61)$$

Relembre que Q positivo significa calor adicionado ao sistema e que W positivo significa trabalho realizado pelo sistema.

A energia do sistema por unidade de massa, e, pode ser de diversos tipos:

$$e = e_{\text{interna}} + e_{\text{cinética}} + e_{\text{potencial}} + e_{\text{outras}}$$

em que e_{outras} poderia englobar reações químicas ou nucleares e efeitos de campos eletrostáticos e magnéticos. Aqui, vamos desprezar e_{outras} e considerar apenas os três primeiros termos, conforme discutido na Equação (1.9), com z definido para cima:

$$e = \hat{u} + \tfrac{1}{2}V^2 + gz \qquad (3.62)$$

Os termos de calor e trabalho poderiam ser examinados em detalhe. Se este fosse um livro de transferência de calor, dQ/dt seria subdividido em efeitos de condução, convecção e radiação e capítulos inteiros seriam escritos sobre cada um (por exemplo, ver Referência 3). Aqui, vamos deixar o termo como está e considerá-lo apenas ocasionalmente.

Usando por conveniência o "ponto em cima" para denotar derivadas temporais, dividiremos o termo de trabalho em três partes:

$$\dot{W} = \dot{W}_{\text{eixo}} + \dot{W}_{\text{pressão}} + \dot{W}_{\text{tensões viscosas}} = \dot{W}_e + \dot{W}_p + \dot{W}_v$$

O trabalho das forças gravitacionais já foi incluído na forma de energia potencial na Equação (3.62). Outros tipos de trabalho, p. ex., aqueles devido a forças eletromagnéticas, são excluídos aqui.

O trabalho de eixo isola aquela porção de trabalho que é deliberadamente realizada por uma máquina (rotor de uma bomba, pá de um ventilador, pistão etc.) prolongando-se através da superfície de controle para dentro do volume de controle. Especificações adicionais para $\dot{W}_e$ são desnecessárias neste ponto, mas cálculos do trabalho realizado por turbomáquinas serão efetuados no Capítulo 11.

A taxa de trabalho $\dot{W}_p$ realizada pelas forças de pressão ocorrem apenas na superfície; todos os trabalhos das porções internas de material no volume de controle reali-

---

[16] Você deve ler esta seção para sua informação e enriquecimento, mesmo que lhe falte base formal em termodinâmica.

[17] A equação da energia para um volume de controle deformável será bastante complicada e não é discutida aqui. Para mais detalhes, consulte as Referências 4 e 5.

zam-se por forças iguais e opostas e se cancelam. O trabalho de pressão é igual ao produto da força de pressão sobre um elemento de superfície dA pelo componente normal da velocidade entrando no volume de controle:

$$d\dot{W}_p = -(p\,dA)V_{n,\text{ent}} = -p(-\mathbf{V} \cdot \mathbf{n})\,dA$$

O trabalho total de pressão é a integral sobre a superfície de controle:

$$\dot{W}_p = \int_{SC} p(\mathbf{V} \cdot \mathbf{n})\,dA \qquad (3.63)$$

Uma nota de advertência: se parte da superfície de controle coincidir com parte da superfície de uma máquina, vamos preferir delegar o trabalho de pressão dessa porção para o termo de trabalho de eixo $\dot{W}_e$, não para $\dot{W}_p$. O objetivo principal disso é isolar os termos de trabalho de pressão do escoamento do fluido.

Finalmente, o trabalho de cisalhamento devido às tensões viscosas ocorrem na superfície de controle, com os termos de trabalho interno cancelando-se novamente, e consiste do produto de cada tensão viscosa (uma normal e duas tangenciais) pelo respectivo componente de velocidade:

$$d\dot{W}_v = -\tau \cdot \mathbf{V}\,dA$$

ou
$$\dot{W}_v = -\int_{SC} \tau \cdot \mathbf{V}\,dA \qquad (3.64)$$

em que τ é o vetor de tensões sobre o elemento de superfície dA. Esse termo pode desaparecer ou ser desprezível, de acordo com o tipo particular de superfície naquela parte do volume de controle:

Superfície sólida. Para todas as partes da superfície de controle que são paredes sólidas de confinamento, $\mathbf{V} = 0$, devido à condição de não deslizamento; logo, $\dot{W}_v$ = zero, identicamente.

Superfície de uma máquina. Aqui, o trabalho viscoso é uma contribuição da máquina, de modo que incluímos esse trabalho no termo $\dot{W}_e$.

Entradas ou saídas. Em uma entrada ou saída, o escoamento é aproximadamente normal ao elemento dA; logo, o único termo viscoso vem das tensões normais, $\tau_{nn}V_n dA$. Uma vez que as tensões viscosas normais são extremamente pequenas na grande maioria dos casos, exceto em casos raros, tais como no interior de uma onda de choque, é costume desprezar o trabalho viscoso nas entradas e saídas do volume de controle.

Superfície de corrente. Se a superfície de controle corresponde a uma linha de corrente, tal como a curva superior na análise de camada-limite da Figura 3.11, o termo de trabalho viscoso deve ser avaliado e retido, caso as tensões de cisalhamento forem significativas ao longo dessa linha. No caso particular da Figura 3.11, a linha de corrente fica fora da camada-limite, e o trabalho viscoso é desprezível.

O resultado líquido da discussão anterior é que o termo de taxa de trabalho da Equação (3.61) consiste essencialmente em

$$\dot{W} = \dot{W}_e + \int_{SC} p(\mathbf{V} \cdot \mathbf{n})\,dA - \int_{SC} (\tau \cdot \mathbf{V})_{SC}\,dA \qquad (3.65)$$

em que o subscrito *SC* refere-se a uma superfície de corrente. Quando introduzimos (3.65) e (3.62) em (3.61), verificamos que o termo de trabalho de pressão pode ser combinado com o termo de fluxo de energia, uma vez que ambos envolvem integrais de superfície de **V** · **n**. A equação da energia para um volume de controle torna-se

$$\dot{Q} - \dot{W}_e - \dot{W}_v = \frac{\partial}{\partial t}\left(\int_{VC} e\rho \, d\mathcal{V}\right) + \int_{SC}\left(e + \frac{p}{\rho}\right)\rho(\mathbf{V} \cdot \mathbf{n}) \, dA \quad (3.66)$$

Usando e de (3.62), vemos que a entalpia $\hat{h} = \hat{u} + p/\rho$ ocorre na integral da superfície de controle. A forma geral final da equação da energia para um volume de controle fixo torna-se

$$\dot{Q} - \dot{W}_e - \dot{W}_v = \frac{\partial}{\partial t}\left[\int_{VC}\left(\hat{u} + \tfrac{1}{2}V^2 + gz\right)\rho d\mathcal{V}\right] + \int_{SC}\left(\hat{h} + \tfrac{1}{2}V^2 + gz\right)\rho(\mathbf{V} \cdot \mathbf{n}) \, dA$$

(3.67)

Conforme mencionado, o termo de trabalho de cisalhamento $\dot{W}_v$ raramente é importante.

Termos de fluxo de energia unidimensionais

Se o volume de controle tem uma série de entradas e saídas unidimensionais, como na Figura 3.5, a integral de superfície em (3.67) se reduz a um somatório de fluxos de saída menos fluxos de entrada:

$$\int_{SC}(\hat{h} + \tfrac{1}{2}V^2 + gz)\rho(\mathbf{V} \cdot \mathbf{n}) \, dA$$

$$= \sum (\hat{h} + \tfrac{1}{2}V^2 + gz)_{sai}\dot{m}_{sai} - \sum (\hat{h} + \tfrac{1}{2}V^2 + gz)_{ent}\dot{m}_{ent}$$

(3.68)

em que os valores de $\hat{h}$, $\tfrac{1}{2}V^2$ e gz são tomados como valores médios sobre cada seção transversal.

EXEMPLO 3.20

Uma máquina de escoamento permanente (Figura E3.20) recebe ar na seção 1 e o descarrega nas seções 2 e 3. As propriedades de cada seção são as seguintes:

Seção	A, cm²	Q, l/s	T,°C	p, kPa abs	z, cm
1	371,6	2.832	21	137,90	30,5
2	929	1.133	38	206,84	121,9
3	232,3	1.416	93	?	45,7

Trabalho é fornecido para a máquina a uma taxa de 150 hp. Encontre a pressão p_3 em kPa absoluta e a transferência de calor $\dot{Q}$ em W. Considere que o ar é um gás perfeito com $R = 287$ m²/(s² · K) e $c_p = 1.004$ m²/(s² · K).

Solução

- *Esboço do sistema:* A Figura E3.20 mostra a entrada 1 (fluxo negativo) e as saídas 2 e 3 (fluxos positivos).
- *Hipóteses:* Escoamento permanente, entradas e saídas unidimensionais, gás perfeito, trabalho de cisalhamento desprezível. O escoamento *não* é incompressível. Observe que $Q_1 \neq Q_2 + Q_3$ porque as densidades são diferentes.

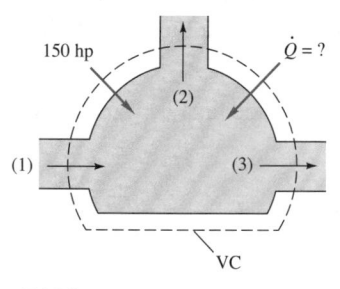

E3.20

- *Abordagem:* Calcule as velocidades, massas específicas e entalpias e substitua na Equação (3.67). Use unidades do SI para todas as propriedades, incluindo as pressões. Com Q_i dado, calculamos $V_i = Q_i/A_i$:

$$V_1 = \frac{2{,}832}{0{,}03716} = 76{,}21 \text{ m/s} \quad V_2 = \frac{1{,}131}{0{,}0929} = 12{,}17 \text{ m/s} \quad V_3 = \frac{1{,}416}{0{,}02323} = 60{,}96 \text{ m/s}$$

As massas específicas nas seções 1 e 2 são obtidas pela lei dos gases perfeitos:

$$\rho_1 = \frac{p_1}{RT_1} = \frac{137.900}{(284\,(21+273))} = 1{,}63 \text{ kg/m}^3$$

$$\rho_2 = \frac{206.840}{287\,(38+273)} = 2{,}32 \text{ kg/m}^3$$

No entanto, p_3 é desconhecido; então como determinamos ρ_3? Use a relação da continuidade para escoamento permanente:

$$\dot{m}_1 = \dot{m}_2 + \dot{m}_3 \quad \text{ou} \quad \rho_1 Q_1 = \rho_2 Q_2 + \rho_3 Q_3 \tag{1}$$

$1{,}63(2{,}832) = 2{,}32(1{,}133) + \rho_3(1{,}416)$ que tem como solução: $\rho_3 = 1{,}40$ kg/m³

Conhecendo ρ_3 é possível calcular p_3 pela lei dos gases perfeitos:

$$p_3 = \rho_3 R T_3 = 1{,}40 \text{ kg/m}^3 \cdot 287 \text{ m}^2/(\text{s}^2 \cdot \text{K})\ (93 + 273)\ \text{K} = 147{,}44 \text{ kPa} \quad \textit{Resposta}$$

- *Passos finais da solução:* Para um gás perfeito, simplesmente aproxime as entalpias como $h_i = c_p T_i$. O trabalho de eixo é *negativo* (para dentro do volume de controle) e o trabalho viscoso é desprezível para essa máquina com parede sólida:

$$\dot{W}_v \approx 0 \quad \dot{W}_e = -150 \text{ hp}\,[745{,}7 \text{ W/hp}] = -111.855 \text{ W (trabalho } \textit{sobre} \text{ o sistema)}$$

Para escoamento permanente, a integral de volume na Equação (3.67) desaparece e a equação da energia torna-se

$$\dot{Q} - \dot{W}_e = -\dot{m}_1(c_p T_1 + \tfrac{1}{2}V_1^2 + gz_1) + \dot{m}_2(c_p T_2 + \tfrac{1}{2}V_2^2 + gz_2) + \dot{m}_3(c_p T_3 + \tfrac{1}{2}V_3^2 + gz_3) \tag{2}$$

Dos nossos cálculos da continuidade na Equação (1) anterior, os fluxos de massa são

$$\dot{m}_1 = \rho_1 Q_1 = (1{,}63) \cdot (2{,}832) = 4{,}616 \text{ kg/s} \quad \dot{m}_2 = \rho_2 Q_2 = 2{,}629 \text{ kg/s}$$

$$\dot{m}_3 = \rho_3 Q_3 = 1{,}983 \text{ kg/s}$$

É uma boa prática separar os termos de fluxo na equação da energia (2) para exame:

Fluxo de entalpia $= c_p(-\dot{m}_1 T_1 + \dot{m}_2 T_2 + \dot{m}_3 T_3)$
$= [1{,}004 \text{ m}^2/(\text{s}^2 \cdot \text{K})]\,[-4{,}616 \text{ m}^3/\text{s}\,(273 + 21)\text{K}$
$+ 2{,}629\,(273 + 38) + 1{,}983\,(273 + 93)]$
$= +188{,}508 \text{ W}$

Fluxo de energia cinética $= \tfrac{1}{2}(-\dot{m}_1 V_1^2 + \dot{m}_2 V_2^2 + \dot{m}_3 V_3^2)$
$= \tfrac{1}{2}[-4{,}616(76{,}21)^2 + 2{,}629(12{,}17)^2 + 1{,}983(60{,}96)^2] = -9{,}515 \text{ W}$

Fluxo de energia potencial $= g(-\dot{m}_1 z_1 + \dot{m}_2 z_2 + \dot{m}_3 z_3)$
$= (9{,}81)[-4{,}616(0{,}305) + 2{,}629(1{,}219) + 1{,}983(0{,}457)]$
$= +27 \text{ W}$

> A Equação (2) pode agora ser resolvida para a transferência de calor:
>
> $$\dot{Q} - (-111.855) = 188.508 - 9.515 + 27 = 67.165 \text{ W} \qquad \text{Resposta}$$
>
> - *Comentários:* A transferência de calor é positiva, o que significa que ela ocorre *para dentro* do volume de controle. É típico dos escoamentos gasosos que o fluxo de energia potencial seja desprezível, o fluxo de entalpia dominante, e o fluxo de energia cinética pequeno, a menos que as velocidades sejam muito altas (isto é, alta subsônica ou supersônica).

A equação da energia no escoamento permanente

Para escoamento permanente com uma entrada e uma saída, ambas consideradas unidimensionais, a Equação (3.67) se reduz a uma célebre relação usada em muitas análises de engenharia. Seja a seção 1 de entrada e a seção 2 de saída. Então

$$\dot{Q} - \dot{W}_e - \dot{W}_v = -\dot{m}_1(\hat{h}_1 + \tfrac{1}{2}V_1^2 + gz_1) + \dot{m}_2(\hat{h}_2 + \tfrac{1}{2}V_2^2 + gz_2) \qquad (3.69)$$

Mas, da equação da continuidade $\dot{m}_1 = \dot{m}_2 = \dot{m}$, podemos rearrumar (3.69) como se segue

$$\hat{h}_1 + \tfrac{1}{2}V_1^2 + gz_1 = (\hat{h}_2 + \tfrac{1}{2}V_2^2 + gz_2) - q + w_e + w_v \qquad (3.70)$$

em que $q = \dot{Q}/\dot{m} = dQ/dm$ é o calor transferido por unidade de massa. Analogamente, $w_s = \dot{W}_s/\dot{m} = dW_s/dm$ e $w_v = \dot{W}_v/\dot{m} = dW_v/dm$. A Equação (3.70) é uma forma geral da *equação da energia para escoamento permanente*, e estabelece que a *entalpia de estagnação* a montante, $H_1 = (h + \tfrac{1}{2}V^2 + gz)_1$, difere do correspondente valor a jusante, H_2, apenas se houver transferência de calor, trabalho de eixo ou trabalho viscoso na passagem do fluido entre as seções 1 e 2. Relembre que q é positivo se o calor for adicionado ao volume de controle e w_e e w_v são positivos se o trabalho for realizado pelo fluido sobre suas vizinhanças.

Cada termo da Equação (3.70) tem dimensão de energia por unidade de massa, ou de velocidade ao quadrado, sendo uma forma comumente utilizada pelos engenheiros mecânicos. Se dividirmos tudo por g, cada termo torna-se um comprimento, ou altura, que é uma forma preferida pelos engenheiros civis. O símbolo tradicional para altura é h, que não devemos confundir com entalpia. Logo, usaremos energia interna ao reescrevermos a equação da energia em termos de altura:

$$\frac{p_1}{\gamma_1} + \frac{\hat{u}_1}{g} + \frac{V_1^2}{2g} + z_1 = \frac{p_2}{\gamma_2} + \frac{\hat{u}_2}{g} + \frac{V_1^2}{2g} + z_2 - h_q + h_e + h_v \qquad (3.67)$$

em que $h_q = q/g$, $h_e = w_e/g$ e $h_v = w_v/g$ são termos de altura para o calor transferido, trabalho de eixo realizado e trabalho viscoso realizado, respectivamente. O termo p/γ é chamado *altura de pressão* e o termo $V^2/(2g)$ é designado *altura de velocidade*.

Atrito e trabalho de eixo em escoamento a baixas velocidades

Uma aplicação muito comum da equação da energia para escoamento permanente ocorre para escoamentos com baixas velocidades (incompressíveis) em um tubo ou duto. Uma bomba ou turbina pode ser incluída no sistema de tubulações. As paredes do tubo e da máquina são sólidas, de maneira que o trabalho viscoso é nulo. Nesse caso, a Equação (3.71) pode ser escrita na seguinte forma

$$\left(\frac{p_1}{\gamma} + \frac{V_1^2}{2g} + z_1\right) = \left(\frac{p_2}{\gamma} + \frac{V_2^2}{2g} + z_2\right) + \frac{\hat{u}_2 - \hat{u}_1 - q}{g} \qquad (3.72)$$

Cada termo nessa equação é um comprimento, ou *altura*. Os termos entre parênteses são os valores a montante (1) e a jusante (2) da chamada altura útil ou *altura disponível* ou *altura total* do escoamento, sendo denotada por h_0. O último termo da direita é a diferença entre as alturas disponíveis a montante e a jusante $(h_{01} - h_{02})$, que pode incluir a altura de elevação de uma bomba, a altura extraída por uma turbina e a perda de altura por atrito h_p, ou *perda de carga*,* sempre positiva. Logo, no escoamento incompressível, com uma entrada e uma saída, podemos escrever

$$\left(\frac{p}{\gamma} + \frac{V^2}{2g} + z\right)_{ent} = \left(\frac{p}{\gamma} + \frac{V^2}{2g} + z\right)_{sai} + h_{perdas} - h_{bomba} + h_{turbina} \quad (3.73)$$

A maioria dos nossos problemas de escoamento interno será resolvida com o auxílio da Equação (3.73). Os termos em h são todos positivos; isto é, a perda por atrito é sempre positiva em escoamentos reais (viscosos), uma bomba adiciona energia (aumenta o lado esquerdo) e uma turbina extrai energia do escoamento. Se h_b e/ou h_t são incluídos, a bomba e/ou a turbina devem estar *entre* as seções 1 e 2. Nos Capítulos 5 e 6, vamos desenvolver métodos para correlacionar as perdas h_p com parâmetros de escoamento em tubos, válvulas, acessórios e outros dispositivos de escoamento interno.

EXEMPLO 3.21

Gasolina a 20°C é bombeada através de um tubo liso de 12 cm de diâmetro, com 10 km de comprimento, a uma vazão de 75 m³/h. A entrada é alimentada por uma bomba à pressão absoluta de 24 atm. A saída está à pressão atmosférica padrão, 150 m mais alta. Estime a perda por atrito h_p, e a compare com a altura de velocidade $V^2/(2g)$. (Esses números são bem realísticos para o escoamento de líquidos através de tubulações longas.)

Solução

- *Valores de propriedades:* Da Tabela A.3 para gasolina a 20°C, $\rho = 680$ kg/m³ ou $\gamma = (680)(9,81) = 6.670$ N/m³.
- *Hipóteses:* Escoamento permanente. Não há trabalho de eixo, portanto $h_b = h_t = 0$. Se $z_1 = 0$, então $z_2 = 150$ m.
- *Abordagem:* Encontre a velocidade e a altura de velocidade. Elas são necessárias para a comparação. Depois calcule a perda por atrito pela Equação (3.73).
- *Passos da solução:* Como o diâmetro do tubo é constante, a velocidade média é a mesma em qualquer ponto:

$$V_{ent} = V_{sai} = \frac{Q}{A} = \frac{Q}{(\pi/4)D^2} = \frac{(75 \text{ m}^3/\text{h})/(3.600 \text{ s/h})}{(\pi/4)(0,12 \text{ m})^2} \approx 1,84 \frac{\text{m}}{\text{s}}$$

$$\text{Altura de velocidade} = \frac{V^2}{2g} = \frac{(1,84 \text{ m/s})^2}{2(9,81 \text{ m/s}^2)} \approx 0,173 \text{ m}$$

Substitua esse resultado na Equação (3.73) e resolva para a perda de carga por atrito. Use pascals para a pressão e note que as alturas de velocidade se cancelam porque a área do tubo é constante.

$$\frac{p_{ent}}{\gamma} + \frac{V_{ent}^2}{2g} + z_{ent} = \frac{p_{sai}}{\gamma} + \frac{V_{sai}^2}{2g} + z_{sai} + h_p$$

$$\frac{(24)(101.350 \text{ N/m}^2)}{6.670 \text{ N/m}^3} + 0,173 \text{ m} + 0 \text{ m} = \frac{101.350 \text{ N/m}^2}{6.670 \text{ N/m}^3} + 0,173 \text{ m} + 150 \text{ m} + h_p$$

ou $\quad h_p = 364,7 - 15,2 - 150 \approx 199$ m *Resp.*

---

*N. de T.: No Brasil, os termos altura e carga, em geral, são utilizados como sinônimos; todavia, a expressão perda de carga tornou-se consagrada nesse contexto.

A perda de carga é maior do que a diferença de elevação Δz, e a bomba tem que fazer o escoamento vencer ambas as cargas, de onde se explica a alta pressão na entrada. A razão entre as alturas de atrito e de velocidade é

$$\frac{h_p}{V^2/(2g)} \approx \frac{199 \text{ m}}{0{,}173 \text{ m}} \approx 1.150 \qquad \textit{Resposta}$$

- *Comentários:* Essa alta razão é típica de tubulações longas. (Observe que não utilizamos diretamente a informação de que a tubulação tinha 10.000 m de comprimento, cujo efeito está implícito em h_p.) No Capítulo 6, podemos enunciar esse problema de uma forma mais direta: Dada a vazão, o fluido e o tamanho do tubo, qual é a pressão necessária na entrada? Nossas correlações para h_p nos levarão à estimativa de $p_{\text{entrada}} \approx 24$ atm, conforme estabelecemos anteriormente.

EXEMPLO 3.22

Ar [$R = 287$ e $c_p = 1.004$ m²/(s² · K)] escoa em regime permanente, Figura E3.22, através de uma turbina que produz 700 hp. Para as condições de entrada e saída mostradas, estime (*a*) a velocidade V_2 na saída e (*b*) o calor transferido Q em W.

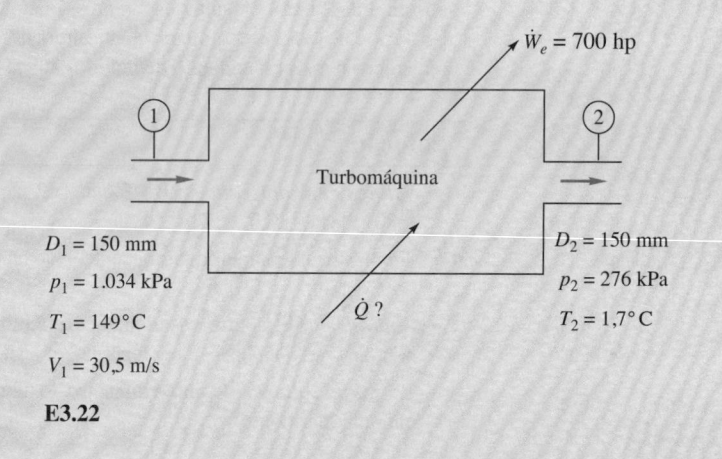

$\dot{W}_e = 700$ hp

$D_1 = 150$ mm
$p_1 = 1.034$ kPa
$T_1 = 149°$C
$V_1 = 30{,}5$ m/s

Turbomáquina

$\dot{Q}$?

$D_2 = 150$ mm
$p_2 = 276$ kPa
$T_2 = 1{,}7°$C

E3.22

Solução

Parte (a) As massas específicas de entrada e saída podem ser calculadas pela lei dos gases perfeitos:

$$\rho_1 = \frac{p_1}{RT_1} = \frac{1.034.000}{287(273 + 149)} = 8{,}54 \text{ kg/m}^3$$

$$\rho_2 = \frac{p_2}{RT_2} = \frac{276.000}{287(273 + 1{,}7)} = 3{,}50 \text{ kg/m}^3$$

O fluxo de massa é determinado pelas condições de entrada

$$\dot{m} = \rho_1 A_1 V_1 = (8{,}54)\frac{\pi}{4}(0{,}15)^2(30{,}5) = 4{,}60 \text{ kg/s}$$

> Conhecendo o fluxo de massa, calculamos a velocidade de saída
>
> $$\dot{m} = 4{,}60 = \rho_2 A_2 V_2 = (3{,}50)\frac{\pi}{4}(0{,}15)^2 V_2$$
>
> ou $\qquad V_2 = 74{,}37 \text{ m/s}$ *Resposta (a)*
>
> **Parte (b)** A equação da energia para escoamento permanente, (3.69), é aplicada com $\dot{W}_v = 0$, $z_1 = z_2$ e $\hat{h} = c_p T$:
>
> $$\dot{Q} - \dot{W}_e = \dot{m}(c_p T_2 + \tfrac{1}{2} V_2^2 - c_p T_1 - \tfrac{1}{2} V_1^2)$$
>
> Converta o trabalho da turbina para watts com o fator de conversão 1 hp = 745,7 W. O trabalho da turbina $\dot{W}_e$ é positivo
>
> $$\dot{Q} - 700(745{,}7) = 4{,}60 [1{,}004(274{,}7) + \tfrac{1}{2}(74{,}37)^2 - 1{,}004(422) - \tfrac{1}{2}(30{,}5)^2]$$
>
> ou $\qquad \dot{Q} = -147{,}719 \text{ W}$ *Resposta (b)*
>
> O sinal negativo indica que a transferência de calor é uma *perda* do volume de controle.

Fator de correção da energia cinética

Frequentemente, o escoamento que atravessa uma seção não é estritamente unidimensional. Em particular, a velocidade pode variar através da seção transversal, como na Figura E3.4. Nesse caso, o termo de energia cinética da Equação (3.68), para uma dada seção, deve ser modificado por um fator adimensional de correção α, tal que a integral seja proporcional ao quadrado da velocidade média da seção

$$\int_{\text{seção}} (\tfrac{1}{2} V^2) \rho (\mathbf{V} \cdot \mathbf{n})\, dA \equiv \alpha(\tfrac{1}{2} V_m^2) \dot{m}$$

em que $\qquad V_m = \dfrac{1}{A} \int u\, dA \qquad$ para escoamento incompressível

Se a massa específica também varia, a integração fica muito trabalhosa; não trataremos dessa complicação. Sendo u a velocidade normal à seção, a primeira equação anterior torna-se, para escoamento incompressível,

$$\tfrac{1}{2} \rho \int u^3\, dA = \tfrac{1}{2} \rho \alpha V_m^3 A$$

ou $\qquad \alpha = \dfrac{1}{A} \int \left(\dfrac{u}{V_m} \right)^3 dA \qquad (3.74)$

O termo α representa o fator de correção da energia cinética, tendo um valor igual a 2,0 para escoamento laminar totalmente desenvolvido em um tubo e de 1,04 até 1,11 para escoamento turbulento em um tubo. A equação da energia completa, (3.73), para escoamento permanente incompressível, incluindo bombas, turbinas e perdas, seria generalizada para

$$\boxed{\left(\frac{p}{\rho g} + \frac{\alpha}{2g} V^2 + z \right)_{\text{ent}} = \left(\frac{p}{\rho g} + \frac{\alpha}{2g} V^2 + z \right)_{\text{sai}} + h_{\text{turbina}} - h_{\text{bomba}} + h_{\text{perdas}}} \qquad (3.75)$$

em que os termos de altura à direita (h_t, h_b, h_p) são todos numericamente positivos. Todos os termos da Equação (3.75) têm dimensão de comprimento $\{L\}$. Em problemas envolvendo escoamento turbulento em tubos, é comum assumir que $\alpha \approx 1,0$. Para o cálculo de valores numéricos, podemos usar as seguintes aproximações, discutidas no Capítulo 6:

Escoamento laminar: $\quad u = U_0\left[1 - \left(\dfrac{r}{R}\right)^2\right]$

de onde $\quad V_m = 0,5 U_0 \quad\quad\quad\quad\quad\quad\quad$ (3.76)

e $\quad \alpha = 2,0$

Escoamento turbulento: $\quad u \approx U_0\left(1 - \dfrac{r}{R}\right)^m \quad m \approx \dfrac{1}{7}$

de onde, pelo Exemplo (3.4),

$$V_m = \dfrac{2U_0}{(1+m)(2+m)}$$

Substituindo na Equação (3.74), resulta

$$\alpha = \dfrac{(1+m)^3(2+m)^3}{4(1+3m)(2+3m)} \quad\quad (3.77)$$

e os valores numéricos são os seguintes:

Escoamento turbulento:

m	$\frac{1}{5}$	$\frac{1}{6}$	$\frac{1}{7}$	$\frac{1}{8}$	$\frac{1}{9}$
α	1,106	1,077	1,058	1,046	1,037

Esses valores são apenas ligeiramente diferentes da unidade e em geral são desprezados nas análises elementares de escoamento turbulento. No entanto, α nunca deve ser desprezado em escoamento laminar.

EXEMPLO 3.23

Uma central hidrelétrica (Figura E3.23) recebe 30 m³/s de água através da turbina e a descarrega para a atmosfera com $V_2 = 2$ m/s. A perda de carga na turbina e no sistema de comportas e duto forçado é $h_p = 20$ m. Assumindo escoamento turbulento, $\alpha \approx 1,06$, estime a potência em MW extraída pela turbina.

Solução

Desprezamos o trabalho viscoso e a troca de calor, e tomamos a seção 1 na superfície do reservatório (Figura E3.23), em que $V_1 \approx 0$, $p_1 = p_{atm}$ e $z_1 = 100$ m. A seção 2 é a saída da turbina.

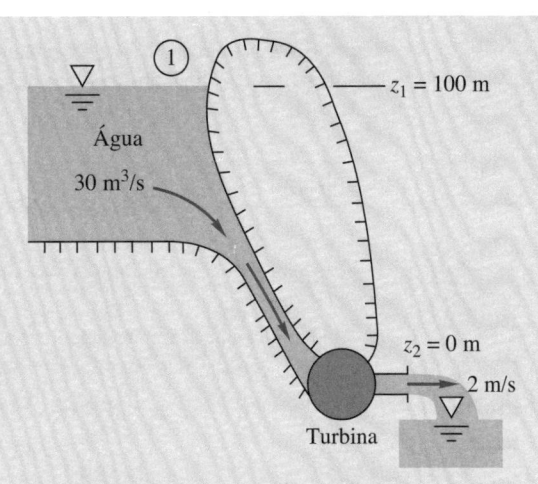

Figura E3.23

A equação da energia para escoamento permanente (3.75), em termos de altura, torna-se

$$\frac{p_1}{\gamma} + \frac{\alpha_1 V_1^2}{2g} + z_1 = \frac{p_2}{\gamma} + \frac{\alpha_2 V_2^2}{2g} + z_2 + h_t + h_p$$

$$\frac{p_a}{\gamma} + \frac{1{,}06(0)^2}{2(9{,}81)} + 100 \text{ m} = \frac{p_a}{\gamma} + \frac{1{,}06(2{,}0 \text{ m/s})^2}{2(9{,}81 \text{ m/s}^2)} + 0 \text{ m} + h_t + 20 \text{ m}$$

Os termos de pressão se cancelam e podemos determinar a altura da turbina, (que é positiva):

$$h_t = 100 - 20 - 0{,}2 \approx 79{,}8 \text{ m}$$

A turbina extrai em torno de 79,8% dos 100 m de altura disponível da barragem. A potência total extraída pode ser avaliada com o fluxo de massa de água:

$$P = \dot{m} w_e = (\rho Q)(g h_t) = (998 \text{ kg/m}^3)(30 \text{ m}^3/\text{s})(9{,}81 \text{ m/s}^2)(79{,}8 \text{ m})$$
$$= 23{,}4 \text{ E6 kg} \cdot \text{m}^2/\text{s}^3 = 23{,}4 \text{ E6 N} \cdot \text{m/s} = 23{,}4 \text{ MW} \qquad \textit{Resposta}$$

A turbina aciona um gerador elétrico que, possivelmente, tem perdas em torno de 15%, de modo que a potência gerada por essa hidrelétrica fica em torno de 20 MW.

EXEMPLO 3.24

A bomba da Figura E3.24 fornece 42,5 L/s de água (9.790 N/m³) para uma máquina na seção 2, que está 6 m acima da superfície do reservatório. As perdas entre 1 e 2 são dadas por

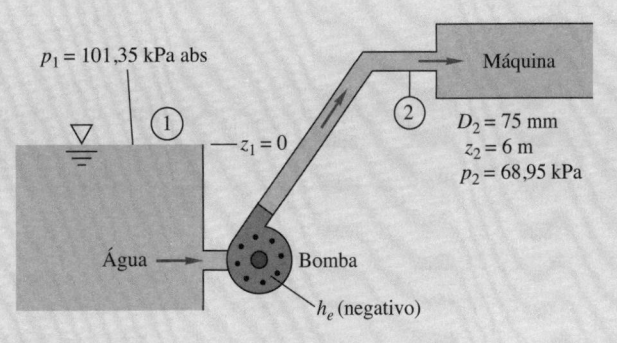

Figura E3.24

$h_p = KV_2^2/(2g)$, em que $K \approx 7,5$ é um coeficiente adimensional de perdas (ver Seção 6.7). Considere $\alpha \approx 1,07$. Encontre a potência em hp requerida para essa bomba, sendo de 80% a sua eficiência.

Solução

- *Esboço do sistema:* A Figura E3.24 mostra a seleção adequada para as seções 1 e 2.
- *Hipóteses:* Escoamento permanente, trabalho viscoso desprezível, reservatório grande ($V_1 \approx 0$).
- *Abordagem:* Primeiro, encontre a velocidade V_2 na saída; depois, aplique a equação da energia para o escoamento permanente.
- *Passos da solução:* Encontre V_2 com base na vazão conhecida e no diâmetro do tubo:

$$V_2 = \frac{Q}{A_2} = \frac{0,0425 \text{ m}^3/\text{s}}{(\pi/4)(0,075)^2} = 9,62 \text{ m/s}$$

A equação da energia para escoamento permanente (3.75), com uma bomba (sem turbina) mais $z_1 \approx 0$ e $V_1 \approx 0$, torna-se

$$\frac{p_1}{\gamma} + \frac{\alpha_1 V_1^2}{2g} + z_1 = \frac{p_2}{\gamma} + \frac{\alpha_2 V_2^2}{2g} + z_2 - h_b + h_p, \quad h_p = K\frac{V_2^2}{2g}$$

ou
$$h_b = \frac{p_2 - p_1}{\gamma} + z_2 + (\alpha_2 + K)\frac{V_2^2}{2g}$$

- *Comentário:* A bomba deve equilibrar quatro efeitos diferentes: a mudança de pressão, a mudança de elevação, a energia cinética do jato de saída e as perdas por atrito.
- *Solução final:* Para os dados fornecidos, podemos avaliar a altura manométrica requerida para a bomba:

$$h_b = \frac{(68,95 - 101,35) \times 10^2}{9.790 \text{ N/m}^3} + 6 \text{ m} + (1,07 + 7,5)\frac{(9,62 \text{ m/s})^2}{2(9,81 \text{ m/s}^2)} = -3,31 + 6 + 40,42 = 43,11 \text{ m}$$

Com a altura manométrica da bomba conhecida, a potência fornecida à bomba é calculada de forma similar ao cálculo para a turbina no Exemplo 3.23:

$$P = \dot{m}w_e = \gamma Q h_p = (9.970 \text{ N/m}^3)(0,0425 \text{ m}^3/\text{s})(43,11 \text{ m}) = 17.937 \text{ W}$$

$$P_{hp} = \frac{17.937 \text{ W}}{745,7 \text{ W/hp}} \approx 24 \text{ hp}$$

Se a bomba tiver uma eficiência de 80%, então dividimos pela eficiência para encontrar a potência necessária para acioná-la:

$$P_{\text{requerida}} = \frac{P}{\text{eficiência}} = \frac{24 \text{ hp}}{0,8} = 30 \text{ hp} \qquad \textit{Resposta}$$

- *Comentário:* A inclusão do fator de correção da energia cinética α nesse caso fez uma diferença de aproximadamente 1% no resultado. A perda por atrito, e não o jato de saída, foi o parâmetro predominante.

Resumo

Neste capítulo, foram analisadas as quatro equações básicas da mecânica dos fluidos: conservação da (1) massa, (2) quantidade de movimento linear, (3) quantidade de movimento angular e (4) energia. As equações foram tratadas "no global", isto é, aplicadas a regiões inteiras de um escoamento. Como tal, as análise típicas irão envolver uma aproximação do campo de escoamento dentro da região, fornecendo resultados quantitativos um tanto quanto grosseiros, mas sempre instrutivos. Todavia, as relações básicas de volume de controle são rigorosas e corretas e irão fornecer resultados exatos se aplicadas ao campo de escoamento exato.

Existem dois pontos principais em uma análise de volume de controle. O primeiro é a escolha de um volume de controle adequado, engenhoso e praticável. Não há substituto para a experiência, mas as seguintes orientações se aplicam. O volume de controle deve cortar o lugar onde a informação ou solução é desejada. Ele deve cortar lugares onde um máximo de informação já é conhecido. Se a equação da quantidade de movimento for aplicada, ele *não* deve cortar paredes sólidas, a menos que absolutamente necessário, pois isso irá expor tensões, forças e momentos possivelmente desconhecidos, tornando difícil ou impossível o cálculo da força desejada. Finalmente, toda a atenção deve ser dada a fim de localizar o volume de controle num referencial em relação ao qual o escoamento seja permanente ou quase-permanente, pois a formulação permanente é muito mais simples de efetuar.

O segundo ponto principal para uma análise de volume de controle é a redução da análise a um caso que se aplique ao problema em questão. Os 24 exemplos deste capítulo fornecem apenas uma introdução à busca de hipóteses simplificadoras apropriadas. Você precisará resolver 24 ou 124 outros exemplos para se tornar realmente experiente na tarefa de simplificar o problema apenas o suficiente, e não mais. Nesse ínterim, seria sensato se o iniciante adotasse uma forma bastante geral das leis de conservação para um volume de controle e fizesse então uma série de simplificações, até chegar à análise final. Partindo da forma geral, pode-se fazer uma série de perguntas:

1. O volume de controle é não deformável? É não acelerado?
2. O campo de escoamento é permanente? Podemos mudar para um referencial para o qual o escoamento seja permanente?
3. O atrito pode ser desprezado?
4. O fluido é incompressível? Caso contrário, a lei dos gases perfeitos é aplicável?
5. A gravidade ou outras forças de campo são desprezíveis?
6. Há troca de calor, trabalho de eixo ou trabalho viscoso?
7. As entradas e saídas são aproximadamente unidimensionais?
8. A pressão atmosférica é importante na análise? A pressão é hidrostática em alguma parte da superfície de controle?
9. Existem condições de reservatório que variem tão lentamente que a velocidade e as taxas de variação temporal possam ser desprezadas?

Dessa maneira, aprovando ou rejeitando itens de uma lista de simplificações básicas, como essas acima, pode-se evitar a utilização da equação de Bernoulli quando ela não for realmente aplicável.

Problemas

A maioria dos problemas propostos é de resolução relativamente direta. Os problemas mais difíceis ou abertos estão indicados com um asterisco. O ícone de um computador indica que pode ser necessário o uso de computador para a resolução do problema. Os problemas típicos de fim de capítulo, P3.1 até P3.185 (listados a seguir) são seguidos dos problemas dissertativos, PD3.1 até PD3.7, dos problemas de fundamentos de engenharia, FE3.1 até FE3.10, dos problemas abrangentes, PA3.1 até PA3.5, e de um projeto, PP3.1.

Seção	Tópico	Problemas
3.1	Leis físicas básicas; vazão volumétrica	P3.1 – P3.5
3.2	O teorema de transporte de Reynolds	P3.6 – P3.9
3.3	Conservação da massa	P3.10 – P3.38
3.4	A equação da quantidade de movimento linear	P3.39 – P3.109
3.5	A equação de Bernoulli	P3.110–P3.148
3.6	O teorema da quantidade de movimento angular	P3.149–P3.164
3.7	A equação da energia	P3.165–P3.185

Leis físicas básicas; vazão volumétrica

P3.1 Discuta a segunda lei de Newton (a relação de quantidade de movimento linear) nestas três formas:

$$\sum \mathbf{F} = m\mathbf{a} \qquad \sum \mathbf{F} = \frac{d}{dt}(m\mathbf{V})$$

$$\sum \mathbf{F} = \frac{d}{dt}\left(\int_{\text{sist}} \mathbf{V}\rho\, d\mathcal{V}\right)$$

Todas elas são igualmente válidas? São equivalentes? Algumas formas são melhores para a mecânica dos fluidos em contraste com a mecânica dos sólidos?

P3.2 Considere a relação de quantidade de movimento angular na forma

$$\sum \mathbf{M}_O = \frac{d}{dt}\left[\int_{\text{sist}} (\mathbf{r} \times \mathbf{V})\rho\, d\mathcal{V}\right]$$

Qual o significado de **r** nessa relação? Essa relação é válida tanto em mecânica dos sólidos como dos fluidos? Ela está relacionada à equação da quantidade de movimento *linear* (Problema P3.1)? De que maneira?

P3.3 Para escoamento permanente com baixos números de Reynolds (laminar) através de um tubo longo (ver Problema P1.12), a distribuição de velocidades axiais é dada por $u = C(R^2 - r^2)$, em que R é o raio do tubo e $r \leq R$. Integre $u(r)$ para encontrar a vazão volumétrica total Q do escoamento através do tubo.

P3.4 Água a 20°C escoa por um duto elíptico longo de 30 cm de largura e 22 cm de altura. Que velocidade média, em m/s, faria a vazão em peso ser de 500 lbf/s?

P3.5 Água a 20°C escoa por um tubo liso de 5 polegadas de diâmetro com um número de Reynolds alto, para o qual o perfil de velocidade é aproximado por $u \approx U_o(y/R)^{1/8}$, onde U_o é a velocidade na linha central, R é o raio do tubo e y é a distância medida a partir da parede em direção à linha de centro. Se a velocidade na linha de centro for 25 pés/s, calcule a vazão volumétrica em galões por minuto.

O teorema de transporte de Reynolds

P3.6 A profundidade da água em um tanque cilíndrico é h. O tanque tem diâmetro D. A água descarrega à velocidade média V_o for um orifício de fundo de área A_o. Use o teorema de transporte de Reynolds para encontrar uma expressão para a taxa de variação de profundidade instantânea dh/dt.

P3.7 Um tanque esférico, com diâmetro de 35 cm, está perdendo ar através de um furo de 5 mm de diâmetro na sua lateral. O ar sai pelo furo a 360 m/s com massa específica de 2,5 kg/m³. Supondo uma mistura uniforme, (a) encontre uma fórmula para a taxa de variação da massa específica média no tanque e (b) calcule um valor numérico para $(d\rho/dt)$ no tanque para os dados fornecidos.

P3.8 Três tubos fornecem água em regime permanente a 20°C para um tubo maior de saída mostrado na Figura P3.8. A velocidade $V_2 = 5$ m/s e a vazão de saída $Q_4 = 120$ m³/h. Encontre (a) V_1, (b) V_3 e (c) V_4 se sabemos que aumentando Q_3 em 20% Q_4 aumentará em 10%.

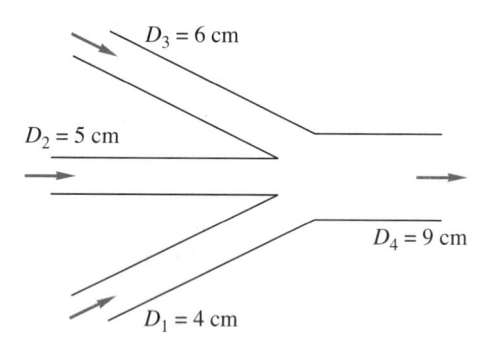

P3.8

P3.9 Um tanque de teste de laboratório contem água do mar com salinidade S e massa específica ρ. Água entra no tanque nas condições (S_1, ρ_1, A_1, V_1) e, por hipótese, mistura-se imediatamente no tanque. A água deixa o tanque por uma saída A_2, com velocidade V_2. Sendo o sal uma grandeza "conservativa" (nem criada, nem destruída), use o teorema de transporte de Reynolds para encontrar uma expressão para a taxa de variação da massa de sal M_{sal} dentro do tanque.

Conservação da massa

P3.10 Água escoando por um tubo com 8 cm de diâmetro entra em uma seção porosa, como mostra a Figura P3.10, que permite uma velocidade radial uniforme v_w através das superfícies das paredes por uma distância de 1,2 m. Se a velocidade média na entrada V_1 for igual a 12 m/s, determine a velocidade de saída V_2 se (a) $v_w = 15$ cm/s para fora do tubo ou (b) $v_w = 10$ cm/s para dentro do tubo. (c) Qual valor de v_w fará $V_2 = 9$ m/s?

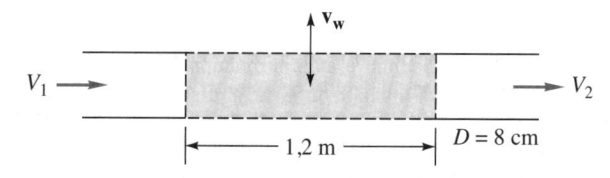

P3.10

P3.11 A água escoa de uma torneira para uma pia a 3 galões americanos (US) por minuto. A tampa do ralo está fechada e a pia tem dois drenos retangulares, cada qual com $3/8$ pol por 1¼ pol. Se o nível da água da pia permanece constante, calcule a velocidade média de transbordamento, em pés/s.

P3.12 O escoamento no tubo na Figura P3.12 enche um tanque de armazenagem cilíndrico conforme mostrado. No tempo $t = 0$, a profundidade da água no tanque é 30 cm. Calcule o tempo necessário para encher o restante do tanque.

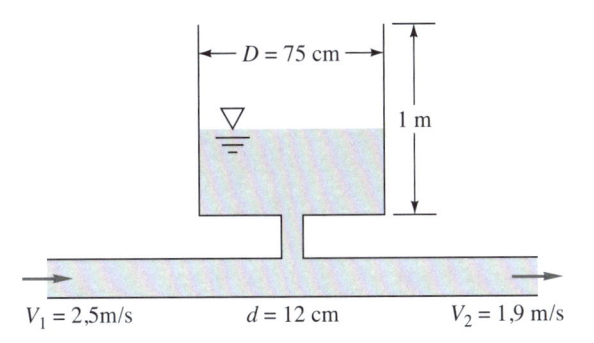

P3.12

P3.13 O recipiente cilíndrico da Figura P3.13 tem 20 cm de diâmetro e uma contração cônica no fundo com um furo de saída de 3 cm de diâmetro. O tanque contém água limpa nas condições padrão ao nível do mar. Se a superfície da água estiver descendo a uma taxa aproximadamente constante de $dh/dt \approx -0{,}072$ m/s, calcule a velocidade média V para fora na saída inferior.

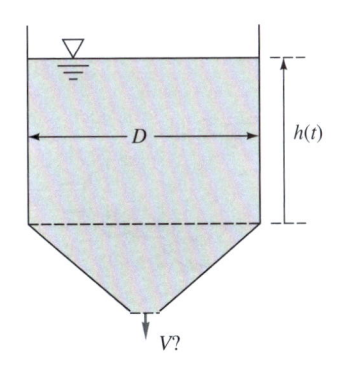

P3.13

P3.14 O tanque aberto da Figura P3.14 contém água a 20°C e está sendo enchido através da seção 1. Considere o escoamento incompressível. Primeiro, deduza uma expressão analítica para a taxa de variação do nível d'água, dh/dt, em termos das vazões (Q_1, Q_2, Q_3) e do diâmetro do tanque d, arbitrários. Em seguida, se o nível h d'água for constante, determine a velocidade na saída, V_2, para os dados $V_1 = 3$ m/s e $Q_3 = 0{,}01$ m³/s.

P3.15 Água, admitida incompressível, escoa em regime permanente pelo tubo da Figura P3.15. A velocidade na entrada é constante, $u = U_0$, e a velocidade na saída se aproxima do perfil para escoamento turbulento, $u = u_{máx}(1 - r/R)^{1/7}$. Determine a razão $U_0/u_{máx}$ para esse escoamento.

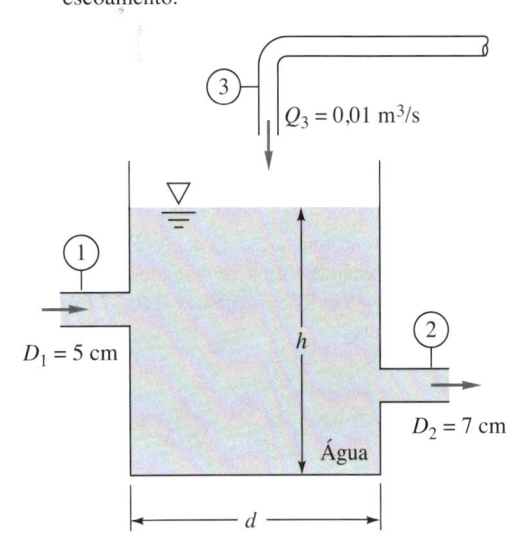

P3.14

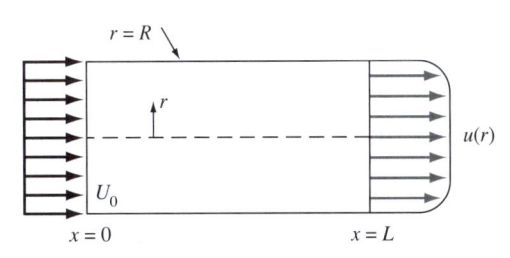

P3.15

P3.16 Um fluido incompressível escoa sobre uma placa plana impermeável, como na Figura P3.16, com um perfil uniforme na entrada, $u = U_0$, e um perfil polinomial cúbico na saída

$$u \approx U_0 \left(\frac{3\eta - \eta^3}{2} \right) \quad \text{em que} \quad \eta = \frac{y}{\delta}$$

Calcule a vazão volumétrica Q através da superfície superior do volume de controle.

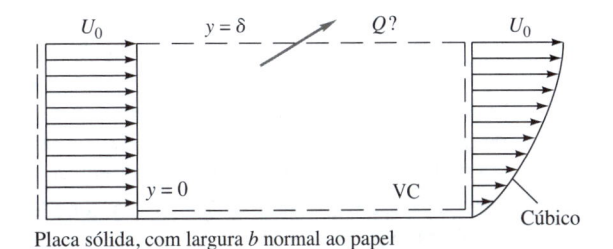

P3.16

P3.17 O escoamento permanente incompressível entre placas paralelas, Figura P3.17, tem velocidade uniforme na entrada, $u = U_0 = 8$ cm/s, desenvolvendo-se a jusante num perfil laminar parabólico, $u = az(z_0 - z)$, em que a é uma constante. Se $z_0 = 4$ cm e o fluido é óleo SAE 30, a 20°C, qual será o valor de $u_{máx}$ em cm/s?

P3.17

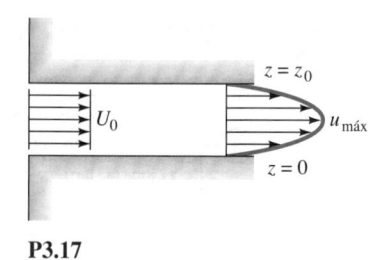

P3.18 Gasolina entra na seção 1 da Fig. P3.18 a 0,5 m³/s e sai pela seção 2 a uma velocidade média de 12 m/s. Qual é a velocidade média na seção 3? É para dentro ou para fora?

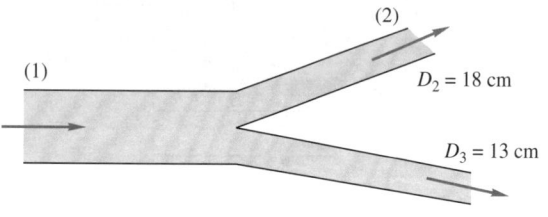

P3.18

P3.19 Água de uma drenagem pluvial escoa para uma saída sobre um leito poroso que absorve a água a uma velocidade vertical uniforme de 8 mm/s, como mostra a Figura P3.19. O sistema tem 5 m de largura normal ao papel. Encontre o comprimento L do leito que absorverá completamente a água da chuva.

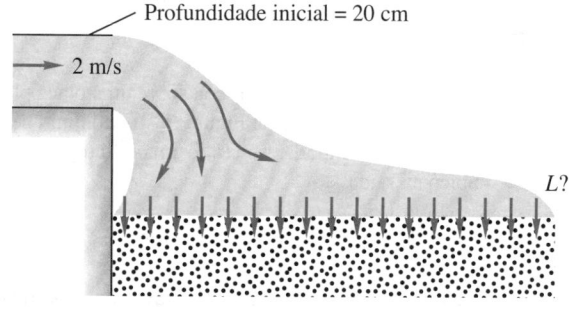

P3.19

P3.20 Óleo ($d = 0,89$) entra na seção 1 da Figura P3.20 com uma vazão em peso de 250 N/h para lubrificar um mancal de escora. O escoamento permanente de óleo sai radialmente através da folga estreita entre as placas de escora. Calcule (a) a vazão volumétrica na saída em mL/s e (b) a velocidade média na saída em cm/s.

P3.21 Para o tanque de duas entradas da Fig. E3.5, considere $D_1 = 4$ cm, $V_1 = 18$ m/s, $D_2 = 7$ cm e $V_2 = 8$ m/s. Se a superfície livre se eleva a 17 mm/s, calcule o diâmetro do tanque.

P3.22 O bocal convergente-divergente mostrado na Figura P3.22, expande e acelera ar seco até velocidades supersônicas na saída, em que $p_2 = 8$ kPa e $T_2 = 240$ K. Na garganta, $p_1 = 284$ kPa, $T_1 = 665$ K e $V_1 = 517$ m/s. Para escoamento compressível permanente de um gás perfeito, calcule (a) o fluxo de massa em kg/h, (b) a velocidade V_2 e (c) o número de Mach, Ma_2.

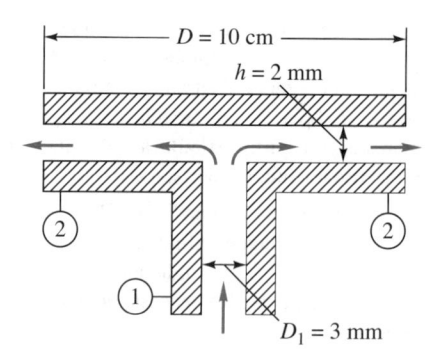

P3.20

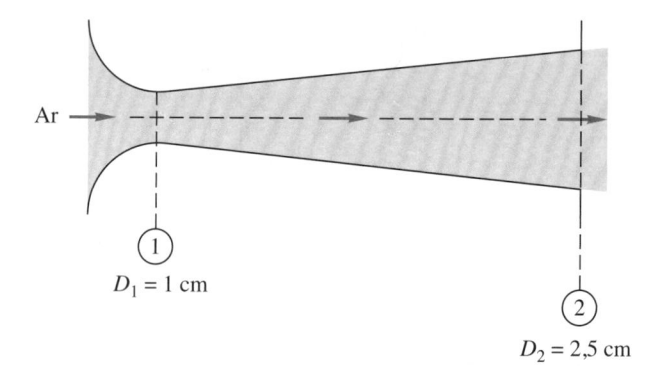

P3.22

P3.23 A seringa hipodérmica da Figura P3.23 contém um soro líquido ($d = 1,05$). Se o soro deve ser injetado em regime permanente a 6 cm³/s, qual deverá ser a velocidade de avanço do êmbolo em cm/s (a) se a fuga na folga do êmbolo for desprezada e (b) se a fuga for 10% da vazão da seringa?

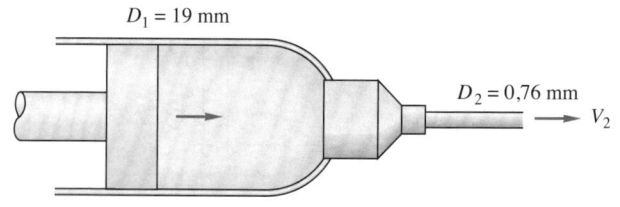

P3.23

*P3.24 Água entra pelo fundo do cone da Figura P3.24 com velocidade média uniformemente crescente $V = Kt$. Se d é muito pequeno, obtenha uma fórmula analítica para a elevação do nível d'água $h(t)$ com a condição $h = 0$ para $t = 0$. Considere escoamento incompressível.

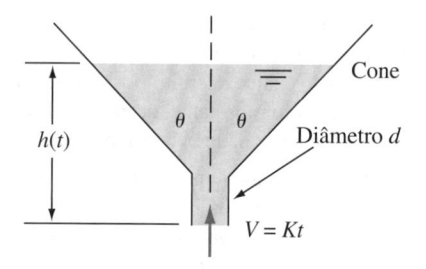

P3.24

P3.25 Como será discutido nos Capítulos 7 e 8, o escoamento de uma corrente U_0 sobre uma placa plana normal cria uma grande esteira de baixa velocidade atrás da placa. Um modelo simples é dado na Figura P3.25, com apenas a metade do escoamento mostrado, dada a simetria. O perfil de velocidades atrás da placa é idealizado como sendo de "ar morto" (velocidade próxima de zero) na esteira e com uma velocidade maior que a da corrente, decaindo verticalmente acima da esteira, segundo a variação $u \approx U_0 + \Delta U\, e2^{z/L}$, em que L é a altura da placa e $z = 0$ corresponde ao topo da esteira. Encontre ΔU em função da velocidade da corrente, U_0.

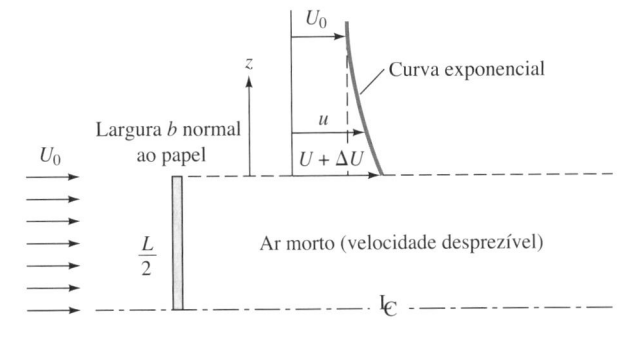

P3.25

P3.26 Uma fina camada de líquido escorrendo sobre um plano inclinado, como na Figura P3.26, terá um perfil de velocidades laminar, $u \approx U_0(2y/h - y^2/h^2)$, em que U_0 é a velocidade na superfície. Se o plano tem largura b normal ao papel, determine a vazão volumétrica do filme. Suponha que $h = 12{,}7$ mm e que a vazão para cada metro de largura do canal seja de 15,52 L/min. Calcule U_0 em m/s.

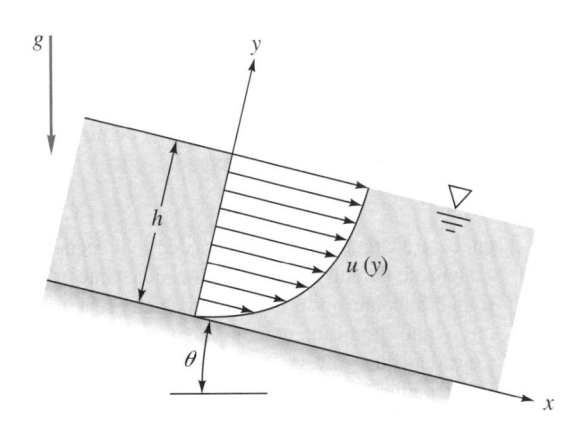

P3.26

P3.27 Considere um tanque de ar altamente pressurizado nas condições (p_0, ρ_0, T_0) e volume υ_0. No Capítulo 9 aprenderemos que, se deixarmos o tanque descarregar para a atmosfera através de um bocal convergente bem projetado com área de saída A, a vazão em massa na saída será

$$\dot{m} = \frac{\alpha\, p_0 A}{\sqrt{RT_0}} \quad \text{em que } \alpha \approx 0{,}685 \text{ para o ar}$$

Essa vazão persiste enquanto p_0 for pelo menos duas vezes maior do que a pressão atmosférica. Supondo T_0 constante e um gás ideal, (a) deduza uma fórmula para a variação de massa específica $\rho_0(t)$ dentro do tanque. (b) Analise o tempo Δt necessário para que a massa específica diminua em 25%.

P3.28 Ar, considerado como um gás perfeito com os dados da Tabela A.4, escoa por um longo tubo isolado de 2 cm de diâmetro. Na seção 1, a pressão é de 1,1 MPa e a temperatura é de 345 K. Na seção 2, 67 metros mais a jusante, a massa específica é 1,34 kg/m^3, a temperatura 298 K e o número Mach 0,90. Para um escoamento unidimensional, calcule (a) a vazão em massa, (b) p_2, (c) V_2 e (d) a variação de entropia entre 1 e 2. (e) Como você explica a variação de entropia?

P3.29 Da teoria elementar do escoamento compressível (Capítulo 9), ar comprimido irá descarregar de um tanque, por um orifício, com a vazão em massa $\dot{m} \approx C\rho$, em que ρ é a massa específica do ar no tanque e C é uma constante. Se ρ_0 é a massa específica inicial num tanque de volume $\mathcal{V}$, deduza uma fórmula para a variação de massa específica $\rho(t)$ após a abertura do orifício. Aplique sua fórmula ao seguinte caso: um tanque esférico de 50 cm de diâmetro, com pressão inicial de 300 kPa e temperatura de 100°C, e um orifício cuja descarga inicial é de 0,01 kg/s. Determine o tempo requerido para a massa específica do tanque cair 50%.

P3.30 Para o bocal da Fig. P3.22, considere os seguintes dados para o ar, $k = 1{,}4$. Na garganta, $p_1 = 1.000$ kPa, $V_1 = 491$ m/s, e $T_1 = 600$ K. Na saída, $p_2 = 28{,}14$ kPa. Admitindo um escoamento permanente isentrópico, calcule (a) o número de Mach Ma$_1$; (b) T_2; (c) a vazão em massa; (d) V_2.

P3.31 Um fole pode ser modelado como um volume deformável em forma de cunha, como na Figura P3.31. A válvula de retenção do lado esquerdo (pregueado) fica fechada durante o sopro. Se b é a largura do fole, normal ao papel, deduza uma expressão para o fluxo de massa $\dot{m}_0$ na saída, em função do ângulo de curso durante o sopro, $\theta(t)$.

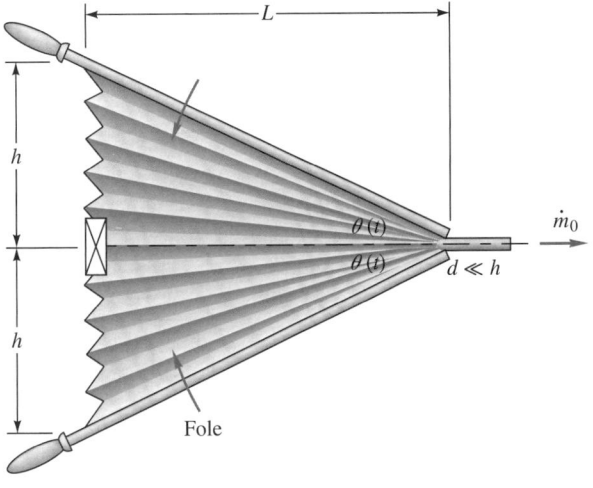

P3.31

P3.32 Água a 20°C escoa em regime permanente através da bifurcação de tubulação mostrada na Figura P3.32, entrando na seção 1 com 76 L/min. A velocidade média na seção 2 é de 2,5 m/s. Uma porção do escoamento é desviada para um chuveiro, que contém 100 orifícios de 1 mm de diâmetro. Considerando uniforme o escoamento na ducha, estime a velocidade de saída dos jatos do chuveiro.

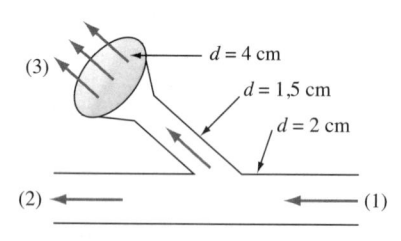

P3.32

P3.33 Em alguns túneis de vento, a seção de teste é perfurada para fazer a sucção de ar e manter uma camada-limite viscosa delgada. A parede da seção de teste na Figura P3.33 contém 1.200 orifícios de 5 mm de diâmetro em cada metro quadrado de área da parede. A velocidade de sucção através de cada orifício é $V_s = 8$ m/s, e a velocidade na entrada da seção de teste é $V_1 = 35$ m/s. Supondo escoamento permanente e incompressível de ar a 20°C, calcule (a) V_0, (b) V_2 e (c) V_f, em m/s.

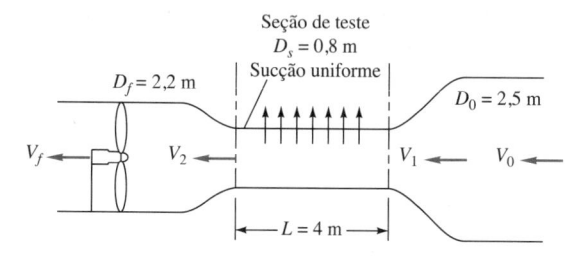

P3.33

P3.34 Um motor de foguete opera em regime permanente, como mostra a Figura P3.34. Os produtos da combustão que escoam através do bocal de descarga aproximam-se de um gás perfeito com peso molecular de 28. Para as condições dadas, calcule V_2 em m/s.

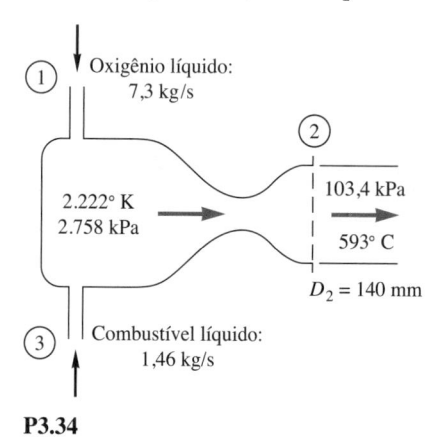

P3.34

P3.35 Em contraste com o foguete de combustível líquido da Figura P3.34, o foguete com propelente sólido da Figura P3.35 é autocontido e não possui dutos de entrada. Aplicando uma análise de volume de controle para as condições mostradas na Figura P3.35, calcule a taxa de perda de massa do propelente, assumindo que o gás de descarga tenha um peso molecular de 28.

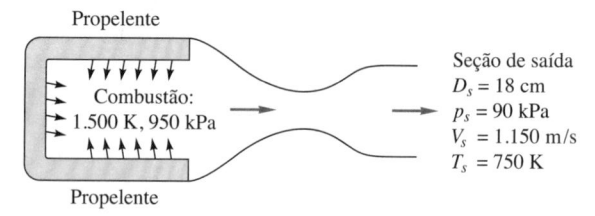

P3.35

P3.36 A bomba de jato da Figura P3.36 injeta água a $U_1 = 40$ m/s através de um tubo de 75 mm e promove um escoamento secundário de água, $U_2 = 3$ m/s, na região anular em torno do tubo pequeno. Os dois escoamentos ficam completamente misturados a jusante, em que U_3 é aproximadamente constante. Para escoamento incompressível permanente, calcule U_3 em m/s.

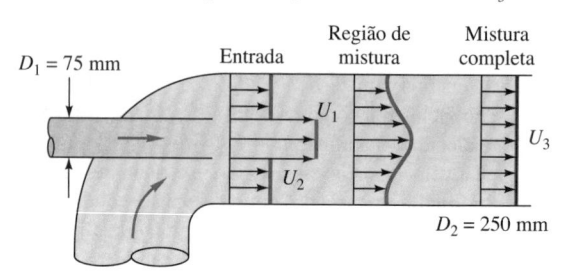

P3.36

P3.37 Se o tanque retangular cheio de água na Fig. P3.37 tiver sua parede direita rebaixada de uma quantidade δ, como mostrado, a água escoará para fora como se fosse sobre um vertedor. No Prob. P1.14 deduzimos que a vazão vertida Q seria dada por

$$Q = Cbg^{1/2}\delta^{3/2}$$

onde b é a largura do tanque para dentro do papel, g é a aceleração da gravidade e C é uma constante adimensional. Suponha que a superfície da água seja horizontal e não ligeiramente curvada como na figura. Considere que o nível excedente inicial da água seja δ_0. Deduza uma fórmula para o tempo necessário para se reduzir o nível excedente da água a (a) $\delta_0/10$ e (b) zero.

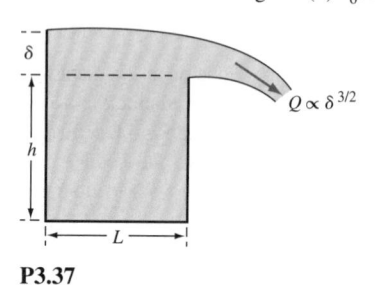

P3.37

P3.38 Um fluido incompressível, Figura P3.38, está sendo espremido entre dois grandes discos circulares, pelo movimento de descida uniforme V_0 do disco superior. Considere escoamento radial, unidimensional, para fora, use o volume de controle mostrado para deduzir uma expressão para $V(r)$.

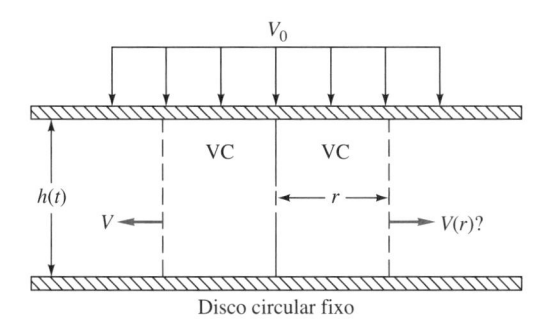

P3.38

A equação da quantidade de movimento linear

P3.39 Uma cunha divide uma lâmina de água a 20°C, como mostra a Figura P3.39. Tanto a cunha quanto a lâmina de água são muito longas na direção normal ao papel. Se a força necessária para manter a cunha estacionária for $F = 124$ N por metro de largura, qual é o ângulo θ da cunha?

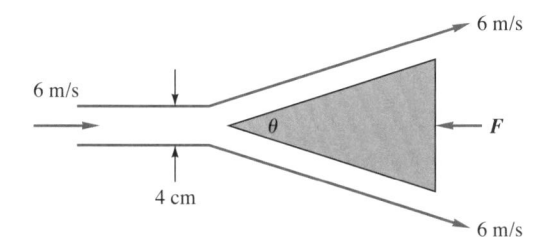

P3.39

P3.40 O jato d'água da Figura P3.40 atinge a placa fixa na normal. Despreze a gravidade e o atrito e calcule a força F, em newtons, necessária para manter a placa fixa.

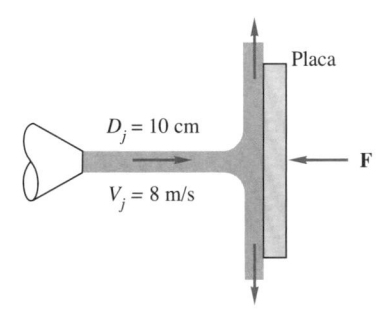

P3.40

P3.41 Na Figura P3.41, a pá fixa desvia o jato d'água em uma meia-volta completa. Encontre uma expressão para a velocidade máxima do jato V_0 se a máxima força possível do suporte é F_0.

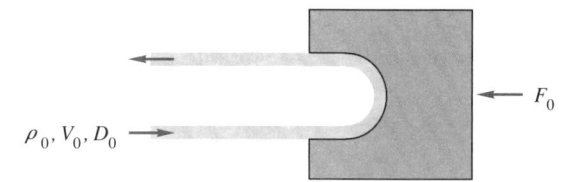

P3.41

P3.42 Um líquido de massa específica ρ escoa através da contração brusca da Figura P3.42 e sai para a atmosfera. Considere condições uniformes (ρ_1, V_1, D_1) na seção 1 e (ρ_2, V_2, D_2) na seção 2. Encontre uma expressão para a força exercida pelo fluido sobre a contração.

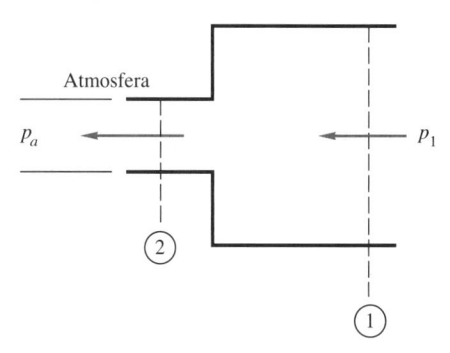

P3.42

P3.43 Água a 20°C escoa através de um tubo de 5 cm de diâmetro com uma curva vertical de 180°, como na Figura P3.43. O comprimento total do tubo entre os flanges 1 e 2 é de 75 cm. Quando a vazão em peso é de 230 N/s, tem-se $p_1 = 165$ kPa e $p_2 = 134$ kPa. Desprezando o peso do tubo, determine a força total que os flanges devem suportar para esse escoamento.

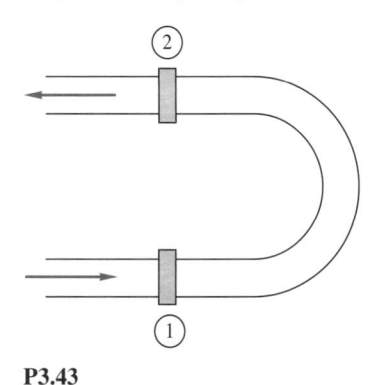

P3.43

*P3.44 Quando uma corrente uniforme escoa sobre um cilindro rombudo imerso, uma grande *esteira* de baixa velocidade é criada a jusante, idealizada como uma forma em V, Figura 3.44. As pressões p_1 e p_2 são aproximadamente iguais. Se o escoamento é bidimensional e incompressível, com largura b normal ao papel, deduza uma fórmula para a força de arrasto F sobre o cilindro. Reescreva seu resultado na forma de um *coeficiente de arrasto* adimensional baseado no comprimento do corpo, $C_D = F/(\rho U^2 b L)$.

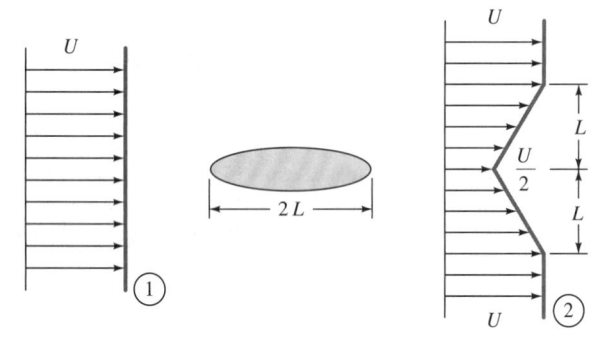

P3.44

P3.45 Água entra e sai da curva do tubo de 6 cm de diâmetro da Fig. P3.45 a uma velocidade média de 8,5 m/s. A força horizontal para manter a curva em repouso contra a variação de quantidade de movimento é de 300 N. Encontre (*a*) o ângulo ϕ; e (*b*) a força vertical sobre a curva.

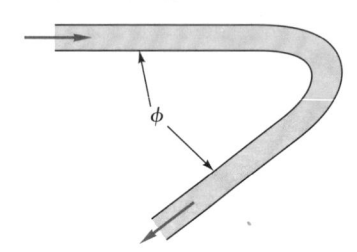

P3.45

P3.46 Quando um jato atinge uma placa inclinada fixa, como na Figura P3.46, ele se parte em dois jatos através das seções 2 e 3, de iguais velocidades $V = V_{jato}$, mas diferentes vazões αQ em 2 e $(1 - \alpha)Q$ em 3, sendo $0 < \alpha < 1$. A razão é que, para o escoamento sem atrito, o fluido não pode exercer uma força tangencial F_t sobre a placa. A condição $F_t = 0$ permite determinar α. Efetue essa análise e encontre α em função do ângulo da placa θ. Por que a resposta não depende das propriedades do jato?

P3.47 Um jato líquido de velocidade V_j e diâmetro D_j atinge um cone oco e fixo, como na Figura P3.47, sendo defletido de volta, na forma de uma camada cônica de mesma velocidade. Encontre o ângulo do cone θ para o qual a força resistente é $F = \frac{3}{2}\rho A_j V_j^2$.

P3.48 O pequeno barco da Figura P3.48 é propelido a velocidade constante V_0 por um jato de ar comprimido oriundo de um orifício de 3 cm de diâmetro, com velocidade $V_e = 343$ m/s. As condições do jato são $p_e = 1$ atm e $T_e = 30°$C. O arrasto do ar é desprezível, e o arrasto no casco é kV_0^2, em que $k \approx 19$ N $\cdot$ s^2/m^2. Calcule a velocidade V_0 do barco, em m/s.

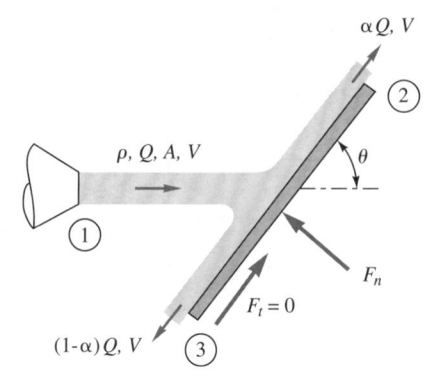

P3.46

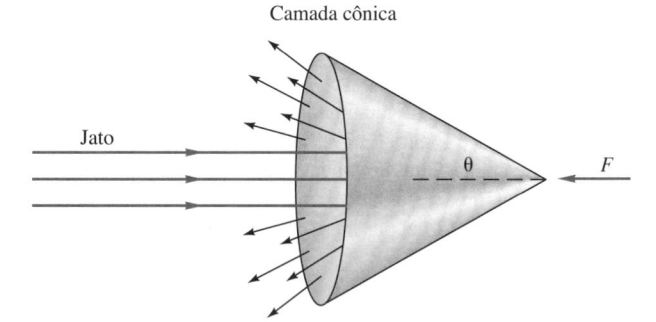

P3.47

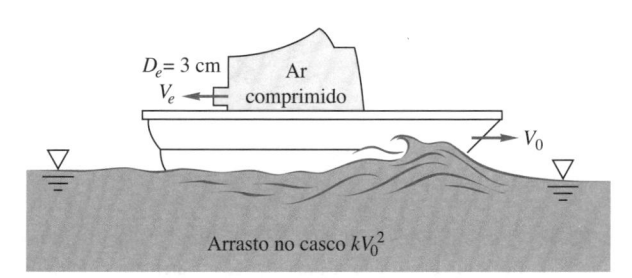

P3.48

P3.49 O bocal horizontal da Figura P3.49 tem $D_1 = 300$ mm e $D_2 = 150$ mm, com pressão de entrada $p_1 = 262$ kPa absoluta e $V_2 = 17$ m/s. Para água a 20°C, calcule a força horizontal fornecida pelos parafusos dos flanges para manter o bocal fixo.

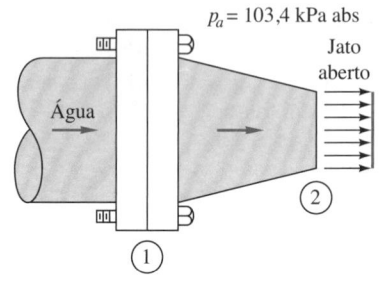

P3.49

P3.50 O motor a jato em uma bancada de testes, Figura P3.50, recebe ar a 20°C e 1 atm na seção 1, em que $A_1 = 0,5$ m^2 e $V_1 = 250$ m/s. A relação ar-combustível é de 1:30. O ar sai pela seção 2, em que a pressão é atmosférica, a temperatura é mais alta, $V_2 = 900$ m/s e $A_2 = 0,4$ m^2. Calcule a força horizontal de reação da bancada de testes, R_x, necessária para manter o motor fixo.

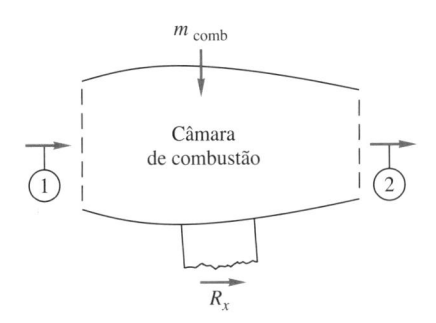

P3.50

P3.51 Um jato líquido com velocidade V_j e área A_j atinge uma única concha do rotor de uma turbina girando com velocidade angular Ω, como na Figura P3.51. Deduza uma expressão para a potência P fornecida pelo rotor nesse instante, em função dos parâmetros do sistema. Para qual velocidade angular ocorre a máxima potência fornecida? Como sua análise mudaria se houvesse muitas e muitas conchas no rotor, de modo que o jato fosse atingindo continuamente pelo menos uma concha?

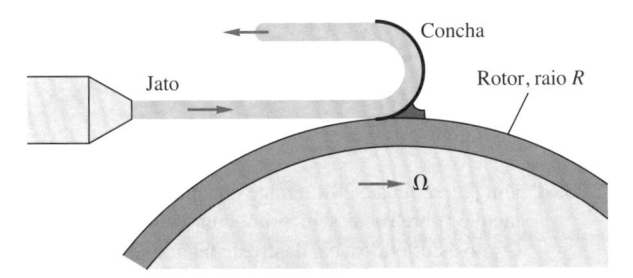

P3.51

P3.52 Uma grande máquina de lavar comercial descarrega 21 gal/min de água por um bocal com diâmetro de saída de um terço de polegada. Avalie a força do jato de água sobre uma parede normal ao jato.

P3.53 Considere o escoamento incompressível na entrada de um tubo, como na Figura P3.53. O escoamento na entrada é uniforme, $u_1 = U_0$. O escoamento na seção 2 já está desenvolvido. Encontre a força de arrasto na parede, F, em função de (p_1, p_2, ρ, U_0, R), se o escoamento na seção 2 for

(a) Laminar: $u_2 = u_{máx}\left(1 - \dfrac{r^2}{R^2}\right)$

(b) Turbulento: $u_2 \approx u_{máx}\left(1 - \dfrac{r}{R}\right)^{1/7}$

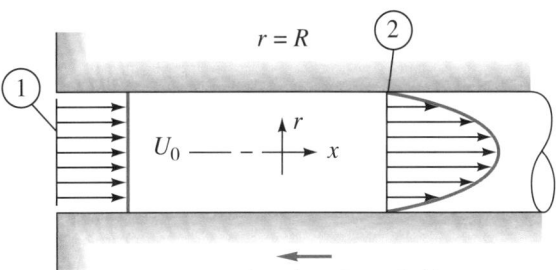

P3.53

Arrasto de atrito sobre o fluido

P3.54 Para o escoamento na redução de seção do tubo da Figura P3.54, $D_1 = 8$ cm, $D_2 = 5$ cm e $p_2 = 1$ atm. Todos os fluidos estão a 20°C. Se $V_1 = 5$ m/s e a leitura do manômetro é $h = 58$ cm, calcule a força total à qual os parafusos dos flanges resistem.

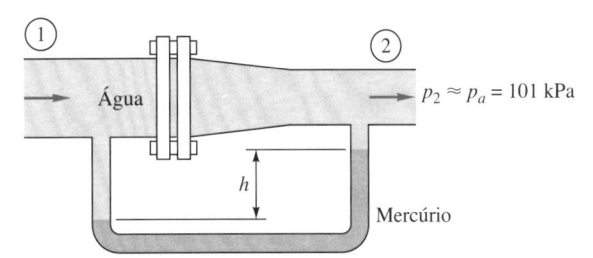

P3.54

P3.55 Na Figura P3.55, o jato atinge a pá movendo-se para a direita à velocidade constante V_c em um carrinho sem atrito. Calcule (a) a força F_x requerida para conter o carrinho e (b) a potência P entregue ao carrinho. Encontre também a velocidade do carrinho para a qual (c) a força F_x é máxima e (d) a potência P é máxima.

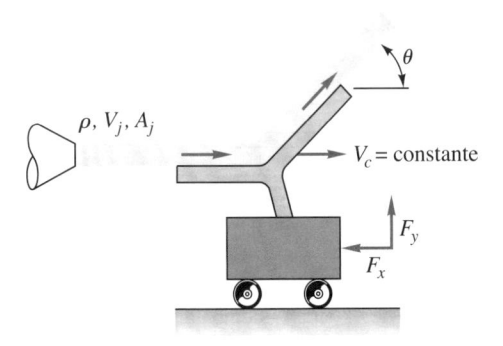

P3.55

P3.56 Água a 20°C escoa em regime permanente através da caixa na Figura P3.56, entrando na seção (1) a 2 m/s. Calcule (a) a força horizontal e (b) a força vertical necessárias para manter a caixa parada contra o fluxo de quantidade de movimento.

P3.57 Água escoa no duto na Figura P3.57, que tem 50 cm de largura e 1 m de profundidade no sentido normal à página. A comporta BC fecha completamente o duto quando $\beta = 90°$. Considerando escoamento unidimensional, para qual ângulo β a força do jato de saída sobre a placa será 3 kN?

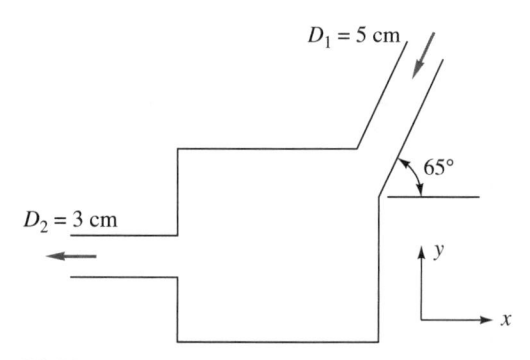

P3.56

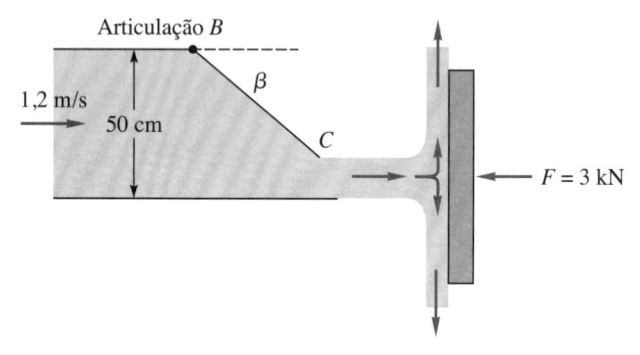

P3.57

P3.58 O tanque d'água da Figura P3.58 situa-se sobre um carrinho sem atrito e alimenta um jato de 4 cm de diâmetro e 8 m/s de velocidade, que é defletido 60° por uma pá fixa. Calcule a tensão no cabo de suporte.

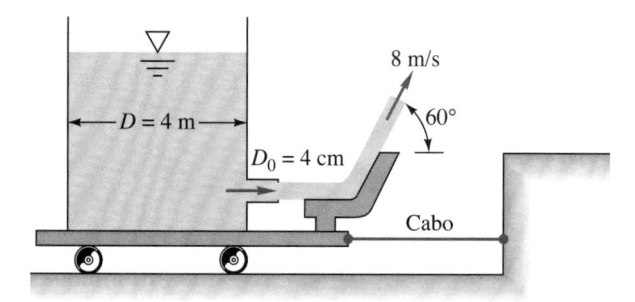

P3.58

P3.59 Quando o escoamento em um tubo se alarga bruscamente de A_1 para A_2, como na Figura P3.59, aparecem turbilhões de baixa velocidade e baixo atrito nos cantos, e o escoamento gradualmente se alarga até A_2 a jusante. Usando o volume de controle sugerido, admitindo o escoamento permanente e incompressível, e considerando que $p \approx p_1$ na seção anular dos cantos (como mostrado), mostre que a pressão a jusante é dada por

$$p_2 = p_1 + \rho V_1^2 \frac{A_1}{A_2}\left(1 - \frac{A_1}{A_2}\right)$$

Despreze o atrito na parede.

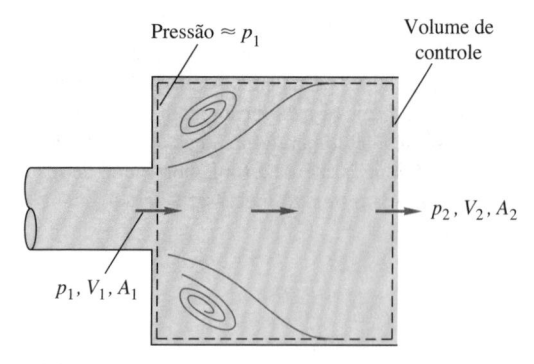

P3.59

P3.60 Água a 20°C escoa através do cotovelo da Figura P3.60 e descarrega para a atmosfera. O diâmetro do tubo é $D_1 = 10$ cm, enquanto que $D_2 = 3$ cm. Para uma vazão em peso de 150 N/s, a pressão $p_1 = 2,3$ atm (manométrica). Desprezando o peso da água e do cotovelo, calcule a força sobre os parafusos dos flanges na seção 1.

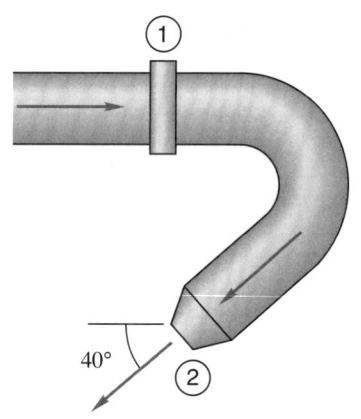

P3.60

P3.61 Um jato d'água a 20°C atinge uma pá montada em um tanque sobre rodas sem atrito, como na Figura P3.61. O jato é defletido e cai dentro do tanque sem derramar para fora. Se $\theta = 30°$, avalie a força horizontal necessária para manter o tanque parado.

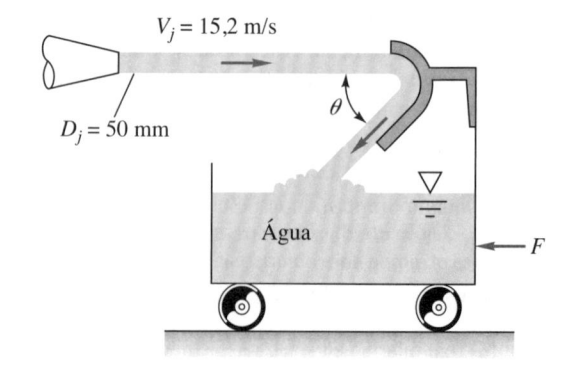

P3.61

P3.62 Água a 20°C descarrega para a atmosfera padrão (nível do mar) através do bocal divisor da Figura 3.62. As áreas das seções são $A_1 = 0,02$ m^2 e $A_2 = A_3 = 0,008$ m^2. Se $p_1 = 135$ kPa (absoluta) e a vazão é $Q_2 = Q_3 = 275$ m^3/h, calcule a força sobre os parafusos dos flanges na seção 1.

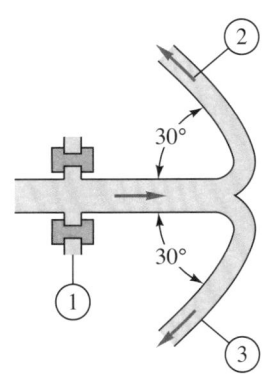

P3.63 Água escoa em regime permanente através da caixa na Fig. P3.63. A velocidade média em todas as seções é de 7 m/s. A força de quantidade de movimento vertical sobre a caixa é 36 N. Qual é a vazão em massa na entrada?

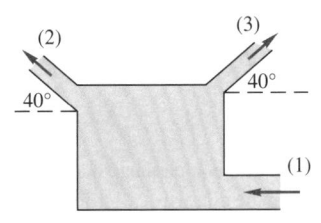

P3.64 O jato d'água de 6 cm de diâmetro a 20°C da Figura P3.64 atinge uma placa contendo um orifício de 4 cm de diâmetro. Parte do jato atravessa pelo orifício, e parte é defletida. Determine a força necessária para conter a placa.

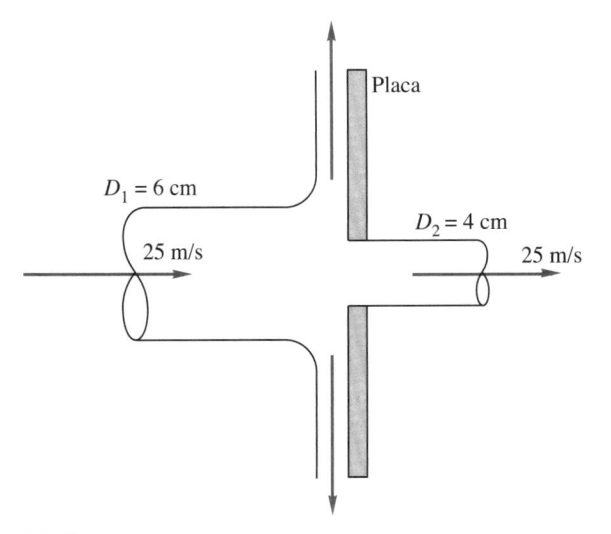

P3.65 A caixa da Figura P3.65 tem três orifícios de 12,5 mm do lado direito. As vazões de água a 20°C indicadas são permanentes, mas os detalhes do interior são desconhecidos. Calcule a força, se houver, que esse escoamento de água exerce sobre a caixa.

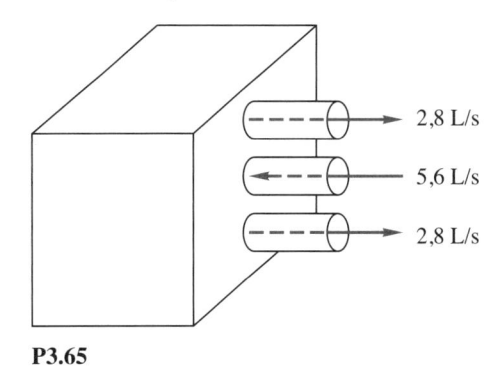

P3.66 O tanque da Figura P3.66 pesa 500 N vazio e contém 600 litros de água a 20°C. Os tubos 1 e 2 tem diâmetros iguais de 6 cm e vazões permanentes iguais de 300 m^3/h. Qual deve ser a leitura P da balança em N?

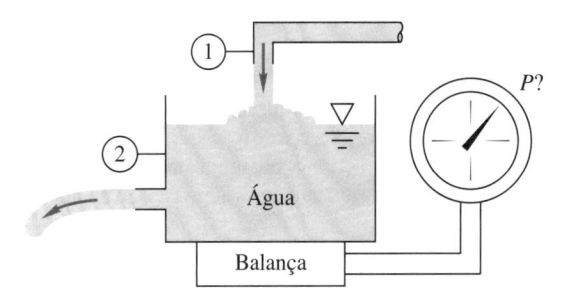

P3.67 Para a camada-limite da Fig. 3.10, considere o ar com $\rho = 1,2$ kg/m^3, $h = 7$ cm, $U_0 = 12$ m/s, $b = 2$ m e $L = 1$ m. Admita que a velocidade na saída, $x = L$, possa ser aproximada pelo perfil de escoamento turbulento $u/U_0 \approx (y/\delta)^{1/7}$. Calcule (a) δ e (b) o arrasto de atrito F_A.

P3.68 O foguete da Figura P3.68 tem uma descarga supersônica, e a pressão de saída p_s não é necessariamente igual a p_a. Mostre que a força F requerida para conter esse foguete na bancada de teste é $F = \rho_s A_s V_s^2 + A_s(p_s - p_a)$. Será essa força aquela que chamamos de *empuxo* do foguete?

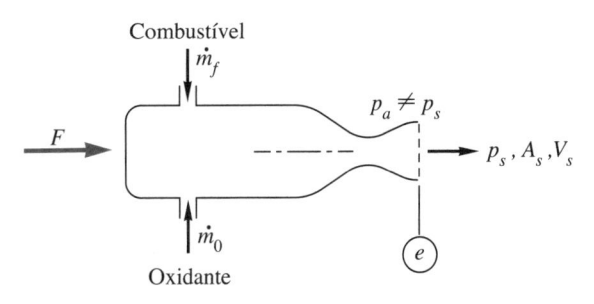

P3.69 Uma placa retangular uniforme, com 40 cm de comprimento e 30 cm de profundidade na direção normal ao papel, está suspensa no ar através de uma dobradiça na sua parte superior (no lado de 30 cm). Ela é atingida no centro por um jato horizontal de 3 cm de diâmetro de água movendo-se a 8 m/s. Se a comporta tiver uma massa de 16 kg, calcule o ângulo que a placa fará com a vertical.

P3.70 A draga da Figura P3.70 está carregando a barcaça com areia ($d = 2,6$). A areia deixa o tubo da draga a 1,21 m/s com uma vazão em peso de 3.781 N/s. Calcule a tensão no cabo de ancoragem causada por esse processo de carregamento.

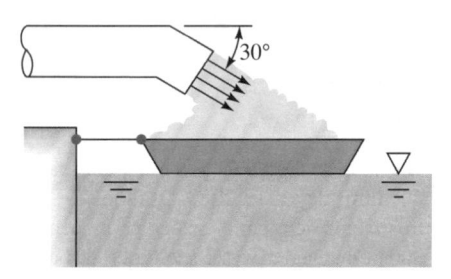

P3.70

P3.71 Suponha que um defletor é estendido na saída do motor a jato do Problema 3.50, como mostra a Figura P3.71. Qual será agora a força de reação R_x sobre a bancada de testes? Será essa reação suficiente para servir como força de frenagem durante a aterrissagem de um avião?

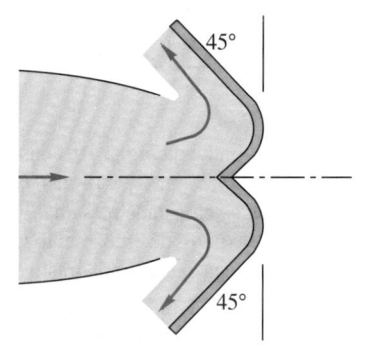

P3.71

*P3.72 Quando imerso em uma corrente uniforme, um cilindro elíptico rombudo cria uma grande esteira a jusante, como idealizado na Figura P3.72. A pressão nas seções de montante e de jusante são aproximadamente iguais e o fluido é água a 20°C. Se $U_0 = 4$ m/s e $L = 80$ cm, calcule a força de arrasto sobre o cilindro por unidade de largura normal ao papel. Calcule também o coeficiente de arrasto adimensional $C_D = 2F/(\rho U_0^2 bL)$.

P3.73 Uma bomba dentro de um tanque de água a 20°C direciona um jato a 13,7 m/s e 757 L/min contra uma pá, como mostra a Figura P3.73. Calcule a força F para manter o carro parado se o jato segue (*a*) a trajetória A ou (*b*) a trajetória B. O tanque tem 1.893 litros de água neste instante.

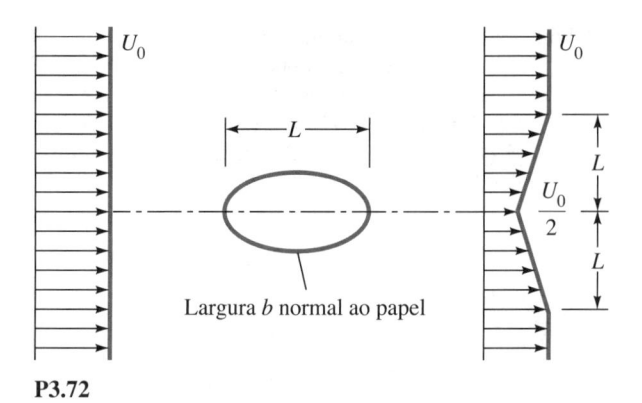

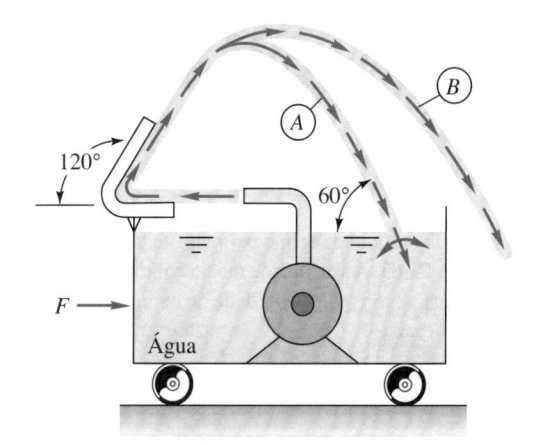

P3.72

Largura b normal ao papel

P3.73

P3.74 Água a 20°C escoa para baixo através de um tubo vertical de 6 cm de diâmetro, a 1.136 L/min, como na Figura 3.74. O escoamento é então defletido horizontalmente e sai através de um segmento de duto radial de 1 cm de largura, como mostra a figura. Se o escoamento radial para fora é uniforme e permanente, calcule as forças (F_x, F_y, F_z) necessárias para suportar o sistema contra as variações de quantidade de movimento.

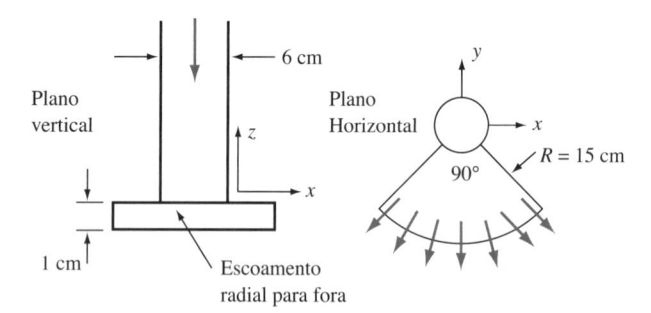

P3.74

*P3.75 Um jato líquido de massa específica ρ e área A atinge um bloco e se divide em dois jatos, como na Figura P3.75. Considere a mesma velocidade V para os três jatos. O jato superior sai com um ângulo θ e área αA. O jato inferior sai a 90° para baixo. Desprezando o peso do fluido, (*a*) deduza uma fórmula para as forças (F_x, F_y) necessárias para suportar o bloco contra as variações de quantidade de movimento do fluido. (*b*) Mostre que $F_y = 0$ somente se $\alpha \geq 0,5$. (*c*) Encontre os valores de α e θ para os quais tanto F_x como F_y são nulas.

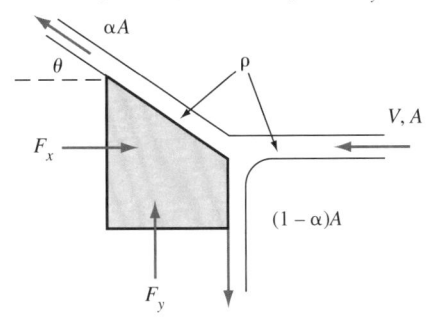

P3.75

P3.76 Uma camada bidimensional de água, com 10 cm de espessura e movendo-se a 7 m/s, colide com uma parede fixa inclinada 20° com relação à direção da camada. Considerando escoamento sem atrito, encontre (*a*) a força normal à parede por metro de profundidade, e encontre as espessuras da camada de água defletida (*b*) a montante e (*c*) a jusante ao longo da parede.

P3.77 Água a 20°C escoa em regime permanente através de uma curva com redução em um tubo, como mostra a Figura P3.77. As condições conhecidas são $p_1 = 350$ kPa, $D_1 = 25$ cm, $V_1 = 2,2$ m/s, $p_2 = 120$ kPa e $D_2 = 8$ cm. Desprezando o peso da água e da curva, calcule a força total que deve ser suportada pelos parafusos dos flanges.

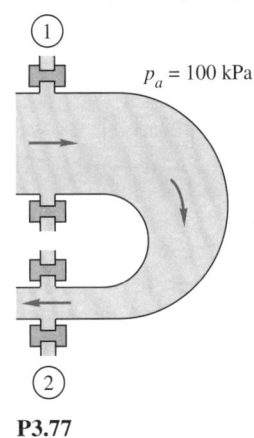

P3.77

P3.78 Um jato de fluido de diâmetro D_1 entra em uma grade de pás móveis à velocidade absoluta V_1 e ângulo β_1, e sai à velocidade absoluta V_2 e ângulo β_2, como na Figura P3.78. As pás movem-se à velocidade u. Deduza uma fórmula para a potência P entregue às pás em função desses parâmetros.

P3.79 O foguete Saturno V na foto de abertura deste capítulo era equipado com cinco motores F-1, cada qual queimando 3.945 lbm/s de oxigênio líquido e 1.738 lbm/s de querosene. A velocidade de saída dos gases de combustão era de aproximadamente 8.500 pés/s. Segundo os moldes do Prob. P3.34, desprezando as forças de pressão externas, calcule o empuxo total do foguete, em lbf.

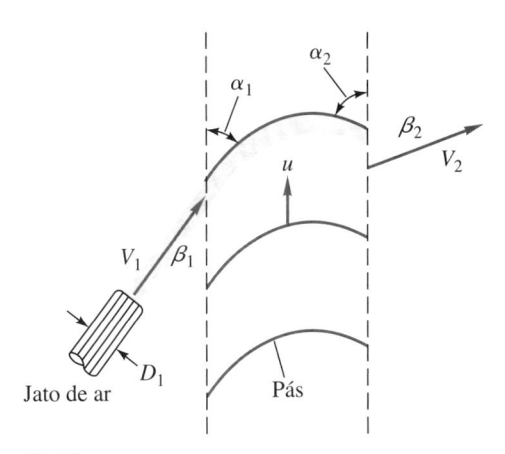

P3.78

P3.80 Um rio de largura b e profundidade h_1 passa sobre um obstáculo submerso, ou "vertedouro afogado", Figura P3.80, emergindo em uma nova condição de escoamento (V_2, h_2). Despreze a pressão atmosférica e admita que a pressão da água é hidrostática em ambas as seções 1 e 2. Deduza uma expressão para a força exercida pelo rio sobre o obstáculo em termos de V_1, h_1, h_2, b, ρ e g. Despreze o atrito da água no fundo do rio.

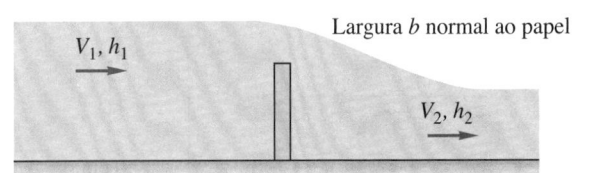

P3.80

P3.81 A idealização de Torricelli para a velocidade do escoamento através de um orifício lateral em um tanque é $V = \sqrt{2gh}$, como mostra a Figura P3.81. O tanque cilíndrico pesa 150 N quando vazio e contém água a 20°C. O fundo do tanque se apoia sobre gelo bem liso (coeficiente de atrito estático $\zeta \approx 0,01$). O diâmetro do orifício é de 9 cm. A qual profundidade h o tanque começará a se mover para a direita?

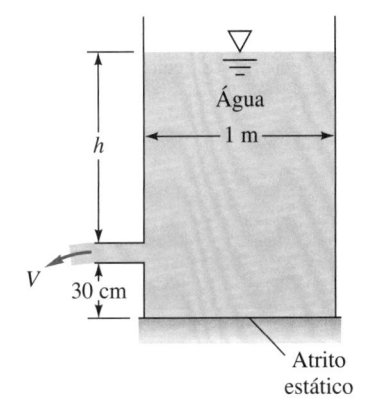

P3.81

*****P3.82** O modelo de carro da Figura P3.82 pesa 17 N e deve ser acelerado a partir do repouso por um jato de água de 1 cm de diâmetro à velocidade de 75 m/s. Desprezando o arrasto do ar e o atrito das rodas, calcule a velocidade do carro após um deslocamento de 1 m para a frente.

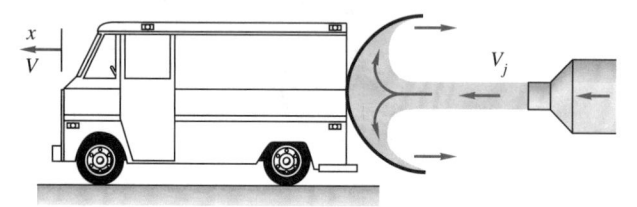

P3.82

P3.83 Gasolina a 20°C está escoando com $V_1 = 12$ m/s em um tubo de 5 cm de diâmetro, quando encontra um trecho de 1 m de comprimento com sucção radial uniforme na parede. No final da região de sucção, a velocidade média do fluido cai para $V_2 = 10$ m/s. Se $p_1 = 120$ kPa, calcule p_2 se as perdas por atrito na parede forem desprezadas.

P3.84 Ar a 20°C e 1 atm escoa em um duto de 25 cm de diâmetro a 15 m/s, como na Figura P3.84. Na saída, o ar atinge um cone de 90°, como mostra a figura. Calcule a força do escoamento de ar sobre o cone.

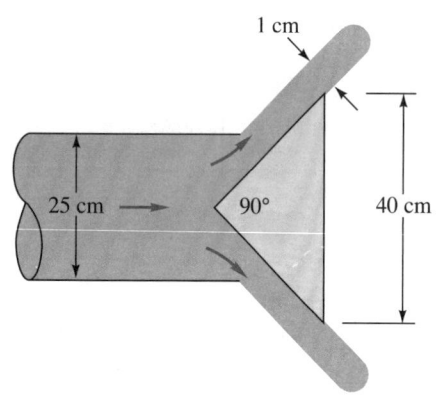

P3.84

P3.85 A placa de orifício da Figura P3.85 causa uma grande queda de pressão. Para o escoamento d'água a 20°C de 1.893 L/min, com diâmetro do tubo $D = 10$ cm e do orifício $d = 6$ cm, $p_1 - p_2 \approx 145$ kPa. Se o atrito na parede é desprezível, calcule a força da água sobre a placa de orifício.

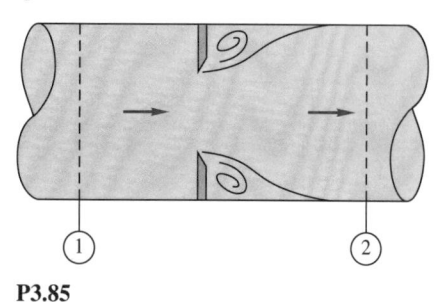

P3.85

P3.86 Para a bomba de jato de água do Problema P3.36, adicione os seguintes dados: $p_1 = p_2 = 172,4$ kPa e a distância entre as seções 1 e 3 é de 2 m. Se a tensão de cisalhamento média na parede entre as seções 1 e 3 é de 335 N/m², calcule a pressão p_3. Por que ela é maior que p_1?

P3.87 Uma pá deflete um jato de água de um ângulo α, como mostrado na Fig. P3.87. Despreze o atrito nas paredes da pá. (*a*) Qual é o ângulo α para que a força na haste de suporte seja de pura compressão? (*b*) Calcule esta força de compressão se a velocidade da água for de 22 pés/s e a seção transversal do jato for 4 pol².

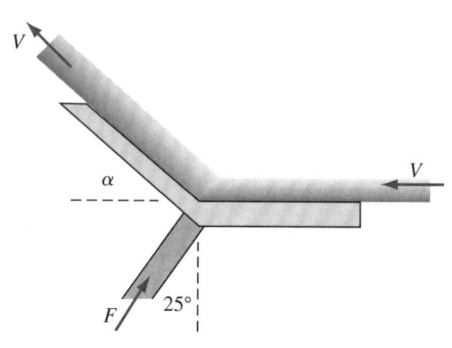

P3.87

P3.88 O barco da Figura P3.88 tem propulsão a jato por uma bomba que desenvolve uma vazão Q e ejeta água pela popa à velocidade V_j. Se a força de arrasto sobre o barco for $F = kV^2$, em que k é uma constante, deduza uma fórmula para a velocidade permanente V de avanço do barco.

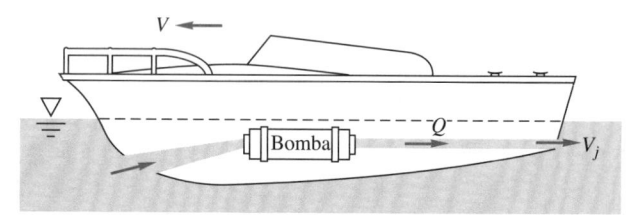

P3.88

P3.89 Considere a Figura P3.36 como um problema geral de análise de uma bomba ejetora de mistura. Se todas as condições (p, ρ, V) são conhecidas nas seções 1 e 2 e se o atrito na parede é desprezível, deduza fórmulas para calcular (*a*) V_3 e (*b*) p_3.

P3.90 Como mostra a Figura P3.90, uma coluna líquida de altura h é confinada em um tubo vertical de seção transversal A por um tampão. Em $t = 0$, o tampão é repentinamente removido, expondo o fundo do líquido à pressão atmosférica. Usando uma análise de volume de controle da massa e da quantidade de movimento vertical, deduza a equação diferencial para o movimento de descida $V(t)$ do líquido. Admita escoamento unidimensional, incompressível e sem atrito.

P3.91 Estenda o Problema P3.90 para incluir o atrito na parede devido a uma tensão cisalhante média linear (laminar) na forma $\tau \approx cV$, em que c é uma constante. Encontre a equação diferencial para dV/dt e então resolva para $V(t)$, considerando, para simplificar, que a área da parede permanece constante.

P3.90

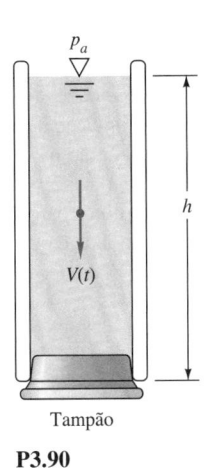

***P3.92** Uma versão mais complicada do Problema P3.90 é o tubo em forma de cotovelo da Figura P3.92, com área da seção transversal constante A e diâmetro $D \ll h, L$. Considere escoamento incompressível, despreze o atrito e deduza uma equação diferencial para dV/dt quando o tampão é removido. *Sugestão*: combine dois volumes de controle, um para cada trecho do tubo.

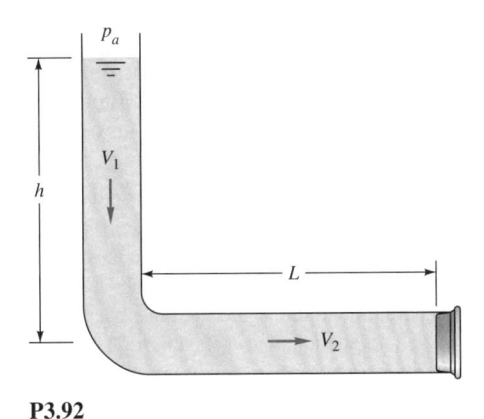

P3.92

P3.93 De acordo com o teorema de Torricelli, a velocidade de um fluido que descarrega por um orifício em um tanque é $V \approx (2gh)^{1/2}$, onde h é a profundidade da água acima do orifício, como na Fig. P3.93. Considere que o orifício tem área A_o e que o tanque cilíndrico tem área da seção transversal $A_b \gg A_o$. Deduza uma fórmula para o tempo de drenagem completa do tanque a partir de uma profundidade inicial h_o.

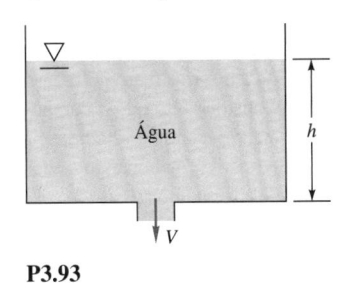

P3.93

P3.94 Um jato de água de 3 polegadas de diâmetro atinge uma laje de concreto ($d = 2,3$) que está apoiada livremente sobre um pavimento nivelado. Se a laje tiver 1 pé de largura normal ao papel, calcule a menor velocidade do jato para começar a tombar a laje.

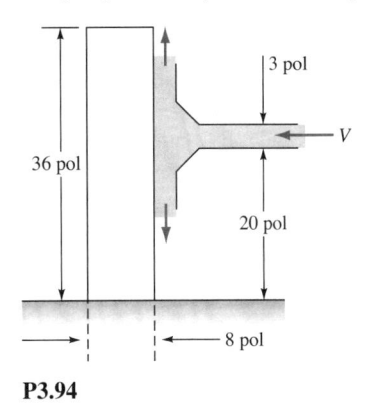

P3.94

P3.95 Um tanque alto descarrega através de um orifício circular, como na Figura P3.95. Use a fórmula de Torricelli do problema P3.81 para calcular a velocidade de saída. (*a*) Se, nesse instante, a força F necessária para segurar a placa for 40 N, qual é a profundidade h? (*b*) Se a superfície da água no tanque está baixando a uma taxa de 2,5 cm/s, qual é o diâmetro D do tanque?

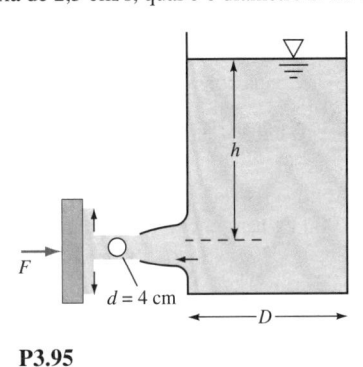

P3.95

P3.96 Estenda o Problema P3.90 para o caso do movimento de um líquido em um tubo em U, sem atrito, cuja coluna líquida é deslocada a uma distância Z para cima e então liberada, como na Figura P3.96. Despreze o cur-

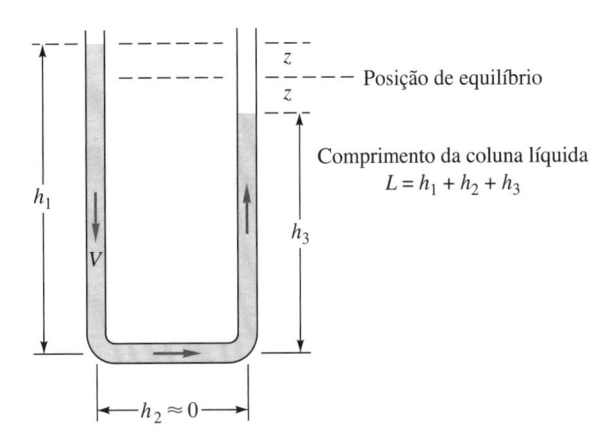

P3.96

to trecho horizontal e combine as análises de volume de controle para os ramos da esquerda e da direita, deduzindo uma equação diferencial única para $V(t)$ da coluna líquida.

*P3.97 Estenda o problema P3.96 para incluir o atrito na parede devido a uma tensão de cisalhamento média linear (laminar) na forma $\tau \approx 8\mu V/D$, em que μ é a viscosidade do fluido. Encontre a equação diferencial para dV/dt e depois resolva para $V(t)$, considerando um deslocamento inicial $z = z_0$, $V = 0$ em $t = 0$. O resultado deve ser uma oscilação amortecida tendendo a $z = 0$.

*P3.98 Como uma extensão do Exemplo 3.9, considere a placa e o carrinho (ver Figura 3.9a) desimpedidos horizontalmente, com rodas sem atrito. Deduza (a) a equação do movimento para a velocidade do carrinho $V_c(t)$ e (b) a fórmula para o tempo requerido para o carrinho se acelerar do repouso até 90% da velocidade do jato (supondo que o jato continua a atingir a placa horizontalmente). (c) Calcule valores numéricos para a parte (b) usando as condições do Exemplo 3.9 e um carrinho de massa de 2 kg.

P3.99 Admita que o foguete da Figura E3.12 inicie o movimento em $z = 0$, com velocidade de saída e vazão em massa de saída constantes, e suba verticalmente com força de arrasto zero. (a) Mostre que, enquanto a queima do combustível continuar, a altura vertical $S(t)$ alcançada é dada por

$$S = \frac{V_e M_o}{\dot{m}}[\zeta \ln \zeta - \zeta + 1], \text{ em que } \zeta = 1 - \frac{\dot{m}t}{M_o}$$

(b) Aplique isso ao caso em que $V_e = 1.500$ m/s e $M_0 = 1.000$ kg para encontrar a altura alcançada após a queima por 30 segundos, quando a massa final do foguete é de 400 kg.

P3.100 Admita que o foguete com propelente sólido do Problema P3.35 seja instalado em um míssil de 70 cm de diâmetro e 4 m de comprimento. O sistema pesa 1.800 N, incluindo 700 N de propelente. Despreze o arrasto do ar. Se o míssil é lançado verticalmente a partir do repouso, ao nível do mar, calcule (a) sua velocidade e altura ao final da queima do combustível e (b) a máxima altura que irá atingir.

P3.101 Água a 20°C escoa em regime permanente através do tanque na Fig. P3.101. As condições conhecidas são $D_1 = 8$ cm, $V_1 = 6$ m/s e $D_2 = 4$ cm. É necessária uma força $F = 70$ N para a direita para manter o tanque fixo. (a) Qual é a velocidade da água que sai pela seção 2? (b) Se a seção transversal do tanque é de 1,2 m², com que rapidez a superfície da água $h(t)$ sobe ou desce?

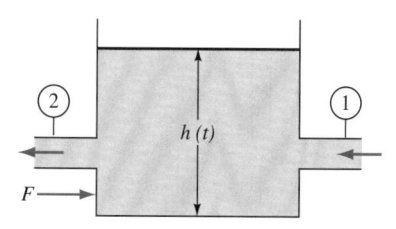

P3.101

P3.102 Como se pode observar frequentemente em uma pia de cozinha quando a torneira está aberta, um escoamento com alta velocidade em um canal (V_1, h_1) pode "saltar" para uma condição de baixa velocidade e baixa energia (V_2, h_2), como na Figura P3.102. As pressões nas seções 1 e 2 são aproximadamente hidrostáticas e o atrito na parede é desprezível. Use as relações de continuidade e quantidade de movimento para encontrar h_2 e V_2 em termos de (h_1, V_1).

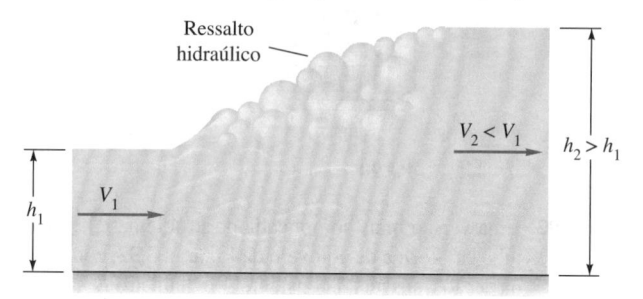

P3.102

*P3.103 Admita que o foguete com propelente sólido do problema P3.35 seja montado em um carro de 1.000 kg para propulsioná-lo por um longo aclive de 15°. O motor de foguete pesa 900 N, incluindo 500 N de propelente. Se o carro parte do repouso quando o foguete é acionado, e o arrasto do ar e o atrito de rolagem são desprezados, calcule a distância máxima que o carro irá percorrer subindo a colina.

P3.104 Um foguete é ligado a uma barra rígida horizontal, articulada na origem, como na Figura P3.104. Sua massa inicial é M_0 e suas propriedades na saída são $\dot{m}$ e V_s, relativas ao foguete. Estabeleça a equação diferencial do movimento do foguete e a resolva para determinar a velocidade angular $\omega(t)$ da barra. Despreze a gravidade, o arrasto do ar e a massa da barra.

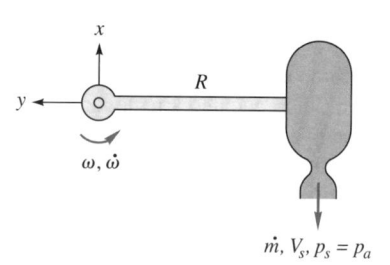

P3.104

P3.105 Estenda o Problema P3.104 para o caso em que o foguete sofre uma força de arrasto do ar, $F = cV$, em que c é uma constante. Considerando que o combustível não acaba, determine $\omega(t)$ e encontre a velocidade angular *terminal*, isto é, o movimento final quando a aceleração angular é nula. Aplique o resultado ao caso $M_0 = 6$ kg, $R = 3$ m, $\dot{m} = 0,05$ kg/s, $V_s = 1.100$ m/s e $c = 0,075$ N · s/m e determine a velocidade angular após 12 s de queima.

P3.106 O escoamento real de ar ao redor de um paraquedas tem uma distribuição variável de velocidades e direções. Vamos modelar isso como um jato de ar circular, de diâmetro igual à metade do diâmetro do paraquedas, que é defletido completamente de volta pelo paraquedas, como na Fig. P3.106. (a) Encontre a força F necessária para manter o paraquedas estacionário. (b) Expresse essa força como um coeficiente adimensional de arrasto, $C_A = F / [(½) \rho V^2(\pi/4) D^2]$ e compare com a Tabela 7.3.

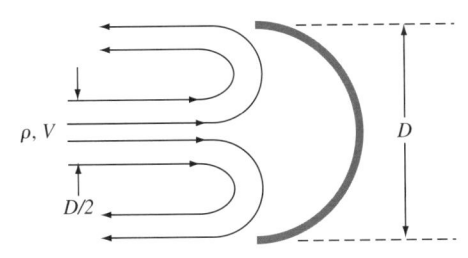

P3.106

P3.107 O carrinho da Figura P3.107 move-se à velocidade constante $V_0 = 12$ m/s e coleta água com uma concha de 80 cm de largura que se aprofunda $h = 2,5$ cm em um lago. Despreze o arrasto do ar e o atrito das rodas. Calcule a força necessária para manter o carrinho em movimento.

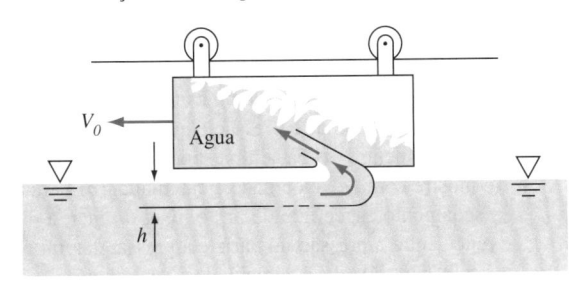

P3.107

*P3.108 Um trenó de massa M, movido a foguete, Figura P3.108, deve ser desacelerado por uma concha de largura b normal ao papel e imersa na água à profundidade h, criando um jato de 60° para cima. O empuxo do foguete é T para a esquerda. Seja V_0 a velocidade inicial, e despreze o arrasto do ar e o atrito das rodas. Encontre uma expressão para $V(t)$ do trenó quando (a) $T = 0$ e (b) $T \neq 0$, finito.

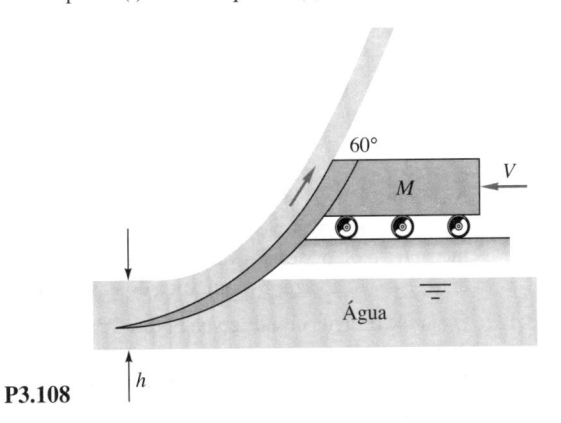

P3.108

P3.109 Para o escoamento da camada-limite na Fig. 3.10, admita que a velocidade na saída, $x = L$, possa ser aproximada pelo perfil de escoamento turbulento $u \approx U_0 \approx (y/\delta)^{1/7}$. (a) Encontre uma relação entre h e δ. (b) Encontre uma expressão para a força de arrasto F sobre a placa entre 0 e L.

A equação de Bernoulli

P3.110 Repita o Problema P3.49, considerando que p_1 seja desconhecida e usando a equação de Bernoulli (sem perdas). Calcule a nova força sobre os parafusos com essa hipótese. Qual é a perda de carga entre 1 e 2 para os dados do Problema 3.49?

P3.111 Como uma abordagem mais simples para o Prob. P3.96, aplique a equação de Bernoulli não permanente entre 1 e 2 para deduzir uma equação diferencial para o movimento z(t). Despreze o atrito e a compressibilidade.

P3.112 Um jato de álcool atinge a placa vertical da Figura P3.112. Uma força $F \approx 425$ N é necessária para manter a placa estacionária. Considerando que não há perdas no bocal, calcule (a) o fluxo de massa de álcool e (b) a pressão absoluta na seção 1.

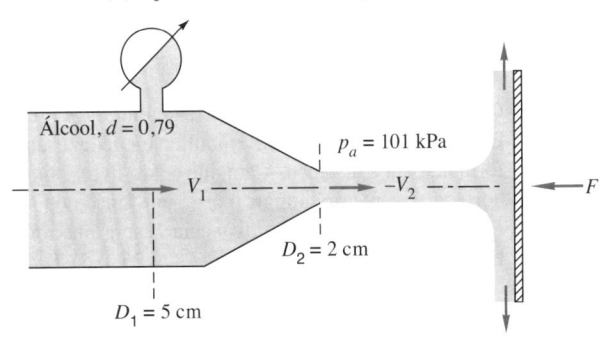

P3.112

P3.113 Um avião voa a 300 mi/h a 4.000 m de altitude padrão. Como é comum nesses casos, a velocidade do ar em relação à superfície superior da asa, perto da sua espessura máxima, é 26% maior do que a velocidade do avião. Usando a equação de Bernoulli, calcule a pressão absoluta nesse ponto na asa. Despreze as mudanças de elevação e a compressibilidade.

P3.114 Água flui por um bocal circular, sai para o ar na forma de um jato e colide com uma placa, como mostra a Figura P3.114. A força necessária para manter a placa estacionária é 70 N. Admitindo escoamento permanente, sem atrito e unidimensional, calcule (a) as velocidades nas seções (1) e (2) e (b) a leitura h do manômetro de mercúrio.

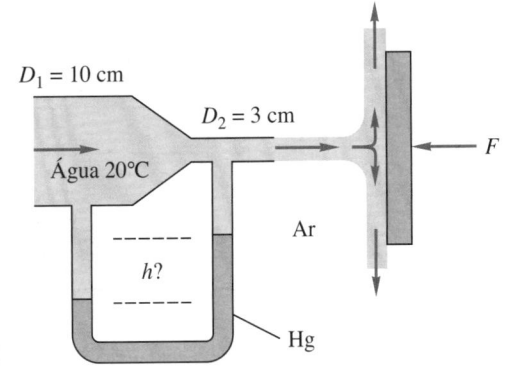

P3.114

P3.115 Um jato líquido livre, como na Figura P3.115, tem a pressão ambiente constante e pequenas perdas; logo, por meio da equação de Bernoulli, $z + V^2/(2g)$ é constante ao longo do jato. Para o bocal da figura, quais são (a) o mínimo e (b) o máximo valores de θ para os quais o jato d'água irá transpor a quina do edifício? Em quais dos casos a velocidade do jato será maior quando ele atingir o teto do edifício?

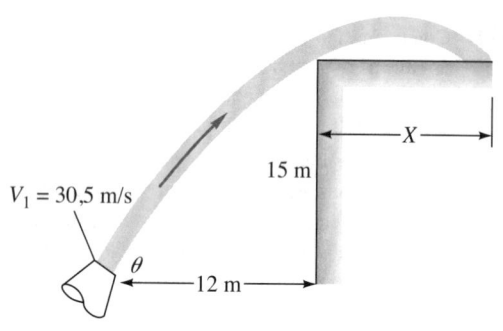

P3.115

P3.116 Considere o tanque de armazenagem da Figura P3.116. Use a equação de Bernoulli para deduzir uma fórmula para a distância X em que o jato livre, saindo horizontalmente, irá atingir o piso, em função de h e H. Para qual razão h/H a distância X será máxima? Esboce as três trajetórias para $h/H = 0{,}25$, $0{,}5$ e $0{,}75$.

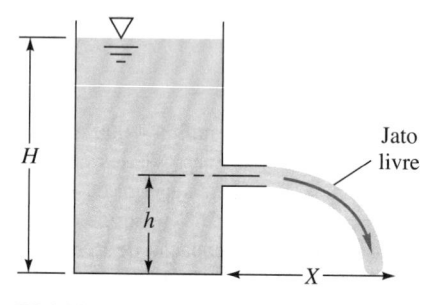

P3.116

P3.117 Água a 20°C, no tanque pressurizado da Figura P3.117, escapa e cria um jato vertical conforme mostra a figura. Considerando escoamento permanente sem atrito, determine a altura H que é atingida pelo jato.

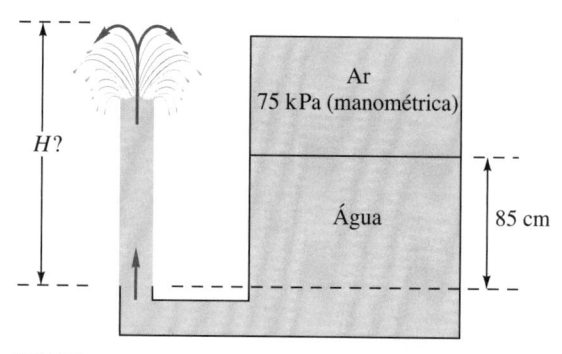

P3.117

P3.118 O tratado *Hydrodynamica*, de Daniel Bernoulli, de 1738, contém muitos esquemas excelentes de padrões de escoamento relacionados com a sua equação sem atrito. Um deles, porém, redesenhado na Figura P3.118, parece fisicamente inconsistente. Você poderia explicar o que há de errado com a figura?

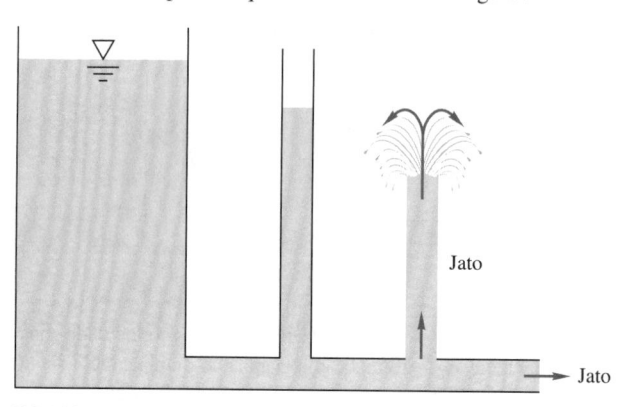

P3.118

P3.119 Um tubo longo fixo com nariz arredondado, alinhado com um escoamento incidente, pode ser usado para medir a velocidade. Medições de pressão são feitas (1) no nariz dianteiro e (2) em um orifício lateral no tubo, mais a jusante, onde a pressão é quase igual à pressão do escoamento. (a) Faça um esboço desse dispositivo e mostre como a velocidade é calculada. (b) Para um escoamento específico de ar ao nível do mar, a diferença entre a pressão no nariz e a pressão lateral é de 1,5 lbf/pol^2. Qual é a velocidade do ar, em mi/h?

P3.120 O fluido manométrico da Figura P3.120 é o mercúrio. Calcule a vazão volumétrica no tubo se o fluido que escoa é (a) gasolina e (b) nitrogênio a 20°C e 1 atm.

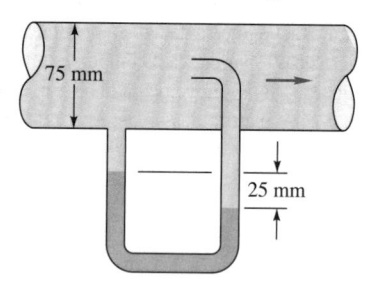

P3.120

P3.121 Na Figura P3.121, o fluido que escoa é CO_2 a 20°C. Despreze as perdas. Se $p_1 = 170$ kPa e o fluido manométrico é o óleo Meriam vermelho ($d = 0{,}827$), calcule (a) p_2 e (b) a vazão volumétrica do gás, em m^3/h.

P3.122 O tanque de água cilíndrico na Figura P3.122 está sendo abastecido com uma vazão volumétrica $Q_1 = 3{,}79$ L/min, enquanto a água é também drenada por um furo na parte inferior de diâmetro $d = 6$ mm. No instante $t = 0$, $h = 0$. Calcule e faça um gráfico da variação $h(t)$ e a eventual profundidade máxima $h_{máx}$ da água. Admita que seja válida a equação de Bernoulli para o escoamento permanente.

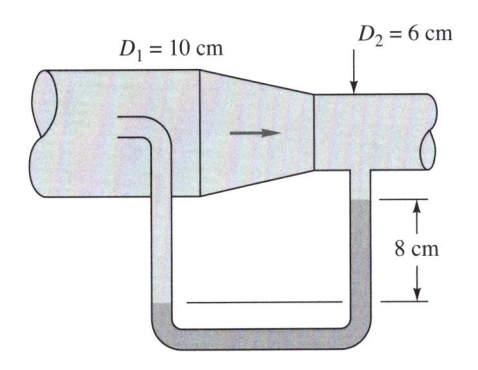

P3.121

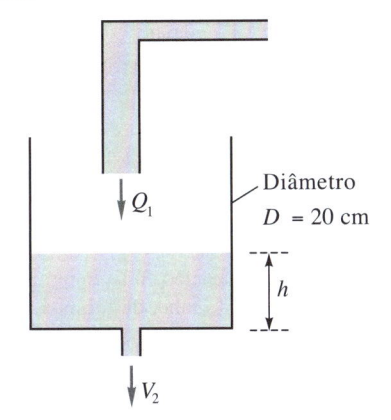

P3.122

P3.123 O veículo com sustentação pneumática da Figura P3.123 admite ar padrão ao nível do mar através de um ventilador e o descarrega em alta velocidade através de uma borda anular de 3 cm de folga. Se o veículo pesa 50 kN, calcule (a) a vazão de ar necessária e (b) a potência do ventilador em kW.

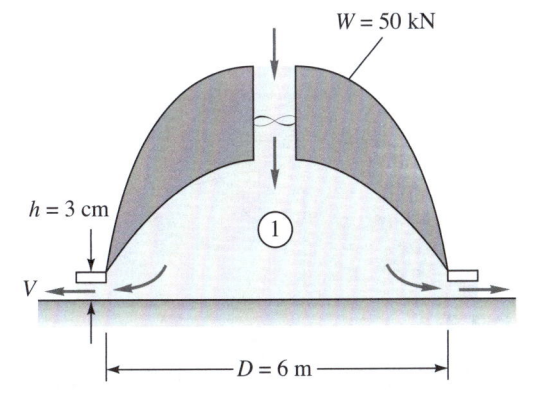

P3.124 Um tubo convergente-divergente, chamado *venturi*, desenvolve um escoamento de baixa pressão na garganta capaz de aspirar fluido para cima de um reservatório, como na Figura P3.124. Aplicando a equação de Bernoulli sem perdas, deduza uma expressão para a velocidade V_1 suficiente para começar a trazer fluido do reservatório para a garganta.

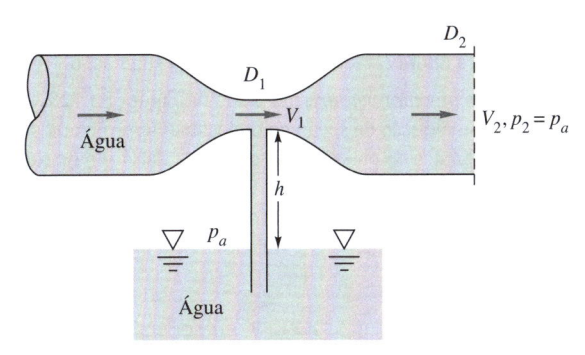

P3.125 Suponha que você esteja projetando uma mesa de ar para hóquei. A mesa tem $0{,}91 \times 1{,}83$ m, com furos de 1,6 mm de diâmetro, espaçados de 25 mm, num arranjo de malha retangular (2.592 furos ao todo). A velocidade do jato necessária em cada furo é estimada em 15,2 m/s. Sua tarefa é selecionar um soprador adequado para satisfazer os requisitos. Calcule a vazão volumétrica (em L/min) e o aumento de pressão (em kPa) exigidos do soprador. *Sugestão*: admita condições de estagnação para o ar contido no grande volume do duto de distribuição sob a superfície da mesa, e despreze as perdas por atrito.

P3.126 O líquido na Figura P3.126 é o querosene a 20°C. Calcule a vazão volumétrica do tanque (a) desprezando as perdas e (b) considerando perdas no tubo, $h_p \approx 4{,}5\, V^2/(2g)$.

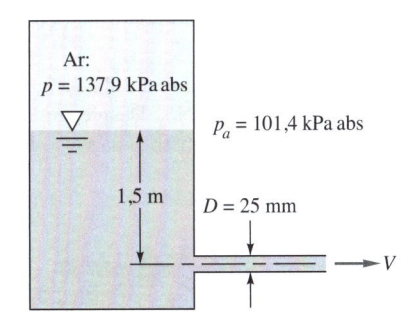

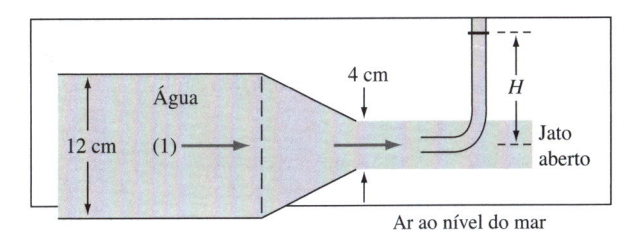

P3.127 Na Figura P3.127, o jato aberto de água a 20°C sai de um bocal para o ar ao nível do mar e atinge um tubo de estagnação, como mostra a figura. Se a pressão na linha de centro na seção 1 é 110 kPa e as perdas são desprezadas, calcule (*a*) o fluxo de massa em kg/s e (*b*) a altura *H* do fluido no tubo de estagnação.

P3.128 Um *medidor venturi*, mostrado na Figura P3.128, tem uma redução de seção cuidadosamente projetada cuja diferença de pressão é uma medida da vazão no tubo. Aplicando a equação de Bernoulli para escoamento permanente, incompressível e sem perdas, mostre que a vazão volumétrica Q relaciona-se à leitura h do manômetro por

$$Q = \frac{A_2}{\sqrt{1 - (D_2/D_1)^4}} \sqrt{\frac{2gh(\rho_M - \rho)}{\rho}}$$

em que ρ_M é a massa específica do fluido manométrico.

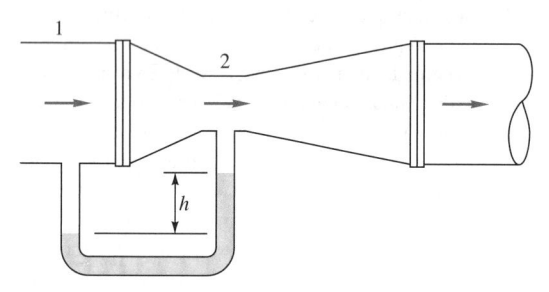

P3.128

P3.129 Uma corrente de água flui ao redor de um pequeno cilindro circular a 23 pés/s, aproximando-se do cilindro a 3.000 lbf/pé². Medições a baixos números de Reynolds (escoamento laminar) indicam uma velocidade máxima na superfície 60% maior do que a velocidade do escoamento no ponto *B* sobre o cilindro. Calcule a pressão em *B*.

P3.130 Na Figura P3.130, o fluido é gasolina a 20°C com uma vazão em peso de 120 N/s. Desprezando as perdas, calcule a pressão manométrica na seção 1.

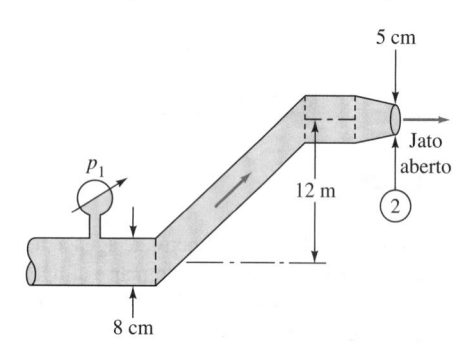

P3.130

P3.131 Na Figura P3.131, ambos os fluidos estão a 20°C. Se $V_1 = 0,52$ m/s e as perdas são desprezadas, qual deve ser a leitura do manômetro, *h*, em cm?

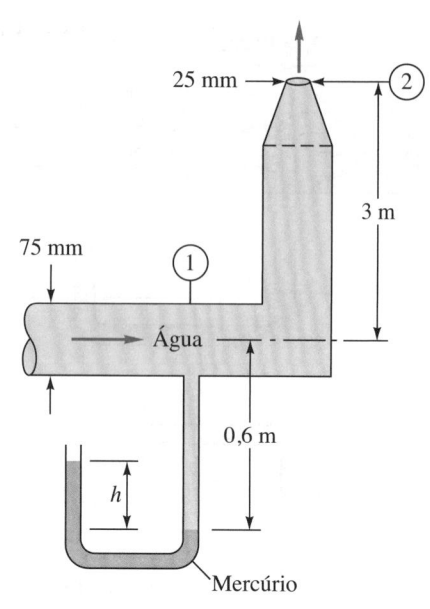

P3.131

P3.132 Estenda a análise do sifão do Exemplo 3.14 para levar em conta o atrito no tubo, da forma a seguir: Seja a perda de carga por atrito no tubo correlacionada como $5,4(V_{tubo})^2/(2g)$, que é uma aproximação do escoamento turbulento em um tubo de 2m de comprimento. Calcule a velocidade de saída em m/s e a vazão volumétrica em cm³/s, e compare com o Exemplo 3.14.

P3.133 Se as perdas forem desprezadas na Figura P3.133, em que nível de água *h* o escoamento começará a formar cavidades de vapor na garganta do bocal?

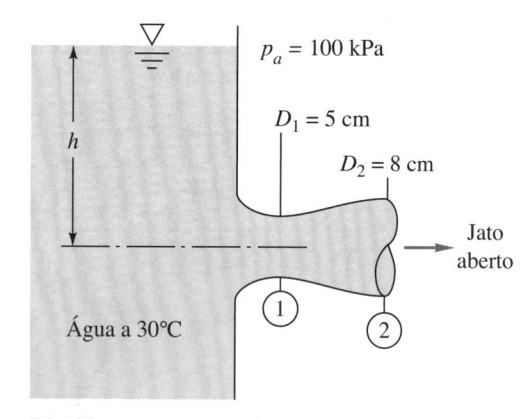

P3.133

*P3.134 Para o escoamento de água a 40°C da Figura P3.134, calcule a vazão volumétrica através do tubo, desprezando as perdas. Em seguida, explique o que está errado com essa questão aparentemente inocente. Se a vazão real é $Q = 40$ m³/h, calcule (*a*) a perda de carga em m e (*b*) o diâmetro *D* da garganta que causa cavitação, admitindo que a garganta divide a perda de carga igualmente e que a variação de seu diâmetro não causa perdas adicionais.

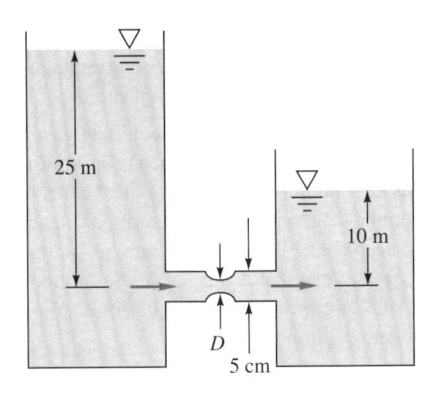

P3.134

P3.135 O escoamento de água a 35°C da Figura P3.135 descarrega para a atmosfera padrão ao nível do mar. Desprezando as perdas, para qual diâmetro D do bocal começa a ocorrer cavitação? Para evitar a cavitação, você deve aumentar ou diminuir D com relação a esse valor crítico?

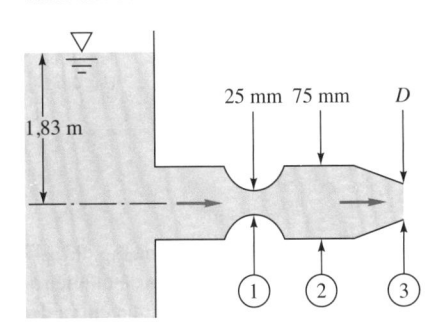

P3.135

P3.136 Ar, assumido sem atrito, escoa por um tubo e descarrega para a atmosfera ao nível do mar. Os diâmetros em 1 e 3 são de 5 cm, enquanto $D_2 = 3$ cm. Que fluxo de massa de ar é necessário para succionar água para dentro da seção 2, a 10 cm acima, como mostrado na Fig. P3.136?

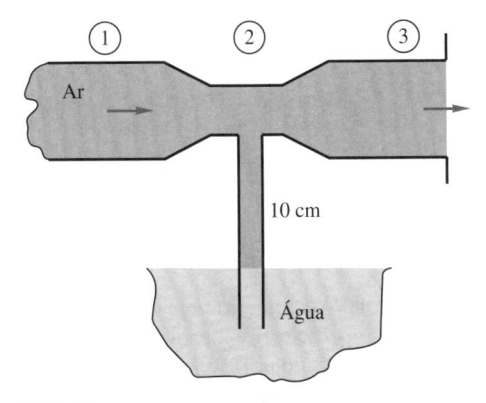

P3.136

P3.137 Na Figura P3.137, o pistão desloca água a 20°C. Desprezando as perdas, calcule a velocidade na saída, V_2, em m/s. Se D_2 for diminuído ainda mais, qual será o máximo valor possível de V_2?

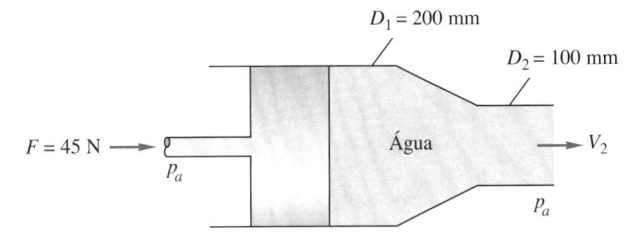

P3.137

P3.138 Para o escoamento pela comporta de fundo do Exemplo 3.10, use a equação de Bernoulli, ao longo da superfície, para calcular a vazão volumétrica Q em função das duas profundidades da água. Considere largura b constante.

P3.139 O escoamento sobre o vertedouro da Figura P3.139 é considerado uniforme e hidrostático nas seções 1 e 2. Se as perdas são desprezadas, calcule (a) V_2 e (b) a força por unidade de largura da água sobre o vertedouro.

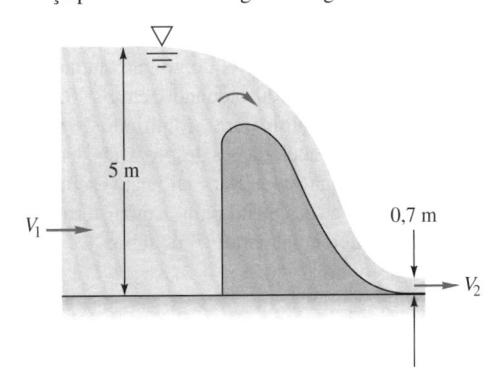

P3.139

P3.140 Para o escoamento no canal de água da Figura P3.140, $h_1 = 1,5$ m, $H = 4$ m e $V_1 = 3$ m/s. Desprezando as perdas e admitindo escoamento uniforme nas seções 1 e 2, encontre a profundidade a jusante, h_2, e mostre que *duas* soluções realísticas são possíveis.

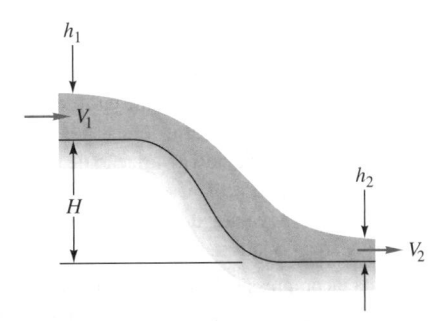

P3.140

P3.141 Para o escoamento no canal de água da Figura P3.141, $h_1 = 14$ cm, $H = 67$ cm e $V_1 = 4,9$ m/s. Desprezando as perdas e admitindo escoamento uniforme nas seções 1 e 2, encontre a profundidade a jusante, h_2, e mostre que *duas* soluções realísticas são possíveis.

P3.141

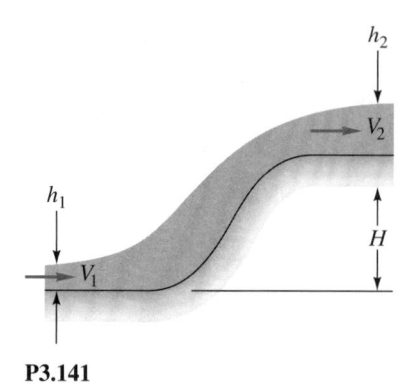

*P3.142 Um tanque cilíndrico de diâmetro D contém líquido a uma altura inicial h_0. No tempo $t = 0$, um pequeno tampão de diâmetro d é removido do fundo. Usando a equação de Bernoulli sem perdas, deduza (a) uma equação diferencial para a altura da superfície livre $h(t)$ durante a drenagem e (b) uma expressão para o tempo t_0 para a drenagem de todo o tanque.

*P3.143 O líquido incompressível no grande tanque da Figura P3.143 está em repouso quando, em $t = 0$, a válvula é aberta para a atmosfera. Admitindo $h \approx$ constante (velocidades e acelerações desprezíveis dentro do tanque), use a equação de Bernoulli para escoamento não permanente e sem atrito para deduzir e resolver uma equação diferencial para $V(t)$ no tubo.

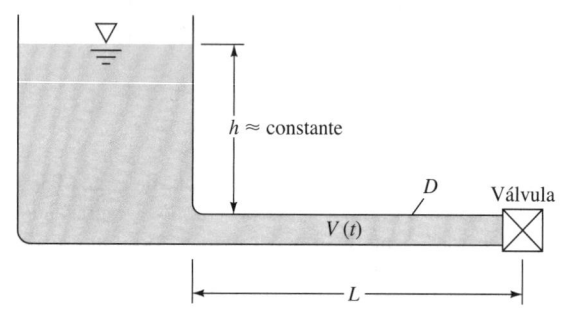

P3.143

P3.144 Uma mangueira de incêndio, com um bocal de 2 polegadas de diâmetro, fornece um jato de água diretamente para cima sobre um teto 8 pés mais alto. A força sobre o teto, devido à variação de quantidade de movimento, é de 25 lbf. Use a equação de Bernoulli para calcular a vazão da mangueira, em gal/min. [*Dica:* A área do jato se expande para cima.]

P3.145 A forma incompressível da equação de Bernoulli, Equação (3.54), é precisa apenas para escoamentos com números de Mach menores que 0,3, aproximadamente. Para velocidades mais altas, a variação de densidade deve ser levada em conta. A hipótese mais comum para escoamento compressível é a de *escoamento isentrópico de um gás perfeito*, quando $p = C\rho^k$, em que $k = c_p/c_v$. Substitua essa relação na Equação (3.52), integre, e elimine a constante C. Compare seu resultado compressível com a Equação (3.54) e comente.

P3.146 A bomba da Figura P3.146 bombeia gasolina a 20°C de um reservatório. As bombas são muito prejudicadas se o líquido vaporizar (cavitar) antes de entrar na bomba. (a) Desprezando as perdas e considerando que a vazão é de 246 L/min, encontre as limitações em (x, y, z) para evitar a cavitação. (b) Se forem incluídas as perdas por atrito no tubo, que limitações adicionais podem ser importantes?

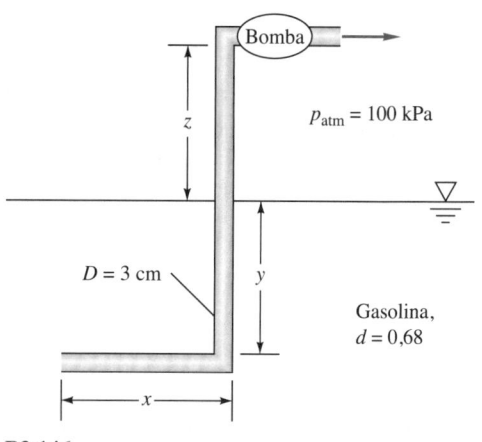

P3.146

P3.147 O tanque de água bem grande na Fig. P3.147 descarrega por um tubo de 4 polegadas de diâmetro. A bomba está em funcionamento, com uma curva de desempenho $h_b \approx 40 - 4\,Q^2$, com h_b em pés e Q em pés³/s. Calcule a vazão de descarga em pés³/s se a perda por atrito no tubo for 1,5 ($V^2/2g$).

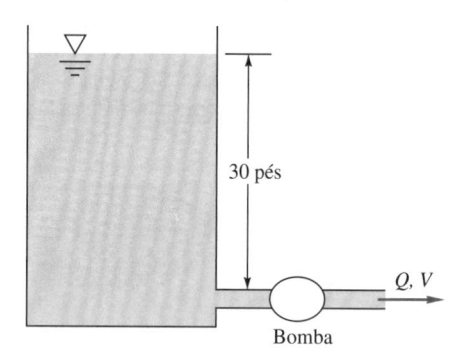

P3.147

P3.148 Desprezando o atrito, (a) use a equação de Bernoulli entre as superfícies 1 e 2 para calcular a vazão volumétrica através do orifício, cujo diâmetro é 3 cm. (b) Por que o resultado da parte (a) é absurdo? (c) Sugira uma maneira de resolver este paradoxo e encontrar a verdadeira vazão volumétrica.

P3.148

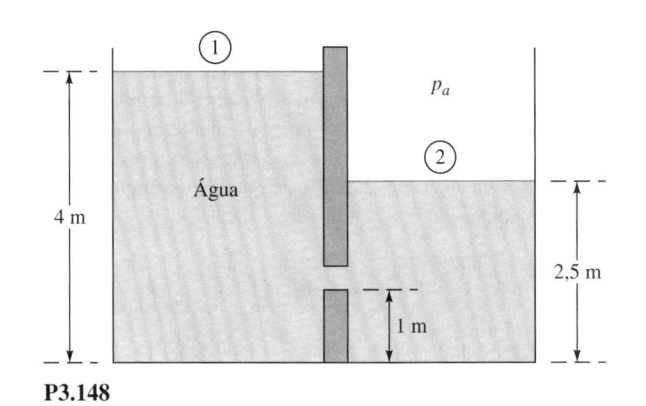

O teorema da quantidade de movimento angular

P3.149 O irrigador de gramados horizontal da Figura P3.149 tem uma vazão d'água de 15,2 L/min, introduzida verticalmente pelo centro. Calcule (*a*) o torque resistente necessário para manter os braços sem rotação e (*b*) a rotação em rpm se não houver torque resistente.

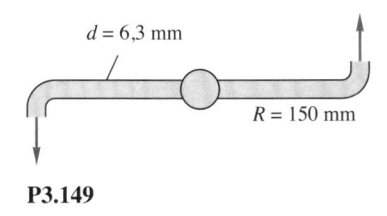

P3.149

P3.150 No Problema P3.60, encontre o torque em torno do flange 1 se o ponto central da saída 2 está a 1,2 m diretamente abaixo do centro do flange.

P3.151 A junta em Y da Figura P3.151 divide a vazão no tubo em partes iguais $Q/2$, que saem à distância R_0 do eixo, como mostra a figura. Despreze a gravidade e o atrito. Encontre uma expressão para o torque T em torno do eixo x necessário para manter o sistema girando à velocidade angular Ω.

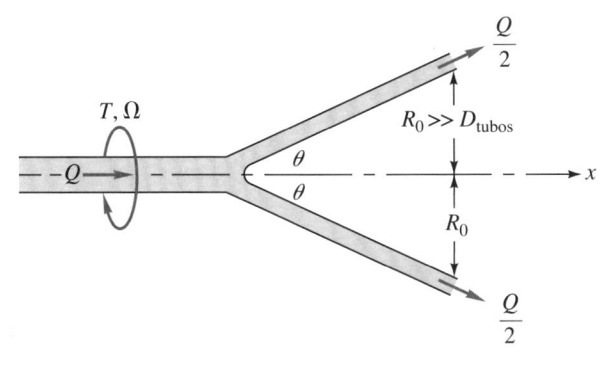

P3.151

P3.152 Modifique o Exemplo 3.19, de modo que o braço parta do repouso e acelere até sua velocidade final de rotação. O momento de inércia do braço em relação a O é I_0. Desprezando o arrasto do ar, encontre $d\omega/dt$ e integre para determinar a velocidade angular $\omega(t)$, considerando $\omega = 0$ em $t = 0$.

P3.153 O irrigador de gramados de três braços da Figura P3.153 recebe água a 20°C pelo centro, a 2,7 m³/h. Se o atrito no anel central é desprezível, qual será a rotação permanente, em rpm, para (*a*) $\theta = 0°$ e (*b*) $\theta = 40°$?

P3.153

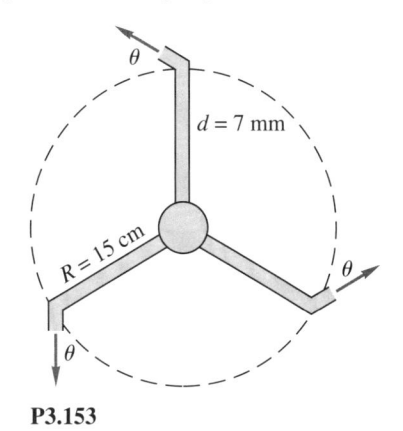

P3.154 Água a 20°C escoa a 114 L/min através do tubo de 19 mm de diâmetro com duas curvas, como na Figura P3.154. As pressões são $p_1 = 206{,}84$ kPa e $p_2 = 165{,}47$ kPa. Calcule o torque T no ponto B necessário para evitar que o tubo gire.

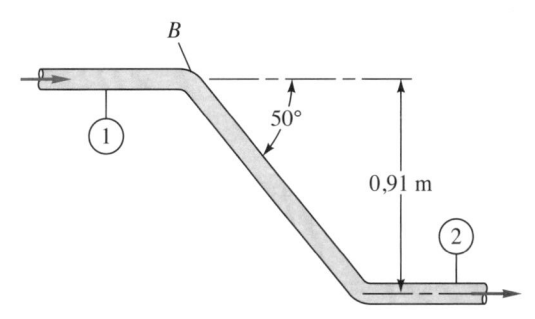

P3.154

P3.155 A bomba centrífuga da Figura P3.155 tem um escoamento com vazão Q, saindo do rotor com um ângulo θ_2 relativo às pás, como mostra a figura. O fluido entra axialmente na seção 1. Considerando escoamento incompressível e velocidade angular ω do eixo constante, deduza uma fórmula para a potência P necessária para acionar o rotor.

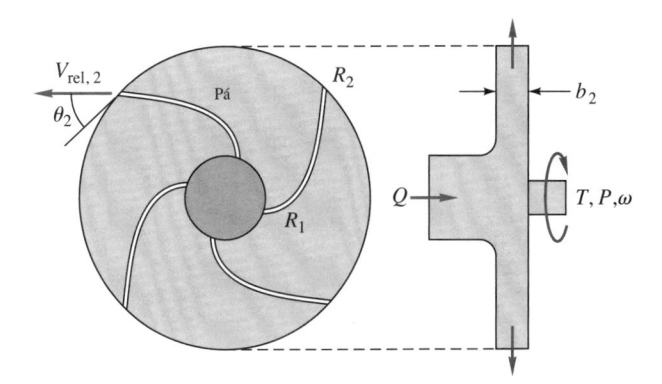

P3.155

P3.156 Uma turbomáquina simples é constituída de um disco com dois dutos internos que saem tangencialmente através de seções quadradas, como na Figura P3.156. Água a 20°C entra perpendicularmente ao disco no centro, como mostra a figura. O disco deve acionar, a 250 rpm, um pequeno dispositivo cujo torque resistente é 1,5 N · m. Qual é o fluxo de massa adequado, em kg/s.

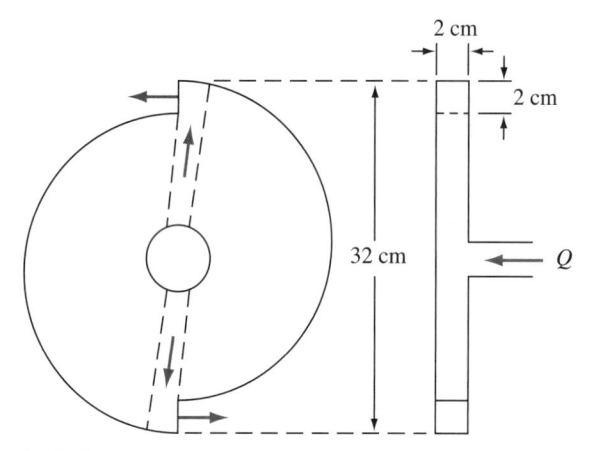

P3.156

P3.157 Reverta o escoamento na Figura P3.155, de modo que o sistema passe a operar como uma *turbina* de fluxo radial. Considerando que o escoamento na seção de saída 1 não tem velocidade tangencial, deduza uma expressão para a potência P extraída pela turbina.

P3.158 Retome a grade de turbina do Problema P3.78 e deduza uma fórmula para a potência P desenvolvida, usando o teorema da quantidade de movimento *angular* da Equação (3.59).

P3.159 O rotor de uma bomba centrífuga fornece 15.142 L/min de água a 20°C com uma rotação de eixo de 1.750 rpm. Despreze as perdas. Se $r_1 = 150$ mm, $r_2 = 350$ mm, $b_1 = b_2 = 44$ mm, $V_{t1} = 3$ m/s e $V_{t2} = 33,5$ m/s, calcule as velocidades absolutas (*a*) V_1 e (*b*) V_2 e (*c*) a potência necessária em hp. (*d*) Compare com a potência necessária ideal.

P3.160 A curva do tubo da Figura P3.160 tem $D_1 = 27$ cm e $D_2 = 13$ cm. Quando água a 20°C escoa através do tubo com 15.142 L/min, $p_1 = 194$ kPa (manométrica). Calcule o torque necessário no ponto B para manter a curva estacionária.

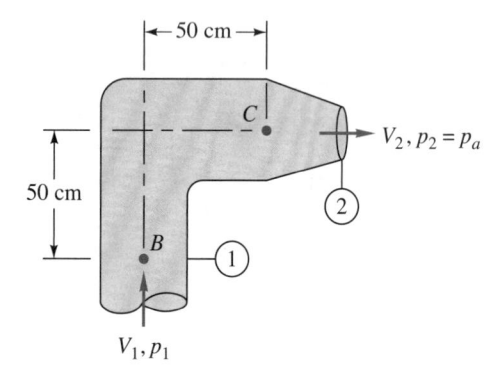

P3.160

*P3.161 Estenda o Problema P3.46 para o problema de calcular o centro de pressão L da força normal F_n, como mostra na Figura P3.161. (No centro de pressão, não são necessários momentos para manter a placa em repouso.) Despreze o atrito. Expresse seu resultado em termos da espessura h_1 da camada e do ângulo θ entre a placa e o jato de entrada.

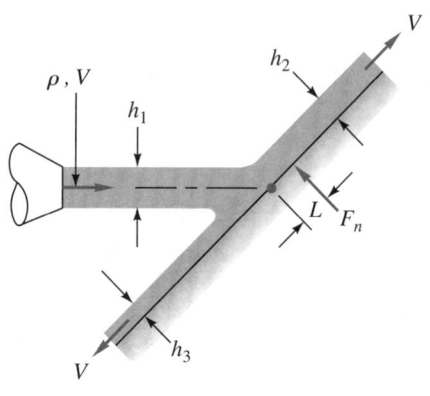

P3.161

P3.162 A roda d'água da Figura P3.162 está sendo acionada a 200 rpm por um jato de água a 45,7 m/s e 20°C. O diâmetro do jato é de 63 mm. Desprezando as perdas, qual será a potência em hp desenvolvida pela roda? Para qual rotação Ω em rpm a potência será máxima? Considere que há muitas conchas na roda d'água.

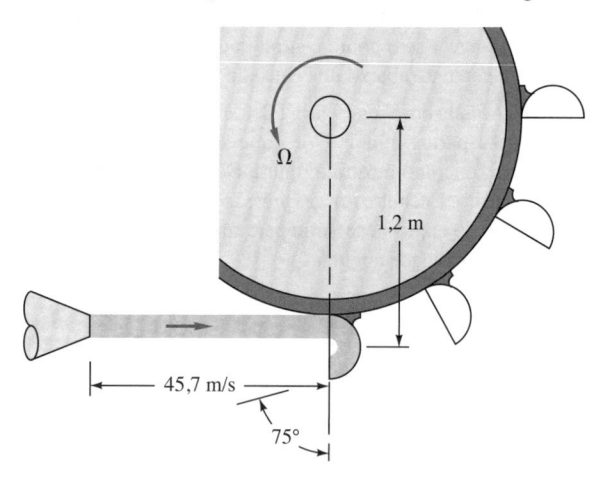

P3.162

P3.163 O braço de uma lava-louças rotativo descarrega a 60°C para seis bocais, como mostra na Figura P3.163. A vazão total é de 11,4 L/min. Cada bocal tem um diâmetro de 4,8 mm. Considerando as vazões dos bocais iguais e o atrito desprezível, calcule a rotação permanente do braço em rpm.

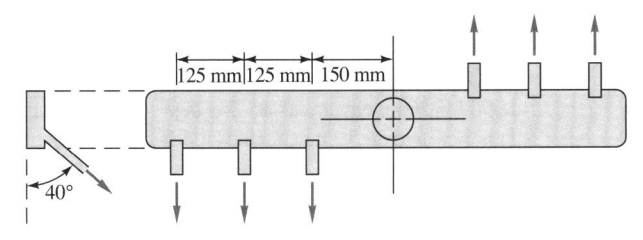

P3.163

***P3.164** Um líquido de massa específica ρ escoa em uma curva a 90°, como mostra a Figura P3.164, e sai verticalmente e uniformemente por um trecho poroso de comprimento L. Desprezando os pesos do tubo e do líquido, deduza uma expressão para o torque M no ponto 0 necessário para manter o tubo estacionário.

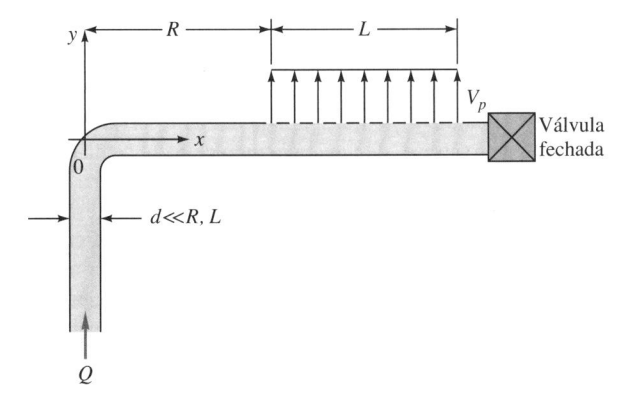

P3.164

A equação da energia

P3.165 Há um escoamento permanente isotérmico a 20°C pelo dispositivo da Figura P3.165. Os efeitos de trocas de calor, gravidade e temperatura são desprezíveis. Os dados conhecidos são $D_1 = 9$ cm, $Q_1 = 220$ m³/h, $p_1 = 150$ kPa, $D_2 = 7$ cm, $Q_2 = 100$ m³/h, $p_2 = 225$ kPa, $D_3 = 4$ cm e $p_3 = 265$ kPa. Calcule a taxa de trabalho de eixo realizado por esse dispositivo e sua direção.

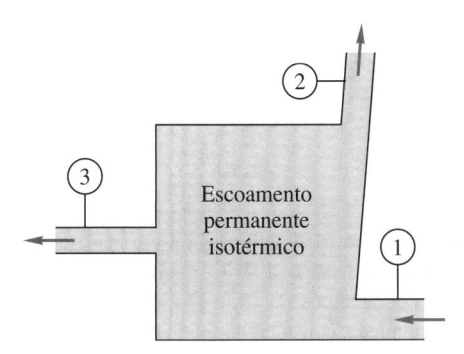

P3.165

P3.166 Uma central de energia às margens de um rio, como na Figura P3.166, deve eliminar 55 MW de calor perdido para o rio. As condições do rio a montante são $Q_e = 2,5$ m³/s e $T_e = 18$°C. O rio tem 45 m de largura e 2,7 m de profundidade. Se as perdas de calor para a atmosfera e para o solo são desprezíveis, calcule as condições do rio a jusante (Q_s, T_s).

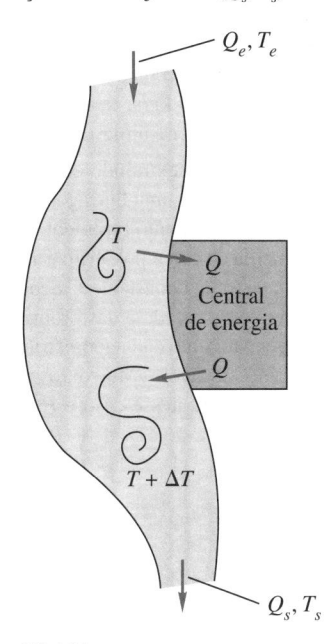

P3.166

P3.167 Para as condições do Problema 3.166, se a central não puder aquecer a água do rio vizinho além de 12°C, qual deverá ser a vazão mínima Q, em m³/s, através do trocador de calor da central? Como o valor de Q irá afetar as condições a jusante (Q_s, T_s)?

P3.168 As cataratas de Multnomah, na Garganta do Rio Columbia, têm uma queda íngreme de 165,5 m. Usando a equação da energia para escoamento permanente, calcule a variação de temperatura da água em °C causada pela queda d'água.

P3.169 Quando a bomba da Figura P3.169 bombeia 220 m³/h de água a 20°C do reservatório, a perda de carga total por atrito é de 5 m. O escoamento descarrega através de um bocal para a atmosfera. Calcule a potência da bomba em kW entregue para a água.

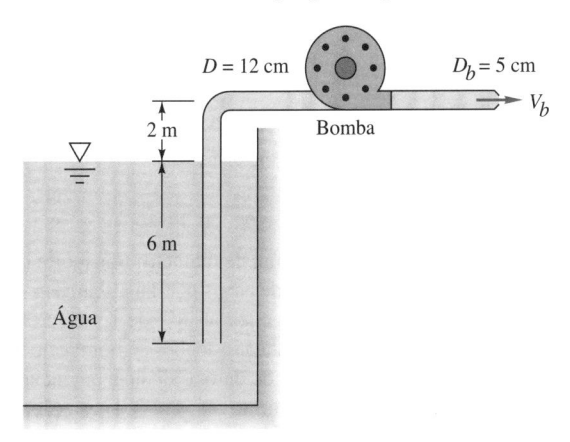

P3.169

P3.170 Uma turbina a vapor opera de forma constante nas seguintes condições. Na entrada, p = 2,5 MPa, T = 450°C e V = 40 m/s. Na saída, p = 22 kPa, T = 70°C e V = 225 m/s. (a) Se desprezarmos as mudanças de elevação e a transferência de calor, qual será o trabalho entregue às pás da turbina, em KJ/kg? (b) Se a vazão em massa for de 10 kg/s, qual será a potência total entregue? (c) O vapor é úmido na saída?

P3.171 Considere a turbina extraindo energia através de um conduto forçado em uma barragem, como na Figura P3.171. Para escoamento turbulento em dutos (Capítulo 6), a perda de carga por atrito é aproximadamente $h_p = CQ^2$, em que a constante C depende das dimensões do conduto forçado e das propriedades da água. Mostre que, para uma dada geometria de conduto forçado e vazão variável Q do rio, a máxima potência possível da turbina nesse caso é $P_{máx} = 2\rho g H Q/3$ e ocorre quando a vazão é $Q = \sqrt{H/(3C)}$.

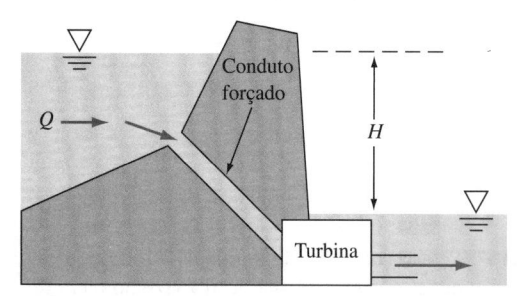

P3.171

P3.172 O tubo longo da Figura P3.172 está cheio de água a 20°C. Quando a válvula A está fechada, $p_1 - p_2 = 75$ kPa. Quando a válvula é aberta e a água escoa a 500 m³/h, $p_1 - p_2 = 160$ kPa. Qual é a perda de carga por atrito entre 1 e 2, em m, para a condição de escoamento?

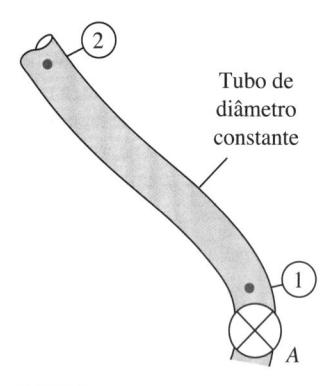

P3.172

P3.173 Um oleoduto de 914 mm de diâmetro transporta óleo ($d = 0,89$) a 1 milhão de barris por dia (1 barril ≈ 159 litros). A perda de carga por atrito é de 13 m/1.000 m de tubo. Planeja-se instalar estações de bombeamento a cada 16 km ao longo do duto. Calcule a potência em hp que deve ser entregue ao óleo em cada estação.

P3.174 O sistema *bomba-turbina* da Figura P3.174 retira água do reservatório superior durante o dia para produzir energia elétrica para uma cidade. À noite, o sistema bombeia água do reservatório inferior para o superior para restaurar a situação. Para uma vazão de projeto de 56,8 m³/min em ambas as direções, a perda de carga por atrito é de 5,2 m. Calcule a potência em kW (*a*) extraída pela turbina e (*b*) entregue pela bomba.

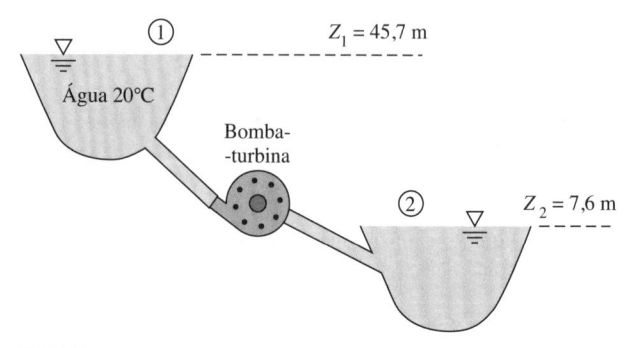

P3.174

P3.175 Água a 20°C é transportada de um reservatório para outro através de um longo tubo de 8 cm de diâmetro. O reservatório inferior tem sua superfície a uma elevação de $z_2 = 80$ m. A perda por atrito no tubo está correlacionada pela fórmula $h_{perda} \approx 17,5 \, (V^2/2g)$, em que V é a velocidade média no tubo. Se a vazão permanente através do tubo for de 1.893 litros por minuto, calcule a elevação da superfície do reservatório mais alto.

P3.176 Um barco anti-incêndio retira água do mar ($d = 1,025$) por um tubo submerso e a descarrega através de um bocal, como na Figura P3.176. A perda de carga total é de 2 m. Se a eficiência da bomba é de 75%, qual a potência requerida do motor, em hp, para acionar a bomba?

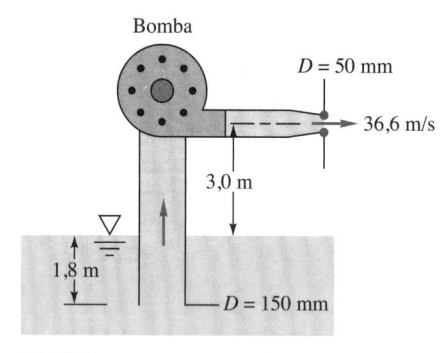

P3.176

P3.177 Um dispositivo para medir a viscosidade do líquido é mostrado na Fig. P3.177. Com os parâmetros (ρ, L, H, d) conhecidos, a vazão Q é medida e a viscosidade calculada, considerando uma perda do escoamento laminar pelo tubo, conforme será visto no Cap. 6, $h_p = (32\mu L V)/(\rho g d^2)$. A transferência de calor e todas as outras perdas são desconsideradas. (*a*) Deduza uma fórmula para a viscosidade μ do fluido. (*b*) Calcule μ para o caso $d = 2$ mm, $\rho = 800$ kg/m³, $L = 95$ cm, $H = 30$ cm e $Q = 760$ cm³/h. (*c*) Qual você acha que é o fluido na parte (*b*)? (*d*) Verifique se o número de Reynolds Re_d é menor que 2000 (escoamento laminar em um tubo).

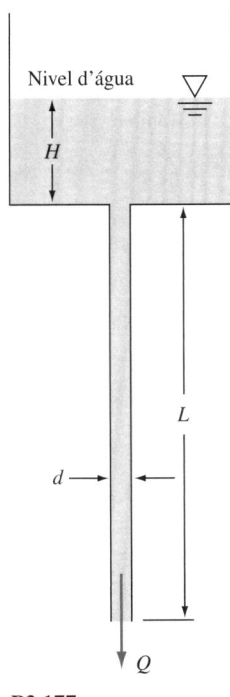

P3.177

P3.178 A bomba horizontal da Figura P3.178 descarrega 57 m³/h de água a 20°C. Desprezando as perdas, qual é a potência em kW entregue à água pela bomba?

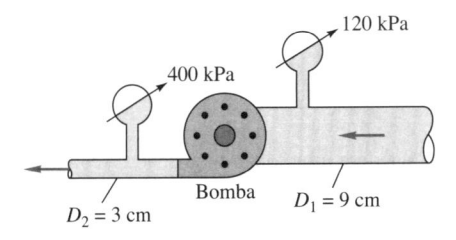

P3.178

P3.179 Vapor entra em uma turbina horizontal a 2.413 kPa absoluta, 580°C e 3,66 m/s, sendo descarregado a 33,53 m/s e 25°C em condições de saturação. O fluxo de massa é de 1,13 kg/s e as perdas de calor são de 16,3 kJ/kg de vapor. Se as perdas de carga são desprezíveis, quantos hp de potência a turbina fornece?

P3.180 Água a 20°C é bombeada a 5.678 L/min de um reservatório inferior para um superior, como na Figura P3.180. As perdas por atrito no tubo são aproximadas por $h_p \approx 27\ V^2/(2g)$, em que V é a velocidade média no tubo. Se a bomba tem 75% de eficiência, qual a potência em hp necessária para acioná-la?

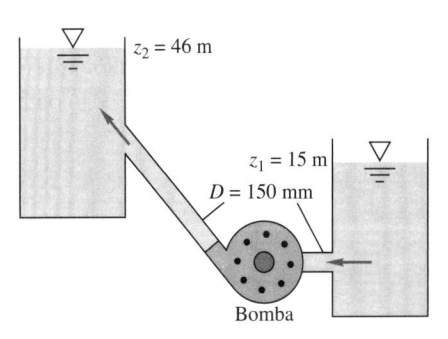

P3.180

P3.181 Para uma dada rotação de eixo, a altura de uma bomba típica varia com a vazão, resultando uma *curva de desempenho da bomba*, como na Figura P3.181. Considere que essa bomba tenha 75% de eficiência e seja usada no sistema do Problema 3.180. Calcule (*a*) a vazão e (*b*) a potência em hp necessária para acionar a bomba.

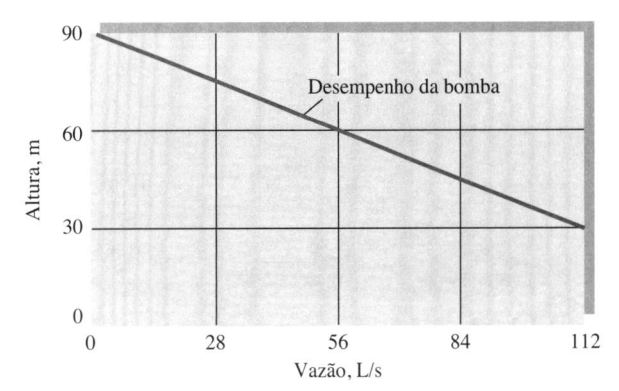

P3.181

P3.182 O tanque isolado da Figura P3.182 deve ser enchido por meio de um suprimento de ar a alta pressão. As condições iniciais no tanque são $T = 20°C$ e $p = 200$ kPa. Quando a válvula é aberta, o fluxo de massa inicial para dentro do tanque é de 0,013 kg/s. Considerando um gás perfeito, calcule a taxa inicial de incremento de temperatura do ar no tanque.

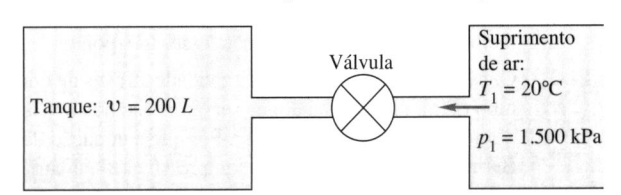

P3.182

P3.183 A bomba da Figura P3.183 cria um jato d'água a 20°C, orientado para atingir uma distância horizontal máxima. As perdas por atrito do sistema são de 6,5 m. O jato pode ser aproximado pela trajetória de partículas sem atrito. Que potência a bomba deve entregar à água?

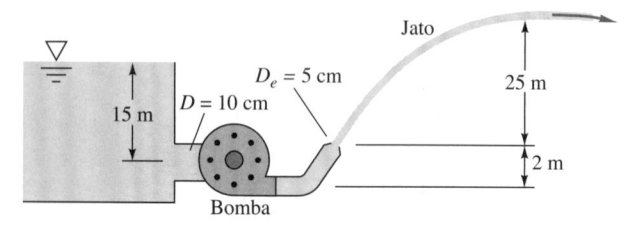

P3.183

P3.184 A grande turbina da Figura P3.184 desvia o escoamento de um rio represado por uma barragem, como mostra a figura. As perdas de carga do sistema são $h_p = 3,5\,V^2/(2g)$, em que V é a velocidade média no conduto forçado. Para qual vazão do rio, em m³/s, a potência extraída será de 25 MW? Qual das *duas* possíveis soluções tem uma melhor "eficiência de conversão"?

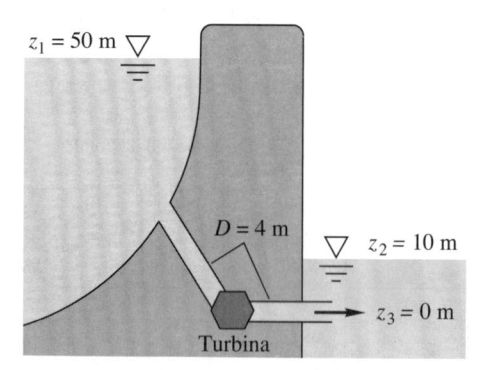

P3.184

P3.185 Querosene a 20°C escoa através da bomba da Figura P3.185 a 65 L/s. As perdas de carga entre 1 e 2 são de 2,4 m e a bomba entrega 8 hp para o escoamento. Qual deve ser a leitura h do manômetro de mercúrio?

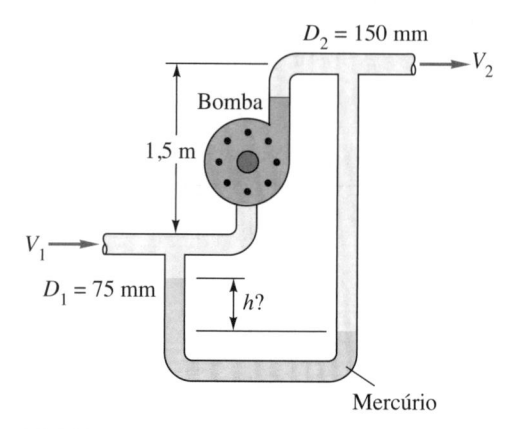

P3.185

Problemas dissertativos

PD3.1 Deduza uma forma de volume de controle para a *segunda* lei da termodinâmica. Sugira algumas aplicações de sua relação na análise de escoamentos de fluidos reais.

PD3.2 Admita que se deseje calcular a vazão volumétrica Q em um tubo, medindo a velocidade axial $u(r)$ em pontos específicos. Por razões de custo, apenas três pontos de medida devem ser usados. Quais são os melhores raios selecionados para esses três pontos?

PD3.3 Considere água escoando por gravidade através de um tubo curto que conecta dois reservatórios cujos níveis diferem de uma quantidade Δz. Por que a equação de Bernoulli para escoamento incompressível e sem atrito leva a um absurdo quando a vazão através do tubo é calculada? O paradoxo tem algo a ver com o comprimento do tubo curto? O paradoxo desapareceria se arredondássemos as arestas de entrada e saída do tubo?

PD3.4 Use a equação da energia em regime permanente para analisar o escoamento de água através de uma torneira cuja pressão de suprimento é p_0. Que mecanismo físico faz o escoamento variar continuamente de zero até um valor máximo à medida que aumentamos a abertura da torneira?

PD3.5 Considere uma longa tubulação de esgoto, com água pela metade da seção, estendendo-se por um declive de ângulo θ. Antoine Chézy, em 1768, determinou que a velocidade média desse escoamento em canal aberto seria $V \approx C\sqrt{R\tan\theta}$, em que R é o raio do tubo e C é uma constante. Como essa fórmula famosa relaciona-se à equação da energia para escoamento permanente, aplicada a um trecho de comprimento L do canal?

PD3.6 Coloque uma bola de tênis de mesa em um funil e conecte o lado estreito do funil a um suprimento de ar. Você provavelmente não seria capaz de soprar a bola para cima ou para fora do funil. Explique por quê.

PD3.7 Como funciona um *sifão*? Existe alguma limitação (por exemplo, quão alto ou quão baixo você pode usar um sifão para retirar água de um tanque)? Ainda, até onde você poderia usar um tubo flexível como sifão para levar água de um tanque até um ponto distante 33 m.

Problemas de fundamentos de engenharia

FE3.1 Na Figura FE3.1, água sai de um bocal à pressão atmosférica de 101 kPa. Se a vazão volumétrica é de 606 L/min, qual é a velocidade média na seção 1?
(a) 2,6 m/s, (b) 0,81 m/s, (c) 93 m/s, (d) 23 m/s, (e) 1,62 m/s.

FE3.2 Na Figura FE3.1, água sai de um bocal à pressão atmosférica de 101 kPa. Se a vazão volumétrica é de 606 L/min e o atrito é desprezado, qual é a pressão manométrica na seção 1?
(a) 1,4 kPa, (b) 32 kPa, (c) 43 kPa, (d) 29 kPa, (e) 123 kPa.

FE3.3 Na Figura FE3.1, água sai de um bocal à pressão atmosférica de 101 kPa. Se a velocidade é $V_2 = 8$ m/s e o atrito é desprezado, qual é a força axial no flange, necessária para manter o bocal fixado ao tubo 1?
(a) 11 N, (b) 56 N, (c) 83 N, (d) 123 N, (e) 110 N

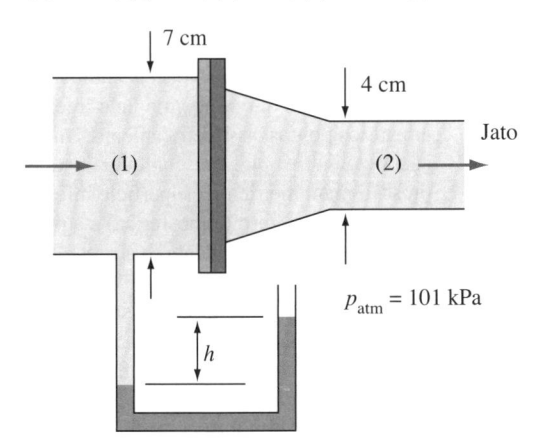

FE3.1

FE3.4 Na Figura FE3.1, água sai de um bocal à pressão atmosférica de 101 kPa. Se o fluido manométrico tem densidade de 1,6 e se $h = 66$ cm, com o atrito desprezado, qual é a velocidade média na seção 2?
(a) 4,55 m/s, (b) 2,4 m/s, (c) 2,95 m/s, (d) 5,55 m/s, (e) 3,4 m/s

FE3.5 Um jato de água de 3 cm de diâmetro atinge uma placa normal, como na Figura FE3.5. Se a força necessária para escorar a placa é de 23 N, qual é a velocidade do jato?
(a) 2,85 m/s, (b) 5,7 m/s, (c) 8,1 m/s, (d) 4,0 m/s, (e) 23 m/s

FE3.5

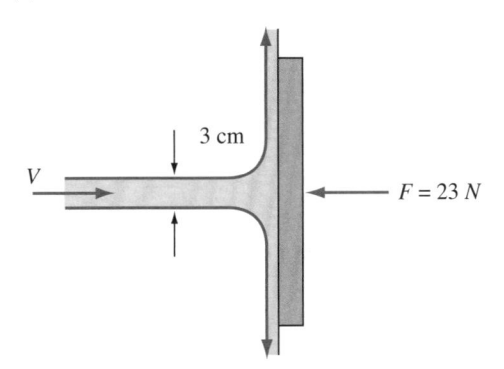

FE3.6 A bomba de um barco anti-incêndio fornece água para um bocal vertical com uma relação de diâmetro 3:1, como na Figura FE3.6. Se o atrito é desprezado e a vazão é de 1.893 L/min, até que altura o jato d'água irá subir?
(a) 2,0 m, (b) 9,8 m, (c) 32 m, (d) 64 m, (e) 98 m

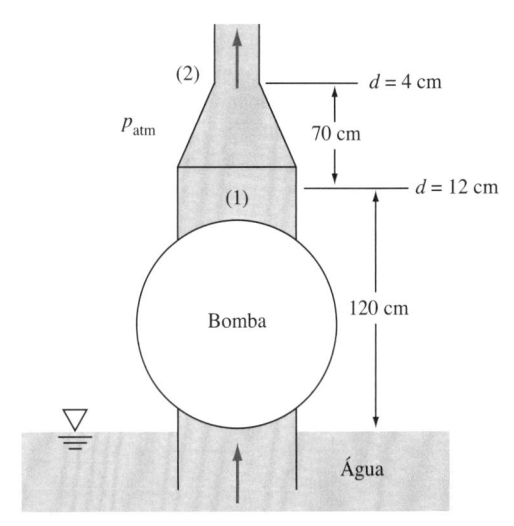

FE3.6

FE3.7 A bomba de um barco anti-incêndio fornece água para um bocal vertical com uma relação de diâmetro 3:1, como na Figura FE3.6. Se o atrito é desprezado e a bomba aumenta a pressão na seção 1 para 51 kPa (manométrica), qual será a vazão volumétrica resultante?
(a) 708 L/min, (b) 753 L/min, (c) 810 L/min, (d) 1.359 L/min, (e) 534 L/min

FE3.8 A bomba de um barco anti-incêndio fornece água para um bocal vertical com uma relação de diâmetro 3:1, como na Figura FE3.6. Se o atrito no duto e no bocal é desprezado e a bomba fornece 3,75 m de altura ao escoamento, qual será a vazão volumétrica na saída?
(a) 322 L/min, (b) 454 L/min, (c) 583 L/min, (d) 821 L/min, (e) 1.079 L/min

FE3.9 Água escoando em um tubo liso de 6 cm de diâmetro, entra em uma contração venturi com uma garganta de 3 cm de diâmetro. A pressão a montante é de 120 kPa. Se começa a ocorrer cavitação na garganta para uma vazão de 587 L/min, qual será a pressão de vapor estimada para a água, considerando escoamento sem atrito?
(a) 6 kPa, (b) 12 kPa, (c) 24 kPa, (d) 31 kPa, (e) 52 kPa

FE3.10 Água escoando em um tubo liso de 6 cm de diâmetro, entra em uma contração venturi com uma garganta de 4 cm de diâmetro. A pressão a montante é de 120 kPa. Se a pressão na garganta é de 50 kPa, qual é a vazão volumétrica, considerando escoamento sem atrito?
(a) 28,4 L/min, (b) 893,4 L/min, (c) 995,6 L/min, (d) 2.820 L/min, (e) 3.986 L/min

Problemas abrangentes

PA3.1 Em um certo processo industrial, óleo de massa específica ρ escoa através do tubo inclinado da Figura PA3.1. Um manômetro tipo-U, com fluido de massa específica ρ_m, mede a diferença de pressão entre os pontos 1 e 2, como mostra a figura. O escoamento no tubo é permanente, de modo que os fluidos nos manômetros estão estacionários. (a) Encontre uma expressão analítica para $p_1 - p_2$ em termos dos parâmetros do sistema. (b) Discuta as condições sobre h, necessárias para não haver escoamento no tubo. (c) E quanto ao escoamento *para cima*, de 1 para 2? (d) E quanto ao escoamento para baixo, de 2 para 1?

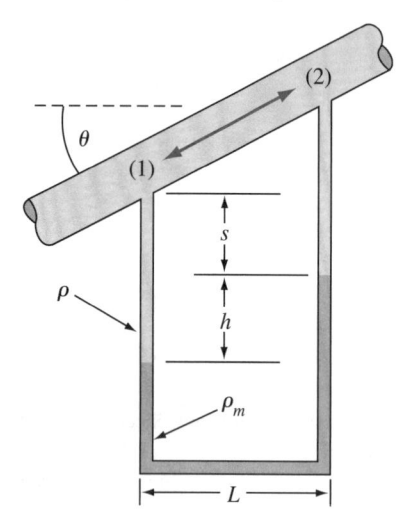

PA3.1

PA3.2 Um tanque rígido de volume $\mathcal{V} = 1{,}0$ m^3 é enchido inicialmente com ar a 20°C e $p_0 = 100$ kPa. No tempo $t = 0$, uma bomba de vácuo é ligada e evacua ar a uma vazão volumétrica constante, $Q = 80$ L/min (independentemente da pressão). Considere um gás perfeito e um processo isotérmico. (a) Estabeleça uma equação diferencial para esse escoamento. (b) Resolva essa equação para t em função de ($\mathcal{V}$, Q, p, p_0). (c) Calcule o tempo em minutos para baixar a pressão no tanque a $p = 20$ kPa. *Sugestão*: sua resposta deve ficar entre 15 e 25 min.

PA3.3 Admita que o mesmo jato d'água permanente do Problema P3.40 (velocidade do jato, 8 m/s, e diâmetro de 10 cm) atinja uma cavidade em forma de concha, semi-esférica, como mostra a Figura PA3.3. A água é desviada 180° e sai, devido ao atrito, a uma velocidade menor, V_s = 4 m/s (Observando da esquerda, o jato de saída é um anel circular de raio externo R e espessura h, vindo na direção do observador.) A cavidade tem um raio de curvatura de 25 cm. Encontre (a) a espessura h do jato de saída e (b) a força F requerida para manter no lugar o objeto com a cavidade. (c) Compare com a parte (b) do Problemas 3.40, no qual $F \approx 500$ N, e dê uma explicação embasada na física de por que F mudou.

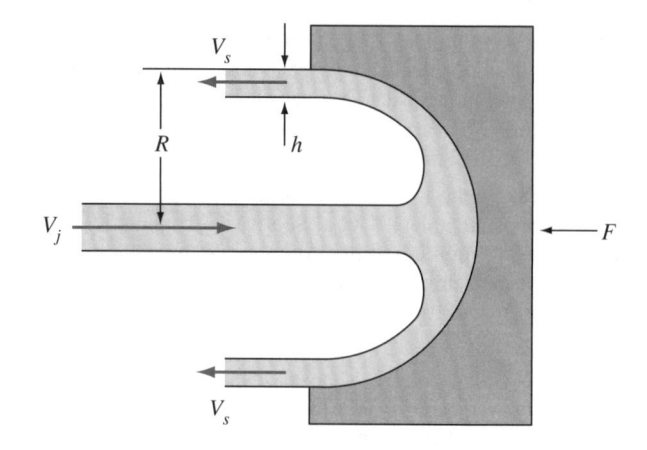

PA3.3

PA3.4 O escoamento de ar debaixo de um disco de hóquei de mesa é muito complexo, especialmente porque os jatos da mesa de ar atingem o lado inferior do disco em vários pontos, assimetricamente. Uma aproximação razoável é, que em qualquer instante dado, a pressão manométrica na superfície inferior do disco é a média entre zero (atmosférica) e a pressão de estagnação dos jatos incidentes. (A pressão de estagnação é definida como $p_0 = \frac{1}{2} \rho V^2_{jato}$.) (a) Encontre a velocidade V_{jato} necessária para suportar um disco de hóquei de peso P e diâmetro d. Dê sua resposta em termos de P, d e da massa específica ρ do ar. (b) Para $P = 0{,}22$ N e $d = 63{,}5$ mm, calcule a velocidade requerida do jato, em m/s.

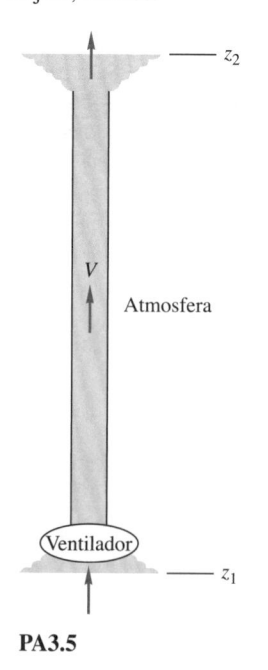

PA3.5

PA3.5 Desprezar o atrito às vezes pode levar a resultados estranhos. Alguém lhe pediu para analisar e discutir o seguinte exemplo na Figura PA3.5. Um ventilador sopra ar através de um duto da seção 1 para a seção 2, como mostra a figura. Admita que a massa específica ρ do ar é constante. Desprezando as perdas por atrito, encontre uma relação entre a altura de energia h_v do ventilador e a vazão e a variação de elevação. Depois explique o que pode ser um resultado inesperado.

Problemas de projeto

PP3.1 Vamos generalizar os problemas P3.180 e P3.181, em que a curva de desempenho da bomba foi usada para determinar a vazão volumétrica entre dois reservatórios. A bomba particular da Figura P3.181 é de uma família de bombas de geometria semelhante, cujo desempenho em termos de parâmetros adimensionais é o seguinte:

Altura:

$$\phi \approx 6{,}04 - 161\zeta \qquad \phi = \frac{gh}{n^2 D_b^2} \quad \text{e} \quad \zeta = \frac{Q}{nD_b^3}$$

Eficiência

$$\eta \approx 70\zeta - 91.500\zeta^3 \qquad \eta = \frac{\text{potência entregue à água}}{\text{potência de entrada}}$$

em que h é a altura da bomba (m), n é a rotação do eixo (rps) e D_b é o diâmetro do rotor (m). A faixa de validade é $0 < \zeta < 0{,}027$. A bomba da Figura P3.181 tinha $D_b = 0{,}61$ m e $n = 20$ rps (1.200 rpm). A solução do Problema 3.181, ou seja, $Q \approx 72{,}8$ L/s e $h \approx 52{,}43$ m, corresponde a $\phi \approx 3{,}46$, $\zeta \approx 0{,}016$, $\eta \approx 0{,}75$ (ou 75%) e a potência entregue à água = $\rho g Q h \approx 37.285$ W (50 hp). Atenção, verifique esses valores numéricos antes de iniciar o projeto.

Agora, reestude o Problema P3.181 para selecionar uma bomba de *baixo custo* que gire com rotação acima de 600 rpm e entregue pelo menos 28,32 L/s de água. Considere que o custo da bomba seja linearmente proporcional à potência de entrada necessária. Comente as limitações de seus resultados

Referências

1. D. T. Greenwood, *Advanced Dynamics*, Cambridge University Press, New York, 2006.
2. T. von Kármán, *The Wind and Beyond*, Little, Brown, Boston, 1967.
3. J. P. Holman, *Heat Transfer*, 10th ed., McGraw-Hill, New York, 2009.
4. A. G. Hansen, *Fluid Mechanics*, Wiley, New York, 1967.
5. M. C. Potter, D. C. Wiggert, and M. Hondzo, *Mechanics of Fluids*, Brooks/Cole, Chicago, 2001.
6. S. Klein and G. Nellis, *Thermodynamics*, Cambridge University Press, New York, 2011.
7. Y. A. Cengel and M. A. Boles, *Thermodynamics: An Engineering Approach*, 7th ed., McGraw-Hill, New York, 2010.
8. J. F. Wendt, *Computational Fluid Dynamics: An Introduction*, Springer, 3d ed., New York, 2009.
9. W. G. Vincenti, "Control Volume Analysis: A Difference in Thinking between Engineering and Physics," *Technology and Culture*, vol. 23, no. 2, 1982, pp. 145–174.
10. J. Keenan, *Thermodynamics*, Wiley, New York, 1941.
11. J. Hunsaker and B. Rightmire, *Engineering Applications of Fluid Mechanics*, McGraw-Hill, New York, 1947.

(a)

(b)

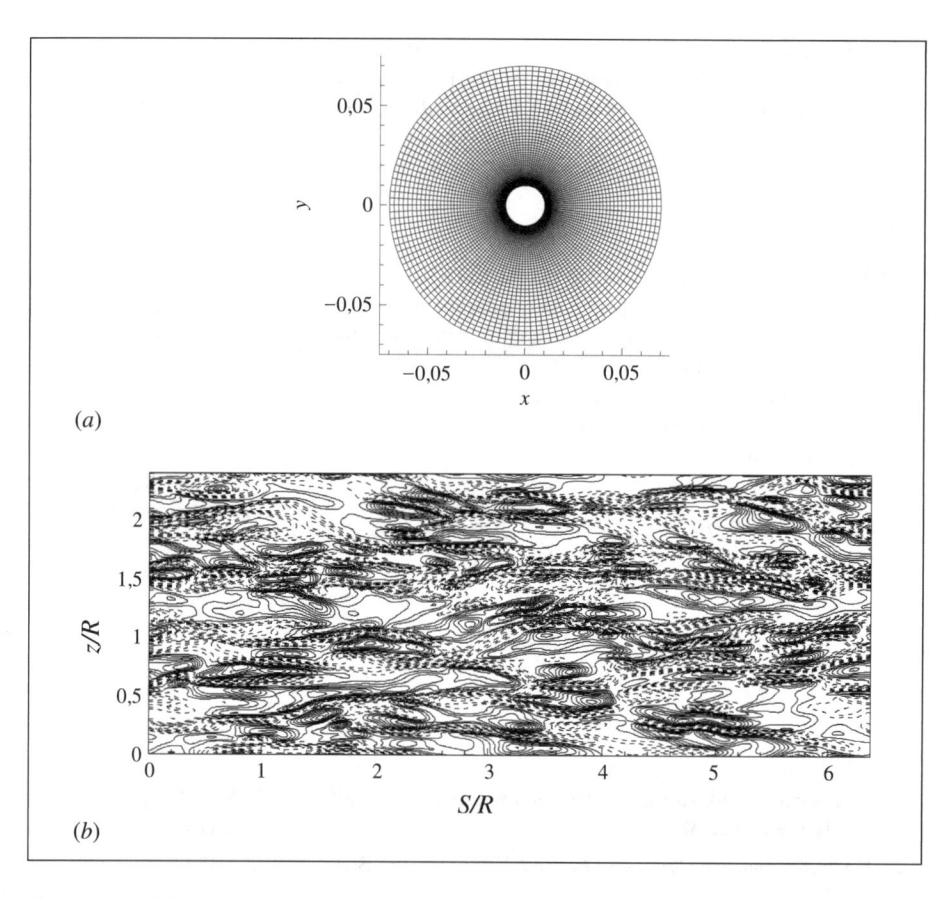

As equações diferenciais a serem estudadas neste capítulo podem ser modeladas numericamente pela dinâmica de fluidos computacional (CFD, do inglês *Computational Fluid Dynamics*). O estudo referente às figuras acima, da Referência 21, modela escoamento turbulento próximo a um cilindro rotativo, a um número de Reynolds $Re_D \approx 8.960$. A malha (*a*) contém 3,1 milhões de nós, muito finamente espaçados próximos do cilindro. Os resultados (*b*) mostram flutuações turbulentas da velocidade, obtidas por simulação numérica direta (DNS, do inglês *Direct Numerical Simulation*), em $y^+ = 10$ a partir da superfície do cilindro.

Fonte: ASME *J. Fluids Engineering*, J-Y. Hwang, K-S. Yang, and K. Bremhorst, "Direct Numerical Simulation of Turbulent Flow Around a Rotating Circular Cylinder," Vol. 129, Jan. 2007, pp 40–47, com permissão da American Society of Mechanical Engineers.

Capítulo 4
Relações diferenciais para escoamento de fluidos

Motivação. Ao analisarmos o movimento dos fluidos, podemos escolher um dentre dois caminhos: (1) procurar uma estimativa dos efeitos globais (vazão em massa, força induzida, troca de energia) sobre uma região *finita* ou volume de controle ou (2) pesquisar os detalhes ponto a ponto de um padrão de escoamento, analisando uma região *infinitesimal* do escoamento. O primeiro ponto de vista, das médias globais, foi assunto do Capítulo 3.

Este capítulo trata da segunda de nossa trinca de técnicas para análise do movimento de um fluido, que é a análise de pequena escala ou *análise diferencial*. Isto é, aplicamos nossas quatro leis básicas de conservação a um volume de controle infinitamente pequeno ou, alternativamente, a um sistema fluido infinitesimal. Em qualquer dos casos, os resultados levam às *equações diferenciais* básicas do movimento dos fluidos. São desenvolvidas também *condições de contorno* apropriadas.

Na sua forma mais básica, essas equações diferenciais do movimento são muito difíceis de resolver, e bem pouco se sabe a respeito de suas propriedades matemáticas gerais. No entanto, certas coisas podem ser feitas trazendo um grande benefício educacional. Primeiro, conforme mostraremos no Capítulo 5, as equações (mesmo que não resolvidas) revelam os parâmetros adimensionais básicos que governam o movimento dos fluidos. Segundo, conforme mostraremos no Capítulo 6, podemos obter um grande número de soluções úteis se adotarmos duas hipóteses simplificadoras: (1) escoamento permanente e (2) escoamento incompressível. Uma terceira simplificação, um pouco mais drástica, o escoamento sem atrito, torna válida a nossa velha amiga, a equação de Bernoulli, e dá origem a uma grande variedade de possíveis soluções idealizadas, ou de *fluido perfeito*. Esses escoamentos idealizados são tratados no Capítulo 8, e devemos ter cuidado para nos certificar se as soluções são de fato realísticas quando comparadas com o movimento real do fluido. Finalmente, mesmo as equações diferenciais gerais mais difíceis podem hoje ser resolvidas com a técnica de aproximação conhecida como dinâmica dos fluidos computacional (CFD, do inglês *computational fluid dynamics*), na qual as derivadas são simuladas por relações algébricas envolvendo um número finito de pontos de malha no campo de escoamento, que são, então, resolvidas com o uso de um computador. A Referência 1 é um exemplo de um livro-texto dedicado inteiramente à análise numérica do movimento dos fluidos.

4.1 O campo de aceleração de um fluido

Na Seção 1.7, estabelecemos a forma vetorial cartesiana de um campo de velocidades que varia no espaço e no tempo:

$$\mathbf{V}(\mathbf{r}, t) = \mathbf{i}u(x, y, z, t) + \mathbf{j}v(x, y, z, t) + \mathbf{k}w(x, y, z, t) \qquad (1.4)$$

Esta é a variável mais importante na mecânica dos fluidos: o conhecimento do campo vetorial de velocidade é mais ou menos equivalente a *resolver* um problema de escoamento de fluido. Nossas coordenadas estão fixas no espaço, e observamos o fluido à medida que ele passa – como se tivéssemos gravado uma série de linhas coordenadas em uma janela de vidro em um túnel de vento. Esse é o sistema de referência *euleriano*, ao contrário do sistema de referência lagrangiano, que segue a posição móvel das partículas individuais.

O sistema euleriano pode ser visualizado como uma janela pela qual assistimos a um escoamento. As coordenadas (x, y, z) são fixadas, e o escoamento passa. Um instrumento fixo colocado no escoamento realiza uma medida euleriana. Em contraste, as coordenadas lagrangianas seguem as partículas em movimento e são mais comuns na mecânica dos sólidos. Quase todos os artigos e livros sobre mecânica dos fluidos usam o sistema euleriano. Os autores costumam usar o *tráfego* como um exemplo. Um engenheiro de tráfego ficará parado e medirá o fluxo de carros passando – um ponto de vista euleriano. Por outro lado, a polícia seguirá carros específicos em função do tempo – um ponto de vista lagrangiano.

Para escrevermos a segunda lei de Newton para um sistema fluido infinitesimal, precisamos calcular o campo vetorial de aceleração **a** do escoamento. Logo, calculamos a derivada temporal total do vetor velocidade:

$$\mathbf{a} = \frac{d\mathbf{V}}{dt} = \mathbf{i}\frac{du}{dt} + \mathbf{j}\frac{dv}{dt} + \mathbf{k}\frac{dw}{dt}$$

Como cada componente escalar (u, v, w) é uma função de quatro variáveis (x, y, z, t), aplicamos a regra da cadeia para obter cada derivada temporal escalar. Por exemplo,

$$\frac{du(x, y, z, t)}{dt} = \frac{\partial u}{\partial t} + \frac{\partial u}{\partial x}\frac{dx}{dt} + \frac{\partial u}{\partial y}\frac{dy}{dt} + \frac{\partial u}{\partial z}\frac{dz}{dt}$$

Mas, por definição, dx/dt é o componente da velocidade local u, $dy/dt = v$ e $dz/dt = w$. A derivada total de u pode, então, ser escrita na forma compacta apresentada a seguir. Expressões exatamente similares, com u substituída por v ou w, valem para dv/dt ou dw/dt.

$$a_x = \frac{du}{dt} = \frac{\partial u}{\partial t} + u\frac{\partial u}{\partial x} + v\frac{\partial u}{\partial y} + w\frac{\partial u}{\partial z} = \frac{\partial u}{\partial t} + (\mathbf{V} \cdot \nabla)u$$

$$a_y = \frac{dv}{dt} = \frac{\partial v}{\partial t} + u\frac{\partial v}{\partial x} + v\frac{\partial v}{\partial y} + w\frac{\partial v}{\partial z} = \frac{\partial v}{\partial t} + (\mathbf{V} \cdot \nabla)v \quad (4.1)$$

$$a_z = \frac{dw}{dt} = \frac{\partial w}{\partial t} + u\frac{\partial w}{\partial x} + v\frac{\partial w}{\partial y} + w\frac{\partial w}{\partial z} = \frac{\partial w}{\partial t} + (\mathbf{V} \cdot \nabla)w$$

Agrupando todas as expressões em um vetor, obtemos a aceleração total:

$$\mathbf{a} = \frac{d\mathbf{V}}{dt} = \underbrace{\frac{\partial \mathbf{V}}{\partial t}}_{\text{Local}} + \underbrace{\left(u\frac{\partial \mathbf{V}}{\partial x} + v\frac{\partial \mathbf{V}}{\partial y} + w\frac{\partial \mathbf{V}}{\partial z}\right)}_{\text{Convectiva}} = \frac{\partial \mathbf{V}}{\partial t} + (\mathbf{V} \cdot \nabla)\mathbf{V} \quad (4.2)$$

O termo $\partial \mathbf{V}/\partial t$ é chamado de *aceleração local*, que desaparece se o escoamento for permanente, ou seja, independente do tempo. Os três termos entre parênteses são chamados de *aceleração convectiva*, que aparece quando a partícula se desloca por regiões com velocidade variável no espaço, como em um bocal ou difusor. Escoamentos que são nominalmente "permanentes" podem ter grandes acelerações por causa dos termos convectivos.

Observe o nosso uso do produto interno compacto envolvendo **V** e o operador nabla ∇:

$$u\frac{\partial}{\partial x} + v\frac{\partial}{\partial y} + w\frac{\partial}{\partial z} = \mathbf{V} \cdot \nabla \quad \text{em que} \quad \nabla = \mathbf{i}\frac{\partial}{\partial x} + \mathbf{j}\frac{\partial}{\partial y} + \mathbf{k}\frac{\partial}{\partial z}$$

O conceito de derivada temporal total – às vezes chamada de derivada *substancial* ou *material* – pode ser aplicado a qualquer variável, como por exemplo, a pressão:

$$\frac{dp}{dt} = \frac{\partial p}{\partial t} + u\frac{\partial p}{\partial x} + v\frac{\partial p}{\partial y} + w\frac{\partial p}{\partial z} = \frac{\partial p}{\partial t} + (\mathbf{V} \cdot \nabla)p \qquad (4.3)$$

Sempre que ocorrerem efeitos convectivos nas leis básicas envolvendo massa, quantidade de movimento ou energia, as equações diferenciais básicas tornam-se não lineares e usualmente são mais complicadas do que os escoamentos que não envolvem variações convectivas.

Enfatizamos que essa derivada temporal total segue uma partícula de identidade fixa, tornando-a conveniente para expressar as leis da mecânica de partículas na descrição euleriana de um campo fluido. Ao operador *d/dt* é atribuído às vezes um símbolo especial, tal como *D/Dt*, como um lembrete de que ele contém quatro termos e segue uma partícula fixa.

Como mais um lembrete da natureza especial de *d/dt*, alguns autores dão a ele o nome de *derivada substancial*.

EXEMPLO 4.1

Dado o campo vetorial de velocidades euleriano

$$\mathbf{V} = 3t\mathbf{i} + xz\mathbf{j} + ty^2\mathbf{k}$$

encontre a aceleração total de uma partícula.

Solução

- *Hipóteses:* São dadas três componentes de velocidade conhecidas não permanentes, $u = 3t$, $v = xz$ e $w = ty^2$.
- *Abordagem:* Avalie todas as derivadas requeridas com relação a (x, y, z, t), substitua no vetor aceleração total, Equação (4.2), e reúna os termos.
- *Passo 1 da solução:* Primeiro trabalhe com a aceleração local $\partial \mathbf{V}/\partial t$:

$$\frac{\partial \mathbf{V}}{\partial t} = \mathbf{i}\frac{\partial u}{\partial t} + \mathbf{j}\frac{\partial v}{\partial t} + \mathbf{k}\frac{\partial w}{\partial t} = \mathbf{i}\frac{\partial}{\partial t}(3t) + \mathbf{j}\frac{\partial}{\partial t}(xz) + \mathbf{k}\frac{\partial}{\partial t}(ty^2) = 3\mathbf{i} + 0\mathbf{j} + y^2\mathbf{k}$$

- *Passo 2 da solução:* De forma similar, os termos da aceleração convectiva, da Equação (4.2), são

$$u\frac{\partial \mathbf{V}}{\partial x} = (3t)\frac{\partial}{\partial x}(3t\mathbf{i} + xz\mathbf{j} + ty^2\mathbf{k}) = (3t)(0\mathbf{i} + z\mathbf{j} + 0\mathbf{k}) = 3tz\,\mathbf{j}$$

$$v\frac{\partial \mathbf{V}}{\partial y} = (xz)\frac{\partial}{\partial y}(3t\mathbf{i} + xz\mathbf{j} + ty^2\mathbf{k}) = (xz)(0\mathbf{i} + 0\mathbf{j} + 2ty\mathbf{k}) = 2txyz\,\mathbf{k}$$

$$w\frac{\partial \mathbf{V}}{\partial z} = (ty^2)\frac{\partial}{\partial z}(3t\mathbf{i} + xz\mathbf{j} + ty^2\mathbf{k}) = (ty^2)(0\mathbf{i} + x\mathbf{j} + 0\mathbf{k}) = txy^2\,\mathbf{j}$$

- *Passo 3 da solução:* Combine todos os quatro termos acima em uma única derivada "total" ou "substancial":

$$\frac{d\mathbf{V}}{dt} = \frac{\partial \mathbf{V}}{\partial t} + u\frac{\partial \mathbf{V}}{\partial x} + v\frac{\partial \mathbf{V}}{\partial y} + w\frac{\partial \mathbf{V}}{\partial z} = (3\mathbf{i} + y^2\mathbf{k}) + 3tz\mathbf{j} + 2txyz\mathbf{k} + txy^2\mathbf{j}$$

$$= 3\mathbf{i} + (3tx + txy^2)\mathbf{j} + (y^2 + 2txyz)\mathbf{k} \qquad Resposta$$

- *Comentários:* Admitindo que **V** seja válido em qualquer lugar, esse vetor aceleração total $d\mathbf{V}/dt$ se aplica a todas as posições e instantes no campo do escoamento.

4.2 A equação diferencial da conservação da massa

A conservação da massa, muitas vezes chamada de relação de *continuidade*, afirma que a massa de fluido não pode variar. Aplicamos esse conceito a uma região muito pequena. Todas as equações diferenciais básicas podem ser deduzidas considerando-se um volume de controle elementar ou um sistema elementar. Aqui escolhemos um volume de controle infinitesimal fixo (dx, dy, dz), como na Figura 4.1, e usamos nossas relações básicas para um volume de controle do Capítulo 3. O escoamento em cada lado do elemento é aproximadamente unidimensional, e, portanto, a relação de conservação da massa apropriada para usar aqui é

$$\int_{VC} \frac{\partial \rho}{\partial t} d\mathcal{V} + \sum_i (\rho_i A_i V_i)_{sai} - \sum_i (\rho_i A_i V_i)_{ent} = 0 \qquad (3.22)$$

O elemento é tão pequeno que a integral de volume se reduz a um termo diferencial:

$$\int_{VC} \frac{\partial \rho}{\partial t} d\mathcal{V} \approx \frac{\partial \rho}{\partial t} dx\, dy\, dz$$

Os termos de fluxo de massa ocorrem nas seis faces, três entradas e três saídas. Usamos o conceito de campo ou de contínuo do Capítulo 1, em que todas as propriedades do fluido são consideradas funções uniformemente variáveis no tempo e na posição, tal como $\rho = \rho(x, y, z, t)$. Portanto, se T é a temperatura na face esquerda do elemento da Figura 4.1, a face da direita terá uma temperatura ligeiramente diferente $T + (\partial T/\partial x)dx$. Para a conservação da massa, se ρu for conhecido na face esquerda, o valor desse produto na face direita será $\rho u + (\partial \rho u/\partial x)\, dx$.

A Figura 4.1 mostra somente os fluxos de massa nas faces x da esquerda e da direita. Os fluxos nas faces y (inferior e superior) e nas faces z (atrás e na frente) foram omitidos para não complicar demais o desenho. Podemos listar os seis fluxos da seguinte forma:

Face	Fluxo de massa na entrada	Fluxo de massa na saída
x	$\rho u\, dy\, dz$	$\left[\rho u + \frac{\partial}{\partial x}(\rho u)\rho x\right] dy\, dz$
y	$\rho v\, dx\, dz$	$\left[\rho v + \frac{\partial}{\partial y}(\rho v) dy\right] dx\, dz$
z	$\rho w\, dx\, dy$	$\left[\rho w + \frac{\partial}{\partial z}(\rho w) dz\right] dx\, dy$

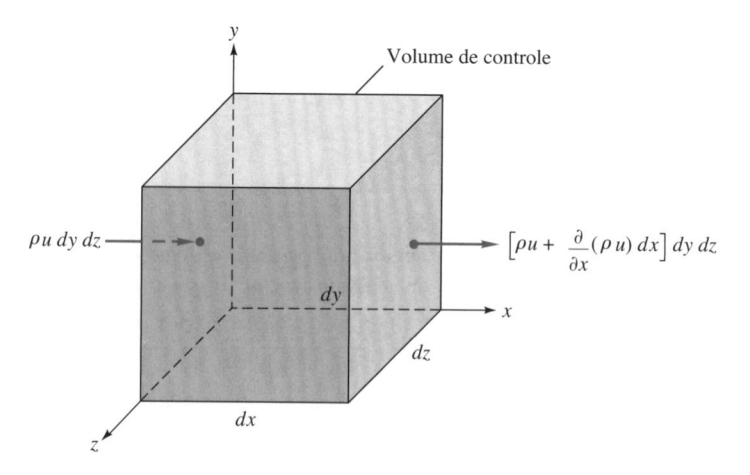

Figura 4.1 Volume de controle elementar, cartesiano e fixo, que mostra as vazões em massa de entrada e de saída nas faces x.

Introduzindo esses termos na Equação (3.22), obtemos

$$\frac{\partial \rho}{\partial t} dx\, dy\, dz + \frac{\partial}{\partial x}(\rho u)\, dx\, dy\, dz + \frac{\partial}{\partial y}(\rho v)\, dx\, dy\, dz + \frac{\partial}{\partial z}(\rho w)\, dx\, dy\, dz = 0$$

O volume elementar se cancela em todos os termos, restando uma equação diferencial parcial que envolve as derivadas da massa específica e da velocidade:

$$\boxed{\frac{\partial \rho}{\partial t} + \frac{\partial}{\partial x}(\rho u) + \frac{\partial}{\partial y}(\rho v) + \frac{\partial}{\partial z}(\rho w) = 0} \qquad (4.4)$$

Este é o resultado desejado: conservação da massa para um volume de controle infinitesimal. É chamado frequentemente de *equação da continuidade* porque ela não requer nenhuma hipótese exceto que a massa específica e a velocidade sejam funções contínuas. Isto é, o escoamento pode ser permanente ou não, viscoso ou sem atrito, compressível ou incompressível.[1] No entanto, a equação não leva em conta nenhuma fonte ou sumidouro dentro do elemento.

O operador vetorial nabla

$$\boldsymbol{\nabla} = \mathbf{i}\frac{\partial}{\partial x} + \mathbf{j}\frac{\partial}{\partial y} + \mathbf{k}\frac{\partial}{\partial z}$$

permite-nos reescrever a equação da continuidade em uma forma compacta, embora isso não ajude muito a encontrar uma solução. Os três últimos termos da Equação (4.4) são equivalentes ao divergente do vetor $\rho \mathbf{V}$

$$\frac{\partial}{\partial x}(\rho u) + \frac{\partial}{\partial y}(\rho v) + \frac{\partial}{\partial z}(\rho w) \equiv \boldsymbol{\nabla} \cdot (\rho \mathbf{V}) \qquad (4.5)$$

de maneira que a forma compacta da relação da continuidade é

$$\frac{\partial \rho}{\partial t} + \boldsymbol{\nabla} \cdot (\rho \mathbf{V}) = 0 \qquad (4.6)$$

Nessa forma vetorial a equação ainda é muito geral e pode facilmente ser convertida em outros sistemas de coordenadas além do cartesiano.

Coordenadas polares cilíndricas

A alternativa mais comum ao sistema cartesiano é o sistema de coordenadas *polares cilíndricas*, representado na Figura 4.2. Um ponto arbitrário P é definido por uma distância z ao longo do eixo, uma distância radial r a partir do eixo e um ângulo θ de rotação em torno do eixo. Os três componentes independentes ortogonais de velocidade são uma velocidade axial v_z, uma velocidade radial v_r e uma velocidade circunferencial v_θ, que é positiva no sentido anti-horário, isto é, na direção crescente de θ. Em geral, todos os componentes, bem como a pressão, a massa específica e outras propriedades do fluido, são funções contínuas de r, θ, z e t.

O divergente de qualquer função vetorial $\mathbf{A}(r, \theta, z, t)$ é determinado fazendo-se a transformação de coordenadas

$$r = (x^2 + y^2)^{1/2} \qquad \theta = \tan^{-1}\frac{y}{x} \qquad z = z \qquad (4.7)$$

---

[1]Um caso em que a Equação (4.4) pode requerer cuidado especial é o *escoamento bifásico*, no qual a densidade é descontínua entre as fases. Para detalhes adicionais sobre esse caso, veja a Referência 2, por exemplo.

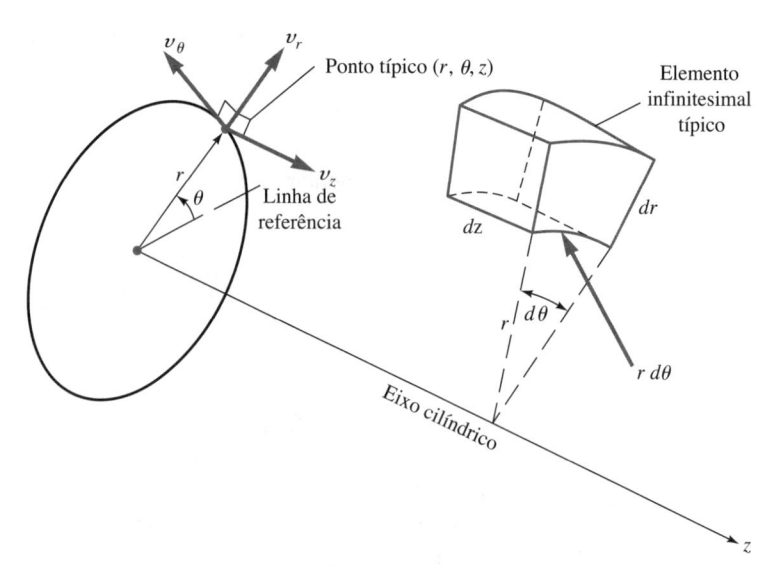

Figura 4.2 Esquema para definição do sistema de coordenadas cilíndricas.

e o resultado é dado aqui sem demonstração[2]

$$\nabla \cdot \mathbf{A} = \frac{1}{r}\frac{\partial}{\partial r}(rA_r) + \frac{1}{r}\frac{\partial}{\partial \theta}(A_\theta) + \frac{\partial}{\partial z}(A_z) \quad (4.8)$$

A equação geral da continuidade (4.6) em coordenadas polares cilíndricas é, portanto,

$$\frac{\partial \rho}{\partial t} + \frac{1}{r}\frac{\partial}{\partial r}(r\rho v_r) + \frac{1}{r}\frac{\partial}{\partial \theta}(\rho v_\theta) + \frac{\partial}{\partial z}(\rho v_z) = 0 \quad (4.9)$$

Há outros sistemas de coordenadas curvilíneas ortogonais, notadamente o sistema de coordenadas *esféricas*, que ocasionalmente merecem emprego em problemas de mecânica dos fluidos. Não trataremos aqui desses sistemas, exceto no Problema P4.12.

Existem ainda outras maneiras interessantes e instrutivas de deduzir a equação básica da continuidade (4.6). Um exemplo é o uso do teorema da divergência. Consulte seu professor a respeito dessas abordagens alternativas.

Escoamento compressível permanente

Se o escoamento é permanente, $\partial/\partial t \equiv 0$ e todas as propriedades são funções apenas da posição. A Equação (4.6) reduz-se a

Cartesiana: $\quad \dfrac{\partial}{\partial x}(\rho u) + \dfrac{\partial}{\partial y}(\rho v) + \dfrac{\partial}{\partial z}(\rho w) = 0$

Cilíndrica: $\quad \dfrac{1}{r}\dfrac{\partial}{\partial r}(r\rho v_r) + \dfrac{1}{r}\dfrac{\partial}{\partial \theta}(\rho v_\theta) + \dfrac{\partial}{\partial z}(\rho v_z) = 0 \quad (4.10)$

Como a massa específica e a velocidade são variáveis, essas equações ainda são não lineares e bastante complicadas, embora certas soluções particulares tenham sido encontradas.

---

[2]Veja, por exemplo, a Referência 3.

Escoamento incompressível

Um caso especial que proporciona grande simplificação é o escoamento incompressível, em que as variações de massa específica são desprezíveis. Nesse caso $\partial \rho/\partial t \approx 0$ independentemente de o escoamento ser permanente ou não, e a massa específica pode ser eliminada da operação do divergente na Equação (4.6) e cancelada. O resultado

$$\nabla \cdot \mathbf{V} = 0 \qquad (4.11)$$

é válido para escoamento incompressível permanente ou não permanente. As formas nos dois sistemas de coordenadas são

Cartesiana: $\qquad \dfrac{\partial u}{\partial x} + \dfrac{\partial v}{\partial y} + \dfrac{\partial w}{\partial z} = 0 \qquad (4.12a)$

Cilíndrica: $\qquad \dfrac{1}{r}\dfrac{\partial}{\partial r}(rv_r) + \dfrac{1}{r}\dfrac{\partial}{\partial \theta}(v_\theta) + \dfrac{\partial}{\partial z}(v_z) = 0 \qquad (4.12b)$

Essas equações diferenciais são *lineares*, e uma ampla variedade de soluções são conhecidas, conforme discutiremos nos Capítulos 6 a 8. Como nenhum autor ou professor pode resistir a uma grande variedade de soluções, conclui-se que muito tempo é gasto no estudo de escoamentos incompressíveis. Felizmente, isso é o que deve ser feito, porque a maioria dos escoamentos práticos de engenharia é aproximadamente incompressível, a exceção principal é o escoamento de gases a altas velocidades, discutido no Capítulo 9.

Quando um escoamento é aproximadamente incompressível? Podemos deduzir um bom critério tratando com certa liberdade as aproximações de massa específica. Em suma, queremos eliminar a massa específica da operação do divergente na Equação (4.6) e aproximar um termo típico como

$$\dfrac{\partial}{\partial x}(\rho u) \approx \rho \dfrac{\partial u}{\partial x} \qquad (4.13)$$

Isso é equivalente à desigualdade estrita

$$\left| u \dfrac{\partial \rho}{\partial x} \right| \ll \left| \rho \dfrac{\partial u}{\partial x} \right|$$

ou $\qquad \left| \dfrac{\delta \rho}{\rho} \right| \ll \left| \dfrac{\delta V}{V} \right| \qquad (4.14)$

Conforme foi mostrado na Equação (1.38), a variação da pressão é aproximadamente proporcional à variação da massa específica e ao quadrado da velocidade do som a no fluido:

$$\delta p \approx a^2 \, \delta \rho \qquad (4.15)$$

Entretanto, se as variações de altura são desprezíveis, a variação de pressão está relacionada com a variação da velocidade pela equação de Bernoulli (3.52):

$$\delta p \approx -\rho V \, \delta V \qquad (4.16)$$

Combinando as Equações (4.14) a (4.16), obtemos um critério explícito para escoamento incompressível:

$$\dfrac{V^2}{a^2} = \mathrm{Ma}^2 \ll 1 \qquad (4.17)$$

em que Ma = V/a é o *número de Mach* adimensional do escoamento. O que significa um número de Mach pequeno? O limite comumente aceito é

$$\text{Ma} \leq 0{,}3 \tag{4.18}$$

Para o ar nas condições padrão, um escoamento pode, então, ser considerado incompressível se a velocidade for menor que aproximadamente 100 m/s. Esse limite abrange uma ampla variedade de escoamentos de ar: movimentos de automóveis e trens, aviões leves, aterissagem e decolagem de aviões de alta velocidade, muitos escoamentos em tubos e turbomáquinas em rotações moderadas. Além disso, está claro que quase todos os escoamentos de líquidos são incompressíveis, já que as velocidades de escoamento são baixas e a velocidade do som é muito alta.[3]

Antes de tentarmos analisar a equação da continuidade, devemos passar à dedução das equações da quantidade de movimento e da energia, para podermos analisá-las como um grupo. Uma ferramenta muito engenhosa chamada *função corrente* pode muitas vezes abreviar o trabalho da equação da continuidade, mas vamos poupá-la para usar na Seção 4.7.

É válida aqui mais uma observação: a equação da continuidade é sempre importante e deve sempre ser satisfeita para uma análise racional de um padrão de escoamento. Qualquer nova "solução" encontrada para as equações da quantidade de movimento ou da energia acabará por falhar quando submetida a uma análise crítica se também não satisfizer a equação da continuidade.

EXEMPLO 4.2

Sob que condições o campo de velocidade

$$\mathbf{V} = (a_1 x + b_1 y + c_1 z)\mathbf{i} + (a_2 x + b_2 y + c_2 z)\mathbf{j} + (a_3 x + b_3 y + c_3 z)\mathbf{k}$$

em que a_1, b_1 etc. = const, representa um escoamento incompressível que conserva a massa?

Solução

Lembrando que $\mathbf{V} = u\mathbf{i} + v\mathbf{j} + w\mathbf{k}$, vemos que $u = (a_1 x + b_1 y + c_1 z)$ etc. Substituindo na Equação (4.12a) para continuidade incompressível, obtemos

$$\frac{\partial}{\partial x}(a_1 x + b_1 y + c_1 z) + \frac{\partial}{\partial y}(a_2 x + b_2 y + c_2 z) + \frac{\partial}{\partial z}(a_3 x + b_3 y + c_3 z) = 0$$

ou $\qquad\qquad\qquad\qquad a_1 + b_2 + c_3 = 0 \qquad\qquad\qquad\qquad Resposta$

Pelo menos duas das constantes a_1, b_2 e c_3 devem ter sinais opostos. A continuidade não impõe restrições às constantes b_1, c_1, a_2, c_2, a_3 e b_3, que não contribuem para um aumento ou diminuição do volume de um elemento diferencial.

---

[3] Ocorre uma exceção em escoamentos geofísicos, em que uma variação de densidade é imposta térmica ou mecanicamente e não pelas próprias condições do escoamento. Um exemplo é uma camada de água doce sobre água salgada ou uma camada de ar quente sobre ar frio na atmosfera. Dizemos que o fluido está *estratificado* e devemos levar em conta as variações verticais de densidade na Equação (4.6) mesmo que as velocidades sejam baixas.

EXEMPLO 4.3

Um campo de velocidade incompressível é dado por

$$u = a(x^2 - y^2) \quad v \text{ desconhecida} \quad w = b$$

em que a e b são constantes. Qual deve ser a forma do componente v da velocidade?

Solução

Novamente se aplica a Equação (4.12a):

$$\frac{\partial}{\partial x}(ax^2 - ay^2) + \frac{\partial v}{\partial y} + \frac{\partial b}{\partial z} = 0$$

ou
$$\frac{\partial v}{\partial y} = -2ax \tag{1}$$

Essa expressão é facilmente integrada parcialmente em relação a y:

$$v(x, y, z, t) = -2axy + f(x, z, t) \quad \textit{Resposta}$$

Esta é a única forma possível para v que satisfaz a equação da continuidade incompressível. A função de integração f é inteiramente arbitrária já que ela desaparece quando v é diferenciada em relação a y.[4]

EXEMPLO 4.4

Um rotor centrífugo de 40 cm de diâmetro é usado para bombear hidrogênio a 15°C e 1 atm de pressão. Calcule a rotação máxima possível do rotor para evitar efeitos de compressibilidade nas pontas das pás.

Solução

- *Hipóteses:* A velocidade máxima do fluido é aproximadamente igual à velocidade na ponta da pá do rotor:

$$V_{\text{máx}} \approx \Omega r_{\text{máx}} \quad \text{em que} \quad r_{\text{máx}} = D/2 = 0{,}20 \text{ m}$$

- *Abordagem:* Encontre a velocidade do som no hidrogênio e certifique-se de que $V_{\text{máx}}$ seja bem menor.
- *Valores de propriedades:* Da Tabela A.4 para o hidrogênio, $R = 4.124 \text{ m}^2/(\text{s}^2 - \text{K})$ e $k = 1{,}41$. Da Equação (1.39) a $15°$ C $= 288$ K, calcule a velocidade do som:

$$a_{\text{H}_2} = \sqrt{kRT} = \sqrt{1{,}41[4.124 \text{ m}^2/(\text{s}^2 - \text{K})](288 \text{ K})} \approx 1.294 \text{ m/s}$$

- *Passo final da solução:* Use nossa regra prática, Equação (4.18), para calcular a velocidade máxima do rotor:

$$V = \Omega r_{\text{máx}} \leq 0{,}3a \quad \text{ou} \quad \Omega(0{,}2 \text{ m}) \leq 0{,}3(1.294 \text{ m/s})$$

$$\text{Resulta em} \quad \Omega \leq 1.940 \, \frac{\text{rad}}{\text{s}} \approx 18.500 \text{ rpm} \quad \textit{Resposta}$$

- *Comentários:* Esta é uma rotação bastante alta porque a velocidade do som no hidrogênio, um gás leve, é cerca de quatro vezes maior do que a do ar. Um rotor girando no ar com essa velocidade criaria ondas de choque nas pontas das pás.

---

[4] Esse é um escoamento bastante realístico, que simula a deflexão de um fluido não viscoso a um ângulo de 60°; veja os Exemplos 4.7 e 4.9.

4.3 A equação diferencial da quantidade de movimento linear

Esta seção usa um volume elementar para aplicar a lei de Newton para um fluido em movimento. Uma abordagem alternativa, que o leitor poderia buscar, seria um equilíbrio de forças em uma partícula móvel elementar. Tendo obtido a equação para conservação da massa na Seção 4.2, podemos ir um pouco mais rápido desta vez. Usamos o mesmo volume de controle elementar da Figura 4.1, para o qual a forma adequada da relação da quantidade de movimento linear é

$$\sum \mathbf{F} = \frac{\partial}{\partial t}\left(\int_{VC} \mathbf{V}\rho \, d\mathcal{V}\right) + \sum (\dot{m}_i\mathbf{V}_i)_{sai} - \sum (\dot{m}_i\mathbf{V}_i)_{ent} \quad (3.40)$$

Uma vez mais o elemento é tão pequeno que a integral do volume simplesmente se reduz a um termo diferencial:

$$\frac{\partial}{\partial t}(\mathbf{V}\rho \, d\mathcal{V}) \approx \frac{\partial}{\partial t}(\rho\mathbf{V}) \, dx \, dy \, dz \quad (4.19)$$

Os fluxos de quantidade de movimento ocorrem nas seis faces, três entradas e três saídas. Referindo-nos novamente à Figura 4.1, podemos montar uma tabela de fluxos de quantidade de movimento por analogia exata com a discussão que nos levou à equação para o fluxo líquido de massa:

Faces	Fluxo de quantidade de movimento na entrada	Fluxo de quantidade de movimento na saída
x	$\rho u \mathbf{V} \, dy \, dz$	$\left[\rho u \mathbf{V} + \frac{\partial}{\partial x}(\rho u \mathbf{V}) \, dx\right] dy \, dz$
y	$\rho v \mathbf{V} \, dx \, dz$	$\left[\rho v \mathbf{V} + \frac{\partial}{\partial y}(\rho v \mathbf{V}) \, dy\right] dx \, dz$
z	$\rho v \mathbf{V} \, dx \, dy$	$\left[\rho w \mathbf{V} + \frac{\partial}{\partial z}(\rho w \mathbf{V}) \, dz\right] dx \, dy$

Introduza esses termos e a Equação (4.19) na Equação (3.40) e obtenha o resultado intermediário:

$$\sum \mathbf{F} = dx \, dy \, dz \left[\frac{\partial}{\partial t}(\rho\mathbf{V}) + \frac{\partial}{\partial x}(\rho u \mathbf{V}) + \frac{\partial}{\partial y}(\rho v \mathbf{V}) + \frac{\partial}{\partial z}(\rho w \mathbf{V})\right] \quad (4.20)$$

Observe que essa é uma relação vetorial. Ocorre uma simplificação se desenvolvermos os termos entre colchetes da seguinte forma:

$$\frac{\partial}{\partial t}(\rho\mathbf{V}) + \frac{\partial}{\partial x}(\rho u \mathbf{V}) + \frac{\partial}{\partial y}(\rho v \mathbf{V}) + \frac{\partial}{\partial z}(\rho w \mathbf{V})$$

$$= \mathbf{V}\left[\frac{\partial \rho}{\partial t} + \nabla \cdot (\rho\mathbf{V})\right] + \rho\left(\frac{\partial \mathbf{V}}{\partial t} + u\frac{\partial \mathbf{V}}{\partial x} + v\frac{\partial \mathbf{V}}{\partial y} + w\frac{\partial \mathbf{V}}{\partial z}\right) \quad (4.21)$$

O termo entre colchetes no lado direito é reconhecido como a equação da continuidade, Equação (4.6), que se anula de maneira idêntica. O longo termo entre parênteses no lado direito é conhecido da Equação (4.2) como a aceleração total de uma partícula que ocupa instantaneamente o volume de controle:

$$\frac{\partial \mathbf{V}}{\partial t} + u\frac{\partial \mathbf{V}}{\partial x} + v\frac{\partial \mathbf{V}}{\partial y} + w\frac{\partial \mathbf{V}}{\partial z} = \frac{d\mathbf{V}}{dt} \quad (4.2)$$

Assim reduzimos a Equação (4.20) agora a

$$\sum \mathbf{F} = \rho\frac{d\mathbf{V}}{dt} dx \, dy \, dz \quad (4.22)$$

Seria bom agora você parar e refletir sobre o que acabamos de fazer. Qual é a relação entre as Equações (4.22) e (3.40) para um volume de controle infinitesimal? Poderíamos ter *começado* a análise pela Equação (4.22)?

A Equação (4.22) afirma que a força resultante sobre o volume de controle deve ser de tamanho diferencial e proporcional ao volume do elemento. Essas forças são de dois tipos, forças de *campo* e forças de *superfície*. As forças de campo são decorrentes de campos externos (gravidade, magnetismo, potencial elétrico) que agem sobre toda a massa dentro do elemento. A única força de campo que consideraremos neste livro é a da gravidade. A força da gravidade sobre a massa diferencial $\rho\, dx\, dy\, dz$ dentro do volume de controle é

$$d\mathbf{F}_{\text{grav}} = \rho \mathbf{g}\, dx\, dy\, dz \tag{4.23}$$

em que **g** pode em geral ter uma orientação arbitrária com relação ao sistema de coordenadas. Em muitas aplicações, como por exemplo na equação de Bernoulli, consideramos z "para cima" e $\mathbf{g} = -g\mathbf{k}$.

As forças de superfície decorrem das tensões sobre os lados da superfície de controle. Essas tensões são a soma da pressão hidrostática mais as tensões viscosas τ_{ij} que surgem do movimento com gradientes de velocidade:

$$\sigma_{ij} = \begin{vmatrix} -p + \tau_{xx} & \tau_{yx} & \tau_{zx} \\ \tau_{xy} & -p + \tau_{yy} & \tau_{zy} \\ \tau_{xz} & \tau_{yz} & -p + \tau_{zz} \end{vmatrix} \tag{4.24}$$

A notação com subscritos para as tensões está na Figura 4.3. Diferentemente da velocidade **V**, que é um *vetor* com três componentes, as tensões σ_{ij} e τ_{ij} e as taxas de deformação ε_{ij} são *tensores* de nove componentes e requerem dois subscritos para definir cada componente. Para um estudo mais avançado de *análise tensorial*, veja as Referências 6, 11 ou 13.

Não são essas tensões, mas seus *gradientes*, ou diferenças, que causam uma força líquida sobre a superfície de controle diferencial. Isso pode ser visto na Figura 4.4, que mostra apenas as tensões na direção x para evitar complicação no desenho. Por exemplo, a força $\sigma_{xx}\, dy\, dz$ para a esquerda sobre a face esquerda está equilibrada pela força

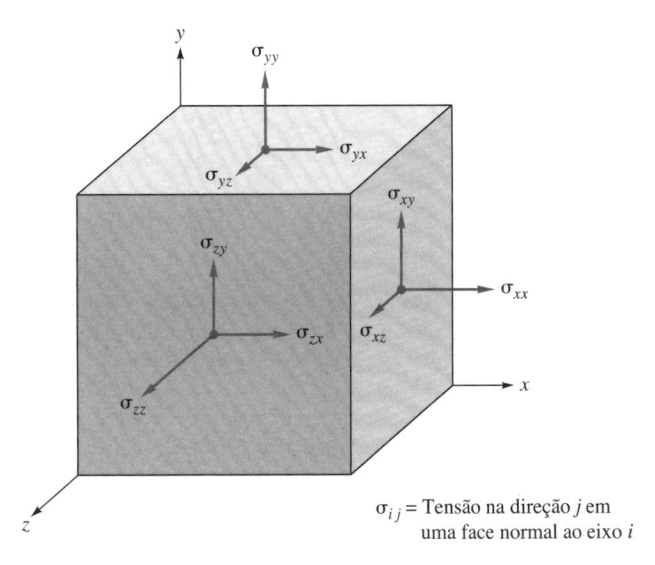

σ_{ij} = Tensão na direção j em uma face normal ao eixo i

Figura 4.3 Notação para as tensões.

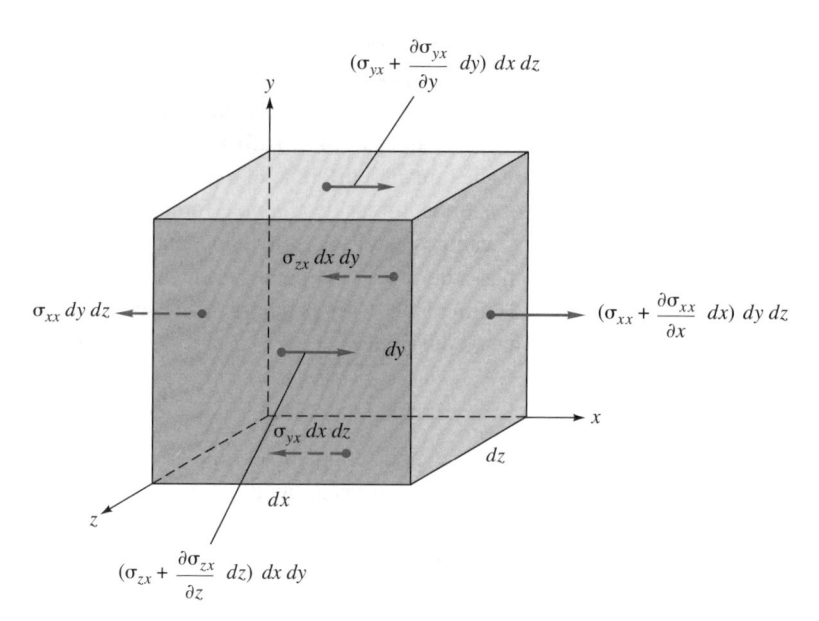

Figura 4.4 Volume de controle elementar fixo cartesiano que mostra as forças de superfície somente na direção x.

$\sigma_{xx}\,dy\,dz$ para a direita sobre a face direita, deixando apenas a força líquida para a direita $(\partial \sigma_{xx}/\partial x)\,dx\,dy\,dz$ sobre a face direita. A mesma coisa acontece nas outras quatro faces, de modo que a força de superfície líquida na direção x é dada por

$$dF_{x,\text{sup}} = \left[\frac{\partial}{\partial x}(\sigma_{xx}) + \frac{\partial}{\partial y}(\sigma_{yx}) + \frac{\partial}{\partial z}(\sigma_{zx}) \right] dx\,dy\,dz \quad (4.25)$$

Vemos que essa força é proporcional ao volume do elemento. Note que os termos de tensão são tirados da *primeira linha* da matriz da Equação (4.24). Separando essa linha em tensões decorrentes da pressão mais as tensões viscosas, podemos reescrever a Equação (4.25) como

$$\frac{dF_x}{d\mathcal{V}} = -\frac{\partial p}{\partial x} + \frac{\partial}{\partial x}(\tau_{xx}) + \frac{\partial}{\partial y}(\tau_{yx}) + \frac{\partial}{\partial z}(\tau_{zx}) \quad (4.26)$$

em que $d\mathcal{V} = dx\,dy\,dz$. De maneira exatamente similar, podemos deduzir as forças y e z por unidade de volume sobre a superfície de controle:

$$\frac{dF_y}{d\mathcal{V}} = -\frac{\partial p}{\partial y} + \frac{\partial}{\partial x}(\tau_{xy}) + \frac{\partial}{\partial y}(\tau_{yy}) + \frac{\partial}{\partial z}(\tau_{zy})$$

$$\frac{dF_z}{d\mathcal{V}} = -\frac{\partial p}{\partial z} + \frac{\partial}{\partial x}(\tau_{xz}) + \frac{\partial}{\partial y}(\tau_{yz}) + \frac{\partial}{\partial z}(\tau_{zz}) \quad (4.27)$$

Agora multiplicamos as Equações (4.26) e (4.27) por **i**, **j** e **k**, respectivamente, e somamos para obter uma expressão para o vetor força líquida de superfície:

$$\left(\frac{d\mathbf{F}}{d\mathcal{V}}\right)_{\text{sup}} = -\boldsymbol{\nabla} p + \left(\frac{d\mathbf{F}}{d\mathcal{V}}\right)_{\text{viscosa}} \quad (4.28)$$

em que a força viscosa tem um total de nove termos:

$$\left(\frac{d\mathbf{F}}{d\mathcal{V}}\right)_{\text{viscosa}} = \mathbf{i}\left(\frac{\partial \tau_{xx}}{\partial x} + \frac{\partial \tau_{yx}}{\partial y} + \frac{\partial \tau_{zx}}{\partial z}\right)$$
$$+ \mathbf{j}\left(\frac{\partial \tau_{xy}}{\partial x} + \frac{\partial \tau_{yy}}{\partial y} + \frac{\partial \tau_{zy}}{\partial z}\right)$$
$$+ \mathbf{k}\left(\frac{\partial \tau_{xz}}{\partial x} + \frac{\partial \tau_{yz}}{\partial y} + \frac{\partial \tau_{zz}}{\partial z}\right) \quad (4.29)$$

Como cada termo entre parênteses em (4.29) representa o divergente de um vetor componente de tensão agindo sobre as faces x, y e z, respectivamente, a Equação (4.29) às vezes é expressa na forma de divergente:

$$\left(\frac{d\mathbf{F}}{d\mathcal{V}}\right)_{\text{viscosa}} = \boldsymbol{\nabla} \cdot \boldsymbol{\tau}_{ij} \quad (4.30)$$

em que

$$\tau_{ij} = \begin{bmatrix} \tau_{xx} & \tau_{yx} & \tau_{zx} \\ \tau_{xy} & \tau_{yy} & \tau_{zy} \\ \tau_{xz} & \tau_{yz} & \tau_{zz} \end{bmatrix} \quad (4.31)$$

é o tensor de tensões viscosas agindo no elemento. A força de superfície é, então, a soma do vetor *gradiente de pressão* e o divergente do tensor de tensão viscosa. Substituindo na Equação (4.22) e utilizando a Equação (4.23), temos a equação diferencial básica da quantidade de movimento para um elemento infinitesimal:

$$\rho \mathbf{g} - \boldsymbol{\nabla} p + \boldsymbol{\nabla} \cdot \boldsymbol{\tau}_{ij} = \rho \frac{d\mathbf{V}}{dt} \quad (4.32)$$

em que

$$\frac{d\mathbf{V}}{dt} = \frac{\partial \mathbf{V}}{\partial t} + u\frac{\partial \mathbf{V}}{\partial x} + v\frac{\partial \mathbf{V}}{\partial y} + w\frac{\partial \mathbf{V}}{\partial z} \quad (4.33)$$

Podemos também expressar a Equação (4.32) em palavras:

Força gravitacional por unidade de volume + força causada pela pressão por unidade de volume + força viscosa por unidade de volume = massa específica × aceleração
(4.34)

A Equação (4.32) é tão curta e compacta que sua complexidade inerente é quase invisível. Ela é uma equação *vetorial*, em que cada uma das equações componentes contém nove termos. Vamos, portanto, escrever as equações componentes na sua forma completa para ilustrar as dificuldades matemáticas inerentes na equação da quantidade de movimento:

$$\boxed{\begin{aligned}
\rho g_x - \frac{\partial p}{\partial x} + \frac{\partial \tau_{xx}}{\partial x} + \frac{\partial \tau_{yx}}{\partial y} + \frac{\partial \tau_{zx}}{\partial z} &= \rho\left(\frac{\partial u}{\partial t} + u\frac{\partial u}{\partial x} + v\frac{\partial u}{\partial y} + w\frac{\partial u}{\partial z}\right) \\
\rho g_y - \frac{\partial p}{\partial y} + \frac{\partial \tau_{xy}}{\partial x} + \frac{\partial \tau_{yy}}{\partial y} + \frac{\partial \tau_{zy}}{\partial z} &= \rho\left(\frac{\partial v}{\partial t} + u\frac{\partial v}{\partial x} + v\frac{\partial v}{\partial y} + w\frac{\partial v}{\partial z}\right) \\
\rho g_z - \frac{\partial p}{\partial z} + \frac{\partial \tau_{xz}}{\partial x} + \frac{\partial \tau_{yz}}{\partial y} + \frac{\partial \tau_{zz}}{\partial z} &= \rho\left(\frac{\partial w}{\partial t} + u\frac{\partial w}{\partial x} + v\frac{\partial w}{\partial y} + w\frac{\partial w}{\partial z}\right)
\end{aligned}} \quad (4.35)$$

Essa é a equação diferencial da quantidade de movimento na sua forma completa e ela é válida para qualquer fluido em qualquer movimento em geral, os fluidos particulares sendo caracterizados por termos de tensão viscosa particulares. Observe que os três últimos termos "convectivos" no lado direito de cada equação componente em (4.35) são não lineares, o que complica a análise matemática geral.

Escoamento não viscoso: equação de Euler

A Equação (4.35) não está pronta para ser usada enquanto não relacionarmos as tensões viscosas com os componentes de velocidade. A hipótese mais simples é a de escoamento sem atrito $\tau_{ij} = 0$, para o qual a Equação (4.32) se reduz a

$$\rho \mathbf{g} - \nabla p = \rho \frac{d\mathbf{V}}{dt} \qquad (4.36)$$

Essa é a *equação de Euler* para escoamento não viscoso. Mostramos na Seção 4.9 que a equação de Euler pode ser integrada ao longo de uma linha de corrente para resultar na equação de Bernoulli sem atrito, (3.52) ou (3.54). A análise completa dos campos de escoamento não viscoso, usando a equação da continuidade e a relação de Bernoulli, é feita no Capítulo 8.

Fluido newtoniano: equações de Navier-Stokes

Para um fluido newtoniano, conforme discutido na Seção 1.9, as tensões viscosas são proporcionais às taxas de deformação do elemento e ao coeficiente de viscosidade. Para escoamento incompressível, a generalização da Equação (1.23) para o escoamento tridimensional é[5]

$$\tau_{xx} = 2\mu \frac{\partial u}{\partial x} \qquad \tau_{yy} = 2\mu \frac{\partial v}{\partial y} \qquad \tau_{zz} = 2\mu \frac{\partial w}{\partial z}$$
$$\tau_{xy} = \tau_{yx} = \mu\left(\frac{\partial u}{\partial y} + \frac{\partial v}{\partial x}\right) \quad \tau_{xz} = \tau_{zx} = \mu\left(\frac{\partial w}{\partial x} + \frac{\partial u}{\partial z}\right) \qquad (4.37)$$
$$\tau_{yz} = \tau_{zy} = \mu\left(\frac{\partial v}{\partial z} + \frac{\partial w}{\partial y}\right)$$

em que μ é o coeficiente de viscosidade. A substituição na Equação (4.35) nos fornece a equação diferencial da quantidade de movimento para um fluido newtoniano com massa específica e viscosidade constantes:

$$\rho g_x - \frac{\partial p}{\partial x} + \mu\left(\frac{\partial^2 u}{\partial x^2} + \frac{\partial^2 u}{\partial y^2} + \frac{\partial^2 u}{\partial z^2}\right) = \rho \frac{du}{dt}$$
$$\rho g_y - \frac{\partial p}{\partial y} + \mu\left(\frac{\partial^2 v}{\partial x^2} + \frac{\partial^2 v}{\partial y^2} + \frac{\partial^2 v}{\partial z^2}\right) = \rho \frac{dv}{dt} \qquad (4.38)$$
$$\rho g_z - \frac{\partial p}{\partial z} + \mu\left(\frac{\partial^2 w}{\partial x^2} + \frac{\partial^2 w}{\partial y^2} + \frac{\partial^2 w}{\partial z^2}\right) = \rho \frac{dw}{dt}$$

Essas são as *equações de Navier-Stokes* para escoamento incompressível, que receberam esse nome em homenagem a C. L. M. H. Navier (1785-1836) e Sir George G. Stokes (1819-1903), aos quais se atribui sua dedução. Elas são equações diferenciais parciais não lineares de segunda ordem e são bem impressionantes, mas foram encon-

---

[5] Quando a compressibilidade é significativa, surgem pequenos termos adicionais contendo a taxa de expansão do elemento de volume e um segundo coeficiente de viscosidade; veja os detalhes nas Referências 4 e 5.

tradas soluções para uma variedade de problemas interessantes de escoamento viscoso, alguns dos quais são discutidos na Seção 4.11 e no Capítulo 6 (veja também as Referências 4 e 5). Para escoamento compressível, veja a Equação (2.29) da Referência 5.

As Equações (4.38) têm quatro incógnitas: p, u, v e w. Elas deverão ser combinadas com a relação de continuidade incompressível [Equações (4.12)] para formar quatro equações com essas quatro incógnitas. Discutiremos isso novamente na Seção 4.6, que apresenta as condições de contorno apropriadas para essas equações.

Apesar de as equações de Navier-Stokes terem somente um número limitado de soluções analíticas conhecidas, elas podem ser resolvidas por modelagem por computador com malhas refinadas [1]. O campo da CFD está evoluindo rapidamente, com muitas ferramentas de softwares comerciais disponíveis. É possível conseguir agora resultados de CFD aproximados, mas realísticos, para uma grande variedade de escoamentos viscosos complexos bidimensionais e tridimensionais.

EXEMPLO 4.5

Considere o campo de velocidade do Exemplo 4.3, com $b = 0$ por conveniência algébrica

$$u = a(x^2 - y^2) \qquad v = -2axy \qquad w = 0$$

e determine sob quais condições ele é uma solução para as equações de Navier-Stokes da quantidade de movimento (4.38). Considerando que essas condições sejam atingidas, determine a distribuição de pressão resultante quando z é "para cima" ($g_x = 0$, $g_y = 0$, $g_z = -g$).

Solução

- *Hipóteses:* Massa específica e viscosidade constantes, escoamento permanente (u e v são independentes do tempo).
- *Abordagem:* Substitua as variáveis conhecidas (u, v, w) nas Equações (4.38) e resolva para os gradientes de pressão. Se puder ser encontrada, então, uma única função pressão $p(x, y, z)$, a solução é exata.
- *Passo 1 da solução:* Substitua (u, v, w) nas Equações (4.38) em sequência:

$$\rho(0) - \frac{\partial p}{\partial x} + \mu(2a - 2a + 0) = \rho\left(u\frac{\partial u}{\partial x} + v\frac{\partial u}{\partial y}\right) = 2a^2\rho(x^3 + xy^2)$$

$$\rho(0) - \frac{\partial p}{\partial y} + \mu(0 + 0 + 0) = \rho\left(u\frac{\partial v}{\partial x} + v\frac{\partial v}{\partial y}\right) = 2a^2\rho(x^2y + y^3)$$

$$\rho(-g) - \frac{\partial p}{\partial z} + \mu(0 + 0 + 0) = \rho\left(u\frac{\partial w}{\partial x} + v\frac{\partial w}{\partial y}\right) = 0$$

Rearrange e resolva para os três gradientes de pressão:

$$\frac{\partial p}{\partial x} = -2a^2\rho(x^3 + xy^2) \qquad \frac{\partial p}{\partial y} = -2a^2\rho(x^2y + y^3) \qquad \frac{\partial p}{\partial z} = -\rho g \qquad (1)$$

- *Comentário 1:* O gradiente de pressão vertical é *hidrostático*. (Você poderia ter previsto isso observando nas Equações (4.38) que $w = 0$?). No entanto, a pressão é dependente da velocidade no plano xy.

- *Passo 2 da solução:* Para determinar se os gradientes de pressão x e y na Equação (1) são compatíveis, calcule a derivada mista, $(\partial^2 p/\partial x\, \partial y)$, isto é, a derivada cruzada dessas duas equações:

$$\frac{\partial}{\partial y}\left(\frac{\partial p}{\partial x}\right) = \frac{\partial}{\partial y}[-2a^2\rho(x^3 + xy^2)] = -4a^2\rho xy$$

$$\frac{\partial}{\partial x}\left(\frac{\partial p}{\partial y}\right) = \frac{\partial}{\partial x}[-2a^2\rho(x^2 y + y^3)] = -4a^2\rho xy$$

- *Comentário 2:* Como essas duas relações são iguais, a distribuição de velocidade dada é sem dúvida uma solução *exata* das equações de Navier-Stokes.

- *Passo 3 da solução:* Para encontrar a pressão, integre as Equações (1), reúna e compare. Comece com $\partial p/\partial x$. O procedimento requer cuidado! Integre *parcialmente* com relação a x, mantendo y e z constantes:

$$p = \int \frac{\partial p}{\partial x} dx\Big|_{y,z} = \int -2a^2\rho(x^3 + xy^2)\, dx\Big|_{y,z} = -2a^2\rho\left(\frac{x^4}{4} + \frac{x^2 y^2}{2}\right) + f_1(y, z) \quad (2)$$

Note que a "constante" de integração f_1 é uma *função* das variáveis que não foram integradas. Agora diferencie a Equação (2) com relação a y e compare com $\partial p/\partial y$ da Equação (1):

$$\frac{\partial p}{\partial y}\Big|_{(2)} = -2a^2\rho\, x^2 y + \frac{\partial f_1}{\partial y} = \frac{\partial p}{\partial y}\Big|_{(1)} = -2a^2\rho(x^2 y + y^3)$$

Compare: $\dfrac{\partial f_1}{\partial y} = -2a^2\rho\, y^3$ ou $f_1 = \int \dfrac{\partial f_1}{\partial y} dy\Big|_z = -2a^2\rho\, \dfrac{y^4}{4} + f_2(z)$

Reunindo os termos: Até aqui $\quad p = -2a^2\rho\left(\dfrac{x^4}{4} + \dfrac{x^2 y^2}{2} + \dfrac{y^4}{4}\right) + f_2(z) \quad (3)$

Desta vez, a "constante" de integração f_2 é uma função apenas de z (a variável não integrada). Agora diferencie a Equação (3) com relação a z e compare com $\partial p/\partial z$ da Equação (1):

$$\frac{\partial p}{\partial z}\Big|_{(3)} = \frac{df_2}{dz} = \frac{\partial p}{\partial z}\Big|_{(1)} = -\rho g \quad \text{ou} \quad f_2 = -\rho g z + C \quad (4)$$

em que C é uma constante. Isso completa nossas três integrações. Combine as Equações (3) e (4) para obter a expressão completa para a distribuição de pressão neste escoamento:

$$p(x, y, z) = -\rho g z - \tfrac{1}{2}a^2\rho(x^4 + y^4 + 2x^2 y^2) + C \qquad \textit{Resposta} \quad (5)$$

Esta é a solução desejada. Você a reconhece? Não, a menos que volte ao início e eleve ao quadrado os componentes da velocidade:

$$u^2 + v^2 + w^2 = V^2 = a^2(x^4 + y^4 + 2x^2 y^2) \qquad (6)$$

Comparando com a Equação (5), podemos reescrever a distribuição de pressão como

$$p + \tfrac{1}{2}\rho V^2 + \rho g z = C \qquad (7)$$

- *Comentário:* Esta é a equação de Bernoulli (3.54). E não é por acaso, porque a distribuição de velocidade dada neste problema pertence a uma família de escoamentos que são soluções para as equações de Navier-Stokes e que satisfazem a equação incompressível de Bernoulli em todos os pontos do campo de escoamento. Eles são chamados de *escoamentos irrotacionais*, para os quais $\mathbf{V} = \nabla \times \mathbf{V} \equiv 0$. Esse assunto será discutido novamente na Seção 4.9.

4.4 A equação diferencial da quantidade de movimento angular

Tendo usado a mesma abordagem para a massa e a quantidade de movimento linear, podemos passar rapidamente à dedução da relação diferencial da quantidade de movimento angular. A forma apropriada da equação integral da quantidade de movimento angular para um volume de controle fixo é

$$\sum \mathbf{M}_o = \frac{\partial}{\partial t}\left[\int_{VC} (\mathbf{r} \times \mathbf{V})\rho \, d\mathcal{V}\right] + \int_{SC} (\mathbf{r} \times \mathbf{V})\rho (\mathbf{V} \cdot \mathbf{n}) \, dA \qquad (3.59)$$

Vamo-nos limitar a um eixo que passa por O e é paralelo ao eixo z e passa pelo centroide do volume de controle elementar. Isso está ilustrado na Figura 4.5. Seja θ o ângulo de rotação em torno de O do fluido dentro do volume de controle. As únicas tensões que produzem momentos em torno de O são as tensões de cisalhamento τ_{xy} e τ_{yx}. Podemos calcular os momentos em torno de O e os termos da quantidade de movimento angular em torno de O. Há muita álgebra envolvida aqui e daremos apenas o resultado:

$$\left[\tau_{xy} - \tau_{yx} + \frac{1}{2}\frac{\partial}{\partial x}(\tau_{xy})\, dx - \frac{1}{2}\frac{\partial}{\partial y}(\tau_{yx})\, dy\right] dx\, dy\, dz$$
$$= \frac{1}{12}\rho(dx\, dy\, dz)(dx^2 + dy^2)\frac{d^2\theta}{dt^2} \qquad (4.39)$$

Assumindo que a aceleração angular $d^2\theta/dt^2$ não é infinita, podemos desprezar todos os termos diferenciais de ordem mais alta, obtendo um resultado finito e interessante:

$$\tau_{xy} \approx \tau_{yx} \qquad (4.40)$$

Se tivéssemos somado os momentos em torno dos eixos paralelos a y ou a x, teríamos obtido resultados exatamente análogos:

$$\tau_{xz} \approx \tau_{zx} \qquad \tau_{yz} \approx \tau_{zy} \qquad (4.41)$$

Não há uma equação diferencial de quantidade de movimento angular. A aplicação do teorema integral a um elemento diferencial fornece o resultado, bem conhecido pelos estudantes de análises de tensões ou resistência dos materiais, de que as tensões de ci-

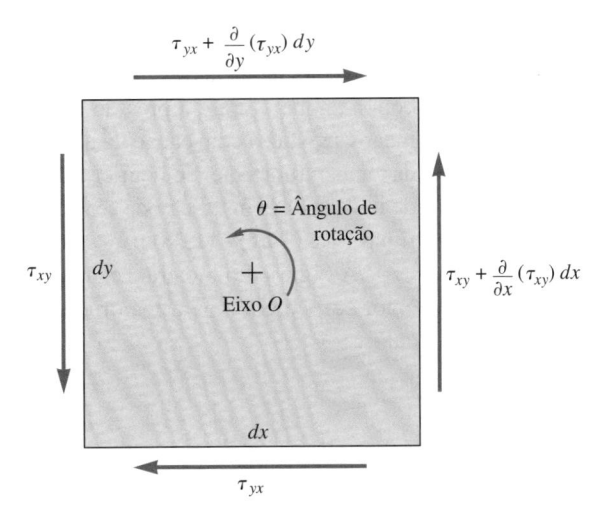

Figura 4.5 Volume de controle elementar cartesiano fixo que mostra as tensões de cisalhamento que podem causar uma aceleração angular líquida em torno do eixo O.

salhamento são simétricas: $\tau_{ij} = \tau_{ji}$. Esse é o único resultado desta seção.[6] Não há equação diferencial a ser memorizada, e isso deixa espaço no seu cérebro para o próximo tópico, a equação diferencial da energia.

4.5 A equação diferencial da energia[7]

Agora já estamos tão habituados a esse tipo de dedução e podemos partir para a equação da energia. A relação integral adequada para o volume de controle fixo da Figura 4.1 é

$$\dot{Q} - \dot{W}_e - \dot{W}_v = \frac{\partial}{\partial t}\left(\int_{VC} e\rho \, d\mathcal{V}\right) + \int_{SC}\left(e + \frac{p}{\rho}\right)\rho(\mathbf{V} \cdot \mathbf{n}) \, dA \qquad (3.66)$$

em que $\dot{W}_e = 0$ porque não pode haver eixo infinitesimal entrando no volume de controle. Por analogia com a Equação (4.20), o lado direito da equação torna-se, para esse pequeno elemento,

$$\dot{Q} - \dot{W}_v = \left[\frac{\partial}{\partial t}(\rho e) + \frac{\partial}{\partial x}(\rho u \zeta) + \frac{\partial}{\partial y}(\rho v \zeta) + \frac{\partial}{\partial z}(\rho w \zeta)\right] dx \, dy \, dz$$

em que $\zeta = e + p/\rho$. Quando usamos a equação da continuidade por analogia com a Equação (4.21), isto se torna

$$\dot{Q} - \dot{W}_v = \left(\rho \frac{de}{dt} + \mathbf{V} \cdot \nabla p + p \nabla \cdot \mathbf{V}\right) dx \, dy \, dz \qquad (4.42)$$

Condutividade térmica; lei de Fourier

Para avaliar $\dot{Q}$, desprezamos a radiação e consideramos apenas a condução de calor pelas laterais do elemento. Experiências tanto para fluidos como para sólidos mostram que a transferência de calor por unidade de área q é proporcional ao vetor gradiente de temperatura ∇T. Essa proporcionalidade é chamada de *lei da condução de calor de Fourier*, que é análoga à lei da viscosidade de Newton:

$$\mathbf{q} = -k\nabla T$$

ou
$$q_x = -k\frac{\partial T}{\partial x}, \quad q_y = -k\frac{\partial T}{\partial y}, \quad q_z = -k\frac{\partial T}{\partial z} \qquad (4.43)$$

em que k é chamada de *condutividade térmica*, uma propriedade dos fluidos que varia com a temperatura e a pressão de forma muito semelhante à viscosidade. O sinal de menos satisfaz a convenção de que o fluxo de calor é positivo na direção da diminuição da temperatura. A lei de Fourier é dimensionalmente consistente, e k tem unidades no SI de joules por (s·m· k) e pode ser bem correlacionada com T da mesma maneira que que μ nas Eqs. (1.27) e (1.28) para gases e líquidos, respectivamente.

A Figura 4.6 mostra o calor passando pelas faces x, sendo omitidos os fluxos de calor em y e em z para maior clareza. Podemos listar esses seis termos de fluxo de calor:

---

[6]Estamos desconsiderando a possibilidade de um *conjugado* finito sendo aplicado ao elemento por algum campo externo de força poderoso. Veja, por exemplo, a Referência 6.
[7]Esta seção pode ser omitida sem perda de continuidade.

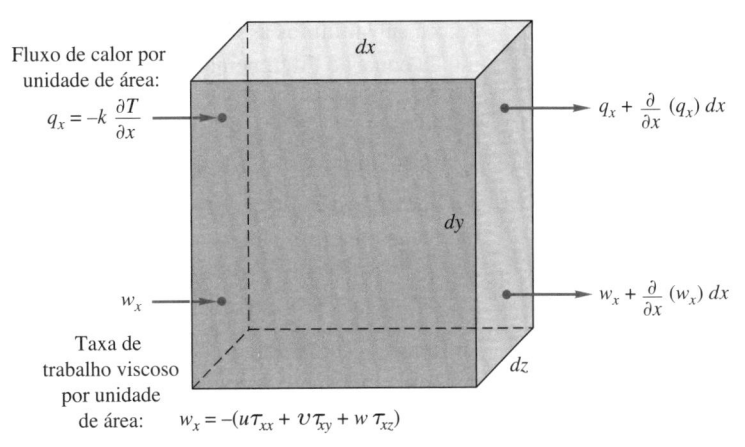

Figura 4.6 Volume de controle elementar cartesiano que mostra os termos do fluxo de calor e a taxa de trabalho viscoso na direção x.

Faces	Fluxo de calor de entrada	Fluxo de calor de saída
x	$q_x \, dy \, dz$	$\left[q_x + \dfrac{\partial}{\partial x}(q_x) \, dx \right] dy \, dz$
y	$d_y \, dx \, dz$	$\left[q_y + \dfrac{\partial}{\partial y}(q_y) \, dy \right] dx \, dz$
z	$q_z \, dx \, dy$	$\left[q_z + \dfrac{\partial}{\partial z}(q_z) \, dz \right] dx \, dy$

Somando os termos de entrada e subtraindo os termos de saída, obtemos o calor líquido adicionado ao elemento:

$$\dot{Q} = -\left[\frac{\partial}{\partial x}(q_x) + \frac{\partial}{\partial y}(q_y) + \frac{\partial}{\partial z}(q_z) \right] dx \, dy \, dz = -\boldsymbol{\nabla} \cdot \mathbf{q} \, dx \, dy \, dz \quad (4.44)$$

Como esperado, o fluxo de calor é proporcional ao volume do elemento. Introduzindo a lei de Fourier da Equação (4.43), temos

$$\dot{Q} = \boldsymbol{\nabla} \cdot (k \boldsymbol{\nabla} T) \, dx \, dy \, dz \quad (4.45)$$

A taxa de trabalho realizado pelas tensões viscosas é igual ao produto do componente da tensão, pelo seu correspondente componente de velocidade e pela área da face do elemento. A Figura 4.6 mostra que a taxa de trabalho sobre a face esquerda x é

$$\dot{W}_{v,\text{FE}} = w_x \, dy \, dz \quad \text{em que} \quad w_x = -(u\tau_{xx} + v\tau_{xy} + w\tau_{xz}) \quad (4.46)$$

(e o subscrito FE significa face esquerda), havendo um trabalho ligeiramente diferente na face direita por causa do gradiente de w_x. Esses fluxos de trabalho podem ser tabulados exatamente da mesma maneira que os fluxos de calor da tabela anterior, com w_x substituindo q_x, e assim por diante. Após subtrair os termos de saída dos termos de entrada, a taxa líquida de trabalho viscoso torna-se

$$\begin{aligned}\dot{W}_v &= -\left[\frac{\partial}{\partial x}(u\tau_{xx} + v\tau_{xy} + w\tau_{xz}) + \frac{\partial}{\partial y}(u\tau_{yx} + v\tau_{yy} + w\tau_{yz}) \right.\\ &\quad \left. + \frac{\partial}{\partial z}(u\tau_{zx} + v\tau_{zy} + w\tau_{zz}) \right] dx \, dy \, dz \\ &= -\boldsymbol{\nabla} \cdot (\mathbf{V} \cdot \boldsymbol{\tau}_{ij}) \, dx \, dy \, dz \quad (4.47)\end{aligned}$$

Agora substituímos as Equações (4.45) e (4.47) na Equação (4.43) para obter uma forma da equação diferencial da energia:

$$\rho \frac{de}{dt} + \mathbf{V} \cdot \nabla p + p \nabla \cdot \mathbf{V} = \nabla \cdot (k \nabla T) + \nabla \cdot (\mathbf{V} \cdot \boldsymbol{\tau}_{ij}) \qquad (4.48)$$

em que $e = \hat{u} + \frac{1}{2}V^2 + gz$

Obtemos uma forma mais útil se desenvolvermos o termo de trabalho viscoso:

$$\nabla \cdot (\mathbf{V} \cdot \boldsymbol{\tau}_{ij}) \equiv \mathbf{V} \cdot (\nabla \cdot \boldsymbol{\tau}_{ij}) + \Phi \qquad (4.49)$$

em que Φ é uma abreviação para a *função de dissipação viscosa*.[8] Para um fluido newtoniano viscoso incompressível, essa função tem a forma

$$\Phi = \mu \left[2\left(\frac{\partial u}{\partial x}\right)^2 + 2\left(\frac{\partial v}{\partial y}\right)^2 + 2\left(\frac{\partial w}{\partial z}\right)^2 + \left(\frac{\partial v}{\partial x} + \frac{\partial u}{\partial y}\right)^2 \right.$$
$$\left. + \left(\frac{\partial w}{\partial y} + \frac{\partial v}{\partial z}\right)^2 + \left(\frac{\partial u}{\partial z} + \frac{\partial w}{\partial x}\right)^2 \right] \qquad (4.50)$$

Como todos os termos são quadráticos, a dissipação viscosa é sempre positiva, de forma que um fluxo viscoso sempre tende a perder sua energia disponível por causa da dissipação, de acordo com a segunda lei da termodinâmica.

Agora substitua a Equação (4.49) na Equação (4.48), usando a equação da quantidade de movimento linear (4.32) para eliminar $\nabla \cdot \boldsymbol{\tau}_{ij}$. Isso cancelará as energias cinética e potencial, resultando em uma forma mais conhecida da equação diferencial geral da energia:

$$\boxed{\rho \frac{d\hat{u}}{dt} + p(\nabla \cdot \mathbf{V}) = \nabla \cdot (k \nabla T) + \Phi} \qquad (4.51)$$

Essa equação é válida para um fluido newtoniano sob condições bastante gerais de escoamento não permanente, compressível, viscoso e com condução de calor, desde que se despreze a transferência de calor por radiação e as *fontes internas* de calor que podem ocorrer durante uma reação química ou nuclear.

A Equação (4.51) é muito difícil de analisar, exceto em um computador digital [1]. É costume fazer as seguintes aproximações:

$$d\hat{u} \approx c_v \, dT \quad c_v, \mu, k, \rho \approx \text{const} \qquad (4.52)$$

A Equação (4.51) assume, então, a forma mais simples, para $\nabla \cdot \mathbf{V} = 0$,

$$\rho c_v \frac{dT}{dt} = k \nabla^2 T + \Phi \qquad (4.53)$$

envolvendo a temperatura T como única variável primária mais a velocidade como uma variável secundária por meio do operador de derivada temporal total:

$$\frac{dT}{dt} = \frac{\partial T}{\partial t} + u \frac{\partial T}{\partial x} + v \frac{\partial T}{\partial y} + w \frac{\partial T}{\partial z} \qquad (4.54)$$

---
[8]Para mais detalhes, veja, por exemplo, a Referência 5, p. 72.

São conhecidas muitas soluções interessantes da Equação (4.53) para várias condições de escoamento, e tratamentos mais extensos podem ser encontrados em livros avançados sobre escoamento viscoso [4, 5] e livros sobre transferência de calor [7, 8].

Um caso especial bem conhecido da Equação (4.53) ocorre quando o fluido está em repouso ou tem uma velocidade desprezível, em que a dissipação Φ e os termos convectivos se tornam desprezíveis:

$$\rho c_p \frac{\partial T}{\partial t} = k \nabla^2 T \tag{4.55}$$

A mudança de c_v para c_p é correta e justificada pelo fato de que, quando os termos de pressão são desprezados em uma equação da energia de escoamento de gás [4, 5], o que resta é aproximadamente uma variação de entalpia, não uma variação de energia interna. Essa equação é chamada de *equação da condução de calor* na matemática aplicada, sendo válida para sólidos e fluidos em repouso. A solução da Equação (4.55) para várias condições constitui uma grande parte dos cursos e livros sobre transferência de calor.

Isso completa a dedução das equações diferenciais básicas da mecânica dos fluidos.

4.6 Condições de contorno para as equações básicas

Há três equações diferenciais básicas da mecânica dos fluidos, que acabamos de deduzir. Vamos resumi-las aqui:

Continuidade:
$$\frac{\partial \rho}{\partial t} + \nabla \cdot (\rho \mathbf{V}) = 0 \tag{4.56}$$

Quantidade de movimento:
$$\rho \frac{d\mathbf{V}}{dt} = \rho \mathbf{g} - \nabla p + \nabla \cdot \boldsymbol{\tau}_{ij} \tag{4.57}$$

Energia:
$$\rho \frac{d\hat{u}}{dt} + p(\nabla \cdot \mathbf{V}) = \nabla \cdot (k \nabla T) + \Phi \tag{4.58}$$

em que Φ é dado pela Equação (4.50). Em geral, a massa específica é variável, de modo que essas três equações contêm cinco incógnitas, ρ, V, p, $\hat{u}$ e T. Portanto, precisamos de duas relações adicionais para completar o sistema de equações. Essas relações são fornecidas por dados ou expressões algébricas para as relações de estado das propriedades termodinâmicas:

$$\rho = \rho(p, T) \qquad \hat{u} = \hat{u}(p, T) \tag{4.59}$$

Por exemplo, para um gás perfeito com calores específicos constantes, completamos o sistema com

$$\rho = \frac{p}{RT} \qquad \hat{u} = \int c_v \, dT \approx c_v T + \text{const} \tag{4.60}$$

Demonstra-se em livros avançados [4, 5] que esse sistema das Equações (4.56) a (4.59) é bem-posto e pode ser resolvido analítica ou numericamente, quando sujeito às condições de contorno apropriadas.

Quais são as condições de contorno apropriadas? Primeiro, se o escoamento é não permanente, deve haver uma *condição inicial* ou distribuição espacial inicial conhecida para cada variável:

Em $t = 0$ $\qquad$ ρ, V, p, $\hat{u}$, T = conhecida $f(x, y, z)$ $\tag{4.61}$

Depois disso, para todos os instantes t a serem analisados devemos conhecer algo sobre as variáveis em cada *fronteira* que limita o escoamento.

A Figura 4.7 ilustra os três tipos mais comuns de fronteiras encontradas na análise de escoamento de fluidos: uma parede sólida, uma entrada ou saída e uma interface líquido-gás.

Primeiro, para uma parede sólida e impermeável, não pode haver escorregamento e nem salto de temperatura em um fluido viscoso condutor de calor. A única exceção ocorre em um escoamento de gás extremamente rarefeito, onde pode haver escorregamento:

Parede sólida: $\qquad \mathbf{V}_{\text{fluido}} = \mathbf{V}_{\text{parede}} \qquad T_{\text{fluido}} = T_{\text{parede}}$

Gás rarefeito: $\quad u_{\text{fluido}} - u_{\text{parede}} \approx \ell \dfrac{\partial u}{\partial n}\Big|_{\text{parede}} \quad T_{\text{fluido}} - T_{\text{parede}} \approx$

$$\left(\dfrac{2\zeta}{\zeta+1}\right)\dfrac{k}{\mu c_p}\ell\dfrac{\partial T}{\partial n}\Big|_{\text{parede}} \qquad (4.62)$$

em que, para o gás rarefeito, n é normal à parede, u é paralelo à parede, ℓ é o livre caminho médio do gás [ver Eq. (1.37) e ζ denota, apenas esta vez, a razão entre calores específicos. A chamada *relação de salto de temperatura para gases* é dada acima apenas para efeito de completude e não será estudada (ver página 48 da Ref. 5). Alguns problemas envolvendo salto de velocidade serão propostos.

Segundo, em qualquer seção de entrada ou de saída do escoamento, a distribuição completa de velocidade, pressão e temperatura deve ser conhecida em todos os instantes:

Interface ou saída: $\qquad$ Conhecidas $\mathbf{V}, p, T$ $\qquad (4.63)$

Essas seções de entrada e saída podem estar, e frequentemente estão, em $\pm \infty$, simulando um corpo imerso em uma extensão infinita do fluido.

Finalmente, as condições mais complexas ocorrem em uma interface líquido-gás, ou superfície livre, como está esquematizado na Figura 4.7. Vamos representar a interface por

Interface: $\qquad z = \eta(x, y, t) \qquad (4.64)$

Interface líquido-gás $z = \eta(x, y, t)$:
$p_{\text{líq}} = p_{\text{gás}} - \Upsilon(R_x^{-1} + R_y^{-1})$
$w_{\text{líq}} = w_{\text{gás}} = \dfrac{d\eta}{dt}$

Igualdade de q e τ através da interface

Gás
Líquido

Entrada: conhecidas $\mathbf{V}, p, T$

Saída: conhecidas $\mathbf{V}, p, T$

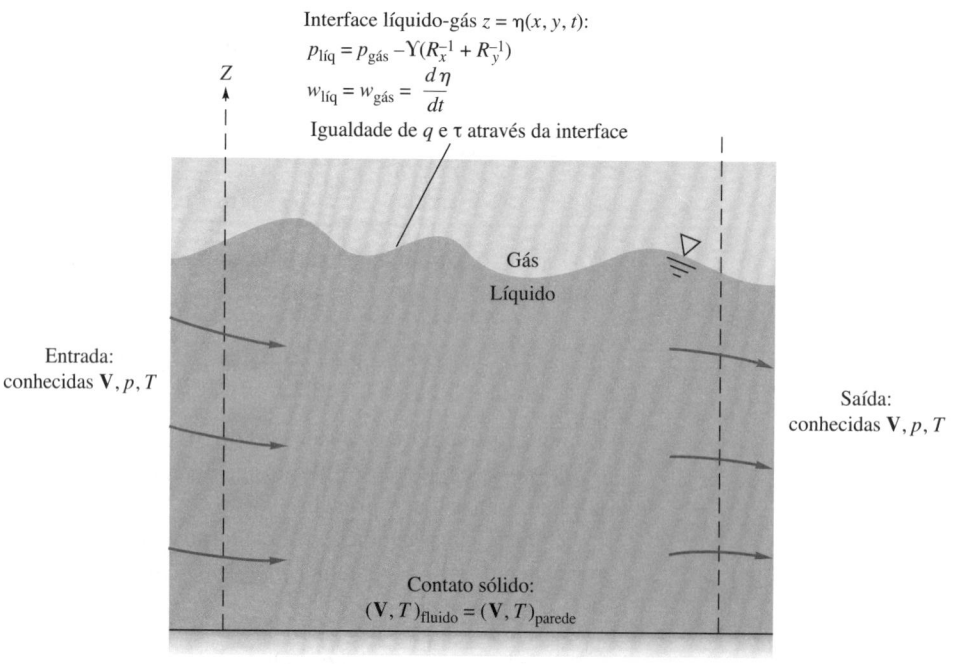

Contato sólido:
$(\mathbf{V}, T)_{\text{fluido}} = (\mathbf{V}, T)_{\text{parede}}$

Parede sólida impermeável

Figura 4.7 Condições de contorno típicas em uma análise de escoamento de um fluido viscoso e condutivo.

Logo deve haver igualdade da velocidade vertical na interface, de forma que não apareçam buracos entre o líquido e o gás:

$$w_{\text{líq}} = w_{\text{gás}} = \frac{d\eta}{dt} = \frac{\partial \eta}{\partial t} + u\frac{\partial \eta}{\partial x} + v\frac{\partial \eta}{\partial y} \tag{4.65}$$

Essa condição é chamada de *condição de contorno cinemática*.

Deve haver equilíbrio mecânico na interface. As tensões de cisalhamento viscoso devem-se equilibrar:

$$(\tau_{zy})_{\text{líq}} = (\tau_{zy})_{\text{gás}} \qquad (\tau_{zx})_{\text{líq}} = (\tau_{zx})_{\text{gás}} \tag{4.66}$$

Desprezando os termos de tensões viscosas normais, as pressões devem-se equilibrar na interface, exceto pelos efeitos de tensão superficial:

$$p_{\text{líq}} = p_{\text{gás}} - \Upsilon(R_x^{-1} + R_y^{-1}) \tag{4.67}$$

que é equivalente à Equação (1.33). Os raios de curvatura podem ser escritos em termos da posição da superfície livre η:

$$R_x^{-1} + R_y^{-1} = \frac{\partial}{\partial x}\left[\frac{\partial \eta/\partial x}{\sqrt{1 + (\partial \eta/\partial x)^2 + (\partial \eta/\partial y)^2}}\right] \\ + \frac{\partial}{\partial y}\left[\frac{\partial \eta/\partial y}{\sqrt{1 + (\partial \eta/\partial x)^2 + (\partial \eta/\partial y)^2}}\right] \tag{4.68}$$

Por fim, a transferência de calor deve ser a mesma em ambos os lados da interface, já que nenhum calor pode ser armazenado na interface fina de maneira infinitesimal:

$$(q_z)_{\text{líq}} = (q_z)_{\text{gás}} \tag{4.69}$$

Desprezando a radiação, isto é equivalente a

$$\left(k\frac{\partial T}{\partial z}\right)_{\text{líq}} = \left(k\frac{\partial T}{\partial z}\right)_{\text{gás}} \tag{4.70}$$

Há muito mais detalhes do que queremos nesse nível de exposição. Detalhes adicionais e mais complicados sobre condições de contorno em escoamentos de fluidos são discutidos nas Referências 5 e 9.

Condições simplificadas de superfície livre

Nas análises introdutórias apresentadas neste livro, como, por exemplo, os escoamentos em canais abertos no Capítulo 10, vamo-nos afastar das condições exatas (4.65) até (4.69) e assumir que o fluido superior é uma "atmosfera" que apenas exerce pressão sobre o fluido inferior, com cisalhamento e condução de calor desprezíveis. Desprezamos também os termos não lineares que envolvem as inclinações da superfície livre. Temos, então, um conjunto de condições muito mais simples e lineares na superfície:

$$p_{\text{líq}} \approx p_{\text{gás}} - \Upsilon\left(\frac{\partial^2 \eta}{\partial x^2} + \frac{\partial^2 \eta}{\partial y^2}\right) \qquad w_{\text{líq}} \approx \frac{\partial \eta}{\partial t}$$
$$\left(\frac{\partial V}{\partial z}\right)_{\text{líq}} \approx 0 \qquad \left(\frac{\partial T}{z}\right)_{\text{líq}} \approx 0 \tag{4.71}$$

Em muitos casos, como no escoamento em canal aberto, podemos também desprezar a tensão superficial, de modo que

$$p_{\text{líq}} \approx p_{\text{atm}} \tag{4.72}$$

Esses são os tipos de aproximações que serão usadas no Capítulo 10. As formas adimensionais dessas condições também serão úteis no Capítulo 5.

Escoamento incompressível com propriedades constantes

Escoamento com ρ, μ e k constantes é uma simplificação básica que será usada, por exemplo, no Capítulo 6. As equações básicas do movimento (4.56) a (4.58) reduzem-se a

Continuidade:
$$\nabla \cdot \mathbf{V} = 0 \tag{4.73}$$

Quantidade de movimento:
$$\rho \frac{d\mathbf{V}}{dt} = \rho \mathbf{g} - \nabla p + \mu \nabla^2 \mathbf{V} \tag{4.74}$$

Energia:
$$\rho c_p \frac{dT}{dt} = k \nabla^2 T + \Phi \tag{4.75}$$

Como ρ é constante, há somente três incógnitas: p, $\mathbf{V}$ e T. O sistema é fechado.[9] Não apenas isso, o sistema se subdivide: continuidade e quantidade de movimento são independentes de T. Então podemos resolver as Equações (4.73) e (4.74) inteiramente separadas para a pressão e a velocidade, usando condições de contorno como

Superfície sólida:
$$\mathbf{V} = \mathbf{V}_{\text{parede}} \tag{4.76}$$

Entrada ou saída:
$$\text{Conhecidas } \mathbf{V} \text{ e } p \tag{4.77}$$

Superfície livre:
$$p \approx p_a \qquad w \approx \frac{\partial \eta}{\partial t} \tag{4.78}$$

Mais tarde, usualmente em outra disciplina,[10] podemos resolver para a distribuição de temperatura da Equação (4.75), que depende da velocidade $\mathbf{V}$ por meio da dissipação Φ e do operador de derivada temporal total d/dt.

Aproximações de escoamento não viscoso

O Capítulo 8 considera o escoamento não viscoso, para o qual a viscosidade $\mu = 0$. A equação da quantidade de movimento (4.74) reduz-se a

$$\rho \frac{d\mathbf{V}}{dt} = \rho \mathbf{g} - \nabla p \tag{4.79}$$

Essa é a *equação de Euler*; ela pode ser integrada ao longo de uma linha de corrente para obter a equação de Bernoulli (ver Seção 4.9). Desprezando a viscosidade, perdemos a derivada de segunda ordem de $\mathbf{V}$ na Equação (4.74); portanto, temos de relaxar uma condição de contorno na velocidade. A única condição matematicamente possível de ser retirada é a condição de não escorregamento na parede. Nós permitimos que o escoamento deslize paralelo à parede, mas não permitimos que ele penetre na parede. A condição não viscosa adequada é que as velocidades normais devem ser iguais a da superfície sólida:

Escoamento não viscoso
$$(V_n)_{\text{fluido}} = (V_n)_{\text{parede}} \tag{4.80}$$

---

[9]Para esse sistema, quais são os equivalentes termodinâmicos da Equação (4.59)?

[10]Como a temperatura é inteiramente desacoplada por essa hipótese, podemos não precisar resolvê-la aqui e talvez você tenha de esperar até cursar uma disciplina relacionada à transferência de calor.

Em muitos casos a parede é fixa; portanto, a condição adequada para escoamento não viscoso é

$$V_n = 0 \tag{4.81}$$

Nenhuma condição é imposta sobre o componente tangencial da velocidade na parede no escoamento não viscoso. A velocidade tangencial será parte da solução para a análise de um escoamento não viscoso (ver Capítulo 8).

EXEMPLO 4.6

Para o escoamento laminar permanente incompressível por um tubo longo, a distribuição de velocidade é dada por

$$v_z = U\left(1 - \frac{r^2}{R^2}\right) \quad v_r = v_\theta = 0$$

em que U é a velocidade máxima, ou da linha de centro, e R é o raio do tubo. Se a temperatura da parede for constante em T_p e depender apenas do raio, $T = T(r)$, encontre $T(r)$ para esse escoamento.

Solução

Com $T = T(r)$, a Equação (4.75) reduz-se para escoamento permanente a

$$\rho c_p v_r \frac{dT}{dr} = \frac{k}{r}\frac{d}{dr}\left(r\frac{dT}{dr}\right) + \mu\left(\frac{dv_z}{dr}\right)^2 \tag{1}$$

Mas como $v_r = 0$ para esse escoamento, o termo convectivo da esquerda desaparece. Introduza v_z na Equação (1) para obter

$$\frac{k}{r}\frac{d}{dr}\left(r\frac{dT}{dr}\right) = -\mu\left(\frac{dv_z}{dr}\right)^2 = -\frac{4U^2\mu r^2}{R^4} \tag{2}$$

Multiplique tudo por r/k e integre uma vez:

$$r\frac{dT}{dr} = -\frac{\mu U^2 r^4}{kR^4} + C_1 \tag{3}$$

Divida tudo por r e integre outra vez:

$$T = -\frac{\mu U^2 r^4}{4kR^4} + C_1 \ln r + C_2 \tag{4}$$

Agora podemos aplicar nossas condições de contorno para avaliar C_1 e C_2.

Primeiro, como o logaritmo de zero é $-\infty$, a temperatura em $r = 0$ será infinita, a menos que

$$C_1 = 0 \tag{5}$$

Assim, eliminamos a possibilidade de uma singularidade logarítmica. A mesma coisa acontecerá se aplicarmos a condição de *simetria* $dT/dr = 0$ em $r = 0$ à Equação (3). A constante C_2 é determinada, então, pela condição da temperatura da parede em $r = R$:

$$T = T_p = -\frac{\mu U^2}{4k} + C_2$$

ou
$$C_2 = T_p + \frac{\mu U^2}{4k} \qquad (6)$$

A solução correta é, portanto,

$$T(r) = T_p + \frac{\mu U^2}{4k}\left(1 - \frac{r^4}{R^4}\right) \qquad Resposta \; (7)$$

que é uma distribuição parabólica de quarta ordem com um valor máximo $T_0 = T_p + \mu U^2/(4k)$ na linha de centro.

4.7 A função corrente

Já vimos na Seção 4.6 que, mesmo que a temperatura seja desacoplada do nosso sistema de equações de movimento, devemos resolver as equações da continuidade e da quantidade de movimento simultaneamente para a pressão e a velocidade. A *função corrente* ψ é uma ferramenta engenhosa que nos permite satisfazer a equação da continuidade e, então, resolver a equação da quantidade de movimento diretamente para a única variável ψ. Linhas de ψ constante são linhas de corrente do escoamento.

A ideia da função corrente funciona somente se a equação da continuidade (4.56) puder ser reduzida a *dois* termos. Em geral, temos *quatro* termos:

Cartesiana:
$$\frac{\partial \rho}{\partial t} + \frac{\partial}{\partial x}(\rho u) + \frac{\partial}{\partial y}(\rho v) + \frac{\partial}{\partial z}(\rho w) = 0 \qquad (4.82a)$$

Cilíndrica:
$$\frac{\partial \rho}{\partial t} + \frac{1}{r}\frac{\partial}{\partial r}(r\rho v_r) + \frac{1}{r}\frac{\partial}{\partial \theta}(\rho v_\theta) + \frac{\partial}{\partial z}(\rho v_z) = 0 \qquad (4.82b)$$

Primeiro, vamos eliminar o escoamento não permanente, que é uma aplicação peculiar e irrealista da ideia de função corrente. Reduza qualquer uma das Equações (4.82) a *dois* termos quaisquer. A aplicação mais comum é escoamento incompressível no plano xy:

$$\frac{\partial u}{\partial x} + \frac{\partial v}{\partial y} = 0 \qquad (4.83)$$

Essa equação é satisfeita *identicamente* se uma função $\psi(x, y)$ for definida tal que a Equação (4.83) se torne

$$\frac{\partial}{\partial x}\left(\frac{\partial \psi}{\partial y}\right) + \frac{\partial}{\partial y}\left(-\frac{\partial \psi}{\partial x}\right) \equiv 0 \qquad (4.84)$$

A comparação das Equações (4.83) e (4.84) mostra que esta nova função ψ deve ser definida de forma tal que

$$u = \frac{\partial \psi}{\partial y} \qquad v = -\frac{\partial \psi}{\partial x} \qquad (4.85)$$

ou
$$\mathbf{V} = \mathbf{i}\frac{\partial \psi}{\partial y} - \mathbf{j}\frac{\partial \psi}{\partial x}$$

Isso é válido? Sim, trata-se apenas de um truque matemático que consiste em substituir duas variáveis (u e v) por uma única função de ordem superior ψ. A vorticidade[11] ou rotacional de **V** é uma função interessante:

$$\nabla \times \mathbf{V} = -\mathbf{k}\nabla^2\psi \quad \text{em que} \quad \nabla^2\psi = \frac{\partial^2\psi}{\partial x^2} + \frac{\partial^2\psi}{\partial y^2} \tag{4.86}$$

Assim, se tomarmos o rotacional da equação da quantidade de movimento (4.74) e utilizarmos a Equação (4.86), obtemos uma única equação para ψ para escoamento incompressível:

$$\frac{\partial \psi}{\partial y}\frac{\partial}{\partial x}(\nabla^2\psi) - \frac{\partial \psi}{\partial x}\frac{\partial}{\partial y}(\nabla^2\psi) = \nu\nabla^2(\nabla^2\psi) \tag{4.87}$$

em que $\nu = \mu/\rho$ é a viscosidade cinemática. Em parte, obtivemos uma vitória; em parte sofremos uma derrota: a Equação (4.87) é escalar e tem somente uma variável, ψ, mas contém derivadas de *quarta* ordem e provavelmente vai requerer análise computacional. Serão necessárias quatro condições de contorno sobre ψ. Por exemplo, para o escoamento de uma corrente uniforme na direção x passando por um corpo sólido, as quatro condições seriam

No infinito: $\quad \dfrac{\partial \psi}{\partial y} = U_\infty \quad \dfrac{\partial \psi}{\partial x} = 0$

No corpo: $\quad \dfrac{\partial \psi}{\partial y} = \dfrac{\partial \psi}{\partial x} = 0$
(4.88)

Na Referência 1 há muitos exemplos de solução numérica das Equações (4.87) e (4.88).

Uma aplicação importante é o escoamento não viscoso, incompressível, *irrotacional*[12] no plano xy, em que $\mathbf{V} \equiv 0$. As Equações (4.86) e (4.87) reduzem-se a

$$\nabla^2\psi = \frac{\partial^2\psi}{\partial x^2} + \frac{\partial^2\psi}{\partial y^2} = 0 \tag{4.89}$$

Essa é a *equação de Laplace* de segunda ordem (Capítulo 8), para a qual se conhecem muitas soluções e técnicas analíticas. Além disso, condições de contorno como na Equação (4.88) se reduzem a

No infinito: $\quad \psi = U_\infty y + \text{const}$ (4.90)

No corpo: $\quad \psi = \text{const}$

Temos capacidade para encontrar algumas soluções úteis para as Equações (4.89) e (4.90), e é o que faremos no Capítulo 8.

Interpretação geométrica de ψ

A concepção matemática apresentada anteriormente seria, por si só, suficiente para tornar a função corrente imortal e sempre útil aos engenheiros. Melhor ainda, porém, é o fato de que ψ admite uma linda interpretação geométrica: linhas de ψ constante são *linhas de corrente* do escoamento. Isso pode ser mostrado como se segue. Da Equação (1.41), a definição de uma linha de corrente em escoamento bidimensional é

$$\frac{dx}{u} = \frac{dy}{v}$$

ou $\quad u\,dy - v\,dx = 0 \quad$ linha de corrente (4.91)

---
[11] Ver a Seção 4.8.

[12] Ver a Seção 4.8.

Introduzindo a função corrente da Equação (4.85), temos

$$\frac{\partial \psi}{\partial x} dx + \frac{\partial \psi}{\partial y} dy = 0 = d\psi \qquad (4.92)$$

Portanto, a alteração de ψ é zero ao longo de uma linha de corrente, ou

$$\psi = \text{constante ao longo de uma linha de corrente} \qquad (4.93)$$

Tendo encontrado uma dada solução $\psi(x, y)$, podemos fazer o gráfico das linhas de ψ constante para gerar as linhas de corrente do escoamento.

Há também uma interpretação física que relaciona ψ com a vazão volumétrica. Da Figura 4.8, podemos calcular a vazão volumétrica dQ por meio de um elemento ds da superfície de controle de profundidade unitária:

$$dQ = (\mathbf{V} \cdot \mathbf{n}) \, dA = \left(\mathbf{i} \frac{\partial \psi}{\partial y} - \mathbf{j} \frac{\partial \psi}{\partial x} \right) \cdot \left(\mathbf{i} \frac{dy}{ds} - \mathbf{j} \frac{dx}{ds} \right) ds(1)$$

$$= \frac{\partial \psi}{\partial x} dx + \frac{\partial \psi}{\partial y} dy = d\psi \qquad (4.94)$$

Portanto, a variação em ψ ao longo do elemento é numericamente igual à vazão volumétrica pelo elemento. A vazão volumétrica entre quaisquer duas linhas de corrente no campo de escoamento é igual à variação da função corrente entre essas linhas de corrente:

$$Q_{1 \to 2} = \int_1^2 (\mathbf{V} \cdot \mathbf{n}) \, dA = \int_1^2 d\psi = \psi_2 - \psi_1 \qquad (4.95)$$

Além disso, a direção do escoamento pode ser estabelecida observando-se se ψ aumenta ou diminui. Conforme está esquematizado na Figura 4.9, o escoamento é para a direita se ψ_2 for maior do que ψ_1, em que os subscritos 2 e 1 significam superior e inferior, respectivamente; caso contrário o escoamento é para a esquerda.

Tanto a função corrente quanto a função potencial de velocidade foram concebidas pelo matemático francês Joseph Louis Lagrange e publicados em seu tratado sobre mecânica dos fluidos em 1781.

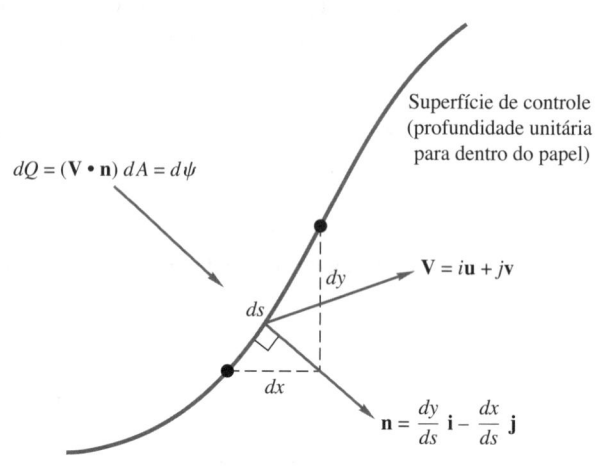

Figura 4.8 Interpretação geométrica da função corrente: vazão volumétrica por meio de uma porção diferencial de uma superfície de controle.

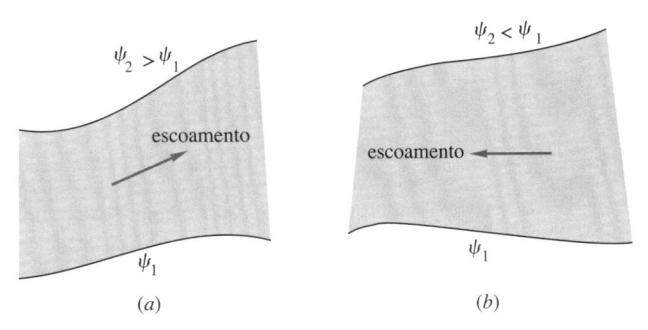

Figura 4.9 Convenção de sinais para o escoamento em termos da variação da função corrente: (a) escoamento para a direita se ψ_2 for maior; (b) escoamento para a esquerda se ψ_1 for maior.

EXEMPLO 4.7

Se existir uma função corrente para o campo de velocidade do Exemplo 4.5

$$u = a(x^2 - y^2) \quad v = -2axy \quad w = 0$$

encontre-a, faça um gráfico dela e interprete-a.

Solução

- *Hipóteses:* Escoamento incompressível, bidimensional.
- *Abordagem:* Use a definição das derivadas da função corrente, Equações (4.85), para encontrar $\psi(x, y)$.
- *Passo 1 da solução:* Observe que essa distribuição de velocidade foi examinada também no Exemplo 4.3. Ela satisfaz a continuidade, Equação (4.83), mas vamos verificar isso; caso contrário, ψ não existirá:

$$\frac{\partial u}{\partial x} + \frac{\partial v}{\partial y} = \frac{\partial}{\partial x}[a(x^2 - y^2)] + \frac{\partial}{\partial y}(-2axy) = 2ax + (-2ax) \equiv 0 \quad \text{verifica}$$

Portanto, temos certeza de que existe a função corrente.

- *Passo 2 da solução:* Para encontrar ψ, escreva as Equações (4.85) e integre:

$$u = \frac{\partial \psi}{\partial y} = ax^2 - ay^2 \tag{1}$$

$$v = -\frac{\partial \psi}{\partial x} = -2axy \tag{2}$$

e passe de uma para outra. Integre (1) parcialmente

$$\psi = ax^2 y - \frac{ay^3}{3} + f(x) \tag{3}$$

Diferencie (3) com relação a x e compare com (2)

$$\frac{\partial \psi}{\partial x} = 2axy + f'(x) = 2axy \tag{4}$$

Portanto, $f'(x) = 0$, ou f = constante. A função corrente completa fica, então, determinada:

$$\psi = a\left(x^2 y - \frac{y^3}{3}\right) + C \quad \textit{Resposta} \tag{5}$$

Para traçar o gráfico, faça $C = 0$ por conveniência e faça o gráfico da função

$$3x^2y - y^3 = \frac{3\psi}{a} \tag{6}$$

para valores constantes de ψ. O resultado é mostrado na Figura E4.7a e corresponde a seis setores de 60° com movimento circulatório, cada qual com padrão de escoamento idêntico, exceto pelas setas. Uma vez identificadas as linhas de corrente, os sentidos do escoamento seguem a convenção de sinais da Figura 4.9. Como o escoamento pode ser interpretado? Como há deslizamento ao longo de todas as linhas de corrente, nenhuma delas pode verdadeiramente representar uma superfície sólida em um escoamento viscoso. No entanto, o escoamento poderia representar a incidência de três correntes de aproximação a 60°, 180° e 300°. Isso seria uma solução um tanto irreal, embora corresponda a uma solução exata das equações de Navier-Stokes, como mostra o Exemplo 4.5.

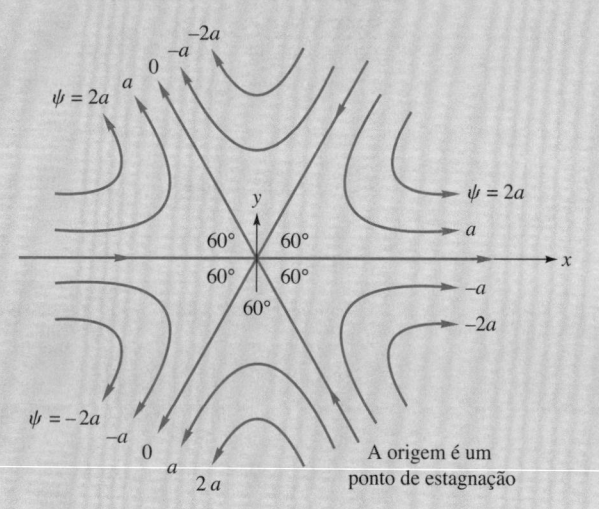

E4.7a

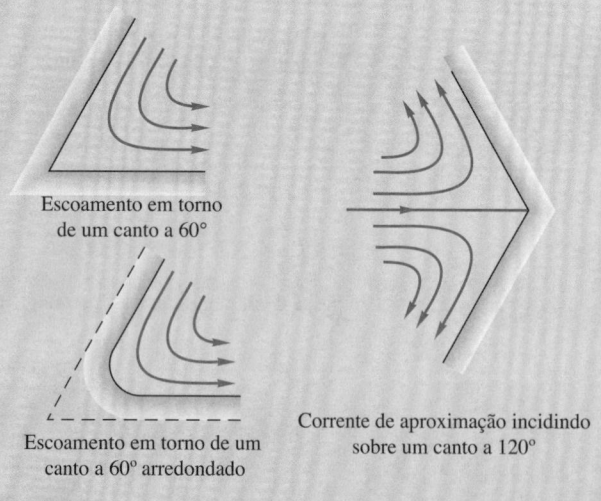

E4.7b

Escoamento em torno de um canto a 60°

Escoamento em torno de um canto a 60° arredondado

Corrente de aproximação incidindo sobre um canto a 120°

A origem é um ponto de estagnação

Permitindo que o escoamento deslize, em uma aproximação sem atrito, poderíamos fazer qualquer linha de corrente escolhida corresponder à parede de um corpo. A Figura E4.7b mostra alguns exemplos.

Uma função corrente também existe em várias outras situações físicas nas quais apenas duas coordenadas são necessárias para definir o escoamento. São ilustrados três exemplos aqui.

Escoamento plano compressível permanente

Admita agora que a densidade seja variável, mas que $w = 0$, de modo que o escoamento ocorra no plano xy. Assim, a equação da continuidade torna-se

$$\frac{\partial}{\partial x}(\rho u) + \frac{\partial}{\partial y}(\rho v) = 0 \tag{4.96}$$

Vemos que essa equação é exatamente da mesma forma que a Equação (4.84). Portanto, uma função corrente de escoamento compressível pode ser definida tal que

$$\rho u = \frac{\partial \psi}{\partial y} \qquad \rho v = -\frac{\partial \psi}{\partial x} \tag{4.97}$$

Novamente, as linhas de ψ constante são linhas de corrente do escoamento, mas a variação em ψ agora é igual à vazão em *massa*, e não em volume:

$$d\dot{m} = \rho(\mathbf{V} \cdot \mathbf{n})\, dA = d\psi$$

ou

$$\dot{m}_{1 \to 2} = \int_1^2 \rho(\mathbf{V} \cdot \mathbf{n})\, dA = \psi_2 - \psi_1 \tag{4.98}$$

A convenção de sinais sobre o sentido do escoamento é a mesma da Figura 4.9. Essa função corrente particular combina massa específica com velocidade e deve ser substituída não apenas na equação da quantidade de movimento, mas também na equação da energia e nas relações de estado (4.58) e (4.59) com a pressão e a temperatura como variáveis acompanhantes. Portanto, a função corrente compressível não é um grande avanço e terão de ser adotadas outras hipóteses para obter uma solução analítica para um problema típico (ver, por exemplo, a Referência 5, Capítulo 7).

Escoamento plano incompressível em coordenadas polares

Considere que as coordenadas relevantes sejam r e θ, com $v_z = 0$, e que a massa específica seja constante. Então a Equação (4.82b) se reduz a

$$\frac{1}{r}\frac{\partial}{\partial r}(r v_r) + \frac{1}{r}\frac{\partial}{\partial \theta}(v_\theta) = 0 \tag{4.99}$$

Multiplicando por r, vemos que essa equação é a forma análoga da Equação (4.84):

$$\frac{\partial}{\partial r}\left(\frac{\partial \psi}{\partial \theta}\right) + \frac{\partial}{\partial \theta}\left(-\frac{\partial \psi}{\partial r}\right) = 0 \tag{4.100}$$

Comparando as Equações (4.99) e (4.100), deduzimos a forma da função corrente incompressível em coordenadas polares:

$$v_r = \frac{1}{r}\frac{\partial \psi}{\partial \theta} \qquad v_\theta = -\frac{\partial \psi}{\partial r} \tag{4.101}$$

Uma vez mais, as linhas de ψ constante são linhas de corrente, e a variação em ψ é a *vazão volumétrica* $Q_{1 \to 2} = \psi_2 - \psi_1$. A convenção de sinais é a mesma da Figura 4.9. Esse tipo de função corrente é muito útil na análise de escoamentos com cilindros, vórtices, fontes e sumidouros (Capítulo 8).

Escoamento incompressível com simetria axial

Como exemplo final, suponha que o escoamento seja tridimensional (v_r, v_z), mas sem variações circunferenciais, $v_\theta = \partial/\partial\theta = 0$ (ver Figura 4.2 para definição de coordenadas). Um escoamento desses é chamado de *escoamento com simetria axial*, e o padrão de escoamento é o mesmo quando visto em qualquer plano meridional pelo eixo de revolução z. Para escoamento incompressível, a Equação (4.82b) torna-se

$$\frac{1}{r}\frac{\partial}{\partial r}(rv_r) + \frac{\partial}{\partial z}(v_z) = 0 \tag{4.102}$$

Isso parece não funcionar: será que não podemos eliminar o r externo? Mas quando percebemos que r e z são coordenadas independentes, a Equação (4.102) pode ser reescrita como

$$\frac{\partial}{\partial r}(rv_r) + \frac{\partial}{\partial z}(rv_z) = 0 \tag{4.103}$$

Por analogia com a Equação (4.84), essa equação tem a forma

$$\frac{\partial}{\partial r}\left(-\frac{\partial \psi}{\partial z}\right) + \frac{\partial}{\partial z}\left(\frac{\partial \psi}{\partial r}\right) = 0 \tag{4.104}$$

Comparando (4.103) e (4.104), deduzimos a forma de uma função corrente com simetria axial incompressível $\psi(r, z)$

$$v_r = -\frac{1}{r}\frac{\partial \psi}{\partial z} \qquad v_z = \frac{1}{r}\frac{\partial \psi}{\partial r} \tag{4.105}$$

Aqui novamente as linhas de ψ constante são linhas de corrente, mas há um fator (2π) na vazão volumétrica: $Q_{1\rightarrow 2} = 2\pi(\psi_2 - \psi_1)$. A convenção de sinais para o escoamento é a mesma da Figura 4.9.

EXEMPLO 4.8

Investigue a função corrente em coordenadas polares

$$\psi = U \operatorname{sen}\theta\left(r - \frac{R^2}{r}\right) \tag{1}$$

em que U e R são constantes, uma velocidade e um comprimento, respectivamente. Faça um gráfico das linhas de corrente. O que o escoamento representa? É uma solução realista das equações básicas?

Solução

As linhas de corrente são linhas de ψ constante, com as unidades de metro quadrado por segundo. Observe que $\psi/(UR)$ é adimensional. Reescreva a Equação (1) na forma adimensional

$$\frac{\psi}{UR} = \operatorname{sen}\theta\left(\eta - \frac{1}{\eta}\right) \qquad \eta = \frac{r}{R} \tag{2}$$

A linha $\psi = 0$ tem interesse particular. Da Equação (1) ou (2), isso ocorre quando (a) $\theta = 0$ ou 180° e (b) $r = R$. O caso (*a*) é o eixo x, e o caso (*b*) é um círculo de raio R, ambos estão no gráfico da Figura E4.8.

Para qualquer valor de ψ não nulo, é mais fácil fixar um valor de r e resolver para θ:

$$\operatorname{sen} \theta = \frac{\psi/(UR)}{r/R - R/r} \tag{3}$$

Em geral, haverá duas soluções para θ em virtude da simetria em relação ao eixo y. Por exemplo, tome $\psi/(UR) = +1{,}0$:

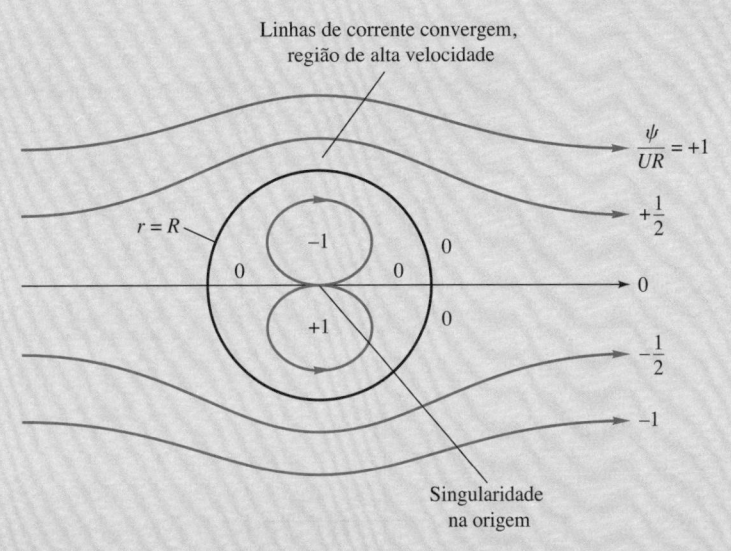

E4.8

r/R escolhido	3,0	2,5	2,0	1,8	1,7	1,618
θ calculado	22°	28°	42°	53°	64°	90°
	158°	152°	138°	127°	116°	

Esta linha está no gráfico da Figura E4.8 e passa acima do círculo $r = R$. Tenha cuidado, porém, porque há uma segunda curva para $\psi/(UR) = +1{,}0$ para pequeno $r < R$ abaixo do eixo x:

r/R escolhido	0,618	0,6	0,5	0,4	0,3	0,2	0,1
θ calculado	−90°	−70°	−42°	−28°	−19°	−12°	−6°
		−110°	−138°	−152°	−161°	−168°	−174°

Essa segunda curva representa uma curva fechada dentro do círculo $r = R$. Há uma singularidade de velocidade infinita e direção do escoamento indeterminada na origem. A Figura E4.8 mostra o padrão completo.

A função corrente dada, Equação (1), é uma solução exata e clássica da equação da quantidade de movimento (4.38) para escoamento sem atrito. Fora do círculo $r = R$ ela representa o escoamento bidimensional não viscoso de uma corrente uniforme em torno de um cilindro circular (Seção 8.4). Dentro do círculo ela representa um movimento circulatório confinado, pouco realista, criado por algo chamado de *dipolo*.

4.8 Vorticidade e irrotacionalidade

A hipótese de velocidade angular do fluido nula, ou irrotacionalidade, é uma simplificação muito útil. Aqui mostramos que a velocidade angular está associada ao rotacional do vetor velocidade local.

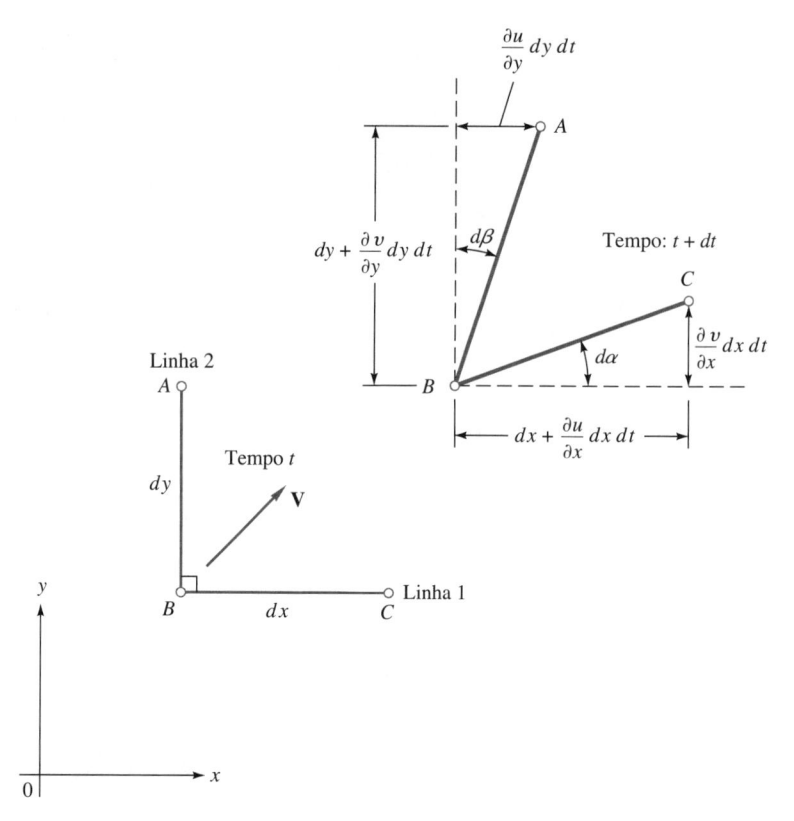

Figura 4.10 Velocidade angular e taxa de deformação de duas linhas de fluido deformando-se no plano xy.

As equações diferenciais para deformação de um elemento de fluido podem ser deduzidas examinando-se a Figura 4.10. Duas linhas de fluido, AB e BC, inicialmente perpendiculares no instante t, movem-se e deformam-se de modo que em $t + dt$ elas têm comprimentos ligeiramente diferentes $A'B'$ e $B'C'$ e estão ligeiramente fora das perpendiculares dos ângulos $d\alpha$ e $d\beta$. Essa deformação ocorre cinematicamente, pois A, B e C têm velocidades ligeiramente diferentes quando o campo de velocidade $\mathbf{V}$ tem gradientes espaciais. Todas essas variações diferenciais do movimento de A, B e C estão representadas na Figura 4.10.

Definimos a velocidade angular ω_z em torno do eixo z como a taxa média de rotação anti-horária das duas linhas:

$$\omega_z = \frac{1}{2}\left(\frac{d\alpha}{dt} - \frac{d\beta}{dt}\right) \quad (4.106)$$

Mas, pela Figura 4.10, $d\alpha$ e $d\beta$ estão cada um deles diretamente relacionados às derivadas da velocidade no limite para um pequeno dt:

$$\begin{aligned} d\alpha &= \lim_{dt\to 0}\left[\tan^{-1}\frac{(\partial v/\partial x)\,dx\,dt}{dx + (\partial u/\partial x)\,dx\,dt}\right] = \frac{\partial v}{\partial x}dt \\ d\beta &= \lim_{dt\to 0}\left[\tan^{-1}\frac{(\partial u/\partial y)\,dy\,dt}{dy + (\partial v/\partial y)\,dy\,dt}\right] = \frac{\partial u}{\partial y}dt \end{aligned} \quad (4.107)$$

Combinando as Equações (4.106) e (4.107), obtemos o resultado:

$$\omega_z = \frac{1}{2}\left(\frac{\partial v}{\partial x} - \frac{\partial u}{\partial y}\right) \quad (4.108)$$

Exatamente da mesma maneira determinamos as outras duas taxas:

$$\omega_x = \frac{1}{2}\left(\frac{\partial w}{\partial y} - \frac{\partial v}{\partial z}\right) \qquad \omega_y = \frac{1}{2}\left(\frac{\partial u}{\partial z} - \frac{\partial w}{\partial x}\right) \quad (4.109)$$

O vetor $\omega = \mathbf{i}\omega_x + \mathbf{j}\omega_y + \mathbf{k}\omega_z$ é, portanto, metade do rotacional do vetor velocidade

$$\omega = \frac{1}{2}\nabla \times \mathbf{V} = \frac{1}{2}\begin{vmatrix} \mathbf{i} & \mathbf{j} & \mathbf{k} \\ \frac{\partial}{\partial x} & \frac{\partial}{\partial y} & \frac{\partial}{\partial z} \\ u & v & w \end{vmatrix} \quad (4.110)$$

Como o fator $\frac{1}{2}$ é inconveniente, muitos preferem usar um vetor duas vezes maior, chamado *vorticidade*:

$$\zeta = 2\omega = \nabla \times \mathbf{V} \quad (4.111)$$

Muitos escoamentos têm vorticidade desprezível ou nula e são chamados de *irrotacionais*:

$$\nabla \times \mathbf{V} \equiv 0 \quad (4.112)$$

Na próxima seção desenvolvemos essa ideia. Esses escoamentos podem ser incompressíveis ou compressíveis, permanentes ou não permanentes.

Podemos também observar que a Figura 4.10 apresenta a *taxa de deformação cisalhante* do elemento, que é definida como a taxa de aproximação angular das linhas inicialmente perpendiculares:

$$\dot{\varepsilon}_{xy} = \frac{d\alpha}{dt} + \frac{d\beta}{dt} = \frac{\partial v}{\partial x} + \frac{\partial u}{\partial y} \quad (4.113)$$

Quando multiplicada pela viscosidade μ, obtém-se a tensão de cisalhamento τ_{xy} em um fluido newtoniano, conforme discutido anteriormente nas Equações (4.37). O Apêndice D lista as taxas de deformação e os componentes da vorticidade em coordenadas cilíndricas.

4.9 Escoamentos irrotacionais sem atrito

Quando um escoamento é sem atrito e irrotacional, coisas agradáveis acontecem. Primeiro, a equação da quantidade de movimento (4.38) reduz-se à equação de Euler:

$$\rho\frac{d\mathbf{V}}{dt} = \rho\mathbf{g} - \nabla p \quad (4.114)$$

Segundo, há uma grande simplificação no termo da aceleração. Lembre-se da Seção 4.1 que a aceleração tem dois termos:

$$\frac{d\mathbf{V}}{dt} = \frac{\partial \mathbf{V}}{\partial t} + (\mathbf{V} \cdot \nabla)\mathbf{V} \quad (4.2)$$

Existe uma bela identidade vetorial para o segundo termo [11]:

$$(\mathbf{V} \cdot \nabla)\mathbf{V} \equiv \nabla(\tfrac{1}{2}V^2) + \zeta \times \mathbf{V} \quad (4.115)$$

em que $\zeta = \nabla \times \mathbf{V}$ da Equação (4.111) é a vorticidade do fluido.

Agora combine (4.114) e (4.115), divida por ρ e rearrange o lado esquerdo. Faça o produto escalar da equação inteira por um vetor de deslocamento arbitrário $d\mathbf{r}$:

$$\left[\frac{\partial \mathbf{V}}{\partial t} + \boldsymbol{\nabla}\left(\frac{1}{2}V^2\right) + \boldsymbol{\zeta} \times \mathbf{V} + \frac{1}{\rho}\boldsymbol{\nabla}p - \mathbf{g}\right] \cdot d\mathbf{r} = 0 \qquad (4.116)$$

Nada vai funcionar a menos que eliminemos o terceiro termo. Nós queremos que

$$(\boldsymbol{\zeta} \times \mathbf{V}) \cdot (d\mathbf{r}) \equiv 0 \qquad (4.117)$$

Isso será verdadeiro sob várias condições:

1. $\mathbf{V}$ é zero; trivial, não há escoamento (hidrostática).
2. $\boldsymbol{\zeta}$ é zero; escoamento irrotacional.
3. $d\mathbf{r}$ é perpendicular a $\boldsymbol{\zeta} \times \mathbf{V}$; um tanto especial e raro.
4. $d\mathbf{r}$ é paralelo a $\mathbf{V}$; nós integramos *ao longo de uma linha de corrente* (ver Seção 3.5)

A condição 4 é a hipótese comum. Se integrarmos ao longo de uma linha de corrente em escoamento compressível e sem atrito e tomarmos, por conveniência, $\mathbf{g} = -g\mathbf{k}$, a Equação (4.116) reduz-se a

$$\frac{\partial \mathbf{V}}{\partial t} \cdot d\mathbf{r} + d\left(\frac{1}{2}V^2\right) + \frac{dp}{\rho} + g\,dz = 0 \qquad (4.118)$$

Excetuando-se o primeiro termo, os demais são diferenciais exatas. Integre entre quaisquer dois pontos 1 e 2 ao longo da linha de corrente:

$$\int_1^2 \frac{\partial V}{\partial t}ds + \int_1^2 \frac{dp}{\rho} + \frac{1}{2}(V_2^2 - V_1^2) + g(z_2 - z_1) = 0 \qquad (4.119)$$

em que ds é o comprimento elementar de arco ao longo da linha de corrente. A Equação (4.119) é a equação de Bernoulli para escoamento sem atrito e não permanente ao longo de uma linha de corrente, sendo idêntica à Equação (3.53). Para escoamento permanente incompressível, ela se reduz a

$$\frac{p}{\rho} + \frac{1}{2}V^2 + gz = \text{constante ao longo da linha de corrente} \qquad (4.120)$$

A constante pode variar de uma linha de corrente para outra, a menos que o escoamento seja também irrotacional (hipótese 2). Para escoamento irrotacional $\boldsymbol{\zeta} = 0$, o termo inconveniente da Equação (4.117) desaparece, independentemente da direção de $d\mathbf{r}$, e, portanto, a Equação (4.120) vale em todo o campo de escoamento com a mesma constante.

Potencial de velocidade

A irrotacionalidade dá origem a uma função escalar ϕ similar e complementar à função corrente ψ. De acordo com um teorema da análise vetorial [11], um vetor com rotacional nulo deve ser o gradiente de uma função escalar

$$\text{Se} \quad \boldsymbol{\nabla} \times \mathbf{V} \equiv 0 \quad \text{então} \quad \mathbf{V} = \boldsymbol{\nabla}\phi \qquad (4.121)$$

em que $\phi = \phi(x, y, z, t)$ é chamada de *função potencial de velocidade*. Logo, o conhecimento de ϕ fornece imediatamente os componentes de velocidade

$$u = \frac{\partial \phi}{\partial x} \qquad v = \frac{\partial \phi}{\partial y} \qquad w = \frac{\partial \phi}{\partial z} \qquad (4.122)$$

Linhas de ϕ constante são chamadas de *linhas equipotenciais* do escoamento.

Observe que ϕ, diferentemente da função corrente, é totalmente tridimensional e não está limitada a duas coordenadas. Ela reduz um problema de velocidade com três incógnitas u, v e w a um único potencial ϕ desconhecido; no Capítulo 8 são dados muitos exemplos. O potencial de velocidade também simplifica a equação de Bernoulli não permanente (4.118) porque se ϕ existe, obtemos

$$\frac{\partial \mathbf{V}}{\partial t} \cdot d\mathbf{r} = \frac{\partial}{\partial t}(\nabla \phi) \cdot d\mathbf{r} = d\left(\frac{\partial \phi}{\partial t}\right) \qquad (4.123)$$

ao longo de qualquer direção arbitrária. A Equação (4.118) torna-se, então, uma relação entre ϕ e p:

$$\frac{\partial \phi}{\partial t} + \int \frac{dp}{\rho} + \frac{1}{2}|\nabla \phi|^2 + gz = \text{const} \qquad (4.124)$$

Essa é a equação de Bernoulli não permanente e irrotacional. Ela é muito importante na análise de campos de escoamento em aceleração (ver Referências 10 e 15), mas a única aplicação neste livro será na Seção 9.3 para escoamento permanente.

Ortogonalidade de linhas de corrente e linhas equipotenciais

Se um escoamento é irrotacional e descrito por apenas duas coordenadas, existem ψ e ϕ e as linhas de corrente e as linhas equipotenciais são, em todos os pontos, mutuamente perpendiculares, exceto em um ponto de estagnação. Por exemplo, para escoamento incompressível no plano xy, teríamos

$$u = \frac{\partial \psi}{\partial y} = \frac{\partial \phi}{\partial x} \qquad (4.125)$$

$$v = -\frac{\partial \psi}{\partial x} = \frac{\partial \phi}{\partial y} \qquad (4.126)$$

Observando essas equações, você poderia dizer que elas implicam não só a ortogonalidade, mas também que ϕ e ψ satisfazem à equação de Laplace?[13] Uma linha de ϕ constante seria tal que a variação de ϕ é nula:

$$d\phi = \frac{\partial \phi}{\partial x} dx + \frac{\partial \phi}{\partial y} dy = 0 = u\, dx + v\, dy \qquad (4.127)$$

Resolvendo, temos

$$\left(\frac{dy}{dx}\right)_{\phi = \text{const}} = -\frac{u}{v} = -\frac{1}{(dy/dx)_{\psi = \text{const}}} \qquad (4.128)$$

A Equação (4.128) é a condição matemática para que as linhas de ϕ e ψ constantes sejam mutuamente ortogonais. Ela pode não ser verdadeira em um ponto de estagnação, em que u e v são nulas, de modo que a razão entre elas na Equação (4.128) é indeterminada.

---

[13] As Equações (4.125) e (4.126) são chamadas de *equações de Cauchy-Riemann* e são estudadas em teoria de variáveis complexas.

Geração da vorticidade[14]

Esta é a segunda vez que discutimos a equação de Bernoulli sob diferentes circunstâncias (a primeira foi na Seção 3.5). Esse reforço é útil, pois essa é provavelmente a equação mais amplamente utilizada em mecânica dos fluidos. Ela requer escoamento sem atrito e sem trabalho de eixo ou transferência de calor entre as seções 1 e 2. O escoamento pode ser rotacional ou irrotacional, sendo este último caso uma condição mais simples, permitindo o uso de uma constante de Bernoulli universal.

A única questão que permanece é: *quando* um escoamento é irrotacional? Em outras palavras, quando um escoamento tem velocidade angular desprezível? A análise exata da rotacionalidade do fluido sob condições arbitrárias é um tópico para estudos avançados (por exemplo, Referência 10, Seção 8.5; Referência 9, Seção 5.2; e Referência 5, Seção 2.10). Vamos simplesmente enunciar esses resultados aqui sem demonstração.

Um escoamento de fluido que seja inicialmente irrotacional pode se tornar rotacional se

1. Houver forças viscosas significativas induzidas por jatos, esteiras ou fronteiras sólidas. Neste caso, a equação de Bernoulli não será válida nessas regiões viscosas.
2. Houver gradientes de entropia causados por ondas de choque curvas (ver Figura 4.11*b*).
3. Houver gradientes de densidade causados pela *estratificação* (aquecimento não uniforme) e não por gradientes de pressão.
4. Houver efeitos *não inerciais* significativos, como, por exemplo, a rotação da Terra (a aceleração de Coriolis).

Nos casos 2 a 4, a equação de Bernoulli ainda vale ao longo de uma linha de corrente se o atrito for desprezível. Não estudaremos os casos 3 e 4 neste livro. O caso 2 será tratado brevemente no Capítulo 9 sobre dinâmica dos gases. Primariamente estamos interessados no caso 1, em que a rotação é induzida por tensões viscosas. Isso ocorre próximo a superfícies sólidas, em que a condição de não escorregamento cria uma camada-limite na qual a velocidade da corrente cai a zero, e em jatos e esteiras, nos quais correntes de diferentes velocidades se encontram em uma região de intenso cisalhamento.

Escoamentos internos, como em tubos e dutos, são bastante viscosos, e as camadas parietais crescem e se encontram na região central do duto. A equação de Bernoulli não vale em tais escoamentos, a menos que ela seja modificada para levar em conta as perdas viscosas.

Escoamentos externos, como aquele sobre um corpo imerso em uma corrente, são parcialmente viscosos e parcialmente não viscosos, sendo as duas regiões interligadas na borda de uma camada cisalhante ou de uma camada-limite. São mostrados dois exemplos na Figura 4.11. A Figura 4.11*a* mostra um escoamento subsônico de baixa velocidade em torno de um corpo. A corrente de aproximação é irrotacional; isto é, o rotacional de uma constante é zero, mas as tensões viscosas criam uma camada de cisalhamento rotacional sobre e a jusante do corpo. De uma forma geral (ver Capítulo 7), a camada-limite é laminar, ou suave, próximo ao nariz do corpo e turbulenta, ou desordenada, em direção à traseira do corpo. Ocorre uma região separada, ou região morta, nas proximidades do bordo de fuga, seguida de uma esteira turbulenta não permanente que se estende a jusante. Algum tipo de teoria de escoamento viscoso, laminar ou turbulento deve ser aplicado a essas regiões do escoamento; elas são, então, embutidas no escoamento externo, que é isento de atrito e irrotacional. Se o número de Mach da corrente for menor do que aproximadamente 0,3, podemos combinar a Equação (4.122) com a equação da continuidade incompressível (4.73):

$$\nabla \cdot \mathbf{V} = \nabla \cdot (\nabla \phi) = 0$$

---

[14]Esta seção pode ser omitida sem perda de continuidade.

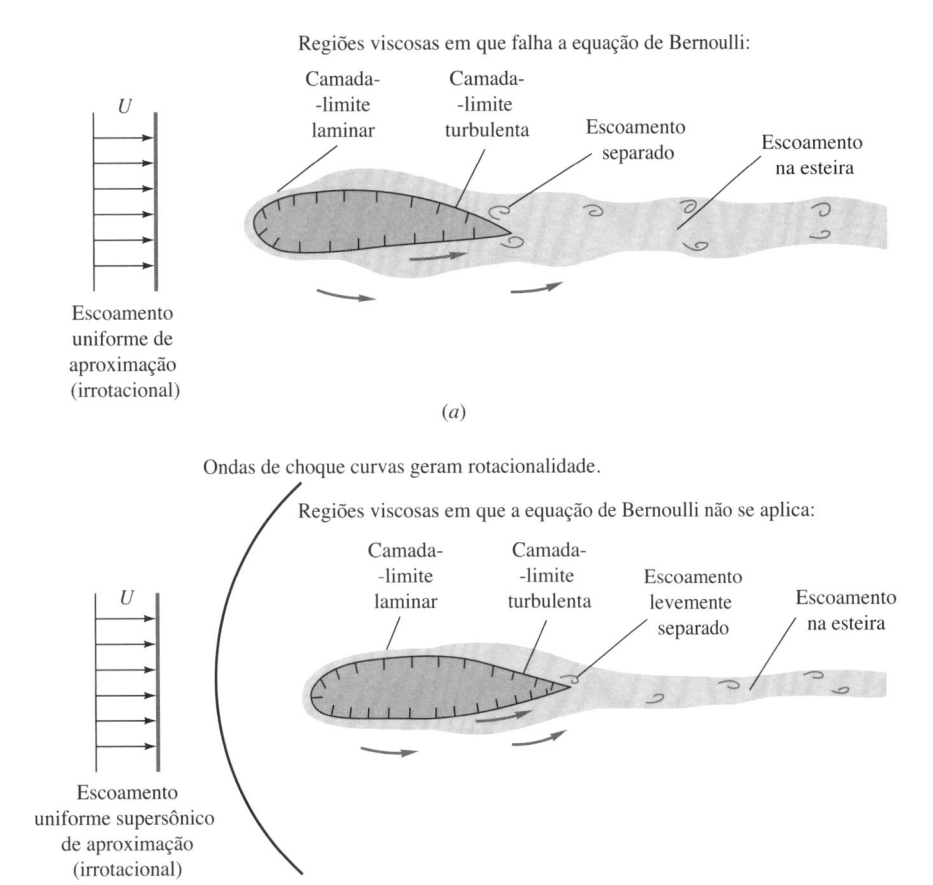

Figura 4.11 Padrões típicos de escoamento, ilustrando regiões viscosas dentro de regiões quase sem atrito: (a) escoamento baixo-subsônico em torno de um corpo ($U \ll a$); escoamento potencial sem atrito, irrotacional fora da camada-limite (equações de Bernoulli e Laplace válidas); (b) escoamento supersônico em torno de um corpo ($U > a$); escoamento sem atrito, rotacional fora da camada-limite (equação de Bernoulli válida, escoamento potencial inválido).

ou
$$\nabla^2 \phi = 0 = \frac{\partial^2 \phi}{\partial x^2} + \frac{\partial^2 \phi}{\partial y^2} + \frac{\partial^2 \phi}{\partial z^2} \qquad (4.129)$$

Essa é a equação de Laplace em três dimensões, não havendo restrição quanto ao número de coordenadas no escoamento potencial. Grande parte do Capítulo 8 será dedicada à solução da Equação (4.129) para problemas práticos de engenharia; ela vale em toda a região da Figura 4.11a fora da camada cisalhante.

A Figura 4.11b mostra um escoamento supersônico em torno de um corpo de nariz arredondado. Geralmente se forma uma onda de choque curva na frente do corpo, e o escoamento a jusante é *rotacional*, em decorrência dos gradientes de entropia (caso 2). Podemos usar a equação de Euler (4.114) nessa região sem atrito, mas não a teoria potencial. As camadas cisalhantes têm o mesmo caráter geral da Figura 4.11a, exceto que a zona de separação é pequena ou frequentemente inexistente e a esteira é em geral mais fina. A teoria do escoamento separado atualmente é qualitativa, mas podemos fazer estimativas quantitativas sobre as camadas-limite e as esteiras, laminares e turbulentas.

EXEMPLO 4.9

Se existe um potencial de velocidade para o campo de velocidade do Exemplo 4.5

$$u = a(x^2 - y^2) \qquad v = -2axy \qquad w = 0$$

encontre-o, coloque-o em um gráfico e compare-o com o Exemplo 4.7.

Solução

Como $w = 0$, o rotacional de **V** tem um componente z, e devemos mostrar que ele é nulo:

$$(\nabla \times \mathbf{V})_z = 2\omega_z = \frac{\partial v}{\partial x} - \frac{\partial u}{\partial y} = \frac{\partial}{\partial x}(-2axy) - \frac{\partial}{\partial y}(ax^2 - ay^2)$$

$$= -2ay + 2ay = 0 \qquad \text{verifica} \qquad \textit{Resposta}$$

O escoamento é realmente irrotacional. Existe um potencial de velocidade.
   Para encontrar $\phi(x, y)$, fazemos

$$u = \frac{\partial \phi}{\partial x} = ax^2 - ay^2 \tag{1}$$

$$v = \frac{\partial \phi}{\partial y} = -2axy \tag{2}$$

Integre (1)

$$\phi = \frac{ax^3}{3} - axy^2 + f(y) \tag{3}$$

Diferencie (3) e compare com (2)

$$\frac{\partial \phi}{\partial y} = -2axy + f'(y) = -2axy \tag{4}$$

Portanto, $f' = 0$, ou $f =$ constante. O potencial de velocidade é

$$\phi = \frac{ax^3}{3} - axy^2 + C \qquad \textit{Resposta}$$

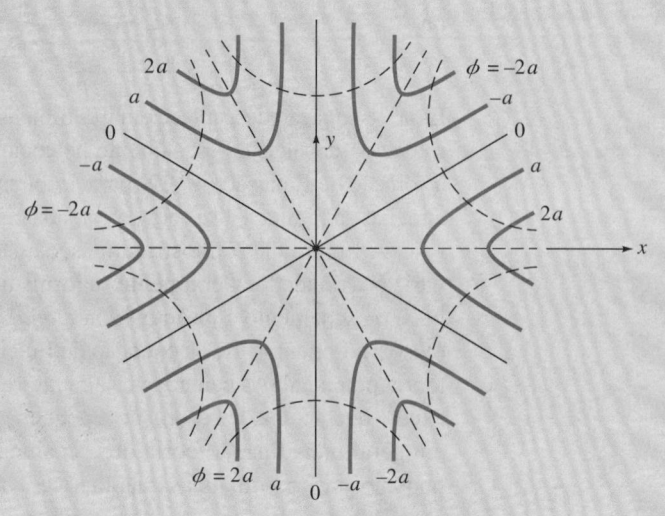

E4.9

Fazendo $C = 0$, podemos traçar o gráfico das linhas de ϕ da mesma maneira que no Exemplo 4.7. O resultado é mostrado na Figura E4.9 (sem setas em ϕ). Para este problema particular, as linhas ϕ formam o mesmo padrão que as linhas ψ do Exemplo 4.7 (mostradas aqui como linhas tracejadas), mas deslocadas 30°. As linhas ϕ e ψ são perpendiculares em todos os pontos, exceto na origem, que é um ponto de estagnação, onde ficam separadas 30°. Esperamos problemas no ponto de estagnação, e não há regra geral para determinar o comportamento das linhas nesse ponto.

4.10 Alguns escoamentos viscosos incompressíveis ilustrativos

Os escoamentos não viscosos *não* satisfazem a condição de não escorregamento. Eles "escorregam" na parede, mas não a atravessam. Para examinarmos as condições completas viscosas de não escorregamento, devemos trabalhar a equação completa de Navier-Stokes (4.74), e o resultado em geral não é totalmente irrotacional, nem existe um potencial de velocidade. Examinamos aqui três casos: (1) escoamento entre placas paralelas em virtude de uma parede superior em movimento, (2) escoamento entre placas paralelas por causa de um gradiente de pressão e (3) escoamento entre cilindros concêntricos com o cilindro interno girando. Outros casos serão tratados como problemas propostos ou considerados no Capítulo 6. Soluções extensivas para escoamentos viscosos são discutidas nas Referências 4 e 5. Todos os escoamentos desta seção são viscosos e rotacionais.

Escoamento de Couette entre uma placa fixa e outra móvel

Considere o escoamento viscoso plano ($\partial/\partial z = 0$) incompressível bidimensional entre placas paralelas separadas por uma distância $2h$, como mostra a Figura 4.12. Admitimos que as placas são muito largas e muito longas, de forma que o escoamento é essencialmente axial, $u \neq 0$, mas $v = w = 0$. O presente caso é o da Figura 4.12a, em que a placa superior se move a uma velocidade V, mas não há gradiente de pressão. Despreze os efeitos da gravidade. Aprendemos da equação da continuidade (4.73) que

$$\frac{\partial u}{\partial x} + \frac{\partial v}{\partial y} + \frac{\partial w}{\partial z} = 0 = \frac{\partial u}{\partial x} + 0 + 0 \quad \text{ou} \quad u = u(y) \text{ somente}$$

Portanto, há um único componente de velocidade axial não nulo, que varia somente através do canal. Dizemos que o escoamento é *totalmente desenvolvido* (bem a jusante da entrada).

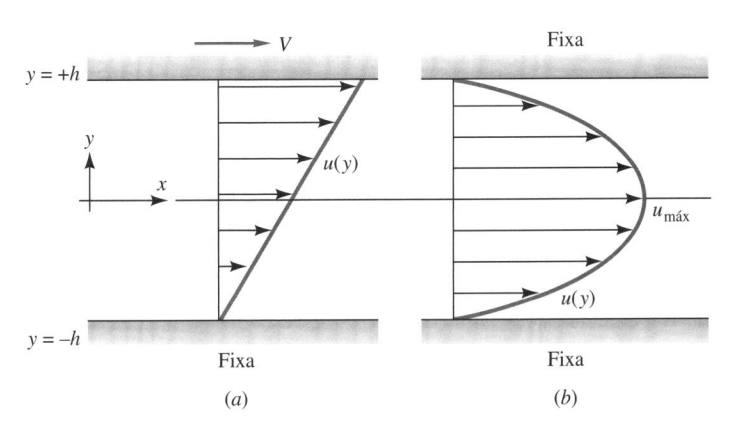

Figura 4.12 Escoamento viscoso incompressível entre placas paralelas: (a) sem gradiente de pressão, placa superior móvel; (b) gradiente de pressão $\partial p/\partial x$ com ambas as placas fixas.

Substitua $u = u(y)$ no componente x da equação da quantidade de movimento de Navier-Stokes (4.74) para escoamento bidimensional (x, y):

$$\rho\left(u\frac{\partial u}{\partial x} + v\frac{\partial u}{\partial y}\right) = -\frac{\partial p}{\partial x} + \rho g_x + \mu\left(\frac{\partial^2 u}{\partial x^2} + \frac{\partial^2 u}{\partial y^2}\right)$$

ou
$$\rho(0 + 0) = 0 + 0 + \mu\left(0 + \frac{d^2 u}{dy^2}\right) \quad (4.130)$$

Muitos termos se anulam e a equação da quantidade de movimento se reduz simplesmente a

$$\frac{d^2 u}{dy^2} = 0 \quad \text{ou} \quad u = C_1 y + C_2$$

As duas constantes são encontradas aplicando-se a condição de não escorregamento nas placas superior e inferior:

Em $y = +h$: $\quad u = V = C_1 h + C_2$

Em $y = -h$: $\quad u = 0 = C_1(-h) + C_2$

ou $\quad C_1 = \dfrac{V}{2h} \quad$ e $\quad C_2 = \dfrac{V}{2}$

Portanto, a solução para esse caso (*a*), escoamento entre placas com uma parede superior em movimento, é

$$u = \frac{V}{2h}y + \frac{V}{2} \quad -h \leq y \leq +h \quad (4.131)$$

Este é o *escoamento de Couette* em virtude de uma parede móvel: um perfil de velocidade linear sem escorregamento nas paredes, conforme foi previsto e esquematizado na Figura 4.12*a*. Observe que a origem foi colocada no centro do canal por conveniência do caso (*b*) a seguir.

O que acabamos de apresentar é uma rigorosa dedução do escoamento da Figura 1.7, discutido ali mais informalmente (em que y e h foram definidos de forma diferente).

Escoamento entre duas placas fixas por causa de um gradiente de pressão

O caso (*b*) está esquematizado na Figura 4.12*b*. Ambas as placas são fixas ($V = 0$), mas a pressão varia na direção x. Se $v = w = 0$, a equação da continuidade leva às mesmas conclusões do caso (*a*), ou seja, que $u = u(y)$ apenas. A equação da quantidade de movimento x (4.130) difere somente porque a pressão é variável:

$$\mu\frac{d^2 u}{dy^2} = \frac{\partial p}{\partial x} \quad (4.132)$$

Além disso, como $v = w = 0$ e a gravidade é desprezada, as equações da quantidade de movimento y e z conduzem a

$$\frac{\partial p}{\partial y} = 0 \quad \text{e} \quad \frac{\partial p}{\partial z} = 0 \quad \text{ou} \quad p = p(x) \text{ apenas}$$

Portanto, o gradiente de pressão na Equação (4.132) é o gradiente total e único:

$$\mu\frac{d^2 u}{dy^2} = \frac{dp}{dx} = \text{const} < 0 \quad (4.133)$$

Por que acrescentamos o fato de que *dp/dx* é *constante*? Lembre-se de uma conclusão útil da teoria da separação de variáveis: se duas grandezas são iguais e uma varia somente com *y* e a outra somente com *x*, então ambas devem ser iguais à mesma constante. Caso contrário, elas não seriam independentes uma da outra.

Por que dizemos que a constante é *negativa*? Fisicamente, a pressão deve diminuir na direção do escoamento para dirigi-lo e vencer a resistência da tensão de cisalhamento na parede. Portanto, o perfil de velocidade *u(y)* deve ter curvatura negativa em todos os pontos, como foi previsto e esquematizado na Figura 4.12b.

A solução da Equação (4.133) é obtida integrando-se duas vezes:

$$u = \frac{1}{\mu}\frac{dp}{dx}\frac{y^2}{2} + C_1 y + C_2$$

As constantes são determinadas pela condição de não escorregamento em cada parede:

Em $y = \pm h$: $u = 0$ ou $C_1 = 0$ e $C_2 = -\frac{dp}{dx}\frac{h^2}{2\mu}$

Então, a solução para o caso (*b*), escoamento em um canal em virtude de um gradiente de pressão é

$$u = -\frac{dp}{dx}\frac{h^2}{2\mu}\left(1 - \frac{y^2}{h^2}\right) \tag{4.134}$$

O escoamento forma uma parábola de *Poiseuille* de curvatura negativa constante. A velocidade máxima ocorre na linha de centro $y = 0$:

$$u_{máx} = -\frac{dp}{dx}\frac{h^2}{2\mu} \tag{4.135}$$

Outros parâmetros do escoamento (laminar) são calculados no exemplo a seguir.

EXEMPLO 4.10

Para o caso (*b*) da Figura 4.12b, escoamento entre placas paralelas por causa de um gradiente de pressão, calcule (*a*) a tensão de cisalhamento na parede, (*b*) a função corrente, (*c*) a vorticidade, (*d*) o potencial de velocidade e (*e*) a velocidade média.

Solução

Todos os parâmetros podem ser calculados por meio da solução básica, Equação (4.134), por manipulação matemática.

Parte (a) O cisalhamento na parede segue da definição de um fluido newtoniano, Equação (4.37):

$$\tau_w = \tau_{xy\,parede} = \mu\left(\frac{\partial u}{\partial y} + \frac{\partial v}{\partial x}\right)\bigg|_{y=\pm h} = \mu\frac{\partial}{\partial y}\left[\left(-\frac{dp}{dx}\right)\left(\frac{h^2}{2\mu}\right)\left(1 - \frac{y^2}{h^2}\right)\right]\bigg|_{y=\pm h}$$

$$= \pm\frac{dp}{dx}h = \mp\frac{2\mu u_{máx}}{h} \qquad\qquad Resposta\ (a)$$

O cisalhamento na parede tem a mesma intensidade em cada placa, mas, pela nossa convenção de sinais da Figura 4.3, a parede superior tem tensão de cisalhamento negativa.

Parte (b) Como o escoamento é plano, permanente e incompressível, existe uma função corrente:

$$u = \frac{\partial \psi}{\partial y} = u_{máx}\left(1 - \frac{y^2}{h^2}\right) \qquad v = -\frac{\partial \psi}{\partial x} = 0$$

Integrando e fazendo $\psi = 0$ na linha de centro por conveniência, obtemos

$$\psi = u_{máx}\left(y - \frac{y^3}{3h^2}\right) \qquad \text{Resposta (b)}$$

Nas paredes, $y = \pm h$ e $\psi = \pm 2u_{máx}h/3$, respectivamente.

Parte (c) No escoamento plano, há apenas um único componente não nulo de vorticidade:

$$\zeta_z = (\nabla \times \mathbf{V})_z = \frac{\partial v}{\partial x} - \frac{\partial u}{\partial y} = \frac{2u_{máx}}{h^2}y \qquad \text{Resposta (c)}$$

A vorticidade é máxima na parede e é positiva (sentido anti-horário) na metade superior e negativa (sentido horário) na metade inferior do fluido. Os escoamentos viscosos são tipicamente tomados pela vorticidade e não são, de modo algum, irrotacionais.

Parte (d) De acordo com a parte (c), a vorticidade é finita. Portanto, o escoamento não é irrotacional e o potencial de velocidade *não existe*. *Resposta (d)*

Parte (e) A velocidade média é definida como $V_{méd} = Q/A$, em que $Q = \int u\, dA$ sobre a seção transversal. Para nossa distribuição particular $u(y)$ da Equação (4.134), obtemos

$$V_{méd} = \frac{1}{A}\int u\, dA = \frac{1}{b(2h)}\int_{-h}^{+h} u_{máx}\left(1 - \frac{y^2}{h^2}\right)b\, dy = \frac{2}{3}u_{máx} \qquad \text{Resposta (e)}$$

No escoamento de Poiseuille plano, entre placas paralelas, a velocidade média é dois terços do valor máximo (na linha de centro). Esse resultado poderia ser obtido também da função corrente deduzida na parte (b). Da Equação (4.95),

$$Q_{canal} = \psi_{superior} - \psi_{inferior} = \frac{2u_{máx}h}{3} - \left(-\frac{2u_{máx}h}{3}\right) = \frac{4}{3}u_{máx}h \text{ por unidade de largura}$$

da qual $V_m = Q/A_{b=1} = (4u_{máx}h/3)/(2h) = 2u_{máx}/3$, o mesmo resultado.

Este exemplo ilustra o que afirmamos anteriormente: o conhecimento do vetor velocidade **V** [como na Equação (4.134)] é essencialmente a *solução* de um problema de mecânica dos fluidos, pois todas as outras propriedades do escoamento podem, então, ser calculadas.

Escoamento totalmente desenvolvido laminar em tubo

Talvez a solução exata mais útil da equação de Navier-Stokes é aquela para escoamento incompressível em um tubo circular reto de raio R, estudado experimentalmente pela primeira vez por G. Hagen em 1839 e J. L. Poiseuille em 1840. Por *totalmente desenvolvido* entendemos que a região estudada está suficientemente distante da entrada, de modo que o escoamento é puramente axial, $v_z \neq 0$, enquanto v_r e v_θ são iguais a zero. Desprezamos a gravidade e também supomos que haja simetrial axial – isto é, $\partial/\partial\theta = 0$. A equação da continuidade em coordenadas cilíndricas, Equação (4.12b), se reduz a

$$\frac{\partial}{\partial z}(v_z) = 0 \qquad \text{ou} \qquad v_z = v_z(r) \qquad \text{apenas}$$

O escoamento prossegue diretamente pelo tubo sem movimento radial. A equação da quantidade de movimento em r, em coordenadas cilíndricas, Equação (D.5), é simplificada ficando $\partial p/\partial r = 0$, ou $p = p(z)$ apenas. A equação da quantidade de movimento em z, em coordenadas cilíndricas, Equação (D.7), reduz-se a

$$\rho v_z \frac{\partial v_z}{\partial z} = -\frac{dp}{dz} + \mu \nabla^2 v_z = -\frac{dp}{dz} + \frac{\mu}{r}\frac{d}{dr}\left(r\frac{dv_z}{dr}\right)$$

O termo da aceleração convectiva à esquerda desaparece por causa da equação da continuidade dada anteriormente. Assim a equação da quantidade de movimento pode ser rearranjada da seguinte forma:

$$\frac{\mu}{r}\frac{d}{dr}\left(r\frac{dv_z}{dr}\right) = \frac{dp}{dz} = \text{const} < 0 \qquad (4.136)$$

Essa é exatamente a situação que ocorria para o escoamento entre duas placas na Equação (4.132). Novamente, a constante de "separação" é negativa, e o escoamento no tubo será muito parecido com o escoamento entre placas na Figura 4.12b.

A Equação (4.136) é linear e pode ser integrada duas vezes, com o resultado abaixo:

$$v_z = \frac{dp}{dz}\frac{r^2}{4\mu} + C_1 \ln(r) + C_2$$

em que C_1 e C_2 são constantes. As condições de contorno são de não escorregamento nas paredes e de velocidade finita na linha de centro:

Não escorregamento em $r = R$: $\quad v_z = 0 = \dfrac{dp}{dz}\dfrac{R^2}{4\mu} + C_1 \ln(R) + C_2$

Velocidade finita em $r = 0$: $\quad v_z = \text{finita} = 0 + C_1 \ln(0) + C_2$

Para evitar uma singularidade logarítmica, a condição na linha de centro requer que $C_1 = 0$. Então, do não escorregamento, $C_2 = (-dp/dz)(R^2/4\mu)$. A solução final e muito conhecida para o escoamento de *Hagen-Poiseuille* totalmente desenvolvido é

$$\boxed{v_z = \left(-\frac{dp}{dz}\right)\frac{1}{4\mu}(R^2 - r^2)} \qquad (4.137)$$

O perfil de velocidade é um paraboloide com o máximo na linha de centro. Assim como no Exemplo 4.10, o conhecimento da distribuição de velocidade permite-nos calcular outros parâmetros:

$$V_{\text{máx}} = v_z(r = 0) = \left(-\frac{dp}{dz}\right)\frac{R^2}{4\mu}$$

$$V_{\text{méd}} = \frac{1}{A}\int v_z\, dA = \frac{1}{\pi R^2}\int_0^R V_{\text{máx}}\left(1 - \frac{r^2}{R^2}\right)2\pi r\, dr = \frac{V_{\text{máx}}}{2} = \left(-\frac{dp}{dz}\right)\frac{R^2}{8\mu}$$

$$Q = \int v_z\, dA = \int_0^R V_{\text{máx}}\left(1 - \frac{r^2}{R^2}\right)2\pi r\, dr = \pi R^2 V_{\text{méd}} = \frac{\pi R^4}{8\mu}\left(-\frac{dp}{dz}\right) = \frac{\pi R^4 \Delta p}{8\mu L}$$

$$\tau_{\text{parede}} = \mu\left|\frac{\partial v_z}{\partial r}\right|_{r=R} = \frac{4\mu V_{\text{méd}}}{R} = \frac{R}{2}\left(-\frac{dp}{dz}\right) = \frac{R}{2}\frac{\Delta p}{L} \qquad (4.138)$$

Observe que substituímos a igualdade $(-dp/dz) = \Delta p/L$, em que Δp é a queda de pressão ao longo de todo o comprimento L do tubo.

Essas fórmulas são válidas desde que o escoamento seja *laminar* – isto é, quando o adimensional número de Reynolds do escoamento, $\text{Re}_D = \rho V_{\text{méd}}(2R)/\mu$, for menor do que aproximadamente 2.100. Observe também que as fórmulas não dependem da densidade, e a razão para isso é que a aceleração convectiva desse escoamento é zero.

EXEMPLO 4.11

Óleo SAE 10W a 20° C escoa a 1,1 m³/h por meio de um tubo horizontal com $d = 2$ cm e $L = 12$ m. Encontre (*a*) a velocidade média, (*b*) o número de Reynolds, (*c*) a queda de pressão e (*d*) a potência necessária.

Solução

- *Hipóteses:* Escoamento laminar, permanente, de Hagen-Poiseuille em tubo.
- *Abordagem:* As fórmulas das Equações (4.138) são apropriadas para esse problema. Note que $R = 0,01$ m.
- *Valores das propriedades:* Da Tabela A.3 para o óleo SAE 10W, $\rho = 870$ kg/m³ e $\mu = 0{,}104$ kg/(m · s).
- *Passos da solução:* A velocidade média é obtida facilmente da vazão e da área do tubo:

$$V_{\text{méd}} = \frac{Q}{\pi R^2} = \frac{(1,1/3.600)\text{ m}^3/\text{s}}{\pi (0{,}01\text{ m})^2} = 0{,}973 \frac{\text{m}}{\text{s}} \qquad \textit{Resposta (a)}$$

Tivemos de converter Q em m³/s. O número de Reynolds (diâmetro) é obtido da velocidade média:

$$\text{Re}_d = \frac{\rho V_{\text{méd}} d}{\mu} = \frac{(870\text{ kg/m}^3)(0{,}973\text{ m/s})(0{,}02\text{ m})}{0{,}104\text{ kg/(m - s)}} = 163 \qquad \textit{Resposta (b)}$$

Esse resultado é menor do que o valor de "transição" de 2.100; portanto, o escoamento é sem dúvida laminar, e as fórmulas são válidas. A queda de pressão é calculada por meio da terceira das equações (4.138):

$$Q = \frac{1{,}1}{3.600}\frac{\text{m}^3}{\text{s}} = \frac{\pi R^4 \Delta p}{8\mu L} = \frac{\pi (0{,}01\text{ m})^4 \Delta p}{8(0{,}104\text{ kg/(m - s)})(12\text{ m})} \quad \text{é satisfeita para } \Delta p = 97.100 \text{ Pa} \quad \textit{Resp. (c)}$$

Quando se usam unidades do SI, a resposta é em pascals; não são necessários fatores de conversão. Finalmente, a potência necessária é o produto da vazão pela queda de pressão:

$$\text{Potência} = Q\Delta p = \left(\frac{1{,}1}{3.600}\text{ m}^3/\text{s}\right)(97.100\text{ N/m}^2) = 29{,}7\frac{\text{N - m}}{\text{s}} = 29{,}7\text{ W} \qquad \textit{Resp. (d)}$$

- *Comentários:* Os problemas de escoamento em tubos são exercícios algébricos simples se os dados forem compatíveis. Observe novamente que as unidades do SI podem ser usadas nas fórmulas sem fatores de conversão.

Escoamento entre cilindros longos e concêntricos

Considere um fluido de (ρ, μ) constantes entre dois cilindros concêntricos, como na Figura 4.13. Não há movimento axial ou efeito de extremidade $v_z = \partial/\partial z = 0$. Suponha que o cilindro interno gire com uma velocidade angular Ω_i. Admita que o cilindro externo seja fixo. Há uma simetria circular, assim a velocidade não varia com θ e varia somente com r.

Capítulo 4 Relações diferenciais para escoamento de fluidos **265**

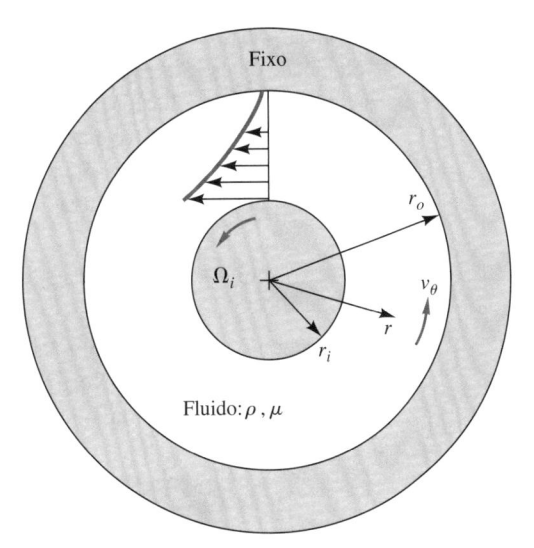

Figura 4.13 Sistema de coordenadas para escoamento viscoso incompressível entre um cilindro externo fixo e um cilindro interno girando a velocidade constante.

A equação da continuidade para este problema é a (4.12b) com $v_z = 0$:

$$\frac{1}{r}\frac{\partial}{\partial r}(rv_r) + \frac{1}{r}\frac{\partial v_\theta}{\partial \theta} = 0 = \frac{1}{r}\frac{d}{dr}(rv_r) \quad \text{ou} \quad rv_r = \text{const}$$

Observe que v_θ não varia com θ. Como $v_r = 0$ nos cilindros externo e interno, conclui-se que $v_r = 0$ em todos os pontos e o movimento só pode ser puramente circunferencial, $v_\theta = v_\theta(r)$. A equação da quantidade de movimento em θ (D.6) se torna

$$\rho(\mathbf{V} \cdot \boldsymbol{\nabla})v_\theta + \frac{\rho v_r v_\theta}{r} = -\frac{1}{r}\frac{\partial p}{\partial \theta} + \rho g_\theta + \mu\left(\nabla^2 v_\theta - \frac{v_\theta}{r^2}\right)$$

Para as condições deste problema, todos os termos são nulos, exceto o último. Portanto, a equação diferencial básica para o escoamento entre cilindros é

$$\nabla^2 v_\theta = \frac{1}{r}\frac{d}{dr}\left(r\frac{dv_\theta}{dr}\right) = \frac{v_\theta}{r^2} \tag{4.139}$$

Essa é uma equação diferencial ordinária linear de segunda ordem com a solução

$$v_\theta = C_1 r + \frac{C_2}{r}$$

As constantes são determinadas pela condição de não escorregamento nos cilindros interno e externo:

Cilindro externo, em $r = r_o$: $\qquad v_\theta = 0 = C_1 r_o + \dfrac{C_2}{r_o}$

Cilindro interno, em $r = r_i$: $\qquad v_\theta = \Omega_i r_i = C_1 r_i + \dfrac{C_2}{r_i}$

A solução final para a distribuição de velocidade é

Cilindro rotativo interno: $\qquad v_\theta = \Omega_i r_i \dfrac{r_o/r - r/r_o}{r_o/r_i - r_i/r_o} \tag{4.140}$

O perfil de velocidade aproxima-se muito do esquema da Figura 4.13. As variações deste caso, como, por exemplo, um cilindro rotativo externo, são dadas nos problemas propostos.

Instabilidade do escoamento com cilindro interno rotativo[15]

A solução clássica do *escoamento de Couette*[16] da Equação (4.140) descreve um perfil de velocidade de escoamento laminar côncavo, bidimensional fisicamente satisfatório, como na Figura 4.13. A solução é matematicamente exata para um fluido incompressível. No entanto, ele se torna instável em uma velocidade de rotação relativamente baixa do cilindro interno, como mostrou em 1923 um trabalho clássico de G. I. Taylor [17]. Para um valor crítico daquilo que hoje é chamado de *número de Taylor* adimensional, representado por Ta,

$$\text{Ta}_{\text{crít}} = \frac{r_i(r_o - r_i)^3 \Omega_i^2}{\nu^2} \approx 1.700 \tag{4.141}$$

o escoamento plano da Figura 4.13 desaparece, dando lugar a um padrão de escoamento laminar *tridimensional* formado por filas alternadas de vórtices toroidais de seção aproximadamente quadrada. Uma demonstração experimental dos "vórtices de Taylor"

(a)

(b)

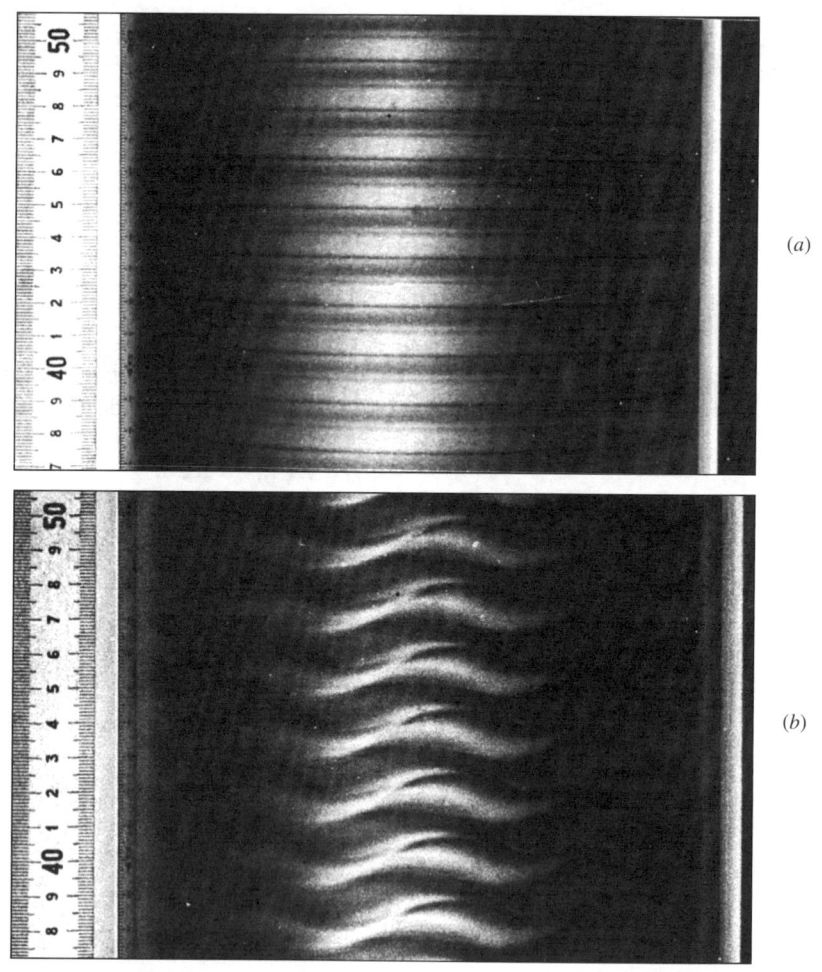

Figura 4.14 Verificação experimental da instabilidade do escoamento entre um cilindro externo fixo e um cilindro interno rotativo. (*a*) Vórtices toroidais de Taylor existem a 1,16 vezes a velocidade crítica; (*b*) a 8,5 vezes a velocidade crítica, os vórtices são duplamente periódicos. (*Cortesia da Cambridge University Press - E. L. Koshmieder, "Turbulent Taylor Vortex Flow",* Journal of Fluid Mechanics, *v. 93, pt. 3, p. 515-527, 1979.*) Essa instabilidade não ocorre se somente o cilindro externo for rotativo.

---

[15]Esta seção pode ser omitida sem perda de continuidade.

[16]Nome dado em homenagem a M. Couette, cujo trabalho pioneiro em 1890 estabeleceu os cilindros rotativos como um método, ainda usado hoje, para medir a viscosidade dos fluidos.

toroidais está ilustrada na Figura 4.14a, medida em Ta ≈ 1,16 Ta$_{crit}$ por Koschmieder [18]. Para números de Taylor mais altos, os vórtices desenvolvem também uma periodicidade circunferencial, mas ainda são laminares, como ilustra a Figura 4.14b. Para um número Ta ainda mais alto, inicia-se a turbulência. Essa instabilidade interessante nos lembra que as equações de Navier-Stokes, sendo não lineares, admitem múltiplas (não únicas) soluções laminares além das instabilidades usuais associadas à turbulência e aos sistemas dinâmicos caóticos.

Resumo Este capítulo complementa o Capítulo 3 usando um volume de controle infinitesimal para deduzir as equações diferenciais parciais básicas da massa, da quantidade de movimento e da energia de um fluido. Essas equações, juntamente com as relações de estado termodinâmicas do fluido e com as condições de contorno apropriadas, em princípio, podem ser resolvidas para o campo de escoamento completo em um dado problema de mecânica dos fluidos. Exceto no Capítulo 9, na maioria dos problemas a serem estudados aqui será considerado um fluido incompressível com viscosidade constante.

Além da dedução das equações básicas da massa, da quantidade de movimento e da energia, este capítulo introduziu algumas ideias complementares – função corrente, vorticidade, irrotacionalidade e potencial de velocidade – que serão úteis nos próximos capítulos, especialmente no Capítulo 8. As variações de temperatura e de densidade serão desprezadas, exceto no Capítulo 9, em que estudaremos a compressibilidade.

Terminamos este capítulo discutindo algumas soluções clássicas para escoamentos viscosos laminares (escoamento de Couette causado por paredes móveis, escoamento em duto de Poiseuille em virtude de um gradiente de pressão e o escoamento entre cilindros rotativos). Livros inteiros [4, 5, 9-11, 15] discutem abordagens clássicas da mecânica dos fluidos, e outras obras [6, 12-14] estendem esses estudos ao domínio da mecânica do contínuo. Isso não significa que todos os problemas podem ser resolvidos analiticamente. O novo campo da dinâmica dos fluidos computacional (do inglês *computational fluid dynamics*, CFD) [1] mostra um futuro promissor na obtenção de soluções aproximadas para uma grande variedade de problemas de escoamento. Além disso, quando a geometria e as condições de contorno forem realmente complexas, a experimentação (Capítulo 5) é uma alternativa preferencial.

Problemas

A maioria dos problemas propostos é de resolução relativamente direta. Os problemas mais difíceis ou abertos estão indicados com um asterisco. O ícone de um computador 💻 indica que pode ser necessário o uso de computador para a resolução do problema. Os problemas típicos de fim de capítulo P4.1 a P4.99 (listados a seguir) são seguidos dos problemas dissertativos PD4.1 a PD4.10, dos problemas de fundamentos de engenharia, FE4.1 a FE4.6, e dos problemas abrangentes PA4.1 e PA4.2.

Seção	Tópico	Problemas
4.1	A aceleração de um fluido	P4.1 – P4.8
4.2	A equação da continuidade	P4.9 – P4.25
4.3	Quantidade de movimento linear: Navier-Stokes	P4.26 – P4.38
4.4	Quantidade de movimento angular: conjugado de tensões	P4.39
4.5	A equação diferencial da energia	P4.40 – P4.41
4.6	Condições de contorno	P4.42 – P4.46
4.7	A função corrente	P4.47 – P4.55
4.8	Vorticidade e irrotacionalidade	P4.56 – P4.60
4.9	Potencial de velocidade	P4.61 – P4.67
4.7 e 4.9	Função corrente e potencial de velocidade	P4.68 – P4.78
4.10	Escoamentos viscosos incompressíveis	P4.79 – P4.95

A aceleração de um fluido

P4.1 Um campo de velocidade idealizado é dado pela fórmula

$$\mathbf{V} = 4tx\mathbf{i} - 2t^2 y\mathbf{j} + 4xz\mathbf{k}$$

Esse campo de escoamento é permanente ou não permanente? Ele é bidimensional ou tridimensional? No ponto $(x, y, z) = (-1, 1, 0)$, calcule (a) o vetor aceleração e (b) qualquer vetor unitário normal à aceleração.

P4.2 O escoamento pelo bocal convergente da Figura P4.2 pode ser aproximado por uma distribuição de velocidades unidimensional

$$u \approx V_0\left(1 + \frac{2x}{L}\right) \quad v \approx 0 \quad w \approx 0$$

(a) Encontre uma expressão geral para a aceleração do fluido no bocal. (b) Para o caso específico $V_0 = 3$ m/s e $L = 150$ mm, calcule a aceleração, em g's, na entrada e na saída.

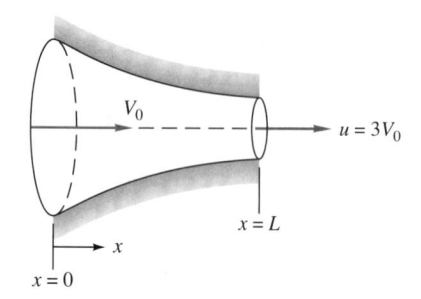

P4.2

P4.3 Um campo de velocidade bidimensional é dado por

$$\mathbf{V} = (x^2 - y^2 + x)\mathbf{i} - (2xy + y)\mathbf{j}$$

em unidades arbitrárias. Em $(x, y) = (1, 2)$, calcule (a) as acelerações a_x e a_y, (b) o componente de velocidade na direção $\theta = 40°$, (c) a direção da velocidade máxima e (d) a direção da aceleração máxima.

P4.4 Um modelo simples de escoamento para um bocal convergente bidimensional é a distribuição

$$u = U_0\left(1 + \frac{x}{L}\right) \quad v = -U_0\frac{y}{L} \quad w = 0$$

(a) Faça um esboço de algumas linhas de corrente na região $0 < x/L < 1$ e $0 < y/L < 1$, usando o método da Seção 1.11. (b) Encontre expressões para as acelerações horizontal e vertical. (c) Onde está a maior aceleração resultante e qual é seu valor numérico?

P4.5 O campo de velocidade próximo a um ponto de estagnação pode ser escrito na forma

$$u = \frac{U_0 x}{L} \quad v = -\frac{U_0 y}{L} \quad U_0 \text{ e } L \text{ são constantes}$$

(a) Mostre que o vetor aceleração é puramente radial. (b) Para o caso particular de $L = 1,5$ m, se a aceleração em $(x, y) = (1$ m, 1 m$)$ for 25 m/s^2, qual é o valor de U_0?

P4.6 Na dedução da equação da continuidade, assumimos, por simplicidade, que o fluxo de massa por unidade de área na face esquerda era apenas ρu. Na realidade, ρu varia também com y e z, e assim deve ser diferente nos quatro cantos da face esquerda. Considere essas variações, faça a média dos quatro cantos e determine como isso poderia alterar o fluxo de massa na entrada $\rho u \, dy \, dz$.

P4.7 Considere a esfera de raio R imersa em uma corrente uniforme U_0, como mostra a Figura P4.7. De acordo com a teoria do Capítulo 8, a velocidade do fluido ao longo da linha de corrente AB é dada por

$$\mathbf{V} = u\mathbf{i} = U_0\left(1 + \frac{R^3}{x^3}\right)\mathbf{i}$$

Encontre (a) a posição da aceleração máxima do fluido ao longo de AB e (b) o tempo necessário para que uma partícula de fluido se desloque de A a B.

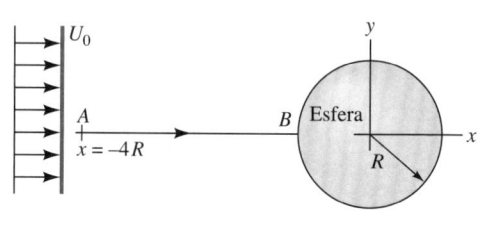

P4.7

P4.8 Quando uma válvula é aberta, o fluido escoa no duto divergente da Figura P4.8 de acordo com a aproximação

$$\mathbf{V} = \mathbf{i}U\left(1 - \frac{x}{2L}\right)\tanh\frac{Ut}{L}$$

Encontre (a) a aceleração do fluido em $(x, t) = (L, L/U)$ e (b) o tempo para o qual a aceleração do fluido em $x = L$ é zero. Por que a aceleração do fluido se torna negativa após a condição (b)?

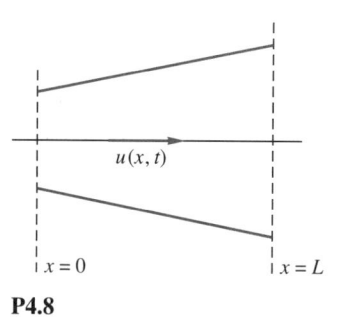

P4.8

A equação da continuidade

P4.9 Um escoamento idealizado incompressível tem a distribuição tridimensional de velocidade proposta

$$\mathbf{V} = 4xy^2\mathbf{i} + f(y)\mathbf{j} - zy^2\mathbf{k}$$

Encontre a forma apropriada da função $f(y)$ que satisfaz a relação da continuidade.

P4.10 Um escoamento bidimensional incompressível tem os componentes de velocidade $u = 4y$ e $v = 2x$. (a) Encontre os componentes da aceleração. (b) O vetor aceleração é radial? (c) Esboce algumas linhas de corrente no primeiro quadrante e determine se algumas delas são linhas retas.

P4.11 Deduza a Equação (4.12b) para coordenadas cilíndricas considerando o escoamento de um fluido incompressível para dentro e para fora do volume de controle elementar da Figura 4.2.

P4.12 As coordenadas polares esféricas (r, θ, ϕ) são definidas na Figura P4.12. As transformações cartesianas são

$$x = r \operatorname{sen} \theta \cos \phi$$
$$y = r \operatorname{sen} \theta \operatorname{sen} \phi$$
$$z = r \cos \theta$$

A relação da continuidade cartesiana incompressível [Equação (4.12a)] pode ser transformada na forma polar esférica

$$\frac{1}{r^2}\frac{\partial}{\partial r}(r^2 v_r) + \frac{1}{r \operatorname{sen} \theta}\frac{\partial}{\partial \theta}(v_\theta \operatorname{sen} \theta) + \frac{1}{r \operatorname{sen} \theta}\frac{\partial}{\partial \phi}(v_\phi) = 0$$

Qual é a forma mais geral de v_r quando o escoamento é puramente radial, isto é, v_θ e v_ϕ são nulas?

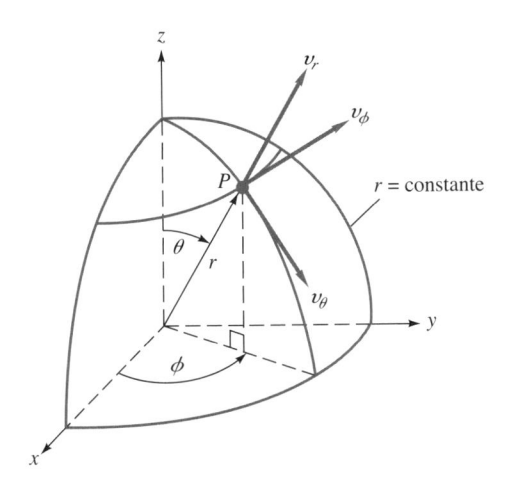

P4.12

P4.13 Para um dado escoamento plano incompressível em coordenadas polares tem-se

$$v_r = r^3 \cos \theta + r^2 \operatorname{sen} \theta$$

Encontre a forma apropriada da velocidade circunferencial para a qual a continuidade é satisfeita.

P4.14 Para o escoamento incompressível em coordenadas polares, qual é a forma mais geral de um movimento puramente circulatório, $v_\theta = v_\theta(r, \theta, t)$ e $v_r = 0$, que satisfaz a continuidade?

P4.15 Qual é a forma mais geral de um padrão de escoamento incompressível puramente radial em coordenadas polares, $v_r = v_r(r, \theta, t)$ e $v_\theta = 0$, que satisfaz a continuidade?

P4.16 Considere a distribuição de velocidade em coordenadas polares planas

$$v_r = \frac{C}{r} \qquad v_\theta = \frac{K}{r} \qquad v_z = 0$$

em que C e K são constantes. (a) Determine se a equação da continuidade é satisfeita. (b) Fazendo o esboço de algumas direções do vetor velocidade, faça um gráfico de uma única linha de corrente para $C = K$. O que esse campo de escoamento pode simular?

P4.17 Uma aproximação razoável para a camada-limite laminar incompressível bidimensional sobre a superfície plana da Figura P4.17 é

$$u \approx U\left(2\frac{y}{\delta} - 2\frac{y^3}{\delta^3} + \frac{y^4}{\delta^4}\right) \quad \text{para } y \leq \delta$$
em que $\delta = Cx^{1/2}, C = \text{const}$

(a) Admitindo uma condição de não escorregamento na parede, encontre uma expressão para o componente de velocidade $v(x, y)$ para $y \leq \delta$. (b) Depois encontre o valor máximo de v em $x = 1$ m, para o caso particular do escoamento de ar, quando $U = 3$ m/s e $\delta = 1,1$ cm.

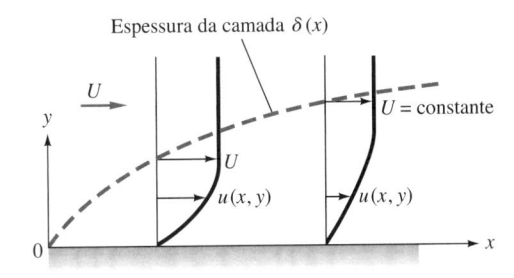

P4.17

P4.18 Um pistão comprime gás em um cilindro movendo-se a uma velocidade constante V, como na Figura P4.18. Admita que a massa específica do gás e a posição do pistão em $t = 0$ sejam ρ_0 e L_0, respectivamente. Considere que a velocidade do gás varie linearmente de $u = V$ na face do pistão até $u = 0$ em $x = L$. Se a massa específica do gás varia apenas com o tempo, encontre uma expressão para $\rho(t)$.

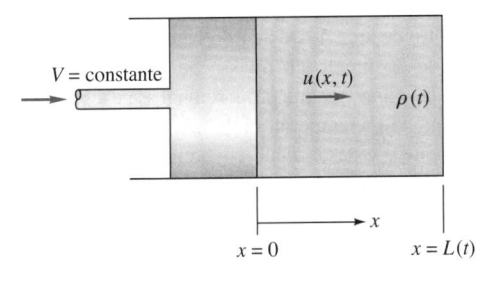

P4.18

P4.19 Um escoamento plano incompressível proposto em coordenadas polares é dado por

$$v_r = 2r \cos(2\theta); \quad v_\theta = -2r \operatorname{sen}(2\theta)$$

(a) Determine se este escoamento satisfaz a equação da continuidade. (b) Em caso afirmativo, esboce uma possível linha de corrente no primeiro quadrante, encontrando os vetores velocidade em $(r, \theta) = (1,25, 20°)$, $(1,0, 45°)$ e $(1,25, 70°)$. (c) Especule sobre o que este escoamento pode representar.

P4.20 Um campo de velocidade incompressível bidimensional tem $u = K(1 - e^{-ay})$, para $x \leq L$ e $0 \leq y \leq \infty$. Qual é a forma mais geral de $v(x, y)$ para a qual a continuidade é satisfeita e $v = v_0$ em $y = 0$? Quais são as dimensões apropriadas para as constantes K e a?

P4.21 O ar escoa sob condição permanente, aproximadamente unidimensional, por um bocal cônico na Figura P4.21. Se a velocidade do som é aproximadamente 340 m/s, qual é a razão mínima de diâmetros do bocal D_e/D_0 para a qual podemos com segurança desprezar os efeitos da compressibilidade se $V_0 = $ (a) 10 m/s e (b) 30 m/s?

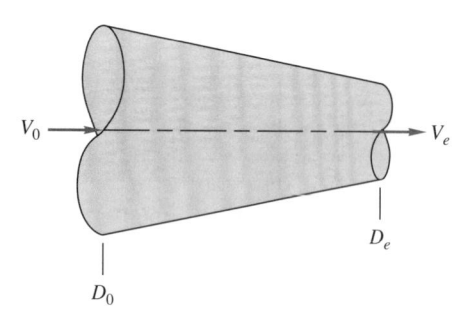

P4.21

P4.22 Em um escoamento com simetria axial não rotativo, nada varia com θ, e as únicas velocidades não nulas são v_r e v_z (veja a Fig. 4.2). Se o escoamento é permanente e incompressível e $v_z = Bz$, onde B é constante, encontre a forma mais geral de v_r que satisfaça a continuidade.

P4.23 Um tanque com volume $\mathcal{V}$ contém gás nas condições (ρ_0, p_0, T_0). No instante $t = 0$, é feito nele um pequeno furo de área A. De acordo com a teoria do Capítulo 9, o escoamento em massa para fora por esse furo é aproximadamente proporcional a A e à pressão no tanque. Se a temperatura do tanque é considerada constante e o gás é ideal, encontre uma expressão para a variação de massa específica dentro do tanque.

P4.24 Para o escoamento laminar entre placas paralelas (veja a Fig. 4.12b), o escoamento é bidimensional ($v \neq 0$) se as paredes forem porosas. Um caso especial de solução é $u = (A - Bx)(h^2 - y^2)$, em que A e B são constantes. (a) Encontre uma fórmula geral para a velocidade v se $v = 0$ em $y = 0$. (b) Qual é o valor da constante B se $v = v_p$ em $y = +h$?

P4.25 Um escoamento incompressível em coordenadas polares é dado por

$$v_r = K \cos\theta \left(1 - \frac{b}{r^2}\right)$$

$$v_\theta = -K \operatorname{sen}\theta \left(1 + \frac{b}{r^2}\right)$$

Esse campo satisfaz a continuidade? Para a consistência, quais devem ser as dimensões das constantes K e b? Faça um esboço da superfície em que $v_r = 0$ e interprete.

Quantidade de movimento linear: Navier-Stokes

*P4.26 Na Figura P4.26 são definidas coordenadas curvilíneas, ou de linha de corrente, em que n é normal à linha de corrente no plano do raio de curvatura R. A equação da quantidade de movimento sem atrito de Euler (4.36) em coordenadas de linha de corrente torna-se

$$\frac{\partial V}{\partial t} + V\frac{\partial V}{\partial s} = -\frac{1}{\rho}\frac{\partial p}{\partial s} + g_s \quad (1)$$

$$-V\frac{\partial \theta}{\partial t} - \frac{V^2}{R} = -\frac{1}{\rho}\frac{\partial p}{\partial n} + g_n \quad (2)$$

Mostre que a integral da Equação (1) com relação a s nada mais é do que nossa velha amiga, a equação de Bernoulli (3.54).

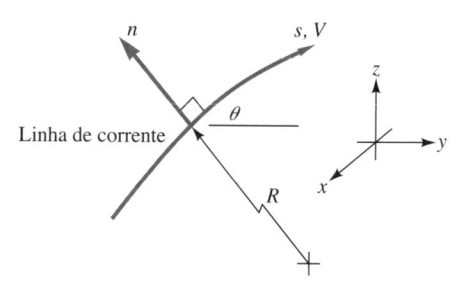

P4.26

P4.27 Um campo de escoamento permanente, incompressível, sem atrito, é dado por

$$\mathbf{V} = 2xy\mathbf{i} - y^2\mathbf{j}$$

em unidades arbitrárias. Seja a massa específica $\rho_0 = $ constante e despreze a gravidade. Encontre uma expressão para o gradiente de pressão na direção x.

P4.28 Para a distribuição de velocidade do Prob. 4.10, (a) verifique a continuidade. (b) As equações de Navier-Stokes são válidas? (c) Em caso afirmativo, determine $p(x, y)$ se a pressão na origem for p_0.

P4.29 Considere um escoamento permanente, bidimensional, incompressível, de um fluido newtoniano no qual o campo de velocidade é conhecido: $u = -2xy, v = y^2 - x^2, w = 0$. (a) Esse escoamento satisfaz a conservação da massa? (b) Encontre o campo de pressão $p(x, y)$ se a pressão no ponto $(x = 0, y = 0)$ é igual a p_a.

P4.30 Para a distribuição de velocidade do Problema P4.4, determine se são satisfeitas (a) a equação da continuidade e (b) a equação de Navier-Stokes. (c) Se essa última afirmação for verdadeira, encontre a distribuição de pressão $p(x, y)$ quando a pressão na origem for igual a p_0.

P4.31 De acordo com a teoria potencial (Capítulo 8) para um escoamento que se aproxima de um corpo arredondado bidimensional, como o da Figura P4.31, a velocidade, ao se aproximar do ponto de estagnação, é dada por $u = U(1 - a^2/x^2)$, em que a é o raio do nariz e U é a velocidade não perturbada a montante. Calcule o valor e a posição da tensão normal viscosa máxima ao longo dessa linha de corrente.

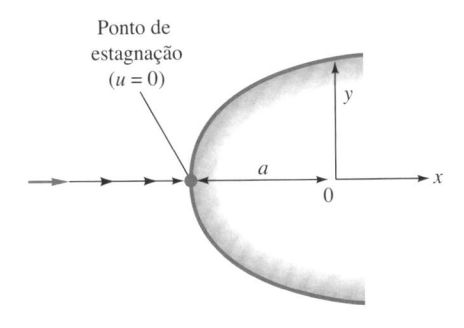

P4.31

Esta é também a posição de máxima aceleração do fluido? Calcule a tensão normal viscosa máxima se o fluido for óleo SAE 30 a 20° C, com $U = 2$ m/s e $a = 6$ cm.

P4.32 A resposta para o Problema P4.14 é $v_\theta = f(r)$ somente. Não conte isso para os seus amigos se eles ainda estiverem tentando resolver o Problema P4.14. Mostre que esse campo de escoamento é uma solução exata para as equações Navier-Stokes (4.38) para apenas dois casos especiais da função f(r). Despreze a gravidade. Interprete esses dois casos fisicamente.

P4.33 Considere o escoamento incompressível a uma vazão em volume Q em direção a um dreno no vértice de uma cunha a 45° de largura b, como na Fig. P4.33. Despreze a gravidade e o atrito e considere o escoamento de entrada puramente radial. (a) Encontre uma expressão para $v_r(r)$. (b) Mostre que o termo viscoso na equação da quantidade de movimento em r é zero. (c) Encontre a distribuição de pressão $p(r)$ se $p = p_o$ em $r = R$.

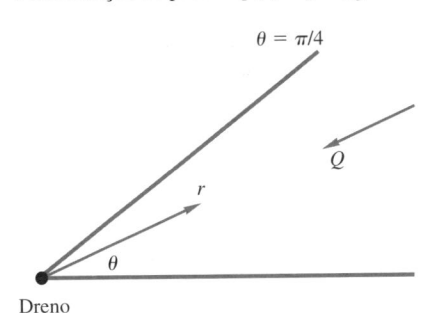

P4.33

P4.34 Um campo de escoamento incompressível, tridimensional, proposto tem a seguinte forma vetorial:

$$\mathbf{V} = Kx\mathbf{i} + Ky\mathbf{j} - 2Kz\mathbf{k}$$

(a) Determine se esse campo é uma solução válida para a continuidade e para Navier-Stokes. (b) Se $\mathbf{g} = -g\mathbf{k}$, encontre o campo de pressão $p(x, y, z)$. (c) O escoamento é irrotacional?

P4.35 Das equações de Navier-Stokes para escoamento incompressível em coordenadas polares (Apêndice D para coordenadas cilíndricas), encontre o caso mais geral de movimento puramente circulatório $v_\theta(r)$, $v_r = v_z = 0$, para escoamento sem escorregamento entre dois cilindros concêntricos fixos, como na Figura P4.35.

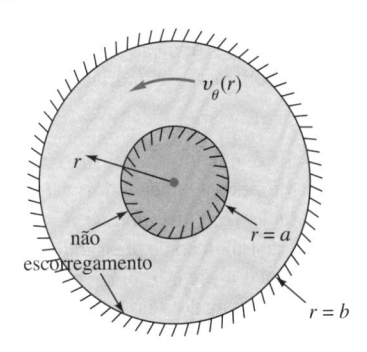

P4.35

P4.36 Um filme de espessura constante de um líquido viscoso flui em movimento laminar descendo por uma placa inclinada a um ângulo θ, como na Figura P4.36. O perfil de velocidade é

$$u = Cy(2h - y) \quad v = w = 0$$

Encontre a constante C em termos do peso específico e da viscosidade e do ângulo θ. Encontre a vazão volumétrica Q por unidade de largura em termos desses parâmetros.

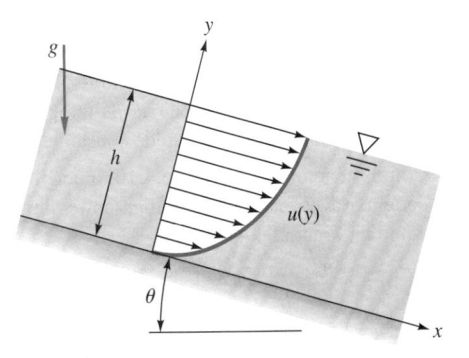

P4.36

*__**P4.37**__ Um líquido viscoso de ρ e μ constantes cai por causa da gravidade entre duas placas separadas por uma distância $2h$, como na Figura P4.37. O escoamento é totalmente desenvolvido, com um único componente de velocidade $w = w(x)$. Não há gradientes de pressão aplicados, somente a gravidade. Resolva a equação de Navier-Stokes para o perfil de velocidade entre as placas.

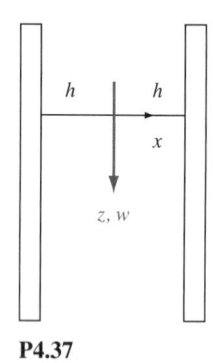

P4.37

P4.38 Mostre que a distribuição de escoamento incompressível, em coordenadas cilíndricas,

$$v_r = 0 \qquad v_\theta = Cr^n \qquad v_z = 0$$

em que C é uma constante, (a) satisfaz a equação de Navier-Stokes para apenas dois valores de n. Despreze a gravidade. (b) Sabendo que $p = p(r)$ somente, encontre a distribuição de pressão para cada caso, considerando que a pressão em $r = R$ é p_0. O que pode representar esses dois casos?

Quantidade de movimento angular: conjugado de tensões

P4.39 Reconsidere o balanço de quantidade de movimento angular da Figura 4.5 acrescentando um *conjugado de corpo* C_z concentrado em torno do eixo z [6]. Determine a relação entre o conjugado de corpo e a tensão de cisalhamento para o equilíbrio. Quais são as dimensões apropriadas para C_z? (Conjugados de corpos são importantes em meios contínuos com microestrutura, como os materiais granulares.)

A equação diferencial da energia

P4.40 Para o escoamento laminar sob gradiente de pressão entre placas paralelas (ver Fig. 4.12b), os componentes de velocidade são $u = U(1 - y^2/h^2)$, $v = 0$ e $w = 0$, onde U é a velocidade na linha central. Nos moldes do Ex. 4.6, encontre a distribuição de temperatura $T(y)$ para uma temperatura na parede constante T_p.

P4.41 Como mencionado na Seção 4.10, o perfil de velocidade para escoamento laminar entre duas placas, como na Figura P4.41, é

$$u = \frac{4u_{máx} y(h - y)}{h^2} \qquad v = w = 0$$

Se a temperatura em ambas as paredes é T_p, use a equação da energia para escoamento incompressível (4.75) para resolver a distribuição de temperatura $T(y)$ entre as paredes para o escoamento permanente.

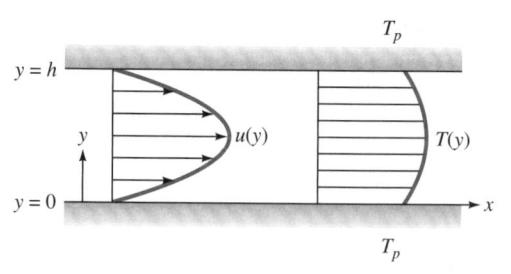

P4.41

Condições de contorno

P4.42 Vamos analisar o cilindro rotatório parcialmente cheio da Figura 2.23 como um problema de rotação, iniciando do repouso e prosseguindo até atingir a rotação de corpo sólido. Quais são as condições de contorno apropriadas e as condições iniciais para este problema?

P4.43 Para o filme líquido sendo drenado na Figura P4.36, quais são as condições de contorno apropriadas (a) no fundo em $y = 0$ e (b) na superfície em $y = h$?

P4.44 Vamos analisar a expansão brusca do escoamento no tubo da Figura P3.59, usando as equações completas da continuidade e de Navier-Stokes. Quais são as condições de contorno apropriadas para lidar com esse problema?

P4.45 Para o problema da comporta do Exemplo 3.10, liste todas as condições de contorno necessárias para resolver exatamente este escoamento pela, digamos, dinâmica dos fluidos computacional.

P4.46 Fluido de um grande reservatório à temperatura T_0 escoa por um tubo circular de raio R. As paredes do tubo estão envolvidas por uma resistência elétrica que fornece calor para o fluido a uma taxa q_w (energia por unidade de área da parede). Se quisermos analisar este problema usando as equações completas da continuidade, de Navier-Stokes e da energia, quais são as condições de contorno apropriadas para a análise?

A função corrente

P4.47 Um escoamento incompressível bidimensional é dado pelo campo de velocidade $\mathbf{V} = 3y\mathbf{i} + 2x\mathbf{j}$, em unidades arbitrárias. Esse escoamento satisfaz a continuidade? Em caso afirmativo, encontre a função corrente $\psi(x, y)$ e faça um gráfico de algumas linhas de corrente, com setas.

P4.48 Considere o seguinte escoamento incompressível bidimensional, que claramente satisfaz a continuidade:

$$u = U_0 = \text{constante}, \quad v = V_0 = \text{constante}$$

Encontre a função corrente $\psi(r, \theta)$ para esse escoamento usando *coordenadas polares*.

P4.49 Investigue a função corrente $\psi = K(x^2 - y^2)$, $K =$ constante. Trace o gráfico de algumas linhas de corrente no plano xy completo, determine quaisquer pontos de estagnação e interprete o que o escoamento poderia representar.

P4.50 Em 1851, George Stokes (da famosa equação de Navier-Stokes) resolveu o problema do escoamento permanente e incompressível a baixo número de Reynolds em torno de uma esfera usando coordenadas polares esféricas (r, θ) [Ref. 5, página 168]. Nessas coordenadas, a equação de continuidade é

$$\frac{\partial}{\partial r}(r^2 v_r \operatorname{sen} \theta) + \frac{\partial}{\partial \theta}(r v_\theta \operatorname{sen} \theta) = 0$$

(*a*) Existe uma função corrente para essas coordenadas? (*b*) Em caso afirmativo, encontre sua forma.

P4.51 O perfil de velocidade para o escoamento laminar sob gradiente de pressão entre placas paralelas (ver a Fig. 4.12*b*) tem a forma $u = C(h^2 - y^2)$, onde C é uma constante. (*a*) Determine se existe uma função corrente. (*b*) Em caso afirmativo, encontre uma fórmula para a função corrente.

P4.52 Um fluido sem atrito, incompressível, bidimensional é guiado, por duas paredes dispostas em forma de cunha, para uma pequena abertura na origem, como mostra a Figura P4.52. A largura na direção perpendicular ao papel é b, e a vazão volumétrica é Q. Em qualquer distância dada r a partir da abertura, o escoamento é radial para dentro, com velocidade constante. Encontre uma expressão para a função corrente em coordenadas polares desse escoamento.

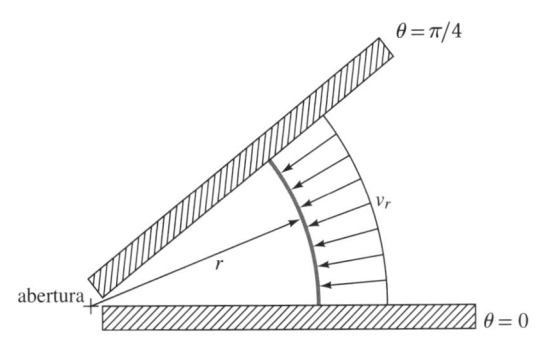

P4.52

P4.53 Para a solução do escoamento em tubo, laminar, totalmente desenvolvido da Equação (4.137), encontre a função corrente com simetria axial $\psi(r, z)$. Use esse resultado para determinar a velocidade média $V = Q/A$ no tubo como uma razão de $u_{máx}$.

P4.54 Uma função corrente incompressível é definida por

$$\psi(x, y) = \frac{U}{L^2}(3x^2 y - y^3)$$

em que U e L são constantes (positivas). Em que parte deste capítulo há um gráfico das linhas de corrente desse escoamento? Use essa função corrente para encontrar a vazão volumétrica Q que passa por uma superfície retangular, cujos cantos são definidos por $(x, y, z) = (2L, 0, 0), (2L, 0, b), (0, L, b)$ e $(0, L, 0)$. Mostre a direção de Q.

P4.55 O escoamento proposto no Prob. P4.19 realmente satisfaz à equação da continuidade. Determine a função corrente desse escoamento em coordenadas polares.

Potencial de velocidade, vorticidade

P4.56 Investigue o potencial de velocidade $\phi = Kxy$, $K =$ constante. Faça um esboço das linhas equipotenciais no plano xy completo, encontre quaisquer pontos de estagnação e faça um esboço aproximado das linhas de corrente ortogonais. O que o escoamento poderia representar?

P4.57 Um campo de escoamento incompressível bidimensional é definido pelos componentes de velocidade

$$u = 2V\left(\frac{x}{L} - \frac{y}{L}\right) \qquad v = -2V\frac{y}{L}$$

em que V e L são constantes. Se elas existem, encontre a função corrente e o potencial de velocidade.

P4.58 Mostre que o potencial de velocidade incompressível no plano em coordenadas polares $\phi(r, \theta)$ é tal que

$$v_r = \frac{\partial \phi}{\partial r} \qquad v_\theta = \frac{1}{r}\frac{\partial \phi}{\partial \theta}$$

Por fim mostre que ϕ como é definida aqui satisfaz a equação de Laplace em coordenadas polares para escoamento incompressível.

P4.59 Considere o potencial de velocidade incompressível bidimensional $\phi = xy + x^2 - y^2$. (*a*) É verdade que $\nabla^2 \phi = 0$, e, em caso afirmativo, o que isso significa? (*b*) Se ela existe, encontre a função corrente $\psi(x, y)$ desse escoamento. (*c*) Encontre a equação da linha de corrente que passa por $(x, y) = (2, 1)$.

P4.60 Um líquido é drenado por um pequeno furo em um tanque, como mostra a Figura P4.60, de forma que o campo de velocidade é dado por $v_r \approx 0$, $v_z \approx 0$, $v_\theta = KR^2/r$, em que $z = H$ é a profundidade da água distante do furo. Esse padrão de escoamento é rotacional ou irrotacional? Encontre a profundidade z_C da água no raio $r = R$.

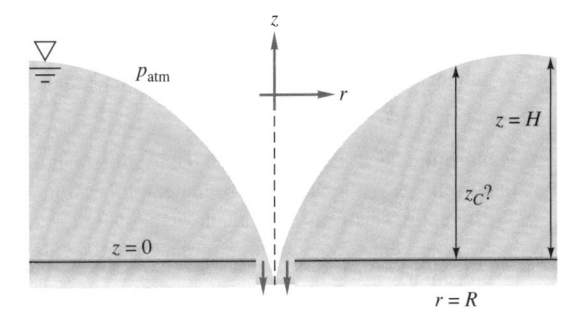

P4.60

P4.61 Uma função corrente incompressível é dada por $\psi = a\theta + br\,\text{sen}\,\theta$. (a) Este escoamento tem um potencial de velocidade? (b) Em caso afirmativo, encontre-o.

P4.62 Mostre que o escoamento de Couette linear entre placas na Figura 1.7 tem uma função corrente, mas não tem potencial de velocidade. Qual é a razão disso?

P4.63 Encontre o potencial de velocidade bidimensional $\phi(r, \theta)$ para o padrão de escoamento em coordenadas polares $v_r = Q/r$, $v_\theta = K/r$, em que Q e K são constantes.

P4.64 Mostre que o potencial de velocidade $\phi(r, z)$ em coordenadas cilíndricas com simetria axial (ver Figura 4.2) é definido de forma que

$$v_r = \frac{\partial \phi}{\partial r} \quad v_z = \frac{\partial \phi}{\partial z}$$

Depois mostre que, para o escoamento incompressível, esse potencial satisfaz a equação de Laplace nas coordenadas (r, z).

P4.65 Considere a função $f = ay - by^3$. (a) Ela poderia representar um potencial de velocidade real? *Crédito extra*: (b) Ela poderia representar uma função corrente?

P4.66 Um potencial de velocidade plano em coordenadas polares é definido por

$$\phi = \frac{K \cos \theta}{r} \quad K = \text{const}$$

Encontre a função corrente para esse escoamento, faça o esboço de algumas linhas de corrente e linhas equipotenciais e interprete o padrão de escoamento.

P4.67 Uma função corrente para um escoamento plano, irrotacional, em coordenadas polares é

$$\psi = C\theta - K \ln r \quad C \text{ e } K = \text{const}$$

Encontre o potencial de velocidade para esse escoamento. Faça o esboço de algumas linhas de corrente e linhas equipotenciais e interprete o padrão de escoamento.

Função corrente e potencial de velocidade

P4.68 Para a distribuição de velocidade do Problema P4.4, (a) determine se existe um potencial de velocidade e (b), em caso afirmativo, encontre uma expressão para $\phi(x, y)$ e faça o esboço da linha equipotencial que passa pelo ponto $(x, y) = (L/2, L/2)$.

P4.69 Um escoamento permanente, bidimensional, tem o seguinte potencial de velocidade em coordenadas polares:

$$\phi = C r \cos\theta + K \ln r$$

em que C e K são constantes. Determine a função corrente $\psi(r, \theta)$ para esse escoamento. Para um crédito extra, seja C uma escala da velocidade U e $K = UL$, faça um esboço do que o escoamento pode representar.

P4.70 Um modelo CFD do escoamento incompressível permanente bidimensional imprimiu os valores da função corrente $\psi(x, y)$, em m²/s, em cada um dos quatro cantos de uma pequena célula de 10 cm por 10 cm, como mostra a Figura P4.70. Use esses números para calcular a velocidade resultante no centro da célula e seu ângulo α com relação ao eixo x.

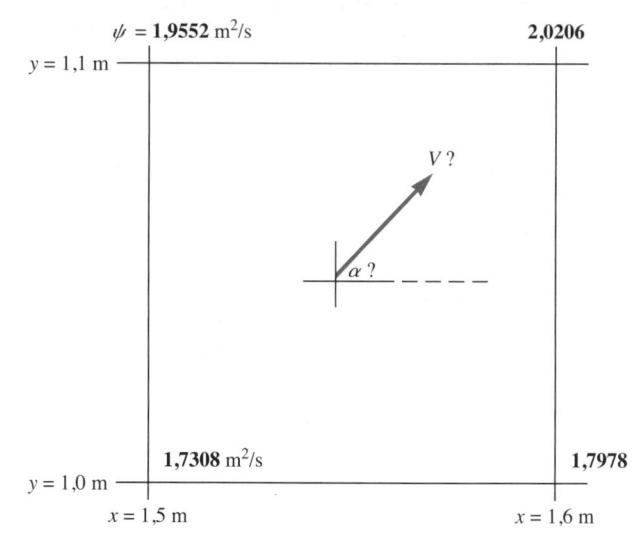

P4.70

P4.71 Considere a seguinte função bidimensional $f(x, y)$:

$$f = Ax^3 + Bxy^2 + Cx^2 + D \quad \text{em que } A > 0$$

(a) Sob que condições, se houver alguma, sobre (A, B, C, D) essa função pode ser um potencial de velocidade de escoamento plano permanente? (b) Se você encontrar uma função $\phi(x, y)$ que satisfaça a parte (a), encontre também a função corrente associada $\psi(x, y)$, se houver alguma, para esse escoamento.

P4.72 A água escoa por um canal bidimensional com estreitamento em forma de cunha a 0,63 L/s por metro de largura na direção perpendicular ao papel (Figura P4.72). Se esse escoamento para dentro é puramente radial, encontre uma expressão para (a) a função corrente e (b) o potencial de velocidade do escoamento. Considere escoamento unidimensional. O ângulo formado pela cunha é de 45°.

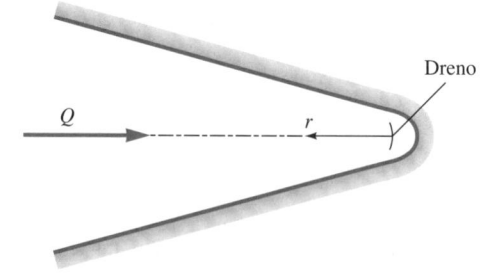

P4.72

P4.73 Um modelo CFD do escoamento incompressível permanente bidimensional imprimiu os valores da função potencial de velocidade $\phi(x, y)$, em m²/s, em cada um dos quatro cantos de uma pequena célula de 10 cm por 10 cm, como mostra a Figura P4.73. Use esses números para calcular a velocidade resultante no centro da célula e seu ângulo α com relação ao eixo x.

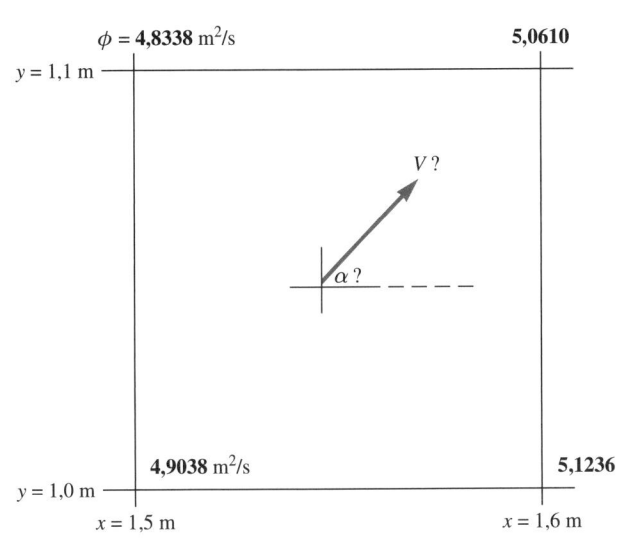

P4.73

(Figura: célula com $\phi = 4{,}8338$ m²/s no canto superior esquerdo ($y = 1{,}1$ m), $5{,}0610$ no canto superior direito; $4{,}9038$ m²/s no canto inferior esquerdo ($y = 1{,}0$ m, $x = 1{,}5$ m), $5{,}1236$ no canto inferior direito ($x = 1{,}6$ m); vetor V? com ângulo α? em relação ao eixo x.)

P4.74 Considere o potencial de velocidade bidimensional incompressível em coordenadas polares

$$\phi = Br \cos \theta + B L \theta$$

em que B é uma constante e L é uma escala de comprimento constante. (a) Quais são as dimensões de B? (b) Localize o único ponto de estagnação nesse campo de escoamento. (c) Prove que existe uma função corrente e, então, encontre a função $\psi(r, \theta)$.

P4.75 Dada a seguinte função corrente permanente *com simetria axial*:

$$\psi = \frac{B}{2}\left(r^2 - \frac{r^4}{2R^2}\right) \text{ em que } B \text{ e } R \text{ são constantes}$$

válida na região $0 \le r \le R$ e $0 \le z \le L$. (a) Quais são as dimensões da constante B? (b) Mostre se esse escoamento possui um potencial de velocidade, e, em caso afirmativo, encontre-o. (c) O que esse escoamento pode representar? [*Dica*: Examine a velocidade axial v_z.]

*__P4.76__ Um escoamento incompressível bidimensional tem o potencial de velocidade

$$\phi = K(x^2 - y^2) + C \ln(x^2 + y^2)$$

em que K e C são constantes. Nessa discussão, evite a origem, que é uma singularidade (velocidade infinita). (a) Encontre o único ponto de estagnação desse escoamento, que está em algum ponto no semiplano superior. (b) Prove que existe uma função corrente e, então, encontre $\psi(x, y)$, usando a dica de que $\int dx/(a^2 + x^2) = (1/a)\tan^{-1}(x/a)$.

P4.77 Fora de um círculo interno de atividade intensa e de raio R, uma tempestade tropical pode ser simulada por um potencial de velocidade de coordenada polar $\phi (r, \theta) = U_o R\theta$, onde U_o é a velocidade do vento no raio R. (a) Determine os componentes de velocidade externa em $r = R$. (b) Se, em $R = 25$ mi, a velocidade é 100 mi/h e a pressão 99 kPa, calcule a velocidade e a pressão em $r = 100$ mi.

P4.78 Um escoamento bidimensional, irrotacional e incompressível tem a seguinte função corrente em coordenadas polares:

$$\psi = A \, r^n \, \text{sen}\,(n\theta) \text{ onde } A \text{ e } n \text{ são constantes.}$$

Encontre uma expressão para o potencial de velocidade desse escoamento.

Escoamentos viscosos incompressíveis

*__P4.79__ Estude o efeito combinado dos dois escoamentos viscosos na Figura 4.12. Isto é, encontre $u(y)$ quando a placa superior se move a uma velocidade V e há também um gradiente de pressão constante (dp/dx). É possível a superposição? Em caso afirmativo, explique por quê. Faça um gráfico dos perfis de velocidade representativos para gradientes de pressão (a) zero, (b) positivo e (c) negativo para a mesma velocidade V da parede superior.

*__P4.80__ Óleo, de massa específica ρ e viscosidade μ, é drenado continuamente por um lado de uma placa vertical, como na Figura P4.80. Após uma região de desenvolvimento próximo ao topo da placa, o filme de óleo se tornará independente de z e com espessura constante δ. Suponha que $w = w(x)$ apenas e que a atmosfera não oferece resistência ao cisalhamento para a superfície do filme. (a) Resolva a equação de Navier-Stokes para $w(x)$ e faça um esboço de sua forma aproximada. (b) Considere que a espessura δ do filme e a inclinação do perfil de velocidade na parede $[\partial w/\partial x]_{parede}$ são medidos com um anemômetro doppler a laser (Capítulo 6). Encontre uma expressão para a viscosidade μ do óleo em função de $(\rho, \delta, g, [\partial w/\partial x]_{parede})$.

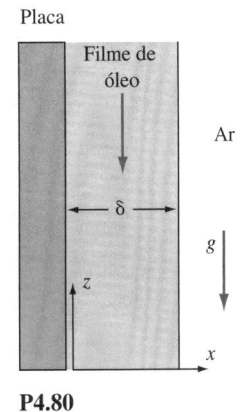

P4.80

P4.81 Modifique a análise da Figura 4.13 para encontrar a velocidade u_θ quando o cilindro interno é fixo e o cilindro externo gira a uma velocidade angular Ω_0. Pode essa solução ser *somada* à Equação (4.140) para representar o escoamento que ocorre quando ambos os cilindros, interno e externo, giram? Explique a sua conclusão.

*P4.82 Um cilindro circular sólido de raio R gira a uma velocidade angular Ω em um fluido viscoso incompressível que está em repouso distante do cilindro, como na Figura P4.82. Adote hipóteses simplificadoras e deduza a equação diferencial governante e as condições de contorno para o campo de velocidade v_θ no fluido. Não resolva a menos que você esteja obcecado por este problema. Qual é o campo de escoamento permanente para este problema?

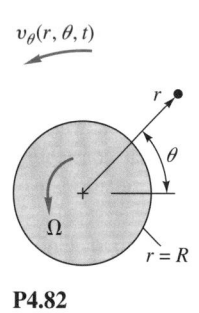

P4.82

P4.83 O padrão de escoamento em lubrificação de mancais pode ser ilustrado pela Figura P4.83, em que um óleo viscoso (ρ, μ) é forçado para dentro do espaço $h(x)$ entre um bloco deslizante fixo e uma parede que se move à velocidade U. Se o espaçamento for fino, $h \ll L$, pode-se mostrar que as distribuições de pressão e velocidade são da forma $p = p(x)$, $u = u(y)$, $v = w = 0$. Desprezando a gravidade, reduza as equações de Navier-Stokes (4.38) a uma equação diferencial simples para $u(y)$. Quais são as condições de contorno apropriadas? Integre e mostre que

$$u = \frac{1}{2\mu} \frac{dp}{dx}(y^2 - yh) + U\left(1 - \frac{y}{h}\right)$$

em que $h = h(x)$ pode ser um espaçamento arbitrário que varia lentamente. (Para mais informações sobre teoria de lubrificação, ver a Referência 16.)

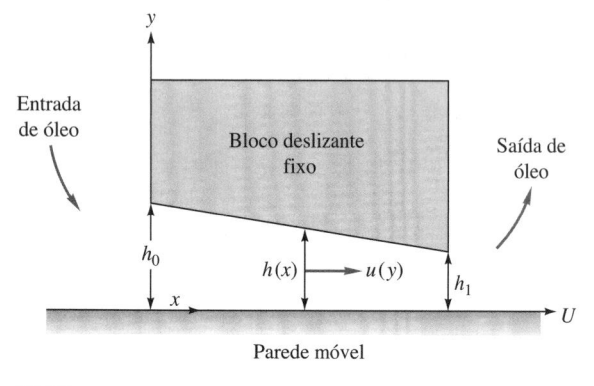

P4.83

*P4.84 Considere um filme viscoso de líquido escoando uniformemente pelo lado de uma haste vertical de raio a, como na Figura P4.84. Em algum ponto abaixo na haste o filme se aproximará de um escoamento drenante terminal ou *totalmente desenvolvido* de raio externo b constante, com $v_z = v_z(r)$, $v_\theta = v_r = 0$. Considere que a atmosfera não oferece resistência de cisalhamento ao movimento do filme. Deduza uma equação diferencial para v_z, defina as condições de contorno apropriadas e resolva a distribuição de velocidade do filme. Como o raio b do filme se relaciona com a vazão volumétrica Q total do filme?

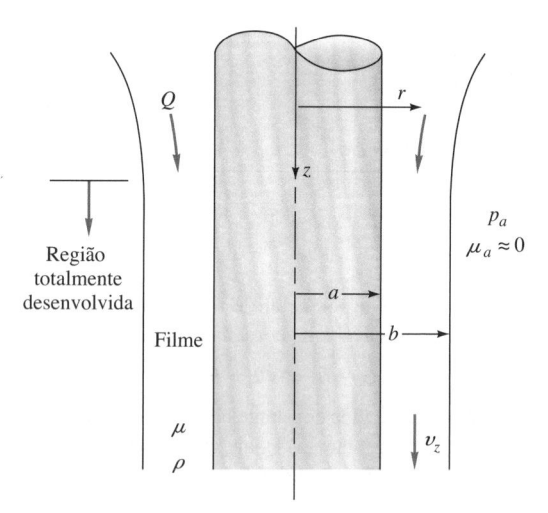

P4.84

P4.85 Uma placa plana de largura e extensão infinitas oscila senoidalmente sobre seu próprio plano embaixo de um fluido viscoso, como mostra a Figura P4.85. O fluido está em repouso bem acima da placa. Adotando o máximo possível de hipóteses simplificadoras, escreva a equação diferencial governante e as condições de contorno para determinar o campo de velocidade u no fluido. Não resolva (se você *puder* resolvê-la imediatamente, não precisa fazer o restante deste curso e pode se considerar aprovado).

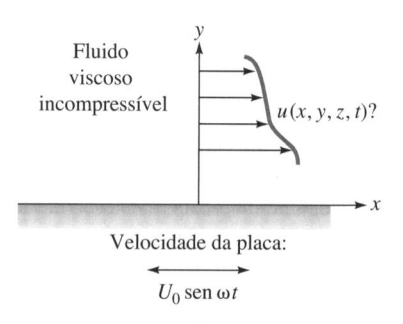

P4.85

P4.86 Óleo SAE 10 a 20° C flui entre placas paralelas separadas 8 mm, como na Figura P4.86. Um manômetro de mercúrio, com tomadas de pressão na parede separadas 1 m, registra uma altura de 6 cm, como mostra a figura. Calcule a vazão do óleo para essa condição.

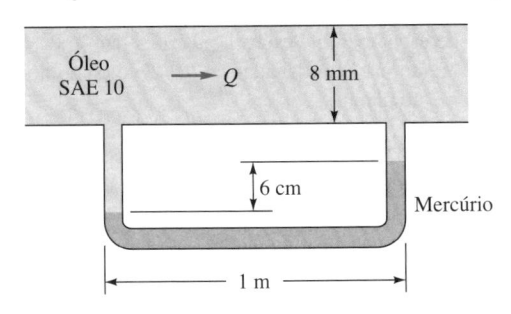

P4.86

P4.87 Óleo SAE 30W a 20° C escoa por um tubo de 9 cm de diâmetro na Figura P4.87 a uma velocidade média de 4,3 m/s.

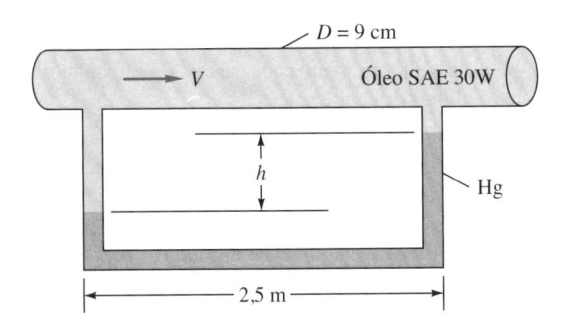

P4.87

(a) Verifique se o escoamento é laminar. (b) Determine a vazão volumétrica em m^3/h. (c) Calcule a leitura h esperada do manômetro de mercúrio, em cm.

P4.88 O óleo viscoso da Figura P4.88 é posto em movimento permanente por um cilindro interno concêntrico movendo-se axialmente à velocidade U dentro de um cilindro externo fixo. Considerando pressão e massa específica constantes e um movimento puramente axial do fluido, resolva a Equação (4.38) para a distribuição de velocidade do fluido $v_z(r)$. Quais são as condições de contorno apropriadas?

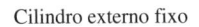

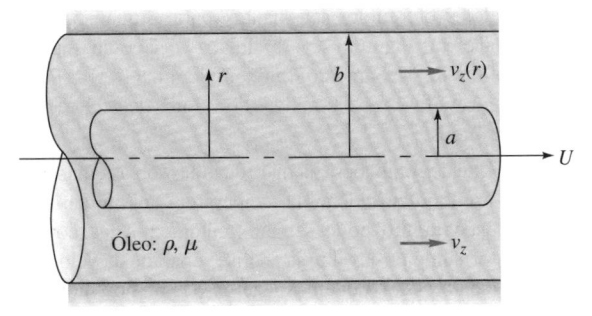

P4.88

P4.89 Óleo escoa em regime permanente entre duas placas planas fixas separadas por 2 polegadas. Quando o gradiente de pressão é de 3.200 pascais por metro, a velocidade média é de 0,8 m/s. (a) Qual é a vazão por metro de largura? (b) Qual óleo na Tabela A.4 corresponde a esses dados? (c) Podemos ter certeza de que o escoamento é laminar?

P4.90 Deseja-se bombear etanol a 20°C através de 25 m de tubulação lisa e reta em condições de escoamento laminar $Re_d = \rho V d/\mu < 2.300$. A queda de pressão disponível é de 10 kPa. (a) Qual é a máxima vazão em massa possível, em kg/h? (b) Qual é o diâmetro apropriado?

*P4.91 Analise o escoamento laminar desenvolvido em um tubo para um fluido que respeita a *lei de potência*, $\tau = C(dv_z/dr)^n$, para $n \neq 1$, como no problema P1.46. (a) Estabeleça uma expressão para $v_z(r)$. (b) Para crédito extra, trace as formas do perfil de velocidade para $n = 0{,}5$, 1 e 2. [*Dica*: Na Eq. (4.136), substituir $\mu(dv_z/dr)$ por τ].

P4.92 Um tanque de área A_0 está sendo drenado em escoamento laminar por um tubo de diâmetro D e comprimento L, como mostra a Figura P4.92. Desprezando a energia cinética do jato de saída e supondo que o escoamento no tubo é causado pela pressão hidrostática em sua entrada, deduza uma fórmula para o nível do tanque $h(t)$ se seu nível inicial é h_0.

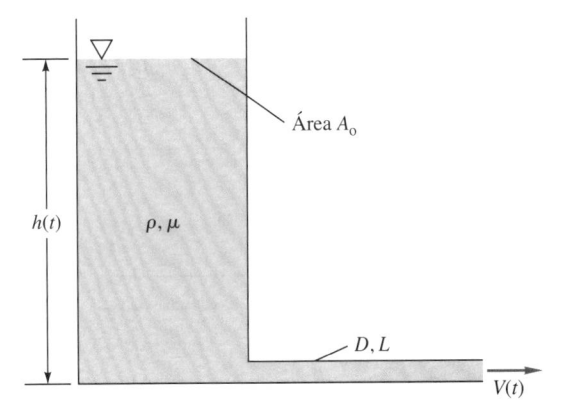

P4.92

P4.93 Uma certa quantidade de microtubos de diâmetro d e 25 cm de comprimento estão juntos em um tipo de "favo de colmeia", cuja área transversal total é 0,0006 m^2. A queda de pressão da entrada até a saída é 1,5 kPa. Deseja-se que a vazão volumétrica total seja 5 m^3/h de água a 20° C. (a) Qual é o diâmetro apropriado para o microtubo? (b) Quantos microtubos estão no conjunto? (c) Qual é o número de Reynolds de cada microtubo?

P4.94 Um cilindro sólido longo gira em regime permanente em um fluido muito viscoso, como na Figura P4.94. Considerando escoamento laminar, resolva a equação de Navier-Stokes em coordenadas polares para determinar a distribuição de velocidade resultante. O fluido está em repouso distante do cilindro. [*Dica*: o cilindro não induz nenhum movimento radial.]

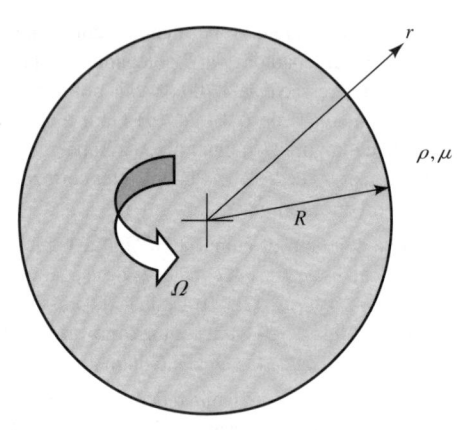

P4.94

*P4.95 Dois líquidos imiscíveis de espessura h igual estão sob cisalhamento entre uma placa fixa e outra móvel, como na Figura P4.95. A gravidade é desprezada e não há variação com x. Encontre uma expressão para (a) a velocidade na interface e (b) a tensão de cisalhamento em cada fluido. Considere escoamento laminar permanente.

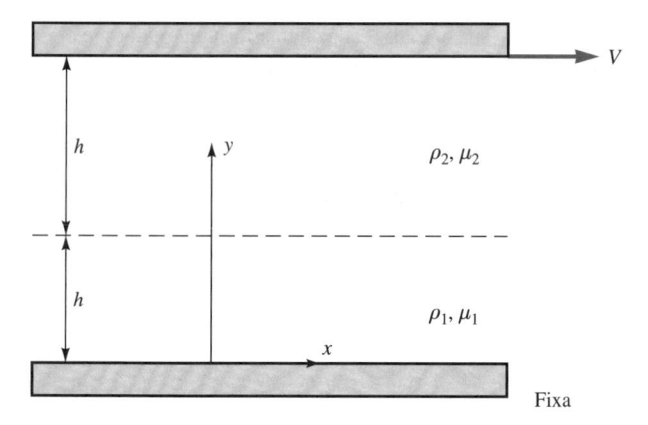

P4.95

P4.96 Use os dados do Prob. P1.40, com o cilindro interno girando e o cilindro externo fixo, e calcule (a) a tensão de cisalhamento interna. (b) Determine se esse padrão de escoamento é estável. [*Dica*: A tensão de cisalhamento nas coordenadas (r, θ) *não* é como no escoamento plano.]

Escoamentos com escorregamento

P4.97 Considerando o escoamento de Couette entre uma placa móvel e uma placa fixa, Fig. 4.12(a), resolva as equações da continuidade e de Navier-Stokes para encontrar a distribuição de velocidade quando há *escorregamento* em ambas as paredes.

P4.98 Considerando o escoamento sob gradiente de pressão entre duas placas paralelas da Fig. 4.12(b), reanalise para o caso *de escoamento com escorregamento* em ambas as paredes. Use a condição de escorregamento simples $u_{parede} = \ell\,(du/dy)_{parede}$, onde ℓ é o livre caminho médio do fluido. (a) Esboce o perfil de velocidade esperado. (b) Encontre uma expressão para a tensão de cisalhamento em cada parede. (c) Encontre a vazão volumétrica entre as placas.

P4.99 Considerando o escoamento sob gradiente de pressão em um tubo circular na Seção. 4.10, reanalise para o caso de deslizamento na parede. Use a condição de escorregamento simples $v_{z,parede} = \ell\,(dv_z/dr)_{parede}$, onde ℓ é o livre caminho médio do fluido. (a) Esboce o perfil de velocidade esperado. (b) Encontre uma expressão para a tensão de cisalhamento na parede. (c) Encontre a vazão em volume no tubo.

Problemas dissertativos

PD4.1 A aceleração total de uma partícula de fluido é dada pela Equação (4.2) no sistema euleriano, em que **V** é uma função conhecida da posição e do tempo. Explique como podemos avaliar a aceleração da partícula no sistema lagrangiano, em que a posição **r** da partícula é uma função conhecida do tempo e da posição inicial, $\mathbf{r} = f(\mathbf{r}_0, t)$. Você pode dar um exemplo ilustrativo?

PD4.2 É verdade que a relação de continuidade, Equação (4.6), é válida para escoamento viscoso e não viscoso, newtoniano e não newtoniano, compressível e incompressível? Em caso afirmativo, existe *alguma* limitação para essa equação?

PD4.3 Considere um CD (do inglês *compact disk*) girando a uma velocidade angular Ω. Ele tem *vorticidade* no sentido empregado neste capítulo? Em caso afirmativo, de quanto?

PD4.4 Quanta aceleração os fluidos podem suportar? Os fluidos são como os astronautas, para os quais $5g$ é uma aceleração muito severa? Talvez você possa usar o padrão de escoamento do Exemplo 4.8, em $r = R$, para fazer algumas estimativas de valores de aceleração de fluidos.

PD4.5 Cite as condições (há mais de uma) sob as quais a análise da distribuição de temperatura em um campo de escoamento pode ser completamente desacoplada, tornando possível uma análise separada da velocidade e da pressão. Podemos fazer isso tanto no escoamento laminar como no turbulento?

PD4.6 Considere o escoamento de líquido sobre uma barragem ou sobre seu vertedouro. Como as condições de contorno e o padrão de escoamento poderiam alterar-se quando comparássemos o escoamento de água sobre um grande protótipo com o escoamento de óleo SAE 30 sobre um modelo em escala reduzida?

PD4.7 Qual é a diferença entre a função corrente ψ e nosso método para encontrar linhas de corrente da Seção 1.11? Ou elas são essencialmente a mesma coisa?

PD4.8 Sob quais condições a função corrente ψ e o potencial de velocidade ϕ existem para um campo de escoamento? Quando um existe, mas o outro não?

PD4.9 Como pode ser prevista a notável instabilidade tridimensional de Taylor da Figura 4.14? Discuta um procedimento geral para examinar a estabilidade de um dado padrão de escoamento.

PD4.10 Considere um escoamento irrotacional, incompressível, com simetria axial ($\partial/\partial\theta = 0$) em coordenadas ($r$, z). Existe uma função corrente? Em caso afirmativo, ela satisfaz a equação de Laplace? As linhas de ψ constante são iguais às linhas de corrente do escoamento? Existe um potencial de velocidade? Em caso afirmativo, ele satisfaz a equação de Laplace? As linhas de ϕ constante são perpendiculares às linhas ψ em todos os lugares?

Problemas de fundamentos de engenharia

FE4.1 Dada a distribuição de velocidade permanente, incompressível, $\mathbf{V} = 3x\mathbf{i} + Cy\mathbf{j} + 0\mathbf{k}$, em que C é uma constante, se a conservação da massa for satisfeita, o valor de C deverá ser
(*a*) 3,   (*b*) 3/2,   (*c*) 0,   (*d*) −3/2,   (*e*) −3

FE4.2 Dada a distribuição de velocidade permanente $\mathbf{V} = 3x\mathbf{i} + 0\mathbf{j} + Cy\mathbf{k}$, em que C é uma constante, se o escoamento é irrotacional, o valor de C deverá ser
(*a*) 3,   (*b*) 3/2,   (*c*) 0,   (*d*) −3/2,   (*e*) −3

FE4.3 Dada a distribuição de velocidade permanente, incompressível, $\mathbf{V} = 3x\mathbf{i} + Cy\mathbf{j} + 0\mathbf{k}$, em que C é uma constante, a tensão de cisalhamento τ_{xy} no ponto (x, y, z) é dada por
(*a*) 3μ, (*b*) $(3x + Cy)\mu$, (*c*) 0, (*d*) $C\mu$, (*e*) $(3 + C)\mu$

FE4.4 Considere a distribuição de velocidade incompressível e permanente $u = Ax$, $v = By$ e $w = Cxy$, em que (A, B, C) são constantes. Esse escoamento satisfaz à equação da continuidade se A for igual a
(*a*) B, (*b*) $B + C$, (*c*) $B − C$, (*d*) $−B$, (*e*) $−(B + C)$

FE4.5 Para o campo de velocidade do Prob. FE4.4, a aceleração convectiva na direção x é
(*a*) Ax^2, (*b*) A^2x, (*c*) B^2y, (*d*) By^2, (*e*) Cx^2y

FE4.6 Para o escoamento laminar em um tubo liso e reto, se o diâmetro e o comprimento do tubo duplicam, enquanto todo o resto permanece o mesmo, a vazão em volume aumentará por um fator de
(*a*) 2, (*b*) 4, (*c*) 8, (*d*) 12, (*e*) 16

Problemas abrangentes

PA4.1 Em uma certa aplicação médica, água à temperatura e pressão ambientes escoa por um canal de seção retangular de comprimento L = 10 cm, largura s = 1,0 cm, e tamanho da folga b = 0,30 mm, como na Figura PA4.1. A vazão volumétrica é senoidal, com amplitude $\hat{Q}$ = 0,50 mL/s e frequência f = 20 Hz, isto é, $Q = \hat{Q}$ sen ($2\pi ft$).
(*a*) Calcule o número de Reynolds máximo (Re = Vb/ν) baseado na máxima velocidade média e no tamanho da folga. O escoamento em um canal como esse permanece laminar para Re menor que 2.000, aproximadamente. Para números de Reynolds maiores, o escoamento será turbulento. Este escoamento é laminar ou turbulento? (*b*) Neste problema, a frequência é baixa o suficiente para que, em qualquer instante dado, o escoamento possa ser resolvido como se fosse permanente com a vazão volumétrica correspondente. (Essa é a chamada *hipótese quase-permanente*.) Em qualquer instante de tempo arbitrário, encontre uma expressão para a velocidade do fluxo principal, u, em função de y, μ, dp/dx e b, em que dp/dx é o gradiente de pressão necessário para manter o escoamento pelo canal com a vazão volumétrica Q. Além disso, estime o valor máximo da componente u da velocidade. (*c*) Em qualquer instante de tempo, encontre uma relação entre a vazão volumétrica Q e o gradiente de pressão dp/dx. Sua resposta deve ser dada como uma expressão para Q em função de dp/dx, s, b e viscosidade μ. (*d*) Calcule a tensão de cisalhamento na parede, τ_p, em função de $\hat{Q}$, f, μ, b, s e tempo t. (*e*) Finalmente, para os números dados no enunciado do problema, calcule a amplitude da tensão de cisalhamento na parede, $\hat{\tau}_p$, em N/m².

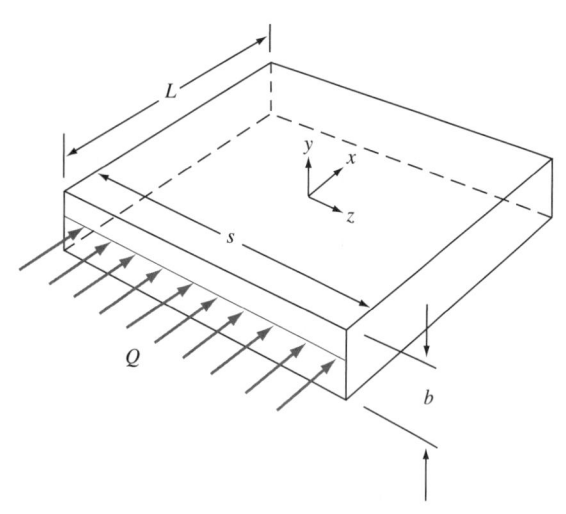

PA4.1

PA4.2 Uma correia move-se para cima com a velocidade V, arrastando um filme de líquido viscoso de espessura h, como na Figura PA4.2. Próximo à correia, o filme move-se para cima em virtude da condição de não escorregamento. Em sua borda externa, o filme move-se para baixo por causa da gravidade. Considerando que a única velocidade diferente de zero é $v(x)$, com tensão de cisalhamento nula na borda externa do filme, deduza uma fórmula para (*a*) $v(x)$, (*b*) a velocidade média $V_{méd}$ no filme e (*c*) a velocidade V_c para a qual não há escoamento líquido para cima nem para baixo. (*d*) Faça um esboço de $v(x)$ para o caso (*c*).

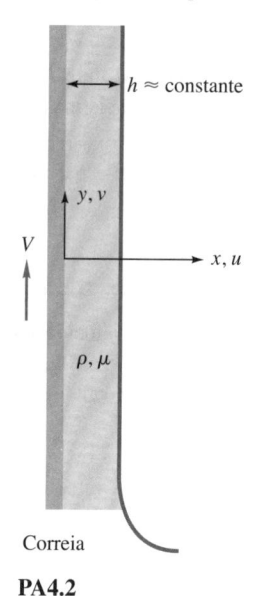

PA4.2

Referências

1. J. D. Anderson, *Computational Fluid Dynamics: An Introduction*, 3d ed., Springer, New York, 2010.
2. C. E. Brennen, *Fundamentals of Multiphase Flow*, Cambridge University Press, New York, 2009. See also URL <http://caltechbook.library.caltech.edu/51/01/multiph.htm>
3. D. Zwillinger, *CRC Standard Mathematical Tables and Formulae*, 32d ed., CRC Press Inc., Cleveland, Ohio, 2011.
4. H. Schlichting and K. Gersten, *Boundary Layer Theory*, 8th ed., Springer, New York, 2000.
5. F. M. White, *Viscous Fluid Flow,* 3d ed., McGraw-Hill, New York, 2005.
6. E. B. Tadmor, R. E. Miller, and R. S. Elliott, *Continuum Mechanics and Thermodynamics*, Cambridge University Press, New York, 2012.
7. J. P. Holman, *Heat Transfer,* 10th ed., McGraw-Hill, New York, 2009.
8. W. M. Kays and M. E. Crawford, *Convective Heat and Mass Transfer,* 4th ed., McGraw-Hill, New York, 2004.
9. G. K. Batchelor, *An Introduction to Fluid Dynamics,* Cambridge University Press, Cambridge, England, 1967.
10. L. Prandtl and O. G. Tietjens, Fundamentals of Hydro- and Aeromechanics, Dover, New York, 1957.
11. D. Fleisch, A Student's Guide to Vectors and Tensors , Cambridge University Press, New York, 2011.
12. O. Gonzalez and A. M. Stuart, A First Course in Continuum Mechanics , Cambridge University Press, New York, 2008.
13. D. A. Danielson, Vectors and Tensors in Engineering and Physics, 2d ed., Westview (Perseus) Press, Boulder, CO, 2003.
14. R. I. Tanner, Engineering Rheology, 2d ed., Oxford University Press, New York, 2000.
15. H. Lamb, Hydrodynamics, 6th ed., Dover, New York, 1945.
16. J. P. Davin, Tribology for Engineers: A Practical Guide , Woodhead Publishing, Philadelphia, 2011.
17. G. I. Taylor, "Stability of a Viscous Liquid Contained between Two Rotating Cylinders," Philos. Trans. Roy. Soc. London Ser. A, vol. 223, 1923, pp. 289–343.
18. E. L. Koschmieder, "Turbulent Taylor Vortex Flow," J. Fluid Mech., vol. 93, pt. 3, 1979, pp. 515–527.
19. M. T. Nair, T. K. Sengupta, and U. S. Chauhan, "Flow Past Rotating Cylinders at High Reynolds Numbers Using Higher Order Upwind Scheme," Computers and Fluids, vol. 27, no. 1, 1998, pp. 47–70.
20. M. Constanceau and C. Menard, "Influence of Rotation on the Near-Wake Development behind an Impulsively Started Circular Cylinder," J. Fluid Mechanics, vol. 1258, 1985, pp. 399–446.
21. J-Y. Hwang, K-S. Yang, and K. Bremhorst, "Direct Numerical Simulation of Turbulent Flow Around a Rotating Circular Cylinder." Fluids Engineering , vol. 129, Jan. 2007, pp. 40–47.

Um paraquedas da NASA em grande escala, que ajudou a baixar o veículo *Curiosity* à superfície de Marte em 2012, foi testado no maior túnel de vento do mundo, no Centro de Pesquisa Ames da NASA, em Moffett Field, Califórnia. É o maior paraquedas de disco-fenda-banda [41] já construído, com um diâmetro de 51 pés. Na atmosfera de Marte ele irá gerar até 65.000 lbf de arrasto, o que enseja a proposição de um problema no Capítulo 7. [*Imagem da NASA/JPL-Caltech.*]

Capítulo 5
Análise dimensional e semelhança

Motivação. Neste capítulo, discutimos o planejamento, a apresentação e a interpretação de dados experimentais. Vamos tentar convencê-lo de que tais dados são mais bem apresentados na forma *adimensional*. Experimentos que poderiam resultar em tabelas de saída, ou mesmo em vários volumes de tabelas, podem ser reduzidos a um único conjunto de curvas – ou mesmo a uma única curva – quando adimensionalizados convenientemente. A técnica para fazer isso é a *análise dimensional*. Ela também é eficaz nos estudos teóricos.

O Capítulo 3 apresentou balanços globais de massa, quantidade de movimento e energia para um volume de controle, levando a estimativas de parâmetros globais: fluxo de massa, força, torque, transferência total de calor. O Capítulo 4 apresentou balanços infinitesimais que conduziram às equações diferenciais parciais básicas do escoamento de um fluido, e a algumas soluções particulares para escoamentos não viscosos e viscosos (laminares). Essas técnicas *analíticas* diretas são limitadas a geometrias simples e condições de contorno uniformes. Somente uma parte dos problemas de escoamento em engenharia pode ser resolvida por fórmulas analíticas diretas.

Muitos problemas práticos de escoamento de fluidos são muito complexos, tanto geometrica quanto fisicamente, para serem resolvidos de maneira analítica. Eles devem ser testados por experimentos ou aproximados pela dinâmica dos fluidos computacional (Computational Fluid Dynamics – CFD) [2]. Os resultados são tipicamente apresentados como dados experimentais ou dados numéricos e curvas ajustadas. Estes têm uma generalidade muito maior se forem expressos em forma compacta. Esse é o objetivo da análise dimensional. A técnica é um pilar importante da mecânica dos fluidos e é também amplamente utilizada em todos os campos da engenharia e das ciências físicas, biológicas, médicas e sociais. O capítulo mostra como a análise dimensional melhora a apresentação dos dados e da teoria.

5.1 Introdução

Basicamente, a análise dimensional é um método para reduzir o número e a complexidade das variáveis experimentais que afetam um dado fenômeno físico, pela aplicação de um tipo de técnica de compactação. Se um fenômeno depende de n variáveis dimensionais, a análise dimensional reduzirá o problema a apenas k variáveis *adimensionais*, em que a redução $n - k = 1, 2, 3$ ou 4, dependendo da complexidade do problema. Geralmente, $n - k$ é igual ao número de dimensões diferentes (às vezes chamadas de dimensões básicas ou primárias ou fundamentais) que regem o problema. Na mecânica dos fluidos, as quatro dimensões básicas são usualmente consideradas como massa M, comprimento L, tempo T e temperatura Θ, ou, de maneira abreviada, um sistema $MLT\Theta$. Alternativamente, podemos usar um sistema $FLT\Theta$, com a força F substituindo a massa.

Embora sua finalidade seja reduzir as variáveis e agrupá-las em forma adimensional, a análise dimensional tem vários benefícios adicionais. O primeiro deles é uma grande economia de tempo e dinheiro. Vamos supor que soubéssemos que a força F sobre um corpo particular imerso em uma corrente de fluido dependesse apenas do comprimento L do corpo, da velocidade V da corrente, da massa específica ρ do fluido, e da viscosidade μ do fluido; isto é,

$$F = f(L, V, \rho, \mu) \tag{5.1}$$

Suponha ainda que a geometria e as condições de escoamento sejam tão complicadas que nossas teorias integrais (Capítulo 3) e equações diferenciais (Capítulo 4) não consigam fornecer a solução para a força. Então temos de encontrar a função $f(L, V, \rho, \mu)$ experimental ou numericamente.

De modo geral, admite-se que são necessários aproximadamente 10 pontos para definir uma curva. Para encontrarmos o efeito do comprimento do corpo na Equação (5.1), temos de executar o experimento para 10 comprimentos L. Para cada L precisamos de 10 valores de V, 10 valores de ρ e 10 valores de μ, resultando num total de 10^4 ou 10.000 experimentos. A \$100 por experimento – bem, você já sabe aonde queremos chegar. No entanto, com a análise dimensional, podemos imediatamente reduzir a Equação (5.1) à forma equivalente

$$\frac{F}{\rho V^2 L^2} = g\left(\frac{\rho V L}{\mu}\right) \tag{5.2}$$

ou

$$C_F = g(\text{Re})$$

Isto é, o *coeficiente de força* adimensional $F/(\rho V^2 L^2)$ é uma função apenas do *número de Reynolds* adimensional $\rho VL/\mu$. Vamos aprender a fazer essa redução nas Seções 5.2 e 5.3. A Equação (5.2) será útil no Capítulo 7.

Observe que a Equação (5.2) é apenas um *exemplo,* não o assunto completo, de forças causadas por escoamentos de fluidos. Algumas forças de fluidos têm uma dependência do número de Reynolds muito fraca ou desprezível em amplas regiões (Figura 5.3a). Outros grupos também podem ser importantes. Em escoamentos de gases a altas velocidades, o coeficiente de força pode depender do *número de Mach*, $\text{Ma} = V/a$, onde a é a velocidade do som. Nos escoamentos com superfície livre, como o que gera arrasto num navio, C_F pode depender do *número de Froude*, $\text{Fr} = V^2/(gL)$, onde g é a aceleração da gravidade. No escoamento turbulento, a força pode depender da *rugosidade relativa*, ϵ/L, onde ϵ é a altura de rugosidade da superfície.

A função g é matematicamente diferente da função original f, mas contém as mesmas informações. Nada se perde em uma análise dimensional. E pense na economia: podemos determinar g fazendo o experimento para apenas 10 valores da única variável chamada número de Reynolds. Não precisamos variar L, V, ρ ou μ separadamente, mas apenas o *agrupamento* $\rho VL/\mu$. Fazemos isso simplesmente variando a velocidade V, por exemplo, em um túnel de vento ou ensaio de queda ou em um canal de água, e não há necessidade de construir 10 corpos diferentes ou procurar 100 fluidos diferentes com 10 densidades e 10 viscosidades. O custo agora se reduz a \$1.000,00 ou talvez menos.

Outro benefício adicional da análise dimensional é que ela ajuda nosso raciocínio e planejamento para um experimento ou uma teoria. Ela sugere maneiras adimensionais de escrever equações antes de gastarmos dinheiro em análises numéricas para encontrar soluções. Ela sugere variáveis que podem ser descartadas; às vezes a análise dimensional rejeitará imediatamente certas variáveis, ou irá agrupá-las em separado, de modo que alguns testes simples mostrarão que elas não são importantes. Por fim, a análise dimensional irá fornecer-nos, com frequência, uma excelente visão da forma da relação física que estamos tentando estudar.

Um terceiro benefício é que a análise dimensional fornece as *leis de escala* que permitem converter dados de um *modelo* pequeno e barato para obter as informações para um *protótipo* maior e caro. Não precisamos construir um avião de um milhão de dólares para ver se ele tem ou não uma força de sustentação suficiente. Medimos a força de sustentação em um pequeno modelo e usamos a lei de escala para prever a força de sustentação em um protótipo do tamanho natural. Há algumas regras que precisamos explicar para determinar as leis de escala. Quando a lei de escala é válida, dizemos que existe uma relação de *semelhança* entre o modelo e o protótipo. No caso simples da Equação (5.1), é obtida a semelhança se o número de Reynolds for o mesmo para o modelo e para o protótipo porque a função g requer que o coeficiente de força seja também o mesmo:

$$\text{Se } Re_m = Re_p \quad \text{então} \quad C_{Fm} = C_{Fp} \quad (5.3)$$

em que os subscritos m e p significam modelo e protótipo, respectivamente. Da definição de coeficiente de força, isto significa que

$$\frac{F_p}{F_m} = \frac{\rho_p}{\rho_m}\left(\frac{V_p}{V_m}\right)^2\left(\frac{L_p}{L_m}\right)^2 \quad (5.4)$$

para os dados tomados quando $\rho_p V_p L_p/\mu_p = \rho_m V_m L_m/\mu_m$. A Equação (5.4) é uma lei de escala: se você medir a força no modelo para um certo número de Reynolds, a força no protótipo para o mesmo número de Reynolds é igual ao produto da força no modelo pela relação de massas específicas, pelo quadrado da relação entre as velocidades e pelo quadrado da relação de comprimentos. Mais adiante daremos outros exemplos.

Você entendeu essas explicações introdutórias? Tenha cuidado; aprender análise dimensional é como aprender a jogar tênis: há vários níveis no jogo. Podemos estabelecer algumas regras básicas e fazer um trabalho satisfatório neste breve capítulo, mas a análise dimensional, em sua visão ampla, tem muitas minúcias e nuances que você só pode dominar com o tempo, a prática e a maturidade. Embora a análise dimensional tenha uma sólida base física e matemática, é preciso muita arte e habilidade para usá-la com eficiência.

EXEMPLO 5.1

O copépode é um crustáceo aquático com aproximadamente 1 mm de diâmetro. Queremos saber qual é a força de arrasto sobre o copépode quando ele se move lentamente em água doce. Um modelo em escala 100 vezes maior é construído e testado em glicerina com $V = 30$ cm/s. O arrasto medido sobre o modelo é de 1,3 N. Para condições de semelhança, quais são a velocidade e o arrasto sobre o copépode real na água? Considere que a Equação (5.2) se aplica e que a temperatura é de 20°C.

Solução

- *Valores de propriedades:* Da Tabela A.3, as viscosidades e as massas específicas a 20°C são

  Água (protótipo): $\mu_p = 0{,}001$ kg/(m · s) $\rho_p = 998$ kg/m³

  Glicerina (modelo): $\mu_m = 1{,}5$ kg/(m · s) $\rho_m = 1.263$ kg/m³

- *Hipóteses:* A Equação (5.2) é apropriada e estabelece a *semelhança*; isto é, o modelo e o protótipo têm o mesmo número de Reynolds e, portanto, o mesmo coeficiente de força.

- *Abordagem:* As escalas de comprimentos são $L_m = 100$ mm e $L_p = 1$ mm. Calcule o número de Reynolds e o coeficiente de força do modelo e iguale-os aos valores do protótipo:

$$\text{Re}_m = \frac{\rho_m V_m L_m}{\mu_m} = \frac{(1.263 \text{ kg/m}^3)(0,3 \text{ m/s})(0,1 \text{ m})}{1,5 \text{ kg/(m}\cdot\text{s})} = 25,3 = \text{Re}_p = \frac{(998 \text{ kg/m}^3)V_p(0,001 \text{ m})}{0,001 \text{ kg/(m}\cdot\text{s})}$$

A solução é $V_p = 0,0253$ m/s $= 2,53$ cm/s *Resposta*

De maneira semelhante, usando a velocidade do protótipo que acabamos de determinar, iguala-se os coeficientes de força:

$$C_{Fm} = \frac{F_m}{\rho_m V_m^2 L_m^2} = \frac{1,3 \text{ N}}{(1.263 \text{ kg/m}^3)(0,3 \text{ m/s})^2(0,1 \text{ m})^2} = 1,14$$

$$= C_{Fp} = \frac{F_p}{(998 \text{ kg/m}^3)(0,0253 \text{ m/s})^2(0,001 \text{ m})^2}$$

A solução é $F_p = 7{,}3\text{E-7N}$ *Resposta*

- *Comentários:* Considerando que a modelagem do número de Reynolds foi correta, o teste em modelo foi uma ótima ideia, já que, obviamente, seria muito difícil medir a força de arrasto desse pequeno copépode.

Historicamente, a primeira pessoa a escrever extensivamente sobre unidades e raciocínios dimensionais nas relações físicas foi Euler, em 1765. As ideias de Euler estavam muito à frente do seu tempo, assim como as ideias de Joseph Fourier, cujo livro *Analytical theory of heat* (Teoria Analítica do Calor), de 1822, delineou o que hoje é chamado de *princípio da homogeneidade dimensional* e, já então, desenvolveu algumas regras de semelhança para o fluxo de calor. Não houve avanços significativos até o livro de Lord Rayleigh, em 1877, *Theory of sound* (Teoria do Som), que propôs um "método de dimensões" e forneceu diversos exemplos de análise dimensional. O passo final, que estabeleceu o método como hoje o conhecemos, é geralmente creditado a E. Buckingham em 1914 [1], cujo artigo introduziu aquilo que hoje é chamado de o *Teorema Pi de Buckingham*, para a descrição de parâmetros adimensionais (ver Seção 5.3). Todavia, sabe-se agora que um francês, A. Vaschy, em 1892, e um russo, D. Riabouchinsky, em 1911, independentemente, publicaram artigos relatando resultados equivalentes ao teorema pi. Após o artigo de Buckingham, P. W. Bridgman publicou um livro clássico em 1922 [3], esboçando a teoria geral da análise dimensional.

A análise dimensional é tão valiosa e sutil, envolvendo muita habilidade e arte, que deu origem a uma grande variedade de livros-texto e tratados. O autor conhece mais de 30 livros sobre o assunto, tendo listado aqui seus favoritos na engenharia [3-10]. A análise dimensional não está limitada à mecânica dos fluidos ou mesmo à engenharia. Livros especializados têm sido publicados sobre a aplicação da análise dimensional em metrologia [11], astrofísica [12], economia [13], química [14], hidrologia [15], medicamentos [16], medicina clínica [17], plantas piloto de processamento químico [18], ciências sociais [19], ciências biomédicas [20], farmácia [21], geometria fractal [22] e até crescimento de plantas [23]. Não há dúvida de que este assunto merece ser estudado em muitas carreiras profissionais.

5.2 O princípio da homogeneidade dimensional

Ao realizarmos o salto notável da Equação (5.1), de cinco variáveis, para a Equação (5.2), de duas variáveis, exploramos uma regra que é quase um axioma autoevidente em física. Essa regra, o *princípio da homogeneidade dimensional* (PHD), pode ser enunciada da seguinte forma:

> Se uma equação expressa realmente uma relação apropriada entre variáveis em um processo físico, ela será *dimensionalmente homogênea*; isto é, cada um de seus termos aditivos terá as mesmas dimensões.

Todas as equações deduzidas na mecânica teórica são dessa forma. Por exemplo, considere a relação que expressa o deslocamento de um corpo em queda livre:

$$S = S_0 + V_0 t + \tfrac{1}{2} g t^2 \tag{5.5}$$

Cada termo dessa equação é um deslocamento, ou comprimento, e tem dimensões $\{L\}$. A equação é dimensionalmente homogênea. Observe também que qualquer conjunto consistente de unidades pode ser usado para calcular um resultado.

Considere a equação de Bernoulli para o escoamento incompressível:

$$\frac{p}{\rho} + \frac{1}{2} V^2 + gz = \text{const} \tag{5.6}$$

Cada termo, incluindo a constante, tem dimensões de velocidade ao quadrado, ou $\{L^2 T^{-2}\}$. A equação é dimensionalmente homogênea e dá resultados apropriados para qualquer conjunto consistente de unidades.

Os estudantes contam com a homogeneidade dimensional e a usam para verificar seus resultados quando não conseguem se lembrar muito bem de uma equação durante um exame. Por exemplo, qual é o certo:

$$S = \tfrac{1}{2} g t^2 ? \qquad \text{ou} \qquad S = \tfrac{1}{2} g^2 t ? \tag{5.7}$$

Verificando as dimensões, rejeitamos a segunda forma e recuperamos nossa memória falha. Estamos explorando o princípio da homogeneidade dimensional, e este capítulo simplesmente a explora ainda mais.

Variáveis e constantes

As Equações (5.5) e (5.6) também ilustram outros fatores que muitas vezes entram em uma análise dimensional:

Variáveis dimensionais são as grandezas que realmente variam durante um caso e podem ser representadas em gráfico, uma em relação à outra para mostrar os dados. Na Equação (5.5), elas são S e t; na Equação (5.6) elas são p, V e z. Todas têm dimensões e podem ser adimensionalizadas com uma técnica de análise dimensional.

Constantes dimensionais podem variar de um caso para outro, mas são mantidas constantes durante um experimento. Na Equação (5.5) elas são S_0, V_0 e g, e na Equação (5.6) elas são ρ, g e C. Todas têm dimensões e eventualmente poderiam ser adimensionalizadas, mas elas são normalmente usadas para ajudar a adimensionalizar as variáveis no problema.

Constantes puras não têm dimensões e nunca tiveram. Elas surgem de manipulações matemáticas. Nas Equações (5.5) e (5.6) elas são $\tfrac{1}{2}$ e o expoente 2, e ambas vieram de uma integração: $\int t\, dt = \tfrac{1}{2} t^2$, $\int V\, dV = \tfrac{1}{2} V^2$. Outras constantes adimensionais comuns são π e e. E, também, o argumento de qualquer função matemática, como ln, exp, cos ou J_0, é adimensional.

Ângulos e *rotações* são adimensionais. A unidade preferida para um ângulo é o radiano, o que torna claro que um ângulo é uma relação. Da mesma maneira, uma rotação é igual a 2π radianos.

Números que indicam quantidade são adimensionais. Por exemplo, se triplicarmos a energia E passando para $3E$, o coeficiente 3 é adimensional.

Observe que a integração e a diferenciação de uma equação podem mudar as dimensões, mas não a homogeneidade da equação. Por exemplo, integre ou diferencie a Equação (5.5):

$$\int S\,dt = S_0 t + \tfrac{1}{2}V_0 t^2 + \tfrac{1}{6}g t^3 \qquad (5.8a)$$

$$\frac{dS}{dt} = V_0 + gt \qquad (5.8b)$$

Na forma integrada (5.8a) todos os termos têm a dimensão de $\{LT\}$, enquanto na forma derivada (5.8b) cada termo é uma velocidade $\{LT^{-1}\}$.

Por fim, algumas variáveis físicas são naturalmente adimensionais devido ao fato de serem definidas como razões entre quantidades dimensionais. Alguns exemplos são a deformação específica (variação de comprimento por unidade de comprimento), o módulo de Poisson (razão entre as deformações transversal e longitudinal) e a densidade (razão entre as massas específicas da substância e padrão da água).

O motivo subjacente à análise dimensional é que qualquer equação dimensionalmente homogênea pode ser escrita em uma forma adimensional inteiramente equivalente, que é mais compacta. Em geral, existe mais de um método para apresentar dados ou teorias de forma adimensional. Vamos ilustrar esses conceitos de modo mais completo, usando a relação (5.5) do corpo em queda livre como um exemplo.

Ambiguidade: a escolha de variáveis e parâmetros de escala[1]

A Equação (5.5) é simples e familiar, mas ainda assim permite ilustrar muitos conceitos de análise dimensional. Ela contém cinco grandezas (S, S_0, V_0, t, g) que podemos dividir, em nosso raciocínio, em variáveis e parâmetros. As *variáveis* são os itens que desejamos colocar no gráfico, o resultado básico do experimento ou da teoria: neste caso, S versus t. Os *parâmetros* são aquelas grandezas cujo efeito sobre as variáveis desejamos conhecer: neste caso, S_0, V_0 e g. Praticamente, todo estudo de engenharia pode ser subdividido dessa maneira.

Para adimensionalizarmos nossos resultados, precisamos saber quantas dimensões estão contidas entre nossas variáveis e parâmetros: nesse caso, apenas duas, comprimento $\{L\}$ e tempo $\{T\}$. Escreva a dimensão de cada grandeza para verificar isso:

$$\{S\} = \{S_0\} = \{L\} \qquad \{t\} = \{T\} \qquad \{V_0\} = \{LT^{-1}\} \qquad \{g\} = \{LT^{-2}\}$$

Então, entre nossos parâmetros, selecionamos dois para serem *parâmetros de escala* (também chamados de *variáveis repetitivas*), usados na definição de variáveis adimensionais. Aqueles que restarem serão os parâmetros "básicos", cujo efeito queremos mostrar em nosso gráfico. Essas escolhas não afetarão o conteúdo de nossos dados, apenas a forma de sua apresentação. Claramente, há ambiguidade nessas escolhas, algo que normalmente incomoda o experimentador iniciante. Mas a ambiguidade é proposital. Seu objetivo é mostrar um efeito em particular, e a escolha é sua.

Para o problema do corpo em queda livre, entre os três parâmetros, selecionamos dois quaisquer para serem parâmetros de escala. Logo, temos três opções. Vamos discuti-las e mostrá-las uma de cada vez.

---

[1] Agradeço ao professor Jacques Lewalle, da Syracuse University, por sugerir, delinear e esclarecer toda essa discussão.

Opção 1: Parâmetros de escala S_0 e V_0: o efeito da gravidade g.

Primeiro, use os parâmetros de escala (S_0, V_0) para definir o deslocamento e o tempo adimensionais (*). Há apenas uma definição adequada para cada:[2]

$$S^* = \frac{S}{S_0} \qquad t^* = \frac{V_0 t}{S_0} \tag{5.9}$$

Substituindo essas variáveis na Equação (5.5) e simplificando até que cada termo seja adimensional, o resultado é nossa primeira opção:

$$S^* = 1 + t^* + \frac{1}{2}\alpha t^{*2} \qquad \alpha = \frac{gS_0}{V_0^2} \tag{5.10}$$

Esse resultado está no gráfico da Figura 5.1a. Há um único parâmetro adimensional α, mostrando aqui o efeito da gravidade. Ele não pode mostrar os efeitos diretos de S_0 e de V_0, pois esses dois parâmetros estão ocultos na ordenada e na abscissa. Vemos que a gravidade aumenta a taxa parabólica de queda para $t^* > 0$, mas não a inclinação inicial em $t^*=0$. Chegaríamos à mesma conclusão por meio de dados de corpos em queda, e o gráfico, dentro da precisão experimental, seria parecido com aquele da Figura 5.1a.

Opção 2: Parâmetros de escala V_0 e g: o efeito do deslocamento inicial S_0.

Agora use os novos parâmetros de escala (V_0, g) para definir o deslocamento e o tempo adimensionais (**). Novamente, há apenas uma definição adequada:

$$S^{**} = \frac{Sg}{V_0^2} \qquad t^{**} = t\frac{g}{V_0} \tag{5.11}$$

Substitua essas variáveis na Equação (5.5) e simplifique ao máximo novamente. O resultado é nossa segunda opção:

$$S^{**} = \alpha + t^{**} + \frac{1}{2}t^{**2} \qquad \alpha = \frac{gS_0}{V_0^2} \tag{5.12}$$

Esse resultado está no gráfico da Figura 5.1b. Aparece novamente o mesmo parâmetro único α e, agora, mostra o efeito do *deslocamento* inicial, que simplesmente move as curvas para cima sem mudar a sua forma.

Opção 3: Parâmetros de escala S_0 e g: o efeito da velocidade inicial V_0.

Finalmente, use os parâmetros de escala (S_0, g) para definir o deslocamento e o tempo adimensionais (***). Novamente há apenas uma definição adequada:

$$S^{***} = \frac{S}{S_0} \qquad t^{***} = t\left(\frac{g}{S_0}\right)^{1/2} \tag{5.13}$$

Substitua essas variáveis na Equação (5.5) e simplifique ao máximo, como anteriormente. O resultado é nossa terceira e última opção:

$$S^{***} = 1 + \beta t^{***} + \frac{1}{2}t^{***2} \qquad \beta = \frac{1}{\sqrt{\alpha}} = \frac{V_0}{\sqrt{gS_0}} \tag{5.14}$$

Essa apresentação final está na Figura 5.1c. Mais uma vez aparece o parâmetro α, mas nós o redefinimos invertido, $\beta = 1/\sqrt{\alpha}$, de maneira que nosso parâmetro indicador V_0 apareça linearmente no numerador. Essa é nossa livre escolha e simplesmente aprimora

---

[2]Faça-os *proporcionais* a S e t. Não defina termos adimensionais invertidos: S_0/S ou $S_0/(V_0 t)$. Os gráficos ficarão estranhos, os usuários dos seus dados ficarão confusos e o seu supervisor ficará zangado. Não é uma boa ideia.

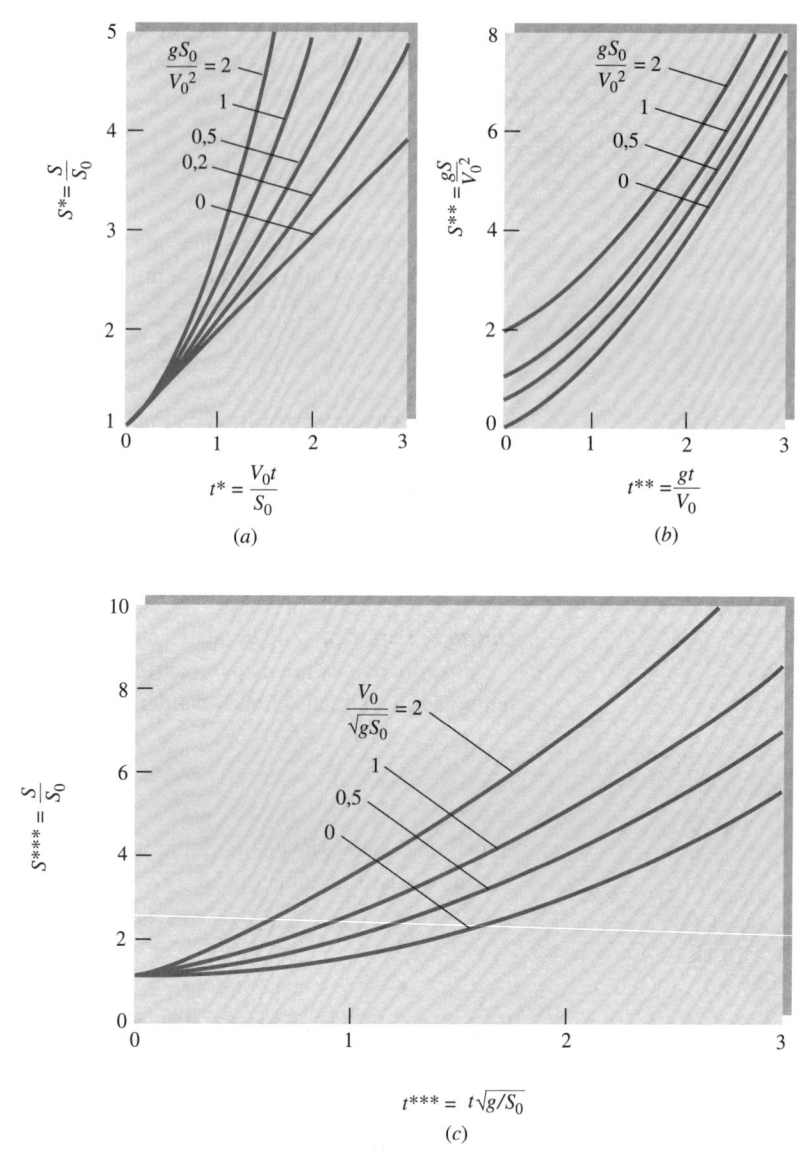

Figura 5.1 Três representações adimensionais inteiramente equivalentes do problema do corpo em queda livre, Equação (5.5): o efeito (a) da gravidade, (b) do deslocamento inicial e (c) da velocidade inicial. Todos os gráficos contêm as mesmas informações.

a apresentação. A Figura 5.1c mostra que a *velocidade* inicial aumenta o deslocamento na queda livre.

Observe que, nas três opções, aparece o mesmo parâmetro α, mas com um significado diferente: gravidade adimensional, deslocamento inicial adimensional e velocidade inicial adimensional. Os gráficos, que contêm exatamente as mesmas informações, mudam sua aparência para refletir as diferenças.

Enquanto o problema original, Equação (5.5), envolvia cinco grandezas, as apresentações adimensionais envolvem apenas três, tendo a forma

$$S' = f(t', \alpha) \qquad \alpha = \frac{gS_0}{V_0^2} \tag{5.15}$$

A redução $5 - 3 = 2$ deverá ser igual ao número de dimensões fundamentais envolvidas no problema $\{L, T\}$. Essa ideia levou ao teorema pi (Seção 5.3).

Seleção das variáveis de escala (repetitivas)

A seleção das variáveis de escala é uma tarefa do usuário, mas há algumas diretrizes. Na Equação (5.2), está claro agora que as variáveis de escala eram ρ, V e L, pois aparecem tanto no coeficiente de força como no número de Reynolds. Poderíamos então interpretar a Equação (5.2) como representativa da variação da *força* adimensional em função da *viscosidade* adimensional, pois cada uma aparece em apenas um grupo adimensional. Do mesmo modo, na Equação (5.5) as variáveis de escala foram selecionadas dentre (S_0, V_0, g), não (S, t), porque queríamos fazer o gráfico de S versus t no resultado final.

Veja a seguir algumas diretrizes para selecionar variáveis de escala:

1. Elas *não devem* formar um grupo adimensional entre elas, mas a adição de mais uma variável *formará* uma grandeza adimensional. Por exemplo, teste potências de ρ, V e L:

$$\rho^a V^b L^c = (ML^{-3})^a (L/T)^b (L)^c = M^0 L^0 T^0 \text{ somente se } a = 0, b = 0, c = 0$$

Nesse caso, podemos ver o porquê disso: somente ρ contém a dimensão $\{M\}$, e somente V contém a dimensão $\{T\}$, assim não é possível qualquer cancelamento. Agora, se acrescentarmos μ ao grupo de escala, obteremos o número de Reynolds. Se acrescentarmos F ao grupo, formaremos o coeficiente de força.

2. Não selecione variáveis de saída para os seus parâmetros de escala. Na Equação (5.1), certamente não selecionamos F, que você quer destacar para o seu gráfico. Nem selecionamos μ, porque queríamos o gráfico da força em função da viscosidade.

3. Se for conveniente, selecione variáveis de escala *populares*, não obscuras, porque elas aparecerão em todos os nossos grupos adimensionais. Selecione massa específica, não tensão superficial. Selecione comprimento do corpo, não rugosidade da superfície. Selecione velocidade da corrente, não velocidade do som.

Os exemplos a seguir tornarão isso claro. Os enunciados dos problemas podem fornecer sugestões.

Suponha que queiramos estudar a força de arrasto em função da *velocidade*. Então não usaríamos V como parâmetro de escala na Equação (5.1). Usaríamos em lugar disso (ρ, μ, L), e a função adimensional final seria

$$C'_F = \frac{\rho F}{\mu^2} = f(\text{Re}) \qquad \text{Re} = \frac{\rho V L}{\mu} \qquad (5.16)$$

Ao colocarmos esses dados em gráfico, não seríamos capazes de diferenciar o efeito de ρ ou μ, pois aparecem em ambos os grupos adimensionais. O agrupamento C'_F novamente significaria força adimensional, e Re é agora interpretado como velocidade ou tamanho adimensional.[3] O gráfico seria bastante diferente comparado com a Equação (5.2), embora ele contenha exatamente as mesmas informações. O desenvolvimento de parâmetros como C'_F e Re por meio das variáveis iniciais é o assunto do teorema pi (Seção 5.3).

Algumas equações peculiares da engenharia

O fundamento do método de análise dimensional repousa sobre duas hipóteses: (1) a relação física proposta é dimensionalmente homogênea e (2) todas as variáveis relevantes foram incluídas na relação proposta.

Se estiver faltando uma variável relevante, a análise dimensional falhará, gerando dificuldades algébricas, ou pior, resultando em uma formulação adimensional que não

---

[3] Tivemos sorte em conseguir um efeito de tamanho porque neste caso L, um parâmetro de escala, não apareceu no coeficiente de arrasto.

resolve o processo. Um caso típico é a fórmula de Manning para canal aberto, discutida no Exemplo 1.4 e no Capítulo 10:

$$V = \frac{1,49}{n} R^{2/3} S^{1/2} \tag{1}$$

Como V é velocidade, R é um raio e n e S são adimensionais, a fórmula não é dimensionalmente homogênea. Isso deve ser um alerta de que (1) a fórmula mudará se as *unidades* de V e R mudarem e (2), se for válida, ela representa um caso muito especial. A Equação (1) no Exemplo 1.4 antecede a técnica da análise dimensional e é válida apenas para água, escoando em canais rugosos de grandes raios, com velocidades moderadas em unidades BG.

Essas fórmulas dimensionalmente não homogêneas são abundantes na literatura da hidráulica. Um exemplo é a fórmula de Hazen-Williams [24] para vazão volumétrica de água através de um tubo liso retilíneo:

$$Q = 61,9 D^{2,63} \left(\frac{dp}{dx}\right)^{0,54} \tag{5.17}$$

na qual D é o diâmetro e dp/dx é o gradiente de pressão. Algumas dessas fórmulas aparecem porque foram inseridos números para as propriedades de fluidos e para outros dados físicos, em fórmulas perfeitamente homogêneas e legítimas. Não mencionaremos as unidades da Equação (5.17) para não encorajar seu emprego.

Por outro lado, algumas fórmulas são "construções" que não podem ser feitas dimensionalmente homogêneas. As "variáveis" que elas relacionam não podem ser analisadas pela técnica de análise dimensional. Muitas dessas fórmulas são empirismos simples convenientes para um pequeno grupo de especialistas. Aqui estão três exemplos:

$$B = \frac{25.000}{100 - R} \tag{5.18}$$

$$S = \frac{140}{130 + \text{API}} \tag{5.19}$$

$$0,0147 D_E - \frac{3,74}{D_E} = 0,26 t_R - \frac{172}{t_R} \tag{5.20}$$

A Equação (5.18) relaciona a dureza Brinell B de um metal com sua dureza Rockwell R. A Equação (5.19) relaciona a densidade S de um óleo com sua densidade em graus API. A Equação (5.20) relaciona a viscosidade de um líquido em D_E, ou graus Engler, com sua viscosidade t_R em segundos Saybolt. Essas fórmulas têm uma certa utilidade quando comunicadas entre colegas especialistas, mas não podemos usá-las aqui. Variáveis como dureza Brinell e viscosidade Saybolt não são adequadas a um sistema dimensional $MLT\Theta$.

5.3 O teorema pi

Há vários métodos para reduzir um conjunto de variáveis dimensionais a um conjunto menor de grupos adimensionais. O primeiro esquema dado aqui foi proposto em 1914 por Buckingham [1] e é conhecido hoje como *Teorema pi de Buckingham*. O nome *pi* vem da notação matemática Π, para representar um produto de variáveis. Os grupos adimensionais, determinados por meio do teorema, são produtos de potências representados por Π_1, Π_2, Π_3 etc. O método permite que os grupos pi sejam determinados em ordem sequencial sem recorrer a expoentes livres.

A primeira parte do teorema pi explica que redução de variáveis podemos esperar:

> Se um processo físico satisfaz o PHD e envolve n variáveis dimensionais, ele pode ser reduzido a uma relação entre apenas k variáveis adimensionais ou Πs. A redução $j = n - k$ é igual ao número máximo de variáveis que não formam um pi entre elas e é sempre menor ou igual ao número de dimensões que descrevem as variáveis.

Considere o caso específico da força sobre um corpo imerso: a Equação (5.1) contém cinco variáveis, F, L, V, ρ e μ descritas por três dimensões $\{MLT\}$. Assim, $n = 5$ e $j \leq 3$. Portanto é um bom palpite que podemos reduzir o problema a k grupos pi, com $k = n - j \geq 5 - 3 = 2$. E isso é exatamente o que obtivemos: duas variáveis adimensionais $\Pi_1 = C_F$ e $\Pi_2 = $ Re. Em raras ocasiões podem ser necessários mais grupos pi do que esse mínimo (ver o Exemplo 5.5).

A segunda parte do teorema mostra como encontrar os grupos pi, um de cada vez:

> Encontre a redução j, depois selecione j variáveis de escala que não formem um pi entre elas mesmas.[4] Cada grupo pi desejado será um produto de potências dessas j variáveis mais uma variável adicional, à qual é atribuído qualquer expoente conveniente diferente de zero. Cada grupo pi assim encontrado é independente.

Mais especificamente, suponha que o processo envolva cinco variáveis:

$$v_1 = f(v_2, v_3, v_4, v_5)$$

Suponha que haja três dimensões $\{MLT\}$ e, após inspeção, descobrimos que sem dúvida $j = 3$. Então $k = 5 - 3 = 2$ e esperamos, de acordo com o teorema, dois e apenas dois grupos pi. Escolha três variáveis convenientes que *não* formem um pi, e suponha que elas sejam v_2, v_3 e v_4. Então os dois grupos pi são formados por produtos de potências dessas três variáveis mais uma variável adicional, v_1 ou v_5:

$$\Pi_1 = (v_2)^a (v_3)^b (v_4)^c v_1 = M^0 L^0 T^0 \qquad \Pi_2 = (v_2)^a (v_3)^b (v_4)^c v_5 = M^0 L^0 T^0$$

Aqui, escolhemos arbitrariamente os expoentes das variáveis adicionais v_1 e v_5 como unitários. Igualando os expoentes das várias dimensões, o teorema garante valores únicos de a, b e c para cada pi. E eles são independentes, pois apenas Π_1 contém v_1 e apenas Π_2 contém v_5. Trata-se de uma sistemática bem clara, depois que você se familiariza com o procedimento. Iremos ilustrá-la com diversos exemplos.

Tipicamente, estão envolvidos seis passos:

1. Liste e conte as n variáveis envolvidas no problema. Se estiver faltando qualquer variável importante, a análise dimensional falhará.
2. Liste as dimensões de cada variável de acordo com o sistema $\{MLT\Theta\}$ ou $\{FLT\Theta\}$. Há uma lista na Tabela 5.1.
3. Encontre j. Inicialmente, escolha j igual ao número das diferentes dimensões presentes e procure j variáveis que não formem um produto pi entre si. Se não for possível, reduza j de 1 e procure novamente. Com a prática, você encontrará j rapidamente.
4. Selecione j parâmetros de escala que não formem um produto pi. Certifique-se de que eles sejam satisfatórios e, se possível, tenham alguma generalidade, porque aparecerão em todos os grupos pi. Escolha a massa específica ou a velocidade ou o compri-

---
[4] Faça uma escolha inteligente aqui, pois todos os grupos pi terão essas j variáveis em vários agrupamentos.

Tabela 5.1 Dimensões das propriedades de mecânica dos fluidos

		Dimensões	
Grandeza	Símbolo	$MLT\Theta$	$FLT\Theta$
Comprimento	L	L	L
Área	A	L^2	L^2
Volume	$\mathcal{V}$	L^3	L^3
Velocidade	V	LT^{-1}	LT^{-1}
Aceleração	dV/dt	LT^{-2}	LT^{-2}
Velocidade do som	a	LT^{-1}	LT^{-1}
Vazão volumétrica	Q	L^3T^{-1}	L^3T^{-1}
Vazão mássica	$\dot{m}$	MT^{-1}	FTL^{-1}
Pressão, tensão	p, σ, τ	$ML^{-1}T^{-2}$	FL^{-2}
Taxa de deformação	$\dot{\varepsilon}$	T^{-1}	T^{-1}
Ângulo	θ	Nenhuma	Nenhuma
Velocidade angular	ω, Ω	T^{-1}	T^{-1}
Viscosidade	μ	$ML^{-1}T^{-1}$	FTL^{-2}
Viscosidade cinemática	ν	L^2T^{-1}	L^2T^{-1}
Tensão superficial	Υ	MT^{-2}	FL^{-1}
Força	F	MLT^{-2}	F
Momento, torque	M	ML^2T^{-2}	FL
Potência	P	ML^2T^{-3}	FLT^{-1}
Trabalho, energia	W, E	ML^2T^{-2}	FL
Massa específica	ρ	ML^{-3}	FT^2L^{-4}
Temperatura	T	Θ	Θ
Calor específico	c_p, c_v	$L^2T^{-2}\Theta^{-1}$	$L^2T^{-2}\Theta^{-1}$
Peso específico	γ	$ML^{-2}T^{-2}$	FL^{-3}
Condutividade térmica	k	$MLT^{-3}\Theta^{-1}$	$FT^{-1}\Theta^{-1}$
Coeficiente de expansão	β	Θ^{-1}	Θ^{-1}

mento. Não escolha, por exemplo, a tensão superficial, ou você formará seis diferentes números de Weber independentes e provavelmente irritará os seus colegas.

5. Acrescente mais uma variável às suas j variáveis repetitivas e forme um produto de potências. Determine algebricamente os expoentes que tornam o produto adimensional. Tente arranjar as coisas de maneira que suas variáveis de saída ou *dependentes* (força, queda de pressão, torque, potência) apareçam no numerador, para que seus gráficos tenham melhor aparência. Faça isso sequencialmente, acrescentando uma nova variável a cada vez, e você encontrará todos os $n - j = k$ produtos pi desejados.

6. Escreva a função final adimensional e verifique os termos para ter certeza de que todos os grupos pi são adimensionais.

EXEMPLO 5.2

Repita o desenvolvimento da Equação (5.2) com base na Equação (5.1), usando o teorema pi.

Solução

Passo 1 Escreva a função e conte as variáveis:

$$F = f(L, V, \rho, \mu) \qquad \text{há cinco variáveis } (n = 5)$$

Passo 2 Liste as dimensões de cada variável. Da Tabela 5.1

F	L	V	ρ	μ
$\{MLT^{-2}\}$	$\{L\}$	$\{LT^{-1}\}$	$\{ML^{-3}\}$	$\{ML^{-1}T^{-1}\}$

Passo 3 Encontre j. Nenhuma variável contém a dimensão Θ, e portanto j é menor ou igual a 3 (MLT). Verificamos a lista e vemos que L, V e ρ não podem formar um grupo pi, pois apenas ρ contém massa e apenas V contém o tempo. Portanto j é igual a 3, e $n - j = 5 - 3 = 2 = k$. O teorema pi garante, para este problema, que haverá exatamente dois grupos adimensionais independentes.

Passo 4 Selecione j variáveis repetitivas. O grupo L, V, ρ que encontramos no passo 3 irá funcionar bem.

Passo 5 Combine L, V, ρ com uma variável adicional, em sequência, para encontrar os dois produtos pi.

Primeiro adicione a força para encontrar Π_1. Você pode selecionar *qualquer* expoente que lhe satisfaça para esse termo adicional, a fim de colocá-lo no numerador ou denominador, com qualquer potência. Como F é a variável de saída, ou dependente, nós a selecionamos para aparecer elevada à primeira potência no numerador:

$$\Pi_1 = L^a V^b \rho^c F = (L)^a (LT^{-1})^b (ML^{-3})^c (MLT^{-2}) = M^0 L^0 T^0$$

Equacionando os expoentes:

Comprimento: $\qquad a + b - 3c + 1 = 0$
Massa: $\qquad c + 1 = 0$
Tempo: $\qquad -b - 2 = 0$

Podemos resolver explicitamente, encontrando

$$a = -2 \qquad b = -2 \qquad c = -1$$

Portanto $\qquad \Pi_1 = L^{-2} V^{-2} \rho^{-1} F = \dfrac{F}{\rho V^2 L^2} = C_F \qquad$ *Resposta*

Este é exatamente o mesmo grupo pi da Equação (5.2). Variando o expoente em F, poderíamos ter encontrado outros grupos equivalentes como $VL\rho^{1/2}/F^{1/2}$.

Finalmente, acrescente a viscosidade a L, V e ρ para encontrar Π_2. Selecione qualquer potência que você quiser para a viscosidade. Por conhecimento prévio ou costume, selecionamos a potência -1 para colocá-la no denominador:

$$\Pi_2 = L^a V^b \rho^c \mu^{-1} = L^a (LT^{-1})^b (ML^{-3})^c (ML^{-1}T^{-1})^{-1} = M^0 L^0 T^0$$

Equacionando os expoentes:

Comprimento: $\qquad a + b - 3c + 1 = 0$
Massa: $\qquad c - 1 = 0$
Tempo: $\qquad -b + 1 = 0$

e encontramos

$$a = b = c = 1$$

Portanto $\qquad \Pi_2 = L^1 V^1 \rho^1 \mu^{-1} = \dfrac{\rho V L}{\mu} = \text{Re} \qquad$ *Resposta*

Passo 6 E assim terminamos; este é o segundo e último grupo pi. O teorema garante que a relação funcional deve ter a seguinte forma equivalente

$$\frac{F}{\rho V^2 L^2} = g\left(\frac{\rho V L}{\mu}\right)$$

Resposta

que é exatamente a Equação (5.2).

EXEMPLO 5.3

A potência P fornecida a uma bomba centrífuga é uma função da vazão volumétrica Q, do diâmetro do rotor D, da velocidade de rotação Ω, da massa específica ρ e da viscosidade μ do fluido:

$$P = f(Q, D, \Omega, \rho, \mu)$$

Reescreva isso na forma de uma relação adimensional. *Sugestão*: Use Ω, ρ e D como variáveis repetitivas. Voltaremos a este problema no Capítulo 11.

Solução

Passo 1 Conte as variáveis. Há seis (não se esqueça daquela à esquerda, P).

Passo 2 Liste as dimensões de cada variável da Tabela 5.1. Use o sistema $\{FLT\Theta\}$:

P	Q	D	Ω	ρ	μ
$\{FLT^{-1}\}$	$\{L^3 T^{-1}\}$	$\{L\}$	$\{T^{-1}\}$	$\{FT^2 L^{-4}\}$	$\{FTL^{-2}\}$

Passo 3 Encontre j. Para nossa sorte, fomos instruídos a usar (Ω, ρ, D) como variáveis repetitivas, assim certamente $j = 3$, o número de dimensões (FLT)? Verifique se essas três variáveis *não* formam um grupo pi:

$$\Omega^a \rho^b D^c = (T^{-1})^a (FT^2 L^{-4})^b (L)^c = F^0 L^0 T^0 \quad \text{somente se} \quad a = 0, b = 0, c = 0$$

Sim, $j = 3$. Isso não era tão óbvio quanto ao grupo de escala (L, V, ρ) no Exemplo 5.2, mas é verdade. Agora sabemos, pelo teorema, que acrescentando mais uma variável formaremos sem dúvida um grupo pi.

Passo 4a Combine (Ω, ρ, D) com a potência P para encontrar o primeiro grupo pi:

$$\Pi_1 = \Omega^a \rho^b D^c P = (T^{-1})^a (FT^2 L^{-4})^b (L)^c (FLT^{-1}) = F^0 L^0 T^0$$

Equacionando os expoentes:

Força: $\qquad b + 1 = 0$
Comprimento: $\qquad -4b + c + 1 = 0$
Tempo: $\qquad -a + 2b - 1 = 0$

Resolva algebricamente para obter $a = -3$, $b = -1$ e $c = -5$. Esse primeiro grupo pi, a variável adimensional resultante, é chamado de *coeficiente de potência* de uma bomba, C_P:

$$\Pi_1 = \Omega^{-3} \rho^{-1} D^{-5} P = \frac{P}{\rho \Omega^3 D^5} = C_P$$

Passo 4b Combine (Ω, ρ, D) com a vazão Q para encontrar o segundo grupo pi:

$$\Pi_2 = \Omega^a \rho^b D^c Q = (T^{-1})^a (FT^2L^{-4})^b (L)^c (L^3T^{-1}) = F^0L^0T^0$$

Após equacionar os expoentes, encontramos agora $a = -1$, $b = 0$ e $c = -3$. Esse segundo grupo pi é chamado de *coeficiente de vazão* de uma bomba, C_Q:

$$\Pi_2 = \Omega^{-1}\rho^0 D^{-3} Q = \frac{Q}{\Omega D^3} = C_Q$$

Passo 4c Combine (Ω, ρ, D) com a viscosidade μ para encontrar o terceiro e último grupo pi:

$$\Pi_3 = \Omega^a \rho^b D^c \mu = (T^{-1})^a (FT^2L^{-4})^b (L)^c (FTL^{-2}) = F^0L^0T^0$$

Desta vez, $a = -1$, $b = -1$ e $c = -2$; ou $\Pi_3 = \mu/(\rho\Omega D^2)$, uma forma do número de Reynolds.

Passo 5 A relação original entre as seis variáveis agora é reduzida a três grupos adimensionais:

$$\frac{P}{\rho\Omega^3 D^5} = f\left(\frac{Q}{\Omega D^3}, \frac{\mu}{\rho\Omega D^2}\right) \qquad \textit{Resposta}$$

Comentário: Estes são os três coeficientes clássicos usados para correlacionar a potência de uma bomba no Capítulo 11.

EXEMPLO 5.4

Em baixas velocidades (escoamento laminar), a vazão volumétrica Q através de um tubo de pequeno diâmetro é uma função apenas do raio R do tubo, da viscosidade μ do fluido e da queda de pressão por unidade de comprimento de tubo dp/dx. Usando o teorema pi, encontre uma relação adimensional apropriada.

Solução

Escreva a relação dada e conte as variáveis:

$$Q = f\left(R, \mu, \frac{dp}{dx}\right) \qquad \text{quatro variáveis } (n = 4)$$

Faça uma lista das dimensões dessas variáveis, com base na Tabela 5.1, usando o sistema $\{MLT\}$:

Q	R	μ	dp/dx
$\{L^3T^{-1}\}$	$\{L\}$	$\{ML^{-1}T^{-1}\}$	$\{ML^{-2}T^{-2}\}$

Há três dimensões primárias (M,L,T), logo $j \le 3$. Por tentativa e erro determinamos que R, μ e dp/dx não podem ser combinados em um grupo pi. Então $j = 3$ e $n - j = 4 - 3 = 1$. Há apenas um grupo pi, que encontramos combinando Q em um produto de potências com as outras três:

$$\Pi_1 = R^a \mu^b \left(\frac{dp}{dx}\right)^c Q^1 = (L)^a(ML^{-1}T^{-1})^b(ML^{-2}T^{-2})^c(L^3T^{-1})$$
$$= M^0L^0T^0$$

Equacionando os expoentes:

Massa: $\quad b + c = 0$
Comprimento: $\quad a - b - 2c + 3 = 0$
Tempo: $\quad -b - 2c - 1 = 0$

Resolvendo simultaneamente, obtemos $a = -4$, $b = 1$ e $c = -1$. Então

$$\Pi_1 = R^{-4}\mu^1 \left(\frac{dp}{dx}\right)^{-1} Q$$

ou
$$\Pi_1 = \frac{Q\mu}{R^4(dp/dx)} = \text{const} \qquad \textit{Resposta}$$

Como há apenas um grupo pi, ele deve ser igual a uma constante adimensional. Este é o ponto máximo ao qual a análise dimensional pode nos levar. A teoria do escoamento laminar da Seção 4.10 mostra que o valor da constante é $-\frac{\pi}{8}$. Este resultado também será útil no Capítulo 6.

EXEMPLO 5.5

Considere que a deflexão δ da ponta de uma viga em balanço é uma função da carga P na ponta da viga, do comprimento L da viga, do momento de inércia de área I e do módulo de elasticidade E do material; isto é, $\delta = f(P, L, I, E)$. Reescreva essa função em forma adimensional e comente sobre sua complexidade e o valor peculiar de j.

Solução

Liste as variáveis e suas dimensões:

δ	P	L	I	E
$\{L\}$	$\{MLT^{-2}\}$	$\{L\}$	$\{L^4\}$	$\{ML^{-1}T^{-2}\}$

Há cinco variáveis ($n = 5$) e três dimensões primárias (M, L, T), portanto $j \leq 3$. Mas por mais que tentemos, *não poderemos* encontrar uma combinação de três variáveis que não forme um grupo pi. Isso porque $\{M\}$ e $\{T\}$ ocorrem apenas em P e E e somente na mesma forma, $\{MT^{-2}\}$. Assim, encontramos um caso especial de $j = 2$, que é menor do que o número de dimensões (M, L, T). Para melhor entender essa peculiaridade, você deve refazer o problema, usando o sistema de dimensões (F, L, T). Você verá que somente $\{F\}$ e $\{L\}$ ocorrem nessas variáveis, portanto $j = 2$.

Com $j = 2$, selecionamos L e E como duas variáveis que não podem formar um grupo pi e, então, acrescentamos outras variáveis para formar os três pis desejados:

$$\Pi_1 = L^a E^b I^1 = (L)^a (ML^{-1}T^{-2})^b (L^4) = M^0 L^0 T^0$$

do qual, após equacionarmos os expoentes, encontramos $a = -4$, $b = 0$, ou $\Pi_1 = I/L^4$. Então

$$\Pi_2 = L^a E^b P^1 = (L)^a (ML^{-1}T^{-2})^b (MLT^{-2}) = M^0 L^0 T^0$$

do qual encontramos $a = -2$, $b = -1$, ou $\Pi_2 = P/(EL^2)$, e

$$\Pi_3 = L^a E^b \delta^1 = (L)^a (ML^{-1}T^{-2})^b (L) = M^0 L^0 T^0$$

em que $a = -1$, $b = 0$, ou $\Pi_3 = \delta/L$. A função adimensional adequada é $\Pi_3 = f(\Pi_2, \Pi_1)$, ou

$$\frac{\delta}{L} = f\left(\frac{P}{EL^2}, \frac{I}{L^4}\right) \qquad \textit{Resposta} \text{ (1)}$$

Esta é uma função complexa de três variáveis, mas a análise dimensional por si só não nos pode levar mais adiante.

Comentários: Podemos "melhorar" a Equação (1) tirando vantagem de alguns raciocínios físicos, conforme destaca Langhaar [4, p. 91]. Para pequenas deflexões elásticas, δ é proporcional à carga P e inversamente proporcional ao momento de inércia I. Como P e I ocorrem separadamente na Equação (1), isso significa que Π_3 deve ser proporcional a Π_2 e inversamente proporcional a Π_1. Assim, para essas condições,

$$\frac{\delta}{L} = (\text{const}) \frac{P}{EL^2} \frac{L^4}{I}$$

ou
$$\delta = (\text{const}) \frac{PL^3}{EI} \qquad (2)$$

Isso não poderia ser previsto por uma simples análise dimensional. A teoria da resistência dos materiais prevê que o valor da constante é $\frac{1}{3}$.

Um método alternativo passo a passo por Ipsen (1960)[5]

O método do teorema pi, que acabamos de explicar e ilustrar, às vezes é chamado de *método das variáveis repetitivas* de análise dimensional. Selecione as variáveis repetitivas, acrescente mais uma, e você obterá um grupo pi. O autor gosta deste método. Ele é simples e revela sistematicamente todos os grupos pi desejados. Porém, há alguns inconvenientes: (1) todos os grupos pi contêm as mesmas variáveis repetitivas, isso pode levar a uma falta de variedade ou de efetividade, e (2) precisamos verificar (às vezes com muito trabalho) se as variáveis repetitivas selecionadas não formam um grupo pi entre elas (ver o Problema P5.21).

Ipsen [5] sugere um procedimento inteiramente diferente, um método passo a passo que obtém todos os grupos pi de uma só vez, sem qualquer contagem ou verificação. Simplesmente elimina-se sucessivamente cada dimensão na função desejada por divisão ou multiplicação. Vamos ilustrar isso com a mesma função de arrasto clássica proposta na Equação (5.1). Sob as variáveis, escreva as dimensões de cada grandeza.

$$\begin{array}{cccccc} F & = & f(L, & V, & \rho, & \mu) \\ \{MLT^{-2}\} & & \{L\} & \{LT^{-1}\} & \{ML^{-3}\} & \{ML^{-1}T^{-1}\} \end{array} \qquad (5.1)$$

Há três dimensões, $\{MLT\}$. Elimine-as sucessivamente por divisão ou multiplicação por uma variável. Comece com a massa $\{M\}$. Escolha uma variável que contenha massa e divida-a em todas as outras variáveis com dimensões de massa. Selecionamos ρ, dividimos, e reescrevemos a função (5.1):

$$\begin{array}{cccccc} \dfrac{F}{\rho} & = & f\left(L, & V, & \cancel{\rho}, & \dfrac{\mu}{\rho}\right) \\ \{L^4T^{-2}\} & & \{L\} & \{LT^{-1}\} & & \{L^2T^{-1}\} \end{array} \qquad (5.1a)$$

Não fizemos a divisão em L ou V, pois elas não contêm $\{M\}$. A Equação (5.1a) inicialmente parece estranha, mas contém cinco variáveis distintas e as mesmas informações da Equação (5.1).

---
[5]Este método pode ser omitido sem perda de continuidade.

Vemos que ρ não é mais importante. Portanto *descarte* ρ, e agora há apenas quatro variáveis. Em seguida, elimine o tempo $\{T\}$ dividindo as variáveis que contêm o tempo por potências adequadas de V, por exemplo. O resultado é

$$\frac{F}{\rho V^2} = f\left(L, \quad \cancel{V}, \quad \frac{\mu}{\rho V}\right) \quad (5.1b)$$
$$\{L^2\} \quad \{L\} \quad \quad \{L\}$$

Agora vemos que V não é mais relevante. Finalmente, elimine $\{L\}$ através da divisão por potências apropriadas do próprio L, por exemplo:

$$\frac{F}{\rho V^2 L^2} = f\left[\cancel{L}, \frac{\mu}{(\rho V L)}\right] \quad (5.1c)$$
$$\{1\} \quad \quad \{1\}$$

Agora o próprio L não é mais relevante e portanto pode ser descartado também. O resultado é equivalente à Equação (5.2):

$$\frac{F}{\rho V^2 L^2} = f\left[\frac{\mu}{(\rho V L)}\right] \quad (5.2)$$

No método passo a passo de Ipsen, vemos que o coeficiente de força é uma função apenas do número de Reynolds. Nós não contamos as variáveis e não determinamos j. Apenas eliminamos sucessivamente cada dimensão primária por divisão pelas variáveis apropriadas.

Lembre-se do Exemplo 5.5, no qual descobrimos, de forma inconveniente, que o número de variáveis *repetitivas* era *menor* do que o número de dimensões primárias. O método de Ipsen evita essa verificação preliminar. Lembre-se do problema da deflexão da barra proposto no Exemplo 5.5 e as várias dimensões:

$$\delta = f(P, \quad L, \quad I, \quad E)$$
$$\{L\} \quad \{MLT^{-2}\} \quad \{L\} \quad \{L^4\} \quad \{ML^{-1}T^{-2}\}$$

Para o primeiro passo, vamos eliminar $\{M\}$ dividindo por E. Temos apenas de dividir em P:

$$\delta = f\left(\frac{P}{E}, \quad L, \quad I, \quad \cancel{E}\right)$$
$$\{L\} \quad \{L^2\} \quad \{L\} \quad \{L^4\}$$

Vemos que podemos descartar E por não ser mais relevante, e que a dimensão $\{T\}$ desapareceu juntamente com $\{M\}$. Precisamos apenas eliminar $\{L\}$ dividindo, por exemplo, por potências do próprio L:

$$\frac{\delta}{L} = f\left(\frac{P}{EL^2}, \quad \cancel{L}, \quad \frac{I}{L^4}\right)$$
$$\{1\} \quad \{1\} \quad \quad \{1\}$$

Descartemos o próprio L por não ser mais relevante e obtemos a *Resposta* (1) do Exemplo 5.5:

$$\frac{\delta}{L} = f\left(\frac{P}{EL^2}, \frac{I}{L^4}\right)$$

A abordagem de Ipsen novamente é bem-sucedida. O fato de que $\{M\}$ e $\{T\}$ desapareceram na mesma divisão é prova de que há apenas *duas* variáveis repetitivas desta vez, não as três que seriam inferidas pela presença de $\{M\}$, $\{L\}$ e $\{T\}$.

EXEMPLO 5.6

O momento aerodinâmico M_{LE} no bordo de ataque de um aerofólio supersônico é uma função do comprimento C de sua corda, do ângulo de ataque α e de vários outros parâmetros do ar: velocidade de aproximação V, massa específica ρ, velocidade do som a e relação de calores específicos k (Figura E5.6). Há um efeito muito fraco da viscosidade do ar, que neste caso é desprezível.

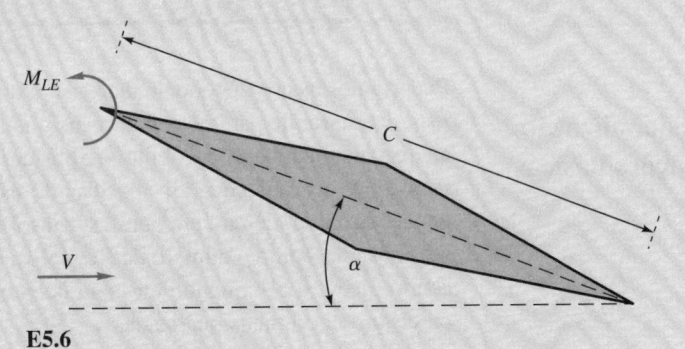

E5.6

Use o método de Ipsen para reescrever essa função em forma adimensional.

Solução

Escreva a função dada e liste embaixo as dimensões das variáveis $\{MLT\}$:

$$M_{LE} = f(C, \alpha, V, \rho, a, k)$$
$$\{ML^2/T^2\} \quad \{L\} \quad \{1\} \quad \{L/T\} \quad \{M/L^3\} \quad \{L/T\} \quad \{1\}$$

Duas delas, α e k, já são adimensionais. Deixe-as como estão; elas serão grupos pi na função final. Você pode eliminar qualquer dimensão. Escolhemos a massa $\{M\}$ e dividimos por ρ:

$$\frac{M_{LE}}{\rho} = f(C, \alpha, V, \cancel{\rho}, a, k)$$
$$\{L^5/T^2\} \quad \{L\} \quad \{1\} \quad \{L/T\} \quad \{L/T\} \quad \{1\}$$

Lembre-se das regras de Ipsen: somente divida por variáveis contendo massa, neste caso somente M_{LE}, e depois descarte o divisor, ρ. Agora elimine o tempo $\{T\}$ dividindo pelas potências apropriadas de a:

$$\frac{M_{LE}}{\rho a^2} = f\left(C, \alpha, \frac{V}{a}, \cancel{a}, k\right)$$
$$\{L^3\} \quad \{L\} \quad \{1\} \quad \{1\} \quad \{1\}$$

> Finalmente, elimine $\{L\}$ no lado esquerdo dividindo por C^3:
>
> $$\frac{M_{LE}}{\rho a^2 C^3} = f\left(\cancel{\mathscr{R}},\ \alpha,\ \frac{V}{a},\ k\right)$$
> $$\{1\} \qquad\qquad \{1\}\ \{1\}\ \{1\}$$
>
> Acabamos ficando com 4 grupos pi e reconhecemos V/a como o número de Mach, Ma. Em aerodinâmica, o momento adimensional frequentemente é chamado de *coeficiente de momento*, C_M. Assim, nosso resultado final poderia ser escrito na forma compacta
>
> $$C_M = f(\alpha, \text{Ma}, k) \qquad\qquad Resposta$$
>
> *Comentários*: Nossa análise está ótima, mas o experimento, a teoria e o raciocínio físico indicam todos que M_{LE} varia mais fortemente com V do que com a. Portanto os engenheiros em aerodinâmica comumente definem o coeficiente de momento como $C_M = M_{LE}/(\rho V^2 C^3)$ ou algo similar. Estudaremos a análise de forças e momentos supersônicos no Capítulo 9.

5.4 Adimensionalização das equações básicas

Poderíamos usar o método do teorema pi da seção anterior para analisar muitos problemas, encontrando parâmetros adimensionais que regem cada caso. Os livros-texto sobre análise dimensional [por exemplo, 5] fazem isso. Uma técnica alternativa e muito poderosa é investir nas equações básicas do escoamento do Capítulo 4. Apesar de essas equações não poderem, em geral, ser resolvidas, elas revelarão parâmetros adimensionais básicos, como o número de Reynolds, em sua forma e posição apropriadas, fornecendo pistas sobre quando eles são desprezíveis. As condições de contorno também precisam ser adimensionalizadas.

Vamos rapidamente aplicar essa técnica às equações da continuidade e da quantidade de movimento do escoamento incompressível com viscosidade constante:

Continuidade: $\qquad\qquad \nabla \cdot \mathbf{V} = 0 \qquad\qquad (5.21a)$

Navier-Stokes: $\qquad\qquad \rho\dfrac{d\mathbf{V}}{dt} = \rho\mathbf{g} - \nabla p + \mu \nabla^2 \mathbf{V} \qquad\qquad (5.21b)$

As condições de contorno típicas para essas duas equações são (Seção 4.6)

Superfície sólida fixa: $\qquad\qquad \mathbf{V} = 0$

Entrada ou saída: $\qquad\qquad \mathbf{V}, p \text{ conhecidas} \qquad\qquad (5.22)$

Superfície livre, $z = \eta$: $\qquad w = \dfrac{d\eta}{dt} \qquad p = p_a - \Upsilon(R_x^{-1} + R_y^{-1})$

Omitimos a equação da energia (4.75) e solicitamos sua forma adimensional nos problemas (Problema P5.43).

As Equações (5.21) e (5.22) contêm as três dimensões básicas M, L e T. Todas as variáveis p, $\mathbf{V}$, x, y, z e t podem ser adimensionalizadas usando a massa específica e duas constantes de referência que podem ser características do escoamento particular de fluido:

$\qquad$ Velocidade de referência $= U \qquad$ Comprimento de referência $= L$

Por exemplo, U pode ser a velocidade de entrada ou a montante e L o diâmetro de um corpo imerso na corrente.

Agora defina todas as variáveis adimensionais relevantes, representando-as por um asterisco:

$$\mathbf{V}^* = \frac{\mathbf{V}}{U} \qquad \mathbf{\nabla}^* = L\mathbf{\nabla}$$

$$x^* = \frac{x}{L} \quad y^* = \frac{y}{L} \quad z^* = \frac{z}{L} \quad R^* = \frac{R}{L} \tag{5.23}$$

$$t^* = \frac{tU}{L} \quad p^* = \frac{p + \rho g z}{\rho U^2}$$

Todas essas variáveis são razoavelmente óbvias exceto p^*, em que introduzimos a pressão piezométrica, supondo que z é direcionado para cima. Essa é uma ideia preconcebida sugerida pela equação de Bernoulli (3.54).

Como ρ, U e L são constantes, as derivadas nas Equações (5.21) podem ser manipuladas na forma adimensional com coeficientes dimensionais. Por exemplo,

$$\frac{\partial u}{\partial x} = \frac{\partial(Uu^*)}{\partial(Lx^*)} = \frac{U}{L}\frac{\partial u^*}{\partial x^*}$$

Substitua as variáveis das Equações (5.23) nas Equações (5.21) e (5.22) e divida tudo pelo coeficiente dimensional do primeiro termo, da mesma maneira como fizemos com a Equação (5.12). Aqui estão as equações adimensionais resultantes:

Continuidade:
$$\boxed{\mathbf{\nabla}^* \cdot \mathbf{V}^* = 0} \tag{5.24a}$$

Quantidade de movimento:
$$\boxed{\frac{d\mathbf{V}^*}{dt^*} = -\mathbf{\nabla}^* p^* + \frac{\mu}{\rho UL}\nabla^{*2}(\mathbf{V}^*)} \tag{5.24b}$$

As condições de contorno adimensionais são:

Superfície sólida fixa: $\boxed{\mathbf{V}^* = 0}$

Entrada ou saída: $\boxed{\mathbf{V}^*, p^* \text{ conhecidas}}$

Superfície livre, $z^* = \eta^*$:
$$\boxed{\begin{aligned} w^* &= \frac{d\eta^*}{dt^*} \\ p^* &= \frac{p_a}{\rho U^2} + \frac{gL}{U^2}z^* - \frac{Y}{\rho U^2 L}(R_x^{*-1} + R_y^{*-1}) \end{aligned}} \tag{5.25}$$

Essas equações revelam um total de quatro parâmetros adimensionais, um na equação de Navier-Stokes e três na condição de contorno de pressão na superfície livre.

Parâmetros adimensionais

Na equação da continuidade não há parâmetros. A equação de Navier-Stokes contém um, geralmente aceito como o parâmetro mais importante na mecânica dos fluidos:

$$\text{Número de Reynolds Re} = \frac{\rho UL}{\mu}$$

Seu nome é uma homenagem a Osborne Reynolds (1842-1912), um engenheiro britânico que o propôs pela primeira vez em 1883 (Referência 4 do Capítulo 6). O número de Reynolds é sempre importante, com ou sem uma superfície livre, e pode ser desprezado somente em regiões do escoamento distantes dos altos gradientes de velocidade – por exemplo, distante das superfícies sólidas, jatos ou esteiras.

As condições de contorno de não deslizamento e entrada-saída não contém parâmetros. A condição de pressão na superfície livre contém três:

$$\text{Número de Euler (coeficiente de pressão)} \quad \text{Eu} = \frac{p_a}{\rho U^2}$$

Esse nome é uma homenagem a Leonhard Euler (1707–1783) e raramente é importante a menos que a pressão caia o suficiente para causar a formação de vapor (cavitação) em um líquido. O número de Euler frequentemente é escrito em termos de diferenças de pressão: $\text{Eu} = \Delta p/(\rho U^2)$. Se Δp envolve a pressão de vapor p_v, ele é chamado de *número de cavitação* $\text{Ca} = (p_a - p_v)/(\rho U^2)$. Os problemas de cavitação são surpreendentemente comuns em muitos escoamentos de água.

O segundo parâmetro de superfície livre é muito mais importante:

$$\text{Número de Froude} \quad \text{Fr} = \frac{U^2}{gL}$$

O número de Froude recebeu esse nome em homenagem a William Froude (1810-1879), um arquiteto naval britânico que, juntamente com seu filho Robert, desenvolveu o conceito dos modelos de navio em tanques de reboque e propôs regras de semelhança para escoamentos com superfície livre (resistência em navios, ondas de superfície, canais abertos). O número de Froude é o efeito dominante nos escoamentos com superfície livre, não tendo importância na ausência de superfície livre. Também pode ser importante em *escoamentos estratificados*, em que ocorre uma forte diferença de densidades sem uma superfície livre. Para um exemplo, veja a referência 42. O Capítulo 10 investiga em detalhe os efeitos do número de Froude.

O parâmetro final de superfície livre é

$$\text{Número de Weber} \quad \text{We} = \frac{\rho U^2 L}{Y}$$

O número de Weber recebeu esse nome em homenagem a Moritz Weber (1871-1951) do Polytechnic Institute of Berlin, que desenvolveu as leis de semelhança em sua forma moderna. Foi Weber quem deu os nomes de Re e Fr em homenagem a Reynolds e Froude. O número de Weber é importante somente se ele for próximo de 1 ou menor, o que ocorre tipicamente quando a curvatura da superfície é comparável em tamanho à profundidade do líquido, como acontece nas gotículas, nos escoamentos capilares, nas ondas encrespadas e em modelos hidráulicos muito pequenos. Se We for grande, seu efeito pode ser desprezado.

Se não houver superfície livre, os efeitos de Fr, Eu e We desaparecem inteiramente, exceto quanto à possibilidade de cavitação de um líquido com um Eu muito pequeno. Portanto, em escoamentos viscosos de baixa velocidade sem superfície livre, o número de Reynolds é o único parâmetro adimensional importante.

Parâmetros de compressibilidade

Em escoamento a alta velocidade de um gás, há mudanças significativas na pressão, massa específica e temperatura que devem ser relacionadas por uma equação de estado, tal como a lei dos gases perfeitos, Equação (1.10). Essas variações termodinâmicas introduzem dois parâmetros adimensionais mencionados brevemente em capítulos anteriores:

$$\text{Número de Mach} \quad \text{Ma} = \frac{U}{a} \qquad \text{Razão de calores específicos} \quad k = \frac{c_p}{c_v}$$

O número de Mach recebeu esse nome em homenagem a Ernst Mach (1838-1916), um físico austríaco. O efeito de k é apenas moderado, mas Ma exerce um forte efeito nas propriedades dos escoamentos compressíveis se ele for maior do que aproximadamente 0,3. Esses efeitos são estudados no Capítulo 9.

Escoamentos oscilatórios

Se o padrão de escoamento for oscilatório, entra em cena um sétimo parâmetro por meio da condição de contorno de entrada. Por exemplo, suponha que a corrente de entrada seja da forma

$$u = U \cos \omega t$$

A adimensionalização dessa relação resulta em

$$\frac{u}{U} = u^* = \cos\left(\frac{\omega L}{U} t^*\right)$$

O argumento do cosseno contém o novo parâmetro

$$\text{Número de Strouhal} \qquad \text{St} = \frac{\omega L}{U}$$

As forças e momentos adimensionais, atrito e transferência de calor etc. de um escoamento oscilatório seriam uma função dos números de Reynolds e Strouhal. O parâmetro tem esse nome em homenagem a V. Strouhal, um físico alemão que, em 1878, realizou experimentos com fios de arame vibrando ao vento.

Alguns escoamentos que podem parecer perfeitamente pemanentes na realidade têm um padrão oscilatório dependente do número de Reynolds. Um exemplo disso é a emissão periódica de vórtices na traseira de um corpo rombudo imerso em uma corrente permanente de velocidade U. A Figura 5.2*a* mostra um conjunto de vórtices alternados emitidos de um cilindro circular imerso em um escoamento permanente. Essa emissão regular e periódica é chamada de *esteira de vórtices de Kármán*, em homenagem a T. von Kármán, que a explicou teoricamente em 1912. A emissão ocorre no intervalo $10^2 < \text{Re} < 10^7$, com um número de Strouhal médio $\omega d/(2\pi U) \approx 0{,}21$. A Figura 5.2*b* mostra valores medidos para as frequências de emissão.

Pode ocorrer ressonância se a frequência da emissão de vórtices estiver próxima de uma frequência natural de vibração da estrutura do corpo. As linhas de transmissão de energia cantam ao vento, amarras de ancoragem submarina oscilam a certas velocidades de corrente e estruturas esbeltas vibram em velocidades críticas do vento ou de veículos. Um exemplo impressionante foi a ruptura desastrosa da ponte pênsil de Tacoma Narrows, em 1940, quando uma emissão de vórtices excitada pelo vento causou uma ressonância com as oscilações torsionais naturais da ponte. O problema foi agravado pela rigidez não linear do tabuleiro da ponte, que ocorreu quando os cabos de sustentação ficaram folgados durante a oscilação.

Outros parâmetros adimensionais

Discutimos sete parâmetros importantes em mecânica dos fluidos, e ainda há outros. Quatro parâmetros adicionais são originados da adimensionalização da equação da energia (4.75) e suas condições de contorno. Esses quatro parâmetros (número de Prandtl, número de Eckert, número de Grashof e razão de temperaturas da parede) estão listados na Tabela 5.2 caso você não consiga resolver o Problema P5.43. Outro parâmetro importante e talvez surpreendente é a rugosidade relativa da parede ε/L (na Tabela

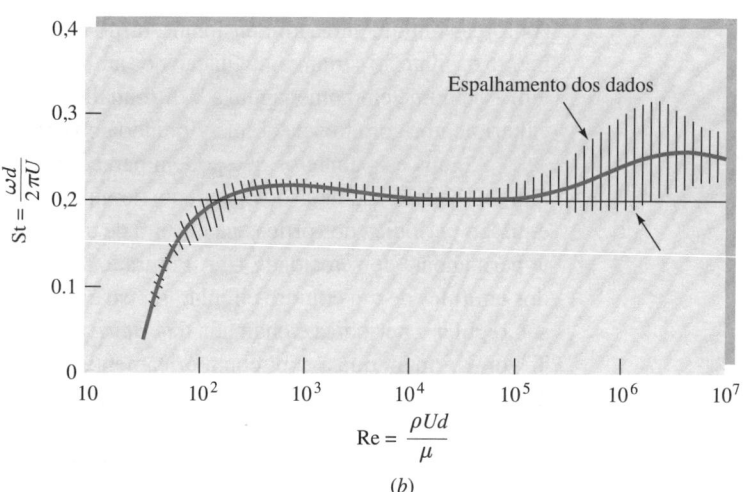

Figura 5.2 Emissão de vórtices de um cilindro circular: (*a*) esteira de vórtices atrás de um cilindro circular (*cortesia da U.S Navy*); (*b*) frequências de emissão experimentais (*dados das Referências 25 e 26*).

5.2).[6] Pequenas alterações na rugosidade da superfície têm um efeito significativo sobre o escoamento turbulento, em uma gama de altos números de Reynolds, conforme veremos no Capítulo 6 e na Figura 5.3.

Este livro trata principalmente dos efeitos dos números de Reynolds, Mach e Froude, que predominam na maioria dos escoamentos. Observe que descobrimos esses parâmetros (exceto ε/L) simplesmente adimensionalizando as equações básicas, sem realmente resolvê-las.

---

[6]A rugosidade é fácil de ser ignorada, pois é um efeito geométrico diminuto que não aparece nas equações do movimento. É uma condição de contorno que as pessoas tendem a esquecer.

Tabela 5.2 Grupos adimensionais em mecânica dos fluidos

Parâmetro	Definição	Relação qualitativa de efeitos	Importância
Número de Reynolds	$\mathrm{Re} = \dfrac{\rho U L}{\mu}$	$\dfrac{\text{Inércia}}{\text{Viscosidade}}$	Quase sempre
Número de Mach	$\mathrm{Ma} = \dfrac{U}{a}$	$\dfrac{\text{Velocidade do escoamento}}{\text{Velocidade do som}}$	Escoamento compressível
Número de Froude	$\mathrm{Fr} = \dfrac{U^2}{gL}$	$\dfrac{\text{Inércia}}{\text{Gravidade}}$	Escoamento com superfície livre
Número de Weber	$\mathrm{We} = \dfrac{\rho U^2 L}{Y}$	$\dfrac{\text{Inércia}}{\text{Tensão superficial}}$	Escoamento com superfície livre
Número de Rossby	$\mathrm{Ro} = \dfrac{U}{\Omega_{\text{terra}} L}$	$\dfrac{\text{Velocidade do escoamento}}{\text{Efeito de Coriolis}}$	Escoamentos geofísicos
Número de cavitação (número de Euler)	$\mathrm{Ca} = \dfrac{p - p_v}{\tfrac{1}{2}\rho U^2}$	$\dfrac{\text{Pressão}}{\text{Inércia}}$	Cavitação
Número de Prandtl	$\mathrm{Pr} = \dfrac{\mu c_p}{k}$	$\dfrac{\text{Dissipação}}{\text{Condução}}$	Convecção de calor
Número de Eckert	$\mathrm{Ec} = \dfrac{U^2}{c_p T_0}$	$\dfrac{\text{Energia cinética}}{\text{Entalpia}}$	Dissipação
Razão de calores específicos	$k = \dfrac{c_p}{c_v}$	$\dfrac{\text{Entalpia}}{\text{Energia interna}}$	Escoamento compressível
Número de Strouhal	$\mathrm{St} = \dfrac{\omega L}{U}$	$\dfrac{\text{Oscilação}}{\text{Velocidade média}}$	Escoamento oscilatório
Rugosidade relativa	$\dfrac{\epsilon}{L}$	$\dfrac{\text{Rugosidade da parede}}{\text{Comprimento do corpo}}$	Turbulência, paredes rugosas
Número de Grashof	$\mathrm{Gr} = \dfrac{\beta \Delta T g L^3 \rho^2}{\mu^2}$	$\dfrac{\text{Empuxo}}{\text{Viscosidade}}$	Convecção natural
Número de Rayleigh	$\mathrm{Ra} = \dfrac{\beta \Delta T g L^3 \rho c}{\mu k}$	$\dfrac{\text{Empuxo}}{\text{Viscosidade}}$	Convecção natural
Razão de temperaturas	$\dfrac{T_p}{T_0}$	$\dfrac{\text{Temperatura da parede}}{\text{Temperatura da corrente}}$	Transferência de calor
Coeficiente de pressão	$C_p = \dfrac{p - p_\infty}{\tfrac{1}{2}\rho U^2}$	$\dfrac{\text{Pressão estática}}{\text{Pressão dinâmica}}$	Aerodinâmica, hidrodinâmica
Coeficiente de sustentação	$C_S = \dfrac{F_S}{\tfrac{1}{2}\rho U^2 A}$	$\dfrac{\text{Força de sustentação}}{\text{Força dinâmica}}$	Aerodinâmica, hidrodinâmica
Coeficiente de arrasto	$C_A = \dfrac{F_A}{\tfrac{1}{2}\rho U^2 A}$	$\dfrac{\text{Força de arrasto}}{\text{Força dinâmica}}$	Aerodinâmica, hidrodinâmica
Fator de atrito	$f = \dfrac{h_p}{(V^2/2g)(L/d)}$	$\dfrac{\text{Perda de carga por atrito}}{\text{Carga de velocidade}}$	Escoamento em tubos
Coeficiente de atrito de superfície	$c_f = \dfrac{\tau_{\text{parede}}}{\rho V^2/2}$	$\dfrac{\text{Tensão de cisalhamento na parede}}{\text{Pressão dinâmica}}$	Escoamento na camada-limite

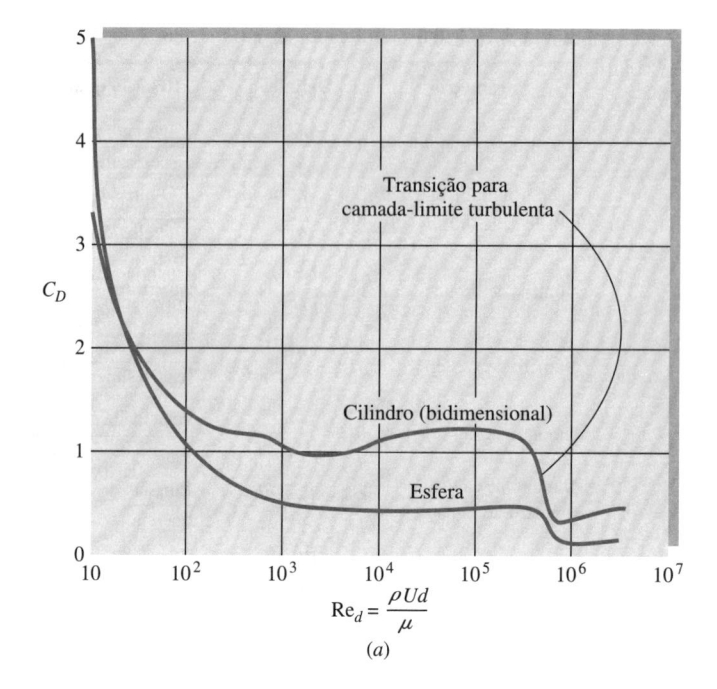

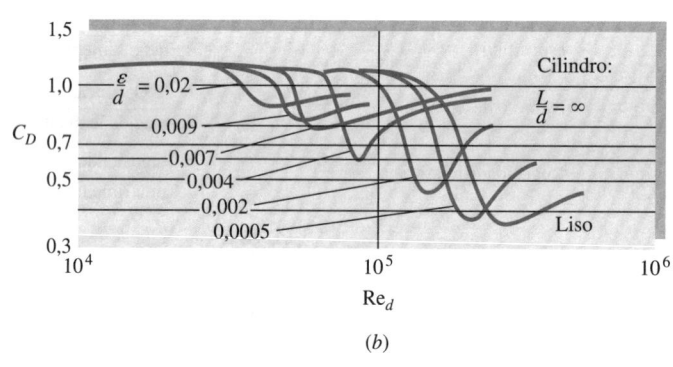

Figura 5.3 A prova da análise dimensional na prática: coeficientes de arrasto de um cilindro e de uma esfera: (a) coeficiente de arrasto de um cilindro e de uma esfera lisos (dados de diversas fontes); (b) aumento na rugosidade antecipa a transição para uma camada-limite turbulenta.

Se o leitor não estiver satisfeito com os 19 parâmetros dados na Tabela 5.2, a Referência 29 contém uma lista de mais de 1.200 parâmetros adimensionais em uso na engenharia.

Uma aplicação bem-sucedida

A análise dimensional é divertida, mas ela funciona? Sim, se todas as variáveis importantes estiverem incluídas na função proposta, a função adimensional encontrada pela análise dimensional reunirá todos os dados em uma única curva ou conjunto de curvas.

Um exemplo do sucesso da análise dimensional é dado na Figura 5.3 para o arrasto medido em cilindros e esferas lisos. O escoamento é normal ao eixo do cilindro, que é extremamente longo, $L/d \to \infty$. Os dados foram obtidos de muitas fontes, tanto para líquidos como para gases, e incluem corpos desde vários metros de diâmetro até fios finos e esferas com tamanho menor do que 1 mm. Ambas as curvas na Figura 5.3a são inteiramente experimentais; a análise do arrasto em corpos imersos é uma das áreas mais frágeis da moderna teoria da mecânica dos fluidos. Excetuando-se alguns cálculos isolados em computador digital, há pouca teoria sobre arrasto em cilindro e esfera, exceto para os escoamentos muito lentos e viscosos (*creeping flow*), $Re < 1$.

O conceito de uma *força de arrasto* sobre um corpo, causada por fluidos em movimento, é tratado extensivamente no Cap. 7. Arrasto é a força fluidodinâmica paralela ao escoamento incidente – veja a Fig. 7.10 para mais detalhes.

O número de Reynolds de ambos os corpos é baseado no diâmetro, daí a notação Re_d. Mas os coeficientes de arrasto são definidos de forma diferente:

$$C_A = \begin{cases} \dfrac{\text{arrasto}}{\frac{1}{2}\rho U^2 L d} & \text{cilindro} \\ \dfrac{\text{arrasto}}{\frac{1}{2}\rho U^2 \frac{1}{4}\pi d^2} & \text{esfera} \end{cases} \quad (5.26)$$

Ambos têm um fator $\frac{1}{2}$ porque o termo $\frac{1}{2}\rho U^2$ ocorre na equação de Bernoulli, e são baseados na área projetada – isto é, a área que alguém vê quando olha em direção ao corpo a montante. A definição usual de C_A é então

$$C_A = \frac{\text{arrasto}}{\frac{1}{2}\rho U^2(\text{área projetada})} \quad (5.27)$$

No entanto, devem-se verificar cuidadosamente as definições de C_A, Re e outros aspectos relacionados antes de usar os dados na literatura. Os aerofólios, por exemplo, usam a área planiforme.

A Figura 5.3a refere-se a cilindros longos e lisos. Se a rugosidade da parede e o comprimento do cilindro forem incluídos como variáveis, obtemos da análise dimensional uma função complexa a três parâmetros:

$$C_A = f\left(\text{Re}_d, \frac{\epsilon}{d}, \frac{L}{d}\right) \quad (5.28)$$

Para descrever essa função completamente seriam necessários mil ou mais experimentos ou resultados CFD. Portanto é costume explorar os efeitos do comprimento e da rugosidade separadamente, buscando estabelecer as tendências.

A tabela na Figura 5.3a mostra o efeito do comprimento, mantida a rugosidade nula na parede. À medida que o comprimento decresce, o arrasto diminui em até 50%. Fisicamente, a pressão é "aliviada" nas extremidades, já que o escoamento ali pode faceá-las, em vez de defletir acima e abaixo do corpo.

A Figura 5.3b mostra o efeito da rugosidade da parede para um cilindro infinitamente longo. A queda brusca no arrasto ocorre para um Re_d menor, já que a rugosidade provoca a transição antecipada para uma camada-limite turbulenta sobre a superfície do corpo. A rugosidade tem o mesmo efeito sobre o arrasto em esferas, fato que é explorado nos esportes, produzindo deliberadamente as bolas de golfe com pequenas cavidades na superfície para promover arrasto menor em sua trajetória, com $\text{Re}_d \approx 10^5$. Ver Figura PP5.2.

A Figura 5.3 é um estudo experimental típico de um problema de mecânica dos fluidos, auxiliado pela análise dimensional. Na medida em que o tempo, o dinheiro e a demanda permitem, a relação completa de três parâmetros (5.28) poderia ser coberta com experimentos adicionais.

EXEMPLO 5.7

Um cilindro liso, com 1 cm de diâmetro e 20 cm de comprimento, é testado em um túnel de vento para um escoamento transversal de 45 m/s de ar a 20°C e 1 atm. O arrasto medido é 2,2 ± 0,1 N. (a) Esse ponto está de acordo com os dados da Figura 5.3? (b) Esse ponto pode ser usado para prever o arrasto sobre uma chaminé de 1 m de diâmetro e 20 m de altura em ventos a 20°C e 1 atm? Em caso afirmativo, qual o intervalo recomendado de velocidades do vento e das forças de arrasto para esse ponto? (c) Por que as respostas da parte (b) são sempre as mesmas, independentemente da altura da chaminé, desde que $L = 20d$?

Solução

(a) Para o ar a 20°C e 1 atm, considere $\rho = 1,2$ kg/m^3 e $\mu = 1,8$ E-5 kg/(m · s). Como o cilindro de teste é curto, $L/d = 20$, ele deverá ser comparado com o valor tabulado $C_D \approx 0,91$ na tabela à direita na Figura 5.3a. Primeiro calcule o número de Reynolds do cilindro de teste:

$$\text{Re}_d = \frac{\rho U d}{\mu} = \frac{(1,2 \text{ kg/m}^3)(45 \text{ m/s})(0,01 \text{ m})}{1,8\text{E}-5 \text{ kg/(m} \cdot \text{s)}} = 30.000$$

Sim, esse valor está no intervalo $10^4 < \text{Re} < 10^5$ listado na tabela. Agora calcule o coeficiente de arrasto do teste:

$$C_{A,\text{teste}} = \frac{F}{(1/2)\rho U^2 L d} = \frac{2,2 \text{ N}}{(1/2)(1,2 \text{ kg/m}^3)(45 \text{ m/s})^2(0,2 \text{ m})(0,01 \text{ m})} = 0,905$$

Sim, esse valor está próximo, e certamente dentro do intervalo de $\pm 5\%$ definido pelos resultados do teste. *Resposta (a)*

(b) Como a chaminé tem $L/d = 20$, podemos usar os dados se o intervalo do número de Reynolds estiver correto:

$$10^4 < \frac{(1,2 \text{ kg/m}^3) U_{\text{chaminé}}(1 \text{ m})}{1,8 \text{ E}-5 \text{ kg/(m} \cdot \text{s)}} < 10^5 \quad \text{se} \quad 0,15 \frac{\text{m}}{\text{s}} < U_{\text{chaminé}} < 1,5 \frac{\text{m}}{\text{s}}$$

Esses ventos são desprezíveis, portanto o ponto de teste não é muito útil. *Resposta (b)*
As forças de arrasto nesse intervalo também são muito pequenas:

$$F_{\text{mín}} = C_A \frac{\rho}{2} U_{\text{mín}}^2 L d = (0,91) \left(\frac{1,2 \text{ kg/m}^3}{2} \right) (0,15 \text{ m/s})^2 (20 \text{ m})(1 \text{ m}) = 0,25 \text{ N}$$

$$F_{\text{máx}} = C_A \frac{\rho}{2} U_{\text{máx}}^2 L d = (0,91) \left(\frac{1,2 \text{ kg/m}^3}{2} \right) (1,5 \text{ m/s})^2 (20 \text{ m})(1 \text{ m}) = 25 \text{ N}$$

(c) Tente você mesmo. Escolha qualquer tamanho 20:1 para a chaminé, mesmo algo ridículo como 20 mm:1mm. Você obterá os mesmos resultados para U e F da parte (b) acima. Isto porque o produto Ud ocorre em Re_d e, se $L = 20d$, o mesmo produto ocorre na força de arrasto. Por exemplo, para Re $= 10^4$,

$$Ud = 10^4 \frac{\mu}{\rho} \quad \text{então} \quad F = C_A \frac{\rho}{2} U^2 L d = C_A \frac{\rho}{2} U^2 (20d) d = 20 C_A \frac{\rho}{2} (Ud)^2 = 20 C_A \frac{\rho}{2} \left(\frac{10^4 \mu}{\rho} \right)^2$$

A resposta é sempre $F_{\text{mín}} = 0,25$ N. Essa é uma singularidade algébrica que raramente ocorre.

EXEMPLO 5.8

Sabe-se que os fios das redes telefônicas "cantam" com o vento. Considere um fio de 8 mm de diâmetro. Em que velocidade do vento ao nível do mar, se houver, o fio vai emitir uma nota dó?

> **Solução**
>
> Para o ar ao nível do mar, considere $\nu \approx 1{,}5\,\text{E}{-}5\ \text{m}^2/\text{s}$. Para os leitores que não são músicos, o dó é uma nota musical com a frequência de 262 Hz. As taxas de emissão medidas são colocadas no gráfico da Figura 5.2b. Sobre um intervalo amplo, o número de Strouhal é aproximadamente 0,2, que podemos tomar como primeira estimativa. Observe que $(\omega/2\pi) = f$, a frequência da emissão. Portanto
>
> $$\text{St} = \frac{fd}{U} = \frac{(262\ \text{s}^{-1})(0{,}008\ \text{m})}{U} \approx 0{,}2$$
>
> $$U \approx 10{,}5\ \frac{\text{m}}{\text{s}}$$
>
> Agora verifique o número de Reynolds para saber se estamos dentro do intervalo apropriado:
>
> $$\text{Re}_d = \frac{Ud}{\nu} = \frac{(10{,}5\ \text{m/s})(0{,}008\ \text{m})}{1{,}5\,\text{E}{-}5\ \text{m}^2/\text{s}} \approx 5.600$$
>
> Na Figura 5.2b, com Re = 5.600, talvez St seja um pouco maior, aproximadamente 0,21. Assim uma estimativa um pouco melhor é
>
> $$U_{\text{vento}} = (262)(0{,}008)/(0{,}21) \approx 10{,}0\ \text{m/s} \quad \textit{Resposta}$$

5.5 A modelagem e suas armadilhas

Até agora estivemos estudando a homogeneidade dimensional e o método do teorema pi, usando produtos de potências, para converter uma relação física homogênea em uma forma adimensional. Isso é matematicamente simples, mas certas dificuldades de engenharia precisam ser discutidas.

Em primeiro lugar, temos considerado como certo que as variáveis que afetam o processo podem ser listadas e analisadas. Na realidade, a seleção das variáveis importantes requer uma considerável experiência e capacidade de julgamento. Por exemplo, o engenheiro tem de decidir se a viscosidade pode ou não ser desprezada. Existem efeitos significativos de temperatura? A tensão superficial é importante? E a rugosidade? Cada grupo pi que é retido aumenta o custo e o trabalho necessário. O julgamento correto na seleção das variáveis virá com a prática e a maturidade; este livro deverá fornecer um pouco da experiência necessária.

Uma vez selecionadas as variáveis e executada a análise dimensional, o experimentador procura obter a *semelhança* entre o modelo testado e o protótipo a ser projetado. Com uma quantidade suficiente de testes, os dados do modelo revelarão a função adimensional desejada entre as variáveis:

$$\Pi_1 = f(\Pi_2, \Pi_3, \ldots \Pi_k) \quad (5.29)$$

Com a Equação (5.29) disponível em forma gráfica ou analítica, estamos em condições de garantir semelhança completa entre o modelo e o protótipo. Uma definição formal seria a seguinte:

> **As condições de escoamento para o teste de um modelo são completamente semelhantes se todos os parâmetros adimensionais relevantes tiverem os mesmos valores correspondentes para o modelo e para o protótipo.**

Isso decorre matematicamente da Equação (5.29). Se $\Pi_{2m} = \Pi_{2p}$, $\Pi_{3m} = \Pi_{3p}$, e assim por diante, a Equação (5.29) garante que o resultado desejado Π_{1m} será igual a Π_{1p}.

Contudo é mais fácil falar do que fazer, como discutiremos agora. Há livros especializados em testes de modelos [30-32].

Em lugar da semelhança completa, a literatura da engenharia trata de tipos particulares de semelhança, sendo as principais a geométrica, a cinemática, a dinâmica e a térmica. Vamos considerar cada uma separadamente.

Semelhança geométrica

A semelhança geométrica refere-se à dimensão de comprimento $\{L\}$ e deve ser garantida para que possa ser feito qualquer teste sensato de modelo. Uma definição formal é a seguinte:

> **Um modelo e um protótipo são *geometricamente semelhantes* se e somente se todas as dimensões do corpo nas três coordenadas tiverem a mesma razão de escala linear.**

Observe que *todas* as escalas de comprimento precisam ser iguais. É como se você tirasse uma fotografia do protótipo e a reduzisse ou ampliasse até que ficasse do tamanho do modelo. Se o modelo tem de ser feito com um décimo do tamanho do protótipo, seu comprimento, largura e altura devem ser um décimo do comprimento, largura e altura do protótipo. Não só isso, mas também sua forma inteira deve ter um décimo do tamanho, e, tecnicamente, falamos de pontos *homólogos*, que são pontos com a mesma localização relativa. Por exemplo, o nariz do protótipo é homólogo ao nariz do modelo. A ponta da asa esquerda do protótipo é homóloga à ponta da asa esquerda do modelo. Então a semelhança geométrica requer que todos os pontos homólogos estejam relacionados pela mesma razão de escala linear. Isso se aplica tanto à geometria do fluido quanto à geometria do modelo.

> **Todos os ângulos são preservados na semelhança geométrica. Todas as direções do escoamento são preservadas. As orientações do modelo e do protótipo com relação às vizinhanças devem ser idênticas.**

A Figura 5.4 ilustra o protótipo de uma asa e um modelo na escala de um para dez. Os comprimentos do modelo são todos dez vezes menores, mas seu ângulo de ataque com relação à corrente livre é o mesmo: 10° e não 1°. Todos os detalhes físicos no modelo devem ser escalonados, e alguns são um pouco sutis e às vezes ignorados:

1. O raio do nariz do modelo deve ser dez vezes menor.
2. A rugosidade da superfície do modelo deve ser dez vezes menor.

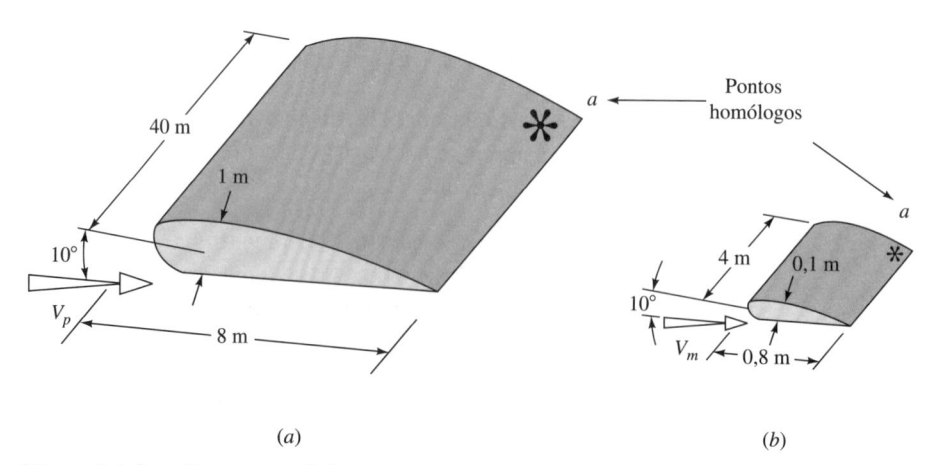

(a)   (b)

Figura 5.4 Semelhança geométrica no teste de modelo: (*a*) protótipo; (*b*) modelo na escala de um para dez.

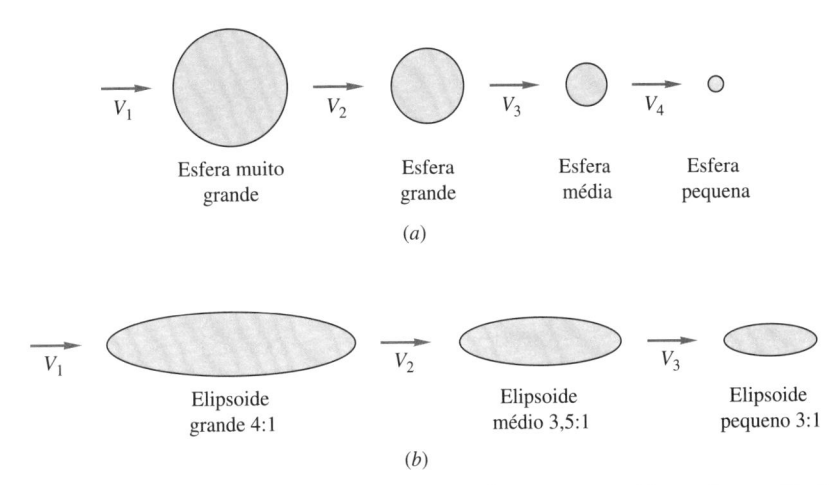

Figura 5.5 Semelhança geométrica e não semelhança de escoamentos: (*a*) semelhança; (*b*) não semelhança.

3. Se o protótipo tiver um fio excitador de camada-limite de 5 mm a 1,5 m do bordo de ataque, o modelo deverá ter um fio excitador de 0,5 mm a 0,15 m do bordo de ataque.
4. Se o protótipo for construído com parafusos protuberantes, o modelo deverá ter parafusos protuberantes homólogos com um décimo do tamanho.

E assim por diante. Qualquer discrepância nesses detalhes é uma violação da semelhança geométrica e deve ser justificada por comparação experimental para mostrar que o comportamento do protótipo não foi afetado significativamente pela discrepância.

Modelos que pareçam semelhantes na forma, mas que claramente violem a semelhança geométrica não devem ser comparados exceto por sua própria conta e risco. A Figura 5.5 ilustra esse ponto. As esferas da Figura 5.5*a* são todas geometricamente semelhantes e podem ser testadas com grande expectativa de sucesso se o número de Reynolds, ou o número de Froude ou outros forem correspondentes. Mas os elipsoides da Figura 5.5*b* apenas *parecem* semelhantes. Eles na realidade têm diferentes razões de escala linear e portanto não podem ser comparados de uma maneira racional, mesmo que possam ter números de Reynolds e de Froude idênticos. Os dados não serão os mesmos para esses elipsoides, e qualquer tentativa de "compará-los" será um julgamento tecnicamente grosseiro.

Semelhança cinemática

A semelhança cinemática requer que o modelo e o protótipo tenham a mesma razão de escala de comprimento e de escala de tempo. O resultado é que a relação de escala de velocidade será a mesma para ambos. Langhaar [4] enuncia isso da seguinte forma:

> **Os movimentos de dois sistemas são cinematicamente semelhantes se partículas homólogas estiverem em pontos homólogos em instantes homólogos.**

A equivalência de escala de comprimento implica simplesmente semelhança geométrica, mas a equivalência de escala de tempo pode requerer considerações dinâmicas adicionais, tal como a equivalência dos números de Reynolds e de Mach.

Um caso especial é o escoamento incompressível sem atrito sem superfície livre, conforme esboçado na Figura 5.6*a*. Esses escoamentos de fluidos perfeitos são cinematicamente semelhantes, com escalas independentes de comprimento e de tempo, não havendo necessidade de quaisquer parâmetros adicionais (ver Capítulo 8 para mais detalhes).

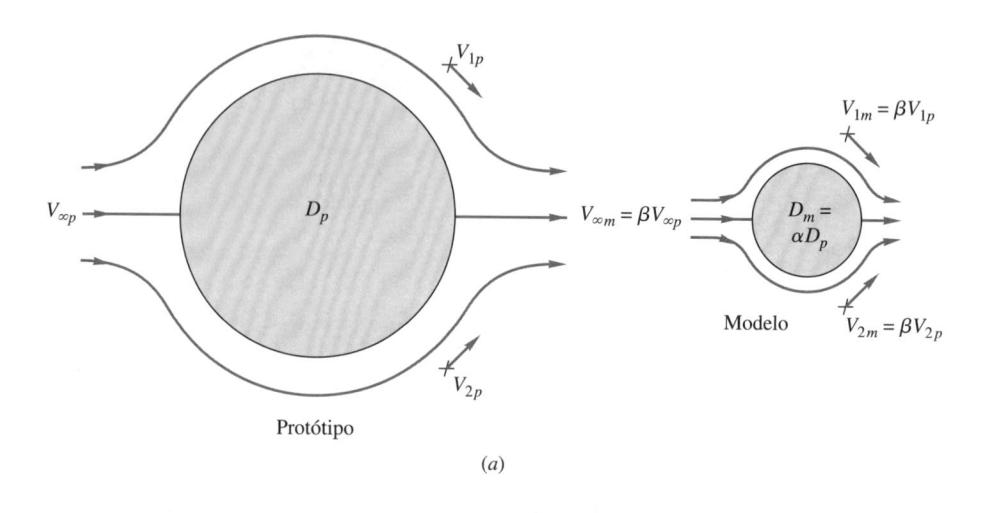

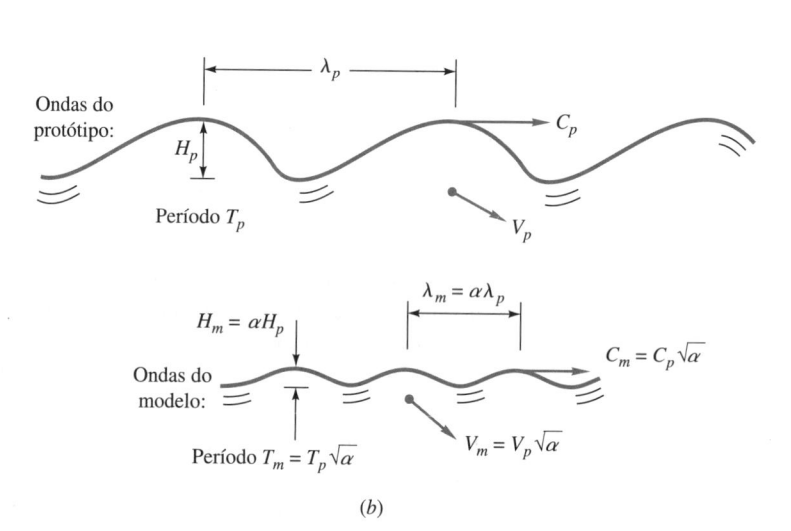

Figura 5.6 Escoamentos com baixas velocidades, sem atrito, são cinematicamente semelhantes: (*a*) escoamentos sem superfície livre são cinematicamente semelhantes com escalas de comprimento e tempo independentes; (*b*) escoamentos com superfície livre são cinematicamente semelhantes com escalas de comprimento e de tempo relacionadas pelo número de Froude.

Escala de Froude Escoamentos sem atrito com uma superfície livre, como na Figura 5.6*b*, são cinematicamente semelhantes se seus números de Froude forem iguais:

$$\text{Fr}_m = \frac{V_m^2}{gL_m} = \frac{V_p^2}{gL_p} = Fr_p \tag{5.30}$$

Observe que o número de Froude contém somente dimensões de comprimento e tempo e portanto é um parâmetro puramente cinemático que estabelece a relação entre comprimento e tempo. Da Equação (5.30), se a escala de comprimento for

$$L_m = \alpha\, L_p \tag{5.31}$$

em que α é uma razão adimensional, a escala de velocidade é

$$\frac{V_m}{V_p} = \left(\frac{L_m}{L_p}\right)^{1/2} = \sqrt{\alpha} \tag{5.32}$$

e a escala de tempo é

$$\frac{T_m}{T_p} = \frac{L_m/V_m}{L_p/V_p} = \sqrt{\alpha} \qquad (5.33)$$

As relações de escala cinemáticas de Froude estão ilustradas na Figura 5.6*b*, para a modelagem do movimento de ondas. Se as ondas forem relacionadas pela escala de comprimento α, então o período da onda, a velocidade de propagação e as velocidades de partículas estão relacionadas por $\sqrt{\alpha}$.

Se a viscosidade, a tensão superficial ou a compressibilidade forem importantes, a semelhança cinemática depende da obtenção da semelhança dinâmica.

Semelhança dinâmica

Existe a semelhança dinâmica quando o modelo e o protótipo têm as mesmas razões de escala de comprimento, escala de tempo e escala de força (ou escala de massa). Novamente, a semelhança geométrica é um primeiro requisito; sem ela não se pode prosseguir. Então a semelhança dinâmica existe, simultaneamente com a semelhança cinemática, se os coeficientes de pressão e de força do modelo e do protótipo forem idênticos. Isso é assegurado se

1. Para escoamento compressível, o número de Reynolds, o número de Mach e a razão de calores específicos do modelo e do protótipo são correspondentemente iguais.
2. Para escoamento incompressível
   a. Sem superfície livre: os números de Reynolds do modelo e do protótipo são iguais.
   b. Com uma superfície livre: o número de Reynolds, o número de Froude e (se necessário), o número de Weber e o número de cavitação são correspondentemente iguais.

Matematicamente, a lei de Newton para qualquer partícula de fluido requer que a soma da força de pressão, da força de gravidade e da força de atrito sejam iguais ao termo da aceleração ou força de inércia,

$$\mathbf{F}_p + \mathbf{F}_g + \mathbf{F}_a = \mathbf{F}_i$$

As leis de semelhança dinâmica asseguram que cada uma dessas forças estará na mesma razão e terá direções equivalentes entre modelo e protótipo. A Figura 5.7 mostra um exemplo para escoamento sob uma comporta de fundo. Os polígonos de força em pontos homólogos têm exatamente a mesma forma se os números de Reynolds e de Froude

Figura 5.7 Semelhança dinâmica no escoamento sob uma comporta de fundo. O modelo e o protótipo produzem polígonos de força homólogos idênticos se os números de Reynolds e de Froude tiverem os mesmos valores correspondentes: (*a*) protótipo; (*b*) modelo.

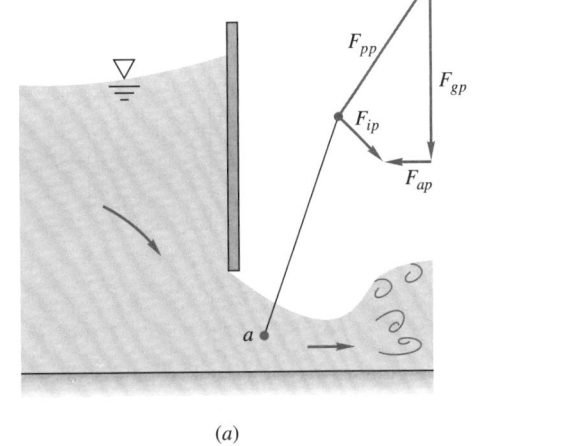

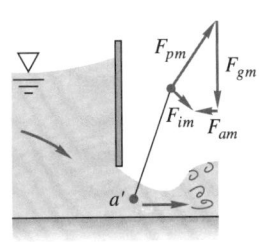

forem iguais (desprezando a tensão superficial e a cavitação, naturalmente). A semelhança cinemática é também assegurada por essas leis de modelo.

Discrepâncias em testes na água e no ar

A semelhança dinâmica perfeita mostrada na Figura 5.7 é mais um sonho do que uma realidade porque a equivalência exata dos números de Reynolds e de Froude só pode ser atingida com dramáticas alterações nas propriedades do fluido, enquanto na verdade a maioria dos testes de modelos é simplesmente feita com água ou ar, que são os fluidos disponíveis mais baratos.

Primeiro considere o teste de um modelo hidráulico com uma superfície livre. A semelhança dinâmica requer números de Froude equivalentes, Equação (5.30), e números de Reynolds equivalentes:

$$\frac{V_m L_m}{\nu_m} = \frac{V_p L_p}{\nu_p} \tag{5.34}$$

Mas tanto a velocidade quanto o comprimento são restritos pelo número de Froude, Equações (5.31) e (5.32). Portanto, para uma dada razão de escala de comprimento α, a Equação (5.34) é verdadeira somente se

$$\frac{\nu_m}{\nu_p} = \frac{L_m}{L_p} \frac{V_m}{V_p} = \alpha \sqrt{\alpha} = \alpha^{3/2} \tag{5.35}$$

Por exemplo, para um modelo na escala de um para dez, $\alpha = 0,1$ e $\alpha^{3/2} = 0,032$. Como ν_p é sem dúvida da água, precisamos de um fluido com apenas 0,032 vezes a viscosidade cinemática da água para atingir a semelhança dinâmica. Consultando a Tabela 1.4, vemos que isso é impossível: mesmo o mercúrio tem apenas um nono da viscosidade cinemática da água, além disso o modelo hidráulico com mercúrio seria caro e prejudicial para a sua saúde. Na prática, a água é usada tanto no modelo como no protótipo, e a semelhança do número de Reynolds (5.34) é inevitavelmente violada. O número de Froude é mantido constante já que ele é o parâmetro dominante em escoamentos com superfície livre. Tipicamente o número de Reynolds do escoamento no modelo é reduzido por um fator de 10 a 1.000. Conforme mostra a Figura 5.8, os dados com baixos números de Reynolds do modelo são usados para estimar, por extrapolação, os dados com altos números de Reynolds do protótipo. Como indicado na figura, há obviamente uma incerteza considerável no uso de tal extrapolação, mas não há outra alternativa prática nos testes de modelos hidráulicos.

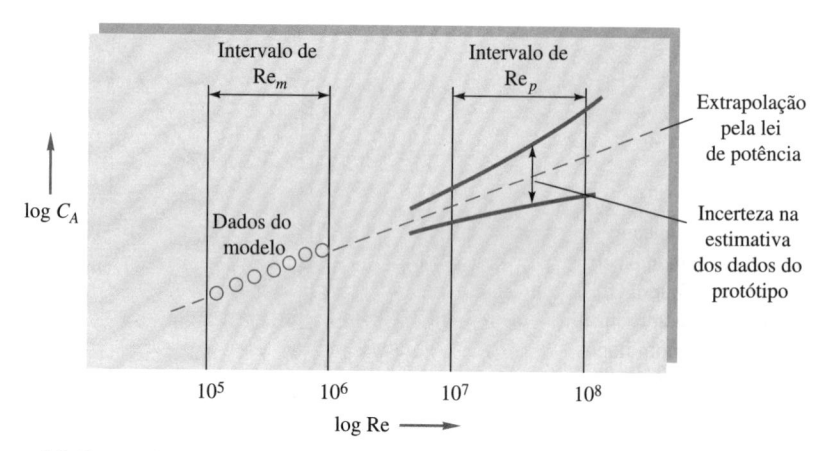

Figura 5.8 Extrapolação do número de Reynolds, ou escala, dos dados hidráulicos com números de Froude iguais.

Depois, considere o teste de modelo aerodinâmico no ar, sem superfície livre. Os parâmetros importantes são o número de Reynolds e o número de Mach. A Equação (5.34) deverá ser satisfeita, além do critério de compressibilidade

$$\frac{V_m}{a_m} = \frac{V_p}{a_p} \tag{5.36}$$

A eliminação de V_m/V_p entre (5.34) e (5.36) dá

$$\frac{\nu_m}{\nu_p} = \frac{L_m}{L_p}\frac{a_m}{a_p} \tag{5.37}$$

Como o protótipo se destina sem dúvida a operar no ar, precisamos de um fluido de baixa viscosidade e alta velocidade do som para usar no túnel de vento. O hidrogênio é o único exemplo prático, mas está claro que seria muito caro e perigoso. Portanto os túneis de vento normalmente operam com ar como fluido de trabalho. O resfriamento e a pressurização do ar colocarão a Equação (5.37) em uma melhor concordância, mas não o suficiente para satisfazer uma redução de escala no comprimento de, digamos, um décimo. Portanto a escala do número de Reynolds também é comumente violada em testes aerodinâmicos, e aqui também é necessária uma extrapolação como aquela da Figura 5.8.

Há monografias especializadas dedicadas inteiramente a testes em túnel de vento: baixa velocidade [38], alta velocidade [39] e uma discussão geral detalhada [40]. O exemplo a seguir ilustra as discrepâncias de modelagem em testes aeronáuticos.

EXEMPLO 5.9

Um protótipo de avião, com um comprimento de corda de 1,6 m, deve voar em Ma = 2 a uma altitude padrão de 10 km. Um modelo em escala de um para oito deve ser testado em um túnel de vento de hélio a 100°C e pressão de 1 atm. Encontre a velocidade na seção de teste com hélio que satisfaça (a) ao número de Mach ou (b) ao número de Reynolds do protótipo. Em cada caso critique a falta de semelhança dinâmica. (c) Qual a alta pressão no túnel de hélio que satisfará aos números de Reynolds e de Mach ao mesmo tempo? (d) Por que a parte (c) *ainda* não atinge a semelhança dinâmica?

Solução

Para o hélio, da Tabela A.4, $R = 2.077$ m^2/(s^2·K), $k = 1,66$ e $\mu_{He} \approx 2,32\text{E}-5$ kg/(m·s) estimado pela lei de potência, $n = 0,67$, na tabela. (a) Calcule a velocidade do som e a velocidade do escoamento no hélio:

$$a_{He} = \sqrt{(kRT)_{He}} = \sqrt{(1,66)(2.077\,\text{m}^2/\text{s}^2\text{K}) \times (373\,\text{K})} = 1.134\ \text{m/s}$$

$$\text{Ma}_{ar} = \text{Ma}_{He} = 2,0 = \frac{V_{He}}{a_{He}} = \frac{V_{He}}{1.134\ \text{m/s}}$$

$$V_{He} = 2.268\ \frac{\text{m}}{\text{s}} \qquad\qquad Resposta\ (a)$$

Para a semelhança dinâmica, os números de Reynolds também deverão ser iguais. Da Tabela A.6 a uma altitude de 10.000 m, lemos $\rho_{ar} = 0,4125$ kg/m^3, $a_{ar} = 299,5$ m/s, e estimamos $\mu_{ar} \approx 1,48\text{E}-5$ kg/m·s da lei de potência, $n = 0,7$, na Tabela A.4. A velocidade do ar é $V_{ar} = (\text{Ma})(a_{ar}) = 2(299,5) = 599$ m/s. O comprimento da corda do modelo é (1,6m)/8 = 0,2 m. A massa específica do hélio é $\rho_{He} = (p/RT)_{He} = (101.350 \text{ Pa})/[(2.077 \text{ m}^2/\text{s}^2 \text{ K})(373 \text{ K})] = 0,131 \text{ kg/m}^3$. Agora calcule os números de Reynolds:

$$\text{Re}_{C,ar} = \left.\frac{\rho VC}{\mu}\right|_{ar} = \frac{(0,4125 \text{ kg/m}^3)(599 \text{ m/s})(1,6 \text{ m})}{1,48 \text{ E}-5 \text{ kg/(m}\cdot\text{s})} = 26,6 \text{ E6}$$

$$\text{Re}_{C,He} = \left.\frac{\rho VC}{\mu}\right|_{He} = \frac{(0,131 \text{ kg/m}^3)(2.268 \text{ m/s})(0,2 \text{ m})}{2,32 \text{ E}-5 \text{ kg/(m}\cdot\text{s})} = 2,56 \text{ E6}$$

O número de Reynolds do modelo é dez vezes menor do que o do protótipo. Isso é típico quando se usa modelos de pequena escala. Os resultados do teste precisam ser extrapolados para os efeitos do número de Reynolds. (*b*) Agora ignore o número de Mach e faça o número de Reynolds do modelo corresponder ao do protótipo:

$$\text{Re}_{He} = \text{Re}_{ar} = 26,6 \text{ E6} = \frac{(0,131 \text{ kg/m}^3)V_{He}(0,2 \text{ m})}{2,32 \text{ E}-5 \text{ kg/(m}\cdot\text{s})}$$

$$V_{He} = 23.600 \frac{\text{m}}{\text{s}} \qquad \textit{Resposta (b)}$$

Isso é ridículo: um número de Mach hipersônico igual a 21, suficiente para escapar da gravidade da Terra. Devemos igualar os números de Mach e corrigir para um número de Reynolds mais baixo. (*c*) Faça corresponder os números de Reynolds e Mach aumentando a massa específica do hélio:

Ma corresponde se

$$V_{He} = 2.268 \frac{\text{m}}{\text{s}}$$

Então

$$\text{Re}_{He} = 26,6 \text{ E6} = \frac{\rho_{He}(2.268 \text{ m/s})(0,2 \text{ m})}{2,32 \text{ E}-5 \text{ kg/(m}\cdot\text{s})}$$

Resolvendo

$$\rho_{He} = 1,36 \frac{\text{kg}}{\text{m}^3} \quad p_{He} = \rho RT|_{He} = (1,36)(2.077)(373) = 1,05 \text{ E6 Pa} \qquad \textit{Resposta (c)}$$

É possível satisfazer essa condição se aumentarmos a pressão do túnel por um fator de dez, uma tarefa assustadora. (*d*) Mesmo com Ma e Re satisfeitos, *ainda* não estamos dinamicamente semelhantes porque os dois gases têm razões diferentes de calores específicos: $k_{He} = 1,66$ e $k_{ar} = 1,40$. Essa discrepância causará diferenças substanciais na pressão, massa específica e temperatura em todo o escoamento supersônico.

A Figura 5.9 mostra um modelo hidráulico da barragem de Bluestone Lake em West Virginia. O modelo está localizado no U.S. Army Waterways Experiment Station em Vicksburg, MS. A escala horizontal é de 1:65, que é suficiente para que a escala vertical possa ser também 1:65 sem incorrer em efeitos significativos de tensão superficial (número de Weber). As velocidades são escalonadas pelo número de Froude. No entanto, o número de Reynolds do protótipo, que é da ordem de 1E7, não pode ser satisfeito aqui. Os engenheiros ajustaram o número de Reynolds em aproximadamente 2E4, alto o suficiente para uma aproximação razoável dos efeitos viscosos do escoamento turbulento do protótipo. Observe a intensa turbulência abaixo da represa. O leito a jusante de uma represa deve ser reforçado estruturalmente para evitar a erosão do leito.

Figura 5.9 Modelo hidráulico da barragem de Bluestone Lake no New River próximo a Hinton, West Virginia. A escala do modelo é 1:65 na vertical e na horizontal, e o número de Reynolds, embora muito abaixo do valor do protótipo, é alto o suficiente para que o escoamento seja turbulento. (*Cortesia do U.S. Army Corps of Engineers Waterways Experiment Station.*)

Para modelos hidráulicos de maior escala, como quebra-mares, estuários e baías, a semelhança geométrica pode ser violada por necessidade. A escala vertical será distorcida para evitar os efeitos do número de Weber. Por exemplo, a escala horizontal pode ser 1:1.000, enquanto a escala vertical é apenas 1:100. Assim o modelo do canal pode ser *mais profundo* em relação às suas dimensões horizontais. Como passagens mais profundas permitem escoar com mais eficiência, o fundo do modelo do canal pode ser feito rugoso propositalmente para criar o nível de atrito esperado no protótipo.

EXEMPLO 5.10

A queda de pressão provocada por atrito no escoamento em um tubo longo liso é uma função da velocidade média do escoamento, massa específica, viscosidade, comprimento e diâmetro do tubo: $\Delta p = f(V, \rho, \mu, L, D)$. Queremos saber como Δp varia com V. (*a*) Utilize o teorema pi para reescrever essa função na forma adimensional. (*b*) Depois faça um gráfico da função, usando os seguintes dados para três tubos e três fluidos:

D, cm	L, m	Q, m³/h	Δp, Pa	ρ, kg/m³	μ, kg/(m·s)	V, m/s*
1,0	5,0	0,3	4.680	680†	2,92 E-4†	1,06
1,0	7,0	0,6	22.300	680†	2,92 E-4†	2,12
1,0	9,0	1,0	70.800	680†	2,92 E-4†	3,54
2,0	4,0	1,0	2.080	998‡	0,0010‡	0,88
2,0	6,0	2,0	10.500	998‡	0,0010‡	1,77
2,0	8,0	3,1	30.400	998‡	0,0010‡	2,74
3,0	3,0	0,5	540	13.550§	1,56 E-3§	0,20
3,0	4,0	1,0	2.480	13.550§	1,56 E-3§	0,39
3,0	5,0	1,7	9.600	13.550§	1,56 E-3§	0,67

*$V = Q/A$, $A = \pi D^2/4$
†Gasolina
‡Água
§Mercúrio

(c) Suponha que se saiba também que Δp é proporcional a L (o que é bem verdade para tubos longos com entradas bem arredondadas). Use essas informações para simplificar e melhorar a formulação do teorema pi. Faça um gráfico dos dados adimensionais nessa maneira melhorada e comente os resultados.

Solução

Há seis variáveis com três dimensões primárias $\{MLT\}$ envolvidas. Portanto esperamos que haja $j = 6 - 3 = 3$ grupos pi. Estamos certos, já que podemos encontrar três variáveis que não formam um produto pi, por exemplo, (ρ, V, L). Selecione cuidadosamente três (j) variáveis repetitivas, mas não incluindo Δp ou V, com as quais pretendemos fazer um gráfico de uma em função da outra. Selecionamos (ρ, μ, D), e o teorema pi garante que aparecerão três grupos produto de potências independentes:

$$\Pi_1 = \rho^a \mu^b D^c \Delta p \qquad \Pi_2 = \rho^d \mu^e D^f V \qquad \Pi_3 = \rho^g \mu^h D^i L$$

ou

$$\Pi_1 = \frac{\rho D^2 \Delta p}{\mu^2} \qquad \Pi_2 = \frac{\rho V D}{\mu} \qquad \Pi_3 = \frac{L}{D}$$

Nós omitimos as operações algébricas para determinar $(a, b, c, d, e, f, g, h, i)$, reduzindo todos os expoentes a zero M^0, L^0, T^0. Portanto queremos fazer um gráfico da relação adimensional

$$\frac{\rho D^2 \Delta p}{\mu^2} = f\left(\frac{\rho V D}{\mu}, \frac{L}{D}\right) \qquad\qquad Resposta\ (a)$$

Fazemos um gráfico de Π_1 em função de Π_2 com Π_3 como parâmetro. Haverá nove pontos de dados. Por exemplo, a primeira linha dos dados fornecerá

$$\frac{\rho D^2 \Delta p}{\mu^2} = \frac{(680)(0,01)^2(4.680)}{(2,92\ E\text{-}4)^2} = 3{,}73\ E9$$

$$\frac{\rho V D}{\mu} = \frac{(680)(1,06)(0,01)}{2,92\ E\text{-}4} = 24.700 \qquad \frac{L}{D} = 500$$

Os nove pontos de dados são colocados no gráfico como círculos vazios na Figura 5.10. São listados os valores L/D para cada ponto, e vemos um efeito de comprimento significativo. Na verdade, se ligarmos os únicos dois pontos que têm o mesmo L/D (= 200), poderíamos ver (e redesenhar para verificar) que Δp aumenta linearmente com L, como está especificado na última parte do problema.

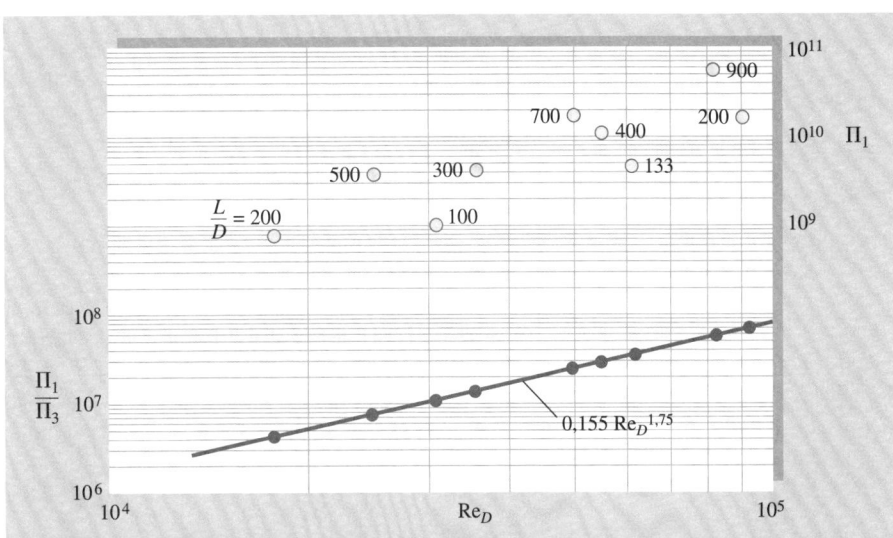

Figura 5.10 Duas correlações diferentes dos dados do Exemplo 5.10: círculos vazios no gráfico $\rho D^2 \Delta p/\mu^2$ em função de Re_D, L/D é um parâmetro; uma vez conhecido que Δp é proporcional a L, outro gráfico (círculos cheios) de $\rho D^3 \Delta p/(L\mu^2)$ em função de Re_D se reduz a uma única curva da lei de potência.

Como L ocorre somente em $\Pi_3 = L/D$, a função $\Pi_1 = f(\Pi_2, \Pi_3)$ deve se reduzir a $\Pi_1 = (L/D) f(\Pi_2)$, ou simplesmente uma função envolvendo apenas *dois* parâmetros:

$$\frac{\rho D^3 \Delta p}{L\mu^2} = f\left(\frac{\rho VD}{\mu}\right) \qquad \text{escoamento em um tubo longo} \qquad \textit{Resposta (c)}$$

Modificamos agora cada ponto de dado da Figura 5.10 dividindo-o por seu valor L/D. Por exemplo, para a primeira linha de dados, $\rho D^3 \Delta p/(L\mu^2) = (3{,}73 \text{ E}9)/500 = 7{,}46 \text{ E}6$. Plotamos novamente esses novos pontos de dados como círculos cheios na Figura 5.10. Eles se relacionam quase perfeitamente em uma função da lei de potência em uma reta:

$$\frac{\rho D^3 \Delta p}{L\mu^2} \approx 0{,}155 \left(\frac{\rho VD}{\mu}\right)^{1{,}75} \qquad \textit{Resposta (c)}$$

Todos os escoamentos newtonianos em tubo liso deverão correlacionar-se dessa maneira. Este exemplo é uma variação da primeira análise dimensional completamente bem-sucedida, atrito em escoamento em tubo, executada por Paul Blasius que era aluno de Prandtl. Paul Blasius publicou um gráfico relacionado em 1911. Para esse intervalo de números de Reynolds (escoamento turbulento), a queda de pressão aumenta aproximadamente de acordo com $V^{1{,}75}$.

EXEMPLO 5.11

Os dados da esfera lisa no gráfico na Figura 5.3a representam arrasto adimensional em função da *viscosidade* adimensional, já que (ρ, V, d) foram selecionadas como variáveis de escala ou *variáveis repetitivas*. (a) Replote esses dados para mostrar o efeito da *velocidade* adimensional no arrasto. (b) Use a sua nova figura para prever a velocidade terminal (aceleração zero) de uma esfera de aço de 1 cm de diâmetro ($d = 7{,}86$) caindo através da água a 20°C.

Solução

- *Hipóteses:* A Figura 5.3a é válida para qualquer esfera lisa naquele intervalo de número de Reynolds.

- *Abordagem (a):* Forme grupos pi por meio da função $F = f(d, V, \rho, \mu)$ para fazer um gráfico de F em função de V. A resposta já foi dada na forma da Equação (5.16), mas vamos rever os passos. As variáveis de escala apropriadas são (ρ, μ, d), que *não formam* um grupo pi. Portanto $j = 3$, e esperamos encontrar $n - j = 5 - 3 = 2$ grupos pi. Pulando as etapas algébricas, encontramos:

$$\Pi_1 = \rho^a \mu^b d^c F = \frac{\rho F}{\mu^2} \qquad \Pi_2 = \rho^a \mu^b d^c V = \frac{\rho V d}{\mu} \qquad \text{Resposta (a)}$$

Podemos replotar os dados da Figura 5.3a nessa nova forma, observando que $\Pi_1 \equiv (\pi/8)(C_D)$ $(\text{Re})^2$. Essa replotagem é mostrada na Figura 5.11. O arrasto aumenta rapidamente com a velocidade até a transição, em que há uma leve queda, após a qual ele aumenta mais do que nunca. Se a força for conhecida, podemos prever a velocidade por meio da figura, e vice-versa.

- *Valores de propriedades para a parte (b):* $\rho_{\text{água}} = 998 \text{ kg/m}^3 \qquad \mu_{\text{água}} = 0{,}001 \text{ kg/(m} \cdot \text{s)}$

$$\rho_{\text{aço}} = 7{,}86\rho_{\text{água}} = 7.844 \text{ kg/m}^3$$

- *Solução para a parte (b):* Para a velocidade terminal, a força de arrasto é igual ao peso líquido da esfera na água:

$$F = P_{\text{líq}} = (\rho_{\text{aço}} - \rho_{\text{água}})g \frac{\pi}{6} d^3 = (7.840 - 998)(9{,}81)\left(\frac{\pi}{6}\right)(0{,}01)^3 = 0{,}0351 \text{ N}$$

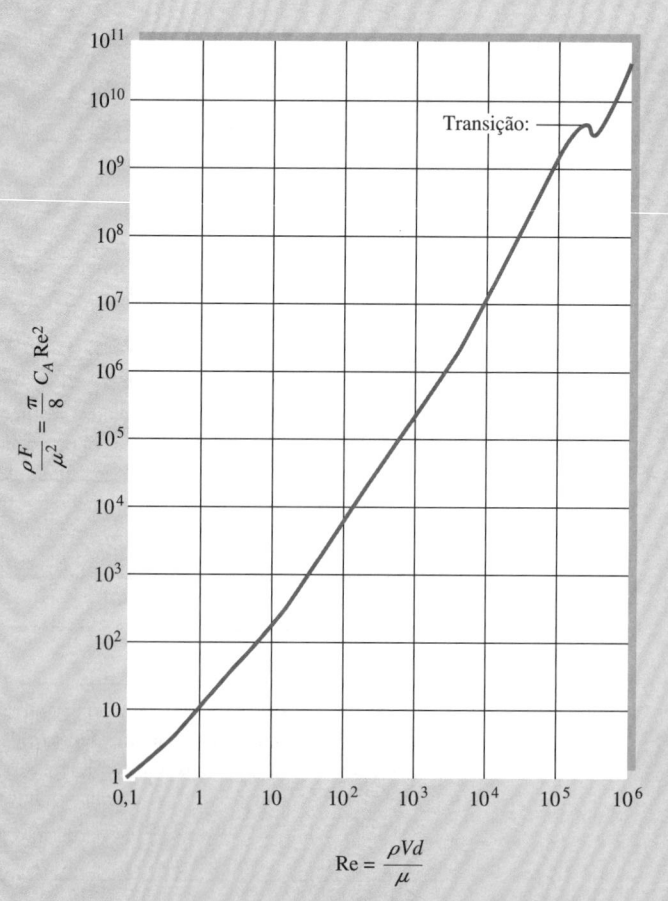

Figura 5.11 Replotagem dos dados de arrasto em esferas da Figura 5.3a mostrando a força adimensional em função da velocidade adimensional.

Portanto a ordenada da Figura 5.11 é conhecida:

Esfera de aço em queda: $\dfrac{\rho F}{\mu^2} = \dfrac{(998 \text{ kg/m}^3)(0{,}0351 \text{ N})}{[0{,}001 \text{ kg/(m}\cdot\text{s})]^2} \approx 3{,}5\text{ E}7$

Da Figura 5.11, no ponto $(\rho F)/\mu^2 \approx 3{,}5$ E7, uma lente de aumento revela que $\text{Re}_d \approx 2$E4. Então uma estimativa grosseira da velocidade terminal de queda é

$$\dfrac{\rho V d}{\mu} \approx 20.000 \quad \text{ou} \quad V \approx \dfrac{20.000\,[0{,}001 \text{ kg/(m}\cdot\text{s})]}{(998 \text{ kg/m}^3)(0{,}01 \text{ m})} \approx 2{,}0\,\dfrac{\text{m}}{\text{s}}$$

Resposta (b)

- *Comentários:* Poderia ter-se uma precisão melhor expandindo a escala da Figura 5.11 na região do coeficiente de força dado. No entanto, há uma incerteza considerável nos dados publicados de arrasto em esferas, assim a velocidade de queda prevista provavelmente é incerta pelo menos em ±10%.

Observe que obtivemos a resposta diretamente da Figura 5.11. Poderíamos utilizar também a Figura 5.3a, mas teríamos de fazer uma iteração entre a ordenada e a abscissa para obter o resultado final, pois V está contida em ambas as variáveis do gráfico.

Resumo

Os Capítulos 3 e 4 apresentaram métodos integrais e diferenciais de análise matemática de escoamento de fluidos. Este capítulo apresenta o terceiro e último método: experimentação, suplementada pela técnica da análise dimensional. Testes e experimentos são usados para reforçar as teorias existentes e para fornecer resultados de engenharia úteis quando a teoria é inadequada.

O capítulo inicia com uma discussão de algumas relações físicas familiares e como elas podem ser reformuladas em forma adimensional pelo fato de satisfazerem o princípio da homogeneidade dimensional. É apresentada então uma técnica geral, o teorema pi, para encontrar sistematicamente um conjunto de parâmetros adimensionais com base em uma lista de variáveis que regem qualquer processo físico em particular. É descrita também uma segunda técnica, o método de Ipsen. Alternativamente, a aplicação direta da análise dimensional às equações básicas da mecânica dos fluidos conduz aos parâmetros fundamentais que regem os padrões de escoamento: número de Reynolds, número de Froude, número de Prandtl, número de Mach e outros.

Mostramos que o teste de modelos no ar e na água frequentemente leva a dificuldades de escala para as quais é preciso estabelecer compromissos. Muitos testes de modelos não atingem a verdadeira semelhança dinâmica. O capítulo finaliza destacando que os gráficos e dados clássicos adimensionais podem ser manipulados e reformatados para fornecer soluções diretas para problemas que de outra forma seriam muito incômodos e trabalhosos.

Problemas

A maioria dos problemas propostos é de resolução relativamente direta. Os problemas mais difíceis ou abertos estão indicados com um asterisco. O ícone de um computador indica que pode ser necessário o uso de computador para a resolução do problema. Os problemas típicos de fim de capítulo, P5.1 a P5.91 (listados a seguir) são seguidos pelos problemas dissertativos, PD5.1 a PD5.10, pelos problemas de fundamentos de engenharia FE5.1 a FE5.12, pelos problemas abrangentes, PA5.1 a PA5.5, e pelos problemas de projetos, PP5.1 e PP5.2.

Seção	Tópico	Problemas
5.1	Introdução	P5.1 - P5.9
5.2	O princípio da homogeneidade dimensional	P5.10 - P5.13
5.3	O teorema pi	P5.14 - P5.42
5.4	Adimensionalização das equações básicas	P5.43 - P5.47
5.4	Dados para esferas e cilindros	P5.48 - P5.59
5.5	Escala de dados de modelos	P5.60 - P5.74
5.5	Escala dos números de Froude e Mach	P5.75 - P5.84
5.5	Reformatação inventiva dos dados	P5.85 - P5.91

Introdução

P5.1 Para escoamento axial através de um tubo circular, o número de Reynolds para a transição para a turbulência é aproximadamente 2.300 [ver Equação (6.2)], com base no diâmetro e na velocidade média. Se $d =$ 5 cm e o fluido é querosene a 20°C, encontre a vazão em volume em m³/h que causa a transição.

P5.2 Um protótipo de automóvel é projetado para clima frio em Denver, CO (-10°C, 83 kPa). Sua força de arrasto deve ser testada em um modelo com a escala de um para sete em um túnel de vento a 20°C e 1 atm. Se o modelo e o protótipo devem satisfazer a semelhança dinâmica, qual a velocidade do protótipo, em km/h, necessária para a comparação? Comente o seu resultado.

P5.3 A transferência de energia por dissipação viscosa depende da viscosidade μ, da condutividade térmica k, da velocidade U do escoamento e da temperatura do escoamento T_0. Se possível, agrupe essas grandezas no número de Brinkman, adimensional, que é proporcional a μ.

P5.4 Quando testada em água a 20°C escoando a 2 m/s, uma esfera de 8 cm de diâmetro apresenta um arrasto de 5 N. Qual será a velocidade e a força de arrasto sobre um balão meteorológico de 1,5 m de diâmetro atracado no ar nas condições padrão ao nível do mar sob condições dinamicamente semelhantes?

P5.5 Um automóvel tem comprimento e área característicos de 2,44 m e 5,58 m², respectivamente. Quando testado no ar nas condições padrão ao nível do mar, ele tem a seguinte força de arrasto medida em função da velocidade:

V, km/h	32,2	64,4	96,6
Arrasto, N	138	512	1.108

O mesmo carro viaja no Colorado a 105 km/h a uma altitude de 3.500 m. Usando análise dimensional, estime (a) sua força de arrasto e (b) a potência necessária, em hp, para vencer esse arrasto do ar.

P5.6 O paraquedas de disco-fenda-banda na foto de abertura deste capítulo teve um arrasto de 1.600 lbf quando testado a 15 mi/h no ar a 20°C e 1 atm. (a) Qual foi o seu coeficiente de arrasto? (b) Se, como afirmado, o arrasto em Marte é de 65.000 lbf e a velocidade é 375 mi/h na atmosfera rarefeita de Marte, $\rho \approx 0,020$ kg/m³, qual é o coeficiente de arrasto em Marte? (c) Você pode explicar a diferença entre (a) e (b)?

P5.7 Um corpo cai na superfície da lua ($g = 1,62$ m/s²) com uma velocidade inicial de 12 m/s. Usando as variáveis da opção 2, Equação (5.11), o impacto com o solo ocorre em $t^{**} = 0,34$ e $S^{**} = 0,84$. Calcule (a) o deslocamento inicial, (b) o deslocamento final e (c) o instante do impacto.

P5.8 O número de Arquimedes, Ar, usado no escoamento de fluidos estratificados, é uma combinação adimensional de gravidade g, diferença de massa específica $\Delta\rho$, largura da camada de fluido L e viscosidade μ. Encontre a forma desse número se ele for proporcional a g.

P5.9 O *número de Richardson*, Ri, que correlaciona a produção de turbulência por empuxo, é uma combinação adimensional da aceleração da gravidade g, da temperatura do fluido T_0, do gradiente local de temperatura $\partial T/\partial z$ e do gradiente local de velocidade $\partial u/\partial z$. Determine a forma do número de Richardson se ele é proporcional a g.

O princípio da homogeneidade dimensional

P5.10 Determine a dimensão $\{MLT\Theta\}$ das seguintes grandezas:

(a) $\rho u \dfrac{\partial u}{\partial x}$ (b) $\displaystyle\int_1^2 (p - p_0)\, dA$ (c) $\rho c_p \dfrac{\partial^2 T}{\partial x\, \partial y}$

(d) $\iiint \rho \dfrac{\partial u}{\partial t}\, dx\, dy\, dz$

Todas as grandezas têm seus significados padrão; por exemplo, ρ é a massa específica.

P5.11 Durante a Segunda Guerra Mundial, sir Geoffrey Taylor, um engenheiro britânico especializado em mecânica dos fluidos, usou a análise dimensional para estimar a velocidade da onda de uma explosão de bomba atômica. Ele supôs que o raio R da onda de explosão era uma função da energia liberada E, da massa específica do ar ρ e do tempo t. Use o raciocínio da análise dimensional para mostrar como o raio da onda deve variar com o tempo.

P5.12 O *número de Stokes*, St, usado em estudos de dinâmica de partículas, é uma combinação adimensional de *cinco* variáveis: aceleração da gravidade g, viscosidade μ, massa específica ρ, velocidade U da partícula e diâmetro D da partícula. (a) Se St é proporcional a μ e inversamente proporcional a g, encontre sua forma. (b) Mostre que St é na realidade o quociente de dois grupos adimensionais mais tradicionais.

P5.13 A velocidade de propagação C de uma onda capilar em água profunda é conhecida como uma função apenas da massa específica ρ, comprimento de onda λ e tensão superficial Υ. Encontre a relação funcional apropriada, completando-a com uma constante adimensional. Para uma dada massa específica e comprimento de onda, como varia a velocidade de propagação se a tensão superficial dobrar?

O teorema de pi

P5.14 O escoamento em um tubo é frequentemente medido com uma placa de orifício, como na Fig. P5.14. A vazão volumétrica Q é uma função da queda de pressão Δp através da placa, da massa específica do fluido ρ, do diâmetro D do tubo e do diâmetro d do orifício. Reescreva esta relação funcional em forma adimensional.

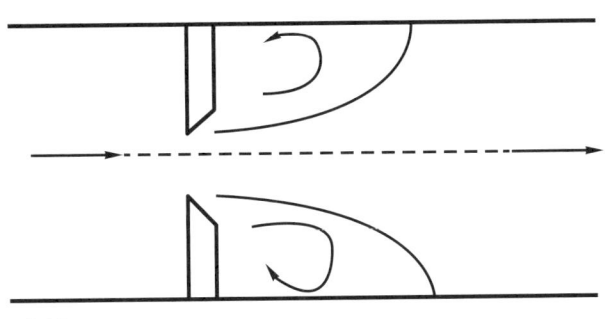

P5.14

P5.15 A tensão de cisalhamento na parede τ_p em uma camada-limite é considerada uma função da velocidade da corrente U, da espessura δ da camada-limite, da velocidade turbulenta local u', da massa específica ρ e do gradiente de pressão local dp/dx. Usando (ρ, U, δ) como variáveis repetitivas, reescreva essa relação como uma função adimensional.

P5.16 Os dados de transferência de calor por convecção são normalmente fornecidos na forma de um *coeficiente h de transferência de calor*, definido por

$$\dot{Q} = hA\,\Delta T$$

em que $\dot{Q}$ = taxa de transferência de calor, J/s
A = área da superfície, m^2
ΔT = diferença de temperatura, K

A forma adimensional de h, chamada de *número de Stanton*, é uma combinação de h, da massa específica ρ do fluido, do calor específico c_p e da velocidade V do escoamento. Deduza o número de Stanton se ele é proporcional a h. Quais são as unidades de h?

P5.17 Se você perturbar um tanque de comprimento L e profundidade h, a superfície oscilará para frente e para trás na freqüência Ω, aqui considerada dependente também da massa específica da água ρ e da aceleração da gravidade g. (a) Reescreva isso como uma função adimensional. (b) Se um tanque de água oscila a 2,0 Hz na Terra, com que freqüência oscilaria em Marte ($g \approx 3{,}7$ m/s^2)?

P5.18 Em condições de escoamento laminar, a vazão volumétrica Q através de um pequeno orifício capilar de seção triangular de lado b e comprimento L é uma função da viscosidade μ, da queda de pressão por unidade de comprimento $\Delta p/L$ e de b. Usando o teorema pi, reescreva essa relação em forma adimensional. Como varia a vazão volumétrica se o lado b for duplicado?

P5.19 O período de oscilação T de uma onda de superfície da água é considerado uma função da massa específica ρ, do comprimento de onda λ, da profundidade h, da gravidade g e da tensão superficial Y. Reescreva essa relação em forma adimensional. Qual é o resultado se Y for desprezível? *Dica*: escolha λ, ρ e g como variáveis repetitivas.

P5.20 Um cilindro fixo de diâmetro D e comprimento L, imerso em uma corrente que flui perpendicularmente ao seu eixo à velocidade U, experimentará sustentação média nula. No entanto, se o cilindro girar à velocidade angular Ω, uma força de sustentação F surgirá. A massa específica do fluido ρ é importante, mas a viscosidade é secundária e pode ser desconsiderada. Formule esse comportamento da sustentação como uma função adimensional.

P5.21 No Exemplo 5.1 usamos o teorema pi para desenvolver a Equação (5.2) com base na Equação (5.1). Em lugar de simplesmente listar as dimensões primárias de cada variável, alguns pesquisadores listam as *potências* de cada dimensão primária para cada variável no arranjo:

$$\begin{array}{c} \\ M \\ L \\ T \end{array} \begin{array}{c} F \quad L \quad U \quad \rho \quad \mu \\ \begin{bmatrix} 1 & 0 & 0 & 1 & 1 \\ 1 & 1 & 1 & -3 & -1 \\ -2 & 0 & -1 & 0 & -1 \end{bmatrix} \end{array}$$

Esse arranjo de expoentes é chamado de *matriz dimensional* para a função dada. Mostre que o *posto* dessa matriz (a dimensão da maior submatriz quadrada de determinante não nulo) é igual a $j = n - k$, a redução desejada entre as variáveis originais e os grupos pi. Essa é uma propriedade geral das matrizes dimensionais, conforme observados por Buckingham [1].

P5.22 Como será discutido no Cap. 11, a potência P desenvolvida por uma turbina eólica é função do diâmetro D, da massa específica do ar ρ, da velocidade do vento V, e da velocidade angular de rotação ω. Os efeitos viscosos são desprezíveis. Reescreva essa relação em forma adimensional.

P5.23 O período T de vibração de uma viga é uma função do seu comprimento L, do momento de inércia de área I, do módulo de elasticidade E, da massa específica ρ e do módulo de Poisson σ. Reescreva essa relação em forma adimensional. Que redução adicional podemos fazer se E e I puderem aparecer apenas na forma de um produto EI? *Dica*: escolha L, ρ e E como variáveis repetitivas.

P5.24 A força de sustentação F sobre um míssil é uma função de seu comprimento L, da velocidade V, do diâmetro D, do ângulo de ataque α, da massa específica ρ, da viscosidade μ e da velocidade do som no ar a. Escreva a matriz dimensional dessa função e determine o seu posto. (Ver o Problema 5.21 para uma explanação desse conceito.) Reescreva essa função em termos de grupos pi.

P5.25 A força de propulsão F de uma hélice geralmente é considerada uma função de seu diâmetro D e velocidade angular Ω, da velocidade V de avanço, da massa específica ρ e da viscosidade μ do fluido. Reescreva essa relação como uma função adimensional.

P5.26 Um pêndulo tem um período de oscilação T que é considerado dependente do seu comprimento L, da massa m, do ângulo de balanço θ e da aceleração da gravidade g. Um pêndulo de 1 m de comprimento, com uma massa de 200 g, é testado sobre a Terra, determinando-se um período de 2,04 s para uma oscilação de 20°. (a) Qual é o seu período para uma oscilação de 45°? Um pêndulo semelhante, construído com $L = 30$ cm e $m = 100$ g, é posto para oscilar na Lua ($g = 1{,}62$ m/s^2) com $\theta = 20°$. (b) Qual será o seu período?

P5.27 Ao estudar o transporte de areia pelas ondas oceânicas, A. Shields, em 1936, postulou que o limiar de tensão de cisalhamento τ induzida pelas ondas no fundo, requerida para mover partículas, depende da gravidade g, do tamanho d da partícula e da sua massa específica ρ_p, da massa específica ρ e da viscosidade μ da água. Encontre grupos adimensionais adequados para esse problema, que em 1936 resultou no célebre diagrama de transporte de areia de Shields.

P5.28 Uma viga simplesmente apoiada de diâmetro D, comprimento L e módulo de elasticidade E é submetida a um escoamento transversal de fluido de velocidade V, massa específica ρ e viscosidade μ. A deflexão central δ é considerada uma função de todas essas variáveis. (a) Reescreva essa função proposta na forma adimensional. (b) Admita que se saiba que δ é independente de μ, inversamente proporcional a E e dependente somente de ρV^2, não de ρ e V separadamente. Simplifique a função adimensional adequadamente. *Dica*: considere L, ρ e V variáveis repetitivas.

P5.29 Quando um fluido em um tubo é acelerado linearmente a partir do repouso, ele começa a escoar como um escoamento laminar e em seguida sofre uma transição para a turbulência em um instante t_{tr} que depende do diâmetro D do tubo, da aceleração a do fluido, da massa específica ρ e viscosidade μ. Arranje isso em uma relação adimensional entre t_{tr} e D.

P5.30 Quando um grande tanque de gás de alta pressão descarrega por um bocal, a vazão em massa de saída $\dot{m}$ é função da pressão p_0 e da temperatura T_0 no tanque, da constante do gás R, do calor específico c_p e do diâmetro do bocal D. Reescreva isso como uma função adimensional. Verifique se você pode usar (p_0, T_0, R, D) como variáveis repetitivas.

P5.31 A queda de pressão por unidade de comprimento no escoamento em um tubo horizontal, $\Delta p/L$, depende da massa específica ρ e da viscosidade μ do fluido, do diâmetro D e da vazão volumétrica Q. Reescreva essa função em termos de grupos pi.

P5.32 Um *vertedouro* é uma obstrução em um escoamento em canal que pode ser calibrado para medir a vazão, como mostra a Figura P5.32. A vazão volumétrica Q varia com a gravidade g, com a largura b do vertedouro no sentido perpendicular ao papel e com a altura H da água a montante acima da soleira do vertedouro. Sabendo-se que Q é proporcional a b, use o teorema pi para encontrar uma relação funcional única $Q(g, b, H)$.

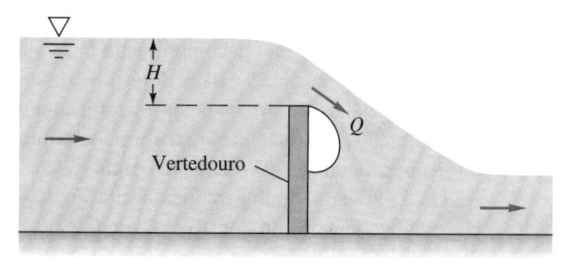

P5.32

P5.33 Uma boia de mastro (ver Problema P2.113) tem um período T de oscilação vertical que depende da área A da seção transversal da linha de água, da massa m da boia e do peso específico γ do fluido. Qual é a alteração no período quando se dobra (a) a massa e (b) a área? Boias com instrumentação devem ter períodos longos para evitar a ressonância com as ondas. Faça um esboço de um possível projeto de boia de período longo.

P5.34 Com uma boa aproximação, a condutividade térmica k de um gás (ver Referência 21 do Capítulo 1) depende apenas da massa específica ρ, do livre caminho médio l, da constante R do gás e da temperatura absoluta T. Para o ar a 20°C e 1 atm, $k \approx 0{,}026$ W/(m·K) e $l \approx 6{,}5$ E-8 m. Use essas informações para determinar o valor de k para o hidrogênio a 20°C e 1 atm se $l \approx 1{,}2$ E-7 m.

P5.35 O torque M requerido para acionar o viscosímetro do tipo cone-placa na Figura P5.35 depende do raio R, da velocidade de rotação Ω, da viscosidade do fluido μ e do ângulo θ do cone. Reescreva essa relação em forma adimensional. Como a relação se simplifica se soubermos que M é proporcional a θ?

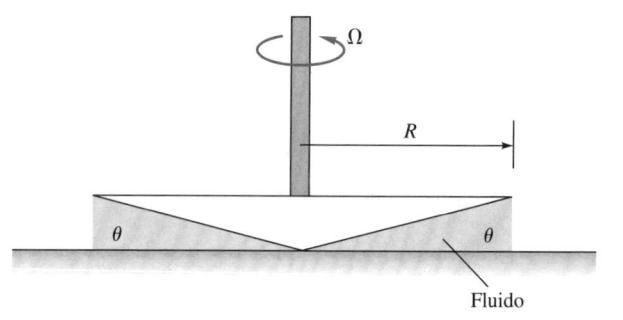

P5.35

P5.36 A taxa de perda de calor $\dot{Q}_{\text{perda}}$ através de uma janela ou parede é uma função da diferença de temperatura ΔT entre o ambiente interno e externo, da área A da superfície da janela e do valor R da janela, que tem as unidades (m² · h · °C)/W. (a) Usando o Teorema Pi de Buckingham, encontre uma expressão para a taxa de perda de calor em função dos outros três parâmetros no problema. (b) Se a diferença de temperatura ΔT duplicar, por qual fator aumentará a taxa de perda de calor?

P5.37 A vazão em volume Q através de uma placa de orifício é uma função do diâmetro D do tubo, da queda de pressão Δp através do orifício, da massa específica ρ e da viscosidade μ do fluido e do diâmetro d do orifício. Usando D, ρ e Δp como variáveis repetitivas, expresse essa relação em forma adimensional.

P5.38 Considera-se que o tamanho d das gotículas produzidas por um bico de spray de líquido depende do diâmetro D do bico, da velocidade U do jato e das propriedades do líquido ρ, μ e Y. Reescreva essa relação em forma adimensional. *Dica*: considere D, ρ e U variáveis repetitivas.

P5.39 A vazão volumétrica Q sobre certa barragem é função da largura da barragem b, da gravidade g, e da profundidade da água a montante, acima da crista da barragem, H. Sabe-se que Q é proporcional a b. Para $b = 120$ pés e $H = 15$ pol., a vazão é 600 pés^3/s. Qual será a vazão para $H = 3$ pés?

P5.40 O tempo t_d para drenar um líquido através de um furo no fundo de um tanque é uma função do diâmetro d do furo, do volume v_0 inicial de fluido, da profundidade inicial h_0 do líquido e da massa específica ρ e viscosidade μ do fluido. Reescreva essa relação como uma função adimensional, usando o método de Ipsen.

P5.41 Uma turbina de fluxo axial tem um torque de saída M que é proporcional à vazão volumétrica Q e também depende da massa específica ρ, do diâmetro D do rotor e da velocidade angular de rotação Ω. Como o torque varia devido a uma duplicação (a) de D e (b) de Ω?

P5.42 Quando submetida a uma perturbação, uma boia de flutuação irá oscilar para cima e para baixo a uma frequência f. Admita que essa frequência varia com a massa m da boia, com o diâmetro d da linha de água e com o peso específico γ do líquido. (a) Expresse isso como uma função adimensional. (b) Se d e γ forem constantes e a massa da boia for reduzida pela metade, qual será a variação na frequência?

Adimensionalização das equações básicas

P5.43 Adimensionalize a equação da energia (4.75) e suas condições de contorno (4.62), (4.63) e (4.70) definindo $T^* = T/T_0$, em que T_0 é a temperatura de entrada, considerada constante. Use outras variáveis adimensionais, se necessário, das Equações (5.23). Isole todos os parâmetros adimensionais que você encontrar e relacione-os com a lista dada na Tabela 5.2.

P5.44 A equação diferencial da energia para escoamento bidimensional incompressível através de um meio poroso do "tipo Darcy" é aproximadamente

$$\rho c_p \frac{\sigma}{\mu} \frac{\partial p}{\partial x} \frac{\partial T}{\partial x} + \rho c_p \frac{\sigma}{\mu} \frac{\partial p}{\partial y} \frac{\partial T}{\partial y} + k \frac{\partial^2 T}{\partial y^2} = 0$$

em que σ é a *permeabilidade* do meio poroso. Todos os outros símbolos têm seus significados usuais. (a) Quais são as dimensões apropriadas para σ? (b) Adimensionalize essa equação, usando (L, U, ρ, T_0) como constantes de escala, e discuta quaisquer parâmetros adimensionais que aparecerem.

P5.45 Uma equação diferencial para modelar a dinâmica da reação química em um reator plug-flow, é a seguinte:

$$u \frac{\partial C}{\partial x} = D \frac{\partial^2 C}{\partial x^2} - kC - \frac{\partial C}{\partial t}$$

na qual u é a velocidade, D é um coeficiente de difusão, k é a taxa de reação, x é a distância ao longo do reator e C é a concentração (adimensional) de um dado componente químico no reator. (a) Determine as dimensões apropriadas de D e k. (b) Usando um comprimento de escala L característico e uma velocidade média V como parâmetros, reescreva essa equação na forma adimensional e comente sobre quaisquer grupos pi que aparecerem.

P5.46 Se uma parede vertical à temperatura T_p é cercada por um fluido à temperatura T_0, ocorrerá um escoamento de camada limite por convecção natural. Para escoamento laminar, a equação da quantidade de movimento é

$$\rho(u \frac{\partial u}{\partial x} + v \frac{\partial u}{\partial y}) = \rho\beta(T - T_0)g + \mu \frac{\partial^2 u}{\partial y^2}$$

a ser resolvida juntamente com as equações de continuidade e energia, para (u, v, T) com condições de contorno apropriadas. A grandeza β é o coeficiente de expansão térmica do fluido. Use ρ, g, L e ($T_p - T_0$) para adimensionalizar esta equação. Observe que não há uma velocidade imposta neste tipo de escoamento.

P5.47 A equação diferencial para vibrações de pequena amplitude $y(x, t)$ de uma viga simples é dada por

$$\rho A \frac{\partial^2 y}{\partial t^2} + EI \frac{\partial^4 y}{\partial x^4} = 0$$

em que ρ = massa específica do material da viga
A = área da seção transversal
I = momento de inércia de área
E = módulo de Young

Use apenas as grandezas ρ, E e A para adimensionalizar y, x e t e reescreva a equação diferencial na forma adimensional. Alguns parâmetros permanecem? Eles poderiam ser eliminados por manipulações adicionais de variáveis?

Dados para esferas e cilindros

P5.48 Uma esfera lisa de aço ($d = 7,86$) é imersa em uma corrente de etanol a 20°C, movendo-se a 1,5 m/s. Calcule seu arrasto em N pela Figura 5.3a. Que velocidade da corrente iria quadruplicar esse arrasto? Considere $D = 2,5$ cm.

P5.49 A esfera do Problema P5.48 é deixada em queda em gasolina a 20°C. Ignorando sua fase de aceleração, qual será sua velocidade terminal de queda (constante), pela Figura 5.3a?

P5.50 O paraquedas na foto de abertura deste capítulo é, naturalmente, destinado a desacelerar a carga útil em Marte. O teste do túnel de vento forneceu um coeficiente de arrasto de cerca de 1,1, com base na área projetada do paraquedas. Suponhamos que, ao cair na Terra a uma altitude de 1.000 m, tenha apresentado uma taxa de descida constante em torno de 18 mi/h. Calcule o peso da carga útil.

P5.51 Um navio está rebocando um conjunto de sonar que tem a forma aproximada de um cilindro submerso, com 0,3 m de diâmetro e 9,14 m de comprimento, com seu eixo normal à direção de reboque. Se a velocidade de reboque for 12 kn (1 kn = 0,515 m/s), calcule a potência em hp requerida para rebocar esse cilindro. Qual será a frequência dos vórtices emitidos do cilindro? Use as Figuras 5.2 e 5.3.

P5.52 Quando o fluido em um tubo longo começa a escoar a partir do repouso com uma aceleração uniforme a, o escoamento inicial é laminar. O escoamento passa por uma transição para a turbulência num tempo t^* que depende, em primeira aproximação, apenas de a, ρ e μ. Experimentos realizados por P. J. Lefebvre, com água a 20°C partindo do repouso com aceleração de 1 g em um tubo de 3 cm de diâmetro, mostraram transição para $t^* = 1,02$ s. Utilize esses dados para calcular (a) o tempo de transição e (b) o número de Reynolds de transição Re_D para o escoamento de água que acelera a 35 m/s² em um tubo de 5 cm de diâmetro.

P5.53 A emissão de vórtices pode ser usada para projetar um *medidor de vazão tipo vórtice* (Figura 6.34). Uma barra rombuda montada transversalmente no tubo emite vórtices cuja frequência é medida por um sensor a jusante. Suponha que o diâmetro do tubo seja 5 cm e que a barra é um cilindro de 8 mm de diâmetro. Se o sensor indica 5.400 contagens por minuto, calcule a vazão volumétrica de água em m³/h. Como o medidor poderia reagir a outros líquidos?

P5.54 Uma rede de pesca é feita com fios de 1 mm de diâmetro unidos em quadrados de 2 cm × 2 cm. Estime a potência em hp requerida para rebocar 28 m² dessa rede a uma velocidade de 3 kn (1 kn = 0,515 m/s) em água do mar a 20°C. O plano da rede é normal à direção do escoamento.

P5.55 A antena do rádio de um carro começa a vibrar fortemente a 8 Hz quando o carro está a uma velocidade de 72,5 km/h por uma estrada irregular que aproxima uma onda senoidal de amplitude 2 cm e comprimento de onda $\lambda = 2,5$ m. O diâmetro da antena é 4 mm. A vibração é devida à estrada ou à emissão de vórtices?

P5.56 O escoamento através de um longo cilindro de seção transversal quadrada resulta em um arrasto maior do que o de um cilindro comparável redondo. Aqui estão os dados obtidos em um túnel de água para um cilindro quadrado cujo lado tem comprimento $b = 2$ cm:

V, m/s	1,0	2,0	3,0	4,0
Arrasto, N/(m de profundidade)	21	85	191	335

(a) Use esses dados para prever a força de arrasto por unidade de profundidade do vento soprando a 6 m/s, no ar a 20°C, sobre uma chaminé alta e quadrada cujo lado é $b = 55$ cm. (b) Há alguma incerteza na sua estimativa?

P5.57 A haste de aço carbono 1.040 apoiada nos suportes da Figura P5.57 está submetida a uma corrente de ar transversal a 20°C e 1 atm. Para qual velocidade U da corrente o centro da haste terá uma deflexão de aproximadamente 1 cm?

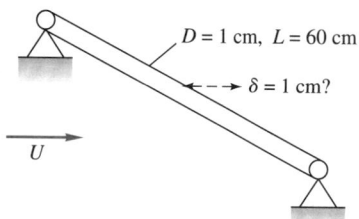

P5.58 Para a haste de aço do Problema P5.57, com que velocidade U da corrente de ar a haste começará a vibrar lateralmente em ressonância em seu primeiro modo (meia onda senoidal)? *Dica*: consulte um texto sobre vibrações [34,35] em "vibração lateral de vigas".

P5.59 Um mastro de bandeira longo, fino e liso verga perigosamente com ventos de 32,2 km/h ao nível do mar, causando um susto nos patrióticos cidadãos que se encontram em volta do mastro. Uma engenheira afirma que o mastro da bandeira vergará menos se sua superfície for deliberadamente rugosa. Estaria ela correta, pelo menos qualitativamente?

Escala de dados de modelos

*P5.60 A força de propulsão F de uma hélice livre, de um avião ou de um navio, depende da massa específica ρ, da velocidade de rotação n em r/s, do diâmetro D e da velocidade de avanço V. Os efeitos viscosos são pequenos e desprezíveis aqui. Testes feitos com um modelo de hélice de avião com 25 cm de diâmetro, em um túnel de vento ao nível do mar, resultaram nos seguintes dados de propulsão a uma velocidade de 20 m/s:

Rotação, r/min	4.800	6.000	8.000
Propulsão medida, N	6,1	19	47

(a) Use esses dados para fazer um gráfico adimensional simples mas eficaz. (b) Use os dados adimensionais para prever a propulsão, em newtons, de um protótipo de hélice semelhante, com 1,6 m de diâmetro girando a 3.800 r/min e voando a 410 km/h a uma altitude padrão de 4.000 m.

P5.61 Se a viscosidade for desprezada, os resultados típicos do escoamento na bomba do Exemplo 5.3 são mostrados na Figura P5.61 para um modelo de bomba testado na água. O aumento de pressão diminui e a potência necessária aumenta com o coeficiente de vazão adimensional. São fornecidas expressões de ajuste de curva para os dados. Admita que uma bomba semelhante com diâmetro de 12 cm é construída para bombear gasolina a 20°C com uma vazão de 25 m³/h. Se a rotação da bomba for 30 r/s, encontre (a) o aumento de pressão e (b) a potência requerida.

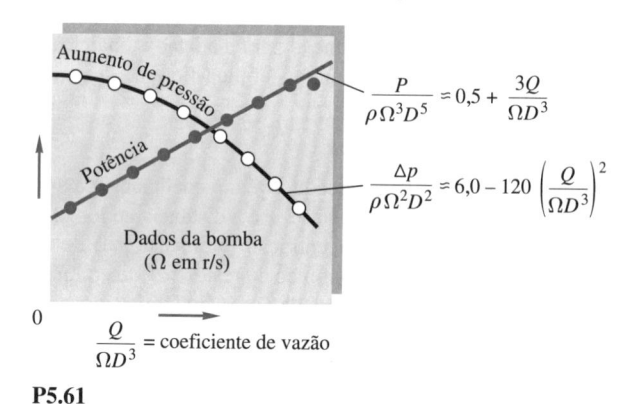

P5.62 Para a situação do Prob. P5.22, admita que uma pequena turbina eólica de 90 cm de diâmetro, girando a 1.200 r/min, forneça 280 watts quando submetida a um vento de 12 m/s. Os dados devem ser utilizados para um protótipo com diâmetro de 50 m e ventos de 8 m/s. Para semelhança dinâmica, calcule (a) a velocidade angular de rotação e (b) a potência fornecida pelo protótipo. Considere a massa específica do ar no nível do mar.

*P5.63 O oleoduto Keystone na foto de abertura do Capítulo 6 tem $D = 36$ pol. e uma vazão de óleo $Q = 590.000$ barris por dia (1 barril = 42 galões americanos). A sua queda de pressão por unidade de comprimento, $\Delta p/L$, depende da massa específica do fluido ρ, da viscosidade μ, do diâmetro D e da vazão Q. Um teste em modelo com água, a 20°C, emprega um tubo de 5 cm de diâmetro e produz $\Delta p/L \approx 4.000$ Pa/m. Para semelhança dinâmica, calcule $\Delta p/L$ no oleoduto. Para o óleo, considere $\rho = 860$ kg/m^3 e $\mu = 0,005$ kg/m · s.

P5.64 A frequência natural ω de vibração de uma massa M presa a uma haste, como na Figura P5.64, depende somente de M, da rigidez EI e do comprimento L da haste. Testes feitos com uma massa de 2 kg presa a uma haste de aço carbono 1040 com 12 mm de diâmetro e 40 cm de comprimento revelam uma frequência natural de 0,9 Hz. Use esses dados para prever a frequência natural de uma massa de 1 kg presa a uma haste de liga de alumínio 2024 do mesmo tamanho.

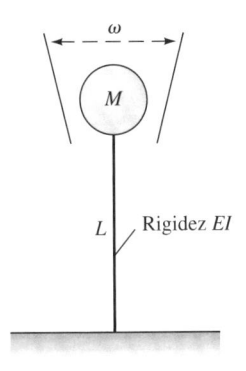

P5.64

P5.65 No escoamento turbulento próximo a uma parede plana, a velocidade local u varia apenas com a distância y da parede, com a tensão de cisalhamento na parede τ_p e com as propriedades ρ e μ do fluido. Os dados a seguir foram obtidos no túnel de vento da Universidade de Rhode Island para escoamento de ar, $\rho = 1,19$ kg/m^3, $\mu = 1,82$ E-5 kg/(m · s) e $\tau_p = 1,39$ Pa:

y, mm	0,533	0,889	1,397	2,032	3,048	4,064
u, m/s	15,42	16,52	17,56	18,20	19,36	20,09

(a) Coloque esses dados em um gráfico na forma do adimensional u em função do adimensional y e proponha um ajuste de curva tipo lei de potência adequado. (b) Considere que a velocidade no túnel é aumentada para $u = 27,43$ m/s em $y = 2,8$ mm. Calcule a nova tensão de cisalhamento na parede em Pa.

P5.66 Um torpedo a 8 m abaixo da superfície, na água do mar a 20°C, cavita a uma velocidade de 21 m/s quando a pressão atmosférica é 101 kPa. Se os efeitos do número de Reynolds e do número de Froude forem desprezíveis, a que velocidade ele irá cavitar quando estiver se movendo a uma profundidade de 20 m? Em que profundidade ele deverá estar para evitar a cavitação a 30 m/s?

P5.67 Um estudante precisa medir o arrasto sobre um protótipo de dimensão característica d_p movendo-se à velocidade U_p em ar nas condições atmosféricas padrão. Ele constrói um modelo de dimensão característica d_m, de forma que a relação d_p/d_m é um certo fator f. Ele então mede o arrasto sobre o modelo em condições dinamicamente semelhantes (também com ar nas condições atmosféricas padrão). O estudante afirma que a força de arrasto sobre o protótipo será idêntica àquela medida no modelo. Essa afirmação está correta? Explique.

P5.68 Para a função do cilindro rotativo do Prob. P5.20, se $L >> D$, o problema pode ser reduzido a apenas dois grupos, $F/(\rho U^2 LD)$ versus $(\Omega D/U)$. A seguir são mostrados dados experimentais para um cilindro de 30 cm de diâmetro e 2 m de comprimento, girando no ar ao nível do mar, com $U = 25$ m/s.

Ω, rpm	0	3.000	6.000	9.000	12.000	15.000
F, N	0	850	2.260	2.900	3.120	3.300

(a) Reduza esses dados a dois grupos adimensionais e faça um gráfico. (b) Use esse gráfico para prever a sustentação de um cilindro com $D = 5$ cm, $L = 80$ cm, girando a 3.800 rpm em água a $U = 4$ m/s.

P5.69 Um dispositivo simples para medir vazão em cursos d'água e canais é um vertedouro triangular de ângulo α, construído na parede de uma barragem, como mostra a Figura P5.69. A vazão volumétrica Q depende somente de α, da aceleração da gravidade g e da altura δ da superfície da água a montante acima do vértice do triângulo. Os testes com um modelo do vertedouro triangular, de ângulo $\alpha = 55°$, forneceram os seguintes dados de vazão:

δ, cm	10	20	30	40
Q, m^3/h	8	47	126	263

(a) Encontre uma correlação adimensional para os dados. (b) Use os dados do modelo para prever a vazão de um protótipo de vertedouro triangular, também de ângulo $\alpha = 55°$, quando a altura a montante δ for de 3,2 m.

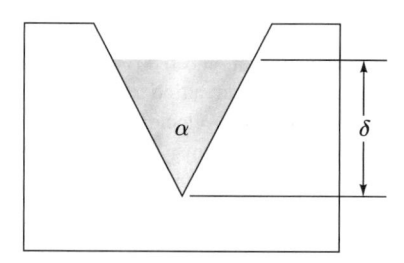

P5.69

P5.70 Um corpo com a forma de losango, com comprimento característico de 229 mm, tem as seguintes forças de arrasto medidas quando colocado em um túnel de vento nas condições padrão ao nível do mar:

V, m/s	9,14	11,58	14,63	17,07	18,59
F, N	5,56	8,67	13,43	18,02	21,40

Use esses dados para prever a força de arrasto de um corpo semelhante em forma de losango de 381 mm, colocado na água a 20°C, a 2,2 m/s, em uma orientação semelhante.

P5.71 A queda de pressão em um medidor venturi (Figura P3.128) varia somente com a massa específica do fluido, com a velocidade no tubo a montante e com a razão de diâmetros do medidor. Um modelo de um medidor venturi testado na água a 20°C mostra uma queda de pressão de 5 kPa quando a velocidade a montante é de 4 m/s. Um protótipo de medidor, geometricamente semelhante, é usado para medir a vazão de 9 m^3/min de gasolina a 20°C. Se o medidor de pressão do protótipo for mais preciso a 15 kPa, qual deve ser o diâmetro do tubo a montante?

P5.72 Um modelo na escala 1:12 de um grande avião comercial é testado em um túnel de vento a 20°C e 1 atm. O comprimento da corda do modelo é de 27 cm, e sua área de asa é de 0,63 m^2. Resultados de teste para o arrasto do modelo são os seguintes:

V, m/s	50	75	100	125
Arrasto, N	15	32	53	80

Nos moldes da Fig. 5.8, use estes dados para calcular o arrasto do protótipo da aeronave ao voar a 550 mi/h, para o mesmo ângulo de ataque, a 32.800 pés de altitude padrão.

P5.73 A potência P gerada por um certo projeto de moinho de vento depende de seu diâmetro D, da massa específica do ar ρ, da velocidade do vento V, da rotação Ω e do número de pás n. (a) Escreva essa relação em forma adimensional. Um modelo de moinho de vento, com diâmetro de 50 cm, desenvolve 2,7 kW ao nível do mar quando V = 40 m/s e girando a 4.800 r/min. (b) Qual a potência que será desenvolvida por um protótipo geométrica e dinamicamente semelhante, com 5 m de diâmetro, em ventos de 12 m/s, a uma altitude padrão de 2.000 m? (c) Qual é a rotação adequada do protótipo?

P5.74 Um modelo em escala 1:10 de uma asa supersônica testada a 700 m/s no ar a 20°C e 1 atm mostra um momento de arfagem de 0,25 kN · m. Se os efeitos do número de Reynolds forem desprezíveis, qual será o momento de arfagem do protótipo da asa se estiver voando com o mesmo número de Mach a uma altitude padrão de 8 km?

Escala dos números de Froude e Mach

P5.75 De acordo com o site *USGS Daily Water Data for the Nation*, a vazão média no New River próximo de Hinton, WV, é 286 m^3/s. Se o modelo hidráulico na Figura 5.9 deve corresponder a essa condição com a escala de número de Froude, qual é a vazão adequada para o modelo?

*****P5.76** O modelo de um navio com 61 cm de comprimento é testado em um tanque de reboque em água doce. O arrasto medido pode ser decomposto em arrasto de "atrito" (escala de Reynolds) e em arrasto de "onda" (escala de Froude). Os dados do modelo são os seguintes:

Veloc. reboque, m/s	0,24	0,49	0,73	0,98	1,22	1,46
Arrasto de atrito, N	0,071	0,254	0,543	0,925	1,401	1,962
Arrasto de ondas, N	0,009	0,093	0,369	1,125	2,264	3,100

O protótipo do navio tem 45,72 m de comprimento. Calcule o seu arrasto total quando estiver navegando a 15 kn (1 kn = 0,515 m/s) em água do mar a 20°C.

P5.77 Uma barragem de 75 pés de largura, com uma vazão de 260 pés^3/s, deve ser estudada em um modelo reduzido com 3 pés de largura, usando a escala de semelhança de Froude. (a) Qual é a vazão esperada para o modelo? (b) Qual é o perigo de se usar somente a escala de Froude para esse teste? (c) Deduza uma fórmula para uma força sobre o modelo, em comparação com uma força sobre o protótipo.

P5.78 O protótipo de um vertedouro tem uma velocidade característica de 3 m/s e um comprimento característico de 10 m. Um modelo reduzido é construído, usando a escala de Froude. Qual será a razão de escala mínima para garantir um número de Weber mínimo igual a 100 no modelo? Ambos os escoamentos usam água a 20°C.

P5.79 Um estuário na costa leste dos Estados Unidos tem um período de maré de 12,42 h (a maré lunar semidiurna) e correntes de maré de aproximadamente 80 cm/s. Se um modelo reduzido na escala 1:500 é construído com marés simuladas por um sistema de armazenagem e bombeamento, qual deve ser o período das marés do modelo e quais as velocidades esperadas para as correntes do modelo?

P5.80 O protótipo de uma embarcação de 35 m é projetado para uma velocidade de cruzeiro de 11 m/s (em torno de 21 kn). Seu arrasto deve ser simulado em um modelo de 1 m de comprimento, em um tanque de reboque. Para a escala de Froude, encontrar (a) a velocidade de reboque, (b) a razão entre os arrastos do protótipo e do modelo e (c) a razão entre as potências do protótipo e do modelo.

P5.81 Um avião, de comprimento total de 16,8 m, é projetado para voar a 680 m/s a uma altitude padrão de 8.000 m. Um modelo na escala 1:30 deve ser testado em um túnel de vento com hélio pressurizado a 20°C. Qual é a pressão adequada do túnel em atm? Mesmo a essa (alta) pressão, a semelhança dinâmica exata não é atingida. Por quê?

P5.82 Um modelo de um avião militar na escala 1:50 é testado a 1.020 m/s em um túnel de vento em condições do nível do mar. A área da asa do modelo é 180 cm². O ângulo de ataque é 3°. Se a sustentação medida no modelo é 860 N, qual será a sustentação do protótipo voando a uma altitude padrão de 10.000 m em condições dinamicamente semelhantes, usando a escala de número Mach? *Nota:* Tome cuidado com a escala de áreas.

P5.83 O modelo de um propulsor de navio na escala 1:40 é testado em um tanque de reboque a 1.200 rpm, exibindo uma potência de saída de 1,9 W. De acordo com as leis de escala de Froude, quais devem ser a velocidade de rotação em rpm e a potência de saída em hp do propulsor do protótipo, sob condições de semelhança dinâmica?

P5.84 O protótipo da estrutura de uma plataforma oceânica deve enfrentar correntes de 150 cm/s e ondas com períodos de 12 s e 3 m de altura. Se um modelo na escala de 1:15 é testado em um canal de ondas, que velocidade de corrente, período de onda e altura de onda deverão ser encontrados no modelo?

Reformatação inventiva dos dados

*****P5.85** Conforme mostra o Exemplo 5.3, os dados de desempenho de uma bomba podem ser adimensionalizados. O Problema P5.61 forneceu dados adimensionais típicos para "altura manométrica" da bomba, $H = \Delta p/\rho g$, da seguinte forma:

$$\frac{gH}{n^2D^2} \approx 6,0 - 120\left(\frac{Q}{nD^3}\right)^2$$

em que Q é a vazão volumétrica, n a rotação em r/s e D o diâmetro da hélice. Esse tipo de correlação permite calcular H quando são conhecidos (ρ, Q, D). (*a*) Mostre como arranjar esses grupos pi de forma que se possa dimensionar a bomba, isto é, calcular D diretamente quando forem conhecidos (Q, H, n). (*b*) Faça um gráfico simples mas eficaz da sua nova função. (*c*) Aplique a parte (*b*) ao seguinte exemplo: determinar D quando $H = 37$ m, $Q = 0,14$ m³/s e $n = 35$ r/s. Determine o diâmetro da bomba para essa condição.

P5.86 Resolva o Problema P5.49 para glicerina a 20°C, usando o gráfico do arrasto na esfera modificado da Figura 5.11.

P5.87 No Problema P5.61 seria difícil resolver em função de Ω porque ele aparece nos três coeficientes adimensionais da bomba. Considere que, no Problema 5.61, Ω seja desconhecido mas $D = 12$ cm e $Q = 25$ m³/h. O fluido é gasolina a 20°C. Reformate os coeficientes, usando os dados do Problema P5.61, para fazer um gráfico da potência adimensional em função da rotação adimensional. Use esse gráfico para encontrar a máxima rotação Ω para a qual a potência não ultrapassará 300 W.

P5.88 Modifique o Problema P5.61 da seguinte forma: seja $\Omega = 32$ r/s e $Q = 24$ m³/h para uma bomba geometricamente semelhante. Qual é o diâmetro máximo se a potência não deve ultrapassar 340 W? Resolva este problema reformatando os dados da Figura P5.61 para fazer um gráfico da potência adimensional em função do diâmetro adimensional. Use esse gráfico para determinar diretamente o diâmetro.

P5.89 A seguinte correlação adimensional para a tensão de cisalhamento τ_p na parede de um tubo de diâmetro D, com um escoamento turbulento à velocidade U, foi proposta em 1911 por H. Blasius, um aluno de Ludwig Prandtl:

$$\frac{\tau_p}{\rho U^2} \approx \frac{0,632}{(\rho UD/\mu)^{1/4}}$$

Suponhamos que (ρ, D, μ, τ_p) sejam todos conhecidos e que fosse desejável encontrar a velocidade desconhecida U. Reorganize e reescreva a fórmula para que U possa ser imediatamente calculada.

P5.90 Sabendo que Δp é proporcional a L, reformate os dados do Exemplo 5.10 para fazer o gráfico de Δp adimensional em função da *viscosidade* adimensional. Use esse gráfico para determinar a viscosidade necessária na primeira linha de dados no Exemplo 5.10 se a queda de pressão for aumentada para 10 kPa para a mesma vazão, comprimento e massa específica.

*****P5.91** A correlação tradicional de Moody para atrito em tubos do Capítulo 6 tem a forma

$$f = \frac{2\Delta p D}{\rho V^2 L} = f\left(\frac{\rho VD}{\mu}, \frac{\varepsilon}{D}\right)$$

em que D é o diâmetro do tubo, L o comprimento do tubo e ε a rugosidade da parede. Observe que a velocidade média V no tubo é usada em ambos os lados da equação. Essa forma é usada para encontrar Δp quando se conhece V. (*a*) Considere que Δp seja conhecido e queremos encontrar V. Rearranje a função acima de forma que V fique isolado no lado esquerdo. Use os dados a seguir, para $\varepsilon/D = 0,005$, para fazer um gráfico da sua nova função, com o seu parâmetro de velocidade como ordenada do gráfico.

f	0,0356	0,0316	0,0308	0,0305	0,0304
$\rho VD/\mu$	15.000	75.000	250.000	900.000	3.330.000

(*b*) Use seu gráfico para determinar V, em m/s, para o seguinte escoamento de tubo: $D = 5$ cm, $\varepsilon = 0,025$ cm, $L = 10$ m, para escoamento de água a 20 °C e a 1 atm. A queda de pressão Δp é 110 kPa.

Problemas dissertativos

PD5.1 Em 98% dos casos de análise de dados, o "fator de redução" j, que reduz o número n de variáveis dimensionais a $n - j$ grupos adimensionais, é exatamente igual ao número de dimensões relevantes (M, L, T, Θ). Em um caso (Exemplo 5.5) isso não ocorreu. Explique por que ocorre essa situação.

PD5.2 Considere a seguinte equação: nota de 1 real $\approx$ 76 mm. Essa relação é dimensionalmente inconsistente? Ela satisfaz o PHD? Por quê?

PD5.3 Ao fazer uma análise dimensional, que regras você segue para escolher as suas variáveis de escala (repetitivas)?

PD5.4 Em uma edição anterior, o autor formulou a seguinte questão sobre a Figura 5.1: "Qual dos três gráficos é uma apresentação mais eficaz?". Por que essa questão era sem sentido?

PD5.5 Este capítulo discute a dificuldade em satisfazer os números de Mach e de Reynolds juntos (caso de um avião) e os números de Froude e de Reynolds juntos (caso de um navio). Dê um exemplo de um escoamento que combinaria números de Mach e de Froude. Haveria problemas de escala para os fluidos comuns?

PD5.6 Qual é a diferença que ocorre em um modelo muito *pequeno* de um vertedouro ou uma barragem (Figura P5.32) que tornaria os resultados do teste difíceis de relacionar com o protótipo?

PD5.7 Que outras matérias você está estudando neste período? Dê um exemplo de uma equação ou fórmula popular de outra disciplina (termodinâmica, resistência dos materiais, ou coisa parecida) que não satisfaz o princípio da homogeneidade dimensional. Explique o que está errado e se é possível ou não modificá-la para torná-la homogênea.

PD5.8 Algumas universidades (como a Universidade do Estado do Colorado) possuem túneis de vento ambientais que podem ser usados para estudar fenômenos como o escoamento de ventos em torno de edifícios urbanos. Que detalhes de escala podem ser importantes nesses estudos?

PD5.9 Se a razão de escala do modelo for $\alpha = L_m/L_p$, como na Equação (5.31), e o número de Weber for importante, como devem ser relacionadas a α as tensões superficiais do modelo e do protótipo para haver semelhança dinâmica?

PD5.10 Para uma análise típica de potencial de velocidade incompressível no Capítulo 8 resolvemos a equação $\nabla^2 \phi = 0$, sujeita a valores conhecidos de $\partial\phi/\partial n$ nas fronteiras. Que parâmetros adimensionais governam esse tipo de movimento?

Problemas de fundamentos de engenharia

FE5.1 Dados os parâmetros (U, L, g, ρ, μ) que afetam um certo problema de escoamento de líquido, a relação $V^2/(Lg)$ usualmente é conhecida como
(*a*) altura de velocidade, (*b*) altura de Bernoulli, (*c*) número de Froude, (*d*) energia cinética, (*e*) energia de impacto

FE5.2 Um navio de 150 m de comprimento, projetado para navegar a 18 kn, deve ser testado em um tanque de reboque com um modelo de 3 m de comprimento. A velocidade de reboque apropriada é
(*a*) 0,19 m/s, (*b*) 0,35 m/s, (*c*) 1,31 m/s, (*d*) 2,55 m/s, (*e*) 8,35 m/s

FE5.3 Um navio de 150 m de comprimento, projetado para navegar a 18 kn, deve ser testado em um tanque de reboque com um modelo de 3 m de comprimento. Se o arrasto de ondas do modelo for 2,2 N, o arrasto de ondas estimado do navio em tamanho real é
(*a*) 5.500 N, (*b*) 8.700 N, (*c*) 38.900 N, (*d*) 61.800 N, (*e*) 275.000 N

FE5.4 Um estuário sob a influência de marés é dominado pela maré lunar semidiurna, com um período de 12,42h. Se é testado um modelo na escala 1:500 do estuário, qual deve ser o período de maré do modelo?
(*a*) 4,0 s, (*b*) 1,5 min, (*c*) 17 min, (*d*) 33 min, (*e*) 64 min

FE5.5 Uma bola de futebol, que deve ser lançada a 96,6 km/h no ar ao nível do mar ($\rho = 1{,}22$ kg/m^3, $\mu =$ 1,78E-5 N $\cdot$ s/m^2), deve ser testada usando um modelo na escala 1:4 em um túnel hidrodinâmico ($\rho = 998$ kg/m^3, $\mu = 0{,}0010$ N $\cdot$ s/m^2). Para semelhança dinâmica, qual é a velocidade adequada do modelo na água?
(*a*) 12,07 km/h, (*b*) 24,14 km/h, (*c*) 25,11 km/h, (*d*) 26,55 km/h, (*e*) 48,28 km/h

FE5.6 Uma bola de futebol, que deve ser lançada a 96,6 km/h no ar ao nível do mar ($\rho = 1{,}22$ kg/m^3, $\mu =$ 1,78E-5 N $\cdot$ s/m^2), deve ser testada usando um modelo na escala 1:4 em um túnel hidrodinâmico ($\rho = 998$ kg/m^3, $\mu = 0{,}0010$ N $\cdot$ s/m^2). Para semelhança dinâmica, qual é a razão entre a força no protótipo e a força no modelo?
(*a*) 3,86:1, (*b*) 16:1, (*c*) 32:1, (*d*) 56:1, (*e*) 64:1

FE5.7 Considere o escoamento de um líquido de massa específica ρ, viscosidade μ e velocidade U sobre um modelo muito reduzido de um vertedouro com escala de comprimento L, de forma que o coeficiente de tensão superficial Y do líquido é importante. A grandeza $\rho U^2 L/Y$ neste caso é importante e é chamada de
(*a*) elevação capilar, (*b*) número de Froude, (*c*) número de Prandtl, (*d*) número de Weber, (*e*) número de Bond

FE5.8 Se uma corrente escoando com a velocidade U em torno de um corpo de comprimento L causa uma força F sobre o corpo, que depende somente de U, L e da viscosidade μ do fluido, então F deve ser proporcional a

(a) $\rho UL/\mu$, (b) $\rho U^2 L^2$, (c) $\mu U/L$, (d) μUL, (e) UL/μ

FE5.9 Em teste de túnel de vento supersônico, se forem usados diferentes gases, a semelhança dinâmica requer que o modelo e o protótipo tenham o mesmo número de Mach e o(a) mesmo(a)
(a) número de Euler, (b) velocidade do som, (c) entalpia de estagnação, (d) número de Froude, (e) razão de calores específicos

FE5.10 O número de Reynolds para uma esfera com diâmetro de 30 cm, movendo-se a 3,7 km/h em água salgada (densidade 1,027, viscosidade 1,07 E-3 N · s/m²), é aproximadamente

(a) 300, (b) 3.000, (c) 30.000, (d) 300.000, (e) 3.000.000

FE5.11 O número de Ekman, importante na oceanografia física, é uma combinação adimensional de μ, L, ρ e velocidade angular de rotação da Terra Ω. Se o número de Ekman é proporcional a Ω, ele deve assumir a forma
(a) $\rho \Omega^2 L^2/\mu$, (b) $\mu \Omega L/\rho$, (c) $\rho \Omega L/\mu$, (d) $\rho \Omega L^2/\mu$, (e) $\rho \Omega/L\mu$

FE5.12 Um grupo adimensional válido, mas provavelmente inútil, é dado por $(\mu T_0 g)/(YL\alpha)$, em que tudo tem seu significado usual, exceto α. Quais são as dimensões de α?
(a) $\Theta L^{-1}T^{-1}$, (b) $\Theta L^{-1}T^{-2}$, (c) ΘML^{-1}, (d) $\Theta^{-1}LT^{-1}$, (e) ΘLT^{-1}

Problemas abrangentes

PA5.1 Estimar o atrito na parede de tubos é uma das tarefas mais comuns na engenharia de fluidos. Para tubos circulares longos e rugosos em escoamento turbulento, a tensão de cisalhamento na parede τ_p é uma função da massa específica ρ, da viscosidade μ, da velocidade média V, do diâmetro d do tubo e da rugosidade ε da parede. Assim, funcionalmente, podemos escrever $\tau_p = f(\rho, \mu, V, d, \varepsilon)$. (a) Usando análise dimensional, reescreva essa função na forma adimensional. (b) Um certo tubo tem $d = 5$ cm e $\varepsilon = 0,25$ mm. Para escoamento de água a 20°C, medidas mostram os seguintes valores de tensão de cisalhamento na parede:

Q, l/min	5,68	11,36	22,72	34,08	45,44	52,96
τ_p, Pa	0,05	0,18	0,37	0,64	0,86	1,25

Faça um gráfico desses dados usando a forma adimensional obtida em (a) e sugira uma fórmula de ajuste de curva. O seu gráfico revela a relação funcional completa obtida na parte (a)?

PA5.2 Quando o fluido que sai por um bocal, como na Figura P3.49, for um gás em vez de água, a compressibilidade pode ser importante, especialmente se a pressão a montante p_1 for alta e o diâmetro de saída d_2 for pequeno. Neste caso, a diferença $p_1 - p_2$ não controla mais o fluxo e a vazão em massa do gás $\dot{m}$ alcança um valor máximo que depende de p_1 e d_2 e também da temperatura absoluta a montante T_1 e da constante R do gás. Assim, funcionalmente, $\dot{m} = f(p_1, d_2, T_1, R)$. (a) Usando análise dimensional, reescreva essa função em forma adimensional. (b) Um certo tubo tem $d_2 = 1$ cm. Para escoamento de ar, as medidas mostram os seguintes valores de vazão em massa através do bocal:

T_1, K	300	300	300	500	800
p_1, kPa	200	250	300	300	300
$\dot{m}$, kg/s	0,037	0,046	0,055	0,043	0,034

Faça um gráfico desses dados na forma adimensional obtida na parte (a). O seu gráfico revela a relação funcional completa obtida na parte (a)?

PA5.3 Reconsidere o problema do filme de óleo totalmente desenvolvido escoando na vertical (ver Figura P4.80) como um exercício de análise dimensional. Seja a velocidade vertical uma função apenas da distância da placa, das propriedades do fluido, da gravidade e da espessura do filme. Isto é, $w = f(x, \rho, \mu, g, \delta)$. (a) Use o teorema pi para reescrever essa função em termos de parâmetros adimensionais. (b) Verifique se a solução exata do Problema P4.80 é consistente com os seus resultados na parte (a).

PA5.4 A bomba centrífuga Taco In. modelo 4013 tem um rotor de diâmetro $D = 329$ mm. Quando bombeia água a 20°C a $\Omega = 1.160$ rpm, a vazão Q medida e o aumento de pressão Δp são dados pelo fabricante da seguinte forma:

Q, l/min	757,08	1.135,62	1.514,16	1.892,71	2.271,25	2.649,79
Δp, Pa	248.211	241.316	234.422	220.632	199.948	158.580

(a) Considerando que $\Delta p = f(\rho, Q, D, \Omega)$, use o teorema pi para reescrever essa função em termos de parâmetros adimensionais e depois faça um gráfico com os dados fornecidos na forma adimensional. (b) Deseja-se usar a mesma bomba, girando a 900 rpm, para bombear gasolina a 20°C e 90,85 m³/h. De acordo com a sua relação adimensional, qual é o aumento de pressão Δp esperado em Pa?

PA5.5 A antena do rádio de um automóvel vibra em ressonância devido à emissão de vórtices? Considere uma antena de comprimento L e diâmetro D. De acordo com a teoria da vibração de vigas (veja Kelly [34] ou [35, p. 401]), a frequência natural do primeiro modo de vibração de uma viga circular sólida em balanço é $\omega_n = 3,516[EI/(\rho AL^4)]^{1/2}$, em que E é o módulo de elasticidade, I é o momento de inércia de área, ρ é a massa específica do material da viga e A é a área da seção transversal da viga. (a) Mostre que ω_n é proporcional ao raio R da antena. (b) Se a antena for de aço, com $L = 60$ cm e $D = 4$ mm, estime a frequência de vibração natural em Hz. (c) Compare com a frequência de emissão se o carro se move a 105 km/h.

Problemas de projetos

PP5.1 Recebemos dados de laboratório levantados pelo Professor Robert Kirchoff e seus estudantes na University of Massachussetts, para a velocidade de rotação de um anemômetro de duas conchas. O anemômetro foi feito com bolas de pingue-pongue ($d = 38$ mm) cortadas ao meio, com as faces em direções opostas e coladas em barras finas (6,35 mm) pinadas em um eixo central (ver esboço na Figura P7.91). Foram testadas quatro barras, de comprimentos $l = 0,065$ m, 0,098 m, 0,140 m e 0,175 m. Os dados experimentais, para a velocidade U do túnel de vento e para a velocidade de rotação Ω são os seguintes:

$l = 0,065$		$l = 0,098$		$l = 0,140$		$l = 0,175$	
U, m/s	Ω, rpm	U, m/s	Ω, rpm	U, m/s	Ω, rpm	U, m/s	Ω, rpm
5,78	435	5,78	225	6,13	140	7,07	115
6,77	545	7,07	290	8,16	215	8,41	145
7,89	650	8,89	370	9,56	260	9,78	175
9,13	760	9,99	425	10,99	295	10,99	195
11,72	970	11,72	495	11,90	327	12,07	215

Considere que a velocidade de rotação Ω do dispositivo é uma função da velocidade do vento U, da massa específica ρ e da viscosidade μ do ar, do comprimento l da barra e do diâmetro d da concha. Para todos os dados, considere que o ar está a 1 atm e 20°C. Defina grupos pi apropriados para este problema e plote os dados mostrados anteriormente dessa maneira adimensional. Comente sobre a possível incerteza dos resultados.

Como uma aplicação de projeto, suponha que devamos usar essa geometria de anemômetro em grande escala ($d = 30$ cm) de um aeroporto. Se a velocidade do vento varia até 25 m/s e desejamos uma velocidade de rotação média $\Omega = 120$ rpm, qual deve ser o comprimento apropriado da barra? Quais são as possíveis limitações do seu projeto? Calcule os valores de Ω (em rpm) esperados para o seu projeto, variando a velocidade do vento de 0 a 25 m/s.

PP5.2 Por analogia com os dados de arrasto em cilindros da Figura 5.3b, as esferas também exibem um grande efeito da rugosidade sobre o arrasto, pelo menos na faixa do número de Reynolds de 4 E4 < Re_D < 3E5, incluindo aí o caso das bolas de golfe, que são feitas com pequenas cavidades superficiais para aumentar seu alcance de tacada. Alguns dados experimentais para esferas rugosas [33] estão na Figura PP5.2. A figura mostra também dados típicos de bolas de golfe. Vemos que algumas esferas rugosas são melhores do que as bolas de golfe em algumas regiões. Para o presente estudo, vamos desprezar a rotação (*spin*) da bola, que causa uma força lateral muito importante, ou *efeito Magnus* (ver Figura 8.15) e vamos considerar que a bola seja tacada "sem efeito"; segue a equação do movimento no plano (x, z):

$$m\ddot{x} = -F\cos\theta \qquad m\ddot{z} = -F\,\text{sen}\,\theta - W$$

em que $\quad F = C_D \dfrac{\rho}{2} \dfrac{\pi}{4} D^2 (\dot{x}^2 + \dot{z}^2) \qquad \theta = \tan^{-1}\dfrac{\dot{z}}{\dot{x}}$

A bola tem uma curva particular $C_A(\text{Re}_D)$ na Figura PP5.2 e é lançada a uma velocidade inicial V_0 e ângulo θ_0. Considere a massa média da bola de 46 g e seu diâmetro de 4,3 cm. Admitindo o ar no nível do mar e uma gama modesta mas finita de condições iniciais, integre as equações do movimento para comparar as trajetórias das "esferas rugosas" com os cálculos para as bolas de golfe verdadeiras. A esfera rugosa pode superar uma bola de golfe normal em quaisquer condições? Que diferenças de efeito de rugosidade ocorrem entre as tacadas de um golfista amador e, digamos, as de Tiger Woods (um dos maiores golfistas do mundo)?

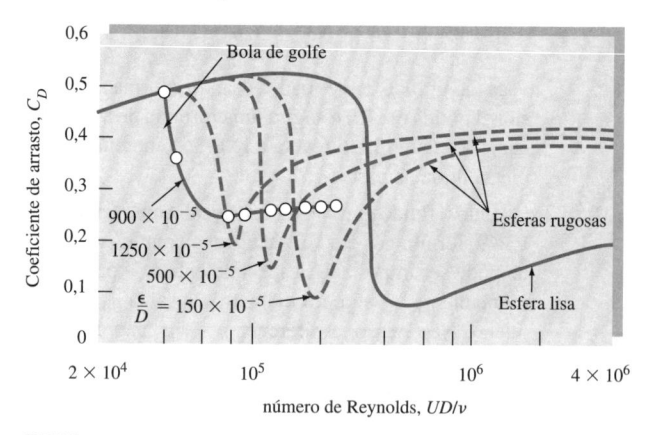

PP5.2

Referências

1. E. Buckingham, "On Physically Similar Systems: Illustrations of the Use of Dime n sional Equations," *Phys. Rev.*, vol. 4, no. 4, 1914, pp. 345–376.
2. J. D. Anderson, *Computational Fluid Dynamics: The Basics with Applications*, McGraw-Hill, New York, 1995.
3. P. W. Bridgman, *Dimensional Analysis*, Yale University Press, New Haven, CT, 1922, rev. ed., 1963.
4. H. L. Langhaar, *Dimensional Analysis and the Theory of Models*, Wiley, New York, 1951.
5. E. C. Ipsen, *Units, Dimensions, and Dimensionless Numbers*, McGraw-Hill, New York, 1960.
6. H. G. Hornung, *Dimensional Analysis: Examples of the Use of Symmetry*, Dover, New York, 2006.
7. E. S. Taylor, *Dimensional Analysis for Engineers*, Clarendon Press, Oxford, England, 1974.
8. G. I. Barenblatt, *Dimensional Analysis*, Gordon and Breach, New York, 1987.

9. A. C. Palmer, *Dimensional Analysis and Intelligent Experimentation*, World Scientific Publishing, Hackensack, NJ, 2008.
10. T. Szirtes, *Applied Dimensional Analysis and Modeling*, 2d ed., Butterworth-Heinemann, Burlington, MA, 2006.
11. R. Esnault-Pelterie, *Dimensional Analysis and Metrology*, F. Rouge, Lausanne, Switzerland, 1950.
12. R. Kurth, *Dimensional Analysis and Group Theory in Astrophysics*, Pergamon, New York, 1972.
13. R. Kimball and M. Ross, *The Data Warehouse Toolkit: The Complete Guide to Dimensional Modeling*, 2d ed., Wiley, New York, 2002.
14. R. Nakon, *Chemical Problem Solving Using Dimensional Analysis*, Prentice-Hall, Upper Saddle River, NJ, 1990.
15. D. R. Maidment (ed.), *Hydrologic and Hydraulic Modeling Support: With Geographic Information Systems*, Environmental Systems Research Institute, Redlands, CA, 2000.
16. A. M. Curren, *Dimensional Analysis for Meds*, 4th ed., Delmar Cengage Learning, Independence, KY, 2009.
17. G. P. Craig, *Clinical Calculations Made Easy: Solving Problems Using Dimensional Analysis*, 4th ed., Lippincott Williams and Wilkins, Baltimore, MD, 2008.
18. M. Zlokarnik, *Dimensional Analysis and Scale-Up in Chemical Engineering*, Springer-Verlag, New York, 1991.
19. W. G. Jacoby, *Data Theory and Dimensional Analysis*, Sage, Newbury Park, CA, 1991.
20. B. Schepartz, *Dimensional Analysis in the Biomedical Sciences*, Thomas, Springfield, IL, 1980.
21. T. Horntvedt, *Calculating Dosages Safely: A Dimensional Analysis Approach*, F. A. Davis Co., Philadelphia, PA, 2012.
22. J. B. Bassingthwaighte et al., *Fractal Physiology*, Oxford Univ. Press, New York, 1994.
23. K. J. Niklas, *Plant Allometry: The Scaling of Form and Process*, Univ. of Chicago Press, Chicago, 1994.
24. "Flow of Fluids through Valves, Fittings, and Pipes," Crane Valve Group, Long Beach, CA, 1957 (now updated as a CDROM; see < http://www.cranevalves.com>).
25. A. Roshko, "On the Development of Turbulent Wakes from Vortex Streets," NACA Rep. 1191, 1954.
26. G. W. Jones, Jr., "Unsteady Lift Forces Generated by Vortex Shedding about a Large, Stationary, Oscillating Cylinder at High Reynolds Numbers," *ASME Symp. Unsteady Flow*, 1968.
27. O. M. Griffin and S. E. Ramberg, "The Vortex Street Wakes of Vibrating Cylinders," *J. Fluid Mech.*, vol. 66, pt. 3, 1974, pp. 553–576.
28. *Encyclopedia of Science and Technology*, 11th ed., McGraw-Hill, New York, 2012.
29. J. Kunes, *Dimensionless Physical Quantities in Science and Engineering*, Elsevier, New York, 2012.
30. V. P. Singh et al. (eds.), *Hydraulic Modeling*, Water Resources Publications LLC, Highlands Ranch, CO, 1999.
31. L. Armstrong, *Hydraulic Modeling and GIS*, ESRI Press, La Vergne, TN, 2011.
32. R. Ettema, *Hydraulic Modeling: Concepts and Practice*, American Society of Civil Engineers, Reston, VA, 2000.
33. R. D. Blevins, *Applied Fluid Dynamics Handbook*, van Nostrand Reinhold, New York, 1984.
34. W. J. Palm III, *Mechanical Vibration*, Wiley, New York, 2006.
35. S. S. Rao, *Mechanical Vibrations*, 5th ed., Prentice-Hall, Upper Saddle River, NJ, 2010.
36. G. I. Barenblatt, *Scaling*, Cambridge University Press, Cambridge, UK, 2003.
37. L. J. Fingersh, "Unsteady Aerodynamics Experiment," *Journal of Solar Energy Engineering*, vol. 123, Nov. 2001, p. 267.
38. J. B. Barlow, W. H. Rae, and A. Pope, *Low-Speed Wind Tunnel Testing*, Wiley, New York, 1999.
39. B. H. Goethert, *Transonic Wind Tunnel Testing*, Dover, New York, 2007.
40. American Institute of Aeronautics and Astronautics, *Recommended Practice: Wind Tunnel Testing*, 2 vols., Reston, VA, 2003.
41. P. N. Desai, J. T. Schofield, and M. E. Lisano, "Flight Reconstruction of the Mars Pathfinder Disk-Gap-Band Parachute Drag Coefficients," *J. Spacecraft and Rockets*, vol. 42, no. 4, July–August 2005, pp. 672–676.
42. K.-H. Kim, "Recent Advances in Cavitation Research," 14th International Symposium on Transport Phenomena, Honolulu, HI, March 2012.

Este capítulo trata principalmente da análise de escoamento. A foto mostra o Oleoduto Keystone de 36 polegadas de diâmetro, que está operando desde julho de 2010. Este oleoduto fornece misturas pesadas e leves de petróleo de Hardisty, Alberta, no Canadá, para refinarias no Texas. O oleoduto é completamente enterrado e emerge ocasionalmente nas estações de entrega ou de bombeamento. Atualmente, pode fornecer até 700.000 barris de petróleo por dia. [*Imagem cedida por TransCanada*]

Capítulo 6
Escoamento viscoso em dutos

Motivação. Este capítulo é inteiramente dedicado a um importante problema prático da engenharia de fluidos: o escoamento em dutos a várias velocidades, de vários fluidos e em vários formatos de duto. Sistemas de tubulações são encontrados em quase todos os projetos de engenharia e, por isso, foram e têm sido estudados extensivamente. Existe um pequeno volume de teoria junto a uma grande quantidade de experimentação.

O problema básico das tubulações é o seguinte: dada a geometria dos tubos e de seus componentes adicionais (como válvulas, curvas e difusores) mais a vazão desejada para o escoamento e as propriedades do fluido, qual é a diferença de pressão necessária para manter o escoamento? O problema, é claro, pode ser formulado de outra maneira: dada a diferença de pressão mantida, digamos, por uma bomba, que vazão irá ocorrer? As correlações discutidas neste capítulo são adequadas para resolver a maioria desses problemas de tubulação.

Este capítulo é sobre escoamento incompressível; o Capítulo 9 trata de escoamento compressível em tubos.

6.1 Regimes de número de Reynolds

Agora que já deduzimos e estudamos as equações básicas do escoamento no Capítulo 4, você talvez imaginasse que poderíamos simplesmente sacar uma miríade de belas soluções para ilustrar toda a gama de comportamentos de um fluido e, é claro, expressar todos esses resultados educativos em forma adimensional, usando nossa nova ferramenta do Capítulo 5, a análise dimensional.

A verdade é que ainda não existe análise geral do escoamento de um fluido. Há várias dezenas de soluções particulares conhecidas, existem muitas soluções aproximadas obtidas em computador e uma quantidade enorme de dados experimentais. Há bastante teoria disponível se desprezarmos efeitos importantes como a viscosidade e a compressibilidade (Capítulo 8), mas não existe teoria geral, e talvez jamais venha a existir. O principal motivo é que o comportamento do fluido sofre uma mudança profunda e instigante para números de Reynolds moderados. O escoamento deixa de ser suave e permanente (*laminar*) e torna-se flutuante e agitado (*turbulento*). O processo dessa mudança é chamado *transição* para a turbulência. Na Figura 5.3a, vimos que a transição sobre um cilindro ou uma esfera ocorria em torno de Re = 3×10^5, quando aparece a queda brusca no coeficiente de arrasto. A transição depende de muitos efeitos, como, por exemplo, a rugosidade da parede (Figura 5.3b) ou as flutuações da corrente de entrada, mas o parâmetro básico é o número de Reynolds. Dispomos de uma quantidade bem grande de dados sobre a transição, mas apenas de um pequeno volume de teoria [1 a 3].

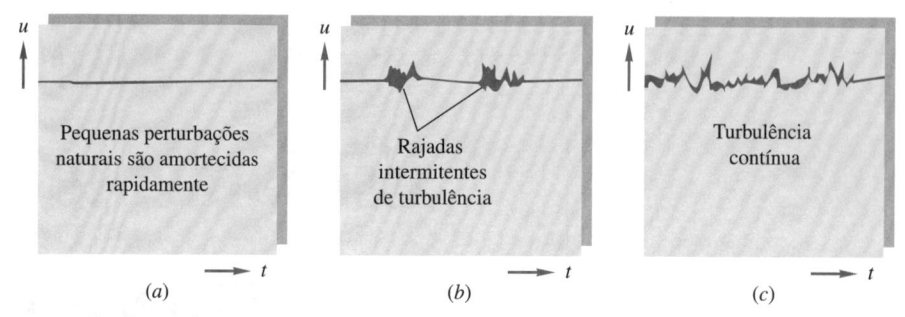

Figura 6.1 Os três regimes de escoamento viscoso: (a) escoamento laminar, para baixos Re; (b) transição, para Re intermediários; (c) escoamento turbulento para altos Re.

A turbulência pode ser detectada por medição através de um instrumento sensível e pequeno, tal como um anemômetro de fio quente (Figura 6.29e) ou um transdutor de pressão piezelétrico. O escoamento parecerá permanente em média, mas irá revelar flutuações rápidas e aleatórias se a turbulência estiver presente, como se esboça na Figura 6.1. Se o escoamento é laminar, podem existir perturbações naturais ocasionais que são amortecidas rapidamente (Figura 6.1a). Se estiver ocorrendo transição, haverá flutuações de turbulência na forma de rajadas intermitentes (Figura 6.1b), pois o aumento do número de Reynolds causa um colapso ou uma instabilidade do escoamento laminar. Para números de Reynolds suficientemente altos, o escoamento irá flutuar continuamente (Figura 6.1c), sendo denominado escoamento *totalmente turbulento*. As flutuações, que em geral variam de 1% a 20% da velocidade média, não são estritamente periódicas, mas aleatórias, englobando uma gama contínua, ou um espectro, de frequências. Em um escoamento típico de túnel de vento com altos Re, a frequência da turbulência varia de 1 a 10.000 Hz, e o comprimento de onda, de 0,01 a 400 cm.

EXEMPLO 6.1

O número de Reynolds de transição aceito para o escoamento em um tubo circular é $Re_{d,crít} \approx 2.300$. No escoamento por um tubo de 5 cm de diâmetro, a que velocidade irá ocorrer a transição a 20°C para (a) escoamento de ar e (b) escoamento de água?

Solução

Quase todas as fórmulas para escoamento em tubos baseiam-se na velocidade *média* $V = Q/A$, não na velocidade na linha de centro ou em qualquer outro ponto. Logo, a transição é especificada para $\rho Vd/\mu \approx 2.300$. Com d conhecido, introduzimos adequadamente as propriedades dos fluidos a 20°C, das Tabelas A.3 e A.4:

(a) Ar: $\quad \dfrac{\rho V d}{\mu} = \dfrac{(1,205 \text{ kg/m}^3)V(0,05 \text{ m})}{1,80 \text{ E-5 kg/(m} \cdot \text{s)}} = 2.300 \quad$ ou $\quad V \approx 0,7 \dfrac{\text{m}}{\text{s}}$

(b) Água: $\quad \dfrac{\rho V d}{\mu} = \dfrac{(998 \text{ kg/m}^3)V(0,05 \text{ m})}{0,001 \text{ kg/(m} \cdot \text{s)}} = 2.300 \quad$ ou $\quad V = 0,046 \dfrac{\text{m}}{\text{s}}$

Trata-se de velocidades muito baixas, de modo que, na engenharia, a maioria dos escoamentos de ar e água em tubos é turbulenta, não laminar. Devemos esperar escoamento laminar em dutos com fluidos mais viscosos, tais como óleos lubrificantes ou glicerina.

Nos escoamentos com superfície livre, a turbulência pode ser observada diretamente. A Figura 6.2 mostra o escoamento de um líquido descarregando da saída aberta de um tubo. O jato com baixo número de Reynolds (Figura 6.2a) é suave e laminar,

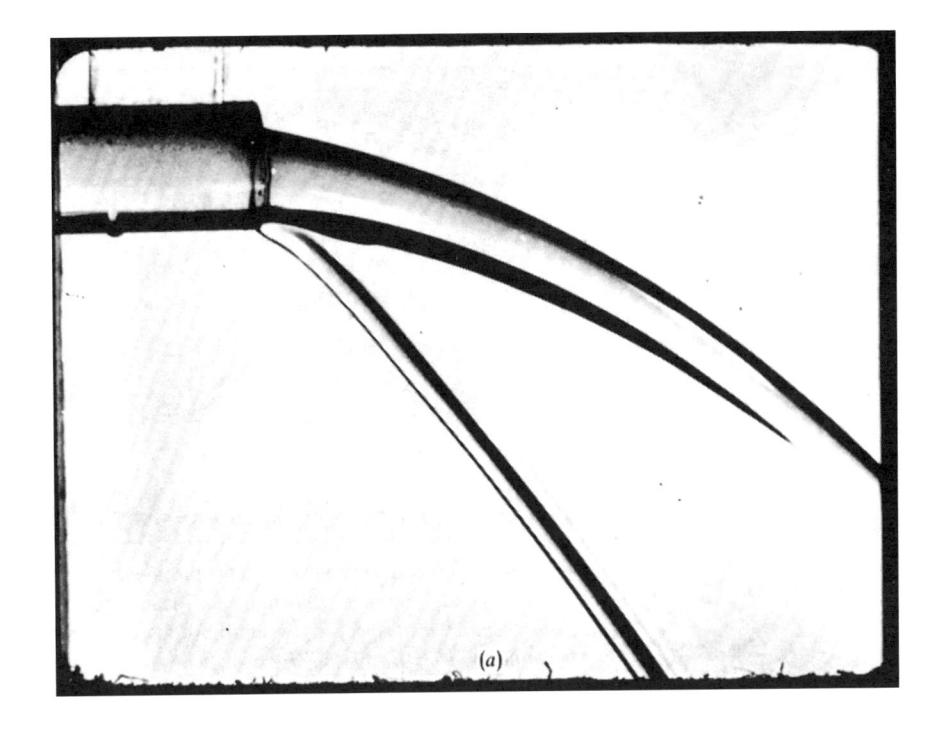

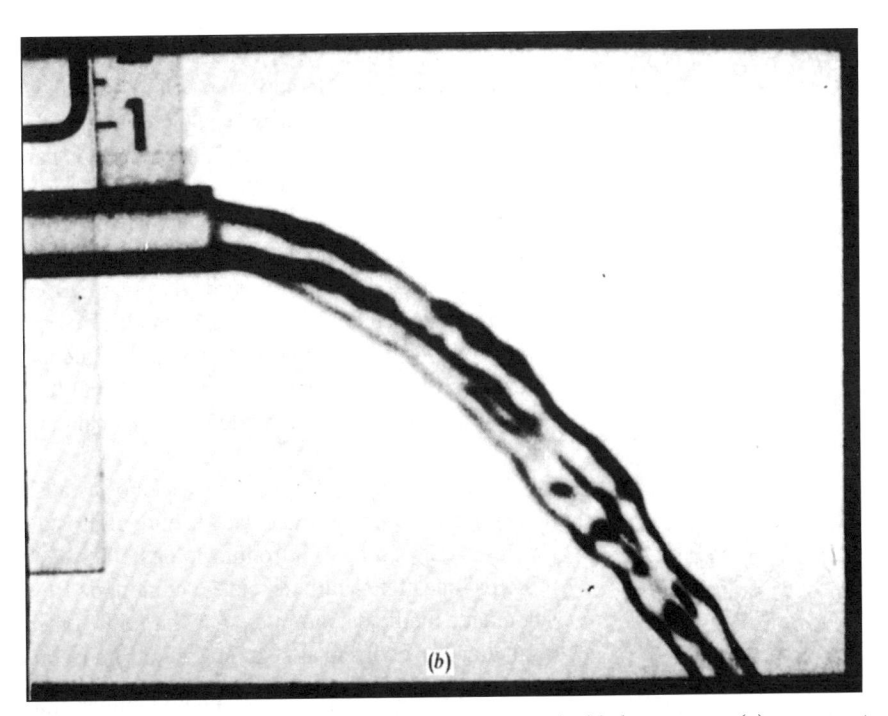

Figura 6.2 Escoamento descarregando de um tubo, com velocidade constante: (*a*) escoamento laminar, com alta viscosidade e baixo número de Reynolds; (*b*) escoamento turbulento, com baixa viscosidade e alto número de Reynolds. (*National Committee for Fluid Mechanics Films, Education Development Center, Inc.,* © *1972.*)

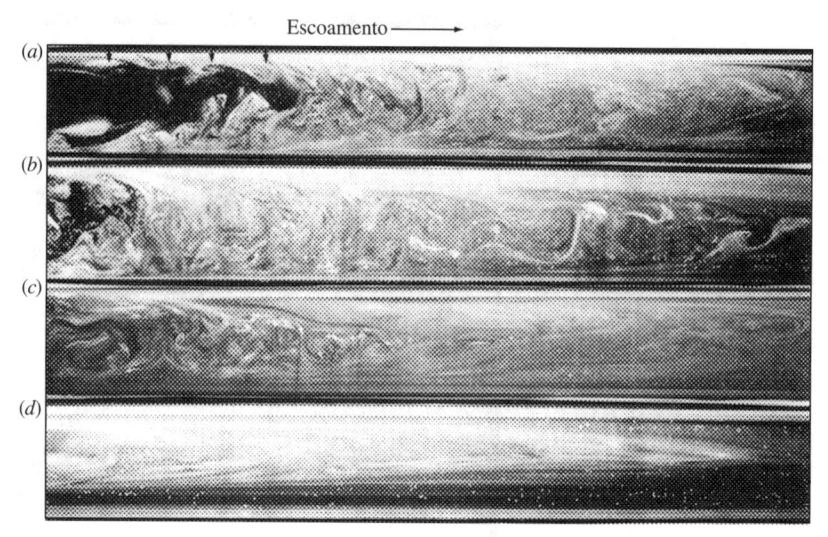

Figura 6.3 Formação de rajadas turbulentas no escoamento em um tubo: (*a*) e (*b*) próximo à entrada; (*c*) mais a jusante; (*d*) bem mais a jusante. *(Cortesia da Cambridge University Press–P. R. Bandyopadhyay,* Aspects of the equilibrium puff in transitional pipe flow, Journal of Fluid Mechanics, *v. 163, p. 439-458, 1986.)*

mostrando um movimento central rápido e um escoamento mais lento próximo à parede, formando diferentes trajetórias ligadas a uma camada de líquido. O escoamento turbulento com número de Reynolds mais alto (Figura 6.2*b*) é não permanente e irregular mas, quando considerado em média temporal, é permanente e previsível.

Como a turbulência se forma no interior do tubo? O perfil parabólico de escoamento laminar, similar à Eq. (4.137), torna-se instável e, para $Re_d \approx 2.300$, começam a se formar "bolsas" ou "rajadas" de turbulência intensa. Uma rajada tem uma frente de movimento rápido e uma traseira de movimento lento, podendo ser visualizada em uma experiência de escoamento em um tubo de vidro. A Figura 6.3 mostra uma rajada fotografada por Bandyopadhyay [45]. Próximo à entrada (Figura 6.3*a* e *b*), existe uma interface laminar-turbulenta irregular, sendo visível o mecanismo de enrolamento de vórtices. Mais para jusante (Figura 6.3*c*), a rajada torna-se totalmente turbulenta e muito ativa, com movimentos helicoidais visíveis. Mais a jusante ainda (Figura 6.3*d*), a rajada é menos ativa, assumindo um formato de cone com uma interface vaga e mal definida, às vezes chamada de região de "relaminarização".

Uma descrição completa dos aspectos estatísticos da turbulência é dada na Referência 1, enquanto a teoria e dados sobre efeitos da transição são fornecidos nas Referências 2 e 3. No nível introdutório deste texto, apenas destacamos que o parâmetro principal que afeta a turbulência é o número de Reynolds. Se $Re = UL/\nu$, em que U é a velocidade média da corrente e L a "largura", ou espessura transversal, da camada sob cisalhamento, ocorrem as seguintes faixas aproximadas:

$0 < Re < 1$: movimento laminar altamente viscoso (*creeping flow*)
$1 < Re < 100$: laminar, forte dependência do número de Reynolds
$100 < Re < 10^3$: laminar, a teoria da camada-limite é útil
$10^3 < Re < 10^4$: transição para a turbulência
$10^4 < Re < 10^6$: turbulento, dependência moderada do número de Reynolds
$10^6 < Re < \infty$: turbulento, fraca dependência do número de Reynolds

Essas faixas são representativas, podendo variar significativamente com a geometria do escoamento, rugosidade superficial e nível de flutuações na corrente de entrada. A grande maioria de nossas análises refere-se a escoamento laminar ou escoamento turbulento, e normalmente não se deve projetar uma condição de escoamento na região de transição.

Considerações históricas

Uma vez que o escoamento turbulento é mais predominante que o laminar, os experimentalistas observaram a turbulência durante séculos sem estar conscientes dos seus detalhes. Antes de 1930, os instrumentos de escoamento eram pouco sensíveis para registrar flutuações rápidas, e os pesquisadores simplesmente mediam valores médios de velocidade, pressão, força e assim por diante. Mas a turbulência pode alterar significativamente os valores médios, como ocorre no caso da queda brusca no coeficiente de arrasto da Figura 5.3. Um engenheiro alemão chamado G. H. L. Hagen foi o primeiro a reportar, em 1839, a existência de *dois* regimes de escoamento viscoso. Ele mediu o escoamento de água em tubos longos de latão e deduziu uma lei de queda de pressão:

$$\Delta p = (\text{const}) \frac{LQ}{R^4} + \text{efeito de entrada} \qquad (6.1)$$

Essa é exatamente nossa lei de escala do escoamento laminar do Exemplo 5.4, mas Hagen não imaginou que a constante fosse proporcional à viscosidade do fluido.

A fórmula deixava de valer quando Hagen aumentava Q além de um certo limite – isto é, na passagem pelo número de Reynolds crítico – e ele declarou em seu artigo que deveria haver um segundo modo de escoamento, caracterizado por "fortes movimentos da água, para o qual Δp varia com a segunda potência da vazão....". Hagen admitiu que não poderia esclarecer as razões para a mudança.

Um exemplo típico dos dados de Hagen é mostrado na Figura 6.4. A queda de pressão varia linearmente com $V = Q/A$ até em torno de 0,34 m/s, em que há uma mudança súbita. Acima de $V = 0,67$ m/s, a queda de pressão é aproximadamente quadráti-

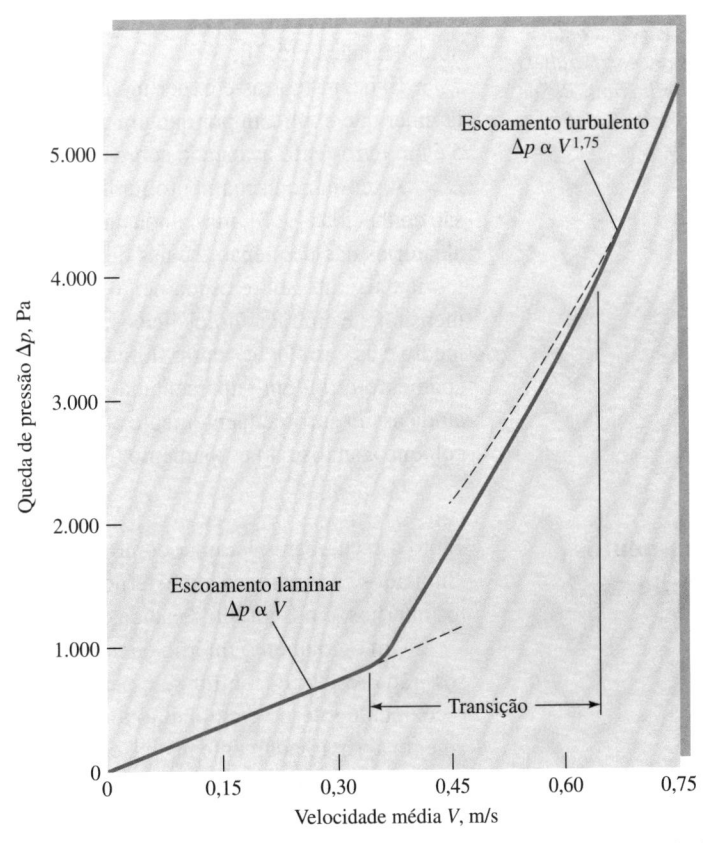

Figura 6.4 Evidência experimental da transição do escoamento de água em um tubo liso de 6,35 mm (1/4 pol) de diâmetro e 3 m de comprimento.

ca com V. A fórmula real de potência $\Delta p \propto V^{1,75}$ parece impossível em bases dimensionais, mas é facilmente explicada quando os dados adimensionais de escoamento em tubos (Figura 5.10) são plotados.

Em 1883, Osborne Reynolds, professor de engenharia britânico, mostrou que a mudança dependia do parâmetro $\rho\,Vd/\mu$, que agora recebe seu nome. Introduzindo um filete de corante em um escoamento em tubo, Reynolds pôde observar a transição e a turbulência. Seus esboços do comportamento do escoamento estão na Figura 6.5.

Se examinarmos os dados de Hagen e calcularmos o número de Reynolds a $V = 0{,}34$ m/s, obtemos $\mathrm{Re}_d = 2.100$. O escoamento torna-se totalmente turbulento para $V = 0{,}67$ m/s, $\mathrm{Re}_d = 4.200$. O valor de projeto aceito para a transição do escoamento em tubos é considerado hoje como

$$\mathrm{Re}_{d,crít} \approx 2.300 \qquad (6.2)$$

Esse valor é preciso para tubos comerciais (Figura 6.13), embora com cuidados especiais para prover uma entrada arredondada, paredes lisas e uma corrente permanente na entrada seja possível postergar $\mathrm{Re}_{d,crít}$ até valores muito maiores. O estudo da transição no escoamento em tubos, tanto teórica quanto experimentalmente, continua a ser um tópico fascinante para os pesquisadores, conforme um recente artigo de revisão [55]. *Nota:* O valor 2.300 vale para transição em *tubos*. Outras geometrias, como placas, aerofólios, cilindros e esferas, apresentam números de Reynolds de transição completamente diferentes.

A transição também ocorre em escoamentos externos em torno de corpos como a esfera e o cilindro da Figura 5.3. Ludwig Prandtl, professor de engenharia alemão, mostrou em 1914 que a camada-limite delgada adjacente ao corpo estava sofrendo transição do escoamento laminar para o escoamento turbulento. Desde então, o coeficiente de força sobre um corpo passou a ser reconhecido como uma função do número de Reynolds [Equação (5.2)].

Existem teorias e experimentos extensivos sobre a instabilidade do escoamento laminar que explicam por que um escoamento transita para a turbulência. A Referência 5 é um livro-texto avançado sobre o assunto.

A teoria de escoamento laminar está hoje bem desenvolvida, e muitas soluções são conhecidas [2, 3], mas ainda não existem análises que possam simular as flutuações aleatórias das pequenas escalas de um escoamento turbulento.[1] Portanto, boa parte da teoria existente sobre escoamento turbulento é semiempírica, baseada em análise dimensional e em raciocínios físicos; ela se refere apenas às propriedades do escoamento médio e às correlações entre flutuações, não a suas rápidas variações. A "teoria" de escoamento turbulento apresentada nos Capítulos 6 e 7 é incrivelmente incipiente, mas ainda assim surpreendentemente efetiva. Devemos seguir uma abordagem racional que coloque a análise do escoamento turbulento em uma base física sólida.

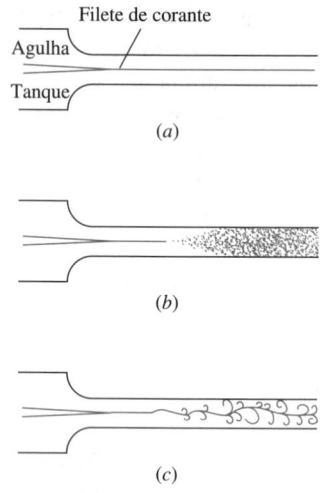

Figura 6.5 Esboços de Reynolds para a transição do escoamento em tubos: (*a*) escoamento laminar, de baixa velocidade; (*b*) escoamento turbulento, de alta velocidade; (*c*) fotografia instantânea da condição (*b*). Fonte: Reynolds, "An Experimental Investigation of the Circumstances which Determine Whether the Motion of Water Shall Be Direct or Sinuous and of the Law of Resistance in Parallel Channels," Phil. Trans. R. Soc., vol. 174, 1883, pp. 935–982.

6.2 Escoamentos viscosos internos e externos

Tanto o escoamento laminar como o escoamento turbulento podem ser internos, isto é, "limitados" por paredes, ou externos e não limitados. Este capítulo trata dos escoamentos internos, e o Capítulo 7 estuda os escoamentos externos.

Um escoamento interno é restringido pelas paredes limítrofes, e os efeitos viscosos irão crescer, encontrar-se e permear todo o escoamento. A Figura 6.6 mostra um escoamento interno em um duto longo. Existe uma *região de entrada* em que um escoamento aproximadamente não viscoso a montante converge para o tubo e entra nele. As camadas-limite viscosas crescem a jusante, retardando o escoamento axial $u(r, x)$ pró-

---

[1] Todavia, a simulação numérica direta da turbulência em escoamentos com baixos números de Reynolds é bastante comum hoje [32].

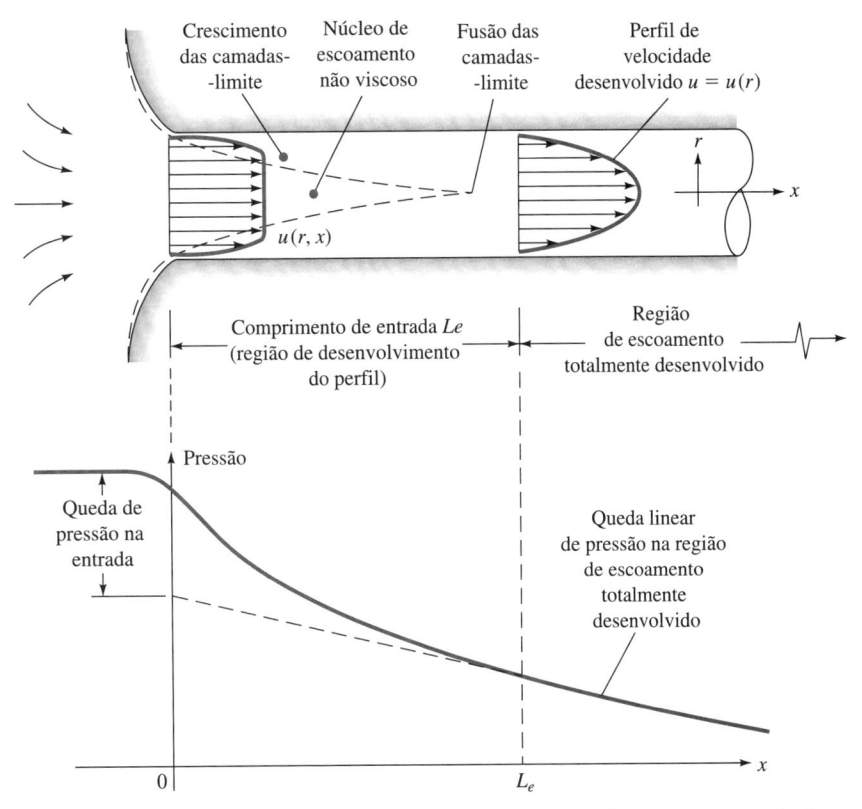

Figura 6.6 Perfis de velocidade em desenvolvimento e variações de pressão na entrada do escoamento em um duto.

ximo à parede e, portanto, acelerando o escoamento na região central para manter o requisito de continuidade incompressível

$$Q = \int u\, dA = \text{const} \tag{6.3}$$

A uma distância finita da entrada, as camadas-limite fundem-se e o núcleo não viscoso desaparece. O escoamento no tubo fica então inteiramente viscoso, e a velocidade axial se ajusta levemente até que, em $x = L_e$, ela não muda mais com x, sendo chamada de *totalmente desenvolvida*, $u \approx u(r)$ apenas. A jusante de $x = L_e$, o perfil de velocidade é constante, a tensão cisalhante na parede é constante e a pressão cai linearmente com x, tanto para escoamento laminar como para escoamento turbulento. Todos esses detalhes estão mostrados na Figura 6.6.

A análise dimensional mostra que o número de Reynolds é o único parâmetro que afeta o comprimento de entrada. Se

$$L_e = f(d, V, \rho, \mu) \qquad V = \frac{Q}{A}$$

então
$$\frac{L_e}{d} = g\left(\frac{\rho V d}{\mu}\right) = g(\text{Re}_d) \tag{6.4}$$

Para escoamento laminar [2, 3], a correlação aceita é

$$\frac{L_e}{d} \approx 0{,}06\,\text{Re}_d \qquad \text{laminar} \tag{6.5}$$

O máximo comprimento de entrada laminar, para $\text{Re}_{d,crít} = 2.300$, é $L_e = 138d$, que é o maior comprimento de desenvolvimento possível.

No escoamento turbulento, as camadas-limite crescem mais rapidamente, e L_e é relativamente menor, de acordo com a aproximação para paredes lisas. Por décadas, o autor tem preferido uma estimativa de lei de potência um sexto, $L_e/d \approx 4,4\,\text{Re}_d^{1/6}$, mas os recentes resultados da CFD, obtidos por Fabien Anselmet, e separadamente por Sukanta Dash, indicam que uma melhor correlação para o comprimento de entrada turbulento é:

$$\frac{L_e}{d} \approx 1,6\,\text{Re}_d^{1/4} \quad \text{para} \quad \text{Re}_d \leq 10^7 \tag{6.6}$$

Logo, alguns comprimentos de entrada turbulenta calculados são

Re_d	4.000	10^4	10^5	10^6	10^7
L_e/d	13	16	28	51	90

À primeira vista, um comprimento de 90 diâmetros parece "longo", mas aplicações típicas de escoamento em tubos envolvem valores de L/d da ordem de 1.000 ou mais, caso em que o efeito de entrada pode ser desprezado, e uma análise simples de escoamento totalmente desenvolvido pode ser feita. Isso é possível tanto para escoamentos laminares como para escoamentos turbulentos, incluindo-se paredes rugosas e seções transversais não circulares.

EXEMPLO 6.2

Um tubo para água de 13 mm de diâmetro tem 18,3 m de comprimento e fornece água a 18,93 L/min a 20°C. Qual fração desse tubo é tomada pela região de entrada?

Solução

Conversão de unidades

$$Q = (18,93\,\text{L/min})\,\frac{1,67\,\text{E-5 m}^3/\text{s}}{1\text{L/min}} = (0,000316\,\text{m}^3/\text{s})$$

A velocidade média é

$$V = \frac{Q}{A} = \frac{0,000316\,\text{m}^3/\text{s}}{(\pi/4)(0,013\,\text{m})^2} = 2,38\,\text{m/s}$$

Da Tabela 1.4, lemos para a água que $\nu = 1,01 \times 10^{-6}\,\text{m}^2/\text{s}$. Logo, o número de Reynolds do tubo é

$$\text{Re}_d = \frac{Vd}{\nu} = \frac{(2,38\,\text{m/s})(0,013\,\text{m})}{1,01 \times 10^{-6}\,\text{m}^2/\text{s}} = 30.634$$

Esse valor é maior que 4.000; logo, o escoamento é totalmente turbulento e a Equação (6.6) se aplica ao comprimento de entrada

$$\frac{L_e}{d} \approx 4,4\,\text{Re}_d^{1/6} = (4,4)(30.634)^{1/6} = 24,61$$

O tubo real tem $L/d = 18,3\,\text{m}/0,013\,\text{m} = 1.408$. Logo, a região de entrada ocupa a fração

$$\frac{L_e}{L} = \frac{24,61}{1.408} = 0,0175 = 1,75\% \qquad \textit{Resposta}$$

Essa é uma porcentagem muito pequena, de modo que é razoável tratar esse escoamento em tubo como totalmente desenvolvido.

Pequenos comprimentos podem ser uma virtude do escoamento em dutos, quando se deseja manter um núcleo não viscoso. Por exemplo, um túnel de vento "longo" seria ridículo, pois o núcleo viscoso invalidaria o propósito de simular as condições de voo livre. A seção de teste de um túnel de vento de baixa velocidade, típico de laboratório, tem 1 m de diâmetro e 5 m de comprimento, com $V = 30$ m/s. Se tomarmos $\nu_{ar} = 1{,}51 \times 10^{-5}$ m^2/s da Tabela 1.4, então $\text{Re}_d = 1{,}99 \times 10^6$ e, da Equação (6.6), $L_e/d \approx 49$. A seção de teste tem $L/d = 5$, sendo bem mais curta que a região de entrada. Ao final da seção, as camadas-limite têm apenas 10 cm de espessura, deixando 80 cm de núcleo não viscoso disponível para o teste do modelo.

Um escoamento externo não tem paredes restringentes e é livre para se expandir, não importa quão espessas possam se tornar as camadas viscosas sobre o corpo imerso. Logo, longe do corpo, o escoamento é aproximadamente não viscoso, e nossa técnica analítica, tratada no Capítulo 7, é justapor uma solução de escoamento não viscoso com uma solução de camada-limite viscosa calculada para a região próxima à parede. Não existe um equivalente externo do escoamento interno totalmente desenvolvido.

6.3 Perda de carga – o fator de atrito

Ao aplicar as fórmulas de escoamento em tubos a problemas práticos, é costume usar uma análise de volume de controle. Considere o escoamento permanente incompressível entre as seções 1 e 2 do tubo inclinado de área transversal constante na Figura 6.7. A relação unidimensional de continuidade, Equação (3.30), reduz-se a

$$Q_1 = Q_2 = \text{const} \quad \text{ou} \quad V_1 = V_2 = V$$

pois o tubo tem área constante. A equação da energia para escoamento permanente (3.75) torna-se

$$\left(\frac{p}{\rho g} + \alpha \frac{V^2}{2g} + z\right)_1 = \left(\frac{p}{\rho g} + \alpha \frac{V^2}{2g} + z\right)_2 + h_p \tag{6.7}$$

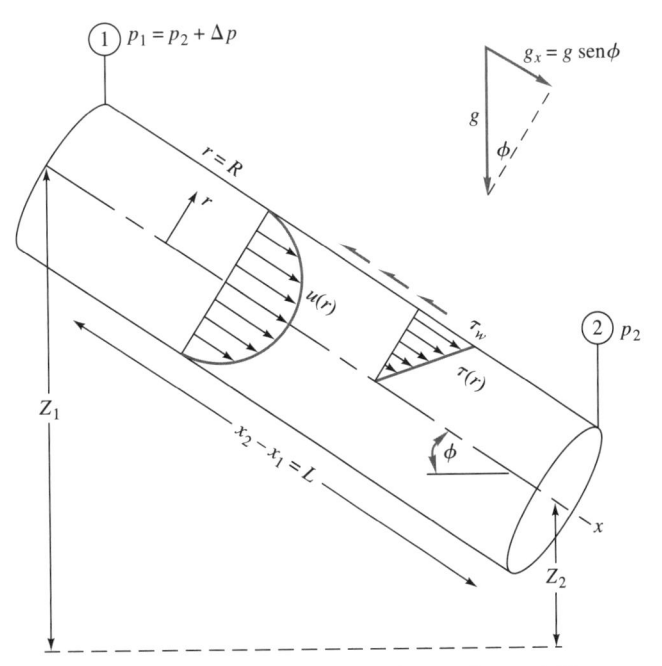

Figura 6.7 Volume de controle para o escoamento totalmente desenvolvido e permanente entre duas seções em um tubo inclinado.

uma vez que não há bomba nem turbina entre 1 e 2. Para escoamento totalmente desenvolvido, o formato do perfil de velocidades é o mesmo nas seções 1 e 2. Logo, $\alpha_1 = \alpha_2$ e, como $V_1 = V_2$, a Equação (6.7) reduz-se a uma expressão para perda de carga em termos da queda de pressão e da variação de elevação:

$$h_p = (z_1 - z_2) + \left(\frac{p_1}{\rho g} - \frac{p_2}{\rho g}\right) = \Delta z + \frac{\Delta p}{\rho g} \qquad (6.8)$$

A perda de carga no tubo equivale à variação da soma das alturas de pressão e de gravidade, isto é, à variação da altura da linha piezométrica (LP).

Finalmente, aplique a relação de quantidade de movimento (3.40) ao volume de controle da Figura 6.7, levando em conta a aplicação das forças de pressão, gravidade e cisalhamento na direção x:

$$\Sigma F_x = \Delta p(\pi R^2) + \rho g(\pi R^2)L\,\text{sen}\,\phi - \tau_p(2\pi R)L = \dot{m}(V_2 - V_1) = 0 \qquad (6.9a)$$

Rearrumando essa equação, deduzimos que a perda de carga também se relaciona à tensão cisalhante na parede

$$\Delta z + \frac{\Delta p}{\rho g} = h_p = \frac{2\tau_p}{\rho g}\frac{L}{R} = \frac{4\tau_p}{\rho g}\frac{L}{d} \qquad (6.9b)$$

em que consideramos $\Delta z = L\,\text{sen}\,\phi$ da Figura 6.7. Observe que, indiferentemente de o tubo estar na horizontal ou inclinado, a perda de carga é proporcional à tensão de cisalhamento na parede.

Como devemos correlacionar a perda de carga para problemas de escoamento em tubos? A resposta foi dada há um século e meio por Julius Weisbach, professor alemão que, em 1850, publicou o primeiro livro-texto moderno sobre hidrodinâmica. A Equação (6.9b) mostra que h_p é proporcional a (L/d), e dados semelhantes aos de Hagen na Figura 6.6 mostram que, para escoamento turbulento, h_p é aproximadamente proporcional a V^2. A correlação proposta, ainda tão efetiva hoje em dia quanto em 1850, é

$$h_p = f\frac{L}{d}\frac{V^2}{2g} \quad \text{em que} \quad f = f(\text{Re}_d, \frac{\varepsilon}{d}, \text{formato duto}) \qquad (6.10)$$

O parâmetro adimensional f é chamado de *fator de atrito de Darcy*, em homenagem a Henry Darcy (1803–1858), engenheiro francês cujos experimentos com escoamentos em tubos, em 1857, estabeleceram pela primeira vez o efeito da rugosidade sobre o atrito. A grandeza ε é a altura da rugosidade da parede, que é importante no escoamento turbulento em tubos (mas não no escoamento laminar). Adicionamos o efeito do "formato do duto" na Equação (6.10) para nos alertar que dutos de seção quadrada, triangular ou de outro formato não circular apresentam um fator de atrito bem diferente do duto circular. Dados reais e teoria para fatores de atrito serão discutidos nas seções subsequentes.

Combinando as Equações (6.9) e (6.10), deduzimos uma expressão alternativa para o fator de atrito

$$f = \frac{8\tau_p}{\rho V^2} \qquad (6.11)$$

Para dutos não circulares, devemos interpretar τ_p como o valor médio ao longo do perímetro do duto. Por esse motivo, é preferível adotar a Equação (6.10) como definição unificada do fator de atrito de Darcy.

6.4 Escoamento laminar totalmente desenvolvido em um tubo

No caso de escoamento laminar, soluções analíticas podem ser prontamente obtidas, tanto para dutos circulares quanto não circulares. Considere o escoamento de *Poiseuille* em um tubo circular de diâmetro d, raio R. Resultados analíticos completos foram fornecidos na Seção 4.10. Vamos repassar aquelas fórmulas aqui:

$$u = u_{máx}\left(1 - \frac{r^2}{R^2}\right) \quad \text{em que} \quad u_{máx} = \left(-\frac{dp}{dx}\right)\frac{R^2}{4\mu} \quad \text{e} \quad \left(-\frac{dp}{dx}\right) = \left(\frac{\Delta p + \rho g \Delta z}{L}\right)$$

$$V = \frac{Q}{A} = \frac{u_{máx}}{2} = \left(\frac{\Delta p + \rho g \Delta z}{L}\right)\frac{R^2}{8\mu}$$

$$Q = \int u dA = \pi R^2 V = \frac{\pi R^4}{8\mu}\left(\frac{\Delta p + \rho g \Delta z}{L}\right) \quad (6.12)$$

$$\tau_p = \left|\mu \frac{du}{dr}\right|_{r=R} = \frac{4\mu V}{R} = \frac{8\mu V}{d} = \frac{R}{2}\left(\frac{\Delta p + \rho g \Delta z}{L}\right)$$

$$h_p = \frac{32\mu L V}{\rho g d^2} = \frac{128\mu L Q}{\pi \rho g d^4}$$

O perfil de velocidade em forma de paraboloide possui uma velocidade média V que equivale à metade da velocidade máxima. A grandeza Δp é a *queda* de pressão em um tubo de comprimento L; ou seja, (dp/dx) tem valor negativo. Essas fórmulas são válidas sempre que o número de Reynolds do tubo, $Re_d = \rho V d/\mu$, for menor que cerca de 2.300. Observe que τ_p é proporcional a V (ver Figura 6.6) e é independente da massa específica porque a aceleração do fluido é nula. Nenhuma dessas fórmulas é válida no caso de escoamento turbulento.

Conhecendo-se a tensão cisalhante, determina-se facilmente o fator de atrito para o escoamento de Poiseuille:

$$f_{lam} = \frac{8\tau_{p,lam}}{\rho V^2} = \frac{8(8\mu V/d)}{\rho V^2} = \frac{64}{\rho V d/\mu} = \frac{64}{Re_d} \quad (6.13)$$

No escoamento laminar, o fator de atrito para tubos varia inversamente com o número de Reynolds. Essa fórmula famosa é eficaz, mas normalmente as relações algébricas da Equação (6.12) são mais diretas na solução de problemas.

EXEMPLO 6.3

Um óleo com $\rho = 900$ kg/m^3 e $\nu = 0{,}0002$ m^2/s escoa para cima por um tubo inclinado, como mostra a Figura E6.3. A pressão e a elevação são conhecidas nas seções 1 e 2, separadas de 10 m. Considerando o escoamento laminar e permanente, (*a*) verifique se o escoamento é para cima, (*b*) calcule h_p entre 1 e 2 e calcule (*c*) Q, (*d*) V e (*e*) Re_d. O escoamento é realmente laminar?

Solução

Parte (a)

Para uso posterior, calcule

$$\mu = \rho\nu = (900 \text{ kg/m}^3)(0{,}0002 \text{ m}^2/\text{s}) = 0{,}18 \text{ kg/(m·s)}$$

$$z_2 = \Delta L \text{ sen } 40° = (10 \text{ m})(0{,}643) = 6{,}43 \text{ m}$$

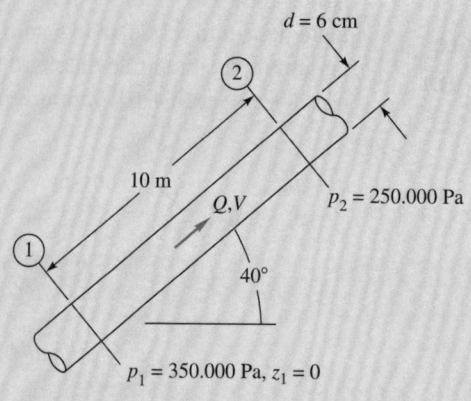

E6.3

O escoamento vai no sentido da queda da LP; logo, calcule a altura da linha piezométrica em cada seção:

$$LP_1 = z_1 + \frac{p_1}{\rho g} = 0 + \frac{350.000}{900(9,807)} = 39,65 \text{ m}$$

$$LP_2 = z_2 + \frac{p_2}{\rho g} = 6,43 + \frac{250.000}{900(9,807)} = 34,75 \text{ m}$$

A LP é mais baixa na seção 2; assim, o escoamento vai de 1 para 2, conforme admitimos.

Resposta (a)

Parte (b) A perda de carga é igual à queda da LP:

$$h_p = LP_1 - LP_2 = 39,65 \text{ m} - 34,75 \text{ m} = 4,9 \text{ m} \quad \textit{Resposta (b)}$$

Metade do comprimento do tubo representa uma perda de carga bastante alta.

Parte (c) Podemos calcular Q por meio de várias fórmulas de escoamento laminar, destacando-se a Equação (6.12):

$$Q = \frac{\pi \rho g d^4 h_p}{128 \mu L} = \frac{\pi (900)(9,807)(0,06)^4(4,9)}{128(0,18)(10)} = 0,0076 \text{ m}^3/\text{s} \quad \textit{Resposta (c)}$$

Parte (d) Divida Q pela área do tubo para obter a velocidade média:

$$V = \frac{Q}{\pi R^2} = \frac{0,0076}{\pi (0,03)^2} = 2,7 \text{ m/s} \quad \textit{Resposta (d)}$$

Parte (e) Com V conhecida, o número de Reynolds é

$$\text{Re}_d = \frac{Vd}{\nu} = \frac{2,7(0,06)}{0,0002} = 810$$

Resposta (e)

Esse valor está bem abaixo do valor de transição $\text{Re}_d = 2.300$, de modo que estamos bem certos de que o escoamento é laminar.

Observe que, utilizando-se as unidades consistentes do SI (metros, segundos, quilogramas, newtons) para todas as variáveis, evitamos fatores de conversão nos cálculos.

EXEMPLO 6.4

Um líquido de peso específico $\rho g = 9.111$ N/m³ escoa por gravidade através de um tanque de 30 cm e um tubo capilar de 30 cm com uma vazão de 4,25 L/h, como mostra a Figura E6.4. As seções 1 e 2 estão à pressão atmosférica. Desprezando os efeitos e o atrito no tanque de entrada, calcule a viscosidade do líquido.

Solução

- *Esboço do sistema:* A Figura E6.4 mostra $L = 30$ cm, $d = 1,2$ mm e $Q = 4,25$ L/h.
- *Hipóteses:* Escoamento laminar, totalmente desenvolvido e incompressível em tubo (Poiseuille). Pressão atmosférica nas seções 1 e 2. Velocidade desprezível na superfície, $V_1 \approx 0$.
- *Abordagem:* Use as relações de continuidade e energia para determinar a perda de carga e, por conseguinte, a viscosidade.
- *Valores das propriedades:* Dado $\rho g = 9.111$ N/m³, guarde o valor de $\rho = 9.111/9,806 = 929,1$ kg/m³, caso necessário.
- *Passo 1 da solução:* Da continuidade e do valor de vazão dado, determine V_2:

$$V_2 = \frac{Q}{A_2} = \frac{Q}{\pi R^2} = \frac{(4,25 \text{ E}{-}3/3.600) \text{ m}^3/\text{s}}{\pi (0,6 \text{ E}{-}3 \text{ m})^2} \quad 1,04 \text{ m/s}$$

Escreva a equação da energia entre 1 e 2, cancelando termos, e determine a perda de carga

$$\frac{p_1}{\rho g} + \frac{\alpha_1 V_1^2}{2g} + z_1 = \frac{p_2}{\rho g} + \frac{\alpha_2 V_2^2}{2g} + z_2 + h_p$$

ou $\quad h_p = z_1 - z_2 - \dfrac{\alpha_2 V_2^2}{2g} = 0,6 \text{ m} - \dfrac{(2,0)(1,04 \text{ m/s})^2}{2(9,81 \text{ m/s}^2)} \quad 0,49$ m

- *Comentário:* Introduzimos $\alpha_2 = 2,0$ para escoamento laminar da Equação (3.76). Se tivéssemos esquecido α_2, teríamos calculado $h_p = 0,55$ m, com um erro de 10%.
- *Passo 2 da solução:* Conhecida a perda de carga, a viscosidade vem da fórmula laminar nas Equações (6.12):

$$h_p = 0,49 \text{ m} = \frac{32 \mu L V}{(\rho g) d^2} = \frac{32 \mu (0,3 \text{ m})(1,04 \text{ m/s})}{(9.111 \text{ N/m}^3)(0,0012 \text{ m})^2} = 761 \mu$$

ou $\qquad$ resolvendo para $\mu = \dfrac{0,49}{761} = 0,644 \text{ E}{-}3 \text{ kg/(m} \cdot \text{s)} \qquad$ *Resposta*

- *Comentários:* Não foi necessário o valor de ρ – a fórmula contém ρg, mas quem sabia? Observe também que, nessa fórmula, L é o *comprimento de tubo* de 30 cm, não a variação total de elevação.
- *Verificação final:* Calcule o número de Reynolds para ver se é menor que 2.300 para escoamento laminar:

$$\text{Re}_d = \frac{\rho V d}{\mu} = \frac{(9.111/9,81 \text{ kg/m}^3)(1,04 \text{ m/s})(0,0012 \text{ m})}{0,644 \text{ E}{-}3 \text{ kg/(m} \cdot \text{s)}} \approx 1800 \qquad \text{Sim, é laminar.}$$

- *Comentários:* No final das contas, então, acabamos precisando do valor de ρ para calcular Re_d. *Comentário inesperado:* Para essa perda de carga, existe uma segunda solução (turbulenta), como veremos no Exemplo 6.8.

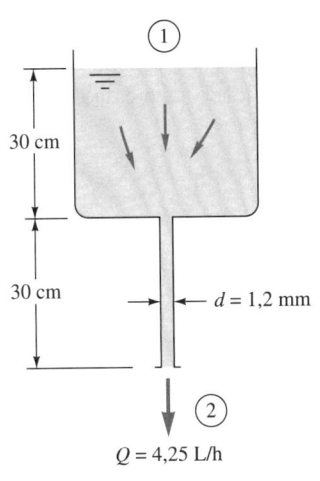

E6.4

30 cm

30 cm $\quad d = 1,2$ mm

$Q = 4,25$ L/h

6.5 Modelagem da turbulência

Ao longo de todo este capítulo, vamos considerar a massa específica e a viscosidade constantes e ausência de interação térmica, de modo que apenas as equações da continuidade e da quantidade de movimento devem ser resolvidas para a velocidade e a pressão

Continuidade: $\dfrac{\partial u}{\partial x} + \dfrac{\partial v}{\partial y} + \dfrac{\partial w}{\partial z} = 0$

Quantidade de movimento: $\rho \dfrac{d\mathbf{V}}{dt} = -\nabla p + \rho \mathbf{g} + \mu \nabla^2 \mathbf{V}$

(6.14)

sujeitas à condição de não escorregamento nas paredes e a condições conhecidas na entrada e na saída. (Deixaremos nossas soluções com superfície livre para o Capítulo 10.)

Neste capítulo, não vamos trabalhar com a relação diferencial da energia, Equação (4.53), embora ela seja muito importante, tanto para cálculos de transferência de calor quanto para a compreensão geral dos processos de escoamento em dutos. Há trabalho sendo realizado por forças de pressão para conduzir o escoamento por um duto. Para onde vai essa energia? Não há trabalho realizado pelas tensões cisalhantes na parede porque a velocidade na parede é nula. A resposta é que o trabalho de pressão é contrabalançado pela dissipação viscosa no interior do escoamento. A integral da função de dissipação Φ, Equação (4.50) sobre o campo de escoamento será igual ao trabalho de pressão. Um exemplo desse balanço de energia fundamental no escoamento viscoso é fornecido no Problema C6.7.

Tanto o escoamento laminar quanto o turbulento satisfazem as Equações (6.14). Para os escoamentos laminares, nos quais não há flutuações aleatórias, partimos diretamente à resolução das equações para uma variedade de geometrias [2, 3], deixando muitas outras, é claro, para os problemas.

Conceito de média temporal de Reynolds

Para o escoamento turbulento, por causa das flutuações, cada termo de velocidade e pressão nas Equações (6.14) é uma função aleatória de variação rápida do tempo e do espaço. Atualmente, nossa matemática não pode lidar com essas variáveis flutuantes instantâneas. Não se conhece qualquer par de funções aleatórias $\mathbf{V}(x, y, z, t)$ e $p(x, y, z, t)$ que seja uma solução das Equações (6.14). Além do mais, nossa atenção como engenheiros dirige-se para os valores *médios* de velocidade, pressão, tensão cisalhante etc., em um escoamento com altos números de Reynolds (turbulento). Essa abordagem levou Osborne Reynolds, em 1895, a reescrever as Equações (6.14) em termos de médias temporais das variáveis turbulentas.

A média temporal $\bar{u}$ de uma função $u(x, y, z, t)$ é definida por

$$\bar{u} = \frac{1}{T} \int_0^T u\, dt \qquad (6.15)$$

em que T é um período de cálculo da média, considerado bem maior do que qualquer período significativo das próprias flutuações. Os valores médios de velocidade e pressão turbulentas estão ilustrados na Figura 6.8. Para escoamentos turbulentos de gases ou água, um período $T \approx 5$ s normalmente é bem adequado.

A *flutuação* u' é definida como o desvio de u em relação ao seu valor médio:

$$u' = u - \bar{u} \qquad (6.16)$$

também mostrada na Figura 6.8. Segue da definição que a flutuação tem um valor médio nulo:

$$\overline{u'} = \frac{1}{T} \int_0^T (u - \bar{u})\, dt = \bar{u} - \bar{u} = 0 \qquad (6.17)$$

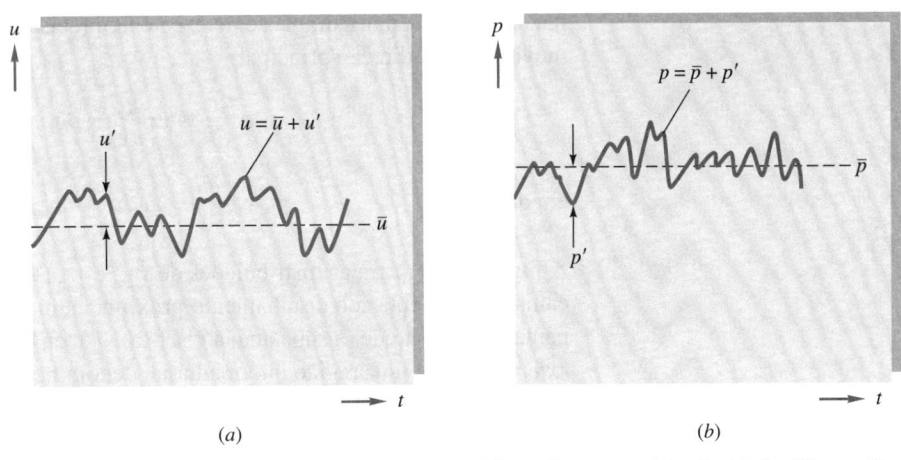

Figura 6.8 Definição das variáveis turbulentas médias e flutuantes: (*a*) velocidade; (*b*) pressão.

Todavia, a média do quadrado de uma flutuação não é nula, sendo uma medida da *intensidade* da turbulência

$$\overline{u'^2} = \frac{1}{T}\int_0^T u'^2\,dt \neq 0 \tag{6.18}$$

Em geral, as médias do produto de flutuações, como $\overline{u'v'}$ e $\overline{u'p'}$, não são nulas em um escoamento turbulento típico.

A ideia de Reynolds foi decompor cada propriedade em uma média mais uma variável de flutuação

$$u = \overline{u} + u' \quad v = \overline{v} + v' \quad w = \overline{w} + w' \quad p = \overline{p} + p' \tag{6.19}$$

Vamos substituir essas equações nas Equações (6.14) e efetuar a média temporal de cada equação. A equação da continuidade reduz-se a

$$\frac{\partial \overline{u}}{\partial x} + \frac{\partial \overline{v}}{\partial y} + \frac{\partial \overline{w}}{\partial z} = 0 \tag{6.20}$$

que não é diferente da equação da continuidade laminar.

Entretanto, cada componente da equação da quantidade de movimento (6.14*b*), após a média temporal, irá conter os valores médios mais três produtos médios, ou *correlações*, das velocidades de flutuação. O componente mais importante é a equação da quantidade de movimento na direção principal, ou *x*, que fica na forma

$$\begin{aligned}\rho \frac{d\overline{u}}{dt} &= -\frac{\partial \overline{p}}{\partial x} + \rho g_x + \frac{\partial}{\partial x}\left(\mu \frac{\partial \overline{u}}{\partial x} - \rho\overline{u'^2}\right) \\ &+ \frac{\partial}{\partial y}\left(\mu \frac{\partial \overline{u}}{\partial y} - \rho\overline{u'v'}\right) + \frac{\partial}{\partial z}\left(\mu \frac{\partial \overline{u}}{\partial z} - \rho\overline{u'w'}\right)\end{aligned} \tag{6.21}$$

Os três termos de correlação, $-\rho\overline{u'^2}$, $-\rho\overline{u'v'}$ e $-\rho\overline{u'w'}$, são chamados de *tensões turbulentas*, pois têm dimensão de tensão e aparecem ao lado dos termos de tensão newtoniana (laminar) $\mu(\partial \overline{u}/\partial x)$ e assim por diante.

As tensões turbulentas são desconhecidas *a priori* e devem ser relacionadas experimentalmente à geometria e às condições do escoamento, conforme detalhado nas Referências 1 a 3. Felizmente, nos escoamentos em duto e em camada-limite, a tensão $-\rho\overline{u'v'}$, associada à direção *y* normal à parede, é dominante, e podemos obter uma forma aproximada mais simples e de excelente precisão para a equação da quantidade de movimento na direção principal

$$\rho \frac{d\bar{u}}{dt} \approx -\frac{\partial \bar{p}}{\partial x} + \rho g_x + \frac{\partial \tau}{\partial y} \qquad (6.22)$$

em que
$$\tau = \mu \frac{\partial \bar{u}}{\partial y} - \rho \overline{u'v'} = \tau_{\text{lam}} + \tau_{\text{turb}} \qquad (6.23)$$

A Figura 6.9 mostra as distribuições de τ_{lam} e τ_{turb} típicas de medições através de uma camada turbulenta sob cisalhamento próxima a uma parede. A tensão laminar é dominante junto à parede (a subcamada viscosa), e a tensão turbulenta prevalece na *camada externa*. Existe uma região intermediária, denominada *camada intermediária* ou *de superposição*, na qual tanto a tensão laminar quanto a tensão turbulenta são importantes. Essas três regiões estão identificadas na Figura 6.9.

Na camada externa, τ_{turb} é duas a três ordens de magnitude maior que τ_{lam}, e vice-versa na subcamada viscosa. Esses fatos experimentais possibilitam-nos usar um modelo grosseiro, mas bastante efetivo, para a distribuição de velocidades $\bar{u}(y)$ através de uma camada turbulenta próxima a uma parede.

A lei logarítmica da camada intermediária

Vimos na Figura 6.9 que existem três regiões no escoamento turbulento próximo a uma parede:

1. Subcamada viscosa: a tensão viscosa domina.
2. Camada externa: a tensão turbulenta domina.
3. Camada intermediária ou de superposição: ambos os tipos de tensão são importantes.

Daqui para a frente, vamos convir em omitir a barra sobre a velocidade $\bar{u}$. Seja τ_p a tensão cisalhante na parede e sejam δ e U a espessura e a velocidade na borda da camada externa, $y = \delta$, respectivamente.

Para a camada junto à parede, Prandtl deduziu em 1930 que u deve ser independente da espessura da camada sob cisalhamento

$$u = f(\mu, \tau_p, \rho, y) \qquad (6.24)$$

Pela análise dimensional, isto é equivalente a

$$u^+ = \frac{u}{u^*} = F\left(\frac{yu^*}{\nu}\right) \qquad u^* = \left(\frac{\tau_p}{\rho}\right)^{1/2} \qquad (6.25)$$

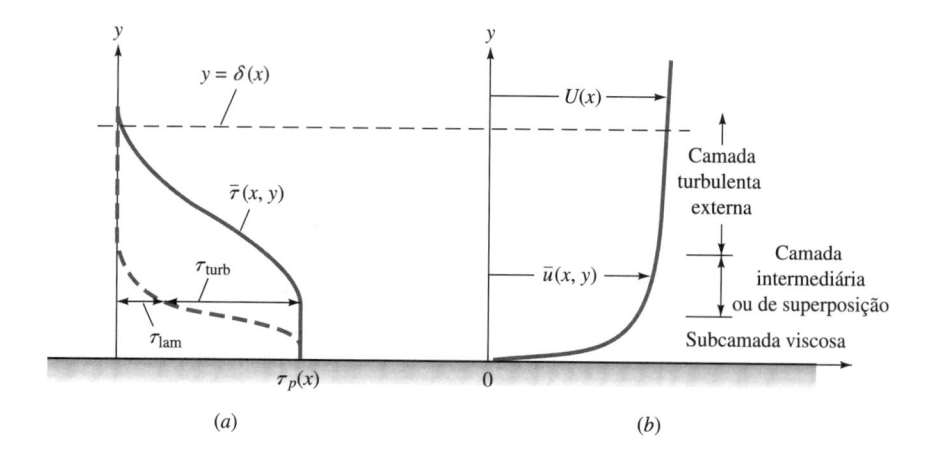

Figura 6.9 Distribuições típicas de velocidade e tensão cisalhante no escoamento turbulento próximo a uma parede: (*a*) tensão; (*b*) velocidade.

A Equação (6.25) é chamada de *lei de parede*, e a grandeza u^* é denominada *velocidade de atrito*, pois tem dimensão $\{LT^{-1}\}$, embora não seja de fato uma velocidade do escoamento.

Posteriormente, em 1933, Kármán deduziu que u na camada externa é independente da viscosidade molecular, mas o seu desvio em relação à velocidade da corrente U deve depender da espessura da camada δ e das outras propriedades

$$(U - u)_{\text{ext}} = g(\delta, \tau_p, \rho, y) \tag{6.26}$$

Novamente, pela análise dimensional reescrevemos isto como

$$\frac{U - u}{u^*} = G\left(\frac{y}{\delta}\right) \tag{6.27}$$

em que u^* tem o mesmo significado que na Equação (6.25). A Equação (6.27) é chamada de *lei da diferença de velocidade* para a camada externa.

Tanto a lei de parede (6.25) quanto a lei da diferença de velocidade (6.27) mostram-se precisas para uma ampla variedade de escoamentos turbulentos experimentais em duto e camada-limite [Referências 1 a 3]. Apesar de diferentes na forma, elas devem superpor-se suavemente na camada intermediária. Em 1937, C. B. Milikan mostrou que isso somente pode ser verdade se a velocidade na camada intermediária variar logaritmicamente com y:

$$\boxed{\frac{u}{u^*} = \frac{1}{\kappa} \ln \frac{yu^*}{\nu} + B \quad \text{camada intermediária}} \tag{6.28}$$

Ao longo de toda a gama de escoamentos turbulentos próximos a paredes lisas, as constantes adimensionais κ e B assumem os valores aproximados $\kappa \approx 0{,}41$ e $B \approx 5{,}0$. A Equação (6.28) é chamada de *lei logarítmica da camada intermediária*.

Portanto, através de raciocínios dimensionais e discernimento físico, inferimos que um gráfico de u em função de $\ln y$ em uma camada sob cisalhamento turbulenta próxima a uma parede irá mostrar uma curva na região junto à parede, uma curva na região externa e uma linha reta de superposição logarítmica na região intermediária. A Figura 6.10 mostra que isso realmente acontece. Os quatro perfis externos mostrados juntam-se suavemente com a lei logarítmica intermediária, mas têm diferentes magnitudes porque variam com o gradiente de pressão externo. A lei interna de parede é única e segue a relação viscosa linear

$$u^+ = \frac{u}{u^*} = \frac{yu^*}{\nu} = y^+ \tag{6.29}$$

desde a parede até em torno de $y^+ = 5$, desviando-se a partir daí para se juntar com a lei logarítmica, em torno de $y^+ = 30$.

Acredite ou não, a Figura 6.10, sendo nada mais que uma correlação engenhosa de perfis de velocidades, constitui a base da maior parte da "teoria" existente para os escoamentos cisalhantes turbulentos. Observe que não resolvemos qualquer equação, mas apenas expressamos de maneira clara o componente principal da velocidade.

Há algo de surpreendente na Figura 6.10: a lei logarítmica (6.28), em vez de ser apenas um curto elo, na verdade aproxima quase todo o perfil de velocidade, exceto na região externa em situações de forte aumento de pressão (como em um difusor). Tipicamente, a subcamada viscosa estende-se sobre menos de 2% do perfil e pode ser desconsiderada. Logo, podemos usar a Equação (6.28) como uma excelente aproximação para resolver quase todos os problemas de escoamento turbulento apresentados neste capítulo e no próximo. Muitas aplicações adicionais são dadas nas Referências 2 e 3.

Figura 6.10 Verificação experimental das leis das camadas interna, externa e intermediária relativas aos perfis de velocidades no escoamento turbulento próximo a uma parede.

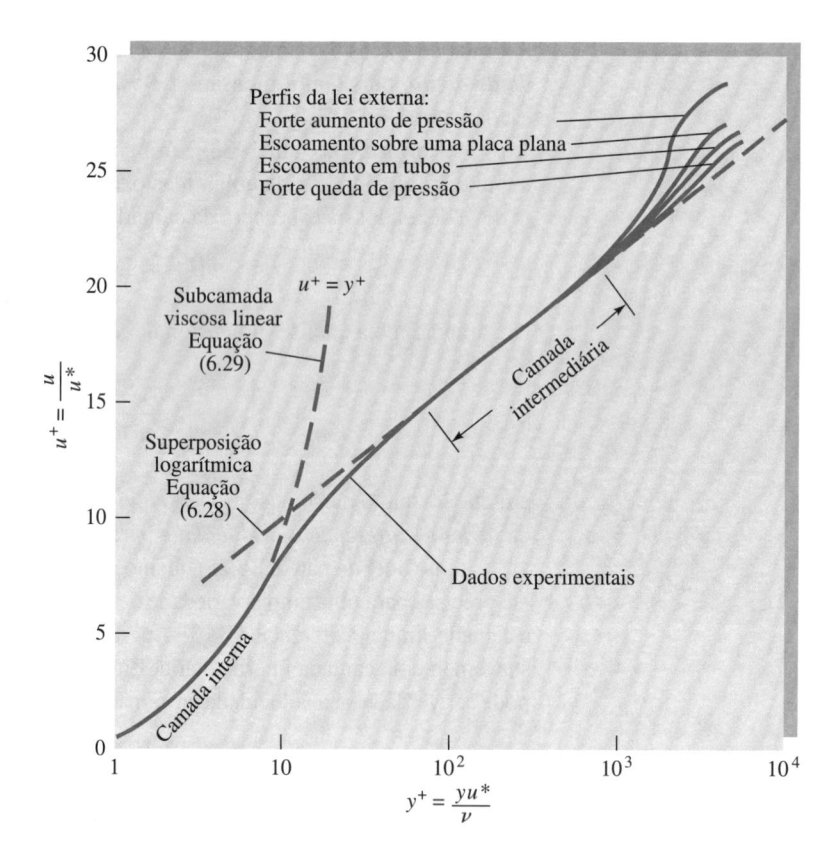

Conceitos avançados sobre modelagem

A modelagem da turbulência é um campo de pesquisa muito ativo. Um grande número de artigos tem sido publicado com o objetivo de simular de modo mais preciso as tensões turbulentas na Equação (6.21), bem como seus componentes y e z. Essa pesquisa, atualmente disponível em textos avançados [1, 13, 19], afasta-se bastante do escopo do presente livro, que se limita a usar a lei logarítmica (6.28) em problemas envolvendo tubos e camadas-limite. Por exemplo, L. Prandtl, fundador da teoria da camada-limite em 1904, propôs posteriormente um modelo de *viscosidade turbilhonar* (*eddy viscosity*) para o termo de tensão de Reynolds na Equação (6.23):

$$-\rho \overline{u'v'} = \tau_{\text{turb}} \approx \mu_t \frac{du}{dy} \quad \text{em que} \quad \mu_t \approx \rho l^2 \left|\frac{du}{dy}\right| \qquad (6.30)$$

A grandeza μ_t, que é uma propriedade do *escoamento*, não do fluido, é denominada *viscosidade turbilhonar ou turbulenta* e pode ser modelada de diversas maneiras. A forma mais popular está na Equação (6.30), em que l é denominado *comprimento de mistura* das estruturas turbilhonares (análogo ao livre caminho médio na teoria molecular). Próximo a uma parede sólida, l é aproximadamente proporcional à distância da parede, conforme sugerido por von Kármán:

$$l \approx \kappa y \quad \text{em que} \quad \kappa = \text{constante de von Kármán} \approx 0{,}41 \qquad (6.31)$$

Como tarefa para casa, Problema P6.40, você pode mostrar que as Equações (6.30) e (6.31) levam à lei logarítmica (6.28) próximo a uma parede.

Os modelos de turbulência modernos aproximam escoamentos turbulentos tridimensionais e empregam equações diferenciais parciais adicionais para grandezas como energia cinética da turbulência, dissipação turbulenta e as seis tensões de Reynolds. Para detalhes, consulte as Referências 1, 13 e 19.

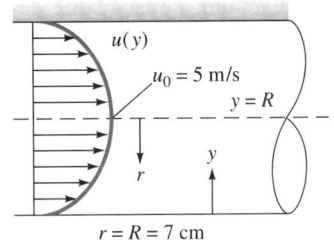

E6.5

EXEMPLO 6.5

Ar a 20°C escoa através de um tubo de 14 cm de diâmetro em condições de escoamento totalmente desenvolvido. A velocidade na linha de centro é $u_0 = 5$ m/s. Usando a Figura 6.10, calcule (a) a velocidade de atrito u^* e (b) a tensão cisalhante na parede τ_p.

Solução

- *Esboço do sistema:* A Figura E6.5 mostra um escoamento turbulento com $u_0 = 5$ m/s e $R = 7$ cm.
- *Hipóteses:* A Figura 6.10 mostra que a lei logarítmica, Equação (6.28), tem precisão até o centro do tubo.
- *Abordagem:* Use a Equação (6.28) para estimar a desconhecida velocidade de atrito u^*.
- *Valores das propriedades:* Para ar a 20°C, $\rho = 1,205$ kg/m³ e $\nu = 1,51\text{E-}5$ m²/s.
- *Passo da solução:* Insira todos os dados fornecidos na Equação (6.28) em $y = R$ (linha de centro). A única incógnita é u^*:

$$\frac{u_0}{u^*} = \frac{1}{\kappa} \ln\left(\frac{Ru^*}{\nu}\right) + B \quad \text{ou} \quad \frac{5,0 \text{ m/s}}{u^*} = \frac{1}{0,41} \ln\left[\frac{(0,07 \text{ m})u^*}{1,51\text{E-}5 \text{ m}^2/\text{s}}\right] + 5$$

Embora o logaritmo torne a expressão desajeitada, podemos resolvê-la manualmente ou por iteração no Excel. Existe um procedimento automático de iteração no Excel – Arquivo, Opções do Excel, Fórmulas, Habilitar cálculo iterativo –, mas aqui nós simplesmente mostramos como iterar por repetição de cálculos, copiados e colados sucessivamente. Para uma única incógnita, neste caso u^*, precisamos apenas de duas colunas, uma para a incógnita e outra para a equação. O autor espera que o procedimento cópia-e-iteração abaixo seja claro:

	A	B
	Coloque aqui a primeira estimativa para u*:	Coloque aqui a equação que resolve para u*:
1	1,0	= (5,0 / (1/0,41*ln(0,07*a1/1,51E-5)+5))
2	= B1 (o número, e não a equação)	Copie a equação B1 e cole aqui
3	Copie A2 aqui	Copie B2 aqui
4	Continue copiando...	Continue copiando até a convergência

Observe que B2 usa a célula alocada para u^*, A1, e não a notação u^*. Aqui estão os números e não as instruções ou as equações, para este problema:

A	B
1,0000	0,1954
0,1954	0,2314
0,2314	0,2271
0,2271	0,2275
0,2275	0,2275

A solução para u^* convergiu para 0,2275. Para três casas decimais,

$$u^* \approx 0,228 \text{ m/s} \quad \textit{Resposta (a)}$$

$$\tau_w = \rho u^{*2} = (1,205)(0,228)^2 \approx 0,062 \text{ Pa} \quad \textit{Resposta (b)}$$

- *Comentários:* A lei logarítmica solucionou tudo! Trata-se de uma técnica poderosa que emprega uma correlação experimental de velocidades para aproximar escoamentos turbulentos gerais. Você pode verificar que o número de Reynolds Re_d neste exemplo fica em torno de 40.000, indicando que o escoamento é realmente turbulento.

6.6 Solução para escoamento turbulento

Para o escoamento turbulento em tubos, não precisamos resolver uma equação diferencial, mas, em vez disso, prosseguir com a lei logarítmica, como no Exemplo 6.5. Admita que a Equação (6.28) correlacione a velocidade média temporal $u(r)$ ao longo de toda a seção do tubo

$$\frac{u(r)}{u^*} \approx \frac{1}{\kappa} \ln \frac{(R-r)u^*}{\nu} + B \qquad (6.32)$$

em que trocamos y por $R - r$. Calcule a velocidade média desse perfil

$$V = \frac{Q}{A} = \frac{1}{\pi R^2} \int_0^R u^* \left[\frac{1}{\kappa} \ln \frac{(R-r)u^*}{\nu} + B \right] 2\pi r \, dr$$

$$= \frac{1}{2} u^* \left(\frac{2}{\kappa} \ln \frac{Ru^*}{\nu} + 2B - \frac{3}{\kappa} \right) \qquad (6.33)$$

Introduzindo $\kappa = 0{,}41$ e $B = 5{,}0$, obtemos, em termos numéricos,

$$\frac{V}{u^*} \approx 2{,}44 \ln \frac{Ru^*}{\nu} + 1{,}34 \qquad (6.34)$$

Essa expressão parece ainda pouco interessante, até percebermos que V/u^* está diretamente relacionada ao fator de atrito de Darcy:

$$\frac{V}{u^*} = \left(\frac{\rho V^2}{\tau_p} \right)^{1/2} = \left(\frac{8}{f} \right)^{1/2} \qquad (6.35)$$

Além disso, o argumento do logaritmo em (6.34) é equivalente a

$$\frac{Ru^*}{\nu} = \frac{\frac{1}{2}Vd}{\nu} \frac{u^*}{V} = \frac{1}{2} \mathrm{Re}_d \left(\frac{f}{8} \right)^{1/2} \qquad (6.36)$$

Introduzindo (6.35) e (6.36) na Equação (6.34), mudando para um logaritmo na base 10 e rearrumando, obtemos

$$\frac{1}{f^{1/2}} \approx 1{,}99 \log (\mathrm{Re}_d f^{1/2}) - 1{,}02 \qquad (6.37)$$

Em outras palavras, pelo simples cálculo da velocidade média por meio da correlação logarítmica, obtivemos uma relação entre o fator de atrito e o número de Reynolds para o escoamento turbulento em tubos. Prandtl deduziu a Equação (6.37) em 1935 e, então, ajustou ligeiramente as constantes para melhor correlacionar os dados de atrito

$$\frac{1}{f^{1/2}} = 2{,}0 \log (\mathrm{Re}_d f^{1/2}) - 0{,}8 \qquad (6.38)$$

Essa é a fórmula aceita para os tubos de parede lisa. Alguns valores numéricos estão listados a seguir:

Re_d	4.000	10^4	10^5	10^6	10^7	10^8
f	0,0399	0,0309	0,0180	0,0116	0,0081	0,0059

Logo, f decresce apenas de um fator 5 para um aumento de 10.000 vezes do número de Reynolds. A Equação (6.38) é trabalhosa para resolver quando se conhece Re_d e se deseja saber f. Existem várias aproximações alternativas na literatura para o cálculo explícito de f a partir de Re_d:

$$f = \begin{cases} 0{,}316\,\text{Re}_d^{-1/4} & 4.000 < \text{Re}_d < 10^5 \quad \text{H. Blasius (1911)} \\ \left(1{,}8 \log \dfrac{\text{Re}_d}{6{,}9}\right)^{-2} & \text{Ref. 9, Colebrook} \end{cases} \qquad (6.39)$$

Entretanto, a Eq. (6.38) é a fórmula preferencial e é facilmente solucionada por meio de iteração computacional.

Blasius, aluno de Prandtl, apresentou sua fórmula na primeira correlação feita até então para o fator de atrito em função do número de Reynolds. Embora sua fórmula seja válida em uma faixa limitada, ela ilustra o que estava acontecendo na Figura 6.4 com os dados de queda de pressão obtidos por Hagen em 1839. Para um tubo horizontal, da Equação (6.39),

$$h_p = \frac{\Delta p}{\rho g} = f \frac{L}{d} \frac{V^2}{2g} \approx 0{,}316 \left(\frac{\mu}{\rho V d}\right)^{1/4} \frac{L}{d} \frac{V^2}{2g}$$

ou
$$\Delta p \approx 0{,}158\, L \rho^{3/4} \mu^{1/4} d^{-5/4} V^{7/4} \qquad (6.40)$$

para baixos números de Reynolds turbulentos. Isso explica por que os dados de queda de pressão de Hagen começam a aumentar com a potência 1,75 da velocidade, na Figura 6.4. Observe que Δp varia levemente com a viscosidade, o que é uma característica dos escoamentos turbulentos. Introduzindo $Q = \frac{1}{4}\pi d^2 V$ na Equação (6.40), obtemos a forma alternativa

$$\Delta p \approx 0{,}241 L \rho^{3/4} \mu^{1/4} d^{-4{,}75} Q^{1{,}75} \qquad (6.41)$$

Para uma dada vazão volumétrica Q, a queda de pressão turbulenta decresce com o diâmetro ainda mais fortemente do que na fórmula laminar (6.12). Logo, a maneira mais rápida de se reduzirem as necessidades de bombeamento é aumentar o diâmetro dos tubos, embora, é claro, os tubos maiores sejam mais caros. A duplicação do diâmetro do tubo faz Δp decrescer de um fator em torno de 27 para uma dada vazão Q. Compare a Equação (6.40) com o Exemplo 5.7 e a Figura 5.10.

A velocidade máxima no escoamento turbulento em tubos é calculada na Equação (6.32), fazendo $r = 0$:

$$\frac{u_{\text{máx}}}{u^*} \approx \frac{1}{\kappa} \ln \frac{R u^*}{\nu} + B \qquad (6.42)$$

Combinando essa equação com a Equação (6.33), obtemos a fórmula que relaciona a velocidade média com a velocidade máxima

$$\frac{V}{u_{\text{máx}}} \approx (1 + 1{,}3\sqrt{f})^{-1} \qquad (6.43)$$

Alguns valores numéricos são

Re_d	4.000	10^4	10^5	10^6	10^7	10^8
$V/u_{\text{máx}}$	0,794	0,814	0,852	0,877	0,895	0,909

A razão varia com o número de Reynolds e é muito maior que o valor 0,5 previsto na Equação (6.12) para o escoamento laminar em tubos. Portanto, um perfil de velocidades turbulento é bastante achatado no centro e cai bruscamente a zero na parede, conforme mostra a Figura 6.11*b*.

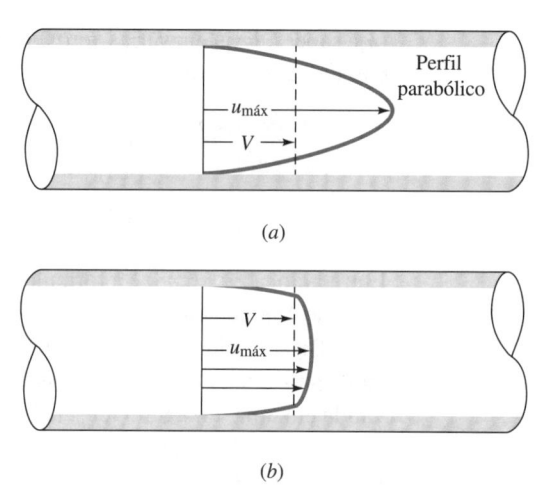

Figura 6.11 Comparação entre os perfis de velocidade para escoamento laminar e turbulento em tubos, para a mesma vazão volumétrica: (*a*) escoamento laminar; (*b*) escoamento turbulento.

Efeito das paredes rugosas

Até os experimentos realizados por Coulomb [6] em 1800, não se sabia que a rugosidade superficial afetava a resistência ao atrito. Hoje se sabe que o efeito é desprezível para o escoamento laminar em tubos e que todas as fórmulas de escoamento laminar desenvolvidas nesta seção também são válidas para paredes rugosas. Mas o escoamento turbulento é afetado fortemente pela rugosidade. Na Figura 6.10, a subcamada viscosa linear estende-se apenas até $y^+ = yu^*/\nu = 5$. Logo, comparada com o diâmetro, a espessura da subcamada y_s é de apenas

$$\frac{y_s}{d} = \frac{5\nu/u^*}{d} = \frac{14,1}{\text{Re}_d f^{1/2}} \qquad (6.44)$$

Por exemplo, para $\text{Re}_d = 10^5$, $f = 0,0180$ e $y_s/d = 0,001$, uma rugosidade em torno de $0,001d$ irá destruir a subcamada e alterar profundamente a lei de parede da Figura 6.10.

Medições de $u(y)$ no escoamento turbulento com paredes rugosas, realizadas por Nikuradse [7], aluno de Prandtl, mostram, como na Figura 6.12*a*, que uma altura de rugosidade ε irá forçar o perfil da lei logarítmica a se deslocar no sentido do aumento das abscissas de uma quantidade aproximadamente igual a $\ln \varepsilon^+$, em que $\varepsilon^+ = \varepsilon u^*/\nu$. A inclinação da lei logarítmica permanece a mesma, $1/\kappa$, mas o deslocamento faz a constante B ser menor por uma quantidade $\Delta B \approx (1/\kappa) \ln \varepsilon^+$.

Nikuradse [7] simulou a rugosidade colando grãos de areia uniformes sobre as paredes internas de tubos. Mediu, então, as quedas de pressão e as vazões volumétricas e correlacionou o fator de atrito em função do número de Reynolds na Figura 6.12*b*. Vemos que o atrito laminar não é afetado, mas o atrito turbulento, após um ponto *inicial*, aumenta monotonamente com a rugosidade relativa ε/d. Para qualquer valor dado de ε/d, o fator de atrito torna-se constante (*totalmente rugoso*) a altos números de Reynolds. Esses pontos de mudança correspondem a certos valores de $\varepsilon^+ = \varepsilon u^*/\nu$:

$\dfrac{\varepsilon u^*}{\nu} < 5$: paredes *hidraulicamente lisas*, sem efeito da rugosidade sobre o atrito

$5 \leq \dfrac{\varepsilon u^*}{\nu} \leq 70$: rugosidade *transicional*, efeito moderado do número de Reynolds

$\dfrac{\varepsilon u^*}{\nu} > 70$: escoamento *totalmente rugoso*, a subcamada viscosa é totalmente destruída e o atrito independe do número de Reynolds

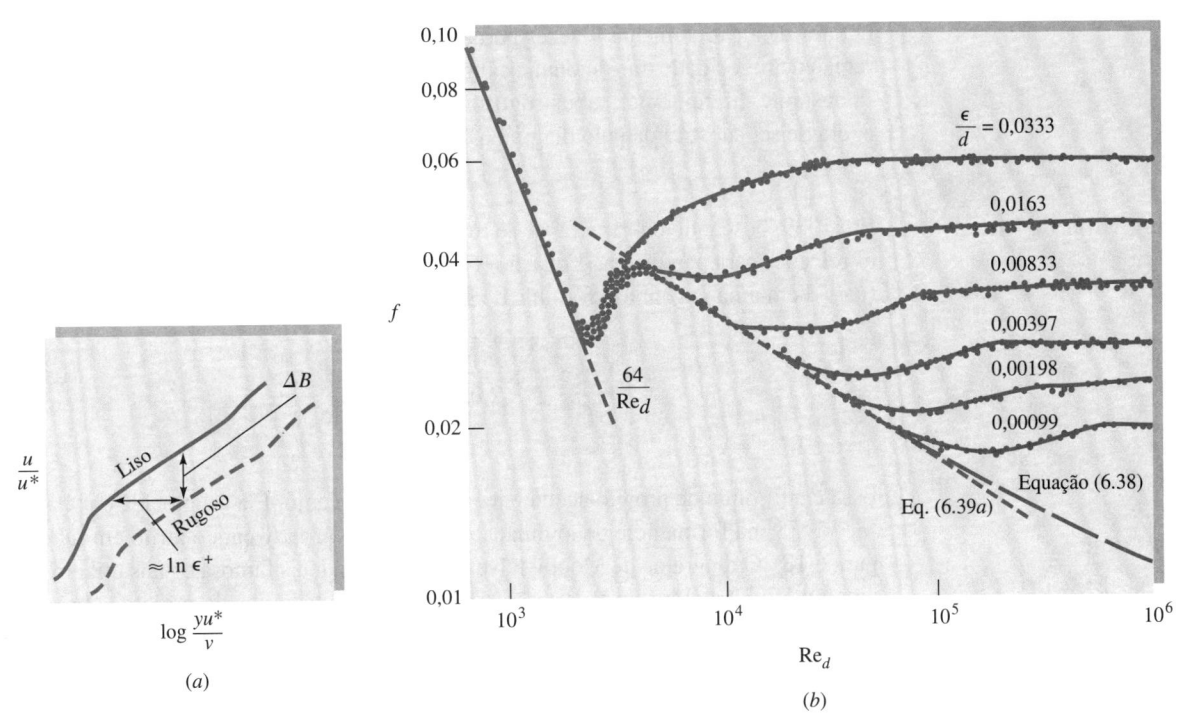

Figura 6.12 Efeito da rugosidade da parede sobre o escoamento turbulento em tubos. (*a*) O perfil de velocidades logarítmico de superposição desloca-se para baixo e para a direita; (*b*) As experiências de Nikuradse [7] com rugosidade de grãos de areia mostram um aumento sistemático do fator de atrito turbulento com a rugosidade relativa.

Para escoamento totalmente rugoso, $\varepsilon^+ > 70$, o abaixamento ΔB da lei log na Figura 6.12a é

$$\Delta B \approx \frac{1}{\kappa} \ln \varepsilon^+ - 3{,}5 \qquad (6.45)$$

e a lei logarítmica modificada para a rugosidade torna-se

$$u^+ = \frac{1}{\kappa} \ln y^+ + B - \Delta B = \frac{1}{\kappa} \ln \frac{y}{\varepsilon} + 8{,}5 \qquad (6.46)$$

A viscosidade desaparece e, portanto, o escoamento totalmente rugoso é independente do número de Reynolds. Se integrarmos a Equação (6.46) para calcular a velocidade média no tubo, obteremos

$$\frac{V}{u^*} = 2{,}44 \ln \frac{d}{\varepsilon} + 3{,}2$$

ou $\qquad \dfrac{1}{f^{1/2}} = -2{,}0 \log \dfrac{\varepsilon/d}{3{,}7} \qquad$ escoamento totalmente rugoso $\qquad (6.47)$

Não há efeito do número de Reynolds; logo, a perda de carga varia exatamente com o quadrado da velocidade nesse caso. Alguns valores numéricos do fator de atrito podem ser listados:

ε/d	0,00001	0,0001	0,001	0,01	0,05
f	0,00806	0,0120	0,0196	0,0379	0,0716

O fator de atrito aumenta 9 vezes para um aumento de rugosidade de 5.000 vezes. Na região de rugosidade transicional, os tubos com grãos de areia comportam-se de maneira bastante diferente dos tubos rugosos comerciais, de modo que a Figura 6.12b tem agora de ser substituída pelo diagrama de Moody.

O diagrama de Moody

Em 1939, buscando cobrir a faixa de rugosidade transicional, Colebrook [9] combinou as relações para parede lisa [Equação (6.38)] e escoamento totalmente rugoso [Equação (6.47)] em uma engenhosa fórmula de interpolação

$$\frac{1}{f^{1/2}} = -2,0 \log\left(\frac{\varepsilon/d}{3,7} + \frac{2,51}{Re_d f^{1/2}}\right) \quad (6.48)$$

Essa é a fórmula de projeto aceita para o atrito turbulento. Ela foi plotada em 1944 por Moody [8] na forma hoje denominada *diagrama de Moody* para o atrito em tubos (Figura 6.13). O diagrama de Moody talvez seja a figura mais famosa e mais útil em mecânica dos fluidos. Tem uma precisão de ± 15% para cálculos de projeto sobre toda a faixa mostrada na Figura 6.13. Pode ser usado para escoamentos em dutos circulares ou não circulares (Seção 6.6) e para escoamentos em canais abertos (Capítulo 10). Os dados podem até mesmo ser adaptados para uma aproximação de escoamentos em camada-limite (Capítulo 7).

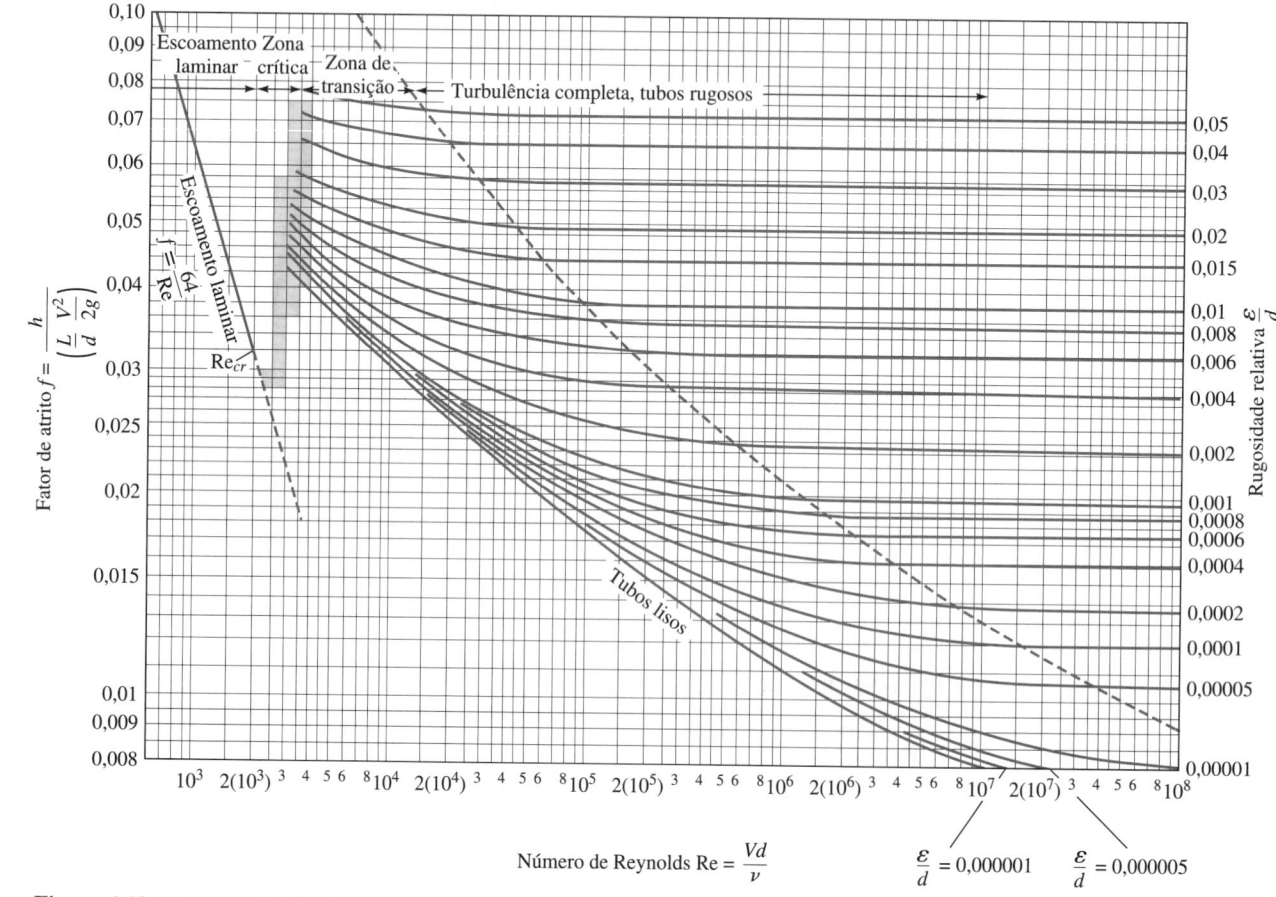

Figura 6.13 Diagrama de Moody para o atrito em tubos com paredes lisas e rugosas. Este diagrama é idêntico à Equação (6.48) para escoamento turbulento. *(Da Referência 8, com permissão da ASME.)*

Tabela 6.1 Valores recomendados de rugosidade para dutos comerciais

		ε	
Material	Condição	mm	Incerteza, %
Aço	Chapa metálica, nova	0,05	± 60
	Inoxidável, novo	0,002	± 50
	Comercial, novo	0,046	± 30
	Rebitado	3,0	± 70
	Oxidado	2,0	± 50
Ferro	Fundido, novo	0,26	± 50
	Forjado, novo	0,046	± 20
	Galvanizado, novo	0,15	± 40
	Fundido asfaltado	0,12	± 50
Latão	Estirado, novo	0,002	± 50
Plástico	Tubo estirado	0,0015	± 60
Vidro	—	Liso	—
Concreto	Alisado	0,04	± 60
	Rugoso	2,0	± 50
Borracha	Alisada	0,01	± 60
Madeira	Aduela	0,5	± 40

O diagrama de Moody dá um bom resumo visual do coeficiente de atrito laminar e turbulento em tubos, incluindo os efeitos de rugosidade. Quando o autor estava na faculdade, todos resolviam os problemas utilizando atentamente este diagrama. Atualmente, no entanto, a Eq. (6.48), embora implícita em f, é facilmente resolvida por iteração ou por solucionador direto. Se apenas uma calculadora estiver disponível, a fórmula explícita proposta por Haaland [33] dada por

$$\frac{1}{f^{1/2}} \approx -1,8 \log \left[\frac{6,9}{\text{Re}_d} + \left(\frac{\varepsilon/d}{3,7}\right)^{1,11}\right] \quad (6.49)$$

varia menos que 2% em relação à Equação (6.48).

EXEMPLO 6.6[2]

Calcule a perda de carga e a queda de pressão em 61 m de um tubo horizontal de ferro fundido asfaltado de 152 mm de diâmetro transportando água com uma velocidade média de 1,83 m/s.

Solução

- *Esboço do sistema:* Ver a Figura 6.7 para um tubo horizontal, com $\Delta z = 0$ e h_p proporcional a Δp.
- *Hipóteses:* Escoamento turbulento, tubo horizontal de ferro fundido asfaltado, $d = 0,152$ m, $L = 61$ m.
- *Abordagem:* Determine Re_d e ε/d; entre no diagrama de Moody, Figura 6.13; encontre f e, em seguida, h_p e Δp.

---
[2] Este exemplo foi dado por Moody em seu artigo de 1944 [8].

- *Valores das propriedades:* Da Tabela A.3 para água, $\rho = 998$ kg/m^3, $\mu = 0{,}001$ kg/(m · s).
- *Passo 1 da solução:* Calcule Re$_d$ e a rugosidade relativa:

$$\text{Re}_d = \frac{\rho V d}{\mu} = \frac{(998\ \text{kg/m}^3)(1{,}83\ \text{m/s})(0{,}152\ \text{m})}{0{,}001\ \text{kg/(m·s)}} \approx 278.000 \quad \text{(turbulento)}$$

Da Tabela 6.1, para ferro fundido asfaltado, $\varepsilon = 0{,}12$ mm. Logo, calcula-se

$$\varepsilon/d = (0{,}12\ \text{mm})/(152\ \text{mm}) = 0{,}0008$$

- *Passo 2 da solução:* Determine o fator de atrito no diagrama de Moody ou na Equação (6.48). Se for usar o diagrama de Moody, Figura 6.13, você precisará de prática. Encontre a linha do lado direito para $\varepsilon/d = 0{,}0008$ e siga por ela para a esquerda até interceptar a linha vertical para Re$_d \approx 2{,}78\text{E}5$. Leia, aproximadamente, $f \approx 0{,}02$ (ou calcule $f = 0{,}0198$ pela Equação (6.48)).
- *Passo 3 da solução:* Calcule h_p pela Equação (6.10) e Δp pela Equação (6.8) para um tubo horizontal

$$h_p = f \frac{L}{d}\frac{V^2}{2g} = (0{,}02)\ \frac{61}{0{,}152}\ \frac{(1{,}83\ \text{m/s})^2}{2(9{,}81\ \text{m/s}^2)} = 1{,}37\ \text{m} \qquad \textit{Resposta}$$

$$\Delta p = \rho g h_p = (998\ \text{kg/m}^3)(9{,}81\ \text{m/s}^2)(1{,}37\ \text{m}) = 13.413\ \text{Pa} \qquad \textit{Resposta}$$

- *Comentários:* Ao dar esse exemplo, Moody [8] afirmou que essa estimativa, mesmo para um tubo novo e limpo, podia ser considerada precisa até cerca de ± 10% somente.

EXEMPLO 6.7

Óleo com $\rho = 900$ kg/m^3 e $\nu = 0{,}00001$ m^2/s escoa a $0{,}2$ m^3/s através de um tubo de ferro fundido de 500 m de comprimento e 200 mm de diâmetro. Determine (*a*) a perda de carga e (*b*) a queda de pressão, se o tubo tem um ângulo de declive de 10° no sentido do escoamento.

Solução

Primeiro, calcule a velocidade com base na vazão conhecida

$$V = \frac{Q}{\pi R^2} = \frac{0{,}2\ \text{m}^3/\text{s}}{\pi (0{,}1\ \text{m})^2} = 6{,}4\ \text{m/s}$$

Então, o número de Reynolds é

$$\text{Re}_d = \frac{V d}{\nu} = \frac{(6{,}4\ \text{m/s})(0{,}2\ \text{m})}{0{,}00001\ \text{m}^2/\text{s}} = 128.000$$

Da Tabela 6.1, $\varepsilon = 0{,}26$ mm para o tubo de ferro fundido. Logo

$$\frac{\varepsilon}{d} = \frac{0{,}26\ \text{mm}}{200\ \text{mm}} = 0{,}0013$$

Inicie à direita do diagrama de Moody, em $\varepsilon/d = 0{,}0013$ (você terá de interpolar), e siga para a esquerda até interceptar Re = 128.000. Leia $f \approx 0{,}0225$ [da Equação (6.48), poderíamos calcular $f = 0{,}0227$]. Logo, a perda de carga é

$$h_p = f\frac{L}{d}\frac{V^2}{2g} = (0{,}0225)\frac{500\ \text{m}}{0{,}2\ \text{m}}\frac{(6{,}4\ \text{m/s})^2}{2(9{,}81\ \text{m/s}^2)} = 117\ \text{m} \qquad \textit{Resposta (a)}$$

Da Equação (6.9) para o tubo inclinado,

$$h_p = \frac{\Delta p}{\rho g} + z_1 - z_2 = \frac{\Delta p}{\rho g} + L \text{ sen } 10°$$

ou $\quad \Delta p = \rho g[h_p - (500 \text{ m}) \text{ sen } 10°] = \rho g(117 \text{ m} - 87 \text{ m})$

$= (900 \text{ kg/m}^3)(9{,}81 \text{ m/s}^2)(30 \text{ m}) = 265.000 \text{ kg}/(\text{m} \cdot \text{s}^2) = 265.000 \text{ Pa} \quad Resposta\ (b)$

EXEMPLO 6.8

Repita o Exemplo 6.4 para ver se existe uma possível solução de escoamento turbulento para um tubo de parede lisa.

Solução

No Exemplo 6.4, calculamos uma perda de carga $h_p \approx 0{,}49$ m, considerando escoamento laminar na saída ($\alpha \approx 2{,}0$). Para essa condição, o fator de atrito é

$$f = h_p \frac{d}{L} \frac{2g}{V^2} = (0{,}49 \text{ m}) \frac{(0{,}0012 \text{ m})(2)(9{,}81 \text{ m/s}^2)}{(0{,}3 \text{ m})(1{,}04 \text{ m/s})^2} \approx 0{,}0356$$

Para escoamento laminar, $\text{Re}_d = 64/f = 64/0{,}0356 \approx 1.800$, como havíamos mostrado no Exemplo 6.4. Entretanto, do diagrama de Moody (Figura 6.13), vemos que $f = 0{,}0356$ também corresponde a uma condição *turbulenta* de parede lisa, para $\text{Re}_d \approx 5.400$. Se o escoamento for realmente turbulento, deveremos mudar nosso fator de energia cinética para $\alpha \approx 1{,}06$ [Equação (3.73)], em que a perda de carga corrigida será $h_p \approx 0{,}54$ m e $f \approx 0{,}0392$. Com f conhecido, podemos calcular o número de Reynolds com nossas fórmulas:

$\quad \text{Re}_d \approx 4.250 \quad$ [Equação (6.38)] $\quad$ ou $\quad \text{Re}_d \approx 4.400 \quad$ [Equação (6.39b)]

Assim, o escoamento *poderia* ter sido turbulento, caso em que a viscosidade do fluido teria sido

$$\mu = \frac{\rho V d}{\text{Re}_d} = \frac{929(1{,}04)(0{,}0012)}{4.300} = 2{,}7 \times 10^{-4} \text{ kg}/(\text{m} \cdot \text{s}) \quad Resposta$$

Esse valor é em torno de 58% menor que o valor laminar calculado no Exemplo 6.4. A regra é manter o número de Reynolds do escoamento em tubos capilares abaixo de aproximadamente 1.000, para evitar tais soluções duplicadas.

A área sombreada no diagrama de Moody indica a faixa em que ocorre a transição do escoamento laminar para o turbulento. Não existem fatores de atrito confiáveis nessa faixa, $2000 < \text{Re}_d < 4000$. Observe que as curvas de rugosidade são aproximadamente horizontais no regime totalmente rugoso, à direita da linha tracejada.

Com base em testes feitos com tubos comerciais, valores recomendados da rugosidade média desses tubos estão listados na Tabela 6.1.

6.7 Quatro tipos de problemas de escoamento em tubos

O diagrama de Moody (Figura 6.13) pode ser usado para resolver praticamente qualquer problema que envolva perdas por atrito nos escoamentos em tubos longos. Todavia, o uso do diagrama em muitos desses problemas envolve cálculos repetitivos e iterativos porque o diagrama de Moody padrão é essencialmente um diagrama de *perda de carga*. Supondo-se que todas as outras variáveis sejam conhecidas, calcula-se Re_d, entra-se no diagrama, encontra-se f e, em seguida, calcula-se h_p. Esse é um dos quatro problemas fundamentais comumente encontrados nos cálculos de escoamento em tubos:

1. Dados d, L, V ou Q, ρ, μ e g, calcule a perda de carga h_p (problema da perda de carga).
2. Dados d, L, h_p, ρ, μ e g, calcule a velocidade V ou a vazão Q (problema da vazão).
3. Dados Q, L, h_p, ρ, μ e g, calcule o diâmetro d do tubo (problema do dimensionamento).
4. Dados Q, d, h_p, ρ, μ e g, calcule o comprimento L do tubo.

Problemas dos tipos 1 e 4 são bem adequados ao diagrama de Moody. Teremos de efetuar iterações para calcular a velocidade ou o diâmetro, pois tanto d como V estão contidos na ordenada e na abscissa do diagrama.

Há duas alternativas para as iterações em problemas dos tipos 2 e 3: (*a*) a preparação de um novo e adequado diagrama tipo Moody (ver os Problemas P6.68 e P6.73); ou (*b*) o uso de programas computacionais *de solução*, como o Excel. Os Exemplos 6.9 e 6.11 incluem a abordagem pelo Excel para esses problemas.

Problema do tipo 2: determinar a vazão

Apesar de a velocidade (ou a vazão) aparecer tanto na ordenada como na abscissa no diagrama de Moody, as iterações para escoamento turbulento são bastante rápidas, pois f varia lentamente com Re_d. Em edições anteriores, o autor reescrevia a fórmula de *Colebrook* (6.48) como uma relação em que Q poderia ser calculado diretamente. Essa

---

EXEMPLO 6.9

Óleo, com $\rho = 950$ kg/m^3 e $\nu = 2$ E-5 m^2/s, escoa através de um tubo de 30 cm de diâmetro e 100 m de comprimento com uma perda de carga de 8 m. A rugosidade relativa é $\varepsilon/d = 0{,}0002$. Determine a velocidade média e a vazão.

Solução iterativa

Por definição, o fator de atrito é conhecido exceto V:

$$f = h_p \frac{d}{L} \frac{2g}{V^2} = (8\text{ m})\left(\frac{0{,}3\text{ m}}{100\text{ m}}\right)\left[\frac{2(9{,}81\text{ m/s}^2)}{V^2}\right] \quad \text{ou} \quad fV^2 \approx 0{,}471 \quad \text{(unidades do SI)}$$

Para iniciarmos, precisamos apenas adotar f, calcular $V = \sqrt{0{,}471/f}$, obter Re_d, calcular uma melhor aproximação para f do diagrama de Moody e repetir. O processo converge bem rapidamente. Uma boa estimativa inicial é o valor de escoamento "totalmente rugoso" para $\varepsilon/d = 0{,}0002$, ou $f \approx 0{,}014$ da Figura 6.13. O cálculo iterativo se faz do seguinte modo:

Adote $f \approx 0{,}014$, então $V = \sqrt{0{,}471/0{,}014} = 5{,}80$ m/s e $\text{Re}_d = Vd/\nu \approx 87.000$. Para $\text{Re}_d = 87.000$ e $\varepsilon/d = 0{,}0002$, calcule $f_{\text{novo}} \approx 0{,}0195$ [Equação (6.48)].

Novo $f \approx 0{,}0195$, $V = \sqrt{0{,}471/0{,}0195} = 4{,}91$ m/s e $\text{Re}_d = Vd/\nu \approx 73.700$. Para $\text{Re}_d = 73.700$ e $\varepsilon/d = 0{,}0002$, calcule $f_{\text{novo}} \approx 0{,}0201$ [Equação (6.48)].

Melhor $f \approx 0{,}0201$, $V = \sqrt{0{,}471/0{,}0201} = 4{,}84$ m/s e $\text{Re}_d \approx 72.600$. Para $\text{Re}_d = 72.600$ e $\varepsilon/d = 0{,}0002$, calcule $f_{\text{novo}} \approx 0{,}0201$ [Equação (6.48)].

Obtivemos convergência com três algarismos significativos. Logo, nossa solução iterativa é

$$V = 4{,}84 \text{ m/s}$$

$$Q = V\left(\frac{\pi}{4}\right)d^2 = (4{,}84)\left(\frac{\pi}{4}\right)(0{,}3)^2 \approx 0{,}342 \text{ m}^3/\text{s} \qquad \textit{Resposta}$$

A abordagem iterativa é simples e pouco onerosa, sendo assim usada rotineiramente pelos engenheiros. Obviamente, esse procedimento repetitivo é ideal para microcomputadores.

Solução por iteração com o Excel

Para iterar copiando repetidamente no Excel, precisamos de cinco colunas: velocidade, vazão, número de Reynolds, uma estimativa inicial para f, e um cálculo de f com $(\varepsilon/d) = 0,0002$ e o valor atual de Re_d. Modificamos nossa estimativa para f, na linha seguinte, com o novo valor de f e calculamos novamente, como mostrado na tabela a seguir. Como f é uma função que varia lentamente, o processo converge rapidamente.

	V(m/s) = $(0,471/E1)^{0,5}$	Q(m³/s) = $(\pi/4)$ $A1*0,3^2$	Re_d = $A1*0,3/0,00002$	f (Eq. 6.48)	f estimado
	A	B	C	D	E
1	5,8002	0,4100	87.004	0,02011	0,01400
2	4,8397	0,3421	72.596	0,02011	0,02011
3	**4,8397**	**0,3421**	72.596	0,02011	0,02011

Como mostrado no método iterativo manual, a solução correta é $V = 4,84$ m/s e $Q = 0,342$ m²/s.

ideia agora fica restrita ao Problema P6.68. O Exemplo 6.9, a seguir, é ilustrado por uma iteração e por uma solução no Excel.

Problema do tipo 3: determinar o diâmetro do tubo

O diagrama de Moody é especialmente inadequado para determinar o tamanho do tubo, pois d aparece nos três parâmetros f, Re_d e ε/d. Além disso, o problema depende de conhecermos a velocidade ou a vazão. Não podemos conhecer ambos, ou então seria possível calcular o diâmetro imediatamente, $d = \sqrt{4Q/(\pi V)}$.

Vamos admitir que a vazão Q seja conhecida. Observe que isso requer a redefinição do número de Reynolds em termos de Q:

$$\text{Re}_d = \frac{Vd}{\nu} = \frac{4Q}{\pi d \nu} \tag{6.50}$$

Se, em vez disso, conhecêssemos a velocidade V, poderíamos usar a primeira forma para o número de Reynolds. O autor considera conveniente resolver a correlação do fator de atrito de Darcy, Eq. (6.10), em termos de f:

$$f = h_p \frac{d}{L} \frac{2g}{V^2} = \frac{\pi^2}{8} \frac{g h_p d^5}{LQ^2} \tag{6.51}$$

Os dois exemplos seguintes ilustram o processo iterativo.

EXEMPLO 6.10

Resolva o Exemplo 6.9 de modo invertido, admitindo que $Q = 0,342$ m³/s e $\varepsilon = 0,06$ mm são conhecidas, mas que d (30 cm) é incógnita. Relembre que $L = 100$ m, $\rho = 950$ kg/m³, $\nu = 2\text{E-}5$ m²/s e $h_p = 8$ m.

Solução iterativa

Escreva primeiro o diâmetro em termos do fator de atrito:

$$f = \frac{\pi^2}{8} \frac{(9,81 \text{ m/s}^2)(8 \text{ m}) d^5}{(100 \text{ m})(0,342 \text{ m}^3/\text{s})^2} = 8,28 d^5 \quad \text{ou} \quad d \approx 0,655 f^{1/5} \tag{1}$$

em unidades do SI. Escreva também o número de Reynolds e a rugosidade relativa em termos do diâmetro:

$$\text{Re}_d = \frac{4(0,342 \text{ m}^3/\text{s})}{\pi (2 \text{ E-5 m}^2/\text{s})d} = \frac{21.800}{d} \quad (2)$$

$$\frac{\varepsilon}{d} = \frac{6 \text{ E-5 m}}{d} \quad (3)$$

Adote f, calcule d em (1), em seguida calcule Re_d em (2) e ε/d em (3), e calcule um melhor valor de f no diagrama de Moody ou na Equação (6.48). Repita a iteração até a convergência (que é bem rápida). Não havendo estimativa inicial, o autor adota $f \approx 0,03$ (próximo ao meio da porção turbulenta do diagrama de Moody). Decorrem os seguintes cálculos:

$$f \approx 0,03 \qquad d \approx 0,655\,(0,03)^{1/5} \approx 0,325 \text{ m}$$

$$\text{Re}_d \approx \frac{21.800}{0,325} \approx 67.000 \quad \frac{\varepsilon}{d} \approx 1,85 \text{ E-4}$$

Equação (6.48) $\qquad f_{novo} \approx 0,0203 \qquad$ então $\qquad d_{novo} \approx 0,301$ m

$$\text{Re}_{d,novo} \approx 72.500 \qquad \varepsilon/d \approx 2,0 \text{ E-4}$$

Equação (6.48) $\qquad f_{melhor} \approx 0,0201$ e $\qquad d = 0,300$ m $\qquad$ *Resposta*

O procedimento convergiu para o diâmetro correto de 30 cm dado no Exemplo 6.9.

Solução por iteração com o Excel

Para iterar copiando repetidamente no Excel, precisamos de cinco colunas: ε/d, fator de atrito, número de Reynolds, diâmetro d, e uma estimativa inicial para f. Com a estimativa para f, calculamos $d \approx 0,655 f^{1/5}$, $\text{Re}_d \approx 21.800/d$ e $\varepsilon/d = (0,00006 \text{ m})/d$. Substitua o f estimado pelo novo f. Assim, o Excel está fazendo o trabalho de nosso cálculo manual anterior:

	ε/d = 0,00006/d	f – (Eq. 6.48)	Re_d = 21.800/d	d (metros) = 0,655f^0,2	f estimado
	A	B	C	D	E
1	0,000185	0,0196	67.111	0,325	0,0300
2	0,000201	0,0201	73.106	0,298	0,0196
3	0,000200	0,0201	72.677	0,300	0,0201
4	0,000200	0,0201	72.706	**0,300**	0,0201

Como mostrado em nosso método iterativo manual, a solução correta é $d = 0,300$ m.

EXEMPLO 6.11

Um tubo de plástico liso deve ser projetado para transportar 8 pés³/s de água a 20°C por 1.000 pés de tubo horizontal com uma saída a 15 lbf/pol². A queda de pressão deve ser de aproximadamente 250 lbf/pol². Determine (a) o diâmetro apropriado para este tubo e (b) se um tubo *Schedule* 40 é adequado, caso o material do tubo tenha uma tensão admissível de 8.000 lbf/pol².

Solução por iteração no Excel

Hipóteses: Escoamento permanente turbulento, com paredes lisas. Para a água, adotar $\rho = 1{,}94$ slug/pés³ e $\mu = 2{,}09$ E-5 slug/(pés·s). Com d como incógnita, use a Eq. (6.51):

$$f = \frac{\pi^2}{8} \frac{gh_p d^5}{LQ^2} = \frac{\pi^2}{8} \frac{\Delta p d^5}{\rho L Q^2} = \frac{\pi^2}{8} \frac{(250 \times 144 \text{ lbf/pés}^2)d^5}{(1{,}94 \text{ slug/pés}^3)(1000 \text{ pés})(8 \text{ pés}^3/\text{s})^2} = 0{,}358\, d^5 \quad (1)$$

Não conhecemos d e f, mas eles estão relacionados pela fórmula de Prandtl, Eq. (6.38):

$$\frac{1}{f^{1/2}} \approx 2{,}0 \log(\text{Re}_d f^{1/2}) - 0{,}8,\ \text{Re}_d = \frac{\rho V d}{\mu} = \frac{4\rho Q}{\pi \mu d} = \frac{4(1{,}94)(8)}{\pi(2{,}09\,E-5)d} = \frac{945.500}{d} \quad (2)$$

Parte (a) As equações (1) e (2) podem ser resolvidas simultaneamente para f e d. Usando a iteração do Excel, temos quatro colunas: a estimativa $f = 0{,}02$, d da Eq. (1), Re_d da Eq. (2) e um f melhor da Eq. (6.38). A tubulação é lisa, assim nós não precisamos da rugosidade:

	f (Eq. 6.38)	$\text{Re}_d = 945.500/C2$	$d = (D2/0{,}358)^{\wedge}0{,}2$	f estimado
	A	B	C	D
1	0,01009	1.683.574	0,562	0,02000
2	0,01047	1.930.316	0,490	0,01009
3	0,01044	1.916.418	0,493	0,01047
4	**0,01045**	**1.917.156**	**0,493**	0,01044

O processo converge rapidamente para:

$$\text{Re}_d \approx 1{,}92\,E6;\quad f \approx 0{,}01045;\quad d \approx 0{,}493 \text{ pés}$$

Escolha o diâmetro imediatamente superior do tubo de aço *Schedule* 40 na Tabela 6.2:
$d \approx 0{,}5$ pé = **6 pol** *Resposta (a)*

Parte (b) Verifique se o tubo *Schedule* 40 é suficientemente resistente. A pressão máxima ocorre na entrada do tubo: $p_{\text{máx}} = p_{\text{saída}} + \Delta p = 15 + 250 = 265$ lbf/pol². O número de *Schedule* é, portanto,

$$\text{Número de } Schedule = (1.000)\frac{(\text{pressão máxima})}{(\text{tensão admissível})} = (1.000)\left(\frac{265 \text{ psi}}{8.000 \text{ psi}}\right) \approx 33$$

O tubo *Schedule* 30 não resiste a essa pressão, assim escolhe-se uma **tubulação *Schedule* 40**.
Resposta (b)

Dimensões de tubos comerciais

Ao resolver um problema para encontrar o diâmetro do tubo, devemos observar que os tubos comerciais são feitos somente em certos tamanhos. A Tabela 6.2 apresenta os tamanhos nominais e reais dos tubos nos Estados Unidos. O termo *Schedule* 40 é uma medida da espessura do tubo e sua resistência à tensão causada pela pressão interna do fluido. Se *P* é a pressão interna do fluido e *S* é a tensão admissível do material do tubo, então o número de *Schedule* = (1.000) (*P/S*). Os números de *Schedule* comerciais variam de 5 a 160, mas 40 e 80 são de longe os mais populares. O Exemplo 6.11 é uma aplicação típica.

Problema do tipo 4: determinar o comprimento do tubo

No projeto de sistemas de tubulação, é desejável estimar o comprimento apropriado de tubo para um dado diâmetro do tubo, potência de bombeamento e vazão volumétrica. A altura de energia da bomba corresponde à perda de carga da tubulação. Se as perdas localizadas são desprezadas, Seção 6.9, o comprimento do tubo (horizontal) resulta da fórmula de Darcy (6.10):

$$h_{\text{bomba}} = \frac{\text{Potência}}{\rho g Q} = h_p = f \frac{L}{d} \frac{V^2}{2g} \tag{6.52}$$

Com Q, d e ε conhecidos, podemos calcular Re_d e f; em seguida, L é obtido por essa fórmula. Observe que a eficiência de uma bomba varia bastante com a vazão (Capítulo 11). Logo, é importante combinar o comprimento do tubo com a região de máxima eficiência da bomba.

6.8 Escoamento em dutos não circulares[3]

Se o duto é não circular, a análise do escoamento totalmente desenvolvido segue aquela do tubo circular, porém é mais complicada algebricamente. Para o escoamento laminar, pode-se resolver as equações exatas da continuidade e da quantidade de movimento. Para o escoamento turbulento, o perfil de velocidades logarítmico pode ser usado, ou então (melhor e mais simples) o diâmetro hidráulico é uma excelente aproximação.

Tabela 6.2 Dimensões nominais e reais de tubos de aço forjado *Schedule* 40

Diâmetro nominal, pol	Diâmetro interno real, pol	Espessura da parede, pol
1/8	0,269	0,068
1/4	0,364	0,088
3/8	0,493	0,091
1/2	0,622	0,109
3/4	0,824	0,113
1	1,049	0,133
1-1/2	1,610	0,145
2	2,067	0,154
2-1/2	2,469	0,203
3	3,068	0,216
4	4,026	0,237
5	5,047	0,258
6	6,065	0,280

---
[3]Esta seção pode ser omitida sem perda de continuidade.

EXEMPLO 6.12

Uma bomba fornece 0,6 hp para água a 20°C escoar por um tubo horizontal de ferro fundido asfaltado de 152 mm de diâmetro à velocidade $V = 1,83$ m/s. Qual é o comprimento apropriado de tubo para satisfazer a essas condições?

Solução

- *Abordagem:* Determine h_p pela potência conhecida e determine f com base em Re_d e ε/d. Em seguida, determine L.
- *Propriedades da água:* Para água a 20°C, Tabela A.3, $\rho = 998$ kg/m³, $\mu = 0,001$ kg/(m · s).
- *Rugosidade do tubo:* Da Tabela 6.1 para ferro fundido asfaltado, $\varepsilon = 0,12$ mm.
- *Passo 1 da solução:* Determine a altura de energia da bomba pela vazão e pela potência da bomba:

$$Q = AV = \frac{\pi}{4}(0,152 \text{ m})^2 (1,83 \text{ m/s}) \approx 0,033 \text{ m}^3/\text{s}$$

$$h_{\text{bomba}} = \frac{\text{Potência}}{\rho g Q} = \frac{0,6 \text{ hp} \times 745,7 \text{ W/hp}}{998 \text{ kg/m}^3 \cdot 9,81 \text{ m/s}^2 \cdot 0,033 \text{ m}^3/\text{s}} = 1,38 \text{ m}$$

- *Passo 2 da solução:* Calcule o fator de atrito pela fórmula de Colebrook, Equação (6.48):

$$\text{Re}_d = \frac{\rho V d}{\mu} = \frac{998 \cdot 1,83 \cdot 0,152}{0,001} = 277.604 \quad \frac{\varepsilon}{d} = \frac{0,00012}{0,152} = 0,0008$$

$$\frac{1}{\sqrt{f}} = -2,0 \log_{10}\left(\frac{\varepsilon/d}{3,7} + \frac{2,51}{\text{Re}_d \sqrt{f}}\right) \quad \text{em que} \quad f = 0,0198$$

- *Passo 3 da solução:* Determine o comprimento do tubo pela fórmula de Darcy (6.10):

$$h_{\text{bomba}} = h_p = 1,38 \text{ m} = f \frac{L}{d}\frac{V^2}{2g} = 0,0198 \frac{L}{0,152 \text{ m}} \frac{(1,83 \text{ m/s})^2}{2 \cdot 9,81 \text{ m/s}^2}$$

A solução é $\quad L \approx 62$ m $\quad$ *Resposta*

- *Comentário:* Este é o problema de Moody (Exemplo 6.6) reformulado para tornar o comprimento uma incógnita.

O diâmetro hidráulico

Para um duto não circular, o conceito de volume de controle da Figura 6.7 ainda é válido, mas a área da seção transversal A não é igual a πR^2 e o perímetro molhado pela tensão cisalhante $\mathcal{P}_m$ não é igual a $2\pi R$. A equação da quantidade de movimento (6.9a) torna-se então

$$\Delta p\, A + \rho g A\, \Delta L\, \text{sen}\, \phi - \bar{\tau}_p \mathcal{P}_m\, \Delta L = 0$$

ou
$$h_p = \frac{\Delta p}{\rho g} + \Delta z = \frac{\bar{\tau}_p}{\rho g}\frac{\Delta L}{A/\mathcal{P}_m} \tag{6.53}$$

Comparando com a Eq. (6.9b), vemos que A/𝒫 representa um quarto do diâmetro do tubo para uma seção transversal circular. Definimos o fator de atrito em termos da tensão de cisalhamento média:

$$f_{DNC} = \frac{8\overline{\tau}_p}{\rho V^2} \qquad (6.54)$$

em que DNC indica duto não circular e $V = Q/A$, como é usual; a Equação (6.53) torna-se

$$h_f = f\frac{L}{D_h}\frac{V^2}{2g} \qquad (6.55)$$

Esta é equivalente à Equação (6.10) para o escoamento em tubos, exceto que d dá lugar a D_h. Portanto, é costume definir o *diâmetro hidráulico* como

$$\boxed{D_h = \frac{4A}{\mathcal{P}_m} = \frac{4 \times \text{área}}{\text{perímetro molhado}}} \qquad (6.56)$$

Devemos frisar que o perímetro molhado inclui todas as superfícies sob ação da tensão cisalhante. Por exemplo, em uma seção anular circular, tanto o perímetro externo como o interno devem ser adicionados.

Logo, pela análise dimensional, devemos esperar que esse fator de atrito f baseado no diâmetro hidráulico, Equação (6.55), seja correlacionado com o número de Reynolds e com a rugosidade relativa baseados no diâmetro hidráulico

$$f = F\left(\frac{VD_h}{\nu}, \frac{\varepsilon}{D_h}\right) \qquad (6.57)$$

e essa é a maneira de correlacionar os dados. Mas não iríamos esperar necessariamente que o diagrama de Moody (Figura 6.13) fosse valer exatamente em termos dessa nova escala de comprimento. E não vale mesmo, mas é surpreendentemente preciso:

$$f \approx \begin{cases} \dfrac{64}{\text{Re}_{D_h}} & \pm 40\% \quad \text{escoamento laminar} \\ f_{\text{Moody}}\left(\text{Re}_{D_h}, \dfrac{\varepsilon}{D_h}\right) & \pm 15\% \quad \text{escoamento turbulento} \end{cases} \qquad (6.58)$$

Vamos considerar agora alguns casos particulares.

Escoamento entre placas paralelas

Talvez o caso mais simples de escoamento em dutos não circulares seja o escoamento totalmente desenvolvido entre placas paralelas separadas de uma distância $2h$, como mostra a Figura 6.14. Como indica a figura, a largura $b >> h$, de modo que o escoamento é essencialmente bidimensional; isto é, $u = u(y)$ somente. O diâmetro hidráulico fica

$$D_h = \frac{4A}{\mathcal{P}_m} = \lim_{b \to \infty} \frac{4(2bh)}{2b + 4h} = 4h \qquad (6.59)$$

ou seja, é duas vezes a distância entre as placas. O gradiente de pressão é constante, $(-dp/dx) = \Delta p/L$, em que L é o comprimento do canal ao longo do eixo x.

Capítulo 6   Escoamento viscoso em dutos   **371**

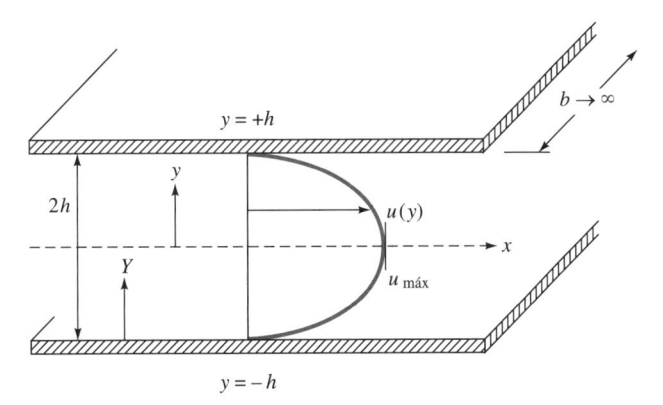

Figura 6.14 Escoamento totalmente desenvolvido entre placas paralelas.

Solução para escoamento laminar

A solução para escoamento laminar foi dada na Seção 4.10, em conexão com a Figura 4.16b. Vamos repassar aqueles resultados aqui:

$$u = u_{máx}\left(1 - \frac{y^2}{h^2}\right) \quad \text{em que} \quad u_{máx} = \frac{h^2}{2\mu}\frac{\Delta p}{L}$$

$$Q = \frac{2bh^3}{3\mu}\frac{\Delta p}{L}$$

$$V = \frac{Q}{A} = \frac{h^2}{3\mu}\frac{\Delta p}{L} = \frac{2}{3}u_{máx} \tag{6.60}$$

$$\tau_p = \mu\left|\frac{du}{dy}\right|_{y=h} = h\frac{\Delta p}{L} = \frac{3\mu V}{h}$$

$$h_p = \frac{\Delta p}{\rho g} = \frac{3\mu L V}{\rho g h^2}$$

Use agora a perda de carga para estabelecer o fator de atrito laminar:

$$f_{lam} = \frac{h_p}{(L/D_h)(V^2/2g)} = \frac{96\mu}{\rho V(4h)} = \frac{96}{\text{Re}_{D_h}} \tag{6.61}$$

Logo, se não fôssemos trabalhar com a teoria de escoamento laminar e escolhêssemos usar a aproximação $f \approx 64/\text{Re}_{D_h}$, obteríamos um resultado 33% mais baixo. A aproximação pelo diâmetro hidráulico é relativamente incipiente para escoamento laminar, conforme a Equação (6.58) constata.

Assim como no escoamento em tubos circulares, a solução laminar acima torna-se instável em torno de $\text{Re}_{D_h} \approx 2.000$; a transição ocorre, surgindo o escoamento turbulento.

Solução para escoamento turbulento

Para o escoamento turbulento entre placas paralelas, podemos novamente usar a lei logarítmica, Equação (6.58), como uma aproximação ao longo de toda a seção do canal, usando não y mas uma coordenada de parede Y, conforme mostrado na Figura 6.14:

$$\frac{u(Y)}{u^*} \approx \frac{1}{\kappa}\ln\frac{Yu^*}{\nu} + B \quad 0 < Y < h \tag{6.62}$$

Essa distribuição se parece muito com o perfil turbulento achatado para o escoamento em tubos na Figura 6.11b, e a velocidade média é

$$V = \frac{1}{h}\int_0^h u\, dY = u^*\left(\frac{1}{\kappa}\ln\frac{hu^*}{\nu} + B - \frac{1}{\kappa}\right) \tag{6.63}$$

Relembrando que $V/u^* = (8/f)^{1/2}$, vemos que a Equação (6.63) é equivalente a uma lei de atrito para placas paralelas. Rearrumando e agrupando os termos constantes, obtemos

$$\frac{1}{f^{1/2}} \approx 2{,}0 \log (\text{Re}_{D_h} f^{1/2}) - 1{,}19 \qquad (6.64)$$

em que introduzimos o diâmetro hidráulico $D_h = 4h$. Essa expressão é notavelmente próxima da lei do atrito em tubos de parede lisa, Equação (6.38). Portanto, concluímos que o uso do diâmetro hidráulico neste caso turbulento é muito bem-sucedido. Isso acaba sendo verdadeiro também para outros escoamentos turbulentos não circulares.

Pode-se colocar a Equação (6.64) em exata concordância com a lei dos tubos re-escrevendo-a na forma

$$\frac{1}{f^{1/2}} = 2{,}0 \log (0{,}64 \, \text{Re}_{D_h} f^{1/2}) - 0{,}8 \qquad (6.65)$$

Logo, o atrito turbulento é previsto com mais precisão quando usamos um diâmetro efetivo D_{ef} igual a 0,64 vezes o diâmetro hidráulico. O efeito sobre o próprio f é bem menor, em torno de 10%, se tanto. Podemos comparar com a Equação (6.66) para o escoamento laminar, que prevê

Placas paralelas: $\qquad D_{\text{ef}} = \dfrac{64}{96} D_h = \dfrac{2}{3} D_h \qquad (6.66)$

Essa estreita semelhança ($0{,}64 D_h$ contra $0{,}667 D_h$) é tão frequente no escoamento em dutos não circulares que nós a tratamos como regra geral para o cálculo do atrito turbulento em dutos:

$$D_{\text{ef}} = D_h = \frac{4A}{\mathcal{P}} \qquad \text{precisão razoável}$$

$$D_{\text{ef}} = D_h \frac{64}{(f \, \text{Re}_{D_h}) \text{ teoria laminar}} \qquad \text{precisão melhorada} \qquad (6.67)$$

Jones [10] mostra que a ideia do diâmetro laminar efetivo faz todos os dados para dutos retangulares de razão altura/largura arbitrária agruparem-se sobre o diagrama de Moody para o escoamento em tubos. Recomenda-se essa ideia para todos os dutos não circulares.

EXEMPLO 6.13

Um fluido escoa com uma velocidade média de 1,83 m/s entre placas planas horizontais separadas de uma distância de 61 mm. Determine a perda de carga e a queda de pressão em cada 100 m de comprimento para $\rho = 979$ kg/m³ e (a) $\nu = 1{,}86$ E-6 m²/s e (b) $\nu = 1{,}86$ E-4 m²/s. Considere as paredes lisas.

Solução

Parte (a)   A viscosidade é $\mu = \rho\nu = 1{,}82 \times 10^{-3}$ kg/(m · s). O espaçamento é $2h = 61$ mm e $D_h = 4h = 122$ mm. O número de Reynolds é

$$\text{Re}_{D_h} = \frac{VD_h}{\nu} = \frac{(1{,}83 \text{ m/s})(0{,}122 \text{ m})}{1{,}86\,\text{E-6 m}^2/\text{s}} = 120.000$$

Logo, o escoamento é turbulento. Para precisão razoável, simplesmente examinamos o diagrama de Moody (Figura 6.13) para paredes lisas

$$f \approx 0,0173 \quad h_p \approx f\frac{L}{D_h}\frac{V^2}{2g} = 0,0173\frac{100}{0,122}\frac{(1,83)^2}{2(9,81)} \approx 2,42 \text{ m} \qquad \textit{Resposta (a)}$$

Como não há mudança de elevação

$$\Delta p = \rho g h_p = 979(9,81)(2,42) = 23.242 \text{ N/m}^2 \qquad \textit{Resposta (a)}$$

Essas são a perda de carga e a queda de pressão por 100 m do canal. Para maior precisão, tome $D_{ef} = 2/3\, D_h$ da teoria laminar; então

$$\text{Re}_{ef} = \tfrac{2}{3}(120.000) = 80.000$$

e do diagrama de Moody leia $f \approx 0,0189$ para paredes lisas. Logo, uma melhor estimativa é

$$h_p = 0,0189\frac{100}{0,122}\frac{(1,83)^2}{2(9,81)} = 2,64 \text{ m}$$

e
$$\Delta p = 979(9,81)(2,64) = 25.355 \text{ N/m}^2 \qquad \textit{Melhor resposta (a)}$$

A fórmula mais precisa prevê um atrito cerca de 9% maior.

Parte (b) Calcule $\mu = \rho\nu = 0,182$ kg/(m · s). O número de Reynolds é $1,83(0,122)/1,86\text{ E-4} = 1.200$; logo, o escoamento é laminar, pois Re é menor que 2.300.

Você poderia usar o fator de atrito laminar, Equação (6.61)

$$f_{\text{lam}} = \frac{96}{\text{Re}_{D_h}} = \frac{96}{1.200} = 0,08$$

em que
$$h_p = 0,08\frac{100}{0,122}\frac{(1,83)^2}{2(9,81)} = 11,2 \text{ m}$$

e
$$\Delta p = 979(9,81)(11,2) = 107.565 \text{ N/m}^2 \qquad \textit{Resposta (b)}$$

Como alternativa, você pode ir diretamente à fórmula apropriada de escoamento laminar, Equação (6.60)

$$V = \frac{h^2}{3\mu}\frac{\Delta p}{L}$$

ou $\quad \Delta p = \dfrac{3(1,83 \text{ m/s})[0,182 \text{ kg}/(\text{m}\cdot\text{s})](100 \text{ m})}{(0,0305 \text{ m})^2} = 107.410 \text{ kg}/(\text{m}\cdot\text{s}^2) = 107.410 \text{ N/m}^2$

e
$$h_p = \frac{\Delta p}{\rho g} = \frac{107.410}{979(9,81)} = 11,2 \text{ m}$$

Escoamento por um duto de seção anular

Considere o escoamento laminar, permanente e axial no espaço anular entre dois cilindros concêntricos, como na Figura 6.15. Não há escorregamento nas paredes nos raios interno ($r = b$) e externo ($r = a$). Para $u = u(r)$ apenas, a relação determinante é a Equação (D.7) no Apêndice D:

$$\frac{d}{dr}\left(r\mu\frac{du}{dr}\right) = K r \quad K = \frac{d}{dx}(p + \rho g z) \qquad (6.68)$$

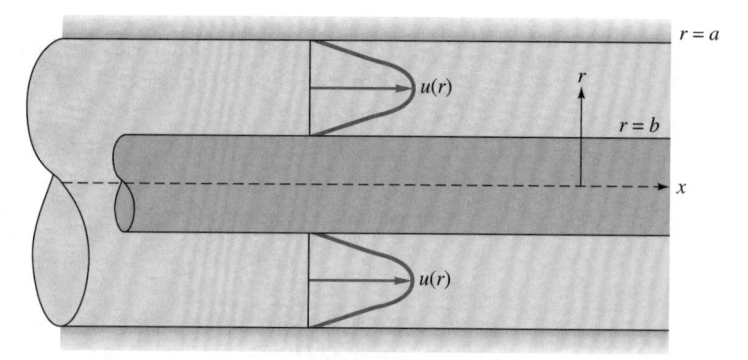

Figura 6.15 Escoamento totalmente desenvolvido por um duto de seção anular.

Integrando duas vezes

$$u = \frac{1}{4}r^2\frac{K}{\mu} + C_1 \ln r + C_2$$

As constantes são determinadas com base nas duas condições de não escorregamento

$$u(r = a) = 0 = \frac{1}{4}a^2\frac{K}{\mu} + C_1 \ln a + C_2$$

$$u(r = b) = 0 = \frac{1}{4}b^2\frac{K}{\mu} + C_1 \ln b + C_2$$

A solução final para o perfil de velocidades é

$$u = \frac{1}{4\mu}\left[-\frac{d}{dx}(p + \rho gz)\right]\left[a^2 - r^2 + \frac{a^2 - b^2}{\ln(b/a)}\ln\frac{a}{r}\right] \quad (6.69)$$

A vazão volumétrica é dada por

$$Q = \int_b^a u\, 2\pi r\, dr = \frac{\pi}{8\mu}\left[-\frac{d}{dx}(p + \rho gz)\right]\left[a^4 - b^4 - \frac{(a^2 - b^2)^2}{\ln(a/b)}\right] \quad (6.70)$$

O perfil de velocidades $u(r)$ lembra uma parábola envolta em um círculo, formando uma rosquinha, como na Figura 6.15.

É confuso basear o fator de atrito no cisalhamento na parede, pois há duas tensões cisalhantes de parede, a interna sendo maior que a externa. É melhor definir f com relação à perda de carga, como na Equação (6.55),

$$f = h_p \frac{D_h}{L}\frac{2h}{V^2} \qquad \text{em que} \qquad V = \frac{Q}{\pi(a^2 - b^2)} \quad (6.71)$$

O diâmetro hidráulico de uma seção anular é

$$D_h = \frac{4\pi(a^2 - b^2)}{2\pi(a + b)} = 2(a - b) \quad (6.72)$$

Ele é duas vezes a folga, muito análogo ao resultado de duas vezes a distância entre as placas paralelas [Equação (6.59)].

Substituindo h_p, D_h e V na Equação (6.71), descobrimos que o fator de atrito para o escoamento laminar em uma seção anular é da forma

$$f = \frac{64\zeta}{\text{Re}_{D_h}} \quad \zeta = \frac{(a-b)^2(a^2-b^2)}{a^4 - b^4 - (a^2-b^2)^2/\ln(a/b)} \tag{6.73}$$

O fator adimensional ζ é um tipo de fator de correção para o diâmetro hidráulico. Poderíamos reescrever a Equação (6.73) como

Seção anular: $\quad f = \dfrac{64}{\text{Re}_{ef}} \quad \text{Re}_{ef} = \dfrac{1}{\zeta}\text{Re}_{D_h} \tag{6.74}$

Alguns valores numéricos de $f\,\text{Re}_{D_h}$ e $D_{ef}/D_h = 1/\zeta$ são dados na Tabela 6.3. Ainda, o escoamento anular laminar torna-se instável para $\text{Re}_{D_h} \approx 2.000$.

Para o escoamento turbulento por um duto de seção anular, a análise poderia ser feita combinando-se dois perfis logarítmicos, um deles se dirigindo para fora a partir da parede interna até encontrar o outro perfil, vindo da parede externa. Aqui, vamos omitir tal procedimento e partir diretamente para o fator de atrito. De acordo com a regra geral proposta na Equação (6.58), o fator de atrito turbulento é previsto com excelente precisão substituindo d no diagrama de Moody por $D_{ef} = 2(a-b)/\zeta$, com valores listados na Tabela 6.3.[4] Essa ideia inclui também a rugosidade relativa (substitua ε/d no diagrama por ε/D_{ef}). Para um número de projeto imediato, com precisão em torno de 10%, pode-se usar simplesmente o diâmetro hidráulico $D_h = 2(a-b)$.

Tabela 6.3 Fatores de atrito para o escoamento laminar em um duto de seção anular

b/a	$f\,\text{Re}_{D_h}$	$D_{ef}/D_h = 1/\zeta$
0,0	64,0	1,000
0,00001	70,09	0,913
0,0001	71,78	0,892
0,001	74,68	0,857
0,01	80,11	0,799
0,05	86,27	0,742
0,1	89,37	0,716
0,2	92,35	0,693
0,4	94,71	0,676
0,6	95,59	0,670
0,8	95,92	0,667
1,0	96,0	0,667

EXEMPLO 6.14

Qual deve ser o nível h do reservatório para manter um escoamento de 0,01 m³/s através do duto de seção anular de aço comercial de 30 m de comprimento, mostrado na Figura E6.14? Despreze os efeitos de entrada e considere $\rho = 1.000$ kg/m³ e $\nu = 1{,}02 \times 10^{-6}$ m²/s para a água.

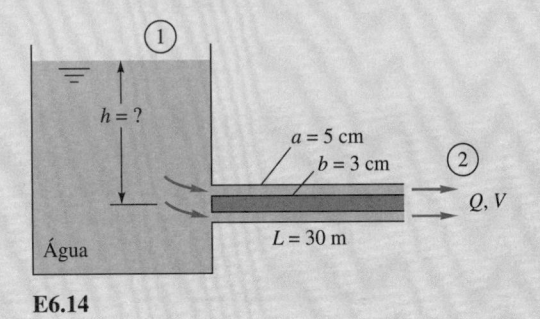

E6.14

Solução

- *Hipóteses:* Escoamento anular totalmente desenvolvido, perdas localizadas desprezíveis.
- *Abordagem:* Determine o número de Reynolds, em seguida determine f e h_p e, então, h.

---
[4] Jones e Leung [44] mostram que os dados para escoamento em um espaço anular também satisfazem a ideia do diâmetro laminar efetivo.

- *Valores das propriedades:* Dados $\rho = 1.000$ kg/m^3 e $\nu = 1{,}02$ E-6 m^2/s.
- *Passo 1 da solução:* Calcule a velocidade, o diâmetro hidráulico e o número de Reynolds:

$$V = \frac{Q}{A} = \frac{0{,}01 \text{ m}^3/\text{s}}{\pi[(0{,}05 \text{ m})^2 - (0{,}03 \text{ m})^2]} = 1{,}99 \text{ m/s}$$

$$D_h = 2(a-b) = 2(0{,}05 - 0{,}03)\text{m} = 0{,}04 \text{ m}$$

$$\text{Re}_{D_h} = \frac{VD_h}{\nu} = \frac{(1{,}99 \text{ m/s})(0{,}04 \text{ m})}{1{,}02 \text{ E-6 m}^2/\text{s}} = 78.000 \quad \text{(escoamento turbulento)}$$

- *Passo 2 da solução:* Aplique a equação da energia para escoamento permanente entre as seções 1 e 2:

$$\frac{p_1}{\rho g} + \frac{\alpha_1 V_1^2}{2g} + z_1 = \frac{p_2}{\rho g} + \frac{\alpha_2 V_2^2}{2g} + z_2 + h_p$$

ou

$$h = \frac{\alpha_2 V_2^2}{2} + h_p = \frac{V_2^2}{2g}\left(\alpha_2 + f\frac{L}{D_h}\right) \tag{1}$$

Observe que $z_1 = h$. Para escoamento turbulento, estimamos $\alpha_2 \approx 1{,}03$ pela Equação (3.43c).

- *Passo 3 da solução:* Determine a rugosidade relativa e o fator de atrito. Da Tabela 6.1, para tubo de aço comercial (novo), $\varepsilon = 0{,}046$ mm. Portanto

$$\frac{\varepsilon}{D_h} = \frac{0{,}046 \text{ mm}}{40 \text{ mm}} = 0{,}00115$$

Para uma estimativa razoável, use Re_{D_h} no cálculo do fator de atrito pela Equação (6.48):

$$\frac{1}{\sqrt{f}} \approx -2{,}0 \log_{10}\left(\frac{0{,}00115}{3{,}7} + \frac{2{,}51}{78.000\sqrt{f}}\right) \quad \text{resolva para obter} \quad f \approx 0{,}0232$$

Para uma estimativa um pouco melhor, poderíamos usar $D_{ef} = D_h/\zeta$. Da Tabela 6.3, para $b/a = 3/5$, $1/\zeta = 0{,}67$. Logo, $D_{ef} = 0{,}67(40 \text{ mm}) = 26{,}8$ mm, logo $\text{Re}_{D_{ef}} = 52.300$, $\varepsilon/D_{ef} = 0{,}00172$ e $f_{ef} \approx 0{,}0257$. Usando essa última estimativa, obtemos o nível requerido do reservatório pela Equação (1):

$$h = \frac{V_2^2}{2g}\left(\alpha_2 + f_{ef}\frac{L}{D_h}\right) = \frac{(1{,}99 \text{ m/s})^2}{2(9{,}81 \text{ m/s}^2)}\left[1{,}03 + 0{,}0257\frac{30 \text{ m}}{0{,}04 \text{ m}}\right] \approx 4{,}1 \text{ m} \quad \textit{Resposta}$$

- *Comentários:* Observe que não substituímos D_h por D_{ef} no termo de perda de carga fL/D_h, que resulta de um balanço de quantidade de movimento e *requer* o diâmetro hidráulico. Se usássemos a estimativa de atrito mais simples, $f \approx 0{,}0232$, obteríamos $h \approx 3{,}72$ m, ou seja, um valor 9% menor.

Outras seções transversais não circulares

Em princípio, o escoamento laminar em qualquer seção transversal de duto pode ser tratado analiticamente para determinar a distribuição de velocidades, a vazão volumétrica e o fator de atrito. Isso porque qualquer seção transversal pode ser mapeada em um círculo por métodos de variáveis complexas, e outras técnicas analíticas poderosas também estão disponíveis. Muitos exemplos são dados por White [3, p. 112-115], Berker [11] e Olson [12]. A Referência 34 é inteiramente dedicada ao escoamento laminar em dutos.

Em geral, porém, a maioria das seções de duto incomuns tem interesse estritamente acadêmico e não valor comercial. Listamos na Tabela 6.4 apenas as seções retangulares e triangulares isósceles, deixando outras seções transversais para você encontrar nas referências.

Figura 6.16 Ilustração do escoamento secundário turbulento em dutos não circulares: (*a*) contornos de velocidade média axial; (*b*) movimentos celulares de escoamento secundário no plano transversal. *(Da dissertação de J. Nikuradse, Göttingen, 1926.)*

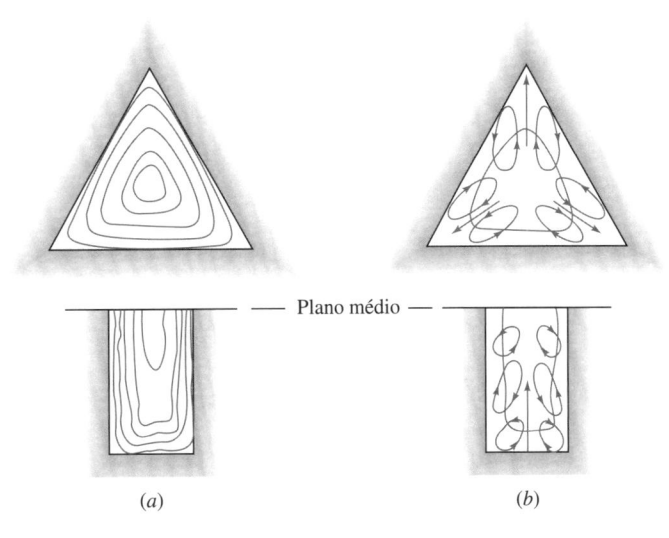

Tabela 6.4 Constantes fRe do atrito laminar para dutos retangulares e triangulares

Retangular		Triangular isósceles	
b/a	$f\,\text{Re}_{D_h}$	θ, graus	$f\,\text{Re}_{D_h}$
0,0	96,00	0	48,0
0,05	89,91	10	51,6
0,1	84,68	20	52,9
0,125	82,34	30	53,3
0,167	78,81	40	52,9
0,25	72,93	50	52,0
0,4	65,47	60	51,1
0,5	62,19	70	49,5
0,75	57,89	80	48,3
1,0	56,91	90	48,0

Para o escoamento turbulento em um duto de seção não circular, deve-se substituir d por D_h no diagrama de Moody, se não houver teoria laminar disponível. Caso se conheçam os resultados laminares, tal como na Tabela 6.4, substitua d por $D_{\text{ef}} = [64/(f\,\text{Re})]D_h$ para a geometria particular do duto.

Para o escoamento laminar em retângulos e triângulos, o atrito na parede varia bastante, atingindo máximos perto dos pontos médios dos lados e valores nulos nos vértices. No escoamento turbulento pelas mesmas seções, o cisalhamento é quase constante ao longo dos lados, caindo bruscamente para zero nos vértices. Isso se deve ao fenômeno do *escoamento secundário* turbulento, no qual existem componentes não nulos de velocidade média v e w no plano da seção transversal. Algumas medições de velocidade axial e de padrões do escoamento secundário estão na Figura 6.16, como esboçou Nikuradse na sua dissertação de 1926. As "células" de escoamento secundário levam o escoamento médio em direção aos vértices, de modo que os contornos de velocidade axial são semelhantes à seção transversal e a tensão nas paredes fica aproximadamente constante. É por isso que o conceito de diâmetro hidráulico é tão bem-sucedido para escoamento turbulento. O escoamento laminar em um duto não circular reto não tem escoamento secundário. Embora os modelos numéricos estejam se aperfeiçoando [36], ainda está por ser obtida uma predição teórica precisa do escoamento secundário turbulento.

EXEMPLO 6.15

Ar, com $\rho = 1{,}22$ kg/m^3 e $\nu = 1{,}46$ E-5 m^2/s, é forçado através de um duto horizontal quadrado de 229 mm por 229 mm de 30 m de comprimento, a uma vazão de 0,708 m^3/s. Se $\varepsilon = 0{,}091$ mm, determine a queda de pressão.

Solução

Calcule a velocidade média e o diâmetro hidráulico:

$$V = \frac{0{,}708 \text{ m}^3/\text{s}}{(0{,}229 \text{ m})^2} = 13{,}5 \text{ m/s}$$

$$D_h = \frac{4A}{\mathcal{P}} = \frac{4(52{,}441 \text{ mm})^2}{916 \text{ mm}} = 229 \text{ mm}$$

Da Tabela 6.4, para $b/a = 1,0$, o diâmetro efetivo é

$$D_{ef} = \frac{64}{56,91} D_h = 258 \text{ mm}$$

em que

$$\text{Re}_{ef} = \frac{V D_{ef}}{\nu} = \frac{13,5(0,258)}{1,46 \text{ E}{-}5} = 239.000$$

$$\frac{\varepsilon}{D_{ef}} = \frac{0,091}{258} = 0,000353$$

Do diagrama de Moody, leia $f = 0,0177$. Então, a queda de pressão é

$$\Delta p = \rho g h_f = \rho g \left(f \frac{L}{D_h} \frac{V^2}{2g} \right) = 1,22\,(9,81) \left[0,0177 \frac{30}{0,229} \frac{13,5^2}{2(9,81)} \right]$$

ou
$$\Delta p = 258 \text{ N/m}^2 \qquad \textit{Resposta}$$

A queda de pressão em dutos de ar geralmente é pequena, dada a baixa massa específica.

6.9 Perdas localizadas em sistemas de tubulações

Para qualquer sistema de tubulações, além da perda por atrito do tipo Moody, calculada para o comprimento dos tubos, existem perdas adicionais chamadas de perdas localizadas, decorrentes de:

1. Entrada e saída dos tubos
2. Expansões ou contrações bruscas
3. Curvas, cotovelos, tês e outros acessórios
4. Válvulas, abertas ou parcialmente fechadas
5. Expansões e contrações graduais

As perdas localizadas podem ser significativas; por exemplo, uma válvula parcialmente fechada pode causar maior queda de pressão do que um tubo longo.

Como o padrão de escoamento em válvulas e acessórios é muito complexo, a teoria é bastante fraca. Em geral, as perdas são medidas experimentalmente e correlacionadas com os parâmetros do escoamento em tubos. Os dados, especialmente para válvulas, são relativamente dependentes do projeto particular do fabricante, de modo que os valores listados aqui devem ser considerados estimativas médias de projeto [15, 16, 35, 43, 46].

A perda localizada medida em geral é dada como uma razão entre a perda $h_{pl} = \Delta p/(\rho g)$ através do dispositivo e altura de velocidade $V^2/(2g)$ do sistema de tubos associado:

$$\text{Coeficiente de perda localizada } K = \frac{h_{pl}}{V^2/(2g)} = \frac{\Delta p}{\frac{1}{2}\rho V^2} \qquad (6.75)$$

Embora K seja adimensional, frequentemente na literatura ele não é correlacionado com o número de Reynolds e com a rugosidade relativa, mas apenas com o tamanho bruto do tubo em, digamos, polegadas. Quase todos os dados são reportados para condições de escoamento turbulento.

Um sistema com um único tubo pode ter muitas perdas localizadas. Como todas elas estão correlacionadas com $V^2/(2g)$, elas podem ser somadas em uma única perda total do sistema, caso o tubo tenha diâmetro constante:

$$\Delta h_p = h_{pd} + \Sigma h_{pl} = \frac{V^2}{2g}\left(\frac{fL}{d} + \Sigma K \right) \qquad (6.76)$$

Figura 6.17 Geometrias de válvulas comerciais típicas: (*a*) válvula de gaveta; (*b*) válvula globo; (*c*) válvula em ângulo; (*d*) válvula de retenção basculante; (*e*) válvula do tipo disco.

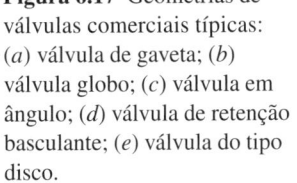

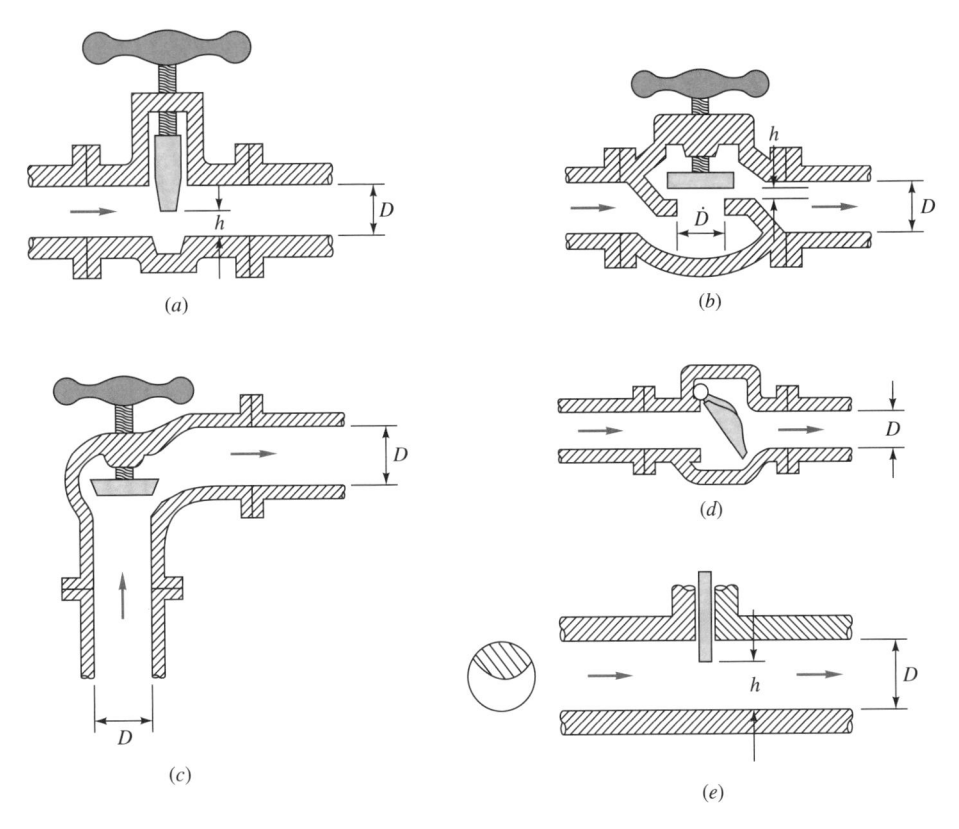

Observe, todavia, que devemos somar as perdas separadamente caso o diâmetro do tubo varie, alterando V^2. O comprimento L na Equação (6.76) é o comprimento total da linha de centro do tubo, incluindo eventuais curvas. Observe também a notação agora empregada: havendo perda localizada, h_{pd} representa a perda *distribuída*, isto é, a perda por atrito tipo Moody.

Existem muitos projetos diferentes de válvula em uso comercial. A Figura 6.17 mostra cinco projetos típicos: (*a*) a *válvula de gaveta*, que desliza para baixo através da seção; (*b*) a *válvula globo*, que fecha um orifício em uma sede especial; (*c*) a *válvula em ângulo*, semelhante à valvula globo, mas com uma mudança de direção de 90°; (*d*) a *válvula de retenção basculante*, que permite escoamento em apenas um sentido; (*e*) a *válvula do tipo disco*, que fecha a seção com uma comporta circular. A válvula globo, devido à trajetória tortuosa de seu escoamento, produz as maiores perdas quando totalmente aberta. Muitos detalhes interessantes a respeito dessas e de outras válvulas são fornecidos nos manuais de Skousen [35] e Crane Co. [52].

A Tabela 6.5 relaciona os coeficientes K para quatro tipos de válvula, três ângulos de cotovelo e duas conexões em T (tês). Os acessórios podem ser conectados por roscas internas ou flanges, daí as duas listas. Vemos que K geralmente decresce com o tamanho do tubo, o que é consistente com o aumento do número de Reynolds e o decréscimo da rugosidade relativa. Salientamos que a Tabela 6.5 representa perdas *médias entre vários fabricantes*, havendo assim uma incerteza de até ± 50%.

Além disso, a maioria dos dados da Tabela 6.5 é relativamente antiga [15,16], baseada em acessórios fabricados na década de 1950. Acessórios modernos, forjados ou moldados, podem conduzir a fatores de perda um tanto diferentes, em geral menores que os listados na Tabela 6.5. Um exemplo, mostrado na Figura 6.18*a*, fornece dados recentes [48] para cotovelos de 90°, flangeados e razoavelmente curtos (relação raio da curva/ diâmetro do cotovelo = 1,2). O diâmetro do cotovelo era de 1,69 polegada. Observe primeiro que K está plotado em função do número de Reynolds, em vez do diâmetro

Tabela 6.5 Coeficientes de perda localizada $K = h_{pl}/[V^2/(2g)]$ para válvulas abertas, cotovelos e tês

	Diâmetro nominal, pol (mm)								
	Rosqueada				Flangeada				
	½ (13)	1 (25)	2 (50)	4 (100)	1 (25)	2 (50)	4 (100)	8 (200)	20 (500)
Válvulas (totalmente abertas):									
Globo	14	8,2	6,9	5,7	13	8,5	6,0	5,8	5,5
Gaveta	0,3	0,24	0,16	0,11	0,80	0,35	0,16	0,07	0,03
Retenção basculante	5,1	2,9	2,1	2,0	2,0	2,0	2,0	2,0	2,0
Em ângulo	9,0	4,7	2,0	1,0	4,5	2,4	2,0	2,0	2,0
Cotovelos:									
45° normal	0,39	0,32	0,30	0,29					
45° raio longo					0,21	0,20	0,19	0,16	0,14
90° normal	2,0	1,5	0,95	0,64	0,50	0,39	0,30	0,26	0,21
90° raio longo	1,0	0,72	0,41	0,23	0,40	0,30	0,19	0,15	0,10
180° normal	2,0	1,5	0,95	0,64	0,41	0,35	0,30	0,25	0,20
180° raio longo					0,40	0,30	0,21	0,15	0,10
Tês:									
Escoamento direto	0,90	0,90	0,90	0,90	0,24	0,19	0,14	0,10	0,07
Escoamento no ramal	2,4	1,8	1,4	1,1	1,0	0,80	0,64	0,58	0,41

nominal do tubo na Tabela 6.5 (dimensional) e, portanto, a Figura 6.18a tem mais generalidade. Em seguida, observe que os valores de K de 0,23 ± 0,05 são significativamente menores que os valores para cotovelos de 90° da Tabela 6.5, indicando paredes mais lisas e/ou melhor projeto. Pode-se concluir que (1) provavelmente os dados da Tabela 6.5 são conservadores e (2) os coeficientes de perda são altamente dependentes do projeto real e dos aspectos de fabricação, servindo a Tabela 6.5 apenas como um guia aproximado.

As perdas em válvulas na Tabela 6.5 são para a condição de abertura total. As perdas podem ser muito maiores para uma válvula parcialmente aberta. A Figura 6.18b fornece

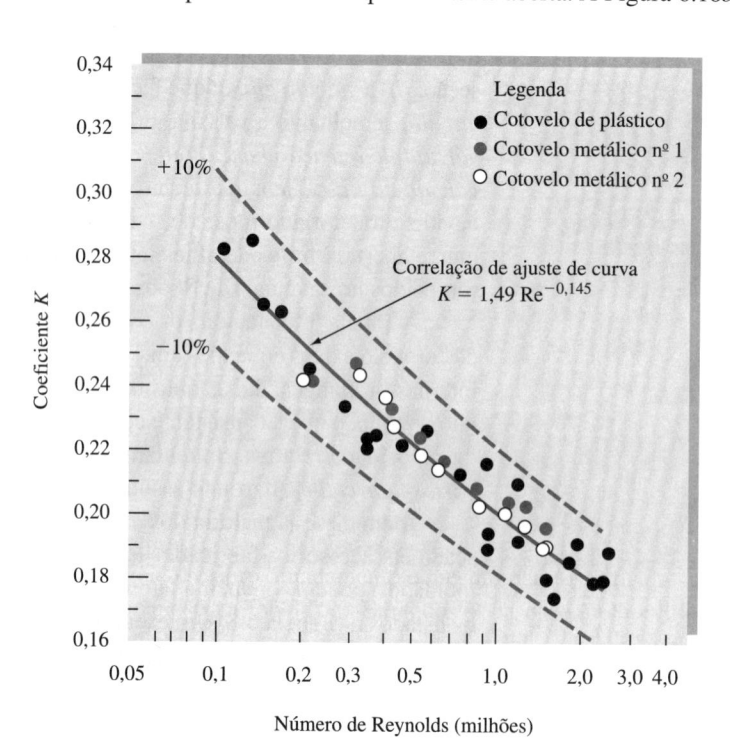

Figura 6.18a Coeficientes de perda medidos recentemente para cotovelos de 90°. Esses valores são menores que aqueles relacionados na Tabela 6.5. (*Da Referência 48, fonte dos dados R. D. Coffield.*)

Figura 6.18b Coeficientes de perda médios para válvulas parcialmente abertas (ver os esquemas da Figura 6.17).

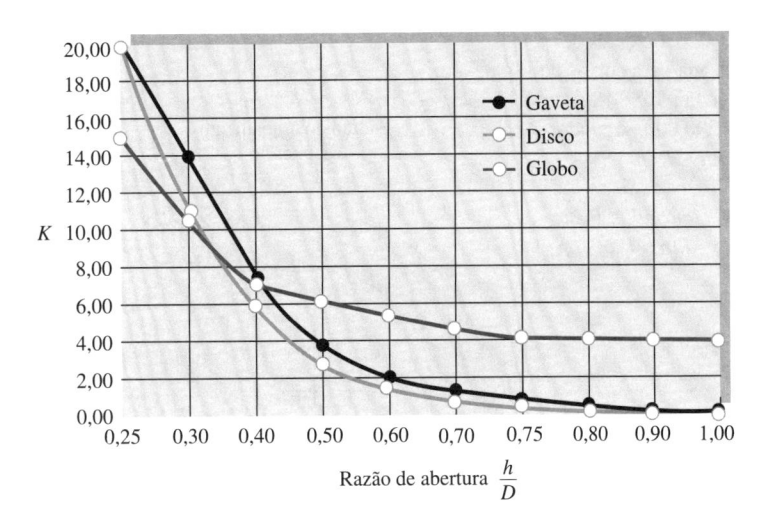

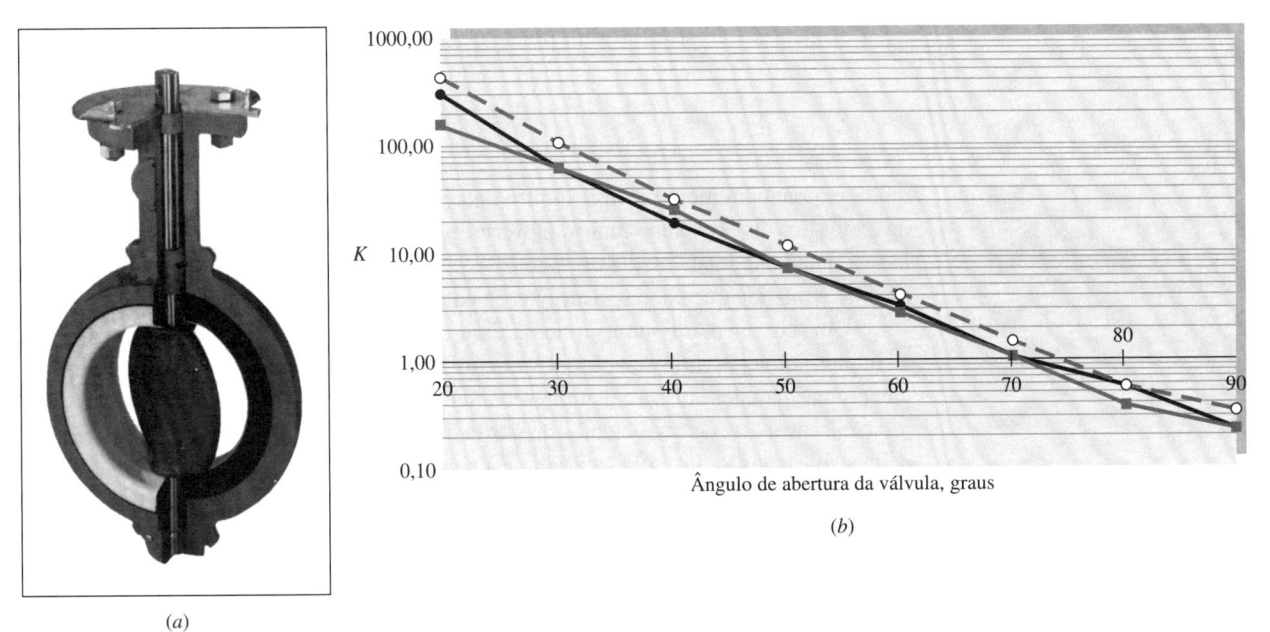

Figura 6.19 Desempenho de válvulas borboleta: (*a*) geometria típica *(cortesia de Tyco Engineered Products and Services)*; (*b*) coeficientes de perda para três diferentes fabricantes.

perdas médias para três válvulas em função do "percentual de abertura", definido pela razão de abertura *h/D* (ver a Figura 6.17 para as geometrias). Novamente, devemos alertar para uma possível incerteza de ± 50%. De todas as perdas localizadas, as válvulas são, por causa da sua geometria complexa, as mais sensíveis aos detalhes de projeto do fabricante. Para maior precisão, o projeto e o fabricante em particular devem ser consultados [35].

A válvula *borboleta* da Figura 6.19a consiste em um disco montado em uma haste que, quando fechado, assenta sobre um anel em forma de O ou um selo de concordância próximo à superfície do tubo. Um único giro de 90° abre completamente a válvula, fazendo com que o projeto seja ideal para situações de controle de abertura e fechamento rápido, tais como as que ocorrem em proteção contra incêndio e na indústria de potência elétrica. Todavia, é necessário um torque dinâmico considerável para fechar essas válvulas e as perdas são altas quando elas estão quase fechadas.

A Figura 6.19b mostra os coeficientes de perda de válvulas borboleta em função do ângulo de abertura θ para condições de escoamento turbulento ($\theta = 0$ para fechamento completo). As perdas são enormes quando a abertura é pequena, e *K* decresce

Figura 6.20 Coeficientes de perda localizada para curvas de parede lisa a 45°, 90° e 180°, para $\text{Re}_d = 200.000$, segundo Ito [49]. *Fonte: H. Ito, "Pressure Losses in Smooth Pipe Bends," Journal of Basic Engineering, March 1960, pp. 131–143.*

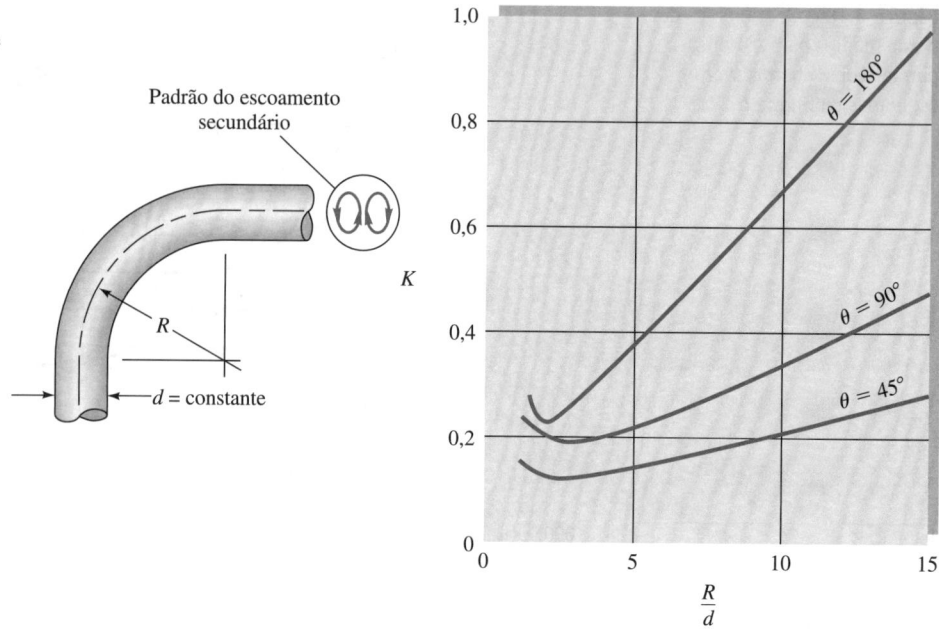

quase exponencialmente com o ângulo de abertura. Há um fator de 2 para a dispersão de dados dos diversos fabricantes. Observe que, como é usual, o K na Figura 6.19b está baseado na velocidade média do tubo $V = Q/A$, não na velocidade aumentada do escoamento à medida que ele passa através da passagem estreita da válvula.

Uma curva em um tubo, como na Figura 6.20, sempre induz uma perda maior que a simples perda por atrito tipo Moody em um tubo reto, por causa da separação do escoamento nas paredes curvas e de um escoamento secundário circulante que surge da aceleração centrípeta. Os coeficientes de perda de parede lisa K da Figura 6.20, correspondentes aos dados de Ito [49], referem-se à perda *total*, incluindo os efeitos de atrito tipo Moody. As perdas secundárias e por separação decrescem com R/d, enquanto as perdas tipo Moody crescem, pois o comprimento da curva aumenta. Logo, as curvas na Figura 6.20 apresentam mínimos em que os dois efeitos se cruzam. Ito [49] fornece uma fórmula de ajuste de curvas para o caso de escoamento turbulento por uma curva a 90°:

$$\text{curva a } 90°: \quad K \approx 0{,}388\alpha \left(\frac{R}{d}\right)^{0{,}84} \text{Re}_D^{-0{,}17} \quad \text{em que} \quad \alpha = 0{,}95 + 4{,}42\left(\frac{R}{d}\right)^{-1{,}96} \geq 1 \tag{6.80a}$$

A fórmula leva em conta o número de Reynolds, igual a 200.000 na Figura 6.20. Revisões abrangentes sobre escoamento em tubos curvos, tanto para escoamento laminar quanto para escoamento turbulento, são apresentadas por Berger et al. [53] e para curvas a 90° por Spedding et al. [54].

Como mostra a Figura 6.21, as perdas de entrada são altamente dependentes da geometria da entrada, mas as perdas de saída não. Quinas vivas ou saliências na entrada causam grandes zonas de separação do escoamento e grandes perdas. Um leve arredondamento já traz bastante melhoria, e uma entrada bem arredondada ($r = 0{,}2d$) produz uma perda quase desprezível, $K = 0{,}05$. Por outro lado, em uma saída submersa o escoamento simplesmente descarrega do tubo para dentro do grande reservatório a jusante e perde toda a sua altura de velocidade pela ação da dissipação viscosa. Logo, $K = 1{,}0$ para todas as *saídas submersas*, não importando o arredondamento.

Se a entrada é a partir de um reservatório finito, chama-se *contração brusca* (CB) entre dois tamanhos de tubo. Se a saída é para um tubo de tamanho finito, é chamada de

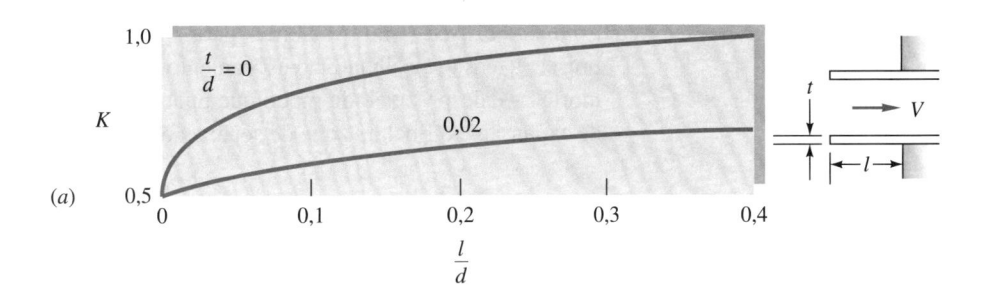

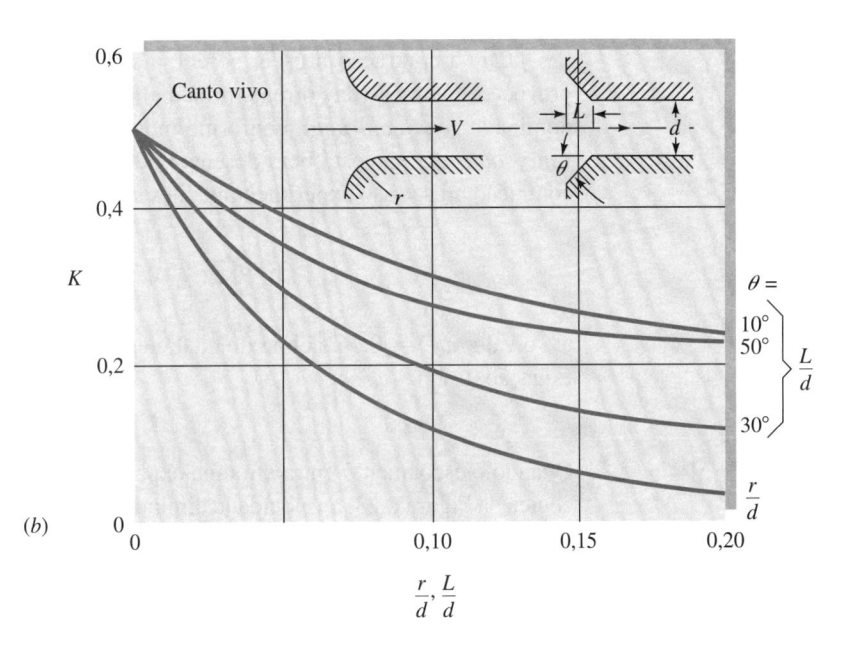

Figura 6.21 Coeficientes de perda em entradas e saídas: (*a*) entradas reentrantes; (*b*) entradas arredondadas e chanfradas. O coeficiente de perda de saída é $K \approx 1,0$ para todas as formas de saída (reentrante, em canto vivo, chanfrada ou arredondada). *Fonte: ASHRAE Handbook-2012 Fundamentals, ASHRAE, Atlanta, GA, 2012.*

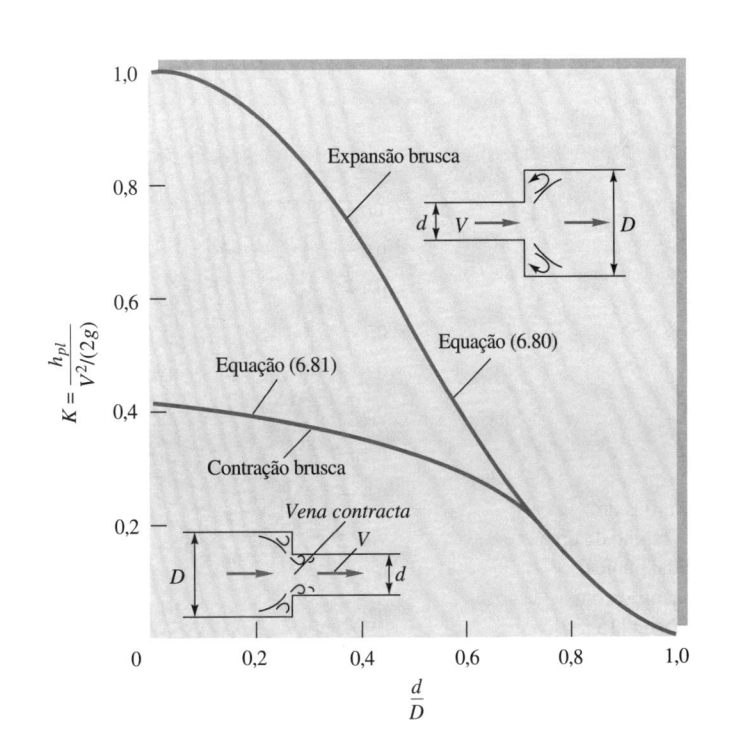

Figura 6.22 Perdas em expansões e contrações bruscas. Observe que o coeficiente de perda se baseia na altura de velocidade no tubo pequeno.

expansão brusca (EB). As perdas para ambas estão na Figura 6.22. Para a expansão brusca, a tensão cisalhante no escoamento com separação nos cantos – região de "água morta" – é desprezível, de modo que uma análise de volume de controle entre a seção de expansão e o final da zona de separação fornece uma perda teórica:

$$K_{EB} = \left(1 - \frac{d^2}{D^2}\right)^2 = \frac{h_{pl}}{V^2/(2g)} \tag{6.77}$$

Observe que K está baseado na altura de velocidade no tubo pequeno. A concordância da Equação (6.77) com a experiência é excelente.

Para a contração brusca, porém, a separação do escoamento no tubo a jusante provoca a contração da corrente principal em uma seção de diâmetro mínimo d_{min}, denominada *vena contracta*, conforme mostra a Figura 6.22. Uma vez que a teoria da *vena contracta* não está bem desenvolvida, os coeficientes de perda na figura para a contração brusca são experimentais. Eles se ajustam à seguinte fórmula empírica

$$K_{CB} \approx 0{,}42\left(1 - \frac{d^2}{D^2}\right) \tag{6.78}$$

até o valor $d/D = 0{,}76$, acima do qual eles se ajustam à predição da expansão brusca, Equação (6.77).

Expansão gradual – o difusor

Quando o escoamento entra em uma expansão gradual, ou *difusor*, como a geometria cônica da Figura 6.23, a velocidade diminui e a pressão aumenta. A perda de carga pode ser grande, devido à separação do escoamento nas paredes, se o ângulo do cone for grande demais. Uma camada-limite mais delgada na entrada, como na Figura 6.6, provoca uma perda ligeiramente menor que um escoamento totalmente desenvolvido na

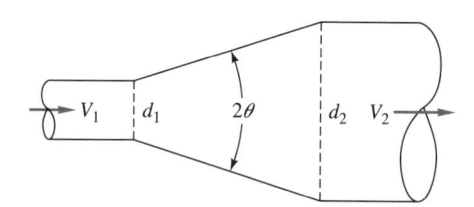

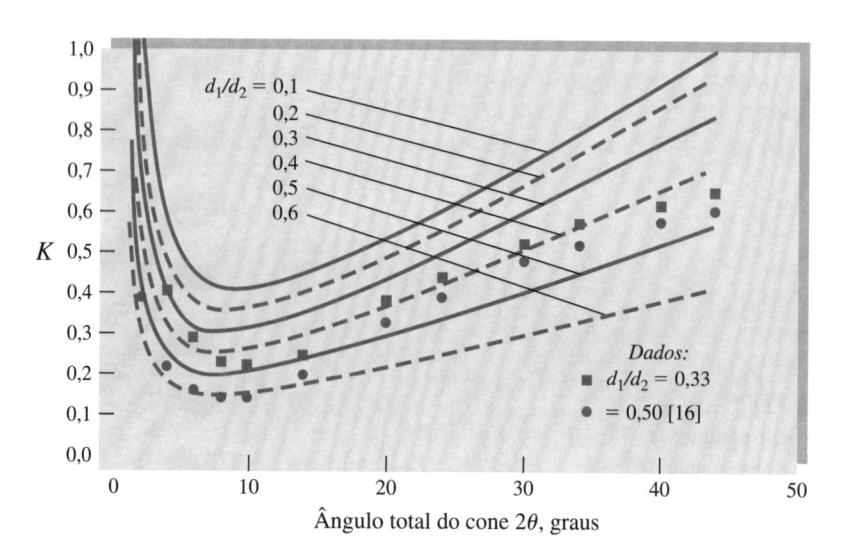

Figura 6.23 Perdas do escoamento na região de uma expansão gradual cônica, calculadas de acordo com a sugestão de Gibson [15, 50], Equação [6.82], para uma parede lisa.

entrada. A perda do escoamento é uma combinação de recuperação de pressão não ideal mais atrito de parede. Algumas curvas de correlação estão na Figura 6.23. O coeficiente de perda K baseia-se na altura de velocidade na entrada (tubo pequeno) e depende do ângulo do cone 2θ e da razão de diâmetros do difusor d_1/d_2. Há espalhamento nos dados reportados [15,16]. As curvas na Figura 6.23 baseiam-se em uma correlação devida a A. H. Gibson [50], citada na Referência 15:

$$K_{\text{difusor}} = \frac{h_{pl}}{V_1^2/(2\,g)} \approx 2{,}61\ \text{sen}\,\theta\left(1 - \frac{d^2}{D^2}\right)^2 + f_{\text{méd}}\frac{L}{d_{\text{méd}}} \quad \text{para}\quad 2\theta \leq 45° \quad [6.79]$$

Para grandes ângulos, $2\theta > 45°$, omitimos o fator $(2{,}61\ \text{sen}\,\theta)$, o que nos deixa com uma perda equivalente à da expansão brusca na Equação (6.77). Como se vê, a fórmula concorda razoavelmente com os dados da Referência 16. A perda mínima ocorre na faixa 5° $< 2\theta < 15°$, que corresponde à melhor geometria para um difusor eficiente. Para ângulos menores que 5°, o difusor fica longo demais e apresenta muito atrito. Ângulos maiores que 15° provocam separação do escoamento, resultando em recuperação de pressão deficiente. O professor Gordon Holloway forneceu ao autor um exemplo recente, em que um projeto aperfeiçoado de difusor reduziu a potência requerida de um túnel de vento em 40% (um decréscimo de 100 hp!). Iremos tratar de difusores novamente na Seção 6.11, usando os dados da Referência 14.

Para uma *contração* gradual, a perda é bastante pequena, como se vê nos seguintes valores experimentais [15]:

Ângulo do cone de contração 2θ, graus	30	45	60
K para contração gradual	0,02	0,04	0,07

As Referências 15, 16, 43 e 46 contêm dados adicionais sobre perdas localizadas.

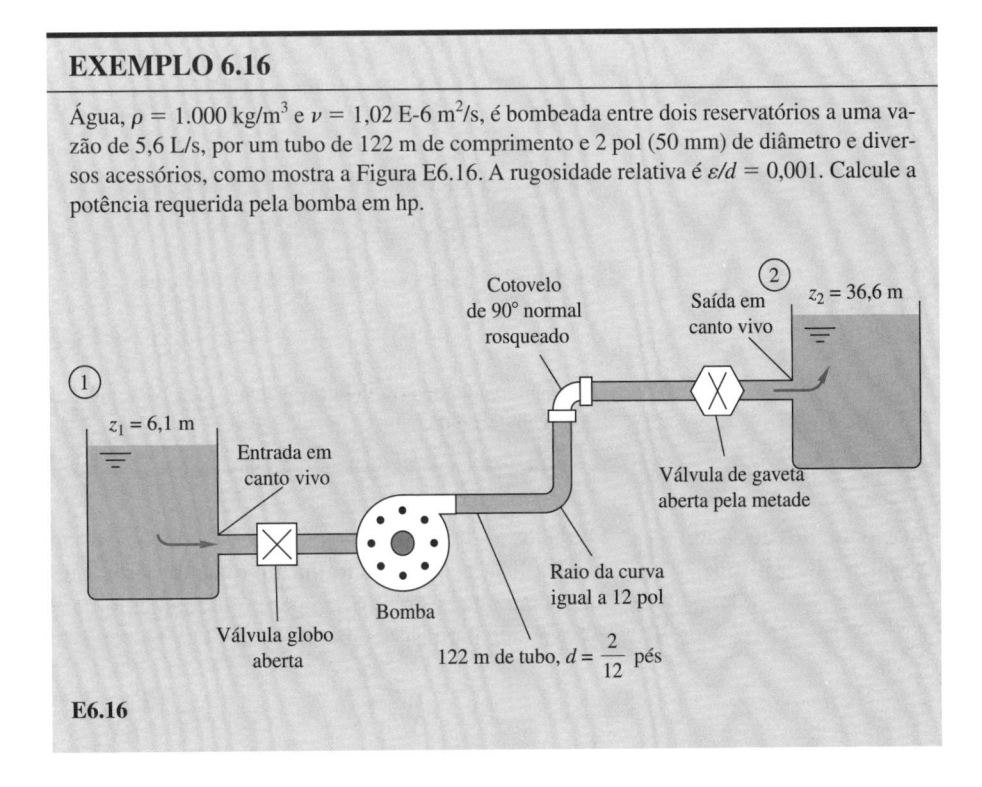

EXEMPLO 6.16

Água, $\rho = 1.000$ kg/m^3 e $\nu = 1{,}02$ E-6 m^2/s, é bombeada entre dois reservatórios a uma vazão de 5,6 L/s, por um tubo de 122 m de comprimento e 2 pol (50 mm) de diâmetro e diversos acessórios, como mostra a Figura E6.16. A rugosidade relativa é $\varepsilon/d = 0{,}001$. Calcule a potência requerida pela bomba em hp.

E6.16

Solução

Escreva a equação da energia para escoamento permanente entre as seções 1 e 2, nas superfícies dos dois reservatórios:

$$\frac{p_1}{\rho g} + \frac{V_1^2}{2g} + z_1 = \left(\frac{p_2}{\rho g} + \frac{V_2^2}{2g} + z_2\right) + h_{pd} + \sum h_{pl} - h_B$$

em que h_B é o acréscimo de altura através da bomba. Mas, como $p_1 = p_2$ e $V_1 = V_2 \approx 0$, explicitamos a altura da bomba

$$h_B = z_2 - z_1 + h_{pd} + \sum h_{pl} = 36{,}6 \text{ m} - 6{,}1 \text{ m} + \frac{V^2}{2g}\left(\frac{fL}{d} + \sum K\right) \quad (1)$$

Como a vazão é conhecida, calcule

$$V = \frac{Q}{A} = \frac{5{,}66 \times 10^{-3} \text{ m}^3/\text{s}}{\frac{1}{4}\pi(0{,}05 \text{ m})^2} = 2{,}85 \text{ m/s}$$

Agora, liste e adicione os coeficientes de perda localizada:

Perda	K
Entrada em canto vivo (Figura 6.21)	0,5
Válvula globo aberta (2 pol, Tabela 6.5)	6,9
Curva com 12 pol de raio (Figura 6.20)	0,25
Cotovelo normal de 90° (Tabela 6.5)	0,95
Válvula de gaveta aberta pela metade (da Figura 6.18b)	3,7
Saída em canto vivo (Figura 6.21)	1,0
	$\sum K = 13{,}3$

Calcule o número de Reynolds e o fator de atrito do tubo

$$\text{Re}_d = \frac{Vd}{\nu} = \frac{2{,}85 \cdot 0{,}05}{1{,}02 \times 10^{-6}} = 140.000$$

Para $\varepsilon/d = 0{,}001$, leia $f = 0{,}0216$ do diagrama de Moody. Substituindo na Equação (1)

$$h_p = 30{,}5 \text{ m} + \frac{(2{,}85 \text{ m/s})^2}{2(9{,}81 \text{ m/s}^2)}\left[\frac{0{,}0216(122)}{0{,}05} + 13{,}3\right]$$

$$= 30{,}5 \text{ m} + 27{,}3 \text{ m} = 57{,}8 \text{ m} \quad \text{altura da bomba}$$

A bomba deve fornecer uma potência para a água de

$$P = \rho g Q h_B = [1.000(9{,}81) \text{ N/m}^3](5{,}6 \times 10^{-3} \text{ m}^3/\text{s})(57{,}8 \text{ m}) \approx 3.175 \text{ W}$$

O fator de conversão é 1 hp = 745,7 W. Portanto

$$P = \frac{3.175}{745{,}7} = 4{,}3 \text{ hp} \quad \textit{Resposta}$$

Considerando um rendimento de 70% a 80%, será preciso uma bomba com uma potência de eixo em torno de 6 hp.

Perdas localizadas em escoamento laminar

Os dados na Tabela 6.5 são para acessórios sob escoamento turbulento. Se o escoamento é laminar, ocorre uma forma diferente de perda, que é proporcional a V, não a V^2. Por analogia com as Eqs. (6.12) para o escoamento de Poiseuille, a perda localizada em escoamento laminar assume a forma

$$K_{\text{lam}} = \frac{\Delta p_{\text{perda}}\, d}{\mu V}$$

Perdas localizadas laminares estão começando a ser estudadas, devido ao aumento do interesse em micro e nano-escoamentos em tubos. Podem ser substanciais, comparáveis à perda de Poiseuille. O Professor Bruce Finlayson, da Universidade de Washington, gentilmente forneceu ao autor os novos dados na tabela a seguir:

Coeficientes de Perdas Localizadas Laminares K_{lam} em acessórios de tubulação para $1 \leq Re_d \leq 10$ [60]

Tipo de acessório	K_{lam}
Curva de 45° raio longo	0,2
Curva de 90° raio curto	0,5
Curva de 90° raio longo	0,36
Contração de tubo 2:1	7,3
Contração de tubo 3:1	8,6
Contração de tubo 4:1	9,0
Expansão de tubo 2:1	3,1
Expansão de tubo 3:1	4,1
Expansão de tubo 4:1	4,5

Para as curvas na tabela, K_{lam} é a perda adicional após calcular o escoamento de Poiseuille em torno da linha central da curva. Para as contrações e expansões, K_{lam} é baseado na velocidade na seção menor.

6.10 Sistemas com múltiplos tubos[5]

Se você pode resolver as equações para sistemas com um único tubo, pode resolvê-las para qualquer sistema; mas quando os sistemas contêm dois ou mais tubos, certas regras básicas facilitam bastante os cálculos. Qualquer semelhança entre essas regras e as regras para tratar os circuitos elétricos não é mera coincidência.

A Figura 6.24 mostra três exemplos de sistemas com múltiplos tubos.

Tubos em série

O primeiro é um conjunto de três (ou mais) tubos em série. A regra 1 diz que a vazão é a mesma em todos os tubos

$$Q_1 = Q_2 = Q_3 = \text{const} \tag{6.80}$$

ou

$$V_1 d_1^2 = V_2 d_2^2 = V_3 d_3^2 \tag{6.81}$$

A regra 2 diz que a perda de carga total através do sistema é igual à soma das perdas de carga em cada tubo

$$\Delta h_{p_{A \to B}} = \Delta h_{p_1} + \Delta h_{p_2} + \Delta h_{p_3} \tag{6.82}$$

Em termos das perdas por atrito e localizadas em cada tubo, poderíamos reescrever essa expressão como

$$\Delta h_{p_{A \to B}} = \frac{V_1^2}{2g}\left(\frac{f_1 L_1}{d_1} + \Sigma K_1\right) + \frac{V_2^2}{2g}\left(\frac{f_2 L_2}{d_2} + \Sigma K_2\right)$$
$$+ \frac{V_3^2}{2g}\left(\frac{f_3 L_3}{d_3} + \Sigma K_3\right) \tag{6.83}$$

e assim por diante, para qualquer número de tubos em série. Como V_2 e V_3 são proporcionais a V_1 pela Equação (6.81), a Equação (6.83) assume a forma

$$\Delta h_{p_{A \to B}} = \frac{V_1^2}{2g}(\alpha_0 + \alpha_1 f_1 + \alpha_2 f_2 + \alpha_3 f_3) \tag{6.84}$$

---

[5]Esta seção pode ser omitida sem perda de continuidade.

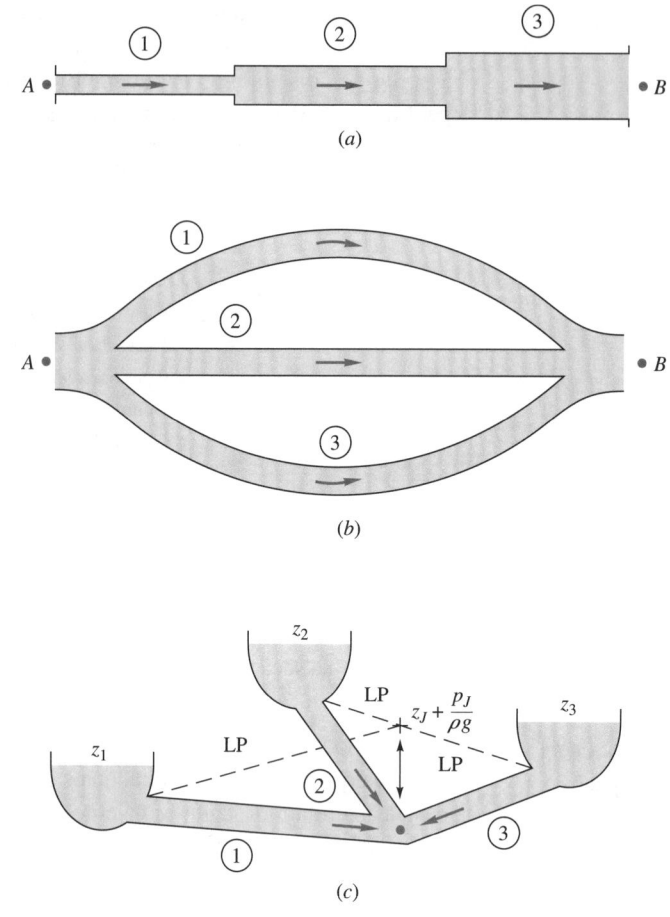

Figura 6.24 Exemplos de sistemas com múltiplos tubos: (a) tubos em série; (b) tubos em paralelo; (c) problema de três reservatórios interligados.

em que os α_i são constantes adimensionais. Se a vazão é dada, podemos avaliar o 2º membro de (6.84) e, portanto, a perda de carga total. Se a perda de carga é dada, será necessário um pouco de cálculo iterativo, pois f_1, f_2 e f_3 dependem todos de V_1 através do número de Reynolds. Inicie pelo cálculo de f_1, f_2 e f_3, admitindo escoamento totalmente rugoso, e a solução para V_1 irá convergir em uma ou duas iterações.

EXEMPLO 6.17

É dado um sistema com três tubos em série, como na Figura 6.24a. A queda total de pressão é $p_A - p_B = 150.000$ Pa e a queda de elevação é $z_A - z_B = 5$ m. Os dados dos tubos são

Tubo	L, m	d, cm	ε, mm	ε/d
1	100	8	0,24	0,003
2	150	6	0,12	0,002
3	80	4	0,20	0,005

O fluido é a água, $\rho = 1.000$ kg/m³ e $\nu = 1{,}02 \times 10^{-6}$ m²/s. Calcule a vazão Q em m³/h através do sistema.

Solução

A perda de carga total através do sistema é

$$\Delta h_{p_{A \to B}} = \frac{p_A - p_B}{\rho g} + z_A - z_B = \frac{150.000}{1.000(9,81)} + 5 = 20,3 \text{ m}$$

Da relação de continuidade (6.84) as velocidades são

$$V_2 = \frac{d_1^2}{d_2^2} V_1 = \frac{16}{9} V_1 \quad V_3 = \frac{d_1^2}{d_3^2} V_1 = 4 V_1$$

e

$$\text{Re}_2 = \frac{V_2 d_2}{V_1 d_1} \text{Re}_1 = \frac{4}{3} \text{Re}_1 \quad \text{Re}_3 = 2 \text{ Re}_1$$

Desprezando as perdas localizadas e substituindo na Equação (6.83), obtemos

$$\Delta h_{p_{A \to B}} = \frac{V_1^2}{2g} \left[1.250 f_1 + 2.500 \left(\frac{16}{9} \right)^2 f_2 + 2.000 (4)^2 f_3 \right]$$

ou

$$20,3 = \frac{V_1^2}{2g} (1.250 f_1 + 7.900 f_2 + 32.000 f_3) \tag{1}$$

Essa é a forma sugerida na Equação (6.84). Aparentemente, o termo dominante é a perda do terceiro tubo, $32.000 f_3$. Inicie pela estimativa de f_1, f_2 e f_3 do diagrama de Moody para regime totalmente rugoso

$$f_1 = 0,0262 \quad f_2 = 0,0234 \quad f_3 = 0,0304$$

Substitua na Equação (1) para determinar $V_1^2 \approx 2g(20,3)/(33 + 185 + 973)$. Logo, a primeira estimativa é $V_1 = 0,58$ m/s, da qual

$$\text{Re}_1 \approx 45.400 \quad \text{Re}_2 = 60.500 \quad \text{Re}_3 = 90.800$$

Então, do diagrama de Moody,

$$f_1 = 0,0288 \quad f_2 = 0,0260 \quad f_3 = 0,0314$$

Substituindo na Equação (1), obtemos uma melhor estimativa

$$V_1 = 0,565 \text{ m/s} \quad Q = \tfrac{1}{4} \pi d_1^2 V_1 = 2,84 \times 10^{-3} \text{ m}^3/\text{s}$$

ou
$$Q = 10,2 \text{ m}^3/\text{h} \qquad \textit{Resposta}$$

Uma segunda iteração fornece $Q = 10,22$ m³/h, uma alteração desprezível.

Tubos em paralelo

O segundo sistema de múltiplos tubos é o caso do escoamento *paralelo* mostrado na Figura 6.24b. Agora, a queda de pressão é a mesma em cada tubo e a vazão total é a soma das vazões individuais

$$\Delta h_{p_{A \to B}} = \Delta h_{p_1} = \Delta h_{p_2} = \Delta h_{p_3} \tag{6.85a}$$

$$Q = Q_1 + Q_2 + Q_3 \tag{6.85b}$$

Se a perda de carga total é conhecida, é simples determinar Q_i em cada tubo e somá-las, como veremos no Exemplo 6.18. O problema inverso, de determinar h_p quando ΣQ_i é conhecida, requer iteração. A vazão em cada tubo está relacionada a h_p pela fórmula de Darcy-Weisbach $h_p = f(L/d)(V^2/2g) = fQ^2/C$, em que $C = \pi^2 g d^5/(8L)$. Logo, cada tubo em paralelo produz um atrito não linear, quase quadrático, e a perda de carga é relacionada à vazão total por

$$h_p = \frac{Q^2}{\left(\Sigma \sqrt{C_i/f_i} \right)^2} \quad \text{em que} \quad C_i = \frac{\pi^2 g d_i^5}{8 L_i} \tag{6.86}$$

Como os f_i variam com o número de Reynolds e a rugosidade relativa, inicia-se com a Equação (6.86) adotando valores de f_i (recomendam-se valores para regime totalmente rugoso) e calculando uma primeira estimativa para h_p. Assim, cada tubo conduz a uma estimativa de vazão $Q_i \approx (C_i h_p/f_i)^{1/2}$, em que se obtém um novo número de Reynolds e uma melhor estimativa de f_i. Repete-se o cálculo da Equação (6.86) até a convergência.

Deve-se notar que qualquer um desses problemas de tubos em paralelo – determinar ΣQ_i ou h_p – é facilmente resolvido pelo Excel se forem fornecidas estimativas iniciais razoáveis.

EXEMPLO 6.18

Considere que os mesmos três tubos do Exemplo 6.17 estão agora em paralelo, com a mesma perda de carga total de 20,3 m. Calcule a vazão total Q, desprezando as perdas localizadas.

Solução

Da Equação (6.85a), podemos determinar cada V separadamente

$$20{,}3 \text{ m} = \frac{V_1^2}{2g} 1.250 f_1 = \frac{V_2^2}{2g} 2.500 f_2 = \frac{V_3^2}{2g} 2.000 f_3 \qquad (1)$$

Adote escoamento totalmente rugoso no tubo 1: $f_1 = 0{,}0262$, $V_1 = 3{,}49$ m/s; daí, $Re_1 = V_1 d_1/\nu = 273.000$. Do diagrama de Moody, leia $f_1 = 0{,}0267$; recalcule $V_1 = 3{,}46$ m/s, $Q_1 = 62{,}5$ m³/h.

Em seguida, repita para o tubo 2: $f_2 \approx 0{,}0234$, $V_2 \approx 2{,}61$ m/s; então $Re_2 = 153.000$, em que $f_2 = 0{,}0246$, $V_2 = 2{,}55$ m/s, $Q_2 = 25{,}9$ m³/h.

Finalmente, repita para o tubo 3: $f_3 \approx 0{,}0304$, $V_3 \approx 2{,}56$ m/s; então $Re_3 = 100.000$, em que $f_3 = 0{,}0313$, $V_3 = 2{,}52$ m/s, $Q_3 = 11{,}4$ m³/h.

A convergência é satisfatória. A vazão total é

$$Q = Q_1 + Q_2 + Q_3 = 62{,}5 + 25{,}9 + 11{,}4 = 99{,}8 \text{ m}^3/\text{h} \qquad Resposta$$

Esses três tubos transportam 10 vezes mais vazão em paralelo do que em série.

Este exemplo pode ser resolvido por iteração no Excel utilizando o procedimento para a fórmula de Colebrook descrito no Ex. 6.9. Cada tubo requer uma iteração separada do fator de atrito, número de Reynolds e vazão. Os tubos são rugosos, assim somente uma iteração é necessária. Aqui estão os resultados do Excel:

	A	B	C	D	E	F
			Ex. 6.18 – Tubo 1			
	Re_1	$(\varepsilon/d)_1$	V_1 – m/s	Q_1 – m³/s	f_1	f_1 estimado
1	313.053	0,003	3,991	72,2	0,0267	0,0200
2	271.100	0,003	3,457	**62,5**	0,0267	0,0267
			Ex. 6.18 – Tubo 2			
	Re_2	$(\varepsilon/d)_2$	V_2 – m/s	Q_2 – m³/s	f_2	f_2 estimado
1	166.021	0,002	2,822	28,7	0,0246	0,0200
2	149.739	0,002	2,546	**25,9**	0,0246	0,0246
			Ex. 6.18 – Tubo 3			
	Re_3	$(\varepsilon/d)_3$	V_3 – m/s	Q_3 – m³/s	f_3	f_3 estimado
1	123.745	0,005	3,155	14,3	0,0313	0,0200
2	98.891	0,005	2,522	**11,4**	0,0313	0,0313

Assim, como nos cálculos manuais, a vazão total = 62,5 + 25,9 + 11,4 = **99,8** m³/h.   *Resposta*

Interligação de três reservatórios

Considere como terceiro exemplo a *interligação de três reservatórios*, como na Figura 6.24c. Se todos os escoamentos são considerados positivos em direção à junção, então

$$Q_1 + Q_2 + Q_3 = 0 \tag{6.87}$$

o que, obviamente, implica que um ou dois dos escoamentos devem afastar-se da junção. A pressão deve variar através de cada tubo, para resultar a mesma pressão estática p_J na junção. Em outras palavras, considere que a altura da LP na junção seja

$$h_J = z_J + \frac{p_J}{\rho g}$$

em que, para simplificar, p_J é a pressão manométrica. Então, considerando $p_1 = p_2 = p_3 = 0$ (manométrica) na superfície de cada reservatório, a perda de carga através de cada tubo deve ser

$$\Delta h_{p_1} = \frac{V_1^2}{2g} \frac{f_1 L_1}{d_1} = z_1 - h_J$$

$$\Delta h_{p_2} = \frac{V_2^2}{2g} \frac{f_2 L_2}{d_2} = z_2 - h_J \tag{6.88}$$

$$\Delta h_{p_3} = \frac{V_3^2}{2g} \frac{f_3 L_3}{d_3} = z_3 - h_J$$

Adotamos a posição h_J e resolvemos as Equações (6.88) para V_1, V_2 e V_3, ou seja, para Q_1, Q_2 e Q_3, iterando até que as vazões se contrabalancem na junção, de acordo com a Equação (6.87). Se adotarmos h_J muito *alta*, a soma $Q_1 + Q_2 + Q_3$ será *negativa* e a solução será reduzir h_J, e vice-versa.

EXEMPLO 6.19

Considere os mesmos três tubos do Exemplo 6.17, supondo agora que eles conectem três reservatórios com as seguintes elevações

$$z_1 = 20 \text{ m} \quad z_2 = 100 \text{ m} \quad z_3 = 40 \text{ m}$$

Determine as vazões resultantes em cada tubo, desprezando as perdas localizadas.

Solução

Como primeira estimativa, considere h_J igual à altura do reservatório intermediário, $h_J = z_3 = 40$ m. Isso economiza um cálculo ($Q_3 = 0$) e nos permite posicionar o problema:

Reservatório	h_J, m	$z_i - h_J$, m	f_i	V_i, m/s	Q_i, m³/h	L_i/d_i
1	40	−20	0,0267	−3,43	−62,1	1.250
2	40	60	0,0241	4,42	45,0	2.500
3	40	0		0	0	2.000
					$\Sigma Q = -17,1$	

Como a soma das vazões na junção é negativa, a estimativa de h_J foi muito alta. Reduza h_J para 30 m e repita:

Reservatório	h_J, m	$z_i - h_J$, m	f_i	V_i, m/s	Q_i, m³/h
1	30	−10	0,0269	−2,42	−43,7
2	30	70	0,0241	4,78	48,6
3	30	10	0,0317	1,76	8,0
					$\Sigma Q = 12,9$

O valor ΣQ resultou positivo, de modo que podemos interpolar linearmente para obter uma estimativa mais precisa: $h_J \approx 34,3$ m. Faça uma lista final:

Reservatório	h_J, m	$z_i - h_J$, m	f_i	V_i, m/s	Q_i, m³/h
1	34,3	−14,3	0,0268	−2,90	−52,4
2	34,3	65,7	0,0241	4,63	47,1
3	34,3	5,7	0,0321	1,32	6,0
					$\Sigma Q = 0,7$

Isso está suficientemente próximo da solução; calculamos então que há uma vazão de 52,4 m³/h em direção ao reservatório 1, contrabalançada por 47,1 m³/h saindo do reservatório 2 e 6,0 m³/h saindo do reservatório 3.

Uma iteração a mais neste problema iria dar $h_J = 34,53$ m, resultando em $Q_1 = -52,8$, $Q_2 = 47,0$ e $Q_3 = 5,8$ m³/h, tal que $\Sigma Q = 0$ com três casas de precisão.

Rede de tubos

O último caso de sistema com múltiplos tubos é a *rede de tubos* ilustrada na Figura 6.25. Ela pode representar um sistema de abastecimento de água para um apartamento, um bairro ou mesmo uma cidade. Essa rede é bastante complexa algebricamente, mas segue as mesmas regras básicas:

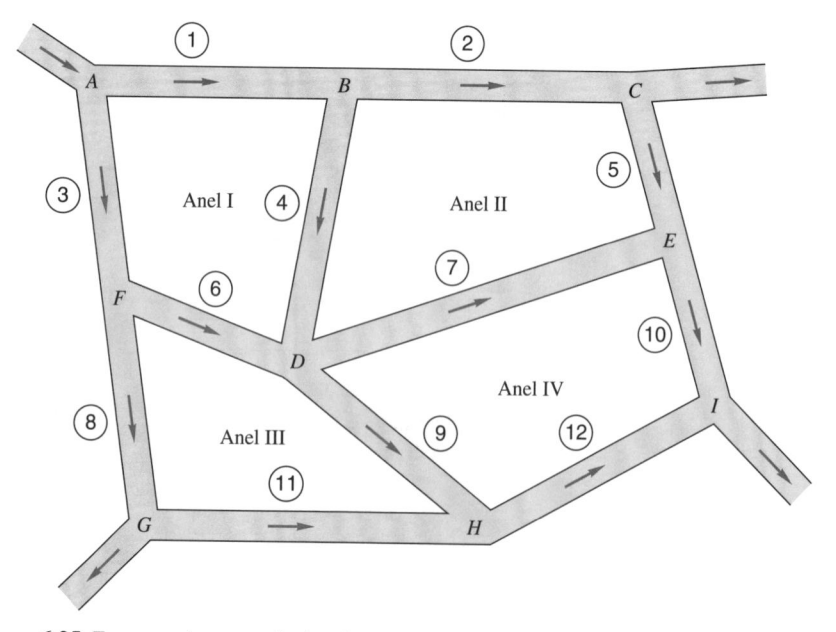

Figura 6.25 Esquema de uma rede de tubos.

1. A vazão líquida em cada junção (nó) da rede deve ser nula.
2. A variação líquida de pressão ao longo de qualquer circuito fechado deve ser nula. Em outras palavras, a LP em cada junção (nó) deve ter uma e apenas uma elevação.
3. Todas as variações de pressão devem satisfazer as correlações de perdas distribuídas e de perdas localizadas.

Aplicando-se essas regras em cada junção (nó) e em cada anel independente da rede, obtém-se um conjunto de equações simultâneas para a vazão em cada trecho de tubo e para a altura da LP (ou pressão) em cada junção (nó). A solução pode então ser obtida por iteração numérica, do modo proposto pela primeira vez pelo professor Hardy Cross [17], em 1936, em uma técnica para cálculos à mão. Atualmente, a solução por computador de problemas de redes de tubulações é bastante comum, sendo tratada em pelo menos um texto especializado [18]. A análise de redes é muito útil para sistemas reais de distribuição de água, se for bem calibrada com os dados reais de perda de carga dos sistemas.

6.11 Escoamentos experimentais em dutos: desempenho de difusores[6]

O diagrama de Moody é uma correlação tão notável para tubos de qualquer seção transversal com qualquer rugosidade ou vazão que podemos ter a ilusão de que o mundo das predições de escoamento interno está aos nossos pés. Mas não é assim. A teoria é confiável apenas para dutos de seção transversal constante. Tão logo a seção varie, devemos contar principalmente com experimentos para determinar as propriedades do escoamento. Conforme mencionamos muitas vezes antes, os experimentos são uma parte vital da mecânica dos fluidos.

Literalmente, milhares de artigos na literatura reportam dados experimentais para escoamentos viscosos específicos, internos e externos. Já vimos vários exemplos:

1. Emissão de vórtices de um cilindro (Figura 5.2)
2. Arrasto sobre uma esfera e um cilindro (Figura 5.3)
3. Modelo hidráulico de um vertedor de barragem (Figura 5.9)
4. Escoamentos em tubos com paredes rugosas (Figura 6.12)
5. Escoamento secundário em dutos (Figura 6.16)
6. Coeficientes de perda localizada (Seção 6.9)

O Capítulo 7 irá tratar de muitos outros experimentos para escoamento externo, especialmente na Seção 7.6. Aqui, vamos mostrar dados para um tipo de escoamento interno, o difusor.

Desempenho de difusores

Um difusor, mostrado na Figura 6.26a e b, é uma expansão ou aumento de área destinado a reduzir a velocidade a fim de recuperar a altura de pressão do escoamento. Rouse e Ince [6] relatam que ele pode ter sido inventado pelos consumidores do sistema de abastecimento de água da Roma Antiga (em torno de 100 d.C.), onde a água fluía continuamente e era cobrada de acordo com o tamanho do tubo. Os engenhosos consumidores descobriram que eles podiam aumentar a vazão, sem custo extra, alargando a seção de saída do tubo.

Os engenheiros sempre projetaram difusores para aumentar a pressão e reduzir a energia cinética dos escoamentos em dutos, mas até 1950 o projeto de difusores era uma combinação de arte, sorte e muito empirismo. Pequenas mudanças nos parâmetros

---
[6]Esta seção pode ser omitida sem perda de continuidade.

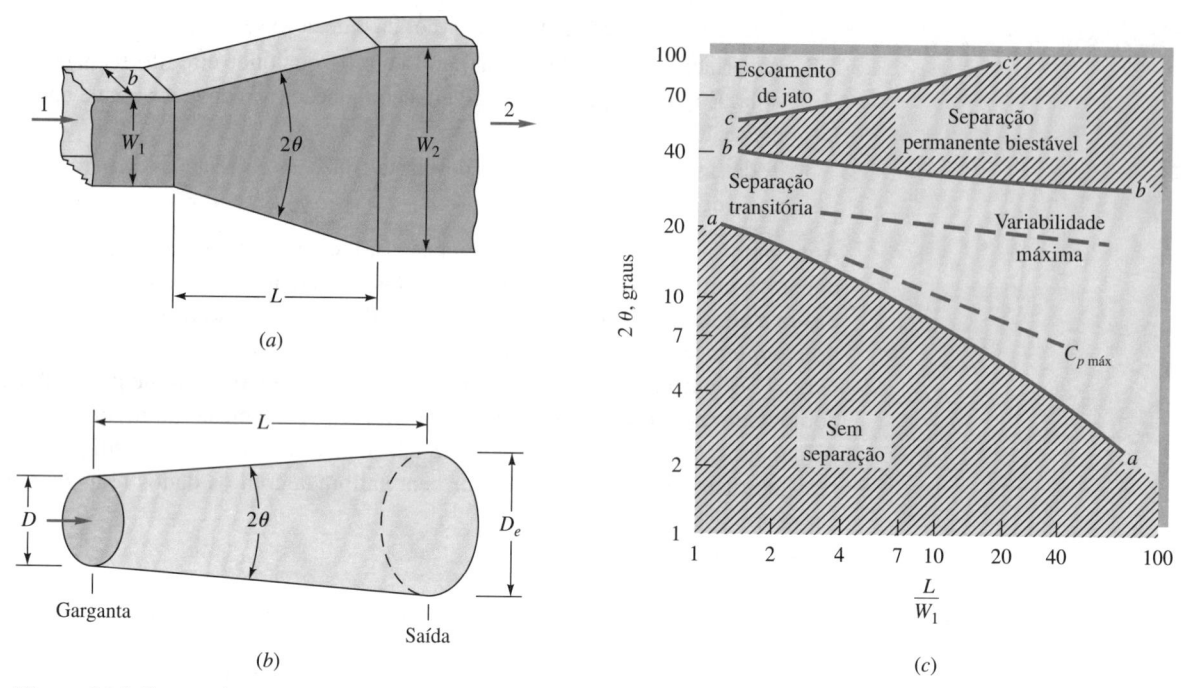

Figura 6.26 Geometria e regimes de escoamento típicos de difusores: (*a*) geometria de um difusor de paredes planas; (*b*) geometria de um difusor cônico; (*c*) mapa de estabilidade de um difusor de paredes planas. *(Da Referência 14, com permissão de Creare, Inc.)*

de projeto causavam grandes mudanças de desempenho. A equação de Bernoulli parecia altamente suspeita como ferramenta útil.

Desprezando as perdas e os efeitos de gravidade, a equação de Bernoulli incompressível prevê que

$$p + \tfrac{1}{2}\rho V^2 = p_0 = \text{const} \tag{6.89}$$

em que p_0 é a pressão de estagnação que o fluido atingiria se fosse desacelerado até o repouso ($V = 0$) sem perdas.

A resposta básica de um difusor é dada pelo *coeficiente de recuperação de pressão* C_p, definido como

$$C_p = \frac{p_s - p_e}{p_{0e} - p_e} \tag{6.90}$$

em que os subscritos s e e indicam a saída e a entrada (ou garganta), respectivamente. Maiores valores de C_p indicam melhores desempenhos.

Considere o difusor de paredes planas da Figura 6.26*a*, em que a seção 1 é a entrada e a seção 2 a saída. A aplicação da equação de Bernoulli (6.89) a esse difusor prevê que

$$p_{01} = p_1 + \tfrac{1}{2}\rho V_1^2 = p_2 + \tfrac{1}{2}\rho V_2^2 = p_{02}$$

ou

$$C_{p,\text{sem atrito}} = 1 - \left(\frac{V_2}{V_1}\right)^2 \tag{6.91}$$

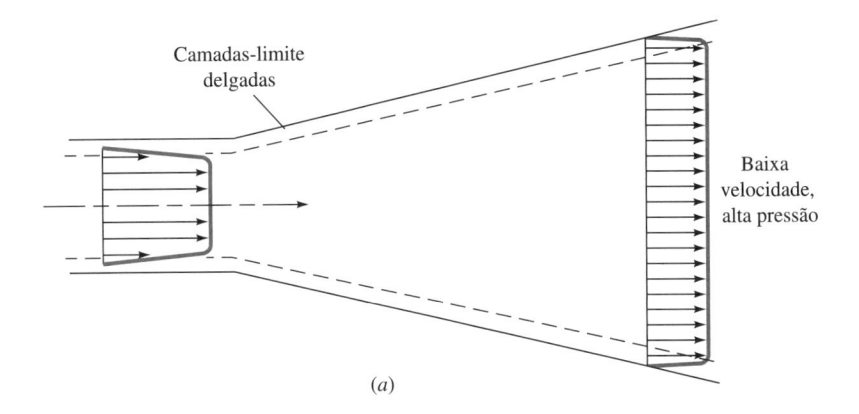

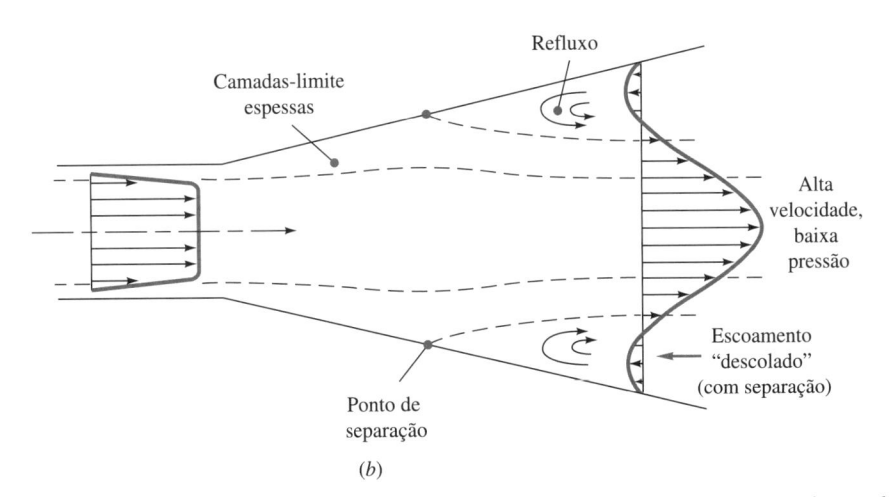

Figura 6.27 Desempenho de difusores: (*a*) padrão ideal com bom desempenho; (*b*) padrão real medido com separação de camada-limite e fraco desempenho resultante.

Por outro lado, a continuidade unidimensional permanente requer que

$$Q = V_1 A_1 = V_2 A_2 \tag{6.92}$$

Combinando (6.91) e (6.92), podemos escrever o desempenho em termos da *razão de áreas* $\text{RAr} = A_2/A_1$, que é um parâmetro básico no projeto de difusores:

$$C_{p,\text{sem atrito}} = 1 - (\text{RAr})^{-2} \tag{6.93}$$

Um projeto típico teria RAr = 5:1, para o qual a Equação (6.93) prevê $C_p = 0{,}96$, ou uma recuperação quase total. Mas, de fato, valores medidos de C_p para essa razão de áreas [14] chegam até 0,86, podendo ser tão baixos quanto 0,24.

A razão básica para essa discrepância é a separação do escoamento, como mostra a Figura 6.27*b*. O aumento de pressão no difusor cria um gradiente desfavorável (Seção 7.5), que faz com que as camadas-limite viscosas separem-se das paredes, reduzindo bastante o desempenho. A dinâmica dos fluidos computacional (CFD, do inglês) pode hoje prever esse comportamento.

Como uma complicação adicional à separação da camada-limite, os padrões de escoamento em um difusor são altamente variáveis e eram considerados misteriosos e erráticos até 1955, quando Kline revelou a estrutura desses padrões com técnicas de visualização do escoamento em um simples canal de água.

Um mapa completo da *estabilidade* dos padrões de escoamento em um difusor foi publicado em 1962 por Fox e Kline [21], como mostra a Figura 6.26c. Há quatro regiões básicas. Abaixo da linha *aa* ocorre escoamento viscoso permanente, sem separação e com desempenho relativamente bom. Observe que mesmo um difusor bastante curto irá "separar", ou "descolar", se o semiângulo for maior que 10°.

Entre as linhas *aa* e *bb* ocorre um padrão de separação transitória, com escoamento fortemente não permanente. Os melhores desempenhos, isto é, maiores C_p, ocorrem nessa região. O terceiro padrão, entre *bb* e *cc*, é a separação permanente biestável em uma parede apenas. O padrão de separação pode saltar de uma parede a outra, e o desempenho é fraco.

O quarto padrão, acima da linha *cc*, é o *escoamento de jato*, no qual a separação na parede é tão massiva e penetrante que a corrente principal ignora as paredes e simplesmente descarrega com área quase constante. O desempenho é extremamente fraco nessa região.

A análise dimensional de um difusor de parede plana ou de um difusor cônico mostra que C_p deve depender dos seguintes parâmetros:

1. Quaisquer dois dos seguintes parâmetros geométricos:
    a. Razão de áreas $RAr = A_2/A_1$ ou $(D_s/D)^2$
    b. Ângulo de divergência 2θ
    c. Razão de esbeltez L/W_1 ou L/D
2. Número de Reynolds na entrada $Re_e = V_1 W_1/\nu$ ou $Re_e = V_1 D/\nu$
3. Número de Mach na entrada $Ma_e = V_1/a_1$
4. *Fator de bloqueio* da camada-limite na entrada $B_e = A_{CL}/A_1$, em que A_{CL} é a área próxima à parede, bloqueada ou deslocada pelo escoamento retardado da camada-limite na entrada (tipicamente B_e varia de 0,03 a 0,12)

Um difusor de paredes planas necessitaria de um parâmetro de forma adicional para descrever sua seção transversal:

5. Razão de aspecto $RA = b/W_1$

Mesmo com essa lista formidável, omitimos cinco efeitos possivelmente importantes: turbulência na entrada, giro do escoamento na entrada, vorticidade do perfil de entrada, pulsações superpostas e obstrução a jusante, todas as quais ocorrem em aplicações de máquinas.

Os três parâmetros mais importantes são RAr, θ e B. Mapas de desempenho de difusores típicos estão na Figura 6.28. Para esse caso, com 8% a 9% de bloqueio, tanto o difusor de paredes planas como o difusor cônico fornecem quase o mesmo desempenho máximo, $C_p = 0,70$, mas para ângulos de divergência diferentes (9° para o difusor de paredes planas contra 4,5° para o difusor cônico). O desempenho de ambos fica bem abaixo do cálculo pela equação de Bernoulli, $C_p = 0,93$ (paredes planas) e 0,99 (cônico), principalmente em função do efeito de bloqueio.

Dos dados da Referência 14, podemos determinar que, em geral, o desempenho decresce com o bloqueio e é aproximadamente o mesmo para os difusores de paredes planas e cônicos, como mostra a Tabela 6.6. Em todos os casos, o melhor difusor cônico é 10% a 80% mais longo que o melhor difusor de paredes planas. Portanto, havendo li-

Figura 6.28a Mapas de desempenho típicos para difusores cônicos e de paredes planas, em condições de operação semelhantes: paredes planas. *Fonte: P. W. Runstadler, Jr., et al., "Diffuser Data Book," Crème Inc. Tech. Note 186, Hanover, NH, 1975., com permissão de Creare, Inc.*

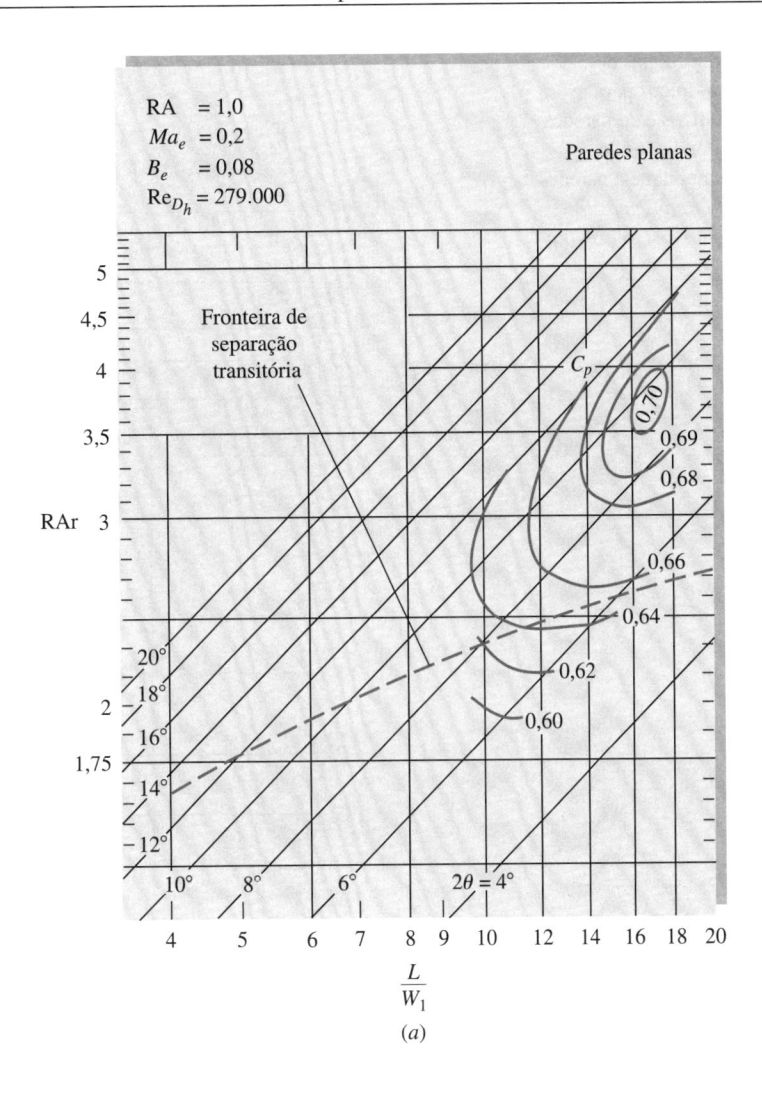

mitações de comprimento, o projeto com paredes planas irá proporcionar o melhor desempenho, dependendo da seção transversal do duto.

O projeto experimental de um difusor é um excelente exemplo de uma tentativa bem-sucedida de minimizar os efeitos indesejáveis do gradiente adverso de pressão e da separação do escoamento.

Tabela 6.6 Dados do desempenho máximo de difusores [14]

Bloqueio na entrada B_e	Paredes planas		Paredes cônicas	
	$C_{p,máx}$	L/W_1	$C_{p,máx}$	L/d
0,02	0,86	18	0,83	20
0,04	0,80	18	0,78	22
0,06	0,75	19	0,74	24
0,08	0,70	20	0,71	26
0,10	0,66	18	0,68	28
0,12	0,63	16	0,65	30

Fonte: P. W. Runstadler, Jr., et al., "Diffuser Data Book," Crème Inc. Tech. Note 186, Hanover, NH, 1975.

Figura 6.28b Mapas de desempenho típicos para difusores cônicos e de paredes planas, em condições de operação semelhantes: paredes cônicas. (*Da Referência 14, com permissão de Creare, Inc.*)

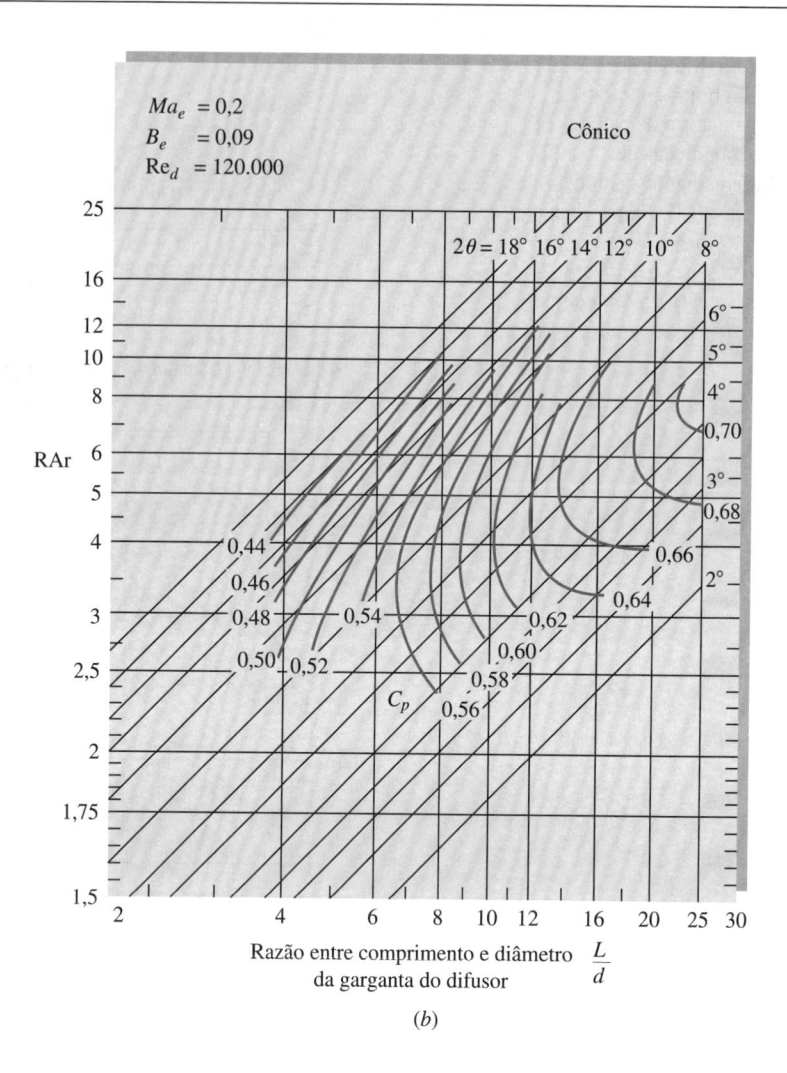

$Ma_e = 0,2$
$B_e = 0,09$
$Re_d = 120.000$
Cônico

(b)

6.12 Medidores para fluidos

Quase todos os problemas práticos de engenharia de fluidos estão associados à necessidade de medições precisas do escoamento. É necessário medir as propriedades *locais* (velocidade, pressão, temperatura, massa específica, viscosidade, intensidade da turbulência), propriedades *integradas* (vazão em massa e vazão volumétrica) e propriedades *globais* (visualização de todo o campo de escoamento). Nesta seção, vamos nos concentrar nas medições de velocidade e vazão volumétrica.

Discutimos as medições de pressão na Seção 2.10. A medição de outras propriedades termodinâmicas, tais como massa específica, temperatura e viscosidade, está além do escopo deste texto e é tratada em livros especializados, como as Referências 22 e 23. Técnicas de visualização foram discutidas na Seção 1.11 para escoamentos com baixas velocidades e as técnicas óticas especiais usadas em escoamentos com altas velocidades são tratadas na Referência 34 do Capítulo 1. Esquemas de medição de escoamento adequados para canais abertos e outros escoamentos com superfície livre são tratados no Capítulo 10.

Medições de velocidade local

A velocidade média sobre uma pequena região, ou ponto, pode ser medida segundo diferentes princípios físicos, listados em ordem crescente de complexidade e sofisticação:

1. Trajetória de flutuadores ou partículas neutralmente flutuantes
2. Dispositivos mecânicos rotativos
    a. Anemômetro de conchas
    b. Rotor Savonius
    c. Medidor de hélice livre
    d. Medidor de turbina
3. Tubo de Pitot estático (Figura 6.30)
4. Medidor de corrente eletromagnética
5. Fio quente e filme quente
6. Anemômetro laser-doppler (LDA)
7. Velocimetria de imagem de partículas (PIV, do inglês)

Alguns desses medidores estão esquematizados na Figura 6.29.

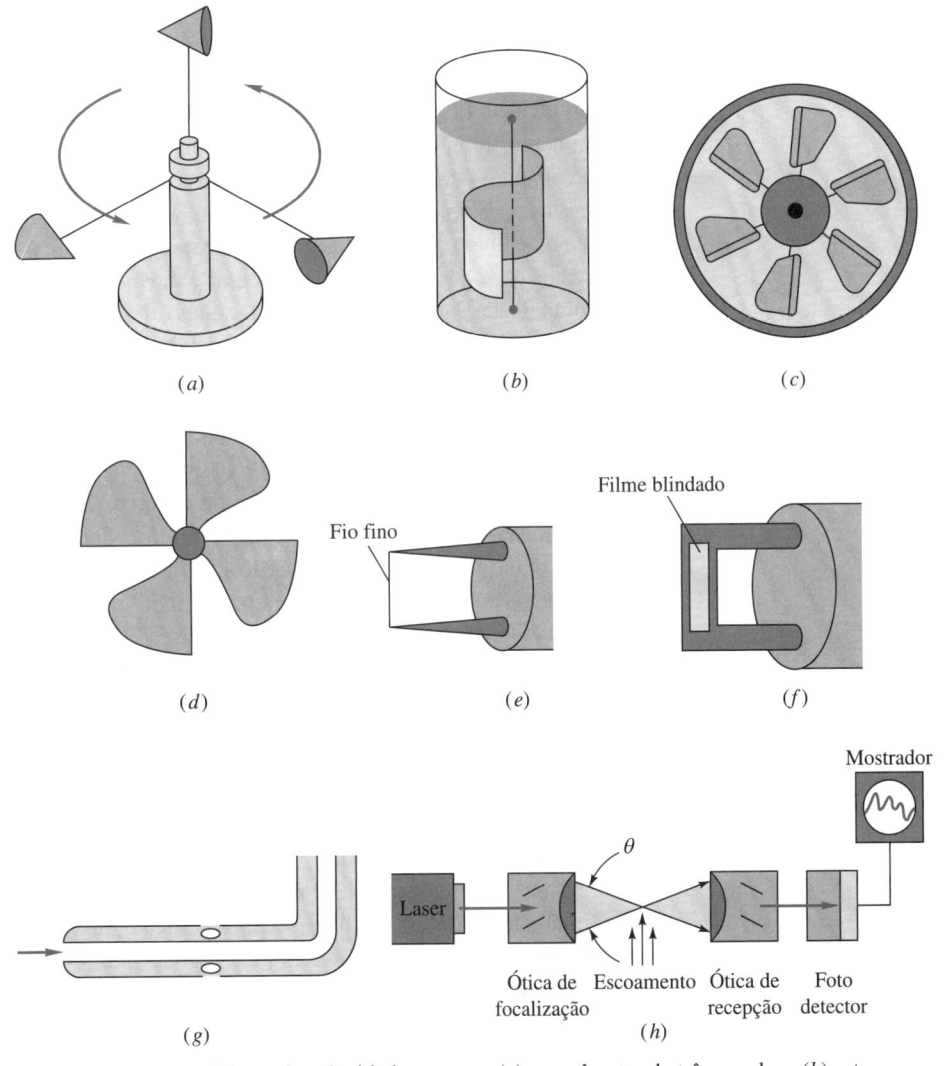

Figura 6.29 Oito medidores de velocidade comuns: (a) anemômetro de três conchas; (b) rotor Savonius; (c) turbina montada em um duto; (d) medidor de hélice livre; (e) anemômetro de fio quente; (f) anemômetro de filme quente; (g) tubo de Pitot-estático; (h) anemômetro laser-doppler.

Figura 6.30 Tubo de Pitot estático para medição combinada de pressão estática e de estagnação em um escoamento.

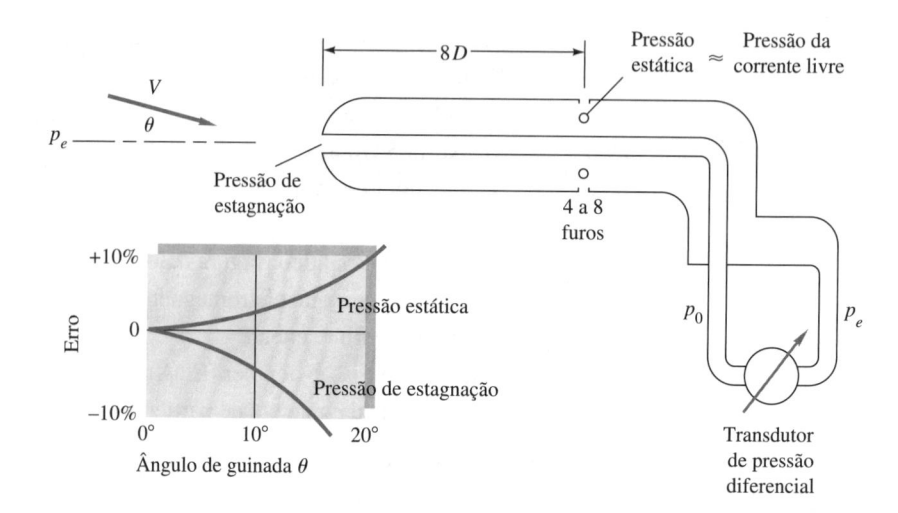

Flutuadores ou partículas flutuantes. Uma estimativa simples, mas eficaz, da velocidade pode ser feita usando partículas visíveis arrastadas pelo escoamento. Os exemplos incluem flocos sobre a superfície do escoamento em um canal, pequenas esferas neutralmente flutuantes misturadas com um líquido ou bolhas de hidrogênio. Às vezes, escoamentos de gases podem ser medidos por meio do movimento de partículas de poeira arrastadas. É preciso estabelecer se o movimento de partículas realmente simula o movimento de fluido. Flutuadores geralmente são usados para monitorar o movimento de águas oceânicas e podem ser projetados para se mover na superfície, no fundo ou em qualquer profundidade dada [24]. Muitos diagramas oficiais de correntes de maré [25] foram obtidos pela liberação e monitoramento de um flutuador ligado a um pedaço de corda. É possível liberar grupos inteiros de flutuadores para determinar o padrão de escoamento.

Sensores rotativos. Os dispositivos rotativos da Figura 6.29a a d podem ser usados tanto em gases como em líquidos e sua velocidade de rotação é proporcional à velocidade do escoamento. O anemômetro de conchas (Figura 6.29a) e o rotor Savonius (Figura 6.29b) giram sempre no mesmo sentido, independentemente do sentido do escoamento. São muito usados em aplicações atmosféricas e oceanográficas e podem ser equipados com uma aleta diretora para alinhá-los com o escoamento. Os medidores de hélice em duto (Figura 6.29c) e hélice livre (Figura 6.29d) devem ser alinhados com o escoamento paralelo ao seu eixo de rotação. Eles podem estar sujeitos a um escoamento reverso, caso em que irão girar no sentido oposto. Todos esses sensores rotativos podem ser ligados a contadores ou adaptados a dispositivos eletromagnéticos ou anéis de deslizamento para uma leitura contínua ou digital da velocidade do escoamento. Todos têm a desvantagem de ser relativamente grandes, não representando assim um "ponto".

Tubo de Pitot estático. Um tubo delgado alinhado com o escoamento (Figuras 6.29g e 6.30) pode medir a velocidade local por meio de uma diferença de pressão. Tem orifícios laterais para medir a pressão estática p_e da corrente não perturbada e um orifício frontal para medir a pressão de estagnação p_0, em que a corrente é desacelerada à velocidade zero. Em vez de medir p_0 ou p_e separadamente, é costume medir sua diferença com, digamos, um transdutor diferencial, como na Figura 6.30.

Se $\text{Re}_D > 1.000$, em que D é o diâmetro da sonda, o escoamento em torno da sonda é quase sem atrito, valendo a relação de Bernoulli, Equação (3.54) com boa precisão. Para escoamento incompressível

$$p_e + \tfrac{1}{2}\rho V^2 + \rho g z_e \approx p_0 + \tfrac{1}{2}\rho (0)^2 + \rho g z_0$$

Considerando que a diferença de pressão de elevação $\rho g\,(z_e - z_0)$ é desprezível, essa expressão reduz-se a

$$V \approx \left[2\frac{(p_0 - p_e)}{\rho}\right]^{1/2} \quad (6.94)$$

Essa é a *fórmula de Pitot*, em homenagem ao engenheiro francês Henri de Pitot, que projetou o dispositivo em 1732.

A principal desvantagem do tubo de Pitot é que ele deve ser alinhado com a direção do escoamento, que pode ser desconhecida. Para ângulos de guinada maiores que 5°, ocorrem erros substanciais nas medidas tanto de p_0 como de p_e, como mostra a Figura 6.30. O tubo de Pitot estático é útil em líquidos e gases; para gases, é necessária uma correção de compressibilidade se o número de Mach da corrente for grande (Capítulo 9). Por causa da resposta lenta dos tubos cheios de fluido que o ligam aos transdutores, o tubo de Pitot não é útil para medidas de escoamento não permanente. Ele se aproxima de um "ponto" e pode ser feito suficientemente pequeno para medir, por exemplo, o escoamento de sangue em veias e artérias. Ele não é adequado a medições de baixas velocidades em gases devido às pequenas diferenças de pressão produzidas. Por exemplo, se $V = 0{,}3$ m/s no ar padrão, da Equação (6.94) calculamos $p_0 - p$ igual a apenas 0,048 Pa. Isso está aquém da resolução da maioria dos medidores de pressão.

Medidor eletromagnético. Se um campo magnético for aplicado através de um fluido condutor, o movimento do fluido induzirá uma tensão elétrica entre dois eletrodos colocados no escoamento ou nas proximidades. Os eletrodos podem ser alinhados com o escoamento ou construídos nas paredes, causando pouca ou nenhuma resistência ao escoamento. A saída é bastante forte para fluidos altamente condutores, tais como os metais líquidos. A água do mar também fornece uma boa saída, e os medidores eletromagnéticos de correntes são muito usados em oceanografia. Mesmo o escoamento de água doce, de baixa condutividade, pode ser medido, amplificando-se a saída e isolando-se os eletrodos. Instrumentos comerciais podem ser encontrados para muitos escoamentos de líquidos, mas são relativamente caros. Os medidores eletromagnéticos são tratados na Referência 26.

Anemômetro de fio quente. Um fio muito fino ($d = 0{,}01$ mm ou menos) aquecido entre duas pequenas sondas, como na Figura 6.29e, é ideal para medições de escoamentos com flutuações rápidas, tais como na camada-limite turbulenta. A ideia remonta ao trabalho de L. V. King, em 1914, sobre a perda de calor de cilindros longos e finos. Se for fornecida potência elétrica para aquecer o cilindro, a perda varia com a velocidade do escoamento através do cilindro de acordo com a *lei de King*

$$q = I^2 R \approx a + b(\rho V)^n \quad (6.95)$$

em que $n \approx \frac{1}{3}$ para números de Reynolds muito baixos e $n \approx \frac{1}{2}$ para altos números de Reynolds. O fio quente normalmente opera na faixa de altos números de Reynolds, mas deve ser calibrado em cada situação, determinando-se os melhores valores de ajuste para a, b e n. O fio pode ser operado seja a corrente constante I, ficando a resistência R como uma medida de V, seja a resistência constante R (temperatura constante), ficando a corrente I como uma medida da velocidade. Em qualquer caso, a saída é uma função não linear de V, e o equipamento deve conter um *linearizador* para produzir dados de velocidade convenientes. Muitas variedades de equipamentos de fio quente comerciais estão disponíveis, bem como projetos do tipo "faça você mesmo" [27]. Discussões detalhadas excelentes sobre o fio quente são encontradas na Referência 28.

Por causa de sua fragilidade, o fio quente não é adequado a escoamentos de líquidos, cuja massa específica elevada e o arraste de sedimentos destruiriam rapidamente o fio. Uma alternativa mais estável e ainda bastante sensível para medições de escoamento de líquidos é o anemômetro de filme quente (Figura 6.29*f*). Um filme metálico fino, em geral de platina, é blindado em um suporte relativamente espesso que pode ser uma cunha, um cone ou um cilindro. A operação é semelhante à do fio quente. O cone fornece a melhor resposta, mas é susceptível a erro quando o escoamento está inclinado em relação ao seu eixo.

Os fios quentes podem ser facilmente arranjados em grupos para medir componentes de velocidade bi ou tridimensionais.

Anemômetro laser-doppler (LDA, do inglês). No LDA, um feixe de laser fornece uma luz monocromática, coerente e altamente focalizada, que atravessa o escoamento. Quando a luz é espalhada por uma partícula que se move com o escoamento, um observador estacionário pode detectar uma alteração, ou *deslocamento doppler*, na frequência da luz espalhada. O deslocamento Δf é proporcional à velocidade da partícula. Essencialmente, o escoamento não é perturbado pelo laser.

A Figura 6.29*h* mostra um modo bem conhecido de LDA, o de feixe dual. Um dispositivo de focalização decompõe o laser em dois feixes, que cruzam o escoamento com um ângulo θ. Sua interseção, que corresponde ao volume de medida ou resolução da medição, assemelha-se a um elipsoide com aproximadamente 0,5 mm de largura e 0,1 mm de diâmetro. As partículas que passam através desse volume de medida espalham os feixes; daí, eles passam pela ótica de recepção e atingem um fotodetector que converte a luz em um sinal elétrico. Um processador de sinais converte então a frequência em uma tensão elétrica que pode ser indicada em um mostrador ou armazenada. Se λ é o comprimento de onda do laser, a velocidade medida é dada por

$$V = \frac{\lambda \, \Delta f}{2 \, \text{sen}(\theta/2)} \qquad (6.96)$$

Diversos componentes de velocidade podem ser detectados usando mais de um fotodetector e outros modos de operação. Tanto líquidos como gases podem ser medidos, desde que partículas de espalhamento estejam presentes. Nos líquidos, impurezas normais servem para o espalhamento, mas os gases podem requerer a introdução de partículas. As partículas podem ser tão pequenas quanto o comprimento de onda da luz. Embora o volume de medida não seja tão pequeno quanto o do fio quente, o LDA é capaz de medir flutuações turbulentas.

As vantagens do LDA são as seguintes:

1. Não há perturbação do escoamento.
2. Alta resolução espacial do campo de escoamento.
3. Os dados de velocidade são independentes das propriedades termodinâmicas do fluido.
4. A tensão elétrica de saída é proporcional à velocidade.
5. Não há necessidade de calibração.

As desvantagens são a necessidade de o aparato e o fluido serem transparentes à luz e o alto custo (o preço mínimo de um sistema básico como o da Figura 6.29*h* fica em torno de $ 50.000).

Uma vez instalado, o LDA pode mapear todo o campo de escoamento, nos mínimos detalhes. Para apreciar realmente o poder do LDA, pode-se examinar, por exemplo, os perfis de velocidade tridimensionais extremamente detalhados medidos por Eckardt [29] em um rotor de compressor centrífugo de alta velocidade. Discussões abrangentes sobre velocimetria laser são encontradas nas Referências 38 e 39.

Velocimetria de imagem de partículas (PIV, do inglês). Essa nova ideia, já bastante difundida e chamada abreviadamente de PIV, trata não somente da medição em um único ponto, mas do mapeamento completo do campo de escoamento. Uma ilustração foi mostrada na Figura 1.18*b*. O escoamento é semeado com partículas neutralmente flutuantes. Uma camada laser planar através do escoamento é pulsada e fotografada duas vezes. Se $\Delta\mathbf{r}$ é o vetor deslocamento de uma partícula durante um curto intervalo de tempo Δt, uma estimativa de sua velocidade é $\mathbf{V} \approx \Delta\mathbf{r}/\Delta t$. Um computador dedicado aplica essa fórmula a toda uma nuvem de partículas, mapeando assim o campo de escoamento. Pode-se também usar os dados para calcular os campos de vorticidade e do gradiente de velocidade. Como as partículas são todas parecidas, outras câmaras podem ser necessárias para identificá-las. Campos de velocidade tridimensionais podem ser medidos por duas câmaras em um arranjo estereoscópico. O método PIV não se limita a um único registro estático. Câmaras modernas de alta velocidade (até 10.000 quadros por segundo) permitem o registro de filmes de campos de escoamento não permanente. Para detalhes adicionais, ver a monografia de M. Raffel [51].

EXEMPLO 6.20

O tubo de Pitot estático da Figura 6.30 usa mercúrio como fluido manométrico. Quando é colocado em um escoamento de água, a altura lida no manômetro é $h = 213$ mm. Desprezando a guinada e outros erros, qual é a velocidade V em m/s?

Solução

Da relação manométrica de dois fluidos (2.23*b*), com $z_A = z_2$, a diferença de pressão é relacionada a h por

$$p_0 - p_e = (\gamma_M - \gamma_a)h$$

Tirando os pesos específicos do mercúrio e da água da Tabela 2.1, temos

$$p_0 - p_e = (133.100 - 9.790 \text{ N/m}^3) \cdot 0,213 \text{ m} = 26.265 \text{ N/m}^2$$

A massa específica da água é $9.790/9,81 = 998$ kg/m³. Introduzindo esses valores na fórmula do tubo de Pitot estático (6.97), obtemos

$$V = \left[\frac{2(26.265 \text{ N/m}^2)}{998 \text{ kg/m}^3}\right]^{1/2} = 7,26 \text{ m/s} \qquad \textit{Resposta}$$

Como se trata de um escoamento a baixa velocidade, não é preciso correção de compressibilidade.

Medições de vazão volumétrica

Frequentemente, é necessário medir a vazão em massa ou a vazão volumétrica que passa por um duto. A medição precisa de vazão é vital na cobrança a consumidores por uma dada quantidade de líquido ou gás que passa por um duto. Os diferentes dispositivos disponíveis para fazer essas medições são discutidos em detalhes no texto da ASME sobre medidores para fluidos [30]. Esses dispositivos dividem-se em duas classes: instrumentos mecânicos e instrumentos de perda de carga.

Os instrumentos mecânicos medem a vazão real do fluido, volumétrica ou em massa, retendo e mensurando uma certa quantidade. Os vários tipos de medida são:

1. Medição de massa
   a. Tanques de pesagem
   b. Reservatórios basculantes
2. Medição de volume
   a. Tanques de volume aferido
   b. Êmbolos de movimento alternativo

c. Anéis ranhurados rotativos
   d. Disco nutante
   e. Aletas deslizantes
   f. Rotores de engrenagens ou lóbulos
   g. Foles de movimento alternativo
   h. Compartimentos de tambor selado

Os três últimos são adequados à medição de vazão de gás.

Os dispositivos de perda de carga obstruem o escoamento e causam uma queda de pressão que é uma medida do fluxo:

1. Dispositivos do tipo Bernoulli
   a. Placa de orifício
   b. Bocal
   c. Tubo venturi
2. Dispositivos de perda por atrito
   a. Tubo capilar
   b. Tampão poroso

Os medidores de perda por atrito causam uma grande perda de carga e em geral obstruem demais o escoamento para serem úteis em geral.

Seis outros medidores largamente utilizados operam segundo diferentes princípios físicos:

1. Medidor do tipo turbina
2. Medidor do tipo vórtice
3. Medidor ultrassônico
4. Rotâmetro
5. Medidor de vazão em massa do tipo Coriolis
6. Elemento de escoamento laminar

Medidor com disco nutante. Para medição de *volumes* de líquido, em vez de vazões volumétricas, os dispositivos mais comuns são os medidores com disco nutante e do tipo turbina. A Figura 6.31 mostra um corte esquemático de um *medidor com disco nutante*, largamente empregado em sistemas de abastecimento de água ou de gasolina.

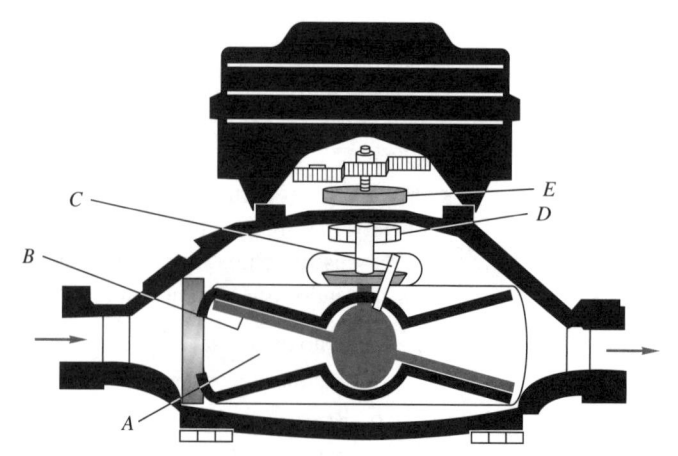

Figura 6.31 Corte esquemático de um medidor com disco nutante. *A*: câmara de volume medido; *B*: disco nutante; *C*: fuso rotativo; *D*: ímã guiado; *E*: sensor de contagem magnético. *(Cortesia de Badger Meter, Inc., Milwaukee, Wisconsin.)*

O mecanismo é engenhoso e talvez esteja além da capacidade de explanação do autor. A câmara de medida é uma fatia de esfera e contém um disco rotativo montado a um certo ângulo em relação ao escoamento. O fluido provoca um movimento de nutação do disco (giro excêntrico) e cada volta completa corresponde a um certo volume de fluido que passa. O volume total é obtido por contagem do número de voltas.

Medidor do tipo turbina. O medidor do tipo turbina, às vezes chamado de *medidor de hélice*, consiste em uma hélice de rotação livre que pode ser instalada em uma tubulação. Um projeto típico é mostrado na Figura 6.32a. Existem endireitadores de corrente a montante do rotor e a rotação é medida por um captor elétrico ou magnético dos pulsos causados pela passagem de um ponto do rotor. A rotação do rotor é aproximadamente proporcional à vazão volumétrica no tubo.

Como no caso do disco nutante, uma grande vantagem do medidor do tipo turbina é que cada pulso corresponde a um volume incremental finito de fluido e os pulsos são

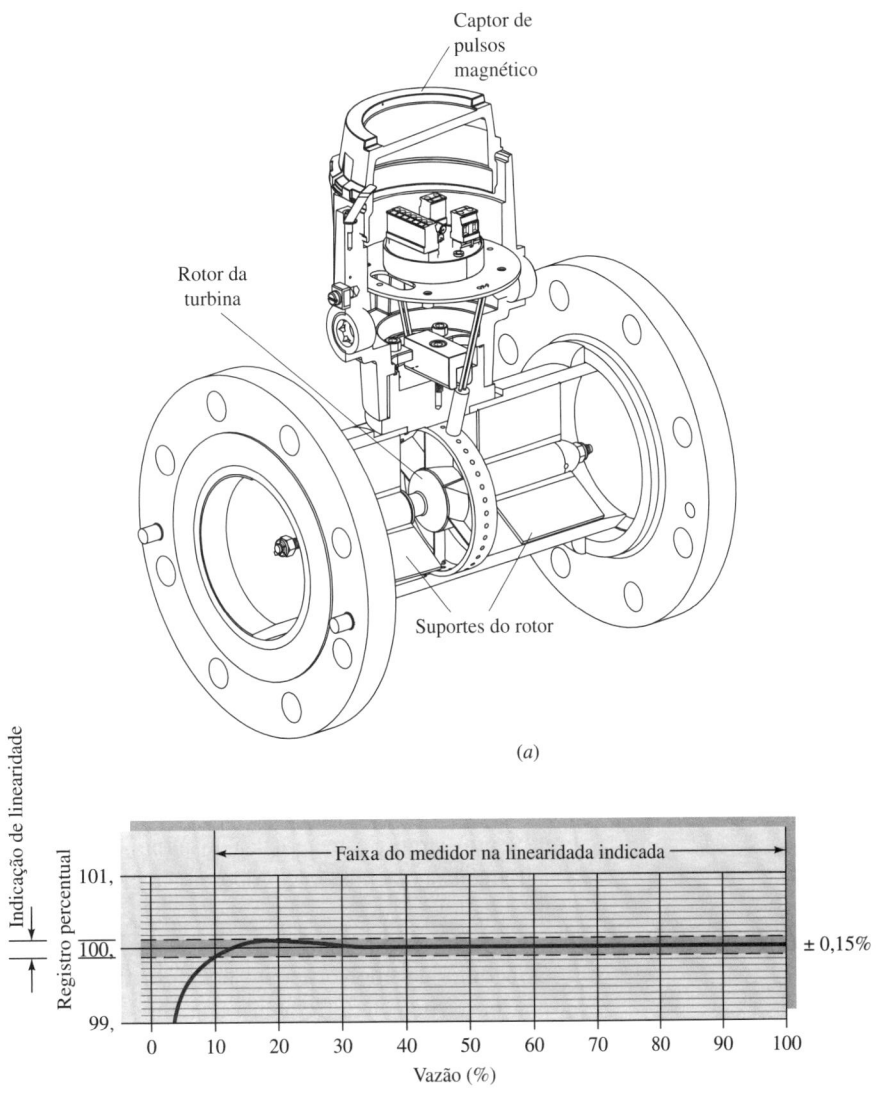

Figura 6.32 O medidor tipo turbina, largamente utilizado na indústria de petróleo e gás: (a) projeto básico (*Daniel Industries of Fluke Calibration, Houston, TX*); (b) a curva de linearidade é a medida da variação do sinal na saída na faixa nominal de escoamento do medidor de 10% a 100% (*Daniel Measurement and Control, Houston, TX*).

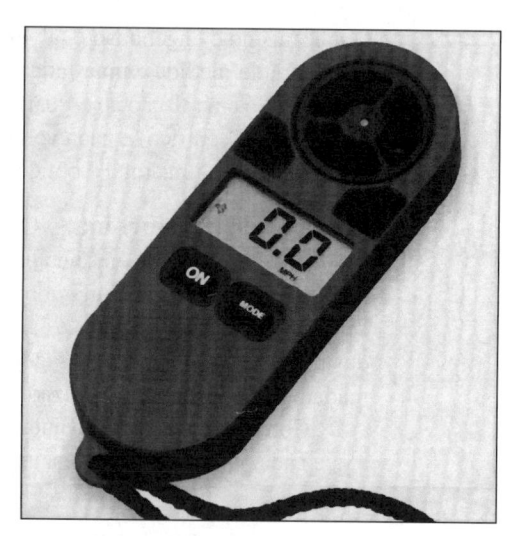

Figura 6.33 Medidor manual comercial tipo turbina de velocidade do vento. *(Cortesia de Nielsen-Kellerman Company.)*

digitais, podendo ser facilmente somados. Medidores do tipo turbina para escoamento de líquidos têm poucas pás, até mesmo duas, e produzem um número constante de pulsos por unidade de volume de fluido em uma faixa de vazão de 5:1 com precisão de ± 0,25%. Medidores para gases precisam de muitas pás para produzir um torque suficiente e atingem precisão de ± 1%.

Uma vez que os medidores do tipo turbina são muito individualizados, a calibração de vazão é uma necessidade absoluta. Uma curva típica de calibração de um medidor de líquido é mostrada na Figura 6.32*b*. Tentativas de pesquisadores no sentido de estabelecer curvas universais de calibração lograram pouco sucesso prático, como resultado das variabilidades de fabricação.

Os medidores do tipo turbina também podem ser usados em situações de escoamento não confinado, tais como ventos ou correntes oceânicas. Podem ser compactos, até mesmo miniaturizados e com duas ou três direções componentes. A Figura 6.33 ilustra um medidor manual de velocidade do vento que usa uma turbina de sete pás e tem uma saída digital calibrada. A precisão desse dispositivo é da ordem de ± 2%.

Medidores do tipo vórtice. De acordo com a Figura 5.2, um corpo rombudo colocado em um escoamento transversal uniforme emite vórtices alternados a um número de Strouhal St = fL/U praticamente constante, em que U é a velocidade de aproximação e L é uma largura característica do corpo. Como L e St são constantes, isso significa que a frequência de emissão é proporcional à velocidade

$$f = (\text{const})(U) \tag{6.97}$$

O medidor do tipo vórtice introduz um elemento emitente através do escoamento em um tubo e detecta a frequência de emissão a jusante com um sensor de pressão, ultrassônico ou baseado em transferência de calor. Um projeto típico é mostrado na Figura 6.34.

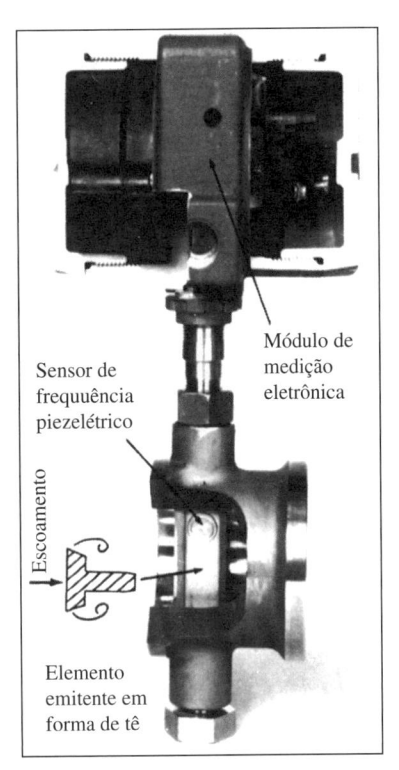

Figura 6.34 Um medidor de vazão do tipo vórtice. *(Cortesia de Invensys p/c.)*

As vantagens de um medidor tipo vórtice são as seguintes:

1. Ausência de partes móveis
2. Precisão de até $\pm$ 1% sobre uma larga faixa de vazões (de até 100:1)
3. Capacidade de lidar com fluidos muito quentes ou muito frios
4. Necessidade de apenas um curto comprimento de tubo
5. Calibração indiferente à massa específica ou à viscosidade do fluido

Para mais detalhes, ver a Referência 40.

Medidores de vazão ultrassônicos. O análogo em ondas sonoras da velocimetria a laser da Figura 6.29h é o medidor de vazão ultrassônico. Dois exemplos estão mostrados na Figura 6.35. O medidor de vazão do tipo pulso é mostrado na Figura 6.35a. O transdutor piezelétrico a montante A é excitado com um pulso sônico curto que se propaga através do escoamento em direção ao transdutor a jusante B. A chegada em B dispara outro pulso a ser criado em A, resultando em uma frequência de pulso regular f_A. O mesmo processo é duplicado na direção reversa de B para A, criando a frequência f_B. A diferença $f_A - f_B$ é proporcional à vazão. A Figura 6.35b mostra um arranjo do tipo doppler, no qual as ondas sonoras do transmissor T são espalhadas por partículas ou contaminantes no escoamento até o receptor R. A comparação dos dois sinais revela um deslocamento doppler de frequência que é proporcional à vazão. Os medidores ultrassônicos são não intrusivos e podem ser fixados diretamente aos tubos, em campo (Figu-

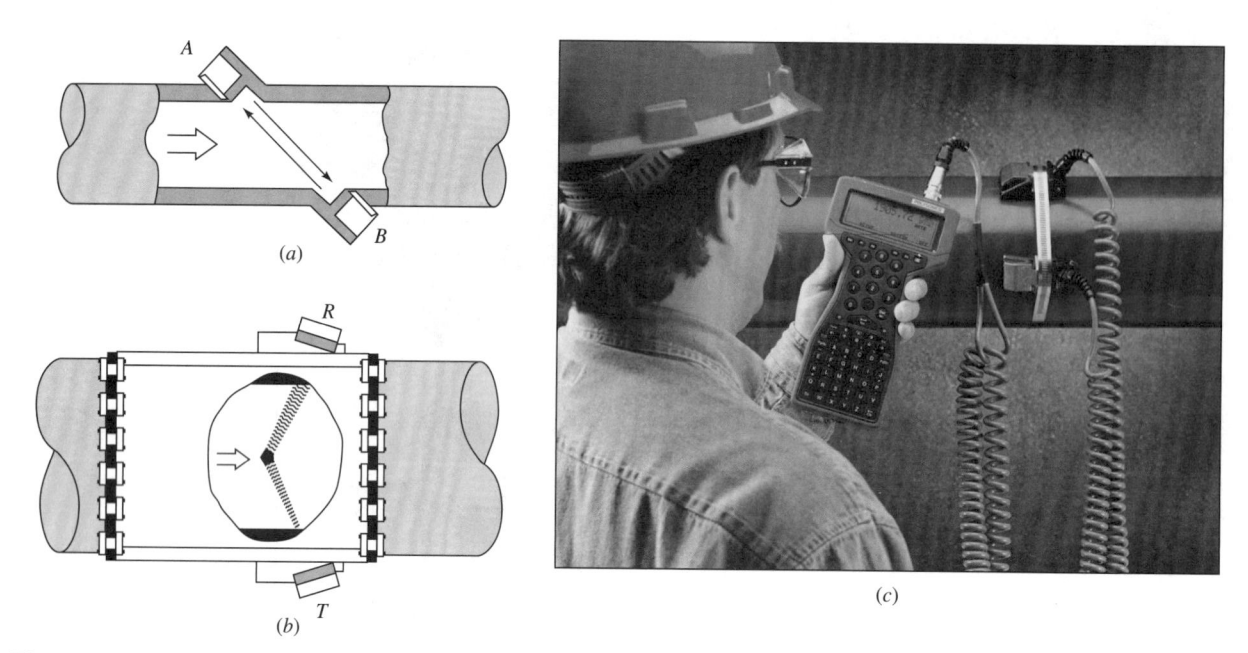

Figura 6.35 Medidores de vazão ultrassônicos: (*a*) tipo pulso; (*b*) tipo efeito doppler *(da Referência 41)*; (*c*) uma instalação não intrusiva portátil. *(Cortesia de Thermo Polysonics Inc., Houston, TX.)*

ra 6.35*c*). Sua incerteza citada de ± 1% a 2% pode subir para ± 5% ou mais, devido a irregularidades no perfil de velocidade, de temperatura do fluido ou do número de Reynolds. Para mais detalhes, ver a Referência 41.

Rotâmetro. O *rotâmetro* transparente de área variável da Figura 6.36 tem um flutuador que, sob a ação do escoamento, sobe no tubo cônico vertical e assume uma certa posição de equilíbrio para cada vazão dada. Um exercício do estudante para as forças sobre o flutuador conduziria à relação aproximada

$$Q = C_d A_a \left(\frac{2 P_{\text{líq}}}{A_{\text{flutuador}} \rho_{\text{fluido}}} \right)^{1/2} \quad (6.98)$$

em que $P_{\text{líq}}$ é o peso líquido do flutuador no fluido, $A_a = A_{\text{tubo}} - A_{\text{flutuador}}$ é a área anular entre o flutuador e o tubo e C_d é um coeficiente de descarga da ordem da unidade, para o escoamento anular contraído. Para tubos ligeiramente cônicos, A_a varia quase linearmente com a posição do flutuador e o tubo pode ser calibrado e marcado com uma escala de vazões, como na Figura 6.36. Assim, o rotâmetro fornece uma medida prontamente visível da vazão. Sua capacidade pode ser alterada, por meio de flutuadores de diferentes tamanhos. Obviamente, o tubo precisa ser vertical e o dispositivo não fornece leituras precisas para um fluido que contenha altas concentrações de bolhas ou partículas.

Medidor de vazão em massa do tipo Coriolis. A maioria dos medidores comerciais mede a vazão *volumétrica*, calculando-se então a vazão em massa por multiplicação pela massa específica nominal do fluido. Uma alternativa moderna e atraente é um medidor de vazão em *massa*, que opera segundo o princípio da aceleração de Coriolis associada com um sistema de coordenadas não inercial [relembre a Figura 3.11 e o termo de Coriolis $2\Omega \times V$ na Equação (3.48)]. A saída do medidor é diretamente proporcional à vazão em massa.

A Figura 6.37 é um esquema de um medidor do tipo Coriolis a ser inserido em um sistema de tubulações. O escoamento entra em um arranjo de duplo tubo e duplo laço que é excitado eletromagneticamente com uma alta frequência natural de vibração (amplitude < 1 mm e frequência > 100 Hz). O efeito Coriolis induz uma força para baixo na entrada do laço e uma força para cima na saída do laço, como mostrado. O laço sofre uma torção e o ângulo de torção pode ser medido e é proporcional à vazão mássica no tubo. A precisão normalmente é inferior a 1% da escala total.

Elemento de escoamento laminar. Em muitos medidores de vazão comerciais, talvez a maioria, o escoamento é turbulento e a variação da vazão com a queda de pressão é não linear. No escoamento laminar em dutos, porém, Q é linearmente proporcional a Δp, como na Equação (6.12): $Q = [\pi R^4/(8 \mu L)] \Delta p$. Logo, um elemento sensor de escoamento *laminar* é atraente, pois sua calibração será linear. Para garantir escoamento laminar para uma condição que, de outro modo, seria turbulenta, a totalidade ou parte do fluido é dirigida para o interior de pequenas passagens, cada qual com um escoamento a baixo número de Reynolds (laminar). Uma colmeia é um projeto muito usado.

A Figura 6.38 usa escoamento axial através de uma seção anular estreita para realizar um regime laminar. A teoria novamente prevê $Q \propto \Delta p$, como na Equação (6.70). Todavia, o escoamento é muito sensível ao tamanho da passagem; por exemplo, uma redução à metade da folga anular aumenta Δp em mais de oito vezes. Logo, é necessária uma calibração cuidadosa. Na Figura 6.38, o conceito foi sintetizado em um sistema completo para o fluxo de massa, que inclui controle de temperatura, medição de pressão diferencial e um microprocessador. A precisão do dispositivo é avaliada em ± 0,2%.

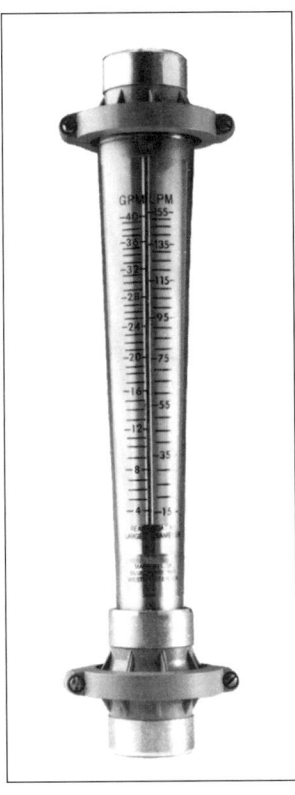

Figura 6.36 Rotâmetro comercial. O flutuador sobe no tubo cônico até uma posição de equilíbrio que é uma medida da vazão. *(Cortesia de Blue White Industries, Huntington Beach, CA.)*

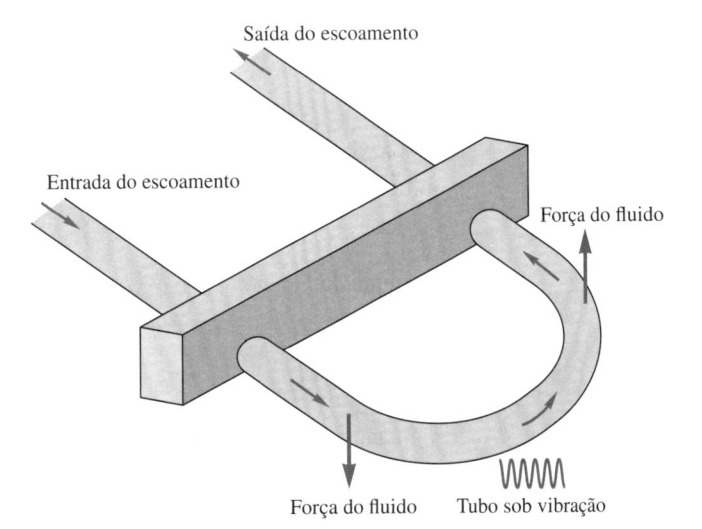

Figura 6.37 Um medidor de vazão em massa do tipo Coriolis.

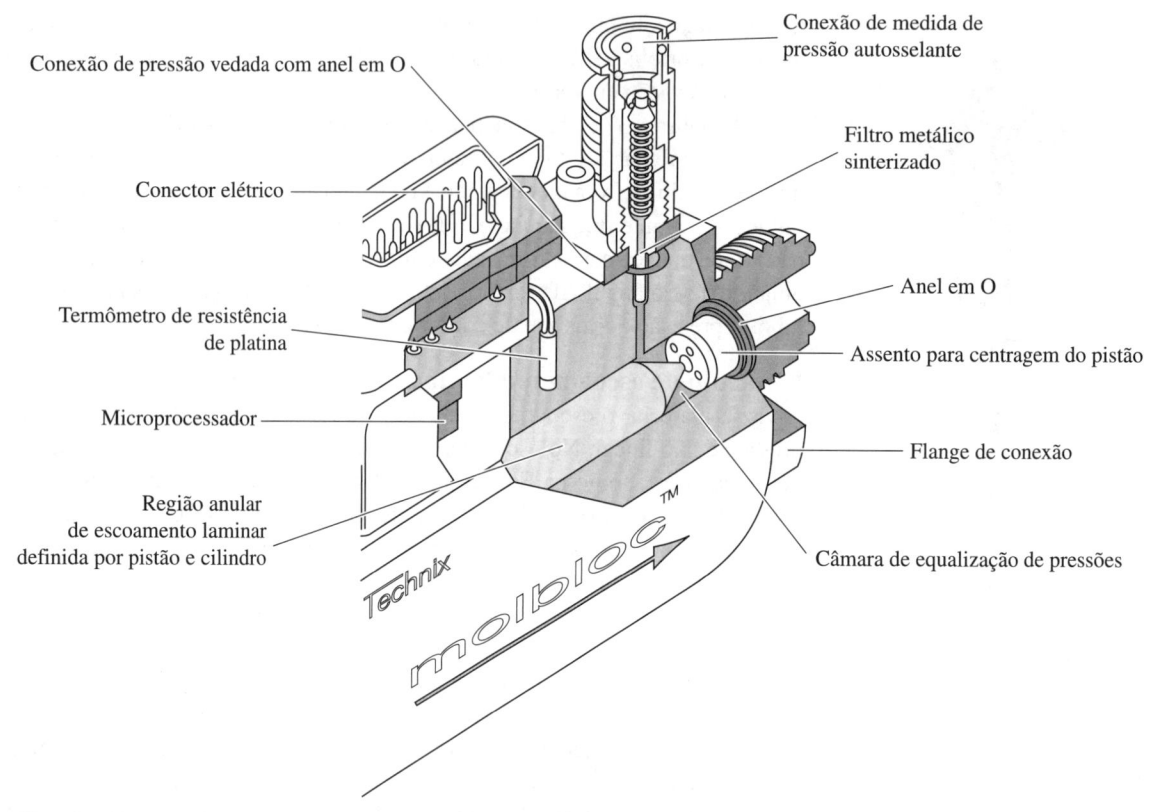

Figura 6.38 Sistema completo de medição de vazão usando um elemento de escoamento laminar (neste caso, uma seção anular estreita). A vazão é linearmente proporcional à queda de pressão. *(Cortesia de Martin Girard, DH Instruments, Inc.)*

Teoria da obstrução de Bernoulli. Considere a obstrução de escoamento generalizada mostrada na Figura 6.39. O escoamento no duto básico de diâmetro D é forçado através de uma obstrução de diâmetro d; a razão β do dispositivo é um parâmetro-chave:

$$\beta = \frac{d}{D} \tag{6.99}$$

Após deixar a obstrução, o escoamento pode se estreitar ainda mais através de uma *vena contracta* de diâmetro $D_2 < d$, como mostra a figura. Aplique as equações de Bernoulli e da continuidade para escoamento incompressível permanente sem atrito para calcular a variação de pressão:

Continuidade: $\qquad Q = \dfrac{\pi}{4} D^2 V_1 = \dfrac{\pi}{4} D_2^2 V_2$

Bernoulli: $\qquad p_0 = p_1 + \frac{1}{2}\rho V_1^2 = p_2 + \frac{1}{2}\rho V_2^2$

Eliminando V_1, resolvemos para V_2 ou Q em termos da diferença de pressão $p_1 - p_2$:

$$\frac{Q}{A_2} = V_2 \approx \left[\frac{2(p_1 - p_2)}{\rho(1 - D_2^4/D^4)} \right]^{1/2} \tag{6.100}$$

Mas essa expressão é certamente imprecisa, pois desprezamos o atrito do escoamento em um duto, onde sabemos que o atrito é muito importante. Além disso, não queremos nos dar ao trabalho de determinar razões de *vena contracta* D_2/d para usar na Equação

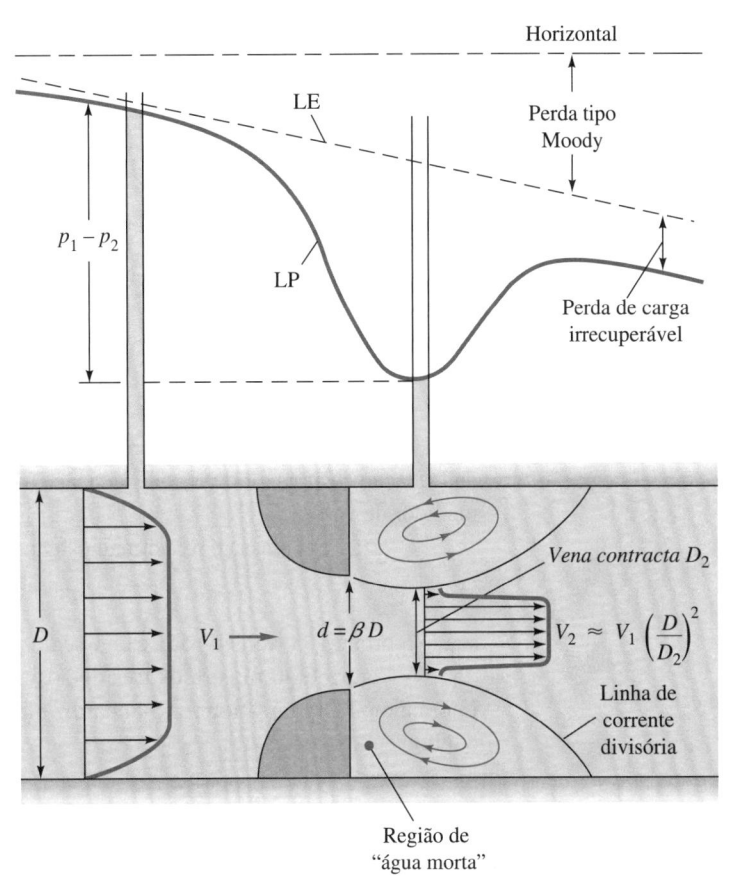

Figura 6.39 Variação de velocidade e pressão através de um medidor de obstrução de Bernoulli generalizado.

(6.100). Logo, admitimos que $D_2/D \approx \beta$, calibrando então o dispositivo para se ajustar à relação

$$Q = A_g V_g = C_d A_g \left[\frac{2(p_1 - p_2)/\rho}{1 - \beta^4} \right]^{1/2} \quad (6.101)$$

em que o subscrito g denota a garganta da obstrução. O *coeficiente de descarga* adimensional C_d leva em conta as discrepâncias na análise aproximada. Pela análise dimensional para um dado projeto esperamos que

$$C_d = f(\beta, \text{Re}_D) \quad \text{em que} \quad \text{Re}_D = \frac{V_1 D}{\nu} \quad (6.102)$$

O fator geométrico envolvendo β em (6.101) é chamado de *fator de velocidade de aproximação*:

$$E = (1 - \beta^4)^{-1/2} \quad (6.103)$$

Podemos também agrupar C_d e E na Equação (6.101) para formar o *coeficiente de vazão* adimensional α:

$$\alpha = C_d E = \frac{C_d}{(1 - \beta^4)^{1/2}} \quad (6.104)$$

Logo, a Equação (6.101) pode ser escrita na forma equivalente

$$Q = \alpha A_g \left[\frac{2(p_1 - p_2)}{\rho} \right]^{1/2} \tag{6.105}$$

Obviamente, o coeficiente de vazão é correlacionado da mesma maneira:

$$\alpha = f(\beta, \text{Re}_D) \tag{6.106}$$

Ocasionalmente, utiliza-se o número de Reynolds da garganta em vez do número de Reynolds de aproximação

$$\text{Re}_d = \frac{V_g d}{\nu} = \frac{\text{Re}_D}{\beta} \tag{6.107}$$

Uma vez que os parâmetros de projeto são considerados conhecidos, a correlação de α da Equação (6.106) ou de C_d da Equação (6.102) é a solução desejada do problema do medidor de vazão.

A vazão em massa é relacionada a Q por

$$\dot{m} = \rho Q \tag{6.108}$$

sendo, portanto, correlacionada exatamente pelas mesmas fórmulas.

A Figura 6.40 mostra os três dispositivos básicos recomendados para uso pela International Organization for Standardization (ISO) [31]: a placa de orifício, o bocal e o tubo venturi.

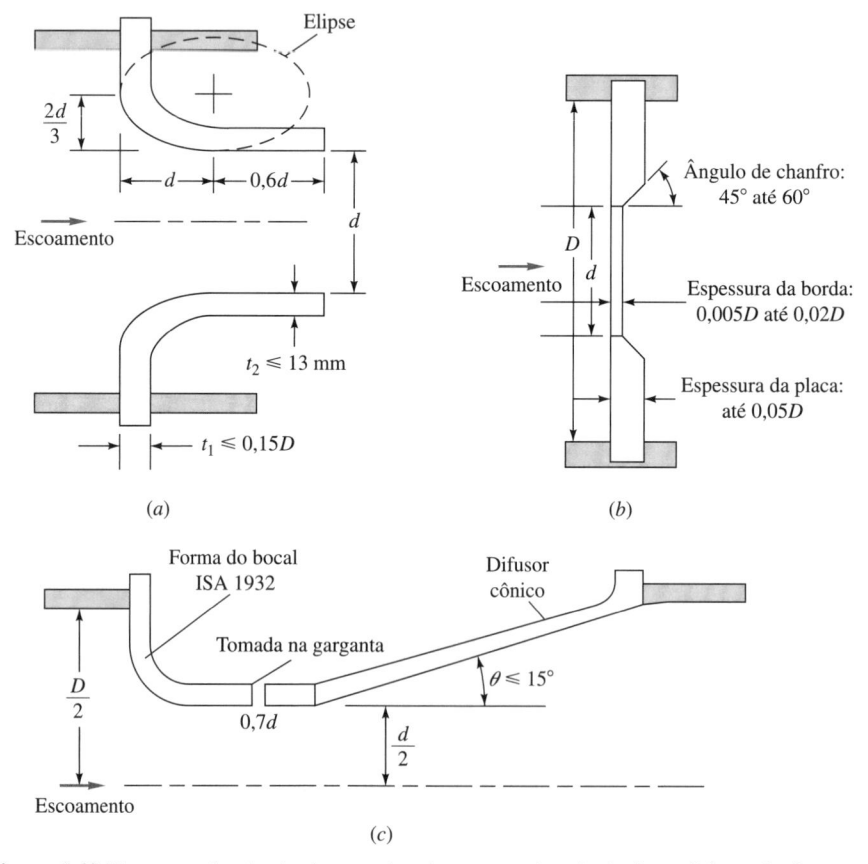

Figura 6.40 Formas padronizadas internacionais para os três principais medidores do tipo obstrução de Bernoulli: (*a*) bocal de raio longo; (*b*) placa de orifício; (*c*) bocal venturi. (*Baseada em dados da International Organization for Standardization.*)

Placa de orifício. A placa de orifício, Figura 6.40b, pode ser feita com β na faixa de 0,2 até 0,8, exceto que o diâmetro do orifício d não deve ser menor que 12,5 mm. Para medir p_1 e p_2, três tipos de tomada costumam ser usados:

1. Tomadas de canto onde a placa encontra a parede do tubo
2. Tomadas D: $\frac{1}{2}D$: tomadas na parede do tubo à distância D a montante e $\frac{1}{2}D$ a jusante
3. Tomadas no flange: 1 pol (25 mm) a montante e 1 pol (25 mm) a jusante da placa, independentemente do tamanho D

Os tipos 1 e 2 produzem semelhança geométrica aproximada, mas como isso não ocorre com as tomadas no flange do tipo 3, uma correlação separada para cada tamanho de tubo deve ser feita quando se usar uma placa com tomadas no flange [30, 31].

A Figura 6.41 mostra o coeficiente de descarga de um orifício com tomadas D: $\frac{1}{2}D$, ou do tipo 2, na faixa de números de Reynolds $\mathrm{Re}_D = 10^4$ até 10^7, de uso normal. Embora diagramas detalhados como o da Figura 6.41 estejam disponíveis para os projetistas [30], a ASME recomenda o uso das fórmulas de ajuste de curva desenvolvidas pela ISO [31]. A forma básica do ajuste de curva é [42]

$$C_d = f(\beta) + 91{,}71\beta^{2,5}\,\mathrm{Re}_D^{-0,75} + \frac{0{,}09\beta^4}{1-\beta^4}F_1 - 0{,}0337\beta^3 F_2 \qquad (6.109)$$

em que
$$f(\beta) = 0{,}5959 + 0{,}0312\beta^{2,1} - 0{,}184\beta^8$$

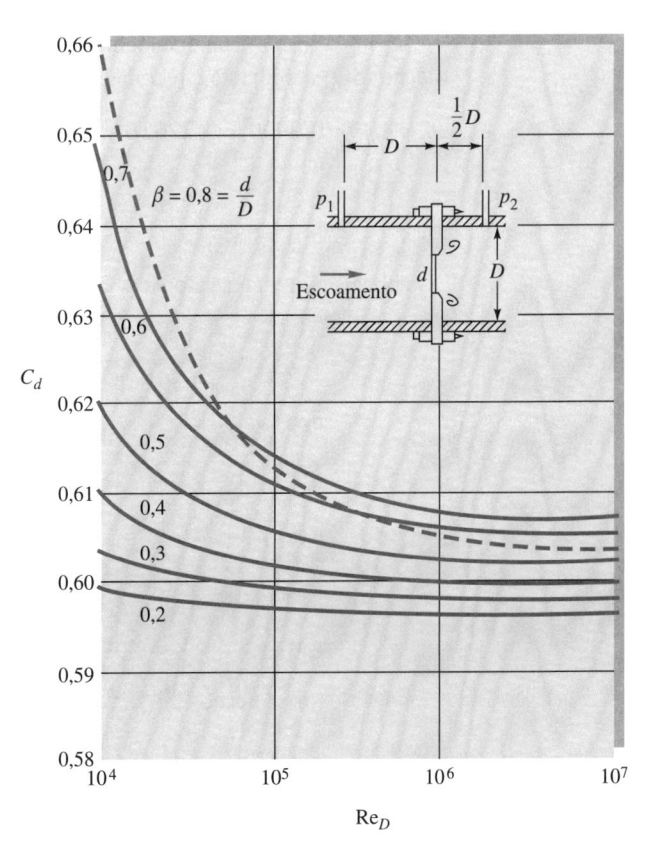

Figura 6.41 Coeficientes de descarga para uma placa de orifício com tomadas D:½D, plotadas a partir das Equações (6.109) e (6.110b).

Os fatores de correlação F_1 e F_2 variam com a posição das tomadas:

Tomadas de canto: $\quad\quad\quad\quad\quad F_1 = 0 \quad F_2 = 0$ (6.110a)

Tomadas $D: \frac{1}{2}D$: $\quad\quad\quad\quad F_1 = 0,4333 \quad F_2 = 0,47$ (6.110b)

Tomadas no flange $\quad F_2 = \dfrac{1}{D(\text{pol})} \quad F_1 = \begin{cases} \dfrac{1}{D(\text{pol})} & D > 2,3 \text{ pol} \\ 0,4333 & 2,0 \leq D \leq 2,3 \text{ pol} \end{cases}$ (6.110c)

Observe que as tomadas no flange (6.110c), não sendo geometricamente semelhantes, usam o diâmetro do duto em polegadas na fórmula. As constantes irão mudar se outras unidades forem usadas para o diâmetro. Alertamos contra tais fórmulas no Exemplo 1.4 e na Equação (5.17) e fornecemos a Equação (6.110c) apenas porque as tomadas no flange são largamente usadas nos Estados Unidos.

Bocal. O bocal vem em dois tipos, um de raio longo, mostrado na Figura 6.40a, e um de raio curto (não mostrado) chamado bocal ISA 1932 [30, 31]. O bocal, com sua convergência de entrada suavemente arredondada, praticamente elimina a *vena contracta*, fornecendo coeficientes de descarga próximos a um. A perda irrecuperável é ainda grande porque não há difusor para expansão gradual.

A correlação da ISO recomendada para o coeficiente de descarga de bocais de raio longo é

$$C_d \approx 0,9965 - 0,00653\beta^{1/2}\left(\dfrac{10^6}{\text{Re}_D}\right)^{1/2} = 0,9965 - 0,00653\left(\dfrac{10^6}{\text{Re}_d}\right)^{1/2} \quad (6.111)$$

A segunda forma é independente da razão β e está plotada na Figura 6.42. Uma correlação ISO semelhante é recomendada para o bocal de raio curto ISA 1932:

$$C_d \approx 0,9900 - 0,2262\beta^{4,1}$$
$$+ (0,000215 - 0,001125\beta + 0,00249\beta^{4,7})\left(\dfrac{10^6}{\text{Re}_D}\right)^{1,15} \quad (6.112)$$

Os bocais podem ter valores de β entre 0,2 e 0,8.

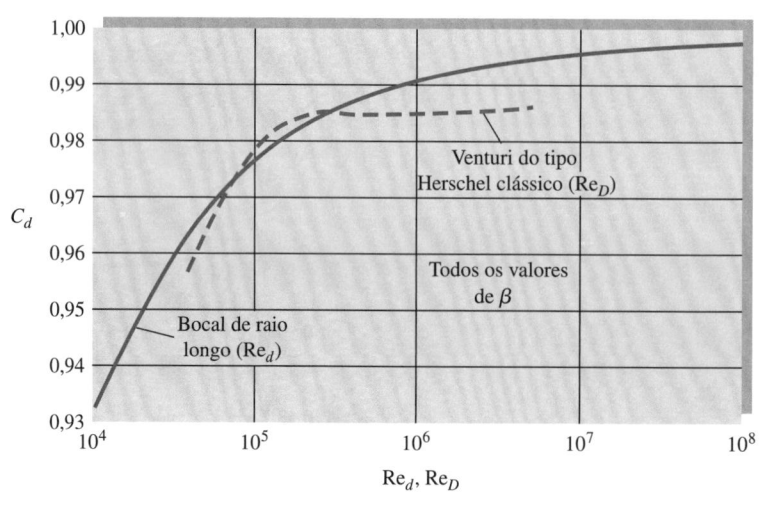

Figura 6.42 Coeficiente de descarga para o bocal de raio longo e para o venturi do tipo Herschel clássico.

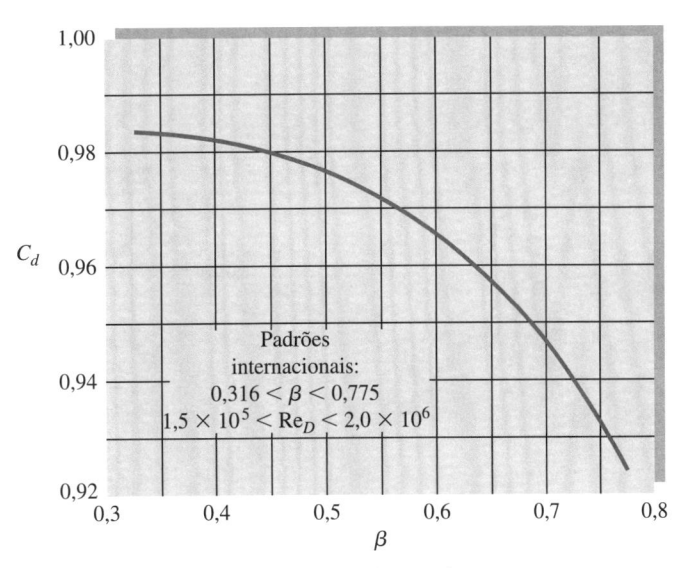

Figura 6.43 Coeficiente de descarga para um bocal venturi.

Medidor venturi. O terceiro e último tipo de obstrução é o venturi, assim chamado em homenagem ao físico italiano Giovanni Venturi (1746–1822), o primeiro a testar expansões e contrações cônicas. O medidor venturi original, ou *clássico*, foi inventado por um engenheiro norte-americano, Clemens Herschel, em 1898. Consistia em uma contração cônica de 21°, uma garganta reta de diâmetro d e comprimento d, seguida de uma expansão cônica de 7° a 15°. O coeficiente de descarga é próximo da unidade e a perda irrecuperável é muito pequena. Medidores venturi do tipo Herschel são pouco utilizados atualmente.

O bocal venturi moderno, Figura 6.40c, consiste em uma entrada feita com o bocal ISA 1932 e uma expansão cônica com semiângulo não maior que 15°. Foi concebido para operar em uma faixa estreita de número de Reynolds de $1,5 \times 10^5$ a 2×10^6. Seu coeficiente de descarga, mostrado na Figura 6.43, é dado pela fórmula de correlação da ISO

$$C_d \approx 0{,}9858 - 0{,}196\beta^{4,5} \tag{6.113}$$

É independente de Re_D dentro da faixa dada. O coeficiente de descarga do medidor venturi do tipo Herschel varia com Re_D, mas não com β, como mostra a Figura 6.42. Ambos têm perdas líquidas bastante baixas.

A escolha do medidor depende da perda e do custo e pode ser ilustrada na seguinte tabela:

Tipo de medidor	Perda de carga líquida	Custo
Orifício	Grande	Pequeno
Bocal	Média	Médio
Venturi	Pequena	Grande

Como tantas vezes acontece, o produto da ineficiência pelo custo inicial é aproximadamente constante.

As perdas irrecuperáveis médias para os três tipos de medidor, expressas como uma fração da altura de velocidade na garganta $V_g^2/(2g)$, estão mostradas na Figura 6.44. O orifício tem a maior perda e o venturi a menor, conforme discutimos. O orifício e o bocal simulam válvulas parcialmente fechadas, como na Figura 6.18b, enquanto o

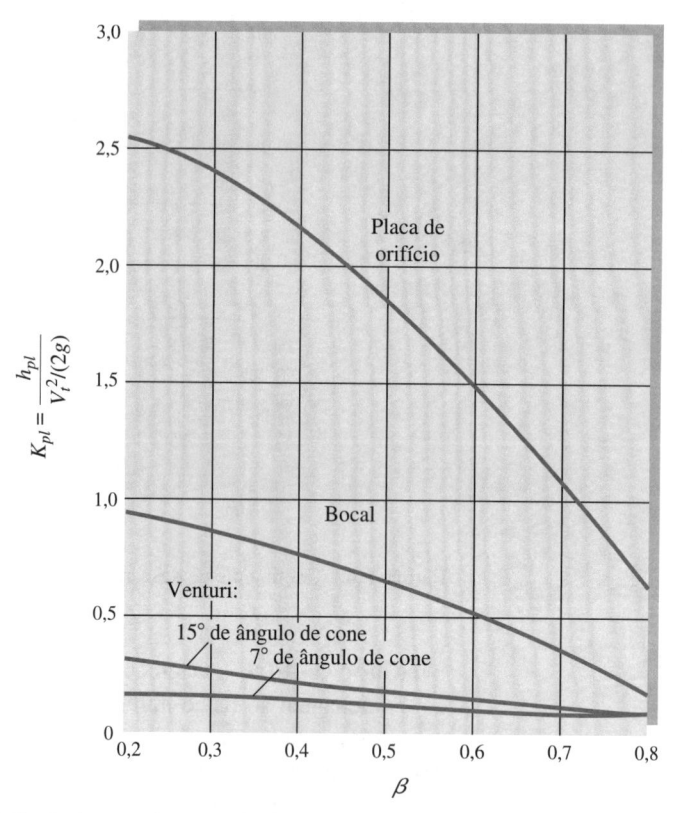

Figura 6.44 Perda de carga irrecuperável em medidores de obstrução de Bernoulli. *(Adaptado da Referência 30.)*

venturi apresenta uma perda de carga localizada bem menor. Quando a perda é dada como uma fração da *queda de pressão* medida, o orifício e o bocal apresentam perdas aproximadamente iguais, como o Exemplo 6.21 irá ilustrar.

Os outros tipos de instrumento discutidos anteriormente nesta Seção podem servir também como medidores de vazão se construídos de maneira adequada. Por exemplo, um fio quente montado em um tubo pode ser calibrado para ler a vazão volumétrica em vez da velocidade pontual. Tais medidores de fio quente estão disponíveis comercialmente, bem como outros medidores modificados para usar instrumentos de velocidade. Para detalhes adicionais, ver a Referência 30.

Fator de correção para escoamento compressível de um gás. As fórmulas para orifício/bocal/venturi dessa seção consideram o escoamento incompressível. Se o fluido é um gás e a razão de pressões (p_2/p_1) não é próxima da unidade, torna-se necessária uma correção de compressibilidade. A Equação (6.101) é reescrita em termos da vazão em massa e da massa específica a montante ρ_1:

$$\dot{m} = C_d Y A_g \sqrt{\frac{2\rho_1(p_1 - p_2)}{1 - \beta^4}} \quad \text{em que} \quad \beta = \frac{d}{D} \tag{6.114}$$

O *fator de expansão* adimensional Y é função da razão de pressões, β, e do tipo de medidor. Alguns valores estão plotados na Figura 6.45. O orifício, com sua forte contração de jato, apresenta um fator diferente do venturi ou do bocal, os quais são projetados para eliminar a contração.

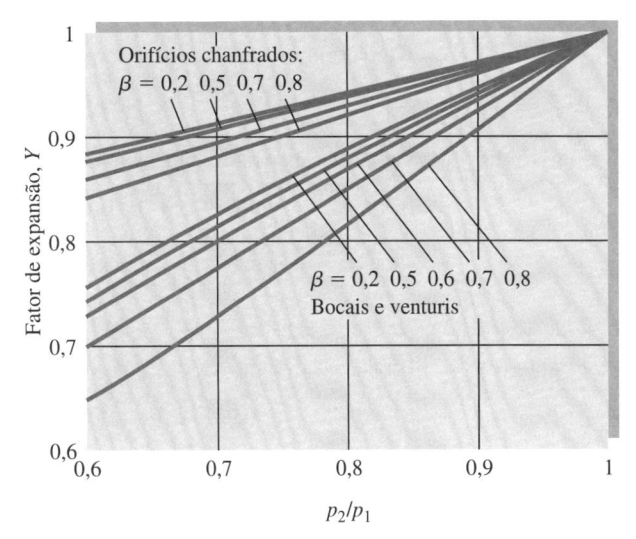

Figura 6.45 Fator de expansão Y de medidores de vazão para escoamento compressível.

EXEMPLO 6.21

Queremos medir a vazão volumétrica de água ($\rho = 1.000$ kg/m³ e $\nu = 1,02 \times 10^{-6}$ m²/s) movendo-se por um tubo de 200 mm de diâmetro a uma velocidade média de 2,0 m/s. Se o medidor de pressão diferencial selecionado lê $p_1 - p_2 = 50.000$ Pa com precisão, que tamanho de medidor deve ser escolhido para instalar (a) uma placa de orifício com tomadas $D: \frac{1}{2} D$, (b) um bocal de raio longo ou (c) um bocal venturi? Qual seria a perda irrecuperável para cada projeto?

Solução

Aqui a incógnita é a razão β do medidor. Uma vez que o coeficiente de descarga é uma função complicada de β, será preciso iteração. Foi-nos fornecido $D = 0,2$ m e $V_1 = 2,0$ m/s. Logo, o número de Reynolds no tubo de aproximação é

$$\text{Re}_D = \frac{V_1 D}{\nu} = \frac{(2,0)(0,2)}{1,02 \times 10^{-6}} = 392.000$$

Para os três casos [(a) a (c)] a fórmula generalizada (6.105) vale:

$$V_g = \frac{V_1}{\beta^2} = \alpha \left[\frac{2(p_1 - p_2)}{\rho} \right]^{1/2} \quad \alpha = \frac{C_d}{(1 - \beta^4)^{1/2}} \tag{1}$$

em que os dados fornecidos são $V_1 = 2,0$ m/s, $\rho = 1.000$ kg/m³ e $\Delta p = 50.000$ Pa. Inserindo esses valores conhecidos na Equação (1), temos uma relação entre β e α:

$$\frac{2,0}{\beta^2} = \alpha \left[\frac{2(50.000)}{1.000} \right]^{1/2} \quad \text{ou} \quad \beta^2 = \frac{0,2}{\alpha} \tag{2}$$

As incógnitas são β (ou α) e C_d. As partes (a) a (c) dependem do diagrama ou fórmula particular necessária para $C_d = f(\text{Re}_D, \beta)$. Podemos adotar uma estimativa inicial $\beta \approx 0,5$ e iterar até a convergência.

Parte (a) Para o orifício com tomadas $D: \frac{1}{2}D$, use a Equação (6.109) ou a Figura 6.41. A sequência iterativa é

$$\beta_1 \approx 0,5, \, C_{d1} \approx 0,604, \, \alpha_1 \approx 0,624, \, \beta_2 \approx 0,566, \, C_{d2} \approx 0,606, \, \alpha_2 \approx 0,640, \, \beta_3 = 0,559$$

Convergimos para três algarismos. O diâmetro apropriado do orifício é

$$d = \beta D = 112 \text{ mm} \qquad \textit{Resposta (a)}$$

Parte (b) Para o bocal de raio longo, use a Equação (6.111) ou a Figura 6.42. A sequência iterativa é

$$\beta_1 \approx 0{,}5,\ C_{d1} \approx 0{,}9891,\ \alpha_1 \approx 1{,}022,\ \beta_2 \approx 0{,}442,\ C_{d2} \approx 0{,}9896,\ \alpha_2 \approx 1{,}009,\ \beta_3 = 0{,}445$$

Convergimos para três algarismos. O diâmetro apropriado do bocal é

$$d = \beta D = 89 \text{ mm} \qquad \textit{Resposta (b)}$$

Parte (c) Para o bocal venturi, use a Equação (6.113) ou a Figura 6.43. A sequência iterativa é

$$\beta_1 \approx 0{,}5,\ C_{d1} \approx 0{,}977,\ \alpha_1 \approx 1{,}009,\ \beta_2 \approx 0{,}445,\ C_{d2} \approx 0{,}9807,\ \alpha_2 \approx 1{,}0004,\ \beta_3 = 0{,}447$$

Convergimos para três algarismos. O diâmetro apropriado do bocal é

$$d = \beta D = 89 \text{ mm} \qquad \textit{Resposta (c)}$$

Comentários: Esses medidores têm tamanhos semelhantes, mas suas perdas de carga não são as mesmas. Da Figura 6.44 para as três diferentes formas podemos ler os três coeficientes K e calcular

$$h_{pl,\text{orifício}} \approx 3{,}5 \text{ m} \qquad h_{pl,\text{bocal}} \approx 3{,}6 \text{ m} \qquad h_{pl,\text{venturi}} \approx 0{,}8 \text{ m}$$

A perda do venturi fica em torno de 22% das perdas do orifício e do bocal.

Solução por iteração no Excel para o bocal

As partes (a, b, c) foram resolvidas manualmente, mas o Excel é ideal para esses cálculos. Você pode revisar este procedimento a partir das instruções no Exemplo 6.5. Precisamos de cinco colunas: C_d, calculado a partir da Eq. (6.111), velocidade na garganta V_g calculada a partir de Δp, β calculado a partir da Eq. (6.104) e β calculado a partir da razão de velocidade (V/V_g). A quinta coluna é uma estimativa inicial para β, que é substituída em sua próxima linha pelo novo β calculado. Qualquer $\beta < 1$ inicial satisfaz. Aqui foi escolhido $\beta = 0{,}5$ como na parte (b) para o escoamento no bocal. Lembre-se de usar nomes de *células*, não símbolos: na linha 1, C_d = A1, V_g = B1, α = C1 e β = D1. O processo converge rapidamente, em apenas duas ou três iterações:

	C_d da Eq. (6.114)	$V_g = \alpha(2\Delta p/\rho)$	$\alpha = C_d/(1 - \beta^4)^{0,5}$	$\beta = (V/V_g)^{0,5}$	β estimado
	A	B	C	D	E
1	0,9891	10,216	1,0216	0,4425	0,5000
2	0,9896	10,091	1,0091	0,4452	0,4425
3	0,9895	10,096	1,0096	0,4451	0,4452
4	0,9895	10,096	1,0096	0,4451	0,4451

As respostas finais para o bocal de raio longo são:

$$\alpha = 1{,}0096 \qquad C_d = 0{,}9895 \qquad \beta = 0{,}4451 \qquad \textit{Resposta (b)}$$

EXEMPLO 6.22

Um bocal de raio longo de 6 cm de diâmetro é usado para medir a vazão de ar em um tubo de 10 cm de diâmetro. As condições a montante são $p_1 = 200$ kPa e $T_1 = 100°$C. Se a queda de pressão pelo bocal é de 60 kPa, estime a vazão volumétrica em m³/s.

> **Solução**
>
> - *Hipóteses:* A pressão cai em 30%, de modo que precisamos do fator de compressibilidade Y e a Equação (6.114) aplica-se a este problema.
> - *Abordagem:* Determine ρ_1 e C_d e aplique a Equação (6.114) com $\beta = 6/10 = 0,6$.
> - *Valores das propriedades:* Dados p_1 e T_1, $\rho_1 = p_1/RT_1 = (200.000)/[287(100 + 273)] = 1,87$ kg/m³. A pressão a jusante é $p_2 = 200 - 60 = 140$ kPa, logo $p_2/p_1 = 0,7$. A 100°C, da Tabela A.2, a viscosidade do ar é $2,17\text{E-}5$ kg/(m · s).
> - *Passos da solução:* Inicialmente, aplique a Equação (6.114), admitindo que $C_d \approx 0,98$ na Figura 6.42. Da Figura 6.45, para um bocal com $p_2/p_1 = 0,7$ e $\beta = 0,6$, leia o valor $Y \approx 0,80$. Logo
>
> $$\dot{m} = C_d Y A_g \sqrt{\frac{2\rho_1(p_1 - p_2)}{1 - \beta^4}} \approx (0,98)(0,80)\frac{\pi}{4}(0,06 \text{ m})^2 \sqrt{\frac{2(1,87 \text{ kg/m}^3)(60.000 \text{ Pa})}{1 - (0,6)}}$$
>
> $$\approx 1,13 \frac{\text{kg}}{\text{s}}$$
>
> Estime agora Re_d, colocando-o na forma conveniente de vazão em massa:
>
> $$\text{Re}_d = \frac{\rho V d}{\mu} = \frac{4\dot{m}}{\pi \mu d} = \frac{4(1,13 \text{ kg/s})}{\pi(2,17 \text{ E-}5 \text{ kg/(m · s)})(0,06 \text{ m})} \approx 1,11\text{E}6$$
>
> Retornando à Figura 6.42, podemos ler um valor ligeiramente melhor, $C_d \approx 0,99$. Logo, nossa estimativa final torna-se
>
> $$\dot{m} \approx 1,14 \text{ kg/s} \qquad \textit{Resposta}$$
>
> - *Comentários:* A Figura 6.45 não é apenas um "diagrama" para os engenheiros usarem casualmente. Ela se baseia na teoria de escoamento compressível do Capítulo 9. Logo, podemos reconsiderar este problema como uma *teoria*.

Resumo   Este capítulo tratou dos escoamentos internos em tubos e dutos, que são provavelmente os problemas mais comuns encontrados na engenharia dos fluidos. Tais escoamentos são muito sensíveis ao número de Reynolds e mudam de laminar para transicional e para turbulento à medida que o número de Reynolds aumenta.

Os vários regimes de número de Reynolds foram delineados e uma abordagem semi-empírica para a modelagem do escoamento turbulento foi apresentada. Em seguida, o capítulo fez uma análise detalhada do escoamento por um tubo circular retilíneo, conduzindo ao famoso diagrama de Moody (Figura 6.13) para o fator de atrito. Possíveis usos do diagrama de Moody foram discutidos em problemas de vazão e dimensionamento, bem como a aplicação do diagrama de Moody para dutos não circulares por meio de um "diâmetro" equivalente do duto. As perdas localizadas causadas por válvulas, cotovelos, acessórios e outros dispositivos foram apresentadas em forma de coeficientes de perda a serem adicionadas às perdas de atrito do tipo Moody. Sistemas com múltiplos tubos foram discutidos sucintamente, mostrando-se bastante complexos em termos algébricos e adequados para soluções por computador.

Os difusores são adicionados aos dutos para aumentar a recuperação de pressão na saída de um sistema. Seu comportamento foi apresentado na forma de dados experimentais, já que a teoria de difusores reais ainda não está bem desenvolvida. O capítulo terminou com uma discussão sobre medidores de escoamento, especialmente o tubo de Pitot estático e os medidores de vazão do tipo obstrução de Bernoulli. Os medidores de escoamento também requerem uma calibração experimental cuidadosa.

Problemas

A maioria dos problemas propostos é de resolução relativamente direta. Problemas mais difíceis ou abertos estão indicados com um asterisco. O ícone de um computador indica que pode ser necessário o uso de computador. Os problemas típicos de fim de capítulo, P6.1 até P6.163 (listados a seguir), são seguidos dos problemas dissertativos, PD6.1 até PD6.4, dos problemas para exames de fundamentos de engenharia, FE6.1 até FE6.15, dos problemas abrangentes, PA6.1 até PA6.8, e dos problemas de projetos, PP6.1 e PP6.2.

Seção	Tópico	Problemas
6.1	Regimes de número de Reynolds	P6.1–P6.5
6.2	Escoamento interno e externo	P6.6–P6.8
6.3	Perda de carga – fator de atrito	P6.9–P6.11
6.4	Escoamento laminar em tubos	P6.12–P6.33
6.5	Modelagem da turbulência	P6.34–P6.40
6.6	Escoamento turbulento em tubos	P6.41–P6.62
6.7	Problemas de vazão e de dimensionamento	P6.63–P6.85
6.8	Escoamento em dutos não circulares	P6.86–P6.98
6.9	Perdas localizadas	P6.99–P6.110
6.10	Sistemas de tubos em série e em paralelo	P6.111–P6.120
6.10	Sistemas de três reservatórios e de rede de tubos	P6.121–P6.130
6.11	Desempenho de difusores	P6.131–P6.134
6.12	O tubo de Pitot estático	P6.135–P6.139
6.12	Medidores de vazão: a placa de orifício	P6.140–P6.148
6.12	Medidores de vazão: o bocal	P6.149–P6.153
6.12	Medidores de vazão: o medidor venturi	P6.154–P6.159
6.12	Medidores de vazão: outros formatos	P6.160
6.12	Medidores de vazão: correção de compressibilidade	P6.161–P6.162

Regimes de número de Reynolds

P6.1 Um engenheiro afirma que o escoamento de óleo SAE 30W a 20°C, por um tubo liso de 5cm de diâmetro a 1 milhão de N/h, é laminar. Você concorda? Um milhão de newtons é muito, de modo que isso soa como uma vazão terrivelmente alta.

P6.2 A atual taxa de bombeamento de óleo cru no oleoduto do Alasca, com um diâmetro interno de 48 polegadas, é de 550.000 barris por dia (1 barril = 42 galões americanos). (a) Esse escoamento é turbulento? (b) Qual seria a vazão máxima se o escoamento fosse limitado a ser laminar? Suponha que o óleo do Alasca se enquadra na Fig. A.1 do Apêndice a 60°C.

P6.3 O oleoduto Keystone na foto de abertura do capítulo tem uma vazão volumétrica máxima proposta de 1,3 milhão de barris de óleo cru por dia. Calcule o número de Reynolds e determine se o escoamento é laminar. Suponha que o óleo do Keystone se enquadra na Fig. A.1 do Apêndice a 40°C.

P6.4 Para o escoamento de óleo SAE 30 por um tubo de 5 cm de diâmetro, Fig. A.1, para qual vazão em m³/h devemos esperar transição para a turbulência a (a) 20°C e (b) 100°C?

P6.5 No escoamento sobre um corpo ou parede, a transição antecipada para a turbulência pode ser induzida pela colocação de um fio excitador sobre o corpo transversalmente ao escoamento, como na Figura P6.5. Se for colocado em um local onde a velocidade é U, o fio excitador na Figura P6.5 provocará turbulência se $Ud/\nu = 850$, em que d é o diâmetro do arame [3, p. 388]. Se o diâmetro da esfera é 20 cm e a transição é observada em $Re_D = 90.000$, qual é o diâmetro do fio excitador em mm?

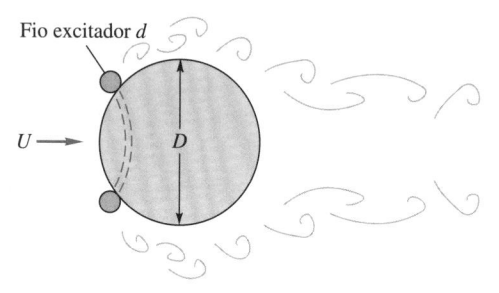

P6.5

Escoamento interno e externo

P6.6 Para o escoamento de uma corrente uniforme paralela a uma placa plana aguda, a transição para uma camada-limite turbulenta sobre a placa ocorre para $Re_x = \rho Ux/\mu \approx 1E6$, em que U é a velocidade de aproximação e x é a distância ao longo da placa. Se $U = 2,5$ m/s, determine a distância x para os seguintes fluidos a 20°C e 1 atm: (a) hidrogênio, (b) ar, (c) gasolina, (d) água, (e) mercúrio e (f) glicerina.

P6.7 Óleo SAE 10W30 a 20°C escoa de um tanque por um tubo de 2 cm de diâmetro com 40 cm de comprimento. A vazão é de 1,1 m³/h. O trecho do comprimento de entrada é uma parte significativa desse escoamento no tubo?

P6.8 Quando a água a 20°C está em escoamento turbulento permanente por um tubo de 8 cm de diâmetro, a tensão de cisalhamento na parede é 72 Pa. Qual é o gradiente de pressão axial ($\partial p/\partial x$), se o tubo estiver (a) na horizontal e (b) na vertical com o escoamento para cima?

Perda de carga – fator de atrito

P6.9 Um líquido leve ($\rho \approx 950$ kg/m³) escoa a uma velocidade média de 10 m/s por um tubo liso de 5 cm de diâmetro. A pressão do fluido é medida em intervalos de 1 m ao longo do tubo, como se segue:

x, m	0	1	2	3	4	5	6
p, kPa	304	273	255	240	226	213	200

Calcule (a) a perda de carga total, em metros; (b) a tensão de cisalhamento na parede na região totalmente desenvolvida do tubo e (c) o fator de atrito global.

P6.10 Água a 20°C escoa por um tubo inclinado de 8 cm de diâmetro. Nas seções A e B são obtidos os seguintes dados: $p_A = 186$ kPa, $V_A = 3{,}2$ m/s, $z_A = 24{,}5$ m, $p_B = 260$ kPa, $V_B = 3{,}2$ m/s e $z_B = 9{,}1$ m. Qual é o sentido do escoamento? Qual é a perda de carga em metros?

P6.11 Água a 20°C escoa para cima a 4 m/s por um tubo de 6 cm de diâmetro. O comprimento do tubo entre os pontos 1 e 2 é de 5 m e o ponto 2 está 3 m acima. Um manômetro de mercúrio, conectado entre 1 e 2, mostra uma leitura $h = 135$ mm, sendo p_1 maior. (*a*) Qual é a variação de pressão $(p_1 - p_2)$? (*b*) Qual é a perda de carga em metros? (*c*) A leitura do manômetro é proporcional à perda de carga? Explique. (*d*) Qual é o fator de atrito do escoamento?

Nos problemas P6.12 a P6.99, despreze as perdas localizadas.

Escoamento laminar em tubos

P6.12 Um tubo capilar de 5 mm de diâmetro é usado como um viscosímetro para óleos. Quando a vazão é 0,071 m³/h, a queda de pressão por unidade de comprimento medida é 375 kPa/m. Calcule a viscosidade do fluido. O escoamento é laminar? Você também pode calcular a massa específica do fluido?

P6.13 Um canudo para refrigerante tem 20 cm de comprimento e 2 mm de diâmetro. Ele fornece refrigerante gelado, semelhante a água a 10°C, à taxa de 3 cm³/s. (*a*) Qual é a perda de carga através do canudo? Qual é o gradiente de pressão axial $\partial p/\partial x$ se o escoamento é (*b*) verticalmente para cima ou (*c*) horizontal? O pulmão humano pode fornecer tanta vazão?

P6.14 Água a 20°C deve ser retirada por sifão por um tubo de 1 m de comprimento e 2 mm de diâmetro, como na Figura P6.14. Existe alguma altura H para a qual o escoamento não seja laminar? Qual é a vazão se $H = 50$ cm? Despreze a curvatura do tubo.

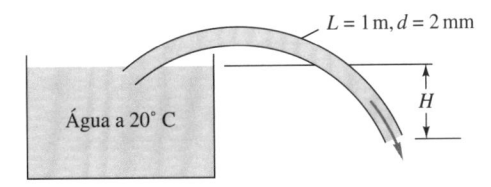

P6.14

P6.15 O professor Gordon Holloway e seus alunos na Universidade de New Brunswick foram a uma lanchonete e tentaram tomar *milkshakes* de chocolate ($\rho \approx 1.200$ kg/m³, $\mu \approx 6$ kg/(m · s) por meio de canudos roliços de 8 mm de diâmetro e 30 cm de comprimento. (*a*) Verifique que seus pulmões humanos, os quais podem desenvolver pressões vacuométricas em torno de 3.000 Pa, não seriam capazes de aspirar o *milkshake* pelo canudo vertical. (*b*) Um aluno cortou 15 cm do seu canudo e passou a tomar o *milkshake* alegremente. Qual é a vazão de *milkshake* produzida por essa estratégia?

P6.16 Fluido escoa em regime permanente, com uma vazão volumétrica Q, em um tubo grande e depois divide-se em dois tubos pequenos. O maior deles tem um diâmetro interno de 25 mm e transporta três vezes a vazão do tubo menor. Ambos os tubos pequenos têm o mesmo comprimento e queda de pressão. Se todos os escoamentos forem laminares, calcule o diâmetro do tubo menor.

P6.17 Um *viscosímetro capilar* mede o tempo necessário para que um volume especificado v de líquido escoe por um tubo de vidro de pequeno diâmetro, como na Figura P6.17. Esse tempo de trânsito é então correlacionado à viscosidade do fluido. Para o sistema mostrado, (*a*) deduza uma fórmula aproximada para o tempo necessário, considerando escoamento laminar sem perdas de entrada e de saída. (*b*) Se $L = 12$ cm, $l = 2$ cm, $v = 8$ cm³ e o fluido é água a 20°C, que diâmetro capilar D resultará em um tempo de trânsito de 6 segundos?

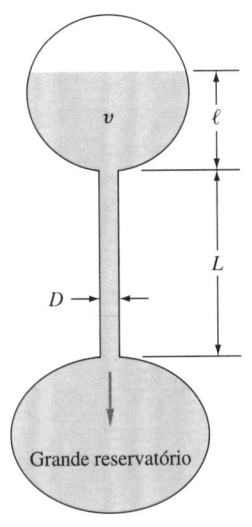

P6.17

P6.18 Óleo SAE 50W a 20°C escoa de um tanque para outro por um tubo de 160 cm de comprimento e 5 cm de diâmetro. Calcule a vazão em m³/h se $z_1 = 2$ m e $z_2 = 0{,}8$ m.

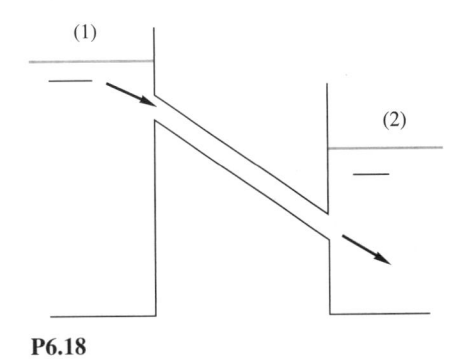

P6.18

P6.19 Um óleo ($d = 0{,}9$) escoa pelo tubo na Figura P6.19 com $Q = 0{,}99$ m³/h. Qual é a viscosidade cinemática do óleo em m²/s? O escoamento é laminar?

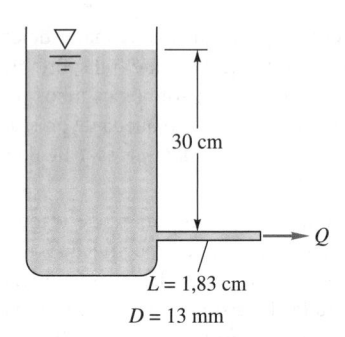

P6.19

P6.20 Os tanques de óleo em Pequelândia tem apenas 160 cm de altura e descarregam em um caminhão-pipa por um tubo liso de 4 mm de diâmetro e 55 cm de comprimento. A saída do tubo é aberta à atmosfera, a 145 cm abaixo da superfície do tanque. O fluido é óleo combustível médio, $\rho = 850$ kg/m^3 e $\mu = 0{,}11$ kg/(m · s). Estime a vazão de óleo em cm^3/h.

P6.21 Em Pequelândia, as casas tem menos de 30 cm de altura! A chuva cai em regime laminar! O tubo de drenagem da Figura P6.21 tem apenas 2 mm de diâmetro. (*a*) Quando a calha está cheia, qual é a taxa de drenagem? (*b*) A calha é projetada para uma tempestade súbita de até 5 mm por hora. Nessa condição, qual é a máxima área de telhado que pode ser drenada com sucesso? (*c*) Qual é o valor de Re$_d$?

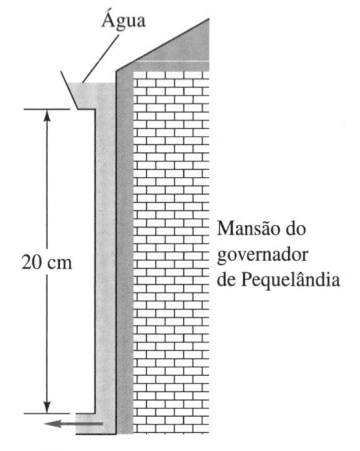

P6.21

P6.22 Uma compressão constante sobre o pistão na Figura P6.22 produz uma vazão $Q = 0{,}15$ cm^3/s através da agulha. O fluido tem $\rho = 900$ kg/m^3 e $\mu = 0{,}002$ kg/(m · s). Qual a força F necessária para manter o escoamento?

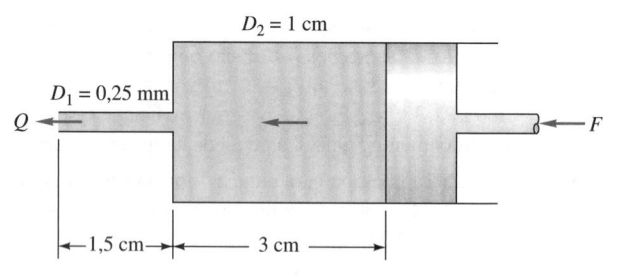

P6.22

P6.23 Óleo SAE 10 a 20°C escoa em um tubo vertical de 2,5 cm de diâmetro. Verifica-se que a pressão é constante em todo o fluido. Qual é a vazão de óleo em m^3/h? O escoamento é para cima ou para baixo?

P6.24 Dois tanques com água a 20°C são conectados por um tubo capilar de 4 mm de diâmetro e 3,5 m de comprimento. A superfície do tanque 1 está 30 cm acima da superfície do tanque 2. (*a*) Estime a vazão em m^3/h. O escoamento é laminar? (*b*) Para que diâmetro de tubo Re$_d$ será igual a 500?

P6.25 Para a configuração mostrada na Figura P6.25, o fluido é álcool etílico a 20°C, e os reservatórios são muito grandes. Determine a vazão que ocorre em m^3/h. O escoamento é laminar?

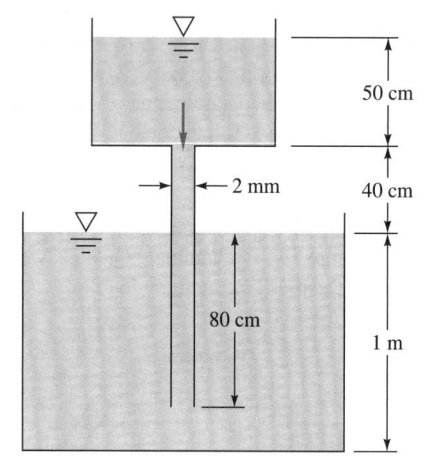

P6.25

P6.26 Dois tanques de óleo são conectados por dois tubos de 9 m de comprimento, como mostra a Figura P6.26. O tubo 1 tem 5 cm de diâmetro e está 6 m acima do tubo 2. Sabe-se que a vazão no tubo 2 é duas vezes maior que a vazão no tubo 1. (*a*) Qual é o diâmetro do tubo 2? (*b*) Ambos os escoamentos são laminares? (*c*) Qual é a vazão no tubo 2 (m^3/s)? Despreze as perdas localizadas.

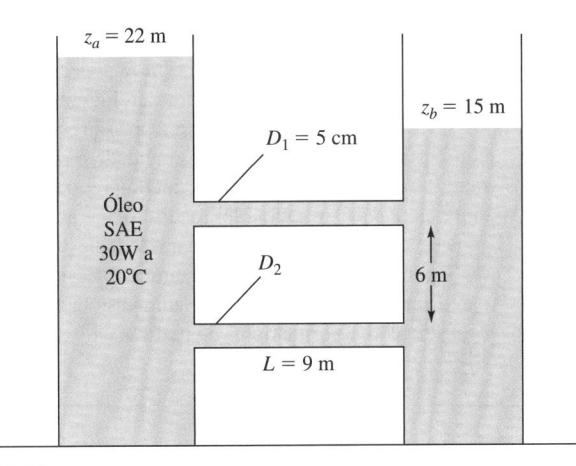

P6.26

*P6.27 Vamos resolver o Problema P6.25 na forma literal, usando a Figura P6.27. Todos os parâmetros são constantes, exceto a profundidade $Z(t)$ do reservatório. Determine uma expressão para a vazão $Q(t)$ em função de $Z(t)$. Estabeleça uma equação diferencial e resolva para o tempo t_0 de esvaziamento completo do reservatório superior. Admita escoamento laminar quase permanente.

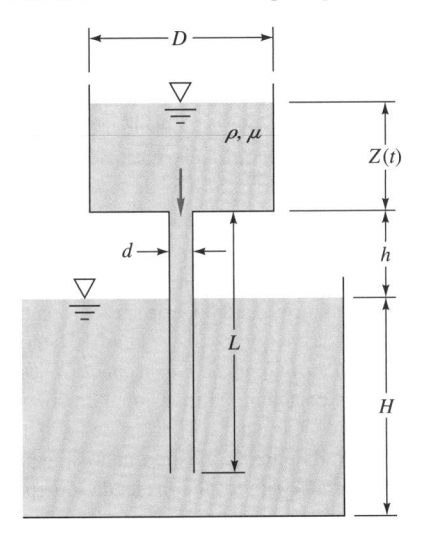

P6.27

P6.28 Para endireitar e suavizar o escoamento de ar em um duto de 50 cm de diâmetro, ele é equipado com uma "colmeia" de tubos finos de 30 cm de comprimento e 4 mm de diâmetro, como na Figura P6.28. O escoamento de ar na entrada está a 110 kPa e 20°C, movendo-se a uma velocidade média de 6 m/s. Calcule a queda de pressão através da colmeia.

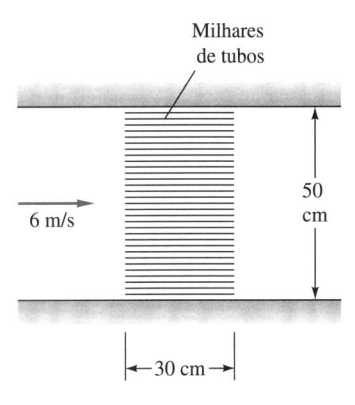

P6.28

P6.29 Óleo SAE 30W a 20°C escoa em um tubo reto de 25 m de comprimento, com diâmetro de 4 cm. A velocidade média é de 2 m/s. (*a*) O escoamento é laminar? Calcule (*b*) a queda de pressão e (*c*) a potência necessária. (*d*) Se o diâmetro do tubo for duplicado, para a mesma velocidade média, qual será a porcentagem de aumento necessária na potência?

P6.30 Óleo SAE 10 a 20°C escoa pelo tubo vertical de 4 cm de diâmetro da Figura P6.30. Para a leitura $h = 42$ cm do manômetro de mercúrio mostrado, (*a*) calcule a vazão volumétrica em m³/h e (*b*) determine o sentido do escoamento.

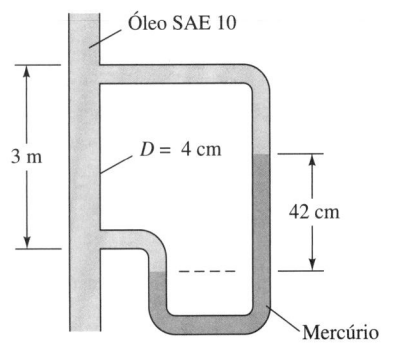

P6.30

P6.31 Um *elemento de escoamento laminar* (EEL) (Meriam Instrument Co.) mede pequenas vazões de gás com um feixe de tubos ou dutos capilares agupados no interior de um grande tubo externo. Considere oxigênio a 20°C e 1 atm escoando a 2,27 m³/min em um tubo de 100 mm. (*a*) O escoamento é turbulento ao se aproximar do elemento? (*b*) Se existirem 1.000 tubos capilares, $L = 100$ mm, escolha um diâmetro de tubo para manter Re_d abaixo de 1.500 e também para manter a queda de pressão abaixo de 3.450 N/m². (*c*) Os tubos escolhidos na parte (*b*) irão alojar-se bem no interior do tubo de aproximação?

P6.32 Óleo SAE 30 a 20°C escoa no tubo de 3 cm de diâmetro da Figura P6.32 que está inclinado a 37°. Para as medidas de pressão mostradas, determine (*a*) se o escoamento é para cima ou para baixo e (*b*) a vazão em m³/h.

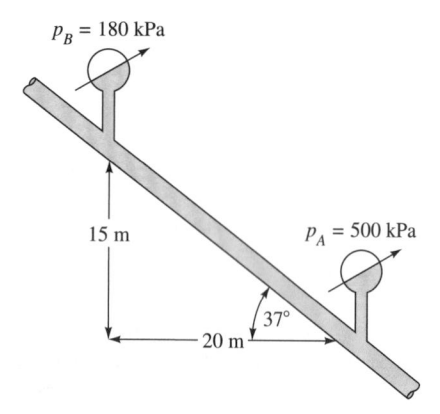

$p_B = 180$ kPa

$p_A = 500$ kPa

15 m

20 m

37°

P6.32

P6.33 Água a 20°C é bombeada de um reservatório por um tubo vertical de 10 pés de comprimento e 1/16 pol de diâmetro. A bomba fornece uma elevação de pressão de 11 lbf/pol² para o escoamento. Despreze as perdas na entrada. (*a*) Calcule a velocidade de saída. (*b*) Aproximadamente, que altura atingirá o jato d'água de saída? (*c*) Verifique se o escoamento é laminar.

Modelagem da turbulência

P6.34 Deduza a média temporal da equação da quantidade de movimento na direção *x* (6.21) por substituição direta das equações (6.19) na equação da quantidade de movimento (6.14). É conveniente escrever a aceleração convectiva como

$$\frac{du}{dt} = \frac{\partial}{\partial x}(u^2) + \frac{\partial}{\partial y}(uv) + \frac{\partial}{\partial z}(uw)$$

que é válida por causa da equação da continuidade, Equação (6.14).

P6.35 Na camada intermediária da Fig. 6.9a, a tensão turbulenta é grande. Se desprezarmos a viscosidade, podemos substituir a Eq. (6.24) com a função aproximada do gradiente de velocidade

$$\frac{du}{dy} = f(y, \tau_w, \rho)$$

Mostre por análise dimensional que isso leva à relação logarítmica da camada intermediária (6.28).

P6.36 Os seguintes dados de velocidade do escoamento turbulento *u*(*y*) para o ar próximo de uma parede plana e lisa a 24°C e 1 atm foram obtidos no túnel de vento da University de Rhode Island:

y, mm	0,635	0,889	1,194	1,397	1,651
u, m/s	15,6	16,5	17,3	17,6	18,0

Calcule (*a*) a tensão de cisalhamento na parede e (*b*) a velocidade *u* em *y* = 5,6 mm.

P6.37 Duas placas infinitas separadas por uma distância *h* são paralelas ao plano *xz*, com a placa superior movendo-se com velocidade *V*, como na Figura P6.37. Existe um fluido de viscosidade μ a pressão constante entre as placas. Desprezando a gravidade e considerando escoamento turbulento e incompressível *u*(*y*) entre as placas, aplique a lei logarítmica e as condições de contorno apropriadas para deduzir uma fórmula para a tensão de cisalhamento adimensional na parede em função da velocidade adimensional da placa. Esboce uma forma típica do perfil *u*(*y*).

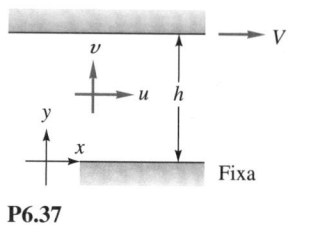

Fixa

P6.37

P6.38 Admita na Figura P6.37 que *h* = 3 cm, o fluido é água a 20°C e o escoamento é turbulento, de tal modo que a lei logarítmica seja válida. Se a tensão de cisalhamento no fluido é 15 Pa, qual é *V* em m/s?

P6.39 Por analogia com o cisalhamento laminar, $\tau = \mu \, du/dy$, T. V. Boussinesq postulou, em 1877, que o cisalhamento turbulento poderia também ser relacionado com o gradiente de velocidade média $\tau_{turb} = \varepsilon \, du/dy$, em que ε é denominada viscosidade turbulenta e é muito maior que μ. Se a lei de superposição logarítmica (camada intermediária), Equação (6.28), é válida com $\tau \approx \tau_p$, mostre que $\varepsilon \approx \kappa\rho u^* y$.

P6.40 Em 1930, Theodore von Kármán propôs que o cisalhamento turbulento poderia ser representado por $\tau_{turb} = \varepsilon \, du/dy$, em que $\varepsilon = \rho\kappa^2 y^2 \, |du/dy|$ é denominada *viscosidade turbulenta de comprimento de mistura* e $\kappa \approx 0{,}41$ é a constante adimensional de comprimento de mistura de Kármán [2, 3]. Considerando que $\tau_{turb} \approx \tau_p$ próximo da parede, mostre que essa expressão pode ser integrada para resultar na lei da superposição logarítmica (camada intermediária), Equação (6.28).

Escoamento turbulento em tubos

P6.41 Dois reservatórios, com diferença de elevação de 40 m entre suas superfícies, estão conectados por um tubo novo de 8 cm de diâmetro e 350 m de comprimento. Se a vazão desejada for de, pelo menos, 130 N/s de água a 20°C, poderá o material do tubo ser (*a*) ferro galvanizado, (*b*) aço comercial ou (*c*) ferro fundido? Despreze as perdas localizadas.

P6.42 Fluido escoa em regime permanente, com uma vazão volumétrica *Q*, em um grande tubo horizontal e depois divide-se em dois tubos pequenos. O maior deles tem um diâmetro interno de 25 mm e transporta três vezes a vazão do tubo menor. Ambos os tubos pequenos têm o mesmo comprimento e queda de pressão. Se todos os escoamentos forem turbulentos, com Re$_D$ aproximadamente 10^4, calcule o diâmetro do menor tubo.

P6.43 Um reservatório fornece água por 100 m de tubo de ferro fundido de 30 cm de diâmetro para uma turbina que extrai 80 hp do escoamento. Em seguida, a água descarrega na atmosfera. Despreze as perdas localizadas.

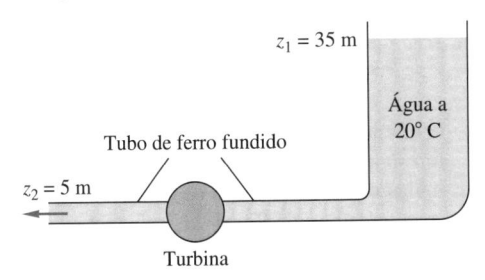

$z_1 = 35$ m

Água a 20° C

Tubo de ferro fundido

$z_2 = 5$ m

Turbina

P6.43

(a) Admitindo que $f \approx 0,019$, determine a vazão volumétrica (resultante de uma expressão polinomial cúbica). Explique por que existem *duas* soluções legítimas.
(b) Para um crédito extra, determine as vazões usando os fatores de atrito reais.

P6.44 Mercúrio a 20°C escoa por 4 m de tubo de vidro de 7 mm de diâmetro a uma velocidade média de 5 m/s. Calcule a perda de carga em metros e a queda de pressão em kPa.

P6.45 Óleo, $d = 0,88$ e $\nu = 4$ E-5 m²/s, escoa a 1,51 m³/min por um tubo de ferro fundido asfaltado de 150 mm de diâmetro. O tubo tem 805 m de comprimento e está inclinado para cima a 8° no sentido do escoamento. Calcule a perda de carga em metros e a variação de pressão.

P6.46 O Oleoduto Keystone na foto de abertura do capítulo tem um diâmetro de 36 polegadas e uma vazão de projeto de 590.000 barris por dia de óleo cru a 40°C. Se o material da tubulação for aço novo, calcule a potência necessária para a bomba por milha de tubulação.

P6.47 A calha e o tubo liso de drenagem da Figura 6.47 removem água da chuva do telhado de uma edificação. O tubo liso de drenagem tem 7 cm de diâmetro. (a) Quando a calha está cheia, estime a taxa de drenagem. (b) A calha é projetada para uma tempestade súbita de até 127 mm por hora. Nessa condição, qual é a máxima área de telhado que pode ser drenada com sucesso?

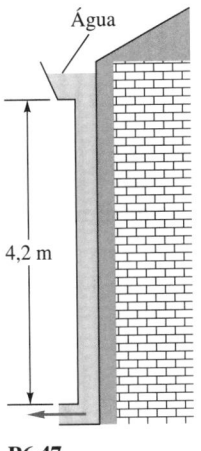

Água

4,2 m

P6.47

P6.48 Vamos continuar o Prob. P6.46 com a seguinte pergunta. Se o comprimento total do Oleoduto Keystone, de Alberta para o Texas, é de 2.147 milhas, qual vazão, em barris por dia, resultará se a potência total de bombeamento disponível for de 8.000 hp?

P6.49 O sistema reservatório e tubo da Figura P6.49 fornece pelo menos 11 m³/h de água a 20°C para o reservatório. Qual é a altura máxima admissível da rugosidade ε para o tubo?

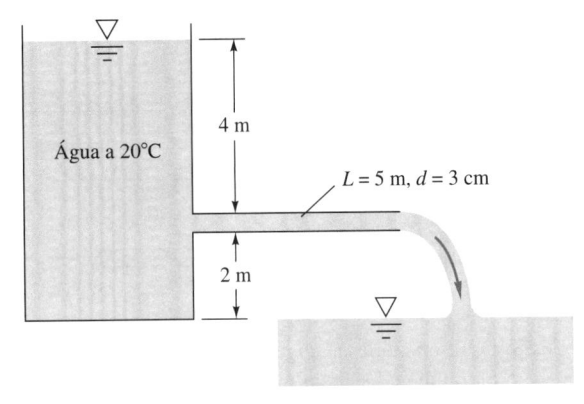

Água a 20°C

4 m

$L = 5$ m, $d = 3$ cm

2 m

P6.49

P6.50 Etanol a 20°C escoa a 473 L/min por um tubo horizontal de ferro fundido com $L = 12$ m e $d = 5$ cm. Desprezando os efeitos de entrada, calcule (a) o gradiente de pressão dp/dx, (b) a tensão de cisalhamento na parede τ_p e (c) a redução percentual no fator de atrito, se as paredes do tubo são polidas como uma superfície lisa.

P6.51 A subcamada viscosa (Figura 6.9) normalmente é menor que 1% do diâmetro do tubo e, portanto, muito difícil medi-la com um instrumento de tamanho finito. Em um esforço para gerar uma subcamada mais espessa para sua medição, em 1964 a Pennsylvania State University construiu um tubo com um escoamento de glicerina. Considere um tubo liso de 300 mm de diâmetro com $V = 18,3$ m/s e glicerina a 20°C. Calcule a espessura da subcamada em milímetros e a potência necessária de bombeamento em hp a 75% de rendimento se $L = 12,2$ m.

P6.52 O escoamento no tubo da Figura P6.52 é produzido pelo ar pressurizado no reservatório. Que pressão p_1 manométrica é necessária para fornecer uma vazão $Q = 60$ m³/h de água a 20°C?

Tubo liso: $d = 5$ cm

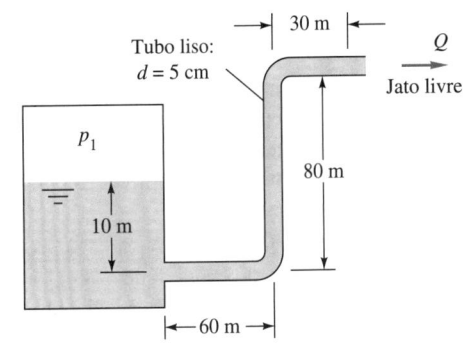

30 m

Q

Jato livre

p_1

10 m

80 m

60 m

P6.52

P6.53 Água a 20°C escoa por gravidade em um tubo liso de um reservatório para outro em nível inferior. A diferença de elevação é 60 m. O tubo tem 360 m de comprimento, com um diâmetro de 12 cm. Calcule a vazão esperada em m³/h. Despreze as perdas localizadas.

*P6.54 Uma piscina de dimensões W por Y, por h de profundidade, deve ser esvaziada por gravidade pelo tubo longo mostrado na Figura P6.54. Admitindo um fator de atrito médio $f_{méd}$ e desprezando as perdas localizadas, deduza uma fórmula para o tempo de esvaziamento da piscina a partir de um nível inicial h_0.

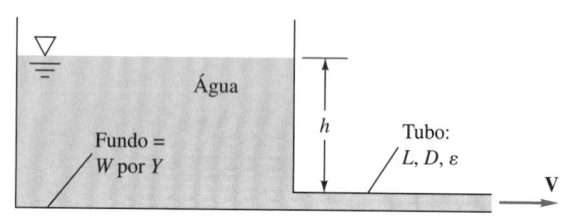

P6.54

P6.55 Os reservatórios na Figura P6.55 contêm água a 20°C. Se o tubo é liso com $L = 4.500$ m e $d = 4$ cm, qual será a vazão em m³/h para $\Delta z = 100$ m?

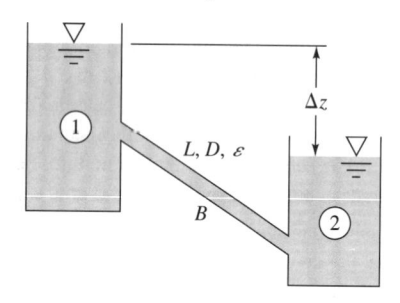

P6.55

P6.56 O oleoduto do Alaska na foto de abertura do capítulo tem uma vazão de projeto de 4,4 E7 galões por dia de óleo cru a 60°C (ver a Fig. A.1). (a) Considerando que o tubo é de ferro galvanizado, calcule a queda de pressão total necessária para o percurso de 800 milhas. (b) Se houver nove bombas igualmente espaçadas, calcule a potência que cada bomba deve fornecer.

P6.57 Aplique a análise do Problema P6.54 aos seguintes dados: $W = 5$ m, $Y = 8$ m, $h_0 = 2$ m, $L = 15$ m, $D = 5$ cm e $\varepsilon = 0$. (a) Admitindo $h = 1,5$ m e $0,5$ m como profundidades representativas, estime o fator de atrito médio. (b) Em seguida, estime o tempo de esvaziamento da piscina.

P6.58 Para o sistema do Prob. 6.53, uma bomba é usada durante a noite para conduzir água de volta para o reservatório superior. Se a bomba fornecer 15.000 W para a água, calcule a vazão.

P6.59 Os dados a seguir foram obtidos para o escoamento de 20 m³/h de água a 20°C por um tubo com forte corrosão, de 5 cm de diâmetro, que está inclinado para baixo a um ângulo de 8°: $p_1 = 420$ kPa, $z_1 = 12$ m, $p_2 = 250$ kPa, $z_2 = 3$ m. Calcule (a) a rugosidade relativa do tubo e (b) a variação percentual na perda de carga se o tubo fosse liso e a vazão a mesma.

P6.60 No espírito da aproximação explícita de Haaland para o fator de atrito em tubos, Equação (6.49), Jeppson [20] propôs a seguinte fórmula explícita

$$\frac{1}{\sqrt{f}} \approx -2,0 \log_{10}\left(\frac{\varepsilon/d}{3,7} + \frac{5,74}{Re_d^{0,9}}\right)$$

(a) Essa fórmula é idêntica à de Haaland com apenas um simples rearranjo? Explique. (b) Compare as fórmulas de Jeppson e de Haaland para alguns valores representativos de Re_d e ε/d (turbulentos) e seus erros em relação à fórmula de Colebrook (6.48). Discuta suscintamente.

P6.61 Qual nível h deve ser mantido na Figura P6.61 para fornecer uma vazão de 0,425 L/s pelo tubo de aço comercial de 13 mm de diâmetro?

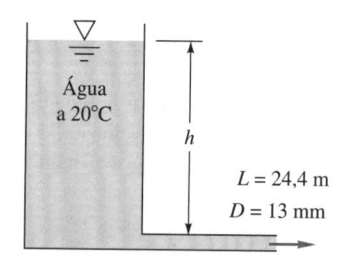

P6.61

P6.62 Água a 20°C deve ser bombeada por um tubo de 610 m do reservatório 1 para o reservatório 2 a uma taxa de 85 L/s, como mostra a Figura P6.62. Se o tubo é de ferro fundido de 150 mm de diâmetro e a bomba tem 75% de rendimento, qual é a potência necessária, em hp, para a bomba?

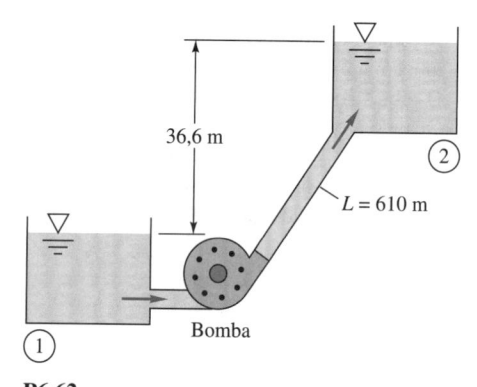

P6.62

Problemas de vazão e de dimensionamento

P6.63 Um reservatório contém 1 m³ de água a 20°C e tem um tubo capilar de saída no fundo, como na Figura P6.63. Determine a vazão volumétrica Q em m³/h na saída, neste instante.

P6.64 Para o sistema na Figura P6.63, se o fluido é óleo SAE 10 a 20°C, determine a vazão em m³/h. O escoamento é laminar ou turbulento?

P6.63

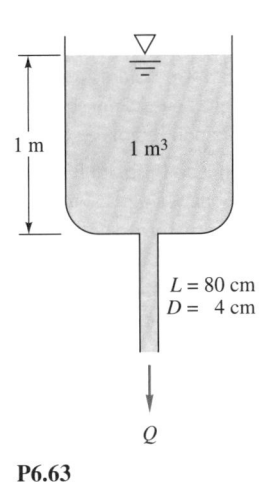

P6.65 No Problema 6.63 o escoamento é inicialmente turbulento. Como a água flui para fora do reservatório, o escoamento reverterá para o regime laminar, quando o reservatório ficar quase vazio? Nesse caso, a que profundidade no reservatório? Calcule o tempo, em horas, para esvaziar totalmente o reservatório.

P6.66 Álcool etílico a 20°C escoa por um tubo estirado horizontal de 10 cm de diâmetro e 100 m de comprimento. A tensão de cisalhamento totalmente desenvolvida na parede é 14 Pa. Calcule (a) a queda de pressão, (b) a vazão volumétrica e (c) a velocidade u para $r = 1$ cm.

P6.67 Um tubo de aço comercial reto de 10 cm de diâmetro e 1 km de comprimento é posto a uma inclinação constante de 5°. Água a 20°C escoa para baixo, por gravidade apenas. Estime a vazão em m³/h. Que aconteceria se o tubo tivesse 2 km de comprimento?

*P6.68 No diagrama de Moody não se pode encontrar V diretamente, pois V aparece tanto nas ordenadas quanto nas abscissas. (a) Organize as variáveis (h_p, d, g, L, v) em um único grupo adimensional, com $h_p d^3$ no numerador, denotado por ξ, que é igual a ($f\,\text{Re}_d^2/2$). (b) Reorganize a fórmula de Colebrook (6.48) para resolver Re_d em termos de ξ. (c) Para crédito extra, resolva o Exemplo 6.9 com essa nova fórmula.

P6.69 Para o Problema P6.62, considere que a única bomba disponível possa fornecer 80 hp ao fluido. Qual é o diâmetro apropriado do tubo para manter a vazão de 85 L/s?

P6.70 Etilenoglicol a 20°C escoa por 80 m de tubo de ferro fundido com diâmetro de 6 cm. A queda de pressão medida é de 250 kPa. Despreze as perdas localizadas. Usando uma formulação não iterativa, calcule a vazão em m³/h.

*P6.71 Deseja-se resolver o Problema 6.62 para um sistema mais econômico de bomba e tubo de ferro fundido. Se o custo da bomba é de 125 dólares por hp (1 hp = 745,7 W) entregue ao fluido e o do tubo é de 7.000 dólares por polegada (1 pol = 25,4 mm) de diâmetro, quais são o custo mínimo e as dimensões do tubo e da bomba para manter a vazão de 85 L/s? Estabeleça algumas hipóteses simplificadoras.

P6.72 Modifique o Problema P6.57, deixando o diâmetro como incógnita. Encontre o diâmetro adequado de tubo para que a piscina seja esvaziada em cerca de duas horas.

P6.73 Para o escoamento de água a 20°C em um tubo liso horizontal, de 10 cm, com $\Delta p/L = 1.000$ Pa/m, o autor calculou uma vazão de 0,030 m³/s. (a) Verifique, ou conteste, a resposta do autor. (b) Se for verificada, use a relação do fator de atrito de lei de potência, Eq. (6.41), para calcular o diâmetro do tubo que fará a vazão ser triplicada. (c) Para crédito extra, use a relação do fator de atrito mais exata, Eq. (6.38), para resolver a parte (b).

P6.74 Dois reservatórios, com diferença de elevação de 40 m entre suas superfícies, estão conectados por um tubo novo de aço comercial de 8 cm de diâmetro. Se a vazão desejada for de 200 N/s de água a 20°C, qual será o comprimento adequado do tubo?

P6.75 Você deseja irrigar seu jardim com 30,5 m de mangueira de 5/8 pol (16 mm) de diâmetro cuja rugosidade é 0,28 mm. Qual será a vazão, em L/s, se a pressão manométrica na torneira for 413,7 kPa? Se não houver bocal (somente uma mangueira de saída livre), qual será a distância horizontal máxima alcançada pelo jato de saída?

P6.76 A pequena turbina na Figura P6.76 extrai 400 W de potência do escoamento da água. Ambos os tubos são de ferro forjado. Calcule a vazão Q em m³/h. Por que duas soluções são possíveis? Qual delas é a melhor?

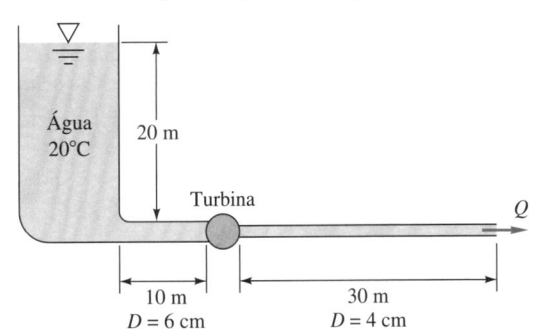

P6.76

*P6.77 Modifique o Problema 6.76 em uma análise econômica, como se segue. Admita que a tubulação de aço forjado de 40 m tenha um diâmetro uniforme d. Admita que a água escoe em regime permanente com $Q = 30$ m³/h. O custo da turbina é de 4 dólares por watt produzido, e o custo da tubulação é de 75 dólares por centímetro de diâmetro. A potência gerada pode ser vendida a 0,08 centavo de dólar por kilowatt-hora. Determine o diâmetro mais apropriado da tubulação para um *tempo de retorno* mínimo, isto é, o tempo mínimo para o qual a venda de energia irá igualar-se ao custo inicial do sistema.

P6.78 Na Figura P6.78, o tubo de conexão é de aço comercial de 6 cm de diâmetro. Calcule a vazão, em m³/h, se o fluido for água a 20°C. Qual é o sentido do escoamento?

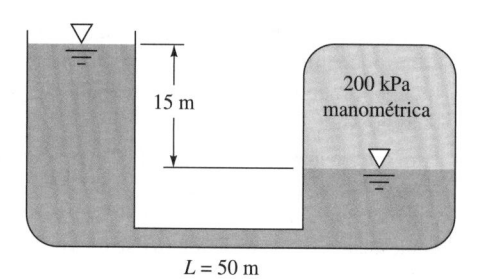

P6.78

P6.79 Uma mangueira de jardim deve ser usada como linha de retorno de uma fonte artificial em um centro comercial. Para selecionar a bomba apropriada, você precisa saber a altura da rugosidade no interior da mangueira. Infelizmente, a característica da rugosidade não é fornecida pelo fabricante da mangueira. Por esse motivo, você inventa uma experiência simples para medir a rugosidade. A mangueira é fixada ao dreno de uma piscina localizada acima do solo, cuja superfície está 3,0 m acima da saída da mangueira. Você avalia o coeficiente de perda localizada da região de entrada como sendo 0,5 e a válvula de dreno tem uma perda localizada de comprimento equivalente de 200 diâmetros quando completamente aberta. Usando um balde e um cronômetro, você abre a válvula e mede a vazão como sendo $2,0 \times 10^{-4}$ m³/s para uma mangueira que tem 10,0 m de comprimento e um diâmetro interno de 1,50 cm. Estime a altura da rugosidade interna da mangueira em milímetros.

P6.80 As características de altura de elevação em função da vazão de uma bomba centrífuga são mostradas na Figura P6.80. Se essa bomba fornece água a 20°C por 120 m de tubo de ferro fundido de 30 cm de diâmetro, qual será a vazão resultante, em m³/s?

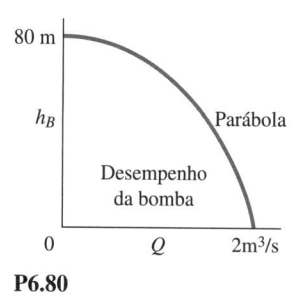

P6.80

P6.81 A bomba na Figura P6.80 é usada para fornecer gasolina a 20°C por 350 m de tubo de aço galvanizado de 30 cm de diâmetro. Calcule a vazão resultante em m³/s. (Observe que a altura de elevação da bomba está agora em metros de coluna de gasolina.)

P6.82 Fluido a 20°C escoa em um tubo de aço galvanizado de 20m e 8 cm de diâmetro. A tensão de cisalhamento na parede é 90Pa. Calcule a vazão volumétrica em m³/h se o fluido for (*a*) glicerina e (*b*) água.

P6.83 Para o sistema da Figura P6.55, admita $\Delta z = 80$ m e $L = 185$ m de tubo de ferro fundido. Para qual diâmetro do tubo a vazão será 7 m³/h?

P6.84 Deseja-se fornecer 60 m³/h de água a 20°C por um tubo horizontal de ferro fundido asfaltado. Calcule o diâmetro do tubo que causará uma queda de pressão de exatamente 40 kPa por 100 m de comprimento de tubo.

P6.85 Para o sistema do Prob. P6.53, uma bomba, que fornece 15.000 W para a água, é usada durante a noite para encher o reservatório superior. O diâmetro do tubo deve ser aumentado em relação ao valor original de 12 cm para fornecer mais vazão. Se a vazão resultante for 90 m³/h, calcule o novo diâmetro do tubo.

Escoamento em dutos não circulares

P6.86 Óleo SAE 10 a 20°C escoa a uma velocidade média de 2 m/s entre duas placas horizontais, paralelas e lisas, distantes de 3 cm. Calcule (*a*) a velocidade na linha de centro, (*b*) a perda de carga por metro e (*c*) a queda de pressão por metro.

P6.87 Um tubo de aço comercial de 12,2 m de comprimento e seção anular com $a = 25$ mm e $b = 13$ mm conecta dois reservatórios cuja diferença entre os níveis das superfícies é de 6,1 m. Calcule a vazão em L/s através da seção anular se o fluido for água a 20°C.

P6.88 Um refrigerador de óleo consiste em passagens múltiplas entre placas planas paralelas, como mostra a Figura P6.88. A queda de pressão disponível é de 6 kPa e o fluido é óleo SAE 10W a 20°C. Se a vazão total desejada é de 900 m³/h, estime o número apropriado de passagens. As paredes das placas são hidraulicamente lisas.

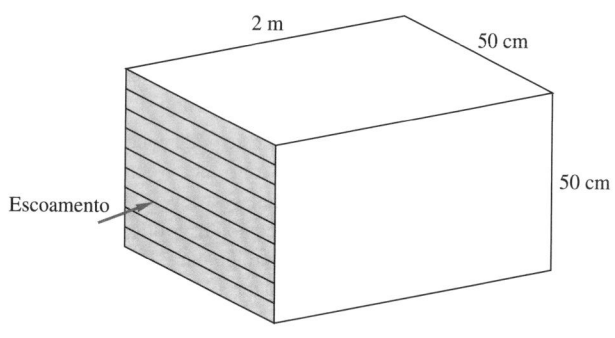

P6.88

P6.89 Um duto de seção anular de folga muito pequena provoca uma queda de pressão muito grande e é útil para uma medição precisa da viscosidade. Se um duto de seção anular liso de 1 m de comprimento, com $a = 50$ mm e $b = 49$ mm, transporta uma vazão de óleo a 0,001 m³/s, qual é a viscosidade do óleo se a queda de pressão é 250 kPa?

P6.90 Um duto retangular de chapa metálica tem 200 pés de comprimento e uma altura fixa $H = 6$ pol. A largura B, no entanto, pode variar de 6 a 36 polegadas. No escoamento de ar, mantido por um soprador, ocorre uma queda de pressão de 80 Pa a 20°C e 1 atm. Qual largura B otimizada fornecerá a maior vazão de ar em pés³/s?

P6.91 Trocadores de calor consistem frequentemente em muitas passagens triangulares. Uma passagem é mostrada na Figura P6.91, com $L = 60$ cm e seção transversal em formato de um triângulo isósceles de comprimento lateral $a = 2$ cm e ângulo $\beta = 80°$. Se a velocidade média é $V = 2$ m/s e o fluido é óleo SAE 10 a 20°C, calcule a queda de pressão.

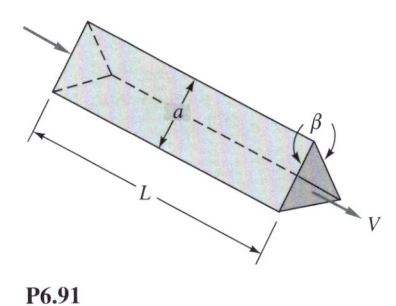

P6.91

P6.92 Uma grande sala usa um ventilador para succionar o ar atmosférico a 20°C por um duto de aço comercial de 30 cm por 30 cm e 12 m de comprimento, como na Figura P6.92. Calcule (*a*) a vazão de ar em m³/h se a pressão na sala for um vácuo de 10 Pa e (*b*) a pressão na sala, se a vazão for 1.200 m³/h. Despreze as perdas localizadas.

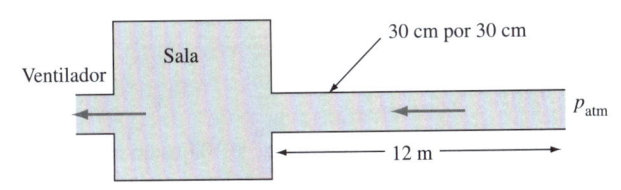

P6.92

P6.93 No Exemplo 6.6, de Moody, o tubo de ferro fundido asfaltado de 150 mm de diâmetro e 60 m de comprimento apresenta uma queda de pressão em torno de 13.400 N/m² quando a velocidade média é 1,8 m/s. Compare isso com um tubo *anular* de ferro fundido de 150 mm de diâmetro interno, à mesma velocidade média anular de 1,8 m/s. (*a*) Qual diâmetro externo faria o escoamento ter a mesma queda de pressão de 13.400 N/m²? (*b*) Como as áreas das seções transversais se comparam e por quê? Use a aproximação de diâmetro hidráulico.

P6.94 Ar a 20°C escoa num duto liso de 20 cm de diâmetro a uma velocidade média de 5 m/s. O escoamento passa então por um duto liso de seção quadrada a jusante. Determine o comprimento *a* do lado dessa seção para que a queda de pressão por metro seja exatamente igual à do duto circular a montante.

P6.95 Embora soluções analíticas estejam disponíveis para o escoamento laminar em muitos formatos de dutos [34], o que fazer no caso de dutos de formato arbitrário? Bahrami et al. [57] propõem que uma melhor aproximação do resultado para tubo, $f\,Re = 64$, é obtida substituindo o diâmetro hidráulico D_h por $\sqrt{A}$, onde A é a área da seção transversal. Aplique essa ideia para os triângulos isósceles da Tabela 6.4. Se o tempo for curto, pelo menos tente para 10°, 50° e 80°. O que você conclui sobre essa ideia?

P6.96 Uma célula combustível [59] consiste de microdutos de ar (ou oxigênio) e de hidrogênio, separados por uma membrana que promove a troca de prótons por uma corrente elétrica, como na Fig. P6.96. Considere que o lado do ar, a 20°C e aproximadamente 1 atm, tenha 5 canais de 1 mm por 1 mm, cada um com 1 m de comprimento. A vazão mássica total é de 1,5 E-4 kg/s. (*a*) Determine se o escoamento é laminar ou turbulento. (*b*) Calcule a queda de pressão. (*Este problema é uma cortesia do Dr. Pezhman Shirvanian*)

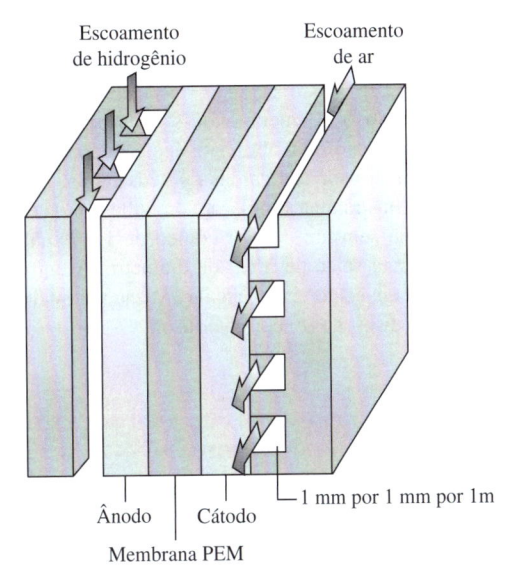

P6.96

P6.97 Um trocador de calor consiste em passagens múltiplas entre placas planas paralelas, como mostra a Figura P6.97. A queda de pressão disponível é de 2 kPa e o fluido é água a 20°C. Se a vazão total desejada é de 900 m³/h, estime o número apropriado de passagens. As paredes das placas são hidraulicamente lisas.

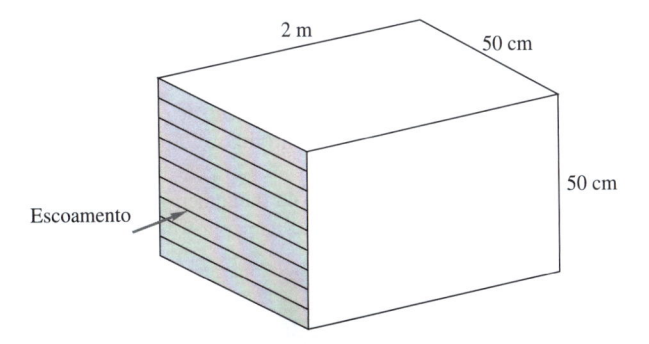

P6.97

P6.98 Um trocador de calor retangular deve ser dividido em seções menores usando chapas de aço comercial de 0,4 mm de espessura, como esboça a Figura P6.98. A vazão é de 20 kg/s de água a 20°C. As dimensões básicas são $L = 1$ m, $W = 20$ cm e $H = 10$ cm. Qual é o número apropriado de seções *quadradas* para que a queda total de pressão não seja maior que 1.600 Pa?

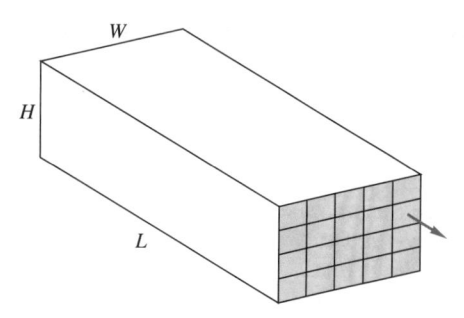

P6.98

Perdas localizadas

P6.99 Na Seção 6.11, mencionou-se que os usuários do aqueduto de Roma obtinham água adicional acoplando um difusor nas saídas de seus tubos. A Figura P6.99 ilustra uma simulação: um tubo liso de entrada, com ou sem um difusor cônico de 15° expandindo para uma saída de 5 cm de diâmetro. A entrada do tubo é em canto vivo. Calcule a vazão volumétrica (*a*) sem o difusor e (*b*) com o difusor.

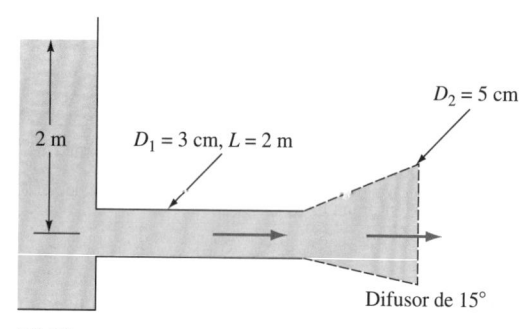

P6.99

$D_1 = 3$ cm, $L = 2$ m
$D_2 = 5$ cm
Difusor de 15°
2 m

*P6.100 Modifique o Prob. P6.55 como se segue: Admita que uma bomba possa fornecer 3 kW para bombear a água de volta para o reservatório 1 a partir do reservatório 2. Considerando na tubulação uma válvula globo flangeada aberta e entrada e saída em canto vivo, calcule a vazão prevista em m³/h.

P6.101 A Figura P6.101 mostra um ensaio de perdas para um filtro espesso. A vazão no tubo é de 7 m³/min e a pressão a montante é de 120 kPa. O fluido é o ar a 20°C. Usando a leitura do manômetro de coluna de água, estime o coeficiente de perda K do filtro.

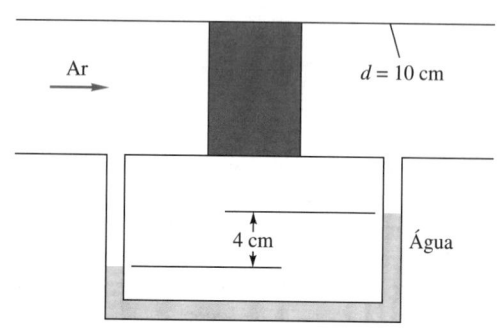

P6.101

Ar, $d = 10$ cm, 4 cm, Água

*P6.102 Uma bomba com rendimento de 70% fornece água a 20°C de um reservatório para outro 6,1 metros mais alto, como na Figura P6.102. O sistema de tubulação consiste em 18,3 m de tubo de aço galvanizado de 50 mm de diâmetro, uma entrada reentrante, dois cotovelos rosqueados de 90° de raio longo, uma válvula rosqueada de gaveta aberta e uma saída em canto vivo. Qual é a potência de entrada necessária em hp, com e sem uma expansão cônica bem projetada de 6° à saída? A vazão é 11,3 L/s.

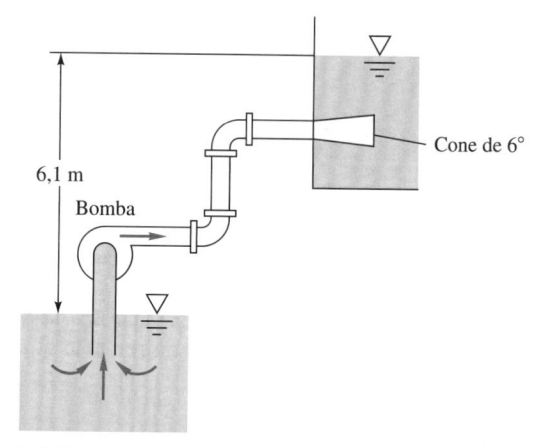

P6.102

6,1 m, Bomba, Cone de 6°

P6.103 Os reservatórios na Figura P6.103 estão conectados por tubos de ferro fundido unidos abruptamente, com entrada e saída em canto vivo. Incluindo as perdas localizadas, calcule a vazão de água a 20°C, se a superfície do reservatório 1 está 13,7 m mais alta que a do reservatório 2.

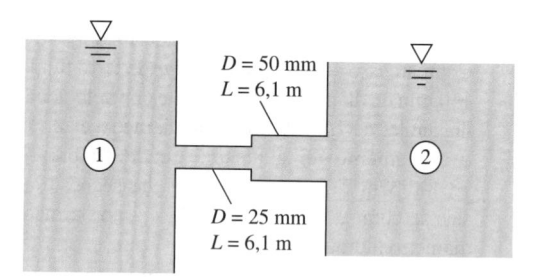

P6.103

$D = 50$ mm, $L = 6,1$ m
$D = 25$ mm, $L = 6,1$ m

P6.104 Considere um escoamento a 20°C e a 2 m/s em um microtubo liso de 3 mm de diâmetro com um trecho reto de 10 cm, seguido de uma curva de 90° de raio longo ($R/d = 10$) e outro trecho reto de 10 cm. Calcule a queda de pressão total se o fluido for (*a*) água e (*b*) etilenoglicol.

P6.105 O sistema na Figura P6.105 consiste em 1.200 m de tubo de ferro fundido de 5 cm de diâmetro, dois cotovelos de 45° e quatro de 90°, flangeados e de raio longo, uma válvula globo flangeada completamente aberta e uma saída em canto vivo em um reservatório. Se a elevação no ponto 1 é 400 m, qual a pressão manométrica necessária no ponto 1 para fornecer 0,005 m³/s de água a 20°C ao reservatório?

P6.105

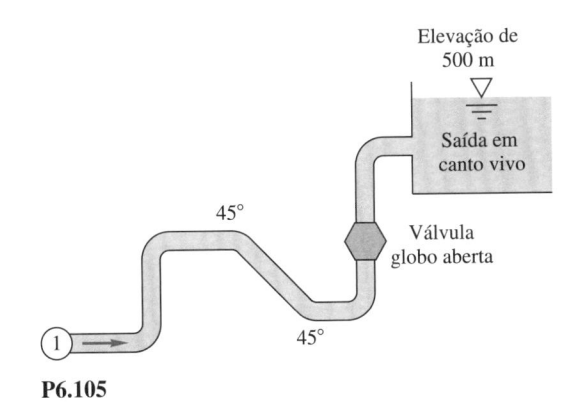

P6.106 O tubo de água na Figura P6.106 está inclinado para cima a 30°. O tubo é liso e tem 25 mm de diâmetro. A válvula globo flangeada está completamente aberta. Se o manômetro de mercúrio indica uma leitura de 178 mm, qual é vazão em L/s?

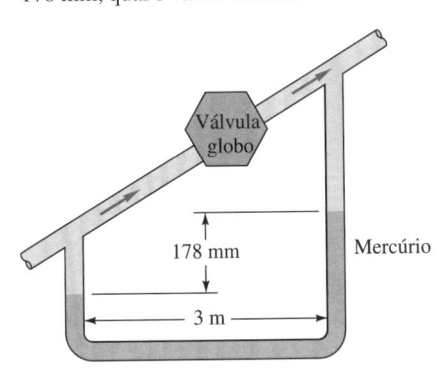

P6.106

*__P6.107__ Um tanque com água de 4 m de diâmetro e 7 m de profundidade deve ser drenado por um tubo de descarga de 5 cm de diâmetro colocado na parte inferior, como na Fig. P6.107. Na configuração (1), o tubo prolonga-se por 1 m para fora e por 10 cm para dentro do tanque. Na configuração (2), a parte reentrante do tubo é removida e a entrada é chanfrada, Fig. 6.21, de modo que $K \approx 0,1$ na entrada. (a) Um engenheiro alega que a configuração (2) drenará 25% mais rápido que a configuração (1). Esta afirmação é verdadeira? (b) Calcule o tempo de drenagem da configuração (2), considerando $f \approx 0,020$.

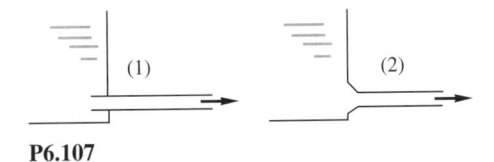

P6.107

P6.108 A bomba d'água na Figura P6.108 mantém uma pressão de 45 kN/m² no ponto 1. Há um filtro, uma válvula de disco aberta pela metade e dois cotovelos normais rosqueados. Há 24 m de tubo de aço comercial de 100 mm de diâmetro. (a) Se a vazão é de 11 L/s, qual é o coeficiente de perda do filtro? (b) Se a válvula de disco é aberta totalmente e $K_{filtro} = 7$, qual é a vazão resultante?

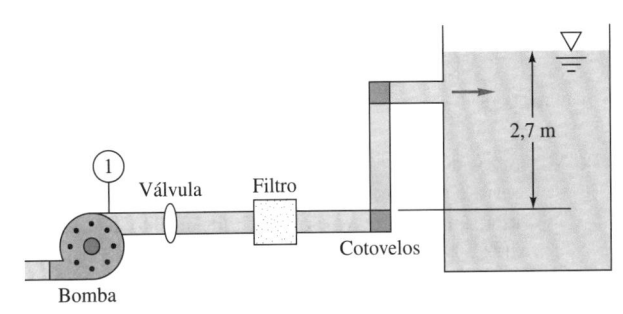

P6.108

P6.109 Na Figura P6.109 encontram-se 38 m de tubo de 50 mm, 23 m de tubo de 150 mm e 46 m de tubo de 75 mm, todos de ferro fundido. Há também três cotovelos de 90° e uma válvula globo aberta, todos flangeados. Se a elevação de saída é zero, qual é a potência em hp extraída pela turbina quando a vazão é de 4,5 L/s de água a 20°C?

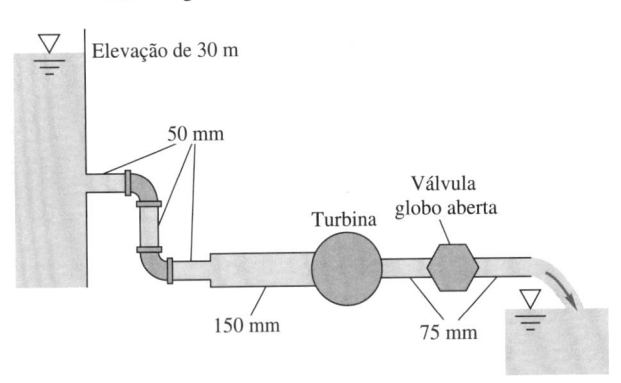

P6.109

P6.110 Na Figura P6.110 a entrada do tubo é em canto vivo. Se a vazão é 0,004 m³/s, qual a potência, em W, extraída pela turbina?

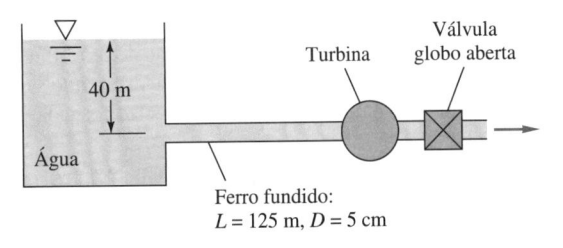

P6.110

Sistemas de tubos em série e em paralelo

P6.111 Para o sistema de tubos paralelos da Figura P6.111, cada tubo é de ferro fundido e a queda de pressão $p_1 - p_2 = 20,7$ kPa. Calcule a vazão total entre 1 e 2 se o fluido é óleo SAE 10 a 20°C.

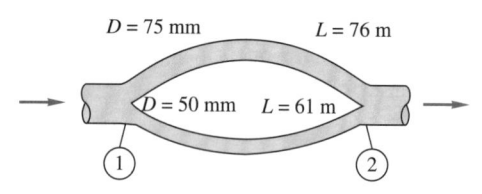

P6.111

P6.112 Se os dois tubos na Figura P6.111 são colocados em série com a mesma queda total de pressão de 20,7 kPa, qual será a vazão? O fluido é óleo SAE 10 a 20°C.

P6.113 O sistema de tubos de aço galvanizado em paralelo da Figura P6.113 fornece gasolina a 20°C com uma vazão total de 0,036 m³/s. Se a bomba está totalmente aberta mas desligada, com um coeficiente de perda K = 1,5, determine (a) a vazão em cada tubo e (b) a queda total de pressão.

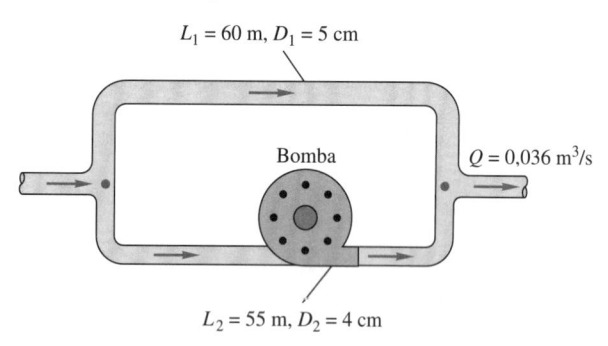

P6.113

*__P6.114__ Um soprador fornece ar padrão a um *plenum* que alimenta dois dutos horizontais de chapa metálica, de seção quadrada, com entradas em canto vivo. Um duto tem 30 m de comprimento e seção transversal de 150 mm por 150 mm. O outro duto tem 60 m de comprimento. Ambos descarregam na atmosfera. Quando a pressão do *plenum* é de 240 N/m² (manométrica), a vazão no duto mais longo é três vezes a vazão no duto mais curto. Estime as vazões volumétricas nos dutos e o tamanho da seção transversal do duto mais longo.

P6.115 Na Figura P6.115 todos os tubos são de ferro fundido de 8 cm de diâmetro. Determine a vazão que sai do reservatório 1, se a válvula C estiver (a) fechada e (b) aberta, $K = 0,5$.

P6.116 Para o sistema série-paralelo da Figura P6.116, todos os tubos são de ferro fundido asfaltado de 8 cm de diâmetro. Se a queda total de pressão $p_1 - p_2 = 750$ kPa, determine a vazão resultante Q em m³/h para água a 20°C. Despreze as perdas localizadas.

P6.117 Um soprador fornece ar a 3.000 m³/h ao circuito de dutos da Figura P6.117. Todos os dutos são de aço comercial e de seção transversal quadrada, com lados $a_1 = a_3 = 20$ cm e $a_2 = a_4 = 12$ cm. Admitindo o ar em condições ao nível do mar, estime a potência necessária, considerando um rendimento de 75% para o soprador. Despreze as perdas localizadas.

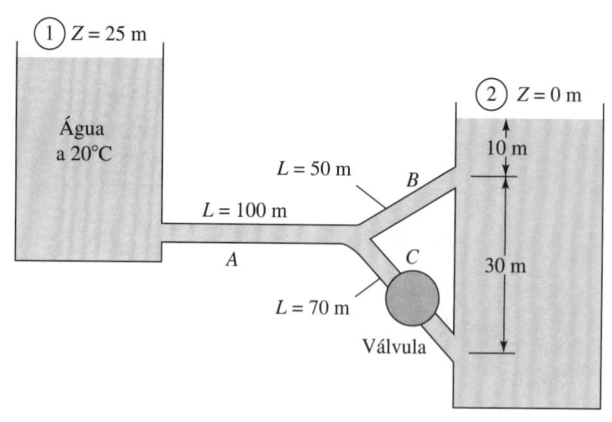

P6.115

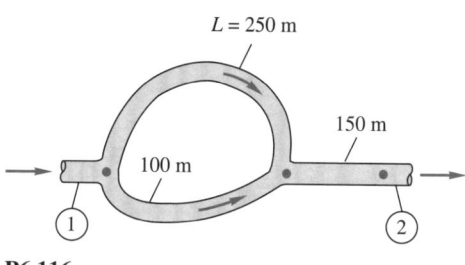

P6.116

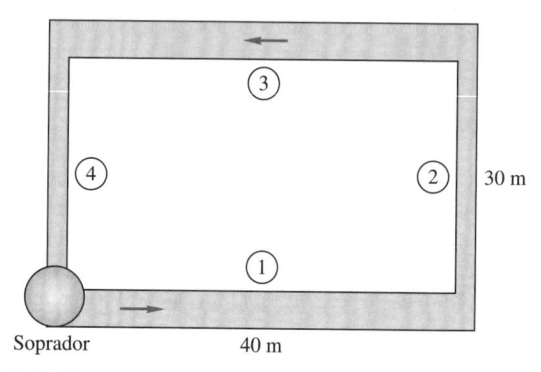

P6.117

P6.118 Para o sistema de tubos na Figura P6.118, todos os tubos são de concreto com uma rugosidade de 1 mm. Desprezando as perdas localizadas, calcule a queda total de pressão $p_1 - p_2$ em kPa se $Q = 0,57$ m³/s. O fluido é água a 20°C.

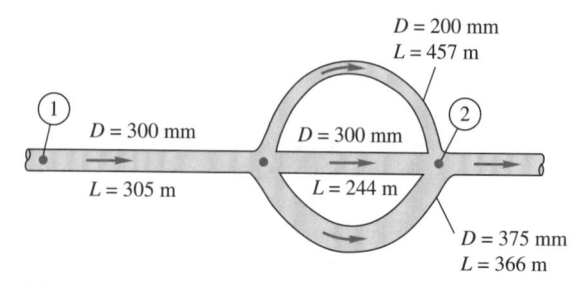

P6.118

P6.119 Para o sistema de tubulação do Prob. P6.111, considere que o fluido seja gasolina a 20°C, com ambos os tubos de ferro fundido. Se a vazão no tubo de 2 pol for 1,2 pés³/min, calcule a vazão no tubo de 3 pol, em pés³/min.

P6.120 Três tubos de ferro fundido são colocados em paralelo com as seguintes dimensões:

Tubo	Comprimento, m	Diâmetro, cm
1	800	12
2	600	8
3	900	10

A vazão total é 200 m³/h de água a 20°C. Determine (a) a vazão em cada tubo e (b) a queda de pressão através do sistema.

Sistemas de três reservatórios e de rede de tubos

P6.121 Considere o sistema de três reservatórios na Figura P6.121 com os seguintes dados:

$L_1 = 95$ m $\quad L_2 = 125$ m $\quad L_3 = 160$ m

$z_1 = 25$ m $\quad z_2 = 115$ m $\quad z_3 = 85$ m

Todos os tubos são de concreto sem acabamento de 28 cm de diâmetro ($\varepsilon = 1$ mm). Calcule a vazão do escoamento permanente em todos os tubos para água a 20°C.

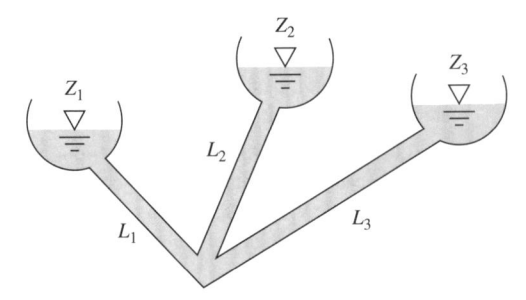

P6.121

P6.122 Modifique o Problema P6.121 como se segue. Reduza o diâmetro para 15 cm ($\varepsilon = 1$ mm) e calcule as vazões para água a 20°C. Essas vazões se distribuem quase da mesma maneira que no Problema 6.121, mas são aproximadamente 5,2 vezes menores. Você pode explicar essa diferença?

P6.123 Modifique o Problema P6.121 como se segue. Considere que todos os dados sejam os mesmos, exceto z_3, que passa a ser incógnita. Determine o valor de z_3 para o qual a vazão no tubo 3 é 0,2 m³/s em direção à junção. (Este problema requer iteração e convém o uso de um computador.)

P6.124 O sistema de três reservatórios na Figura P6.124 fornece água a 20°C. Os dados do sistema são:

$D_1 = 200$ mm $\quad D_2 = 150$ mm $\quad D_3 = 225$ mm

$L_1 = 549$ m $\quad L_2 = 366$ m $\quad L_3 = 488$ m

Todos os tubos são de aço galvanizado. Calcule a vazão em todos eles.

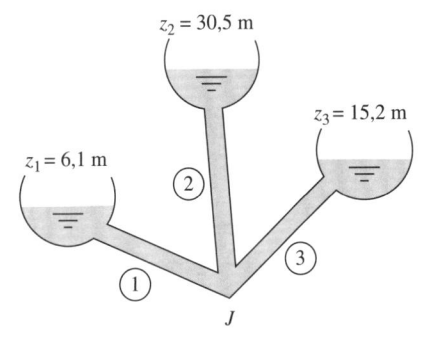

P6.124

P6.125 Suponha que os três tubos de ferro fundido do Problema 6.120 sejam conectados de modo que se encontrem suavemente no ponto B, como mostra a Figura P6.125. As pressões de entrada em cada tubo são:

$p_1 = 200$ kPa $\quad p_2 = 160$ kPa $\quad p_3 = 100$ kPa

O fluido é água a 20°C. Despreze as perdas localizadas. Calcule a vazão em cada tubo e determine se ela vai em direção ao ponto B ou em sentido contrário.

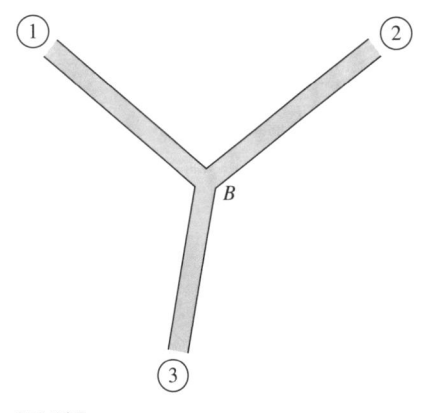

P6.125

P6.126 Modifique o Problema P6.124 como se segue. Considere que todos os dados sejam os mesmos, mas que o tubo 1 seja provido de uma válvula borboleta (Figura 6.19b). Calcule o ângulo de abertura adequado da válvula (em graus) para que a vazão através do tubo 1 seja reduzida para 42,5 L/s em direção ao reservatório 1. (Este problema requer iteração e convém o uso de um computador.)

P6.127 Na rede de cinco tubos horizontais na Figura P6.127, considere que todos os tubos têm um fator de atrito $f = 0,025$. Para uma dada vazão de 56,6 L/s de água a 20°C na entrada e na saída, determine a vazão e o sentido do escoamento em todos os tubos. Se $p_A = 827.376$ Pa manométrica, determine as pressões nos pontos B, C e D.

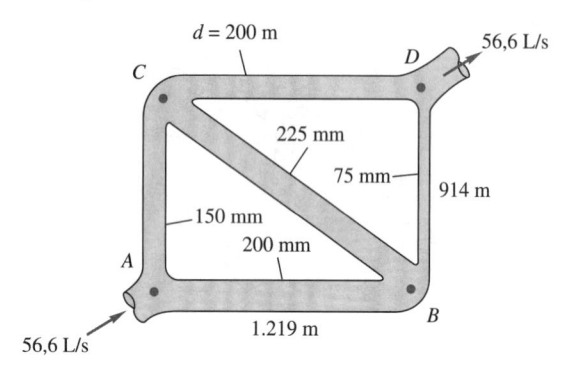

P6.127

P6.128 Modifique o Problema 6.127 como se segue. Considere a vazão de entrada em A e a vazão de saída em D desconhecidas. Admita $p_A - p_B = 689,5$ kPa. Calcule a vazão em todos os cinco tubos.

P6.129 Na Figura P6.129 todos os quatro tubos são de ferro fundido de 45 m de comprimento e de 8 cm de diâmetro e se encontram na junção a, fornecendo água a 20°C. As pressões são conhecidas nos quatro pontos como mostrado:

$$p_1 = 950 \text{ kPa} \qquad p_2 = 350 \text{ kPa}$$
$$p_3 = 675 \text{ kPa} \qquad p_4 = 100 \text{ kPa}$$

Desprezando as perdas localizadas, determine a vazão em cada tubo.

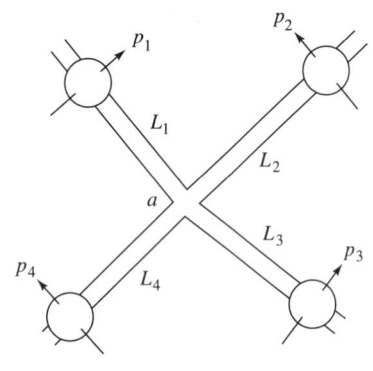

P6.129

P6.130 Na Figura P6.130 os comprimentos AB e BD são 610 m e 457 m, respectivamente. O fator de atrito em todo lugar é 0,022 e $p_A = 620,5$ kPa manométrica. Todos os tubos têm diâmetro de 150 mm. Para água a 20°C, determine a vazão em todos os tubos e as pressões nos pontos B, C e D.

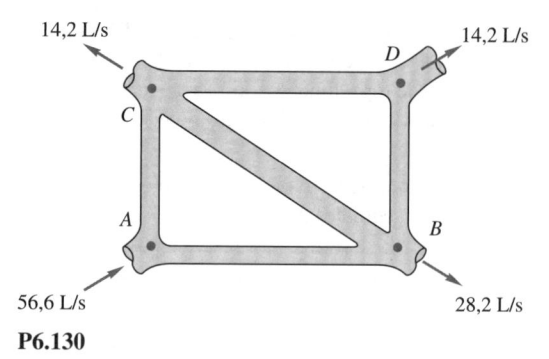

P6.130

Desempenho de difusores

P6.131 Uma seção de teste de um túnel de água tem um 1 m de diâmetro e as propriedades do escoamento são $V = 20$ m/s, $p = 100$ kPa e $T = 20°C$. O bloqueio da camada-limite no final da seção é 9%. Se um difusor cônico for adicionado ao final da seção para alcançar a máxima recuperação de pressão, qual será o ângulo, o comprimento, o diâmetro de saída e a pressão de saída?

P6.132 Para o Problema P6.131, considere que, por questões de espaço, estejamos limitados a um comprimento total do difusor de 10 m. Qual seria o ângulo do difusor, o diâmetro e a pressão de saída para recuperação máxima?

P6.133 Uma seção de teste de um túnel de vento tem seção quadrada de 91 cm de lado com as seguintes propriedades de escoamento: $V = 45,7$ m/s, pressão absoluta $p = 103,4$ kPa e $T = 20°C$. O bloqueio da camada-limite ao final da seção de teste é 8%. Determine o ângulo, o comprimento, a altura e a pressão de saída de um difusor de paredes planas adicionado à seção de teste para alcançar a máxima recuperação de pressão.

P6.134 Para o Problema P6.133, considere que, por questões de espaço, estejamos limitados a um comprimento total do difusor de 9,1 m. Qual seria o ângulo e a altura do difusor e a pressão na saída para a máxima recuperação de pressão?

O tubo de Pitot estático

P6.135 Um avião utiliza um tubo de Pitot estático como velocímetro. As medidas, com suas incertezas, são: uma temperatura estática de $(-11 \pm 3)°C$, uma pressão estática de 60 ± 2 kPa e uma diferença de pressão $(p_0 - p_e) = 3.200 \pm 60$ Pa. (a) Estime a velocidade do avião e sua incerteza. (b) É necessária uma correção de compressibilidade?

P6.136 Para a combinação de tubo de Pitot e tomada de pressão estática (tubo de Pitot estático) na Figura P6.136, o líquido manométrico é água (colorida) a 20°C. Calcule (a) a velocidade na linha de centro, (b) a vazão volumétrica e (c) a tensão de cisalhamento na parede (lisa).

P6.137 Para o escoamento de água a 20°C na Figura P6.137, use a combinação de tubo de Pitot e tomada de pressão estática para calcular (a) a velocidade na linha de centro e (b) a vazão volumétrica no tubo liso de 125 mm de diâmetro. (c) Que erro será cometido na vazão se a diferença de elevação de 30,5 cm for desprezada?

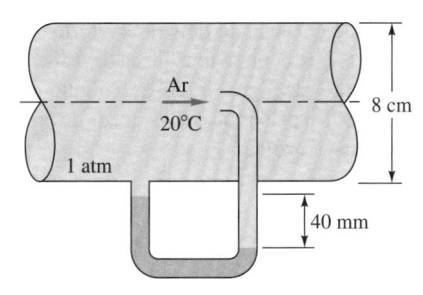

P6.136

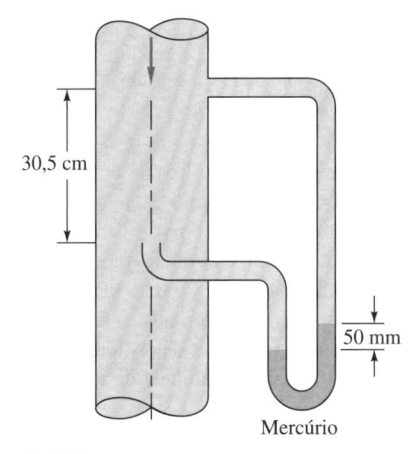

P6.137

P6.138 Um engenheiro que cursou mecânica dos fluidos na faculdade sem fundamentos sólidos colocou uma tomada de pressão estática a montante e longe da sonda de estagnação, como na Figura P6.138, comprometendo bastante a medida de velocidade do tubo de Pitot com as perdas por atrito no tubo. Se o escoamento no tubo é de ar a 20°C e 1 atm, e o líquido manométrico é óleo vermelho Meriam ($d = 0,827$), calcule a velocidade na linha de centro do tubo para a leitura manométrica dada de 16 cm. Considere um tubo de parede lisa.

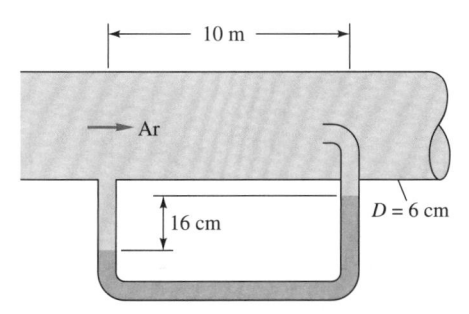

P6.138

P6.139 Um pesquisador precisa medir a velocidade do escoamento em um túnel de água. Devido às restrições orçamentárias, ele não dispõe de um tubo de Pitot estático, mas, em vez disso, insere uma sonda de pressão de estagnação e uma sonda de pressão estática, como mostra a Figura P6.139, a uma distância h_1 uma da outra. Ambas as sondas estão no escoamento principal do túnel de água, na região não afetada pelas camadas-limites delgadas sobre as paredes laterais. As duas sondas estão conectadas em um manômetro de tubo em U, como mostrado. As massas específicas e as distâncias verticais são mostradas na Figura P6.139. (*a*) Escreva uma expressão para a velocidade V em termos dos parâmetros do problema. (*b*) Aquela distância h_1 é crítica para uma medida com precisão? (*c*) De que modo a expressão para a velocidade V difere daquela que seria obtida se um tubo de Pitot estático estivesse disponível e fosse usado com o mesmo manômetro de tubo em U?

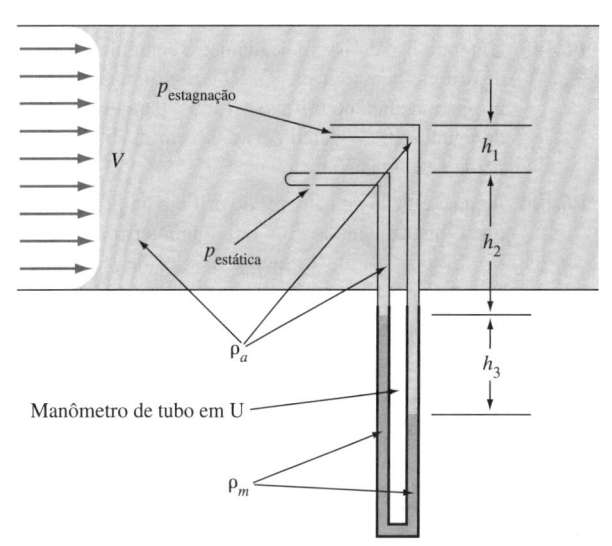

P6.139

Medidores de vazão: a placa de orifício

P6.140 Querosene a 20°C escoa a 3 m³/h em um tubo de 6 cm de diâmetro. Se for instalado um medidor do tipo placa de orifício de 4 cm de diâmetro, com tomadas de pressão de canto, qual será a queda de pressão medida em Pa?

P6.141 Gasolina a 20°C escoa a 105 m³/h em um tubo de 10 cm de diâmetro. Desejamos medir a vazão com uma placa de orifício e um transdutor de pressão diferencial que fornece as melhores leituras a cerca de 55 kPa. Qual é a razão β adequada para o orifício?

P6.142 A ducha na Figura P6.142 libera água a 50°C. Um redutor de vazão do tipo orifício deve ser instalado. A pressão a montante é constante a 400 kPa. Que vazão, em L/min, ocorre sem o redutor? Qual o diâmetro do orifício do redutor para uma diminuição de vazão de 40%?

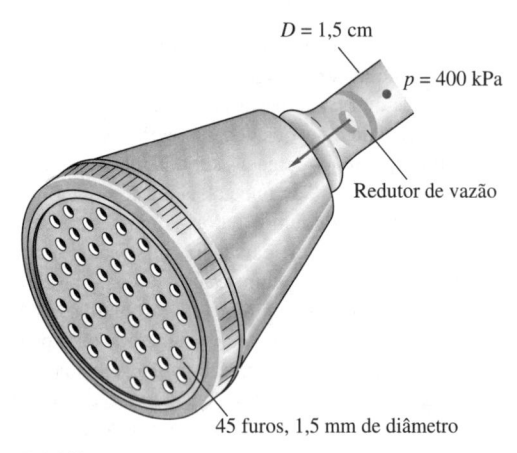

P6.142

D = 1,5 cm
p = 400 kPa
Redutor de vazão
45 furos, 1,5 mm de diâmetro

P6.143 Um tubo liso de 10 cm de diâmetro contém uma placa de orifício com tomadas $D: \frac{1}{2}D$ e $\beta = 0,5$. A queda de pressão medida no orifício é 75 kPa para escoamento de água a 20°C. Calcule a vazão em m³/h. Qual é a perda de carga não recuperada?

*P6.144 Água a 20°C escoa através do orifício na Fig. P6.144, que é instrumentado com um manômetro de mercúrio. Se d = 3 cm, (a) qual é o valor de h quando a vazão é de 20 m³/h e (b) qual é o valor de Q em m³/h quando h = 58 cm?

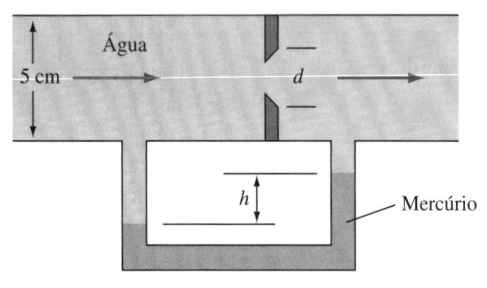

P6.144

P6.145 O reservatório de 1 m de diâmetro na Figura P6.145 está inicialmente cheio de gasolina a 20°C. Existe um orifício de 2 cm de diâmetro no fundo. Se o orifício é aberto repentinamente, calcule o tempo para o nível de fluido h(t) baixar de 2,0 para 1,6 m.

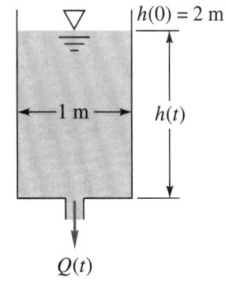

P6.145

P6.146 Um tubo conectando dois reservatórios, como na Figura P6.146, contém uma placa de orifício. Para o escoamento de água a 20°C, calcule (a) a vazão volumétrica pelo tubo e (b) a queda de pressão através da placa de orifício.

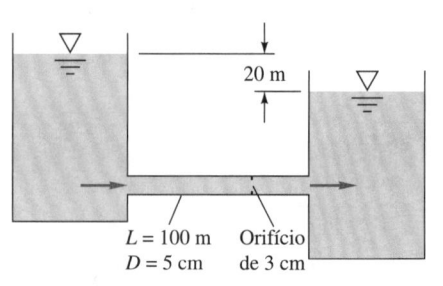

20 m
L = 100 m
D = 5 cm
Orifício de 3 cm

P6.146

P6.147 Ar escoa por um tubo liso de 6 cm de diâmetro que tem uma seção perfurada de 2 m de comprimento contendo 500 furos (diâmetro de 1 mm), como na Figura P6.147. A pressão externa ao tubo é a pressão padrão ao nível do mar. Se $p_1 = 105$ kPa e $Q_1 = 110$ m³/h, calcule p_2 e Q_2, considerando os furos como se fossem aproximados por placas de orifício. *Dica*: Um volume de controle para quantidade de movimento pode ser muito útil.

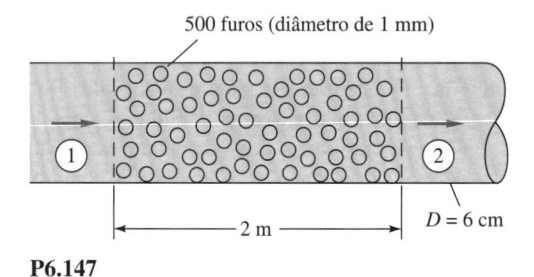

500 furos (diâmetro de 1 mm)
2 m
D = 6 cm

P6.147

P6.148 Um tubo liso contém etanol a 20°C escoando a 7 m³/h por uma obstrução de Bernoulli, como na Figura P6.148. São instalados três tubos piezométricos, como mostra a figura. Se a obstrução é uma placa de orifício, calcule os níveis piezométricos (a) h_2 e (b) h_3.

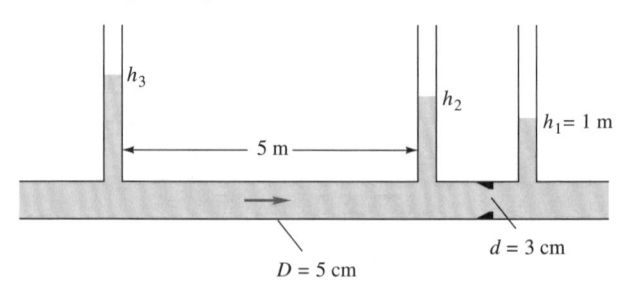

h_3
h_2
$h_1 = 1$ m
5 m
D = 5 cm
d = 3 cm

P6.148

Medidores de vazão: o bocal

P6.149 Em uma experiência de laboratório, ar a 20°C escoa de um grande tanque por um tubo liso de 2 cm de diâmetro e descarrega na atmosfera ao nível do mar, como mostra a Figura P6.149. A vazão é medida por meio de um bocal de raio longo de 1 cm de diâmetro, usando um manômetro com óleo vermelho Meriam ($d =$ 0,827). O tubo tem 8 m de comprimento. As medidas de pressão no tanque e de altura da coluna do manômetro são as seguintes:

p_{tanque}, Pa (manométrica)	60	320	1200	2050	2470	3500	4900
h_{man}, mm	6	38	160	295	380	575	820

Use esses dados para calcular as vazões Q e os números de Reynolds Re_d e faça um gráfico da vazão medida em função da pressão no tanque. O escoamento é laminar ou turbulento? Compare os dados com resultados teóricos obtidos do diagrama de Moody, incluindo as perdas localizadas. Discuta.

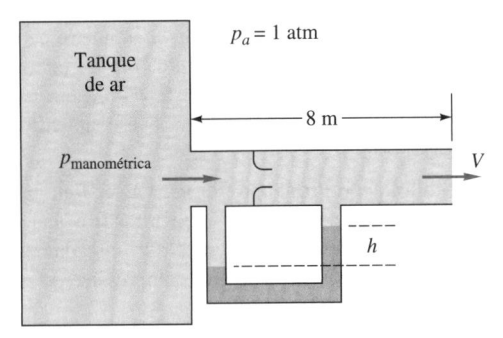

P6.149

P6.150 Gasolina a 20°C escoa a 0,06 m³/s por um tubo de 15 cm de diâmetro e é medida por um medidor do tipo bocal de raio longo de 9 cm (Figura 6.40a). Qual é a queda de pressão esperada através do bocal?

P6.151 Uma engenheira precisa monitorar um escoamento de gasolina a 20°C a cerca de 950 ± 95 L/s por um tubo liso de 100 mm de diâmetro. Ela pode usar uma placa de orifício, um bocal de raio longo ou um bocal venturi, todos com gargantas de 50 mm de diâmetro. O único medidor de pressão diferencial disponível tem precisão na faixa de 41.500 Pa a 69.000 Pa. Desprezando as perdas do escoamento, qual seria o melhor dispositivo?

P6.152 Querosene a 20°C escoa a 20 m³/h em um tubo de 8 cm de diâmetro. O escoamento deve ser medido por meio de um bocal ISA 1932 de modo que a queda de pressão seja 7.000 Pa. Qual é o diâmetro apropriado do bocal?

P6.153 Dois reservatórios contendo água, cada qual com área da base de 929 cm², estão conectados por um bocal de raio longo de 13 mm de diâmetro, como na Figura P6.153. Se $h = 30,5$ cm, como mostrado para $t = 0$, calcule o tempo para $h(t)$ baixar para 7,6 cm.

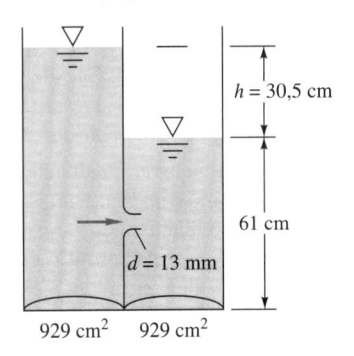

P6.153

Medidores de vazão: o medidor venturi

P6.154 Gasolina a 20°C escoa num tubo de 6 cm de diâmetro. Ele é equipado com um moderno medidor venturi com $d = 4$ cm. A queda de pressão medida é de 8,5 kPa. Calcule a vazão em galões por minuto.

P6.155 Deseja-se medir o escoamento de metanol a 20°C tubo de 5 polegadas de diâmetro. A vazão esperada é de aproximadamente 300 gal/min. Dois medidores estão disponíveis: um medidor venturi e uma placa de orifício, cada um com $d = 2$ polegadas. O manômetro de pressão diferencial disponível é mais preciso na faixa entre 12 e 15 lbf/pol². Qual é o melhor medidor para este trabalho?

P6.156 Etanol a 20°C escoa para baixo por um bocal venturi moderno, como na Figura P6.156. Se o manômetro de mercúrio indica 100 mm, como mostrado, calcule vazão em L/min.

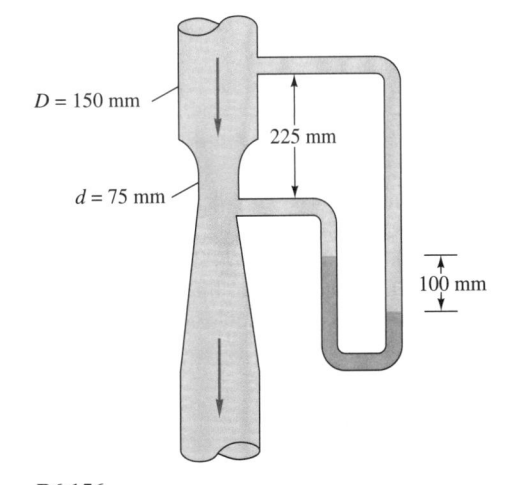

P6.156

P6.157 Modifique o Problema P6.156 se o fluido for ar a 20°C, entrando no venturi a uma pressão de 124,1 kPa. Deve-se fazer uma correção de compressibilidade?

P6.158 Água a 20°C escoa por um tubo de aço comercial longo e horizontal de 6 cm de diâmetro que contém um venturi clássico de Herschel com uma garganta de 4 cm. O venturi é conectado a um manômetro de mercúrio que indica $h = 40$ cm. Calcule (a) a vazão em m^3/h e (b) a diferença total de pressão entre pontos 50 cm a montante e 50 cm a jusante do venturi.

P6.159 Um bocal venturi moderno é calibrado em um escoamento de laboratório com água a 20°C. O diâmetro do tubo é 5,5 cm, e o diâmetro da garganta do venturi é 3,5 cm. A vazão é medida por meio de um tanque de pesagem e a queda de pressão por meio de um manômetro de água e mercúrio. A vazão em massa e as leituras manométricas são as seguintes:

m, kg/s	0,95	1,98	2,99	5,06	8,15
h, mm	3,7	15,9	36,2	102,4	264,4

Use esses dados para plotar uma curva de calibração do coeficiente de descarga do venturi em função do número de Reynolds. Compare com a correlação aceita, Equação (6.114).

Medidores de vazão: outros formatos

P6.160 Um instrumento popular na indústria de bebidas é o medidor de vazão do tipo alvo da Fig. P6.160. Um pequeno anteparo é montado no centro do tubo, suportado por uma haste rígida, mas fina. (a) Explique como funciona o medidor de vazão. (b) Se o momento de flexão M da haste é medido na parede, deduza uma fórmula para a velocidade do escoamento. (c) Liste algumas vantagens e desvantagens desse medidor.

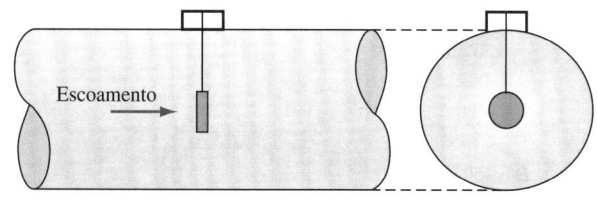

P6.160

P6.161 Um instrumento popular na indústria de abastecimento de água, esboçado na Fig. P6.161, é o hidrômetro. (a) Como ele funciona? (b) Como você acha que seria uma curva de calibração típica? (c) Você pode citar mais detalhes, por exemplo, confiabilidade, perda de carga, custo [58]?

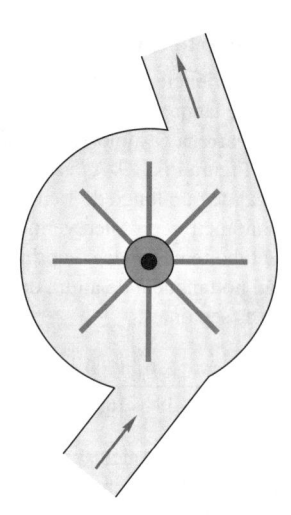

P6.161

Medidores de vazão: correção de compressibilidade

P6.162 Ar escoa em alta velocidade por um medidor venturi de Herschel equipado com um manômetro de mercúrio, como mostrado na Fig. P6.162. As condições a montante são 150 kPa e 80°C. Se $h = 37$ cm, calcule a vazão mássica em kg/s. (*Dica*: O escoamento é compressível.)

P6.163 Modifique o Problema. P6.162 da seguinte maneira: Encontre a leitura h do manômetro para a qual a vazão mássica através do venturi é aproximadamente 0,4 kg/s. (*Dica*: O escoamento é compressível.)

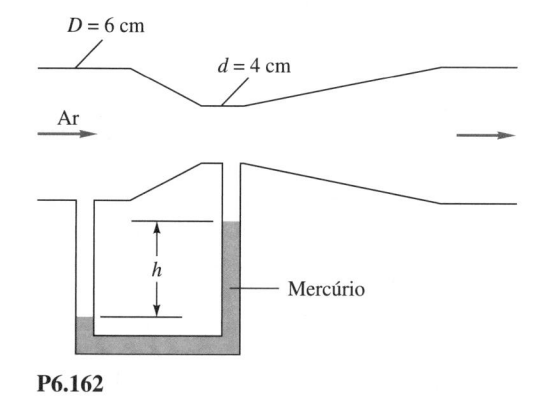

P6.162

Problemas dissertativos

PD6.1 No escoamento totalmente desenvolvido em um tubo reto, os perfis de velocidade não variam (por quê?), mas a pressão cai ao longo do tubo. Portanto, há trabalho de pressão realizado sobre o fluido. Se, digamos, o tubo for isolado adiabaticamente (não há fluxo de calor), para onde vai essa energia? Faça uma análise termodinâmica do escoamento no tubo.

PD6.2 Do diagrama de Moody (Figura 6.13), superfícies rugosas, como grãos de areia ou imperfeições de fabricação, não afetam o escoamento laminar. Você pode explicar por quê? Elas *afetam* o escoamento turbulento. Você pode desenvolver, ou sugerir, um modelo físico-analítico do escoamento turbulento perto de uma superfície rugosa que poderia ser usado para prever o aumento na queda de pressão?

PD6.3 A derivada da solução do escoamento laminar em um tubo, Equação (6.40), mostra que a tensão de cisalhamento no fluido $\tau(r)$ varia linearmente de zero na linha de centro para τ_p na parede. Afirma-se que isso também é verdade, pelo menos na média temporal, para o escoamento *turbulento* totalmente desenvolvido. Você pode verificar essa afirmação analiticamente?

PD6.4 Um meio poroso consiste em muitas passagens tortuosas minúsculas, e o número de Reynolds baseado no tamanho do poro geralmente é muito baixo, da ordem da unidade. Em 1856 H. Darcy propôs que o gradiente de pressão em um meio poroso fosse diretamente proporcional à velocidade média **V** do fluido:

$$\nabla p = -\frac{\mu}{K}\mathbf{V}$$

em que K é denominada *permeabilidade* do meio. Isso agora é conhecido como a *lei de Darcy* do escoamento em meios porosos. Você pode estabelecer um modelo de escoamento de Poiseuille para o escoamento em um meio poroso que comprove a lei de Darcy? Entretanto, quando o número de Reynolds aumenta, de modo que $VK^{1/2}/\nu > 1$, a queda de pressão torna-se não linear, como foi mostrado experimentalmente por P. H. Forscheimer já em 1782. O escoamento é ainda laminar de fato, mas o gradiente de pressão é quadrático:

$$\nabla p = -\frac{\mu}{K}\mathbf{V} - C|V|\mathbf{V} \quad \text{Lei de Darcy-Forscheimer}$$

em que C é uma constante empírica. Você pode explicar a razão para esse comportamento não linear?

Problemas de fundamentos de engenharia

FE6.1 No escoamento por um tubo liso e reto, o número de Reynolds baseado no diâmetro da transição para a turbulência geralmente é tomado como
(*a*) 1.500, (*b*) 2.300, (*c*) 4.000, (*d*) 250.000, (*e*) 500.000

FE6.2 Para o escoamento de água a 20°C a 0,06 m³/h por um tubo liso e reto, o diâmetro do tubo para o qual ocorre a transição para turbulência é aproximadamente
(*a*) 1,0 cm, (*b*) 1,5 cm, (*c*) 2,0 cm, (*d*) 2,5 cm, (*e*) 3,0 cm

FE6.3 Para escoamento de óleo [$\mu = 0,1$ kg/(m · s), $d = 0,9$] a 14 m³/h por um tubo liso, reto e longo, de 5 cm de diâmetro, a queda de pressão por metro é aproximadamente
(*a*) 2.200 Pa, (*b*) 2.500 Pa, (*c*) 10.000 Pa, (*d*) 160 Pa, (*e*) 2.800 Pa

FE6.4 Para o escoamento de água, com um número de Reynolds de 1,03 E6, por um tubo de 5 cm de diâmetro e altura da rugosidade de 0,5 mm, o fator de atrito de Moody é aproximadamente
(*a*) 0,012, (*b*) 0,018, (*c*) 0,038, (*d*) 0,049, (*e*) 0,102

FE6.5 As perdas localizadas em válvulas, conexões, curvas, contrações e dispositivos assemelhados são normalmente modeladas como proporcionais a
(*a*) altura total, (*b*) altura estática, (*c*) altura de velocidade, (*d*) queda de pressão, (*e*) velocidade

FE6.6 Um tubo liso de 8 cm de diâmetro e 200 m de comprimento conecta dois reservatórios contendo água a 20°C; em um deles a elevação da superfície livre é de 700 m e no outro é de 560 m. Se perdas localizadas são desprezadas, a vazão esperada através do tubo é
(*a*) 0,048 m³/h, (*b*) 2,87 m³/h, (*c*) 134 m³/h, (*d*) 172 m³/h, (*e*) 385 m³/h

FE6.7 Se no problema FE6.6 o tubo é rugoso e a vazão real é 90 m³/h, então a altura média esperada da rugosidade do tubo é de aproximadamente
(*a*) 1,0 mm, (*b*) 1,25 mm, (*c*) 1,5 mm, (*d*) 1,75 mm, (*e*) 2,0 mm

FE6.8 No problema FE6.6, admita que os dois reservatórios estejam conectados não por um tubo, mas por uma placa de orifício de 8 cm de diâmetro. Então, a vazão esperada é de aproximadamente
(*a*) 90 m³/h, (*b*) 579 m³/h, (*c*) 748 m³/h, (*d*) 949 m³/h, (*e*) 1.048 m³/h

FE6.9 Óleo [$\mu = 0,1$ kg/(m · s), $d = 0,9$] escoa por um tubo liso de 8 cm de diâmetro e 50 m de comprimento. A queda máxima de pressão para o escoamento laminar é de aproximadamente
(*a*) 30 kPa, (*b*) 40 kPa, (*c*) 50 kPa, (*d*) 60 kPa, (*e*) 70 kPa

FE6.10 Ar a 20°C e aproximadamente 1 atm escoa a 42,5 m³/min por um duto liso de seção quadrada de 30 cm de lado. A queda de pressão esperada por metro de comprimento de tubo é
(*a*) 1,0 Pa, (*b*) 2,0 Pa, (*c*) 3,0 Pa, (*d*) 4,0 Pa, (*e*) 5,0 Pa

FE6.11 Água a 20°C escoa a 3 m³/h por uma placa de orifício de 3 cm de diâmetro em um tubo de 6 cm de diâmetro. Calcule a queda de pressão esperada no orifício.
(*a*) 440 Pa, (*b*) 680 Pa, (*c*) 875 Pa, (*d*) 1.750 Pa, (*e*) 1.870 Pa

FE6.12 Água escoa por um tubo reto de 10 cm de diâmetro a um número de Reynolds de 250.000. Se a rugosidade do tubo é 0,06 mm, qual é o fator de atrito de Moody aproximado?
(*a*) 0,015, (*b*) 0,017, (*c*) 0.019, (*d*) 0,026, (*e*) 0,032

FE6.13 Qual é o diâmetro hidráulico de um duto retangular de ventilação de ar cuja seção transversal é 1 m por 25 cm?
(*a*) 25 cm, (*b*) 40 cm, (*c*) 50 cm, (*d*) 75 cm, (*e*) 100 cm

FE6.14 Água a 20°C escoa por um tubo a 1,14 m³/min com uma perda de carga por atrito de 13,7 m. Qual é a potência necessária para manter esse escoamento?
(*a*) 0,16 kW, (*b*) 1,88 kW, (*c*) 2,54 kW, (*d*) 3,41 kW, (*e*) 4,24 kW

FE6.15 Água a 20°C escoa a 0,76 m³/min por um tubo de 150 m de comprimento e 8 cm de diâmetro. Se a perda de carga por atrito for 12 m, qual será o fator de atrito de Moody?
(*a*) 0,010, (*b*) 0,015, (*c*) 0,020, (*d*) 0,025, (e) 0,030

Problemas abrangentes

PA6.1 Um tubo de Pitot estático será usado para medir a distribuição de velocidades em um túnel de água a 20°C. As duas linhas de pressão da sonda serão conectadas a um manômetro de tubo em U que usa um líquido de densidade 1,7. A velocidade máxima esperada no túnel de água é 2,3 m/s. Sua tarefa é selecionar um manômetro de tubo em U adequado, de um fabricante que fornece manômetros de alturas 8, 12, 16, 24 e 36 pol (1 pol = 25,4 mm). O custo aumenta significativamente com a altura do manômetro. Qual desses manômetros você deveria adquirir?

*PA6.2 Uma bomba fornece um fluxo constante de água (ρ, μ) de um grande reservatório para outros dois reservatórios mais elevados, como mostra a Figura PA6.2. O mesmo tubo de diâmetro d e rugosidade ε é usado em toda a instalação. Todas as perdas localizadas, *exceto* *através da válvula*, são desprezadas, e a válvula parcialmente fechada tem um coeficiente de perda $K_{\text{válvula}}$. Pode-se considerar o escoamento como turbulento, com todos os coeficientes de correção de fluxo de energia cinética iguais a 1,06. A altura de elevação líquida da bomba, H, é uma função conhecida de Q_A e, consequentemente, também de $V_A = Q_A/A_{\text{tubo}}$; por exemplo, $H = a - bV_A^2$, em que a e b são constantes. O subscrito J refere-se ao ponto da junção no tê, em que o ramal A se ramifica em B e C. O comprimento do tubo L_C é muito maior que L_B. Deseja-se prever a pressão em J, as três velocidades nos ramais, os fatores de atrito e a altura de elevação da bomba. Assim, existem oito variáveis: H, V_A, V_B, V_C, f_A, f_B, f_C e p_J. Escreva as oito equações necessárias para resolver este problema, mas *não as resolva*, pois seria necessário um elaborado procedimento iterativo.

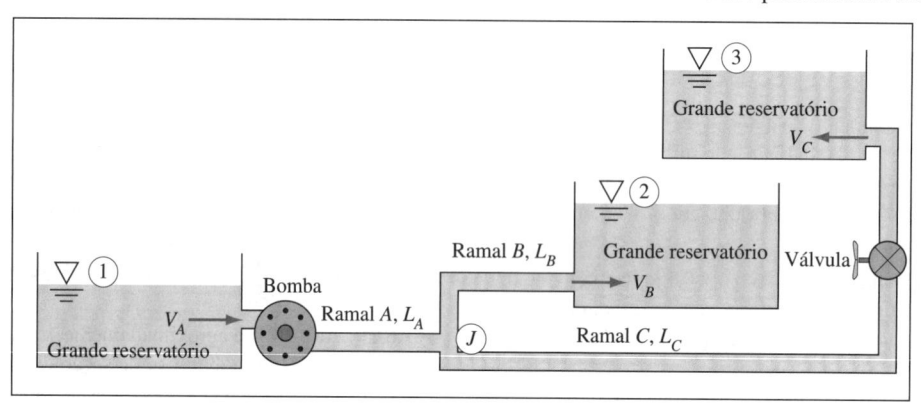

PA6.2

PA6.3 Um pequeno escorregador de água deve ser instalado em uma piscina. Veja a Figura PA6.3. O fabricante do escorregador recomenda uma vazão contínua Q de água de $1,39 \times 10^{-3}$ m³/s (aproximadamente 22 gal/min) pelo escorregador, para assegurar que as pessoas não esquentem seus traseiros. Uma bomba deve ser instalada debaixo do escorregador, com uma mangueira de 5,00 m de comprimento e 4,00 cm de diâmetro fornecendo água da piscina para o escorregador da piscina. A bomba tem 80% de rendimento e está completamente submersa a 1,00 m da superfície da água. A rugosidade interna da mangueira é de aproximadamente 0,0080 cm. A mangueira descarrega a água no topo do escorregador como um jato livre aberto à atmosfera. A saída da mangueira está a 4,00 m acima da superfície da água. Para escoamento turbulento totalmente desenvolvido, o fator de correção da energia cinética é aproximadamente 1,06. Ignore qualquer perda localizada. Considere que $\rho = 998$ kg/m³ e $\upsilon = 1,00 \times 10^{-6}$ m²/s para a água. Determine a potência de acionamento (ou seja, a potência real de eixo em watts) necessária para a bomba.

*PA6.4 Suponha que você vá construir uma casa de campo e que precise instalar um tubo até a fonte de abastecimento de água mais próxima, que felizmente está a cerca de 1.000 m acima da elevação da sua casa. O tubo terá 6,0 km de comprimento (a distância até a fonte de abastecimento de água) e a pressão manométrica do sistema de abastecimento de água é 1.000 kPa. Você precisará no mínimo de 11,4 L/min de água quando a extremidade final do seu tubo estiver aberta à atmosfera. Para minimizar o custo, você deseja comprar o tubo de menor diâmetro possível. O tubo que você usará é extremamente liso. (*a*) Determine a perda de carga total da entrada do tubo até sua saída. Despreze quaisquer perdas localizadas causadas por válvulas, cotovelos, comprimentos de entrada, e assim por diante, visto que o tubo é bem longo e as perdas distribuídas predominam. Considere a saída do tubo aberta à atmosfera. (*b*) O que é mais importante neste problema, a perda de carga devida à diferença de elevação ou a perda de carga devida à queda de pressão no tubo? (*c*) Determine o diâmetro mínimo necessário do tubo.

PA6.5 Água a temperatura ambiente escoa à *mesma* vazão volumétrica, $Q = 9,4 \times 10^{-4}$ m³/s, por dois tubos, um de seção circular e outro de seção anular. A área da seção transversal A dos dois tubos é idêntica, e todas as paredes são feitas de aço comercial. Ambos

PA6.3

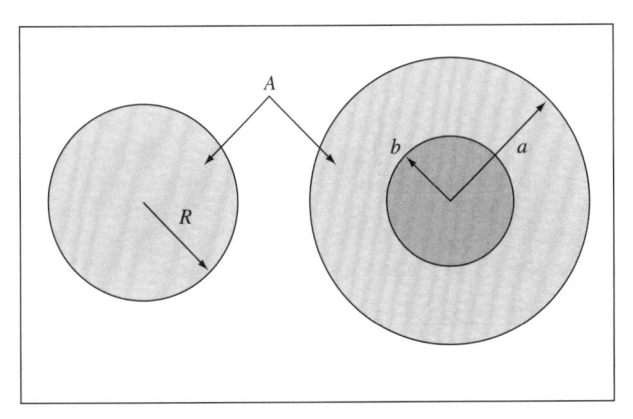

PA6.5

os tubos têm o mesmo comprimento. Nas seções transversais mostradas na Figura PA6.5, $R = 15,0$ mm e $a = 25,0$ mm. (*a*) Qual é o raio *b* de tal modo que as áreas das seções transversais dos dois tubos sejam idênticas? (*b*) Compare a perda de carga por atrito, h_{pd}, por unidade de comprimento do tubo para os dois casos, considerando escoamento totalmente desenvolvido. Para a área anular, faça um cálculo rápido (usando o diâmetro hidráulico) e um cálculo mais preciso (usando a correção do diâmetro efetivo), comparando ambos. (*c*) Se as perdas forem diferentes para os dois casos, explique por quê. Qual tubo é mais "eficiente"?

PA6.6 John Laufer (*NACA Tech. Rep.* 1174, 1954) forneceu dados de velocidade para escoamento de ar a 20°C em um tubo liso de 24,7 cm de diâmetro com Re ≈ 5 E5:

u/u_{LC}	1,0	0,997	0,988	0,959	0,908	0,847	0,818	0,771	0,690
r/R	0,0	0,102	0,206	0,412	0,617	0,784	0,846	0,907	0,963

A velocidade na linha de centro u_{LC} era 30,5 m/s. Determine (*a*) a velocidade média por integração numérica e (*b*) a tensão de cisalhamento na parede pela aproximação da lei logarítmica. Compare com o diagrama de Moody e com a Equação (6.43).

PA6.7 Considere a troca de energia no escoamento laminar totalmente desenvolvido entre placas paralelas, como nas Equações (6.60). Seja Δp a queda de pressão ao longo de um comprimento *L*. Calcule a taxa de trabalho realizado por essa queda de pressão sobre o fluido na região ($0 < x < L$, $-h < y < +h$) e compare com a integral da energia dissipada sobre essa mesma região devido à função de dissipação viscosa Φ da Equação (4.50). As duas têm de ser iguais. Explique por que isso é assim. Você pode relacionar a força de arrasto viscoso e a tensão cisalhante na parede com esse resultado de energia?

PA6.8 Este texto apresentou as correlações tradicionais para o fator de atrito no caso de escoamento turbulento e paredes lisas, Equação (6.38), e a lei da parede, Equação (6.28). Recentemente, grupos em Princeton e Oregon [56] realizaram novas medições de atrito e propuseram a seguinte lei de atrito para paredes lisas:

$$\frac{1}{\sqrt{f}} = 1,930 \log_{10}(\text{Re}_d\sqrt{f}) - 0,537$$

Em trabalhos anteriores, eles também relataram que valores melhores para as constantes κ e B na lei logarítmica, Equação (6.28), seriam $\kappa \approx 0,421 \pm 0,002$ e $B \approx 5,62 \pm 0,08$. (*a*) Calcule alguns valores de *f* na faixa $1E4 \leq \text{Re}_d \leq 1E8$ e veja o quanto as duas fórmulas diferem. (*b*) Leia a Referência 56 e consulte brevemente os cinco artigos de sua bibliografia. Relate os resultados gerais do seu trabalho para sua turma.

PA6.9 Um gasoduto foi proposto para transportar gás natural por 1.715 milhas, de North Slope no Alasca para Calgary, Alberta, Canadá. O diâmetro do tubo (supostamente liso) será de 52 pol. O gás estará em alta pressão, com média de 2.500 lbf/pol². (*a*) Por quê? A vazão proposta é de 4 bilhões de pés cúbicos por dia, nas condições ao nível do mar. (*b*) Qual vazão volumétrica, a 20°C, transportaria a mesma massa em alta pressão? (*c*) Se o gás natural for considerado o metano (CH_4), qual é a queda de pressão total? (*d*) Se cada estação de bombeamento pode fornecer 12.000 hp para o escoamento, quantas estações são necessárias?

Problemas de projetos

PP6.1 Uma horta hidropônica usa o sistema de tubo perfurado de 10 m de comprimento, da Figura PP6.1, para fornecer água a 20°C. O tubo tem 5 cm de diâmetro e contém um furo circular a cada 20 cm. Uma bomba fornece água à pressão de 75 kPa (manométrica) na entrada, enquanto a outra extremidade do tubo está fechada. Se, por exemplo, você tentou resolver o Problema P3.125, sabe que a pressão perto da extremidade fechada de um tubo de distribuição perfurado é surpreendentemente alta e haverá muito mais fluxo pelos furos perto daquela extremidade. Uma alternativa é variar o tamanho do furo ao longo do eixo do tubo. Faça uma análise de projeto, usando talvez um microcomputador, para escolher a distribuição ótima dos diâmetros dos furos que tornará a vazão tão uniforme quanto possível ao longo do eixo do tubo. Você deverá escolher tamanhos de furos que correspondam somente a brocas métricas comerciais (numeradas) de tamanhos disponíveis em lojas de máquinas típicas.

PP6.2 Deseja-se projetar um sistema bomba-tubulação para manter cheio um reservatório de água com capacidade de 3.785 m^3. O plano é usar uma versão modificada (em tamanho e rotação) do modelo 1206 da bomba centrífuga fabricada pela Taco Inc., Cranston, Rhode Island. Dados de teste de um modelo reduzido dessa bomba nos foram fornecidos pela Taco Inc.: $D = 5,45$ pol (138,4 mm), $\Omega = 1.760$ rpm, testado com água a 20°C:

Q, L/min	0	18,9	37,9	56,8	75,7	94,6	113,6	132,5	151,4	170,3	189,3	208,2	227,1
H, m	8,53	8,53	8,84	8,84	8,53	8,53	8,23	7,92	7,62	7,01	6,40	5,49	4,57
Rendimento, %	0	13	25	35	44	48	51	53	54	55	53	50	45

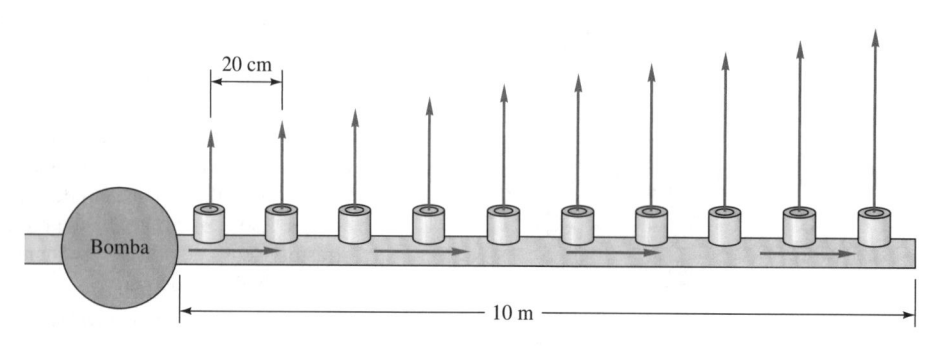

PP6.1

O reservatório deve ser cheio diariamente com água fria (10°C) proveniente de um aquífero subterrâneo que está a 1,29 km do reservatório e 45,7 m abaixo do reservatório. Estima-se que o uso diário de água seja de 5.677,5 m^3/dia. O tempo de enchimento não deve exceder 8 h por dia. O sistema de tubulação deve ter quatro válvulas borboleta com aberturas variáveis (veja a Figura 6.19), 10 cotovelos de vários ângulos e tubo de aço galvanizado de tamanho a ser escolhido no projeto. O projeto deve ser econômico – tanto em custo de capital como em despesa operacional. A Taco Inc. forneceu as seguintes estimativas de custo para os componentes do sistema:

Bomba e motor	US$ 3.500 mais US$ 1.500 por polegada de tamanho do rotor
Rotação da bomba	Entre 900 e 1800 rpm
Válvulas	US$ 300 + US$ 200 por polegada de diâmetro do tubo
Cotovelos	US$ 50 mais US$ 50 por polegada de diâmetro do tubo
Tubos	US$ 1 por polegada de diâmetro por pé de comprimento
Custo de eletricidade	US$ 0,10 por kilowatt-hora

Sua tarefa de projeto consiste em selecionar valores econômicos para o diâmetro do tubo, para o diâmetro do rotor da bomba e para a rotação de operação, usando os dados de teste da bomba na forma adimensional (veja o Problema P5.61) como dados de projeto. Escreva um breve relatório (5 a 6 páginas) mostrando seus cálculos e gráficos. (Dados: 1 pol = 25,4 mm e 1 pé = 0,3048 m.)

Referências

1. P. S. Bernard and J. M. Wallace, *Turbulent Flow: Analysis, Measurement, and Prediction,* Wiley, New York, 2002.
2. H. Schlichting et al., *Boundary Layer Theory*, Springer, New York, 2000.
3. F. M. White, *Viscous Fluid Flow,* 3d ed., McGraw-Hill, New York, 2005.
4. O. Reynolds, "An Experimental Investigation of the Circumstances which Determine Whether the Motion of Water Shall Be Direct or Sinuous and of the Law of Resistance in Parallel Channels," *Phil. Trans. R. Soc.,* vol. 174, 1883, pp. 935–982.
5. P. G. Drazin and W. H. Reid, *Hydrodynamic Stability*, 2d ed., Cambridge University Press, New York, 2004.
6. H. Rouse and S. Ince, *History of Hydraulics,* Iowa Institute of Hydraulic Research, State University of Iowa, Iowa City, 1957.
7. J. Nikuradse, "Strömungsgesetze in Rauhen Rohren," *VDI Forschungsh.* 361, 1933; English trans., *NACA Tech. Mem.*1292.
8. L. F. Moody, "Friction Factors for Pipe Flow," *ASME Trans.,* vol. 66, pp. 671–684, 1944.
9. C. F. Colebrook, "Turbulent Flow in Pipes, with Particular Reference to the Transition between the Smooth and Rough Pipe Laws," *J. Inst. Civ. Eng. Lond.,* vol. 11, 1938–1939, pp. 133–156.
10. O. C. Jones, Jr., "An Improvement in the Calculations of Turbulent Friction in Rectangular Ducts," *J. Fluids Eng.,* June 1976, pp. 173–181.
11. R. Berker, *Handbuch der Physik*, vol. 7, no. 2, pp. 1–384, Springer-Verlag, Berlin, 1963.
12. R. M. Olson, *Essentials of Engineering Fluid Mechanics*, Literary Licensing LLC, Whitefish, MT, 2012.
13. P. A. Durbin and B. A. Pettersson, *Statistical Theory and Modeling for Turbulent Flows*, 2d ed., Wiley, New York, 2010.
14. P. W. Runstadler, Jr., et al., "Diffuser Data Book," *Creare Inc. Tech. Note* 186, Hanover, NH, 1975.
15. "*Flow of Fluids through Valves, Fittings, and Pipes,*" Tech. Paper 410, Crane Valve Group, Long Beach, CA, 1957 (now updated as a CD-ROM; see , http://www.cranevalves.com .).
16. E. F. Brater, H. W. King, J. E. Lindell, and C. Y. Wei, *Handbook of Hydraulics,* 7th ed., McGraw-Hill, New York, 1996.
17. H. Cross, "Analysis of Flow in Networks of Conduits or Conductors," *Univ. Ill. Bull.* 286, November 1936.
18. P. K. Swamee and A. K. Sharma, *Design of Water Supply Pipe Networks*, Wiley-Interscience, New York, 2008.
19. D. C. Wilcox, *Turbulence Modeling for CFD*, 3d ed., DCW Industries, La Cañada, CA, 2006.
20. R. W. Jeppson, *Analysis of Flow in Pipe Networks,* Butterworth-Heinemann, Woburn, MA, 1976.
21. R. W. Fox and S. J. Kline, "Flow Regime Data and Design Methods for Curved Subsonic Diffusers," *J. Basic Eng.,* vol. 84, 1962, pp. 303–312.
22. R. C. Baker, *Flow Measurement Handbook: Industrial Designs, Operating Principles, Performance, and Applications*, Cambridge University Press, New York, 2005.
23. R. W. Miller, *Flow Measurement Engineering Handbook,* 3d edition, McGraw-Hill, New York, 1997.
24. B. Warren and C. Wunsch (eds.), *Evolution of Physical Oceanography,* M.I.T. Press, Cambridge, MA, 1981.
25. U.S. Department of Commerce, *Tidal Current Tables,* National Oceanographic and Atmospheric Administration, Washington, DC, 1971.
26. J. A. Shercliff, *Electromagnetic Flow Measurement,* Cambridge University Press, New York, 1962.
27. J. A. Miller, "A Simple Linearized Hot-Wire Anemometer," *J. Fluids Eng.,* December 1976, pp. 749–752.
28. R. J. Goldstein (ed.), *Fluid Mechanics Measurements,* 2d ed., Hemisphere, New York, 1996.
29. D. Eckardt, "Detailed Flow Investigations within a High Speed Centrifugal Compressor Impeller," *J. Fluids Eng.,* September 1976, pp. 390–402.
30. H. S. Bean (ed.), *Fluid Meters: Their Theory and Application,* 6th ed., American Society of Mechanical Engineers, New York, 1971.
31. "Measurement of Fluid Flow by Means of Orifice Plates, Nozzles, and Venturi Tubes Inserted in Circular Cross Section Conduits Running Full," *Int. Organ. Stand. Rep.* DIS-5167, Geneva, April 1976.
32. P. Sagaut and C. Meneveau, *Large Eddy Simulation for Incompressible Flows: An Introduction,* 3d ed., Springer, New York, 2006.
33. S. E. Haaland, "Simple and Explicit Formulas for the Friction Factor in Turbulent Pipe Flow," *J. Fluids Eng.,* March 1983, pp. 89–90.
34. R. K. Shah and A. L. London, *Laminar Flow Forced Convection in Ducts,* Academic, New York, 1979.
35. P. L. Skousen, *Valve Handbook,* 3d ed. McGraw-Hill, New York, 2011.
36. W. Li, W.-X. Chen, and S.-Z. Xie, "Numerical Simulation of Stress-Induced Secondary Flows with Hybrid Finite Analytic Method," *Journal of Hydrodynamics,* vol. 14, no. 4, December 2002, pp. 24–30.
37. *ASHRAE Handbook—2012 Fundamentals,* ASHRAE, Atlanta, GA, 2012.
38. F. Durst, A. Melling, and J. H. Whitelaw, *Principles and Practice of Laser-Doppler Anemometry,* 2d ed., Academic, New York, 1981.
39. A. P. Lisitsyn et al., *Laser Doppler and Phase Doppler Measurement Techniques,* Springer-Verlag, New York, 2003.
40. J. E. Amadi-Echendu, H. Zhu, and E. H. Higham, "Analysis of Signals from Vortex Flowmeters," *Flow Measurement and Instrumentation,* vol. 4, no. 4, Oct. 1993, pp. 225–231.

41. G. Vass, "Ultrasonic Flowmeter Basics," *Sensors,* vol. 14, no. 10, Oct. 1997, pp. 73–78.

42. ASME Fluid Meters Research Committee, "The ISO-ASME Orifice Coefficient Equation," *Mech. Eng.* July 1981, pp. 44–45.

43. R. D. Blevins, *Applied Fluid Dynamics Handbook,* Van Nostrand Reinhold, New York, 1984.

44. O. C. Jones, Jr., and J. C. M. Leung, "An Improvement in the Calculation of Turbulent Friction in Smooth Concentric Annuli," *J. Fluids Eng.,* December 1981, pp. 615–623.

45. P. R. Bandyopadhyay, "Aspects of the Equilibrium Puff in Transitional Pipe Flow," *J. Fluid Mech.,* vol. 163, 1986, pp. 439–458.

46. I. E. Idelchik, *Handbook of Hydraulic Resistance,* 3d ed., CRC Press, Boca Raton, FL, 1993.

47. S. Klein and W. Beckman, *Engineering Equation Solver (EES),* University of Wisconsin, Madison, WI, 2014.

48. R. D. Coffield, P. T. McKeown, and R. B. Hammond, "Irrecoverable Pressure Loss Coefficients for Two Elbows in Series with Various Orientation Angles and Separation Distances," *Report WAPD-T-3117,* Bettis Atomic Power Laboratory, West Mifflin, PA, 1997.

49. H. Ito, "Pressure Losses in Smooth Pipe Bends," *Journal of Basic Engineering,* March 1960, pp. 131–143.

50. A. H. Gibson, "On the Flow of Water through Pipes and Passages," *Proc. Roy. Soc. London,* Ser. A, vol. 83, 1910, pp. 366–378.

51. M. Raffel et al., *Particle Image Velocimetry: A Practical Guide,* 2d ed., Springer, New York, 2007.

52. Crane Co., *Flow of Fluids through Valves, Fittings, and Pipe,* Crane, Stanford, CT, 2009.

53. S. A. Berger, L. Talbot, and L.-S. Yao, "Flow in Curved Pipes," *Annual Review of Fluid Mechanics,* vol. 15, 1983, pp. 461–512.

54. P. L. Spedding, E. Benard, and G. M. McNally, "Fluid Flow through 908 Bends," *Developments in Chemical Engineering and Mineral Processing,* vol. 12, nos. 1–2, 2004, pp. 107–128.

55. R. R. Kerswell, "Recent Progress in Understanding the Transition to Turbulence in a Pipe," *Nonlinearity,* vol. 18, 2005, pp. R17–R44.

56. B. J. McKeon et al., "Friction Factors for Smooth Pipe Flow," *J. Fluid Mech.,* vol. 511, 2004, pp. 41–44.

57. M. Bahrami, M. M. Yovanovich, and J. R. Culham, "Pressure Drop of Fully-Developed Laminar Flow in Microchannels of Arbitrary Cross-Section," *J. Fluids Engineering,* vol. 128, Sept. 2006, pp. 1036–1044.

58. G. S. Larraona, A. Rivas, and J. C. Ramos, "Computational Modeling and Simulation of a Single-Jet Water Meter," *J. Fluids Engineering,* vol. 130, May 2008, pp. 0511021–05110212.

59. C. Spiegel, *Designing and Building Fuel Cells,* McGraw-Hill, New York, 2007.

60. B. A. Finlayson et al., *Microcomponent Flow Characterization,* Chap. 8 of *Micro Instrumentation,* M. V. Koch (Ed.), John Wiley, Hoboken, NJ, 2007.

© Solar Impulse | Revillard | Rezo

Este capítulo é dedicado às forças de sustentação e arrasto de vários corpos imersos em uma corrente de fluido incidente. Na foto, aparece a aeronave suíça Solar Impulse movida a energia solar, sobrevoando a Golden Gate Bridge. Os aviões solares mais antigos precisavam ser rebocados para cima antes de voar e não podiam voar à noite. O Solar Impulse é o primeiro avião solar a voar dia e noite, aproximando-se da noção de voo perpétuo. As asas longas, de alta razão de aspecto, desenvolvem mais sustentação e menos arrasto do que uma asa curta de mesma área. Seu primeiro voo internacional, da Suíça para Bruxelas, ocorreu em 14 de maio de 2011. No verão de 2013, como mostrado, ele voou de San Francisco para Nova York, em cinco escalas. Os pilotos foram Bertrand Piccard e André Borschberg.

Capítulo 7
Escoamento ao redor de corpos imersos

Motivação. Este capítulo é dedicado a escoamentos "externos" em torno de corpos imersos em uma corrente de fluido. Tais escoamentos terão efeitos viscosos (cisalhamento e não escorregamento) perto das superfícies do corpo e em sua esteira, mas, em geral, serão aproximadamente não viscosos longe do corpo. Trata-se de escoamentos de *camada-limite* não confinados.

O Capítulo 6 considerou escoamentos "internos" confinados pelas paredes de um duto. Nesse caso, as camadas-limite viscosas crescem nas paredes laterais, encontram-se a jusante e preenchem todo o duto. A tensão viscosa é o efeito dominante. Por exemplo, o diagrama de Moody da Figura 6.13 é essencialmente uma correlação da tensão cisalhante na parede para dutos longos de seção transversal constante.

Os escoamentos externos são não confinados, livres para se expandirem, não importando a espessura de crescimento das camadas viscosas. Embora a teoria da camada-limite (Seção 7.3) e a dinâmica dos fluidos computacional (CFD, do inglês *Computational Fluid Dynamics*) [4] auxiliem no entendimento de escoamentos externos, corpos com geometrias complexas normalmente requerem dados experimentais sobre as forças e momentos causados pelo escoamento. Tais escoamentos em torno de corpos imersos costumam ser encontrados em estudos de engenharia: *aerodinâmica* (aviões, foguetes, projéteis), *hidrodinâmica* (navios, submarinos, torpedos), *transporte* (automóveis, caminhões, bicicletas), *engenharia eólica* (edifícios, pontes, torres de resfriamento, turbinas eólicas) e *engenharia oceânica* (boias, quebra-mares, estacas, cabos, instrumentos ancorados). Este capítulo fornece dados e análises para auxiliar em tais estudos.

7.1 Efeitos da geometria e do número de Reynolds

A técnica de análise de camada-limite (CL) pode ser usada para calcular efeitos viscosos próximos a paredes sólidas e para "justapô-los" ao escoamento não viscoso externo. Essa justaposição é mais bem-sucedida à medida que o número de Reynolds se torna maior, como mostra a Figura 7.1.

Na Figura 7.1, uma corrente uniforme U move-se paralelamente a uma placa plana aguda de comprimento L. Se o número de Reynolds UL/ν é baixo (Figura 7.1a), a região viscosa é muito ampla e se estende bem a montante e para os lados da placa. A placa retarda bastante a corrente de aproximação e pequenas variações nos parâmetros do escoamento causam grandes mudanças na distribuição de pressões ao longo da placa. Logo, embora seja possível, em princípio, justapor as camadas viscosa e não

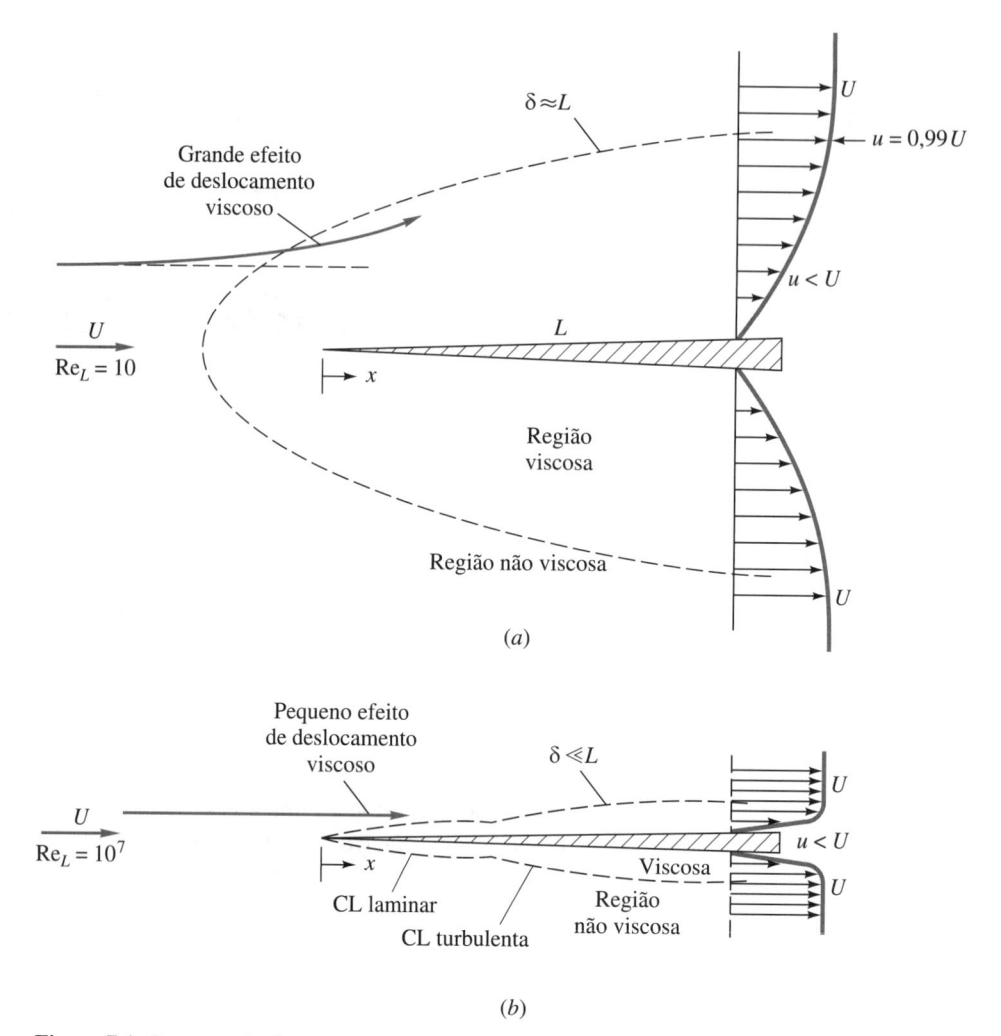

Figura 7.1 Comparação dos escoamentos em torno de uma placa plana aguda com números de Reynolds baixo e alto: (a) escoamento com Re baixo, laminar; (b) escoamento com Re alto.

viscosa através de análise matemática, sua interação é forte e não linear [1 a 3]. Não existe teoria simples para análise de escoamentos externos com números de Reynolds em torno de 1 a 1.000. Em geral, esses escoamentos com camadas sob cisalhamento espessas são estudados experimentalmente ou por modelagem numérica em um computador [4].

Conforme Prandtl salientou pela primeira vez em 1904, um escoamento com alto número de Reynolds (Figura 7.1b) é muito mais acessível a um tratamento de camada-limite. As camadas viscosas, tanto laminar como turbulenta, são bastante delgadas, mais delgadas até que a representação dos desenhos. Definimos a espessura da camada-limite δ como o lugar geométrico dos pontos em que a velocidade u paralela à placa atinge 99% da velocidade externa U. Como veremos na Seção 7.4, as fórmulas aceitas para o escoamento sobre uma placa plana são

$$\frac{\delta}{x} \approx \begin{cases} \dfrac{5{,}0}{\mathrm{Re}_x^{1/2}} & \text{laminar} \quad 10^3 < \mathrm{Re}_x < 10^6 \\ \dfrac{0{,}16}{\mathrm{Re}_x^{1/7}} & \text{turbulento} \quad 10^6 < \mathrm{Re}_x \end{cases}$$

(7.1a)

(7.1b)

em que $\text{Re}_x = Ux/\nu$ é o chamado *número de Reynolds local* do escoamento ao longo da superfície da placa. A fórmula de escoamento turbulento aplica-se para Re_x maior do que 10^6, aproximadamente.

Alguns valores calculados da Equação (7.1) são

Re_x	10^4	10^5	10^6	10^7	10^8
$(\delta/x)_{\text{lam}}$	0,050	0,016	0,005		
$(\delta/x)_{\text{turb}}$			0,022	0,016	0,011

Os vazios indicam que a fórmula não se aplica. Em todos os casos, essas camadas-limite são tão delgadas que seu efeito de deslocamento sobre a camada não viscosa externa é desprezível. Logo, a distribuição de pressões ao longo da placa pode ser calculada usando a teoria não viscosa, como se a camada-limite nem mesmo estivesse presente. Esse campo de pressões externo "dirige" então o escoamento da camada-limite, atuando como uma função forçante na equação da quantidade de movimento ao longo da superfície. Vamos explicar essa teoria da camada-limite nas Seções 7.4 e 7.5.

Para corpos esbeltos, como placas e aerofólios paralelos à corrente de aproximação, concluímos que essa hipótese de interação desprezível entre a camada-limite e a distribuição de pressões externa é uma excelente aproximação.

Para um corpo rombudo, porém, mesmo a números de Reynolds muito altos, há uma discrepância no conceito da justaposição viscosa/não viscosa. A Figura 7.2 mostra

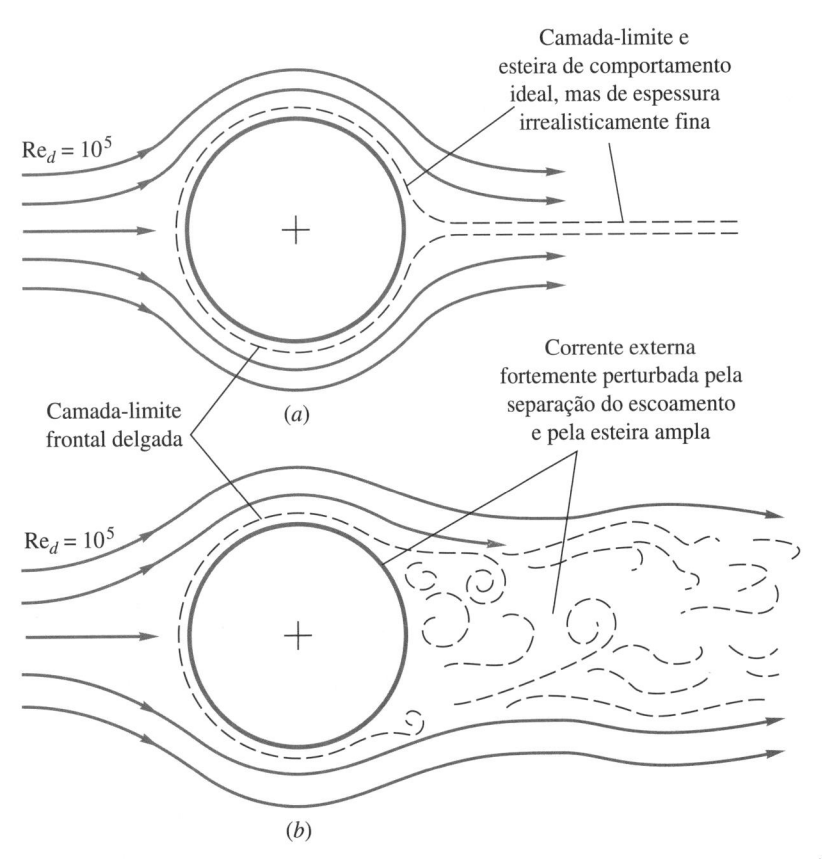

Figura 7.2 Ilustração da interação forte entre as regiões viscosa e não viscosa na parte traseira do escoamento em torno de um corpo rombudo: (*a*) cenário idealizado e claramente falso do escoamento em torno do corpo rombudo; (*b*) cenário real do escoamento em torno de um corpo rombudo.

dois esboços de escoamento ao redor de um corpo rombudo bi ou tridimensional. No esboço idealizado (7.2a), há uma camada-limite delgada em torno do corpo e uma esteira viscosa estreita na traseira. A teoria de justaposição seria excelente para esse cenário, mas ele é falso. No escoamento real (Figura 7.2b), a camada-limite é delgada no lado frontal do corpo, onde a pressão decresce ao longo da superfície (gradiente de pressão *favorável*). Mas, na parte traseira, a camada-limite depara-se com um aumento de pressão (gradiente de pressão *adverso*) e entra em colapso, ou se separa, formando uma ampla esteira pulsante. (Ver Figura 5.2a para uma fotografia de um exemplo específico.) O escoamento principal é defletido por essa esteira, de modo que o escoamento externo é bem diferente daquele previsto pela teoria não viscosa com a inclusão de uma camada-limite delgada.

A teoria de interação forte entre as camadas viscosa e não viscosa de um corpo rombudo não está bem desenvolvida. Escoamentos como aqueles da Figura 7.2b em geral são estudados experimentalmente ou por CFD [4]. A Referência 5 é um exemplo dos esforços para aprimorar a teoria do escoamento com separação (descolamento) de camada-limite. A Referência 6 é um livro-texto dedicado ao escoamento com separação.

EXEMPLO 7.1

Uma placa plana fina e longa é colocada paralelamente a uma corrente de água de 6,1 m/s a 20°C. A que distância do bordo de ataque a espessura da camada-limite será de 25 mm?

Solução

- *Hipóteses:* Escoamento sobre placa plana, aplicando-se as Equações (7.1) em suas faixas apropriadas.
- *Abordagem:* Primeiramente, experimente escoamento laminar. Em caso de contradição, tente escoamento turbulento.
- *Valores das propriedades:* Da Tabela A.1, para água a 20°C, $\nu \approx 1{,}01\text{E-}6 \text{ m}^2/\text{s}$.
- *Passo 1 da solução:* Com $\delta = 25$ mm, experimente escoamento laminar, Equação (7.1a):

$$\left.\frac{\delta}{x}\right|_{\text{lam}} = \frac{5}{(Ux/\nu)^{1/2}} \quad \text{ou} \quad \frac{0{,}025 \text{ m}}{x} = \frac{5}{[(6{,}1 \text{ m/s})x/(1{,}01\text{E-}6 \text{ m}^2/\text{s})]^{1/2}}$$

Resolver para $x \approx 151$ m

É uma placa bem longa! Isso não parece correto. Verifique o número de Reynolds local:

$$\text{Re}_x = \frac{Ux}{\nu} = \frac{(6{,}1 \text{ m/s})(151 \text{ m})}{1{,}01\text{E-}6 \text{ m}^2/\text{s}} = 9{,}1\text{E}8 \quad (!)$$

Isso é impossível, pois o escoamento laminar persiste apenas até cerca de 10^6 (ou, com cuidados especiais para evitar perturbações, até 3×10^6).

- *Passo 2 da solução:* Tente escoamento turbulento, Equação (7.1b):

$$\frac{\delta}{x} = \frac{0{,}16}{(Ux/\nu)^{1/7}} \quad \text{ou} \quad \frac{0{,}025 \text{ m}}{x} = \frac{0{,}16}{[(6{,}1 \text{ m/s})x/(1{,}01\text{E-}6 \text{ m}^2/\text{s})]^{1/7}}$$

Resolver para $x \approx 1{,}55$ m *Resposta*

Verifique: $\text{Re}_x = (6{,}1 \text{ m/s})(1{,}55 \text{ m})/(1{,}01 \times 10^{-6}) = 9{,}4\text{E}6 > 10^6$. OK, escoamento turbulento.
- *Comentários:* O escoamento é turbulento e a ambiguidade inerente da teoria fica resolvida.

7.2 Cálculos baseados na quantidade de movimento integral

No Exemplo 3.11, quando deduzimos a relação integral da quantidade de movimento, Equação (3.37), e a aplicamos a uma camada-limite sobre placa plana, prometemos voltar ao assunto no Capítulo 7. Bem, aqui estamos! Vamos revisar o problema, usando a Figura 7.3.

Uma camada sob cisalhamento de espessura desconhecida cresce ao longo da placa plana aguda da Figura 7.3. A condição de não escorregamento na parede retarda o escoamento, arredondando o perfil de velocidade $u(x, y)$, que conduz à velocidade externa U = constante a uma "espessura" $y = \delta(x)$. Utilizando o volume de controle da Figura 3.11, encontramos no Exemplo 3.11 (sem levantar qualquer hipótese sobre escoamento laminar ou turbulento) que a força de arrasto sobre a placa é dada pela seguinte integral de quantidade de movimento através do plano de saída

$$F_A(x) = \rho b \int_0^{\delta(x)} u(U - u)\, dy \qquad (7.2)$$

em que b é a largura da placa normal ao plano da figura e a integração é efetuada ao longo de um plano vertical x = constante. Você deve revisar a relação integral de quantidade de movimento (3.37) e seu emprego no Exemplo 3.11.

Análise da placa plana segundo Kármán

A Equação (7.2) foi deduzida em 1921 por Kármán [7], que a escreveu em uma forma conveniente envolvendo a *espessura de quantidade de movimento* θ:

$$F_A(x) = \rho b U^2 \theta \qquad \theta = \int_0^\delta \frac{u}{U}\left(1 - \frac{u}{U}\right) dy \qquad (7.3)$$

Logo, a espessura da quantidade de movimento é uma medida do arrasto total da placa. Kármán notou então que o arrasto também equivale à integral da tensão cisalhante na parede ao longo da placa:

$$F_A(x) = b \int_0^x \tau_p(x)\, dx$$

ou
$$\frac{dF_A}{dx} = b\tau_p \qquad (7.4)$$

Entretanto, a derivada da Equação (7.3), com U = constante, é

$$\frac{dF_A}{dx} = \rho b U^2 \frac{d\theta}{dx}$$

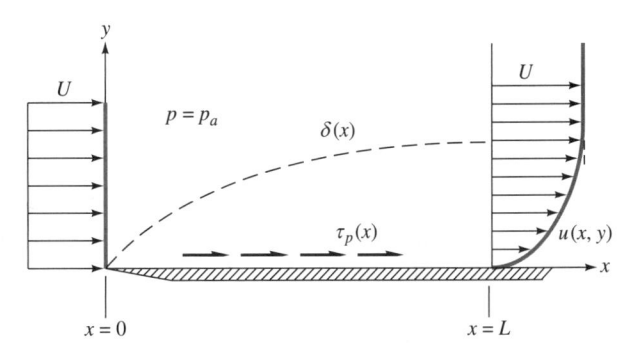

Figura 7.3 Crescimento de uma camada-limite sobre uma placa plana. (A espessura está ampliada.)

Por comparação com a Equação (7.4), Kármán chegou àquela que hoje é chamada de *relação integral da quantidade de movimento* para o escoamento de camada-limite sobre uma placa plana:

$$\tau_p = \rho U^2 \frac{d\theta}{dx} \qquad (7.5)$$

Ela é valida tanto para escoamento laminar como para escoamento turbulento sobre uma placa plana.

Visando obter um resultado numérico para escoamento laminar, Kármán admitiu que os perfis de velocidades tivessem um formato aproximadamente parabólico

$$u(x, y) \approx U\left(\frac{2y}{\delta} - \frac{y^2}{\delta^2}\right) \qquad 0 \leq y \leq \delta(x) \qquad (7.6)$$

o que torna possível calcular tanto a espessura de quantidade de movimento como a tensão cisalhante:

$$\theta = \int_0^\delta \left(\frac{2y}{\delta} - \frac{y^2}{\delta^2}\right)\left(1 - \frac{2y}{\delta} + \frac{y^2}{\delta^2}\right) dy \approx \frac{2}{15}\delta$$

$$\tau_p = \mu \frac{\partial u}{\partial y}\bigg|_{y=0} \approx \frac{2\mu U}{\delta} \qquad (7.7)$$

Substituindo (7.7) em (7.5) e rearrumando, obtemos

$$\delta\, d\delta \approx 15 \frac{\nu}{U} dx \qquad (7.8)$$

em que $\nu = \mu/\rho$. Podemos integrar de 0 a x, considerando que $\delta = 0$ em $x = 0$, o bordo de ataque:

$$\frac{1}{2}\delta^2 = \frac{15\nu x}{U}$$

ou

$$\frac{\delta}{x} \approx 5{,}5\left(\frac{\nu}{Ux}\right)^{1/2} = \frac{5{,}5}{\text{Re}_x^{1/2}} \qquad (7.9)$$

Essa é a estimativa desejada para a espessura. Sem dúvida, ela é bastante aproximada, parte da *teoria da quantidade de movimento integral* de Kármán [7], mas é surpreendentemente precisa, ficando apenas 10% acima da solução exata conhecida para o escoamento laminar sobre uma placa plana, fornecida na Equação (7.1a).

Combinando as Equações (7.9) e (7.7), obtemos também uma estimativa da tensão cisalhante ao longo da placa

$$c_f = \frac{2\tau_p}{\rho U^2} \approx \left(\frac{\frac{8}{15}}{\text{Re}_x}\right)^{1/2} = \frac{0{,}73}{\text{Re}_x^{1/2}} \qquad (7.10)$$

Novamente, apesar da imprecisão da hipótese de perfil parabólico [Eq. (7.6)], essa estimativa fica apenas 10% acima da solução exata conhecida para o escoamento laminar sobre uma placa plana, $c_f = 0{,}664/\text{Re}_x^{1/2}$, a ser tratada na Seção 7.4. A grandeza adimensional c_f, chamada de *coeficiente de atrito pelicular*, é análoga ao fator de atrito f em dutos.

Uma camada-limite pode ser considerada "fina" se a razão δ/x é menor que 0,1. Isso ocorre para $\delta/x = 0{,}1 = 5{,}0/\text{Re}_x^{1/2}$, ou seja, para $\text{Re}_x = 2.500$. Para Re_x menor que 2.500, podemos avaliar que a teoria da camada-limite falha, pois a camada espessa tem um efeito significativo sobre o escoamento externo não viscoso. O limite superior de Re_x para escoamento laminar fica em torno de 3×10^6, em que as medições sobre uma placa plana lisa [8] mostram que o escoamento sofre transição para uma camada-limite turbulenta. De 3×10^6 para cima, o número de Reynolds turbulento pode ser arbitrariamente alto, havendo um limite prático atual em 5×10^{10}, no caso de superpetroleiros.

Espessura de deslocamento

Outro efeito interessante de uma camada-limite é o seu pequeno, mas finito, deslocamento das linhas de corrente externas. Como mostrado na Figura 7.4, as linhas de corrente externas devem defletir para fora a uma distância $\delta^*(x)$ a fim de satisfazer a conservação da massa entre a entrada e a saída

$$\int_0^h \rho U b \, dy = \int_0^\delta \rho u b \, dy \qquad \delta = h + \delta^* \qquad (7.11)$$

A grandeza δ^* é chamada de *espessura de deslocamento* da camada-limite. Para relacioná-la com $u(y)$, cancele ρ e b da Equação (7.11), calcule a integral do lado esquerdo e, sendo astuto, some e subtraia U do integrando do lado direito:

$$Uh = \int_0^\delta (U + u - U) \, dy = U(h + \delta^*) + \int_0^\delta (u - U) \, dy$$

ou
$$\delta^* = \int_0^\delta \left(1 - \frac{u}{U}\right) dy \qquad (7.12)$$

Logo, a razão δ^*/δ varia apenas com o formato do perfil de velocidade adimensional u/U.

Introduzindo nosso perfil aproximado (7.6) em (7.12), obtemos por integração o resultado aproximado:

$$\delta^* \approx \frac{1}{3}\delta \qquad \frac{\delta^*}{x} \approx \frac{1{,}83}{Re_x^{1/2}} \qquad (7.13)$$

Essas estimativas diferem apenas 6% das soluções exatas para o escoamento laminar sobre uma placa plana dadas no item 7.4: $\delta^* = 0{,}344\delta = 1{,}721x/Re_x^{1/2}$. Como δ^* é muito menor que x para Re_x alto, e a inclinação da linha de corrente externa V/U é proporcional a δ^*, concluímos que a velocidade normal à parede é muito menor que a velocidade paralela à parede. Essa é uma hipótese-chave na teoria da camada-limite (item 7.3).

Do sucesso dessas simples estimativas parabólicas, concluímos também que a teoria da quantidade de movimento integral de Kármán é eficaz e útil. Muitos detalhes dessa teoria são dados nas Referências 1 a 3.

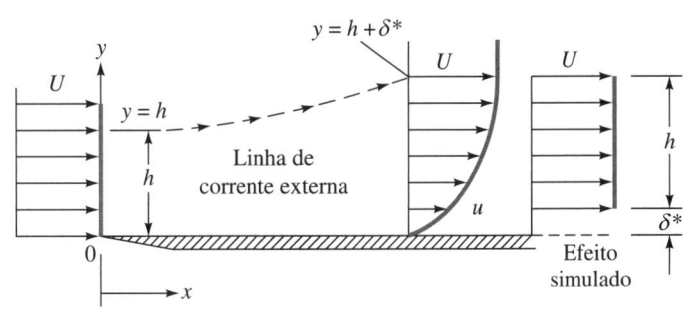

Figura 7.4 Efeito de deslocamento de uma camada-limite.

EXEMPLO 7.2

As camadas-limite para o escoamento de ar e água com baixa velocidade, em pequena escala, são realmente finas? Considere o escoamento a $U = 0,3$ m/s sobre uma placa plana de 30 cm de comprimento. Calcule a espessura da camada-limite no bordo de fuga para (a) ar e (b) água a 20°C.

Solução

Parte (a) Da Tabela A.2, $\nu_{ar} \approx 1{,}50$ E-5 m²/s. O número de Reynolds do bordo de fuga é, portanto,

$$\text{Re}_L = \frac{UL}{\nu} = \frac{(0{,}3 \text{ m/s})(0{,}3 \text{ m})}{1{,}50 \text{ E-5 m}^2/\text{s}} = 6.200$$

Como esse valor é menor que 10^6, o escoamento é presumivelmente laminar, e como é maior que 2.500, a camada-limite é razoavelmente fina. Da Equação (7.1a), a espessura laminar prevista é

$$\frac{\delta}{x} = \frac{5{,}0}{\sqrt{6.000}} = 0{,}0645$$

ou, em $x = 0{,}3$ m, $\quad\quad \delta = 0{,}0194$ m $= 19{,}4$ mm $\quad\quad$ *Resposta (a)*

Parte (b) Da Tabela A.1, $\nu_{água} \approx 1{,}01$ E-6 m²/s. O número de Reynolds do bordo de fuga é

$$\text{Re}_L = \frac{(0{,}3 \text{ m/s})(0{,}3 \text{ m})}{1{,}01 \text{ E-6 m}^2/\text{s}} \approx 89.100$$

Novamente, esse valor satisfaz as condições de escoamento laminar e de pequena espessura. A espessura da camada-limite é

$$\frac{\delta}{x} \approx \frac{5{,}0}{\sqrt{89.100}} = 0{,}0168$$

ou, em $x = 0{,}3$ m, $\quad\quad \delta = 0{,}0050$ m $= 5$ mm $\quad\quad$ *Resposta (b)*

Logo, mesmo para velocidades tão baixas e comprimentos tão curtos, tanto os escoamentos de ar como os de água satisfazem a aproximação de camada-limite.

7.3 As equações de camada-limite

Nos Capítulos 4 e 6, aprendemos que existem várias dezenas de soluções analíticas conhecidas para o escoamento laminar [1 a 3]. Nenhuma para escoamento externo em torno de corpos imersos, embora essa seja uma das principais aplicações da mecânica dos fluidos. Não se conhecem soluções exatas para escoamento turbulento, cuja análise geralmente usa leis empíricas de modelagem para relacionar variáveis médias temporais.

Atualmente, há três técnicas aplicadas ao estudo de escoamentos externos: (1) soluções numéricas (por computador), (2) experimentação e (3) teoria da camada-limite.

Hoje, a *dinâmica dos fluidos computacional* está bem desenvolvida e descrita em textos avançados, como o de Anderson [4]. Milhares de soluções computacionais e modelos têm sido publicados; os tempos de execução, os tamanhos de malha e as apresentações gráficas estão melhorando a cada ano. Soluções têm sido publicadas tanto para escoamento laminar como turbulento, e a modelagem da turbulência é um tópico de pesquisa atual [9]. Com exceção de uma breve discussão sobre análise computacional no Capítulo 8, o tópico sobre CFD está além de nosso escopo aqui.

A experimentação é o método mais comum no estudo dos escoamentos externos. O Capítulo 5 delineou a técnica da análise dimensional e, na Seção 7.6, vamos fornecer muitos dados experimentais adimensionais para escoamentos externos.

A terceira ferramenta é a teoria da camada-limite, formulada pela primeira vez por Ludwig Prandtl em 1904. Aqui, vamos seguir as ideias de Prandtl, levantando certas hipóteses sobre ordem de magnitude, a fim de simplificar bastante as equações de Navier-Stokes (4.38) e obter as equações de camada-limite, que são resolvidas com relativa facilidade e justapostas ao escoamento externo não viscoso.

Uma das grandes realizações da teoria da camada-limite é a sua capacidade em prever a separação do escoamento, que ocorre em gradientes adversos (positivos) de pressão, ilustrada na Figura 7.2b. Antes de 1904, quando Prandtl publicou seu artigo pioneiro, ninguém imaginava que camadas sob cisalhamento tão finas pudessem causar efeitos globais tão importantes como a separação do escoamento. Mesmo hoje em dia, porém, a teoria da camada-limite não é capaz de prever com precisão o comportamento da região de escoamento separado (descolado) e sua interação com a camada externa. Por meio de CFD, a pesquisa moderna [4, 9] tem enfocado simulações detalhadas do escoamento descolado e as esteiras resultantes, em busca de melhor compreensão.

Dedução para escoamento bidimensional

Vamos considerar apenas o escoamento viscoso incompressível bidimensional e permanente com a direção x ao longo da parede e y normal à parede, como na Figura 7.3.[1] Vamos desprezar a gravidade, que é importante apenas em camadas-limite em que o empuxo do fluido é dominante [2, Seção 4.14]. Do Capítulo 4, as equações completas do movimento consistem nas relações de continuidade e de quantidade de movimento em x e y:

$$\frac{\partial u}{\partial x} + \frac{\partial v}{\partial y} = 0 \tag{7.14a}$$

$$\rho\left(u\frac{\partial u}{\partial x} + v\frac{\partial u}{\partial y}\right) = -\frac{\partial p}{\partial x} + \mu\left(\frac{\partial^2 u}{\partial x^2} + \frac{\partial^2 u}{\partial y^2}\right) \tag{7.14b}$$

$$\rho\left(u\frac{\partial v}{\partial x} + v\frac{\partial v}{\partial y}\right) = -\frac{\partial p}{\partial y} + \mu\left(\frac{\partial^2 v}{\partial x^2} + \frac{\partial^2 v}{\partial y^2}\right) \tag{7.14c}$$

Essas equações devem ser resolvidas para u, v e p, sujeitas a condições de contorno típicas de entrada, saída e não escorregamento na parede, mas na verdade seu tratamento é bem difícil para a maioria dos escoamentos externos, exceto por meio de CFD.

Em 1904, Prandtl deduziu corretamente que uma camada sob cisalhamento deve ser muito fina se o número de Reynolds for alto, de modo que as seguintes aproximações são válidas:

Velocidades: $$v \ll u \tag{7.15a}$$

Taxas de variação: $$\frac{\partial u}{\partial x} \ll \frac{\partial u}{\partial y} \qquad \frac{\partial v}{\partial x} \ll \frac{\partial v}{\partial y} \tag{7.15b}$$

Número de Reynolds: $$\text{Re}_x = \frac{Ux}{v} \gg 1 \tag{7.15c}$$

---

[1] Para uma parede curva, x pode representar o comprimento de arco ao longo da parede e y pode ser normal a x em todo lugar, com alterações desprezíveis nas equações de camada-limite, desde que o raio de curvatura da parede seja grande comparado à espessura da camada-limite [1 a 3].

Nossa discussão sobre a espessura de deslocamento na seção anterior teve a intenção de justificar essas hipóteses.

A aplicação dessas aproximações à Equação (7.14c) resulta em uma simplificação substancial:

$$\underbrace{\rho\left(u\frac{\partial v}{\partial x}\right)}_{\text{pequeno}} + \underbrace{\rho\left(v\frac{\partial v}{\partial y}\right)}_{\text{pequeno}} = -\frac{\partial p}{\partial y} + \underbrace{\mu\left(\frac{\partial^2 v}{\partial x^2}\right)}_{\text{muito pequeno}} + \underbrace{\mu\left(\frac{\partial^2 v}{\partial y^2}\right)}_{\text{pequeno}}$$

$$\frac{\partial p}{\partial y} \approx 0 \quad \text{ou} \quad p \approx p(x) \quad \text{somente} \tag{7.16}$$

Em outras palavras, a equação da quantidade de movimento y pode ser desconsiderada inteiramente e a pressão varia apenas *ao longo* da camada-limite, não através dela. Admite-se que o termo do gradiente de pressão na Equação (7.14b) seja previamente conhecido da equação de Bernoulli aplicada ao escoamento não viscoso externo

$$\frac{\partial p}{\partial x} = \frac{dp}{dx} = -\rho U \frac{dU}{dx} \tag{7.17}$$

Presumivelmente, já fizemos a análise não viscosa e conhecemos a distribuição de $U(x)$ ao longo da parede (Capítulo 8).

Ao mesmo tempo, um termo da Equação (7.14b) é desprezível devido às Equações (7.15):

$$\frac{\partial^2 u}{\partial x^2} \ll \frac{\partial^2 u}{\partial y^2} \tag{7.18}$$

Entretanto, nenhum termo da relação de continuidade (7.14a) pode ser desprezado – outro alerta de que a continuidade é sempre uma parte vital da análise de escoamento de fluidos.

O resultado líquido é que as três equações completas do movimento (7.14) ficam reduzidas às duas equações de camada-limite de Prandtl para escoamento incompressível bidimensional:

Continuidade:
$$\frac{\partial u}{\partial x} + \frac{\partial v}{\partial y} = 0 \tag{7.19a}$$

Quantidade de movimento ao longo da parede:
$$u\frac{\partial u}{\partial x} + v\frac{\partial u}{\partial y} \approx U\frac{dU}{dx} + \frac{1}{\rho}\frac{\partial \tau}{\partial y} \tag{7.19b}$$

em que
$$\tau = \begin{cases} \mu\dfrac{\partial u}{\partial y} & \text{escoamento laminar} \\ \mu\dfrac{\partial u}{\partial y} - \overline{\rho u'v'} & \text{escoamento turbulento} \end{cases}$$

Essas equações devem ser resolvidas para $u(x, y)$ e $v(x, y)$, considerando $U(x)$ uma função conhecida por meio da análise do escoamento não viscoso externo. Há duas condições de contorno para u e uma para v:

Em $y = 0$ (parede): $\qquad u = v = 0 \qquad$ (não escorregamento) $\qquad$ (7.20a)

Em $y = \delta(x)$ (corrente externa): $\qquad u = U(x) \qquad$ (justaposição) $\qquad$ (7.20b)

Diferentemente das equações de Navier-Stokes (7.14), que são matematicamente elípticas e devem ser resolvidas simultaneamente em todo o campo de escoamento, as equações de camada-limite (7.19) são matematicamente parabólicas, sendo resolvidas a partir do bordo de ataque e marchando a jusante até onde você quiser, parando no ponto de separação ou antes, se você preferir.[2]

As equações de camada-limite têm sido resolvidas em um grande número de casos interessantes de escoamento interno e externo, tanto laminar como turbulento, utilizando a distribuição não viscosa $U(x)$ apropriada a cada escoamento. Detalhes completos da teoria da camada-limite, resultados e comparações com a experiência são fornecidos nas Referências 1 a 3. Aqui, vamos nos restringir principalmente às soluções de placa plana (Seção 7.4).

7.4 A camada-limite sobre uma placa plana

A solução clássica mais usada da teoria da camada-limite é para o escoamento sobre uma placa plana, como na Figura 7.3, que pode representar tanto escoamento laminar como turbulento.

Escoamento laminar

Para o escoamento laminar sobre uma placa plana, as equações de camada-limite (7.19) podem ser resolvidas exatamente para u e v, considerando que a velocidade da corrente livre U seja constante ($dU/dx = 0$). A solução foi dada em 1908 por Blasius, aluno de Prandtl, na sua dissertação em Göttingen. Com uma engenhosa transformação de coordenadas, Blasius mostrou que o perfil de velocidade adimensional u/U é uma função apenas de uma única variável adimensional composta $(y)[U/(\nu x)]^{1/2}$:

$$\frac{u}{U} = f'(\eta) \quad \eta = y\left(\frac{U}{\nu x}\right)^{1/2} \tag{7.21}$$

em que a plica (') denota diferenciação com relação à η. A substituição de (7.21) nas equações de camada-limite (7.19), após muita álgebra, reduz o problema a uma única equação diferencial não linear de terceira ordem para f [1–3]:

$$f''' + \tfrac{1}{2} ff'' = 0 \tag{7.22}$$

As condições de contorno (7.20) ficam

Em $y = 0$: $\quad f(0) = f'(0) = 0 \tag{7.23a}$

Para $y \to \infty$: $\quad f'(\infty) \to 1{,}0 \tag{7.23b}$

Essa é a *equação de Blasius*, para a qual foram obtidas soluções precisas por integração numérica apenas. Alguns valores tabulados do perfil de velocidade $f'(\eta) = u/U$ estão dados na Tabela 7.1.

Como u/U se aproxima de 1,0 apenas quando $y \to \infty$, é costume escolher a espessura da camada-limite δ como o ponto em que $u/U = 0{,}99$. Da Tabela, isso ocorre para $\eta \approx 5{,}0$:

$$\delta_{99\%}\left(\frac{U}{\nu x}\right)^{1/2} \approx 5{,}0$$

ou $\quad \boxed{\dfrac{\delta}{x} \approx \dfrac{5{,}0}{\mathrm{Re}_x^{1/2}}} \quad$ Blasius (1908) $\tag{7.24}$

---

[2] Para detalhes matemáticos adicionais, ver Referência 2, Seção 2.8, no final do Capítulo 2.

Tabela 7.1 O perfil de velocidade de Blasius [1 a 3]

$y[U/(\nu x)]^{1/2}$	u/U	$y[U/(\nu x)]^{1/2}$	u/U
0,0	0,0	2,8	0,81152
0,2	0,06641	3,0	0,84605
0,4	0,13277	3,2	0,87609
0,6	0,19894	3,4	0,90177
0,8	0,26471	3,6	0,92333
1,0	0,32979	3,8	0,94112
1,2	0,39378	4,0	0,95552
1,4	0,45627	4,2	0,96696
1,6	0,51676	4,4	0,97587
1,8	0,57477	4,6	0,98269
2,0	0,62977	4,8	0,98779
2,2	0,68132	5,0	0,99155
2,4	0,72899	∞	1,00000
2,6	0,77246		

Com o perfil conhecido, Blasius pôde calcular também a tensão cisalhante na parede e a espessura de deslocamento:

$$c_f = \frac{0{,}664}{\text{Re}_x^{1/2}} \qquad \frac{\delta^*}{x} = \frac{1{,}721}{\text{Re}_x^{1/2}} \tag{7.25}$$

Observe quanto esses resultados estão próximos das nossas estimativas integrais, Equações (7.9), (7.10) e (7.13). Quando c_f é convertido em forma dimensional, temos

$$\tau_p(x) = \frac{0{,}332\rho^{1/2}\mu^{1/2}U^{1{,}5}}{x^{1/2}}$$

A tensão na parede cai com $x^{1/2}$ por causa do crescimento da camada-limite e varia com a velocidade elevada à potência 1,5. Trata-se de um contraste com o escoamento laminar em um tubo, em que $\tau_p \propto U$ e é independente de x.

Se $\tau_p(x)$ é substituída na Equação (7.4), calculamos a força de arrasto total

$$F_A(x) = b \int_0^x \tau_p(x)\, dx = 0{,}664 b \rho^{1/2} \mu^{1/2} U^{1{,}5} x^{1/2} \tag{7.26}$$

O arrasto aumenta apenas com a raiz quadrada do comprimento da placa. O *coeficiente de arrasto* adimensional é definido como

$$C_A = \frac{2D(L)}{\rho U^2 b L} = \frac{1{,}328}{\text{Re}_L^{1/2}} = 2c_f(L) \tag{7.27}$$

Logo, para o escoamento laminar sobre uma placa, C_A é igual ao dobro do valor do coeficiente de atrito pelicular no bordo de fuga. Esse é o arrasto em um dos lados da placa.

Kármán salientou que o arrasto poderia também ser calculado da relação de quantidade de movimento (7.2). Na forma dimensional, a Equação (7.2) fica

$$C_A = \frac{2}{L} \int_0^\delta \frac{u}{U}\left(1 - \frac{u}{U}\right) dy \tag{7.28}$$

Isso pode ser reescrito em termos da espessura de quantidade de movimento no bordo de fuga:

$$C_A = \frac{2\theta(L)}{L} \qquad (7.29)$$

O cálculo de θ com o perfil de velocidade u/U ou de C_A fornece

$$\frac{\theta}{x} = \frac{0,664}{\text{Re}_x^{1/2}} \qquad \text{placa plana laminar} \qquad (7.30)$$

Uma vez que δ é tão mal definida, a espessura de quantidade de movimento, sendo bem definida, é muitas vezes usada para correlacionar dados extraídos de uma variedade de camadas-limite em condições diversas. A razão entre as espessuras de deslocamento e de quantidade de movimento, chamada de *fator de forma* do perfil adimensional, também é útil nas teorias integrais. Para o escoamento laminar sobre uma placa plana

$$H = \frac{\delta^*}{\theta} = \frac{1,721}{0,664} = 2,59 \qquad (7.31)$$

Um grande fator de forma implica que a separação de camada-limite está prestes a acontecer.

Se plotarmos o perfil de velocidade de Blasius da Tabela 7.1 na forma de u/U versus y/δ, poderemos ver por que a simples escolha da teoria integral, Equação (7.6), obteve tanto sucesso. Isso está feito na Figura 7.5. A aproximação parabólica simples não está longe do perfil verdadeiro de Blasius; assim, sua espessura de quantidade de movimento difere aproximadamente 10% do valor real. Também mostrados na Figura 7.5 estão três perfis de velocidade turbulentos típicos de placa plana. Observe a enorme diferença de formato entre eles e os perfis laminares. Em vez de decrescerem parabolicamente a zero, os perfis turbulentos são bem achatados e decaem bruscamente perto da

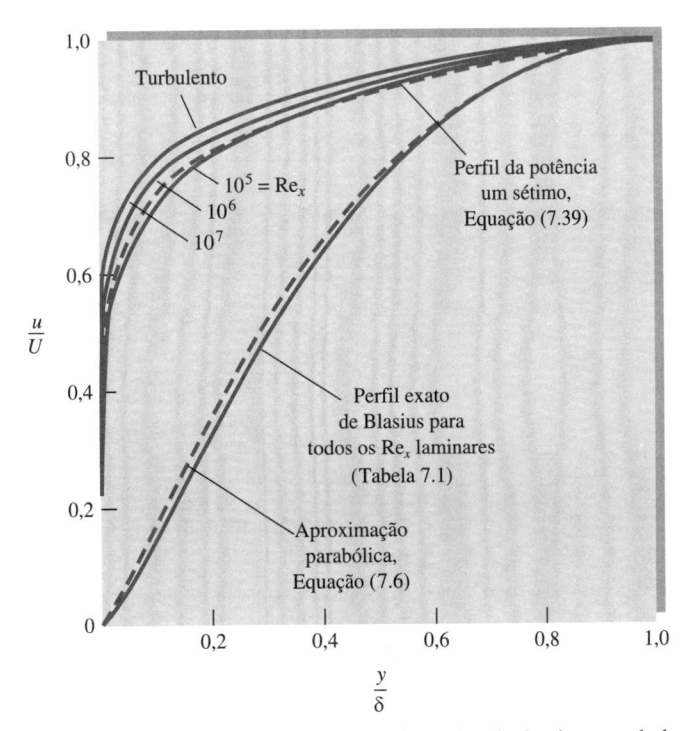

Figura 7.5 Comparação dos perfis de velocidades adimensionais, laminar e turbulento, sobre uma placa plana.

Transição para a turbulência

parede. Como você pode bem imaginar, eles seguem o formato da lei logarítmica e, portanto, podem ser analisados pela teoria da quantidade de movimento integral se esse formato for adequadamente representado.

A camada-limite laminar sobre uma placa plana afinal torna-se turbulenta, mas não há um valor único para essa ocorrência. Com cuidado no polimento da parede e mantendo a corrente livre sem perturbação, podemos retardar o número de Reynolds de transição para $Re_{x,tr} \approx 3\ E6$ [8]. Todavia, para superfícies comerciais típicas e correntes livres agitadas, um valor mais realístico é

$$Re_{x,tr} \approx 5\ E5.$$

EXEMPLO 7.3

Uma placa plana aguda com $L = 50$ cm e $b = 3$ m está imersa paralelamente a uma corrente de velocidade 2,5 m/s. Determine o arrasto sobre *um lado* da placa e a espessura δ da camada-limite no bordo de fuga para (*a*) ar e (*b*) água a 20°C e 1 atm.

Solução

- *Hipóteses:* Escoamento laminar sobre placa plana, mas devemos verificar os números de Reynolds.
- *Abordagem:* Determine o número de Reynolds e aplique as fórmulas de camada-limite apropriadas.
- *Valores das propriedades:* Da Tabela A.2 para ar a 20°C, $\rho = 1{,}2$ kg/m^3, $\nu = 1{,}5E\text{-}5$ m^2/s. Da Tabela A.1 para água a 20°C, $\rho = 998$ kg/m^3, $\nu = 1{,}005E\text{-}6$ m^2/s.
- *(a) Solução para ar:* Calcule o número de Reynolds no bordo de fuga:

$$Re_L = \frac{UL}{\nu_{ar}} = \frac{(2{,}5\ \text{m/s})(0{,}5\ \text{m})}{1{,}5E\text{-}5\ \text{m}^2/\text{s}} = 83.300 < 5E5,\ \text{portanto, seguramente é laminar}$$

A relação apropriada para espessura é a Equação (7.24):

$$\frac{\delta}{L} = \frac{5}{Re_L^{1/2}} = \frac{5}{(83.300)^{1/2}} = 0{,}0173,\ \text{ou}\ \delta_{x=L} = 0{,}0173(0{,}5\ \text{m}) \cong 0{,}0087\ \text{m} \qquad Resposta\ (a)$$

A espessura da camada-limite é de apenas 8,7 mm. O coeficiente de arrasto resulta da Equação (7.27):

$$C_A = \frac{1{,}328}{Re_L^{1/2}} = \frac{1{,}328}{(83.300)^{1/2}} = 0{,}0046$$

$$\text{ou}\ \ F_{A\,\text{um lado}} = C_A \frac{\rho}{2} U^2 bL = (0{,}0046)\frac{1{,}2\ \text{kg/m}^3}{2}(2{,}5\ \text{m/s})^2(3\ \text{m})(0{,}5\ \text{m}) \approx 0{,}026\ \text{N}$$

$$Resposta\ (a)$$

- *Comentário (a):* Esse arrasto, puramente de atrito, é bem pequeno para gases a baixas velocidades.
- *(b) Solução para água:* Outra vez, calcule o número de Reynolds no bordo de fuga:

$$Re_L = \frac{UL}{\nu_{\text{água}}} = \frac{(2{,}5\ \text{m/s})(0{,}5\ \text{m})}{1{,}005E\text{-}6\ \text{m}^2/\text{s}} = 1{,}24E6 > 5E5,\ \text{portanto, pode ser turbulento}$$

> Isso é um dilema. Se a placa for rugosa ou se deparar com perturbações, o escoamento no bordo de fuga será turbulento. Vamos considerar uma placa lisa, não perturbada, que manterá o escoamento laminar. Logo, a relação de espessura apropriada será novamente a Equação (7.24):
>
> $$\frac{\delta}{L} = \frac{5}{\text{Re}_L^{1/2}} = \frac{5}{(1{,}24\text{E}6)^{1/2}} = 0{,}00448 \quad \text{ou} \quad \delta_{x=L} = 0{,}00448(0{,}5 \text{ m}) \cong 0{,}0022 \text{ m} \quad \textit{Resposta (b)}$$
>
> A camada é quatro vezes mais fina que no caso do ar, parte (a), devido ao alto número de Reynolds laminar. Novamente, o coeficiente de arrasto resulta da Equação (7.27):
>
> $$C_A = \frac{1{,}328}{\text{Re}_L^{1/2}} = \frac{1{,}328}{(1{,}24\text{E}6)^{1/2}} = 0{,}0012$$
>
> ou $F_{A\,\text{um lado}} = C_A \dfrac{\rho}{2} U^2 b L = (0{,}0012)\dfrac{998 \text{ kg/m}^3}{2}(2{,}5 \text{ m/s})^2(3 \text{ m})(0{,}5 \text{ m}) \approx 5{,}6 \text{ N}$
> $\hspace{11cm}\textit{Resposta (b)}$
>
> - *Comentário (b):* O arrasto é 215 vezes maior para água, embora C_A seja menor, refletindo o fato de que a água é 56 vezes mais viscosa e 830 vezes mais densa que o ar. Da Eq. (7.26), para os mesmos valores de U e x, o arrasto da água deve ser $(56)^{1/2}(830)^{1/2} \approx 215$ vezes maior. *Observação:* Se houvesse ocorrido transição à turbulência para $\text{Re}_x = 5\text{E}5$ (para x em torno de 20 cm), o arrasto seria cerca de 2,5 vezes maior e a espessura no bordo de fuga seria cerca de quatro vezes maior que no caso de escoamento totalmente laminar.

Escoamento turbulento

Não existe teoria exata para o escoamento turbulento sobre uma placa plana, embora haja muitas soluções computacionais elegantes das equações de camada-limite usando vários modelos empíricos para a viscosidade turbulenta [9]. O resultado mais amplamente aceito é simplesmente uma análise integral semelhante ao nosso estudo com o perfil laminar aproximado (7.6).

Começamos com a Equação (7.5), que é válida tanto para escoamento laminar como para escoamento turbulento. Vamos reescrevê-la aqui para referência conveniente:

$$\tau_p(x) = \rho U^2 \frac{d\theta}{dx} \qquad (7.32)$$

Da definição de c_f, Equação (7.10), podemos reescrevê-la como

$$c_f = 2\frac{d\theta}{dx} \qquad (7.33)$$

Relembre agora, da Figura 7.5, que os perfis turbulentos não se aproximam dos parabólicos em parte alguma. Voltando à Figura 6.10, vemos que o escoamento sobre uma placa plana é aproximadamente logarítmico, com uma pequena esteira externa e uma fina subcamada viscosa. Portanto, exatamente como no escoamento turbulento em tubos, admitimos que a lei logarítmica (6.28) seja válida por toda a espessura da camada-limite

$$\frac{u}{u^*} \approx \frac{1}{\kappa}\ln\frac{yu^*}{\nu} + B \qquad u^* = \left(\frac{\tau_p}{\rho}\right)^{1/2} \qquad (7.34)$$

com os valores usuais $\kappa = 0{,}41$ e $B = 5{,}0$. No contorno externo da camada-limite, $y = \delta$ e $u = U$, e a Equação (7.34) torna-se

$$\frac{U}{u^*} = \frac{1}{\kappa}\ln\frac{\delta u^*}{\nu} + B \qquad (7.35)$$

Mas a definição do coeficiente de atrito pelicular, Equação (7.10), é tal que as seguintes identidades são válidas:

$$\frac{U}{u^*} \equiv \left(\frac{2}{c_f}\right)^{1/2} \qquad \frac{\delta u^*}{\nu} \equiv \text{Re}_\delta \left(\frac{c_f}{2}\right)^{1/2} \qquad (7.36)$$

Logo, a Equação (7.35) é uma *lei de atrito pelicular* para o escoamento turbulento sobre uma placa plana:

$$\left(\frac{2}{c_f}\right)^{1/2} \approx 2{,}44 \ln\left[\text{Re}_\delta \left(\frac{c_f}{2}\right)^{1/2}\right] + 5{,}0 \qquad (7.37)$$

Trata-se de uma lei complicada, mas podemos pelo menos resolvê-la para alguns valores e listá-los:

Re_δ	10^4	10^5	10^6	10^7
c_f	0,00493	0,00315	0,00217	0,00158

Seguindo uma sugestão de Prandtl, podemos esquecer a complicada lei logarítmica de atrito (7.37) e simplesmente ajustar os números do quadro acima a uma aproximação do tipo lei de potência:

$$c_f \approx 0{,}02 \, \text{Re}_\delta^{-1/6} \qquad (7.38)$$

Vamos usar essa expressão como o lado esquerdo da Equação (7.33). Para o lado direito, precisamos de uma estimativa para $\theta(x)$ em termos de $\delta(x)$. Se usarmos o perfil da lei logarítmica (7.34), teremos de nos aborrecer com integrações logarítmicas para a espessura de quantidade de movimento. Em vez disso, seguimos outra sugestão de Prandtl, que notou que os perfis turbulentos da Figura 7.5 podem ser aproximados por uma lei de potência um sétimo:

$$\left(\frac{u}{U}\right)_{\text{turb}} \approx \left(\frac{y}{\delta}\right)^{1/7} \qquad (7.39)$$

Essa equação é mostrada como uma linha tracejada na Figura 7.5. Trata-se de um excelente ajuste para os dados turbulentos a baixos números de Reynolds, que era tudo que Prandtl tinha disponível na sua época. Com essa aproximação simples, a espessura de quantidade de movimento (7.28) pode ser facilmente avaliada:

$$\theta \approx \int_0^\delta \left(\frac{y}{\delta}\right)^{1/7} \left[1 - \left(\frac{y}{\delta}\right)^{1/7}\right] dy = \frac{7}{72}\delta \qquad (7.40)$$

Aceitamos esse resultado e substituímos as Equações (7.38) e (7.40) na lei da quantidade de movimento de Kármán (7.33):

$$c_f = 0{,}02 \, \text{Re}_\delta^{-1/6} = 2\frac{d}{dx}\left(\frac{7}{72}\delta\right)$$

ou

$$\text{Re}_\delta^{-1/6} = 9{,}72 \frac{d\delta}{dx} = 9{,}72 \frac{d(\text{Re}_\delta)}{d(\text{Re}_x)} \qquad (7.41)$$

Separamos as variáveis e integramos, considerando $\delta = 0$ em $x = 0$:

$$\boxed{\text{Re}_\delta \approx 0{,}16 \, \text{Re}_x^{6/7} \qquad \text{ou} \qquad \frac{\delta}{x} \approx \frac{0{,}16}{\text{Re}_x^{1/7}}} \qquad (7.42)$$

Logo, a espessura de uma camada-limite turbulenta aumenta com $x^{6/7}$, bem mais rápido que o aumento laminar, $x^{1/2}$. A Equação (7.42) é a solução para o problema, porque todos os outros parâmetros estão agora disponíveis. Por exemplo, combinando as Equações (7.42) e (7.38), obtemos a variação do atrito

$$\boxed{c_f \approx \frac{0,027}{\mathrm{Re}_x^{1/7}}} \qquad (7.43)$$

Escrevendo essa expressão na forma dimensional, temos

$$\tau_{p,\text{turb}} \approx \frac{0,0135\mu^{1/7}\rho^{6/7}U^{13/7}}{x^{1/7}} \qquad (7.44)$$

O atrito turbulento sobre a placa cai vagarosamente com x, aumenta aproximadamente com ρ e U^2 e é bastante insensível à viscosidade.

Podemos avaliar o coeficiente de arrasto integrando o atrito na parede

$$F_A = \int_0^L \tau_p\, b\, dx$$

ou

$$C_A = \frac{2F_A}{\rho U^2\, bL} = \int_0^1 c_f\, d\!\left(\frac{x}{L}\right)$$

$$\boxed{C_A = \frac{0,031}{\mathrm{Re}_L^{1/7}} = \frac{7}{6} c_f(L)} \qquad (7.45)$$

Portanto, C_A é apenas 16% maior que o coeficiente de atrito pelicular no bordo de fuga [compare com a Equação (7.27) para escoamento laminar].

A espessura de deslocamento pode ser avaliada da lei de potência um sétimo e da Equação (7.12):

$$\delta^* \approx \int_0^{\delta}\left[1 - \left(\frac{y}{\delta}\right)^{1/7}\right] dy = \frac{1}{8}\delta \qquad (7.46)$$

O fator de forma turbulento para placa plana é aproximadamente

$$H = \frac{\delta^*}{\theta} = \frac{\frac{1}{8}}{\frac{7}{72}} = 1,3 \qquad (7.47)$$

Esses são os resultados básicos da teoria turbulenta para placa plana.

A Figura 7.6 mostra os coeficientes de arrasto da placa plana para ambas as condições de escoamento laminar e turbulento. As relações de parede lisa (7.27) e (7.45) estão mostradas, juntamente com o efeito da rugosidade da parede, que é bastante forte. O parâmetro de rugosidade apropriado aqui é x/ε ou L/ε, por analogia com o parâmetro de tubo ε/d. No regime inteiramente rugoso, C_A é independente do número de Reynolds, de modo que o arrasto varia exatamente com U^2 e é independente de μ. A Referência 2 apresenta uma teoria de escoamento em placas planas rugosas e a Referência 1 fornece um ajuste de curvas para o atrito pelicular e o arrasto no regime completamente rugoso:

$$c_f \approx \left(2,87 + 1,58 \log \frac{x}{\varepsilon}\right)^{-2,5} \qquad (7.48a)$$

$$C_A \approx \left(1,89 + 1,62 \log \frac{L}{\varepsilon}\right)^{-2,5} \qquad (7.48b)$$

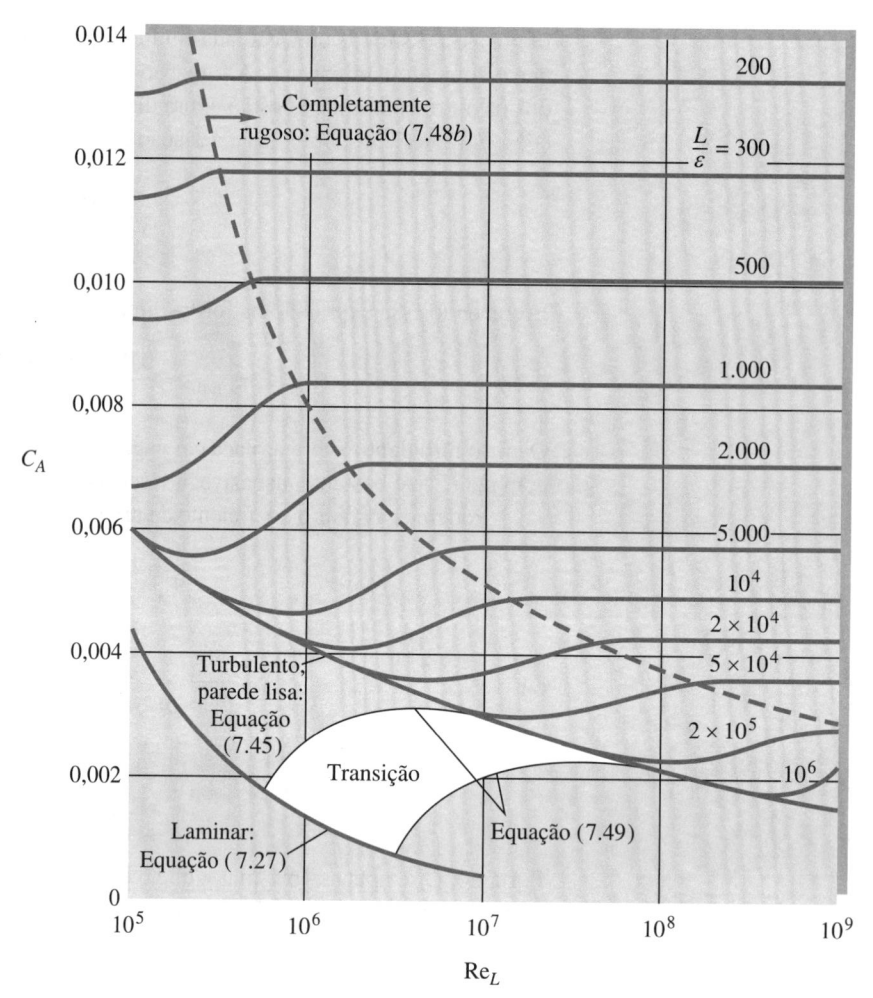

Figura 7.6 Coeficiente de arrasto para camadas-limite laminares e turbulentas sobre placas planas lisas e rugosas. Este diagrama é o análogo para placas planas do diagrama de Moody para tubos, Figura 6.13.

A Equação (7.48b) está plotada à direita da linha tracejada na Figura 7.6. A figura também mostra o comportamento do coeficiente de arrasto na região de transição $5 \times 10^5 < \text{Re}_L < 8 \times 10^7$, em que o arrasto laminar na região do bordo de ataque é uma fração apreciável do arrasto total. Schlichting [1] sugere os seguintes ajustes de curva para essas curvas de arrasto de transição que dependem do número de Reynolds Re_{trans} em que a transição se inicia:

$$C_A \approx \begin{cases} \dfrac{0,031}{\text{Re}_L^{1/7}} - \dfrac{1.440}{\text{Re}_L} & \text{Re}_{\text{trans}} = 5 \times 10^5 \quad (7.49a) \\ \dfrac{0,031}{\text{Re}_L^{1/7}} - \dfrac{8.700}{\text{Re}_L} & \text{Re}_{\text{trans}} = 3 \times 10^6 \quad (7.49b) \end{cases}$$

EXEMPLO 7.4

Um hidrofólio de 0,37 m de comprimento e 1,83 m de largura é colocado em um escoamento de água de 12,2 m/s, com $\rho = 1.025$ kg/m³ e $\nu = 1{,}02\text{E-}6$ m²/s. (a) Calcule a espessura de camada-limite no final da placa. Calcule o arrasto de atrito para (b) escoamento turbulento sobre parede lisa desde o bordo de ataque, (c) escoamento laminar-turbulento com $Re_{trans} = 5 \times 10^5$ e (d) escoamento turbulento sobre parede rugosa com $\varepsilon = 0{,}12$ mm.

Solução

Parte (a) O número de Reynolds é

$$Re_L = \frac{UL}{\nu} = \frac{(12{,}2 \text{ m/s})(0{,}37 \text{ m})}{1{,}02 \text{ E-6 m}^2/\text{s}} = 4{,}4 \times 10^6$$

Logo, o escoamento no bordo de fuga é certamente turbulento. A espessura máxima da camada-limite ocorreria para o escoamento turbulento iniciando no bordo de ataque. Da Equação (7.42),

$$\frac{\delta(L)}{L} = \frac{0{,}16}{(4{,}4 \times 10^6)^{1/7}} = 0{,}018$$

ou $\quad \delta = 0{,}018(0{,}37 \text{ m}) = 0{,}0067 \text{ m} = 6{,}7 \text{ m}$ *Resposta (a)*

Essa camada é 7,5 vezes mais espessa que uma camada-limite totalmente laminar com o mesmo número de Reynolds.

Parte (b) Para escoamento totalmente turbulento sobre parede lisa, o coeficiente de arrasto sobre um lado da placa é, pela Equação (7.45),

$$C_A = \frac{0{,}031}{(4{,}4 \times 10^6)^{1/7}} = 0{,}00349$$

Logo, o arrasto sobre ambos os lados do hidrofólio é aproximadamente

$$F_A = 2C_A(\tfrac{1}{2}\rho U^2)bL = 2(0{,}00349)(\tfrac{1}{2})(1.025)(12{,}2)^2(1{,}83)(0{,}37) = 361 \text{ N} \quad \textit{Resposta (b)}$$

Parte (c) Com um bordo de ataque laminar e $Re_{trans} = 5 \times 10^5$, a Equação (7.49a) se aplica:

$$C_A = 0{,}00349 - \frac{1.440}{4{,}4 \times 10^6} = 0{,}00316$$

O arrasto pode ser recalculado para esse coeficiente de arrasto mais baixo

$$F_A = 2C_A(\tfrac{1}{2}\rho U^2)bL = 326 \text{ N} \quad \textit{Resposta (c)}$$

Parte (d) Finalmente, para a parede rugosa, calculamos

$$\frac{L}{\varepsilon} = \frac{0{,}37 \text{ m}}{0{,}00012 \text{ m}} = 3.000$$

Da Figura 7.6 com $Re_L = 4{,}4 \times 10^6$, essa condição corresponde ao regime inteiramente rugoso. A Equação (7.48b) se aplica:

$$C_D = (1{,}89 + 1{,}62 \log 3.000)^{-2{,}5} = 0{,}00644$$

e o arrasto calculado é

$$F_A = 2C_A(\tfrac{1}{2}\rho U^2)bL = 665 \text{ N} \quad \textit{Resposta (d)}$$

Essa pequena rugosidade praticamente dobra o arrasto. É provável que o arrasto total sobre o hidrofólio seja ainda cerca de duas vezes maior por causa dos efeitos da separação do escoamento na região do bordo de fuga.

7.5 Camadas-limite com gradiente de pressão[3]

A análise de placa plana da seção anterior deve ter-nos fornecido uma boa sensibilidade sobre o comportamento das camadas-limite, tanto laminares como turbulentas, exceto por um efeito importante: a separação do escoamento. Prandtl mostrou que a separação, como aquela na Figura 7.2b, é causada por uma perda excessiva de quantidade de movimento próximo à parede em uma camada-limite que tenta mover-se para jusante contra um aumento de pressão, $dp/dx > 0$, que é chamado de *gradiente adverso de pressão*. O caso oposto de pressão decrescente, $dp/dx < 0$, é chamado de *gradiente favorável*, e nesse caso a separação do escoamento jamais pode ocorrer. Em um escoamento típico sobre um corpo imerso, por exemplo, Figura 7.2b, o gradiente favorável de pressão ocorre na parte frontal do corpo e o gradiente adverso ocorre na parte traseira, conforme discutiremos em detalhes no Capítulo 8.

Podemos explicar a separação do escoamento com um argumento geométrico a respeito da segunda derivada da velocidade u na parede. Da equação da quantidade de movimento (7.19b) aplicada à parede, em que $u = v = 0$, obtemos

$$\left.\frac{\partial \tau}{\partial y}\right|_{parede} = \mu \left.\frac{\partial^2 u}{\partial y^2}\right|_{parede} = -\rho U \frac{dU}{dx} = \frac{dp}{dx}$$

ou
$$\left.\frac{\partial^2 u}{\partial y^2}\right|_{parede} = \frac{1}{\mu}\frac{dp}{dx} \tag{7.50}$$

tanto para escoamento laminar como para escoamento turbulento. Logo, com um gradiente adverso de pressão, a segunda derivada da velocidade é positiva na parede; entretanto, ela deve ser negativa na camada externa ($y = \delta$) para haver uma ligação suave com o escoamento principal $U(x)$. Assim, a segunda derivada deve passar por zero em algum lugar da camada, em um ponto de inflexão, e qualquer perfil de camada-limite com gradiente de pressão adverso deve exibir um formato característico em S.

A Figura 7.7 ilustra o caso geral. Em um gradiente favorável (Figura 7.7a), o perfil é bem arredondado, não há ponto de inflexão, não pode haver separação e os perfis laminares desse tipo são bastante resistentes a uma transição para a turbulência [1 a 3].

Em um gradiente de pressão zero (Figura 7.7b), como, por exemplo, no escoamento sobre uma placa plana, o ponto de inflexão ocorre sobre a própria parede. Não pode haver separação e o escoamento irá sofrer transição para um Re_x não maior que cerca de 3×10^6, conforme discutimos anteriormente.

Em um gradiente adverso de pressão (Figura 7.7c até e), um ponto de inflexão (PI) ocorre na camada-limite, a uma distância da parede que cresce com a intensidade do gradiente adverso. Para um gradiente fraco (Figura 7.7c), o escoamento não se separa de fato, mas é vulnerável à transição para a turbulência a um Re_x tão baixo quanto 10^5 [1, 2]. Para um gradiente moderado, atinge-se uma condição crítica (Figura 7.7d) em que o cisalhamento na parede é exatamente zero ($\partial u/\partial y = 0$). Esse ponto é definido como o *ponto de separação* ($\tau_p = 0$), pois qualquer gradiente mais forte irá na verdade causar um refluxo junto à parede (Figura 7.7e): a camada-limite engrossa bastante e o escoamento principal entra em colapso, ou se separa da parede (Figura 7.2b).

Os perfis de escoamento da Figura 7.7 em geral ocorrem em sequência, à medida que a camada-limite avança ao longo da parede de um corpo. Por exemplo, na Figura 7.2a, um gradiente favorável surge na parte frontal do corpo, um gradiente de pressão nulo ocorre um pouco a montante da seção central do corpo e um gradiente adverso surge sucessivamente à medida que nos movemos em torno da traseira do corpo.

---
[3] Esta seção pode ser omitida sem perda de continuidade.

(a) Gradiente favorável:
$\dfrac{dU}{dx} > 0$
$\dfrac{dp}{dx} < 0$
Sem separação, PI dentro da parede

(b) Gradiente zero:
$\dfrac{dU}{dx} = 0$
$\dfrac{dp}{dx} = 0$
Sem separação, PI sobre a parede

$\dfrac{dp}{dx} > 0$

(c) Gradiente fracamente adverso:
$\dfrac{dU}{dx} < 0$
$\dfrac{dp}{dx} > 0$
Sem separação, PI no escoamento

(d) Gradiente adverso crítico:
Inclinação zero na parede:
Separação

(e) Gradiente adverso excessivo:
Refluxo junto à parede:
Região de escoamento separado (descolado)

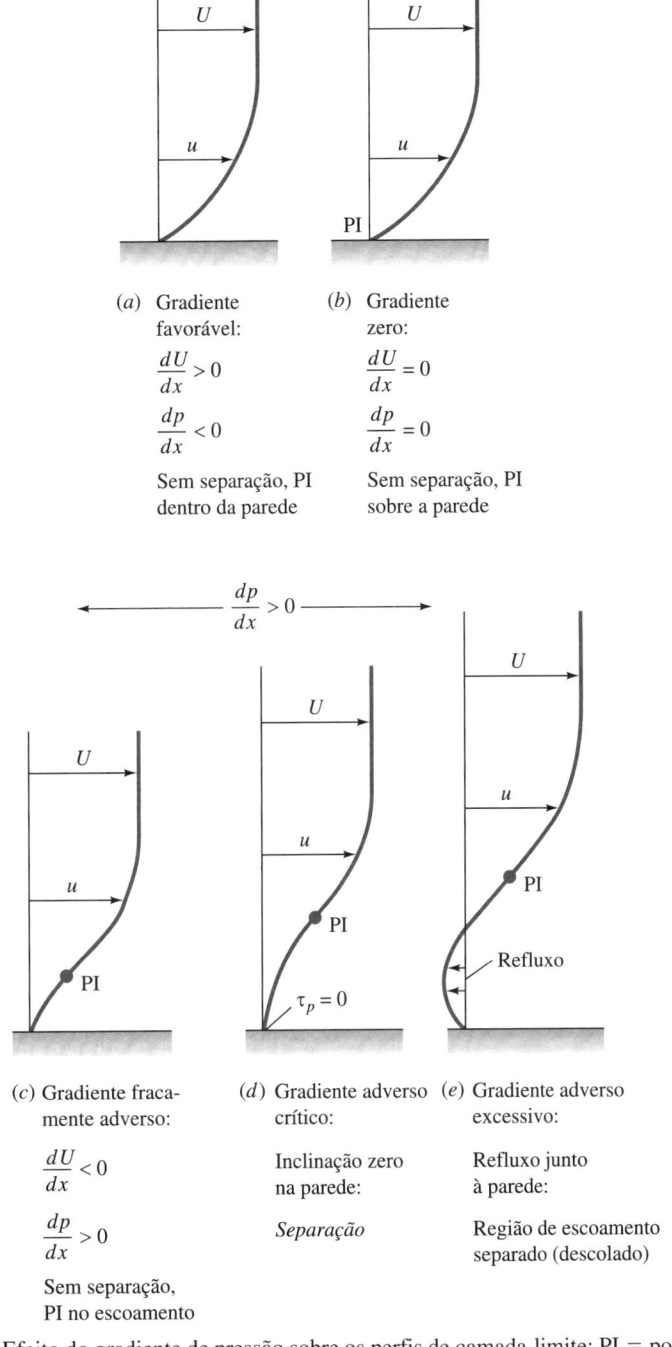

Figura 7.7 Efeito do gradiente de pressão sobre os perfis de camada-limite; PI = ponto de inflexão.

Um segundo exemplo prático é o escoamento em um duto formado por bocal, garganta e difusor, como na Figura 7.8. O escoamento no bocal tem um gradiente favorável e nunca se separa, o mesmo ocorrendo com o escoamento na garganta, em que o gradiente de pressão é aproximadamente zero. Mas o difusor com expansão de área produz uma velocidade decrescente, uma pressão crescente e um gradiente adverso. Se o ângulo do difusor for grande demais, o gradiente adverso será excessivo e a camada-limite irá separar-se em um ou em ambos os lados, com refluxo, aumento

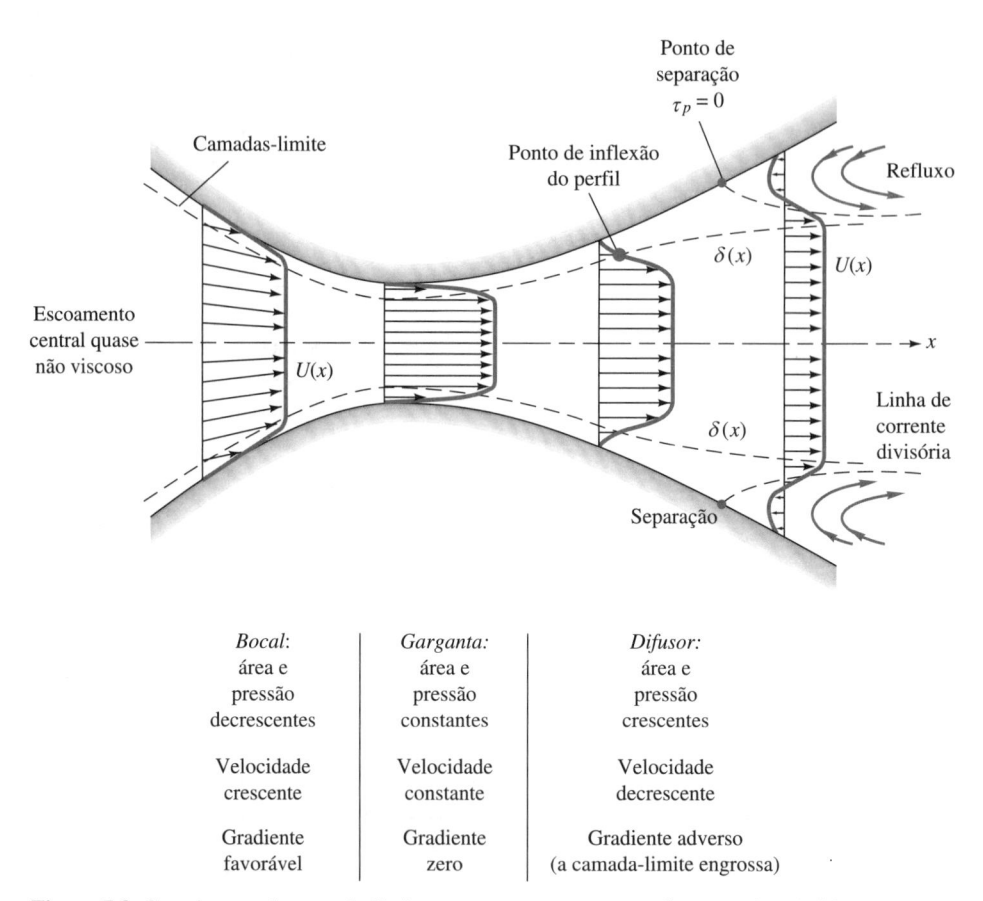

Figura 7.8 Crescimento da camada-limite e separação em uma configuração bocal-difusor.

Bocal: área e pressão decrescentes	*Garganta:* área e pressão constantes	*Difusor:* área e pressão crescentes
Velocidade crescente	Velocidade constante	Velocidade decrescente
Gradiente favorável	Gradiente zero	Gradiente adverso (a camada-limite engrossa)

de perdas e uma recuperação de pressão pobre. Na literatura sobre difusores [10] essa condição é chamada de *estol do difusor*, expressão também usada na aerodinâmica de aerofólios (Seção 7.6) para representar a separação massiva da camada-limite sobre o aerofólio. Logo, o comportamento da camada-limite explica por que um difusor de grande ângulo apresenta altas perdas (Figura 6.23) e um desempenho fraco (Figura 6.28).

Atualmente, a teoria da camada-limite pode calcular apenas até o ponto de separação, após o qual ela perde a validade. Novas técnicas estão hoje desenvolvidas para analisar os fortes efeitos de interação causados pelos escoamentos com separação [5, 6].

Teoria integral laminar[4]

Tanto no caso laminar como no turbulento, é possível desenvolver teorias com base na relação integral geral de Kármán para camada-limite bidimensional [2, 7], estendendo a Equação (7.33) para $U(x)$ variável por integração através da camada-limite:

$$\frac{\tau_p}{\rho U^2} = \frac{1}{2} c_f = \frac{d\theta}{dx} + (2 + H)\frac{\theta}{U}\frac{dU}{dx} \qquad (7.51)$$

---

[4]Esta seção pode ser omitida sem perda de continuidade.

em que $\theta(x)$ é a espessura de quantidade de movimento e $H(x) = \delta^*(x)/\theta(x)$ é o fator de forma. Da Equação (7.17), dU/dx negativo é equivalente a dp/dx positivo, isto é, um gradiente adverso.

Podemos integrar a Equação (7.51) para determinar $\theta(x)$ para uma dada $U(x)$ se correlacionarmos c_f e H com a espessura de quantidade de movimento. Isso foi feito examinando-se perfis de velocidade típicos de escoamentos de camada-limite laminar e turbulenta para vários gradientes de pressão. Alguns exemplos estão na Figura 7.9, mostrando que o fator de forma H é um bom indicador do gradiente de pressão. Quanto maior o H, mais forte é o gradiente de pressão adverso e a separação ocorre aproximadamente para

$$H \approx \begin{cases} 3,5 & \text{escoamento laminar} \\ 2,4 & \text{escoamento turbulento} \end{cases} \quad (7.52)$$

Os perfis laminares (Figura 7.9a) com gradiente de pressão adverso exibem claramente o formato S e um ponto de inflexão. Mas, nos perfis turbulentos (Figura 7.9b), os pontos de inflexão em geral estão bem inseridos na fina subcamada viscosa, que dificilmente pode ser vista com a escala da figura.

Existe um grande número de teorias turbulentas na literatura, mas todas são algebricamente complicadas e serão omitidas aqui. O leitor deve consultar textos avançados [1–3, 9].

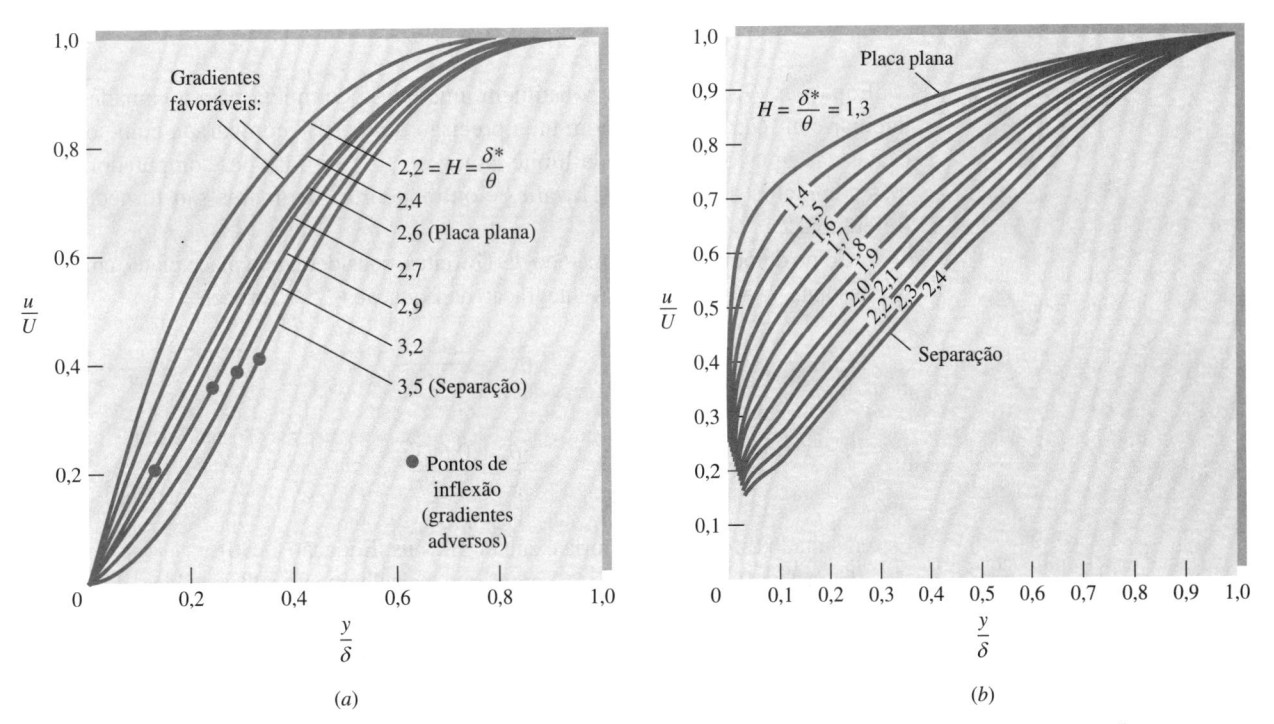

Figura 7.9 Perfis de velocidades com gradiente de pressão: (a) escoamento laminar; (b) escoamento turbulento com gradientes adversos.

Para escoamento laminar, um método simples, mas eficaz foi desenvolvido por Thwaites [11], que descobriu que a Equação (7.51) pode ser correlacionada por uma única variável adimensional λ, de espessura de quantidade de movimento, definida por

$$\lambda = \frac{\theta^2}{\nu} \frac{dU}{dx} \quad (7.53)$$

Usando um ajuste linear para essa correlação, Thwaites foi capaz de integrar a Equação (7.51) em forma fechada, com o seguinte resultado

$$\theta^2 = \theta_0^2 \left(\frac{U_0}{U}\right)^6 + \frac{0{,}45\nu}{U^6} \int_0^x U^5 \, dx \quad (7.54)$$

em que θ_0 é a espessura de quantidade de movimento em $x = 0$ (normalmente tomada como zero). Verificou-se que a separação ($c_f = 0$) ocorre para um valor particular de λ:

Separação: $\quad\quad\quad\quad\quad\quad \lambda = -0{,}09 \quad (7.55)$

Por fim, Thwaites correlacionou valores da tensão cisalhante adimensional $S = \tau_p \theta / (\mu U)$ com λ e seu resultado gráfico pode ser apresentado pelo seguinte ajuste de curvas:

$$S(\lambda) = \frac{\tau_p \theta}{\mu U} \approx (\lambda + 0{,}09)^{0{,}62} \quad (7.56)$$

Esse parâmetro é relacionado ao coeficiente de atrito pelicular pela identidade

$$S \equiv \tfrac{1}{2} c_f \text{Re}_\theta \quad (7.57)$$

As Equações (7.54) a (7.56) constituem uma teoria completa para a camada-limite laminar com $U(x)$ variável, com uma precisão de $\pm$ 10% comparada com soluções exatas das equações de camada-limite laminar (7.19), obtidas por computador. Detalhes completos da teoria de Thwaites e outras teorias laminares são fornecidos na Referência 2.

Como demonstração do método de Thwaites, considere uma placa plana, em que U = constante, $\lambda = 0$ e $\theta_0 = 0$. A integração da Equação (7.54) fornece

$$\theta^2 = \frac{0{,}45\nu x}{U}$$

ou $\quad\quad\quad\quad\quad\quad \dfrac{\theta}{x} = \dfrac{0{,}671}{\text{Re}_x^{1/2}} \quad (7.58)$

Esse resultado difere 1% da teoria exata de Blasius, Equação (7.30).

Com $\lambda = 0$, a Equação (7.56) prevê que o cisalhamento sobre a placa plana será

$$\frac{\tau_p \theta}{\mu U} = (0{,}09)^{0{,}62} = 0{,}225$$

ou $\quad\quad\quad\quad\quad\quad c_f = \dfrac{2\tau_p}{\rho U^2} = \dfrac{0{,}671}{\text{Re}_x^{1/2}} \quad (7.59)$

Esse resultado também difere 1% do resultado de Blasius, Equação (7.25). No entanto, a precisão geral desse método é inferior a 99%, pois, na verdade, Thwaites ajustou suas constantes de correlação para concordarem com a teoria exata da placa plana.

Não iremos calcular aqui qualquer detalhe a mais da camada-limite; mas à medida que prosseguirmos investigando vários escoamentos ao redor de corpos imersos, especialmente no Capítulo 8, deveremos usar o método de Thwaites para fazer avaliações qualitativas sobre o comportamento da camada-limite.

EXEMPLO 7.5

Em 1938, Howarth propôs uma distribuição externa de velocidades com desaceleração linear

$$U(x) = U_0\left(1 - \frac{x}{L}\right) \quad (1)$$

como um modelo teórico para o estudo da camada-limite laminar. (*a*) Use o método de Thwaites para calcular o ponto de separação x_{sep} para $\theta_0 = 0$ e compare com a solução exata $x_{sep}/L = 0{,}119863$ obtida em computador por H. Wipperman em 1966. (*b*) Calcule também o valor de $c_f = 2\tau_p/(\rho U^2)$ em $x/L = 0{,}1$.

Solução

Parte (a) Primeiro, observe que $dU/dx = -U_0/L$ = constante: a velocidade decresce, a pressão aumenta e o gradiente de pressão é adverso em toda parte. Agora, integre a Equação (7.54)

$$\theta^2 = \frac{0{,}45\nu}{U_0^6(1 - x/L)^6}\int_0^x U_0^5\left(1 - \frac{x}{L}\right)^5 dx = 0{,}075\frac{\nu L}{U_0}\left[\left(1 - \frac{x}{L}\right)^{-6} - 1\right] \quad (2)$$

Logo, o fator adimensional λ é dado por

$$\lambda = \frac{\theta^2}{\nu}\frac{dU}{dx} = -\frac{\theta^2 U_0}{\nu L} = -0{,}075\left[\left(1 - \frac{x}{L}\right)^{-6} - 1\right] \quad (3)$$

Da Equação (7.55), fazemos $\lambda = -0{,}09$ para a separação

$$\lambda_{sep} = -0{,}09 = -0{,}075\left[\left(1 - \frac{x_{sep}}{L}\right)^{-6} - 1\right]$$

ou $$\frac{x_{sep}}{L} = 1 - (2{,}2)^{-1/6} = 0{,}123 \quad Resposta\ (a)$$

Esse valor é menos de 3% maior que a solução exata de Wipperman, e o esforço computacional é bastante modesto.

Parte (b) Para calcularmos c_f em $x/L = 0{,}1$ (um pouco antes da separação), calculamos primeiro λ nesse ponto, usando a Equação (3):

$$\lambda(x = 0{,}1L) = -0{,}075[(1 - 0{,}1)^{-6} - 1] = -0{,}0661$$

Então, da Equação (7.56), o parâmetro de cisalhamento é

$$S(x = 0{,}1L) = (-0{,}0661 + 0{,}09)^{0{,}62} = 0{,}099 = \tfrac{1}{2}c_f Re_\theta \quad (4)$$

Podemos calcular Re_θ em termos de Re_L da Equação (2) ou (3):

$$\frac{\theta^2}{L^2} = \frac{0{,}0661}{UL/\nu} = \frac{0{,}0661}{Re_L}$$

ou $$Re_\theta = 0{,}257\ Re_L^{1/2} \quad em\ \frac{x}{L} = 0{,}1$$

> Substitua na Equação (4)
>
> $$0{,}099 = \tfrac{1}{2} c_f (0{,}257\, \mathrm{Re}_L^{1/2})$$
>
> ou $\quad c_f = \dfrac{0{,}77}{\mathrm{Re}_L^{1/2}} \quad \mathrm{Re}_L = \dfrac{UL}{\nu} \qquad$ *Resposta (b)*
>
> Não podemos realmente calcular c_f sem o valor de $U_0 L/\nu$.

7.6 Escoamentos externos experimentais

A teoria da camada-limite é muito interessante e esclarecedora e nos propicia uma grande compreensão qualitativa do comportamento dos escoamentos viscosos, mas por causa da separação do escoamento, a teoria geralmente não permite um cálculo quantitativo do campo completo de escoamento. Em particular, não existe atualmente uma teoria satisfatória para as forças sobre um corpo arbitrário imerso em uma corrente escoando a um número de Reynolds arbitrário, a não ser resultados obtidos por CFD. Logo, a experimentação é a chave para o tratamento dos escoamentos externos.

Literalmente, milhares de publicações na literatura registram dados experimentais sobre escoamentos externos viscosos específicos. Esta Seção fornece uma breve discussão sobre os seguintes problemas de escoamento externo:

1. Arrasto sobre corpos bi e tridimensionais
   a. Corpos rombudos
   b. Corpos carenados (aerodinâmicos)
2. Desempenho de corpos de sustentação
   a. Aerofólios e aviões
   b. Projéteis e corpos com segmentos
   c. Pássaros e insetos

Para leitura adicional, veja a riqueza de dados compilados por Hoerner [12]. Em capítulos posteriores, estudaremos dados sobre aerofólios supersônicos (Capítulo 9), atrito em canais abertos (Capítulo 10) e desempenho de turbomáquinas (Capítulo 11).

Arrasto sobre corpos imersos

Qualquer corpo de qualquer formato, quando imerso em uma corrente de fluido, experimentará forças e momentos oriundos do escoamento. Se um corpo tem forma e orientação arbitrárias, o escoamento irá exercer forças e momentos em relação a todos os três eixos de coordenadas, como mostra a Figura 7.10. É costume escolher um eixo paralelo à corrente livre e positivo a jusante. A força sobre o corpo segundo esse eixo é chamada de *arrasto* e o momento em torno desse eixo é o *momento de rolamento*. O arrasto é essencialmente uma perda de escoamento e deve ser superado se o corpo tiver de se mover contra a corrente.

Uma segunda força, bastante importante, é perpendicular ao arrasto e geralmente realiza uma tarefa útil, tal como sustentar o peso do corpo. É chamada de *sustentação*. O momento em torno do eixo de sustentação é chamado de *momento de guinada*.

A terceira componente, que não representa perda nem ganho, é a *força lateral*, e em torno do seu eixo atua o *momento de arfagem*. Lidar com essa situação tridimensional de forças e momentos é papel mais apropriado para um livro-texto de aerodinâmica [por exemplo, 13]. Aqui, vamos limitar nossa discussão à sustentação e ao arrasto.

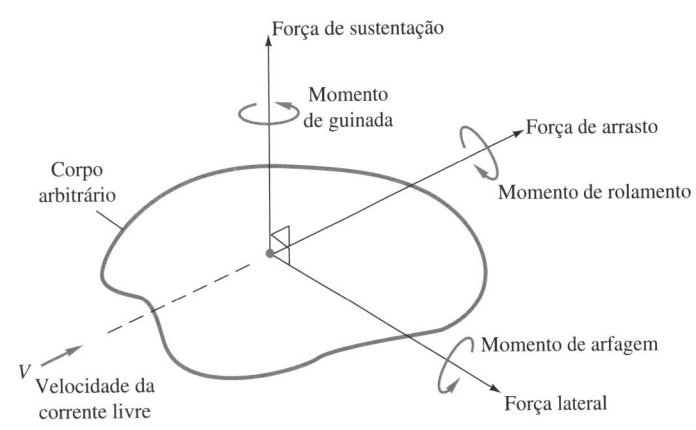

Figura 7.10 Definição de forças e momentos sobre um corpo imerso em um escoamento uniforme.

Quando o corpo tem simetria em relação ao plano de arrasto-sustentação, por exemplo, aviões, navios e carros se movimentando diretamente em uma corrente, a força lateral, a guinada e o rolamento desaparecem, e o problema reduz-se a um caso bidimensional: duas forças, arrasto e sustentação, e um momento, o de arfagem.

Uma simplificação final ocorre frequentemente quando o corpo tem dois planos de simetria, como na Figura 7.11. Uma ampla variedade de formas, tais como cilindros, asas e todos os corpos de revolução, satisfaz esse requisito. Se a corrente livre for paralela à interseção desses dois planos, chamada de *linha da corda principal do corpo*, o corpo sofrerá apenas arrasto, sem sustentação, força lateral ou momentos.[5] Esse tipo de dado degenerado para uma única força, de arrasto, é o que mais comumente se encontra relatado na literatura; mas, em princípio, se a corrente livre não for paralela à linha da corda, o corpo terá uma orientação assimétrica e todas as três forças e três momentos poderão surgir.

No escoamento a baixas velocidades em torno de corpos geometricamente semelhantes, com orientação e rugosidade relativa idênticas, o coeficiente de arrasto deve ser uma função do número de Reynolds do corpo:

$$C_A = f(\text{Re}) \tag{7.60}$$

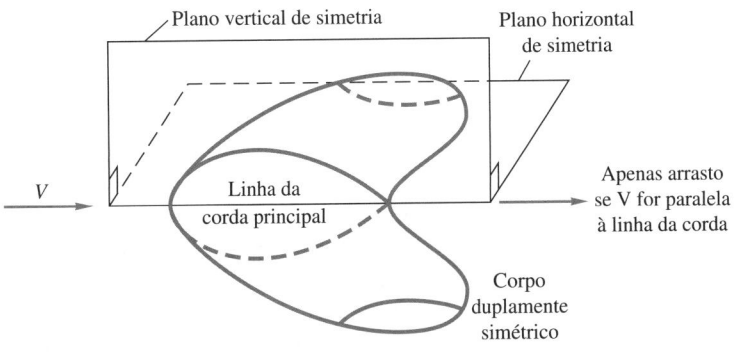

Figura 7.11 Apenas a força de arrasto aparece se o escoamento for paralelo a ambos os planos de simetria.

---

[5]Em corpos com emissão de vórtices, como o cilindro da Figura 5.2, podem existir sustentação, força lateral e momentos *oscilantes*, mas seu valor médio será zero.

O número de Reynolds é baseado na velocidade da corrente livre V e em um comprimento característico L do corpo, geralmente o comprimento da corda do corpo paralela à corrente:

$$\mathrm{Re} = \frac{VL}{\nu} \tag{7.61}$$

Para cilindros, esferas e discos, o comprimento característico é o diâmetro D.

Área característica

Os coeficientes de arrasto são definidos com o emprego de uma área característica que pode diferir dependendo do formato do corpo:

$$\boxed{C_A = \frac{\text{arrasto}}{\frac{1}{2}\rho V^2 A}} \tag{7.62}$$

O fator $\frac{1}{2}$ representa o nosso tradicional tributo a Euler e Bernoulli. Em geral, a área A é de um dos três tipos:

1. *Área frontal*, o corpo visto da corrente; adequada para corpos espessos e rombudos, tais como esferas, cilindros, carros, caminhões, mísseis, projéteis e torpedos.
2. *Área planificada*, o corpo visto de cima: adequada para corpos largos e achatados, tais como asas e hidrofólios.
3. *Área molhada*, usual para superfícies de navios e barcaças.

Ao usar dados de forças de arrasto ou outras forças fluidodinâmicas, é importante notar qual comprimento e qual área estão sendo usados para adimensionalisar os coeficientes medidos.

Arrasto de atrito e arrasto de pressão

Como havíamos mencionado, a teoria do arrasto é frágil e inadequada, exceto para a placa plana. Isso se deve à separação (descolamento) do escoamento. A teoria da camada-limite pode prever o ponto de separação, mas não pode avaliar com precisão a distribuição de pressões (em geral, baixas) na região de descolamento. A diferença entre a alta pressão na região frontal de estagnação e a baixa pressão na região traseira descolada traz uma grande contribuição para o arrasto chamada *arrasto de pressão*. Esse arrasto é acrescentado ao efeito integrado da tensão cisalhante, isto é, ao *arrasto de atrito* do corpo (frequentemente, menor que o de pressão):

$$C_A = C_{A,\text{press}} + C_{A,\text{atr}} \tag{7.63}$$

A contribuição relativa dos arrastos de atrito e de pressão depende da forma do corpo, em especial da sua espessura. A Figura 7.12 mostra dados de arrasto para um cilindro carenado e de largura bastante grande normal ao plano da figura. Para espessura zero, o corpo é uma placa plana e o arrasto de atrito é 100% do total. Para espessura igual ao comprimento da corda, simulando um cilindro circular, o arrasto de atrito é apenas 3% do total. Os arrastos de atrito e de pressão são aproximadamente iguais para a espessura $t/c = 0,25$. Observe que o C_A na Figura 7.12b parece bem diferente quando se baseia na área frontal em vez de se basear na área planificada, que é a escolha usual para esse formato de corpo. As duas curvas na Figura 7.12b representam exatamente os mesmos dados de arrasto.

A Figura 7.13 ilustra o efeito significativo do escoamento separado e o subsequente fracasso da teoria da camada-limite. A distribuição de pressões teóricas não viscosas sobre um cilindro circular (Capítulo 8) está mostrada pela linha tracejada na Figura 7.13c:

$$C_p = \frac{p - p_\infty}{\frac{1}{2}\rho V^2} = 1 - 4\,\mathrm{sen}^2\theta$$

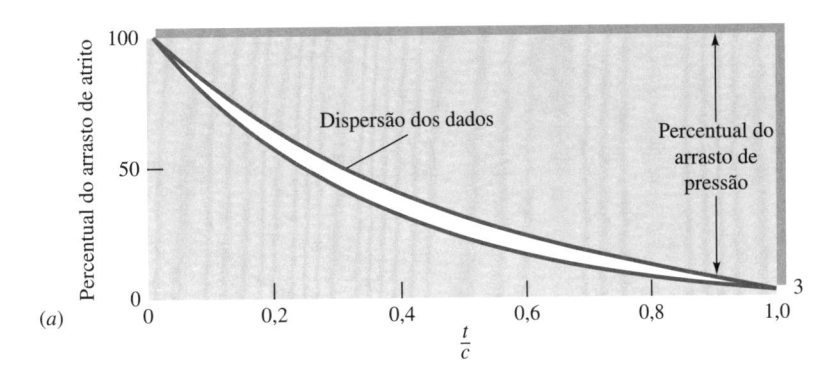

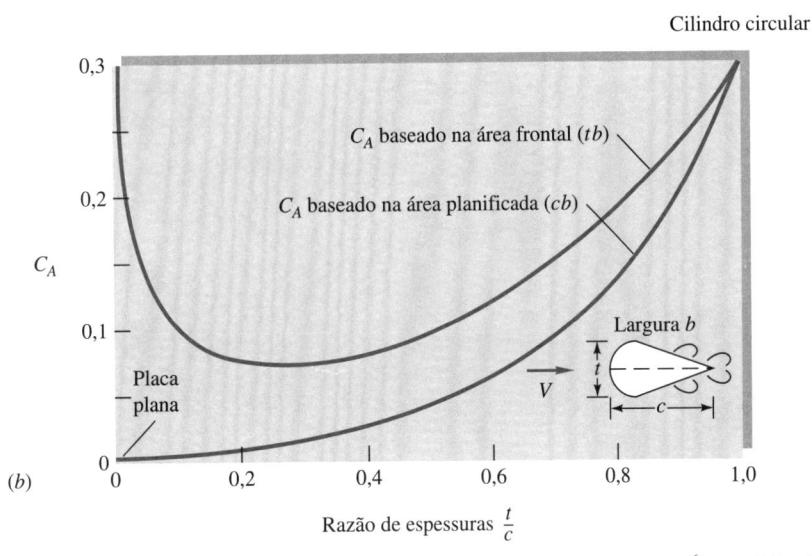

Figura 7.12 Arrasto sobre um cilindro bidimensional carenado para $Re_c = 10^6$: (a) efeito da razão de espessura sobre o percentual de arrasto de atrito; (b) arrasto total *versus* espessura com base em duas áreas diferentes.

em que p_∞ e V são a pressão e a velocidade da corrente livre, respectivamente. As distribuições reais de pressões da camada-limite laminar e turbulenta na Figura 7.13c são drasticamente diferentes daquelas previstas pela teoria. O escoamento laminar é muito vulnerável ao gradiente adverso de pressão na traseira do cilindro e a separação ocorre em $\theta = 82°$, o que certamente não poderia ter sido previsto partindo-se da teoria não viscosa. A ampla esteira e a pressão muito baixa na região de separação laminar causam um grande arrasto, $C_A = 1,2$.

A camada-limite turbulenta na Figura 7.13b é mais resistente, e a separação é retardada até $\theta = 120°$, ocasionando uma esteira resultante menor, uma pressão traseira maior e um arrasto 75% menor, $C_A = 0,3$. Isso explica a queda brusca do arrasto na transição, Figura 5.3.

A mesma diferença marcante entre a separação laminar vulnerável e a separação turbulenta resistente pode ser vista no caso de uma esfera, Figura 7.14. O escoamento laminar (Figura 7.14a) separa-se em torno de 80°, $C_A = 0,5$, enquanto o escoamento turbulento (Figura 7.14b) separa-se em torno de 120°, $C_A = 0,2$. Aqui, os números de Reynolds são exatamente os mesmos e a camada-limite turbulenta é induzida por uma porção com rugosidade de areia no nariz da esfera. As bolas de golfe deslocam-se nessa faixa de números de Reynolds, razão pela qual elas são intencionalmente fabricadas com pequenas cavidades – para induzir uma camada-limite turbulenta e baixar o arras-

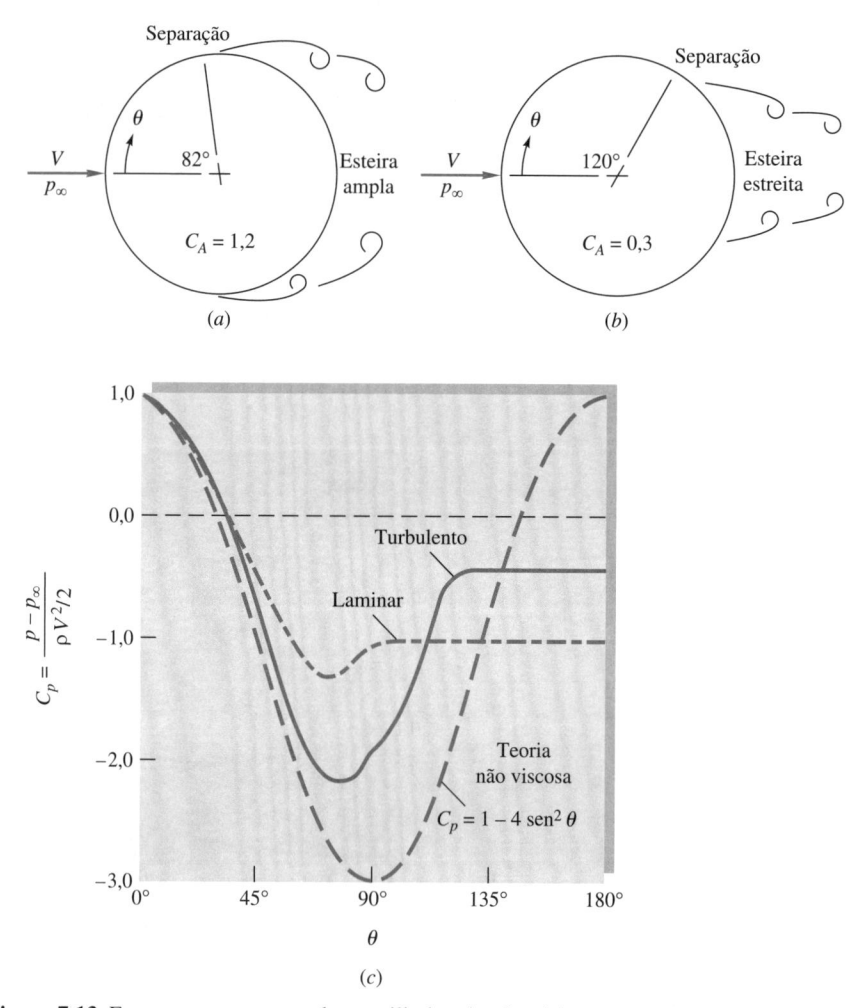

Figura 7.13 Escoamento em torno de um cilindro circular: (a) separação laminar; (b) separação turbulenta; (c) distribuições de pressões teórica e real sobre a superfície do cilindro.

to. Novamente, encontramos uma distribuição de pressões sobre a esfera bem diferente daquela prevista pela teoria não viscosa.

Em geral, não podemos ressaltar suficientemente a importância do uso de linhas aerodinâmicas nos corpos (carenamento) para a redução de arrasto a números de Reynolds acima de 100. Isso está ilustrado na Figura 7.15. O cilindro retangular (Figura 7.15a) tem separação forçada em todas as quinas e um arrasto muito alto. O arredondamento do seu nariz (Figura 7.15b) produz uma redução de arrasto em torno de 45%, mas o C_A é ainda alto. Uma carenagem adicional na traseira, com um bordo de fuga agudo (Figura 7.15c), reduz o arrasto em mais 85%, atingindo-se o mínimo prático para a espessura dada. Servindo como contraste significativo, o cilindro circular da Figura 7.15d tem apenas um oitavo da espessura e um trezentos avos da seção transversal da Figura 7.15c, e ainda assim tem o mesmo arrasto. Para veículos de alto desempenho e outros corpos móveis, a palavra de ordem é redução de arrasto, havendo nesse sentido uma pesquisa intensa e contínua, visando tanto a aplicações aerodinâmicas como hidrodinâmicas [20, 39].

Corpos bidimensionais

O arrasto de alguns corpos representativos de grande envergadura (quase bidimensionais) está mostrado em função do número de Reynolds na Figura 7.16a. Todos os cor-

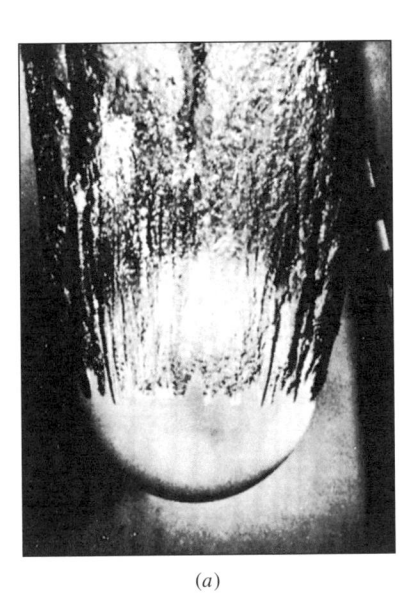

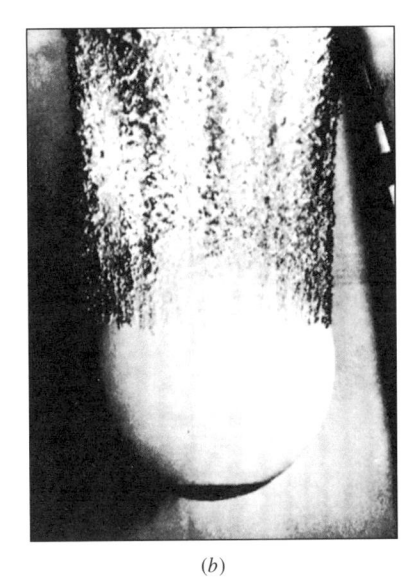

Figura 7.14 Diferenças marcantes entre a separação laminar e a separação turbulenta sobre uma bola de boliche de 8,5 pol (216 mm), penetrando na água a 25 pés/s (7,6 m/s): (*a*) bola lisa, camada-limite laminar; (*b*) mesma entrada, escoamento turbulento induzido por uma porção de rugosidade de areia no nariz da esfera. (*NAVAIR Weapons Division Historical Archives.*)

pos têm alto C_A a números de Reynolds muito baixos (*escoamentos muito lentos*), Re ≤ 1,0, afastando-se para altos números de Reynolds segundo seu grau de carenamento. Todos os valores de C_A estão baseados na área planificada, exceto a placa normal ao escoamento. Os pássaros e o planador, é claro, não são muito bidimensionais, tendo envergaduras de comprimento apenas modesta. Observe que os pássaros não são tão eficientes quanto os planadores ou aerofólios modernos [14, 15].

Escoamento muito lento (*creeping flow*)

Em 1851, G. G. Stokes mostrou que, se o número de Reynolds é bem pequeno, Re ≪ 1, os termos de aceleração nas equações de Navier-Stokes (7.14*b*, *c*) são desprezíveis. O escoamento é dito *muito lento* (*creeping flow*), ou escoamento de Stokes, sendo resultado de um balanço entre gradiente de pressão e tensões viscosas. As equações de conti-

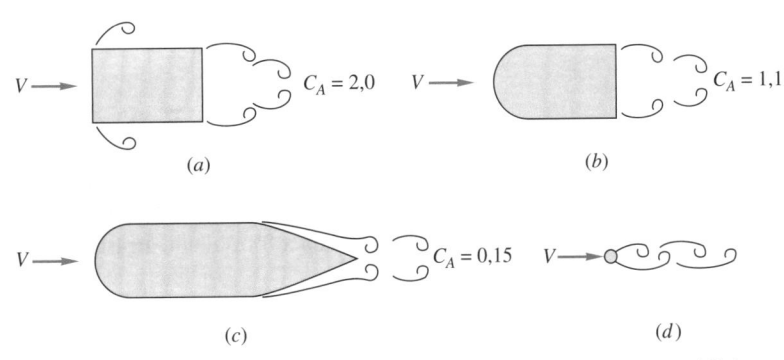

Figura 7.15 A importância do carenamento na redução do arrasto de um corpo (C_A baseado na área frontal): (*a*) cilindro retangular; (*b*) nariz arredondado; (*c*) nariz arredondado e carenagem com bordo de fuga agudo; (*d*) cilindro circular com o mesmo arrasto do caso (*c*).

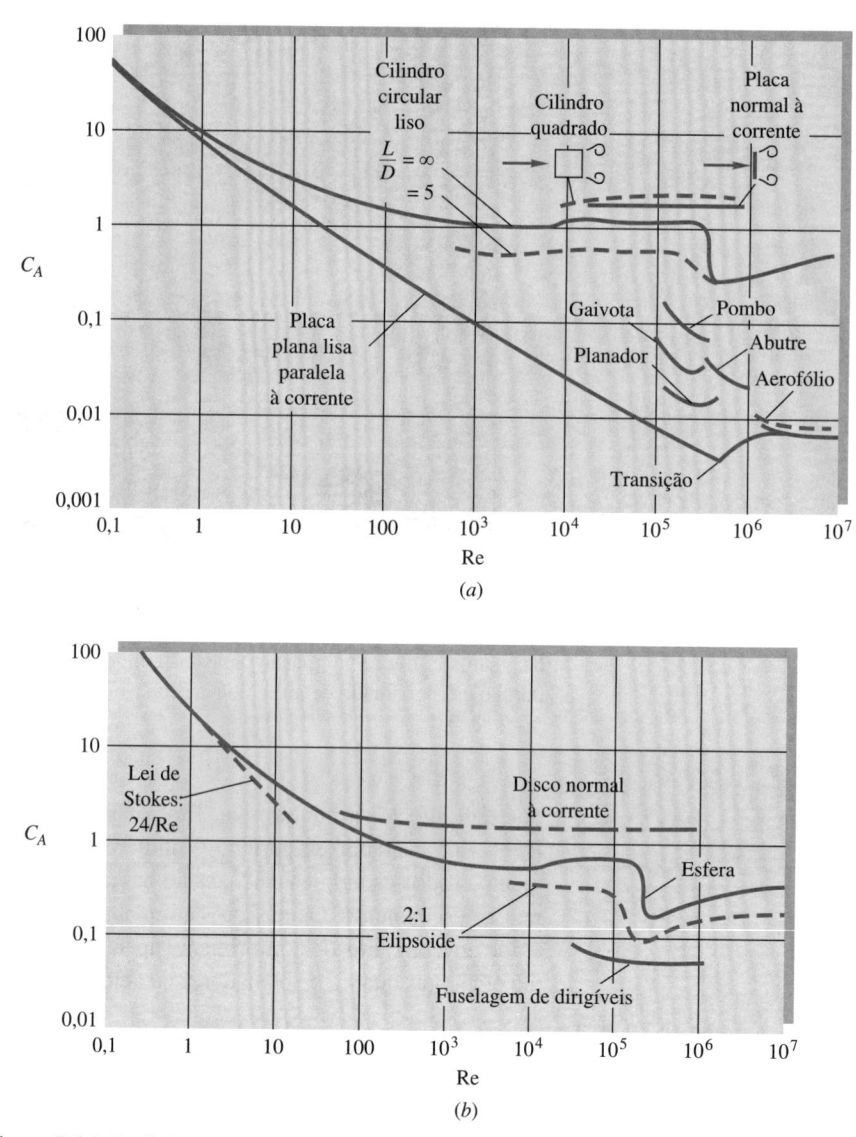

Figura 7.16 Coeficientes de arrasto de corpos lisos a baixos números de Mach: (*a*) corpos bidimensionais; (*b*) corpos tridimensionais. Observe a independência do número de Reynolds dos corpos rombudos a altos Re.

nuidade e de quantidade de movimento reduzem-se a duas equações lineares para a velocidade e a pressão:

$$\text{Re} \ll 1: \quad \nabla \cdot \mathbf{V} = 0 \quad \text{e} \quad \nabla p \approx \mu \nabla^2 \mathbf{V}$$

Para geometrias simples (por exemplo, uma esfera ou um disco), soluções em forma fechada podem ser encontradas e o arrasto sobre o corpo pode ser calculado [2]. O próprio Stokes forneceu a fórmula do arrasto sobre uma esfera:

$$F_{\text{esfera}} = 3\pi \mu U d$$

ou

$$C_A = \frac{F}{\frac{1}{2}\rho U^2 \frac{\pi}{4} d^2} = \frac{24}{\rho U d/\mu} = \frac{24}{\text{Re}_d} \qquad (7.64)$$

Essa relação está representada no gráfico na Figura 7.16*b* e mostra-se precisa para $\text{Re}_d \leq 1$.

A Tabela 7.2 fornece alguns dados de arrasto, baseados na área frontal, para corpos bidimensionais de diversas seções transversais, com Re $\geq 10^4$. Os corpos com quinas vivas, que tendem a provocar a separação do escoamento, não importando o caráter da camada-limite, são insensíveis ao número de Reynolds. Os cilindros elípticos, sendo suavemente arredondados, apresentam o efeito de transição de laminar para turbulento das Figuras 7.13 e 7.14 e, portanto, são bastante sensíveis ao regime laminar ou turbulento da camada-limite.

Tabela 7.2 Arrasto de corpos bidimensionais com Re $\geq 10^4$

Forma	C_A baseado na área frontal	Forma	C_A baseado na área frontal	Forma	C_A baseado na área frontal
Cilindro quadrado:	2,1	Semicilindro:	1,2	Placa:	2,0
(losango)	1,6	(semicilindro invertido)	1,7	Placa fina normal a uma parede:	1,4
Semitubo:	1,2	Triângulo equilátero:	1,6		
(semitubo invertido)	2,3	(triângulo)	2,0	Hexágono:	1,0 / 0,7

Forma	C_A baseado na área frontal

Seção de nariz arredondado:

L/H:	0,5	1,0	2,0	4,0	6,0
C_A:	1,16	0,90	0,70	0,68	0,64

Seção de nariz chato:

L/H:	0,1	0,4	0,7	1,2	2,0	2,5	3,0	6,0
C_A:	1,9	2,3	2,7	2,1	1,8	1,4	1,3	0,9

Cilindro elíptico:

	Laminar	Turbulento
1:1	1,2	0,3
2:1	0,6	0,2
4:1	0,35	0,15
8:1	0,25	0,1

EXEMPLO 7.6

Uma estaca de seção quadrada 152 mm² × 152 mm² é atingida por um escoamento de água a 1,52 m/s, com profundidade de 6,1 m, como mostra a Figura E7.6. Calcule a máxima flexão exercida pelo escoamento na base da estaca.

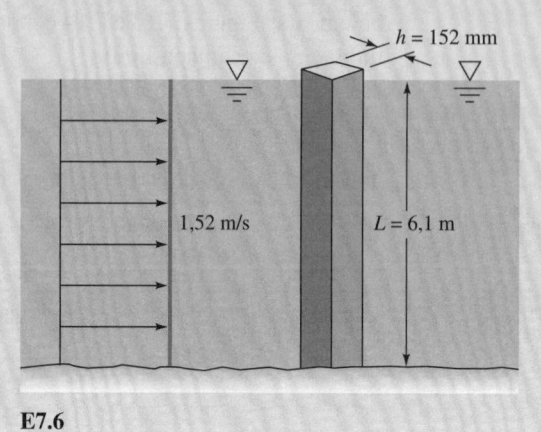

E7.6

Solução

Considere água do mar com $\rho = 1.025$ kg/m³ e viscosidade cinemática $\nu = 1,02$ E-6 m²/s. Com uma largura de estaca de 152 mm, temos

$$\text{Re}_h = \frac{(1,52 \text{ m/s})(0,152 \text{ m})}{1,02 \text{ E-6 m}^2/\text{s}} = 2,3 \times 10^5$$

Esse valor está na faixa de validade da Tabela 7.2. O pior caso ocorre quando o escoamento atinge o lado plano da estaca, $C_A \approx 2,1$. A área frontal é $A = Lh = (6,1 \text{ m})(0,152 \text{ m}) = 0,93$ m². O arrasto é calculado por

$$F = C_A (\tfrac{1}{2}\rho V^2 A) \approx 2,1(\tfrac{1}{2})(1.025 \text{ kg/m}^3)(1,52 \text{ m/s})^2 (0,93 \text{ m}^2) = 2.313 \text{ N}$$

Se o escoamento for uniforme, o centro dessa força deverá estar aproximadamente à meia profundidade. Logo, o momento fletor na base será

$$M_0 \approx \frac{FL}{2} = \frac{2.313 \cdot 6,1}{2} = 7.055 \text{ N·m} \qquad \textit{Resposta}$$

Segundo a fórmula de flexão da resistência dos materiais, a tensão de flexão na base seria

$$\sigma_F = \frac{M_0 y}{I} = \frac{(7.055 \text{ N.m})(0,076 \text{ m})}{\frac{1}{12}(0,152 \text{ m})^4} = 12.053.620 \text{ N/m}^2 = 12 \text{ MPa}$$

a ser multiplicada, é claro, pelo fator de concentração de tensões devido às condições inerentes de extremidade.

Corpos tridimensionais Alguns coeficientes de arrasto de corpos tridimensionais estão listados na Tabela 7.3 e na Figura 7.16b. Novamente, podemos concluir que as quinas vivas sempre causam separação do escoamento e um alto arrasto, que é insensível ao número de Reynolds. Corpos arredondados, como o elipsoide, têm arrasto que depende do ponto de separação, de modo que tanto o número de Reynolds como o caráter da camada-limite são importantes. Em geral, o comprimento do corpo irá diminuir o arrasto de pressão, fazendo o corpo relativamente mais esbelto, porém, mais cedo ou mais tarde, o arrasto de atrito irá alcançá-lo. Para o cilindro de face achatada da Tabela 7.3, o arrasto de pressão decresce com L/d, mas o atrito aumenta, tal que um arrasto mínimo ocorre em torno de $L/d = 2$.

Tabela 7.3 Arrasto de corpos tridimensionais com Re ≥ 10^4

Corpo	C_A baseado na área frontal	Corpo	C_A baseado na área frontal						
Cubo:	1,07	Cone [60]:	θ:	10°	20°	30°	40°	60°	75°	90°
			C_A:	0,30	0,40	0,55	0,65	0,80	1,05	1,15
	0,81	Cilindro curto, escoamento laminar:	L/D:	1	2	3	5	10	20	40	∞
			C_A:	0,64	0,68	0,72	0,74	0,82	0,91	0,98	1,20
Concha:	1,4									
	0,4	Antena parabólica porosa [23]:	Porosidade:	0	0,1	0,2	0,3	0,4	0,5
			← C_A:	1,42	1,33	1,20	1,05	0,95	0,82
			→ C_A:	0,95	0,92	0,90	0,86	0,83	0,80
Disco:	1,17	Pessoa mediana:	$C_A A \approx 0{,}836\ m^2$ $\quad$ $C_A A \approx 0{,}112\ m^2$
Paraquedas (baixa porosidade):	1,2	Pinheiros e abetos (árvores) [24]:	U, m/s:	10	20	30	40
			C_A:	1,2 ± 0,2	1,0 ± 0,2	0,7 ± 0,2	0,5 ± 0,2
Trem carenado (cerca de 5 vagões): $C_D A \approx 8{,}5\ m^2$		Caminhão com cavalo mecânico e baú:	Sem defletor: 0,96; com defletor: 0,76
Bicicleta:			

Postura ereta: $C_D A = 0{,}51\ m^2$; Postura de corrida: $C_D A = 0{,}30\ m^2$

Corpo	Razão	C_A baseado na área frontal		Corpo	Razão	C_A baseado na área frontal
Placa retangular:	b/h 1	1,18		Cilindro de face achatada:	L/d 0,5	1,15
	5	1,2			1	0,90
	10	1,3			2	0,85
	20	1,5			4	0,87
	∞	2,0			8	0,99
		Laminar	**Turbulento**			
Elipsoide:	L/d 0,75	0,5	0,2	Esfera flutuante ascendente [50]: $C_A \approx 0{,}95$		
	1	0,47	0,2	$135 < Re_d < 1E5$		
	2	0,27	0,13			
	4	0,25	0,1			
	8	0,2	0,08			

Esferas leves flutuantes ascendentes

Os dados de esfera na Figura 7.16*b* referem-se a modelos fixos em túneis de vento e a ensaios com esferas em queda. Esses dados indicam um coeficiente de arrasto de cerca de 0,5, na faixa 1E3 < Re_d < 1E5. Recentemente [50], salientou-se que esse *não* é o caso de uma esfera ou bolha que ascende livremente. Se a esfera é leve, ρ_{esfera} < 0,8 ρ_{fluido}, surge uma instabilidade na esteira, na faixa 135 < Re_d < 1E5. A esfera, então, sobe em movimento espiralado, a um ângulo em torno de 60° com a horizontal. O coeficiente de arrasto praticamente dobra, com um valor médio $C_A \approx 0,95$, conforme a Tabela 7.3 [50]. Para um corpo mais pesado, $\rho_{esfera} \approx \rho_{fluido}$, a esfera flutuante sobe verticalmente e o coeficiente de arrasto segue a curva padrão na Figura 7.16*b*.

EXEMPLO 7.7

De acordo com a Referência 12, o coeficiente de arrasto de um dirigível, com base na área de superfície molhada, é aproximadamente 0,006 para $Re_L > 10^6$. Certo dirigível tem 75 m de comprimento e uma área de superfície molhada de 3.400 m². Calcule a potência necessária para propelir esse dirigível a 18 m/s a uma altitude padrão de 1.000 m.

Solução

- *Hipóteses:* Esperamos que o número de Reynolds seja alto o suficiente para que os dados fornecidos sejam válidos.
- *Abordagem:* Verifique se $Re_L > 10^6$ e, sendo o caso, calcule o arrasto e a potência necessários.
- *Valores das propriedades:* Tabela A.6 para z = 1.000 m: ρ = 1,112 kg/m³, T = 282 K, logo $\mu \approx$ 1,75E-5 kg/(m · s).
- *Passos da solução:* Determine o número de Reynolds do dirigível:

$$Re_L = \frac{\rho U L}{\mu} = \frac{(1,112 \text{ kg/m}^3)(18 \text{ m/s})(75 \text{ m})}{1,75\text{E-}5 \text{ kg/m·s}} = 8,6\text{E}7 > 10^6 \quad \text{OK}$$

O coeficiente de arrasto fornecido é válido. Calcule o arrasto do dirigível e a potência = (arrasto) × (velocidade):

$$F = C_A \frac{\rho}{2} U^2 A_{molhada} = (0,006)\frac{1,112 \text{ kg/m}^3}{2}(18 \text{ m/s})^2 (3.400 \text{ m}^2) = 3.675 \text{ N}$$

$$\text{Potência} = FV = (3.675 \text{ N})(18 \text{ m/s}) = 66.000 \text{ W} \quad (89 \text{ hp}) \quad \textit{Resposta}$$

- *Comentários:* Essas estimativas são nominais. O arrasto depende muito do formato do corpo e do número de Reynolds, e o coeficiente de arrasto $C_A = 0,006$ apresenta uma incerteza considerável.

Forças aerodinâmicas sobre veículos de rodagem

Automóveis e caminhões são hoje objeto de muita pesquisa sobre forças aerodinâmicas, tanto de sustentação quanto de arrasto [21]. Pelo menos um livro-texto é dedicado ao assunto [22]. Katz [51] fornece uma descrição bastante agradável de ler do arrasto sobre carros de corrida. O interesse de consumidores, fabricantes e governos tem se alternado entre alta velocidade/alta potência e menor velocidade/menor arrasto. Ao longo dos anos, a melhoria das formas aerodinâmicas tem trazido um grande decréscimo no coeficiente de arrasto dos carros, como mostra a Figura 7.17*a*. Os carros modernos têm um coeficiente de arrasto médio em torno de 0,25, com base na área frontal. Como a área frontal também diminuiu significativamente, a *força* de arrasto bruta real sobre os carros diminuiu ainda mais do que o indicado na Figura 7.17*a*. O mínimo teórico indicado na figura, $C_A \approx 0,15$, vale aproximadamente para um automóvel comercial, mas valores menores são possíveis para veículos experimentais, ver o Problema P7.109. Observe que basear C_A na área frontal é inconveniente, pois seria necessário um desenho preciso do automóvel para avaliar sua área frontal. Por essa razão, alguns artigos técnicos simplesmente reportam o arrasto bruto em newtons ou em libra-força, ou então o produto $C_A A$.

Muitas empresas e laboratórios possuem túneis de vento automotivos, alguns em escala natural e/ou com pisos móveis para aproximar a semelhança cinemática real. A forma rombuda da maioria dos automóveis, junto com a sua proximidade do solo, causa uma grande variedade de efeitos geométricos e de escoamento. Simples alterações parciais de forma podem exercer uma grande influência sobre as forças aerodinâmicas. A Figura 7.17b mostra os dados de força obtidos por Bearman et al. [25] para uma forma idealizada de automóvel liso com um chanfro na parte traseira da seção de fundo. Vemos que, pelo simples acréscimo de um ângulo de chanfro de 25°, podemos quadruplicar a força de sustentação (para baixo), ganhando tração nos pneus, a custa de duplicar o arrasto. Para esse estudo, o efeito do piso móvel foi pequeno – um aumento de cerca de 10% tanto no arrasto como na sustentação, comparado com um piso fixo.

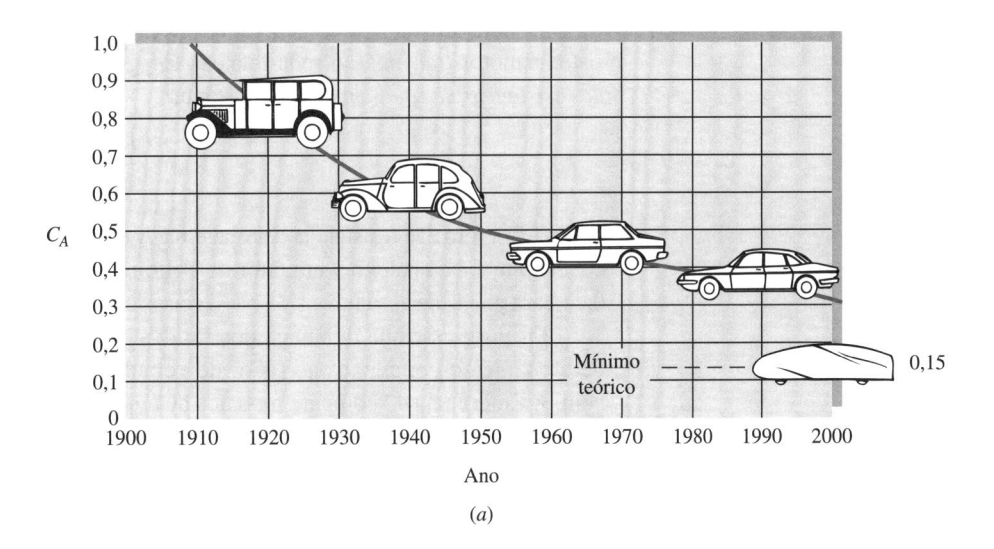

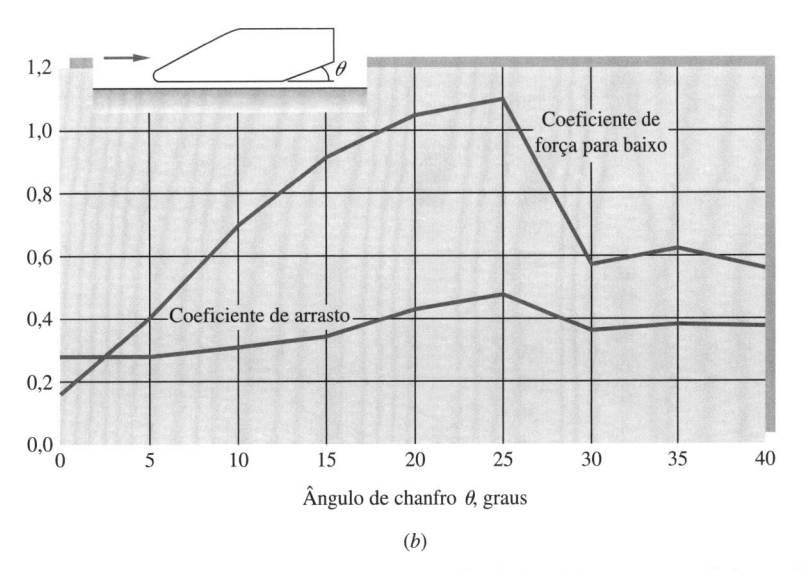

Figura 7.17 Aerodinâmica de automóveis: (*a*) tendência histórica para os coeficientes de arrasto [da Referência 21]; (*b*) efeito do chanfro do fundo na parte traseira sobre o arrasto e a força de sustentação para baixo [*da Referência* 25].

É difícil quantificar o efeito exato das alterações geométricas sobre as forças automotivas, uma vez que, por exemplo, mudanças no formato do parabrisa podem interagir com o escoamento a jusante sobre o teto e sobre a traseira. Todavia, com base em correlações de muitos modelos e testes em escala natural, a Referência 26 propõe uma fórmula para o arrasto de automóveis que contabiliza efeitos separados, tais como partes dianteiras, capotas, paralamas, parabrisas, tetos e partes traseiras.

A Figura 7.18*a* mostra a potência requerida para conduzir um caminhão típico, com cavalo mecânico e baú. Uma aproximação é que a resistência de rolagem aumenta linearmente e o arrasto do ar aumenta quadraticamente com a velocidade. Esses dois são aproximadamente iguais para a velocidade de 55 mi/h (89 km/h). A Figura 7.18*b* mostra que o arrasto do ar pode ser reduzido, instalando-se um defletor aerodinâmico no alto da cabine. Se o ângulo do defletor for ajustado para conduzir o escoamento suavemente sobre o topo do baú e em torno de suas laterais, a redução no C_A fica em torno de 20%. Esse tipo de engenharia de fluidos aplicada é muito importante em problemas modernos de transporte rodoviário [58].

O efeito da velocidade sobre a resistência de rolagem é devido principalmente ao sistema motor-transmissão-roda-mancal. Em geral, os pneus apresentam um *coeficiente de resistência de rolagem* quase constante,

$$C_{rr} = \frac{F_{rr}}{N}$$

onde F_{rr} é a força de resistência de rolagem e N é a força normal sobre os pneus [61]. Esse coeficiente C_{rr} é análogo a um fator de atrito sólido, mas é bem menor: cerca de 0,01 a 0,04 para pneus de automóveis de passageiros e 0,006 a 0,01 para pneus de caminhões.

Os progressos na dinâmica dos fluidos computacional possibilitam que campos de escoamento complexos ao redor de veículos possam ser previstos razoavelmente bem. A Referência 42 compara modelos de turbulência de uma equação e de duas equações [9] com dados da NASA para um modelo simplificado de cavalo mecânico e baú. Mesmo com dois milhões de pontos de malha, o valor previsto para o arrasto do veículo é de 20% a 50% maior do que nas medições. Os modelos de turbulência não reproduzem bem as pressões e a estrutura da esteira na parte traseira do veículo. Modelos mais recentes, como a Simulação de Grandes Escalas (LES – do inglês *Large Eddy Simula-*

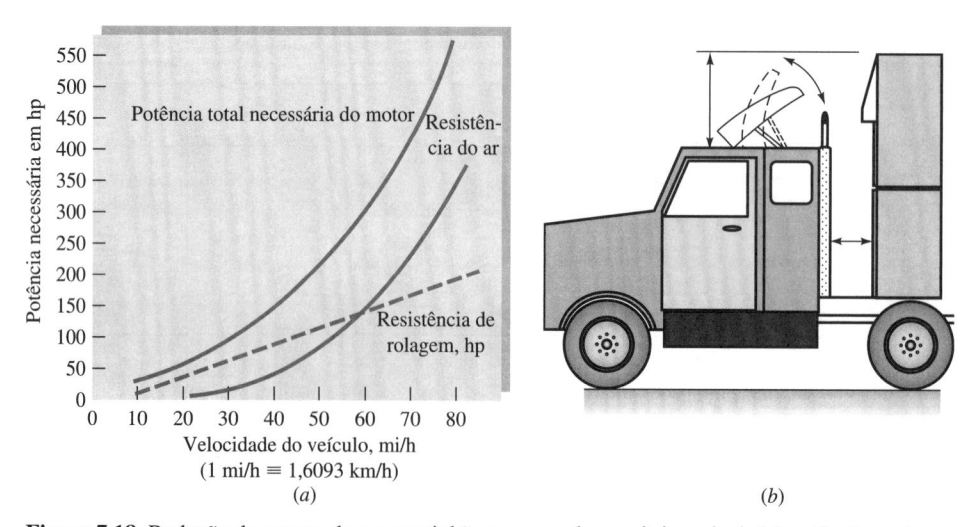

Figura 7.18 Redução de arrasto de um caminhão com cavalo mecânico e baú: (*a*) potência em hp requerida para vencer a resistência; (*b*) um defletor instalado sobre a cabine reduz a resistência do ar em 20%.

tion) e a Simulação Numérica Direta (DNS – do inglês *Direct Numerical Simulation*), irão sem dúvida melhorar os resultados.

EXEMPLO 7.8

Um carro de alta velocidade com $m = 2.000$ kg, $C_A = 0{,}3$ e $A = 1$ m² libera um paraquedas de 2 m para reduzir a velocidade a partir da velocidade inicial de 100 m/s (Figura E7.8). Considerando um C_A constante, freios livres e resistência de rolagem desprezível, calcule a distância e a velocidade do carro após 1, 10, 100 e 1.000 s. Para o ar, admita $\rho = 1{,}2$ kg/m³ e despreze a interferência entre a esteira do carro e o paraquedas.

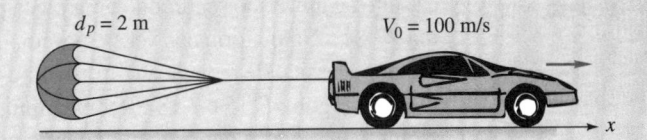

$d_p = 2$ m $V_0 = 100$ m/s

E7.8

Solução

A segunda lei de Newton aplicada na direção do movimento fornece

$$F_x = m\frac{dV}{dt} = -F_c - F_p = -\frac{1}{2}\rho V^2 (C_{Ac} A_c + C_{Ap} A_p)$$

em que o subscrito c denota o carro e p denota o paraquedas. A equação é da forma

$$\frac{dV}{dt} = -\frac{K}{m}V^2 \qquad K = \sum C_A A \frac{\rho}{2}$$

Separe as variáveis e integre:

$$\int_{V_0}^{V} \frac{dV}{V^2} = -\frac{K}{m}\int_0^t dt$$

ou

$$V_0^{-1} - V^{-1} = -\frac{K}{m}t$$

Rearrume e resolva para a velocidade V:

$$V = \frac{V_0}{1 + (K/m)V_0 t} \qquad K = \frac{(C_{Ac}A_c + C_{Ap}A_p)\rho}{2} \qquad (1)$$

Podemos integrar essa expressão para encontrar a distância percorrida:

$$S = \frac{V_0}{\alpha}\ln(1 + \alpha t) \qquad \alpha = \frac{K}{m}V_0 \qquad (2)$$

Vamos agora obter alguns números. Da Tabela 7.3, $C_{Ap} \approx 1{,}2$; então

$$C_{Ac}A_c + C_{Ap}A_p = 0{,}3(1\text{ m}^2) + 1{,}2\frac{\pi}{4}(2\text{ m})^2 = 4{,}07\text{ m}^2$$

Portanto $\dfrac{K}{m}V_0 = \dfrac{\frac{1}{2}(4{,}07\text{ m}^2)(1{,}2\text{ kg/m}^3)(100\text{ m/s})}{2.000\text{ kg}} = 0{,}122\text{ s}^{-1} = \alpha$

Faça agora uma tabela dos resultados para V e S das Equações (1) e (2):

t, s	1	10	100	1000
V, m/s	89	45	7,6	0,8
S, m	94	654	2.10	3.940

Sozinha, a resistência do ar não fará um corpo parar completamente, se você não acionar os freios.

Outros métodos de redução do arrasto

Às vezes, o arrasto é desejável, como, por exemplo, quando se usa um paraquedas. Nunca salte de um avião segurando uma placa plana paralela ao seu movimento (ver Problema P7.81). Na maioria das vezes, porém, o arrasto é indesejável e deve ser reduzido. O método clássico de redução do arrasto consiste no uso de *linhas aerodinâmicas* (carenamento) (Figuras 7.15 e 7.18). Por exemplo, carenagens frontais e painéis laterais produziram motocicletas que podem viajar acima de 320 km/h. Pesquisas mais recentes desvendaram outros métodos bastante promissores, principalmente para escoamentos turbulentos.

1. Em oleodutos, é introduzida uma *camada anular* de água para reduzir a potência de bombeamento [36]. A água de baixa viscosidade fica junto à parede e reduz o atrito em até 60%.
2. O atrito turbulento em escoamentos de líquidos é reduzido em até 60%, por se dissolverem pequenas quantidades de *aditivos com polímeros de alto peso molecular* [37]. Sem mudar as bombas, o sistema de oleodutos Trans-Alaska aumentou o escoamento de óleo em 50%, injetando pequenas quantidades de polímeros dissolvidos em querosene.
3. *Microrranhuras superficiais em V*, alinhadas com o escoamento, reduzem o atrito turbulento em até 8% [38]. Essas ranhuras têm alturas da ordem de 1 mm e foram usadas no casco do iate *Stars and Stripes*, durante as regatas da *Americas Cup*. As ranhuras também são eficazes em revestimentos de avião.
4. Pequenos *dispositivos para quebra de grandes turbilhões* (LEBU, *large-eddy breakup devices*), próximos à parede, reduzem o atrito turbulento local em até 10% [39]. Entretanto, é necessário acrescentar essas pequenas estruturas à superfície e o arrasto do LEBU pode ser significativo.
5. *Microbolhas* de ar injetadas na parede de um escoamento de água cria uma cobertura de bolhas de baixo cisalhamento [40]. Para altas frações de vazio, a redução de atrito pode ser de 80%.
6. *Oscilações da parede* na direção transversal podem reduzir o atrito em até 30% [41].
7. *Controle ativo do escoamento*, em especial de escoamentos turbulentos, é a tendência do futuro, conforme a revisão da Referência 47. Em geral, tais métodos necessitam de gastos de energia, mas isso pode valer a pena. Por exemplo, uma injeção tangencial de ar na traseira de um automóvel [48] provoca o *efeito Coanda*, no qual o escoamento descolado da esteira próxima recola-se na superfície do corpo e reduz o arrasto em até 10%.

Redução de arrasto é atualmente uma área de pesquisa intensa e fecunda, tendo aplicações em muitos tipos de escoamentos de ar [39, 53] e água, tanto em veículos como em condutos.

Arrasto de superfície em navios

Os dados de arrasto fornecidos até aqui, como nas Tabelas 7.2 e 7.3, referem-se a corpos "totalmente imersos" em uma corrente livre, isto é, sem superfície livre. Se, no entanto, o corpo se desloca sobre ou próximo a uma superfície livre líquida, o *arrasto de formação de ondas* torna-se importante e é dependente tanto do número de Reynolds como do número de Froude. Para se mover por uma superfície de água, um navio deve criar ondas sobre ambos os lados. Isso implica fornecer energia para a superfície da água e requer uma força de arrasto finita para manter o movimento do navio, mesmo em um fluido sem atrito. O arrasto total sobre um navio pode ser aproximado pela soma do arrasto de atrito e do arrasto de formação de ondas:

$$F \approx F_{atr} + F_{onda} \quad \text{ou} \quad C_A \approx C_{A,atr} + C_{A,onda}$$

O arrasto de atrito pode ser avaliado pela fórmula da placa plana (turbulenta), Equação (7.45), baseada na *área molhada* do navio.

A Referência 27 traz uma revisão interessante da teoria e experimentação para o arrasto de formação de ondas. Falando de modo geral, a proa do navio cria um sistema de ondas cujo comprimento de onda está relacionado com a velocidade, mas não necessariamente com o comprimento do navio. Se a popa do navio corresponde a um *vale* da onda, o navio essencialmente está subindo em relação à superfície e tem um alto arrasto de onda. Se a popa corresponde a uma *crista* da onda, o navio está quase nivelado e tem menor arrasto. O critério para essas duas condições resulta em certos números de Froude aproximados [27]:

$$\text{Fr} = \frac{V}{\sqrt{gL}} \approx \frac{0{,}53}{\sqrt{N}} \quad \begin{array}{l} \text{alto arrasto se } N = 1, 3, 5, 7, \ldots; \\ \text{baixo arrasto se } N = 2, 4, 6, 8, \ldots \end{array} \quad (7.65)$$

em que V é a velocidade do navio, L é o comprimento do navio ao longo da linha de centro e N é o número de semicomprimentos de onda, da proa a popa, do sistema de ondas gerador de arrasto. O arrasto de onda irá crescer com o número de Froude e oscilar entre arrasto mais baixo (Fr $\approx$ 0,38, 0,27, 0,22, . . .) e arrasto mais alto (Fr $\approx$ 0,53, 0,31, 0,24, . . .) com variação desprezível para Fr $<$ 0,2. Logo, é melhor projetar um navio para velocidades de cruzeiro correspondentes a N = 2, 4, 6, 8. A forma da proa e da popa pode reduzir ainda mais o arrasto de formação de ondas.

A Figura 7.19 mostra os dados de Inui [27] para um modelo de navio. O casco principal, curva *A*, mostra picos e vales no arrasto de onda para os números de Froude $>$ 0,2. A introdução de uma saliência em forma de *bulbo* sobre a proa, curva *B*, resulta em uma boa redução do arrasto. Acrescentar um segundo bulbo à popa, curva *C*, é ainda melhor, e Inui recomenda que a velocidade de projeto para esse navio com dois bulbos seja N = 4, Fr $\approx$ 0,27, que é quase a condição "sem ondas". Nessa figura, $C_{A,onda}$ é definido como $2F_{onda}/(\rho V^2 L^2)$ em vez de usar a área molhada.

As curvas cheias na Figura 7.19 estão baseadas na teoria de escoamento potencial aplicada ao formato de casco submerso. O Capítulo 8 é uma introdução à teoria de escoamento potencial. Os computadores modernos podem ser programados para calcular soluções numéricas do escoamento potencial sobre cascos de navios, submarinos, iates e veleiros, incluindo os efeitos das camadas-limite guiadas pelo escoamento potencial [28]. Assim, as previsões teóricas do escoamento em torno de superfícies de navio atingem atualmente um nível razoavelmente alto. Ver também Referência 15.

Arrasto de corpos a altos números de Mach

Todos os dados apresentados até agora são de escoamentos quase incompressíveis, com números de Mach considerados menores que 0,3, aproximadamente. Além desse valor, a compressibilidade pode ser muito importante com C_A = f(Re, Ma). À medida que o número de Mach da corrente aumenta para algum valor subsônico $\text{Ma}_{\text{crít}} < 1$, que depende do formato e da espessura do corpo, a velocidade local em algum ponto próximo à superfície do corpo torna-se sônica. Se Ma aumentar além de $\text{Ma}_{\text{crít}}$, ondas de choque se formarão, se intensificarão e se espalharão, aumentando as pressões superfi-

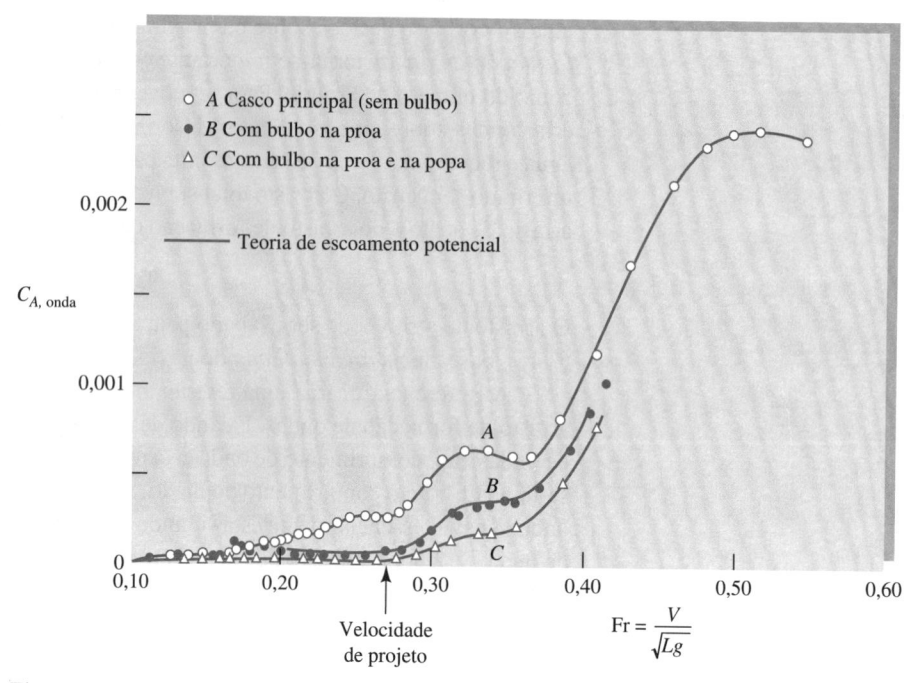

Figura 7.19 Arrasto de formação de ondas sobre um modelo de navio. (*Segundo Inui [27].*)
Nota: o coeficiente de arrasto está definido como $C_{A\,\text{onda}} = 2F/(\rho V^2 L^2)$.

ciais próximas à região frontal do corpo e, desse modo, o arrasto de pressão. O efeito pode ser significativo, com C_A aumentando em até 10 vezes, e há 70 anos esse aumento brusco era chamado de *barreira sônica*, implicando que ela não poderia ser superada. Ela pode, é claro – o aumento de C_A é finito, como as balas supersônicas provaram há séculos.

A Figura 7.20 mostra o efeito do número de Mach sobre o coeficiente de arrasto de vários formatos de corpo testados em ar.[6] Vemos que a compressibilidade afeta antes os corpos rombudos, com $\text{Ma}_{\text{crít}}$ igual a 0,4 para cilindros, 0,6 para esferas e 0,7 para aerofólios e projéteis pontiagudos. Também o número de Reynolds (escoamento com camada-limite laminar *versus* camada-limite turbulenta) tem um grande efeito abaixo de $\text{Ma}_{\text{crít}}$ para esferas e cilindros, mas deixa de ter importância acima de $\text{Ma} \approx 1$. Em contraste, o efeito do número de Reynolds é pequeno para aerofólios e projéteis e não está mostrado na Figura 7.20. Uma declaração geral pode classificar assim os efeitos dos números de Reynolds e de Mach:

Ma ≤ 0,3: o número de Reynolds é importante; o número de Mach não é importante

0,3 < Ma < 1: tanto o número de Reynolds como o número de Mach são importantes

Ma > 1,0: o número de Reynolds não é importante; o número de Mach é importante

A velocidades supersônicas, uma grande *onda de choque frontal* (destacada) forma-se a montante do corpo (ver Figuras 9.10*b* e 9.19) e o arrasto deve-se principalmente às altas pressões induzidas pelo choque frontal. O afilamento da parte frontal pode reduzir bastante o arrasto (Figura 9.28), mas não pode eliminar o choque frontal. O Capítulo 9 fornece um breve tratamento do escoamento compressível. As Referên-

---

[6]Há um leve efeito da razão de calores específicos *k* que apareceria se outros gases fossem testados.

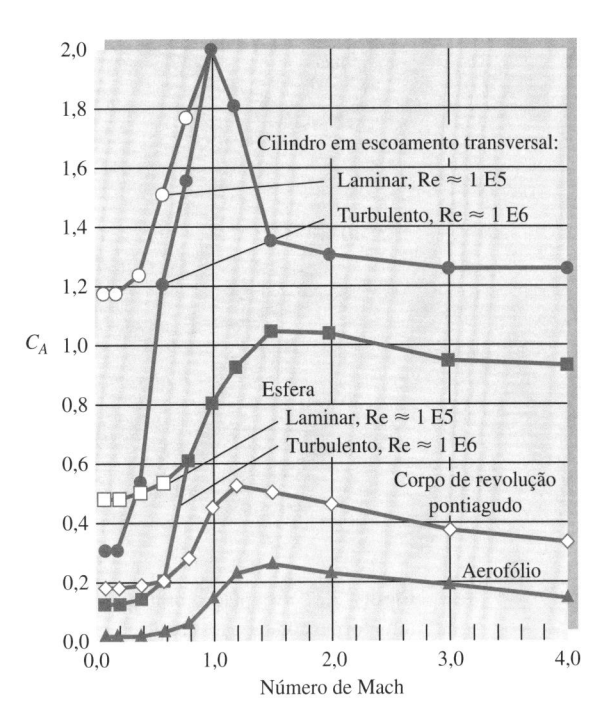

Figura 7.20 Efeito do número de Mach sobre o arrasto de vários formatos de corpo. (*Dados das Referências 23 e 29.*)

cias 30 e 31 são livros-texto mais avançados dedicados inteiramente ao escoamento compressível.

Redução biológica de arrasto

Uma boa dose de esforço de engenharia é aplicada no projeto de corpos imersos para reduzir o seu arrasto. Grande parte desse esforço se concentra em corpos de formato rígido. Um processo diferente ocorre na natureza, quando organismos se adaptam para sobreviver a correntes e ventos intensos, como relata S. Vogel em uma série de artigos [33, 34]. Um bom exemplo é o de uma árvore, cuja estrutura flexível lhe permite reconfigurar-se sob ventos intensos e, assim, reduzir o arrasto e os danos. Os sistemas de raízes das árvores evoluíram de várias maneiras para resistir aos momentos de flexão induzidos pelo vento, e as seções transversais dos troncos tornaram-se resistentes à flexão, mas relativamente fáceis de torcer e se reconfigurar. Vemos isso na Tabela 7.3, em que os coeficientes de arrasto de árvores [24] decrescem 60% à medida que a velocidade do vento aumenta. A forma das árvores muda para oferecer menor resistência.

Os galhos e as folhas individuais de uma árvore também se enrolam e se aglomeram para reduzir o arrasto. A Figura 7.21 mostra os resultados de experimentos realizados em túnel de vento por Vogel [33]. Uma folha de magnólia, Figura 7.21*a*, ampla e aberta sob um vento fraco, enrola-se em uma forma cônica de baixo arrasto à medida que o vento aumenta. Um grupo de folhas de nogueira, Figura 7.21*b*, aglomera-se em uma forma de baixo arrasto para ventos de alta velocidade. Embora os coeficientes de arrasto sejam reduzidos em até 50% pela flexibilidade, Voguel salienta que, às vezes, as estruturas rígidas são igualmente eficazes. Recentemente, um interessante simpósio [35] foi inteiramente dedicado à mecânica dos sólidos e à mecânica dos fluidos de organismos biológicos.

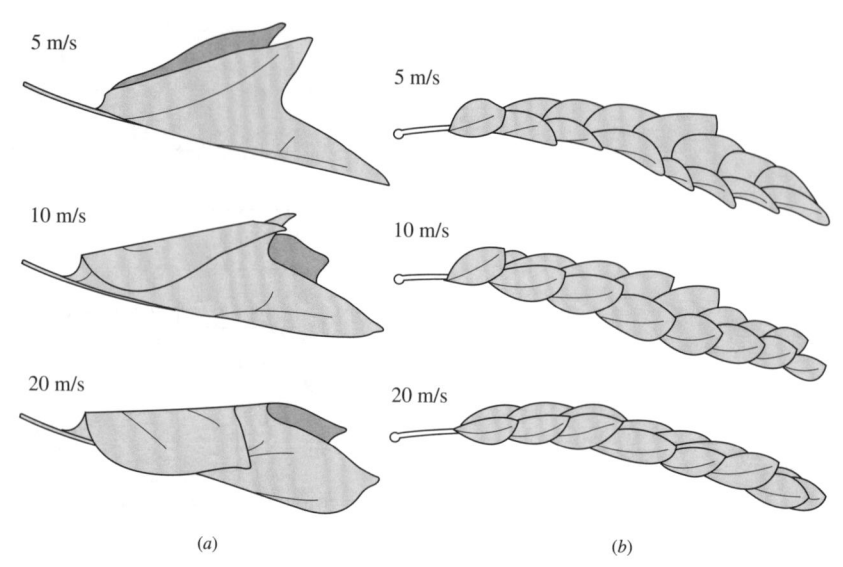

Figura 7.21 Adaptação biológica às forças do vento: (*a*) uma folha de magnólia enrola-se em uma forma cônica para altas velocidades; (*b*) um grupo de folhas de nogueira aglomera-se em uma forma de baixo arrasto à medida que o vento aumenta. (*Segundo Vogel, Referência 33.*)

Forças sobre corpos de sustentação

Corpos de sustentação (aerofólios, hidrofólios e aletas) são concebidos para fornecer uma grande força normal à corrente livre e um arrasto tão pequeno quanto possível. A prática convencional de projeto evoluiu para uma forma não muito diferente do formato das asas dos pássaros, isto é, relativamente fina ($t/c \leq 0{,}24$), com um bordo de ataque arredondado e um bordo de fuga agudo. Uma forma típica está esboçada na Figura 7.22.

Para os nossos propósitos, vamos considerar que o corpo seja simétrico, como na Figura 7.11, com a velocidade da corrente livre no plano vertical. Se a linha da corda entre os bordos de ataque e de fuga não for uma linha de simetria, diremos que o aerofólio é *arqueado*. A linha de arqueamento é a linha média entre as superfícies superior e inferior da aleta.

O ângulo entre a corrente livre e a linha da corda é chamado de *ângulo de ataque* α. A sustentação F_S e o arrasto F_A variam com esse ângulo. As forças adimensionais são definidas com relação à área planificada $A_p = bc$:

Coeficiente de sustentação:
$$C_S = \frac{F_S}{\frac{1}{2}\rho V^2 A_p} \tag{7.66a}$$

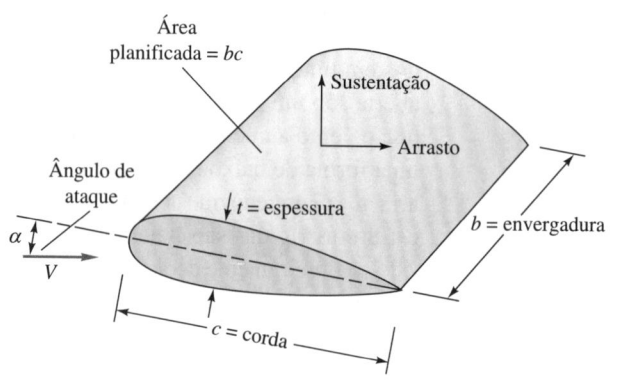

Figura 7.22 Esquema de definição para uma aleta de sustentação.

Coeficiente de arrasto:
$$C_A = \frac{F_A}{\frac{1}{2}\rho V^2 A_p} \quad (7.66b)$$

Se o comprimento da corda não for constante, como nas asas trapezoidais dos aviões modernos, então $A_p = \int c\, db$.

Para escoamento a baixa velocidade com uma dada razão de rugosidade, C_S e C_A devem variar com α e com o número de Reynolds baseado na corda

$$C_S = f(\alpha, \text{Re}_c) \quad \text{e} \quad C_A = f(\alpha, \text{Re}_c)$$

em que $\text{Re}_c = Vc/\nu$. Em geral, os números de Reynolds estão na faixa de camada-limite turbulenta e têm um efeito pequeno.

O bordo de ataque arredondado previne a separação do escoamento nessa região, mas o bordo de fuga agudo provoca um movimento de esteira tangencial que gera a sustentação. A Figura 7.23 mostra o que acontece quando se dá partida em um escoamento em torno de uma aleta de sustentação ou aerofólio.

Imediatamente após a partida, Figura 7.23a, o movimento das linhas de corrente é irrotacional e não viscoso. Considerando um ângulo de ataque positivo, o ponto de estagnação traseiro ocorre na superfície superior, e não há sustentação; mas o escoamento não pode suportar uma volta abrupta em torno do bordo de fuga por muito tempo: ele se separa, formando um *vórtice de partida*, Figura 7.23b. O vórtice de partida é emitido a jusante, Figuras 7.23c e d, e um escoamento com linhas de corrente suaves desenvolve-se sobre a asa, deixando o aerofólio em uma direção aproximadamente paralela à linha da corda. Nesse momento, a sustentação está totalmente desenvolvida e o vórtice de partida já se foi. Se agora o escoamento cessar, um *vórtice de parada* de sentido oposto (horário) irá formar-se e ser emitido. Durante um voo, aumentos e diminuições de sustentação irão causar vórtices incrementais de partida e de parada, sempre com o efeito de manter um escoamento suave e paralelo ao bordo de fuga. Iremos prosseguir com essa ideia em termos matemáticos no Capítulo 8.

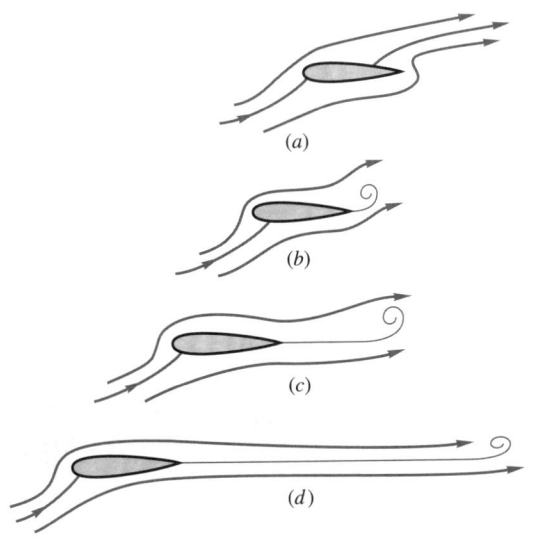

Figura 7.23 Etapas transientes do desenvolvimento da sustentação: (*a*) partida: ponto de estagnação traseiro na superfície superior: sem sustentação; (*b*) o bordo de fuga agudo induz separação e formação de um vórtice de partida: sustentação leve; (*c*) o vórtice de partida é emitido, e as linhas de corrente deixam o bordo de fuga suavemente: a sustentação agora está 80% desenvolvida; (*d*) o vórtice de partida está agora bem distante e o escoamento é bastante suave no bordo de fuga: sustentação totalmente desenvolvida.

Para um ângulo de ataque baixo, as superfícies traseiras têm um gradiente de pressão adverso, mas não suficiente para causar uma separação significativa de camada-limite. O padrão de escoamento é suave, como na Figura 7.23d, o arrasto é pequeno e a sustentação é excelente. À medida que o ângulo de ataque cresce, o gradiente adverso de pressão sobre a superfície superior torna-se mais forte e, geralmente, uma *bolha de separação* começa a avançar sobre a superfície superior.[7] Para um certo ângulo $\alpha = 15°$ a 20°, o escoamento fica completamente separado da superfície superior, como na Figura 7.24. Diz-se então que o aerofólio está *estolado* (do inglês: *stalled*): a sustentação cai acentuadamente, o arrasto sofre um aumento acentuado e o aerofólio não está mais adequado para voo.

Os aerofólios antigos eram finos, modelados segundo as asas de pássaros. O engenheiro alemão Otto Lilienthal (1848-1896) fez experiências com placas planas e arqueadas usando um braço rotativo. Ele e seu irmão Gustav fizeram voar, em 1891, o primeiro planador do mundo. Horatio Frederick Phillips (1845-1912) construiu o primeiro túnel de vento em 1884 e mediu a sustentação e o arrasto de aletas arqueadas. A primeira teoria de sustentação foi proposta por Frederick W. Lanchester, logo em seguida. A moderna teoria dos aerofólios data de 1905, quando o hidrodinamicista russo N. E. Joukowsky (1847-1921) desenvolveu um teorema de circulação (Capítulo 8) para o cálculo da sustentação de um aerofólio de espessura e arqueamento arbitrários. Com essa teoria básica, estendida e desenvolvida por Prandtl, Kármán e seus alunos, hoje é possível projetar um aerofólio de baixa velocidade para atender especificamente às distribuições superficiais de pressões e às características de camada-limite. Existem famílias inteiras de aerofólios, notadamente aquelas desenvolvidas nos Estados Unidos sob

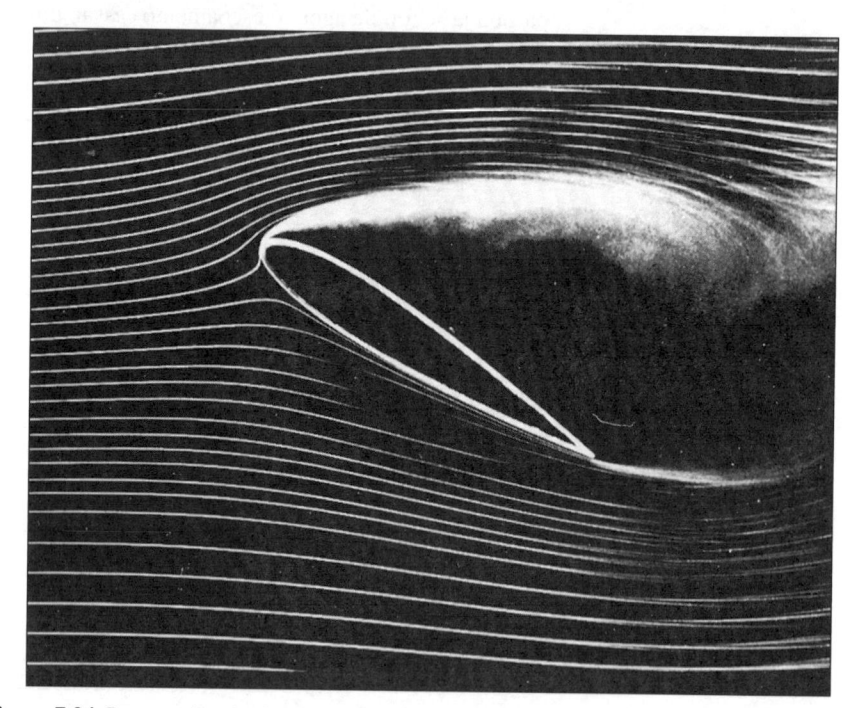

Figura 7.24 Para um ângulo de ataque alto, a visualização do escoamento usando fumaça mostra o escoamento estolado (completamente separado) sobre a superfície superior de uma aleta de sustentação. (*National Committee for Fluid Mechanics Films, Education Development Center, Inc., © 1972.*)

---

[7]Para alguns aerofólios, a bolha salta para a frente, em vez de avançar suavemente, e o estol ocorre de maneira rápida e perigosa.

o patrocínio da NACA (hoje NASA). Teoria e dados extensivos sobre esses aerofólios estão contidos na Referência 16. Esse assunto será mais discutido no Capítulo 8. A história da aeronáutica é um tópico rico e fascinante e altamente recomendável ao leitor [43, 44].

A Figura 7.25 mostra o arrasto e a sustentação sobre um aerofólio simétrico chamado NACA 0009, cujo último dígito indica a espessura de 9%. Sem o emprego de um *flap*, esse aerofólio tem sustentação zero para ângulo de ataque zero, como é de esperar. Até cerca de 12°, o coeficiente de sustentação aumenta linearmente, com uma inclinação de 0,1 por grau, ou 6,0 por radiano. Isso está de acordo com a teoria delineada no Capítulo 8:

$$C_{S,\text{teoria}} \approx 2\pi \, \text{sen}\left(\alpha + \frac{2h}{c}\right) \tag{7.67}$$

em que h/c é o arqueamento máximo expresso como uma fração da corda. O perfil NACA 0009 tem arqueamento nulo; logo, $C_S = 2\pi \, \text{sen} \, \alpha \approx 0{,}11 \, \alpha$, com α em graus. A concordância é excelente.

O coeficiente de arrasto dos modelos lisos de aerofólio na Figura 7.25 chega a ser tão baixo quanto 0,005, que na verdade é menor que o arrasto em ambos os lados de uma placa plana no escoamento turbulento. Isso é enganador, visto que um aerofólio comercial terá efeitos de rugosidade; por exemplo, um serviço de pintura pode dobrar o coeficiente de arrasto.

O efeito do aumento do número de Reynolds na Figura 7.25 ocorre no sentido de aumentar a máxima sustentação e o ângulo de estol (sem alterar significativamente a inclinação) e reduzir o coeficiente de arrasto. Trata-se de um efeito salutar, pois o protótipo talvez vá operar a um número de Reynolds maior que o do modelo (10^7 ou mais).

Para pouso e decolagem, a sustentação é bastante aumentada defletindo-se um *flap* saliente (*split flap*), como mostra a Figura 7.25. Isso torna o aerofólio não simétrico (ou efetivamente arqueado) e altera o ponto de sustentação zero para $\alpha = -12°$. O ar-

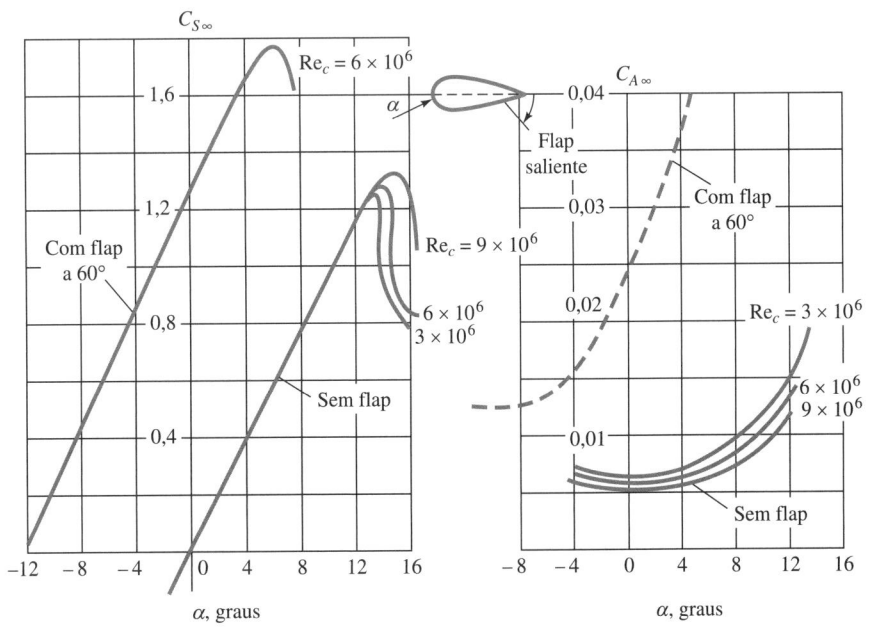

Figura 7.25 Sustentação e arrasto de um aerofólio simétrico NACA 0009 de envergadura infinita, incluindo o efeito da deflexão de um *flap* saliente. Note-se que a rugosidade pode aumentar C_A de 100% a 300%.

rasto também é muito aumentado pelo *flap*, mas a redução na distância para pouso e decolagem compensa a potência adicional necessária.

Um avião voa com baixo ângulo de ataque, em que a sustentação é muito maior que o arrasto. As máximas razões entre sustentação e arrasto para os aerofólios comuns ficam entre 20 e 50.

Alguns aerofólios, como os da série NACA 6, são projetados para fornecer gradientes favoráveis de pressão sobre boa parte da superfície superior, para baixos ângulos. Dessa forma, a região de separação é pequena e a transição para a turbulência é retardada; o aerofólio mantém um bom comprimento de escoamento laminar, mesmo para altos números de Reynolds. O *diagrama polar* de sustentação-arrasto na Figura 7.26 mostra os dados do perfil NACA 0009 da Figura 7.25 e de um aerofólio laminar, NACA 63-009, de mesma espessura. O aerofólio laminar produz uma "faixa" de baixo arrasto para pequenos ângulos de ataque, mas também apresenta um menor ângulo de estol e um menor coeficiente de sustentação máxima. O arrasto é 30% menor nessa "faixa", mas ela desaparecerá se houver rugosidade superficial significativa.

Todos os dados nas Figuras 7.25 e 7.26 referem-se a envergadura infinita, isto é, um padrão de escoamento bidimensional em torno de asas sem extremidades. O efeito de envergadura finita pode ser correlacionado com a *razão de aspecto*, denotada por (RA):

$$\text{RA} = \frac{b^2}{A_p} = \frac{b}{\bar{c}} \tag{7.68}$$

em que $\bar{c}$ é o comprimento de corda médio. Os efeitos de envergadura finita estão mostrados na Figura 7.27. A inclinação da sustentação diminui, mas o ângulo para sustentação nula é o mesmo; e o arrasto aumenta, mas o arrasto para sustentação nula é o mesmo. A teoria de asas de envergadura finita [16] prevê que o ângulo de ataque efetivo aumenta, conforme a Figura 7.27, da quantidade

$$\Delta\alpha \approx \frac{C_S}{\pi \text{RA}} \tag{7.69}$$

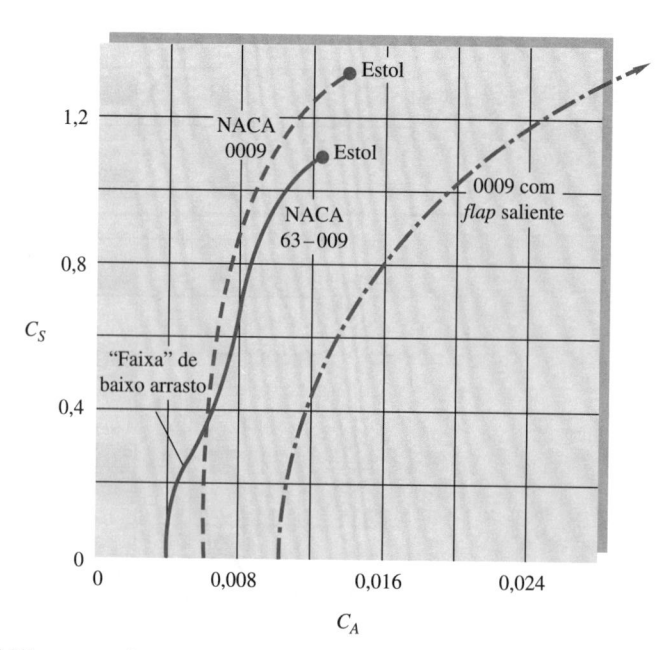

Figura 7.26 Diagrama polar sustentação-arrasto para os aerofólios NACA convencional (0009) e laminar (63-009).

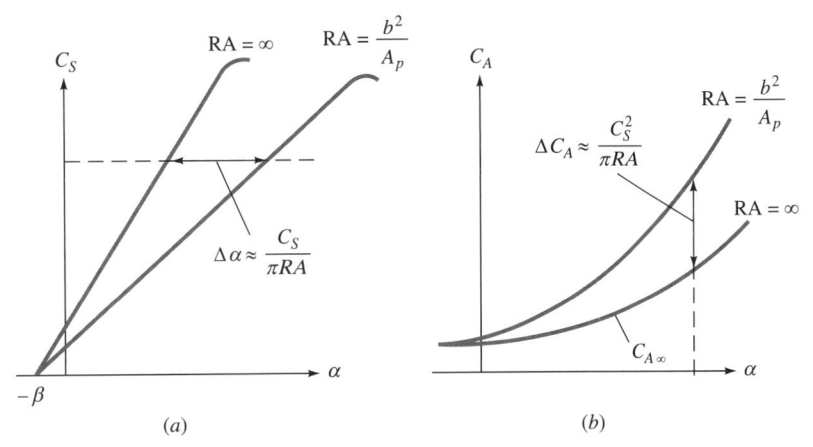

Figura 7.27 Efeito da razão de aspecto finita sobre a sustentação e o arrasto de um aerofólio: (*a*) aumento de ângulo efetivo; (*b*) aumento de arrasto induzido.

Quando aplicada à Equação (7.67), a sustentação para envergadura finita torna-se

$$C_S \approx \frac{2\pi \operatorname{sen}(\alpha + 2h/c)}{1 + 2/\text{RA}} \tag{7.70}$$

O aumento de arrasto associado é $\Delta C_A \approx C_S \operatorname{sen} \Delta\alpha \approx C_S \Delta\alpha$, ou

$$C_A \approx C_{A\infty} + \frac{C_S^2}{\pi \text{RA}} \tag{7.71}$$

em que $C_{A\infty}$ é o arrasto da asa de envergadura infinita, como exemplifica a Figura 7.25. Essas correlações estão em boa concordância com experimentos sobre asas de envergadura finita [16].

A existência de um coeficiente de sustentação máxima implica a existência de uma velocidade mínima, ou *velocidade de estol*, para um avião cuja sustentação suporta seu peso:

$$F_S = P = C_{S,\text{máx}}(\tfrac{1}{2}\rho V_{\text{estol}}^2 A_p)$$

ou

$$V_{\text{estol}} = \left(\frac{2P}{C_{S,\text{máx}}\,\rho A_p}\right)^{1/2} \tag{7.72}$$

A velocidade de estol de um avião típico varia entre 18 m/s e 60 m/s, dependendo do peso e do valor de $C_{S,\text{máx}}$. O piloto deve manter a velocidade maior do que aproximadamente $1{,}2 V_{\text{estol}}$, para evitar a instabilidade associada ao estol completo.

O *flap* saliente da Figura 7.25 é apenas um dos muitos dispositivos usados para garantir alta sustentação a baixas velocidades. A Figura 7.28*a* mostra seis desses dispositivos cujo desempenho de sustentação é dado na Figura 7.28*b* em comparação com um aerofólio convencional (*A*) e outro laminar (*B*). O *flap* com fenda dupla (*double-slotted flap*) atinge $C_{S,\text{máx}} \approx 3{,}4$, e uma combinação deste mais um segmento (*slat*) de bordo de ataque pode atingir $C_{S,\text{máx}} \approx 4{,}0$. Não se trata aqui de curiosidades científicas: por exemplo, o avião a jato comercial Boeing 727 utiliza um *flap* de fenda tripla mais um segmento de bordo de ataque durante o pouso.

Outra violação dos conhecimentos da aerodinâmica convencional é que aeronaves militares estão começando a voar, brevemente, *acima do ponto de estol*. Pilotos de

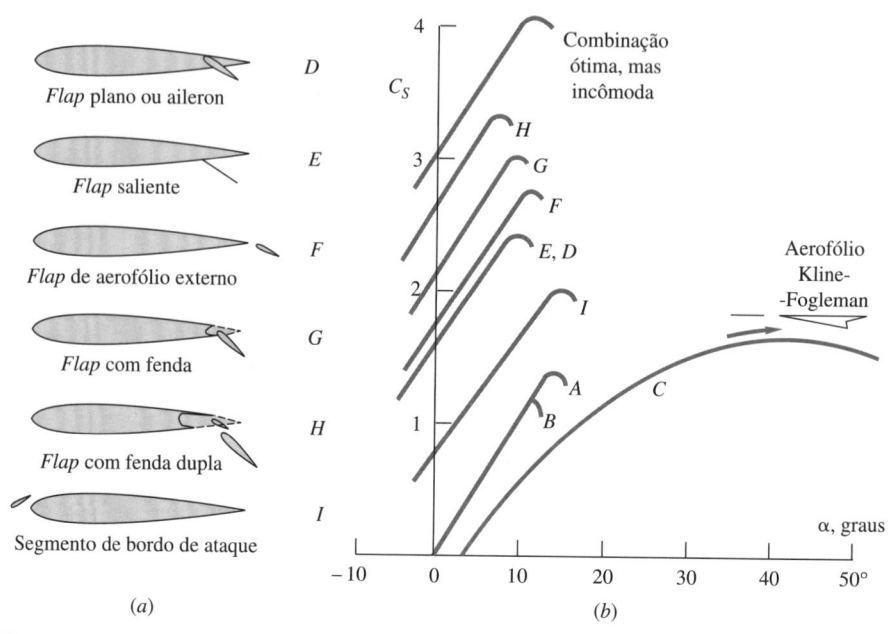

Figura 7.28 Desempenho de aerofólios com e sem dispositivos de alta sustentação: A = NACA 0009; B = NACA 63-009; C = aerofólio Kline-Fogleman (*da Referência 17*); D até I mostrados em (*a*): (*a*) tipos de dispositivos de alta sustentação; (*b*) coeficientes de sustentação para os vários dispositivos (*Referência 62*).

aviões de caça estão aprendendo a fazer manobras rápidas na região de estol, como detalha a Referência 32. Alguns aviões podem mesmo *voar continuamente* na região de estol – a aeronave experimental Grumman X-29 recentemente alcançou um recorde voando a $\alpha = 67°$.

O aerofólio Kline-Fogelman

Tradicionalmente, um aerofólio tem um formato de lágrima delgada, com um bordo de ataque arredondado e um bordo de fuga agudo, Fig. 7.28*a*. Ele fornece baixo arrasto, mas estola a baixos ângulos de ataque, $\alpha \approx 10°$ a $15°$. Em 1972, R. F. Kline e F. F. Fogelman projetaram um aerofólio com um bordo de ataque agudo e um recorte traseiro [17]. Quando testado em túnel de vento, Fig. 7.28*b*, ele não estolou até $\alpha \approx 45°$, mas o arrasto era muito alto. Fertis [55] arredondou o bordo de ataque e reduziu o arrasto. Finaish e Witherspoon [56] introduziram melhorias adicionais, mas o arrasto ainda é muito alto para aplicações comerciais em larga escala. O aerofólio KF, porém, é extremamente popular em aeromodelos controlados por rádio.

Uma asa inspirada na baleia-jubarte

Biólogos já há muito tempo relatam a alta capacidade de manobra da baleia-jubarte em busca de suas presas. Ao contrário da maioria das baleias, a jubarte tem tubérculos, ou protuberâncias, no bordo de ataque de suas nadadeiras. Miklosovic et al. [57] testaram essa ideia, usando uma asa padrão com protuberâncias periódicas coladas ao bordo de ataque, como na Fig. 7.29. Eles relataram um aumento de 40% no ângulo de estol, comparado à mesma asa sem protuberâncias, além de maior força de sustentação e maiores razões entre sustentação e arrasto. O conceito é promissor para aplicações comerciais, como pás de turbinas eólicas. A visualização do escoamento mostra que as protuberâncias criam vórtices energéticos no sentido do escoamento ao longo da superfície da asa, ajudando a retardar a separação.

Figura 7.29 Novos projetos aerodinâmicos experimentais: vista em planta de um modelo de asa inspirado na nadadeira da baleia-jubarte [57]. *Fonte: D. S. Miklosovic et al., "Leading Edge Tubercles Delay Stall on Humpback Whale," Physics of Fluids, vol. 16, no. 5, May 2004, pp. L39–L42.*

Uma combinação de carro e avião

Os engenheiros há muito sonham com um carro viável que possa voar. Entrar em um veículo em casa, dirigir até o aeroporto, voar para algum lugar, em seguida dirigir até o hotel. Os esforços dos projetistas remontam ao Autoplano Glenn Curtiss, de 1917, com outros projetos nos anos 1930 e 1940. Talvez o mais famoso tenha sido o Aerocar de Moulton Taylor, em 1947. Apenas cinco Aerocars foram construídos. O ano de 2008 parece ter sido o Ano do Carro-Avião, com pelo menos cinco empresas diferentes trabalhando em projetos. Os engenheiros podem agora usar materiais mais leves, melhores motores e sistemas de orientação. O favorito do autor é o *Transition*®, fabricado pela Terrafugia, Inc., mostrado na Fig. 7.30.

O Transition® tem asas que se desdobram a uma extensão de 27,5 pés. As caudas gêmeas não se dobram. A asa *canard* frontal dobra-se como uma proteção lateral para o tráfego na estrada. O motor de 100 hp aciona a hélice traseira para o voo, bem como as rodas dianteiras, para a estrada. O peso bruto para a decolagem é de 1.430 lbf. Os operadores precisam apenas de uma licença Light Sport Airplane. O Transition® fez um voo inaugural bem-sucedido em 5 de março de 2009. Os dados desse veículo serão claramente úteis para a formulação de problemas no final do capítulo.

Figura 7.30 O carro-avião Transition®, voando em 23 de março de 2012. Ele tem peso bruto de 1.430 lbf e velocidade de cruzeiro de 105 mi/h. (*Imagem de Terrafugia, Inc.*, http://www.terrafugia.com)

Informações adicionais sobre o desempenho de aviões podem ser encontradas nas Referências 12, 13 e 16. Voltaremos a discutir esse assunto em breve, no Capítulo 8.

EXEMPLO 7.9

Um avião pesa 333.615 N, tem uma área planificada de 232 m² e pode fornecer um empuxo constante de 53.378 N. O veículo tem uma razão de aspecto de 7 e $C_{A\infty} \approx 0,02$. Desprezando a resistência de rolagem, calcule a distância para decolagem ao nível do mar, sabendo que a velocidade de decolagem é igual a 1,2 vezes a velocidade de estol. Considere $C_{S,\text{máx}} = 2,0$.

Solução

Da Equação (7.72), com a massa específica ao nível do mar $\rho = 1,22$ kg/m³, a velocidade de estol é

$$V_{\text{estol}} = \left(\frac{2P}{C_{S,\text{máx}} \rho A_p}\right)^{1/2} = \left[\frac{2(333.615)}{2,0(1,22)(232)}\right]^{1/2} = 34,3 \text{ m/s}$$

Logo, a velocidade de decolagem é $V_d = 1,2\, V_{\text{estol}} = 41,2$ m/s. O arrasto é calculado da Equação (7.71) para RA = 7 como:

$$C_A \approx 0,02 + \frac{C_S^2}{7\pi} = 0,02 + 0,0455 C_S^2$$

Um balanço de forças na direção da decolagem fornece

$$F_s = m\frac{dV}{dt} = \text{empuxo} - \text{arrasto} = T - kV^2 \qquad k = \tfrac{1}{2}C_A \rho A_p \qquad (1)$$

Uma vez que estamos buscando a distância, não o tempo, introduzimos $dV/dt = V\, dV/ds$ na Equação (1), separamos as variáveis e integramos

$$\int_0^{s_d} dS = \frac{m}{2}\int_0^{V_d}\frac{d(V^2)}{T - kV^2} \qquad k \approx \text{const}$$

ou

$$S_d = \frac{m}{2k}\ln\frac{T}{T - kV_d^2} = \frac{m}{2k}\ln\frac{T}{T - F_{Ad}} \qquad (2)$$

em que $F_{Ad} = k V_d^2$ é o arrasto de decolagem. A Equação (2) é a relação teórica desejada para a distância de decolagem. Para os valores numéricos particulares, temos

$$m = \frac{333.615}{9,81} = 34.008 \text{ kg}$$

$$C_{S_d} = \frac{P}{\tfrac{1}{2}\rho V_d^2 A_p} = \frac{333.615}{\tfrac{1}{2}(1,22)(41,2)^2(232)} = 1,39$$

$$C_{A_d} = 0,02 + 0,0455(C_{S_d})^2 = 0,108$$

$$k \approx \tfrac{1}{2}C_{A_d}\rho A_p = (\tfrac{1}{2})(0,108)(1,22)(232) = 15,28 \text{ kg/m}$$

$$F_{Ad} = kV_d^2 = 25.937 \text{ N}$$

Logo, a Equação (2) prevê que

$$S_d = \frac{34.008 \text{ kg}}{2(15,28 \text{ kg/m})}\ln\frac{53.378}{53.378 - 25.937} = 1.113 \ln 1,94 = 738 \text{ m} \qquad \textit{Resposta}$$

Uma análise mais exata, considerando k variável [13], produz o mesmo resultado com menos de 1% de diferença.

EXEMPLO 7.10

Para o avião do Exemplo 7.9, se o empuxo máximo for aplicado durante um voo a 6.000 m de altitude padrão, calcule a velocidade resultante do avião, em km/h.

Solução

- *Hipóteses:* Dados $P = 333.615$ N, $A_p = 232$ m^2, $T = 53.378$ N, $RA = 7$, $C_{A\infty} = 0,02$.
- *Abordagem:* Faça a sustentação igual ao peso e o arrasto igual ao empuxo e resolva para a velocidade.
- *Valores das propriedades:* Da Tabela A.6, para $z = 6.000$ m, $\rho = 0,6596$ kg/m^3.
- *Passos da solução:* Escreva as fórmulas para o arrasto e para a sustentação. As incógnitas serão C_S e V.

$$P = 333.615 \text{ N} = \text{sustentação} = C_S \frac{\rho}{2} V^2 A_p = C_S \frac{0,6596 \text{ kg/m}^3}{2} V^2 (232 \text{ m}^2)$$

$$T = 53.378 \text{ N} = \text{arrasto} = \left(C_{A\infty} + \frac{C_S^2}{\pi RA}\right) \frac{\rho}{2} V^2 A_p$$

$$= \left[0,02 + \frac{C_S^2}{\pi(7)}\right] \frac{0,6596 \text{ kg/m}^3}{2} V^2 (232 \text{ m}^2)$$

Uma hábil manipulação (dividir P por T) revelará uma equação quadrática para C_S. A solução final será

$$C_S = 0,13 \qquad V \approx 180 \text{ m/s} = 648 \text{ km/h} \qquad \textit{Resposta}$$

- *Comentários:* Trata-se de estimativas *preliminares de projeto*, que não dependem de formatos de aerofólio.

Resumo

Este capítulo tratou dos efeitos viscosos nos escoamentos externos em torno de corpos imersos em uma corrente. Quando o número de Reynolds é alto, as forças viscosas ficam confinadas em uma camada-limite e em uma esteira delgadas, nas vizinhanças do corpo. O escoamento fora dessas "camadas sob cisalhamento" é essencialmente não viscoso e pode ser previsto pela teoria potencial e pela equação de Bernoulli.

O capítulo iniciou com uma discussão a respeito da camada-limite sobre uma placa plana e do uso de estimativas de quantidade de movimento integral para prever o cisalhamento na parede, o arrasto de atrito e a espessura de tais camadas. Essas aproximações sugerem como eliminar certos termos pequenos das equações de Navier-Stokes, resultando nas equações de camada-limite de Prandtl para escoamento laminar e turbulento. A Seção 7.4 resolveu, então, as equações de camada-limite, obtendo fórmulas bem precisas para o escoamento sobre uma placa plana com altos números de Reynolds. Os efeitos de rugosidade foram incluídos, e a Seção 7.5 forneceu uma breve introdução dos efeitos do gradiente de pressão. Um gradiente adverso (de desaceleração) foi visto como o causador da separação do escoamento, situação em que a camada-limite entra em colapso, separa-se da superfície e forma uma esteira ampla e de baixa pressão.

A teoria da camada-limite falha para escoamentos separados, que em geral são estudados experimentalmente ou por CFD. A Seção 7.6 forneceu dados sobre coeficientes de arrasto de vários formatos bi e tridimensionais de corpo. O capítulo terminou com uma breve discussão sobre as forças de sustentação geradas por corpos de sustentação tais como aerofólios e hidrofólios. Os aerofólios também sofrem a separação do escoamento ou *estol* para altos ângulos de incidência.

Problemas

A maioria dos problemas propostos é de resolução relativamente direta. Os problemas mais difíceis ou abertos estão indicados com um asterisco. O ícone de um computador indica que pode ser necessário o uso de computador para a resolução do problema. Os problemas típicos de fim de capítulo, P7.1 até P7.127 (listados a seguir), são seguidos dos problemas dissertativos, PD7.1 a PD7.12, dos problemas de fundamentos de engenharia, FE7.1 a FE7.10, dos problemas abrangentes, PA7.1 a PA7.5, e de um problema de projeto, PP7.1.

Seção	Tópico	Problemas
7.1	Número de Reynolds e geometria	P7.1 – P7.5
7.2	Cálculos de quantidade de movimento integral	P7.6 – P7.12
7.3	As equações de camada-limite	P7.13 – P7.15
7.4	Escoamento laminar sobre placa plana	P7.16 – P7.29
7.4	Escoamento turbulento sobre placa plana	P7.30 – P7.47
7.5	Camadas-limite com gradiente de pressão	P7.48 – P7.50
7.6	Arrasto sobre corpos	P7.51 – P7.114
7.6	Corpos de sustentação – aerofólios	P7.115 – P7.127

Número de Reynolds e geometria

P7.1 Um gás ideal a 20°C e 1 atm escoa a 12 m/s sobre uma placa plana fina. Em uma posição 60 cm a jusante do bordo de ataque, a espessura da camada-limite é de 5 mm. Dos 13 gases da Tabela A.4, qual é o provável gás em questão?

P7.2 Um gás a 20°C e 1 atm escoa a 6 pés/s passando por uma placa fina. Em $x = 3$ pés, a espessura da camada limite é 0,052 pés. Supondo escoamento laminar, qual dos gases na Tabela A.4 é provavelmente o gás deste problema?

P7.3 A Equação (7.1b) admite que a camada-limite sobre a placa é turbulenta do bordo de ataque para a frente. Imagine um esquema para determinar a espessura da camada-limite com mais precisão quando o escoamento for laminar até um ponto de $Re_{x,crít}$ e turbulento depois disso. Aplique seu esquema para calcular a espessura da camada-limite em $x = 1,5$ m em um escoamento a 40 m/s de ar a 20°C e 1 atm sobre uma placa plana. Compare seu resultado com a Equação (7.1b). Admita $Re_{x,crít} \approx 1,2$ E6.

P7.4 Uma esfera de cerâmica lisa (densidade = 2,6) é imersa em um escoamento de água a 20°C e 25 cm/s. Qual será o diâmetro da esfera se ela se deparar (a) com escoamento muito lento (*creeping flow*), $Re_d = 1$, ou (b) com transição para turbulência, $Re_d = 250.000$?

P7.5 Óleo SAE 30 a 20°C e 1 atm escoa a 51 ℓ/s de um reservatório para o interior de um tubo de 150 mm de diâmetro. Aplique a teoria da placa plana para determinar a posição x onde as camadas-limite na parede do tubo encontram-se no centro. Compare com a Equação (6.5) e dê algumas explicações para a discrepância.

Cálculos de quantidade de movimento integral

P7.6 Para o perfil de velocidades parabólico na camada-limite laminar da Equação (7.6), calcule o fator de forma H e compare com o resultado exato de Blasius, Equação (7.31).

P7.7 Ar a 20°C e 1 atm entra em um duto quadrado de 40 cm, como mostra a Figura P7.7. Aplicando o conceito de "espessura de deslocamento" da Figura 7.4, determine (a) a velocidade média e (b) a pressão média no núcleo do escoamento na posição $x = 3$ m. (c) Qual o gradiente de pressão médio, em Pa/m, nessa seção?

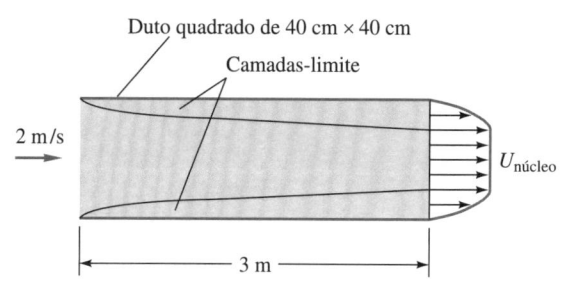

P7.7

P7.8 Ar, $\rho = 1,2$ kg/m^3 e $\mu = 1,8$ E-5 kg/(m · s) escoa a 10 m/s sobre uma placa plana. No bordo de fuga da placa, foram medidos os seguintes dados do perfil de velocidades:

y, mm	0	0,5	1,0	2,0	3,0	4,0	5,0	6,0
u, m/s	0	1,75	3,47	6,58	8,70	9,68	10,0	10,0

Se a superfície superior tem uma área de 0,6 m^2, determine, usando os conceitos de quantidade de movimento, o arrasto de atrito, em N, sobre a superfície superior.

P7.9 Repita a análise de quantidade de movimento da placa plana da Seção 7.2, substituindo a Eq. (7.6) pelo simples, mas não realista, perfil linear de velocidades sugerido por Schlichting [1]:

$$\frac{u}{U} \approx \frac{y}{\delta} \quad \text{para} \quad 0 \leq y \leq \delta$$

Calcule estimativas integrais de quantidade de movimento para c_f, θ/x, δ^*/x e H.

P7.10 Repita o problema P7.9, usando uma aproximação trigonométrica do perfil:

$$\frac{u}{U} \approx \text{sen}\left(\frac{\pi y}{2\delta}\right)$$

Esse perfil satisfaz às condições do escoamento laminar sobre uma placa plana?

P7.11 Ar a 20°C e 1 atm escoa a 2 m/s sobre uma placa plana aguda. Admitindo que seja precisa a análise com perfil parabólico, Equações (7.6-7.10), calcule (a) a velocidade local u e (b) a tensão cisalhante local τ na posição $(x, y) = $ (50 cm, 5 mm).

P7.12 A forma de perfil de velocidade $u/U \approx 1 - \exp(-4{,}605\, y/\delta)$ é uma curva suave com $u = 0$ em $y = 0$ e $u = 0{,}99U$ em $y = \delta$ e, sendo assim, parece ser um substituto razoável do perfil parabólico para placa plana, Equação (7.3). Porém, quando esse novo perfil é usado na análise integral da Seção 7.3, obtemos o resultado impreciso $\delta/x \approx 9{,}2/\mathrm{Re}_x^{1/2}$, que é 80% maior. Qual é a razão para essa imprecisão? [*Dica:* A resposta pode ser encontrada ao se verificar a equação da quantidade de movimento (7.19b) da camada-limite laminar na parede, $y = 0$.]

As equações de camada-limite

P7.13 Deduza formas modificadas das equações de camada-limite laminar (7.19) para o caso de escoamento axialmente simétrico ao longo da superfície externa do cilindro circular de raio constante R, como na Figura P7.13. Considere os dois casos especiais (a) $\delta \ll R$ e (b) $\delta \approx R$. Quais são as condições de contorno adequadas?

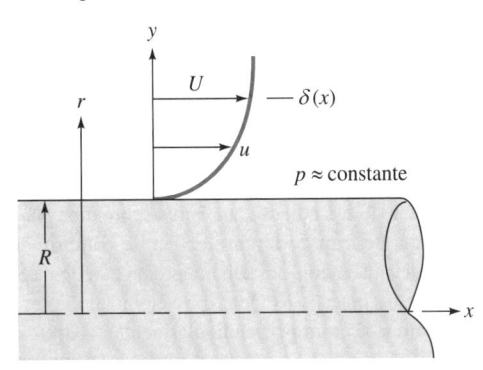

P7.13

P7.14 Mostre que o padrão de escoamento laminar bidimensional com $dp/dx = 0$

$$u = U_0(1 - e^{Cy}) \qquad v = v_0 < 0$$

é uma solução exata para as equações de camada-limite (7.19). Determine o valor da constante C em termos dos parâmetros do escoamento. As condições de contorno são satisfeitas? O que esse escoamento pode representar?

P7.15 Discuta se o escoamento incompressível, laminar e totalmente desenvolvido entre placas paralelas, Equação (4.134) e Figura 4.14b, representa uma solução exata para as equações de camada-limite (7.19) com as condições de contorno (7.20). Com que interpretação, se houver, os escoamentos em dutos seriam também escoamentos de camada-limite?

Escoamento laminar sobre placa plana

P7.16 Uma placa plana fina de 55 cm por 110 cm está imersa em um fluxo de 6 m/s de óleo SAE 10 a 20°C. Calcule o arrasto total de atrito, caso o fluxo seja paralelo (a) ao lado maior ou (b) ao lado menor.

P7.17 Considere um escoamento laminar sobre uma placa plana aguda de largura b e comprimento L. Que porcentagem do arrasto de atrito na placa é produzida pela metade traseira da placa?

P7.18 Ar a 20°C e 1 atm escoa a 5 m/s sobre uma placa plana. Em x = 60 cm e y = 2,95 mm, use a solução de Blasius, Tabela 7.1, para encontrar (a) a velocidade u; e (b) a tensão de cisalhamento na parede. (c) Para o crédito extra, encontre uma fórmula de Blasius (Eq. 7.21) para a tensão de cisalhamento afastada da parede.

P7.19 Ar a 20°C e 1 atm escoa a 15 m/s sobre uma placa plana fina cuja área (bL) é 2,16 m². Se o arrasto de atrito total é 1,34 N, quais são o comprimento e a largura da placa?

P7.20 Ar a 20°C e 1 atm escoa a 20 m/s em torno da placa plana da Figura P7.20. Um tubo de Pitot, colocado a 2 mm da parede, apresenta uma leitura manométrica h = 16 mm de óleo vermelho Meriam, d = 0,827. Use essa informação para determinar a posição x do tubo de Pitot a jusante. Considere escoamento laminar.

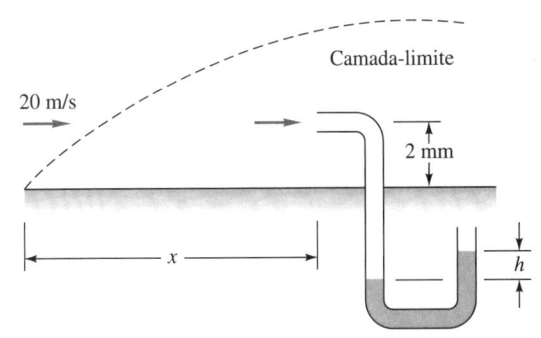

P7.20

P7.21 Para o arranjo experimental da Figura P7.20, considere que a velocidade do escoamento é desconhecida e o tubo de Pitot é deslocado através da camada-limite de ar a 20°C e 1 atm. O líquido manométrico é óleo vermelho Meriam, e foram feitas as seguintes leituras:

y, mm	0,5	1,0	1,5	2,0	2,5	3,0	3,5	4,0	4,5	5,0
h, mm	1,2	4,6	9,8	15,8	21,2	25,3	27,8	29,0	29,7	29,7

Usando somente esses dados (e não a teoria de Blasius) calcule (a) a velocidade do escoamento, (b) a espessura da camada-limite, (c) a tensão de cisalhamento na parede e (d) o arrasto total de atrito entre o bordo de ataque e a posição do tubo de Pitot.

P7.22 Na equação de Blasius (7.22), f é uma função corrente adimensional no plano:

$$f(\eta) = \frac{\psi(x, y)}{\sqrt{\nu U x}}$$

Valores de f não são dados na Tabela 7.1, mas um valor publicado é $f(2,0)$ = 0,6500. Considere o escoamento de ar a 6 m/s, 20°C e 1 atm sobre uma placa plana. Em x = 1 m, calcule (a) a ordenada y, (b) a velocidade e (c) a função corrente em η = 2,0.

P7.23 Suponha que você compre uma chapa de madeira compensada e coloque-a sobre o porta-bagagem no teto do seu carro (veja a Figura P7.23.). Você se dirige para casa a 56 km/h. (*a*) Considerando que a chapa esteja perfeitamente alinhada com o fluxo de ar, qual é a espessura da camada-limite ao final da chapa? (*b*) Determine o arrasto sobre a chapa de madeira compensada se a camada-limite permanecer laminar. (*c*) Determine o arrasto sobre a chapa de madeira compensada se a camada-limite for turbulenta (admita que a madeira seja lisa) e compare o resultado com o caso de camada-limite laminar.

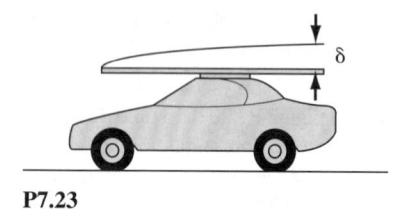

P7.23

*P7.24 Ar a 20°C e 1 atm escoa em torno da placa plana da Figura P7.24 em condições laminares. Existem dois tubos de Pitot igualmente espaçados, cada qual colocado a 2 mm da parede. O fluido manométrico é água a 20°C. Se $U = 15$ m/s e $L = 50$ cm, determine os valores das leituras manométricas h_1 e h_2, em mm.

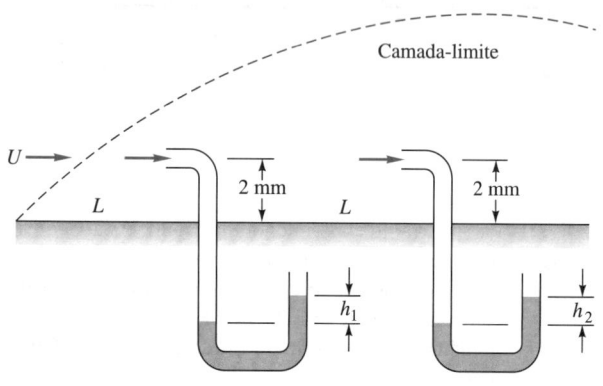

P7.24

P7.25 Considere o duto liso de seção quadrada de 10 cm por 10 cm na Figura P7.25. O fluido é ar a 20°C e 1 atm, escoando à $V_{\text{média}} = 24$ m/s. Deseja-se aumentar a queda de pressão ao longo de 1 m de comprimento pelo acréscimo de placas planas agudas de 8 mm de comprimento, como mostra a figura. (*a*) Calcule a queda de pressão sem as placas. (*b*) Calcule quantas placas serão necessárias para gerar uma queda de pressão adicional de 100 Pa.

P7.26 Considere o escoamento com camada-limite laminar passando pelos arranjos de placas quadradas na Figura P7.26. Comparado ao arrasto de atrito de uma única placa 1, quanto o arrasto das quatro placas juntas é maior nas configurações (*a*) e (*b*)? Explique seus resultados.

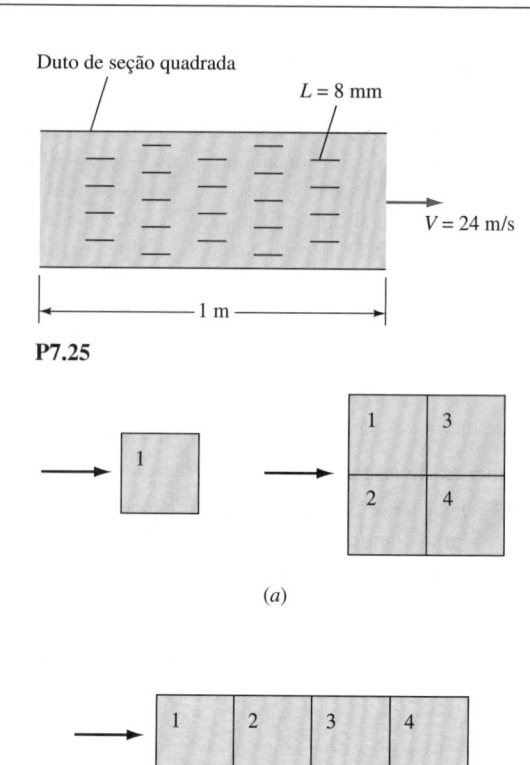

P7.25

(*a*)

(*b*)

P7.26

P7.27 Ar a 20°C e 1 atm escoa a 3 m/s sobre uma placa plana aguda de 2 m de largura e 1 m de comprimento. (*a*) Qual é a tensão de cisalhamento na parede na extremidade da placa? (*b*) Qual é a velocidade do ar em um ponto a 4,5 mm perpendicularmente à extremidade da placa? (*c*) Qual é o arrasto de atrito total sobre a placa?

P7.28 Endireitadores de fluxo são arranjos de dutos estreitos colocados em túneis de vento para remover turbilhões e outros efeitos dos escoamentos secundários no plano. Eles podem ser idealizados como caixas quadradas formadas por placas horizontais e verticais, como na Figura P7.28. A seção transversal é a por a, e o comprimento é L. Considerando escoamento laminar do tipo placa plana e um arranjo de $N \times N$ caixas, deduza uma fórmula para (*a*) o arrasto total sobre o feixe de caixas e (*b*) a queda de pressão efetiva através do feixe.

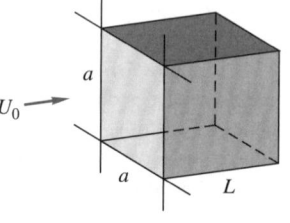

P7.28

P7.29 Admita que os endireitadores de fluxo na Figura P7.28 formam um arranjo de 20×20 caixas de tamanho $a = 4$ cm e $L = 25$ cm. Se a velocidade de aproximação é $U_0 = 12$ m/s e o fluido é ar na condição padrão ao nível do mar, calcule (a) o arrasto total do arranjo e (b) a queda de pressão através do arranjo. Compare com a Seção 6.8.

Escoamento turbulento sobre placa plana

P7.30 Na Referência 56 do Capítulo 6, McKeon et al. propuseram valores novos, mais precisos, para as constantes da lei logarítmica turbulenta, $\kappa = 0{,}421$ e $B = 5{,}62$. Use essas constantes e a lei da potência um sétimo para refazer a análise que levou à fórmula para a espessura da camada-limite turbulenta, Equação (7.42). Qual a diferença percentual entre o δ/x da sua fórmula e aquele da Equação (7.42)? Comente.

P7.31 A quilha de um veleiro tem 0,9 m de comprimento na direção do escoamento e projeta-se por 2,1 m abaixo do casco na água do mar a 20°C. Aplicando a teoria da placa plana para uma superfície lisa, estime o arrasto da quilha quando o veleiro se desloca a 5,14 m/s. Considere $\text{Re}_{x,tr} = 5\text{E}5$.

P7.32 Uma placa plana de comprimento L e altura δ é colocada em uma parede paralelamente a uma camada-limite que se aproxima, como na Figura P7.32. Admita que o escoamento sobre a placa seja totalmente turbulento e que o escoamento de aproximação siga a lei da potência um sétimo

$$u(y) = U_0 \left(\frac{y}{\delta}\right)^{1/7}$$

Aplicando uma teoria para tiras de largura dy e comprimento L, deduza uma fórmula para o coeficiente de arrasto dessa placa. Compare esse resultado com o arrasto na mesma placa imersa em um escoamento uniforme U_0.

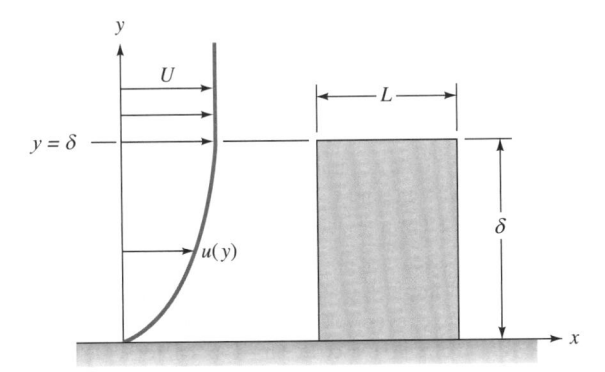

P7.32

P7.33 Uma análise alternativa do escoamento turbulento sobre uma placa plana foi feita por Prandtl em 1927, aplicando uma fórmula para a tensão cisalhante na parede do escoamento em um tubo

$$\tau_p = 0{,}0225 \rho U^2 \left(\frac{\nu}{U\delta}\right)^{1/4}$$

Mostre que essa fórmula pode ser combinada com as Equações (7.33) e (7.40) para deduzir as seguintes relações para o escoamento turbulento sobre uma placa plana:

$$\frac{\delta}{x} = \frac{0{,}37}{\text{Re}_x^{1/5}} \quad c_f = \frac{0{,}0577}{\text{Re}_x^{1/5}} \quad C_A = \frac{0{,}072}{\text{Re}_L^{1/5}}$$

Essas fórmulas são limitadas a Re_x entre 5×10^5 e 10^7.

P7.34 Considere o escoamento turbulento sobre uma placa plana aguda e lisa de largura b e comprimento L. Que porcentagem do arrasto de atrito na placa é produzida pela metade traseira da placa?

P7.35 Água a 20°C escoa a 5 m/s sobre uma placa plana aguda de 2 m de largura. (a) Calcule a espessura da camada limite em $x = 1{,}2$ m. (b) Se o arrasto total (em ambos os lados da placa) é 310 N, calcule o comprimento da placa usando, por simplicidade, a Eq. (7.45).

P7.36 Um navio tem 125 m de comprimento e 3.500 m² de área molhada. Seus propulsores podem fornecer uma potência máxima de 1,1 MW à água do mar a 20°C. Se todo o arrasto é devido ao atrito, calcule a velocidade máxima do navio, em nós (1 nó ≡ 1,852 km/h).

P7.37 Ar a 20°C e 1 atm escoa sobre uma placa plana longa, em cuja extremidade é colocada uma canaleta estreita, como mostra a Figura P7.37. (a) Calcule a altura h da canaleta para que ela extraia 4 kg/s por metro de largura normal ao papel. (b) Determine o arrasto sobre a placa, até a entrada da canaleta, por metro de largura.

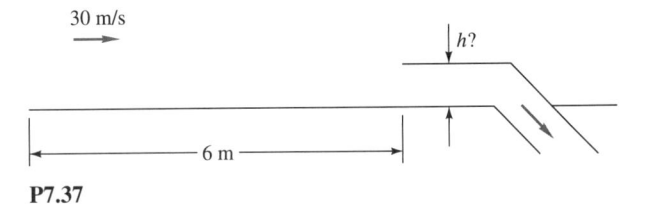

P7.37

P7.38 Camadas-limite atmosféricas são muito espessas, mas seguem fórmulas muito semelhantes àquelas da teoria da placa plana. Considere um vento soprando a 10 m/s em uma altura de 80 m acima de uma praia lisa. Calcule a tensão cisalhante do vento, em Pa, sobre a praia se o ar está na condição padrão ao nível do mar. Qual será a velocidade do vento tocando o seu nariz (a) se você estiver em pé e seu nariz estiver a 170 cm do solo e (b) se você estiver deitado na praia e seu nariz estiver a 17 cm do solo.

P7.39 Um hidrofólio de 50 cm de comprimento e 4 m de largura move-se a 28 nós (1 nó ≡ 1,852 km/h) na água do mar a 20°C. Aplicando a teoria da placa plana com $\text{Re}_{tr} = 5\text{ E}5$, calcule seu arrasto, em N, (a) para uma parede lisa e (b) para uma parede rugosa, $\varepsilon = 0{,}3$ mm.

P7.40 Hoerner [12, p. 3.25] afirma que o coeficiente de arrasto de uma bandeira ao vento, baseado na área molhada total $2bL$, é aproximado por $C_A \approx 0{,}01 + 0{,}05 L/b$, em que L é o comprimento da bandeira na direção do escoamento. Os números de Reynolds de testes foram de 1 E6 ou maiores. (a) Explique por que, para $L/b \geq 1$, esses valores de arrasto são muito maiores do que para uma placa plana. (b) Admitindo ar na condição padrão ao nível do mar e a 80 km/h, com área $bL = 4$ m², determine as dimensões apropriadas da bandeira para que o arrasto total seja de aproximadamente 400 N.

P7.41 Repita o Problema P7.20 com a única diferença de que o tubo de Pitot está agora a 10 mm da parede (5 vezes mais). Mostre que o escoamento nesse local talvez não possa ser laminar e aplique a teoria do escoamento turbulento em uma parede lisa para calcular a posição x da sonda, em m.

P7.42 Uma aeronave leve voa a 30 m/s no ar a 20°C e 1 atm. Sua asa é um aerofólio NACA 0009, com um comprimento de corda de 150 cm e uma envergadura muito grande (desconsidere os efeitos de razão de aspecto). Estime o arrasto desta asa, por unidade de comprimento de envergadura, (a) pela teoria da placa plana e (b) usando os dados da Fig. 7.25 para a $\alpha = 0°$.

P7.43 No escoamento de ar a 20°C e 1 atm sobre a placa plana da Figura P7.43, o cisalhamento na parede deve ser determinado na posição x por um *elemento livre* (de área pequena, conectado a um medidor de forças do tipo *strain-gage*). Em $x = 2$ m, o elemento indica uma tensão cisalhante de 2,1 Pa. Admitindo escoamento turbulento a partir do bordo de ataque, calcule (a) a velocidade U do escoamento, (b) a espessura da camada-limite, δ, no elemento e (c) a velocidade u na camada-limite, em m/s, 5 mm acima do elemento.

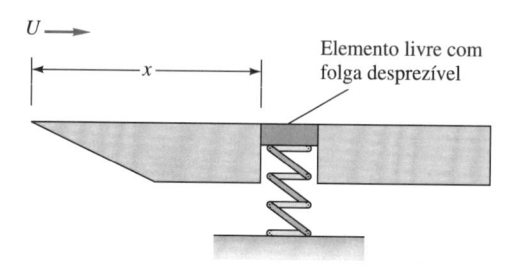

P7.43

P7.44 Medições extensivas da tensão de cisalhamento na parede e da velocidade local para escoamento turbulento de ar sobre a superfície plana do túnel de vento da Universidade de Rhode Island têm conduzido à seguinte correlação proposta:

$$\frac{\rho y^2 \tau_p}{\mu^2} \approx 0{,}0207 \left(\frac{uy}{\nu}\right)^{1{,}77}$$

Assim, se y e $u(y)$ são conhecidos em um ponto na camada-limite da placa plana, o cisalhamento na parede pode ser calculado diretamente. Se a resposta para a parte (c) do Problema 7.43 é $u \approx 26{,}3$ m/s, determine a tensão na parede e compare com o Problema 7.43. Discuta.

P7.45 Uma chapa fina de fibra pesa 90 N e se localiza sobre o topo de um telhado, como mostra a Figura P7.45. Considere ar ambiente a 20°C e 1 atm. Se o coeficiente de atrito sólido entre a chapa e o telhado for $\sigma \approx 0{,}12$, que velocidade do vento gerará atrito fluido suficiente para desalojar a chapa?

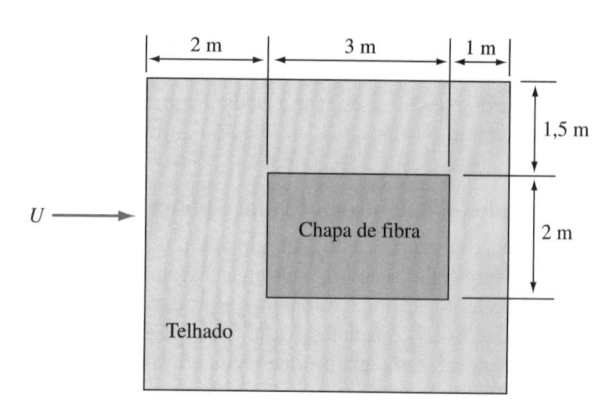

P7.45

P7.46 Um navio tem 150 m de comprimento e 5.000 m² de área molhada. Se essa área está incrustada de cracas, o navio requer 7.000 hp para superar o arrasto de atrito, quando se move na água do mar a 15 nós (1 nó $\equiv 1{,}852$ km/h) e 20°C. Qual é a rugosidade média das cracas? A que velocidade o navio se deslocaria com a mesma potência se a superfície fosse lisa? Despreze o arrasto devido às ondas.

P7.47 Os efeitos locais de camada-limite, como a tensão de cisalhamento e a transferência de calor, são mais bem correlacionados com variáveis locais, em vez de se usar a distância x a partir do bordo de ataque. A espessura de quantidade de movimento θ é frequentemente utilizada como uma escala de comprimento. Utilize a análise do escoamento turbulento sobre uma placa plana para escrever a tensão de cisalhamento local na parede τ_p em termos de um θ adimensional e compare com a fórmula recomendada por Schlichting [1]: $C_f \approx 0{,}033\ \text{Re}_\theta^{-0{,}268}$.

Camadas-limite com gradiente de pressão

P7.48 Em 1957, H. Görtler propôs os seguintes casos-teste com gradientes adversos

$$U = \frac{U_0}{(1 + x/L)^n}$$

e calculou a separação para escoamento laminar no caso $n = 1$ como $x_{\text{sep}}/L = 0{,}159$. Compare com o método de Thwaites, admitindo $\theta_0 = 0$.

P7.49 Com base estritamente no seu conhecimento sobre a teoria da placa plana mais os gradientes de pressão adverso e favorável, explique em que direção (esquerda ou direita) o escoamento de ar em torno do aerofólio de formato delgado na Figura P7.49 terá o menor arrasto total (atrito + pressão).

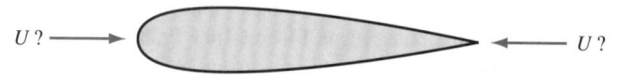

P7.49

P7.50 Considere o difusor de paredes planas na Figura P7.50, que é semelhante àquele da Figura 6.26a com largura constante b. Se x é medido a partir da entrada e as camadas-limite nas paredes são finas, mostre que a velocidade $U(x)$ no núcleo do difusor é dada aproximadamente por

$$U = \frac{U_0}{1 + (2x \tan \theta)/W}$$

em que W é a altura na entrada. Use essa distribuição de velocidades com o método de Thwaites para calcular o ângulo θ em que a separação laminar ocorrerá no plano de saída quando o comprimento do difusor for $L = 2W$. Observe que o resultado é independente do número de Reynolds.

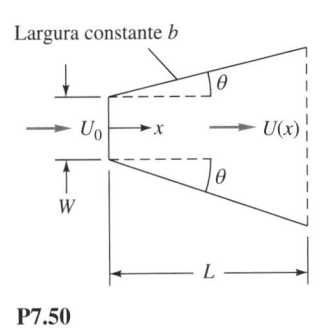

P7.50

Arrasto em corpos

P7.51 Uma esfera de metal maciça de 2 cm de diâmetro cai de modo permanente a aproximadamente 1 m/s em água doce a 20°C. Se usarmos a Tabela 7.3 para uma estimativa do arrasto, podemos concluir que a esfera é feita de aço, alumínio ou cobre?

P7.52 Clift et al. [46] forneceram a fórmula $F \approx (6\pi/5)(4 + a/b)\mu Ub$ para o arrasto de um esferoide prolato em um escoamento muito lento (*creeping flow*), como mostra a Figura P7.52. A semiespessura b é 4 mm. Se o fluido é óleo SAE 50W a 20°C, (*a*) verifique se $\text{Re}_b < 1$ e (*b*) estime o comprimento do esferoide para um arrasto de 0,02 N.

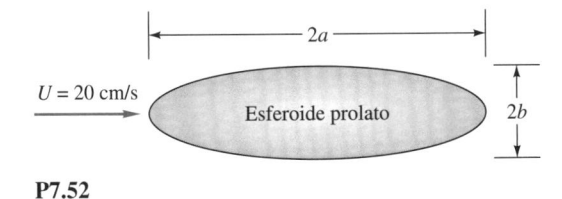

P7.52

P7.53 Da Tabela 7.2, o coeficiente de arrasto de uma placa larga normal ao escoamento é aproximadamente 2,0. As condições do escoamento são U_∞ e p_∞. Se a pressão média sobre a parte frontal da placa for aproximadamente igual à pressão de estagnação da corrente livre, qual será a pressão média na parte traseira?

*P7.54 Se um míssil decola verticalmente do nível do mar e deixa a atmosfera, ele tem arrasto zero no início e arrasto zero no final. Logo, o arrasto deve passar por um máximo em algum lugar no meio do caminho. Para simplificar a análise, considere um coeficiente de arrasto constante, C_A, e uma aceleração vertical constante, a. Admita que a variação de massa específica seja modelada pela relação da troposfera, Eq. (2.20). Encontre uma expressão para a altitude z^* em que o arrasto é máximo. Comente o seu resultado.

P7.55 Um navio reboca um cilindro submerso, que tem 1,5 m de diâmetro e 22 m de comprimento, a 5 m/s em água doce a 20°C. Calcule a potência de rebocamento necessária, em kW, se o cilindro estiver (*a*) paralelo e (*b*) normal à direção do reboque.

P7.56 Um veículo de entregas transporta um longo letreiro sobre o topo, como na Figura P7.56. Se o letreiro for muito fino e o veículo se mover a 105 km/h, (*a*) estime a força sobre o letreiro sem vento lateral e (*b*) discuta o efeito de um vento lateral.

P7.56

P7.57 O cabo transversal principal entre as torres de uma ponte pênsil litorânea tem 60 cm de diâmetro e 90 m de comprimento. Calcule a força total de arrasto sobre esse cabo com ventos laterais de 80 km/h. Essas condições são de escoamento laminar?

*P7.58 Modifique o Prob. P7.54 com um modo mais realista de se contabilizar o arrasto do míssil durante a subida. Considere o empuxo T e o peso W do míssil constantes. Despreze a variação de g com a altitude. Resolva para a altitude z^* na atmosfera padrão em que o arrasto é máximo, para $T = 16.000$ N, $W = 8.000$ N e $C_A A = 0,4$ m^2. O autor não acredita que uma solução analítica seja possível.

*P7.59 Joe pode pedalar sua bicicleta a 10 m/s sobre uma pista plana quando não há vento. A resistência de rolagem de sua bicicleta é 0,80 N · s/m, isto é, 0,80 N de força por m/s de velocidade. A área de arrasto ($C_A A$) de Joe e de sua bicicleta é 0,422 m^2. A massa de Joe é 80 kg e a da bicicleta é 15 kg. Agora, ele encontra um vento frontal de 5,0 m/s. (*a*) Desenvolva uma equação para a velocidade à qual Joe pode pedalar no vento. [*Dica*: resultará uma equação cúbica para V.] (*b*) Resolva para V, isto é, responda com que rapidez Joe pode pedalar no vento frontal. (*c*) Por que o resultado não é simplesmente $10 - 5,0 = 5,0$ m/s, como se poderia imaginar à primeira vista?

P7.60 Uma rede de peixes consiste em fios de 1 mm de diâmetro sobrepostos e amarrados para formar quadrados de 1 cm por 1 cm. Calcule o arrasto de 1 m^2 de tal rede quando puxada normalmente ao seu plano a 3 m/s na água do mar a 20°C. Qual a potência necessária para puxar 37 m^2 dessa rede?

P7.61 Um filtro pode ser idealizado como um feixe de fibras cilíndricas normais ao escoamento, como na Figura P7.61. Admitindo que as fibras sejam distribuídas uniformemente e tenham coeficientes de arrasto dados pela Figura P7.16a, deduza uma expressão aproximada para a queda de pressão Δp através de um filtro de espessura L.

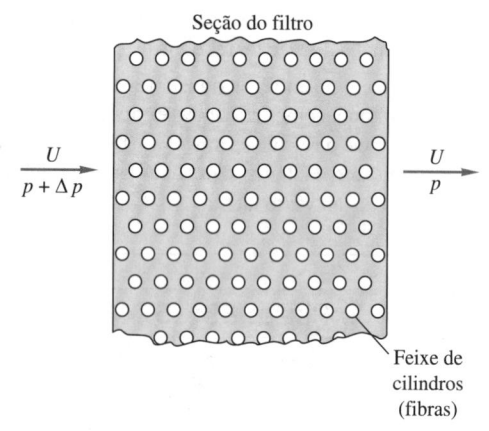

P7.61

P7.62 Uma chaminé ao nível do mar tem 52 m de altura e seção transversal quadrada. Seus suportes podem resistir a uma força lateral máxima de 90 kN. Para a chaminé suportar furacões de 145 km/h, qual será sua largura máxima possível?

P7.63 Para aqueles que pensam que carros elétricos são frágeis, a Universidade Keio no Japão testou um protótipo de 6,6 m de comprimento com seis motores elétricos que geram um total de 590 hp. O carro, apelidado de *Kaz*, roda a 290 km/h (ver a Revista *Popular Science* de agosto de 2001, p. 15). Se o coeficiente de arrasto é 0,35 e a área frontal é 2,34 m², que percentual dessa potência é consumido para vencer o arrasto do ar ao nível do mar?

P7.64 Um paraquedista salta de um avião, usando um paraquedas de 8,5 m de diâmetro na atmosfera padrão. A massa total do paraquedista e do paraquedas é 90 kg. Admitindo um paraquedas aberto e movimento quase permanente, calcule o tempo de uma queda de 2.000 m para 1.000 m de altitude.

P7.65 À medida que os soldados vão ficando maiores e as mochilas mais pesadas, um paraquedista e sua carga podem chegar a pesar até 1.780 N. O paraquedas padrão de 8,5 m pode descer rápido demais para a segurança. Para cargas mais pesadas, o *U. S. Army Natick Center* desenvolveu o paraquedas XT-11 de 8,5 m, com maior arrasto e menor porosidade (ver http://www.natick.army.mil). Esse paraquedas tem uma velocidade de descida ao nível do mar de 4,8 m/s com uma carga de 1.780 N. (*a*) Qual é o coeficiente de arrasto do XT-11? (*b*) A que velocidade desceria o paraquedas padrão ao nível do mar com a mesma carga?

P7.66 Uma esfera de massa específica ρ_e e diâmetro D cai em um fluido de massa específica ρ e viscosidade μ, partindo do repouso. Admitindo um coeficiente de arrasto constante C_{A_0}, deduza uma equação diferencial para a velocidade de queda $V(t)$ e mostre que a solução é

$$V = \left[\frac{4gD(d-1)}{3C_{A_0}}\right]^{1/2} \tanh Ct$$

$$C = \left[\frac{3gC_{A_0}(d-1)}{4S^2D}\right]^{1/2}$$

em que $d = \rho_e/\rho$ é a densidade do material da esfera.

P7.67 O automóvel Toyota Prius tem um coeficiente de arrasto de 0,25, uma área frontal de 23,4 pés² e um peso a vazio de 3.042 lbf. Seu coeficiente de resistência de rolagem é $C_{rr} = 0,03$, ou seja, a resistência de rolagem é 3% da força normal sobre os pneus. Se estiver rolando livremente em um declive de 8° a uma altitude de 500 m, calcule sua velocidade máxima, em mi/h.

P7.68 O paraquedas do laboratório de exploração em Marte, na foto de abertura do Cap. 5, é um paraquedas disco-fenda-banda de 51 pés de diâmetro, com um coeficiente de arrasto medido de 1,12 [59]. Marte tem uma atmosfera de massa específica muito baixa, cerca de 2,9 E-5 slug/pés³, e sua gravidade é apenas 38% da gravidade da Terra. Se a massa da carga útil e do paraquedas for 2.400 kg, calcule a velocidade terminal de queda do paraquedas.

P7.69 Duas bolas de beisebol de 7,35 cm de diâmetro são conectadas a uma barra de 7 mm de diâmetro e 56 cm de comprimento, como na Figura P7.69. Qual a potência, em W, necessária para manter o sistema girando a 400 rpm? Inclua o arrasto da barra e admita ar padrão ao nível do mar.

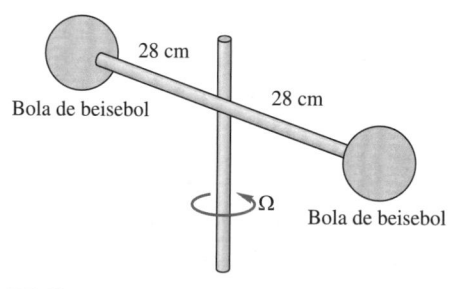

P7.69

P7.70 Fala-se que o novo paraquedas pessoal ATPS, do exército norte-americano, é capaz de trazer ao solo uma carga de 1.780 N, soldado mais mochila, a 4,8 m/s em Denver, Colorado (a 1.609 m de altitude). Se considerarmos que a Tabela 7.3 seja válida, qual será o diâmetro aproximado desse novo paraquedas?

P7.71 O automóvel Toyota Camry 2013 tem um peso a vazio de 3.190 lbf, uma área frontal de 22,06 pés² e um coeficiente de arrasto de 0,28. Seu coeficiente de resistência de rolagem é $C_{rr} \approx 0,035$. Calcule a velocidade máxima, em mi/h, que este carro pode atingir quando estiver rolando livremente ao nível do mar em um declive de 4°.

P7.72 Um tanque de sedimentação para abastecimento municipal de água tem 2,5 m de profundidade, e a água a 20°C escoa continuamente a 35 cm/s. Calcule o comprimento mínimo do tanque para garantir que todo o sedimento (d = 2,55) caia até o fundo, considerando diâmetros de partícula maiores que (*a*) 1 mm e (*b*) 100 μm.

P7.73 Um balão tem 4 m de diâmetro e contém hélio a 125 kPa e 15°C. O material do balão e a carga útil pesam 200 N, não incluindo o hélio. Calcule (*a*) a velocidade terminal de ascensão no ar padrão ao nível do mar, (*b*) a altitude final (desprezando os ventos) à qual o balão atingirá o repouso e (*c*) o diâmetro mínimo (< 4 m) para o qual o balão estará na iminência de subir no ar padrão ao nível do mar.

P7.74 É difícil definir a "área frontal" de uma motocicleta devido ao seu formato complexo. Mede-se então a *área de arrasto* (ou seja, $C_A A$), em unidades de área. Hoerner [12] relata que a área de arrasto de uma motocicleta típica, incluindo o piloto em posição ereta, é cerca de 0,5 m². Um atrito de rolagem típico fica em torno de 2,1 N por km/h de velocidade. Se for esse o caso, estime a velocidade máxima ao nível do mar (em km/h) da nova motocicleta Harley-Davidson V-Rod™, cujo motor refrigerado a líquido produz 115 hp.

P7.75 O balão cheio de hélio da Figura P7.75 está amarrado com uma corda de peso e arrasto desprezíveis, a 20°C e 1 atm. O diâmetro é 50 cm, e o material do balão pesa 0,2 N, não incluindo o hélio. A pressão do hélio é 120 kPa. Calcule o ângulo de inclinação θ se a velocidade da corrente de ar for (*a*) 5 m/s ou (*b*) 20 m/s.

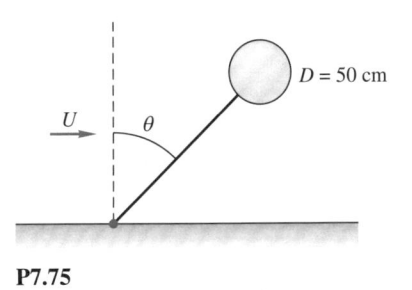

P7.75

P7.76 O filme recente *The World's Fastest Indian* conta a história de Burt Munro, um neozelandês que, em 1937, estabeleceu um recorde de 324 km/h para motocicleta, em Bonneville Salt Flats. Usando os dados do Problema P7.74, (*a*) estime a potência em hp necessária para pilotar a essa velocidade. (*b*) Que potência teria levado Burt à velocidade de 402 km/h?

P7.77 Para medir o arrasto de uma pessoa em posição ereta, sem violar protocolos de segurança, um manequim do tamanho da pessoa é fixado à extremidade de uma barra de 6 m e posto para girar a Ω = 80 rpm, como na Figura P7.77. A potência necessária para manter a rotação é de 60 kW. Incluindo a potência de arrasto da barra, que é significativa, estime a área de arrasto $C_A A$ do manequim, em m².

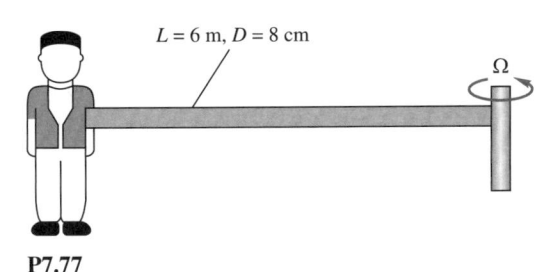

P7.78 Em 24 de abril de 2007, um trem-bala francês estabeleceu um novo recorde de velocidade, para trens ferroviários, de 357,2 mi/h, superando o recorde anterior em 12%. Usando os dados na Tabela 7.3, calcule a potência ao nível do mar necessária para levar este trem a tal velocidade.

P7.79 Suponha que uma partícula de poeira radioativa se assemelhe a uma esfera de massa específica 2.400 kg/m³. Quanto tempo, em dias, levará tal partícula para descer de uma altitude de 12 km até o nível do mar se o diâmetro da partícula for (*a*) 1 μm ou (*b*) 20 μm?

P7.80 Uma esfera pesada fixada em uma corda se deslocaria um ângulo θ quando imersa em uma corrente de velocidade U, como na Figura P7.80. Deduza uma expressão para θ em função das propriedades da esfera e do escoamento. Qual o valor de θ se a esfera for de aço (d = 7,86) de 3 cm de diâmetro e o escoamento for de ar padrão ao nível do mar com U = 40 m/s? Despreze o arrasto da corda.

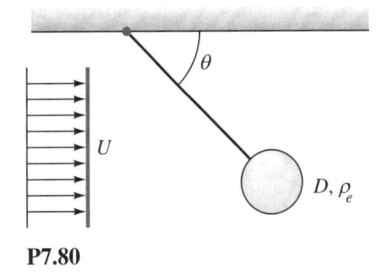

P7.80

P7.81 Um paraquedas típico do exército norte-americano tem um diâmetro projetado de 8,5 m. Para uma carga total com massa de 80 kg, (*a*) qual é a velocidade terminal resultante na altitude padrão de 1.000 m? Para a mesma velocidade e a mesma carga, qual seria o tamanho necessário de um "paraquedas" se fosse usada uma placa plana quadrada mantida (*b*) verticalmente e (*c*) horizontalmente? (Despreze o fato de que formatos planos não são dinamicamente estáveis em queda livre.)

P7.82 Considere os paraquedistas acrobatas, voando acima do nível do mar. Em geral, eles saltam a cerca de 2.400 m de altitude e realizam queda livre de peito, com braços e pernas abertos, até abrirem seus paraquedas a cerca de 600 m. Eles levam cerca de 10 s para atingirem velocidade terminal. Calcule quantos segundos de queda livre eles aproveitam se essa queda for (*a*) de peito, com braços e pernas abertos, ou (*b*) de pé, verticalmente. Suponha um paraquedista com peso total de 979 N.

P7.83 Um dirigível assemelha-se a um esferoide 4:1 com 196 pés de comprimento. Ele é propulsado por dois ventiladores carenados (*ducted fans*) de 150 hp. Calcule a velocidade máxima atingível, em mi/h, a uma altitude de 8.200 pés.

P7.84 Uma bola de tênis de mesa pesa 2,6 g e tem um diâmetro de 3,8 cm. Essa bola pode ser sustentada por um jato de ar na saída de um aspirador de pó, como na Figura P7.84. Para ar padrão ao nível do mar, qual é a velocidade necessária do jato?

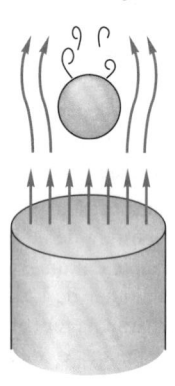

P7.84

P7.85 Nesta era de combustíveis fósseis caros, muitas alternativas têm sido buscadas. Uma ideia da SkySails, Inc., mostrada na Fig. P7.85, é a propulsão de um navio auxiliada por uma grande pipa amarrada. A força de reboque da pipa auxilia o propulsor do navio, havendo informações de que é possível assim reduzir o consumo anual de combustível entre 10 e 35 por cento. Para um exemplo típico, considere que o navio tenha 120 m de comprimento, com uma área molhada de 2.800 m^2. A pipa tem uma área de 330 m^2 e um coeficiente de força de 0,8. O cabo de pipa faz um ângulo de 25° com a horizontal. Considere V_{vento} = 30 mi/h. Desconsidere o arrasto de ondas do navio. Calcule a velocidade do navio (a) devido apenas à pipa e (b) caso o propulsor forneça 1.250 hp para a água. [*Dica:* A pipa "enxerga" a velocidade *relativa* do vento.]

Figura P7.85 Propulsão de um navio auxiliada por uma grande pipa. *(Cortesia da SkySails, Inc.)*

P7.86 Hoerner [Referência 12, p. 3-25] especifica que o coeficiente de arrasto de uma bandeira de razão de aspecto de 2:1 é 0,11, com base na área planificada. A Universidade de Rhode Island tem um mastro de alumínio de 25 m de altura e 14 cm de diâmetro. Esse mastro serve para hastear as bandeiras nacional e estadual niveladas, em conjunto. Se a tensão de fratura do alumínio for 210 MPa, que tamanho máximo de bandeira poderá ser usado a fim de evitar a ruptura do mastro durante furacões (121 km/h)? (Despreze o arrasto do mastro.)

P7.87 Um caminhão com cavalo mecânico e baú tem uma área de arrasto própria $C_A A$ = 8 m^2 e 6,7 m^2 com um defletor aerodinâmico (Figura 7.18*b*). Sua resistência de rolagem é de 50 N para cada quilômetro/hora de velocidade. Calcule a potência total necessária em hp, ao nível do mar, com e sem o defletor, se o caminhão se mover a (*a*) 89 km/h e (*b*) 121 km/h.

P7.88 Uma caminhonete tem uma área de arrasto própria $C_A A$ de 3,25 m^2. Calcule a potência necessária em hp para conduzir a caminhonete a 89 km/h (*a*) de modo normal e (*b*) com um letreiro de 0,91 m por 1,82 m instalado como na Figura P7.88, se a resistência de rolagem for 667 N ao nível do mar.

P7.88

P7.89 O trem AMTRAK Acela passa por Kingston, Rhode Island, a 130 mi/h, assustando todos os moradores diariamente. Seu peso total é de 624 toneladas curtas, com um coeficiente de resistência de rolagem $C_{rr} \approx$ 0,0024. Calcule a potência necessária para mover o trem tão rápido.

P7.90 No grande furacão de 1938, ventos de 137 km/h sopraram sobre um vagão de carga fechado em Providence, Rhode Island. O vagão tinha 3,1 m de altura, 12,2 m de comprimento e 1,8 m de largura, com uma folga de 0,9 m acima dos trilhos separados de 1,5 m. Qual velocidade do vento tombaria um vagão pesando 178.000 N?

*P7.91 Um anemômetro de conchas usa duas semiesferas ocas de 5 cm de diâmetro conectadas a barras de 15 cm, como na Figura P7.91. O arrasto nas barras é desprezível, e o rolamento central tem um torque resistente de 0,004 N · m. Levantando hipóteses simplificadoras para uma média da geometria variável com o tempo, calcule e plote a variação da taxa de rotação do anemômetro Ω com a velocidade do vento

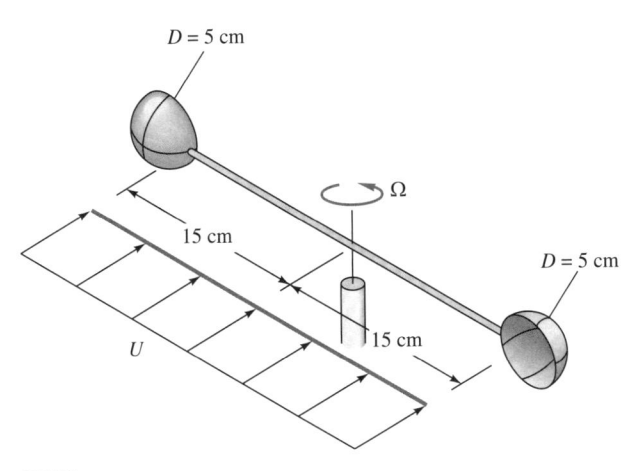

U na faixa de $0 < U < 25$ m/s para ar padrão ao nível do mar.

P7.91

P7.92 Um automóvel de 1.500 kg utiliza sua área de arrasto $C_A A = 0,4$ m², além de freios e paraquedas, para reduzir a velocidade de 50 m/s. Seus freios aplicam 5.000 N de resistência. Admita ar padrão ao nível do mar. Se o automóvel deve parar em 8 s, qual o diâmetro apropriado do paraquedas?

P7.93 Uma sonda de filme quente é montada sobre um sistema cone-barra em um fluxo de ar de 45 m/s, ao nível do mar, como na Figura P7.93. Calcule o ângulo máximo admissível do vértice do cone, sabendo que o momento fletor induzido pelo escoamento na base da barra não deve exceder 30 N · cm.

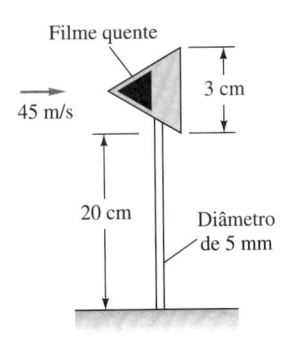

P7.93

P7.94 Dados da Universidade do Texas para o arrasto de bolas de beisebol são mostrados na Fig. P7.94. Uma bola de beisebol pesa aproximadamente 5,12 onças e tem um diâmetro de 2,91 polegadas. Nolan Ryan, do Hall da Fama, em um jogo de 1974, fez o arremesso mais rápido já registrado: 108,1 mi/h. Se a distância entre a mão de Nolan e a luva do recebedor (*catcher*) for de 60 pés, calcule a velocidade da bola ao nível do mar que o recebedor experimenta para (*a*) uma bola de beisebol normal, (*b*) uma bola de beisebol perfeitamente lisa.

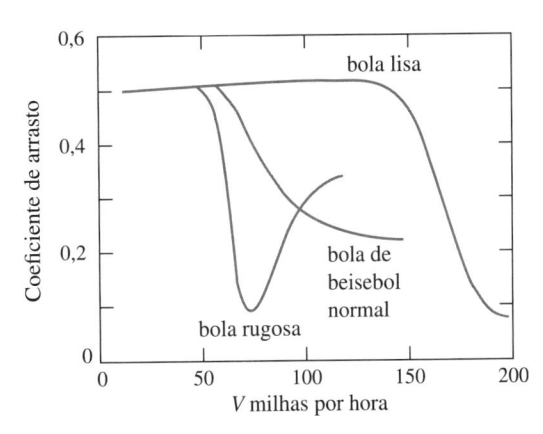

P7.94

P7.95 Um avião pesando 28 kN, com uma área de arrasto $C_A A \approx 5$ m², pousa ao nível do mar a 55 m/s e libera um paraquedas de 3 m de diâmetro para reduzir sua velocidade. Nenhum outro freio é aplicado. (*a*) Quanto tempo o avião levará para reduzir a velocidade para 20 m/s? (*b*) Que distância o avião terá percorrido nesse tempo?

*P7.96 Um rotor Savonius (Figura 6.29*b*) pode ser aproximado por dois semitubos abertos, como na Figura P7.96, montados em um eixo central. Se o arrasto de cada tubo é semelhante àquele da Tabela 7.2, deduza uma fórmula aproximada para a taxa de rotação Ω em função de U, D, L e das propriedades do fluido (ρ, μ).

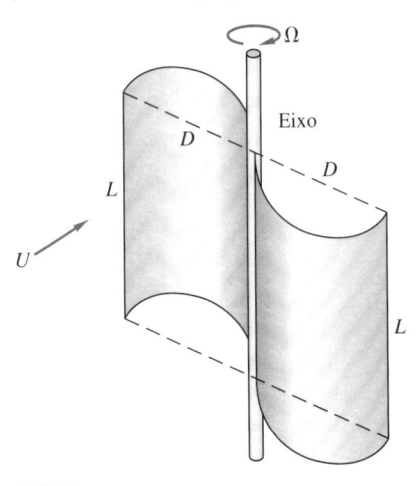

P7.96

P7.97 Uma medição simples do arrasto de automóveis pode ser efetuada através de um *movimento em ponto morto* (sem potência) em uma estrada nivelada e sem vento. Admita resistência de rolagem constante. Para um automóvel de massa 1.500 kg e área frontal 2 m², foram obtidos, durante um movimento em ponto morto, os seguintes dados de velocidade em função do tempo:

t, s	0	10	20	30	40
V, m/s	27,0	24,2	21,8	19,7	17,9

Calcule (a) a resistência de rolagem e (b) o coeficiente de arrasto. Este problema é bem adequado à análise em computador, mas também pode ser resolvido à mão.

P7.98 Uma bola flutuante de densidade $d < 1$ que cai na água à velocidade de entrada V_0 penetrará uma distância h e depois voltará para cima, como na Figura P7.98. Faça uma análise dinâmica deste problema, admitindo um coeficiente de arrasto constante, e deduza uma expressão para h em função das propriedades do sistema. A que distância penetrará uma bola de 5 cm de diâmetro com $d = 0,5$ e $C_A \approx 0,47$ se ela entrar a 10 m/s?

P7.99 Duas bolas de aço ($d = 7,86$) estão conectadas por uma barra delgada articulada de peso e arrasto desprezíveis, como na Figura P7.99. Um batente impede a vara de girar no sentido anti-horário. Calcule a velocidade U do ar ao nível do mar para que a vara comece a girar no sentido horário.

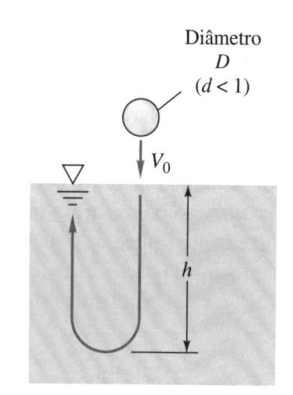

P7.98

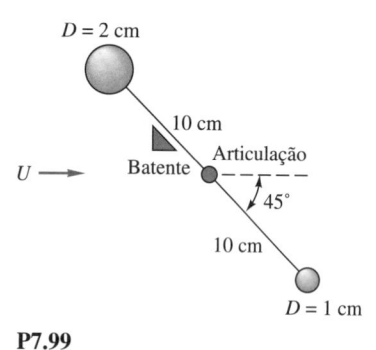

P7.99

P7.100 Um caminhão com cavalo mecânico e baú desce uma ladeira a 8°, em ponto morto e sem freios, na altitude padrão de 1.000 m. A resistência de rolagem é de 120 N para cada m/s de velocidade. O caminhão tem área frontal de 9 m² e pesa 65 kN. Calcule a velocidade terminal (km/h), em ponto morto, (a) sem defletor e (b) com defletor instalado.

P7.101 Icebergs podem ser levados a velocidades significativas pelo vento. Admita que o iceberg seja idealizado como um grande cilindro achatado, $D \gg L$, com um oitavo de seu tamanho exposto, como na Figura P7.101. Admita que a água do mar esteja em repouso.

Se as forças de arrasto superior e inferior dependem das velocidades relativas entre o iceberg e o fluido, deduza uma expressão aproximada para a velocidade permanente do iceberg, V, quando levado pela velocidade do vento U.

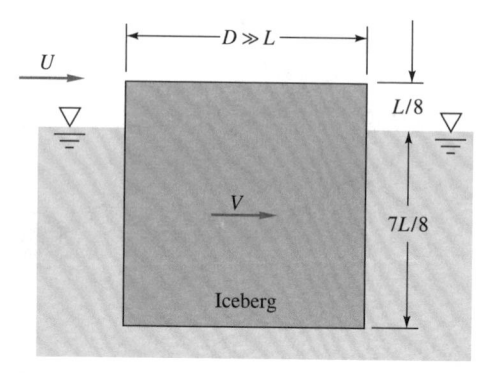

P7.101

P7.102 Partículas de areia ($d = 2,7$) aproximadamente esféricas, com diâmetros entre 100 μm e 250 μm, são introduzidas em uma corrente ascendente de água a 20°C. Qual é a velocidade mínima da água que levará todas as partículas de areia *para cima*?

P7.103 Quando imersa em um escoamento uniforme V, uma barra pesada articulada em A se deslocará ao *ângulo de Pode*, θ, de acordo com a análise de L. Pode em 1951 (Figura P7.103). Suponha que o cilindro tenha coeficiente de arrasto normal C_{AN} e coeficiente tangencial C_{AT} que relacionam as forças de arrasto a V_N e V_T, respectivamente. Deduza uma expressão para o ângulo de Pode em função dos parâmetros do escoamento e da barra. Determine θ para uma barra de aço com $L = 40$ cm e $D = 1$ cm, inclinando-se no ar ao nível do mar com $V = 35$ m/s.

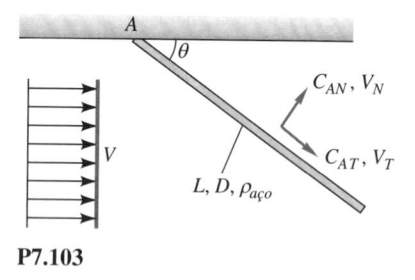

P7.103

P7.104 O submarino russo da classe Tufão tem 170 m de comprimento e diâmetro máximo de 23 m. Seu propulsor pode fornecer até 80.000 hp à água do mar. Modele o submarino como um elipsoide 8:1 e calcule sua velocidade máxima, em nós.

P7.105 Um navio de 50 m de comprimento e 800 m² de área molhada tem o formato de casco testado na Figura 7.19. Não há bulbos na proa nem na popa. A potência total de propulsão disponível é 1 MW. Para água do mar a 20°C, plote a velocidade do navio V em função da potência P para $0 < P < 1$ MW. Qual é a situação mais eficiente?

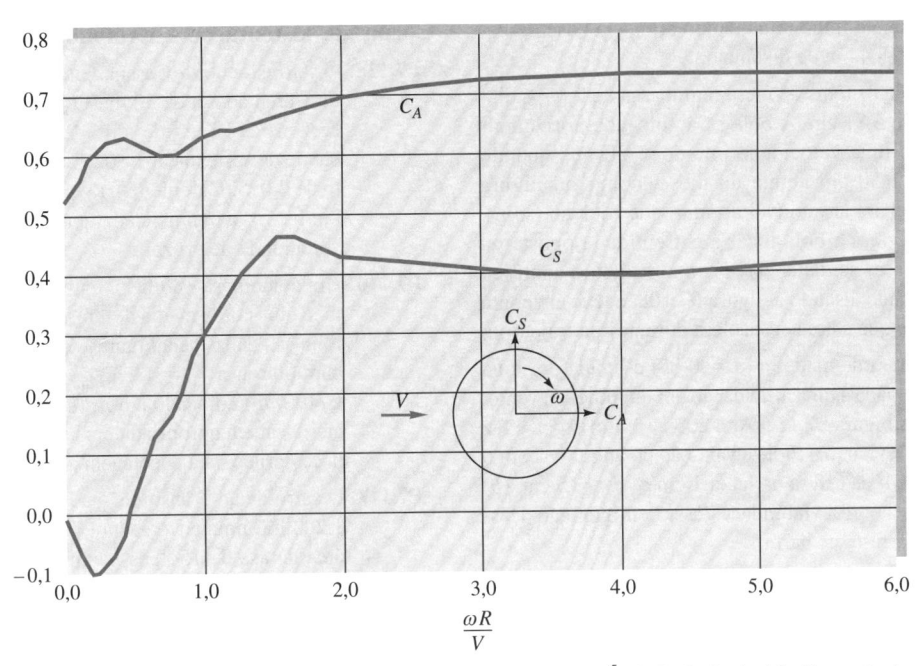

P7.108 Arrasto e sustentação de uma esfera girante a $Re_D \approx 10^5$, da Referência 45. *(Reproduzido com permissão da American Society of Mechanical Engineers.)*

P7.106 Para o navio auxiliado por pipa do Prob. P7.85, desconsidere novamente o arrasto de ondas e admita a velocidade do vento como 30 mi/h. Calcule a área da pipa para rebocar o navio, sem ajuda do propulsor, a uma velocidade de 8 nós.

P7.107 A maior bandeira em Rhode Island fica do lado de fora da concessionária de automóveis da rede Herb Chambers, às margens da rodovia I-95 em Providence. A bandeira tem 50 pés de comprimento, 30 pés de largura, pesa 250 lbf e precisa de quatro pessoas fortes para içá-la ou baixá-la. Usando informações do Prob. P7.40, calcule (*a*) a velocidade do vento, em mi/h, quando o arrasto da bandeira é de 1.000 lbf e (*b*) o arrasto da bandeira quando o vento é um furacão de categoria inferior 1, a 74 mi/h. [*Dica:* Providence está ao nível do mar.]

P7.108 Os dados na Figura P7.108 referem-se à sustentação e ao arrasto de uma esfera girante da Referência 45. Admita que uma bola de tênis ($P \approx 0{,}56$ N, $D \approx 6{,}35$ cm) seja golpeada ao nível de mar com velocidade inicial $V_0 = 30$ m/s, com efeito *topspin* (frente da bola girando para baixo) de 120 rps. Se a altura inicial da bola for 1,5 m, calcule a distância horizontal percorrida antes que ela atinja o solo.

P7.109 O recorde mundial de consumo automobilístico, 5.383 km por litro, foi estabelecido em 2005 pelo PAC-CAR II, Figura P7.109, construído por alunos do Instituto Federal Suíço de Tecnologia (ETH) de Zurique [52]. Esse pequeno carro, com peso líquido de 285 N e altura de apenas 0,75 m, realizou um percurso de 21 km a 30 km/h para estabelecer o recorde. Ele tem um coeficiente de arrasto registrado de 0,075 (comparável ao de um aerofólio), com base na área frontal de 0,27 m². (*a*) Qual é o arrasto do pequeno carro durante o percurso? (*b*) Qual é a potência de propulsão necessária? (*c*) Pesquise um pouco e explique por que um valor de km por litro é totalmente ilusório neste caso particular.

P7.109 O recorde mundial de consumo automobilístico estabelecido pelo PAC-CAR II do ETH de Zurique.

P7.110 Um arremessador (*pitcher*) de beisebol arremessa uma "bola com efeito" à velocidade inicial de 105 km/h e uma rotação de 6.500 rpm em torno de um eixo vertical. Uma bola de beisebol pesa 1,42 N e tem um diâmetro de 74 mm. Usando os dados da Figura P7.108 para escoamento turbulento, avalie quanto essa "bola com efeito" terá desviado de sua trajetória em linha reta quando atingir a base do batedor, a 18,44 m de distância.

*P7.111 Uma bola de tênis de mesa tem massa de 2,6 g e diâmetro de 3,81 cm. A bola será golpeada horizontalmente a uma velocidade inicial de 20 m/s quando estiver a 50 cm acima da mesa, como na Figura P7.111. Para ar ao nível do mar, que rotação (*spin*), em rpm, fará a bola tocar a extremidade oposta da mesa a 4 m de distância? Faça um cálculo analítico aproximado, usando a Figura P7.108, e leve em conta o fato de que a bola desacelera durante sua trajetória.

P7.112 Uma esfera de madeira ($d = 0,65$) é ligada por uma barra delgada a uma articulação em um túnel de vento, como na Figura P7.112. Ar a 20°C e 1 atm escoa e faz a esfera levitar. (*a*) Plote a variação do ângulo θ com o diâmetro d da esfera na faixa 1 cm $\leq d \leq$ 15 cm. (*b*) Comente sobre a viabilidade dessa configuração. Despreze o arrasto da barra.

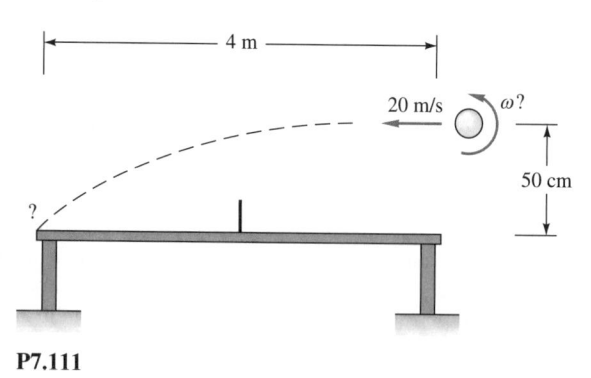

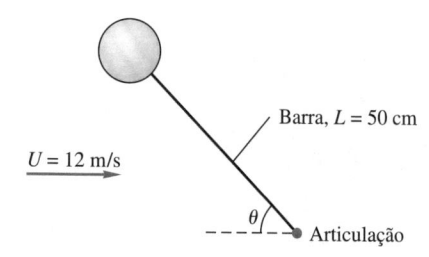

P7.111

P7.112

P7.113 Um automóvel tem massa de 1.000 kg e área de arrasto $C_A A = 0,7$ m². A resistência de rolagem de 70 N é aproximadamente constante. O carro está se movendo em ponto morto, sem freios, a 90 km/h, quando começa a subir uma ladeira de 10% de inclinação (inclinação = $\tan^{-1} 0,1 = 5,71°$). Que distância o carro percorrerá na ladeira até parar?

P7.114 O veículo de submersão profunda ALVIN tem 23 pés de comprimento e 8,5 pés de largura. Pesa cerca de 36.000 lbf no ar e sobe (desce) na água do mar devido a cerca de 360 lbf de flutuabilidade positiva (negativa). Observando que a face frontal do veículo é bastante diferente para subida e descida, (*a*) calcule a velocidade para cada direção, em metros por minuto. (*b*) Quanto tempo leva para o veículo subir de sua profundidade máxima de 4.500 m?

Corpos de sustentação – aerofólios

P7.115 O jato executivo Cessna Citation pesa 67 kN e tem uma área de asa de 32 m². O jato voa em condição de cruzeiro a 10 km de altitude padrão com um coeficiente de sustentação de 0,21 e um coeficiente de arrasto de 0,015. Calcule (*a*) a velocidade de cruzeiro em km/h e (*b*) a potência em hp necessária para manter a velocidade de cruzeiro.

P7.116 Um avião pesa 180 kN e tem uma área de asa de 160 m² e uma corda média de 4 m. As propriedades de aerofólio são dadas pela Figura 7.25. Se o avião é projetado para pousar a $V_0 = 1,2\ V_{estol}$, usando um *flap* saliente (*split flap*) colocado a 60°, (*a*) qual é a velocidade de aterrissagem apropriada em km/h? (*b*) Que potência é necessária para a decolagem à mesma velocidade?

P7.117 O carro-avião Transition® na Fig. 7.30 tem um peso de 1.200 lbf, uma envergadura de asa de 27,5 pés, e uma área de asa de 150 pés², com um aerofólio simétrico, $C_{A\infty} \approx 0,02$. Considere que a seção da fuselagem e da cauda tenha uma área de arrasto comparável à do Toyota *Prius* [21], $C_A A \approx 6,24$ pés². Se a hélice propulsora fornecer um empuxo de 250 lbf, a que velocidade em mi/h esse carro-avião pode voar a uma altitude de 8.200 pés?

*P7.118 Admita que o avião do Problema P7.116 seja equipado com todos os melhores dispositivos de alta sustentação da Figura 7.28. Qual a sua mínima velocidade de estol em km/h? Calcule a distância de parada se o avião aterrissa a $V_0 = 1,25 V_{estol}$ com $C_S = 3,0$ e $C_A = 0,2$ constantes e a força de frenagem sobre as rodas é igual a 20% do peso.

P7.119 Um avião de transporte tem uma massa de 45.000 kg, uma área de asa de 160 m² e uma razão de aspecto igual a 7. Considere que toda a sustentação e todo o arrasto se devam apenas à asa, com $C_{A\infty} = 0,020$ e $C_{S,máx} = 1,5$. Se o avião voa à altitude padrão de 9.000 m, faça uma gráfico do arrasto (em N) em função da velocidade (do estol a 240 m/s) e determine a velocidade ótima de cruzeiro (mínimo arrasto por unidade de velocidade).

P7.120 Mostre que, se as Equações (7.70) e (7.71) são válidas, a razão máxima entre a sustentação e o arrasto ocorre quando $C_A = 2C_{A\infty}$. Quais são $(F_S/F_A)_{máx}$ e α para uma asa simétrica quando RA = 5 e $C_{A\infty} = 0,009$?

P7.121 Em voo de planeio (sem potência), a sustentação e o arrasto estão em equilíbrio com o peso. Mostre que, se não houver vento, a aeronave desce com um ângulo

$$\tan \theta \approx \frac{\text{arrasto}}{\text{sustentação}}$$

Para um planador de 200 kg de massa, 12 m² de área da asa e razão de aspecto de 11, com um aerofólio NACA 0009, calcule (*a*) a velocidade de estol, (*b*) o ângulo mínimo de planeio e (*c*) a distância máxima à qual ele pode planar no ar parado quando estiver a 1.200 m acima do nível do solo.

P7.122 Um barco de 2.500 kg de massa tem dois hidrofólios, cada qual de 30 cm de corda e 1,5 m de envergadura, com $C_{S,máx} = 1,2$ e $C_{A\infty} = 0,08$. O motor do barco pode fornecer 130 kW à água. Para água do mar a 20°C, calcule (a) a velocidade mínima à qual os hidrofólios sustentam o barco e (b) a velocidade máxima que se pode atingir.

P7.123 Na época anterior à guerra, havia uma controvérsia, talvez apócrifa, sobre se o abelhão (também conhecido como mamangaba) teria uma aerodinâmica apropriada para voar. O abelhão (*Bombus terrestris*), em média, pesa 0,88 g e tem 1,73 cm de envergadura e 1,26 cm^2 de área de asa. Ele pode de fato voar a 10 m/s. Aplicando a teoria de asa fixa, qual é o coeficiente de sustentação do abelhão a essa velocidade? Isso é razoável para aerofólios típicos?

*P7.124 O abelhão pode ficar suspenso no ar à velocidade igual a zero, batendo as asas. Usando os dados do Problema P7.123, conceba uma teoria para asas móveis, em que a batida descendente seja modelada como uma placa plana curta normal ao escoamento (Tabela 7.3) e a batida ascendente seja como uma pluma, com arrasto aproximadamente igual a zero. Quantas batidas por segundo desse modelo de asa são necessárias para sustentar o peso do abelhão? (Medidas reais em abelhas mostram uma taxa de batidas de asas de 194 Hz.)

*P7.125 A aeronave Solar Impulse na foto de abertura deste capítulo tem uma envergadura de 208 pés, uma área de asa de 2.140 pés^2 e um peso de 1.600 kgf. Suas hélices fornecem uma média de 24 hp para o ar a uma altitude de cruzeiro de 8,5 km. Assumindo um aerofólio NACA 0009, e desprezando o arrasto da fuselagem e da cauda, calcule (a) a razão de aspecto da asa, (b) a velocidade de cruzeiro, em mi/h, e (c) o ângulo de ataque da asa. [*Dica:* Simplifique usando a Fig. 7.25 para calcular a sustentação e o arrasto.]

P7.126 Usando os dados para o carro-avião Transition® do Prob. P7.117, e um coeficiente de sustentação máximo de 1,3, calcule a distância para o veículo decolar a uma velocidade de 1,2V_{estol}. Observe que temos que adicionar o arrasto do corpo do carro ao arrasto da asa.

P7.127 O chamado Homem-Foguete, Yves Rossy, voou em meio aos Alpes em 2008, vestindo um traje alado propulsado por foguetes com os seguintes dados: empuxo = 200 lbf, altitude = 8.200 pés e envergadura de asa = 8 pés (http://en.wikipedia.org/wiki/Yves_Rossy). Considere ainda uma área de asa de 12 pés^2, peso total de 280 lbf, $C_{A\infty}$ = 0,08 para a asa e uma área de arrasto de 1,7 pés^2 para o Homem-Foguete. Calcule a velocidade máxima possível para essa condição, em mi/h.

Problemas dissertativos

PD7.1 Como você *identifica* uma camada-limite? Cite algumas propriedades físicas e algumas medidas que revelem características apropriadas.

PD7.2 No Capítulo 6, o número de Reynolds da transição para a turbulência no escoamento em um tubo era $Re_{tr} \approx 2.300$, enquanto no escoamento sobre uma placa plana $Re_{tr} \approx 1$ E6, quase três ordens de grandeza maior. O que explica a diferença?

PD7.3 Sem escrever qualquer equação, dê uma descrição textual da espessura de deslocamento da camada-limite.

PD7.4 Descreva, somente com palavras, as ideias básicas que estão por trás das "aproximações de camada-limite".

PD7.5 O que é um gradiente de pressão *adverso*? Dê três exemplos de regimes de escoamento em que ocorrem tais gradientes.

PD7.6 O que é um gradiente de pressão *favorável*? Dê três exemplos de regimes de escoamento em que ocorrem tais gradientes.

PD7.7 O arrasto de um aerofólio (Fig. 7.12) aumenta consideravelmente se você girar o bordo mais agudo (bordo de fuga) cerca de 180° para ficar de frente para o escoamento. Você pode explicar isso?

PD7.8 Na Tabela 7.3, o coeficiente de arrasto de uma árvore denominada abeto decresce nitidamente com a velocidade do vento. Você pode explicar isso?

PD7.9 É necessário empuxo para impulsionar para a frente um avião a uma velocidade finita. Isso implica alguma perda de energia para o sistema? Explique os conceitos de empuxo e arrasto em termos da primeira lei da termodinâmica.

PD7.10 Como o conceito de *drafting* (expressão inglesa usada quando um corpo anda no vácuo de outro corpo), em corridas de automóvel e de bicicleta, se aplica ao material estudado neste capítulo?

PD7.11 O cilindro circular da Figura 7.13 é duplamente simétrico e, portanto, não deveria ter sustentação alguma. Porém, um sensor de sustentação revelaria claramente um valor médio quadrático finito de sustentação. Você pode explicar esse comportamento?

PD7.12 Explique com palavras por que uma bola arremessada com rotação em torno do seu eixo se move em uma trajetória curva. Dê algumas razões físicas por que uma força lateral é desenvolvida além do arrasto.

Problemas de fundamentos de engenharia

FE7.1 Uma esfera lisa de 12 cm de diâmetro é imersa em uma corrente de água a 20°C movendo-se a 6 m/s. O número de Reynolds apropriado dessa esfera é de aproximadamente
(a) 2,3 E5, (b) 7,2 E5, (c) 2,3 E6, (d) 7,2 E6, (e) 7,2 E7

FE7.2 No Problema FE7.1, se o coeficiente de arrasto baseado na área frontal for 0,5, qual será a força de arrasto na esfera?
(a) 17 N, (b) 51 N, (c) 102 N, (d) 130 N, (e) 203 N

FE7.3 No Problema FE7.1, se o coeficiente de arrasto baseado na área frontal for 0,5, a que velocidade terminal uma esfera de alumínio ($d = 2,7$) cairá em água parada?
(a) 2,3 m/s, (b) 2,9 m/s, (c) 4,6 m/s, (d) 6,5 m/s, (e) 8,2 m/s

FE7.4 Para escoamento de ar padrão ao nível do mar a 4 m/s paralelo a uma placa plana fina, calcule a espessura da camada-limite em $x = 60$ cm a partir do bordo de ataque:
(a) 1,0 mm, (b) 2,6 mm, (c) 5,3 mm, (d) 7,5 mm, (e) 20,2 mm

FE7.5 No Problema FE7.4, para as mesmas condições de escoamento, qual é a tensão de cisalhamento na parede em $x = 60$ cm a partir do bordo de ataque?
(a) 0,053 Pa, (b) 0,11 Pa, (c) 0,16 Pa, (d) 0,32 Pa, (e) 0,64 Pa

FE7.6 Vento a 20°C e 1 atm sopra a 75 km/h sobre um mastro de 18 m de altura e 20 cm de diâmetro. O coeficiente de arrasto, baseado na área frontal, é 1,15. Calcule o momento fletor induzido pelo vento na base do mastro.
(a) 9,7 kN · m, (b) 15,2 kN · m, (c) 19,4 kN · m, (d) 30,5 kN · m, (e) 61,0 kN · m

FE7.7 Considere um vento a 20°C e 1 atm soprando sobre uma chaminé de 30 m de altura e 80 cm de diâmetro. Se a chaminé pode romper-se sob um momento fletor de 486 kN · m na base, e seu coeficiente de arrasto baseado na área frontal for 0,5, qual será, aproximadamente, a velocidade máxima admissível do vento para evitar o rompimento?
(a) 81 km/h, (b) 121 km/h, (c) 161 km/h, (d) 201 km/h, (e) 241 km/h

FE7.8 Uma partícula de poeira de massa específica 2.600 kg/m³, suficientemente pequena para satisfazer a lei do arrasto de Stokes, deposita-se a 1,5 mm/s em ar a 20°C e 1 atm. Qual é o seu diâmetro aproximado?
(a) 1,8 μm, (b) 2,9 μm, (c) 4,4 μm, (d) 16,8 μm, (e) 234 μm

FE7.9 Um avião tem 19.550 kg de massa, uma asa de 20 m de envergadura e uma corda média de 3 m. Ao voar em ar de massa específica 0,5 kg/m³, seus motores fornecem um empuxo de 12 kN contra um coeficiente de arrasto global de 0,025. Qual é a sua velocidade aproximada?
(a) 402 km/h, (b) 483 km/h, (c) 563 km/h, (d) 644 km/h, (e) 724 km/h

FE7.10 Para as condições de voo no Problema FE7.9, qual é o coeficiente de sustentação aproximado do avião?
(a) 0,1, (b) 0,2, (c) 0,3, (d) 0,4, (e) 0,5

Problemas abrangentes

PA7.1 Jane quer calcular o seu próprio coeficiente de arrasto montada em sua bicicleta. Ela mede a área frontal projetada como 0,40 m² e a resistência de rolagem 0,80 N · s/m. A massa da bicicleta é 15 kg, enquanto a massa de Jane é 80 kg. Jane desce em ponto morto uma ladeira longa, com inclinação constante de 4° (ver a Figura PA7.1). Ela atinge uma velocidade terminal (condição permanente) de 14 m/s na parte inferior da ladeira. Calcule o coeficiente de arrasto aerodinâmico C_A da combinação ciclista e bicicleta.

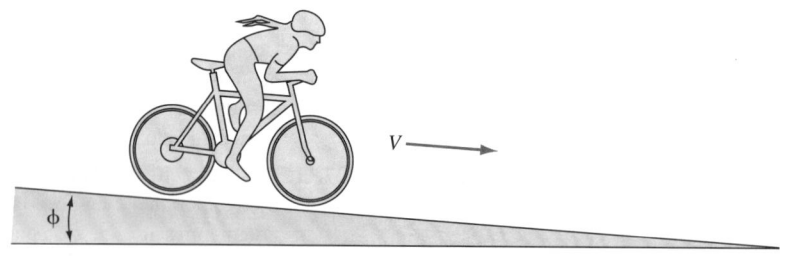

PA7.1

PA7.2 Ar a 20°C e 1 atm escoa a $V_{méd} = 5$ m/s entre placas paralelas lisas e longas de um trocador de calor, separadas de 10 cm, como na Figura PA7.2. Propõe-se adicionar um número muito grande de placas interruptoras de 1 cm de comprimento, espaçadas uma das outras, para aumentar a transferência de calor, como mostra a figura. Embora o escoamento no canal seja turbulento, as camadas-limite sobre as placas interruptoras são essencialmente laminares. Admita que todas as placas têm 1 m de largura normal ao plano da figura. Determine (a) a queda de pressão em Pa/m sem a presença das placas interruptoras. Em seguida, determine (b) o número de placas interruptoras por metro de comprimento de canal que fará a queda de pressão aumentar para 10,0 Pa/m.

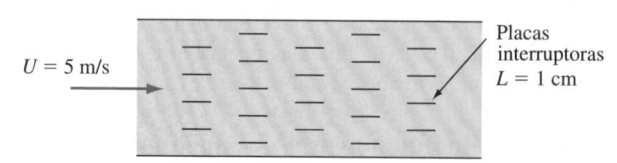

PA7.2

PA7.3 Uma nova pizzaria está para ser inaugurada. Naturalmente, eles vão oferecer serviço gratuito de entrega e, portanto, precisam de um pequeno carro de entrega com um grande letreiro de anúncio fixado. O letreiro (uma placa plana) tem 0,46 m de altura e 1,52 m de comprimento. O patrão (não tendo percepção alguma da mecânica dos fluidos) monta o letreiro de frente para o vento. Um dos seus motoristas está cursando mecânica dos fluidos e fala para o patrão que ele pode economizar muito dinheiro montando o letreiro paralelamente ao vento. (ver a Figura PA7.3). (*a*) Calcule o arrasto (em N) sobre o *letreiro isolado* a 64 km/h em *ambas as orientações*. (*b*) Admita que o carro sem o letreiro tenha um coeficiente de arrasto de 0,4 e uma área frontal de 3,72 m². Para $V = 64$ km/h, calcule o arrasto *total* da combinação carro-letreiro para ambas as orientações. (*c*) Se o carro tem uma resistência de rolagem de 178 N a 64 km/h, calcule a potência em hp necessária para o motor mover o carro a 64 km/h em ambas as orientações. (*d*) Finalmente, se o motor pode fornecer 10 hp durante 1 h com um galão (3,79 ℓ/s) de gasolina, calcule a eficiência do combustível em km/l para ambas as orientações a 64 km/h.

PA7.3

PA7.4 Considere um pêndulo com uma forma não convencional: uma concha semiesférica de diâmetro D cujo eixo está no plano de oscilação, como na Figura PA7.4. Despreze a massa e o arrasto da barra L. (*a*) Estabeleça a equação diferencial para a oscilação $\theta(t)$, incluindo o diferente arrasto da concha (massa específica do ar ρ) em cada sentido e (*b*) adimensionalize essa equação. (*c*) Determine a frequência natural de oscilação para pequenos ângulos, $\theta \ll 1$ rad. (*d*) Para o caso especial de $L = 1$ m, $D = 10$ cm, $m = 50$ g, e ar a 20°C e 1 atm, com $\theta(0) = 30°$, determine (numericamente) o tempo necessário para a amplitude de oscilação cair para 1°.

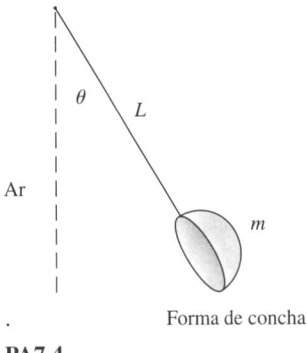

PA7.4

PA7.5 Programe um método para solução numérica da equação de Blasius da placa plana, Equação (7.22), sujeita às condições nas Equações (7.23). Você descobrirá que não poderá começar sem saber a segunda derivada inicial $f''(0)$, que fica entre 0,2 e 0,5. Conceba um esquema iterativo que inicie com $f''(0) \approx 0{,}2$ e convirja ao valor correto. Imprima valores de $u/U = f'(\eta)$ e compare com a Tabela 7.1.

Problema de projeto

PP7.1 Deseja-se projetar um anemômetro de concha para medir a velocidade do vento, semelhante ao da Figura P7.91, com uma abordagem mais sofisticada que a do método do "torque médio" do Problema P7.91. O projeto deve alcançar uma relação aproximadamente linear entre velocidade do vento e taxa de rotação, na faixa de $32 < U < 64$ km/h, e o anemômetro deve girar em torno de 6 rps a $U = 48$ km/h. Todas as especificações – diâmetro da concha D, comprimento da barra L, diâmetro da barra d, o tipo de rolamento e todos os materiais – devem ser selecionadas por meio de sua análise. Formule hipóteses apropriadas sobre o arrasto instantâneo das conchas e barras para um dado ângulo $\theta(t)$ qualquer do sistema. Calcule o torque instantâneo $T(t)$ e determine e integre a aceleração angular instantânea do aparelho. Desenvolva uma teoria completa para a taxa de rotação em função da velocidade do vento na faixa de $0 < U < 81$ km/h. Tente incluir propriedades reais do atrito em rolamentos comerciais.

Referências

1. H. Schlichting and K. Gersten, *Boundary Layer Theory*, 8th ed., Springer, New York, 2000.
2. F. M. White, *Viscous Fluid Flow*, 3d ed., McGraw-Hill, New York, 2005.
3. J. Cousteix, *Modeling and Computation of Boundary-Layer Flows*, 2d ed., Springer-Verlag, New York, 2005.
4. J. D. Anderson, *Computational Fluid Dynamics: An Introduction*, 3d ed., Springer, New York, 2010.
5. V. V. Sychev et al., *Asymptotic Theory of Separated Flows*, Cambridge University Press, New York, 2008.
6. I. J. Sobey, *Introduction to Interactive Boundary Layer Theory*, Oxford University Press, New York, 2001.
7. T. von Kármán, "On Laminar and Turbulent Friction," *Z. Angew. Math. Mech.*, vol. 1, 1921, pp. 235–236.
8. G. B. Schubauer and H. K. Skramstad, "Laminar Boundary Layer Oscillations and Stability of Laminar Flow," *Natl. Bur. Stand. Res. Pap.* 1772, April 1943 (see also *J.*

Aero. Sci., vol. 14, 1947, pp. 69–78, and *NACA Rep.* 909, 1947).

9. P. S. Bernard and J. M. Wallace, *Turbulent Flow: Analysis, Measurement, and Prediction,* Wiley, New York, 2002.

10. P. W. Runstadler, Jr., et al., "Diffuser Data Book," Creare Inc., *Tech. Note* 186, Hanover, NH, May 1975.

11. B. Thwaites, "Approximate Calculation of the Laminar Boundary Layer," *Aeronaut. Q.,* vol. 1, 1949, pp. 245–280.

12. S. F. Hoerner, *Fluid Dynamic Drag,* published by the author, Midland Park, NJ, 1965.

13. J. D. Anderson, *Fundamentals of Aerodynamics,* 5th ed., McGraw-Hill, New York, 2010.

14. V. Tucker and G. C. Parrott, "Aerodynamics of Gliding Flight of Falcons and Other Birds," *J. Exp. Biol.,* vol. 52, 1970, pp. 345–368.

15. E. C. Tupper, *Introduction to Naval Architecture,* 5th ed., Butterworth-Heinemann, Burlington, MA, 2013.

16. I. H. Abbott and A. E. von Doenhoff, *Theory of Wing Sections,* Dover, New York, 1981.

17. R. L. Kline and F. F. Fogelman, "Airfoil for Aircraft," U. S. Patent 3,706,430, Dec. 19, 1972.

18. A. Azuma, *The Biokinetics of Swimming and Flying,* AIAA, Reston, VA, 2006.

19. National Committee for Fluid Mechanics Films, *Illustrated Experiments in Fluid Mechanics,* M.I.T. Press, Cambridge, MA, 1972.

20. D. M. Bushnell and J. Hefner (Eds.), *Viscous Drag Reduction in Boundary Layers,* American Institute of Aeronautics & Astronautics, Reston, VA, 1990.

21. "Automobile Drag Coefficient," URL <http://en.wikipedia.org/wiki/Automobile_drag_coefficients>.

22. R. H. Barnard, *Road Vehicle Aerodynamic Design,* 3d ed., Mechaero Publishing, St. Albans, U.K., 2010.

23. R. D. Blevins, *Applied Fluid Dynamics Handbook,* BBS, New York, 2009.

24. R. C. Johnson, Jr., G. E. Ramey, and D. S. O'Hagen, "Wind Induced Forces on Trees," *J. Fluids Eng.,* vol. 104, March 1983, pp. 25–30.

25. P. W. Bearman et al., "The Effect of a Moving Floor on Wind-Tunnel Simulation of Road Vehicles," Paper No. 880245, SAE Transactions, *J. Passenger Cars,* vol. 97, sec. 4, 1988, pp. 4.200–4.214.

26. *CRC Handbook of Tables for Applied Engineering Science,* 2d ed., CRC Press, Boca Raton, FL, 1973.

27. T. Inui, "Wavemaking Resistance of Ships," *Trans. Soc. Nav. Arch. Marine Engrs.,* vol. 70, 1962, pp. 283–326.

28. L. Larsson, "CFD in Ship Design—Prospects and Limitations," *Ship Technology Research,* vol. 44, no. 3, July 1997, pp. 133–154.

29. R. L. Street, G. Z. Watters, and J. K. Vennard, *Elementary Fluid Mechanics,* 7th ed., Wiley, New York, 1995.

30. J. D. Anderson, Jr., *Modern Compressible Flow: with Historical Perspective,* 3d ed., McGraw-Hill, New York, 2002.

31. J. D. Anderson, Jr., *Hypersonic and High Temperature Gas Dynamics,* AIAA, Reston, VA, 2000.

32. J. Rom, *High Angle of Attack Aerodynamics: Subsonic, Transonic, and Supersonic Flows,* Springer-Verlag, New York, 2011.

33. S. Vogel, "Drag and Reconfiguration of Broad Leaves in High Winds," *J. Exp. Bot.,* vol. 40, no. 217, August 1989, pp. 941–948.

34. S. Vogel, *Life in Moving Fluids,* Princeton University Press 2d ed., Princeton, NJ, 1996.

35. J. A. C. Humphrey (ed.), *Proceedings 2d International Symposium on Mechanics of Plants, Animals, and Their Environment,* Engineering Foundation, New York, January 2000.

36. D. D. Joseph, R. Bai, K. P. Chen, and Y. Y. Renardy, "Core-Annular Flows," *Annu. Rev. Fluid Mech.,* vol. 29, 1997, pp. 65–90.

37. J. W. Hoyt and R. H. J. Sellin, "Scale Effects in Polymer Solution Pipe Flow," *Experiments in Fluids,* vol. 15, no. 1, June 1993, pp. 70–74.

38. S. Nakao, "Application of V-Shape Riblets to Pipe Flows," *J. Fluids Eng.,* vol. 113, December 1991, pp. 587–590.

39. P. Thiede (ed.), *Aerodynamic Drag Reduction Technologies,* Springer, New York, 2001.

40. C. L. Merkle and S. Deutsch, "Microbubble Drag Reduction in Liquid Turbulent Boundary Layers," *Applied Mechanics Reviews,* vol. 45, no. 3 part 1, March 1992, pp. 103–127.

41. K. S. Choi and G. E. Karniadakis, "Mechanisms on Transverse Motions in Turbulent Wall Flows," *Annual Review of Fluid Mechanics,* vol. 35, 2003, pp. 45–62.

42. C. J. Roy, J. Payne, and M. McWherter-Payne, "RANS Simulations of a Simplified Tractor-Trailer Geometry," *J. Fluids Engineering,* vol. 128, Sept. 2006, pp. 1083–1089.

43. *Evolution of Flight,* Internet URL <http://www.flight100.org>.

44. J. D. Anderson, Jr., *A History of Aerodynamics,* Cambridge University Press, New York, 1999.

45. Y. Tsuji, Y. Morikawa, and O. Mizuno, "Experimental Measurement of the Magnus Force on a Rotating Sphere at Low Reynolds Numbers," *Journal of Fluids Engineering,* vol. 107, 1985, pp. 484–488.

46. R. Clift, J. R. Grace, and M. E. Weber, *Bubbles, Drops and Particles,* Dover, NY, 2005.

47. M. Gad-el-Hak, "Flow Control: The Future," *Journal of Aircraft,* vol. 38, no. 3, 2001, pp. 402–418.

48. D. Geropp and H. J. Odenthal, "Drag Reduction of Motor Vehicles by Active Flow Control Using the Coanda Effect," *Experiments in Fluids,* vol. 28, no. 1, 2000, pp. 74–85.

49. Z. Zapryanov and S. Tabakova, *Dynamics of Bubbles, Drops, and Rigid Particles,* Kluwer Academic Pub., New York, 1998.

50. D. G. Karamanev, and L. N. Nikolov, "Freely Rising Spheres Do Not Obey Newton's Law for Free Settling," *AIChE Journal,* vol. 38, no. 1, Nov. 1992, pp. 1843–1846.

51. Katz J., *Race-Car Aerodynamics,* Robert Bentley Inc., Cambridge, MA, 2003.

52. A. S. Brown, "More than 12,000 Miles to the Gallon," *Mechanical Engineering,* January 2006, p. 64.

53. D. M. Bushnell, "Aircraft Drag Reduction: A Review," *Proceedings of the Institution of Mechanical Engineers, Part G: Journal of Aerospace Engineering,* vol. 217, no. 1, 2003, pp. 1–18.

54. D. B. Spalding, "A Single Formula for the Law of the Wall," *J. Appl. Mechanics,* vol. 28, no. 3, 1961, pp. 444–458.

55. D. G. Fertis, "New Airfoil-Design Concept with Improved Aerodynamic Characteristics," *J. Aerospace Engineering,* vol. 7, no. 3, July 1994, pp. 328–339.

56. F. Finaish and S. Witherspoon, "Aerodynamic Performance of an Airfoil with Step-Induced Vortex for Lift Augmentation," *J. Aerospace Engineering,* vol. 11, no. 1, Jan. 1998, pp. 9–16.

57. D. S. Miklosovic et al., "Leading Edge Tubercles Delay Stall on Humpback Whale," *Physics of Fluids,* vol. 16, no. 5, May 2004, pp. L39–L42.

58. R. McCallen, J. Ross, and F. Browand, *The Aerodynamics of Heavy Vehicles: Trucks, Buses, and Trains,* Springer-Verlag, New York, 2005.

59. J. R. Cruz et al., "Wind Tunnel Testing of Various Disk-Gap-Band Parachutes," AIAA Paper 2003–2129, 17th AIAA Aerodynamic Decelerator Systems Conference, May 2003.

60. B. de Gomars, "Drag of Cones at Zero Incidence," URL http://perso.numericable.fr/fbouquetbe63/gomars/cx_ cones.

61. National Highway Traffic Safety Administration, "NHTSA Tire Fuel Efficiency," Report DOT HS 811 154, August 2009.

62. J. F. Cahill, "Summary of Section Data on Trailing-Edge High-Lift Devices," National Advisory Committee for Aeronautics, Report 938, 1949.

Até que alcancem águas rasas e sintam a influência do fundo, o avanço das ondas do oceano é quase sem atrito. As ondas são criadas por ventos, especialmente tempestades. Ondas longas – grandes distâncias entre as cristas – viajam mais rápido e diminuem mais lentamente. Ondas curtas decaem mais rapidamente, mas ainda assim são quase sem atrito. As ondas longas da foto, quebrando na praia em Narragansett, Rhode Island, podem ter sido formadas a partir de uma tempestade ao largo da costa da África. A teoria das ondas do mar [21] baseia-se quase inteiramente no escoamento sem atrito. (*Foto cortesia de Ellen Emerson White.*)

Capítulo 8
Escoamento potencial e dinâmica dos fluidos computacional

Motivação. As equações diferenciais parciais básicas de massa, de quantidade de movimento e de energia foram discutidas no Capítulo 4. Algumas soluções foram então fornecidas para escoamento incompressível *viscoso* na Seção 4.10. As soluções viscosas ficaram limitadas a geometrias simples e escoamentos unidirecionais, em que os difíceis termos convectivos não lineares eram desprezados. Escoamentos potenciais não ficam limitados por tais termos não lineares. Em seguida, no Capítulo 7, encontramos uma aproximação: uma justaposição dos *escoamentos de camada-limite* ao campo de escoamento não viscoso externo. Para escoamentos viscosos mais complicados, não encontramos teoria nem soluções, apenas dados experimentais e soluções computacionais.

Os objetivos do presente capítulo são (1) explorar exemplos da teoria potencial e (2) indicar alguns escoamentos que podem ser aproximados pela dinâmica dos fluidos computacional (CFD, do inglês *Computational Fluid Dynamics*). A combinação desses dois objetivos dá uma boa visão da teoria de escoamento incompressível e da sua relação com os experimentos. Uma das aplicações mais importantes da teoria de escoamento potencial se faz na aerodinâmica e na hidrodinâmica naval. Antes, contudo, vamos revisar e estender os conceitos do Capítulo 4.

8.1 Introdução e revisão

A Figura 8.1 nos remete aos problemas a serem encarados. Uma corrente livre aproxima-se de dois corpos ligeiramente espaçados, criando um escoamento "interno" entre eles e escoamentos "externos" acima e abaixo deles. As partes frontais dos corpos formam regiões de gradiente favorável (pressão decrescente ao longo da superfície), onde as camadas-limite ficarão coladas e finas: a teoria não viscosa dará resultados excelentes para o escoamento externo se $Re > 10^4$. Para o escoamento interno entre os corpos, as camadas-limite irão crescer e finalmente se encontrar, e o núcleo não viscoso desaparecerá. A teoria não viscosa funciona bem em um duto "curto", $L/D < 10$, como no bocal de um túnel de vento. Para dutos mais longos, devemos avaliar o crescimento das camadas-limite e ser cautelosos quanto ao uso da teoria não viscosa.

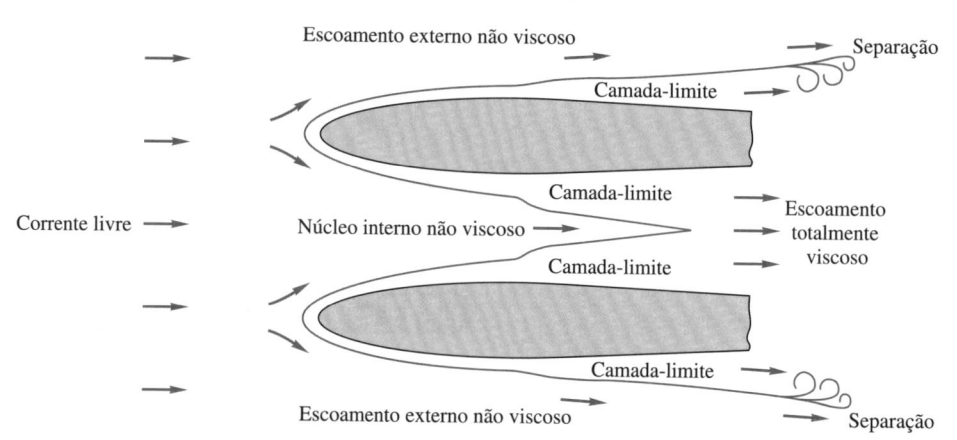

Figura 8.1 Justaposição de regiões viscosas e não viscosas. A teoria potencial deste capítulo não se aplica às regiões de camada-limite.

Para os escoamentos externos acima e abaixo dos corpos na Figura 8.1, a teoria não viscosa deve funcionar bem até o gradiente de pressão superficial tornar-se adverso (pressão crescente) e a camada-limite separar-se (ou descolar-se). Após o ponto de separação, a teoria da camada-limite torna-se imprecisa, pois as linhas de corrente do escoamento externo são defletidas e apresentam uma forte interação com as regiões viscosas próximas à parede. A análise teórica de regiões de escoamento separado constitui hoje uma área de pesquisa ativa.

Revisão dos conceitos sobre campo potencial de velocidades

Lembre-se, da Seção 4.9, que, se os efeitos viscosos são desprezados, os escoamentos a baixas velocidades são irrotacionais, $\nabla \times \mathbf{V} = 0$, existindo o potencial de velocidades ϕ tal que

$$\mathbf{V} = \nabla\phi \quad \text{ou} \quad u = \frac{\partial \phi}{\partial x} \quad v = \frac{\partial \phi}{\partial y} \quad w = \frac{\partial \phi}{\partial z} \tag{8.1}$$

A equação da continuidade (4.73), $\nabla \cdot \mathbf{V} = 0$, reduz-se à equação de Laplace para ϕ:

$$\nabla^2 \phi = \frac{\partial^2 \phi}{\partial x^2} + \frac{\partial^2 \phi}{\partial y^2} + \frac{\partial^2 \phi}{\partial z^2} = 0 \tag{8.2}$$

e a equação da quantidade de movimento (4.74) reduz-se à equação de Bernoulli:

$$\frac{\partial \phi}{\partial t} + \frac{p}{\rho} + \frac{1}{2} V^2 + gz = \text{const} \quad \text{em que } V = |\nabla \phi| \tag{8.3}$$

Condições de contorno típicas são as condições de corrente livre

$$\text{Fronteiras externas:} \quad \text{conhecidas } \frac{\partial \phi}{\partial x}, \frac{\partial \phi}{\partial y}, \frac{\partial \phi}{\partial z} \tag{8.4}$$

e velocidade normal à fronteira na superfície do corpo igual a zero:

$$\text{Superfícies sólidas:} \quad \frac{\partial \phi}{\partial n} = 0 \quad \text{em que } n \text{ é perpendicular ao corpo} \tag{8.5}$$

Diferentemente da condição de não escorregamento do escoamento viscoso, aqui *não* há condição sobre a velocidade tangencial à superfície, $V_s = \partial \phi / \partial s$, em que s é a coordenada ao longo da superfície. Essa velocidade é determinada como parte da solução do problema.

Às vezes, o problema envolve uma superfície livre na qual a pressão na fronteira é conhecida e igual a p_a, geralmente uma constante. Na superfície, a equação de Bernoulli (8.3) fornece então uma relação entre V e a elevação z da superfície. Para escoamento permanente,

Superfície livre: $$V^2 = |\nabla \phi|^2 = \text{const} - 2gz_{\text{sup}} \qquad (8.6)$$

Deve ficar claro para o leitor que esse uso da equação de Laplace, com valores conhecidos da derivada de ϕ ao longo das fronteiras, é muito mais fácil que uma abordagem direta em que se usem as equações de Navier-Stokes completas. A análise da equação de Laplace está muito bem desenvolvida e é denominada *teoria potencial*, com livros inteiros escritos acerca da sua aplicação à mecânica dos fluidos [1 a 4]. Existem muitas técnicas analíticas, incluindo superposição de funções elementares, transformação conforme [4], técnicas numéricas como diferenças finitas [5], elementos finitos [6], elementos de contorno [7] e técnicas de analogia mecânica ou elétrica [8] atualmente obsoletas. Com $\phi(x, y, z, t)$ determinada a partir de uma análise desse tipo, calculamos **V** por diferenciação direta na Equação (8.1), após o que calculamos p na Equação (8.3). O procedimento é bastante direto, podendo-se obter muitos resultados interessantes, embora idealizados. Uma bela coleção de esboços de escoamento potencial gerados por computador é fornecida por Kirchhoff [43].

Revisão dos conceitos sobre função corrente

Relembre, na Seção 4.7, que, se um escoamento é descrito por apenas duas coordenadas, também existe a função corrente ψ como uma opção de abordagem. Para escoamentos incompressíveis planos, em coordenadas xy, a forma correta é

$$u = \frac{\partial \psi}{\partial y} \qquad v = -\frac{\partial \psi}{\partial x} \qquad (8.7)$$

A condição de irrotacionalidade também reduz-se à equação de Laplace para ψ:

$$2\omega_z = 0 = \frac{\partial v}{\partial x} - \frac{\partial u}{\partial y} = \frac{\partial}{\partial x}\left(-\frac{\partial \psi}{\partial x}\right) - \frac{\partial}{\partial y}\left(\frac{\partial \psi}{\partial y}\right)$$

ou
$$\boxed{\frac{\partial^2 \psi}{\partial x^2} + \frac{\partial^2 \psi}{\partial y^2} = 0} \qquad (8.8)$$

Novamente, as condições de contorno são a velocidade conhecida da corrente e a ausência de escoamento através de qualquer superfície sólida:

Corrente livre: conhecidas $\dfrac{\partial \psi}{\partial x}, \dfrac{\partial \psi}{\partial y}$ (8.9a)

Superfície sólida: $\psi_{\text{corpo}} = \text{const}$ (8.9b)

A Equação (8.9b) é particularmente interessante porque *qualquer* linha de ψ constante em um escoamento pode então ser interpretada como um formato de corpo, podendo levar a aplicações de interesse.

Para as aplicações deste capítulo, podemos calcular tanto ϕ como ψ, ou ambas, e a solução correspondente será uma *rede de escoamento ortogonal*, como na Figura 8.2. Uma vez encontrados, um dos conjuntos de linhas pode ser considerado o das linhas ϕ e o outro conjunto será o das linhas ψ. Ambos os conjuntos de linhas são laplacianos e podem ser úteis.

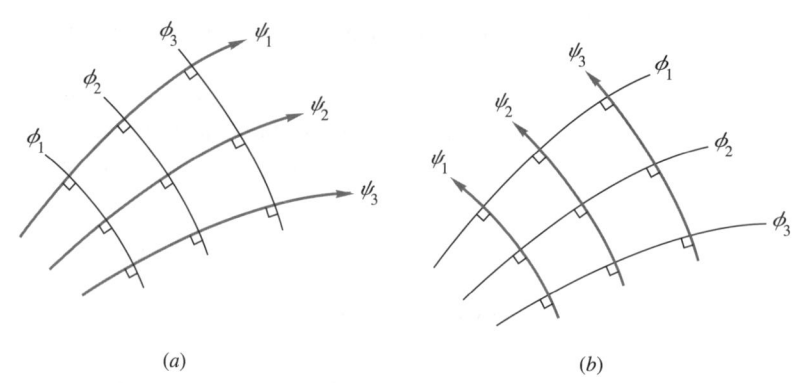

Figura 8.2 Linhas de corrente e equipotenciais são ortogonais e podem ter papéis trocados se os resultados forem úteis: (a) padrão de escoamento não viscoso típico; (b) mesmo que (a), mas com papéis trocados.

Coordenadas polares planas

Muitas soluções deste capítulo são convenientemente expressas em coordenadas polares (r, θ). Os componentes de velocidade e as relações diferenciais para as funções ϕ e ψ são alterados para as seguintes formas:

$$v_r = \frac{\partial \phi}{\partial r} = \frac{1}{r}\frac{\partial \psi}{\partial \theta} \qquad v_\theta = \frac{1}{r}\frac{\partial \phi}{\partial \theta} = -\frac{\partial \psi}{\partial r} \qquad (8.10)$$

A equação de Laplace assume a seguinte forma

$$\frac{1}{r}\frac{\partial}{\partial r}\left(r\frac{\partial \phi}{\partial r}\right) + \frac{1}{r^2}\frac{\partial^2 \phi}{\partial \theta^2} = 0 \qquad (8.11)$$

Para $\psi(r, \theta)$, a mesma equação vale exatamente em termos de coordenadas polares.

Um aspecto intrigante do escoamento potencial sem superfície livre é que tanto as equações governantes (8.2) e (8.8) quanto as condições de contorno não contêm parâmetros. Logo, as soluções são puramente geométricas, dependendo apenas do formato do corpo, da orientação da corrente livre e – surpreendentemente – da posição do ponto de estagnação traseiro.[1] Não há número de Reynolds, Froude ou Mach para complicar a semelhança dinâmica. Os escoamentos não viscosos são cinematicamente semelhantes sem parâmetros adicionais – reveja a Figura 5.6a.

8.2 Soluções elementares de escoamento plano

Este capítulo apresenta um estudo introdutório detalhado dos escoamentos incompressíveis não viscosos, especialmente aqueles que possuem ambas as funções, corrente e potencial de velocidades. Muitas soluções empregam o princípio da superposição, de modo que vamos começar com os três escoamentos elementares ilustrados na Figura 8.3: (a) uma corrente uniforme na direção x, (b) uma linha de fonte ou sumidouro na origem e (c) uma linha de vórtice na origem.

Corrente uniforme na direção x

Uma corrente uniforme $\mathbf{V} = \mathbf{i}U$, como na Figura 8.3a, tem tanto uma função corrente como uma função potencial de velocidades, as quais podem ser encontradas da seguinte maneira:

$$u = U = \frac{\partial \phi}{\partial x} = \frac{\partial \psi}{\partial y} \qquad v = 0 = \frac{\partial \phi}{\partial y} = -\frac{\partial \psi}{\partial x}$$

---
[1] A condição de estagnação traseira estabelece a quantidade líquida de "circulação" em torno do corpo, dando origem a uma força de sustentação. De outro modo, a solução não poderia ser única. Ver Seção 8.4.

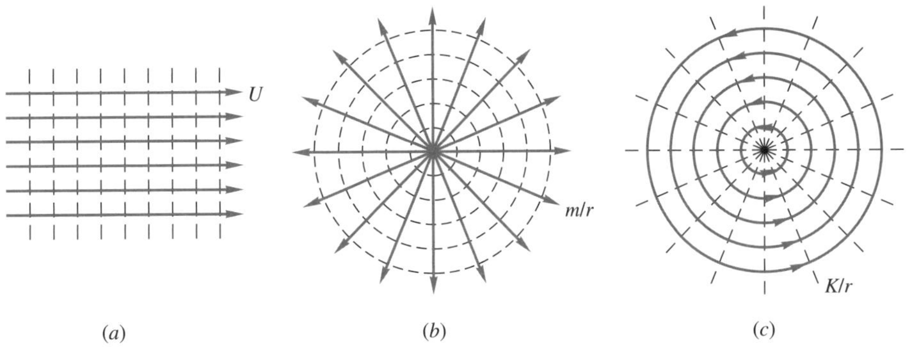

Figura 8.3 Três escoamentos potenciais planos elementares. As linhas contínuas são linhas de corrente; as tracejadas são linhas equipotenciais. (*a*) corrente uniforme; (*b*) sumidouro; (*c*) vórtice.

Podemos integrar cada expressão e descartar as constantes de integração, que não afetam as velocidades do escoamento. Os resultados são:

Corrente uniforme iU: $\qquad \psi = Uy \qquad \phi = Ux$ (8.12)

As linhas de corrente são linhas retas horizontais (y = const), e as linhas equipotenciais são verticais (x = const), ou seja, ortogonais às linhas de corrente, como se esperava.

Linha de fonte ou sumidouro na origem

Suponha que o eixo z seja uma espécie de tubo distribuidor bem fino, por meio do qual o fluido seria emitido uniformemente a uma vazão total Q ao longo de seu comprimento b. Observando o plano xy, veríamos um escoamento radial cilíndrico para fora, ou *fonte*, como esboça a Figura 8.3*b*. As coordenadas polares no plano são adequadas (ver Figura 4.2), não havendo velocidade circunferencial. Em qualquer raio r, a velocidade é

$$v_r = \frac{Q}{2\pi rb} = \frac{m}{r} = \frac{1}{r}\frac{\partial \psi}{\partial \theta} = \frac{\partial \phi}{\partial r} \qquad v_\theta = 0 = -\frac{\partial \psi}{\partial r} = \frac{1}{r}\frac{\partial \phi}{\partial \theta}$$

em que usamos formas da função corrente e do potencial de velocidades em coordenadas polares. Integrando e descartando outra vez as constantes de integração, obtemos as funções apropriadas para esse escoamento radial simples:

Fonte ou sumidouro: $\qquad \psi = m\theta \qquad \phi = m \ln r$ (8.13)

em que $m = Q/(2\pi b)$ é uma constante, positiva para uma fonte, negativa para um sumidouro. Como mostrado na Figura 8.3*b*, as linhas de corrente são raios (θ constante), e as linhas equipotenciais são círculos (r constante).

Linha de vórtice irrotacional

Um vórtice (bidimensional) é um movimento permanente puramente circulatório, $v_\theta = f(r)$ apenas, e $v_r = 0$. Ele satisfaz a equação da continuidade de forma idêntica, como se pode verificar na Equação (4.12*b*). Podemos notar também que uma variedade de distribuições de velocidade $v_\theta(r)$ satisfaz a equação da quantidade de movimento θ para um fluido viscoso, Equação (D.6). Podemos mostrar, como exercício, que apenas uma função $v_\theta(r)$ é *irrotacional*, isto é, $\nabla \times \mathbf{V} = 0$, e que ela é $v_\theta = K/r$, em que K é uma constante. Tal escoamento é chamado às vezes de *vórtice livre* ou *potencial*, podendo-se determinar as correspondentes funções corrente e potencial de velocidades:

$$v_r = 0 = \frac{1}{r}\frac{\partial \psi}{\partial \theta} = \frac{\partial \phi}{\partial r} \qquad v_\theta = \frac{K}{r} = -\frac{\partial \psi}{\partial r} = \frac{1}{r}\frac{\partial \phi}{\partial \theta}$$

Novamente, podemos integrar e determinar as funções apropriadas:

$$\psi = -K \ln r \qquad \phi = K\theta \qquad (8.14)$$

em que K é uma constante chamada *intensidade* do vórtice. Como mostra a Figura 8.3c, as linhas de corrente são círculos (r constante) e as linhas equipotenciais são linhas radiais (θ constante). Observe a similaridade entre as Equações (8.13) e (8.14). O vórtice livre é uma espécie de imagem reversa de uma fonte. O "vórtice de ralo", que se forma quando água é drenada por um orifício no fundo de um tanque, é uma boa aproximação para o padrão de vórtice livre.

Superposição: fonte e sumidouro de igual intensidade

Cada um dos três padrões elementares de escoamento da Figura 8.3 representa um escoamento incompressível irrotacional e, portanto, satisfaz a ambas as equações do "escoamento potencial" plano, $\nabla^2 \psi = 0$ e $\nabla^2 \phi = 0$. Como essas equações diferenciais parciais são lineares, qualquer *soma* dessas soluções básicas também é uma solução. Algumas dessas soluções compostas são muito interessantes e úteis.

Por exemplo, considere uma fonte $+m$ localizada em $(x, y) = (-a, 0)$, combinada com um sumidouro de igual intensidade $-m$, localizado em $(+a, 0)$, como na Figura 8.4. A função corrente resultante é simplesmente a soma das duas. Em coordenadas cartesianas,

$$\psi = \psi_{\text{fonte}} + \psi_{\text{sumidouro}} = m \tan^{-1} \frac{y}{x+a} - m \tan^{-1} \frac{y}{x-a}$$

De modo semelhante, o potencial de velocidades composto é

$$\phi = \phi_{\text{fonte}} + \phi_{\text{sumidouro}} = \frac{1}{2} m \ln [(x+a)^2 + y^2] - \frac{1}{2} m \ln [(x-a)^2 + y^2]$$

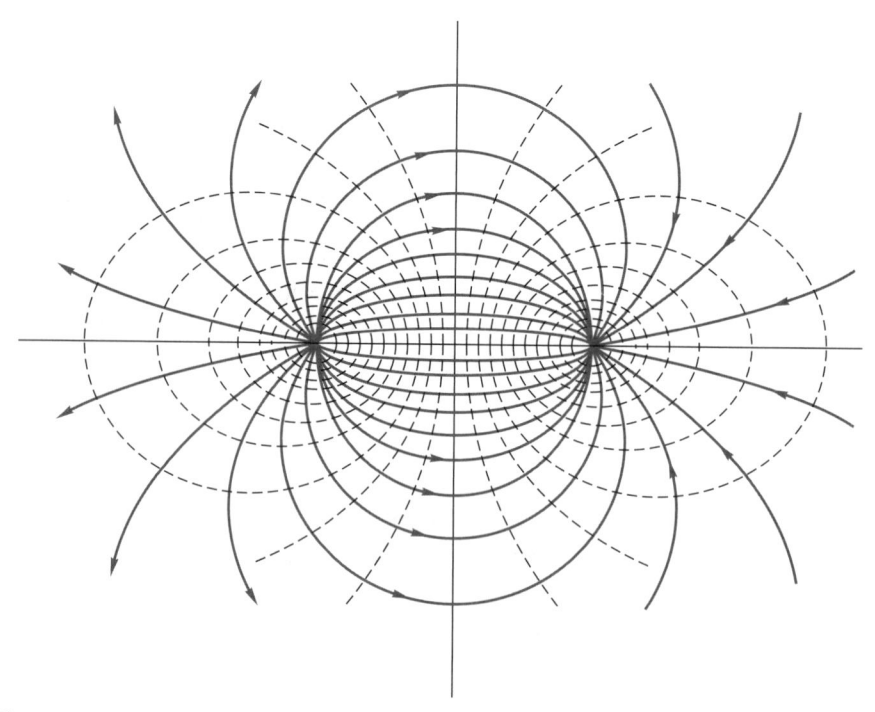

Figura 8.4 Escoamento potencial causado por uma fonte mais um sumidouro de igual intensidade, da Equação (8.15). As linhas cheias são linhas de corrente; as tracejadas são linhas equipotenciais.

Utilizando identidades trigonométricas e logarítmicas, essas expressões podem ser simplificadas para

Fonte mais sumidouro: $\quad \psi = -m \tan^{-1} \dfrac{2ay}{x^2 + y^2 - a^2}$

$$\phi = \dfrac{1}{2} m \ln \dfrac{(x+a)^2 + y^2}{(x-a)^2 + y^2} \qquad (8.15)$$

Essas linhas estão representadas na Figura 8.4, na qual se vê que são duas famílias de círculos ortogonais, com as linhas de corrente passando pelos locais da fonte e do sumidouro e as linhas equipotenciais circundando esses locais. Elas são funções harmônicas (laplacianas), exatamente análogas, na teoria eletromagnética, aos padrões de corrente elétrica e potencial elétrico de um ímã com pólos em ($\pm a$, 0).

Fonte e vórtice na origem

Um padrão de escoamento interessante, aproximado na natureza, ocorre pela superposição de uma fonte e um vórtice, ambos centrados na origem. As funções corrente e potencial de velocidade compostas são

Fonte e vórtice: $\quad \psi = m\theta - K \ln r \qquad \phi = m \ln r + K\theta \qquad (8.16)$

Quando traçadas, elas formam duas famílias de espirais logarítmicas ortogonais, como mostra a Figura 8.5. Essa é uma simulação razoavelmente realista de um tornado (em que o escoamento da fonte se move para cima no eixo z e para dentro da atmosfera) ou então um "vórtice de ralo" com drenagem rápida. No centro de um vórtice real (viscoso), em que a Equação (8.16) prevê uma velocidade infinita, o escoamento circulatório verdadeiro é altamente *rotacional* e se aproxima da rotação de um corpo rígido, $v_\theta \approx Cr$.

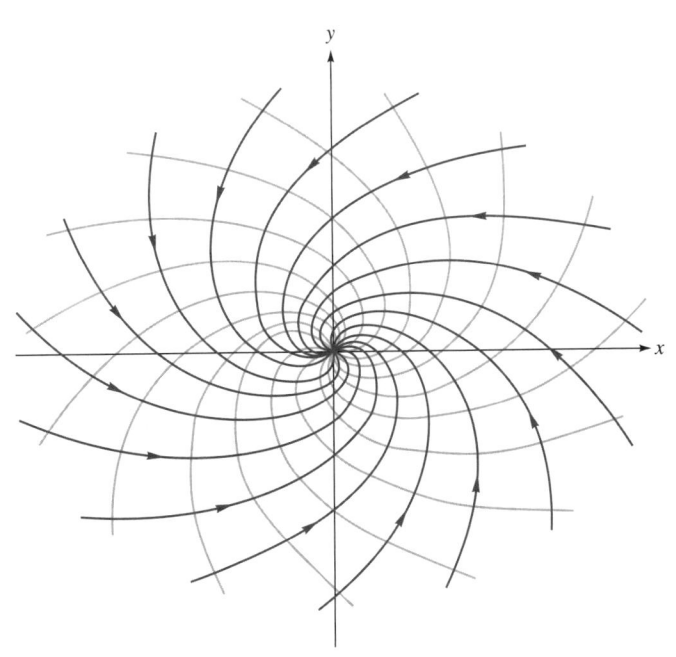

Figura 8.5 A superposição de uma fonte e um vórtice, Equação (8.16), simula um tornado.

Corrente uniforme mais uma fonte na origem: o semicorpo de Rankine

Se fizermos a superposição de uma corrente uniforme na direção x e de uma fonte, surge a forma de um semicorpo. Se a fonte está na origem, a função corrente composta é, em coordenadas polares,

Corrente uniforme mais fonte: $\quad \psi = Ur\,\text{sen}\,\theta + m\theta \quad$ (8.17)

Podemos igualá-la a diversas constantes e traçar as linhas de corrente, como mostra a Figura 8.6. Aparece um *semicorpo* curvo, aproximadamente elíptico, que separa o escoamento da fonte do escoamento da corrente. A forma do corpo, cujo nome homenageia o engenheiro escocês W. J. M. Rankine (1820-1872), é formada pelas linhas de corrente particulares $\psi = \pm \pi m$. A semiespessura do corpo, bem a jusante, é $\pi m/U$. A superfície superior pode ser traçada pela relação

$$r = \frac{m(\pi - \theta)}{U\,\text{sen}\,\theta} \quad (8.18)$$

Não se trata de uma elipse verdadeira. O nariz do corpo, que é um ponto de "estagnação", em que $V = 0$, fica em $(x, y) = (-a, 0)$, em que $a = m/U$. A linha de corrente $\psi = 0$ também cruza esse ponto – relembre que as linhas de corrente podem se cruzar apenas em um ponto de estagnação.

Os componentes cartesianos de velocidade são encontrados por diferenciação:

$$u = \frac{\partial \psi}{\partial y} = U + \frac{m}{r}\cos\theta \qquad v = -\frac{\partial \psi}{\partial x} = \frac{m}{r}\text{sen}\,\theta \quad (8.19)$$

Fazendo $u = v = 0$, encontramos um único ponto de estagnação em $\theta = 180°$ e $r = m/U$, ou $(x, y) = (-m/U, 0)$, conforme mencionamos. A velocidade resultante em qualquer ponto é

$$V^2 = u^2 + v^2 = U^2\left(1 + \frac{a^2}{r^2} + \frac{2a}{r}\cos\theta\right) \quad (8.20)$$

em que substituímos $m = Ua$. Se avaliarmos as velocidades ao longo da superfície superior, $\psi = \pi m$, encontraremos um valor máximo $U_{s,\text{máx}} \approx 1{,}26U$ em $\theta = 63°$. Esse ponto está marcado na Figura 8.6 e, pela equação de Bernoulli, é o ponto de pressão mínima sobre a superfície do corpo. Após esse ponto, o escoamento desacelera sobre a superfície, a pressão aumenta e a camada viscosa cresce mais rápido e é mais susceptível a "descolamento", como vimos no Capítulo 7.

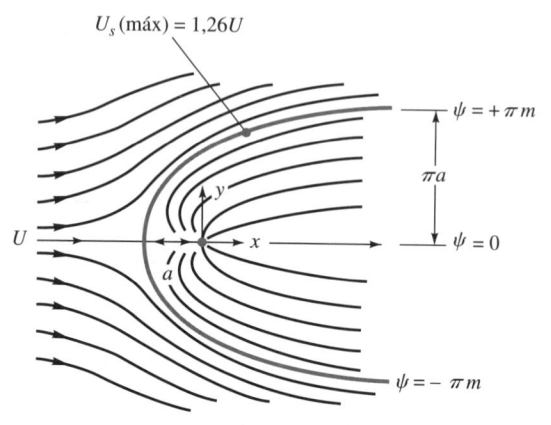

Figura 8.6 A superposição de uma fonte e de uma corrente uniforme gera um semicorpo de Rankine.

EXEMPLO 8.1

O fundo de um rio tem uma saliência de 4 m de altura que se assemelha a um semicorpo de Rankine, como na Figura E8.1. A pressão no ponto B, no fundo, é de 130 kPa, e a velocidade do rio é de 2,5 m/s. Use a teoria não viscosa para estimar a pressão da água no ponto A sobre a saliência, que está 2 m acima do ponto B.

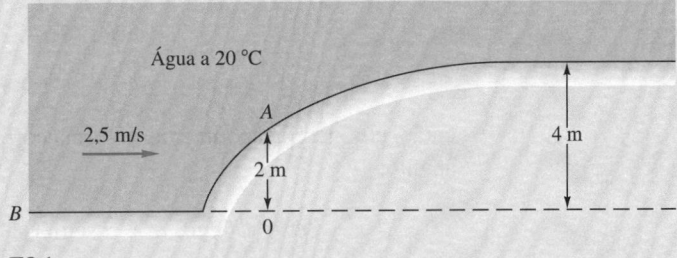

E8.1

Solução

Como em todas as teorias não viscosas, ignoramos as camadas-limite de baixa velocidade que se formam junto às superfícies sólidas por causa da condição de não escorregamento. Da Equação (8.18) e da Figura 8.6, a semialtura da saliência a jusante é igual a πa. Logo, nesse caso, $a = (4\ m)/\pi = 1,27$ m. Temos de encontrar o local onde a altura da saliência é metade daquela, $h = 2$ m $= \pi a/2$. Pela Equação (8.18) podemos calcular

$$r = h_A = \frac{a(\pi - \theta)}{\operatorname{sen}\theta} = \frac{\pi}{2}a \quad \text{ou} \quad \theta = \frac{\pi}{2} = 90°$$

Logo, o ponto A na Figura E8.1 está diretamente acima da (inicialmente desconhecida) origem de coordenadas (marcada por O na Figura E8.1), a 1,27 m à direita do nariz da saliência. Com $r = \pi a/2$ e $\theta = \pi/2$ conhecidos, calculamos a velocidade no ponto A, pela Equação (8.20):

$$V_A^2 = U^2\left[1 + \frac{a^2}{(\pi a/2)^2} + \frac{2a}{\pi a/2}\cos\frac{\pi}{2}\right] = 1,405U^2$$

ou $\qquad V_A \approx 1,185U = 1,185(2,5\ \text{m/s}) = 2,96\ \text{m/s}$

Para água a 20 °C, considere $\rho = 998\ \text{kg/m}^3$ e $\gamma = 9.790\ \text{N/m}^3$. Agora, como a velocidade e a altura são conhecidas no ponto A, estamos em condições de usar a equação de Bernoulli para escoamento não viscoso incompressível, (4.120), para calcular p_A das propriedades conhecidas no ponto B (na mesma linha de corrente):

$$\frac{p_A}{\gamma} + \frac{V_A^2}{2g} + z_A \approx \frac{p_B}{\gamma} + \frac{V_B^2}{2g} + z_B$$

ou $\qquad \dfrac{p_A}{9.790\ \text{N/m}^3} + \dfrac{(2,96\ \text{m/s})^2}{2(9,81\ \text{m/s}^2)} + 2\ \text{m} \approx \dfrac{130.000}{9.790} + \dfrac{(2,5)^2}{2(9,81)} + 0$

Resolvendo, encontramos

$$p_A = (13,60 - 2,45)(9.790) \approx 109.200\ \text{Pa} \qquad \textit{Resposta}$$

Se a velocidade a montante é uniforme, essa pode ser uma aproximação bastante boa, pois a água é relativamente não viscosa e suas camadas-limite são finas.

Corrente uniforme a um ângulo α

Se for escrita em coordenadas polares planas, a corrente uniforme fica

Corrente uniforme iU: $\quad \psi = Ur \operatorname{sen} \theta \quad \phi = Ur \cos \theta \quad$ (8.21)

Isso torna mais fácil a superposição, digamos, de uma corrente e uma fonte ou vórtice, usando as mesmas coordenadas. Se a corrente uniforme estiver se movendo a um ângulo α com relação ao eixo x, isto é,

$$u = U \cos \alpha = \frac{\partial \psi}{\partial y} = \frac{\partial \phi}{\partial x} \qquad v = U \operatorname{sen} \alpha = -\frac{\partial \psi}{\partial x} = \frac{\partial \phi}{\partial y}$$

então, por integração, obtemos a forma correta das funções para o escoamento com um ângulo:

$$\psi = U(y \cos \alpha - x \operatorname{sen} \alpha) \qquad \phi = U(x \cos \alpha + y \operatorname{sen} \alpha) \qquad (8.22)$$

Essas expressões são úteis em problemas de aerofólios com ângulo de ataque (Seção 8.7).

Circulação

O escoamento de um vórtice é irrotacional em todo lugar exceto na origem, onde a vorticidade $\nabla \times \mathbf{V}$ é infinita. Isso significa que uma certa integral de linha chamada *circulação do fluido* Γ não se anula quando calculada em torno de um centro de vórtice.

Com relação à Figura 8.7, a circulação é definida como a integral de linha no sentido anti-horário, em torno de uma curva fechada C, do comprimento de arco ds vezes o componente de velocidade tangencial à curva:

$$\Gamma = \oint_C V \cos \alpha \, ds = \int_C \mathbf{V} \cdot d\mathbf{s} = \int_C (u \, dx + v \, dy + w \, dz) \qquad (8.23)$$

Da definição de ϕ para um escoamento irrotacional, $\mathbf{V} \cdot d\mathbf{s} = \nabla \phi \cdot d\mathbf{s} = d\phi$; logo, em um escoamento irrotacional, Γ normalmente seria igual ao valor final de ϕ menos o valor inicial de ϕ. Uma vez que iniciamos e terminamos no mesmo ponto, calcularíamos $\Gamma = 0$, mas não para o escoamento de vórtice: com $\phi = K\theta$ da Equação (8.14) há uma variação em ϕ de valor $2\pi K$ ao percorrermos uma volta completa:

Caminho envolvendo um vórtice: $\quad \Gamma = 2\pi K \qquad (8.24)$

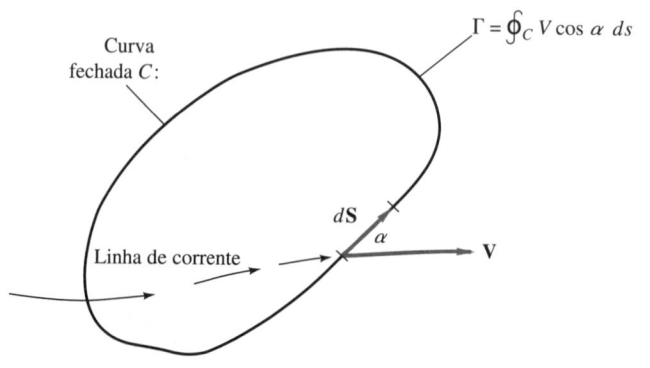

Figura 8.7 Definição da circulação do fluido Γ.

Como alternativa, o cálculo pode ser feito definindo-se um caminho circular de raio r em torno do centro do vórtice na Equação (8.23):

$$\Gamma = \int_C v_\theta \, ds = \int_0^{2\pi} \frac{K}{r} r \, d\theta = 2\pi K$$

Em geral, Γ denota a intensidade algébrica líquida de todos os filamentos de vórtice contidos no interior da curva fechada. Na próxima seção, veremos que uma região de circulação finita, contida em uma corrente de escoamento uniforme U_∞, estará sujeita a uma força de sustentação proporcional a U_∞ e Γ.

Usando a Equação (8.23), pode-se mostrar que uma fonte ou um sumidouro não gera circulação. Se não houver a presença de vórtices, a circulação será nula para qualquer caminho que envolva uma quantidade qualquer de fontes e sumidouros.

8.3 Superposição de soluções de escoamento plano

Podemos agora construir uma variedade de escoamentos potenciais interessantes, considerando as funções potencial e corrente de um escoamento uniforme, fontes, sumidouros e vórtices. A maioria dos resultados é clássica, é claro, necessitando apenas de um breve tratamento aqui. A superposição é válida porque as equações básicas (8.2) e (8.8) são lineares.

Método gráfico de superposição

Um modo simples de efetuar $\psi_{tot} = \Sigma \, \psi_i$ graficamente é traçar as funções corrente individuais separadamente e observar então as suas interseções. O valor de ψ_{tot} em cada interseção é a soma dos valores individuais ψ_i que cruzam ali. Conectando-se as interseções com o mesmo valor de ψ_{tot}, são geradas as linhas de corrente do escoamento resultante desejado.

Um exemplo simples está na Figura 8.8, somando-se duas famílias de linhas de corrente ψ_a e ψ_b. Os componentes individuais estão traçados separadamente e quatro interseções típicas estão mostradas. Linhas tracejadas são, então, desenhadas por meio das interseções representando a mesma soma $\psi_a + \psi_b$. Essas linhas tracejadas representam a solução desejada. Muitas vezes esse método gráfico é um modo rápido de avaliar a superposição proposta antes que uma rotina numérica robusta de plotagem seja executada.

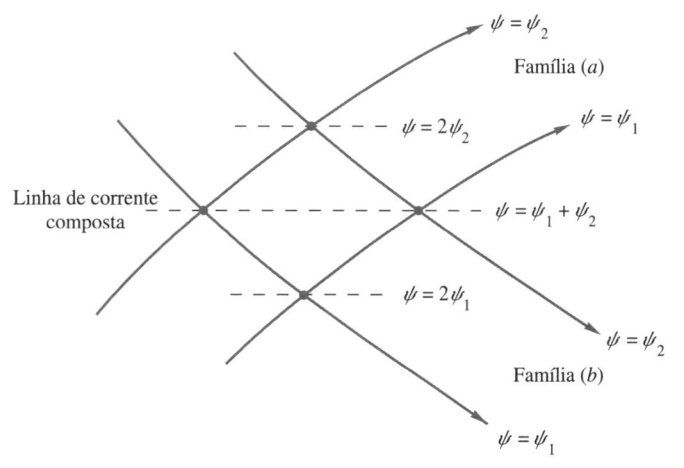

Figura 8.8 Interseções de linhas de corrente elementares podem ser ligadas para formar uma linha de corrente composta.

Separação da camada-limite em um semicorpo

Embora os padrões de escoamento não viscoso, Figura 8.9a e c, sejam imagens espelhadas, seu comportamento viscoso (camada-limite) é diferente. O formato do corpo e a velocidade ao longo da superfície são:

$$V^2 = U_\infty^2 \left(1 + \frac{a^2}{r^2} + \frac{2a}{r}\cos\theta\right) \quad \text{ao longo de} \quad r = \frac{m(\pi - \theta)}{U_\infty \sen\theta} \quad (8.25)$$

As velocidades superficiais calculadas estão traçadas ao longo dos contornos nas Figuras 8.9b e d em função do comprimento de arco s/a medido a partir do ponto de estagnação. Essas plotagens também são imagens espelhadas. Contudo, se o nariz estiver na frente, Figura 8.9b, o gradiente de pressão ali será *favorável* (pressão decrescente ao longo da superfície). Em contraste, o gradiente de pressão será *adverso* (pressão crescente ao longo da superfície) quando o nariz estiver na traseira, Figura 8.9d, e pode ocorrer a separação de camada-limite.

A aplicação à Figura 8.9b do método de Thwaites para camada-limite laminar, Equações (7.54) e (7.56), revela que a separação não ocorre com o nariz na frente do semicorpo. Logo, a Figura 8.9a é um quadro bastante realista das linhas de corrente em torno do nariz de um semicorpo. Em contraste, quando aplicado à cauda, Figura 8.9c, o método de Thwaites prevê separação para $s/a \approx -2,2$, ou $\theta \approx 110°$. Logo, se o semicorpo for uma superfície sólida, a Figura 8.9c não será realista e uma grande esteira descolada irá formar-se. Entretanto, se a cauda do semicorpo for uma *linha fluida* separando o escoamento dirigido para o sumidouro da corrente externa, como no Exemplo 8.2, a Figura 8.9c será bastante realista e útil. Cálculos com a teoria de camada-limite turbulenta seriam semelhantes: separação na cauda, sem separação no nariz.

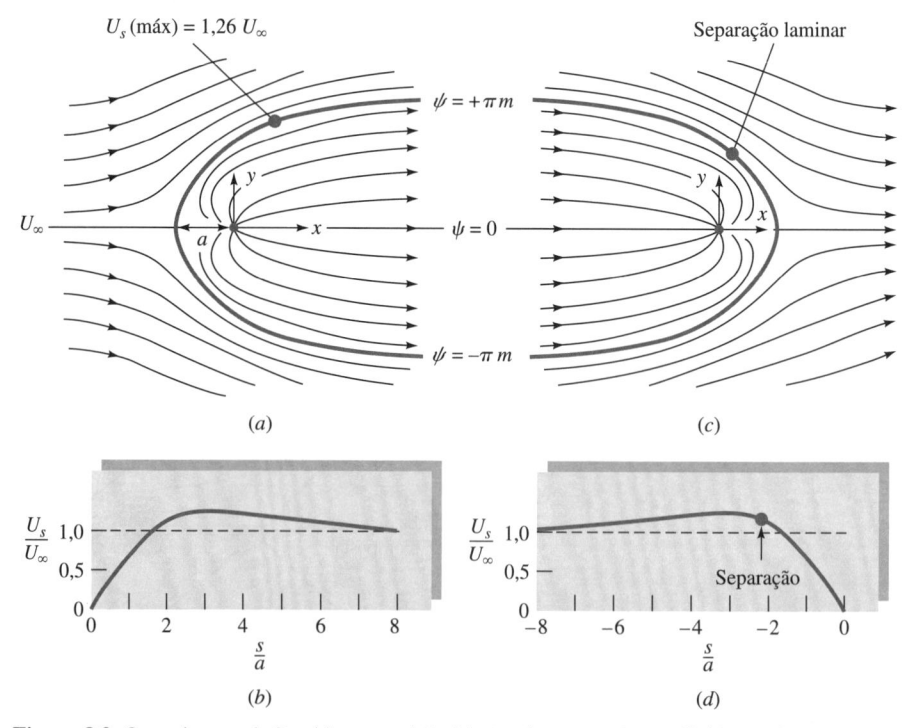

Figura 8.9 O semicorpo de Rankine; o padrão (c) não é encontrado nos fluidos reais em decorrência da separação de camada-limite: (a) corrente uniforme mais uma fonte é igual a um semicorpo; ponto de estagnação em $x = -a = -m/U_\infty$; (b) gradiente de pressão ligeiramente adverso para s/a maior que 3,0: sem separação; (c) corrente uniforme mais um sumidouro é igual à traseira de um semicorpo; ponto de estagnação em $x = a = m/U_\infty$; (d) gradiente de pressão fortemente adverso para $s/a > -3,0$: separação.

E8.2

Formato de semicorpo
Tomada de água
a?
L?
42,5 m³/s
0,21 m/s
Visão de cima

EXEMPLO 8.2

A tomada de água de refrigeração de uma central de energia elétrica próxima à praia recebe 42,5 m³/s de água com profundidade de 9,1 m, como na Figura E8.2. Se a velocidade da maré aproximando-se da tomada de água é de 0,21 m/s, (*a*) qual é a extensão a jusante do efeito da tomada de água e (*b*) quanto da largura L do escoamento da maré é levado para dentro da tomada de água?

Solução

Relembre, na Equação (8.13), que a intensidade do sumidouro m é relacionada à vazão volumétrica Q e à profundidade b normal ao papel:

$$m = \frac{Q}{2\pi b} = \frac{42,5 \text{ m}^3/\text{s}}{2\pi(9,1 \text{ m})} = 0,74 \text{ m}^2/\text{s}$$

Logo, da Figura 8.9, os comprimentos desejados a e L são

$$a = \frac{m}{U_\infty} = \frac{0,74 \text{ m}^2/\text{s}}{0,21 \text{ m/s}} = 3,5 \text{ m} \qquad \text{Resposta (a)}$$

$$L = 2\pi a = 2\pi(3,5 \text{ m}) = 22 \text{ m} \qquad \text{Resposta (b)}$$

Escoamento em torno de um vórtice

Considere uma corrente uniforme U_∞ na direção x escoando em torno de um vórtice de intensidade K com centro na origem. Por superposição, a função corrente composta é

$$\psi = \psi_{\text{corrente}} + \psi_{\text{vórtice}} = U_\infty r \, \text{sen}\, \theta - K \ln r \qquad (8.26)$$

Os componentes de velocidade são dados por

$$v_r = \frac{1}{r}\frac{\partial \psi}{\partial \theta} = U_\infty \cos \theta \qquad v_\theta = -\frac{\partial \psi}{\partial r} = -U_\infty \, \text{sen}\, \theta + \frac{K}{r} \qquad (8.27)$$

As linhas de corrente estão traçadas na Figura 8.10 pelo método gráfico, interceptando as linhas de corrente circulares do vórtice com as linhas de corrente horizontais da corrente uniforme.

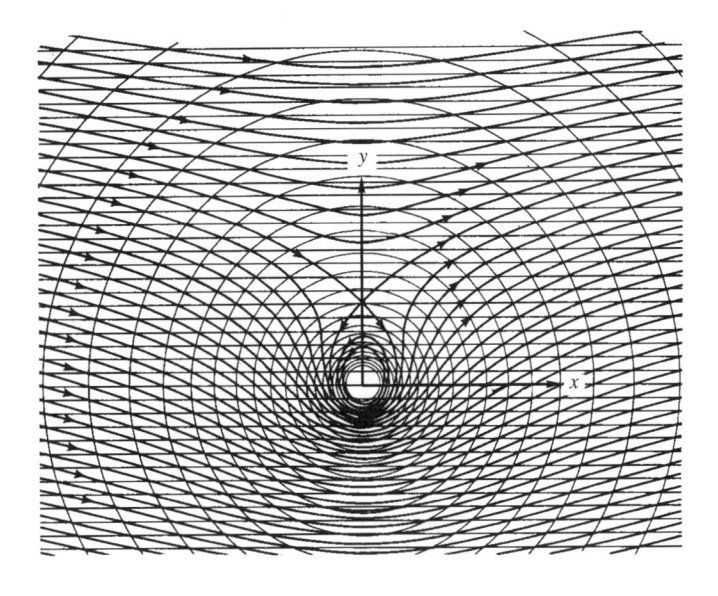

Figura 8.10 Escoamento de uma corrente uniforme em torno de um vórtice construído pelo método gráfico.

Fazendo $v_r = v_\theta = 0$ em (8.27), encontramos um ponto de estagnação em $\theta = 90°$, $r = a = K/U_\infty$, ou $(x, y) = (0, a)$. Esse ponto se localiza onde a velocidade do vórtice anti-horário K/r cancela exatamente a velocidade da corrente U_∞.

Provavelmente, a coisa mais interessante acerca deste exemplo é que existe uma força de sustentação não nula, normal à corrente, sobre a superfície de qualquer região envolvendo o vórtice, mas vamos adiar essa discussão para a próxima seção.

Uma fileira infinita de vórtices

Considere uma fileira infinita de vórtices de mesma intensidade K e mesmo espaçamento a, como na Figura 8.11a. Esse caso ilustra o interessante conceito de uma *lâmina de vórtices*.

Da Equação (8.14) o i-ésimo vórtice da Figura 8.11a tem uma função corrente $\psi_i = -K \ln r_i$, de modo que a fileira infinita completa tem uma função corrente composta

$$\psi = -K \sum_{i=1}^{\infty} \ln r_i$$

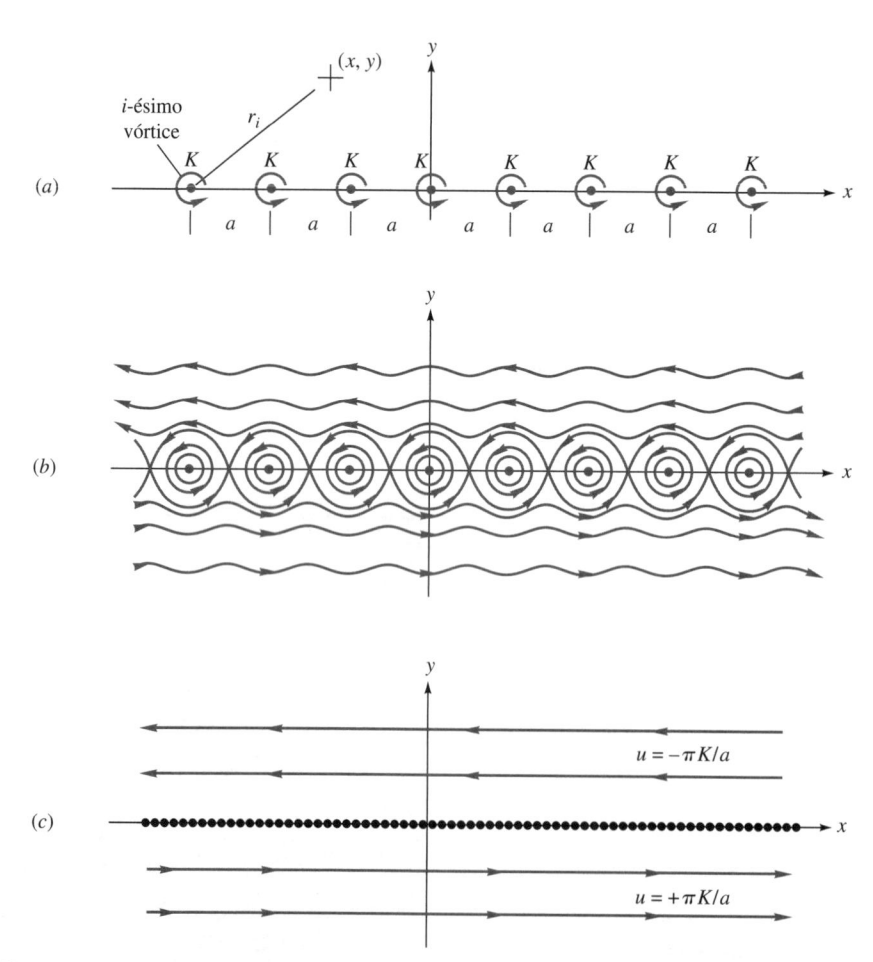

Figura 8.11 Superposição de vórtices: (a) uma fileira infinita de mesma intensidade; (b) padrão das linhas de corrente para a parte (a); (c) lâmina de vórtices: parte (b) vista de longe.

Pode-se mostrar [2, Seção 4.51] que essa soma infinita de logaritmos é equivalente a uma função em forma fechada:

$$\psi = -\tfrac{1}{2}K \ln\left[\frac{1}{2}\left(\cosh\frac{2\pi y}{a} - \cos\frac{2\pi x}{a}\right)\right] \qquad (8.28)$$

Uma vez que a demonstração usa a variável complexa $z = x + iy$, $i = (-1)^{1/2}$, não vamos mostrar os detalhes aqui.

As linhas de corrente da Equação (8.28) estão traçadas na Figura 8.11*b*, mostrando aquilo que é chamado de padrão *olho de gato*, de células fechadas de escoamento em torno dos vórtices individuais. Acima dos olhos de gato o escoamento é todo para a esquerda e abaixo dos olhos de gato o escoamento é todo para a direita. Além disso, esses escoamentos para a esquerda e para a direita tornam-se uniformes com $|y| \gg a$, o que decorre por diferenciação da Equação (8.28):

$$u = \frac{\partial\psi}{\partial y}\bigg|_{|y|\gg a} = \pm\frac{\pi K}{a}$$

em que o sinal de adição se aplica abaixo da fileira e o sinal de subtração, acima da fileira. Essas correntes uniformes para a esquerda e para a direita estão esboçadas na Figura 8.11*c*. Ressaltamos que esse efeito é induzido pela fileira de vórtices: não há corrente uniforme aproximando-se da fileira neste exemplo.

A lâmina de vórtices

Quando a Figura 8.11*b* é vista de longe, o movimento das correntes é uniforme para a esquerda na parte de cima e uniforme para a direita na parte de baixo, como na Figura 8.11*c*, e os vórtices ficam tão adensados que se acumulam em uma *lâmina de vórtices* contínua. A intensidade da camada é definida como

$$\gamma = \frac{2\pi K}{a} \qquad (8.29)$$

e, no caso geral, γ pode variar com x. A circulação em torno de qualquer curva fechada que envolva um pequeno comprimento dx da lâmina seria, com base nas Equações (8.23) e (8.29),

$$d\Gamma = u_i\,dx - u_s\,dx = (u_i - u_s)\,dx = \frac{2\pi K}{a}dx = \gamma\,dx \qquad (8.30)$$

em que os subscritos i e s significam inferior e superior, respectivamente. Logo, a intensidade da lâmina $\gamma = d\Gamma/dx$ é a circulação por unidade de comprimento da lâmina. Assim, quando uma lâmina de vórtices é imersa em uma corrente uniforme, γ é proporcional à sustentação por unidade de comprimento de qualquer superfície que envolva a lâmina.

Observe que não há velocidade normal à lâmina na sua superfície. Logo, uma lâmina de vórtices pode simular um formato de corpo fino como, por exemplo, uma placa ou um aerofólio delgado. Essa é a base da teoria do aerofólio delgado mencionada na Seção 8.7.

O dipolo

À medida que nos movemos para longe do par fonte-sumidouro da Figura 8.4, o padrão de escoamento começa a se assemelhar a uma família de círculos tangentes à origem, como na Figura 8.12. Esse limite de uma pequena distância a tendendo a zero é chamado de *dipolo*. Para mantermos a intensidade do escoamento grande o suficiente para exibir velocidades aceitáveis à medida que a se torna pequeno, especificamos que o

534 Mecânica dos Fluidos

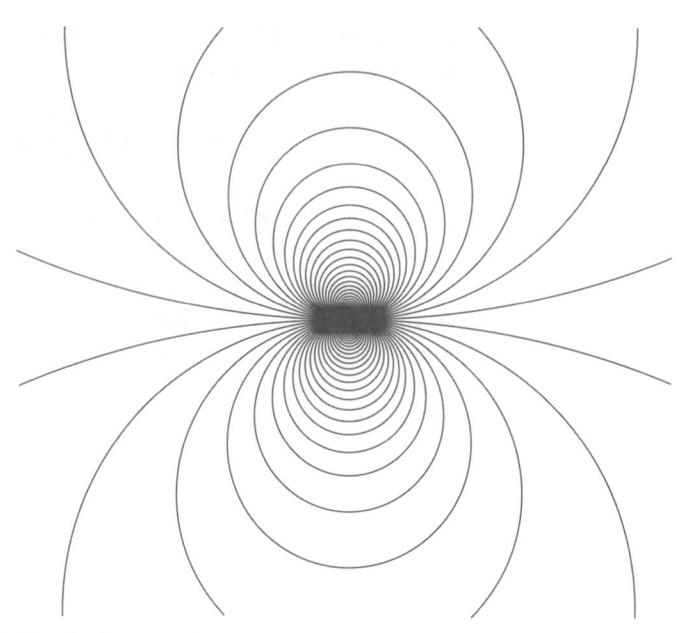

Figura 8.12 Um dipolo, ou par fonte-sumidouro, é o caso-limite da Figura 8.4 vista de longe. As linhas de corrente são círculos tangentes ao eixo *x* na origem. Para esta figura, usou-se o recurso *contour* do MATLAB [34, 35].

produto $2am$ permanece constante. Vamos chamá-lo de constante λ. Logo, a função corrente de um dipolo é

$$\psi = \lim_{\substack{a \to 0 \\ 2am = \lambda}} \left(-m \tan^{-1} \frac{2ay}{x^2 + y^2 - a^2} \right) = -\frac{2amy}{x^2 + y^2} = -\frac{\lambda y}{x^2 + y^2} \quad (8.31)$$

Usamos o fato de que $\tan^{-1}\alpha \approx \alpha$ à medida que α se torna pequeno. A quantidade λ é chamada de *intensidade* do dipolo.

A Equação (8.31) pode ser rearrumada, disso resultando

$$x^2 + \left(y + \frac{\lambda}{2\psi}\right)^2 = \left(\frac{\lambda}{2\psi}\right)^2$$

de modo que, como já antecipamos, as linhas de corrente são círculos tangentes à origem com centros sobre o eixo *y*. Esse padrão está esboçado na Figura 8.12.

Embora no passado o autor tenha arduamente esboçado linhas de corrente à mão, isso já não é mais necessário. A Figura 8.12 foi desenhada por computador, usando o recurso *contour* da versão do estudante do MATLAB [34]. Basta simplesmente estabelecer uma grade de pontos, definir a função corrente e acionar a função *contour*. Para a Figura 8.12, as declarações efetivas foram

```
[X,Y] = meshgrid(-1:.02:1);
PSI = -Y./(X.^2 + Y.^2);
contour(X,Y,PSI,100)
```

Isso iria produzir 100 linhas de contorno de ψ da Equação (8.31), com $\lambda = 1$ por conveniência. A plotagem incluiria linhas de grade, marcações de escala e uma caixa de moldura, e os círculos poderiam parecer um tanto elípticos. Esses inconvenientes podem ser eliminados com três declarações para melhoria da aparência

```
axis square
grid off
axis off
```

A plotagem final, Figura 8.12, não tem marcações, somente as próprias linhas de corrente. Logo, o MATLAB é uma ferramenta recomendada, tendo ainda muitos outros possíveis empregos. Todos os problemas propostos neste capítulo que pedem para "esboçar as linhas de corrente/equipotenciais" podem ser concluídos usando o recurso de contorno. Para detalhes adicionais, consulte a Referência 34.

De maneira semelhante, o potencial de velocidades de um dipolo é determinado tomando-se o limite da Equação (8.15) como $a \to 0$ e $2am = \lambda$

$$\phi_{dipolo} = \frac{\lambda x}{x^2 + y^2}$$

ou
$$\left(x - \frac{\lambda}{2\phi}\right)^2 + y^2 = \left(\frac{\lambda}{2\phi}\right)^2 \qquad (8.32)$$

As linhas equipotenciais são círculos tangentes à origem com centros sobre o eixo x. Basta simplesmente girar a Figura 8.12 90° no sentido horário para visualizar as linhas ϕ, que são normais às linhas de corrente em todo lugar.

As funções do dipolo podem também ser escritas em coordenadas polares:

$$\psi = -\frac{\lambda \,\text{sen}\,\theta}{r} \qquad \phi = \frac{\lambda \cos \theta}{r} \qquad (8.33)$$

Essas formas são convenientes para os escoamentos em torno de um cilindro da próxima seção.

8.4 Escoamentos planos em torno de formatos de corpo fechado

Uma variedade de escoamentos externos em torno de corpos fechados pode ser construída pela superposição de uma corrente uniforme com fontes, sumidouros e vórtices. O formato de corpo só será fechado se a vazão de saída das fontes igualar a vazão de entrada dos sumidouros.

A oval de Rankine

Um formato cilíndrico chamado *oval de Rankine*, que é longo em comparação com sua altura, é formado por um par fonte-sumidouro alinhado com uma corrente uniforme, como na Figura 8.13a.

Das Equações (8.12) e (8.15), a função corrente composta é

$$\psi = U_\infty y - m \tan^{-1} \frac{2ay}{x^2 + y^2 - a^2} = U_\infty r \,\text{sen}\,\theta + m(\theta_1 - \theta_2) \qquad (8.34)$$

Quando as linhas de corrente (ψ constante) são traçadas por meio da Equação (8.34), um formato de corpo oval aparece, como na Figura 8.13b. O semicomprimento L e a semialtura h da oval dependem da intensidade relativa da fonte e da corrente, isto é, da razão $m/(U_\infty a)$, que é igual a 1,0 na Figura 8.13b. As linhas de corrente circulantes no interior da oval são irrelevantes e costumam não ser mostradas. A oval é a linha $\psi = 0$.

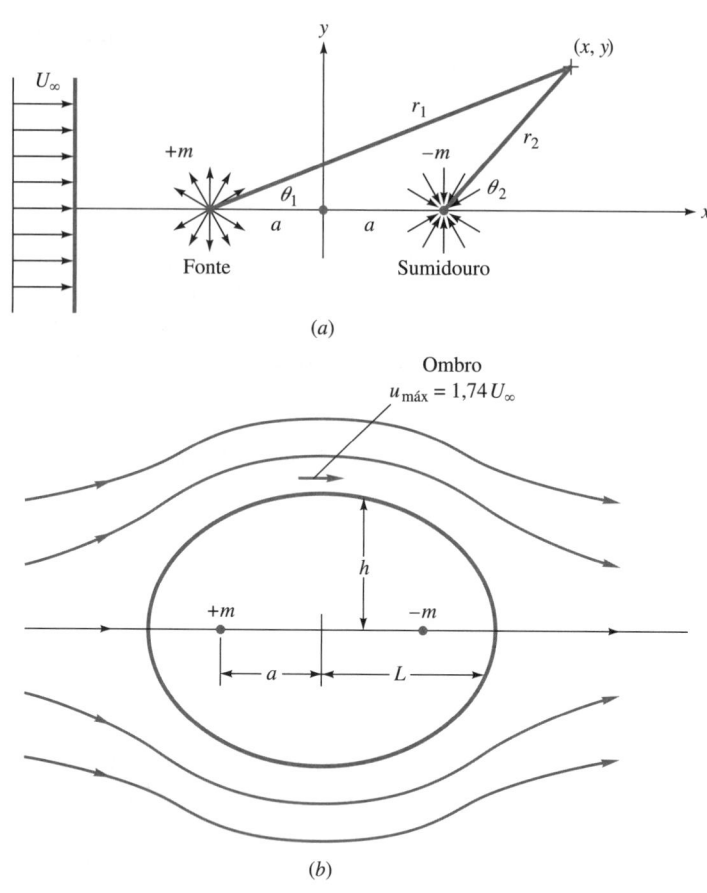

Figura 8.13 Escoamento em torno de uma oval de Rankine: (*a*) corrente uniforme mais um par fonte-sumidouro; (*b*) formato oval e linhas de corrente para $m/(U_\infty a) = 1,0$.

Há pontos de estagnação na frente e na traseira, $x = \pm L$, e pontos de velocidade máxima e pressão mínima nos ombros da oval, $y = \pm h$. Todos esses parâmetros são funções do parâmetro adimensional básico $m/(U_\infty a)$ e podem ser determinados por meio da Equação (8.34):

$$\frac{h}{a} = \cot \frac{h/a}{2m/(U_\infty a)} \qquad \frac{L}{a} = \left(1 + \frac{2m}{U_\infty a}\right)^{1/2}$$

$$\frac{u_{\text{máx}}}{U_\infty} = 1 + \frac{2m/(U_\infty a)}{1 + h^2/a^2} \tag{8.35}$$

À medida que aumentamos $m/(U_\infty a)$ desde zero até grandes valores, o formato da oval cresce em tamanho e espessura desde uma placa plana de comprimento $2a$ até um cilindro bem grande, quase circular. Isso está na Tabela 8.1. No limite com $m/(U_\infty a) \to \infty$, $L/h \to 1,0$ e $u_{\text{máx}}/U_\infty \to 2,0$, o que equivale ao escoamento em torno de um cilindro circular.

Todas as ovais de Rankine, exceto aquelas bem delgadas, têm um forte gradiente de pressão adverso em sua superfície posterior. Assim, a separação de camada-limite irá ocorrer na traseira seguida de uma larga esteira descolada, e o padrão não viscoso não será realista nessa região.

Escoamento em torno de um cilindro circular com circulação

Da Tabela 8.1, para grandes intensidades da fonte, a oval de Rankine torna-se um grande círculo, com diâmetro muito maior que o espaçamento $2a$ entre a fonte e o sumidou-

Tabela 8.1 Parâmetros da oval de Rankine da Equação (8.30)

$m/(U_\infty a)$	h/a	L/a	L/h	$u_{máx}/U_\infty$
0,0	0,0	1,0	∞	1,0
0,01	0,031	1,010	32,79	1,020
0,1	0,263	1,095	4,169	1,187
1,0	1,307	1,732	1,326	1,739
10,0	4,435	4,583	1,033	1,968
100,0	14,130	14,177	1,003	1,997
∞	∞	∞	1,000	2,000

ro. Visto da escala do cilindro, isso é equivalente a uma corrente uniforme mais um dipolo. Adicionamos também um vórtice no centro do dipolo, o que não altera o formato do cilindro.

Logo, a função corrente para o escoamento em torno de um cilindro circular com circulação, centrado na origem, corresponde a uma corrente uniforme mais um dipolo mais um vórtice

$$\psi = U_\infty r \, \text{sen} \, \theta - \frac{\lambda \, \text{sen} \, \theta}{r} - K \ln r + \text{const} \tag{8.36}$$

A intensidade λ do dipolo tem unidades de velocidade vezes comprimento ao quadrado. Por conveniência, faça $\lambda = U_\infty a^2$, em que a é um comprimento, e a constante arbitrária na Equação (8.36) igual a $K \ln a$. Assim, a função corrente fica

$$\boxed{\psi = U_\infty \, \text{sen} \, \theta \left(r - \frac{a^2}{r} \right) - K \ln \frac{r}{a}} \tag{8.37}$$

As linhas de corrente estão traçadas na Figura 8.14 para quatro valores diferentes da intensidade adimensional do vórtice $K/(U_\infty a)$. Em todos os casos, a linha $\psi = 0$ corresponde ao círculo $r = a$, isto é, o formato do corpo cilíndrico. À medida que a circulação $\Gamma = 2\pi K$ aumenta, o escoamento torna-se mais e mais rápido abaixo do cilindro e mais e mais lento acima dele. Os componentes de velocidade do escoamento são dados por

$$v_r = \frac{1}{r} \frac{\partial \psi}{\partial \theta} = U_\infty \cos \theta \left(1 - \frac{a^2}{r^2} \right)$$
$$v_\theta = -\frac{\partial \psi}{\partial r} = -U_\infty \, \text{sen} \, \theta \left(1 + \frac{a^2}{r^2} \right) + \frac{K}{r} \tag{8.38}$$

A velocidade sobre a superfície do cilindro $r = a$ é puramente tangencial, conforme se esperava

$$v_r(r = a) = 0 \quad v_\theta(r = a) = -2U_\infty \, \text{sen} \, \theta + \frac{K}{a} \tag{8.39}$$

Para valores pequenos de K, aparecem dois pontos de estagnação sobre a superfície em ângulos θ_e, em que $v_\theta = 0$, ou, pela Equação (8.39),

$$\text{sen} \, \theta_e = \frac{K}{2U_\infty a} \tag{8.40}$$

A Figura 8.14a é para $K = 0$, $\theta_e = 0$ e 180°, isto é, escoamento não viscoso duplamente simétrico em torno de um cilindro circular sem circulação. A Figura 8.14b é para

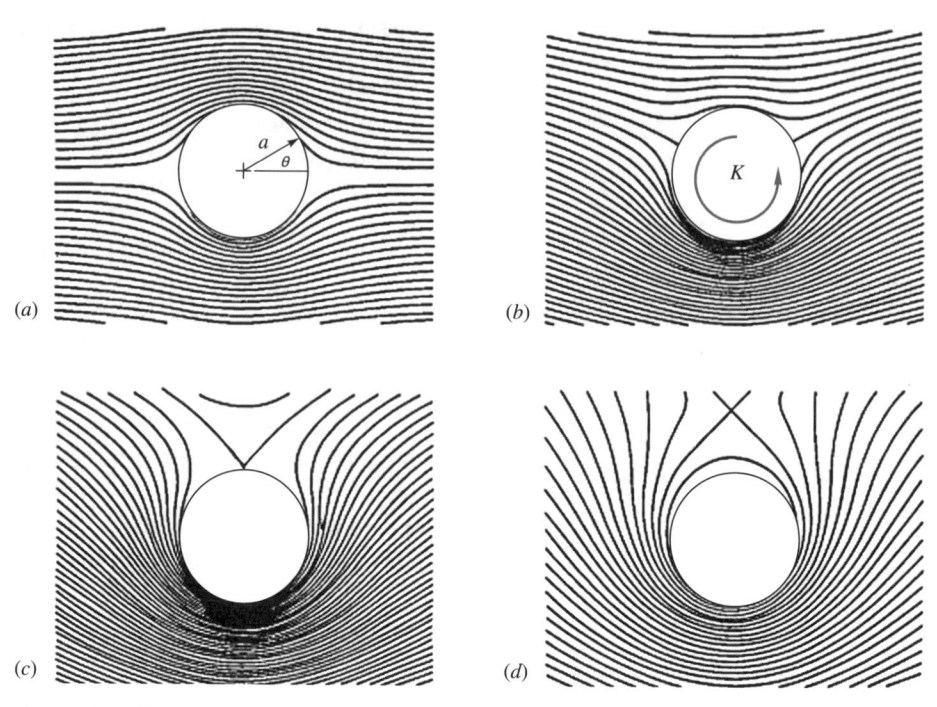

Figura 8.14 Escoamento em torno de um cilindro circular com circulação para valores de $K/(U_\infty a)$ iguais a (a) 0, (b) 1,0, (c) 2,0 e (d) 3,0.

$K/(U_\infty a) = 1$, $\theta_e = 30$ e $150°$ e a Figura 8.14c é o caso-limite em que os dois pontos de estagnação se encontram no topo, $K/(U_\infty a) = 2$, $\theta_e = 90°$.

Para $K > 2U_\infty a$, a Equação (8.40) não é válida e o único ponto de estagnação ocorre acima do cilindro, como na Figura 8.14d, em um ponto $y = h$ dado por

$$\frac{h}{a} = \frac{1}{2}[\beta + (\beta^2 - 4)^{1/2}] \qquad \beta = \frac{K}{U_\infty a} > 2$$

Na Figura 8.14d, $K/(U_\infty a) = 3,0$ e $h/a = 2,6$.

O teorema da sustentação de Kutta-Joukowski

Os escoamentos em torno de um cilindro com circulação, Figuras 8.14b a 8.14d, desenvolvem uma *sustentação* não viscosa para baixo, normal à corrente livre, denominada *força de Magnus-Robins*. A sustentação é proporcional à velocidade da corrente e à intensidade do vórtice. A descoberta experimental dessa força há muito tem sido atribuída ao físico alemão Gustav Magnus, que a observou em 1853. Sabe-se hoje [40, 45] que o brilhante engenheiro britânico Benjamin Robins foi o primeiro a registrar uma força de sustentação sobre uma bola girante, em 1761. Podemos observar pelo padrão de linhas de corrente que a velocidade acima do cilindro é menor e, portanto, a pressão é maior, pela equação de Bernoulli. Abaixo do cilindro, vemos linhas de corrente bem compactadas, o que implica alta velocidade e baixa pressão; a viscosidade é desprezada. A teoria não viscosa prevê essa força.

A velocidade na superfície do cilindro é dada pela Equação (8.39). Da equação de Bernoulli (8.3), desprezando-se a gravidade, a pressão p_s na superfície é dada por

$$p_\infty + \frac{1}{2}\rho U_\infty^2 = p_s + \frac{1}{2}\rho\left(-2U_\infty \text{sen}\,\theta + \frac{K}{a}\right)^2$$

ou
$$p_s = p_\infty + \tfrac{1}{2}\rho U_\infty^2(1 - 4\,\text{sen}^2\,\theta + 4\beta\,\text{sen}\,\theta - \beta^2) \qquad (8.41)$$

em que $\beta = K/(U_\infty a)$ e p_∞ é a pressão da corrente livre. Sendo b a profundidade do cilindro para dentro do papel, o arrasto F_A é a integral sobre a superfície do componente horizontal da força de pressão

$$F_A = -\int_0^{2\pi} (p_s - p_\infty)\cos\theta\, ba\, d\theta$$

em que a diferença $p_s - p_\infty$ é obtida da Equação (8.41). Mas a integral de $\cos\theta$ vezes o produto de qualquer potência de $\text{sen}\,\theta$ sobre um ciclo completo 2π é identicamente nula. Logo, obtemos o resultado (talvez surpreendente)

$$F_A\,(\text{cilindro com circulação}) = 0 \qquad (8.42)$$

Esse é um caso especial do paradoxo de d'Alembert, mencionado na Seção 1.2:

Segundo a teoria não viscosa, o arrasto de qualquer corpo de qualquer formato, imerso em uma corrente uniforme, é identicamente nulo.

D'Alembert publicou esse resultado em 1752, salientando que isso não se coadunava com os fatos acerca dos escoamentos de fluidos reais. Esse paradoxo infeliz fez todos rejeitarem as teorias não viscosas até 1904, quando Prandtl evidenciou pela primeira vez o efeito profundo da camada-limite delgada sobre o padrão de escoamento na traseira do corpo, como na Figura 7.2b, por exemplo.

A força de sustentação F_S normal à corrente, considerando o sentido positivo para cima, é dada pela integração das forças de pressão verticais

$$F_S = -\int_0^{2\pi} (p_s - p_\infty)\,\text{sen}\,\theta\, ba\, d\theta$$

Como a integral sobre 2π de qualquer potência ímpar de $\text{sen}\,\theta$ é nula, apenas o terceiro termo entre parênteses na Equação (8.41) contribui para a sustentação:

$$F_S = -\frac{1}{2}\rho U_\infty^2 \frac{4K}{aU_\infty} ba \int_0^{2\pi} \text{sen}^2\,\theta\, d\theta = -\rho U_\infty(2\pi K)b$$

ou
$$\boxed{\frac{F_S}{b} = -\rho U_\infty \Gamma} \qquad (8.43)$$

Observe que a sustentação independe do raio a do cilindro. Na realidade, porém, como iremos ver na Seção 8.7, a circulação Γ depende do tamanho e da orientação do corpo por meio de um requisito físico.

A Equação (8.43) foi generalizada por W. M. Kutta em 1902 e independentemente por N. Joukowski em 1906, da seguinte forma:

Segundo a teoria não viscosa, a sustentação por unidade de profundidade de um cilindro de formato arbitrário imerso em uma corrente uniforme é igual a $\rho u_\infty \Gamma$, em que Γ é a circulação líquida total contida no interior do corpo. A direção da sustentação é a 90° em relação à direção da corrente, girando no sentido contrário ao da circulação.

Sustentação e arrasto experimentais de cilindros rotativos[2]

Sendo assim, o problema na análise de aerofólios, Seção 8.7, é determinar a circulação Γ em função do formato e da orientação do aerofólio.

Os escoamentos da Figura 8.14 são matemáticos: um dipolo mais um vórtice mais uma corrente uniforme. A realização física poderia ser um cilindro rotativo em uma corrente livre. A condição de não escorregamento faria o fluido em contato com o cilindro mover-se tangencialmente à velocidade $v_\theta = a\omega$, estabelecendo uma circulação líquida Γ. A medição de forças sobre um cilindro rotativo é muito difícil e o autor desconhece dados de arrasto confiáveis. Todavia, Tokumaru e Dimotakis [22] usaram um esquema auxiliar engenhoso para medir forças de sustentação para $\mathrm{Re}_D = 3.800$.

A Figura 8.15 mostra coeficientes de sustentação e de arrasto, com base na área frontal ($2ab$), para um cilindro rotativo a $\mathrm{Re}_D = 3.800$. A curva de arrasto decorre de cálculos com CFD [41]. Os resultados de arrasto obtidos com CFD por diversos autores são bem controversos, já que não concordam entre si, mesmo qualitativamente. O autor acredita que a Referência 41 fornece os resultados mais confiáveis. Observe que o valor experimental de C_S aumenta até um valor de 15,3 para $a\omega/U_\infty = 10$. Isso contradiz uma antiga conjetura feita por Prandtl em 1926, de que o máximo valor possível de C_S seria $4\pi \approx 12,6$, correspondente às condições de escoamento na Figura 8.14c. A teoria não viscosa para a sustentação forneceria

$$C_S = \frac{F_S}{\frac{1}{2}\rho U_\infty^2 (2ba)} = \frac{2\pi \rho U_\infty K b}{\rho U_\infty^2 ba} = \frac{2\pi v_{\theta s}}{U_\infty} \qquad (8.44)$$

em que $v_{\theta s} = K/a$ é a velocidade periférica do cilindro.

A Figura 8.15 mostra que a sustentação teórica da Equação (8.44) é alta demais, mas a sustentação medida é bem respeitável, na verdade bem maior que a de um aerofólio típico de mesmo comprimento de corda, como na Figura 7.25. Assim, os cilindros rotativos apresentam possibilidades práticas. O veleiro movido a rotor Flettner, construído na Alemanha em 1924, empregava cilindros rotativos verticais que desenvolviam um empuxo com qualquer vento soprando sobre o veleiro. O projeto de Flettner não logrou popularidade, mas tais invenções podem se tornar mais atrativas nessa era de altos custos energéticos.

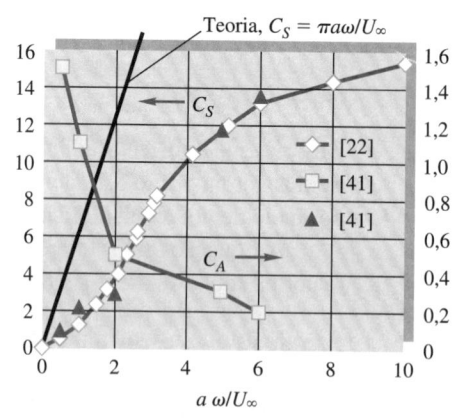

Figura 8.15 Arrasto e sustentação de um cilindro rotativo de grande razão de aspecto para $\mathrm{Re}_D = 3.800$, segundo Tokumaru e Dimotakis [22] e Sengupta et al. [41].

---

[2] O autor agradece ao prof. T. K. Sengupta, do I. I. T. de Kanpur, pelos dados e pela discussão desta subseção.

EXEMPLO 8.3

O veleiro experimental a rotor Flettner da University of Rhode Island é apresentado na Figura E8.3. O rotor tem 0,76 m de diâmetro e 3 m de comprimento e gira a 220 rpm. Ele é acionado pelo motor de um pequeno cortador de grama. Se o vento estiver permanente a 5,1 m/s e o movimento relativo do veleiro for desprezado, qual será o empuxo máximo esperado do rotor? Considere as massas específicas padrão do ar e da água.

Solução

Converta a velocidade de rotação em $\omega = 2\pi(220)/60 = 23{,}04$ rad/s. A velocidade do vento é 5,1 m/s, de modo que a razão de velocidade é

$$\frac{a\omega}{U_\infty} = \frac{(0{,}38 \text{ m})(23{,}04 \text{ rad/s})}{51 \text{ m/s}} = 1{,}72$$

Entrando na Figura 8.15, lemos $C_A \approx 0{,}7$ e $C_S \approx 2{,}5$. Da Tabela A.6, a massa específica do ar padrão é 1,2255 kg/m³. Logo, a sustentação e o arrasto esperados do rotor são

$$F_S = C_S \frac{1}{2} \rho U_\infty^2 \, 2ba = (2{,}5)\left(\frac{1}{2}\right)(1{,}2255)(5{,}1)^2(2)(3)(0{,}38) = 90{,}9 \text{ N}$$

$$F_A = C_A \frac{1}{2} \rho U_\infty^2 \, 2ba = (0{,}7)\left(\frac{1}{2}\right)(1{,}2255)(5{,}1)^2(2)(3)(0{,}38) = 25{,}4 \text{ N}$$

O maior empuxo disponível é a resultante dessas duas forças

$$F = [(90{,}9)^2 + (25{,}4)^2]^{1/2} = 94{,}4 \text{ N} \qquad \textit{Resposta}$$

Observe que a massa específica da água não entra nesse cálculo, que se refere a uma força exercida pelo *ar*. Se o veleiro estiver alinhado com a quilha, esse empuxo irá movê-lo pela água a uma velocidade de cerca de 2 m/s.

E8.3 *(Cortesia de R. C. Lessmann, University of Rhode Island.)*

> • *Comentário:* Tratando-se de um mero exemplo numérico, cometemos aqui algo impróprio. Usamos dados para $Re_D = 3.800$ para estimar forças em um rotor que opera a $Re_D \approx 260.000$. Não faça isso em seu trabalho profissional depois que você se graduar!

A oval de Kelvin

Uma família de formatos de corpos mais altos do que largos pode ser formada considerando-se uma corrente uniforme normal a um par de vórtices. Se U_∞ for para a direita, o vórtice negativo $-K$ é colocado em $y = +a$ e o vórtice anti-horário $+K$ é colocado em $y = -a$, como na Figura 8.16. A função corrente composta é

$$\psi = U_\infty y - \frac{1}{2} K \ln \frac{x^2 + (y+a)^2}{x^2 + (y-a)^2} \qquad (8.45)$$

O formato do corpo corresponde à linha $\psi = 0$, e alguns desses formatos estão na Figura 8.16. Para $K/(U_\infty a) > 10$, o formato fica a menos de 1% de uma oval de Rankine (Figura 8.13) girada a 90°, mas para valores pequenos de $K/(U_\infty a)$, a cintura fica comprimida e uma figura em formato de oito aparece para $K/(U_\infty a) = 0,5$. Para $K/(U_\infty a) < 0,5$, a corrente flui para a direita entre os vórtices, isolando dois formatos de corpo mais ou menos circulares, cada qual envolvendo um vórtice.

Um corpo fechado de formato praticamente arbitrário pode ser construído pela superposição adequada de fontes, sumidouros e vórtices. Consulte o trabalho mais avançado das Referências 1 a 3 para detalhes adicionais. Um resumo de escoamentos potenciais elementares está na Tabela 8.2.

Analogias para o escoamento potencial

Para escoamentos potenciais em torno de geometrias complexas, pode-se recorrer a outros métodos diferentes da superposição de fontes, sumidouros e vórtices. Existe uma variedade de técnicas para simular soluções da equação de Laplace.

De 1897 a 1900, Hele-Shaw [9] desenvolveu uma técnica na qual o escoamento laminar entre placas planas pouco espaçadas simulava o escoamento potencial visto por

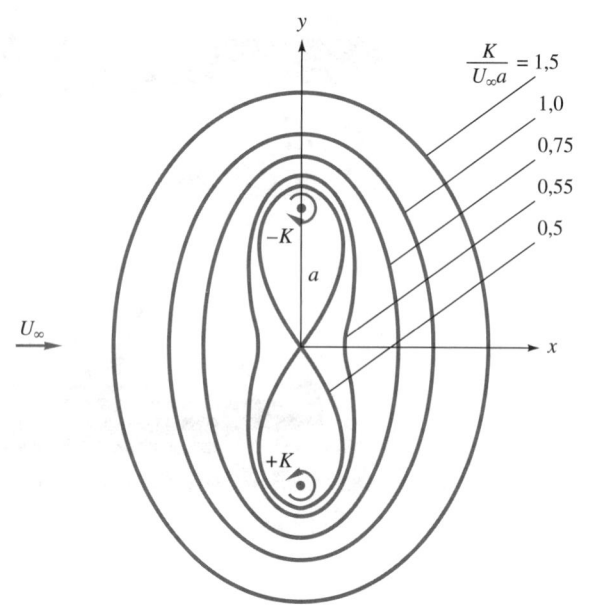

Figura 8.16 Formatos de corpo tipo oval de Kelvin em função do parâmetro de intensidade de vórtice $K/(U_\infty a)$; linhas de corrente exteriores não estão mostradas.

Tabela 8.2 Resumo de escoamentos potenciais incompressíveis planos

Tipo de escoamento	Funções potenciais	Observações
Corrente iU	$\psi = Uy \qquad \phi = Ux$	Ver Figura 8.3a
Fonte ($m > 0$) ou sumidouro ($m < 0$)	$\psi = m\theta \qquad \phi = m \ln r$	Ver Figura 8.3b
Vórtice	$\psi = -K \ln r \qquad \phi = K\theta$	Ver Figura 8.3c
Semicorpo	$\psi = Ur \,\text{sen}\,\theta + m\theta \qquad \phi = Ur \cos\theta + m \ln r$	Ver Figura 8.9
Dipolo	$\psi = \dfrac{-\lambda \,\text{sen}\,\theta}{r} \qquad \phi = \dfrac{\lambda \cos\theta}{r}$	Ver Figura 8.12
Oval de Rankine	$\psi = Ur \,\text{sen}\,\theta + m(\theta_1 - \theta_2)$	Ver Figura 8.13
Cilindro com circulação	$\psi = U \,\text{sen}\,\theta \left(r - \dfrac{a^2}{r}\right) - K \ln \dfrac{r}{a}$	Ver Figura 8.14

cima das placas. Obstruções simulavam os formatos de corpo e filetes de corante representavam as linhas de corrente. O aparato de Hele-Shaw constitui uma excelente demonstração de laboratório para escoamento potencial [10, p. 197-198, 219-220]. A Figura 8.17a ilustra o escoamento Hele-Shaw (potencial) por meio de um feixe de cilindros, um padrão de escoamento que seria difícil de analisar usando apenas a equação de Laplace. Todavia, por mais belo que esse padrão de feixe possa ser, ele não é uma boa aproximação do escoamento real em um feixe (viscoso e laminar). A Figura 8.17b mostra os padrões experimentais de linhas de fumaça para um escoamento semelhante em um feixe defasado, com Re $\approx$ 6.400. Vemos que as esteiras interativas do escoamento real (Figura 8.17b) causam misturas e movimentos transversais intensos, e não a passagem suave da corrente do modelo de escoamento potencial (Figura 8.17a). A moral da história é que se trata de um escoamento interno com corpos múltiplos, não sendo, portanto, um bom candidato para um modelo de escoamento potencial realista.

Outras técnicas de mapeamento de campo de escoamento são discutidas na Referência 8. Os campos eletromagnéticos também satisfazem a equação de Laplace, com a tensão elétrica análoga ao potencial de velocidades e as linhas de corrente elétrica análogas às linhas de corrente do escoamento. Em uma certa época, plotadores comerciais baseados em analogia de campo estiveram disponíveis, usando papel condutor fino, cortado no formato da geometria do escoamento. Linhas equipotenciais (contornos de voltagem) eram traçados percorrendo o papel com uma ponteira potenciométrica. Técnicas de traçado de "quadrados curvilíneos" à mão também já foram populares. A disponibilidade e simplicidade dos métodos computacionais digitais para escoamento potencial [5 a 7] tornaram obsoletos os modelos analógicos.

EXEMPLO 8.4

Uma oval de Kelvin da Figura 8.16 tem $K/(U_\infty a) = 1,0$. Calcule a velocidade no ombro superior da oval em termos de U_∞.

Solução

Devemos localizar o ombro $y = h$ da Equação (8.45) para $\psi = 0$ e calcular então a velocidade por diferenciação. Para $\psi = 0$, $y = h$ e $x = 0$, a Equação (8.45) fica

$$\frac{h}{a} = \frac{K}{U_\infty a} \ln \frac{h/a + 1}{h/a - 1}$$

Com $K/(U_\infty a) = 1,0$ e uma estimativa inicial $h/a \approx 1,5$ da Figura 8.16, efetuamos iterações e encontramos a localização $h/a = 1,5434$.

Por inspeção, $v = 0$ sobre o ombro, pois ali a linha de corrente é horizontal. Logo, a velocidade no ombro é calculada da Equação (8.45) por

$$u\bigg|_{y=h} = \frac{\partial \psi}{\partial y}\bigg|_{y=h} = U_\infty + \frac{K}{h-a} - \frac{K}{h+a}$$

Introduzindo $K = U_\infty a$ e $h = 1{,}5434a$, obtemos

$$u_{ombro} = U_\infty(1{,}0 + 1{,}84 - 0{,}39) = 2{,}45 U_\infty \qquad \textit{Resposta}$$

Uma vez que elas têm uma cintura mais fina comparada ao cilindro circular, todas as ovais de Kelvin apresentam velocidades no ombro maiores que o resultado do cilindro $2{,}0 U_\infty$ da Equação (8.39).

(a)

(b)

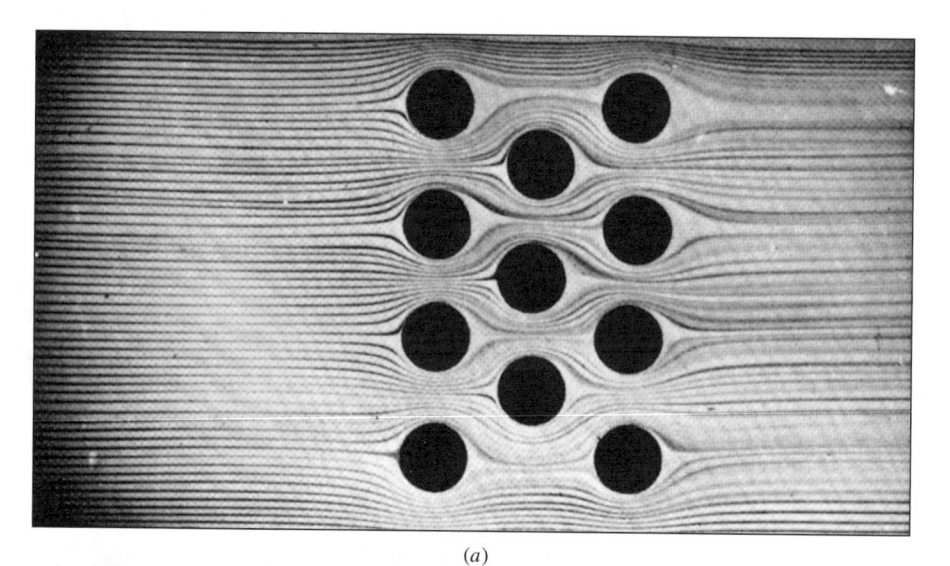

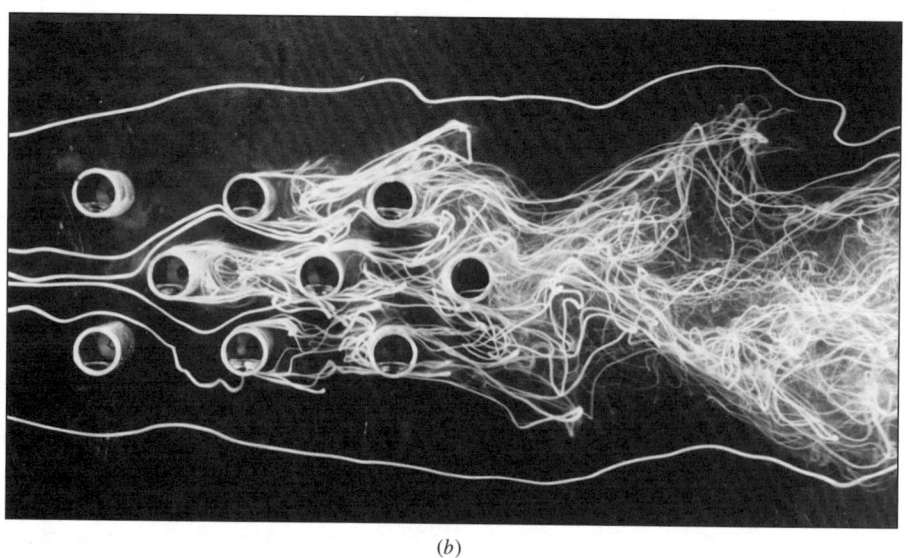

Figura 8.17 Escoamento sobre um feixe defasado de cilindros: (a) modelo de escoamento potencial usando o aparato de Hele-Shaw *(TQ Education and Training Ltd.)*; (b) linhas de fumaça para o escoamento real sobre o feixe defasado, com $Re_D \approx 6.400$. *(Da Referência 36, cortesia de Jack Hoyst, com a permissão da American Society of Mechanical Engineers.)*

8.5 Outros escoamentos potenciais planos[3]

As Referências 2 a 4 tratam de muitos outros escoamentos potenciais de interesse além dos casos abordados nas Seções 8.3 e 8.4. Em princípio, qualquer escoamento potencial pode ser resolvido pelo método da *transformação conforme*, usando-se a variável complexa

$$z = x + iy \qquad i = (-1)^{1/2}$$

Mostra-se que qualquer função analítica arbitrária da variável complexa z tem a propriedade marcante de que tanto a parte real como a imaginária são soluções da equação de Laplace. Se

$$f(z) = f(x + iy) = f_1(x, y) + i f_2(x, y)$$

ou

$$\frac{\partial^2 f_1}{\partial x^2} + \frac{\partial^2 f_1}{\partial y^2} = 0 = \frac{\partial^2 f_2}{\partial x^2} + \frac{\partial^2 f_2}{\partial y^2} \qquad (8.46)$$

Vamos deixar a demonstração disso para o problema dissertativo PD8.4. Ainda mais notável, se você jamais viu isso antes, é que as linhas de f_1 constante serão perpendiculares em todos os pontos às linhas de f_2 constante:

$$\left(\frac{dy}{dx}\right)_{f_1 = C} = -\frac{1}{(dy/dx)_{f_2 = C}} \qquad (8.47)$$

Isso é verdade para uma função $f(z)$ totalmente arbitrária desde que analítica; ou seja, ela deve ter uma derivada df/dz única em cada ponto da região.

O resultado líquido das Equações (8.46) e (8.47) é que as funções f_1 e f_2 podem ser interpretadas como linhas equipotenciais e de corrente de um escoamento não viscoso. Já é tradição identificar a parte real de $f(z)$ com o potencial de velocidades e a parte imaginária com a função corrente

$$f(z) = \phi(x, y) + i\psi(x, y) \qquad (8.48)$$

Experimentamos várias funções $f(z)$ e vemos se resultam padrões de escoamento interessantes. É claro, muitas delas já foram encontradas e iremos aqui apenas reportá-las.

Não vamos entrar em detalhes aqui, mas há excelentes tratamentos dessa técnica da variável complexa, tanto em nível introdutório [4] como em nível mais avançado [2, 3]. O método é menos importante hoje em dia por causa da popularidade das técnicas computacionais.

Como um exemplo simples, considere a função linear

$$f(z) = U_\infty z = U_\infty x + i U_\infty y$$

Segue-se, da Equação (8.48), que $\phi = U_\infty x$ e $\psi = U_\infty y$, o que, relembremos a Equação (8.12), representa uma corrente uniforme na direção x. Com experiência no uso de variáveis complexas, a solução praticamente cai no seu colo.

Para determinar as velocidades, você pode tanto separar ϕ e ψ de $f(z)$ e diferenciar ou diferenciar f diretamente

$$\frac{df}{dz} = \frac{\partial \phi}{\partial x} + i\frac{\partial \psi}{\partial x} = -i\frac{\partial \phi}{\partial y} + \frac{\partial \psi}{\partial y} = u - iv \qquad (8.49)$$

Logo, a parte real de df/dz equivale a $u(x, y)$ e a parte imaginária equivale a $-v(x, y)$. Para obter um resultado prático, a derivada df/dz deve existir e ser única, daí o requisito de

---
[3]Esta seção pode ser omitida sem perda de continuidade.

que f seja uma função analítica. Para $f(z) = U_\infty z$, $df/dz = U_\infty = u$, uma vez que o resultado é real, e $v = 0$, como se esperava.

Às vezes, é conveniente usar a forma em coordenadas polares da variável complexa

$$z = x + iy = re^{i\theta} = r\cos\theta + ir\,\text{sen}\,\theta$$

em que
$$r = (x^2 + y^2)^{1/2} \qquad \theta = \tan^{-1}\frac{y}{x}$$

Essa forma é especialmente conveniente quando ocorrem potências de z.

Corrente uniforme com um ângulo de ataque

Todos os escoamentos planos elementares da Seção 8.2 têm uma formulação em variável complexa. A corrente uniforme U_∞ com um ângulo de ataque α tem o potencial complexo

$$f(z) = U_\infty z e^{-i\alpha} \tag{8.50}$$

Compare essa forma com a Equação (8.22).

Fonte em um ponto z_0

Considere uma fonte de intensidade m deslocada da origem em um ponto $z_0 = x_0 + iy_0$. Seu potencial complexo é

$$f(z) = m\ln(z - z_0) \tag{8.51}$$

Essa pode ser comparada com a Equação (8.13), que é válida apenas para a fonte na origem. Para um sumidouro, a intensidade m é negativa.

Vórtice em um ponto z_0

Se um vórtice de intensidade K for colocado em um ponto z_0, seu potencial complexo será

$$f(z) = -iK\ln(z - z_0) \tag{8.52}$$

devendo ser comparado com a Equação (8.14). Compare também com a Equação (8.51) para ver que invertemos os significados de ϕ e ψ simplesmente multiplicando o potencial complexo por $-i$.

Escoamento em torno de um canto de ângulo arbitrário

O escoamento em um canto é um exemplo de padrão que não pode ser produzido convenientemente pela superposição de fontes, sumidouros e vórtices. Ele tem uma representação complexa notavelmente simples

$$f(z) = Az^n = Ar^n e^{in\theta} = Ar^n \cos n\theta + iAr^n \,\text{sen}\,n\theta$$

em que A e n são constantes.

Segue da Equação (8.48) que, para esse padrão

$$\phi = Ar^n \cos n\theta \qquad \psi = Ar^n \,\text{sen}\,n\theta \tag{8.53}$$

As linhas de corrente da Equação (8.53) estão traçadas na Figura 8.18 para cinco valores diferentes de n. Vê-se que o escoamento representa uma corrente defletindo em um canto de ângulo $\beta = \pi/n$. Os padrões na Figura 8.18d e e não são realistas para o lado a jusante do canto, onde ocorreria separação em decorrência do gradiente adverso de pressão e da mudança brusca de direção. Em geral, a separação sempre ocorre a jusante de protuberâncias ou cantos salientes, exceto em escoamentos muito lentos, com números de Reynolds baixos, $\text{Re} < 1$.

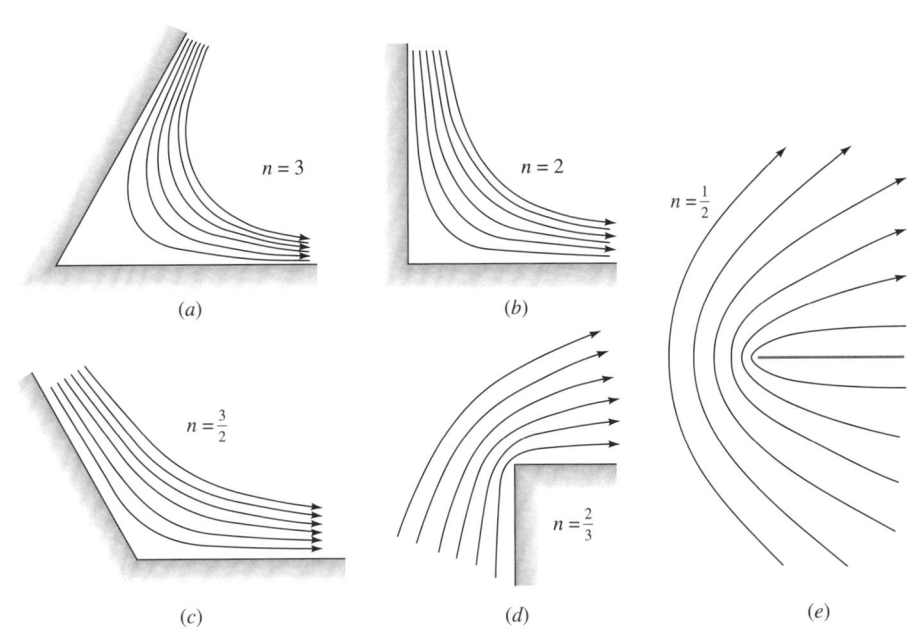

Figura 8.18 Linhas de corrente de escoamentos em um canto, Equação (8.53), para ângulos de canto β iguais a (a) 60°, (b) 90°, (c) 120°, (d) 270° e (e) 360°.

Como 360° = 2π é o maior canto possível, os padrões para $n < \frac{1}{2}$ não representam escoamentos em um canto.

Se expandirmos as plotagens da Figura 8.18a até c para o dobro do tamanho, podemos representar escoamentos de estagnação dirigidos sobre um canto de ângulo $2\beta = 2\pi/n$. Isso está feito na Figura 8.19 para n = 3, 2 e 1,5. Esses escoamentos são bastante realistas; embora deslizem na parede, eles podem ser justapostos a teorias de camada-limite com bastante sucesso. Anteriormente, já havíamos feito uma breve abordagem dos escoamentos em um canto, nos Exemplos 4.5 e 4.9 e nos Problemas P4.49 até P4.51.

Escoamento normal a uma placa plana

Vamos tratar deste caso em separado, pois as ovais de Kelvin da Figura 8.16 não degeneram em uma placa plana à medida que K se torna pequeno. A placa plana normal a uma corrente uniforme é um caso extremo que merece nossa atenção.

Embora o resultado seja bem simples, a dedução é bastante complicada, sendo dada, por exemplo, na Referência 2, Seção 9.3. Há três mudanças de variável complexa, ou *mapeamentos*, começando com a solução básica do escoamento em torno de um cilindro da Figura 8.14a. Primeiro, a corrente uniforme é girada para ficar vertical para cima; em seguida o cilindro é espremido até o formato de placa plana; finalmente, a corrente livre é girada de volta para a direção horizontal. O resultado final para o potencial complexo é

$$f(z) = \phi + i\psi = U_\infty(z^2 + a^2)^{1/2} \tag{8.54}$$

em que $2a$ é a altura da placa. Para isolar ϕ ou ψ, eleve ao quadrado ambos os lados e separe as partes real e imaginária:

$$\phi^2 - \psi^2 = U_\infty^2(x^2 - y^2 + a^2) \qquad \phi\psi = U_\infty^2 xy$$

Podemos resolver para ψ para determinar as linhas de corrente

$$\psi^4 + \psi^2 U_\infty^2(x^2 - y^2 + a^2) = U_\infty^4 x^2 y^2 \tag{8.55}$$

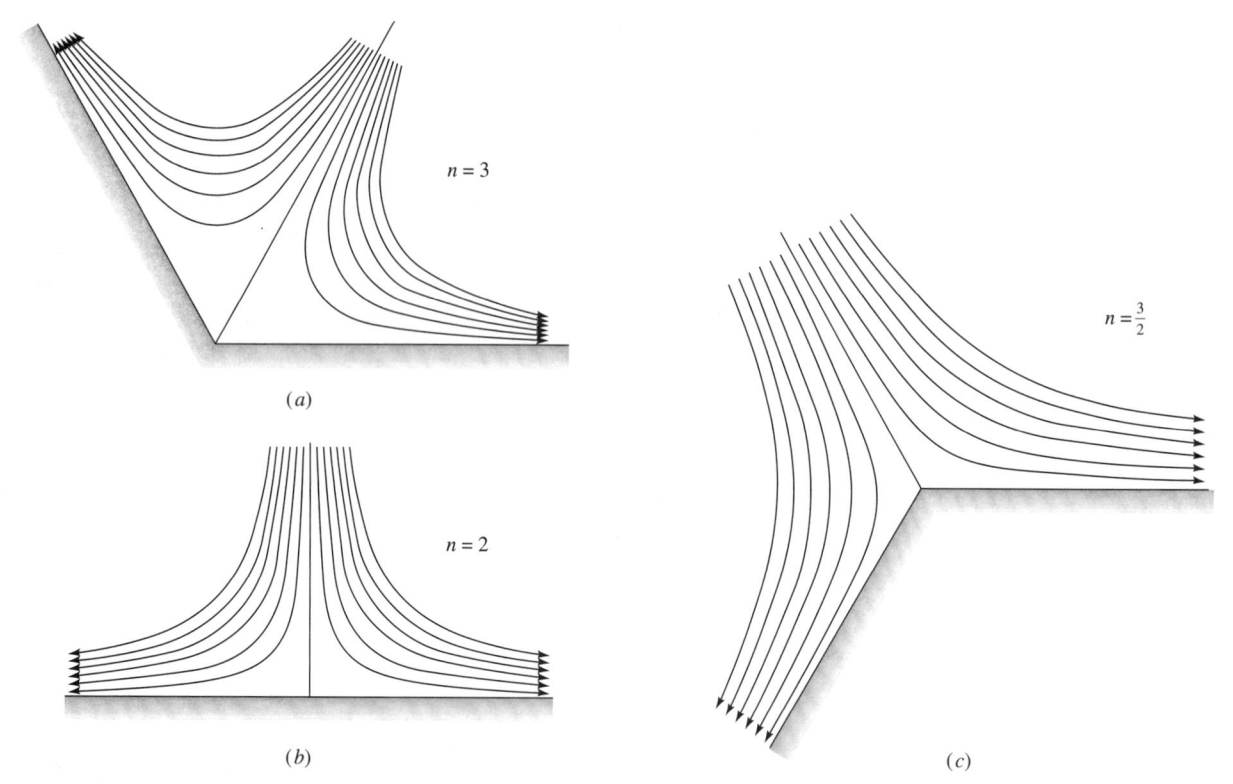

Figura 8.19 Linhas de corrente de escoamentos de estagnação da Equação (8.53) para ângulos de canto 2β iguais a (a) 120°, (b) 180° e (c) 240°.

A Equação (8.55) está traçada na Figura 8.20a, revelando um padrão duplamente simétrico de linhas de corrente que se aproximam muito perto da placa e então se inclinam para cima, a velocidades muito altas e com pressões baixas nas extremidades da placa.

A velocidade v_s ao longo da superfície da placa é determinada calculando-se df/dz da Equação (8.54) e isolando a parte imaginária

$$\left.\frac{v_s}{U_\infty}\right|_{\text{superfície da placa}} = \frac{y/a}{(1 - y^2/a^2)^{1/2}} \tag{8.56}$$

Alguns valores de velocidade na superfície podem ser tabelados como se segue

y/a	0,0	0,2	0,4	0,6	0,707	0,8	0,9	1,0
v_s/U_∞	0,0	0,204	0,436	0,750	1,00	1,33	2,07	∞

A origem é um ponto de estagnação; em seguida a velocidade cresce, de início linearmente e depois bastante rápido próximo à extremidade, cuja velocidade e aceleração se tornam infinitas.

Como você pode inferir, a Figura 8.20a não é realista. Em um escoamento real, a aresta aguda e saliente causa a separação, e uma ampla esteira de baixa pressão forma-se na traseira, como na Figura 8.20b. Em vez de nulo, o coeficiente de arrasto é bem grande, $C_A \approx 2,0$, conforme a Tabela 7.2.

Uma teoria de escoamento potencial descontínuo que leva em conta a separação do escoamento foi vislumbrada por Helmholtz em 1868 e Kirchhoff em 1869. Essa solução de linha de corrente livre está mostrada na Figura 8.20c, com a linha de corrente que se separa da extremidade apresentando uma velocidade constante $V = kU_\infty$. Da equação de Bernoulli, a pressão na região de "água morta" atrás da placa será igual a

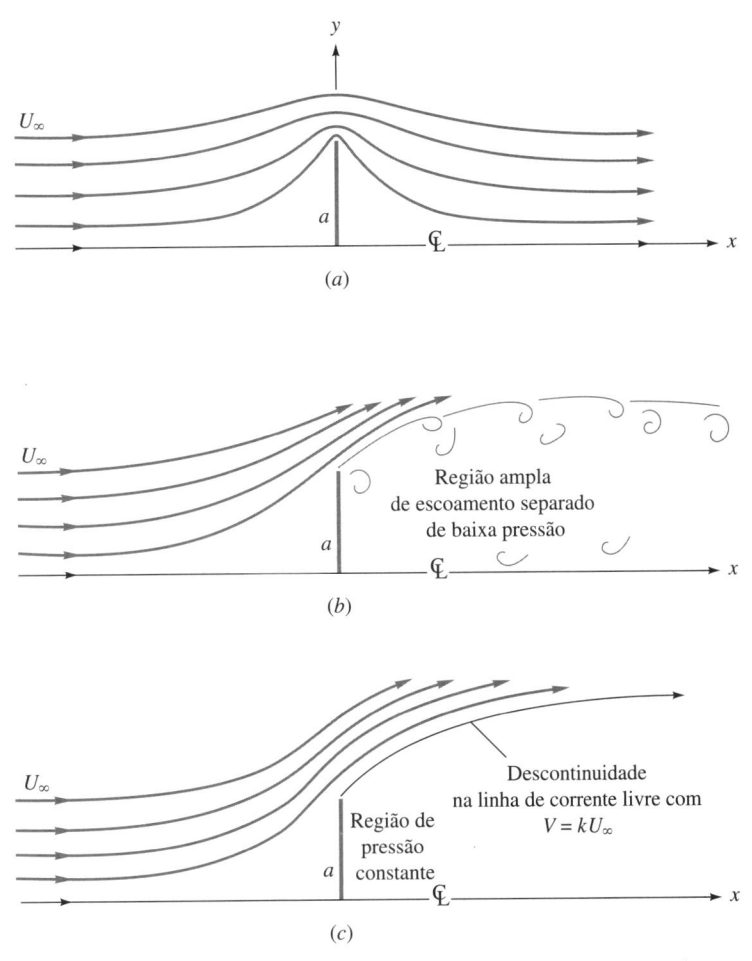

Figura 8.20 Linhas de corrente no semiplano superior para o escoamento normal a uma placa plana de altura $2a$: (a) teoria de escoamento potencial contínuo, Equação (8.55); (b) padrão de escoamento real medido; (c) teoria de escoamento potencial descontínuo com $k \approx 1{,}5$.

$p_t = p_\infty + \frac{1}{2}\rho U_\infty^2 (1 - k^2)$ para casar com a pressão ao longo da linha de corrente livre. Para $k = 1{,}5$, essa teoria de Helmholtz-Kirchhoff prevê $p_t = p_\infty - 0{,}625\rho U_\infty^2$ e uma pressão frontal média $p_f = p_\infty + 0{,}375\rho U_\infty^2$, fornecendo um coeficiente de arrasto global igual a 2,0, em concordância com a experiência. Contudo, o coeficiente k é desconhecido a priori e deve ser ajustado aos dados experimentais, de modo que a teoria da linha de corrente livre pode ser considerada de sucesso restrito. Para detalhes adicionais, ver Referência 2, Seção 11.2.

8.6 Imagens[4]

Todas as soluções anteriores foram para escoamentos não limitados por fronteiras, tais como um cilindro circular imerso em uma grande extensão de fluido escoando uniformemente, Figura 8.14a. Entretanto, muitos problemas práticos envolvem uma fronteira rígida vizinha que restringe o escoamento, como, por exemplo, (1) escoamento subterrâneo de água próximo à base de uma barragem, (2) um aerofólio próximo ao solo, simulando condições de pouso ou decolagem, ou (3) um cilindro montado em um túnel de vento com paredes estreitas. Em tais casos, as soluções básicas do escoa-

---

[4]Esta seção pode ser omitida sem perda de continuidade.

mento potencial não limitado podem ser modificadas por efeitos de parede pelo método das *imagens*.

Considere uma fonte localizada a uma distância a de uma parede, como na Figura 8.21a. Para criar a parede desejada, uma fonte de imagem de intensidade igual é colocada à mesma distância abaixo da parede. Por simetria, as duas fontes criam uma linha de corrente retilínea entre elas, que pode ser considerada a parede.

Na Figura 8.21b, um vórtice próximo à parede requer um vórtice de imagem à mesma distância abaixo, mas com rotação *oposta*. Nós sombreamos a parede, mas é claro que o padrão também poderia ser interpretado como o de um escoamento próximo a um par de vórtices em um fluido não limitado.

Na Figura 8.21c, um aerofólio em uma corrente uniforme próximo ao solo é concebido por uma imagem do aerofólio abaixo do solo com circulação e sustentação opos-

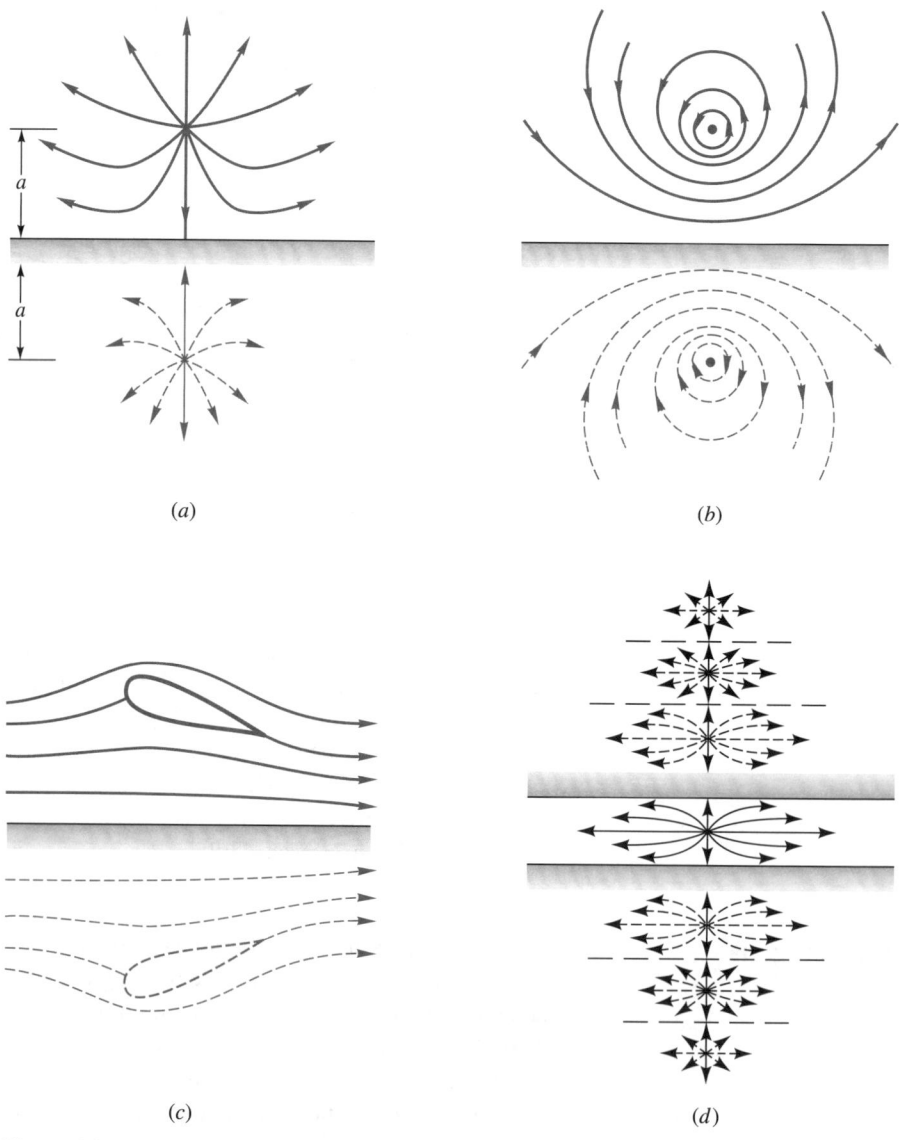

Figura 8.21 Paredes restritivas podem ser criadas por escoamentos de imagem: (a) fonte próxima a uma parede com a fonte idêntica de imagem; (b) vórtice próximo a uma parede com o vórtice de imagem de sentido oposto; (c) aerofólio sob efeito do solo com o aerofólio de imagem de circulação oposta; (d) fonte entre duas paredes que requer uma fileira infinita de imagens.

tas. Isso parece fácil, mas na verdade não é, porque os aerofólios são tão próximos que interagem entre si e distorcem seus formatos. Uma regra prática é que a distorção de formato não será desprezível se o corpo estiver dentro de dois comprimentos de corda da parede. Para eliminar a distorção, uma série de imagens "corretivas" deve ser acrescentada ao escoamento para recapturar o formato do aerofólio isolado original. A Referência 2, Seção 7.75, traz uma boa discussão desse procedimento, que geralmente requer um computador para efetuar a soma das múltiplas imagens necessárias.

A Figura 8.21d mostra uma fonte confinada por duas paredes. Uma parede exigiu apenas uma imagem na Figura 8.21a, mas *duas* paredes requerem uma fileira infinita de imagens de fontes acima e abaixo do padrão desejado, como mostrado. Em geral, torna-se necessária uma soma de imagens por computador, mas às vezes pode-se obter uma forma fechada para essa soma, assim como no caso da fileira infinita de vórtices da Equação (8.28).

EXEMPLO 8.5

Para a fonte próxima a uma parede, como na Figura 8.21a, a velocidade na parede é nula entre as fontes, aumenta até um máximo movendo-se para fora ao longo da parede e cai então a zero bem longe das fontes. Se a intensidade das fontes for de 8 m²/s, a que distância da parede deverá ficar a fonte para garantir que a velocidade máxima ao longo da parede seja de 5 m/s?

Solução

Em qualquer ponto x ao longo da parede, como mostra a Figura E8.5, cada fonte induz uma velocidade radial para fora $v_r = m/r$, que tem um componente $v_r \cos \theta$ ao longo da parede. Logo, a velocidade total é

$$u_{\text{parede}} = 2v_r \cos \theta$$

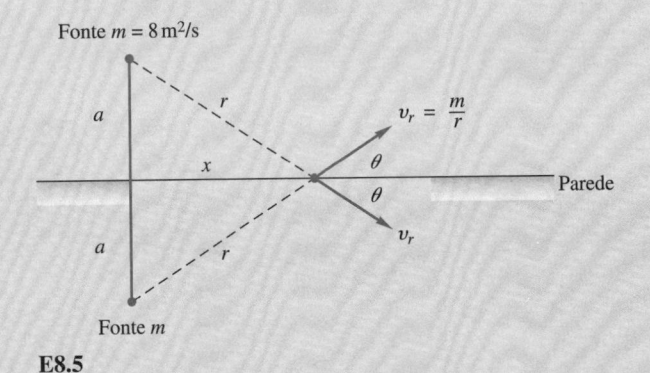

E8.5

Da geometria da Figura E8.5, $r = (x^2 + a^2)^{1/2}$ e $\cos \theta = x/r$. Assim, a velocidade total na parede pode ser expressa como

$$u = \frac{2mx}{x^2 + a^2}$$

A velocidade total na parede é zero para $x = 0$ e para $x \to \infty$. Para encontrar a velocidade máxima, diferencie e faça o resultado igual a zero

$$\frac{du}{dx} = 0 \quad \text{em} \quad x = a \qquad \text{e} \qquad u_{\text{máx}} = \frac{m}{a}$$

> Omitimos um pouco de álgebra ao fornecermos esses resultados. Para os valores dados da intensidade de fonte e da velocidade máxima, a distância necessária a é
>
> $$a = \frac{m}{u_{máx}} = \frac{8 \text{ m}^2/\text{s}}{5 \text{ m/s}} = 1,6 \text{ m} \qquad Resposta$$
>
> Para $x > a$, há um gradiente adverso de pressão ao longo da parede, e a teoria de camada-limite pode ser usada para prever a separação.

8.7 Teoria do aerofólio[5]

Conforme mencionamos em relação ao teorema da sustentação de Kutta-Joukowski, Equação (8.43), o problema do aerofólio é determinar a circulação líquida Γ em função do formato do aerofólio e do ângulo de ataque α da corrente livre.

A condição de Kutta

Mesmo com o formato do aerofólio e o ângulo de ataque da corrente livre especificados, a solução da teoria de escoamento potencial não é única: pode-se encontrar uma família infinita de soluções que correspondem a diferentes valores de circulação Γ. Quatro exemplos dessa não unicidade foram mostrados na Figura 8.14 para os escoamentos em torno de um cilindro. O mesmo vale para o aerofólio, e a Figura 8.22 mostra três "soluções" matematicamente aceitáveis para um dado aerofólio com uma circulação líquida pequena (Figura 8.22a), grande (Figura 8.22b) e média (Figura 8.22c).

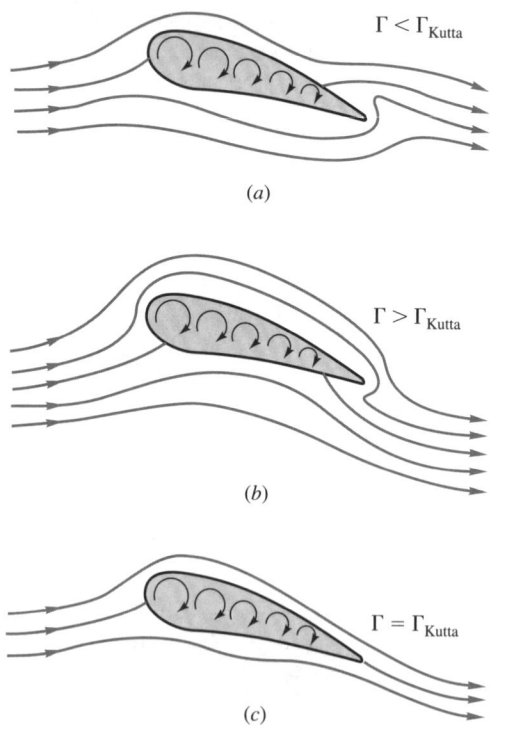

Figura 8.22 A condição de Kutta simula adequadamente o escoamento em torno de um aerofólio; (a) pouca circulação, ponto de estagnação sobre a superfície superior traseira; (b) circulação demais, ponto de estagnação sobre a superfície inferior traseira; (c) circulação correta, a condição de Kutta exige escoamento suave no bordo de fuga.

---

[5]Esta seção pode ser omitida sem perda de continuidade.

Você pode adivinhar qual caso simula melhor o aerofólio real, partindo da discussão feita anteriormente sobre o desenvolvimento transiente da sustentação na Figura 7.23. É o caso da Figura 8.22c, em que os escoamentos superior e inferior se encontram e deixam o bordo de fuga do aerofólio suavemente. Se o bordo de fuga for ligeiramente arredondado, haverá um ponto de estagnação ali. Se for agudo, aproximando a maioria dos projetos de aerofólio, as velocidades do escoamento nas superfícies superior e inferior serão iguais à medida que se encontram e deixam o aerofólio.

Essa condição para especificar o valor fisicamente apropriado de Γ é geralmente atribuída a W. M. Kutta, daí o seu nome de *condição de Kutta*, embora alguns textos deem crédito a Joukowski e/ou Chaplygin. Todas as teorias de aerofólio usam a condição de Kutta, que está em boa concordância com a experiência. Resulta assim que a circulação correta Γ_{Kutta} depende de velocidade do escoamento, ângulo de ataque e formato do aerofólio.

Teoria potencial para aerofólios com espessura e arqueamento

A teoria de aerofólios com espessura e arqueamento é tratada em textos avançados [por exemplo, 2 a 4]; a Referência 13 traz uma revisão profunda e abrangente dos aspectos viscosos e não viscosos do comportamento dos aerofólios.

Basicamente, a teoria usa um mapeamento de variável complexa que transforma o escoamento em torno de um cilindro com circulação, Figura 8.14, no escoamento em torno de um formato de fólio com circulação. A circulação é então ajustada para satisfazer a condição de Kutta de escoamento suave na saída do bordo de fuga.

Independentemente da forma exata do aerofólio, a teoria não viscosa de mapeamento prevê que a circulação correta para qualquer aerofólio com espessura e arqueamento é

$$\Gamma_{Kutta} = \pi C U_\infty \left(1 + 0{,}77 \frac{t}{C}\right) \text{sen}\,(\alpha + \beta) \tag{8.57}$$

em que $\beta = \tan^{-1}(2h/C)$ e h é o arqueamento máximo, ou máximo desvio da linha média do aerofólio de sua corda, como na Figura 8.24a.

O coeficiente de sustentação do aerofólio de envergadura infinita é, portanto

$$C_S = \frac{\rho U_\infty \Gamma}{\frac{1}{2}\rho U_\infty^2 bC} = 2\pi \left(1 + 0{,}77 \frac{t}{C}\right) \text{sen}\,(\alpha + \beta) \tag{8.58}$$

A Figura 8.23 mostra que o efeito da espessura $1 + 0{,}77\ t/C$ não é verificado pelas experiências. Alguns aerofólios aumentam a sustentação com a espessura, outros diminuem e nenhum se aproxima muito da teoria, e a principal razão disso é o crescimento da camada-limite sobre a superfície superior, afetando o "formato" do aerofólio. Logo, é costume eliminar o efeito de espessura da teoria:

$$\boxed{C_S \approx 2\pi \,\text{sen}\,(\alpha + \beta)} \tag{8.59}$$

A teoria prevê corretamente que um aerofólio arqueado terá uma sustentação não nula finita para ângulo de ataque zero e sustentação nula (SN) para um ângulo

$$\alpha_{SN} = -\beta = -\tan^{-1}\frac{2h}{C} \tag{8.60}$$

A Equação (8.60) superestima em aproximadamente 1° ou mais o ângulo de sustentação nula medido, como mostra a Tabela 8.3. Os valores medidos são essencialmente independentes da espessura. A designação XX nas séries NACA indica a espessura em porcentagem e os demais dígitos referem-se ao arqueamento e a outros detalhes.

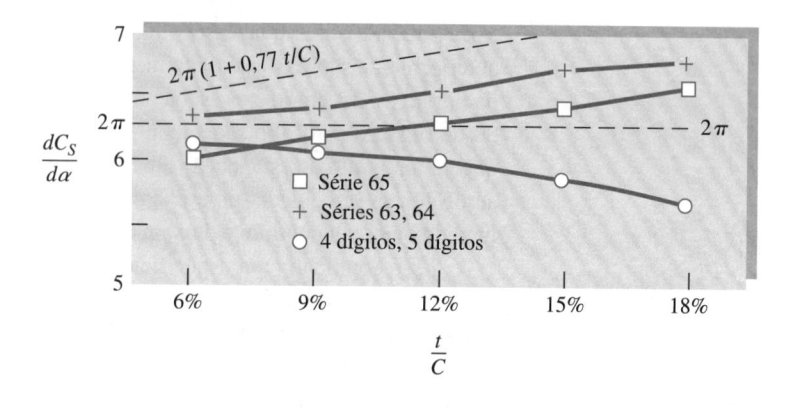

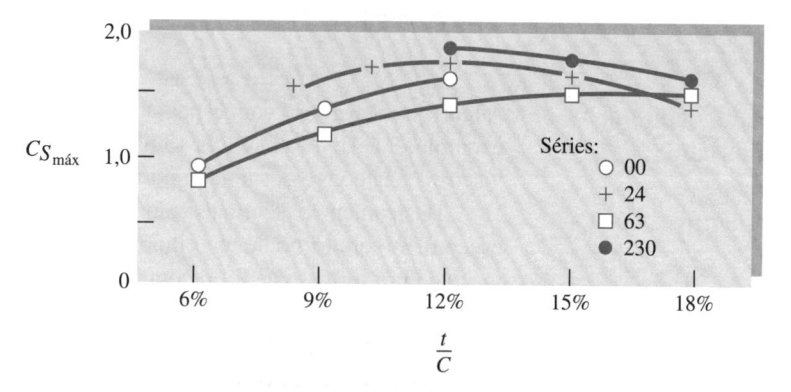

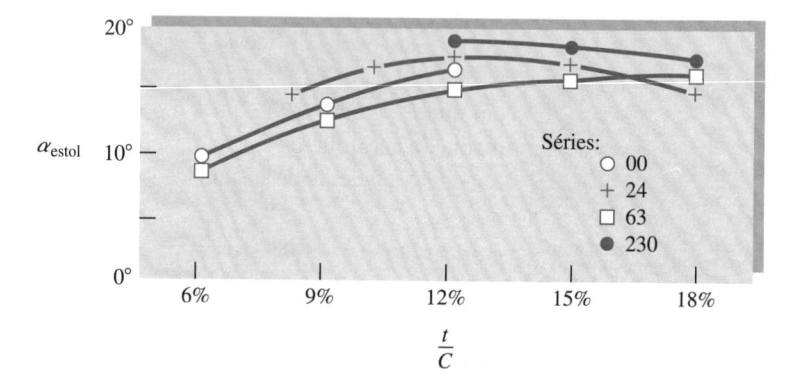

Figura 8.23 Características de sustentação de aerofólios NACA lisos em função da razão de espessura, para razão de aspecto infinita. (*Da Referência 12.*)

Por exemplo, o aerofólio 2415 tem 2% de arqueamento máximo (o primeiro dígito) ocorrendo a 40% da corda (o segundo dígito) com 15% de espessura máxima (os dois últimos dígitos). A espessura máxima não precisa ocorrer na mesma posição do arqueamento máximo.

Tabela 8.3 Ângulo de ataque de sustentação nula para aerofólios NACA

Série do aerofólio	Arqueamento h/c, %	α_{SN} medido, graus	Teoria $-\beta$, graus
24XX	2,0	−2,1	−2,3
44XX	4,0	−4,0	−4,6
230XX	1,8	−1,3	−2,1
63-2XX	2,2	−1,8	−2,5
63-4XX	4,4	−3,1	−5,0
64-1XX	1,1	−0,8	−1,2

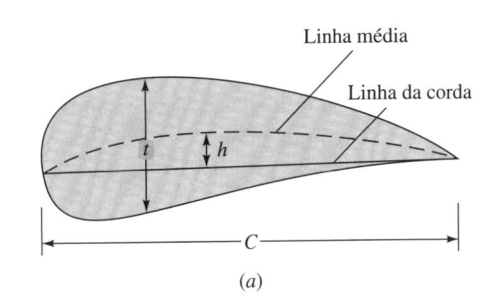

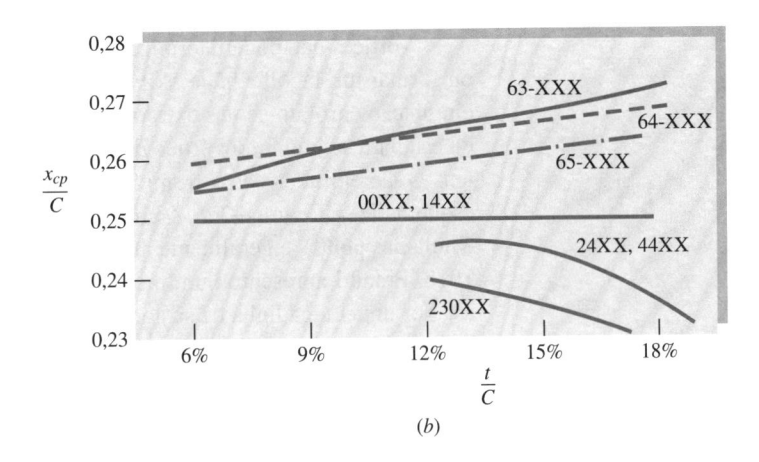

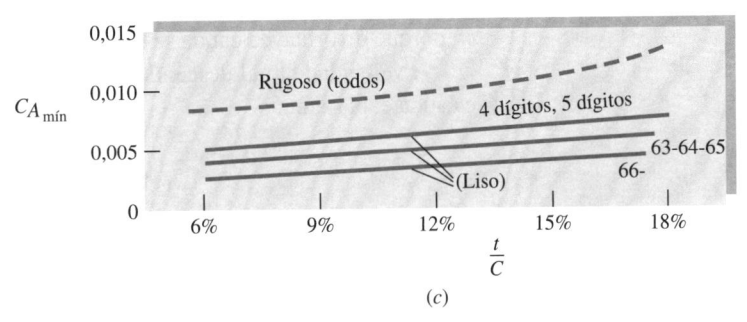

Figura 8.24 Características de aerofólios NACA: (*a*) aerofólio típico com espessura e arqueamento; (*b*) dados sobre o centro de pressões; (*c*) coeficiente de arrasto mínimo.

A Figura 8.24*b* mostra a posição medida do centro de pressões de vários aerofólios NACA, tanto simétricos como arqueados. Em todos os casos, o x_{CP} experimental difere do ponto teórico previsto pela Equação (8.69) (1/4 da corda) em menos de 0,02 do comprimento da corda. Os aerofólios arqueados convencionais (séries 24, 44 e 230) têm o x_{CP} ligeiramente a montante de $x/C = 0,25$ e os de baixo arrasto (séries 60) têm o x_{CP} ligeiramente a jusante de $x/C = 0,25$. Os aerofólios simétricos ficam em 0,25.

A Figura 8.24*c* mostra o coeficiente de arrasto mínimo dos aerofólios NACA em função da espessura. Conforme mencionamos anteriormente em relação à Figura 7.25, esses aerofólios, quando lisos, têm um arrasto realmente menor que o do escoamento turbulento paralelo a uma placa plana, especialmente os das séries 60. Contudo, para uma rugosidade superficial convencional, todos os aerofólios têm aproximadamente o mesmo arrasto mínimo, cerca de 30% a mais que o de uma placa plana lisa.

Asas de envergadura finita

Os resultados da teoria do aerofólio e os dados experimentais da subseção anterior referiam-se a asas bidimensionais, de envergadura infinita. Mas todas as asas reais têm extremidades e são, portanto, de envergadura finita, ou de razão de aspecto finita RA, definida por

$$\text{RA} = \frac{b^2}{A_p} = \frac{b}{\overline{C}} \qquad (8.61)$$

em que b é o comprimento da envergadura de uma extremidade a outra e A_p é a área planificada da asa vista de cima. Os coeficientes de sustentação e de arrasto de uma asa de envergadura finita dependem muito da razão de aspecto e pouco do formato planificado da asa.

Vórtices não podem terminar em um fluido; eles devem se estender até a fronteira ou formar um laço fechado. A Figura 8.25a mostra como os vórtices que fornecem a circulação enrolam-se nas extremidades de uma asa finita e se estendem bem para trás da asa para se juntar ao vórtice de partida (Figura 7.23) a jusante. Os vórtices mais intensos são emitidos das extremidades, mas alguns são emitidos do corpo da asa, como esquematiza a Figura 8.25b. A circulação efetiva $\Gamma(y)$ desses vórtices emitidos na cauda é nula nas pontas e geralmente atinge um máximo no plano central, ou raiz da asa. Em 1918, Prandtl apresentou um modelo bem-sucedido desse escoamento, substituindo a asa por uma única linha de sustentação e uma lâmina contínua de vórtices de cauda semi-infinitos de intensidade $\gamma(y) = d\Gamma/dy$, como na Figura 8.25c. Cada porção elementar da lâmina da cauda $\gamma(\eta)\,d\eta$ induz uma velocidade descendente, $dw(y)$, dada por

$$dw(y) = \frac{\gamma(\eta)\,d\eta}{4\pi(y - \eta)}$$

na posição y da linha de sustentação. Observe o termo 4π no denominador em vez de 2π, porque o vórtice de cauda se estende apenas de 0 até ∞, e não de $-\infty$ até $+\infty$.

A velocidade total descendente $w(y)$ induzida pelo sistema completo de vórtices de cauda é, portanto,

$$w(y) = \frac{1}{4\pi}\int_{-(1/2)b}^{(1/2)b} \frac{\gamma(\eta)\,d\eta}{y - \eta} \qquad (8.62)$$

Quando a velocidade descendente é adicionada vetorialmente à velocidade de aproximação da corrente livre U_∞, o ângulo de ataque efetivo para essa seção da asa é reduzido para

$$\alpha_{\text{ef}} = \alpha - \alpha_i \qquad \alpha_i = \tan^{-1}\frac{w}{U_\infty} \approx \frac{w}{U_\infty} \qquad (8.63)$$

em que aplicamos uma aproximação de pequenas amplitudes, $w \ll U_\infty$.

O passo final é considerar que a circulação local $\Gamma(y)$ é igual àquela de uma asa bidimensional de mesmo formato e mesmo ângulo de ataque efetivo. Da teoria dos aerofólios delgados temos a estimativa

$$C_s = \frac{\rho U_\infty \Gamma b}{\frac{1}{2}\rho U_\infty^2 bC} \approx 2\pi\alpha_{\text{ef}}$$

ou
$$\Gamma \approx \pi C U_\infty \alpha_{\text{ef}} \qquad (8.64)$$

Combinando as Equações (8.62) e (8.64), obtemos a teoria da linha de sustentação de Prandtl para uma asa de envergadura finita:

$$\Gamma(y) = \pi C(y) U_\infty \left[\alpha(y) - \frac{1}{4\pi U_\infty}\int_{-(1/2)b}^{(1/2)b} \frac{(d\Gamma/d\eta)\,d\eta}{y - \eta}\right] \qquad (8.65)$$

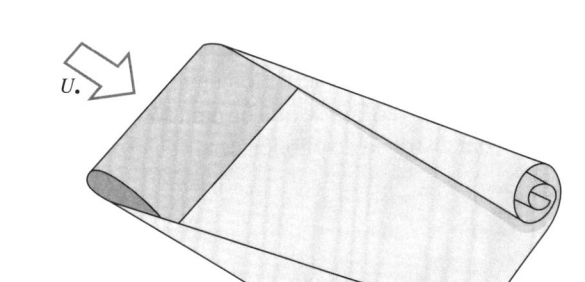

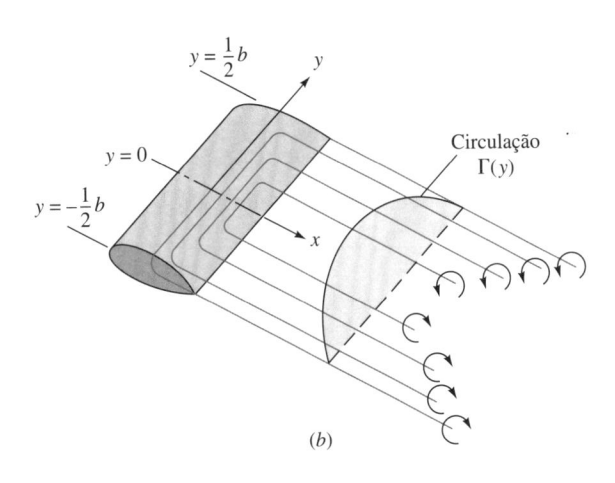

Figura 8.25 Teoria da linha de sustentação para uma asa finita: (a) sistema real de vórtices de cauda atrás de uma asa; (b) simulação por um sistema de vórtices "ligado" à asa; (c) velocidade descendente sobre a asa em virtude de um elemento do sistema de vórtices de cauda.

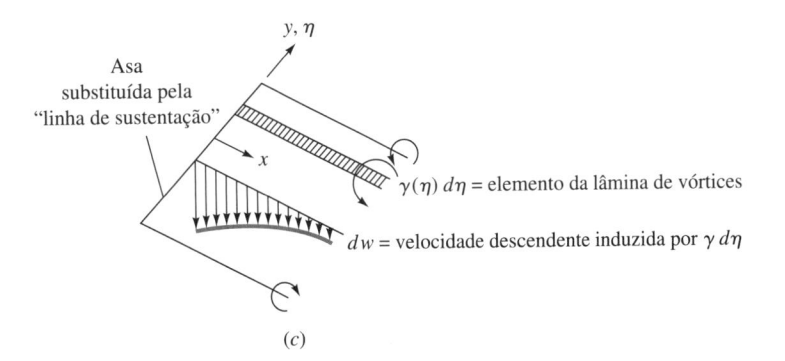

Trata-se de uma equação íntegro-diferencial a ser resolvida para $\Gamma(y)$, sujeita às condições $\Gamma(\tfrac{1}{2}b) = \Gamma(-\tfrac{1}{2}b) = 0$. Uma vez resolvida, a sustentação total da asa e o arrasto induzido são dados por

$$F_S = \rho U_\infty \int_{-(1/2)b}^{(1/2)b} \Gamma(y)\, dy \qquad F_{Ai} = \rho U_\infty \int_{-(1/2)b}^{(1/2)b} \Gamma(y)\alpha_i(y)\, dy \qquad (8.66)$$

Eis aqui um caso em que o arrasto não é nulo em uma teoria de escoamento sem atrito, porque a velocidade descendente faz com que a sustentação se incline para jusante de um ângulo α_i de modo que ela tenha um componente de arrasto paralelo à direção da corrente livre, $dF_{Ai} = dF_S \,\text{sen}\,\alpha_i \approx dF_S\, \alpha_i$.

A solução completa da Equação (8.65) para asas de formato planificado arbitrário $C(y)$ (corda variável) e torção arbitrária $\alpha(y)$ é tratada em textos avançados [por exemplo, 11]. Verifica-se que há uma solução representativa simples para uma asa sem torção com distribuição elíptica de corda

$$C(y) = C_0 \left[1 - \left(\frac{2y}{b}\right)^2 \right]^{1/2}$$

A área e a razão de aspecto dessa asa são

$$A_p = \int_{-(1/2)b}^{(1/2)b} C\,dy = \frac{1}{4}\pi b C_0 \qquad \mathrm{RA} = \frac{4b}{\pi C_0} \qquad (8.67)$$

A solução da Equação (8.65) para essa distribuição $C(y)$ é uma distribuição elíptica de circulação de formato exatamente semelhante:

$$\Gamma(y) = \Gamma_0 \left[1 - \left(\frac{2y}{b}\right)^2 \right]^{1/2}$$

Substituindo esse resultado na Equação (8.65) e integrando, temos uma relação entre Γ_0 e C_0:

$$\Gamma_0 = \frac{\pi C_0 U_\infty \alpha}{1 + 2/\mathrm{RA}}$$

em que α foi considerado constante ao longo da asa sem torção.

Substituindo-se na Equação (8.66), obtém-se a sustentação da asa elíptica

$$F_S = \tfrac{1}{4}\pi^2 b C_0 \rho U_\infty^2 \alpha / (1 + 2/\mathrm{RA})$$

ou
$$C_S = \frac{2\pi\alpha}{1 + 2/\mathrm{RA}} \qquad (8.68)$$

Se generalizamos isso para uma asa finita com espessura e arqueamento e distribuição de corda aproximadamente elíptica, obtemos

$$\boxed{C_S = \frac{2\pi \operatorname{sen}(\alpha + \beta)}{1 + 2/\mathrm{RA}} = \frac{2F_S}{\rho U_\infty^2 A_p}} \qquad (8.69)$$

Esse resultado foi dado sem demonstração na Equação (7.70). Por meio da Equação (8.62), a velocidade descendente calculada para a asa elíptica é constante:

$$w(y) = \frac{2U_\infty \alpha}{2 + \mathrm{RA}} = \mathrm{const} \qquad (8.70)$$

Por fim, o coeficiente de arrasto induzido da Equação (8.63) é

$$C_{Ai} = C_S \frac{w}{U_\infty} = \frac{C_S^2}{\pi \mathrm{RA}} \qquad (8.71)$$

Esse resultado foi dado sem demonstração na Equação (7.71).

A Figura 8.26 mostra a efetividade dessa teoria quando confrontada por Prandtl, em 1921 [14], com dados experimentais de uma asa arqueada não elíptica. As Figuras 8.26a e b mostram as curvas de sustentação medidas e os diagramas polares para cinco diferentes razões de aspecto. Observe o aumento no ângulo de estol e no arrasto e o decréscimo da inclinação das curvas de sustentação à medida que a razão de aspecto diminui.

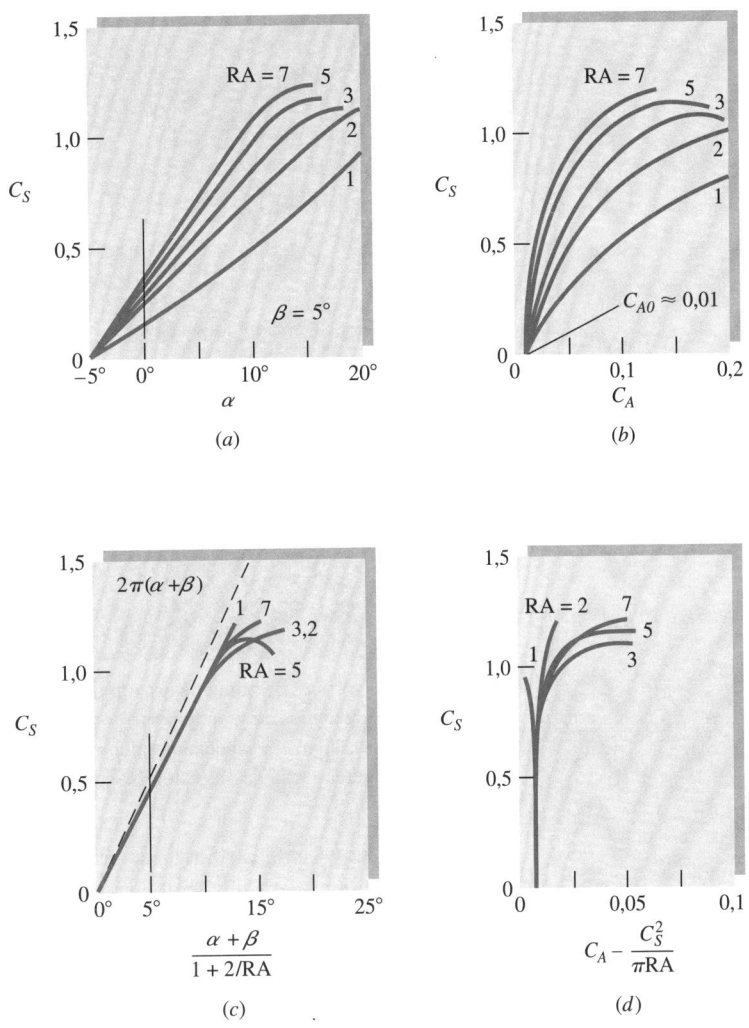

Figura 8.26 Comparação entre teoria e experiência para uma asa finita: (*a*) sustentação medida [14]; (*b*) diagrama polar medido [14]; (*c*) sustentação reduzida para razão de aspecto infinita; (*d*) diagrama polar reduzido para razão de aspecto infinita.

A Figura 8.26*c* mostra os dados de sustentação rearranjados em função do ângulo de ataque efetivo $\alpha_{ef} = (\alpha + \beta)/(1 + 2/RA)$, conforme previsto pela Equação (8.69). Essas curvas devem ser equivalentes à curva de uma asa de razão de aspecto infinita, e de fato elas se adensam em torno dela, exceto próximo ao estol. Sua inclinação comum $dC_S/d\alpha$ é cerca de 10% menor que o valor teórico 2π, mas isso é consistente com os efeitos de espessura e formato observados na Figura 8.23.

A Figura 8.26*d* mostra os dados de arrasto rearranjados descontando o arrasto induzido teórico $C_{Ai} = C_S^2/(\pi RA)$. Novamente, exceto nas proximidades do estol, os dados se adensam em uma única linha com arrasto para razão de aspecto infinita quase constante, $C_{A0} \approx 0,01$. Concluímos que a teoria de asa finita é bastante efetiva e pode ser usada em cálculos de projeto.

Vórtices de cauda de aviões

Os vórtices de cauda na Figura 8.25*a* são reais e não apenas abstrações matemáticas. Em aviões comerciais, tais vórtices são longos, fortes e duradouros. Eles podem se estender por quilômetros atrás de um avião de grande porte e colocar em risco outras aeronaves que o sigam pela indução de momentos de rolamento drásticos. A persistência

Figura 8.27 Vórtices de ponta de asa em um teste de visualização por fumaça de um Boeing 737. Vórtices de aviões de grande porte podem ser extremamente perigosos para qualquer aeronave que os siga, em especial pequenos aviões. Esse teste faz parte de um esforço de pesquisa para atenuação dessas esteiras retorcidas. [*Foto da NASA.*]

de vórtices governa a distância de separação entre aviões em um aeroporto e desse modo determina a capacidade do aeroporto. Um exemplo de vórtices de cauda fortes é mostrado na Figura 8.27. Há um esforço de pesquisa contínuo para atenuação de vórtices de cauda, seja pela sua quebra, seja pelo seu decaimento. Recomenda-se o artigo de revisão de Spalart [46].

8.8 Escoamento potencial com simetria axial[6]

A mesma técnica de superposição que funcionou tão bem para escoamentos planos na Seção 8.3 pode também ser aplicada com sucesso em escoamentos potenciais com simetria axial. Vamos dar alguns breves exemplos aqui.

A maioria dos resultados pode ser transportada do escoamento plano para o escoamento com simetria axial com apenas pequenas mudanças decorrentes das diferenças geométricas. Considere os seguintes escoamentos relacionados:

Escoamento plano básico	Escoamento com simetria axial correspondente
Corrente uniforme	Corrente uniforme
Fonte ou sumidouro bidimensional	Fonte ou sumidouro pontual
Dipolo bidimensional	Dipolo pontual
Vórtice bidimensional	Sem correspondente
Semicorpo de Rankine cilíndrico	Semicorpo de Rankine de revolução
Oval de Rankine cilíndrica	Oval de Rankine de revolução
Cilindro circular	Esfera
Aerofólio simétrico	Corpo em forma de lágrima

---

[6]Esta seção pode ser omitida sem perda de continuidade.

Como não existe algo chamado vórtice pontual, devemos renunciar ao prazer de estudar os efeitos de circulação em escoamentos com simetria axial. Todavia, como é de conhecimento de qualquer fumante, existe um anel de vórtices com simetria axial, e há também anéis de fontes e anéis de sumidouros, o que deixamos para textos avançados [por exemplo, 3].

Coordenadas polares esféricas

Os escoamentos potenciais com simetria axial são convenientemente tratados nas coordenadas polares esféricas da Figura 8.28. Há apenas duas coordenadas (r, θ) e as propriedades do escoamento são constantes em um círculo de raio $r\,\text{sen}\,\theta$ em torno do eixo x.

A equação da continuidade para escoamento incompressível nessas coordenadas é

$$\frac{\partial}{\partial r}(r^2 v_r \,\text{sen}\,\theta) + \frac{\partial}{\partial \theta}(r v_\theta \,\text{sen}\,\theta) = 0 \tag{8.72}$$

em que v_r e v_θ são as velocidades radial e tangencial, como mostra a figura. Logo, existe uma função corrente polar esférica[7] tal que

$$v_r = -\frac{1}{r^2 \,\text{sen}\,\theta}\frac{\partial \psi}{\partial \theta} \qquad v_\theta = \frac{1}{r\,\text{sen}\,\theta}\frac{\partial \psi}{\partial r} \tag{8.73}$$

De maneira análoga, existe uma função potencial de velocidades $\phi(r, \theta)$ tal que

$$v_r = \frac{\partial \phi}{\partial r} \qquad v_\theta = \frac{1}{r}\frac{\partial \phi}{\partial \theta} \tag{8.74}$$

Essas fórmulas servem para deduzir as funções ψ e ϕ de diversos escoamentos potenciais elementares com simetria axial.

Corrente uniforme na direção x

Uma corrente U_∞ na direção x tem componentes

$$v_r = U_\infty \cos\theta \qquad v_\theta = -U_\infty \,\text{sen}\,\theta$$

Substituindo nas Equações (8.73) e (8.74) e integrando, temos

Corrente uniforme: $\quad \psi = -\tfrac{1}{2}U_\infty r^2 \,\text{sen}^2\,\theta \qquad \phi = U_\infty r \cos\theta \tag{8.75}$

Como é usual, as constantes arbitrárias de integração foram desconsideradas.

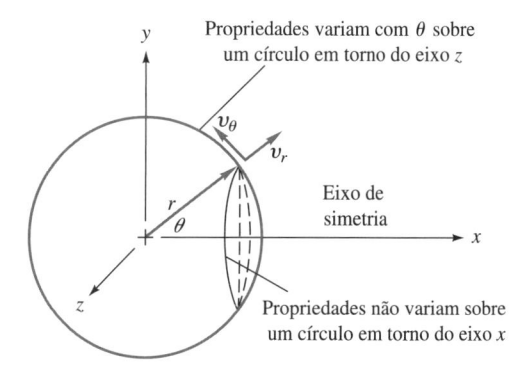

Figura 8.28 Coordenadas polares esféricas para escoamento com simetria axial.

---

[7] Ela é frequentemente chamada *função corrente de Stokes*, tendo sido usada em um artigo escrito por Stokes em 1851 sobre escoamento viscoso em torno de uma esfera.

Fonte ou sumidouro pontual

Considere uma vazão volumétrica Q emitida de uma fonte pontual. O escoamento irá espalhar-se para fora radialmente e, em um certo raio r, a velocidade radial será igual a Q dividida pela área $4\pi r^2$ da esfera correspondente. Logo

$$v_r = \frac{Q}{4\pi r^2} = \frac{m}{r^2} \qquad v_\theta = 0 \qquad (8.76)$$

com $m = Q/(4\pi)$ por conveniência. Integrando (8.73) e (8.74) temos

Fonte pontual $\qquad \psi = m \cos \theta \qquad \phi = -\dfrac{m}{r} \qquad (8.77)$

Para um sumidouro pontual, troque m por $-m$ na Equação (8.77).

Dipolo pontual

Exatamente como na Figura 8.12, coloque uma fonte em $(x, y) = (-a, 0)$ e um sumidouro igual em $(+a, 0)$, efetuando o limite à medida que a se torna pequeno, com o produto $2am = \lambda$ mantido constante

$$\psi_{\text{dipolo}} = \lim_{\substack{a \to 0 \\ 2am = \lambda}} (m \cos \theta_{\text{fonte}} - m \cos \theta_{\text{sumidouro}}) = \frac{\lambda \,\text{sen}^2 \theta}{r} \qquad (8.78)$$

Deixemos a demonstração desse limite como um exercício. O potencial de velocidades do dipolo pontual é

$$\phi_{\text{dipolo}} = \lim_{\substack{a \to 0 \\ 2am = \lambda}} \left(-\frac{m}{r_{\text{fonte}}} + \frac{m}{r_{\text{sumidouro}}} \right) = \frac{\lambda \cos \theta}{r^2} \qquad (8.79)$$

As linhas de corrente e equipotenciais estão na Figura 8.29. Diferentemente do escoamento de um dipolo plano da Figura 8.12, nenhum conjunto de linhas representa círculos perfeitos.

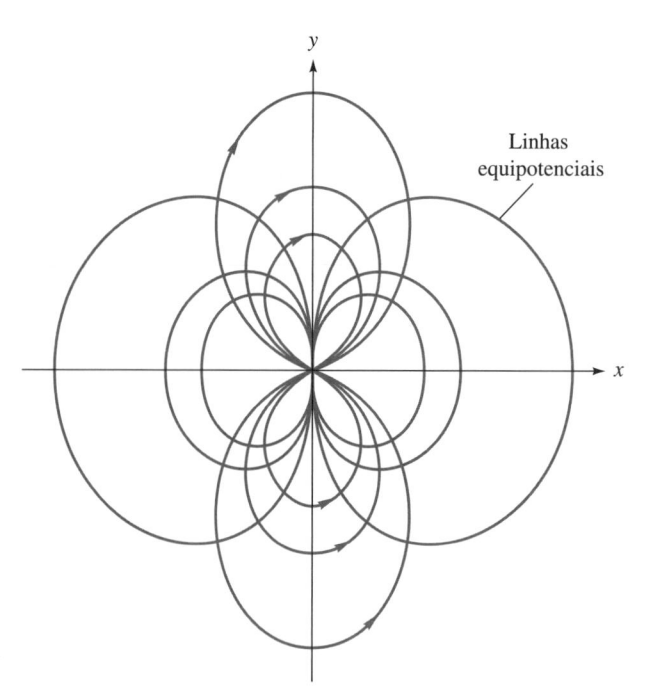

Figura 8.29 Linhas de corrente e equipotenciais decorrentes de um dipolo pontual na origem, das Equações (8.78) e (8.79).

Corrente uniforme mais uma fonte pontual

Combinando as Equações (8.75) e (8.77), obtemos a função corrente de uma corrente uniforme mais uma fonte pontual na origem

$$\psi = -\tfrac{1}{2} U_\infty r^2 \operatorname{sen}^2 \theta + m \cos \theta \qquad (8.80)$$

Da Equação (8.73), os componentes de velocidade são, por diferenciação,

$$v_r = U_\infty \cos \theta + \frac{m}{r^2} \qquad v_\theta = -U_\infty \operatorname{sen}\theta \qquad (8.81)$$

Fazendo esses componentes iguais a zero, aparece um ponto de estagnação em $\theta = 180°$ e $r = a = (m/U_\infty)^{1/2}$, como mostra a Figura 8.30. Se fizermos $m = U_\infty a^2$, a função corrente pode ser reescrita como

$$\frac{\psi}{U_\infty a^2} = \cos \theta - \frac{1}{2}\left(\frac{r}{a}\right)^2 \operatorname{sen}^2 \theta \qquad (8.82)$$

A superfície de corrente que passa pelo ponto de estagnação $(r, \theta) = (a, \pi)$ tem o valor $\psi = -U_\infty a^2$ e forma um semicorpo de revolução envolvendo a fonte pontual, como mostra a Figura 8.30. Esse semicorpo pode ser usado para simular um tubo de Pitot. Bem a jusante, o raio do semicorpo aproxima-se de um valor constante $R = 2a$ em torno do eixo x. A velocidade máxima e a pressão mínima ao longo da superfície do semicorpo ocorrem para $\theta = 70,5°$, $r = a\sqrt{3}$, $V_s = 1,155 U_\infty$. A jusante desse ponto existe um gradiente adverso à medida que V_s desacelera suavemente para U_∞, mas a teoria da camada-limite não indica separação do escoamento. Logo, a Equação (8.82) é uma simulação bastante realista do escoamento sobre um semicorpo real. Mas, quando a corrente uniforme é adicionada a um sumidouro para formar a superfície traseira de um semicorpo, semelhante ao da Figura 8.9c, a separação é prevista e o padrão não viscoso traseiro não é realista.

Corrente uniforme mais um dipolo pontual

Por meio das Equações (8.75) e (8.78), a combinação de uma corrente uniforme e um dipolo pontual na origem fornece

$$\psi = -\frac{1}{2} U_\infty r^2 \operatorname{sen}\theta + \frac{\lambda}{r} \operatorname{sen}^2 \theta \qquad (8.83)$$

O exame dessa relação revela que a superfície de corrente $\psi = 0$ corresponde a uma esfera de raio

$$r = a = \left(\frac{2\lambda}{U_\infty}\right)^{1/3} \qquad (8.84)$$

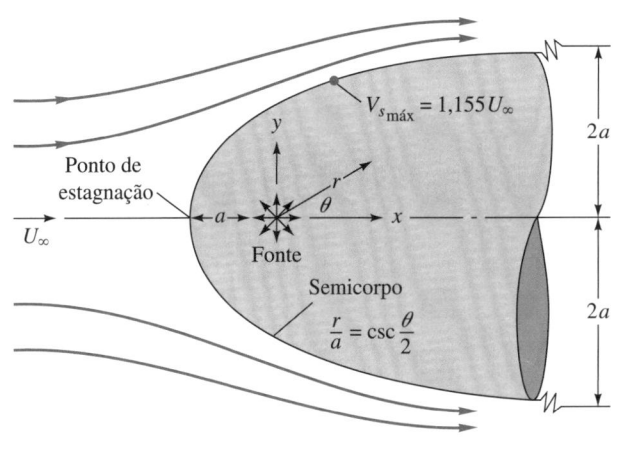

Figura 8.30 Linhas de corrente para um semicorpo de Rankine de revolução.

Isso é exatamente análogo ao escoamento em torno de um cilindro da Figura 8.14a formado pela combinação de uma corrente uniforme e um dipolo plano.

Fazendo $\lambda = \frac{1}{2}U_\infty a^3$ por conveniência, reescrevemos a Equação (8.83) como

$$\frac{\psi}{\frac{1}{2}U_\infty a^2} = -\text{sen}^2\theta\left(\frac{r^2}{a^2} - \frac{a}{r}\right) \qquad (8.85)$$

As linhas de corrente para esse escoamento de esfera estão traçadas na Figura 8.31. Por diferenciação da Equação (8.73), os componentes de velocidade são

$$v_r = U_\infty \cos\theta\left(1 - \frac{a^3}{r^3}\right) \qquad v_\theta = -\frac{1}{2}U_\infty \text{sen}\,\theta\left(2 + \frac{a^3}{r^3}\right) \qquad (8.86)$$

Vemos que a velocidade radial é nula na superfície da esfera, $r = a$, como se esperava. Há um ponto de estagnação frontal em (a, π) e outro traseiro em $(a, 0)$ na esfera. A velocidade máxima ocorre nos ombros $(a, \pm\frac{1}{2}\pi)$, em que $v_r = 0$ e $v_\theta = \mp 1{,}5U_\infty$. A distribuição de velocidades na superfície é

$$V_s = -v_\theta|_{r=a} = \tfrac{3}{2}U_\infty \text{sen}\,\theta \qquad (8.87)$$

Observe a semelhança com a velocidade na superfície do cilindro, $2U_\infty\text{sen}\theta$ da Equação (8.39) com circulação zero.

Como era de esperar, a Equação (8.87) prevê um gradiente adverso na parte traseira da esfera ($\theta < 90°$). Se usarmos essa distribuição com a teoria de camada-limite laminar [por exemplo, 15, p. 294], a separação é calculada em torno de $\theta = 76°$, de modo que, no padrão real do escoamento da Figura 7.14, se forma uma ampla esteira na traseira. A esteira interage com a corrente livre e faz com que a Equação (8.87) seja imprecisa até mesmo na parte frontal da esfera. A máxima velocidade medida na superfície fica em torno de apenas $1{,}3U_\infty$ e ocorre perto de $\theta = 107°$ (para mais detalhes ver Referência 15, Seção 4.10.4).

O conceito de massa hidrodinâmica

Quando um corpo se move através de um fluido, ele deve deslocar uma massa finita de fluido para fora de seu caminho. Se o corpo estiver acelerado, o fluido circundante também deverá ser acelerado. O corpo se comporta como se tivesse um acréscimo de mas-

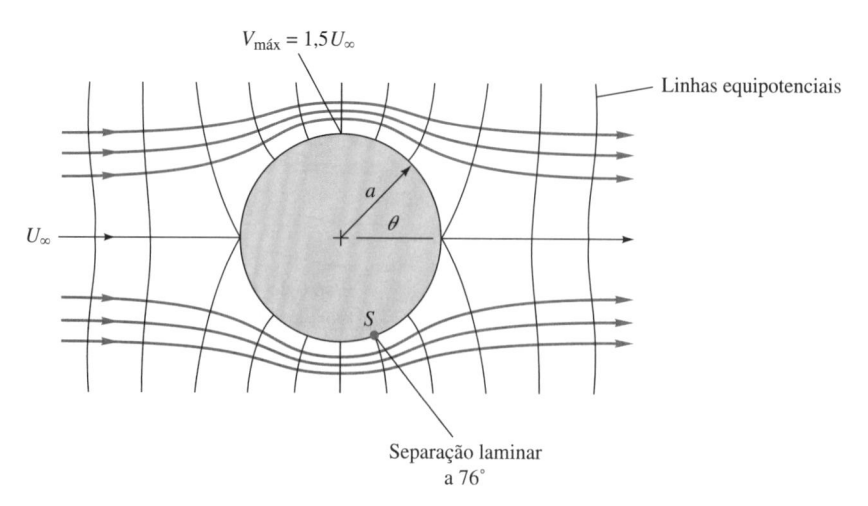

Figura 8.31 Linhas de corrente e equipotenciais para o escoamento não viscoso em torno de uma esfera.

sa, de uma quantidade chamada *massa hidrodinâmica* do fluido (também chamada *massa virtual* ou *adicional*). Se a velocidade instantânea do corpo é **U**(*t*), o somatório das forças deve incluir esse efeito:

$$\Sigma \mathbf{F} = (m + m_h)\frac{d\mathbf{U}}{dt} \qquad (8.88)$$

em que m_h, a massa hidrodinâmica, é uma função do formato do corpo, da direção do movimento e (em menor importância) dos parâmetros do escoamento tais como o número de Reynolds.

Segundo a teoria potencial [2, Seção 6.4; 3, Seção 9.22], m_h depende apenas do formato e da direção do movimento e pode ser calculada integrando-se a energia cinética total do fluido relativa ao corpo e igualando-se esta a uma energia equivalente do corpo

$$\text{EC}_{\text{fluido}} = \int \tfrac{1}{2} dm\, V_{\text{rel}}^2 = \tfrac{1}{2} m_h U^2 \qquad (8.89)$$

A integração da energia cinética do fluido também pode ser efetuada por uma integral sobre a superfície do corpo envolvendo o potencial de velocidades [16, Seção 11].

Considere o exemplo anterior da esfera imersa em uma corrente uniforme. Subtraindo a velocidade da corrente, podemos redesenhar o escoamento como na Figura 8.32, mostrando as linhas de corrente relativas à esfera móvel. Observe a semelhança com o escoamento do dipolo da Figura 8.29. Os componentes de velocidade relativa são determinados subtraindo-se U das Equações (8.86):

$$v_r = -\frac{Ua^3 \cos\theta}{r^3} \qquad v_\theta = -\frac{Ua^3 \operatorname{sen}\theta}{2r^3}$$

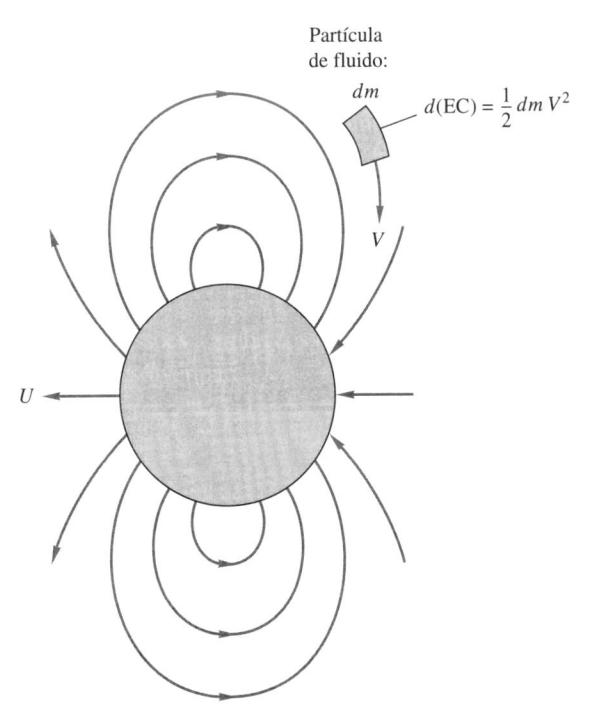

Figura 8.32 Linhas de corrente para o escoamento potencial relativo a uma esfera móvel. Compare com as Figuras 8.29 e 8.31.

O elemento de massa de fluido, em coordenadas polares esféricas, é

$$dm = \rho(2\pi r \operatorname{sen} \theta) r\, dr\, d\theta$$

Quando dm e $V_{\text{rel}}^2 = v_r^2 + v_\theta^2$ são substituídos na Equação (8.89), a integral pode ser efetuada

$$\text{EC}_{\text{fluido}} = \tfrac{1}{3}\rho \pi a^3 U^2$$

ou
$$m_h(\text{esfera}) = \tfrac{2}{3}\rho \pi a^3 \qquad (8.90)$$

Logo, segundo a teoria potencial, a massa hidrodinâmica de uma esfera equivale à metade da sua massa deslocada, independentemente da direção do movimento.

Resultado semelhante para um cilindro com movimento normal ao seu eixo pode ser calculado das Equações (8.38), após subtração da velocidade da corrente. O resultado é

$$m_h(\text{cilindro}) = \rho \pi a^2 L \qquad (8.91)$$

para um cilindro de comprimento L, considerando-se movimento bidimensional. A massa hidrodinâmica do cilindro é igual à sua massa deslocada.

Tabelas de massa hidrodinâmica para vários formatos de corpo e direções do movimento são fornecidas por Patton [17]. Ver também a Referência 21.

8.9 Análise numérica

Quando o escoamento potencial envolve geometrias complicadas ou condições de escoamento incomuns, o esquema clássico de superposição das Seções 8.3 e 8.4 torna-se menos atrativo. A transformação conforme de formatos de corpo, pela técnica da variável complexa da Seção 8.5, não é mais popular. Atualmente, a análise numérica é a abordagem moderna apropriada e pelo menos três diferentes abordagens são empregadas:

1. O método de elementos finitos (MEF) [6, 19]
2. O método de diferenças finitas (MDF) [5, 20, 23-26], ou seu irmão próximo, o método de volumes finitos [27].
3. *a.* Métodos integrais com distribuições de singularidades [18]
   b. O método de elementos de contorno (MEC) [7, 38]

Os métodos 3*a* e 3*b* estão intimamente relacionados, tendo sido primeiramente desenvolvidos em uma base *ad hoc* por aerodinamicistas, na década de 1960 [18] e depois generalizados em uma técnica de mecânica aplicada de uso diversificado, na década de 1970 [7].

Os métodos 1 (ou MEF) e 2 (ou MDF), embora profundamente diferentes em conceito, são comparáveis quanto ao escopo, tamanho de malha e precisão geral. Para propósitos ilustrativos, vamos nos concentrar aqui no segundo método.

Os três métodos – MEF, MDF e MEC – são populares na atual dinâmica dos fluidos computacional (CFD, do inglês *Computational Fluid Dynamics*). Embora códigos de CFD *online* simplificados estejam disponíveis – às vezes, gratuitamente –, o autor acredita que, antes de aplicar CFD como uma técnica séria de análise de escoamento, o usuário deve estudar os softwares profissionais disponíveis. Este assunto é mais apropriado para disciplinas eletivas avançadas ou cursos de pós-graduação. A discussão aqui será breve e descritiva, com ilustrações nominais apenas para um método MDF.

O método de elementos finitos

O método de elementos finitos [19] aplica-se a todos os tipos de equações diferencias parciais lineares e não lineares em física e engenharia. O domínio computacional é dividido em pequenas regiões, normalmente triangulares ou quadrilaterais. Essas regiões são delineadas com um número finito de *nós*, onde as variáveis de campo – temperatura, velocidade, pressão, função corrente etc. – devem ser calculadas. A solução em cada região é aproximada por uma combinação algébrica dos valores nodais locais. Em seguida, as funções aproximadas são integradas sobre a região e seu erro é minimizado, em geral pelo uso de uma função peso. Esse processo conduz a um sistema de N equações algébricas para os N valores nodais incógnitos. As equações nodais são resolvidas simultaneamente, por inversão de matrizes ou iteração. Para mais detalhes, ver Referência 6 ou 19.

O método de diferenças finitas

Embora os livros-texto sobre análise numérica [5, 20] apliquem técnicas de diferenças finitas a muitos problemas diferentes, vamos nos concentrar aqui no escoamento potencial. A ideia do MDF é aproximar as derivadas parciais em uma equação física por "diferenças" entre valores nodais espaçados por distâncias finitas entre si – uma espécie de cálculo numérico. A equação diferencial parcial básica é então substituída por um conjunto de equações algébricas para os valores nodais. Para o escoamento potencial (não viscoso), essas equações algébricas são lineares, mas, em geral, elas são não lineares para os escoamentos viscosos. A solução para os valores nodais é obtida por iteração ou inversão de matrizes. Os espaçamentos nodais não precisam ser iguais.

Vamos ilustrar aqui a equação de Laplace bidimensional, escolhendo a forma de função corrente, por conveniência

$$\frac{\partial^2 \psi}{\partial x^2} + \frac{\partial^2 \psi}{\partial y^2} = 0 \tag{8.92}$$

sujeita a valores conhecidos de ψ ao longo de qualquer superfície de corpo e valores conhecidos de $\partial \psi/\partial x$ e $\partial \psi/\partial y$ na corrente livre.

Nossa técnica de diferenças finitas divide o campo de escoamento em nós igualmente espaçados, como mostra a Figura 8.33. Para economizar o uso de parênteses e

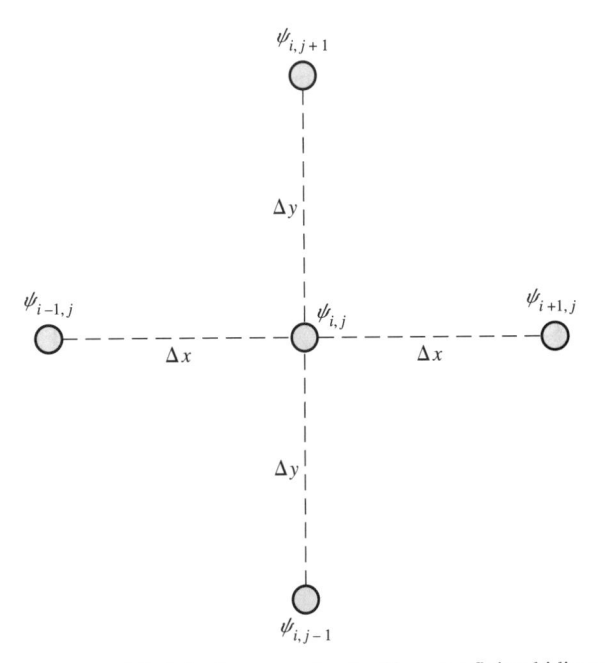

Figura 8.33 Esquema para definição de uma malha de diferenças finitas bidimensional retangular.

notação funcional, os subscritos *i* e *j* denotam a posição de um nó arbitrário, igualmente espaçado dos demais, e $\psi_{i,j}$ denota o valor da função corrente nesse nó:

$$\psi_{i,j} = \psi(x_0 + i\,\Delta x,\ y_0 + j\,\Delta y)$$

Logo, $\psi_{i+1,j}$ corresponde ao nó vizinho à direita de $\psi_{i,j}$ e $\psi_{i,j+1}$ ao nó vizinho acima. Uma aproximação algébrica para a derivada $\partial\psi/\partial x$ é

$$\frac{\partial \psi}{\partial x} \approx \frac{\psi(x + \Delta x, y) - \psi(x, y)}{\Delta x}$$

Uma aproximação semelhante para a segunda derivada é

$$\frac{\partial^2 \psi}{\partial x^2} \approx \frac{1}{\Delta x}\left[\frac{\psi(x + \Delta x, y) - \psi(x, y)}{\Delta x} - \frac{\psi(x, y) - \psi(x - \Delta x, y)}{\Delta x}\right]$$

A notação com subscritos torna essas expressões mais compactas

$$\begin{aligned}\frac{\partial \psi}{\partial x} &\approx \frac{1}{\Delta x}(\psi_{i+1,j} - \psi_{i,j}) \\ \frac{\partial^2 \psi}{\partial x^2} &\approx \frac{1}{\Delta x^2}(\psi_{i+1,j} - 2\psi_{i,j} + \psi_{i-1,j})\end{aligned} \qquad (8.93)$$

Essas fórmulas são exatas no limite do cálculo quando $\Delta x \to 0$, mas na análise numérica mantemos Δx e Δy finitos, por isso usamos a expressão *diferenças finitas*.

Em uma forma exatamente análoga, podemos deduzir as expressões de diferença equivalentes para a direção *y*

$$\begin{aligned}\frac{\partial \psi}{\partial y} &\approx \frac{1}{\Delta y}(\psi_{i,j+1} - \psi_{i,j}) \\ \frac{\partial^2 \psi}{\partial y^2} &\approx \frac{1}{\Delta y^2}(\psi_{i,j+1} - 2\psi_{i,j} + \psi_{i,j-1})\end{aligned} \qquad (8.94)$$

O uso da notação com subscritos permite que essas expressões sejam codificadas diretamente em uma linguagem científica de programação.

Quando (8.93) e (8.94) são introduzidas na equação de Laplace (8.92), o resultado é a fórmula algébrica

$$2(1 + \beta)\psi_{i,j} \approx \psi_{i-1,j} + \psi_{i+1,j} + \beta(\psi_{i,j-1} + \psi_{i,j+1}) \qquad (8.95)$$

em que $\beta = (\Delta x/\Delta y)^2$ depende do tamanho de malha selecionado. Esse modelo de diferenças finitas da equação de Laplace estabelece que cada valor nodal de função corrente $\psi_{i,j}$ é uma combinação linear de seus quatro vizinhos mais próximos.

O caso mais corriqueiro de programação é o de uma malha quadrada ($\beta = 1$), para o qual a Equação (8.95) reduz-se a

$$\boxed{\psi_{i,j} \approx \tfrac{1}{4}(\psi_{i,j+1} + \psi_{i,j-1} + \psi_{i+1,j} + \psi_{i-1,j})} \qquad (8.96)$$

Logo, para uma malha quadrada, cada valor nodal equivale à média aritmética dos quatro vizinhos mostrados na Figura 8.33. A fórmula é facilmente memorizada e programada. Essa fórmula é aplicada de modo iterativo, percorrendo cada um dos nós internos (I,

J) em uma iteração, com valores conhecidos de P especificados em cada um dos nós de fronteira circundantes. Qualquer estimativa inicial pode ser adotada para os nós internos P(I, J), e o processo iterativo irá convergir para a solução algébrica final em um número finito de iterações. O erro numérico, comparado com a solução exata da equação de Laplace, é proporcional ao quadrado do tamanho da malha.

O método de elementos de contorno

Uma técnica relativamente nova para solução numérica de equações diferenciais parciais é o *método de elementos de contorno* (MEC). A Referência 7 é um livro-texto introdutório que descreve os conceitos do MEC. Não há elementos interiores. Em vez disso, todos os nós são colocados na fronteira do domínio, como na Figura 8.34. O "elemento" é uma pequena porção da superfície da fronteira envolvendo o nó. A "intensidade" do elemento pode ser tanto constante quanto variável.

Para escoamento potencial plano, o método tira proveito da solução particular

$$\psi^* = \frac{1}{2\pi} \ln \frac{1}{r} \qquad (8.97)$$

que satisfaz a equação de Laplace, $\nabla^2 \psi = 0$. Admite-se que cada elemento i tenha uma diferente intensidade ψ_i. Então, r representa a distância desse elemento até outro ponto qualquer do campo de escoamento. A soma de todos esses efeitos elementares, com condições de contorno apropriadas, irá fornecer a solução completa para o problema de escoamento potencial.

Em cada elemento do contorno, em geral conhecemos ou o valor de ψ ou o valor de $\partial\psi/\partial n$, em que n é normal ao contorno. (Combinações mistas de ψ e $\partial\psi/\partial n$ também são possíveis, mas não serão discutidas aqui.) As intensidades corretas ψ_i são tais que essas condições de contorno são satisfeitas em todos os elementos. A soma desses efeitos sobre N elementos requer integração por partes, além de uma cuidadosa avaliação do efeito (singular) do elemento i sobre si próprio. Os detalhes matemáticos são fornecidos na Referência 7. O resultado é um conjunto de N equações algébricas para os valores incógnitos no contorno. No caso de elementos de intensidade constante, a expressão final é

$$\frac{1}{2}\psi_i + \sum_{j=1}^{N} \psi_j \left(\int_j \frac{\partial \psi^*}{\partial n} ds \right) = \sum_{j=1}^{N} \left(\frac{\partial \psi}{\partial n} \right)_j \left(\int_j \psi^* ds \right) \qquad i = 1 \text{ até } N \qquad (8.98)$$

As integrais, que envolvem a solução logarítmica particular ψ^* da Equação (8.97), são avaliadas numericamente para cada elemento.

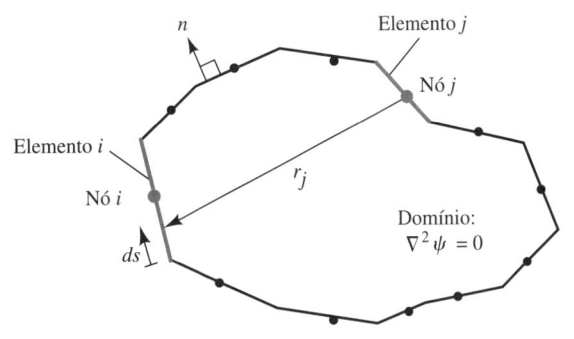

Figura 8.34 Elementos de contorno de intensidade constante no escoamento potencial plano.

A Referência 7 é uma introdução geral aos elementos de contorno, enquanto a Referência 38 enfatiza os métodos de programação. Entrementes, as pesquisas continuam. Dargush e Grigoriev [42] desenvolveram um método de elementos de contorno com níveis múltiplos (*multilevel*) para escoamentos de Stokes permanentes (escoamentos muito lentos; ver Seção 7.6) em geometrias irregulares. Seu esquema evita os requisitos de muita memória e tempo computacional da maioria dos métodos de elementos de contorno. Eles estimam que o tempo computacional fique reduzido por um fator de 700.000 e a memória necessária por um fator de 16.000.

Modelos computacionais de escoamento viscoso

Nosso modelo anterior de diferenças finitas para a equação de Laplace, Equação (8.96), era muito bem comportado e convergia tranquilamente, com ou sem sobrerrelação. É preciso tomar um cuidado bem maior para modelar as equações de Navier-Stokes completas. Os desafios são muito diferentes e eles têm sido vencidos em grande parte, de modo que existem hoje muitos livros-texto [5, 20, 23 a 27] sobre *dinâmica dos fluidos computacional* (CFD) (totalmente viscosa). Este não é um livro-texto sobre CFD, mas vamos tratar de alguns de seus aspectos nesta seção.

Escoamento não permanente unidimensional

Iniciamos com um problema simplificado, mostrando que mesmo um único termo viscoso introduz novos efeitos e possíveis instabilidades. Relembre (ou revise) o Problema P4.85, no qual uma parede móvel arrasta um fluido viscoso paralelamente a si própria. A gravidade é desprezada. Considere a parede como o plano $y = 0$, movendo-se com uma velocidade $U_0(t)$, como na Figura 8.35. Uma malha vertical uniforme, de espaçamento Δy, tem nós com subscrito n nos quais a velocidade local u_n^j deve ser calculada, e o sobrescrito j representa os passos de tempo $j\Delta t$. A parede corresponde a $n = 1$. Se $u = u(y, t)$ apenas e $v = w = 0$, a continuidade é satisfeita, $\nabla \cdot \mathbf{V} = 0$, e precisamos resolver somente a equação de Navier-Stokes da quantidade de movimento em x:

$$\frac{\partial u}{\partial t} = \nu \frac{\partial^2 u}{\partial y^2} \qquad (8.99)$$

em que $\nu = \mu/\rho$. Utilizando as mesmas aproximações de diferenças finitas usadas na Equação (8.93), podemos modelar a Equação (8.99) algebricamente na forma de uma diferença temporal para a frente e uma diferença espacial central:

$$\frac{u_n^{j+1} - u_n^j}{\Delta t} \approx \nu \frac{u_{n+1}^j - 2u_n^j + u_{n-1}^j}{\Delta y^2}$$

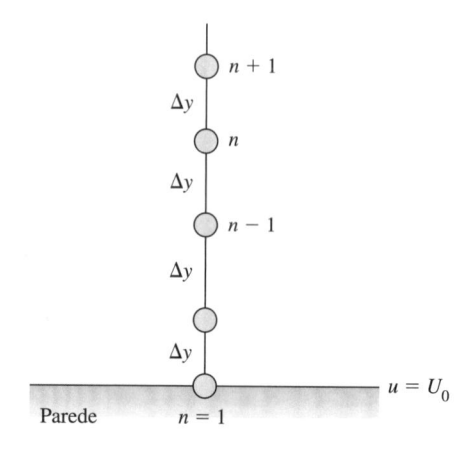

Figura 8.35 Uma malha de diferenças finitas igualmente espaçada para o escoamento viscoso unidimensional [Equação (8.99)].

Rearrumando, verificamos que podemos resolver explicitamente para u_n no próximo passo de tempo $j + 1$:

$$u_n^{j+1} \approx (1 - 2\sigma) u_n^j + \sigma(u_{n-1}^j + u_{n+1}^j) \qquad \sigma = \frac{\nu \Delta t}{\Delta y^2} \qquad (8.100)$$

Logo, o valor de u do nó n, no próximo passo de tempo $j + 1$, é uma média ponderada dos três valores prévios, semelhante à media dos "quatro vizinhos mais próximos" no modelo laplaciano da Equação (8.96). Uma vez que a nova velocidade é calculada imediatamente, a Equação (8.100) é chamada de modelo *explícito*. Ele difere, porém, do modelo laplaciano bem comportado, porque pode ser *instável*. Os coeficientes de ponderação na Equação (8.100) devem ser todos positivos para evitar-se a divergência. Agora, σ é positivo, mas $(1 - 2\sigma)$ pode não ser. Logo, nosso modelo de escoamento viscoso tem um requisito de estabilidade:

$$\sigma = \frac{\nu \Delta t}{\Delta y^2} \leq \frac{1}{2} \qquad (8.101)$$

Normalmente, selecionaríamos primeiro o tamanho da malha Δy na Figura 8.35 e, em seguida, a Equação (8.101) limitaria o passo de tempo Δt. A solução para os valores nodais seria então estável, mas não necessariamente precisa o suficiente. Os tamanhos da malha e do passo de tempo Δy e Δt poderiam ser reduzidos para aumentar a precisão, de modo semelhante ao caso do modelo laplaciano de escoamento potencial (8.96).

Por exemplo, para resolver o Problema P4.85 numericamente, estabeleça uma malha com muitos nós (30 ou mais pontos dentro da camada viscosa esperada); selecione Δt de acordo com a Equação (8.101); e imponha duas condições de contorno[8] para todo j: $u_1 = U_0$ sen ωt e $u_N = 0$, em que N é o nó mais externo. Para as condições iniciais, considere talvez que o fluido esteja inicialmente em repouso: $u_n^1 = 0$ para $2 \leq n \leq N - 1$. Percorrendo os nós $2 \leq n \leq N - 1$ com a Equação (8.100), geram-se valores numéricos de u_n^j por quanto tempo se desejar (uma planilha Excel é excelente para isso). Após um transiente inicial, as oscilações "permanentes" finais do fluido se aproximarão da solução clássica encontrada em livros-texto sobre fluidos viscosos [15]. Experimente resolver o Problema P8.115 para demonstrar isso.

Escoamento laminar bidimensional permanente

O exemplo anterior de um escoamento unidimensional não permanente tinha apenas um termo viscoso e nenhuma aceleração convectiva. Vamos considerar brevemente um escoamento permanente bidimensional incompressível, que tem quatro termos de cada tipo, mais uma equação da continuidade não trivial:

Continuidade: $\qquad \dfrac{\partial u}{\partial x} + \dfrac{\partial v}{\partial y} = 0 \qquad (8.102a)$

Quantidade de movimento x: $\qquad u\dfrac{\partial u}{\partial x} + v\dfrac{\partial u}{\partial y} = -\dfrac{1}{\rho}\dfrac{\partial p}{\partial x} + \nu\left(\dfrac{\partial^2 u}{\partial x^2} + \dfrac{\partial^2 u}{\partial y^2}\right) \qquad (8.102b)$

Quantidade de movimento y: $\qquad u\dfrac{\partial v}{\partial x} + v\dfrac{\partial v}{\partial y} = -\dfrac{1}{\rho}\dfrac{\partial p}{\partial y} + \nu\left(\dfrac{\partial^2 v}{\partial x^2} + \dfrac{\partial^2 v}{\partial y^2}\right) \qquad (8.102c)$

Essas equações, a serem resolvidas para (u, v, p) em função de (x, y), nos são familiares das soluções analíticas nos Capítulos 4 e 6. Contudo, para um analista numérico, elas são curiosas, pois não há uma *equação da pressão*, isto é, uma equação diferencial para a qual as derivadas dominantes envolvam p. Essa situação levou a vários esquemas di-

---

[8]Diferenças finitas não são analíticas; devemos atribuir valores numéricos para U_0 e ω.

ferentes de "ajuste de pressão" na literatura [20, 23 a 27], a maioria dos quais manipula a equação da continuidade para inserir uma correção de pressão.

Uma segunda dificuldade nas Equações (8.102b e c) é a presença de acelerações convectivas não lineares, tais como $u(\partial u/\partial x)$, que criam assimetria em escoamentos viscosos. Tentativas iniciais de modelar tais termos com diferenças centrais levam a instabilidades numéricas. A saída é relacionar as diferenças finitas de convecção apenas ao escoamento *a montante* (em inglês *upwind*) entrando na célula, ignorando a célula a jusante. Por exemplo, a derivada $\partial u/\partial x$ em uma dada célula poderia ser modelada como $(u_{montante} - u_{célula})/\Delta x$. Tais aprimoramentos têm tornado a CFD totalmente viscosa uma ferramenta efetiva, com vários códigos comerciais amigáveis disponíveis. Para detalhes além do nosso escopo, ver Referências 20 e 23 a 27.

A geração de malhas também tem se tornado bem refinada na CFD moderna. A Figura 8.36 ilustra uma solução de CFD de um escoamento bidimensional em torno de um hidrofólio NACA 66(MOD) [28]. A malha na Figura 8.36a é do tipo C, que se enro-

(a)

(b)

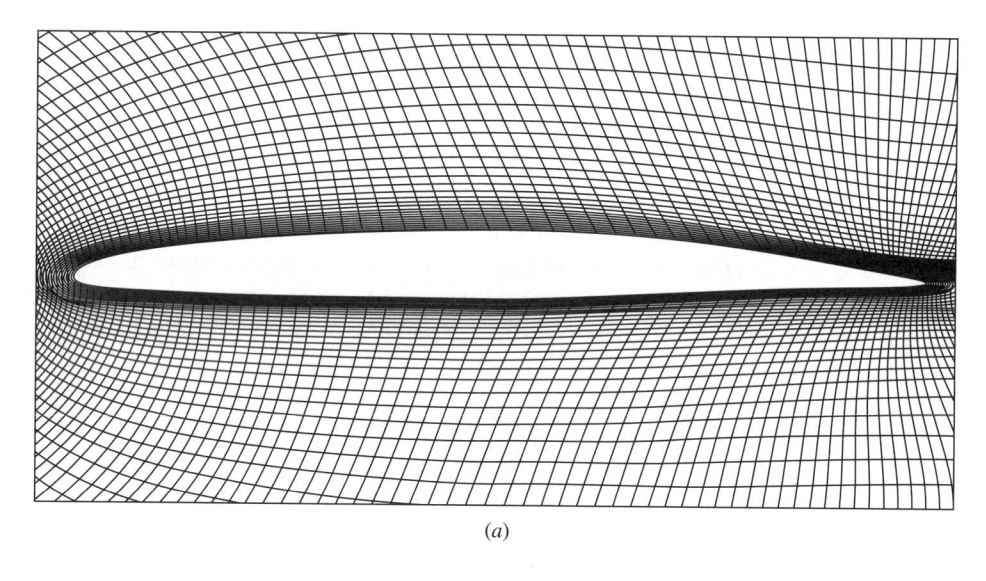

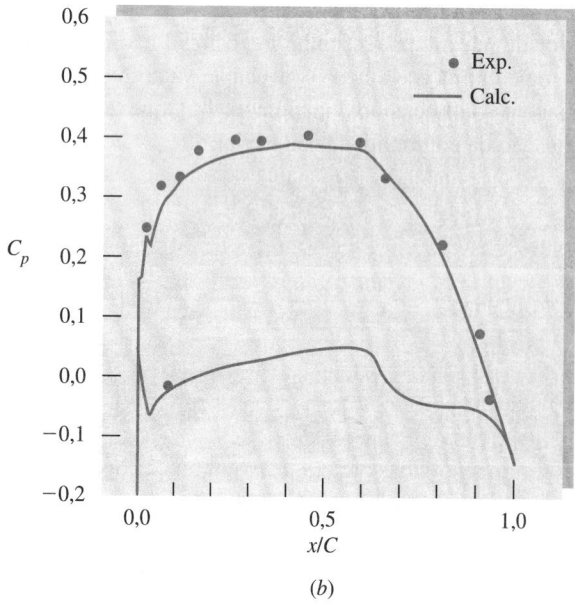

Figura 8.36 Resultados de CFD para o escoamento de água em torno de um hidrofólio Naca 66(MOD) [*da Referência 28, com permissão da American Society of Mechanical Engineers*]: (a) malha tipo C, de 262 por 91 nós; (b) pressões superficiais para $\alpha = 1°$.

la em torno do bordo de ataque e se estende atrás do fólio, capturando assim os detalhes importantes da região da parede e da esteira sem desperdício de nós na frente e nos lados. O tamanho da malha é de 262 por 91.

O modelo de CFD para esse escoamento de hidrofólio também é bem sofisticado: um código para as equações de Navier-Stokes completas com modelo de turbulência [29] e consideração da formação de bolhas de cavitação quando as pressões superficiais caem abaixo da pressão local de vaporização. A Figura 8.36b compara os coeficientes de pressão superficiais calculados e experimentais para um ângulo de ataque de 1°. O coeficiente de pressão adimensional é definido como $C_p = (p_{superf} - p_\infty)/(\rho V_\infty^2/2)$. A concordância é excelente, e de fato o é também para os casos em que há cavitação sobre o hidrofólio [28]. Claro, quando implementada de forma adequada aos casos apropriados de escoamento, a CFD pode ser uma ferramenta extremamente efetiva para os engenheiros.

Códigos comerciais de CFD

A chegada do terceiro milênio tem assistido a uma enorme ênfase nas aplicações computacionais em praticamente todos os campos, sendo a mecânica dos fluidos um exemplo primordial. É possível hoje, pelo menos para geometrias e padrões de escoamento moderadamente complexos, modelar em um computador, aproximadamente, as equações do movimento para o escoamento de um fluido, com livros-texto disponíveis dedicados à CFD [5, 20, 23 a 27]. A região do escoamento é subdividida em uma grade fina de elementos e nós, que simulam algebricamente as equações diferenciais parciais básicas do escoamento. Enquanto simulações simples de escoamento bidimensional têm sido relatadas já há muito tempo e podem ser programadas como exercícios para estudantes, escoamentos tridimensionais, envolvendo milhares ou mesmo milhões de pontos de malha, são hoje solucionados com supercomputadores modernos.

Embora a modelagem computacional elementar tenha sido tratada brevemente aqui, o tópico geral de CFD é essencialmente para estudo avançado ou prática profissional. A grande mudança durante a última década foi que os engenheiros, em vez de programar arduamente os problemas de CFD eles próprios, podem agora tirar proveito de algum dos diversos códigos comerciais de CFD. Esses pacotes de software abrangentes possibilitam aos engenheiros construir uma geometria e condições de contorno para simular um dado problema de escoamento viscoso. O software faz então a malha da região de escoamento e procura calcular as propriedades em cada elemento da malha. A conveniência é grande; o perigo também é grande. Ou seja, os cálculos não são meramente automáticos, como quando se usa uma calculadora de mão, mas antes requerem cuidado e atenção do usuário. Convergência e precisão são problemas reais para o encarregado da modelagem. O uso dos códigos requer alguma arte e experiência. Em particular, quando o número de Reynolds do escoamento, Re $= \rho VL/\mu$, varia de moderado (escoamento laminar) a alto (escoamento turbulento), a precisão da simulação não é mais garantida em qualquer sentido real. A razão é que os escoamentos turbulentos não são resolvidos totalmente pelas equações do movimento completas e recorre-se ao uso de modelos de turbulência aproximados.

Os modelos de turbulência [29] são desenvolvidos para geometrias e condições de escoamento particulares e podem ser imprecisos ou irreais para outras situações. Isso é discutido por Freitas [30], que comparou cálculos feitos com oito códigos comerciais diferentes (FLOW-3D, FLOTRAN, STAR-CD, N3S, CFD-ACE, FLUENT, CFDS-FLOW3D e NISA/3D-FLUID) com resultados para cinco experimentos padrão de teste. Os cálculos foram feitos pelos próprios vendedores. Freitas concluiu que os códigos comerciais, embora promissores em geral, podem ser imprecisos para certas situações de escoamento laminar e turbulento. Modificações recentes nos modelos padrões de turbulência melhoraram suas precisões e confiabilidade, como mostrado por Elkhoury [47].

Um exemplo de resultados de CFD erráticos já foi aqui mencionado, a saber, o arrasto e a sustentação sobre um cilindro rotativo, Figura 8.15. Talvez pelo fato de que

(a)

(b)

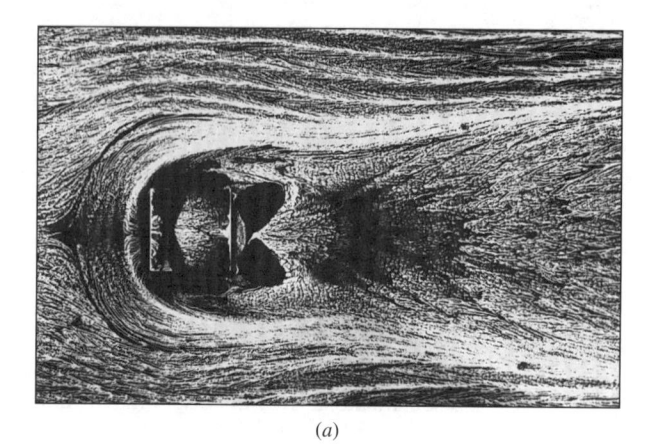

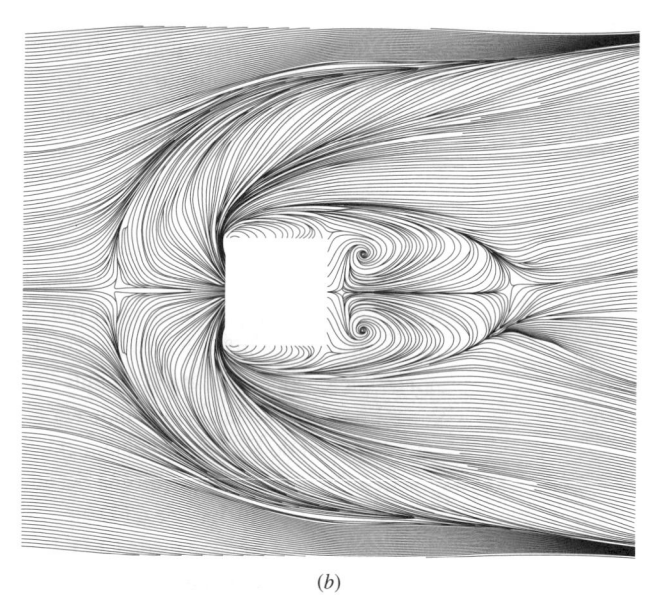

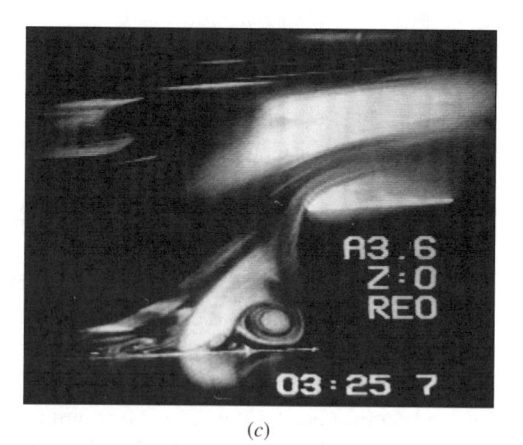

(c)

Figura 8.37 O escoamento sobre um cubo montado em uma superfície gera um padrão complexo e talvez inesperado: (a) visualização experimental do escoamento na superfície usando linhas de emissão de óleo, para Re = 40.000 (baseado na altura do cubo) (*Cortesia de Robert Martinuzzi, com a permissão da American Society of Mechanical Engineers*); (b) simulação de grandes escalas do escoamento na superfície em (a) (*da Referência 32, cortesia de Kishan Shah, Stanford University*); e (c) uma vista lateral do escoamento em (a) visualizada pela geração de fumaça e uma lâmina de luz laser. (*Cortesia de Robert Martinuzzi, com a permissão da American Society of Mechanical Engineers.*)

o próprio escoamento seja instável [41, 44], resultados calculados por diversos pesquisadores são assombrosamente diferentes: algumas forças previstas são altas, algumas baixas, algumas aumentam, algumas diminuem.

A despeito desse alerta, para que os códigos de CFD sejam tratados com cuidado, deve-se também reconhecer que os resultados de uma dada simulação de CFD podem ser espetaculares. A Figura 8.37 ilustra o escoamento turbulento em torno de um cubo montado no piso de um canal cuja folga é duas vezes a altura do cubo. Compare a Figura 8.37a, uma vista de cima do escoamento experimental na superfície [31], visualizado com linhas de emissão de óleo, com a Figura 8.37b, um resultado de CFD obtido em um supercomputador pelo método de simulação de grandes escalas [32, 33]. A concordância é notável. O padrão de escoamento em formato de C em frente ao cubo é causado pela formação de um vórtice de ferradura, como se vê em uma vista lateral do experimento [31] na Figura 8.37c. Vórtices de ferradura normalmente são formados quando escoamentos cisalhantes parietais encontram um obstáculo. Concluímos que a CFD apresenta um tremendo potencial para a predição de escoamentos.

Resumo

Este capítulo analisou um tipo de escoamento altamente idealizado, mas muito útil: o escoamento irrotacional, incompressível, não viscoso, no qual a equação de Laplace vale para o potencial de velocidades (8.1) e para a função corrente plana (8.7). A matemática está bem desenvolvida e soluções de escoamentos potenciais podem ser obtidas para praticamente qualquer formato de corpo.

Algumas técnicas de solução delineadas aqui são (1) superposição de soluções elementares tanto para escoamento plano como para escoamento com simetria axial, (2) uso de funções analíticas de uma variável complexa e (3) análise numérica em um computador. A teoria potencial é especialmente útil e precisa para corpos delgados como os aerofólios. O único requisito é que a camada-limite seja fina, isto é, que o número de Reynolds seja alto.

Para corpos rombudos ou escoamentos altamente divergentes, a teoria potencial serve como uma primeira aproximação, a ser usada como entrada para uma análise de camada-limite. O leitor deve consultar os textos avançados [por exemplo, 2 a 4, 11 a 13] para aplicações adicionais da teoria potencial. A Seção 8.9 discutiu métodos computacionais para escoamentos viscosos (não potenciais).

Problemas

A maioria dos problemas propostos é de resolução relativamente direta. Os problemas mais difíceis ou abertos estão indicados com um asterisco. O ícone de um computador 💻 indica que pode ser necessário o uso de computador. Os problemas típicos de fim de capítulo, P8.1 até P8.115 (listados a seguir), são seguidos dos problemas dissertativos, PD8.1 até PD8.7, dos problemas abrangentes, PA8.1 até PA8.7, e dos problemas de projetos, PP8.1 a PP8.3.

Seção	Tópico	Problemas
8.1	Introdução e revisão	P8.1–P8.7
8.2	Soluções elementares de escoamento plano	P8.8–P8.17
8.3	Superposição de escoamentos planos	P8.18–P8.34
8.4	Escoamentos planos em torno de formatos de corpo fechado	P.8.35–P.8.59
8.5	O potencial complexo	P.8.60–P.8.71
8.6	Imagens	P.8.72–P.8.79
8.7	Teoria do aerofólio: bidimensional	P.8.80–P.8.84
8.7	Teoria do aerofólio: asas de envergadura finita	P.8.85–P.8.90
8.8	Escoamento potencial com simetria axial	P.8.91–P.8.103
8.8	Massa hidrodinâmica	P.8.104–P.8.105
8.9	Métodos numéricos	P.8.106–P.8.115

Introdução e revisão

P8.1 Demonstre que as linhas de corrente $\psi(r,\theta)$ em coordenadas polares das Equações (8.10) são ortogonais às linhas equipotenciais $\phi(r,\theta)$.

P8.2 O escoamento plano permanente na Figura P8.2 tem os componentes de velocidade polares $v_\theta = \Omega r$ e $v_r = 0$. Determine a circulação Γ sobre o caminho mostrado.

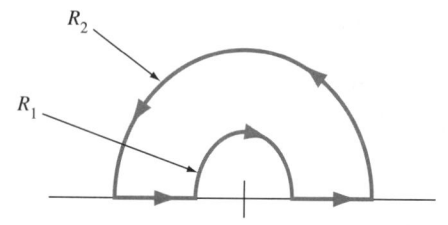

P8.2

P8.3 Usando coordenadas cartesianas, mostre que cada componente de velocidade (u, v, w) de um escoamento potencial satisfaz a equação de Laplace separadamente.

P8.4 A função $1/r$ é um potencial de velocidades legítimo em coordenadas polares planas? Se for, qual será a função corrente $\psi(r,\theta)$ associada?

P8.5 Uma função harmônica proposta $F(x, y, z)$ é dada por
$$F = 2x^2 + y^3 - 4xz + f(y)$$
(a) Se possível, encontre uma função $f(y)$ para a qual o laplaciano de F é zero. Se você realmente resolver a parte (a), sua função final F pode representar (b) um potencial de velocidade ou (c) uma função corrente?

P8.6 Um escoamento plano incompressível tem o potencial de velocidade $\phi = 2Bxy$, onde B é uma constante. Encontre a função corrente desse escoamento, esboce algumas linhas de corrente e interprete o padrão de escoamento.

P8.7 Considere um escoamento com massa específica e viscosidade constantes. Se o escoamento possui um potencial de velocidades definido pela Equação (8.1), mostre que ele satisfaz exatamente as equações de Navier-Stokes completas (4.38). Se é assim, por que ao tratar a teoria não viscosa nos afastamos das equações de Navier-Stokes completas?

Soluções elementares de escoamento plano

P8.8 Para a distribuição de velocidades $u = -By, v = +Bx$, $w = 0$, calcule a circulação Γ sobre a curva fechada retangular definida por $(x, y) = (1, 1), (3, 1), (3, 2)$ e $(1, 2)$. Interprete seu resultado, especialmente diante do potencial de velocidades.

P8.9 Considere o escoamento bidimensional $u = -Ax$, $v = Ay$, em que A é uma constante. Calcule a circulação Γ sobre a curva fechada retangular definida por $(x, y) = (1, 1), (4, 1), (4, 3)$ e $(1, 3)$. Interprete seu resultado, especialmente diante do potencial de velocidades.

P8.10 Um semicorpo bidimensional de Rankine, com 8 cm de espessura, é colocado num túnel hidrodinâmico a 20 °C. A pressão da água bem a montante, ao longo da linha de centro do corpo, é de 105 kPa. Qual é o raio do nariz do semicorpo? A que velocidade do escoamento no túnel começarão a se formar bolhas de cavitação sobre a superfície do corpo?

P8.11 Uma central de energia descarrega água de refrigeração pelo distribuidor na Figura P8.11, que tem 55 cm de diâmetro, 8 m de altura e é perfurado com 25.000 orifícios de 1 cm de diâmetro. O distribuidor simula uma fonte bidimensional? Em caso afirmativo, qual é a intensidade da fonte equivalente m?

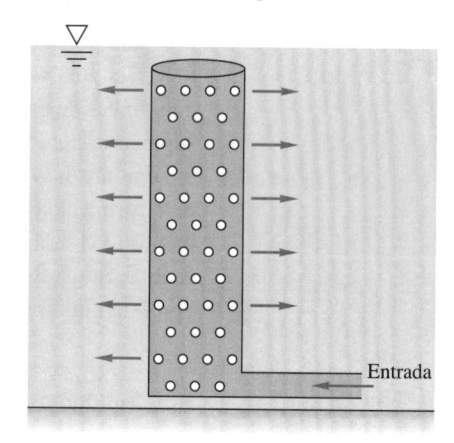

P8.11

P8.12 Considere o escoamento causado por um vórtice de intensidade K na origem. Calcule a circulação por meio da Equação (8.23) ao longo de um caminho no sentido horário de $(r,\theta) = (a, 0)$ a $(2a, 0)$ a $(2a, 3\pi/2)$ a $(a, 3\pi/2)$ e de volta para $(a, 0)$. Interprete o resultado.

P8.13 A partir do ponto de estagnação na Fig. 8.6, a aceleração do fluido ao longo da superfície do semicorpo aumenta até um máximo e finalmente cai a zero bem a jusante. (a) Este máximo ocorre no ponto na Fig. 8.6 onde $U_{máx} = 1,26U$? (b) Caso contrário, a aceleração máxima ocorre antes ou depois desse ponto? Explique.

P8.14 Um tornado pode ser modelado como o escoamento circulatório mostrado na Figura P8.14, com $v_r = v_z = 0$ e $v_\theta(r)$ dado por
$$v_\theta = \begin{cases} \omega r & r \leq R \\ \dfrac{\omega R^2}{r} & r > R \end{cases}$$

Determine se esse padrão de escoamento é irrotacional na região interna e na externa. Usando a equação da quantidade de movimento em r (D.5) do Apêndice D, determine a distribuição de pressões $p(r)$ no tornado, considerando $p = p_\infty$ quando $r \to \infty$. Encontre o local e a intensidade da pressão mais baixa.

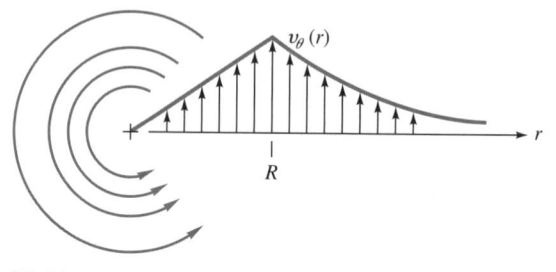

P8.14

P8.15 O furacão Sandy, que atingiu a costa de Nova Jersey em 29 de outubro de 2012, foi extremamente amplo, com velocidades de vento de 40 mi/h a 400 milhas do seu centro. Sua velocidade máxima foi de 90 mi/h. Utilizando o modelo da Fig. P8.14, a 20°C com uma pressão de 100 kPa bem longe do centro, calcule (*a*) o raio *R* de velocidade máxima, em mi, e (*b*) a pressão em *r* = *R*.

P8.16 Ar escoa a 1,2 m/s ao longo de uma superfície plana, quando encontra um jato de ar emitido de uma parede horizontal no ponto *A*, como mostra a Figura P8.16. A vazão do jato é 0,4 m³/s por unidade de largura normal ao papel. Se o jato é aproximado por uma fonte não viscosa, (*a*) localize o ponto de estagnação *S* sobre a parede. (*b*) A que distância vertical o escoamento do jato se estenderá dentro da corrente?

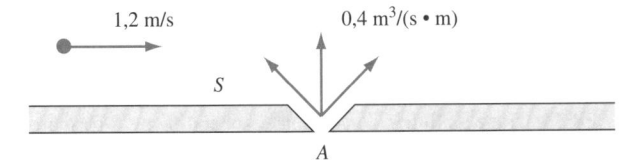

P8.16

P8.17 Encontre a posição (*x*, *y*) sobre a superfície superior do semicorpo na Figura 8.9*a* em que a velocidade local iguala a velocidade uniforme da corrente. Qual deve ser a pressão nesse ponto?

Superposição de escoamentos planos

P8.18 Trace as linhas de corrente e as equipotenciais do escoamento causado por uma fonte bidimensional de intensidade *m* em (*a*, 0) mais uma fonte 3*m* em (−*a*, 0). Qual é o padrão de escoamento visto de longe?

P8.19 Trace as linhas de corrente e as equipotenciais do escoamento causado por uma fonte bidimensional de intensidade 3*m* em (*a*, 0) mais um sumidouro −*m* em (−*a*, 0). Qual é o padrão visto de longe?

P8.20 Trace as linhas de corrente do escoamento causado por um vórtice +*K* em (0, +*a*) e um vórtice −*K* em (0, −*a*). Qual é o padrão visto de longe?

P8.21 No ponto *A* na Fig. P8.21 passa uma linha de vórtice horário de intensidade *K* = 12 m²/s. No ponto *B* passa uma linha de fonte de intensidade *m* = 25 m²/s. Determine a velocidade resultante induzida por essas duas linhas no ponto *C*.

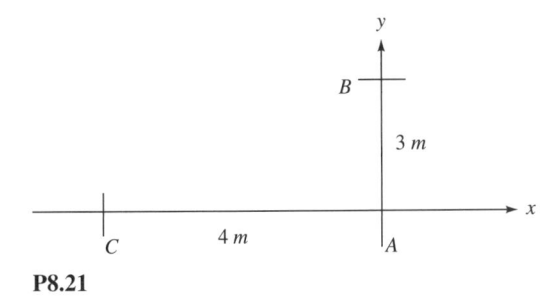

P8.21

P8.22 Considere o escoamento não viscoso de estagnação, $\psi = Kxy$ (ver a Figura 8.19*b*) superposto a uma fonte de intensidade *m* na origem. Trace as linhas de corrente resultantes no semiplano superior, usando a escala de comprimento $a = (m/K)^{1/2}$. Dê uma interpretação física do padrão de escoamento.

P8.23 Fontes de intensidade *m* = 10 m²/s são colocadas nos pontos *A* e *B* na Fig. P8.23. A que altura *h* deve ser colocada a fonte em *B* de modo que o componente horizontal da velocidade induzida resultante na origem seja 8 m/s para a esquerda?

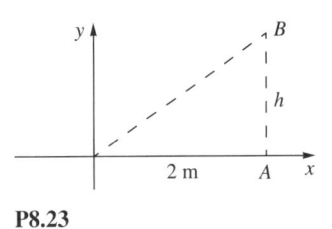

P8.23

P8.24 Fontes bidimensionais de mesma intensidade *m* = *Ua*, sendo *U* uma velocidade de referência, são localizadas em (*x*, *y*) = (0, *a*) e (0, −*a*). Trace as linhas de corrente e as equipotenciais no semiplano superior. *y* = 0 é uma parede? Em caso afirmativo, esboce o coeficiente de pressão

$$C_p = \frac{p - p_0}{\frac{1}{2}\rho U^2}$$

ao longo da parede, em que p_0 é a pressão em (0, 0). Encontre o ponto de pressão mínima e indique onde a separação do escoamento deverá ocorrer na camada-limite.

P8.25 Considere o escoamento fonte/vórtice da Equação (8.16) simulando um tornado, como na Figura P8.25. Admita que a circulação em torno do tornado seja Γ = 8.500 m²/s e que a pressão em *r* = 40 m seja 2.200 Pa abaixo da pressão do campo não perturbado (distante). Considerando escoamento não viscoso com massa específica ao nível do mar, avalie: (*a*) a intensidade adequada da fonte −*m*, (*b*) a pressão em *r* = 15 m e (*c*) o ângulo *β* com o qual as linhas de corrente atravessam o círculo em *r* = 40 m (ver a Figura P8.25).

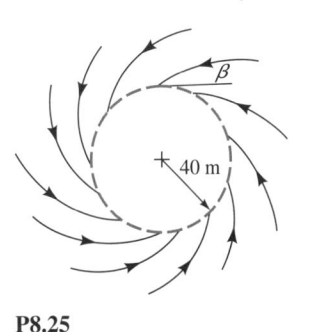

P8.25

P8.26 Uma central de potência costeira capta água de resfriamento por meio de um coletor vertical perfurado, como na Figura P8.26. A vazão total captada é de 110 m³/s. Correntes de 25 cm/s escoam em torno do coletor, como mostra a figura. Estime (*a*) a que distância a jusante e (*b*) a que distância normal ao papel os efeitos da captação são sentidos nas águas ambientes de 8 m de profundidade.

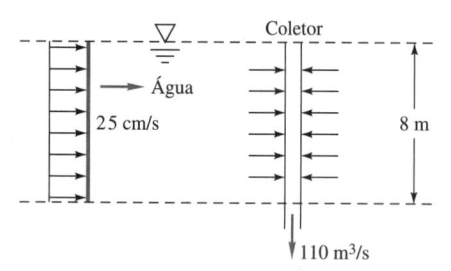

P8.26

P8.27 Água a 20 °C escoa ao redor de um semicorpo, como mostra a Figura P8.27. As pressões medidas nos pontos A e B são 160 kPa e 90 kPa, respectivamente, com incertezas de 3 kPa cada. Avalie a velocidade da corrente e sua incerteza.

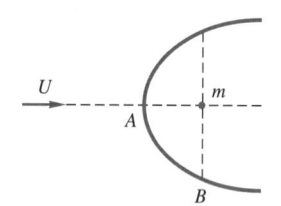

P8.27

P8.28 Fontes de igual intensidade m são colocadas em quatro posições simétricas $(x, y) = (a, a), (-a, a), (-a, -a)$ e $(a, -a)$. Trace os padrões das linhas de corrente e das equipotenciais. Irão aparecer "paredes" planas?

P8.29 Uma corrente de água uniforme $U_\infty = 20$ m/s e $\rho = 998$ kg/m³ é combinada com uma fonte na origem para formar um semicorpo. Em $(x, y) = (0, 1{,}2$ m$)$, a pressão é 12,5 kPa abaixo de p_∞. (a) Esse ponto está fora do corpo? Calcule (b) a intensidade adequada da fonte m e (c) a pressão no nariz do corpo.

P8.30 Um tornado é simulado por uma fonte $m = -1.000$ m²/s mais um vórtice $K = +1.600$ m²/s. Encontre o ângulo entre qualquer linha de corrente e uma linha radial e mostre que ele é independente tanto de r como de θ. Se o tornado se forma no ar padrão ao nível do mar, em que raio a pressão local será equivalente a 736 mmHg?

P8.31 Um semicorpo de Rankine é formado como mostra a Figura P8.31. Para a velocidade da corrente e as dimensões do corpo mostradas, calcule (a) a intensidade da fonte m em m²/s, (b) a distância a, (c) a distância h e (d) a velocidade total no ponto A.

P8.32 As linhas de fonte m_1 e m_2 estão próximas do ponto A, como na Fig. P8.32. Se $m_1 = 30$ m²/s, encontre o valor de m_2 para que a velocidade resultante no ponto A seja exatamente vertical.

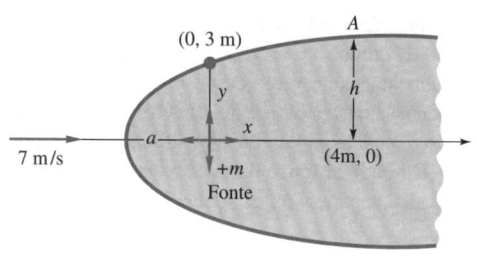

P8.31

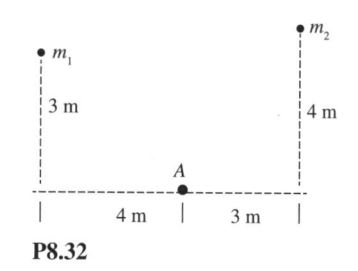

P8.32

P8.33 Trace as linhas de corrente, especialmente o formato do corpo, causadas por fontes de igual intensidade $+m$ em $(0, +a)$ e $(0, -a)$ mais uma corrente uniforme $U_\infty = ma$.

P8.34 Considere três fontes igualmente espaçadas de intensidade m localizadas em $(x, y) = (+a, 0), (0, 0)$ e $(-a, 0)$. Trace as linhas de corrente resultantes, marcando a posição de quaisquer pontos de estagnação. Com o que se pareceria o padrão visto de longe?

Escoamentos planos em torno de formatos de corpo fechado

P8.35 Uma corrente uniforme, $U_\infty = 4$ m/s, aproxima-se de uma oval de Rankine como na Fig. 8.13, com $a = 50$ cm. Encontre a intensidade m do par fonte-sumidouro, em m²/s, que fará com que o comprimento total da oval seja de 250 cm. Qual é a largura máxima dessa oval?

P8.36 Quando um par fonte-sumidouro com $m = 2$ m²/s se combina com uma corrente uniforme, ele forma uma oval de Rankine cuja menor dimensão é 40 cm. Se $a = 15$ cm, quais são a velocidade da corrente e a velocidade no ombro? Qual é a maior dimensão?

P8.37 Uma oval de Rankine de 2 m de comprimento e 1 m de altura é imersa em uma corrente $U_\infty = 10$ m/s, como na Figura P8.37. Avalie (a) a velocidade no ponto A e (b) a localização do ponto B onde uma partícula que se aproxima do ponto de estagnação atinge a sua máxima desaceleração.

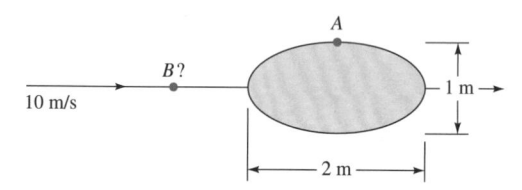

P8.37

P8.38 Considere o escoamento potencial de uma corrente uniforme na direção x mais duas fontes iguais, uma em $(x, y) = (0, +a)$ e a outra em $(x, y) = (0, -a)$. Esboce sua visão dos contornos do corpo que surgiriam se as fontes fossem (a) muito fracas e (b) muito fortes.

P8.39 Uma grande oval de Rankine, com $a = 1$ m e $h = 1$ m, é imersa em água a 20°C escoando a 10 m/s. A pressão a montante na linha central da oval é de 200 kPa. Calcule (a) o valor de m, (b) a pressão no topo da oval (análogo ao ponto A na Fig. P8.37).

P8.40 Modifique a oval de Rankine na Figura P8.37, mantendo a velocidade da corrente e o comprimento do corpo e deixando a espessura como incógnita (não 1 m). O fluido é água a 30 °C e a pressão bem a jusante ao longo da linha de centro do corpo é de 108 kPa. Encontre a espessura do corpo para que ocorra cavitação no ponto A.

P8.41 Uma oval de Kelvin é formada por um par de vórtices com $K = 9$ m²/s, $a = 1$ m e $U = 10$ m/s. Quais são a altura, a largura e a velocidade no ombro dessa oval?

P8.42 A quilha vertical de um veleiro aproxima-se de uma oval de Rankine de 125 cm de comprimento e 30 cm de espessura. O barco navega em água do mar em atmosfera padrão a 14 nós, paralelo à quilha. Em uma seção 2 m abaixo da superfície, calcule a menor pressão na superfície da quilha.

P8.43 Água a 20°C passa por um cilindro circular de 1 m de diâmetro. A pressão na linha central a montante é 128.500 Pa. Se a menor pressão na superfície do cilindro é exatamente a pressão de vapor, calcule, pela teoria potencial, a velocidade da corrente.

P8.44 Admita que uma circulação seja adicionada ao escoamento de cilindro do Problema P8.43, suficiente para posicionar os pontos de estagnação em θ iguais a 35° e 145°. Qual é a intensidade requerida do vórtice K em m²/s? Calcule a pressão e a velocidade superficial resultantes (a) nos pontos de estagnação e (b) nos ombros superior e inferior. Qual será a sustentação por metro de largura do cilindro?

P8.45 Se uma circulação K é adicionada ao escoamento de cilindro do Problema P8.43, (a) para que valor de K o escoamento começará a cavitar na superfície? (b) Em que local da superfície a cavitação terá início? (c) Para essa condição, onde se localizarão os pontos de estagnação?

P8.46 Um cilindro é formado por fixação de dois canais semicilíndricos com pinos internos, como mostra a Figura P8.46. Existem 10 pinos por metro de largura de cada lado, e a pressão interna é de 50 kPa (manométrica). Aplicando a teoria potencial para a pressão externa, calcule a força causada por tensão em cada pino sabendo que o fluido externo é ar ao nível do mar.

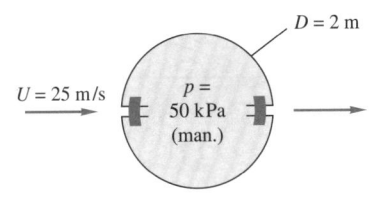

P8.46

P8.47 Um cilindro circular é equipado com dois sensores de pressão de superfície para medir p_a em $\theta = 180°$ e p_b em $\theta = 105°$. A intenção é usar o cilindro como um anemômetro. Usando a teoria não viscosa, deduza uma fórmula para avaliar U_∞ em termos de p_a, p_b, ρ e o raio do cilindro a.

***P8.48** Vento a U_∞ e p_∞ escoa em torno de uma cabana Quonset, que é um semicilindro de raio a e comprimento L (Figura P8.48). A pressão interna é p_i. Usando a teoria não viscosa, deduza uma expressão para a força para cima sobre a cabana em decorrência da diferença entre p_i e p_s.

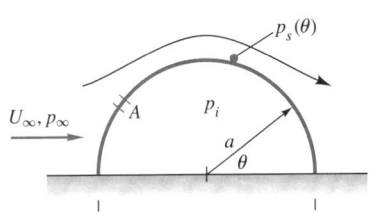

P8.48

P8.49 Sob ventos fortes, a força no Problema P8.48 pode ser bem grande. Suponha que seja feito um orifício no teto da cabana no ponto A para fazer p_i igual à pressão superficial nesse local. A que ângulo θ deve ser feito o orifício para que a força líquida do vento se anule?

P8.50 Deseja-se simular o escoamento em torno de uma colina ou saliência bidimensional usando uma linha de corrente que passa acima do escoamento sobre um cilindro, como na Figura P8.50. A saliência deve ter altura igual a $a/2$, em que a é o raio do cilindro. Qual é a elevação h dessa linha de corrente? Qual é a $U_{máx}$ sobre a saliência comparada com a velocidade U da corrente?

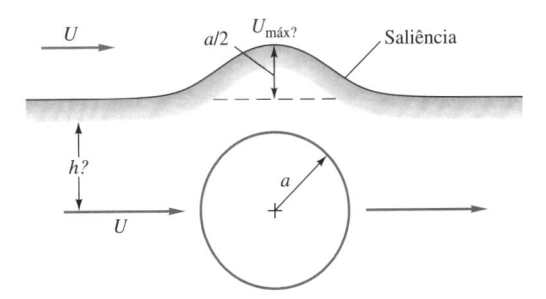

P8.50

P8.51 Um orifício é feito na parte dianteira de um cilindro para medir a velocidade da corrente de água doce ao nível do mar. A pressão medida no orifício é 2.840 lbf/pés². Se o orifício é desalinhado de 12° a partir da corrente e a medida é mal interpretada como sendo a pressão de estagnação, qual é o erro na velocidade?

P8.52 O veleiro a rotor Flettner na Figura E8.3 tem um coeficiente de arrasto na água de 0,006 baseado na área molhada de 4,18 m². Se o rotor gira a 220 rpm, encontre a máxima velocidade do barco que pode ser atingida com vento de 24 km/h. Qual é o ângulo ótimo entre o barco e o vento?

P8.53 Modifique o Problema P8.52 como se segue. Para os mesmos dados do veleiro, encontre a velocidade do vento, em km/h, que irá mover o barco a uma velocidade ótima de 4,1 m/s paralela à quilha.

P8.54 O barco a rotor Flettner original tinha aproximadamente 30,5 m de comprimento, deslocava 800 toneladas e tinha uma área molhada de 325 m². Conforme se esboça na Figura P8.54, ele tinha dois rotores de 15,2 m de altura e 2,75 m de diâmetro, girando a 750 rpm, o que está bem fora dos limites da Figura 8.15. Os coeficientes de sustentação e arrasto medidos para cada rotor ficaram em torno de 10 e 4, respectivamente. Se o barco estivesse ancorado e sujeito a um vento transversal de 7,6 m/s, como na Figura P8.54, qual seria a força do vento paralela e normal à linha de centro do barco? Avalie a potência necessária para acionar os rotores.

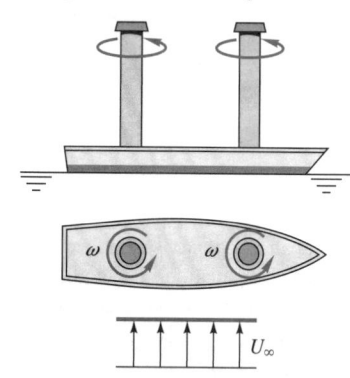

P8.54

P8.55 Considere que o barco a rotor Flettner da Figura P8.54 tenha um coeficiente de resistência na água de 0,005. Com que rapidez o barco irá navegar na água do mar a 20 °C sob um vento de 6,1 m/s se a quilha se alinha por si mesma com a força resultante sobre os rotores? *Dica*: Este é um problema com velocidades relativas.

P8.56 Uma proposta de velocímetro de corrente livre usaria um cilindro com tomadas de pressão em $\theta = 180°$ e $\theta = 150°$. A diferença de pressão daria uma medida de velocidade da corrente livre U_∞. Contudo, o cilindro precisa estar alinhado tal que uma tomada se defronte exatamente com a corrente livre. Considere que o ângulo de desalinhamento seja δ; ou seja, as duas tomadas ficariam em $(180° + \delta)$ e $(150° + \delta)$. Faça um gráfico do erro percentual na medição de velocidade na faixa $-20° < \delta < +20°$ e comente essa ideia.

P8.57 Em princípio, é possível usar cilindros rotativos como asas de avião. Considere um cilindro de 30 cm de diâmetro, girando a 2.400 rpm. Ele deve sustentar um avião de 55 kN voando a 100 m/s. Qual deveria ser o comprimento do cilindro? Que potência é necessária para manter essa velocidade? Despreze os efeitos de extremidade sobre a asa rotativa.

P8.58 Trace as linhas de corrente do escoamento combinado de um sumidouro $-m$ na origem e fontes de intensidade $+m$ em $(a, 0)$ e $(4a, 0)$. *Dica*: Irá aparecer um cilindro de raio $2a$.

P8.59 O carro-avião Transition® na Fig. 7.30 tem um peso bruto de 1.430 lbf. Considere que a asa foi substituída por um cilindro rotativo de 1 pé de diâmetro e 20 pés de comprimento. (*a*) De acordo com a Fig. 8.15, que velocidade de rotação, em rpm, faria o avião decolar a uma velocidade de 55 mi/h? (*b*) Calcule o arrasto no cilindro a essa velocidade de rotação. Despreze a sustentação da fuselagem e os efeitos de extremidade do cilindro.

O potencial complexo

P8.60 Um dos padrões de escoamento em um canto da Figura 8.18 é dado pela função corrente cartesiana $\psi = A(3yx^2 - y^3)$. Qual deles? A correspondência pode ser provada por meio da Equação (8.53)?

P8.61 Trace as linhas de corrente da Equação (8.53) no quadrante superior direito para $n = 4$. Como a velocidade aumenta com x ao longo do eixo x a partir da origem? Para que ângulo do canto e valor de n esse aumento seria linear em x? Para que ângulo do canto e valor de n esse aumento seria x^5?

P8.62 Combine o escoamento de estagnação da Figura 8.19*b* com uma fonte na origem:

$$f(z) = Az^2 + m \ln z$$

Trace as linhas de corrente para $m = AL^2$, sendo L uma escala de comprimento. Interprete.

P8.63 A superposição do Problema P8.62 leva ao escoamento de estagnação próximo de uma saliência curva, em contraste com a parede plana da Figura 8.19*b*. Determine a altura máxima H da saliência em função das constantes A e m.

P8.64 Considere a função corrente em coordenadas polares $\psi = Br^{1,2} \text{sen}(1,2\theta)$, com B igual, por conveniência, a 1,0 pé^{0,8}/s. (*a*) Trace a linha de corrente $\psi = 0$ no semiplano superior. (*b*) Trace a linha de corrente $\psi = 1,0$ e interprete o padrão de escoamento. (*c*) Encontre o lugar geométrico dos pontos acima de $\psi = 0$ para os quais a velocidade resultante = 1,2 pés/s.

P8.65 O escoamento potencial em torno de uma cunha com semiângulo θ conduz a uma aplicação importante da teoria de camada-limite laminar chamada de *escoamentos de Falkner-Skan* [15, p. 239–245]. Seja x a distância ao longo da parede da cunha, como na Figura P8.65, e considere $\theta = 10°$. Use a Equação (8.53) para encontrar a variação da velocidade superficial $U(x)$ ao longo da parede. O gradiente de pressão é adverso ou favorável?

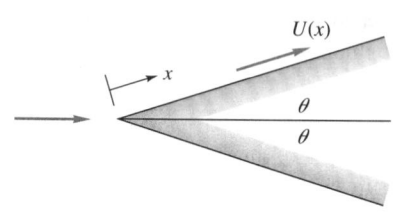

P8.65

P8.66 A velocidade não viscosa ao longo da cunha do Problema P8.65 tem uma forma analítica $U(x) = Cx^m$, em que $m = n - 1$ e n é o expoente na Equação (8.53). Mostre que, para quaisquer C e n, o cálculo da camada-limite pelo método de Thwaites, Equações (7.53) e (7.54), leva a um valor único do parâmetro λ de Thwaites. Os escoamentos de cunha são denominados *similares* [15, p. 241].

P8.67 Investigue o potencial complexo $f(z) = U_\infty(z + a^2/z)$ e interprete o padrão de escoamento.

P8.68 Investigue o potencial complexo $f(z) = U_\infty z + m \ln[(z+a)/(z-a)]$ e interprete o padrão de escoamento.

P8.69 Investigue o potencial complexo $f(z) = A\cosh[\pi(z/a)]$ e trace as linhas de corrente dentro da região mostrada na Figura P8.69. Que palavra hifenizada (de origem francesa) pode descrever tal padrão de escoamento?

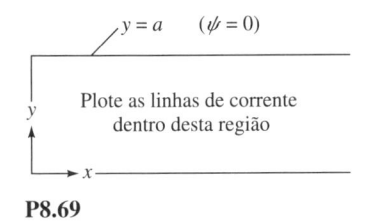

P8.69

P8.70 Mostre que o potencial complexo $f = U_\infty\{z + \frac{1}{4}a \coth[\pi(z/a)]\}$ representa o escoamento em torno de uma oval localizada a meio caminho entre duas paredes paralelas $y = \pm\frac{1}{2}a$. Qual seria a aplicação?

P8.71 A Figura P8.71 mostra as linhas de corrente e as equipotenciais do escoamento sobre um vertedouro de parede delgada calculado pelo método potencial complexo. Compare qualitativamente com a Figura 10.16a. Estabeleça as condições de contorno apropriadas em todas as fronteiras. O potencial de velocidades tem valores igualmente espaçados. Por que os "quadrados" da rede de escoamento se tornam menores no jato de descarga?

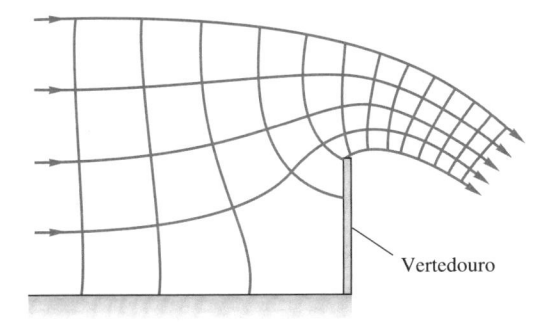

P8.71

Imagens

P8.72 Use o método das imagens para construir o padrão de escoamento de uma fonte $+m$ próxima a duas paredes, como mostrado na Figura P8.72. Esboce a distribuição de velocidades ao longo da parede inferior ($y = 0$). Existe algum perigo de separação do escoamento ao longo dessa parede?

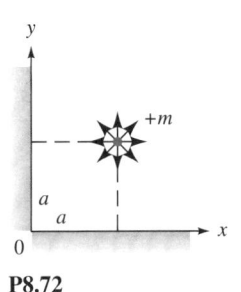

P8.72

P8.73 Construa um sistema de imagens para calcular o escoamento de uma fonte a distâncias desiguais de duas paredes, como na Figura P8.73. Encontre o ponto de máxima velocidade sobre o eixo y.

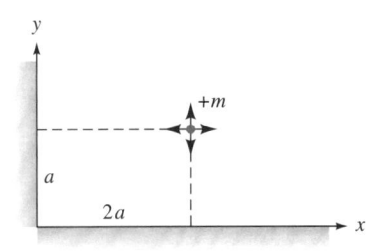

P8.73

P8.74 Um vórtice positivo K é fixado em um canto, como na Figura P8.74. Calcule a velocidade total induzida em um ponto B, $(x, y) = (2a, a)$, e compare com a velocidade induzida quando as paredes não estão presentes.

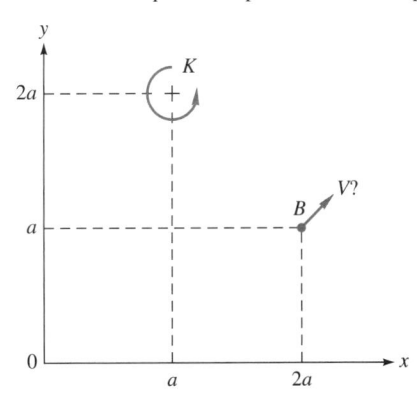

P8.74

P8.75 Usando o padrão de quatro fontes de imagem necessário para construir o escoamento próximo a um canto na Figura P8.72, encontre o valor da intensidade de fonte m que irá induzir uma velocidade de parede de 4,0 m/s no ponto $(x, y) = (a, 0)$, bem abaixo da fonte mostrada, sendo $a = 50$ cm.

P8.76 Use o método de imagens para aproximar o padrão de escoamento em torno de um cilindro a uma distância $4a$ de uma única parede, como na Figura P8.76. Para ilustrar o efeito da parede, calcule a velocidade nos pontos correspondentes a A, B, C e D, comparando com o escoamento em torno do cilindro em uma extensão infinita de fluido.

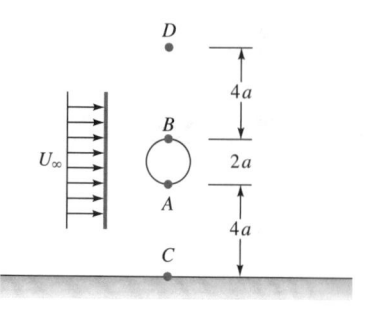

P8.76

P8.77 Discuta como o padrão de escoamento do Problema P8.58 pode ser interpretado no sentido da construção de um sistema de imagens para paredes circulares. Por que há duas imagens em vez de uma?

*P8.78 Indique o sistema de imagens necessário para construir o escoamento de uma corrente uniforme em torno de um semicorpo de Rankine confinado entre duas paredes paralelas, como na Figura P8.78. Para as dimensões particulares dessa figura, avalie a posição do nariz do semicorpo resultante.

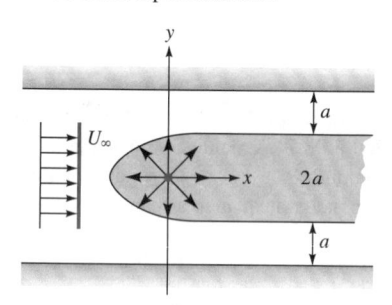

P8.78

P8.79 Explique o sistema de imagens necessário para simular o escoamento de uma fonte localizada assimetricamente entre duas paredes paralelas, como na Figura P8.79. Calcule a velocidade sobre a parede inferior em $x = a$. Quantas imagens são necessárias para avaliar essa velocidade dentro de 1%?

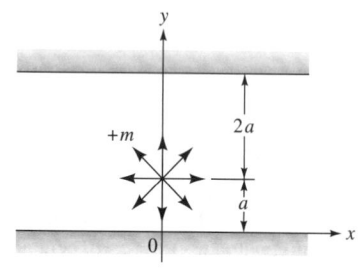

P8.79

Teoria do aerofólio: bidimensional

*P8.80 A bela expressão para a sustentação de um aerofólio bidimensional, Equação (8.59), surge da aplicação da transformação de Joukowski, $\zeta = z + a^2/z$, em que $z = x + iy$ e $\zeta = \eta + i\beta$. A constante a é uma escala de comprimento. A teoria transforma um certo círculo no plano z em um aerofólio no plano ζ. Fazendo $a = 1$ por conveniência, mostre que (a) um círculo com centro na origem e raio > 1 se torna uma elipse no plano ζ e (b) um círculo com centro em $x = -\varepsilon \ll 1$, $y = 0$, e raio $(1 + \varepsilon)$ se torna um formato de aerofólio no plano ζ. *Sugestão*: a planilha Excel é excelente para resolver este problema.

*P8.81 Seja um avião de peso P, área de asa A, razão de aspecto RA, voando a uma altitude em que a massa específica é ρ. Admita que todo o arrasto e toda a sustentação se devam à asa, que tem um coeficiente de arrasto de envergadura finita $C_{A\infty}$. Além disso, considere que haja tração (empuxo) suficiente para contrabalançar qualquer arrasto calculado. (a) Encontre uma expressão algébrica para a *velocidade ótima de cruzeiro* V_o, que ocorre quando a razão entre arrasto e velocidade é mínima. (b) Aplique sua fórmula aos dados do Problema P7.119, para o qual um laborioso procedimento gráfico forneceu uma resposta $V_o \approx 180$ m/s.

P8.82 O avião ultraleve *Gossamer Condor* foi o primeiro a completar, em 1977, o percurso em forma de oito sob tração humana do Kremer Prize. A envergadura da asa era de 29 m, com corda média $C_{\text{méd}} = 2{,}3$ m e uma massa total de 95 kg. O coeficiente de arrasto era de aproximadamente 0,05. O piloto era capaz de fornecer ¼ hp para propulsionar o avião. Considerando escoamento bidimensional ao nível do mar, avalie (a) a velocidade de cruzeiro atingida, (b) o coeficiente de sustentação e (c) a potência em hp necessária para atingir uma velocidade de 7,65 m/s.

P8.83 O maior avião do mundo, o Airbus A380, tem um peso máximo de 1.200.000 lbf, área de asa de 9.100 pés², envergadura de 262 pés e $C_{A0} = 0{,}026$. Em velocidade de cruzeiro, com o peso máximo, a 35.000 pés, cada um dos quatro motores fornece 70.000 lbf de empuxo. Admitindo que toda sustentação e todo arrasto sejam devidos à asa, calcule a velocidade de cruzeiro, em mi/h.

P8.84 A Referência 12 contém cálculos da teoria não viscosa para as distribuições de velocidade $V(x)$ sobre as superfícies superior e inferior de um aerofólio, em que x é coordenada da corda. Um resultado típico para pequeno ângulo de ataque é o seguinte:

x/c	V/U_∞(superior)	V/U_∞(inferior)
0,0	0,0	0,0
0,025	0,97	0,82
0,05	1,23	0,98
0,1	1,28	1,05
0,2	1,29	1,13
0,3	1,29	1,16
0,4	1,24	1,16
0,6	1,14	1,08
0,8	0,99	0,95
1,0	0,82	0,82

Use esses dados, mais a Equação de Bernoulli, para avaliar (a) o coeficiente de sustentação e (b) o ângulo de ataque, sabendo que o aerofólio é simétrico.

Teoria do aerofólio: asas de envergadura finita

P8.85 Uma asa de 2% de arqueamento, 127 mm de corda e 762 mm de envergadura é testada com um certo ângulo de ataque em um túnel de vento com ar em condições padrão ao nível do mar a 61 m/s, medindo-se uma sustentação de 134 N e um arrasto de 6,7 N. Avalie pela teoria da asa (a) o ângulo de ataque, (b) o arrasto mínimo da asa e o ângulo de ataque no qual ele ocorre e (c) a máxima razão sustentação/arrasto.

P8.86 Um avião tem massa de 20.000 kg e voa a 175 m/s a 5.000 m de altitude padrão. A asa retangular tem uma corda de 3 m e um aerofólio simétrico a 2,5° de ângulo de ataque. Avalie (a) a envergadura da asa, (b) a razão de aspecto e (c) o arrasto induzido.

P8.87 Um barco fluvial com 400 kg de massa é suportado por um hidrofólio retangular com razão de aspecto 8, 2% de arqueamento e 12% de espessura. Se o barco navega a 7 m/s e $\alpha = 2,5°$, avalie (a) o comprimento da corda, (b) a potência requerida se $C_{A\infty} = 0,01$ e (c) a velocidade máxima se o barco for reequipado com um motor que forneça 20 hp para a água.

P8.88 O Boeing 787-8 *Dreamliner* tem um peso máximo de 502.500 lbf, uma envergadura de 197 pés, uma área de asa de 3.501 pés^2 e velocidade de cruzeiro de 567 mi/h a 35.000 pés de altitude. Na velocidade de cruzeiro, seu coeficiente de arrasto global é cerca de 0,027. Calcule (a) a razão de aspecto, (b) o coeficiente de sustentação, (c) o número de Mach de cruzeiro, (d) o empuxo do motor necessário durante o cruzeiro.

P8.89 O avião Beechcraft T-34C tem um peso global de 24.500 N, uma área de asa de 5,6 m^2 e voa a 518 km/h a 3.000 m de altitude padrão. É movido por um propulsor que fornece 300 hp para o ar. Admita neste problema que seu aerofólio seja o perfil NACA 2412, descrito nas Figs. 8.23 e 8.24, e despreze todo o arrasto, exceto o da asa. Qual será a razão de aspecto apropriada para a asa?

P8.90 A NASA está desenvolvendo um avião com asas balançantes batizado como Ave de Rapina [37]. Como mostra a Figura P8.90, as asas pivotam como lâminas de um canivete de bolso: para a frente (a), alinhadas (b) ou para trás (c). Discuta uma possível vantagem de cada uma dessas posições de asa. Se não puder pensar em alguma, leia o artigo [37] e relate para sua turma.

Escoamento potencial com simetria axial

P8.91 Se $\phi(r,\theta)$ no escoamento com simetria axial é definida pela Equação (8.72) e as coordenadas são dadas na Figura 8.28, determine qual a equação diferencial parcial que ϕ deve satisfazer.

P8.92 Uma fonte pontual com vazão volumétrica $Q = 30$ m^3/s é imersa em uma corrente uniforme com 4 m/s de velocidade. Resulta um semicorpo de Rankine de revolução. Calcule (a) a distância da fonte ao ponto de estagnação e (b) os dois pontos (r,θ) sobre a superfície do corpo onde a velocidade local iguala 4,5 m/s.

P8.93 Um semicorpo de Rankine de revolução (Figura 8.30) poderia simular o formato de um tubo de Pitot estático (Figura 6.30). Segundo a teoria não viscosa, a que distância a jusante do nariz deveriam ser posicionados os orifícios para que a velocidade local ficasse dentro de $\pm 0,5\%$ de U_∞? Compare sua resposta com a recomendação $x \approx 8D$ na Figura 6.30.

P8.94 Determine se as linhas de corrente de Stokes da Equação (8.73) são ortogonais em todos os pontos às linhas equipotenciais de Stokes da Equação (8.74), como ocorre no caso de coordenadas cartesianas e polares planas.

P8.95 Mostre que o escoamento potencial com simetria axial formado pela superposição de uma fonte pontual $+m$ em $(x, y) = (-a, 0)$, um sumidouro pontual $-m$ em $(+a, 0)$ e uma corrente U_∞ na direção x forma um corpo de revolução de Rankine, como na Figura P8.95. Encontre expressões analíticas para determinar o comprimento $2L$ e o máximo diâmetro $2R$ do corpo em termos de m, U_∞ e a.

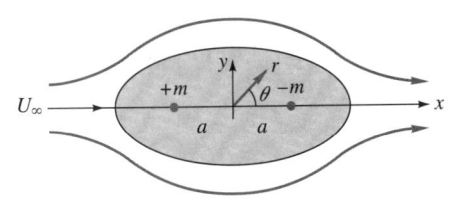

P8.95

P8.96 Considere o escoamento não viscoso ao longo da linha de corrente que se aproxima do ponto de estagnação frontal de uma esfera, como na Figura 8.31. Encontre (a) a máxima desaceleração do fluido ao longo dessa linha de corrente e (b) sua posição.

P8.97 O corpo de revolução de Rankine na Figura P8.97 tem 60 cm de comprimento e 30 cm de diâmetro. Quando imerso no túnel hidrodinâmico de baixa pressão mostrado, a cavitação pode aparecer no ponto A. Desprezando a formação de ondas superficiais, calcule a velocidade da corrente U para a qual aparece cavitação.

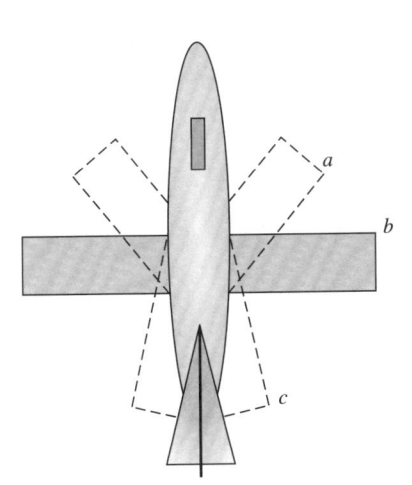

P8.90

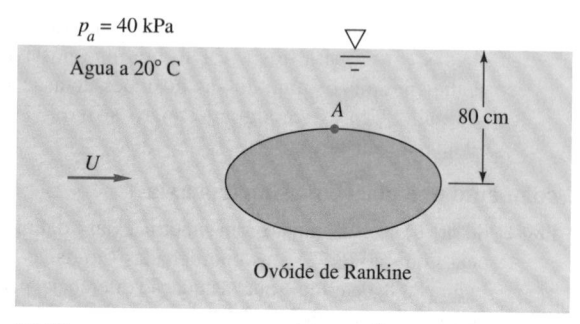

P8.97

$p_a = 40$ kPa
Água a 20° C
A
80 cm
U
Ovóide de Rankine

P8.98 Estudamos a fonte (sumidouro) pontual e a fonte (sumidouro) bidimensional, isto é, em uma linha com profundidade infinita para dentro do papel. Faria sentido definir uma linha de sumidouros (fontes) de comprimento finito, como na Figura P8.98? Em caso afirmativo, como você poderia estabelecer as propriedades matemáticas de tal linha finita de sumidouros? Quando combinada com uma corrente uniforme e uma fonte pontual de intensidade equivalente, como na Figura P8.98, poderia surgir um formato de corpo fechado? Faça uma escolha e trace alguns desses possíveis formatos para vários valores do parâmetro adimensional $m/(U_\infty L^2)$.

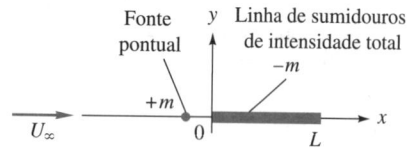

Fonte pontual
Linha de sumidouros de intensidade total
$-m$
$+m$
U_∞
0
L
x
y

P8.98

*P8.99 Considere o ar escoando sobre um hemisfério assentado sobre uma superfície plana, como na Figura P8.99. Se a pressão interna é p_i, encontre uma expressão para a força de pressão sobre o hemisfério. Por analogia com o Problema 8.49, em que ponto A sobre o hemisfério se deve perfurar um orifício de modo que a força de pressão seja zero segundo a teoria não viscosa?

U_∞, p_∞
p_i
2a

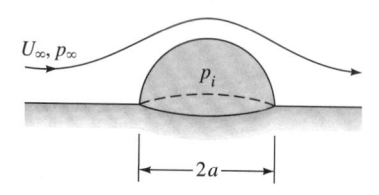

P8.99

P8.100 Uma esfera de 1 m de diâmetro está sendo rebocada à velocidade V em água doce a 20 °C, como mostra a Figura P8.100. Admitindo a teoria não viscosa, com uma superfície livre não distorcida, avalie a velocidade V em m/s na qual a cavitação se inicia sobre a superfície da esfera. Onde a cavitação terá início? Para essa condição, qual será a pressão no ponto A sobre a esfera, a 45° acima da direção do deslocamento?

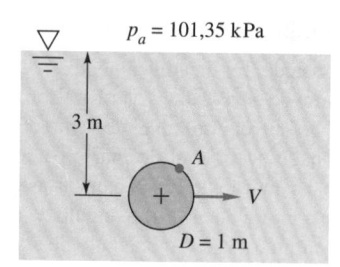

$p_a = 101,35$ kPa
3 m
A
V
D = 1 m

P8.100

P8.101 Considere uma esfera de aço ($d = 7,85$) de 2 cm de diâmetro liberada a partir do repouso na água a 20 °C. Admita um coeficiente de arrasto constante $C_A = 0,47$. Levando em conta a massa hidrodinâmica da esfera, avalie (a) sua velocidade terminal e (b) o tempo para atingir 99% da velocidade terminal. Compare com os resultados obtidos sem considerar a massa hidrodinâmica, $V_{terminal} \approx 1,95$ m/s e $t_{99\%} \approx 0,605$ s, e discuta.

P8.102 Uma bola de golfe pesa 0,45 N e tem um diâmetro de 43,2 mm. Um golfista profissional dá uma tacada e a bola assume uma velocidade inicial de 76,2 m/s, um ângulo de 20° para cima e um efeito contrário *backspin* (frente da bola girando para cima). Admita que o coeficiente de sustentação da bola (baseada na área frontal) siga a Figura P7.108. Se o solo estiver nivelado e o arrasto for desprezado, faça uma análise simples para prever o ponto de impacto (a) sem *backspin* e (b) com *backspin* de 7.500 rpm.

P8.103 Considere o escoamento não viscoso em torno de uma esfera, como na Figura 8.31. Encontre (a) o ponto sobre a superfície frontal onde a aceleração do fluido $a_{máx}$ é máxima e (b) a intensidade de $a_{máx}$. Se a velocidade da corrente é 1 m/s, encontre o diâmetro de esfera para o qual $a_{máx}$ é 10 vezes a aceleração da gravidade. Comente.

Massa hidrodinâmica

P8.104 Considere um cilindro de raio a movendo-se à velocidade U_∞ através de um fluido parado, como na Figura P8.104. Trace as linhas de corrente relativas ao cilindro, modificando a Equação (8.32) para obter o escoamento relativo com $K = 0$. Integre para encontrar a energia cinética relativa total e verifique a massa hidrodinâmica de um cilindro da Equação (8.91).

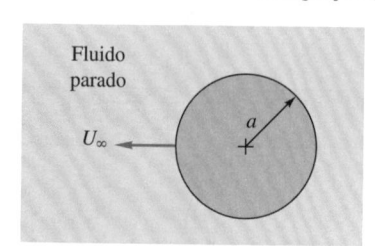

Fluido parado
U_∞
a

P8.104

P8.105 Uma esfera maciça de alumínio de 22 cm de diâmetro ($d = 2,7$) está acelerando a 12 m/s² em água a 20°C.

(a) De acordo com a teoria potencial, qual é a massa hidrodinâmica da esfera? (b) Calcule a força que está sendo aplicada à esfera nesse instante.

Métodos numéricos

P8.106 A equação de Laplace em coordenadas polares planas, Equação (8.11), é complicada pelo raio variável. Considere a malha de diferenças finitas na Figura P8.106, com nós (i, j) igualmente espaçados de $\Delta\theta$ e Δr. Deduza um modelo de diferenças finitas para a Equação (8.11), semelhante à expressão cartesiana (8.96).

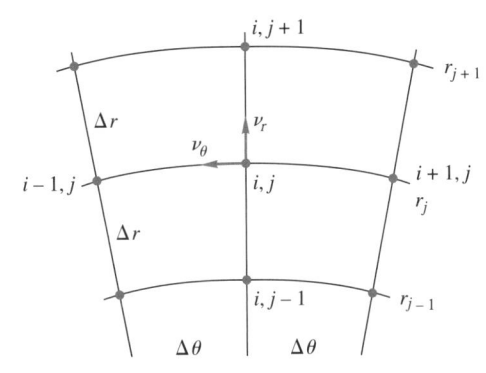

P8.106

P8.107 Óleo SAE 10W30 a 20°C está em repouso próximo de uma parede quando de repente ela começa a se mover à velocidade constante de 1 m/s. (a) Use $\Delta y = 1$ cm e $\Delta t = 0{,}2$ s e verifique o critério de estabilidade (8.101). (b) Aplique a Eq. (8.100) até $t = 2$ s e relate a velocidade u em $y = 4$ cm.

P8.108 Considere o escoamento potencial bidimensional em uma contração em degrau, como na Figura P8.108. A velocidade na entrada é $U_1 = 7$ m/s e a velocidade na saída U_2 é uniforme. Os nós (i, j) estão rotulados na figura. Estabeleça as relações algébricas de diferenças finitas completas para todos os nós. Se possível, resolva-as em um computador digital e trace as linhas de corrente do escoamento.

P8.108

P8.109 Considere o escoamento não viscoso através de uma curva bidimensional a 90° com uma contração, como na Figura P8.109. Admita escoamento uniforme na entrada e na saída. Faça uma análise de diferenças finitas por computador para um pequeno tamanho de malha (pelo menos 150 nós), determine a distribuição de pressões adimensionais ao longo das paredes e trace as linhas de corrente. (Você pode usar malhas quadradas ou retangulares.)

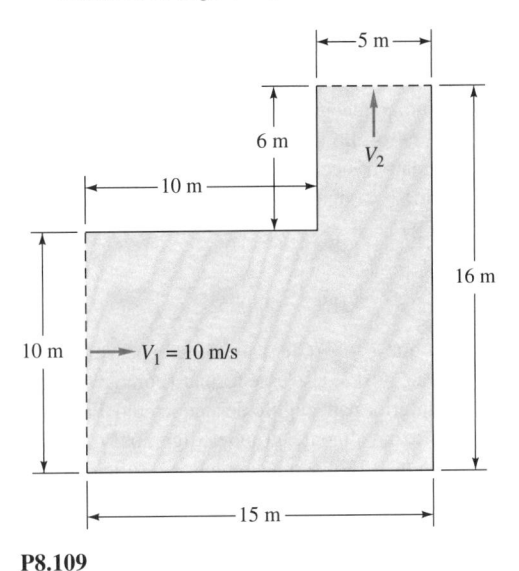

P8.109

P8.110 Para escoamento incompressível laminar totalmente desenvolvido através de um duto retilíneo de seção não circular, como na Seção 6.8, as equações de Navier-Stokes (4.38) se reduzem a

$$\frac{\partial^2 u}{\partial y^2} + \frac{\partial^2 u}{\partial z^2} = \frac{1}{\mu}\frac{dp}{dx} = \text{const} < 0$$

em que (y, z) é o plano da seção transversal do duto e x é a coordenada do eixo do duto. A gravidade foi desprezada. Usando uma malha retangular não quadrada (Δx, Δy), desenvolva um modelo de diferenças finitas para essa equação e indique como ele pode ser aplicado para calcular o escoamento num duto retangular de lados a e b.

P8.111 Resolva numericamente o Problema P8.110 para um duto retangular de lados b e $2b$, usando pelo menos 100 pontos nodais. Avalie a vazão volumétrica e o coeficiente de atrito e compare com os resultados na Tabela 6.4:

$$Q \approx 0{,}1143\,\frac{b^4}{\mu}\left(-\frac{dp}{dx}\right) \qquad f\mathrm{Re}_{D_h} \approx 62{,}19$$

em que $D_h = 4A/P = 4b/3$ para este caso. Comente a respeito dos possíveis erros de truncamento do seu modelo.

P8.112 Em livros-texto sobre CFD [5, 23-27], frequentemente se substitui os lados esquerdos da Equação (8.102b e c) pelas duas expressões seguintes, respectivamente:

$$\frac{\partial}{\partial x}(u^2) + \frac{\partial}{\partial y}(vu) \qquad \text{e} \qquad \frac{\partial}{\partial x}(uv) + \frac{\partial}{\partial y}(v^2)$$

Essas expressões se equivalem ou são meras aproximações simplificadas? Seja como for, por que essas formas poderiam ser melhores para propósitos do método de diferenças finitas?

P8.113 Formule um modelo numérico para a Eq. (8.99), que não tem instabilidade, avaliando a segunda derivada no passo de tempo *seguinte*, $j + 1$. Resolva para a velocidade central no passo de tempo seguinte e comente o resultado. Isso é chamado de *modelo implícito* e requer iteração.

P8.114 Se na sua instituição você tiver acesso a um código computacional de elementos de contorno para escoamento potencial, considere o escoamento em torno de um aerofólio simétrico, como na Figura P8.114. O formato básico de um aerofólio NACA simétrico é definido pela função [12]

$$\frac{2y}{t_{máx}} \approx 1{,}4845\zeta^{1/2} - 0{,}63\zeta - 1{,}758\zeta^2 + 1{,}4215\zeta^3 - 0{,}5075\zeta^4$$

em que $\zeta = x/C$ e a máxima espessura $t_{máx}$ ocorre para $\zeta = 0{,}3$. Use esse formato como parte da fronteira inferior para ângulo de ataque nulo. Faça a espessura razoavelmente grande, digamos, $t_{máx}/C = 0{,}12$, 0,15 ou 0,18. Escolha um número suficiente de nós ($\geq$ 60), calcule e trace a distribuição de velocidades V/U_∞ ao longo da superfície do aerofólio. Compare com os resultados teóricos na Referência 12 para os aerofólios NACA 0012, 0015 ou 0018. Se houver tempo, investigue os efeitos dos comprimentos de fronteira L_1, L_2 e L_3, que inicialmente podem ser feitos iguais ao comprimento da corda C.

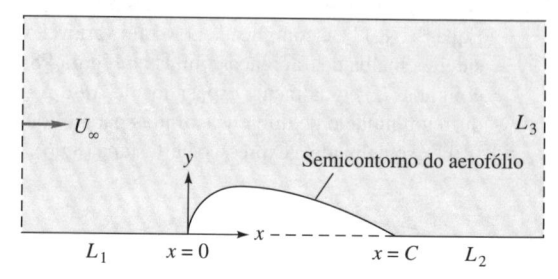

P8.114

P8.115 Aplique o método explícito da Equação (8.100) para resolver o Problema P4.85 numericamente para óleo SAE 30 a 20 °C com $U_0 = 1$ m/s e $\omega = M$ rad/s, em que M é o número de letras no seu sobrenome. (O autor deste livro irá resolver o problema com $M = 5$.) Assim que a oscilação permanente for atingida, trace a velocidade do óleo em função do tempo em $y = 2$ cm.

Problemas dissertativos

PD8.1 Que simplificações foram feitas na teoria de escoamento potencial deste capítulo e que resultaram na eliminação do número de Reynolds, do número de Froude e do número de Mach como parâmetros importantes?

PD8.2 Neste capítulo, fizemos a superposição de diversas soluções básicas, um conceito associado às equações *lineares*. Porém, a equação de Bernoulli (8.3) é *não linear*, com um termo proporcional ao quadrado da velocidade. Como, então, se justifica o uso de superposição na análise de escoamentos não viscosos?

PD8.3 Dê uma explanação física da circulação Γ no contexto de sua relação com a força de sustentação em um corpo imerso. Se a integral de linha definida pela Equação (8.23) é nula, isso significa que o integrando é uma diferencial exata – mas de que variável?

PD8.4 Dê uma demonstração simples da Equação (8.46), ou seja, de que tanto a parte real como a parte imaginária de uma função $f(z)$ são laplacianas se $z = x + iy$. Qual é o segredo desse comportamento notável?

PD8.5 A Figura 8.18 contém cinco cantos de corpo. Sem efetuar cálculo algum, explique fisicamente qual deve ser o valor da velocidade não viscosa do fluido em cada um desses cinco cantos. Alguma separação do escoamento é esperada?

PD8.6 Explique a condição de Kutta fisicamente. Por que ela é necessária?

PD8.7 Descrevemos brevemente os métodos de diferenças finitas e de elementos de contorno para o escoamento potencial, mas desconsideramos a técnica dos *elementos finitos*. Leia um pouco sobre o assunto e escreva um pequeno ensaio sobre o uso do método de elementos finitos em problemas de escoamento potencial.

Problemas abrangentes

PA8.1 Você sabia que é possível resolver problemas simples de mecânica dos fluidos com a planilha Excel da Microsoft? A técnica das sobrerrelaxações sucessivas de solução da equação de Laplace para problemas de escoamento potencial é facilmente implementada em uma planilha, já que a função corrente em uma célula interior é simplesmente a média de suas quatro vizinhas. Como um exemplo, resolva o escoamento potencial através de uma contração, conforme a Figura PA8.1. *Nota:* Para evitar o erro de "referência recursiva", você deve ativar a opção de iteração. Para mais informações, use o índice de ajuda. Para obter a nota

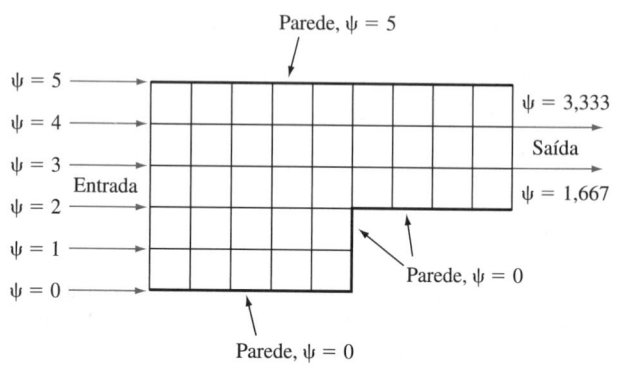

PA8.1

PA8.2 Aplique um método explícito, semelhante mas não idêntico ao da Equação (8.100), para resolver o caso do óleo SAE 30 a 20 °C partindo do repouso perto de uma parede *fixa*. Bem longe da parede, o óleo acelera linearmente, isto é, $u_\infty = u_N = at$, em que $a = 9$ m/s². Para $t = 1$ s, determine (*a*) a velocidade do óleo em $y = 1$ cm e (*b*) a espessura instantânea da camada-limite (em que $u \approx 0,99\, u_\infty$). *Sugestão*: Existe um gradiente de pressão não nulo na corrente externa (praticamente livre de cisalhamento), $n = N$, que deve ser incluído na Equação (8.99) e no seu modelo explícito.

PA8.3 Considere o escoamento não viscoso plano através de um difusor simétrico, como na Figura PA8.3. Apenas a metade superior está exibida. O escoamento deve se expandir da entrada, de semilargura h, para a saída, de semilargura $2h$, como mostrado. O ângulo de expansão θ é 18,5° ($L \approx 3h$). Implemente uma malha de escoamento potencial não quadrada para este problema, calcule e trace (*a*) a distribuição de velocidades e (*b*) o coeficiente de pressão ao longo da linha de centro. Admita escoamento uniforme na entrada e na saída.

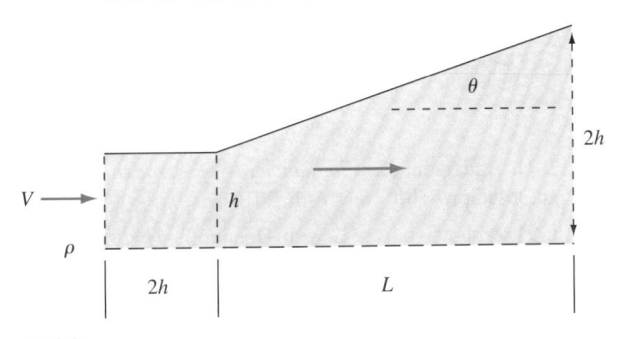

PA8.3

PA8.4 Use o modelo de escoamento potencial para aproximar o escoamento do ar de sucção de um aspirador de pó através de um adaptador com fenda bidimensional, como na Figura PA8.4. No plano xy através da linha de centro do adaptador, modele o escoamento por meio de um sumidouro de intensidade $(-m)$ bidimensional (com seu eixo na direção z) a uma altura a acima do piso. (*a*) Trace as linhas de corrente e localize quaisquer pontos de estagnação do escoamento. (*b*) Encontre a intensidade da velocidade $V(x)$ ao longo do piso em termos dos parâmetros a e m. (*c*) Considere a pressão p_∞ bem longe, onde a velocidade é zero. Defina uma escala de velocidade $U = m/a$. Determine a variação do coeficiente de pressão adimensional, $C_p = (p - p_\infty)/(\rho U^2/2)$, ao longo do piso. (*d*) O aspirador de pó é mais efetivo onde o C_p é mínimo, isto é, onde a velocidade é máxima. Encontre as posições de coeficiente de pressão mínimo ao longo do eixo x. (*e*) Em quais pontos ao longo do eixo x você espera que o as-pirador funcione com mais eficiência? O aspirador é melhor em $x = 0$ diretamente abaixo da fenda ou em outro local ao longo do piso? Conduza uma experiência científica em casa com um aspirador de pó e algumas pequenas partículas de poeira ou sujeira para testar o seu prognóstico. Relate os seus resultados e discuta a concordância com o prognóstico. Apresente razões para qualquer discordância.

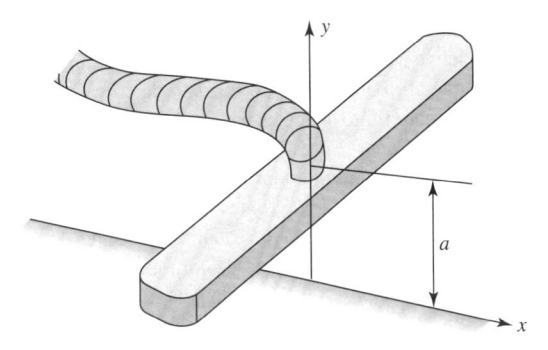

PA8.4

PA8.5 Considere um escoamento irrotacional, incompressível, tridimensional. Demonstre que o termo viscoso na equação de Navier-Stokes é identicamente nulo por meio destes dois métodos: (*a*) usando notação vetorial e (*b*) expandindo os termos escalares e substituindo termos com base na condição de irrotacionalidade.

PA8.6 Encontre on-line ou na Ref. 12 os dados de sustentação-arrasto para o aerofólio NACA 4412. (*a*) Desenhe o diagrama polar sustentação-arrasto e compare qualitativamente com a Figura 7.26. (*b*) Encontre o valor máximo da razão entre sustentação e arrasto. (*c*) Apresente uma construção por linha reta sobre o diagrama polar para fornecer imediatamente o valor máximo de F_S/F_A em (*b*). (*d*) Se no caso de um avião fosse possível usar essa asa bidimensional em um voo real (sem arrasto induzido) e o piloto fosse perfeito, avalie a que distância (em km) o avião poderia planar até uma pista ao nível do mar se perdesse a potência a 7.600 m de altitude.

PA8.7 Encontre uma fórmula para a função corrente do escoamento de um dipolo de intensidade λ à distância a de uma parede, como na Figura PA8.7. (*a*) Trace as linhas de corrente. (*b*) Existem pontos de estagnação? (*c*) Encontre a velocidade máxima ao longo da parede e sua posição.

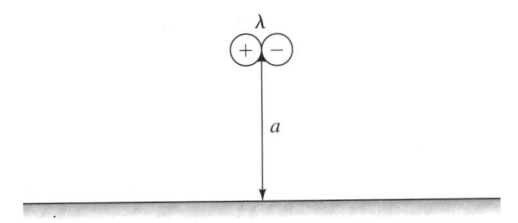

PA8.7

Problemas de projetos

PP8.1 Em 1927, Theodore von Kármán desenvolveu um esquema empregando uma corrente uniforme, mais uma fileira de fontes e sumidouros, para gerar um formato de corpo fechado arbitrário. Um esquema dessa ideia está na Figura PP8.1 O corpo é simétrico com um ângulo de ataque nulo. Um total de N fontes e sumidouros são distribuídos ao longo do eixo dentro do corpo, com intensidades m_i nas posições x_i, para $i = 1$ até N. O objetivo é encontrar a distribuição correta de intensidades que aproxima um dado formato de corpo $y(x)$ em um número finito de locais na superfície e calcular então as velocidades e pressões aproximadas na superfície. A técnica deve funcionar tanto para corpos bidimensionais (distribuição de fontes bidimensionais) como para corpos de revolução (distribuição de fontes pontuais).

Para nosso formato de corpo, vamos selecionar o aerofólio NACA 0018, dado pela fórmula do Problema P8.114 com $t_{máx}/C = 0,18$. Desenvolva as ideias estabelecidas acima em um sistema de N equações algébricas simultâneas que devem ser resolvidas para as N intensidades incógnitas de fontes e sumidouros. Em seguida, programe suas equações em um computador, com $N \geq 20$; resolva para m_i; calcule as velocidades na superfície e compare com as velocidades teóricas para esse formato, Referência 12. Sua meta deve ser alcançar precisão de pelo menos $\pm$ 1% em relação aos resultados clássicos. Se necessário, você deve ajustar N e as posições das fontes.

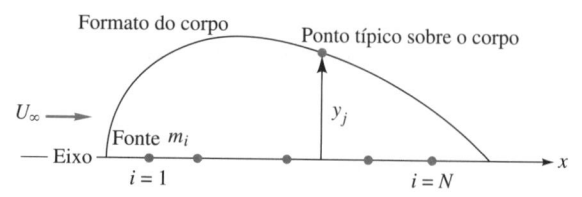

PP8.1

PP8.2 Modifique o Problema PP8.1 para determinar a distribuição de fontes pontuais que aproxima um corpo de revolução de formato "0018". Uma vez que não existem resultados publicados, simplesmente se certifique de que seus resultados convirjam com uma tolerância de $\pm 1\%$.

PP8.3 Considere água a 20 °C escoando a 12 m/s em um canal. Uma oval de Rankine cilíndrica de 40 cm de comprimento é posicionada paralelamente ao escoamento, onde a pressão estática da água é 120 kPa. A espessura da oval é um parâmetro de projeto. Prepare um gráfico da pressão mínima sobre a superfície da oval em função da espessura do corpo. Em particular, marque as espessuras onde (a) a pressão local é de 50 kPa e (b) a cavitação se inicia sobre a superfície.

Referências

1. J. Wermer, *Potential Theory*, Springer-Verlag, New York, 2008.
2. J. M. Robertson, *Hydrodynamics in Theory and Application*, Prentice-Hall, Englewood Cliffs, NJ, 1965.
3. L. M. Milne-Thomson, *Theoretical Hydrodynamics*, 4th ed., Dover, New York, 1996.
4. D. H. Armitage and S. J. Gardiner, *Classical Potential Theory*, Springer, New York, 2013.
5. J. Tu, G. H. Yeoh, and C. Liu, *Computational Fluid Dynamics: A Practical Approach*, 2d ed., Elsevier Science, New York, 2012.
6. O. C. Zienkiewicz, R. L. Taylor, and P. Nithiarasu, *The Finite Element Method for Fluid Dynamics*, vol. 3, 6th ed., Butterworth-Heinemann, Burlington, MA, 2005.
7. G. Beer, I. Smith, and C. Duenser, *The Boundary Element Method with Programming: For Engineers and Scientists*, Springer-Verlag, New York, 2010.
8. A. D. Moore, "Fields from Fluid Flow Mappers," *J. Appl. Phys.*, vol. 20, 1949, pp. 790–804.
9. H. J. S. Hele-Shaw, "Investigation of the Nature of the Surface Resistance of Water and of Streamline Motion under Certain Experimental Conditions," *Trans. Inst. Nav. Archit.*, vol. 40, 1898, p. 25.
10. S. W. Churchill, *Viscous Flows: The Practical Use of Theory*, Butterworth, Stoneham, MA, 1988.
11. J. D. Anderson, Jr., *Fundamentals of Aerodynamics*, 5th ed., McGraw-Hill, New York, 2010.
12. I. H. Abbott and A. E. von Doenhoff, *Theory of Wing Sections*, Dover, New York, 1981.
13. F. O. Smetana, *Introductory Aerodynamics and Hydrodynamics of Wings and Bodies: A Software-Based Approach*, AIAA, Reston, VA, 1997.
14. L. Prandtl, "Applications of Modern Hydrodynamics to Aeronautics," *NACA Rep. 116*, 1921.
15. F. M. White, *Viscous Fluid Flow*, 3d ed., McGraw-Hill, New York, 2005.
16. C. S. Yih, *Fluid Mechanics*, McGraw-Hill, New York, 1969.
17. K. T. Patton, "Tables of Hydrodynamic Mass Factors for Translational Motion," *ASME Winter Annual Meeting*, Paper 65-WA/UNT-2, 1965.
18. J. L. Hess and A. M. O. Smith, "Calculation of Nonlifting Potential Flow about Arbitrary Three-Dimensional Bodies," *J. Ship Res.*, vol. 8, 1964, pp. 22–44.
19. K. H. Huebner, *The Finite Element Method for Engineers*, 4th ed., Wiley, New York, 2001.
20. J. C. Tannehill, D. A. Anderson, and R. H. Pletcher, *Computational Fluid Mechanics and Heat Transfer*, 3d ed., Taylor and Francis, Bristol, PA, 2011.

21. J. N. Newman, *Marine Hydrodynamics,* M.I.T. Press, Cambridge, MA, 1977.
22. P. T. Tokumaru and P. E. Dimotakis, "The Lift of a Cylinder Executing Rotary Motions in a Uniform Flow," *J. Fluid Mechanics,* vol. 255, 1993, pp. 1–10.
23. J. H. Ferziger and M. Peric, *Computational Methods for Fluid Dynamics,* 3d ed. Springer-Verlag, New York, 2002.
24. P. J. Roache, *Fundamentals of Computational Fluid Dynamics,* Hermosa Pub., Albuquerque, NM, 1998.
25. B. A. Finlayson, *Introduction to Chemical Engineering Computing,* Wiley, New York, 2012.
26. B. Andersson, *Computational Fluid Dynamics,* Cambridge University Press, New York, 2012.
27. H. Versteeg and W. Malalasekera, *Computational Fluid Dynamics: The Finite Volume Method,* 2d ed., Prentice-Hall, Upper Saddle River, NJ, 2007.
28. M. Deshpande, J. Feng, and C. L. Merkle, "Numerical Modeling of the Thermodynamic Effects of Cavitation," *J. Fluids Eng.,* June 1997, pp. 420–427.
29. P. A. Durbin and R. B. A. Pettersson, *Statistical Theory and Modeling for Turbulent Flows,* Wiley, New York, 2001.
30. C. J. Freitas, "Perspective: Selected Benchmarks from Commercial CFD Codes," *J. Fluids Eng.,* vol. 117, June 1995, pp. 208–218.
31. R. Martinuzzi and C. Tropea, "The Flow around Surface-Mounted, Prismatic Obstacles in a Fully Developed Channel Flow," *J. Fluids Eng.,* vol. 115, March 1993, pp. 85–92.
32. K. B. Shah and J. H. Ferzier, "Fluid Mechanicians View of Wind Engineering: Large Eddy Simulation of Flow Past a Cubic Obstacle," *J. Wind Engineering and Industrial Aerodynamics,* vol. 67–68, 1997, pp. 221–224.
33. P. Sagaut, *Large Eddy Simulation for Incompressible Flows: An Introduction,* 3rd ed., Springer, New York, 2010.
34. W. J. Palm, *Introduction to MATLAB 7 for Engineers,* 3d ed. McGraw-Hill, New York, 2010.
35. A. Gilat, *MATLAB: An Introduction with Applications,* 4th ed., Wiley, New York, 2010.
36. J. W. Hoyt and R. H. J. Sellin, "Flow over Tube Banks —A Visualization Study," *J. Fluids Eng.,* vol. 119, June 1997, pp. 480–483.
37. S. Douglass, "Switchblade Fighter Bomber," *Popular Science,* Nov. 2000, pp. 52–55.
38. G. Beer, I. Smith, and C. Duenser, The Boundary Element Method with Programming: For Engineers and Scientists, Springer, New York, 2010.
39. J. D. Anderson, *A History of Aerodynamics and Its Impact on Flying Machines,* Cambridge University Press, Cambridge, UK, 1999.
40. B. Robins, *Mathematical Tracts 1 & 2,* J. Nourse, London, 1761.
41. T. K. Sengupta, A. Kasliwal, S. De, and M. Nair, "Temporal Flow Instability for Magnus-Robins Effect at High Rotation Rates," *J. Fluids and Structures,* vol. 17, 2003, pp. 941–953.
42. G. F. Dargush and M. M. Grigoriev, "Fast and Accurate Solutions of Steady Stokes Flows Using Multilevel Boundary Element Methods," *J. Fluids Eng.,* vol. 127, July 2005, pp. 640–646.
43. R. H. Kirchhoff, *Potential Flows: Computer Graphic Solutions,* Marcel Dekker, New York, 2001.
44. H. Werle, "Hydrodynamic Visualization of the Flow around a Streamlined Cylinder with Suction: Cousteau-Malavard Turbine Sail Model," *Le Recherche Aerospatiale,* vol. 4, 1984, pp. 29–38.
45. T. K. Sengupta and S. R. Talla, "Robins-Magnus Effect: A Continuing Saga," *Current Science,* vol. 86, no. 7, 2004, pp. 1033–1036.
46. P. R. Spalart, "Airplane Trailing Vortices," *Annual Review Fluid Mechanics,* vol. 30, 1998, pp. 107–138.
47. M. Elkhoury, "Assessment and Modification of One-Equation Models of Turbulence for Wall-Bounded Flows," *J. Fluids Eng.,* vol. 129, July 2007, pp. 921–928.

Desde o fim do Concorde, os engenheiros têm trabalhado no projeto de um avião supersônico terrestre. Para que tais aviões sejam práticos, os estrondos sônicos devem ser reduzidos a um nível aceitável. A teoria, embora útil, não pode resolver esse problema sem testes extensivos. A foto mostra o projeto Lynx, da Boeing, sendo testado no Centro de Pesquisa Glenn da NASA, em Cleveland. Sensores captam tanto as forças no avião como as pressões bem longe do veículo. O objetivo é gerar estrondos sônicos tão baixos que mal sejam registrados no nível do solo. [*Foto cortesia da NASA*]

Capítulo 9
Escoamento compressível

Motivação. Todos os capítulos anteriores referiram-se a escoamentos a "baixas velocidades" ou "incompressíveis", em que a velocidade do fluido era bem menor que a velocidade do som. De fato, não chegamos a desenvolver sequer uma expressão para a velocidade do som de um fluido. Isso será feito neste capítulo.

Quando um fluido se move a velocidades comparáveis à sua velocidade do som, as variações de massa específica tornam-se significativas e o escoamento é dito *compressível*. Tais escoamentos são difíceis de ocorrer em líquidos, pois seriam necessárias pressões da ordem de 1.000 atm para gerar velocidades sônicas. Em gases, porém, uma razão de pressões de apenas 2:1 é susceptível de causar um escoamento sônico. Logo, o escoamento compressível de gases é bem comum, e esse assunto normalmente é chamado de *dinâmica dos gases*. O parâmetro mais importante é o número de Mach.

Provavelmente, os dois efeitos mais importantes e mais característicos da compressibilidade sobre o escoamento são (1) o *bloqueio* (do inglês *choking*), sob o qual a vazão do escoamento em um duto é limitada de modo marcante pela condição sônica e (2) as *ondas de choque*, que se caracterizam por variações praticamente descontínuas de propriedades em um escoamento supersônico. O propósito do presente capítulo é explicar esses fenômenos impressionantes e familiarizar o leitor com os cálculos de engenharia de escoamento compressível.

Por falar em cálculos, este capítulo é especialmente apropriado para o uso do Excel A análise de escoamentos compressíveis está repleta de equações algébricas complicadas, muitas das quais são difíceis de ser manipuladas ou invertidas. Em consequência, durante quase um século, os livros-texto sobre escoamento compressível vêm lançando mão de tabelas extensas de relações de número de Mach (ver Apêndice B) para os trabalhos numéricos. Com o Excel, porém, qualquer conjunto de equações do capítulo pode ser digitado e resolvido para qualquer variável – ver na parte (*b*) do Exemplo 9.13 um exemplo particularmente intrincado. Com tal ferramenta, o Apêndice B serve apenas como apoio para estimativas iniciais e pode logo desaparecer dos livros-texto.

9.1 Introdução: revisão de termodinâmica

No Capítulo 4 [Equações (4.13) a (4.17)], fizemos um breve exame para saber quando poderíamos desprezar com segurança a compressibilidade inerente a qualquer fluido real. Descobrimos que o critério adequado para o escoamento quase incompressível era um pequeno número de Mach

$$\text{Ma} = \frac{V}{a} \ll 1$$

em que V é a velocidade do escoamento e a é a velocidade do som no fluido. Sob condições de pequenos números de Mach, as variações de massa específica do fluido são pequenas em todos os pontos do escoamento. A equação da energia torna-se desacoplada das demais, e os efeitos de temperatura podem ser ignorados ou reservados para um estudo posterior. A equação de estado degenera na simples declaração de que a massa específica é quase constante. Isso significa que um escoamento incompressível requer apenas uma análise de quantidade de movimento e continuidade, como mostramos por meio de vários exemplos nos Capítulos 7 e 8.

Este capítulo trata os escoamentos compressíveis, que têm números de Mach maiores que aproximadamente 0,3 e, portanto, exibem variações de massa específica não desprezíveis. Se a variação de massa específica é substancial, em virtude da equação de estado, as variações de temperatura e pressão também são substanciais. Grandes variações de temperatura implicam que a equação da energia não pode mais ser ignorada. Logo, o trabalho é duplicado de duas equações básicas para quatro

1. Equação da continuidade
2. Equação da quantidade de movimento
3. Equação da energia
4. Equação de estado

a ser resolvidas simultaneamente para quatro incógnitas: pressão, massa específica, temperatura e velocidade do fluido (p, ρ, T, V). Logo, a teoria geral do escoamento compressível é bem complicada, e tentaremos aqui fazer simplificações adicionais, especialmente admitindo um escoamento adiabático reversível, ou *isentrópico*.

Observamos de passagem que pelo menos dois padrões de escoamento dependem fortemente de diferenças de densidade muito pequenas: acústica e convecção natural. Acústica [7, 9] é o estudo da propagação de ondas sonoras, que vem acompanhada por mudanças extremamente pequenas de densidade, pressão e temperatura. Convecção natural é o brando padrão de circulação criado por forças de empuxo em um fluido estratificado por aquecimento desbalanceado ou concentração desigual de materiais dissolvidos. Aqui estamos preocupados apenas com o escoamento compressível permanente no qual a velocidade do fluido é de magnitude comparável à da velocidade do som.

O número de Mach

O número de Mach é o parâmetro dominante em análises de escoamento compressível, com diferentes efeitos, dependendo da sua magnitude. Os aerodinamicistas, em particular, fazem uma distinção entre as várias faixas de número de Mach e geralmente se utilizam das seguintes classificações grosseiras:

$\text{Ma} < 0,3$: escoamento *incompressível*, em que os efeitos de densidade são desprezíveis.

$0,3 < \text{Ma} < 0,8$: escoamento *subsônico*, em que os efeitos de densidade são importantes, mas não aparecem ondas de choque.

$0,8 < \text{Ma} < 1,2$: escoamento *transônico*, em que as ondas de choque iniciam-se, dividindo regiões subsônicas e supersônicas do escoamento. O voo motorizado na região transônica é difícil devido ao caráter misto do campo de escoamento.

$1,2 < \text{Ma} < 3,0$: escoamento *supersônico*, em que as ondas de choque estão presentes, mas não há regiões subsônicas.

$3,0 < \text{Ma}$: escoamento *hipersônico* [11], em que as ondas de choque e outras variações do escoamento são especialmente fortes.

Os valores numéricos listados representam apenas um guia grosseiro. As cinco categorias de escoamento são apropriadas para a aerodinâmica externa de alta velocidade. Para escoamentos internos (em dutos), a questão mais importante é simplesmente se o escoamento é subsônico (Ma < 1) ou supersônico (Ma > 1), porque o efeito de variação de área se inverte, como mostraremos na Seção 9.4. Como o escoamento supersônico pode não seguir a intuição adquirida até aqui, estude essas diferenças com cuidado.

A razão de calores específicos

Além da geometria e do número de Mach, os cálculos de escoamento compressível dependem também de um segundo parâmetro adimensional, a *razão de calores específicos* do gás:

$$k = \frac{c_p}{c_v} \tag{9.1}$$

Anteriormente, nos Capítulos 1 e 4, usamos o mesmo símbolo k para denotar a condutibilidade térmica de um fluido. Pedimos desculpas por essa duplicação; a condutibilidade térmica não aparece nos últimos capítulos do livro.

Lembre-se da Figura 1.4, em que, para os gases comuns, k decresce lentamente com a temperatura e fica entre 1,0 e 1,7. As variações de k têm apenas um pequeno efeito sobre os cálculos de escoamento compressível e o ar, $k \approx 1{,}40$, é o fluido dominante de interesse. Logo, embora sejam propostos alguns problemas envolvendo outros gases como vapor d'água, CO_2 e hélio, as tabelas de escoamento compressível no Apêndice B estão baseadas apenas no único valor $k = 1{,}40$ para o ar.

Este livro contém apenas um único capítulo sobre escoamento compressível, mas, como é usual, obras inteiras foram escritas sobre o assunto. A edição anterior listava em torno de 30 livros, mas vamos agora nos organizar por textos recentes ou clássicos. As Referências 1 a 4 trazem tratamentos introdutórios ou intermediários, enquanto as Referências 5 a 10 são livros avançados. É possível também tornar-se especializado em escoamento compressível. A Referência 11 trata do *escoamento hipersônico*, ou seja, números de Mach muito altos. A Referência 12 explica a nova e excitante técnica da simulação direta de escoamento de gases com um *modelo de dinâmica molecular*. Escoamento compressível também é um tema bem ajustado para a dinâmica dos fluidos computacional (CFD), conforme descreve a Referência 13. Finalmente, com um texto curto e perfeitamente legível (sem cálculo), a Referência 14 descreve os princípios e promessas do voo de alta velocidade (supersônico). De tempos em tempos iremos relegando alguns tópicos especializados para esses textos.

O gás perfeito

Em princípio, os cálculos de escoamento compressível podem ser feitos para qualquer equação de estado do fluido, e devemos propor problemas envolvendo as tabelas de vapor [15], as tabelas de gás [16] e líquidos [Equação (1.19)]. Na verdade, porém, a maioria dos tratamentos elementares fica restrita ao gás perfeito com calores específicos constantes:

$$p = \rho RT \qquad R = c_p - c_v = \text{const} \qquad k = \frac{c_p}{c_v} = \text{const} \tag{9.2}$$

Para todos os gases reais, c_p, c_v e k variam com a temperatura, mas apenas moderadamente; por exemplo, o c_p do ar aumenta 30% à medida que a temperatura aumenta de 0 para 2.800°C. Uma vez que raramente tratamos com variações de temperatura tão grandes, é bem razoável admitir calores específicos constantes.

Lembre-se, da Seção 1.8, que a constante do gás é relacionada com uma constante universal Λ dividida pelo peso molecular do gás

$$R_{\text{gás}} = \frac{\Lambda}{M_{\text{gás}}} \qquad (9.3)$$

em que $\qquad \Lambda = 8.314 \text{ J/(kmol} \cdot \text{K)}$

Para o ar, $M = 28,97$, e devemos adotar os seguintes valores para as propriedades do ar ao longo deste capítulo:

$$R = 287 \text{ m}^2/(\text{s}^2 \cdot \text{K}) \qquad k = 1,400$$

$$c_v = \frac{R}{k-1} = 718 \text{ m}^2/(\text{s}^2 \cdot \text{K}) \qquad (9.4)$$

$$c_p = \frac{kR}{k-1} = 1.005 \text{ m}^2/(\text{s}^2 \cdot \text{K})$$

Valores experimentais de k para oito gases comuns estão na Figura 1.4. Por meio da figura e do peso molecular, podem-se calcular as outras propriedades, como nas Equações (9.4).

As variações de energia interna $\hat{u}$ e entalpia h para um gás perfeito com calores específicos constantes são calculadas como

$$\hat{u}_2 - \hat{u}_1 = c_v(T_2 - T_1) \qquad h_2 - h_1 = c_p(T_2 - T_1) \qquad (9.5)$$

Para calores específicos variáveis, devemos integrar $\hat{u} = \int c_v \, dT$ e $h = \int c_p \, dT$ ou usar as tabelas de gás [16]. Muitos textos modernos de termodinâmica já contêm programas para avaliar as propriedades de gases não ideais [17].

Processo isentrópico

A aproximação isentrópica é comum na teoria de escoamento compressível. Calculamos a variação de entropia da primeira e da segunda lei da termodinâmica para uma substância pura [17 ou 18]:

$$T \, ds = dh - \frac{dp}{\rho} \qquad (9.6)$$

Introduzindo $dh = c_p \, dT$ para um gás perfeito, resolvendo para ds e substituindo $\rho T = p/R$ da lei dos gases perfeitos, obtemos

$$\int_1^2 ds = \int_1^2 c_p \frac{dT}{T} - R \int_1^2 \frac{dp}{p} \qquad (9.7)$$

Se c_p for variável, as tabelas de gás serão necessárias, mas para c_p constante obtemos os resultados analíticos

$$s_2 - s_1 = c_p \ln \frac{T_2}{T_1} - R \ln \frac{p_2}{p_1} = c_v \ln \frac{T_2}{T_1} - R \ln \frac{\rho_2}{\rho_1} \qquad (9.8)$$

As Equações (9.8) são usadas para calcular a variação de entropia através de uma onda de choque (Seção 9.5), que é um processo irreversível.

Para escoamento isentrópico, fazemos $s_2 = s_1$ e obtemos estas interessantes relações em forma de "lei de potência" para um gás perfeito:

$$\frac{p_2}{p_1} = \left(\frac{T_2}{T_1}\right)^{k/(k-1)} = \left(\frac{\rho_2}{\rho_1}\right)^k \quad (9.9)$$

Essas relações são usadas na Seção 9.3.

EXEMPLO 9.1

Argônio escoa por um tubo tal que sua condição inicial é $p_1 = 1{,}7$ MPa e $\rho_1 = 18$ kg/m^3 e sua condição final é $p_2 = 248$ kPa e $T_2 = 400$ K. Avalie (a) a temperatura inicial, (b) a massa específica final, (c) a variação de entalpia e (d) a variação de entropia do gás.

Solução

Da Tabela A.4 para o argônio, $R = 208$ m^2/(s$^2 \cdot$ K) e $k = 1{,}67$. Logo, avalie seu calor específico à pressão constante pela Equação (9.4):

$$c_p = \frac{kR}{k-1} = \frac{1{,}67(208)}{1{,}67 - 1} \approx 519 \text{ m}^2/(\text{s}^2 \cdot \text{K})$$

A temperatura inicial e a massa específica final são calculadas pela lei do gás perfeito, Equação (9.2):

$$T_1 = \frac{p_1}{\rho_1 R} = \frac{1{,}7 \text{ E6 N/m}^2}{(18 \text{ kg/m}^3)[208 \text{ m}^2/(\text{s}^2 \cdot \text{K})]} = 454 \text{ K} \qquad \textit{Resposta (a)}$$

$$\rho_2 = \frac{p_2}{T_2 R} = \frac{248 \text{ E3 N/m}^2}{(400 \text{ K})[208 \text{ m}^2/(\text{s}^2 \cdot \text{K})]} = 2{,}98 \text{ kg/m}^3 \qquad \textit{Resposta (b)}$$

Por meio da Equação (9.5), a variação de entalpia é

$$h_2 - h_1 = c_p(T_2 - T_1) = 519(400 - 454) \approx -28.000 \text{ J/kg (ou m}^2/\text{s}^2) \qquad \textit{Resposta (c)}$$

A temperatura e a entalpia do argônio decrescem à medida que nos movemos para jusante do tubo. Na verdade, pode não haver qualquer resfriamento externo; a entalpia do fluido pode ser convertida por atrito em um aumento de energia cinética (Seção 9.7).

Por fim, a variação de entropia é calculada pela Equação (9.8):

$$s_2 - s_1 = c_p \ln \frac{T_2}{T_1} - R \ln \frac{p_2}{p_1}$$

$$= 519 \ln \frac{400}{454} - 208 \ln \frac{0{,}248 \text{ E6}}{1{,}7 \text{ E6}}$$

$$= -66 + 400 \approx 334 \text{ m}^2/(\text{s}^2 \cdot \text{K}) \qquad \textit{Resposta (d)}$$

A entropia do fluido aumentou. Se não houver troca de calor, isso indica um processo irreversível. Observe que a entropia tem as mesmas unidades que a constante do gás e os calores específicos.

Esse problema não se refere apenas a números arbitrários. Ele simula corretamente o comportamento do argônio escoando com velocidades subsônicas através de um tubo com grandes efeitos de atrito (Seção 9.7).

9.2 A velocidade do som

A chamada velocidade do som é a taxa de propagação de um pulso de pressão de intensidade infinitesimal através de um fluido em repouso. É uma propriedade termodinâmica do fluido. Vamos analisá-la primeiramente considerando um pulso de intensidade finita, como na Figura 9.1. Na Figura 9.1a o pulso, ou onda de pressão, move-se à velocidade C em direção ao fluido em repouso (p, ρ, T, $V = 0$) à esquerda, deixando para trás, à direita, um fluido com propriedades incrementadas ($p + \Delta p$, $\rho + \Delta \rho$, $T + \Delta T$) e uma velocidade ΔV do fluido seguindo a onda para a esquerda, mas bem menor. Podemos determinar esses efeitos fazendo uma análise de volume de controle através da onda. Para evitar os termos não permanentes necessários na Figura 9.1a, adotamos então o volume de controle da Figura 9.1b, que se move à velocidade C da onda para a esquerda. Nesse referencial, a onda parecerá estacionária e o fluido terá velocidade C à esquerda e $C - \Delta V$ à direita. As propriedades termodinâmicas p, ρ e T não são afetadas pela mudança de referencial.

O escoamento na Figura 9.1b é permanente e unidimensional através da onda. Portanto, a equação da continuidade, pela Equação (3.24), torna-se

$$\rho A C = (\rho + \Delta \rho)(A)(C - \Delta V)$$

ou
$$\Delta V = C \frac{\Delta \rho}{\rho + \Delta \rho} \qquad (9.10)$$

Isso comprova nossa argumentação de que a velocidade induzida no fluido é muito menor que a velocidade C da onda. No limite de intensidade de onda infinitesimal (onda sonora) essa própria velocidade é infinitesimal.

Observe que não há gradientes de velocidade em ambos os lados da onda. Logo, mesmo que a velocidade do fluido seja alta, os efeitos de atrito ficam confinados no interior da onda. Textos avançados [por exemplo, 9] mostram que a espessura de ondas

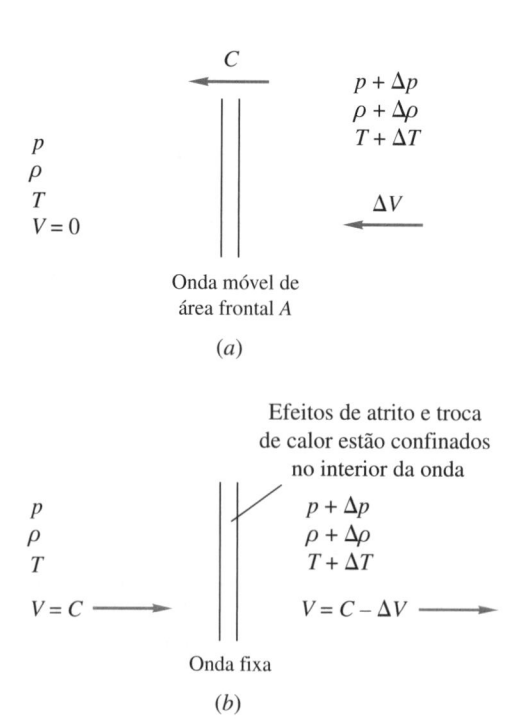

Figura 9.1 Análise de volume de controle de uma onda de pressão de intensidade finita: (a) volume de controle fixo em relação ao fluido em repouso à esquerda; (b) volume de controle movendo-se para a esquerda à velocidade C da onda.

de pressão em gases é da ordem de 3×10^{-4} mm à pressão atmosférica. Logo, podemos seguramente desprezar o atrito e aplicar a equação da quantidade de movimento unidimensional (3.40) através da onda:

$$\Sigma F_{\text{direita}} = \dot{m}(V_{\text{saída}} - V_{\text{entrada}})$$

ou
$$pA - (p + \Delta p)A = (\rho AC)(C - \Delta V - C) \tag{9.11}$$

Novamente a área se cancela e podemos determinar a variação de pressão:

$$\Delta p = \rho C \, \Delta V \tag{9.12}$$

Se a intensidade da onda for muito pequena, a variação de pressão será pequena.

Por fim, combinamos as Equações (9.10) e (9.12) para obter uma expressão para a velocidade da onda:

$$C^2 = \frac{\Delta p}{\Delta \rho}\left(1 + \frac{\Delta \rho}{\rho}\right) \tag{9.13}$$

Quanto maior a intensidade $\Delta \rho/\rho$ da onda, mais rápida é a sua velocidade; ou seja, ondas de explosão poderosas movem-se muito mais rápido que as ondas sonoras. No limite de intensidade infinitesimal $\Delta \rho \to 0$, temos aquilo que é definido como a velocidade do som a de um fluido,

$$a^2 = \frac{\partial p}{\partial \rho} \tag{9.14}$$

Mas o cálculo da derivada requer o conhecimento do processo termodinâmico efetuado pelo fluido à medida que a onda passa. Em 1686, Sir Isaac Newton cometeu um erro famoso ao deduzir uma fórmula para a velocidade do som que era equivalente a admitir um processo isotérmico, resultando um valor 20% abaixo para o ar, por exemplo. Ele racionalizou a discrepância atribuindo-a à "sujeira" do ar (partículas de poeira e assim por diante); o erro é certamente compreensível quando lembramos que foi cometido 180 anos antes do estabelecimento das bases apropriadas para a segunda lei da termodinâmica.

Hoje sabemos que o processo correto deve ser *adiabático*, pois não existem gradientes de temperatura, exceto dentro da própria onda. Para ondas sonoras de intensidade evanescente, temos então um processo adiabático infinitesimal ou isentrópico. A expressão correta para a velocidade do som é

$$a = \left(\frac{\partial p}{\partial \rho}\bigg|_s\right)^{1/2} = \left(k\frac{\partial p}{\partial \rho}\bigg|_T\right)^{1/2} \tag{9.15}$$

para qualquer fluido, gás ou líquido. Mesmo um sólido tem uma velocidade do som.

Para um gás perfeito, da Equação (9.2) ou (9.9), deduzimos que a velocidade do som é

$$a = \left(\frac{kp}{\rho}\right)^{1/2} = (kRT)^{1/2} \tag{9.16}$$

A velocidade do som varia com a raiz quadrada da temperatura absoluta. Para o ar, com $k = 1,4$, uma fórmula dimensional de fácil memorização é

$$a(\text{m/s}) \approx 20[T(\text{K})]^{1/2} \tag{9.17}$$

Tabela 9.1 Velocidade do som de vários materiais a 15,5°C e 1 atm

Material	a, m/s
Gases:	
H_2	1.294
He	1.000
Ar	340
Argônio	317
CO_2	266
CH_4	185
$^{238}UF_6$	91
Líquidos:	
Glicerina	1.860
Água	1.490
Mercúrio	1.450
Álcool etílico	1.200
Sólidos:*	
Alumínio	5.150
Aço	5.060
Nogueira	4.020
Gelo	3.200

*Ondas planas. Os sólidos também têm uma *velocidade de ondas de cisalhamento*.

À temperatura padrão ao nível do mar, 15,5°C = 288,7 K, a = 340 m/s. Ela decresce na alta atmosfera, que é mais fria: à altitude padrão de 15.240 m, T = $-$56,5°C = 216,7 K e $a = 20(216,7)^{1/2}$ = 294,4 m/s, ou 13% menor.

Alguns valores representativos da velocidade do som em vários materiais estão dados na Tabela 9.1. Para líquidos e sólidos, é comum definir o *módulo de elasticidade volumétrico K* do material

$$K = -\mathcal{V} \left.\frac{\partial p}{\partial \mathcal{V}}\right|_s = \rho \left.\frac{\partial p}{\partial \rho}\right|_s \qquad (9.18)$$

Em termos do módulo de elasticidade volumétrico, então, $a = (K/\rho)^{1/2}$. Por exemplo, para condições padrão, o módulo de elasticidade volumétrico do tetracloreto de carbono é 1,32 GPa absoluto e sua massa específica é 1.590 kg/m³. Sua velocidade do som é, portanto, $a = (1{,}3E9 \text{ Pa}/1.590 \text{ kg/m}^3)^{1/2}$ = 840 m/s. O aço tem um módulo de elasticidade volumétrico em torno de 2,0E11 Pa e a água em torno de 2,2E9 Pa (ver a Tabela A.3), ou 90 vezes menor que a do aço.

Para sólidos, admite-se às vezes que o módulo de elasticidade volumétrico seja aproximadamente igual ao módulo de elasticidade de Young, E, mas na verdade a razão entre eles depende do módulo de Poisson σ:

$$\frac{E}{K} = 3(1 - 2\sigma) \qquad (9.19)$$

Os dois são iguais para $\sigma = \frac{1}{3}$, que é aproximadamente o caso de muitos metais comuns tais como o aço e o alumínio.

EXEMPLO 9.2

Avalie a velocidade do som, em m/s, do monóxido de carbono a 200 kPa de pressão e 300°C.

Solução

Da Tabela A.4, para CO, o peso molecular é 28,01 e $k \approx 1{,}4$. Logo, da Equação (9.3), R_{CO} = 8.314/28,01 = 297 m²/(s² · K) e a temperatura dada é 300°C + 273 = 573 K. Assim, da Equação (9.16), calculamos

$$a_{CO} = (kRT)^{1/2} = [1{,}4(297)(573)]^{1/2} = 488 \text{ m/s} \qquad \textit{Resposta}$$

9.3 Escoamento permanente adiabático e isentrópico

Como mencionamos na Seção 9.1, a aproximação isentrópica simplifica bastante um cálculo de escoamento compressível. Isso também ocorre com a hipótese de escoamento adiabático, mesmo que não isentrópico.

Considere o escoamento de um gás a altas velocidades sobre uma parede isolada, como na Figura 9.2. Não há trabalho de eixo entregue a qualquer parte do fluido. Logo, cada tubo de corrente do escoamento satisfaz a equação da energia em regime permanente na forma da Equação (3.70)

$$h_1 + \tfrac{1}{2}V_1^2 + gz_1 = h_2 + \tfrac{1}{2}V_2^2 + gz_2 - q + w_v \qquad (9.20)$$

em que o ponto 1 está a montante do ponto 2. Você talvez queira revisar os detalhes da Equação (3.70) e do seu desenvolvimento. Vimos no Exemplo 3.20 que as variações de energia potencial de um gás são extremamente pequenas em comparação com os termos de energia cinética e entalpia. Vamos desprezar os termos gz_1 e gz_2 em todas as análises de dinâmica dos gases.

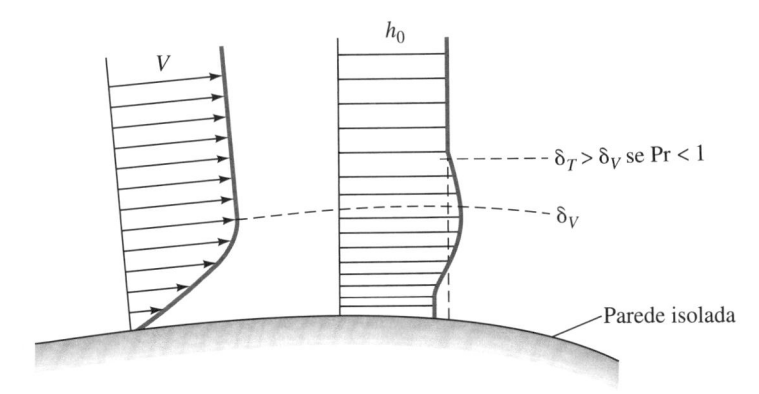

Figura 9.2 Distribuições de velocidade e entalpia de estagnação perto de uma parede isolada em um escoamento típico de gás a altas velocidades.

Dentro das camadas-limite térmica e hidrodinâmica da Figura 9.2 os termos de troca de calor q e trabalho viscoso w_v não são nulos. Mas fora da camada-limite, q e w_v são nulos por definição, de modo que o escoamento externo satisfaz a relação simples

$$h_1 + \tfrac{1}{2}V_1^2 = h_2 + \tfrac{1}{2}V_2^2 = \text{const} \tag{9.21}$$

A constante na Equação (9.21) é igual à entalpia máxima que o fluido poderia atingir se levado ao repouso adiabaticamente. Vamos chamar esse valor de h_0, a *entalpia de estagnação* do escoamento. Logo, reescrevemos a Equação (9.21) na forma

$$h + \tfrac{1}{2}V^2 = h_0 = \text{const} \tag{9.22}$$

Isso deve valer para o escoamento adiabático permanente de qualquer fluido compressível fora da camada-limite. A parede na Figura 9.2 pode ser tanto uma superfície de um corpo imerso como a parede de um duto. Mostramos os detalhes da Figura 9.2; geralmente, a espessura da camada térmica δ_T é maior que a espessura da camada de velocidade δ_V, pois a maioria dos gases tem um número de Prandtl Pr menor do que a unidade (ver, por exemplo, a Referência 19, Seção 4-3.2). Observe que a entalpia de estagnação varia dentro da camada-limite térmica, mas seu valor médio é o mesmo que na camada externa devido à parede isolada.

Para gases não perfeitos, podemos ter que usar as tabelas de vapor [15] ou de gás [16] para implementar a Equação (9.22). Mas, para um gás perfeito $h = c_p T$, e a Equação (9.22) torna-se

$$c_p T + \tfrac{1}{2}V^2 = c_p T_0 \tag{9.23}$$

Isso define a temperatura de estagnação T_0 do escoamento adiabático de um gás perfeito, isto é, a temperatura que ele atinge quando desacelerado adiabaticamente até o repouso.

Uma interpretação alternativa da Equação (9.22) ocorre quando a entalpia e a temperatura caem até o valor zero (absoluto), de modo que a velocidade atinge um valor máximo:

$$V_{\text{máx}} = (2h_0)^{1/2} = (2c_p T_0)^{1/2} \tag{9.24}$$

Velocidades maiores do escoamento não são possíveis, a menos que se adicione mais energia ao fluido por meio de trabalho de eixo ou de transferência de calor (Seção 9.8).

Relações de número de Mach

A forma adimensional da Equação (9.23) traz o número de Mach como um parâmetro, usando a Equação (9.16) para a velocidade do som de um gás perfeito. Divida por $c_p T$ para obter

$$1 + \frac{V^2}{2c_p T} = \frac{T_0}{T} \qquad (9.25)$$

Mas, da lei dos gases perfeitos, $c_p T = [kR/(k-1)]T = a^2/(k-1)$, de modo que a Equação (9.25) torna-se

$$1 + \frac{(k-1)V^2}{2a^2} = \frac{T_0}{T}$$

ou

$$\boxed{\frac{T_0}{T} = 1 + \frac{k-1}{2}\text{Ma}^2 \qquad \text{Ma} = \frac{V}{a}} \qquad (9.26)$$

Essa relação está plotada na Figura 9.3 em função do número de Mach para $k = 1,4$. Para Ma = 5, a temperatura cai a $\frac{1}{6} T_0$.

Uma vez que $a \propto T^{1/2}$, a razão a_0/a é a raiz quadrada de (9.26):

$$\frac{a_0}{a} = \left(\frac{T_0}{T}\right)^{1/2} = \left[1 + \frac{1}{2}(k-1)\text{Ma}^2\right]^{1/2} \qquad (9.27)$$

A Equação (9.27) também está plotada na Figura 9.3. Para Ma = 5, a velocidade do som cai a 41% do valor de estagnação.

Relações isentrópicas de pressão e massa específica

Observe que as Equações (9.26) e (9.27) requerem apenas que o escoamento seja adiabático e valem mesmo na presença de irreversibilidades como perdas por atrito e ondas de choque.

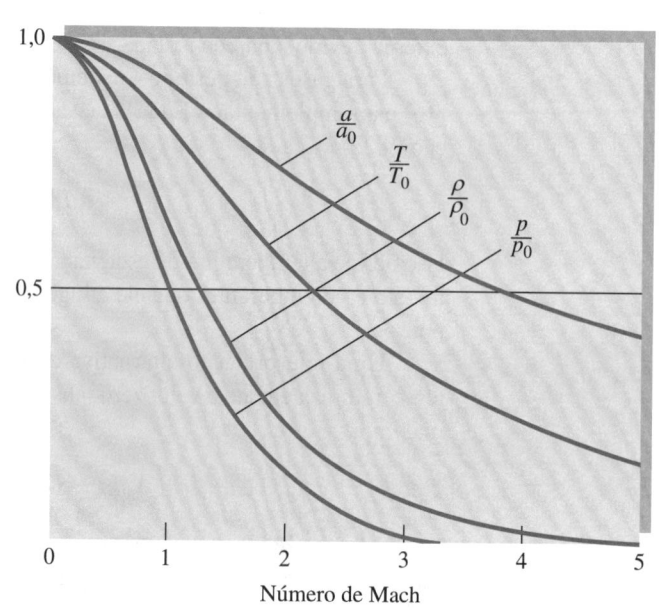

Figura 9.3 Propriedades adiabáticas (T/T_0 e a/a_0) e isentrópicas (p/p_0 e ρ/ρ_0) em função do número de Mach para $k = 1,4$.

Se o escoamento for também *isentrópico*, então as razões de pressão e de massa específica para um gás perfeito podem ser calculadas pela Equação (9.9) como potências da razão de temperaturas:

$$\frac{p_0}{p} = \left(\frac{T_0}{T}\right)^{k/(k-1)} = \left[1 + \frac{1}{2}(k-1)\mathrm{Ma}^2\right]^{k/(k-1)} \quad (9.28a)$$

$$\frac{\rho_0}{\rho} = \left(\frac{T_0}{T}\right)^{1/(k-1)} = \left[1 + \frac{1}{2}(k-1)\mathrm{Ma}^2\right]^{1/(k-1)} \quad (9.28b)$$

Essas relações também estão plotadas na Figura 9.3; para Ma = 5, a massa específica é 1,13% do seu valor de estagnação, e a pressão é somente 0,19% da pressão de estagnação.

As grandezas p_0 e ρ_0 são a pressão e a massa específica de estagnação isentrópica, respectivamente, isto é, a pressão e a massa específica que o escoamento atingiria se levado isentropicamente ao repouso. Em um escoamento adiabático não isentrópico, p_0 e ρ_0 retêm seu significado local, mas variam à medida que a entropia varia devido ao atrito ou ondas de choque. As grandezas h_0, T_0 e a_0 são constantes em um escoamento adiabático não isentrópico (para mais detalhes, ver a Seção 9.7).

Relação com a equação de Bernoulli

As hipóteses isentrópicas (9.28) são efetivas, mas seriam realistas? Sim. Para ver o porquê, diferencie a Equação (9.22):

Adiabático: $\qquad dh + V\,dV = 0 \qquad (9.29)$

Por outro lado, da Equação (9.6), se $ds = 0$ (processo isentrópico),

$$dh = \frac{dp}{\rho} \quad (9.30)$$

Combinando (9.29) e (9.30), concluímos que um escoamento isentrópico em um tubo de corrente deve satisfazer

$$\frac{dp}{\rho} + V\,dV = 0 \quad (9.31)$$

Mas essa é exatamente a equação de Bernoulli, Equação (3.54), para escoamento permanente sem atrito com os termos de gravidade desprezados. Assim, vemos que a hipótese de escoamento isentrópico é equivalente ao uso da forma de Bernoulli, ou seja, da forma da equação da quantidade de movimento sem atrito em uma linha de corrente.

Valores críticos no ponto sônico

Os valores de estagnação (a_0, T_0, p_0, ρ_0) são condições de referência úteis em um escoamento compressível, mas de utilidade comparável são as condições em que o escoamento é sônico, Ma = 1,0. Essas propriedades sônicas, ou *críticas*, são denotadas por asteriscos: p^*, ρ^*, a^* e T^*. Elas correspondem a certas razões das propriedades de estagnação dadas pelas Equações (9.26) a (9.28) quando Ma = 1,0; para $k = 1,4$

$$\frac{p^*}{p_0} = \left(\frac{2}{k+1}\right)^{k/(k-1)} = 0{,}5283 \qquad \frac{\rho^*}{\rho_0} = \left(\frac{2}{k+1}\right)^{1/(k-1)} = 0{,}6339$$
$$\frac{T^*}{T_0} = \frac{2}{k+1} = 0{,}8333 \qquad \frac{a^*}{a_0} = \left(\frac{2}{k+1}\right)^{1/2} = 0{,}9129 \quad (9.32)$$

No escoamento isentrópico, todas as propriedades críticas são constantes; no escoamento adiabático não isentrópico, a^* e T^* são constantes, mas p^* e ρ^* podem variar.

A velocidade crítica V^* é igual à velocidade sônica do som a^* por definição e é frequentemente usada como uma velocidade de referência no escoamento adiabático ou isentrópico

$$V^* = a^* = (kRT^*)^{1/2} = \left(\frac{2k}{k+1} RT_0\right)^{1/2} \tag{9.33}$$

A utilidade desses valores críticos se tornará clara quando mais tarde, neste capítulo, estudarmos escoamento compressível em dutos com atrito ou troca de calor.

Alguns números úteis para o ar

Já que grande parte dos nossos cálculos práticos é para o ar, $k = 1,4$, as propriedades de estagnação p/p_0 e outras, das Equações (9.26) a (9.28), estão tabeladas para esse valor na Tabela B.1. Os incrementos de número de Mach são um tanto elevados nesse quadro, pois os valores são concebidos apenas como um guia; hoje, a manipulação dessas equações em uma calculadora de bolso é trivial. Trinta anos atrás, todo livro-texto trazia tabelas extensivas de escoamento compressível com intervalos de número de Mach em torno de 0,01, permitindo uma interpolação precisa de valores. Ainda hoje, estão disponíveis livros de referência [20, 21, 29] com tabelas, diagramas e programas de computador para uma ampla variedade de situações de escoamento compressível. A Referência 22 contém fórmulas e diagramas referentes à termodinâmica de escoamentos de gases *reais* (não perfeitos).

Para $k = 1,4$, são obtidas as seguintes versões numéricas das fórmulas de escoamento adiabático e isentrópico:

$$\frac{T_0}{T} = 1 + 0{,}2\,\text{Ma}^2 \qquad \frac{\rho_0}{\rho} = (1 + 0{,}2\,\text{Ma}^2)^{2{,}5}$$

$$\frac{p_0}{p} = (1 + 0{,}2\,\text{Ma}^2)^{3{,}5} \tag{9.34}$$

Ou então, se nos forem fornecidas as propriedades, é igualmente fácil determinar o número de Mach (outra vez com $k = 1,4$)

$$\text{Ma}^2 = 5\left(\frac{T_0}{T} - 1\right) = 5\left[\left(\frac{\rho_0}{\rho}\right)^{2/5} - 1\right] = 5\left[\left(\frac{p_0}{p}\right)^{2/7} - 1\right] \tag{9.35}$$

Observe que essas fórmulas de escoamento isentrópico servem como equivalentes das equações de quantidade de movimento e energia adiabáticas sem atrito. Elas relacionam velocidade com propriedades físicas de um gás perfeito, mas *não* representam a "solução" de um problema de dinâmica dos gases. A solução completa só será obtida quando a equação da continuidade também tenha sido satisfeita, seja para escoamento unidimensional (Seção 9.4), seja para escoamento multidimensional (Seção 9.9).

Uma nota final: essas fórmulas de razões isentrópicas em função do número de Mach são sedutoras, induzindo-nos a resolver todos os problemas com o uso direto das tabelas. Na verdade, muitos problemas que envolvem velocidade e temperatura podem ser resolvidos mais facilmente se partirmos da forma dimensional da equação da energia original (9.23) mais a lei dos gases perfeitos (9.2), como está ilustrado no próximo exemplo.

EXEMPLO 9.3

Ar escoa adiabaticamente por um duto. No ponto 1, a velocidade é 240 m/s, com $T_1 = 320$ K e $p_1 = 170$ kPa. Calcule (a) T_0, (b) p_{01}, (c) ρ_{01}, (d) Ma_1, (e) $V_{máx}$ e (f) V^*. Em um ponto 2 mais a jusante, $V_2 = 290$ m/s e $p_2 = 135$ kPa. (g) Qual é a pressão de estagnação p_{02}?

Solução

- *Hipóteses:* Aproxime o ar como um gás perfeito com k constante. O escoamento é adiabático, mas *não isentrópico*. Fórmulas isentrópicas são usadas somente para calcular valores locais de p_0 e ρ_0, que variam.

- *Abordagem:* Use fórmulas adiabáticas e isentrópicas para encontrar as diversas propriedades.

- *Parâmetros de gás perfeito:* Para o ar, $R = 287$ m^2/(s$^2 \cdot$ K), $k = 1,4$ e $c_p = 1.005$ m^2/(s$^2 \cdot$ K).

- *Passos da solução (a, b, c, d):* Com T_1, p_1 e V_1 conhecidas, outras propriedades no ponto 1 decorrem:

$$T_{01} = T_1 + \frac{V_1^2}{2c_p} = 320 + \frac{(240 \text{ m/s})^2}{2[1.005 \text{ m}^2/(\text{s}^2 \cdot \text{K})]} = 320 + 29 = 349 \text{ K} \quad Resposta\ (a)$$

Uma vez que o número de Mach é determinado pela Equação (9.35), os valores locais de pressão de estagnação e massa específica decorrem:

$$Ma_1 = \sqrt{5\left(\frac{T_{01}}{T_1} - 1\right)} = \sqrt{5\left(\frac{349 \text{ K}}{320 \text{ K}} - 1\right)} = \sqrt{0,448} \qquad Ma_1 = 0,67 \quad Resposta\ (d)$$

$$p_{01} = p_1(1 + 0,2\ Ma_1^2)^{3,5} = (170 \text{ kPa})[1 + 0,2(0,67)^2]^{3,5} = 230 \text{ kPa} \quad Resposta\ (b)$$

$$\rho_{01} = \frac{p_{01}}{RT_{01}} = \frac{230.000 \text{ N/m}^2}{[287 \text{ m}^2/(\text{s}^2 \cdot \text{K})](349 \text{ K})} = 2,29 \frac{\text{N} \cdot \text{s}^2/\text{m}}{\text{m}^3} = 2,29 \text{ kg/m}^3 \quad Resposta\ (c)$$

- *Comentários:* Observe que aplicamos fórmulas dimensionais (sem o número de Mach) quando foi conveniente.

- *Passos da solução (e, f):* Tanto $V_{máx}$ como V^* estão diretamente relacionadas à temperatura de estagnação pelas Eqs. (9.24) e (9.33):

$$V_{máx} = \sqrt{2c_p T_0} = \sqrt{2[1.005 \text{ m}^2/(\text{s}^2 \cdot \text{K})](349 \text{ K})} = 837 \text{ m/s} \quad Resposta\ (e)$$

$$V^* = \sqrt{\frac{2k}{k+1} RT_0} = \left[\frac{2(1,4)}{(1,4+1)}\left(287 \frac{\text{m}^2}{\text{s}^2 \cdot \text{K}}\right)(349 \text{ K})\right]^{1/2} = 342 \text{ m/s} \quad Resposta\ (f)$$

- No ponto 2 a jusante, a temperatura é desconhecida, mas como o escoamento é adiabático, a temperatura de estagnação é constante: $T_{01} = T_{02} = 349$ K. Logo, da Equação (9.23),

$$T_2 = T_{02} - \frac{V_2^2}{2c_p} = 349 - \frac{(290 \text{ m/s})^2}{2[1.005 \text{ m}^2/(\text{s}^2 \cdot \text{K})]} = 307 \text{ K}$$

Assim, pela Equação (9.28a), a pressão de estagnação isentrópica no ponto 2 é

$$p_{02} = p_2\left(\frac{T_{02}}{T_2}\right)^{k/(k-1)} = (135 \text{ kPa})\left(\frac{349 \text{ K}}{307 \text{ K}}\right)^{3,5} = 211 \text{ kPa} \quad Resposta\ (g)$$

- *Comentários:* Na parte (g), usar uma fórmula de gás perfeito envolvendo razões é mais direto que encontrar o número de Mach, que acaba sendo $\text{Ma}_2 = 0{,}83$, e aplicar a fórmula baseada em número de Mach, Equação (9.34), para p_{02}. Observe que p_{02} é 8% menor que p_{01}. O escoamento é não isentrópico: a entropia aumenta a jusante e a pressão e a massa específica de estagnação caem, neste caso em decorrência de perdas por atrito.

9.4 Escoamento isentrópico com variações de área

Combinando as relações para escoamento isentrópico e/ou adiabático com a equação da continuidade, podemos estudar problemas práticos de escoamento compressível. Esta seção trata a aproximação de escoamento unidimensional.

A Figura 9.4 ilustra a hipótese de escoamento unidimensional. Um escoamento real, Figura 9.4a, satisfaz a condição de não escorregamento nas paredes e tem um perfil de velocidades que varia sobre a seção do duto (compare com a Figura 7.8). Todavia, se a variação de área é pequena e o raio de curvatura é grande

$$\frac{d\mathbf{b}}{dx} \ll 1 \qquad \mathbf{b}(x) \ll R(x) \tag{9.36}$$

então o escoamento é aproximadamente unidimensional, como na Figura 9.4b, com $V \approx V(x)$ respondendo à variação de área $A(x)$. Os bocais e difusores de escoamento compressível nem sempre satisfazem as condições (9.36), mas usaremos a teoria unidimensional em qualquer caso devido à sua simplicidade.

Para escoamento unidimensional permanente, a equação da continuidade, pela Equação (3.24), fica

$$\rho(x)V(x)A(x) = \dot{m} = \text{const} \tag{9.37}$$

Antes de aplicá-la à teoria do duto, podemos aprender bastante da forma diferencial da Equação (9.37):

$$\frac{d\rho}{\rho} + \frac{dV}{V} + \frac{dA}{A} = 0 \tag{9.38}$$

As formas diferenciais da equação da quantidade de movimento sem atrito (9.31) e a relação da velocidade do som (9.15) são relembradas aqui por conveniência:

Quantidade de movimento: $\qquad \dfrac{dp}{\rho} + V\,dV = 0 \tag{9.39}$

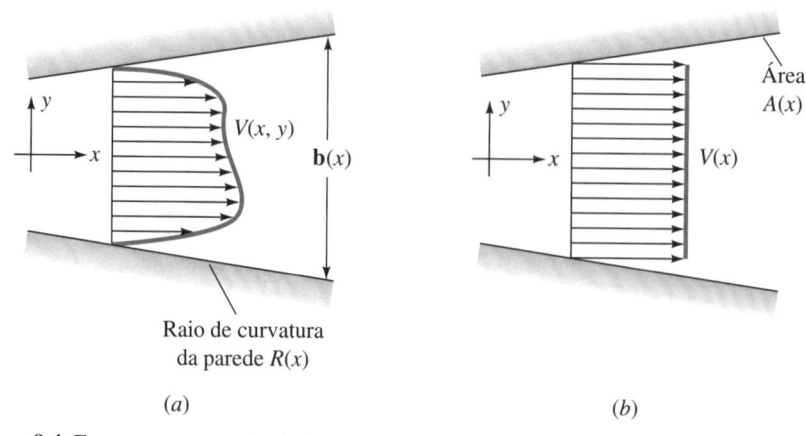

(a) \qquad (b)

Figura 9.4 Escoamento compressível em um duto: (a) perfil de velocidades para escoamento real; (b) aproximação unidimensional.

Geometria do duto	Subsônico Ma < 1	Supersônico Ma > 1
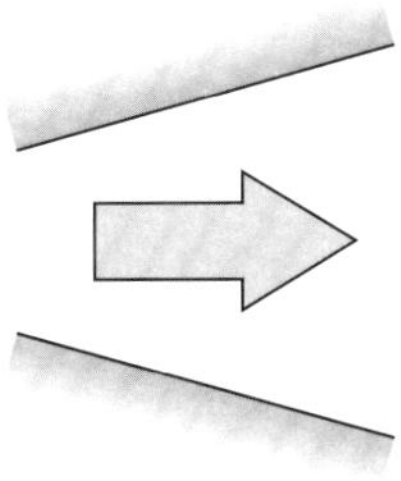 $dA > 0$	$dV < 0$ $dp > 0$ Difusor subsônico	$dV > 0$ $dp < 0$ Bocal supersônico
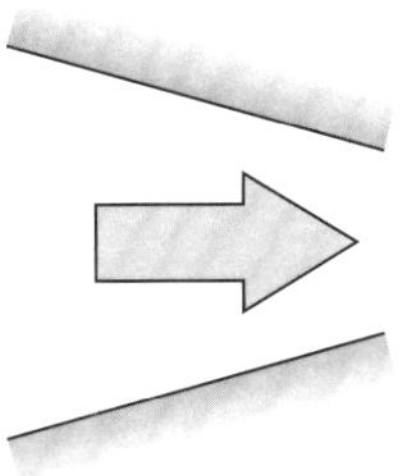 $dA < 0$	$dV > 0$ $dp < 0$ Bocal subsônico	$dV < 0$ $dp > 0$ Difusor supersônico

Figura 9.5 Efeito no número de Mach sobre as variações de propriedade do escoamento em dutos com variação de área.

Velocidade do som: $$dp = a^2\, d\rho \qquad (9.39)$$

Eliminamos agora dp e $d\rho$ entre as Equações (9.38) e (9.39) para obter a seguinte relação entre as variações de velocidade e de área para o escoamento isentrópico em um duto:

$$\frac{dV}{V} = \frac{dA}{A}\frac{1}{\text{Ma}^2 - 1} = -\frac{dp}{\rho V^2} \qquad (9.40)$$

Uma inspeção dessa equação, sem realmente resolvê-la, revela um aspecto fascinante do escoamento compressível: as variações de propriedade têm sinal oposto para escoamento subsônico e supersônico por causa do termo $\text{Ma}^2 - 1$. Existem quatro combinações de variação de área e número de Mach, resumidas na Figura 9.5.

Dos capítulos anteriores, estávamos acostumados ao comportamento subsônico (Ma < 1): quando a área aumenta, a velocidade decresce e a pressão aumenta, o que caracteriza um difusor subsônico. Mas no escoamento supersônico (Ma > 1), a velocidade na verdade cresce quando a área aumenta, indicando um bocal supersônico. O mesmo comportamento oposto ocorre para um decréscimo de área, que acelera um escoamento subsônico (bocal) e desacelera um escoamento supersônico (difusor).

E quanto ao ponto sônico Ma = 1? Uma vez que uma aceleração infinita é fisicamente impossível, a Equação (9.40) indica que dV só pode se finito quando $dA = 0$, ou seja, uma área mínima (garganta) ou uma área máxima (abaulamento). Na Figura 9.6, comparamos uma seção de garganta e uma seção abaulada, usando as regras das Figura 9.5. A seção de garganta, ou convergente-divergente, pode acelerar suavemente um escoamento subsônico, passando pelo regime sônico e atingindo escoamento supersônico, como na Figura 9.6a. Essa é a única maneira como um escoamento supersônico pode ser criado expandindo o gás a partir de um reservatório de estagnação. A seção abaulada não funciona; o seu número de Mach foge da condição sônica em vez de se aproximar dela.

Embora um escoamento supersônico a jusante de um bocal requeira uma garganta sônica, o oposto não é necessariamente verdadeiro: um gás pode passar através de uma seção de garganta sem se tornar sônico.

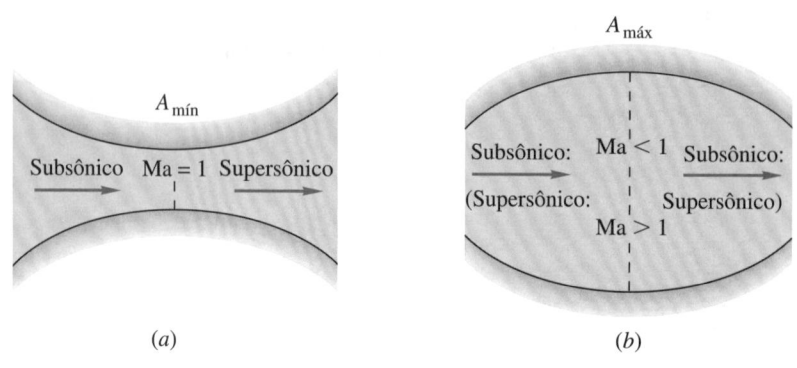

Figura 9.6 Da Equação (9.40), no escoamento por uma garganta, (a) o fluido pode se acelerar suavemente através da condição sônica até o escoamento supersônico. No escoamento por uma seção abaulada, (b) o escoamento não pode ser sônico sobre bases físicas.

Variações de área para gás perfeito

Podemos usar as relações de gás perfeito e escoamento isentrópico para converter a relação de continuidade (9.37) em uma expressão algébrica envolvendo apenas a área e o número de Mach, como se segue. Iguale a vazão em massa em qualquer seção à vazão em massa sob condições sônicas (o que pode, de fato, não estar ocorrendo no duto):

$$\rho V A = \rho^* V^* A^*$$

ou

$$\frac{A}{A^*} = \frac{\rho^*}{\rho} \frac{V^*}{V} \qquad (9.41)$$

Ambos os termos à direita são funções apenas do número de Mach para escoamento isentrópico. Das Equações (9.28) e (9.32)

$$\frac{\rho^*}{\rho} = \frac{\rho^*}{\rho_0} \frac{\rho_0}{\rho} = \left\{ \frac{2}{k+1} \left[1 + \frac{1}{2}(k-1) \mathrm{Ma}^2 \right] \right\}^{1/(k-1)} \qquad (9.42)$$

Das Equações (9.26) e (9.32), obtemos

$$\frac{V^*}{V} = \frac{(kRT^*)^{1/2}}{V} = \frac{(kRT)^{1/2}}{V} \left(\frac{T^*}{T_0}\right)^{1/2} \left(\frac{T_0}{T}\right)^{1/2}$$

$$= \frac{1}{\mathrm{Ma}} \left\{ \frac{2}{k+1} \left[1 + \frac{1}{2}(k-1) \mathrm{Ma}^2 \right] \right\}^{1/2} \qquad (9.43)$$

Combinando as Equações (9.41) até (9.43), obtemos o resultado desejado

$$\boxed{\frac{A}{A^*} = \frac{1}{\mathrm{Ma}} \left[\frac{1 + \frac{1}{2}(k-1) \mathrm{Ma}^2}{\frac{1}{2}(k+1)} \right]^{(1/2)(k+1)(k-1)}} \qquad (9.44)$$

Para $k = 1{,}4$, a Equação (9.44) assume a forma numérica

$$\frac{A}{A^*} = \frac{1}{\mathrm{Ma}} \frac{(1 + 0{,}2 \, \mathrm{Ma}^2)^3}{1{,}728} \qquad (9.45)$$

que está plotada na Figura 9.7. As Equações (9.45) e (9.34) permitem-nos resolver qualquer problema de escoamento unidimensional isentrópico de ar, sendo dados, digamos, o formato $A(x)$ do duto, as condições de estagnação e admitindo-se que não há ondas de choque no duto.

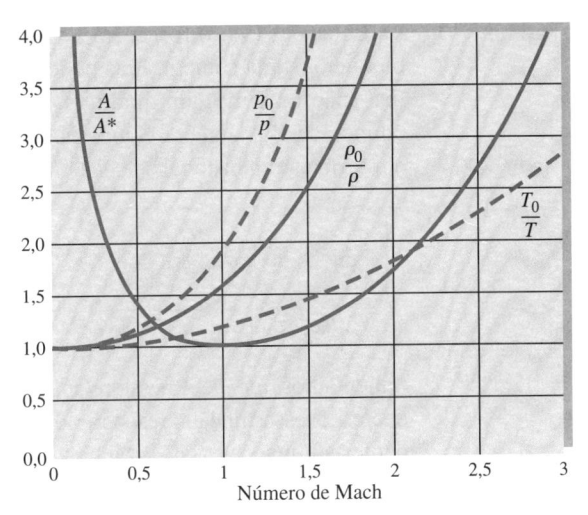

Figura 9.7 Razão de áreas em função do número de Mach para escoamento isentrópico de um gás perfeito com $k = 1{,}4$.

A Figura 9.7 mostra que a área mínima que pode ocorrer em um escoamento isentrópico em um duto é a área da garganta sônica ou crítica. Todas as outras seções do duto devem ter A maior que A^*. Em muitos escoamentos, uma garganta sônica (crítica) não está realmente presente, e o escoamento no duto é inteiramente subsônico ou, mais raramente, inteiramente supersônico.

Bloqueio

Da Equação (9.41), a razão inversa A^*/A é igual a $\rho V/(\rho^* V^*)$, a vazão em massa por unidade de área em qualquer seção comparada com a vazão em massa crítica por unidade de área. Da Figura 9.7, essa razão inversa cresce desde zero em Ma = 0 até a unidade em Ma = 1 e decresce a zero para grandes valores de Ma. Logo, para condições de estagnação dadas, a máxima vazão em massa possível atravessa um duto quando sua garganta está sob condições críticas ou sônicas. Nessa situação, diz-se que o duto está *bloqueado*, não podendo transportar vazão em massa adicional, a menos que sua garganta seja alargada. Se a garganta for contraída ainda mais, a vazão em massa pelo duto deverá decrescer.

Das Equações (9.32) e (9.33), a máxima vazão em massa é

$$\dot{m}_{\text{máx}} = \rho^* A^* V^* = \rho_0 \left(\frac{2}{k+1}\right)^{1/(k-1)} A^* \left(\frac{2k}{k+1} RT_0\right)^{1/2}$$

$$= k^{1/2} \left(\frac{2}{k+1}\right)^{(1/2)(k+1)/(k-1)} A^* \rho_0 (RT_0)^{1/2} \quad (9.46a)$$

Para $k = 1{,}4$, essa expressão reduz-se a

$$\boxed{\dot{m}_{\text{máx}} = 0{,}6847 A^* \rho_0 (RT_0)^{1/2} = \frac{0{,}6847 p_0 A^*}{(RT_0)^{1/2}}} \quad (9.46b)$$

Para escoamento isentrópico através de um duto, a máxima vazão em massa possível é proporcional à área da garganta e à pressão de estagnação e inversamente proporcional à raiz quadrada da temperatura de estagnação. Esses fatos são um tanto abstratos; devemos ilustrá-los com alguns exemplos.

A função de vazão em massa local

As Equações (9.46) fornecem a vazão em massa *máxima*, que ocorre na condição de bloqueio (saída sônica). Elas podem ser modificadas para se prever a vazão em massa real (não máxima) em qualquer seção em que a área A e a pressão p locais sejam conhecidas.[1] A álgebra é complicada e damos aqui apenas o resultado final, expresso em forma adimensional:

$$\text{Função de vazão em massa} = \frac{\dot{m}}{A}\frac{\sqrt{RT_0}}{p_0} = \sqrt{\frac{2k}{k-1}\left(\frac{p}{p_0}\right)^{2/k}\left[1-\left(\frac{p}{p_0}\right)^{(k-1)/k}\right]}$$

(9.47)

Salientamos que p e A nessa relação são valores *locais* na posição x. À medida que p/p_0 decresce, essa função cresce rapidamente e então se nivela em um máximo correspondente às Equações (9.46). Alguns valores são tabelados aqui para $k = 1,4$:

p/p_0	1,0	0,98	0,95	0,9	0,8	0,7	0,6	$\leq 0,5283$
Função	0,0	0,1978	0,3076	0,4226	0,5607	0,6383	0,6769	0,6847

A Equação (9.47) é conveniente se as condições de estagnação forem conhecidas e o escoamento não estiver bloqueado.

Quando A/A^* é conhecido e o número de Mach é incógnito, nenhuma solução algébrica da Eq. (9.44) é conhecida pelo autor. Pode-se interpolar na Tabela B.1 ou simplesmente iterar a Eq. (9.44) com uma calculadora. Mas o Excel pode iterar a Eq. (9.44) para escoamento subsônico na sua forma direta:

$$\text{Escoamento subsônico: Ma} = \frac{A^*}{A}\left[\frac{1 + 0,5(k-1)\text{Ma}^2}{0,5(k+1)}\right]^{0,5(k+1)/(k-1)}$$

(9.48)

Faça a escolha de um valor subsônico para Ma no lado direito e, em seguida, substitua-o pelo valor calculado no lado esquerdo. Por exemplo, suponha $A/A^* = 2,035$, correspondente a Ma = 0,300. Uma estimativa pobre de Ma = 0,5 na Eq. (9.44) conduz a uma aproximação melhor Ma = 0,329, depois 0,303, depois 0,300.

Para o escoamento supersônico, a iteração da Eq. (9.44) diverge. Em vez disso, simplesmente tente diferentes números de Mach na Eq. (9.44) até que a área apropriada seja alcançada. Por exemplo, suponha $A/A^* = 3,183$, correspondente a Ma = 2,70. Uma estimativa pobre de Ma = 2,4 produz $A/A^* = 2,403$, 24% abaixo. Melhore a estimativa para Ma = 2,8 e obtenha $A/A^* = 3,500$, ou 10% acima. Interpole para Ma = 2,72, $A/A^* = 3,244$, 2% acima. Finalmente tente Ma = 2,70 e obtenha a razão de áreas desejada. Esses cálculos simplesmente exigem que você refaça sua estimativa para Ma, verifique o erro, e a convergência dependerá de sua habilidade.

Observe que são possíveis duas soluções para um valor de A/A^*, uma subsônica e outra supersônica. A solução apropriada não pode ser selecionada sem informação adicional, como, por exemplo, pressão ou temperatura na seção de duto considerada.

EXEMPLO 9.4

Ar escoa isentropicamente através de um duto. Na seção 1, a área é 0,05 m² e $V_1 = 180$ m/s, $p_1 = 500$ kPa e $T_1 = 470$ K. Calcule (*a*) T_0, (*b*) Ma_1, (*c*) p_0 e (*d*) A^* e $\dot{m}$. Se na seção 2 a área for 0,036 m², calcule Ma_2 e p_2 se o escoamento for (*e*) subsônico ou (*f*) supersônico. Considere $k = 1,4$.

---

[1] O autor agradece a Georges Aigret, de Chimay, Bélgica, por sugerir essa função útil.

Solução

Parte (a) Um esboço geral do problema está na Figura E9.4. Com V_1 e T_1 conhecidas, a equação da energia (9.23) fornece

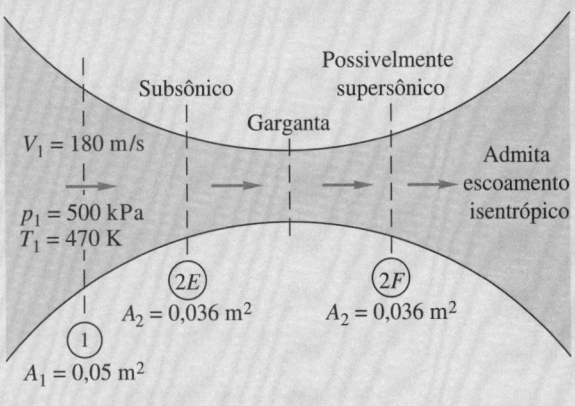

E9.4

$V_1 = 180$ m/s
$p_1 = 500$ kPa
$T_1 = 470$ K
$A_1 = 0{,}05$ m^2

Subsônico | Garganta | Possivelmente supersônico | Admita escoamento isentrópico

(2E) $A_2 = 0{,}036$ m^2 (2F) $A_2 = 0{,}036$ m^2

$$T_0 = T_1 + \frac{V_1^2}{2c_p} = 470 + \frac{(180)^2}{2(1.005)} = 486 \text{ K} \qquad \textit{Resposta (a)}$$

Parte (b) A velocidade local do som é $a_1 = (kRT_1)^{1/2} = [(1{,}4)(287)(470)]^{1/2} = 435$ m/s. Logo

$$\text{Ma}_1 = \frac{V_1}{a_1} = \frac{180}{435} = 0{,}414 \qquad \textit{Resposta (b)}$$

Parte (c) Com Ma$_1$ conhecido, a pressão de estagnação segue da Equação (9.34):

$$p_0 = p_1(1 + 0{,}2\,\text{Ma}_1^2)^{3{,}5} = (500 \text{ kPa})[1 + 0{,}2(0{,}414)^2]^{3{,}5} = 563 \text{ kPa} \qquad \textit{Resposta (c)}$$

Parte (d) De modo semelhante, por meio da Equação (9.45), a área crítica da garganta (sônica) é

$$\frac{A_1}{A^*} = \frac{(1 + 0{,}2\,\text{Ma}_1^2)^3}{1{,}728\,\text{Ma}_1} = \frac{[1 + 0{,}2(0{,}414)^2]^3}{1{,}728(0{,}414)} = 1{,}547$$

ou

$$A^* = \frac{A_1}{1{,}547} = \frac{0{,}05 \text{ m}^2}{1{,}547} = 0{,}0323 \text{ m}^2 \qquad \textit{Resposta (d)}$$

Essa garganta deverá *realmente estar presente* no duto se o escoamento tiver de se tornar supersônico.

Agora já conhecemos A^*. Logo, para calcularmos a vazão em massa podemos usar a Equação (9.46), que permanece válida com base no valor numérico de A^*, independentemente de uma garganta existir ou não:

$$\dot{m} = 0{,}6847 \frac{p_0 A^*}{\sqrt{RT_0}} = 0{,}6847 \frac{(563.000)(0{,}0323)}{\sqrt{(287)(486)}} = 33{,}4 \text{ kg/s} \qquad \textit{Resposta (d)}$$

Ou então podemos nos sair igualmente bem com nossa nova fórmula de "vazão em massa local", Equação (9.47), usando, digamos, a pressão e a área na seção 1. Dado $p_1/p_0 = 500/563 = 0{,}889$, a Equação (9.47) leva a

$$\dot{m} \frac{\sqrt{287(486)}}{563.000(0{,}05)} = \sqrt{\frac{2(1{,}4)}{0{,}4}(0{,}889)^{2/1{,}4}[1 - (0{,}889)^{0{,}4/1{,}4}]} = 0{,}444 \quad \dot{m} = 33{,}4 \frac{\text{kg}}{\text{s}}$$

Resposta (d)

Parte (e) Para escoamento subsônico a montante da garganta na seção 2E, a razão de áreas é $A_2/A^* = 0,036/0,0323 = 1,115$, correspondendo ao lado esquerdo da Fig. 9.7 ou aos números subsônicos na Tabela B.1, nenhum deles muito preciso. Escolha a estimativa inicial de $Ma_2 = 0,700$ na seção 2E da Fig. 9.7. Entre com essa estimativa na Eq. (9.48) e repita o processo algumas vezes. A tabela seguinte foi obtida com o Excel:

Ma – estimativa	Ma – Eq. (9.48)	A/A*
0,700	0,687	1,115
0,687	0,680	1,115
0,680	0,677	1,115
0,677	0,675	1,115
0,675	0,674	1,115
0,674	**0,674**	**1,115**

O valor subsônico convergido (lentamente) é

$$Ma_2 = 0,674 \qquad Resposta\ (e)$$

A pressão é dada pela relação isentrópica

$$p_2 = \frac{p_o}{[1 + 0,2(0,674)^2]^{3,5}} = \frac{563\ \text{kPa}}{1,356} = 415\ \text{kPa} \qquad Resposta\ (e)$$

A parte (e) não requer uma garganta, seja sônica ou não: o escoamento poderia simplesmente contrair subsonicamente de A_1 a A_2.

Parte (f) Para escoamento supersônico na seção 2F, outra vez a razão de áreas é $0,036/0,0323 = 1,115$. No lado direito da Fig. 9.7, estimamos $Ma_2 \approx 1,5$. A tabela obtida da Eq. (9.44) é

Ma – estimativa	A/A* – Eq. (9.44)	A/A*
1,5000	1,1762	1,1150
1,4000	1,1149	1,1150
1,4001	**1,1150**	**1,1150**

Tivemos sorte de que esse número de Mach é fácil de ser estimado:

$$Ma_2 = 1,4001 \qquad Resposta\ (f)$$

Novamente, a pressão é dada pela relação isentrópica com o novo número de Mach:

$$p_2 = \frac{p_0}{[1 + 0,2(1,4001)^2]^{3,5}} = \frac{563\ \text{kPa}}{3,183} = 177\ \text{kPa} \qquad Resposta\ (f)$$

Observe que o nível de pressão para escoamento supersônico é bem menor que p_2 na parte (e) e uma garganta subsônica *deve* existir entre as seções 1 e 2F.

EXEMPLO 9.5

Deseja-se expandir ar de $p_0 = 200$ kPa e $T_0 = 500$ K por uma garganta até um número de Mach na saída igual a 2,5. Se a vazão em massa desejada é 3 kg/s, calcule (*a*) a área da garganta e (*b*) a pressão, (*c*) temperatura, (*d*) velocidade e (*e*) área na saída, admitindo escoamento isentrópico, com $k = 1,4$.

> **Solução**
>
> A área da garganta vem da Equação (9.47), porque o escoamento na garganta deve ser sônico para produzir uma saída supersônica:
>
> $$A^* = \frac{\dot{m}(RT_0)^{1/2}}{0{,}6847 p_0} = \frac{3{,}0[287(500)]^{1/2}}{0{,}6847(200.000)} = 0{,}00830 \text{ m}^2 = \frac{1}{4}\pi D^{*2}$$
>
> ou $\quad D_{\text{garganta}} = 10{,}3 \text{ cm} \quad$ *Resposta (a)*
>
> Com o número de Mach na saída conhecido, as relações isentrópicas fornecem a pressão e a temperatura
>
> $$p_e = \frac{p_0}{[1 + 0{,}2(2{,}5)^2]^{3{,}5}} = \frac{200.000}{17{,}08} = 11.700 \text{ Pa} \quad \text{Resposta (b)}$$
>
> $$T_e = \frac{T_0}{1 + 0{,}2(2{,}5)^2} = \frac{500}{2{,}25} = 222 \text{ K} \quad \text{Resposta (c)}$$
>
> A velocidade na saída vem do número de Mach conhecido e da temperatura
>
> $$V_e = \text{Ma}_e(kRT_e)^{1/2} = 2{,}5[1{,}4(287)(222)]^{1/2} = 2{,}5(299 \text{ m/s}) = 747 \text{ m/s} \quad \text{Resposta (d)}$$
>
> A área de saída vem da área de garganta conhecida, do número de Mach na saída e da Equação (9.45):
>
> $$\frac{A_e}{A^*} = \frac{[1 + 0{,}2(2{,}5)^2]^3}{1{,}728(2{,}5)} = 2{,}64$$
>
> ou $\quad A_e = 2{,}64 A^* = 2{,}64(0{,}0083 \text{ m}^2) = 0{,}0219 \text{ m}^2 = \frac{1}{4}\pi D_e^2$
>
> ou $\quad D_e = 16{,}7 \text{ cm} \quad$ *Resposta (e)*
>
> Um ponto deve ser ressaltado: o cálculo da área A^* da garganta não depende de modo algum do valor numérico do número de Mach na saída. A saída é supersônica; portanto, a garganta é sônica e está bloqueada, e nenhuma informação adicional é necessária.

9.5 A onda de choque normal

Ondas de choque são mudanças quase descontínuas em um escoamento supersônico. Elas podem ocorrer devido a uma pressão maior a jusante, a uma mudança repentina na direção do escoamento, ao bloqueio por um corpo a jusante ou como resultado de uma explosão. A mais simples algebricamente é uma mudança unidimensional, ou *onda de choque normal*, mostrada na Figura 9.8. Selecionamos um volume de controle com seções antes e depois da onda.

A análise é idêntica àquela da Figura 9.1; isto é, uma onda de choque é uma forte onda de pressão fixa. Para calcularmos todas as variações de propriedade, em vez da velocidade da onda simplesmente, usamos todas as nossas relações básicas unidimensionais de escoamento permanente, considerando a seção 1 a montante e a seção 2 a jusante:

Continuidade: $\quad \rho_1 V_1 = \rho_2 V_2 = G = \text{const} \quad$ (9.49a)

Quantidade de movimento: $\quad p_1 - p_2 = \rho_2 V_2^2 - \rho_1 V_1^2 \quad$ (9.49b)

Energia: $\quad h_1 + \tfrac{1}{2}V_1^2 = h_2 + \tfrac{1}{2}V_2^2 = h_0 = \text{const} \quad$ (9.49c)

Gás perfeito: $\quad \dfrac{p_1}{\rho_1 T_1} = \dfrac{p_2}{\rho_2 T_2} \quad$ (9.49d)

c_p constante: $\quad h = c_p T \quad k = \text{const} \quad$ (9.49e)

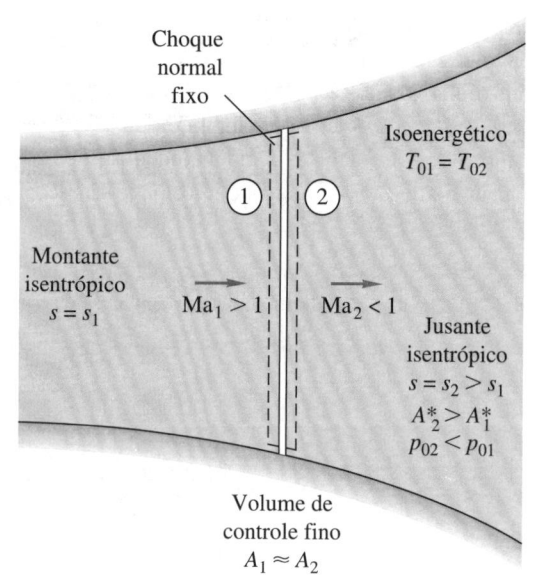

[Figura 9.8: Escoamento através de uma onda de choque normal fixa.]

Choque normal fixo
Isoenergético $T_{01} = T_{02}$
Montante isentrópico $s = s_1$
$Ma_1 > 1$
$Ma_2 < 1$
Jusante isentrópico
$s = s_2 > s_1$
$A_2^* > A_1^*$
$p_{02} < p_{01}$
Volume de controle fino
$A_1 \approx A_2$

Figura 9.8 Escoamento através de uma onda de choque normal fixa.

Observe que cancelamos as áreas $A_1 \approx A_2$, o que se justifica mesmo em um duto de seção variável por causa da espessura desprezível da onda. As primeiras análises bem-sucedidas dessas relações de choque normal são atribuídas a W. J. M. Rankine (1870) e A. Hugoniot (1887), e daí vem a sua moderna denominação de *relações de Rankine-Hugoniot*. Se considerarmos conhecidas as condições a montante (p_1, V_1, ρ_1, h_1, T_1), as Equações (9.49) representam cinco relações algébricas nas cinco incógnitas (p_2, V_2, ρ_2, h_2, T_2). Em virtude do termo de velocidade ao quadrado, encontram-se duas soluções, e a correta é determinada pela segunda lei da termodinâmica que exige que $s_2 > s_1$.

As velocidades V_1 e V_2 podem ser eliminadas das Equações (9.49a) a (9.49c) para se obter a seguinte relação de Rankine-Hugoniot:

$$h_2 - h_1 = \frac{1}{2}(p_2 - p_1)\left(\frac{1}{\rho_2} + \frac{1}{\rho_1}\right) \tag{9.50}$$

Essa relação contém apenas propriedades termodinâmicas e é independente da equação de estado. Introduzindo a lei dos gases perfeitos $h = c_p T = kp/[(k-1)\rho]$, podemos reescrevê-la como

$$\frac{\rho_2}{\rho_1} = \frac{1 + \beta p_2/p_1}{\beta + p_2/p_1} \qquad \beta = \frac{k+1}{k-1} \tag{9.51}$$

Podemos comparar esse resultado com a relação de escoamento isentrópico para uma onda de pressão bem fraca em um gás perfeito:

$$\frac{\rho_2}{\rho_1} = \left(\frac{p_2}{p_1}\right)^{1/k} \tag{9.52}$$

Além disso, a variação real de entropia através do choque pode ser calculada por meio da relação de gás perfeito:

$$\frac{s_2 - s_1}{c_v} = \ln\left[\frac{p_2}{p_1}\left(\frac{\rho_1}{\rho_2}\right)^k\right] \tag{9.53}$$

Admitindo uma intensidade de onda p_2/p_1, podemos calcular a razão de massas específicas e a variação de entropia e listá-las a seguir, para $k = 1,4$:

p_2	ρ_2/ρ_1		$s_2 - s_1$
p_1	Equação (9.51)	Isentrópico	c_v
0,5	0,6154	0,6095	–0,0134
0,9	0,9275	0,9275	–0,00005
1,0	1,0	1,0	0,0
1,1	1,00704	1,00705	0,00004
1,5	1,3333	1,3359	0,0027
2,0	1,6250	1,6407	0,0134

Vemos que a variação de entropia é negativa se a pressão decresce através do choque, o que viola a segunda lei. Logo, um choque de rarefação é impossível em um gás perfeito.[2] Vemos também que as ondas de choque fracas ($p_2/p_1 \leq 2,0$) são quase isentrópicas.

Relações de número de Mach

Para um gás perfeito, todas as razões de propriedades através do choque normal são funções apenas de k e do número de Mach a montante Ma_1. Por exemplo, se eliminarmos ρ_2 e V_2 das Equações (9.49a) a (9.49c) e introduzirmos $h = kp/[(k-1)\rho]$, obtemos

$$\frac{p_2}{p_1} = \frac{1}{k+1}\left[\frac{2\rho_1 V_1^2}{p_1} - (k-1)\right] \tag{9.54}$$

Mas, para um gás perfeito, $\rho_1 V_1^2/p_1 = k V_1^2/(kRT_1) = k\,Ma_1^2$, de modo que a Equação (9.54) é equivalente a

$$\boxed{\frac{p_2}{p_1} = \frac{1}{k+1}\left[2k\,Ma_1^2 - (k-1)\right]} \tag{9.55}$$

Dessa equação, vemos que, para qualquer k, $p_2 > p_1$ apenas se $Ma_1 > 1,0$. Logo, para o escoamento através de uma onda de choque normal, o número de Mach deve ser supersônico para satisfazer a segunda lei da termodinâmica.

E quanto ao número de Mach a jusante? Da identidade $\rho V^2 = kp\,Ma^2$ (válida para gás perfeito), podemos reescrever a Equação (9.49b) como

$$\frac{p_2}{p_1} = \frac{1 + k\,Ma_1^2}{1 + k\,Ma_2^2} \tag{9.56}$$

que relaciona a razão de pressões a ambos os números de Mach. Igualando as Equações (9.55) e (9.56), podemos resolver para

$$\boxed{Ma_2^2 = \frac{(k-1)\,Ma_1^2 + 2}{2k\,Ma_1^2 - (k-1)}} \tag{9.57}$$

Uma vez que Ma_1 deve ser supersônico, essa equação prevê para todo $k > 1$ que Ma_2 deve ser subsônico. Logo, uma onda de choque normal desacelera um escoamento de maneira quase descontínua de condições supersônicas para subsônicas.

---

[2]Isso também é verdadeiro para a maioria dos gases reais; ver a Referência 9, Seção 7.3.

Manipulações adicionais das relações básicas (9.49) fornecem outras equações para as variações das propriedades através de uma onda de choque normal em um gás perfeito:

$$\frac{\rho_2}{\rho_1} = \frac{(k+1)\,\mathrm{Ma}_1^2}{(k-1)\,\mathrm{Ma}_1^2 + 2} = \frac{V_1}{V_2}$$

$$\frac{T_2}{T_1} = [2 + (k-1)\,\mathrm{Ma}_1^2]\frac{2k\,\mathrm{Ma}_1^2 - (k-1)}{(k+1)^2\,\mathrm{Ma}_1^2} \qquad (9.58)$$

$$T_{02} = T_{01}$$

$$\frac{p_{02}}{p_{01}} = \frac{\rho_{02}}{\rho_{01}} = \left[\frac{(k+1)\,\mathrm{Ma}_1^2}{2 + (k-1)\,\mathrm{Ma}_1^2}\right]^{k/(k-1)}\left[\frac{k+1}{2k\,\mathrm{Ma}_1^2 - (k-1)}\right]^{1/(k-1)}$$

De interesse adicional é o fato de que a área de garganta crítica, ou sônica, A^*, aumenta através de um choque normal em um duto:

$$\frac{A_2^*}{A_1^*} = \frac{\mathrm{Ma}_2}{\mathrm{Ma}_1}\left[\frac{2 + (k-1)\,\mathrm{Ma}_1^2}{2 + (k-1)\,\mathrm{Ma}_2^2}\right]^{(1/2)(k+1)(k-1)} \qquad (9.59)$$

Todas essas relações estão dadas na Tabela B.2 e plotadas em função do número de Mach a montante na Figura 9.9 para $k = 1,4$. Vemos que a pressão aumenta bastante enquanto a temperatura e a massa específica aumentam moderadamente. A área efetiva da garganta A^* de início aumenta lentamente e depois rapidamente. Uma fonte comum de erros cometidos por estudantes em cálculos que envolvam choque é deixar de levar em conta essa variação em A^*.

A temperatura de estagnação permanece a mesma, mas a pressão de estagnação e a massa específica de estagnação decrescem a uma mesma razão; isto é, o escoamento através do choque é adiabático, mas não isentrópico. Outros princípios básicos que regem o comportamento de ondas de choque podem ser resumidos no seguinte:

1. O escoamento é supersônico a montante e subsônico a jusante.

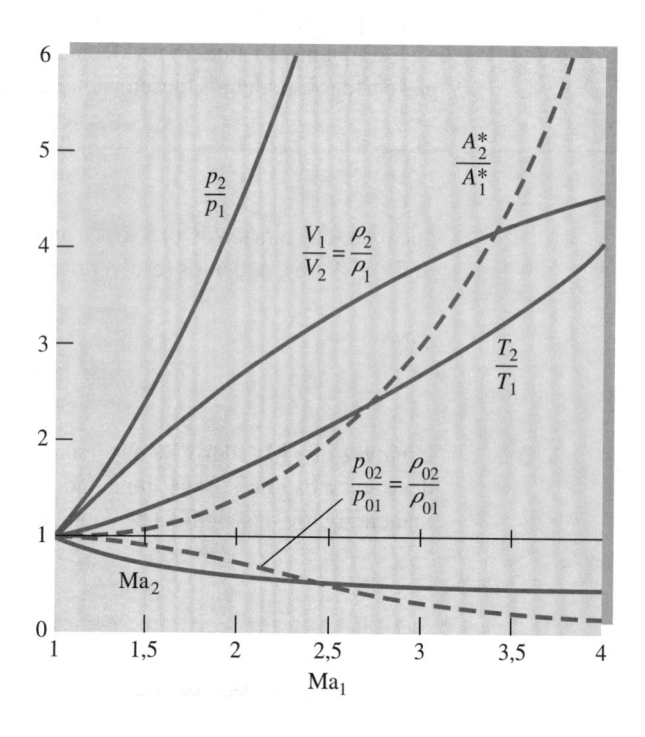

Figura 9.9 Variação das propriedades do escoamento através de uma onda de choque normal para $k = 1,4$.

2. Para gases perfeitos (e também para fluidos reais, exceto em condições termodinâmicas bizarras), ondas de rarefação são impossíveis e apenas choques de compressão podem existir.
3. A entropia aumenta através do choque com uma consequente diminuição na pressão de estagnação e na massa específica de estagnação e um aumento na área efetiva de garganta sônica.
4. Ondas de choque fracas são quase isentrópicas.

Ondas de choque normais formam-se em dutos sob condições transientes, por exemplo, tubos de choque, e no escoamento permanente para certas faixas da pressão a jusante. A Figura 9.10*a* mostra uma onda de choque normal em um bocal supersônico. O escoamento é da esquerda para a direita. O padrão de ondas de choque oblíquas à esquerda é formado por elementos de rugosidade sobre as paredes do bocal e indica que o escoamento é supersônico a montante. Observe a ausência dessas ondas de Mach (ver Seção 9.10) no escoamento subsônico a jusante.

(*a*)

(*b*)

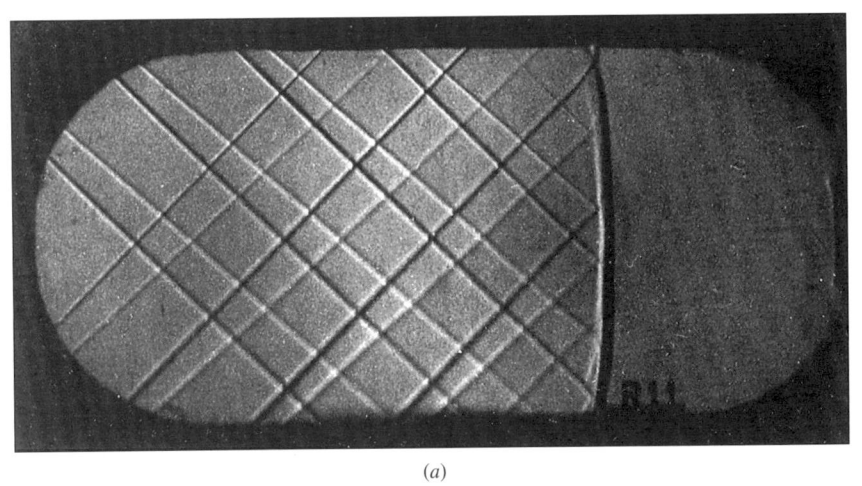

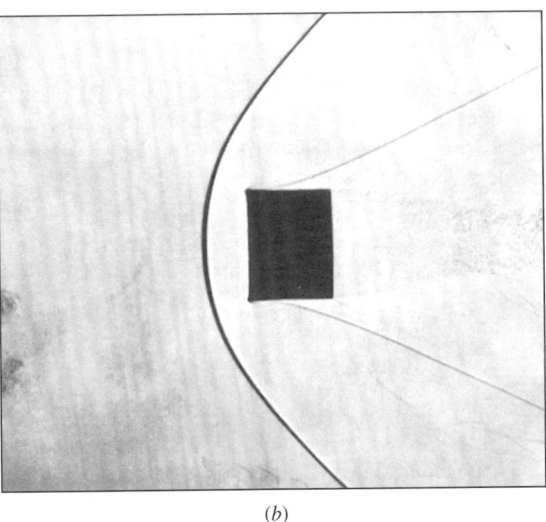

Figura 9.10 Choques normais formam-se tanto em escoamentos internos como externos: (*a*) choque normal em um duto; observe o padrão de ondas de Mach à esquerda (a montante), indicando escoamento supersônico. *(Cortesia do U.S. Air Force Arnold Engineering Development Center.)* (*b*) Escoamento supersônico em torno de um corpo rombudo cria um choque normal em frente ao nariz; a espessura aparente do choque e a curvatura nas quinas do corpo são distorções óticas. *(Cortesia do U. S. Army Ballistic Research Laboratory, Aberdeen Proving Ground.)*

Ondas de choque normais ocorrem não apenas em escoamentos supersônicos em dutos, mas também em uma variedade de escoamentos supersônicos externos. Um exemplo é o escoamento supersônico em torno de um corpo rombudo, mostrado na Figura 9.10b. O choque destacado é curvo, com uma porção frontal ao corpo que é essencialmente normal ao escoamento de aproximação. Essa parte normal do choque destacado satisfaz as condições de variação de propriedades que acabamos de delinear nesta seção. Logo, o escoamento após o choque e próximo ao nariz do corpo é subsônico e com uma temperatura relativamente alta $T_2 > T_1$, e a transferência de calor convectiva é particularmente alta nessa região.

Cada porção não normal do choque destacado na Figura 9.10b satisfaz as relações de choque oblíquo a serem discutidas na Seção 9.9. Observe também a presença dos choques oblíquos de recompressão sobre os lados do corpo. O que acontece é que o escoamento subsônico perto do nariz é acelerado ao redor das quinas do corpo e volta a ser supersônico a baixas pressões nessa região, devendo então passar por um segundo choque para poder recuperar as condições de maior pressão a jusante.

Observe a estrutura turbulenta de pequenas escalas da esteira na traseira do corpo na Figura 9.10b. A camada-limite turbulenta ao longo dos lados do corpo também é claramente visível.

A análise de um escoamento supersônico multidimensional complexo como os da Figura 9.10 está além do escopo deste livro. Para mais informações, ver, por exemplo, a Referência 9, Capítulo 9, ou a Referência 5, Capítulo 16.

Choques normais móveis

A análise anterior do choque fixo aplica-se igualmente bem ao choque móvel se revertermos a transformação usada na Figura 9.1. Para fazermos as condições a montante simularem um fluido parado, movemos o choque da Figura 9.8 para a esquerda com velocidade V_1; ou seja, fixamos nossas coordenadas a um volume de controle movendo-se com o choque. O escoamento a jusante parece então mover-se para a esquerda a uma velocidade menor $V_1 - V_2$, seguindo o choque. As propriedades termodinâmicas não são alteradas por essa transformação, de modo que todas as nossas Equações (9.50) até (9.59) ainda são válidas.

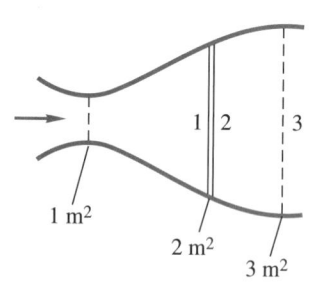

EXEMPLO 9.6

Ar escoa de um reservatório em que $p = 300$ kPa e $T = 500$ K através de uma garganta em direção à seção 1 na Figura E9.6, em que há uma onda de choque normal. Calcule (a) p_1, (b) p_2, (c) p_{02}, (d) A_2^*, (e) p_{03}, (f) A_3^*, (g) p_3, (h) T_{03}.

Solução

- *Esboço do sistema:* Está na Figura E9.6. Entre as seções 1 e 2 existe uma onda de choque.
- *Hipóteses:* Escoamento isentrópico antes e após o choque. Valores menores de p_0 e ρ_0 após o choque.
- *Abordagem:* Após observar de início que a garganta é *sônica*, trabalhe em sequência de 1 a 2 a 3.
- *Valores das propriedades:* Para ar, $R = 287$ m²/(s² · K), $k = 1{,}40$ e $c_p = 1.005$ m²/(s² · K). A pressão de estagnação de 300 kPa na entrada é constante até o ponto 1.
- *Passo (a) da solução:* Uma onda de choque não pode existir a menos que Ma_1 seja supersônico. Logo, a garganta é *sônica* e bloqueada: $A_{\text{garganta}} = A_1^* = 1$ m². A razão de áreas fornece Ma_1 pela Equação (9.45) para $k = 1{,}4$:

$$\frac{A_1}{A_1^*} = \frac{2 \text{ m}^2}{1 \text{ m}^2} = 2{,}0 = \frac{1}{\text{Ma}_1}\frac{(1 + 0{,}2\,\text{Ma}_1^2)^3}{1{,}728} \quad \text{resolve para} \quad \text{Ma}_1 = 2{,}1972$$

Essa precisão com quatro casas decimais pode exigir iteração ou o uso do Excel. Uma interpolação linear na Tabela B.1 daria $Ma_1 \approx 2{,}194$, muito bom também. A pressão na seção 1 resulta então da relação isentrópica, Equação (9.28):

$$p_1 = \frac{p_{01}}{(1 + 0{,}2Ma_1^2)^{3{,}5}} = \frac{300 \text{ kPa}}{[1 + 0{,}2(2{,}194)^2]^{3{,}5}} = 28{,}2 \text{ kPa} \quad \textit{Resposta (a)}$$

- *Passos (b, c, d):* A pressão p_2 é obtida por meio da relação de choque normal da Equação (9.55), ou da Tabela B.2:

$$p_2 = \frac{p_1}{k+1}[2k\,Ma_1^2 - (k-1)] = \frac{28{,}2 \text{ kPa}}{(1{,}4+1)}[2(1{,}4)(2{,}194)^2 - (1{,}4-1)] = 154 \text{ kPa}$$

$$\textit{Resposta (b)}$$

De modo similar, para $Ma_1 \approx 2{,}20$, a Tabela B.2 fornece $p_{02}/p_{01} \approx 0{,}628$ (o Excel fornece 0,6294) e $A_2^*/A_1^* = 1{,}592$ (o Excel fornece 1,5888). Logo, para uma boa precisão:

$$p_{02} \approx 0{,}628 p_{01} = 0{,}628(300 \text{ kPa}) \approx 188 \text{ kPa} \quad \textit{Resposta (c)}$$

$$A_2^* = 1{,}59 A_1^* = 1{,}59(1{,}0 \text{ m}^2) \approx 1{,}59 \text{ m}^2 \quad \textit{Resposta (d)}$$

- *Comentário:* Para calcular A_2^* diretamente, sem a Tabela B.2, você precisaria de uma pausa para calcular $Ma_2 \approx 0{,}547$ pela Equação (9.57), pois a Equação (9.59) envolve tanto Ma_1 como Ma_2.

- *Passos (e, f):* O escoamento de 2 a 3 é isentrópico (mas com uma entropia mais alta que o escoamento a montante do choque); portanto

$$p_{03} = p_{02} \approx 188 \text{ kPa} \quad \textit{Resposta (e)}$$

$$A_3^* = A_2^* \approx 1{,}59 \text{ m}^2 \quad \textit{Resposta (f)}$$

- *Passos (g, h):* O escoamento é adiabático ao longo de todo o duto, de modo que a temperatura de estagnação é constante

$$T_{03} = T_{02} = T_{01} = 500 \text{ K} \quad \textit{Resposta (h)}$$

Em seguida, usando a *nova* área sônica, a razão de áreas fornece o número de Mach na seção 3:

$$\frac{A_3}{A_3^*} = \frac{3 \text{ m}^2}{1{,}59 \text{ m}^2} = 1{,}89 = \frac{1}{Ma_3}\frac{(1 + 0{,}2\,Ma_3^2)^3}{1{,}728} \quad \text{resolve para} \quad Ma_3 \approx 0{,}33$$

O Excel daria $Ma_3 \approx 0{,}327$. Finalmente, com p_{02} conhecido, a Equação (9.28) fornece p_3:

$$p_3 = \frac{p_{02}}{(1 + 0{,}2\,Ma_3^2)^{3{,}5}} \approx \frac{188 \text{ kPa}}{[1 + 0{,}2(0{,}33)^2]^{3{,}5}} \approx 174 \text{ kPa} \quad \textit{Resposta (g)}$$

- *Comentários:* O Excel daria $p_2 = 175$ kPa; vemos então que a Tabela B.2 é satisfatória para esse tipo de problema. Um escoamento em duto com uma onda de choque normal requer a aplicação direta de relações algébricas de gás perfeito acompanhada do discernimento sobre a fórmula apropriada para o cálculo de uma propriedade.

EXEMPLO 9.7

Uma explosão no ar, $k = 1,4$, cria uma onda de choque esférica propagando-se radialmente para dentro do ar parado em condições padrões. No instante mostrado na Figura E9.7, a pressão superficial interna ao choque é de 1,38 MPa. Avalie (a) a velocidade do choque C e (b) a velocidade do ar V na superfície interna ao choque.

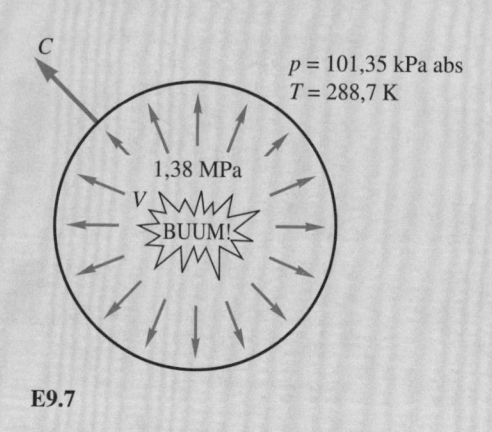

$p = 101,35$ kPa abs
$T = 288,7$ K

1,38 MPa

E9.7

Solução

Parte (a) Apesar da geometria esférica, o escoamento através do choque é normal à frente de onda esférica; daí, as relações de choque normal (9.50) a (9.59) se aplicam. Fixando nosso volume de controle ao choque móvel, descobrimos que as condições adequadas para usar na Figura 9.8 são

$$C = V_1 \quad p_1 = 101,35 \text{ kPa absoluta} \quad T_1 = 288,7 \text{ K}$$

$$V = V_1 - V_2 \quad p_2 = 1,38 \text{ MPa absoluta}$$

A velocidade do som fora do choque é $a_1 \approx 20 T_1^{1/2} = 340$ m/s. Podemos determinar Ma_1 por meio da relação de pressão conhecida através do choque:

$$\frac{p_2}{p_1} = \frac{1.380 \text{ kPa absoluta}}{101,35 \text{ kPa absoluta}} = 13,61$$

Pela Equação (9.55) ou pela Tabela B.2

$$13,61 = \frac{1}{2,4}(2,8 \text{ Ma}_1^2 - 0,4) \quad \text{ou} \quad \text{Ma}_1 = 3,436$$

Logo, pela definição do número de Mach,

$$C = V_1 = \text{Ma}_1 \, a_1 = 3,436(340 \text{ m/s}) = 1.168,24 \text{ m/s} \quad \textit{Resposta (a)}$$

Parte (b) Para encontrarmos V_2, precisamos da temperatura ou da velocidade do som no interior do choque. Uma vez que Ma_1 é conhecido, por meio da Equação (9.58) ou da Tabela B.2 para $\text{Ma}_1 = 3,436$ calculamos $T_2/T_1 = 3,228$. Então

$$T_2 = 3,228 T_1 = 3,228(288,7 \text{ K}) = 932 \text{ K}$$

A temperaturas tão altas, deveríamos levar em conta os efeitos de gás não perfeito ou pelo menos usar as tabelas de gás, mas não vamos fazer isso. Vamos aqui apenas avaliar, pela equação da energia para gás perfeito (9.23), que

$$V_2^2 = 2c_p(T_1 - T_2) + V_1^2 = 2(1005)(288,7 - 932) + (1.168,24)^2 = 71.752$$

ou

$$V_2 \approx 267,9 \text{ m/s}$$

> Observe que fizemos esse cálculo sem preocupação em calcular Ma_2, que é igual a 0,454, ou $a_2 \approx 20 T_2^{1/2} = 611$ m/s.
>
> Finalmente, a velocidade do ar atrás do choque é
>
> $$V = V_1 - V_2 = 1.168,24 - 267,9 \approx 900 \text{ m/s} \qquad \textit{Resposta (b)}$$
>
> Portanto, uma explosão forte quando passa cria uma rajada de vento breve, porém intensa.[3]

9.6 Operação de bocais convergentes e divergentes

Combinando as relações de escoamento isentrópico, de choque normal mais o conceito de bloqueio sônico na garganta, podemos delinear as características de bocais convergentes e divergentes.

Bocal convergente

Considere primeiramente o bocal convergente esboçado na Figura 9.11a. Existe um reservatório a montante, à pressão de estagnação p_0. O escoamento é induzido pela redução da pressão externa a jusante, ou *contrapressão*, p_c, abaixo de p_0, resultando na sequência de estados *a* até *e* mostrada na Figura 9.11b e c.

Para uma queda moderada de p_c até os estados *a* e *b*, a pressão na garganta é maior que o valor crítico p^* que tornaria sônica a garganta. O escoamento no bocal é subsônico em toda parte e a pressão do jato de saída p_s é igual à contrapressão p_c. A vazão em massa é prevista pela teoria isentrópica subsônica e é menor que o valor crítico, como mostra a Figura 9.11c.

Para a condição *c*, a contrapressão iguala exatamente a pressão crítica p^* da garganta. A garganta torna-se sônica, o escoamento do jato de saída é sônico, $p_s = p_c$ e a vazão em massa iguala seu valor máximo da Equação (9.46). O escoamento a montante da garganta é subsônico em toda parte, sendo previsto pela teoria isentrópica baseada na razão de áreas local $A(x)/A^*$ e na Tabela B.1.

Finalmente, se p_c é reduzida ainda mais às condições *d* ou *e* abaixo de p^*, o bocal não pode mais responder porque está bloqueado com a sua vazão em massa máxima. A garganta permanece sônica com $p_s = p^*$ e a distribuição de pressões do bocal é a mesma que a do estado *c*, como esboça a Figura 9.11b. O jato de saída se expande supersonicamente, de modo que a pressão do jato possa ser reduzida de p^* até p_c. A estrutura do jato é complexa, multidimensional e não está mostrada aqui. Sendo supersônico, o jato não pode enviar qualquer sinal a montante que possa influenciar as condições do escoamento bloqueado no bocal.

Se a câmara de pressão de estagnação for grande ou alimentada por um compressor e se a câmara de descarga for maior e suplementada por uma bomba de vácuo, o escoamento no bocal convergente será permanente ou quase isso. Caso contrário, o escoamento no bocal irá decaindo, com p_0 decrescendo e p_c aumentando, e os estados do escoamento irão mudando, digamos, desde *e* de volta para *a*. Os cálculos desse decaimento normalmente são feitos por meio de uma análise quase-permanente, baseada na teoria de escoamento isentrópico permanente para as pressões instantâneas $p_0(t)$ e $p_c(t)$.

---

[3] Este é o princípio do *túnel de vento com tubo de choque*, no qual uma explosão controlada cria um escoamento de curta duração, com números de Mach bastante altos, e os dados são registrados por instrumentos de resposta rápida. Ver, por exemplo, a Referência 5.

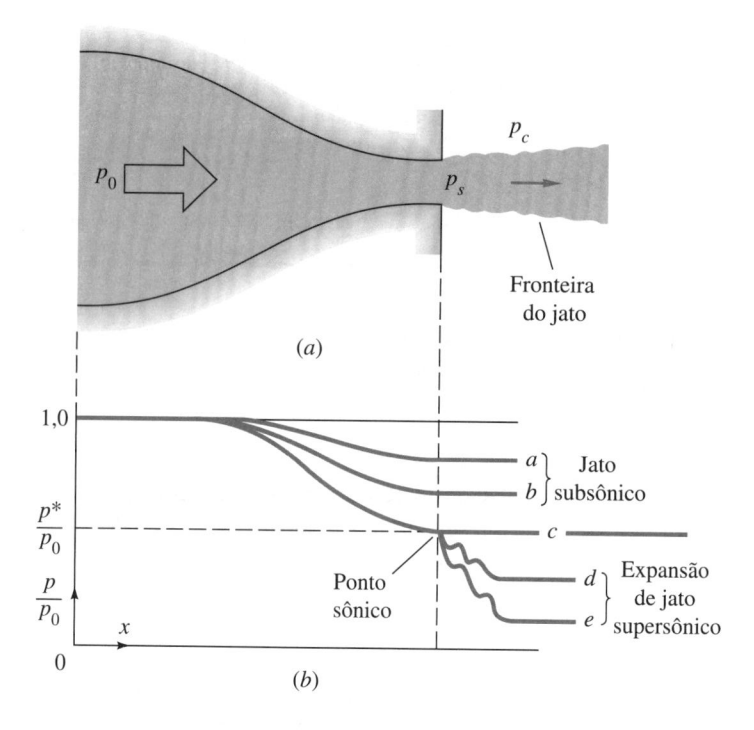

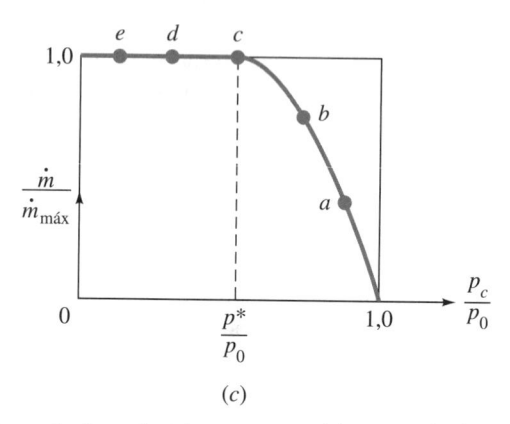

Figura 9.11 Operação de um bocal convergente: (a) geometria do bocal mostrando as pressões características; (b) distribuição de pressões causada por diversas contrapressões; (c) vazão em massa em função da contrapressão.

EXEMPLO 9.8

Um bocal convergente tem uma área de garganta de 6 cm² e condições de estagnação do ar de 120 kPa e 400 K. Calcule a pressão na saída e a vazão em massa se a contrapressão for (a) 90 kPa e (b) 45 kPa. Admita $k = 1,4$.

Solução

Da Equação (9.32) para $k = 1,4$, a pressão crítica (sônica) na garganta é

$$\frac{p^*}{p_0} = 0{,}5283 \quad \text{ou} \quad p^* = (0{,}5283)(120 \text{ kPa}) = 63{,}4 \text{ kPa}$$

Parte (a) Se a contrapressão for menor que esse valor, o escoamento no bocal estará bloqueado.
Para $p_c = 90$ kPa $> p^*$, o escoamento é subsônico e não bloqueado, A pressão de saída é $p_s = p_c$. O número de Mach na garganta é calculado por meio da relação isentrópica (9.35) ou da Tabela B.1:

$$\text{Ma}_e^2 = 5\left[\left(\frac{p_0}{p_e}\right)^{2/7} - 1\right] = 5\left[\left(\frac{120}{90}\right)^{2/7} - 1\right] = 0{,}4283 \qquad \text{Ma}_e = 0{,}654$$

Para determinarmos a vazão em massa, poderíamos proceder a um ataque em série sobre Ma_s, T_s, a_s, V_s e ρ_s, e daí calcular $\rho_s A_s V_s$. Entretanto, como a pressão local é conhecida, esta parte é bem adequada à função adimensional de vazão em massa da Equação (9.47). Com $p_s/p_0 = 90/120 = 0{,}75$, calcule

$$\frac{\dot{m}\sqrt{RT_0}}{Ap_0} = \sqrt{\frac{2(1{,}4)}{0{,}4}(0{,}75)^{2/1{,}4}[1 - (0{,}75)^{0{,}4/1{,}4}]} = 0{,}6052$$

daqui $\qquad \dot{m} = 0{,}6052\dfrac{(0{,}0006)(120.000)}{\sqrt{287(400)}} = 0{,}129$ kg/s *Resposta (a)*

para $\qquad p_s = p_c = 90$ kPa *Resposta (a)*

Parte (b) Para $p_c = 45$ kPa $< p^*$, o escoamento está bloqueado, semelhante à condição d na Figura 9.11b. A pressão de saída é sônica:

$$p_e = p^* = 63{,}4 \text{ kPa} \qquad \textit{Resposta (b)}$$

A vazão em massa (de bloqueio) é a máxima da Equação (9.46b):

$$\dot{m} = \dot{m}_{\text{máx}} = \frac{0{,}6847 p_0 A_s}{(RT_0)^{1/2}} = \frac{0{,}6847(120.000)(0{,}0006)}{[287(400)]^{1/2}} = 0{,}145 \text{ kg/s} \qquad \textit{Resposta (b)}$$

Qualquer contrapressão menor que 63,4 kPa causaria a mesma vazão em massa de bloqueio. Observe que o aumento de 50% no número de Mach na saída, de 0,654 para 1,0, aumentou a vazão em massa em apenas 12%, de 0,128 para 0,145 kg/s.

Bocal convergente--divergente

Considere agora o bocal convergente-divergente apresentado na Figura 9.12a. Se a contrapressão p_c for suficientemente baixa, haverá escoamento supersônico na parte divergente, podendo ocorrer várias condições de onda de choque, as quais estão representadas na Figura 9.12b. Considere um decréscimo gradual da contrapressão.

Para as curvas A e B na Figura 9.12b, a contrapressão não é pequena o suficiente para induzir escoamento sônico na garganta, e o escoamento no bocal é subsônico em toda parte. A distribuição de pressões é calculada por meio das relações de variação de área isentrópicas, tal como na Tabela B.1. A pressão de saída $p_s = p_c$, e o jato é subsônico.

Para a curva C, a razão de áreas A_s/A_g iguala exatamente a razão crítica A_s/A^* para um Ma_s subsônico na Tabela B.1. A garganta torna-se sônica e a vazão em massa atinge um máximo na Figura 9.12c. O restante do escoamento no bocal é subsônico, incluindo o jato de saída, e $p_s = p_c$.

Vá para a curva H. Aqui p_c é tal que p_c/p_0 corresponde exatamente à razão de áreas crítica A_s/A^* para um Ma_s *supersônico* na Tabela B.1. O escoamento na parte divergente é inteiramente supersônico, incluindo o escoamento do jato, e $p_s = p_c$. Esta é a chamada *razão de pressões de projeto* do bocal e corresponde à contrapressão adequada para a operação de um túnel de vento supersônico ou para a descarga eficiente de um foguete.

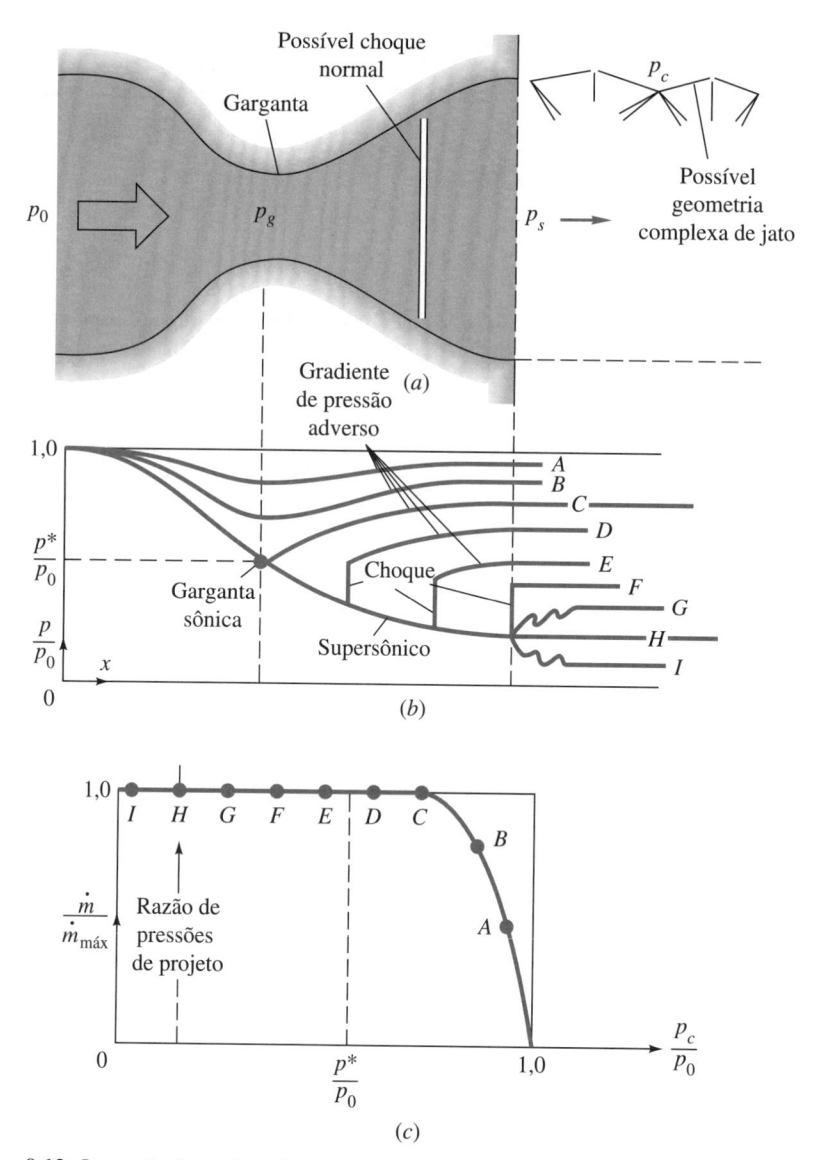

Figura 9.12 Operação de um bocal convergente-divergente: (a) geometria do bocal com possíveis configurações de escoamento; (b) distribuição de pressões causada por diversas contrapressões; (c) vazão em massa em função da contrapressão.

Volte agora para a parte superior e suponha que p_c fique entre as curvas C e H, o que é impossível segundo cálculos puramente isentrópicos. Considere as contrapressões de D até F na Figura 9.12b. A garganta permanece bloqueada no valor sônico e podemos ajustar $p_s = p_c$ posicionando uma onda de choque normal no lugar certo da parte divergente para gerar um escoamento de *difusor subsônico* de volta à condição de contrapressão. A vazão em massa permanece no máximo da Figura 9.12c. Para a contrapressão F, o choque normal necessário situa-se na saída do duto. Para a contrapressão G, um único choque normal é incapaz de funcionar e o escoamento é comprimido para fora em uma série complexa de choques oblíquos até juntar-se com p_c.

Por fim, para a contrapressão I, p_c é menor que a pressão de projeto H, mas o bocal está bloqueado e não pode responder. O escoamento de saída expande-se em uma série complexa de ondas supersônicas até juntar-se com a baixa contrapressão externa. Veja, por exemplo, a Referência 7, Seção 5.4, para mais detalhes sobre essas configurações de escoamento de jato fora de projeto.

Observe que, para p_c menor que a contrapressão C, existe escoamento supersônico no bocal e a garganta não pode receber sinais do comportamento na saída. O escoamento permanece bloqueado e a garganta não tem ideia de quais são as condições de saída.

Observe também que a ideia de justapor um choque normal é idealizada. A jusante do choque, o escoamento no bocal tem um gradiente de pressão adverso, em geral susceptível à separação de camada-limite. A obstrução causada pela camada descolada, de espessura bem ampliada, interage fortemente com o escoamento principal (recorde a Figura 6.27) e geralmente induz uma série de choques de compressão bidimensionais fracos em vez de um único choque normal unidimensional (ver, por exemplo, a Referência 9, p. 292 e 293, para mais detalhes).

EXEMPLO 9.9

Um bocal convergente-divergente (Figura 9.12a) tem uma área de garganta de 0,002 m² e uma área de saída de 0,008 m². As condições de estagnação do ar são $p_0 = 1.000$ kPa e $T_0 = 500$ K. Calcule a pressão na saída e a vazão em massa para (a) a condição de projeto e a pressão na saída e a vazão em massa se (b) $p_c \approx 300$ kPa e (c) $p_c \approx 900$ kPa. Admita $k = 1,4$.

Solução

Parte (a)

A condição de projeto corresponde ao escoamento isentrópico supersônico para a razão de áreas dada, $A_s/A_g = 0,008/0,002 = 4,0$. Podemos encontrar o número de Mach de projeto por iteração da fórmula de razão de áreas (9.45):

$$\text{Ma}_{e,\text{projeto}} \approx 2,95$$

A razão de pressões de projeto decorre da Equação (9.34):

$$\frac{p_0}{p_s} = [1 + 0,2(2,95)^2]^{3,5} = 34,1$$

ou

$$p_{s,\text{projeto}} = \frac{1.000 \text{ kPa}}{34,1} = 29,3 \text{ kPa} \qquad \textit{Resposta (a)}$$

Como a garganta é claramente sônica nas condições de projeto, a Equação (9.46b) se aplica

$$\dot{m}_{\text{projeto}} = \dot{m}_{\text{máx}} = \frac{0,6847 p_0 A_t}{(RT_0)^{1/2}} = \frac{0,6847(10^6 \text{ Pa})(0,002 \text{ m}^2)}{[287(500)]^{1/2}}$$

$$= 3,61 \text{ kg/s} \qquad \textit{Resposta (a)}$$

Parte (b)

Para $p_c = 300$ kPa, estamos definitivamente bem longe da condição isentrópica C na Figura 9.12b, mas podemos até mesmo estar abaixo da condição F relativa a um choque normal na saída, isto é, em uma condição G, em que ocorrem ondas de choque oblíquas para fora do plano de saída. Se for uma condição G, então $p_s = p_{s,\text{projeto}} = 29,3$ kPa, pois ainda não ocorreu qualquer choque. Para constatar, calcule a condição F admitindo um choque normal com $\text{Ma}_1 = 2,95$, ou seja, o número de Mach de projeto exatamente a montante do choque. Da Equação (9.55)

$$\frac{p_2}{p_1} = \frac{1}{2,4}[2,8(2,95)^2 - 0,4] = 9,99$$

ou

$$p_2 = 9,99 p_1 = 9,99 p_{e,\text{projeto}} = 293 \text{ kPa}$$

Como essa condição é menor que a $p_c = 300$ kPa dada, existe uma onda de choque normal a montante do plano de saída (condição E). O escoamento é subsônico na saída com pressão igual à contrapressão:

$$p_s = p_b = 300 \text{ kPa} \qquad \textit{Resposta (b)}$$

Também $\qquad \dot{m} = \dot{m}_{máx} = 3,61 \text{ kg/s} \qquad \textit{Resposta (b)}$

A garganta ainda é sônica e bloqueada na sua vazão em massa máxima.

Parte (c) Finalmente, para $p_c = 900$ kPa, que se aproxima da condição C mais acima, calculamos Ma_s e p_s para a condição C a título de comparação. Novamente, $A_s/A_g = 4,0$ para essa condição, com um Ma_s subsônico avaliado da Equação (9.48):

$$Ma_e(C) \approx 0,147 \qquad (\text{exato} = 0,14655)$$

Logo, a razão de pressões isentrópica na saída para essa condição é

$$\frac{p_0}{p_s} = [1 + 0,2(0,147)^2]^{3,5} = 1,0152$$

ou $\qquad p_s = \dfrac{1000}{1,0152} = 985 \text{ kPa}$

A contrapressão de 900 kPa é menor que esse valor, correspondendo, grosso modo, à condição D na Figura 9.12b. Logo, neste caso, existe um choque normal a jusante da garganta, que está bloqueada

$$p_e = p_b = 900 \text{ kPa} \qquad \dot{m} = \dot{m}_{máx} = 3,61 \text{ kg/s} \qquad \textit{Resposta (c)}$$

Para essa grande razão de áreas na saída, a pressão nesse ponto teria de ser maior que 985 kPa para ocasionar um escoamento subsônico na garganta e uma vazão em massa menor que a máxima.

9.7 Escoamento compressível com atrito em dutos[4]

A Seção 9.4 mostrou o efeito da variação de área sobre um escoamento compressível desprezando o atrito e a transferência de calor. Poderíamos agora adicionar o atrito e a transferência de calor à variação de área e considerar efeitos acoplados, o que é feito em textos avançados [por exemplo, Referência 5, Capítulo 8]. Em vez disso, como uma introdução elementar, esta seção trata apenas o efeito de atrito, desconsiderando a variação de área e a transferência de calor. As hipóteses básicas são

1. Escoamento adiabático unidimensional permanente
2. Gás perfeito com calores específicos constantes
3. Duto retilíneo de área constante
4. Sem trabalho de eixo e variações de energia potencial desprezíveis
5. Tensões de cisalhamento na parede correlacionadas por um fator de atrito de Darcy

De fato, estamos estudando um problema de atrito em tubos do tipo Moody, mas com grandes variações de energia cinética, entalpia e pressão no escoamento.

Esse tipo de escoamento em duto – com área constante, entalpia de estagnação constante, fluxo de massa constante, mas com quantidade de movimento variável (por causa do atrito) – é frequentemente denominado *escoamento de Fanno*, em homenagem a Gino

---
[4]Esta seção pode ser omitida sem perda de continuidade.

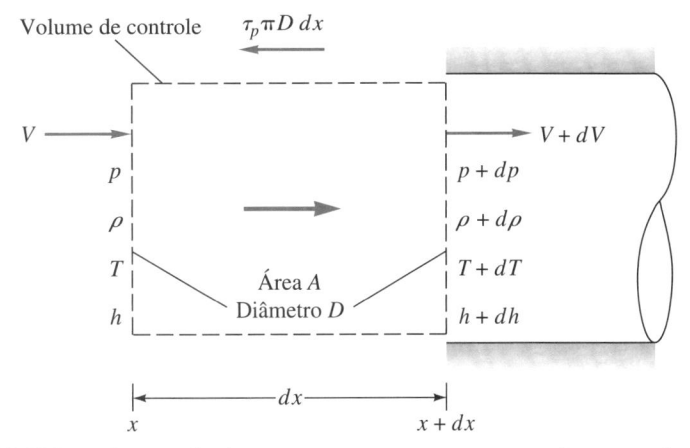

Figura 9.13 Volume de controle elementar para o escoamento com atrito em um duto de área constante.

Fanno, engenheiro italiano nascido em 1882, pioneiro no estudo desse escoamento. Para determinada vazão em massa e uma entalpia de estagnação, o gráfico da entalpia em função da entropia para todos os estados possíveis, subsônicos ou supersônicos, é denominado *linha de Fanno*. Veja os Problemas P9.94 e P9.111 para exemplos de linha de Fanno.

Considere o volume de controle elementar de duto, de área A e comprimento dx, na Figura 9.13. A área é constante, mas as propriedades do fluido (p, ρ, T, h, V) podem variar com x. A aplicação das três leis de conservação a esse volume de controle fornece três equações diferenciais:

Continuidade:
$$\rho V = \frac{\dot{m}}{A} = G = \text{const}$$

ou
$$\frac{d\rho}{\rho} + \frac{dV}{V} = 0 \qquad (9.60a)$$

Quantidade de movimento em x:
$$pA - (p + dp)A - \tau_p \pi D\, dx = \dot{m}(V + dV - V)$$

ou
$$dp + \frac{4\tau_p dx}{D} + \rho V\, dV = 0 \qquad (9.60b)$$

Energia:
$$h + \tfrac{1}{2}V^2 = h_0 = c_p T_0 = c_p T + \tfrac{1}{2}V^2$$

ou
$$c_p\, dT + V\, dV = 0 \qquad (9.60c)$$

Como essas três equações têm cinco incógnitas – p, ρ, T, V e τ_p –, precisamos de duas relações adicionais. Uma delas é a lei dos gases perfeitos

$$p = \rho RT \quad \text{ou} \quad \frac{dp}{p} = \frac{d\rho}{\rho} + \frac{dT}{T} \qquad (9.61)$$

Para eliminar τ_p como uma incógnita, admite-se que a tensão de cisalhamento seja correlacionada por um fator de atrito local f de Darcy

$$\tau_p = \tfrac{1}{8} f \rho V^2 = \tfrac{1}{8} f k p\, \text{Ma}^2 \qquad (9.62)$$

em que a última forma decorre da expressão da velocidade do som de um gás perfeito $a^2 = kp/\rho$. Na prática, f pode ser relacionado ao número de Reynolds local e à rugosidade da parede, digamos, pelo diagrama de Moody, Figura 6.13.

As Equações (9.60) e (9.61) são equações diferenciais de primeira ordem e podem ser integradas usando-se dados de fator de atrito de qualquer seção de entrada 1 em que p_1, T_1, V_1 e assim por diante sejam conhecidos, para se determinar $p(x)$, $T(x)$ e outras variações ao longo do duto. É praticamente impossível eliminar todas as variáveis, exceto uma, para obter uma única equação diferencial, digamos, para $p(x)$, mas todas as equações podem ser escritas em termos do número de Mach $\text{Ma}(x)$ e do fator de atrito, usando-se a definição do número de Mach:

$$V^2 = \text{Ma}^2 \, kRT$$

ou

$$\frac{2\,dV}{V} = \frac{2\,d\,\text{Ma}}{\text{Ma}} + \frac{dT}{T} \quad (9.63)$$

Escoamento adiabático

Eliminando variáveis entre as Equações (9.60) até (9.63), obtemos as seguintes relações de trabalho:

$$\frac{dp}{p} = -k\,\text{Ma}^2 \frac{1 + (k-1)\text{Ma}^2}{2(1-\text{Ma}^2)} f \frac{dx}{D} \quad (9.64a)$$

$$\frac{d\rho}{\rho} = -\frac{k\,\text{Ma}^2}{2(1-\text{Ma}^2)} f \frac{dx}{D} = -\frac{dV}{V} \quad (9.64b)$$

$$\frac{dp_0}{p_0} = \frac{d\rho_0}{\rho_0} = -\frac{1}{2} k\,\text{Ma}^2 f \frac{dx}{D} \quad (9.64c)$$

$$\frac{dT}{T} = -\frac{k(k-1)\,\text{Ma}^4}{2(1-\text{Ma}^2)} f \frac{dx}{D} \quad (9.64d)$$

$$\frac{d\,\text{Ma}^2}{\text{Ma}^2} = k\,\text{Ma}^2 \frac{1 + \frac{1}{2}(k-1)\,\text{Ma}^2}{1-\text{Ma}^2} f \frac{dx}{D} \quad (9.64e)$$

Todas elas, exceto dp_0/p_0, têm o fator $1 - \text{Ma}^2$ no denominador, tal que, como nas fórmulas de variação de área na Figura 9.5, os escoamentos subsônico e supersônico exibem efeitos opostos:

Propriedade	Subsônico	Supersônico
p	Diminui	Aumenta
ρ	Diminui	Aumenta
V	Aumenta	Diminui
p_0, ρ_0	Diminui	Diminui
T	Diminui	Aumenta
Ma	Aumenta	Diminui
Entropia	Aumenta	Aumenta

Adicionamos a essa lista que a entropia deve aumentar ao longo do duto tanto no escoamento subsônico como no supersônico, em consequência da segunda lei para escoamento adiabático. Pela mesma razão, tanto a pressão de estagnação quanto a massa específica de estagnação devem ambas diminuir.

O parâmetro-chave acima é o número de Mach. Seja o escoamento na entrada subsônico ou supersônico, o número de Mach do duto tende sempre para Ma = 1 a jusante porque esse é o caminho ao longo do qual a entropia aumenta. Se a pressão e a massa específica forem calculadas por meio das Equações (9.64a) e (9.64b) e a entropia pela Equação (9.53), o resultado pode ser plotado na Figura 9.14 *versus* o número de Mach para $k = 1,4$.

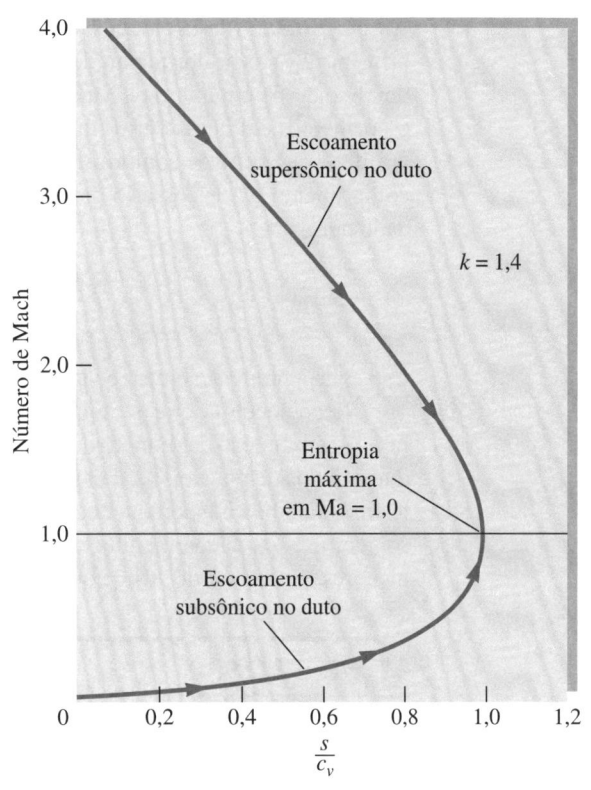

Figura 9.14 O escoamento adiabático com atrito em um duto de área constante sempre se aproxima de Ma = 1 para satisfazer a segunda lei da termodinâmica. A curva calculada independe do valor do fator de atrito.

A entropia máxima ocorre para Ma = 1, de modo que a segunda lei exige que as propriedades do escoamento no duto aproximem-se continuamente daquelas do ponto sônico. Como p_0 e ρ_0 decrescem continuamente ao longo do duto devido às perdas por atrito (não isentrópicas), elas não são úteis como propriedades de referência. Em vez delas, as propriedades sônicas p^*, ρ^*, T^*, p_0^* e ρ_0^* são quantidades constantes de referência adequadas para o escoamento adiabático em dutos. A teoria então calcula as razões p/p^*, T/T^* e assim por diante, em função do número de Mach local e do efeito integrado do atrito.

Para deduzirmos fórmulas operacionais, devemos antes examinar a Equação (9.64e), que relaciona o número de Mach ao atrito. Separe as variáveis e integre:

$$\int_0^{L^*} f \frac{dx}{D} = \int_{\text{Ma}^2}^{1,0} \frac{1 - \text{Ma}^2}{k \, \text{Ma}^4 [1 + \frac{1}{2}(k - 1) \text{Ma}^2]} \, d\,\text{Ma}^2 \qquad (9.65)$$

O limite superior é o ponto sônico, seja ele realmente atingido ou não pelo escoamento no duto. O limite inferior é arbitrariamente colocado na posição $x = 0$, na qual o número de Mach é Ma. O resultado da integração é

$$\boxed{\frac{\bar{f}L^*}{D} = \frac{1 - \text{Ma}^2}{k \, \text{Ma}^2} + \frac{k + 1}{2k} \ln \frac{(k + 1) \text{Ma}^2}{2 + (k - 1) \text{Ma}^2}} \qquad (9.66)$$

em que $\bar{f}$ é o fator de atrito médio entre 0 e L^*. Na prática, um valor médio de f sempre é adotado e nenhuma tentativa é feita de levar em conta as pequenas variações do número de Reynolds ao longo do duto. Para dutos não circulares, D é substituído pelo diâmetro hidráulico $D_h = (4 \times \text{área})/(\text{perímetro molhado})$, como na Equação (6.56).

A Equação (9.66) está tabelada em função do número de Mach na Tabela B.3. O comprimento L^* é o comprimento de duto necessário para se desenvolver o escoamento em um duto desde o número de Mach Ma até o ponto sônico. Muitos problemas envolvem escoamentos em dutos curtos que jamais se tornam sônicos; nesse caso, a solução usa as diferenças entre os comprimentos tabelados "máximos" ou sônicos. Por exemplo, o comprimento ΔL necessário para o escoamento se desenvolver desde Ma_1 até Ma_2 é dado por

$$\bar{f}\frac{\Delta L}{D} = \left(\frac{\bar{f}L^*}{D}\right)_1 - \left(\frac{\bar{f}L^*}{D}\right)_2 \tag{9.67}$$

Isso evita a preparação de tabelas separadas para dutos curtos.

Recomenda-se que o fator de atrito $\bar{f}$ seja avaliado no diagrama de Moody (Figura 6.13) em função do número de Reynolds médio e da rugosidade relativa da parede do duto. Dados disponíveis [23] para o fator de atrito do escoamento compressível em dutos mostram boa concordância com o diagrama de Moody no caso de escoamento subsônico, mas os dados medidos para o escoamento supersônico no duto são até 50% menores que o fator de atrito equivalente de Moody.

EXEMPLO 9.10

Ar escoa em regime subsônico em um duto adiabático de 2 cm de diâmetro. O fator de atrito médio é 0,024. (*a*) Qual o comprimento de duto necessário para se acelerar o escoamento desde $Ma_1 = 0,1$ até $Ma_2 = 0,5$? (*b*) Que comprimento adicional irá acelerá-lo até $Ma_3 = 1,0$? Admita $k = 1,4$.

Solução

A Equação (9.67) se aplica, com valores de $\bar{f}L^*/D$ calculados por meio da Equação (9.66) ou lidos na Tabela B.3:

$$\bar{f}\frac{\Delta L}{D} = \frac{0,024\,\Delta L}{0,02\text{ m}} = \left(\frac{\bar{f}L^*}{D}\right)_{Ma=0,1} - \left(\frac{\bar{f}L^*}{D}\right)_{Ma=0,5}$$

$$= 66,9216 - 1,0691 = 65,8525$$

Logo $\quad\Delta L = \dfrac{65,8525(0,02\text{ m})}{0,024} = 55\text{ m} \qquad$ *Resposta (a)*

O comprimento adicional $\Delta L'$ para se ir de $Ma = 0,5$ até $Ma = 1,0$ é lido diretamente da Tabela B.2

$$f\frac{\Delta L'}{D} = \left(\frac{fL^*}{D}\right)_{Ma=0,5} = 1,0691$$

ou $\quad\Delta L' = L^*_{Ma=0,5} = \dfrac{1,0691(0,02\text{ m})}{0,024} = 0,9\text{ m} \qquad$ *Resposta (b)*

Isso é típico desses cálculos: são necessários 55 m para se acelerar até $Ma = 0,5$ e então apenas 0,9 m a mais para se perfazer todo o percurso até o ponto sônico.

Fórmulas para outras propriedades do escoamento ao longo do duto podem ser deduzidas das Equações (9.64). A Equação (9.64*e*) pode ser usada para eliminar $f\,dx/D$ de cada uma das outras relações, fornecendo, por exemplo, dp/p em função apenas do número de Mach e de $d\,Ma^2/Ma^2$. Por conveniência na tabulação dos resultados, cada expressão é então integrada em todo o percurso de (p, Ma) até o ponto sônico $(p^*, 1,0)$. Os resultados integrados são

$$\frac{p}{p^*} = \frac{1}{\text{Ma}} \left[\frac{k+1}{2 + (k-1)\,\text{Ma}^2} \right]^{1/2} \qquad (9.68a)$$

$$\frac{\rho}{\rho^*} = \frac{V^*}{V} = \frac{1}{\text{Ma}} \left[\frac{2 + (k-1)\,\text{Ma}^2}{k+1} \right]^{1/2} \qquad (9.68b)$$

$$\frac{T}{T^*} = \frac{a^2}{a^{*2}} = \frac{k+1}{2 + (k-1)\,\text{Ma}^2} \qquad (9.68c)$$

$$\frac{p_0}{p_0^*} = \frac{\rho_0}{\rho_0^*} = \frac{1}{\text{Ma}} \left[\frac{2 + (k-1)\,\text{Ma}^2}{k+1} \right]^{(1/2)(k+1)/(k-1)} \qquad (9.68d)$$

Todas essas razões também estão tabeladas na Tabela B.3. Para encontrar variações entre os pontos de Ma_1 e Ma_2 que não sejam sônicos, utilizam-se produtos dessas razões. Por exemplo,

$$\frac{p_2}{p_1} = \frac{p_2}{p^*}\frac{p^*}{p_1} \qquad (9.69)$$

em que p^* é um valor de referência constante do escoamento.

EXEMPLO 9.11

Para o escoamento no duto do Exemplo 9.10, admita que, em $\text{Ma}_1 = 0,1$, tenhamos $p_1 = 600$ kPa e $T_1 = 450$ K. Na seção 2 mais a jusante, $\text{Ma}_2 = 0,5$. Calcule (a) p_2, (b) T_2, (c) V_2 e (d) p_{02}.

Solução

Como informação preliminar, podemos calcular V_1 e p_{01} por meio dos dados fornecidos:

$$V_1 = \text{Ma}_1\,a_1 = 0,1[(1,4)(287)(450)]^{1/2} = 0,1(425 \text{ m/s}) = 42,5 \text{ m/s}$$

$$p_{01} = p_1(1 + 0,2\,\text{Ma}_1^2)^{3,5} = (600 \text{ kPa})[1 + 0,2(0,1)^2]^{3,5} = 604 \text{ kPa}$$

Consulte agora a Tabela B.3 ou as Equações (9.68) e encontre as seguintes razões de propriedade:

Seção	Ma	p/p^*	T/T^*	V/V^*	p_0/p_0^*
1	0,1	10,9435	1,1976	0,1094	5,8218
2	0,5	2,1381	1,1429	0,5345	1,3399

Use essas razões para calcular todas as propriedades a jusante:

$$p_2 = p_1 \frac{p_2/p^*}{p_1/p^*} = (600 \text{ kPa})\frac{2,1381}{10,9435} = 117 \text{ kPa} \qquad \textit{Resposta (a)}$$

$$T_2 = T_1 \frac{T_2/T^*}{T_1/T^*} = (450 \text{ K})\frac{1,1429}{1,1976} = 429 \text{ K} \qquad \textit{Resposta (b)}$$

$$V_2 = V_1 \frac{V_2/V^*}{V_1/V^*} = (42,5 \text{ m/s})\frac{0,5345}{0,1094} = 208 \text{ m/s} \qquad \textit{Resposta (c)}$$

$$p_{02} = p_{01} \frac{p_{02}/p_0^*}{p_{01}/p_0^*} = (604 \text{ kPa})\frac{1,3399}{5,8218} = 139 \text{ kPa} \qquad \textit{Resposta (d)}$$

> Observe a redução em 77% na pressão de estagnação por causa do atrito. As fórmulas são sedutoras, assim verifique o seu trabalho por outros meios. Por exemplo, calcule $p_{02} = p_2(1 + 0{,}2\, Ma_2^2)^{3,5}$.

Bloqueio devido ao atrito

A teoria aqui prevê que, para escoamento adiabático com atrito em um duto de área constante, não importa qual seja o número de Mach Ma_1 na entrada, o escoamento a jusante tende ao ponto sônico. Há um certo comprimento de duto $L^*(Ma_1)$ para o qual o número de Mach na saída será exatamente igual à unidade. O duto estará então bloqueado.

Mas o que acontece se o comprimento real L for maior que o comprimento "máximo" previsto L^*? As condições do escoamento devem se alterar e há duas classificações.

Entrada subsônica. Se $L > L^*(Ma_1)$, o escoamento decai até que se atinja um número de Mach Ma_2 na entrada tal que $L = L^*(Ma_2)$. O escoamento na saída é sônico e a vazão em massa ficou reduzida pelo *bloqueio de atrito*. Aumentos adicionais do comprimento do duto continuarão a diminuir o Ma na entrada e a vazão em massa.

Entrada supersônica. Da Tabela B.3, vemos que o atrito tem um grande efeito sobre o escoamento supersônico em um duto. Mesmo um número de Mach infinito na entrada será reduzido à condição sônica em apenas 41 diâmetros para $\bar{f} = 0{,}02$. Alguns valores numéricos típicos estão na Figura 9.15, admitindo-se Ma = 3,0 na entrada e $\bar{f} = 0{,}02$. Para essa condição, $L^* = 26$ diâmetros. Se L for aumentado além de $26D$, o escoamento não ficará bloqueado, mas um choque normal irá se formar na posição exata para que o escoamento subsônico com atrito subsequente se torne sônico exatamente

Figura 9.15 Comportamento do escoamento em um duto com uma condição de entrada supersônica nominal Ma = 3,0: (*a*) $L/D \leq 26$, o escoamento é supersônico ao longo de todo o duto; (*b*) $L/D = 40 > L^*/D$, choque normal em Ma = 2,0 com escoamento subsônico acelerando-se então até o ponto sônico na saída; (*c*) $L/D = 53$, o choque deve ocorrer em Ma = 2,5; (*d*) $L/D > 63$, o escoamento deve ser inteiramente subsônico e bloqueado na entrada.

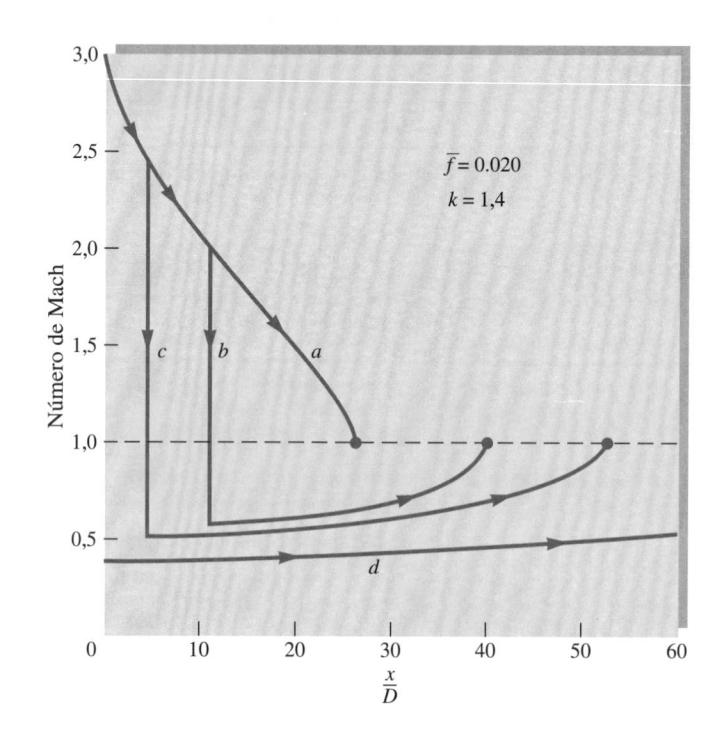

na saída. A Figura 9.15 mostra dois exemplos, para $L/D = 40$ e 53. À medida que o comprimento aumenta, a onda de choque requerida move-se a montante até que o choque se posicione na entrada para $L/D = 63$ (no caso da Figura 9.15). Um aumento adicional em L fará com que o choque se mova a montante da entrada, para dentro do bocal supersônico de alimentação do duto. A vazão em massa ainda será a mesma que a do duto mais curto porque o bocal de alimentação presumivelmente tem ainda uma garganta sônica. A partir de certo ponto, um duto muito longo fará com que a garganta do bocal de alimentação se torne bloqueada, reduzindo então a vazão em massa do duto. Assim, o atrito supersônico altera o padrão de escoamento se $L > L^*$, mas não bloqueia o escoamento enquanto L não for muito maior que L^*.

EXEMPLO 9.12

Ar entra em um duto de 3 cm de diâmetro com $p_0 = 200$ kPa, $T_0 = 500$ K e $V_1 = 100$ m/s. O fator de atrito é 0,02. Calcule (a) o máximo comprimento do duto para essas condições, (b) a vazão em massa se o comprimento do duto é 15 m e (c) a vazão em massa reduzida se $L = 30$ m.

Solução

Parte (a) Calcule primeiro

$$T_1 = T_0 - \frac{\frac{1}{2}V_1^2}{c_p} = 500 - \frac{\frac{1}{2}(100 \text{ m(s)})^2}{1.005 \text{ m}^2/\text{s}^2 \cdot \text{K}} = 500 - 5 = 495 \text{ K}$$

$$a_1 = (kRT_1)^{1/2} \approx 20(495)^{1/2} = 445 \text{ m/s}$$

$$\text{Ma}_1 = \frac{V_1}{a_1} = \frac{100}{445} = 0,225$$

Logo

Para esse Ma_1, da Equação (9.66) ou por interpolação na Tabela B.3,

$$\frac{\bar{f}L^*}{D} = 11,0$$

O máximo comprimento de duto possível para essas condições de entrada é

$$L^* = \frac{(\bar{f}L^*/D)D}{\bar{f}} = \frac{11,0(0,03 \text{ m})}{0,02} = 16,5 \text{ m} \qquad \textit{Resposta (a)}$$

Parte (b) O valor de $L = 15$ m é menor que L^*, e assim o duto não estará bloqueado e a vazão em massa decorre das condições de entrada

$$\rho_{01} = \frac{p_{01}}{RT_0} = \frac{200.000 \text{ Pa}}{287(500 \text{ K})} = 1,394 \text{ kg/m}^3$$

$$\rho_1 = \frac{\rho_{01}}{[1 + 0,2(0,225)^2]^{2,5}} = \frac{1,394}{1,0255} = 1,359 \text{ kg/m}^3$$

então

$$\dot{m} = \rho_1 A V_1 = (1,359 \text{ kg/m}^3)\left[\frac{\pi}{4}(0,03 \text{ m})^2\right](100 \text{ m/s})$$

$$= 0,0961 \text{ kg/s} \qquad \textit{Resposta (b)}$$

Parte (c) Uma vez que $L = 30$ m é maior que L^*, o escoamento deve decair até $L = L^*$, correspondente a um número de Mach Ma_1 menor na entrada:

$$L^* = L = 30 \text{ m}$$

$$\frac{\bar{f}L^*}{D} = \frac{0,02(30 \text{ m})}{0,03 \text{ m}} = 20,0$$

Embora seja difícil interpolar na grosseira Tabela B.3 para $fL/D = 20$, é simples efetuar iterações no Excel para encontrar esse número de Mach subsônico. Programe a Eq. (9.66) em uma célula, estime um número de Mach subsônico e calcule fL/D. Ajuste Ma até aproximar $fL/D = 20$. O autor precisou fazer cinco estimativas, como mostra a seguinte tabela obtida com o Excel:

	A	B
	Ma_1	$(fL/D)_1$ – Eq. (9.66)
1	0,2	14,533
2	0,15	27,932
3	0,17	21,115
4	0,175	19,772
5	**0,1741**	**20,005**

Uma solução precisa para Ma é, portanto, $Ma_{bloqueio} \approx 0,174$ (23% menor).

$$T_{1,novo} = \frac{T_0}{1 + 0,2(0,174)^2} = 497 \text{ K}$$

$$a_{1,novo} \approx 20(497 \text{ K})^{1/2} = 446 \text{ m/s}$$

$$V_{1,novo} = Ma_1\, a_1 = 0,174(446) = 77,6 \text{ m/s}$$

$$\rho_{1,novo} = \frac{\rho_{01}}{[1 + 0,2(0,174)^2]^{2,5}} = 1,373 \text{ kg/m}^3$$

$$\dot{m}_{novo} = \rho_1 A V_1 = 1,373\left[\frac{\pi}{4}(0,03)^2\right](77,6)$$

$$= 0,0753 \text{ kg/s} \quad (22\% \text{ menos}) \qquad \textit{Resposta (c)}$$

Perdas localizadas no escoamento compressível

Para escoamento incompressível em um tubo, conforme a Equação (6.78), o coeficiente de perdas K é a razão entre a perda de carga ($\Delta p/\rho g$) e a altura de velocidade ($V^2/2g$) no tubo. Isso é inapropriado para escoamento compressível em um tubo, em que ρ e V não são constantes. Benedict [24] sugere que a perda de pressão estática ($p_1 - p_2$) seja relacionada às condições a jusante por meio de um *coeficiente de perda estática* K_{est}:

$$K_{est} = \frac{2(p_1 - p_2)}{\rho_2 V_2^2} \qquad (9.70)$$

Benedict [24] dá exemplos de perdas compressíveis em contrações e expansões bruscas. Se não houver dados disponíveis, uma primeira aproximação seria usar $K_{est} \approx K$ da Seção 6.9.

Escoamento isotérmico com atrito: tubulações longas

A hipótese de escoamento adiabático com atrito é apropriada para escoamentos a altas velocidades em dutos curtos. Para dutos longos, por exemplo, tubulações de gás natural (gasodutos), o estado do gás se aproxima melhor do modelo de escoamento isotérmico. A análise é a mesma, exceto pelo fato de que a equação da energia isoenergética (9.60c) é substituída pela relação simples

$$T = \text{const} \qquad dT = 0$$

Novamente, é possível escrever todas as variações de propriedade em termos do número de Mach. A integração da relação entre atrito e número de Mach conduz a

$$\frac{\bar{f} L_{máx}}{D} = \frac{1 - k\,\text{Ma}^2}{k\,\text{Ma}^2} + \ln(k\,\text{Ma}^2) \qquad (9.71)$$

que é o análogo isotérmico da Equação (9.66) para escoamento adiabático.

Essa relação de atrito traz o resultado interessante de que $L_{máx}$ torna-se zero não no ponto sônico, mas em $\text{Ma}_{crít} = 1/k^{1/2} = 0{,}845$ para $k = 1{,}4$. O escoamento na entrada, seja subsônico, seja supersônico, tende a jusante para esse número de Mach limite $1/k^{1/2}$. Se o comprimento do tubo L for maior que o $L_{máx}$ da Equação (9.71), um escoamento subsônico irá decair para valores menores de Ma_1 e de vazão em massa, e um escoamento supersônico irá experimentar um ajuste por choque normal semelhante ao da Figura 9.15.

O escoamento bloqueado na saída não é sônico e, por isso, o uso do asterisco não é apropriado. Sejam p', ρ' e V' notações para as propriedades no ponto de bloqueio $L = L_{máx}$. Então, a análise isotérmica leva às seguintes relações de número de Mach para as propriedades do escoamento:

$$\frac{p}{p'} = \frac{1}{\text{Ma}\,k^{1/2}} \qquad \frac{V}{V'} = \frac{\rho'}{\rho} = \text{Ma}\,k^{1/2} \qquad (9.72)$$

A análise completa e alguns exemplos são fornecidos em textos avançados [por exemplo, Referência 5, Seção 6.4].

Vazão em massa para uma queda de pressão

Um subproduto interessante da análise isotérmica é uma relação explícita entre a queda de pressão e a vazão em massa do duto. Trata-se de um problema comum, que requer iteração numérica no caso de escoamento adiabático, como se descreve aqui. No escoamento isotérmico, podemos substituir $dV/V = -dp/p$ e $V^2 = G^2/[p/(RT)]^2$ na Equação (9.63) para obter

$$\frac{2p\,dp}{G^2 RT} + f\frac{dx}{D} - \frac{2\,dp}{p} = 0$$

Como $G^2 RT$ é constante para escoamento isotérmico, essa equação pode ser integrada em forma fechada entre $(x, p) = (0, p_1)$ e (L, p_2):

$$G^2 = \left(\frac{\dot{m}}{A}\right)^2 = \frac{p_1^2 - p_2^2}{RT[\bar{f}L/D + 2\ln(p_1/p_2)]} \qquad (9.73)$$

Portanto, a vazão em massa segue diretamente das pressões conhecidas nas extremidades, sem qualquer uso dos números de Mach ou de tabelas.

O autor não conhece qualquer análogo direto da Equação (9.73) para escoamento adiabático. Entretanto, uma relação adiabática útil, envolvendo velocidades em vez de pressões, é

$$V_1^2 = \frac{a_0^2[1 - (V_1/V_2)^2]}{k\bar{f}L/D + (k+1)\ln(V_2/V_1)} \qquad (9.74)$$

em que $a_0 = (kRT_0)^{1/2}$ é a velocidade do som de estagnação, constante para escoamento adiabático. Ela pode ser combinada com a continuidade para área constante, $V_1/V_2 = \rho_2/\rho_1$, mais a seguinte combinação de energia adiabática e da relação de gás perfeito:

$$\frac{V_1}{V_2} = \frac{p_2}{p_1}\frac{T_1}{T_2} = \frac{p_2}{p_1}\left[\frac{2a_0^2 - (k-1)V_1^2}{2a_0^2 - (k-1)V_2^2}\right] \qquad (9.75)$$

Se forem fornecidas as pressões nas extremidades, é provável que nem V_1 nem V_2 sejam conhecidas de antemão. Sugerimos apenas o procedimento simples a seguir. Inicie com $a_0 \approx a_1$ e com o termo entre colchetes na Equação (9.75) aproximadamente igual a 1,0. Resolva a Equação (9.75) para uma primeira estimativa de V_1/V_2 e use esse valor na Equação (9.74) para obter uma melhor estimativa para V_1. Use V_1 para aprimorar sua estimativa de a_0 e repita o processo. O procedimento deve convergir com poucas iterações.

As Equações (9.73) e (9.74) têm um defeito: com o número de Mach eliminado, o fenômeno de bloqueio por atrito não fica diretamente evidente. Logo, admitindo-se um escoamento subsônico na entrada, deve-se verificar o número de Mach na saída Ma_2 para se ter certeza de que ele não é maior do que $1/k^{1/2}$ para escoamento isotérmico ou maior do que 1,0 para escoamento adiabático. Vamos ilustrar tanto o escoamento adiabático como o isotérmico com o próximo exemplo.

EXEMPLO 9.13

Ar entra em um tubo de 1 cm de diâmetro e 1,2 m de comprimento com $p_1 = 220$ kPa e $T_1 = 300$ K. Se $\bar{f} = 0,025$ e a pressão de saída é $p_2 = 140$ kPa, avalie a vazão em massa para (a) escoamento isotérmico e (b) escoamento adiabático.

Solução

Parte (a) Para escoamento isotérmico, a Equação (9.73) se aplica sem iterações:

$$\frac{\bar{f}L}{D} + 2\ln\frac{p_1}{p_2} = \frac{(0,025)(1,2 \text{ m})}{0,01 \text{ m}} + 2\ln\frac{220}{140} = 3,904$$

$$G^2 = \frac{(220.000 \text{ Pa})^2 - (140.000 \text{ Pa})^2}{[287 \text{ m}^2/(\text{s}^2 \cdot \text{K})](300 \text{ K})(3,904)} = 85.700 \quad \text{ou} \quad G = 293 \text{ kg}/(\text{s} \cdot \text{m}^2)$$

Como $A = (\pi/4)(0,01 \text{ m})^2 = 7,85$ E-5 m^2, a estimativa de vazão em massa é

$$\dot{m} = GA = (293)(7,85 \text{ E-5}) \approx 0,0230 \text{ kg/s} \qquad Resposta\ (a)$$

Verifique se o número de Mach na saída não é de bloqueio:

$$\rho_2 = \frac{p_2}{RT} = \frac{140.000}{(287)(300)} = 1,626 \text{ kg/m}^3 \qquad V_2 = \frac{G}{\rho_2} = \frac{293}{1,626} = 180 \text{ m/s}$$

$$\text{ou} \qquad Ma_2 = \frac{V_2}{\sqrt{kRT}} = \frac{180}{[1,4(287)(300)]^{1/2}} = \frac{180}{347} \approx 0,52$$

Esse valor está bem abaixo da condição de bloqueio, e a solução isotérmica é precisa.

Parte (b) Para escoamento adiabático, é possível fazer iterações à mão, da maneira antiga, usando as Equações (9.74) e (9.75) mais a definição da velocidade do som de estagnação, $a_o = (kRT_o)^{1/2}$. Há alguns anos, o autor teria feito exatamente isso, arduamente. Mas essas equações podem ser iteradas e manipuladas pelo Excel. Primeiramente, liste os dados fornecidos e os requisitos:

$$k = 1,4; p_1 = 220.000 \text{ Pa}; p_2 = 140.000 \text{ Pa}; T_1 = 300 \text{ K}; \frac{\bar{f}\Delta L}{D} = \frac{(0,025)(1,2)}{0,01} = 3,0, p_1^* = p_2^*$$

Use agora o Excel para aplicar a Eq. (9.66) para $\bar{f}L/D$ e a Eq. (9.68a) para p/p^*, aos pontos 1 e 2 no tubo. Estamos iterando para encontrar o número de Mach de entrada para o qual (a) $f\Delta L/D = 3,0$ e (b) $p_1^* = p_2^*$. Mesmo com o Excel fazendo todo o trabalho, o processo iterativo é árduo. Estimamos Ma_1 e ajustamos Ma_2 até $\Delta(fL/D) = 3,0$, após o que verificamos se os valores p^* se igualam. Os resultados tabulados estão abaixo. Foram necessárias quatro estimativas de Ma_1 para se chegar a $p^* \approx 67.900$ Pa.

	A	B	C	D	E	F	G	H	I
	Ma_1	$(fL/D)_1$	p_1/p^*	$Ma2$	$(fL/D)_2$	p_2/p^*	$\Delta(fL/D)$	p_1^*	p_2^*
1	0,2	14,533	5,455	0,221	11,533	4,944	3,000	40327	28317
2	0,3	5,299	3,619	0,401	2,299	2,692	3,000	60789	51999
3	0,34	3,752	3,185	0,546	0,752	1,950	3,000	69068	71802
4	**0,3343**	**3,936**	**3,241**	**0,518**	**0,935**	**2,062**	**3,001**	**67884**	**67886**

A vazão em massa decorre do número de Mach e da massa específica na entrada e é bem próxima à obtida na parte (a):

$$V_1 = Ma_1\sqrt{kRT_1} = (0,3343)\sqrt{1,4(287)(300)} = 116 \text{ m/s}$$

$$\rho_1 = p_1/(RT_1) = (220.000)/[287(300)] = 2,56 \text{ kg/m}^3$$

$$\dot{m} = \rho_1 A V_1 = (2,56)(\pi/4)(0,01)^2(116) = 0,0233 \text{ kg/s} \qquad \textit{Resposta (b)}$$

9.8 Escoamento sem atrito em dutos com troca de calor[5]

A adição ou remoção de calor tem um efeito interessante sobre o escoamento compressível. Textos avançados [por exemplo, Referência 5, Capítulo 8] consideram o efeito combinado de troca de calor acoplado ao atrito e à variação de área em um duto. Aqui, vamos restringir a análise à transferência de calor no escoamento sem atrito em um duto de área constante.

Esse tipo de escoamento em duto – com área constante, quantidade de movimento constante, vazão em massa constante, mas com entalpia de estagnação variável (por causa da transferência de calor) – é frequentemente denominado *escoamento de Rayleigh*, em homenagem a John William Strutt, Lorde Rayleigh (1842-1919), famoso físico e engenheiro. Para uma dada vazão em massa e uma quantidade de movimento, o gráfico da entalpia em função da entropia para todos os estados possíveis, subsônicos ou supersônicos, forma uma *linha de Rayleigh*. Veja os Problemas P9.110 e P9.111 para exemplos de linha de Rayleigh.

Considere o volume de controle elementar no duto da Figura 9.16. Entre as seções 1 e 2, uma quantidade de calor δQ é adicionada (ou removida) a cada elemento de massa δm que passa. Sem atrito e sem variação de área, as equações de conservação ficam bem simples:

Continuidade: $\qquad \rho_1 V_1 = \rho_2 V_2 = G = \text{const} \qquad (9.76a)$

Quantidade de movimento x: $\qquad p_1 - p_2 = G(V_2 - V_1) \qquad (9.76b)$

Energia: $\qquad \dot{Q} = \dot{m}(h_2 + \tfrac{1}{2}V_2^2 - h_1 - \tfrac{1}{2}V_1^2)$

ou $\qquad q = \dfrac{\dot{Q}}{\dot{m}} = \dfrac{\delta Q}{\delta m} = h_{02} - h_{01} \qquad (9.76c)$

---

[5] Esta seção pode ser omitida sem perda de continuidade.

Figura 9.16 Volume de controle elementar para o escoamento sem atrito em um duto de área constante com transferência de calor. O comprimento do elemento é indeterminado nesta teoria simplificada.

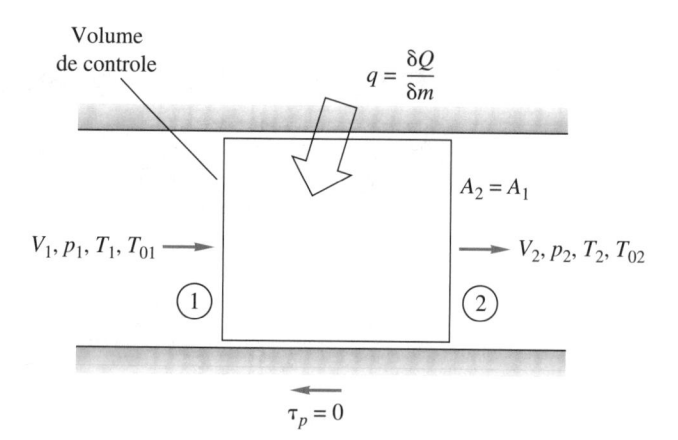

A transferência de calor resulta em uma variação da entalpia de estagnação do escoamento. Não vamos especificar exatamente como o calor é transferido – por combustão, reação nuclear, evaporação, condensação ou troca de calor pela parede –, mas diremos simplesmente que ocorre a transferência de uma quantidade q entre 1 e 2. Frisamos, no entanto, que a troca de calor pela parede não é uma boa candidata para a teoria, pois a convecção está inevitavelmente acoplada ao atrito na parede, que foi desprezado.

Para completarmos a análise, usamos as relações de gás perfeito e número de Mach:

$$\frac{p_2}{\rho_2 T_2} = \frac{p_1}{\rho_1 T_1} \qquad h_{02} - h_{01} = c_p(T_{02} - T_{01})$$
$$\frac{V_2}{V_1} = \frac{\text{Ma}_2 \, a_2}{\text{Ma}_1 \, a_1} = \frac{\text{Ma}_2}{\text{Ma}_1}\left(\frac{T_2}{T_1}\right)^{1/2} \tag{9.77}$$

Para uma transferência de calor $q = \delta Q/\delta m$, ou seja, uma variação $h_{02} - h_{01}$, as Equações (9.76) e (9.77) podem ser resolvidas algebricamente para as razões de propriedades p_2/p_1, Ma_2/Ma_1 e assim por diante, entre a saída e a entrada. Observe que a transferência de calor permite que a entropia tanto aumente como diminua, e a segunda lei não impõe restrições sobre essas soluções.

Antes de escrevermos essas funções para as relações de propriedades, ilustramos o efeito da transferência de calor na Figura 9.17, que mostra T_0 e T em função do núme-

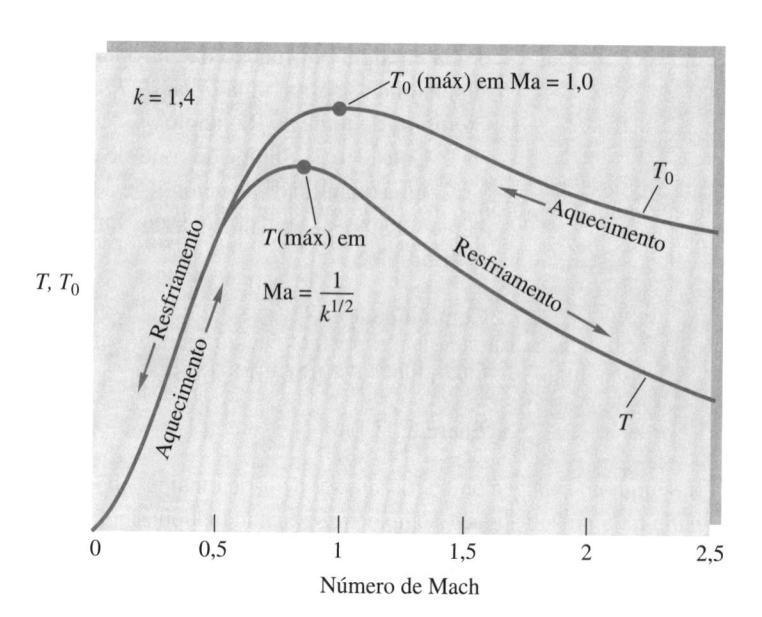

Figura 9.17 Efeito da transferência de calor sobre o número de Mach.

ro de Mach no duto. T_0 aumenta com o aquecimento e diminui com o resfriamento. O máximo valor possível de T_0 ocorre para Ma = 1,0, e vemos que o aquecimento faz o escoamento tender para Ma = 1,0, não importa se a entrada é subsônica ou supersônica. Isso é análogo ao efeito do atrito na seção anterior. A temperatura de um gás perfeito aumenta de Ma = 0 até Ma = $1/k^{1/2}$ e então decresce. Logo, existe uma região peculiar – ou pelo menos inesperada – em que o aquecimento (aumento de T_0) realmente diminui a temperatura do gás, sendo a diferença de entalpia refletida em um grande aumento da energia cinética. Para k = 1,4, essa região peculiar fica entre Ma = 0,845 e Ma = 1,0 (trata-se de uma informação interessante, mas não muito útil).

A lista completa dos efeitos da simples variação de T_0 sobre as propriedades do escoamento em um duto é mostrada a seguir:

	Aquecimento		Resfriamento	
	Subsônico	Supersônico	Subsônico	Supersônico
T_0	Aumenta	Aumenta	Diminui	Diminui
Ma	Aumenta	Diminui	Diminui	Aumenta
p	Diminui	Aumenta	Aumenta	Diminui
ρ	Diminui	Aumenta	Aumenta	Diminui
V	Aumenta	Diminui	Diminui	Aumenta
p_0	Diminui	Diminui	Aumenta	Aumenta
s	Aumenta	Aumenta	Diminui	Diminui
T	*	Aumenta	†	Diminui

*Aumenta até Ma = $1/k^{1/2}$ e diminui daí por diante.
† Diminui até Ma = $1/k^{1/2}$ e aumenta daí por diante.

O item mais significativo dessa lista talvez seja a pressão de estagnação p_0, que sempre diminui durante o aquecimento, não importa se o escoamento é subsônico ou supersônico. Logo, o aquecimento aumenta o número de Mach de um escoamento, mas impõe uma perda na recuperação efetiva de pressão.

Relações de número de Mach

As Equações (9.76) e (9.77) podem ser reescritas em termos do número de Mach e seus resultados podem ser tabulados. Por conveniência, especificamos que a seção de saída seja sônica, Ma = 1, com propriedades de referência T_0^*, T^*, p^*, ρ^*, V^* e p_0^*. Admite-se que o escoamento na entrada tenha um número de Mach arbitrário Ma. As Equações (9.76) e (9.77) assumem então a seguinte forma:

$$\frac{T_0}{T_0^*} = \frac{(k+1)\,\text{Ma}^2\,[2+(k-1)\,\text{Ma}^2]}{(1+k\,\text{Ma}^2)^2} \tag{9.78a}$$

$$\frac{T}{T^*} = \frac{(k+1)^2\,\text{Ma}^2}{(1+k\,\text{Ma}^2)^2} \tag{9.78b}$$

$$\frac{p}{p^*} = \frac{k+1}{1+k\,\text{Ma}^2} \tag{9.78c}$$

$$\frac{V}{V^*} = \frac{\rho^*}{\rho} = \frac{(k+1)\,\text{Ma}^2}{1+k\,\text{Ma}^2} \tag{9.78d}$$

$$\frac{p_0}{p_0^*} = \frac{k+1}{1+k\,\text{Ma}^2}\left[\frac{2+(k-1)\,\text{Ma}^2}{k+1}\right]^{k/(k-1)} \tag{9.78e}$$

Essas fórmulas estão todas tabeladas em função do número de Mach na Tabela B.4. As tabelas são muito convenientes se as propriedades de entrada Ma_1, V_1 etc. forem dadas, mas um tanto incômodas se a informação fornecida estiver centrada em T_{01} e T_{02}. Vamos ilustrar com um exemplo.

EXEMPLO 9.14

Uma mistura ar-combustível, aproximada como ar com $k = 1,4$, entra em uma câmara de combustão em forma de duto com $V_1 = 75$ m/s, $p_1 = 150$ kPa e $T_1 = 300$ K. A adição de calor por combustão é de 900 kJ/kg de mistura. Calcule (a) as propriedades na saída V_2, p_2 e T_2 e (b) a adição de calor total que tornaria sônico o escoamento na saída.

Solução

Parte (a) Calcule primeiramente $T_{01} = T_1 + V_1^2/(2c_p) = 300 + (75)^2/[2(1.005)] = 303$ K. Calcule em seguida a variação da temperatura de estagnação do gás

$$q = c_p(T_{02} - T_{01})$$

ou
$$T_{02} = T_{01} + \frac{q}{c_p} = 303 \text{ K} + \frac{900.000 \text{ J/kg}}{1.005 \text{ J/(kg} \cdot \text{K)}} = 1.199 \text{ K}$$

Temos informação suficiente para calcular o número de Mach inicial:

$$a_1 = \sqrt{kRT_1} = [1,4(287)(300)]^{1/2} = 347 \text{ m/s} \qquad Ma_1 = \frac{V_1}{a_1} = \frac{75}{347} = 0,216$$

Com esse número de Mach, use a Equação (9.78a) ou a Tabela B.4 para encontrar o valor sônico T_0^*:

$$Ma_1 = 0,216: \qquad \frac{T_{01}}{T_0^*} \approx 0,1992 \qquad \text{ou} \qquad T_0^* = \frac{303 \text{ K}}{0,1992} \approx 1.521 \text{ K}$$

Logo, a razão de temperaturas de estagnação na seção 2 é $T_{02}/T_0^* = 1.199/1.521 = 0,788$, que corresponde na Tabela B.4 a um número de Mach $Ma_2 \approx 0,573$.

Agora, use a Tabela B.4 com Ma_1 e Ma_2 para tabelar as razões de propriedade desejadas

Seção	Ma	V/V*	p/p*	T/T*
1	0,216	0,1051	2,2528	0,2368
2	0,573	0,5398	1,6442	0,8876

As propriedades na saída são calculadas usando essas razões para encontrar o estado 2 a partir do estado 1:

$$V_2 = V_1 \frac{V_2/V^*}{V_1/V^*} = (75 \text{ m/s}) \frac{0,5398}{0,1051} = 385 \text{ m/s} \qquad \textit{Resposta (a)}$$

$$p_2 = p_1 \frac{p_2/p^*}{p_1/p^*} = (150 \text{ kPa}) \frac{1,6442}{2,2528} = 109 \text{ kPa} \qquad \textit{Resposta (a)}$$

$$T_2 = T_1 \frac{T_2/T^*}{T_1/T^*} = (300 \text{ K}) \frac{0,8876}{0,2368} = 1.124 \text{ K} \qquad \textit{Resposta (a)}$$

Parte (b) A máxima adição de calor permissível levaria o número de Mach na saída até a unidade:

$$T_{02} = T_0^* = 1.521 \text{ K}$$

$$q_{máx} = c_p(T_0^* - T_{01}) = [1.005 \text{ J/(kg} \cdot \text{K)}](1.521 - 303 \text{ K}) \approx 1,22 \text{ E6 J/kg} \qquad \textit{Resposta (b)}$$

Efeitos de bloqueio devido ao aquecimento simples

A Equação (9.78a) e a Tabela B.4 indicam que a máxima temperatura de estagnação possível no aquecimento simples corresponde a T_0^*, com um número de Mach sônico na saída. Logo, para dadas condições na entrada, apenas certa quantidade de calor pode ser adicionada ao escoamento, como 1,22 MJ/kg no Exemplo 9.14. Para uma entrada subsônica, não há limite teórico para a adição de calor: o escoamento decai mais e mais à medida que adicionamos mais calor, com a velocidade de entrada aproximando-se de zero. Para escoamento supersônico, mesmo que Ma_1 fosse infinito, existiria uma razão finita $T_{01}/T_0^* = 0{,}4898$ para $k = 1{,}4$. Assim, se o calor for adicionado sem limite a um escoamento supersônico, será necessário um ajuste por onda de choque normal para acomodar as variações requeridas nas propriedades.

No escoamento subsônico, não há limite teórico para a quantidade de resfriamento permitida: o escoamento de saída apenas se torna mais e mais lento e a temperatura aproxima-se de zero. No escoamento supersônico, apenas uma quantidade finita de resfriamento pode ser permitida antes que o número de Mach do escoamento na saída aproxime-se do infinito, com $T_{02}/T_0^* = 0{,}4898$ e a temperatura na saída igual a zero. Há poucas aplicações para o resfriamento supersônico.

EXEMPLO 9.15

O que acontece com a entrada do escoamento no Exemplo 9.14 se a adição de calor for aumentada para 1.400 kJ/kg e a pressão na entrada e a temperatura de estagnação ficarem fixas? Qual será a diminuição subsequente na vazão em massa?

Solução

Para $q = 1.400$ kJ/kg, a saída ficará bloqueada à temperatura de estagnação

$$T_0^* = T_{01} + \frac{q}{c_p} = 303 + \frac{1{,}4\ \text{E6 J/kg}}{1.005\ \text{J/(kg}\cdot\text{K)}} \approx 1.696\ \text{K}$$

Esse valor é maior que $T_0^* = 1.521$ K no Exemplo 9.14 e, daí, sabemos que a condição 1 terá de decair para um número de Mach menor. O valor apropriado é determinado da razão $T_{01}/T_0^* = 303/1.696 = 0{,}1787$. Da Tabela B.4 ou da Equação (9.78a), para essa condição, lemos o novo valor do número de Mach na entrada (reduzido): $Ma_{1,novo} \approx 0{,}203$. Com T_{01} e p_1 conhecidos, as outras propriedades na entrada decorrem desse número de Mach

$$T_1 = \frac{T_{01}}{1 + 0{,}2\ Ma_1^2} = \frac{303}{1 + 0{,}2(0{,}203)^2} = 301\ \text{K}$$

$$a_1 = \sqrt{kRT_1} = [1{,}4(287)(301)]^{1/2} = 348\ \text{m/s}$$

$$V_1 = Ma_1\,a_1 = (0{,}203)(348\ \text{m/s}) = 71\ \text{m/s}$$

$$\rho_1 = \frac{p_1}{RT_1} = \frac{150.000}{(287)(301)} = 1{,}74\ \text{kg/m}^3$$

Finalmente, a nova vazão em massa (reduzida) por unidade de área é

$$\frac{\dot{m}_{nova}}{A} = \rho_1 V_1 = (1{,}74\ \text{kg/m}^3)(71\ \text{m/s}) = 123\ \text{kg/(s}\cdot\text{m}^2)$$

Esse valor é 7% menor que no Exemplo 9.14, devido ao bloqueio por excesso de adição de calor.

Relacionamento com a onda de choque normal

As relações de onda de choque normal da Seção 9.5, na verdade, estão incluídas nas relações de aquecimento simples como um caso especial. Da Tabela B.4 ou da Figura 9.17, vemos que, para uma temperatura de estagnação menor que T_0^*, há dois estados de escoamento que satisfazem as relações de aquecimento simples, um subsônico e outro supersônico. Esses dois estados têm (1) o mesmo valor de T_0, (2) a mesma vazão em massa por unidade de área e (3) o mesmo valor de $p + \rho V^2$. Portanto, esses dois estados são exatamente equivalentes às condições em cada lado de uma onda de choque normal. A segunda lei novamente exigiria que o escoamento a montante Ma_1 fosse supersônico.

Para ilustrar esse ponto, considere $Ma_1 = 3,0$ e da Tabela B.4 leia $T_{01}/T_0^* = 0,6540$ e $p_1/p^* = 0,1765$. Agora, para o mesmo valor $T_{02}/T_0^* = 0,6540$, use a Tabela B.4 ou a Equação (9.78a) para calcular $Ma_2 = 0,4752$ e $p_2/p^* = 1,8235$. O valor de Ma_2 é exatamente aquele que lemos na tabela de choque normal, Tabela B.2, como o número de Mach a jusante quando $Ma_1 = 3,0$. A razão de pressões para esses dois estados é $p_2/p_1 = (p_2/p^*)/(p_1/p^*) = 1,8235/0,1765 = 10,33$, que outra vez é exatamente o que lemos na Tabela B.2 para $Ma_1 = 3,0$. Essa ilustração é concebida apenas para mostrar o embasamento físico das relações de aquecimento simples; seria tolice praticar o cálculo de ondas de choque normal dessa maneira.

9.9 Ondas de Mach e ondas de choque oblíquas

Até aqui, consideramos apenas teorias de escoamento compressível unidimensionais. Foi possível ilustrar muitos efeitos importantes, mas um mundo unidimensional perde completamente a visão dos movimentos ondulatórios, tão característicos do escoamento supersônico. O único "movimento ondulatório" que poderíamos captar em uma teoria unidimensional seria a onda de choque normal, que equivale apenas a uma descontinuidade do escoamento no duto.

Ondas de Mach

Quando adicionamos uma segunda dimensão ao escoamento, os movimentos ondulatórios tornam-se imediatamente aparentes se o escoamento for supersônico. A Figura 9.18 mostra uma construção gráfica célebre que aparece em todo livro-texto de mecânica dos fluidos e que foi apresentada pela primeira vez por Ernst Mach, em 1887. A figura mostra o padrão de perturbações de pressão (ondas sonoras) emitido por uma pequena partícula movendo-se à velocidade U através de um fluido em repouso cuja velocidade do som é a.

À medida que se desloca, a partícula colide continuamente com as partículas de fluido e envia ondas sonoras esféricas que emanam de todos os pontos ao longo de sua trajetória. Algumas dessas frentes de perturbação esféricas estão na Figura 9.18. O comportamento dessas frentes é bem diferente, dependendo da velocidade da partícula ser subsônica ou supersônica.

Na Figura 9.18a, a partícula tem movimento subsônico, $U < a$, $Ma = U/a < 1$. As perturbações esféricas deslocam-se para fora em todas as direções e não interferem umas com as outras. Elas também se movem bem à frente da partícula porque viajam uma distância $a \, \delta t$ durante o intervalo de tempo δt no qual a partícula se desloca apenas $U \, \delta t$. Logo, o movimento subsônico de um corpo faz sua presença ser sentida em todos os pontos do campo de fluido: você pode "ouvir" ou "sentir" o aumento de pressão causado por um corpo que se aproxima antes de chegar até você. Aparentemente, essa é a razão pela qual um pombo na estrada, sem se virar para enxergar você, levanta voo e evita ser atropelado pelo seu carro.

À velocidade sônica, $U = a$, Figura 9.18b, as perturbações de pressão movem-se exatamente à velocidade da partícula e, assim, acumulam-se à esquerda na posição da partícula em uma espécie de "frente comum", que agora é chamada de *onda de Mach*, em homenagem a Ernst Mach. Nenhuma perturbação vai além da partícula. Se você estiver estacionado à esquerda da partícula, não poderá "ouvir" o movimento que se

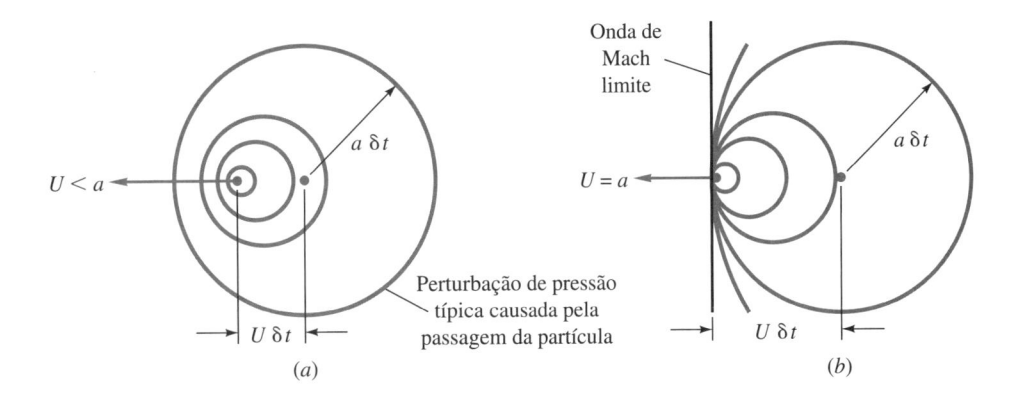

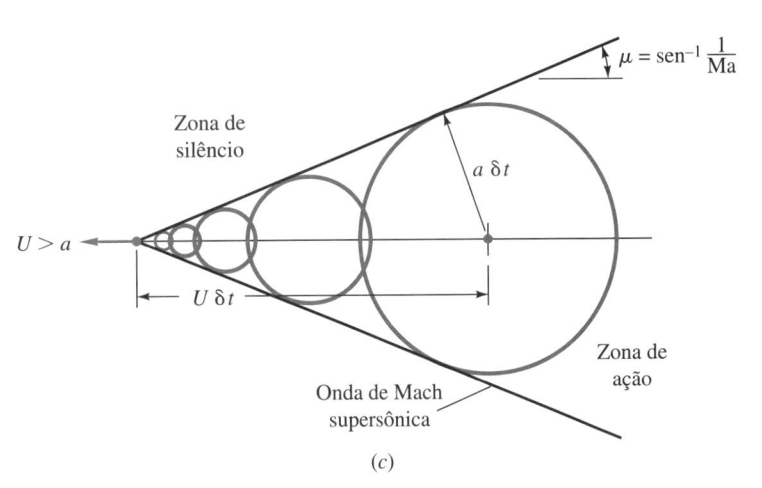

Figura 9.18 Padrões de onda gerados por uma partícula movendo-se à velocidade U através de um fluido em repouso cuja velocidade do som a é: movimento (a) subsônico, (b) sônico e (c) supersônico.

aproxima. Se a partícula tocar a buzina, você tão pouco poderá ouvi-la: um carro sônico pode surpreender o pombo.

No movimento supersônico, $U > a$, a falta de aviso antecipado é ainda mais pronunciada. As esferas de perturbação não podem interferir na partícula de movimento rápido que as criou. Todas elas estendem-se atrás da partícula e são tangentes a um cone comum chamado *cone de Mach*. Da geometria da Figura 9.18c, verifica-se que o ângulo do cone de Mach é

$$\mu = \text{sen}^{-1} \frac{a}{U} \frac{\delta t}{\delta t} = \text{sen}^{-1} \frac{a}{U} = \text{sen}^{-1} \frac{1}{\text{Ma}} \tag{9.79}$$

Quanto maior o número de Mach da partícula, mais esbelto é o cone de Mach; por exemplo, μ é 30° para Ma = 2,0 e 11,5° para Ma = 5,0. Para o caso-limite de escoamento sônico, Ma = 1, μ = 90°; o cone de Mach torna-se uma frente plana movendo-se com a partícula, de acordo com a Figura 9.18b.

Você não pode "ouvir" a perturbação causada pela partícula supersônica na Figura 9.18c até que esteja na *zona de ação* no interior do cone de Mach. Nenhum aviso poderá atingir os seus ouvidos se você estiver na *zona de silêncio* fora do cone. Logo, um observador no solo abaixo de um avião supersônico só ouvirá o *estrondo sônico* da passagem do cone bem depois que o avião tiver passado.

Figura 9.19 Padrão de ondas em torno de um modelo do caça X-15, movendo-se próximo a Ma = 1,7. As linhas mais grossas são ondas de choque oblíquas, causadas por bordas agudas e as linhas mais finas são ondas de Mach, causadas por bordas suaves. (*Cortesia da NASA.*)

A onda de Mach não precisa ser cônica: ondas semelhantes são formadas por uma pequena perturbação de formato qualquer, movendo-se a velocidade supersônica em relação ao fluido ambiente. Por exemplo, a "partícula" na Figura 9.18c poderia ser o bordo de ataque de uma placa plana aguda, que formaria uma cunha de Mach com exatamente o mesmo ângulo μ. Ondas de Mach são formadas por pequenas rugosidades ou irregularidades de camada-limite em um túnel supersônico ou sobre a superfície de um corpo supersônico. Veja novamente a Figura 9.10: as ondas de Mach são claramente visíveis ao longo da superfície do corpo a jusante do choque de recompressão, em especial na quina traseira. Seu ângulo é cerca de 30°, indicando um número de Mach em torno de 2,0 ao longo dessa superfície.

Um sistema de ondas mais complicado, visto na Figura 9.19, emana de um modelo do avião de combate supersônico X-15, ensaiado em Ma <1,7 em um túnel de vento. As ondas de Mach e de choque são visualizadas pela técnica fotográfica de difração de luz (*schlieren*) [31]. Observe a esteira turbulenta supersônica.

EXEMPLO 9.16

Um observador que esteja no solo não ouve o estrondo sônico causado por um avião movendo-se a 5 km de altitude até que ele esteja 9 km adiante dele. Qual é o número de Mach aproximado do avião? Admita uma pequena perturbação e despreze a variação da velocidade do som com a altitude.

Solução

Uma perturbação finita como um avião criará uma onda de choque oblíqua de intensidade finita cujo ângulo será bem maior que o ângulo da onda de Mach μ e que se curvará para baixo devido à variação na velocidade do som atmosférica. Se desprezarmos esses efeitos, a altitude e a distância serão uma medida de μ, como se vê na Figura E9.16. Logo,

$$\tan \mu = \frac{5 \text{ km}}{9 \text{ km}} = 0{,}5556 \quad \text{ou} \quad \mu = 29{,}05°$$

Portanto, da Equação (9.79),

$$\text{Ma} = \csc \mu = 2{,}06 \quad \textit{Resposta}$$

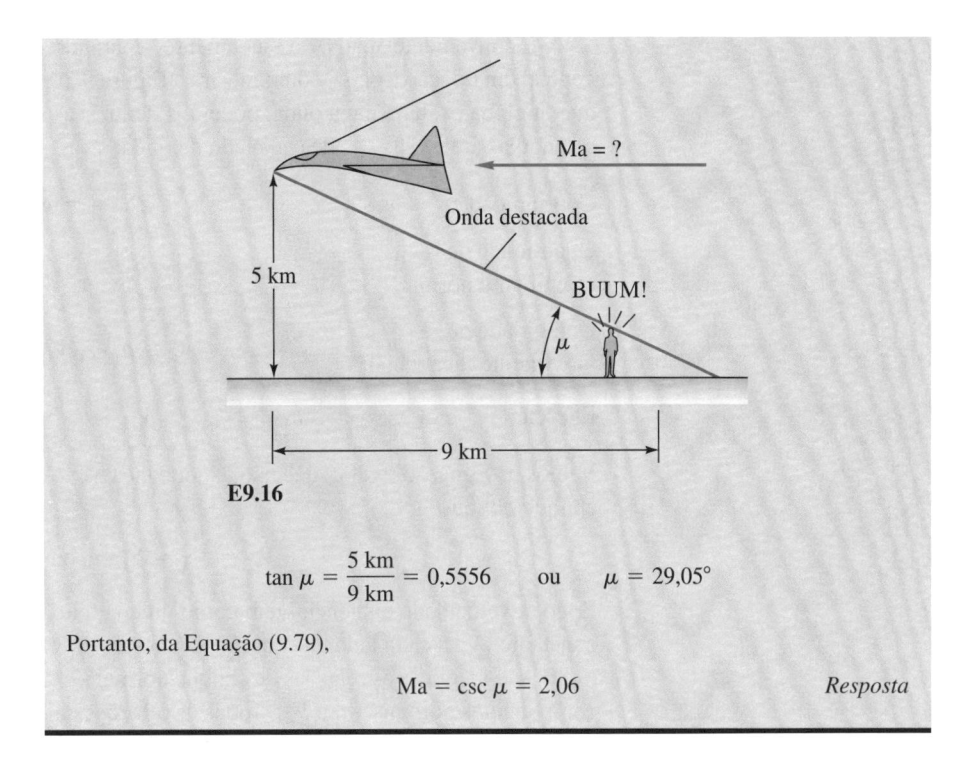

A onda de choque oblíqua

As Figuras 9.10 e 9.19 e nossa discussão preliminar indicaram que uma onda de choque pode se formar a um ângulo oblíquo em relação à corrente supersônica de aproximação. Tal onda irá defletir a corrente de um ângulo θ, diferentemente da onda de choque normal, para a qual o escoamento a jusante ocorre na mesma direção. Em essência, um choque oblíquo é causado pela necessidade que uma corrente supersônica tem de se desviar de tal ângulo. Podemos citar como exemplos uma cunha finita no bordo de ataque de um corpo e uma rampa na parede de um túnel supersônico.

A geometria do escoamento de um choque oblíquo está na Figura 9.20. Assim como para o choque normal da Figura 9.8, o estado 1 denota as condições a montante e o estado 2 a jusante. O ângulo do choque tem um valor arbitrário β e o escoamento a jusante V_2 deflete de um ângulo θ que é função de β e das condições do estado 1. O escoamento a montante é sempre supersônico, mas o número de Mach a jusante $\text{Ma}_2 = V_2/a_2$ pode ser subsônico, sônico ou supersônico, dependendo das condições.

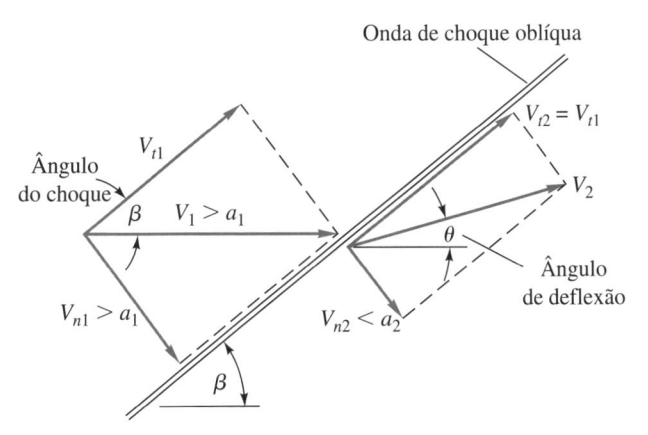

Figura 9.20 Geometria do escoamento através de uma onda de choque oblíqua.

É conveniente analisar o escoamento separando-o nos componentes normal e tangencial em relação à onda, como mostra a Figura 9.20. Para um volume de controle fino que engloba exatamente a onda, podemos deduzir as seguintes relações integrais, cancelando as áreas $A_1 = A_2$ de cada lado da onda:

Continuidade:
$$\rho_1 V_{n1} = \rho_2 V_{n2} \qquad (9.80a)$$

Quantidade de movimento normal:
$$p_1 - p_2 = \rho_2 V_{n2}^2 - \rho_1 V_{n1}^2 \qquad (9.80b)$$

Quantidade de movimento tangencial:
$$0 = \rho_1 V_{n1}(V_{t2} - V_{t1}) \qquad (9.80c)$$

Energia:
$$h_1 + \tfrac{1}{2}V_{n1}^2 + \tfrac{1}{2}V_{t1}^2 = h_2 + \tfrac{1}{2}V_{n2}^2 + \tfrac{1}{2}V_{t2}^2 = h_0 \qquad (9.80d)$$

Vemos na Equação (9.80c) que não há mudança na velocidade tangencial através de um choque oblíquo

$$V_{t2} = V_{t1} = V_t = \text{const} \qquad (9.81)$$

Logo, a velocidade tangencial tem como único efeito a adição de uma energia cinética constante $\tfrac{1}{2}V_t^2$ a cada lado da equação da energia (9.80d). Concluímos que as Equações (9.80) são idênticas às relações de choque normal (9.49), com V_1 e V_2 substituídas pelos componentes normais V_{n1} e V_{n2}. Todas as relações da Seção 9.5 podem ser usadas para se calcular as propriedades de uma onda de choque oblíqua. O truque é usar os números de Mach "normais" no lugar de Ma_1 e Ma_2:

$$\boxed{\text{Ma}_{n1} = \frac{V_{n1}}{a_1} = \text{Ma}_1 \,\text{sen}\,\beta}$$

$$\boxed{\text{Ma}_{n2} = \frac{V_{n2}}{a_2} = \text{Ma}_2 \,\text{sen}\,(\beta - \theta)} \qquad (9.82)$$

Logo, para um gás perfeito com calores específicos constantes, as razões de propriedades através de um choque oblíquo são os análogos das Equações (9.55) a (9.58) com Ma_1 substituído por Ma_{n1}:

$$\frac{p_2}{p_1} = \frac{1}{k+1}\left[2k\,\text{Ma}_1^2\,\text{sen}^2\beta - (k-1)\right] \qquad (9.83a)$$

$$\frac{\rho_2}{\rho_1} = \frac{\tan\beta}{\tan(\beta-\theta)} = \frac{(k+1)\,\text{Ma}_1^2\,\text{sen}^2\beta}{(k-1)\,\text{Ma}_1^2\,\text{sen}^2\beta + 2} = \frac{V_{n1}}{V_{n2}} \qquad (9.83b)$$

$$\frac{T_2}{T_1} = [2 + (k-1)\,\text{Ma}_1^2\,\text{sen}^2\beta]\frac{2k\,\text{Ma}_1^2\,\text{sen}^2\beta - (k-1)}{(k+1)^2\,\text{Ma}_1^2\,\text{sen}^2\beta} \qquad (9.83c)$$

$$T_{02} = T_{01} \qquad (9.83d)$$

$$\frac{p_{02}}{p_{01}} = \left[\frac{(k+1)\,\text{Ma}_1^2\,\text{sen}^2\beta}{2 + (k-1)\,\text{Ma}_1^2\,\text{sen}^2\beta}\right]^{k/(k-1)}\left[\frac{k+1}{2k\,\text{Ma}_1^2\,\text{sen}^2\beta - (k-1)}\right]^{1/(k-1)} \qquad (9.83e)$$

$$\text{Ma}_{n2}^2 = \frac{(k-1)\,\text{Ma}_{n1}^2 + 2}{2k\,\text{Ma}_{n1}^2 - (k-1)} \qquad (9.83f)$$

Todas essas razões estão listadas na Tabela B.2 de choque normal. Se você estava curioso para saber por que essa tabela indicava os números de Mach como Ma_{n1} e Ma_{n2}, deve ter ficado claro agora que a tabela também vale para a onda de choque oblíqua.

Pensando bem em tudo isso, podemos compreender finalmente que uma onda de choque oblíqua é o padrão de escoamento que observaríamos se nos deslocássemos ao longo de uma onda de choque normal (Figura 9.8) a uma velocidade tangencial constante V_t. Logo, os choques normal e oblíquo estão relacionados por uma transformação de velocidade galileana, ou inercial, e portanto satisfazem as mesmas equações básicas.

Se continuarmos com essa analogia de deslocamento ao longo do choque, descobriremos que o ângulo de deflexão θ aumenta com a velocidade V_t até um máximo e depois diminui. Com base na geometria da Figura 9.20, o ângulo de deflexão é dado por

$$\theta = \tan^{-1}\frac{V_t}{V_{n2}} - \tan^{-1}\frac{V_t}{V_{n1}} \tag{9.84}$$

Se derivarmos θ com relação a V_t e igualarmos o resultado a zero, descobriremos que a máxima deflexão ocorre quando $V_t/V_{n1} = (V_{n2}/V_{n1})^{1/2}$. Podemos substituir esse resultado de volta na Equação (9.84) e calcular

$$\theta_{\text{máx}} = \tan^{-1} r^{1/2} - \tan^{-1} r^{-1/2} \qquad r = \frac{V_{n1}}{V_{n2}} \tag{9.85}$$

Por exemplo, se $\text{Ma}_{n1} = 3{,}0$, na Tabela B.2 encontramos que $V_{n1}/V_{n2} = 3{,}8571$, cuja raiz quadrada é 1,9640. Logo, a Equação (9.85) prevê uma deflexão máxima de $\tan^{-1} 1{,}9640 - \tan^{-1}(1/1{,}9640) = 36{,}03°$. A deflexão é bem limitada, mesmo para Ma_{n1} infinito: da Tabela B.2, para esse caso, $V_{n1}/V_{n2} = 6{,}0$, e calculamos da Equação (9.85) que $\theta_{\text{máx}} = 45{,}58°$.

Essa ideia da deflexão limitada e outros fatos tornam-se mais evidentes se plotarmos algumas das soluções das Equações (9.83). Para certos valores de V_1 e a_1, admitindo $k = 1{,}4$, como é usual, podemos plotar todas as possíveis soluções para V_2 a jusante do choque. A Figura 9.21 faz isso usando os componentes de velocidade V_x e V_y como coordenadas, com x paralelo a V_1. Tal plotagem é chamada de *hodógrafa*. A linha grossa, que parece um aerofólio espesso, é o "lugar geométrico" de todas as possíveis soluções para o dado Ma_1 (diagrama *polar de choque*). As duas linhas tracejadas em formato de rabo de peixe são soluções que aumentam V_2; elas são fisicamente impossíveis porque violam a segunda lei.

Examinando o diagrama polar de choque na Figura 9.21, vemos que uma linha de deflexão de pequeno ângulo θ cruza a curva polar em duas possíveis soluções: o choque *forte*, que desacelera bastante o escoamento, e o choque *fraco*, que causa uma desacele-

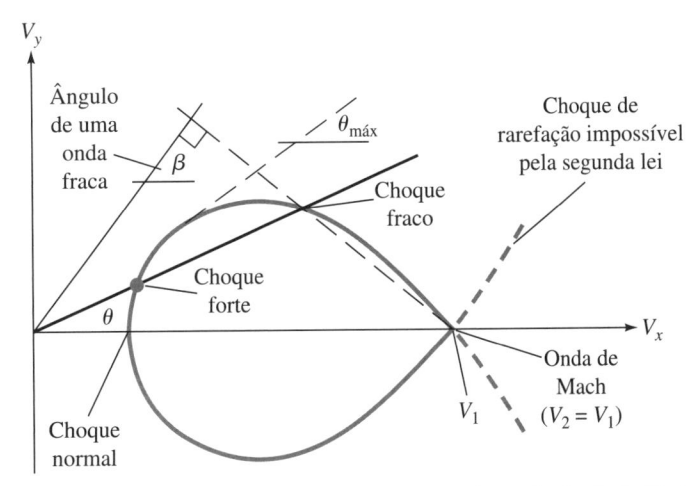

Figura 9.21 A hodógrafa polar do choque oblíquo, mostrando a solução dupla (forte e fraca) para um pequeno ângulo de deflexão e nenhuma solução para grandes deflexões.

ração bem mais suave. O escoamento a jusante do choque forte é sempre subsônico enquanto o escoamento a jusante do choque fraco é usualmente supersônico, mas às vezes subsônico se a deflexão for grande. Ambos os tipos de choque ocorrem na prática. O choque fraco é prevalecente, mas o choque forte ocorrerá se houver uma obstrução ou uma condição de alta pressão a jusante.

Como a curva polar de choque tem um tamanho limitado, existe um ângulo de deflexão máximo $\theta_{máx}$, mostrado na Figura 9.21, que resvala a parte superior da curva polar. Isso verifica a discussão cinemática que levou à Equação (9.85). O que acontece se um escoamento supersônico é forçado a defletir de um ângulo maior que $\theta_{máx}$? A resposta está ilustrada na Figura 9.22 para o escoamento em torno de um corpo em formato de cunha.

Na Figura 9.22a, o semiângulo θ da cunha é menor que $\theta_{máx}$, formando-se então um choque oblíquo no nariz com ângulo de onda β exatamente suficiente para fazer com que a corrente supersônica de aproximação sofra uma deflexão igual ao ângulo θ da cunha. Exceto pelo efeito usualmente pequeno do crescimento da camada-limite (ver, por exemplo, Referência 19, Seção 7-5.2), o número de Mach Ma_2 é constante ao longo da superfície da cunha e é dado pela solução das Equações (9.83). A pressão, massa específica e temperatura ao longo da superfície também são quase constantes, como previsto pelas Equações (9.83). Quando o escoamento atinge a quina da cunha, ele se expande para um número de Mach mais alto e forma uma esteira (não mostrada) semelhante à da Figura 9.10.

Na Figura 9.22b, o semiângulo da cunha é maior que $\theta_{máx}$ e um choque oblíquo colado é impossível. O escoamento não pode ser defletido de uma vez do ângulo $\theta_{máx}$ completo, mas de alguma maneira o escoamento ainda deve contornar a cunha. Uma onda de choque curva destacada forma-se na frente do corpo, defletindo descontinuamente o escoamento de ângulos menores que $\theta_{máx}$. O escoamento então se curva, expande e deflete subsonicamente ao redor da cunha, tornando-se sônico e depois supersônico, assim que ele passa pela região da quina. O escoamento em cada ponto da superfície interior do choque curvo satisfaz exatamente as relações de choque oblíquo

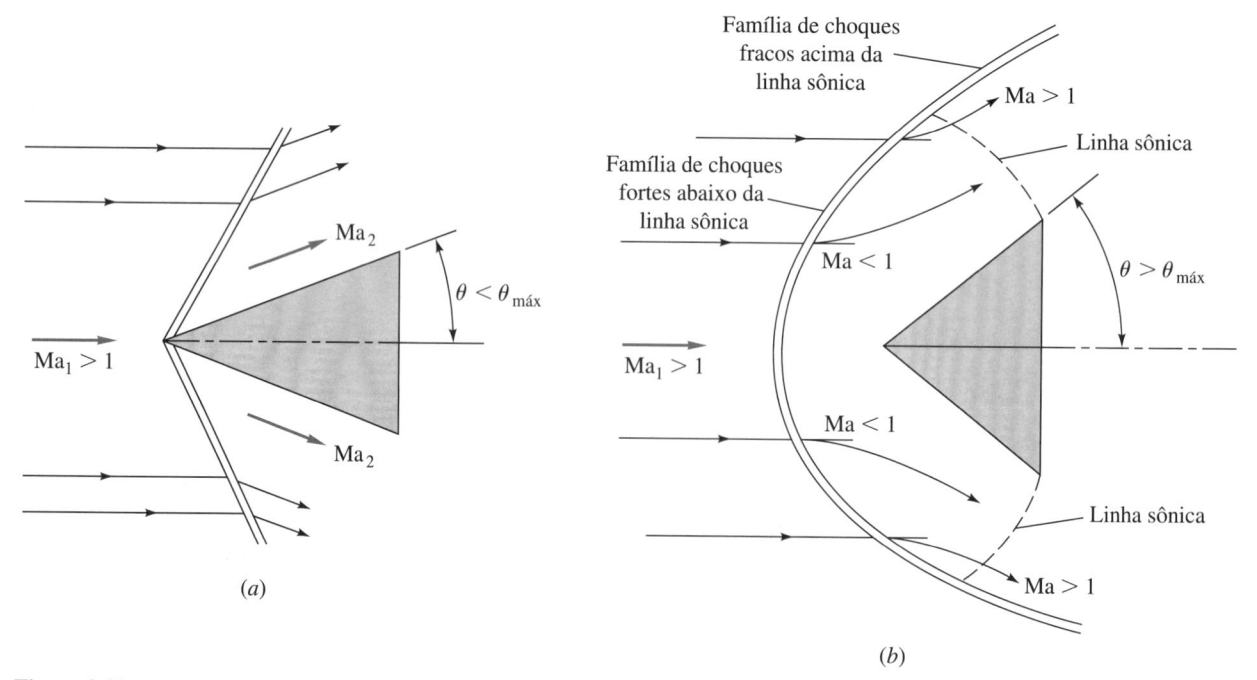

Figura 9.22 Escoamento supersônico em torno de uma cunha: (a) a um pequeno ângulo de cunha, forma-se um choque oblíquo colado; (b) a um grande ângulo de cunha, o choque colado não é possível, e se forma um choque amplo, curvado e destacado.

(9.83) para aquele valor particular de β e para o Ma_1 dado. Cada condição ao longo do choque curvo é um ponto sobre a curva polar de choque da Figura 9.21. Pontos na região frontal à cunha estão na família de choques fortes e pontos após a linha sônica estão na família de choques fracos. A análise de ondas de choque destacadas é extremamente complexa [13] e em geral requer experimentação, como, por exemplo, a técnica ótica de fotografia de sombras da Figura 9.10.

Toda família de soluções de choque oblíquo pode ser plotada ou calculada por meio das Equações (9.83). Para um dado k, o ângulo da onda β varia com Ma_1 e θ, da Equação (9.83b). Aplicando uma identidade trigonométrica para tan $(\beta - \theta)$, essa equação pode ser reescrita em uma forma mais conveniente

$$\tan \theta = \frac{2 \cot \beta \, (Ma_1^2 \, \text{sen}^2 \beta - 1)}{Ma_1^2 \, (k + \cos 2\beta) + 2} \qquad (9.86)$$

Todas as soluções possíveis da Equação (9.86) para $k = 1,4$ estão mostradas na Figura 9.23. Para deflexões $\theta < \theta_{máx}$ há duas soluções: um choque fraco (β pequeno) e um choque forte (β grande), como se esperava. Todos os pontos ao longo da linha traço-ponto para $\theta_{máx}$ satisfazem a Equação (9.85). Uma linha tracejada foi adicionada para mostrar onde Ma_2 é exatamente sônico. Vemos que há uma região estreita perto da deflexão máxima onde o escoamento a jusante do choque fraco é subsônico.

Para deflexões nulas ($\theta = 0$), a família de choques fracos satisfaz a relação do ângulo da onda

$$\beta = \mu = \text{sen}^{-1} \frac{1}{Ma_1} \qquad (9.87)$$

Logo, os choques fracos de deflexão evanescente são equivalentes a ondas de Mach. Por outro lado, os choques fortes à deflexão nula convergem todos para a condição de choque normal $\beta = 90°$.

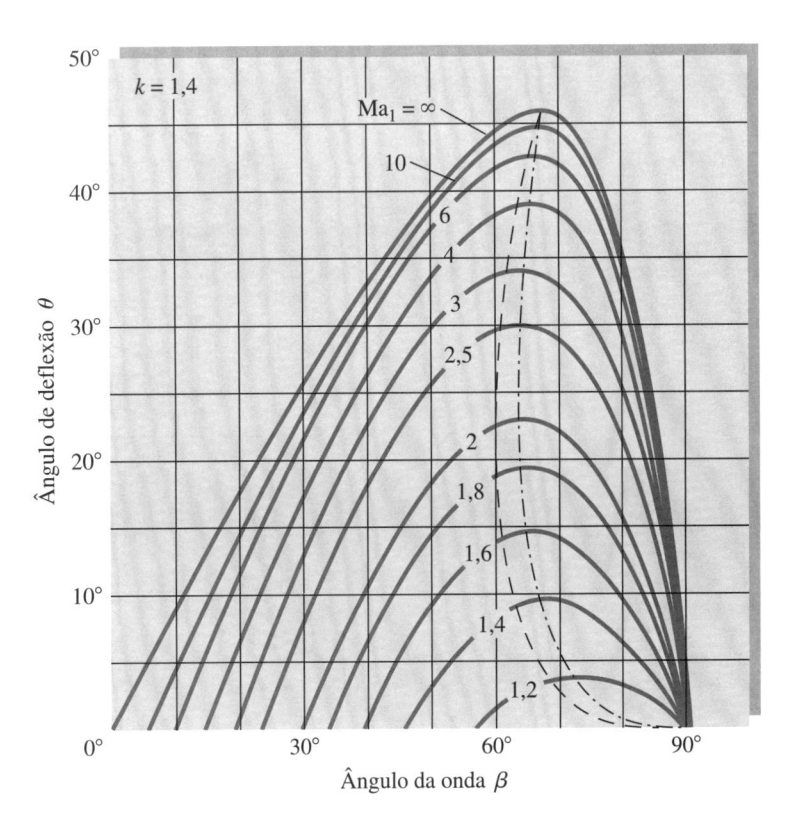

Figura 9.23 Deflexão do choque oblíquo em função do ângulo da onda para vários números de Mach a montante, $k = 1,4$: curva traço-ponto, lugar geométrico de $\theta_{máx}$, divide os choques fortes (direita) dos choques fracos (esquerda); curva tracejada, lugar geométrico dos pontos sônicos, divide os escoamentos com Ma_2 subsônico (direita) daqueles com Ma_2 supersônico (esquerda).

Dois diagramas adicionais de choque oblíquo estão dados no Apêndice B, para $k = 1,4$, em que a Figura B.1 fornece o número de Mach a jusante Ma_2 e a Figura B.2 fornece a razão de pressões p_2/p_1, cada qual plotada em função de Ma_1 e θ. Gráficos, tabelas e programas de computador adicionais são fornecidos nas Referências 20 e 21.

Ondas de choque muito fracas

Para qualquer valor de θ finito, o ângulo da onda β para um choque fraco é maior que o ângulo de Mach μ. Para θ pequeno, a Equação (9.86) pode se expandida em uma série de potências em $\tan \theta$ com o seguinte resultado linearizado para o ângulo da onda:

$$\text{sen}\,\beta = \text{sen}\,\mu + \frac{k+1}{4\cos\mu}\tan\theta + \cdots + \mathcal{O}(\tan^2\theta) + \cdots \qquad (9.88)$$

Para Ma_1 entre 1,4 e 20,0 e deflexões menores que 6°, essa relação prevê β com precisão de 1° para um choque fraco. Para deflexões maiores, ela pode ser usada como uma estimativa inicial útil para uma solução iterativa da Equação (9.86).

Outras variações de propriedades através do choque oblíquo podem ser expandidas em séries de potências para pequenos ângulos de deflexão. De particular interesse é a variação de pressão da Equação (9.83a), cujo resultado linearizado para um choque fraco é

$$\frac{p_2 - p_1}{p_1} = \frac{k\,Ma_1^2}{(Ma_1^2 - 1)^{1/2}}\tan\theta + \cdots + \mathcal{O}(\tan^2\theta) + \cdots \qquad (9.89)$$

A forma diferencial dessa relação é usada na próxima seção para desenvolver uma teoria das deflexões de expansão supersônica. A Figura 9.24 mostra o salto de pressão

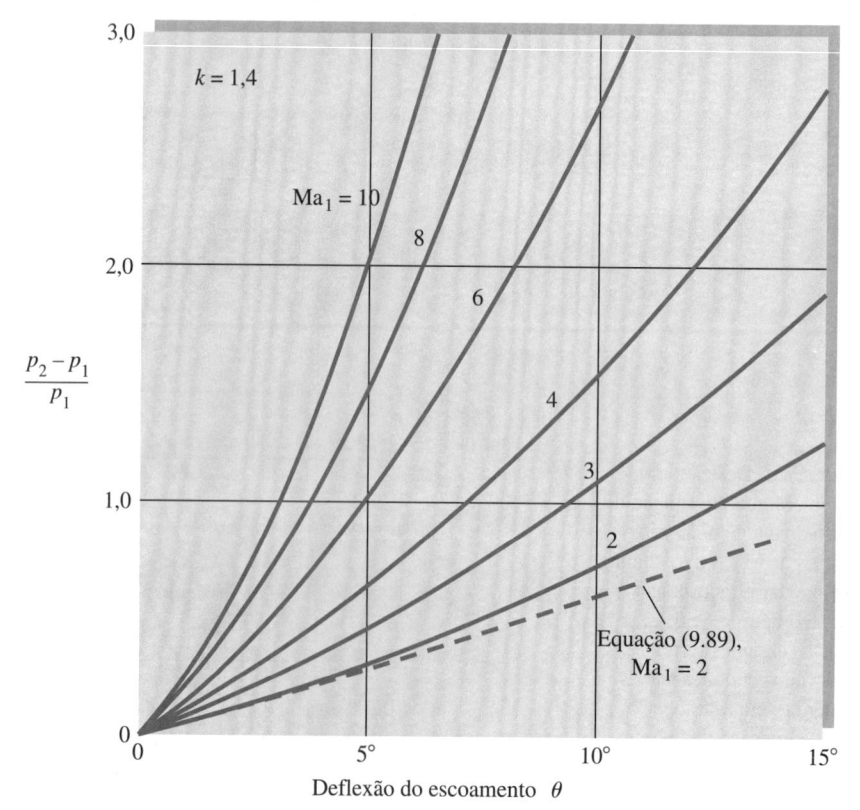

Figura 9.24 Salto de pressão através de uma onda de choque oblíqua da Equação (9.83a) para $k = 1,4$. Para deflexões muito pequenas, a Equação (9.89) se aplica.

exato de um choque fraco calculado pela Equação (9.83a). Para deflexões muito pequenas, as curvas são lineares com inclinações dadas pela Equação (9.89).

Finalmente, é instrutivo examinar a variação de entropia através de um choque muito fraco. Usando a mesma técnica de expansão em série de potências, podemos obter o seguinte resultado para pequenas deflexões do escoamento:

$$\frac{s_2 - s_1}{c_p} = \frac{(k^2 - 1)\text{Ma}_1^6}{12(\text{Ma}_1^2 - 1)^{3/2}} \tan^3 \theta + \cdots + \mathbb{O}(\tan^4 \theta) + \cdots \qquad (9.90)$$

A variação de entropia é proporcional ao cubo do ângulo de deflexão θ. Logo, as ondas de choque fracas são quase isentrópicas, fato que também é aplicado na próxima seção.

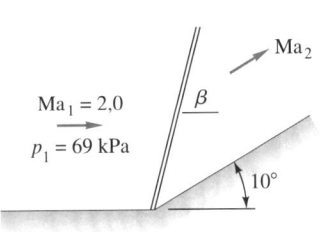

EXEMPLO 9.17

Ar com Ma = 2,0 e p = 69 kPa absoluta é forçado a defletir de 10° por uma rampa na superfície do corpo. Um choque oblíquo fraco é formado, como mostra a Figura E9.17. Para k = 1,4, calcule pela teoria exata do choque oblíquo (a) o ângulo da onda β, (b) Ma$_2$ e (c) p_2. Use também a teoria linearizada para avaliar (d) β e (e) p_2.

E9.17

Solução usando Excel

Com Ma$_1$ = 2,0 e θ = 10° conhecidos, podemos estimar $\beta \approx 40° \pm 2°$ da Fig. 9.23. Para obter mais precisão, podemos efetuar uma iteração no Excel, usando estimativas melhoradas para β. Comece com uma estimativa de 40° e refine para encontrar o ângulo da onda correto. As estimativas do autor são as seguintes:

	A	B
	β – estimativa	θ – Eq. (9.86)
1	40,00	10,623
2	38,00	8,767
3	39,00	9,710
4	39,30	9,987
5	**39,32**	**10,006**

A iteração converge para $\beta = 39{,}32°$. *Resposta (a)*

O número de Mach normal a montante é, portanto,

$$\text{Ma}_{n1} = \text{Ma}_1 \,\text{sen}\,\beta = 2{,}0\,\text{sen}\,39{,}32° = 1{,}267$$

Com Ma$_{n1}$ podemos aplicar as relações de choque normal (Tabela B.2), a Figura 9.9 ou as Equações (9.56) a (9.58) para calcular

$$\text{Ma}_{n2} = 0{,}8031 \qquad \frac{p_2}{p_1} = 1{,}707$$

Logo, o número de Mach e a pressão a jusante são

$$\text{Ma}_2 = \frac{\text{Ma}_{n2}}{\text{sen}\,(\beta - \theta)} = \frac{0{,}8031}{\text{sen}\,(39{,}32° - 10°)} = 1{,}64 \qquad \textit{Resposta (b)}$$

$$p_2 = (69 \text{ kPa absoluta})(1{,}707) = 117{,}78 \text{ kPa absoluta} \qquad \textit{Resposta (c)}$$

Observe que a razão de pressões calculada está de acordo com a Figura 9.24 e com a Tabela B.2. Pela teoria linearizada, o ângulo de Mach é $\mu = \text{sen}^{-1}(1/2,0) = 30°$. Logo, a estimativa da Equação (9.88) é

$$\text{sen }\beta \approx \text{sen } 30° + \frac{2,4 \tan 10°}{4 \cos 30°} = 0,622$$

ou $\qquad\qquad\qquad \beta \approx 38,5° \qquad\qquad\qquad$ *Resposta* (d)

A estimativa da Equação (9.89) é

$$\frac{p_2}{p_1} \approx 1 + \frac{1,4(2)^2 \tan 10°}{(2^2 - 1)^{1/2}} = 1,57$$

ou $\qquad p_2 \approx 1,57(69 \text{ kPa absoluta}) \approx 108,33 \text{ kPa absoluta} \qquad$ *Resposta* (e)

Essas estimativas são razoáveis, apesar do fato de 10° não ser realmente um "pequeno" ângulo de deflexão.

9.10 Ondas de expansão de Prandtl-Meyer

A solução para o choque oblíquo da Seção 9.9 refere-se a uma deflexão θ finita e compressiva, que obstrui um escoamento supersônico, reduzindo assim seu número de Mach e sua velocidade. A presente seção trata de mudanças graduais no ângulo de escoamento que são primariamente *expansivas*; ou seja, elas alargam a área do escoamento e aumentam o número de Mach e a velocidade. As variações de propriedades acumulam-se em incrementos infinitesimais, e as relações linearizadas (9.88) e (9.89) são aplicadas. As deflexões locais do escoamento são infinitesimais, de modo que o escoamento é quase isentrópico, segundo a Equação (9.90).

A Figura 9.25 mostra quatro exemplos, um dos quais (Figura 9.25c) não passa no teste de mudanças graduais. A compressão gradual da Figura 9.25a é essencialmente isentrópica, com um aumento suave de pressão ao longo da superfície, mas o ângulo de Mach aumenta ao longo da superfície e as ondas tendem a coalescer mais para fora em uma onda de choque oblíqua. A expansão gradual da Figura 9.25b causa um aumento isentrópico suave do número de Mach e da velocidade ao longo da superfície, formando ondas de Mach divergentes.

A compressão súbita da Figura 9.25c não pode ser realizada por ondas de Mach: forma-se um choque oblíquo e o escoamento é não isentrópico. Isso poderia ser o que você veria se olhasse a Figura 9.25a bem de longe. Finalmente, a expansão súbita da Figura 9.25d é isentrópica e forma um leque de ondas de Mach centradas, emanando da quina. Observe que o escoamento em qualquer linha de corrente passando através do leque varia suavemente no sentido de maiores números de Mach e velocidades. No limite, à medida que nos aproximamos da quina, o escoamento se expande quase descontinuamente sobre a superfície. Os casos da Figura 9.25a, b e d podem ser tratados pela teoria das ondas supersônicas de Prandtl-Meyer desta seção, formulada pela primeira vez por Ludwig Prandtl e seu aluno Theodor Meyer, entre 1907 e 1908.

Observe que nada desta discussão fará sentido se o número de Mach a montante for subsônico, pois os padrões de ondas de Mach e ondas de choque não podem existir no escoamento subsônico.

A função de Prandtl-Meyer para gás perfeito

Considere uma deflexão $d\theta$ pequena, quase infinitesimal, tal como a que ocorre entre as duas primeiras ondas de Mach na Figura 9.25a. Das Equações (9.88) e (9.89) temos, no limite,

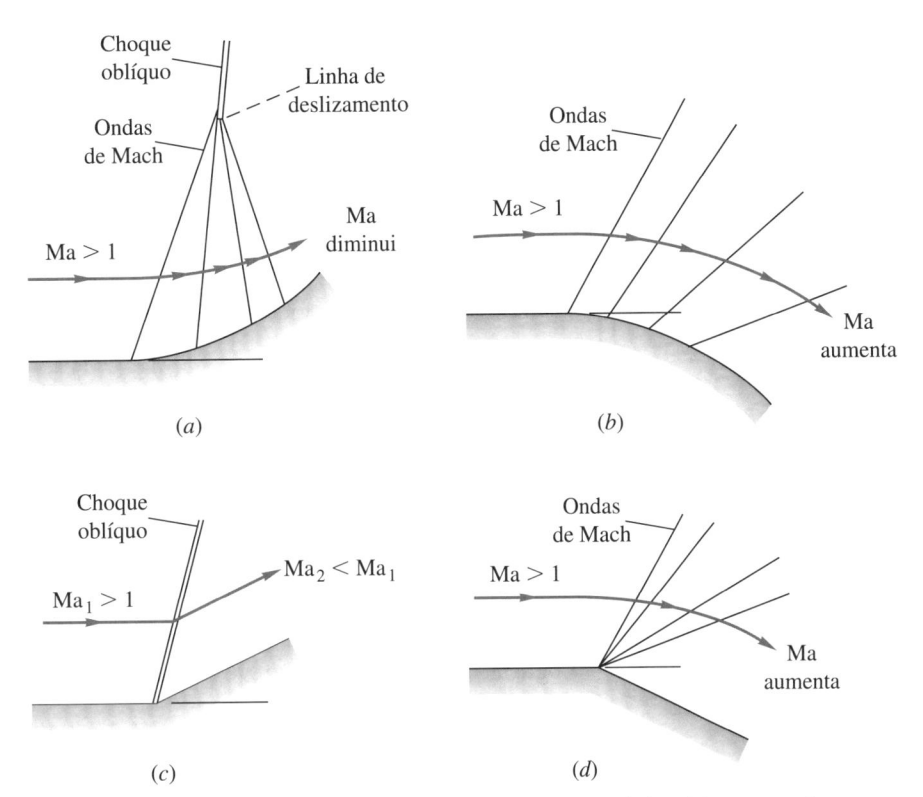

Figura 9.25 Alguns exemplos de expansão e compressão supersônica: (*a*) compressão isentrópica gradual em uma superfície côncava, as ondas de Mach coalescem mais para fora para formar um choque obliquo; (*b*) expansão isentrópica gradual em uma superfície convexa, as ondas de Mach divergem; (*c*) compressão súbita, forma-se um choque não isentrópico; (*d*) expansão súbita, forma-se um leque de ondas de Mach isentrópico centrado.

$$\beta \approx \mu = \operatorname{sen}^{-1}\frac{1}{\text{Ma}} \qquad (9.91a)$$

$$\frac{dp}{p} \approx \frac{k\,\text{Ma}^2}{(\text{Ma}^2 - 1)^{1/2}}\,d\theta \qquad (9.91b)$$

Como o escoamento é quase isentrópico, aplicamos a equação diferencial da quantidade de movimento sem atrito para um gás perfeito

$$dp = -\rho V\,dV = -kp\,\text{Ma}^2\frac{dV}{V} \qquad (9.92)$$

Combinando as Equações (9.91*a*) e (9.92) para eliminar dp, obtemos uma relação entre o ângulo de deflexão e a variação de velocidade

$$d\theta = -(\text{Ma}^2 - 1)^{1/2}\frac{dV}{V} \qquad (9.93)$$

Essa equação pode ser integrada em uma relação funcional para ângulos de deflexão finitos, se pudermos relacionar V a Ma. Fazemos isso com base na definição do número de Mach:

$$V = \text{Ma}\,a$$

ou
$$\frac{dV}{V} = \frac{d\,\text{Ma}}{\text{Ma}} + \frac{da}{a} \qquad (9.94)$$

Por fim, podemos eliminar da/a porque o escoamento é isentrópico e, portanto, a_0 é uma constante para um gás perfeito

$$a = a_0[1 + \tfrac{1}{2}(k-1)\,\text{Ma}^2]^{-1/2}$$

ou
$$\frac{da}{a} = \frac{-\tfrac{1}{2}(k-1)\,\text{Ma}\,d\,\text{Ma}}{1 + \tfrac{1}{2}(k-1)\,\text{Ma}^2} \qquad (9.95)$$

Eliminando dV/V e da/a das Equações (9.93) a (9.95), obtemos uma relação unicamente entre o ângulo de deflexão e o número de Mach:

$$d\theta = -\frac{(\text{Ma}^2 - 1)^{1/2}}{1 + \tfrac{1}{2}(k-1)\,\text{Ma}^2}\,\frac{d\,\text{Ma}}{\text{Ma}} \qquad (9.96)$$

Antes de integrarmos essa expressão, notamos que a principal aplicação é para as expansões, isto é, com Ma aumentando e θ decrescendo. Logo, por conveniência, definimos o ângulo de Prandtl-Meyer $\omega(\text{Ma})$ que aumenta quando θ diminui e é zero no ponto sônico:

$$d\omega = -d\theta \qquad \omega = 0 \quad \text{em} \quad \text{Ma} = 1 \qquad (9.97)$$

Logo, integramos a Equação (9.96) desde o ponto sônico até um valor arbitrário de Ma:

$$\int_0^\omega d\omega = \int_1^{\text{Ma}} \frac{(\text{Ma}^2 - 1)^{1/2}}{1 + \tfrac{1}{2}(k-1)\,\text{Ma}^2}\,\frac{d\,\text{Ma}}{\text{Ma}} \qquad (9.98)$$

A integral pode ser calculada em forma fechada, com o seguinte resultado, em radianos,

$$\boxed{\omega(\text{Ma}) = K^{1/2}\tan^{-1}\left(\frac{\text{Ma}^2 - 1}{K}\right)^{1/2} - \tan^{-1}(\text{Ma}^2 - 1)^{1/2}} \qquad (9.99)$$

em que
$$\boxed{K = \frac{k+1}{k-1}}$$

Essa é a *função de expansão supersônica de Prandtl-Meyer*, plotada na Figura 9.26 e tabulada na Tabela B.5 para $k = 1{,}4$, $K = 6$. O ângulo ω varia rapidamente no início e depois se nivela a altos números de Mach, tendendo ao seguinte valor-limite com $\text{Ma} \to \infty$:

$$\omega_{\text{máx}} = \frac{\pi}{2}(K^{1/2} - 1) = 130{,}45° \qquad \text{se} \quad k = 1{,}4 \qquad (9.100)$$

Logo, um escoamento supersônico só pode se expandir através de um ângulo de deflexão finito antes de atingir um número de Mach infinito, velocidade máxima e temperatura zero.

Uma expansão ou compressão gradual entre números de Mach finitos Ma_1 e Ma_2, nenhum dos quais igual a um, é calculada relacionando-se o ângulo de deflexão $\Delta\omega$ à diferença entre os ângulos de Prandtl-Meyer para as duas condições

$$\Delta\omega_{1\to 2} = \omega(\text{Ma}_2) - \omega(\text{Ma}_1) \qquad (9.101)$$

A variação $\Delta\omega$ pode ser tanto positiva (expansão) como negativa (compressão) desde que as condições extremas fiquem na faixa supersônica. Vamos ilustrar com um exemplo.

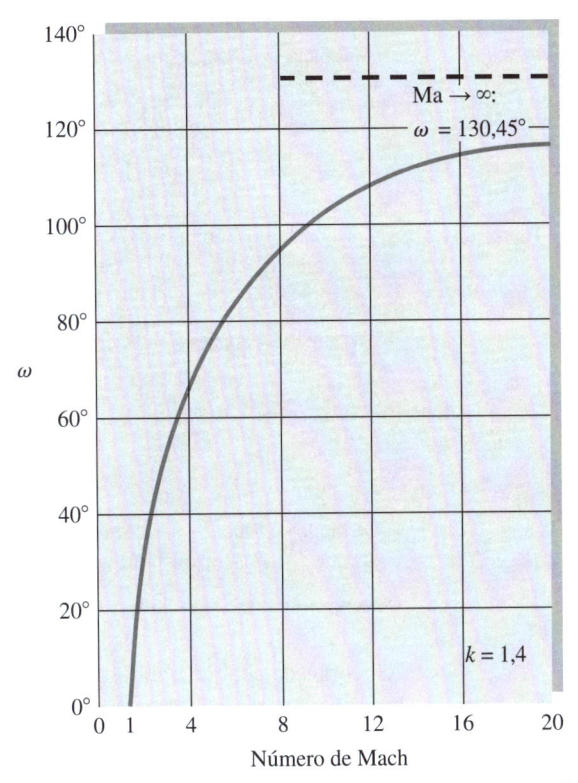

Figura 9.26 A função de expansão supersônica de Prandtl-Meyer da Equação (9.99), para $k = 1,4$.

EXEMPLO 9.18

Ar ($k = 1,4$) escoa com Ma $= 3,0$ e $p_1 = 200$ kPa. Calcule os valores finais do número de Mach e da pressão a jusante para (a) uma deflexão de expansão de 20° e (b) uma deflexão de compressão gradual de 20°.

Solução usando Excel

Parte (a) A pressão de estagnação isentrópica é

$$p_0 = p_1[1 + 0,2(3,0)^2]^{3,5} = 7.347 \text{ kPa}$$

e esta será a mesma no ponto a jusante. Para Ma$_1 = 3,0$, encontramos na Tabela B.5 ou na Equação (9.99) que $\omega_1 = 49,757°$. O escoamento se expande para uma nova condição tal que

$$\omega_2 = \omega_1 + \Delta\omega = 49,757° + 20° = 69,757°$$

A inversão da Eq. (9.99), para encontrar Ma quando ω é dado, requer iteração, e o Excel é adequado para esse trabalho. É um tanto difícil de ler, mas a Fig. 9.26 indica Ma ≈ 4. Faça uma estimativa Ma $= 4$ e programe a Eq. (9.99) em uma célula do Excel. As estimativas melhoradas do autor são mostradas.

	A	B
	Ma – estimativa	ω – Eq. (9.99)
1	4,00	65,78
2	4,20	68,33
3	4,30	69,54
4	**4,32**	**69,78**

> A iteração converge para $\quad$ Ma$_2$ = 4,32. *Resposta (a)*
>
> A pressão isentrópica nessa nova condição é
>
> $$p_2 = \frac{p_0}{[1 + 0{,}2(4{,}32)^2]^{3{,}5}} = \frac{7.347}{230{,}1} = 31{,}9 \text{ kPa} \quad \textit{Resposta (a)}$$
>
> **Parte (b)** O escoamento é comprimido a um ângulo de Prandtl-Meyer menor
>
> $$\omega_2 = 49{,}757° - 20° = 29{,}757°$$
>
> Novamente, da Equação (9.99), da Tabela B.5 ou pelo Excel, calculamos que
>
> $$\text{Ma}_2 = 2{,}125 \quad \textit{Resposta (b)}$$
>
> $$p_2 = \frac{p_0}{[1 + 0{,}2(2{,}125)^2]^{3{,}5}} = \frac{7.347}{9{,}51} = 773 \text{ kPa} \quad \textit{Resposta (b)}$$
>
> De modo similar, as variações de massa específica e temperatura são calculadas observando-se que T_0 e ρ_0 são constantes para escoamento isentrópico.

Aplicação aos aerofólios supersônicos

As teorias de choque oblíquo e expansão de Prandtl-Meyer podem seu usadas para justapor uma variedade de campos de escoamento supersônico práticos e interessantes. Esse casamento, chamado de *teoria de choque e expansão*, é limitado por duas condições: (1) exceto em situações raras, o escoamento deve ser supersônico em toda parte e (2) o padrão da onda não deve sofrer interferência das ondas formadas em outras partes do campo de escoamento.

Uma aplicação muito bem-sucedida da teoria de choque e expansão é para os aerofólios supersônicos. A Figura 9.27 mostra dois exemplos, uma placa plana e um fólio em formato de losango. Em contraste com os projetos para escoamento subsônico (Figura 8.21), esses aerofólios devem ter bordos de ataque agudos, formando choques oblíquos colados ou leques de expansão. Bordos de fuga arredondados no escoamento supersônico causariam choques curvos destacados, como na Figura 9.19 ou 9.22b, aumentando muito o arrasto e diminuindo a sustentação.

Ao se aplicar a teoria de choque e expansão, examina-se cada ângulo de deflexão da superfície para ver se ele causa uma expansão ("abertura") ou uma compressão (obstrução) para o escoamento na superfície. A Figura 9.27a mostra um fólio em formato de placa plana sob um ângulo de ataque. Existe um choque de bordo de ataque sobre o lado inferior com ângulo de deflexão $\theta = \alpha$, enquanto o lado superior apresenta um leque de expansão com aumento do ângulo de Prandt-Meyer $\Delta\omega = \alpha$. Calculamos p_3 com a teoria de expansão e p_2 com a teoria de choque oblíquo. Logo, a força sobre a placa é $F = (p_2 - p_3)Cb$, em que C é o comprimento da corda e b a envergadura (desprezando-se os efeitos de extremidade). Essa força é normal à placa e, assim, a força de sustentação (normal à corrente) é $F_S = F \cos \alpha$ e o arrasto (paralelo à corrente) é $F_A = F \operatorname{sen} \alpha$. Os coeficientes adimensionais C_S e C_A têm as mesmas definições que no escoamento a baixas velocidades, Equação (7.66), mas a identidade oriunda da lei do gás perfeito, $\frac{1}{2}\rho V^2 \equiv \frac{1}{2}kp \text{ Ma}^2$, é muito útil aqui:

$$C_S = \frac{F_S}{\frac{1}{2}kp_\infty \text{Ma}_\infty^2 bC} \qquad C_A = \frac{F_A}{\frac{1}{2}kp_\infty \text{Ma}_\infty^2 bC} \qquad (9.102)$$

O coeficiente de sustentação supersônico típico é muito menor que o valor subsônico $C_S \approx 2\pi\alpha$, mas a sustentação pode ser bem grande devido ao alto valor de $\frac{1}{2}\rho V^2$ para velocidades supersônicas.

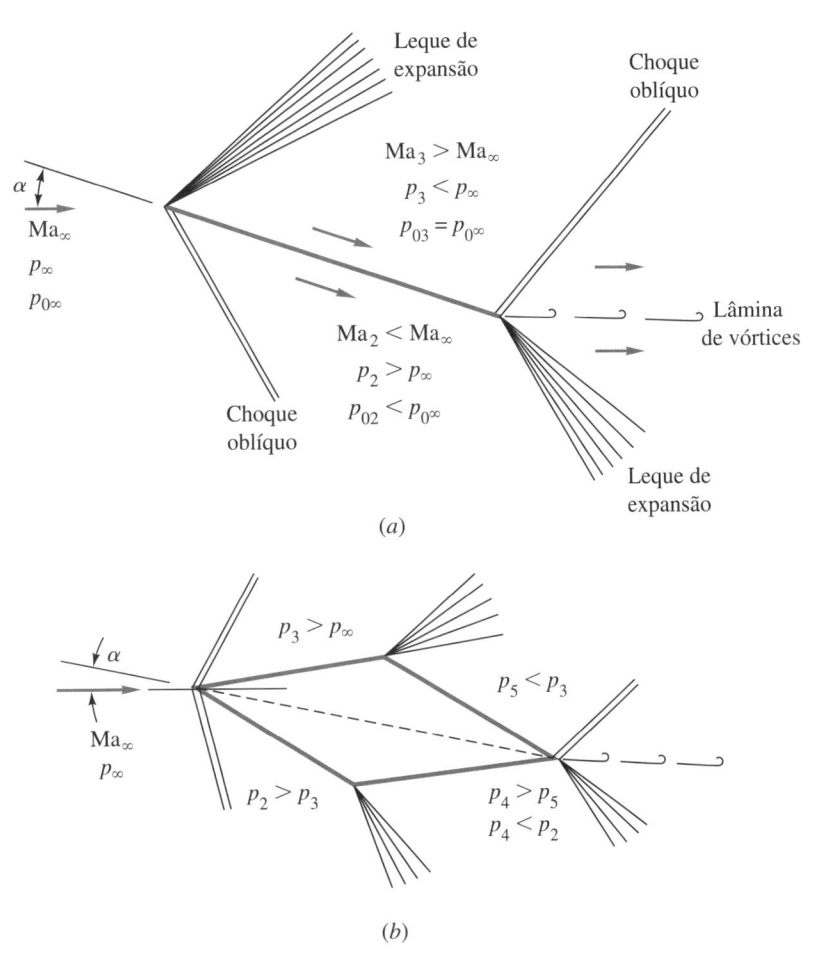

Figura 9.27 Aerofólios supersônicos: (*a*) placa plana, pressão maior sobre a superfície inferior, arrasto devido ao pequeno componente da força de pressão resultante a jusante; (*b*) aerofólio em formato de losango, pressões maiores sobre ambas as superfícies inferiores, arrasto adicional devido à espessura do corpo.

No bordo de fuga na Figura 9.27*a*, um choque e um leque aparecem em posições reversas e curvam os dois escoamentos de volta, de modo que eles ficam paralelos na esteira e têm a mesma pressão. Eles não têm bem a mesma velocidade por causa das intensidades de choque desiguais sobre as superfícies superior e inferior; daí, uma lâmina de vórtices forma-se na cauda da asa. Isso é muito interessante, mas na teoria você ignora totalmente o padrão do bordo de fuga, uma vez que ele não afeta as pressões na superfície: o escoamento na superfície supersônica não pode "ouvir" as perturbações na esteira.

O fólio em formato de losango na Figura 9.27*b* adiciona dois padrões de onda a mais ao escoamento. Para esse α particular, menor que o semiângulo do losango, existem choques de bordo de ataque sobre ambos os lados, sendo o choque superior muito mais fraco. Em seguida, existem leques de expansão sobre cada ombro do losango: a variação do ângulo de Prandtl-Meyer $\Delta\omega$ é igual à soma dos semiângulos dos bordos de ataque e de fuga do losango. Finalmente, o padrão de bordo de fuga é semelhante ao da placa plana (9.27*a*) e pode ser ignorado no cálculo. As pressões p_2 e p_4 são maiores que suas correspondentes superiores, e a sustentação é próxima à da placa plana. Há um arrasto adicional devido à espessura, pois as pressões p_4 e p_5 sobre as superfícies posteriores são menores que suas correspondentes p_2 e p_3. O arrasto do losango é maior que o da placa plana, mas isso deve ser tolerado na prática a fim de obter uma estrutura de asa forte o suficiente para suportar essas forças.

A teoria esboçada na Figura 9.27 está em boa concordância com as medições de sustentação e arrasto supersônico desde que o número de Reynolds não seja baixo demais (camadas-limite espessas) e o número de Mach não seja grande demais (escoamento hipersônico). Decorre que, para altos Re_C e Ma_∞ moderadamente supersônicos, as camadas-limite são finas e a separação raramente ocorre, de modo que a teoria de choque e expansão, embora sem atrito, é muito bem-sucedida. Vejamos um exemplo.

EXEMPLO 9.19

Um aerofólio tipo placa plana com $C = 2$ m é imerso a $\alpha = 8°$ em uma corrente com $Ma_\infty = 2,5$ e $p_\infty = 100$ kPa. Calcule (a) C_S e (b) C_A e compare com os aerofólios a baixas velocidades. Calcule (c) a sustentação e (d) o arrasto em newtons por metro de envergadura.

Solução

Em vez de ocuparmos um bocado de espaço desenvolvendo os cálculos detalhados de choque oblíquo e expansão de Prandtl-Meyer, listamos todos os resultados pertinentes na Figura E9.19, sobre as superfícies superior e inferior. Usando as teorias das Seções 9.9 e 9.10, você deve verificar cada um dos cálculos na Figura E9.19 para ter certeza de que todos os detalhes da teoria de choque e expansão foram bem entendidos.

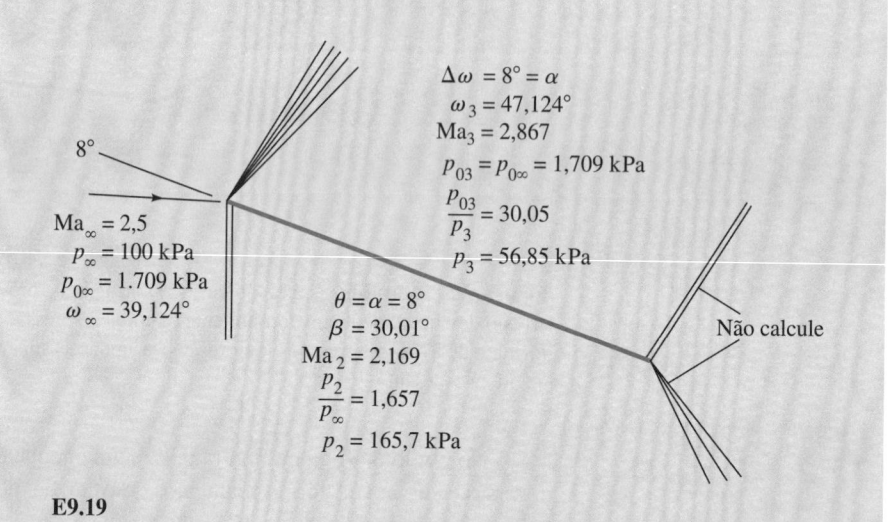

Superfície superior (expansão):
$\Delta \omega = 8° = \alpha$
$\omega_3 = 47,124°$
$Ma_3 = 2,867$
$p_{03} = p_{0\infty} = 1,709$ kPa
$\dfrac{p_{03}}{p_3} = 30,05$
$p_3 = 56,85$ kPa

Corrente livre:
$Ma_\infty = 2,5$
$p_\infty = 100$ kPa
$p_{0\infty} = 1.709$ kPa
$\omega_\infty = 39,124°$

Superfície inferior (choque):
$\theta = \alpha = 8°$
$\beta = 30,01°$
$Ma_2 = 2,169$
$\dfrac{p_2}{p_\infty} = 1,657$
$p_2 = 165,7$ kPa

Não calcule

E9.19

Os resultados finais importantes são p_2 e p_3, dos quais a força total por metro de envergadura sobre a placa é

$$F = (p_2 - p_3)bC = (165,7 - 56,85)(\text{kPa})(1 \text{ m})(2 \text{ m}) = 218 \text{ kN}$$

Logo, a sustentação e o arrasto por metro de envergadura são

$$F_S = F \cos 8° = 216 \text{ kN} \qquad \text{Resposta (c)}$$

$$F_A = F \text{ sen } 8° = 30 \text{ kN} \qquad \text{Resposta (d)}$$

Trata-se de forças muito grandes para apenas 2 m² de área de asa.
Da Equação (9.102), o coeficiente de sustentação é

$$C_S = \dfrac{216 \text{ kN}}{\frac{1}{2}(1,4)(100 \text{ kPa})(2,5)^2(2 \text{ m}^2)} = 0,246 \qquad \text{Resposta (a)}$$

> O coeficiente comparável a baixas velocidades, da Equação (8.67), é $C_S = 2\pi$ sen $8° = 0,874$, que é 3,5 vezes maior.
>
> Da Equação (9.102), o coeficiente de arrasto é
>
> $$C_S = \frac{30 \text{ kN}}{\frac{1}{2}(1,4)(100 \text{ kPa})(2,5)^2(2 \text{ m}^2)} = 0,246 \qquad \textit{Resposta (b)}$$
>
> Da Figura 7.25 para o aerofólio NACA 0009, o C_A a $8°$ fica em torno de 0,009, ou 4 vezes menor.
>
> Observe que essa teoria supersônica prevê um arrasto não nulo, apesar de se admitir escoamento sem atrito e asas de razão de aspecto infinita. Esse arrasto é chamado de *arrasto de onda*, e vemos que o paradoxo de d'Alembert de arrasto nulo sobre o corpo não ocorre no escoamento supersônico.

Teoria do aerofólio delgado

Apesar da simplicidade da geometria da placa plana, os cálculos no Exemplo 9.19 foram trabalhosos. Em 1925, Ackeret [28] desenvolveu expressões simples, porém eficazes, para a sustentação, arrasto e centro de pressões de aerofólios supersônicos, admitindo espessura e ângulo de ataque pequenos.

A teoria está baseada na expressão linearizada (9.89), em que $\tan\theta \approx$ deflexão da superfície relativa à corrente livre e a condição 1 é a da corrente livre, $\text{Ma}_1 = \text{Ma}_\infty$. Para o aerofólio tipo placa plana, a força total F baseia-se em

$$\frac{p_2 - p_3}{p_\infty} = \frac{p_2 - p_\infty}{p_\infty} - \frac{p_3 - p_\infty}{p_\infty}$$

$$= \frac{k \, \text{Ma}_\infty^2}{(\text{Ma}_\infty^2 - 1)^{1/2}} [\alpha - (-\alpha)] \qquad (9.103)$$

Substituindo na Equação (9.102), temos o coeficiente de sustentação linearizado para um aerofólio supersônico tipo placa plana

$$C_S \approx \frac{(p_2 - p_3)bC}{\frac{1}{2}kp_\infty \text{Ma}_\infty^2 \, bC} \approx \frac{4\alpha}{(\text{Ma}_\infty^2 - 1)^{1/2}} \qquad (9.104)$$

Cálculos para o losango e outros aerofólios de espessura finita não indicam efeitos de primeira ordem da espessura sobre a sustentação. Portanto, a Equação (9.104) é válida para qualquer aerofólio supersônico fino e com bordos agudos, a um pequeno ângulo de ataque.

O coeficiente de arrasto da placa plana é

$$C_A = C_S \tan \alpha \approx C_L \alpha \approx \frac{4\alpha^2}{(\text{Ma}_\infty^2 - 1)^{1/2}} \qquad (9.105)$$

Todavia, os aerofólios mais espessos têm um arrasto adicional de espessura. Considere a linha da corda do aerofólio sobre o eixo x e denote o perfil da superfície superior por $y_s(x)$ e o perfil inferior por $y_i(x)$. Então, a teoria completa de Ackeret para o arrasto (para detalhes, ver, por exemplo, a Referência 5, Seção 14.6) mostra que o arrasto adicional depende da média quadrática das inclinações das superfícies superior e inferior, definidas por

$$\overline{y'^2} = \frac{1}{C} \int_0^C \left(\frac{dy}{dx}\right)^2 dx \qquad (9.106)$$

A expressão final para o arrasto [5, p. 442] é

$$C_A \approx \frac{4}{(\text{Ma}_\infty^2 - 1)^{1/2}} \left[\alpha^2 + \frac{1}{2} (\overline{y_u'^2} + \overline{y_l'^2}) \right] \tag{9.107}$$

Todas essas expressões estão razoavelmente de acordo com cálculos mais exatos e, pela sua extrema simplicidade, tornam-se alternativas atrativas à teoria de choque e expansão, que é precisa mas trabalhosa. Considere o próximo exemplo.

EXEMPLO 9.20

Repita as partes (a) e (b) do Exemplo 9.19, usando a teoria linearizada de Ackeret.

Solução

Das Equações (9.104) e (9.105) temos, para $\text{Ma}_\infty = 2,5$ e $\alpha = 8° = 0,1396$ rad,

$$C_S \approx \frac{4(0,1396)}{(2,5^2 - 1)^{1/2}} = 0,244 \qquad C_A = \frac{4(0,1396)^2}{(2,5^2 - 1)^{1/2}} = 0,034 \qquad \textit{Resposta}$$

Esses valores são menos de 3% mais baixos que os cálculos exatos do Exemplo 9.19.

Um resultado adicional da teoria linearizada de Ackeret é uma expressão para a posição x_{CP} do centro de pressões (CP) da distribuição de forças sobre a asa:

$$\frac{x_{\text{CP}}}{C} = 0,5 + \frac{S_s - S_i}{2\alpha C^2} \tag{9.108}$$

em que S_s é a área da seção transversal entre a superfície superior e a corda e S_i é a área entre a corda e a superfície inferior. Para um aerofólio simétrico ($S_s = S_i$), obtemos x_{CP} no ponto médio da corda, em contraste com o resultado para aerofólios a baixas velocidades, em que x_{CP} é igual a um quarto da corda.

A diferença no grau de dificuldade entre a teoria simples de Ackeret e a teoria de choque e expansão é ainda maior para um aerofólio espesso, como mostra o seguinte exemplo.

EXEMPLO 9.21

Por analogia com o Exemplo 9.19, analise um aerofólio em formato de losango, ou dupla cunha, com 2° de semiângulo e $C = 2$ m a $\alpha = 8°$ e $\text{Ma}_\infty = 2,5$. Calcule C_S e C_A pela (a) teoria de choque e expansão e (b) pela teoria de Ackeret. Aponte as diferenças em relação ao Exemplo 9.19.

Solução

Parte (a) Novamente, omitimos os detalhes da teoria de choque e expansão e simplesmente listamos as propriedades calculadas em cada uma das quatro superfícies do aerofólio na Figura E9.21. Admita $p_\infty = 100$ kPa. Existe tanto uma força F normal à linha da corda como uma força P paralela. Para a força normal, a diferença de pressões sobre a metade frontal é $p_2 - p_3 = 186,4 - 65,9 = 120,5$ Kpa e sobre a metade posterior é $p_4 - p_5 = 146,9 - 48,8$ Kpa $= 98,1$ kPa. A diferença de pressões média é $\frac{1}{2}(120,5 + 98,1) = 109,3$ kPa, de modo que a força normal é

$$F = (109,3 \text{ kPa})(2 \text{ m}^2) = 218,6 \text{ kN}$$

Para a força P segundo a direção da corda, a diferença de pressões sobre a metade de cima é $p_3 - p_5 = 65,9 - 48,8 = 17,1$ Kpa, e sobre a metade de baixo é $p_2 - p_4 = 186,4 - 146,9 = 39,5$ Kpa. A diferença de pressões média é $\frac{1}{2}(17,1 + 39,5) = 28,3$ kPa, a qual, multiplicada pela área frontal (espessura máxima vezes 1 m de envergadura), fornece

$$P = (28,3 \text{ kPa})(0,07 \text{ m})(1 \text{ m}) = 2,0 \text{ kN}$$

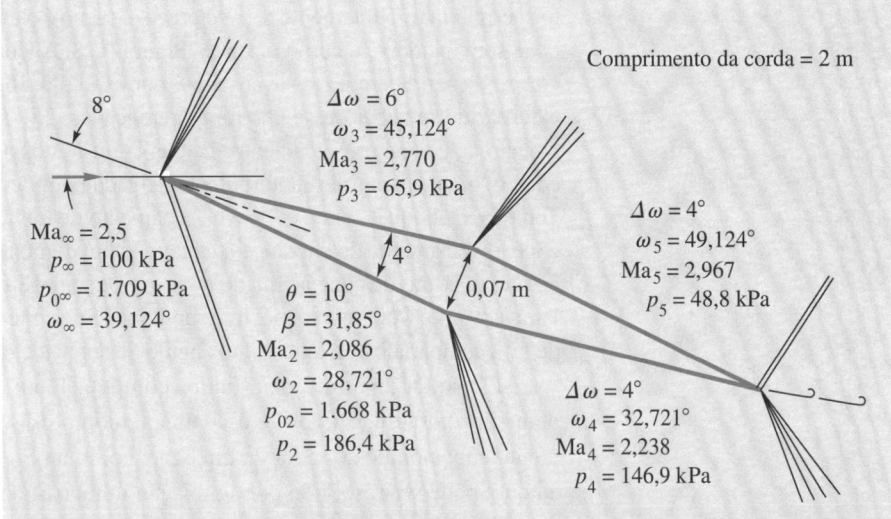

Comprimento da corda = 2 m

$8°$

$\Delta\omega = 6°$
$\omega_3 = 45,124°$
$\text{Ma}_3 = 2,770$
$p_3 = 65,9$ kPa

$\Delta\omega = 4°$
$\omega_5 = 49,124°$
$\text{Ma}_5 = 2,967$
$p_5 = 48,8$ kPa

$\text{Ma}_\infty = 2,5$
$p_\infty = 100$ kPa
$p_{0\infty} = 1.709$ kPa
$\omega_\infty = 39,124°$

$4°$
$0,07$ m

$\theta = 10°$
$\beta = 31,85°$
$\text{Ma}_2 = 2,086$
$\omega_2 = 28,721°$
$p_{02} = 1.668$ kPa
$p_2 = 186,4$ kPa

$\Delta\omega = 4°$
$\omega_4 = 32,721°$
$\text{Ma}_4 = 2,238$
$p_4 = 146,9$ kPa

E9.21

Tanto F como P têm componentes nas direções do arrasto e da sustentação. A força de sustentação (normal à corrente livre) é

$$F_S = F \cos 8° - P \operatorname{sen} 8° = 216,2 \text{ kN}$$

e
$$F_A = F \operatorname{sen} 8° + P \cos 8° = 32,4 \text{ kN}$$

Para calcular os coeficientes, o denominador da Equação (9.102) é o mesmo que no Exemplo 9.19: $\frac{1}{2}kp_\infty \text{Ma}_\infty^2 \, bC = \frac{1}{2}(1,4)(100 \text{ kPa})(2,5)^2(2 \text{ m}^2) = 875$ kN. Assim, a teoria de choque e expansão prevê finalmente

$$C_S = \frac{216,2 \text{ kN}}{875 \text{ kN}} = 0,247 \qquad C_A = \frac{32,4 \text{ kN}}{875 \text{ kN}} = 0,0370 \qquad \textit{Resposta (a)}$$

Parte (b) Por outro lado, pela teoria de Ackeret, C_S é o mesmo que no Exemplo 9.20:

$$C_S = \frac{4(0,1396)}{(2,5^2 - 1)^{1/2}} = 0,244 \qquad \textit{Resposta (b)}$$

Esse valor é 1% menor que o resultado da teoria de choque e expansão acima. Para o arrasto, precisamos das inclinações médias quadráticas da Equação (9.106)

$$\overline{y_u'^2} = \overline{y_l'^2} = \tan^2 2° = 0,00122$$

Logo, a Equação (9.107) prevê o seguinte resultado linearizado

$$C_A = \frac{4}{(2,5^2 - 1)^{1/2}}\left[(0,1396)^2 + \tfrac{1}{2}(0,00122 + 0,00122)\right] = 0,0362 \qquad \textit{Resposta (b)}$$

Esse valor é 2% menor que o previsto pela teoria de choque e expansão. Poderíamos julgar a teoria de Ackeret como "satisfatória". A teoria de Ackeret prevê $p_2 = 167$ kPa (-11%), $p_3 = 60$ kPa (-9%), $p_4 = 140$ kPa (-5%) e $p_5 = 33$ kPa (-6%).

Escoamento supersônico tridimensional

Chegamos até onde poderíamos ir em um tratamento introdutório de escoamento compressível. Obviamente, existe muito mais, e você está convidado a prosseguir, estudando as referências no final do capítulo.

Os escoamentos supersônicos tridimensionais são altamente complexos, especialmente no que concerne a corpos rombudos, que contêm regiões entranhadas de escoamento subsônico e transônico, como, por exemplo, na Figura 9.10. No entanto, alguns escoamentos permitem um tratamento teórico preciso, como é o caso do escoamento em torno de um cone sem incidência, como mostra a Figura 9.28. A teoria exata do escoamento sobre um cone é discutida em textos avançados [por exemplo, Referência 5, capítulo 17], e tabelas extensas de soluções desse tipo foram publicadas [25]. Existem semelhanças entre o escoamento de cone e os escoamentos de cunha ilustrados na Figura 9.22: um choque oblíquo colado, uma camada-limite turbulenta delgada e um leque de expansão na quina traseira. Todavia, o choque cônico deflete o escoamento de um ângulo menor que o semiângulo do cone, diversamente do choque em cunha. Assim como no escoamento de cunha, existe um ângulo máximo de cone acima do qual o choque deve se destacar, como na Figura 9.22b. Para $k = 1{,}4$ e $\mathrm{Ma}_\infty = \infty$, o máximo semiângulo de cone para um choque colado é em torno de 57°, comparado com o máximo ângulo de cunha de 45,6° (ver a Referência 25).

O uso da dinâmica dos fluidos computacional (CFD) é hoje bastante popular e bem-sucedido em estudos de escoamento compressível [13]. Por exemplo, um escoamento supersônico ao redor de um cone, como na Figura 9.28, mesmo a um ângulo de ataque, pode ser resolvido por simulação numérica das equações de Navier-Stokes tridimensionais completas (viscosas) [26].

Para corpos de formato mais complicado, recorre-se em geral à experimentação em um túnel de vento supersônico. A Figura 9.29 mostra um estudo em túnel de vento

Figura 9.28 Fotografia de sombras do escoamento a $\mathrm{Ma}_\infty = 2{,}0$ em torno de um cone com semiângulo de 8°. A camada-limite turbulenta é claramente visível. As linhas de Mach curvam-se ligeiramente e o número de Mach varia de 1,98 na superfície interior do choque a 1,90 sobre a superfície do corpo. *(Cortesia do U. S. Army Ballistic Research Laboratory, Aberdeen Proving Ground.)*

Figura 9.29 Teste em túnel de vento do avião de caça supersônico Cobra P-530. Os padrões de escoamento na superfície são visualizados pela deposição de gotas de óleo. *(Cortesia da Northrop Grumman.)*

do escoamento supersônico em torno do modelo de um avião de caça. As diversas junções, pontas de asa e mudanças de formato tornam a análise teórica muito difícil. Aqui, os padrões do escoamento na superfície, que indicam o desenvolvimento de camada--limite e regiões de separação do escoamento, foram visualizados pela deposição de gotas de óleo sobre a superfície do modelo antes do teste.

Como veremos no próximo capítulo, existe uma analogia interessante entre as ondas de choque da dinâmica dos gases e as ondas superficiais que se formam no escoamento de água em um canal aberto. O Capítulo 11 da Referência 9 explica como um canal d'água pode ser usado em uma simulação de baixo custo de experiências com escoamento supersônico.

Novas tendências em aeronáutica

A edição anterior deste livro discutiu o avião hipersônico *scramjet* desenvolvido pela NASA, o X-43A [30], que estabeleceu um novo recorde mundial de velocidade em 2004 Mach 9,6, quase 7.000 milhas por hora. Porém, sua concepção dificilmente serviria para o projeto de um avião hipersônico de carreira, pois ele tem que ser lançado de um bombardeiro B-52 a uma altitude elevada.

Também discutimos anteriormente o caça X-15 da Força Aérea dos EUA (Joint Strike Fighter), cujo teste de túnel de vento é mostrado na Figura 9.19. Outro projeto atualmente operacional, designado como F-35, visto na Fig. 9.30, foi encomendado pelas forças militares dos EUA e também pela Austrália e sete países da OTAN. Uma versão especial, para o Corpo de Fuzileiros Navais dos EUA, decola e pousa verticalmente. Ela atinge um número de Mach de 1,6 a 40.000 pés de altitude. Suas limitações são a atual situação recessiva da economia mundial e o fato de que o preço de um F-35 subiu para 220 milhões de dólares.

Resumo

Este capítulo introduziu brevemente um assunto muito vasto, o escoamento compressível, às vezes chamado de *dinâmica dos gases*. O parâmetro principal é o número de

Figura 9.30 O caça F-35 (Joint Strike Fighter) foi planejado para se tornar o avião de combate supersônico padrão dos países aliados aos Estados Unidos. [*Fotografia de Lockheed Martin fornecida pelo F-35 Lightning II Program Office.*]

Mach Ma = V/a, que é grande e faz com que a massa específica do fluido varie significativamente. Isso indica que as equações da continuidade e da quantidade de movimento devem ser acopladas à equação da energia e à equação de estado, a fim de obter solução para as quatro incógnitas (p, ρ, T, V).

O capítulo revisou as propriedades termodinâmicas de um gás perfeito e deduziu uma fórmula para a velocidade do som de um fluido. Em seguida, a análise foi simplificada para o escoamento adiabático permanente unidimensional sem trabalho de eixo, no qual a entalpia de estagnação do gás é constante. Uma simplificação adicional, a de escoamento isentrópico, permite a dedução de fórmulas para o escoamento de um gás a altas velocidades em um duto de área variável. Isso revela o fenômeno do *bloqueio* (vazão em massa máxima) por escoamento sônico na garganta de um bocal. A velocidades supersônicas, existe a possibilidade de aparecer uma onda de choque normal, em que o gás retorna descontinuamente a condições subsônicas. O choque normal explica o efeito da contrapressão sobre o desempenho de bocais convergentes-divergentes.

Para ilustrar as condições de escoamento não isentrópico, o capítulo focalizou brevemente o escoamento em dutos de área constante com atrito ou com transferência de calor, ambos podendo levar ao bloqueio do escoamento na saída.

O capítulo encerrou com uma discussão sobre escoamento supersônico bidimensional, em que ondas de choque oblíquas e ondas de expansão de Prandtl-Meyer (isentrópicas) podem aparecer. Com uma combinação adequada de choques e expansões é possível analisar aerofólios supersônicos.

Problemas

A maioria dos problemas propostos é de resolução relativamente direta. Os problemas mais difíceis ou abertos estão indicados com um asterisco. O ícone de um computador indica que pode ser necessário o uso de um computador para a resolução do problema. Os problemas típicos de fim de capítulo, P9.1 a P9.157 (listados a seguir), são seguidos dos problemas dissertativos, P9.1 a P9.8, dos problemas de fundamentos de engenharia, FE9.1 a FE9.10, dos problemas abrangentes, PA9.1 a PA9.8, e dos problemas de projeto, PP9.1 e PP9.2.

Seção	Tópico	Problemas
9.1	Introdução	P9.1-P9.9
9.2	A velocidade do som	P9.10-P9.18
9.3	Escoamento adiabático e isentrópico	P9.19-P9.33
9.4	Escoamento isentrópico com variações de área	P9.34-P9.53
9.5	A onda de choque normal	P9.54-P9.62
9.6	Bocais convergentes e divergentes	P9.63-P9.85
9.7	Escoamento com atrito em dutos	P9.86-P9.106
9.8	Escoamento sem atrito em dutos com troca de calor	P9.107-P9.115
9.9	Ondas de Mach	P9.116-P9.121
9.9	A onda de choque oblíqua	P9.122-P9.139
9.10	Ondas de expansão de Prandtl-Meyer	P9.140-P9.148
9.10	Aerofólios supersônicos	P9.149-P9.157

Introdução

P9.1 Um gás ideal escoa adiabaticamente através de um tubo. Na seção 1, $p_1 = 140$ kPa, $T_1 = 260°$C e $V_1 = 75$ m/s. Mais a jusante, $p_2 = 30$ kPa e $T_2 = 207°$C. Calcule V_2 em m/s e $s_2 - s_1$ em J/(kg · K) se o gás for (a) ar, $k = 1,4$ e (b) argônio, $k = 1,67$.

P9.2 Resolva o Problema P9.1 se o gás for vapor. Utilize duas aproximações: (a) um gás ideal da Tabela A.4 e (b) os dados de gás real das tabelas de vapor [15].

P9.3 Se 8 kg de oxigênio em um tanque fechado a 200°C e 300 kPa é aquecido até que a pressão aumente para 400 kPa, calcule (a) a nova temperatura, (b) a transferência de calor total e (c) a variação na entropia.

P9.4 Considere o escoamento adiabático e permanente de ar em um duto. Na seção B, a pressão é de 600 kPa e a temperatura é de 177°C. Na seção D, a massa específica é de 1,13 kg/m^3 e a temperatura é de 156°C. (a) Encontre a variação de entropia, se houver. (b) Em que sentido o ar escoa?

P9.5 Vapor entra em um bocal a 377°C, 1,6 MPa, a uma velocidade constante de 200 m/s e acelera isentropicamente até sair em condições de saturação. Calcule a velocidade e a temperatura de saída.

P9.6 Metano, aproximado como um gás perfeito, é comprimido adiabaticamente de 101 kPa e 20°C a 300 kPa. Calcule (a) a temperatura final e (b) a massa específica final.

P9.7 Ar escoa por um duto de área variável. Na seção 1, $A_1 = 20$ cm^2, $p_1 = 300$ kPa, $\rho_1 = 1,75$ kg/m^3 e $V_1 = 122,5$ m/s. Na seção 2, a área é exatamente a mesma, mas a massa específica é bem menor: $\rho_2 = 0,266$ kg/m^3 e $T_2 = 281$ K. Não há transferência de trabalho ou calor. Admita escoamento permanente unidimensional. (a) Como você pode reconciliar essas diferenças? (b) Encontre a vazão em massa na seção 2. Calcule (c) V_2, (d) p_2 e (e) $s_2 - s_1$. *Sugestão*: Este problema requer a equação da continuidade.

P9.8 Ar atmosférico a 20°C entra e enche um tanque termicamente isolado, inicialmente evacuado. Usando uma análise de volume de controle da Equação (3.67), calcule a temperatura do ar no tanque quando ele estiver cheio.

P9.9 Hidrogênio e oxigênio líquidos são queimados em uma câmara de combustão e expelidos através de um bocal de foguete que descarrega a $V_{saída} = 1.600$ m/s à pressão ambiente de 54 kPa. O diâmetro de saída do bocal é 45 cm e o jato sai com massa específica de 0,15 kg/m^3. Se o gás de exaustão tem um peso molecular de 18, calcule (a) a temperatura do gás de saída, (b) a vazão em massa e (c) o empuxo desenvolvido pelo foguete.

A velocidade do som

P9.10 Uma certa aeronave voa a 609 mi/h no nível do mar padrão. (a) Qual é o seu número de Mach? (b) Se ela voar com o mesmo número de Mach a 34.000 pés de altitude, o quão mais lenta (ou mais rápida) voará em mi/h?

P9.11 A 300°C e 1 atm, calcule a velocidade do som do (a) nitrogênio, (b) hidrogênio, (c) hélio, (d) vapor e (e) $^{238}UF_6$ ($k \approx 1{,}06$).

P9.12 Admita que a água segue a Equação (1.19) com $n \approx 7$ e $B \approx 3.000$. Calcule o módulo de elasticidade volumétrico (em kPa) e a velocidade do som (em m/s) a (a) 1 atm e (b) 1.100 atm (a parte mais profunda do oceano). (c) Calcule a velocidade do som a 20°C e 9.000 atm e compare com o valor medido de 2.650 m/s (A. H. Smith e A. W. Lawson, *J. Chem. Phys.*, v. 22, 1954, p. 351).

P9.13 Considere o vapor d'água a 500 K e 200 kPa. Calcule sua velocidade do som por dois métodos diferentes: (a) assumindo-o como um gás ideal da Tabela A.4, ou (b) usando diferenças finitas para massas específicas isentrópicas entre 210 kPa e 190 kPa.

P9.14 Benzeno, listado na Tabela A.3, tem uma massa específica medida de 57,75 lbm/pés³ a uma pressão de 700 bar. Use esses dados para calcular a velocidade do som do benzeno.

P9.15 A relação entre pressão e massa específica para o etanol é aproximada pela Equação (1.19) com $B = 1.600$ e $n = 7$. Use essa relação para avaliar a velocidade do som no etanol a uma pressão de 2.000 atmosferas.

P9.16 Um pulso de pressão fraco Δp propaga-se através do ar parado. Discuta o tipo de pulso refletido que ocorre e as condições de contorno que devem ser satisfeitas quando a onda incide normal a, e é refletida (a) de uma parede sólida e (b) da superfície livre de um líquido.

P9.17 Um submarino a uma profundidade de 800 m envia um sinal de sonar e recebe de volta a onda refletida de um objeto submerso similar em 15 s. Utilizando o Problema P9.12 como orientação, calcule a distância até o outro objeto.

P9.18 Os carros de corrida na pista de Indianápolis atingem velocidades médias de 296 km/h. Após determinar a altitude de Indianápolis, encontre o número de Mach desses carros e avalie se a compressibilidade pode afetar sua aerodinâmica.

Escoamento adiabático e isentrópico

P9.19 Em 1976, o SR-71A, voando a 20 km de altitude padrão, estabeleceu uma velocidade recorde de 3.326 km/h para uma avião a jato. Avalie a temperatura, em °C, em seu ponto de estagnação frontal. Para qual número de Mach a temperatura em seu ponto de estagnação frontal seria de 500°C?

P9.20 Ar escoa isentropicamente em um duto. As propriedades na seção 1 são $V_1 = 250$ m/s, $T_1 = 330$ K e $p_1 = 80$ kPa. Na seção 2 a jusante, a temperatura cai para 0°C. Encontre (a) a pressão, (b) a velocidade e (c) o número de Mach na seção 2.

P9.21 N_2O expande isentropicamente em um duto, desde uma seção em que $p_1 = 200$ kPa e $T_1 = 250$°C até uma seção a jusante em que $p_2 = 26$ kPa e $V_2 = 594$ m/s. Calcule (a) T_2, (b) Ma_2, (c) T_0, (d) p_0, (e) V_1, (f) Ma_1.

P9.22 Dadas as medições de pressão e temperatura de estagnação e pressão estática na Figura P9.22, calcule a velocidade do ar V, admitindo (a) escoamento incompressível e (b) escoamento compressível.

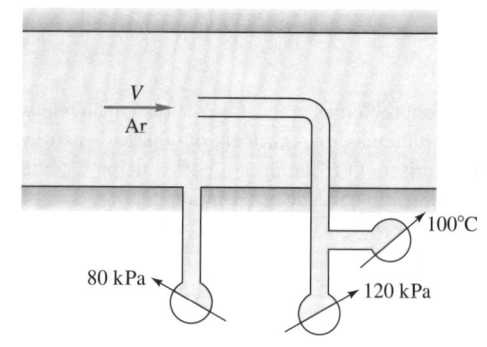

P9.22

P9.23 Um gás, considerado perfeito, escoa isentropicamente do ponto 1, onde a velocidade é desprezível, a pressão é 200 kPa e a temperatura é 300°C, até o ponto 2, onde a pressão é 40 kPa. Qual é o número de Mach Ma_2 se o gás for (a) ar, (b) argônio ou (c) CH_4? (d) Você poderia dizer, sem calcular, qual gás ficará mais frio no ponto 2?

P9.24 Para escoamento de gás a baixa velocidade (quase incompressível), a pressão de estagnação pode ser calculada a partir da equação de Bernoulli:

$$p_0 = p + \frac{1}{2}\rho V^2$$

(a) Para velocidades subsônicas mais altas, mostre que a relação isentrópica (9.28a) pode ser expandida em uma série de potência da seguinte maneira:

$$p_0 \approx p + \frac{1}{2}\rho V^2 \left(1 + \frac{1}{4}Ma^2 + \frac{2-k}{24}Ma^4 + \cdots\right)$$

(b) Suponha que um tubo de Pitot estático em ar meça a diferença de pressão $p_0 - p$, e a equação de Bernoulli, com a massa específica de estagnação, seja usada para calcular a velocidade do gás. Para qual número de Mach o erro será de 4%?

P9.25 Se a velocidade do ar no tubo é 228,6 m/s, utilize a medição do manômetro de mercúrio na Figura P9.25 para calcular a pressão estática absoluta no duto em kPa.

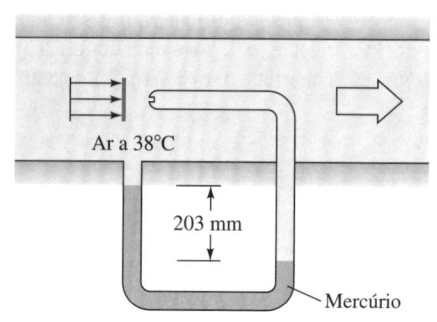

P9.25

P9.26 Mostre que, para escoamento isentrópico de um gás perfeito, se um tubo de Pitot estático mede p_0, p e T_0, a velocidade do gás pode ser calculada por

$$V^2 = 2c_p T_0 \left[1 - \left(\frac{p}{p_0}\right)^{(k-1)/k} \right]$$

Qual seria uma fonte de erro se uma onda de choque fosse formada na frente da sonda?

P9.27 Um tubo de Pitot, montado num avião a 8.000 m de altitude normal, lê uma pressão de estagnação de 57 kPa. Calcule (a) a velocidade e (b) o número de Mach do avião.

P9.28 Ar escoa isentropicamente por um duto. Na seção 1, a pressão e a temperatura são 250 kPa e 125°C, e a velocidade é de 200 m/s. Na seção 2, a área é 0,25 m² e o número de Mach é 2,0. Determine (a) Ma_1, (b) T_2, (c) V_2, (d) a vazão em massa.

P9.29 A partir de um grande tanque, em que $T = 400$°C e $p = 1$ MPa, vapor se expande isentropicamente por um bocal até que, em uma seção de 2 cm de diâmetro, a pressão é de 500 kPa. Utilizando as tabelas de vapor [15], calcule (a) a temperatura, (b) a velocidade e (c) a vazão em massa nessa seção. O escoamento é subsônico?

P9.30 Quando a hipótese de escoamento incompressível começa a falhar para as pressões? Construa um gráfico de p_0/p para escoamento incompressível de um gás perfeito em comparação com a Equação (9.28a). Plote ambas as curvas em função do número de Mach para $0 \leq Ma \leq 0,6$ e decida onde o desvio é grande demais.

P9.31 Ar escoa adiabaticamente por um duto. Em uma seção, $V_1 = 122$ m/s, $T_1 = 93,3$°C e $p_1 = 241,3$ kPa absoluta, enquanto mais a jusante $V_2 = 335,3$ m/s e $p_2 = 124,1$ kPa absoluta. Calcule (a) Ma_2, (b) $U_{máx}$ e (c) p_{02}/p_{01}.

P9.32 O ar comprimido de um grande tanque (Figura P9.32) escapa por um bocal a uma velocidade de saída de 235 m/s. O manômetro de mercúrio mede $h = 30$ cm. Admitindo escoamento isentrópico, calcule a pressão (a) no tanque e (b) na atmosfera. (c) Qual é o número de Mach na saída?

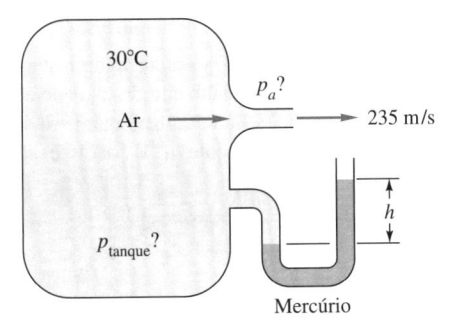

P9.32

P9.33 Ar escoa isentropicamente de um reservatório, em que $p = 300$ kPa e $T = 500$ K, até a seção 1 em um duto, em que $A_1 = 0,2$ m² e $V_1 = 550$ m/s. Calcule (a) Ma_1, (b) T_1, (c) p_1, (d) $\dot{m}$ e (e) A^*. O escoamento está bloqueado?

Escoamento isentrópico com variações de área

P9.34 O ar num grande tanque, a 300°C e 400 kPa, escoa por um bocal convergente-divergente com diâmetro de garganta de 2 cm. Ele sai suavemente a um número de Mach de 2,8. De acordo com a teoria isentrópica unidimensional, qual é (a) o diâmetro de saída e (b) a vazão em massa?

P9.35 Hélio, a $T_0 = 400$ K, entra em um bocal isentropicamente. Na seção 1, em que $A_1 = 0,1$ m², um sistema de tubo de Pitot e tomada de pressão estática (ver Figura P9.25) mede a pressão de estagnação de 150 kPa e a pressão estática de 123 kPa. Calcule (a) Ma_1, (b) a vazão em massa $\dot{m}$, (c) T_1 e (d) A^*.

P9.36 Um tanque de 1,5 m³ de volume com ar está inicialmente a 800 kPa e 20°C. Em $t = 0$, o ar começa a escapar por um bocal convergente nas condições ao nível do mar. A área da garganta é de 0,75 cm². Calcule (a) a vazão em massa inicial em kg/s, (b) o tempo necessário para esvaziar até 500 kPa e (c) o tempo no qual o bocal deixa de estar bloqueado.

P9.37 Faça uma análise exata de volume de controle do processo de esvaziamento na Figura P9.37, admitindo um tanque isolado com energias cinética e potencial desprezíveis dentro dele. Admita escoamento crítico na saída e mostre que tanto p_0 como T_0 decrescem durante o esvaziamento. Estabeleça equações diferenciais de primeira ordem para $p_0(t)$ e $T_0(t)$, simplifique e resolva o quanto puder.

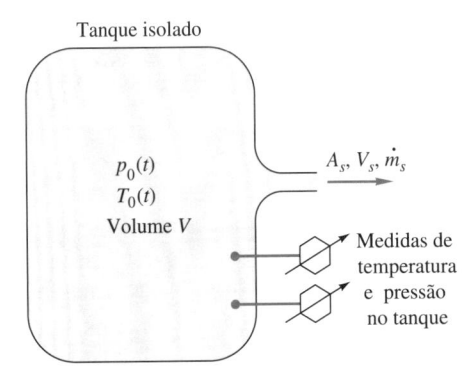

P9.37

P9.38 O Problema P9.37 é ideal para um projeto de formatura ou como um problema combinado de laboratório e computador, como se descreve na Referência 27, Seção 8.6. No experimento de laboratório de Bober e Kenyon, o tanque tinha um volume de 1 litro e foi inicialmente preenchido com ar a 344,8 kPa manométrica e 22,2°C. A pressão atmosférica foi de 100 kPa absoluta e o diâmetro de saída do bocal foi de 1,3 mm. Após 2 s de esvaziamento, a pressão medida no tanque foi de 137,9 kPa manométrica e a temperatura no tanque foi de –20,6°C. Compare esses valores com a análise teórica do Problema P9.37.

P9.39 Considere escoamento isentrópico em um canal de área variável, da seção 1 para a seção 2. Sabemos que $Ma_1 = 2,0$ e queremos que a razão de velocidades V_2/V_1 seja 1,2. Calcule (a) Ma_2 e (b) A_2/A_1. (c) Esboce o formato desse canal. Por exemplo, ele converge ou diverge? Há uma garganta?

P9.40 Vapor d'água, em um tanque de 300 kPa e 600 K, descarrega isentropicamente para uma atmosfera de baixa pressão por um bocal convergente com área de saída de 5 cm². (a) Usando uma aproximação de gás perfeito da Tabela B.4, calcule a vazão em massa. (b) Sem, de fato, calcular, indique como você usaria as propriedades reais do vapor para encontrar a vazão em massa.

P9.41 Ar, com uma pressão de estagnação de 100 kPa, escoa pelo bocal na Figura P9.41, que tem 2 m de comprimento e uma variação de área aproximada por

$$A \approx 20 - 20x + 10x^2$$

com A em cm² e x em m. Deseja-se plotar a família completa de pressões isentrópicas $p(x)$ nesse bocal, para a faixa de pressões de entrada $1 < p(0) < 100$ kPa. Indique as pressões de entrada que não são fisicamente possíveis e faça uma breve discussão. Se o seu computador tem uma rotina gráfica, plote pelo menos 15 perfis de pressão; caso contrário, apenas saliente os aspectos mais importantes e explique.

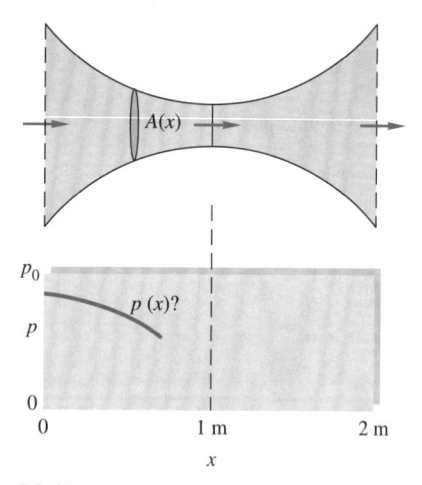

P9.41

P9.42 Um pneu de bicicleta está cheio de ar a uma pressão absoluta de 169,12 kPa e sua temperatura interna é 30,0°C. Suponha que a válvula quebre e o ar comece a escapar para fora do pneu na atmosfera ($p_a = 100$ kPa absoluta e $T_a = 20,0$°C). A saída da válvula tem 2,00 mm de diâmetro e é a menor área de seção transversal de todo sistema. As perdas por atrito podem ser desprezadas aqui; isto é, escoamento isentrópico unidimensional é uma hipótese razoável. (a) Determine os valores iniciais do número de Mach, da velocidade e da temperatura no plano de saída da válvula. (b) Determine a vazão em massa inicial que escapa do pneu. (c) Calcule a velocidade no plano de saída utilizando a equação de Bernoulli para escoamento incompressível. Em quanto esse cálculo está de acordo com a resposta "exata" da parte (a)? Explique.

P9.43 Ar escoa isentropicamente por um duto de área variável. Na seção 1, $A_1 = 20$ cm², $p_1 = 300$ kPa, $\rho_1 = 1,75$ kg/m³, e $Ma_1 = 0,25$. Na seção 2, a área é exatamente a mesma, mas o escoamento é bem mais rápido. Calcule (a) V_2, (b) Ma_2, (c) T_2, (d) a vazão em massa. (e) Há uma garganta sônica entre as seções 1 e 2? Nesse caso, encontre sua área.

P9.44 No Problema P3.34, ainda não sabíamos nada a respeito de escoamento compressível, e por isso adotamos meramente as condições de saída p_2 e T_2 e calculamos V_2 como uma aplicação da equação da continuidade. Suponha que o diâmetro da garganta seja 76 mm. Para as condições de estagnação dadas na câmara do foguete na Figura P3.34 e admitindo $k = 1,4$ e um peso molecular de 26, calcule a velocidade, a pressão e a temperatura de saída de acordo com a teoria unidimensional. Se $p_a = 101,35$ kPa absoluta, calcule o empuxo pela análise do Problema P3.68. Esse empuxo é inteiramente independente da temperatura de estagnação (verifique isso mudando T_0 para 1.111 K, se quiser). Por quê?

P9.45 Deseja-se que um escoamento isentrópico de ar atinja uma velocidade de 550 m/s numa seção de 6 cm de diâmetro onde a pressão é de 87 kPa e a massa específica é de 1,3 kg/m³. (a) É necessária uma garganta sônica? (b) Se for, estime seu diâmetro e calcule (c) a temperatura de estagnação e (d) a vazão em massa.

P9.46 Um escoamento isentrópico unidimensional de ar tem as seguinte propriedades em uma seção em que a área é 53 cm²: $p = 12$ kPa, $\rho = 0,182$ kg/m³ e $V = 760$ m/s. Determine (a) a área da garganta, (b) a temperatura de estagnação e (c) a vazão em massa.

P9.47 Em testes de túnel de vento próximos de Mach igual a 1, um pequeno decréscimo de área provocada pela obstrução do modelo pode ser importante. Suponha que a área da seção de teste tenha 1 m² em condições de teste sem obstrução com $Ma = 1,10$ e $T = 20$°C. Qual área do modelo iniciará o bloqueio na seção de teste? Se a seção transversal do modelo tem 0,004 m² (0,4% de obstrução), qual é a variação porcentual de velocidade resultante na seção de teste?

P9.48 Uma força $F = 1.100$ N empurra um pistão de 12 cm de diâmetro através de um cilindro isolado contendo ar a 20°C, como na Figura P9.48. O diâmetro de saída é 3 mm e $p_a = 1$ atm. Calcule (a) V_s, (b) V_p e (c) $\dot{m}_e$.

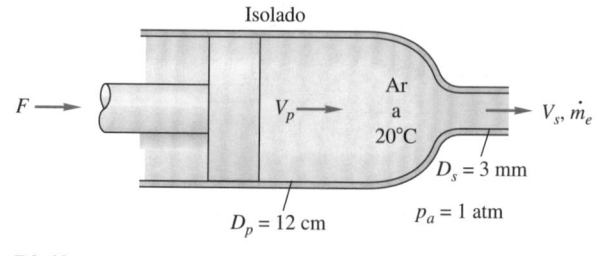

P9.48

P9.49 Considere o bocal Venturi da Figura 6.40c, com $D = 5$ cm e $d = 3$ cm. A temperatura de estagnação é de 300 K e a velocidade a montante é $V_1 = 72$ m/s. Se a pressão na garganta é de 124 kPa, calcule, pela teoria de escoamento isentrópico, (a) p_1, (b) Ma_2 e (c) a vazão em massa.

P9.50 Metano é armazenado em um tanque a 120 kPa e 330 K. Ele descarrega para um segundo tanque através de um bocal convergente cuja área de saída é de 5 cm². Qual será a vazão em massa inicial se o segundo tanque tiver uma pressão de (a) 70 kPa ou (b) 40 kPa?

P9.51 O motor *scramjet* é completamente supersônico. Um esboço é mostrado na Fig. PA9.8. Teste o seguinte projeto. O escoamento entra com Ma = 7 e propriedades do ar para 10.000 m de altitude. A área de entrada é de 1 m², a área mínima é de 0,1 m² e a área de saída é 0,8 m². Se não houver combustão, (a) o escoamento ainda será supersônico na garganta? Determine também (b) o número de Mach na saída, (c) a velocidade na saída e (d) a pressão na saída.

P9.52 Um bocal convergente-divergente descarrega suavemente na atmosfera padrão ao nível do mar. Ele é abastecido por um tanque de 40 m³ inicialmente a 800 kPa e 100°C. Admitindo escoamento isentrópico no bocal, calcule (a) a área da garganta e (b) a pressão no tanque após 10 s de operação. A área de saída é de 10 cm².

P9.53 Ar escoa em regime permanente de um reservatório a 20°C por um bocal com 20 cm² de área de saída e atinge uma placa vertical, como na Figura P9.53. O escoamento é subsônico em todos os pontos. Uma força de 135 N é necessária para manter a placa estacionária. Calcule (a) V_s, (b) Ma_s e (c) p_0 se $p_a = 101$ kPa.

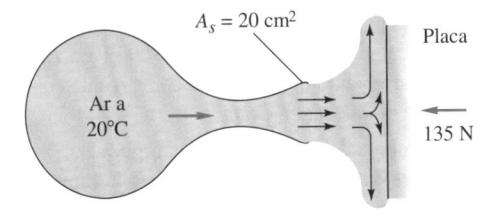

P9.53

A onda de choque normal

P9.54 O escoamento do Problema P9.46 passa por uma onda de choque normal justamente após a seção em que os dados são fornecidos. Determine (a) o número de Mach, (b) a pressão e (c) a velocidade justamente a jusante do choque.

P9.55 Ar, fornecido por um reservatório a 450 kPa, escoa através de um bocal convergente-divergente cuja área da garganta é de 12 cm². Um choque normal se forma onde $A_1 = 20$ cm². (a) Calcule a pressão exatamente a jusante desse choque. Ainda mais a jusante, em $A_3 = 30$ cm², calcule (b) p_3, (c) A_3^* e (d) Ma_3.

P9.56 Ar escoa de um reservatório a 20°C e 500 kPa por um duto e forma um choque normal a jusante de uma garganta de 10 cm² de área. Por uma casual coincidência, verifica-se que a pressão de estagnação a jusante desse choque iguala-se exatamente à pressão na garganta. Qual é a área onde a onda de choque se forma?

P9.57 Ar escoa de um tanque para a atmosfera padrão por um bocal, como na Figura P9.57. Um choque normal se forma na saída do bocal, como mostrado. Calcule (a) a pressão no tanque e (b) a vazão em massa.

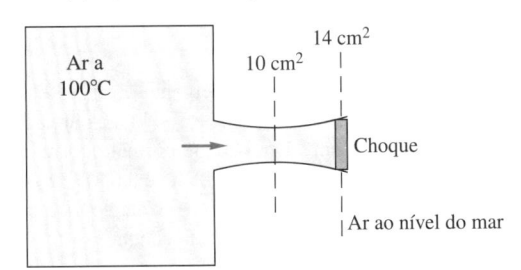

P9.57

P9.58 A jusante de uma onda de choque normal, num escoamento de ar, as condições são $T_2 = 603$ K, $V_2 = 222$ m/s e $p_2 = 900$ kPa. Calcule as seguintes condições exatamente a montante do choque: (a) Ma_1; (b) T_1; (c) p_1; (d) p_{01}; (e) T_{01}.

P9.59 Ar, nas condições de estagnação de 450 K e 250 kPa, escoa através de um bocal. Na seção 1, em que a área é 15 cm², há uma onda de choque normal. Se a vazão em massa é 0,4 kg/s, calcule (a) o número de Mach e (b) a pressão de estagnação exatamente a jusante do choque.

P9.60 Quando um tubo de Pitot tal como na Figura 6.30 é colocado em um escoamento supersônico, um choque normal se formará em frente à sonda. Considere que a sonda indique $p_0 = 190$ kPa e $p = 150$ kPa. Se a temperatura de estagnação é 400 K, calcule o número de Mach (supersônico) e a velocidade a montante do choque.

P9.61 Ar escoa de um grande tanque, em que $T = 376$ K e $p = 360$ kPa, até uma condição de projeto em que a pressão é 9.800 Pa. A vazão em massa é 0,9 kg/s. Entretanto, há um choque normal no plano de saída, exatamente após se atingir essa condição. Calcule: (a) a área da garganta e, exatamente a jusante do choque, (b) o número de Mach, (c) a temperatura e (d) a pressão.

P9.62 Uma explosão atômica propaga-se no ar parado a 101,35 kPa absoluta e 289 K. A pressão exatamente no interior do choque é 34,47 MPa absoluta. Admitindo-se $k = 1,4$, qual é a velocidade C do choque e a velocidade V exatamente no interior do choque?

Bocais convergentes e divergentes

P9.63 Ar padrão ao nível do mar é aspirado para dentro de um tanque de vácuo por um bocal, como na Figura P9.63. Um choque normal se forma onde a área do bocal é de 2 cm², como se mostra. Calcule (a) a pressão no tanque e (b) a vazão em massa.

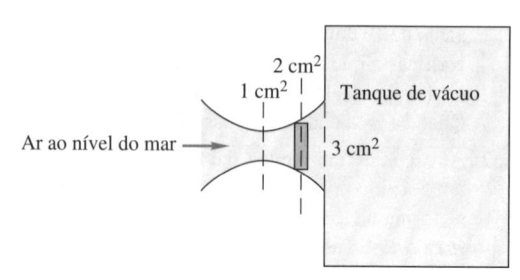

P9.63

P9.64 Ar escoa por um bocal convergente-divergente a partir de um reservatório a 350 K e 500 kPa. A área da garganta é de 3 cm². Um choque normal ocorre, para o qual o número de Mach a jusante é 0,6405. (a) Qual é a área em que o choque aparece? Calcule (b) a pressão e (c) a temperatura a jusante do choque.

P9.65 Ar escoa por um bocal convergente-divergente entre dois reservatórios grandes, como mostra a Figura P9.65. Um manômetro de mercúrio entre a garganta e o reservatório a jusante indica $h = 15$ cm. Calcule a pressão no reservatório a jusante. Há um choque normal no escoamento? Nesse caso, ele se forma no plano de saída ou mais a montante?

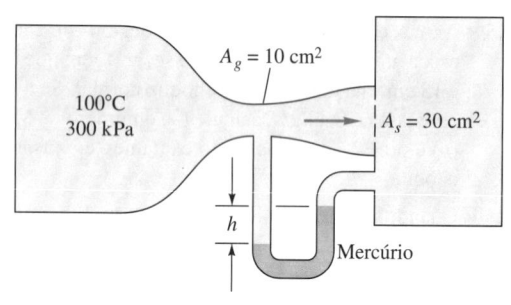

P9.65

P9.66 No Problema P9.65, qual seria a indicação h no manômetro de mercúrio se o bocal estivesse operando exatamente nas condições de projeto supersônico?

P9.67 Um tanque de suprimento a 500 kPa e 400 K fornece ar a um bocal convergente-divergente cuja área da garganta é de 9 cm². A área de saída é de 46 cm². Estabeleça as condições no bocal se a pressão externa ao plano de saída for (a) 400 kPa, (b) 120 kPa e (c) 9 kPa. (d) Em cada um desses casos, encontre a vazão em massa.

P9.68 Ar em um tanque a 120 kPa e 300 K descarrega para a atmosfera por um bocal convergente com garganta de 5 cm² a uma taxa de 0,12 kg/s. Qual é a pressão atmosférica? Qual é a máxima vazão em massa possível a uma baixa pressão atmosférica?

P9.69 Com relação ao Problema P3.68, mostre que o empuxo de um motor-foguete descarregando no vácuo é dado por

$$F = \frac{p_0 A_s (1 + k\,\text{Ma}_s^2)}{\left(1 + \dfrac{k-1}{2}\text{Ma}_s^2\right)^{k/(k-1)}}$$

em que A_s = área de saída
Ma_s = número de Mach na saída
p_0 = pressão de estagnação na câmara de combustão

Observe que a temperatura de estagnação não entra no cálculo do empuxo.

P9.70 Ar, com $p_0 = 500$ kPa e $T_0 = 600$ K, escoa por um bocal convergente-divergente. A área de saída é de 51,2 cm² e a vazão em massa é de 0,825 kg/s. Qual é a maior contrapressão possível que ainda manterá o escoamento supersônico dentro da seção divergente?

P9.71 Um bocal convergente-divergente tem uma área de garganta de 10 cm² e uma área de saída de 28,96 cm². Uma onde de choque normal forma-se na saída quando a contrapressão é a da atmosfera padrão do nível do mar. Se a temperatura no tanque a montante é de 400 K, calcule (a) a pressão no tanque e (b) a vazão em massa.

P9.72 Um grande tanque a 500 K e 165 kPa fornece ar a um bocal convergente. A contrapressão externa à saída do bocal é o padrão ao nível do mar. Qual é o diâmetro de saída adequado se a vazão em massa desejada for de 72 kg/h?

P9.73 Ar escoa isentropicamente em um bocal convergente-divergente com uma garganta de 3 cm² de área. Na seção 1, a pressão é de 101 kPa, a temperatura é de 300 K e a velocidade é de 868 m/s. (a) O bocal está bloqueado? Determine (b) A_1 e (c) a vazão em massa. Suponha que, sem mudar as condições de estagnação nem A_1, a garganta (flexível) seja reduzida para 2 cm². Admitindo escoamento sem choque, haverá alguma variação nas propriedades do gás na seção 1? Nesse caso, calcule os novos p_1, V_1 e T_1 e explique.

P9.74 Use suas ideias estratégicas, da parte (b) do Prob. P9.40, para efetivamente realizar os cálculos da vazão em massa do vapor, com $p_0 = 300$ kPa e $T_0 = 600$ K, descarregando por um bocal convergente com área de saída bloqueada de 5 cm².

*P9.75 O sistema de duplo tanque na Figura P9.75 tem dois bocais convergentes idênticos de 645 mm² de área de garganta. O tanque 1 é muito grande, e o tanque 2 é suficientemente pequeno para que o escoamento esteja em equilíbrio permanente com o jato do tanque 1. O escoamento no bocal é isentrópico, mas a entropia varia entre 1 e 3 devido à dissipação do jato no tanque 2. Calcule a vazão em massa. (Se você desistir, a Referência 9, p. 288-290, traz uma boa discussão.)

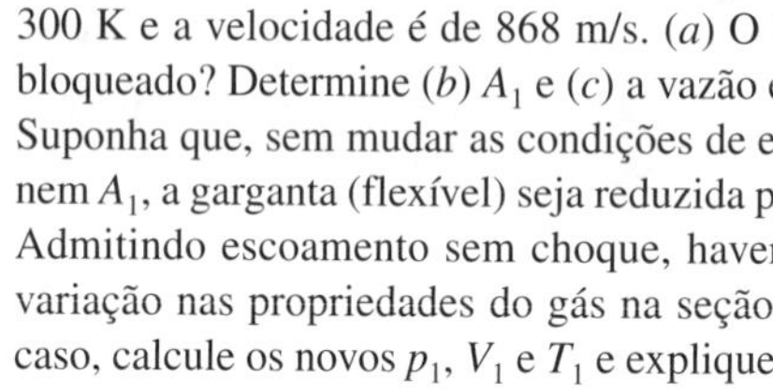

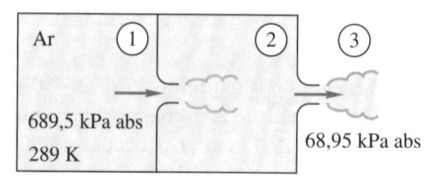

P9.75

P9.76 Um grande reservatório a 20°C e 800 kPa é utilizado para encher um tanque pequeno isolado por um bocal convergente-divergente com 1 cm² de área de garganta e 1,66 cm² de área de saída. O tanque pequeno tem um volume de 1 m³ e está inicialmente a 20°C e 100 kPa. Calcule o tempo decorrido quando (*a*) ondas de choque começam a aparecer no interior do bocal e (*b*) a vazão em massa começa a cair abaixo de seu valor máximo.

P9.77 Um gás perfeito (que não é o ar) se expande isentropicamente por um bocal supersônico com uma área de saída 5 vezes a sua área de garganta. O número de Mach na saída é de 3,8. Qual é a razão de calores específicos do gás? Qual deve ser esse gás? Se $p_0 = 300$ kPa, qual é a pressão de saída do gás?

P9.78 A orientação de um furo pode fazer diferença. Considere os furos *A* e *B* na Figura P9.78, que são idênticos mas invertidos. Para as propriedades do ar dadas em ambos os lados, calcule a vazão em massa através de cada furo e explique por que elas são diferentes.

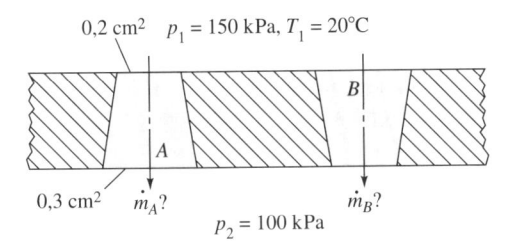

0,2 cm² $p_1 = 150$ kPa, $T_1 = 20°C$

0,3 cm² $\dot{m}_A$? $\dot{m}_B$?
$p_2 = 100$ kPa

P9.78

P9.79 Um grande tanque, a 400 kPa e 450 K, fornece ar a um bocal convergente-divergente de área de garganta de 4 cm² e área de saída de 5 cm². Para que gama de contrapressões o escoamento (*a*) será totalmente subsônico, (*b*) terá uma onda de choque dentro do bocal, (*c*) terá ondas de choque oblíquas a jusante da saída, (*d*) terá ondas de expansão supersônicas a jusante da saída?

P9.80 Um pneu de automóvel ao nível do mar está inicialmente a 220,6 kPa de pressão manométrica e 24°C. Quando ele é perfurado com um furo que se assemelha a um bocal convergente, sua pressão cai para 103,4 kPa manométrica em 12 min. Calcule o tamanho do furo, em milímetros. O volume do pneu é de 70,8 litros.

P9.81 Ar, a $p_0 = 160$ lbf/pol² e $T_0 = 300°F$, escoa isentropicamente através de um bocal convergente-divergente. Na seção 1, onde $A_1 = 288$ pol², a velocidade é $V_1 = 2.068$ pés/s. Calcule (*a*) Ma_1, (b) A^*, (*c*) p_1, (*d*) o fluxo de massa, em slug/s.

P9.82 Ar a 500 K escoa através de um bocal convergente-divergente com área de garganta de 1 cm² e área de saída de 2,7 cm². Quando a vazão em massa é de 182,2 kg/h, uma sonda de Pitot estática colocada no plano de saída indica $p_0 = 250,6$ kPa e $p = 240,1$ kPa. Calcule a velocidade de saída. Há uma onda de choque normal no duto? Nesse caso, calcule o número de Mach exatamente a jusante desse choque.

P9.83 Quando operando em condições de projeto (saída suave para pressão ao nível do mar), um motor-foguete tem um empuxo de 4,45 milhões de newtons. A pressão e a temperatura absolutas na câmara são 4,14 MPa e 2.222 K. Os gases de escape têm $k = 1,38$ com um peso molecular de 26. Calcule (*a*) o número de Mach na saída e (*b*) o diâmetro da garganta.

P9.84 Ar escoa através de um duto como na Figura P9.84, em que $A_1 = 24$ cm², $A_2 = 18$ cm² e $A_3 = 32$ cm². Um choque normal se forma na seção 2. Calcule (*a*) a vazão em massa, (*b*) o número de Mach e (*c*) a pressão de estagnação na seção 3.

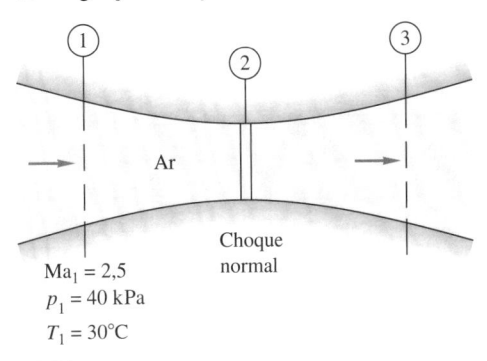

$Ma_1 = 2,5$
$p_1 = 40$ kPa
$T_1 = 30°C$

P9.84

P9.85 Um tanque de dióxido de carbono próprio para pistolas de paintball tem capacidade para cerca de 0,355 L de CO_2 líquido. Não mais que um terço do tanque é carregado com líquido que, à temperatura ambiente, mantém a fase gasosa a cerca de 5,86 MPa absoluta. (*a*) Se uma válvula é aberta, simulando um bocal convergente com diâmetro de saída de 1,3 mm, que vazão em massa e velocidade de saída resultarão? Repita os cálculos para o hélio.

Escoamento com atrito em dutos

P9.86 Ar entra em um tubo de 3 cm de diâmetro e 15 m de comprimento a $V_1 = 73$ m/s, $p_1 = 550$ kPa e $T_1 = 60°C$. O fator de atrito é 0,018. Calcule V_2, p_2, T_2 e p_{02} no final do tubo. Quanto de comprimento adicional de tubo produziria escoamento sônico na saída?

P9.87 O Prob. PA6.9 fornece dados para um gasoduto proposto para transportar gás natural do Alaska ao Canadá (assumir CH_4). Se a vazão em massa de projeto for de 890 kg/s e as condições de entrada forem 2500 lbf/pol² e 140°F, determine o comprimento máximo do tubo adiabático antes que ocorra o bloqueio.

P9.88 Ar escoa adiabaticamente por um tubo longo de 6 cm de diâmetro com $\bar{f} = 0,024$. Na seção 1, as condições são $T_1 = 300$ K, $p_1 = 400$ kPa e $V_1 = 104$ m/s. Na seção 2, $V_2 = 233$ m/s. (*a*) A que distância a jusante encontra-se a seção 2? Calcule (*b*) Ma_2, (*c*) p_2, (*d*) T_2.

P9.89 Dióxido de carbono escoa por um tubo isolado de 25 m de comprimento e 8 cm de diâmetro. O fator de atrito é 0,025. Na entrada, $p = 300$ kPa e $T = 400$ K. A vazão em massa é de 1,5 kg/s. Calcule a queda de pressão (*a*) pela teoria de escoamento compressível e (*b*) pela teoria de escoamento incompressível (Seção 6.6). (*c*) Para qual comprimento de tubo o escoamento na saída ficará bloqueado?

P9.90 O ar escoa por um tubo rugoso de 120 pés de comprimento e 3 polegadas de diâmetro. As condições de entrada são $p = 90$ lbf/pol^2, $T = 68°F$ e $V = 225$ pés/s. O escoamento fica bloqueado no final do tubo. (a) Qual é o fator de atrito médio? (b) Qual é a pressão no final do tubo?

P9.91 Ar escoa em regime permanente de um tanque pelo tubo na Figura P9.91. Há um bocal convergente na extremidade. Se a vazão em massa é de 3 kg/s e o bocal está bloqueado, calcule (a) o número de Mach na seção 1 e (b) a pressão dentro do tanque.

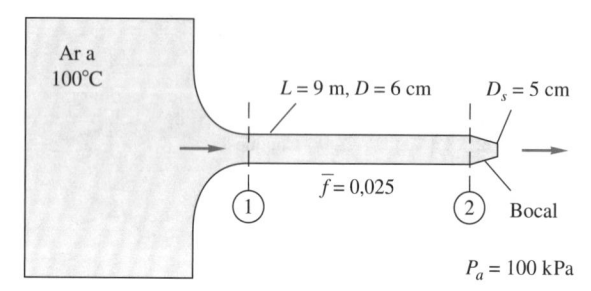

Ar a 100°C
$L = 9$ m, $D = 6$ cm
$D_s = 5$ cm
$\bar{f} = 0{,}025$
① ② Bocal
$P_a = 100$ kPa

P9.91

P9.92 Ar entra em um tubo de 5 cm de diâmetro a 380 kPa, 3,3 kg/m^3 e 120 m/s. O fator de atrito é de 0,017. Encontre o comprimento de tubo para o qual a velocidade (a) duplica, (b) triplica e (c) quadruplica.

P9.93 Ar escoa adiabaticamente em um tubo de 3 cm de diâmetro, com $\bar{f} = 0{,}018$. Na entrada, $T_1 = 323$ K, $p_1 = 200$ kPa e $V_1 = 72$ m/s. (a) Qual é a vazão em massa? (b) Para qual comprimento de tubo o escoamento fica bloqueado? (c) Se o comprimento do tubo for aumentado para 112 m, mantidas as condições de pressão e temperatura na entrada, qual será a nova vazão em massa?

P9.94 O escoamento compressível com atrito em um duto, Seção 9.7, supõe entalpia de estagnação e vazão em massa constantes, porém quantidade de movimento variável. Tal escoamento normalmente se denomina *escoamento de Fanno*, e uma linha representativa de todas as possíveis variações das propriedades em um diagrama temperatura-entropia denomina-se *linha de Fanno*. Admitindo um gás perfeito com $k = 1{,}4$ e os dados do Problema P9.86, desenhe uma curva de Fanno do escoamento para uma faixa de velocidades desde muito baixas (Ma $\ll$ 1) até muito altas (Ma $\gg$ 1). Comente a respeito do significado do ponto de entropia máxima sobre essa curva.

P9.95 Hélio (Tabela A.4) entra em um duto de 5 cm de diâmetro com $p_1 = 550$ kPa, $V_1 = 312$ m/s e $T_1 = 40°C$. O fator de atrito é de 0,025. Se o escoamento está bloqueado, determine (a) o comprimento do duto e (b) a pressão na saída.

P9.96 Metano (CH$_4$) escoa por um tubo isolado de 15 cm de diâmetro com $f = 0{,}023$. As condições de entrada são de 600 kPa, 100°C, e uma vazão em massa de 5 kg/s. Qual comprimento de tubo (a) bloqueará o escoamento, (b) aumentará a velocidade em 50% ou (c) diminuirá a pressão em 50%?

P9.97 Fazendo algumas substituições algébricas, mostre que a Equação (9.74) pode ser escrita na forma de massa específica

$$\rho_1^2 = \rho_2^2 + \rho^{*2}\left(\frac{2k}{k+1}\frac{\bar{f}L}{D} + 2\ln\frac{\rho_1}{\rho_2}\right)$$

Por que essa fórmula é inadequada quando se tenta encontrar a vazão em massa com pressões dadas nas seções 1 e 2?

P9.98 O escoamento compressível *laminar*, $f \approx 64/Re$, pode ocorrer em tubos capilares. Considere o ar, nas condições de estagnação de 100°C e 200 kPa, entrando em um tubo de 3 cm de comprimento e 0,1 mm de diâmetro. Se a pressão receptora é um quase vácuo, calcule (a) o número de Reynolds médio, (b) o número de Mach na entrada e (c) a vazão em massa em kg/h.

P9.99 Um compressor impele ar por um tubo liso de 20 m de comprimento e 4 cm de diâmetro, como na Figura P9.99. O ar sai a 101 kPa e 200°C. Os dados do compressor para a elevação de pressão em função da vazão em massa são mostrados na figura. Utilizando o diagrama de Moody para determinar $\bar{f}$, calcule a vazão em massa resultante.

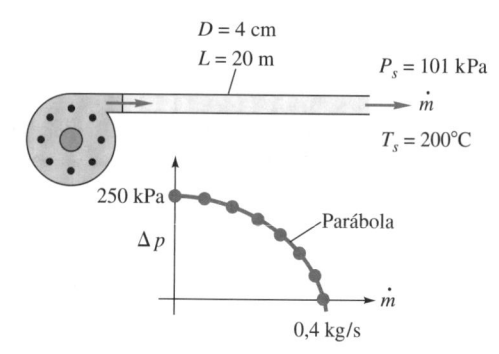

$D = 4$ cm
$L = 20$ m
$P_s = 101$ kPa
$\dot{m}$
$T_s = 200°C$
250 kPa
Δp
Parábola
$\dot{m}$
0,4 kg/s

P9.99

P9.100 Gás natural, aproximado como CH$_4$, escoa em um tubo de seis polegadas Schedule 40, de Providence para Narragansett, Rhode Island, por uma distância de 31 milhas. As empresas de gás usam como unidade de pressão o *barg*, que equivale a 1 bar de pressão manométrica (i.e., acima da pressão ambiente). Supondo escoamento isotérmico a 68°F, com $f \approx 0{,}019$, calcule a vazão em massa se a pressão for de 5 bargs em Providence e 1 barg em Narragansett.

P9.101 Como as fórmulas para escoamento compressível em duto se comportam para quedas de pressão pequenas? Admita que o ar a 20°C entre em um tubo de 1 cm de diâmetro e 3 m de comprimento. Se $\bar{f} = 0{,}028$ com $p_1 = 102$ kPa e $p_2 = 100$ kPa, calcule a vazão em massa em kg/h para (a) escoamento isotérmico, (b) escoamento adiabático e (c) escoamento incompressível (Capítulo 6) com a massa específica de entrada.

P9.102 Ar a 550 kPa e 100°C entra em um tubo liso de 1 m de comprimento e em seguida passa por um segundo tubo liso para um reservatório a 30 kPa, como na Figura P9.102. Utilizando o diagrama de Moody para determinar $\bar{f}$, calcule a vazão em massa por esse sistema. O escoamento está bloqueado?

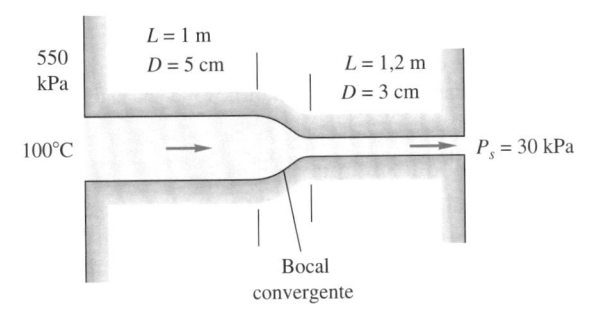

P9.102 (550 kPa, 100°C; L = 1 m, D = 5 cm; L = 1,2 m, D = 3 cm; Bocal convergente; P_s = 30 kPa)

P9.103 Gás natural, com $k \approx 1,3$ e peso molecular de 16, deve ser bombeado através de um gasoduto de 100 km e 81 cm de diâmetro. A pressão a jusante é de 150 kPa. Se o gás entra a 60°C, a vazão em massa é de 20 kg/s e $\bar{f}$ = 0,024, calcule a pressão de entrada necessária para (a) escoamento isotérmico e (b) escoamento adiabático?

P9.104 Um tanque de oxigênio (Tabela A.4) a 20°C deve abastecer um astronauta por meio de um tubo umbilical de 12 m de comprimento e 1,5 cm de diâmetro. A pressão na saída do tubo é de 40 kPa. Se a vazão em massa desejada é 90 kg/h e $\bar{f}$ = 0,025, qual deve ser a pressão no tanque?

P9.105 Modifique o Prob. P9.87 de modo a não permitir que o gasoduto fique bloqueado. Ele terá estações de bombeamento a cada 200 milhas. (a) Encontre o comprimento do tubo para o qual a pressão cai para 2.000 lbf/pol². (b) Qual é a temperatura nesse ponto?

P9.106 Ar descarrega adiabaticamente de um tanque de 3 metros cúbicos, inicialmente a 300 kPa e 200°C, por um tubo liso de 1 cm de diâmetro e 2,5 m de comprimento. Avalie o tempo necessário para reduzir a pressão do tanque a 200 kPa. Por simplicidade, considere a temperatura constante no tanque e $f \approx 0,020$.

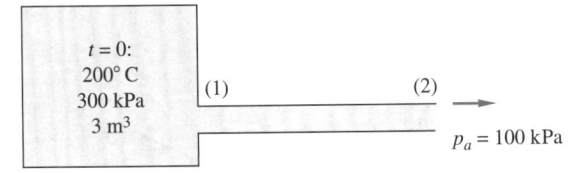

P9.106 (t = 0: 200°C, 300 kPa, 3 m³; (1); (2); p_a = 100 kPa)

Escoamento sem atrito em dutos com troca de calor

P9.107 Uma mistura ar-combustível, considerada equivalente ao ar, entra em uma câmara de combustão em forma de duto com V_1 = 104 m/s e T_1 = 300 K. Qual quantidade de adição de calor em kJ/kg fará o escoamento ficar bloqueado na saída? Qual será o número de Mach e a temperatura na saída se 504 kJ/kg são adicionados durante a combustão?

P9.108 O que acontece com o escoamento de entrada no Problema P9.107 se a combustão produz adição de calor de 1.500 kJ/kg mantendo-se p_{01} e T_{01} inalterados? De quanto é reduzida a vazão em massa?

P9.109 Um motor-foguete a 7.000 m de altitude consome 45 kg/s de ar e adiciona 550 kJ/kg na câmara de combustão. A seção transversal da câmara é de 0,5 m², e o ar entra na câmara a 80 kPa e 5°C. Após a combustão o ar se expande através de um bocal convergente isentrópico até a saída à pressão atmosférica. Calcule (a) o diâmetro da garganta do bocal, (b) a velocidade de saída no bocal e (c) o empuxo produzido pelo motor.

P9.110 O escoamento compressível em um duto com adição de calor, Seção 9.8, supõe quantidade de movimento ($p + \rho V^2$) e vazão em massa constantes, porém entalpia de estagnação variável. Tal escoamento normalmente se denomina *escoamento de Rayleigh*, e uma linha representativa de todas as possíveis variações das propriedades em um diagrama temperatura-entropia denomina-se *linha de Rayleigh*. Admitindo o ar escoando na condição p_1 = 548 kPa, T_1 = 588 K, V_1 = 266 m/s e A = 1 m², desenhe uma curva de Rayleigh do escoamento para uma faixa de velocidades desde muito baixas (Ma $\ll$ 1) até muito altas (Ma $\gg$ 1). Comente a respeito do significado do ponto de entropia máxima sobre essa curva.

P9.111 Adicione à sua linha de Rayleigh do Problema P9.110 uma linha de Fanno (ver o Problema P9.94) para entalpia de estagnação igual ao valor associado ao estado 1 no Problema P9.110. As duas curvas se interceptarão no estado 1, que é subsônico, e em um certo estado 2, que é supersônico. Interprete esses dois estados em face da Tabela B.2.

P9.112 Ar entra em um duto a V_1 = 144 m/s, p_1 = 200 kPa e T_1 = 323 K. Supondo-se uma adição de calor sem atrito, calcule (a) a adição de calor necessária para elevar a velocidade para 372 m/s e (b) a pressão nessa nova seção 2.

P9.113 Ar entra em um duto de seção constante a p_1 = 90 kPa, V_1 = 520 m/s e T_1 =558°C. Em seguida, ele é resfriado com atrito desprezível até sair a p_2 = 160 kPa. Calcule (a) V_2, (b) T_2 e (c) a quantidade total de resfriamento em kJ/kg.

P9.114 O *scramjet* da Fig. PA9.8 opera com escoamento completamente supersônico. Admite-se que a adição de calor de 500 kJ/kg, entre as seções 2 e 3, seja sem atrito e com área constante de 0,2 m². São dados Ma_2 = 4,0 p_2 = 260 kPa e T_2 = 420 K. Considere um escoamento de ar com k = 1,40. Na saída da seção de combustão, encontre (a) Ma_3, (b) p_3 e (c) T_3.

P9.115 Ar entra em um tubo de 5 cm de diâmetro a 380 kPa, 3,3 kg/m³ e 120 m/s. Considere o escoamento sem atrito com adição de calor. Encontre a quantidade de calor para a qual a velocidade (a) duplica, (b) triplica e (c) quadruplica.

Ondas de Mach

P9.116 Um observador ao nível do mar não escuta uma aeronave voando a 3.660 m de altitude padrão até que ela esteja a 8 km adiante dele. Calcule a velocidade da aeronave em m/s.

P9.117 Uma pequena rebarba na parede de um túnel supersônico cria uma onda bem fraca de ângulo 17°, como mostra a Figura P9.117. Em seguida, ocorre um choque normal. A temperatura do ar na região (1) é de 250 K. Calcule a temperatura na região 2.

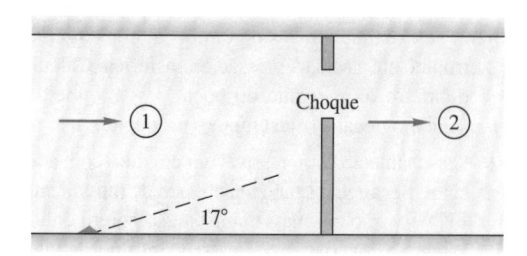

P9.117

P9.118 Uma partícula movendo-se com velocidade uniforme no ar padrão ao nível do mar cria as duas esferas de perturbação mostradas na Figura P9.118. Calcule a velocidade da partícula e o número de Mach.

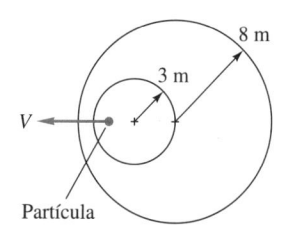

P9.118

P9.119 A partícula na Figura P9.119 está se movendo supersonicamente no ar padrão ao nível do mar. Das duas esferas de perturbação dadas, calcule o número de Mach, a velocidade e o ângulo de Mach da partícula.

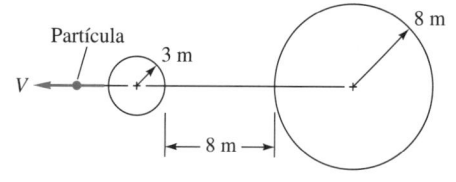

P9.119

P9.120 A partícula na Figura P9.120 está se movendo no ar padrão ao nível do mar. Das duas esferas de perturbação mostradas, calcule (a) a posição da partícula nesse instante e (b) a temperatura em °C no ponto de estagnação frontal da partícula.

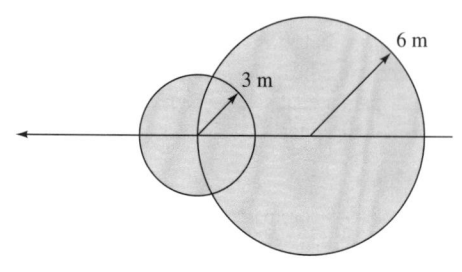

P9.120

P9.121 Uma sonda termistora, em forma de uma agulha paralela ao escoamento, indica uma temperatura estática de $-25°C$ quando inserida em uma corrente de ar supersônica. Um cone de perturbação de semiângulo de 17° é criado. Calcule (a) o número de Mach, (b) a velocidade e (c) a temperatura de estagnação da corrente de ar.

A onda de choque oblíqua

P9.122 Ar supersônico faz um giro de compressão de 5°, como na Figura P9.122. Calcule a pressão e o número de Mach a jusante e o ângulo da onda, e compare com a teoria de pequenas perturbações.

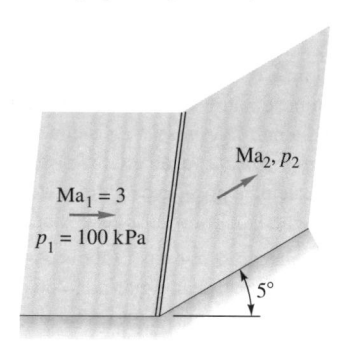

P9.122

P9.123 A deflexão de 10° do Exemplo 9.17 causou um número de Mach final de 1,641 e uma razão de pressões de 1,707. Compare isso com o caso do escoamento que passa por duas deflexões de 5°. Comente os resultados e o porquê deles poderem ser maiores ou menores no segundo caso.

P9.124 Quando um escoamento ao nível do mar aproxima-se de uma rampa de ângulo de 20°, forma-se uma onda de choque oblíqua, como na Figura P9.124. Calcule (a) Ma_1, (b) p_2, (c) T_2 e (d) V_2.

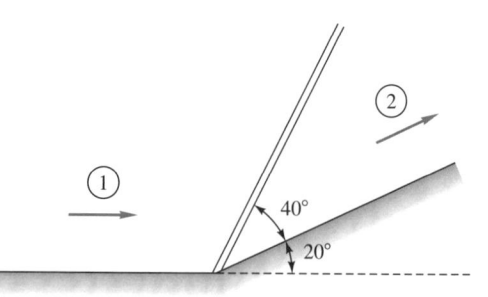

P9.124

P9.125 Vimos neste livro que, para $k = 1{,}40$, a máxima deflexão possível causada por uma onda de choque oblíqua ocorre para um número de Mach de aproximação infinito e é $\theta_{máx} = 45{,}58°$. Considerando gás perfeito, qual é $\theta_{máx}$ para (a) argônio e (b) dióxido de carbono.

P9.126 Um escoamento de ar com $Ma = 2{,}8$, $p = 80$ kPa e $T = 280$ K sofre um giro de compressão de 15°. Encontre os valores a jusante de (a) número de Mach, (b) pressão e (c) temperatura.

P9.127 As ondas de Mach a montante de uma onda de choque oblíqua interceptam-se com o choque? Admitindo escoamento supersônico a jusante, as ondas de Mach a jusante interceptam o choque? Mostre que, para pequenas deflexões, o ângulo da onda de choque, β, localiza-se a meio caminho entre μ_1 e $\mu_2 + \theta$ para qualquer número de Mach.

P9.128 Ar escoa em torno de um corpo bidimensional com nariz em forma de cunha, como na Figura P9.128. Determine o semiângulo da cunha, δ, para que o componente horizontal da força total de pressão sobre o nariz seja de 35 kN por metro de profundidade normal ao plano da figura.

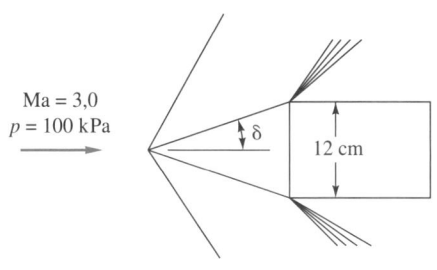

P9.128

P9.129 Ar escoa com velocidade supersônica rumo a uma rampa de compressão, como na Figura P9.129. Uma rebarba na parede no ponto a produz uma onda com 30° de ângulo, enquanto o choque oblíquo gerado tem um ângulo de 50°. Qual é (a) o ângulo da rampa, θ, e (b) o ângulo da onda, ϕ, produzido por uma rebarba em b?

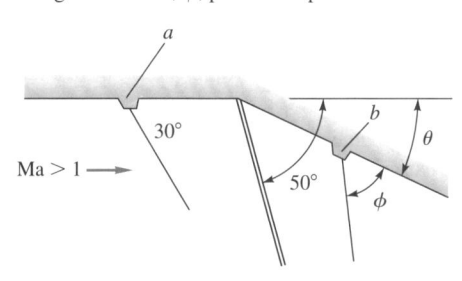

P9.129

P9.130 Um escoamento de ar à temperatura de 300 K atinge uma cunha e é defletido 12°. Se a onda de choque resultante é colada e a temperatura após o choque é de 450 K, (a) calcule o número de Mach de aproximação e o ângulo da cunha. (b) Por que existem duas soluções?

P9.131 A seguinte fórmula foi sugerida como alternativa à Equação (9.86) para relacionar o número de Mach a montante ao ângulo da onda de choque oblíqua β e ao ângulo de deflexão θ:

$$\operatorname{sen}^2 \beta = \frac{1}{\text{Ma}_1^2} + \frac{(k+1)\operatorname{sen}\beta\operatorname{sen}\theta}{2\cos(\beta - \theta)}$$

Você pode demonstrar se essa relação é ou não válida? Se não puder, tente alguns valores numéricos e compare com os resultados da Equação (9.86).

P9.132 Ar escoa a Ma = 3 e p = 68,95 kPa absoluta com incidência igual a zero rumo a uma cunha com ângulo de 16°, como na Figura P9.132. Se a extremidade aguda estiver para a frente, qual será a pressão no ponto A? Se a extremidade abrupta estiver para a frente, qual será a pressão no ponto B?

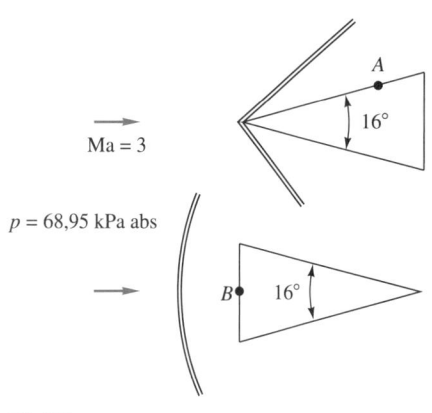

P9.132

P9.133 Ar escoa supersonicamente rumo ao sistema de dupla cunha na Figura P9.133. As coordenadas (x, y) das pontas são dadas. A onda de choque da cunha anterior atinge a ponta da cunha posterior. Ambas as cunhas têm ângulos de deflexão de 15°. Qual é o número de Mach da corrente livre?

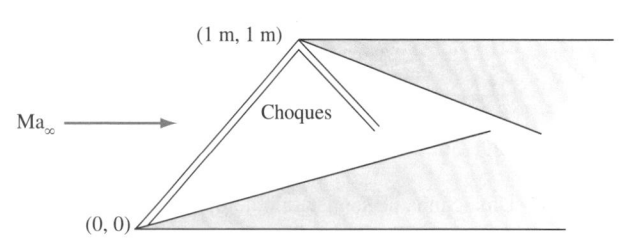

P9.133

P9.134 Quando uma onda de choque oblíqua atinge uma parede sólida, ela reflete como um choque de intensidade suficiente para fazer o escoamento na saída com Ma$_3$ ficar paralelo à parede, como na Figura P9.134. Para escoamento de ar com Ma$_1$ = 2,5 e p_1 = 100 kPa, calcule Ma$_3$, p_3 e o ângulo ϕ.

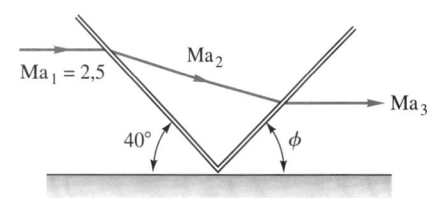

P9.134

P9.135 Uma dobra na superfície inferior de um duto com escoamento supersônico induz uma onda de choque que reflete na superfície superior, como na Figura P9.135. Calcule o número de Mach e a pressão na região 3.

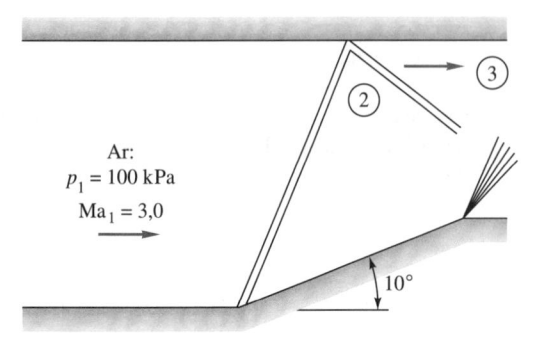

P9.135

P9.136 A Figura P9.136 é uma aplicação especial do Problema P9.135. Com um projeto cuidadoso, pode-se orientar a dobra na superfície inferior de modo que a onda refletida seja exatamente cancelada pela dobra de retorno, como mostra a figura. Esse é um método de redução do número de Mach em um canal (um difusor supersônico). Se o ângulo da dobra é $\phi = 10°$, determine (a) a largura h a jusante e (b) o número de Mach a jusante. Admita uma onda de choque fraca.

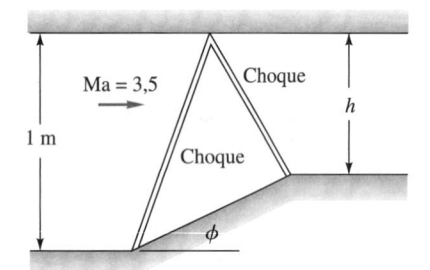

P9.136

P9.137 Uma cunha de semiângulo de 6° cria o sistema com onda de choque refletida da Figura P9.137. Se $Ma_3 = 2,5$, encontre (a) Ma_1 e (b) o ângulo α.

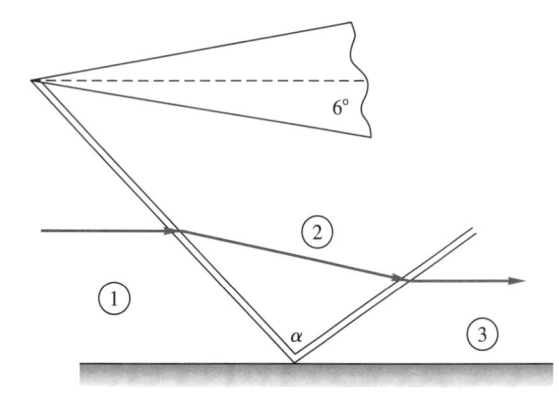

P9.137

P9.138 O bocal supersônico da Figura P9.138 é superexpandido (caso G na Figura 9.12b) com $A_s/A_g = 3,0$ e uma pressão de estagnação de 350 kPa. Se a borda do jato faz um ângulo de 4° com a linha de centro do bocal, qual é a contrapressão, p_c, em kPa?

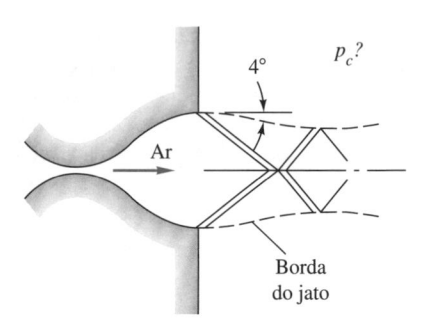

P9.138

P9.139 O escoamento de ar com $Ma = 2,2$ faz um giro de compressão de 12° e, em seguida, outro giro de ângulo θ, como na Figura P9.139. Qual é o máximo valor de θ para o segundo choque ficar colado? Os dois choques se interceptarão para algum θ menor que $\theta_{máx}$?

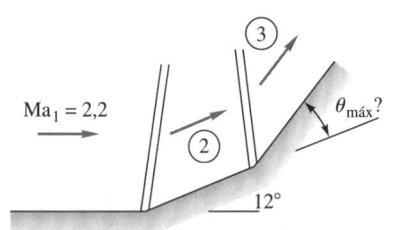

P9.139

Ondas de expansão de Prandtl-Meyer

P9.140 A solução do Problema P9.122 é $Ma_2 = 2,750$ e $p_2 = 145,5$ kPa. Compare esses resultados com um giro de compressão isentrópica de 5°, utilizando a teoria de Prandtl-Meyer.

P9.141 O escoamento supersônico de ar faz um giro de expansão de 5°, como na Figura P9.141. Calcule o número de Mach e a pressão a jusante, e compare com a teoria de pequenas perturbações.

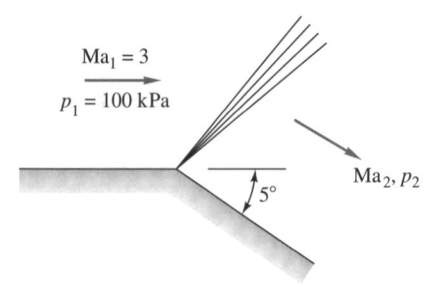

P9.141

P9.142 Um escoamento supersônico de ar a $Ma_1 = 3,2$ e $p_1 = 50$ kPa passa por um choque de compressão seguido por um giro de expansão isentrópica. A deflexão do escoamento é de 30° para cada giro. Calcule Ma_2 e p_2 se (a) o choque é seguido pela expansão e (b) a expansão é seguida pelo choque.

P9.143 Um escoamento de ar com Ma = 3,4 e 300 K sofre um giro de choque oblíquo de 28°. Que giro de expansão isentrópica subsequente trará a temperatura de volta para 300 K?

P9.144 A deflexão de 10° do Exemplo 9.17 fez com que o número de Mach caísse para 1,64. (*a*) Que ângulo de giro criará um leque de Prandtl-Meyer e trará o número Mach de volta para 2,0? (*b*) Qual será a pressão final?

P9.145 Ar a $Ma_1 = 2,0$ e $p_1 = 100$ kPa passa por uma expansão isentrópica para uma pressão a jusante de 50 kPa. Qual é o ângulo de giro desejado em graus?

P9.146 Ar escoa supersonicamente sobre uma superfície que muda de direção duas vezes, como na Figura P9.146. Calcule (*a*) Ma_2 e (*b*) p_3.

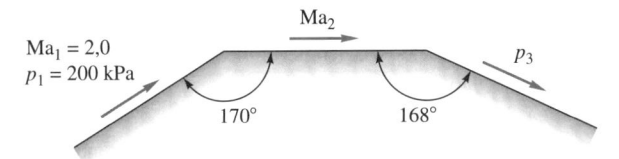

P9.146

P9.147 Um bocal convergente-divergente com razão de área de saída 4:1 e $p_0 = 500$ kPa, como na Figura P9.147, opera em uma condição subexpandida (caso *I* da Figura 9.12*b*). A pressão do recipiente é $p_a = 10$ kPa, que é menor que a pressão de saída, de modo que ondas de expansão se formam para fora da saída. Para as condições dadas, qual será o número de Mach Ma_2 e o ângulo ϕ da borda do jato? Como de costume, admita $k = 1,4$.

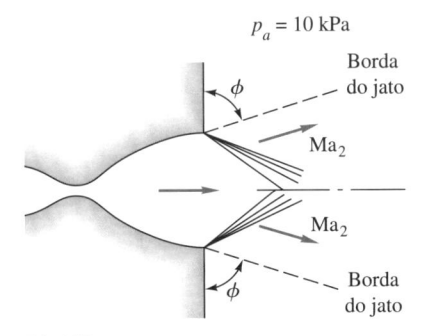

P9.147

P9.148 Ar escoa supersonicamente sobre uma superfície em arco de círculo, como na Figura P9.148. Calcule (*a*) o número de Mach Ma_2 e (*b*) a pressão p_2 assim que o escoamento deixa a superfície circular.

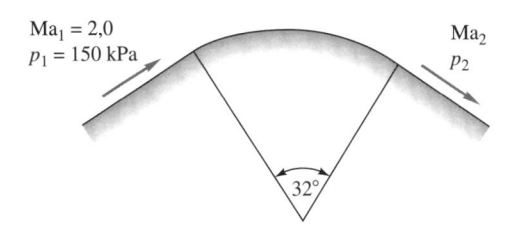

P9.148

Aerofólios supersônicos

P9.149 Ar escoa a $Ma_\infty = 3,0$ ao redor de um aerofólio em formato de losango duplamente simétrico cujos ângulos inclusos dianteiro e traseiro são ambos de 24°. Para ângulo de ataque nulo, calcule o coeficiente de arrasto pela teoria de choque e expansão e compare com a teoria de Ackeret.

P9.150 Um aerofólio em formato de placa plana com $C = 1,2$ m, deve ter uma força de sustentação de 30 kN/m ao voar a 5.000 m de altitude padrão com $U_\infty = 641$ m/s. Utilizando a teoria de Ackeret, calcule (*a*) o ângulo de ataque e (*b*) a força de arrasto em N/m.

P9.151 Ar escoa a Ma = 2,5 em torno de um aerofólio em meia cunha cujos ângulos são de 4°, como na Figura P9.151. Calcule os coeficientes de sustentação e de arrasto para α igual a (*a*) 0° e (*b*) 6°.

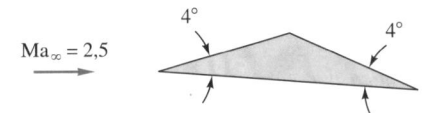

P9.151

P9.152 O modelo da aeronave *scramjet* X-43 da Fig. PA9.8 é pequeno, $W = 3000$ lbf, não tripulado, com apenas 12,33 pés de comprimento e 5,5 pés de largura. A aerodinâmica de um veículo hipersônico esbelto em formato de ponta de flecha está além do nosso escopo. Em vez disso, vamos supor que seja um aerofólio tipo placa plana com 2,0 m² de área. Considere Ma = 7 a 12.000 m de altitude padrão. Estime o arrasto, pela teoria de choque e expansão. *Dica:* Use a teoria de Ackeret para calcular o ângulo de ataque.

P9.153 Um avião de transporte supersônico tem uma massa de 65 Mg e voa a 11 km de altitude padrão a um número de Mach de 2,25. Se o ângulo de ataque é de 2° e suas asas podem ser aproximadas por placas planas, calcule (*a*) a área de asa necessária em m² e (*b*) o empuxo necessário em N.

P9.154 O caça supersônico F-22 voa a 11.000 m de altitude, com um peso de 50.000 lbf e empuxo de 10.000 lbf. Sua área de asa é 840 pés². Suponha que a asa tenha formato de losango com 6% de espessura e forneça toda a sustentação e empuxo. Use a teoria de Ackeret para calcular o número de Mach resultante.

***P9.155** O avião F-35 na Figura 9.30 tem uma envergadura de asa de 10 m e uma área de asa de 41,8 m². Ele voa a cerca de 10 km de altitude com um peso total em torno de 200 kN. A essa altitude, o motor desenvolve um empuxo de aproximadamente 50 kN. Admita que a asa tenha um aerofólio em forma de losango simétrico com uma espessura de 8% e que produza toda a sustentação e todo o arrasto. Calcule o número de Mach de voo do avião. Para melhorar sua nota, explique por que existem *duas* soluções.

P9.156 Considere um aerofólio tipo placa plana com um ângulo de ataque de 6°. O número de Mach é $Ma_\infty = 3,2$ e a pressão da corrente p_∞ não é especificada. Calcule os coeficientes de sustentação e de arrasto previstos (a) pela teoria de choque e expansão e (b) pela teoria de Ackeret.

P9.157 A teoria do aerofólio de Ackeret da Equação (9.104) é concebida para velocidades supersônicas *moderadas*, $1,2 < \text{Ma} < 4$. Como ela se porta para velocidades *hipersônicas*? Para ilustrar, calcule (a) C_S e (b) C_A para um aerofólio em placa plana a $\alpha = 5°$ e $\text{Ma}_\infty = 8,0$ usando a teoria de choque e expansão, e compare com a teoria de Ackeret. Comente.

Problemas dissertativos

PD9.1 Da Tabela 9.1, observe que (a) água e mercúrio e (b) alumínio e aço têm aproximadamente as mesmas velocidades do som, porém os dois últimos materiais são muito mais densos. Você pode esclarecer essa aparente anomalia? A teoria molecular pode explicar isso?

PD9.2 Quando um objeto se aproxima a Ma = 0,8, você pode ouvi-lo, de acordo com a Figura 9.18a. Haveria, entretanto, um desvio Doppler? Por exemplo, um tom musical pareceria para você ter uma altura de som maior ou menor?

PD9.3 O assunto deste capítulo costuma ser chamado de *dinâmica dos gases*. Mas podem os líquidos não se comportar dessa maneira? Utilizando a água como exemplo, faça um cálculo prático do nível de pressão necessário para levar um escoamento de água a velocidades comparáveis à velocidade do som.

PD9.4 Suponha que um gás seja levado a velocidades subsônicas compressíveis por uma grande queda de pressão, p_1 para p_2. Descreva seu comportamento de forma apropriada em um diagrama de Mollier para (a) escoamento sem atrito em um bocal convergente e (b) escoamento com atrito em um duto longo.

PD9.5 Descreva fisicamente o que representa a "velocidade do som". Que espécies de variações de pressão ocorrem em ondas sonoras de ar durante uma conversação normal?

PD9.6 Dê uma descrição física do fenômeno de bloqueio em um escoamento de gás em um bocal convergente. O bloqueio poderia acontecer mesmo se o atrito na parede não fosse desprezível?

PD9.7 Ondas de choque são tratadas aqui como descontinuidades, mas na verdade elas têm uma espessura finita muito pequena. Após algum raciocínio, esboce sua ideia sobre as distribuições de velocidade, pressão, temperatura e entropia através do interior de uma onda de choque.

PD9.8 Descreva como um observador, deslocando-se ao longo de uma onda de choque normal a uma velocidade finita V, verá o que parece ser uma onda de choque oblíqua. Haverá algum limite para a velocidade de deslocamento do observador?

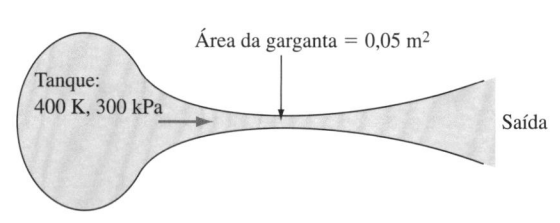

Problemas de fundamentos de engenharia

FE9.1 Para escoamento isentrópico permanente, se a temperatura absoluta aumenta 50%, em qual razão a pressão estática aumenta?
(a) 1,12, (b) 1,22, (c) 2,25, (d) 2,76, (e) 4,13

FE9.2 Para escoamento isentrópico permanente, se a densidade duplica, em qual razão a pressão estática aumenta?
(a) 1,22, (b) 1,32, (c) 1,44, (d) 2,64, (e) 5,66

FE9.3 Um grande tanque, a 500 K e 200 kPa, fornece escoamento isentrópico de ar para um bocal. Na seção 1, a pressão é apenas 120 kPa. Qual é o número de Mach nessa seção?
(a) 0,63, (b) 0,78, (c) 0,89, (d) 1,00, (e) 1,83

FE9.4 No Problema FE9.3, qual é a temperatura na seção 1?
(a) 300 K, (b) 408 K, (c) 417 K, (d) 432 K, (e) 500 K

FE9.5 No Problema FE9.3, se a área na seção 1 é 0,15m², qual é a vazão em massa?
(a) 38,1 kg/s, (b) 53,6 kg/s, (c) 57,8 kg/s, (d) 67,8 kg/s, (e) 77,2 kg/s

FE9.6 Para escoamento isentrópico permanente, qual é a máxima vazão em massa possível pelo duto na Figura FE9.6?
(a) 9,5 kg/s, (b) 15,1 kg/s, (c) 26,2 kg/s, (d) 30,3 kg/s, (e) 52,4 kg/s

FE9.6

FE9.7 Na Figura FE9.6, se o número de Mach na saída é 2,2, qual é a área de saída?
(a) 0,10 m², (b) 0,12 m², (c) 0,15 m², (d) 0,18 m², (e) 0,22 m²

FE9.8 Na Figura FE9.6, se não há ondas de choque e a pressão em uma seção do duto é de 55,5 kPa, qual é a velocidade nessa seção?
(a) 166 m/s, (b) 232 m/s, (c) 554 m/s, (d) 706 m/s, (e) 774 m/s

FE9.9 Na Figura FE9.6, se há uma onda de choque normal em uma seção onde a área é de 0,07m², qual é a massa específica do ar exatamente a montante desse choque?
(a) 0,48 kg/m³, (b) 0,78 kg/m³, (c) 1,35 kg/m³, (d) 1,61 kg/m³, (e) 2,61 kg/m³

FE9.10 No Problema FE9.9, qual é o número de Mach exatamente a jusante da onda de choque?
(a) 0,42, (b) 0,55, (c) 0,63, (d) 1,00, (e) 1,76

Problemas abrangentes

PA9.1 O bocal convergente-divergente esboçado na Figura PA9.1 é projetado para um número de Mach de 2,00 no plano de saída (admitindo-se que o escoamento permaneça aproximadamente isentrópico). O escoamento vai do tanque *a* para o tanque *b*, e o tanque *a* é muito maior que o tanque *b*. (*a*) Determine a área de saída A_s e a contrapressão p_c que permitirão que o sistema opere nas condições de projeto (*b*). Com o passar do tempo, a contrapressão aumentará, uma vez que o segundo tanque lentamente se enche com mais ar. Todavia, visto que o tanque *a* é muito grande, o escoamento no bocal permanecerá o mesmo, até que uma onda de choque normal apareça no plano de saída. Em qual contrapressão isso ocorrerá? (*c*) Se o tanque *b* é mantido a temperatura constante $T = 20°C$, calcule quanto tempo levará para o escoamento ir das condições de projeto para as condições da parte (*b*), isto é, com uma onda de choque no plano de saída.

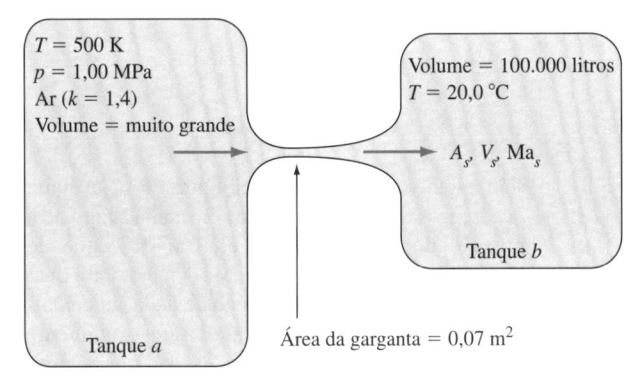

PA9.1

PA9.2 Dois grandes tanques de ar, um a 400 K e 300 kPa e o outro a 300 K e 100 kPa, são conectados por um tubo reto de 6 m de comprimento e 5 cm de diâmetro. O fator de atrito médio é de 0,0225. Admitindo escoamento adiabático, calcule a vazão em massa através do tubo.

*__PA9.3__ A Figura PA9.3 mostra a saída de um bocal convergente-divergente, em que um padrão de choque oblíquo é formado. No plano de saída, que tem uma área de 15 cm², a pressão do ar é de 16 kPa e a temperatura é de 250 K. Exatamente fora do choque de saída, que faz um ângulo de 50° com o plano de saída, a temperatura é de 430 K. Calcule (*a*) a vazão em massa, (*b*) a área da garganta, (*c*) o ângulo de deflexão do escoamento de saída, e, no tanque de abastecimento de ar, (*d*) a pressão e (*e*) a temperatura.

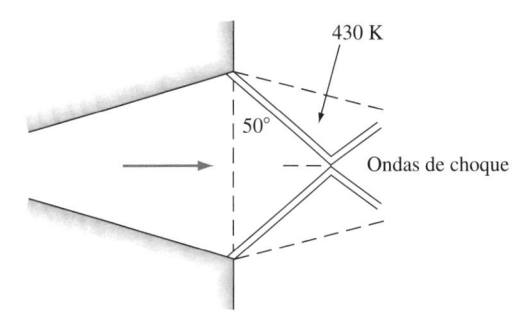

PA9.4 As propriedades de um gás denso (pressão alta e baixa temperatura) muitas vezes são aproximadas pela equação de estado de van der Waals [17, 18]:

$$p = \frac{\rho RT}{1 - b_1\rho} - a_1\rho^2$$

PA9.3

em que as constantes a_1 e b_1 podem ser obtidas por meio da temperatura e pressão críticas

$$a_1 = \frac{27R^2T_c^2}{64p_c} = 162 \text{ N} \cdot \text{m}^4/\text{kg}^2$$

para o ar, e

$$b_1 = \frac{RT_c}{8p_c} = 0,00126 \text{ m}^3/\text{kg}$$

para o ar. Determine uma expressão analítica para a velocidade do som de um gás de van der Waals. Admitindo $k = 1,4$, calcule a velocidade do som do ar em m/s a –73,3°C e 20 atm para (*a*) um gás perfeito e (*b*) um gás de van der Waals. Em que porcentual a massa específica prevista pela relação de van der Waals é maior?

PA9.5 Considere o escoamento permanente unidimensional de um gás não perfeito, o vapor, em um bocal convergente. As condições de estagnação são $p_0 = 100$ kPa e $T_0 = 200°C$. O diâmetro de saída do bocal é de 2 cm. (*a*) Se a pressão de saída do bocal é de 70 kPa, calcule a vazão em massa e a temperatura de saída do vapor real pelas tabelas de vapor. (Como primeira estimativa, considere o vapor como um gás perfeito pela Tabela A.4.) O escoamento está bloqueado? (*b*) Encontre a pressão na saída do bocal e a vazão em massa para que o escoamento de vapor fique *bloqueado*, usando as tabelas de vapor.

PA9.6 Estenda o Problema PA9.5 da seguinte maneira. Considere o bocal como convergente-divergente, com diâmetro de saída de 3 cm. Admita escoamento isentrópico. (*a*) Encontre o número de Mach, a pressão e a temperatura na saída para um gás perfeito pela Tabela A.4. A vazão em massa está de acordo com o valor de 0,0452 kg/s no Problema PA9.5?

PA9.7 O professor Gordon Holloway e seu aluno, Jason Bettle, da Universidade de New Brunswick, obtiveram a seguinte tabela de dados para o escoamento de ar (em decaimento) por um bocal convergente-divergente de formato semelhante ao da Figura P3.22. A pressão manométrica e a temperatura no tanque de suprimento foram 200 kPa e 23°C, respectivamente. A pressão atmosférica era de 1 atm. Pressões na parede e pressões de estagnação na linha de centro foram medidas na parte de expansão, em formato de tronco de cone. A garganta do bocal está em $x = 0$.

x(cm)	0	1,5	3	4,5	6	7,5	9
Diâmetro (cm)	1,00	1,098	1,195	1,293	1,390	1,488	1,585
p_{parede} (kPa man)	53,1	−17,9	−33,8	−50,3	−44,8	−71,7	−51,0
$p_{estagnação}$ (kPa man)	200	182,7	155,1	124,1	113,8	96,5	69,0

Use os dados de pressão de estagnação para avaliar o número de Mach local. Compare os valores medidos de número de Mach e pressão na parede com as predições da teoria unidimensional. Para $x > 9$ cm, Holloway e Bettle não imaginaram que os dados de pressão de estagnação fossem medidas válidas do número de Mach. Qual é a razão provável?

PA9.8 Os engenheiros se referem à combustão supersônica em um motor *scramjet* como quase milagrosa, "algo como acender um palito de fósforo em um furacão". A Fig. PA9.8 é uma idealização grosseira do motor. O ar entra, queima o combustível na seção estreita e sai em seguida, tudo a velocidades supersônicas. Não há ondas de choque. Suponha áreas de 1 m² nas seções 1 e 4 e 0,2 m² nas seções 2 e 3. Considere as condições de entrada com $Ma_1 = 6$, a 10.000 m de altitude padrão. Suponha escoamento isentrópico de 1 a 2, transferência de calor sem atrito de 2 a 3 com $Q = 500$ kJ/kg e escoamento isentrópico de 3 a 4. Calcule as condições de saída e o empuxo produzido.

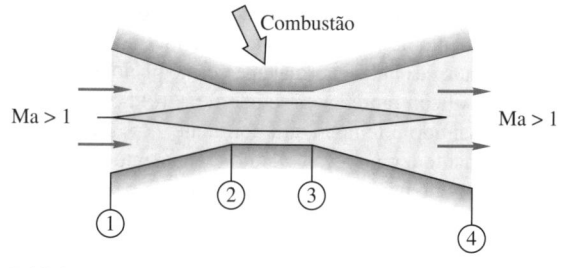

PA9.8

Problemas de projeto

PP9.1 Deseja-se selecionar uma asa retangular para um avião de combate. O avião deve ser capaz de (*a*) decolar e aterrissar sobre uma pista de 1.372 m de comprimento ao nível do mar e (*b*) voar supersonicamente à velocidade de cruzeiro em Ma = 2,3 à altitude de 8.534 m. Para simplificar, considere uma asa sem enflechamento. Admita que o peso máximo do avião seja igual a $(30 + n)(4.448)$ N, em que n é o número de letras em seu sobrenome. Admita que o empuxo máximo disponível no nível do mar seja um terço do peso máximo, decrescendo com a altitude proporcionalmente à massa específica. Levantando hipóteses apropriadas sobre o efeito da razão de aspecto finita na sustentação e no arrasto tanto para voo subsônico como voo supersônico, selecione uma asa de área mínima para realizar esses requisitos de decolagem, aterrissagem e de cruzeiro. Alguma consideração deve ser feita para analisar a ponta e a raiz da asa em voo supersônico, em que os cones de Mach se formam e o escoamento não é bidimensional. Se nenhuma solução satisfatória for possível, aumente de forma gradual o empuxo disponível para convergir para um projeto aceitável.

PP9.2 Considere o escoamento supersônico de ar, nas condições ao nível do mar, em torno de uma cunha de semiângulo θ, como mostra a Figura PP9.2. Admita que a pressão na face posterior da cunha se iguala à pressão do fluido quando ele sai do leque de Prandtl-Meyer. (*a*) Considere $Ma_\infty = 3,0$. Para qual ângulo θ o coeficiente de arrasto de onda supersônico C_A, baseado na área frontal, será exatamente 0,5? (*b*) Suponha que $\theta = 20°$. Existe um número de Mach da corrente livre para o qual o coeficiente de arrasto de onda C_A, baseado na área frontal, será exatamente 0,5? (*c*) Investigue o percentual de aumento no C_A de (*a*) e (*b*) devido à inclusão do arrasto de atrito de camada-limite no cálculo.

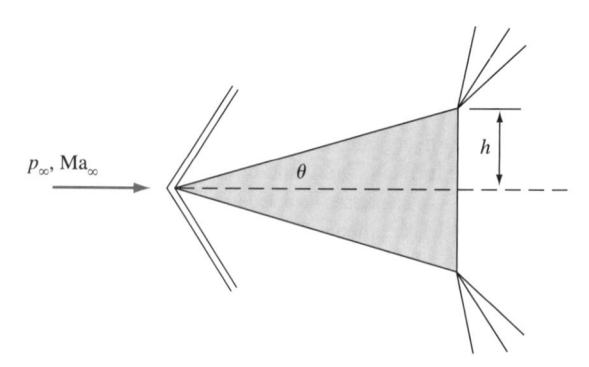

PP9.2

Referências

1. J. E. A. John and T. G. Keith, *Gas Dynamics*, 3d ed., Pearson Education, Upper Saddle River, NJ, 2005.
2. B. K. Hodge and K. Koenig, *Compressible Fluid Dynamics: With Personal Computer Applications*, Pearson Prentice-Hall, Upper Saddle River, NJ, 1995.
3. R. D. Zucker and O. Biblarz, *Fundamentals of Gas Dynamics*, 2d ed., Wiley, New York, 2002.
4. J. D. Anderson, *Modern Compressible Flow: with Historical Perspective*, 3d ed., McGraw-Hill, New York, 2002.
5. A. H. Shapiro, *The Dynamics and Thermodynamics of Compressible Fluid Flow*, 2 vols., Wiley, New York, 1953.
6. C. Cercignani, *Rarefied Gas Dynamics*, Cambridge University Press, New York, 2000.
7. H. W. Liepmann and A. Roshko, *Elements of Gas Dynamics*, Dover, New York, 2001.
8. I. Straskraba, *Introduction to the Mathematical Theory of Compressible Flow*, Oxford University Press, New York, 2004.
9. P. A. Thompson, *Compressible Fluid Dynamics*, McGraw-Hill, New York, 1972.
10. P. H. Oosthuizen and W. E. Carscallen, *Compressible Fluid Flow*, McGraw-Hill, New York, 2003.
11. J. D. Anderson, *Hypersonic and High Temperature Gas Dynamics*, 2d ed., AIAA, Reston, VA, 2006.
12. G. A. Bird, *Molecular Gas Dynamics and the Direct Simulation of Gas Flows*, Clarendon Press, Oxford, 1994.
13. D. D. Knight, *Elements of Numerical Methods for Compressible Flows*, Cambridge University Press, New York, 2012.
14. L. W. Reithmaier, *Mach 1 and Beyond: The Illustrated Guide to High-Speed Flight*, McGraw-Hill, 1994.
15. W. T. Parry, *ASME International Steam Tables for Industrial Use*, 2d ed., ASME, New York, 2009.
16. J. H. Keenan et al., *Gas Tables: International Version*, Krieger Publishing, Melbourne, FL, 1992.
17. Y. A. Cengel and M. A. Boles, *Thermodynamics: An Engineering Approach*, 7th ed., McGraw-Hill, New York, 2010.
18. M. J. Moran and H. A. Shapiro, *Fundamentals of Engineering Thermodynamics*, 7th ed., Wiley, New York, 2010.
19. F. M. White, *Viscous Fluid Flow*, 3d ed., McGraw-Hill, New York, 2005.
20. J. Palmer, K. Ramsden, and E. Goodger, *Compressible Flow Tables for Engineers: With Appropriate Computer Programs*, Scholium Intl., Port Washington, NY, 1989.
21. M. R. Lindeburg, *Consolidated Gas Dynamics Tables*, Professional Publications, Inc., Belmont, CA, 1994.
22. A. M. Shektman, *Gasdynamic Functions of Real Gases*, Taylor and Francis, New York, 1991.
23. J. H. Keenan and E. P. Neumann, "Measurements of Friction in a Pipe for Subsonic and Supersonic Flow of Air," *J. Applied Mechanics*, vol. 13, no. 2, 1946, p. A-91.
24. R. P. Benedict, *Fundamentals of Pipe Flow*, John Wiley, New York, 1980.
25. J. L. Sims, *Tables for Supersonic Flow around Right Circular Cones at Zero Angle of Attack*, NASA SP-3004, 1964 (veja também NASA SP-3007).
26. J. L. Thomas, "Reynolds Number Effects on Supersonic Asymmetrical Flows over a Cone," *J. Aircraft*, vol. 30, no. 4, 1993, pp. 488–495.
27. W. Bober and R. A. Kenyon, *Fluid Mechanics*, Wiley, New York, 1980.
28. J. Ackeret, "Air Forces on Airfoils Moving Faster than Sound Velocity," *NACA Tech. Memo.* 317, 1925.
29. W. B. Brower, *Theory, Tables and Data for Compressible Flow*, Taylor & Francis, New York, 1990.
30. M. Belfiore, "The Hypersonic Age is Near," *Popular Science*, January 2008, pp. 36–41.
31. G. S. Settles, *Schlieren and Shadowgraph Techniques: Visualizing Phenomena in Transparent Media*, Springer-Verlag, Berlin, 2001.

Em março de 2010, o tranquilo rio Saugatucket, em South Kingstown, Rhode Island, foi inundado por fortes chuvas. Em vez de sua habitual corrente suave vertendo sobre a barragem de Main Street, a vazão aumentou enormemente e inundou o prédio médico ao fundo na foto, arruinando seus consultórios e equipamentos de raios X. Os métodos de análise de escoamento em canal aberto neste capítulo podem lidar tanto com a corrente suave quanto com a inundação. [*Fotografia cortesia do Independent Newspapers.*]

Capítulo 10
Escoamento em canais abertos

Motivação. Um escoamento em *canal aberto* representa um escoamento com uma superfície livre em contato com a atmosfera, como ocorre em um rio, um canal ou uma calha. Os escoamentos em dutos fechados (Capítulo 6) são completamente cheios de fluido, podendo ser líquido ou gás, não apresentam uma superfície livre e são conduzidos por um gradiente de pressão ao longo do eixo do duto. Os escoamentos em canais abertos aqui são conduzidos apenas pela gravidade, e o gradiente de pressão na interface com a atmosfera é desprezível. O balanço de forças básico em um canal aberto é entre a gravidade e o atrito.

Os escoamentos em canais abertos constituem uma modalidade da mecânica dos fluidos especialmente importante para os engenheiros civis e ambientais. Eles precisam prever as vazões e profundidades de água que resultam de determinada geometria de canal, seja ela natural ou artificial, e de determinada rugosidade da superfície molhada. Quase sempre o fluido em destaque é a água, e o tamanho do canal usualmente é grande. Portanto, os escoamentos em canais abertos são geralmente turbulentos, tridimensionais, às vezes não permanentes e com frequência muito complexos. Este capítulo apresenta algumas teorias de engenharia simples e correlações experimentais para escoamento permanente em canais retos, com geometria regular. Podemos tomar emprestado e usar alguns conceitos da análise de escoamento em dutos: raio hidráulico, fator de atrito e perdas de carga.

10.1 Introdução

Em termos simples, o escoamento em canal aberto é o escoamento de um líquido em um conduto com uma superfície livre. Há muitos exemplos práticos, tanto artificiais (calhas, extravasores, canais, vertedouros, valores de drenagem, galerias) quanto naturais (córregos, rios, estuários, planícies de inundação). Este capítulo introduz a análise elementar desses escoamentos, que são dominados pelos efeitos da gravidade.

A presença da superfície livre, que está essencialmente sob pressão atmosférica, tanto ajuda quanto prejudica a análise. Ajuda porque a pressão pode ser considerada constante ao longo da superfície livre que, por sua vez, é equivalente à *linha piezométrica* (LP) do escoamento. Contrariamente aos escoamentos em dutos fechados, o gradiente de pressão não é um fator direto no escoamento em canal aberto, em que o balanço de forças fica restrito à gravidade e ao atrito.[1] Mas a superfície livre complica a análise porque sua forma é desconhecida *a priori*: o perfil de profundidade varia com as condi-

---

[1] A tensão superficial raramente é importante porque os canais abertos normalmente são muito grandes e têm um número de Weber muito alto. A tensão superficial afeta pequenos modelos de grandes canais.

ções e deve ser calculado como parte do problema, especialmente em problemas não permanentes que envolvem o movimento de ondas.

Antes de prosseguirmos, destacamos, como de costume, que livros inteiros foram escritos sobre a hidráulica de canais abertos [1 a 7, 32]. Há também textos especializados dedicados ao movimento de ondas [8 a 10] e aos aspectos de engenharia dos escoamentos costeiros com superfície livre [11 a 13]. Este capítulo é apenas uma introdução aos tratamentos mais amplos e detalhados. O autor recomenda, quando você quiser fazer um intervalo na sua análise de escoamentos com superfície livre, consultar a Referência 31, que oferece uma fantástica galeria de fotografias sobre ondas no oceano.

A aproximação unidimensional

Um canal aberto sempre tem duas laterais e um fundo, onde o escoamento satisfaz a condição de não escorregamento. Portanto, mesmo um canal reto tem uma distribuição de velocidades tridimensional. Na Figura 10.1 são mostradas algumas medições de contornos de velocidade em canais abertos. Os perfis são bastante complexos, com a velocidade máxima ocorrendo geralmente no plano médio, em torno de 20% abaixo da superfície. Em canais muito largos e rasos, a velocidade máxima fica próxima da superfície e o perfil de velocidades é aproximadamente logarítmico desde o fundo até a superfície livre, como na Equação (6.62). Em canais não circulares há também movimentos secundários similares aos da Figura 6.16 para escoamentos em dutos fechados. Se o canal tiver curvas e meandros, o movimento secundário se intensifica devido aos efeitos centrífugos, com a alta velocidade ocorrendo próximo ao raio externo da curva. Os canais naturais curvos estão sujeitos a fortes efeitos de erosão e de deposição no fundo.

Com o advento dos supercomputadores, é possível fazer simulações numéricas de padrões complexos de escoamentos como os da Figura 10.1 [27, 28]. No entanto, a abordagem prática de engenharia aqui adotada é fazer uma aproximação de escoamento unidimensional, como na Figura 10.2. Como a massa específica do líquido é aproximadamente constante, a equação da continuidade para escoamento permanente reduz-se à vazão volumétrica Q constante ao longo do canal

$$Q = V(x)A(x) = \text{const} \tag{10.1}$$

em que V é a velocidade média e A, a área da seção transversal local, representada na Figura 10.2.

Uma segunda relação unidimensional entre a velocidade e a geometria do canal é a equação da energia, incluindo perdas por atrito. Se os pontos 1 (a montante) e 2 (a jusante) estiverem na superfície livre, $p_1 = p_2 = p_a$, e resulta, para escoamento permanente, que

$$\frac{V_1^2}{2g} + z_1 = \frac{V_2^2}{2g} + z_2 + h_p \tag{10.2}$$

em que z representa a elevação total da superfície livre, que inclui a profundidade y da água (ver Figura 10.2a) mais a altura do fundo (inclinado). A perda de carga por atrito h_p é análoga à perda de carga do escoamento em duto da Equação (6.10):

$$h_p \approx f \frac{x_2 - x_1}{D_h} \frac{V_m^2}{2g} \qquad D_h = \text{diâmetro hidráulico} = \frac{4A}{P_m} \tag{10.3}$$

em que f é o fator de atrito médio (Figura 6.13) entre as seções 1 e 2. Como os canais têm forma irregular, considera-se seu "tamanho" como o *raio* hidráulico:

$$\boxed{R_h = \frac{1}{4} D_h = \frac{A}{P_m}} \tag{10.4}$$

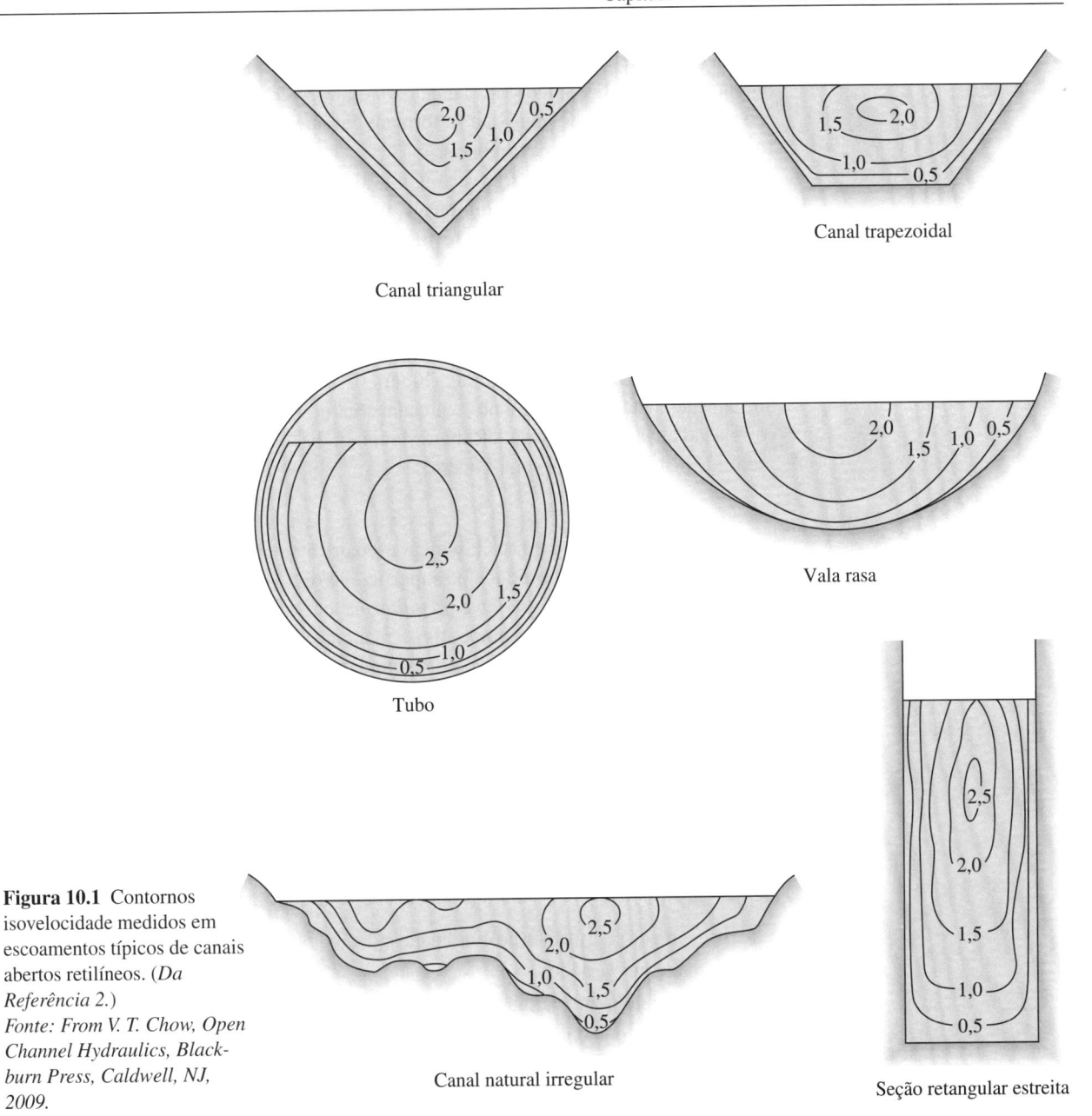

Capítulo 10 Escoamento em canais abertos **683**

Canal triangular

Canal trapezoidal

Tubo

Vala rasa

Figura 10.1 Contornos isovelocidade medidos em escoamentos típicos de canais abertos retilíneos. (*Da Referência 2.*)
Fonte: From V. T. Chow, *Open Channel Hydraulics*, Blackburn Press, Caldwell, NJ, 2009.

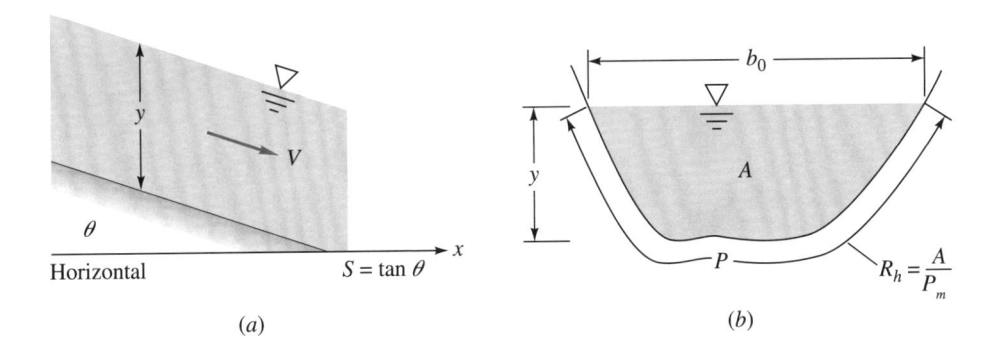

Canal natural irregular

Seção retangular estreita

Figura 10.2 Geometria e notação para escoamento em canal aberto: (*a*) vista lateral; (*b*) seção transversal. Todos esses parâmetros são constantes no escoamento uniforme.

(a) Horizontal, $S = \tan\theta$

(b) $R_h = \dfrac{A}{P_m}$

O número de Reynolds local do canal seria Re = VR_h/ν, que em geral é altamente turbulento (>1 E5). Os únicos escoamentos laminares de ocorrência comum em canais são as camadas finas de água que se formam durante a drenagem de águas pluviais de ruas e pistas alagadas dos aeroportos.

O perímetro molhado P_m (ver Figura 10.2b) inclui os lados e o fundo do canal, mas não a superfície livre e, naturalmente, não inclui as partes dos lados acima do nível da água. Por exemplo, se um canal retangular tem a largura b e a altura h e contém água até a profundidade y, seu perímetro molhado é

$$P_m = b + 2y$$

e não $2b + 2h$.

Embora o diagrama de Moody (Figura 6.13) possa fornecer uma boa estimativa do fator de atrito em escoamento em canais, na prática, ele raramente é usado. Uma correlação alternativa, devida a Robert Manning, discutida na Seção 10.2, é a fórmula preferida na hidráulica de canais abertos.

Classificação do escoamento pela variação da profundidade

O método mais comum para se classificar escoamentos em canais abertos baseia-se na taxa de variação da profundidade da superfície livre. O caso mais simples e mais amplamente analisado é o de *escoamento uniforme*, em que a profundidade (e, em consequência, a velocidade do escoamento permanente) permanece constante. As condições de escoamento uniforme são aproximadamente verificadas em canais longos e retos, de declividade e área constantes. Para um canal em escoamento uniforme, diz-se que ele escoa em sua *profundidade normal* y_n, que é um importante parâmetro de projeto.

Se a declividade do canal ou sua seção transversal variar, ou se houver uma obstrução no escoamento, a profundidade irá se alterar e diz-se que o escoamento é *variado*. O escoamento é *gradualmente variado* se a aproximação unidimensional for válida e *rapidamente variado* em caso contrário. A Figura 10.3 mostra alguns exemplos desse método de classificação. As classes podem ser resumidas da seguinte forma:

1. Escoamento uniforme (profundidade e declividade constantes)
2. Escoamento variado:
    a. Gradualmente variado (unidimensional)
    b. Rapidamente variado (multidimensional)

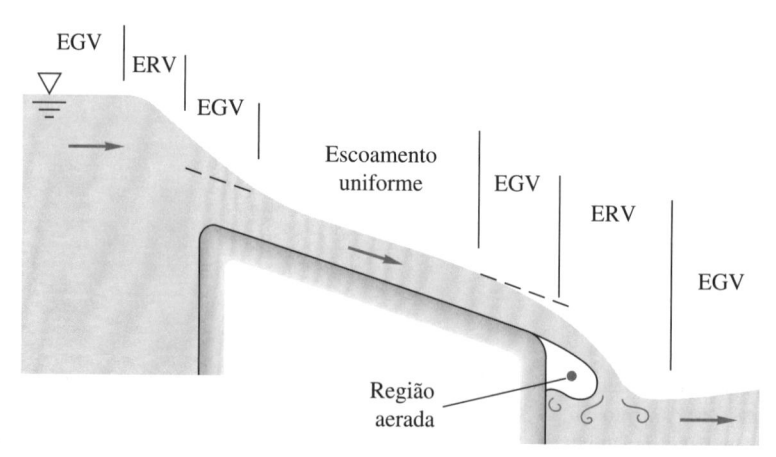

Figura 10.3 Classificação do escoamento em canal aberto por regiões de perfis de profundidade correspondentes a escoamento rapidamente variado (ERV), escoamento gradualmente variado (EGV) e escoamento uniforme.

Em geral, o escoamento uniforme é separado do escoamento rapidamente variado por uma região de escoamento gradualmente variado. O escoamento gradualmente variado pode ser analisado por uma equação diferencial de primeira ordem (Seção 10.6), mas o escoamento rapidamente variado requer experimentação ou dinâmica dos fluidos computacional tridimensional [14, 27, 28].

Classificação do escoamento pelo número de Froude

Uma segunda classificação muito útil de escoamento em canal aberto baseia-se no adimensional número de Froude, Fr, que é a relação entre a velocidade no canal e a velocidade de propagação de uma pequena onda de perturbação no canal. Para um canal retangular ou muito largo de profundidade constante, ele tem a seguinte forma:

$$\text{Fr} = \frac{\text{velocidade do escoamento}}{\text{velocidade da onda de superfície}} = \frac{V}{\sqrt{gy}} \quad (10.5)$$

na qual y é a profundidade da água. O escoamento se comporta diferentemente dependendo desses três regimes de escoamento:

$$\begin{aligned} \text{Fr} &< 1{,}0 & &\text{escoamento subcrítico} \\ \text{Fr} &= 1{,}0 & &\text{escoamento crítico} \\ \text{Fr} &> 1{,}0 & &\text{escoamento supercrítico} \end{aligned} \quad (10.6)$$

O número de Froude para canais irregulares é definido na Seção 10.4. Conforme mencionamos na Seção 9.10, há uma forte analogia aqui com os três regimes de escoamento compressível do número de Mach: subsônico (Ma < 1), sônico (Ma = 1) e supersônico (Ma > 1). Vamos seguir essa analogia nas Seções 10.4 e 10.5. A Referência 21 também segue essa analogia.

Velocidade da onda de superfície

O denominador do número de Froude $(gy)^{1/2}$ é a velocidade de uma onda de superfície infinitesimal em águas rasas. Podemos deduzir isso com relação à Figura 10.4a, que mostra uma onda de altura δy propagando-se à velocidade c em um líquido em repouso. Para obtermos um referencial inercial de escoamento permanente, fixamos as coordenadas na onda como ilustra a Figura 10.4b, de modo que a água em repouso move-se para a direita com velocidade c. A Figura 10.4 é exatamente análoga à Figura 9.1, que analisa a velocidade do som em um fluido. Ela pode ser usada para analisar uma onda brusca causada por penetração de maré, Fig. P10.86, que é descrita por Chanson [34].

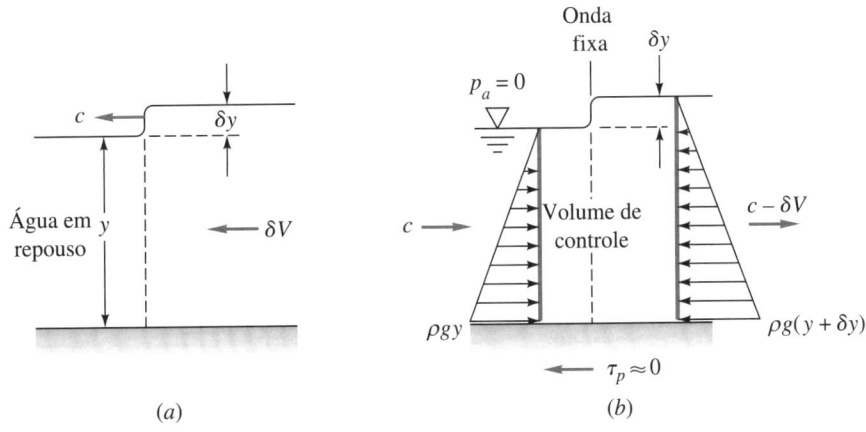

Figura 10.4 Análise de uma pequena onda de superfície propagando-se em água rasa em repouso; (a) onda em movimento, referencial de escoamento não permanente; (b) onda fixa, referencial inercial de escoamento permanente.

Para o volume de controle da Figura 10.4b, a relação de continuidade unidimensional é, para a largura b do canal,

$$\rho c b y = \rho(c - \delta V)(y + \delta y)b$$

ou
$$\delta V = c\frac{\delta y}{y + \delta y} \quad (10.7)$$

Isso é análogo à Equação (9.10); a mudança de velocidade δV induzida por uma onda de superfície é pequena se a onda for "fraca", $\delta y \ll y$. Se desprezarmos o atrito do fundo na pequena distância através da onda na Figura 10.4b, a relação de quantidade de movimento é um balanço entre a força líquida de pressão hidrostática e o fluxo líquido de quantidade de movimento:

$$-\tfrac{1}{2}\rho g b[(y + \delta y)^2 - y^2] = \rho c b y(c - \delta V - c)$$

ou
$$g\left(1 + \frac{\tfrac{1}{2}\delta y}{y}\right)\delta y = c\,\delta V \quad (10.8)$$

Essa expressão é análoga à Equação (9.12). Eliminando δV entre as Equações (10.7) e (10.8) obtemos a expressão desejada para a velocidade de propagação da onda:

$$c^2 = gy\left(1 + \frac{\delta y}{y}\right)\left(1 + \frac{\tfrac{1}{2}\delta y}{y}\right) \quad (10.9)$$

Quanto "mais forte" for a altura da onda δy, mais rápida será a velocidade c da onda, por analogia com a Equação (9.13). No limite de uma onda com altura infinitesimal $\delta y \to 0$, a velocidade se torna

$$\boxed{c_0^2 = gy} \quad (10.10)$$

Essa é a velocidade de uma onda de superfície, equivalente à velocidade do som a de um fluido, e, portanto, o número de Froude no escoamento em canal $\text{Fr} = V/c_0$ é o análogo do número de Mach. Para $y = 1\text{m}$, $c_0 = 3{,}1$ m/s.

Assim como na dinâmica dos gases, um escoamento em canal pode acelerar do regime subcrítico, passando pelo crítico, até o supercrítico e, em seguida, retornar ao regime subcrítico por meio de uma espécie de choque normal chamado *ressalto hidráulico* (Seção 10.5). Isso está ilustrado na Figura 10.5. O escoamento a montante da com-

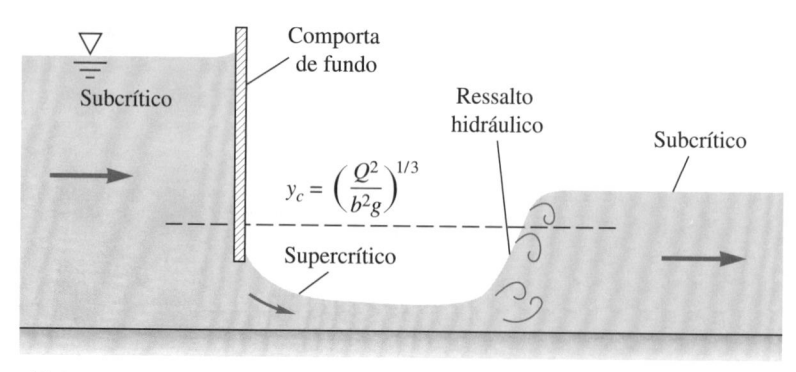

Figura 10.5 O escoamento sob uma comporta de fundo acelera do regime subcrítico ao regime crítico e ao supercrítico e, em seguida, salta de volta para o regime subcrítico.

porta de fundo é subcrítico. O escoamento acelera até o regime crítico e depois supercrítico quando passa sob a comporta, que funciona como uma espécie de "bocal". Mais a jusante o escoamento sofre um "choque" de volta ao regime subcrítico porque a altura do "recipiente" a jusante é muito grande para manter o escoamento supercrítico. Observe a semelhança com os escoamentos de gás em um bocal da Figura 9.12.

A profundidade crítica $y_c = [Q^2/(b^2 g)]^{1/3}$ está representada por uma linha tracejada na Figura 10.5, para referência. Assim como a profundidade normal y_n, y_c é um parâmetro importante na caracterização do escoamento em canal aberto (ver Seção 10.4).

Na Referência 15 há uma excelente discussão sobre os vários regimes de escoamento em canal aberto.

10.2 Escoamento uniforme; a fórmula de Chézy

O escoamento uniforme pode ocorrer em trechos longos e retos de declividade constante e seção transversal constante do canal. A profundidade da água é constante com $y = y_n$ e a velocidade é constante com $V = V_0$. Seja a declividade $S_0 = \tan \theta$, na qual θ é o ângulo que o fundo forma com a horizontal, considerado positivo para um escoamento descendente. Assim, a Equação (10.2), com $V_1 = V_2 = V_0$, torna-se

$$h_p = z_1 - z_2 = S_0 L \qquad (10.11)$$

em que L é a distância horizontal entre as seções 1 e 2. Logo, a perda de carga equilibra a perda em altura do canal. Em essência, o escoamento é totalmente desenvolvido, de modo que é válida a relação de Darcy-Weisbach, Equação (6.10)

$$h_p = f \frac{L}{D_h} \frac{V_0^2}{2g} \qquad D_h = 4R_h \qquad (10.12)$$

com $D_h = 4A/P_m$ usado para representar os canais não circulares. A geometria e a notação para análise do escoamento em canal aberto são mostradas na Figura 10.2.

Combinando as Equações (10.11) e (10.12), obtemos uma expressão para a velocidade do escoamento uniforme em um canal:

$$\boxed{V_0 = \left(\frac{8g}{f}\right)^{1/2} R_h^{1/2} S_0^{1/2}} \qquad (10.13)$$

Para uma dada forma de canal e uma rugosidade de fundo, a quantidade $(8g/f)^{1/2}$ é constante e pode ser representada por C. A Equação (10.13) torna-se

$$V_0 = C(R_h S_0)^{1/2} \qquad Q = CA(R_h S_0)^{1/2} \qquad \tau_{méd} = \rho g R h S_0 \qquad (10.14)$$

Essas fórmulas são as conhecidas *fórmulas de Chézy*, desenvolvidas pelo engenheiro francês Antoine Chézy em conjunto com seus experimentos no Rio Sena e no Canal Courpalet em 1769. A grandeza C, chamada de *coeficiente de Chézy*, varia de aproximadamente 30 $m^{1/2}$/s para pequenos canais rugosos até 90 $m^{1/2}$/s para canais grandes e lisos.

No século XIX, muitas pesquisas em hidráulica [16] foram dedicadas à correlação do coeficiente Chézy com a rugosidade, a forma e a declividade de vários canais abertos. As correlações foram feitas por Ganguillet e Kutter em 1869, Manning em 1889, Bazin em 1897 e Powell em 1950 [16]. Todas essas formulações são discutidas em detalhes na Referência 2, Capítulo 5. Aqui vamos limitar nosso tratamento à correlação de Manning, a mais popular.

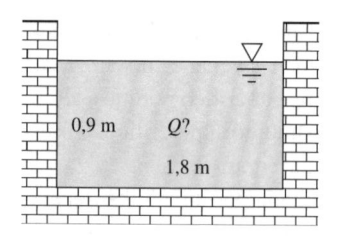

E10.1

EXEMPLO 10.1

Um canal reto e retangular tem 1,8 m de largura e 0,9 m de profundidade e está com uma declividade de 2°. O fator de atrito é 0,022. Estime a vazão para escoamento uniforme em metros cúbicos por segundo.

Solução

- *Esboço do sistema:* A seção transversal do canal está ilustrada na Figura E10.1.
- *Hipóteses:* Escoamento permanente e uniforme em canal com $\theta = 2°$.
- *Abordagem:* Avalie a fórmula de Chézy, Equação (10.13) ou (10.14).
- *Valores de propriedades:* Observe que *não* há propriedades físicas envolvidas na fórmula de Chézy. Você pode explicar isso?
- *Passos da solução:* Simplesmente calcule cada termo na fórmula de Chézy, Equação (10.13):

$$C = \sqrt{\frac{8g}{f}} = \sqrt{\frac{8(9{,}81 \text{ m/s}^2)}{0{,}022}} = 59{,}73 \, \frac{\text{m}^{1/2}}{\text{s}} \qquad A = by = (1{,}8 \text{ m})(0{,}9 \text{ m}) = 1{,}62 \text{ m}^2$$

$$R_h = \frac{A}{P_m} = \frac{1{,}62 \text{ m}^2}{(0{,}9 + 1{,}8 + 0{,}9 \text{ m})} = 0{,}45 \text{ m} \qquad S_0 = \tan(\theta) = \tan(2°)$$

Então $\quad Q = C A R_h^{1/2} S_0^{1/2} = \left(59{,}73 \, \frac{\text{m}^{1/2}}{\text{s}}\right)(1{,}62 \text{ m}^2)(0{,}45 \text{ m})^{1/2}(\tan 2°)^{1/2} \approx 12{,}13 \text{ m}^3/\text{s}$

Resposta

- *Comentários:* Os cálculos de escoamentos uniformes são diretos, se as geometrias forem simples. Os resultados são independentes da densidade e da viscosidade da água porque o escoamento é totalmente rugoso e dirigido pela gravidade. Observe a vazão elevada, maior do que em alguns rios. Dois graus é uma declividade bastante acentuada.

As correlações de rugosidade de Manning

A abordagem fundamentalmente mais adequada à fórmula de Chézy é o uso da Equação (10.13) com o fator de atrito f avaliado por meio do diagrama de Moody, Figura 6.13. Sem dúvida, as instituições de pesquisa em canais abertos [18] recomendam enfaticamente o uso do fator de atrito em todos os cálculos. Como os canais típicos são grandes e rugosos, usa-se, em geral, o limite de escoamento turbulento totalmente rugoso da Equação (6.48)

$$f \approx \left(2{,}0 \log \frac{14{,}8 R_h}{\varepsilon}\right)^{-2} \tag{10.15}$$

na qual ε é a altura da rugosidade, com valores típicos listados na Tabela 10.1.

Apesar da atratividade dessa abordagem pelo fator de atrito, muitos engenheiros preferem usar uma correlação (dimensional) simples publicada em 1891 por Robert Manning [17], um engenheiro irlandês. Em testes com canais reais, Manning descobriu que o coeficiente C de Chézy aumentava aproximadamente com a raiz sexta do tamanho do canal. Ele propôs a fórmula simples

$$C = \left(\frac{8g}{f}\right)^{1/2} \approx \alpha \frac{R_h^{1/6}}{n} \tag{10.16}$$

na qual n é um parâmetro de rugosidade. Como é claro que a fórmula não é dimensionalmente consistente, ela requer um fator de conversão α que muda de acordo com o sistema de unidades utilizado:

$$\alpha = 1{,}0 \quad \text{unidades do SI} \quad \alpha = 1{,}486 \quad \text{em unidades do BG} \tag{10.17}$$

Tabela 10.1 Valores experimentais do fator* n de Manning

	n	Altura média ε da rugosidade mm
Canais artificiais revestidos:		
Vidro	$0,010 \pm 0,002$	0,3
Latão	$0,011 \pm 0,002$	0,6
Aço, liso	$0,012 \pm 0,002$	1,0
Pintado	$0,014 \pm 0,003$	2,4
Rebitado	$0,015 \pm 0,002$	3,7
Ferro fundido	$0,013 \pm 0,003$	1,6
Concreto, com acabamento	$0,012 \pm 0,002$	1,0
Sem acabamento	$0,014 \pm 0,002$	2,4
Madeira aplainada	$0,012 \pm 0,002$	1,0
Tijolo de barro	$0,014 \pm 0,003$	2,4
Alvenaria	$0,015 \pm 0,002$	3,7
Asfalto	$0,016 \pm 0,003$	5,4
Metal corrugado	$0,022 \pm 0,005$	37
Pedra argamassada	$0,025 \pm 0,005$	80
Canais escavados na terra:		
Limpo	$0,022 \pm 0,004$	37
Com cascalho	$0,025 \pm 0,005$	80
Com vegetação rasteira	$0,030 \pm 0,005$	240
Pedregoso	$0,035 \pm 0,010$	500
Canais naturais:		
Limpo e reto	$0,030 \pm 0,005$	240
Lentos, com partes profundas	$0,040 \pm 0,010$	900
Grandes rios	$0,035 \pm 0,010$	500
Planícies de inundação:		
Pastagens, terras cultivadas	$0,035 \pm 0,010$	500
Cerrado leve	$0,05 \pm 0,02$	2.000
Cerrado denso	$0,075 \pm 0,025$	5.000
Árvores	$0,15 \pm 0,05$	?

*Uma lista mais completa é dada na Referência 2, p. 110-113.

Lembre-se de que havíamos alertado para essa incongruência no Exemplo 1.4. Você pode verificar que α é a raiz cúbica do fator de conversão entre o metro e a escala de comprimento escolhida: em unidades BG, $\alpha = (3{,}2808 \text{ pés/m})^{1/3} = 1{,}486$.[2]

A fórmula de Manning para velocidade do escoamento uniforme é, portanto,

$$V_0 \text{ (m/s)} \approx \frac{1{,}0}{n}[R_h \text{ (m)}]^{2/3} S_0^{1/2}$$

$$V_0 \text{ (pés/s)} \approx \frac{1{,}486}{n}[R_h \text{ (pés)}]^{2/3} S_0^{1/2}$$

(10.18)

---

[2] Na Referência 2, p. 98-99, há uma interessante discussão sobre a história e "dimensionalidade" da fórmula de Manning.

A declividade S_0 do canal é adimensional e n é o mesmo em ambos os sistemas. A vazão volumétrica é obtida por simples multiplicação desse resultado pela área:

Escoamento uniforme:
$$Q = V_0 A \approx \frac{\alpha}{n} A R_h^{2/3} S_0^{1/2} \qquad (10.19)$$

A Tabela 10.1 apresenta valores experimentais de n (e as alturas de rugosidade correspondentes), para várias superfícies de canais. Há um fator de variação de 15 entre uma superfície lisa de vidro ($n \approx 0,01$) e uma planície de inundação arborizada ($n \approx 0,15$). Devido à irregularidade de formas e rugosidades típicas de canais, as faixas de dispersão na Tabela 10.1 deverão ser consideradas seriamente. Para cálculos de rotina, use sempre a rugosidade média da Tabela 10.1.

Como a variação com a raiz sexta de Manning não é exata, os canais reais podem ter um fator n variável, dependendo da profundidade da água. O Rio Mississippi, próximo a Memphis, Tennessee, tem $n \approx 0,032$ quando a altura de cheia é de 12 m, 0,030, quando a altura normal é de 6 m, e 0,040, quando a altura de estiagem é de 1,5 m. A variação sazonal de vegetação e fatores como a erosão do leito podem também afetar o valor de n. Até canais artificiais quase idênticos podem variar. Brater et al. [19] relatam que em testes do U.S. Bureau of Reclamation, em grandes canais de concreto, foram obtidos valores de n variando de 0,012 até 0,017.

EXEMPLO 10.2

Os engenheiros descobriram que o canal retangular mais eficiente (máximo escoamento uniforme para determinada área) escoa com uma profundidade igual à metade da largura de fundo. Considere um canal retangular de alvenaria com uma declividade de 0,006. Qual é a melhor largura de fundo para uma vazão de 2,7 m³/s?

Solução

- *Hipóteses:* Escoamento uniforme em um canal reto de declividade constante $S = 0,006$.
- *Abordagem:* Use a fórmula de Manning em unidades do SI, Equação (10.19), para prever a vazão.
- *Valores de propriedades:* Para alvenaria, da Tabela 10.1, o fator de rugosidade $n \approx 0,015$.
- *Solução:* Para a largura b do fundo do canal, considere que a profundidade da água será $y = b/2$. A Equação (10.19) fica então

$$A = by = b(b/2) = \frac{b^2}{2} \qquad R_h = \frac{A}{P_m} = \frac{by}{b+2y} = \frac{b^2/2}{b+2(b/2)} = \frac{b}{4}$$

$$Q = \frac{\alpha}{n} A R_h^{2/3} S^{1/2} = \frac{1,0}{0,015}\left(\frac{b^2}{2}\right)\left(\frac{b}{4}\right)^{2/3}(0,006)^{1/2} = 2,7 \; \frac{m^3}{s}$$

Reorganizando: $b^{8/3} = 0,0158$ resolvendo para $b \approx 1,44$ m   *Resposta*

- *Comentários:* A abordagem de Manning é simples e eficaz. O método do fator de atrito de Moody, Equação (10.14), requer uma iteração trabalhosa e apresenta como resultado $b \approx 1,44$ m.

Estimativas da profundidade normal

Com a profundidade y da água conhecida, o cálculo de Q é simples. No entanto, se for dado o valor de Q, o cálculo da profundidade normal y_n pode requerer iteração. Como a profundidade normal é um parâmetro característico do escoamento, esse é um tipo importante de problema.

A profundidade normal, y_n, é a profundidade, em escoamento uniforme, da água em um canal retilíneo, de área constante e de declividade constante. Ela varia com a vazão e é uma profundidade de referência útil, calculada resolvendo a Eq. (10.19) quando Q é dada.

EXEMPLO 10.3

O canal trapezoidal revestido de asfalto da Figura E10.3 escoa 8,5 m³/s de água sob condições de escoamento uniforme quando $S = 0,0015$. Qual é a profundidade normal y_n?

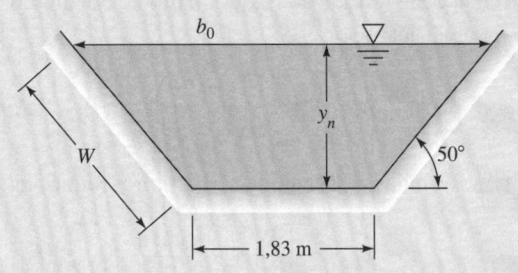

Nota: Veja a notação trapezoidal generalizada na Fig. 10.7.

E10.3

Solução usando Excel

Da Tabela 10.1, para asfalto, $n \approx 0,016$. A área e o raio hidráulico são funções de y_n, que é desconhecido:

$$b_0 = 1,83 \text{ m} + 2y_n \cot 50° \quad A = \tfrac{1}{2}(1,83 + b_0)y_n = 1,83 y_n + y_n^2 \cot 50°$$

$$P_m = 1,83 + 2W = 1,83 + 2y_n \csc 50°$$

Da fórmula de Manning (10.19) com $Q = 8,5$ m³/s conhecida, temos

$$8,5 = \frac{1,0}{0,016}(1,83 y_n + y_n^2 \cot 50°)\left(\frac{1,83 y_n + y_n^2 \cot 50°}{1,83 + 2y_n \csc 50°}\right)^{2/3}(0,0015)^{1/2}$$

ou $\quad (1,83 y_n + y_n^2 \cot 50°)^{5/3} = 3,51(1,83 + 2y_n \csc 50°)^{2/3} \quad (1)$

Podemos laboriosamente iterar a Eq. (1) à mão até encontrar $y_n \approx 4,6$ pés. No entanto, ela é uma boa candidata para iteração no Excel. Podemos iterar a fórmula de Chézy diretamente e encontrar o valor de y_n para uma vazão de 300 pés³/s. O autor optou por trabalhar com a versão rearranjada, Eq. (1), arbitrando valores de y_n até que o lado esquerdo da equação (LE) iguale o lado direito da equação (LD). A primeira estimativa do autor foi $y_n = 10$ pés, que era muito profunda. Mais quatro estimativas foram necessárias para alcançar uma convergência bastante precisa, na tabela a seguir:

	y_n	Eq. (1): LE	Eq. (1): LD	LE – LD
	A	B	C	D
1	10	3.952,01	840,49	3.111,52
2	5	700,86	593,54	107,32
3	4	418,74	538,00	−119,26
4	4,6	576,83	571,65	5,18
5	**4,578**	**570,45**	**570,43**	0,02

Para 300 pés³/s, a profundidade normal para esse canal é $\quad y_n = 4,578$ pés $\quad$ *Resposta*

> Para uso posterior, podemos também listar as outras propriedades deste canal:
>
> $$b_o = 13{,}68 \text{ pés}; \quad P = 17{,}95 \text{ pés}; \quad A = 45{,}05 \text{ pés}^2; \quad R_h = 2{,}51 \text{ pés}$$
>
> O cálculo manual é muito complicado para problemas de canal aberto em que a profundidade é desconhecida.

Escoamento uniforme em um tubo circular parcialmente cheio

Considere o tubo parcialmente cheio da Figura 10.6a em escoamento uniforme. A velocidade e a vazão máximas realmente ocorrem antes que o tubo esteja completamente cheio. Em termos do raio R do tubo e do ângulo θ até a superfície livre, as propriedades geométricas são

$$A = R^2\left(\theta - \frac{\operatorname{sen} 2\theta}{2}\right) \quad P_m = 2R\theta \quad R_h = \frac{R}{2}\left(1 - \frac{\operatorname{sen} 2\theta}{2\theta}\right)$$

As fórmulas de Manning (10.19) preveem o seguinte escoamento uniforme:

$$V_0 \approx \frac{\alpha}{n}\left[\frac{R}{2}\left(1 - \frac{\operatorname{sen} 2\theta}{2\theta}\right)\right]^{2/3} S_0^{1/2} \quad Q = V_0 R^2\left(\theta - \frac{\operatorname{sen} 2\theta}{2}\right) \quad (10.20)$$

Para valores dados de n e da declividade S_0, podemos fazer um gráfico dessas duas relações em função de y/D na Fig. 10.6b. Há dois valores máximos diferentes, conforme abaixo:

$$V_{\text{máx}} = 0{,}718 \frac{\alpha}{n} R^{2/3} S_0^{1/2} \quad \text{em} \quad \theta = 128{,}73° \quad \text{e} \quad y = 0{,}813 D$$

$$Q_{\text{máx}} = 2{,}129 \frac{\alpha}{n} R^{8/3} S_0^{1/2} \quad \text{em} \quad \theta = 151{,}21° \quad \text{e} \quad y = 0{,}938 D$$

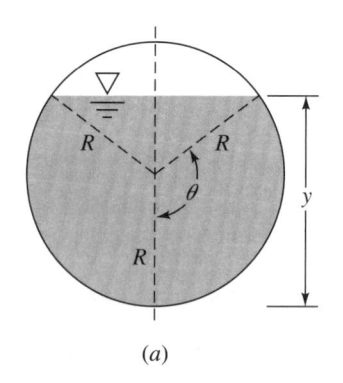

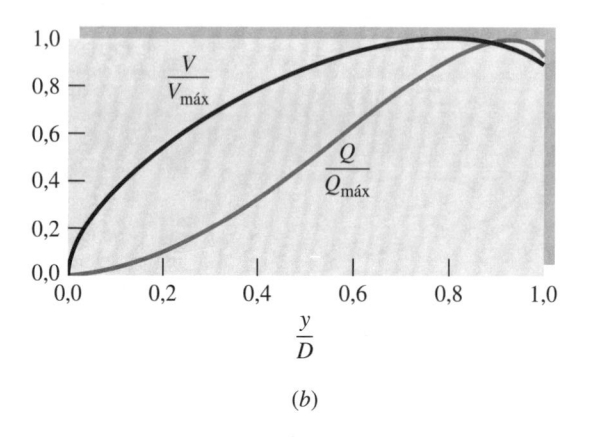

(10.21)

Figura 10.6 Escoamento uniforme em um canal circular parcialmente cheio: (a) geometria; (b) velocidade e vazão em função da profundidade.

Conforme mostra a Figura 10.6b, a velocidade máxima é 14% maior do que a velocidade do canal cheio e, semelhantemente, a máxima descarga é 8% maior. Como na prática os tubos quase cheios tendem a ter um escoamento de certa forma instável, essas diferenças não são tão significativas.

10.3 Canais eficientes para escoamento uniforme

O projeto de engenharia de um canal aberto tem muitos parâmetros. Se a superfície do canal pode sofrer algum tipo de erosão, pode-se desejar um projeto com baixa velocidade. Um canal sujo poderia ter capim plantado no fundo para diminuir a erosão. Para superfícies que não podem sofrer erosão, os custos de construção e revestimento podem ser importantes, sugerindo uma seção transversal de mínimo perímetro molhado. Os canais sem erosão podem ser projetados para máxima vazão.

A simplicidade da formulação de Manning (10.19) nos permite analisar os escoamentos em canais para determinar as seções de baixa resistência mais eficientes para determinadas condições. O problema mais comum é aquele da maximização de R_h para determinada área de escoamento e descarga. Como $R_h = A/P_m$, maximizar R_h para uma área A é o mesmo que minimizar o perímetro molhado P_m. Não há qualquer solução geral para seções transversais arbitrárias, mas uma análise da seção trapezoidal mostrará os resultados básicos.

Considere o trapézio generalizado de ângulo θ na Figura 10.7. Para um ângulo lateral θ, a área de escoamento é

$$A = by + \beta y^2 \qquad \beta = \cot \theta \qquad (10.22)$$

O perímetro molhado é

$$P = b + 2W = b + 2y(1 + \beta^2)^{1/2} \qquad (10.23)$$

Eliminando b entre (10.22) e (10.23), temos

$$P = \frac{A}{y} - \beta y + 2y(1 + \beta^2)^{1/2} \qquad (10.24)$$

Para minimizarmos P_m, temos de calcular dP_m/dy para A e β constantes e igualar a zero. O resultado é

$$A = y^2[2(1 + \beta^2)^{1/2} - \beta] \qquad P = 4y(1 + \beta^2)^{1/2} - 2\beta y \qquad R_h = \tfrac{1}{2}y \qquad (10.25)$$

Esse último resultado é muito interessante: para qualquer ângulo θ, a seção transversal mais eficiente para escoamento uniforme ocorre quando o raio hidráulico é metade da profundidade.

Como um retângulo é um trapézio com $\alpha = 0$, a seção retangular mais eficiente é tal que

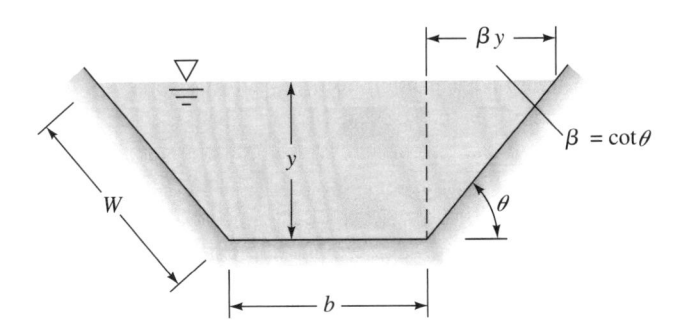

$$A = 2y^2 \qquad P_m = 4y \qquad R_h = \tfrac{1}{2}y \qquad b = 2y \qquad (10.26)$$

Figura 10.7 Geometria de uma seção de canal trapezoidal.

Para determinar a profundidade y correta, essas relações devem ser resolvidas em conjunto com a fórmula da vazão de Manning (10.19) para uma dada descarga Q.

Melhor ângulo do trapézio

As Equações (10.25) são válidas para qualquer valor de β. Qual é o melhor valor de β para determinada profundidade e área? Para responder a essa questão, calcule $dP_m/d\beta$ da Equação (10.24), mantendo A e y constantes. O resultado é

$$2\beta = (1 + \beta^2)^{1/2} \qquad \beta = \cot\theta = \frac{1}{3^{1/2}}$$

ou
$$\theta = 60° \qquad (10.27)$$

Portanto, a seção do trapézio que produz o máximo escoamento é um semi-hexágono.

Cálculos semelhantes com uma seção de canal circular operando parcialmente cheio mostra a melhor eficiência para um semicírculo, $y = \frac{1}{2}D$. Na verdade, o semicírculo é a melhor de todas as seções de canal possíveis (mínimo perímetro molhado para uma área de escoamento). No entanto, a melhoria percentual em relação ao semi-hexágono, por exemplo, é muito pequena.

EXEMPLO 10.4

(a) Quais as melhores dimensões y e b para um canal retangular feito com tijolos para escoar 5 m³/s de água em escoamento uniforme com $S_0 = 0{,}001$? (b) Compare os resultados com um semi-hexágono e um semicírculo.

Solução

Parte (a) Da Equação (10.26), $A = 2y^2$ e $R_h = \frac{1}{2}y$. A fórmula de Manning (10.19) em unidades do SI fornece, com $n \approx 0{,}015$ da Tabela 10.1,

$$Q = \frac{1{,}0}{n} A R_h^{2/3} S_0^{1/2} \quad \text{ou} \quad 5 \text{ m}^3/\text{s} = \frac{1{,}0}{0{,}015}(2y^2)\left(\frac{1}{2}y\right)^{2/3}(0{,}001)^{1/2}$$

que pode ser resolvida para

$$y^{8/3} = 1{,}882 \text{ m}^{8/3}$$
$$y = 1{,}27 \text{ m} \qquad \textit{Resposta}$$

A área e a largura apropriadas são

$$A = 2y^2 = 3{,}21 \text{ m}^2 \qquad b = \frac{A}{y} = 2{,}53 \text{ m} \qquad \textit{Resposta}$$

Parte (b) É interessante saber qual vazão um semi-hexágono e um semicírculo produziriam para a mesma área de 3,214 m².

Para o semi-hexágono (SH), com $\beta = 1/3^{1/2} = 0{,}577$, a Equação (10.25) prevê

$$A = y_{SH}^2[2(1 + 0{,}577^2)^{1/2} - 0{,}577] = 1{,}732 y_{SH}^2 = 3{,}214$$

ou $y_{SH} = 1{,}362$ m, portanto $R_h = \frac{1}{2}y = 0{,}681$ m. A vazão do semi-hexágono é

$$Q = \frac{1{,}0}{0{,}015}(3{,}214)(0{,}681)^{2/3}(0{,}001)^{1/2} = 5{,}25 \text{ m}^3/\text{s}$$

ou aproximadamente 5% maior do que para o retângulo.

> Para um semicírculo, $A = 3,214$ m$^2 = \pi D^2/8$, ou $D = 2,861$ m, portanto, $P_m = \frac{1}{2}\pi D = 4,494$ m e $R_h = A/P_m = 3,214/4,494 = 0,715$m. A vazão do semicírculo será
>
> $$Q = \frac{1,0}{0,015}(3,214)(0,715)^{2/3}(0,001)^{1/2} = 5,42 \text{ m}^3/\text{s}$$
>
> ou cerca de 8% maior do que a vazão para o retângulo e 3% maior do que para o semi-hexágono.

10.4 Energia específica; profundidade crítica

A altura de carga total de qualquer escoamento incompressível é a soma de sua altura de carga cinética $\alpha V^2/(2g)$, a altura de carga de pressão p/γ e a altura de carga de elevação z. Para escoamento em canal aberto, a pressão na superfície é a atmosférica em todos os pontos, de forma que a energia do canal é um balanço entre as alturas de carga cinética e de elevação, somente. Como o escoamento é turbulento, supomos que $\alpha \approx 1$ – lembre-se da Equação (3.77). O resultado final é a grandeza chamada *energia específica E*, conforme enunciada por Bakhmeteff [1] em 1913:

$$E = y + \frac{V^2}{2g} \qquad (10.28)$$

em que y é a profundidade da água. Pode-se ver pela Figura 10.8 que E é a altura da *linha de energia* (LE) acima do fundo do canal. Para determinada vazão, há usualmente dois estados possíveis, chamados de *estados alternados*, para a mesma energia específica. Há uma energia mínima, $E_{\text{mín}}$, que corresponde a um número de Froude igual a 1.

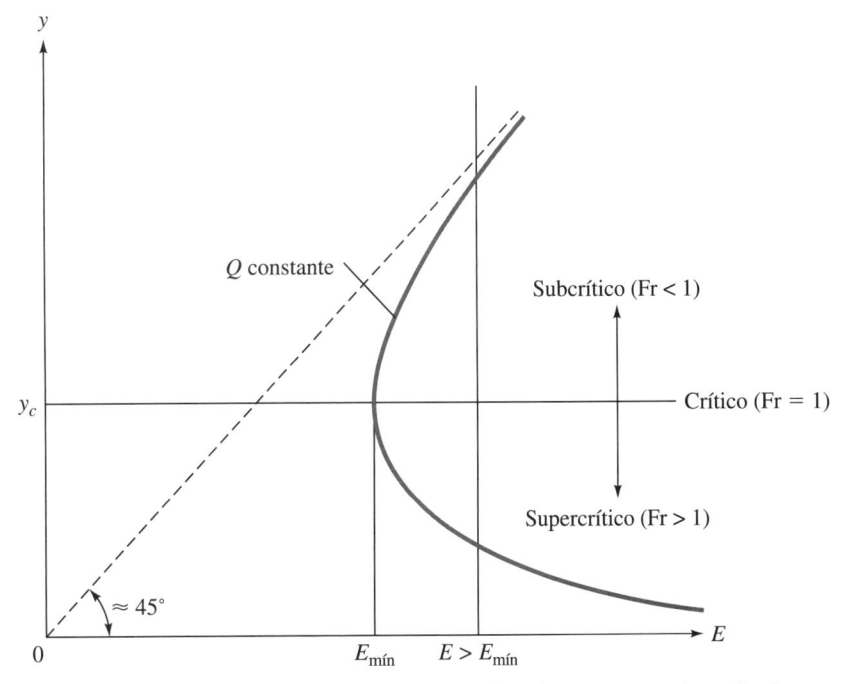

Figura 10.8 Ilustração de uma curva de energia específica. A curva para cada vazão Q tem uma energia mínima correspondente ao escoamento crítico. Para energia maior do que a mínima, há dois estados de escoamento *alternados*, um subcrítico e outro supercrítico.

Canais retangulares

Considere os estados possíveis para determinado local. Seja $q = Q/b = Vy$ a descarga por unidade de largura de um canal retangular. Então, com q constante, a Equação (10.28) se torna

$$E = y + \frac{q^2}{2gy^2} \qquad q = \frac{Q}{b} \qquad (10.29)$$

A Figura 10.8 é um gráfico de y em função de E para q constante da Equação (10.29). Há um valor mínimo de E para um certo valor de y chamado de *profundidade crítica*. Fazendo $dE/dy = 0$ com q constante, encontramos que $E_{mín}$ ocorre em

$$y = y_c = \left(\frac{q^2}{g}\right)^{1/3} = \left(\frac{Q^2}{b^2 g}\right)^{1/3} \qquad (10.30)$$

A energia mínima associada é

$$E_{mín} = E(y_c) = \tfrac{3}{2} y_c \qquad (10.31)$$

A profundidade y_c corresponde à velocidade do canal igual à velocidade c_0 de propagação da onda em águas rasas da Equação (10.10). Para ver isso, reescreva a Equação (10.30) da seguinte forma:

$$q^2 = gy_c^3 = (gy_c)y_c^2 = V_c^2 y_c^2 \qquad (10.32)$$

Por comparação, conclui-se que a velocidade crítica de canal é

$$V_c = (gy_c)^{1/2} = c_0 \qquad \text{Fr} = 1 \qquad (10.33)$$

Para $E < E_{mín}$ não existe solução na Figura 10.8 e, portanto, tal escoamento é impossível fisicamente. Para $E > E_{mín}$ há duas soluções: (1) grande profundidade com $V < V_c$, chamada de *subcrítica*, e (2) pequena profundidade com $V > V_c$, chamada de *supercrítica*. No escoamento subcrítico, as perturbações podem se propagar a montante porque a velocidade de onda $c_0 > V$. No escoamento supercrítico, as ondas são voltadas para jusante: a montante é uma "zona de silêncio", e uma pequena obstrução no escoamento criará uma onda em forma de cunha exatamente análoga às ondas de Mach na Figura 9.18c. O ângulo dessas ondas deve ser

$$\mu = \operatorname{sen}^{-1}\frac{c_0}{V} = \operatorname{sen}^{-1}\frac{(gy)^{1/2}}{V} = \operatorname{sen}^{-1}\left(\frac{1}{\text{Fr}}\right) \qquad (10.34)$$

O ângulo da onda e a profundidade podem então ser usados em uma medição simples da velocidade do escoamento supercrítico.

Observe na Figura 10.8 que pequenas variações em E próximas a $E_{mín}$ causam uma grande variação na profundidade y, por analogia com as pequenas variações na área do duto próximo ao ponto sônico na Figura 9.7. Portanto, o escoamento crítico é neutralmente estável e costuma vir acompanhado por ondas e perturbações na superfície livre. Os projetistas de canais devem evitar longos trechos de escoamento aproximadamente crítico.

Analogia entre escoamento em canais de água e escoamento compressível

A expressão simples do ângulo da onda em águas rasas da Eq. (10.34), sen $\mu = 1/\text{Fr}$, pode ser estendida em uma analogia geral, muitas vezes qualitativa, entre dinâmica de gases e escoamento em canais de água [21, cap. 11]. A analogia é derivada da teoria de pequenas perturbações e tem os seguintes resultados:

O número de Froude é análogo ao número de Mach.

A profundidade da água é análoga à densidade do gás.

A profundidade da água ao quadrado é análoga à pressão do gás.

Os ressaltos hidráulicos são análogos às ondas de choque no gás.

Tanto experimentos como resultados de CFD têm explorado essa analogia [37, 38]. Um resultado adicional é que o escoamento com pequenas perturbações em um canal é equivalente ao de um gás fictício com uma razão de calor específico $k = 2,0$. No entanto, para perturbações maiores, como ondas de choque, os resultados numéricos diferem e, estranhamente, são mais precisos para $k = 1,4$ do que para $k = 2,0$. Alguns poucos exemplos são propostos aqui, por meio dos problemas P10.85, P10.88 e P10.91.

EXEMPLO 10.5

Um canal retangular largo escavado na terra, limpo, escoa uma vazão $q = 4,65$ m³/(s · m). (a) Qual é a profundidade crítica? (b) Que tipo de escoamento ocorre se $y = 0,91$ m?

Solução

Parte (a) A profundidade crítica é independente da rugosidade do canal e apenas decorre da Equação (10.30):

$$y_c = \left(\frac{q^2}{g}\right)^{1/3} = \left(\frac{4,65^2}{9,81}\right)^{1/3} = 1,30 \text{ m} \qquad \textit{Resposta (a)}$$

Parte (b) Se a profundidade real é 0,91 m, menor que y_c, o escoamento deve ser *supercrítico*.

Resposta (b)

Canais não retangulares

Se a largura do canal varia com y, a energia específica deve ser escrita na forma

$$E = y + \frac{Q^2}{2gA^2} \qquad (10.35)$$

O ponto crítico de mínima energia ocorre onde $dE/dy = 0$ com Q constante. Como $A = A(y)$, a Equação (10.35) fornece, para $E = E_{\text{mín}}$,

$$\frac{dA}{dy} = \frac{gA^3}{Q^2} \qquad (10.36)$$

Mas $dA = b_0 dy$, em que b_0 é a largura do canal na superfície livre. Portanto, a Equação (10.36) é equivalente a

$$A_c = \left(\frac{b_0 Q^2}{g}\right)^{1/3} \qquad (10.37a)$$

$$V_c = \frac{Q}{A_c} = \left(\frac{gA_c}{b_0}\right)^{1/2} \qquad (10.37b)$$

Para uma forma de canal $A(y)$ e $b_0(y)$ e uma dada vazão Q, as Equações (10.37) devem ser resolvidas por tentativa e erro ou pela iteração com Excel para se determinar a área crítica A_c, por meio da qual pode ser calculada V_c.

Comparando a profundidade e a velocidade reais com os valores críticos, podemos determinar a condição local do escoamento.

$y > y_c, V < V_c$: escoamento subcrítico (Fr < 1)
$y = y_c, V = V_c$: escoamento crítico (Fr = 1)
$y < y_c, V > V_c$: escoamento supercrítico (Fr < 1)

Observe que V_c é igual à velocidade de propagação c de uma onda em águas rasas no canal e é dependente da profundidade, como na Fig. 10.4a. Para um canal retangular, $c = (gy)^{1/2}$.

Escoamento uniforme crítico: a declividade crítica

Se um escoamento crítico em um canal estiver também movendo-se uniformemente (a uma profundidade constante), ele deve corresponder a uma *declividade crítica* S_c, com $y_n = y_c$. Essa condição é analisada igualando-se a Equação (10.37a) com a fórmula de Chézy (ou Manning):

$$Q^2 = \frac{gA_c^3}{b_0} = C^2 A_c^2 R_h S_c = \frac{\alpha^2}{n^2} A_c^2 R_h^{4/3} S_c$$

ou

$$S_c = \frac{n^2 g A_c}{\alpha^2 b_0 R_{hc}^{4/3}} = \frac{n^2 V_c^2}{\alpha^2 R_{hc}^{4/3}} = \frac{n^2 g}{\alpha^2 R_{hc}^{1/3}} \frac{P_m}{b_0} = \frac{f}{8} \frac{P_m}{b_0} \qquad (10.38)$$

em que α^2 é igual a 1,0 para unidades do SI e 2,208 para unidades do BG. A Equação (10.38) é válida para qualquer forma de canal. Para um canal retangular largo, $b_0 \gg y_c$, a fórmula se reduz a

Canal retangular largo: $\qquad S_c \approx \dfrac{n^2 g}{\alpha^2 y_c^{1/3}} \approx \dfrac{f}{8}$

Esse é um caso especial, um ponto de referência. Em muitos escoamentos em canais $y_n \ne y_c$. Para escoamento turbulento completamente rugoso, a declividade crítica varia entre 0,002 e 0,008.

EXEMPLO 10.6

O canal triangular de 50° da Figura E10.6 escoa uma vazão $Q = 16$ m³/s. Calcule (a) y_c, (b) V_c e (c) S_c se $n = 0,018$.

Solução

Parte (a) Esta é uma seção transversal fácil, porque todas as grandezas geométricas podem ser escritas diretamente em termos da profundidade y:

$$P = 2y \csc 50° \qquad A = y^2 \cot 50°$$
$$R_h = \tfrac{1}{2} y \cos 50° \qquad b_0 = 2y \cot 50° \qquad (1)$$

A condição de escoamento crítico satisfaz a Equação (10.37a):

$$gA_c^3 = b_0 Q^2$$

ou

$$g(y_c^2 \cot 50°)^3 = (2y_c \cot 50°) Q^2$$

$$y_c = \left(\frac{2Q^2}{g \cot^2 50°}\right)^{1/5} = \left[\frac{2(16)^2}{9,81(0,839)^2}\right]^{1/5} = 2,37 \text{ m} \qquad Resposta\ (a)$$

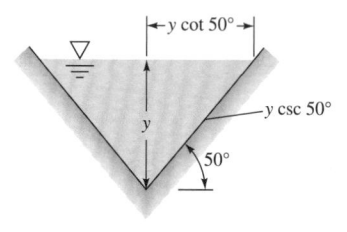

E10.6

Parte (b) Com y_c conhecido, das Equações (1) calculamos $P_{mc} = 6,18$ m, $R_{hc} = 0,760$ m, $A_c = 4,70$ m^2 e $b_{0c} = 3,97$ m. A velocidade crítica, da Equação (10.37b) é

$$V_c = \frac{Q}{A_c} = \frac{16 \text{ m}^3/\text{s}}{4,70 \text{ m}^2} = 3,41 \text{ m/s} \qquad \textit{Resposta (b)}$$

Parte (c) Com $n = 0,018$, calculamos pela Equação (10.38) uma declividade crítica:

$$S_c = \frac{gn^2 P_{mc}}{\alpha^2 R_{hc}^{1/3} b_{0c}} = \frac{9,81(0,018)^2(6,18)}{1,0(0,760)^{1/3}(3,97)} = 0,00542 \qquad \textit{Resposta (c)}$$

Escoamento sem atrito sobre uma elevação

Uma analogia grosseira com o escoamento compressível de um gás em um bocal (Figura 9.12) é o escoamento em canal aberto sobre uma elevação, como ilustra a Figura 10.9a. O comportamento da superfície livre é muito diferente, dependendo de o escoamento de aproximação ser subcrítico ou supercrítico. A altura da elevação pode também alterar o caráter dos resultados. Para escoamento bidimensional sem atrito, as seções 1 e 2 na Figura 10.9a estão relacionadas pela continuidade e pela quantidade de movimento:

$$V_1 y_1 = V_2 y_2 \qquad \frac{V_1^2}{2g} + y_1 = \frac{V_2^2}{2g} + y_2 + \Delta h$$

Eliminando V_2 entre essas duas equações, obtemos uma equação polinomial cúbica para a profundidade da água y_2 sobre a elevação:

$$y_2^3 - E_2 y_2^2 + \frac{V_1^2 y_1^2}{2g} = 0 \quad \text{em que} \quad E_2 = \frac{V_1^2}{2g} + y_1 - \Delta h \qquad (10.39)$$

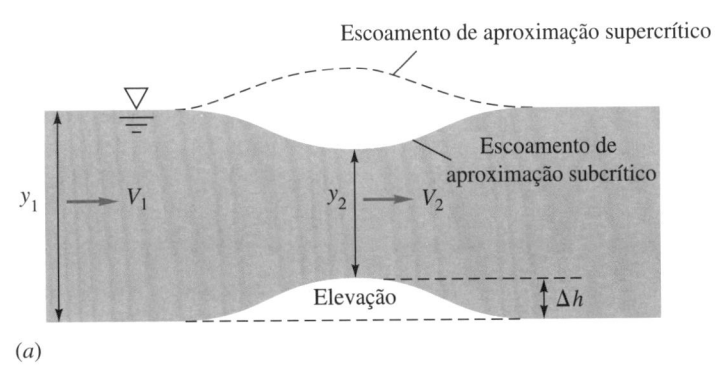

Figura 10.9 Escoamento bidimensional sem atrito sobre uma elevação: (a) esboço de definição mostrando a dependência do número de Froude; (b) gráfico da energia específica mostrando o tamanho da elevação e as profundidades da água.

Essa equação tem uma solução negativa e duas soluções positivas se Δh não for muito grande. Seu comportamento é ilustrado na Figura 10.9b e depende de a condição 1 estar no ramo superior ou inferior da curva da energia. A energia específica E_2 é exatamente Δh menor do que a energia de aproximação E_1, e o ponto 2 estará no mesmo ramo da curva em que está E_1. Uma aproximação subcrítica, $Fr_1 < 1$, fará o nível da água diminuir sobre a elevação. O escoamento de aproximação supercrítico, $Fr_1 > 1$, faz o nível da água aumentar sobre a elevação.

Se a altura da elevação alcança $\Delta h_{máx} = E_1 - E_c$, conforme está ilustrado na Figura 10.9b, o escoamento na crista será exatamente crítico (Fr = 1). Se $\Delta h > \Delta h_{máx}$, não há soluções fisicamente corretas para a Equação (10.39). Isto é, uma elevação muito grande irá "bloquear" o canal e causará efeitos de dissipação, tipicamente um ressalto hidráulico (Seção 10.5).

Esses argumentos sobre elevações são invertidos se o canal tiver uma *depressão* ($\Delta h < 0$): o escoamento de aproximação subcrítico causará uma elevação do nível da água e o escoamento supercrítico causará uma queda na profundidade. O ponto 2 estará $|\Delta h|$ à direita do ponto 1, e o escoamento crítico não poderá ocorrer.

EXEMPLO 10.7

Um escoamento de água em um canal largo aproxima-se de uma elevação de 10 cm de altura a 1,5 m/s e uma profundidade de 1 m. Avalie (*a*) a profundidade da água y_2 sobre a elevação e (*b*) a altura da elevação que fará o escoamento na crista ser crítico.

Solução

Parte (a) Primeiro, verifique o número de Froude de aproximação, supondo $C_0 = \sqrt{gy}$:

$$Fr_1 = \frac{V_1}{\sqrt{gy_1}} = \frac{1,5 \text{ m/s}}{\sqrt{(9,81 \text{ m/s}^2)(1,0 \text{ m})}} = 0,479 \quad \text{(subcrítico)}$$

Para o escoamento de aproximação subcrítico, se Δh não for muito grande, esperamos uma queda no nível da água sobre a elevação e um número de Froude subcrítico mais alto na crista. Com $\Delta h = 0,1$ m, os níveis de energia específica devem ser

$$E_1 = \frac{V_1^2}{2g} + y_1 = \frac{(1,5)^2}{2(9,81)} + 1,0 = 1,115 \text{ m} \qquad E_2 = E_1 - \Delta h = 1,015 \text{ m}$$

Essa situação física é mostrada em um gráfico de energia específica na Figura E10.7. Com y_1 em metros, a Equação (10.39) assume os seguintes valores numéricos:

$$y_2^3 - 1,015 y_2^2 + 0,115 = 0$$

Há três raízes reais: $y_2 = +0,859$ m, $+0,451$ m, e $-0,296$ m. A terceira solução (negativa) é fisicamente impossível. A segunda solução (menor) é a condição *supercrítica* para E_2 e não é possível para essa elevação subcrítica. A primeira solução é correta:

$$y_2(\text{subcrítico}) \approx 0,859 \text{ m} \qquad \textit{Resposta (a)}$$

O nível da superfície caiu de $y_1 - y_2 - \Delta h = 1,0 - 0,859 - 0,1 = 0,041$ m. A velocidade da crista é $V_2 = V_1 y_1/y_2 = 1,745$ m/s. O número de Froude na crista é $Fr_2 = 0,601$. O escoamento a jusante da elevação é subcrítico. Essas condições de escoamento são mostradas na Figura E10.7.

E10.7

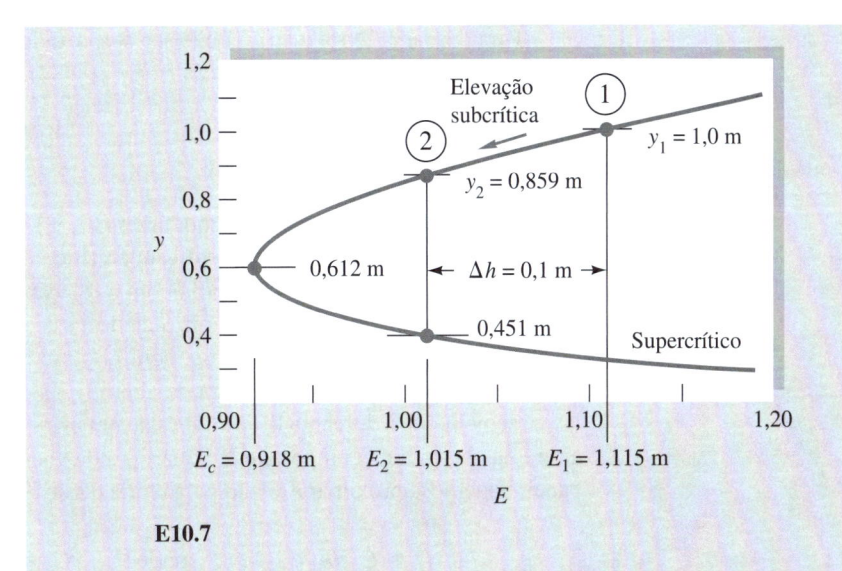

Parte (b) Para o escoamento crítico em um canal largo, com $q = Vy = 1{,}5$ m²/s, da Equação (10.31),

$$E_{2,\text{mín}} = E_c = \frac{3}{2}y_c = \frac{3}{2}\left(\frac{q^2}{g}\right)^{1/3} = \frac{3}{2}\left[\frac{(1{,}5 \text{ m}^2/\text{s})^2}{9{,}81 \text{ m/s}^2}\right]^{1/3} = 0{,}918 \text{ m}$$

Portanto, a altura máxima para escoamento sem atrito sobre essa elevação em particular é

$$\Delta h_{\text{máx}} = E_1 - E_{2,\text{mín}} = 1{,}115 - 0{,}918 = 0{,}197 \text{ m} \qquad \textit{Resposta (b)}$$

Para essa elevação, a solução da Equação (10.39) é $y_2 = y_c = 0{,}612$ m, e o número de Froude é igual a 1 na crista. Para escoamento crítico, o nível da superfície cairá $y_1 - y_2 - \Delta h = 0{,}191$ m.

Escoamento sob uma comporta de fundo

Uma comporta de fundo é uma abertura inferior em uma parede, conforme está representado na Figura 10.10a, usada comumente para controlar o escoamento de rios e canais. Se o escoamento pode descarregar livremente por meio da abertura, como na Figura 10.10a, esse escoamento acelera suavemente de subcrítico (a montante) para crítico (próximo à abertura) e para supercrítico (a jusante). A comporta é então análoga a um bocal convergente-divergente na dinâmica dos gases, como na Figura 9.12, operando na sua *condição de projeto* (semelhante ao ponto H na Figura 9.12b).

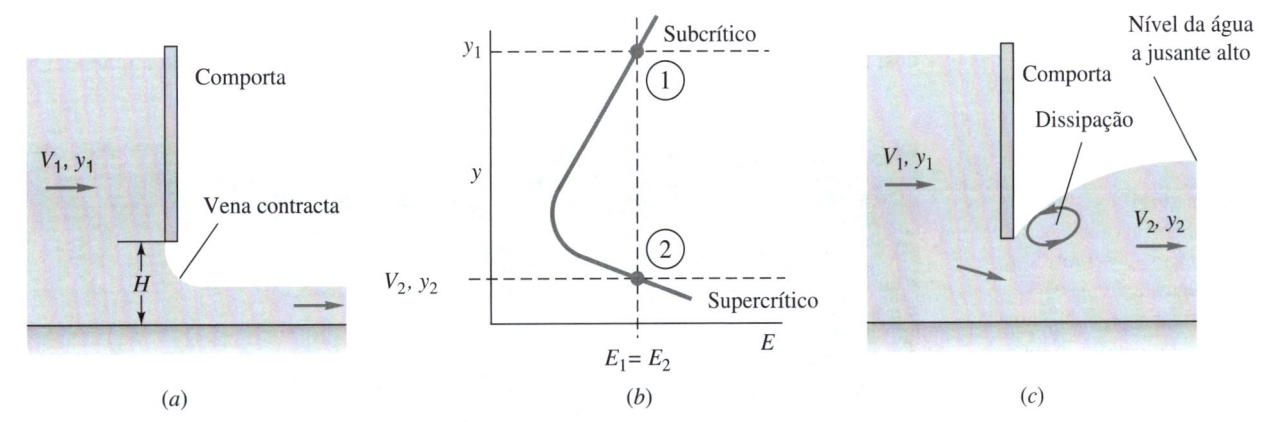

Figura 10.10 O escoamento sob uma comporta de fundo passa através do escoamento crítico: (a) descarga livre com vena contracta; (b) energia específica para descarga livre; (c) escoamento dissipativo sob uma comporta afogada.

Para descarga livre, o atrito pode ser desprezado e, como não há elevação ($\Delta h = 0$), a Equação (10.39) se aplica com $E_1 = E_2$:

$$y_2^3 - \left(\frac{V_1^2}{2g} + y_1\right)y_2^2 + \frac{V_1^2 y_1^2}{2g} = 0 \qquad (10.40)$$

Dado um escoamento subcrítico a montante (V_1, y_1), essa equação cúbica tem apenas uma solução real positiva: escoamento supercrítico com a mesma energia específica, como na Figura 10.10b. A vazão varia com a relação y_2/y_1; pedimos, como exercício, para demonstrar que a vazão é máxima quando $y_2/y_1 = \frac{2}{3}$.

A descarga livre, Figura 10.10a, contrai o escoamento até uma profundidade y_2 cerca de 40% menor do que a altura da abertura da comporta, como mostra a figura. Isso é semelhante à descarga livre através de um *orifício*, como na Figura 6.39. Se H é a altura da abertura da comporta e b é a largura da abertura na direção perpendicular ao papel, podemos aproximar a vazão pela teoria do orifício:

$$Q = C_d H b \sqrt{2gy_1} \qquad \text{onde} \qquad C_d \approx \frac{0{,}61}{\sqrt{1 + 0{,}61 H/y_1}} \qquad (10.41)$$

no intervalo $H/y_1 < 0{,}5$. Logo, consegue-se uma variação contínua na vazão levantando-se a comporta.

Se o nível da água a jusante for alto, como na Figura 10.10c, uma descarga livre não é possível. Diz-se que a comporta de fundo está *afogada* ou parcialmente afogada. Haverá dissipação de energia no escoamento de saída, provavelmente na forma de um ressalto hidráulico afogado, e o escoamento a jusante retornará ao estado subcrítico. As Eqs. (10.40) e (10.41) não se aplicam a essa situação, sendo necessárias correlações experimentais de descarga [3, 19]. Veja o Problema P10.77.

10.5 O ressalto hidráulico

Em canais abertos, um escoamento supercrítico pode mudar rapidamente de volta para um escoamento subcrítico passando através de um ressalto hidráulico, como na Figura 10.5. O escoamento a montante é rápido e raso, e o escoamento a jusante é lento e profundo, análogo à onda de choque normal da Figura 9.8. Diferentemente da onda de choque de espessura infinitesimal, o ressalto hidráulico é bem espesso, variando em comprimento de quatro a seis vezes a profundidade a jusante y_2 [20].

Por ser extremamente turbulento e agitado, o ressalto hidráulico é um dissipador de energia muito eficaz, sendo característico das aplicações que envolvem bacias de dissipação e extravasores [20]. A Figura 10.11 mostra um ressalto formado na base de um extravasor de uma barragem em um teste em modelo reduzido. É muito importante que esses ressaltos estejam localizados em bacias de dissipação especialmente projetadas; caso contrário, o fundo do canal sofrerá fortes erosões causadas pela agitação. Os

Figura 10.11 Ressalto hidráulico em canal aberto de laboratório. Observe a turbulência extrema e dissipativa no escoamento a jusante. Os dados são apresentados no Prob. P10.94. *(Cortesia do Prof. Hubert Chanson, University of Queensland.)*

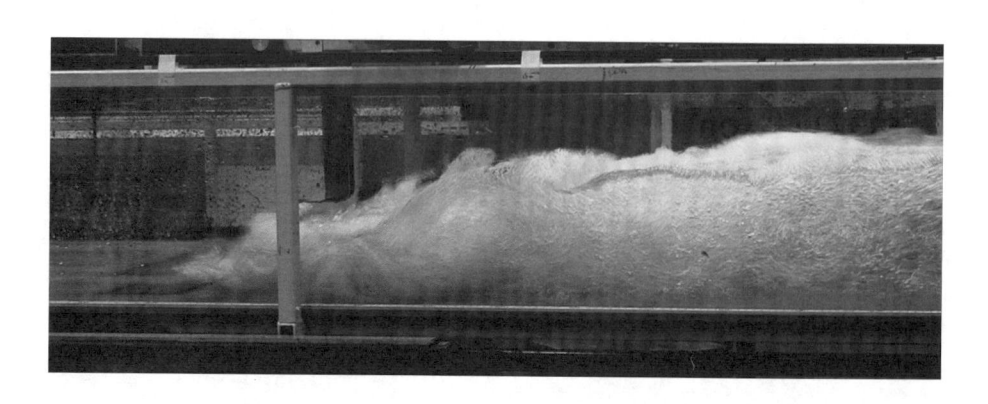

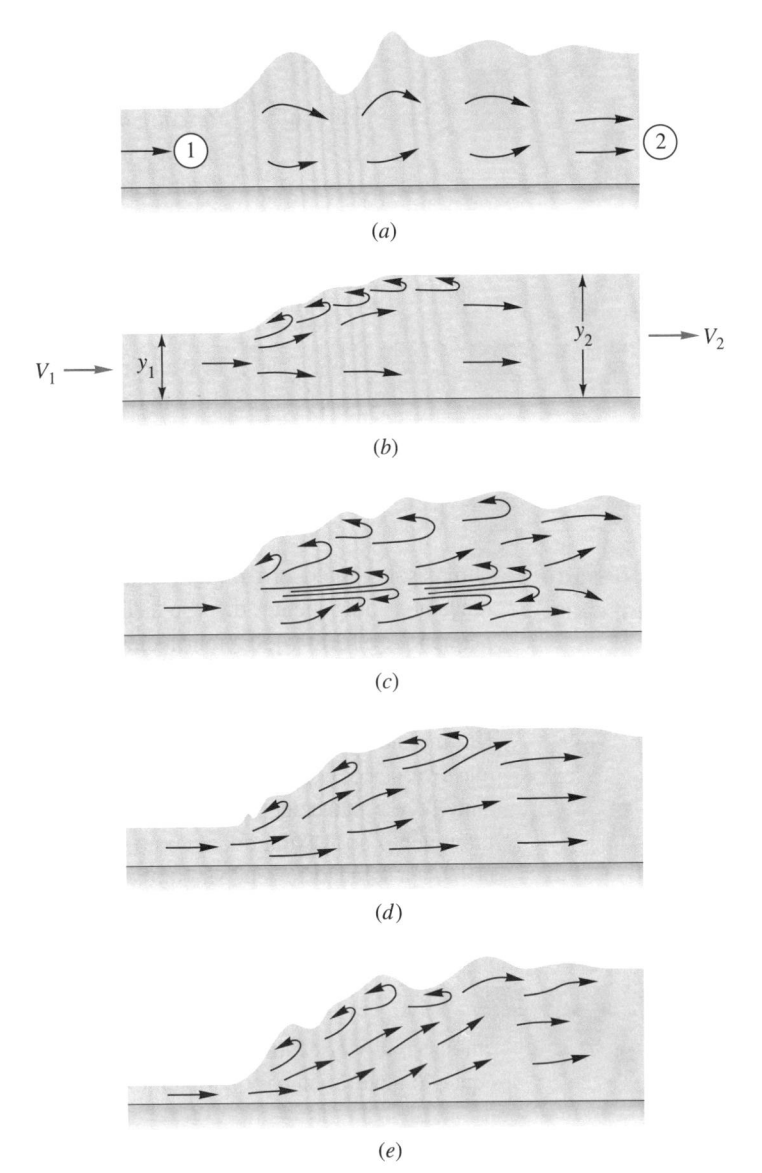

Figura 10.12 Classificação dos ressaltos hidráulicos: (*a*) Fr = 1,0 a 1,7: ressalto ondulante; (*b*) Fr = 1,7 a 2,5: ressalto fraco; (*c*) Fr = 2,5 a 4,5: ressalto oscilante; (*d*) Fr = 4,5 a 9,0: ressalto permanente; (*e*) Fr > 9,0: ressalto forte.
Fonte: Adaptado de U.S. Bureau of Reclamation, "Research studies on stilling Basins, Energy Dissipators, and Associated Appurtenances," Hydraulic Lab, Rep., Hyd-399, June 1, 1995.

ressaltos também são muito eficazes na mistura de fluidos, encontrando aplicações em projetos de tratamento de água e esgoto.

Classificação

O principal parâmetro que afeta o desempenho de um ressalto hidráulico é o número de Froude a montante $Fr_1 = V_1/(gy_1)^{1/2}$. O número de Reynolds e a geometria do canal têm apenas efeito secundário. Conforme está detalhado na Referência 20, podem ser identificados os seguintes intervalos de operação, como ilustrado na Figura 10.12:

$Fr_1 < 1,0$: O *ressalto hidráulico* é impossível porque viola a segunda lei da termodinâmica.

$Fr_1 = 1,0$ a $1,7$: *Ressalto ondulante*, ou com ondas estacionárias, de comprimento em torno de $4y_2$; baixa dissipação, menos de 5%.

$Fr_1 = 1{,}7$ a $2{,}5$: Elevação suave da superfície com pequenos redemoinhos, conhecida como *ressalto fraco*; dissipação de 5% a 15%.

$Fr_1 = 2{,}5$ a $4{,}5$: *Ressalto oscilante*, instável; cada pulsação irregular cria uma grande onda que pode viajar a jusante por quilômetros, danificando margens, aterros e outras estruturas. Não recomendado para condições de projeto. Dissipação de 15% a 45%.

$Fr_1 = 4{,}5$ a $9{,}0$: *Ressalto permanente*, estável, bem balanceado; é o de melhor desempenho e ação, insensível às condições a jusante. Melhor faixa de projeto. Dissipação de 45% a 70%.

$Fr_1 > 9{,}0$: *Ressalto forte*, encrespado, razoavelmente intermitente, mas de bom desempenho. Dissipação de 70% a 85%.

Detalhes adicionais podem ser encontrados na Referência 20 e na Referência 2, Capítulo 15.

Teoria para um ressalto hidráulico em um canal horizontal

Um ressalto que ocorre em um canal de grande declividade pode ser afetado pela diferença nos componentes de peso da água ao longo do escoamento. No entanto, o efeito é pequeno, de forma que a teoria clássica admite que o ressalto ocorre sobre um fundo horizontal.

Você ficará satisfeito em saber que nós já analisamos esse problema na Seção 10.1. Um ressalto hidráulico é exatamente equivalente à onda fixa forte da Figura 10.4b, em que a variação de profundidade δy não é desprezada. Se forem conhecidos V_1 e y_1 a montante, V_2 e y_2 são calculados aplicando-se as equações da continuidade e da quantidade de movimento através da onda, como nas Equações (10.7) e (10.8). Portanto, a Equação (10.9) é a solução correta para um ressalto se interpretarmos C e y na Figura 10.4b como condições a montante V_1 e y_1, respectivamente, com $C - \delta V$ e $y + \delta y$ sendo as condições a jusante V_2 e y_2, respectivamente, como na Figura 10.12b. A Equação (10.9) torna-se

$$V_1^2 = \tfrac{1}{2} g y_1 \eta (\eta + 1) \qquad (10.42)$$

em que $\eta = y_2/y_1$. Introduzindo o número de Froude $Fr_1 = V_1/(gy_1)^{1/2}$ e resolvendo essa equação quadrática para η, obtemos

$$\boxed{\frac{2y_2}{y_1} = -1 + (1 + 8\,Fr_1^2)^{1/2}} \qquad (10.43)$$

Então, com y_2 conhecido, V_2 é obtido da relação de continuidade para um canal largo:

$$V_2 = \frac{V_1 y_1}{y_2} \qquad (10.44)$$

Por fim, podemos calcular a perda de carga por dissipação através do ressalto pela equação da energia para escoamento permanente:

$$h_p = E_1 - E_2 = \left(y_1 + \frac{V_1^2}{2g} \right) - \left(y_2 + \frac{V_2^2}{2g} \right)$$

Introduzindo y_2 e V_2 das Equações (10.43) e (10.44), concluímos, após muitas manipulações algébricas, que

$$\boxed{h_p = \frac{(y_2 - y_1)^3}{4 y_1 y_2}} \qquad (10.45)$$

A Equação (10.45) mostra que a perda por dissipação é positiva somente se $y_2 > y_1$, que é um requisito da segunda lei da termodinâmica. A Equação (10.43) requer então $\text{Fr}_1 > 1{,}0$; isto é, o escoamento a montante deve ser supercrítico. Finalmente, a Eq. (10.44) mostra que $V_2 < V_1$ e o escoamento a jusante é subcrítico. Todos esses resultados corroboram nossa experiência anterior, analisando a onda de choque normal.

Essa teoria é válida para ressaltos hidráulicos em canais horizontais largos. Para a teoria de canais prismáticos ou com declividade, veja textos avançados [por exemplo, Referência 2, Capítulos 15 e 16].

EXEMPLO 10.8

Água escoa em um canal largo a $q = 10$ m³/(s · m) e $y_1 = 1{,}25$ m. Se o escoamento passa por um ressalto hidráulico, calcule (*a*) y_2, (*b*) V_2, (*c*) Fr_2, (*d*) h_p, (*e*) o percentual de dissipação, (*f*) a potência dissipada por unidade de largura e (*g*) o aumento de temperatura devido à dissipação se $c_p = 4.200$ J/(kg · K).

Solução

Parte (a) A velocidade a montante é

$$V_1 = \frac{q}{y_1} = \frac{10 \text{ m}^3/(\text{s} \cdot \text{m})}{1{,}25 \text{ m}} = 8{,}0 \text{ m/s}$$

O número de Froude a montante é, portanto,

$$\text{Fr}_1 = \frac{V_1}{(gy_1)^{1/2}} = \frac{8{,}0}{[9{,}81(1{,}25)]^{1/2}} = 2{,}285$$

Pela Figura 10.12, trata-se de um ressalto fraco. A profundidade y_2 é obtida da Equação (10.43):

$$\frac{2y_2}{y_1} = -1 + [1 + 8(2{,}285)^2]^{1/2} = 5{,}54$$

ou $\quad y_2 = \tfrac{1}{2}y_1(5{,}54) = \tfrac{1}{2}(1{,}25)(5{,}54) = 3{,}46$ m *Resposta (a)*

Parte (b) Da Equação (10.44), a velocidade a jusante é

$$V_2 = \frac{V_1 y_1}{y_2} = \frac{8{,}0(1{,}25)}{3{,}46} = 2{,}89 \text{ m/s} \qquad \textit{Resposta (b)}$$

Parte (c) O número de Froude a jusante é

$$\text{Fr}_2 = \frac{V_2}{(gy_2)^{1/2}} = \frac{2{,}89}{[9{,}81(3{,}46)]^{1/2}} = 0{,}496 \qquad \textit{Resposta (c)}$$

Parte (d) Como se esperava, Fr_2 é subcrítico. Da Equação (10.45), a perda por dissipação é

$$h_p = \frac{(3{,}46 - 1{,}25)^3}{4(3{,}46)(1{,}25)} = 0{,}625 \text{ m} \qquad \textit{Resposta (d)}$$

Parte (e) O percentual de dissipação relaciona h_p com a energia a montante:

$$E_1 = y_1 + \frac{V_1^2}{2g} = 1{,}25 + \frac{(8{,}0)^2}{2(9{,}81)} = 4{,}51 \text{ m}$$

Portanto   Perda percentual $= (100)\dfrac{h_p}{E_1} = \dfrac{100(0{,}625)}{4{,}51} = 14\%$ *Resposta (e)*

Parte (f) A potência dissipada por unidade de largura é

$$\text{Potência} = \rho g q h_p = (9.800 \text{ N/m}^3)[10 \text{ m}^3/(\text{s} \cdot \text{m})](0{,}625 \text{ m})$$
$$= 61{,}3 \text{ kW/m} \qquad \textit{Resposta }(f)$$

Parte (g) Finalmente, a vazão em massa é $\dot{m} = \rho q = (1.000 \text{ kg/m}^3)[10 \text{ m}^3/(\text{s} \cdot \text{m})] = 10.000 \text{ kg/(s} \cdot \text{m})$ e o aumento de temperatura pela equação da energia para escoamento permanente é

$$\text{Potência dissipada} = \dot{m} c_p \, \Delta T$$

ou $61.300 \text{ W/m} = [10.000 \text{ kg/(s} \cdot \text{m})][4.200 \text{ J/(kg} \cdot \text{K})]\Delta T$

temos

$$\Delta T = 0{,}0015 \text{ K} \qquad \textit{Resposta }(g)$$

A dissipação é grande, mas o aumento de temperatura é desprezível.

10.6 Escoamento gradualmente variado[3]

Na prática, nos escoamentos em canais, a declividade do fundo e a profundidade da água variam com a posição, como na Figura 10.13. É possível efetuar uma análise aproximada se o escoamento for gradualmente variado, isto é, se as declividades forem pequenas e as mudanças não forem bruscas demais. As hipóteses básicas são:

1. Declividade do fundo variando lentamente.
2. Profundidade da água variando lentamente (não há ressaltos hidráulicos).
3. Seção transversal variando lentamente.
4. Distribuição de velocidade unidimensional.
5. Distribuição de pressão aproximadamente hidrostática.

O escoamento, então, satisfaz a relação da continuidade (10.1) mais a equação da energia com as perdas por atrito do fundo incluídas. As duas incógnitas para escoamento permanente são a velocidade $V(x)$ e a profundidade da água $y(x)$, em que x é a distância ao longo do canal.

Equação diferencial básica

Considere o comprimento de canal dx ilustrado na Figura 10.13. São mostrados todos os termos que entram na equação da energia para escoamento permanente, e o balanço entre x e $x + dx$ é

$$\frac{V^2}{2g} + y + S_0 \, dx = S \, dx + \frac{V^2}{2g} + d\left(\frac{V^2}{2g}\right) + y + dy$$

ou $\qquad \dfrac{dy}{dx} + \dfrac{d}{dx}\left(\dfrac{V^2}{2g}\right) = S_0 - S \qquad (10.46)$

em que S_0 é a declividade do fundo do canal (positiva, como mostra a Figura 10.13) e S é a declividade da LE (que cai devido às perdas por atrito).

---

[3]Esta seção pode ser omitida sem perda de continuidade.

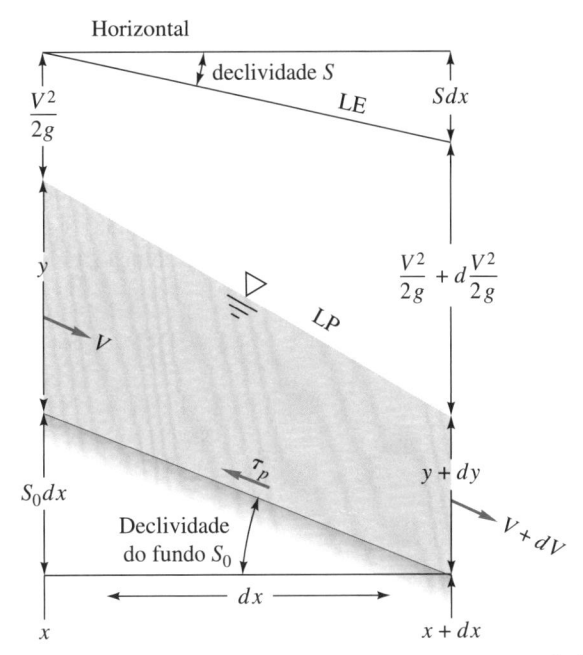

Figura 10.13 Balanço de energia entre duas seções em um escoamento gradualmente variado em um canal aberto.

Para eliminar a derivada da velocidade, diferencie a relação da continuidade

$$\frac{dQ}{dx} = 0 = A\frac{dV}{dx} + V\frac{dA}{dx} \tag{10.47}$$

Mas $dA = b_0\, dy$, em que b_0 é a largura do canal na superfície. Eliminando dV/dx entre as Equações (10.46) e (10.47), obtemos

$$\frac{dy}{dx}\left(1 - \frac{V^2 b_0}{gA}\right) = S_0 - S \tag{10.48}$$

Por fim, lembre-se da Equação (10.37), de que $V^2 b_0/(gA)$ é o quadrado do número de Froude do escoamento local no canal. A forma final desejada da equação do escoamento gradualmente variado é

$$\boxed{\frac{dy}{dx} = \frac{S_0 - S}{1 - \mathrm{Fr}^2}} \tag{10.49}$$

Essa equação muda de sinal dependendo de o número de Froude ser subcrítico ou supercrítico e é análoga à fórmula da variação de área da dinâmica dos gases unidimensional (9.40).

O numerador da Equação (10.49) muda de sinal dependendo de S_0 ser maior ou menor que S, que é equivalente à declividade do escoamento uniforme com a mesma vazão Q:

$$\boxed{S = S_{0n} = \frac{f}{D_h}\frac{V^2}{2g} = \frac{V^2}{R_h C^2} = \frac{n^2 V^2}{\alpha^2 R_h^{4/3}}} \tag{10.50}$$

em que C é o coeficiente de Chézy. O comportamento da Equação (10.49) depende então da magnitude relativa da declividade local do fundo $S_0(x)$ comparada com (1) escoamento uniforme, $y = y_n$ e (2) escoamento crítico, $y = y_c$. Como na Equação (10.38), o parâmetro dimensional α^2 é igual a 1,0 para unidades do SI e 2,208 para unidades do BG.

Classificação das soluções

É costume comparar a declividade real do canal S_0 com a declividade crítica S_c para a mesma vazão Q da Eq. (10.38). Existem cinco classes para S_0, dando origem a 12 tipos distintos de curvas de solução, todas elas ilustradas na Figura 10.14.

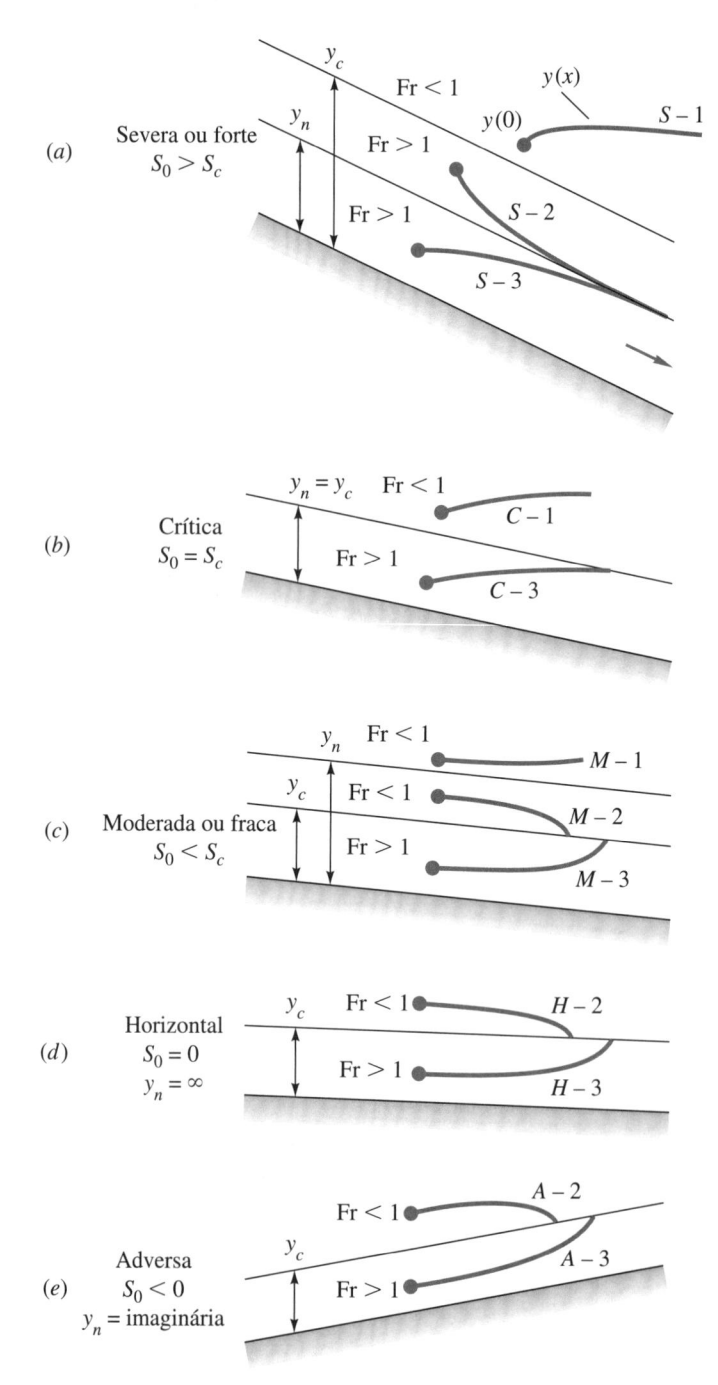

(a) Severa ou forte $S_0 > S_c$

(b) Crítica $S_0 = S_c$

(c) Moderada ou fraca $S_0 < S_c$

(d) Horizontal $S_0 = 0$ $y_n = \infty$

(e) Adversa $S_0 < 0$ $y_n = $ imaginária

Figura 10.14 Escoamento gradualmente variado para 5 classes de declividade do canal, mostrando as 12 curvas de solução básicas.

Classe de declividade	Denominação da declividade	Classe de profundidade	Curvas de solução
$S_0 > S_c$	Forte ou severa	$y_c > y_n$	S-1, S-2, S-3
$S_0 = S_c$	Crítica	$y_c = y_n$	C-1, C-3
$S_0 < S_c$	Fraca ou moderada	$y_c < y_n$	M-1, M-2, M-3
$S_0 = 0$	Horizontal	$y_n = \infty$	H-2, H-3
$S_0 < 0$	Adversa	$y_n =$ imaginária	A-2, A-3

As letras das soluções S, C, M, H e A denotam, obviamente, os nomes dos cinco tipos de declividade. Os números 1, 2 e 3 referem-se à posição do ponto inicial sobre a curva de solução em relação à profundidade normal y_n e à profundidade crítica y_c. Nas soluções do tipo 1, o ponto inicial está acima tanto de y_n quanto de y_c e, em todos os casos, a profundidade da água $y(x)$ da solução torna-se ainda maior e se afasta de y_n e y_c. Nas soluções do tipo 2, o ponto inicial fica entre y_n e y_c e, se não houver mudanças em S_0 ou na rugosidade, a solução tenderá assintoticamente para a menor entre y_n e y_c. Nos casos do tipo 3, o ponto inicial fica abaixo tanto de y_n quanto de y_c, e a solução tende assintoticamente para a menor entre elas.

A Figura 10.14 mostra o caráter básico das soluções locais, mas, na prática, é claro, S_0 varia com x e a solução global justapõe os diversos casos para formar um perfil de profundidade $y(x)$ contínuo, compatível com as condições iniciais e a vazão Q dadas. Há uma excelente discussão sobre as várias soluções compostas na Referência 2, Capítulo 9; veja também a Referência 22, Seção 12.7.

Solução numérica

A relação básica para o escoamento gradualmente variado, Equação (10.49), é uma equação diferencial ordinária de primeira ordem que pode ser facilmente resolvida numericamente. Para uma dada vazão Q constante, ela pode ser escrita na forma

$$\frac{dy}{dx} = \frac{S_0 - n^2 Q^2/(\alpha^2 A^2 R_h^{4/3})}{1 - Q^2 b_0/(gA^3)} \qquad (10.51)$$

sujeita a uma condição inicial $y = y_0$ em $x = x_0$. Admite-se que a inclinação no fundo do canal $S_0(x)$ e os parâmetros de formato da seção transversal (b_0, P_m, A) sejam conhecidos em toda parte ao longo do canal. Assim, pode-se resolver a Equação 10.51 para a profundidade local da água $y(x)$ por meio de um método numérico padrão. O autor utiliza uma planilha Excel para microcomputador. Os tamanhos de passo Δx podem ser selecionados de modo que cada variação Δy fique limitada a não mais que, digamos, 1%. As curvas de solução geralmente são bem comportadas, a menos que haja mudanças descontínuas nos parâmetros. Observe que, se o cálculo se aproximar da profundidade crítica y_c, o denominador da Equação (10.51) se aproxima de zero, exigindo-se o emprego de pequenos tamanhos de passo. Ajuda fisicamente saber o tipo de curva de solução (M-1, S-2 etc.) ao longo da qual você está prosseguindo, mas isso não é matematicamente necessário.

EXEMPLO 10.9

Vamos estender os dados do Exemplo 10.5 para calcular uma parte do formato do perfil. É dado um canal largo com $n = 0,022$, $S_0 = 0,0048$ e $q = 4,65$ m³/(s · m). Se $y_0 = 0,91$ m em $x = 0$, que distância $x = L$ ao longo do canal levará para a profundidade se elevar a $y_L = 1,22$ m? A posição da profundidade 1,22 m é a montante ou a jusante na Figura E10.9a?

Solução

No Exemplo 10.5, calculamos $y_c = 1{,}30$ m. Como nossa profundidade inicial $y = 0{,}91$ m é menor do que y_c, sabemos que o escoamento é supercrítico. Vamos também calcular a profundidade normal para a dada declividade S_0, fazendo $q = 4{,}65$ m³/(s · m) na fórmula de Manning (10.19) com $R_h = y_n$.

$$q = \frac{\alpha}{n} A R_h^{2/3} S_0^{1/2} = \frac{1{,}0}{0{,}022}[y_n(1\text{ m})]y_n^{2/3}(0{,}0048)^{1/2} = 4{,}65 \text{ m}^3/(\text{s}\cdot\text{m})$$

E10.9a

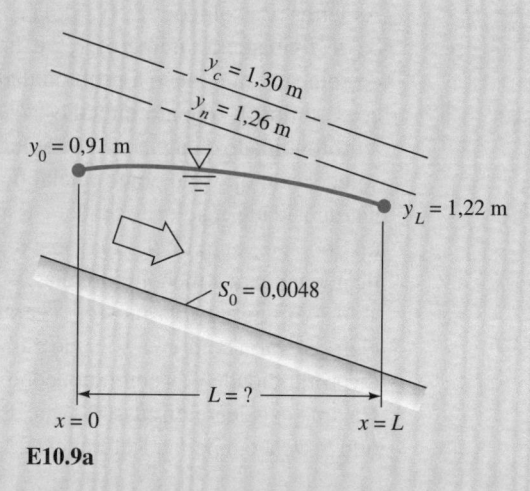

A solução é:
$$y_n \approx 1{,}26 \text{ m}$$

Logo, tanto $y(0) = 0{,}91$ m quanto $y(L) = 1{,}22$ m são menores do que y_n, que por sua vez é menor do que y_c, e portanto *devemos* estar sobre uma curva S-3, como na Figura 10.14a. Para um canal largo, a Eq. (10.51) se reduz a

$$\frac{dy}{dx} = \frac{S_0 - n^2 q^2/(\alpha^2 y^{10/3})}{1 - q^2/(gy^3)}$$

$$\approx \frac{0{,}0048 - (0{,}022)^2(4{,}65)^2/(1{,}0\,y^{10/3})}{1 - (4{,}65)^2/(9{,}81 y^3)} \quad \text{com } y(0) = 0{,}91 \text{ m}$$

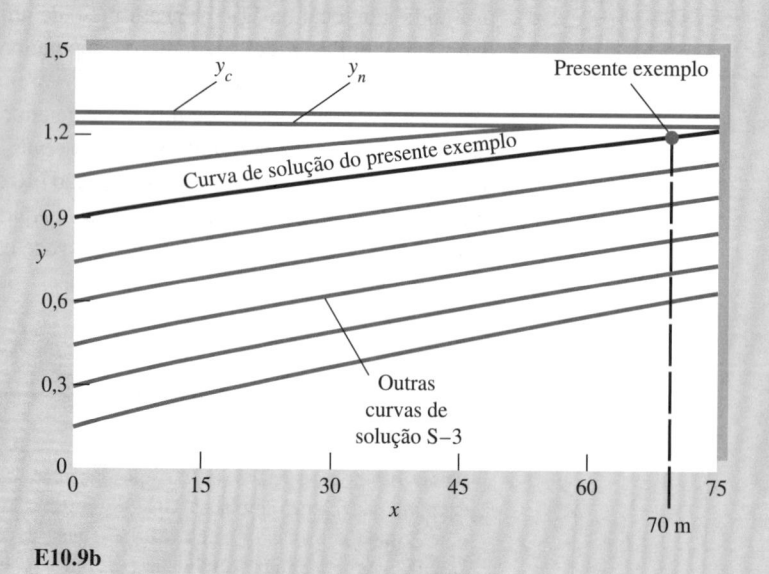

E10.9b

A declividade inicial é $y'(0) \approx 0{,}00495$, e um tamanho de passo $\Delta x = 1{,}52$ m causaria uma variação $\Delta y \approx (0{,}00495)(1{,}52 \text{ m}) \approx 0{,}075$ m, menor que 1%. Integramos então numericamente com $\Delta x = 1{,}52$ m para determinar quando a profundidade $y = 1{,}22$ m é atingida. Alguns valores foram tabulados:

x, m	0	15,2	30,5	45,7	61,0	70,1
y, m	0,91	0,99	1,06	1,13	1,19	1,22

A profundidade da água, ainda supercrítica, chega a $y = 1{,}22$ m em

$$x \approx 70 \text{ m a jusante} \qquad \textit{Resposta}$$

Verificamos, pela Fig. 10.14a, que a profundidade da água aumenta a jusante sobre uma curva S-3. A curva de solução $y(x)$ é mostrada pela linha destacada na Figura E10.9b.

Com um pequeno esforço adicional podemos analisar toda a família de curvas de solução S-3 para este problema. A Figura E10.9b também mostra o que acontece se a profundidade inicial for variada de 0,15 a 1,05 m em incrementos de 0,15 m. Todas as soluções S-3 aumentam suavemente e se aproximam assintoticamente da condição de escoamento uniforme $y = y_n = 1{,}26$ m.

Solução aproximada para canais irregulares

A solução numérica direta da Equação (10.51) é apropriada quando temos fórmulas analíticas para as variações de canal $A(x)$, $S_0(x)$, $n(x)$, $b_0(x)$ e $R_h(x)$. No entanto, para canais naturais, as seções transversais são quase sempre muito irregulares, e os dados podem ser esparsos e irregularmente espaçados. Para esses casos, os engenheiros civis usam um método aproximado para estimar mudanças graduais no escoamento. Escreva a Equação (10.46) na forma de diferenças finitas entre duas profundidades y e $y + \Delta y$:

$$\Delta x \approx \frac{E(y + \Delta y) - E(y)}{(S_0 - S_{\text{méd}})} \quad \text{em que} \quad E = y + \frac{V^2}{2g} \qquad (10.52)$$

São estimados os valores médios de velocidade, declividade e raio hidráulico entre as duas seções. Por exemplo:

$$V_{\text{méd}} \approx \frac{1}{2}[V(y) + V(y + \Delta y)]; \; R_{h,\text{méd}} \approx \frac{1}{2}[R_h(y) + R_h(y + \Delta y)]; \; S_{\text{méd}} \approx \frac{n^2 V_{\text{méd}}^2}{\alpha^2 R_{h,\text{méd}}^{4/3}}$$

Aqui, novamente, o cálculo pode ser feito a montante ou a jusante, usando pequenos valores de Δy. No Capítulo 10 da Referência 2 são dados mais detalhes desses cálculos.

EXEMPLO 10.10

Repita o Exemplo 10.9 usando o método aproximado da Equação (10.52) com incrementos de 0,075 m em Δy. Encontre a distância necessária para y aumentar de 0,9 m para 1,2 m.

Solução

Lembre-se do Exemplo 10.9 em que $n = 0{,}022$, $S_0 = 0{,}0048$ e $q = 4{,}65$ m³/(s · m). Note que $R_h = y$ para um canal largo. Faça uma tabela com y variando de 0,9 a 1,2 m em incrementos de 0,075 m, calculando $V = q/y$, $E = y + V^2/(2g)$ e $S_{\text{méd}} = [n^2 V^2/y^{4/3}]_{\text{méd}}$:

y, m	V (m/s) = 4,65/y	$E = y + V^2/(2g)$	S	$S_{méd}$	$\Delta x = \Delta E/(S_0 - S)_{méd}$	$x = \Sigma \Delta x$
0,9	5,17	2,26	0,0141	—	—	0
0,975	4,77	2,14	0,0108	0,01245	15,7	15,7
1,05	4,43	2,05	0,0084	0,00960	16,1	31,8
1,125	4,13	1,99	0,0067	0,00755	17,3	49,1
1,2 m	3,88 m/s	1,97 m	0,0054	0,00605	21,0 m	70,1 m

Comentário: A precisão é excelente, dando o mesmo resultado $x = 70,1$ m, da integração numérica da planilha Excel no Exemplo 10.9. Grande parte dessa precisão decorre da natureza do perfil, que é suave e de variação lenta. Espera-se uma precisão menor quando o canal for irregular e as seções transversais forem diferentes.

Algumas transições ilustrativas de escoamentos compostos

As curvas de solução da Figura 10.14 são um tanto simplistas, pois postulam declividades de fundo constantes. Na prática, as declividades de canais podem variar bastante, $S_0 = S_0(x)$, e as curvas de solução podem cruzar entre os dois regimes. Outras variações de parâmetros, como $A(x)$, $b_0(x)$ e $n(x)$, podem causar interessantes perfis de escoamentos compostos. Na Fig. 10.15 são mostrados alguns exemplos.[4]

A Figura 10.15a mostra a transição de uma declividade fraca para uma declividade forte em um canal de largura constante. A curva M-2 inicial deve mudar para uma curva S-2 mais a jusante, no trecho de declividade forte. A única maneira de isso acontecer fisicamente é se a curva de solução passar de forma suave através da profundidade crítica, como mostra a figura. O ponto crítico é matematicamente *singular* [2, Seção 9.6], e o escoamento próximo a esse ponto em geral é *rapidamente*, e não gradualmente, variado. O padrão de escoamento, acelerando de subcrítico para supercrítico, é análogo a um bocal convergente-divergente, em dinâmica dos gases. Outros cenários para a Figura 10.15a são impossíveis. Por exemplo, a curva a montante não pode ser M-1, pois a quebra da declividade produziria uma curva S-1 que se afastaria da situação de escoamento uniforme forte.

A Figura 10.15b mostra uma declividade fraca que subitamente muda para uma declividade ainda mais fraca. O escoamento de aproximação é considerado uniforme, e a mudança na declividade aparece a montante. A profundidade da água varia suavemente ao longo de uma curva M-1 até que ela se mistura, no ponto de mudança, com um escoamento uniforme em uma nova profundidade y_{n2} para declividade mais fraca.

A Figura 10.15c ilustra uma declividade forte que se torna menos forte. Observe para ambas as declividades que $y_n < y_c$. Devido ao escoamento de aproximação supercrítico ($V > V_c$), a quebra na declividade não pode ser sentida a montante. Portanto, só a partir do ponto de mudança o perfil assume a forma de uma curva S-3, e então esse perfil evolui suavemente para o escoamento uniforme em uma nova profundidade normal (mais alta).

A Figura 10.15d mostra uma declividade forte que varia rapidamente para uma fraca. Podem ocorrer vários casos, possivelmente além da habilidade deste autor para descrevê-los. Os dois casos mostrados dependem do valor relativo da declividade fraca. Se a profundidade a jusante y_{n2} for rasa, uma curva M-3 iniciará no ponto de mudança e se desenvolverá até que o escoamento supercrítico local seja exatamente suficiente para formar um ressalto hidráulico para a nova profundidade normal. À medida que y_{n2} aumenta, o ressalto se move a montante até que, para o caso "alto" mostrado, ele se forme no lado de declividade forte, seguido por uma curva S-1 que se combina na profundidade normal y_{n2} no ponto de mudança.

---

[4]O autor agradece ao prof. Bruce Larock pelo esclarecimento desses perfis de transição.

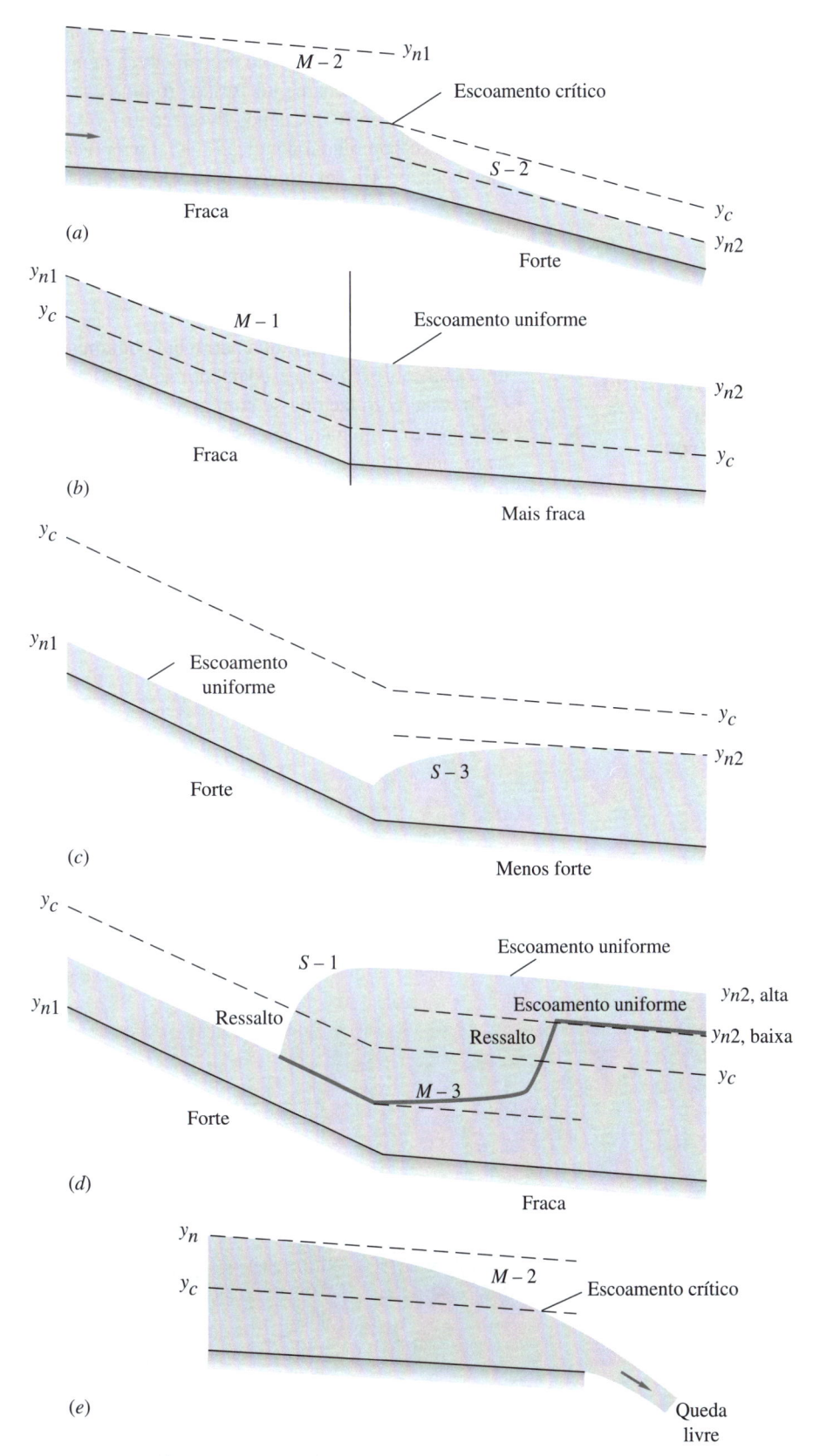

Figura 10.15 Alguns exemplos de perfis de transição de escoamentos compostos.

A Figura 10.15e ilustra uma *queda livre* com uma declividade fraca. Ela age como uma *seção de controle* para o escoamento a montante, que então forma uma curva M-2 e acelera para o escoamento crítico próximo da queda livre. O escoamento na queda livre será supercrítico. A queda livre "controla" as profundidades da água a montante e pode servir como uma condição inicial para o cálculo de $y(x)$. Esse é o tipo de escoamento que ocorre em um vertedouro ou uma cachoeira, Seção 10.7.

Os exemplos da Figura 10.15 mostram que a mudança das condições em escoamentos em canal aberto podem resultar em padrões complexos de escoamento. Na Referência 2, p. 229-233, são dados mais exemplos de perfis de escoamentos compostos.

10.7 Medição e controle de vazão utilizando vertedouros

Um *vertedouro*, do qual uma barragem comum serve de exemplo, é uma obstrução em um canal sobre a qual o escoamento deve defletir. Para geometrias simples, a descarga Q do canal correlaciona-se com a gravidade e com a altura de obstrução H na qual o escoamento a montante se eleva acima da altura do vertedouro (ver Figura 10.16). Portanto, um vertedouro é um medidor de vazão simples, mas eficaz para canal aberto. Nós usamos um vertedouro como exemplo de análise dimensional no Problema P5.32.

A Figura 10.16 mostra dois vertedouros comuns, o de soleira delgada e o de soleira espessa, que se supõe que sejam muito largos. Nos dois casos, o escoamento a montante é subcrítico, acelera para crítico próximo do topo do vertedouro e verte em forma de uma *lâmina* supercrítica. Para ambos os vertedouros, a descarga q por unidade de

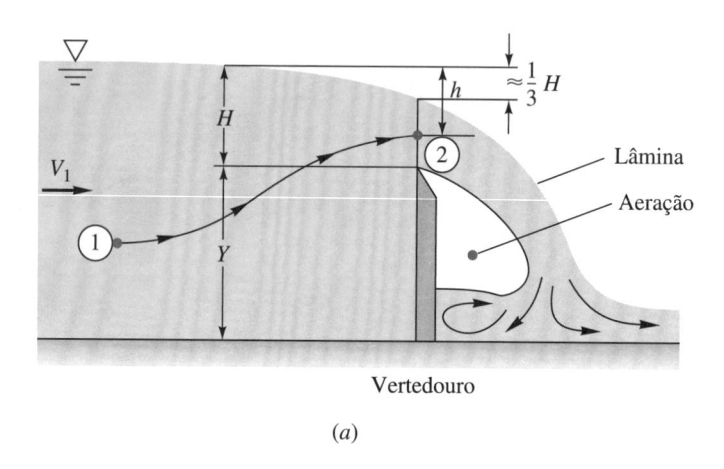

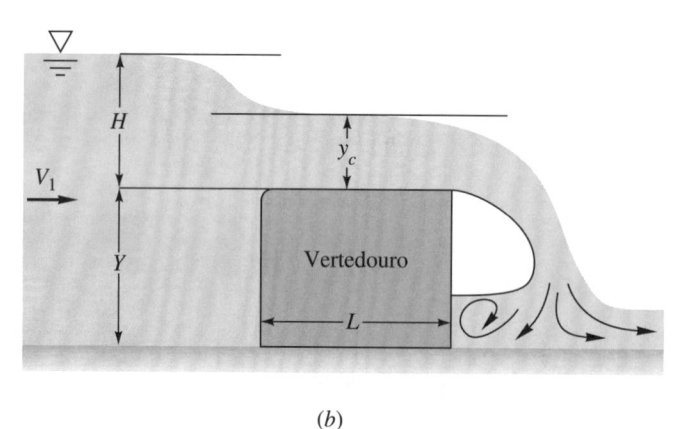

Figura 10.16 Escoamento sobre vertedouros largos, bem aerados: (*a*) soleira delgada; (*b*) soleira espessa.

largura é proporcional a $g^{1/2}H^{3/2}$, mas com coeficientes bem diferentes. A lâmina do vertedouro de soleira delgada (ou de placa fina) deverá ser *aerada* para a atmosfera; isto é, ela deve verter claramente da soleira do vertedouro. Lâminas não aeradas ou afogadas são mais difíceis de correlacionar e dependem das condições do canal de fuga. (O extravasor da Figura 10.11 é um tipo de vertedouro não aerado.)

Uma discussão completa sobre vertedouros, incluindo outros projetos como o vertedouro poligonal "Crump" e várias calhas com contração, é feita no texto de Ackers et al. [23]. Veja o Problema P10.122.

Análise de vertedouros de soleira delgada

É possível analisar o escoamento em vertedouros pela teoria potencial não viscosa com uma superfície livre desconhecida (mas determinável), como na Figura P8.71. Aqui, no entanto, nós simplesmente usamos a teoria de escoamento unidimensional mais a análise dimensional para desenvolver correlações adequadas para a vazão de um vertedouro.

Uma abordagem teórica muito antiga, de 1855, é atribuída a J. Weisbach. A carga total em qualquer ponto 2 acima da soleira do vertedouro é considerada igual à carga total a montante; isto é, a equação de Bernoulli é usada sem perdas:

$$\frac{V_2^2}{2g} + H - h \approx \frac{V_1^2}{2g} + H \quad \text{ou} \quad V_2(h) \approx \sqrt{2gh + V_1^2}$$

na qual h é a distância vertical do ponto 2 até o nível a montante, como mostra a Figura 10.16a. Se aceitarmos por um momento, sem prova, que o escoamento sobre a soleira é rebaixado para $h_{mín} \approx H/3$, a vazão $q = Q/b$ sobre a soleira é aproximadamente

$$q = \int_{\text{soleira}} V_2 \, dh \approx \int_{H/3}^{H} (2gh + V_1^2)^{1/2} \, dh$$

$$= \frac{2}{3}\sqrt{2g}\left[\left(H + \frac{V_1^2}{2g}\right)^{3/2} - \left(\frac{H}{3} + \frac{V_1^2}{2g}\right)^{3/2}\right]$$

Normalmente, a carga de velocidade a montante $V_1^2/(2g)$ é desprezada, de modo que essa expressão se reduz a

Teoria da soleira delgada $\qquad q \approx 0{,}81(2/3)(2g)^{1/2}H^{3/2}$ (10.53)

Essa fórmula é correta em termos funcionais, mas o coeficiente 0,81 é muito alto e deverá ser substituído por um coeficiente de descarga determinado experimentalmente.

Análise de vertedouros de soleira espessa

O vertedouro de soleira espessa da Figura 10.16b pode ser analisado de maneira mais precisa, pois cria um pequeno curso de escoamento crítico unidimensional, como mostra a figura. A equação de Bernoulli é aplicada entre a superfície a montante e a superfície crítica sobre a soleira:

$$\frac{V_1^2}{2g} + Y + H \approx \frac{V_c^2}{2g} + Y + y_c$$

Se a soleira é bem larga no sentido para dentro do papel, $V_c^2 = gy_c$ da Equação (10.33). Assim, podemos determinar

$$y_c \approx \frac{2H}{3} + \frac{V_1^2}{3g} \approx \frac{2H}{3}$$

Esse resultado foi usado sem demonstração na dedução da Equação (10.53). Finalmente, a vazão decorre da condição de escoamento crítico em um canal largo; Equação (10.32):

Teoria da soleira espessa: $$q = \sqrt{gy_c^3} \approx \frac{1}{\sqrt{3}}\left(\frac{2}{3}\right)\sqrt{2g}\left(H + \frac{V_1^2}{2g}\right)^{3/2} \quad (10.54)$$

Novamente, é comum podermos desprezar a carga de velocidade a montante $V_1^2/(2g)$. O coeficiente $1/\sqrt{3} \approx 0{,}577$ é quase correto, mas são preferíveis os dados experimentais.

Coeficientes de vazão experimentais de vertedouros

As fórmulas teóricas da vazão em vertedouros podem ser modificadas experimentalmente da seguinte maneira: elimine os coeficientes numéricos $\frac{2}{3}$ e $\sqrt{2}$, pelos quais há muito apego sentimental na literatura, e reduza a fórmula para

$$Q_{\text{vert}} = C_d b \sqrt{g}\left(H + \frac{V_1^2}{2g}\right)^{3/2} \approx C_d b \sqrt{g} H^{3/2} \quad (10.55)$$

em que b é a largura da soleira e C_d é um *coeficiente de descarga do vertedouro* adimensional, que pode variar com a geometria do vertedouro, com o número de Reynolds e com o número de Weber. Na literatura estão relatados muitos dados para muitos vertedouros diferentes, conforme está detalhado na Referência 23.

Uma correlação composta precisa ($\pm$ 2%) para soleiras delgadas largas e aeradas é recomendada como se segue [23]:

Vertedouro largo de soleira delgada: $\quad C_d \approx 0{,}564 + 0{,}0846 \dfrac{H}{Y} \quad$ para $\quad \dfrac{H}{Y} \leq 2 \quad (10.56)$

Os números de Reynolds $V_1 H/\nu$ para esses dados variam de 1 E4 a 2 E6, mas a fórmula pode ser aplicada para Re mais altos, como em grandes barragens de rios.

O vertedouro de soleira espessa da Figura 10.16b é consideravelmente mais sensível aos parâmetros geométricos, incluindo-se a rugosidade superficial ε da soleira. Se o nariz do bordo de ataque é arredondado, $R/L \geq 0{,}05$, os dados disponíveis [23, Capítulo 7] podem ser correlacionados da seguinte maneira:

Vertedouro de soleira espessa de bordo arredondado: $\quad C_d \approx 0{,}544\left(1 - \dfrac{\delta^*/L}{H/L}\right)^{3/2} \quad (10.57)$

em que $\quad \dfrac{\delta^*}{L} \approx 0{,}001 + 0{,}2\sqrt{\varepsilon/L}$

O efeito principal é o do crescimento da espessura de deslocamento da camada-limite turbulenta δ^* sobre a soleira comparado com a altura H a montante. A fórmula é limitada a $H/L < 0{,}7$, $\varepsilon/L \leq 0{,}002$, e $V_1 H/\nu > 3$ E5. Se o bordo de ataque é arredondado, não há efeito significativo da altura do vertedouro Y, pelo menos se $H/Y < 2{,}4$.

Se o vertedouro de parede espessa tem um bordo de ataque agudo, é comum denominá-lo vertedouro *retangular*, e, nesse caso, a vazão pode depender da altura Y do vertedouro. No entanto, em uma faixa de alturas e comprimentos do vertedouro, C_d é praticamente constante:

Vertedouro de soleira espessa de bordo agudo: $\quad C_d \approx 0{,}462 \quad$ para $\quad 0{,}08 < \dfrac{H}{L} < 0{,}33$

e $\quad 0{,}22 < \dfrac{H}{Y} < 0{,}56 \quad (10.58)$

A rugosidade da superfície não é um fator significativo aqui. Para $H/L < 0{,}08$ há uma grande dispersão nos dados ($\pm 10\%$). Para $H/L > 0{,}33$ e $H/Y > 0{,}56$, C_d aumenta até 10% em função de cada parâmetro, sendo necessários diagramas complicados para o coeficiente de vazão [19, Capítulo 5].

EXEMPLO 10.11

Um vertedouro em um canal horizontal tem 1 m de altura e 4 m de largura. A profundidade da água a montante é de 1,6 m. Calcule a vazão se o vertedouro for: (*a*) de soleira delgada e (*b*) de soleira espessa com 1,2 m de comprimento, de bordo arredondado, feita de concreto sem acabamento. Despreze $V_1^2/(2g)$.

Solução

Parte (a) Foram dados $Y = 1$ m e $H + Y \approx 1{,}6$ m, logo $H = 0{,}6$ m. Como $H \ll b$, admitimos que o vertedouro é "largo". Para uma soleira delgada, aplica-se a Equação (10.56):

$$C_d \approx 0{,}564 + 0{,}0846 \frac{0{,}6 \text{ m}}{1 \text{ m}} \approx 0{,}615$$

Então, o coeficiente de descarga é dado pela correlação básica, Equação (10.55):

$$Q = C_d b \sqrt{g} H^{3/2} = (0{,}615)(4 \text{ m})\sqrt{(9{,}81 \text{ m/s}^2)}(0{,}6 \text{ m})^{3/2} \approx 3{,}58 \text{ m}^3/\text{s} \quad \textit{Resposta (a)}$$

Verificamos que $H/Y = 0{,}6 < 2{,}0$ para a Equação (10.56) ser válida. Da continuidade, $V_1 = Q/(by_1) = 3{,}58/[(4{,}0)(1{,}6)] = 0{,}56$ m/s, com um número de Reynolds $V_1 H/\nu \approx 3{,}4$ E5.

Parte (b) Para um vertedouro de parede espessa de bordo arredondado, aplica-se a Equação (10.57). Para uma superfície de concreto sem acabamento, temos $\varepsilon \approx 2{,}4$ mm pela Tabela 10.1. Logo, a espessura de deslocamento é

$$\frac{\delta^*}{L} \approx 0{,}001 + 0{,}2\sqrt{\varepsilon/L} = 0{,}001 + 0{,}2\left(\frac{0{,}0024 \text{ m}}{1{,}2 \text{ m}}\right)^{1/2} \approx 0{,}00994$$

Então a Equação (10.57) prevê um coeficiente de descarga:

$$C_d \approx 0{,}544\left(1 - \frac{0{,}00994}{0{,}6 \text{ m}/1{,}2 \text{ m}}\right)^{3/2} \approx 0{,}528$$

A vazão calculada é, portanto

$$Q = C_d b \sqrt{g} H^{3/2} = 0{,}528(4 \text{ m})\sqrt{(9{,}81 \text{ m}^2/\text{s})}(0{,}6 \text{ m})^{3/2} \approx 3{,}07 \text{ m}^3/\text{s} \quad \textit{Resposta (b)}$$

Verifique que $H/L = 0{,}5 < 0{,}7$ conforme requerido. O número de Reynolds de aproximação é $V_1 H/\nu \approx 2{,}9$ E5, apenas um pouco abaixo do limite recomendado na Equação (10.57).

Como $V_1 \approx 0{,}5$ m/s, $V_1^2/(2g) \approx 0{,}012$ m, o erro em se considerar a carga total igual a 0,6 m é em torno de 2%. Se quiséssemos, poderíamos corrigir esse valor para a carga de velocidade.

Outros projetos de vertedouro de placa fina

Os vertedouros são utilizados com frequência na medição e no controle de vazão de canais artificiais. Os dois formatos mais comuns são um retângulo e um entalhe em V, como mostra a Tabela 10.2. Todos devem ser totalmente aerados e não afogados.

A Tabela 10.2*a* mostra um retângulo de largura total, que terá leves efeitos laterais de camada-limite, mas não contrações laterais. Para um projeto de placa fina, o topo é aproximadamente uma soleira delgada, e a Equação (10.56) deverá fornecer

Tabela 10.2 Vertedouros de placa fina para medida de vazão

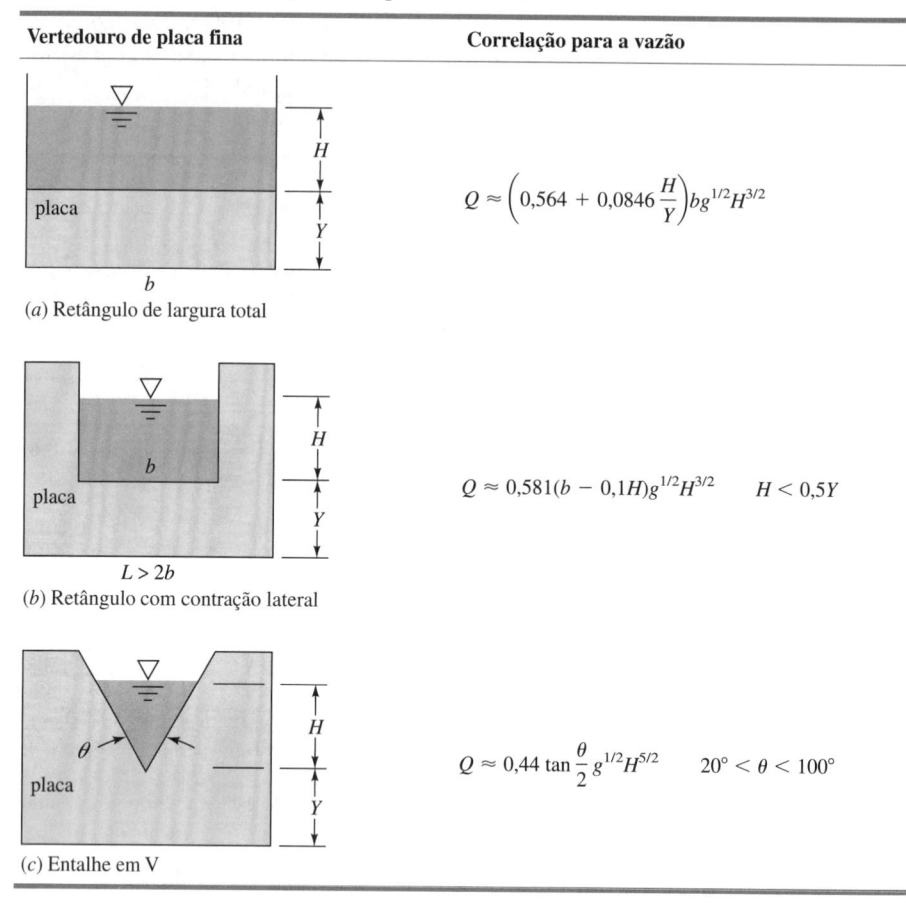

Vertedouro de placa fina	Correlação para a vazão
(a) Retângulo de largura total	$Q \approx \left(0{,}564 + 0{,}0846\dfrac{H}{Y}\right)bg^{1/2}H^{3/2}$
(b) Retângulo com contração lateral ($L > 2b$)	$Q \approx 0{,}581(b - 0{,}1H)g^{1/2}H^{3/2}$ $\quad H < 0{,}5Y$
(c) Entalhe em V	$Q \approx 0{,}44 \tan\dfrac{\theta}{2} g^{1/2}H^{5/2}$ $\quad 20° < \theta < 100°$

precisão adequada, como mostra a tabela. Como a queda livre estende-se por toda a largura do canal, pode ser necessária uma aeração artificial, tal como orifícios nas paredes do canal.

A Tabela 10.2b mostra um retângulo de largura parcial, $b < L$, que fará com que as laterais da queda livre se contraiam para dentro e reduzam a vazão. Uma contração adequada [23, 24] deve reduzir a largura efetiva do vertedouro em 0,1 H, como mostra a tabela. No entanto, parece que esse tipo de vertedouro é bem sensível a pequenos efeitos tais como espessura da placa e crescimento das camadas-limite laterais. Pequenas cargas ($H < 75$ mm) e pequenas larguras da fenda ($b < 30$ cm) não são recomendadas. Para mais detalhes, veja as Referências 23 e 24.

O entalhe em V, na Tabela 10.2c, é intrinsecamente interessante, pois a queda livre tem apenas uma escala de comprimento, H – não há "largura" separada. Portanto, a vazão será proporcional a $H^{5/2}$, em vez de uma potência de $\frac{3}{2}$. A aplicação da equação de Bernoulli à abertura triangular, no espírito da Equação (10.52), conduz à seguinte fórmula para a vazão ideal em um entalhe em V:

Entalhe em V: $$Q_{\text{ideal}} = \dfrac{8\sqrt{2}}{15} \tan\dfrac{\theta}{2} g^{1/2}H^{5/2} \tag{10.59}$$

na qual θ é o ângulo total do entalhe. A vazão real medida é aproximadamente 40% menor do que a vazão ideal, devido à contração semelhante à de uma placa de orifício. Em termos de coeficiente experimental de descarga, a fórmula recomendada é

$$Q_{\text{V entalhe}} \approx C_d \tan\frac{\theta}{2} g^{1/2} H^{5/2} \quad C_d \approx 0{,}44 \quad \text{para} \quad 20° < \theta < 100° \quad (10.60)$$

para cargas $H > 50$ mm. Para cargas menores, tanto o número de Reynolds quanto o número de Weber podem ser importantes, e uma correlação recomendada [23] é

Baixas cargas, $H < 50$ mm: $\quad C_{d,\text{ V entalhe}} \approx 0{,}44 + \dfrac{0{,}9}{(\text{Re We})^{1/6}} \quad (10.61)$

em que $\text{Re} = \rho g^{1/2} H^{3/2}/\mu$ e $\text{We} = \rho g H^2/\Upsilon$, sendo Υ o coeficiente de tensão superficial. Essa fórmula pode ser aplicada a outros líquidos que não a água, desde que $\text{Re} > 300/\tan(\theta/2)^{3/4}$ e $\text{We} > 300$.

Vários outros projetos de vertedouros de placa fina – trapezoidal, parabólico, em arco de círculo e em forma de U – são discutidos na Referência 25, que também contém dados consideráveis sobre vertedouros de soleira espessa. Veja também as Referências 29 e 30.

EXEMPLO 10.12

Um vertedouro na forma de um entalhe em V deve ser projetado para medir a vazão de um canal de irrigação. Para facilitar a leitura pelo medidor de nível da água a montante, deseja-se uma leitura $H \geq 30$ cm para uma vazão de projeto de 150 m³/h. Qual é o ângulo θ apropriado para o entalhe em V?

Solução

- *Hipóteses*: Escoamento permanente, efeito do número de Weber desprezível porque H > 50 mm.
- *Abordagem*: A Equação (10.60) se aplica (assim esperamos) com um ângulo de entalhe $20° < \theta < 100°$.
- *Valores de propriedades*: Se a tensão superficial for desprezada, nenhuma propriedade do fluido é necessária. Por quê?
- *Solução*: Aplique a Equação (10.60) à vazão conhecida e resolva em função de θ:

$$Q = \frac{150 \text{ m}^3/\text{h}}{3.600 \text{ s/h}} = 0{,}0417\frac{\text{m}^3}{\text{s}} \geq C_d \tan\left(\frac{\theta}{2}\right) g^{1/2} H^{5/2} = 0{,}44 \tan\left(\frac{\theta}{2}\right)\left(9{,}81\frac{\text{m}}{\text{s}^2}\right)^{1/2}(0{,}3 \text{ m})^{5/2}$$

Resolva para $\tan\left(\dfrac{\theta}{2}\right) \leq 0{,}613$ ou $\theta \leq 63°$ *Resposta*

- *Comentários:* Um ângulo de 63° criará uma carga a montante de 30 cm. Qualquer ângulo menor do que esse criará uma carga ainda maior. As fórmulas de vertedouros dependem primariamente da gravidade e da geometria. Propriedades do fluido como (ρ, μ, γ) entram apenas como pequenas modificações ou como fatores de correção.

Curvas de remanso

Um vertedouro é uma barreira que não somente altera o escoamento local sobre o vertedouro, mas também modifica a distribuição de profundidades do escoamento a montante. Qualquer barreira forte para o escoamento em um canal aberto gera uma *curva de remanso*, que pode ser calculada pela teoria do escoamento gradualmente variado da Seção 10.6. Se Q for conhecida, a fórmula do vertedouro, Equação (10.55), determina

H e daí a profundidade da água logo a montante do vertedouro, $y = H + Y$, em que Y é a altura do vertedouro. Calculamos então $y(x)$ a montante do vertedouro por meio da Equação (10.51), seguindo nesse caso uma curva M-1 (Figura 10.14c). Uma barreira desse tipo, em que a profundidade da água se correlaciona com a vazão, é chamada de *ponto de controle* do canal. Esses são os pontos de partida para as análises numéricas dos perfis de cheias em rios [26].

EXEMPLO 10.13

Um canal retangular com 8 m de largura, com uma vazão de 30 m³/s, encontra uma barragem de borda aguda de 4 m de altura, como mostra a Fig. E10.13a. Determine a profundidade da água 2 km a montante se a declividade do canal for $S_0 = 0,0004$ e $n = 0,025$.

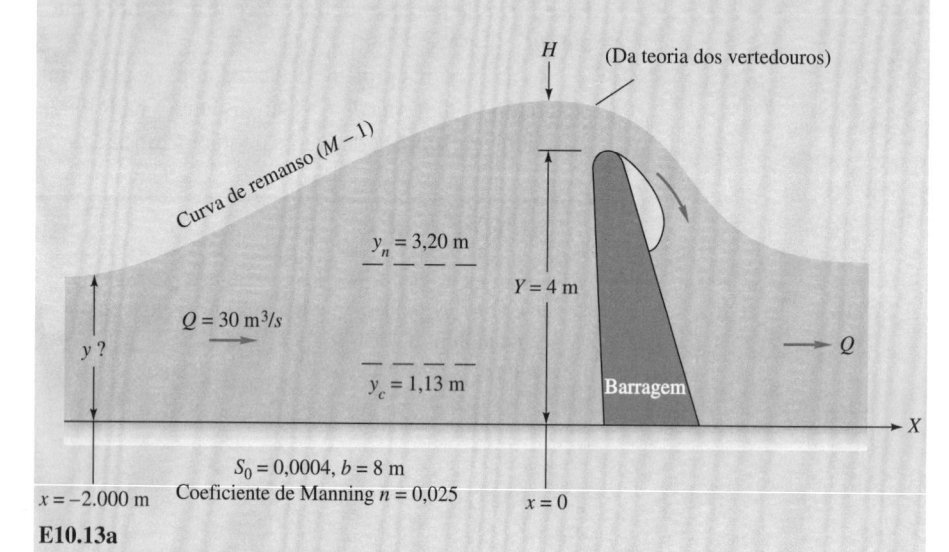

E10.13a

Solução

Primeiro, determine a carga H produzida pela barragem, usando a teoria do vertedouro de soleira delgada de largura total, Equação (10.56):

$$Q = 30 \text{ m}^3/\text{s} = C_d b g^{1/2} H^{3/2} = \left(0,564 + 0,0846 \frac{H}{4 \text{ m}}\right)(8 \text{ m})(9,81 \text{ m/s}^2)^{1/2} H^{3/2}$$

Como o termo $0,0846H/4$ entre parênteses é pequeno, podemos proceder a iterações para encontrar a solução $H \approx 1,59$ m. Então, nossa condição inicial em $x = 0$, exatamente a montante da barragem, é $y(0) = Y + H = 4 + 1,59 = 5,59$ m. Compare isso com a profundidade crítica da Eq. (10.30):

$$y_c = \left(\frac{Q^2}{b^2 g}\right)^{1/3} = \left[\frac{(30 \text{ m}^3/\text{s})^2}{(8 \text{ m})^2 (9,81 \text{ m/s}^2)}\right]^{1/3} = 1,13 \text{ m}$$

Como $y(0)$ é maior do que y_c, o escoamento a montante é subcrítico. Finalmente, para fins de referência, estime a profundidade normal por meio da equação de Manning (10.19):

$$Q = 30 \text{ m}^3/\text{s} = \frac{\alpha}{n} b y R_h^{2/3} S_0^{1/2} = \frac{1,0}{0,025} (8 \text{ m}) y_n \left(\frac{8 y_n}{8 + 2 y_n}\right)^{2/3} (0,0004)^{1/2}$$

Por tentativa e erro, resolva para $y_n \approx 3,20$ m. Se não houver alterações na largura ou na declividade do canal, a profundidade da água bem a montante da barragem se aproximará desse valor. Todos esses valores de referência $y(0)$, y_c e y_n são mostrados na Figura E10.13b.

Como $y(0) > y_n > y_c$, a solução será uma curva M-1, calculada pela teoria do escoamento gradualmente variado, Equação (10.51), para um canal retangular com os dados de entrada fornecidos:

$$\frac{dy}{dx} \approx \frac{S_0 - n^2 Q^2/(\alpha^2 A^2 R_h^{4/3})}{1 - Q^2 b_0/(gA^3)} \quad \alpha = 1,0 \quad A = 8y \quad n = 0,025 \quad R_h = \frac{8y}{8 + 2y} \quad b_0 = 8$$

Iniciando com $y = 5{,}59$ m em $x = 0$, integramos para trás até $x = -2.000$ m. Com o método de Runge-Kutta, consegue-se uma precisão de 4 algarismos para $\Delta x = -100$ m. A curva de solução completa está na Fig. E10.13b. O valor da solução desejada é

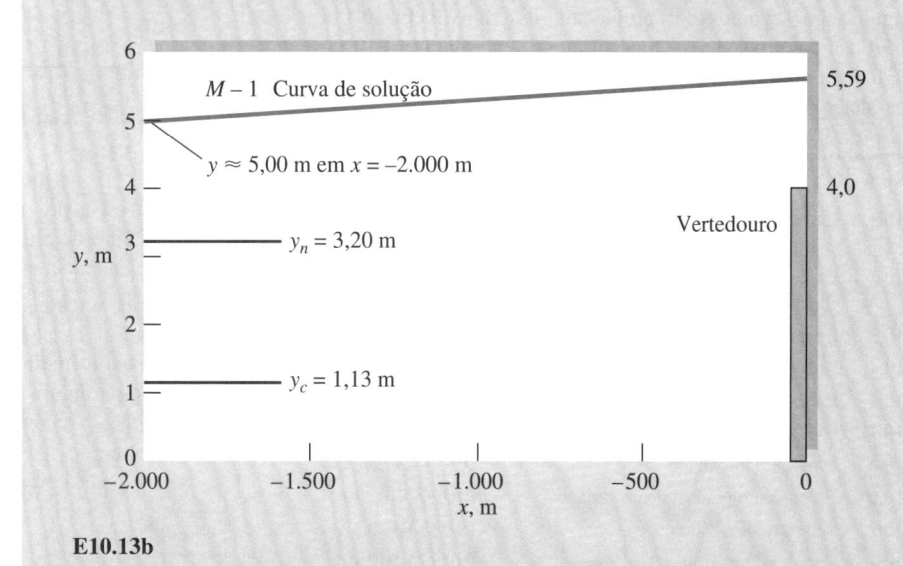

Em $x = -2.000$ m: $\qquad\qquad y \approx 5{,}00$ m $\qquad\qquad$ *Resposta*

E10.13b

Portanto, mesmo 2 km a montante, a barragem produz um "remanso" que está 1,8 m acima da profundidade normal que ocorreria sem a barragem. Para este exemplo, uma profundidade quase normal, digamos, 10 cm maior do que y_n ou $y \approx 3{,}3$ m, não seria alcançada até $x = -13.400$ m. As curvas de remanso têm um grande alcance a montante, especialmente em períodos de cheia.

Resumo

Este capítulo é uma introdução à análise do escoamento em canais abertos, limitada a condições unidimensionais e permanentes. A análise básica combina a equação da continuidade com a equação de Bernoulli estendida, incluindo as perdas por atrito.

Os escoamentos em canais abertos são classificados tanto pela variação de profundidade quanto pelo número de Froude, esse último sendo análogo ao número de Mach no escoamento compressível em dutos (Capítulo 9). Para declividade e profundidade constantes, diz-se que o escoamento é uniforme e satisfaz a equação clássica de Manning (10.19). Canais prismáticos retos podem ser otimizados para se encontrar a seção transversal que fornece a máxima vazão com o mínimo de perdas. À medida que a declividade e a velocidade aumentam, o canal atinge uma condição *crítica* em que o número de Froude é igual à unidade, e a velocidade do escoamento se iguala à velocidade de uma onda de superfície de pequena amplitude no canal. Todo canal tem uma declividade crítica que varia com a vazão e com a rugosidade. Se o escoamento torna-se supercrítico (Fr > 1), ele pode passar por um ressalto hidráulico até uma profundidade maior e uma velocidade menor (subcrítica), análogo à onda de choque normal.

A análise do escoamento gradualmente variado conduz a uma equação diferencial (10.51) que pode ser resolvida por métodos numéricos. O capítulo encerra com uma discussão que trata do escoamento sobre uma barragem ou vertedouro, em que a vazão total pode ser correlacionada à profundidade da água a montante.

Problemas

A maioria dos problemas propostos é de resolução razoavelmente direta. Os problemas mais difíceis ou abertos estão indicados com um asterisco. O ícone de um computador indica que pode ser necessário o uso de computador para a resolução do problema. Os problemas típicos de fim de capítulo P10.1 a P10.128 (listados a seguir) são seguidos dos problemas dissertativos PD10.1 a PD10.13, dos problemas de fundamentos de engenharia, FE10.1 a FE10.7, dos problemas abrangentes PA10.1 a PA10.7 e dos problemas de projeto PP10.1 e PP10.2.

Seção	Tópico	Problemas
10.1	Introdução: número de Froude, velocidade de onda	P10.1-P10.10
10.2	Escoamento uniforme: a fórmula de Chézy	P10.11-P10.36
10.3	Canais eficientes de escoamento uniforme	P10.37-P10.47
10.4	Energia específica: profundidade crítica	P10 48-P10.58
10.4	Escoamento sobre uma elevação	P10.59-P10.68
10.4	Escoamento sob uma comporta	P10.69-P10.78
10.5	O ressalto hidráulico	P10.79-P10.96
10.6	Escoamento gradualmente variado	P10.97-P10.112
10.7	Vertedouros e calhas	P10.113-P10.123
10.7	Curvas de remanso	P10.124-P10.128

Introdução, número de Froude, velocidade de onda

P10.1 A fórmula para a velocidade de propagação de ondas em águas rasas, Equação (10.9) ou (10.10), independe das propriedades físicas do líquido, isto é, a massa específica, a viscosidade ou a tensão superficial. Isso significa que ondas se propagam à mesma velocidade na água, no mercúrio, na gasolina e na glicerina? Explique.

P10.2 Água a 20°C escoa em um canal retangular de 30 cm de largura a uma profundidade de 10 cm e uma vazão de 80.000 cm³/s. Calcule (a) o número de Froude e (b) o número de Reynolds.

P10.3 A baía de Narragansett tem aproximadamente 33,8 km de comprimento e uma profundidade média de 12,8 m. Cartas de maré para a área indicam um atraso de 30 min entre a maré alta na embocadura (Newport, Rhode Island) e na cabeceira (Providence, Rhode Island). Estaria esse atraso relacionado com a propagação através da baía de uma onda de crista de maré em águas rasas? Explique.

P10.4 O escoamento através do canal de água na Figura P10.4 tem uma superfície livre em três locais. Isso o qualifica como um escoamento em canal aberto? Explique. O que representa a linha tracejada?

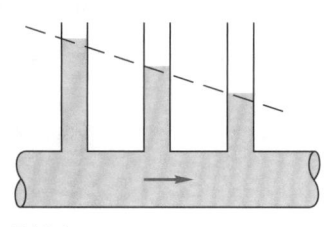

P10.4

P10.5 Água escoa por um canal retangular de 4 pés de largura e 2 pés de profundidade. A vazão é de 20.000 gal/min. Calcule o número de Froude do escoamento.

P10.6 Pedras lançadas sucessivamente no mesmo ponto, dentro do escoamento de água em um canal com 42 cm de profundidade, criam duas ondas circulares, como na Figura P10.6. Com base nessa informação, calcule (a) o número de Froude e (b) a velocidade da corrente.

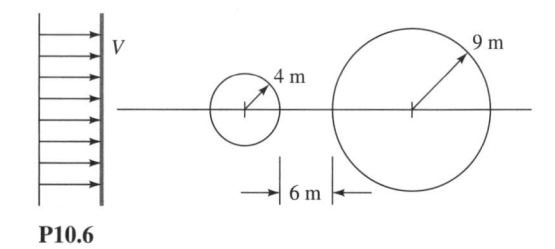

P10.6

P10.7 Pedras lançadas sucessivamente no mesmo ponto, dentro do escoamento de água em um canal com 65 cm de profundidade, criam duas ondas circulares, como na Figura P10.7. A partir dessa informação, calcule (a) o número de Froude e (b) a velocidade da corrente.

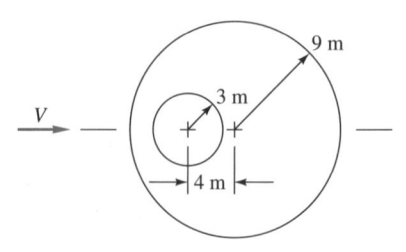

P10.7

P10.8 Um terremoto, perto da península de Kenai, no Alasca, cria uma onda solitária de "maré" (chamada de *tsunami*) que se propaga para o Sul pelo oceano Pacífico. Se a profundidade média do oceano é de 4 km e a massa específica da água do mar é de 1.025 kg/m³, calcule o instante de chegada desse *tsunami* em Hilo, Havaí. A distância entre esses dois locais é de 4.480 km.

P10.9 A Equação (10.10) vale para uma onda de perturbação isolada. Para ondas superficiais *periódicas* de pequena amplitude, de comprimento de onda λ e período T, a teoria não viscosa [8 a 10] prevê uma velocidade de propagação de onda

$$c_0^2 = \frac{g\lambda}{2\pi} \tanh \frac{2\pi y}{\lambda}$$

em que y é a profundidade da água, e a tensão superficial foi desprezada. (*a*) Determine se essa expressão é afetada pelo número de Reynolds, pelo número de Froude ou pelo número de Weber. Deduza os valores-limite dessa expressão para (*b*) $y \ll \lambda$ e (*c*) $y \gg \lambda$. (*d*) Para que razão y/λ a velocidade da onda está dentro de 1% do limite (*c*)?

P10.10 Se a tensão superficial Y for incluída na análise do Problema P10.9, a velocidade de onda resultante é [8 a 10]

$$c_0^2 = \left(\frac{g\lambda}{2\pi} + \frac{2\pi Y}{\rho\lambda}\right) \tanh \frac{2\pi y}{\lambda}$$

(*a*) Determine se essa expressão é afetada pelo número de Reynolds, número de Froude ou número de Weber. Deduza os valores-limite dessa expressão para (*b*) $y \ll \lambda$ e (*c*) $y \gg \lambda$. (*d*) Finalmente, determine o comprimento de onda $\lambda_{\text{crít}}$ para um valor mínimo de c_0, supondo que $y \gg \lambda$.

Escoamento uniforme: a fórmula de Chézy

P10.11 Um canal retangular tem 2 m de largura e contém água com 3 m de profundidade. Se a declividade for de 0,85° e o revestimento for de metal corrugado, calcule o valor da descarga para escoamento uniforme.

P10.12 (*a*) Para a drenagem laminar de uma camada fina e larga de água sobre um pavimento inclinado de um ângulo θ, como na Figura P4.36, mostre que a vazão volumétrica é dada por

$$Q = \frac{\rho g b h^3 \text{sen}\, \theta}{3\mu}$$

em que b é a largura da camada e h sua profundidade. (*b*) Por comparação (um pouco trabalhosa) com a Equação (10.13), mostre que essa expressão é compatível com um fator de atrito $f = 24/\text{Re}$, em que $\text{Re} = V_{\text{méd}}h/\nu$.

P10.13 Uma grande lagoa é drenada por um canal retangular de asfalto com 2 pés de largura. A declividade do canal é de 0,8 graus. Se o escoamento for uniforme, com uma profundidade de 21 polegadas, calcule o tempo para drenar 1 acre-pé de água.

P10.14 A fórmula de Chézy (10.18) não depende da massa específica e da viscosidade do fluido. Isso significa que tanto a água quanto o mercúrio, o álcool e o óleo SAE 30 irão escoar em um dado canal aberto com a mesma vazão? Explique.

P10.15 O canal em aço pintado da Figura P10.15 é projetado, sem a barreira, para uma vazão de 6 m³/s a uma profundidade normal de 1 m. Determine (*a*) a declividade de projeto do canal e (*b*) a redução na vazão total se for instalada a barreira central proposta de aço pintado.

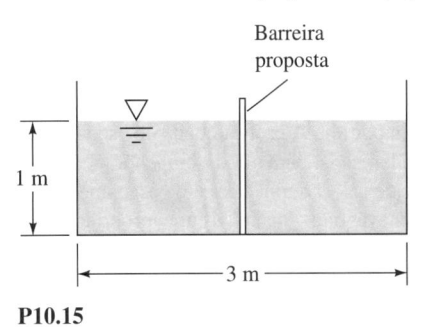

P10.15

P10.16 Água escoa em um canal retangular de alvenaria de 2 m de largura, com uma declividade de 5 m/km. (*a*) Encontre a vazão quando a profundidade normal for de 50 cm. (*b*) Se a profundidade normal permanecer 50 cm, encontre a largura do canal que triplicará a vazão. Comente este resultado.

P10.17 O canal trapezoidal da Figura P10.17 é feito de alvenaria e tem declividade de 1:500. Determine a vazão se a profundidade normal for de 80 cm.

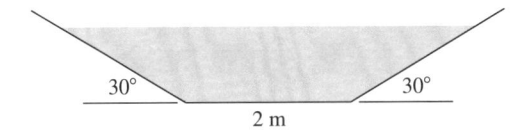

P10.17

P10.18 Um canal de aço pintado, em forma de V, semelhante ao da Fig. E10.6, tem um ângulo interno de 90°. Se a declividade, no escoamento uniforme, for 3 m por km, calcule (*a*) a vazão, em m³/s e (*b*) a tensão de cisalhamento média na parede. Considere $y = 2$ m.

P10.19 Modifique o problema P10.18, do canal em V a 90°, para que a superfície seja de terra limpa, que sofre erosão se a velocidade média exceder 6 pés/s. Encontre a profundidade máxima que evita a erosão. A inclinação ainda é de 3 m por km.

P10.20 Um tubo de esgoto de concreto sem acabamento, com 4 pés de diâmetro, cheio até a metade, transporta 39.500 galões americanos por minuto. Se essa é a profundidade normal, qual é a declividade do tubo, em graus?

P10.21 Uma engenheira faz medidas cuidadosas com um vertedouro (ver a Seção 10.7) que monitora um canal de concreto sem acabamento com uma declividade de 1°. Ela constata, talvez com certa surpresa, que quando a profundidade da água dobra de 65 cm para 130 cm, a vazão normal é maior do que o dobro, ou seja, muda de 5,4 para 13,5 m³/s. (*a*) Isso é possível? (*b*) Se for, calcule a largura do canal.

P10.22 Durante mais de um século, madeireiros cortaram árvores em Skowhegan, Maine, na altitude de 171 pés, e fizeram as toras flutuar pelo rio Kennebec até Bath, Maine, na altitude de 62 pés, por uma distância de 72 milhas. O rio tem uma profundidade média de 14 pés e uma largura média de 400 pés. Considerando escoamento uniforme e um fundo pedregoso, calcule o tempo necessário para essa viagem.

P10.23 Deseja-se escavar um canal em terra de seção transversal trapezoidal com $\theta = 60°$ (ver Figura 10.7). A vazão esperada é de 13,5 m³/s, e a declividade é de 1,5 m por km. A profundidade do escoamento uniforme é planejada, para um desempenho eficiente, de maneira que a seção transversal de escoamento seja um semi-hexágono. Qual a largura apropriada para o fundo do canal?

P10.24 Um canal retangular, com uma declividade de 0,5°, fornece uma vazão de 5.000 gal/min em escoamento uniforme quando a profundidade é de 1 pé e a largura é de 3 pés. (*a*) Calcule o valor do coeficiente de Manning *n*. (*b*) Que profundidade da água triplicará a vazão?

P10.25 O canal triangular-equilátero na Fig. P10.25 tem declividade constante S_o e coeficiente de Manning *n* constante. Se $y = a/2$, encontre uma expressão analítica para a vazão Q.

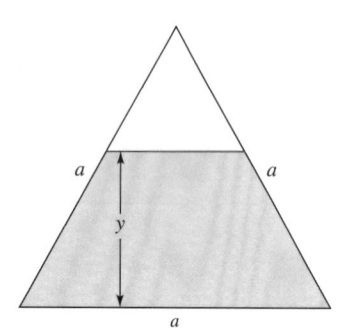

P10.25

P10.26 Nos moldes da Figura 10.6*b*, analise um canal retangular em escoamento uniforme com área $A = by$ constante, declividade constante, mas largura *b* e profundidade *y* variáveis. Trace graficamente a vazão Q resultante, normalizada por seu valor máximo $Q_{máx}$, no intervalo $0,2 < b/y < 4,0$, e comente se é crucial para a eficiência da descarga ter o escoamento do canal a uma profundidade exatamente igual à metade da largura do canal.

P10.27 Um canal circular de metal corrugado com 6 pés de diâmetro transporta água a uma declividade de 1:800. (*a*) Calcule a vazão normal, em gal/min, quando a profundidade da água for de 4 pés. (*b*) Para essa condição, calcule a tensão de cisalhamento média na parede.

P10.28 Um canal trapezoidal novo, de concreto com acabamento, semelhante à Fig. 10.7, tem $b = 8$ pés, $y_n = 5$ pés e $\theta = 50°$. Para essa profundidade, a vazão é de 500 pés³/s. (*a*) Qual é a inclinação do canal? (*b*) À medida que os anos passam, o canal sofre desgaste e *n* dobra. Qual será a nova profundidade normal para a mesma vazão?

P10.29 Admita que o canal trapezoidal da Figura P10.17 contém areia e sedimentos que não queremos arrastar. Segundo a correlação empírica proposta por A. Shields em 1936, a tensão cisalhante média na parede $\tau_{crít}$ necessária para arrastar partículas de areia de diâmetro d_p é aproximada por

$$\frac{\tau_{crít}}{(\rho_s - \rho)g\, d_p} \approx 0,5$$

em que $\rho_a \approx 2.400$ kg/m³ é a massa específica da areia. Se a declividade do canal na Figura P10.17 for 1:900 e $n \approx 0,014$, determine a máxima profundidade da água para evitar o arraste de partículas de 1 mm de diâmetro.

P10.30 Um canal de formato V revestido de tijolos de barro, com um ângulo total de 90°, tem 1 km de comprimento e um declive de 1:400. Quando operando a uma profundidade de 2 m, a extremidade a montante é fechada repentinamente enquanto a extremidade a jusante continua a drenar. Considerando uma vazão normal quase permanente, determine o tempo para a profundidade do canal baixar para 20 cm.

P10.31 Um tubo de esgoto de concreto sem acabamento com 6 pés de diâmetro trabalha cheio até a metade. Qual é a declividade apropriada para fornecer 50.000 gal/min de água em escoamento uniforme?

P10.32 O canal em forma de semi-V funcionaria tão bem quanto um canal em forma de V completo? A resposta ao Prob. P10.18 é $Q = 12,4$ m³/s. (Não revele isso aos seus colegas que ainda estão trabalhando no P10.18.) Para o semi-V de aço pintado da Fig. P10.32, na mesma declividade de 3:1.000, encontre a área da seção de escoamento que dá a mesma vazão Q e compare com o Problema P10.18.

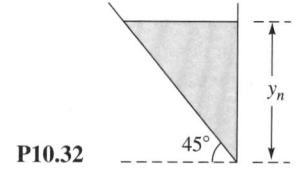

P10.32

P10.33 Cinco tubos de esgoto, cada um com 2 m de diâmetro e feitos de argila, funcionam a meia seção, com uma declividade de 0,25°, descarregando em um único tubo feito de asfalto, também com declividade de 0,25°. Se o tubo maior também deve funcionar a meia seção, qual deverá ser seu diâmetro?

P10.34 Um canal retangular feito de tijolos com $S_0 = 0,002$ é projetado para conduzir 6,51 m³/s de água em escoamento uniforme. Discute-se se a largura do canal deverá ser de 1,22 ou 2,44 m. Qual é o projeto que requer menos tijolos? Em que percentual?

P10.35 Em períodos de cheia, um canal natural frequentemente consiste em uma calha principal profunda mais duas calhas de cheia, como mostra a Figura P10.35. As calhas de cheia em geral são rasas e rugosas. Se o canal tem a mesma declividade em todos os pontos, como você analisaria essa situação em relação à vazão? Admita que $y_1 = 6,10$ m, $y_2 = 1,52$ m, $b_1 =$

12,20 m, b_2 = 30,50 m, n_1 = 0,020 e n_2 = 0,040, com uma declividade de 0,0002. Calcule a vazão em m³/s.

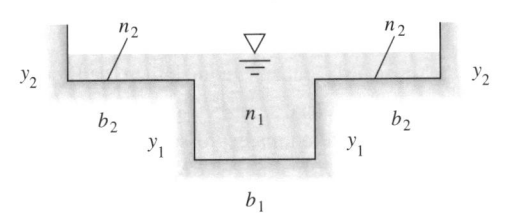

P10.35

P10.36 O rio Blackstone, no norte de Rhode Island, normalmente escoa com vazão aproximada de 25 m³/s e se assemelha com a Figura P10.35, com um canal central em terra limpa, $b_1 \approx 20$ m e $y_1 \approx 3$ m. A declividade do leito é de aproximadamente 0,38 m/km. As margens são cobertas de vegetação densa com $b_2 \approx 150$ m. Durante a passagem do furacão Carol, em 1954, foi avaliada uma vazão recorde de 1.000 m³/s. Use essas informações para avaliar a máxima profundidade de cheia y_2 durante esse evento.

Canais eficientes de escoamento uniforme

P10.37 Um canal triangular (ver Figura E10.6) deve ser construído com metal corrugado e escoará a vazão de 8 m³/s com uma declividade de 0,005. O fornecimento de chapas metálicas é limitado, portanto, os engenheiros querem minimizar a superfície do canal. Quais são (a) o melhor ângulo total θ para o canal, (b) a profundidade normal para a parte (a) e (c) o perímetro molhado para a parte (b)?

P10.38 Para o canal em forma de semi-V na Fig. P10.32, considere que o ângulo interior do V seja θ. Para um dado valor de área, declividade e n, encontre o valor de θ para o qual a vazão é máxima. Para evitar a álgebra pesada, basta plotar Q em função de θ para A constante.

P10.39 Um canal trapezoidal tem n = 0,022 e S_0 = 0,0003 e é feito na forma de um semi-hexágono para máxima eficiência. Qual deverá ser o comprimento do lado do hexágono se o canal deve conduzir 6,37 m³/s de água? Qual é a vazão de um canal semicircular com a mesma área de seção transversal e as mesmas S_0 e n?

P10.40 Usando a geometria da Figura 10.6a, prove que o canal circular aberto mais eficiente (raio hidráulico máximo para uma dada área de escoamento) é um semicírculo.

P10.41 Determine o valor mais eficiente de θ para o canal em forma de V da Figura P10.41.

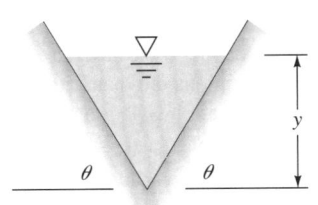

P10.41

P10.42 Deseja-se transportar 30.000 gal/min de água por um canal de alvenaria, disposto em um declive de 1:100. O que exigiria menos tijolos, em escoamento uniforme: (a) um canal em V com θ = 45°, como na Fig. P10.41, ou (b) um canal retangular eficiente com $b = 2y$?

P10.43 Determine as dimensões de maior eficiência de um canal retangular de tijolos de barro para transportar 110.000 gal/min com uma declividade de 0,002.

P10.44 Quais as dimensões mais eficientes para que um canal semi-hexagonal de ferro fundido escoe 56.781 litros/min com uma declividade de 0,16°?

P10.45 O cálculo nos mostra que o ângulo de parede mais eficiente para um canal em V (Figura P10.41) é θ = 45°. Ele produz a vazão normal mais alta para uma dada área. Mas esse ponto de máximo é agudo ou achatado? Para uma área de escoamento de 1 m² e um canal de concreto sem acabamento com uma declividade de 0,004, faça um gráfico da vazão normal Q, em m³/s, em função do ângulo para o intervalo de 30° ≤ θ ≤ 60° e comente.

P10.46 É sugerido que um canal que reduz a erosão tem uma forma parabólica, como na Figura P10.46. As fórmulas para a área e o perímetro da seção transversal parabólica são as seguintes [7, p. 36]:

$$A = \frac{2}{3}bh_0; \quad P = \frac{b}{2}\left[\sqrt{1+\alpha^2} + \frac{1}{\alpha}\ln(\alpha + \sqrt{1+\alpha^2})\right]$$

em que $\alpha = \dfrac{4h_0}{b}$

Para as condições de escoamento uniforme, determine a relação h_0/b mais eficiente para esse canal (perímetro mínimo para uma dada área constante).

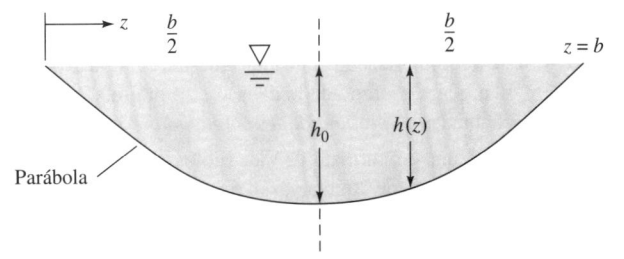

P10.46

P10.47 O cálculo nos diz que a profundidade de água mais eficiente para um canal retangular (como na Figura E10.1) é y/b = 1/2. Ela produz a vazão normal mais alta para uma dada área. Mas esse ponto de máximo é agudo ou achatado? Para uma área de escoamento de 1 m² e um canal construído com tijolos de argila com uma declividade de 0,006, faça um gráfico da vazão normal Q, em m³/s, em função de y/b para o intervalo 0,3 ≤ y/b ≤ 0,7 e comente.

Energia específica: profundidade crítica

P10.48 Um rio largo, com leito em terra limpa, tem uma vazão q = 13,94 m³/(s · m). Qual a profundidade crítica? Se a profundidade real for de 3,66 m, qual será o número de

Froude do rio? Calcule a declividade crítica (a) pela fórmula de Manning e (b) pelo diagrama de Moody.

P10.49 Determine a profundidade crítica do canal de tijolos no Problema P10.34 para as larguras de 1,22 e 2,44 m. Os escoamentos normais são subcríticos ou supercríticos?

P10.50 Uma ponta de lápis penetrando na superfície livre de um canal retangular cria uma onda em formato de cunha de 25° de semiângulo, como na Figura P10.50. Se a superfície do canal for de aço pintado e a profundidade for de 35 cm, determine (a) o número de Froude, (b) a profundidade crítica e (c) a declividade crítica para escoamento uniforme.

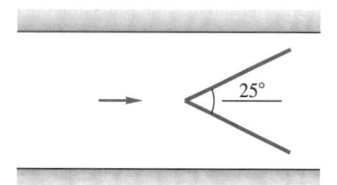

P10.50

P10.51 Um duto de concreto sem acabamento, de diâmetro 1,5 m, trabalha com vazão de 8,0 m³/s cheio até a metade. (a) O escoamento ocorre em regime crítico? Caso negativo, qual é (b) a vazão crítica, (c) a declividade crítica e (d) o número de Froude? (e) Se o escoamento é uniforme, qual é a declividade do duto?

P10.52 Água escoa ocupando toda a seção de um canal semi-hexagonal revestido de asfalto, com largura W de fundo. A vazão é de 12 m³/s. Estime W se o número de Froude for exatamente 0,60.

P10.53 Para o escoamento do rio do Problema P10.48, encontre a profundidade y_2 que tem a mesma energia específica que a profundidade dada $y_1 = 3,66$ m. Elas são chamadas de *profundidades conjugadas*. Qual é Fr_2?

P10.54 Um canal em formato de V de tijolos de barro tem um ângulo total de 70° e a vazão é 8,5 m³/s. Calcule (a) a profundidade crítica, (b) a velocidade crítica e (c) a declividade crítica para escoamento uniforme.

P10.55 Um canal trapezoidal assemelha-se ao da Figura 10.7 com $b = 1$ m e $\theta = 50°$. A profundidade da água é de 2 m, e a vazão é de 32 m³/s. Se você colocar sua unha na superfície, como na Figura P10.50, que semiângulo de onda deverá surgir?

P10.56 Um tubo de esgoto de concreto com acabamento de 4 pés de diâmetro está cheio de água até a metade. (a) Nos moldes da Fig. 10.4a, calcule a velocidade de propagação de uma onda de pequena amplitude que se propaga ao longo do canal. (b) Se a vazão de água for de 14.000 gal/min, calcule o número de Froude.

P10.57 Considere o canal em formato de V de ângulo arbitrário da Figura P10.41. Se a profundidade for y, (a) encontre uma expressão analítica para a velocidade de propagação c_0 de uma pequena onda de perturbação ao longo desse canal. [*Dica:* Elimine a vazão das análises da Seção 10.4.] Se $\theta = 45°$ e a profundidade é de 1 m, determine (b) a velocidade de propagação e (c) a vazão se o canal está escoando com número de Froude de 1/3.

P10.58 Para um canal semi-hexagonal que opera a seção plena, encontre uma expressão analítica para a velocidade de propagação de uma pequena onda de perturbação que viaja ao longo desse canal. Indique a largura do fundo como b e use a Fig. 10.7 como guia.

Escoamento sobre uma elevação

P10.59 O escoamento uniforme de água em um canal largo de alvenaria com declividade de 0,02° ocorre sobre uma elevação de 10 cm como na Figura P10.59. Isso resulta em uma pequena depressão na superfície da água. Se a profundidade mínima da água sobre a elevação for de 50 cm, calcule (a) a velocidade sobre a elevação e (b) a vazão por metro de largura.

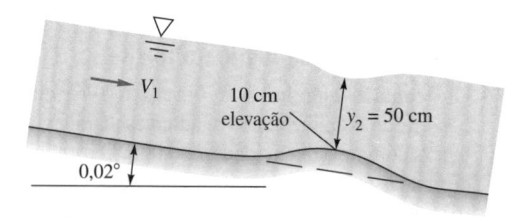

P10.59

P10.60 Água, escoando em um canal retangular de 2 m de largura, encontra uma elevação de fundo de 10 cm de altura. A profundidade de aproximação é de 60 cm e a vazão é 4,8 m³/s. Determine (a) a profundidade da água, (b) a velocidade e (c) o número Froude sobre a elevação. *Dica*: a alteração na profundidade da água é pequena, apenas cerca de 8 cm.

P10.61 Modifique o Problema P10.59 da seguinte maneira: supondo novamente escoamento de aproximação uniforme subcrítico (V_1, y_1), encontre (a) a vazão e (b) y_2 para o qual o escoamento na crista da elevação é exatamente o crítico ($Fr_2 = 1,0$).

P10.62 Considere o escoamento em um canal largo sobre uma elevação, como na Figura P10.62. Podemos avaliar a variação na profundidade da água ou *transição*, admitindo escoamento sem atrito. Use a equação da continuidade e a equação de Bernoulli para mostrar que

$$\frac{dy}{dx} = -\frac{dh/dx}{1 - V^2/(gy)}$$

A depressão da superfície da água é realística na Figura P10.62? Explique em quais condições a superfície poderia se elevar acima de sua posição y_0 a montante.

P10.63 Na Figura P10.62, seja $V_0 = 1$ m/s e $y_0 = 1$ m. Se a altura máxima da elevação for de 15 cm, calcule (a) o número de Froude sobre o topo da elevação e (b) a depressão máxima na superfície da água.

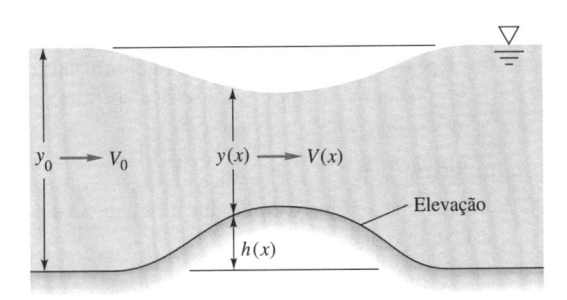

P10.62

P10.64 Para o canal retangular do Prob. P10.60, o número de Froude sobre a elevação de fundo é cerca de 1,37, que é 17% menor que o valor de aproximação. Para as mesmas condições de entrada, encontre a altura de elevação Δh que faz com que o número de Froude sobre a elevação seja 1,00.

P10.65 Programe e resolva a equação diferencial do "escoamento sem atrito sobre uma elevação", do Problema P10.62, para condições de entrada $V_0 = 1$ m/s e $y_0 = 1$ m. Considere que a elevação tenha uma forma conveniente $h = 0,5\, h_{máx}[1 - \cos(2\pi x/L)]$, que simula a Figura P10.62. Suponha $L = 3$ m, e gere uma solução numérica para $y(x)$ na região da elevação $0 < x < L$. Se você dispõe de tempo para apenas um caso, use $h_{máx} = 15$ cm (Problema P10.63) para o qual o número de Froude máximo é 0,425. Se houver mais tempo disponível, é útil examinar uma família completa de perfis de superfície para $h_{máx} \approx 1$ cm até 35 cm (que é a solução do Problema P10.64).

*P10.66 Na Fig. P10.62, admita $V_0 = 5,5$ m/s e $y_0 = 90$ cm. (*a*) O nível d'água subirá ou cairá sobre a elevação? (*b*) Para uma altura de elevação de 30 cm, determine o número de Froude sobre a elevação. (*c*) Encontre a altura que causará um escoamento crítico sobre a elevação.

P10.67 Modifique o Prob. P10.63 para que a variação de 15 cm no nível do fundo seja uma *depressão*, não uma elevação. Calcule (*a*) o número de Froude sobre a depressão e (*b*) a variação máxima na profundidade da água.

P10.68 Modifique o Problema P10.65 para ter uma condição de aproximação supercrítica $V_0 = 6$ m/s e $y_0 = 1$ m. Se você tiver tempo para apenas um caso, use $h_{máx} = 35$ cm (Problema P10.66), para o qual o máximo número de Froude é 1,47. Se houver mais tempo disponível, é útil examinar uma família completa de perfis de superfície para 1 cm $< h_{máx} <$ 52 cm (que é a solução do Problema P10.67).

Escoamento sob uma comporta

*P10.69 É dado um escoamento em um canal de grande largura b sob uma comporta de fundo, como mostra a Figura P10.69. Considerando escoamento permanente sem atrito com energia cinética desprezível a montante, deduza uma fórmula para a vazão adimensional $Q^2/(y_1^3 b^2 g)$ como uma função da relação y_2/y_1. Mostre por diferenciação que a vazão máxima ocorre em $y_2 = 2y_1/3$.

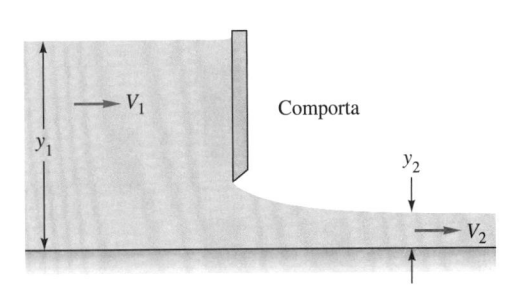

P10.69

P10.70 Uma libertação de água periódica e espetacular, na província chinesa de Henan, escoa por meio de uma gigantesca comporta de fundo. Suponha que a comporta tenha 23 m de largura e a abertura tenha 8 m de altura. A altura de água a montante é de 32 m. Supondo descarga livre, calcule a vazão volumétrica através da comporta.

P10.71 Na Figura P10.69, seja $y_1 = 95$ cm e $y_2 = 50$ cm. Calcule a vazão por unidade de largura se a energia cinética a montante for (*a*) desprezada e (*b*) incluída.

*P10.72 A água se aproxima da comporta de fundo larga da Figura P10.72 com $V_1 = 0,2$ m/s e $y_1 = 1$ m. Levando em conta a energia cinética a montante, calcule na saída, seção 2, (*a*) a profundidade, (*b*) a velocidade e (*c*) o número de Froude.

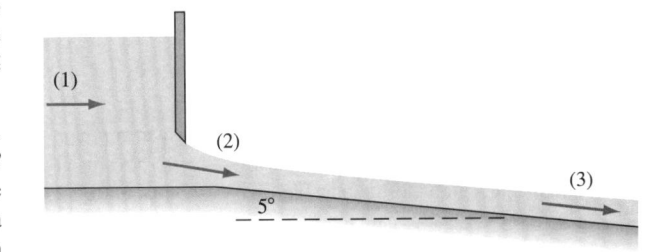

P10.72

P10.73 Na Fig. P10.69, considere $y_1 = 6$ pés e a largura da comporta $b = 8$ pés. Encontre a abertura da comporta H que permitiria uma descarga livre de 30.000 gal/min por baixo da comporta.

P10.74 Com relação à Figura P10.69, mostre que, para escoamento sem atrito, a velocidade a montante pode ser relacionada com os níveis da água pela relação:

$$V_1 = \sqrt{\frac{2g(y_1 - y_2)}{K^2 - 1}}$$

em que $K = y_1/y_2$.

P10.75 Um tanque de água com 1 m de profundidade, 3 m de comprimento e 4 m de largura no sentido perpendicular ao papel tem uma comporta de fundo fechada no lado direito, como mostra a Figura P10.75. Em $t = 0$ a comporta é aberta com uma abertura de 10 cm. Considerando a teoria quase-permanente da comporta de fundo, calcule o tempo necessário para que o nível da água caia a 50 cm. Suponha descarga livre.

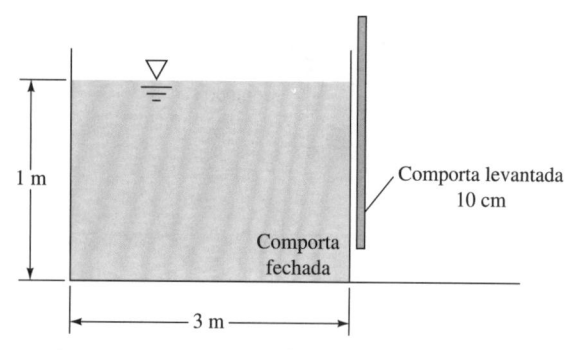

P10.75

P10.76 A Figura P10.76 mostra um escoamento horizontal de água por meio de uma comporta de fundo, com um ressalto hidráulico, e sobre um vertedouro de soleira delgada de 1,8 m. O canal, a comporta, o ressalto e o vertedouro têm todos eles 2,4 m de largura e são feitos de concreto sem acabamento. Determine (*a*) a vazão em m³/s e (*b*) a profundidade normal.

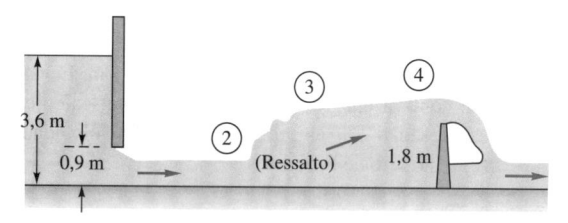

P10.76

P10.77 A Equação (10.41) para a vazão sob uma comporta de fundo é para descarga livre. Se a descarga estiver *afogada*, como na Fig. 10.10c, há dissipação, e C_d cai bruscamente, como mostrado na Fig. P10.77, obtida da Ref. 2. Use esses dados para reestudar o Prob. P10.73, com $H = 9$ polegadas. Faça um gráfico da vazão estimada, em gal/min, em função de y_2 na faixa de 0,5 pé < y_2 < 5 pés.

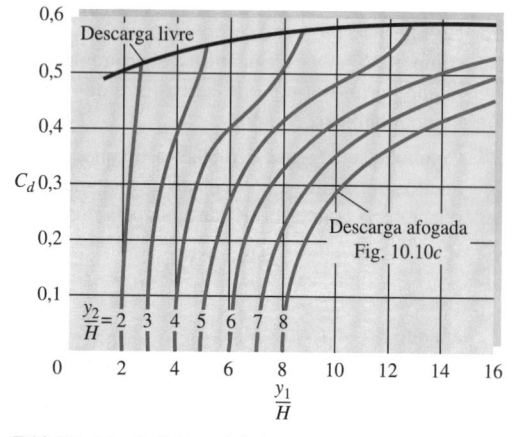

P10.77 *(Da Ref. 2, p. 509.)*

P10.78 Na Fig. P10.69, descarga livre, uma abertura da comporta de 0,72 pé permitirá uma vazão de 30.000 gal/min. Relembre que $y_1 = 6$ pés e a largura da comporta $b = 8$ pés. Admita que a comporta esteja afogada (Fig. P10.77), com $y_2 = 4$ pés. Qual seria a abertura necessária da comporta?

O ressalto hidráulico

P10.79 Mostre que o número de Froude a jusante de um ressalto hidráulico será dado por

$$Fr_2 = 8^{1/2} Fr_1/[(1 + 8 Fr_1^2)^{1/2} - 1]^{3/2}$$

A fórmula permanece correta se invertermos os subscritos 1 e 2? Por quê?

P10.80 Água escoando em um canal largo de 25 cm de profundidade subitamente salta para uma profundidade de 1 m. Calcule (*a*) o número de Froude a jusante, (*b*) a vazão por unidade de largura, (*c*) a profundidade crítica e (*d*) a porcentagem de dissipação.

P10.81 Água escoa em um canal largo a $q = 2,32$ m³/(s · m), $y_1 = 0,3$ m, e então passa por um ressalto hidráulico. Calcule y_2, V_2, Fr_2, h_p, o percentual de dissipação e a potência dissipada por unidade de largura. Qual a profundidade crítica?

P10.82 A jusante de um ressalto hidráulico largo o escoamento tem uma profundidade de 1,2 m e um número de Froude de 0,5. Calcule (*a*) y_1, (*b*) V_1, (*c*) Fr_1, (*d*) o percentual de dissipação e (*e*) y_c.

P10.83 Um escoamento em canal largo passa por um ressalto hidráulico de 40 cm para 140 cm. Calcule (*a*) V_1, (b) V_2, (*c*) a profundidade crítica, em centímetros, e (*d*) o percentual de dissipação.

*P10.84 Considere o escoamento sob a comporta de fundo da Figura P10.84. Se $y_1 = 3,05$ m e todas as perdas são desprezadas, exceto a dissipação no ressalto hidráulico, calcule y_2 e y_3 e o percentual de dissipação e esboce o escoamento em escala, incluindo a LE. O canal é horizontal e largo.

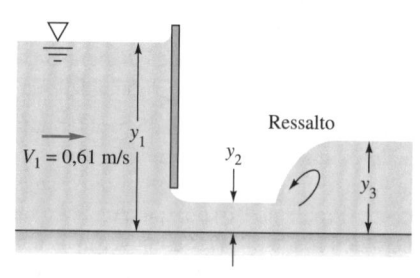

P10.84

P10.85 A analogia entre um ressalto hidráulico e um choque normal equipara número de Mach e número de Froude, massa específica do ar e profundidade da água, pressão do ar e quadrado da profundidade da água. Teste essa analogia para $Ma_1 = Fr_1 = 4,0$ e comente os resultados.

P10.86 Uma *onda brusca* é um ressalto hidráulico que se propaga a montante em um fluido parado ou de movimento muito lento, como na Fig. P10.86, no canal Sée-Sélune, perto do Monte Saint Michel, no noroeste da França. A onda está se movendo a aproximadamente 10 pés/s e tem cerca de um pé de altura. Calcule (*a*) a profundidade da água nesta área e (*b*) a velocidade induzida pela onda.

P10.86 Onda brusca causada por penetração de maré, comumente chamada *macaréu* ou *pororoca*, no estuário do rio Sée-Sélune, no noroeste da França. (*Cortesia do Prof. Hubert Chanson, Universidade de Queensland*).

P10.87 Um *macaréu* ou uma *pororoca* pode ocorrer quando a maré oceânica adentra em um estuário contra a descarga de um rio que deságua, como ocorre na foz do Rio Amazonas, no Brasil. Considere que a pororoca tenha uma profundidade de 3 m e se propague a 21 km/h a montante em um rio de 2,1 m de profundidade. Calcule a velocidade do rio.

*__P10.88__ Considere o escoamento supercrítico, $Fr_1 > 1$, em um canal plano de águas rasas em direção a uma cunha de ângulo interno 2θ, como na Fig. P10.88. Pela analogia com o escoamento compressível, devem se formar ressaltos hidráulicos semelhantes às ondas de choque na Fig. P9.132*a*. Usando uma abordagem semelhante à da Fig. 9.20, desenvolva e explique as equações que poderiam ser utilizadas para encontrar o ângulo de onda β e Fr_2.

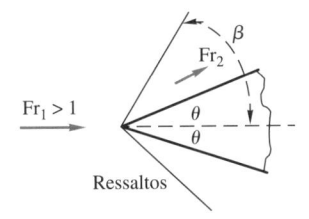

P10.88

P10.89 Água com 30 cm de profundidade está em escoamento uniforme em um canal de concreto sem acabamento, em declive de 1°, quando ocorre um ressalto hidráulico, como na Figura P10.89. Se o canal for muito largo, calcule a profundidade da água y_2 a jusante do ressalto hidráulico.

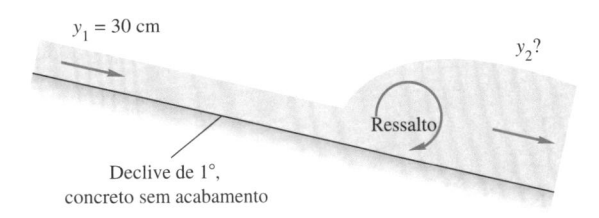

P10.89

P10.90 Para o sistema comporta/ressalto hidráulico/vertedouro representado na Figura P10.76, a vazão foi determinada em 10,3 m³/s. Determine (*a*) as profundidades y_2 e y_3 da água e (*b*) os números de Froude Fr_2 e Fr_3 antes e depois do ressalto hidráulico.

*__P10.91__ Implemente numericamente a solução do problema P10.88 para o escoamento em um canal plano de águas rasas com 1 cm de profundidade a uma velocidade média de 0,94 m/s. O semi-ângulo θ da cunha é 20°. Calcule (*a*) β, (*b*) Fr_2 e (*c*) y_2.

P10.92 Uma visão familiar a todos é o ressalto hidráulico circular formado por um jato de torneira caindo sobre a superfície plana de uma pia, como na Fig. P10.92. Devido às profundidades rasas, esse ressalto depende fortemente do atrito de fundo, da viscosidade e da tensão superficial [35]. Ele também é instável e pode ocasionar formas não circulares interessantes, como mostrado no site <http://www-math.mit.edu/~bush/jump.htm>.

P10.92 Um ressalto hidráulico circular em uma pia de cozinha. (*Cortesia do Prof. Hubert Chanson, Universidade de Queensland.*)

Para este problema, suponha que a teoria do ressalto bidimensional seja válida. Se a profundidade da água fora (depois) do ressalto for de 4 mm, o raio no qual o ressalto aparece for $R = 3$ cm, e a vazão da torneira for 100 cm³/s, encontre as condições imediatamente a montante do ressalto.

P10.93 Água em um canal horizontal acelera suavemente sobre uma elevação e em seguida passa por um ressalto hidráulico, como na Figura P10.93. Se $y_1 = 1$ m e $y_3 = 40$ cm, calcule (a) V_1, (b) V_3, (c) y_4 e (d) a altura h da elevação.

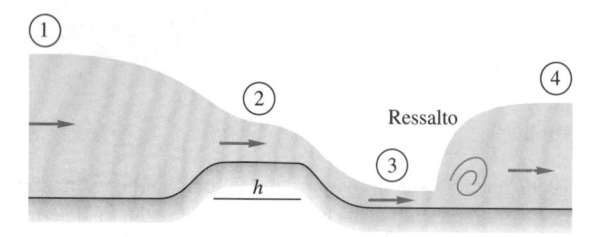

P10.93

P10.94 Na Fig. 10.11, o escoamento a montante tem apenas 2,65 cm de profundidade. O canal tem 50 cm de largura e a vazão é de 0,0359 m^3/s. Determine (a) o número Froude a montante, (b) a velocidade a jusante, (c) a profundidade a jusante e (d) a porcentagem de dissipação.

P10.95 Uma elevação de 10 cm de altura em um canal de água largo e horizontal cria um ressalto hidráulico exatamente a montante e o padrão de escoamento da Figura P10.95. Desprezando as perdas, exceto aquelas do ressalto hidráulico, para o caso $y_3 = 30$ cm, calcule (a) V_4, (b) y_4, (c) V_1 e (d) y_1.

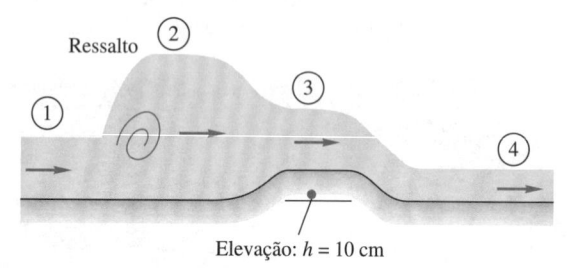

P10.95

P10.96 Para o ressalto hidráulico circular na Fig. P10.92, as profundidades da água antes e depois do ressalto são 2 mm e 4 mm, respectivamente. Admita que a teoria de ressalto bidimensional seja válida. Se vazão da torneira for de 150 cm^3/s, calcule o raio R em que o ressalto aparecerá.

Escoamento gradualmente variado

P10.97 Um canal retangular de alvenaria de 4 m de largura tem uma vazão de 8,0 m^3/s com uma declividade de 0,1°. Trata-se de uma declividade fraca, crítica ou forte? Sobre que tipo de curva de solução gradualmente variada estaremos se a profundidade local da água for de (a) 1 m, (b) 1,5 m e (c) 2 m?

P10.98 Um canal largo de terra com cascalho escoa uma vazão de 10 m^3/s por metro de largura com uma declividade de 0,75°. Trata-se de uma declividade fraca, crítica ou forte? Sobre que tipo de curva de solução gradualmente variada estaremos se a profundidade local da água for de (a) 1 m, (b) 2 m, (c) 3 m?

P10.99 Um canal em forma de V revestido de tijolos de barro, com ângulo total de 60°, tem uma vazão de 1,98 m^3/s em um declive de 0,33°. Trata-se de uma declividade fraca, crítica ou forte? Sobre que tipo de curva de solução gradualmente variada estaremos se a profundidade local da água for de (a) 1 m, (b) 2 m, (c) 3 m?

P10.100 Se for incluido o atrito de fundo no escoamento da comporta de fundo do Problema P10.84, as profundidades (y_1, y_2, y_3) irão variar com x. Faça um esboço do tipo e da forma de curva de solução gradualmente variada em cada região (1, 2, 3) e mostre as regiões de escoamento rapidamente variado.

P10.101 Considere a mudança gradual de perfil que inicia no ponto a na Figura P10.101 com uma declividade fraca S_{01} para uma declividade fraca, porém mais forte, S_{02}, a jusante. Desenhe e identifique a curva $y(x)$ esperada.

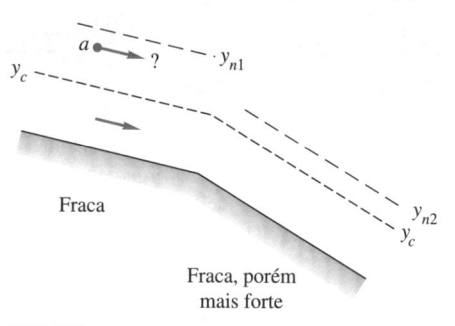

P10.101

*P10.102 O escoamento em canal largo na Figura P10.102 muda de uma declividade forte para outra ainda mais forte. Começando nos pontos a e b, faça um esboço e identifique os perfis de superfície da água esperados para escoamento gradualmente variado.

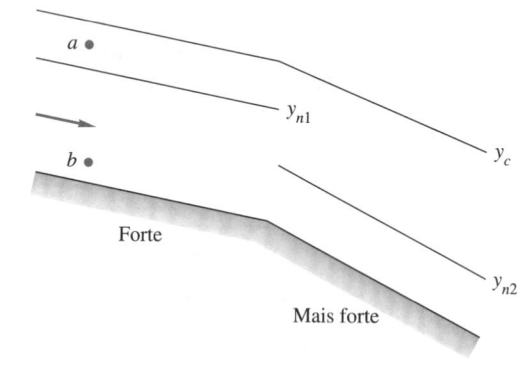

P10.102

P10.103 Um canal retangular revestido com cascalho, com 7 m de largura e 2 m de profundidade, opera com vazão de 75 m^3/s a uma declividade de 0,013. (a) Trata-se de uma declividade moderada, crítica ou severa? (b) Aproximadamente a quantos metros a jusante a solução gradualmente variada atingirá a profundidade normal?

P10.104 O escoamento no canal retangular da Figura P10.104 se expande para uma seção transversal 50% mais larga. Começando nos pontos a e b, faça um esboço e identifique os perfis da superfície da água esperados para um escoamento gradualmente variado.

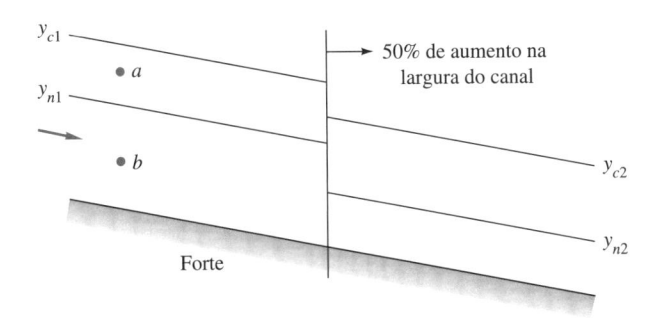

P10.104

P10.105 No Problema P10.84, a solução sem atrito é $y_2 = 0{,}25$ m, que representamos como $x = 0$ exatamente a jusante da comporta. Se o canal for horizontal com $n = 0{,}018$ e não houver ressalto hidráulico, calcule, usando a teoria de escoamento gradualmente variado, a distância a jusante na qual $y = 0{,}61$ m.

P10.106 Um canal retangular com $n = 0{,}018$ e uma declividade constante de 0,0025 aumenta sua largura linearmente de b para $2b$ em uma distância L, conforme mostra a Figura P10.106. (*a*) Determine a variação $y(x)$ ao longo do canal se $b = 4$ m, $L = 250$ m, a profundidade inicial é $y(0) = 1{,}05$ m e a vazão é de 7 m³/s. (*b*) Depois, se o seu programa de computador estiver rodando bem, determine a profundidade inicial $y(0)$ para a qual o escoamento de saída será exatamente crítico.

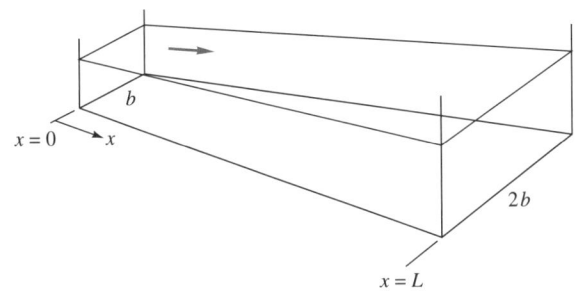

P10.106

P10.107 Um canal em terra limpa flui em um aclive (declividade adversa) com $S_0 = -0{,}002$. Se a vazão for $q = 4{,}5$ m³/(s · m), use a teoria de escoamento gradualmente variado para calcular a distância em que a profundidade cai de 3,0 m para 2,0 m.

P10.108 Água flui a 1,5 m³/s ao longo de um canal reto, rebitado, em forma de V de 90° (ver Figura P10.41, $\theta = 45°$). Na seção 1, a profundidade da água é 1,0 m. (*a*) À medida que caminhamos a jusante, a profundidade da água aumenta ou diminui? Explique. (*b*) Dependendo da sua resposta na parte (*a*), calcule, em uma convergência rápida, com base na teoria de escoamento gradualmente variado, a distância a jusante para a qual a profundidade aumenta (ou diminui) 0,1 m.

P10.109 A Figura P10.109 ilustra um padrão de escoamento em queda livre, onde o escoamento em um canal acelera para baixo em um declive e cai livremente sobre uma borda abrupta. Como mostra a figura, o escoamento se torna crítico exatamente antes da queda livre. Entre y_c e a borda, o escoamento é rapidamente variado e não satisfaz a teoria de escoamento gradualmente variado. Considere que a vazão seja $q = 1{,}3$ m³/(s · m) e que o revestimento seja de concreto sem acabamento. Use a Equação (10.51) para avaliar a profundidade da água 300 m a montante, como mostra a figura.

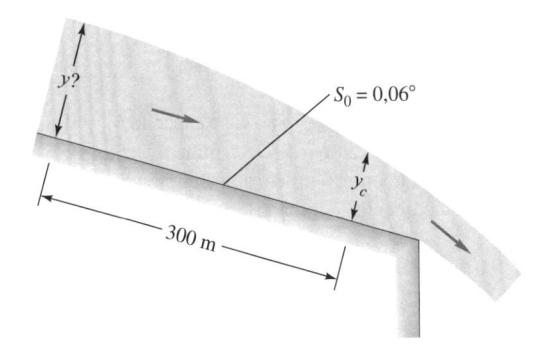

P10.109

P10.110 Admitimos um escoamento sem atrito ao resolver o caso da elevação, no Problema P10.65, para o qual $V_2 = 1{,}21$ m/s e $y_2 = 0{,}826$ m sobre a crista quando $h_{máx} = 15$ cm, $V_1 = 1$ m/s e $y_1 = 1$ m. No entanto, se a elevação for longa e rugosa, o atrito pode ser importante. Repita o Problema P10.65 para a mesma forma de elevação, $h = 0{,}5 h_{máx}[1 - \cos(2\pi x/L)]$, para calcular condições (*a*) na crista e (*b*) na extremidade da elevação, $x = L$. Faça $h_{máx} = 15$ cm e $L = 100$ m, e admita uma superfície em terra limpa.

*P10.111 A barragem Rolling no rio Blackstone tem um fundo com vegetação rasteira e uma vazão média de 900 pés³/s. Considere que o rio a montante tem 150 pés de largura e declividade de 10 pés por milha. A profundidade da água imediatamente a montante da barragem é de 7,7 pés. Calcule a profundidade da água a uma milha a montante (*a*) para a profundidade inicial dada, 7,7 pés, e (*b*) se uma sobrelevação da soleira da barragem aumentar essa profundidade para 10,7 pés.

P10.112 O canal em terra limpa da Figura P10.112 tem 6 m de largura e declividade de 0,3°. Água escoa a 30 m³/s no canal e entra em um reservatório tal que a profundidade do canal é de 3 m exatamente antes da entrada. Admitindo escoamento gradualmente variado, qual é a distância L até um ponto no canal em que $y = 2$ m? Qual o tipo de curva da superfície da água?

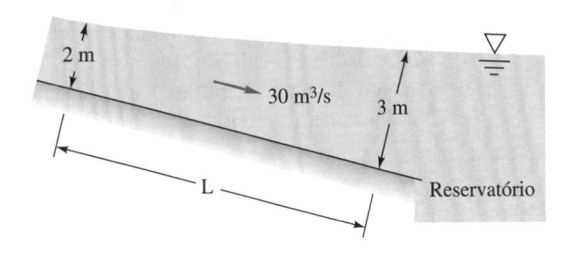

P10.112

Vertedouros e calhas

P10.113 A Figura P10.113 mostra uma contração de seção em um canal, às vezes chamada de *calha venturi* [23, p. 167] porque as medidas de y_1 e y_2 podem ser usadas para medir a vazão. Mostre que, se as perdas forem desprezadas e o escoamento for unidimensional e subcrítico, a vazão será dada por

$$Q = \left[\frac{2g(y_1 - y_2)}{1/(b_2^2 y_2^2) - 1/(b_1^2 y_1^2)} \right]^{1/2}$$

Aplique essa equação ao caso especial $b_1 = 3$ m, $b_2 = 2$ m e $y_1 = 1,9$ m. (*a*) Determine a vazão se $y_2 = 1,5$ m. (*b*) Encontre também a profundidade y_2 para a qual o escoamento se torna crítico na garganta.

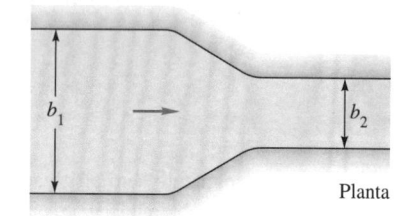

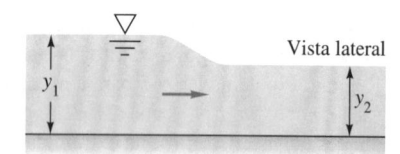

P10.113

P10.114 Para o sistema comporta/ressalto hidráulico/vertedouro representado na Figura P10.76, a vazão foi determinada em 10,3 m³/s. Determine a profundidade y_4 da água exatamente a montante do vertedouro.

P10.115 A teoria de escoamento gradualmente variado, Equação (10.49), despreza o efeito das variações de *largura*, db/dx, admitindo que elas são pequenas. Mas elas não são tão pequenas para uma contração curta e abrupta como aquela da calha venturi na Figura P10.113. Mostre que, para uma seção retangular com $b = b(x)$, a Equação (10.49) deverá ser modificada da seguinte forma:

$$\frac{dy}{dx} \approx \frac{S_0 - S + [V^2/(gb)](db/dx)}{1 - \text{Fr}^2}$$

Investigue um critério para reduzir essa relação à Equação (10.49).

P10.116 Um vertedouro Cipolletti, popular nos sistemas de irrigação, é trapezoidal, com lados inclinados à razão de 1:4 entre horizontal e vertical, como mostra a Figura P10.116. Os dados a seguir são valores de vazão do Departamento de Agricultura dos Estados Unidos, para alguns parâmetros do sistema:

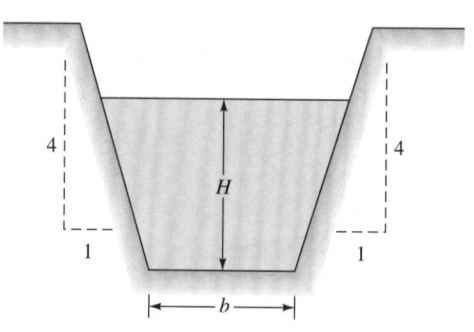

P10.116

H, m	0,24	0,3	0,405	0,45
b, m	0,45	0,6	0,75	1,05
Q, l/s	102	191	373,5	614,5

Fonte: Departamento de Agricultura dos Estados Unidos

Use esses dados para correlacionar uma fórmula para o vertedouro Cipolletti com um coeficiente de descarga razoavelmente constante.

P10.117 Um dispositivo popular para medir vazão na agricultura é a *calha Parshall* [33], Figura P10.117, que recebeu esse nome em homenagem ao seu inventor, Ralph L. Parshall, que a desenvolveu em 1922 para o U.S. Bureau of Reclamation. O escoamento subcrítico de aproximação é levado, por uma contração em declive, a se tornar crítico ($y = y_c$) e depois supercrítico. Ele fornece uma leitura constante H para uma ampla gama de escoamentos a jusante. Deduza uma fórmula para calcular Q por meio da medida de H, conhecendo-se a largura b da contração. Despreze a carga de velocidade na entrada.

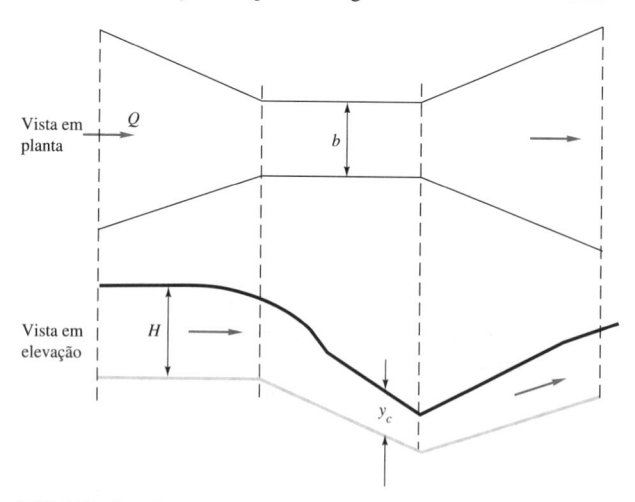

P10.117 A calha Parshall

*P10.118 Usando uma análise do tipo Bernoulli semelhante à da Figura 10.16*a*, mostre que a vazão teórica do vertedouro em formato de V na Figura P10.118 é dada por

$$Q = 0,7542 g^{1/2} \tan \alpha \, H^{5/2}$$

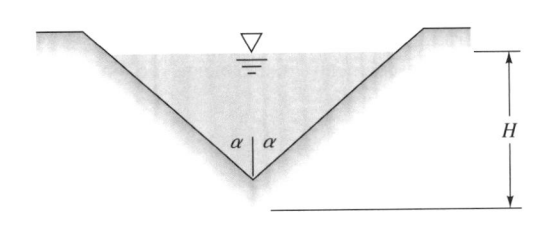

*P10.118

P10.119 Dados de A. T. Lenz para água a 20°C (fornecidos na Referência 23) mostram um aumento significativo no coeficiente de descarga de vertedouros em formato de V (Fig. P10.118) sob baixas cargas. Para $\alpha = 20°$, alguns valores medidos são os seguintes:

H, m	0,06	0,12	0,18	0,24	0,30
C_d	0,499	0,470	0,461	0,456	0,452

Determine se esses dados podem ser correlacionados com os números de Reynolds e Weber perante a Equação (10.61). Se não puderem, sugira outra correlação.

P10.120 O canal retangular da Figura P10.120 contém um vertedouro com entalhe em V. O objetivo é medir vazões entre 2,0 m³/s e 6,0 m³/s com uma ponta linimétrica do tipo gancho a montante, medindo profundidades entre 2,0 m e 2,75 m. Quais são os valores mais apropriados para a altura Y do entalhe e para o semiângulo α do entalhe?

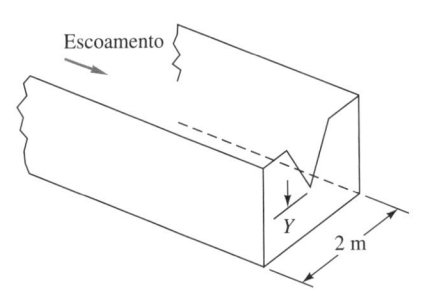

P10.120

P10.121 A vazão de água em um canal retangular deve ser medida por um vertedouro de placa delgada com contrações laterais, como na Tabela 10.2b, com $L = 1,83$ m e $Y = 0,30$ m. Deseja-se medir vazões entre 5.700 e 11.500 l/min com apenas 152 mm de variação na profundidade da água a montante. Qual é o valor mais apropriado para a largura b do vertedouro?

P10.122 Em 1952, E. S. Crump desenvolveu o vertedouro de formato triangular mostrado na Figura P10.122 [23, Capítulo 4]. A inclinação frontal é de 1:2 para evitar a deposição de sedimentos, e a inclinação traseira é de 1:5 para manter um escoamento estável no canal a jusante. A beleza do projeto é que há uma única correlação de descarga até as condições de quase-afogamento, $H_2/H_1 \leq 0,75$:

$$Q = C_d b g^{1/2}\left(H_1 + \frac{V_1^2}{2g} - k_h\right)^{3/2}$$

em que $\quad C_d \approx 0,63 \quad$ e $\quad k_h \approx 0,3$ mm

O termo k_h é um fator de perda devido à baixa carga. Admita que o vertedouro tenha 3 m de largura e uma altura de crista $Y = 50$ cm. Se a profundidade da água a montante for de 65 cm, calcule a vazão em l/min.

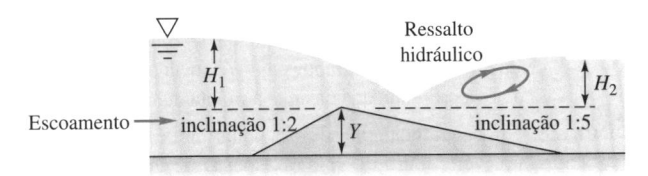

P10.122 O vertedouro de Crump [23, Capítulo 4]

*P10.123 Água escoa a 120 pés³/s em um canal retangular de 20 pés de largura e 10 pés de profundidade. A vazão deverá ser medida por um vertedouro retangular com contração lateral, como na Tabela 10.2b. Proponha alguns valores de projeto apropriados para b, Y e H que satisfaçam as condições de tabela para este vertedouro.

Curvas de remanso

P10.124 Água escoa a 17 m³/s em um canal retangular de 6,7 m de largura com $n \approx 0,024$ e uma inclinação de 0,1°. Uma barragem aumenta a profundidade para 4,6 m, como na Figura P10.124. Usando a teoria de escoamento gradualmente variado, calcule a distância L a montante para a qual a profundidade da água será de 3 m. Sobre que tipo de curva de solução nos encontramos? Qual deve ser a profundidade assintótica da água bem a montante?

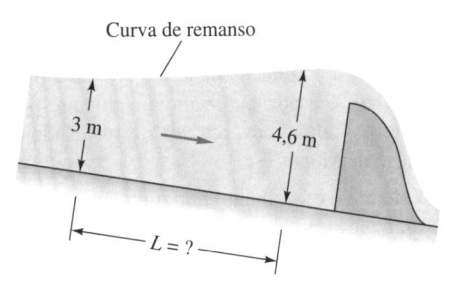

P10.124

P10.125 A barragem Tupperware no Rio Blackstone tem 3,65 m de altura, 30,5 m de largura, e tem borda aguda. Ela cria um remanso semelhante ao da Figura P10.124. Suponha que o rio seja um canal retangular em terra com vegetação rasteira de 30,5 m de largura com uma vazão de 22,65 m³/s. Calcule a profundidade da água 3,2 km a montante da barragem se $S_0 = 0,001$.

P10.126 Suponha que o canal retangular da Figura P10.120 seja feito de aço rebitado e tenha uma vazão de 8 m³/s sobre um declive de 0,15°. Se o vertedouro com entalhe em V tem $\alpha = 30°$ e $Y = 50$ cm, calcule, por meio da teoria de escoamento gradualmente variado, a profundidade da água 100 m a montante.

P10.127 Um rio com leito de terra limpa tem 50 pés de largura e vazão média de 600 pés³/s. Nele está inserida uma barragem que aumenta a profundidade da água para 8 pés, a fim de criar uma queda para uma usina hidrelétrica. A declividade do leito é 0,0025. (*a*) Qual é a profundidade normal desse rio? (*b*) Os engenheiros propõem colocar uma sobrelevação na soleira da barragem para elevar o nível da água para 10 pés. Residentes a meia milha a montante estão preocupados com uma inundação acima da atual profundidade aproximada de 2,2 pés. Usando a Eq. (10.52) em um grande passo de meia milha, calcular a nova profundidade da água a montante.

P10.128 Um canal retangular de 4 m de largura é obstruído por um vertedouro de soleira espessa de 2 m de altura, como na Figura P10.128. O canal é horizontal por 200 m a montante e então se inclina de 0,7°, como mostra a figura. A vazão é de 12 m³/s e *n* = 0,03. Calcule a profundidade da água *y* a 300 m a montante pela teoria de escoamento gradualmente variado.

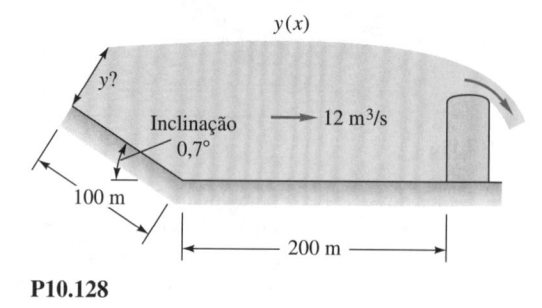

P10.128

Problemas dissertativos

PD10.1 Problemas com superfície livre são regidos pela gravidade. Por que tantas fórmulas deste capítulo contêm a *raiz quadrada* da aceleração da gravidade?

PD10.2 Explique por que o escoamento sob uma comporta de fundo, Figura 10.10, é ou não é análogo ao escoamento compressível de um gás através de um bocal convergente–divergente, Figura 9.12.

PD10.3 No escoamento uniforme em um canal aberto, qual é o balanço de forças? Você pode usar esse balanço de forças para deduzir a equação de Chézy (10.13)?

PD10.4 Uma onda em águas rasas propaga-se a uma velocidade de $c_0 \approx (gy)^{1/2}$. O que a faz propagar-se? Ou seja, qual é o balanço de forças desse movimento ondulatório? Em que direção essa onda se propaga?

PD10.5 Por que a correlação de atrito de Manning, Equação (10.16), é usada quase universalmente pelos engenheiros hidráulicos, em vez de ser usado o fator de atrito de Moody?

PD10.6 Durante o escoamento horizontal em um canal sobre uma elevação, a energia específica é constante? Explique.

PD10.7 Cite algumas semelhanças e, talvez, algumas diferenças entre um ressalto hidráulico e uma onda de choque normal da dinâmica dos gases.

PD10.8 Dê três exemplos de escoamento rapidamente variado. Para cada caso, cite razões pelas quais ele não satisfaz uma ou mais das cinco hipóteses básicas da teoria de escoamento gradualmente variado.

PD10.9 Uma queda livre, Figura 10.15*e*, é semelhante a um vertedouro? Poderia ser calibrada em função da vazão da mesma maneira que um vertedouro? Explique.

PD10.10 Cite algumas semelhanças e, talvez, algumas diferenças entre um vertedouro e um medidor de vazão baseado na obstrução de Bernoulli da Seção 6.12.

PD10.11 Uma elevação, Figura 10.9*a*, é semelhante a um vertedouro? Caso não seja, quando é que uma elevação torna-se grande o suficiente ou aguda o suficiente para se tornar um vertedouro?

PD10.12 Após alguma leitura e/ou raciocínio, explique o projeto e a operação de uma *calha de contração longa*.

PD10.13 Descreva o projeto e a operação de uma *calha de profundidade crítica*. Quais são suas vantagens quando comparada com a *calha venturi* do P10.113?

Problemas de fundamentos de engenharia

FE10.1 Considere um canal retangular de 3 m de largura sobre um declive de 1°. Se a profundidade da água é de 2 m, o raio hidráulico é:
(*a*) 0,43 m, (*b*) 0,6 m, (*c*) 0,86 m, (*d*) 1,0 m, (*e*) 1,2 m

FE10.2 Para o canal do problema FE10.1, a profundidade da água mais eficiente (maior vazão para uma dada declividade e resistência) é
(*a*) 1 m, (*b*) 1,5 m, (*c*) 2 m, (*d*) 2,5 m, (*e*) 3 m

FE10.3 Se o canal do problema FE 10.1 for construído em pedra argamassada (fator de Manning $n \approx 0,020$), qual é a vazão de escoamento uniforme quando a profundidade da água é de 2 m?
(*a*) 6 m³/s, (*b*) 18 m³/s, (*c*) 36 m³/s, (*d*) 40 m³/s, (*e*) 53 m³/s

FE10.4 Para o canal do problema FE10.1, se a profundidade da água é de 2 m e a vazão de escoamento uniforme é de 24 m³/s, qual é o valor aproximado do coeficiente *n* de rugosidade de Manning?
(*a*) 0,015, (*b*) 0,020, (*c*) 0,025, (*d*) 0,030, (*e*) 0,035

FE10.5 Para o canal do Problema FE10.1, se o coeficiente de rugosidade de Manning é $n \approx 0,020$ e $Q \approx 29$ m³/s, qual é a profundidade normal y_n?
(*a*) 1 m, (*b*) 1,5 m, (*c*) 2 m, (*d*) 2,5 m, (*e*) 3 m

FE10.6 Para o canal do problema FE10.1, se $Q \approx 24$ m³/s, qual é a profundidade crítica y_c?
(*a*) 1,0 m, (*b*) 1,26 m, (*c*) 1,5 m, (*d*) 1,87 m, (*e*) 2,0 m

FE10.7 Para o canal do problema FE10.1, se $Q \approx 24$ m³/s e a profundidade é 2 m, qual é o número de Froude do escoamento?
(*a*) 0,50, (*b*) 0,77, (*c*) 0,90, (*d*) 1,00, (*e*) 1,11

Problemas abrangentes

PA10.1 Em fevereiro de 1998, houve o rompimento da barragem de terra da represa California Jim, no sul de Rhode Island. A enchente resultante provocou uma destruição temporária no povoado de Peace Dale, próximo à barragem. A represa tem uma área de 6,9 hectares e 4,6 m de profundidade e estava cheia devido às fortes chuvas. A brecha aberta na barragem tinha 6,7 m de largura e 4,6 m de profundidade. Avalie o tempo necessário para a represa ser drenada até a profundidade de 0,61 m.

PA10.2 Um tubo de drenagem circular, de concreto sem acabamento, é assentado em um declive de 0,0025 e está planejado para conduzir de 1,4 a 8,5 m³/s de água drenada. As restrições do projeto são que (1) a profundidade da água não pode ultrapassar 3/4 do diâmetro e (2) o escoamento deve ser sempre subcrítico. Qual é o diâmetro apropriado para satisfazer a esses requisitos? Se não houvesse um tubo comercial com esse diâmetro exato, você compraria o tubo do diâmetro mais próximo menor ou maior?

PA10.3 Estenda o Problema P10.72, cuja solução era $V_2 \approx$ 4,33 m/s. (*a*) Use a teoria de escoamento gradualmente variado para estimar a profundidade da água 10 m a jusante na seção (3) para (*a*) declive de 5°, de concreto sem acabamento, mostrado na Figura P10.72. (*b*) Repita os seus cálculos para um *aclive* (declividade adversa) de 5°. (*c*) Quando você descobre que a parte (*b*) é impossível com a teoria de escoamento gradualmente variado, explique por que e repita para uma aclive de 1°.

PA10.4 Deseja-se medir a vazão em um canal retangular em asfalto de 1,5 m de largura, projetado para escoamento uniforme a uma profundidade de 70 cm e uma inclinação de 0,0036. Os lados verticais do canal têm 1,2 m de altura. Considere o uso de um vertedouro retangular de placa fina, com largura total ou parcial (Tabela 10.2*a*, *b*) para essa finalidade. Sturm [7, p.51] recomenda, para uma correlação precisa, que um vertedouro desses tenha $Y \geq 9$ cm e $H/Y \leq 2,0$. Determine a viabilidade de instalar um vertedouro desses que tenha precisão e não faça a água transbordar pelos lados do canal.

PA10.5 A Figura PA10.5 mostra um modelo hidráulico de um *vertedouro composto*, que combina duas formas diferentes. (*a*) Excluindo a medição, para a qual ele pode ser inadequado, qual poderia ser a razão de engenharia para o uso desse tipo de vertedouro? (*b*) Para o rio protótipo, considere que ambas as seções tenham lados com ângulo de 70° em relação à horizontal, tendo a seção do fundo uma base de 2 m de largura e a seção superior uma largura de 4,5 m, incluindo a parte recortada. As alturas das seções horizontais inferior e superior são 1 m e 2 m, respectivamente. Use estimativas de engenharia para fazer um gráfico da profundidade da água a montante em função da vazão do Rio Petaluma no intervalo de 0 a 4 m³/s. (*c*) Para qual vazão do rio a água transbordará por cima da barragem?

PA10.5 (*Cortesia do U.S. Army Corps of Engineers Waterways Experiment Station.*)

PA10.6 A Figura PA10.6 mostra um escoamento horizontal de água através de uma comporta de fundo, um ressalto hidráulico e sobre um vertedouro de soleira delgada de 1,8 m. Canal, comporta, ressalto e vertedouro têm todos 2,4 m de largura em concreto sem acabamento. Determine (*a*) a vazão, (*b*) a profundidade normal, (*c*) y_2, (*d*) y_3 e (*e*) y_4.

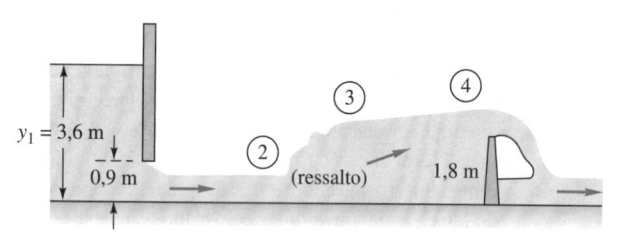

P10.6

PA10.7 Considere o canal em forma de V da Figura PA10.7, com um ângulo arbitrário θ. Faça uma análise da continuidade e da quantidade de movimento para uma pequena perturbação $\delta y \ll y$, como na Figura 10.4. Mostre que a velocidade de propagação da onda nesse canal é independente de θ, e *não* é igual ao resultado $c_0 = (gy)^{1/2}$ de canal largo.

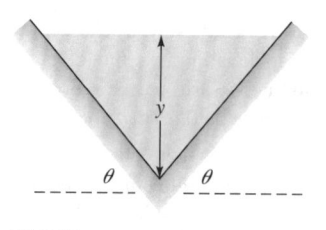

PA10.7

Problemas de projetos

PP10.1 Um canal reto em terra com vegetação rasteira tem o formato trapezoidal da Figura 10.7, com $b = 4$ m e $\theta = 35°$. O canal tem uma declividade de fundo constante de 0,001. A vazão varia sazonalmente de 5 até 10 m³/s. Deseja-se instalar um vertedouro de soleira delgada através do canal de modo que a profundidade da água 1 km a montante permaneça a 2 m $\pm$ 10% ao longo de todo o ano. Verifique a possibilidade de fazer isso com um vertedouro de largura total; se tiver sucesso, determine a altura apropriada do vertedouro *Y*; caso contrário, tente outras alternativas, tais como (*a*) um vertedouro de soleira espessa de largura total ou (*b*) um vertedouro com contrações laterais ou (*c*) um vertedouro com entalhe V. Qualquer que seja seu projeto final, cite a variação sazonal das profundidades normais e críticas para comparação com a profundidade nominal desejada de 2 m.

PP10.2 A barragem Caroselli no Rio Pawcatuck tem 3 m de altura, 27,4 m de largura e a borda aguda. A companhia Coakley usa essa altura para gerar potência hidrelétrica e quer *mais* potência. Eles solicitaram permissão ao município para elevar a barragem. Acima da barragem, o rio pode ser aproximado como retangular, de 27,4 m de largura com declividade a montante de 2,27 m por quilômetro e com um leito pedregoso. A vazão média é de 11,33 m³/s, com uma vazão de cheia prevista a cada 30 anos de 34 m³/s. As margens do rio são íngremes até 1,6 km a montante, onde existem moradias na parte baixa. O conselho municipal concorda com a elevação da barragem, desde que o novo nível do rio, perto dessas casas, durante a cheia de 30 anos, não ultrapasse em 0,91 m o nível atual durante as condições de vazão média. Você, como engenheiro de projetos, deve prever quanto a crista da barragem pode ser elevada e ainda satisfazer esse requisito.

Referências

1. B. A. Bakhmeteff, *Hydraulics of Open Channels*, McGraw-Hill, New York, 1932.
2. V. T. Chow, *Open Channel Hydraulics*, Blackburn Press, Caldwell, NJ, 2009.
3. M. H. Chaudhry, *Open Channel Flow*, 2d ed., Springer, New York, 2007.
4. R. Srivastava, *Flow Through Open Channels*, Oxford University Press, New York, 2008.
5. H. Chanson, *The Hydraulics of Open Channel Flow*, 2d ed., Elsevier, New York, 2004.
6. J. O. Akan, *Open Channel Hydraulics*, Butterworth-Heinemann, Woburn, MA, 2006.
7. T. W. Sturm, *Open Channel Hydraulics*, McGraw-Hill, New York, 2001.
8. J. Pedlosky, *Waves in the Ocean and Atmosphere: Introduction to Wave Dynamics*, Springer, New York, 2003.
9. L. H. Holthuijsen, *Waves in Oceanic and Coastal Waters*, Cambridge University Press, New York, 2007.
10. M. K. Ochi, *Ocean Waves: The Stochastic Approach*, Cambridge University Press, London, 2008.
11. G. Masselink, M. Hughes, and J. Knight, *Introduction to Coastal Processes and Geomorphology*, 2d ed., Routledge, New York, 2011.
12. M. B. Abbott and W. A. Price, *Coastal, Estuarial, and Harbor Engineers Reference Book*, Taylor & Francis, New York, 1994.
13. P. D. Komar, *Beach Processes and Sedimentation*, 2d ed., Pearson Education, Upper Saddle River, NJ, 1998.
14. W. Yue, C.-L. Lin, and V. C. Patel, "Large Eddy Simulation of Turbulent Open Channel Flow with Free Surface Simulated by Level Set Method," *Physics of Fluids*, vol. 17, no. 2, Feb. 2005, pp. 1–12.

15. J. M. Robertson and H. Rouse, "The Four Regimes of Open Channel Flow," *Civ. Eng.*, vol. 11, no. 3, March 1941, pp. 169–171.
16. R. W. Powell, "Resistance to Flow in Rough Channels," *Trans. Am. Geophys. Union,* vol. 31, no. 4, August 1950, pp. 575–582.
17. R. Manning, "On the Flow of Water in Open Channels and Pipes," *Trans. I.C.E. Ireland,* vol. 20, 1891, pp. 161–207.
18. "Friction Factors in Open Channels, Report of the Committee on Hydromechanics," *ASCE J. Hydraul. Div.,* March 1963, pp. 97–143.
19. E. F. Brater, H. W. King, J. E. Lindell, and C. Y. Wei, *Handbook of Hydraulics,* 7th ed., McGraw-Hill, New York, 1996.
20. U.S. Bureau of Reclamation, "Research Studies on Stilling Basins, Energy Dissipators, and Associated Appurtenances," *Hydraulic Lab. Rep.* Hyd-399, June 1, 1955.
21. P. A. Thompson, *Compressible-Fluid Dynamics,* McGraw-Hill, New York, 1972.
22. R. M. Olson and S. J. Wright, *Essentials of Engineering Fluid Mechanics,* 5th ed., Harper & Row, New York, 1990.
23. P. Ackers et al., *Weirs and Flumes for Flow Measurement,* Wiley, New York, 1978.
24. M. G. Bos, J. A. Replogle, and A. J. Clemmens, *Flow Measuring Flumes for Open Channel Systems,* American Soc. Agricultural and Biological Engineers, St. Joseph, MI, 1991.
25. M. G. Bos, *Long-Throated Plumes and Broad-Crested Weirs,* Springer-Verlag, New York, 1984.
26. D. H. Hoggan, *Computer-Assisted Floodplain Hydrology and Hydraulics,* 2d ed., McGraw-Hill, New York, 1996.
27. R. Jeppson, *Open Channel Flow: Numerical Methods and Computer Applications*, CRC Press, Boca Raton, FL, 2010.
28. R. Szymkiewicz, *Numerical Modeling in Open Channel Hydraulics*, Springer, New York, 2010.
29. R. Baban, *Design of Diversion Weirs: Small Scale Irrigation in Hot Climates,* Wiley, New York, 1995.
30. H. Chanson, *Hydraulic Design of Stepped Cascades, Channels, Weirs, and Spillways,* Pergamon Press, New York, 1994.
31. D. Kampion and A. Brewer, *The Book of Waves: Form and Beauty on the Ocean*, 3d ed., Rowman and Littlefield, Lanham, MD, 1997.
32. L. Mays, *Water Resources Engineering,* Wiley, New York, 2005.
33. D. K. Walkowiak (ed.), *Isco Open Channel Flow Measurement Handbook*, 5th ed., Teledyne Isco, Inc., Lincoln, NE, 2006.
34. H. Chanson, "Photographic Observations of Tidal Bores (Mascarets) in France," Hydraulic Model Report CH71/08, The University of Queensland, 2008, 104 pages.
35. E. J. Watson, "The Spread of a Liquid Jet over a Horizontal Plane," *J. Fluid Mechanics*, vol. 20, 1964, pp. 481–499.
36. Z. Arendze and B. W. Skews, "Experimental and Numerical Study of the Hydraulic Analogy to Supersonic Flow," *South African Institution of Mechanical Engineering R&D Journal*, vol. 24, 2008, pp. 9–15.
37. T. J. Mueller and W. L. Oberkampf, "Hydraulic Analog for the Expansion Deflection Nozzle," *AIAA Journal*, vol. 5, 1967, pp. 1200–1202.

As turbinas eólicas desempenharão um papel importante em nosso futuro energético. A foto mostra uma TEEH (turbina eólica de eixo horizontal) de 100 kW, instalada em 2011 na área de camping do Memorial Estadual dos Pescadores (*Fishermen's Memorial State Camp Ground*) em Narragansett, Rhode Island. Ela está programada para gerar 100 kW em ventos de 13 a 25 m/s e fornecer metade da eletricidade necessária para os 18 mil visitantes anuais do camping. A energia eólica é boa, mas cara. Apenas para instalar, essa turbina custa mais do que irá recuperar em economia de energia ao longo de sua vida útil de 20 anos. [*Fotografia cortesia de F. M. White.*]

Capítulo 11
Turbomáquinas

Motivação. A aplicação de engenharia mais comum na mecânica dos fluidos é o projeto de máquinas de fluidos. Os tipos mais numerosos são máquinas que *adicionam* energia ao fluido (a família de bombas), mas também são importantes aquelas que *extraem* energia (turbinas). Ambos os tipos usualmente estão conectados a um eixo rotativo, razão pela qual se denominam *turbomáquinas*.

A finalidade deste capítulo é estabelecer os cálculos básicos de engenharia sobre o desempenho das máquinas de fluidos. A ênfase será no escoamento aproximadamente incompressível: líquidos ou gases a baixas velocidades. São discutidos os princípios fundamentais do escoamento, mas não a construção detalhada das máquinas.

11.1 Introdução e classificação

As turbomáquinas dividem-se naturalmente naquelas que adicionam energia (bombas) e naquelas que extraem energia (turbinas). O prefixo *turbo* é uma palavra latina que significa rotação ou giro, apropriado para dispositivos rotativos.

A bomba é a mais antiga máquina de transferência de energia para um fluido que se conhece. Há pelo menos dois projetos que datam de antes de Cristo: (1) as rodas de água com conchas impulsionadas na parte inferior da roda, ou *noras*, usadas na Ásia e na África (1.000 a.C.) e (2) a bomba de parafuso de Arquimedes (250 a.C.), que ainda é fabricada nos dias de hoje para movimentar misturas líquido-sólido. Turbinas de rodas com remos eram usadas pelos romanos em 70 a.C., e os moinhos de vento da Babilônia datam de 700 a.C. [1].

As máquinas que fornecem líquidos são simplesmente chamadas de *bombas*, mas se gases são envolvidos, três diferentes termos são usuais, dependendo da elevação de pressão que se deseja obter. Se a elevação de pressão for muito pequena (alguns centímetros de altura de água), uma bomba de gás é chamada de *ventilador*; até 1 atm, usualmente é chamada de *soprador*; e acima de 1 atm é comumente chamada de *compressor*.

Classificação das bombas

Há dois tipos básicos de bombas: as bombas de deslocamento positivo e as bombas dinâmicas ou de variação de quantidade de movimento. Há uma infinidade de cada tipo em uso no mundo hoje.

Bombas de deslocamento positivo (BDP) forçam o movimento do fluido por meio de variações de volume. Uma cavidade se abre, e o fluido é admitido através de uma entrada. A cavidade então se fecha, e o fluido é comprimido através de uma saída. O coração dos mamíferos é um bom exemplo, e há muitos projetos mecânicos em uso. As referências 35-38 fornecem um resumo das BDPs.

Veja a seguir uma breve classificação dos tipos de BDP:

A. Bombas alternativas
   1. Pistão ou êmbolo
   2. Diafragma
B. Rotativas
   1. Rotor único
      a. Palheta deslizante
      b. Tubo ou guarnição flexível
      c. Parafuso
      d. Peristáltica (contração em onda)
   2. Rotores múltiplos
      a. Engrenagem
      b. Lóbulo
      c. Parafuso
      d. Pistão periférico

Todas as BDPs fornecem um escoamento pulsante ou periódico à medida que o volume da cavidade se abre, retém e comprime o fluido. Sua grande vantagem é a movimentação de qualquer fluido, independentemente de sua viscosidade.

A Figura 11.1 mostra esquemas dos princípios de funcionamento de sete dessas BDPs. É raro encontrar um desses dispositivos para funcionar ao contrário, ou seja, como turbinas ou extratores de energia, sendo uma exceção clássica a máquina a vapor (com pistão alternativo).

Como as BDPs comprimem mecanicamente contra uma cavidade preenchida com um líquido, uma característica comum é que elas desenvolvem pressões imensas se a saída estiver fechada por algum motivo. É necessária uma construção robusta, e na condição de fechamento completo (*shutoff*), haveria danos se não fossem usadas válvulas de alívio de pressão.

As bombas dinâmicas simplesmente acrescentam quantidade de movimento ao fluido por meio de pás ou aletas que se movem rapidamente ou certos projetos especiais. Não há um volume fechado: o fluido aumenta sua quantidade de movimento enquanto se move através de passagens abertas e então converte sua alta velocidade em aumento de pressão, saindo por uma seção em forma de difusor. As bombas dinâmicas podem ser classificadas da seguinte forma:

A. Rotativas
   1. Fluxo centrífugo ou de saída radial
   2. Fluxo axial
   3. Fluxo misto (entre radial e axial)
B. Bombas especiais
   1. Bomba de jato ou ejetor (ver Figura P3.36)
   2. Bombas eletromagnéticas para metais líquidos
   3. Fluido impulsionado: gás comprimido ou carneiro hidráulico

Neste capítulo vamos nos concentrar nos tipos rotativos, às vezes chamados de *bombas rotodinâmicas*. Outros tipos de bombas BDP e dinâmicas são discutidos em textos especializados [por exemplo, 3, 31].

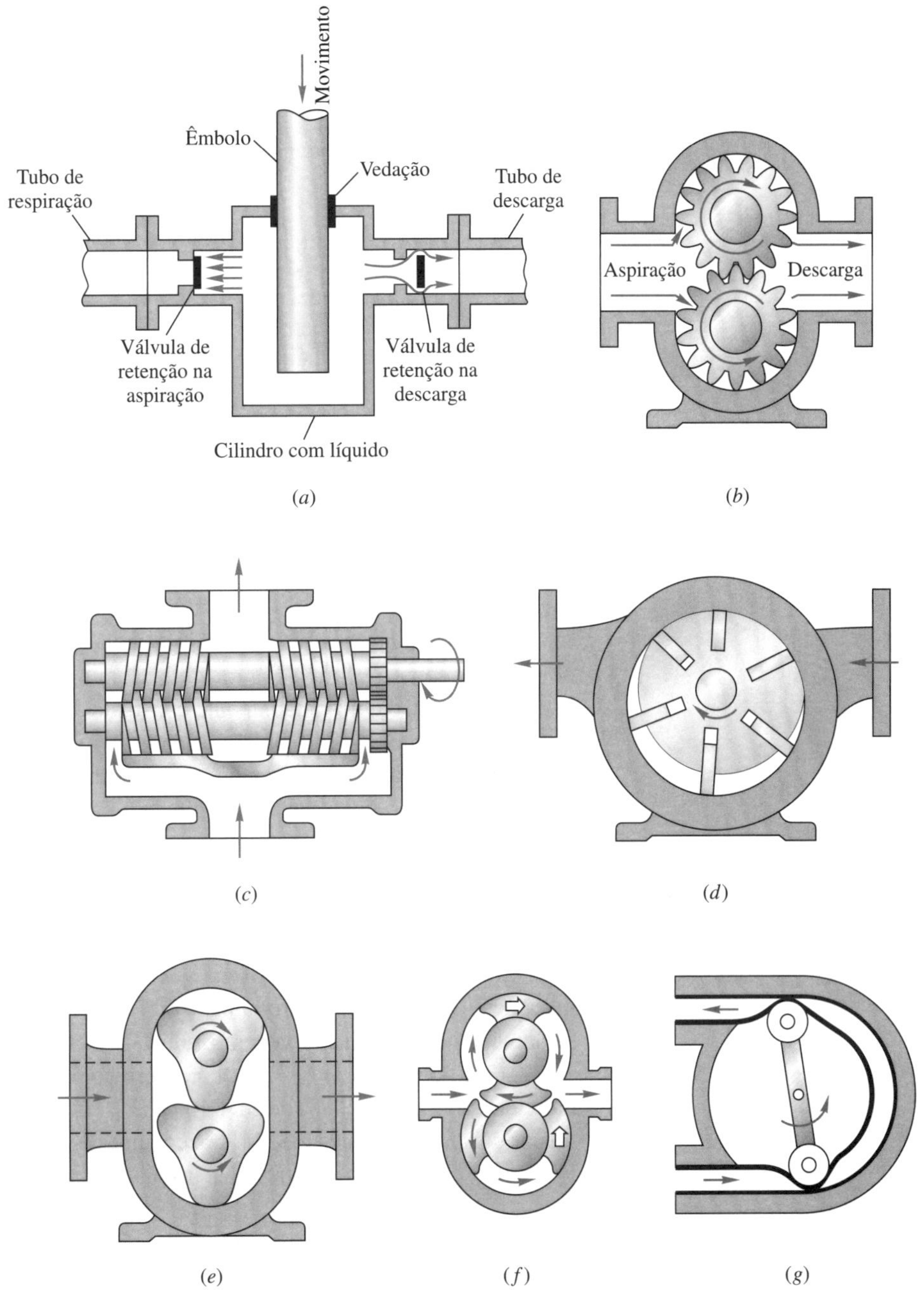

Figura 11.1 Desenhos esquemáticos de bombas de deslocamento positivo: (*a*) pistão alternativo ou êmbolo, (*b*) bomba de engrenagens externas, (*c*) bomba de parafusos duplos, (*d*) palhetas deslizantes, (*e*) bomba de três lóbulos, (*f*) pistão periférico duplo, (*g*) bomba de tubo flexível.

As bombas dinâmicas em geral proporcionam uma vazão maior e uma descarga muito mais estável do que as BDPs, mas são ineficazes para lidar com líquidos de alta viscosidade. As bombas dinâmicas também necessitam geralmente de *escorvamento*; se estiverem cheias de gás não podem aspirar um líquido que está em um nível abaixo da entrada da bomba. A BDP, por outro lado, é autoescorvante para a maioria das aplicações. Uma bomba dinâmica pode fornecer vazões muito altas (até 1.200 m^3/min), mas usualmente com elevações moderadas de pressão (algumas atmosferas). Ao contrário,

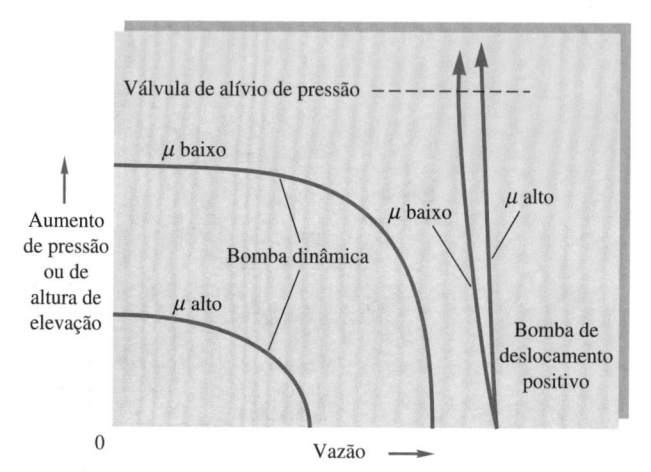

Figura 11.2 Comparação das curvas típicas de desempenho das bombas dinâmicas e de deslocamento positivo com rotação constante.

uma BDP pode operar com pressões muito altas (até 300 atm), mas, geralmente, produz vazões baixas (0,4 m³/min).

O *desempenho* relativo (Δp em função de Q) é muito diferente para os dois tipos de bombas, como mostra a Figura 11.2. Com uma rotação constante do eixo, a BDP produz uma vazão aproximadamente constante e um aumento de pressão praticamente ilimitado, com pouco efeito da viscosidade. A vazão de uma BDP não pode ser alterada exceto por variação do deslocamento ou da rotação. A descarga firme em rotação constante das BDPs levou ao seu uso amplo como bombas dosadoras [35].

A bomba dinâmica, ao contrário, na Figura 11.2, tem uma variação contínua de desempenho em rotação constante, desde um valor de Δp próximo ao máximo com vazão igual a zero (condição de *shutoff*) até Δp igual a zero com vazão máxima. Líquidos de alta viscosidade degradam muito o desempenho de uma bomba dinâmica.

Como sempre – e pela última vez neste livro – lembramos ao leitor que este é meramente um capítulo introdutório. Há muitos livros dedicados exclusivamente às turbomáquinas: tratamento generalizado [2 a 7], textos especializados em bombas [8 a 16, 30, 31], ventiladores [17 a 20], compressores [21 a 23], turbinas a gás [24 a 26], hidrelétricas [27, 28, 29, 32] e BDP [35 a 38]. Há vários manuais úteis [30 a 32], e pelo menos dois livros básicos [33, 34] trazem uma discussão ampla sobre turbomáquinas. O leitor pode encontrar nessas referências mais detalhes.

11.2 A bomba centrífuga

Vamos começar nosso breve estudo das máquinas rotodinâmicas examinando as características da bomba centrífuga. Conforme esquematizado na Figura 11.3, essa bomba consiste em um rotor que gira dentro de uma carcaça. O fluido entra axialmente pelo flange de entrada da carcaça, é aspirado pelas pás do rotor, gira tangencialmente e escoa radialmente para fora até sair por todas as partes periféricas do rotor chegando ao difusor da carcaça. O fluido ganha velocidade e pressão enquanto passa através do rotor. A seção em forma de caracol ou *voluta da carcaça* desacelera o escoamento e, com isso, aumenta ainda mais a pressão.

As pás do rotor usualmente são *curvadas para trás*, como na Figura 11.3, mas há também projeto de pás radiais e de pás curvadas para a frente, que mudam pouco a pressão de saída. O rotor pode ser do tipo *aberto* (há apenas uma pequena folga que

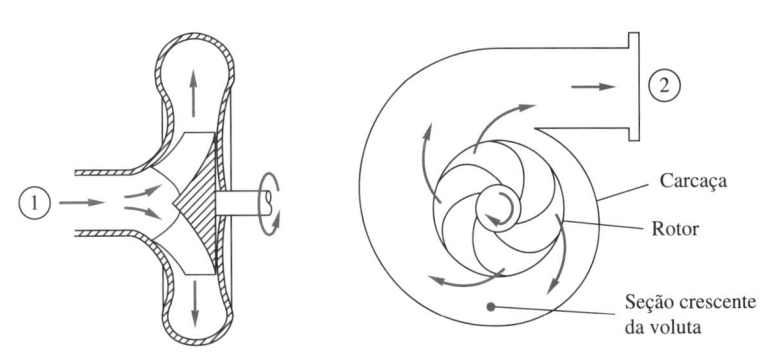

Figura 11.3 Vista em corte de uma bomba centrífuga típica.

separa as pás da parte da frente da carcaça) ou *fechado* (as pás são separadas da carcaça em ambos os lados pelas paredes do rotor). O difusor pode ser do tipo *sem aletas*, como na Figura 11.3, ou com aletas fixas para ajudar a guiar o escoamento em direção à saída.

Parâmetros básicos de saída

Admitindo escoamento permanente, a bomba basicamente aumenta a altura de carga do escoamento, de Bernoulli, entre o ponto 1, na entrada, e o ponto 2, na saída. Da Equação (3.73), desprezando o trabalho viscoso e a transferência de calor, essa variação é representada por H:

$$H = \left(\frac{p}{\rho g} + \frac{V^2}{2g} + z\right)_2 - \left(\frac{p}{\rho g} + \frac{V^2}{2g} + z\right)_1 = h_b - h_p \quad (11.1)$$

em que h_b é a altura de carga fornecida pela bomba e h_p são as perdas de carga. A altura líquida de carga H é um parâmetro fundamental de saída para qualquer turbomáquina. Como a Equação (11.1) é para escoamento incompressível, ela deve ser modificada para compressores que operam com gases com grandes variações de densidade.

Usualmente V_2 e V_1 são aproximadamente iguais, $z_2 - z_1$ não é mais do que um metro ou dessa ordem, e a altura líquida de carga da bomba é essencialmente igual à variação na altura de pressão:

$$H \approx \frac{p_2 - p_1}{\rho g} = \frac{\Delta p}{\rho g} \quad (11.2)$$

A potência fornecida ao fluido é simplesmente igual ao peso específico vezes a vazão vezes a altura líquida de carga:

$$P_h = \rho g Q H \quad (11.3)$$

Isso é tradicionalmente denominado *potência hidráulica*. A potência necessária para acionar a bomba é a *potência de eixo*[1]

$$P_e = \omega T \quad (11.4)$$

em que ω é a velocidade angular do eixo e T é o torque do eixo. Se não houvesse perdas, P_h e a potência de eixo P_e seriam iguais, mas, evidentemente, P_h é menor, e o *rendimento* η da bomba é definido como

$$\eta = \frac{P_h}{P_e} = \frac{\rho g Q H}{\omega T} \quad (11.5)$$

---

[1] Podem ser necessários fatores de conversão: 1 hp = 746 W.

O objetivo principal do projetista de bombas é tornar η o mais alto possível em uma faixa de vazão Q tão ampla quanto possível.

O rendimento é composto basicamente de três partes: volumétrico, hidráulico e mecânico. O *rendimento volumétrico* é

$$\eta_v = \frac{Q}{Q + Q_f} \tag{11.6}$$

em que Q_f é a perda do fluido causada pela fuga nas folgas entre a carcaça e o rotor. O *rendimento hidráulico* é

$$\eta_h = 1 - \frac{h_p}{h_b} \tag{11.7}$$

em que h_p se compõe de três partes: (1) perda por *choque* na entrada do rotor por causa da incidência imperfeita entre os ângulos do escoamento de entrada e das pás na entrada, (2) perdas por *atrito* nas partes internas do rotor e (3) perdas por *circulação* causada pela orientação imperfeita entre os ângulos do escoamento de saída e das pás na saída.

Por fim, o *rendimento mecânico* é

$$\eta_m = 1 - \frac{P_m}{P_e} \tag{11.8}$$

em que P_m é a perda de potência devida ao atrito mecânico nos mancais, nas gaxetas e em outros pontos de contato na máquina.

Por definição, o rendimento total é simplesmente o produto dos três rendimentos:

$$\eta \equiv \eta_v \eta_h \eta_m \tag{11.9}$$

O projetista tem de trabalhar nessas três áreas para aperfeiçoar a bomba.

Teoria elementar de bombas

Você talvez tenha pensado que as Equações (11.1) a (11.9) eram fórmulas da *teoria* das bombas. Não é bem assim; elas são apenas definições dos parâmetros de desempenho e não podem ser usadas em qualquer modo preditivo. Para realmente *prever* a altura de carga, a potência, o rendimento e a vazão de uma bomba, são possíveis duas abordagens teóricas: (1) fórmulas simples de escoamento unidimensional e (2) modelos complexos por meio de computador que levam em consideração a viscosidade e a tridimensionalidade do escoamento. Muitos dos melhores aperfeiçoamentos de projetos ainda vêm dos testes e da experiência, e o desenvolvimento de bombas continua sendo um campo muito atraente [39]. Nos últimos 10 anos vimos consideráveis avanços na modelagem de escoamentos por meio da dinâmica dos fluidos computacional (CFD – *computational fluid dynamics*) em turbomáquinas [42], e hoje há disponíveis pelo menos 8 programas comerciais em CFD para escoamento tridimensional turbulento.

Para elaborarmos uma teoria elementar sobre desempenho de bombas, admitimos um escoamento unidimensional e combinamos vetores idealizados de velocidade de fluido através do rotor com o teorema da quantidade de movimento angular para um volume de controle, Equação (3.59).

Os diagramas idealizados de velocidade estão na Figura 11.4. Admite-se que o fluido entra no rotor em $r = r_1$, com o componente de velocidade w_1 tangente ao ângulo β_1 da pá do rotor mais a velocidade circunferencial $u_1 = \omega r_1$, de acordo com a velocidade periférica do rotor. Sua velocidade absoluta de entrada é então o vetor soma de w_1

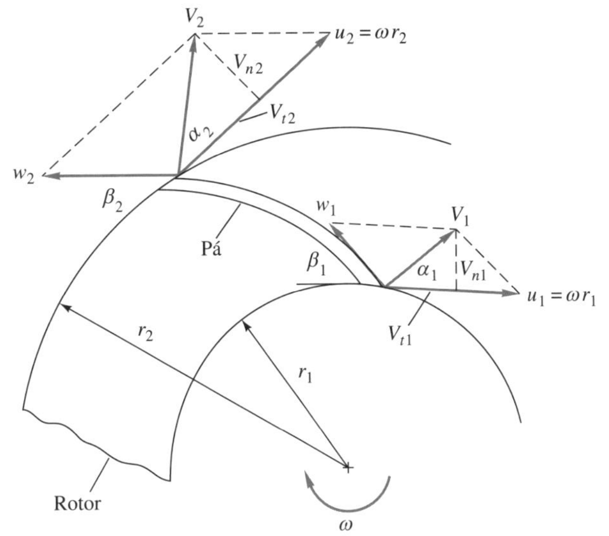

Figura 11.4 Diagramas de velocidade de entrada e saída para um rotor de bomba idealizado.

e u_1, mostrado como V_1. De forma semelhante, o escoamento sai em $r = r_2$ com o componente w_2 paralelo ao ângulo β_2 da pá do rotor mais a velocidade periférica $u_2 = \omega r_2$, com a velocidade resultante V_2.

Nós aplicamos o teorema da quantidade de movimento angular a uma turbomáquina no Exemplo 3.18 (Figura 3.15) e chegamos a um resultado para o torque aplicado T:

$$T = \rho Q(r_2 V_{t2} - r_1 V_{t1}) \tag{11.10}$$

em que V_{t1} e V_{t2} são os componentes da velocidade circunferencial absoluta do escoamento. A potência fornecida ao fluido é, portanto

ou
$$\boxed{\begin{aligned} P_h &= \omega T = \rho Q(u_2 V_{t2} - u_1 V_{t1}) \\ H &= \frac{P_h}{\rho g Q} = \frac{1}{g}(u_2 V_{t2} - u_1 V_{t1}) \end{aligned}} \tag{11.11}$$

Essas são as *equações de Euler das turbomáquinas*, mostrando que o torque, a potência e a altura de carga ideal são funções somente das velocidades periféricas do rotor $u_{1,2}$ e dos componentes tangenciais das velocidades absolutas do fluido $V_{t1,2}$, independentemente dos componentes das velocidades axiais (se houver) através da máquina.

Pode-se ter uma ideia mais clara reescrevendo essas relações em outra forma. Da geometria da Figura 11.4

$$V^2 = u^2 + w^2 - 2uw \cos \beta \qquad w \cos \beta = u - V_t$$

ou
$$uV_t = \tfrac{1}{2}(V^2 + u^2 - w^2) \tag{11.12}$$

Substituindo essa relação na Equação (11.11), obtemos

$$H = \frac{1}{2g}[(V_2^2 - V_1^2) + (u_2^2 - u_1^2) - (w_2^2 - w_1^2)] \tag{11.13}$$

Assim, a altura de carga ideal representa a variação de energia cinética do escoamento absoluto mais a variação de energia cinética causada pela rotação do rotor menos a variação de energia cinética do escoamento relativo. Finalmente, substituindo H da sua definição na Equação (11.1) e rearranjando, obtemos a relação clássica

$$\frac{p}{\rho g} + z + \frac{w^2}{2g} - \frac{r^2\omega^2}{2g} = \text{const} \tag{11.14}$$

Essa é a *equação de Bernoulli em coordenadas rotativas* e se aplica ao escoamento ideal incompressível tanto bidimensional como tridimensional.

Para uma bomba centrífuga, a potência pode ser relacionada com a velocidade radial $V_n = V_t \tan \alpha$ e a relação de continuidade

$$P_h = \rho Q (u_2 V_{n2} \cot \alpha_2 - u_1 V_{n1} \cot \alpha_1) \tag{11.15}$$

em que

$$V_{n2} = \frac{Q}{2\pi r_2 b_2} \quad \text{e} \quad V_{n1} = \frac{Q}{2\pi r_1 b_1}$$

e em que b_1 e b_2 são as larguras da pá na entrada e na saída. Com os parâmetros da bomba $r_1, r_2, \beta_1, \beta_2$ e ω conhecidos, a Equação (11.11) ou Equação (11.15) é usada para calcular a potência e a altura de carga ideais em função da vazão. A vazão Q^* de "projeto" é calculada muitas vezes admitindo-se que o escoamento entra exatamente normal ao rotor:

$$\alpha_1 = 90° \quad V_{n1} = V_1 \tag{11.16}$$

Podemos esperar que essa simples análise nos forneça estimativas dentro de $\pm 25\%$ para a altura de carga, a potência hidráulica e a vazão de uma bomba. Ilustremos com um exemplo.

EXEMPLO 11.1

São fornecidos os seguintes dados para uma bomba centrífuga comercial que opera com água: $r_1 = 100$ mm, $r_2 = 175$ mm, $\beta_1 = 30°$, $\beta_2 = 20°$, rotação = 1.440 rpm. Calcule (*a*) a vazão no ponto de projeto, (*b*) a potência hidráulica e (*c*) a altura de carga se $b_1 = b_2 = 44$ mm.

Solução

Parte (a) A velocidade angular é $\omega = 2\pi n = 2\pi(1.440/60) = 150{,}8$ rad/s. Portanto, as velocidades circunferenciais da pá são $u_1 = \omega r_1 = 150{,}8(0{,}1) = 15{,}08$ m/s e $u_2 = \omega r_2 = 150{,}8(0{,}175) = 26{,}39$ m/s. Do diagrama de velocidades na entrada, Figura E11.1*a* com $\alpha_1 = 90°$ para o ponto de projeto, calculamos

$$V_{n1} = u_1 \tan 30° = 8{,}71 \text{ m/s}$$

portanto, a vazão é

$$Q = 2\pi r_1 b_1 V_{n1} = (2\pi)(0{,}1)(0{,}044)(8{,}71)$$

$$= 0{,}241 \text{ m}^3/\text{s} = 241 \text{ l/s} \qquad \textit{Resposta (a)}$$

(A bomba real produz aproximadamente 220 l/s.)

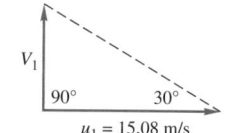

E11.1a

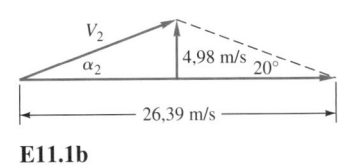

Parte (b) A velocidade radial de saída resulta de Q:

$$V_{n2} = \frac{Q}{2\pi r_2 b_2} = \frac{(0,241)}{2\pi (0,175)(0,044)} = 4,98 \text{ m/s}$$

Isso nos permite construir o diagrama de velocidades na saída como na Figura E11.1b, dado $\beta_2 = 20°$. A componente tangencial é

$$V_{t2} = u_2 - V_{n2} \cot \beta_2 = 26,39 - 4,98 \cot 20° = 12,71 \text{ m/s}$$

$$\alpha_2 = \tan^{-1} \frac{(4,98)}{12,71} = 21,4°$$

E11.1b

A potência é então calculada da Equação (11.11) com $V_{t1} = 0$ no ponto de projeto:

$$P_h = \rho Q u_2 V_{t2} = (1.000 \text{ kg/m}^3)(0,241 \text{ m}^3/\text{s})(26,39 \text{ m/s})(12,71 \text{ m/s})$$

$$= \frac{80.835 \text{ W}}{746} = 109 \text{ hp} \qquad \text{Resposta (b)}$$

(A bomba real fornece aproximadamente 125 hp de potência hidráulica, necessitando de 147 hp de potência de eixo com rendimento de 85%.)

Parte (c) Por fim, a altura de carga é calculada pela Equação (11.11)

$$H \approx \frac{P_h}{\rho g Q} = \frac{80.835 \text{ W}}{(9.810 \text{ N/m}^3)(0,241 \text{ m}^3/\text{s})} = 34,2 \text{ m} \qquad \text{Resposta (c)}$$

(A bomba real desenvolve uma altura de carga de aproximadamente 42 m.) Em referências avançadas são dados outros métodos melhores para obter cálculos mais exatos [por exemplo, 7, 8 e 31].

Efeito do ângulo de pá sobre a carga da bomba

A teoria simples que acabamos de discutir pode ser usada para prever um importante efeito do ângulo de pá. Se desprezarmos a quantidade de movimento angular na entrada, a potência hidráulica teórica é

$$P_h = \rho Q u_2 V_{t2} \qquad (11.17)$$

em que $\qquad V_{t2} = u_2 - V_{n2} \cot \beta_2 \qquad V_{n2} = \dfrac{Q}{2\pi r_2 b_2}$

Então a altura de carga teórica da Equação (11.11) se torna

$$H \approx \frac{u_2^2}{g} - \frac{u_2 \cot \beta_2}{2\pi r_2 b_2 g} Q \qquad (11.18)$$

A altura da carga varia linearmente com a vazão Q, tendo um valor igual a u_2^2/g para vazão nula, em que u_2 é a velocidade periférica da pá na saída. A inclinação é negativa se $\beta_2 < 90°$ (pás curvadas para trás) e positiva para $\beta_2 > 90°$ (pás curvadas para a frente). Esse efeito é mostrado na Figura 11.5 e é preciso somente para baixas vazões.

A altura de carga com vazão zero medida nas bombas centrífugas é aproximadamente 60% do valor teórico $H_0 = \omega^2 r_2^2/g$. Com o aparecimento do anemômetro laser-doppler, os pesquisadores podem agora fazer medições detalhadas tridimensionais do escoamento no interior das bombas e ainda realizar animações dos dados em um filme [40].

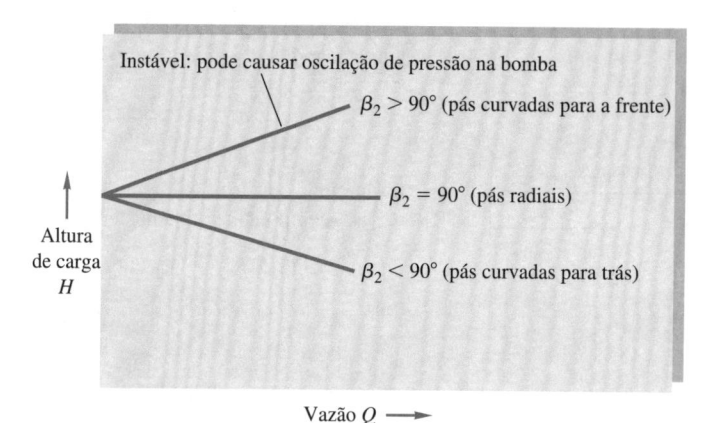

Figura 11.5 Efeito teórico do ângulo de saída da pá na altura de carga da bomba em função da vazão.

A condição de inclinação positiva na Figura 11.5 pode ser instável e provocar *oscilações de pressão* na bomba, uma condição instável em que a bomba "procura" pelo ponto de operação apropriado. A oscilação pode causar apenas operação irregular em uma bomba de líquido, mas um grande problema na operação de um compressor de gás. Por essa razão frequentemente se prefere um projeto com pás curvadas para trás ou radiais. Uma revisão sobre o problema da instabilidade de bombas é dada por Greitzer [41].

11.3 Curvas de desempenho de bombas e leis de semelhança

Como a teoria da seção anterior é um tanto qualitativa, o único indicador confiável do desempenho das bombas está no teste extensivo. Por ora, vamos discutir a bomba centrífuga em particular. Os princípios gerais e a apresentação dos dados são exatamente os mesmos para bombas e compressores de fluxo misto e fluxo axial.

Os gráficos de desempenho são quase sempre traçados para rotação n constante do eixo (usualmente em rpm). A vazão Q é tomada como variável independente básica (em m^3/h usualmente para líquidos e l/min para gases). As variáveis dependentes, ou de "saída", são a altura de carga H (elevação da pressão Δp para gases), potência de eixo (P_e) e rendimento η.

A Figura 11.6 mostra curvas de desempenho típicas para uma bomba centrífuga. A altura de carga é aproximadamente constante em baixa vazão e cai a zero em $Q = Q_{máx}$. Nessa rotação e com esse tamanho de rotor, a bomba não pode fornecer uma quantidade maior de fluido do que $Q_{máx}$. A região de inclinação positiva da altura de carga é mostrada em linha tracejada; conforme já dissemos, essa região pode ser instável e provocar uma busca pelo ponto de operação.

O rendimento η é sempre zero quando a vazão é nula e em $Q_{máx}$, e alcança o ponto máximo, talvez 80% a 90%, em aproximadamente $0,6 Q_{máx}$. Esta é a *vazão de projeto* Q^* ou *ponto de máximo rendimento* (PMR), $\eta = \eta_{máx}$. A altura de carga e a potência de eixo no PMR serão designadas por H^* e P^*, respectivamente. É desejável que a curva de rendimento seja plana próximo de $\eta_{máx}$, de modo que se consiga uma faixa ampla de operação eficiente. No entanto, alguns projetos não conseguem curvas planas de rendimento. Observe que η não é independente de H e P, mas sim calculado por meio da relação na Equação (11.5), $\eta = \rho g Q H / P$.

Como mostra a Figura 11.6, a potência de eixo necessária para acionar a bomba em geral aumenta de forma monotônica com a vazão. Às vezes, há um grande aumento

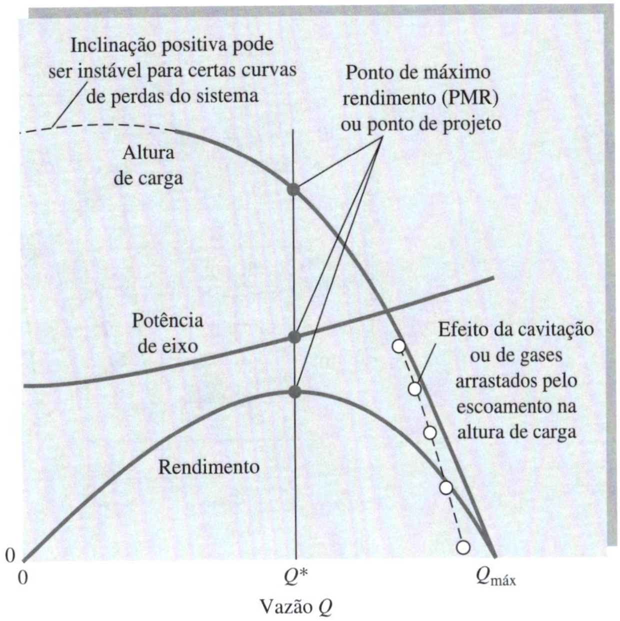

Figura 11.6 Curvas de desempenho típicas de bomba centrífuga com rotação constante do rotor. As unidades são arbitrárias.

de potência além do PMR, especialmente para pás com saída radial e pás curvadas para a frente. Isso é considerado indesejável porque é necessária uma potência muito maior do motor para vazões altas. Pás curvadas para trás geralmente têm seu nível de potência de eixo inferior àquele do PMR (tipo "não sobrecarregado" de curva).

Curvas de desempenho obtidas experimentalmente

A Figura 11.7 mostra os dados reais de desempenho para uma bomba centrífuga comercial. A Figura 11.7a é para um tamanho padronizado de carcaça com três diferentes diâmetros de rotor. São mostradas as curvas de altura de carga $H(Q)$, mas as curvas de potência de eixo e de rendimento precisam ser deduzidas das curvas plotadas. Não são mostradas as vazões máximas, estando muito além da faixa de operação normal próxima do PMR. Tudo é traçado em unidades habituais, naturalmente [metro, hp, metro cúbico por hora], pois serão usadas diretamente pelos projetistas. A Figura 11.7b é o mesmo projeto de bomba com uma carcaça 20% maior, menor rotação e três diâmetros de rotores maiores. A comparação das duas bombas pode parecer um tanto confusa: a bomba maior produz exatamente a mesma vazão, mas somente metade da potência de eixo e metade da altura de carga. Isso será realmente entendido por meio das leis de proporcionalidade ou leis de semelhança, que logo iremos formular.

Um ponto muitas vezes omitido é que curvas como as da Figura 11.7 são aplicáveis estritamente a um fluido de uma certa densidade e viscosidade, neste caso, a água. Se a bomba fosse usada para bombear, digamos, mercúrio, a potência de eixo seria aproximadamente 13,6 vezes maior, enquanto Q, H e η seriam aproximadamente os mesmos. Mas nesse caso H seria interpretada como metros de coluna de *mercúrio*, não como metros de coluna de água. Se a bomba for usada para óleo SAE 30, *todos* os dados mudam (potência de eixo, Q, H e η) por causa da grande mudança na viscosidade (número de Reynolds). Uma vez mais, isso se tornará claro com as leis de semelhança.

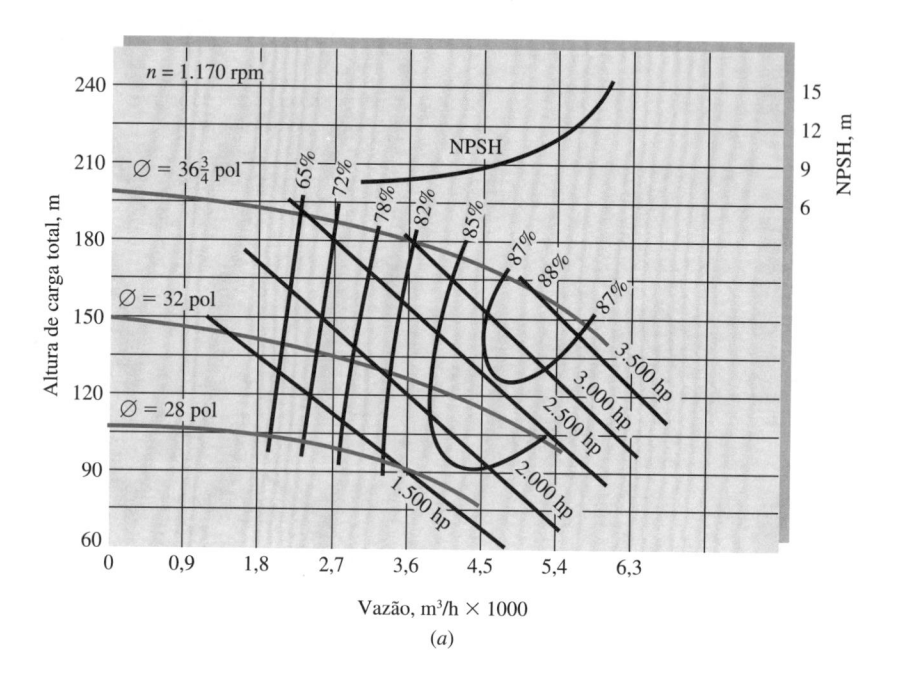

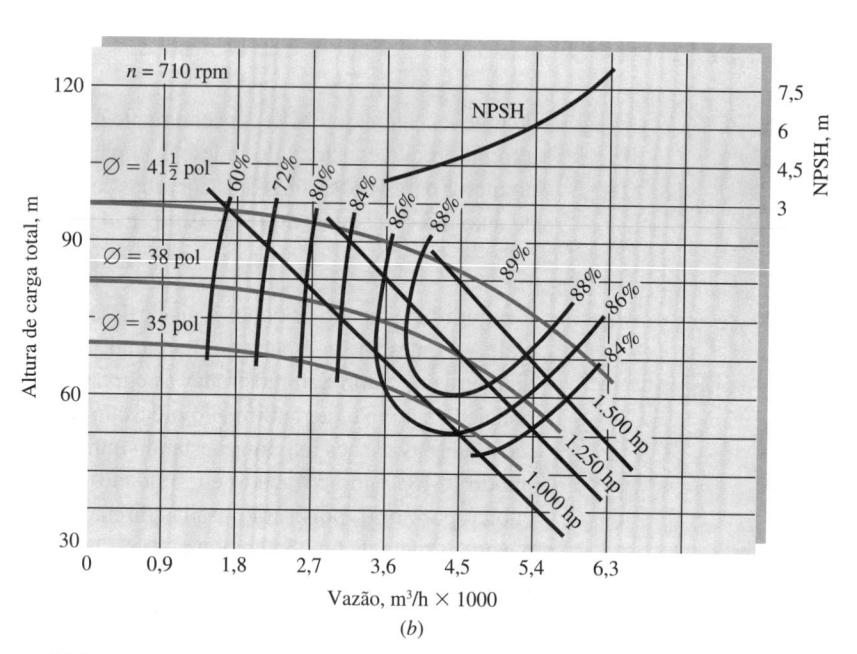

Figura 11.7 Curvas de desempenho obtidas experimentalmente para dois modelos de bomba centrífuga para água: (*a*) carcaça básica com três tamanhos de rotor; (*b*) outra carcaça 20% maior com três rotores maiores e rotação menor. (*Cortesia de Ingersoll-Rand Corporation, Cameron Pump Division.*)

Altura positiva líquida de sucção

Na parte superior da Figura 11.7 está traçada a altura positiva líquida de sucção, NPSH (*net positive suction head*, em inglês), que é a altura necessária na entrada da bomba para evitar a cavitação ou vaporização do líquido. A entrada da bomba ou lado de sucção é a região de baixa pressão onde a cavitação ocorrerá primeiro. A NPSH é definida como

$$\text{NPSH} = \frac{p_e}{\rho g} + \frac{V_e^2}{2g} - \frac{p_v}{\rho g} \tag{11.19}$$

em que p_e e V_e são a pressão e a velocidade na entrada da bomba e p_v é a pressão de vapor do líquido. Conhecendo o lado esquerdo da equação, NPSH, com base na curva de desempenho da bomba, devemos assegurar que o lado direito da equação seja igual ou maior no sistema real (instalação) para evitar a cavitação.

Se a entrada da bomba estiver a uma altura Z_e acima do reservatório cuja superfície livre está à pressão p_a, podemos usar a equação de Bernoulli para reescrever a NPSH como

$$\text{NPSH} = \frac{p_a}{\rho g} - Z_e - h_{pe} - \frac{p_v}{\rho g} \tag{11.20}$$

em que h_{pe} é a perda de carga por atrito entre o reservatório e a entrada da bomba. Conhecendo p_a e h_{pe}, podemos colocar a bomba a uma altura Z_e que manterá o lado direito maior que a NPSH "necessária", traçada na Figura 11.7.

Se ocorrer a cavitação, a bomba produzirá ruído e vibração, o rotor será danificado por erosão e haverá uma queda brusca na altura de carga e na vazão. Em alguns líquidos essa deterioração começa antes da vaporização real, quando são liberados gases dissolvidos e hidrocarbonetos leves.

Desvios da teoria ideal das bombas

Os dados reais de altura de carga da bomba na Figura 11.7 diferem consideravelmente da teoria ideal, Equação (11.18). Considere, por exemplo, a bomba de 36¾ pol (933 mm) de diâmetro a 1.170 rpm na Figura 11.7a. A altura de carga teórica para a vazão nula é

$$H_0(\text{ideal}) = \frac{\omega^2 r_2^2}{g} = \frac{[1.170(2\pi/60) \text{ rad/s}]^2[(0,933/2)\text{m}]^2}{9,81 \text{ m/s}^2} = 333 \text{ m}$$

Da Figura 11.7a, em $Q = 0$, lemos a altura de carga real para vazão nula como sendo somente 201 m, ou 61% do valor teórico (ver Problema P11.24). Essa é uma queda acentuada e indica perdas não recuperáveis de três tipos:

1. *Perda por recirculação no rotor*, significativa apenas em vazões baixas.
2. *Perdas por atrito* nas superfícies das pás e nas superfícies de passagem do fluido. Essas perdas aumentam monotonicamente com a vazão.
3. Perda por "*choque*" decorrente do desalinhamento entre os ângulos da pá e da direção do escoamento na entrada, especialmente significativa em altas vazões.

Esses são efeitos complicados do escoamento tridimensional e, portanto, difíceis de prever. Embora as técnicas numéricas (CFD), conforme já mencionamos, estejam se tornando mais importantes [42], a previsão moderna do desempenho ainda é uma mistura de experiência, correlações empíricas, teorias idealizadas e modificações da CFD [45].

EXEMPLO 11.2

A bomba de 32 pol (813 mm) da Figura 11.7a deve bombear 5.400 m³/h de água a 1.170 rpm de um reservatório cuja superfície está a 101,35 kPa absoluta. Se a perda de carga do reservatório até a entrada da bomba for de 1,8 m, onde deve ser colocada a entrada da bomba para evitar a cavitação para água a (a) 15,5 °C, p_v = 1.793 Pa absoluta, d = 1,0 e (b) 93 °C, p_v = 79.428 Pa absoluta, d = 0,9635?

> **Solução**
>
> **Parte (a)** Para qualquer caso verificado na Figura 11.7a a 5.400 m³/h, a NPSH necessária é 11 m. Para esse caso, $\rho g = 9.810$ N/m³. Pela Equação (11.20) sabe-se que é necessário que
>
> $$\text{NPSH} \leq \frac{p_a - p_v}{\rho g} - Z_e - h_{pe}$$
>
> ou
> $$11 \text{ m} \leq \frac{(101.350 - 1.793)}{9.810} - Z_e - 1,8$$
>
> ou
> $$Z_e \leq 8,35 - 11 = -2,65 \text{ m} \qquad \textit{Resposta (a)}$$
>
> A bomba precisa ser colocada pelo menos a 2,65 m abaixo do nível do reservatório para evitar a cavitação.
>
> **Parte (b)** Para esse caso $\rho g = 9.810(0,9635) = 9.452$ N/m³. A Equação (11.20) se aplica novamente com a p_v maior:
>
> $$11 \text{ m} \leq \frac{(101.350 - 79.428)}{9.452} - Z_e - 1,8$$
>
> ou
> $$Z_e \leq 0,52 - 11 = -10,48 \text{ m} \qquad \textit{Resposta (b)}$$
>
> A bomba agora precisa ser colocada pelo menos a 10,48 m abaixo da superfície do reservatório. Essas condições são geralmente estritas porque uma bomba grande de alta vazão precisa de uma grande NPSH.

Desempenho adimensional de bombas

Para um dado projeto de bomba, as variáveis de saída H e potência de eixo P_e serão dependentes, pelo menos, da vazão Q, do diâmetro D do rotor e da rotação n do eixo. Outros parâmetros possíveis são a massa específica ρ do fluido, a viscosidade μ e a rugosidade superficial ε. Assim, as curvas de desempenho da Figura 11.7 são equivalentes às seguintes relações funcionais:[2]

$$gH = f_1(Q, D, n, \rho, \mu, \varepsilon) \qquad P_e = f_2(Q, D, n, \rho, \mu, \varepsilon) \qquad (11.21)$$

Essa é uma aplicação direta dos princípios da análise dimensional do Capítulo 5. De fato, ela foi dada como um exercício (Ex. 5.3). Para cada função na Equação (11.21) há sete variáveis e três dimensões primárias (M, L e T); portanto, esperamos $7 - 3 = 4$ grupos pi adimensionais, e é isso que obtemos. Você pode verificar como exercício que as formas adimensionais apropriadas para as Equações (11.21) são

$$\frac{gH}{n^2 D^2} = g_1\left(\frac{Q}{nD^3}, \frac{\rho n D^2}{\mu}, \frac{\varepsilon}{D}\right)$$
$$\frac{P_e}{\rho n^3 D^5} = g_2\left(\frac{Q}{nD^3}, \frac{\rho n D^2}{\mu}, \frac{\varepsilon}{D}\right) \qquad (11.22)$$

---

[2] Adotamos gH como uma variável em vez de H por razões dimensionais.

As grandezas $\rho n D^2/\mu$ e ε/D são reconhecidas como o número de Reynolds e a rugosidade relativa, respectivamente. Surgem três novos parâmetros de bombas:

$$\text{Coeficiente de vazão } C_Q = \frac{Q}{nD^3}$$
$$\text{Coeficiente de altura de carga } C_H = \frac{gH}{n^2D^2} \qquad (11.23)$$
$$\text{Coeficiente de potência } C_P = \frac{P_e}{\rho n^3 D^5}$$

Observe que somente o coeficiente de potência contém a massa específica do fluido, os parâmetros C_Q e C_H são do tipo cinemático.

A Figura 11.7 não fornece informação sobre efeitos viscosos ou de rugosidade. Os números de Reynolds variam de 0,8 a 1,5 × 10^7, ou escoamento completamente turbulento em todas as passagens, provavelmente. Não é dada a rugosidade, que varia muito nas bombas comerciais. Mas com números de Reynolds tão altos esperamos mais ou menos o mesmo efeito percentual em todas essas bombas. Portanto é comum admitir que o número de Reynolds e a rugosidade relativa têm um efeito constante, de maneira que as Equações (11.23) se reduzem, aproximadamente, a

$$C_H \approx C_H(C_Q) \qquad C_P \approx C_P(C_Q) \qquad (11.24)$$

Para bombas geometricamente semelhantes, esperamos que os coeficientes de altura de carga e de potência sejam (aproximadamente) funções únicas do coeficiente de vazão. Temos de estar atentos para que as bombas sejam geometricamente semelhantes ou quase semelhantes porque (1) os fabricantes colocam rotores de tamanhos diferentes na mesma carcaça, violando assim a semelhança geométrica, e (2) bombas grandes têm rugosidades relativas e folgas menores em relação ao diâmetro do rotor do que as bombas pequenas. Além disso, os líquidos mais viscosos terão efeitos mais significativos do número de Reynolds; por exemplo, um fator de 3 ou mais no aumento da viscosidade causa um efeito claramente visível sobre C_H e C_P.

O rendimento η já é adimensional e está relacionado apenas aos outros três. Ele varia com C_Q também:

$$\eta \equiv \frac{C_H C_Q}{C_P} = \eta(C_Q) \qquad (11.25)$$

Podemos examinar as Equações (11.24) e (11.25) com base nos dados da Figura 11.7. Os diâmetros de rotor de 32 e 38 pol têm uma diferença de aproximadamente 20% no tamanho, e assim a relação entre o rotor e o tamanho da carcaça é a mesma. Os parâmetros C_Q, C_H e C_P são calculados com n em rps, Q em m³/s, H e D em m, $g = 9,81$ m/s² e potência de eixo em hp vezes 746 W/hp. Os dados adimensionais são então traçados na Figura 11.8. É definido também um coeficiente adimensional de altura de sucção:

$$C_{HS} = \frac{g(\text{NPSH})}{n^2 D^2} = C_{HS}(C_Q) \qquad (11.26)$$

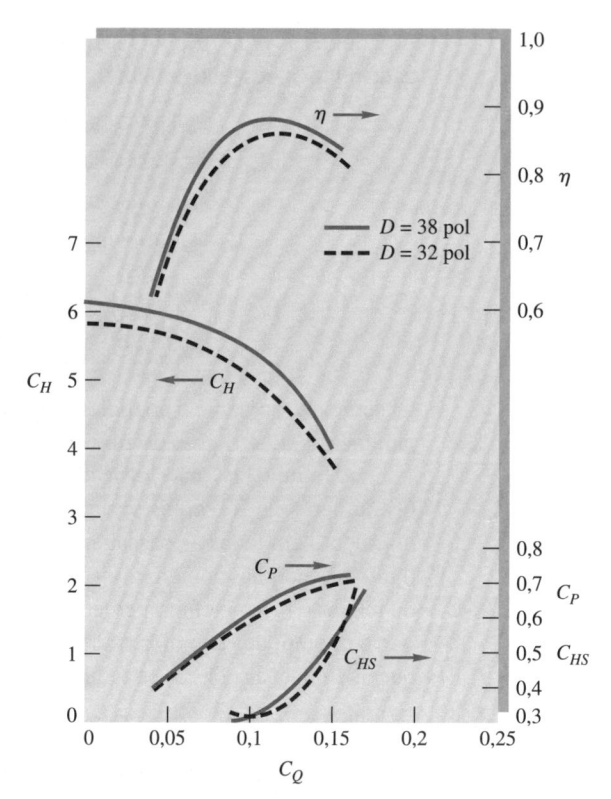

Figura 11.8 Gráfico adimensional dos dados de desempenho das bombas da Figura 11.7. Estes números não são representativos de outros projetos de bombas.

Os coeficientes C_P e C_{HS} são correlacionados quase perfeitamente em uma única função de C_Q, enquanto os dados de η e C_H desviam um pequeno percentual. Os dois últimos parâmetros são mais sensíveis a pequenas discrepâncias na semelhança de modelos; como a bomba maior tem rugosidades e folgas relativas menores e um número de Reynolds 40% maior, ela desenvolve uma altura de carga um pouco maior e é mais eficiente. O efeito global é uma importante conquista para a análise dimensional.

O ponto de máximo rendimento na Figura 11.8 é aproximadamente

$$C_{Q*} \approx 0{,}115 \qquad C_{P*} \approx 0{,}65$$
$$\eta_{\text{máx}} \approx 0{,}88 \tag{11.27}$$
$$C_{H*} \approx 5{,}0 \qquad C_{HS*} \approx 0{,}37$$

Esses valores podem ser usados para calcular o desempenho no PMR de qualquer tamanho de bomba dessa família geometricamente semelhante. Do mesmo modo, a altura de carga para vazão nula é $C_H(0) \approx 6{,}0$, e por extrapolação o coeficiente de potência de eixo para vazão nula é $C_P(0) \approx 0{,}25$ e o coeficiente de vazão máxima é $C_{Q,\text{máx}} \approx 0{,}23$. Observe, no entanto, que a Figura 11.8 não dá informações confiáveis sobre, digamos, os rotores de 28 ou 35 pol da Figura 11.7, que têm uma razão do tamanho do rotor para a carcaça diferente e, portanto, devem ser correlacionados separadamente.

Comparando os valores de n^2D^2, nD^3 e n^3D^5 para duas bombas na Figura 11.7, podemos ver facilmente por que a bomba maior tinha a mesma vazão, mas consumia menor potência e tinha uma altura de carga menor:

	D, mm	n, rps	Vazão nD^3, m³/s	Altura de carga n^2D^2/g, m	Potência $\rho n^3D^5/746$, hp
Figura 11.7a	32 × 25,4	1.170/60	10,48	25,6	3.527
Figura 11.7b	38 × 25,4	710/60	10,65	13,41	1.861
Relação	–	–	1,02	0,52	0,53

A vazão é proporcional a nD^3, que é aproximadamente a mesma para ambas as bombas. A altura de carga é proporcional a n^2D^2 e a potência a n^3D^5 para o mesmo ρ (água), e essas, para a bomba maior, são aproximadamente metade dos valores. A NPSH é proporcional a n^2D^2 e é também, para a bomba de 38 pol, metade do valor.

EXEMPLO 11.3

Uma bomba da família das bombas da Figura 11.8 tem $D = 21$ pol e $n = 1.500$ rpm. Calcule (a) a vazão, (b) a altura de carga, (c) a elevação de pressão e (d) a potência de eixo para essa bomba operar com água a 15 °C no ponto de máximo rendimento.

Solução

Parte (a) Em unidades do SI use $D = 21 \times 0{,}0254 = 0{,}533$ m e $n = 1.500/60 = 25$ rps. A 15 °C, ρ para a água é 1.000 kg/m³. Os parâmetros no PMR são lidos da Figura 11.8 ou obtidos das Equações (11.27). A vazão no ponto PMR é, portanto,

$$Q^* = C_{Q*}nD^3 = 0{,}115(25 \text{ rps})(0{,}533 \text{ m})^3 = 0{,}435 \text{ m}^3/\text{s} \qquad \textit{Resposta (a)}$$

Parte (b) De modo semelhante, a altura de carga no PMR é

$$H^* = \frac{C_{H*}n^2D^2}{g} = \frac{[5{,}0(25)^2(0{,}533)^2]}{9{,}81} = 90{,}5 \text{ m de água} \qquad \textit{Resposta (b)}$$

Parte (c) Como não são dadas as variações de elevação e de altura de velocidade através da bomba, nós as desprezamos e calculamos

$$\Delta p \approx \rho g H = 1.000(9{,}81)(90{,}5) = 88.781 \text{ N/m}^2 \qquad \textit{Resposta (c)}$$

Parte (d) Finalmente, a potência de eixo no PMR é

$$P^* = C_{P*}\rho n^3 D^5 = 0{,}65(1.000)(25)^3(0{,}533)^5$$

$$= \frac{436.887 \text{ W}}{746} = 586 \text{ hp} \qquad \textit{Resposta (d)}$$

EXEMPLO 11.4

Queremos construir uma bomba da família de bombas da Figura 11.8 que forneça 190 l/s de água a 1.200 rpm no ponto de máximo rendimento. Calcule (a) o diâmetro do rotor, (b) a vazão máxima, (c) a altura de carga para vazão nula e (d) a NPSH no ponto de máximo rendimento.

Solução

Parte (a) 190 l/s = 0,19 m³/s e 1.200 rpm = 20 rps. No PMR temos

$$Q^* = C_{Q^*}nD^3 = 0{,}19 \text{ m}^3/\text{s} = (0{,}115)(20)D^3$$

$$D = \left[\frac{0{,}19}{(0{,}115(20))}\right]^{1/3} = 0{,}435 \text{ m} \qquad \textit{Resposta (a)}$$

Parte (b) A vazão máxima Q é relacionada com Q^* pela razão de coeficientes de vazão:

$$Q_{\text{máx}} = \frac{Q^* C_{Q,\text{máx}}}{C_{Q^*}} \approx \frac{190(0{,}23)}{0{,}115} = 380 \text{ l/s} \qquad \textit{Resposta (b)}$$

Parte (c) Da Figura 11.8, avaliamos o coeficiente de altura de carga para vazão nula como sendo 6,0. Assim

$$H(0) \approx \frac{C_H(0)n^2D^2}{g} = \frac{[6{,}0(20)^2(0{,}435)^2]}{9{,}81} = 46{,}3 \text{ m} \qquad \textit{Resposta (c)}$$

Parte (d) Finalmente, da Equação (11.27), a NPSH no ponto PMR é aproximadamente

$$\text{NPSH}^* = \frac{C_{HS^*}n^2D^2}{g} = \frac{[0{,}37(20)^2(0{,}435)^2]}{9{,}81} = 2{,}85 \text{ m} \qquad \textit{Resposta (d)}$$

Como essa é uma bomba pequena, ela terá um rendimento menor do que as bombas da Figura 11.8, provavelmente em torno de 85% no máximo.

Leis de semelhança

O sucesso da Figura 11.8 na correlação de dados de bombas conduz a leis simples para comparação de desempenho de bombas. Se a bomba 1 e a bomba 2 forem da mesma família geométrica e estiverem operando em pontos homólogos (a mesma posição adimensional em um diagrama como o da Figura 11.8), suas vazões, alturas de carga e potências serão relacionadas da seguinte forma:

$$\frac{Q_2}{Q_1} = \frac{n_2}{n_1}\left(\frac{D_2}{D_1}\right)^3 \qquad \frac{H_2}{H_1} = \left(\frac{n_2}{n_1}\right)^2\left(\frac{D_2}{D_1}\right)^2$$

$$\frac{P_2}{P_1} = \frac{\rho_2}{\rho_1}\left(\frac{n_2}{n_1}\right)^3\left(\frac{D_2}{D_1}\right)^5 \qquad (11.28)$$

Essas são as *leis de semelhança*, que podem ser usadas para calcular o efeito das variações de fluido, de rotação ou de tamanho em qualquer turbomáquina – bomba ou turbina – dentro de uma família geometricamente semelhante. Na Figura 11.9 está uma representação gráfica dessas leis, mostrando o efeito das variações de rotação e diâmetro no desempenho de bombas. Na Figura 11.9a o tamanho é mantido constante e a rotação é variada em 20%, enquanto a Figura 11.9b mostra uma variação de 20% no tamanho com a rotação constante. As curvas são traçadas em escala, mas em unidades arbitrárias. O efeito da rotação (Figura 11.9a) é substancial, mas o efeito do tamanho (Figura 11.9b) é ainda mais dramático, especialmente para a potência, que varia com D^5. Geralmente vemos que uma dada família de bombas pode ser ajustada no tamanho e na rotação para se adaptar a uma variedade de características do sistema.

Em sentido exato, para uma semelhança perfeita, esperaríamos que $\eta_1 = \eta_2$, mas já vimos que as bombas maiores são mais eficientes, com um número de Reynolds maior e menores rugosidade e folga relativas. São recomendadas duas correlações empíricas para máximo rendimento. Uma desenvolvida por Moody [43] para turbinas,

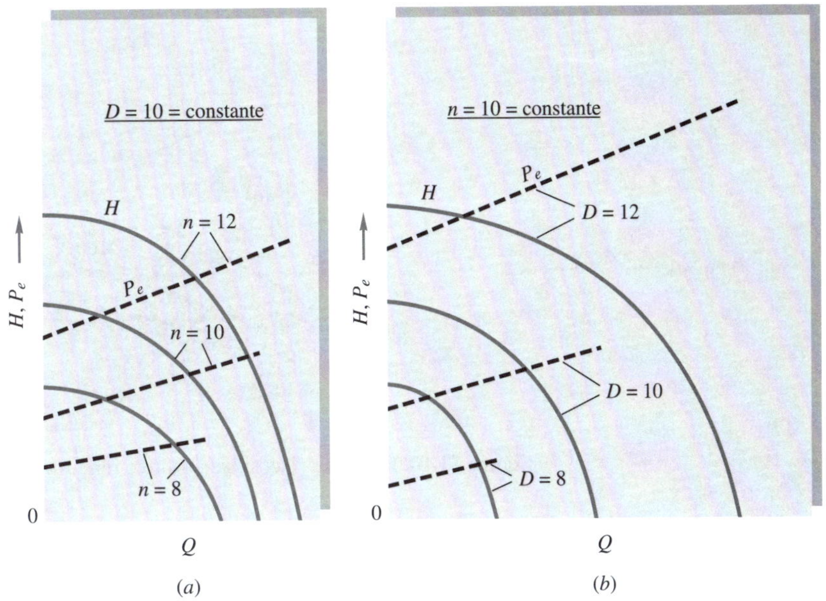

Figura 11.9 Efeito das variações de tamanho e de rotação no desempenho de bombas homólogas: (*a*) variação de 20% na rotação com tamanho constante; (*b*) variação de 20% no tamanho com rotação constante. *Fonte: Cortesia de Vickers Inc., PDN/PACE Division.*

mas usada também para bombas, representa o efeito de tamanho. A outra, sugerida por Anderson [44], com base em milhares de testes com bombas, representa o efeito da vazão:

Variações de tamanho [43]:
$$\frac{1-\eta_2}{1-\eta_1} \approx \left(\frac{D_1}{D_2}\right)^{1/4} \tag{11.29a}$$

Variações na vazão [44]:
$$\frac{(0,94-\eta_2)}{(0,94-\eta_1)} \approx \left(\frac{Q_1}{Q_2}\right)^{0,32} \tag{11.29b}$$

A fórmula de Anderson (11.29b) representa a observação prática de que mesmo uma bomba infinitamente grande terá perdas. Ele propõe, então, um rendimento máximo possível de 94%, e não de 100%. Anderson recomenda que a mesma fórmula seja usada para turbinas se a constante 0,94 for substituída por 0,95. As fórmulas na Equação (11.29) admitem o mesmo valor de rugosidade da superfície para ambas as máquinas – poderíamos fazer um micropolimento em uma pequena bomba e conseguir o rendimento de uma máquina maior.

Efeito da viscosidade

Bombas centrífugas são usadas muitas vezes para bombear óleos e outros líquidos viscosos com viscosidade até 1.000 vezes maior do que a da água. Mas os números de Reynolds tornam-se menos turbulentos e até laminares, com um forte efeito sobre o desempenho. A Figura 11.10 mostra curvas de teste típicas de altura de carga e de potência de eixo em função da vazão. Alta viscosidade causa uma queda drástica na altura de carga e na vazão e aumenta a potência necessária. O rendimento também cai muito, de acordo com os seguintes resultados típicos:

$\mu/\mu_{\text{água}}$	1,0	10,0	100	1.000
$\eta_{\text{máx}}$, %	85	76	52	11

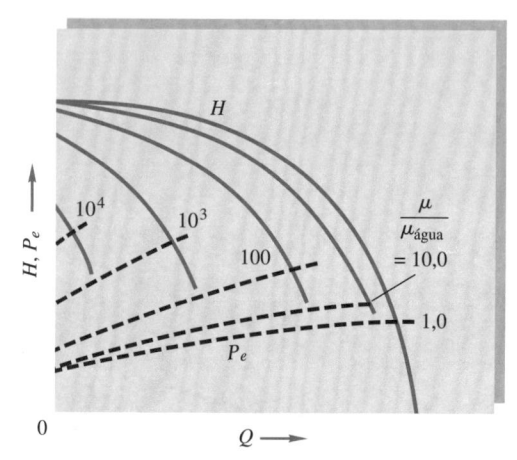

Figura 11.10 Efeito da viscosidade sobre o rendimento de bombas centrífugas.

Além de aproximadamente $300\mu_{\text{água}}$, a deterioração no desempenho é tão grande que é recomendado o uso de uma bomba de deslocamento positivo.

11.4 Bombas de fluxo misto e de fluxo axial: a rotação específica

Vimos na seção anterior que a bomba centrífuga moderna é uma máquina formidável, capaz de fornecer altas pressões e vazões razoáveis com excelente rendimento. Ela pode se adaptar a muitas exigências de sistemas. Mas basicamente a bomba centrífuga é uma máquina para altura de carga alta e vazão baixa, enquanto muitas aplicações requerem altura de carga baixa e vazão alta. Para entender por que o projeto de bomba centrífuga não é adequado a tais sistemas, considere o exemplo a seguir.

EXEMPLO 11.5

Queremos usar uma bomba centrífuga da família da Figura 11.8 para bombear 6.309 l/s de água a 15 °C com uma altura de carga de 7,6 m. Qual deve ser (a) o diâmetro e a rotação da bomba e (b) a potência de eixo, admitindo-se operação no ponto de máximo rendimento?

Solução

Parte (a) Entramos com a altura de carga e a vazão conhecidas nos parâmetros do PMR da Equação (11.27):

$$H^* = 7,6 \text{ m} = \frac{C_{H*}n^2D^2}{g} = \frac{5,0n^2D^2}{9,81}$$

$$Q^* = 6,309 \text{ m}^3/\text{s} = C_{Q*}nD^3 = 0,115nD^3$$

As duas incógnitas são n e D. Os cálculos são bem simples, então não precisaremos usar o Excel. Resolva n na equação Q^* e substitua na equação H^*.

$$n = \frac{6,309}{0,115 D^3} = \frac{54,86}{D^3}; \quad 7,6 = \frac{5,0D^2}{9,81}\left(\frac{54,86}{D^3}\right)^2 = \frac{1533,96}{D^4}, \quad \text{ou } D^4 = 201,84$$

A solução é $\quad D = 3,77 \text{ m} \quad = 1,02 \text{ rps} = 61,2 \text{ rpm}$ *Resposta (a)*

Parte (b) A potência de eixo mais eficiente é, então, pela Equação (11.27),

$$P_e^* \approx C_{P*}\rho n^3 D^5 = \frac{[0,65(1.000)(1,02)^3(3,77)^5]}{746} = 705 \text{ hp} \quad \textit{Resposta (b)}$$

A solução do Exemplo 11.5 está matematicamente correta, mas resulta em uma bomba grotesca: um rotor com mais de 3 m de diâmetro, girando tão lentamente que se pode imaginar o caminhar de bois em círculo rodando o eixo.

Existem outros projetos de bombas dinâmicas que produzem altura de carga pequena e vazão alta. Por exemplo, há um tipo de bomba com rotor de 38 pol, rotação de 710 rpm, com os mesmos parâmetros de entrada da Figura 11.7b, que fornecerá a altura de carga de 7,6 m e a vazão de 6.309 l/s exigida no Exemplo 11.5. Isso é feito permitindo-se que o escoamento passe através do rotor com um certo componente axial de escoamento e com um menor componente centrífugo. As passagens podem tornar-se acessíveis para vazão maior com muito pouco aumento no tamanho, mas a queda na velocidade radial de saída diminui a altura de carga produzida. Essas são as famílias de bombas dinâmicas de fluxo misto (parte radial e parte axial) e de fluxo axial (tipo hélice). Alguns projetos de pás são esboçados na Figura 11.11, que introduz um novo e interessante parâmetro de "projeto", a rotação específica N_s ou N_s'.

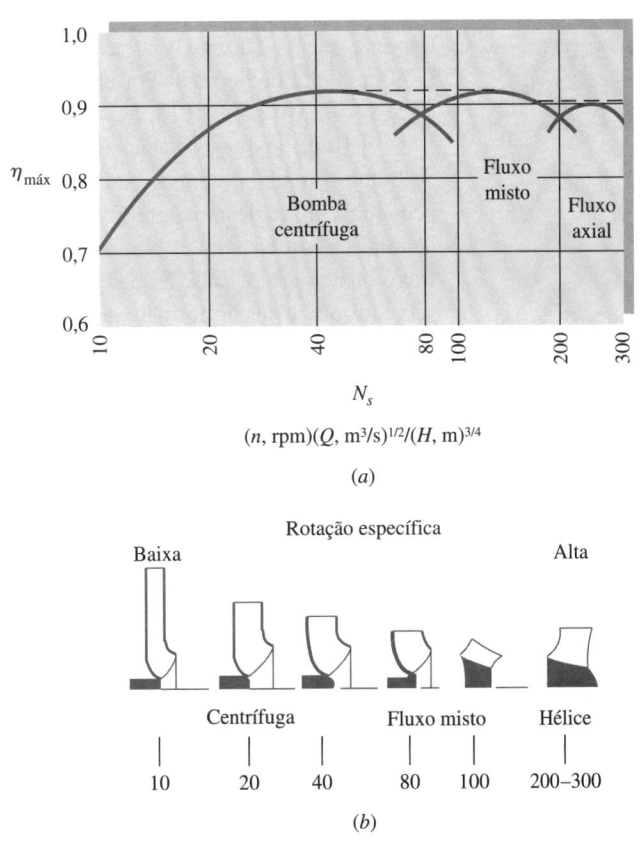

Figura 11.11 (a) Rendimento ótimo e (b) formatos de pás de famílias de bombas em função da rotação específica.

A rotação específica

A maioria das aplicações de bombas envolve uma altura de carga e uma vazão conhecidas para o sistema específico, além de uma gama de rotações ditada pela rotação dos motores elétricos ou pelos requisitos de cavitação. O projetista então seleciona o melhor tamanho e forma (centrífuga, mista, axial) para a bomba. Para auxiliar nessa seleção, precisamos de um parâmetro adimensional que envolve a rotação, a vazão e a altura de carga, mas não o tamanho. Isso é conseguido eliminando-se o diâmetro entre C_Q e C_H e aplicando o resultado somente no PMR. Essa relação é chamada de *rotação específica* e tem não apenas uma forma adimensional como também uma forma prática dimensional:

Forma adimensional:
$$N'_s = \frac{C_{Q*}^{1/2}}{C_{H*}^{3/4}} = \frac{n(Q*)^{1/2}}{(gH*)^{3/4}} \quad (11.30a)$$

Forma dimensional, porém comum:
$$N_s = \frac{[(n, \text{rpm})(Q, \text{m}^3/\text{s})^{1/2}]}{[H, \text{m}]^{3/4}} \quad (11.30b)$$

Em outras palavras, os engenheiros experientes não se preocupam em mudar n para rotações por segundo ou incluir a gravidade com a altura de carga, embora essa última seria necessária para, digamos, uma bomba na Lua. O fator de conversão é

$$N_s = 332,6 N'_s$$

Observe que N_s é aplicada somente ao PMR; assim, um número único caracteriza uma família inteira de bombas. Por exemplo, a família de bombas da Figura 11.8 tem $N'_s \approx (0,115)^{1/2}/(5,0)^{3/4} = 0,1014$, $N_s = 34$, independentemente do tamanho ou da rotação.

Verifica-se que a rotação específica está diretamente relacionada com os projetos de bombas mais eficientes, como mostra a Figura 11.11. N_s pequeno significa vazão pequena e altura de carga grande, consequentemente uma bomba centrífuga, e N_s grande implica bomba axial. A bomba centrífuga é melhor para N_s entre 10 e 80, a bomba de fluxo misto para N_s entre 80 e 200, e a bomba de fluxo axial para N_s acima de 200. Observe as mudanças no formato do rotor quando N_s aumenta.

Rotação específica de sucção

Se usarmos a NPSH em lugar de H na Equação (11.30), o resultado é chamado de *rotação específica de sucção*:

Forma adimensional:
$$N'_{ss} = \frac{(nQ^{1/2})}{(g\,\text{NPSH})^{3/4}} \quad (11.31a)$$

Forma dimensional, porém comum:
$$N_{ss} = \frac{[(n, \text{rpm})(Q, \text{m}^3/\text{s})^{1/2}]}{[\text{NPSH, m}]^{3/4}} \quad (11.31b)$$

em que NPSH significa a altura de sucção disponível do sistema. Os dados de Wislicenus [4] mostram que uma dada bomba corre o risco de cavitar na entrada se

$$N'_{ss} \geq 0,47 \qquad N_{ss} \geq 156$$

Na falta de dados de teste, essa relação pode ser usada, dados n e Q, para calcular a NPSH mínima requerida.

Teoria de bombas de fluxo axial

A Figura 11.12a ilustra a geometria de uma bomba de fluxo axial de múltiplos estágios. O fluido essencialmente passa quase axialmente através da fila de pás fixas do *estator* e de pás móveis do *rotor*. É frequentemente utilizada a hipótese de escoamento incompressível mesmo para gases porque a elevação de pressão por estágio usualmente é pequena.

A análise simplificada do diagrama vetorial admite que o escoamento seja unidimensional e deixa cada fila de pás com uma velocidade relativa exatamente paralela ao ângulo de saída da pá. A Figura 11.12b mostra as pás do estator e seu diagrama de velocidades na saída. Como o estator é fixo, no caso ideal a velocidade absoluta V_1 é paralela ao bordo de fuga da pá. Após subtrair vetorialmente a velocidade circunferencial do rotor, u, de V_1, obtemos a velocidade relativa w_1 do rotor, que em termos ideais, seria paralela ao bordo de ataque das pás do rotor.

A Figura 11.12c mostra as pás do rotor e o seu diagrama de velocidades na saída. Aqui a velocidade relativa w_2 é paralela ao bordo de fuga da pá, enquanto a velocidade absoluta V_2 seria projetada para entrar suavemente na próxima fila de pás do estator.

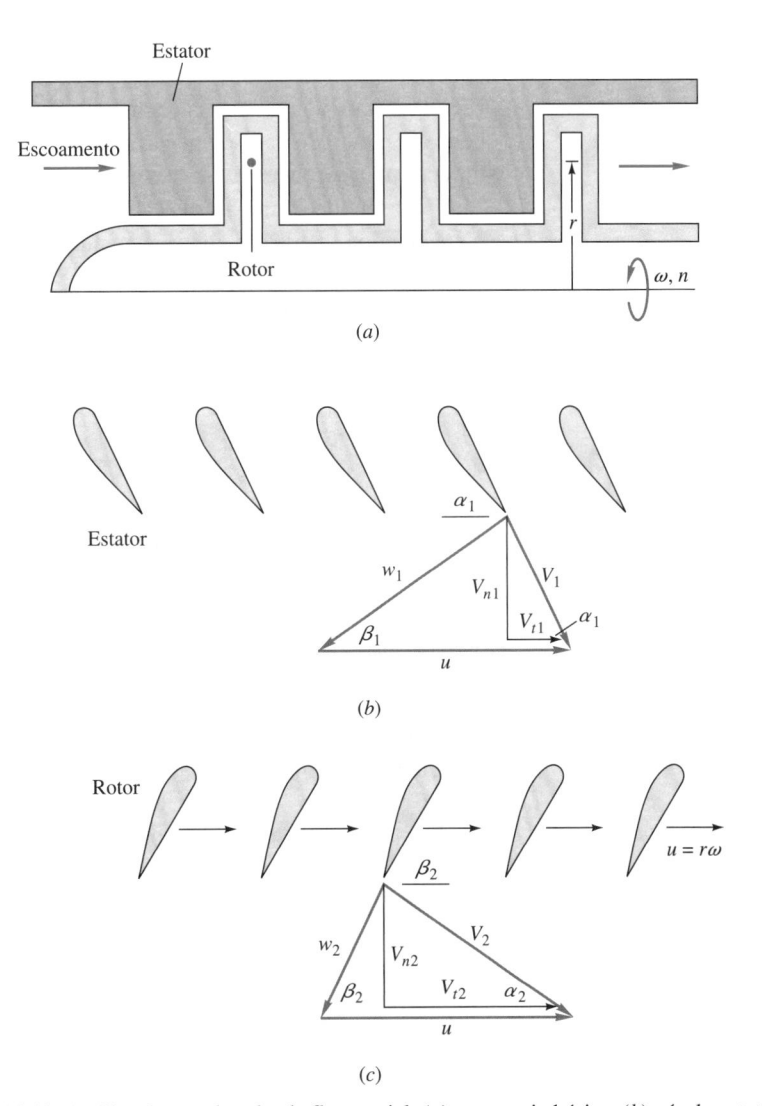

Figura 11.12 Análise de uma bomba de fluxo axial: (a) geometria básica; (b) pás do estator e diagrama de velocidade de saída; (c) pás do rotor e diagrama de velocidade de saída.

A potência e a altura de carga teóricas são dadas pela equação de Euler das turbomáquinas (11.11). Como não há fluxo radial, as velocidades periféricas na entrada e na saída do rotor são iguais, $u_1 = u_2$, e a equação da continuidade unidimensional requer que o componente axial da velocidade permaneça constante:

$$V_{n1} = V_{n2} = V_n = \frac{Q}{A} = \text{const}$$

Partindo-se da geometria dos diagramas de velocidades, a velocidade normal (ou vazão volumétrica) pode ser diretamente relacionada com a velocidade periférica u da pá:

$$u = \omega r_{méd} = V_{n1}(\cot \alpha_1 + \cot \beta_1) = V_{n2}(\cot \alpha_2 + \cot \beta_2) \quad (11.32)$$

Desse modo a vazão pode ser calculada com base na velocidade periférica e nos ângulos da pá. Porém, como $V_{t1} = V_{n1} \cot \alpha_1$ e $V_{t2} = u - V_{n2} \cot \beta_2$, a equação de Euler (11.11) para altura de carga da bomba torna-se

$$gH = uV_n(\cot \alpha_2 - \cot \alpha_1)$$
$$= u^2 - uV_n(\cot \alpha_1 + \cot \beta_2) \quad (11.33)$$

a forma preferida porque ela se relaciona com os ângulos α_1 da aleta e β_2 da pá. O ponto de *shutoff* ou altura de carga para vazão nula é $H_0 = u^2/g$, exatamente como na Equação (11.18) para uma bomba centrífuga. O parâmetro de ângulo de pá $\cot \alpha_1 + \cot \beta_2$ pode ser projetado para ser negativo, zero ou positivo, correspondendo às curvas de altura de carga ascendente, plana e descendente, como na Figura 11.5.

No sentido exato, a Equação (11.33) aplica-se somente a um único tubo de corrente de raio r, mas é uma boa aproximação para pás muito curtas se r representa o raio médio. Para pás longas, é usual somar a Equação (11.33) em segmentos radiais sobre a área da pá. Tal complexidade pode não ser garantida, pois a teoria, por ser idealizada, despreza as perdas e geralmente calcula a altura de carga e a potência maiores do que aquelas do desempenho real das bombas.

Desempenho de uma bomba de fluxo axial

Em rotações específicas altas, a escolha mais eficiente é uma bomba de fluxo axial, ou hélice, que desenvolve vazão alta e altura de carga baixa. A Figura 11.13 mostra um diagrama adimensional típico para uma bomba hélice. Observe, conforme era esperado, os coeficientes C_Q maior e C_H menor, comparados com os da Figura 11.8. A curva da altura de carga cai rapidamente com a vazão, de maneira que uma grande variação da altura de carga do sistema produzirá uma variação moderada na vazão. A curva de potência de eixo diminui também, e isso significa uma condição de possível sobrecarga se a vazão do sistema diminuir repentinamente. Por fim, a curva de rendimento é um pouco estreita e triangular, em oposição àquela mais ampla e de formato parabólico referente ao rendimento da bomba centrífuga (Figura 11.8).

Examinando a Figura 11.13, $C_{Q*} \approx 0{,}55$, $C_{H*} \approx 1{,}07$, $C_{P*} \approx 0{,}70$ e $\eta_{máx} \approx 0{,}84$. Com base nesses dados calculamos $N_s' \approx (0{,}55)^{1/2}/(1{,}07)^{3/4} = 0{,}705$, $N_s = 234{,}5$. O rendimento relativamente baixo decorre do pequeno tamanho da bomba: $D = 14$ pol, $n = 690$ rpm, $Q* = 278$ l/s.

Uma repetição do Exemplo 11.5 usando a Figura 11.13 mostraria que essa família de bomba hélice pode fornecer uma altura de carga de 7,6 m e uma vazão de 6.309 l/s se $D = 46$ pol e $n = 430$ rpm, com $P_e = 750$ hp; esta é uma solução de projeto muito mais razoável, ainda com possíveis melhoras em condições de maior N_s.

Desempenho da bomba em função da rotação específica

A rotação específica é um parâmetro tão eficaz que é usado como indicador tanto do desempenho como do rendimento. A Figura 11.14 mostra uma correlação do rendimen-

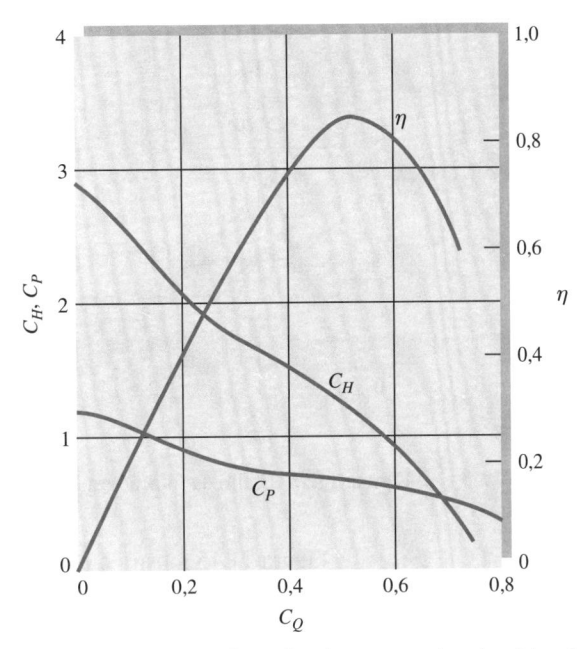

Figura 11.13 Curvas de desempenho adimensionais para uma bomba típica de fluxo axial, $N_s = 230$. Construídas com base nos dados fornecidos por Stepanoff [8] para uma bomba de 14 pol a 690 rpm.

to ótimo de uma bomba em função da rotação específica e da vazão. Pelo fato de o parâmetro dimensional Q ser uma medida aproximada tanto do tamanho quanto do número de Reynolds, η aumenta com Q. Quando esse tipo de correlação foi publicado pela primeira vez por Wislicenus [4] em 1947, tornou-se conhecido como *a* curva da bomba, um desafio para todos os fabricantes. Podemos constatar que as bombas das Figuras 11.7 e 11.13 se ajustam muito bem a essa correlação.

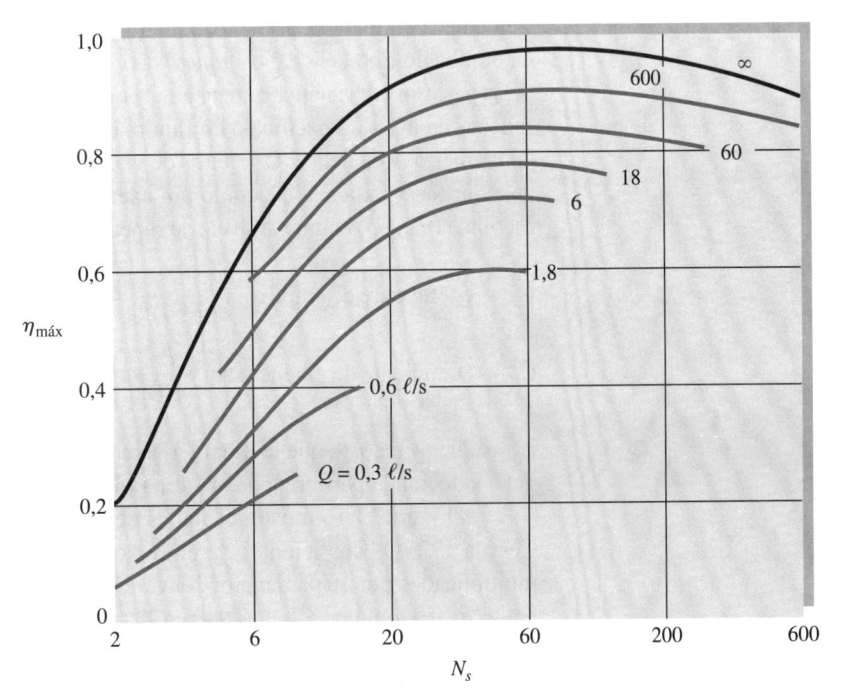

Figura 11.14 Rendimento ótimo das bombas em função da vazão e da rotação específica. (*Adaptado das Referências 4 e 31.*)

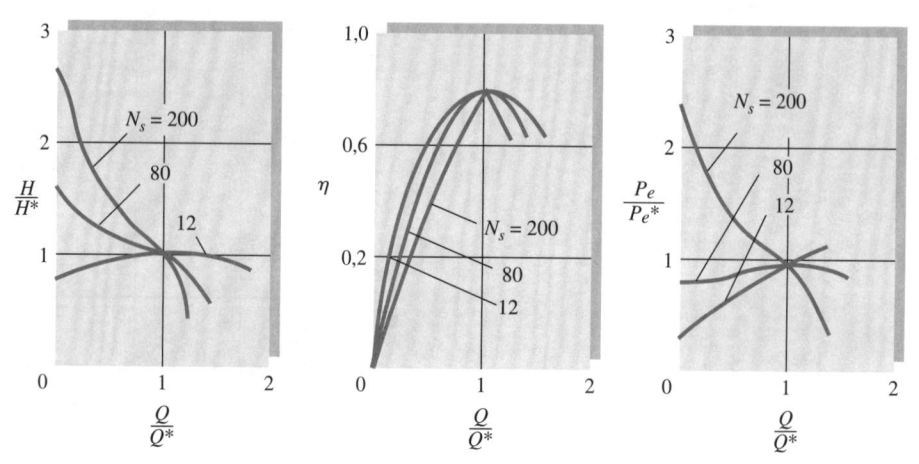

Figura 11.15 Efeito da rotação específica nas curvas de desempenho das bombas.

A Figura 11.15 mostra o efeito da rotação específica na forma das curvas de desempenho das bombas, normalizadas com relação ao ponto PMR. Os valores numéricos apresentados são representativos, mas um tanto qualitativos. As bombas de rotação específica alta ($N_s \approx 200$) têm curvas de altura de carga e de potência que caem rapidamente com o aumento da vazão, implicando sobrecarga ou problemas de partida com vazão baixa. Sua curva de rendimento é muito estreita.

Uma bomba de rotação específica baixa ($N_s \approx 12$) tem uma curva de rendimento mais ampla, uma curva de potência ascendente e uma curva de altura de carga que "se inclina para baixo" na região de vazão zero, implicando possíveis problemas de oscilação ou busca pelo ponto de operação.

A hélice livre

A bomba do tipo hélice da Figura 11.12 está confinada em um duto e captura todo o fluido que se aproxima. Em contraste, a *hélice livre*, dos aviões ou dos navios, age em um fluido não confinado e, portanto, é muito menos eficaz. O análogo da elevação de pressão da bomba do tipo hélice é o *empuxo* da hélice livre por unidade de área ($\pi D^2/4$) varrida pelas pás. Em uma análise dimensional comum, o empuxo T e a potência necessária P são funções da massa específica ρ do fluido, da rotação n (rps), da velocidade de avanço V e do diâmetro D da hélice. Os efeitos de viscosidade são pequenos e desprezíveis. Você vai apreciar fazer essa análise como um exercício do Capítulo 5. A NACA (agora NASA) escolheu (ρ, n, D) como variáveis de repetição, e os resultados são os parâmetros aceitos:

$$C_T = \text{coeficiente de empuxo} = \frac{T}{\rho n^2 D^4} = f(J), \quad J = \text{taxa de avanço} = \frac{V}{nD}$$

$$C_P = \text{coeficiente de potência} = \frac{P}{\rho n^3 D^5} = f(J), \quad \eta = \text{rendimento} = \frac{VT}{P} = \frac{JC_T}{C_P} \quad (11.34)$$

A taxa de avanço, J, que compara a velocidade de avanço com uma medida proporcional à velocidade periférica da pá, tem um forte efeito sobre o empuxo e a potência.

A Figura 11.16 mostra os dados de desempenho para uma hélice usada no avião Cessna 172. Os coeficientes de empuxo e potência são pequenos, de $\mathcal{O}(0,05)$, e são multiplicados por 10 para maior conveniência na plotagem. A eficiência máxima é 83% com $J = 0,7$, em que $C_T^* \approx 0,040$ e $C_P^* \approx 0,034$.

Há vários métodos de engenharia para projetar hélices. Essas teorias são descritas em textos especializados, tanto para uso naval [60] quanto em aviões [61].

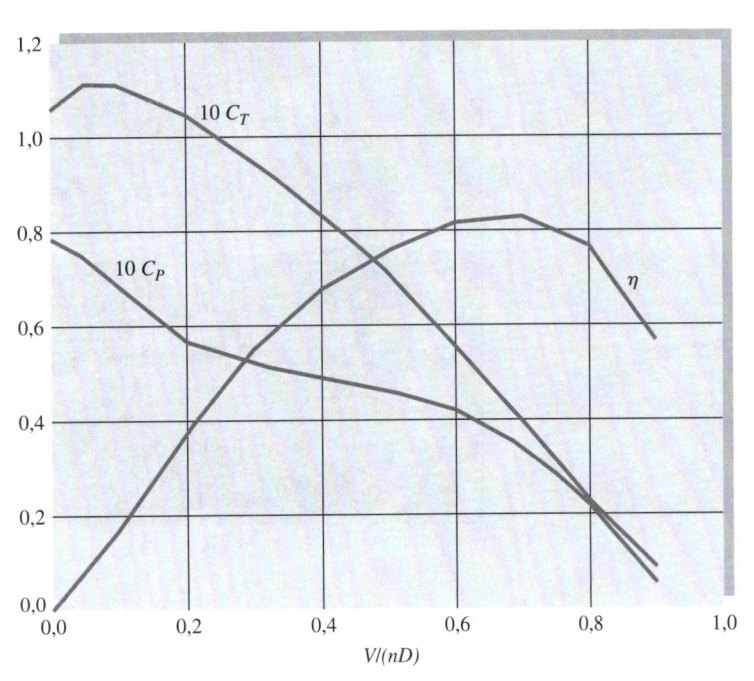

Figura 11.16 Dados de desempenho para uma hélice livre usada no avião Cessna 172. Compare com a Figura 11.13 para uma bomba hélice (em duto). Os coeficientes de empuxo e de potência são muito menores para a hélice livre.

Dinâmica dos fluidos computacional (CFD)

O projeto de turbomáquinas tem sido tradicionalmente muito experimental, com teorias simples, como aquelas da Seção 11.2, que só conseguem prever tendências. Correlações adimensionais, como aquelas da Figura 11.15, são úteis, mas requerem extensos experimentos. Considere que o escoamento em uma bomba é tridimensional; não permanente (tanto periódico quanto turbulento); e que envolve descolamento e recirculação do escoamento no rotor, esteiras não permanentes das pás passando através do difusor, raízes e pontas de pá, e folgas. Não surpreende que uma teoria unidimensional não possa dar previsões quantitativas seguras.

Análises computacionais modernas podem fornecer resultados realistas e estão se tornando uma ferramenta útil para projetistas de turbomáquinas. Um bom exemplo é a Referência 56, que relata os resultados combinados experimental e computacional para um difusor de bomba centrífuga. A Figura 11.17a mostra uma fotografia do dispositivo. Ele é feito de acrílico transparente de maneira que medições a laser de velocimetria por acompanhamento de partículas (LPTV) e anemometria laser-doppler (LDA) poderiam ser tomadas em qualquer parte do sistema. Os dados foram comparados com uma simulação CFD do rotor e difusor, usando as malhas da Figura 11.17b. Os cálculos usaram uma formulação de turbulência chamada de modelo k-ε, popular em códigos comerciais de CFD (ver Seção 8.9). Os resultados foram bons, mas não excelentes. O modelo CFD previu dados de velocidade e de pressão adequadamente até a separação do escoamento, após a qual os resultados foram somente qualitativos. Está claro que a CFD está desenvolvendo um papel significativo no projeto de turbomáquinas [42, 45].

11.5 Combinando as características da bomba e do sistema

O teste final de uma bomba é sua adaptação às características do sistema no qual vai operar. Fisicamente, a altura de carga do sistema deve ser igual à altura de carga produzida pela bomba, e essa intersecção deve ocorrer na região de rendimento máximo.

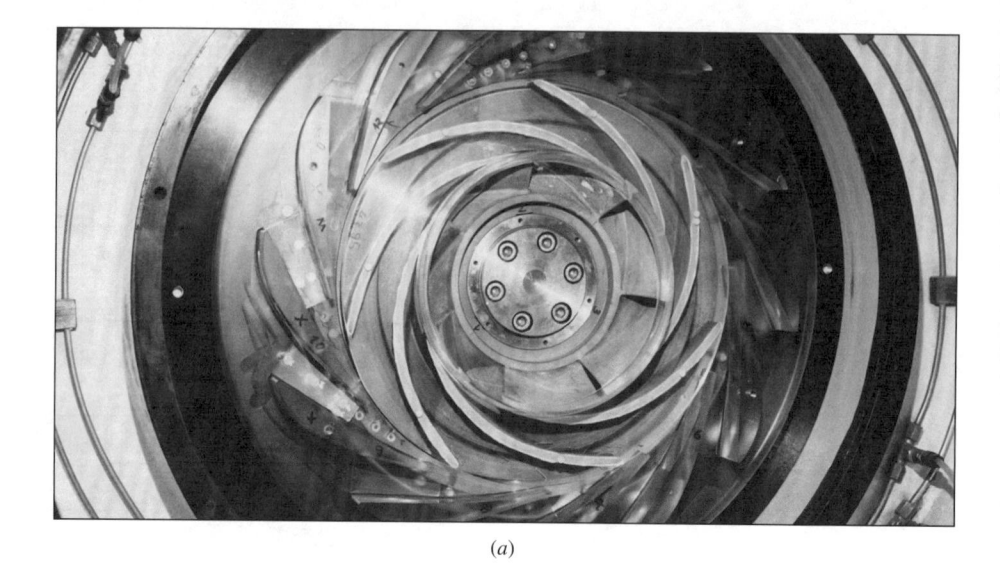

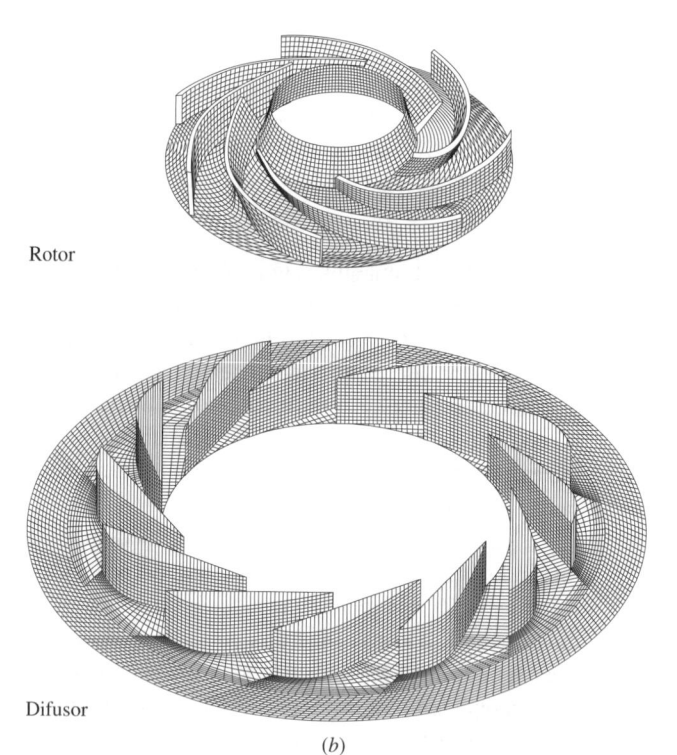

Figura 11.17 O projeto de turbomáquinas envolve agora tanto a dinâmica dos fluidos experimental como a computacional (CFD): (*a*) rotor e difusor centrífugo; (*b*) malha de um modelo CFD tridimensional para esse sistema. *Fontes: (a) cortesia de K. Eisele et al., "Flow Analysis in a Pump Diffuser: Part 1, Measurements: Part 2, CFD," Journal of Fluids Eng. Vol. 119, December 1997, pp. 967–984/American Society of Mechanical Engineers; (b) K. Eisele et al., "Row Analysis in a Pump Diffuser: Part I Measurements; Part 2, CFD," J. Fluids Eng., vol. 119, December 1997, pp. 967–984. by permission of the American Society of Mechanical Engineers.*

A altura de carga do sistema provavelmente incluirá uma variação de elevação estática $z_2 - z_1$ mais as perdas por atrito em tubos e conexões:

$$H_{\text{sist}} = (z_2 - z_1) + \frac{V^2}{2g}\left(\sum \frac{fL}{D} + \sum K\right)$$

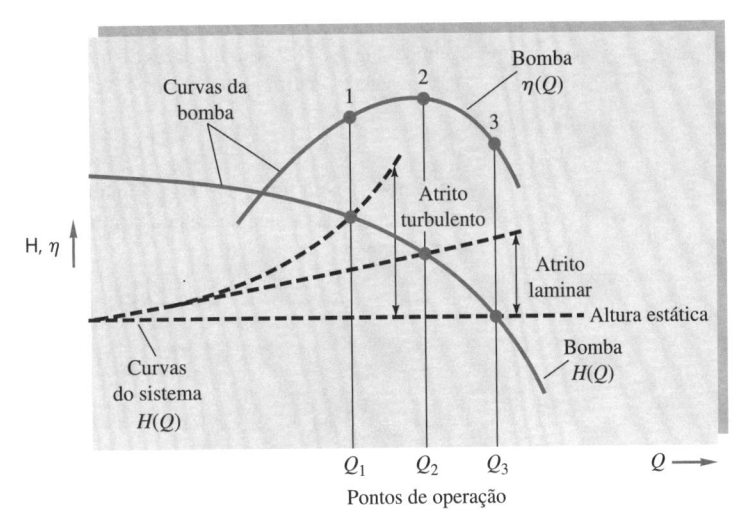

Figura 11.18 Ilustração dos pontos de operação da bomba para três tipos de curvas de altura de carga do sistema.

em que ΣK representa as perdas localizadas e V é a velocidade do escoamento no tubo principal. Como V é proporcional à vazão Q da bomba, a equação representa uma curva de altura de carga do sistema $H_{sist}(Q)$. Na Figura 11.18 são mostrados três exemplos: uma altura de carga estática $H_{sist} = a$, altura de carga estática mais atrito laminar $H_{sist} = a + bQ$ e altura de carga estática mais atrito turbulento $H_{sist} = a + cQ^2$. A intersecção da curva do sistema com a curva de desempenho da bomba $H(Q)$ define o ponto de operação. Na Figura 11.18, o ponto de operação de atrito laminar está no máximo rendimento, enquanto as curvas turbulenta e estática estão fora do ponto de projeto. Isso pode ser inevitável se as variáveis do sistema mudarem, mas a bomba deverá ser alterada no tamanho ou na rotação se o seu ponto de operação estiver fora do ponto de projeto. Naturalmente, pode não ser possível uma correspondência perfeita porque as bombas comerciais são fornecidas somente em certos tamanhos e rotações. Vamos ilustrar esses conceitos com um exemplo.

EXEMPLO 11.6

Queremos usar a bomba de 32 pol da Figura 11.7a a 1.170 rpm para bombear água a 15 °C de um reservatório para outro a 36,6 m de altura através de 460 m de tubo com diâmetro interno de 16 pol com um fator de atrito $f = 0,030$. (*a*) Quais serão o ponto de operação e o rendimento? (*b*) Para qual rotação a bomba deveria ser alterada para operar no PMR?

Solução

Parte (a) Nos reservatórios, as velocidades inicial e final são iguais a zero; portanto, a altura de carga do sistema é

$$H_{sist} = z_2 - z_1 + \frac{V^2}{2g}\frac{fL}{D} = 36,6 \text{ m} + \frac{V^2}{2g}\frac{[0,030(460 \text{ m})]}{16 \times 0,0254 \text{ m}}$$

Por meio da equação da continuidade no tubo, $V = Q/A = Q/[1/4\pi(16 \times 0,0254 \text{ m})^2]$ e assim substituímos em V acima para obter:

$$H_{sist} = 36,6 + 102,84\, Q^2 \qquad Q \text{ em m}^3/\text{s} \tag{1}$$

Como a Figura 11.7a usa milhares de metros cúbicos por hora para a abcissa, convertemos Q na Equação (1) para essa unidade:

$$H_{sist} = 36{,}6 + 7{,}94\, Q^2 \qquad Q \text{ em } 10^3 \text{ m}^3/\text{h} \qquad (2)$$

Podemos traçar a Equação (2) da Figura 11.7a e observar onde ela intercepta a curva de altura de carga da bomba de 32 pol, como na Figura E11.6. Uma solução gráfica nos dá aproximadamente

$$H \approx 131 \text{ m} \qquad Q \approx 3.456 \text{ m}^3/\text{h}$$

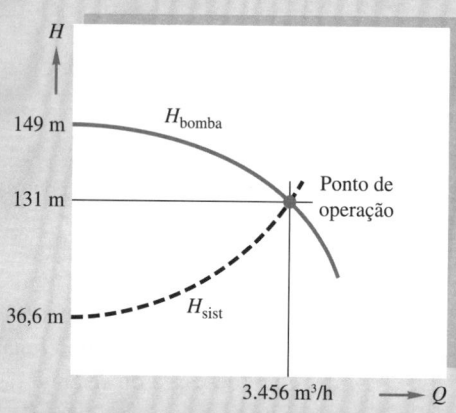

E11.6

O rendimento é aproximadamente 82%, um pouco fora do ponto de projeto.

Uma solução analítica é possível se ajustarmos a curva de altura de carga da bomba a uma parábola, que é muito precisa:

$$H_{bomba} \approx 149 - 1{,}55 Q^2 \qquad Q \text{ em } 10^3 \text{ m}^3/\text{h} \qquad (3)$$

As Equações (2) e (3) devem igualar-se no ponto de operação:

$$490 - 1{,}55 Q^2 = 36{,}6 + 7{,}94 Q^2$$

ou

$$Q^2 = \frac{(149 - 36{,}6)}{(1{,}55 + 7{,}94)} = 11{,}84$$

$$Q = 3{,}442 \times 10^3 \text{ m}^3/\text{h} = 3.442 \text{ m}^3/\text{h} \qquad \textit{Resposta (a)}$$

$$H = 149 - 1{,}55(3{,}442)^2 = 131 \text{ m} \qquad \textit{Resposta (a)}$$

Parte (b) Para movermos o ponto de operação para o PMR, variamos n, que altera tanto $Q \propto n$ e $H \propto n^2$. Da Figura 11.7a, no PMR, $H^* \approx 118$ m; portanto para qualquer n, $H^* = 118(n/1.170)^2$. Podemos ler também $Q^* \approx 4{,}5 \times 10^3$ m^3/h; portanto para qualquer n, $Q^* = 4{,}5(n/1.170)$. Igualando-se H^* às características do sistema, Equação (2):

$$H^* = 118\left(\frac{n}{1.170}\right)^2 \approx 36{,}6 + 7{,}94\left(4{,}5\,\frac{n}{1.170}\right)^2 \qquad \textit{Resposta (b)}$$

que fornece $n^2 < 0$. É impossível operar com rendimento máximo com esse sistema e essa bomba particulares.

Bombas associadas em paralelo

Se uma bomba fornece a altura de carga correta, mas uma vazão muito pequena, uma solução possível é associar duas bombas idênticas em paralelo, compartilhando das mesmas condições de sucção e de descarga. Um arranjo de bombas em paralelo é usado também se a demanda de vazão varia, de maneira que uma bomba é usada quando a vazão necessária é baixa e a segunda bomba é ligada quando a vazão solicitada for maior. Ambas as bombas devem ter válvulas de retenção para evitar o escoamento de retorno quando uma delas estiver desligada.

As duas bombas em paralelo não precisam ser idênticas. Fisicamente, suas vazões serão somadas para a mesma altura de carga, conforme está ilustrado na Figura 11.19a. Se a bomba A tiver altura de carga maior do que a bomba B, a bomba B não pode ser acionada até que a altura de carga operacional esteja abaixo da sua altura de carga de vazão nula. Como a curva do sistema se eleva com Q, a vazão resultante Q_{A+B} será menor do que as vazões operando separadas $Q_A + Q_B$, mas certamente maior do que qualquer uma delas. Para uma curva muito plana (estática), duas bombas idênticas em para-

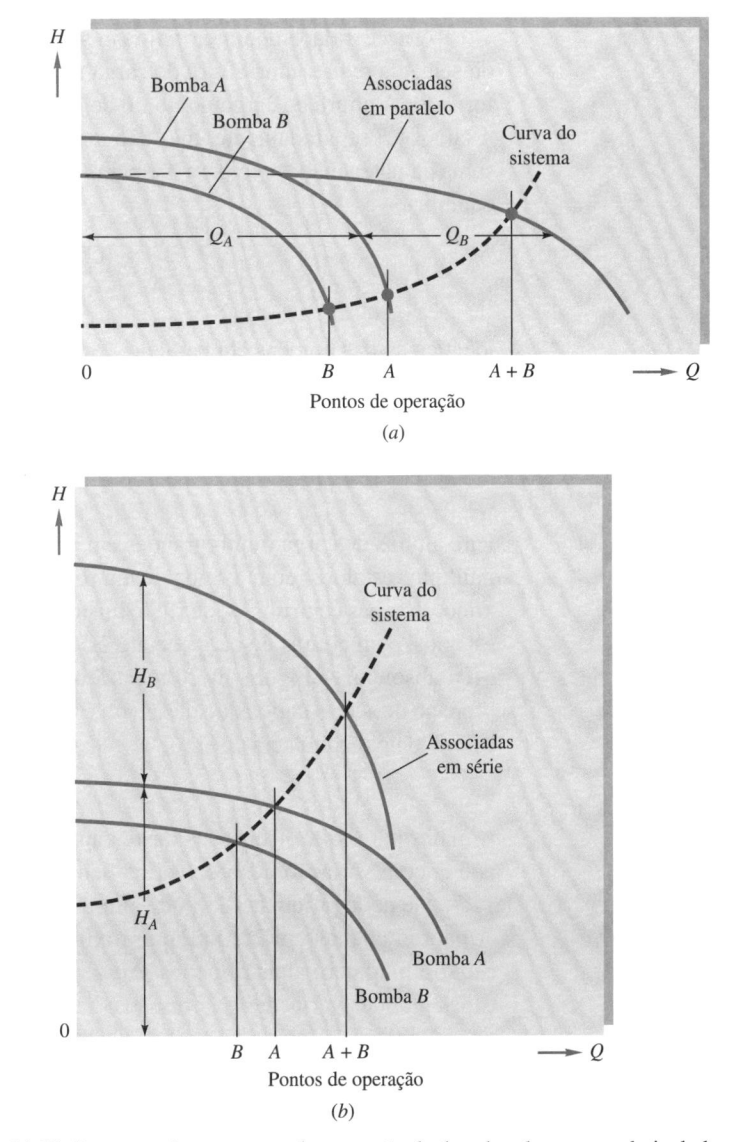

Figura 11.19 Desempenhos e pontos de operação de duas bombas operando isoladamente e associadas (a) em paralelo e (b) em série. *Fonte: Copyright United Technologies Corporation 2008. Usado com permissão.*

lelo fornecerão aproximadamente o dobro da vazão. A potência de eixo resultante é determinada somando-se a potência de eixo de cada uma das bombas A e B na mesma altura de carga do ponto de operação. O rendimento resultante da associação é igual a $\rho g(Q_{A+B})(H_{A+B})/P_{eA+B}$.

Se as bombas A e B não forem idênticas, como na Figura 11.19a, a bomba B não funcionará e nem mesmo poderá ser ligada se o ponto de operação estiver acima de sua altura de carga para a vazão nula.

Bombas associadas em série

Se uma bomba fornece a vazão correta, mas sua altura de carga é muito pequena, pense em adicionar uma bomba similar em série, com a saída da bomba B alimentando diretamente a entrada da bomba A. Conforme está representado na Figura 11.19b, o princípio físico da associação em série é que as duas alturas de carga são somadas na mesma vazão para resultar a curva de desempenho da associação. As duas bombas não precisam ser idênticas de forma alguma, pois simplesmente trabalham com a mesma vazão; elas podem até ter rotações diferentes, embora normalmente ambas sejam acionadas pelo mesmo eixo.

A necessidade de um arranjo em série implica que a curva do sistema é íngreme, ou seja, ela requer uma altura de carga maior do que a bomba A ou a bomba B podem fornecer. A altura de carga do ponto de operação da associação será maior do que a de A ou a de B separadamente, mas não maior do que sua soma. A potência resultante é a soma da potência de eixo para A e para B na vazão do ponto de operação. O rendimento combinado é

$$\frac{\rho g(Q_{A+B})(H_{A+B})}{P_{eA+B}}$$

idêntico ao das bombas em paralelo.

Independentemente de as bombas serem usadas em série ou em paralelo, a associação não será econômica a menos que ambas estejam operando próximo do ponto de seu melhor rendimento.

Bombas de múltiplos estágios

Para alturas de carga muito grandes em operação contínua, a solução é uma bomba de múltiplos estágios, com a saída de um rotor alimentando diretamente a entrada do próximo. Bombas centrífugas, de fluxo misto e de fluxo axial já foram agrupadas em até 50 estágios, com alturas de carga de até 2.500 m de água e elevações de pressão de até 35 MPa absoluta. A Figura 11.20 mostra uma seção de um compressor centrífugo para propano de sete estágios que desenvolve um aumento de pressão de 2,07 MPa a 19 m³/s e 35.000 hp de potência de eixo.

Compressores

A maior parte das discussões deste capítulo se refere a escoamento incompressível; isto é, com variação desprezível na densidade do fluido. Mesmo a bomba da Figura 11.7, que pode produzir 183 m de altura de carga a 1.170 rpm, aumentará a pressão do ar padrão apenas em 2.200 Pa, aproximadamente 2% de variação de densidade. O cenário muda em altas rotações, $\Delta p \propto n^2$, e múltiplos estágios, nos quais são alcançadas grandes variações na pressão e na densidade. Esses dispositivos são chamados de *compressores*, como na Figura 11.20. O conceito de altura de carga estática, $H = \Delta p/\rho g$, torna-se inadequado, pois ρ varia. O desempenho do compressor é medido (1) pela relação de pressões através do estágio p_2/p_1 e (2) pela variação na entalpia de estagnação ($h_{02} - h_{01}$), em que $h_0 = h + \frac{1}{2}V^2$ (ver Seção 9.3). Combinando m está-

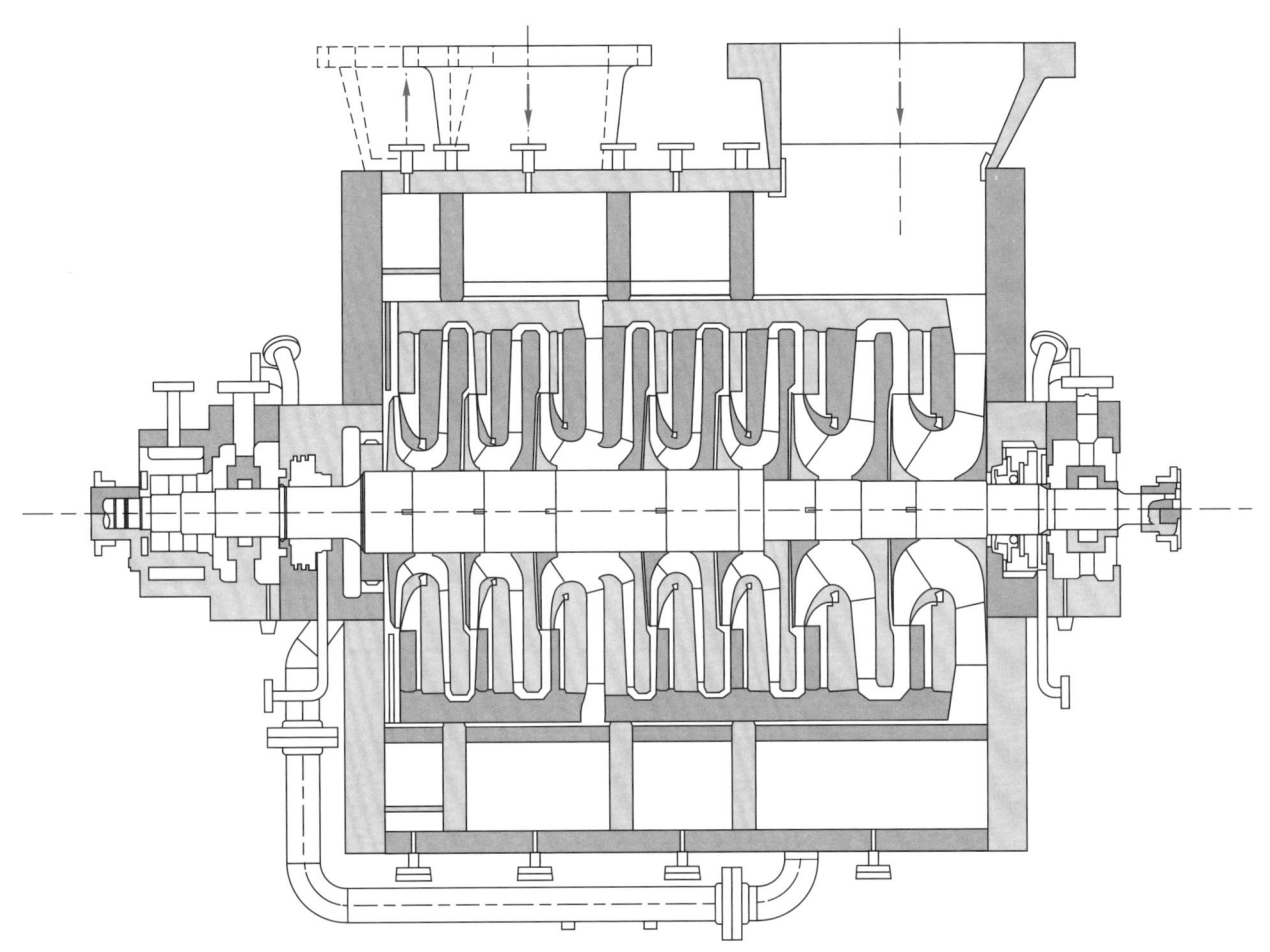

Figura 11.20 Seção longitudinal de um compressor centrífugo de sete estágios para propano que fornece 19 m³/s a 35.000 hp de potência de eixo e com uma elevação de pressão de 2,07 MPa. Observe a segunda entrada no estágio 5 e os formatos variáveis dos rotores. (*Cortesia da DeLavai-Stork V.O.F., Centrifugal Compressor Division.*)

gios em série, resulta em $p_{final}/p_{inicial} \approx (p_2/p_1)^m$. À medida que a massa específica aumenta, menos área é necessária: observe a diminuição no tamanho do rotor, da direita para a esquerda na Figura 11.20. Os compressores podem ser do tipo centrífugo ou axial [21 a 23].

O rendimento do compressor, da condição de entrada 1 até a saída final *f*, é definido pela variação na entalpia do gás, admitindo-se um processo adiabático:

$$\eta_{comp} = \frac{h_f - h_{01}}{h_{0f} - h_{01}} \approx \frac{T_f - T_{01}}{T_{0f} - T_{01}}$$

Os rendimentos dos compressores são semelhantes aos das máquinas hidráulicas ($\eta_{máx} \approx 70\%$ a 80%), mas a faixa de vazões em massa é mais limitada: no lado inferior pela *oscilação de pressão do compressor*, onde ocorrem descolamento e vibração nas pás, e no lado superior pelo *bloqueio* (Seção 9.4), onde o número de Mach alcança o valor 1,0 em algum ponto do sistema. A vazão em massa do compressor normalmente é traçada usando o mesmo tipo de função adimensional formulada na Equação (9.47): $\dot{m}(RT_0)^{1/2}/(D^2 p_0)$, que alcançará um máximo quando ocorrer o bloqueio. Para mais detalhes, ver Referências 21 a 23.

EXEMPLO 11.7

Investigue, estendendo o Exemplo 11.6, a utilização de duas bombas de 32 pol em paralelo para fornecer mais vazão. Essa situação é eficiente?

Solução

Como as bombas são idênticas, cada uma fornece $(1/2)Q$ na mesma rotação de 1.170 rpm. A curva do sistema é a mesma e a relação de igualdade de alturas de carga se torna

$$H = 149 - 1{,}55(\tfrac{1}{2}Q)^2 = 36{,}6 + 7{,}94\,Q^2$$

ou $\quad Q^2 = \dfrac{149 - 36{,}6}{7{,}94 + 0{,}39} \quad Q = 3.670\ \text{m}^3/\text{h} \qquad\qquad Resposta$

Isso é apenas 7% maior do que com uma única bomba. Cada bomba fornece $\tfrac{1}{2}Q = 1.835$ m³/h, cujo rendimento é de apenas 60%. A potência de eixo total necessária é 3.200 hp, enquanto uma única bomba usa apenas 2.000 hp. Este é um projeto ineficiente.

EXEMPLO 11.8

Considere que a diferença de elevação no Exemplo 11.6 seja aumentada de 36,6 m para 152,4 m, maior do que uma única bomba de 32 pol pode fornecer. Investigue o uso de duas bombas de 32 pol em série a 1.170 rpm.

Solução

Como as bombas são idênticas, a altura de carga total é o dobro e a constante 36,6 m na curva de altura de carga do sistema é substituída por 152,4 m. O equilíbrio de alturas de carga se torna

$$H = 2(149 - 1{,}55Q^2) = 152{,}4 + 7{,}94Q^2$$

ou $\quad Q^2 = \dfrac{298 - 152{,}4}{7{,}94 + 3{,}1} \quad Q = 3.632\ \text{m}^3/\text{h} \qquad\qquad Resposta$

A altura de carga no ponto de operação é $152{,}4 + 7{,}94(3{,}632)^2 = 257$ m, ou 97% maior do que para uma única bomba no Exemplo 11.5. Cada bomba está operando a 3.632 m³/h, que, da Figura 11.7a, significa 83% de rendimento, um razoável ponto de operação para o sistema. Para as bombas funcionarem nesse ponto de operação são necessários 4.100 hp de potência de eixo, ou aproximadamente 2.050 hp para cada bomba.

Turbinas a gás

Alguns dispositivos modernos contêm bombas e turbinas. Um caso clássico é a turbina a gás, que combina um compressor, uma câmara de combustão, uma turbina e, muitas vezes, um ventilador. As turbinas a gás são usadas na propulsão de aeronaves, helicópteros, tanques de guerra e pequenas usinas de energia elétrica. Elas têm uma maior relação potência/peso do que os motores alternativos, mas giram a velocidades muito altas e requerem materiais para alta temperatura e, portanto, são caras. O compressor aumenta a pressão do ar de entrada em até 30 a 40 vezes, antes de entrar na câmara de combustão. O ar aquecido passa então através de uma turbina, que aciona o compressor. O escoamento de ar (geralmente um escoamento supersônico) fornece o empuxo.

O exemplo ilustrado na Figura 11.21 é um motor turboélice de aeronave Pratt & Whitney 6000. O ventilador de entrada grande aumenta o escoamento de ar para o motor, alguns dos quais ultrapassam os compressores. O escoamento central entra em

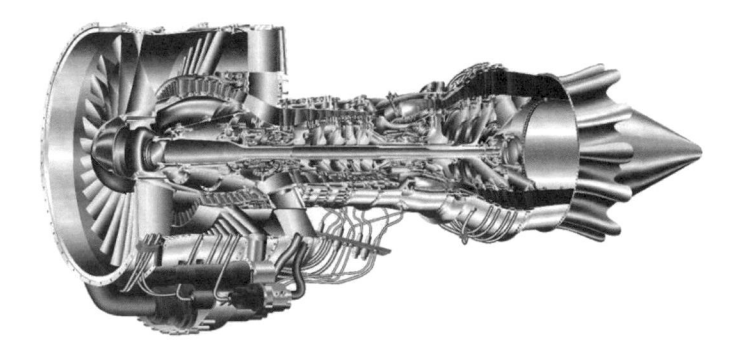

Ventilador LPC HPC Câmara de combustão HPT LPT Escape

Figura 11.21 Vista em corte de um motor turboélie de avião Pratt & Whitney 6.000. (Copyright United Technologies Corporation 2008. Usado com permissão.)

um compressor de baixa pressão (LPC) e de alta pressão (HPC) e daí para a câmara de combustão. Após a combustão, os gases quentes e de alta velocidade passam por uma turbina de alta pressão (HPT), que aciona o HPC e uma turbina de baixa pressão (LPT), que aciona separadamente tanto o LPC quanto o ventilador. Os gases de escape, em seguida, criam o empuxo na maneira usual de variação de quantidade de movimento. O motor mostrado, projetado para aeronaves para voos curtos, tem um empuxo máximo de 24.000 lbf.

11.6 Turbinas

Uma turbina extrai energia de um fluido que tem uma grande altura de carga, mas é irreal dizer que uma turbina é uma bomba que funciona em sentido contrário. Basicamente há dois tipos de turbinas, de reação e de ação, e a diferença está na maneira como a altura de queda é convertida. Na *turbina de reação*, o fluido preenche as passagens das pás, e a variação de altura de queda ou queda de pressão ocorre dentro do rotor. Os projetos de turbinas de reação são do tipo fluxo radial, fluxo misto e fluxo axial e são essencialmente máquinas dinâmicas projetadas para receber o fluido de alta energia e extrair sua quantidade de movimento. Uma *turbina de ação* primeiro converte a grande altura de queda através de um injetor em um jato de alta velocidade, que então incide nas pás em uma certa posição quando elas passam pelo jato. As passagens do rotor não ficam preenchidas por completo com fluido, e o jato escoa pelas pás basicamente à pressão constante. As turbinas de reação são menores porque o fluido preenche todas as pás de uma só vez.

Turbinas de reação

As turbinas de reação são máquinas de baixa altura de queda e alta vazão. O escoamento é o oposto daquilo que ocorre em uma bomba, entrando pela seção de maior diâmetro e saindo através da seção de menor diâmetro após transferir a maior parte de sua energia para o rotor. Os primeiros projetos eram muito ineficientes porque não havia as aletas estacionárias (distribuidor) na entrada para direcionar o escoamento de maneira uniforme para dentro das passagens do rotor. A primeira turbina eficiente de fluxo centrípeto foi construída em 1849 por James B. Francis, um engenheiro americano, e todos os projetos de escoamento radial ou misto são agora chamados de *turbinas Francis*. Em alturas de queda ainda menores, uma turbina pode ser projetada de forma mais compacta com escoamento puramente axial e é chamada de *turbina hélice* [52]. A hélice pode ser do tipo pá fixa ou ajustável (tipo Kaplan), e essa última é mecanicamente complexa, mas é muito mais eficiente em configurações de baixa potência. A Figura 11.22 mostra esboços de projetos de rotores para turbinas Francis radial, Francis de fluxo misto e do tipo hélice.

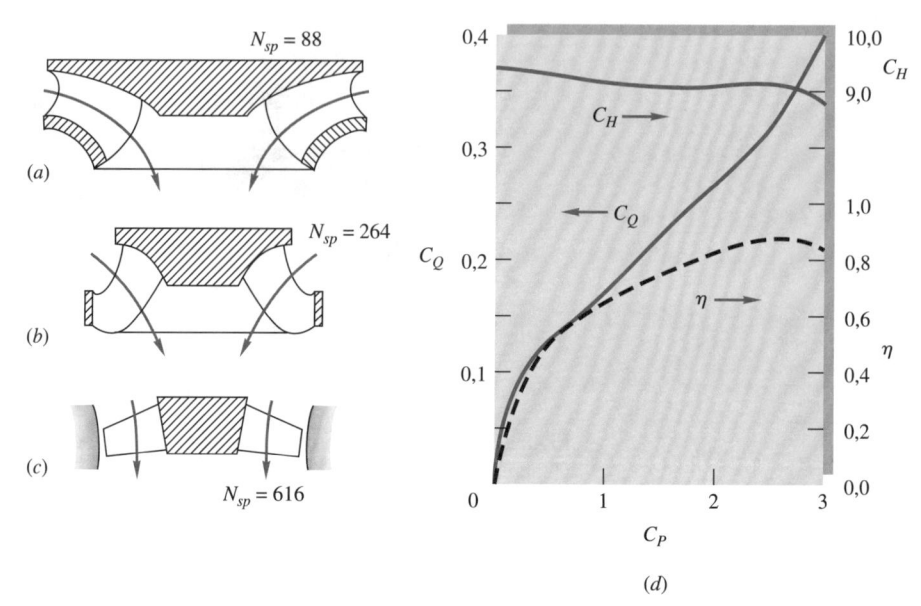

Figura 11.22 Turbinas de reação: (*a*) Francis, do tipo radial; (*b*) Francis, de fluxo misto; (*c*) hélice, de fluxo axial; (*d*) curvas de desempenho para uma turbina Francis, $n = 600$ rpm, $D = 0,7$ m, $N_{sp} = 127$.

Teoria idealizada de turbinas radiais

As fórmulas de Euler para turbomáquinas (11.11) também se aplicam a máquinas de extração de energia se invertermos a direção do escoamento e mudarmos as formas das pás. A Figura 11.23 mostra um rotor de uma turbina radial. Novamente, admitamos escoamento unidimensional sem atrito ao longo das pás. As aletas-guia ajustáveis na entrada do rotor são absolutamente necessárias para obter um bom rendimento. Elas conduzem o escoamento de entrada para incidir nas pás a um ângulo α_2 e velocidade absoluta V_2 para minimizar o "choque" ou perdas por mal alinhamento. Após somar vetorialmente a velocidade periférica do rotor $u_2 = \omega r_2$, o ângulo externo da pá seria colocado no ângulo β_2 para adaptar a velocidade relativa w_2, como mostra a figura. (Ver Figura 11.4 para os diagramas de velocidade análogos da bomba radial.)

A aplicação do teorema da quantidade de movimento angular para volume de controle, Equação (3.59), à Figura 11.23 (veja um caso similar no Exemplo 3.18), resulta em uma fórmula idealizada para a potência P extraída pelo rotor:

$$P = \omega T = \rho \omega Q (r_2 V_{t2} - r_1 V_{t1}) = \rho Q (u_2 V_2 \cos \alpha_2 - u_1 V_1 \cos \alpha_1) \quad (11.35)$$

em que V_{t2} e V_{t1} são os componentes circunferenciais da velocidade absoluta de entrada e de saída do escoamento. Observe que a Equação (11.35) é idêntica à Equação (11.11) para uma bomba radial, exceto que as formas das pás são diferentes.

A velocidade normal absoluta de entrada $V_{n2} = V_2 \,\text{sen}\, \alpha_2$ é proporcional à vazão Q. Se a vazão variar e a rotação u_2 do rotor for constante, as aletas devem ser ajustadas para um novo ângulo α_2, de maneira que w_2 ainda siga a superfície da pá. Portanto, as aletas de entrada ajustáveis são muito importantes para evitar perdas por choque.

Rotação específica referente à potência

Os parâmetros de turbina são semelhantes aos de uma bomba, mas a variável dependente é a potência de eixo de saída, que depende da vazão de entrada Q, da altura de queda disponível H, da rotação do rotor n e do diâmetro do rotor D. O rendimento é a potência de eixo de saída dividida pela potência hidráulica disponível $\rho g Q H$. As formas adimen-

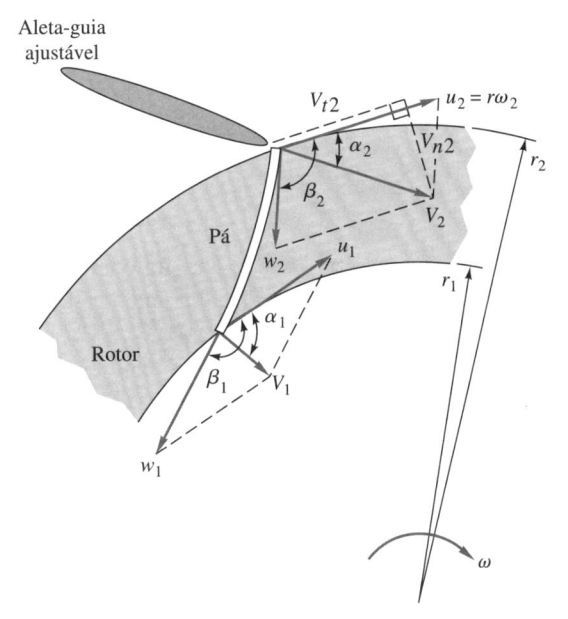

Figura 11.23 Diagramas de velocidade na entrada e na saída para um rotor idealizado de turbina de reação de fluxo radial.

sionais são C_Q, C_H e C_P, definidas da mesma forma que para uma bomba, Equações (11.23). Se desprezarmos os efeitos do número de Reynolds e da rugosidade, as relações funcionais são escritas com C_P como variável independente:

$$C_H = \frac{gH}{n^2 D^2} = C_H(C_P) \qquad C_Q = \frac{Q}{nD^3} = C_Q(C_P) \qquad \eta = \frac{P_e}{\rho g Q H} = \eta(C_P) \quad (11.36)$$

em que
$$C_P = \frac{P_e}{\rho n^3 D^5}$$

A Figura 11.22d mostra curvas de desempenho típicas para uma turbina radial Francis pequena. O ponto de rendimento máximo é chamado de *potência normal*, e os valores para essa turbina em particular são

$$\eta_{\text{máx}} = 0{,}89 \qquad C_{P*} = 2{,}70 \qquad C_{Q*} = 0{,}34 \qquad C_{H*} = 9{,}03$$

Um parâmetro que compara a potência de saída com a altura de queda disponível, independentemente do tamanho, é encontrado eliminando-se o diâmetro entre C_H e C_P. Ele é chamado de *rotação específica referente à potência*:

Forma adimensional:
$$N'_{sp} = \frac{C_P^{*1/2}}{C_H^{*5/4}} = \frac{n(P_e)^{1/2}}{\rho^{1/2}(gH)^{5/4}} \quad (11.37a)$$

Forma dimensional, porém comum:
$$N_{sp} = \frac{(n, \text{rpm})(P_e, \text{hp})^{1/2}}{[H, \text{m}]^{5/4}} \quad (11.37b)$$

Para a água, $\rho = 1.000$ kg/m^3 e $N_{sp} = 1.206{,}3 N'_{sp}$. Os vários projetos de turbina dividem-se satisfatoriamente de acordo com o intervalo de rotação específica referente à potência, da seguinte forma:

Tipo de turbina	Faixa de N_{sp}	Faixa de C_H
Ação	4,4 a 44	15 a 50
Francis	44 a 484	5 a 25
Hélice		
Água	440 a 1.100	1 a 4
Gás, vapor	110 a 1.320	10 a 80

Observe que N_{sp}, assim como N_s para as bombas, é definido somente com relação ao PMR e tem um valor único para uma dada família de turbinas. Na Figura 11.22d, N_{sp} = $1.206,3(2,70)^{1/2}/(9,03)^{5/4} = 127$, independentemente do tamanho.

Assim como as bombas, as turbinas de grandes dimensões são geralmente mais eficientes, e as Equações (11.29) podem ser utilizadas como uma estimativa quando não há dados disponíveis.

O projeto de um sistema completo de geração de energia por meio de turbinas de grande porte é um empreendimento de engenharia bem amplo, que envolve dutos de entrada e saída, grades para deter detritos, aletas-guia, distribuidores, caixas espirais, geradores com serpentinas de refrigeração, mancais e engrenagens de transmissão, pás do rotor, tubos de sucção e controles automáticos. Na Figura 11.24 estão ilustrados alguns projetos típicos de turbina de reação de grande porte. O projeto de bomba-turbina reversível da Figura 11.24d requer cuidados especiais para que as aletas-guia sejam eficientes para ambos os sentidos do escoamento.

Os grandes projetos de usinas hidrelétricas (1.000 MW) são espantosos quando vistos em escala humana, como mostra a Figura 11.25. As vantagens econômicas dos testes de modelos em escala reduzida são evidentes nessa fotografia de uma das turbinas Francis da usina hidrelétrica de Grand Coulee.

Turbinas de ação

Para altura de queda muito elevada e potência relativamente baixa (isto é, uma N_{sp} baixa), uma turbina de reação iria requerer não só uma alta velocidade como também a alta pressão no rotor exigiria uma carcaça bastante resistente. A turbina de ação da Figura 11.26 é ideal para essa situação. Como N_{sp} é baixa, n será baixa e a alta pressão é confinada a um pequeno injetor, que converte a altura de queda em um jato de alta velocidade V_j à pressão atmosférica. O jato incide nas pás e fornece uma variação de quantidade de movimento semelhante àquela em nossa análise de volume de controle para uma aleta em movimento no Exemplo 3.9 ou no Problema P3.51. As pás têm um formato de taça elíptica bipartida, como na Figura 11.26b. Elas são denominadas *rotores Pelton*, em homenagem a Lester A. Pelton (1829-1908), que produziu o primeiro projeto eficiente.

No Exemplo 3.9, vimos que a força por unidade de vazão em massa em uma única pá em movimento, ou neste caso, uma única pá do rotor Pelton, era $(V_j - u)(1 - \cos\beta)$, em que u é a velocidade da pá e β é o ângulo de saída do jato. Para uma única pá, como no Exemplo 3.10, a vazão em massa seria $\rho A_j(V_j - u)$, mas para um rotor Pelton, no qual as pás continuam a entrar sequencialmente no caminho do jato e capturar todo o escoamento, a vazão em massa seria $\rho Q = \rho A_j V_j$. Uma análise alternativa usa a equação de Euler das turbomáquinas (11.11) e o diagrama de velocidades da Figura 11.26c. Observando que $u_1 = u_2 = u$, substituímos as velocidades tangenciais absolutas de entrada e saída na relação de potência da turbina:

$$P = \rho Q(u_1 V_{t1} - u_2 V_{t2}) = \rho Q\{uV_j - u[u + (V_j - u)\cos\beta]\}$$

ou
$$P = \rho Q u(V_j - u)(1 - \cos\beta) \qquad (11.38)$$

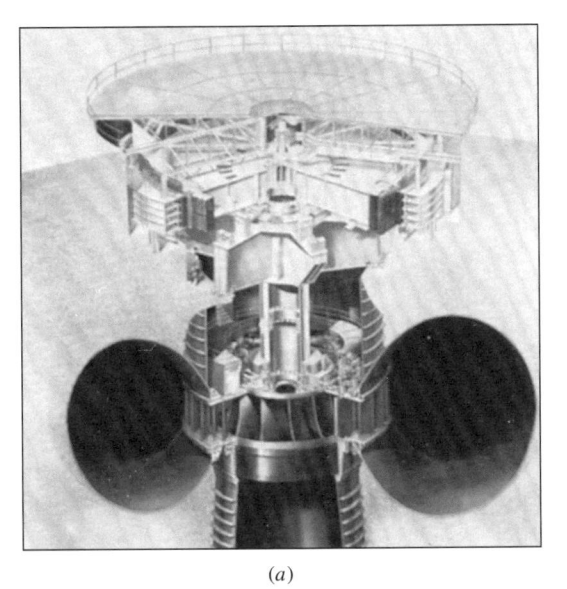

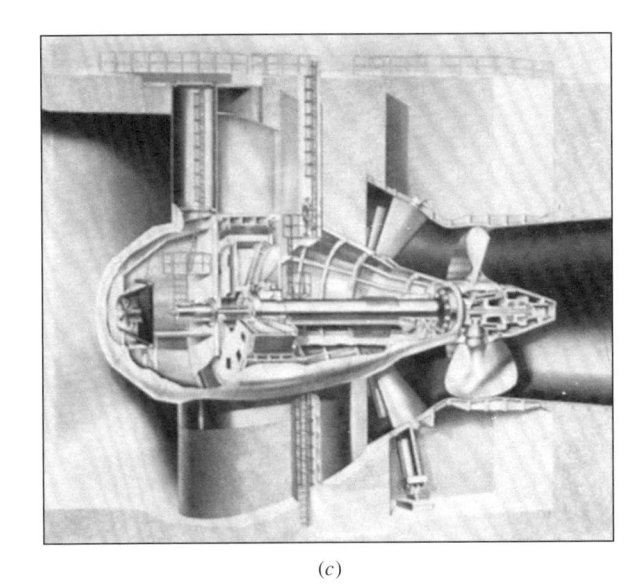

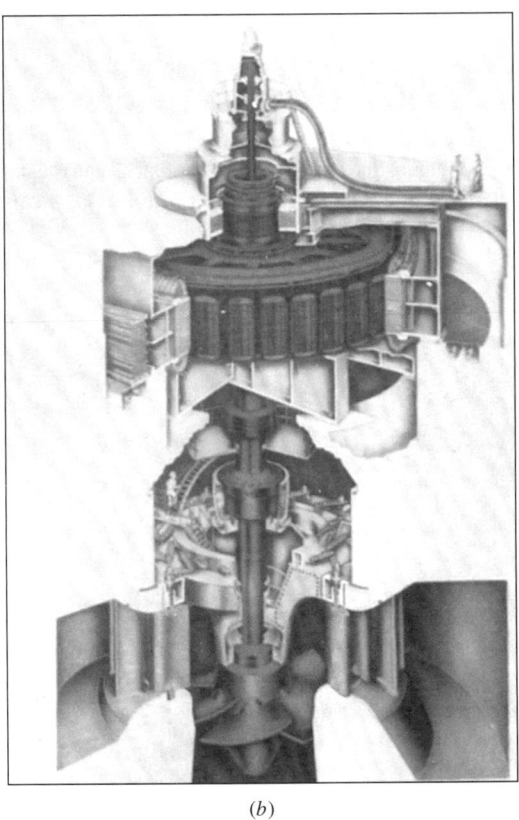

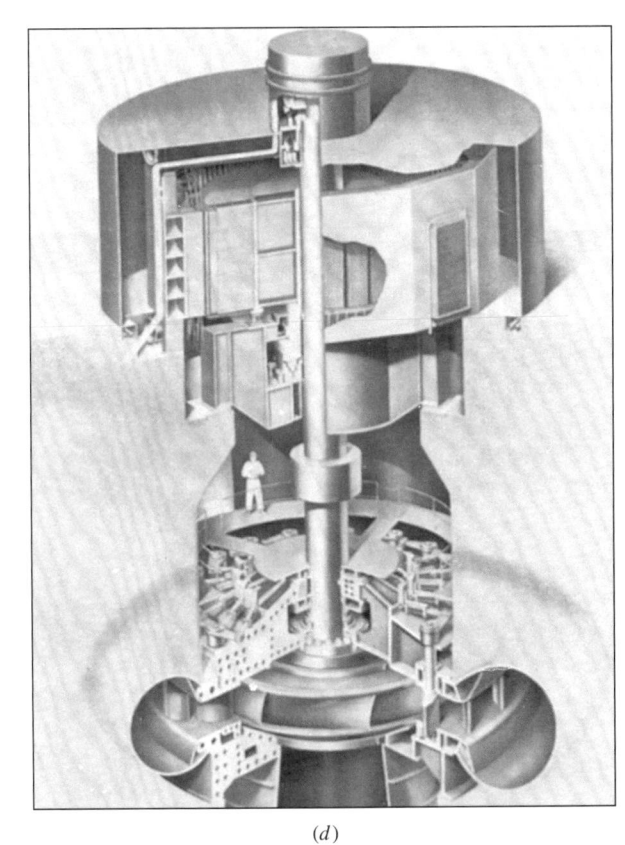

Figura 11.24 Projetos de turbinas de grandes dimensões dependem da altura de queda e da vazão disponíveis e das condições de operação: (*a*) Francis (radial); (*b*) Kaplan (hélice); (*c*) montagem em bulbo com rotor hélice; (*d*) bomba-turbina reversível com rotor radial. (*Cortesia de Voith Siemens Hydro Power.*)

Figura 11.25 Vista interna de uma das turbinas de 1,1 milhão de hp (820 MW) na Usina Hidrelétrica de Grand Coulee, no rio Columbia, que mostra a caixa espiral, as aletas externas fixas (pré-distribuidor) e as aletas internas ajustáveis (distribuidor). (*Cortesia da Voith Siemens Hydro Power.*)

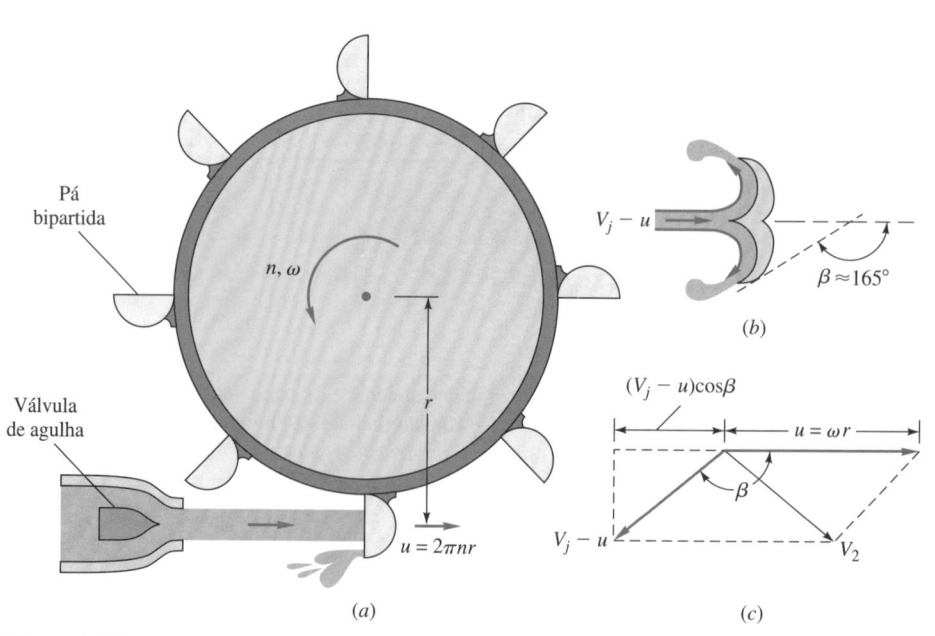

Figura 11.26 Turbina de ação: (*a*) vista lateral do rotor e do jato; (*b*) vista de topo da pá; (*c*) diagrama de velocidades típico.

em que $u = 2\pi n r$ é a velocidade linear da pá e r é o *raio primitivo*, ou distância do centro do rotor até a linha de centro do jato. Um ângulo de pá $\beta = 180°$ fornece a potência máxima, mas é fisicamente impraticável. Na prática, $\beta \approx 165°$, ou $1 - \cos \beta \approx 1,966$, ou somente 2% menor que a potência máxima.

Da Equação (11.38), a potência teórica de uma turbina de ação varia de forma parabólica com a velocidade u da pá, e é máxima quando $dP/du = 0$, ou

$$u^* = 2\pi n^* r = \tfrac{1}{2} V_j \qquad (11.39)$$

Para um injetor ideal, a altura de queda total disponível seria convertida em velocidade de jato $V_j = (2gH)^{1/2}$. Na realidade, uma vez que há 2% a 8% de perdas no injetor, é utilizado um coeficiente de velocidade C_v:

$$V_j = C_v(2gH)^{1/2} \qquad 0,92 \leq C_v \leq 0,98 \qquad (11.40)$$

Combinando as Equações (11.36) e (11.40), o rendimento teórico da turbina de ação se torna

$$\boxed{\eta = 2(1 - \cos \beta)\phi(C_v - \phi)} \qquad (11.41)$$

em que $\boxed{\phi = \dfrac{u}{(2gH)^{1/2}} = \text{fator de velocidade periférica}}$

O rendimento máximo ocorre em $\phi = \tfrac{1}{2} C_v \approx 0,47$.

A Figura 11.27 mostra a Equação (11.41) traçada para uma turbina ideal ($\beta = 180°$ e $C_v = 1,0$) e para condições de operação típicas ($\beta = 160°$ e $C_v = 0,94$). Esse último caso prevê $\eta_{\text{máx}} = 85\%$ em $\phi = 0,47$, mas os dados reais para um rotor Pelton de 24 pol são menos eficientes por causa do efeito de ventilação, do atrito mecânico, da água espirrada e do escoamento não uniforme nas pás. Para esse teste, $\eta_{\text{máx}} = 80\%$, e, em geral, uma turbina de ação não é tão eficiente quanto uma turbina Francis ou uma turbina hélice nos seus PMR.

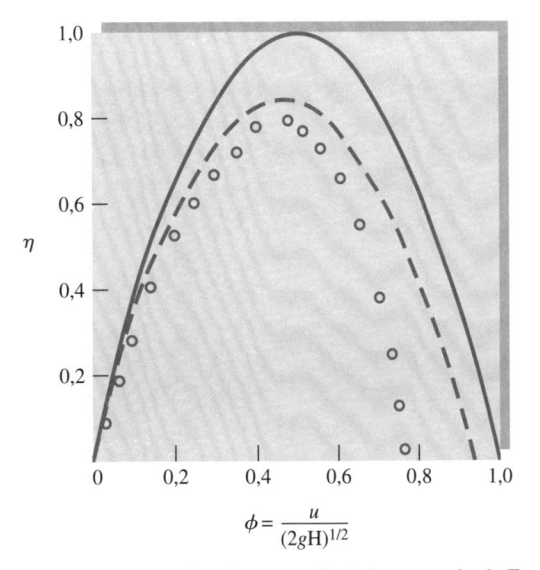

Figura 11.27 Rendimento de uma turbina de ação calculado por meio da Equação (11.41): linha contínua = ideal, $\beta = 180°$, $C_v = 1,0$; linha tracejada = real, $\beta = 160°$, $C_v = 0,94$; círculos vazios = dados experimentais, rotor Pelton, diâmetro 0,61 m.

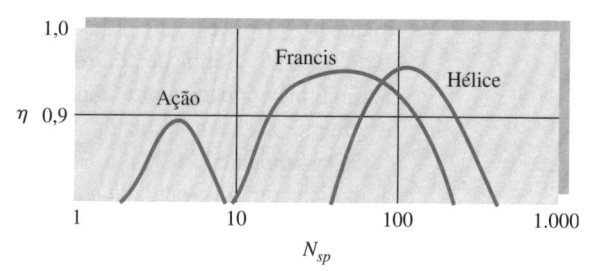

Figura 11.28 Rendimento ótimo de projetos de turbinas.

A Figura 11.28 mostra o rendimento ótimo dos três tipos de turbinas e a importância da rotação específica referente à potência, N_{sp}, como uma ferramenta de seleção para o projetista. Esses rendimentos são ótimos e obtidos de um projeto cuidadoso de grandes máquinas.

A potência hidráulica disponível para uma turbina pode variar em decorrência das variações na altura de queda ou na vazão, que são comuns em instalações de campo como as usinas hidrelétricas. A demanda de potência da turbina também varia de baixa para alta, e a resposta na operação é por meio de uma variação na vazão pelo ajuste de uma válvula de gaveta ou de uma válvula de agulha (Figura 11.26a). Conforme mostra a Figura 11.29, os três tipos de turbinas alcançam um rendimento razoavelmente uniforme em função do nível de potência extraída. Particularmente eficiente é a turbina hélice de pás ajustáveis (tipo Kaplan), enquanto a menos eficiente é a turbina hélice de pás fixas. A expressão *potência máxima* na Figura 11.29 significa a maior potência fornecida que é garantida pelo fabricante, ao contrário da *potência ótima*, que é fornecida no ponto de máximo rendimento.

Para mais detalhes sobre projeto e operação de turbomáquinas, recomendamos especialmente o tratamento interessante e compreensível da Referência 33. Nas Referências 27, 28 e 46 é discutida a viabilidade de micro-hidrelétricas.

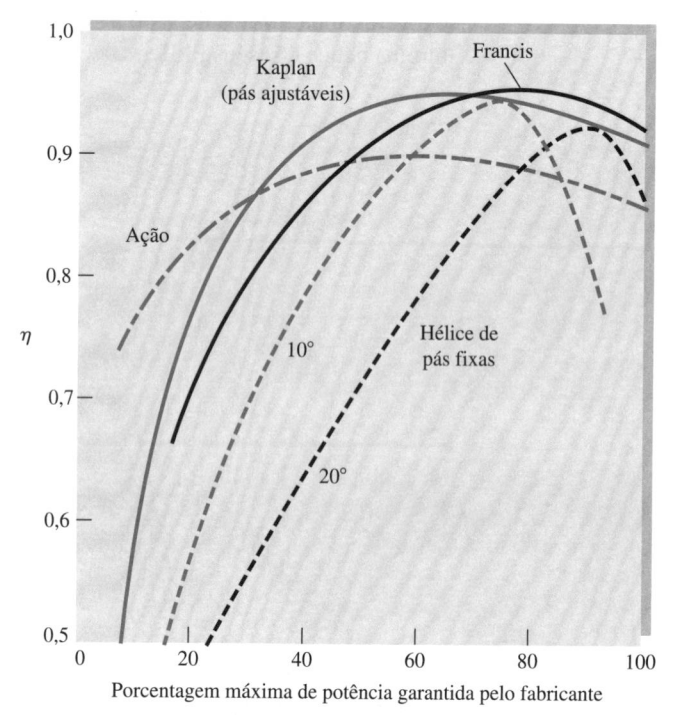

Figura 11.29 Rendimento em função do nível de potência para vários projetos de turbinas com rotação e altura constantes.

EXEMPLO 11.9

Verifique a possibilidade de utilizar (a) um rotor Pelton semelhante ao da Figura 11.27 ou (b) a família de turbinas Francis da Figura 11.22d para fornecer uma potência de eixo de 30.000 hp de uma altura de queda líquida de 366 m.

Solução

Parte (a) Da Figura 11.28, o maior rendimento do rotor Pelton ocorre aproximadamente em

$$N_{sp} \approx 4,5 = \frac{(n, \text{rpm})(30.000 \text{ hp})^{1/2}}{(366 \text{ m})^{1,25}}$$

ou $\quad n = 274 \text{ rpm} = 4,6 \text{ rps}$

Da Figura 11.27 o melhor ponto de operação é

$$\phi \approx 0,47 = \frac{\pi D(4,6 \text{ rps})}{[2(9,81)(366)]^{1/2}}$$

ou $\quad D = 2,76 \text{ m}$ *Resposta (a)*

Esse rotor Pelton talvez seja um pouco lento e um tanto grande. Você pode reduzir D e aumentar n aumentando N_{sp} para 32 ou 35, por exemplo, e aceitando uma pequena redução no rendimento. Ou você poderia usar uma configuração com dois rotores, cada um fornecendo uma potência de eixo de 15.000 hp, que altera D e n pelo fator de $2^{1/2}$:

Rotor duplo: $\quad n = (274)2^{1/2} = 388 \text{ rpm} \quad D = \frac{2,76}{2^{1/2}} = 1,95 \text{ m}$ *Resposta (a)*

Parte (b) O rotor Francis da Figura 11.22d deve ter

$$N_{sp} = 127 = \frac{[(n, \text{rpm})(30.000 \text{ hp})]^{1/2}}{(366 \text{ m})^{1,25}}$$

ou $\quad n = 1.173 \text{ rpm} = 19,6 \text{ rps}$

Então o coeficiente de potência ótimo é

$$C_{P*} = 2,70 = \frac{P_e}{\rho n^3 D^5} = \frac{30.000(746)}{(1.000)(19,6)^3 D^5}$$

ou $\quad D^5 = 1,1 \quad D = 1,02 \text{ m} = 40 \text{ pol}$ *Resposta (b)*

Essa é uma rotação maior do que a prática usual, e a carcaça teria de suportar 366 m de coluna de água ou aproximadamente 3,6 MPa de pressão interna, mas o tamanho de 40 pol é muito atraente. As turbinas Francis atualmente estão operando com alturas de queda de até 460 m.

Turbinas eólicas

A energia dos ventos tem sido utilizada há muito tempo como uma fonte de potência mecânica. Os conhecidos moinhos de vento de quatro pás da Holanda, da Inglaterra e das ilhas gregas têm sido utilizados durante séculos para bombear água, moer grãos e serrar madeira. A pesquisa moderna concentra-se na capacidade das turbinas eólicas de gerar energia elétrica. Koeppl [47] destaca o potencial das máquinas do tipo hélice. Ver também Referências 47, 51.

Na Figura 11.30 estão alguns exemplos de projetos de turbinas eólicas. O conhecido moinho de vento de múltiplas pás da zona rural americana (Figura 11.30a) tem baixo rendimento, mas há milhares deles em uso como uma maneira sólida, segura e barata de bombear água. Um projeto mais eficiente é a turbina hélice da Figura 11.30b, semelhante ao sistema pioneiro de Smith-Putnam de duas pás de 1.250 kW que funcionou na colina de Grampa, 19 km a oeste de Rutland, Vermont, de 1941 a 1945. O projeto de Smith-Putnam rompeu-se por causa da resistência inadequada das pás, mas ele resistiu a ventos de até 185 km/h e sua eficácia foi amplamente demonstrada [47].

Os moinhos de vento holandeses, americanos, de múltiplas pás e hélice, são exemplos de *turbinas eólicas de eixo horizontal* (TEEH), que são eficientes, porém um pouco inadequadas porque necessitam de suportes extensos e de sistemas de engrenagens, quando combinadas com um gerador elétrico. Por esse motivo, foi proposta uma família de *turbinas eólicas de eixo vertical* (TEEV) que simplifica as exigências de transmissão por engrenagens e de suportes. A Figura 11.30c mostra uma TEEV do tipo "batedor de ovos" inventada por G. J. M. Darrieus em 1925. Para minimizar as tensões centrífugas, as pás torcidas da turbina Darrieus seguem uma curva *troposquiana* formada por uma corrente fixada em dois pontos em uma barra vertical giratória. O projeto de Darrieus tem a vantagem de que o gerador e a caixa de engrenagens podem ser montados no chão para facilitar o acesso. Porém, ela não é tão eficiente quanto a TEEH e, além disso, não parte sozinha. A maior turbina Darrieus conhecida pelo autor é uma turbina de 4,2 MW, de 100 m de diâmetro, instalada em Cap Chat, Quebec, Canadá.

O moinho de quatro pás do tipo holandês na Fig. 11.30d é encontrado por toda a Europa e o Oriente Médio e remonta ao século IX. Na Holanda, eles são utilizados principalmente para drenar terras baixas. O moinho da foto foi construído em 1787 para moer milho. Hoje, é uma atração turística de Rhode Island.

Teoria idealizada de turbinas eólicas

O rendimento ideal, isento de atrito, de um moinho de vento tipo hélice foi calculado por A. Betz em 1920, usando a simulação mostrada na Figura 11.31. A hélice é representada por um *disco atuador*, que cria uma descontinuidade de pressão de área A e velocidade V através do plano da hélice. O vento é representado por um tubo de corrente com velocidade de aproximação V_1 e velocidade de esteira V_2 menor a jusante da hélice. A pressão aumenta para p_b exatamente antes do disco e cai para p_a exatamente depois do disco, retornando à pressão da corrente livre na esteira mais afastada. Para manter a hélice rígida quando estiver extraindo energia do vento, deve haver uma força F para a esquerda atuando no seu suporte, como mostra a figura.

A equação da quantidade de movimento na direção horizontal aplicada ao volume de controle entre as seções 1 e 2 fornece

$$\sum F_x = -F = \dot{m}(V_2 - V_1)$$

Uma equação semelhante para um volume de controle exatamente antes e após o disco fornece

$$\sum F_x = -F + (p_b - p_a)A = \dot{m}(V_a - V_b) = 0$$

Igualando as duas, obtemos a força na hélice:

$$F = (p_b - p_a)A = \dot{m}(V_1 - V_2) \tag{11.42}$$

(a)

(c)

(b)

(d)

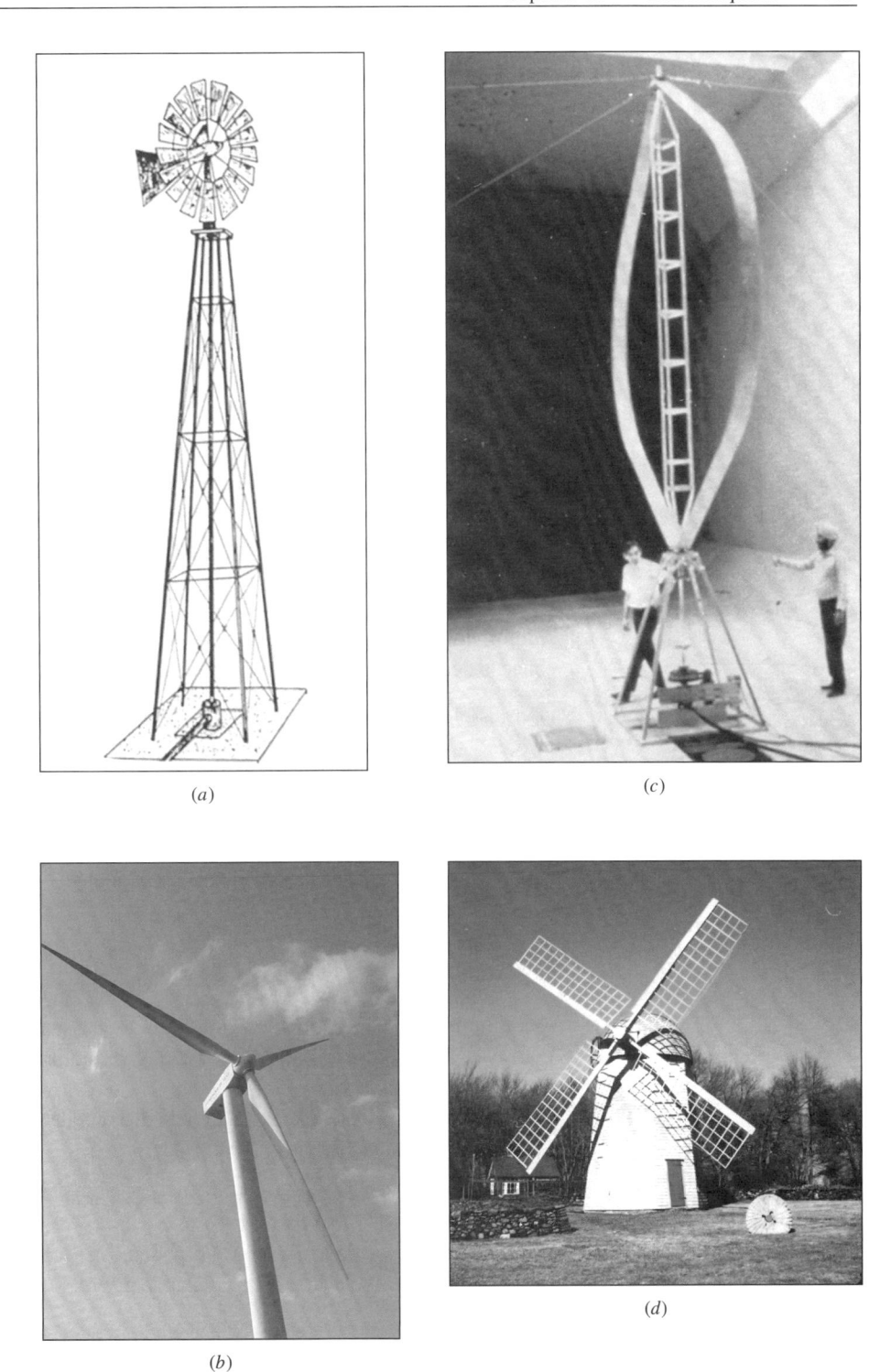

Figura 11.30 Tipos de turbinas eólicas: (a) o tipo TEEH de múltiplas pás americano do meio rural; (b) uma turbina TEEH moderna de três pás de 750 kW em um parque eólico em Plouarzel, na França (*cortesia de Hubert Chamson*); (c) a turbina TEEV de Darrieus (*cortesia do National Research Council Canada*); (d) um moinho de vento de quatro pás estilo holandês, construído em 1787 em Jamestown, Rhode Island (*cortesia de F. M. White*).

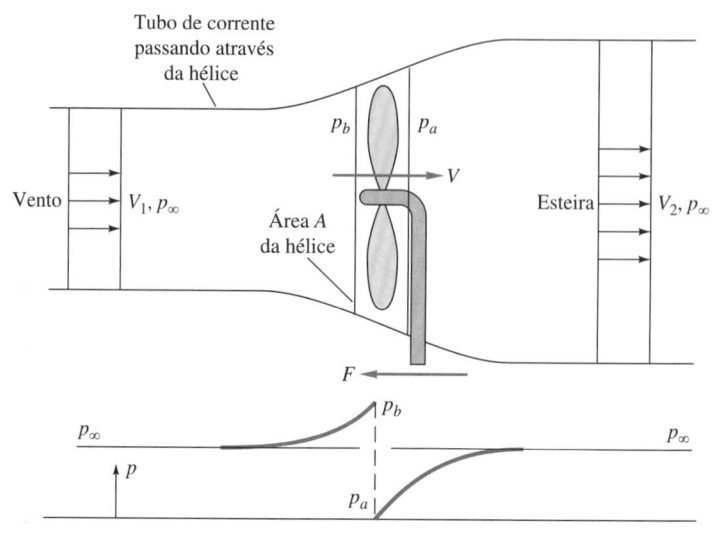

Figura 11.31 Disco atuador idealizado e análise do tubo de corrente do escoamento através de um moinho de vento.

Admitindo-se escoamento ideal, as pressões podem ser determinadas aplicando-se a equação de Bernoulli para escoamento incompressível até o disco:

De 1 para b: $\qquad p_\infty + \tfrac{1}{2}\rho V_1^2 = p_b + \tfrac{1}{2}\rho V^2$

De a para 2: $\qquad p_a + \tfrac{1}{2}\rho V^2 = p_\infty + \tfrac{1}{2}\rho V_2^2$

Subtraindo uma equação da outra e observando que $\dot{m} = \rho A V$ através da hélice, podemos substituir $p_b - p_a$ na Equação (11.42) para obter

$$p_b - p_a = \tfrac{1}{2}\rho(V_1^2 - V_2^2) = \rho V(V_1 - V_2)$$

ou $\qquad V = \tfrac{1}{2}(V_1 + V_2) \qquad (11.43)$

A continuidade e a quantidade de movimento, desse modo, exigem que a velocidade V através do disco seja igual à média das velocidades do vento e da esteira mais afastada.

Finalmente, a potência extraída pelo disco pode ser escrita em termos de V_1 e V_2 combinando as Equações (11.42) e (11.43):

$$P = FV = \rho A V^2(V_1 - V_2) = \tfrac{1}{4}\rho A(V_1^2 - V_2^2)(V_1 + V_2) \qquad (11.44)$$

Para uma dada velocidade do vento V_1, podemos encontrar a potência máxima possível diferenciando P em relação a V_2 e igualando a zero. O resultado é

$$P = P_{\text{máx}} = \tfrac{8}{27}\rho A V_1^3 \quad \text{para} \, V_2 = \tfrac{1}{3}V_1 \qquad (11.45)$$

que corresponde a $V = 2V_1/3$ através do disco.

A potência máxima disponível para a hélice é a vazão em massa através da hélice vezes a energia cinética total do vento:

$$P_{\text{disp}} = \tfrac{1}{2}\dot{m}V_1^2 = \tfrac{1}{2}\rho A V_1^3$$

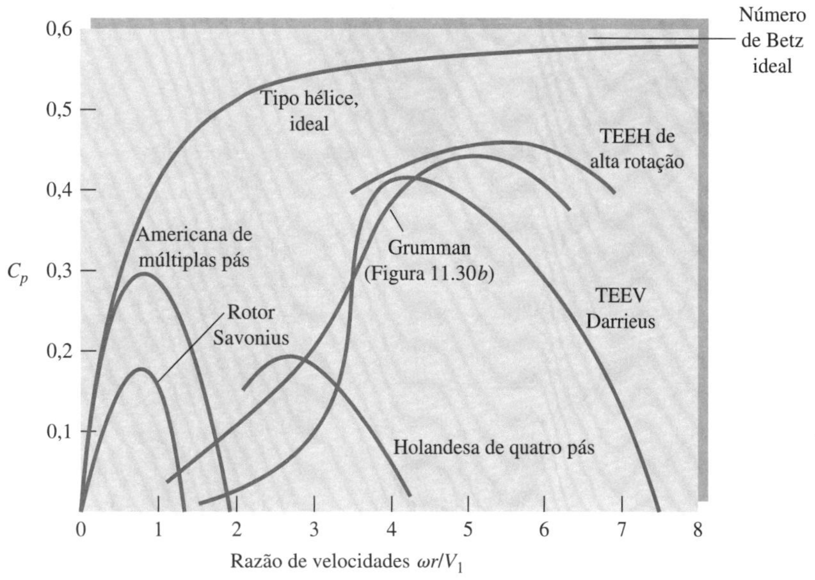

Figura 11.32 Desempenho calculado de vários projetos de turbina eólica em função da razão de velocidades da ponta da pá. (*Da Referência 53.*)

Assim, o rendimento máximo possível de uma turbina eólica ideal sem atrito é usualmente definido em termos do *coeficiente de potência*:

$$C_P = \frac{P}{\frac{1}{2}\rho A V_1^3} \tag{11.46}$$

A Equação (11.45) estabelece que o coeficiente de potência total é

$$C_{p,\text{máx}} = \tfrac{16}{27} = 0{,}593 \tag{11.47}$$

Esse resultado é chamado de *número de Betz* e serve como parâmetro ideal com o qual se compara o desempenho efetivo de moinhos de vento reais.

A Figura 11.32 mostra os coeficientes de potência obtidos experimentalmente de vários projetos de turbinas eólicas. A variável independente não é V_2/V_1 (que é artificial e conveniente apenas na teoria ideal), mas sim a razão da velocidade da ponta da pá, ωr, para a velocidade do vento. Observe que a ponta da pá pode mover-se muito mais rapidamente do que o vento, um fato perturbador para os leigos, mas familiar para os engenheiros no funcionamento de navios quebra-gelo e de embarcações a vela. A turbina Darrieus apresenta muitas vantagens por ter eixo vertical, mas tem pouco torque a baixa rotações (ver Figura 11.32) e também gira mais lentamente na potência máxima do que uma hélice, requerendo, portanto, uma maior relação de transmissão para o gerador. O rotor Savonius (Figura 6.29*b*) tem sido sugerido como um projeto de TEEV porque ele produz potência com velocidades de vento muito baixas, mas é ineficiente e susceptível a danos causados por tempestades porque não pode estar embandeirado em ventos fortes.

Como mostra a Figura 11.33, há muitas áreas no planeta onde a energia eólica é uma alternativa interessante, como na Irlanda, Groenlândia, Islândia, Argentina, Chile, Nova Zelândia e na província de Newfoundland no Canadá. Robinson [53] destaca que a Austrália, com ventos apenas moderados, poderia gerar metade de sua eletricidade com turbinas eólicas. Inesgotáveis e disponíveis, os ventos, combinados com projetos de turbinas de baixo custo, prometem um futuro brilhante para essa alternativa.

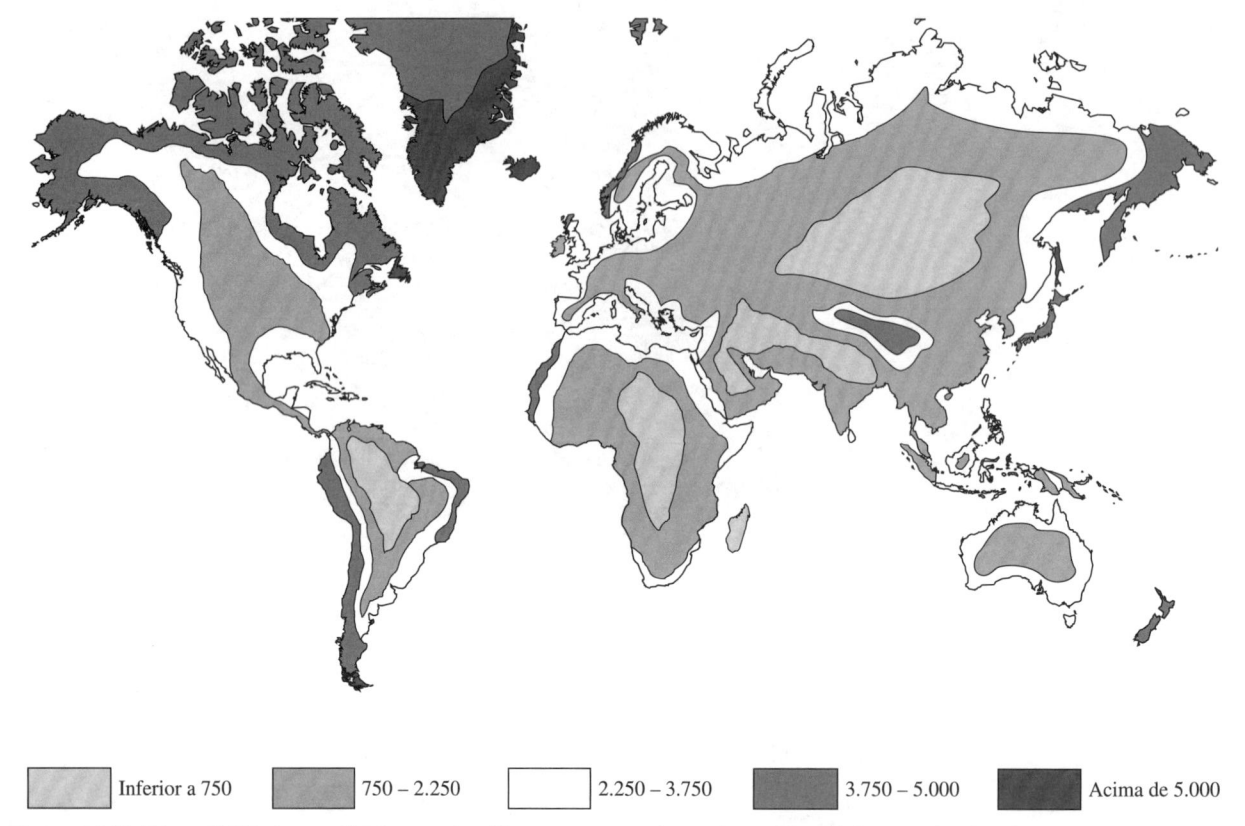

| | Inferior a 750 | | 750 – 2.250 | | 2.250 – 3.750 | | 3.750 – 5.000 | | Acima de 5.000 |

Figura 11.33 Disponibilidade mundial da energia eólica em terra: produção de energia elétrica anual estimada em kWh/kW de uma turbina eólica com velocidade de 11,2 m/s (25 mi/h). *Fonte: D. F. Warne and P. G. Calnan, "Generation of Electricity from the Wind," IEE Rev., vol. 124, no. 11R, November 1977, pp. 963–985.*

Com o combustível fóssil limitado e a crescente preocupação com o aquecimento global, as perspectivas da energia eólica estão asseguradas. Os dados globais de velocidade do vento de Archer e Jacobsen [62] mostram que aproveitar uma fração modesta da energia eólica disponível poderia atender ao *total* das necessidades de eletricidade da Terra. Ninguém espera que isso aconteça, mas a American Wind Energy Association [59] projeta que 20% da energia gerada nos Estados Unidos poderiam ser de origem eólica até 2030.

Até 2010, os Estados Unidos tinham a maior capacidade de energia eólica do mundo, mas a China recentemente assumiu o primeiro lugar, conforme mostrado na tabela a seguir.

País	Capacidade em 2012, GW	Porcentagem do total mundial
China	75,6	26,8
Estados Unidos	60,0	21,2
Alemanha	31,3	11,1
Espanha	22,8	8,1
Índia	19,6	6,9
Resto do mundo	73,2	25,9
TOTAIS	**282,5**	**100,0**

Uma vez que a incidência dos ventos nas instalações da China geralmente é menor, os Estados Unidos de fato lideram em energia eólica total gerada anualmente, 120 terawatt-hora contra 73 na China. O crescimento da geração de energia eólica é notável, mas 283 GW ainda representam apenas 2,5% das necessidades mundiais de energia. A maior parte do crescimento futuro provavelmente será baseada em terra, devido aos altos custos de construção, transmissão e manutenção de turbinas eólicas offshore. Nos Estados Unidos, a ênfase mudou para turbinas localizadas, devido ao alto custo das linhas de transmissão dos parques eólicos isolados. Por exemplo, três grandes turbinas (1,5 MW) separadas estão sendo propostas para a pequena vila costeira onde reside o autor deste livro. Em geral, os custos serão elevados e o debate político acalorado, mas o futuro da energia eólica parece brilhante.

Novos desenvolvimentos em tecnologia de turbinas eólicas

As turbinas eólicas representam uma grande parte "verde" do nosso futuro energético, mas a energia de origem eólica, especialmente em instalações offshore, é cara em relação à energia gerada em usinas de combustíveis fósseis. O principal fator é o custo de fabricação e instalação das turbinas. O Departamento de Energia dos Estados Unidos afirma que a o sistema de geração eólica offshore é o mais caro dentre os sistemas de geração em grande escala.

Contratos de arrendamentos foram celebrados para instalações de turbinas offshore perto de Cape Cod, Rhode Island e Delaware. O projeto Cape Wind, para instalação em terra, prevê um custo inicial de 19 cents US/kWh. A proposta do projeto Deepwater Wind, Rhode Island, prevê 24 cents US/kWh. Uma vez que a geração elétrica por usinas de combustíveis fósseis custa cerca de 8 cents US/kWh, os benefícios ambientais das turbinas eólicas, sem poluentes como CO_2 ou SO_2, são contrabalançados pelo aumento considerável dos custos para o consumidor.

Existem muitas propostas para diminuir os custos da energia eólica. Aqui listamos três.

1. *Turbinas offshore flutuantes.* Isso evita o problema da inserção de torres em águas mais profundas e permite colocar o sistema mais distante da costa. Por exemplo, uma turbina flutuante de 2.300 kW foi instalada recentemente na costa da Noruega.
2. *Substituir uma TEET onshore gigante por uma série de pequenas TEEVs.* As atuais hélices de eixo horizontal gigantes, com diâmetros de até 100 metros, custam mais para instalar do que muitas turbinas pequenas de eixo vertical. Esse arranjo vertical teria geradores no chão e, portanto, de acesso mais fácil. No entanto, seriam necessárias muitas turbinas menores, talvez centenas. Essa ideia é mais adequada para locais remotos.
3. *Turbinas em um balão-carenagem amarrado.* Uma carenagem flutuante, em forma de anel, com uma turbina no interior, pode ser posicionada em altitudes elevadas, onde os ventos são de duas a três vezes mais intensos.

A Figura 11.34 mostra um projeto experimental da Altaeros Energies, Inc.. A carenagem também ajuda a captar mais vento do que uma hélice livre. Os custos de instalação são menores. Para o teste na Fig. 11.34, a turbina a 350 pés produziu duas vezes mais energia do que em nível do solo. Em 2014, uma grande turbina-balão Altaeros foi adquirida pela cidade de Fairbanks, no Alasca.

Resumo

O projeto de turbomáquinas é talvez a aplicação mais prática e efetiva dos princípios da mecânica dos fluidos. Há uma infinidade de bombas e turbinas em uso no mundo, e milhares de empresas estão buscando melhorias. Este capítulo discutiu tanto as má-

Figura 11.34 Uma turbina eólica experimental de 35 pés de diâmetro em um anel flutuante para grande altitude. Testado em Limestone, Maine, a uma altitude de 350 pés. [*Imagem cortesia da Altaeros Energies.*]

quinas de deslocamento positivo como, mais extensivamente, as máquinas rotodinâmicas. Com a bomba centrífuga como exemplo, foram desenvolvidos os conceitos básicos de torque, potência, altura de carga, vazão e rendimento, para uma turbomáquina. A adimensionalização conduz às leis de semelhança de bombas e a algumas curvas de desempenho adimensionais típicas para máquinas axiais e centrífugas. O parâmetro de bomba mais útil é a rotação específica, que retrata o tipo de projeto necessário. Uma aplicação interessante de projeto é a teoria de bombas associadas em série e em paralelo.

As turbinas extraem energia de fluidos em escoamento e são de dois tipos: turbinas de ação, que convertem a quantidade de movimento de uma corrente de alta velocidade, e as turbinas de reação, em que a queda de pressão ocorre dentro das passagens das pás em um escoamento interno. Por analogia com as bombas, a rotação específica referente à potência é importante para turbinas e é usada para classificá-las em turbinas tipo ação, Francis e hélice. Um caso especial de turbina de reação com escoamento não confinado é a turbina eólica. Foram discutidos vários tipos de turbinas eólicas e comparados seus desempenhos relativos.

Problemas

A maioria dos problemas propostos é de resolução relativamente direta. Os problemas mais difíceis ou abertos estão indicados com um asterisco. O ícone de um computador indica que pode ser necessário o uso de um computador para a resolução do problema. Os problemas típicos de fim de capítulo, P11.1 a P11.108 (listados a seguir), são seguidos dos problemas dissertativos, PD11.1 a PD11.10, dos problemas abrangentes, PA11.1 a PA11.8, e do problema de projeto PP11.1.

Seção	Tópico	Problemas
11.1	Introdução e classificação	P11.1–P11.14
11.2	Teoria de bombas centrífugas	P11.15–P11.21
11.3	Desempenho de bombas e leis de semelhança	P11.22–P11.41
11.3	Altura positiva líquida de sucção (NPSH)	P11 42–P11.44
11.4	Rotação específica: bombas de escoamento misto e axial	P11.45–P11.62
11.5	Combinando as características da bomba e do sistema	P11.63–P11.73
11.5	Bombas em paralelo ou em série	P11.74–P11.81
11.5	Instabilidade das bombas	P11.82–P11.83
11.6	Turbinas de reação e ação	P11.84–P11.99
11.6	Turbinas eólicas	P11.100–P11.108

Introdução e classificação

P11.1 Descreva a geometria e a operação de uma bomba de deslocamento positivo peristáltica humana que é amada por todos os românticos da Terra. Qual é a diferença entre os dois ventrículos?

P11.2 Qual seria a classificação técnica de cada uma das seguintes turbomáquinas: (*a*) um ventilador doméstico, (*b*) um moinho de vento, (*c*) uma hélice de aeronave, (*d*) a bomba de combustível de um automóvel, (*e*) um ejetor, (*f*) um acoplamento hidráulico e (*g*) uma turbina a vapor de uma usina elétrica.

P11.3 Uma BDP pode bombear praticamente qualquer fluido, mas sempre existirá uma viscosidade limitante muito alta para a qual o seu desempenho se deteriorá. Você pode explicar o motivo provável?

P11.4 A Figura P11.4 mostra o rotor de um dispositivo comum que, ao operar, gira em até 300.000 rpm. Você pode adivinhar o que é e fornecer uma descrição?

P11.4 [*Imagem fornecida por Sigma-Aldrich Corporation.*]

P11.5 Que tipo de bomba está ilustrada na Figura P11.5? Como ela funciona?

P11.5

P11.6 A Figura P11.6 mostra duas posições separadas de um semiciclo na operação de uma bomba. Qual o tipo dessa bomba [13]? Como ela funciona? Faça um esboço da sua melhor estimativa para a vazão em função do tempo para alguns ciclos de funcionamento.

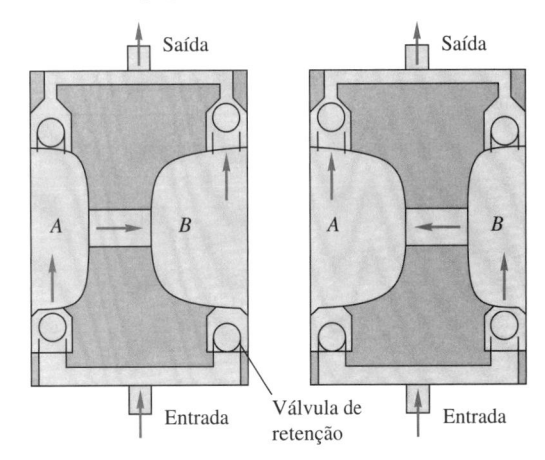

P11.6

P11.7 Uma BDP de pistão tem um diâmetro de 127 mm, um curso de 51 mm e opera a 750 rpm com 92% de rendimento volumétrico. (*a*) Qual é a vazão, em l/s? (*b*) Se a bomba fornece óleo SAE 10W a 20 °C contra uma altura de carga de 15,2 m, qual é a potência necessária quando o rendimento total for 84%?

P11.8 Uma bomba do tipo Bell and Gossett operando com o melhor rendimento a 1.750 rpm e uma potência de eixo de 32,4 hp, fornece 1.050 gal/min contra uma altura de carga de 105 pés. (*a*) Qual é seu rendimento? (*b*) Que tipo de bomba é essa?

P11.9 A Figura P11.9 mostra a medida de desempenho da bomba a pistão Vickers modelo PVQ40 quando bombeia óleo SAE 10W a 82 °C ($\rho \approx 910$ kg/m^3). Faça algumas observações gerais sobre esses dados em comparação com a Figura 11.2 e sua intuição sobre o comportamento das bombas a pistão.

P11.10 Admita que a bomba da Figura P11.9 está funcionando a 1.100 rpm contra uma pressão de 210 bar. (*a*) Usando o deslocamento medido, calcule a vazão teórica em l/s. Pelo gráfico, obtenha (*b*) a vazão real e (*c*) o rendimento total.

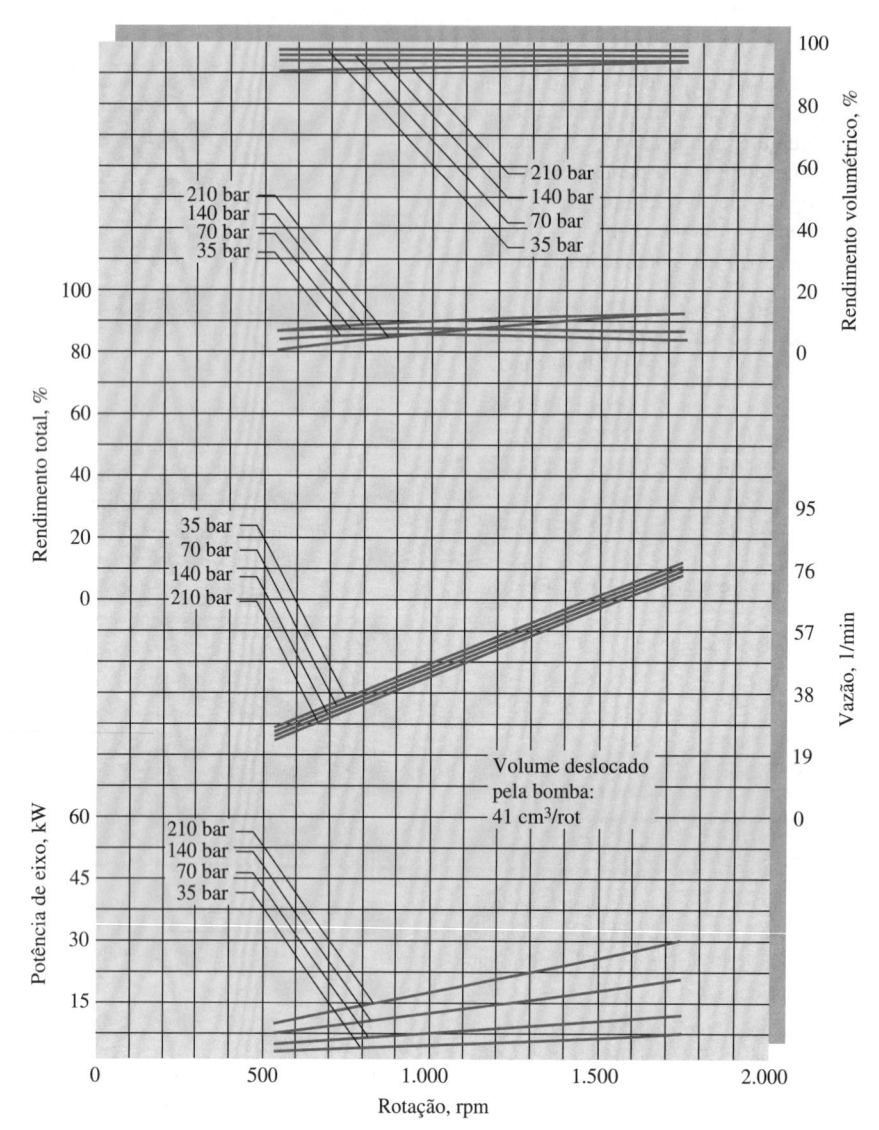

P11.9 Desempenho da bomba a pistão, modelo PVQ40, fornecendo óleo SAE 10W a 82 °C. (*Cortesia de Vickers Inc., PDN/PACE Division.*)

P11.11 Uma bomba fornece 1.500 l/min de água a 20 °C contra uma pressão de 270 kPa. As variações de energia potencial e cinética são desprezíveis. Se o motor de acionamento fornece 9 kW, qual é o rendimento total?

P11.12 Em um teste da bomba centrífuga mostrada na Figura P11.12, são obtidos os seguintes dados: $p_1 = 100$ mmHg (vacuométrica) e $p_2 = 500$ mmHg (manométrica). Os diâmetros dos tubos são $D_1 = 12$ cm e $D_2 = 5$ cm. A vazão é de 11,4 l/s de óleo leve ($d = 0,91$). Calcule (*a*) a altura de carga desenvolvida, em metros, e (*b*) a potência de eixo necessária a 75% de rendimento.

P11.13 Uma bomba de 3,5 hp fornece 1.140 lbf de etilenoglicol a 20°C em 12 segundos, contra uma altura de carga de 17 pés. Calcule o rendimento da bomba.

P11.14 Uma bomba fornece 12 m³/h de gasolina a 20 °C. Na entrada $p_1 = 100$ kPa, $z_1 = 1$ m e $V_1 = 2$ m/s. Na saída $p_2 = 500$ kPa, $z_2 = 4$ m e $V_2 = 3$ m/s. Qual é a potência necessária se o motor tem uma eficiência de 75%?

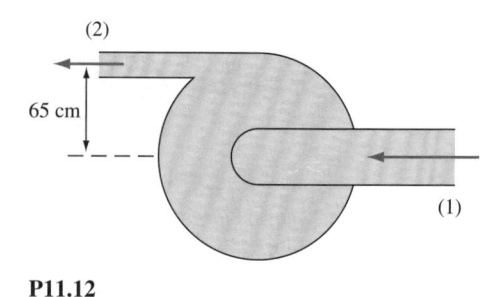

P11.12

Teoria de bombas centrífugas

P11.15 Um aspersor de jardim pode ser usado como uma turbina simples. Como mostra a Figura P11.15, o escoamento entra perpendicular ao plano do papel, no centro, e se divide igualmente em $Q/2$ e V_{rel} saindo de cada bocal. Os braços giram a uma velocidade angular ω e produzem trabalho sobre um eixo. Desenhe o diagrama de velocidades para essa turbina. Desprezando o atrito, encontre uma expressão para a potência fornecida ao eixo. Encontre a rotação para a qual a potência é máxima.

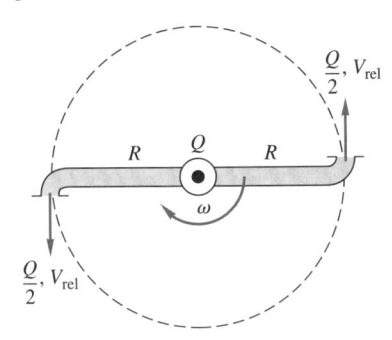

P11.15

P11.16 A bomba centrífuga na Fig. P11.16 tem $r_1 = 15$ cm, $r_2 = 25$ cm, $b_1 = b_2 = 6$ cm e gira *no sentido anti-horário* a 600 rpm. Uma das pás é mostrada. Suponha $\alpha_1 = 90°$. Calcule a vazão e a altura de carga teóricas produzidas para água a 20°C e comente.

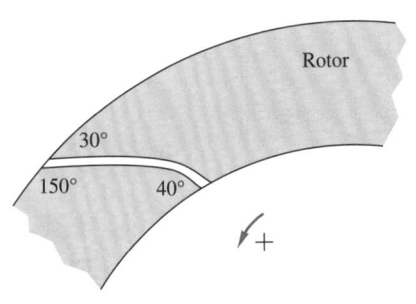

P11.16

P11.17 Uma bomba centrífuga tem $d_1 = 178$ mm, $d_2 = 330$ mm, $b_1 = 102$ mm, $b_2 = 76$ mm, $\beta_1 = 25°$, $\beta_2 = 40°$ e gira a 1.160 rpm. Se o fluido for gasolina a 20 °C e o escoamento entra radialmente nas pás, calcule os valores teóricos de (*a*) vazão em l/s, (*b*) potência e (*c*) altura de carga em m.

P11.18 Um jato com velocidade V incide em uma pá que se move para a direita com a velocidade V_c, como mostra a Figura P11.18. A pá tem um ângulo de desvio θ. Deduza uma expressão para a potência fornecida à pá pelo jato. Para qual velocidade da pá a potência é máxima?

P11.19 Uma bomba centrífuga tem $r_2 = 229$ mm, $b_2 = 51$ mm, $\beta_2 = 35°$ e gira a 1.060 rpm. Se ela produz uma altura de carga de 55 m, determine para as condições teóricas: (*a*) a vazão em l/s e (*b*) a potência. Admita escoamento na entrada aproximadamente radial.

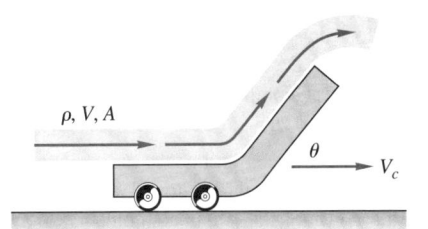

P11.18

P11.20 Suponha que o Problema P11.19 seja invertido para a condição de potência teórica $P_w \approx 153$ hp. Você pode então, calcular, para essa condição, (*a*) a vazão e (*b*) a altura de carga? Explique e resolva a dificuldade que aparece.

P11.21 A bomba centrífuga da Figura P11.21 desenvolve uma vazão de 265 l/s de gasolina a 20 °C com um escoamento absoluto de entrada aproximadamente radial. Calcule para as condições teóricas (*a*) a potência, (*b*) a altura de carga e (*c*) o ângulo da pá apropriado no raio interno.

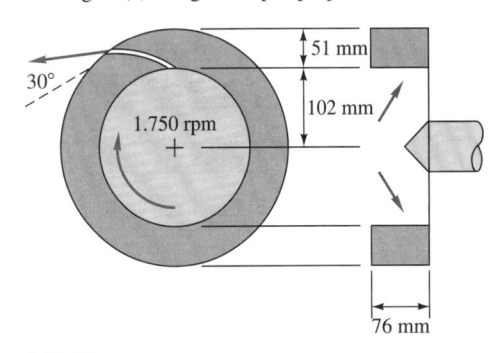

P11.21

Desempenho de bombas e leis de semelhança

P11.22 Uma bomba centrífuga de 37 cm de diâmetro, operando a 2.140 rpm com água a 20 °C, produz os seguintes dados de desempenho:

Q, m³/s	0,0	0,05	0,10	0,15	0,20	0,25	0,30
H, m	105	104	102	100	95	85	67
P, kW	100	115	135	171	202	228	249

(*a*) Determine o ponto de máximo rendimento. (*b*) Faça um gráfico de C_H em função de C_Q. (*c*) Se quisermos usar essa mesma família de bombas para bombear 442 l/s de querosene a 20 °C com uma potência de eixo de 400 kW, qual é a rotação da bomba (em rpm) e o tamanho do rotor (em cm) necessários? Qual a altura de carga que será desenvolvida?

P11.23 Ao bombear água, (*a*) a que rotação deve girar a bomba centrífuga Bell and Gossett de 11 pol do Prob. P11.8, com o melhor rendimento, para fornecer 800 gal/min? Calcule os valores resultantes da (*b*) altura de carga e (*c*) da potência de eixo em hp.

P11.24 A Figura P11.24 mostra os dados de desempenho para a bomba modelo 4013 da Taco, Inc.. Calcule a razão entre a altura de carga obtida experimentalmente com vazão nula e o valor ideal U^2/g para os sete tamanhos de rotores. Determine a média e o desvio padrão dessas razões e compare com a média para os seis rotores na Figura 11.7.

P11.25 Em que rotação em rpm deve funcionar a bomba de 35 pol de diâmetro da Figura 11.7*b* para produzir uma altura de carga de 122 m com uma vazão de 1.262 l/s? Qual é a potência de eixo necessária? *Dica*: Ajuste $H(Q)$ a uma fórmula.

P11.26 Dentre as sete bombas Taco Inc. na Figura P11.24 seria preferível a maior ou a menor delas para (*a*) produzir, próximo do melhor rendimento, uma vazão de água de 38 l/s e uma altura de carga de 29 m? (*b*) Com que rotação, em rpm, essa bomba deve operar? (*c*) Qual é a potência de eixo necessária?

P11.27 A escala da bomba de 11 pol Bell and Gossett do Prob. P11.8 deve ser ampliada para fornecer, com o melhor rendimento, uma altura de carga de 250 pés e uma vazão de 3.000 gal/min. Encontre os valores apropriados de (*a*) diâmetro do rotor, (*b*) rotação em rpm e (*c*) potência de eixo em hp.

P11.28 Os testes feitos pela empresa Byron Jackson Co. em uma bomba centrífuga de 14,62 pol de diâmetro, operando com água a 2.134 rpm, produziram os seguintes dados:

Q, l/s	0	56,6	113,2	169,8	226,4	283,0
H, m	103,6	103,6	103,6	100,6	91,4	67,1
P_e, hp	135	160	205	255	330	330

Qual é o PMR? Qual é a rotação específica? Calcule a máxima vazão possível.

P11.29 Se as leis de semelhança forem aplicadas à bomba do Problema P11.28 para o mesmo diâmetro de rotor, determine (*a*) a rotação para a qual a altura de carga para vazão nula será de 85,3 m, (*b*) a rotação para a qual a vazão no PMR será de 226,5 l/s e (*c*) a rotação para a qual as condições no PMR exigirão 80 hp.

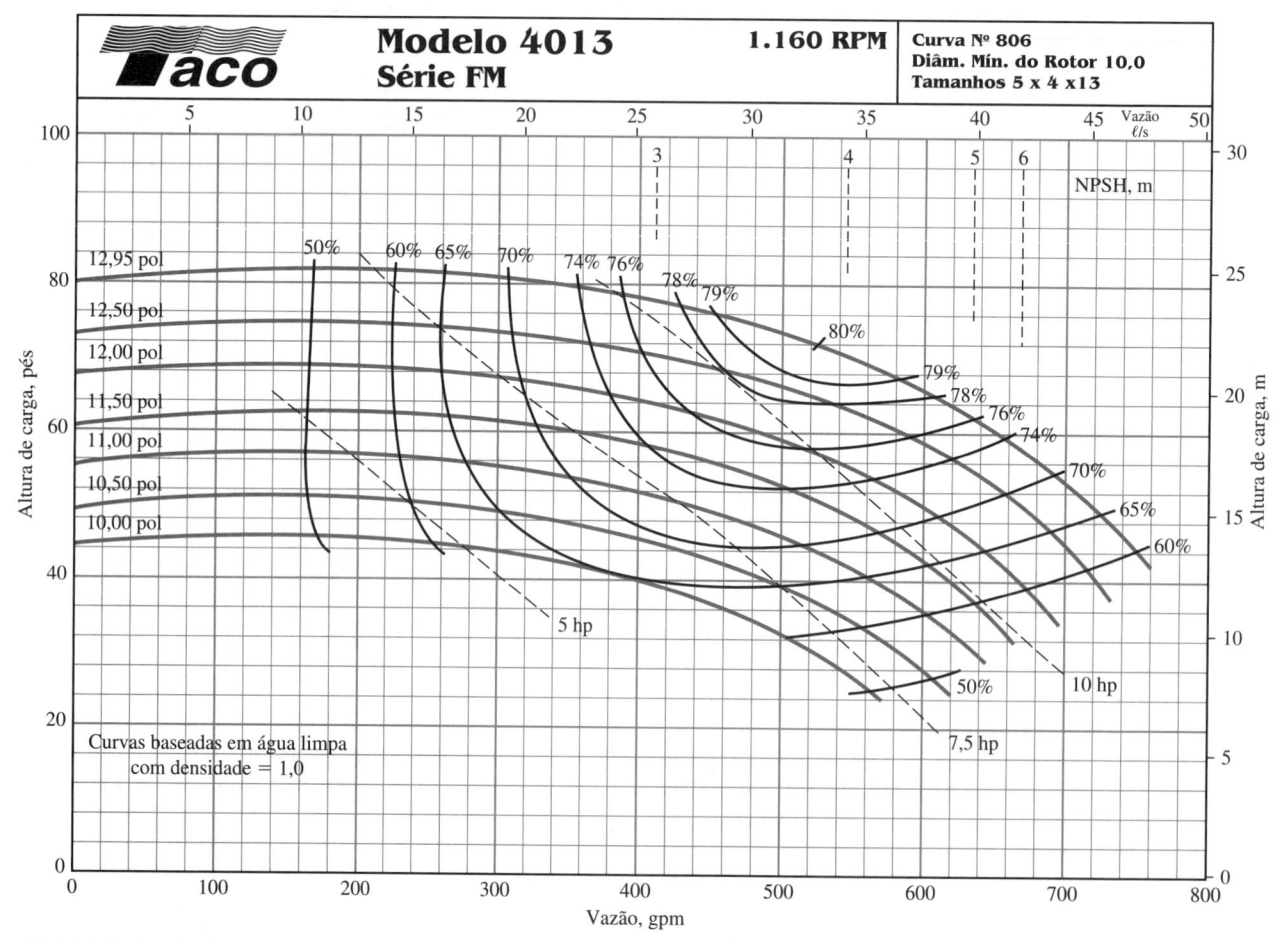

P11.24 Dados de desempenho para uma família de rotores de bombas centrífugas. (*Cortesia da Taco, Inc., Cranston, Rhode Island.*)

P11.30 Uma bomba, geometricamente semelhante ao modelo de 12,95 pol da Fig. P11.24, tem um diâmetro de 24 pol e deve desenvolver 30 hp no PMR ao bombear *gasolina* (não água). Determine (*a*) a rotação apropriada, em rpm, (*b*) a altura de carga no PMR, em pés, e (*c*) a vazão no PMR, em gal/min.

P11.31 Uma bomba centrífuga com pás curvadas para trás tem os seguintes dados de desempenho medidos quando testada com água a 20 °C:

Q, l/s	0	25,2	50,4	75,6	100,8	126,0	151,2
H, m	37,5	35,1	32,9	30,8	28,3	24,7	18,9
P, hp		30	36	40	44	47	48	46

(*a*) Calcule o ponto de melhor rendimento e o máximo rendimento. (*b*) Calcule a vazão no PMR, a altura de carga resultante e a potência de eixo resultante, se o diâmetro for dobrado e a rotação aumentada em 50%.

P11.32 Os dados do Problema P11.31 correspondem a uma rotação de 1.200 rpm da bomba. (Você conseguiria resolver o Problema P11.31 sem saber isso?) (*a*) Calcule o diâmetro do rotor. (*Dica*: Ver Problema P11.24.) (*b*) Usando a sua estimativa da parte (*a*), calcule os parâmetros no PMR C_Q^*, C_H^* e C_P^* e compare com as Equações (11.27). (*c*) Para qual rotação dessa bomba a altura de carga no PMR seria de 85,3 m?

P11.33 No Problema P11.31, a vazão no PMR da bomba é 126,2 l/s, o diâmetro do rotor é 406 mm e a rotação é 1.200 rpm. Altere o tamanho dessa bomba com as leis de semelhança para encontrar (*a*) o diâmetro e (*b*) a rotação que fornecerá uma vazão de 252,4 l/s de água no PMR e uma altura de carga de 54,87 m. (*c*) Qual é a potência de eixo necessária para essa nova condição?

P11.34 Foi pedido para você considerar uma bomba geometricamente semelhante a uma bomba Taco de 9 pol de diâmetro da Figura P11.34 para fornecer 75,7 l/s a 1.500 rpm. Determine os valores apropriados para (*a*) o diâmetro do rotor, (*b*) a potência no PMR, (*c*) a altura de carga com vazão nula e (*d*) o rendimento máximo. O fluido é querosene, em vez de água.

P11.35 Uma bomba centrífuga com rotor de 457 mm de diâmetro, girando a 880 rpm com água a 20 °C, gera os seguintes dados de desempenho:

Q, l/s	0,0	126,2	252,4	378,6	504,8	631,0
H, m	27,6	26,7	25,2	23,4	20,4	15,0
P, hp	100	112	130	143	156	163

Determine (*a*) o PMR, (*b*) o rendimento máximo e (*c*) a rotação específica. (*d*) Faça um gráfico da potência de eixo necessária em função da vazão.

P11.36 A bomba do Prob. P11.35 tem um rendimento máximo de 88% a 8.000 gal/min. (*a*) Podemos usar essa bomba, com o mesmo diâmetro, mas com uma rotação diferente, para gerar uma altura de carga de 150 pés e uma vazão de 10.000 gal/min, no PMR? (*b*) Se não, qual é o diâmetro apropriado?

P11.37 Considere as duas bombas dos Problemas P11.28 e P11.35. Se os diâmetros não forem alterados, qual é a melhor para fornecer água a 189,3 l/s, com uma altura de carga de 122 m? Qual é a rotação apropriada para a melhor bomba?

P11.38 Uma bomba de 174 mm funcionando a 3.500 rpm, tem os seguintes dados de desempenho para água a 20°C:

Q, l/s	3,2	6,4	9,6	12,8	16,0	19,2	22,4	25,6	28,8
H, m	61,3	61,0	60,4	59,1	57,6	55,2	51,5	47,6	42,4
η, %	29	50	64	72	77	80	81	79	74

(*a*) Calcule a potência de eixo no PMR. Se essa bomba operando com água for redimensionada para consumir uma potência de eixo de 20 hp a 3.000 rpm, determine (*b*) o diâmetro do rotor, (*c*) a vazão e (*d*) o rendimento para essa nova condição.

P11.39 O compressor centrífugo Allis-Chalmers D30LR fornece 15,57 m³/s de SO_2 com uma variação de pressão de 96,5 para 124,1 kPa absoluta utilizando um motor de 800 hp a 3.550 rpm. Qual é o rendimento total? Qual será a vazão e o Δp a 3.000 rpm? Calcule o diâmetro do rotor.

P11.40 A rotação específica N_s, como definida pelas Equações (11.30), não contém o diâmetro do rotor. Como então determinamos o tamanho da bomba para um dado N_s? Um parâmetro alternativo é denominado diâmetro específico D_s, que é uma combinação adimensional de Q, gH e D. (*a*) Se D_s for proporcional a D, determine sua forma. (*b*) Qual é a relação, se existir alguma, de D_s com C_{Q*}, C_{H*} e C_{P*}? (*c*) Calcule D_s para as duas bombas das Figuras 11.8 e 11.13.

P11.41 Deseja-se construir uma bomba centrífuga geometricamente semelhante àquela do Problema P11.28 para fornecer 410 l/s de gasolina a 20°C a 1.060 rpm. Calcule os valores resultantes (*a*) do diâmetro do rotor, (*b*) da altura de carga, (*c*) da potência de eixo e (*d*) do rendimento máximo.

Altura positiva líquida de sucção (NPSH)

P11.42 Um modelo reduzido de bomba de 200 mm, fornecendo água a 82 °C a 50,5 l/s e 2.400 rpm começa a cavitar quando a pressão de entrada e a velocidade forem 82,7 kPa absoluta e 6,1 m/s, respectivamente. Encontre a NPSH requerida por um protótipo que é 4 vezes maior e gira a 1.000 rpm.

P11.43 A bomba de 28 pol de diâmetro da Figura 11.7*a* a 1.170 rpm é utilizada para bombear água a 20 °C através de um sistema de tubulação a 833,3 l/s. (*a*) Determine a potência de eixo necessária. O fator de atrito médio é 0,018. (*b*) Se houver 19,8 m de tubo de 300 mm de diâmetro a montante da bomba, a que distância abaixo da superfície deverá ficar a entrada da bomba para evitar a cavitação?

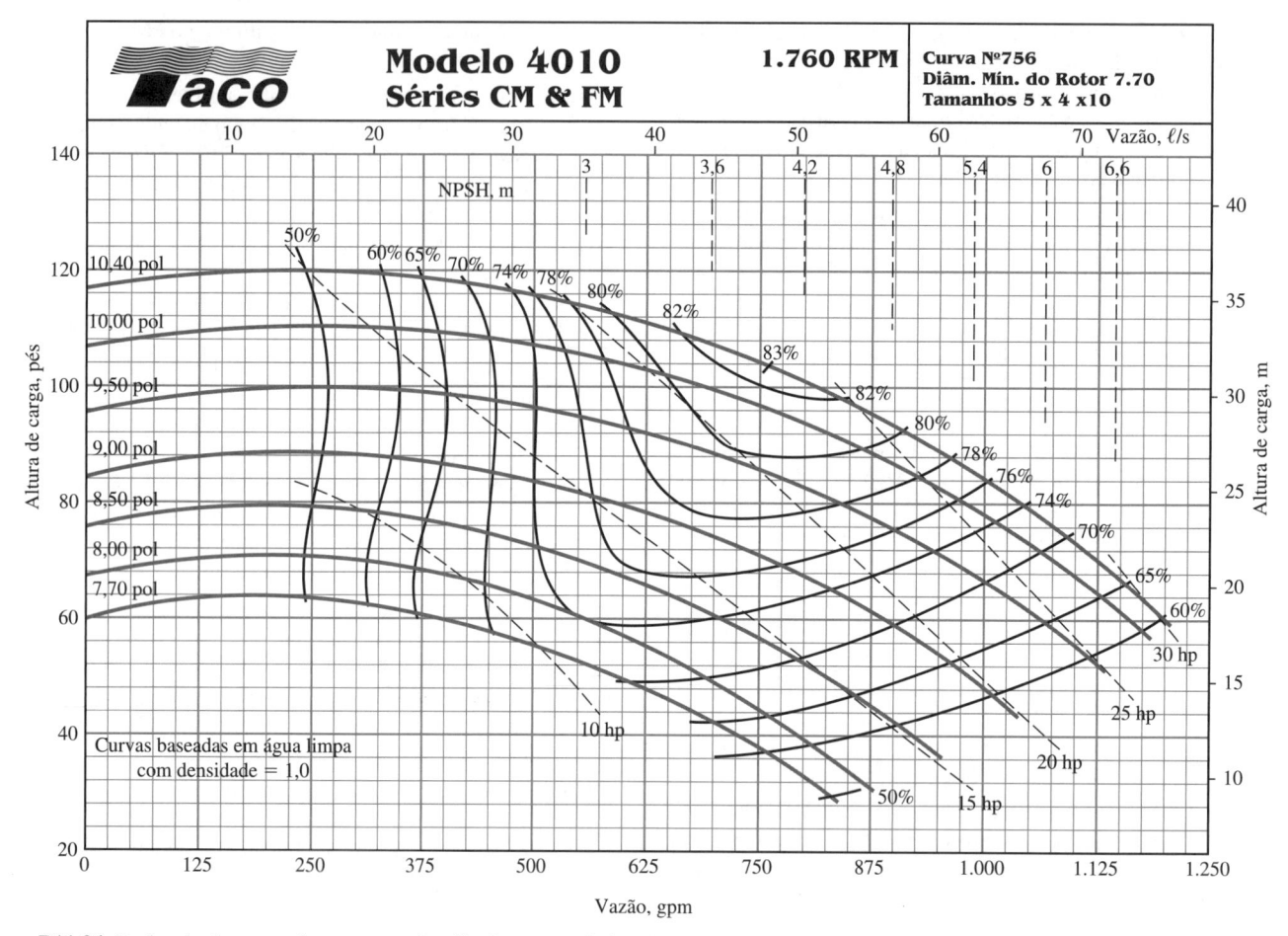

P11.34 Dados de desempenho para uma família de rotores de bombas centrífugas. (*Cortesia da Taco, Inc., Cranston, Rhode Island.*)

P11.44 A bomba do Problema P11.28 é redimensionada para um rotor de 18 pol, operando em água no ponto de melhor rendimento a 1.760 rpm. A NPSH obtida experimentalmente é de 4,9 m, e a perda por atrito entre a entrada e a bomba é 6,7 m. Para evitar a cavitação, será suficiente se a entrada da bomba for posicionada 2,7 m abaixo da superfície de um reservatório ao nível do mar?

Rotação específica: bombas de escoamento misto e axial

P11.45 Determine as rotações específicas dos sete rotores das bombas Taco, Inc., da Figura P11.24. Elas são apropriadas para projetos centrífugos? Elas são aproximadamente iguais dentro da incerteza experimental? Se não forem, por que não são?

P11.46 A resposta ao Problema P11.40 é que o "diâmetro específico" adimensional tem a forma $D_s = D(gH^*)^{1/4}/Q^{*1/2}$, calculado no PMR. Dados reunidos pelo autor para 30 bombas diferentes indicam, na Figura P11.46, que D_s se correlaciona bem com a rotação específica N_s. Use essa figura para calcular o diâmetro apropriado do rotor para uma bomba que fornece 1.262 l/s de água e uma altura de carga de 122 m quando gira a 1.200 rpm. Proponha uma fórmula de ajuste de curva para os dados. *Dica*: Use uma fórmula hiperbólica.

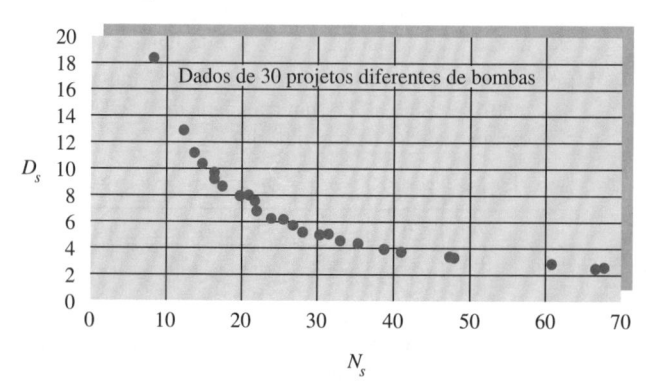

P11.46 Diâmetro específico no PMR para 30 bombas comerciais.

P11.47 Uma bomba deve ser projetada para fornecer 6 m³/s de água contra uma altura de carga de 28 m. A rotação especificada do eixo é de 20 rps. Que tipo de bomba você recomenda?

P11.48 Usando os dados da bomba do Prob. P11.8, (a) determine o seu tipo: BDP, centrífuga, de fluxo misto ou de fluxo axial. (b) Calcule a altura de carga para vazão nula (*shutoff*) a 1.750 rpm. (c) Esses dados se ajustam à Fig. 11.14? (d) Que rotação e vazão resultariam se a altura fosse aumentada para 160 pés?

P11.49 Os dados coletados pelo autor para o coeficiente de volume no PMR de 30 bombas diferentes são traçados em função da rotação específica na Figura P11.49. Determine se os valores de C_Q^* para as três bombas nos Problema P11.28, P11.35 e P11.38 também se ajustam a essa correlação. Em caso positivo, proponha uma fórmula de ajuste de curva para os dados.

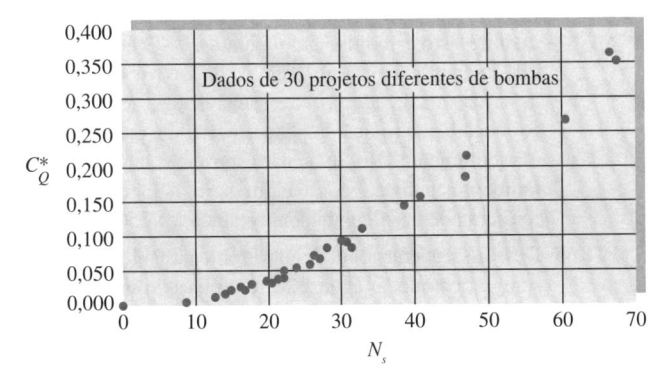

P11.49 Coeficiente de volume no PMR para 30 bombas comerciais.

P11.50 Os dados coletados pelo autor para o coeficiente de potência no PMR de 30 bombas diferentes são traçados em função da rotação específica na Figura P11.50. Determine se os valores de C_P^* para as três bombas do Problema P11.49 também se ajustam a essa correlação. Em caso afirmativo, proponha uma fórmula de ajuste de curva para os dados.

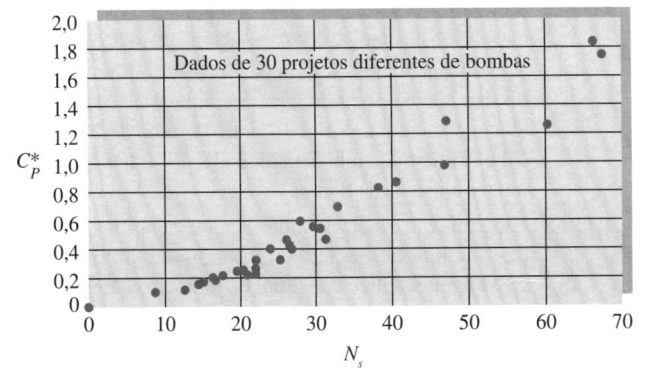

P11.50 Coeficiente de potência no PMR para 30 bombas comerciais.

P11.51 Um soprador de fluxo axial fornece 1,13 m³/s de ar que entra a 20 °C e 1 atm. A passagem do escoamento tem um raio externo de 250 mm e um raio interno de 200 mm. Os ângulos das pás são $\alpha_1 = 60°$ e $\beta_2 = 70°$, e o rotor gira a 1.800 rpm. Para o primeiro estágio calcule (a) a altura de carga e (b) a potência necessária.

P11.52 Um ventilador de fluxo axial opera com ar ao nível do mar a 1.200 rpm e as pás têm 1 m de diâmetro externo e 80 cm de diâmetro interno. Os ângulos de entrada são $\alpha_1 = 55°$ e $\beta_1 = 30°$, enquanto o ângulo de saída $\beta_2 = 60°$. Calcule os valores teóricos ideais para (a) a vazão, (b) a potência de eixo e (c) o ângulo de saída α_2.

P11.53 A Figura P11.46 é um exemplo de correlação de bomba centrífuga, em que D_s está definido no problema. A partir de dados teóricos, podemos sugerir a seguinte correlação para bombas e ventiladores de escoamento axial:

$$D_s \approx \frac{19,5}{N_s^{0,485}} \quad \text{para } N_s > 160$$

em que N_s é a rotação específica *dimensional*, Equação (11.30b). Use essa correlação para encontrar o tamanho apropriado para um ventilador que fornece 679,6 m³/min de ar ao nível do mar, operando a 1.620 rpm, com uma elevação de pressão de 51 mm de água. [*Dica*: Expresse a altura de carga do ventilador em metro de *ar*, não em metro de água.]

P11.54 Deseja-se bombear 50 pés³/s de água a uma rotação de 22 rps, contra uma altura de carga de 80 pés. (a) Que tipo de bomba você recomendaria? Calcule (b) o diâmetro do rotor necessário e (c) a potência de eixo em hp.

P11.55 Suponha que a bomba de fluxo axial da Fig. 11.13, com D = 18 pol, opere a 1.800 rpm. (a) Ela poderia bombear eficientemente 25.000 gal/min de água? (b) Em caso afirmativo, qual seria a altura de carga? (c) Se for desejada uma altura de 120 pés, quais valores de D e n seriam melhores?

P11.56 Determine se a bomba Bell and Gossett do Prob. P11.8 (a) se ajusta às três correlações nas Figs. P11.46, P11.49 e P11.50. (b) Se assim for, use essas correlações para encontrar a vazão e a potência de eixo em hp que resultariam se a bomba fosse ampliada para D = 24 pol, mas ainda operasse a 1750 rpm.

P11.57 Os dados de desempenho para um soprador de ar de 533 mm de diâmetro operando a 3.550 rpm são os seguintes:

Δp, mm H$_2$O	737	762	711	533	254
Q, l/s	236	472	944	1.416	1.888
P_e, hp	6	8	12	18	25

Observe a expressão fictícia de aumento de pressão em termos de água e não de ar. Qual é a rotação específica? Como o desempenho pode ser comparado com a Figura 11.8? Quais são C_Q^*, C_H^* e C_P^*?

P11.58 Especialistas em hélices de aeronaves afirmam que dados adimensionais de hélices, quando plotados como (C_T/J^2) em função de (C_T/J^2), formam uma linha aproximadamente reta, $y = mx + b$. (a) Teste esta hipótese para os dados da Fig. 11.16, na faixa de alto rendimento $J = V/(nD)$ igual a 0,6, 0,7 e 0,8. (b) Se for bem sucedido, tente esta linha reta para prever a rotação, em rpm, para uma hélice com $D = 5$ ft, $P = 30$ hp, $T = 95$ lbf e $V = 95$ mi/h, para condições padrão ao nível do mar. Comente.

P11.59 Considere que se deseja fornecer 330 l/s de gás propano (peso molecular = 44,06) a 1 atm e 20 °C com uma elevação de pressão de 200 mm de H_2O em um único estágio. Determine o tamanho e a rotação apropriados para usar a família de bombas (a) do Problema P11.57 e (b) da Figura 11.13. Qual é o melhor projeto?

P11.60 As curvas de desempenho para uma determinada hélice livre, comparável à Fig. 11.16, podem ser plotadas como mostrado na Fig. P11.60, para o empuxo T em função da velocidade V para potência P constante. (a) O que é impressionante, pelo menos para o autor, sobre essas curvas? (b) Você consegue deduzir esse comportamento rearranjando, ou traçando novamente, os dados da Fig. 11.16?

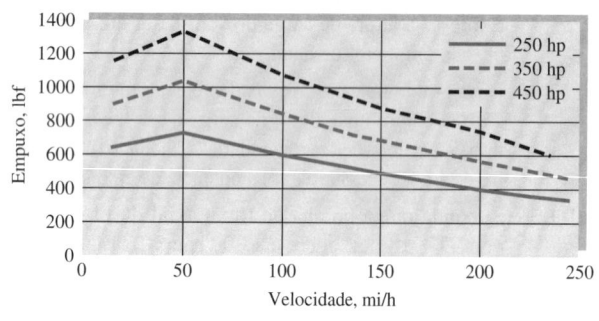

P11.60

P11.61 Um ventilador de ventilação de uma mina, operando a 295 rpm, fornece 500 m³/s de ar ao nível do mar com uma elevação de pressão de 1.100 Pa. Esse ventilador é axial, centrífugo ou misto? Calcule seu diâmetro em metros. Se a vazão for aumentada em 50% para o mesmo diâmetro, qual será o percentual de variação na pressão?

P11.62 O ventilador real discutido no Problema P11.61 tinha um diâmetro de 6,1 m [Referência 20, p. 339]. Qual seria o diâmetro apropriado para a família de bombas da Figura 11.14 para fornecer 500 m³/s de ar a 295 rpm no PMR? Qual seria a elevação de pressão resultante em Pa?

Combinando as características da bomba e do sistema

P11.63 Um bom ajuste da curva altura em função da vazão para a bomba de 32 pol na Fig. 11.7a é

$$H \text{ (em pés)} \approx 500 - (2{,}9E{-}7) Q^2 \quad Q \text{ em gal/min}$$

Suponha a mesma rotação, 1.170 rpm, e estime a vazão que essa bomba fornecerá para transportar água de um reservatório, através de 900 pol de tubo de 12 pol, a um ponto 150 pés acima da superfície do reservatório. Suponha um fator de atrito $f = 0{,}019$.

P11.64 Um soprador para folhas é essencialmente um rotor centrífugo cuja saída vai para um tubo. Suponha que o tubo seja de PVC liso, com 1,2 m de comprimento e diâmetro de 63 mm. A velocidade de saída desejada é 32,6 m/s no ar nas condições padrão ao nível do mar. Se usarmos a família de bombas das Equações (11.27) para representar o ventilador, qual será aproximadamente (a) o diâmetro e (b) a rotação apropriados? (c) Seria esse um bom projeto?

*__P11.65__ Uma bomba centrífuga de 292 mm de diâmetro, operando a 1.750 rpm, fornece 3,22 m³/min e uma altura de carga de 32 m no ponto de melhor rendimento (82%). (a) Essa bomba pode operar eficientemente quando estiver bombeando água a 20 °C através de 200 m de tubo liso com 10 cm de diâmetro? Despreze as perdas localizadas. (b) Se a sua resposta ao item (a) for negativa, a rotação n pode ser alterada para operar eficientemente? (c) Se a sua resposta ao item (b) for também negativa, é possível mudar o diâmetro do rotor para operar eficientemente e ainda a 1.750 rpm?

P11.66 Deseja-se operar a bomba do Problema P11.35 a 880 rpm para bombear água a 20 °C através do sistema da Figura P11.66. O tubo é de aço comercial com 20 cm de diâmetro. Que vazão resultará em l/min? Essa é uma aplicação eficiente?

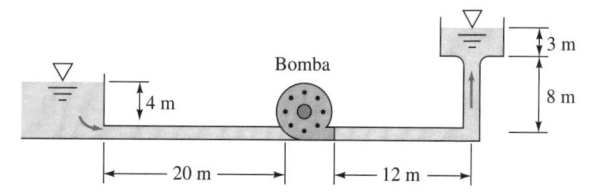

P11.66

P11.67 A bomba do Problema P11.35, operando a 880 rpm, deve bombear água a 20 °C através de 75 m de tubo de aço galvanizado na horizontal. Todas as outras perdas do sistema são desprezadas. Determine a vazão e a potência de eixo para (a) o diâmetro do tubo de 20 cm e (b) o diâmetro do tubo determinado para obter o máximo rendimento da bomba.

P11.68 Um pequeno avião popular voa a 230 km/h e 8.500 pés de altitude. Pesa 2.200 lbf, possui um motor de 180 hp, uma hélice de 76 pol de diâmetro e uma área de arrasto $C_A A \approx 5{,}6$ pés². Os dados da hélice proposta para propulsar essa aeronave estão na Fig. P11.68. Calcule a rotação necessária, em rpm, e a potência entregue, em hp. [NOTA: Use simplesmente os pares de coeficientes. A taxa de avanço real é alta demais.]

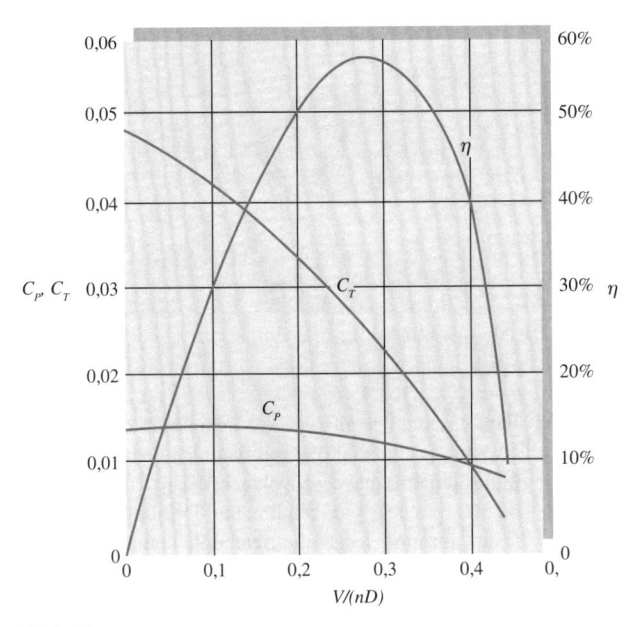

P11.68

P11.69 A bomba do Problema P11.38, operando a 3.500 rpm, é usada para fornecer água a 20 °C através de 183 m de tubo de ferro fundido para uma elevação de 30,5 m de altura. Determine (*a*) o diâmetro do tubo para operar no PMR e (*b*) a vazão resultante se o diâmetro do tubo for de 75 mm.

P11.70 A bomba do Problema P11.28, operando a 2.134 rpm, é usada para fornecer água a 20 °C para o sistema da Figura P11.70. (*a*) Se ela estiver operando no PMR, qual será a eleveção z_2 adequada? (*b*) Se $z_2 = 68,6$ m e $d = 203$ mm, qual é a vazão?

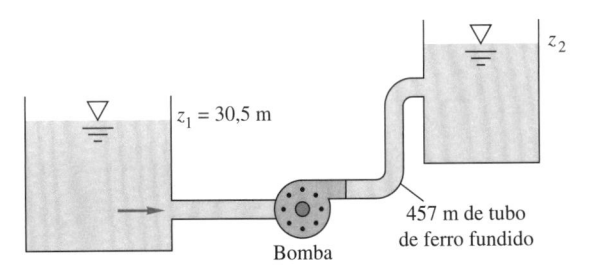

P11.70

P11.71 A bomba do Problema P11.38, operando a 3.500 rpm, fornece água a 20 °C através de 2.195 m de tubo horizontal de aço comercial de 125 mm de diâmetro. Há uma entrada e uma saída em canto vivo, quatro cotovelos de 90° e uma válvula gaveta. Calcule (*a*) a vazão, se a válvula estiver totalmente aberta, e (*b*) o percentual de fechamento da válvula que faz a bomba operar no PMR. (*c*) Se essa última condição permanecer continuamente por 1 ano, calcule o custo da energia a R$ 0,25 por kWh.

P11.72 Os dados de desempenho para uma pequena bomba comercial são os seguintes:

Q, l/s	0	0,63	1,26	1,89	2,52	3,15	3,78	4,41
H, m	22,9	22,9	22,6	22,0	20,7	18,9	14,3	7,3

Essa bomba fornece água a 20 °C para uma mangueira de jardim ($\varepsilon \approx 0,254$ mm) horizontal de 16 mm de diâmetro com 15,2 m de comprimento. Calcule (*a*) a vazão e (*b*) o diâmetro da mangueira que faria a bomba operar no PMR.

P11.73 A bomba Bell and Gossett do Prob. P11.8, funcionando sob as mesmas condições, fornece água a 20°C por um tubo longo e liso, de 8 pol de diâmetro. Despreze as perdas localizadas. Qual é o comprimento do tubo?

Bombas em paralelo ou em série

P11.74 A bomba de 32 pol na Figura 11.7a é usada a 1.170 rpm em um sistema cuja curva de altura de carga é H_s (m) = 30,48 + 114,82Q^2, com Q em metros cúbicos de água por segundo. Determine a vazão e a potência de eixo requerida para (*a*) uma bomba, (*b*) duas bombas em paralelo e (*c*) duas bombas em série. Qual configuração é a melhor?

P11.75 Duas bombas de 35 pol da Figura 11.7b são associadas em paralelo para o sistema da Figura P11.75. Despreze as perdas localizadas. Para água a 20 °C calcule a vazão e a potência necessária se (*a*) ambas as bombas estiverem funcionando e (*b*) uma bomba for desligada e isolada.

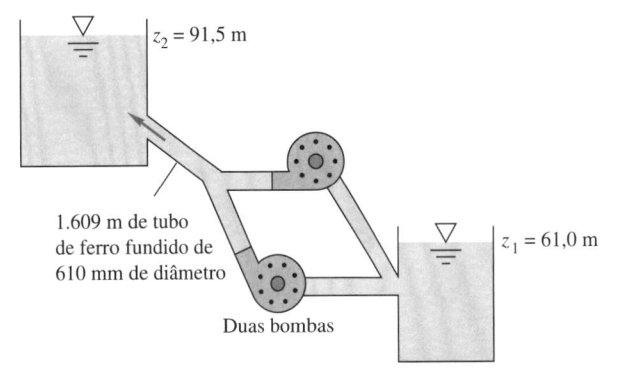

P11.75

P11.76 Duas bombas de 32 pol da Figura 11.7a são associadas em paralelo para fornecerem água a 15 °C através de 457 m de tubo horizontal. Se $f = 0,025$, que diâmetro de tubo garantirá uma vazão de 2.208 l/s para $n = 1.170$ rpm?

P11.77 Duas bombas do tipo testado no Problema P11.22 devem ser utilizadas a 2.140 rpm para bombear água a 20 °C verticalmente para cima através de um tubo de aço comercial de 100 m de comprimento. Elas deverão ser associadas em série ou em paralelo? Qual é o diâmetro apropriado do tubo para a operação mais eficiente?

P11.78 Considere a bomba de fluxo axial da Fig. 11.13, operando a 4.200 rpm, com um rotor com 36 pol de diâmetro. O fluido é o gás propano (peso molecular 44,06). (*a*) Quantas bombas em série são necessárias para aumentar a pressão do gás de 1 atm para 2 atm? (*b*) Calcule a vazão em massa do gás.

P11.79 Duas bombas de 32 pol da Figura 11.7a devem ser usadas em série a 1.170 rpm para bombear água através de um tubo vertical de ferro fundido de 152 m de comprimento. Qual deverá ser o diâmetro do tubo para a operação mais eficiente? Despreze as perdas localizadas.

P11.80 Determine se (a) a menor ou (b) a maior das sete bombas Taco da Figura P11.24, operando em série a 1.160 rpm, pode bombear eficientemente água a 20 °C através de 1 km de tubo horizontal de aço comercial de 12 cm de diâmetro.

P11.81 Reconsidere o sistema da Figura P6.62. Use a bomba Byron Jackson do Problema P11.28, operando a 2.134 rpm, sem alteração de tamanho, para movimentar o escoamento. Determine a vazão resultante entre os reservatórios. Qual é o rendimento da bomba?

Instabilidade das bombas

P11.82 A curva em formato de S da altura de carga em função da vazão na Figura P11.82 ocorre em algumas bombas de fluxo axial. Explique como uma curva razoavelmente plana de perda de carga do sistema poderia provocar instabilidades na operação da bomba. Como poderíamos evitar a instabilidade?

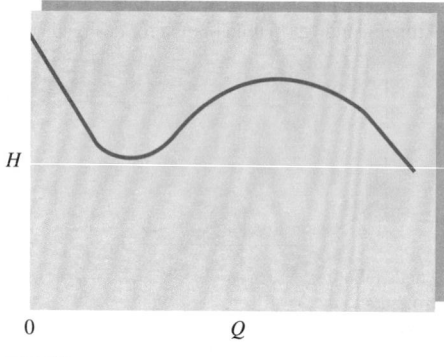

P11.82

P11.83 A curva decrescente da altura de carga em função da vazão na região de vazões mais baixas na Figura P11.83 ocorre em algumas bombas centrífugas. Explique como uma curva razoavelmente plana de perda de carga do sistema poderia provocar instabilidades na operação da bomba. Que complicação adicional ocorre quando duas dessas bombas estão associadas em paralelo? Como poderíamos evitar a instabilidade?

Turbinas de reação e ação

P11.84 Devem ser instaladas turbinas onde a altura de queda líquida é de 122 m e a vazão é de 15,77 m³/s. Discuta o tipo, número e tamanho de turbinas que poderiam ser selecionadas se o gerador selecionado for (a) de 48 polos, 60 Hz (n = 150 rpm) e (b) 8 polos (n = 900 rpm). Por que é desejável instalar pelo menos duas turbinas do ponto de vista de planejamento?

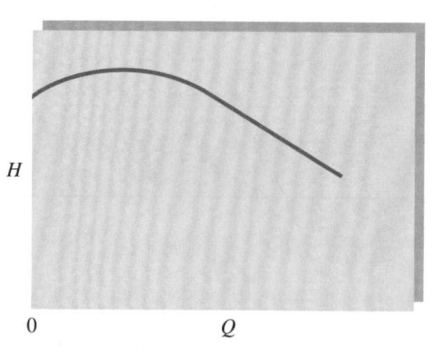

P11.83

P11.85 Para um local de alta vazão e uma altura de queda de 13,7 m, deseja-se projetar uma única turbina de 2,13 m de diâmetro que desenvolve 4.000 hp a uma rotação de 360 rpm e 88% de rendimento. Decide-se primeiro testar um modelo geometricamente semelhante com rotor de 0,305 m, operando a 1.180 rpm. (a) Qual é o tipo provável de turbina no protótipo? Quais são os valores apropriados para (b) altura de queda e (c) vazão para o modelo em teste? (d) Calcule a potência que se espera obter no modelo de turbina.

P11.86 A usina hidrelétrica Tupperware no rio Blackstone tem quatro turbinas de 914 mm de diâmetro, cada uma produzindo 447 kW a 200 rpm com 5,8 m³/s para uma altura de queda de 9,1 m. De que tipo são essas turbinas? Como seus desempenhos se comparam com os da Figura 11.22?

P11.87 A Figura P11.87 mostra uma turbina radial idealizada. O escoamento absoluto entra a 30° e sai radialmente no seu interior. A vazão é de 3,5 m³/s de água a 20 °C. A pá tem largura constante de 10 cm. Calcule a potência teórica desenvolvida.

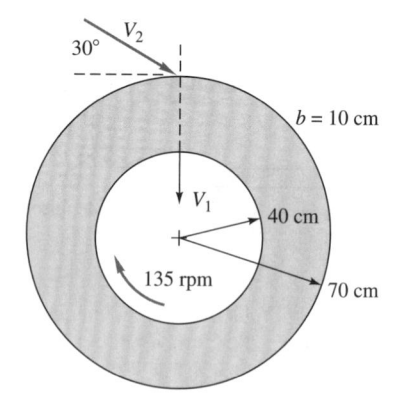

P11.87

P11.88 Os dados de desempenho para um modelo muito pequeno (D = 8,25 cm) de turbina para água, operando com uma altura de queda disponível de 14,94 m, são os seguintes:

Q, m³/h	18,7	18,7	18,5	18,3	17,6	16,7	15,1	11,5
RPM	0	500	1.000	1.500	2.000	2.500	3.000	3.500
η	0	14%	27%	38%	50%	65%	61%	11%

(a) Que tipo de turbina provavelmente é esta? (b) O que há de diferente nesses dados comparados com o gráfico de desempenho adimensional na Figura 11.22d? Suponha que se deseje usar uma turbina geometricamente semelhante para operar onde a altura de queda disponível e a vazão são respectivamente 45,7 m e 192,6 l/s. Calcule o mais eficiente (c) diâmetro da turbina, (d) rotação e (e) potência de eixo.

P11.89 Um rotor Pelton de 3,66 m de diâmetro primitivo opera sob uma altura de queda líquida de 610 m. Calcule a rotação, a potência de eixo e a vazão para o melhor rendimento se o diâmetro de saída do injetor for de 100 mm.

P11.90 Uma turbina radial idealizada está na Figura P11.90. O escoamento absoluto entra a 25° em relação ao ângulo da pá como mostra a figura. A vazão é de 8 m³/s de água a 20°C. A pá tem largura constante de 20 cm. Calcule a potência teórica desenvolvida.

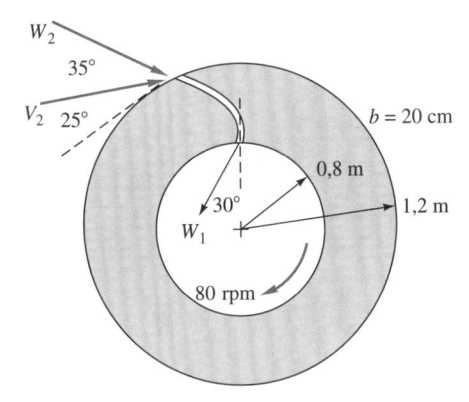

P11.90

P11.91 O escoamento através de uma *turbina* de fluxo axial pode ser idealizado modificando-se os diagramas estator-rotor da Figura 11.12 para absorção de energia. Esboce um arranjo adequado de pás e do escoamento juntamente com os diagramas vetoriais de velocidade correspondentes.

P11.92 Uma barragem em um rio está sendo preparada para uma turbina hidráulica. A vazão é de 1.500 m³/h, a altura de queda disponível é de 24 m e a rotação da turbina deve ser de 480 rpm. Discuta o tamanho estimado da turbina e a viabilidade para (a) uma turbina Francis e (b) um rotor Pelton.

P11.93 A Figura P11.93 mostra uma vista em corte de uma turbina de *fluxo transversal* ou turbina "Banki" [55], que tem a aparência de uma gaiola de esquilo, com pás curvadas. O escoamento entra aproximadamente na parte superior direita do rotor, passa pelo centro e em seguida passa outra vez pelas pás deixando o rotor aproximadamente na parte inferior esquerda. Faça um relato aos seus colegas de classe sobre a operação e as vantagens desse projeto, incluindo diagramas vetoriais de velocidade idealizados.

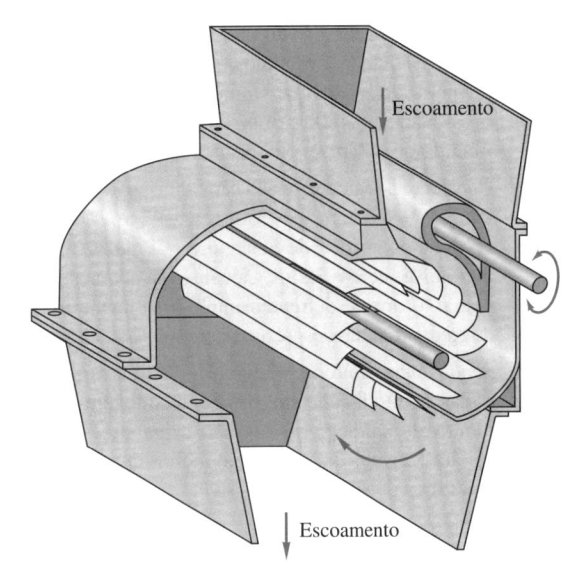

P11.93

P11.94 Uma turbina simples de fluxo transversal, Figura P11.93, foi construída e testada na Universidade de Rhode Island. As pás foram feitas com tubos de PVC cortados longitudinalmente em três partes em arco de 120°. Quando ela foi testada em água a uma altura de queda de 1,62 m e vazão de 39,75 l/s, a potência de eixo obtida experimentalmente foi de 0,6 hp. Calcule (a) o rendimento e (b) a rotação específica referente à potência, se n = 200 rpm.

*P11.95 Podemos fazer uma estimativa teórica do diâmetro apropriado para um conduto forçado de uma usina hidrelétrica em uma instalação com turbina de ação, como mostra a Figura P11.95. Admita L e H conhecidos e seja o desempenho da turbina idealizado pelas Equações (11.38) e (11.39). Considere as perdas por atrito h_p no conduto forçado, mas despreze as perdas localizadas. Mostre que (a) é gerada a potência máxima quando $h_p = H/3$, (b) a velocidade ótima do jato é $(4gH/3)^{1/2}$ e (c) o melhor diâmetro do injetor é $D_j = [D^5/(2fL)]^{1/4}$, em que f é o fator de atrito do tubo.

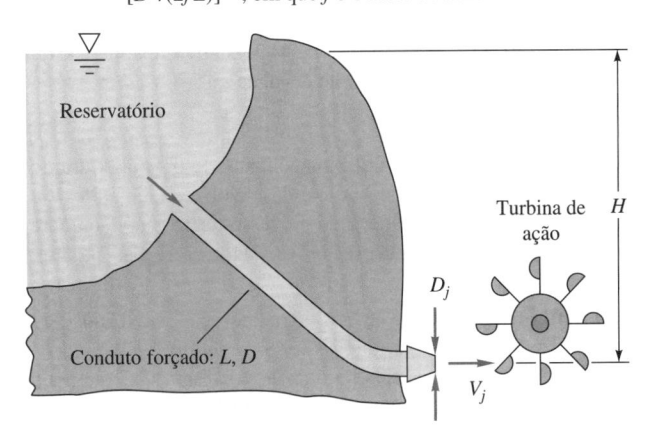

P11.95

P11.96 Aplique os resultados do Problema P11.95 para determinar (a) o diâmetro ótimo do conduto forçado e (b) o diâmetro do injetor para uma altura de queda de 330 m e vazão de 5.400 m³/min, com um conduto de ferro fundido de 600 m de comprimento.

P11.97 Considere a seguinte versão não otimizada do Problema P11.95: $H = 450$ m, $L = 5$ km, $D = 1,2$ m, $D_j = 20$ cm. O conduto forçado é de concreto, $\varepsilon = 1$ mm. O diâmetro do rotor de ação é 3,2 m. Calcule (a) a potência gerada pelo rotor a 80% de rendimento e (b) a melhor rotação do rotor em rpm. Despreze as perdas localizadas.

P11.98 As turbinas Francis e Kaplan são muitas vezes equipadas com *tubos de sucção*, que conduzem o escoamento de saída para a região a jusante, como na Figura P11.98. Explique pelo menos duas vantagens dos tubos de sucção.

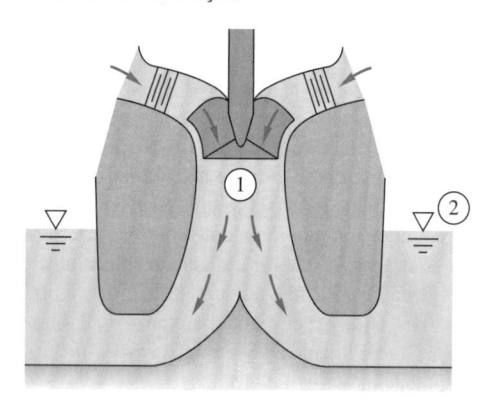

P11.98

P11.99 As turbinas também podem cavitar quando a pressão no ponto 1 na Figura P11.98 cai para valores muito baixos. Com a NPSH definida pela Equação (11.20), o critério empírico dado por Wislicenus [4] para a cavitação é

$$N_{ss} = \frac{[n, \text{rpm}](Q, \text{m}^3/\text{s})^{1/2}}{[\text{NPSH, m}]^{3/4}} \geq 215$$

Utilize esse critério para calcular a que altura $z_1 - z_2$, a saída do rotor na Figura P11.98, pode ser colocada para uma turbina Francis com uma altura de queda de 91,5 m, $N_{sp} = 176$ e $p_a = 96.527$ Pa absoluta antes que ocorra a cavitação em água a 15 °C.

Turbinas eólicas

P11.100 O fabricante da turbina eólica na foto de abertura do capítulo afirma que ela desenvolve exatamente 100 kW a uma velocidade do vento de 15 m/s. Compare isso com uma estimativa das correlações na Fig. 11.32.

P11.101 Uma TEEV Darrieus em operação em Lumsden, Saskatchewan, que tem 9,8 m de altura e 6,1 m de diâmetro, varre uma área de 40,13 m². Calcule (a) a potência máxima e (b) a rotação do rotor se ela estiver operando com ventos de 25,7 km/h.

P11.102 Uma TEEH americana de múltiplas pás de 1,83 m de diâmetro é usada para bombear água para uma altura de 3,05 m através de um tubo de ferro fundido de 76 mm de diâmetro. Se os ventos forem de 19,3 km/h, calcule a vazão de água em l/s.

P11.103 A apenas uma milha da turbina eólica da foto de abertura deste capítulo, encontra-se uma TEEH de 23 pés de diâmetro, a 100 pés de altura, Fig. P11.103. Ela tem uma potência garantida de 10 kW e fornece metade da eletricidade para o balneário da Praia Estadual de Salty Brine. A partir dos dados na Fig. 11.32, a uma velocidade do vento de 20 mi/h, calcule (a) a potência máxima desenvolvida e (b) a velocidade de rotação, em rpm.

P11.103 [*Rhode Island Department of Environmental Management*]

P11.104 O controvertido projeto Cape Cod Wind propõe 130 grandes turbinas eólicas em Nantucket Sound, destinadas a fornecer 75% da demanda de energia elétrica de Cape Cod e das ilhas. O diâmetro da turbina é de 100 m. Para uma velocidade de vento média de 6,3 m/s, qual é a melhor rotação e potência total estimada para (a) uma TEEH e (b) uma TEEV?

P11.105 Em 2007, em uma competição de veículos a motor eólico realizada em North Holland [64], o projeto vencedor foi desenvolvido por estudantes da Universidade de Stuttgart. Um esquema desse veículo de três rodas é mostrado na Fig. P11.105. Ele é motorizado por uma turbina eólica carenada, não por uma hélice propulsora, e, ao contrário de um veleiro, pode mover-se diretamente contra o vento. (*a*) Como isso funciona? (*b*) E se o vento soprar lateralmente? (*c*) Apresente algumas de suas possíveis indagações sobre o projeto.

P11.106 Analise o veículo a motor eólico da Fig. P11.105 com os seguintes dados: diâmetro da turbina $D = 6$ pés, coeficiente de potência (Fig. 11.32) = 0,3, área de arrasto do veículo $C_A A = 4,5$ pés^2 e rotação da turbina = 240 rpm. O veículo move-se diretamente contra um vento frontal, $W = 25$ mi/h. O empuxo do vento para trás sobre a turbina é aproximadamente $T \approx C_T(\rho/2) V_{rel}^2 A_{turbina}$, onde V_{rel} é a velocidade do ar em relação à turbina e $C_T \approx 0,7$. Oitenta por cento da potência da turbina é entregue às rodas por meio de engrenagens, para propulsar o veículo. Calcule a velocidade V do veículo em nível do mar, em mi/h.

P11.107 A Figura 11.32 mostrou o desempenho de *potência* típico de uma turbina eólica. O vento também causa uma força de *empuxo* que deve ser resistida pela estrutura. O coeficiente de empuxo C_T de uma turbina eólica pode ser definido da seguinte forma:

$$C_T = \frac{\text{Força de empuxo}}{(\rho/2) A V^2} = \frac{T}{(\rho/2)\left[(\pi/4)D^2\right] V^2}$$

Valores de C_T para uma turbina eólica de eixo horizontal típica são mostrados na Fig. P11.107. A abscissa é a mesma que na Fig. 11.32. Considere a turbina do Prob. P11.103. Se o vento for de 20 mi/h e a rotação de 115 rpm, calcule o momento de flexão sobre a base da torre.

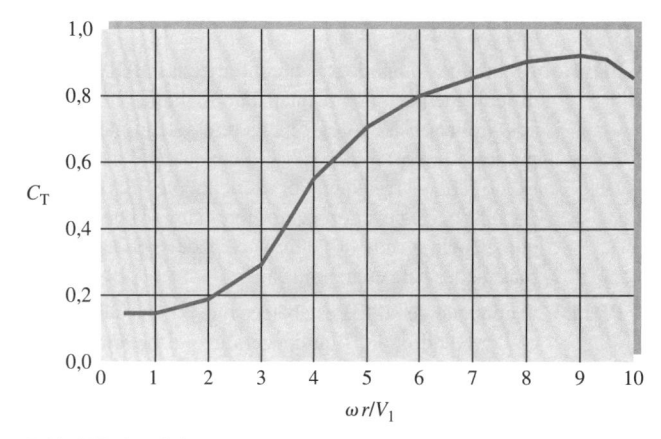

P11.107 Coeficiente de empuxo para uma TEEH típica.

P11.108 Para evitar a torre, o rotor e o gerador volumosos na TEEH da foto de abertura deste capítulo, poderíamos construir em seu lugar uma série de turbinas Darrieus de altura 4 m e diâmetro 3 m. (*a*) Quantas dessas precisaríamos para obter a potência de 100 kW da TEEH para uma velocidade de vento de 15 m/s e potência máxima? (*b*) Com qual rotação elas devem operar? Suponha que a área varrida por uma turbina Darrieus seja dois terços da altura vezes o diâmetro.

P11.105

Problemas dissertativos

PD11.1 Sabemos que um rotor fechado com pás em movimento entregará energia ao fluido, usualmente na forma de uma elevação de pressão, mas como isso realmente acontece? Discuta, com esboços, os mecanismos físicos por meio dos quais um rotor realmente transfere energia para um fluido.

PD11.2 As bombas dinâmicas (ao contrário das BDPs) têm dificuldade para movimentar fluidos altamente viscosos. Lobanoff e Ross [15] sugerem a seguinte regra prática: D (mm) $> 0,381 v/v_{água}$, em que D é o diâmetro do tubo de recalque. Por exemplo, óleo SAE 30W ($\approx 300 \, v_{água}$) deverá requerer um diâmetro de recalque de pelo menos 114 mm. Você pode explicar algumas razões para essa limitação?

PD11.3 O conceito de NPSH estabelece que bombas dinâmicas operando com líquido geralmente devem ficar imersas abaixo da superfície do líquido. Você pode explicar isso? Qual é o efeito causado pelo aumento da temperatura do líquido?

PD11.4 Para o desempenho adimensional de ventiladores, Wallis [20] sugere que o coeficiente de altura de carga deveria ser substituído por $VPT/(\rho n^2 D^2)$, em que VPT é a variação de pressão total produzida pelo ventilador. Explique a utilidade dessa modificação.

PD11.5 Os dados de desempenho para bombas centrífugas, ainda que geometricamente semelhantes, mostram um decréscimo no rendimento com a diminuição do tamanho do rotor. Discuta algumas razões físicas pelas quais isso ocorre.

PD11.6 Considere um gráfico adimensional de desempenho de bomba tal como aquele na Figura 11.8. Que parâmetros adimensionais adicionais poderiam modificar ou até mesmo destruir a semelhança indicada em tais dados?

PD11.7 Um parâmetro que não foi discutido neste texto é o *número de pás de um rotor*. Leia alguns tópicos sobre esse assunto e relate aos seus colegas de classe sobre seu efeito no desempenho das bombas.

PD11.8 Explique por que algumas curvas de desempenho de bombas podem levar a condições operacionais instáveis.

PD11.9 Por que as turbinas Francis e Kaplan geralmente são consideradas inadequadas para hidrelétricas onde as alturas de queda disponíveis ultrapassam 305 m?

PD11.10 Leia algum tópico sobre o desempenho da *hélice livre* que é usada em aviões pequenos e de baixa velocidade. Quais os parâmetros adimensionais que tipicamente são relatados para os dados? Como o desempenho e o rendimento se comparam com aqueles da bomba de fluxo axial?

Problemas abrangentes

PA11.1 A altura de carga de uma bomba para aquário pequena é dada pelo fabricante como uma função da vazão volumétrica, listada a seguir:

Q, m³/s	H, mH$_2$O
0	1,10
1,0 E-6	1,00
2,0 E-6	0,80
3,0 E-6	0,60
4,0 E-6	0,35
5,0 E-6	0,00

Qual é a vazão máxima que pode ser atingida se você utiliza essa bomba para bombear água de um reservatório inferior para outro superior como mostra a Figura PA11.1? *Nota:* O tubo é liso com um diâmetro interno de 5 mm e um comprimento total de 29,8 m. A água está à temperatura e à pressão ambiente. As perdas localizadas no sistema podem ser desprezadas.

PA11.2 Reconsidere o Problema P6.62 como um exercício de seleção de bomba. Selecione um tamanho de rotor e um valor de rotação da família de bombas Byron Jackson do Problema P11.28 para fornecer uma vazão de 85 l/s para o sistema da Figura P6.62 com uma potência de eixo mínima. Calcule a potência necessária.

PA11.3 Reconsidere o Problema P6.77 como um exercício de seleção de turbinas. Selecione um tamanho e uma rotação de rotor da família de turbinas Francis da Figura 11.22d para fornecer uma potência máxima gerada pela turbina. Calcule a potência de eixo da turbina e observe a natureza prática do seu projeto.

PA11.4 O sistema da Figura PA11.4 é projetado para fornecer água a 20 °C de um reservatório ao nível do mar para outro através de um tubo de ferro fundido de 38 cm de diâmetro. As perdas localizadas são $\Sigma K_1 = 0,5$ antes da entrada da bomba e $\Sigma K_2 = 7,2$ após a saída da bomba. (*a*) Selecione uma bomba da Figura 11.7a ou 11.7b, operando nas rotações dadas, que possa executar essa tarefa com o máximo rendimento. Determine (*b*) a vazão resultante, (*c*) a potência de eixo e (*d*) se a bomba neste caso está livre da cavitação.

PA11.5 Para a bomba de água de 41,5 pol da Fig. 11.7b, a 710 rpm e 22.000 gal/min, estime o rendimento (*a*) lendo-o diretamente na Fig. 11.7b e (*b*) lendo H e a potência de eixo e depois calculando o rendimento pela Eq. (11.5). Compare seus resultados.

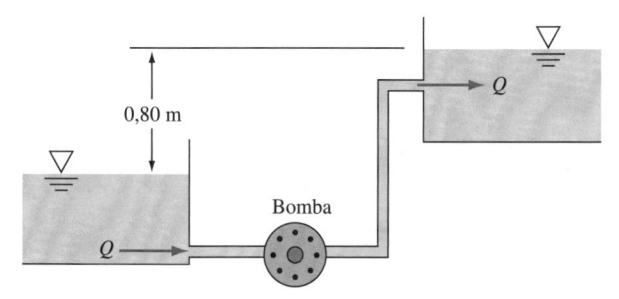

PA11.1

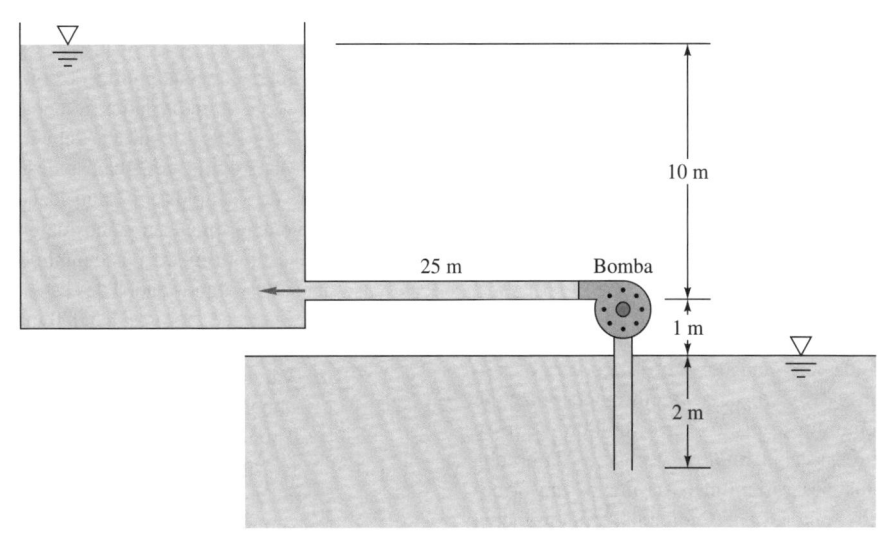

PA11.4

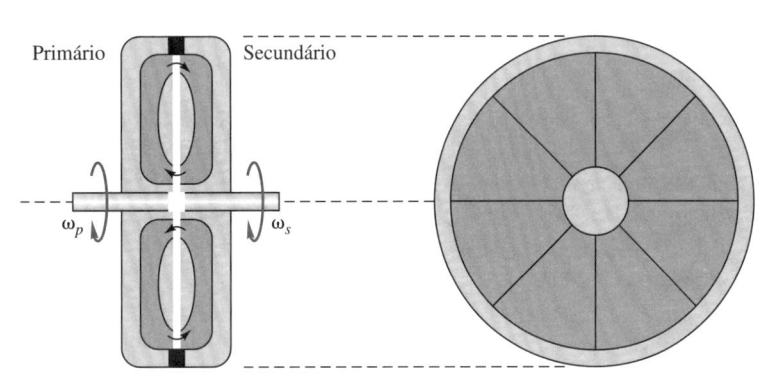

PA11.6

PA11.6 Uma turbomáquina interessante [58] é o *acoplamento hidrodinâmico* da Figura PA11.6, que circula fluido de um rotor de uma bomba primária e faz girar uma turbina secundária em outro eixo separado. Ambos os rotores têm pás radiais. Os acoplamentos são comuns em todos os tipos de transmissões e acionamentos em veículos e em máquinas. O *deslizamento* do acoplamento é definido como a diferença adimensional entre as rotações dos eixos, $d = 1 - \omega_s/\omega_p$. Para um dado volume de fluido, o torque T transmitido é uma função de d, ρ, ω_p e do diâmetro D do rotor. (*a*) Adimensionalize essa função em dois grupos pi, com um pi proporcional a T. Testes feitos com um acoplamento de 0,305 m de diâmetro a 2.500 rpm, preenchido com fluido hidráulico de massa específica 897 kg/m³, resultaram nos seguintes dados de torque em função do deslizamento:

Deslizamento, s	0%	5%	10%	15%	20%	25%
Torque T, N·m	0	122	373	597	786	922

(*b*) Se esse acoplamento operar a 3.600 rpm, com que valor de deslizamento ele transmitirá um torque de 1.220 N·m? (*c*) Qual é o diâmetro apropriado para um acoplamento geometricamente semelhante funcionar a 3.000 rpm e 5% de deslizamento e transmitir 813 N·m de torque?

PA11.7 Relate para a classe o *método de Cordier* [63] para projeto otimizado de turbomáquinas. O método está relacionado com o Problema P11.46, e é bastante expandido com base nele, e usa software e gráficos para desenvolver um projeto eficiente para qualquer aplicação de bomba ou compressor.

PA11.8 Uma *bomba-turbina* é um dispositivo reversível que usa um reservatório para gerar energia durante o dia e depois bombeia a água de volta para o reservatório durante a noite. Vamos redefinir o Problema P6.62 como uma bomba-turbina. Recorde-se que $\Delta z =$ 36,6 m e que a água escoa através de 610 m de tubo de ferro fundido de 152 mm de diâmetro. Para simplificar, suponha que a bomba opera no PMR (92%) com $H^*_p = 61$ m e que a turbina opera no PMR (89%) com $H^*_t = 30,5$ m. Despreze as perdas localizadas. Calcule (*a*) a potência de eixo, em watts, necessária para a bomba; e (*b*) a potência, em watts, gerada pela turbina. Para outras leituras técnicas, consulte o URL www.usbr.gov/pmts/hydraulics_lab/pubs/EM/EM39.pdf.

Problema de projeto

PP11.1 Para minimizar os custos com eletricidade, um sistema de abastecimento de água de uma cidade utiliza escoamento por gravidade de cinco tanques grandes de armazenagem durante o dia e depois enche novamente esses tanques das 22h às 6h, beneficiando-se da taxa noturna mais barata de R$ 0,07 por kWh. O reabastecimento total necessário a cada noite varia de 1.893 a 7.571 m^3, com não mais do que 1.893 m^3 para cada tanque. As elevações dos tanques variam de 12,2 m a 30,5 m. Uma única bomba com rotação constante, bombeando de um grande lençol freático para os tanques e com válvulas instaladas em cinco linhas de abastecimento diferentes, de ferro fundido, faz esse serviço de reabastecimento. As distâncias da bomba aos cinco tanques variam mais ou menos uniformemente de 1,6 km a 4,8 km. Cada linha tem em média um cotovelo a cada 30,5 m e quatro válvulas borboleta que podem ser controladas em qualquer ângulo desejado. Selecione uma família de bombas adequada de um dos seis conjuntos dados neste capítulo: Figuras 11.8, P11.24 e P11.34 mais os Problemas P11.28, P11.35 e P11.38. Admita semelhança ideal (sem efeitos do número de Reynolds e da rugosidade da bomba). O objetivo é determinar tamanhos de bomba e de tubulação que resultem em um custo mínimo em um período de 5 anos. Veja alguns dados de custos sugeridos:

(a) Bomba e motor: R$ 5.000 mais R$ 3.000 por polegada de tamanho de tubo.
(b) Válvulas: R$ 200 mais R$ 200 por polegada de tamanho de tubo.
(c) Tubulações: R$ 3,30 por polegada de diâmetro por metro de comprimento.

Como os parâmetros de escoamento e elevação variam consideravelmente, uma variação diária aleatória dentro das faixas especificadas poderia dar uma aproximação mais realista.

Referências

1. D. G. Wilson, "Turbomachinery—From Paddle Wheels to Turbojets," *Mech. Eng.*, vol. 104, Oct. 1982, pp. 28–40.
2. D. Japikse and N. C. Baines, *Introduction to Turbomachinery*, Concepts ETI Inc., Hanover, NH, 1997.
3. E. S. Logan and R. Roy (eds.), *Handbook of Turbomachinery*, 2d ed., Marcel Dekker, New York, 2003.
4. G. F. Wislicenus, *Fluid Mechanics of Turbomachinery*, 2d ed., McGraw-Hill, New York, 1965.
5. S. L. Dixon and C. Hall, *Fluid Mechanics and Thermodynamics of Turbomachinery*, 7th ed., Butterworth-Heinemann, Burlington, MA, 2013.
6. W. W. Peng, *Fundamentals of Turbomachinery*, Wiley, New York, 2007.
7. S. A. Korpela, *Principles of Turbomachinery*, Wiley, New York, 2011.
8. A. J. Stepanoff, *Centrifugal and Axial Flow Pumps*, 2d ed., Wiley, New York, 1957.
9. J. Tuzson, *Centrifugal Pump Design*, Wiley, New York, 2000.
10. P. Girdhar and O. Moniz, *Practical Centrifugal Pumps*, Elsevier, New York, 2004.
11. L. Bachus and A. Custodio, *Know and Understand Centrifugal Pumps*, Elsevier, New York, 2003.
12. J. F. Gülich, *Centrifugal Pumps*, Springer, New York, 2010.
13. R. K. Turton, *Rotodynamic Pump Design*, Cambridge University Press, Cambridge, UK, 2005.
14. I. J. Karassik and T. McGuire, *Centrifugal Pumps*, 2d ed., Springer-Verlag, New York, 1996.
15. V. L. Lobanoff and R. R. Ross, *Centrifugal Pumps: Design and Application*, 2d ed., Elsevier, New York, 1992.
16. H. L. Stewart, *Pumps*, 5th ed. Macmillan, New York, 1991.
17. A. B. McKenzie, *Axial Flow Fans and Compressors: Aerodynamic Design and Performance*, Ashgate Publishing, Brookfield, VT, 1997.
18. A. J. Wennerstrom, *Design of Highly Loaded Axial-Flow Fans and Compressors*, Concepts ETI Inc., Hanover, NH, 2001.
19. F. P. Bleier, *Fan Handbook: Selection, Application, and Design*, McGraw-Hill, New York, 1997.
20. R. A. Wallis, *Axial Flow Fans and Ducts*, Wiley, New York, 1983.
21. H. P. Bloch, *A Practical Guide to Compressor Technology*, 2d ed., McGraw-Hill, New York, 2006.
22. P. C. Hanlon, *Compressor Handbook*, McGraw-Hill, New York, 2001.
23. Ronald H. Aungier, *Axial-Flow Compressors: A Strategy for Aerodynamic Design and Analysis*, ASME Press, New York, 2003.
24. H. I. H. Saravanamuttoo, G. F. C. Rogers, H. Cohen, and Paul Straznicky, *Gas Turbine Theory*, 6th ed., Pearson Education Canada, Don Mills, Ontario, 2008.
25. P. P. Walsh and P. Fletcher, *Gas Turbine Performance*, ASME Press, New York, 2004.
26. M. P. Boyce, *Gas Turbine Engineering Handbook*, 4th ed., Gulf Professional Publishing, Burlington, MA, 2011.
27. Fluid Machinery Group, Institution of Mechanical Engineers, *Hydropower*, Wiley, New York, 2005.
28. Jeremy Thake, *The Micro-Hydro Pelton Turbine Manual*, Intermediate Technology Pub., Colchester, Essex, UK, 2000.
29. L. Rodriguez and T. Sanchez, *Designing and Building Mini and Micro Hydro Power Schemes*, Practical Action Publishing, Warwickshire, UK, 2011.

30. Hydraulic Institute, *Hydraulic Institute Pump Standards Complete,* 4th ed., New York, 1994.
31. P. Cooper, J. Messina, C. Heald, and I. J. Karassik (eds.), *Pump Handbook,* 4th ed., McGraw-Hill, New York, 2008.
32. J. S. Gulliver and R. E. A. Arndt, *Hydropower Engineering Handbook,* McGraw-Hill, New York, 1990.
33. R. L. Daugherty, J. B. Franzini, and E. J. Finnemore, *Fluid Mechanics and Engineering Applications,* 9th ed., Mc-Graw-Hill, New York, 1997.
34. R. H. Sabersky, E. M. Gates, A. J. Acosta, and E. G. Hauptmann, *Fluid Flow: A First Course in Fluid Mechanics,* 4th ed., Pearson Education, Upper Saddle River, NJ, 1994.
35. J. P. Poynton, *Metering Pumps,* Marcel Dekker, New York, 1983.
36. Hydraulic Institute, *Reciprocating Pump Test Standard,* New York, 1994.
37. T. L. Henshaw, *Reciprocating Pumps,* Wiley, New York, 1987.
38. J. E. Miller, *The Reciprocating Pump: Theory, Design and Use,* Wiley, New York, 1987.
39. D. G. Wilson and T. Korakianitis, *The Design of High Efficiency Turbomachinery and Gas Turbines,* 2d ed., Pearson Education, Upper Saddle River, NJ, 1998.
40. S. O. Kraus et al., "Periodic Velocity Measurements in a Wide and Large Radius Ratio Automotive Torque Converter at the Pump/Turbine Interface," *J. Fluids Engineering*, vol. 127, no. 2, 2005, pp. 308–316.
41. E. M. Greitzer, "The Stability of Pumping Systems: The 1980 Freeman Scholar Lecture," *J. Fluids Eng.,* vol. 103, June 1981, pp. 193–242.
42. R. Elder et al. (eds.), *Advances of CFD in Fluid Machinery Design,* Wiley, New York, 2003.
43. L. F. Moody, "The Propeller Type Turbine," *ASCE Trans.,* vol. 89, 1926, p. 628.
44. H. H. Anderson, "Prediction of Head, Quantity, and Efficiency in Pumps—The Area-Ratio Principle," in *Performance Prediction of Centrifugal Pumps and Compressors,* vol. 100127, ASME Symp., New York, 1980, pp. 201–211.
45. M. Schobeiri, *Turbomachinery Flow Physics and Dynamic Performance,* Springer, New York, 2004.
46. D. J. Mahoney (ed.), *Proceedings of the 1997 International Conference on Hydropower,* ASCE, Reston, VA, 1997.
47. G. W. Koeppl, *Putnam's Power from the Wind,* 2d ed., Van Nostrand Reinhold, New York, 1982.
48. P. Jain, *Wind Energy Engineering,* McGraw-Hill, New York, 2010.
49. D. Wood, *Small Wind Turbines: Analysis, Design, and Application,* Springer, New York, 2011.
50. E. Hau, *Wind Turbines: Fundamentals, Technologies, Application, Economics,* 2d ed., Springer-Verlag, New York, 2005.
51. R. Harrison, E. Hau, and H. Snel, *Large Wind Turbines,* Wiley, New York, 2000.
52. R. H. Aungier, *Turbine Aerodynamics: Axial-Flow and Radial-Flow Turbine Design and Analysis,* ASME Press, New York, 2006.
53. M. L. Robinson, "The Darrieus Wind Turbine for Electrical Power Generation," *Aeronaut. J.,* June 1981, pp. 244–255.
54. D. F. Warne and P. G. Calnan, "Generation of Electricity from the Wind," *IEE Rev.,* vol. 124, no. 11R, November 1977, pp. 963–985.
55. L. A. Haimerl, "The Crossflow Turbine," *Waterpower,* January 1960, pp. 5–13; see also *ASME Symp. Small Hydropower Fluid Mach.,* vol. 1, 1980, and vol. 2, 1982.
56. K. Eisele et al., "Flow Analysis in a Pump Diffuser: Part 1, Measurements; Part 2, CFD," *J. Fluids Eng.*, vol. 119, December 1997, pp. 968–984.
57. D. Japikse and N. C. Baines, *Turbomachinery Diffuser Design Technology,* Concepts ETI Inc., Hanover, NH, 1998.
58. B. Massey and J. Ward-Smith, *Mechanics of Fluids,* 7th ed., Nelson Thornes Publishing, Cheltenham, UK, 1998.
59. American Wind Energy Association, "Global Wind Energy Market Report," URL: <http://www.awea.org/pubs/documents/ globalmarket2004.pdf>.
60. J. Carlton, *Marine Propellers and Propulsion,* 3d ed., Butterworth-Heinemann, New York, 2012.
61. M. Hollmann, *Modern Propeller and Duct Design,* Aircraft Designs, Inc., Monterey, CA, 1993.
62. C. L. Archer and M. Z. Jacobson, "Evaluation of Global Wind Power," *J. Geophys. Res.-Atm.,* vol. 110, 2005, doi:10.1029/2004JD005462.
63. M. Farinas and A. Garon, "Application of DOE for Optimal Turbomachinery Design," Paper AIAA-2004-2139, AIAA Fluid Dynamics Conference, Portland, OR, June 2004.
64. C. Crain, "Running Against the Wind," *Popular Science,* March 2009, pp. 69–70.

Apêndice A
Propriedades físicas dos fluidos

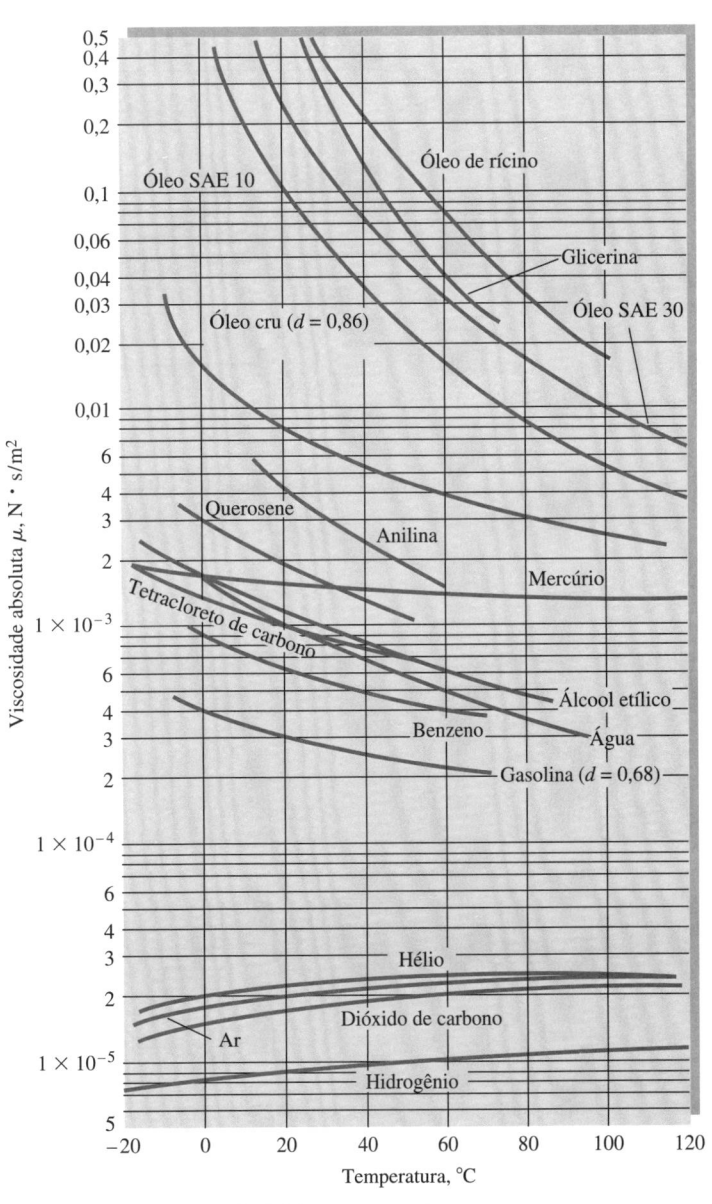

Figura A.1 Viscosidade absoluta de fluidos comuns a 1 atm.

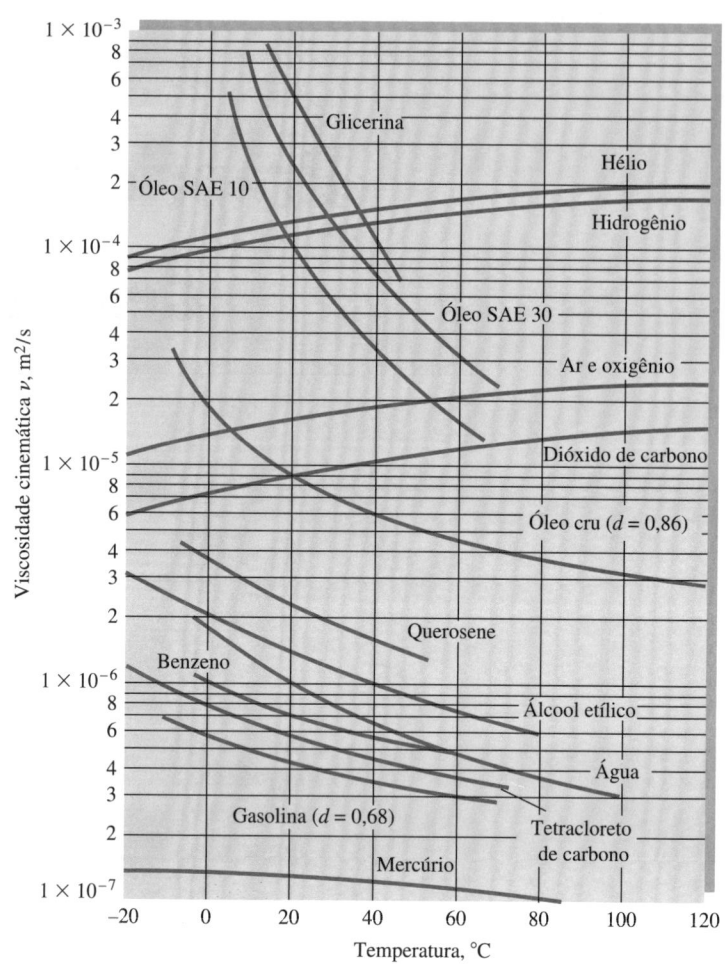

Figura A.2 Viscosidade cinemática de fluidos comuns a 1 atm.

Tabela A.1 Viscosidade e densidade da água a 1 atm

T, °C	ρ, kg/m³	μ, N · s/m²	ν, m²/s	T, °F	ρ, slug/ft³	μ, lb · s/ft²	ν, ft²/s
0	1.000	1,788 E-3	1,788 E-6	32	1,940	3,73 E-5	1,925 E-5
10	1.000	1,307 E-3	1,307 E-6	50	1,940	2,73 E-5	1,407 E-5
20	998	1,003 E-3	1,005 E-6	68	1,937	2,09 E-5	1,082 E-5
30	996	0,799 E-3	0,802 E-6	86	1,932	1,67 E-5	0,864 E-5
40	992	0,657 E-3	0,662 E-6	104	1,925	1,37 E-5	0,713 E-5
50	988	0,548 E-3	0,555 E-6	122	1,917	1,14 E-5	0,597 E-5
60	983	0,467 E-3	0,475 E-6	140	1,908	0,975 E-5	0,511 E-5
70	978	0,405 E-3	0,414 E-6	158	1,897	0,846 E-5	0,446 E-5
80	972	0,355 E-3	0,365 E-6	176	1,886	0,741 E-5	0,393 E-5
90	965	0,316 E-3	0,327 E-6	194	1,873	0,660 E-5	0,352 E-5
100	958	0,283 E-3	0,295 E-6	212	1,859	0,591 E-5	0,318 E-5

Ajustes de curvas sugerido para a água no intervalo $0 \leq T \leq 100°C$:

$$\rho(kg/m^3) \approx 1.000 - 0{,}0178 \, | T°C - 4°C |^{1{,}7} \pm 0{,}2 \%$$

$$\ln \frac{\mu}{\mu_0} \approx -1{,}704 - 5{,}306 z + 7{,}003 z^2$$

$$z = \frac{273 \text{K}}{T \text{K}} \quad \mu_0 = 1{,}788 \text{ E-3 Kg/(m·s)}$$

Tabela A.2 Viscosidade e massa específica do ar a 1 atm

T, °C	ρ, kg/m³	μ, N · s/m²	ν, m²/s	T, °F	ρ, slug/ft³	μ, lb · s/ft²	ν, ft²/s
−40	1,52	1,51 E-5	0,99 E-5	−40	2,94 E-3	3,16 E-7	1,07 E-4
0	1,29	1,71 E-5	1,33 E-5	32	2,51 E-3	3,58 E-7	1,43 E-4
20	1,20	1,80 E-5	1,50 E-5	68	2,34 E-3	3,76 E-7	1,61 E-4
50	1,09	1,95 E-5	1,79 E-5	122	2,12 E-3	4,08 E-7	1,93 E-4
100	0,946	2,17 E-5	2,30 E-5	212	1,84 E-3	4,54 E-7	2,47 E-4
150	0,835	2,38 E-5	2,85 E-5	302	1,62 E-3	4,97 E-7	3,07 E-4
200	0,746	2,57 E-5	3,45 E-5	392	1,45 E-3	5,37 E-7	3,71 E-4
250	0,675	2,75 E-5	4,08 E-5	482	1,31 E-3	5,75 E-7	4,39 E-4
300	0,616	2,93 E-5	4,75 E-5	572	1,20 E-3	6,11 E-7	5,12 E-4
400	0,525	3,25 E-5	6,20 E-5	752	1,02 E-3	6,79 E-7	6,67 E-4
500	0,457	3,55 E-5	7,77 E-5	932	0,89 E-3	7,41 E-7	8,37 E-4

Ajustes de curvas sugerido para o ar:

$$\rho = \frac{p}{RT} \quad R_{ar} \approx 287 \text{ J/(kg·K)}$$

Lei de potência:
$$\frac{\mu}{\mu_0} \approx \left(\frac{T}{T_0}\right)^{0{,}7}$$

Lei de Sutherland:
$$\frac{\mu}{\mu_0} \approx \left(\frac{T}{T_0}\right)^{3/2} \left(\frac{T_0 + S}{T + S}\right) \quad S_{ar} \approx 110{,}4 \text{ K}$$

com $T_0 = 273$ K, $\mu_0 = 1{,}71$ E-5 kg/(m·s) e T em kelvins.

Tabela A.3 Propriedades dos líquidos comuns a 1 atm e 20°C (68°F)

Líquido	ρ, kg/m³	μ, kg/(m·s)	Y, N/m*	p_v, N/m²	Módulo de elasticidade volumétrico, N/m²	Parâmetro de viscosidade $C^\dagger$
Amônia	608	2,20 E-4	2,13 E-2	9,10 E+5	—	1,05
Benzeno	881	6,51 E-4	2,88 E-2	1,01 E+4	1,4 E+9	4,34
Tetracloreto de carbono	1.590	9,67 E-4	2,70 E-2	1,20 E+4	9,65 E+8	4,45
Etanol	789	1,20 E-3	2,28 E-2	5,7 E+3	9,0 E+8	5,72
Etileno-glicol	1.117	2,14 E-2	4,84 E-2	1,2 E+1	—	11,7
Freon 12	1.327	2,62 E-4	—	—	—	1,76
Gasolina	680	2,92 E-4	2,16 E-2	5,51 E+4	9,58 E+8	3,68
Glicerina	1.260	1,49	6,33 E-2	1,4 E-2	4,34 E+9	28,0
Querosene	804	1,92 E-3	2,8 E-2	3,11 E+3	1,63 E+9	5,56
Mercúrio	13.550	1,56 E-3	4,84 E-1	1,1 E-3	2,55 E+10	1,07
Metanol	791	5,98 E-4	2,25 E-2	1,34 E+4	8,33 E+8	4,63
Óleo SAE 10W	870	1,04 E-1‡	3,6 E-2	—	1,31 E+90	15,7
Óleo SAE 10W30	876	1,7 E-1‡	—	—	—	14,0
Óleo SAE 30W	891	2,9 E-1‡	3,5 E-2	—	1,38 E+9	18,3
Óleo SAE 50W	902	8,6 E-1‡	—	—	—	20,2
Água	998	1,00 E-3	7,28 E-2	2,34 E13	2,19 E+9	Tabela A.1
Água do mar (30‰)	1.025	1,07 E-3	7,28 E-2	2,34 E13	2,33 E+9	7,28

*Em contato com o ar.
†A variação da viscosidade com a temperatura desses líquidos pode ser ajustada à expressão empírica

$$\frac{\mu}{\mu_{20°C}} \approx \exp\left[C\left(\frac{293\text{ K}}{T\text{ K}} - 1\right)\right]$$

com precisão de $\pm 6\%$ no intervalo $0 \leq T \leq 100°C$.
‡Valores representativos. A classificação SAE para óleos permite uma variação de viscosidade de até $\pm 50\%$, especialmente em temperaturas mais baixas.

Tabela A.4 Propriedades dos gases comuns a 1 atm e 20°C (68°F)

Gás	Peso molecular	R, m²/(s²·K)	ρg, N/m³	μ, N·s/m²	Razão de calores específicos	Expoente n* da lei de potência
H_2	2,016	4.124	0,822	9,05 E-6	1,41	0,68
He	4,003	2.077	1,63	1,97 E-5	1,66	0,67
H_2O	18,02	461	7,35	1,02 E-5	1,33	1,15
Ar	39,944	208	16,3	2,24 E-5	1,67	0,72
Ar seco	28,96	287	11,8	1,80 E-5	1,40	0,67
CO_2	44,01	189	17,9	1,48 E-5	1,30	0,79
CO	28,01	297	11,4	1,82 E-5	1,40	0,71
N_2	28,02	297	11,4	1,76 E-5	1,40	0,67
O_2	32,00	260	13,1	2,00 E-5	1,40	0,69
NO	30,01	277	12,1	1,90 E-5	1,40	0,78
N_2O	44,02	189	17,9	1,45 E-5	1,31	0,89
Cl_2	70,91	117	28,9	1,03 E-5	1,34	1,00
CH_4	16,04	518	6,54	1,34 E-5	1,32	0,87

*O ajuste da curva da lei de potência, Equação (1.27), $\mu/\mu_{293K} \approx (T/293)^n$, ajusta os valores desses gases dentro de $\pm 4\%$ no intervalo $250 \leq T \leq 1.000$ K. A temperatura deve estar em kelvins.

Tabela A.5 Tensão superficial, pressão de vapor e velocidade do som da água

T, °C	Y, N/m	p_v, kPa	a, m/s
0	0,0756	0,611	1.402
10	0,0742	1,227	1.447
20	0,0728	2,337	1.482
30	0,0712	4,242	1.509
40	0,0696	7,375	1.529
50	0,0679	12,34	1.542
60	0,0662	19,92	1.551
70	0,0644	31,16	1.553
80	0,0626	47,35	1.554
90	0,0608	70,11	1.550
100	0,0589	101,3	1.543
120	0,0550	198,5	1.518
140	0,0509	361,3	1.483
160	0,0466	617,8	1.440
180	0,0422	1.002	1.389
200	0,0377	1.554	1.334
220	0,0331	2.318	1.268
240	0,0284	3.344	1.192
260	0,0237	4.688	1.110
280	0,0190	6.412	1.022
300	0,0144	8.581	920
320	0,0099	11.274	800
340	0,0056	14.586	630
360	0,0019	18.651	370
374*	0,0*	22.090*	0*

*Ponto crítico.

Tabela A.6 Propriedades da atmosfera padrão

z, m	T, K	p, Pa	ρ, kg/m³	a, m/s
−500	291,41	107.508	1,2854	342,2
0	288,16	101.350	1,2255	340,3
500	284,91	95.480	1,1677	338,4
1.000	281,66	89.889	1,1120	336,5
1.500	278,41	84.565	1,0583	334,5
2.000	275,16	79.500	1,0067	332,6
2.500	271,91	74.684	0,9570	330,6
3.000	268,66	70.107	0,9092	328,6
3.500	265,41	65.759	0,8633	326,6
4.000	262,16	61.633	0,8191	324,6
4.500	258,91	57.718	0,7768	322,6
5.000	255,66	54.008	0,7361	320,6
5.500	252,41	50.493	0,6970	318,5
6.000	249,16	47.166	0,6596	316,5
6.500	245,91	44.018	0,6237	314,4
7.000	242,66	41.043	0,5893	312,3
7.500	239,41	38.233	0,5564	310,2
8.000	236,16	35.581	0,5250	308,1
8.500	232,91	33.080	0,4949	306,0
9.000	229,66	30.723	0,4661	303,8
9.500	226,41	28.504	0,4387	301,7
10.000	223,16	26.416	0,4125	299,5
10.500	219,91	24.455	0,3875	297,3
11.000	216,66	22.612	0,3637	295,1
11.500	216,66	20.897	0,3361	295,1
12.000	216,66	19.312	0,3106	295,1
12.500	216,66	17.847	0,2870	295,1
13.000	216,66	16.494	0,2652	295,1
13.500	216,66	15.243	0,2451	295,1
14.000	216,66	14.087	0,2265	295,1
14.500	216,66	13.018	0,2094	295,1
15.000	216,66	12.031	0,1935	295,1
15.500	216,66	11.118	0,1788	295,1
16.000	216,66	10.275	0,1652	295,1
16.500	216,66	9496	0,1527	295,1
17.000	216,66	8775	0,1411	295,1
17.500	216,66	8110	0,1304	295,1
18.000	216,66	7495	0,1205	295,1
18.500	216,66	6926	0,1114	295,1
19.000	216,66	6401	0,1029	295,1
19.500	216,66	5915	0,0951	295,1
20.000	216,66	5467	0,0879	295,1
22.000	218,6	4048	0,0645	296,4
24.000	220,6	2972	0,0469	297,8
26.000	222,5	2189	0,0343	299,1
28.000	224,5	1616	0,0251	300,4
30.000	226,5	1197	0,0184	301,7
40.000	250,4	287	0,0040	317,2
50.000	270,7	80	0,0010	329,9
60.000	255,7	22	0,0003	320,6
70.000	219,7	6	0,0001	297,2

Apêndice B
Tabelas de escoamento compressível

Tabela B.1 Escoamento isentrópico de um gás perfeito, $k = 1,4$

Ma	p/p_0	ρ/ρ_0	T/T_0	A/A^*	Ma	p/p_0	ρ/ρ_0	T/T_0	A/A^*
0,00	1,0000	1,0000	1,0000	∞	2,10	0,1094	0,2058	0,5313	1,8369
0,10	0,9930	0,9950	0,9980	5,8218	2,20	0,0935	0,1841	0,5081	2,0050
0,20	0,9725	0,9803	0,9921	2,9635	2,30	0,0800	0,1646	0,4859	2,1931
0,30	0,9395	0,9564	0,9823	2,0351	2,40	0,0684	0,1472	0,4647	2,4031
0,40	0,8956	0,9243	0,9690	1,5901	2,50	0,0585	0,1317	0,4444	2,6367
0,50	0,8430	0,8852	0,9524	1,3398	2,60	0,0501	0,1179	0,4252	2,8960
0,60	0,7840	0,8405	0,9328	1,1882	2,70	0,0430	0,1056	0,4068	3,1830
0,70	0,7209	0,7916	0,9107	1,0944	2,80	0,0368	0,0946	0,3894	3,5001
0,80	0,6560	0,7400	0,8865	1,0382	2,90	0,0317	0,0849	0,3729	3,8498
0,90	0,5913	0,6870	0,8606	1,0089	3,00	0,0272	0,0762	0,3571	4,2346
1,00	0,5283	0,6339	0,8333	1,0000	3,10	0,0234	0,0685	0,3422	4,6573
1,10	0,4684	0,5817	0,8052	1,0079	3,20	0,0202	0,0617	0,3281	5,1210
1,20	0,4124	0,5311	0,7764	1,0304	3,30	0,0175	0,0555	0,3147	5,6286
1,30	0,3609	0,4829	0,7474	1,0663	3,40	0,0151	0,0501	0,3019	6,1837
1,40	0,3142	0,4374	0,7184	1,1149	3,50	0,0131	0,0452	0,2899	6,7896
1,50	0,2724	0,3950	0,6897	1,1762	3,60	0,0114	0,0409	0,2784	7,4501
1,60	0,2353	0,3557	0,6614	1,2502	3,70	0,0099	0,0370	0,2675	8,1691
1,70	0,2026	0,3197	0,6337	1,3376	3,80	0,0086	0,0335	0,2572	8,9506
1,80	0,1740	0,2868	0,6068	1,4390	3,90	0,0075	0,0304	0,2474	9,7990
1,90	0,1492	0,2570	0,5807	1,5553	4,00	0,0066	0,0277	0,2381	10,7188
2,00	0,1278	0,2300	0,5556	1,6875					

Tabela B.2 Relações de choque normal para um gás perfeito, $k = 1{,}4$

Ma_{n1}	Ma_{n2}	p_2/p_1	$V_1/V_2 = \rho_2/\rho_1$	T_2/T_1	p_{02}/p_{01}	A_2^*/A_1^*
1,00	1,0000	1,0000	1,0000	1,0000	1,0000	1,0000
1,10	0,9118	1,2450	1,1691	1,0649	0,9989	1,0011
1,20	0,8422	1,5133	1,3416	1,1280	0,9928	1,0073
1,30	0,7860	1,8050	1,5157	1,1909	0,9794	1,0211
1,40	0,7397	2,1200	1,6897	1,2547	0,9582	1,0436
1,50	0,7011	2,4583	1,8621	1,3202	0,9298	1,0755
1,60	0,6684	2,8200	2,0317	1,3880	0,8952	1,1171
1,70	0,6405	3,2050	2,1977	1,4583	0,8557	1,1686
1,80	0,6165	3,6133	2,3592	1,5316	0,8127	1,2305
1,90	0,5956	4,0450	2,5157	1,6079	0,7674	1,3032
2,00	0,5774	4,5000	2,6667	1,6875	0,7209	1,3872
2,10	0,5613	4,9783	2,8119	1,7705	0,6742	1,4832
2,20	0,5471	5,4800	2,9512	1,8569	0,6281	1,5920
2,30	0,5344	6,0050	3,0845	1,9468	0,5833	1,7144
2,40	0,5231	6,5533	3,2119	2,0403	0,5401	1,8514
2,50	0,5130	7,1250	3,3333	2,1375	0,4990	2,0039
2,60	0,5039	7,7200	3,4490	2,2383	0,4601	2,1733
2,70	0,4956	8,3383	3,5590	2,3429	0,4236	2,3608
2,80	0,4882	8,9800	3,6636	2,4512	0,3895	2,5676
2,90	0,4814	9,6450	3,7629	2,5632	0,3577	2,7954
3,00	0,4752	10,3333	3,8571	2,6790	0,3283	3,0456
3,10	0,4695	11,0450	3,9466	2,7986	0,3012	3,3199
3,20	0,4643	11,7800	4,0315	2,9220	0,2762	3,6202
3,30	0,4596	12,5383	4,1120	3,0492	0,2533	3,9483
3,40	0,4552	13,3200	4,1884	3,1802	0,2322	4,3062
3,50	0,4512	14,1250	4,2609	3,3151	0,2129	4,6960
3,60	0,4474	14,9533	4,3296	3,4537	0,1953	5,1200
3,70	0,4439	15,8050	4,3949	3,5962	0,1792	5,5806
3,80	0,4407	16,6800	4,4568	3,7426	0,1645	6,0801
3,90	0,4377	17,5783	4,5156	3,8928	0,1510	6,6213
4,00	0,4350	18,5000	4,5714	4,0469	0,1388	7,2069
4,10	0,4324	19,4450	4,6245	4,2048	0,1276	7,8397
4,20	0,4299	20,4133	4,6749	4,3666	0,1173	8,5227
4,30	0,4277	21,4050	4,7229	4,5322	0,1080	9,2591
4,40	0,4255	22,4200	4,7685	4,7017	0,0995	10,0522
4,50	0,4236	23,4583	4,8119	4,8751	0,0917	10,9054
4,60	0,4217	24,5200	4,8532	5,0523	0,0846	11,8222
4,70	0,4199	25,6050	4,8926	5,2334	0,0781	12,8065
4,80	0,4183	26,7133	4,9301	5,4184	0,0721	13,8620
4,90	0,4167	27,8450	4,9659	5,6073	0,0667	14,9928
5,00	0,4152	29,0000	5,0000	5,8000	0,0617	16,2032

Tabela B.3 Escoamento adiabático com atrito em um duto de área constante para $k = 1,4$

Ma	$\bar{f}L^*/D$	p/p^*	T/T^*	$\rho^*/\rho = V/V^*$	p_0/p_0^*
0,00	∞	∞	1,2000	0,0000	∞
0,10	66,9216	10,9435	1,1976	0,1094	5,8218
0,20	14,5333	5,4554	1,1905	0,2182	2,9635
0,30	5,2993	3,6191	1,1788	0,3257	2,0351
0,40	2,3085	2,6958	1,1628	0,4313	1,5901
0,50	1,0691	2,1381	1,1429	0,5345	1,3398
0,60	0,4908	1,7634	1,1194	0,6348	1,1882
0,70	0,2081	1,4935	1,0929	0,7318	1,0944
0,80	0,0723	1,2893	1,0638	0,8251	1,0382
0,90	0,0145	1,1291	1,0327	0,9146	1,0089
1,00	0,0000	1,0000	1,0000	1,0000	1,0000
1,10	0,0099	0,8936	0,9662	1,0812	1,0079
1,20	0,0336	0,8044	0,9317	1,1583	1,0304
1,30	0,0648	0,7285	0,8969	1,2311	1,0663
1,40	0,0997	0,6632	0,8621	1,2999	1,1149
1,50	0,1361	0,6065	0,8276	1,3646	1,1762
1,60	0,1724	0,5568	0,7937	1,4254	1,2502
1,70	0,2078	0,5130	0,7605	1,4825	1,3376
1,80	0,2419	0,4741	0,7282	1,5360	1,4390
1,90	0,2743	0,4394	0,6969	1,5861	1,5553
2,00	0,3050	0,4082	0,6667	1,6330	1,6875
2,10	0,3339	0,3802	0,6376	1,6769	1,8369
2,20	0,3609	0,3549	0,6098	1,7179	2,0050
2,30	0,3862	0,3320	0,5831	1,7563	2,1931
2,40	0,4099	0,3111	0,5576	1,7922	2,4031
2,50	0,4320	0,2921	0,5333	1,8257	2,6367
2,60	0,4526	0,2747	0,5102	1,8571	2,8960
2,70	0,4718	0,2588	0,4882	1,8865	3,1830
2,80	0,4898	0,2441	0,4673	1,9140	3,5001
2,90	0,5065	0,2307	0,4474	1,9398	3,8498
3,00	0,5222	0,2182	0,4286	1,9640	4,2346
3,10	0,5368	0,2067	0,4107	1,9866	4,6573
3,20	0,5504	0,1961	0,3937	2,0079	5,1210
3,30	0,5632	0,1862	0,3776	2,0278	5,6286
3,40	0,5752	0,1770	0,3623	2,0466	6,1837
3,50	0,5864	0,1685	0,3478	2,0642	6,7896
3,60	0,5970	0,1606	0,3341	2,0808	7,4501
3,70	0,6068	0,1531	0,3210	2,0964	8,1691
3,80	0,6161	0,1462	0,3086	2,1111	8,9506
3,90	0,6248	0,1397	0,2969	2,1250	9,7990
4,00	0,6331	0,1336	0,2857	2,1381	10,7187

Tabela B.4 Escoamento em duto sem atrito com transferência de calor para $k = 1,4$

Ma	T_0/T_0^*	p/p^*	T/T^*	$\rho^*/\rho = V/V^*$	p_0/p_0^*
0,00	0,0000	2,4000	0,0000	0,0000	1,2679
0,10	0,0468	2,3669	0,0560	0,0237	1,2591
0,20	0,1736	2,2727	0,2066	0,0909	1,2346
0,30	0,3469	2,1314	0,4089	0,1918	1,1985
0,40	0,5290	1,9608	0,6151	0,3137	1,1566
0,50	0,6914	1,7778	0,7901	0,4444	1,1141
0,60	0,8189	1,5957	0,9167	0,5745	1,0753
0,70	0,9085	1,4235	0,9929	0,6975	1,0431
0,80	0,9639	1,2658	1,0255	0,8101	1,0193
0,90	0,9921	1,1246	1,0245	0,9110	1,0049
1,00	1,0000	1,0000	1,0000	1,0000	1,0000
1,10	0,9939	0,8909	0,9603	1,0780	1,0049
1,20	0,9787	0,7958	0,9118	1,1459	1,0194
1,30	0,9580	0,7130	0,8592	1,2050	1,0437
1,40	0,9343	0,6410	0,8054	1,2564	1,0777
1,50	0,9093	0,5783	0,7525	1,3012	1,1215
1,60	0,8842	0,5236	0,7017	1,3403	1,1756
1,70	0,8597	0,4756	0,6538	1,3746	1,2402
1,80	0,8363	0,4335	0,6089	1,4046	1,3159
1,90	0,8141	0,3964	0,5673	1,4311	1,4033
2,00	0,7934	0,3636	0,5289	1,4545	1,5031
2,10	0,7741	0,3345	0,4936	1,4753	1,6162
2,20	0,7561	0,3086	0,4611	1,4938	1,7434
2,30	0,7395	0,2855	0,4312	1,5103	1,8860
2,40	0,7242	0,2648	0,4038	1,5252	2,0451
2,50	0,7101	0,2462	0,3787	1,5385	2,2218
2,60	0,6970	0,2294	0,3556	1,5505	2,4177
2,70	0,6849	0,2142	0,3344	1,5613	2,6343
2,80	0,6738	0,2004	0,3149	1,5711	2,8731
2,90	0,6635	0,1879	0,2969	1,5801	3,1359
3,00	0,6540	0,1765	0,2803	1,5882	3,4245
3,10	0,6452	0,1660	0,2650	1,5957	3,7408
3,20	0,6370	0,1565	0,2508	1,6025	4,0871
3,30	0,6294	0,1477	0,2377	1,6088	4,4655
3,40	0,6224	0,1397	0,2255	1,6145	4,8783
3,50	0,6158	0,1322	0,2142	1,6198	5,3280
3,60	0,6097	0,1254	0,2037	1,6247	5,8173
3,70	0,6040	0,1190	0,1939	1,6293	6,3488
3,80	0,5987	0,1131	0,1848	1,6335	6,9256
3,90	0,5937	0,1077	0,1763	1,6374	7,5505
4,00	0,5891	0,1026	0,1683	1,6410	8,2268

Tabela B.5 Função de expansão supersônica de Prandtl-Meyer para $k = 1,4$

Ma	ω, graus	Ma	ω, graus	Ma	ω, graus	Ma	ω, graus
1,00	0,00	3,10	51,65	5,10	77,84	7,10	91,49
1,10	1,34	3,20	53,47	5,20	78,73	7,20	92,00
1,20	3,56	3,30	55,22	5,30	79,60	7,30	92,49
1,30	6,17	3,40	56,91	5,40	80,43	7,40	92,97
1,40	8,99	3,50	58,53	5,50	81,24	7,50	93,44
1,50	11,91	3,60	60,09	5,60	82,03	7,60	93,90
1,60	14,86	3,70	61,60	5,70	82,80	7,70	94,34
1,70	17,81	3,80	63,04	5,80	83,54	7,80	94,78
1,80	20,73	3,90	64,44	5,90	84,26	7,90	95,21
1,90	23,59	4,00	65,78	6,00	84,96	8,00	95,62
2,00	26,38	4,10	67,08	6,10	85,63	8,10	96,03
2,10	29,10	4,20	68,33	6,20	86,29	8,20	96,43
2,20	31,73	4,30	69,54	6,30	86,94	8,30	96,82
2,30	34,28	4,40	70,71	6,40	87,56	8,40	97,20
2,40	36,75	4,50	71,83	6,50	88,17	8,50	97,57
2,50	39,12	4,60	72,92	6,60	88,76	8,60	97,94
2,60	41,41	4,70	73,97	6,70	89,33	8,70	98,29
2,70	43,62	4,80	74,99	6,80	89,89	8,80	98,64
2,80	45,75	4,90	75,97	6,90	90,44	8,90	98,98
2,90	47,79	5,00	76,92	7,00	90,97	9,00	99,32
3,00	49,76						

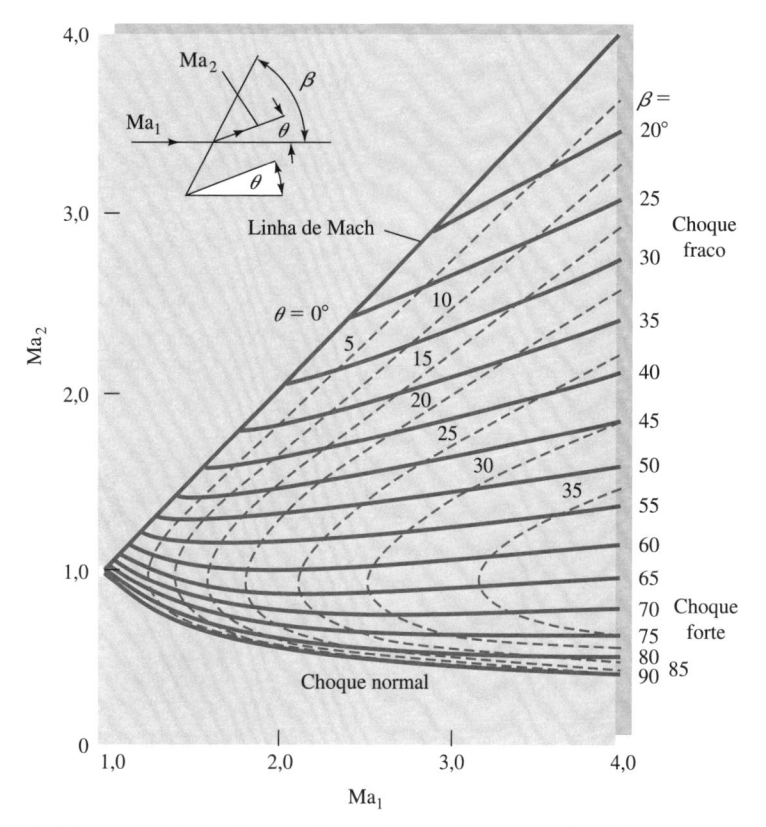

Figura B.1 Número de Mach a jusante de um choque oblíquo para $k = 1,4$.

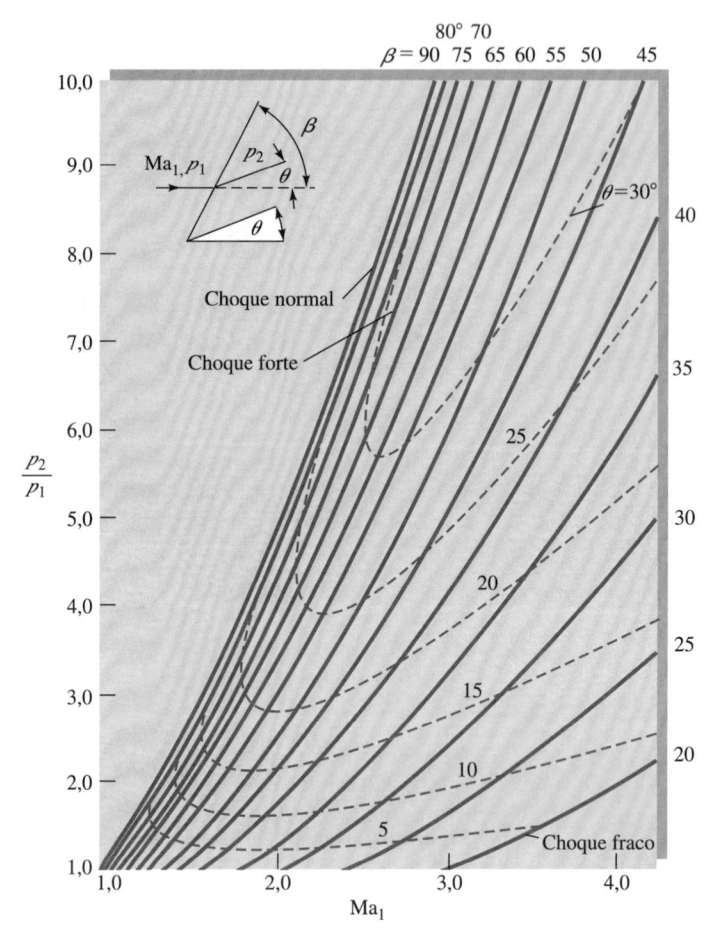

Figura B.2 Razão de pressões a jusante de um choque oblíquo para $k = 1,4$.

Apêndice C
Fatores de conversão

Em algumas situações práticas, pode surgir a necessidade de conversões de unidades entre o GB e o SI (ver a Tabela 1.2). Fornecemos aqui algumas outras conversões.

Comprimento	Volume
1 pé (ft) = 12 polegadas (in) = 0,3048 m 1 milha (mi) = 5.280 ft = 1.609,344 m 1 milha náutica (nmi) = 6.076 ft = 1.852 m 1 jarda (yd) = 3 ft = 0,9144 m 1 angstrom (Å) = 1,0 E-10 m	1 ft^3 = 0,028317 m^3 1 galão americano (U.S. gal) = 231 in^3 = 0,0037854 m^3 1 L = 0,001 m^3 = 0,035315 ft^3 1 onça fluida americana = 2,9574 E-5 m^3 1 quarto de galão americano (qt) = 9,4635 E-4 m^3
Massa	**Área**
1 slug = 32,174 lbm = 14,594 kg 1 lbm = 0,4536 kg 1 tonelada americana = 2.000 lbm = 907,185 kg 1 tonelada = 1.000 kg	1 ft^2 = 0,092903 m^2 1 mi^2 = 2,78784 E7 ft^2 = 2,59 E6 m^2 1 acre = 43.560 ft^2 = 4046,9 m^2 1 hectare (ha) = 10.000 m^2
Velocidade	**Aceleração**
1 ft/s = 0,3048 m/s 1 mi/h = 1,466666 ft/s = 0,44704 m/s 1 nó = 1 nmi/h = 1,6878 ft/s = 0,5144 m/s	1 ft/s^2 = 0,3048 m/s^2
Vazão em massa	**Vazão em volume**
1 slug/s = 14,594 kg/s 1 lbm/s = 0,4536 kg/s	1 gal/min = 0,002228 ft^3/s = 0,06309 L/s 1 × 10^6 gal/dia = 1,5472 ft^3/s = 0,04381 m^3/s
Pressão	**Força**
1 lbf/ft^2 = 47,88 Pa 1 lbf/in^2 = 144 lbf/ft^2 = 6.895 Pa 1 atm = 2116,2 lbf/ft^2 = 14,696 lbf/in^2 = 101,325 Pa 1 inHg (em 20°C) = 3.375 Pa 1 bar = 1,0 E5 Pa	1 lbf = 4,448222 N = 16 oz 1 kgf = 2,2046 lbf = 9,80665 N 1 tonelada americana = 2.000 lbf 1 dina = 1,0 E-5 N 1 onça (oz) = 0,27801 N
Energia	**Potência**
1 ft · lbf = 1,35582 J 1 Btu = 252 cal = 1055,056 J = 778,17 ft · lbf 1 kilowatt-hora (kWh) = 3,6 E6 J	1 hp = 550 ft · lbf/s = 745,7 W 1 ft · lbf/s = 1,3558 W
Peso específico	**Massa específica**
1 lbf/ft^3 = 157,09 N/m^3	1 slug/ft^3 = 515,38 kg/m^3 1 lbm/ft^3 = 16,0185 kg/m^3 1 g/cm^3 = 1.000 kg/m^3

Viscosidade	Viscosidade cinemática
1 slug/(ft · s) = 47,88 kg/(m · s)	1 ft²/h = 0,000025806 m²/s
1 poise (P) = 1 g/(cm · s) = 0,1 kg/(m · s)	1 stokes (St) = 1 cm²/s = 0,0001 m²/s

Escalas de temperatura

$$T_F = \tfrac{9}{5}T_C + 32 \qquad T_C = \tfrac{5}{9}(T_F - 32) \qquad T_R = T_F = 459{,}69 \qquad T_K = T_C + 273{,}16$$

em que os subscritos F, C, R e K se referem a leituras nas escalas Fahrenheit, Celsius, Kelvin e Rankine, respectivamente.

Calor específico ou constante dos gases*	Condutividade térmica*
1 ft · lbf/(slug · °R) = 0,16723 N · m/(kg · K)	1 Btu/(h · ft · °R) = 1,7307 W/(m · K)
1 Btu/(lbm · °R) = 4186,8 J/(kg · K)	

*Embora a escala de temperatura absoluta (Kelvin) e a escala Celsius tenham diferentes pontos iniciais, os intervalos têm o mesmo valor: 1 kelvin = 1 grau Celsius. O mesmo vale para as escalas de temperatura não métricas Rankine (absoluta) e Fahrenheit: 1 grau Rankine = 1 grau Fahrenheit. É costume expressar diferenças de temperatura em unidades de temperatura absoluta.

Apêndice D
Equações de movimento em coordenadas cilíndricas

As equações de movimento de um fluido newtoniano incompressível com μ, k e c_p constantes são dadas aqui em coordenadas cilíndricas (r, θ, z), que estão relacionadas com as coordenadas cartesianas (x, y, z) como na Figura 4.2:

$$x = r \cos \theta \qquad y = r \operatorname{sen} \theta \qquad z = z \tag{D.1}$$

Os componentes da velocidade são v_r, v_θ e v_z. Aqui estão as equações:

Continuidade:

$$\frac{1}{r}\frac{\partial}{\partial r}(rv_r) + \frac{1}{r}\frac{\partial}{\partial \theta}(v_\theta) + \frac{\partial}{\partial z}(v_z) = 0 \tag{D.2}$$

Operador de derivada convectiva:

$$\mathbf{V} \cdot \nabla = v_r \frac{\partial}{\partial r} + \frac{1}{r} v_\theta \frac{\partial}{\partial \theta} + v_z \frac{\partial}{\partial z} \tag{D.3}$$

Operador laplaciano:

$$\nabla^2 = \frac{1}{r}\frac{\partial}{\partial r}\left(r \frac{\partial}{\partial r}\right) + \frac{1}{r^2}\frac{\partial^2}{\partial \theta^2} + \frac{\partial^2}{\partial z^2} \tag{D.4}$$

Equação da quantidade de movimento r:

$$\frac{\partial v_r}{\partial t} + (\mathbf{V} \cdot \nabla) v_r - \frac{1}{r} v_\theta^2 = -\frac{1}{\rho}\frac{\partial p}{\partial r} + g_r + \nu \left(\nabla^2 v_r - \frac{v_r}{r^2} - \frac{2}{r^2}\frac{\partial v_\theta}{\partial \theta}\right) \tag{D.5}$$

Equação da quantidade de movimento θ:

$$\frac{\partial v_\theta}{\partial t} + (\mathbf{V} \cdot \nabla) v_\theta + \frac{1}{r} v_r v_\theta = -\frac{1}{\rho r}\frac{\partial p}{\partial \theta} + g_\theta + \nu \left(\nabla^2 v_\theta - \frac{v_\theta}{r^2} - \frac{2}{r^2}\frac{\partial v_r}{\partial \theta}\right) \tag{D.6}$$

Equação da quantidade de movimento z:

$$\frac{\partial v_z}{\partial t} + (\mathbf{V} \cdot \nabla) v_z = -\frac{1}{\rho}\frac{\partial p}{\partial z} + g_z + \nu \nabla^2 v_z \tag{D.7}$$

Equação da energia:

$$\rho c_p \left[\frac{\partial T}{\partial t} + (\mathbf{V} \cdot \nabla) T \right] = k \nabla^2 T + \mu \left[2\left(\epsilon_{rr}^2 + \epsilon_{\theta\theta}^2 + \epsilon_{zz}^2 \right) + \epsilon_{\theta z}^2 + \epsilon_{rz}^2 + \epsilon_{r\theta}^2 \right] \quad (D.8)$$

em que

$$\epsilon_{rr} = \frac{\partial v_r}{\partial r} \qquad \epsilon_{\theta\theta} = \frac{1}{r}\left(\frac{\partial v_\theta}{\partial \theta} + v_r \right)$$

$$\epsilon_{zz} = \frac{\partial v_z}{\partial z} \qquad \epsilon_{\theta z} = \frac{1}{r} \frac{\partial v_z}{\partial \theta} + \frac{\partial v_\theta}{\partial z}$$

$$\epsilon_{rz} = \frac{\partial v_r}{\partial z} + \frac{\partial v_z}{\partial r} \qquad \epsilon_{r\theta} = \frac{1}{r}\left(\frac{\partial v_r}{\partial \theta} - v_\theta \right) + \frac{\partial v_\theta}{\partial r} \quad (D.9)$$

Componentes de tensão viscosa:

$$\tau_{rr} = 2\mu\epsilon_{rr} \qquad \tau_{\theta\theta} = 2\mu\epsilon_{\theta\theta} \qquad \tau_{zz} = 2\mu\epsilon_{zz}$$

$$\tau_{r\theta} = \mu\epsilon_{r\theta} \qquad \tau_{\theta z} = \mu\epsilon_{\theta z} \qquad \tau_{rz} = \mu\epsilon_{rz} \quad (D.10)$$

Componentes de velocidade angular:

$$2\omega_r = \frac{1}{r}\frac{\partial v_z}{\partial \theta} - \frac{\partial v_\theta}{\partial z}$$

$$2\omega_\theta = \frac{\partial v_r}{\partial z} - \frac{\partial v_z}{\partial r}$$

$$2\omega_z = \frac{1}{r}\frac{\partial}{\partial r}(rv_\theta) - \frac{1}{r}\frac{\partial v_r}{\partial \theta} \quad (D.11)$$

Apêndice E
Incerteza nos dados experimentais

A incerteza é um fato da vida em engenharia. Raramente conhecemos propriedades ou variáveis de engenharia com um grau extremo de precisão. A *incerteza* dos dados usualmente é definida como a faixa dentro da qual está o valor verdadeiro com 95% de confiança. Lembre-se da Figura 1.7 em que a incerteza da relação μ/μ_c era estimada como ± 20%. Há monografias completas dedicadas ao assunto da incerteza experimental, portanto daremos apenas um breve resumo aqui.

Todos os dados experimentais têm incertezas, divididas em duas causas: (1) erro *sistemático* devido ao instrumento ou ao seu ambiente e (2) erro *aleatório* devido à variação em leituras repetidas. Minimizamos o erro sistemático fazendo uma cuidadosa calibração e então estimamos o erro aleatório estatisticamente. O julgamento do experimentalista é de importância crucial.

Aqui está a estimativa matemática aceita. Suponha que um resultado P desejado depende de uma única variável experimental x. Se x tiver uma incerteza δx, então a incerteza δP é estimada por meio do cálculo:

$$\delta P \approx \frac{\partial P}{\partial x}\delta x$$

Se houver múltiplas variáveis, $P = P(x_1, x_2, x_3, \ldots x_N)$, a incerteza global δP é calculada como uma estimativa baseada na raiz quadrada média [4]:

$$\delta P = \left[\left(\frac{\partial P}{\partial x_1}\delta x_1\right)^2 + \left(\frac{\partial P}{\partial x_2}\delta x_2\right)^2 + \cdots + \left(\frac{\partial P}{\partial x_N}\delta x_N\right)^2\right]^{1/2} \qquad (E.1)$$

Em termos estatísticos, esse cálculo é muito mais provável do que simplesmente somar linearmente as várias incertezas δx_i, adotando assim a hipótese improvável de que todas as variáveis atingem simultaneamente o máximo erro. Observe que é responsabilidade do experimentalista estabelecer e informar as estimativas de precisão de todas as incertezas relevantes δx_i.

Se a grandeza P é uma simples expressão de lei de potência das outras variáveis, por exemplo, $P = \text{Const } x_1^{n_1} x_2^{n_2} x_3^{n_3} \ldots$, então cada derivada na Equação (E.1) é proporcional a P e ao pertinente expoente da lei de potência e é inversamente proporcional àquela variável.

Se $P = \text{Const } x_1^{n_1} x_2^{n_2} x_3^{n_3}...$, então

$$\frac{\partial P}{\partial x_1} = \frac{n_1 P}{x_1}, \frac{\partial P}{\partial x_2} = \frac{n_2 P}{x_2}, \frac{\partial P}{\partial x_3} = \frac{n_3 P}{x_3}, \ldots$$

Assim, com base na Equação (E.1),

$$\frac{\delta P}{P} = \left[\left(n_1 \frac{\delta x_1}{x_1}\right)^2 + \left(n_2 \frac{\delta x_2}{x_2}\right)^2 + \left(n_3 \frac{\delta x_3}{x_3}\right)^2 + \cdots\right]^{1/2} \qquad \text{(E.2)}$$

A avaliação de δP é então um procedimento direto, como ilustra o exemplo a seguir.

EXEMPLO

O chamado fator de atrito adimensional de Moody f, plotado na Figura. 6.13, é calculado em experimentos por meio da seguinte fórmula, envolvendo o diâmetro D do tubo, a queda de pressão Δp, a massa específica ρ, a vazão em volume Q e o comprimento do tubo L:

$$f = \frac{\pi^2}{8} \frac{D^5 \Delta p}{\rho Q^2 L}$$

Para um certo experimento, são dadas as incertezas das medidas: $D = 0,5\%$, $\Delta p = 2,0\%$, $\rho = 1,0\%$, $Q = 3,5\%$ e $L = 0,4\%$. Calcule a incerteza global do fator de atrito f.

Solução

Supõe-se que o coeficiente $\pi^2/8$ seja um número puramente teórico, sem nenhuma incerteza. As outras variáveis podem ser obtidas usando-se as Equações (E.1) e (E.2):

$$U = \frac{\delta f}{f} = \left[\left(5\frac{\delta D}{D}\right)^2 + \left(1\frac{\delta \Delta p}{\Delta p}\right)^2 + \left(1\frac{\delta \rho}{\rho}\right)^2 + \left(2\frac{\delta Q}{Q}\right)^2 + \left(1\frac{\delta L}{L}\right)^2\right]^{1/2}$$

$$= [\{5(0,5\%)\}^2 + (2,0\%)^2 + (1,0\%)^2 + \{2(3,5\%)\}^2 + (0,4\%)^2]^{1/2} \approx 7,8\% \quad \textit{Resposta}$$

Sem dúvida, o efeito dominante nesse cálculo em particular é o erro de 3,5% em Q, que é amplificado em dobro, devido à segunda potência do termo de vazão. A incerteza do diâmetro, que é quintuplicada, teria contribuído mais se δD fosse maior do que 0,5%.

Referências

1. I. Hughes and J. Hase, *Measurements and their Uncertainties*, Oxford University Press, New York, 2010.
2. H. W. Coleman and W. G. Steele, *Experimentation and Uncertainty Analysis for Engineers*, 3d ed., Wiley, New York, 2009.
3. S. E. Serrano, *Engineering Uncertainty and Risk Analysis*, Hydroscience Inc., Toms River, NJ, 2011.
4. S. J. Kline and F. A. McClintock, "Describing Uncertainties in Single-Sample Experiments," *Mechanical Engineering*, January, 1953, pp. 3–9.

Respostas dos problemas selecionados

Respostas com asterisco apresentam valores aproximados, uma vez que as unidades daqueles exercícios foram convertidas para o sistema SI.

Capítulo 1

P1.2	6,1E18 kg; 1,3E44 moléculas
P1.6	$\{\alpha\} = \{L^{-1}\}$
P1.8	$\sigma \approx 1,00\, My/I$
P1.10	Sim, todos os termos são $\{ML/T^2\}$
P1.12	$\{B\} = \{L^{-1}\}$
P1.14	$Q = \text{Const } B\, g^{1/2} H^{3/2}$
P1.16	Todos os termos são $\{ML^{-2}T^{-2}\}$
P1.18	$V = V_0 e^{-mt/K}$
P1.20	(b) 2080
P1.24	(a) 41 kPa; (b) 0,65 kg/m^3
*P1.26	$P_{ar} = 3,16$ N
P1.28	$\rho_{\text{úmido}} = 1,10$ kg/m^3, $\rho_{\text{seco}} = 1,13$ kg/m^3
*P1.30	$E_{1-2} = 28,5$ N · m
P1.32	(a) 76 kN; (b) 501 kN
P1.34	(a) $\rho_1 = 5,05$ kg/m^3; (b) $\rho_2 = 2,12$ kg/m^3 (gás ideal)
P1.36	(b) $\rho \approx 628$ kg/m^3
P1.38	$\tau = 1380$ Pa, $Re_L = 28$
P1.40	Aproximadamente 25 N · por metro
P1.42	$T \approx 539°C$
P1.44	$\mu \approx 0,040$ kg/m · s
P1.46	(d) 3,0 m/s; (e) 0,79 m/s; (f) 22 m/s
P1.48	$F \approx (\mu_1/h_1 + \mu_2/h_2)\, AV$
P1.50	(a) Sim; (b) $\mu \approx 0,40$ kg/(m · s)
P1.52	$P \approx 73$ W
P1.54	$M \approx \pi\mu\Omega R^4/h$
P1.56	$\mu = 3M \text{ sen } \theta/(2\pi\Omega R^3)$
P1.58	$\mu = 0,040$ kg/(m · s), os 2 últimos pontos são *escoamento turbulento*
P1.60	39.500 Pa
P1.62	28.500 Pa
P1.64	$D > 5$ mm
P1.66	$F = 0,014$ N
P1.68	$h = (Y/\rho g)^{1/2} \cot \theta$
P1.70	$h = 2Y \cos \theta/(\rho g W)$
P1.72	$z \approx 4.800$ m
P1.74	A cavitação ocorre para ambos, (a) e (b)
P1.76	(b) $\beta_{\text{vapor}} \approx 262$ kPa
P1.78	(a) 25°C; (b) 4°C
P1.80	Ma = 1,20
P1.82	$y = x \tan \theta + $ constante
P1.86	Aproximadamente 5%

Capítulo 2

*P2.2	$\sigma_{xy} = -13.900$ N/m^2, $\tau_{AA} = -27.600$ N/m^2
P2.4	Aproximadamente 100 graus
*P2.6	(a) 9,24 m; (b) 762 mm; (c) 10,35 m; (d) 13.100 mm
P2.8	Aproximadamente 2,36 E6 Pa
P2.10	10.500 Pa
P2.12	8,0 cm
P2.14	$h_1 = 6,0$ cm, $h_2 = 52$ cm
P2.16	(a) 1885 lbf/ft^2; (b) 2165 lbf/ft^2
P2.18	1,56
*P2.20	62,3 N
P2.22	0,94 cm
P2.24	$p_{\text{nível do mar}} \approx 117$ kPa, $m_{\text{exata}} = 5,3$ E18 kg
P2.30	(a) 29,6 kPa; (b) $K = 0,98$
P2.32	22,6 cm
P2.34	$\Delta p = \Delta h[\gamma_{\text{água}}(1 + d^2/D^2) - \gamma_{\text{óleo}}(1 - d^2/D^2)]$
P2.36	25°
P2.38	$p_A = 219$ kPa
P2.40	$p_B = 17,6$ lbf/pol^2
P2.42	$p_A - p_B = (\rho_2 - \rho_1)gh$
*P2.44	(a) 8.190 Pa; (b) 18.800 Pa; o manômetro lê perda por atrito
P2.46	1,45
P2.48	(a) 132 kPa; (b) 1,59 m
P2.50	(a) 220 pés; (b) 110.000 lbf
*P2.52	(a) 170,81 kN; (b) 1,65 m de A
*P2.56	4,9 m
P2.58	0,40 m
P2.60	(a) Aproximadamente 62.000 lbf

*P2.62	3,23 m	P3.4	$V = 4{,}38$ m/s
P2.64	1,35 m	P3.6	$Q = (2b/3)(2g)^{1/2}[(h+L)^{3/2} - (h-L)^{3/2}]$
P2.66	$F = 1{,}18$ E9 N, $M_C = 3{,}13$ E9 N · m no sentido anti-horário, não há tombamento	P3.8	(a) 5,45 m/s; (b) 5,89 m/s; (c) 5,24 m/s
P2.68	18.040 N	P3.10	(a) 3 m/s; (b) 6 m/s; (c) 5 cm/s para fora
P2.70	3,28 m	P3.12	$\Delta t = 46$ s
P2.72	$M_A = 32.700$ N · m	P3.14	$dh/dt = (Q_1 + Q_2 - Q_3)/(\pi d^2/4)$
P2.74	$H = R[\pi/4 + \{(\pi/4)^2 + 2/3\}^{1/2}]$	P3.16	$Q = 3U_0 b\delta/8$
P2.76	(a) 239 kN; (c) 388 kN · m	P3.18	$V_3 = 14{,}7$ m/s (para fora)
P2.78	(b) $F_{AB} = 4390$ N, $F_{CD} = 4220$ N	P3.20	(a) 7,8 mL/s; (b) 1,24 cm/s
P2.80	$\theta > 77{,}4°$	P3.22	(a) 0,06 kg/s; (b) 1060 m/s; (c) 3,4
P2.82	$F_H = 97{,}9$ MN, $F_V = 153{,}8$ MN	P3.24	$h = [3Kt^2 d^2/(8\tan^2\theta)]^{1/3}$
P2.84	(a) $F_V = 2940$ N; $F_H = 6880$ N	P3.26	$Q = 2U_0 bh/3$
P2.86	$P = 59$ kN	P3.28	(a) 0,131 kg/s; (b) 115 kPa
P2.88	$F_H = 176$ kN, $F_V = 31{,}9$ kN, sim	P3.30	(a) $\text{Ma}_1 = 1{,}00$; (b) $T_2 = 216$ K
P2.90	$F_V = 22.600$ N; $F_H = 16.500$ N	P3.32	$V_{\text{jato}} = 6{,}1$ m/s
P2.92	$F_{\text{um parafuso}} \approx 11.300$ N	*P3.34	$V_2 = 1.420$ m/s
P2.94	As forças em cada painel são iguais.	P3.36	$U_3 = 6{,}33$ m/s
P2.96	$F_H = 110$ kN; $F_V = 279$ kN	P3.38	$V = V_0 r/(2h)$
P2.98	$F_H = 245$ kN, $F_V = 51$ kN	P3.40	500 N para a esquerda
P2.100	$F_H = 0$, $F_V = 297$ kN	P3.42	$F = (p_1 - p_a)A_1 - \rho_1 A_1 V_1^2[(D_1/D_2)^2 - 1]$
P2.102	(a) 238 kN; (b) 125 kN	P3.44	$F = \rho U^2 Lb/3$
P2.104	5,0 N	P3.46	$\alpha = (1 + \cos\theta)/2$
P2.106	$D \approx 2{,}0$ m	P3.48	$V_0 \approx 2{,}27$ m/s
P2.108	(a) 0,0427 m; (b) 1.592 kg/m³	P3.50	102 kN
P2.110	(a) 14,95 N, densidade = 0,50	P3.52	8,65 lbf
P2.112	(a) 39 N; (b) 0,64	P3.54	163 N
P2.114	0,636	P3.56	(a) 18,5 N para a esquerda; (b) 7,1 N para cima
*P2.118	1,87 m	P3.58	40 N
P2.120	34,3°	P3.60	2.100 N
P2.122	$a/b \approx 0{,}834$	P3.62	3.100 N
P2.124	6.850 m	P3.64	980 N
P2.126	3.130 Pa (vácuo)	P3.66	8.800 N
P2.128	Sim, é estável se $S > 0{,}789$	*P3.70	405 N
P2.130	Levemente instável, $MG = -0{,}007$ m	P3.72	Arrasto ≈ 4.260 N
P2.132	Estável se $R/h > 3{,}31$	P3.74	$Fx = 0$, $Fy = -17$ N, $Fz = 126$ N
P2.134	(a) instável; (b) estável	P3.76	(a) 1.670 N/m; (b) 3,0 cm; (c) 9,4 cm
P2.136	$MG = L^2/(3\pi R) - 4R/(3\pi) > 0$ se $L > 2R$	P3.80	$F = (\rho/2)gb(h_1^2 - h_2^2) - \rho h_1 b V_1^2(h_1/h_2 - 1)$
*P2.138	profundidade = 70,4 mm; volume = 0,32 litros	P3.82	25 m/s
P2.140	$a_x = -4{,}9$ m²/s (desaceleração)	P3.84	23 N
P2.142	(a) 16,3 cm; (b) 15,7 N	P3.86	274 kPa
P2.144	(a) $ax = 319$ m/s²; (b) nenhum efeito, $p_A = p_B$	P3.88	$V = \xi + [\xi^2 + 2\xi V_j]^{1/2}$, $\xi = \rho Q/2k$
P2.146	Inclinação para a direita em $\theta = 27°$	P3.90	$dV/dt = g$
P2.148	Inclinação para a esquerda em $\theta = 27°$	P3.92	$dV/dt = gh/(L+h)$
P2.150	5,5 cm; escala linear OK	P3.94	$V_{\text{jato}} = 23{,}7$ pés/s
P2.152	(a) 224 rpm; (b) 275 rpm	P3.96	$d^2 Z/dt^2 + 2gZ/L = 0$
P2.154	552 rpm	P3.100	(a) 507 m/s e 1.393 m; (b) 14,5 km
P2.156	420 rpm	P3.102	$h_2/h_1 = -(1/2) + (1/2)[1 + 8V_1^2/(gh_1)]^{1/2}$
P2.157	77 rpm, pressão mínima, no meio, entre B e C	P3.104	$\Omega = (-V_e/R)\ln(1 - \dot{m}t/M_0)$
P2.158	10,57 rpm	P3.106	$F = (\pi/8)\rho D^2 V^2$
		P3.108	(a) $V = V_0/(1 + CV_0 t/M)$, $C = \rho bh(1 - \cos\theta)$
		P3.115	(a) 85,9°; (b) 55,4°

Capítulo 3

P3.2	$\mathbf{r}$ = vetor posição do ponto O	P3.117	8,51 m
		P3.121	(a) 169,4 kPa; (b) 209 m³/h
		P3.123	(a) 31 m³/s; (b) 54 kW

*P3.125	$Q = 4{,}7$ m^3/min, $\Delta p = 141$ Pa	P4.54	$Q = ULb$
P3.127	(a) 5,25 kg/s; (b) 0,91 m	P4.60	Irrotacional, $z_0 = H - \Omega^2 R^2/(2g)$
*P3.131	$h = 0{,}33$ m	P4.62	$\psi = Vy^2/(2h) +$ constante
P3.133	$h = 1{,}76$ m	P4.66	$\psi = -K$ sen θ/r
*P3.135	$D = 0{,}04$ m	P4.68	(a) Sim, existe um potencial de velocidade.
P3.136	0,037 kg/s	P4.70	$\phi = \lambda \cos\theta/r^2$, $\lambda = 2am$
*P3.137	(a) 1,71 m/s; (b) diminuindo D_2 reduz V_2	P4.72	(a) $\psi = -0{,}0008\,\theta$; (b) $\phi = -0{,}0008\ln(r)$
P3.139	(a) 9,3 m/s; (b) 68 kN/m	P4.74	$\psi = B\,r\,\text{sen}\,\theta + B\,L\,\ln r +$ constante
*P3.141	$h_2 = 0{,}62$ m (subcrítica) ou 0,23 m (supercrítica)	P4.76	Sim, ψ existe.
P3.143	$V = V_f \tanh(V_f t/2L)$, $V_f = (2gh)^{1/2}$	P4.78	$y = A\,r^n\cos(n\theta) +$ const
P3.144	Aproximadamente 294 gal/min	P4.80	(a) $w = (\rho g/2\mu)(2\delta x - x^2)$
P3.145	$kp/[(k-1)\rho] + V^2/2 + gz =$ constante	P4.82	Resultado obsessivo: $v_\theta = \Omega R^2/r$
*P3.149	(a) 0,113 N · m; (b) 250 rpm	P4.84	$v_z = (\rho g b^2/2\mu)\ln(r/a) - (\rho g/4\mu)(r^2 - a^2)$
P3.151	$T = \dot m R_0^2 \Omega$	P4.86	$Q = 0{,}0031$ m^3/(s · m)
P3.153	(a) 414 rpm; (b) 317 rpm	P4.88	$v_z = U\ln(r/b)/[\ln(a/b)]$
P3.155	$P = \rho Q r_2 \omega[r_2\omega - Q\cot\theta_2/(2\pi r_2 b_2)]$	P4.90	(a) 54 kg/h; (b) 7 mm
P3.157	$P = \rho Q^2 \omega \cot\theta_2/(2\pi b_2)$	P4.92	$h = h_0 \exp[\pi D^4 \rho g t/(128\mu L A_0)]$
P3.159	(a) 6,71 m/s; (b) 33,53 m/s; (c) 710 hp	P4.94	$v_\theta = \Omega R^2/r$
P3.161	$L = -h_1(\cot\theta)/2$	P4.96	(a) 1130 Pa
P3.163	41 rpm		
P3.165	$-15{,}5$ kW (trabalho realizado *sobre* o fluido)	**Capítulo 5**	
P3.167	1,07 m^3/s	*P5.2	Protótipo: $V = 36{,}7$ km/h
P3.169	34 kW	P5.4	$V = 1{,}55$ m/s, $F = 1{,}3$ N
P3.170	(a) 699 kJ/kg; (b) 7,0 MW	P5.6	(a) 1,39; (b) 0,45
P3.173	5.060 hp	P5.8	Ar $= gH^3(\Delta\rho)^2/\mu^2$
P3.175	$z_1 = 115$ m	P5.10	(a) $\{ML^{-2}T^{-2}\}$; (b) $\{MLT^{-2}\}$; (c) $\{ML^{-3}T^{-2}\}$ e $\{MLT^{-2}\}$
P3.179	1.640 hp	P5.12	St $= \mu U/(\rho g D^2)$
*P3.181	(a) 261 m^3/h; (b) 67 hp	P5.14	Um grupo possível é hL/k
P3.183	26 kW	P5.16	Número de Stanton $= h/(\rho V C_p)$
*P3.185	$h = 1{,}1$ m	P5.18	$Q\mu/[(\Delta p/L)b^4] =$ constante
		P5.20	Um grupo possível é $\Omega D/U$.
Capítulo 4		P5.22	$\Omega D/V = f(N, H/L)$
P4.2	(a) $du/dt = (2V_0^2/L)(1 + 2x/L)$	P5.24	$F/(\rho V^2 L^2) = f(\alpha, \rho VL/\mu, L/D, V/a)$
P4.4	(b) $a_x = (U_0^2/L)(1 + x/L)$; $a_y = (U_0^2/L)(y/L)$	P5.26	(a) Indeterminado; (b) $T = 2{,}75$ s
P4.6	(a) $a_x = 16\,x$; $a_y = 16\,y$	P5.28	$\rho/L = f[L/D, \rho VD/\mu, E/(\rho V^2)]$
P4.8	(a) $0{,}0196 V^2/L$; (b) em $t = 1{,}05\,L/U$	P5.30	$\dot m(RT_0)^{1/2}/(p_0 D^2) = f(c_p/R)$
P4.10	(a) $\mathbf{a} = 8\,\mathbf{r}$	P5.32	$Q/(bg^{1/2}H^{3/2}) =$ constante
P4.12	Se $v_\theta = v_\phi = 0$, $v_r = r^{-2}\,f(\theta, \phi)$	P5.34	$k_{\text{hidrogênio}} \approx 0{,}182$ W/(m · K)
P4.14	$v_\theta = f(r)$ somente	P5.36	(a) $Q_{\text{perda}}R/(A\Delta T) =$ constante
P4.16	(a) Sim, a continuidade é satisfeita.	P5.38	$d/D = f(\rho UD/\mu, \rho U^2 D/Y)$
P4.18	$\rho = \rho_0 L_0/(L_0 - V_t)$	P5.40	$h/L = f(\rho g L^2/Y, \alpha, \theta)$
P4.20	$v = v_0 =$ constante, $\{K\} = \{L/T\}$, $\{a\} = \{L^{-1}\}$	P5.42	Dividindo m por dois aumenta-se f em aproximadamente 41%.
P4.22	$v_r = -B\,r/2 + f(z)/r$	P5.44	(a) $\{\sigma\} = \{L^2\}$
P4.24	(b) $B = 3 v_w/(2h^3)$	P5.48	$F \approx 0{,}17$ N; (dobrando U quadruplica F)
P4.28	(a) Sim; (b) Sim	P5.50	Aproximadamente 2000 lbf (na Terra)
P4.30	(a, b) Sim, a continuidade e Navier-Stokes são satisfeitas.	P5.52	(a) 0,44 s; (b) 768.000
P4.32	$f_1 = C_1 r$; $f_2 = C_2/r$	P5.54	Potência ≈ 7 hp
P4.36	$C = \rho g\,\text{sen}\,\theta/(2\mu)$	P5.56	$F_{\text{ar}} \approx 25$ N/m
P4.40	$T = T_{\text{parede}} + (\mu U^2/3k)(1 - y^4/h^4)$	P5.58	$V \approx 2{,}8$ m/s
P4.48	$\psi = U_0\,r\,\text{sen}\,\theta - V_0 r\cos\theta +$ constante	P5.60	(b) 4.300 N
P4.50	(a) Sim, ψ existe.	P5.62	(a) $\omega = 14{,}4$ r/min
P4.52	$\psi = -4Q\theta/(\pi b)$		

P5.64	$\omega_{al} = 0,77$ Hz
P5.66	(a) $V = 27$ m/s; (b) $z = 27$ m
P5.68	(b) Aproximadamente 1800 N
*P5.70	$F = 387$ N (extrapolado)
P5.72	Cerca de 44 kN (extrapolado)
P5.74	Momento do protótipo = 88 kN · m
*P5.76	Arrasto = 475.960 N
P5.78	Número de Weber ≈ 100 se $L_m/L_p = 0,0090$
P5.80	(a) 1,86 m/s; (b) 42.900; (c) 254.000
P5.82	561 kN
P5.84	$V_m = 39$ cm/s; $T_m = 3,1$ s; $H_m = 0,20$ m
P5.88	Em 340 W, $D = 0,109$ m
P5.90	$\Delta p D/(\rho V^2 L) = 0,155(\rho V D/\mu)^{-1/4}$

Capítulo 6

P6.2	(a) Sim
P6.4	(a) 106 m³/h; (b) 3,6 m³/h
P6.6	(a) hidrogênio, $x = 43$ m
P6.8	(a) $-$ 3.600 Pa/m; (b) $-$ 13.400 Pa/m
P6.10	(a) De A para B; (b) $h_p = 7,8$ m
P6.12	$\mu = 0,29$ kg/m-s
P6.14	$Q = 0,0067$ m³/h se $H = 50$ cm
P6.16	19 mm
P6.18	4,3 m³/h
P6.20	4.500 cc/h
P6.22	$F = 4,0$ N
P6.24	(a) 0,019 m³/h, laminar; (b) $d = 2,67$ mm
P6.26	(a) $D_2 = 5,95$ cm
P6.28	$\Delta p = 65$ Pa
P6.30	(a) 19,3 m³/h; (b) escoamento é *para cima*
P6.32	(a) escoamento é *para cima*; (b) 1,86 m³/h
*P6.36	(a) 1,39 Pa; (b) 21,5 m/s
P6.38	5,72 m/s
P6.42	16,7 mm
P6.44	$h_p = 10,4$ m, $\Delta p = 1,4$ MPa
P6.46	46 hp/mi
P6.48	238.000 (barris por dia)
P6.50	(a) $-$ 4.000 Pa/m; (b) 50 Pa; (c) 46%
P6.52	$p_1 = 2,38$ MPa
P6.54	$t = [4WY/(\pi D^2)][2h_0(1 + f_{méd}L/D)/g]^{1/2}$
P6.56	(a) 2680 lbf/in²; (b) 5300 hp
P6.58	80 m³/h
P6.60	(a) Não é idêntico a Haaland
P6.62	204 hp
P6.64	$Q = 19,6$ m³/h (laminar, Re = 1.450)
P6.66	(a) 56 kPa; (b) 85 m³/h; (c) $u = 3,3$ m/s em $r = 1$ cm
P6.70	$Q = 31$ m³/h
P6.72	$D \approx 9,2$ cm
P6.74	$D = 350$ m
P6.76	$Q = 15$ m³/h
P6.78	$Q = 25$ m³/h (para a esquerda)
P6.80	$Q = 0,905$ m³/s
P6.84	$D \approx 0,104$ m
P6.86	(a) 3,0 m/s; (b) 0,325 m/m; (c) 2.770 Pa/m
P6.88	Aproximadamente 17 passagens
P6.90	$H = 36$ pol
P6.92	(a) 1.530 m³/h; (b) 6,5 Pa (vácuo)
P6.94	$a = 18,3$ cm
P6.96	(b) 12.800 Pa
P6.98	Aproximadamente 128 quadrados
P6.102	(a) 5,55 hp; (b) 5,31 hp com expansão cônica de 6°
P6.104	Aproximadamente 34 kPa
*P6.106	$Q = 0,84$ L/s
*P6.108	(a) $K \approx 9,7$; (b) $Q = 0,0136$ m³/s
P6.110	4,85 m³/h
*P6.112	$Q = 0,43$ L/s
*P6.114	Duto curto: $Q = 0,196$ m³/s
P6.116	$Q = 0,027$ m³/s
*P6.118	$\Delta p = 903,2$ kPa
P6.120	$Q_1 = 0,0281$ m³/s, $Q_2 = 0,0111$ m³/s, $Q_3 = 0,0164$ m³/s
P6.122	As causas são aumento de ϵd e L/d
*P6.124	$Q_1 = -59,2$ L/s, $Q_2 = 45,6$ L/s, $Q_3 = 13,9$ L/s
P6.126	$\theta_{abertura} = 35°$
*P6.128	$Q_{AB} = 98,3$, $Q_{BC} = 82,1$, $Q_{BD} = 16,4$, $Q_{CD} = 150$, $Q_{AC} = 67,4$ L/s (todos)
*P6.130	$Q_{AB} = 26,9$, $Q_{BC} = 6,8$, $Q_{BD} = 5,4$, $Q_{CD} = 8,8$, $Q_{AC} = 29,7$ L/s (todos)
P6.132	$2\theta = 6°$, $D_s = 2,0$ m, $p_s = 224$ kPa
*P6.134	$2\theta = 10°$, $W_s = 2,56$ m, $p_s = 104,4$ kPa
P6.136	(a) 25,5 m/s, (b) 0,109 m³/s, (c) 1,23 Pa
P6.138	46,7 m/s
P6.140	$\Delta p = 273$ kPa
*P6.142	$Q = 70,4$ L/min, $d_{redutor} = 0,84$ cm
P6.144	(a) $h = 58$ cm
P6.146	(a) 0,00653 m³/s; (b) 100 kPa
P6.148	(a) 1,58 m; (b) 1,7 m
P6.150	$\Delta p = 27$ kPa
P6.152	$D = 4,12$ cm
P6.154	106 gal/min
*P6.156	$Q = 0,0262$ m³/s
P6.158	(a) 49 m³/h; (b) 6.200 Pa

Capítulo 7

P7.2	É provável que seja hélio.
P7.4	(a) 4 μm; (b) 1 m
P7.6	$H = 2,5$ (*versus* 2,59 para Blasius)
P7.8	Aproximadamente 0,08 N
P7.12	Não satisfaz $\partial^2 u/\partial y^2 = 0$ em $y = 0$
P7.14	$C = \rho v_0/\mu =$ constante < 0 (sucção na parede)
P7.16	(a) F = 181 N; (b) 256 N
P7.18	(a) 3,41 m/s; (b) 0,0223 Pa
P7.20	$x \approx 0,91$ m
P7.22	(a) $y = 3,2$ mm
P7.24	$h_1 = 9,2$ mm; $h_2 = 5,5$ mm

P7.26	$F_a = 2,83\ F_1,\ F_b = 2,0\ F_1$	P8.6	$\psi = Br^2 \operatorname{sen}(2\theta)$
P7.28	(a) $F_{\text{arrasto}} = 2,66\ N^2(\rho\mu L)^{1/2} U^{3/2} a$	P8.8	$\Gamma = 4B$
P7.30	A espessura prevista é aproximadamente 10% maior	P8.10	(a) 1,27 cm
		P8.12	$\Gamma = 0$
P7.32	$F = 0,0245\ \rho\nu^{1/7} L^{6/7} U_0^{13/7} \delta$	P8.14	Irrotacional na região externa, rotacional na região interna; mínimo $p = p_\infty - \rho\Omega^2 R^2$ em $r = 0$
P7.34	45%		
P7.36	7,2 m/s = 14 kn	P8.16	(a) 0,106 m à esquerda de A
P7.38	(a) 7,6 m/s; (b) 6,2 m/s	P8.18	Visto de longe: uma fonte simples $4m$
P7.40	$L = 3,51$ m, $b = 1,14$ m	P8.20	Vórtice próximo a uma parede (ver Figura 8.17b)
P7.42	(a) 5,2 N/m	P8.22	O mesmo da Figura 8.6 exceto que de cabeça para baixo
P7.44	Precisão de $\pm 6\%$		
P7.46	$\epsilon \approx 9$ mm, $U = 11,1$ m/s = 22 kn	P8.24	$C_p = -\{2(x/a)/[1 + (x/a)^2]\}^2$, $C_{p,\text{mín}} = -1,0$ em $x = a$
P7.48	Separação em $x/L = 0,158$ (erro de 1%)		
P7.50	Separação em $x/R = 1,80$ rad = 103,1°	P8.26	(a) 8,75 m; (b) 27,5 m em cada lado
P7.52	(a) $\text{Re}_b = 0,84 < 1$; (b) $2a = 30$ mm	P8.28	Cria uma fonte em um canto quadrado
P7.54	$z^* = T_0/[B(n+1)]$, $n = g/(RB) - 1$	P8.30	$r = 25$ m
P7.56	(a) 14 N; (b) o vento transversal cria uma força lateral muito grande	P8.32	$m_2 = 40$ m²/s
		P8.34	Dois pontos de estagnação, em $x = \pm a/\sqrt{3}$
P7.60	Potência de reboque = 140 hp	P8.36	$U_\infty = 12,9$ m/s, $2L = 53$ cm, $V_{\text{máx}} = 22,5$ m/s
P7.62	Lado do quadrado $\approx 0,83$ m	P8.40	1,47 m
P7.64	$\Delta t_{1000-2000\text{m}} = 202$ s	P8.42	111 kPa
P7.68	69 m/s	P8.44	$K = 3,44$ m²/s; (a) 218 kPa; (b) 205 kPa no ombro superior *superior,* 40 kPa no ombro superior *inferior*
*P7.70	12,2 m		
P7.72	(a) $L = 6,3$ m; (b) 120 m		
*P7.74	Aproximadamente 209 km/h	P8.46	$F_{1-\text{pino}} = 5.060$ N
P7.76	(a) 343 hp	P8.50	$h = 3a/2$, $U_{\text{máx}} = 5U/4$
P7.78	28.400 hp	*P8.52	$V_{\text{barco}} = 3,1$ m/s com ventos a 50°
P7.80	$\theta = 72°$	*P8.54	$F_{\text{paralela}} = 29.803$ N, $F_{\text{normal}} = 12.010$ N, potência ≈ 560 hp (muito aproximada)
P7.82	(a) 46 s		
P7.84	$V = 9$ m/s	P8.60	É a Figura 8.15a, escoamento em um canto de 60°
P7.86	Aproximadamente 2,9 m por 5,8 m	P8.62	Escoamento de estagnação próximo a uma "elevação"
P7.88	(a) 62 hp; (b) 86 hp		
*P7.90	$V \approx 44,2$ m/s = 159 km/h	P8.66	$\lambda = 0,45m/(5m+1)$ se $U = Cx^m$
P7.94	(a) 100 mi/h; (b) 88 mi/h	P8.68	Escoamento em torno de uma oval de Rankine
P7.96	$\Omega_{\text{médio}} \approx 0,21\ U/D$	P8.70	Aplicado ao "bloqueio" do túnel de vento
P7.98	(b) $h \approx 0,18$ m	P8.72	Gradiente adverso para $x > a$
*P7.100	(a) 117,5 km/h; (b) 127 km/h	P8.74	$V_{B,\text{total}} = (8K\mathbf{i} + 4K\mathbf{j})/(15a)$
P7.104	29,5 nós	P8.78	Precisa de um conjunto infinito de imagens
P7.106	1130 m²	P8.82	(a) 4,5 m/s; (b) 1,13; (c) 1,26 hp
P7.108	$\Delta x_{\text{bola}} \approx 13$ m	P8.84	(a) 0,21; (b) 1,9°
*P7.110	$\Delta y \approx 0,56$ m	P8.86	(a) 26 m; (b) 8,7; (c) 1.600 N
P7.114	$V_{\text{descida}} \approx 25$ m/min; $V_{\text{subida}} \approx 30$ m/min	P8.88	(a) 11,1; (b) 0,56
*P7.116	(a) 140 km/h; (b) 680 hp	P8.92	(a) 0,77 m; (b) $V = 4,5$ m/s em $(r,\theta) = (1,81, 51°)$ e $(1,11, 88°)$
P7.118	(a) 21 m/s; (b) 360 m		
P7.120	$(L/D)_{\text{máx}} = 21$; $\alpha = 4,8°$	P8.94	Sim, são ortogonais
P7.122	(a) 6,7 m/s; (b) 13,5 m/s = 26 kn	P8.96	(a) $0,61\ U_\infty^2/a$
P7.124	$\Omega_{\text{teoria}} \approx 340$ rps	P8.98	Sim, aparece a forma de uma gota fechada
P7.126	Aproximadamente 850 pés	P8.100	$V = 14,1$ m/s, $p_A = 115$ kPa
		*P8.102	(a) 381 m; (b) 479 m (aproximado)

Capítulo 8

P8.2	$\Gamma = \pi\Omega(R_2^2 - R_1^2)$
P8.4	Não, $1/r$ não é um potencial bidimensional apropriado

Capítulo 9

P9.2	(a) $V_2 = 450$ m/s, $\Delta s = 515$ J/(kg·K); (b) $V_2 = 453$ m/s, $\Delta s = 512$ J/(kg·K)

P9.4	(a) +372 J/(kg · K)
P9.6	(a) 381 K
P9.8	410 K
P9.10	(a) 0,80
P9.12	(a) 2,13 E9 Pa e 1.460 m/s; (b) 2,91 E9 Pa e 1.670 m/s; (c) 2.645 m/s
P9.14	Aproximadamente 1300 m/s
P9.18	Ma $\approx$ 0,24
P9.20	(a) 41 kPa; (b) 421 m/s; (c) 1,27
P9.22	(a) 267 m/s; (b) 286 m/s
P9.24	(b) em Ma = 0,576
P9.28	(b) 232 K
P9.30	Desvio menor do que 1% em Ma = 0,3
P9.32	(a) 141 kPa; (b) 101 kPa; (c) 0,706
P9.34	(a) 3,74 cm
P9.40	(a) 0,192 kg/s
P9.42	(a) Ma = 0,90, T = 260 K, V = 291 m/s
*P9.44	V_s = 1.731 m/s, p_s = 108,25 kPa, T_s = 882 K, empuxo = 17.800 N
P9.46	(a) 0,0020 m^2
P9.48	(a) 313 m/s; (b) 0,124 m/s; (c) 0,00331 kg/s
P9.50	(a) 0,0970 kg/s
P9.52	(a) 5,9 cm^2; (b) 773 kPa
P9.54	Ma$_2$ = 0,513
P9.56	A aproximadamente $A_1 \approx$ 24,7 cm^2
P9.58	(a) 3,50
P9.60	A montante: Ma = 1,92, V = 585 m/s
*P9.62	C = 5.822 m/s, $V_{interior}$ = 4.846 m/s
P9.64	(a) 4,0 cm^2 ; (b) 325 kPa
P9.66	h = 1,09 m
P9.68	p_{atm} = 92,6 kPa; vazão máxima = 0,140 kg/s
P9.70	119 kPa
P9.72	D $\approx$ 9,3 mm
P9.74	0,191 kg/s
P9.76	$\Delta t_{choques} \approx$ 23 s; $\Delta t_{parada\ do\ choque} \approx$ 39 s
P9.78	Caso A: 0,0071 kg/s; B: 0,0068 kg/s
*P9.80	A* = 2.23 E-7 m^2 ou D_{furo} = 0,53 mm
P9.82	V_e = 110 m/s, Ma$_e$ = 0,67 (sim)
P9.84	(a) 0,96 kg/s; (b) 0,27; (c) 435 kPa
P9.86	V_2 = 107 m/s, p_2 = 371 kPa, T_2 = 330 K, p_{02} = 394 kPa
P9.88	(a) 12,7 m
P9.90	(a) 0,030; (b) 16,5 lbf/pol^2
P9.92	(a) 14,46 m
P9.96	(a) 128 m; (b) 80 m; (c) 105 m
P9.98	(a) 430; (b) 0,12; (c) 0,00243 kg/h
P9.100	0,345 kg/s
P9.102	O escoamento é bloqueado a 0,56 kg/s
P9.104	p_{tanque} = 190 kPa
P9.106	Aproximadamente 91 s
P9.108	A vazão em massa reduz aproximadamente 32%
P9.112	(b) 129 kPa
P9.114	(a) 2,21; (b) 779 kPa; (c) 1146 K
*P9.116	$V_{aeronave} \approx$ 805 m/s
P9.118	V = 204 m/s, Ma = 0,6
P9.120	P está 3 m à frente da esfera pequena, Ma = 2,0, T_{estag} = 518 K
P9.122	β = 23,13°, Ma$_2$ = 2,75, p_2 = 145 kPa
P9.124	(a) 1,87; (b) 293 kPa; (c) 404 K; (d) 415 m/s
P9.126	(a) 2,11
P9.128	δ_{cunha} = 15,5°
*P9.132	(a) p_A = 124,11 kPa; (b) p_B = 834,27 kPa
P9.134	Ma$_3$ = 1,02, p_3 = 727 kPa, Φ = 42,8°
P9.136	(a) h = 0,40 m; (b) Ma$_3$ = 2,43
P9.138	p_r = 21,7 kPa
P9.140	Ma$_2$ = 2,75, p_2 = 145 kPa
P9.142	(a) Ma$_2$ = 2,641, p_2 = 60,3 kPa; (b) Ma$_2$ = 2,299, p_2 = 24,1 kPa
P9.144	(a) 10,34°
P9.146	(a) 2,385; (b) 47 kPa
P9.148	(a) 4,44; (b) 9,6 kPa
P9.150	(a) α = 4,10°; (b) arrasto = 2150 N/m
P9.152	Aproximadamente 53 lbf
P9.156	(a) C_S = 0,139; C_A = 0,0146

Capítulo 10

P10.2	(a) Fr = 2,69
P10.4	São tubos piezométricos (sem escoamento)
P10.6	(a) Fr = 3,8; (b) $V_{corrente}$ = 7,7 m/s
P10.8	Δt_{viagem} = 6,3 h
P10.10	$\lambda_{crítico} = 2\pi(\Upsilon/\rho g)^{1/2}$
P10.14	O escoamento deve ser turbulento completamente rugoso (alto Re) para Chézy ser válida
P10.16	(a) 2,27 m^3/s
P10.18	(a) 12,4 m^3/s; (b) cerca de 22 Pa
P10.20	0,0174 ou 1,0°
P10.22	S_0 = 0,00038 (ou 0,38 m/km)
P10.24	(a) n $\approx$ 0,027; (b) 2,28 pés
P10.28	(a) 0,00106
P10.30	$\Delta t \approx$ 32 mín
P10.32	A = 4,39 m^2 , 10% maior
*P10.34	Se b = 1,22 m, y = 2,84 m, P = 6,90 m; se b = 2,44 m, y = 1,24 m, P = 4,92 m
P10.36	y_2 = 3,6 m
P10.38	Vazão máxima em θ = 60°
P10.42	Os dois são igualmente eficientes.
*P10.44	Hexágono com lado de hexágono b = 0,65 m
P10.46	$h_0/b \approx$ 0,49
P10.48	(a) 0,00634; (b) 0,00637
P10.50	(a) 2,37; (b) 0,62 m; (c) 0,0023
P10.52	W = 2,06 m
P10.54	(a) 1,98 m; (b) 3,11 m/s; (c) 0,00405
P10.56	(a) 7,11 pés/s; (b) 0,70
P10.58	(a) 0,0033; (b) 0,0016
P10.60	y_2 = 0,679 m; V_2 = 3,53 m/s
P10.64	Δh = 15,94 cm
P10.66	(b) 1,39

P10.70	2.600 m³/s	*P11.28	PMR em torno 0,17 m³/s; $N_s \approx 28$, $Q_{máx} = 0,34$ m³/s
P10.72	(a) 0,046 m; (b) 4,33 m/s; (c) 6,43		
*P10.76	(a) 10,74 m³/s	P11.30	(a) 640 rpm; (b) 75 pés
P10.78	$H \approx 1,01$ pé	*P11.32	(a) $D \approx 394$ mm; (c) 2.230 rpm
P10.80	(a) 0,395	*P11.34	(a) 11,5 pol; (b) 28 hp; (c) 30,5 m; (d) 78%
*P10.82	(a) 0,445 m; (b) 4,73 m/s; (c) 2,26; (d) 13%; (e) 0,77 m	P11.36	(a) Não; (b) 24,5 pol a 960 rpm
		*P11.38	(a) 18,5 hp; (b) 194 mm; (c) 1.571 L/min; (d) 81%
*P10.84	$y_2 = 0,25$ m; $y_3 = 1,56$ m; 47%		
P10.86	(a) 1,18 pé; (b) 4,58 pés/s	P11.40	(a) $D_s = D(gH^*)^{1/4}/Q^{*1/2}$
P10.88	(a) 2,22 m³/s/m; (b) 0,79 m; (c) 5,17 m; (d) 60%; (e) 0,37 m	*P11.42	$NPSH_{proto} \approx 7$ m
		*P11.44	Não há cavitação, a profundidade necessária é somente 1,5 m
*P10.90	(a) $y_2 = 0,56$ m; $y_3 = 2,4$ m		
P10.92	$y_1 = 1,71$ mm; $V_1 = 0,310$ m/s	*P11.46	$D_s \approx C/N_s$, $D_s = 0,79 \pm 0,03$ m
P10.94	(a) 5,32; (b) 0,385 m/s; (c) 18,7 cm	P11.48	(b) Aproximadamente 130 pés
P10.96	$R \approx 4,92$ cm	P11.52	(a) 6,56 m³/s; (b) 12,0 kW; (c) 28,3°
P10.98	(a) forte S−3; (b) S−2; (c) S−1	P11.54	(b) 21 pol; (c) 490 bhp
P10.106	Nenhuma profundidade de entrada conduz ao escoamento crítico	*P11.56	(a) $D = 5,67$ pés, $n = 255$ rpm, $P = 700$ hp; (b) $D = 1,76$ pé, $n = 1.770$ rpm, $P = 740$ hp
P10.108	Aproximadamente 6,6 m	P11.58	(b) Aproximadamente 2500 rpm
P10.110	(a) $y_{crista} \approx 0,782$ m; (b) $y(L) = 0,909$ m	P11.60	(b) Não.
P10.112	Curva M−1, com $y = 2$ m em $L \approx 214$ m	*P11.62	$D = 5,7$ m, $\Delta p = 1.160$ Pa
P10.114	11,5 pés	*P11.64	(a) 391 m; (b) 900 rpm
P10.116	$Q \approx 9,51$ m³/s	*P11.66	20,4 m³/min; eficiência fora do PMR 78%
P10.120	$Y = 0,64$ m, $\alpha = 34°$	*P11.68	(a) 4,8 pol; (b) 6250 rpm
*P10.122	20.820 L/min	*P11.70	(a) 64,6 m; (b) 0,164 m³/s
*P10.124	Curva M-1, $y = 3,05$ m em $x = -927$ m	*P11.72	(a) 38 L/min; (b) 33 mm
P10.126	Em $x = 100$ m, $y = 2,81$ m	*P11.74	(a) 56,4; (b) 60,2; (c) 78,4 kL/min
P10.128	A 300 m a montante $y = 2,37$ m	*P11.76	$D_{tubo} \approx 0,52$ m
		P11.80	Ambas as bombas funcionam com três em série, a maior é a mais eficiente.

Capítulo 11

P11.6	É uma bomba de diafragma	*P11.84	Duas turbinas: (a) $D \approx 2,93$ m; (b) $D \approx 1,01$ m
P11.8	86%	*P11.86	$N_{sp} \approx 308$, portanto são turbinas Francis
*P11.10	(a) 45,43 L/min; (b) 45,43 L/min; (c) 87%	*P11.88	(a) Francis; (c) 16 pol (406 mm); (d) 900 rpm; (e) 87 hp
P11.12	(a) 11,3 m; (b) 1520 W		
P11.14	1.870 W	P11.90	$P \approx 800$ kW
P11.16	$Q \approx 7100$ gal/min; $H \approx 38$ m	*P11.94	(a) 71%; (b) $N_{sp} \approx 84$
P11.18	$V_{aleta} = (1/3)V_{jato}$ para máxima potência	P11.100	Aproximadamente 5,7 MW
*P11.20	(a) 2 raízes: $Q = 0,212$ e 1,085 m³/s; (b) 2 raízes; $H = 54,9$ m e 10,7 m	*P11.102	$Q \approx 110$ L/min
		P11.104	(a) 69 MW
P11.22	(a) PMR = 92% em $Q = 0,20$ m³/s	P11.106	Aproximadamente 15 mi/h
P11.26	Ambos são bons, o maior é mais eficiente.	P11.108	(a) Cerca de 15 turbinas Darrieus

Índice

A

aceleração convectiva, 220
aceleração de Coriolis, 159
aceleração linear uniforme, 90
aceleração local, 220
Ackeret, Jacob, 659
Ackeret, teoria complete, 657
adimensionalização das equações básicas. *Veja também* análise dimensional e semelhança
    escoamentos oscilatórios, 305
    outros parâmetros, 305-308
    parâmetros adimensionais, 303-304
    parâmetros de compressibilidade, 304-305
    sobre, 302-303
aditivos com polímeros de alto peso molecular, 486
aerodinâmica, 483
aerofólio arqueado, 490
aerofólio Kline-Fogelman, 496
aerofólio supersônico, 654-657
aerofólios NACA, 554, 555
aeronáutica, novas tendências em, 661-662
altura, 180-181
altura positiva líquida de sucção (NPSH), 750-751
altura total, 180
análise da placa plana segundo Kármán, 451-453
análise de escoamento, técnicas, 39
análise de vertedouros de soleira delgada, 715
análise de vertedouros de soleira espessa, 715-716
análise dimensional, 7, 288
análise dimensional, método das variáveis repetitivas, 299
análise dimensional e semelhança
    adimensionalização das equações básicas, 302-311
    modelagem, 311-323
    o teorema Pi, 292-302
    princípio da homogeneidade dimensional, 286-292
    sobre, 283-286
análise numérica
    códigos comerciais de CFD, 573-575
    escoamento laminar bidimensional permanente, 571-573
    escoamento não permanente unidimensional, 570-571
    método das diferenças finitas, 567-569
    método dos elementos de contorno (MEC), 569-570
    método dos elementos finitos, 566-567
    modelos computacionais de escoamento viscoso, 570
    sobre, 566
analogia entre escoamento em canais de água e escoamento compressível, 696-697
Analytical Theory of Heat (Fourier), 288
anemômetro de conchas, 399
anemômetro de filme quente, 399
anemômetro de fio quente, 399, 401-402
anemômetro laser-Doppler (LDA), 399, 402, 765
ângulo de ataque, 490
ângulo de ataque de sustentação nula para aerofólios Naca, 554
ângulo de contato, 31
ângulo de pá sobre a carga da bomba, efeito, 747-749
ângulo de Pode, 510
ângulos, 287, 379
Anselmet, Fabien, 346
aproximação unidimensional, 158
aproximações unidimensionais para termos de fluxo, 140
ar, números úteis, 602-604
área característica, 474
área da linha d'água, 87
área frontal, 474
área molhada, 474
área planificada, 474
arrasto, 472
arrasto, redução, 486
arrasto, redução biológica, 489
arrasto de atrito, 474-477
arrasto de corpos a altos números de Mach, 487-489
arrasto de formação de ondas, 487
arrasto de pressão, 474-477
arrasto de superfície em navios, 486-487
arrasto sobre corpos imersos, 472-474
asa inspirada na baleia jubarte, 496
asas de envergadura finita, 556-559
atmosfera isotérmica, 65
atmosfera padrão, 65
atrito e trabalho de eixo em escoamentos a baixas velocidades, 180-181

B

barômetro de metanol, 102
barômetro portátil, 64

barômetro de mercúrio, 63-64
barreira sônica, 488
Bernoulli, Daniel, 134, 163
Bernoulli, equação
 como relação de energia, 163
 condição de velocidade superficial para um grande tanque, 167
 em coordenadas rotativas, 746
 escoamento incompressível em regime permanente, 163
 linha de energia (LE), 165
 linha piezométrica (LP), 165
 para escoamento incompressível, 9, 287
 pressão de estagnação, 164
 pressão de saída de um jato igual à pressão atmosférica, 164
 pressão dinâmica, 164
 pressão estática, 164
 relação, 601
 restrições, 163-164
 sobre, 163-164
Blasius, equação, 457
Blasius, H., 359
bloqueio, 607
 devido ao aquecimento simples, 639
 devido ao atrito, 630-632
bocal, 414
bocal, geometria, 620, 622
bocal convergente, 619-624
bocal convergente-divergente, 621-624
bolha de separação, 492
bomba centrífuga
 efeito do ângulo de pá sobre a carga da bomba, 747-748
 parâmetros básicos de saída, 743-744
 sobre, 742-743
 teoria elementar de bombas, 744-747
bomba do tipo hélice, 764
bombas, 739
 associadas em paralelo, 769-770
 associadas em série, 770
 classificação, 739-742
bombas com rotação específica, 758-759
bombas de deslocamento positivo (BDP), 739-741
bombas de fluxo axial, desempenho, 762
bombas de fluxo axial, teoria, 761-762
bombas de fluxo misto e de fluxo axial
 desempenho de bomba de fluxo axial, 762
 desempenho de bomba em função da rotação específica, 762-764
 dinâmica dos fluidos computacionais, 765
 hélice livre, 764
 rotação específica, 760
 rotação específica de sucção, 760
 sobre, 758-759
 teoria de bomba de fluxo axial, 761-762
bombas de múltiplos estágios, 770
bombas dinâmicas, 740-742
bombas rotodinâmicas, 740

Bridgman, P. W., 288
Buckingham, E., 134, 288

C

calha Parshall, 732
calha venturi, 731
camada anular de água, 486
camada externa, 352
camada intermediária, 352
camada-limite, equações, 454-457
camada-limite, técnica de análise de (CL), 447
camada-limite, teoria, 472
camada-limite laminar, 530
camada-limite sobre uma placa plana
 escoamento laminar, 457-460
 escoamento turbulento, 461-465
 transição para a turbulência, 460-461
camadas-limite com gradiente de pressão
 sobre, 466-468
 teoria integral laminar, 468-472
campo de aceleração, 15, 222–223, 578
campos eletromagnéticos, 543
canais eficientes para escoamento uniforme
 melhor ângulo do trapézio, 694-695
 sobre, 693-694
canais irregulares, solução aproximada para, 711-712
canais não retangulares, 697-698
canais retangulares, 696
carga de pressão, 62, 182
carro-avião *Transition*®, 497
cavitação, 33-34
cavitação, número, 33, 306, 309
centro de empuxo, 84
centro de pressão (CP), 72-73
choque forte, 645
choque fraco, 645
choques normais móveis, 616-619
cilindros rotativos, sustentação e arrasto experimentais de, 540-542
circulação, 528
circulação do fluido, 528
círculo de Mohr, 4, 5
códigos comerciais de CFD, 573-575
coeficiente de arrasto, 307, 458, 464, 474
coeficiente de atrito de superfície, 307, 452
coeficiente de descarga, 13, 408, 411
coeficiente de potência, 785
coeficiente de pressão, 307
coeficiente de recuperação de pressão, 394
coeficiente de resistência de rolagem, 484
coeficiente de sustentação, 307, 491, 496
coeficiente de tensão superficial, 30
coeficiente de vazão de válvula, 13
coeficiente de viscosidade, 16, 232
coeficientes de perdas, 380-382
coeficientes de perdas localizadas laminares, 387

coeficientes de vazão experimentais de vertedouros, 716-717
Colebrook, C. F., 362
combinação carro e avião, 497-499
combinando as características da bomba e do Sistema
    bombas associadas em série, 770
    bombas associadas em paralelo, 769-770
    bombas de múltiplos estágios, 770
    compressores, 770-772
    turbinas a gás, 774-775
    sobre, 765-767
comporta de fundo, escoamento sob uma, 701-702
compressibilidade, 38
compressor de alta pressão (HPC), 775
compressor de baixa pressão (LPC), 775
compressores, 770-772
conceito de média temporal de Reynolds, 350-352
condição de contorno cinemática, 241
condição de não descontinuidade na temperatura, 35–36
condição de não escorregamento, 24, 35–36
condição de pressão na saída de um jato, 150–157
condição de projeto, 701
condição de velocidade superficial para um grande tanque, 167
condição inicial, 239
condições de contorno, 35, 242
condições de contorno para equações básicas
    aproximações de escoamento não viscoso, 242-243
    condições simplificadas de superfície livre, 241-242
    escoamento incompressível com propriedades constantes, 242
    sobre, 239-241
condições simplificadas de superfície livre, 241-242
condutividade térmica, 16, 238–241
cone de Mach, 641
conservação da massa, 224. *Veja também* equação diferencial da conservação da massa
    no escoamento incompressível, 144-147
    no escoamento permanente, 143
    sobre, 132, 142-143
constante de von Kármán, 354
constantes dimensionais, 287
constantes puras, 287
contornos isovelocidade, 683
contração, 385
contração brusca (CB), 382
controle ativo do escoamento, 486
convecção natural, 592
coordenadas inerciais, 158
coordenadas polares cilíndricas, 224, 561
coordenadas polares planas, 522
corpo em queda livre, relação, 288, 290
corpo flutuante, 85-86
corpo livre, conceito, 136
corpos bidimensionais, 476-477
corpos tridimensionais, 480-482
correlação de Moody tradicional para atrito, 331
correlações das velocidades e flutuação, 351

corrente livre, 519
corrente uniforme, 523
    em um ângulo de ataque, 546
    em um ângulo α, 528
    mais dipolo pontual, 563-564
    mais fonte pontual, 563
    mais na origem, 526
    na direção x, 522–523, 561
crista da onda, 487
Cross, Hardy, 395
curvas de desempenho de bombas e leis de semelhança
    altura positiva líquida de sucção, 750-751
    curvas de desempenho obtidas experimentalmente, 749-750
    desempenho adimensional de bombas, 752-756
    desvio da teroia ideal das bombas, 751
    efeito da viscosidade, 757-758
    leis de semelhança, 756-757
    sobre, 748-749
curvas de remanso, 719-721

D

Darcy, Henry, 348
Darrieus, G. J. M., 784
Dash, Sukanta, 346
dedução para escoamento bidimensional, 455-457
deflecção, medição, 98
deformação elástica, 97
densidade, 17-18
densímetro, 118
depressão, 727
derivada substancial, 221
desempenho adimensional de bombas, 752-756
desempenho de bomba em função da rotação específica, 762-764
deslocamento, 289
deslocamento, espessura, 453
deslocamento adimensional, 289
deslocamento doppler, 402
diafragma, 98
diagrama de Moody, 360-363
diagrama polar de choque, 645
diagrama polar sustentação-arrasto, 494
diâmetro do tubo, 365-368
diâmetro hidráulico, 369-370
diferenças finitas, 572
difusor, 384
difusor, desempenho, 393-398
difusor cônico, 394, 396, 398
difusor de paredes planas, 394, 396, 398
difusor sem aletas, 743
difusor subsônico, 622
dilatante, 29
dimensões de tubos comerciais, 368
dimensões e unidades, 7-9
dimensões primárias, 7-8
dimensões secundárias, 9

dinâmica dos fluidos computacional (CFD), 395, 454, 744, 765
dipolo, 533-535
dipolo pontual, 562
disco atuador, 782
discrepâncias em testes na água e no ar, 316-323
dispositivos do tipo Bernoulli, 404
dispositivos para quebra de grandes turbilhões (LEBU), 486
distribuição de pressão
    distribuição de pressão hidrostática, 60-67
    empuxo e estabilidade, 83-89
    equilíbrio de um elemento de fluido, 59-60
    forças hidrostáticas em camadas de fluidos, 81-83
    forças hidrostáticas em superfícies curvas, 78-81
    forças hidrostáticas em superfícies planas, 70-77
    manometria, aplicação, 67-70
    medidas de pressão, 97-101
    no movimento do corpo rígido, 89-97
    pressão e gradiente de pressão, 57-58
dry adiabatic lapse rate (DALR), 126
dureza Brinell, 292
dureza Rockwell, 292
duto de seção anular, 373–376
dutos não circulares, 369, 370

E
efeito Coanda, 486
efeito das paredes rugosas, 358-360
efeito do formato do duto, 346
efeitos não inerciais, 256
empuxo, 764
    centro, 84
    e estabilidade, 83-85
    neutro, 86
energia cinética, 18
energia cinética, fator de correção, 183–186
energia específica, 695. *Veja também* profundidade crítica
energia interna, 16-18
energia potencial, 18
entalpia, 16
entalpia de estagnação, 180, 599
entrada subsônica, 630
entrada supersônica, 630
entradas, 177
entropia, 16
equação da condução de calor, 239
equação da continuidade, 223
equação da energia
    atrito e trabalho de eixo em escoamento a baixas velocidades, 180-183
    fator de correção da energia cinética, 183-186
    no escoamento permanente, 180
    sobre, 176-178
equação da quantidade de movimento linear
    condição de pressão na saída de um jato, 150-157
    dicas sobre a quantidade de movimento linear, 158
    fator de correção do fluxo de quantidade de movimento, 157-158
    fluxo de quantidade de movimento unidimensional, 148
    força de pressão sobre uma superfície de controle fechada, 148-150
    sistema de referência não inercial, 158-161
    sobre, 147
equação de Bernoulli como uma relação de energia, 163
equação de Euler, 232, 242
equação de Laplace, 245, 255, 257, 521
equação diferencial básica, 706-708
equação diferencial da conservação da massa, 222-226
    coordenadas polares cilíndricas, 226
    escoamento incompressível, 225-226
equação diferencial da energia, 236–239
equação diferencial da quantidade de movimento angular, 235
equação diferencial da quantidade de movimento linear, 228–233
    equação de Euler, 232
    equações de Navier-Stokes, 232–233
equações básicas, condições de contorno, 239-241
equações de Euler das turbomáquinas, 745, 774
equações de Navier-Stokes, 232-233
equações diferenciais lineares, 225
equações homogêneas, 13
equaçoes peculiares da engenharia, 291-292
equilíbrio de um elemento de fluido, 59-60
equilíbrio estático de um corpo flutuante, 85
escala de Froude, 314-315
escoamento, campos de, 39-42
escoamento, padrão arbitrário, 136
escoamento, visualização, 41-42, 496
escoamento ao longo de uma única linha de corrente, 163
escoamento ao redor de corpos imersos
    cálculos baseados na quantidade de movimento integral, 451-454
    camada-limite sobre uma placa, 457-465
    camadas-limite com gradiente de pressão, 466-472
    efeitos da geometria e do número de Reynolds, 447-520
    equações de camada-limite, 454-457
    escoamentos externos experimentais, 472-499
escoamento com cilindro interno rotativo, instabilidade, 266-267
escoamento com escorregamento em gases, 37–38
escoamento compressível
    bocal convergente-divergente, operação, 619-624
    com atrito em dutos, 624-635
    definição, 591
    escoamento isentrópico com variações de área, 604-611
    escoamento permanente adiabático e isentrópico, 598-604
    escoamento sem atrito em dutos com troca de calor, 635-640
    onda de choque normal, 611-619
    ondas de expansão de Prandtl-Meyer, 650-662
    ondas de Mach e ondas de choque oblíquas, 640-650
    termodinâmica, revisão, 591–595
    velocidade do som, 598–600

Índice **837**

escoamento compressível com atrito em dutos
    bloqueio devido ao atrito, 630-632
    escoamento adiabático, 626-630
    escoamento isotérmico com atrito, 632-633
    longas tubulações, 632-633
    perdas localizadas no escoamento compressível, 632
    sobre, 624-626
    vazão em massa para uma queda de pressão, 633-635
escoamento compressível permanente, 224
escoamento de Couette, 259-260, 266
escoamento de Hagen-Poiseuille, 263
escoamento de Poiseuille, 347
escoamento de Rayleigh, 635
escoamento em canais abertos
    aproximação unidimensional, 682-684
    canais eficientes para escoamento uniforme, 693-695
    classificação do escoamento pela variação de profundidade, 684-685
    classificação do escoamento pelo número de Froude, 685
    definição, 681
    escoamento gradualmente variado, 706-714
    escoamento uniforme, 687
    fórmula de Chézy, 687-693
    medição e controle de vazão utilizando vertedouros, 714-721
    profundidade crítica, 695-702
    ressalto hidráulico, 702-706
    sobre, 681-687
    velocidade da onda de superfície, 685-687
escoamento em dutos, tipos de, 635
escoamento em dutos fechados, 681
escoamento em torno de um canto de ângulo arbitrário, 546-547
escoamento em torno de um cilindro circular com circulação, 536-538
escoamento em torno do corpo rombudo, 449
escoamento em tubos, tipos de problemas
    comprimento do tubo, 368-369
    diâmetro do tubo, 365-368
    dimensão de tubos comerciais, 368
    vazão, 364-365
escoamento entre cilindros longos e concêntricos, 264–265
escoamento entre duas placas fixas por causa de um gradiente de pressão, 260-261
escoamento entre dutos não circulares
    diâmetro hidráulico, 369-370
    escoamento entre placas paralelas, 370-371
    escoamento para um duto de seção anular, 373-376
    seções tranversais não circulares, 376-378
    solução para escoamento laminar, 371
    solução para escoamento turbulento, 371-373
escoamento entre placas, 26–27
escoamento entre placas paralelas, 370
escoamento gradualmente variado
    classificação das soluções, 708-709
    equação diferencial básica, 706-708
    escoamento em canais aberto e, 684

    solução aproximada para canais irregulares, 711-712
    solução numérica, 709-711
    transições de escoamentos compostos, 712-714
escoamento Hele-Shaw, 543
escoamento hipersônico, 592, 593
escoamento incompressível 144-147, 163, 225-227, 592
    com propriedades constantes, 242
    com simetria axial, 250-251
    em regime permanente, 163
escoamento irrotacional, 245, 253
escoamento isentrópico, 592
escoamento isentrópico com variações de área
    bloqueio, 607
    sobre, 604-605
    variações de área para gás perfeito, 606-607
    vazão em massa local, função, 608-611
escoamento isotérmico com atrito, 632-633
escoamento laminar, 26, 157, 184, 264, 338 457-460, 475
    bidimensional permanente, 571-573
    elemento de, 404, 409, 423
    perdas localizadas, 386-387
    solução, 371
    teoria, 342
    totalmente desenvolvido em tubo, 347-349
escoamento muito lento, 505
escoamento na chaminé, 163-163
escoamento não permanente unidimensional, 570-571
escoamento normal a uma placa plana, 547-549
escoamento oscilatório, 305
escoamento permanente, 163
escoamento permanente adiabático e isentrópico
    ar, números úteis, 602-604
    equação de Bernoulli, relação, 601
    relações de número de Mach, 600
    relações isentrópicas de pressão e massa específica, 600-601
    sobre, 600–601
    valores críticos no ponto sônico, 601-602
escoamento plano compressível permanente, 249
escoamento plano incompressívelem coordenadas polares, 249
escoamento por um duto de seção anular, 373-376
escoamento potencial, analogia, 542-544
escoamento potencial com simetria axial
    coordenadas polares esféricas, 561
    corrente uniforme mais um dipolo pontual, 563-564
    corrente uniforme mais uma fonte pontual, 563
    correntes uniformes na direção x, 561
    dipolo pontual, 562
    fonte e sumidouro pontual, 562
    massa hidrodinâmica, conceito, 564-566
    sobre, 560-561
escoamento potencial e dinâmica dos fluidos computacional
    análise numérica, 566-575
    escoamento potencial com simetria axial, 560-566
    escoamentos planos em torno de formatos de corpo fechado, 535-544
    escoamentos potenciais planos, 545-549

imagens, 549-552
revisão, 519-522
soluções elementares de escoamento plano, 522-529
superposição de soluções de escoamento plano, 529-535
teoria do aerofólio, 552-560
escoamento rapidamente variado, 684
escoamento rotacional, 257
escoamento secundário turbulento, 377
escoamento sem atrito, 163
escoamento sem atrito em dutos com troca de calor
    efeitos de bloqueio devido ao aquecimento simples, 639
    escoamento em dutos, tipos, 635
    relacionamento com a onda de choque normal, 640
    relações de número de Mach, 637-38
    sobre, 635-637
escoamento sem atrito não permanente ao longo de uma linha de corrente, 162
escoamento sem atrito sobre uma elevação, 699-701
escoamento sob uma comporta de fundo, 701-702
escoamento subsônico, 592
escoamento supersônico, 592
    tridimensional, 660-661
escoamento supersônico tridimensional, 660-661
escoamento totalmente desenvolvido, 343, 371, 374
escoamento totalmente desenvolvido laminar em tubo, 262-264
escoamento totalmente rugoso, 358
escoamento totalmente turbulento, 338
escoamento transônico, 592
escoamento turbulento, 26, 159, 186, 284, 352, 463–467
escoamento turbulento, solução, 371-373
escoamento turbulento em tubos
    diagram de Moody, 360-363
    efeito das paredes rugosas, 358-360
    sobre, 356-358
escoamento uniforme
    correlações de rugosidade de Manning, 688-690
    em um tubo circular parcialmente cheio, 692-693
    estimativas da profundidade normal, 690-692
    sobre, 687-688
escoamento uniforme crítico, 698-699
escoamento viscoso em dutos
    escoamento em dutos não circulares, 369-378
    escoamento em tubos, tipos de problemas, 363-369
    escoamento laminar totalmente desenvolvido em um tubo, 347-349
    escoamentos experimentais em dutos, desempenho de difusores, 393-398
    escoamentos viscosos internos e externos, 342-345
    medidores para fluidos, 398-419
    modelagem da turbulência, 350
    perda de carga, 345-346
    perdas localizadas em sistemas de tubulações, 378-387
    regimes de número de Reynolds, 339-340
    sistemas com múltiplos tubos, 387-393
    sobre, 339
    solução para escoamento turbulento, 356-363

escoamentos estratificados, 304
escoamentos externos, 256
escoamentos externos experimentais
    aerfólio Kline-Fogelman, 496
    área característica, 474
    arrasto, método de redução, 486
    arrasto, redução biológica, 489
    arrasto de atrito, 474-477
    arrasto de corpos a altos números de Mach, 487-489
    arrasto de pressão, 474-477
    arrasto de superfície em navios, 486-487
    arrasto sobre corpos imersos, 472-474
    asa inspirada na baleia jubarte, 496
    combinação carro e avião, 497-499
    corpos bidimensionais, 476-477
    corpos tridimensionais, 480-482
    escoamento muito lento, 477-480
    esferas leves flutuantes ascendentes, 482
    forças aerodinâmicas sobre veículos de rodagem, 482-486
    forças sobre corpos de sustentação, 490-496
escoamentos internos, 256
escoamentos irrotacionais sem atrito
    geração de vorticidade, 256-259
    ortogonalidade de linhas de corrente e linhas equipotenciais, 255
    potencial de velocidade, 254-255
    sobre, 253-254
escoamentos lentos e viscosos, 308, 477-480
escoamentos multifásicos, 5
escoamentos não viscosos
    análise, 36
    aproximações, 242-244
    equação de Euler, 232
escoamentos planos em torno de formatos de corpo fechado
    escoamento em torno de um cilindro circular com circulação, 536-538
    escoamento potencial, analogia, 542-544
    Kutta-Joukowski, teorema da sustentação, 538-540, 552
    oval de Kelvin, 542
    oval de Rankine, 535-536
    sustentação e arrasto experimentais de cilindros rotativos, 540-542
escoamentos potenciais planos
    corrente uniforme em um ângulo de ataque α, 546
    escoamento em torno de um canto de ângulo arbitrário, 546-547
    escoamento normal a uma placa plana, 547-549
    fonte em um ponto z_0, 546
    sobre, 545-546
    vórtice em um ponto z_0, 546
escoamentos viscosos incompressíveis, exemplos
    escoamento de Couette entre uma placa fixa e outra móvel, 259-260
    escoamento entre dois cilindros longos e concêntricos, 264-265
    escoamento entre duas placas fixas por causa de um gradiente de pressão, 260-262

escoamento totalmente desenvolvido laminar em tubo, 262-264
   instabilidade do escoamento com cilindro interno rotativo, 266-267
escoamentos viscosos internos *vs.* externos, 342-345
esferas leves flutuantes ascendentes, 482
esfigmomanômetro, 108
espessura de quantidade de movimento, 451
estabilidade
   e área da linha d'água, 87-89
   e empuxo, 83-89
   sobre, 86-67
estado hidrostático de tensão, 4
estados alternados, 695
esteira de vórtice, 306, 328
esteira de vórtices de Kármán, 305
estimativas da profundidade normal, 690-692
estol do difusor, *468*
estrondo sônico, 641
Euler, Leonhard, 163
expansão brusca (EB), 384, 385
expansão gradual ou difusor, 384-386

F

fator de atrito, 307
fator de atrito de Darcy, 346, 356
fator de bloqueio, 396
fator de correção do fluxo de quantidade de movimento, 157-158
fator de correção para escoamento compressível de um gás, 416-419
fator de forma, 459
fator de velocidade de aproximação, 411
fileira infinita de vórtices, 532-533
Finlayson, Bruce, 389
fluido, conceito, 4
fluido, pressão, 6, 59
fluido, propriedades termodinâmicas, 15-22
   densidade, 17–18
   energia potencial e cinética, 18
   massa específica, 17
   peso específico, 17
   pressão, 16
   propriedades de transporte, 16
   relações de estado para gases, 18–21
   relações de estado para líquidos, 22
   temperatura, 17
fluido contínuo, definição-limite de massa específica de, 6
fluido disposto em camadas (FC), 85
fluido pseudoplástico, 29
fluido tixotrópico, 29
fluidos não newtonianos, 28-29
fluidos newtonianos, 24, 234
fluidos reopéticos, 29
flutuação, 350
flutuador de Swallow, 86

flutuadores, 400
fluxo de calor, 236
fluxo de quantidade de movimento, 148
fonte e sumidouro de igual intensidade, 524-525
fonte e sumidouro pontual, 562
fonte e vórtice na origem, 525
fonte em um ponto z_0, 546
força, 291
força, coeficiente, 284
força de arrasto, 156, 309
força de campo, 59, 229
força de pressão, cálculo, 148
força de pressão em um elemento fluido, 58-59
força de pressão para dentro, 149
força de pressão resultante sobre uma superfície de controle fechada, 148-150
força de superfície, 59, 231
força lateral, 472
forças aerodinâmicas sobre veículos de rodagem, 482-486
forças colineares, 85
forças hidrostáticas
   em camadas de fluidos, 81-83
   em superfícies curvas, 78-79
   em superfícies planas 70-77
forças sobre corpos de sustentação, 490-496
forma vetorial cartesiana de um campo de velocidades, 220
fórmula de Anderson, 757
formula de Chézy, 687-693. *Veja também* escoamento uniforme
fórmula de Hazen-Williams, 292
fórmula Stokes-Oseen, 44
fronteira, 132
Froude, William, 306
função corrente, 226
   de escoamento compressível, 249
   escoamento incompressível com simetria axial, 250-251
   escoamento plano compressível permanente, 249
   escoamento plano incompressível em coordenadas polares, 249
   interpretação geométrica de linhas de corrente, 245-248
   sobre, 244–245
   revisão dos conceitos, 521
função de dissipação viscosa, 238
função de expansão supersônica de Prandtl-Meyer, 652, 653
função de Prandtl-Meyer para gás perfeito, 650-654
função irrotacional, 523

G

gás perfeito, 593-594
gás rarefeito, 240
gases
   escoamento com escorregamento, 37–38
   relações de estado, 18–21
gases, comportamento, 97
gases, viscosidade, 28
geometrias de válvulas, 379
geração da vorticidade, 256-257

gradiente de pressão, 59, 233, 263
    adverso, 450, 466, 530
    favorável, 450, 466, 530
    zero, 466
gradientes, 229
gráficos de desempenho, 748
grandeza intensiva, 137

H
Haaland, S. E., 363
Hagen, G., 264, 343
hélice livre, 764
hélice livre, medidor de, 399
Helmholtz-Kirchoff, teoria, 549
Herschel, Clemens, 417
hidrogênio, 317
hodógrafa, 645
Holloway, Gordon, 387
Hunsaker, J., 134

I
ímã guiado, 404
imagens, 548-552
instabilidade do escoamento com cilindro interno rotativo, 266-267
instrumentos de medida de pressão baseados na gravidade, 97
intensidade do dipolo, 534
interligação de três reservatórios, 391-393
interpretação geométrica de linhas de corrente de escoamento, 245-249

J
jato supersônico, 150
Joukowski, N., 539
justaposição viscosa/não viscosa, conceito, 449

K
Kármán, T, von, 307
Kirchhoff, Gustav, R., 548
Kline, R. F., 398
Kutta, condição de, 552-553
Kutta, W. M., 539
Kutta-Joukowski, teorema da sustentação, 538-540, 552

L
Lagrange, Joseph Louis, 248
lâmina de vórtices, 533
lâmina supercrítica, 714
Lanchester, Frederick W., 492
lei da diferença de velocidade, 353
lei da termodinâmica, 133
lei da viscosidade de Newton, 236
lei de atrito pelicular, 462
lei de conservação da massa, forma integral, 142

lei de Fourier, condução de calor, 236-239
lei de King, 401
lei de Newton, 8, 9
    em coordenadas inerciais, 159
    segunda, 132, 147, 220
lei de parede, 352
lei de Pascal, 68
lei de potência, 28, 48
lei de Sutherland, 28
lei dos gases perfeitos, 18
lei dos líquidos perfeitos, 22
lei logarítmica da camada intermediária, 352-354
leis, 285
leis de Arquimedes, 84
leis de semelhança, 756-757
leis físicas básicas da mecânica dos fluidos
    cerca, 131–132
    sistemas *versus* volumes de controle, 132–134
    vazão volumétrica e vazão em massa, 134–135
libra-massa, 9
Lilienthal, Otto, 492
linearizador, 401
linha da corda principal do corpo, 473
linha de corrente, 39-40, 52, 523
    de escoamentos de estagnação, 548
    do escoamento, 162
    em escoamento bidimensional, 245
    livre, solução, 548
linha de emissão, 39-40
linha de energia (LE), 165, 695
linha de Fanno, 625
linha de filete, 39-40
linha de fonte ou sumidouro na origem, 523
linha de Rayleigh, 635
linha de trajetória, 39-40
linha de vórtice irrotacional, 523–524
linha fonte, 523
linha piezométrica (LP), 165, 346, 681
linhas aerodinâmicas, 486
linhas equipotenciais, 254, 523
líquidos, relações de estado, 22
líquidos, viscosidade, 28

M
Mach, Ernst, 307
Magnus, Gustav, 538
Magnus-Robins, força de, 538
Manning, correlações de rugosidade de, 688-690
manometria, aplicação
    aplicação de um manômtero simples, 68-70
    distribuição da pressão, 67-70
    pressão cresce para baixo, 67
manômetro, 97
    com múltiplos fluidos, 69
    diferencial digital, 97-98
    simples, aplicação, 68-70

mapa da estabilidade dos padrões de escoamento em um
 difusor, 396
massa específica do fluido, 6, 17
massa hidrodinâmica, conceito, 564-566
matriz dimensional, 325
Maxwell, James Clerk, 37
mecânica dos fluidos
    análise de escoamento, técnicas básicas, 39
    campos de escoamento, 39–42
    campo de velocidade, propriedades, 15
    definição, 3
    dimensões das propriedades, 294
    dimensões e unidades, 7–14
    fluido, conceito, 4–6
    fluido como meio contínuo, 6–7
    grupos adimensionais, 307
    história da, 43
    observações preliminaries, 3–4
    propriedades termodinâmicas, 15–22
    viscosidade e outras propriedades secundárias, 23–38, 23f
medição de volume, 403
medição e controle de vazão utilizando vertedouros
    análise de vertedouros de soleira delgada, 715
    análise de vertedouros de soleira espessa, 715-716
    coeficientes de vazão experimentais de vertedouros, 716-717
    curvas de remanso, 719-721
    projetos de vertedouros de placa fina, 717-719
    sobre, 714-715
medições a laser de velocimetria por acompanhamento de
 partículas (LPTV), 765
medições de vazão volumétrica, 403–404, 408-409
    bocal, 414
    elemento de escoamento laminar, 409
    fator de correção para escoamento compressível de um gás, 416-419
    medidor de disco nutante, 404-405
    medidor de vazão em massa do tipo Coriolis, 408-409
    medidor do tipo turbina, 405-406
    medidor do tipo vórtice, 406-407
    medidor venturi, 415-416
    medidores de vazão ultrassônicos, 407-408
    placa de orifício, 413-414
    rotâmetro, 408
    sobre, 403–404
    teoria da obstrução de Bernoulli, 410-412
medições de velocidade local
    anemômetro de fio quente, 401-402
    anemômetro laser-doppler, 402
    flutuadores ou partículas flutuantes, 400
    medidor eletromagnético, 401
    sensores rotativos, 400
    sobre, 398
    tubo de Pitot estático, 400-401
    velocimetria de imagem de partículas (PIV), 402-403

medidas de pressão, 97-101
medidor de corrente eletromagnética, 399
medidor de disco nutante, 404-405
medidor de hélice em duto, 400
medidor de hélice livre, 399, 405
medidor de quartzo, 99
medidor de turbina, 399, 405-406
medidor de vazão do tipo vórtice, 328, 406-407
medidor de vazão em massa do tipo Coriolis, 404, 408-409
medidor do tipo vórtice, 404
medidor eletromagnético, 401
medidor ultrassônico, 404, 407–408
medidor venturi, 415-416
medidores para fluidos
    medições de vazão volumétrica, 403–419
    medições de velocidade local, 398-403
meio contínuo, definição, 7
menisco, 70
metacentro, 86, 87
método alternativo passo a passo por Ipsen, 299-302
método da transformação conforme, 545
método das diferenças finitas (MDF), 567-569
método dos elementos de contorno (MEC), 569-570
método dos elementos finitos, 566-567
Meyer, Theodor, 652
microbolhas, 486
microrranhuras superficiais em V, 486
Millikan, C. B., 355
modelagem da turbulência
    conceito de média temporal de Reynolds, 350–352
    coneitos avançados de modelagem, 354-355
    lei logarítmica da camada intermediária, 352-354
    sobre, 349-350
modelagem e suas armadilhas. *Veja também* análise
 dimensional e semelhança
    discrepâncias em testes na água e no ar, 316-323
    escala de Froude, 314-315
    semelhança cinemática, 313-314
    semelhança dinâmica, 315-316
    semelhança geométrica, 312-312
    sobre, 311-312
modelo de dinâmica molecular, 593
modelo explícito, 571
modelo hidráulico, 319
modelos computacionais de escoamento viscoso, 570
modelos de turbulência, 573
módulo de elasticidade volumétrico, 38
momento de arfagem, 472
momento de guinada, 472
momento de inércia, centroide, 74
momento de rolamento, 472
movimento de corpo rígido
    aceleração linear uniforme, 90
    distribuição de pressão, 89-97
    rotação, 92

N

Navier, C. L. M. H., 234
neutramente flutuante, 86
Newton, Isaac, 24
Nikuradse, J., 360
número de Arquimedes, 324
número de Betz, 785
número de Brinkman, 324
número de Eckert, 305, 307
número de Ekman, 332
número de Euler, 304, 307
número de Froude, 284, 307, 487
número de Grashof, 305, 307
número de Knudsen, 37
número de Mach, 38, 228, 258, 286, 306, 307, 309, 489, 592-593
   na entrada, 396
   relações, 600, 613-616, 637-638
número de Prandtl, 305, 307
número de Rayleigh, 307
número de Reynolds, 41, 266
   adimensão, 25–26, 309
   coeficiente de força e, 284
   considerações históricas, 341-342
   e efeitos da geometria, 447-450
   escoamentos viscosos de baixa velocidade sem superfície livre, 304
   extrapolação, 316
   local, 449
   na entrada, 396
   regimes, 339–344
   transição, 462
   vs. atrito de tubo, 347
número de Richardson, 324
número de Rossby, 307
número de Stanton, 325
número de Stokes, 324
número de Strouhal, 305, 307, 406
número de Taylor, 266–267
número de Weber, 304, 307, 318
números que indicam quantidade, 288

O

onda de choque frontal, 488
onda de choque normal, 642
   choques normais móveis, 616-619
   número de Mach, relações de, 613-616
   sobre, 611-613
onda de choque oblíqua, 643-648
ondas de choque muito fracas, 648-650
ondas de expansão de Prandtl-Meyer
   aeronáutica, novas tendências, 661-662
   aplicação aos aerofólios supersônicos, 654-657
   escoamento supersônico tridimensional, 660-661
   função de Prandtl-Meyer para gás perfeito, 650-654
   sobre, 652
   teoria do aerofólio delgado, 657-659
ondas de Mach, 640-643, 641, 651
ortogonalidade de linhas de corrente e linhas equipotenciais, 255
oscilações da parede, 486
oscilações de pressão, 748
oval de Kelvin, 542
oval de Rankine, 535-536

P

parábola de Poiseuille, 262
paradoxo da hidrostática, 110
paradoxo de d'Alembert, 539
parâmetros, 290
parâmetros adimensionais, 303-304, 305-308
parâmetros de compressibilidade, 304-305
parâmetros de escala, 288
paredes hidraulicamente lisas, 358
partículas flutuantes, 400
perda de carga, 345-34
   irrecuperável, 416
perda por atrito, 751
perda por atrito, dispositivos de, 404
perda por choque, 744, 751
perda por recirculação no rotor, 751
perdas em entradas, 382
perdas em saídas, 383
perdas localizadas, 378
perdas localizadas, coeficientes, 378, 380-381
perdas localizadas em sistemas de tubulações
   expansão gradual ou diffusor, 384-386
   perdas localizadas em escoamento laminar, 386-387
   sobre, 378-384
perdas localizadas no escoamento compressível, 632
permeabilidade, 327
peso específico, 17, 64
Phillips, Horatio Frederick, 492
Pitot, formula de, 403
Pitot, Henri de, 403
placa de orifício, 413-414
plástico, 29
plástico de Bingham, 29
ponteira potenciométrica, 543
ponto crítico, medidas, 25
ponto crítico de uma substância, 6
ponto de estagnação, 164
ponto de estol, 495
ponto de inflexão, 466
ponto de máximo rendimento (PMR), 748-749, 792
ponto de separação, 466
ponto inicial, 358
ponto sônico, valores críticos, 601-602
pororoca, 729
potência de eixo, 743

potência hidráulica, 743
potência máxima, 780
potência ótima, 780
Prandtl, Ludwig, 3, 134, 344, 457, 652
pressão, 16
pressão atmosférica absoluta, 66
pressão de estagnação, 164, 400
pressão de projeto, razão, 621
pressão de um escoamento oscilante, 97
pressão de vapor, 33–34
pressão dinâmica, 164
pressão estática, 164
pressão hidrostática
   aproximação linear, 66-67
   atmosfera padrão, 65
   barômetro de mercúrio, 63-64
   distribuição, 60- 67
   efeito da gravidade variável, 61-62
   em líquidos, 62-63
   nos gases, 64-65
pressão manométrica, 60, 73
pressão piezométrica, 303
pressão vacuométrica, 60
princípio da homogeneidade dimensional, 9
   equações peculiares da engenharia, 291-292
   sobre, 286-287
   variáveis de escala, 291
   variáveis e constantes, 287-288
   variáveis e parâmetros de escala, escolha, 288-290
princípio de estados correspondentes, 25
processo isentrópico, 594-595
profundidade crítica
   analogia entre escoamento em canais de água e escoamento compressível, 696-697
   canais não retangulares, 697-698
   canais retangulares, 696
   escoamento sem atrito sobre uma elevação, 699-701
   escoamento sob uma comporta de fundo, 701-702
   escoamento uniforme crítico, 698-699
   sobre, 695
projeto de Flettner, 540
projetos de vertedouros de placa fina, 717-719
propriedade do escoamento, 354
propriedades de transporte, 16
propriedades globais, 398
propriedades integradas, 398
propriedades locais, 398
protótipo, 285

Q
quantidade de movimento integral, cálculos
   análise da placa plana segundo Kármán, 451-453
   espessura de deslocamento, 453
quantidade de movimento integral, teoria da, 452
queda livre, 714

R
Rankine, semicorpo de, 526-527
Rankine, W. J. M., 526
Rankine-Hugoniot, relações de, 612
Rayleigh, Lord, 134, 288, 637
razão de aspecto (RA), 494
razão de aspecto finito, 556
razão de calores específicos, 304, 307, 593
razão de temperaturas, 307
razão de temperaturas da parede, 305
rede de escoamento ortogonal, 521
rede de tubos, 392-393
referencial inercial, 147, 171
região de entrada, 342
região de relaminarização, 340
relação de continuidade, 222. *Veja também* conservação da massa
relação de salto de temperatura para gases, 240
relações de estado para gases, 18–21
relações de estado para líquidos, 22
relações diferenciais para escoamentos de fluidos
   campo de aceleração de um fluido, 219-221
   condições de contorno para equações básicas, 239-244
   equação diferencial da conservação da massa, 222-226
   equação diferencial da energia, 236-239
   equação diferencial da quantidade de movimento angular, 235-236
   equação diferencial da quantidade de movimento linear, 228-234
   escoamentos irrotacionais sem atrito, 253-259
   escoamentos viscosos incompressíveis, exemplos, 259- 267
   função corrente, 244-251
   sobre, 219
   vorticidade e irrotacionalidade, 251-253
relações isentrópicas de pressão e massa específica, 600-601
rendimento hidráulico, 744
rendimento mecânico, 744
rendimento volumétrico, 744
reologia, 5, 29
reômetros, 29–30
resolução de problemas, técnicas, 27
ressalto forte, 704
ressalto hidráulico
   classificação, 703-704
   sobre, 702
   teoria, 704-706
ressalto ondulante, 703
ressalto oscilante, 704
revestimentos luminescentes, 97
Reynolds, Osborne, 306, 344
Riabouchinsky, D., 288
Rightmire, B., 134
Robins, Benjamin, 538
rotação específica, 760
rotação específica de sucção, 760

rotação específica referente à potência, 774-776
rotações, 287
rotâmetro, 404, 408
rotor do tipo aberto, 742-743
rotor do tipo fechado, 742-743
rotor Savonius, 399
rotores Pelton, 776
rugosidade, 309
rugosidade relativa, 307
rugosidade superficial, 358
rugosidade transicional, 358
ruído Korotkoff, 108

S

saída de um jato, condição de pressão, 150-157
saída de um jato igual à pressão atmosférica, pressão de, 164
saída elétrica, 97
   sensores, 99
saídas, 177
saídas submersas, 382
salinidade, 22
seleção das variáveis de escala (repetitivas), 291
semelhança, 285, 311
semelhança cinemática, 313
semelhança dinâmica, 315-316
sensor capacitivo, 99
sensor de silício, 99
sensores de pressão, 100
sensores rotativos, 400
separação da camada-limite em um semicorpo, 530-532
separação turbulenta, 475
sistema britânico gravitacional (BG), 7-8
sistema CGS, 8
sistema de oleodutos Trans-Alaska, 486
sistema de referência euleriano, 220
sistema de referência lagrangiano, 220
sistema de referência não inercial, 158-161
Sistema Internacional de unidades (SI), 7, 8
sistemas com tubos
   interligação de três reservatórios, 391-392
   rede de tubos, 392-393
   tubos em paralelo, 389-391
   tubos em série, 387-389
sistemas *vs.* volumes de controle, 132–134
sólido, definição, 4-5
solução aproximada para canais irregulares, 711-712
soluções elementares de escoamento plano
   circulação, 528
   corrente uniforme em um ângulo α, 528
   corrente uniforme mais fonte na origem, 526
   corrente uniforme na direção x, 522-523
   fonte e sumidouro de igual intensidade, 524-525
   fonte e vórtice na origem, 525
   linha de fonte ou sumidouro na origem, 523
   linha de vórtice irrotacional, 523-524

semicorpo de Rankine, 526-527
   superposição, 524-525
Stokes, George G., 234, 477
Strutt, John William, 637
superfície de corrente, 177
superfície de uma máquina, 177
superfície sólida, 177
superposição, 524-525
superposição, método gráfico, 529
superposição de soluções de escoamento plano
   dipolo, 533-535
   fileira infinita de vórtices, 532-533
   separação da camada-limite em um semicorpo, 530-532
   superposição, método gráfico, 529
sustentação, 472
sustentação e arrasto experimentais de cilindros rotativos, 540-542

T

taxa de deformação cisalhante, 253
temperatura, 17
temperatura absoluta, 599
temperatura absoluta, escala, 17
temperatura e viscosidade, 28
tensão de cisalhamento, 4, 5, 23, 23, 237
tensão de compressão, 16
tensão laminar, 352
tensão superficial, 30-32, 50–51
tensões turbulentas, 351
tensor de tensão viscosa, 231
tensores, 229
teorema da quantidade de movimento angular, 170-176
teorema de Pi. *Veja também* análise dimensional e semelhança
   método alternativo passo a passo por Ipsen, 299-302
   sobre, 292-299
teorema de transporte de Reynolds
   aproximações unidimensionais para os termos de fluxo, 140-142
   sobre, 135-136
   volume de controle com movimento e deformação arbitrários, 139-140
   volume de controle de forma constante mas velocidade variável, 138
   volume de controle fixo arbitrário, 136-138
   volume de controle movendo-se à velocidade constante, 138
Teorema Pi de Buckingham, 286, 292
teoria da obstrução de Bernoulli, 410-412
teoria de choque e expansão, 654
teoria do aerofólio
   asas de envergadura finita, 556-559
   Kutta, condição, 552-553
   teoria potencial para aerofólios com espessura e arqueamento, 553-555
   vórtices de cauda de avião, 599-560
teoria do aerofólio delgado, 657-659

teoria do orifício, 702
teoria elementar de bombas, 742-747
teoria ideal de bombas, desvios, 751
teoria idealizada de turbinas eólicas, 782-787
teoria idealizada de turbinas radiais, 774
teoria integral laminar, 468-472
teoria não viscosa, 520
teoria potencial, 521
teoria potencial para aerofólios com espessura e arqueamento, 553-555
termodinâmica
    gás perfeito, 593-594
    número de Mach, 592-593
    processo isentrópico, 594-595
    razão de calores específico, 593
    sobre, 591-592
termos de fluxo de energia unidimensionais, 178
testes na água e no ar, discrepâncias, 316–323
Theory of Sound (Rayleigh), 286
Thwaites, B., 470
Thwaites, método de, 530
tinta, 29
transdutor piezoelétrico, 99, 101
transferência de calor, 17, 241, 243
transferência de calor, coeficiente, 325
transição para turbulência, 337, 460
transições de escoamentos compostos, 712-714
trapézio, melhor ângulo, 694-695
troposfera, 65
tubo de Bourdon, 99
tubo de corrente, 40
tubo de Pitot estático, 164, 399, 400
tubos em paralelo, 389-390
tubos em série, 387-389
turbinas. *Veja também* turbomáquinas
    a gás, 774–775
    de ação, 776-781
    de reação, 773-774, 789
    eólicas, 781-782
    eólicas de eixo horizontal (TEEH), 782, 787
    eólicas de eixo vertical (TEEV), 782, 787
    eólicas, novos desenvolvimentos em tecnologia de, 787
    eólicas, teoria idealizada 782-787
    radiais, teoria idealizada 774
    rotação específica referente à potência, 774-776
turbina de alta pressão (HPT), 775
turbina de baixa pressão (LPT), 775
turbinas de rodas e remos, 739
turbinas em um balão-carenagem amarrado, 787
turbinas Francis, 773, 774
turbina hélice, 775
turbinas offshore flutuantes, 787
turbomáquinas, 172. *Veja também* turbinas
    bomba centrífuga, 742-748
    bombas de fluxo misto e de fluxo axial, 758-765
    classificação das bombas, 739-742
    combinando as características da bomba e do sistema, 765-773
    curvas de desempenho de bombas e leis de semelhança, 748-758
    projeto, 766
turbulência, 3, 340
    intensidade, 351
    transição, 460

U

unidade básica de massa, 9
unidades, 7. Ver também dimensões e unidades
unidades, prefixos, 13
unidades consistentes, 12
unidades dimensionalmente consistentes, 11

V

válvula borboleta, 381
válvulas comerciais, 379
variações de área para gás perfeito, 606-607
variáveis, 288
variáveis dependentes, 294
variáveis dimensionais, 287
variáveis e constantes, 287-288
variáveis e parâmetros de escala, 288-291
Vaschy, A., 288
vazão, 364-365
vazão de projeto, 748
vazão em massa, 134-135, 143, 148
vazão em massa local, função, 608-611
vazão em massa para uma queda de pressão, 633-635
vazão volumétrica, 134–135, 144, 249
velocidade
    a montante, 727
    conceitos sobre campo potencial, revisão, 520-521
    de escorregamento, 37, 234
    deslocamento na queda livre e, 290
    do tubo, 382
    força de arrasto *vs.*, 291
    média baseada no volume, 144
    potencial, 254–255
    viscosidade turbilhonar, 354
    zero, 169
velocidade, propriedades do campo de, 15
velocidade de atrito, 353
velocidade de estol, 495
velocidade do som, 38, 51–52, 598–600
velocidade relativa, 139
velocidade terminal de queda, 47, 49
velocimetria por imagens de partículas (PIV), 42, 401, 404-405
vena contracta, 384
Venturi, Giovanni, 417
venturi do tipo Herschel, 414
vertedouro retangular, 716

vertedouros, 714
vetor aceleração da gravidade local, 61
vetor unitário normal orientado para fora, 135
vetor unitário para fora, 149
viscosidade, 3, 23–25, 47–50, 293
viscosidade aparente, 28
viscosidade cinemática, 24, 26, 245
viscosidade de Saybolt, 292
viscosidade e outras propriedades secundárias
   condição de não escorregamento e não descontinuidade na temperatura, 35–36
   escoamento com escorregamento em gases, 37–38
   escoamento entre placas, 26–27
   fluidos não newtonianos, 28–29
   número de Reynolds, 25-26
   pressão de vapor, 33–34
   reômetros, 29–30
   sobre, 23
   técnicas de resolução de problemas, 27
   temperatura, 28
   tensão superficial, 30-32
   variação com temperatura, 28
   velocidade do som, 38
viscosidade turbilhonar, 354
viscosímetro, 48
viscosímetro capilar, 421
viscosímetro cone-placa, 49
visualização do escoamento usando fumaça, 492
vizinhanças, 132
volume de controle, análise, 156
volume de controle, relações integrais para
   conservação da massa, 142-147
   equação da energia, 176-186
   equação da quantidade de movimento linear, 147-160
   equação de Bernoulli, 161-170
   leis físicas básicas da mecânica dos fluidos, 131-136
   teorema da quantidade de movimento angular, 170-176
   teorema de transporte de Reynolds, 135-142
volume de controle com movimento arbitrário, 139
volume de controle de forma constante mas velocidade variável, 138
volume de controle fixo, 135-136
volume de controle fixo arbitrário, 136-138
volume de controle inercial não deformável, 171
volume de controle movendo-se à velocidade constante, 138
volumes de controle deformável, 135-136, 139
voluta da carcaça, 742
vórtice, intensidade, 524
vórtice de ferradura, 575
vórtice de parada, 491
vórtice de partida, 491
vórtice de ralo, 524
vórtice em um ponto z_0, 546
vórtice livre ou potencial, 523
vórtices de cauda de avião, 599-560
vorticidade, 253
vorticidade e irrotacionalidade, 251–253

W
Weber, Moritz, 306
Weisbach, Julius, 348

Z
zona de ação, 641
zona de silêncio, 641

TABELA DE EQUAÇÕES

Lei dos gases ideais: $p = \rho RT$, $R_{ar} = 287$ J/kg-K	Tensão superficial: $\Delta p = Y(R_1^{-1} + R_2^{-1})$
Hidrostática, densidade constante: $$p_2 - p_1 = -\gamma(z_2 - z_1), \gamma = \rho g$$	Força hidrostática sobre superfície: $F = \gamma h_{CG} A$, $y_{CP} = -I_{xx}\mathrm{sen}\theta/(h_{CG}A)$, $x_{CP} = -I_{xy}\mathrm{sen}\theta/(h_{CG}A)$
Força de flutuação: $$F_B = \gamma_{\text{fluido}}(\text{volume deslocado})$$	Massa no VC: $d/dt(\int_{VC} \rho d\upsilon) + \Sigma(\rho AV)_{\text{saída}} - \Sigma(\rho AV)_{\text{entrada}} = 0$
Quantidade de movimento no VC: $d/dt(\int_{VC} \rho \mathbf{V} d\upsilon)$ $+ \Sigma[(\rho AV)\mathbf{V}]_{\text{saída}} - \Sigma[(\rho AV)\mathbf{V}]_{\text{entrada}} = \Sigma \mathbf{F}$	Quantidade de movimento angular no VC: $d/dt(\int_{VC} \rho(\mathbf{r_0} \times \mathbf{V}) d\upsilon)$ $+ \Sigma \rho AV(\mathbf{r_0} \times \mathbf{V})_{\text{saída}} - \Sigma \rho AV(\mathbf{r_0} \times \mathbf{V})_{\text{entrada}} = \Sigma \mathbf{M_0}$
Fluxo permanente de energia: $(p/\gamma + \alpha V^2/2g + z)_{\text{entrada}} =$ $(p/\gamma + \alpha V^2/2g + z)_{\text{saída}} + h_{\text{atrito}} - h_{\text{bomba}} + h_{\text{turbina}}$	Aceleração: $d\mathbf{V}/dt = \partial \mathbf{V}/\partial t + u(\partial \mathbf{V}/\partial x) + v(\partial \mathbf{V}/\partial y) + w(\partial \mathbf{V}/\partial z)$
Continuidade incompressível: $\nabla \cdot \mathbf{V} = 0$	Navier-Stokes: $\rho(d\mathbf{V}/dt) = \rho \mathbf{g} - \nabla p + \mu \nabla^2 \mathbf{V}$
Função corrente incompressível $\psi(x,y)$: $u = \partial \psi/\partial y; \quad v = -\partial \psi/\partial x$	Potencial de velocidade $\phi(x,y,z)$: $u = \partial \phi/\partial x; \; v = \partial \phi/\partial y; \; w = \partial \phi/\partial z$
Escoamento irrotacional não permanente de Bernoulli: $$\partial \phi/\partial t + \int dp/\rho + V^2/2 + gz = \text{const}$$	Fator de atrito turbulento: $1/\sqrt{f} = -2{,}0 \log_{10}[\varepsilon/(3{,}7d) + 2{,}51/(\mathrm{Re}_d \sqrt{f})]$
Perda de carga em tubo: $h_f = f(L/d) V^2/(2g)$ em que f = fator de atrito do gráfico de Moody	Orifício, bocal, escoamento venturi: $Q = C_d A_{\text{garganta}}[2\Delta p/\{\rho(1-\beta^4)\}]^{1/2}, \quad \beta = d/D$
Escoamento lanimar sobre placa plana: $\delta/x = 5{,}0/\mathrm{Re}_x^{1/2}$, $c_f = 0{,}664/\mathrm{Re}_x^{1/2}, \quad C_A = 1{,}328/\mathrm{Re}_L^{1/2}$	Escoamento turbulento sobre placa plana: $\delta/x = 0{,}16/\mathrm{Re}_x^{1/7}, c_f = 0{,}027/\mathrm{Re}_x^{1/7}, C_D = 0{,}031/\mathrm{Re}_L^{1/7}$
C_A = arrasto/$(\frac{1}{2}\rho V^2 A)$; C_S = sustenção/$(\frac{1}{2}\rho V^2 A)$	Escoamento potencial 2-D: $\nabla^2 \phi = \nabla^2 \psi = 0$
Escoamento isentrópico: $T_0/T = 1 + \{(k-1)/2\}\mathrm{Ma}^2$, $\rho_0/\rho = (T_0/T)^{1/(k-1)}, \quad p_0/p = (T_0/T)^{k(k-1)}$	Variação isentrópica de área unidimensional: $A/A^* = (1/\mathrm{Ma})[1 + \{(k-1)/2\}\mathrm{Ma}^2]^{(1/2)(k+1)/(k-1)}$
Expansão Prandtl-Meyer: $K = (k+1)/(k-1)$, $\omega = K^{1/2}\tan^{-1}[(\mathrm{Ma}^2-1)/K]^{1/2} - \tan^{-1}(\mathrm{Ma}^2-1)^{1/2}$	Escoamento uniforme, n de Manning, unidades SI: $V_0(\mathrm{m/s}) = (1{,}0/n)[R_h(m)]^{2/3} S_0^{1/2}$
Escoamento em canal gradualmente variado: $dy/dx = (S_0 - S)/(1 - \mathrm{Fr}^2), \mathrm{Fr} = V/V_{\text{crit}}$	Fórmula da turbina de Euler: Potência $= \rho Q(u_2 V_{t2} - u_1 V_{t1}), u = r\omega$

Diagrama de Moody*

Fator de atrito $f = \dfrac{h}{\left(\dfrac{L}{d}\dfrac{V^2}{2g}\right)}$

Escoamento laminar — Zona crítica — Zona de transição — Turbulência completa, tubos rugosos

Escoamento laminar $f = \dfrac{64}{Re}$

Re_{cr}

Tubos lisos

Número de Reynolds $Re = \dfrac{Vd}{\nu}$

$\dfrac{\epsilon}{d} = 0{,}000001$ $\dfrac{\epsilon}{d} = 0{,}000005$

Rugosidade relativa $\dfrac{\epsilon}{d}$

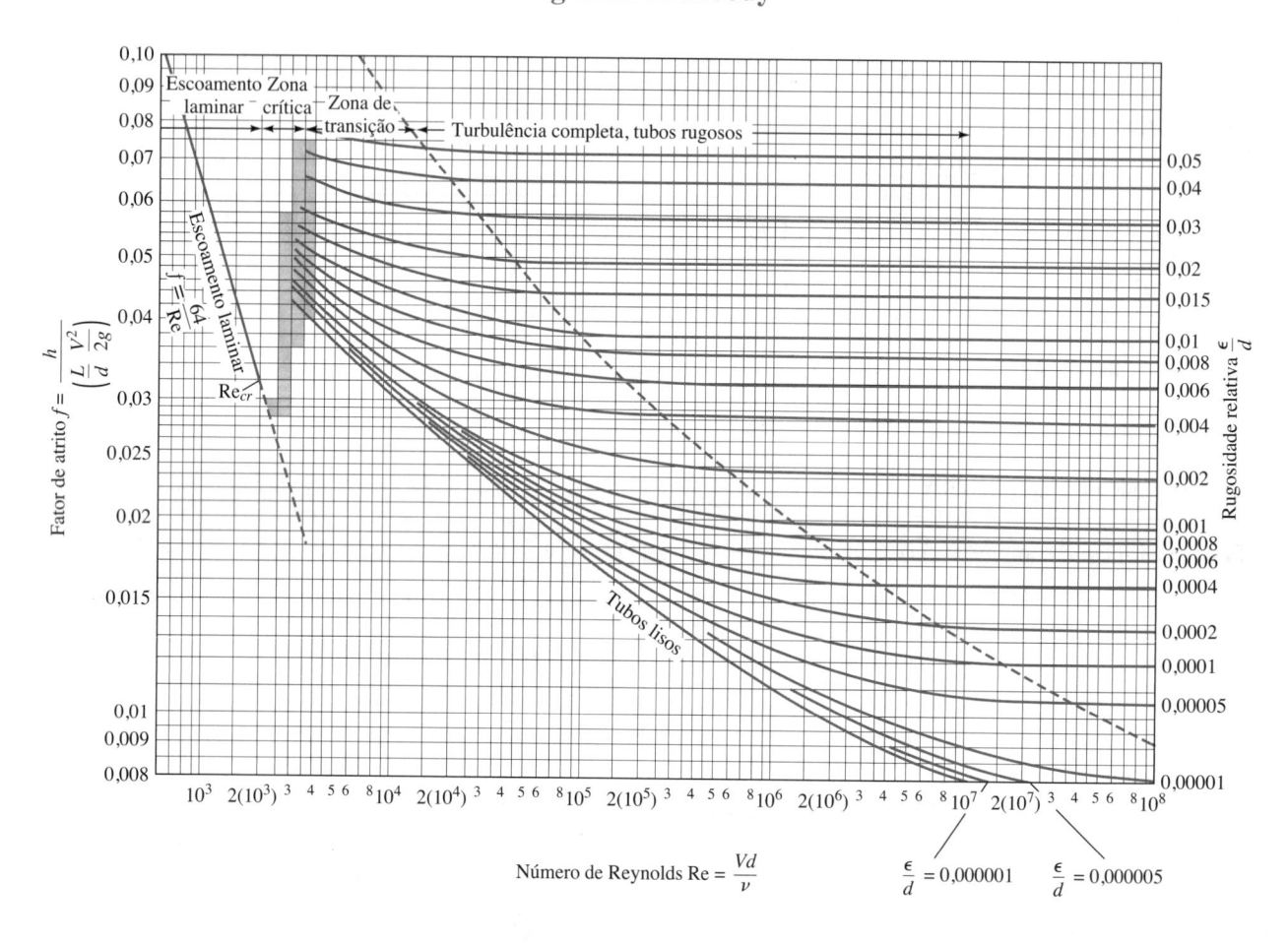

* Esse diagrama corresponde à Figura 6.13 da página 376. O Diagrama de Moody é considerado o mais famoso e útil para a ciência da Mecânica dos Fluídos, podendo ser usado para escoamentos em dutos circulares ou não circulares, além de ser adaptado para uma aproximação de escoamentos em camada-limite.